□ **命題の逆，対偶，裏**

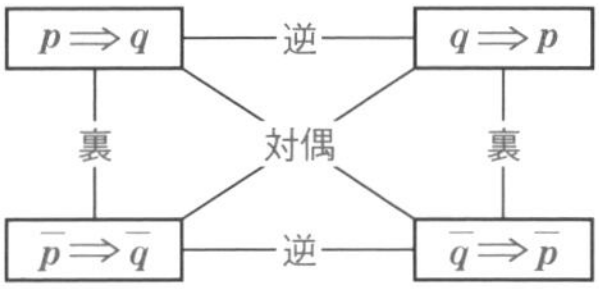

命題とその対偶の真偽は一致する。

3　2次関数

□ **2次関数のグラフ**

▶ $\boldsymbol{y=a(x-p)^2+q}$ $(\boldsymbol{a\neq 0})$ **のグラフ**

頂点 $(p,\ q)$，軸が直線 $x=p$ の放物線

$a>0$ なら下に凸，$a<0$ なら上に凸

▶ $\boldsymbol{y=ax^2+bx+c}$ $(\boldsymbol{a\neq 0})$ **のグラフ**

右辺を平方完成して

$$y=a\left(x+\frac{b}{2a}\right)^2-\frac{b^2-4ac}{4a}$$

頂点 $\left(-\dfrac{b}{2a},\ -\dfrac{b^2-4ac}{4a}\right)$，軸が直線 $x=-\dfrac{b}{2a}$ の放物線

$a>0$ なら下に凸，$a<0$ なら上に凸

□ **平行移動，対称移動**

▶ **平行移動**

x 軸方向に p，y 軸方向に q の平行移動で

点 $(a,\ b)\longrightarrow(a+p,\ b+q)$

グラフ $y=f(x)\longrightarrow y=f(x-p)+q$

▶ **対称移動**

	x 軸	y 軸	原点
点 $(a,\ b)$	$(a,\ -b)$	$(-a,\ b)$	$(-a,\ -b)$
グラフ $y=f(x)$	$y=-f(x)$	$y=f(-x)$	$y=-f(-x)$

□ **関数の最大・最小**

▶ **2次関数** $\boldsymbol{y=ax^2+bx+c}$ **の最大・最小**

平方完成して $y=a(x-p)^2+q$ の形にする。

$a>0$ のとき，$x=p$ で最小値 q，最大値はない

$a<0$ のとき，$x=p$ で最大値 q，最小値はない

▶ **2次関数** $\boldsymbol{y=ax^2+bx+c}$ $(\boldsymbol{h\leqq x\leqq k})$ **の最大・最小**

$a>0$（下に凸）の場合。

① 区間の内に頂点があるとき

頂点で最小。頂点から遠い区間の端で最大。

② 区間の外に頂点があるとき

頂点に近い区間の端で最小。遠い端で最大。

□ **2次関数の決定**

与えられた条件が

① 放物線の頂点や軸

$\longrightarrow$ $y=a(x-p)^2+q$ とおく

JN022833

が

異なる2つの実数解をもつ　$\Longleftrightarrow D>0$

ただ1つの実数解（重解）をもつ $\Longleftrightarrow D=0$

実数解をもたない　$\Longleftrightarrow D<0$

□ **2次関数** $\boldsymbol{y=ax^2+bx+c}$ **のグラフと** $\boldsymbol{x}$ **軸**

2次関数 $y=ax^2+bx+c$ のグラフを C，

$D=b^2-4ac$ とすると

$D>0\Longleftrightarrow C$ は x 軸と異なる2点で交わる

$D=0\Longleftrightarrow C$ は x 軸と1点で接する

$D<0\Longleftrightarrow C$ は x 軸と共有点をもたない

□ **2次不等式**

▶ $\boldsymbol{ax^2+bx+c>0}$，$\boldsymbol{ax^2+bx+c<0}$ **の解**

2次方程式 $ax^2+bx+c=0$ が，異なる2つの実数解 α，β をもち $\alpha<\beta$ とする。$a>0$ の場合

$ax^2+bx+c>0$ の解は　$x<\alpha$，$\beta<x$

└→ $\geqq$ なら　$x\leqq\alpha$，$\beta\leqq x$

$ax^2+bx+c<0$ の解は　$\alpha<x<\beta$

└→ $\leqq$ なら　$\alpha\leqq x\leqq\beta$

▶ $\boldsymbol{(x-\alpha)^2>0}$，$\boldsymbol{(x-\alpha)^2<0}$ **の解**

$(x-\alpha)^2<0$ の解は　ない

$(x-\alpha)^2\leqq 0$ の解は　$x=\alpha$

$(x-\alpha)^2>0$ の解は　α 以外のすべての実数

$(x-\alpha)^2\geqq 0$ の解は　すべての実数

□ **放物線と** $\boldsymbol{x}$ **軸の共有点の位置**

$f(x)=ax^2+bx+c$ $(a\neq 0)$，$D=b^2-4ac$ とする。放物線 $y=f(x)$ が x 軸と $x=\alpha$，β $(\alpha\leqq\beta)$ で共有点をもつとすると，$a>0$ のとき

$\alpha>k$，$\beta>k\Longleftrightarrow D\geqq 0$，(軸)$>k$，$f(k)>0$

$\alpha<k$，$\beta<k\Longleftrightarrow D\geqq 0$，(軸)$<k$，$f(k)>0$

$\alpha<k<\beta\quad\Longleftrightarrow f(k)<0$

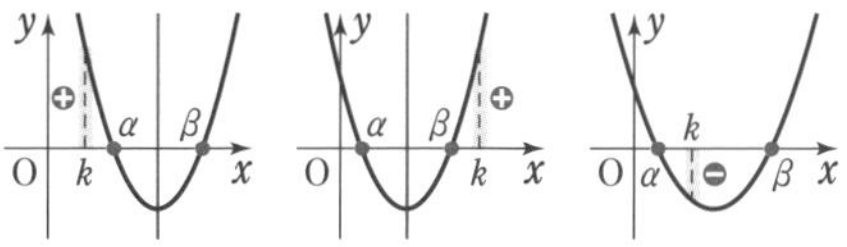

4 図形と計量

□ 三角比の定義，相互関係

▶三角比の定義

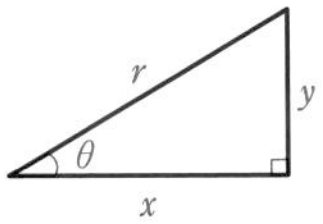

$\sin\theta=\dfrac{y}{r}$

$\cos\theta=\dfrac{x}{r}$，$\tan\theta=\dfrac{y}{x}$

▶三角比の相互関係

$\sin^2\theta+\cos^2\theta=1$

$\tan\theta=\dfrac{\sin\theta}{\cos\theta}$，$1+\tan^2\theta=\dfrac{1}{\cos^2\theta}$

▶ $180^\circ-\theta$，$90^\circ\pm\theta$ の三角比

$\sin(180^\circ-\theta)=\sin\theta$

$\cos(180^\circ-\theta)=-\cos\theta$

$\tan(180^\circ-\theta)=-\tan\theta$

$\sin(90^\circ\pm\theta)=\cos\theta$

$\cos(90^\circ\pm\theta)=\mp\sin\theta$

$\tan(90^\circ\pm\theta)=\mp\dfrac{1}{\tan\theta}$ （複号同順）

□ 正弦定理

△ABC の外接円の半径を R とすると

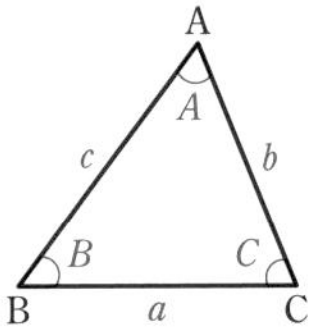

$\dfrac{a}{\sin A}=\dfrac{b}{\sin B}=\dfrac{c}{\sin C}=2R$

□ 余弦定理

$a^2=b^2+c^2-2bc\cos A$

$b^2=c^2+a^2-2ca\cos B$

$c^2=a^2+b^2-2ab\cos C$

$\left(\begin{array}{l}a=c\cos B+b\cos C,\ b=a\cos C+c\cos A,\\ c=b\cos A+a\cos B\end{array}\right)$

□ 三角形の辺と角の関係

三角形の成立条件　$|b-c|<a<b+c$

辺と角の大小関係

$a<b \iff A<B$	$A<90^\circ \iff a^2<b^2+c^2$
$a=b \iff A=B$	$A=90^\circ \iff a^2=b^2+c^2$
$a>b \iff A>B$	$A>90^\circ \iff a^2>b^2+c^2$

□ 三角形の面積

▶2 辺とその間の角

△ABC の面積を S とすると

$S=\dfrac{1}{2}bc\sin A=\dfrac{1}{2}ca\sin B=\dfrac{1}{2}ab\sin C$

▶3 辺（ヘロンの公式）

△ABC の面積を S とし，$2s=a+b+c$ とおくと　$S=\sqrt{s(s-a)(s-b)(s-c)}$

▶三角形の内接円と面積

△ABC の面積を S，内接円の半径を r とすると　$S=\dfrac{1}{2}r(a+b+c)$

5 データの分析

□ データの代表値

▶平均値 $\overline{x}$　$\overline{x}=\dfrac{1}{n}(x_1+x_2+\cdots\cdots+x_n)$

▶中央値（メジアン）

データを値の大きさの順に並べたとき中央の位置にくる値。データの大きさが偶数のときは，中央に並ぶ 2 つの値の平均値。

▶最頻値（モード）

データにおける最も個数の多い値。度数分布表に整理したときは，度数が最も大きい階級の階級値。

□ 箱ひげ図

データの最小値，第 1 四分位数 Q_1，中央値，第 3 四分位数 Q_3，最大値を，箱と線（ひげ）で表現する図。

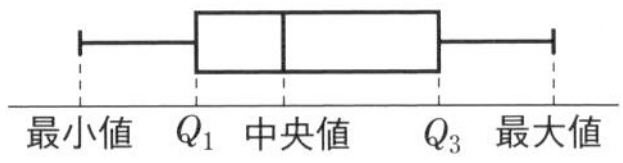

□ 分散と標準偏差

▶偏差　変量 x の各値と平均値との差

$x_1-\overline{x}$，$x_2-\overline{x}$，……，$x_n-\overline{x}$

▶分散　偏差の 2 乗の平均値

$s^2=\dfrac{1}{n}\{(x_1-\overline{x})^2+(x_2-\overline{x})^2+\cdots\cdots+(x_n-\overline{x})^2\}$

▶標準偏差　分散の正の平方根　$s=\sqrt{\text{分散}}$

▶分散と平均値の関係式　$s^2=\overline{x^2}-(\overline{x})^2$

□ 相関係数

変量 x，y の標準偏差をそれぞれ s_x，s_y とし，x と y の共分散を s_{xy} とすると，相関係数 r は

$$r=\frac{s_{xy}}{s_x s_y}\ (-1\leqq r\leqq 1)$$

□ 仮説検定

得られたデータをもとに，母集団に対する仮説を立て，それが正しいかどうかを判断する手法。

チャート式® 基礎からの 数学Ⅰ＋A

チャート研究所　編著

はじめに

CHART
（チャート）
とは 何？

C.O.D.（*The Concise Oxford Dictionary*）には，CHART――Navigator's sea map, with coast outlines, rocks, shoals, *etc.* と説明してある。

海図――浪風荒き問題の海に船出する若き船人に捧げられた海図――問題海の全面をことごとく一眸の中に収め，もっとも安らかな航路を示し，あわせて乗り上げやすい暗礁や浅瀬を一目瞭然たらしめるCHART！　　――昭和初年チャート式代数学巻頭言

本書では，このCHARTの意義に則り，下に示したチャート式編集方針で

問題の急所がどこにあるか，その解法をいかにして思いつくか

をわかりやすく示すことを主眼としています。

チャート式編集方針

1
基本となる事項を，定義や公式・定理という形で覚えるだけではなく，問題を解くうえで直接に役に立つ形でとらえるようにする。

▶

2
問題と基本となる事項の間につながりをつけることを考える――問題の条件を分析して既知の基本事項と結びつけて結論を導き出す。

▶

3
問題と基本となる事項を端的にわかりやすく示したものがCHARTである。
CHARTによって基本となる事項を問題に活かす。

問.

君の成長曲線を描いてみよう。

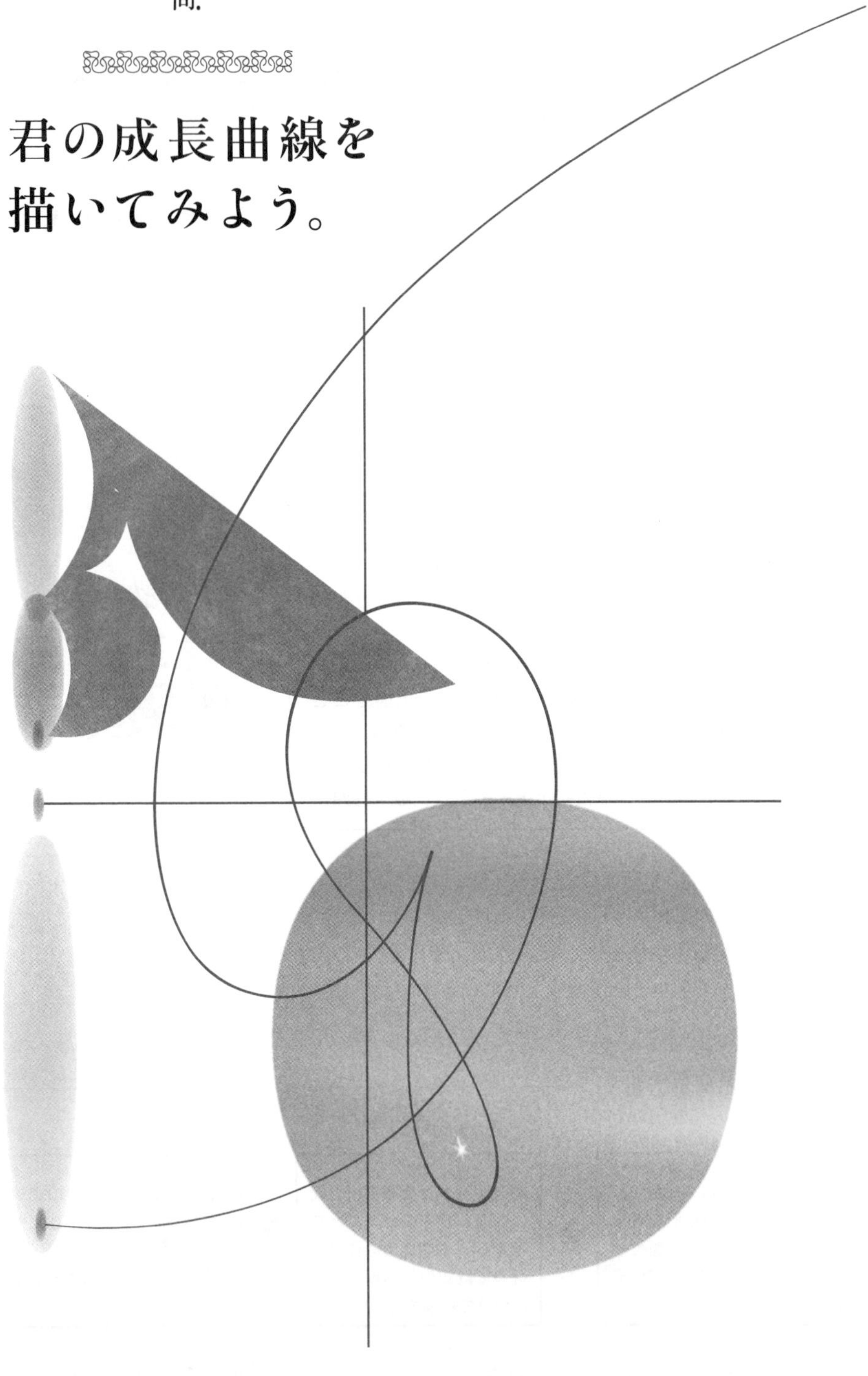

まっさらなノートに、未来を描こう。

新しい世界の入り口に立つ君へ。
次のページから、チャート式との学びの旅が始まります。
1年後、2年後、どんな目標を達成したいか。
10年後、どんな大人になっていたいか。
まっさらなノートを開いて、
君の未来を思いのままに描いてみよう。

好奇心は、君の伸びしろ。

君の成長を支えるひとつの軸、それは「好奇心」。
この答えを知りたい。もっと難しい問題に挑戦してみたい。
数学に必要なのは、多くの知識でも、並外れた才能でもない。
好奇心があれば、初めて目にする公式や問題も、
「高い壁」から「チャンス」に変わる。
「学びたい」「考えたい」というその心が、君を成長させる力になる。

なだらかでいい。日々、成長しよう。

君の成長を支えるもう一つの軸は「続ける時間」。
ライバルより先に行こうとするより、目の前の一歩を踏み出そう。
難しい問題にぶつかったら、焦らず、考える時間を楽しもう。
途中でつまづいたとしても、粘り強く、ゴールに向かって前進しよう。
諦めずに進み続けた時間が、1年後、2年後の君を大きく成長させてくれるから。

その答えが、
君の未来を前進させる解になる。

本書の構成

章トビラ　各章のはじめに，SELECT STUDY とその章で扱う例題の一覧を設けました。SELECT STUDY は，目的に応じ例題を精選して学習する際に活用できます。例題一覧は，各章で掲載している例題の全体像をつかむのに役立ちます。

基本事項のページ

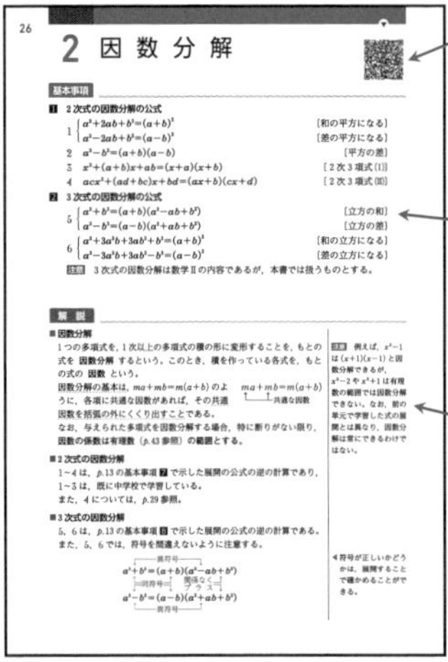
26

2 因数分解

基本事項

1 2次式の因数分解の公式

1 $\begin{cases} a^2+2ab+b^2=(a+b)^2 \\ a^2-2ab+b^2=(a-b)^2 \end{cases}$ ［和の平方になる］［差の平方になる］

2 $a^2-b^2=(a+b)(a-b)$ ［平方の差］

3 $x^2+(a+b)x+ab=(x+a)(x+b)$ ［2次3項式(I)］

4 $acx^2+(ad+bc)x+bd=(ax+b)(cx+d)$ ［2次3項式(II)］

2 3次式の因数分解の公式

5 $\begin{cases} a^3+b^3=(a+b)(a^2-ab+b^2) \\ a^3-b^3=(a-b)(a^2+ab+b^2) \end{cases}$ ［立方の和］［立方の差］

6 $\begin{cases} a^3+3a^2b+3ab^2+b^3=(a+b)^3 \\ a^3-3a^2b+3ab^2-b^3=(a-b)^3 \end{cases}$ ［和の立方になる］［差の立方になる］

注意 3次式の因数分解は数学IIの内容であるが，本書では扱うものとする。

解説

■因数分解

1つの多項式を，1次以上の多項式の積の形に変形することを，もとの式を 因数分解 するという。このとき，積を作っている各式を，もとの式の 因数 という。

因数分解の基本は，$ma+mb=m(a+b)$ のように，各項に共通な因数があれば，その共通因数を括弧の外にくくり出すことである。

なお，与えられた多項式を因数分解する場合，特に断りがない限り，因数の係数は有理数（p.43 参照）の範囲とする。

■2次式の因数分解

1～4は，p.13 の基本事項 2 で示した展開の公式の逆の計算であり，1～3は，既に中学校で学習している。

また，4については，p.29 参照。

■3次式の因数分解

5，6は，p.13 の基本事項 3 で示した展開の公式の逆の計算である。

また，5，6では，符号を間違えないように注意する。

デジタルコンテンツ
各節の例題解説動画や，学習を補助するコンテンツにアクセスできます（詳細は，$p.6$ を参照）。

基本事項
定理や公式など，問題を解く上で基本となるものをまとめています。

解説
用語の説明や，定理・公式の証明なども示してあり，教科書に扱いのないような事柄でも無理なく理解できるようになっています。

例題のページ

基本事項などで得た知識を，具体的な問題を通して身につけます。

53

基本 例題 27 整数部分・小数部分と式の値

$\dfrac{2}{\sqrt{6}-2}$ の整数部分を a，小数部分を b とする。

(1) a，b の値を求めよ。

(2) a^2+ab，$a^2+4ab+4b^2$ の値を求めよ。

練習 27 $\dfrac{1}{2-\sqrt{3}}$ の整数部分を a，小数部分を b とする。

(1) a，b の値を求めよ。　(2) $\dfrac{a+b^2}{3b}$，$a^2-b^2-2a-2b$ の値を求めよ。

フィードバック・フォワード
関連する例題の番号や基本事項のページを示しました。

指針
問題のポイントや急所がどこにあるか，問題解法の方針をいかにして立てるかを中心に示しました。この指針が本書の特色であるチャート式の真価を最も発揮しているところです。

解答
例題の模範解答例を示しました。側注には適宜解答を補足しています。特に重要な箇所には ★ を付け，指針の対応する部分にも ★ を付けています。解答の流れや考え方がつかみづらい場合には指針を振り返ってみてください。

検討
例題に関連する内容などを取り上げました。特に，発展的な内容を扱う検討には，PLUS ONE をつけています。学習の取捨選択の目安として使用できます。

POINT
重要な公式やポイントとなる式などを取り上げました。

練習
例題の反復問題を1問取り上げました。関連する EXERCISES の番号を示した箇所もあります。

基本例題 …… 基本事項で得た知識をもとに，基礎力をつけるための問題です。教科書で扱われているレベルの問題が中心です。（印は 1 個～3 個）

重要例題 …… 基本例題を更に発展させた問題が中心です。入試対策に向けた，応用力の定着に適した問題がそろっています。（印は 3 個～5 個）

演習例題 …… 他の単元の内容が絡んだ問題や，応用度がかなり高い問題を扱う例題です。「関連発展問題」としてまとめて掲載しています。（印は 3 個～5 個）

コラム

まとめ …… いろいろな場所で学んできた事柄をみやすくまとめています。知識の確認・整理に有効です。

参考事項，補足事項 …… 学んだ事項を発展させた内容を紹介したり，わかりにくい事柄を掘り下げて説明したりしています。

ズーム UP …… 考える力を特に必要とする例題について，更に詳しく解説しています。重要な内容の理解を深めるとともに，**思考力**，**判断力**，**表現力**を高めるのに効果的です。

振り返り …… 複数の例題で学んだ解法の特徴を横断的に解説しています。解法を判断するときのポイントについて，理解を深めることができます。

CHART NAVI …… 本書の効果的な使い方や，指針を読むことの重要性について特集したページです。

EXERCISES

各単元末に，例題に関連する問題を取り上げました。

各問題には対応する例題番号を → で示してあり，適宜 **HINT** もついています（複数の単元に対して EXERCISES を 1 つのみ掲載，という構成になっている場合もあります）。

総合演習

巻末に，学習の総仕上げのための問題を，2 部構成で掲載しています。

第 1 部 …… 例題で学んだことを振り返りながら，思考力を鍛えることができる問題，解説を掲載しています。大学入学共通テスト対策にも役立ちます。

第 2 部 …… 過去の大学入試問題の中から，入試実践力を高められる問題を掲載しています。

索　引

初めて習う数学の用語を五十音順に並べたもので，巻末にあります。

●難易度数について

例題，練習・EXERCISES の全問に，全 5 段階の難易度数がついています。

，① …… 教科書の例レベル

，② …… 教科書の例題レベル

，③ …… 教科書の節末，章末レベル

，④ …… 入試の基本～標準レベル

，⑤ …… 入試の標準～やや難レベル

デジタルコンテンツの活用方法

本書では，QR コード*からアクセスできるデジタルコンテンツを豊富に用意しています。これらを活用することで，わかりにくいところの理解を補ったり，学習したことを更に深めたりすることができます。

■ 解説動画

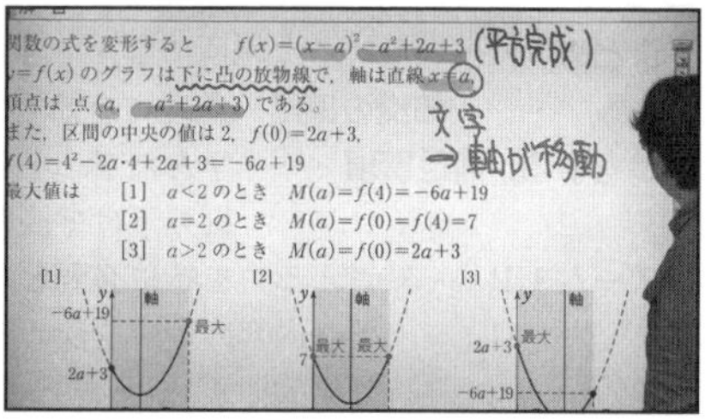

本書に掲載しているすべての例題（基本例題，重要例題，演習例題）の解説動画を配信しています。

数学講師が丁寧に解説しているので，本書と解説動画をあわせて学習することで，例題のポイントを確実に理解することができます。

例えば，

- 例題を解いたあとに，その例題の理解を確認したいとき
- 例題が解けなかったときや，解説を読んでも理解できなかったとき

といった場面で活用できます。

また，コラム CHART NAVI と連動した，本書を効果的に活用するためのコツを解説した動画も用意しています。

数学講師による解説を　**いつでも，どこでも，何度でも**　視聴することができます。

解説動画も活用しながら，チャート式とともに数学力を高めていってください。

■ サポートコンテンツ

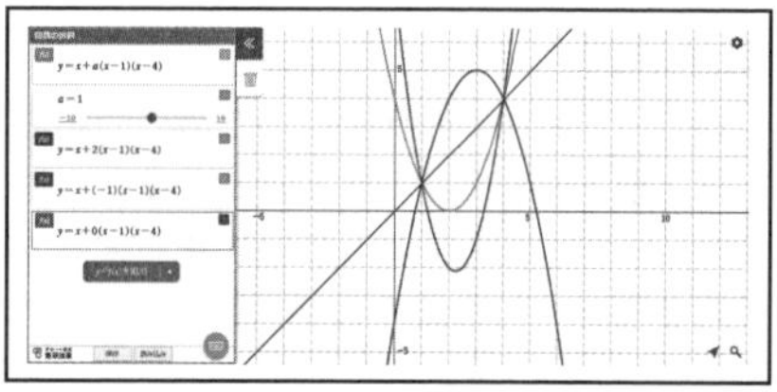

本書に掲載した問題や解説の理解を深めるための補助的なコンテンツも用意しています。例えば，関数のグラフや図形の動きを考察する例題において，画面上で実際にグラフや図形を動かしてみることで，視覚的なイメージと数式を結びつけて学習できるなど，より深い理解につなげることができます。

＜デジタルコンテンツのご利用について＞

デジタルコンテンツはインターネットに接続できるコンピュータやスマートフォン等でご利用いただけます。下記の URL，右の QR コード，もしくは「基本事項」のページにある QR コードからアクセスできます。

https://cds.chart.co.jp/books/3t39887g9b

※追加費用なしにご利用いただけますが，通信料はお客様のご負担となります。Wi-Fi 環境でのご利用をおすすめいたします。学校や公共の場では，マナーを守ってスマートフォンなどをご利用ください。

＊　QR コードは，(株)デンソーウェーブの登録商標です。

目 次

コラムの一覧

C … CHART NAVI
ま … まとめ，参 … 参考事項，補 … 補足事項，ズ … ズーム UP，振 … 振り返り　を表す。

本書の活用方法

■ 方法 1 「自学自習のため」の活用例

週末・長期休暇などの時間のあるときや受験勉強などで，本書の各ページに順々に取り組む場合は，次のようにして学習を進めるとよいでしょう。

第１ステップ ……**基本事項のページを読み，重要事項を確認。**
問題を解くうえでは，知識を整理しておくことが大切。

第２ステップ ……**例題に取り組み解法を習得，練習を解いて理解の確認。**

① まず，**例題を自分で解いてみよう。**

➡何もわからなかったら，指針を読んで糸口をつかもう。

② 指針を読んで，**解法やポイントを確認** し，自分の解答と見比べよう。
〈$+\alpha$〉 **検討** を読んで応用力を身につけよう。

➡ポイントを見抜く力をつけるために，指針は必ず読もう。また，解答の右の◀も理解の助けになる。

③ **練習** に取り組んで，そのページで学習したことを **再確認** しよう。

➡わからなかったら，指針をもう一度読み返そう。

第３ステップ ……**EXERCISES のページで腕試し。**
例題のページの勉強がひと通り終わったら取り組もう。

■ 方法 2 「解法を調べるため」の活用例 (解法の辞書としての使い方)

どうやって解いたらいいかわからない問題が出てきたときは，同じ(似た)タイプの例題があるページを本書で探し，**解法をまねる** ことを考えてみましょう。

同じ(似た)タイプの例題があるページを見つけるには

目次 (*p*.7) や 例題一覧 (各章の始め) を利用するとよいでしょう。

大切なこと 解法を調べる際，解答を読むだけでは実力は定着しません。
指針もしっかり読んで，その問題の急所やポイントをつかんでおく ことを意識すると，実力の定着につながります。

■ 方法 3 「目的に応じた学習のため」の活用例

短期間で取り組みたいときや，順々に取り組む時間がとれないときは，**目的に応じた例題を選んで学習する** ことも１つの方法です。
詳しくは，次のページの CHART NAVI 「**章トビラの活用方法**」を参照してください。

問題数 (数学 I)
1. **例題 194**
(基本 151，重要 40，演習 3)
2. **練習 194**　3. **EXERCISES 134**
4. **総合演習 第１部 4，第２部 30**
[1.～4. の合計 556]

問題数 (数学A)
1. **例題 156**
(基本 118，重要 28，演習 10)
2. **練習 156**　3. **EXERCISES 107**
4. **総合演習 第１部 3，第２部 29**
[1.～4. の合計 451]

CHART NAVI 章トビラの活用方法

本書（青チャート）の各章のはじめには，右ページのような **章トビラ** のページがあります。ここでは，章トビラの活用方法を説明します。

① 例題一覧

例題一覧では，その章で取り上げている例題の種類（基本，重要，演習），タイトル，難易度（$p.5$ 参照）を一覧にしています。

青チャートには，教科書レベルから入試対策まで，幅広いレベルの問題を数多く収録しています。章によっては多くの問題があり，不安に思う人もいるかもしれませんが，これだけの問題を収録していることには理由があります。

まず，数学の学習では，公式や定理などの基本事項を覚えるだけでなく，その知識を活用し，問題が解けるようになることが求められます。教科書に載っているような問題はもちろん，多くの入試問題も，基本の積み重ねによって解けるようになります。

また，基本となる考え方の理解だけでなく，具体的な問題，特に入試で頻出の問題を通じて問題解法の理解を深めることも，実力を磨く有効な方法です。

青チャートではこれらの問題を１つ１つ丁寧に解説していますから，基本となる考え方や入試問題の解き方を無理なく身につけることができます。

このように，幅広いレベル，多くのタイプの問題を収録しているため，目的によっては数が多く，負担に感じるかもしれません。そういった場合には，例えば，

基本を定着させたいとき　→　**基本例題** を中心に学習
応用力を高めたいとき　→　**重要例題** を中心に学習
短期間で復習したいとき　→　**難易度 ②，③ を中心に学習**

のように，目的に応じて取り組む例題を定めることで，効率よく学習できます。

② SELECT STUDY

更に章トビラの **SELECT STUDY** では，３つの学習コースを提案しています。

● **基本定着コース**　● **精選速習コース**　● **実力練成コース**

これらは編集部が独自におすすめする，目的別の例題パッケージです。目標や学習状況に応じ，それに近いコースを選んで取り組むことができます。

以上のように，章トビラも活用しながら，青チャートとともに数学を学んでいきましょう！

数学I　第1章

数と式

1

1. 多項式の加法・減法・乗法
2. 因数分解
3. 実数
4. 1次不等式

SELECT STUDY

- 基本定着コース……教科書の基本事項を確認したいきみに
- 精選速習コース……入試の基礎を短期間で身につけたいきみに
- 実力練成コース……入試に向け実力を高めたいきみに

START	例題番号
基本定着コース	1, 2, 3, 4, 5, 6, 7, 8, 10, 11, 12, 13, 15, 16, 17, 21, 22, 23, 24, 25, 26, 28, 32, 34, 35, 36, 39, 40, 41, 42
精選速習コース	2, 4, 5, 6, 8, 9, 11, 12, 13, 16, 18, 19, 24, 25, 26, 27, 28, 29, 30, 33, 35, 37, 39, 41, 42
実力練成コース	5, 6, 8, 9, 14, 16, 18, 19, 20, 27, 29, 30, 31, 37, 38, 43

例題一覧

			難易度
❶	基本 1	同類項の整理と次数・定数項	①
	基本 2	多項式の加法・減法	②
	基本 3	(単項式)×(単項式), (単項式)×(多項式)	①
	基本 4	(多項式)×(多項式)	①
	基本 5	公式による展開（2次式）	①
	基本 6	公式による展開（3次式）	①
	基本 7	おき換えを利用した展開	②
	基本 8	掛ける順序や組み合わせを工夫して展開 (1)	②
	重要 9	掛ける順序や組み合わせを工夫して展開 (2)	③
❷	基本 10	因数分解（基本，2次式）	①
	基本 11	因数分解（たすき掛け）	①
	基本 12	因数分解（3次式）	②
	基本 13	因数分解（おき換え利用）(1)	②
	重要 14	因数分解（おき換え利用）(2)	④
	基本 15	因数分解（1つの文字について整理）	②
	基本 16	因数分解（2元2次式）	②
	基本 17	因数分解（対称式，交代式）(1)	②
	重要 18	因数分解（対称式，交代式）(2)	③
	重要 19	因数分解（複2次式，平方の差を作る）	③
	重要 20	因数分解（$a^3+b^3+c^3-3abc$ の形）	④
❸	基本 21	分数 ⇄ 循環小数の変換	①
	基本 22	絶対値の基本，数直線上の2点間の距離	①
	基本 23	根号を含む式の計算（基本）	①
	基本 24	分母の有理化	②
	基本 25	$\sqrt{(\text{文字式})^2}$ の簡約化	②
	基本 26	2重根号の簡約化	②
	基本 27	整数部分・小数部分と式の値	③
	基本 28	平方根と式の値 (1)	②
	基本 29	平方根と式の値 (2)	③
	重要 30	平方根と式の値 (3)	④
	重要 31	平方根と式の値 (4)	④
❹	基本 32	不等式の性質と式の値の範囲 (1)	①
	基本 33	不等式の性質と式の値の範囲 (2)	③
	基本 34	1次不等式の解法（基本）	②
	基本 35	連立1次不等式の解法	②
	基本 36	1次不等式の整数解 (1)	②
	基本 37	1次不等式の整数解 (2)	③
	重要 38	文字係数の1次不等式	④
	基本 39	1次不等式と文章題	②
	基本 40	絶対値を含む方程式・不等式（基本）	②
	基本 41	絶対値を含む方程式	③
	基本 42	絶対値を含む不等式	③
	基本 43	絶対値を含む方程式・不等式（応用）	③

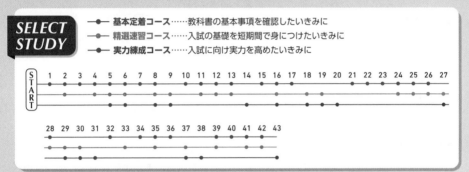

1 多項式の加法・減法・乗法

基本事項

1 単項式とその係数・次数

数や文字およびそれらを掛け合わせてできる式を **単項式** という。単項式において，数の部分をその単項式の **係数** といい，掛け合わせた文字の個数をその単項式の **次数** という。

2 種類以上の文字を含む単項式において，特定の文字に着目して係数や次数を考えることがある。この場合，他の文字は数と同様に扱う。

2 多項式

いくつかの単項式の和として表される式を **多項式** といい，各単項式をこの多項式の **項** という。多項式のことを **整式** ともいう。

注意　単項式を項が 1 つである多項式と考えることもある。

3 同類項

多項式の項の中で，文字の部分が同じである項を **同類項** という。

多項式は，同類項を 1 つにまとめて整理することができる。

4 多項式の次数

同類項をまとめて整理した多項式において，最も次数の高い項の次数を，その多項式の **次数** といい，次数が n の多項式を **n 次式** という。

2 種類以上の文字を含む多項式においても，特定の文字に着目して，他の文字は数と同様に扱うことがある。

多項式において，着目した文字を含まない項を **定数項** という。

解説

■ **定数の次数**

1，-2 などの数(**定数**)はそれ自身で 1 つの単項式で，その次数は 0 と考える。

注意　数 0 の次数は考えない(次数が 0 となるわけではない)。

■ **特定の文字に着目**

$5ax^2$ は次数が 3 で係数は 5 の単項式であるが，これを x に着目すると，次数は 2 で，係数は $5a$ となる。このように，2 種類以上の文字を含む単項式においては，着目する文字(1 種類とは限らない)によって，式の次数，係数は変わる。

◀ x に着目すると $5a \cdot x^2$（$5a$ ↑ 係数）

■ **多項式**

$5x^2-3x+1$ などはもちろん，$\frac{1}{3}x^3-\sqrt{2}x^2+\frac{1}{2}x-\sqrt{5}$ などのように，項の係数が整数以外の数でも多項式である。

◀例えば，$\frac{1}{x+1}$，$x+\frac{3}{x}$，$x^2-\sqrt{x}+1$ などは多項式でない。

多項式を扱う場合，一定の形式に整理すると見やすくて便利なことが多い。普通は，同類項をまとめて，項の次数の高い方から順に並べる。

降べきの順に整理 …… 項の次数の高い方から順に並べる。　◀(例) $2x^2-5x+4$

昇べきの順に整理 …… 項の次数の低い方から順に並べる。　◀(例) $4-5x+2x^2$

基本事項

5 多項式の計算における基本法則

	加　法	乗　法
交換法則	$A+B=B+A$	$AB=BA$
結合法則	$(A+B)+C=A+(B+C)$	$(AB)C=A(BC)$
分配法則	$A(B+C)=AB+AC$，$(A+B)C=AC+BC$	

6 指数法則

m，n を正の整数とする。

1 $\boldsymbol{a^m a^n=a^{m+n}}$　　2 $\boldsymbol{(a^m)^n=a^{mn}}$　　3 $\boldsymbol{(ab)^n=a^n b^n}$

7 2次式の展開の公式

1 $\boldsymbol{(a+b)^2=a^2+2ab+b^2}$，　$\boldsymbol{(a-b)^2=a^2-2ab+b^2}$

2 $\boldsymbol{(a+b)(a-b)=a^2-b^2}$

3 $\boldsymbol{(x+a)(x+b)=x^2+(a+b)x+ab}$

4 $\boldsymbol{(ax+b)(cx+d)=acx^2+(ad+bc)x+bd}$

8 3次式の展開の公式

5 $\boldsymbol{(a+b)(a^2-ab+b^2)=a^3+b^3}$，　$\boldsymbol{(a-b)(a^2+ab+b^2)=a^3-b^3}$

6 $\boldsymbol{(a+b)^3=a^3+3a^2b+3ab^2+b^3}$，　$\boldsymbol{(a-b)^3=a^3-3a^2b+3ab^2-b^3}$

注意　3次式の展開の公式は数学Ⅱの内容であるが，本書では扱うものとする。

解　説

■多項式の加法・減法

多項式の加法・減法とは，結局は同類項の整理という作業である。

例　$A=5x^3-2x^2+3x+4$，$B=3x^3-5x^2+3$ に対して

$$\begin{aligned}A-B&=(5x^3-2x^2+3x+4)-(3x^3-5x^2+3)\\&=5x^3-2x^2+3x+4-3x^3+5x^2-3\\&=(5-3)x^3+(-2+5)x^2+3x+(4-3)\\&=2x^3+3x^2+3x+1\end{aligned}$$

◀ $-(\ \ )$ は，$(\ \ )$ をはずすときに **( ) 内の各項の係数の符号を変える。**

のように，**横書きで計算** する方法と，右のように **縦書きで計算** する方法がある。縦書きのときは同類項を縦にそろえる。このとき，欠けている次数の項はあけておく。

$$\begin{array}{rrrrr} & 5x^3 & -2x^2 & +3x & +4\\ -) & 3x^3 & -5x^2 & & +3\\ \hline & 2x^3 & +3x^2 & +3x & +1\end{array}$$

■指数法則

例　$a^2a^3=(a\times a)\times(a\times a\times a)=a^{2+3}=a^5$

$(a^2)^3=a^2\times a^2\times a^2=a^{2\times 3}=a^6$

$(ab)^3=ab\times ab\times ab=(a\times a\times a)\times(b\times b\times b)=a^3b^3$

◀ 6 1〜3 で，$m=2$，$n=3$ としたもの。慣れるまでは，左のように実際に書き並べるとよい。

■多項式の乗法

(単項式)×(単項式) では，係数部分と文字部分の積をそれぞれ計算して整理する。(単項式)×(多項式)，(多項式)×(多項式) は分配法則を利用する。

$$a(b+c+d)=\overset{❶}{ab}+\overset{❷}{ac}+\overset{❸}{ad},\qquad (a+b)(c+d)=\overset{❶}{ac}+\overset{❷}{ad}+\overset{❸}{bc}+\overset{❹}{bd}$$

◀分配法則の使用例。

CHART NAVI 例題ページの構成と学習法 (1)

このページでは，本書（青チャート）のメインである，例題ページの構成について説明します。数学の学習法として，問題をたくさん解くことは一つの方法ですが，単に問題を解くだけでなく，その問題のポイントを押さえることや，関連する内容をあわせて学ぶことも重要です。チャート式には，みなさんの学習の助けになるような要素がたくさんあります。右側のページにある 基本例題 1 を例として見てみましょう。

① 例題文，フィードバック，フィードフォワード

例題ページでは，その項目で身につけてほしい重要な内容を取り上げています。また，例題文の右下に，p.12 基本事項 3，4 のようにフィードバック，フィードフォワードとして，基本事項のページや関連する例題の番号を示しています。前の内容に戻って復習をしたいときや，更に実力を高めたいときに参考にしてください。

② 指針

指針 には，

解答を導き出すための道筋や，解法の着眼点がどこにあるか

といった，問題を解くためのポイントが書かれています。

チャート式において，この指針が最も真価を発揮している部分です。

例えば，基本例題 1 の指針には，「着目した文字以外の文字は数と考える」とあります。基本例題 1 の問題のうち，(3) は教科書であまり扱いのない複雑な式ですが，指針を読んでいれば，解答も理解しやすくなります。

例題で思うように手が動かないときは，すぐに解答を見るのではなく，**まず指針を読んでみてください**。指針に書かれている考え方やポイントを押さえながら学習することで，より確かな数学力を身につけることができます。

③ 解答

解答 の部分には，例題の解答が書かれています。指針を読んでもわからなかった場合は，解答を読んで理解しましょう。また，解答を読んでいて，考え方がつかみづらいときもあると思います。そんなときも指針を読み，どのように考えるかを確認すると，より理解しやすくなると思います。

④ 練習

練習 には，例題の反復問題があります。この問題を解くことで，例題が理解できたかどうか確かめることができます。

例題ページにはこのほかに，検討 や POINT といった，例題に関連する内容が書かれていることもあります。
詳しくは $p.19$ の CHART NAVI を読んでください。
例題に取り組むときは，**指針を読んで学習する** ことを意識してみましょう。

基本 例題 **1** 同類項の整理と次数・定数項

次の多項式の同類項をまとめて整理せよ。また，(2), (3) の多項式において，[ ] 内の文字に着目したとき，その次数と定数項をいえ。

(1) $3x^2+2x-6-4x^2+3x+2$

(2) $2a^2-ab-b^2+4ab+3a^2+2b^2$ [b]

(3) $x^3-2ax^2y+4xy-3by+y^2+2xy-2by+4a$ [x と y]，[y]

/ p.12 基本事項 **3**, **4**

指針 同類項 は，係数の和を計算して 1 つの項にまとめることができる。

例えば，(1) では

$$3x^2-4x^2=(3-4)x^2=-x^2 \quad \text{など。}$$

また，(2), (3) において，[ ] 内の文字に着目したとき，着目した文字以外の文字は数と考える。

例えば，(3) で x と y に着目したら，残りの a, b は数とみる。

例	$4ab$	← 係数
a に着目	→ $4b \cdot a$ … 1 次	
a と b に着目	→ $4 \cdot ab$ … 2 次	
		↑ 係数

CHART 式の整理 同類項に着目して 降べきの順 に並べる

 解答

(1) $3x^2+2x-6-4x^2+3x+2$

$\quad =(3x^2-4x^2)+(2x+3x)+(-6+2)$

$\quad =-x^2+5x-4$

◀同類項をまとめる。

(2) $2a^2-ab-b^2+4ab+3a^2+2b^2$

$\quad =(2a^2+3a^2)+(-ab+4ab)+(-b^2+2b^2)$

$\quad =5a^2+3ab+b^2$

次に，b に着目すると $b^2+3ab+5a^2$

次数 2, 定数項 $5a^2$

◀同類項をまとめる。

◀●b^2+■$b+$▲ の形に整理。b 以外の文字は数と考える。

(3) $x^3-2ax^2y+4xy-3by+y^2+2xy-2by+4a$

$=x^3-2ax^2y+(4xy+2xy)+y^2+(-3by-2by)+4a$

$=x^3-2ax^2y+6xy+y^2-5by+4a$

次に，x と y に着目すると 次数 3, 定数項 $4a$

また，y に着目すると

$\quad y^2+(-2ax^2+6x-5b)y+x^3+4a$

次数 2, 定数項 x^3+4a

◀x と y について，3 次の項 → 2 次の項 → 1 次の項 → 定数項の順に整理（降べきの順）。

◀●y^2+■$y+$▲ の形に。y 以外の文字は数と考える。

練習 (1) 多項式 $-2x+3y+x^2+5x-y$ の同類項をまとめよ。

① **1** (2) 次の多項式において，[ ] 内の文字に着目したとき，その次数と定数項をいえ。

(ア) $x-2xy+3y^2+4-2x-7xy+2y^2-1$ [y]

(イ) $a^2b^2-ab+3ab-2a^2b^2+7c^2+4a-5b-3a+1$ [b]，[a と b]

基本例題 2 多項式の加法・減法

$A=x^2+3y^2-2xy$, $B=y^2+3xy-2x^2$, $C=-3x^2+xy-4y^2$ であるとき，次の計算をせよ。

(1) $A+B$　　(2) $A-B$　　(3) $-3A+2B-C$

(4) $3(2A+C)-2\{2(A+C)-(B-C)\}$

p.13 基本事項 5

指針 (1), (2) はそれぞれ，多項式 A と B の和と差であるから，**同類項をまとめる。**

(2) **$-(\ )$ は $(\ )$ をはずすと，$(\ )$ 内の各項の係数の符号が変わる。**

(4) A, B, C の式を直接代入せず，まず **与えられた式を整理** してから代入する。
このとき，**括弧 $(\ )$, $\{\ \}$ は内側からはずす。**

CHART 式の計算　括弧は内側からはずす

解答

(1) $A+B=(x^2+3y^2-2xy)+(y^2+3xy-2x^2)$
$=(1-2)x^2+(-2+3)xy+(3+1)y^2$
$=\boldsymbol{-x^2+xy+4y^2}$

◀$+(\ )$ はそのまま $(\ )$ をはずす。

(2) $A-B=(x^2+3y^2-2xy)-(y^2+3xy-2x^2)$
$=x^2+3y^2-2xy-y^2-3xy+2x^2$
$=(1+2)x^2+(-2-3)xy+(3-1)y^2$
$=\boldsymbol{3x^2-5xy+2y^2}$

◀$-(\ )$ は符号を変えて $(\ )$ をはずす。

(3) $-3A+2B-C$
$=-3(x^2+3y^2-2xy)+2(y^2+3xy-2x^2)-(-3x^2+xy-4y^2)$
$=-3x^2-9y^2+6xy+2y^2+6xy-4x^2+3x^2-xy+4y^2$
$=(-3-4+3)x^2+(6+6-1)xy+(-9+2+4)y^2$
$=\boldsymbol{-4x^2+11xy-3y^2}$

(3) 縦書きで，すべて加法で計算すると

$$\begin{array}{rrrr} & -3x^2 & +6xy & -9y^2 \\ & -4x^2 & +6xy & +2y^2 \\ +) & 3x^2 & -xy & +4y^2 \\ \hline & -4x^2 & +11xy & -3y^2 \end{array}$$

(4) $3(2A+C)-2\{2(A+C)-(B-C)\}$
$=3(2A+C)-2(2A-B+3C)$
$=6A+3C-4A+2B-6C$
$=2A+2B-3C$
$=2(x^2+3y^2-2xy)+2(y^2+3xy-2x^2)-3(-3x^2+xy-4y^2)$
$=2x^2+6y^2-4xy+2y^2+6xy-4x^2+9x^2-3xy+12y^2$
$=(2-4+9)x^2+(-4+6-3)xy+(6+2+12)y^2$
$=\boldsymbol{7x^2-xy+20y^2}$

◀まず，A, B, C について整理する。

◀$-(\ )$ は符号を変えて $(\ )$ をはずす。

練習 ② 2 $A=-2x^3+4x^2y+5y^3$, $B=x^2y-3xy^2+2y^3$, $C=3x^3-2x^2y$ であるとき，次の計算をせよ。

(1) $3(A-2B)-2(A-2B-C)$　　(2) $3A-2\{(2A-B)-(A-3B)\}-3C$

p.25 EX1, 2

基本例題 3 (単項式)×(単項式), (単項式)×(多項式) ①①①①①

次の計算をせよ。

(1) $(-xy^2)^2(-3x^2y)$　　(2) $-a^2b(-3a^2bc^2)^3$

(3) $3abc(a+4b-2c)$　　(4) $(-xy)^2(3x^2-2y-4)$

p.13 基本事項 5, 6

指針 (1), (2) は (単項式)×(単項式) ⟶ 各単項式の **係数の積**, **文字の積** を, それぞれ計算する。文字の積には **指数法則** を利用。

指数法則 $a^m a^n = a^{m+n}$, $(a^m)^n = a^{mn}$, $(ab)^n = a^n b^n$ (m, n は正の整数)

(1) $\{(-1)^2\times(-3)\}\times\{(xy^2)^2\times(x^2y)\}$ (前半: 係数の積, 後半: 文字の積)

(3), (4) は (単項式)×(多項式) ⟶ **分配法則** $A(B+C)=AB+AC$ を利用。

(3) $3abc(a+4b-2c)$ として計算。(①, ②, ③ の順に $3abc$ を掛ける)

解答

(1) $(-xy^2)^2(-3x^2y)$
$=(-1)^2x^2y^4\times(-3x^2y)$
$=1\cdot(-3)x^{2+2}y^{4+1}$ ……(＊)
$=\mathbf{-3x^4y^5}$

(2) $-a^2b(-3a^2bc^2)^3$
$=-a^2b\times(-3)^3a^6b^3c^6$
$=(-1)\cdot(-27)a^{2+6}b^{1+3}c^6$
$=\mathbf{27a^8b^4c^6}$

(3) $3abc(a+4b-2c)$
$=3abc\cdot a+3abc\cdot 4b+3abc\cdot(-2c)$
$=\mathbf{3a^2bc+12ab^2c-6abc^2}$

(4) $(-xy)^2(3x^2-2y-4)$
$=x^2y^2\cdot 3x^2+x^2y^2\cdot(-2y)+x^2y^2\cdot(-4)$
$=\mathbf{3x^4y^2-2x^2y^3-4x^2y^2}$

$a^●a^■=a^{●+■}$
$(a^●)^■=a^{●■}$
$(ab)^●=a^●b^●$

(＊)の式にある・は積を表す記号である。$1\cdot(-3)=1\times(-3)$

◀符号だけ先に考えると, ---- の中の (−) は合計 4 個 ⟶ 答えの符号は (+)

◀**分配法則**
$A(B+C+D)$
$=AB+AC+AD$

◀$(-xy)^2=(-1)^2x^2y^2$
$=x^2y^2$

検討 **$(-1)^2$, $(-1)^3$, …… の扱いのコツ**

単項式の積を計算するときは **符号 ⟶ 係数 ⟶ 文字** の順に計算してもよい。
特に, 符号については, 負の数が何個あるかに注意して, 次のように決定する。

$(-1)^{偶数}=1$　　−(マイナス) が偶数個なら　+
$(-1)^{奇数}=-1$　　−(マイナス) が奇数個なら　−

練習 ① 3 次の計算をせよ。

(1) $(-ab)^2(-2a^3b)$　　(2) $(-2x^4y^2z^3)(-3x^2y^2z^4)$

(3) $2a^2bc(a-3b^2+2c)$　　(4) $(-2x)^3(3x^2-2x+4)$

p.25 EX 3

基本例題 4 (多項式)×(多項式)

①①①①①

次の式を展開せよ。

(1) $(3x+2)(4x^2-3x-1)$　　(2) $(3x^3-5x^2+1)(1-x+2x^2)$

↗基本 3

指針 いくつかの多項式の積の形をした式において，積を計算して単項式の和の形に表すことを，その式を **展開** するという。**分配法則** を用いて計算する。

$$(a+b)(c+d)=ac+ad+bc+bd$$

(2) $1-x+2x^2$ は，$2x^2-x+1$ と降べきの順に整理してから展開する。

解答

(1) $(3x+2)(4x^2-3x-1)$

$=3x(4x^2-3x-1)+2(4x^2-3x-1)$

$=12x^3-9x^2-3x+8x^2-6x-2$

$=\mathbf{12x^3-x^2-9x-2}$

(2) $(3x^3-5x^2+1)(1-x+2x^2)$

$=(3x^3-5x^2+1)(2x^2-x+1)$

$=3x^3(2x^2-x+1)-5x^2(2x^2-x+1)+(2x^2-x+1)$

$=6x^5-3x^4+3x^3-10x^4+5x^3-5x^2+2x^2-x+1$

$=\mathbf{6x^5-13x^4+8x^3-3x^2-x+1}$

◀$(A+B)(C+D+E)$
$=AC+AD+AE$
$+BC+BD+BE$

◀後の（　）内を降べきの順に整理してから展開するとまとめやすい。

◀**降べきの順** に整理。

検討

縦書きによる計算における注意点

縦書きで計算するときは，**式は** 降べきの順に **整理** してから，同類項が縦に並ぶように，欠けている次数の項のところはあけておく。(2)の解答では〰〰のように順次あける。

(1)は掛ける順序を逆にするとよい。

① **1つの文字について，降べきの順に整理**

② **欠けている次数の項のところはあけておく**

(1)

$$\begin{array}{rrrrr} & & 4x^2 & -3x & -1 \\ \times) & & 3x & +2 & \\ \hline & 12x^3 & -9x^2 & -3x & \\ & & 8x^2 & -6x & -2 \\ \hline & \mathbf{12x^3} & \mathbf{-x^2} & \mathbf{-9x} & \mathbf{-2} \end{array}$$

(2)

$$\begin{array}{rrrrrrr} & & & 3x^3 & -5x^2 & & +1 \\ \times) & & & & 2x^2 & -x & +1 \\ \hline & 6x^5 & -10x^4 & & +2x^2 & & \\ & & -3x^4 & +5x^3 & & -x & \\ & & & 3x^3 & -5x^2 & & +1 \\ \hline & \mathbf{6x^5} & \mathbf{-13x^4} & \mathbf{+8x^3} & \mathbf{-3x^2} & \mathbf{-x} & \mathbf{+1} \end{array}$$

練習 次の式を展開せよ。

① **4**

(1) $(2a+3b)(a-2b)$　　(2) $(2x-3y-1)(2x-y-3)$

(3) $(2a-3b)(a^2+4b^2-3ab)$　　(4) $(3x+x^3-1)(2x^2-x-6)$

p.25 EX5

CHART NAVI 例題ページの構成と学習法 (2)

p.14 の CHART NAVI では，例題ページの構成について説明しました。
このページでは，より深く学ぶために取り組んでほしいことを説明します。

① 指針と CHART

これまで学習してきた例題の指針の中に CHART というものがあります。
例えば，*p*.15 の基本例題 **1** や *p*.16 の基本例題 **2** では

CHART 式の整理　**同類項に着目して 降べきの順 に並べる**

CHART 式の計算　**括弧は内側からはずす**

と書かれています。このように，その問題に取り組むにあたり，基本となる事項を端的にわかりやすく示したものを CHART として掲載しています。

問題が解けなかったときだけでなく，解けたときにも，**指針** や CHART を確認することで，学習内容を整理し，確実に身につけることができます。

② 検討

検討 には，例題に関連する内容が書かれています。例えば

例題を解くうえでの注意点，
例題の内容を発展させたもの，
別の視点からの考え方

などがあります。例題の学習効果を更に高めるための情報が掲載されていますので，ぜひ **指針** に加えて，**検討** の内容も確認するようにしてください。

例えば，**基本例題 4** の **検討** では，例題の解答で示したものとは違った，縦書きによる計算方法を紹介しています。計算方法だけでなく，「欠けている次数の項のところはあけておく」といった計算の際の注意点にも触れられていますので，無理なく理解できると思います。
また，POINT として，重要な公式やポイントとなる式などを取り上げている箇所もあります（*p*.22 基本例題 **7** など）。

なお，検討の中には，教科書であまり扱いのない内容や発展的な内容を取り上げたものもあり，そういったやや高度な内容には PLUS ONE をつけています。学習状況によっては無理に取り組む必要はありませんが，より実力を高めたいときには是非読んでみてください。

また，高校数学では，最終的な答えが一致しているかだけでなく，そこに至るまでの過程も大切で，解答として文章に書き表現する力が求められます。指針や検討を読んで理解を深めることも大切ですが，**実際に自ら問題を解き，ノートに書いて学習する** ことを意識して取り組んでください。

基本例題 5 公式による展開(2次式)

次の式を展開せよ。

(1) $(a+2)^2$　(2) $(3x-4y)^2$　(3) $(2a+b)(2a-b)$

(4) $(x+3)(x-5)$　(5) $(2x+3)(3x+4)$　(6) $(4x+y)(7y-3x)$

p.13 基本事項 7

指針 2次式についての展開の公式(p.13 7 参照)

1 $\begin{cases}(a+b)^2=a^2+2ab+b^2 & \text{〔和の平方〕}\\ (a-b)^2=a^2-2ab+b^2 & \text{〔差の平方〕}\end{cases}$

2 $(a+b)(a-b)=a^2-b^2$ 〔和と差の積〕

3 $(x+a)(x+b)=x^2+(a+b)x+ab$

4 $(ax+b)(cx+d)=acx^2+(ad+bc)x+bd$

が利用できる形。1～3 は中学で学習した。なお，4 の証明は下の 検討 を参照。

(6) 後の(　)の項の順序を入れ替えて 4 を利用する。y を書き落とさないように。

解答

(1) $(a+2)^2=a^2+2\cdot a\cdot 2+2^2$
$=\boldsymbol{a^2+4a+4}$
◀公式 1 (上)

(2) $(3x-4y)^2=(3x)^2-2\cdot 3x\cdot 4y+(4y)^2$
$=\boldsymbol{9x^2-24xy+16y^2}$
◀公式 1 (下)

(3) $(2a+b)(2a-b)=(2a)^2-b^2$
$=\boldsymbol{4a^2-b^2}$
◀公式 2

(4) $(x+3)(x-5)=x^2+(3-5)x+3\cdot(-5)$
$=\boldsymbol{x^2-2x-15}$
◀公式 3

(5) $(2x+3)(3x+4)=2\cdot 3x^2+(2\cdot 4+3\cdot 3)x+3\cdot 4$
$=\boldsymbol{6x^2+17x+12}$
◀公式 4

(6) $(4x+y)(7y-3x)$
$=(4x+y)(-3x+7y)$
$=4\cdot(-3)x^2+\{4\cdot 7+1\cdot(-3)\}xy+1\cdot 7y^2$
$=\boldsymbol{-12x^2+25xy+7y^2}$
◀$(y+4x)(7y-3x)$ として展開してもよい。

検討

公式 4 の証明

多項式の乗法は，分配法則を用いると，必ず計算できる。例えば，公式 4 は

$$\begin{aligned}\boldsymbol{(ax+b)(cx+d)}&=ax(cx+d)+b(cx+d)\\&=ax\cdot cx+ax\cdot d+b\cdot cx+b\cdot d\\&=\boldsymbol{acx^2+(ad+bc)x+bd}\end{aligned}$$

←同類項をまとめる。

練習 5 ①　次の式を展開せよ。

(1) $(3x+5y)^2$　(2) $(a^2+2b)^2$　(3) $(3a-2b)^2$

(4) $(2xy-3)^2$　(5) $(2x-3y)(2x+3y)$　(6) $(3x-4y)(5y+4x)$

基本 例題 6 公式による展開（3 次式）

次の式を展開せよ。

(1) $(x+3)(x^2-3x+9)$　　(2) $(3a-2b)(9a^2+6ab+4b^2)$

(3) $(a+3)^3$　　(4) $(2x-y)^3$

p.13 基本事項 8

指針 3 次式についての展開の公式（$p.13$ **8** 参照）

5 $\begin{cases}(a+b)(a^2-ab+b^2)=a^3+b^3 & \text{〔立方の和になる〕}\\(a-b)(a^2+ab+b^2)=a^3-b^3 & \text{〔立方の差になる〕}\end{cases}$

6 $\begin{cases}(a+b)^3=a^3+3a^2b+3ab^2+b^3 & \text{〔和の立方〕}\\(a-b)^3=a^3-3a^2b+3ab^2-b^3 & \text{〔差の立方〕}\end{cases}$

が利用できる形。なお，5，6 の証明は下の 検討 を参照。

解答

(1) $(x+3)(x^2-3x+9)=(x+3)(x^2-x\cdot 3+3^2)$
$=x^3+3^3$
$=\boldsymbol{x^3+27}$

◀公式 5（上）

(2) $(3a-2b)(9a^2+6ab+4b^2)$
$=(3a-2b)\{(3a)^2+3a\cdot 2b+(2b)^2\}$
$=(3a)^3-(2b)^3$
$=\boldsymbol{27a^3-8b^3}$

◀公式 5（下）

(3) $(a+3)^3=a^3+3\cdot a^2\cdot 3+3\cdot a\cdot 3^2+3^3$
$=\boldsymbol{a^3+9a^2+27a+27}$

◀公式 6（上）

(4) $(2x-y)^3=(2x)^3-3\cdot(2x)^2\cdot y+3\cdot 2x\cdot y^2-y^3$
$=\boldsymbol{8x^3-12x^2y+6xy^2-y^3}$

◀公式 6（下）
2 番目，4 番目の項に $-$ がつく。

検討

公式 5，6 の証明

上の公式 5（上）の証明

$\boldsymbol{(a+b)(a^2-ab+b^2)}=a(a^2-ab+b^2)+b(a^2-ab+b^2)$
$=a^3-a^2b+ab^2+a^2b-ab^2+b^3$
$=\boldsymbol{a^3+b^3}$

$$\begin{array}{rrrr} & a^2 & -ab & +b^2 \\ \times) & a & +b & \\ \hline & a^3-a^2b & +ab^2 & \\ & a^2b & -ab^2 & +b^3 \\ \hline & a^3 & & +b^3 \end{array}$$

上の公式 6（上）の証明

$\boldsymbol{(a+b)^3}=(a+b)(a+b)^2=(a+b)(a^2+2ab+b^2)$
$=a(a^2+2ab+b^2)+b(a^2+2ab+b^2)$
$=a^3+2a^2b+ab^2+a^2b+2ab^2+b^3=\boldsymbol{a^3+3a^2b+3ab^2+b^3}$

上の公式 6（下）の証明

公式 6（上）において，b を $-b$ におき換えると

$\{a+(-b)\}^3=a^3+3a^2(-b)+3a(-b)^2+(-b)^3$

すなわち　$\boldsymbol{(a-b)^3=a^3-3a^2b+3ab^2-b^3}$

公式 5（下）も公式 5（上）を用いて，同様に証明できる。

練習 ① **6** 次の式を展開せよ。

(1) $(x+2)(x^2-2x+4)$　　(2) $(2p-q)(4p^2+2pq+q^2)$

(3) $(2x+1)^3$　　(4) $(3x-2y)^3$

基本例題 7 おき換えを利用した展開

次の式を展開せよ。

(1) $(a-b+c)^2$ (2) $(x+y+z)(x-y-z)$

(3) $(x^2+3x-2)(x^2+3x+3)$

重要 9↘

指針 このまま，分配法則を用いて展開してもよいが，工夫すると公式（$p.13$ **7** 参照）を利用できることがある。

ここでは，**繰り返し出てくる式** を $=A$ と **おき換える** 方針で計算する。

(1) $\underline{a-b}=A$ とおくと $(A+c)^2$ ⟶ 公式 1 を利用。

(2) $(x+\underline{y+z})\{x-(\underline{y+z})\}$ ⟶ $\underline{y+z}=A$ とおくと $(x+A)(x-A)$ ⟶ 公式 2。

(3) $(\underline{x^2+3x}-2)(\underline{x^2+3x}+3)$ ⟶ $\underline{x^2+3x}=A$ とおくと $(A-2)(A+3)$ ⟶ 公式 3。

なお，実際は解答のように，おき換えるつもりで（ ）でくくって計算する。

CHART 共通な式 まとめておき換える

解答

(1) $(a-b+c)^2=\{(a-b)+c\}^2$
$=(a-b)^2+2(a-b)c+c^2$
$=(a^2-2ab+b^2)+2ac-2bc+c^2$
$=\boldsymbol{a^2+b^2+c^2-2ab-2bc+2ca}$

(2) $(x+y+z)(x-y-z)$
$=\{x+(y+z)\}\{x-(y+z)\}$
$=x^2-(y+z)^2$
$=x^2-(y^2+2yz+z^2)$
$=\boldsymbol{x^2-y^2-z^2-2yz}$

(3) $(x^2+3x-2)(x^2+3x+3)$
$=\{(x^2+3x)-2\}\{(x^2+3x)+3\}$
$=(x^2+3x)^2+(x^2+3x)-6$
$=x^4+6x^3+9x^2+x^2+3x-6$
$=\boldsymbol{x^4+6x^3+10x^2+3x-6}$

◀ $a-b=A$ とおくと $(A+c)^2=A^2+2Ac+c^2$

◀ 図の順番（**輪環の順**）に整理。

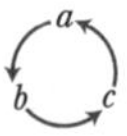

◀ 符号に注目して後の式を（ ）でくくると，同じもの $y+z$ が出てくる。
$y+z=A$ とおくと $(x+A)(x-A)=x^2-A^2$

◀ $x^2+3x=A$ とおくと $(A-2)(A+3)$ $=A^2+A-6$

POINT 次の展開式はよく使うので，公式として覚えておくとよい。

$$(a+b+c)^2=a^2+b^2+c^2+2ab+2bc+2ca$$

(1) でこの公式を用いると，次のようになる。

$$(a-b+c)^2=a^2+(-b)^2+c^2+2a(-b)+2(-b)c+2ca$$
$$=\boldsymbol{a^2+b^2+c^2-2ab-2bc+2ca}$$

練習 ② **7** 次の式を展開せよ。

(1) $(a+3b-c)^2$ (2) $(x+y+7)(x+y-7)$

(3) $(x-3y+2z)(x+3y-2z)$ (4) $(x^2-3x+1)(x^2+4x+1)$

基本例題 8 掛ける順序や組み合わせを工夫して展開(1) ①①①①①

次の式を展開せよ。

(1) $(x+y)(x^2+y^2)(x-y)$　　(2) $(p+2q)^2(p-2q)^2$

(3) $(x+1)(x-2)(x^2-x+1)(x^2+2x+4)$

重要 9↘

指針 そのまま前から順に展開すると，計算が複雑になる。このようなときは，式の形を見て，**掛ける式の順序** や **掛ける式の組み合わせ** を**工夫** する。

この例題では，次の公式が利用できる組み合わせから計算を始める。

(1), (2)　$(a+b)(a-b)=a^2-b^2$

(3)　$(a+b)(a^2-ab+b^2)=a^3+b^3$，$(a-b)(a^2+ab+b^2)=a^3-b^3$

CHART 多くの式の積　**掛ける順序・組み合わせの工夫**

解答

(1) $(x+y)(x^2+y^2)(x-y)=\underset{\sim\sim\sim}{(x+y)(x-y)}(x^2+y^2)$

$=(x^2-y^2)(x^2+y^2)$

$=(x^2)^2-(y^2)^2=\boldsymbol{x^4-y^4}$

◀ 〰 を先に計算。$(a+b)(a-b)=a^2-b^2$

◀ $(a+b)(a-b)=a^2-b^2$

(2) $(p+2q)^2(p-2q)^2=\{(p+2q)(p-2q)\}^2$

$=(p^2-4q^2)^2$

$=\boldsymbol{p^4-8p^2q^2+16q^4}$

◀ $A^2B^2=(AB)^2$，$(a+b)(a-b)=a^2-b^2$

別解　$(p+2q)^2(p-2q)^2$

$=(p^2+4pq+4q^2)(p^2-4pq+4q^2)$

$=\{(p^2+4q^2)+4pq\}\{(p^2+4q^2)-4pq\}$

$=(p^2+4q^2)^2-(4pq)^2$

$=p^4+8p^2q^2+16q^4-16p^2q^2$

$=\boldsymbol{p^4-8p^2q^2+16q^4}$

◀ $p^2+4q^2=A$ とおくと $(A+4pq)(A-4pq)$ $=A^2-(4pq)^2$

(3) $(x+1)(x-2)(x^2-x+1)(x^2+2x+4)$

$=(x+1)(x^2-x+1)\times(x-2)(x^2+2x+4)$

$=(x^3+1)(x^3-8)$

$=(x^3)^2-7x^3-8$

$=\boldsymbol{x^6-7x^3-8}$

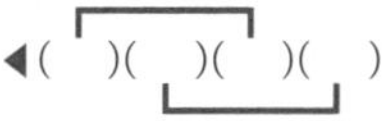

◀ (　)(　)(　)(　)（1番目と3番目，2番目と4番目を組み合わせる）

◀ $(a+b)(a^2-ab+b^2)=a^3+b^3$，$(a-b)(a^2+ab+b^2)=a^3-b^3$

検討 **(2) の解答についての計算量の比較**

上の (2) の解答を比較すると，別解 の計算がやや複雑に感じられる。これは，$(a+b)^2$ の展開公式では，展開すると項が 1 つ増えるからである。これに対し，$(a+b)(a-b)$ の展開公式では項が増えない。よって，計算も比較的らくに行うことができる。

練習 ② 8 次の式を展開せよ。

(1) $(x+3)(x-3)(x^2+9)$　　(2) $(x-1)(x-2)(x+1)(x+2)$

(3) $(a+b)^3(a-b)^3$　　(4) $(x+3)(x-1)(x^2+x+1)(x^2-3x+9)$

重要例題 9 掛ける順序や組み合わせを工夫して展開 (2)

次の式を計算せよ。

(1) $(x-1)(x-2)(x-3)(x-4)$

(2) $(a+b+c)^2+(b+c-a)^2+(c+a-b)^2+(a+b-c)^2$

(3) $(a+2b+1)(a^2-2ab+4b^2-a-2b+1)$

基本 7, 8

指針 前ページの例題同様，ポイントは **掛ける順序** や **組み合わせ** を**工夫** すること。

(1) **多くの式の積** は，**掛ける組み合わせに注意。**

4つの1次式の定数項に注目する。$(-1)+(-4)=(-2)+(-3)=-5$ であるから

$(x-1)(x-4)\times(x-2)(x-3)=(\underline{x^2-5x}+4)(\underline{x^2-5x}+6)$ ← 共通の式 $\underline{x^2-5x}$ が出る。

(2) **おき換え** を利用して，計算をらくにする。$b+c=X$，$b-c=Y$ とおくと

$(与式)=(X+a)^2+(X-a)^2+(a-Y)^2+(a+Y)^2$

(3) (　) 内の式を1つの文字 a について整理してみる。

CHART 多くの式の積 **掛ける順序・組み合わせの工夫**

解答

(1) $(与式)=\{(x-1)(x-4)\}\times\{(x-2)(x-3)\}$

$=\{(x^2-5x)+4\}\times\{(x^2-5x)+6\}$

$=(x^2-5x)^2+10(x^2-5x)+24$

$=x^4-10x^3+25x^2+10x^2-50x+24$

$=\boldsymbol{x^4-10x^3+35x^2-50x+24}$

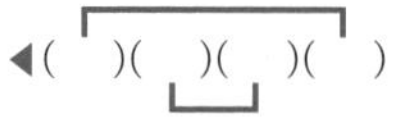

◀ $x^2-5x=\boldsymbol{A}$ とおくと $(\boldsymbol{A}+4)(\boldsymbol{A}+6)$ $=A^2+10A+24$

(2) $(与式)=\{(b+c)+a\}^2+\{(b+c)-a\}^2+\{a-(b-c)\}^2+\{a+(b-c)\}^2$

$=2\{(b+c)^2+a^2\}+2\{a^2+(b-c)^2\}$

$=4a^2+2\{(b+c)^2+(b-c)^2\}$

$=4a^2+2\cdot2(b^2+c^2)$

$=\boldsymbol{4a^2+4b^2+4c^2}$

◀ $\boldsymbol{(x+y)^2+(x-y)^2=2(x^2+y^2)}$ となることを利用。

(3) $(与式)=\{a+(2b+1)\}\{a^2-(2b+1)a+(4b^2-2b+1)\}$

$=a^3+\{(2b+1)-(2b+1)\}a^2+\{(4b^2-2b+1)-(2b+1)^2\}a+(2b+1)(4b^2-2b+1)$

$=a^3-6ba+(2b)^3+1^3$

$=\boldsymbol{a^3+8b^3-6ab+1}$

◀ $(a+●)(a^2-▲a+■)$ とみて展開。

◀ $(p+q)(p^2-pq+q^2)=p^3+q^3$

注意 問題文で与えられた式を，(与式) と書くことがある。

練習 ③ **9** 次の式を展開せよ。

(1) $(x-2)(x+1)(x+2)(x+5)$　　(2) $(x+8)(x+7)(x-3)(x-4)$

(3) $(x+y+z)(-x+y+z)(x-y+z)(x+y-z)$

(4) $(x+y+1)(x^2-xy+y^2-x-y+1)$

p.25 EX 6

EXERCISES

②**1**　$P=-2x^2+2x-5$，$Q=3x^2-x$，$R=-x^2-x+5$ のとき，次の式を計算せよ。

$$3P-[2\{Q-(2R-P)\}-3(Q-R)]$$

→2

③**2**　(1)　$3x^2-2x+1$ との和が x^2-x になる式を求めよ。

(2)　ある多項式に $a^3+2a^2b-5ab^2+5b^3$ を加えるところを誤って引いたので，答えが $-a^3-4a^2b+10ab^2-9b^3$ になった。正しい答えを求めよ。

→2

②**3**　次の計算をせよ。

(1)　$5xy^2\times(-2x^2y)^3$　〔上武大〕　(2)　$2a^2b\times(-3ab)^2\times(-a^2b^2)^3$

(3)　$(-2a^2b)^3(3a^3b^2)^2$　(4)　$(-2ax^3y)^2(-3ab^2xy^3)$

→3

③**4**　次の式を展開せよ。　〔(1) 函館大，(2) 近畿大，(4) 函館大〕

(1)　$(a-b+c)(a-b-c)$　(2)　$(2x^2-x+1)(x^2+3x-3)$

(3)　$(2a-5b)^3$　(4)　$(x^3+x-3)(x^2-2x+2)$

(5)　$(x^2-2xy+4y^2)(x^2+2xy+4y^2)$　(6)　$(x+y)(x-y)(x^2+y^2)(x^4+y^4)$

(7)　$(1+a)(1-a^3+a^6)(1-a+a^2)$

→4～8

③**5**　(1)　$(x^3+3x^2+2x+7)(x^3+2x^2-x+1)$ を展開すると，x^5 の係数は ア□，x^3 の係数は イ□ となる。　〔千葉商大〕

(2)　式 $(2x+3y+z)(x+2y+3z)(3x+y+2z)$ を展開したときの xyz の係数は □ である。　〔立教大〕

→4

④**6**　次の式を計算せよ。

(1)　$(x-b)(x-c)(b-c)+(x-c)(x-a)(c-a)+(x-a)(x-b)(a-b)$

(2)　$(x+y+2z)^3-(y+2z-x)^3-(2z+x-y)^3-(x+y-2z)^3$　〔(2) 山梨学院大〕

→9

HINT

1　括弧をはずして P，Q，R の式を整理してから代入する。**括弧をはずすときは，内側からはずす**。つまり（　），{　}，〔　〕の順にはずす。

2　(1)　求める式を P とすると　$P+(3x^2-2x+1)=x^2-x$

(2)　ある多項式（もとの式）を P，これに加えるべき式を Q，誤って式 Q を引いた結果の式を R とすると　$P-Q=R$　ゆえに　$P=Q+R$　これをもとに，正しい答えを考える。

4　(7)　$(1+a)(1-a+a^2)(1-a^3+a^6)$ として，3 次式の展開の公式を利用する。

5　(1)　(ア)　2 つの（　）内の，どの項の積が x^5 の項となるかを考える。

(2)　3 つの（　）から，x の項，y の項，z の項を 1 つずつ掛け合わせたものの和が xyz の項となる。

6　そのまま展開してもよいがかなり大変。**1 文字について整理する，同じ式はおき換える** などすると，見通しがよくなる。

(1)　(与式)$=(b-c)(x-b)(x-c)+(c-a)(x-c)(x-a)+(a-b)(x-a)(x-b)$

x^2 の項の係数は，$b-c+c-a+a-b=0$ となる。

(2)　似た式があるから，おき換えで計算をらくにする。

例えば，$y+2z=A$ とおくと，$(x+y+2z)^3$ は $(x+A)^3$ となる。これに 3 次式の展開の公式を使う。

2 因数分解

基本事項

1　2次式の因数分解の公式

1 $\begin{cases} a^2+2ab+b^2=(a+b)^2 & \text{〔和の平方になる〕} \\ a^2-2ab+b^2=(a-b)^2 & \text{〔差の平方になる〕} \end{cases}$

2 $a^2-b^2=(a+b)(a-b)$　〔平方の差〕

3 $x^2+(a+b)x+ab=(x+a)(x+b)$　〔2次3項式(Ⅰ)〕

4 $acx^2+(ad+bc)x+bd=(ax+b)(cx+d)$　〔2次3項式(Ⅱ)〕

2　3次式の因数分解の公式

5 $\begin{cases} a^3+b^3=(a+b)(a^2-ab+b^2) & \text{〔立方の和〕} \\ a^3-b^3=(a-b)(a^2+ab+b^2) & \text{〔立方の差〕} \end{cases}$

6 $\begin{cases} a^3+3a^2b+3ab^2+b^3=(a+b)^3 & \text{〔和の立方になる〕} \\ a^3-3a^2b+3ab^2-b^3=(a-b)^3 & \text{〔差の立方になる〕} \end{cases}$

注意　3次式の因数分解は数学Ⅱの内容であるが，本書では扱うものとする。

解　説

■ 因数分解

1つの多項式を，1次以上の多項式の積の形に変形することを，もとの式を **因数分解** するという。このとき，積を作っている各式を，もとの式の **因数** という。

因数分解の基本は，$ma+mb=m(a+b)$ のように，各項に共通な因数があれば，その共通因数を括弧の外にくくり出すことである。

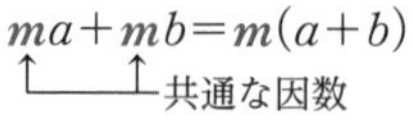

なお，与えられた多項式を因数分解する場合，特に断りがない限り，**因数の係数は有理数**（$p.43$ 参照）**の範囲とする。**

注意　例えば，x^2-1 は $(x+1)(x-1)$ と因数分解できるが，x^2-2 や x^2+1 は有理数の範囲では因数分解できない。なお，前の単元で学習した式の展開とは異なり，因数分解は常にできるわけではない。

■ 2次式の因数分解

1～4 は，$p.13$ の基本事項 **7** で示した展開の公式の逆の計算であり，1～3 は，既に中学校で学習している。

また，4 については，$p.29$ 参照。

■ 3次式の因数分解

5，6 は，$p.13$ の基本事項 **8** で示した展開の公式の逆の計算である。

また，5，6 では，符号を間違えないように注意する。

$$\overset{\overset{\text{異符号}}{\frown}}{a^3+b^3}=(a+b)(a^2-ab+b^2)$$
$$\underset{\underset{\text{異符号}}{\smile}}{a^3-b^3}=(a-b)(a^2+ab+b^2)$$

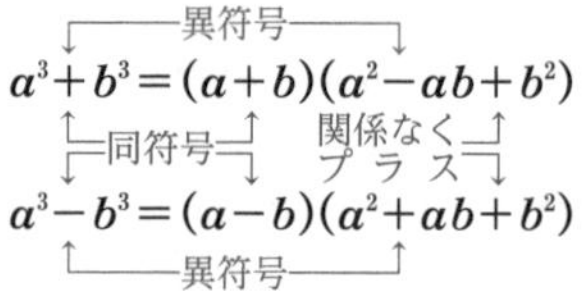

◀符号が正しいかどうかは，展開することで確かめることができる。

基本 例題 10 因数分解（基本，2 次式）

①①①①①

次の式を因数分解せよ。

(1) $9a^3x^2y-45ax^3y^2+18a^2xy^3$　　(2) $(x-y)^2+yz-zx$

(3) $x^2+14x+49$　　(4) $9x^2-12xy+4y^2$　　(5) $6a^3b-24ab^3$

(6) $x^2+7x+10$　　(7) $a^2+5a-24$

p.26 基本事項 1

指針 **因数分解** …… 変形して多項式の積の形にすること。つまり，展開の逆の操作である。

(1)，(2) 共通因数をくくり出す。

(3)，(4) $p.26$ の公式 1 $\begin{cases} \boldsymbol{a^2+2ab+b^2=(a+b)^2} \\ \boldsymbol{a^2-2ab+b^2=(a-b)^2} \end{cases}$ を利用。

(5) まず，共通因数をくくり出す。その後，公式 2 $\boldsymbol{a^2-b^2=(a+b)(a-b)}$ を利用。

(6)，(7) x^2+px+q の因数分解は，q を 2 数の積に分け，その 2 数の和が p となる組み合わせ $(a,\ b)$ を見つけると，$\boldsymbol{x^2+px+q=(x+a)(x+b)}$ と因数分解できる。（公式 3）

CHART 因数分解　まず くくり出し　公式も利用

解答

(1) $9a^3x^2y-45ax^3y^2+18a^2xy^3$
$=\boldsymbol{9axy(a^2x-5x^2y+2ay^2)}$

◀9, 45, 18 の最大公約数は 9

(2) $(x-y)^2+yz-zx=(x-y)^2-(x-y)z$
$=\boldsymbol{(x-y)(x-y-z)}$

◀$yz-zx$ を変形すると，共通因数 $x-y$ が見えてくる。

(3) $x^2+14x+49=x^2+2\cdot7x+7^2$
$=\boldsymbol{(x+7)^2}$

◀$a^2+2ab+b^2=(a+b)^2$

(4) $9x^2-12xy+4y^2=(3x)^2-2\cdot3x\cdot2y+(2y)^2$
$=\boldsymbol{(3x-2y)^2}$

◀$a^2-2ab+b^2=(a-b)^2$

(5) $6a^3b-24ab^3=6ab(a^2-4b^2)$
$=\boldsymbol{6ab(a+2b)(a-2b)}$

◀共通因数 $6ab$ をくくり出す。

(6) $x^2+7x+10=x^2+(2+5)x+2\cdot5$
$=\boldsymbol{(x+2)(x+5)}$

◀掛けて 10，足して 7

(7) $a^2+5a-24=a^2+(8-3)a+8\cdot(-3)$
$=\boldsymbol{(a+8)(a-3)}$

◀掛けて -24，足して 5

練習 ① 10 次の式を因数分解せよ。

(1) $(a+b)x-(a+b)y$　　(2) $(a-b)x^2+(b-a)xy$

(3) $121-49x^2y^2$　　(4) $8xyz^2-40xyz+50xy$

(5) $x^2-8x+12$　　(6) $a^2+5ab-150b^2$　　(7) $x^2-xy-12y^2$

基本例題 11 因数分解（たすき掛け）

次の式を因数分解せよ。

(1) $3x^2+5x+2$　　(2) $6x^2+x-2$　　(3) $6x^2-7xy-24y^2$

p.26 基本事項 1

指針 x^2 の係数が1でない px^2+qx+r の因数分解は，$p.26$ の

公式4　$\boldsymbol{acx^2+(ad+bc)x+bd=(ax+b)(cx+d)}$

を利用して行う。px^2+qx+r に対して，次の手順で考えるとよい。

① $p=ac$，$r=bd$ となる数の組 $(a,\ c)$，$(b,\ d)$ を求める（この組み合わせはいくつか見つかる）。

② ①で求めた $(a,\ c)$，$(b,\ d)$ のうち，$\boldsymbol{q=ad+bc}$ となる数 a，b，c，d を見つける。このような数 a，b，c，d は右のような図式を用いると見つけやすい。

（このような図式を用いて a，b，c，d を求める方法を たすき掛け という。）

③ ②の a，b，c，d を用いて，$px^2+qx+r=(ax+b)(cx+d)$ と因数分解する。

たすき掛け

a	b →	bc
c	d →	ad
ac	bd	$ad+bc$

CHART 2次の係数が1でない式の因数分解　たすき掛けを利用

解答

(1) 右のたすき掛けから

$3x^2+5x+2=\boldsymbol{(x+1)(3x+2)}$

1	1 →	3
3	2 →	2
3	2	5

(2) 右のたすき掛けから

$6x^2+x-2=\boldsymbol{(2x-1)(3x+2)}$

2	−1 →	−3
3	2 →	4
6	−2	1

(3) 右のたすき掛けから

$6x^2-7xy-24y^2$

$=\boldsymbol{(2x+3y)(3x-8y)}$

2	$3y$ →	$9y$
3	$-8y$ →	$-16y$
6	$-24y^2$	$-7y$

参考 $6x^2-7xy-24y^2$ から y を除いた $6x^2-7x-24$ の因数分解を考え，後から y を付け加えてもよい。

$6x^2-7x-24=(2x+3)(3x-8)$　↑ ↑ y を付け加える

(1) 次のようにたすき掛けをすると，$ad+bc=7$ となり失敗。

1	2 →	6
3	1 →	1
3	2	7

失敗の場合は，組み合わせを変えて試すとよい。

(2) <失敗例>

1	2 →	12
6	−1 →	−1
6	−2	11

(3) <失敗例>

1	$-24y$ →	$-144y$
6	y →	y
6	$-24y^2$	$-143y$

1	$-8y$ →	$-48y$
6	$3y$ →	$3y$
6	$-24y^2$	$-45y$

練習 ① 11 次の式を因数分解せよ。

(1) $3x^2+10x+3$　(2) $2x^2-9x+4$　(3) $6x^2+x-1$

(4) $8x^2-2xy-3y^2$　(5) $6a^2-ab-12b^2$　(6) $10p^2-19pq+6q^2$

p.41 EX7

たすき掛けを利用した因数分解

● 「たすき掛け」の手順

公式 $acx^2+(ad+bc)x+bd=(ax+b)(cx+d)$ における係数 a, b, c, d を見つけるのに，たすき掛け と呼ばれる図式を用いると便利である。

例題 11 (1) $3x^2+5x+2$ では次のように考える。

① $ac=3$, $bd=2$ より，

$$(a,\ c)=(1,\ 3),\ (b,\ d)=(1,\ 2)$$
$$(a,\ c)=(1,\ 3),\ (b,\ d)=(2,\ 1)$$

などの組み合わせを求める。

② 右の図式のように a, b, c, d を並べる。斜めに掛け算した ad と bc を右側に書き，それらの和 $ad+bc$ をその下に書く。

→ $ad+bc$ の値が 5 になれば成功。

ならなければ失敗，別の組み合わせを試す。

③ 求めた a, b, c, d を用いて因数分解する。

$$3x^2+5x+2=(x+1)(3x+2)$$

たすき掛け		
a ╳ b →		bc
c ╳ d →		ad
ac	bd	$ad+bc$

$$\begin{array}{ccc} 1 & 1 & \to 3 \\ 3 & 2 & \to 2 \\ \hline 3 & 2 & 5 \end{array}$$
$ad+bc=5$
なので，成功！

$$\begin{array}{ccc} 1 & 2 & \to 6 \\ 3 & 1 & \to 1 \\ \hline 3 & 2 & 7 \end{array}$$
$ad+bc=7$
なので，失敗…

補足 係数 a, b, c, d の組み合わせについては様々考えられるが，x^2 の係数にある a, c については，正の数の組み合わせだけを考え，$0<a\leqq c$ として見つければよい。

● 考える組み合わせを減らすには？

たすき掛けを利用する因数分解では，係数 a, b, c, d を効率よく見つけることが大切である。例題 11 (2) $6x^2+x-2$ を例にして，考えてみよう。

$ac=6$, $bd=-2$ であるから，次の 8 通りの組み合わせが考えられる。

① $\begin{array}{cc} 1 & 1 \\ 6 & -2 \end{array}$ ② $\begin{array}{cc} 1 & -1 \\ 6 & 2 \end{array}$ ③ $\begin{array}{cc} 1 & 2 \\ 6 & -1 \end{array}$ ④ $\begin{array}{cc} 1 & -2 \\ 6 & 1 \end{array}$

⑤ $\begin{array}{cc} 2 & 1 \\ 3 & -2 \end{array}$ ⑥ $\begin{array}{cc} 2 & -1 \\ 3 & 2 \end{array}$ ⑦ $\begin{array}{cc} 2 & 2 \\ 3 & -1 \end{array}$ ⑧ $\begin{array}{cc} 2 & -2 \\ 3 & 1 \end{array}$

◀$(a,\ c)$ は，$(1,\ 6)$, $(2,\ 3)$ の 2 通り。
$(b,\ d)$ は，$(1,\ -2)$, $(-1,\ 2)$, $(2,\ -1)$, $(-2,\ 1)$ の 4 通り。

このうち，①，②，⑦，⑧ は，横に並んだ 2 つの数が 1 以外の公約数をもつため，候補外であることがすぐにわかる。

例えば，① を考えると，$(x+1)(6x-2)=(x+1)\times2(3x-1)$ のように 2 でくくり出せるが，もとの式 $6x^2+x-2$ は 2 でくくり出すことはできないため，① の組み合わせで因数分解できることはない。

よって，③，④，⑤，⑥ の組み合わせから，$ad+bc=1$ となるものを探せばよく，⑥ が適することから $6x^2+x-2=(2x-1)(3x+2)$ と因数分解できる。

たすき掛けに慣れてきたら，考える組み合わせを減らす工夫をしてみよう。

基本例題 12 因数分解(3 次式)

次の式を因数分解せよ。

(1) x^3-27　　(2) $64a^3+125b^3$

(3) $x^3+6x^2+12x+8$　　(4) x^3+x^2-4x-4

p.26 基本事項 2

指針

(1) $27=3^3$ であるから **3 乗の差**

(2) $64=4^3$, $125=5^3$ であるから **3 乗の和**

(3), (4) このタイプはまず, $p.26$ の

公式 6 $\boldsymbol{a^3+3a^2b+3ab^2+b^3=(a+b)^3}$

が使えるかどうかを確かめる。

(3) は, $8=2^3$, $6x^2=3\cdot x^2\cdot 2$, $12x=3\cdot x\cdot 2^2$ であるから, 公式 6 ($a=x$, $b=2$) が使える。

(4) のように公式が使えない場合, **組み合わせを工夫** して共通因数を作り出す。

$\boldsymbol{a^3+b^3=(a+b)(a^2-ab+b^2)}$

$\boldsymbol{a^3-b^3=(a-b)(a^2+ab+b^2)}$

(異符号, 同符号, 関係なくプラス, 異符号)

解答

(1) $x^3-27=x^3-3^3$

$=(x-3)(x^2+x\cdot 3+3^2)$

$=\boldsymbol{(x-3)(x^2+3x+9)}$

◀3 乗の差。
◀符号に要注意。

(2) $64a^3+125b^3=(4a)^3+(5b)^3$

$=(4a+5b)\{(4a)^2-4a\cdot 5b+(5b)^2\}$

$=\boldsymbol{(4a+5b)(16a^2-20ab+25b^2)}$

◀3 乗の和。
◀符号に要注意。

(3) $x^3+6x^2+12x+8=x^3+3\cdot x^2\cdot 2+3\cdot x\cdot 2^2+2^3$

$=\boldsymbol{(x+2)^3}$

◀$\boldsymbol{a^3+3a^2b+3ab^2+b^3=(a+b)^3}$

別解 $x^3+6x^2+12x+8=(x^3+8)+(6x^2+12x)$

$=(x+2)(x^2-2x+4)+6x(x+2)$

$=(x+2)(x^2-2x+4+6x)$

$=(x+2)(x^2+4x+4)$

$=(x+2)(x+2)^2$

$=\boldsymbol{(x+2)^3}$

◀組み合わせを工夫。
◀$x^3+8=x^3+2^3$
◀共通因数 $x+2$ でくくる。

(4) $x^3+x^2-4x-4=(x^3+x^2)-(4x+4)$

$=x^2(x+1)-4(x+1)$

$=(x+1)(x^2-4)$

$=\boldsymbol{(x+1)(x+2)(x-2)}$

◀$(x^3-4x)+(x^2-4)$ と組み合わせてもよい。
◀共通因数 $x+1$ でくくる。

参考 (3) のように公式 6 が使える式であっても, 別解 のように「組み合わせを工夫して共通因数を作り出す」方法で因数分解ができる。

練習 ② 12 次の式を因数分解せよ。

(1) $8a^3+27b^3$　　(2) $64x^3-1$

(3) $8x^3-36x^2+54x-27$　　(4) $4x^3-8x^2-9x+18$

p.41 EX8

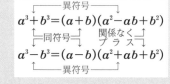

基本例題 13 因数分解(おき換え利用)(1)

次の式を因数分解せよ。

(1) $2(x-1)^2-11(x-1)+15$　　(2) x^2-y^2+4y-4

(3) x^4-10x^2+9　　(4) $(x^2+3x)^2-2(x^2+3x)-8$

重要 14

指針

(1) **繰り返し現れる式** $x-1$ に注目して，$\boldsymbol{x-1=X}$ **とおく** と　$2X^2-11X+15$
このXの2次式を因数分解する要領で。

(2) $x^2-(y^2-4y+4)$ であり　$y^2-4y+4=(y-2)^2$
$\boldsymbol{y-2=Y}$ **とおく** と，x^2-Y^2 の形(**平方の差の形**)になる。⟶p.26 の公式2を利用。

(3) $x^4=(x^2)^2$ であるから，$\boldsymbol{x^2=X}$ **とおく** と　$X^2-10X+9$ ⟵ Xの2次式。
なお，(3)のように $x^2=X$ とおくと2次式 aX^2+bX+c となる式，すなわち ax^4+bx^2+c の形の式を **複2次式** という。

(4) $\boldsymbol{x^2+3x=X}$ **とおく** と，Xの2次式となる。

CHART 因数分解　同じ形のものは おき換え

解答

(1) $2(x-1)^2-11(x-1)+15=\{(x-1)-3\}\{2(x-1)-5\}$
$=\boldsymbol{(x-4)(2x-7)}$

別解　$2(x-1)^2-11(x-1)+15=2(x^2-2x+1)-11x+26$
$=2x^2-15x+28$
$=\boldsymbol{(x-4)(2x-7)}$

(2) $x^2-y^2+4y-4=x^2-(y^2-4y+4)=x^2-(y-2)^2$
$=\{x+(y-2)\}\{x-(y-2)\}$
$=\boldsymbol{(x+y-2)(x-y+2)}$

(3) $x^4-10x^2+9=(x^2)^2-10x^2+9$
$=(x^2-1)(x^2-9)$
$=\boldsymbol{(x+1)(x-1)(x+3)(x-3)}$

(4) $(x^2+3x)^2-2(x^2+3x)-8$
$=\{(x^2+3x)+2\}\{(x^2+3x)-4\}$
$=(x^2+3x+2)(x^2+3x-4)$
$=\boldsymbol{(x+1)(x+2)(x-1)(x+4)}$

(1) $x-1=X$ とおくと
$2X^2-11X+15$
$=(X-3)(2X-5)$

1	╳ −3 →	−6	
2	−5 →	−5	
2	15	−11	

(2) $y-2=Y$ とおくと
$x^2-Y^2=(x+Y)(x-Y)$

◀(3) 更に因数分解。

◀(4) 更に因数分解。

検討

因数分解はできるところまで行う

(3)で $(x^2-1)(x^2-9)$ を答えとしたら誤り！**因数分解はできるところまでしなければいけない。**

(4)も(3)と同じように，$(x^2+3x+2)(x^2+3x-4)$ を答えとしたら誤りである。

練習 ② 13 次の式を因数分解せよ。　〔(4) 京都産大〕

(1) $6(2x+1)^2+5(2x+1)-4$　　(2) $4x^2-9y^2+28x+49$

(3) $2x^4-7x^2-4$　　(4) $(x^2-2x)^2-11(x^2-2x)+24$

p.41 EX9

重要例題 14 因数分解(おき換え利用)(2)

次の式を因数分解せよ。

(1) $(x^2+x-5)(x^2+x-7)+1$ 〔創価大〕

(2) $(x+1)(x+2)(x+3)(x+4)-24$ 〔函館大, 京都産大〕

(3) $(x+y)^4-(x-y)^4$

基本 13

指針 (1) (与式)$=\{(x^2+x)-5\}\{(x^2+x)-7\}+1$

x^2+x が2度現れているから, $\boldsymbol{x^2+x=X}$ とおく。

(2) まず $(x+1)(x+2)(x+3)(x+4)$ の部分を展開してから因数分解を考える。その際, 積の **組み合わせを工夫** すると, (1)と同じようにおき換えて計算することができる。

(3) (与式)$=\{(x+y)^2\}^2-\{(x-y)^2\}^2$ ⟶ A^2-B^2 (**平方の差**) と見る。

CHART 因数分解 同じ形のものは おき換え

解答

(1) $(x^2+x-5)(x^2+x-7)+1$

$=\{(x^2+x)-5\}\{(x^2+x)-7\}+1$

$=(x^2+x)^2-12(x^2+x)+36$

$=(x^2+x-6)^2$

$=\{(x+3)(x-2)\}^2$

$=\boldsymbol{(x+3)^2(x-2)^2}$

◀$x^2+x=X$ とおくと $(X-5)(X-7)+1$ $=X^2-12X+36=(X-6)^2$

◀ここで終わると **誤り!** ( )内を更に因数分解する。

◀$(AB)^2=A^2B^2$

(2) $(x+1)(x+2)(x+3)(x+4)-24$

$=\{(x+1)(x+4)\}\times\{(x+2)(x+3)\}-24$

$=\{(x^2+5x)+4\}\{(x^2+5x)+6\}-24$

$=(x^2+5x)^2+10(x^2+5x)$

$=(x^2+5x)(x^2+5x+10)$

$=\boldsymbol{x(x+5)(x^2+5x+10)}$

◀{ }内の展開式の x の係数が等しくなるように, ( ) を2つずつ組み合わせる。

◀定数項は $4\cdot6-24=0$

◀$x^2+5x=x(x+5)$

(3) $(x+y)^4-(x-y)^4$

$=\{(x+y)^2\}^2-\{(x-y)^2\}^2$

$=\{(x+y)^2+(x-y)^2\}\{(x+y)^2-(x-y)^2\}$

$=\{(x^2+2xy+y^2)+(x^2-2xy+y^2)\}$
$\times\{(x+y)+(x-y)\}\{(x+y)-(x-y)\}$

$=(2x^2+2y^2)\cdot2x\cdot2y$

$=\boldsymbol{8xy(x^2+y^2)}$

◀$(x+y)^2=A$, $(x-y)^2=B$ とおくと $A^2-B^2=(A+B)(A-B)$

練習 14 ④ 次の式を因数分解せよ。

(1) $(x^2-2x-16)(x^2-2x-14)+1$

(2) $(x+1)(x-5)(x^2-4x+6)+18$

(3) $(x-1)(x-3)(x-5)(x-7)-9$

(4) $(x+y+1)^4-(x+y)^4$

〔(1) 専修大〕

p.41 EX11, 12

基本例題 15 因数分解(1つの文字について整理)

次の式を因数分解せよ。

(1) $9b^2+3ab-2a-4$　(2) $x^3-x^2y-xz^2+yz^2$　(3) $1+2ab+a+2b$

重要 18 ↘

指針 一般に，式は次数が低いほど扱いやすい。よって，複数の種類の文字を含む式の因数分解では，1つの文字，特に **次数が最低の文字について整理する** とよい。

(1) a について **1次**，b について **2次** ⟶ a について整理。

(2) x について **3次**，y について **1次**，z について **2次** ⟶ y について整理。

(3) a，b のどちらについても1次。このような場合，係数が簡単な文字(ここでは a)について整理してみるとよい。

CHART 因数分解の基本　**最低次の文字について整理**

解答

(1) $9b^2+3ab-2a-4=(3b-2)a+9b^2-4$　◀ a について整理。

$=(3b-2)a+(3b+2)(3b-2)$　◀ $3b-2$ が共通因数。

$=\mathbf{(3b-2)(a+3b+2)}$

(2) $x^3-x^2y-xz^2+yz^2=(z^2-x^2)y+x^3-xz^2$　◀ y について整理。

$=(z^2-x^2)y-x(z^2-x^2)$　◀ z^2-x^2 が共通因数。

$=(z^2-x^2)(y-x)$　◀ 更に因数分解できる。

$=(z+x)(z-x)(y-x)$　◀ これでも正解。

$=\mathbf{(x-y)(x-z)(x+z)}$　◀ アルファベット順に整理。

(3) $1+2ab+a+2b=(2b+1)a+2b+1$　◀ a について整理。

$=\mathbf{(a+1)(2b+1)}$　◀ $2b+1$ が共通因数。

別解 $1+2ab+a+2b=(2a+2)b+a+1$　◀ b について整理。

$=2(a+1)b+a+1$　◀ $a+1$ が共通因数。

$=\mathbf{(a+1)(2b+1)}$

検討 **上の例題(2)を例題12(4)と同じ方法で解く**

上の例題(2)は，次のように，項の組み合わせを工夫する方法でも因数分解できる。

(2) (与式)$=x^2(x-y)-z^2(x-y)=(x-y)(x^2-z^2)=(x-y)(x+z)(x-z)$

しかし，式が複雑になると，項をうまく組み合わせるのも大変になるので，多くの文字を含む式では，「**最低次の文字について整理**」が最も確実な方法である。

練習 ② 15 次の式を因数分解せよ。

(1) $a^3b+16-4ab-4a^2$　(2) $x^3y+x^2-xyz^2-z^2$

(3) $6x^2-yz+2xz-3xy$　(4) $3x^2-2z^2+4yz+2xy+5xz$

p.42 EX13 ↘

基本 例題 16 因数分解(2元2次式)

次の式を因数分解せよ。

(1) $x^2-xy-2y^2-x-7y-6$ (2) $3x^2+7xy+2y^2-5x-5y+2$ 基本 11, 15

指針 (1) x, y どちらについても2次式であるが，**x^2 の係数が1であるから，x について整理する** と (与式)$=x^2-(y+1)x-(2y^2+7y+6)$ [x の2次3項式]

ここで，$2y^2+7y+6=(y+2)(2y+3)$ と因数分解し，更にたすき掛けにより，全体を因数分解する。……★

このとき，x^2 の係数が1であるとたすき掛けが考えやすい。

(2) x について整理すると (与式)$=3x^2+(7y-5)x+(2y^2-5y+2)$

定数項となる y の2次式の因数分解を行い，全体を因数分解する。

解答

(1) (与式)$=x^2-(y+1)x-(2y^2+7y+6)$

$=x^2-(y+1)x-(y+2)(2y+3)$ ← Ⓐ

$=\{x+(y+2)\}\{x-(2y+3)\}$ ← Ⓑ

$=\boldsymbol{(x+y+2)(x-2y-3)}$

Ⓐ

1	2	→ 4
2	3	→ 3
2	6	7

Ⓑ

1	$y+2$	→ $y+2$
1	$-(2y+3)$	→ $-2y-3$
1	$-(y+2)(2y+3)$	$-(y+1)$

◀指針___……★の方針。まず，$2y^2+7y+6$ を因数分解する(Ⓐ)。更に，x の2次式とみて全体を因数分解する(Ⓑ)。

(2) (与式)$=3x^2+(7y-5)x+(2y^2-5y+2)$

$=3x^2+(7y-5)x+(y-2)(2y-1)$ ← Ⓒ

$=\{x+(2y-1)\}\{3x+(y-2)\}$ ← Ⓓ

$=\boldsymbol{(x+2y-1)(3x+y-2)}$

Ⓒ

1	-2	→ -4
2	-1	→ -1
2	2	-5

Ⓓ

1	$2y-1$	→ $6y-3$
3	$y-2$	→ $y-2$
3	$(y-2)(2y-1)$	$7y-5$

◀y について整理して $2y^2+(7x-5)y+(x-1)(3x-2)$ から因数分解してもよい。

検討 **2次の項 (x^2, xy, y^2) に着目した解法**

上の例題(2)の2次の項 (x^2, xy, y^2) に着目すると

$3x^2+7xy+2y^2=(x+2y)(3x+y)$

と因数分解できることから，

(与式)$=(x+2y+●)(3x+y+■)$

となる●，■を見つければ因数分解ができる。

右のたすき掛けより，●$=-1$，■$=-2$ であることがわかるから

(与式)$=\boldsymbol{(x+2y-1)(3x+y-2)}$

と因数分解できる。

$x+2y$	-1	→ $-3x-y$
$3x+y$	-2	→ $-2x-4y$
$(x+2y)(3x+y)$	2	$-5x-5y$

練習 ② 16 次の式を因数分解せよ。

(1) $x^2-2xy-3y^2+6x-10y+8$ (2) $2x^2-5xy-3y^2+7x+7y-4$

(3) $6x^2+5xy+y^2+2x-y-20$

p.42 EX14

基本例題 17 因数分解（対称式，交代式）(1)

次の式を因数分解せよ。

(1) $a^2b+ab^2+b^2c+bc^2+c^2a+ca^2+2abc$

(2) $a^2(b-c)+b^2(c-a)+c^2(a-b)$

基本 15　重要 18

指針 a，b，c いずれについても2次式であるから，1つの文字，例えば a について，まず式を整理してみる。

CHART 因数分解　文字の次数が同じなら 1つの文字について整理

解答

(1) $a^2b+ab^2+b^2c+bc^2+c^2a+ca^2+2abc$

$=(b+c)a^2+(b^2+2bc+c^2)a+b^2c+bc^2$　◀a について整理。

$=(b+c)a^2+(b+c)^2a+(b+c)bc$　◀$b+c$ が共通因数。

$=(b+c)\{a^2+(b+c)a+bc\}$　◀{　} 内の式を因数分解。

$=(b+c)(a+b)(a+c)$　◀これでも正解。

$=\boldsymbol{(a+b)(b+c)(c+a)}$　◀$a \longrightarrow b \longrightarrow c \longrightarrow a$（輪環）の順に整理。

(2) $a^2(b-c)+b^2(c-a)+c^2(a-b)$

$=(b-c)a^2+b^2c-ab^2+c^2a-bc^2$

$=(b-c)a^2-(b^2-c^2)a+(b-c)bc$　◀a について整理。

$=(b-c)a^2-(b+c)(b-c)a+(b-c)bc$　◀$b-c$ が共通因数。

$=(b-c)\{a^2-(b+c)a+bc\}$　◀{　} 内の式を因数分解。

$=(b-c)(a-b)(a-c)$　◀これでも正解。

$=\boldsymbol{-(a-b)(b-c)(c-a)}$

検討

対称式・交代式とは……

a，b の多項式で，a^2+b^2，a^3+b^3 のように，a と b を入れ替えても，もとの式と同じになるものを，a，b の **対称式** という。
また，上の(1)のように，a，b，c の多項式で，a，b，c のどの2つを入れ替えても，もとの式と同じになるものを，a，b，c の **対称式** という。

[対称式]

$a^2+b^2 \xrightarrow[\text{}]{a と b を入れ替える} b^2+a^2$

もとの式と同じ

また，$a-b$，a^2-b^2 のように，a と b を入れ替えると符号だけが変わる式を，a，b の **交代式** という。a，b の交代式は因数 $a-b$ をもつ。また，上の(2)のように，a，b，c のどの2つを入れ替えても符号だけが変わる式を，a，b，c の **交代式** という。

[交代式]

$a-b \xrightarrow{a と b を入れ替える} b-a$

もとの式と符号が変わる

（$b-a=-(a-b)$ である）

練習 ② 17 次の式を因数分解せよ。

(1) $abc+ab+bc+ca+a+b+c+1$

(2) $a^2b+ab^2+a+b-ab-1$

p.42 EX15

CHART NAVI　重要例題の取り組み方

　右側の p.37 のような **重要例題** のページでは，入試対策になる発展的な内容を扱っています。重要例題の難易度は ◆◆◆◆◇ ～ ◆◆◆◆◆ となっていて，その単元を学習し始めたばかりだと，とても高度な内容に感じるかもしれません。

　「まずは教科書の内容を身につけたい」「その単元の基礎を定着させたい」という段階は，多くの人が通る道だと思います。そのような段階で，いきなり入試レベルの問題に挑戦しようとしても，解答の方針が立てられない，解答を読んでも理解できない，という状況に陥ってしまいます。

　特に，**青チャートでは，似ている問題が近くにくるように配列されているので，必ずしも難易度の順に掲載されているとは限りません**。そのため，前から順番に取り組む方法では，場合によっては効率よく学習できないこともあります。

　そのような場合には，まずは **基本例題** のみに取り組み基礎を固め，入試対策の際に改めて **重要例題** に取り組む，という方法が考えられます。

　青チャートで入試対策をする場合には，ぜひ **重要例題** にも挑戦してください。重要例題では，教科書ではあまり扱われていないが，入試で頻出の内容を扱っています。重要例題の内容が身につけば，入試問題にも対応できる力が身につくはずです。

　まとめると，以下のようになります。

┌─**基礎を定着させる段階では…**─┐
まずは，**基本例題** に取り組み，
その単元の基本事項を確実に
身につけよう。
└──────────────┘
↑無理に重要例題まで
取り組む必要はない。
まずは，基本例題の内
容から身につけよう。

┌─**入試対策を行う段階では…**─┐
重要例題 を中心に取り組もう。
内容理解に不安を感じたら，
基本例題 に戻って復習しよう。
└──────────────┘
↑重要例題には，基本例題への
フィードバック
（右ページの ╱基本 15, 17）もあ
るので，復習の参考にしよう。

　なお，重要例題に取り組むときも，基本例題と同様に，**指針** や **検討** の内容も確認するようにしましょう。重要例題であっても，実は基本例題と似た考え方をしているものも多くあります。**指針** を読むと，その関連がつかみやすくなると思います。また，**検討** には，その問題に関連する数学的な性質や，例題の内容を更に考察する内容を記しています。入試対策に大いに役に立つ内容ですので，その内容も含めて理解し，実力を高めていってください。

重要例題 18 因数分解(対称式，交代式)(2)

次の式を因数分解せよ。

(1) $a^2(b+c)+b^2(c+a)+c^2(a+b)+3abc$

(2) $a^3(b-c)+b^3(c-a)+c^3(a-b)$

基本 15, 17

指針 例題 17 同様，a，b，c の，どの文字についても次数は同じであるから，1 つの文字，例えば a について整理する。

(1) a について整理すると ●a^2+■a+▲ (a の 2 次 3 項式)

⟶ 係数 ●，■，▲ に注意して **たすき掛け**。

CHART 因数分解 **文字の次数が同じなら 1 つの文字について整理**

解答

(1) $a^2(b+c)+b^2(c+a)+c^2(a+b)+3abc$

$=(b+c)a^2+(b^2+c^2+3bc)a+bc(b+c)$

$=\{a+(b+c)\}\{(b+c)a+bc\}$

$=\boldsymbol{(a+b+c)(ab+bc+ca)}$

(1)

1	$b+c$	⟶	$b^2+2bc+c^2$
$b+c$	bc	⟶	bc
$b+c$	$bc(b+c)$		$b^2+3bc+c^2$

(2) $a^3(b-c)+b^3(c-a)+c^3(a-b)$

$=(b-c)a^3-(b^3-c^3)a+b^3c-bc^3$ ◀a について整理。

$=(b-c)a^3-(b-c)(b^2+bc+c^2)a+bc(b+c)(b-c)$ ◀係数を因数分解。共通因数 $b-c$ が現れる。

$=(b-c)\{a^3-(b^2+bc+c^2)a+bc(b+c)\}$

$=(b-c)\{(c-a)b^2+c(c-a)b-a(c+a)(c-a)\}$ ◀{ }内を **次数の低い b について整理**。共通因数 $c-a$ が現れる。

$=(b-c)(c-a)\{b^2+cb-a(c+a)\}$

$=(b-c)(c-a)(b-a)\{c+(b+a)\}$

$=(b-c)(c-a)(b-a)(a+b+c)$ ◀これでも正解。

$=\boldsymbol{-(a-b)(b-c)(c-a)(a+b+c)}$ ◀輪環の順に整理。

検討

対称式・交代式の性質

上の例題で，(1) は a，b，c の対称式，(2) は a，b，c の交代式である。
さて，対称式・交代式にはいろいろな性質があるが，因数分解に関しては次の性質があることが知られている。

① **a，b，c の 対称式 は，$a+b$，$b+c$，$c+a$ の 1 つが因数なら他の 2 つも因数** である。

② **a，b，c の 交代式 は，因数 $(a-b)(b-c)(c-a)$ をもつ**〔上の例題 (2)〕。

上の例題 (2) においては，因数 $(a-b)(b-c)(c-a)$ をもつことを示すために $\boldsymbol{-(a-b)(b-c)(c-a)(a+b+c)}$ と変形して答えている。

練習 ③ 18 次の式を因数分解せよ。

(1) $ab(a+b)+bc(b+c)+ca(c+a)+3abc$

(2) $a(b-c)^3+b(c-a)^3+c(a-b)^3$

重要例題 19 因数分解（複2次式，平方の差を作る）

次の式を因数分解せよ。

(1) x^4+4x^2+16　　(2) $x^4-7x^2y^2+y^4$　　(3) $4x^4+1$

指針　このままでは因数分解できないが，式の形から （与式）$=●^2-▲^2$ と変形できれば，**和と差の積** として因数分解できる。

(1) x^4 と定数項16に注目して，$(x^2+4)^2$ または $(x^2-4)^2$ を作ると

（与式）$=\{(x^2+4)^2-8x^2\}+4x^2=\boldsymbol{(x^2+4)^2-(2x)^2}$ ⟵ 因数分解できる。

（与式）$=\{(x^2-4)^2+8x^2\}+4x^2=(x^2-4)^2+12x^2$ ⟵ 因数分解できない。

(2), (3) (1)と同様に，(2)は x^4 と y^4 に注目して $(x^2+y^2)^2$ または $(x^2-y^2)^2$ を作り出し，(3)は $(2x^2+1)^2$ または $(2x^2-1)^2$ を作り出す。

(2) （与式）$=\{(x^2+y^2)^2-2x^2y^2\}-7x^2y^2=\boldsymbol{(x^2+y^2)^2-(3xy)^2}$ ⟵ 因数分解できる。

(3) （与式）$=(2x^2+1)^2-4x^2=\boldsymbol{(2x^2+1)^2-(2x)^2}$ ⟵ 因数分解できる。

CHART 複2次式の因数分解
1 $x^2=X$ のおき換え
2 項を加えて引いて平方の差へ

解答

(1) $x^4+4x^2+16=(x^4+8x^2+16)-4x^2$
$=(x^2+4)^2-(2x)^2$
$=\{(x^2+4)+2x\}\{(x^2+4)-2x\}$
$=\boldsymbol{(x^2+2x+4)(x^2-2x+4)}$

◀与式に，$4x^2$ を加えて引く。
◀$A^2-B^2=(A+B)(A-B)$
◀式は整理。

(2) $x^4-7x^2y^2+y^4=(x^4+2x^2y^2+y^4)-9x^2y^2$
$=(x^2+y^2)^2-(3xy)^2$
$=\{(x^2+y^2)+3xy\}\{(x^2+y^2)-3xy\}$
$=\boldsymbol{(x^2+3xy+y^2)(x^2-3xy+y^2)}$

◀$(x^4+2x^2y^2+y^4)-2x^2y^2-7x^2y^2$
◀x の降べきの順に整理。

(3) $4x^4+1=(4x^4+4x^2+1)-4x^2$
$=(2x^2+1)^2-(2x)^2$
$=\{(2x^2+1)+2x\}\{(2x^2+1)-2x\}$
$=\boldsymbol{(2x^2+2x+1)(2x^2-2x+1)}$

◀与式に，$4x^2$ を加えて引く。
◀式は整理。

検討　**平方式の作り方**

$x^2+a^2=(x+a)^2-2ax$ となることは，$\boldsymbol{(x+a)^2=x^2+2ax+a^2}$ の $2ax$ を移項すれば示されるが，

$$x^2+a^2=(x^2+2ax+a^2)-2ax=(x+a)^2-2ax$$

のように，$2ax$ を **加えて引く** と考えてもよい。

練習 ③ **19**　次の式を因数分解せよ。

(1) x^4+3x^2+4　　(2) $x^4-11x^2y^2+y^4$

(3) $x^4-9x^2y^2+16y^4$　　(4) $4x^4+11x^2y^2+9y^4$

重要例題 20 因数分解（$a^3+b^3+c^3-3abc$ の形）

(1) $a^3+b^3=(a+b)^3-3ab(a+b)$ であることを用いて，$a^3+b^3+c^3-3abc$ を因数分解せよ。

(2) $x^3+3xy+y^3-1$ を因数分解せよ。

指針 (1) $a^3+b^3=(a+b)^3-3ab(a+b)$ …… ① を用いて変形すると

$a^3+b^3+c^3-3abc=(a+b)^3-3ab(a+b)+c^3-3abc=(a+b)^3+c^3-3ab\{(a+b)+c\}$

次に，$(a+b)^3+c^3$ について，3 乗の和の公式か等式 ① を適用し，共通因数を見つける。

(2) (1) の結果を利用する。

解答

(1) $a^3+b^3+c^3-3abc$

$=(a^3+b^3)+c^3-3abc$

$=(a+b)^3-3ab(a+b)+c^3-3abc$ ◀a^3+b^3 をまず変形。

$=(a+b)^3+c^3-3ab\{(a+b)+c\}$ …… (＊) ◀$(a+b)^3$ と c^3 のペア。

$=\{(a+b)+c\}\{(a+b)^2-(a+b)c+c^2\}-3ab(a+b+c)$ ◀$a+b+c$ が共通因数。

$=(a+b+c)(a^2+2ab+b^2-ca-bc+c^2-3ab)$ ◀(　) 内を整理。

$=\boldsymbol{(a+b+c)(a^2+b^2+c^2-ab-bc-ca)}$

別解 (＊) を導くまでは同じ。

$a^3+b^3+c^3-3abc$

$=\{(a+b)+c\}^3-3(a+b)c\{(a+b)+c\}-3ab(a+b+c)$ ◀$a+b=A$ とおき，等式 $A^3+c^3=(A+c)^3-3Ac(A+c)$ を再び用いる。

$=(a+b+c)\{(a+b+c)^2-3(a+b)c-3ab\}$

$=\boldsymbol{(a+b+c)(a^2+b^2+c^2-ab-bc-ca)}$

(2) $x^3+3xy+y^3-1$

$=(x^3+y^3-1)+3xy$

$=x^3+y^3+(-1)^3-3x\cdot y\cdot(-1)$

$=\{x+y+(-1)\}\{x^2+y^2+(-1)^2-x\cdot y-y\cdot(-1)-(-1)\cdot x\}$ ◀$a=x$, $b=y$, $c=-1$ を (1) の結果の式に代入。

$=\boldsymbol{(x+y-1)(x^2-xy+y^2+x+y+1)}$

POINT (1) の結果は覚えておくとよい。

$$a^3+b^3+c^3-3abc=(a+b+c)(a^2+b^2+c^2-ab-bc-ca)$$

検討 **等式 $a^3+b^3=(a+b)^3-3ab(a+b)$**

この等式は 3 次式の値を求める際によく利用され，次のようにして導くことができる。

$p.13$ の展開の公式から　$(a+b)^3=a^3+3a^2b+3ab^2+b^3=a^3+b^3+3ab(a+b)$

よって　$(a+b)^3-3ab(a+b)=a^3+b^3$

すなわち　$a^3+b^3=(a+b)^3-3ab(a+b)$

また，次のようにして導くこともできる。

$p.38$ の 検討 から　$a^2-ab+b^2=(a+b)^2-2ab-ab=(a+b)^2-3ab$

このことと $p.26$ の因数分解の公式を利用して

$$a^3+b^3=(a+b)(a^2-ab+b^2)=(a+b)\{(a+b)^2-3ab\}=(a+b)^3-3ab(a+b)$$

練習 ④ **20** 次の式を因数分解せよ。

(1) $a^3-b^3-c^3-3abc$　　(2) $a^3+6ab-8b^3+1$

p.42 EX 17

まとめ　因数分解の手順

因数分解でよく使われる公式は，次の 1～4 である（$p.26$ 参照）。これらの基本となる公式が利用できる形を作り出すことが，因数分解を進める上でのカギとなる。

1 $\begin{cases} a^2+2ab+b^2=(a+b)^2 \\ a^2-2ab+b^2=(a-b)^2 \end{cases}$　3 $x^2+(a+b)x+ab=(x+a)(x+b)$

4 $acx^2+(ad+bc)x+bd=(ax+b)(cx+d)$

2 $a^2-b^2=(a+b)(a-b)$

ここで，この単元で学んできた，因数分解を進める上での着目点や工夫のうち，重要なものを優先順位の高い順にまとめておこう。

因数分解のポイント

1 共通因数でくくる。

まず，すべての項に **共通な因数** があれば，最初にその因数を **くくり出す。**

例　$9a^3x^2y-45ax^3y^2+18a^2xy^3$ ⟶ 共通因数 $9axy$ でくくる。 ➡$p.27$ 例題 10 (1)

項の組み合わせを工夫 することで，共通因数を作り出せる場合もある。

例　$(x-y)^2+yz-zx$ ⟶ $=(x-y)^2-(x-y)z$ と変形。 ➡$p.27$ 例題 10 (2)

2 同じ形のものには，おき換え を利用する。

例　$2(x-1)^2-11(x-1)+15$ ⟶ $x-1=X$ とおく。 ➡$p.31$ 例題 13 (1)

x^4-10x^2+9 ⟶ $x^2=X$,　x^6-2x^3+1 ⟶ $x^3=X$ とおく。

↑ $x^4=(x^2)^2$　↑ $x^6=(x^3)^2$ ➡$p.31$ 例題 13 (3)

項の組み合わせを工夫 して，同じものを作り出すことも有効。

例　$(x+1)(x+2)(x+3)(x+4)-24$ ⟶ $=\{(x^2+5x)+4\}\{(x^2+5x)+6\}-24$ と変形。

➡$p.32$ 例題 14 (2)

3 2つ以上の文字を含む式は，最低次の文字について整理 する。

例　$9b^2+3ab-2a-4$ ⟶ a について整理（a は 1 次，b は 2 次）。 ➡$p.33$ 例題 15 (1)

なお，文字の次数がすべて同じときは，1 文字について整理する。

例　$x^2-xy-2y^2-x-7y-6$ ⟶ x について整理し，公式 4 利用。 ➡$p.34$ 例題 16 (1)

4 複 2 次式 ax^4+bx^2+c は おき換え（$x^2=X$ など）でうまくいかなければ，平方の差を作る ことも考えてみる。

例　x^4+4x^2+16 ⟶ $=(x^4+8x^2+16)-4x^2=(x^2+4)^2-(2x)^2$ と変形。

➡$p.38$ 例題 19 (1)

5 最後に「カッコの中はこれ以上因数分解できないかどうか」を確認する。

特に断りがない限り，係数が有理数となる範囲で，可能な限り分解する。$p.31$ 検討 参照。

なお，係数が分数の場合，例えば

$$x^2-x+\frac{1}{4}=\left(x-\frac{1}{2}\right)^2 \text{ と } x^2-x+\frac{1}{4}=\frac{1}{4}(4x^2-4x+1)=\frac{1}{4}(2x-1)^2$$

といった複数の答えが考えられるが，どちらも正解である。

②7　次の式を因数分解せよ。

(1) $xy-yz+zu-ux$　(2) $12x^2y-27yz^2$

(3) $x^2-3x+\frac{9}{4}$　(4) $18x^2+39x-7$　→10, 11

②8　次の式を因数分解せよ。

(1) $3a^3-81b^3$　(2) $125x^4+8xy^3$

(3) $t^3-t^2+\frac{t}{3}-\frac{1}{27}$　(4) $x^3+3x^2-4x-12$　→12

③9　次の式を因数分解せよ。

(1) $x^2-2xy+y^2-x+y$　(2) $81x^4-y^4$

(3) $4x^4-37x^2y^2+9y^4$　(4) $(x^2-x)^2-8x^2+8x+12$　→13

④10　次の式を因数分解せよ。

(1) x^6-1　(2) $(x+y)^6-(x-y)^6$

(3) x^6-19x^3-216　(4) x^6-2x^3+1　→12〜14

④11　次の式を因数分解せよ。

(1) $(2x+5y)(2x+5y+8)-65$　〔金沢工大〕

(2) $(x+3y-1)(x+3y+3)(x+3y+4)+12$　〔京都産大〕

(3) $3(2x-3)^2-4(2x+1)+12$

(4) $2(x+1)^4+2(x-1)^4+5(x^2-1)^2$　〔山梨学院大〕

(5) $(x+1)(x+2)(x+3)(x+4)+1$　〔国士舘大〕

→14

⑤12　次の式を簡単にせよ。

(1) $(a+b+c)^2-(b+c-a)^2+(c+a-b)^2-(a+b-c)^2$　〔奈良大〕

(2) $(a+b+c)(-a+b+c)(a-b+c)+(a+b+c)(a-b+c)(a+b-c)$
$+(a+b+c)(a+b-c)(-a+b+c)-(-a+b+c)(a-b+c)(a+b-c)$　→14

HINT

7　(3) 分数が出てきても考え方は同じ。$\frac{9}{4}=\left(\frac{3}{2}\right)^2$ に着目。

8, 10　3次式の因数分解の公式を利用する。

9　(4) $x^2-x=X$ とおくと　$-8x^2+8x=-8X$

11　**おき換え** を利用。　(3) $2x-3=X$ とおく。
(4) 第3項は　$5(x^2-1)^2=5\{(x+1)(x-1)\}^2=5(x+1)^2(x-1)^2$
(5) 同じ形の2次式が現れるように，4つの（　）の組み合わせを工夫する。

12　**おき換え** を利用。　(1) 前から2項ずつ組み合わせる。
(2) $a+b+c=A$，$-a+b+c=B$，$a-b+c=C$，$a+b-c=D$ とおく。

③**13** 次の式を因数分解せよ。

(1) $x^2y-2xyz-y-xy^2+x-2z$ 〔つくば国際大〕

(2) $8x^3+12x^2y+4xy^2+6x^2+9xy+3y^2$ 〔法政大〕

(3) $x^3y+x^2y^2+x^3+x^2y-xy-y^2-x-y$ 〔岐阜女子大〕

→**15**

②**14** 次の式を因数分解せよ。

(1) $(a+b)x^2-2ax+a-b$ 〔北海学園大〕

(2) $a^2+(2b-3)a-(3b^2+b-2)$

(3) $3x^2-2y^2+5xy+11x+y+6$ 〔法政大〕

(4) $24x^2-54y^2-14x+141y-90$ →**16**

②**15** 次の式を因数分解せよ。

(1) $a^3+a^2b-a(c^2+b^2)+bc^2-b^3$ 〔摂南大〕

(2) $a(b+c)^2+b(c+a)^2+c(a+b)^2-4abc$

(3) $a^2b-ab^2-b^2c+bc^2-c^2a-ca^2+2abc$ →**15,17**

④**16** 次の式を因数分解せよ。

(1) $(x+y)(y+z)(z+x)+xyz$ 〔名城大〕

(2) $6a^2b-5abc-6a^2c+5ac^2-4bc^2+4c^3$ 〔奈良大〕

(3) $(a^2-1)(b^2-1)-4ab$ →**18,19**

⑤**17** 等式 $\boldsymbol{a^3+b^3+c^3=(a+b+c)(a^2+b^2+c^2-ab-bc-ca)+3abc}$ を用いて，次の式を因数分解せよ。

(1) $(y-z)^3+(z-x)^3+(x-y)^3$

(2) $(x-z)^3+(y-z)^3-(x+y-2z)^3$ 〔(2) つくば国際大〕

→**20**

HINT

13 **最低次の文字について整理** の方針で。
(3) (別解) 前から 2 項ずつ項を組み合わせる。

14 **たすき掛け** を利用。

15 (1) 最低の次数 c について整理。
(2), (3) a, b, c のうちいずれか 1 つの文字について整理。

16 (1) x について整理。 (2) 最低の次数 b について整理。
(3) $4ab$ を $2ab+2ab$ に分ける。

17 (1) $y-z=a$, $z-x=b$, $x-y=c$ とおくと $a+b+c=0$
(2) (与式)$=(x-z)^3+(y-z)^3+\{-(x+y-2z)\}^3$

3 実　　数

基本事項

1 実数

- 実数
  - 有理数
    - **整　数**　(0, ±1, ±2, ±3, ……)
    - **有限小数**　$\left(\dfrac{1}{2}=0.5\right.$ など$\Big)$
    - **循環小数**　$\left(\dfrac{1}{3}=0.333\cdots\cdots\right.$ など$\Big)$ ｝無限小数
  - 無理数　**循環しない無限小数**　($\sqrt{2}=1.4142\cdots\cdots$ など) ｝無限小数

2 絶対値

数直線上で，原点 O と点 P(a) の間の距離を，実数 a の **絶対値** といい，記号 $|\boldsymbol{a}|$ で表す。

1　$|\boldsymbol{a}|\geqq 0$

2　$|\boldsymbol{a}|=\begin{cases} \boldsymbol{a} & (\boldsymbol{a}\geqq 0 \text{ のとき}) \\ -\boldsymbol{a} & (\boldsymbol{a}<0 \text{ のとき}) \end{cases}$

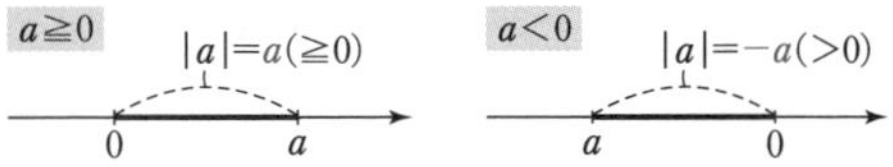

解　説

■ 実数

① **自然数** 1, 2, 3, …… に，0 と −1, −2, −3, …… とを合わせて **整数** という。

② 整数 m と 0 でない整数 n を用いて分数 $\dfrac{m}{n}$ の形で表される数を **有理数** という。整数 m は $\dfrac{m}{1}$ と表されるから整数は有理数である。

③ 整数でない **有理数** を小数で表すと，**有限小数** となるか，または循環する無限小数(**循環小数**)となる。循環小数は，循環する部分の最初と最後の数字の上に・印をつけて表す。逆に，有限小数と循環小数は，必ず分数の形で表されることがわかっている。

④ 整数と，有限小数または無限小数で表される数を **実数** という。

⑤ 実数のうち有理数でないものを **無理数** という。
無理数を小数で表すと　$\sqrt{3}=1.7320\cdots\cdots$，$\pi=3.1415\cdots\cdots$
のように **循環しない無限小数** になる。

◀2つの **整数の和・差・積は常に整数であるが，商は整数とは限らない。**

◀2つの **有理数の和・差・積・商は有理数である。**

◀循環小数については，$p.45$ も参照。

◀2つの **実数の和・差・積・商は実数である。**

■ 数直線

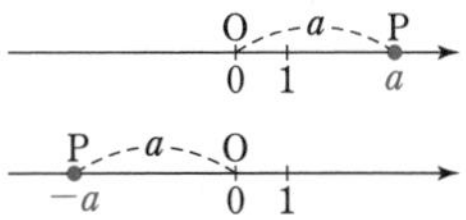

直線上に基準となる点 O をとり，単位の長さと正の向きを定める。正の向きを右にすると，この直線上の点 P に対して，次のように実数を対応させることができる。

　P が O の右側にあり，OP の長さが a のとき，正の実数 a

　P が O の左側にあり，OP の長さが a のとき，負の実数 $-a$

また，点 O には実数 0 を対応させる。このように，直線上の各点に 1 つの実数を対応させるとき，この直線を **数直線** といい，O をその **原点** という。

◀すべての実数は，数直線上の点で表される。

基本事項

3 平方根

① **定義**　2 乗すると a になる数を，a の **平方根** という。

② **性質**　1　$a \geqq 0$ のとき　$(\sqrt{a})^2=a$，　$(-\sqrt{a})^2=a$，　$\sqrt{a} \geqq 0$

2　$a \geqq 0$ のとき　$\sqrt{a^2}=a$
$a<0$ のとき　$\sqrt{a^2}=-a$
すなわち　$\sqrt{a^2}=|a|$

③ **公式**　$a>0$，$b>0$，$k>0$ のとき

3　$\sqrt{a}\sqrt{b}=\sqrt{ab}$　　4　$\dfrac{\sqrt{a}}{\sqrt{b}}=\sqrt{\dfrac{a}{b}}$　　5　$\sqrt{k^2a}=k\sqrt{a}$

4 分母の有理化　分母に根号を含む式を変形して，分母に根号を含まない式にすることを，分母を **有理化** するという。

解　説

■ 平方根

2 乗すると a になる数，つまり，$x^2=a$ を満たす x を a の **平方根** または **2 乗根** という。

正の数 a の平方根は 2 つあり，絶対値が等しく符号が異なる。

正の平方根を $\sqrt{a}$，負の平方根を $-\sqrt{a}$ と表し，まとめて $\pm\sqrt{a}$ と書く。0 の平方根は 0 だけであり，$\sqrt{0}=0$ と定める。

なお，記号 $\sqrt{\ }$ を **根号** といい，$\sqrt{a}$ を **ルート a** と読む。

25 の平方根は ± 5
（5 と -5 の 2 個）
$\sqrt{25}=5$，$-\sqrt{25}=-5$

◀負の数の平方根は，実数の範囲では存在しない。

■ $\sqrt{a^2}=|a|$

$\sqrt{a^2}$ は平方して a^2 になる正の数（$a=0$ のときは 0）を表すから，

$a>0$ のときは $\sqrt{a^2}=a$ であるが，$a<0$ のときは $\sqrt{a^2}=-a\ (>0)$

$\sqrt{a^2}$ の取り扱いは注意が必要で，機械的に $\sqrt{a^2}=a$ としては **ダメ**！

例　$\sqrt{2^2}=2\ (>0)$，　$\sqrt{(-2)^2}=-(-2)\ (>0)$

公式の証明　3　$(\sqrt{a}\sqrt{b})^2=(\sqrt{a})^2(\sqrt{b})^2=ab$

また，$\sqrt{a}>0$，$\sqrt{b}>0$ であるから　$\sqrt{a}\sqrt{b}>0$

よって，$\sqrt{a}\sqrt{b}$ は ab の正の平方根であり　$\sqrt{a}\sqrt{b}=\sqrt{ab}$

4　3 と同様にして，$\left(\dfrac{\sqrt{a}}{\sqrt{b}}\right)^2=\dfrac{a}{b}$，$\dfrac{\sqrt{a}}{\sqrt{b}}>0$ から　$\dfrac{\sqrt{a}}{\sqrt{b}}=\sqrt{\dfrac{a}{b}}$

5　$a>0$，$k>0$ であるから，2，3 より　$\sqrt{k^2a}=\sqrt{k^2}\sqrt{a}=k\sqrt{a}$

参考　平方根は英語で square root といい，root は「根」という意味である。記号 $\sqrt{\ }$ は，root の r を図形化したものといわれている。

■ 分母の有理化

$(\sqrt{a})^2=a$，$(\sqrt{a}+\sqrt{b})(\sqrt{a}-\sqrt{b})=a-b$ を利用する。

$$\frac{1}{\sqrt{a}}=\frac{\sqrt{a}}{\sqrt{a}\sqrt{a}}=\frac{\sqrt{a}}{a},\qquad \frac{1}{\sqrt{a}+\sqrt{b}}=\frac{\sqrt{a}-\sqrt{b}}{(\sqrt{a}+\sqrt{b})(\sqrt{a}-\sqrt{b})}=\frac{\sqrt{a}-\sqrt{b}}{a-b}$$

■ 平方根の近似値

基本的なものは，次のように語呂合わせで覚えておこう。

ひと夜ひと夜に 人 見 ご ろ
$\sqrt{2}=1.41421356\cdots\cdots$

人 な み に お ご れ や
$\sqrt{3}=1.7320508\cdots\cdots$

富 士 山ろくオーム鳴 く
$\sqrt{5}=2.2360679\cdots\cdots$

菜 に 虫 い な い
$\sqrt{7}=2.6457513\cdots\cdots$

補足事項 循環小数について

p.43 にあるように，整数でない有理数 $\dfrac{m}{n}$（m, n は整数で $n>0$）を小数で表すと有限小数または循環小数となる。その理由について，割り算と余りの観点から考えてみよう。

m を n で割ると，各段階の割り算の余りは，n 個の整数

$$0,\ 1,\ 2,\ 3,\ \cdots\cdots,\ n-1$$

のいずれかである。

余りに 0 が出てくると，そこで計算は終わり，分数は整数または有限小数で表される。

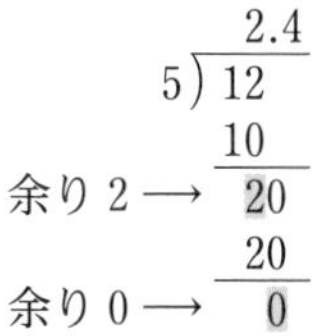

例 $\dfrac{12}{5}=2.4$

$$\begin{array}{r} 2.4 \\ 5\overline{)12} \\ \underline{10} \\ 20 \\ \underline{20} \\ 0 \end{array}$$

余り 2 →
余り 0 →

余りに 0 が出てこないとき，余りは 1 から $n-1$ までの $(n-1)$ 個の整数のいずれかであるから，n 回目までにはそれまでに出てきた余りと同じ余りが出てきて，その後の割り算はその間の割り算の繰り返しとなる。この場合，分数は循環小数で表される。

例 $\dfrac{12}{7}=1.\dot{7}1428\dot{5}$

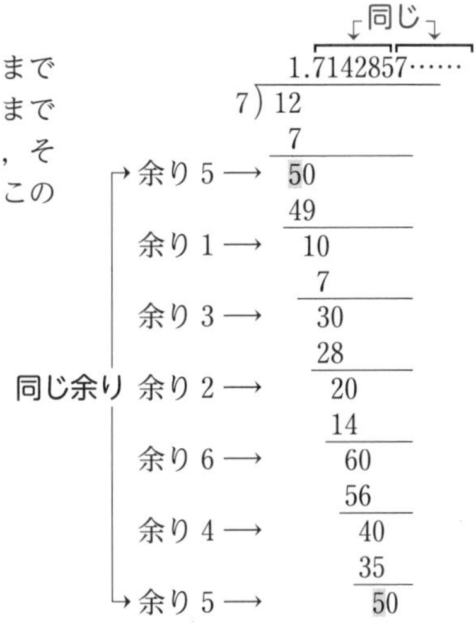

次の問題を考えてみよう。

$\dfrac{5}{27}$ を小数で表したとき，小数第 100 位の数を答えよ。

解答 $\dfrac{5}{27}=0.\dot{1}8\dot{5}$ より，$\dfrac{5}{27}$ の小数部分は，小数第 1 位以降，1, 8, 5 の 3 つの数をこの順に繰り返す。$100=3\times33+1$ であるから，小数第 100 位の数は **1**

同じ

$$7\overline{)12}$$
余り 5 → 50
余り 1 → 10
余り 3 → 30
余り 2 → 20
余り 6 → 60
余り 4 → 40
余り 5 → 50

同じ余り

$\dfrac{12}{7}$ の場合，7 で割るから，7 回目までにはそれまでに出てきた余りと同じ余りが出てくる。
↓
以降は同じ割り算を繰り返すから，商は循環する。

なお，循環小数の繰り返す数のことを **循環節** といい，繰り返す数の長さを **循環節の長さ** という。

例えば，$\dfrac{12}{7}$ の循環節は 714285，循環節の長さは 6 である。また，$\dfrac{5}{27}$ の循環節は 185，循環節の長さは 3 である。

循環節の長さについては，上での考察から一般に次のことが成り立つ。

$\dfrac{m}{n}$ が循環小数で表されるとき，その循環節の長さは $n-1$ 以下である

基本例題 21 分数 ⇄ 循環小数 の変換

(1) 次の分数を小数に直し，循環小数の表し方で書け。

(ア) $\dfrac{7}{3}$　　　(イ) $\dfrac{31}{27}$

(2) 次の循環小数を分数で表せ。

(ア) $0.\dot{6}$　　　(イ) $1.\dot{1}\dot{8}$　　　(ウ) $0.0\dot{1}2\dot{3}$

p.43 基本事項 1

指針 (1) 実際に割り算を行い，循環する部分の最初と最後の数字の上に・をつけて表す。その後の数字は書かない。

(2) (ア) $x=0.\dot{6}$ とおくと

① $10x=6.\,666\cdots\cdots$

② $x=0.\,666\cdots\cdots$

①, ② の右辺の小数部分は同じであるから，辺々を引くと循環部分が消え，x の 1 次方程式ができる。(イ) も同様。

(ウ) まず，循環部分の最初が小数第 1 位になるように 10 倍しておくと考えやすい。

解答

(1) (ア) $\dfrac{7}{3}=2.333\cdots\cdots=\mathbf{2.\dot{3}}$

(イ) $\dfrac{31}{27}=1.148148148\cdots\cdots=\mathbf{1.\dot{1}4\dot{8}}$ [1)]

(2) (ア) $x=0.\dot{6}$ とおくと，

右の計算から　$9x=6$

よって　$x=\dfrac{6}{9}=\dfrac{\mathbf{2}}{\mathbf{3}}$ [2)]

$$\begin{array}{rr} 10x= & 6.666\cdots\cdots \\ -)\quad x= & 0.666\cdots\cdots \\ \hline 9x= & 6 \end{array}$$

(イ) $x=1.\dot{1}\dot{8}$ とおくと，

右の計算から　$99x=117$

よって　$x=\dfrac{117}{99}=\dfrac{\mathbf{13}}{\mathbf{11}}$ [2)]

$$\begin{array}{rr} 100x= & 118.1818\cdots\cdots \\ -)\quad x= & 1.1818\cdots\cdots \\ \hline 99x= & 117 \end{array}$$

(ウ) $x=0.0\dot{1}2\dot{3}$ とおくと

$10x=0.\dot{1}2\dot{3}$

右の計算から

$9990x=123$

よって

$x=\dfrac{123}{9990}=\dfrac{\mathbf{41}}{\mathbf{3330}}$ [2)]

$$\begin{array}{rr} 10000x= & 123.123123\cdots\cdots \\ -)\quad 10x= & 0.123123\cdots\cdots \\ \hline 9990x= & 123 \end{array}$$

1) 小数第 1 位以降，148 が繰り返される。

◀循環部分が 1 桁 ⟶ 両辺を 10 $(=10^1)$ 倍。

2) 答えはこれ以上約分できない分数(既約分数)にする。

◀循環部分が 2 桁 ⟶ 両辺を 100 $(=10^2)$ 倍。

◀循環部分が 3 桁 ⟶ 両辺を 1000 $(=10^3)$ 倍。

(ウ) 10 倍せずに考えると

$1000x=12.3123123\cdots\cdots$

$x=0.0123123\cdots\cdots$

分子が小数

よって　$x=\dfrac{12.3}{999}=\dfrac{41}{3330}$

練習 ① 21 (1) 次の分数を小数に直し，循環小数の表し方で書け。

(ア) $\dfrac{22}{9}$　　　(イ) $\dfrac{1}{12}$　　　(ウ) $\dfrac{8}{7}$

(2) 次の循環小数を分数で表せ。

(ア) $0.\dot{7}$　　　(イ) $0.\dot{2}4\dot{6}$　　　(ウ) $0.0\dot{7}2\dot{9}$

p.59 EX18

基本例題 22 絶対値の基本，数直線上の 2 点間の距離 ①①①①①

(1) 次の値を求めよ。

(ア) $|8|$　　(イ) $\left|-\dfrac{2}{3}\right|$　　(ウ) $|3-\pi|$

(2) 数直線上において，次の 2 点間の距離を求めよ。

(ア) P(2)，Q(5)　　(イ) A(2)，B(−3)　　(ウ) C(−6)，D(−2)

(3) $x=2,\ -\dfrac{1}{2}$ のとき，$P=|2x+1|-|-x|$ の値をそれぞれ求めよ。

p.43 基本事項 2

指針 (1) 絶対値のはずし方 …… 絶対値は必ず 0 以上の数。

$a \geqq 0$ のとき　$|a|=a$　（例）$|1|=1$　←| |をはずすだけ。

$a<0$ のとき　$|a|=-a$　（例）$|-1|=-(-1)=1$　←− をつけてはずす。

(ウ) π は円周率で　$\pi=3.14\cdots\cdots$

(2) 数直線上の 2 点 P(a)，Q(b) 間の距離は　$|b-a|$

(3) まず，$x=2,\ -\dfrac{1}{2}$ をそれぞれ P に代入してみる。

CHART 絶対値 |●|　●<0 なら − をつけてはずす

解答

(1) (ア) $8>0$ であるから　$|8|=8$

◀| |をはずすだけ。

(イ) $-\dfrac{2}{3}<0$ であるから　$\left|-\dfrac{2}{3}\right|=-\left(-\dfrac{2}{3}\right)=\dfrac{2}{3}$

◀− をつけてはずす。

(ウ) $\pi>3$ であるから　$3-\pi<0$

◀$\pi=3.14\cdots\cdots$

よって　$|3-\pi|=-(3-\pi)=\pi-3$

◀− をつけてはずす。
$\pi-3=0.14\cdots\cdots>0$
絶対値をはずしたら，正の値になることを確かめるとよい。

(2) (ア) P，Q 間の距離は　$|5-2|=|3|=3$

(イ) A，B 間の距離は　$|-3-2|=|-5|=5$

(ウ) C，D 間の距離は　$|-2-(-6)|=|4|=4$

(3) $x=2$ のとき

$P=|2\cdot2+1|-|-2|=|5|-|-2|=5-2=3$

◀$|-2|=-(-2)=2$

$x=-\dfrac{1}{2}$ のとき

$P=\left|2\left(-\dfrac{1}{2}\right)+1\right|-\left|-\left(-\dfrac{1}{2}\right)\right|=|0|-\left|\dfrac{1}{2}\right|$

$=0-\dfrac{1}{2}=-\dfrac{1}{2}$

◀$|0|=0$

練習 ① 22 (1) 次の値を求めよ。

(ア) $|-6|$　　(イ) $|\sqrt{2}-1|$　　(ウ) $|2\sqrt{3}-4|$

(2) 数直線上において，次の 2 点間の距離を求めよ。

(ア) P(−2)，Q(5)　　(イ) A(8)，B(3)　　(ウ) C(−4)，D(−1)

(3) $x=2,\ 3$ のとき，$P=|x-1|-2|3-x|$ の値をそれぞれ求めよ。

基本 例題 23 根号を含む式の計算(基本)

(1) (ア), (イ) の値を求めよ。(ウ) は $\sqrt{\ }$ がつかない形にせよ。

(ア) $\sqrt{(-5)^2}$　(イ) $\sqrt{(-8)(-2)}$　(ウ) $\sqrt{a^2b^2}$ $(a>0,\ b<0)$

(2) 次の式を計算せよ。

(ア) $\sqrt{12}+\sqrt{27}-\sqrt{48}$　(イ) $(\sqrt{11}-\sqrt{3})(\sqrt{11}+\sqrt{3})$

(ウ) $(2\sqrt{2}-\sqrt{27})^2$　(エ) $(\sqrt{2}+\sqrt{3}+\sqrt{5})(\sqrt{2}+\sqrt{3}-\sqrt{5})$

p.44 基本事項 3

指針 (1) $\sqrt{A^2}$ **の取り扱い** $\sqrt{A^2}=|A|=\begin{cases} A & (A\geqq 0 \text{ のとき}) \\ -A & (A<0 \text{ のとき}) \end{cases}$

(イ) まず $\sqrt{\ }$ の中を計算。　(ウ) $a^2b^2=(ab)^2 \longrightarrow ab$ の正負を調べる。

(2) $\sqrt{\ }$ 内の数を **素因数分解** し，$\boldsymbol{\sqrt{k^2a}=k\sqrt{a}}$ $(k>0,\ a>0)$ を用いて，$\sqrt{\ }$ 内をできるだけ小さい数にする（**平方因数 k^2 を $\sqrt{\ }$ の外に出す**）。そして，文字式と同じように計算し，$(\sqrt{●})^2$ が出てきたら ● とする。

CHART $\sqrt{\ }$ **を含む式の計算**
① $\sqrt{A^2}=|A|$
② $\sqrt{\ }$ **の中は小さい数に**

解答

(1) (ア) $\sqrt{(-5)^2}=|-5|=\mathbf{5}$

(イ) $\sqrt{(-8)(-2)}=\sqrt{16}=\sqrt{4^2}=\mathbf{4}$

(ウ) $\sqrt{a^2b^2}=\sqrt{(ab)^2}=|ab|$

$a>0,\ b<0$ であるから　$ab<0$

よって　$\sqrt{a^2b^2}=\boldsymbol{-ab}$

(2) (ア) (与式)$=\sqrt{2^2\cdot 3}+\sqrt{3^2\cdot 3}-\sqrt{4^2\cdot 3}$
$=2\sqrt{3}+3\sqrt{3}-4\sqrt{3}=(2+3-4)\sqrt{3}=\boldsymbol{\sqrt{3}}$

(イ) (与式)$=(\sqrt{11})^2-(\sqrt{3})^2=11-3=\mathbf{8}$

(ウ) (与式)$=(2\sqrt{2}-3\sqrt{3})^2$
$=(2\sqrt{2})^2-2\cdot 2\sqrt{2}\cdot 3\sqrt{3}+(3\sqrt{3})^2$
$=8-12\sqrt{6}+27=\mathbf{35-12\sqrt{6}}$

(エ) (与式)$=\{(\sqrt{2}+\sqrt{3})+\sqrt{5}\}\{(\sqrt{2}+\sqrt{3})-\sqrt{5}\}$
$=(\sqrt{2}+\sqrt{3})^2-(\sqrt{5})^2$
$=2+2\sqrt{6}+3-5=\mathbf{2\sqrt{6}}$

◀(ア) $\sqrt{(-5)^2}=-5$ は **誤り！**
$\sqrt{(-5)^2}=\sqrt{25}=\sqrt{5^2}=5$ としてもよい。

◀(ウ) $\sqrt{(ab)^2}=ab$ は **誤り！**
●<0 のとき |●|$=-$●

◀まず，$\sqrt{\ }$ の中を小さい数にする。

◀$\boldsymbol{(a+b)(a-b)=a^2-b^2}$ を利用する要領で計算。

◀$\boldsymbol{(a-b)^2=a^2-2ab+b^2}$ を利用する要領で計算。

◀$(a+\sqrt{5})(a-\sqrt{5})=a^2-(\sqrt{5})^2$ を利用。

練習 ① 23 (1) 次の値を求めよ。

(ア) $\sqrt{(-3)^2}$　(イ) $\sqrt{(-15)(-45)}$　(ウ) $\sqrt{15}\sqrt{35}\sqrt{42}$

(2) 次の式を計算せよ。

(ア) $\sqrt{18}-2\sqrt{50}-\sqrt{8}+\sqrt{32}$　(イ) $(2\sqrt{3}-3\sqrt{2})^2$

(ウ) $(2\sqrt{5}-3\sqrt{3})(3\sqrt{5}+2\sqrt{3})$　(エ) $(\sqrt{5}+\sqrt{3}-\sqrt{2})(\sqrt{5}-\sqrt{3}+\sqrt{2})$

p.59 EX19～21

基本例題 24 分母の有理化 ①①①①①

次の式を，分母を有理化して簡単にせよ。

(1) $\dfrac{4}{3\sqrt{6}}$　(2) $\dfrac{1}{\sqrt{7}+\sqrt{6}}$　(3) $\dfrac{\sqrt{5}}{\sqrt{3}+1}-\dfrac{\sqrt{3}}{\sqrt{5}+\sqrt{3}}$　(4) $\dfrac{4}{1+\sqrt{2}+\sqrt{3}}$

p.44 基本事項 4，基本 23

指針
(1) 分母が $k\sqrt{a}$ の形なら，分母・分子に $\sqrt{a}$ を掛ける。
(2)，(3) 分母が $\sqrt{a}\pm\sqrt{b}$ の形なら，$(\sqrt{a}+\sqrt{b})(\sqrt{a}-\sqrt{b})=a-b$ を利用。
　(2) 分母が $\sqrt{7}+\sqrt{6}$ であるから，分母・分子に $\sqrt{7}-\sqrt{6}$ を掛ける。
　(3) まず，第1式，第2式それぞれの分母を有理化する。
(4) 1回では有理化できない。まず，$1^2+(\sqrt{2})^2=(\sqrt{3})^2$ に着目し，分母を $(1+\sqrt{2})+\sqrt{3}$ と考え，分母・分子に $(1+\sqrt{2})-\sqrt{3}$ を掛ける。

平方根の計算
CHART 1 **平方因数は外へ** $\sqrt{k^2a}=k\sqrt{a}$ $(k>0)$
2 **分母は有理化** $(\sqrt{a}+\sqrt{b})(\sqrt{a}-\sqrt{b})=a-b$ を利用

解答

(1) $\dfrac{4}{3\sqrt{6}}=\dfrac{4\sqrt{6}}{3(\sqrt{6})^2}=\dfrac{4\sqrt{6}}{3\cdot 6}=\boldsymbol{\dfrac{2\sqrt{6}}{9}}$

◀分母・分子に $\sqrt{6}$ を掛ける。

(2) $\dfrac{1}{\sqrt{7}+\sqrt{6}}=\dfrac{\sqrt{7}-\sqrt{6}}{(\sqrt{7}+\sqrt{6})(\sqrt{7}-\sqrt{6})}=\dfrac{\sqrt{7}-\sqrt{6}}{7-6}$
$=\boldsymbol{\sqrt{7}-\sqrt{6}}$

◀$(\sqrt{7}+\sqrt{6})(\sqrt{7}-\sqrt{6})=(\sqrt{7})^2-(\sqrt{6})^2=7-6=1$

(3) (与式)$=\dfrac{\sqrt{5}(\sqrt{3}-1)}{(\sqrt{3}+1)(\sqrt{3}-1)}-\dfrac{\sqrt{3}(\sqrt{5}-\sqrt{3})}{(\sqrt{5}+\sqrt{3})(\sqrt{5}-\sqrt{3})}$
$=\dfrac{\sqrt{15}-\sqrt{5}}{3-1}-\dfrac{\sqrt{15}-3}{5-3}=\boldsymbol{\dfrac{3-\sqrt{5}}{2}}$

◀第1式には分母・分子に $\sqrt{3}-1$，第2式には分母・分子に $\sqrt{5}-\sqrt{3}$ を掛ける。

(4) (与式)$=\dfrac{4\{(1+\sqrt{2})-\sqrt{3}\}}{\{(1+\sqrt{2})+\sqrt{3}\}\{(1+\sqrt{2})-\sqrt{3}\}}$
$=\dfrac{4(1+\sqrt{2}-\sqrt{3})}{(1+\sqrt{2})^2-(\sqrt{3})^2}=\dfrac{4(1+\sqrt{2}-\sqrt{3})}{\underline{2\sqrt{2}}}$
$=\dfrac{4(1+\sqrt{2}-\sqrt{3})\cdot\sqrt{2}}{2(\sqrt{2})^2}=\dfrac{4(\sqrt{2}+2-\sqrt{6})}{4}$
$=\boldsymbol{2+\sqrt{2}-\sqrt{6}}$

◀＿の分母を更に有理化。

◀これで分母の有理化完了。

練習 ② 24 次の式を，分母を有理化して簡単にせよ。

(1) $\dfrac{3\sqrt{2}}{2\sqrt{3}}-\dfrac{\sqrt{3}}{3\sqrt{2}}$　(2) $\dfrac{6}{3-\sqrt{7}}$　(3) $\dfrac{\sqrt{3}-\sqrt{2}}{\sqrt{3}+\sqrt{2}}-\dfrac{\sqrt{5}+\sqrt{3}}{\sqrt{5}-\sqrt{3}}$

(4) $\dfrac{1}{1+\sqrt{6}+\sqrt{7}}+\dfrac{1}{5+2\sqrt{6}}$　(5) $\dfrac{\sqrt{2}-\sqrt{3}+\sqrt{5}}{\sqrt{2}+\sqrt{3}-\sqrt{5}}$

p.59 EX 22

補足事項 $\sqrt{2}$ の値

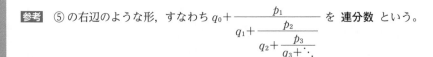

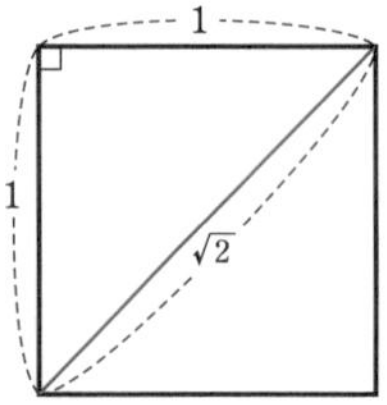

中学で学んだように，$\sqrt{2}$ は1辺の長さが1の正方形の対角線の長さである。

この $\sqrt{2}$ のおよその値(近似値)を

$$(\sqrt{2}+1)(\sqrt{2}-1)=1 \quad \cdots\cdots ①$$

を利用して求めてみよう。

① の両辺を $\sqrt{2}+1$ で割って　$\sqrt{2}-1=\dfrac{1}{\sqrt{2}+1}$

すなわち　$\sqrt{2}=1+\dfrac{1}{1+\sqrt{2}}$ …… ②

この式の右辺の波線部に ②，すなわち $\sqrt{2}=1+\dfrac{1}{1+\sqrt{2}}$ を代入すると

$$\sqrt{2}=1+\frac{1}{1+\left(1+\dfrac{1}{1+\sqrt{2}}\right)}=1+\frac{1}{2+\dfrac{1}{1+\sqrt{2}}} \quad \cdots\cdots ③$$

更に，③ の波線部に ② を代入すると

$$\sqrt{2}=1+\frac{1}{2+\dfrac{1}{1+\left(1+\dfrac{1}{1+\sqrt{2}}\right)}}=1+\frac{1}{2+\dfrac{1}{2+\dfrac{1}{1+\sqrt{2}}}} \quad \cdots\cdots ④$$

これを繰り返すと，$\sqrt{2}=1+\dfrac{1}{2+\dfrac{1}{2+\dfrac{1}{2+\ddots}}}$ …… ⑤ となる。

ここで，$1^2<2<2^2$ であるから　$1<\sqrt{2}<2$

よって，②～④ の波線部の $\sqrt{2}$ を1とみなすと

② では　$\sqrt{2}=1+\dfrac{1}{2}=\mathbf{1.5}$

③ では　$\sqrt{2}=1+\dfrac{1}{2+\dfrac{1}{2}}=1+\dfrac{2}{5}=\mathbf{1.4}$

④ では　$\sqrt{2}=1+\dfrac{1}{2+\dfrac{1}{2+\dfrac{1}{2}}}=1+\dfrac{5}{12}=\mathbf{1.41\dot{6}}$

このようにして，$\sqrt{2}$ のおよその値を求めることができる。同じようにして，$(\sqrt{3}-1)(\sqrt{3}+1)=2$ を利用すれば，$\sqrt{3}$ のおよその値を求めることができる。

参考　⑤ の右辺のような形，すなわち $q_0+\dfrac{p_1}{q_1+\dfrac{p_2}{q_2+\dfrac{p_3}{q_3+\ddots}}}$ を **連分数** という。

基本例題 25 $\sqrt{(\text{文字式})^2}$ の簡約化

①①①①①

次の (1)～(3) の場合について，$\sqrt{(a-1)^2}+\sqrt{(a-3)^2}$ の根号をはずし簡単にせよ。

(1)　$a \geqq 3$　　(2)　$1 \leqq a < 3$　　(3)　$a < 1$

基本 23

指針　すぐに，$\sqrt{(a-1)^2}+\sqrt{(a-3)^2}=(a-1)+(a-3)=2a-4$ としては **ダメ！**

$\sqrt{(\text{文字式})^2}$ の扱いは，文字式の符号に注意 が必要で

$\sqrt{A^2}=|A|$　であるから

$A \geqq 0$ なら　$\sqrt{A^2}=A$，　$A<0$ なら　$\sqrt{A^2}=-A$　（－ をつける。）

これに従って，(1)～(3) の各場合における $a-1$，$a-3$ の符号を確認しながら処理する。

CHART $\sqrt{A^2}$ **の扱い　A の符号に要注意　$\sqrt{A^2}=A$ とは限らない**

解答

$P=\sqrt{(a-1)^2}+\sqrt{(a-3)^2}$ とおくと

$P=|a-1|+|a-3|$

(1)　$a \geqq 3$ のとき

$a-1>0$，　$a-3 \geqq 0$

よって　$P=(a-1)+(a-3)=\boldsymbol{2a-4}$

(2)　$1 \leqq a < 3$ のとき

$a-1 \geqq 0$，　$a-3<0$

よって　$P=(a-1)-(a-3)=a-1-a+3=\boldsymbol{2}$

(3)　$a<1$ のとき

$a-1<0$，　$a-3<0$

よって　$P=-(a-1)-(a-3)=-a+1-a+3$

$=\boldsymbol{-2a+4}$

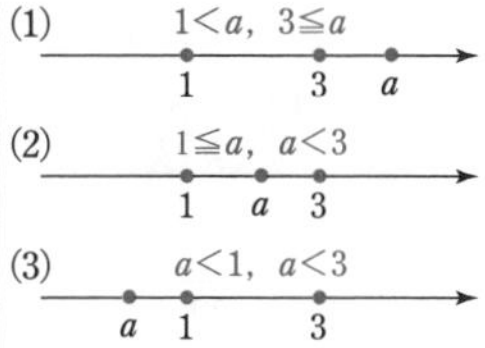

◀ $a<3$ のとき $|a-3|=-(a-3)$

◀ $a<1$ のとき $|a-1|=-(a-1)$

検討

上の (1)～(3) の場合分けをどうやって見つけるか？

上の例題では，$a-1$ の符号が $a=1$，$a-3$ の符号が $a=3$ で変わることに注目して場合分けが行われている。この場合の分かれ目となる値は，それぞれ $a-1=0$，$a-3=0$ となる a の値である。

場合分けのポイントとして，次のことをおさえておこう。

$\sqrt{A^2}$ すなわち $|A|$ では，$A=0$ となる値が場合分けのポイント

練習 ② 25　(1)　次の (ア)～(ウ) の場合について，$\sqrt{(a+2)^2}+\sqrt{a^2}$ の根号をはずし簡単にせよ。

(ア)　$a \geqq 0$　　(イ)　$-2 \leqq a < 0$　　(ウ)　$a<-2$

(2)　次の式の根号をはずし簡単にせよ。

$\sqrt{x^2+4x+4}-\sqrt{16x^2-24x+9}$　$\left(\text{ただし}\ -2<x<\dfrac{3}{4}\right)$　〔(2) 類 東北工大〕

p.59 EX 23

基本例題 26 2重根号の簡約化 ②②②②②

次の式の2重根号をはずして簡単にせよ。

(1) $\sqrt{11+2\sqrt{30}}$　　(2) $\sqrt{9-2\sqrt{14}}$

(3) $\sqrt{10-\sqrt{84}}$　　(4) $\sqrt{6+\sqrt{35}}$

指針 $\sqrt{p\pm2\sqrt{q}}$ の形の数は，**$a+b=p$，$ab=q$（和が p，積が q）となる2数 a，b** （$a>0$，$b>0$）が見つかれば，次のように変形できる。

$a>0$，$b>0$ のとき

$$\sqrt{p+2\sqrt{q}}=\sqrt{(a+b)+2\sqrt{ab}}=\sqrt{(\sqrt{a}+\sqrt{b})^2}=\sqrt{a}+\sqrt{b} \quad \cdots\cdots ①$$

$a>b>0$ のとき　　$a>b$ より $\sqrt{a}-\sqrt{b}>0$

$$\sqrt{p-2\sqrt{q}}=\sqrt{(a+b)-2\sqrt{ab}}=\sqrt{(\sqrt{a}-\sqrt{b})^2}=\sqrt{a}-\sqrt{b} \quad \cdots\cdots ②$$

(1) $a+b=11$，$ab=30$　(2) $a+b=9$，$ab=14$　となる2数 a，b を見つける。

(3)，(4) まず，中の $\sqrt{\ }$ の前が2となるように変形する。

CHART 2重根号の扱い　中の $\sqrt{\ }$ を $2\sqrt{\ }$ にする

解答

(1) $\sqrt{11+2\sqrt{30}}=\sqrt{(6+5)+2\sqrt{6\cdot5}}$

$=\sqrt{(\sqrt{6}+\sqrt{5})^2}=\boldsymbol{\sqrt{6}+\sqrt{5}}$

(2) $\sqrt{9-2\sqrt{14}}=\sqrt{(7+2)-2\sqrt{7\cdot2}}$

$=\sqrt{(\sqrt{7}-\sqrt{2})^2}=\boldsymbol{\sqrt{7}-\sqrt{2}}$

(3) $\sqrt{10-\sqrt{84}}=\sqrt{10-\sqrt{2^2\cdot21}}=\sqrt{10-2\sqrt{21}}$

$=\sqrt{(7+3)-2\sqrt{7\cdot3}}=\sqrt{(\sqrt{7}-\sqrt{3})^2}$

$=\boldsymbol{\sqrt{7}-\sqrt{3}}$

(4) $\sqrt{6+\sqrt{35}}=\sqrt{\dfrac{12+2\sqrt{35}}{2}}=\dfrac{\sqrt{(7+5)+2\sqrt{7\cdot5}}}{\sqrt{2}}$

$=\dfrac{\sqrt{(\sqrt{7}+\sqrt{5})^2}}{\sqrt{2}}=\dfrac{\sqrt{7}+\sqrt{5}}{\sqrt{2}}$

$=\dfrac{\sqrt{2}(\sqrt{7}+\sqrt{5})}{2}=\boldsymbol{\dfrac{\sqrt{14}+\sqrt{10}}{2}}$

(2) $\sqrt{(\sqrt{7}-\sqrt{2})^2}$ $=|\sqrt{7}-\sqrt{2}|$ であるから，$\sqrt{2}-\sqrt{7}$ は **誤り！**

◀中の根号の前を2にする。

◀$\sqrt{3}-\sqrt{7}$ は **誤り！**

◀中の根号の前を2にするために，$\dfrac{6+\sqrt{35}}{1}$ の分母・分子に2を掛ける。

検討 **指針の①，②をまとめて表す**

①，②をまとめて

$$\sqrt{a+b\pm2\sqrt{ab}}=\sqrt{a}\pm\sqrt{b} \quad \textbf{（複号同順）}$$

と表すことがある。この **複号同順** とは，左辺の複号 ± の + と − の順に，右辺の複号 ± の + と − がそれぞれ対応するという意味である。

練習 ② 26 次の式の2重根号をはずして簡単にせよ。

(1) $\sqrt{6+4\sqrt{2}}$　(2) $\sqrt{8-\sqrt{48}}$　(3) $\sqrt{2+\sqrt{3}}$　(4) $\sqrt{9-3\sqrt{5}}$

p.60 EX 24, 25

基本例題 27 整数部分・小数部分と式の値 ⊘⊘⊘⊘⊘

$\dfrac{2}{\sqrt{6}-2}$ の整数部分を a，小数部分を b とする。

(1) a，b の値を求めよ。

(2) a^2+ab，$a^2+4ab+4b^2$ の値を求めよ。〔類 北海学園大〕

基本 24 重要 31

指針 例えば，3.5 の小数部分は 0.5 と小数で正確に表すことができるが，$\sqrt{2}$ の小数部分を，$\sqrt{2}=1.414\cdots\cdots$ より $0.414\cdots\cdots$ としては **ダメ！** $0.414\cdots\cdots$ は正確な表現とはいえない。
そこで，**(数)＝(整数部分)＋(小数部分)** により
小数部分は (小数部分)＝(数)－(整数部分) ……★
と表す。よって，$1<\sqrt{2}<2$ より $\sqrt{2}$ の整数部分は 1 であるから $\sqrt{2}$ の小数部分は $\sqrt{2}-1$ と表す。

$\sqrt{2}=1.414\cdots\cdots$
⇓
$\sqrt{2}=1+0.414\cdots\cdots$
↑ 整数部分　↑ 小数部分(？)

解答

(1) $\dfrac{2}{\sqrt{6}-2}=\dfrac{2(\sqrt{6}+2)}{(\sqrt{6}-2)(\sqrt{6}+2)}=\dfrac{2(\sqrt{6}+2)}{6-4}=2+\sqrt{6}$

$2<\sqrt{6}<3$ であるから，$\sqrt{6}$ の整数部分は 2

よって，$2+\sqrt{6}$ の整数部分は $\boldsymbol{a=2+2=4}$

小数部分は $\boldsymbol{b}=(2+\sqrt{6})-a$

$=(2+\sqrt{6})-4=\boldsymbol{\sqrt{6}-2}$

(2) (1) から

$\boldsymbol{a^2+ab}=a(a+b)=4(2+\sqrt{6})=\boldsymbol{8+4\sqrt{6}}$

$\boldsymbol{a^2+4ab+4b^2}=(a+2b)^2=(a+b+b)^2$

$=(2+\sqrt{6}+\sqrt{6}-2)^2$

$=(2\sqrt{6})^2=\boldsymbol{24}$

◀分母を有理化。

◀$\sqrt{4}<\sqrt{6}<\sqrt{9}$ であるから $2<\sqrt{6}<3$

◀指針＿＿……★ の方針。
(小数部分)
＝(数)－(整数部分)
として小数部分を求める。

◀$a+b$ はもとの数 $2+\sqrt{6}$ である。

検討

整数部分と小数部分

実数 x の整数部分を n，小数部分を p $(0\leqq p<1)$ とすると，次が成り立つ。

$\boldsymbol{n\leqq x<n+1}$，　$\boldsymbol{p=x-n}$　⟵ (小数部分)＝(数)－(整数部分)

なお，$\sqrt{●}$ の整数部分を調べるには，$n^2\leqq ●<(n+1)^2$ となる整数 n を見つけるとよい。

例　$2^2<6<3^2$ から　$\sqrt{2^2}<\sqrt{6}<\sqrt{3^2}$　つまり　$2<\sqrt{6}<3$　⟵ $\sqrt{6}$ の整数部分は 2
　　$5^2<30<6^2$ から　$\sqrt{5^2}<\sqrt{30}<\sqrt{6^2}$　つまり　$5<\sqrt{30}<6$　⟵ $\sqrt{30}$ の整数部分は 5

一般に，「$\boldsymbol{0\leqq x<y}$ **ならば** $\boldsymbol{\sqrt{x}<\sqrt{y}}$」，「$\boldsymbol{\sqrt{x}<\sqrt{y}}$ **ならば** $\boldsymbol{0\leqq x<y}$」が成り立つ。

練習 ③ 27 $\dfrac{1}{2-\sqrt{3}}$ の整数部分を a，小数部分を b とする。

(1) a，b の値を求めよ。　(2) $\dfrac{a+b^2}{3b}$，$a^2-b^2-2a-2b$ の値を求めよ。

基本 例題 28 平方根と式の値 (1)

$x=\dfrac{\sqrt{3}-\sqrt{2}}{\sqrt{3}+\sqrt{2}}$, $y=\dfrac{\sqrt{3}+\sqrt{2}}{\sqrt{3}-\sqrt{2}}$ のとき，$x+y=$ ア□，$xy=$ イ□ であるから，$x^2+y^2=$ ウ□，$x^3+y^3=$ エ□，$x^4+y^4=$ オ□，$x^5+y^5=$ カ□ となる。

重要 30 ↘

指針 (ア) 分母が $\sqrt{3}+\sqrt{2}$，$\sqrt{3}-\sqrt{2}$ であるから，通分と同時に分母が有理化される。
(ウ)～(カ) いずれも，x と y を入れ替えても同じ式(**対称式**)である。
x, y の対称式は基本対称式 $x+y$, xy で表される ことが知られている。そこで，それぞれの式を **変形して $x+y$，xy の式に直し**，(ア)，(イ) で求めた値を代入する。
なお，$x^2+y^2=(x+y)^2-2xy$，$x^3+y^3=(x+y)^3-3xy(x+y)$ は覚えておこう。

CHART x，y の対称式
基本対称式 $x+y$，xy で表す
$x^2+y^2=(x+y)^2-2xy$　　$x^3+y^3=(x+y)^3-3xy(x+y)$

解答

(ア) $x+y=\dfrac{\sqrt{3}-\sqrt{2}}{\sqrt{3}+\sqrt{2}}+\dfrac{\sqrt{3}+\sqrt{2}}{\sqrt{3}-\sqrt{2}}$
$=\dfrac{(\sqrt{3}-\sqrt{2})^2+(\sqrt{3}+\sqrt{2})^2}{(\sqrt{3}+\sqrt{2})(\sqrt{3}-\sqrt{2})}$
$=\dfrac{(3-2\sqrt{6}+2)+(3+2\sqrt{6}+2)}{3-2}=\mathbf{10}$

◀x，y それぞれの分母を有理化してから $x+y$ を計算してもよい。

(イ) $xy=\dfrac{\sqrt{3}-\sqrt{2}}{\sqrt{3}+\sqrt{2}}\cdot\dfrac{\sqrt{3}+\sqrt{2}}{\sqrt{3}-\sqrt{2}}=\mathbf{1}$

◀x と y は互いに他の逆数となっているから　$xy=1$

(ウ) $x^2+y^2=(x+y)^2-2xy=10^2-2\cdot1=\mathbf{98}$

(エ) $x^3+y^3=(x+y)^3-3xy(x+y)=10^3-3\cdot1\cdot10=\mathbf{970}$

別解 $x^3+y^3=(x+y)(x^2-xy+y^2)=10\cdot(98-1)=\mathbf{970}$

◀3 次式の因数分解の公式

(オ) $x^4+y^4=(x^2+y^2)^2-2x^2y^2=(x^2+y^2)^2-2(xy)^2$
(イ)，(ウ) の結果から　$x^4+y^4=98^2-2\cdot1^2=\mathbf{9602}$

◀$(x^2+y^2)^2=\boldsymbol{x^4}+2x^2y^2+\boldsymbol{y^4}$

(カ) $x^5+y^5=(x^2+y^2)(x^3+y^3)-x^2y^3-x^3y^2$
$=(x^2+y^2)(x^3+y^3)-(x+y)(xy)^2$
(ア)～(エ) の結果から　$x^5+y^5=98\cdot970-10\cdot1^2=\mathbf{95050}$

◀$(x^2+y^2)(x^3+y^3)$
$=\boldsymbol{x^5}+x^2y^3+y^2x^3+\boldsymbol{y^5}$

別解 $x^5+y^5=(x+y)(x^4+y^4)-xy^4-x^4y$
$=(x+y)(x^4+y^4)-xy(x^3+y^3)$
(ア)，(イ)，(エ)，(オ) の結果から
$x^5+y^5=10\cdot9602-1\cdot970=\mathbf{95050}$

◀$(x+y)(x^4+y^4)$
$=\boldsymbol{x^5}+xy^4+yx^4+\boldsymbol{y^5}$

練習 ② 28 $x=\dfrac{\sqrt{5}+\sqrt{3}}{\sqrt{5}-\sqrt{3}}$，$y=\dfrac{\sqrt{5}-\sqrt{3}}{\sqrt{5}+\sqrt{3}}$ のとき，$x+y$，xy，x^2+y^2，x^3+y^3，x^3-y^3 の値を求めよ。

〔類　順天堂大〕

ズームUP 対称式と基本対称式

例題 **28** において，$x=\dfrac{\sqrt{3}-\sqrt{2}}{\sqrt{3}+\sqrt{2}}$，$y=\dfrac{\sqrt{3}+\sqrt{2}}{\sqrt{3}-\sqrt{2}}$ の分母を有理化すると，

$x=5-2\sqrt{6}$，$y=5+2\sqrt{6}$ となる。

これを (ウ) x^2+y^2，(エ) x^3+y^3，(オ) x^4+y^4，(カ) x^5+y^5 に代入して求めようとすると

(ウ) $x^2+y^2=(5-2\sqrt{6})^2+(5+2\sqrt{6})^2=(25-20\sqrt{6}+24)+(25+20\sqrt{6}+24)=98$

(エ) $x^3+y^3=(5-2\sqrt{6})^3+(5+2\sqrt{6})^3$

$=(125-150\sqrt{6}+360-48\sqrt{6})+(125+150\sqrt{6}+360+48\sqrt{6})$

$=970$

(オ) $x^4+y^4=(5-2\sqrt{6})^4+(5+2\sqrt{6})^4=\cdots\cdots$

(カ) $x^5+y^5=(5-2\sqrt{6})^5+(5+2\sqrt{6})^5=\cdots\cdots$

となる。(ウ)，(エ) はそれほど面倒ではないかもしれないが，(オ)，(カ) では計算が煩雑になる。そこで，次のような対称式の性質を利用して求めることを考えよう。

● 対称式は基本対称式を利用して表す

対称式には次の性質がある。

対称式は，基本対称式で表すことができる。

x と y の対称式の場合，基本対称式は $x+y$，xy であるから，
x^n+y^n（n は自然数）を $x+y$，xy で表すことを考える。

まず，x^2+y^2，x^3+y^3 は，それぞれ次のように展開公式から導くことができる。

$(x+y)^2=x^2+2xy+y^2$ から

$$\boldsymbol{x^2+y^2=(x+y)^2-2xy}$$

$(x+y)^3=x^3+3x^2y+3xy^2+y^3$ から

$$\boldsymbol{x^3+y^3}=(x+y)^3-3x^2y-3xy^2$$
$$\boldsymbol{=(x+y)^3-3xy(x+y)}$$

◀ $p.39$ の 検討 参照。

続いて，x^4+y^4，x^5+y^5 については，解答で，

$$\boldsymbol{=(x^2+y^2)(x^{\square}+y^{\square})-\square}$$

と変形して導いたが，次の等式を利用してもよい。

$$\boldsymbol{x^n+y^n=(x+y)(x^{n-1}+y^{n-1})-xy(x^{n-2}+y^{n-2})}$$

この等式を利用すると，

$$x^4+y^4=(x+y)(x^3+y^3)-xy(x^2+y^2)$$

$$x^5+y^5=(x+y)(x^4+y^4)-xy(x^3+y^3)$$

$$x^6+y^6=(x+y)(x^5+y^5)-xy(x^4+y^4)$$

$$\vdots$$

といったようにして順番に求めていくことができる。

基本例題 29 平方根と式の値 (2)

①①①①①

$x+\dfrac{1}{x}=\sqrt{5}$ のとき，次の式の値を求めよ。

(1) $x^2+\dfrac{1}{x^2}$　(2) $x^3+\dfrac{1}{x^3}$　(3) $x^4+\dfrac{1}{x^4}$

基本 28

指針 $\dfrac{1}{x}=y$ とおくと，$x+\dfrac{1}{x}=\boldsymbol{x+y}$，$x^2+\dfrac{1}{x^2}=\boldsymbol{x^2+y^2}$，$x^3+\dfrac{1}{x^3}=\boldsymbol{x^3+y^3}$ のように，**対称式**となる。また，$xy=x\cdot\dfrac{1}{x}=1$ である。

よって，例題 **28** のように，**対称式を基本対称式で表す** 要領で，式の値は求められる。

例えば，$x^2+\dfrac{1}{x^2}$ は $x^2+\left(\dfrac{1}{x}\right)^2=\left(x+\dfrac{1}{x}\right)^2-2x\cdot\dfrac{1}{x}=\left(x+\dfrac{1}{x}\right)^2-2$

CHART $\boldsymbol{x^n+\dfrac{1}{x^n}}$ **の計算　基本対称式の利用　$\boldsymbol{x^n\cdot\dfrac{1}{x^n}=1}$ がカギ**

解答

(1) $x^2+\dfrac{1}{x^2}=\left(x+\dfrac{1}{x}\right)^2-2\cdot x\cdot\dfrac{1}{x}=(\sqrt{5})^2-2\cdot1=\boldsymbol{3}$

◀ $x^2+y^2=(x+y)^2-2xy$

(2) $x^3+\dfrac{1}{x^3}=\left(x+\dfrac{1}{x}\right)^3-3\cdot x\cdot\dfrac{1}{x}\cdot\left(x+\dfrac{1}{x}\right)$

$=(\sqrt{5})^3-3\cdot1\cdot\sqrt{5}$

$=5\sqrt{5}-3\sqrt{5}=\boldsymbol{2\sqrt{5}}$

◀ $x^3+y^3=(x+y)^3-3xy(x+y)$ $p.39$ 検討 参照。

(3) $x^4+\dfrac{1}{x^4}=(x^2)^2+\dfrac{1}{(x^2)^2}=\left(x^2+\dfrac{1}{x^2}\right)^2-2\cdot x^2\cdot\dfrac{1}{x^2}$

$=3^2-2\cdot1=\boldsymbol{7}$

検討 PLUS ONE

(2)，(3) は，等式

$$\boldsymbol{x^n+\frac{1}{x^n}=\left(x+\frac{1}{x}\right)\left(x^{n-1}+\frac{1}{x^{n-1}}\right)-\left(x^{n-2}+\frac{1}{x^{n-2}}\right)}$$

を利用すると，次のように求めることもできる。

別解 (2) $x^3+\dfrac{1}{x^3}=\left(x+\dfrac{1}{x}\right)\left(x^2+\dfrac{1}{x^2}\right)-\left(x+\dfrac{1}{x}\right)$

$=\sqrt{5}\cdot3-\sqrt{5}=\boldsymbol{2\sqrt{5}}$

(3) $x^4+\dfrac{1}{x^4}=\left(x+\dfrac{1}{x}\right)\left(x^3+\dfrac{1}{x^3}\right)-\left(x^2+\dfrac{1}{x^2}\right)$

$=\sqrt{5}\cdot2\sqrt{5}-3=10-3=\boldsymbol{7}$

練習 ③ 29 $2x+\dfrac{1}{2x}=\sqrt{7}$ のとき，次の式の値を求めよ。

(1) $4x^2+\dfrac{1}{4x^2}$　(2) $8x^3+\dfrac{1}{8x^3}$　(3) $64x^6+\dfrac{1}{64x^6}$

p.60 EX26

重要例題 30 平方根と式の値 (3) ④

$x+y+z=xy+yz+zx=2\sqrt{2}+1$, $xyz=1$ を満たす実数 x, y, z に対して，次の式の値を求めよ。

(1) $\dfrac{1}{x}+\dfrac{1}{y}+\dfrac{1}{z}$　(2) $x^2+y^2+z^2$　(3) $x^3+y^3+z^3$

基本 28

指針 $p.54$ の例題 **28** (ウ)～(カ) と同様の方針。つまり，(1)～(3) の各式を $x+y+z$, $xy+yz+zx$, xyz で表された式に変形してから値を代入する。

(1) 各項の分母をすべて xyz にしてから加える。

(2) $(x+y+z)^2=x^2+y^2+z^2+2(xy+yz+zx)$ を利用。

(3) $x^3+y^3+z^3=(x+y+z)(x^2+y^2+z^2-xy-yz-zx)+3xyz$ …… (＊) が成り立つことと，(2) の結果を利用。

補足 (＊)が成り立つことは，$p.39$ 例題 **20** (1) の結果からもわかる。

CHART x, y, z の対称式
基本対称式 $x+y+z$, $xy+yz+zx$, xyz で表す

解答

(1) $\dfrac{1}{x}+\dfrac{1}{y}+\dfrac{1}{z}=\dfrac{yz}{x\cdot yz}+\dfrac{zx}{y\cdot zx}+\dfrac{xy}{z\cdot xy}=\dfrac{yz+zx+xy}{xyz}$

$=\dfrac{2\sqrt{2}+1}{1}=\mathbf{2\sqrt{2}+1}$

(2) $x^2+y^2+z^2=(x+y+z)^2-2(xy+yz+zx)$

$=(2\sqrt{2}+1)^2-2(2\sqrt{2}+1)$

$=9+4\sqrt{2}-4\sqrt{2}-2=\mathbf{7}$

(3) $x^3+y^3+z^3$

$=(x+y+z)(x^2+y^2+z^2-xy-yz-zx)+3xyz$

が成り立つから，(2) より

$x^3+y^3+z^3=(2\sqrt{2}+1)\{7-(2\sqrt{2}+1)\}+3$

$=2(2\sqrt{2}+1)(3-\sqrt{2})+3=\mathbf{10\sqrt{2}+1}$

◀分母が異なる分数式の加減では，分母をそろえる。これを，**通分** という。

◀$(x+y+z)^2$
$=x^2+y^2+z^2$
$+2(xy+yz+zx)$

◀この等式は，入試問題ではよく使われる。覚えておこう！

検討

x, y, z (3 つの文字) に関する対称式，基本対称式

上の (1)～(3) では x, y, z のどの 2 つを入れ替えてももとの式と同じになる。これらを x, y, z の **対称式** という ($p.35$, 55 参照)。

また，$x+y+z$, $xy+yz+zx$, xyz を x, y, z の **基本対称式** といい，x, y, z の対称式は，これら基本対称式を用いて表されることが知られている。例えば，次の等式が成り立つ。

$$x^2+y^2+z^2=(x+y+z)^2-2(xy+yz+zx)$$
$$x^3+y^3+z^3=(x+y+z)^3-3(x+y+z)(xy+yz+zx)+3xyz$$

練習 ④ 30 $x+y+z=2\sqrt{3}+1$, $xy+yz+zx=2\sqrt{3}-1$, $xyz=-1$ を満たす実数 x, y, z に対して，次の式の値を求めよ。

(1) $\dfrac{1}{xy}+\dfrac{1}{yz}+\dfrac{1}{zx}$　(2) $x^2+y^2+z^2$　(3) $x^3+y^3+z^3$

p.60 EX 27

重要例題 31 平方根と式の値 (4)

④④④④○

$a=\dfrac{1+\sqrt{5}}{2}$ のとき，次の式の値を求めよ。

(1) a^2-a-1　　(2) $a^4+a^3+a^2+a+1$

基本 27

指針 (1) 直接代入して求めることもできるが，ここでは **根号をなくす** 工夫を考えてみよう。

与えられた式から　$2a-1=\sqrt{5}$　この両辺を 2 乗すると，根号が消える。

(2) 直接代入するのでは計算がとても大変！ そこで，(1) の結果を利用する。

(1) より，$a^2=a+1$ となり，a^2 は a の 1 次式で表される。

これを利用して，式の **次数を下げる** ことができる。

例えば　$a^3=a^2\cdot a=(a+1)a=a^2+a=(a+1)+a=2a+1$

a^4 も同様にして次数を下げ，a の 1 次式に直す。←再び代入。

CHART 高次式の値 次数を下げる

解答

(1) $a=\dfrac{1+\sqrt{5}}{2}$ から　$2a-1=\sqrt{5}$

両辺を 2 乗して　$(2a-1)^2=5$　よって　$4a^2-4a-4=0$

ゆえに　$a^2-a-1=\mathbf{0}$

(2) (1) から　$a^2=a+1$

よって

$a^3=a^2a=(a+1)a=a^2+a=(a+1)+a=2a+1$,

$a^4=a^3a=(2a+1)a=2a^2+a=2(a+1)+a=3a+2$

したがって　$a^4+a^3+a^2+a+1$

$=(3a+2)+(2a+1)+(a+1)+a+1$

$=7a+5=7\cdot\dfrac{1+\sqrt{5}}{2}+5=\mathbf{\dfrac{17+7\sqrt{5}}{2}}$

◀ $\sqrt{5}$ について解く。

◀ $(2a-1)^2=4a^2-4a+1$

◀ $a^4=(a^2)^2=(a+1)^2$
$=a^2+2a+1$
$=(a+1)+2a+1$
としてもよい。

◀ここで $a=\dfrac{1+\sqrt{5}}{2}$ を代入。

検討 PLUS ONE

次数を下げるには，多項式の除法(数学Ⅱ)も有効

多項式の乗法までは学習したが，数学Ⅱでは多項式の除法を学習する。多項式の除法を用いると，上の (2) では

$$\boldsymbol{a^4+a^3+a^2+a+1=(a^2-a-1)(a^2+2a+4)+7a+5}$$

と変形でき(右辺を計算して確かめてみよ)，$a^2-a-1=0$ のとき，与式の値は $7a+5$ の値と同じであることがわかる。

練習 ④ 31 $a=\dfrac{1-\sqrt{3}}{2}$ のとき，次の式の値を求めよ。

(1) $2a^2-2a-1$　　(2) a^8

①18 次の循環小数の積を1つの既約分数で表せ。〔信州大〕

$0.\dot{1}\dot{2}\times 0.\dot{2}\dot{7}$

→21

①19 (1), (2), (3) の値を求めよ。(4) は簡単にせよ。

(1) $\sqrt{1.21}$　(2) $\sqrt{0.0256}$　(3) $\dfrac{\sqrt{12}\sqrt{20}}{\sqrt{15}}$

(4) $a>0$, $b<0$, $c<0$ のとき $\sqrt{(a^2bc^3)^3}$

→23

②20 次の計算は誤りである。① から ⑥ の等号の中で誤っているものをすべてあげ，誤りと判断した理由を述べよ。

$27 \underset{①}{=} \sqrt{729} \underset{②}{=} \sqrt{3^6} \underset{③}{=} \sqrt{(-3)^6} \underset{④}{=} \sqrt{\{(-3)^3\}^2} \underset{⑤}{=} (-3)^3 \underset{⑥}{=} -27$　〔類 宮崎大〕

→23

①21 次の式を計算せよ。

(1) $\sqrt{200}+\sqrt{98}-3\sqrt{72}$　(2) $\sqrt{48}-\sqrt{27}+5\sqrt{12}$

(3) $(1+\sqrt{3})^3$　(4) $(2\sqrt{6}+\sqrt{3})(\sqrt{6}-4\sqrt{3})$

(5) $(1-\sqrt{7}+\sqrt{3})(1+\sqrt{7}+\sqrt{3})$　(6) $(\sqrt{2}-2\sqrt{3}-3\sqrt{6})^2$

→23

②22 次の式を，分母を有理化して簡単にせよ。

(1) $\dfrac{1}{\sqrt{3}-\sqrt{5}}$　(2) $\dfrac{\sqrt{3}}{1+\sqrt{6}}-\dfrac{\sqrt{2}}{4+\sqrt{6}}$

(3) $\dfrac{1}{\sqrt{2}+1}+\dfrac{1}{\sqrt{3}+\sqrt{2}}+\dfrac{1}{\sqrt{4}+\sqrt{3}}+\dfrac{1}{\sqrt{5}+\sqrt{4}}$

(4) $\dfrac{1}{\sqrt{2}+\sqrt{3}+\sqrt{5}}+\dfrac{1}{\sqrt{2}-\sqrt{3}-\sqrt{5}}$

→24

③23 $x=a^2+9$ とし，$y=\sqrt{x-6a}-\sqrt{x+6a}$ とする。y を簡単にすると
$a\leqq -$ ア□ のとき，$y=$ イ□，$-$ ア□ $\leqq a\leqq$ ウ□ のとき，$y=$ エ□，
$a\geqq$ ウ□ のとき，$y=$ オ□ となる。〔摂南大〕

→25

HINT

18　まず，2つの循環小数をそれぞれ既約分数で表す。
19　(4) $\sqrt{A^2}=|A|$　うっかり $\sqrt{A^2}=A$ としてはいけない。
21　(3), (5), (6) 展開の公式をうまく使う。　(5) $1+\sqrt{3}$ を1つの数とみる。
22　(2)〜(4) 各式について，分母を有理化する。(4) は，通分してから有理化してもよい。
23　$y=\sqrt{A^2}-\sqrt{B^2}$ の形に変形できる。$A=0$，$B=0$ となる a の値に注目して場合分け。

③24 次の式の2重根号をはずして簡単にせよ。

(1) $\sqrt{11+4\sqrt{6}}$ 〔東京海洋大〕 (2) $\dfrac{1}{\sqrt{7-4\sqrt{3}}}$ 〔職能開発大〕

(3) $\sqrt{3+\sqrt{5}}+\sqrt{3-\sqrt{5}}$ 〔東京電機大〕

→26

③25 次の式を簡単にせよ。

(1) $\sqrt{9+4\sqrt{4+2\sqrt{3}}}$ 〔大阪産大〕 (2) $\sqrt{7-\sqrt{21+\sqrt{80}}}$ 〔北海道薬大〕

→26

③26 (1) $a=\dfrac{3}{\sqrt{5}+\sqrt{2}}$, $b=\dfrac{3}{\sqrt{5}-\sqrt{2}}$ であるとき，a^2+ab+b^2, $a^3+a^2b+ab^2+b^3$ の値をそれぞれ求めよ。 〔類 星薬大〕

(2) $a=\dfrac{2}{3-\sqrt{5}}$ のとき，$a+\dfrac{1}{a}$, $a^2+\dfrac{1}{a^2}$, $a^5+\dfrac{1}{a^5}$ の値をそれぞれ求めよ。

〔鹿児島大〕

→28, 29

④27 a, b, c を実数として，A, B, C を $A=a+b+c$, $B=a^2+b^2+c^2$, $C=a^3+b^3+c^3$ とする。このとき，abc を A, B, C を用いて表せ。 〔横浜市大〕

→30

④28 $\sqrt{9+4\sqrt{5}}$ の小数部分を a とするとき，次の式の値を求めよ。

(1) $a^2-\dfrac{1}{a^2}$ (2) a^3 (3) a^4-2a^2+1 →27, 31

HINT

25 (1) まず，$\sqrt{4+2\sqrt{3}}$ を簡単にする。

26 (1) 与式は a, b の対称式。⟶ **基本対称式 $a+b$, ab で表される** から，まず $a+b$, ab の値を求める。

(2) $a^5+\dfrac{1}{a^5}$ の値については，$\left(a^3+\dfrac{1}{a^3}\right)\left(a^2+\dfrac{1}{a^2}\right)=a^5+a+\dfrac{1}{a}+\dfrac{1}{a^5}$ を利用する。

27 $a^3+b^3+c^3-3abc=(a+b+c)(a^2+b^2+c^2-ab-bc-ca)$ を利用する。

28 (3) a^4-2a^2+1 を因数分解してから代入するとよい。

参考事項 開平の筆算

※ある正の数の平方根を求める場合，それが大きな数や小数の場合は電卓やコンピュータを使って計算するのが普通であるが，実は筆算で計算することもできる。平方根を求める計算を **開平**（かいへい）というが，ここでその筆算による方法を，具体例をあげて紹介しよう。

例　$\sqrt{60516}$ の開平

以下の手順に従い，右のように筆算する。

① 小数点の位置から 2 桁ずつ区切る。

6|05|16

② 1 番高い桁の区分にある 6 について，6 以下で 6 に最も近い平方数 $4=2^2$ を見つけ，2 を立てる。

③ $6-4=2$ から 205 を下ろす。

④ $2+2=4$ を計算し，$4\square\times\square$ が 205 以下で 205 に最も近くなる $\square$ の数 4 を求め，それを立てる。

⑤ $205-44\times4=205-176=29$ から 2916 を下ろす。

⑥ $44+4=48$ を計算し，$48\square\times\square$ が 2916 以下で，2916 に最も近くなる $\square$ の数を求めると $486\times6=2916$ から 6 が立ち，2916 に一致して計算が終わる。

	2　4　6
2	)6|05|16
2	4②
4 [4]④	205③
[4]	176
48[6]⑥	2916⑤
[6]	2916
	0

以上から，$\sqrt{60516}=246$ と計算できる。

この原理は逆の計算，すなわち平方数を計算する式の展開式から説明できる。

$100^2<60516<1000^2$ であるから，$\sqrt{60516}$ の整数部分は 3 桁の整数であり，その百の位の数を a，十の位の数を b，一の位の数を c とおくと　$60516=(10^2a+10b+c)^2$

よって　$\boldsymbol{(10^2a+10b+c)^2=\{(10^2a+10b)+c\}^2}$

$=(10^2a)^2+2\cdot10^2a\cdot10b+(10b)^2+2(10^2a+10b)c+c^2$

$\boldsymbol{=(10^2a)^2+(2\cdot10^2a+10b)\cdot10b+\{2(10^2a+10b)+c\}c}$ …… Ⓐ

① で，小数点の位置から 2 桁ずつ区切るのは，平方根の各位が 2 桁ごとに立つからである。次に，② でまず $\boldsymbol{a=2}$ を求め，Ⓐ の右辺から $(10^2a)^2=40000$ を引き去ると

$(2\cdot10^2\cdot2+10b)\cdot10b+\{2(10^2\cdot2+10b)+c\}c$ …… Ⓑ

この $(2\cdot10^2\cdot2+10b)\cdot10b$ の上 3 桁が上記の 205 にあたり，これに最も近い数 b として $b=4$ を求め，Ⓑ から $(2\cdot10^2\cdot2+10b)\cdot10b=17600$ を引き去ると

$\{2(10^2\cdot2+10\cdot4)+c\}c$

が残る。これが上の 2916 にあたり，$c=6$ を求めて計算が終了となる。

この開平の筆算は，右の $\sqrt{3294.76}$ のように，小数点以下がある場合も上と同様にして計算できる。

	5　7．4
5	$\sqrt{32\|94.\|76}$
5	25
107	7 94
7	7 49
1144	45 76
4	45 76
	0

電卓やコンピュータという便利なものがなかった時代，この開平の筆算方法は数学の教科書に載っていたこともあった。今では物理の教材で扱っていることの方が多いようであるが，こういう手計算も必要になるときがあるかもしれない。各自，いろいろな数で試してみよう。

4 1次不等式

基本事項

1 不等式

数量の間の大小関係を，不等号 $>$，$<$，$\geqq$，$\leqq$ を用いて表した式を **不等式** という。

等式の場合と同様に，不等号の左側の部分を **左辺**，右側の部分を **右辺** といい，左辺と右辺を合わせて **両辺** という。

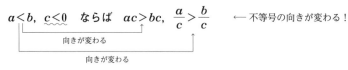

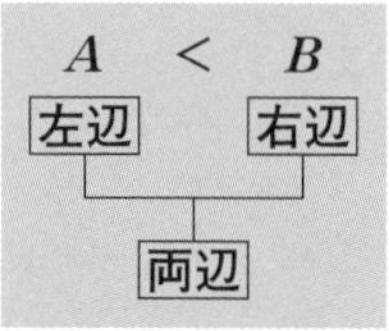

2 不等式の性質

0　$a<b$，$b<c$ ならば $a<c$

1　$a<b$ ならば $a+c<b+c$，$a-c<b-c$

2　$a<b$，$c>0$ ならば $ac<bc$，$\dfrac{a}{c}<\dfrac{b}{c}$　⟵ 不等号の向きは変わらない。

　$a<b$，$c<0$ ならば $ac>bc$，$\dfrac{a}{c}>\dfrac{b}{c}$　⟵ 不等号の向きが変わる！

向きが変わる

向きが変わる

解　説

■ 不等号と不等式

2つの数量 a，b の大小に関する用語と不等式の関係を確認しておこう。

a は b より小さい	$a<b$	a は b より大きい	$a>b$
a は b 以下である	$a\leqq b$	a は b 以上である	$a\geqq b$
a は b 未満である	$a<b$		

◀「以上」，「以下」のときは ＝ を含める。

また，「x が a より大きく，かつ b より小さい」すなわち，$a<x$ と $x<b$ が同時に成り立つとき，$a<x<b$ と表す。

なお，不等式 $a\leqq b$ は「$a<b$ または $a=b$」を意味する。つまり，$a<b$ と $a=b$ のどちらか一方が成り立っていれば正しい。

例えば，$3\leqq 5$ や $5\leqq 5$ はどちらも正しい。

注意 不等式に含まれる文字は，特に断らない限り実数とする。

■ 不等式の性質

任意の2つの実数 a，b について，$a>b$，$a=b$，$a<b$ のうち，どれか1つの関係だけが成り立つ。

参考 **2** 0 の性質は，**不等式の推移律** という。

2 1，2 は，不等式 $a<b$ の両辺に同じ数を加えたり引いたり，掛けたり割ったりしたときの大小関係である。

特に，両辺に同じ負の数を掛けたり割ったりすると，**不等号の向きが変わる** ということに注意しよう。

例　不等式 $1<2$ に対して，両辺に負の数 -1 を掛けたときは

$$1\cdot(-1)>2\cdot(-1)$$

↑ 向きが変わる

◀計算すると
　左辺は -1
　右辺は -2

基本事項

3 1次不等式

不等式のすべての項を左辺に移項して整理したとき，$ax+b>0$，$ax+b\leqq 0$ などのように，左辺が x の1次式になる不等式を，x についての **1次不等式** という。
ただし，a，b は定数で，$a\neq 0$ とする。

4 1次不等式の解法の手順

① **移項して $ax>b$ $(ax\geqq b)$ または $ax<b$ $(ax\leqq b)$ の形にする。**

② **次に，両辺を x の係数 a で割る。$a<0$ のときは不等号の向きが変わる。**

5 連立不等式

いくつかの不等式を組み合わせたものを **連立不等式** といい，それらの不等式を同時に満たす x の値の範囲を求めることを，その連立不等式を **解く** という。

6 絶対値を含む方程式・不等式

$c>0$ のとき　方程式 $|x|=c$ の解は　$x=\pm c$
不等式 $|x|<c$ の解は　$-c<x<c$
不等式 $|x|>c$ の解は　$x<-c$，$c<x$

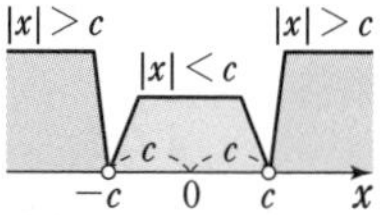

注意 「$x<-c$，$c<x$」は，$x<-c$ と $c<x$ を合わせた範囲を表す。

解　説

■ **不等式の解法**

x の満たすべき条件を表した不等式（これを x についての不等式という）において，不等式を満たす x の値を，その不等式の **解** といい，不等式のすべての解を求めることを，**不等式を解く** という。なお，不等式のすべての解の集まりを，その不等式の **解** ということもある。
不等式においても，前ページの **2** 不等式の性質 1 を使って，等式の場合と同様に，**移項** による式の変形ができる。

■ **不等式の解と数直線**

1次不等式の解は，1次方程式のようなただ1つの値ではなく，無数の値からなる。例えば，$x-11\leqq 0$ の解 $x\leqq 11$ は，11以下のすべての実数 x の集まりであり，**数直線** を用いて，右上の図 [1] のように示す。また，$x+1>0$ の解 $x>-1$ は，右上の図 [2] のように示す。

[1]

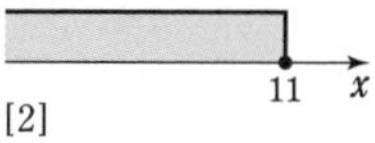

[2]

注意 本書では，数直線上で ≦ と ＜ を区別するために，●と○を用いた。
●は ● の点が範囲に含まれることを示し，○は ○ の点が範囲に含まれないことを示す。

■ **連立不等式の解**

解の共通範囲を求めるときは，**数直線** を利用する。

例　連立不等式 $x-11\leqq 0$，$x+1>0$ の解

それぞれの不等式の解は　$x\leqq 11$ …… ①，$x>-1$ …… ②
①，② の共通範囲を求めて　$-1<x\leqq 11$　⟵ 右図の赤い部分

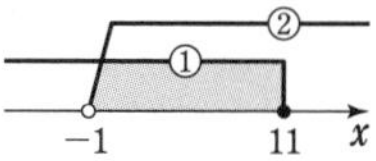

■ **絶対値と方程式・不等式**

絶対値記号を含むときは，$\begin{cases} A\geqq 0 \text{ のとき} & |A|=A \\ A<0 \text{ のとき} & |A|=-A \end{cases}$ に従って

絶対値記号 $|\ \ |$ をはずし，普通の方程式や不等式に直して解くのが原則である。ただし，$|\ \ |=$(正の定数)，$|\ \ |<$(正の定数) のような特別の形の方程式や不等式では，上の **6** を利用するのが便利である。

6 は，$|x|$ が数直線上で原点Oと点 $\mathrm{P}(x)$ の距離を表すことからわかる。

基本例題 32 不等式の性質と式の値の範囲 (1)

$3<x<5$，$-1<y<4$ であるとき，次の式のとりうる値の範囲を求めよ。

(1) $x-1$　(2) $-3y$　(3) $x+y$　(4) $x-y$　(5) $2x-3y$

p.62 基本事項 2

指針

(1) $3<x$ から $3-1<\underline{x-1}$、$x<5$ から $\underline{x-1}<5-1$ ｝よって $3-1<\underline{x-1}<5-1$

(2) $-3<0$ であるから，-3 を掛けると **不等号の向きが変わる**。

(3) $A<x<B$，$C<y<D$ のとき，$A+C<x+y<B+D$ …… (＊) である。

(4) $x+(-y)$ として考える。下の **検討** も参照。

(5) $2x+(-3y)$ として考える。

解答

(1) $3<x<5$ の各辺から 1 を引いて

$$3-1<x-1<5-1$$

すなわち　$\boldsymbol{2<x-1<4}$

(2) $-1<y<4$ の各辺に -3 を掛けて

$$-1\cdot(-3)>-3y>4\cdot(-3)$$

すなわち　$\boldsymbol{-12<-3y<3}$

(3) $3<x<5$，$-1<y<4$ の各辺を加えて　$\boldsymbol{2<x+y<9}$

注意 解答では性質 (＊) を用いたが，丁寧に示すと，次のようになる。

$3<x<5$ の各辺に y を加えて　$3+y<x+y<5+y$

$-1<y$ から　$3-1<3+y$，　$y<4$ から　$5+y<5+4$

よって　$2<x+y$，　$x+y<9$　すなわち　$\boldsymbol{2<x+y<9}$

(4) $-1<y<4$ の各辺に -1 を掛けて

$$-1\cdot(-1)>-y>4\cdot(-1)$$

すなわち　$-4<-y<1$

これと，$3<x<5$ の各辺を加えて　$\boldsymbol{-1<x-y<6}$

(5) $3<x<5$ の各辺に 2 を掛けて　$6<2x<10$ …… ①

(2) から　$-12<-3y<3$ …… ②

①，② の各辺を加えて　$\boldsymbol{-6<2x-3y<13}$

◀ $a<b$ ならば $a-c<b-c$

◀ $a<b$，$c<0$ ならば $ac>bc$
負の値を掛けると，**不等号の向きが変わる。**

◀ $a<b$，$b<c$ ならば $a<c$

検討

差 $x-y$ の値の範囲　和 $x+(-y)$ と考える

$A<x<B$ …… ①，$C<y<D$ のとき，$\boldsymbol{A+C<x+y<B+D}$ であるが，
$A-C<x-y<B-D$ が成り立つとは限らない。例えば，(4) を
$3<x<5$，$-1<y<4$ から　$3-(-1)<x-y<5-4$　とすると，$x-y$ の値の範囲は
$4<x-y<1$　となり明らかに誤った答えとなる。正しくは次のように考える。
$C<y<D$ の各辺に -1 を掛けて　$-C>-y>-D$
すなわち　$-D<-y<-C$ …… ②
①，② の各辺を加えて　$\boldsymbol{A-D<x-y<B-C}$　となる。

練習 ① 32　$-1<x<2$，$1<y<3$ であるとき，次の式のとりうる値の範囲を求めよ。

(1) $x+3$　(2) $-2y$　(3) $-\dfrac{x}{5}$　(4) $5x-3y$

基本 例題 33 不等式の性質と式の値の範囲 (2)

①①①①①

x, y を正の数とする。x, $3x+2y$ を小数第 1 位で四捨五入すると，それぞれ 6, 21 になるという。

(1) x の値の範囲を求めよ。 (2) y の値の範囲を求めよ。

基本 32

指針 まずは，問題文で与えられた条件を，不等式を用いて表す。
例えば，小数第 1 位を四捨五入して 4 になる数 a は，3.5 以上 4.5 未満の数であるから，a の値の範囲は $3.5 \leqq a < 4.5$ である。
(2) $3x+2y$ の値の範囲を不等式で表し，$-3x$ の値の範囲を求めれば，各辺を加えることで $2y$ の値の範囲を求めることができる。更に，各辺を 2 で割って，y の値の範囲を求める。

解答

(1) x は小数第 1 位を四捨五入すると 6 になる数であるから

$$\mathbf{5.5 \leqq x < 6.5} \quad \cdots\cdots ①$$

◀ $5.5 \leqq x \leqq 6.4$, $5.5 \leqq x \leqq 6.5$ などは **誤り！**

(2) $3x+2y$ は小数第 1 位を四捨五入すると 21 になる数であるから

$$20.5 \leqq 3x+2y < 21.5 \quad \cdots\cdots ②$$

① の各辺に -3 を掛けて

$$-16.5 \geqq -3x > -19.5$$

◀ 負の数を掛けると，**不等号の向きが変わる。**

すなわち $-19.5 < -3x \leqq -16.5 \quad \cdots\cdots ③$

②, ③ の各辺を加えて

$$20.5-19.5 < 3x+2y-3x < 21.5-16.5$$

◀ 不等号に注意（検討参照）。

したがって $1 < 2y < 5 \quad \cdots\cdots (*)$

各辺を 2 で割って $\boldsymbol{\dfrac{1}{2} < y < \dfrac{5}{2}}$

◀ 正の数で割るときは，不等号はそのまま。

検討 **不等号に ＝ を含む・含まない に注意**

上の $2y$ の範囲 $(*)$ の不等号は，≦ ではなく ＜ であることに注意。例えば，右側については

② の $3x+2y<21.5$ から $3x+2y-3x<\underline{21.5-3x}$

③ の $-3x \leqq -16.5$ から $\underline{21.5-3x} \leqq 21.5-16.5\ (=5)$

よって $3x+2y-3x<\underline{21.5-3x} \leqq 5$

したがって，$2y<5$ となる（上の式の ＜ で等号が成り立たないから，$2y=5$ とはならない）。
左側の不等号についても同様である。

練習 ③ 33 x, y を正の数とする。x, $5x-3y$ を小数第 1 位で四捨五入すると，それぞれ 7, 13 になるという。

(1) x の値の範囲を求めよ。

(2) y の値の範囲を求めよ。

p.78 EX 29

基本 例題 34 1 次不等式の解法(基本)

次の 1 次不等式を解け。

(1) $6x-21>3x$　　(2) $5x+16\leqq 9x-4$

(3) $3(x-1)\geqq 2(5x+4)$　　(4) $\dfrac{5x+1}{4}-\dfrac{2-3x}{3}<\dfrac{1}{6}x+1$

p.63 基本事項 4　重要 38

指針 1 次不等式の解き方

1 **$ax>b$ または $ax<b$, $ax\geqq b$, $ax\leqq b$ の形に変形する。**

2 **x の係数 a の符号に注意して両辺を a で割る。** ← マイナスなら向きが変わる。

(4) 両辺に分母の最小公倍数を掛けて，**係数を整数に直す。**

本書では，数直線で表す際，● は ● の点が範囲に含まれ，○ は ○ の点が範囲に含まれないことを示す。

解答

(1) 移項して　$6x-3x>21$

整理して　$3x>21$

両辺を 3 で割って　$\boldsymbol{x>7}$

参考 解を数直線で表すと　〔図〕

◀移項すると符号が変わる。
$6x-21>3x$
↓
$6x-3x>21$

(2) 移項して　$5x-9x\leqq -4-16$

整理して　$-4x\leqq -20$

両辺を -4 で割って　$\boldsymbol{x\geqq 5}$

◀**-4 (負の数) で割ると，不等号の向きが変わる。**

参考 解を数直線で表すと　〔図〕

(3) 括弧をはずして　$3x-3\geqq 10x+8$

よって　$3x-10x\geqq 8+3$

すなわち　$-7x\geqq 11$

両辺を -7 で割って　$\boldsymbol{x\leqq -\dfrac{11}{7}}$

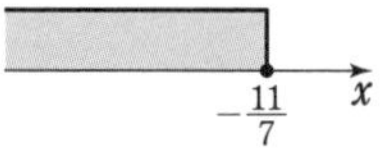

◀**-7 (負の数) で割ると，不等号の向きが変わる。**

参考 解を数直線で表すと　〔図〕

(4) 両辺に 12 を掛けて　$3(5x+1)-4(2-3x)<2x+12$

括弧をはずして　$15x+3-8+12x<2x+12$

整理して　$25x<17$

両辺を 25 で割って　$\boldsymbol{x<\dfrac{17}{25}}$

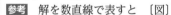

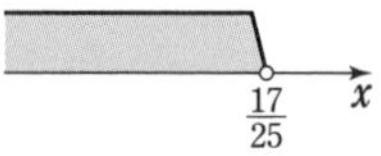

◀分母 4, 3, 6 の最小公倍数 12 を両辺に掛ける。

参考 解を数直線で表すと　〔図〕

練習 ② **34** 次の 1 次不等式を解け。

(1) $5x-7>3(x+1)$　　(2) $4(3-2x)\leqq 5(x+2)$

(3) $\dfrac{3x+2}{5}<\dfrac{2x-1}{3}$　　(4) $0.2x+1\leqq -0.3x-2.5$

(5) $x+\dfrac{1}{3}\left\{x-\dfrac{1}{4}(x+1)\right\}>2x-\dfrac{1}{2}$

p.78 EX30

基本例題 35 連立1次不等式の解法 ②②②②②

連立不等式 (1) $\begin{cases} 5x+1 \leqq 8(x+2) \\ 2x-3<1-(x-5) \end{cases}$ (2) $\begin{cases} x+7<1-2x \\ 6x+2 \geqq 2 \end{cases}$ を解け。

(3) 不等式 $-2x+1<3x+4<2(3x-4)$ を解け。

p.63 基本事項 5，基本 34

指針 連立不等式を解く手順

1 **それぞれの不等式を解く。**

2 **数直線を利用** して，それぞれの解の **共通範囲** を求める。

(3) **不等式 $A<B<C$** は，2つの不等式 $A<B$，$B<C$ が同時に成り立つことを表しているから，**連立不等式 $\begin{cases} A<B \\ B<C \end{cases}$ と同じ意味** である。これを解く。

注意 $A<B<C$ を，(ア) $\begin{cases} A<C \\ B<C \end{cases}$ や (イ) $\begin{cases} A<B \\ A<C \end{cases}$ としてはいけない。なぜなら，(ア) では A と B，(イ) では B と C の大小関係が不明だからである。

CHART 連立不等式 **解のまとめは数直線**

解答

(1) $5x+1 \leqq 8(x+2)$ から $5x+1 \leqq 8x+16$

よって $-3x \leqq 15$

したがって $x \geqq -5$ …… ①

$2x-3<1-(x-5)$ から $2x-3<1-x+5$

よって $3x<9$

したがって $x<3$ …… ②

①，② の共通範囲を求めて $\boldsymbol{-5 \leqq x<3}$

(2) $x+7<1-2x$ から $3x<-6$

よって $x<-2$ …… ①

$6x+2 \geqq 2$ から $6x \geqq 0$

よって $x \geqq 0$ …… ②

①，② の共通範囲はないから，連立不等式の **解はない。**

(3) $\begin{cases} -2x+1<3x+4 \\ 3x+4<2(3x-4) \end{cases}$

$-2x+1<3x+4$ から $-5x<3$

よって $x>-\dfrac{3}{5}$ …… ①

$3x+4<2(3x-4)$ から $3x+4<6x-8$

ゆえに $-3x<-12$ よって $x>4$ …… ②

①，② の共通範囲を求めて $\boldsymbol{x>4}$

下の図で，赤い部分が ①，② の共通範囲である。

(1)

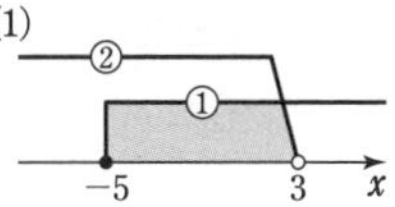

(2)

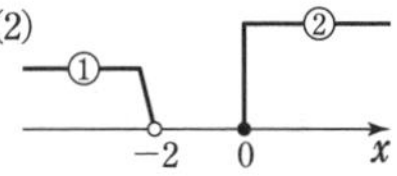

(3)

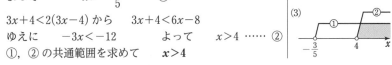

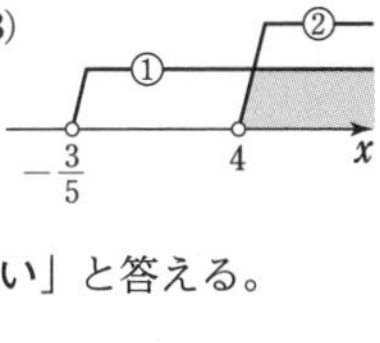

注意 (2) のように共通範囲がないこともある。このようなときは「**解はない**」と答える。

練習 ② **35** 連立不等式 (1) $\begin{cases} 2(1-x)>-6-x \\ 2x-3>-9 \end{cases}$ (2) $\begin{cases} 3(x-4) \leqq x-3 \\ 6x-2(x+1)<10 \end{cases}$ を解け。

(3) 不等式 $x+9 \leqq 3-5x \leqq 2(x-2)$ を解け。

p.78 EX31

基本例題 36 1次不等式の整数解 (1)

(1) 不等式 $5x-7<2x+5$ を満たす自然数 x の値をすべて求めよ。

(2) 不等式 $x<\dfrac{3a-2}{4}$ を満たす x の最大の整数値が 5 であるとき，定数 a の値の範囲を求めよ。

基本 34

指針 (1) まず，不等式を解く。その解の中から条件に適するもの（自然数）を選ぶ。

(2) 問題の条件を **数直線上で表す** と，右の図のようになる。⤵の ○ の $\dfrac{3a-2}{4}$ を示す点の位置を考え，問題の条件を満たす範囲を求める。

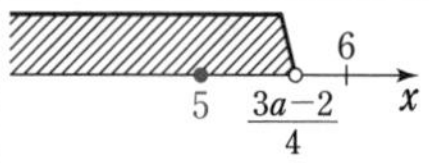

解答

(1) 不等式から　$3x<12$

したがって　$x<4$

x は自然数であるから　$\boldsymbol{x=1,\ 2,\ 3}$

◀自然数＝正の整数

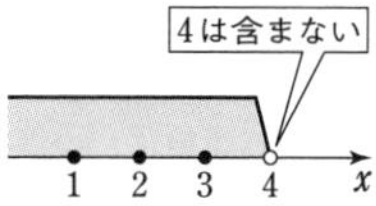

(2) $x<\dfrac{3a-2}{4}$ を満たす x の最大の整数値が 5 であるから

$$5<\frac{3a-2}{4}\leqq 6 \quad \cdots\cdots\ (*)$$

$5<\dfrac{3a-2}{4}$ から　$20<3a-2$

よって　$a>\dfrac{22}{3}$ …… ①

$\dfrac{3a-2}{4}\leqq 6$ から　$3a-2\leqq 24$

よって　$a\leqq\dfrac{26}{3}$ …… ②

①，② の共通範囲を求めて　$\boldsymbol{\dfrac{22}{3}<a\leqq\dfrac{26}{3}}$

◀ $\dfrac{3a-2}{4}=5$ のとき，不等式は $x<5$ で，条件を満たさない。

$\dfrac{3a-2}{4}=6$ のとき，不等式は $x<6$ で，条件を満たす。

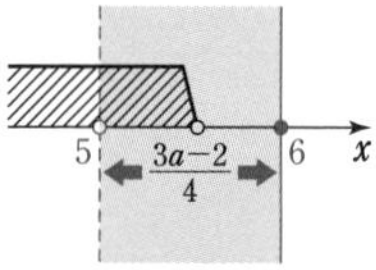

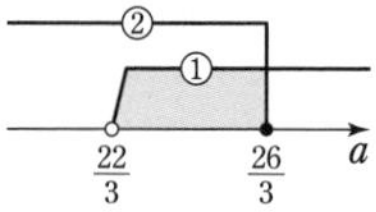

注意 $(*)$ は，次のようにして解いてもよい。

各辺に 4 を掛けて　$20<3a-2\leqq 24$

各辺に 2 を加えて　$22<3a\leqq 26$

各辺を 3 で割って　$\boldsymbol{\dfrac{22}{3}<a\leqq\dfrac{26}{3}}$

練習 36 ②

(1) 不等式 $4(x-2)+5(6-x)>7$ を成り立たせる x の値のうち，最も大きい整数を求めよ。

(2) 不等式 $3x+1>2a$ を満たす x の最小の整数値が 4 であるとき，整数 a の値をすべて求めよ。

基本 例題 37 1次不等式の整数解 (2)

⊘⊘⊘⊘⊘

k を $k>2$ を満たす定数とする。このとき，x についての不等式 $5-x \leqq 4x < 2x+k$ の解は ア□ である。また，不等式 $5-x \leqq 4x < 2x+k$ を満たす整数 x がちょうど5つ存在するような定数 k の値の範囲は イ□ である。

〔北里大〕 基本 36　重要 120

指針 (ア) 不等式 $5-x \leqq 4x < 2x+k$ は，連立不等式 $\begin{cases} 5-x \leqq 4x \\ 4x < 2x+k \end{cases}$ と同じ。

(イ) (ア)で求めた解を **数直線上で表す** と，右の図のようになる。◯ の $\dfrac{k}{2}$ を示す点の位置を考え，問題の条件を満たす k の値の範囲を求める。

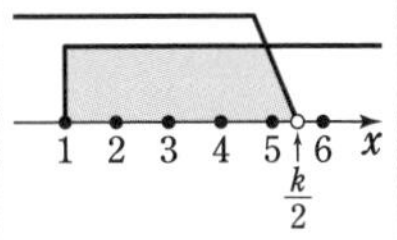

解答

$\begin{cases} 5-x \leqq 4x \\ 4x < 2x+k \end{cases}$

$5-x \leqq 4x$ から　$-5x \leqq -5$　　よって　$x \geqq 1$ …… ①

$4x < 2x+k$ から　$2x < k$　　よって　$x < \dfrac{k}{2}$ …… ②

$k>2$ であるから，①，② の共通範囲を求めて

$$^{ア}\boldsymbol{1 \leqq x < \frac{k}{2}}$$

また，これを満たす整数 x がちょうど5つ存在するとき，その整数 x は　$x=1,\ 2,\ 3,\ 4,\ 5$

ゆえに　$5 < \dfrac{k}{2} \leqq 6$ …… (＊)

すなわち　$^{イ}\boldsymbol{10 < k \leqq 12}$

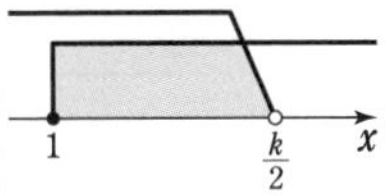

◀ $k>2$ から　$\dfrac{k}{2}>1$

検討

不等式の端の値に注意

上の解答の不等式 (＊) では，端の値を含めるのか，含めないのか迷うところかもしれないが，この場合は，次の [1]，[2] のように，端の値を含めたとき，問題の条件を満たすかどうかを調べるとよい。

[1]　$\dfrac{k}{2}=5$ のとき，(ア) は $1 \leqq x < 5$ となり，この不等式を満たす整数 x は 1，2，3，4 の 4 つだけであるから条件を満たさない。つまり，(＊) の左側の不等号を ≦ とするのは誤りである。

[1]

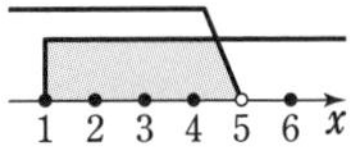

[2]　$\dfrac{k}{2}=6$ のとき，(ア) は $1 \leqq x < 6$ となり，この不等式を満たす整数 x は 1，2，3，4，5 の 5 つだけであるから条件を満たす。

[2]

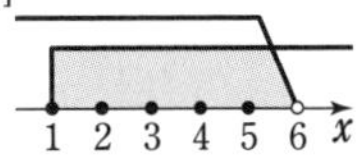

練習 ③ 37　x に関する連立不等式 $\begin{cases} 6x-4 > 3x+5 \\ 2x-1 \leqq x+a \end{cases}$ を満たす整数がちょうど5個あるとする。このとき，定数 a のとりうる値の範囲は ア□ $\leqq a <$ イ□ である。　〔類　摂南大〕

p.78 EX 32

1章 ❹ 1次不等式

重要例題 38 文字係数の1次不等式 ④④④④○

(1) 不等式 $a(x+1)>x+a^2$ を解け。ただし，a は定数とする。

(2) 不等式 $ax<4-2x<2x$ の解が $1<x<4$ であるとき，定数 a の値を求めよ。

〔(2) 類 駒澤大〕 基本 34 重要 99

指針 文字を含む1次不等式（$Ax>B$，$Ax<B$ など）を解くときは，次のことに注意。

・$A=0$ のときは，両辺を A で割ることができない。 ← 一般に，「0 で割る」ということは考えない。

・$A<0$ のときは，両辺を A で割ると不等号の向きが変わる。

(1) $(a-1)x>a(a-1)$ と変形し，$a-1>0$，$a-1=0$，$a-1<0$ の各場合に分けて解く。

(2) $ax<4-2x<2x$ は連立不等式 $\begin{cases} ax<4-2x & \cdots\cdots Ⓐ \\ 4-2x<2x & \cdots\cdots Ⓑ \end{cases}$ と同じ意味。

まず，Ⓑ を解く。その解と Ⓐ の解の共通範囲が $1<x<4$ となることが条件。

CHART 文字係数の不等式　割る数の符号に注意　0 で割るのはダメ！

解答

(1) 与式から　$(a-1)x>a(a-1)$ …… ①　◀まず，$Ax>B$ の形に。

[1] $a-1>0$ すなわち $a>1$ のとき　$x>a$　◀① の両辺を $a-1(>0)$ で割る。不等号の向きは変わらない。

[2] $a-1=0$ すなわち $a=1$ のとき　① は　$0\cdot x>0$

これを満たす x の値はない。　◀$0>0$ は成り立たない。

[3] $a-1<0$ すなわち $a<1$ のとき　$x<a$　◀**負の数で割ると，不等号の向きが変わる。**

よって $\begin{cases} \boldsymbol{a>1} \text{ のとき } \boldsymbol{x>a}, \\ \boldsymbol{a=1} \text{ のとき 解はない}, \\ \boldsymbol{a<1} \text{ のとき } \boldsymbol{x<a} \end{cases}$

検討

$A=0$ のときの不等式 $Ax>B$ の解

$A=0$ のとき，不等式は

$0\cdot x>B$

よって

$B\geqq0$ なら 解はない

$B<0$ なら 解はすべての実数

(2) $4-2x<2x$ から　$-4x<-4$　よって　$x>1$

ゆえに，解が $1<x<4$ となるための条件は，

$ax<4-2x$ …… ① の解が $x<4$ となることである。

① から　$(a+2)x<4$ …… ②

[1] $a+2>0$ すなわち $a>-2$ のとき，② から

$x<\dfrac{4}{a+2}$　よって　$\dfrac{4}{a+2}=4$

ゆえに　$4=4(a+2)$　よって　$a=-1$　◀両辺に $a+2\ (\neq0)$ を掛けて解く。

これは $a>-2$ を満たす。

[2] $a+2=0$ すなわち $a=-2$ のとき，② は　$0\cdot x<4$

よって，解はすべての実数となり，条件は満たされない。　◀$0<4$ は常に成り立つから，解はすべての実数。

[3] $a+2<0$ すなわち $a<-2$ のとき，② から

$x>\dfrac{4}{a+2}$　このとき条件は満たされない。　◀$x<4$ と不等号の向きが違う。

[1]〜[3] から　$\boldsymbol{a=-1}$

練習 ④ 38 (1) 不等式 $ax>x+a^2+a-2$ を解け。ただし，a は定数とする。

(2) 不等式 $2ax\leqq4x+1\leqq5$ の解が $-5\leqq x\leqq1$ であるとき，定数 a の値を求めよ。

p.78 EX 33

基本例題 39 1次不等式と文章題

何人かの子ども達にリンゴを配る。1人4個ずつにすると19個余るが，1人7個ずつにすると，最後の子どもは4個より少なくなる。このときの子どもの人数とリンゴの総数を求めよ。〔類 共立女子大〕

指針 不等式の文章題は，次の手順で解くのが基本である。

1. **求めるものを x とおく。** …… ここでは，子どもの人数を x 人とする。
2. **数量関係を不等式で表す。**
   …… リンゴの総数は　$4x+19$（個）
   「1人7個ずつ配ると，最後の子どもは4個より少なくなる」
   という条件を不等式で表す。
3. **不等式を解く。** …… 2 で表した不等式を解く。
4. **解を検討する。** …… x は人数であるから，x は自然数。

注意 不等式を作るときは，不等号に = を含めるか含めないかに要注意。

$a<b$ …… b は a より **大きい**，a は b より **小さい**，a は b **未満**

$a\leqq b$ …… b は a **以上**，a は b **以下**

CHART 不等式の文章題　**大小関係を見つけて 不等号 で結ぶ**

解答

子どもの人数を x 人とする。
1人4個ずつ配ると19個余るから，リンゴの総数は

$$4x+19\ (個)$$

1人7個ずつ配ると，最後の子どもは4個より少なくなるから，$(x-1)$ 人には7個ずつ配ることができ，残ったリンゴが最後の子どもの分となって，これが4個より少なくなる。
これを不等式で表すと

$$0\leqq 4x+19-7(x-1)<4$$

整理して　$0\leqq -3x+26<4$

各辺から26を引いて　$-26\leqq -3x<-22$

各辺を -3 で割って　$\dfrac{22}{3}<x\leqq\dfrac{26}{3}$

x は子どもの人数で，自然数であるから　$x=8$

したがって，求める人数は　**8人**

また，リンゴの総数は

$$4\cdot 8+19=\mathbf{51}\ (個)$$

◀ 1 求めるものを x とする。

◀ 2 不等式で表す。
破線部は，(総数)$-\{(x-1)$ 人に配ったリンゴの数$\}$

◀ 3 不等式を解く。

◀ 4 解の検討。
$\dfrac{22}{3}=7.3\cdots$，$\dfrac{26}{3}=8.6\cdots$

◀ $4x+19$

練習 ② 39 兄弟合わせて52本の鉛筆を持っている。いま，兄が弟に自分が持っている鉛筆のちょうど $\dfrac{1}{3}$ をあげてもまだ兄の方が多く，更に3本あげると弟の方が多くなる。兄が初めに持っていた鉛筆の本数を求めよ。

p.78 EX 34

基本 例題 40 絶対値を含む方程式・不等式(基本)

次の方程式・不等式を解け。

(1) $|x-1|=2$　(2) $|2-3x|=4$　(3) $|x-2|<3$　(4) $|x-2|>3$

p.63 基本事項 6

指針 絶対値記号を含むときは，**場合分け** をして，絶対値記号｜　｜をはずして考えるのが基本である。

$$|A|=\begin{cases} A & (A\geqq 0 \text{ のとき}) \\ -A & (A<0 \text{ のとき}) \end{cases}$$

ただし，(1)~(4) の右辺はすべて正の定数であるから，次のことを利用して解くとよい。

$c>0$ のとき　方程式 $|x|=c$ の解は　$x=\pm c$

不等式 $|x|<c$ の解は　$-c<x<c$

不等式 $|x|>c$ の解は　$x<-c,\ c<x$

解答

(1) $|x-1|=2$ から　$x-1=\pm 2$

すなわち　$x-1=2$ または $x-1=-2$

よって　$\boldsymbol{x=3,\ -1}$

(2) $|2-3x|=|3x-2|$ であるから，方程式は　$|3x-2|=4$

ゆえに　$3x-2=\pm 4$

すなわち　$3x-2=4$ または $3x-2=-4$

よって　$\boldsymbol{x=2,\ -\dfrac{2}{3}}$

(3) $|x-2|<3$ から　$-3<x-2<3$

各辺に 2 を加えて　$\boldsymbol{-1<x<5}$

(4) $|x-2|>3$ から　$x-2<-3,\ 3<x-2$

したがって　$\boldsymbol{x<-1,\ 5<x}$

◀ $x-1=X$ とおくと $|X|=2$ よって $X=\pm 2$

◀ $|2-3x|=4$ から $2-3x=\pm 4$ としてもよいが，$|-A|=|A|$ を利用して x の係数を正の数にしておくと解きやすくなる。

(3), (4) $x-2=X$ とおくと $|X|<3$ から $-3<X<3$ 　$|X|>3$ から $X<-3,\ 3<X$

検討 **絶対値を数直線上の距離ととらえる**

$|b-a|$ は，数直線上の 2 点 A(a)，B(b) 間の距離を表しているから，$|x-2|$ は数直線上の座標が 2 である点と点 P(x) の距離ととらえることができる。よって，(3), (4) の不等式を満たす x の値の範囲は，下の図のように表すことができる。

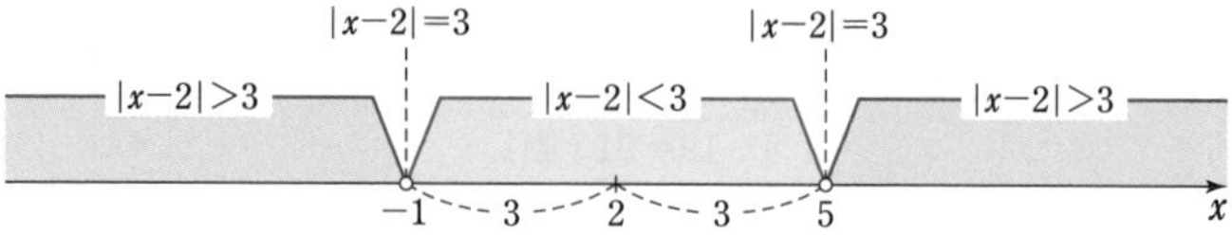

練習 ② **40** 次の方程式・不等式を解け。

(1) $|x+5|=3$　(2) $|1-3x|=5$　(3) $|x+2|<5$　(4) $|2x-1|\geqq 3$

基本例題 41 絶対値を含む方程式 ①①①①①

次の方程式を解け。

(1) $|x-2|=3x$　　　(2) $|x-1|+|x-2|=x$

指針 絶対値記号を **場合分け** してはずすことを考える。それには，

$$|A|=\begin{cases} A & (A\geqq 0 \text{ のとき}) \\ -A & (A<0 \text{ のとき}) \end{cases}$$

であることを用いる。このとき，場合の分かれ目となるのは，$A=0$，すなわち，**| |内の式=0 の値** である。

(1) $x-2\geqq 0$ と $x-2<0$，すなわち，$x\geqq 2$ と $x<2$ の場合に分ける。

(2) 2つの絶対値記号内の式 $x-1$，$x-2$ が 0 となる x の値は，それぞれ 1，2 であるから，$x<1$，$1\leqq x<2$，$2\leqq x$ の3つの場合に分けて解く（$p.75$ ズームUPも参照）。

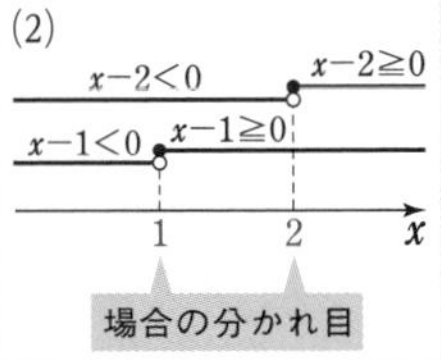

解答

(1) [1] $x\geqq 2$ のとき，方程式は　$x-2=3x$

これを解いて　$x=-1$　　$x=-1$ は $x\geqq 2$ を満たさない。

[2] $x<2$ のとき，方程式は　$-(x-2)=3x$

これを解いて　$x=\frac{1}{2}$　　$x=\frac{1}{2}$ は $x<2$ を満たす。

[1]，[2] から，求める解は　$\boldsymbol{x=\frac{1}{2}}$

(2) [1] $x<1$ のとき，方程式は　$-(x-1)-(x-2)=x$

すなわち　$-2x+3=x$

これを解いて　$x=1$　　$x=1$ は $x<1$ を満たさない。

[2] $1\leqq x<2$ のとき，方程式は　$(x-1)-(x-2)=x$

これを解いて　$x=1$　　$x=1$ は $1\leqq x<2$ を満たす。

[3] $2\leqq x$ のとき，方程式は　$(x-1)+(x-2)=x$

すなわち　$2x-3=x$

これを解いて　$x=3$　　$x=3$ は $2\leqq x$ を満たす。

以上から，求める解は　$\boldsymbol{x=1,\ 3}$

重要！

場合分けにより，| |をはずしてできる方程式の解が，**場合分けの条件を満たすか満たさないかを必ずチェックすること**（解答の〰〰の部分）。

◀最後に解をまとめておく。

◀$x-1<0$，$x-2<0$ ⟶ − をつけて | |をはずす。

◀$x-1\geqq 0$，$x-2<0$

◀$x-1>0$，$x-2\geqq 0$

◀最後に解をまとめておく。

検討 PLUS ONE

$y=|x-2|$ のグラフと方程式

(1)について $y=|x-2|$ は，$x\geqq 2$ のとき　$y=x-2$，

$x<2$ のとき　$y=-(x-2)$

であるから，$y=|x-2|$ のグラフは右の図の①（折れ線）である（$p.118$ 参照）。折れ線 $y=|x-2|$ と直線 $y=3x$ は，x 座標が $x=-1$ の点で共有点をもたないから，$x=-1$ が方程式 $|x-2|=3x$ の解でないことがわかる。

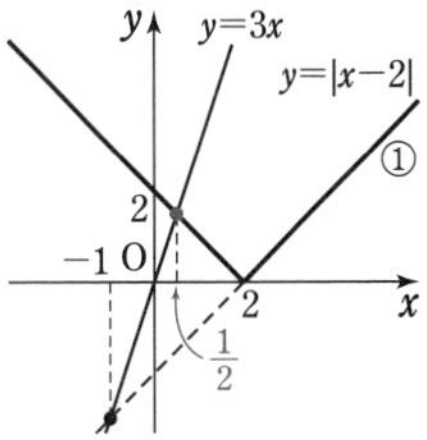

練習 ③ 41 次の方程式を解け。

(1) $2|x-1|=3x$　　　(2) $2|x+1|-|x-3|=2x$

基本例題 42 絶対値を含む不等式

次の不等式を解け。

(1) $|x-4|<3x$　　(2) $|x-1|+2|x-3|\leqq 11$

指針 **絶対値** を含む不等式は，絶対値を含む方程式 [例題 **41**] と同様に **場合に分ける** が原則である。

(1) $x-4\geqq 0$, $x-4<0$ の場合に分けて解く。

(2) 2つの絶対値記号内の式が0となる x の値は $x=1$, 3
よって，$x<1$, $1\leqq x<3$, $3\leqq x$ の3つの場合に分けて解く。

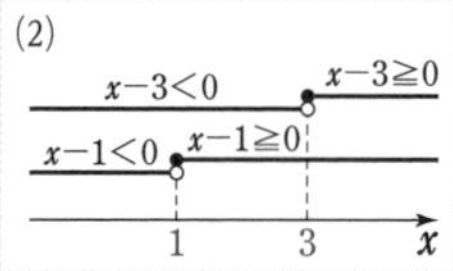

なお，絶対値を含む方程式では，場合分けにより，| | をはずしてできる方程式の解が場合分けの条件を満たすかどうかをチェックしたが，絶対値を含む不等式では場合分けの条件との共通範囲をとる。

CHART 絶対値　場合に分ける

解答

(1) [1] $x\geqq 4$ のとき，不等式は　$x-4<3x$
これを解いて　$x>-2$
$x\geqq 4$ との共通範囲は　$x\geqq 4$　…… ①

[2] $x<4$ のとき，不等式は　$-(x-4)<3x$
これを解いて　$x>1$
$x<4$ との共通範囲は　$1<x<4$　…… ②

求める解は，① と ② を合わせた範囲で
$$\boldsymbol{x>1}$$

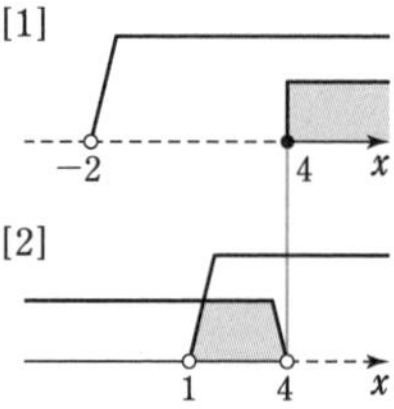

(2) [1] $x<1$ のとき，不等式は
$$-(x-1)-2(x-3)\leqq 11$$
よって　$x\geqq -\dfrac{4}{3}$
$x<1$ との共通範囲は　$-\dfrac{4}{3}\leqq x<1$　…… ①

[2] $1\leqq x<3$ のとき，不等式は
$$x-1-2(x-3)\leqq 11$$
よって　$x\geqq -6$
$1\leqq x<3$ との共通範囲は　$1\leqq x<3$　…… ②

[3] $3\leqq x$ のとき，不等式は　$x-1+2(x-3)\leqq 11$
よって　$x\leqq 6$
$3\leqq x$ との共通範囲は　$3\leqq x\leqq 6$　…… ③

求める解は，①～③ を合わせた範囲で　$\boldsymbol{-\dfrac{4}{3}\leqq x\leqq 6}$

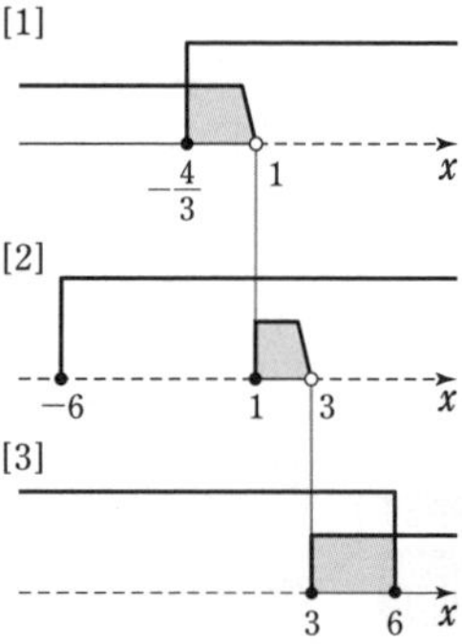

練習 ③ 42 次の不等式を解け。

(1) $3|x+1|<x+5$　　(2) $|x+2|-|x-1|>x$

ズームUP 絶対値を含む不等式の解法

絶対値を含む方程式や不等式では，絶対値記号内の式が0となる値を分かれ目として，場合に分けて絶対値をはずし，方程式や不等式を解く。

$$|A|=\begin{cases} A & (A\geqq 0 \text{ のとき}) \\ -A & (A<0 \text{ のとき}) \end{cases}$$

方程式，不等式ともに，**場合分けの条件のチェックが必要** であるが，ここでは左ページの不等式について掘り下げて解説しよう。

● 共通範囲か？　合わせた範囲か？

例題 **42** (1) をもとにして，共通範囲と合わせた範囲の違いについて調べてみよう。

まず，実数全体を
[1]　$x\geqq 4$
[2]　$x<4$
の2つの場合に分ける。このように分けることで，絶対値記号を含まない不等式にすることができる。

例題 42 (1) の解答

[1]　$x\geqq 4$ のとき，不等式は
$x-4<3x$
これを解いて　$x>-2$
$x\geqq 4$ との共通範囲は　$x\geqq 4$ …… ①

$x-4<3x$ の解は $x>-2$ であるが，[1] で考えている範囲は $x\geqq 4$ であるから，$x>-2$ と $x\geqq 4$ の**共通範囲**がこの範囲における解となる。

[2]　$x<4$ のとき，不等式は
$-(x-4)<3x$
これを解いて　$x>1$
$x<4$ との共通範囲は　$1<x<4$ …… ②

$-(x-4)<3x$ の解は $x>1$ であるが，[2] で考えている範囲は $x<4$ であるから，$x>1$ と $x<4$ の**共通範囲**がこの範囲における解となる。

求める解は，① と ② を合わせた範囲で
$x>1$

求める解は，全体として $|x-4|<3x$ が成り立つ範囲であるから，[1]，[2] に分けて求めた範囲を**合わせた範囲**が解である。

● 絶対値が複数ある場合は？

絶対値記号が複数あるときでも，場合分けして，絶対値記号をはずして考える。
例題 **42** (2) では，$|x-1|$ と $|x-3|$ があるから，

$|x-1|$ は　$x\geqq 1$ のとき　$x-1$，
　$x<1$ のとき　$-(x-1)$
$|x-3|$ は　$x\geqq 3$ のとき　$x-3$，
　$x<3$ のとき　$-(x-3)$

となる。

x の値の範囲	$x<1$	$1\leqq x<3$	$3\leqq x$
$\lvert x-1\rvert$	$-(x-1)$	$x-1$	$x-1$
$\lvert x-3\rvert$	$-(x-3)$	$-(x-3)$	$x-3$

これらをまとめると，右の表のようになる。
このように，場合の分かれ目が $x=1$ と $x=3$ の2つあるときには，$x<1$，$1\leqq x<3$，$3\leqq x$ の3つの場合に分けて絶対値記号をはずす。その際，場合の分かれ目である $x=1$ と $x=3$ は，場合分けのいずれかに必ず含めることに注意しよう。

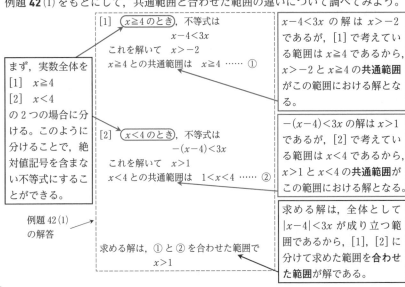

参考事項 絶対値を含む不等式の場合分けをしない解法

以下では，第2章「集合と命題」の内容も含むため，その学習後に読むことを推奨する。

絶対値を含む不等式は，**場合に分けて解く** のが大原則であるが，例題 **40** (3), (4) のように不等式の形によっては，

$$\begin{cases} |\boldsymbol{x}|<\boldsymbol{c} \iff -\boldsymbol{c}<\boldsymbol{x}<\boldsymbol{c} \\ |\boldsymbol{x}|>\boldsymbol{c} \iff \boldsymbol{x}<-\boldsymbol{c} \text{ または } \boldsymbol{c}<\boldsymbol{x} \end{cases} \quad (c \text{ は正の定数})$$

を利用することにより，場合分けをしないで解くこともできる。

ここでは，c が一般の文字式の場合，つまり，

$$|\boldsymbol{A}|<\boldsymbol{B} \iff -\boldsymbol{B}<\boldsymbol{A}<\boldsymbol{B}$$
$$|\boldsymbol{A}|>\boldsymbol{B} \iff \boldsymbol{A}<-\boldsymbol{B} \text{ または } \boldsymbol{B}<\boldsymbol{A}$$

が B の正負に関係なく成り立つことを，例題 **42** (1) の不等式をもとに調べてみよう。

実数 a，b のうち大きい方（厳密には小さくない方）を $\max(a,\ b)$ と表すと
$|x-4|=\max(x-4,\ 4-x)$ ◀一般に，x が実数のとき $|x|=\max(x,\ -x)$ である。

例1 $|x-4|<3x \iff -3x<x-4<3x$ ……（$*$）を示す。

$$\begin{aligned} |x-4|<3x &\iff \max(x-4,\ 4-x)<3x \\ &\iff x-4<3x \text{ かつ } 4-x<3x \\ &\iff x-4<3x \text{ かつ } x-4>-3x \\ &\iff -3x<x-4<3x \end{aligned}$$

補足 条件 p：「$|x-4|<3x$ かつ $3x \leqq 0$」，条件 q：「$-3x<x-4<3x$ かつ $3x \leqq 0$」を満たす x 全体の集合はともに $\varnothing$（空集合）である。
$\varnothing$（空集合）は任意の集合の部分集合であるから，$p \Longrightarrow q$，$q \Longrightarrow p$ はともに真となり，$3x \leqq 0$ の場合にも（$*$）は成り立つ。

例2 $|x-4|>3x \iff x-4<-3x$ または $3x<x-4$ ……（$**$）を示す。

$$\begin{aligned} |x-4|>3x &\iff \max(x-4,\ 4-x)>3x \\ &\iff x-4>3x \text{ または } 4-x>3x \\ &\iff x-4>3x \text{ または } x-4<-3x \\ &\iff x-4<-3x \text{ または } 3x<x-4 \end{aligned}$$

◀「a，b のうち大きい方より $\boldsymbol{c}$ が小さい」とき，$\boldsymbol{c}<a<b$，$\boldsymbol{c}<b<a$ という場合以外に，$a<\boldsymbol{c}<b$，$b<\boldsymbol{c}<a$ という場合がある。

補足 $3x<0$ の場合，$|x-4|>3x$ は常に成り立ち，「$x-4<-3x$ または $3x<x-4$」も常に成り立つ。よって，$3x<0$ の場合にも（$**$）は成り立つ。

参考 絶対値を含む式が2つある場合について，上で紹介した記号 max を用いると

$$\begin{aligned} |A|+|B| &\iff \max(A,\ -A)+\max(B,\ -B) \\ &\iff \max(A+B,\ A-B,\ -A+B,\ -A-B) \end{aligned}$$

であるから，C の正負に関係なく，次のことが成り立つ。
$|A|+|B|<C \iff A+B<C$ かつ $A-B<C$ かつ $-A+B<C$ かつ $-A-B<C$
$|A|+|B|>C \iff A+B>C$ または $A-B>C$ または $-A+B>C$ または $-A-B>C$

基本例題 43 絶対値を含む方程式・不等式(応用) ①①①①①

次の方程式・不等式を解け。

(1) $||x-4|-3|=2$　　(2) $|x-7|+|x-8|<3$

指針 (1) 内側の絶対値を **場合分け** してはずすのが基本。
この問題の場合，右辺が正の定数であるので，別解 のように外側の絶対値からはずして解くこともできる。
(2) 2つの絶対値記号内の式が0となる x の値は　$x=7,\ 8$
例題 **42** (2) と同じように，$x<7$，$7\leqq x<8$，$8\leqq x$ の3つの場合に分けて解く。

解答

(1) [1] $x\geqq4$ のとき，方程式は　$|(x-4)-3|=2$
すなわち　$|x-7|=2$　よって　$x-7=\pm2$
ゆえに　$x=9,\ 5$　これらは $x\geqq4$ を満たす。
[2] $x<4$ のとき，方程式は　$|-(x-4)-3|=2$
すなわち　$|-x+1|=2$　ゆえに　$|x-1|=2$
よって　$x-1=\pm2$
ゆえに　$x=-1,\ 3$　これらは $x<4$ を満たす。
以上から，求める解は　$\boldsymbol{x=-1,\ 3,\ 5,\ 9}$

別解 $||x-4|-3|=2$ から　$|x-4|-3=\pm2$
よって　$|x-4|=5,\ 1$
$|x-4|=5$ から　$x-4=\pm5$　これを解いて　$x=9,\ -1$
$|x-4|=1$ から　$x-4=\pm1$　これを解いて　$x=5,\ 3$
以上から，求める解は　$\boldsymbol{x=-1,\ 3,\ 5,\ 9}$

◀ $c>0$ のとき，方程式 $|x|=c$ の解は $x=\pm c$

◀ $|-x+1|=|x-1|$

◀ $|x-4|-3=X$ とおくと，$|X|=2$ から $X=\pm2$

(2) [1] $x<7$ のとき，不等式は
$-(x-7)-(x-8)<3$
よって　$x>6$
$x<7$ との共通範囲は　$6<x<7$　…… ①
[2] $7\leqq x<8$ のとき，不等式は
$(x-7)-(x-8)<3$
よって，$1<3$ となり，常に成り立つから，[2] の場合の不等式の解は　$7\leqq x<8$　…… ②
[3] $8\leqq x$ のとき，不等式は
$(x-7)+(x-8)<3$
よって　$x<9$
$8\leqq x$ との共通範囲は　$8\leqq x<9$　…… ③
求める解は，①～③ を合わせた範囲で　$\boldsymbol{6<x<9}$

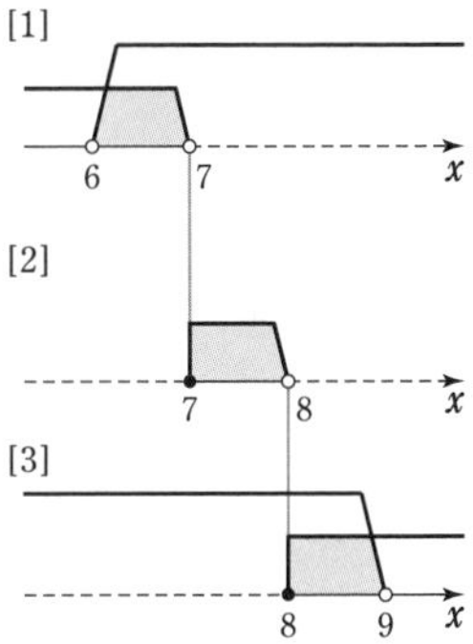

練習 43 ③ 次の方程式・不等式を解け。
(1) $||x-1|-2|-3=0$　　(2) $|x-5|\leqq\dfrac{2}{3}|x|+1$

p.78 EX35

EXERCISES

②**29** ある整数を 20 で割って，小数第 1 位を四捨五入すると 17 になる。そのような整数のうち，最大のものと最小のものを求めよ。 →33

②**30** 次の 1 次不等式を解け。

(1) $2(x-3)\leqq -x+8$　　(2) $\dfrac{1}{3}x>\dfrac{3}{5}x-2$

(3) $\dfrac{5x+1}{3}-\dfrac{3+2x}{4}\geqq\dfrac{1}{6}(x-5)$　　(4) $0.3x-7.2>0.5(x-2)$ →34

②**31** 次の不等式を解け。 〔(2) 倉敷芸科大〕

(1) $\begin{cases} 6(x+1)>2x-5 \\ 25-\dfrac{6-x}{2}\leqq 3x \end{cases}$　　(2) $\dfrac{5(x-1)}{2}\leqq 2(2x+1)<\dfrac{7(x-1)}{4}$ →35

③**32** 連立不等式 $\begin{cases} x>3a+1 \\ 2x-1>6(x-2) \end{cases}$ の解について，次の条件を満たす定数 a の値の範囲を求めよ。 〔神戸学院大〕

(1) 解が存在しない。　　(2) 解に 2 が含まれる。

(3) 解に含まれる整数が 3 つだけとなる。 →37

④**33** a，b は定数とする。不等式 $ax>3x-b$ を解け。 →38

③**34** (1) 家から駅までの距離は 1.5km である。最初毎分 60m で歩き，途中から毎分 180m で走る。家を出発してから 12 分以内で駅に着くためには，最初に歩く距離を何 m 以内にすればよいか。

(2) 5% の食塩水と 8% の食塩水がある。5% の食塩水 800g と 8% の食塩水を何 g か混ぜ合わせて 6% 以上 6.5% 以下の食塩水を作りたい。8% の食塩水を何 g 以上何 g 以下混ぜればよいか。 →39

③**35** 次の方程式・不等式を解け。 〔(3) 愛知学泉大〕

(1) $|x-3|+|2x-3|=9$　　(2) $||x-2|-4|=3x$

(3) $|2x-3|\leqq|3x+2|$　　(4) $2|x+2|+|x-4|<15$ →41,42,43

HINT

29　小数第 1 位を四捨五入すると 17 になる数は，16.5 以上 17.5 未満。

30　(2), (3)　両辺を何倍かして，まず分数をなくす。　(4)　両辺を 10 倍して，小数をなくす。

32　まず，不等式 $2x-1>6(x-2)$ を解く。数直線を利用して考える。

34　(1)　速さの問題では，**距離＝速さ×時間** がポイント。また，式を作るときに **単位をそろえる** ことに要注意。

(2)　**濃度 (%)＝$\dfrac{\textbf{食塩の量}}{\textbf{食塩水の量}}$×100**

35　(1), (3), (4)　2 つの絶対値記号内の式が 0 となる x の値が場合分けのポイント。
$|x-a|$，$|x-b|$ $(a<b)$ なら，$x<a$，$a\leqq x<b$，$b\leqq x$ の 3 つの場合に分けて解く。

(2)　内側の絶対値記号からはずす。

数学Ⅰ 第2章

集合と命題

2

SELECT STUDY

—●— **基本定着コース**……教科書の基本事項を確認したいきみに
—●— **精選速習コース**……入試の基礎を短期間で身につけたいきみに
—●— **実力練成コース**……入試に向け実力を高めたいきみに

START	44	45	46	47	48	49	50	51	52	53	54	55	56	57	58	59	60	61	62	63
基本定着コース	●	●	●			●		●	●		●	●			●	●		●	●	
精選速習コース				●	●	●			●	●	●		●		●	●	●	●	●	●
実力練成コース				●	●		●			●	●		●	●			●		●	●

例題一覧

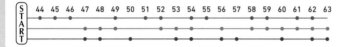

5 集　合

基本事項

1　集合の要素，包含関係

① $\boldsymbol{a \in A}$ …… a は集合 A の要素である。　$\boldsymbol{a \notin A}$ …… a は集合 A の要素でない。

② $\boldsymbol{A \subset B}$ …… A は B の **部分集合**。　「$x \in A$ ならば $x \in B$」が成り立つ。

③ $\boldsymbol{A = B}$ …… A と B の要素は完全に一致。　「$A \subset B$ かつ $B \subset A$」が成り立つ。

解　説

■ 集合の要素

数学では，範囲がはっきりしたものの集まりを **集合** という。また，集合を構成している1つ1つのものを，その集合の **要素** または **元**(げん) という。

a が集合 A の要素であるとき，a は集合 A に **属する** といい，$a \in A$ と表す。また，b が集合 A の要素でないことを $b \notin A$ と表す。なお，a と集合 A の間には，必ず $a \in A$，$a \notin A$ のどちらか一方が成り立つ。

◀ $a \in A$ を $A \ni a$，$b \notin A$ を $A \not\ni b$ と書くこともある。

有限個の要素からなる集合を **有限集合** といい，無限に多くの要素からなる集合を **無限集合** という。

■ 集合の表現

集合を表すには，次の2つの方法がある。

① **要素を1つ1つ書き並べる**　◀外延的表示ともいう。

② **要素の満たす条件を示す**　◀内包的表示ともいう。

例えば，1から9までの奇数全体の集合を A とすると，A には次の [1]～[3] のような表し方がある。

◀ [1] は ①，[2]，[3] は ② の方法。

[1]　$\boldsymbol{A = \{1,\ 3,\ 5,\ 7,\ 9\}}$　（↑ 要素の列挙）

[2]　$\boldsymbol{A = \{x \mid 1 \leqq x \leqq 9,\ x}$ **は奇数**$\boldsymbol{\}}$　（↑ 要素の代表，└ $\boldsymbol{x}$ の満たす条件）

[3]　$\boldsymbol{A = \{2n-1 \mid 1 \leqq n \leqq 5,\ n}$ **は整数**$\boldsymbol{\}}$　（↑ 要素の代表，└ $\boldsymbol{n}$ の満たす条件）

また，集合の要素の個数が多い場合や，無限集合の場合には，省略記号 …… を用いて，次のように表すことがある。

◀規則性がわかるように初めの要素は，3個程度書いておく。

100 以下の正の奇数全体の集合　$\{1,\ 3,\ 5,\ \cdots\cdots,\ 99\}$

正の偶数全体の集合　$\{2,\ 4,\ 6,\ \cdots\cdots\}$

■ 集合の包含関係

2つの集合 A，B において，A のどの要素も B の要素であるとき，すなわち「$\boldsymbol{x \in A}$ **ならば** $\boldsymbol{x \in B}$」が成り立つとき，A は B の **部分集合** であるといい，記号で $\boldsymbol{A \subset B}$ と表す。このとき，A は B に **含まれる**，または B は A を **含む** という。A 自身も A の部分集合である。すなわち，$A \subset A$ である。

◀ $A \subset B$ は $B \supset A$ と書くこともある。なお，記号 $\subset$ の代わりに $\subseteqq$ を用いることもある。

2つの集合 A，B の要素が完全に一致しているとき，A と B は **等しい** といい，$\boldsymbol{A = B}$ と表す。

基本事項

2 空集合

空集合 $\varnothing$ 要素を1つももたない集合。任意の集合 A について $\varnothing\subset A$ と約束する。

3 共通部分，和集合

共通部分 $A\cap B$ A と B のどちらにも属する要素全体の集合。

和集合 $A\cup B$ A と B の少なくとも一方に属する要素全体の集合。

4 3つの集合の共通部分，和集合

共通部分 $A\cap B\cap C$ A, B, C のどれにも属する要素全体の集合。

和集合 $A\cup B\cup C$ A, B, C の少なくとも1つに属する要素全体の集合。

5 補集合

補集合 $\overline{A}$ 全体集合 U の要素で，A に属さない要素全体の集合。

6 ド・モルガンの法則 $\overline{A\cup B}=\overline{A}\cap\overline{B}$, $\overline{A\cap B}=\overline{A}\cup\overline{B}$

解説

■ **共通部分，和集合**

集合の共通部分，和集合を考えるときは，次のような図(**ベン図** という)を利用するとよい。

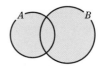

$A\cap B=\{x|x\in A$ **かつ** $x\in B\}$ $A\cup B=\{x|x\in A$ **または** $x\in B\}$

■ **3つの集合の共通部分，和集合**

ベン図で表すと，右のようになる。

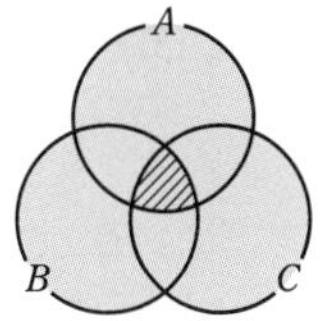

(斜線部)：$A\cap B\cap C=\{x|x\in A$ **かつ** $x\in B$ **かつ** $x\in C\}$

(灰色部)：$A\cup B\cup C=\{x|x\in A$ **または** $x\in B$ **または** $x\in C\}$

■ **全体集合，補集合**

集合を考えるとき，1つの集合 U を最初に決めて，要素としては U の要素だけを，集合としては U の部分集合だけを考えることが多い。このとき，集合 U を **全体集合** という。

また，全体集合 U の部分集合 A に対して，A に属さない U の要素全体の集合を，U に関する A の **補集合** といい，$\overline{A}$ で表す。

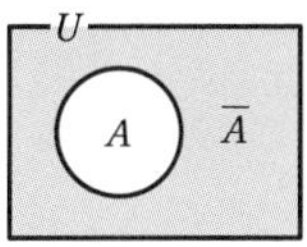

すなわち $\overline{A}=\{x|x\in U$ かつ $x\notin A\}$

また，次のことが成り立つ。

$$\left.\begin{array}{l}\overline{\varnothing}=U,\ \overline{U}=\varnothing\\ A\cap\overline{A}=\varnothing,\ A\cup\overline{A}=U,\ \overline{\overline{A}}=A,\ A\subset B\Leftrightarrow\overline{A}\supset\overline{B}\end{array}\right\}\ \cdots\cdots\ (*)$$

注意 「p ならば q」かつ「q ならば p」を $p\Leftrightarrow q$ と書く($p.91$ 参照)。

■ **ド・モルガンの法則**

上の(∗)やド・モルガンの法則が成り立つことは，ベン図を用いて確認できる。

$\overline{A\cup B}=\overline{A}\cap\overline{B}$, $\overline{A\cap B}=\overline{A}\cup\overline{B}$ については解答編 $p.44$ の検討を参照。

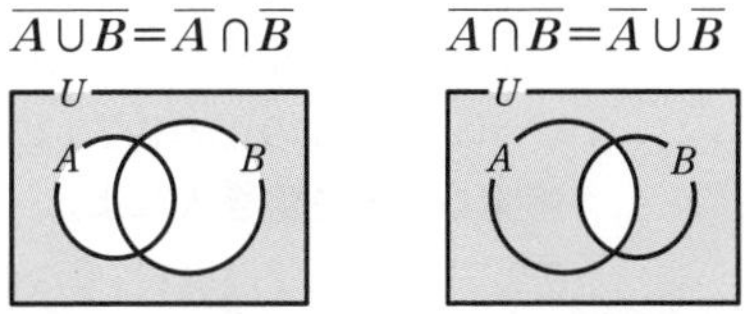

基本例題 44 集合の記号と表し方 ①①①①①

(1) 42 の正の約数全体の集合を A とする。次の □ の中に，$\in$ または $\notin$ のいずれか適するものを書き入れよ。

(ア) 7 □ A　(イ) 9 □ A　(ウ) -2 □ A

(2) 次の集合を，要素を書き並べて表せ。

(ア) $A=\{x \mid -2 \leqq x < 4,\ x$ は整数$\}$　(イ) $B=\{x \mid x$ は 24 の正の約数$\}$

(3) 3 つの集合 $A=\{3,\ 6,\ 9\}$，$B=\{x \mid x$ は 18 の正の約数$\}$，

$C=\{x \mid 1 \leqq x \leqq 10,\ x$ は整数で 3 の倍数$\}$ について，次の □ の中に，$\subset$，$\supset$，$=$ のうち，最も適するものを書き入れよ。

(ア) A □ B　(イ) B □ C　(ウ) A □ C

p.80 基本事項 1

指針

(1) それぞれの要素が，42 の正の約数かどうかを調べる。

(2) { } 内の | の右にある条件を満たす x を書き並べる。

(3) B，C の要素を具体的に書き並べて表し，要素を比較する。

解答

(1) (ア) 7 は 42 の正の約数であるから　$7 \in A$

(イ) 9 は 42 の正の約数ではないから　$9 \notin A$

(ウ) -2 は 42 の正の約数ではないから　$-2 \notin A$

参考 集合 A の要素を書き並べて表すと

$A=\{1,\ 2,\ 3,\ 6,\ 7,\ 14,\ 21,\ 42\}$

(2) (ア) $\boldsymbol{A=\{-2,\ -1,\ 0,\ 1,\ 2,\ 3\}}$

(イ) $\boldsymbol{B=\{1,\ 2,\ 3,\ 4,\ 6,\ 8,\ 12,\ 24\}}$

(3) $B=\{1,\ 2,\ 3,\ 6,\ 9,\ 18\}$，$C=\{3,\ 6,\ 9\}$ である。

(ア) A の要素はすべて B に属し，B の要素 1 は A に属さないから　$A \subset B$

(イ) C の要素はすべて B に属し，B の要素 1 は C に属さないから　$B \supset C$

(ウ) A の要素と C の要素は完全に一致しているから

$A=C$

(1) 42 は 7 で割り切れるが，9 では割り切れない。また，-2 は正の数ではない。

◀{ } を用いて表す。

◀要素を具体的に書き並べて表す。

◀$A=\{3,\ 6,\ 9\}$，$B=\{1,\ 2,\ 3,\ 6,\ 9,\ 18\}$

◀$B=\{1,\ 2,\ 3,\ 6,\ 9,\ 18\}$，$C=\{3,\ 6,\ 9\}$

◀$A=C=\{3,\ 6,\ 9\}$

練習 ① 44

(1) 1 桁の自然数のうち，4 の倍数であるもの全体の集合を A とする。次の □ の中に，$\in$ または $\notin$ のいずれか適するものを書き入れよ。

(ア) 6 □ A　(イ) 8 □ A　(ウ) 12 □ A

(2) 次の集合を，要素を書き並べて表せ。

(ア) $A=\{x \mid -3 < x < 2,\ x$ は整数$\}$　(イ) $B=\{x \mid x$ は 32 の正の約数$\}$

(3) 3 つの集合 $A=\{1,\ 2,\ 3\}$，$B=\{x \mid x$ は 4 未満の自然数$\}$，

$C=\{x \mid x$ は 6 の正の約数$\}$ について，次の □ の中に，$\subset$，$\supset$，$=$ のうち，最も適するものを書き入れよ。

(ア) A □ B　(イ) B □ C　(ウ) A □ C

p.90 EX36

基本例題 45 2つの集合の共通部分，和集合，補集合 ①①①①①

$U=\{1, 2, 3, 4, 5, 6, 7, 8, 9\}$ を全体集合とする。
集合 U の部分集合 A, B を $A=\{1, 2, 4, 6, 8\}$, $B=\{1, 3, 6, 9\}$ とするとき，次の集合を求めよ。

(1) $\overline{A}$　(2) $\overline{A}\cap\overline{B}$　(3) $\overline{A}\cup\overline{B}$
(4) $\overline{A\cap B}$　(5) $\overline{A\cup B}$

p.81 基本事項 3，5

指針 集合の要素を求める問題では，まず下の図にあるような **図(ベン図)をかき**，問題文で与えられた **条件を整理** する。要素を書き込むときには，次の順に書き込むとよい。

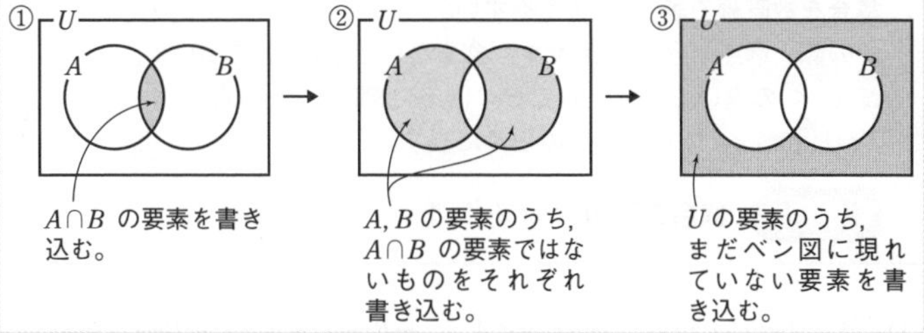

CHART 集合の問題　図(ベン図)を作る

解答

$A\cap B=\{1, 6\}$, $A\cap\overline{B}=\{2, 4, 8\}$,
$\overline{A}\cap B=\{3, 9\}$, $\overline{A\cup B}=\{5, 7\}$

であるから，与えられた集合の要素を図に書き込むと，右のようになる。

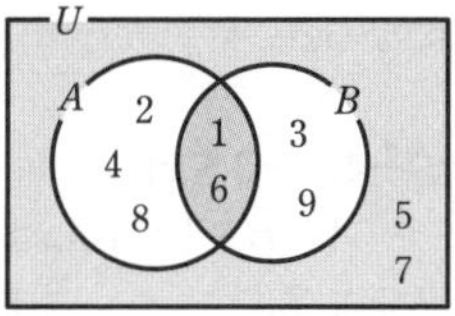

したがって，図から

(1) $\overline{A}=\{\mathbf{3, 5, 7, 9}\}$
(2) $\overline{A}\cap\overline{B}=\{\mathbf{5, 7}\}$
(3) $\overline{A}\cup\overline{B}=\{\mathbf{2, 3, 4, 5, 7, 8, 9}\}$
(4) $A\cap B=\{1, 6\}$ であるから　$\overline{A\cap B}=\{\mathbf{2, 3, 4, 5, 7, 8, 9}\}$
(5) $A\cup B=\{1, 2, 3, 4, 6, 8, 9\}$ であるから　$\overline{A\cup B}=\{\mathbf{5, 7}\}$

◀$A\cap\overline{B}$ は A の要素のうち，$A\cap B$ の要素ではないもの。

検討

ド・モルガンの法則

(2) と (5)，(3) と (4) の結果から，ド・モルガンの法則

$$\overline{A}\cap\overline{B}=\overline{A\cup B}$$
$$\overline{A}\cup\overline{B}=\overline{A\cap B}$$

が成り立っていることがわかる。

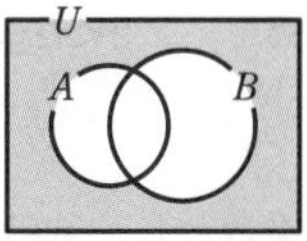

$\overline{A}\cap\overline{B}=\overline{A\cup B}$

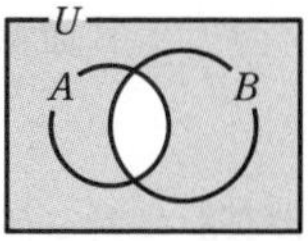

$\overline{A}\cup\overline{B}=\overline{A\cap B}$

練習 ① 45 全体集合 $U=\{1, 2, 3, 4, 5, 6, 7, 8, 9, 10\}$ の部分集合 A, B について
$\overline{A}\cap\overline{B}=\{1, 2, 5, 8\}$, $A\cap B=\{3\}$, $\overline{A}\cap B=\{4, 7, 10\}$
がわかっている。このとき，A, B, $A\cap\overline{B}$ を求めよ。〔昭和薬大〕

p.90 EX37

基本例題 46 不等式で表される集合 ①①①①①

実数全体を全体集合とし，その部分集合 A，B，C を $A=\{x|-3\leqq x\leqq 5\}$，$B=\{x||x|<4\}$，$C=\{x|k-7\leqq x<k+3\}$（k は定数）とする。

(1) 次の集合を求めよ。

(ア) $\overline{B}$　　(イ) $A\cup\overline{B}$　　(ウ) $A\cap\overline{B}$

(2) $A\subset C$ となる k の値の範囲を求めよ。

p.80，p.81 基本事項 1，3，5

指針 集合の要素が離散的な値（とびとびの値）でなく連続的な値であるときも，その集合を視覚化するとよい。この問題のように，全体集合が実数全体の場合，ベン図ではなく，**集合を数直線で表す** と考えやすい。
その際，端点を含むときは ●，含まないときは ○ を用いて，≦ と ＜ の違いを明確にしておく（$p.63$ 参照）。例えば，$P=\{x|0\leqq x<1\}$ は右の図のように表す。

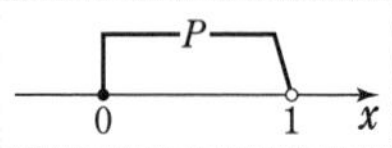

CHART 集合の問題　図を作る

解答

(1) (ア) $|x|<4$ から　$-4<x<4$
よって，$B=\{x|-4<x<4\}$
であるから
$\overline{B}=\{\boldsymbol{x|x\leqq -4,\ 4\leqq x}\}$
（$\overline{B}=\{x||x|\geqq 4\}$ でもよい）

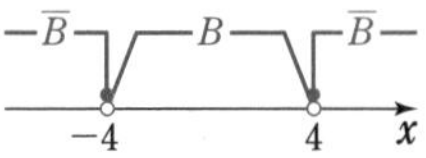

◀$|x|<c$（c は正の定数）の解は　$-c<x<c$

◀$x<-4$，$4<x$ は誤り。端点を含まない範囲の集合の補集合は，端点を含む範囲の集合である。
⟶　○ の補集合は ●

(イ) A，$\overline{B}$ を数直線上に表すと，右の図のようになる。
よって
$A\cup\overline{B}=\{\boldsymbol{x|x\leqq -4,\ -3\leqq x}\}$

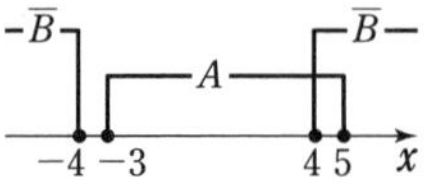

(ウ) 右の図から　$A\cap\overline{B}=\{\boldsymbol{x|4\leqq x\leqq 5}\}$

(2) $A\subset C$ が成り立つとき，A，C を数直線上に表すと，右の図のようになる。ゆえに，$A\subset C$ となるための条件は
$k-7\leqq -3$ …… ①，　$k+3>5$ …… ②
が同時に成り立つことである。
① から　$k\leqq 4$　　② から　$k>2$
共通範囲を求めて　$\boldsymbol{2<k\leqq 4}$

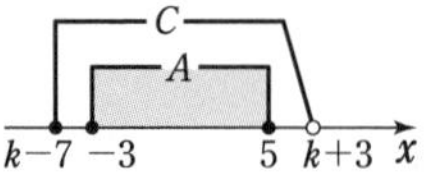

(2) ① には等号がつくが，② には等号がつかないことに注意。$k-7=-3$ のときは，-3 は A の要素でも C の要素でもある。$k+3=5$ のときは，5 は A の要素であるが C の要素ではない。

練習 ② 46 実数全体を全体集合とし，その部分集合 A，B，C について，次の問いに答えよ。

(1) $A=\{x|-3\leqq x\leqq 2\}$，$B=\{x|2x-8>0\}$，$C=\{x|-2<x<5\}$ とするとき，次の集合を求めよ。

(ア) $\overline{B}$　　(イ) $A\cap\overline{B}$　　(ウ) $\overline{B}\cup C$

(2) $A=\{x|-2\leqq x\leqq 3\}$，$B=\{x|k-6\leqq x\leqq k\}$（$k$ は定数）とするとき，$A\subset B$ となる k の値の範囲を求めよ。

p.90 EX 39

重要例題 47 集合の包含関係 ①①①①①

1 以上 1000 以下の整数全体の集合 U を全体集合として考える。
$A=\{x|x$ は 3 の倍数，$x\in U\}$，$B=\{x|x$ は 4 の倍数，$x\in U\}$，
$C=\{x|x$ は 6 の倍数，$x\in U\}$ とするとき，$\overline{C}\subset\overline{A}\cup\overline{B}$ であることを示せ。

〔類 京都産大〕 p.81 基本事項 5，6

指針 $\overline{A}\cup\overline{B}$ の要素を書き出そうとすると，かなり面倒。そこで，次の ①，② を利用する。

ド・モルガンの法則 $\overline{A}\cup\overline{B}=\overline{A\cap B}$ …… ①

$p.81$ 解説の（＊） $\overline{Q}\subset\overline{P}\iff Q\supset P$ …… ② ←⊂と⊃に注意。

よって $\overline{C}\subset\overline{A}\cup\overline{B}$ $\xrightarrow{①から}$ $\overline{C}\subset\overline{A\cap B}$ $\xrightarrow{②から}$ $C\supset A\cap B$

したがって，$C\supset A\cap B$ を導くことを考える。

解答

ド・モルガンの法則より，$\overline{A}\cup\overline{B}=\overline{A\cap B}$ が成り立つから

$$\overline{C}\subset\overline{A}\cup\overline{B}\iff\overline{C}\subset\overline{A\cap B}$$
$$\iff C\supset A\cap B$$

◀ $\overline{Q}\subset\overline{P}\iff Q\supset P$

したがって，$C\supset A\cap B$ が成り立つことを示せばよい。

$A\cap B=\{x|x$ は 3 の倍数かつ 4 の倍数，$x\in U\}$
$=\{x|x$ は 12 の倍数，$x\in U\}$

x が 12 の倍数であるとき，x は 6 の倍数でもあるので，$A\cap B$ の要素はすべて 6 の倍数である。

◀ $x=12n$（n は整数）とおくと，$x=6\cdot(2n)$ より x は 6 の倍数。

よって，$C\supset A\cap B$ すなわち $\overline{C}\subset\overline{A}\cup\overline{B}$ が成り立つ。

検討

集合の包含関係と補集合

集合 $A\subset B$ に対して，$A\subset B\iff\overline{A}\supset\overline{B}$ が成り立つ。
これは，右の図で，$\overline{B}$（斜線部分）が $\overline{A}$（赤網部分）に含まれることからわかる。
なお，記号「$\iff$」については $p.91$ を参照。

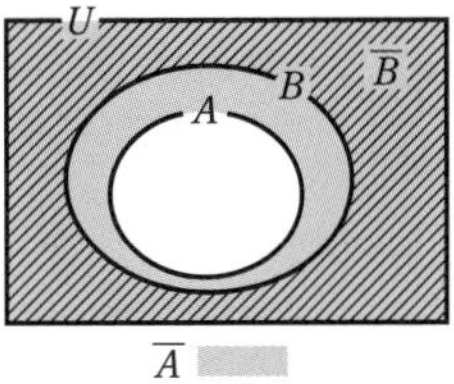

練習 ③ 47 1 から 1000 までの整数全体の集合を全体集合 U とし，その部分集合 A，B，C を $A=\{n|n$ は奇数，$n\in U\}$，$B=\{n|n$ は 3 の倍数でない，$n\in U\}$，$C=\{n|n$ は 18 の倍数でない，$n\in U\}$ とする。
このとき，$A\cup B\subset C$ であることを示せ。

基本例題 48 集合の要素の決定 ①①①①①

実数 a に対して，2 つの集合を

$$A=\{a-1,\ 4,\ a^2-5a+6\},\ B=\{1,\ a^2-4,\ a^2-7a+12,\ 4\}$$

とする。$A\cap B=\{0,\ 4\}$ であるとき，a の値を求めよ。

p.81 基本事項 3

指針 $A\cap B$ は A と B の **共通部分** であるから，$A\cap B$ の要素 0 について，$0\in A$ かつ $0\in B$ である（$A\cap B$ の要素 4 について，$4\in A$ かつ $4\in B$ であることは明らか）。
よって，$0\in A$ より

$$a-1=0 \quad \text{または} \quad a^2-5a+6=0$$

であるから，これを満たす a の値について，条件を満たすかどうか確認する。

解答

$A\cap B=\{0,\ 4\}$ より $0\in A$ であるから

$$a-1=0 \quad \text{または} \quad a^2-5a+6=0$$

[1] $a-1=0$ すなわち $a=1$ のとき

$$A=\{0,\ 2,\ 4\},\ B=\{-3,\ 1,\ 4,\ 6\}$$

よって，$0\notin B$ となるから，条件に適さない。

[2] $a^2-5a+6=0$ のとき　$(a-2)(a-3)=0$

したがって　$a=2,\ 3$

(i) $a=2$ の場合

$$A=\{0,\ 1,\ 4\},\ B=\{0,\ 1,\ 2,\ 4\}$$

よって，$A\cap B=\{0,\ 1,\ 4\}$ となるから，条件に適さない。

(ii) $a=3$ の場合

$$A=\{0,\ 2,\ 4\},\ B=\{0,\ 1,\ 4,\ 5\}$$

よって，$A\cap B=\{0,\ 4\}$ となるから，条件に適する。

以上から，求める a の値は　$\boldsymbol{a=3}$

◀要素 0 が A の要素であるための，a の条件を調べる。

◀$a=1$ のとき
$a^2-4=-3$
$a^2-7a+12$
$=1^2-7\cdot1+12=6$

◀$a=2$ のとき
$a^2-4=0$
$a^2-7a+12=2$

◀$a=3$ のとき
$a^2-4=5$
$a^2-7a+12=0$

検討

条件の使い方

上の解答では，$0\in A$ であることを利用したが，もちろん $0\in B$ であることを利用してもよい。

このとき　$a^2-4=0$　または　$a^2-7a+12=0$　ゆえに　$a=\pm2$　または　$a=3,\ 4$

よって，$a=-2,\ 2,\ 3,\ 4$ の 4 つの場合を調べることになる。しかし，4 つの場合を調べるより，上の解答のように $a=1,\ 2,\ 3$ の 3 つの場合を調べる方がらくである。一般に，2 次式より 1 次式の方が扱いやすい。したがって，$0\in A$ であることを利用したのである。このように

条件はらくになるように使う

ことがポイントである。

練習 ③ 48 $U=\{x\,|\,x$ は実数$\}$ を全体集合とする。U の部分集合 $A=\{2,\ 4,\ a^2+1\}$，$B=\{4,\ a+7,\ a^2-4a+5\}$ について，$A\cap\overline{B}=\{2,\ 5\}$ となるとき，定数 a の値を求めよ。

〔富山県大〕

基本例題 49 3つの集合の共通部分，和集合 ①①①①①

$A=\{n|n$ は 16 の正の約数$\}$，$B=\{n|n$ は 20 の正の約数$\}$，
$C=\{n|n$ は 8 以下の正の偶数$\}$ とする。このとき，次の集合を求めよ。
(1) $A\cap B\cap C$　(2) $A\cup B\cup C$　(3) $(A\cap B)\cup C$
(4) $(A\cap C)\cup(B\cap C)$

↗基本 45

指針 3つの集合についての要素を求めるときも，2つの集合の場合と同様に，**図（ベン図）をかく** とわかりやすい。要素をベン図に書き込むときは，次の順に書き込むとよい。

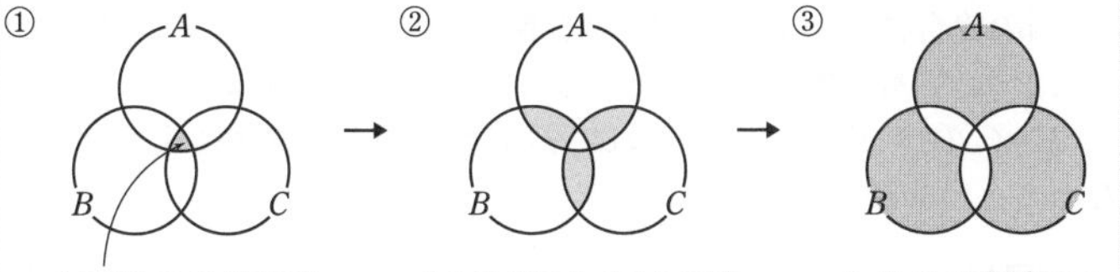

① $A\cap B\cap C$ の要素を書き込む。
② $A\cap B$, $B\cap C$, $C\cap A$ の要素のうち，$A\cap B\cap C$ の要素ではないものをそれぞれ書き込む。
③ A, B, C の要素のうち，まだベン図に現れていない要素を書き込む。

CHART 集合の条件　ベン図で整理

解答

(1) $A=\{1, 2, 4, 8, 16\}$,
$B=\{1, 2, 4, 5, 10, 20\}$,
$C=\{2, 4, 6, 8\}$
であるから　$A\cap B\cap C=\{\mathbf{2, 4}\}$

(2) $A\cap B=\{1, 2, 4\}$,
$B\cap C=\{2, 4\}$,
$C\cap A=\{2, 4, 8\}$ であるから，
与えられた集合の要素を図に書き込むと上のようになる。
よって
$A\cup B\cup C=\{\mathbf{1, 2, 4, 5, 6, 8, 10, 16, 20}\}$

(3) 図より　$(A\cap B)\cup C=\{\mathbf{1, 2, 4, 6, 8}\}$

(4) 図より　$(A\cap C)\cup(B\cap C)=\{\mathbf{2, 4, 8}\}$

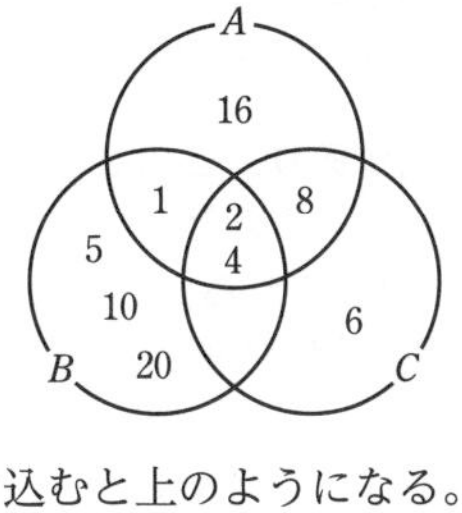

◀まず，要素を書き並べる形で表してみる。

(3)

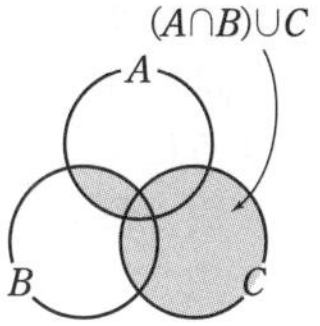

(4)

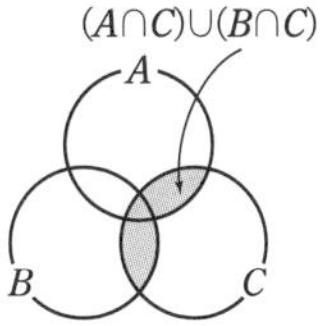

検討

∩，∪ の計算法則

3つの集合 A, B, C について，次のことが成り立つ。

① $(A\cap B)\cap C=A\cap(B\cap C)$　$(A\cup B)\cup C=A\cup(B\cup C)$　**結合法則**

② $(A\cap B)\cup C=(A\cup C)\cap(B\cup C)$
　$(A\cup B)\cap C=(A\cap C)\cup(B\cap C)$　**分配法則**

これらの式が成り立つことを，ベン図を用いて各自調べてみよ。

練習 ② 49 30以下の自然数全体を全体集合 U とし，U の要素のうち，偶数全体の集合を A，3の倍数全体の集合を B，5の倍数全体の集合を C とする。次の集合を求めよ。
(1) $A\cap B\cap C$　(2) $A\cap(B\cup C)$　(3) $(\overline{A}\cup\overline{B})\cap C$

p.90 EX 40

参考事項　4 個の集合のベン図

p.81 の基本事項の解説にあるような集合を表す図を **ベン図**(Venn diagram)という。ベン図は，19 世紀にイギリスの論理学者 John Venn によって導入された。

2 個，3 個の集合を扱うときは，ベン図を利用すると考えやすい。実際，p.83 例題 **45** では 2 個の集合を，p.87 例題 **49** では 3 個の集合をベン図で表し，要素を記入して条件を整理することにより，問題を解決した。

2 個，3 個の集合については，円でベン図をかくことができる。それでは 4 個の集合 A, B，C，D についても円でベン図がかけるかどうか考えてみよう。
まず，A, B, C のベン図をかき，それに D のベン図をかき加えようとすると，例えば次のようになって，うまくかけない。

〔図 1〕

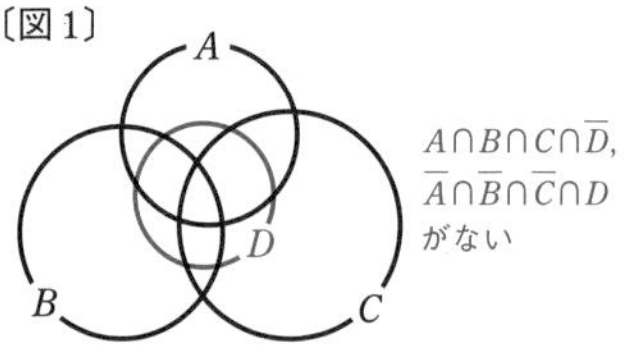

〔図 2〕

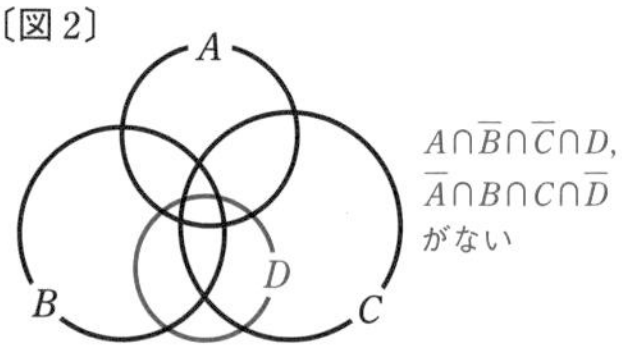

〔図 1〕，〔図 2〕以外でも，円では 4 個の集合のベン図はうまくかけない。
実は次のような理由で，4 個の集合の場合，円でベン図はかけないことがわかる。

平面上に異なる 4 個の円があり，どの 2 個も 2 点で交わり，どの 3 個も同じ点では交わらない。このとき，この 4 個の円で平面は，次のように 14 個の部分に分けられる。

円 1 個で 2 個，　円 2 個で $2+2\cdot1=4$ 個，

円 3 個で $4+2\cdot2=8$ 個，　円 4 個で $8+2\cdot3=14$ 個。

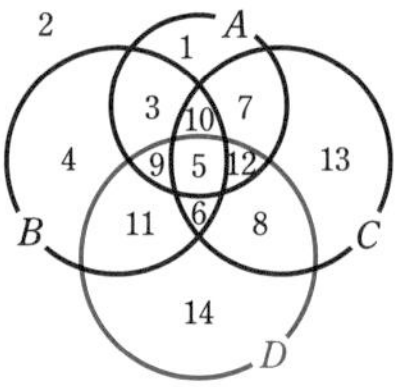

一方，4 個の集合 A，B，C，D と補集合 $\overline{A}$，$\overline{B}$，$\overline{C}$，$\overline{D}$ でできる共通部分 $A\cap B\cap C\cap D$，$\overline{A}\cap B\cap C\cap D$ などは，全部で $2^4=16$ (個) ある(重複順列の考え。数学 A 参照)。
円 4 個で平面は 14 個の部分に分けられ，$14<16$ であるから，円で 4 個の集合のベン図はかけないということになる。

ただし，4 個の集合を円で表すことに限定しなければ，このような図をかくことが可能な場合もある。
実際，Venn は彼の論文で右のような楕円を用いて，4 個の集合を表している。更に，Venn は 5 個の集合についても考察しているが，複雑で実用性はないように思われる。

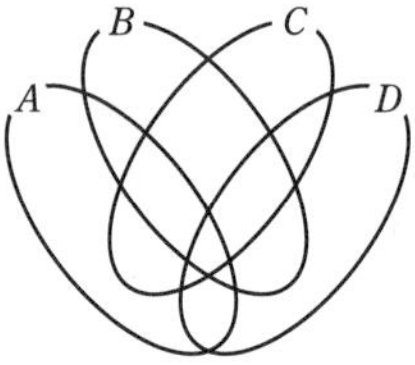

重要例題 50 集合の包含関係・相等の証明 ④

Z を整数全体の集合とするとき，次のことを証明せよ。

(1) $A=\{4n+1|n\in Z\}$，$B=\{2n+1|n\in Z\}$ であるとき　$A\subset B$ かつ $A\neq B$

(2) $A=\{5n+2|n\in Z\}$，$B=\{5n-3|n\in Z\}$ であるとき　$A=B$

p.80 基本事項 1

指針 (1) $A\subset B$ を示すためには，A の要素がすべて B の要素であること，すなわち，**「$x\in A$ ならば $x\in B$」を示せばよい**。また，$A\neq B$ であることを示すためには，B の要素であるが A の要素ではないものを1つ挙げればよい。

(2) $A=B$ を示すためには，「$A\subset B$ かつ $B\subset A$」を示せばよい。そのために，**「$x\in A$ ならば $x\in B$」と「$x\in B$ ならば $x\in A$」の両方を示す。**

解答

(1) $x\in A$ とすると，$x=4n+1$ (n は整数) と書くことができる。このとき　$x=2(2n)+1$

◀ $x\in B$ を示すために，$2\times$(整数)$+1$ の形にする。

$2n=m$ とおくと，m は整数で

$x=2m+1$

ゆえに　$x\in B$

よって，$x\in A$ ならば $x\in B$

が成り立つから　$A\subset B$

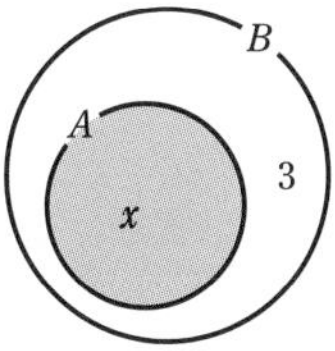

また，$3\in B$ であるが　$3\notin A$

したがって　$A\neq B$

◀ B の要素であるが，A の要素ではないものの存在を示すことで，$A\neq B$ が示せる。

(2) $x\in A$ とすると，$x=5n+2$ (n は整数) と書くことができる。このとき　$x=5(n+1)-3$

◀ $x\in B$ を示すために，$5\times$(整数)-3 の形にする。

$n+1=k$ とおくと，k は整数で　$x=5k-3$

ゆえに　$x\in B$

よって，$x\in A$ ならば $x\in B$　が成り立つから

$A\subset B$ …… ①

次に，$x\in B$ とすると，$x=5n-3$ (n は整数) と書くことができる。このとき　$x=5(n-1)+2$

◀ 次に，$x\in A$ を示すため，$5\times$(整数)$+2$ の形にする。

$n-1=l$ とおくと，l は整数で　$x=5l+2$

ゆえに　$x\in A$

よって，$x\in B$ ならば $x\in A$　が成り立つから

$B\subset A$ …… ②

①，② から　$A=B$

◀ $A\subset B$ かつ $B\subset A$

POINT 要素が無数にあり，すべてを書き出すことができないときは，次のことを利用して証明する。

「$A\subset B$」$\Longleftrightarrow$「$x\in A$　ならば　$x\in B$」

「$A=B$」$\Longleftrightarrow$「$A\subset B$　かつ　$B\subset A$」

練習 ④ 50 次のことを証明せよ。ただし，Z は整数全体の集合とする。

(1) $A=\{3n-1|n\in Z\}$，$B=\{6n+5|n\in Z\}$ ならば　$A\supset B$

(2) $A=\{2n-1|n\in Z\}$，$B=\{2n+1|n\in Z\}$ ならば　$A=B$

p.90 EX 41

EXERCISES

①36 Nを自然数全体の集合とする。

(1) 「1 は N の要素である」を，集合の記号を用いて表せ。

(2) 「1 のみを要素にもつ集合は，N の部分集合である」を，集合の記号を用いて表せ。

→44

①37 Z は整数全体の集合とする。次の集合を，要素を書き並べて表せ。

$$A=\{x|0<x<6,\ x\in Z\},\ B=\{2x|-1\leqq x\leqq 3,\ x\in Z\}$$

また，$A\cap B$，$A\cup B$，$\overline{A}\cap B$ を，要素を書き並べて表せ。

→44,45

①38 $P=\{a,\ b,\ c,\ d\}$ の部分集合をすべて求めよ。

②39 次の集合 A，B には，$A\subset B$，$A=B$，$A\supset B$ のうち，どの関係があるか。

$A=\{x|-1<x<2,\ x$ は実数$\}$，$B=\{x|-1<x\leqq 1$ または $0<x<2,\ x$ は実数$\}$

→46

②40 U を 1 から 9 までの自然数の集合とする。U の部分集合 A，B，C について，以下が成り立つ。

$A\cup B=\{1,\ 2,\ 4,\ 5,\ 7,\ 8,\ 9\}$，$A\cup C=\{1,\ 2,\ 4,\ 5,\ 6,\ 7,\ 9\}$，
$B\cup C=\{1,\ 4,\ 6,\ 7,\ 8,\ 9\}$，$A\cap B=\{4,\ 9\}$，$A\cap C=\{7\}$，$B\cap C=\{1\}$，
$A\cap B\cap C=\varnothing$

(1) 集合 $\overline{B}\cap\overline{C}$ を求めよ。

(2) 集合 $A\cap(\overline{B\cup C})$，$A$ を求めよ。〔類 東京国際大〕

→49

④41 Z を整数全体の集合とし，$A=\{3n+2|n\in Z\}$，$B=\{6n+5|n\in Z\}$ とするとき，$A\supset B$ であるが $A\neq B$ であることを証明せよ。

→50

HINT

36 要素が集合に属することを表す記号と，部分集合であることを表す記号の違いに注意。

37 A，B の要素を書き並べてからベン図をかく。

38 $\varnothing$ はすべての集合の部分集合である。

39 数直線を利用して考えるとよい。

40 $A\cup B$ と $A\cup C$ の要素を比較すると，$8\in B$ であるが $8\notin C$，$6\in C$ であるが $6\notin B$ であることがわかる。このようにして集合 A，B，C の要素を調べ，ベン図をかく。

41 **任意の（すべての）$x\in B$ に対して $x\in A$ が成り立つとき，$A\supset B$ である。**
$6n+5$ を $3m+2$（m は整数）の形に変形する。

6 命題と条件

基本事項

1 命題と条件，命題の真偽

命題 $p \Longrightarrow q$ (p ならば q)　　p が仮定，q が結論。

$p \Longleftrightarrow q$ は「$p \Longrightarrow q$」かつ「$q \Longrightarrow p$」を表す。

偽と反例　p は満たすが q は満たさない例(反例)があると，$p \Longrightarrow q$ は偽。

2 条件と集合

2つの条件 p，q を満たすもの全体の集合を，それぞれ P，Q とする。

「$p \Longrightarrow q$ が真」$\Longleftrightarrow P \subset Q \Longleftrightarrow P \cap \overline{Q} = \varnothing$

「$p \Longleftrightarrow q$ が真」$\Longleftrightarrow P = Q$

解説

■ 命題

式や文章で表された事柄で，正しいか正しくないかが，明確に決まるものを **命題** という。また，命題が正しいとき，その命題は **真** であるといい，正しくないとき，その命題は **偽** であるという。命題は，真であるか偽であるか，どちらか一方が必ず定まる。
ただし，例えば，「1億は大きい数である」は命題とはいえない。何に対して「大きい」のか，基準となる数が明示されていないから，真偽は判定できない。

例
「3は2より大きい」は，真の命題。
「円周率 $\pi = 3$」は偽の命題である。

■ 命題と条件

文字 x を含んだ文や式において，文字のとる値を変えると，真偽が変わるものがある。例えば，「x は正の数である」という文は，$x=1$ のときは真であるが，$x=-2$ のときは偽である。このような文字 x を含んだ文や式を，x に関する **条件** という。
2つの条件 p，q について，命題「p ならば q」を $\boldsymbol{p \Longrightarrow q}$ とも書き，p をこの命題の **仮定**，q をこの命題の **結論** という。
また，「p ならば q　かつ　q ならば p」を $\boldsymbol{p \Longleftrightarrow q}$ と書く。

■ 条件と集合

2つの条件 p，q を満たすものの全体の集合を，それぞれ P，Q とする。
「命題 $p \Longrightarrow q$ が真である」とき，条件 p を満たすものは必ず条件 q を満たすから，$P \subset Q$ が成り立つ。
逆に，$P \subset Q$ ならば，$p \Longrightarrow q$ が真であることがいえる。
したがって　　**「$p \Longrightarrow q$ が真」$\Longleftrightarrow P \subset Q \Longleftrightarrow P \cap \overline{Q} = \varnothing$**
また，「命題 $p \Longrightarrow q$ が偽である」とき，P の中に q を満たさない要素 (**Q からはみ出す要素**) が少なくとも1つある，すなわち，$\boldsymbol{P \cap \overline{Q} \neq \varnothing}$ が成り立つ。このはみ出す要素が **反例** である。

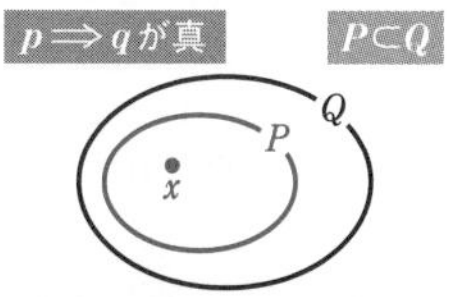

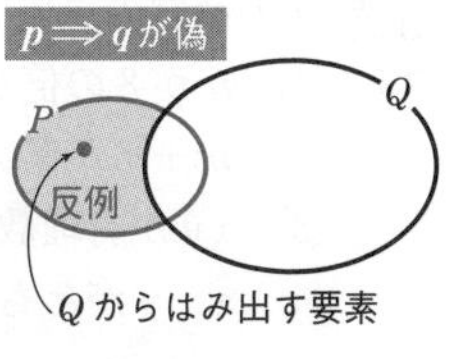

基本例題 51 命題の真偽

x，y は実数とする。次の命題の真偽を調べよ。

(1) $x=0$ ならば $xy=0$　　(2) $x^2=16$ ならば $x=4$

(3) 「$x+y>0$ かつ $xy>0$」ならば「$x>0$ かつ $y>0$」

(4) $x+y=0$ ならば $x=y=0$　　(5) $x^2+y^2=0$ ならば $x=y=0$

p.91 基本事項 1

指針　「命題の真偽を調べよ」という問題では，次の方針で答える。

1 **真の場合は　証明する。**

2 **偽の場合は　反例を1つあげる。**

まずは反例がないかどうかを調べてみる。反例が見つからないようであれば，命題が真であることの証明を試みるとよい。

解答

(1) 0にどのような数を掛けても0になるから，

$x=0$ のとき　$xy=0\cdot y=0$　　ゆえに **真**

(2) $x^2=16$ のとき　$x=4$ または $x=-4$

ゆえに **偽**　(反例) $x=-4$

(3) $xy>0$ のとき

「$(x>0$ かつ $y>0)$ または $(x<0$ かつ $y<0)$」

$x+y>0$ であるから，「$x<0$ かつ $y<0$」ではない。

よって　$x>0$ かつ $y>0$　　ゆえに **真**

(4) $x=1$，$y=-1$ とすると，

$x+y=0$ であるが $x=y=0$ は成り立たない。

ゆえに **偽**　(反例) $x=1$，$y=-1$

(5) $x^2\geqq 0$，$y^2\geqq 0$ であるから，$x^2+y^2=0$ ならば

$x^2=0$ かつ $y^2=0$

よって　$x=y=0$　　ゆえに **真**

◀(1)は明らかに真と思えるが，これを証明する。

◀**命題 $p \Longrightarrow q$ の反例とは p であって q でない例。**

(2) $x=-4$ は $x^2=16$ を満たすが，$x=4$ ではない。

(3) 反例が見つからないので，証明を試みる。

◀例えば，もし $x^2>0$ なら $x^2+y^2>0$ となる。

検討

実数の性質

実数の平方について，次のことが成り立つ。上の解答(5)ではこれを利用している。

a が実数のとき　$a^2\geqq 0$　　等号が成り立つのは $a=0$ のとき。

また，命題「$x=y=0$ ならば $x^2+y^2=0$」は真である。

よって，上の(5)と合わせて，次の重要な関係が成り立つ。

実数 x，y に対して　$x^2+y^2=0 \Longleftrightarrow x=y=0$

(4)で，「$x+y=0 \Longrightarrow x=y=0$」が偽であったことからわかるように，この関係は実数 x，y が2乗されているという点が重要である。

練習 ① 51　次の命題の真偽を調べよ。ただし，m，n は自然数，x，y は実数とする。

(1) n が8の倍数ならば，n は4の倍数である。

(2) $m+n$ が偶数ならば，m，n はともに偶数である。

(3) xy が有理数ならば，x，y はともに有理数である。

(4) x，y がともに有理数ならば，xy は有理数である。

p.101 EX 42

基本例題 52 命題の真偽と集合

x は実数とする。集合を利用して，次の命題の真偽を調べよ。

(1) $0 \leqq x \leqq 1$ ならば $|x|<1$　　(2) $|x-1|<2$ ならば $|x|<3$

p.91 基本事項 2

指針 不等式が関係した命題の真偽については，**集合を利用** して考えるとよい。
条件 p，q を満たすもの全体の集合をそれぞれ P，Q とすると
「**$p \Longrightarrow q$ が真**」$\longrightarrow$ **$P \subset Q$ を示す。**
「**$p \Longrightarrow q$ が偽**」$\longrightarrow$ **Q からはみ出る P の要素があることを示す。**
また，実数の集合を扱うときは，**数直線** を利用すると考えやすい。

CHART 命題の真偽と集合　1 **真なら証明 $P \subset Q$**　2 **偽なら反例**

解答
与えられた命題を，$p \Longrightarrow q$ の形で表し，条件 p，q を満たす x 全体の集合をそれぞれ P，Q とする。

(1) $P=\{x \mid 0 \leqq x \leqq 1\}$
q：$|x|<1$ から　$Q=\{x \mid -1<x<1\}$
$x=1$ は P に属するが Q には属さない。
すなわち，$x=1$ は p を満たすが，q を満たしていない。
よって，$p \Longrightarrow q$ は **偽**

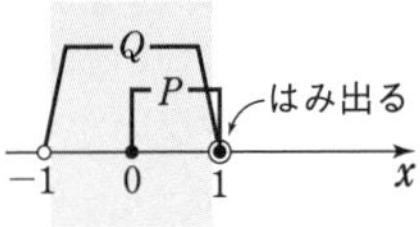

◀ $c>0$ のとき
$|x|<c \Longleftrightarrow -c<x<c$
$|x|>c \Longleftrightarrow x<-c,\ c<x$

◀ $x=1$ が反例。

(2) p：$|x-1|<2$ から　$P=\{x \mid -1<x<3\}$
q：$|x|<3$ から　$Q=\{x \mid -3<x<3\}$
よって，右の図から
$P \subset Q$
すなわち　$x \in P$ ならば $x \in Q$ となり，p を満たす x は q も満たす。
よって，$p \Longrightarrow q$ は **真**

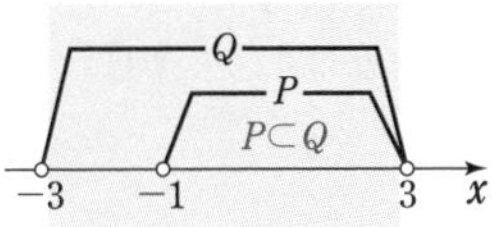

◀ $|x-a|<b\ (b>0)$
$\Longleftrightarrow -b<x-a<b$
$\Longleftrightarrow a-b<x<a+b$

検討 PLUS ONE
真理集合
命題においては，条件を満たすかどうかを考える対象になるもの全体の集合が明確でなければならない。この集合を，その条件の **全体集合** という。また，U を全体集合とし，条件 p を満たす U の要素全体の集合を P とするとき，P を条件 p の **真理集合** という。上の例題(1)で，全体集合は実数全体の集合であり，条件 p の真理集合は $P=\{x \mid 0 \leqq x \leqq 1\}$ である。

練習 ① 52 x は実数とする。集合を利用して，次の命題の真偽を調べよ。
(1) $|x|<2$ ならば $-3<x<3$　　(2) $|x-1|>1$ ならば $2|x-2| \geqq 1$

基本 例題 53 命題と反例

(1) 次の(ア)~(エ)が，命題「$x<1 \Longrightarrow |x|<2$」が偽であることを示すための反例であるかどうか，それぞれ答えよ。

(ア) $x=-3$　(イ) $x=-1$　(ウ) $x=1$　(エ) $x=3$

(2) a を整数とする。命題「$a<x<a+4 \Longrightarrow x \leqq 5-2a$」が偽で，$x=3$ がこの命題の反例であるとき，a の値を求めよ。

基本 52

指針 ある x が条件 p を満たし，かつ条件 q を満たさないとき，その x は命題「$p \Longrightarrow q$」が偽であることを示すための反例であるといえる。

(1) (ア)~(エ)のそれぞれの値が，$x<1$ を満たし，かつ $|x|<2$ を満たさないかどうかを調べる。

(2) $x=3$ が「$a<x<a+4$」を満たし，かつ「$x \leqq 5-2a$」を満たさないような整数 a を求める。

解答

(1) (ア) $x=-3$ は $x<1$ を満たすが，$|-3|=3$ より $|x|<2$ を満たさないから，**反例である。**

(イ) $x=-1$ は $x<1$ を満たすが，$|-1|=1$ より $|x|<2$ も満たすから，**反例ではない。**

(ウ) $x=1$ は $x<1$ を満たさないから，**反例ではない。**

(エ) $x=3$ は $x<1$ を満たさないから，**反例ではない。**

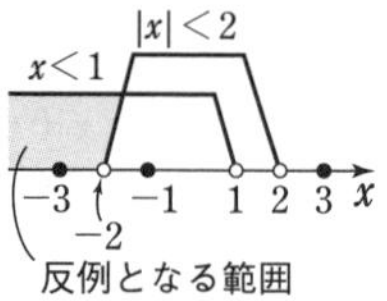

(2) $x=3$ が，命題「$a<x<a+4 \Longrightarrow x \leqq 5-2a$」が偽であることを示すための反例であるとき，次の [1]，[2] が成り立つ。

[1] $x=3$ は $a<x<a+4$ を満たす

[2] $x=3$ は $x \leqq 5-2a$ を満たさない

[1] から　$a<3<a+4$

すなわち　$-1<a<3$ …… ①

[2] から　$3>5-2a$

すなわち　$a>1$ …… ②

①，② の共通範囲は

$1<a<3$

a は整数であるから　$\boldsymbol{a=2}$

◀ $3<a+4$ から　$-1<a$
これと，$a<3$ より
$-1<a<3$
また，[2] を言い換えると，「$x=3$ は $x>5-2a$ を満たす」となる。

練習 ③ 53 (1) 次の(ア)~(エ)が，命題「$|x| \geqq 3 \Longrightarrow x \geqq 1$」が偽であることを示すための反例であるかどうか，それぞれ答えよ。

(ア) $x=-4$　(イ) $x=-2$　(ウ) $x=2$　(エ) $x=4$

(2) a を整数とする。命題「$a<x<a+8 \Longrightarrow x \leqq 2+3a$」が偽で，$x=4$ がこの命題の反例であるような a のうち，最大のものを求めよ。

p.101 EX43

基本事項

必要条件・十分条件，同値

命題 $p \Longrightarrow q$ が真であるとき

p は q であるための **十分条件**

q は p であるための **必要条件**

$p \Longrightarrow q$ と $q \Longrightarrow p$ がともに真，すなわち命題 $\boldsymbol{p \Longleftrightarrow q}$ が成り立つとき，

p は q (q は p) であるための **必要十分条件**

である。また，このとき，p と q は互いに **同値** であるという。

解　説

■ 必要条件・十分条件

2つの条件 p，q について，命題 $p \Longrightarrow q$ が真であるとき，p は q であるための **十分条件**，q は p であるための **必要条件** であるという。

p は q が成り立つには **十分な仮定** $\longrightarrow$ p は q であるための **十分条件**

q は p から **必然的に導かれる結論** $\longrightarrow$ q は p であるための **必要条件**

ととらえると理解しやすい。そこで（十分）$\Longrightarrow$（必要）と覚えておこう。

矢印の向きに　じゅう (十) $\longrightarrow$ よう (要)

次のような具体例を通して，十分条件・必要条件の意味を把握しておくのもよい。

例1　条件 p：$x \geqq 10$，q：$x \geqq 5$

$x \geqq 5$ であるために，$x \geqq 10$ であることは十分であるが，その必要はない。

すなわち，$x \geqq 10$ は $x \geqq 5$ であるための十分条件であるが，必要条件ではない。

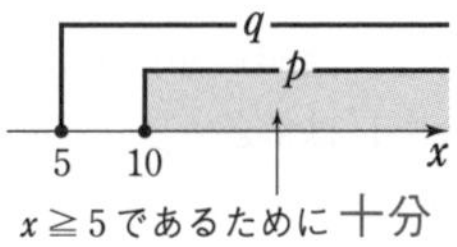

◀ $p \Longrightarrow q$ は真
$q \Longrightarrow p$ は偽

例2　条件 p：$x \geqq 1$，q：$x \geqq 5$

$x \geqq 5$ であるために，$x \geqq 1$ であることは必要であるが，それでは十分ではない。

すなわち，$x \geqq 1$ は $x \geqq 5$ であるための必要条件であるが，十分条件ではない。

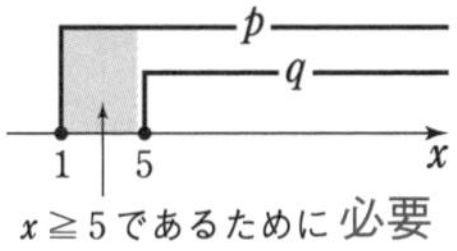

◀ $p \Longrightarrow q$ は偽
$q \Longrightarrow p$ は真

■ 必要十分条件，同値

2つの命題 $p \Longrightarrow q$ と $q \Longrightarrow p$ がともに真であるとき，すなわち命題 $p \Longleftrightarrow q$ が成り立つとき，p は q であるための **必要十分条件** であるという。この場合，q は p であるための必要十分条件であるともいう。また，このとき p と q は互いに **同値** であるという。

■ 集合と必要条件・十分条件

条件 p，q を満たすもの全体の集合を，それぞれ P，Q とすると，次のことが成り立つ。

「$p \Longrightarrow q$ が真」$\Longleftrightarrow$ $\boldsymbol{P \subset Q}$ $\Longleftrightarrow$ **p は q の十分条件，**
q は p の必要条件

「$p \Longleftrightarrow q$ が真」$\Longleftrightarrow$ $\boldsymbol{P = Q}$ $\Longleftrightarrow$ **p と q は互いに同値**

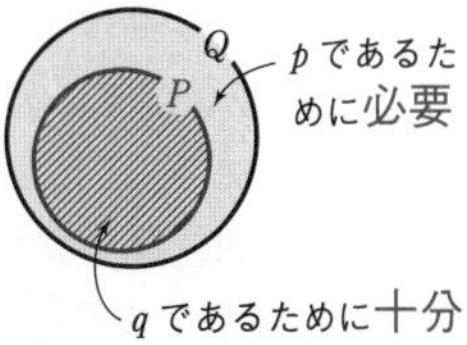

基本例題 54 必要条件・十分条件 ①①①①①

次の ☐ に最も適する語句を(ア)〜(エ)から選べ。ただし，x，y は実数とする。

(1) $x<1$ は $x \leqq 1$ であるための ☐。

(2) $x<y$ は $x^4<y^4$ であるための ☐。

(3) $xy+1=x+y$ は x，y のうち少なくとも 1 つは 1 であるための ☐。

(4) △ABC において，∠A＜90° は，△ABC が鋭角三角形であるための ☐。

(ア) 必要十分条件である　　(イ) 必要条件であるが十分条件ではない

(ウ) 十分条件であるが必要条件ではない

(エ) 必要条件でも十分条件でもない

p.95 基本事項

指針

1 まず，命題を $p \Longrightarrow q$ の形に書いて，その真偽を調べる。

2 次に，その逆 $q \Longrightarrow p$ の真偽を調べる。

3 そして，$p \Longrightarrow q$ が **真** ならば p は q であるための **十分条件**

$q \Longrightarrow p$ が **真** ならば p は q であるための **必要条件** などと答える。

$p \underset{\times}{\overset{\bigcirc}{\rightleftarrows}} q$　　$p \underset{\bigcirc}{\overset{\times}{\rightleftarrows}} q$　　$p \underset{\bigcirc}{\overset{\bigcirc}{\rightleftarrows}} q$　　○は真　×は偽

p は十分条件　　**p は必要条件**　　**p は必要十分条件**

解答

(1) $x<1 \Longrightarrow x \leqq 1$ は明らかに真。

$x \leqq 1 \Longrightarrow x<1$ は偽。　　(反例) $x=1$

よって (ウ)

(2) $x<y \Longrightarrow x^4<y^4$ は偽。　　(反例) $x=-1$，$y=0$

$x^4<y^4 \Longrightarrow x<y$ は偽。　　(反例) $x=0$，$y=-1$

よって (エ)

(3) $xy+1=x+y \Longleftrightarrow xy-x-y+1=0$

$\Longleftrightarrow (x-1)(y-1)=0 \Longleftrightarrow x=1$ または $y=1$

$\Longleftrightarrow$ x，y のうち少なくとも 1 つは 1 は真。　(ア)

(4) △ABC において，

∠A＜90° ⟹ △ABC が鋭角三角形 は偽。

(反例) ∠A=30°＜90°，∠B=100°，∠C=50°

△ABC が鋭角三角形 ⟹ ∠A＜90° は真。

よって (イ)

(1) $x<1 \underset{\times}{\overset{\bigcirc}{\rightleftarrows}} x \leqq 1$

(2) $x<y \underset{\times}{\overset{\times}{\rightleftarrows}} x^4<y^4$

(3) $xy+1=x+y \underset{\bigcirc}{\overset{\bigcirc}{\rightleftarrows}}$ x，y のうち少なくとも 1 つは 1

(4) ∠A＜90° $\underset{\bigcirc}{\overset{\times}{\rightleftarrows}}$ △ABC が鋭角三角形

練習 ② 54 次の ☐ に最も適する語句を，上の例題の選択肢(ア)〜(エ)から選べ。ただし，a，x，y は実数とする。

(1) $xy>0$ は $x>0$ であるための ☐。

(2) $a \geqq 0$ は $\sqrt{a^2}=a$ であるための ☐。

(3) △ABC において，∠A=90° は，△ABC が直角三角形であるための ☐。

(4) A，B を 2 つの集合とする。a が $A \cup B$ の要素であることは，a が A の要素であるための ☐。

〔(4) 摂南大〕 p.101 EX 44, 45

基本事項

1 条件の否定

条件 p, q を満たすもの全体の集合をそれぞれ P, Q とする。

① **p かつ q $(P\cap Q)$** …… p, q がともに成り立つ。

p または q $(P\cup Q)$ …… p, q の少なくとも一方が成り立つ。

② **否定** 条件 **p の否定** (p でない) を $\overline{p}$ で表す。

$\overline{p\text{ かつ }q}$ (「p かつ q」の否定) $\Longleftrightarrow$ $\overline{p}$ または $\overline{q}$

$\overline{p\text{ または }q}$ (「p または q」の否定) $\Longleftrightarrow$ $\overline{p}$ かつ $\overline{q}$

2 「すべて」「ある」とその否定

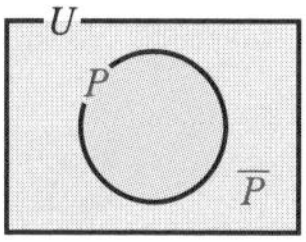

全体集合を U, 条件 p を満たす x 全体の集合を P とする。

① **$P=U$ のとき 命題「すべての x について p である」は 真**

② **$P\neq\varnothing$ のとき 命題「ある x について p である」は 真**

③ **否定**

命題「すべての x について p である」の否定は 「ある x について $\overline{p}$ である」

命題「ある x について p である」の否定は 「すべての x について $\overline{p}$ である」

解 説

■条件の合成と否定

「でない」,「かつ」,「または」を用いて作られる条件と集合は，全体集合を U として次のようになる。

p でない … 補集合 $\overline{P}$　　p かつ q … 共通部分 $P\cap Q$　　p または q … 和集合 $P\cup Q$

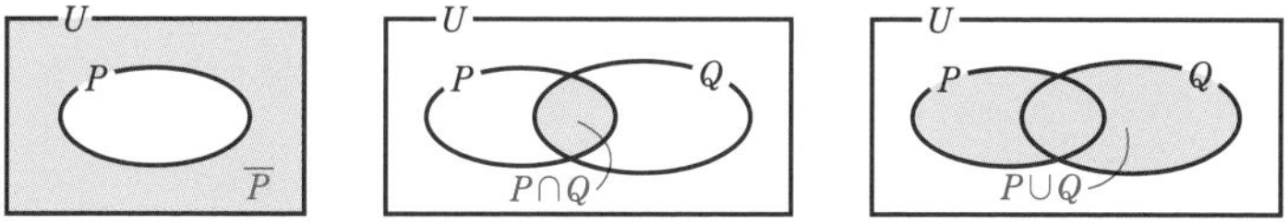

条件 p に対して，「p でない」という条件を，条件 p の **否定** といい，$\overline{p}$ で表す。

明らかに $\overline{\overline{p}}=p$, すなわち，$\overline{p}$ の否定は p になる。

ド・モルガンの法則(p.81 基本事項参照)により，次のことが成り立つ。

[1] $\overline{P\cap Q}=\overline{P}\cup\overline{Q}$　　[2] $\overline{P\cup Q}=\overline{P}\cap\overline{Q}$

よって，[1] から $\overline{p\text{ かつ }q}\Longleftrightarrow\overline{p}$ または $\overline{q}$　　[2] から $\overline{p\text{ または }q}\Longleftrightarrow\overline{p}$ かつ $\overline{q}$

■すべての x, ある x

「**すべての x** について p」を「**任意の x** について p」,「**常に** p」;

「**ある x** について p」　を「**適当な x** について p」,「**少なくとも1つの x** について p」

などという表現で，それぞれ用いることがある。

■「すべて」「ある」の否定

命題の否定を，集合を用いて考えると

$P=U$ の否定は $P\neq U$ すなわち $\overline{P}\neq\varnothing$ ⟶ 上の **2** ② で P を $\overline{P}$ とおき換えたもの。

よって　「**すべて** の x について p」の否定は 「**ある** x について $\overline{p}$」

$P\neq\varnothing$ の否定は $P=\varnothing$ すなわち $\overline{P}=U$ ⟶ 上の **2** ① で P を $\overline{P}$ とおき換えたもの。

よって　「**ある** x について p」の否定は 「**すべて** の x について $\overline{p}$」

基本例題 55 条件の否定 ①①①①①

文字はすべて実数とする。次の条件の否定を述べよ。

(1) $x>0$　　(2) $x>0$ かつ $y \leqq 0$

(3) $x \geqq 2$ または $x<-3$　　(4) $a=b=c=0$

p.97 基本事項 1　重要 57

指針 条件の否定　$\overline{p \text{ かつ } q} \Longleftrightarrow \overline{p}$ または $\overline{q}$,　$\overline{p \text{ または } q} \Longleftrightarrow \overline{p}$ かつ $\overline{q}$

$\overline{p \text{ かつ } q \text{ かつ } r} \Longleftrightarrow \overline{p}$ または $\overline{q}$ または $\overline{r}$,

$\overline{p \text{ または } q \text{ または } r} \Longleftrightarrow \overline{p}$ かつ $\overline{q}$ かつ $\overline{r}$

であることに注意する。

(4) $a=b=c=0$ は「$a=0$ かつ $b=0$ かつ $c=0$」を省略して書いたものと考えられる。

CHART 条件の否定 「かつ」と「または」が入れ替わる

解答

(1) 「$x>0$」の否定は　　$\boldsymbol{x \leqq 0}$

◀ > の否定は ≦

(2) 「$x>0$ かつ $y \leqq 0$」の否定は

$\boldsymbol{x \leqq 0}$ **または** $\boldsymbol{y>0}$

◀ > の否定は ≦
≦ の否定は >

(3) 「$x \geqq 2$ または $x<-3$」の否定は

$x<2$ かつ $x \geqq -3$

すなわち　$\boldsymbol{-3 \leqq x<2}$

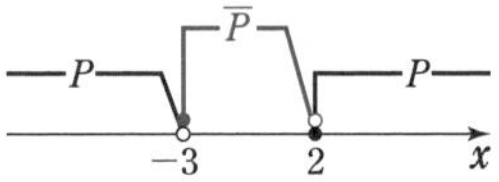

P : $x \geqq 2$ または $x<-3$

◀ ≧ の否定は <
< の否定は ≧

(4) 「$a=b=c=0$」は

「$a=0$ かつ $b=0$ かつ $c=0$」

ということであるから，その否定は

$\boldsymbol{a \neq 0}$ **または** $\boldsymbol{b \neq 0}$ **または** $\boldsymbol{c \neq 0}$

◀ = の否定は ≠

検討

条件を扱うときに注意しておきたいこと

① **全体集合を明確にしておく**

条件の否定を考えるときは，まず **全体集合(変数の変域)を明確にとらえる** ことが大切である。問題に明示されていないこともあるが，その際は自分で適切と思われるものを定めなければならない。なお，上の例題では，「文字は実数とする」の断りもあるので，(1)〜(4) すべて全体集合は実数全体であると考えて差し支えない。

② **コンマを乱用しないように**

例えば，(2) の答えを「$x \leqq 0$，$y>0$」と書くと，「,」の意味が「かつ」なのか「または」なのかが紛らわしくなる。このようなときは，「または」と明示するのが普通である。

練習 ① 55 x，y は実数とする。次の条件の否定を述べよ。

(1) $x \leqq 3$　　(2) $x \leqq 3$ かつ $y>2$

(3) x，y の少なくとも一方は 3 である。　　(4) $-2<x \leqq 4$

基本例題 56 「すべて」「ある」の否定

次の命題とその否定の真偽をそれぞれ調べよ。
(1) すべての実数 x について $x^2>0$
(2) ある素数 x について，x は偶数である。
(3) 任意の実数 x，y に対して $x^2-4xy+4y^2>0$

p.97 基本事項 2

指針 「すべて」と「ある」の否定

$\overline{\text{すべての } x \text{ について } p} \longrightarrow$ ある x について $\overline{p}$

$\overline{\text{ある } x \text{ について } p} \longrightarrow$ すべての x について $\overline{p}$

すなわち，p と $\overline{p}$，「すべて」と「ある」が入れ替わる。

CHART 命題の否定 「すべて」と「ある」を入れ替えて，結論を否定

解答
(1) 命題：$x=0$ のとき $x^2=0$ で，$x^2>0$ は成立しない。
よって **偽**
否定：「ある実数 x について $x^2\leqq0$」
$x=0$ で成り立つから **真**
(2) 命題：素数 2 は偶数である。 よって **真**
否定：「すべての素数 x について，x は奇数である。」
素数 2 は奇数でないから **偽**
(3) 命題：$x=2$，$y=1$ とすると
$x^2-4xy+4y^2=4-8+4=0$ よって **偽**
否定：「ある実数 x，y に対して $x^2-4xy+4y^2\leqq0$」
$x=y=0$ のとき $x^2-4xy+4y^2=0$
よって **真**

◀「すべて」と「ある」を入れ替えて結論を否定する。

◀なお，2 以外の素数はすべて奇数である。

◀$x^2-4xy+4y^2=0$
$\Longleftrightarrow (x-2y)^2=0$
$\Longleftrightarrow x=2y$

POINT 上の解答からわかるように，

p が真のとき $\overline{p}$ は偽，p が偽のとき $\overline{p}$ は真

である。このことは一般に成り立つ。よって，否定の真偽の理由は必ずしも書く必要はない。

検討 **すべて，ある，のさまざまな表現方法**
「すべての x」という代わりに，(3)のように「任意の x」という表現もよく使われる。「ある x」についても，例えば「適当な x」という表現を使うこともある（詳しくは p.97 参照）。

練習 ③ 56 次の命題の否定を述べよ。また，もとの命題とその否定の真偽を調べよ。
(1) 少なくとも 1 つの自然数 n について $n^2-5n-6=0$
(2) すべての実数 x，y について $9x^2-12xy+4y^2>0$
(3) ある自然数 m，n について $2m+3n=6$

重要例題 57 命題 $p \Longrightarrow q$ の否定

次の命題の否定を述べよ。

(1) x が実数のとき，$x^2=1$ ならば $x=1$ である。

(2) x が実数のとき，$|x|<1$ ならば $-3<x<1$ である。

(3) x，y が実数のとき，$x^2+y^2=0$ ならば $x=y=0$ である。

基本 55

指針 命題 $p \Longrightarrow q$ の否定は，それが成り立たない例(つまり **反例**)があること，すなわち

「p であって q でない」ものがある

ということである。

これは，命題 $p \Longrightarrow \overline{q}$ (p ならば q でない) とは違うので注意しておこう (下の 検討 も参照)。

解答

(1) x が実数のとき，

「$x^2=1$ ならば $x=1$ である」

の否定は **$x^2=1$ であって $x \neq 1$ である実数 x がある。**

◀$x=1$ の否定は $x \neq 1$

(2) x が実数のとき，

「$|x|<1$ ならば $-3<x<1$ である」

の否定は **$|x|<1$ であって $x \leqq -3$ または $1 \leqq x$ である実数 x がある。**

◀$-3<x<1$ の否定は $x \leqq -3$ または $1 \leqq x$

(3) x，y が実数のとき，

「$x^2+y^2=0$ ならば $x=y=0$ である」

の否定は **$x^2+y^2=0$ であって $x \neq 0$ または $y \neq 0$ である実数 x，y がある。**

◀$x=0$ かつ $y=0$

◀「かつ」と「または」が入れ替わる。

参考 前ページの POINT にあるように，もとの命題とそれを否定した命題の真偽は入れ替わる。例題の命題の真偽は(1)から順に偽，真，真であるから，否定した命題の真偽は順に真，偽，偽である。

検討

「ならば」の否定

「$p \Longrightarrow q$」の否定は「**$p \Longrightarrow q$」ではない** ということであって，「$p \Longrightarrow \overline{q}$」とは違うことに注意。

「$p \Longrightarrow q$」とは「p が成り立つならば，例外なく q が成り立つ。」ということであるから，「$p \Longrightarrow q$」を否定すると

「p が成り立つのに，q が成り立たないことがある。」という意味になる。

一方，「$p \Longrightarrow \overline{q}$」とは，「$p$ が成り立つならば，例外なく q は成り立たない。」ということである。これら 2 つの違いに注意しよう。

練習 ④ 57 次の命題の否定を述べよ。

(1) x が実数のとき，$x^3=8$ ならば $x=2$ である。

(2) x，y が実数のとき，$x^2+y^2<1$ ならば $|x|<1$ かつ $|y|<1$ である。

EXERCISES

③**42** 次の命題の真偽をいえ。真のときにはその証明をし，偽のときには反例をあげよ。ただし，x，y，z は実数とし，(2)，(3) については，$\sqrt{2}$，$\sqrt{5}$ が無理数であることを用いてもよい。

(1) $x^3+y^3+z^3=0$，$x+y+z=0$ のとき，x，y，z のうち少なくとも 1 つは 0 である。

(2) x^2+x が有理数ならば，x は有理数である。

(3) x，y がともに無理数ならば，$x+y$，x^2+y^2 のうち少なくとも一方は無理数である。

〔(1) 立教大，(2)，(3) 北海道大〕 →51

③**43** 無理数全体の集合を A とする。命題「$x\in A$，$y\in A$ ならば，$x+y\in A$ である」が偽であることを示すための反例となる x，y の組を，次の ⓪ ～ ⑤ のうちから 2 つ選べ。必要ならば，$\sqrt{2}$，$\sqrt{3}$，$\sqrt{2}+\sqrt{3}$ が無理数であることを用いてもよい。

⓪ $x=\sqrt{2}$，$y=0$　　① $x=3-\sqrt{3}$，$y=\sqrt{3}-1$

② $x=\sqrt{3}+1$，$y=\sqrt{2}-1$　　③ $x=\sqrt{4}$，$y=-\sqrt{4}$

④ $x=\sqrt{8}$，$y=1-2\sqrt{2}$　　⑤ $x=\sqrt{2}-2$，$y=\sqrt{2}+2$

〔類 共通テスト試行調査（第 2 回）〕 →53

④**44** 2 以上の自然数 a，b について，集合 A，B を次のように定めるとき，次の ア□ ～ ウ□ に当てはまるものを，下の ⓪ ～ ③ のうちから 1 つ選べ。

$A=\{x|x$ は a の正の約数$\}$，$B=\{x|x$ は b の正の約数$\}$

(1) A の要素の個数が 2 であることは，a が素数であるための ア□。

(2) $A\cap B=\{1,\ 2\}$ であることは，a と b がともに偶数であるための イ□。

(3) $a\leqq b$ であることは，$A\subset B$ であるための ウ□。

⓪ 必要十分条件である　　① 必要条件であるが，十分条件でない

② 十分条件であるが，必要条件でない　　③ 必要条件でも十分条件でもない

〔センター試験〕 →54

③**45** 次の □ に当てはまるものを，下記の ① ～ ④ のうちから 1 つ選べ。ただし，同じ番号を繰り返し選んでもよい。

実数 x に関する条件 p，q，r を

$$p：-1\leqq x\leqq \frac{7}{3},\quad q：|3x-5|\leqq 2,\quad r：-5\leqq 2-3x\leqq -1$$

とする。このとき，p は q であるための ア□。q は p であるための イ□。また，r は q であるための ウ□。

① 必要十分条件である　　② 必要条件でも十分条件でもない

③ 必要条件であるが，十分条件ではない

④ 十分条件であるが，必要条件ではない

〔金沢工大〕 →52, 54

HINT

42 (2) 2 次方程式 $x^2+x=$● （● は適当な有理数）を解いて，反例がないかさがす。

43 $x\in A$，$y\in A$ であり，$x+y\notin A$ を満たすものが反例である。

44 (2) $A\cap B=\{1,\ 2\}$ のとき，A は 1，2 を要素にもち，B も 1，2 を要素にもつ。

(3) $A\subset B$ のとき，A の要素はすべて B の要素となる。

45 条件 q，r を満たす x の値の範囲を求める。

7 命題と証明

基本事項

1 逆・対偶・裏

① 命題 $p \Longrightarrow q$ に対して

$q \Longrightarrow p$ を　逆
$\overline{q} \Longrightarrow \overline{p}$ を　対偶
$\overline{p} \Longrightarrow \overline{q}$ を　裏　　という。

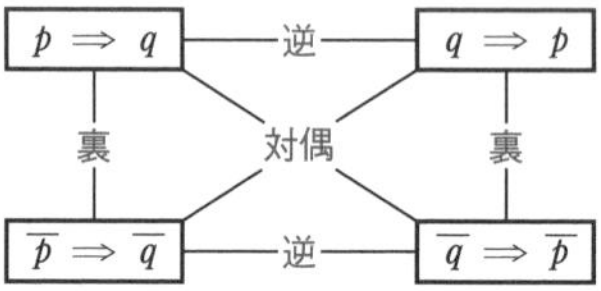

② **命題の真偽とその対偶の真偽は一致する。**
命題の真偽とその逆，裏の真偽は必ずしも一致しない。

2 背理法

ある命題を証明するのに，その命題が成り立たないと仮定すると矛盾が導かれることを示し，そのことによってもとの命題が成り立つと結論する方法がある。この証明法を **背理法** という。

解　説

■ 逆・対偶・裏の真偽

条件 p，q を満たすもの全体の集合をそれぞれ P，Q とすると

$(p \Longrightarrow q$ が真$) \Longleftrightarrow P \subset Q$
$\Longleftrightarrow \overline{Q} \subset \overline{P} \Longleftrightarrow ($対偶 $\overline{q} \Longrightarrow \overline{p}$ が真$)$

$p \Rightarrow q$ が真

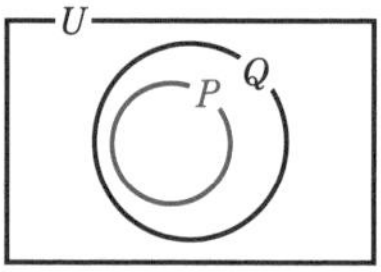

したがって，**ある命題の真偽とその対偶の真偽は一致する。**
なお，ある命題とその対偶が偽となるときは，反例全体の集合も一致している。また，$P \subset Q$ であっても，必ずしも $Q \subset P$ とは限らないから，② の後半が成り立つ［$p.92$ 練習 **51** (3)，(4) がその一例］。
更に，ある命題の裏は逆の対偶であるから，**逆と裏の真偽は一致する。**

■ 命題の証明と対偶

命題 $p \Longrightarrow q$ とその対偶 $\overline{q} \Longrightarrow \overline{p}$ の真偽は一致する から，
命題 $p \Longrightarrow q$ を証明する代わりにその対偶 $\overline{q} \Longrightarrow \overline{p}$ を証明してもよい。

■ 背理法

例　命題 A：「x は有理数，y は無理数とする。このとき，$x+y$ は無理数である」を **背理法** で証明する。

1 **命題 A が成り立たないと仮定する。**
「$x+y$ は無理数ではない，すなわち，$x+y$ は有理数である」と仮定する。

2 **矛盾を導く。**
$y=(x+y)-x$ であり，$x+y$，x はともに有理数であるから，y も有理数である。これは y が無理数であることに矛盾する。

3 **もとの命題 A は正しい，と結論づける。**
矛盾の原因は「$x+y$ は無理数ではない，すなわち，$x+y$ が有理数である」と仮定したことにある。よって，命題 A が成り立たないとした仮定が誤りであったことになる。
したがって，命題 A は真である。　(証明終)

基本例題 58 逆・対偶・裏

①①①①①

次の命題の逆・対偶・裏を述べ，その真偽をいえ。x，a，b は実数とする。

(1) 4 の倍数は 2 の倍数である。

(2) $x=3$ ならば $x^2=9$

(3) $a+b>0$ ならば「$a>0$ かつ $b>0$」

p.102 基本事項 1

指針

逆・対偶・裏を作るには，まず，与えられた命題を $p \Longrightarrow q$ の形に書く。そして

逆は $q \Longrightarrow p$，　対偶は $\overline{q} \Longrightarrow \overline{p}$，　裏は $\overline{p} \Longrightarrow \overline{q}$

とする。また，命題の真偽については

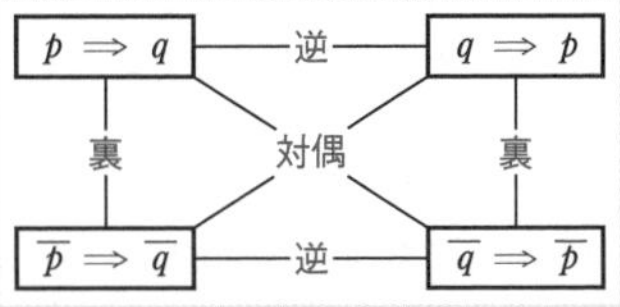

1 **真なら 証明**

(明らかなときは省略してもよい。)

2 **偽なら 反例**

特に，反例は必ず示すようにしよう。

解答

(1) **逆：2 の倍数は 4 の倍数である。**

偽　(反例)　6 は 2 の倍数であるが，4 の倍数でない。　◀反例は 1 つ示せばよい。

対偶：2 の倍数でないならば 4 の倍数でない。

これは明らかに成り立つから　**真**

裏：4 の倍数でないならば 2 の倍数でない。

偽　(反例)　6 は 4 の倍数でないが，2 の倍数である。　◀逆と裏の真偽は一致する。

(2) **逆：$x^2=9$ ならば $x=3$**

偽　(反例)　$x=-3$　◀$x^2=9 \Longleftrightarrow x=\pm3$

対偶：$x^2\neq9$ ならば $x\neq3$

もとの命題が真($x=3$ のとき $x^2=9$ である)であるから　**真**

◀**もとの命題が真[偽] $\Longleftrightarrow$ 対偶が真[偽]**
逆が真[偽] $\Longleftrightarrow$ 裏が真[偽]

裏：$x\neq3$ ならば $x^2\neq9$

偽　(反例)　$x=-3$

(3) **逆：「$a>0$ かつ $b>0$」ならば　$a+b>0$**

これは明らかに成り立つから　**真**

対偶：「$a\leqq0$ または $b\leqq0$」ならば　$a+b\leqq0$

偽　(反例)　$a=-1$，$b=2$

裏：$a+b\leqq0$ ならば「$a\leqq0$ または $b\leqq0$」

裏の対偶，すなわち逆が真であるから　**真**

練習 ② 58　x，y は実数とする。次の命題の逆・対偶・裏を述べ，その真偽をいえ。

(1) $x+y=5 \Longrightarrow x=2$ かつ $y=3$

(2) xy が無理数ならば，x，y の少なくとも一方は無理数である。

p.111 EX46

基本例題 59 対偶を利用した証明(1)

n は整数とする。n^2 が 3 の倍数ならば，n は 3 の倍数であることを証明せよ。

基本 58

指針 n^2 が 3 の倍数 $\Longrightarrow$ n が 3 の倍数　を直接証明するのは，「n^2 が 3 の倍数」が扱いにくいので難しい。そこで，**対偶を利用した**(間接)**証明** を考える。
対偶を考えるとき，「n が 3 の倍数でない」ということを，どのような式で表すかがポイントとなるが，これは k を整数として次のように表す。

$\boldsymbol{n=3k+1}$ [3 で割った余りが 1]，　$\boldsymbol{n=3k+2}$ [3 で割った余りが 2]

なお，命題を証明するのに，仮定から出発して順に正しい推論を進め，結論を導く証明法を **直接証明法** という。これに対して，背理法や対偶を利用する証明のように，仮定から間接的に結論を導く証明法を **間接証明法** という。

解答

与えられた命題の対偶は

「n が 3 の倍数でないならば，n^2 は 3 の倍数でない」

である。
n が 3 の倍数でないとき，k を整数として，

$n=3k+1$ または $n=3k+2$

と表される。

[1]　$n=3k+1$ のとき

$$n^2=(3k+1)^2=9k^2+6k+1$$
$$=3(3k^2+2k)+1$$

$3k^2+2k$ は整数であるから，n^2 は 3 の倍数ではない。

[2]　$n=3k+2$ のとき

$$n^2=(3k+2)^2=9k^2+12k+4$$
$$=3(3k^2+4k+1)+1$$

$3k^2+4k+1$ は整数であるから，n^2 は 3 の倍数ではない。

[1]，[2] により，対偶は真である。
したがって，もとの命題も真である。

> 直接がだめなら間接で対偶の利用
> ($p.105$ の 検討 も参照。)

> ◀$3\times$(整数)$+1$ の形の数は，3 で割った余りが 1 の数で，3 の倍数ではない。

検討

整数の表し方

整数 n は次のように場合分けして表すことができる(k は整数)。

① $\boldsymbol{2k}$，$\boldsymbol{2k+1}$　(偶数，奇数 ⟵ 2 で割った余りが 0，1)
② $\boldsymbol{3k}$，$\boldsymbol{3k+1}$，$\boldsymbol{3k+2}$　(3 で割った余りが 0，1，2)
③ $\boldsymbol{pk}$，$\boldsymbol{pk+1}$，$\boldsymbol{pk+2}$，……，$\boldsymbol{pk+(p-1)}$　(p で割った余りが 0，1，2，……，$p-1$)

練習 ② 59 対偶を考えることにより，次の命題を証明せよ。
整数 m，n について，m^2+n^2 が奇数ならば，積 mn は偶数である。

基本例題 60 対偶を利用した証明(2)

①①①①①

対偶を考えることにより，次の命題を証明せよ。
整数 a, b について，積 ab が 3 の倍数ならば，a または b は 3 の倍数である。

〔東京国際大〕 基本 59

指針 ① **条件の否定 「かつ」と「または」が入れ替わる** に沿って，対偶を考える。

「$p \Longrightarrow (q$ または $r)$」の対偶は，「$(\overline{q}$ かつ $\overline{r}) \Longrightarrow \overline{p}$」

補足 ab が 3 の倍数 $\Longrightarrow a$ または b が 3 の倍数 を直接証明するのは，「ab が 3 の倍数」が扱いにくいので難しい。そこで，対偶を利用した（間接）証明を考えている。

解答

与えられた命題の対偶は

「a, b がともに 3 の倍数でないならば，ab は 3 の倍数でない」

である。

a, b がともに 3 の倍数でないとき，3 で割ったときの余りはそれぞれ 1 または 2 であるから，k, l を整数とすると

$a=3k+1$ または $a=3k+2$

$b=3l+1$ または $b=3l+2$ と表せる。

[1] $a=3k+1$, $b=3l+1$ のとき

$ab=(3k+1)(3l+1)=3(3kl+k+l)+1$

$3kl+k+l$ は整数であるから，ab は 3 の倍数でない。

[2] $a=3k+1$, $b=3l+2$ のとき

$ab=(3k+1)(3l+2)=3(3kl+2k+l)+2$

$3kl+2k+l$ は整数であるから，ab は 3 の倍数でない。

[3] $a=3k+2$, $b=3l+1$ のとき

$ab=(3k+2)(3l+1)=3(3kl+k+2l)+2$

$3kl+k+2l$ は整数であるから，ab は 3 の倍数でない。

[4] $a=3k+2$, $b=3l+2$ のとき

$ab=(3k+2)(3l+2)=3(3kl+2k+2l+1)+1$

$3kl+2k+2l+1$ は整数であるから，ab は 3 の倍数でない。

[1]～[4] により，対偶は真である。

したがって，もとの命題も真である。

◀「a または b は 3 の倍数である」の否定は，「a は 3 の倍数でないかつ b は 3 の倍数でない」である。

◀ $a=3k\pm1$, $b=3l\pm1$ とおいて進めることもできる。

◀ $3\times$(整数)$+1$ の形の数は，3 で割った余りが 1 の数で，3 の倍数ではない。

検討 **間接証明法を使う見極め方**

間接証明法（対偶を利用した証明，背理法）が有効かどうかは，命題の **結論から見極める** とよい。特に，結論が次のような場合は，間接証明法を検討するとよい。

① 「● または ■」，「**少なくとも 1 つは** ●」……「● かつ ■」などの条件から出発できる。

② 「● **でない**」，「● $\neq$ ■」……「● である」などの，肯定的な条件から出発できる。

練習 ③ 60 対偶を考えることにより，次の命題を証明せよ。ただし，a, b, c は整数とする。

(1) $a^2+b^2+c^2$ が偶数ならば，a, b, c のうち少なくとも 1 つは偶数である。

(2) $a^2+b^2+c^2-ab-bc-ca$ が奇数ならば，a, b, c のうち奇数の個数は 1 個または 2 個である。

〔類 東北学院大〕

基本例題 61 背理法による証明 ②②②②②

$\sqrt{7}$ が無理数であることを用いて，$\sqrt{5}+\sqrt{7}$ は無理数であることを証明せよ。

p.102 基本事項 2

指針 無理数である (＝有理数でない) ことを直接示すのは困難。
そこで，証明しようとする事柄が成り立たないと仮定して，
矛盾を導き，その事柄が成り立つことを証明する方法，
すなわち **背理法** で証明する。

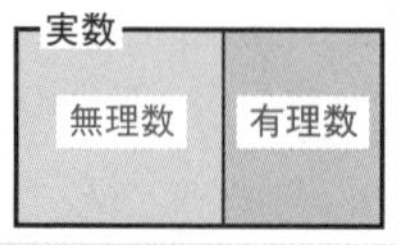

CHART 背理法 直接がだめなら間接で　背理法
「でない」，「少なくとも 1 つ」の証明に有効

解答

$\sqrt{5}+\sqrt{7}$ が無理数でないと仮定する。
このとき，$\sqrt{5}+\sqrt{7}$ は有理数であるから，r を有理数として $\sqrt{5}+\sqrt{7}=r$ とおくと　$\sqrt{5}=r-\sqrt{7}$

両辺を 2 乗して　$5=r^2-2\sqrt{7}r+7$

ゆえに　$2\sqrt{7}r=r^2+2$

$r \neq 0$ であるから　$\sqrt{7}=\dfrac{r^2+2}{2r}$ …… ①

r^2+2，$2r$ は有理数であるから，① の右辺も有理数である(*)。

よって，① から $\sqrt{7}$ は有理数となり，$\sqrt{7}$ が無理数であることに矛盾する。

したがって，$\sqrt{5}+\sqrt{7}$ は無理数である。

◀ $\sqrt{5}+\sqrt{7}$ は実数であり，無理数でないと仮定しているから，有理数である。

◀ 2 乗して，$\sqrt{5}$ を消す。

(＊) **有理数の和・差・積・商は有理数である。**

◀ 矛盾が生じたから，初めの仮定，すなわち，「$\sqrt{5}+\sqrt{7}$ が無理数でない」が誤りだったとわかる。

検討

背理法による証明と対偶による証明の違い

命題 $p \Longrightarrow q$ について，背理法では「p であって q でない」(命題が成り立たない) として矛盾を導くが，結論の「q でない」に対する矛盾でも，仮定の「p である」に対する矛盾でもどちらでもよい。後者の場合，「$\overline{q} \Longrightarrow \overline{p}$」つまり対偶が真であることを示したことになる。
このように考えると，背理法による証明と対偶による証明は似ているように感じられるが，本質的には異なるものである。**対偶による証明** は「$\overline{q} \Longrightarrow \overline{p}$」を示す，つまり，(証明を始める段階で) 導く結論が $\overline{p}$ とはっきりしている。これに対し，**背理法** の場合，「p であって q でない」として矛盾が生じることを示す，つまり，(証明を始める段階では) どういった矛盾が生じるのかははっきりしていない。

練習 ② 61 $\sqrt{3}$ が無理数であることを用いて，$\dfrac{1}{\sqrt{2}}+\dfrac{1}{\sqrt{6}}$ が無理数であることを証明せよ。

p.111 EX47

基本例題 62 $\sqrt{7}$ が無理数であることの証明 ③

$\sqrt{7}$ は無理数であることを証明せよ。ただし，n を自然数とするとき，n^2 が 7 の倍数ならば，n は 7 の倍数であることを用いてよいものとする。

〔類 九州大〕 基本 61

指針 無理数であることを **直接証明することは難しい**。そこで，前ページの例題と同様

直接がだめなら間接で　背理法

に従い「無理数である」＝「有理数 **でない**」を，**背理法** で証明する。

つまり，$\sqrt{7}$ が有理数(すなわち **既約分数** で表される)と仮定して矛盾を導く。

補足 2 つの自然数 a，b が 1 以外に公約数をもたないとき，a と b は **互いに素** であるといい，このとき，$\dfrac{a}{b}$ は **既約分数** である。

解答

$\sqrt{7}$ が無理数でない，すなわち有理数であると仮定すると，1 以外に正の公約数をもたない 2 つの自然数 a，b を用いて，$\sqrt{7}=\dfrac{a}{b}$ と表される。

このとき　$a=\sqrt{7}\,b$

両辺を 2 乗すると　$a^2=7b^2$　…… ①

よって，a^2 は 7 の倍数であるから，a も 7 の倍数である。

◀例題の「ただし書き」を用いている。

ゆえに，a はある自然数 c を用いて $a=7c$ と表される。

これを ① に代入すると

$(7c)^2=7b^2$　すなわち　$b^2=7c^2$

よって，b^2 は 7 の倍数であるから，b も 7 の倍数である。

◀これも，「ただし書き」による。

ゆえに，a と b は公約数 7 をもつ。

これは，a と b が 1 以外に正の公約数をもたないことに矛盾する。

したがって，$\sqrt{7}$ は無理数である。

検討

上の解答で示した背理法による証明法は，$\sqrt{2}$，$\sqrt{3}$，$\sqrt{5}$ などが無理数であることの証明にも用いられる証明法である。この場合

「n^2 が k ($k=2,\ 3,\ 5$) の倍数であれば n も k の倍数である」…… (＊)

ことを利用する。なお，上の例題のように，「(＊) を用いてよい」などと書かれていなければ，(＊) も証明しておいた方が無難である。

参考 「自然数 n に対し，n^2 が 7 の倍数ならば，n は 7 の倍数である」ことの証明は，$p.104$ 基本例題 **59** と同様にしてできる。

練習 ③ 62 命題「整数 n が 5 の倍数でなければ，n^2 は 5 の倍数ではない。」が真であることを証明せよ。また，この命題を用いて $\sqrt{5}$ は有理数でないことを背理法により証明せよ。

p.111 EX 48, 49

基本例題 63 有理数と無理数の関係

(1) a, b が有理数のとき, $a+b\sqrt{3}=0$ ならば $a=b=0$ であることを証明せよ。ただし, $\sqrt{3}$ は無理数である。

(2) 等式 $(2+3\sqrt{3})x+(1-5\sqrt{3})y=13$ を満たす有理数 x, y の値を求めよ。

基本 61

指針 (1) 直接証明することは難しいので, **背理法** を利用する。「$a=b=0$」の否定は「$a \neq 0$ または $b \neq 0$」であるが, この問題では「$b \neq 0$」と仮定して進めるとうまくいく。

(2) (1)で証明したことを利用するために, $\sqrt{3}$ について整理し, $a+b\sqrt{3}$ の形にする。

解答

(1) $b \neq 0$ と仮定すると, $a+b\sqrt{3}=0$ から

$$\sqrt{3}=-\frac{a}{b} \quad \cdots\cdots \text{①}$$

a, b は有理数であるから, ① の右辺は有理数である。

ところが, ① の左辺は無理数であるから, これは矛盾である。

よって, $b \neq 0$ とした仮定は誤りであるから　$b=0$

$b=0$ を $a+b\sqrt{3}=0$ に代入して　$a=0$

したがって, a, b が有理数のとき

$a+b\sqrt{3}=0$ ならば $a=b=0$　が成り立つ。

◀有理数の和・差・積・商は有理数である。

(2) 与式を変形して　$2x+y-13+(3x-5y)\sqrt{3}=0$

x, y が有理数のとき, $2x+y-13$, $3x-5y$ も有理数であり, $\sqrt{3}$ は無理数であるから, (1) により

$2x+y-13=0 \cdots\cdots$ ②,　$3x-5y=0 \cdots\cdots$ ③

②, ③ を連立して解くと　$\boldsymbol{x=5,\ y=3}$

◀$a+b\sqrt{3}=0$ の形に。

◀ ＿＿ の断りは重要。

検討 **有理数と無理数の性質**

一般に, 次のことが成り立つ。a, b, c, d が有理数, $\sqrt{l}$ が無理数のとき

$$a+b\sqrt{l}=c+d\sqrt{l} \quad \text{ならば} \quad a=c,\ b=d$$

特に　$a+b\sqrt{l}=0$　ならば　$a=b=0$

練習 ③ 63

(1) $x+4\sqrt{2}y-6y-12\sqrt{2}+16=0$ を満たす有理数 x, y の値を求めよ。

(2) a, b を有理数の定数とする。$-1+\sqrt{2}$ が方程式 $x^2+ax+b=0$ の解の1つであるとき, a, b の値を求めよ。

〔(1) 武庫川女子大〕

p.111 EX 50

CHART NAVI 解答の書き方のポイント

高校の数学における試験では，最終の答えを記すだけでは不十分で，「最終の答えに至るまでにどう考えていったのかの道筋を解答に書き示す」ことが必要となってきます。

それには，各過程の式がどのようにして導かれるのかなどを，文章（日本語）や時には図も交えて示し，論理の流れが見える解答にしていくことが重要です。特に，式が導かれる理由は，「……であるから」のように具体的に記述した方がよい場合があります。いくつか例を見てみましょう。

基本例題 36 (1) [p.68] **$5x-7<2x+5$ を満たす自然数 x の値をすべて求めよ。**

不十分な解答例 不等式から　$3x<12$

したがって　$x<4$

よって　$x=1,\ 2,\ 3$

記述の際の注意
「よって」だけではなく，「x は自然数であるから」も書いておきたい。

[解説]「よって」だけでは，$x<4$ から $x=1,\ 2,\ 3$ がどう導かれるかが不明確です。このような問題では，「どの条件を用いて解を導いたか（解の検討をしたか）」の根拠をきちんと記述するようにしましょう。

基本例題 63 (2) [p.108] **$(2+3\sqrt{3})x+(1-5\sqrt{3})y=13$ を満たす有理数 x，y の値を求めよ。**

不十分な解答例 与式を変形して

$2x+y-13+(3x-5y)\sqrt{3}=0$ …… Ⓐ

ゆえに　$2x+y-13=0,\ 3x-5y=0$ …… Ⓑ

よって　$x=5,\ y=3$

記述の際の注意
「ゆえに」だけではなく，「x，y が有理数のとき，$2x+y-13$，$3x-5y$ も有理数である」，「$\sqrt{3}$ は無理数である」ことも書いておきたい。

[解説] Ⓐ から Ⓑ は，例題 **63** (1) の結果を用いて導いていますが，例題 **63** (1) の結果を利用するには前提条件があります。解答にはその条件を満たしていることをきちんと書いておくと，例題 **63** (1) の結果を正しく用いていることが伝わりやすくなります。

例題の ✎解答 は「解答中で言及しておきたい記述」も含めたものとなっていますし，指針や解答の副文，検討などで，解答を書く際の注意点について説明している場合もあります。**解答を書く力（表現力）**を高めるためにも，それらをしっかり読むようにしましょう。

また，実際に自分で解答を書くことも大切です。解答を書く際は，「**どのような記述をすれば，解答を読む人にわかってもらえるか**」を常に意識するように心がけましょう。目安として，「**自分の周りの人に説明したときに，（論理的に）つまづかずに理解してもらえるような解答**」を目指して書くようにするとよいでしょう。

参考事項 無限降下法

無限降下法 とは，次のような論法で，自然数に関する証明で使われる。

「ある条件を満たす自然数（これを N_0 とする）が存在する」と仮定する。
この仮定によって，N_0 より小さい自然数 N_1 が存在することを示す。
同様にして，$N_0>N_1>N_2>\cdots\cdots$ と，小さい自然数が次々に導かれる。
(すなわち，無限に小さい自然数が存在する，ということになる)
しかし，自然数には最小の数が存在するから，これは矛盾である。
つまり，最初に「ある条件を満たす自然数が存在する」と仮定したことが誤りである。
したがって，「条件を満たす自然数は存在しない」ということが示される。

無限降下法の名称は，小さい自然数が限りなく導かれるようすに由来しているとも言われている。無限降下法による証明の一例として，$p.107$ 例題 **62** で学習した「$\sqrt{7}$ は無理数である」ことの証明を紹介しておこう。

証明　$\sqrt{7}$ が無理数でない，すなわち有理数であると仮定すると，2 つの自然数 a_0，b_0 を用いて　$\sqrt{7}=\dfrac{a_0}{b_0}$　…… Ⓐ　と表される。

このとき　$a_0=\sqrt{7}\,b_0$
両辺を 2 乗すると　$a_0{}^2=7b_0{}^2$　…… ①
よって，$a_0{}^2$ は 7 の倍数であるから，a_0 も 7 の倍数である。ゆえに，a_0 は，ある自然数 a_1 を用いて $a_0=7a_1$ と表される。これを ① に代入すると

$$(7a_1)^2=7b_0{}^2 \quad \text{すなわち} \quad b_0{}^2=7a_1{}^2$$

よって，$b_0{}^2$ は 7 の倍数であるから，b_0 も 7 の倍数である。同様に，b_0 は，ある自然数 b_1 を用いて $b_0=7b_1$ と表される。このとき，自然数 a_1，b_1 は $a_0>a_1$，$b_0>b_1$ を満たし，Ⓐ から　$\sqrt{7}=\dfrac{7a_1}{7b_1}$　すなわち　$\sqrt{7}=\dfrac{a_1}{b_1}$　を満たす。

この a_1，b_1 に対して同じ操作を行うと，$a_0>a_1>a_2$，$b_0>b_1>b_2$，$\sqrt{7}=\dfrac{a_2}{b_2}$ を満たす自然数 a_2，b_2 が存在することを示せる。同様に，この操作を繰り返すことで，

$a_0>a_1>a_2>\cdots\cdots>a_n$，$b_0>b_1>b_2>\cdots\cdots>b_n$，$\sqrt{7}=\dfrac{a_n}{b_n}$ を満たす自然数 a_n，b_n が存在することを示せる。

この議論により，いくらでも小さい自然数 a_n，b_n が存在することになるが，ある自然数より小さい自然数は有限個であるから，これは矛盾である。
したがって，Ⓐ の仮定が誤りであるから，$\sqrt{7}$ は有理数でない，すなわち，無理数である。（証明終）

注意　$p.107$ 例題 **62** では，Ⓐ で「a_0，b_0 は互いに素」の条件がついていたが，無限降下法による証明では互いに素であるという条件は不要である。

EXERCISES

③**46** 命題 $p \Longrightarrow q$ が真であるとき，以下の命題のうち必ず真であるものに ○ を，必ずしも真ではないものに × をつけよ。なお，記号 ∧ は「かつ」を，記号 ∨ は「または」を表す。

(1) $q \Longrightarrow p$　(2) $\overline{p} \Longrightarrow \overline{q}$　(3) $\overline{q} \Longrightarrow \overline{p}$
(4) $p \wedge a \Longrightarrow q$　(5) $p \vee a \Longrightarrow q$　〔九州産大〕

→58

④**47** 次の命題(A), (B)を両方満たす，5個の互いに異なる実数は存在しないことを証明せよ。

(A) 5個の数のうち，どの1つを選んでも残りの4個の数の和よりも小さい。
(B) 5個の数のうち任意に2個選ぶ。この2個の数を比較して大きい方の数は，小さい方の数の2倍より大きい。　〔類 専修大〕

→61

④**48** a，b，c を奇数とする。x についての2次方程式 $ax^2+bx+c=0$ に関して

(1) この2次方程式が有理数の解 $\dfrac{q}{p}$ をもつならば，p と q はともに奇数であることを背理法で証明せよ。ただし，$\dfrac{q}{p}$ は既約分数とする。
(2) この2次方程式が有理数の解をもたないことを，(1)を利用して証明せよ。

〔鹿児島大〕

→62

④**49** n を1以上の整数とするとき，次の問いに答えよ。

(1) $\sqrt{n}$ が有理数ならば，$\sqrt{n}$ は整数であることを示せ。
(2) $\sqrt{n}$ と $\sqrt{n+1}$ がともに有理数であるような n は存在しないことを示せ。
(3) $\sqrt{n+1}-\sqrt{n}$ は無理数であることを示せ。　〔富山大〕

→61, 62

③**50** $\sqrt{2}$ の小数部分を a とするとき，$\dfrac{ax+y}{1-a}=a$ となるような有理数 x，y の値を求めよ。　〔山口大〕

→63

HINT

46 (4), (5) p，q，a を満たすもの全体の集合を，それぞれ P，Q，A として，集合の関係で考える。

47 命題(A), (B)を両方満たす，5個の異なる実数 a，b，c，d，e $(a<b<c<d<e)$ が存在すると仮定する。

48 (1) 結論を否定すると，「既約分数」という条件から，p，q の一方が偶数で他方が奇数となる。また，$x=\alpha$ が2次方程式 $ax^2+bx+c=0$ の解であるとき，$a\alpha^2+b\alpha+c=0$ となることを利用する。

49 (1) $\sqrt{n}$ は有理数であるから，$\sqrt{n}=\dfrac{p}{q}$ (p，q は互いに素である自然数）と表される。このとき，$q=1$ であることを示す。

50 **(小数部分)=(数)−(整数部分)**　$\sqrt{2} \fallingdotseq 1.414$ から，整数部分はすぐわかる。

参考事項　自分の帽子は何色？

第２章では，**背理法**という証明法を学んだ。その考え方を応用した，論理パズルのような問題を１題考えてみよう。

> 3つの赤の帽子と2つの白の帽子がある。
> 前から1列に並んだA，B，Cの3人に，この中から赤，白いずれかの帽子をかぶせ，残りの帽子は隠す。このとき，3人は自分がどの色の帽子をかぶっているかはわからないが，BはAの帽子が，CはA，Bの帽子が見えるものとする。
> また，3人は，3つの赤の帽子と2つの白の帽子の中から選ばれていることを知っているものとする。
> その後，列の1番後ろのCから1人ずつ順に，自分の帽子の色がわかるかどうか尋ねたところ，Cは「わかりません。」と答え，続いて，Bも「わかりません。」と答えた。
> そして，最後にAに尋ねたところ，「私の帽子の色は赤です。」と答えた。
> 誰の帽子も見られないAは，なぜ自分の帽子の色がわかったのか？

まず，帽子のかぶせ方について整理しておこう。赤の帽子は3つ，白の帽子は2つあるから，A，B，Cに帽子をかぶせる方法は，右の表の7通りである。特に，白の帽子を全員にかぶせる方法はないことに注意しておこう。

	A	B	C
①	赤	赤	赤
②	赤	赤	白
③	赤	白	赤
④	赤	白	白
⑤	白	赤	赤
⑥	白	赤	白
⑦	白	白	赤

自分の帽子の色を尋ねたところ，最初にCが「わかりません。」と答えたことにより，⑦の組み合わせではないことがわかる。なぜなら，CはAとBの帽子が見えているから，AとBの帽子が白であるとすると，Cは自分の帽子の色が赤であるとわかるはずである。しかし，実際にはCはわからないと答えていたので，⑦の組み合わせではないことがわかる。

つまり，⑦の組み合わせであると仮定すると，Cは自分の帽子の色が赤であるとわかるはずだが，実際には「わかりません。」と答えていることに矛盾があり，⑦の組み合わせではないことがわかる，ということである。まさに，背理法の考え方が用いられている。

同様に考えると，次にBが「わかりません。」と答えたことにより，⑤，⑥の組み合わせではないことがわかる。なぜなら，BはAの帽子が見えていて，⑦の組み合わせではないことがわかっているから，Aの帽子が白であるとすると，⑤，⑥いずれかの組み合わせであることがわかり，どちらの場合もBの帽子は赤であることがわかる。しかし，実際にはBはわからないと答えていたので，⑤，⑥の組み合わせではないことがわかる。

よって，残りは①～④のいずれかの組み合わせに限られるが，いずれもAの帽子の色は赤であるので，Aは自分の帽子の色がわかった，ということである。ただし，①～④のどれであるかはわからないから，BとCの帽子の色まではわからない。

このように，

もし○○と仮定すると，その後の事実と矛盾するから，○○ではない

という，背理法の考え方を用いると解くことができる問題は，日常の中のクイズなどでよく見られる。

数学Ⅰ 第3章

2次関数

3

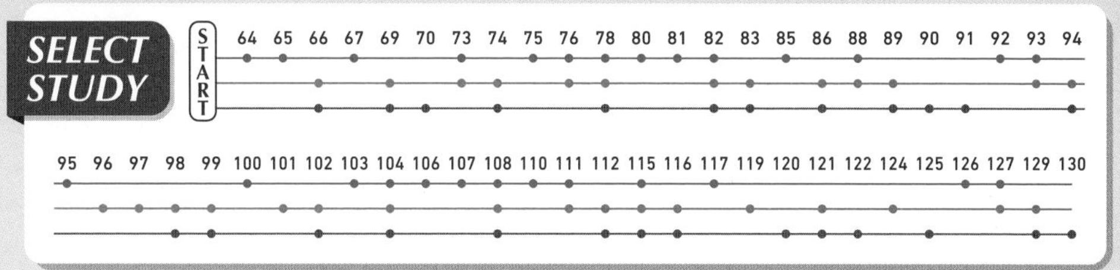

例題一覧

		番号	例題	難易度
8	基本	64	関数の値 $f(a)$，座標平面上の点	①
	基本	65	関数の値域，最大値・最小値（1次関数）	①
	基本	66	値域の条件から1次関数の係数決定	③
	基本	67	絶対値のついた1次関数のグラフ(1)	②
	基本	68	絶対値のついた1次関数のグラフ(2)	②
	基本	69	絶対値を含む1次不等式（グラフ利用）	③
	重要	70	ガウス記号とグラフ	④
	重要	71	定義域によって式が異なる関数	④
9	基本	72	2次関数のグラフをかく(1)	①
	基本	73	2次関数のグラフをかく(2)	②
	基本	74	2次関数の係数の符号を判定	③
	基本	75	2次関数のグラフの平行移動(1)	②
	基本	76	2次関数のグラフの平行移動(2)	②
	基本	77	2次関数のグラフの対称移動	①
	基本	78	2次関数の係数決定［平行・対称移動］	③
10	基本	79	2次関数の最大・最小(1)	①
	基本	80	2次関数の最大・最小(2)	②
	基本	81	2次関数の最大・最小(3)	②
	基本	82	2次関数の最大・最小(4)	③
	基本	83	2次関数の最大・最小(5)	③
	基本	84	最小値の最大値	③
	基本	85	2次関数の係数決定［最大値・最小値］(1)	③
	重要	86	2次関数の係数決定［最大値・最小値］(2)	③
	基本	87	2次関数の最大・最小と文章題(1)	②
	基本	88	2次関数の最大・最小と文章題(2)	②
	基本	89	2変数関数の最大・最小(1)	③
	重要	90	2変数関数の最大・最小(2)	④
	重要	91	4次関数の最大・最小	④
	基本	92	2次関数の決定(1)	②
	基本	93	2次関数の決定(2)	②
	基本	94	2次関数の決定(3)	③
11	基本	95	2次方程式の解法（基本）	①
	基本	96	いろいろな2次方程式の解法	③
	基本	97	2次方程式の係数や他の解決定	③
	重要	98	連立方程式の解法（2次方程式を含む）	③
	重要	99	文字係数の方程式	③
	基本	100	2次方程式の実数解の個数(1)	②
	基本	101	方程式が実数解をもつ条件	③
	重要	102	2次方程式の共通解	③
12	基本	103	放物線と x 軸の共有点の座標	②
	基本	104	放物線と x 軸の共有点の個数	②
	基本	105	放物線が x 軸に接するための条件	②
	基本	106	放物線が x 軸から切り取る線分の長さ	②
	基本	107	放物線と直線の共有点の座標	②
	基本	108	放物線と直線の共有点の個数	②
	重要	109	2つの放物線の共有点	③
13	基本	110	2次不等式の解法(1)	①
	基本	111	2次不等式の解法(2)	①
	重要	112	2次不等式の解法(3)	③
	基本	113	2次不等式の解から不等式の係数決定	③
	基本	114	2次方程式の実数解の個数(2)	③
	基本	115	常に成り立つ不等式（絶対不等式）	②
	基本	116	ある区間で常に成り立つ不等式	③
	基本	117	連立2次不等式の解法	②
	基本	118	2次不等式と文章題	②
	基本	119	2つの2次方程式の解の条件	③
	重要	120	連立2次不等式が整数解をもつ条件	④
	重要	121	2変数関数の最大・最小(3)	③
	重要	122	2変数関数の最大・最小(4)	⑤
	基本	123	絶対値のついた2次関数のグラフ	③
	基本	124	絶対値を含む2次不等式	③
	重要	125	絶対値のついた2次方程式の解の個数	④
	基本	126	放物線と x 軸の共有点の位置(1)	②
	基本	127	放物線と x 軸の共有点の位置(2)	②
	基本	128	2次方程式の解と数の大小(1)	③
	基本	129	2次方程式の解と数の大小(2)	③
	重要	130	2次方程式の解と数の大小(3)	④
14	演習	131	2つの2次関数の大小関係(1)	④
	演習	132	2つの2次関数の大小関係(2)	⑤

8 関数とグラフ

基本事項

1 関数

① **関数** 2つの変数 x, y があって, **x の値を定める** とそれに対応して **y の値がただ1つ定まる** とき, **y は x の関数である** という。y が x の関数であることを, 文字 f などを用いて $\boldsymbol{y=f(x)}$ と表す。また, x の関数を単に関数 $\boldsymbol{f(x)}$ ともいう。

② **定義域・値域** 関数 $y=f(x)$ において, 変数 x のとりうる値の範囲, すなわち x の変域を, この関数の **定義域** という。また, x が定義域全体を動くとき, $f(x)$ のとりうる値の範囲, すなわち y の変域を, この関数の **値域** という。

2 $y=ax+b$ のグラフ

① $a \neq 0$ のとき **1次関数 $\boldsymbol{y=ax+b}$ のグラフ**

傾きが a, y 軸上の切片(y 切片)が b の直線

$\boldsymbol{a>0}$ なら **右上がり**

$\boldsymbol{a<0}$ なら **右下がり**

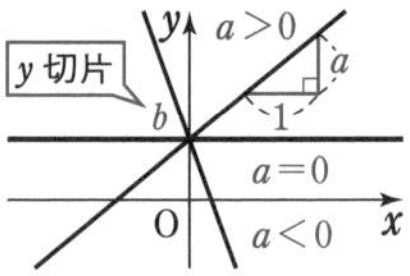

② $a=0$ のとき **$\boldsymbol{y=b}$ のグラフ**

傾きが0, y 切片が b の y 軸に垂直(x 軸に平行)な直線

解説

■ **関数の値**

関数 $y=f(x)$ において, x の値 a に対応して定まる y の値を $\boldsymbol{f(a)}$ と書き, $f(a)$ を関数 $f(x)$ の $x=a$ における **値** という。

◀ f は関数 function の頭文字からきている。なお, $f(x)$ でなく $g(x)$, $h(x)$ などと書くこともある。

■ **定義域・値域**

$y=f(x)$ の定義域が $a \leqq x \leqq b$ であるときは, 関数の式の後に( )をつけて, $\boldsymbol{y=f(x)\ (a \leqq x \leqq b)}$ のように書くことが多い。

なお, 特に断らない限り, 関数 $y=f(x)$ の定義域は, $f(x)$ の値が定まるような実数 x の全体とする。

定義域の例

$y=x^2$ …… 実数全体

$y=\sqrt{x}$ …… $x \geqq 0$

$y=\dfrac{1}{x}$ …… $x \neq 0$

■ **最大値・最小値**

関数の値域に最大の値があるとき, これをこの関数の **最大値** といい, 値域に最小の値があるとき, これをこの関数の **最小値** という。

■ **座標平面**

平面上に座標軸を定めると, その平面上の点Pの位置は, 2つの実数の組 $(a,\ b)$ で表される。この組 $(a,\ b)$ を点Pの **座標** といい, 座標が $(a,\ b)$ である点Pを, $\boldsymbol{P(a,\ b)}$ と書く。座標軸の定められた平面を **座標平面** という。

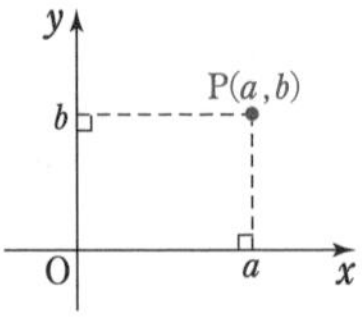

■ $\boldsymbol{y=ax+b}$

関数 $y=ax+b$ のグラフは直線になる。これを **直線 $\boldsymbol{y=ax+b}$** といい, $y=ax+b$ をこの **直線の方程式** という。なお, 関数 $y=b$ のように, x の値に関係なく常に y の値が一定である関数を **定数関数** という。

◀ y が x の1次式で表される関数を, x の **1次関数** という。

基本例題 64 関数の値 $f(a)$，座標平面上の点

(1) $f(x)=4x-3$，$g(x)=-3x^2+2x$ のとき，次の値を求めよ。

$f\left(\frac{3}{2}\right)$，$f(-2)$，$f(a+2)$，$g(3a)$，$g(a-2)$，$g(a^2)$

(2) 次の点は，第何象限の点か。

(ア) $(2,\ 3)$　(イ) $(-1,\ -5)$　(ウ) $(-3,\ 2)$　(エ) $(4,\ -3)$

p.114 基本事項 1

指針 (1) **$f(a)$** …… $f(x)$ の x に a を代入した値。

$f(a+2)$ の $a+2$，$g(a-2)$ の $a-2$ などは 1 つのものと考えて代入する。

(2) 座標軸で分けられた座標平面の 4 つの部分を，それぞれ図のように **第 1 象限，第 2 象限，第 3 象限，第 4 象限** という。

(ア)～(エ) の各点の **x 座標，y 座標の符号** でどの象限の点か判断。 ⟶ 右の図を参照。

なお，図の (＋，＋) などは，順に各象限での x 座標，y 座標の符号を示す。

注意 **座標軸上の点はどの象限にも属さない** とする。

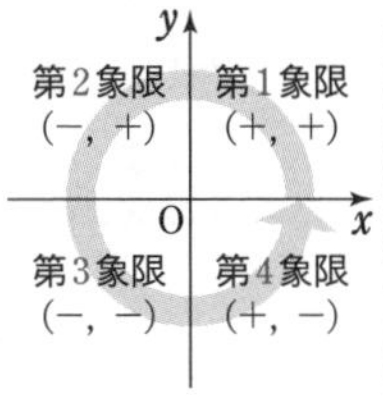

第 1 象限から反時計回り

解答

(1) $f(x)=4x-3$ に対して

$$\boldsymbol{f\left(\frac{3}{2}\right)}=4\cdot\frac{3}{2}-3=6-3=\boldsymbol{3}$$

$$\boldsymbol{f(-2)}=4\cdot(-2)-3=-8-3=\boldsymbol{-11}$$

$$\boldsymbol{f(a+2)}=4(a+2)-3=\boldsymbol{4a+5}$$

$g(x)=-3x^2+2x$ に対して

$$\boldsymbol{g(3a)}=-3(3a)^2+2\cdot3a=-3\cdot9a^2+6a=\boldsymbol{-27a^2+6a}$$

$$\boldsymbol{g(a-2)}=-3(a-2)^2+2(a-2)=-3(a^2-4a+4)+2a-4=\boldsymbol{-3a^2+14a-16}$$

$$\boldsymbol{g(a^2)}=-3(a^2)^2+2a^2=\boldsymbol{-3a^4+2a^2}$$

(2) (ア) 点 $(2,\ 3)$ は　**第 1 象限の点**

(イ) 点 $(-1,\ -5)$ は　**第 3 象限の点**

(ウ) 点 $(-3,\ 2)$ は　**第 2 象限の点**

(エ) 点 $(4,\ -3)$ は　**第 4 象限の点**

◀ $f(●)=4●-3$ とみて，●に同じ値や式を **機械的に代入。**

◀代入の際，(　) をつける。

◀ここも (　) を忘れずに。

◀ $g(●)=-3●^2+2●$ とみて，● に $3a$ を代入。
なお，〰 に (　) をつけないと
$-3\cdot3a^2+2\cdot3a$
$=-9a^2+6a$
となり，これは **誤り！**

◀ $(a^2)^2=a^{2\times2}=a^4$

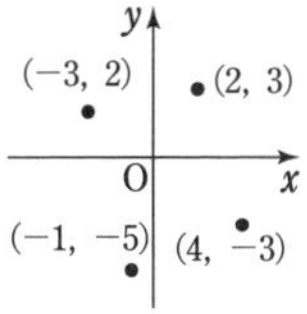

練習 ① 64 (1) $f(x)=-3x+2$，$g(x)=x^2-3x+2$ のとき，次の値を求めよ。

$f(0)$，$f(-1)$，$f(a+1)$，$g(2)$，$g(2a-1)$

(2) 点 $(3x-1,\ 3-2x)$ は $x=2$ のとき第何象限にあるか。また，点 $(3x-1,\ -2)$ が第 3 象限にあるのは $x<$ □ のときである。

p.134 EX 51

基本例題 65 関数の値域，最大値・最小値（1 次関数） ①①①①①

次の関数のグラフをかき，その値域を求めよ。また，最大値，最小値があれば，それを求めよ。

(1) $y=-2x+1 \quad (-1 \leqq x \leqq 2)$　　(2) $y=2x-4 \quad (0 \leqq x < 3)$

p.114 基本事項 2

指針　関数の値域や最大値・最小値を求めるには，**グラフをかいて判断**するとよい。

この例題では，y 切片や傾きに注意して，グラフをかく。

⟶(1)，(2) は，定義域が制限された 1 次関数であるから，そのグラフは線分となる。

なお，グラフから値域を求める際，**端の点がグラフに含まれるかどうか** に注意！

CHART 値域を求めるとき　グラフを利用　端点に注意

解答

(1) $y=-2x+1$ において

$x=-1$ のとき
$y=-2\cdot(-1)+1=3$

$x=2$ のとき
$y=-2\cdot 2+1=-3$

よって，**グラフは右の図の実線部分。**　**値域は　$-3 \leqq y \leqq 3$，**
$x=-1$ で最大値 3，
$x=2$　で最小値 -3

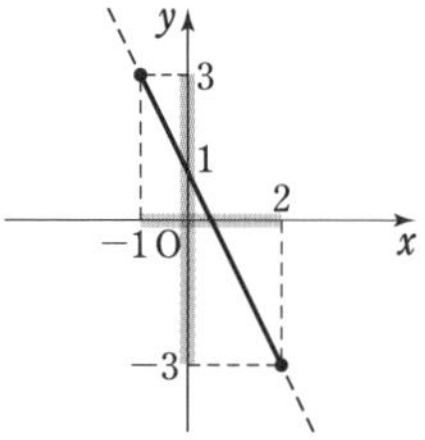

◀ $y=-2x+1$ は，y 切片 1，傾き -2（右下がり）の直線。

◀グラフには定義域の両端の座標を書き入れておく。

本書では，グラフ上の黒丸 ● は，その点がグラフに含まれることを意味し，白丸 ○ は含まれないことを意味する。

(2) $y=2x-4$ において

$x=0$ のとき　$y=2\cdot 0-4=-4$

$x=3$ のとき　$y=2\cdot 3-4=2$

よって，**グラフは右の図の実線部分。**　**値域は　$-4 \leqq y < 2$，**
$x=0$ で最小値 -4，
最大値はない

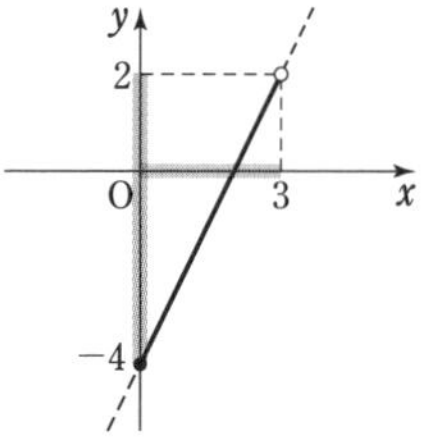

◀ $y=2x-4$ は，y 切片 -4，傾き 2（右上がり）の直線。

◀点 (3, 2) はグラフに含まれないから，$x=3$ で最大値 2 と答えるのは**大間違い！**（**検討** の 2. 参照。）

検討

最大値・最小値を答えるときの注意点

1．「関数 $y=f(x)$ の最大値・最小値を求めよ」という場合，問題文に特に示されていなくても，**最大値・最小値を与える x の値も示しておくのが原則である。**

2．上の (2) のように **値域が決まっても，最大値や最小値が必ずあるとは限らない。**
x が限りなく 3 に近づくとき，それに対応して y は限りなく 2 に近づくが，2 になることはない。よって，この場合は「最大値はない」と答えるしかない。

練習 ① 65　次の関数の値域を求めよ。また，最大値，最小値があれば，それを求めよ。

(1) $y=5x-2 \quad (0 \leqq x \leqq 3)$　　(2) $y=-3x+1 \quad (-1 < x \leqq 2)$

基本 例題 66 値域の条件から1次関数の係数決定

関数 $y=ax+b$ $(1\leqq x\leqq 2)$ の値域が $3\leqq y\leqq 5$ であるとき，定数 a，b の値を求めよ。

基本 65

指針 まず，前ページの例題 **65** 同様，グラフをもとに値域を調べる。
ここで，関数 $y=ax+b$ のグラフは a の符号で増加(右上がり)か減少(右下がり)かが変わるから　[1]　$a>0$，[2]　$a=0$，[3]　$a<0$　の **場合に分けて** 求める。
次に，求めた値域が $3\leqq y\leqq 5$ と一致するように，a，b の連立方程式を作って解く。
このとき，求めた a，b の値が **場合分けの条件を満たすかどうかを必ず確認** する。

CHART 値域を求めるとき　グラフを利用　端点に注意

解答

$x=1$ のとき　　$y=a+b$
$x=2$ のとき　　$y=2a+b$

◀定義域の端点の y 座標。

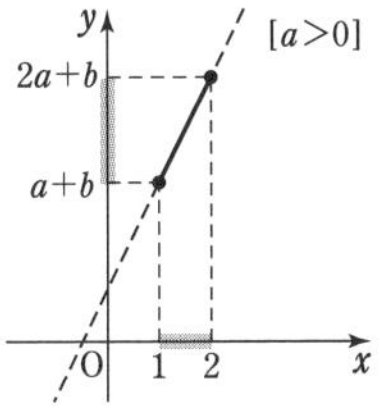

[1]　$a>0$ のとき
この関数は x の値が増加すると，y の値は増加するから，
値域は　　$a+b\leqq y\leqq 2a+b$
$3\leqq y\leqq 5$ と比べると　　$a+b=3$，$2a+b=5$
これを解いて　　$a=2$，$b=1$
これは $a>0$ を満たす。

[2]　$a=0$ のとき
この関数は $y=b$ (定数関数) になるから，値域は $3\leqq y\leqq 5$ になりえない。

◀値域は $y=b$

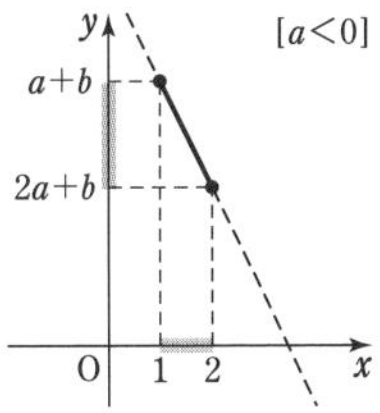

[3]　$a<0$ のとき
この関数は x の値が増加すると，y の値は減少するから，
値域は　　$a+b\geqq y\geqq 2a+b$
すなわち　　$2a+b\leqq y\leqq a+b$
$3\leqq y\leqq 5$ と比べると　　$2a+b=3$，$a+b=5$
これを解いて　　$a=-2$，$b=7$
これは $a<0$ を満たす。

以上から　　$\boldsymbol{a=2}$，$\boldsymbol{b=1}$ **または** $\boldsymbol{a=-2}$，$\boldsymbol{b=7}$

◀答えをまとめる。

検討

単調増加と単調減少

関数 $y=f(x)$ において，x の値が増加すると y の値が増加するとき，関数 $y=f(x)$ は **単調に増加** するという。また，x の値が増加すると y の値が減少するとき，関数 $y=f(x)$ は **単調に減少** するという。

単調増加 $\iff$ $x_1<x_2$ なら $f(x_1)<f(x_2)$
単調減少 $\iff$ $x_1<x_2$ なら $f(x_1)>f(x_2)$

練習 ③ **66** 関数 $y=ax+b$ $(2\leqq x\leqq 5)$ の値域が $-1\leqq y\leqq 5$ であるとき，定数 a，b の値を求めよ。

p.134 EX 52

基本例題 67 絶対値のついた1次関数のグラフ (1)

関数 $y=|x-2|$ のグラフをかけ。

基本 41　基本 123

指針 **絶対値のついた関数のグラフ** は，次の ①，② に従い，まず **記号｜ ｜をはずす。**

① $A\geqq 0$ のとき $|A|=A$ （そのままはずす）　② $A<0$ のとき $|A|=-A$ （− をつけてはずす）

場合分けの分かれ目は，｜ ｜**内の式が 0 となるとき** である。
ここでは，$x-2=0$ すなわち $x=2$ が場合の分かれ目になる。

$x-2<0$　$x-2\geqq 0$　2　x

CHART 絶対値　場合に分ける
分かれ目は ｜ ｜内の式$=0$ の x

解答

$x-2\geqq 0$ すなわち $x\geqq 2$ のとき
$y=x-2$
$x-2<0$ すなわち $x<2$ のとき
$y=-(x-2)$[1)]
ゆえに　$y=-x+2$
よって，グラフは **右の図の実線部分**。[2)]

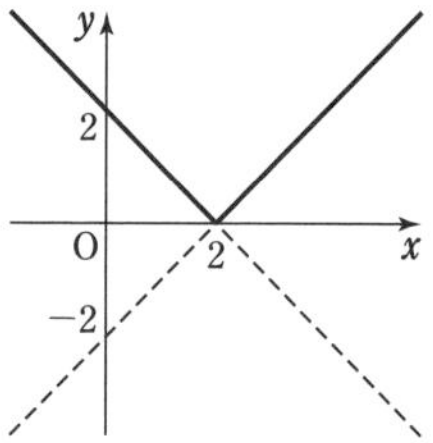

参考 $y=|x-2|$ を $y=\begin{cases} x-2 & (x\geqq 2) \\ -x+2 & (x<2) \end{cases}$
のように表すこともできる。

1) − をつけてはずす。
2) $x\geqq 2$ のとき，グラフは右上がりの実線部分。……❶
$x<2$ のとき，グラフは右下がりの実線部分。……❷
→ ❶，❷ を合わせたものが関数 $y=|x-2|$ のグラフ。

検討

絶対値のついた関数のグラフのかき方

絶対値のついた関数のグラフをかくには，次の手順で進めるとよい。

[1] まず，　$A\geqq 0$ のとき $|A|=A$　　$A<0$ のとき $|A|=-A$
に従って場合分けをし，絶対値記号をはずす。
[2] [1] で分けた場合ごとに関数のグラフを考え，
それらを合わせる要領でもとの関数のグラフをかく。

←p.73 で学んだ，絶対値のついた方程式と同じ要領。

なお，$y=|f(x)|$ **の形の関数のグラフ** は
$f(x)\geqq 0$ のとき $|f(x)|=f(x)$,
$f(x)<0$ のとき $|f(x)|=-f(x)$
であるから，$y=f(x)$ のグラフで **x 軸より下側の部分を x 軸に関して対称に折り返す** と得られる。
例えば，関数 $y=x-2$ のグラフについて
$y\geqq 0$ の部分 …… Ⓐ,
$y<0$ の部分を x 軸に関して対称に折り返したもの …… Ⓑ
とすると，Ⓐ と Ⓑ を合わせたものが $y=|x-2|$ のグラフである。

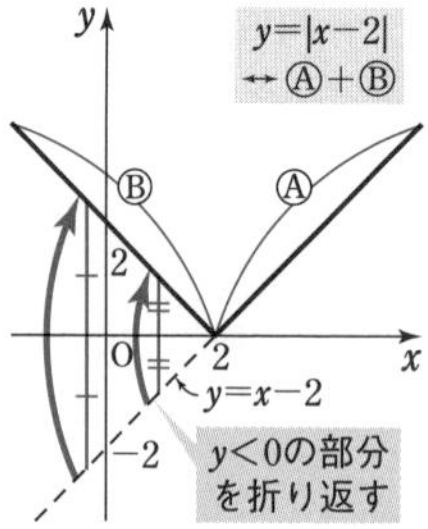

練習 ② 67 次の関数のグラフをかけ。
(1) $y=|3-x|$　　(2) $y=|2x+4|$

p.134 EX53

基本例題 68 絶対値のついた1次関数のグラフ (2)

関数 $y=|x+1|+|x-3|$ のグラフをかけ。

基本 67　基本 123

指針 前ページの 検討 1, 2 の要領で進める。
まず，**絶対値記号をはずす** ための場合分けの分かれ目は，
$|\quad|$ 内の式 $=0$ となる x の値である。ここで，
$x+1=0$ とすると　$x=-1$　　$x-3=0$ とすると　$x=3$
よって，$x<-1$，$-1\leqq x<3$，$3\leqq x$ の各場合に分ける。

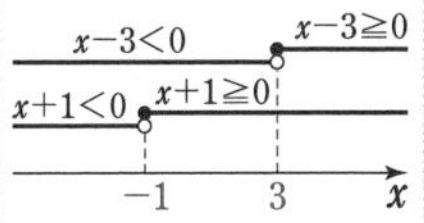

CHART 絶対値　場合に分ける　分かれ目は $|\quad|$ 内の式 $=0$ の x の値

解答

$x<-1$ のとき
$$y=-(x+1)-(x-3)$$
ゆえに　$y=-2x+2$

◀ $x+1<0$，$x-3<0$ であるから，ともに $-$ をつけて $|\quad|$ をはずす。

$-1\leqq x<3$ のとき
$$y=(x+1)-(x-3)$$
ゆえに　$y=4$

◀ $x+1\geqq 0$，$x-3<0$
◀ 定数関数。

$3\leqq x$ のとき
$$y=(x+1)+(x-3)$$
ゆえに　$y=2x-2$

◀ $x+1>0$，$x-3\geqq 0$

よって，グラフは **右の図の実線部分**。

◀ 3つの関数 〰 を合わせたもの。

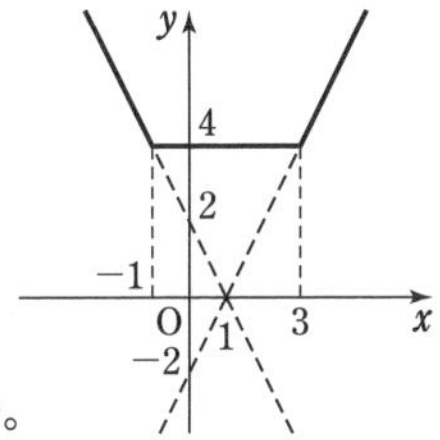

検討

場合分けの分かれ目の x におけるグラフの考察

例題 **67**，**68** で扱った関数のグラフは，場合分けの分かれ目になる x (グラフの折れる点) でグラフがつながっている。これは例えば，例題 **68** の関数で $x=3$ のときについて

関数 $y=2x-2$ は $x=3$ のとき　$y=4$
関数 $y=4$ は $x=3$ のとき　$y=4$

となっていることからもわかる。

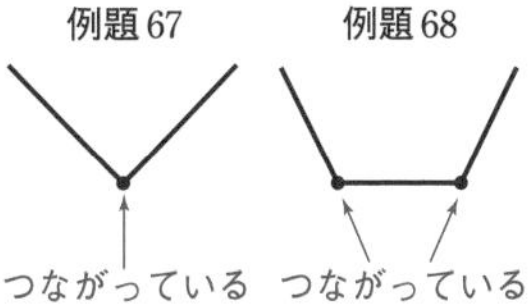

また，$y=|f(x)|$，$y=|f(x)|\pm|g(x)|$ [$f(x)$，$g(x)$ は $ax+b$ や ax^2+bx+c の式] などの形の関数は，場合分けの分かれ目となる x で必ずグラフがつながっていることが知られている。
そのため，例えば上の例題に関して，各場合分けにおける不等号を「$x\leqq-1$ のとき，$-1<x\leqq 3$ のとき，$3<x$ のとき」あるいは「$x\leqq-1$ のとき，$-1\leqq x\leqq 3$ のとき，$3\leqq x$ のとき」などと書いても間違いではない。しかし，上の解答のように「$x<-1$ のとき，$-1\leqq x<3$ のとき，$3\leqq x$ のとき」と書くケースが多い。大切なのは，**場合分けの分かれ目となる x の値を，少なくとも1つの場合には必ず含まれるようにしておく**，ということである。

練習 ② 68 次の関数のグラフをかけ。
(1) $y=|x+2|-|x|$　　(2) $y=|x+1|+2|x-1|$

p.134 EX 54

基本例題 69 絶対値を含む1次不等式(グラフ利用)

(難易度 ③)

不等式 $2|x+1|-|x-1|>x+2$ をグラフを利用して解け。

基本 68

指針 一般に，$f(x)>g(x)$ ということは，$y=f(x)$ のグラフが $y=g(x)$ のグラフより上側にある ということである。
右の図の場合，方程式 $f(x)=g(x)$ の解を α，β $(\alpha<\beta)$ とすると，不等式 $f(x)>g(x)$ の解は $\alpha<x<\beta$ となる。
本問では，$y=2|x+1|-|x-1|$ のグラフが $y=x+2$ のグラフより上側にあるような x の値の範囲が，不等式の解となる。……★

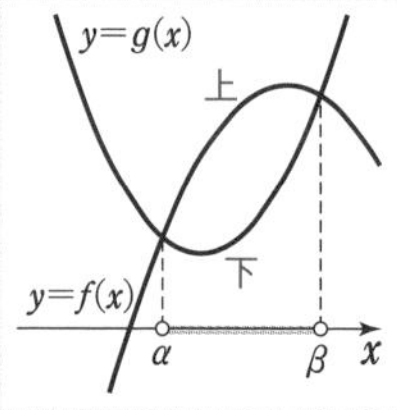

CHART 不等式の解　グラフの上下関係から判断

解答

$y=2|x+1|-|x-1|$ とする。

$x<-1$ のとき

$y=-2(x+1)-\{-(x-1)\}$　◀ $x+1<0$，$x-1<0$

ゆえに　$y=-x-3$

$-1\leqq x<1$ のとき

$y=2(x+1)-\{-(x-1)\}$　◀ $x+1\geqq 0$，$x-1<0$

ゆえに　$y=3x+1$

$1\leqq x$ のとき

$y=2(x+1)-(x-1)$　◀ $x+1>0$，$x-1\geqq 0$

ゆえに　$y=x+3$

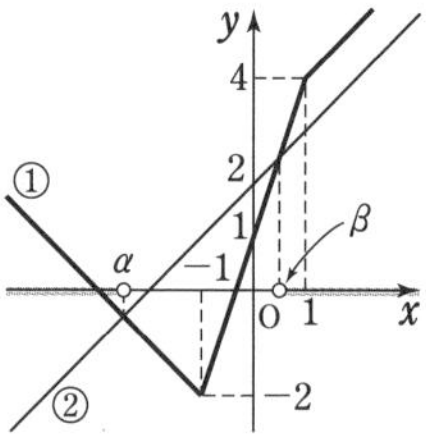

よって，関数 $y=2|x+1|-|x-1|$ のグラフは図の ① となる。一方，関数 $y=x+2$ のグラフは図の ② となる。

◀指針___……★ の方針。2つの関数のグラフをかいて，グラフの上下関係から不等式の解を求める。

図から，① と ② のグラフは，$x<-1$ または $-1\leqq x<1$ の範囲で交わる。

① と ② のグラフの交点の x 座標について

$x<-1$ のとき，$-x-3=x+2$ から　$x=-\dfrac{5}{2}$

$-1\leqq x<1$ のとき，$3x+1=x+2$ から　$x=\dfrac{1}{2}$

◀① と ② のグラフの交点の x 座標を α，β $(\alpha<\beta)$ とすると，求める解は $x<\alpha$，$\beta<x$ であるから，α，β の値を求める。左の計算から，$\alpha=-\dfrac{5}{2}$，$\beta=\dfrac{1}{2}$ である。

したがって，不等式 $2|x+1|-|x-1|>x+2$ の解は

$$\boldsymbol{x<-\frac{5}{2},\ \frac{1}{2}<x}$$

◀① のグラフが ② のグラフより上側にある x の値の範囲。

参考 $y=2|x+1|-|x-1|$ は

$$y=\begin{cases}-x-3 & (x<-1)\\ 3x+1 & (-1\leqq x<1)\\ x+3 & (1\leqq x)\end{cases}$$ と表すことができる。

練習 ③ **69** 次の不等式をグラフを利用して解け。

(1) $|x-1|+2|x|\leqq 3$　　(2) $|x+2|-|x-1|>x$

補足事項 ガウス記号

実数 x に対して，x を超えない最大の整数を $[x]$ で表すことがあり，この記号 $[\ \ ]$ を**ガウス記号** という。
└ x 以下の最大の整数

(例 1) $[2.7]$，$\left[\dfrac{1}{3}\right]$，$\sqrt{3}$

数直線上に 2.7 をとると，右の図のようになり，2.7 を超えない最大の整数は 2 であるから　　$[2.7]=2$

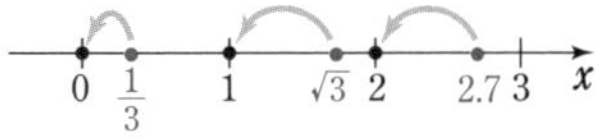

同様にして　　$\left[\dfrac{1}{3}\right]=0$，$[\sqrt{3}\,]=1$

(例 2) $[3]$

数直線上に 3 をとると，右の図のようになり，3 を超えない最大の整数は 3 であるから　　$[3]=3$

注意 「a が x を超える」とは「a が x より大きい」ということ。よって，「a が x を超えない」とは「a が x と等しくなることはあっても，a が x より大きくなることはない」ということである。

(例 3) $[-1.5]$，$[-0.1]$

数直線上に -1.5 をとると，右の図のようになり，-1.5 を超えない最大の整数は -2 であるから

$[-1.5]=-2$

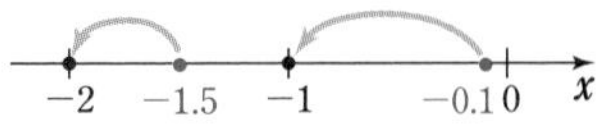

同様にして　　$[-0.1]=-1$

注意 $[-1.5]=-1$ は間違い！　$[-0.1]=0$ も間違い！

これらの例から，$[x]$ の値と，x の値の範囲の対応を図で表すと，右のようになる。
一般に，次のことが成り立つ。

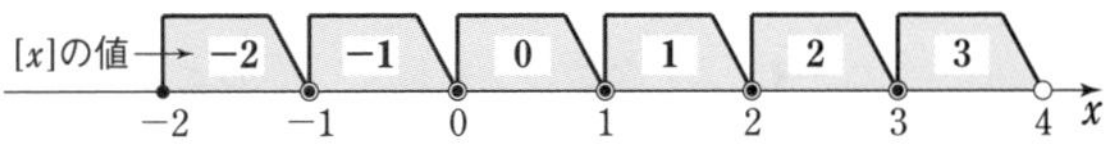

> 実数 x に対して，n を整数として
> **$n\leqq x<n+1$ ならば　$[x]=n$**　…… Ⓐ
> **$[x]=n$ ならば　$n\leqq x<n+1$**　…… Ⓑ

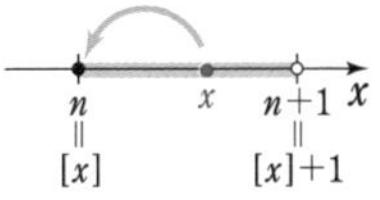

性質 Ⓐ を利用すると，ガウス記号を含む関数のグラフについて考えることができる。

例 $y=[x]\ (-2\leqq x\leqq 1)$ のグラフ

$-2\leqq x<-1$ のとき　　$y=-2$
$-1\leqq x<0$ のとき　　$y=-1$
$0\leqq x<1$ のとき　　$y=0$
$x=1$ のとき　　$y=1$

よって，グラフは右の図のようになる。

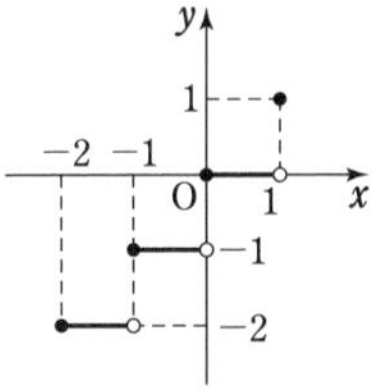

ガウス記号には，性質 Ⓐ，Ⓑ 以外に次のような性質もある。

実数 x，整数 n に対し　**$[x+n]=[x]+n$**

証明 $[x]=a$（a は整数）とすると，Ⓑ より $a\leqq x<a+1$ であるから，各辺に n を加えると
$a+n\leqq x+n<a+n+1$　　Ⓐ から　$[x+n]=a+n$　すなわち　$[x+n]=[x]+n$

重要例題 70 ガウス記号とグラフ

$[a]$ は実数 a を超えない最大の整数を表すものとする。

(1) $[2.3]$，$[1]$，$[-\sqrt{2}\,]$ の値を求めよ。

(2) 関数 $y=[2x]$ $(-1 \leqq x \leqq 1)$ のグラフをかけ。

(3) 関数 $y=x-[x]$ $(-1 \leqq x \leqq 2)$ のグラフをかけ。

指針 実数 x に対して，n を整数として

　$n \leqq x < n+1$ ならば　$[x]=n$　が成り立つ。これを場合分けに利用する。

(2) $-1 \leqq x \leqq 1$ より $-2 \leqq 2x \leqq 2$ であるから，幅 1 の範囲で区切り，
$-2 \leqq 2x < -1$，$-1 \leqq 2x < 0$，$0 \leqq 2x < 1$，$1 \leqq 2x < 2$，$2x=2$ で場合分け。

(3) $-1 \leqq x \leqq 2$ から，$-1 \leqq x < 0$，$0 \leqq x < 1$，$1 \leqq x < 2$，$x=2$ で場合分け。

解答

(1) $2 \leqq 2.3 < 3$ であるから　　$[2.3]=2$

　$1 \leqq 1 < 2$　であるから　　$[1]=1$

　$-2 \leqq -\sqrt{2} < -1$ であるから　　$[-\sqrt{2}\,]=-2$

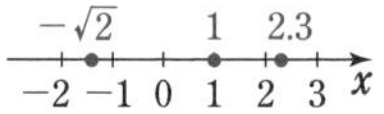

(2) $-1 \leqq x \leqq 1$ から　　$-2 \leqq 2x \leqq 2$

$-2 \leqq 2x < -1$ すなわち $-1 \leqq x < -\dfrac{1}{2}$ のとき　$y=-2$

$-1 \leqq 2x < 0$ すなわち $-\dfrac{1}{2} \leqq x < 0$ のとき　　$y=-1$

$0 \leqq 2x < 1$ すなわち $0 \leqq x < \dfrac{1}{2}$　のとき　　$y=0$

$1 \leqq 2x < 2$ すなわち $\dfrac{1}{2} \leqq x < 1$　のとき　　$y=1$

$2x=2$　　すなわち $x=1$　　　のとき　　$y=2$

よって，グラフは **右の図** のようになる。

(2)

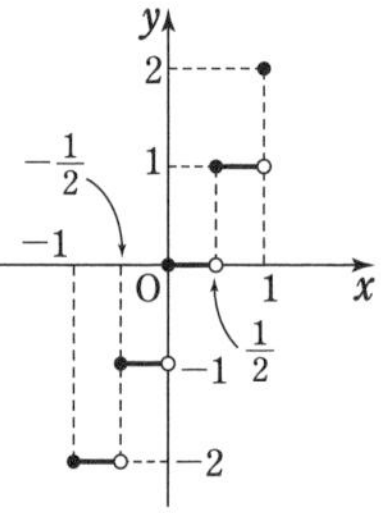

(3) $-1 \leqq x < 0$ のとき　$[x]=-1$ から　　$y=x+1$

　$0 \leqq x < 1$ のとき　$[x]=0$ から　　$y=x$

　$1 \leqq x < 2$ のとき　$[x]=1$ から　　$y=x-1$

　$x=2$ のとき　　$[x]=2$ から　　$y=2-2=0$

よって，グラフは **右の図** のようになる。

(3)

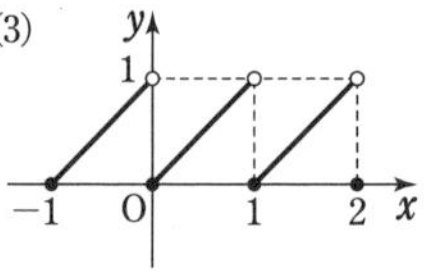

検討 **ガウス記号と実数の整数部分**

実数 x が整数 n と $0 \leqq p < 1$ を満たす実数 p を用いて $x=n+p$ と表されるとき，n を実数 x の **整数部分**，p を実数 x の **小数部分** という。このとき，$0 \leqq p < 1$ より $n \leqq x < n+1$ が成り立つから，$[x]=n$ である。したがって，$[x]$ は実数 x の整数部分を表す記号であり，(3)の $x-[x]$ は実数 x の小数部分を表している。

練習 ④ 70 $[a]$ は実数 a を超えない最大の整数を表すものとする。

(1) $\left[\dfrac{13}{7}\right]$，$[-3]$，$[-\sqrt{7}\,]$ の値を求めよ。

(2) $y=-[x]$ $(-3 \leqq x \leqq 2)$ のグラフをかけ。

(3) $y=x+2[x]$ $(-2 \leqq x \leqq 2)$ のグラフをかけ。

重要例題 71 定義域によって式が異なる関数 ①①①①①

関数 $f(x)$ $(0\leqq x\leqq 4)$ を右のように定義するとき，次の関数のグラフをかけ。

$$f(x)=\begin{cases}2x & (0\leqq x<2)\\ 8-2x & (2\leqq x\leqq 4)\end{cases}$$

(1) $y=f(x)$　　(2) $y=f(f(x))$

指針 定義域によって式が変わる関数では，変わる **境目の x，y の値** に着目。

(2) $f(f(x))$ は $f(x)$ の x に $f(x)$ を代入した式で，

$0\leqq f(x)<2$ のとき $2f(x)$，　$2\leqq f(x)\leqq 4$ のとき $8-2f(x)$

(1)のグラフにおいて，$0\leqq f(x)<2$ となる x の範囲と，$2\leqq f(x)\leqq 4$ となる x の範囲を見極めて場合分けをする。

解答

(1) グラフは **図(1)** のようになる。

(2) $f(f(x))=\begin{cases}2f(x) & (0\leqq f(x)<2)\\ 8-2f(x) & (2\leqq f(x)\leqq 4)\end{cases}$

よって，(1)のグラフから

$0\leqq x<1$ のとき　$f(f(x))=2f(x)=2\cdot 2x=4x$

$1\leqq x<2$ のとき　$f(f(x))=8-2f(x)=8-2\cdot 2x=8-4x$

$2\leqq x\leqq 3$ のとき　$f(f(x))=8-2f(x)=8-2(8-2x)=4x-8$

$3<x\leqq 4$ のとき　$f(f(x))=2f(x)=2(8-2x)=16-4x$

よって，グラフは **図(2)** のようになる。

(1)

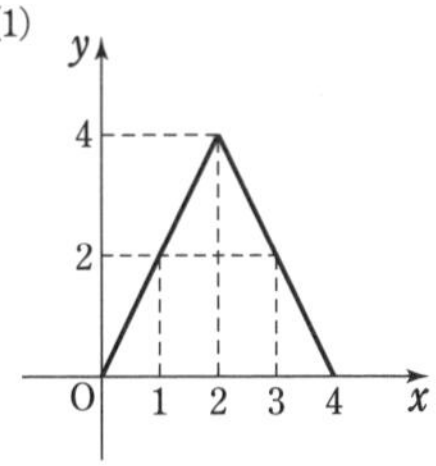

(2)

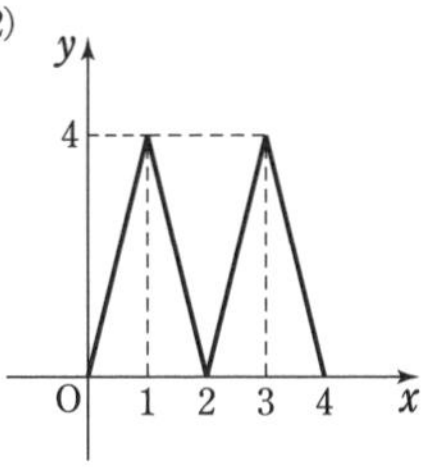

◀変域ごとにグラフをかく。

◀(1)のグラフから，$f(x)$ の変域は
$0\leqq x<1$ のとき $0\leqq f(x)<2$
$1\leqq x\leqq 3$ のとき $2\leqq f(x)\leqq 4$
$3<x\leqq 4$ のとき $0\leqq f(x)<2$
また，$1\leqq x\leqq 3$ のとき，$f(x)$ の式は
$1\leqq x<2$ なら $f(x)=2x$
$2\leqq x\leqq 3$ なら $f(x)=8-2x$
のように，2 を境にして式が異なるため，(2)は左の解答のような合計 4 通りの場合分けが必要になってくる。

参考 (2)のグラフは，式の意味を考える方法でかくこともできる。

[1] $f(x)$ が 2 未満なら 2 倍する。

[2] $f(x)$ が 2 以上 4 以下なら，8 から 2 倍を引く。

[右の図で，黒の太線・細線部分が $y=f(x)$，赤の実線部分が $y=f(f(x))$ のグラフである。] なお，$f(f(x))$ を $f(x)$ と $f(x)$ の **合成関数** といい，$(f\circ f)(x)$ と書く(詳しくは数学Ⅲで学ぶ)。

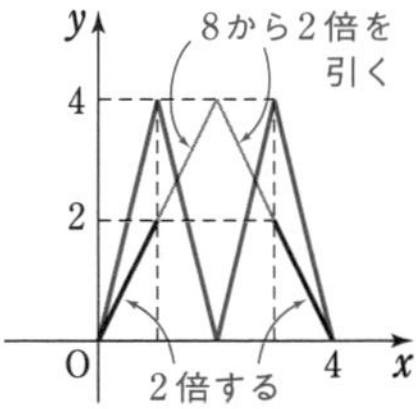

練習 71 ④ 関数 $f(x)$ $(0\leqq x<1)$ を右のように定義するとき，次の関数のグラフをかけ。

$$f(x)=\begin{cases}2x & \left(0\leqq x<\frac{1}{2}\right)\\ 2x-1 & \left(\frac{1}{2}\leqq x<1\right)\end{cases}$$

(1) $y=f(x)$　　(2) $y=f(f(x))$

9 2次関数のグラフとその移動

基本事項

1 2次関数，放物線

x の2次式で表される関数を x の **2次関数** といい，一般に次の式で表される。

$$\boldsymbol{y=ax^2+bx+c} \quad (a,\ b,\ c\ \text{は定数},\ a \neq 0)$$

また，そのグラフは **放物線** で，$y=ax^2+bx+c$ を **放物線の方程式** という。

2 2次関数 $y=ax^2+bx+c$ のグラフ

$y=ax^2$ のグラフを平行移動した **放物線** で

① **軸は 直線** $x=-\dfrac{b}{2a}$，**頂点は 点** $\left(-\dfrac{b}{2a},\ -\dfrac{b^2-4ac}{4a}\right)$

② $a>0$ **のとき 下に凸**（とつ），$a<0$ **のとき 上に凸**

3 点・グラフの平行移動

① 点 $(a,\ b)$ を x 軸方向に p，y 軸方向に q だけ移動した点の座標は

$$(a+p,\ b+q)$$

② 関数 $y=f(x)$ のグラフ F を x 軸方向に p，y 軸方向に q だけ平行移動して得られる曲線 G の方程式は

$$y-q=f(x-p)$$

解説

■ 2次関数 $y=ax^2$ のグラフ

放物線 と呼ばれる曲線で，原点Oを通り，**y 軸に関して対称** である。放物線の対称軸を **軸** といい，軸と放物線の交点をその放物線の **頂点** という。放物線 $y=ax^2$ の軸は y 軸で，頂点は原点Oである。また，$y=ax^2$ のグラフは，その曲線の形状から，$a>0$ のとき **下に凸**，$a<0$ のとき **上に凸** であるという。

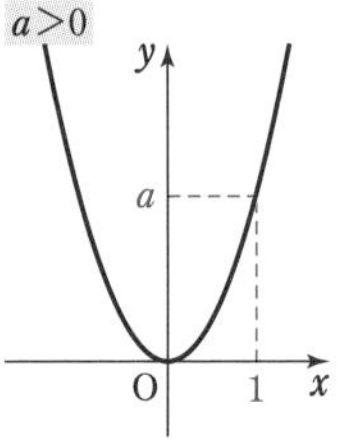

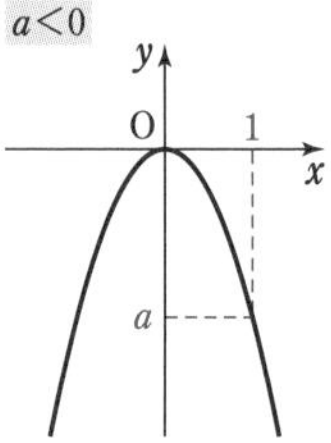

■ 平行移動

平面上で，図形上の各点を一定の向きに，一定の距離だけ動かすことを **平行移動** という。
一般に，点の移動について，**3** ① が成り立つ。

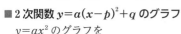

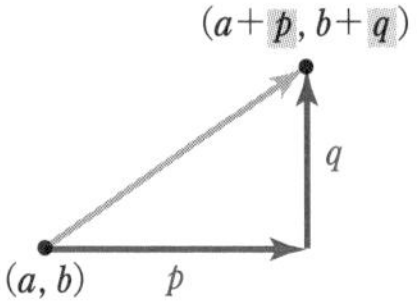

■ 2次関数 $y=a(x-p)^2+q$ のグラフ

$y=ax^2$ のグラフを

x 軸方向に p，　y 軸方向に q だけ平行移動

したグラフであり(*)，軸は 直線 $x=p$，頂点は 点 $(p,\ q)$ である。

注意 **直線 $x=p$ とは，点 $(p,\ 0)$ を通り x 軸に垂直**（y 軸に平行）**な直線** である。
なお，(＊)が成り立つ理由は，次のページで説明する。

解説

■ 2次関数 $y=ax^2+bx+c$ のグラフ

2次式 ax^2+bx+c を，次のように $a(x-p)^2+q$ の形に変形して（**平方完成** するという）グラフをかく。

$$\begin{aligned} y&=ax^2+bx+c\\ &=a\left(x^2+\frac{b}{a}x\right)+c\\ &=a\left\{x^2+2\cdot\frac{b}{2a}x+\left(\boldsymbol{\frac{b}{2a}}\right)^2-\left(\boldsymbol{\frac{b}{2a}}\right)^2\right\}+c\\ &=a\left\{x^2+2\cdot\frac{b}{2a}x+\left(\frac{b}{2a}\right)^2\right\}-a\left(\frac{b}{2a}\right)^2+c\\ &=a\left(x+\frac{b}{2a}\right)^2-\frac{b^2-4ac}{4a}\end{aligned}$$

↑ a を忘れずに！

◀ $a\ (\neq 0)$ で ax^2+bx をくくる。

◀ **x の係数 $\frac{b}{a}$ の半分 $\frac{b}{2a}$ の平方 $\left(\frac{b}{2a}\right)^2$ を加えて引く。**

よって，$y=ax^2+bx+c$ のグラフは，$y=ax^2$ のグラフを x 軸方向に $-\frac{b}{2a}$，y 軸方向に $-\frac{b^2-4ac}{4a}$ だけ平行移動した放物線であるから，

2 ①，② が成り立つ。

なお，$y=ax^2+bx+c$ の形を **一般形**，

$y=a(x-p)^2+q$ の形を **基本形** という。

■ 曲線の平行移動

3 ② に関し，F が放物線 $y=ax^2$ である場合について考えてみよう。

G 上に任意の点 $\mathrm{P}(x,\ y)$ をとり，**3** ② の平行移動によって P に移される F 上の点を $\mathrm{Q}(X,\ Y)$ とすると

$x=X+p,\ y=Y+q$ すなわち $X=x-p,\ Y=y-q$

点 Q は F 上にあるから　$Y=aX^2$

この式の X に $x-p$ を，Y に $y-q$ を代入すると，G の方程式は　$\boldsymbol{y-q=a(x-p)^2}$

このように，G の方程式は，F の方程式の

x を $x-p$，y を $y-q$ でおき換えたもの

になっている。

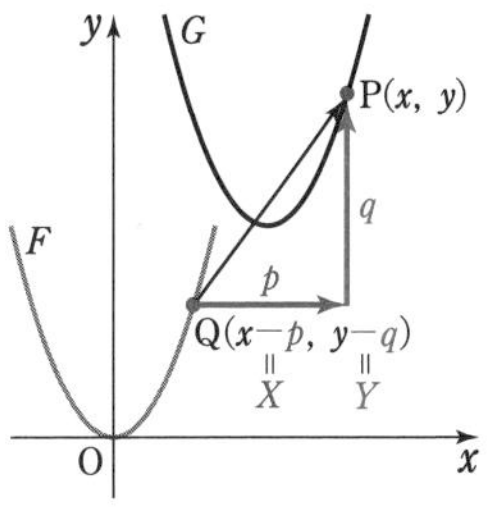

注意　点の移動が $(a,\ b)\longrightarrow(a+p,\ b+q)$ であるから，曲線の移動において，「移動後の方程式は $y+q=a(x+p)^2$ である」としては **いけない！**

同様に考えて，**3** ② は次のように示される。

関数 $y=f(x)$ のグラフ F を x 軸方向に p，y 軸方向に q だけ平行移動して得られる曲線を G とする。

G 上に任意の点 $\mathrm{P}(x,\ y)$ をとり，上の平行移動によって，$\mathrm{P}(x,\ y)$ に移される F 上の点を $\mathrm{Q}(X,\ Y)$ とすると

$X=x-p,\ Y=y-q$

点 Q は F 上にあるから　$Y=f(X)$

この式の X に $x-p$ を，Y に $y-q$ を代入すると，G の方程式は　$\boldsymbol{y-q=f(x-p)}$　←$y+q=f(x+p)$ ではない！

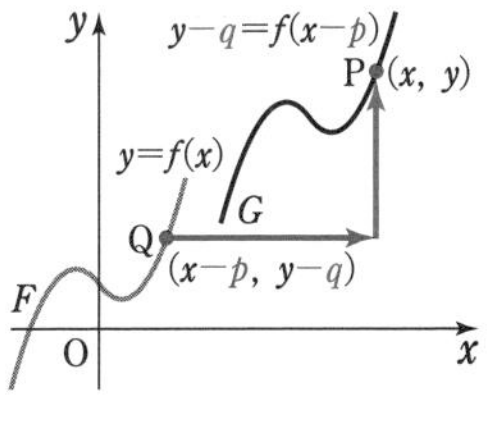

基本例題 72　2次関数のグラフをかく(1)　①①①①①

次の2次関数のグラフは，2次関数 $y=-2x^2$ のグラフをそれぞれどのように平行移動したものか答えよ。また，それぞれのグラフをかき，その軸と頂点を求めよ。

(1)　$y=-2x^2+3$　　(2)　$y=-2(x-1)^2$　　(3)　$y=-2(x+1)^2+1$

p.124 基本事項 1，3

指針　**2次関数 $y=a(x-p)^2+q$ のグラフ**

[1]　$y=ax^2$ のグラフを x 軸方向に p，y 軸方向に q だけ平行移動した放物線である。

[2]　**軸は 直線 $x=p$，頂点は 点 $(p,\ q)$**

グラフのかき方

頂点 $(p,\ q)$ を原点とみて，$y=ax^2$ のグラフをかく。

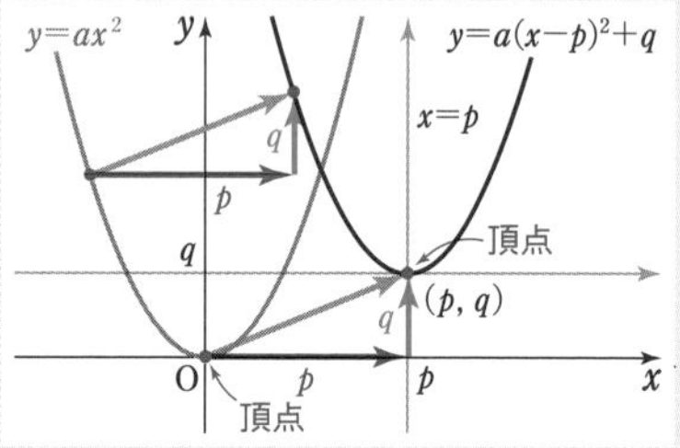

解答

(1)　**y 軸方向に3だけ平行移動したもの。**グラフは 図(1)。
軸は y 軸（直線 $x=0$），頂点は 点 $(0,\ 3)$

(2)　**x 軸方向に1だけ平行移動したもの。**グラフは 図(2)。
軸は 直線 $x=1$，頂点は 点 $(1,\ 0)$

(3)　**x 軸方向に -1，y 軸方向に1だけ平行移動したもの。**グラフは 図(3)。
軸は 直線 $x=-1$，頂点は 点 $(-1,\ 1)$

$y=-2x^2$ の x^2 の係数は -2 で **負** である。よって，グラフは **上に凸**。
(1)　$p=0$ であるから，x 軸方向には移動しない。y 軸は直線 $x=0$
(2)　$q=0$ であるから，y 軸方向には移動しない。

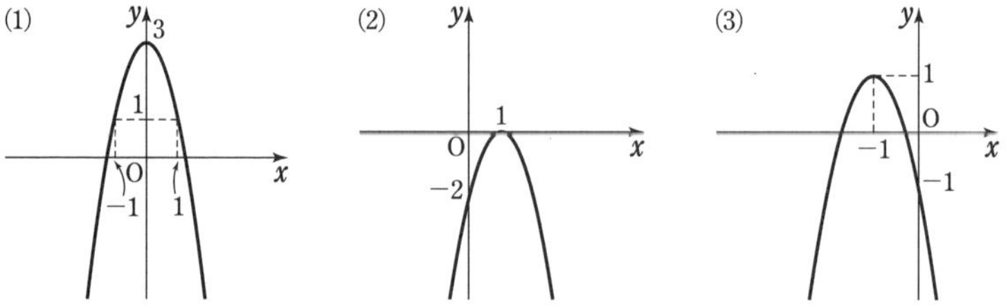

検討　**平行移動と放物線の形状**

2次関数のグラフを平行移動しても，x^2 の係数は移動前の関数のものと変わらない。
また，移動前と移動後のグラフは同じ形(合同)である。つまり，平行移動することにより，互いに重ね合わせることができる。

練習 ① 72　次の2次関数のグラフは，[　] 内の2次関数のグラフをそれぞれどのように平行移動したものか答えよ。また，それぞれのグラフをかき，その軸と頂点を求めよ。

(1)　$y=-x^2+4$　[$y=-x^2$]　　(2)　$y=2(x-1)^2$　[$y=2x^2$]

(3)　$y=-3(x-2)^2-1$　[$y=-3x^2$]

基本例題 73　2 次関数のグラフをかく (2)

次の 2 次関数のグラフをかき，その軸と頂点を求めよ。

(1)　$y=2x^2+4x+1$　　(2)　$y=-x^2+3x-1$

p.124 基本事項 2，基本 72

指針　2 次関数 $y=ax^2+bx+c$ のグラフをかくには

1 　**ax^2+bx+c を平方完成し，$y=a(x-p)^2+q$ の形 (基本形) に変形。**

2 　**頂点 $(p,\ q)$ を原点とみて，$y=ax^2$ のグラフをかく。**

なお，グラフには，**頂点の座標** や **y 軸との交点** も示しておく。

平方完成には $x^2+●x=\left(x+\frac{●}{2}\right)^2-\left(\frac{●}{2}\right)^2$ の変形を利用。

CHART 2 次関数のグラフ　平方完成して $a(x-p)^2+q$ に直す

解答

(1)　$2x^2+4x+1$

$=2(x^2+2x)+1$

$=2(x^2+2x+1^2)-2\cdot1^2+1$

ゆえに　$y=2(x+1)^2-1$

よって，グラフは **右の図** のようになる。

また，**軸は 直線 $x=-1$，**

頂点は 点 $(-1,\ -1)$

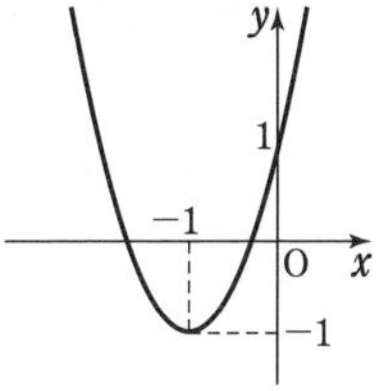

◀2 で $2x^2+4x$ をくくる。

◀**x の係数 2 の半分 1 の平方を加えて引く。**

◀基本形 $y=a(x-p)^2+q$ の形に変形できた。
この式から，軸や頂点を読み取りグラフをかく。

(2)　$-x^2+3x-1$

$=-(x^2-3x)-1$

$=-\left\{x^2-3x+\left(\frac{3}{2}\right)^2\right\}+\left(\frac{3}{2}\right)^2-1$

ゆえに　$y=-\left(x-\frac{3}{2}\right)^2+\frac{5}{4}$

よって，グラフは **右の図** のようになる。

また，**軸は 直線 $x=\frac{3}{2}$，**

頂点は 点 $\left(\frac{3}{2},\ \frac{5}{4}\right)$

◀符号に注意しながら変形。

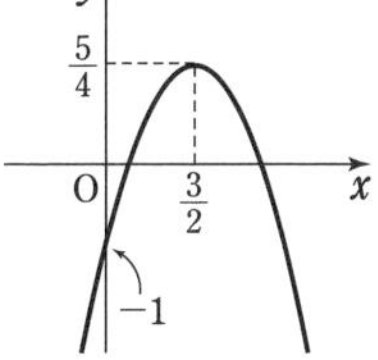

◀グラフは上に凸。

検討　**2 次関数のグラフと座標軸の交点の座標の求め方**

2 次関数 $y=ax^2+bx+c$ のグラフと x 軸，y 軸の共有点について

$x=0$ とおくと　$y=c$　⟶ グラフは y 軸と必ず交わり，その交点は点 $(0,\ c)$ である。

$y=0$ とおくと　$ax^2+bx+c=0$　⟶ この 2 次方程式が実数解をもてば，それが x 軸との共有点の x 座標になる ($p.175$ で詳しく学習)。

練習 ② 73　次の 2 次関数のグラフをかき，その軸と頂点を求めよ。

(1)　$y=-2x^2+5x-2$　　(2)　$y=\frac{1}{2}x^2-3x-\frac{7}{2}$

p.134 EX55

基本例題 74 2次関数の係数の符号を判定

2次関数 $y=ax^2+bx+c$ のグラフが右の図のようになるとき，次の値の符号を調べよ。

(1) a　(2) b　(3) c　(4) b^2-4ac

(5) $a+b+c$　(6) $a-b+c$

p.124 基本事項 2

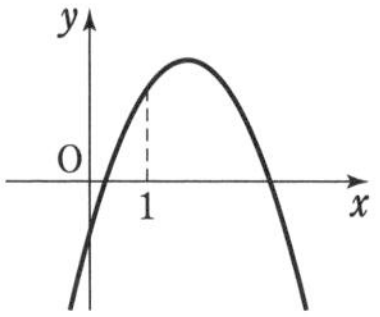

指針 グラフが上に凸か下に凸か，頂点の座標，軸の位置，座標軸との交点などから判断する。

(1) a の符号　**$a>0 \iff$ 下に凸　$a<0 \iff$ 上に凸**

(2) b の符号　**頂点の x 座標 $-\dfrac{b}{2a}$** に注目。
a の符号とともに決まる。

(3) c の符号　y 軸との交点が点 $(0,\ c)$

(4) b^2-4ac の符号　**頂点の y 座標 $-\dfrac{b^2-4ac}{4a}$** に注目。
a の符号とともに決まる。

(5) $a+b+c$ の符号　**$y=ax^2+bx+c$ で $x=1$ とおいたときの y の値。**

(6) $a-b+c$ の符号　**$y=ax^2+bx+c$ で $x=-1$ とおいたときの y の値。**

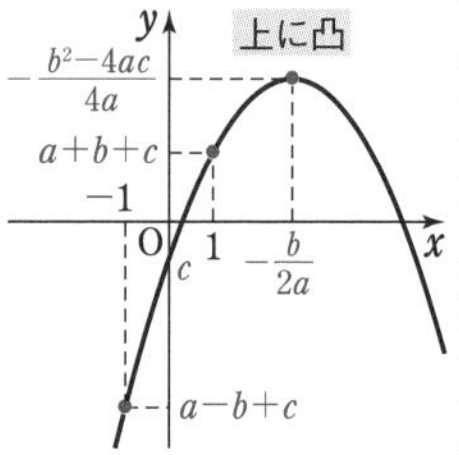

解答

(1) グラフは上に凸であるから　**$a<0$**

(2) $y=ax^2+bx+c$ (*) の頂点の座標は $\left(-\dfrac{b}{2a},\ -\dfrac{b^2-4ac}{4a}\right)$

頂点の x 座標が正であるから　$-\dfrac{b}{2a}>0$

よって　$\dfrac{b}{2a}<0$　(1) より，$a<0$ であるから　**$b>0$**

(3) グラフは y 軸と $y<0$ の部分で交わるから　**$c<0$**

(4) 頂点の y 座標が正であるから　$-\dfrac{b^2-4ac}{4a}>0$

(1) より，$a<0$ であるから　**$b^2-4ac>0$**

(5) $x=1$ のとき　$y=a\cdot1^2+b\cdot1+c=a+b+c$

グラフより，$x=1$ のとき $y>0$ であるから

$a+b+c>0$

(6) $x=-1$ のとき　$y=a\cdot(-1)^2+b\cdot(-1)+c=a-b+c$

グラフより，$x<0$ のとき $y<0$ であるから

$a-b+c<0$

(*) $y=ax^2+bx+c$
$=a\left(x+\dfrac{b}{2a}\right)^2-\dfrac{b^2-4ac}{4a}$

$\dfrac{A}{B}>0 \iff A$ と B は同符号。

$\dfrac{A}{B}<0 \iff A$ と B は異符号。

(4) グラフと x 軸が異なる2点で交わるから，$b^2-4ac>0$ を導くことができる。詳しくは $p.175$ を参照。

練習 ③ 74 2次関数 $y=ax^2+bx+c$ のグラフが右の図のようになるとき，次の値の符号を調べよ。

(1) c　(2) b　(3) b^2-4ac

(4) $a+b+c$　(5) $a-b+c$

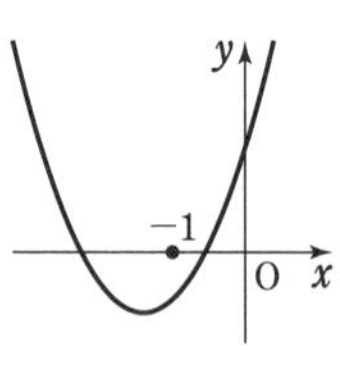

基本 例題 75 2次関数のグラフの平行移動 (1)

放物線 $y=-2x^2+4x-4$ を x 軸方向に -3, y 軸方向に 1 だけ平行移動して得られる放物線の方程式を求めよ。

p.124 基本事項 3

指針 次の 2 通りの解き方がある。

解法 1. *p*.124 基本事項 3 ② を利用して解く。

放物線 $y=ax^2+bx+c$ …… (＊) を x 軸方向に●, y 軸方向に■ だけ平行移動して得られる放物線の方程式は

$$y-■=a(x-●)^2+b(x-●)+c$$

←(＊) で x を $x-●$ に, y を $y-■$ におき換える。c (定数項) はそのまま。

解法 2. **頂点の移動に注目** して解く。

1. 放物線の方程式を基本形に直し, 頂点の座標を調べる。
2. 頂点を x 軸方向に -3, y 軸方向に 1 だけ移動した点の座標を調べる。
3. 2 で調べた座標が $(p,\ q)$ なら, 移動後の放物線の方程式は

$$y=-2(x-p)^2+q$$

←**平行移動しても x^2 の係数は変わらない。**

解答

解法 1. 放物線 $y=-2x^2+4x-4$ の x を $x-(-3)$, y を $y-1$ におき換えると

$$y-1=-2\{x-(-3)\}^2+4\{x-(-3)\}-4$$

よって, 求める放物線の方程式は　$\boldsymbol{y=-2x^2-8x-9}$

◀ $x-(-3)$, $y-1$ 符号に注意。

解法 2. $-2x^2+4x-4$

$=-2(x^2-2x+1^2)+2\cdot1^2-4$

$=-2(x-1)^2-2$

◀平方完成

よって, 放物線 $y=-2x^2+4x-4$ の頂点は　点 $(1,\ -2)$

平行移動により, この点は

点 $(1-3,\ -2+1)$

すなわち　点 $(-2,\ -1)$

に移るから, 求める放物線の方程式は

$y=-2\{x-(-2)\}^2-1$

すなわち　$\boldsymbol{y=-2(x+2)^2-1}$

$(y=-2x^2-8x-9$ でもよい)

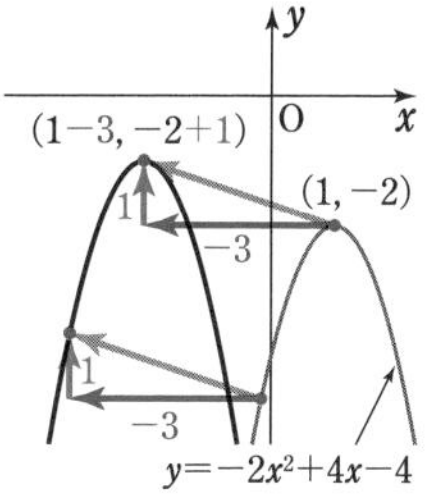

◀ 〰 部分の **符号に注意！** 点 $(1+3,\ -2-1)$ は誤り。

検討

平行移動の際は符号に注意！

解法 1. の解答で,「$y+1=-2\{x+(-3)\}^2+4\{x+(-3)\}-4$ としたら **間違い！**

点の移動が $(a,\ b)\longrightarrow(a+p,\ b+q)$ であるからといって, 放物線 $y=ax^2+bx+c$ の移動において,「移動後の放物線の方程式は $y+q=a(x+p)^2+b(x+p)+c$ である」としては **いけない！**　正しくは, $y-q=a(x-p)^2+b(x-p)+c$ である。

練習 ② 75 放物線 $y=x^2-4x$ を, x 軸方向に 2, y 軸方向に -1 だけ平行移動して得られる放物線の方程式を求めよ。

基本例題 76 2次関数のグラフの平行移動 (2)

(1) 2次関数 $y=2x^2+6x+7$ …… ① のグラフは，2次関数 $y=2x^2-4x+1$ …… ② のグラフをどのように平行移動したものか。

(2) x 軸方向に1，y 軸方向に -2 だけ平行移動すると，放物線 C_1：$y=2x^2+8x+9$ に移されるような放物線 C の方程式を求めよ。

基本 75

指針 (1) **頂点の移動に注目** して考えるとよい。
まず，①，② それぞれを基本形に直し，頂点の座標を調べる。
(2) 放物線 C は，放物線 C_1 を与えられた平行移動の **逆向きに平行移動** したものである。$p.124$ 基本事項 **3** ② を利用。

解答

(1) ① を変形すると

$$y=2\left(x+\frac{3}{2}\right)^2+\frac{5}{2}$$

① の頂点は　点 $\left(-\frac{3}{2},\ \frac{5}{2}\right)$

② を変形すると

$$y=2(x-1)^2-1$$

② の頂点は　点 $(1,\ -1)$

② のグラフを x 軸方向に p，y 軸方向に q だけ平行移動したとき，① のグラフに重なるとすると

$$1+p=-\frac{3}{2},\quad -1+q=\frac{5}{2}$$

ゆえに　$p=-\frac{5}{2}$，$q=\frac{7}{2}$ (＊)

よって，① のグラフは，② のグラフを **x 軸方向に $-\frac{5}{2}$，y 軸方向に $\frac{7}{2}$ だけ平行移動** したもの。

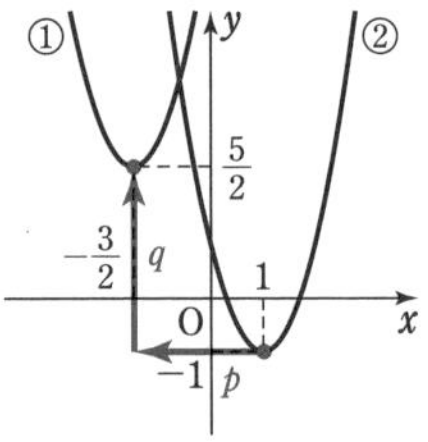

(2) 放物線 C は，放物線 C_1 を x 軸方向に -1，y 軸方向に2だけ平行移動したもので，その方程式は

$$y-2=2(x+1)^2+8(x+1)+9$$

したがって　$\boldsymbol{y=2x^2+12x+21}$

別解 放物線 C_1 の方程式を変形すると　$y=2(x+2)^2+1$
よって，放物線 C_1 の頂点は点 $(-2,\ 1)$ であるから，放物線 C の頂点は　点 $(-2-1,\ 1+2)$
すなわち　点 $(-3,\ 3)$
ゆえに，放物線 C の方程式は

$$y=2(x+3)^2+3=\boldsymbol{2x^2+12x+21}$$

①：$2x^2+6x+7$
$=2(x^2+3x)+7$
$=2\left\{x^2+3x+\left(\frac{3}{2}\right)^2\right\}-2\cdot\left(\frac{3}{2}\right)^2+7$

②：$2x^2-4x+1$
$=2(x^2-2x)+1$
$=2(x^2-2x+1^2)-2\cdot1^2+1$

(＊) 頂点の座標の違いを見て，
$-\frac{3}{2}-1=-\frac{5}{2}$，$\frac{5}{2}-(-1)=\frac{7}{2}$
としてもよい。

$C \overset{x\text{ 軸方向に }1,\ y\text{ 軸方向に }-2}{\underset{x\text{ 軸方向に }-1,\ y\text{ 軸方向に }2}{\rightleftarrows}} C_1$

◀ $\begin{cases} x \longrightarrow x-(-1) \\ y \longrightarrow y-2 \end{cases}$ とおき換え。

◀ 頂点の移動に着目した解法。

◀ **平行移動しても x^2 の係数は変わらない。**

練習 ② 76
(1) 2次関数 $y=x^2-8x-13$ のグラフをどのように平行移動すると，2次関数 $y=x^2+4x+3$ のグラフに重なるか。
(2) x 軸方向に -1，y 軸方向に2だけ平行移動すると，放物線 $y=x^2+3x+4$ に移されるような放物線の方程式を求めよ。

基本事項

1 点・グラフの対称移動

① **点 $(a,\ b)$ の対称移動**　点 $(a,\ b)$ を

x 軸 に関して対称移動すると　**点 $(\ a,\ -b)$** に移る。
y 軸 に関して対称移動すると　**点 $(-a,\ b)$** に移る。
原点 に関して対称移動すると　**点 $(-a,\ -b)$** に移る。

② **関数 $y=f(x)$ のグラフの対称移動**　関数 $y=f(x)$ のグラフを

x 軸 に関して対称移動した曲線の方程式は　**$-y=f(x)$**　**$[y=-f(x)]$**
y 軸 に関して対称移動した曲線の方程式は　**$y=f(-x)$**
原点 に関して対称移動した曲線の方程式は　**$-y=f(-x)$**　**$[y=-f(-x)]$**

解　説

■対称移動

平面上で，図形上の各点を，直線や点に関してそれと対称な位置に移すことを **対称移動** という。
特に，x 軸や y 軸を対称の軸とする線対称な位置に移す対称移動と，原点を対称の中心とする点対称な位置に移す対称移動によって，点 $(a,\ b)$ はそれぞれ次の点に移される。

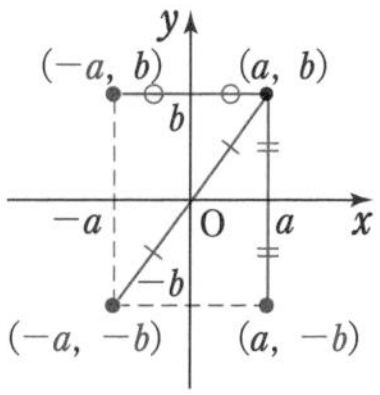

x 軸 に関して対称移動：$(a,\ b) \longrightarrow (a,\ -b)$
y 軸 に関して対称移動：$(a,\ b) \longrightarrow (-a,\ b)$
原点 に関して対称移動：$(a,\ b) \longrightarrow (-a,\ -b)$

◀符号が変わる位置 ● に注意。

■曲線の対称移動

放物線の y 軸に関する対称移動について，考えてみよう。
放物線 F：$y=ax^2+bx+c$ を，y 軸に関して対称移動して得られる放物線を G とする。G 上の任意の点 $\mathrm{P}(x,\ y)$ をとると，この対称移動によって P に移される F 上の点は $\mathrm{Q}(-x,\ y)$ である。点 $\mathrm{Q}(-x,\ y)$ は F 上にあるから

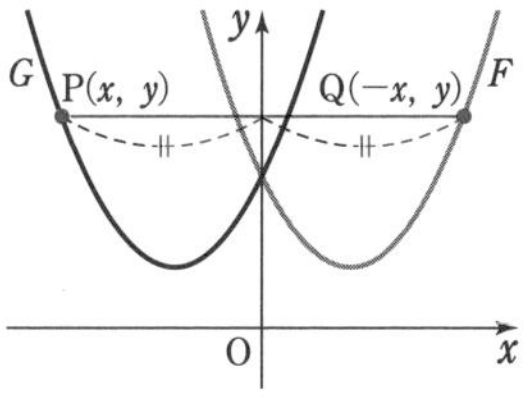

$$y=a(-x)^2+b(-x)+c$$

すなわち　$y=ax^2-bx+c$

x 軸，原点に関する対称移動についても，上と同様に考えられる。
すなわち，放物線 $y=ax^2+bx+c$ を x 軸，y 軸，原点に関して対称移動して得られる放物線の方程式は，次のようになる。

x 軸 に関して対称移動：$-y=ax^2+bx+c$
y 軸 に関して対称移動：$y=a(-x)^2+b(-x)+c$
原点 に関して対称移動：$-y=a(-x)^2+b(-x)+c$

$y=ax^2+bx+c$ で，次のように文字をおき換える。
◀$y \longrightarrow -y$
◀$x \longrightarrow -x$
◀$x \longrightarrow -x$，$y \longrightarrow -y$

以上のことは，2 次関数に限らず，一般の関数 $y=f(x)$ のグラフについてもまったく同じように考えられ，上の **1** ② が成り立つ。
なお，曲線 C に対し，C を x 軸(y 軸)に関して対称移動し，更に y 軸(x 軸)に関して対称移動した曲線を C' とすると，C' は C を原点に関して対称移動したものと同じである。

(x 軸対称移動) かつ (y 軸対称移動) ⇔ (原点対称移動)

基本例題 77　2 次関数のグラフの対称移動

2 次関数 $y=2x^2-5x+4$ のグラフを (1) x 軸　(2) y 軸　(3) 原点
のそれぞれに関して対称移動した曲線をグラフにもつ 2 次関数を求めよ。

p.131 基本事項 1

指針　関数 $y=f(x)$ のグラフを対称移動すると，次のように移る。

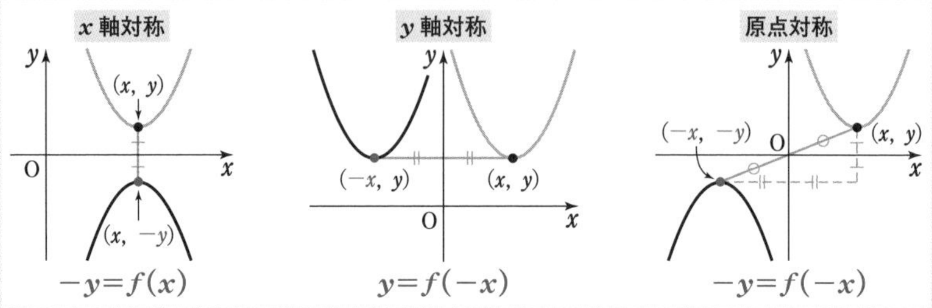

ここでは，$y=2x^2-5x+4$ の式で次のようにおき換える。

[1]　**x 軸対称：$y \longrightarrow -y$**　　[2]　**y 軸対称：$x \longrightarrow -x$**

[3]　**原点対称：$x \longrightarrow -x$，$y \longrightarrow -y$**

この [1]，[2]，[3] のおき換えによる解法は，2 次関数以外の関数のグラフについても利用することができる。

解答

(1)　y を $-y$ におき換えて

$-y=2x^2-5x+4$

よって　　$\boldsymbol{y=-2x^2+5x-4}$

(2)　x を $-x$ におき換えて

$y=2(-x)^2-5(-x)+4$

よって　　$\boldsymbol{y=2x^2+5x+4}$

(3)　x を $-x$，y を $-y$ におき換えて

$-y=2(-x)^2-5(-x)+4$

よって　　$\boldsymbol{y=-2x^2-5x-4}$

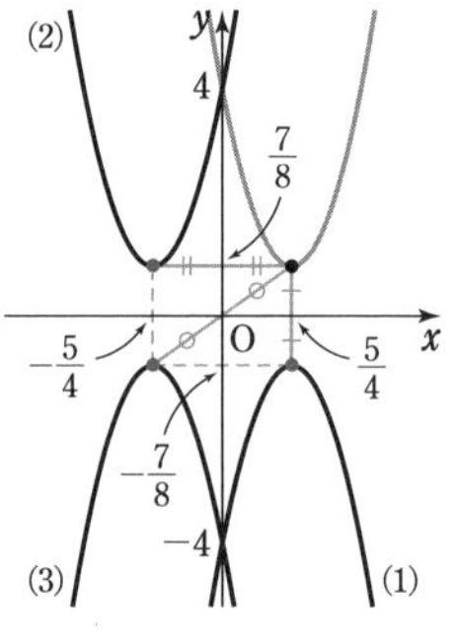

◀ x はそのまま。

◀ x^2 の係数の符号が **変わる**。⟶ 上に凸のグラフになる。

◀ y はそのまま。

◀ x^2 の係数は **不変**。⟶ 下に凸のグラフのまま。

◀ x^2 の係数の符号が **変わる**。⟶ 上に凸のグラフになる。

検討　**例題 77 の別解**

x^2 の係数と頂点に着目 して，次のように考えてもよい。

なお，$y=2x^2-5x+4=2\left(x-\dfrac{5}{4}\right)^2+\dfrac{7}{8}$ で，$p=\dfrac{5}{4}$，$q=\dfrac{7}{8}$ とおく。

	x^2 の係数	頂点		求める 2 次関数
(1)　x 軸対称	$2 \longrightarrow -2$	$(p,\ q) \longrightarrow (p,\ -q)$	➡	$y=-2(x-p)^2-q$
(2)　y 軸対称	$2 \longrightarrow 2$	$(p,\ q) \longrightarrow (-p,\ q)$	➡	$y=2(x+p)^2+q$
(3)　原点対称	$2 \longrightarrow -2$	$(p,\ q) \longrightarrow (-p,\ -q)$	➡	$y=-2(x+p)^2-q$

練習 ① 77　2 次関数 $y=-x^2+4x-1$ のグラフを (1) x 軸 (2) y 軸 (3) 原点 のそれぞれに関して対称移動した曲線をグラフにもつ 2 次関数を求めよ。

p.134 EX 56

基本 例題 78 2次関数の係数決定［平行・対称移動］ ①①①①①

放物線 $y=x^2+ax+b$ を原点に関して対称移動し，更に x 軸方向に -1，y 軸方向に 8 だけ平行移動すると，放物線 $y=-x^2+5x+11$ が得られるという。このとき，定数 a，b の値を求めよ。

基本 75〜77

指針 グラフが複数の移動をする問題では，**その移動の順序に注意する。**

1 放物線 $y=x^2+ax+b$ を，条件の通りに **原点対称移動 ⟶ 平行移動** と順に移動した放物線の方程式を求める。

2 1 で求めた放物線の方程式が $y=-x^2+5x+11$ と一致することから，係数に注目して a，b の方程式を作り，解く。

または，別解 のように，複数の移動の結果である放物線 $y=-x^2+5x+11$ に注目し，**逆の移動** を考えてもよい。

$y=x^2+ax+b$ (C_1) ⇄（原点対称／原点対称）● (C_2) ⇄（x 軸方向に -1，y 軸方向に 8／x 軸方向に 1，y 軸方向に -8）$y=-x^2+5x+11$ (C_3)

解答

放物線 $y=x^2+ax+b$ を原点に関して対称移動した放物線の方程式は　$-y=(-x)^2+a(-x)+b$

すなわち　$y=-x^2+ax-b$ …… (＊)

◀ $\begin{cases} x \to -x \\ y \to -y \end{cases}$ とおき換える。

また，この放物線を更に x 軸方向に -1，y 軸方向に 8 だけ平行移動した放物線の方程式は

$$y-8=-(x+1)^2+a(x+1)-b$$

◀ (＊) で，$\begin{cases} x \to x-(-1) \\ y \to y-8 \end{cases}$ とおき換える。

すなわち　$y=-x^2+(a-2)x+a-b+7$

これが $y=-x^2+5x+11$ と一致するから

$$a-2=5,\ a-b+7=11$$

◀ x の係数と定数項を比較。

これを解いて　$\boldsymbol{a=7,\ b=3}$

別解　放物線 $y=-x^2+5x+11$ を x 軸方向に 1，y 軸方向に -8 だけ平行移動した放物線の方程式は

$$y+8=-(x-1)^2+5(x-1)+11$$

すなわち　$y=-x^2+7x-3$

この放物線を，更に原点に関して対称移動した放物線の方程式は　$-y=-(-x)^2+7(-x)-3$

すなわち　$y=x^2+7x+3$

これが $y=x^2+ax+b$ と一致するから

$$\boldsymbol{a=7,\ b=3}$$

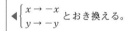

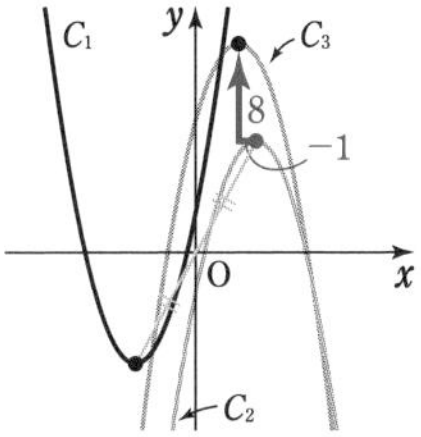

◀ x の係数と定数項を比較。

練習 ③ 78 放物線 $y=x^2$ を x 軸方向に p，y 軸方向に q だけ平行移動した後，x 軸に関して対称移動したところ，放物線の方程式は $y=-x^2-3x+3$ となった。このとき，p，q の値を求めよ。〔中央大〕

EXERCISES　8 関数とグラフ，9 2次関数のグラフとその移動

③51 点 $(2x-3,\ -3x+5)$ が第2象限にあるように，x の値の範囲を定めよ。また，x がどのような値であってもこの点が存在しない象限をいえ。 →64

③52 (1) 関数 $y=-x+1$ $(a\leqq x\leqq b)$ の最大値が2，最小値が -2 であるとき，定数 a，b の値を求めよ。ただし，$a<b$ とする。

(2) 関数 $y=ax+b$ $(-2\leqq x<1)$ の値域が $1<y\leqq 7$ であるとき，定数 a，b の値を求めよ。 →65,66

②53 xy 平面において，折れ線 $y=|2x+2|+x-1$ と x 軸によって囲まれた部分の面積を求めよ。 〔千葉工大〕 →67

③54 次の関数 $f(x)$ の最小値とそのときの x の値を求めよ。

(1) $f(x)=|x-1|+|x-2|+|x-3|$　　(2) $f(x)=|x+|3x-24||$

〔(1) 大阪産大，(2) 千葉工大〕 →43,68

③55 (1) 放物線 $y=x^2+ax-2$ の頂点の座標を a で表せ。また，頂点が直線 $y=2x-1$ 上にあるとき，定数 a の値を求めよ。 〔類 慶応大〕

(2) 2つの放物線 $y=2x^2-12x+17$ と $y=ax^2+6x+b$ の頂点が一致するように定数 a，b の値を定めよ。 〔神戸国際大〕

→73

③56 2次関数 $y=ax^2+bx+c$ のグラフをコンピュータのグラフ表示ソフトを用いて表示させる。このソフトでは，図の画面上の [A]，[B]，[C] にそれぞれ係数 a，b，c の値を入力すると，その値に応じたグラフが表示される。

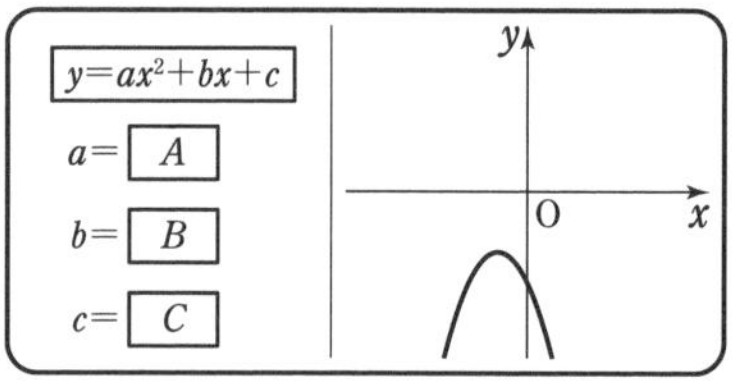

いま，[A]，[B]，[C] にある値を入力すると，右の図のようなグラフが表示された。

(1) [A]，[B]，[C] に入力した値の組み合わせとして，適切なものを，右の表の①～⑧から1つ選べ。

	①	②	③	④	⑤	⑥	⑦	⑧
A	1	1	1	1	-1	-1	-1	-1
B	2	2	-2	-2	2	2	-2	-2
C	3	-3	3	-3	3	-3	3	-3

(2) いま表示されているグラフを原点に関して対称移動した曲線を表示させるためには，[A]，[B]，[C] にどのような値を入力すればよいか。適切な組み合わせを，(1)の表の①～⑧から1つ選べ。 →74,77

HINT

51　第何象限にあるかは，点の x 座標，y 座標の符号で決まる。
52　(2) 定義域と値域の両端の値に着目。
53　グラフをかき，グラフと x 軸の交点の座標を調べる。
54　グラフをかいて求めるとよい。(2) 内側の絶対値 $|3x-24|$ からはずす。
55　(2) 2つの放物線の頂点の座標をそれぞれ求める。

10　2次関数の最大・最小と決定

基本事項

1　2次関数の最大・最小

基本形　$y=a(x-p)^2+q$　に変形する。

$a>0$ のとき　**$x=p$ で　最小値 q**
　　　　　　　最大値は　ない

$a<0$ のとき　**$x=p$ で　最大値 q**
　　　　　　　最小値は　ない

[$a>0$のとき]
グラフは下に凸

[$a<0$のとき]
グラフは上に凸

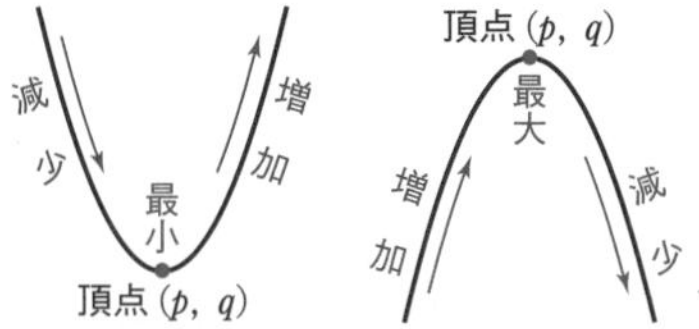

2　定義域に制限がある場合の最大・最小

関数 $y=a(x-p)^2+q$ $(h\leqq x\leqq k)$ の最大・最小は，軸 $x=p$（頂点の x 座標）の位置によって，次の図のようになる（図は 下に凸のグラフ，すなわち $a>0$ のとき）。
最大値については ①～③，最小値については ❶～❸ のように，そのときの x の値によって 3 つずつの場合に分かれる。

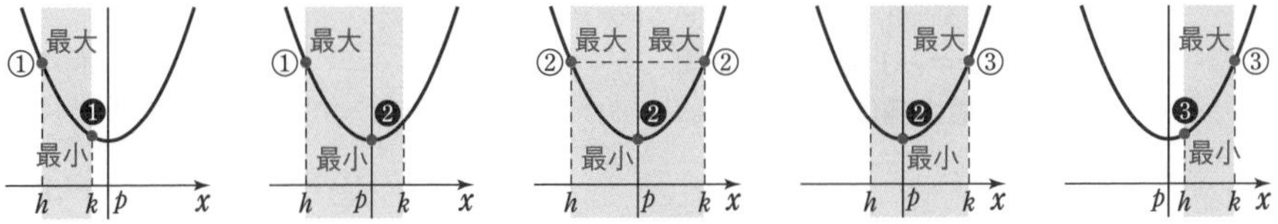

p が　区間の**右外**　区間内で**中央より右**　区間内で**中央**　区間内で**中央より左**　区間の**左外**

$a<0$ の場合は，グラフが上に凸で，最大と最小が入れ替わる。

解　説

■ 2 次関数の最大・最小

2 次関数 $y=ax^2+bx+c$ のグラフは

$a>0$ のとき　下に凸で，頂点が最も下の点である。
　　　　　　（最も上の点はない。）

$a<0$ のとき　上に凸で，頂点が最も上の点である。
　　　　　　（最も下の点はない。）

よって，2 次関数は，定義域が実数全体のとき，$a>0$ ならば最小値，$a<0$ ならば最大値をもち，それはグラフの頂点の y 座標である。

◀2 次関数 $y=ax^2+bx+c$ は，$y=a(x-p)^2+q$ の形（基本形）に変形すると，最大値・最小値がわかる。

■ 定義域に制限がある場合の最大・最小

2 次関数 $y=ax^2+bx+c$ の定義域が $h\leqq x\leqq k$ のように制限された場合，最大値・最小値は **頂点か区間の端 $x=h$，$x=k$ のいずれか** でとる。これは上の **2** のように **グラフをかいて考える** とわかりやすい。
なお，定義域が $h<x<k$ や $h<x\leqq k$ などの場合は，最大値・最小値をとらないこともある。

◀x の値の範囲 $h\leqq x\leqq k$，$h<x<k$，$h\leqq x<k$ などの実数 x の集合を **区間** という。

注意　**2** の図では最大値・最小値を同時に考えるため 5 つの場合に分けたが，**最大，最小それぞれでは 3 通りずつの場合** に分けられる。

◀最大値は ①～③，最小値は ❶～❸。

基本例題 79　2次関数の最大・最小(1)

次の2次関数に最大値，最小値があれば，それを求めよ。

(1)　$y=3x^2+6x-1$　　　　(2)　$y=-2x^2+x$

p.135 基本事項 1

指針　まず $y=ax^2+bx+c$ の形の式を変形（**平方完成**）して，
　　基本形 $y=a(x-p)^2+q$ に直す

次に，定義域は実数全体であるから，グラフが上に凸か下に凸かに注目する。

　下に凸 の放物線 ⟶ **頂点で最小，最大値はない。**
　上に凸 の放物線 ⟶ **頂点で最大，最小値はない。**

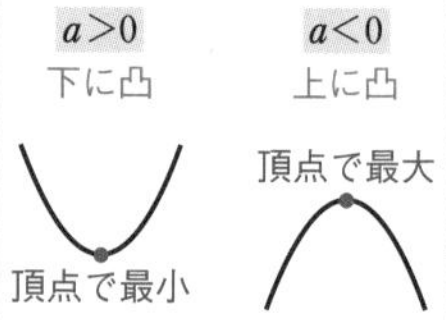

CHART 2次式の扱い　**平方完成して $a(x-p)^2+q$ に直す**

解答

(1)　$y=3x^2+6x-1$
$=3(x^2+2x)-1$
$=3(x^2+2x+1^2)-3\cdot1^2-1$
$=3(x+1)^2-4$

よって　　**$x=-1$ で最小値 -4，**
最大値はない。

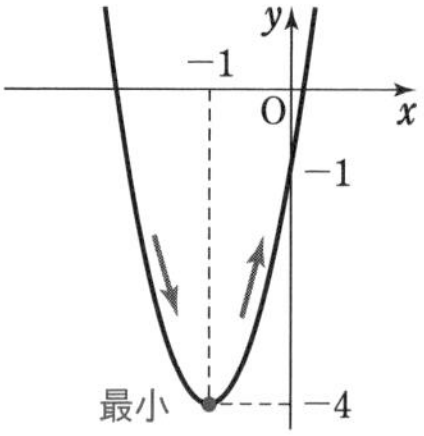

◀まず，平方完成する。

◀グラフは下に凸の放物線で，頂点は点 $(-1,\ -4)$
y の値はいくらでも大きくなるから，最大値はない。

(2)　$y=-2x^2+x$

$$=-2\left(x^2-\frac{1}{2}x\right)$$

$$=-2\left\{x^2-\frac{1}{2}x+\left(\frac{1}{4}\right)^2\right\}+2\cdot\left(\frac{1}{4}\right)^2$$

$$=-2\left(x-\frac{1}{4}\right)^2+\frac{1}{8}$$

よって　　**$x=\dfrac{1}{4}$ で最大値 $\dfrac{1}{8}$，**　……（＊）
最小値はない。

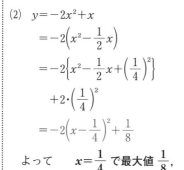

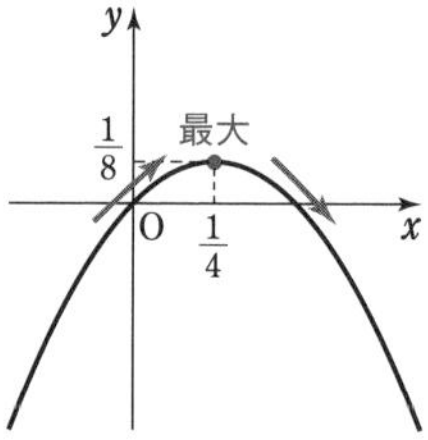

（＊）グラフは上に凸の放物線で，頂点は点 $\left(\dfrac{1}{4},\ \dfrac{1}{8}\right)$
y の値はいくらでも小さくなるから，最小値はない。

注意　問題文に書かれていなくても，**最大値・最小値を求める問題では，それらを与える x の値を示しておくのが原則である。**
また，「最大値，最小値があれば，それを求めよ。」という問題で，最大値または最小値がない場合は，上の解答のように**「～はない」と必ず答える。**

練習 ① 79　次の2次関数に最大値，最小値があれば，それを求めよ。

(1)　$y=x^2-2x-3$　　　　(2)　$y=-2x^2+3x-5$

(3)　$y=-2x^2+6x+1$　　　(4)　$y=3x^2-5x+8$

p.159 EX 57

基本例題 80 2次関数の最大・最小(2)

次の関数に最大値，最小値があれば，それを求めよ。

(1) $y=2x^2-8x+5\quad(0\leqq x\leqq 3)$　　(2) $y=-x^2-2x+2\quad(-3<x\leqq -2)$

p.135 基本事項 2

指針 2次関数の最大・最小には，グラフの利用が有効。
特に，定義域に制限がついた場合は，グラフの **頂点(軸)と定義域の端の値に注目** する。

1. 基本形 $y=a(x-p)^2+q$ の形に変形する。
2. 定義域の範囲でグラフをかく。
3. **頂点**（軸 $x=p$）と**定義域**（$h\leqq x\leqq k$ など）の位置関係を調べる。
4. **頂点の y 座標，定義域の端での y の値を比較**して，最大値・最小値を求める。

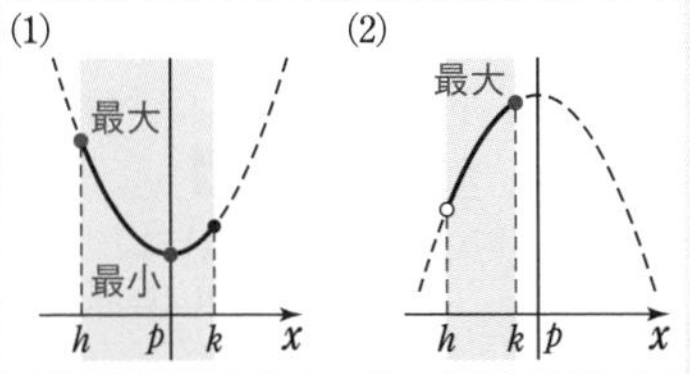

CHART 2次関数の最大・最小　**頂点と端の値に注目**

解答

(1) $y=2x^2-8x+5$
$=2(x^2-4x)+5$
$=2(x^2-4x+2^2)-2\cdot 2^2+5$
$=2(x-2)^2-3$

また　$x=0$ のとき　$y=5$,
　　　$x=3$ のとき　$y=-1$

よって，与えられた関数のグラフは右の図の実線部分である。

ゆえに　**$x=0$ で最大値 5,**
　　　　$x=2$ で最小値 -3

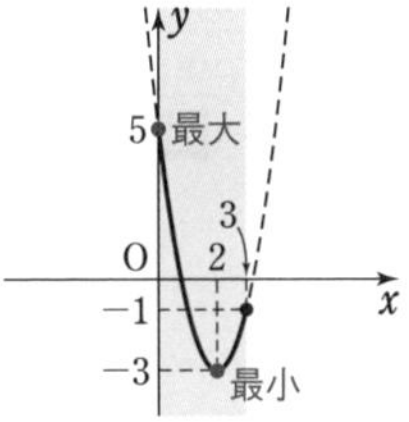

◀軸 $x=2$ は，定義域 $0\leqq x\leqq 3$ の **内部** にある。

◀グラフをかくとき，定義域の内部にある部分は実線，外部にある部分は点線でかくとわかりやすい。
なお，(1)，(2) のグラフの端点で，● はその点を含み，○ はその点を含まないことを意味する。

(2) $y=-x^2-2x+2$
$=-(x^2+2x)+2$
$=-(x^2+2x+1^2)+1\cdot 1^2+2$
$=-(x+1)^2+3$

また　$x=-3$ のとき　$y=-1$,
　　　$x=-2$ のとき　$y=2$

よって，与えられた関数のグラフは右の図の実線部分である。

ゆえに　**$x=-2$ で最大値 2,**
　　　　最小値はない。

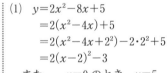

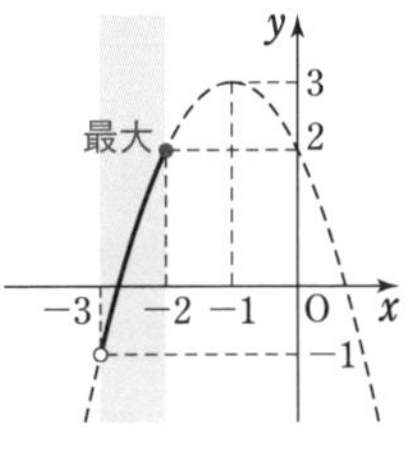

◀軸 $x=-1$ は，定義域 $-3<x\leqq -2$ の **外部** にある。

◀$x=-3$ は定義域に **含まれない** から，最小値は **ない**。

練習 ② **80** 次の関数に最大値，最小値があれば，それを求めよ。

(1) $y=2x^2+3x+1\quad\left(-\dfrac{1}{2}\leqq x<\dfrac{1}{2}\right)$　(2) $y=-\dfrac{1}{2}x^2+2x+\dfrac{3}{2}\quad(1\leqq x\leqq 5)$

基本例題 81　2次関数の最大・最小 (3)

a は正の定数とする。$0 \leqq x \leqq a$ における関数 $f(x)=x^2-4x+5$ について，次の問いに答えよ。

(1) 最小値を求めよ。　　(2) 最大値を求めよ。

基本 80

指針 区間は $0 \leqq x \leqq a$ であるが，文字 a の値が変わると，区間の右端が動き，最大・最小となる場所も変わる。よって，区間の位置で **場合分け** をする。

(1) $y=f(x)$ のグラフは下に凸の放物線で，軸が区間 $0 \leqq x \leqq a$ に含まれれば頂点で最小となる。ゆえに，**軸が区間 $0 \leqq x \leqq a$ に含まれるときと含まれないときで場合分けをする。**……★

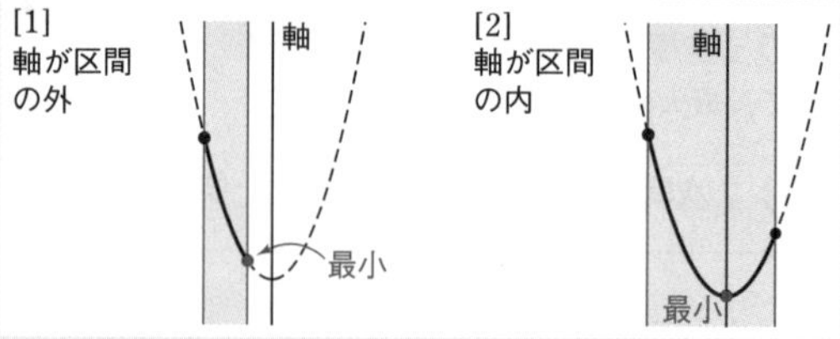

(2) $y=f(x)$ のグラフは下に凸の放物線で，**軸から遠いほど y の値は大きい**（右の図を参照）。
よって，**区間 $0 \leqq x \leqq a$ の両端から軸までの距離が等しくなるような（軸が区間の中央に一致するような）a の値が場合分けの境目となる。**……★

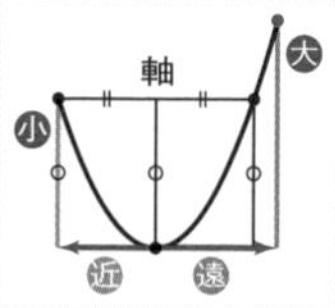

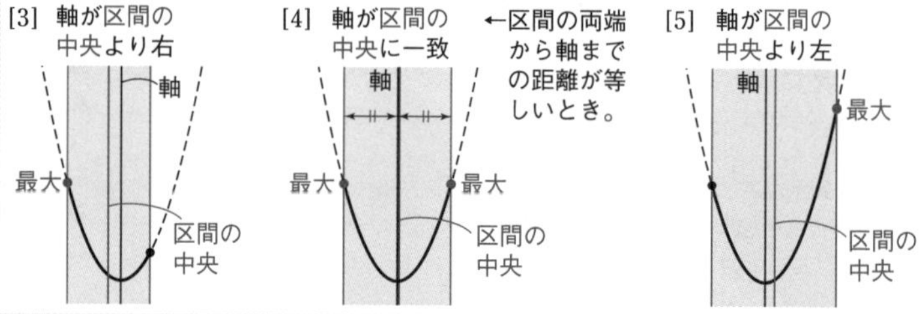

解答

$f(x)=x^2-4x+5=(x-2)^2+1$

$y=f(x)$ のグラフは下に凸の放物線で，軸は　直線 $x=2$

◀ $f(x)=x^2-4x+2^2-2^2+5$

(1) 軸 $x=2$ が $0 \leqq x \leqq a$ の範囲に含まれるかどうかで場合分けをする。

◀指針＿＿……★の方針。
軸 $x=2$ が区間 $0 \leqq x \leqq a$ に含まれるかどうかで，最小となる場所が変わる。

[1] $0<a<2$ のとき
図 [1] のように，軸 $x=2$ は区間の右外にあるから，$x=a$ で最小となる。
最小値は　　$f(a)=a^2-4a+5$

◀区間の右端で最小。

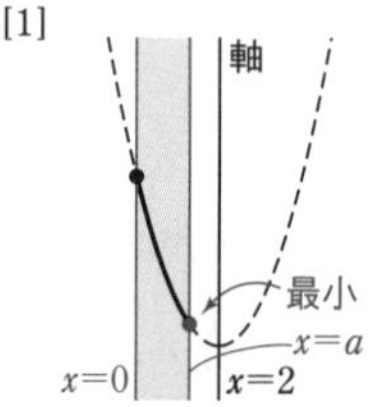

[2]　$a \geqq 2$ のとき

図 [2] のように，軸 $x=2$ は区間に含まれるから，$x=2$ で最小となる。

最小値は　　$f(2)=1$

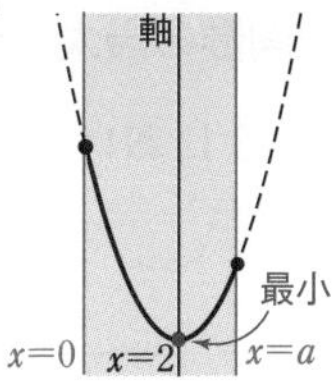

◀頂点で最小。

[1]，[2] から

$$\begin{cases} 0<a<2 \text{ のとき} & x=a \text{ で最小値 } a^2-4a+5 \\ a \geqq 2 \text{ のとき} & x=2 \text{ で最小値 } 1 \end{cases}$$

(2)　区間 $0 \leqq x \leqq a$ の中央の値は $\dfrac{a}{2}$ である。

◀指針____……★の方針。
区間 $0 \leqq x \leqq a$ の中央 $\dfrac{a}{2}$ が，軸 $x=2$ に対し左右どちらにあるかで場合分けをする。

[3]　$0<\dfrac{a}{2}<2$ すなわち $0<a<4$ のとき

図 [3] のように，軸 $x=2$ は区間の中央より右側にあるから，$x=0$ で最大となる。

最大値は　　$f(0)=5$

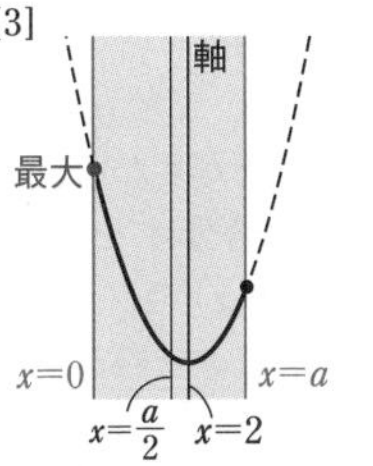

◀$x=0$ の方が軸から遠い。

[4]　$\dfrac{a}{2}=2$ すなわち $a=4$ のとき

図 [4] のように，軸 $x=2$ は区間の中央と一致するから，$x=0$，4 で最大となる。

最大値は　　$f(0)=f(4)=5$

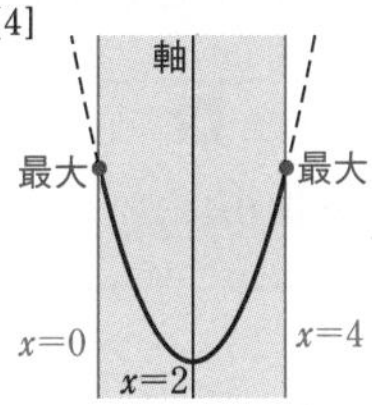

◀軸と $x=0$，a との距離が等しい。

[5]　$2<\dfrac{a}{2}$ すなわち $a>4$ のとき

図 [5] のように，軸 $x=2$ は区間の中央より左側にあるから，$x=a$ で最大となる。

最大値は　　$f(a)=a^2-4a+5$

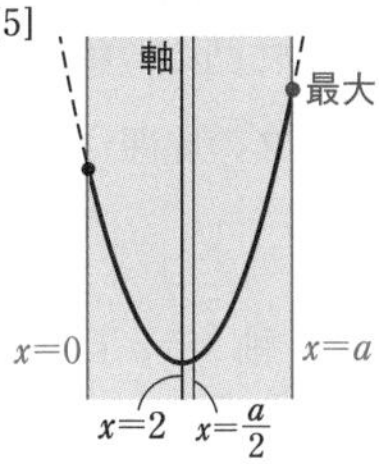

◀$x=a$ の方が軸から遠い。

[3]～[5] から

$$\begin{cases} 0<a<4 \text{ のとき} & x=0 \text{ で最大値 } 5 \\ a=4 \text{ のとき} & x=0,\ 4 \text{ で最大値 } 5 \\ a>4 \text{ のとき} & x=a \text{ で最大値 } a^2-4a+5 \end{cases}$$

この問題で求めた $f(x)$ の最小値・最大値は a の関数になる。詳しくは，解答編 p.70 の 検討 参照。

練習 ② **81**　a は正の定数とする。$0 \leqq x \leqq a$ における関数 $f(x)=x^2-2x-3$ について，次の問いに答えよ。

(1)　最小値を求めよ。　　　(2)　最大値を求めよ。

p.159 EX58

基本例題 82 2次関数の最大・最小 (4)

①①①①①

a は定数とする。$0 \leqq x \leqq 2$ における関数 $f(x)=x^2-2ax-4a$ について，次の問いに答えよ。

(1) 最小値を求めよ。　　(2) 最大値を求めよ。

基本 80

指針 この問題では，区間 $0 \leqq x \leqq 2$ に文字 a は含まれないが，関数 $f(x)$ に文字 a が含まれる。

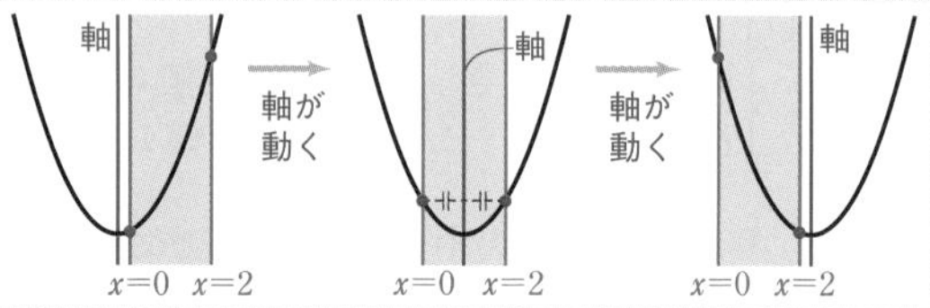

関数 $f(x)$ を基本形に直すと

$f(x)=(x-a)^2-a^2-4a$

軸は直線 $x=a$ であるが，文字 a の値が変わると，軸（グラフ）が動き，区間 $0 \leqq x \leqq 2$ で最大・最小となる場所が変わる。

よって，軸の位置で **場合分け** をする。

(1) **最小値**　関数 $y=f(x)$ のグラフは下に凸であるから，軸が区間に含まれるときと含まれないとき，更に含まれないときは区間の左外か右外かで場合分けをする。……★

(2) **最大値**　グラフは下に凸であるから，**軸から遠いほど y の値は大きい。**

よって，区間の両端 ($x=0$, $x=2$) と軸までの距離が等しいときの a の値が場合分けの境目となる。……★

この a の値は，区間 $0 \leqq x \leqq 2$ の中央の値で　$\dfrac{0+2}{2}=1$

解答

$f(x)=x^2-2ax-4a=(x-a)^2-a^2-4a$

$y=f(x)$ のグラフは下に凸の放物線で，軸は　直線 $x=a$

◀ $f(x)=x^2-2ax+a^2$
$-a^2-4a$

(1) 軸 $x=a$ が $0 \leqq x \leqq 2$ の範囲に含まれるかどうかを考える。

◀指針____……★の方針。
軸 $x=a$ が区間 $0 \leqq x \leqq 2$ に含まれるか，左外か右外かで最小となる場所が変わる。

[1] $a<0$ のとき

図 [1] のように，軸 $x=a$ は区間の左外にあるから，$x=0$ で最小となる。

最小値は　　$f(0)=-4a$

[1]
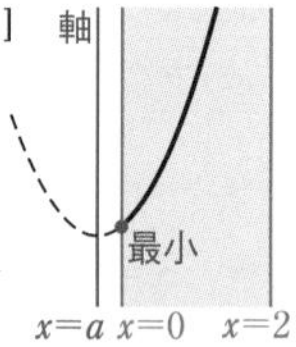

◀区間の左端で最小。

[2] $0 \leqq a \leqq 2$ のとき

図 [2] のように，軸 $x=a$ は区間に含まれるから，$x=a$ で最小となる。

最小値は　　$f(a)=-a^2-4a$

[2]
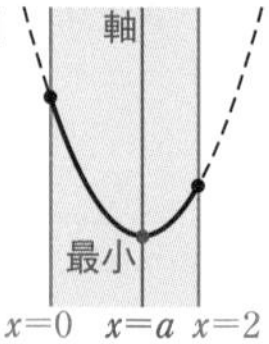

◀頂点で最小。

[3]　$a>2$ のとき

図 [3] のように，軸 $x=a$ は区間の右外にあるから，$x=2$ で最小となる。

最小値は　　$f(2)=-8a+4$

[3]
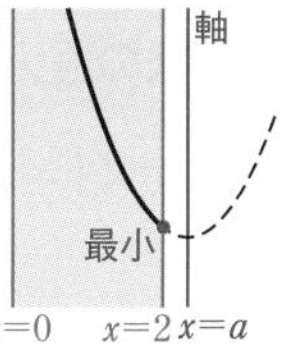

◀区間の右端で最小。

[1]～[3] から

$\begin{cases} a<0 \text{ のとき} & x=0 \text{ で最小値 } -4a \\ 0 \leqq a \leqq 2 \text{ のとき} & x=a \text{ で最小値 } -a^2-4a \\ a>2 \text{ のとき} & x=2 \text{ で最小値 } -8a+4 \end{cases}$

(2)　区間 $0 \leqq x \leqq 2$ の中央の値は　1

◀**指針**＿＿……★の方針。軸 $x=a$ が，区間 $0 \leqq x \leqq 2$ の中央 1 に対し左右どちらにあるかで場合分けをする。

[4]　$a<1$ のとき

図 [4] のように，軸 $x=a$ は区間の中央より左側にあるから，$x=2$ で最大となる。

最大値は　　$f(2)=-8a+4$

[4]
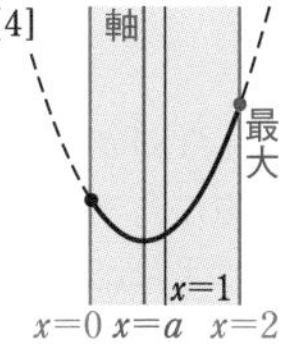

◀$x=2$ の方が軸から遠い。

[5]　$a=1$ のとき

図 [5] のように，軸 $x=a$ は区間の中央と一致するから，$x=0$，2 で最大となる。

最大値は　　$f(0)=f(2)=-4$

[5]
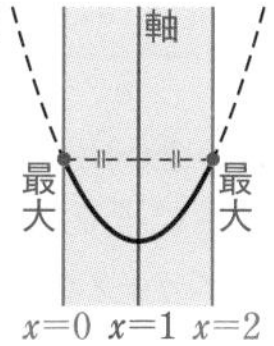

◀軸と $x=0$，2 との距離が等しい。

[6]　$a>1$ のとき

図 [6] のように，軸 $x=a$ は区間の中央より右側にあるから，$x=0$ で最大となる。

最大値は　　$f(0)=-4a$

[6]
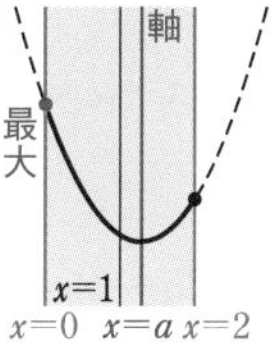

◀$x=0$ の方が軸から遠い。

[4]～[6] から

$\begin{cases} a<1 \text{ のとき} & x=2 \text{ で最大値 } -8a+4 \\ a=1 \text{ のとき} & x=0,\ 2 \text{ で最大値 } -4 \\ a>1 \text{ のとき} & x=0 \text{ で最大値 } -4a \end{cases}$

練習
③ **82**
a は定数とする。$-1 \leqq x \leqq 1$ における関数 $f(x)=x^2+2(a-1)x$ について，次の問いに答えよ。

(1)　最小値を求めよ。　　(2)　最大値を求めよ。

基本例題 83　2次関数の最大・最小 (5)

a を定数とする。$a \leqq x \leqq a+2$ における関数 $f(x)=x^2-2x+2$ について，次の問いに答えよ。

(1)　最小値を求めよ。　　(2)　最大値を求めよ。

基本 80

指針　この問題では，区間の幅は 2 で一定であるが，a の増加とともに区間全体が右に移動するから，軸 $x=1$ と区間 $a \leqq x \leqq a+2$ の位置関係を調べる。

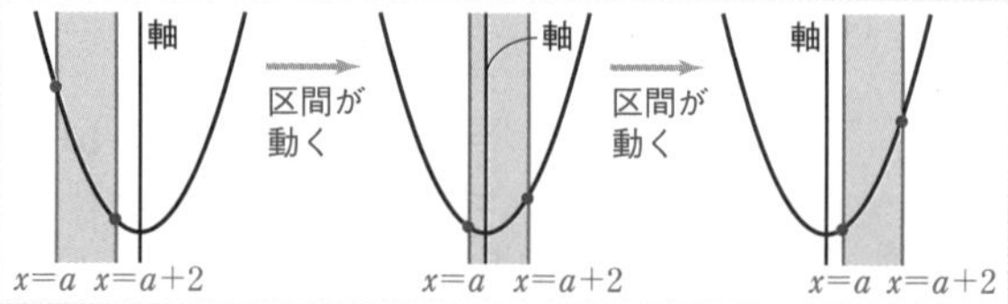

(1)　**最小値**　関数 $y=f(x)$ のグラフは下に凸であるから，軸が区間に含まれるときと含まれないとき，更に含まれないときは区間の右外か左外かで場合分けをする。

(2)　**最大値**　グラフは下に凸であるから，**軸から遠いほど y の値は大きい**。よって，区間の両端 ($x=a$，$x=a+2$) と軸までの距離が等しいときの a の値が場合分けの境目となる。

解答

$$f(x)=x^2-2x+2=(x-1)^2+1$$

$y=f(x)$ のグラフは下に凸の放物線で，軸は　直線 $x=1$

(1)　軸 $x=1$ が $a \leqq x \leqq a+2$ の範囲に含まれるかどうかを考える。

[1]　$a+2<1$ すなわち $a<-1$ のとき
右のグラフから，$x=a+2$ で最小となる。
最小値は
$f(a+2)=a^2+2a+2$

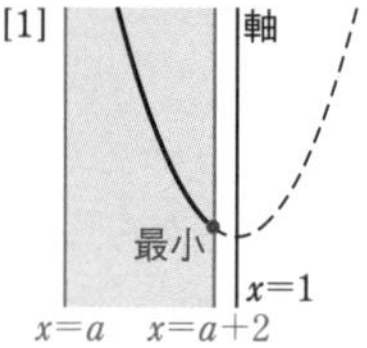

◀軸が区間の右外にあるから，区間の右端で最小となる。

[2]　$a \leqq 1 \leqq a+2$ すなわち $-1 \leqq a \leqq 1$ のとき
右のグラフから，$x=1$ で最小となる。
最小値は　$f(1)=1$

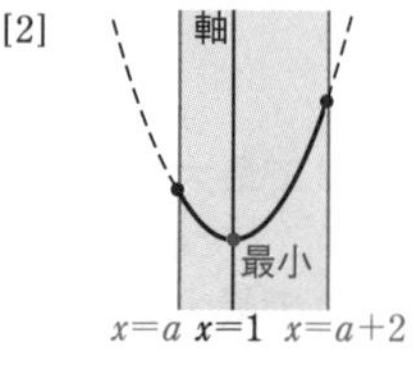

◀$1 \leqq a+2$ から $-1 \leqq a$

◀軸が区間内にあるから，頂点で最小になる。

[3]　$1<a$ すなわち $a>1$ のとき
右のグラフから，$x=a$ で最小となる。
最小値は　$f(a)=a^2-2a+2$

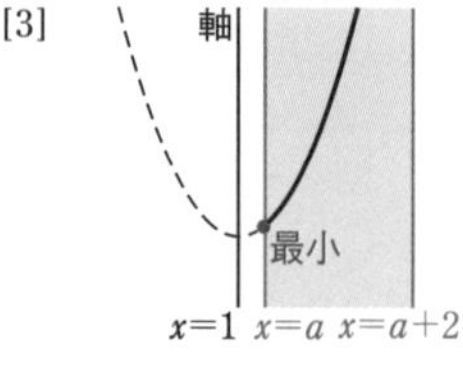

◀軸が区間の左外にあるから，区間の左端で最小となる。

以上から

$$\begin{cases} a<-1 \text{ のとき} & x=a+2 \text{ で最小値 } a^2+2a+2 \\ -1 \leqq a \leqq 1 \text{ のとき} & x=1 \text{ で最小値 } 1 \\ a>1 \text{ のとき} & x=a \text{ で最小値 } a^2-2a+2 \end{cases}$$

(2) 区間 $a \leqq x \leqq a+2$ の中央の値は　$a+1$

◀ $\dfrac{a+a+2}{2}=a+1$

[4]　$a+1<1$ すなわち
$a<0$ のとき
右のグラフから，$x=a$ で最大となる。
最大値は　$f(a)=a^2-2a+2$

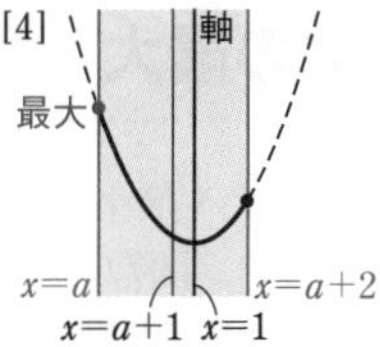

◀軸が区間の中央 $x=a+1$ より右にあるので，$x=a$ の方が軸から遠い。
よって　$f(a)>f(a+2)$

[5]　$a+1=1$ すなわち
$a=0$ のとき
右のグラフから，$x=0,\ 2$ で最大となる。
最大値は　$f(0)=f(2)=2$

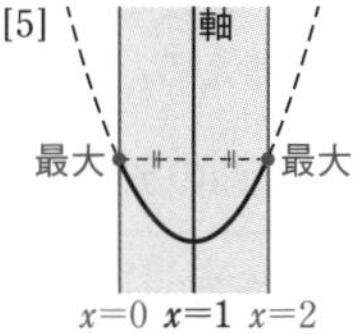

◀軸が区間の中央 $x=a+1$ に一致するから，軸と $x=a,\ a+2$ との距離が等しい。
よって　$f(a)=f(a+2)$

[6]　$a+1>1$ すなわち
$a>0$ のとき
右のグラフから，$x=a+2$ で最大となる。最大値は
$f(a+2)=a^2+2a+2$

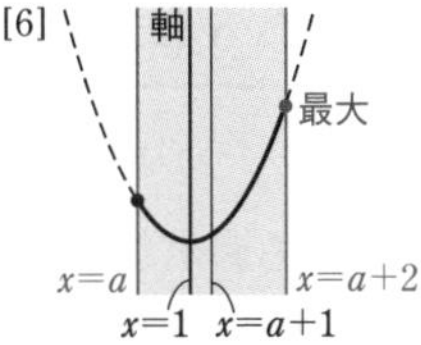

◀軸が区間の中央 $x=a+1$ より左にあるので，$x=a+2$ の方が軸から遠い。
よって　$f(a)<f(a+2)$

以上から

$$\begin{cases} a<0 \text{ のとき} & x=a \text{ で最大値 } a^2-2a+2 \\ a=0 \text{ のとき} & x=0,\ 2 \text{ で最大値 } 2 \\ a>0 \text{ のとき} & x=a+2 \text{ で最大値 } a^2+2a+2 \end{cases}$$

検討

最小値と最大値をまとめた解答

$f(x)=x^2-2x+2\ (a \leqq x \leqq a+2)$ の最大値・最小値を同時に答えるときは，次のようになる。

① 軸が区間の右外	② 軸が区間の内で中央より右	③ 軸が区間の内で中央	④ 軸が区間の内で中央より左	⑤ 軸が区間の左外
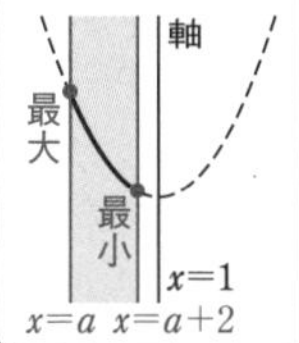	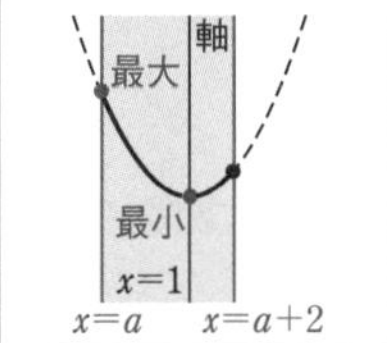	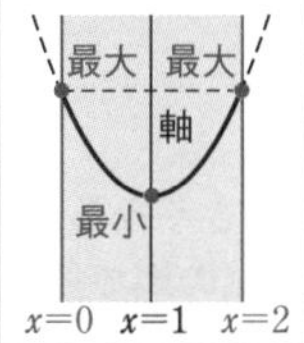	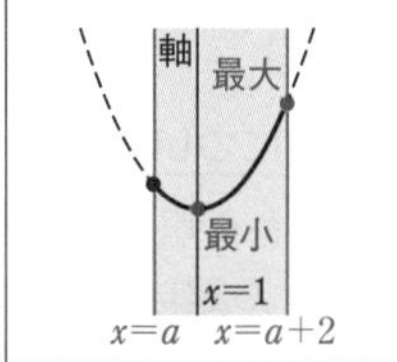	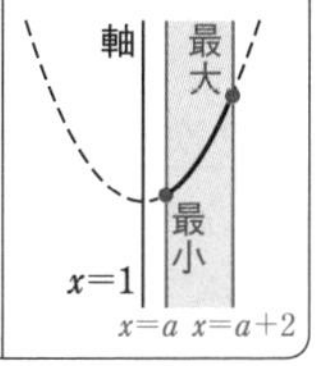

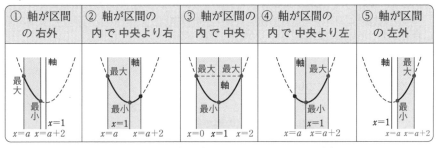

① $a<-1$ のとき　最小値 $f(a+2)=a^2+2a+2$，　最大値 $f(a)=a^2-2a+2$
② $-1 \leqq a<0$ のとき　最小値 $f(1)=1$，　最大値 $f(a)=a^2-2a+2$
③ $a=0$ のとき　最小値 $f(1)=1$，　最大値 $f(0)=f(2)=2$
④ $0<a \leqq 1$ のとき　最小値 $f(1)=1$，　最大値 $f(a+2)=a^2+2a+2$
⑤ $a>1$ のとき　最小値 $f(a)=a^2-2a+2$，　最大値 $f(a+2)=a^2+2a+2$

練習 ③ **83**　a は定数とする。$a \leqq x \leqq a+1$ における関数 $f(x)=-2x^2+6x+1$ について，次の問いに答えよ。
(1) 最小値を求めよ。　　(2) 最大値を求めよ。

p.159 EX59

振り返り　2次関数の最大・最小

例題 **79**～**83** では，2 次関数の最大・最小の問題を扱った。特に，例題 **81**～**83** では，関数や定義域に文字 a が含まれており，関数のグラフや定義域が変化する場合を考えたため，難しく感じたかもしれない。これらの問題は一見違う問題のように見えるかもしれないが，考え方には共通する部分が多い。ここで，その考え方を振り返りながら整理しておこう。以下，下に凸の放物線について考える。上に凸の場合は，最小値と最大値が入れ替わる。

まず，2 次関数のグラフ（下に凸の放物線とする）の特徴について確認しておこう。

性質 ①：軸に関して対称である。
性質 ②：頂点が y 軸方向の最も低い位置となる。
性質 ③：軸から離れるほど，y 軸方向に上がっていく。

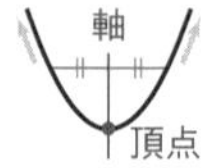

● 2 次関数の最小値について

2 次関数の値は，上の性質からわかるように，軸に近いほどその値は小さくなる。
よって，軸が定義域に含まれている場合は，軸における y の値（頂点の y 座標）が最小値となり，軸が定義域に含まれていない場合は，軸に近い方の端の値が最小となる。

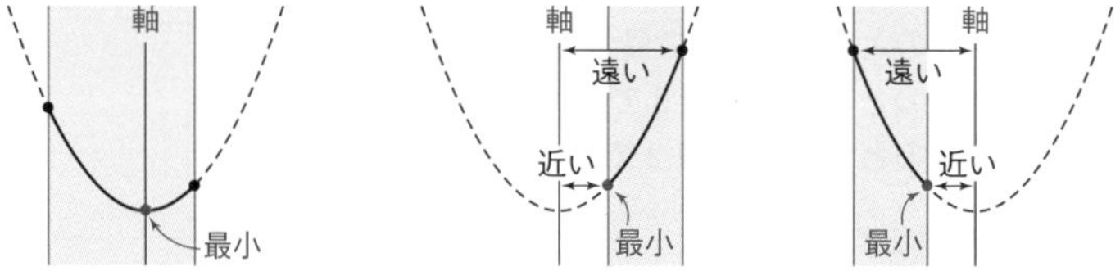

【軸が定義域に含まれるとき】【軸が定義域の左外にあるとき】【軸が定義域の右外にあるとき】

例題 **81**～**83** では，関数や定義域に文字 a が含まれており，場合分けが必要であったが，軸と定義域がどのような位置関係にあるか（定義域内か，左外か，右外か）を考えて場合分けをしていることに注意しよう。

● 2 次関数の最大値について

2 次関数の値は，軸から離れるほど大きくなる。また，2 次関数のグラフは軸に関して対称であるから，軸から遠い方の定義域の端で最大となる。

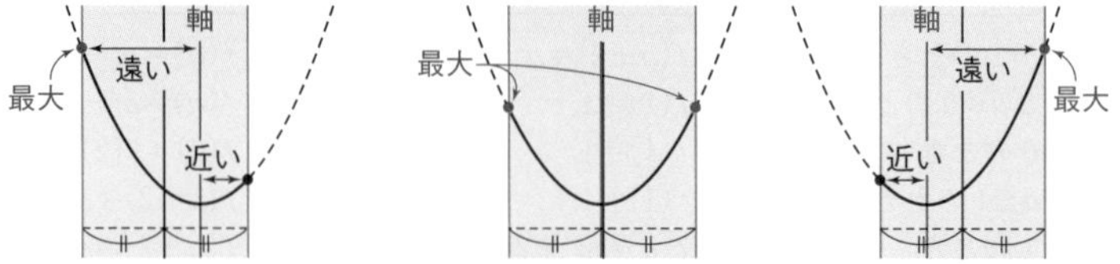

【軸が定義域の中央より右】【軸が定義域の中央と一致】【軸が定義域の中央より左】

例題 **81**～**83** のように，文字 a を含む場合で最大値を求めるときは，軸が定義域の中央に対しどのような位置にあるかを考えて場合分けを行おう。

基本例題 84 最小値の最大値 ①①①②②

k は定数とし，x の 2 次関数 $y=x^2-4kx+3k^2+2k+2$ の最小値を m とする。

(1) m を k の式で表せ。

(2) k の値を $0\leqq k\leqq 3$ の範囲で変化させたとき，m の最大値を求めよ。

基本 80

指針 **2 次式は基本形 $a(x-p)^2+q$ に直す** が基本方針。

(2) (1)で求めた最小値 m を k の関数ととらえると，区間における最大・最小の問題となる。

m は k の **2 次式 ⟶ 基本形に直す**

解答

(1) $y=x^2-4kx+3k^2+2k+2$
$=\{x^2-2\cdot 2kx+(2k)^2\}-(2k)^2+3k^2+2k+2$
$=(x-2k)^2-k^2+2k+2$

よって，y は $x=2k$ で最小値

$\boldsymbol{m=-k^2+2k+2}$ をとる。

◀平方完成し，基本形に直す。

◀グラフは下に凸 ⟶ 頂点で最小。

◀m は k の 2 次式。

(2) $m=-k^2+2k+2$
$=-(k^2-2k)+2$
$=-(k^2-2k+1^2)+1^2+2$
$=-(k-1)^2+3$

右の図から，$0\leqq k\leqq 3$ の範囲において，k の関数 m は，

$\boldsymbol{k=1}$ **で最大値 3** をとる。

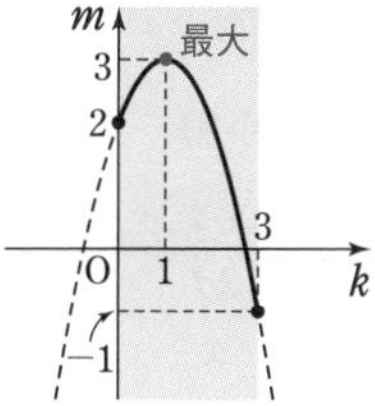

◀平方完成し，基本形に直す。

◀軸は区間内にあり，グラフは上に凸 ⟶ 頂点で最大。

検討 **最小値の最大値とは？**

$y=x^2-4kx+3k^2+2k+2$ のグラフは，k の値を決めるとその位置が 1 つ決まる。その頂点の y 座標が最小値 m で，m は k の値で定まるから，k の関数である。頂点は，k の値を $0\leqq k\leqq 3$ の範囲で変えると，それに応じて位置が変わる。その中に最も上，すなわち，k の関数 m が最大になる場合があるということである。

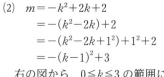

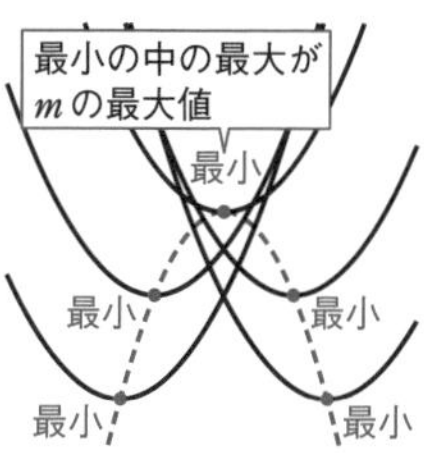

練習 ③ 84 a は定数とし，x の 2 次関数 $y=-2x^2+2ax-a$ の最大値を M とする。

(1) M を a の式で表せ。

(2) a の関数 M の最小値と，そのときの a の値を求めよ。

p.159 EX 60

基本 例題 85 2次関数の係数決定[最大値・最小値] (1)

(1) 関数 $y=-2x^2+8x+k$ $(1\leqq x\leqq 4)$ の最大値が 4 であるように，定数 k の値を定めよ。また，このとき最小値を求めよ。

(2) 関数 $y=x^2-2ax+a^2-2a$ $(0\leqq x\leqq 2)$ の最小値が 11 になるような正の定数 a の値を求めよ。

基本 80，82　重要 86

指針 関数を **基本形 $y=a(x-p)^2+q$** に直し，グラフをもとに最大値や最小値を求め，
(1) (最大値)$=4$　(2) (最小値)$=11$　とおいた方程式を解く。
(2) では，軸 $x=a$ $(a>0)$ が区間 $0\leqq x\leqq 2$ の **内か外か** で **場合分け** して考える。

CHART 2次関数の最大・最小　**グラフの頂点と端をチェック**

解答

(1) $y=-2x^2+8x+k$ を変形すると

$$y=-2(x-2)^2+k+8$$

よって，$1\leqq x\leqq 4$ においては，右の図から，$x=2$ で最大値 $k+8$ をとる。

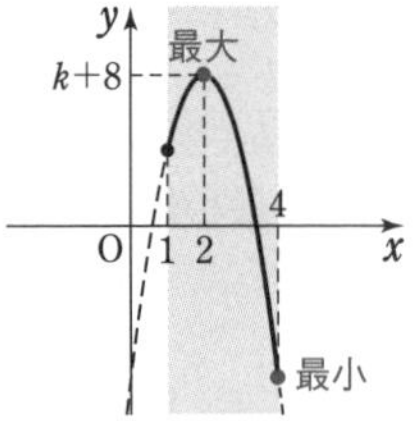

ゆえに　$k+8=4$

よって　$\boldsymbol{k=-4}$

このとき，**$x=4$ で最小値 -4** をとる。

◀区間の中央の値は $\frac{5}{2}$ であるから，軸 $x=2$ は区間 $1\leqq x\leqq 4$ で中央より左にある。

◀最大値を $=4$ とおいて，k の方程式を解く。

(2) $y=x^2-2ax+a^2-2a$ を変形すると

$$y=(x-a)^2-2a$$

[1] $0<a\leqq 2$ のとき，$x=a$ で最小値 $-2a$ をとる。

$-2a=11$ とすると　$a=-\frac{11}{2}$

これは $0<a\leqq 2$ を満たさない。

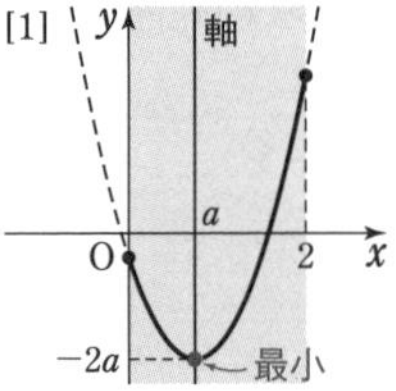

[2] $2<a$ のとき，$x=2$ で最小値 $2^2-2a\cdot 2+a^2-2a$，つまり a^2-6a+4 をとる。

$a^2-6a+4=11$ とすると

$$a^2-6a-7=0$$

これを解くと　$a=-1,\ 7$

$2<a$ を満たすものは　$a=7$

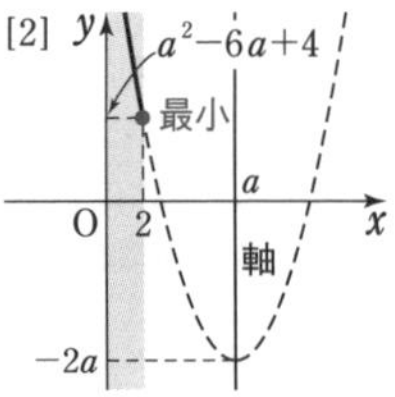

以上から，求める a の値は　$\boldsymbol{a=7}$

◀「a は正」に注意。

◀$0<a\leqq 2$ のとき，軸 $x=a$ は区間の内。⟶ 頂点 $x=a$ で最小。

◀﹏の確認を忘れずに。

◀$2<a$ のとき，軸 $x=a$ は区間の右外。⟶ 区間の右端 $x=2$ で最小。

◀$(a+1)(a-7)=0$

◀﹏の確認を忘れずに。

練習 ③ 85 (1) 2次関数 $y=x^2-x+k+1$ の $-1\leqq x\leqq 1$ における最大値が 6 であるとき，定数 k の値を求めよ。

(2) 関数 $y=-x^2+2ax-a^2-2a-1$ $(-1\leqq x\leqq 0)$ の最大値が 0 になるような定数 a の値を求めよ。

p.159 EX 61

重要例題 86 2次関数の係数決定[最大値・最小値] (2)

定義域を $0 \leqq x \leqq 3$ とする関数 $f(x)=ax^2-2ax+b$ の最大値が 9，最小値が 1 のとき，定数 a，b の値を求めよ。

基本 85

指針 この問題では，x^2 の係数に文字が含まれているから，a のとる値によって，グラフの形が変わってくる。よって，次の 3 つの場合分けを考える。

$a=0$ (直線)，　$a>0$ (下に凸の放物線)，　$a<0$ (上に凸の放物線)

$a \neq 0$ のときは，$p.137$ 例題 **80** と同様にして，最大値・最小値を a，b の式で表し，(最大値)$=9$，(最小値)$=1$ から得られる連立方程式を解く。

なお，場合に分けて得られた値が，**場合分けの条件を満たすかどうかの確認** を忘れないようにしよう。

解答

関数の式を変形すると　$f(x)=a(x-1)^2-a+b$

◀まず，**基本形に直す。**

[1] $a=0$ のとき

$f(x)=b$ (一定) となり，条件を満たさない。

◀常に一定の値をとるから，最大値 9，最小値 1 をとることはない。

[2] $a>0$ のとき

$y=f(x)$ のグラフは下に凸の放物線となり，$0 \leqq x \leqq 3$ の範囲で $f(x)$ は　$x=3$ で最大値 $f(3)=3a+b$，

$x=1$ で最小値 $f(1)=-a+b$

をとる。したがって

$3a+b=9$，$-a+b=1$

これを解いて　$a=2$，$b=3$

これは $a>0$ を満たす。

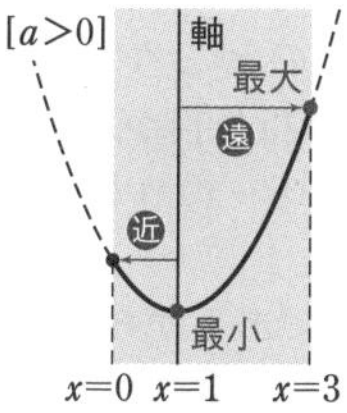

◀軸は直線 $x=1$ で区間 $0 \leqq x \leqq 3$ 内にあるから，$a>0$ のとき軸から遠い端 ($x=3$) で最大，頂点 ($x=1$) で最小となる。

◀この確認を忘れずに。

[3] $a<0$ のとき

$y=f(x)$ のグラフは上に凸の放物線となり，$0 \leqq x \leqq 3$ の範囲で $f(x)$ は　$x=1$ で最大値 $f(1)=-a+b$，

$x=3$ で最小値 $f(3)=3a+b$

をとる。したがって

$-a+b=9$，$3a+b=1$

これを解いて　$a=-2$，$b=7$

これは $a<0$ を満たす。

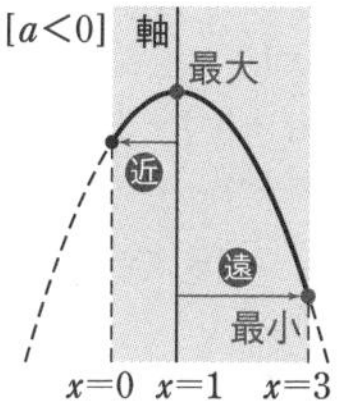

◀軸は直線 $x=1$ で区間 $0 \leqq x \leqq 3$ 内にあるから，$a<0$ のとき頂点 ($x=1$) で最大，軸から遠い端 ($x=3$) で最小となる。

◀この確認を忘れずに。

以上から　**$a=2$，$b=3$ または $a=-2$，$b=7$**

注意 問題文が **“2 次関数”** $f(x)=ax^2+bx+c$ ならば $a \neq 0$ は仮定されていると考えるが，**“関数”** $f(x)=ax^2+bx+c$ とあるときは，$a=0$ のときも考察しなければならない。

練習 ③ 86 定義域を $-1 \leqq x \leqq 2$ とする関数 $f(x)=ax^2+4ax+b$ の最大値が 5，最小値が 1 のとき，定数 a，b の値を求めよ。

〔類 東北学院大〕

基本例題 87 2次関数の最大・最小と文章題(1) ①①①①①

長さ6mの金網を直角に折り曲げて，右図のように，直角な壁の隅のところに長方形の囲いを作ることにした。囲いの面積を最大にするには，金網をどのように折り曲げればよいか。

基本 80

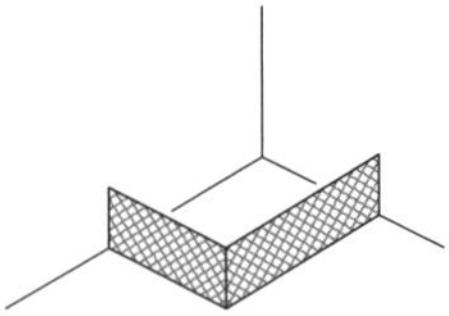

指針 **文章題** …… 適当な **文字 (x) を選び，最大・最小を求めたい量を (x の) 式に表す** ことが出発点。
この問題では，端から折り曲げた長さを x m として，面積 S を x で表す。
次に，S (x の2次式) を **基本形に直し**，x の **変域に注意** しながら S を最大とする x の値を求める。

CHART **文章題** 題意を式に表す 表しやすいように変数を選ぶ 変域に注意

解答
金網の端から x m のところで折り曲げるとすると，折り目からもう一方の端までは $(6-x)$m になる。

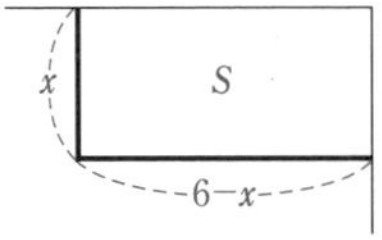

◀自分で定めた文字(変数)が何であるかを，きちんと書いておく。

$x>0$ かつ $6-x>0$ であるから

$0<x<6$ …… ①

◀辺の長さが正であることから，x の変域を求める。

金網の囲む面積を S m² とすると，$S=x(6-x)$ で表される。

$$
\begin{aligned}
S&=-x^2+6x\\
&=-(x^2-6x)\\
&=-(x^2-6x+3^2)+3^2\\
&=-(x-3)^2+9
\end{aligned}
$$

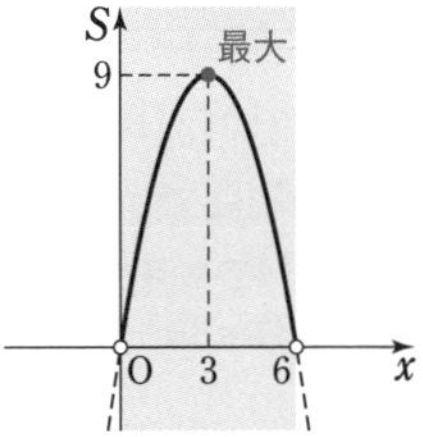

◀基本形に直して，グラフをかく。

◀グラフは上に凸，軸は 直線 $x=3$，頂点は 点 $(3,\ 9)$

① の範囲において，S は $x=3$ のとき最大値9をとる。
よって，**端から3mのところ**，すなわち，**金網をちょうど半分に折り曲げればよい。**

◀面積が最大となる囲いの形は正方形。

練習 ② 87 長さ6の線分AB上に，2点C，DをAC=BDとなるようにとる。ただし，$0<\text{AC}<3$ とする。線分AC，CD，DBをそれぞれ直径とする3つの円の面積の和 S の最小値と，そのときの線分ACの長さを求めよ。

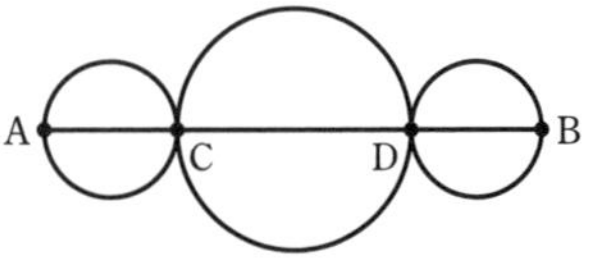

p.159 EX62

基本例題 88 2次関数の最大・最小と文章題(2)

直角を挟む2辺の長さの和が20である直角三角形において，斜辺の長さが最小の直角三角形を求め，その斜辺の長さを求めよ。

基本 87

指針 まず，何を変数に選ぶかであるが，ここでは直角を挟む2辺の長さの和が与えられているから，直角を挟む一方の辺の長さを x とする。
三平方の定理 から，斜辺の長さ l は $l=\sqrt{f(x)}$ の形。
そこで，まず $l^2=f(x)$ **の最小値** を求める。
なお，**x の変域に注意。**

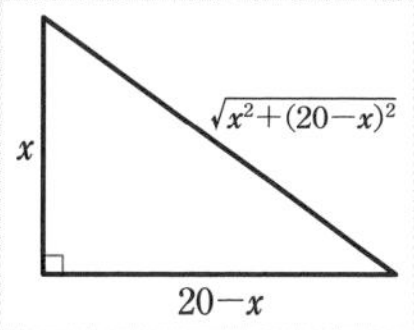

CHART $\sqrt{f(x)}$ **の最大・最小**　平方した $f(x)$ の最大・最小を考える

解答

直角を挟む2辺のうち一方の辺の長さを x とすると，他方の辺の長さは $20-x$ で表され，$x>0$，$20-x>0$ であるから

$$0<x<20 \quad \cdots\cdots ①$$

斜辺の長さを l とすると，三平方の定理から $l^2=x^2+(20-x)^2$

$$=2x^2-40x+400$$
$$=2(x^2-20x)+400$$
$$=2(x^2-20x+10^2)-2\cdot10^2+400$$
$$=2(x-10)^2+200$$

① の範囲において，l^2 は $x=10$ で最小値200をとる。
このとき，他方の辺の長さは　$20-10=10$
$l>0$ であるから，l^2 が最小となるとき l も最小となる。
よって，求める直角三角形は，**直角を挟む2辺の長さがともに10の直角二等辺三角形** で，斜辺の長さは

$$\sqrt{200}=\mathbf{10\sqrt{2}}$$

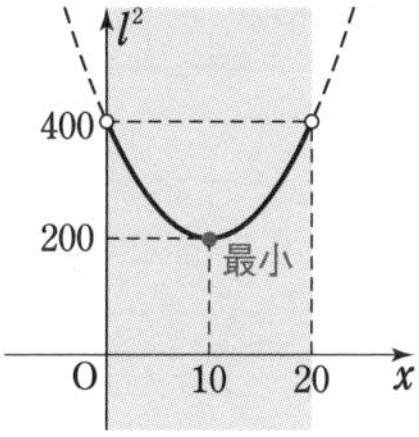

◀変数 x を定め，x が何であるかを書く。

◀辺の長さは正であることを利用して x の変域を求める。

◀l^2 は x の **2次式。⟶ 基本形に直して** グラフをかく。
グラフは下に凸，
軸は 直線 $x=10$，
頂点は 点 $(10,\ 200)$

◀ ------ の断りは重要。

検討 $\sqrt{f(x)}$ **の最小値の代わりに** $f(x)$ **の最小値を考えてよい理由**

上の解答は，$a>0,\ b>0$ **のとき**

$$a<b \Longleftrightarrow a^2<b^2 \quad \cdots\cdots ⊛$$

が成り立つことを根拠にしている（数学Ⅱで学習）。
このことは，右の図から確認することができる。
なお，$a<0$，$b<0$ のとき ⊛ は成り立たない。

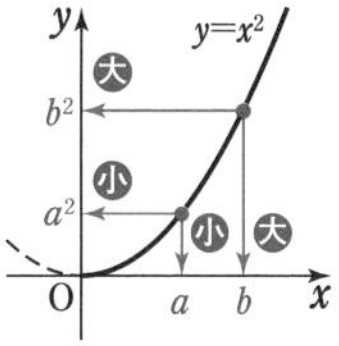

練習 ② **88** ∠B＝90°，AB＝5，BC＝10 の △ABC がある。いま，点Pが頂点Bから出発して辺AB上を毎分1の速さでAまで進む。また，点QはPと同時に頂点Cから出発して辺BC上を毎分2の速さでBまで進む。このとき，2点P，Q間の距離が最小になるときのP，Q間の距離を求めよ。

基本例題 89 2変数関数の最大・最小 (1)

(1) $2x+y=3$ のとき，$2x^2+y^2$ の最小値を求めよ。

(2) $x \geqq 0$，$y \geqq 0$，$2x+y=8$ のとき，xy の最大値と最小値を求めよ。

基本 80　重要 121

指針 (1) の $2x+y=3$，(2) の $2x+y=8$ のような問題の前提となる式を **条件式** という。
条件式がある問題では，**文字を消去する** 方針で進めるとよい。

(1) 条件式 $2x+y=3$ から　$y=-2x+3$　これを $2x^2+y^2$ に代入すると，$2x^2+(-2x+3)^2$ となり，y が消えて 1 変数 x の **2 次式** になる。
⟶ **基本形 $a(x-p)^2+q$ に直す** 方針で解決！

(2) 条件式から $y=-2x+8$ として y を消去する。ただし，次の点に要注意。
消去する文字の条件 ($y \geqq 0$) を，残る文字 (x) の条件におき換えておく

CHART 条件式　文字を減らす方針で　変域に注意

解答

(1) $2x+y=3$ から　$y=-2x+3$ …… ①

$2x^2+y^2$ に代入して，y を消去すると

$$\begin{aligned}2x^2+y^2&=2x^2+(-2x+3)^2\\&=6x^2-12x+9\\&=6(x^2-2x)+9\\&=6(x^2-2x+1^2)-6\cdot1^2+9\\&=6(x-1)^2+3\end{aligned}$$

よって，$x=1$ で最小値 3 をとる。

このとき，① から　$y=-2\cdot1+3=1$

したがって　**$x=1$，$y=1$ のとき最小値 3**

(2) $2x+y=8$ から　$y=-2x+8$ …… ①

$y \geqq 0$ であるから　$-2x+8 \geqq 0$　ゆえに　$x \leqq 4$

$x \geqq 0$ との共通範囲は　$0 \leqq x \leqq 4$ …… ②

また　
$$\begin{aligned}xy&=x(-2x+8)=-2x^2+8x\\&=-2(x^2-4x)\\&=-2(x^2-4x+2^2)+2\cdot2^2\\&=-2(x-2)^2+8\end{aligned}$$

② の範囲において，xy は $x=2$ で最大値 8 をとり，$x=0$，4 で最小値 0 をとる。

① から　$x=2$ のとき　$y=4$，$x=0$ のとき　$y=8$，
$x=4$ のとき　$y=0$

よって　**$(x,\ y)=(2,\ 4)$ のとき最大値 8**
$(x,\ y)=(0,\ 8)$，$(4,\ 0)$ のとき最小値 0

◀ y を消去。$x=\dfrac{-y+3}{2}$ として，x を消去すると，分数が出てくるので，代入後の計算が面倒。

◀ $t=6(x-1)^2+3$ のグラフは下に凸で，x の変域は実数全体 ⟶ 頂点で最小。

◀ **$(x,\ y)=(1,\ 1)$ のように表すこともある。**

$xy=t$ とおいたときの $t=-2(x-2)^2+8$ $(0 \leqq x \leqq 4)$ のグラフ

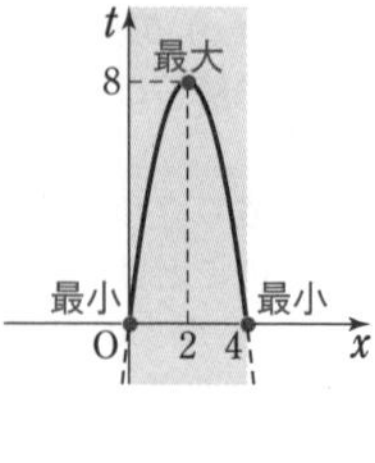

練習 ③ 89
(1) $3x-y=2$ のとき，$2x^2-y^2$ の最大値を求めよ。
(2) $x \geqq 0$，$y \geqq 0$，$x+2y=1$ のとき，x^2+y^2 の最大値と最小値を求めよ。

重要例題 90 2変数関数の最大・最小 (2)

(1) x, y の関数 $P=x^2+3y^2+4x-6y+2$ の最小値を求めよ。
(2) x, y の関数 $Q=x^2-2xy+2y^2-2y+4x+6$ の最小値を求めよ。
なお, (1), (2) では, 最小値をとるときの x, y の値も示せ。 〔(2) 類 摂南大〕

基本 79

指針 (1) 特に条件が示されていないから, x, y は互いに関係なく値をとる変数である。このようなときは, 次のように考えるとよい。

1. x, y のうちの一方の文字 (ここでは y とする) を定数と考えて, P をまず x の2次式とみる。そして, P を **基本形 $a(x-p)^2+q$ に変形**。
2. 残った q (y の2次式) も, **基本形 $b(y-r)^2+s$ に変形**。
3. **$P=aX^2+bY^2+s$** ($a>0$, $b>0$, s は定数) の形。
   → P は $X=Y=0$ のとき最小値 s をとる。

(2) xy の項があるが, 方針は (1) と同じ。$Q=a\{x-(by+c)\}^2+d(y-r)^2+s$ の形に変形。

CHART 条件式のない2変数関数　**一方の文字を定数とみて処理**

解答

(1) $P=x^2+4x+3y^2-6y+2$
$=(x+2)^2-2^2+3y^2-6y+2$ ◀まず, x について基本形に。
$=(x+2)^2+3(y-1)^2-3\cdot1^2-2$ ◀次に, y について基本形に。
$=(x+2)^2+3(y-1)^2-5$ ◀$P=aX^2+bY^2+s$ の形。

x, y は実数であるから
$(x+2)^2\geqq0$, $(y-1)^2\geqq0$ ◀(実数)$^2\geqq0$

よって, P は $x+2=0$, $y-1=0$ のとき最小となる。 ◀$x+2=0$, $y-1=0$ を解くと $x=-2$, $y=1$
ゆえに **$x=-2$, $y=1$ のとき最小値 -5**

(2) $Q=x^2-2xy+2y^2-2y+4x+6$
$=x^2-2(y-2)x+2y^2-2y+6$ ◀$x^2+●x+■$ の形に。
$=\{x-(y-2)\}^2-(y-2)^2+2y^2-2y+6$ ◀まず, x について基本形に。
$=(x-y+2)^2+y^2+2y+2$
$=(x-y+2)^2+(y+1)^2-1^2+2$ ◀次に, y について基本形に。
$=(x-y+2)^2+(y+1)^2+1$ ◀$Q=aX^2+bY^2+s$ の形。

x, y は実数であるから
$(x-y+2)^2\geqq0$, $(y+1)^2\geqq0$ ◀(実数)$^2\geqq0$

よって, Q は $x-y+2=0$, $y+1=0$ のとき最小となる。$x-y+2=0$, $y+1=0$ を解くと $x=-3$, $y=-1$ ◀最小値をとる x, y の値は, 連立方程式 ___ の解。
ゆえに **$x=-3$, $y=-1$ のとき最小値 1**

練習 ④ 90
(1) x, y の関数 $P=2x^2+y^2-4x+10y-2$ の最小値を求めよ。
(2) x, y の関数 $Q=x^2-6xy+10y^2-2x+2y+2$ の最小値を求めよ。
なお, (1), (2) では, 最小値をとるときの x, y の値も示せ。

p.160 EX63

重要例題 91　4 次関数の最大・最小

(1)　関数 $y=x^4-6x^2+10$ の最小値を求めよ。

(2)　$-1 \leqq x \leqq 2$ のとき，関数 $y=(x^2-2x-1)^2-6(x^2-2x-1)+5$ の最大値，最小値を求めよ。

〔(2) 類　名城大〕　基本 80

指針　4 次関数の問題であるが，おき換え を利用することにより，2 次関数の最大・最小の問題に帰着できる。なお，●$=t$ などとおき換えたときは，t の変域に要注意！

(2)　繰り返し出てくる式 x^2-2x-1 を $=t$ とおく。$-1 \leqq x \leqq 2$ における x^2-2x-1 の値域が t の変域になる。

CHART　変数のおき換え　変域が変わることに注意

解答

(1)　$x^2=t$ とおくと　　$t \geqq 0$

y を t の式で表すと

$y=t^2-6t+10=(t-3)^2+1$

$t \geqq 0$ の範囲において，y は $t=3$ のとき最小となる。

このとき　　$x=\pm\sqrt{3}$

よって　**$x=\pm\sqrt{3}$ のとき最小値 1**

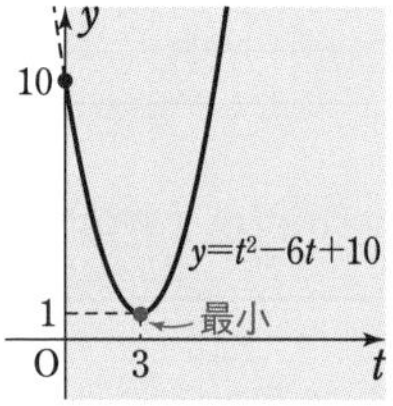

◀(実数)$^2 \geqq 0$ このかくれた条件に注意。

◀$y=(x^2)^2-6x^2+10$ t の 2 次式 ⟶ 基本形に。

◀$t=3$ つまり $x^2=3$ を解くと　　$x=\pm\sqrt{3}$

(2)　$x^2-2x-1=t$ とおくと

$t=(x-1)^2-2$

$-1 \leqq x \leqq 2$ から

$-2 \leqq t \leqq 2$ …… ①

y を t の式で表すと

$y=t^2-6t+5=(t-3)^2-4$

① の範囲において，y は

$t=-2$ で最大値 21,

$t=2$ で最小値 -3　をとる。

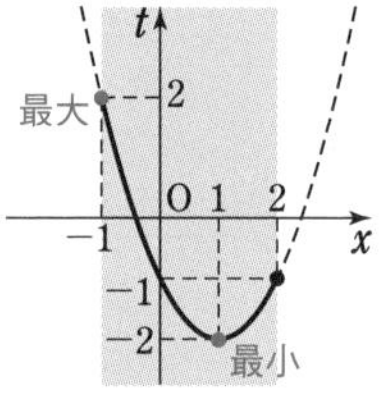

◀$t=x^2-2x-1$ $(-1 \leqq x \leqq 2)$ のグラフから t の変域を判断。

$t=-2$ のとき	$(x-1)^2-2=-2$
ゆえに	$(x-1)^2=0$
よって	$x=1$
$t=2$ のとき	$(x-1)^2-2=2$
ゆえに	$(x-1)^2=4$
よって	$x=-1,\ 3$

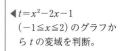

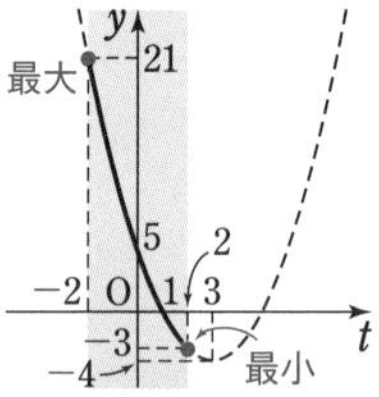

◀$(x-1)^2=4$ から $x-1=\pm 2$

$-1 \leqq x \leqq 2$ を満たす解は　$x=-1$

◀この確認を忘れずに。

以上から　**$x=1$ のとき最大値 21,**

$x=-1$ のとき最小値 -3

練習 ④ 91　次の関数の最大値，最小値を求めよ。

(1)　$y=-2x^4-8x^2$

(2)　$y=(x^2-6x)^2+12(x^2-6x)+30$　$(1 \leqq x \leqq 5)$

p.160 EX 64, 65

基本事項

1　2 次関数の決定

与えられた条件から 2 次関数を求める問題では，条件として

① 頂点や軸に関する条件が与えられた場合
② 最大値，最小値が与えられた場合
　→ $y=a(x-p)^2+q$ （基本形）

③ グラフが通る 3 点が与えられた場合 → $y=ax^2+bx+c$ （一般形）

④ x 軸との交点が与えられた場合 → $y=a(x-\alpha)(x-\beta)$ （分解形）

とおいて，係数を決定する方針で進める。

解説

■ 2 次関数の決定

2 次関数を決定する問題では，与えられた条件によって上の ①～④ のようにスタートする 2 次関数の式を使い分けると，計算がらくにできる場合が多い。

なお，③ の場合，一般形 $y=ax^2+bx+c$ から始めて，通る 3 点の座標を代入し，係数 a，b，c に関する **連立 3 元 1 次方程式** を作り，それを解く。

■ 連立 3 元 1 次方程式の解法

次の手順に従って解けばよい。

> ❶ 1 文字を消去し，残りの 2 文字についての連立方程式を導く。
> ❷ 更に 1 文字を消去し，得られた方程式を解く。
> ❸ 残りの文字の値も求める。

例　連立方程式 $\begin{cases} a-b+c=-3 & \cdots\cdots ① \\ 4a+2b+c=0 & \cdots\cdots ② \\ 9a+3b+c=9 & \cdots\cdots ③ \end{cases}$ を解く。

まず c を消去して，a，b の連立方程式を導く。❶

②−① から　$3a+3b=3$　よって　$a+b=1$ ……④

③−② から　$5a+b=9$ ……⑤

次に b を消去して，a だけの方程式を導き，それを解く。❷

⑤−④ から　$4a=8$　よって　$a=2$

④ に代入して b，更に ① に代入して c を求める。❸

④ に代入して　$2+b=1$　よって　$b=-1$

① から　$c=-6$

したがって　$\boldsymbol{a=2,\ b=-1,\ c=-6}$

例

① 頂点が 点 $(p,\ q)$ または 軸が直線 $x=p$ → $y=a(x-p)^2+q$

② 最小値が q → $y=a(x-p)^2+q$ $(a>0)$

④ 2 点 $(\alpha,\ 0)$，$(\beta,\ 0)$ を通る → $y=a(x-\alpha)(x-\beta)$

◀文字が 3 つで，どの式も 1 次であるから，**連立 3 元 1 次方程式** という。

◀①～③ の c の係数はすべて 1 であることに注目。

◀a，b の連立方程式 ④，⑤ を解く。

◀$c=-3-a+b$
$=-3-2-1$

問　次の連立 3 元 1 次方程式を解け。

(1) $\begin{cases} 2x+y+z=9 \\ x-y+2z=3 \\ 3x+2y-2z=11 \end{cases}$　(2) $\begin{cases} 3x+2y-6z=11 \\ x+4y+z=8 \\ 2x+2y-z=5 \end{cases}$　(3) $\begin{cases} x+y=3 \\ y+z=6 \\ z+x=5 \end{cases}$

（＊） 問 の解答は $p.649$ にある。

基本例題 92 2次関数の決定 (1)

2次関数のグラフが次の条件を満たすとき，その2次関数を求めよ。

(1) 頂点が点 $(-2,\ 1)$ で，点 $(-1,\ 4)$ を通る。

(2) 軸が直線 $x=2$ で，2点 $(-1,\ -7)$，$(1,\ 9)$ を通る。

p.153 基本事項 1

指針 2次関数を決定する問題で，**頂点 $(p,\ q)$ や軸 $x=p$ が与えられた場合** は

基本形 $y=a(x-p)^2+q$

からスタートする。

すなわち，頂点や軸の条件を代入して

(1) $y=a(x+2)^2+1$，　(2) $y=a(x-2)^2+q$

から始める。そして，**関数 $y=f(x)$ のグラフが点 $(s,\ t)$ を通る $\Longleftrightarrow$ $t=f(s)$** を利用し，a，q の値を決定する。

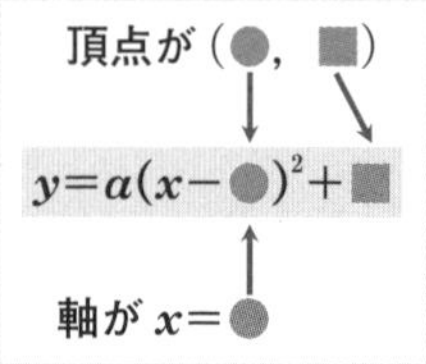

CHART 2次関数の決定　**頂点や軸があれば 基本形 で**

解答

(1) 頂点が点 $(-2,\ 1)$ であるから，求める2次関数は

$y=a(x+2)^2+1$

と表される。

このグラフが点 $(-1,\ 4)$ を通るから

$4=a(-1+2)^2+1$

ゆえに　$a=3$

よって　$\boldsymbol{y=3(x+2)^2+1}$

$(y=3x^2+12x+13$ でもよい$)$

(2) 軸が直線 $x=2$ であるから，求める2次関数は

$y=a(x-2)^2+q$

と表される。

このグラフが2点 $(-1,\ -7)$，$(1,\ 9)$ を通るから

$-7=a(-1-2)^2+q$，　$9=a(1-2)^2+q$

すなわち　$9a+q=-7$，　$a+q=9$

これを解いて　$a=-2$，$q=11$

よって　$\boldsymbol{y=-2(x-2)^2+11}$

$(y=-2x^2+8x+3$ でもよい$)$

◀頂点が与えられているから，基本形からスタートする。

注意 $\boldsymbol{y=a(x-p)^2+q}$ とおいて進めたときは，この形を最終の答えとしてもよい。
なお，本書では，右辺を展開した $\boldsymbol{y=ax^2+bx+c}$ の形の式も併記した。

◀辺々を引いて
$8a=-16$
よって　$a=-2$
第2式から　$-2+q=9$
よって　$q=11$

練習 ② 92 2次関数のグラフが次の条件を満たすとき，その2次関数を求めよ。

(1) 頂点が点 $\left(-\dfrac{3}{2},\ -\dfrac{1}{2}\right)$ で，点 $(0,\ -5)$ を通る。

(2) 軸が直線 $x=-3$ で，2点 $(-6,\ -8)$，$(1,\ -22)$ を通る。

基本例題 93 2次関数の決定(2)

①①①①①

2次関数のグラフが次の条件を満たすとき，その2次関数を求めよ。

(1) 3点 $(-1,\ 16)$, $(4,\ -14)$, $(5,\ -8)$ を通る。

(2) x 軸と2点 $(-2,\ 0)$, $(3,\ 0)$ で交わり，点 $(2,\ -8)$ を通る。 p.153 基本事項 1

指針 (1) 放物線の軸や頂点の情報が与えられていないので，

一般形 $y=ax^2+bx+c$ からスタートする。

(2) **x 軸との交点が2つ** 与えられているときは，

分解形 $y=a(x-\alpha)(x-\beta)$ からスタートするとよい。

なお，(1)と同様に一般形からスタートしても解くことはできるが，方程式を解くのがやや面倒（別解 参照）。

CHART 2次関数の決定 **3点通過なら 一般形 で**
x 軸と2点で交わるなら 分解形 で

解答

(1) 求める2次関数を $y=ax^2+bx+c$ とする。このグラフが3点 $(-1,\ 16)$, $(4,\ -14)$, $(5,\ -8)$ を通るから

$$\begin{cases} a-b+c=16 & \cdots\cdots ① \\ 16a+4b+c=-14 & \cdots\cdots ② \\ 25a+5b+c=-8 & \cdots\cdots ③ \end{cases}$$

◀ $16=a(-1)^2+b(-1)+c$ から $a-b+c=16$ など。

②−① から　$15a+5b=-30$　よって　$3a+b=-6$ …④

③−② から　$9a+b=6$ …… ⑤

◀まず，係数が1である c を消去する。

④, ⑤ を解いて　$a=2$, $b=-12$

◀ a, b の連立方程式④, ⑤ を解く。

よって，① から　$c=2$

したがって　$\boldsymbol{y=2x^2-12x+2}$

(2) x 軸と2点 $(-2,\ 0)$, $(3,\ 0)$ で交わるから，求める2次関数は $y=a(x+2)(x-3)$ と表される。このグラフが点 $(2,\ -8)$ を通るから　$-8=a(2+2)(2-3)$

よって　$-4a=-8$　ゆえに　$a=2$

よって　$\boldsymbol{y=2(x+2)(x-3)}$

$(y=2x^2-2x-12$ でもよい)

補足 2次関数 $y=f(x)$ のグラフが x 軸と2点 $(\alpha,\ 0)$, $(\beta,\ 0)$ で交わるとき $f(\alpha)=0$, $f(\beta)=0$ よって，$\boldsymbol{y=a(x-\alpha)(x-\beta)}$ と表すことができる（$p.166$ 参照）。

別解 求める2次関数を $y=ax^2+bx+c$ とする。このグラフが3点 $(-2,\ 0)$, $(3,\ 0)$, $(2,\ -8)$ を通るから

$$\begin{cases} 4a-2b+c=0 \\ 9a+3b+c=0 \\ 4a+2b+c=-8 \end{cases} \quad \text{これを解くと} \quad \begin{cases} a=2 \\ b=-2 \\ c=-12 \end{cases}$$

◀ $y=ax^2+bx+c$ からスタートすると，a, b, c の連立方程式を解く必要がある。

よって　$\boldsymbol{y=2x^2-2x-12}$

練習 ② 93 2次関数のグラフが次の条件を満たすとき，その2次関数を求めよ。

(1) 3点 $(1,\ 8)$, $(-2,\ 2)$, $(-3,\ 4)$ を通る。

(2) x 軸と2点 $(-1,\ 0)$, $(2,\ 0)$ で交わり，点 $(3,\ 12)$ を通る。

基本例題 94 2次関数の決定(3)

2次関数のグラフが次の条件を満たすとき，その2次関数を求めよ。

(1) 頂点が x 軸上にあって，2点 $(0,\ 4)$，$(-4,\ 36)$ を通る。

(2) 放物線 $y=2x^2$ を平行移動したもので，点 $(2,\ 4)$ を通り，頂点が直線 $y=2x-4$ 上にある。

基本 92

指針 (1)，(2) ともに **頂点** が関係するから，頂点の x 座標を p とおいて，

基本形 $y=a(x-p)^2+q$ からスタートする。

(1) **頂点が x 軸上** にあるから　$q=0$

(2) **平行移動によって x^2 の係数は不変**。したがって，$a=2$ である。
また，頂点 $(p,\ q)$ が直線 $y=2x-4$ 上にあるから　$q=2p-4$

解答

(1) 頂点が x 軸上にあるから，求める2次関数は

$$y=a(x-p)^2$$

と表される。

◀頂点の座標は $(p,\ 0)$

このグラフが2点 $(0,\ 4)$，$(-4,\ 36)$ を通るから

$$ap^2=4 \cdots\cdots ①,\quad a(p+4)^2=36 \cdots\cdots ②$$

◀$(-4-p)^2=(p+4)^2$

①×9と②から　$9ap^2=a(p+4)^2$

$a\neq0$ であるから　$9p^2=(p+4)^2$

整理して　$p^2-p-2=0$　よって　$(p+1)(p-2)=0$

これを解いて　$p=-1,\ 2$

①から　$p=-1$ のとき　$a=4$，　$p=2$ のとき　$a=1$

したがって　$\boldsymbol{y=4(x+1)^2}$，$\boldsymbol{y=(x-2)^2}$

$(y=4x^2+8x+4,\ y=x^2-4x+4$ でもよい)

◀①×9から　$9ap^2=36$
これと $a(p+4)^2=36$ から　$9ap^2=a(p+4)^2$
$a\neq0$ であるから，この両辺を a で割って
$9p^2=(p+4)^2$
右辺を展開して
$9p^2=p^2+8p+16$
整理すると
$p^2-p-2=0$

(2) 放物線 $y=2x^2$ を平行移動したもので，頂点が直線 $y=2x-4$ 上にあるから，頂点の座標を $(p,\ 2p-4)$ とすると，求める2次関数は

$$y=2(x-p)^2+2p-4 \cdots\cdots ①$$

と表される。

このグラフが点 $(2,\ 4)$ を通るから

$$2(2-p)^2+2p-4=4$$

整理して　$p^2-3p=0$　よって　$p=0,\ 3$

$p=0$ のとき，①から　$\boldsymbol{y=2x^2-4}$

$p=3$ のとき，①から　$\boldsymbol{y=2(x-3)^2+2}$

$(y=2x^2-12x+20$ でもよい)

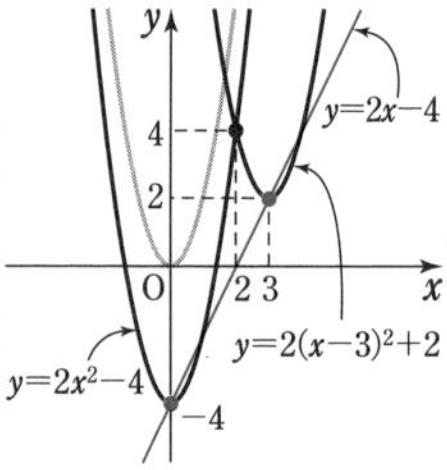

練習 ③ **94** 2次関数のグラフが次の条件を満たすとき，その2次関数を求めよ。

(1) 頂点が点 $(p,\ 3)$ で，2点 $(-1,\ 11)$，$(2,\ 5)$ を通る。

(2) 放物線 $y=x^2-3x+4$ を平行移動したもので，点 $(2,\ 4)$ を通り，その頂点が直線 $y=2x+1$ 上にある。

p.160 EX 66, 67

振り返り　2次関数の決定 ―どの形の2次関数からスタートするか？

例題 **92**～**94** では，与えられた条件を満たすような 2 次関数を求める方法を学んだ。問題文はいずれも「2 次関数を求めよ。」であるが，それぞれの解法の違いを意識できているだろうか。ここでは，解法の違いに注目して振り返ってみよう。

まずはじめに，2 次関数の形について整理する。例題 **92**～**94** では

①	基本形	$y=a(x-p)^2+q$	⟵ 平方完成された形
②	一般形	$y=ax^2+bx+c$	⟵ 展開された形
③	分解形	$y=a(x-\alpha)(x-\beta)$	⟵ 因数分解された形

の 3 つの形からスタートする方法を学んだ。

① の **基本形** $y=a(x-p)^2+q$ は，**頂点** の座標が $(p,\ q)$ であることや，**軸** の方程式が $x=p$ であることがすぐにわかる形になっている。
このことに注意すると，例題 **92** では，頂点や軸についての条件が与えられているから，① の基本形からスタートする，という流れとなっていることがわかる。
また，2 次関数の最大・最小に関する条件は，見方を変えると頂点や軸についての情報となることも意識するとよい。

①：基本形

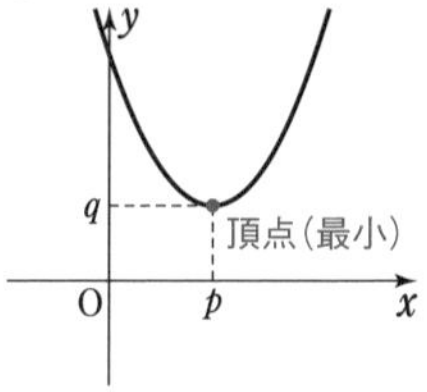

② の **一般形** $y=ax^2+bx+c$ は，右辺が展開された形をしている。通る点の条件から数値を代入すると，**係数 a，b，c についての 1 次式** を得ることができる。
例題 **93** (1) では，通る 3 点が与えられているから，② の一般形からスタートし，a，b，c についての連立方程式を解くことで求めている。

参考　例題 **93** (1) を **基本形** $y=a(x-p)^2+q$ からスタートすると，
3 点 $(-1,\ 16)$，$(4,\ -14)$，$(5,\ -8)$ を通ることから
$$16=a(-1-p)^2+q,\quad -14=a(4-p)^2+q,\quad -8=a(5-p)^2+q$$
の連立方程式を解くことになる。
$p.155$ の解答にある a，b，c の連立方程式と比べると，解くのに手間がかかる。

③ の **分解形** $y=a(x-\alpha)(x-\beta)$ は，グラフと **x 軸との 2 つの交点** がわかっているときに利用するとよい。
実際，例題 **93** (2) では，グラフと x 軸の 2 つの交点 $(-2,\ 0)$，$(3,\ 0)$ がわかっているから $y=a(x+2)(x-3)$ としてスタートすることができ，後はもう 1 点 $(2,\ -8)$ を通ることから，a の 1 次方程式を解けばよい。

③：分解形

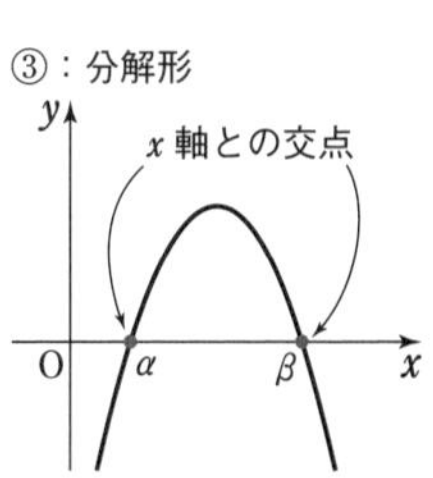

このように，2 次関数の決定の問題では，与えられた条件をもとに，答えを求めやすい関数の形はどれかを見極めてスタートすることが大切である。

参考事項 放物線の対称性の利用

2 次関数の決定問題において，例題 **93** (2) で扱っている **分解形** は，2 次関数のグラフが 2 点 (■，0)，(▲，0) を通るときに利用できる解法であった。

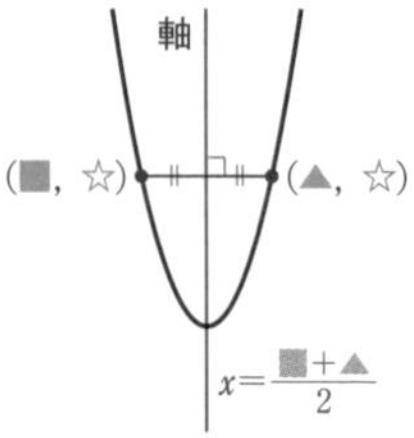

y 座標が 0 でないとき，すなわち，グラフが **2 点 (■，☆)，(▲，☆) [☆≠0] を通るとき**，分解形は利用できないが，

2 次関数のグラフが軸に関して対称

であることを利用して考えることができる。

◀**軸の方程式は** $x=\frac{■+▲}{2}$ となる。

具体例として，次の問題を考えてみよう。

問題 2 次関数のグラフが 3 点 $(-1,\ 22)$，$(5,\ 22)$，$(1,\ -2)$ を通るとき，その 2 次関数を求めよ。

[解法 1] （一般形の利用）

求める 2 次関数を $y=ax^2+bx+c$ とする。

グラフが 3 点 $(-1,\ 22)$，$(5,\ 22)$，$(1,\ -2)$ を通るから

$$\begin{cases} a-b+c=22 \\ 25a+5b+c=22 \\ a+b+c=-2 \end{cases}$$

◀3 点の座標をそれぞれ $y=ax^2+bx+c$ に代入。

これを解くと　$a=3$，$b=-12$，$c=7$

ゆえに，求める 2 次関数は　$\boldsymbol{y=3x^2-12x+7}$

[解法 2] （対称性の利用）

グラフが 2 点 $(-1,\ 22)$，$(5,\ 22)$ を通るから，軸の方程式は　$x=\frac{(-1)+5}{2}$

すなわち　$x=2$

よって，求める 2 次関数は $y=a(x-2)^2+q$ と表される。

グラフが 2 点 $(-1,\ 22)$，$(1,\ -2)$ を通るから

$$\begin{cases} 9a+q=22 \\ a+q=-2 \end{cases}$$

これを解くと　$a=3$，$q=-5$

ゆえに，求める 2 次関数は　$\boldsymbol{y=3(x-2)^2-5}$

（$y=3x^2-12x+7$ でもよい）

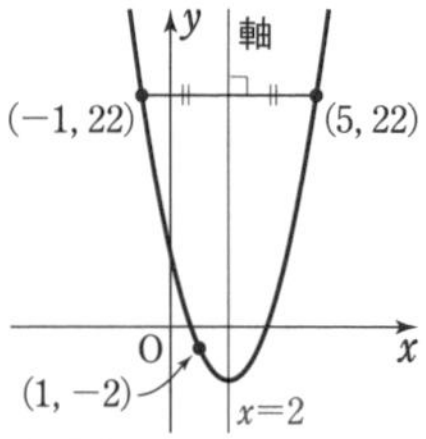

補足 通る 3 点の位置関係から，$a>0$ であることがわかる。

参考 グラフが 2 点 (■，☆)，(▲，☆) [☆≠0] を通るとき，そのままでは分解形は利用できないが，**通る 3 点を平行移動すれば，分解形を利用して考えることもできる。**

上の問題の場合，通る 3 点を y 軸方向に -22 だけ平行移動すると，

3 点 $(-1,\ 0)$，$(5,\ 0)$，$(1,\ -24)$

に移る。まず，グラフがこの 3 点を通る 2 次関数を，分解形を利用して求める。そして，そのグラフを y 軸方向に 22 だけ平行移動したときの方程式が求める 2 次関数である。

EXERCISES

②**57**　2次関数 $y=3x^2-(3a-6)x+b$ が，$x=1$ で最小値 -2 をとるとき，定数 a，b の値を求めよ。　〔東京工芸大〕 →**79**

④**58**　$f(x)=x^2-2x+2$ とする。また，関数 $y=f(x)$ のグラフを x 軸方向に 3，y 軸方向に -3 だけ平行移動して得られるグラフを表す関数を $y=g(x)$ とする。　〔甲南大〕

(1)　$g(x)$ の式を求め，$y=g(x)$ のグラフをかけ。

(2)　$h(x)$ を次のように定めるとき，関数 $y=h(x)$ のグラフをかけ。

$$\begin{cases} f(x)\leqq g(x) \text{ のとき} & h(x)=f(x) \\ f(x)>g(x) \text{ のとき} & h(x)=g(x) \end{cases}$$

(3)　$a>0$ とするとき，$0\leqq x\leqq a$ における $h(x)$ の最小値 m を a で表せ。 →**75,81**

⑤**59**　2次関数 $f(x)=\dfrac{5}{4}x^2-1$ について，次の問いに答えよ。

(1)　a，b は $f(a)=a$，$f(b)=b$，$a<b$ を満たす。このとき，$a\leqq x\leqq b$ における $f(x)$ の最小値と最大値を求めよ。

(2)　p，q は $p<q$ を満たす。このとき，$p\leqq x\leqq q$ における $f(x)$ の最小値が p，最大値が q となるような p，q の値の組をすべて求めよ。　〔類 滋賀大〕 →**83**

④**60**　a を実数とする。x の 2 次関数 $f(x)=x^2+ax+1$ の区間 $a-1\leqq x\leqq a+1$ における最小値を $m(a)$ とする。

(1)　$m\left(\dfrac{1}{2}\right)$ を求めよ。　　(2)　$m(a)$ を a の値で場合分けして求めよ。

(3)　a が実数全体を動くとき，$m(a)$ の最小値を求めよ。　〔岡山大〕 →**82～84**

③**61**　x が $0\leqq x\leqq 5$ の範囲を動くとき，関数 $f(x)=-x^2+ax-a$ について考える。ただし，a は定数とする。

(1)　$f(x)$ の最大値を求めよ。

(2)　$f(x)$ の最大値が 3 であるとき，a の値を求めよ。　〔類 北里大〕 →**82,85**

③**62**　1辺の長さが 1 の正三角形 ABC において，辺 BC に平行な直線が 2 辺 AB，AC と交わる点をそれぞれ P，Q とする。PQ を 1 辺とし，A と反対側にある正方形と △ABC との共通部分の面積を y とする。PQ の長さを x とするとき

(1)　y を x を用いて表せ。　　(2)　y の最大値を求めよ。

〔中央大〕 →**87**

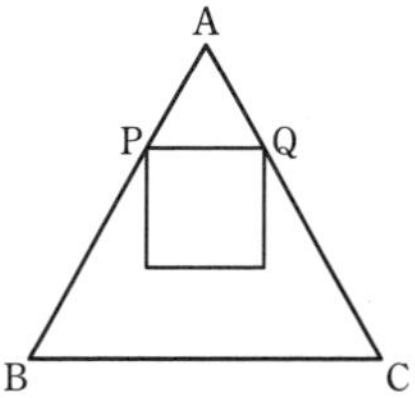

HINT

57　関数の式を **基本形に直し**，最小値をとる x と最小値をそれぞれ a，b で表す。または，「$x=1$ で最小値 -2 をとる」という条件から，基本形で表し，もとの式と係数を比較する。

58　(2)　$f(x)\leqq g(x) \Longleftrightarrow f(x)-g(x)\leqq 0$　　$f(x)>g(x) \Longleftrightarrow f(x)-g(x)>0$

59　(1)　点 $(a, f(a))$, $(b, f(b))$ は $y=f(x)$ のグラフ上にある（$f(a)=a$，$f(b)=b$ より）点 (a, a), (b, b) は直線 $y=x$ 上にある $\longrightarrow$ a, b は $y=f(x)$ のグラフと直線 $y=x$ の共有点の x 座標である。

62　(1)　正方形が △ABC に含まれる場合と，一部が含まれない場合で，場合分けをする。

④63 (1) $a>0$，$b>0$，$a+b=1$ のとき，a^3+b^3 の最小値を求めよ。〔東京電機大〕
(2) x，y，z が $x+2y+3z=6$ を満たすとき，$x^2+4y^2+9z^2$ の最小値とそのときの x，y の値を求めよ。〔西南学院大〕 →89,90

④64 $f(x)=x^2-4x+5$ とする。関数 $f(f(x))$ の区間 $0\leqq x\leqq 3$ における最大値と最小値を求めよ。〔愛知工大〕 →91

④65 (1) 実数 x に対して $t=x^2+2x$ とおく。t のとりうる値の範囲は $t\geqq$ ア□ である。また，x の関数 $y=-x^4-4x^3-2x^2+4x+1$ を t の式で表すと $y=$ イ□ である。以上から，y は $x=$ ウ□，エ□ で最大値 オ□ をとる。
(2) a を実数とする。x の関数 $y=-x^4-4x^3+(2a-4)x^2+4ax-a^2+2$ の最大値が (1) で求めた値 オ□ であるとする。このとき，a のとりうる値の範囲は $a\geqq$ カ□ である。〔関西学院大〕 →91

②66 (1) $1\leqq x\leqq 5$ の範囲で $x=2$ のとき最大値 2 をとり，最小値が -1 である 2 次関数を求めよ。〔摂南大〕
(2) 2 次関数 $f(x)=ax^2+bx+c$ が，$f(-1)=f(3)=0$ を満たし，その最大値が 4 であるとき，定数 a，b，c の値を求めよ。〔東京経大〕 →93,94

③67 (1) $f(x)=x^2+2x-8$ とする。放物線 C：$y=f(x+a)+b$ は 2 点 $(4,\ 3)$，$(-2,\ 3)$ を通る。このとき，放物線 C の軸の方程式と定数 a，b の値を求めよ。〔日本工大〕
(2) x の 2 次関数 $y=ax^2+bx+c$ のグラフが相異なる 3 点 $(a,\ b)$，$(b,\ c)$，$(c,\ a)$ を通るものとする。ただし，a，b，c は定数で，$abc\neq 0$ とする。
(ア) a の値を求めよ。
(イ) b，c の値を求めよ。〔早稲田大〕 →93,94

HINT

63 **条件式 ⟶ 文字を減らす** 方針で。
(2) $3z$ を消去すると，x，y の 2 変数についての問題となる。

64 関数 $f(f(x))$ は $f(x)$ の x を $f(x)$ とおいたもの。定義域は $f(x)$ の値域。

65 (2) (1) と同様に，$t=x^2+2x$ とおいて考える。

66 (1) 最大値・最小値の条件からグラフの形を考え，基本形からスタート。
(2) グラフは x 軸と 2 点 $(-1,\ 0)$，$(3,\ 0)$ で交わる。

67 (1) 放物線 C は，関数 $y=f(x)$ のグラフを x 軸方向に $-a$，y 軸方向に b だけ平行移動したものである。
(2) 3 点 $(a,\ b)$，$(b,\ c)$，$(c,\ a)$ の座標を代入して得られる 3 つの方程式から，a，b，c の値を求める。求めた値が条件を満たすかどうかを確認すること。

11 2次方程式

基本事項

1 2次方程式 $ax^2+bx+c=0$ の解法 （a, b, c は実数, $a \neq 0$）

① **因数分解を利用** $ax^2+bx+c=(px+q)(rx+s)$ のとき

$ax^2+bx+c=0$ の解は $\boldsymbol{x=-\frac{q}{p},\ -\frac{s}{r}}$

② **2次方程式の解の公式を利用** $ax^2+bx+c=0$ の解は, $b^2-4ac \geqq 0$ のとき

$\boldsymbol{x=\frac{-b\pm\sqrt{b^2-4ac}}{2a}}$ 特に, $\boldsymbol{b=2b'}$ **ならば** $\boldsymbol{x=\frac{-b'\pm\sqrt{b'^2-ac}}{a}}$

注意 解の公式は中学で既習の内容であるが, 確認用として掲載した。
同じく既習の内容であるが, **平方根の考え** を利用すると

$\boldsymbol{(x-p)^2=q\ (q>0)}$ **の解は** $\boldsymbol{x=p\pm\sqrt{q}}$

のようにして求めることもできる。

解説

■ 2次方程式 $ax^2+bx+c=0$ の解法

① **因数分解の利用** $ax^2+bx+c=(px+q)(rx+s)$ と **因数分解** できるならば $(px+q)(rx+s)=0$

よって, **等式の性質 $AB=0$ ならば $A=0$ または $B=0$**

により $px+q=0$ または $rx+s=0$

ゆえに $x=-\frac{q}{p}$ または $x=-\frac{s}{r}$ ◀これを $x=-\frac{q}{p},\ -\frac{s}{r}$ と書く。

② **2次方程式の解の公式の証明**

平方完成 $\boldsymbol{ax^2+bx+c=a\left(x+\frac{b}{2a}\right)^2-\frac{b^2-4ac}{4a}}$ を利用する。

$ax^2+bx+c=0$ から $a\left(x+\frac{b}{2a}\right)^2-\frac{b^2-4ac}{4a}=0$

よって $\left(x+\frac{b}{2a}\right)^2=\frac{b^2-4ac}{4a^2}$ ……（＊）

$b^2-4ac \geqq 0$ のとき, $\frac{b^2-4ac}{4a^2} \geqq 0$ から $x+\frac{b}{2a}=\pm\sqrt{\frac{b^2-4ac}{4a^2}}$ ◀平方根の考えを利用。

ここで $\begin{cases} a>0 \text{ のとき } \sqrt{4a^2}=2a \\ a<0 \text{ のとき } \sqrt{4a^2}=-2a \end{cases}$ ◀$\sqrt{4a^2}=\sqrt{(2a)^2}=|2a|$

よって, a の正・負に関係なく $x+\frac{b}{2a}=\pm\frac{\sqrt{b^2-4ac}}{2a}$

したがって $x=-\frac{b}{2a}\pm\frac{\sqrt{b^2-4ac}}{2a}=\boldsymbol{\frac{-b\pm\sqrt{b^2-4ac}}{2a}}$ ◀この公式は暗記しておく。

特に, $b=2b'$ のときは $\sqrt{b^2-4ac}=\sqrt{4(b'^2-ac)}=2\sqrt{b'^2-ac}$ ◀x の係数が2の倍数のとき, 解の公式は簡単になる。

したがって $x=\frac{-2b'\pm2\sqrt{b'^2-ac}}{2a}=\boldsymbol{\frac{-b'\pm\sqrt{b'^2-ac}}{a}}$

注意 普通, 2次方程式 $ax^2+bx+c=0$ というときは, 特に断り書きがない限り, 2次の係数 a は0でないとする。ただし, 単に, 方程式 $ax^2+bx+c=0$ というときは, $a=0$ の場合も考える。

基本事項

2 **2 次方程式 $ax^2+bx+c=0$ の実数解の個数と判別式 $D=b^2-4ac$ の符号の関係**

次の関係が成り立つ。

異なる 2 つの実数解をもつ $\iff$ $b^2-4ac>0$ [$D>0$]

ただ 1 つの実数解(重解)をもつ $\iff$ $b^2-4ac=0$ [$D=0$]　◀重解は $x=-\dfrac{b}{2a}$

実数解をもたない $\iff$ $b^2-4ac<0$ [$D<0$]

特に，$b=2b'$ であるとき，$\dfrac{D}{4}=b'^2-ac$ の符号について

異なる 2 つの実数解をもつ $\iff$ $b'^2-ac>0$ [$D>0$]

ただ 1 つの実数解(重解)をもつ $\iff$ $b'^2-ac=0$ [$D=0$]

実数解をもたない $\iff$ $b'^2-ac<0$ [$D<0$]

注意　記号 $\Longrightarrow$ や $\iff$ については $p.91$ 参照。

解　説

■ 2 次方程式の実数解の個数

2 次方程式 $ax^2+bx+c=0$ は $b^2-4ac>0$ のとき，異なる 2 つの実数解 $x=\dfrac{-b+\sqrt{b^2-4ac}}{2a}$，$\dfrac{-b-\sqrt{b^2-4ac}}{2a}$ をもつ。

また，$b^2-4ac=0$ のとき，解は $x=-\dfrac{b}{2a}$ となり，この 2 次方程式の実数解は 1 つしかないが，この場合は，2 つの解が重なったものと考えて，この解を **重解** という。

$b^2-4ac<0$ のときは，$\left(x+\dfrac{b}{2a}\right)^2=\dfrac{b^2-4ac}{4a^2}$ において，右辺が負，左辺が 0 以上であることから，この等式を満たす実数 x は存在しない。すなわち，この 2 次方程式は実数解をもたない。

なお，b^2-4ac を **判別式** (discriminant) といい，普通 D で表す。

2 次方程式 $ax^2+bx+c=0$ の判別式 D の符号と実数解の個数の関係は，次のように分類される。

[1]　$D>0 \Longrightarrow$ **2 個**

[2]　$D=0 \Longrightarrow$ **1 個**

[3]　$D<0 \Longrightarrow$ **0 個**

また，[1]～[3] のそれぞれの逆の関係が成り立つことが知られている。

以上から，上で示した **2** の関係が成り立つ。

■ $b=2b'$ の場合

$b=2b'$ の場合，$b^2-4ac=4(b'^2-ac)$ であるから，$\dfrac{D}{4}=b'^2-ac$ の符号によって，実数解の個数を調べることができる。

なお，本書では $\dfrac{D}{4}$ を $D/4$ と書くこともある。

注意　数学Ⅱでは実数でない数も学習し，2 次方程式は $D<0$ のとき，実数でない解（**虚数解** という）をもつ。

◀前ページ **1** ② 参照。

◀$b^2-4ac>0$ のとき $\sqrt{b^2-4ac} \neq -\sqrt{b^2-4ac}$

◀重解は $x=-\dfrac{b}{2a}$

◀この等式は，前ページの解の公式の証明で導いた(＊)である。

◀厳密には転換法で証明できる。([1]～[3] に関し，$D=b^2-4ac$ の符号についてはすべての場合(正，0，負)をつくしており，実数の個数 2，1，0 はどの 2 つも同時に成り立たないことから。)

基本例題 95　2 次方程式の解法(基本)

①①①①①

次の 2 次方程式を解け。

(1)　$(x+1)x=(x+1)(2x-1)$　　(2)　$8x^2-14x+3=0$　　(3)　$5x^2-7x+1=0$

(4)　$24x-6x^2=10x^2+9$　　(5)　$2x-x^2=6(2x-1)$

p.161 基本事項 1　重要 98, 99

指針　**2 次方程式の解法 ⟶ 因数分解**　または　**解の公式**　を利用。

因数分解できるものは　**$AB=0$ ならば　$A=0$ または $B=0$**　から。

因数分解できないものは，**解の公式を利用。**

2 次方程式 $ax^2+bx+c=0$ の解は，$b^2-4ac \geqq 0$ のとき

$$x=\frac{-b\pm\sqrt{b^2-4ac}}{2a}$$

特に $b=2b'$ ならば　$$x=\frac{-b'\pm\sqrt{b'^2-ac}}{a}$$

(4), (5) は，まず **x^2 の係数が正** になるように，整理してから解く。

解答

(1)　$(x+1)x=(x+1)(2x-1)$ から

$(x+1)(2x-1)-(x+1)x=0$

ゆえに　$(x+1)\{(2x-1)-x\}=0$

すなわち　$(x+1)(x-1)=0$

したがって　$\boldsymbol{x=\pm 1}$

◀両辺を共通因数の $x+1$ で割るのは誤り。$x=2x-1$ の解だけになってしまう。

(2)　左辺を因数分解して　$(2x-3)(4x-1)=0$

よって　$2x-3=0$　または　$4x-1=0$

したがって　$\boldsymbol{x=\frac{3}{2},\ \frac{1}{4}}$

◀
2 ╳ −3 → −12
4 ╳ −1 → −2
8　3　−14

(3)　解の公式により　$x=\dfrac{7\pm\sqrt{(-7)^2-4\cdot5\cdot1}}{2\cdot5}=\boldsymbol{\dfrac{7\pm\sqrt{29}}{10}}$

◀$a=5$, $b=-7$, $c=1$ を解の公式に代入。

(4)　与式を整理すると　$16x^2-24x+9=0$

ゆえに　$(4x-3)^2=0$　　よって　$\boldsymbol{x=\frac{3}{4}}$

◀このような解は，2 つの解が重なったものと考えて，**重解** という。

(5)　与式を整理すると　$x^2+10x-6=0$

解の公式により　$x=\dfrac{-10\pm\sqrt{10^2-4\cdot1\cdot(-6)}}{2\cdot1}$

$=\dfrac{-10\pm\sqrt{124}}{2}=\boldsymbol{-5\pm\sqrt{31}}$

◀$a=1$, $b=10$, $c=-6$

◀$\sqrt{124}=\sqrt{4\cdot31}=2\sqrt{31}$

別解　与式を整理すると　$x^2+2\cdot5x-6=0$

よって　$x=\dfrac{-5\pm\sqrt{5^2-1\cdot(-6)}}{1}=\boldsymbol{-5\pm\sqrt{31}}$

◀**$b=2b'$** の公式を適用。別解 では，約分する手間が省ける。

練習 ① 95　次の 2 次方程式を解け。

(1)　$2x(2x+1)=x(x+1)$　　(2)　$6x^2-x-1=0$　　(3)　$4x^2-12x+9=0$

(4)　$5x=3(1-x^2)$　　(5)　$12x^2+7x-12=0$　　(6)　$x^2+14x-67=0$

基本例題 96 いろいろな 2 次方程式の解法

次の方程式を解け。

(1) $-0.5x^2-\dfrac{3}{2}x+10=0$　　(2) $\sqrt{2}x^2-5x+2\sqrt{2}=0$

(3) $3(x+1)^2+5(x+1)-2=0$　　(4) $x^2+x+|x-1|=5$

基本 95

指針 (1), (2) 係数に小数や分数，無理数が含まれていて，そのまま解くと計算が面倒になるから，**係数はなるべく整数（特に 2 次の係数は正の整数）になるように** 式を変形。

(1) 両辺を (-2) 倍する。　(2) 両辺を $\sqrt{2}$ 倍する。

(3) **$x+1=X$ とおき，** まず X の 2 次方程式を解く。

(4) $p.73$ 基本例題 **41** と方針はまったく同じ。**| |内の式$=0$ となる x の値** は $x=1$ であることに注目し，$x\geqq1$，$x<1$ の **場合に分ける。**

解答

(1) 両辺に -2 を掛けて　$x^2+3x-20=0$

よって　$x=\dfrac{-3\pm\sqrt{3^2-4\cdot1\cdot(-20)}}{2\cdot1}=\boldsymbol{\dfrac{-3\pm\sqrt{89}}{2}}$

◀まずは，解きやすい形に方程式を変形する。

(2) 両辺に $\sqrt{2}$ を掛けて　$2x^2-5\sqrt{2}x+4=0$

よって　$x=\dfrac{5\sqrt{2}\pm\sqrt{(-5\sqrt{2})^2-4\cdot2\cdot4}}{2\cdot2}$

$=\dfrac{5\sqrt{2}\pm3\sqrt{2}}{4}$

したがって　$\boldsymbol{x=2\sqrt{2},\ \dfrac{\sqrt{2}}{2}}$

◀$\sqrt{(-5\sqrt{2})^2-4\cdot2\cdot4}=\sqrt{18}=3\sqrt{2}$
$5\sqrt{2}+3\sqrt{2}=8\sqrt{2}$，
$5\sqrt{2}-3\sqrt{2}=2\sqrt{2}$

(3) $x+1=X$ とおくと　$3X^2+5X-2=0$

よって　$(X+2)(3X-1)=0$　　$\therefore\ X=-2,\ \dfrac{1}{3}$

すなわち　$x+1=-2,\ \dfrac{1}{3}$　　よって　$\boldsymbol{x=-3,\ -\dfrac{2}{3}}$

◀ 1 ╳ 2 → 6
　 3 ╱ −1 → −1
　 3　 −2　 5

注意 ∴ は「ゆえに」を表す記号である。

(4) [1] $x\geqq1$ のとき，方程式は　$x^2+x+x-1=5$

整理すると　$x^2+2x-6=0$

これを解くと　$x=-1\pm\sqrt{1^2-1\cdot(-6)}=-1\pm\sqrt{7}$

$x\geqq1$ を満たすものは　$x=-1+\sqrt{7}$

◀$x-1\geqq0$ であるから $|x-1|=x-1$

◀この確認を忘れずに。

[2] $x<1$ のとき，方程式は　$x^2+x-(x-1)=5$

整理すると　$x^2=4$　　よって　$x=\pm2$

$x<1$ を満たすものは　$x=-2$

[1]，[2] から，求める解は　$\boldsymbol{x=-2,\ -1+\sqrt{7}}$

◀$x-1<0$ であるから $|x-1|=-(x-1)$

◀この確認を忘れずに。

◀解をまとめておく。

練習 ③ 96 次の方程式を解け。

(1) $\dfrac{x^2}{15}-\dfrac{x}{3}=\dfrac{1}{5}(x+1)$　　(2) $-\sqrt{3}x^2-2x+5\sqrt{3}=0$

(3) $4(x-2)^2+10(x-2)+5=0$　　(4) $x^2-3x-|x-2|-2=0$

p.173 EX68

基本例題 97 2次方程式の係数や他の解決定

(1) 2次方程式 $x^2+ax+b=0$ の解が 2 と -4 であるとき，定数 a, b の値を求めよ。

(2) 2次方程式 $x^2+(a^2+a)x+a-1=0$ の1つの解が -3 であるとき，定数 a の値を求めよ。また，そのときの他の解を求めよ。

重要 102

指針 「**$x=\alpha$ が方程式 $px^2+qx+r=0$ の解である**」とは，$x=\alpha$ を代入して「**等式 $p\alpha^2+q\alpha+r=0$ が成り立つ**」ということ。

(1) $x^2+ax+b=0$ の左辺に $x=2$ と $x=-4$ をそれぞれ代入すると，a, b についての連立方程式が得られるから，それを解く。

(2) (1)と同じ方法（$x=-3$ を代入）で，まず a の値を求める。

CHART **$x=\alpha$ が解** **代入すると成り立つ [=0 となる]**

解答

(1) $x=2$ と $x=-4$ が方程式の解であるから

$$2^2+a\cdot2+b=0,\quad (-4)^2+a\cdot(-4)+b=0$$

すなわち　$2a+b+4=0$,　$-4a+b+16=0$

この2式を連立して解くと　$\boldsymbol{a=2,\ b=-8}$

◀解と係数の関係（数学Ⅱ）を使うと，簡単に求められる（次のページ参照）。

(2) $x=-3$ が方程式の解であるから

$$(-3)^2+(a^2+a)\cdot(-3)+a-1=0$$

ゆえに　$3a^2+2a-8=0$

よって　$(a+2)(3a-4)=0$

◀ $\begin{array}{ccc} 1 & 2 & \to\ 6 \\ 3 & -4 & \to -4 \\ \hline 3 & -8 & 2 \end{array}$

したがって　$a=-2,\ \dfrac{4}{3}$

[1] $a=-2$ のとき，方程式は　$x^2+2x-3=0$

◀各 a の値をもとの方程式に代入し，それを解く。

ゆえに　$(x-1)(x+3)=0$

よって，他の解は　$x=1$

◀解は $x=1$, -3

[2] $a=\dfrac{4}{3}$ のとき，方程式は　$x^2+\dfrac{28}{9}x+\dfrac{1}{3}=0$

ゆえに　$9x^2+28x+3=0$

よって　$(x+3)(9x+1)=0$

◀ $\begin{array}{ccc} 1 & 3 & \to 27 \\ 9 & 1 & \to\ 1 \\ \hline 9 & 3 & 28 \end{array}$

したがって，他の解は　$x=-\dfrac{1}{9}$

以上から　**$a=-2$ のとき 他の解 $x=1$,**

$a=\dfrac{4}{3}$ のとき 他の解 $x=-\dfrac{1}{9}$

練習 ③ **97**

(1) 2次方程式 $3x^2+mx+n=0$ の解が 2 と $-\dfrac{1}{3}$ であるとき，定数 m, n の値を求めよ。

(2) $x=2$ が2次方程式 $mx^2-2x+3m^2=0$ の解であるとき，定数 m の値を求めよ。また，そのときの他の解を求めよ。

p.173 EX70

参考事項 2次方程式の解に関するいろいろな性質

※数学Ⅱで学習する内容であるが，2 次方程式の解に関連した 2 つの性質を取り上げておこう。特に，**1.** の **解と係数の関係** は，解から係数を決定する問題を解くときに，有効である。また，**2.** 2 次方程式の解と因数分解の証明は，2 次関数の分解形($p.155$)の根拠となっている。

1. 2 次方程式の解と係数の関係

> 2 次方程式 $ax^2+bx+c=0$ の 2 つの解を α，β とすると
>
> $$\boldsymbol{\alpha+\beta=-\frac{b}{a},\qquad \alpha\beta=\frac{c}{a}}$$

［解説］ 2 次方程式 $ax^2+bx+c=0$ の 2 つの解を α，β とすると，解の公式により

$$\alpha=\frac{-b+\sqrt{b^2-4ac}}{2a},\qquad \beta=\frac{-b-\sqrt{b^2-4ac}}{2a}$$

であるが，α と β の違いは，分子の根号の直前の符号 $+-$ だけである。そこで，$b^2-4ac=D$ とおいて，2 つの解の和 $\alpha+\beta$，積 $\alpha\beta$ を計算すると，次のようになる。

$$\boldsymbol{\alpha+\beta}=\frac{-b+\sqrt{D}}{2a}+\frac{-b-\sqrt{D}}{2a}=\frac{-2b}{2a}=\boldsymbol{-\frac{b}{a}}$$

$$\boldsymbol{\alpha\beta}=\frac{-b+\sqrt{D}}{2a}\cdot\frac{-b-\sqrt{D}}{2a}=\frac{(-b)^2-D}{4a^2}=\frac{b^2-(b^2-4ac)}{4a^2}=\frac{4ac}{4a^2}=\boldsymbol{\frac{c}{a}}$$

このように，2 次方程式の解の和と積は，その係数を用いて表すことができる。

例えば，前ページの例題 **97** (1) で，解と係数の関係を使うと，次のようになる。

解答　解と係数の関係から　$2+(-4)=-a$，　$2\cdot(-4)=b$

したがって　$\boldsymbol{a=2}$，$\boldsymbol{b=-8}$

2. 2 次方程式の解と因数分解

> 2 次方程式 $ax^2+bx+c=0$ の 2 つの解を α，β とすると
>
> $$\boldsymbol{ax^2+bx+c=a(x-\alpha)(x-\beta)}$$

［解説］ **1.** の 2 次方程式の解と係数の関係を利用して証明される。

$$ax^2+bx+c=a\left(x^2+\frac{b}{a}x+\frac{c}{a}\right)\qquad \longleftarrow a\text{ をくくり出す。}$$

$$=a\{x^2-(\alpha+\beta)x+\alpha\beta\}\qquad \longleftarrow \text{上の式に } \frac{b}{a}=-(\alpha+\beta),\ \frac{c}{a}=\alpha\beta \text{ を代入。}$$

$$=a(x-\alpha)(x-\beta)\qquad \longleftarrow \{\ \ \}\text{内を因数分解する。}$$

例えば，$12x^2-16x-3$ の因数分解を考えるとき，2 次方程式 $12x^2-16x-3=0$ の解は

$$x=\frac{-(-8)\pm\sqrt{(-8)^2-12\cdot(-3)}}{12}=\frac{8\pm\sqrt{100}}{12}\quad \text{すなわち}\quad x=\frac{3}{2},\ -\frac{1}{6}$$

よって　$12x^2-16x-3=12\left(x-\dfrac{3}{2}\right)\left\{x-\left(-\dfrac{1}{6}\right)\right\}=(2x-3)(6x+1)$　となる。

注意　1，2 は，**虚数解**（数学Ⅱで学習する）を含めて考えてこそ意味があるものなので，本書のシリーズでは，数学Ⅰの段階では深入りせず，数学Ⅱで詳しく扱うことにする。

重要例題 98 連立方程式の解法(2 次方程式を含む)

次の連立方程式を解け。

(1) $\begin{cases} x+y=5 \\ x^2+y^2=17 \end{cases}$　　(2) $\begin{cases} x^2-3xy+2y^2=0 \\ x^2+y^2+x-y=4 \end{cases}$

基本 95

指針 (1) 連立方程式の解法の基本は **文字の消去**。

1 次式 $x+y=5$ を $y=5-x$ と変形して $x^2+y^2=17$ に代入し，**y を消去** する。

($x+y=5$ を $x=5-y$ と変形して $x^2+y^2=17$ に代入する方針でもよい。)

(2) 第 1 式は ●$=0$ の形であり，左辺 $x^2-3xy+2y^2$ は因数分解できる。

⟶ 第 1 式に対して，$AB=0$ のとき $A=0$ または $B=0$ を利用し，**x と y の 1 次の関係を引き出す**。

CHART 連立方程式　1 文字の方程式を導く

解答

(1) $\begin{cases} x+y=5 & \cdots\cdots ① \\ x^2+y^2=17 & \cdots\cdots ② \end{cases}$

① から　$y=5-x$ ⋯⋯ ③

③ を ② に代入して整理すると　$x^2-5x+4=0$

よって　$(x-1)(x-4)=0$　ゆえに　$x=1,\ 4$

③ から　$x=1$ のとき　$y=4$，$x=4$ のとき　$y=1$

したがって　**$(x,\ y)=(1,\ 4),\ (4,\ 1)$**

(2) $\begin{cases} x^2-3xy+2y^2=0 & \cdots\cdots ① \\ x^2+y^2+x-y=4 & \cdots\cdots ② \end{cases}$

① から　$(x-y)(x-2y)=0$　よって　$x=y,\ 2y$

[1] $x=y$ ⋯⋯ ③ のとき，③ を ② に代入して整理すると　$y^2=2$　ゆえに　$y=\pm\sqrt{2}$

③ から　$y=\sqrt{2}$ のとき　$x=\sqrt{2}$，

$y=-\sqrt{2}$ のとき　$x=-\sqrt{2}$

[2] $x=2y$ ⋯⋯ ④ のとき，④ を ② に代入して整理すると　$5y^2+y-4=0$

よって　$(y+1)(5y-4)=0$　ゆえに　$y=-1,\ \dfrac{4}{5}$

④ から　$y=-1$ のとき　$x=-2$，

$y=\dfrac{4}{5}$ のとき　$x=\dfrac{8}{5}$

[1]，[2] から　**$(x,\ y)=(\sqrt{2},\ \sqrt{2}),\ (-\sqrt{2},\ -\sqrt{2}),\ (-2,\ -1),\ \left(\dfrac{8}{5},\ \dfrac{4}{5}\right)$**

◀ $x^2+(5-x)^2=17$ から $2x^2-10x+8=0$

◀ $\begin{cases} x=1 \\ y=4 \end{cases}$，$\begin{cases} x=4 \\ y=1 \end{cases}$ と同じ。

◀ $x-y=0$ または $x-2y=0$

◀ $2y^2=4$

◀ ③ に $y=\sqrt{2}$，$y=-\sqrt{2}$ をそれぞれ代入。

注意

$(x-y)(x-2y)=0$ から $y=x,\ \dfrac{x}{2}$ として進めてもよいが，分数を扱うので面倒。

練習 ③ 98 次の連立方程式を解け。

(1) $\begin{cases} 3x-y+8=0 \\ x^2-y^2-4x-8=0 \end{cases}$　　(2) $\begin{cases} x^2-y^2+x+y=0 \\ x^2-3x+2y^2+3y=9 \end{cases}$　　[(2) 関西大]

3章 ⑪ 2 次方程式

重要例題 99 文字係数の方程式 ⊘⊘⊘⊘⊘

a は定数とする。次の方程式を解け。

(1) $(a^2-2a)x=a-2$　　(2) $2ax^2-(6a^2-1)x-3a=0$

重要 38，基本 95

指針 (1) $Ax=B$ の形であるが，A の部分は文字を含んでいるから，次のことに注意。

$A=0$ のときは，両辺を A で割ることができない

（「0 で割る」ということは考えない。）

$A\neq0$，$A=0$ の場合に分けて解く。

(2) 問題文に「2 次方程式」とは書かれていないから，x^2 の係数が 0 のときと 0 でないときに分けて解く。

CHART 文字係数の方程式　文字で割るときは要注意　0 で割るのはダメ！

解答

(1) 与式から　$a(a-2)x=a-2$ …… ①

[1] $a(a-2)\neq0$　すなわち　$a\neq0$ かつ $a\neq2$ のとき

$$x=\frac{a-2}{a(a-2)}$$

ゆえに　$x=\dfrac{1}{a}$

[2] $a=0$ のとき(＊)，① から　$0\cdot x=-2$

これを満たす x の値はない。

[3] $a=2$ のとき，① から　$0\cdot x=0$

これは x がどんな値でも成り立つ。

したがって
- **$a\neq0$ かつ $a\neq2$ のとき　$x=\dfrac{1}{a}$**
- **$a=0$ のとき　解はない**
- **$a=2$ のとき　解はすべての数**

(2) [1] $2a=0$ すなわち $a=0$ のとき，方程式は　$x=0$

すなわち，解は　$x=0$

[2] $a\neq0$ のとき，方程式から

$$(x-3a)(2ax+1)=0$$

よって　$x=3a,\ -\dfrac{1}{2a}$

したがって
- **$a=0$ のとき　$x=0$**
- **$a\neq0$ のとき　$x=3a,\ -\dfrac{1}{2a}$**

（＊）**(x の係数)$=0$ のときは，最初の方程式に戻って考える。**

検討

$Ax=B$ の解

$A\neq0$ のとき　$x=\dfrac{B}{A}$

$A=0$ のとき

$B\neq0$ なら　$0\cdot x=B$

⟶ 解はない（**不能**）

$B=0$ なら　$0\cdot x=0$

⟶ 解はすべての数（**不定**）

◀ **(x^2 の係数)$=0$ のときは，最初の方程式に戻って考える。**

◀ 1 ╳ $-3a$ ⟶ $-6a^2$
$2a$ 　 1 ⟶ 1
$2a$　$-3a$　$-(6a^2-1)$

◀ $a\neq0$ のとき　$3a\neq-\dfrac{1}{2a}$

練習 ③ **99** a は定数とする。次の方程式を解け。［(1) 中央大］

(1) $ax+2=x+a^2$　　(2) $(a^2-1)x^2-(a^2-a)x+1-a=0$

基本例題 100 2次方程式の実数解の個数 (1)

①①①①①

(1) 次の2次方程式の実数解の個数を求めよ。ただし，(イ)の k は定数とする。
(ア) $x^2-3x+1=0$ (イ) $x^2+6x-2k+1=0$

(2) x の2次方程式 $x^2+2mx+3m+10=0$ が重解をもつとき，定数 m の値を求めよ。また，そのときの方程式の解を求めよ。

p.162 基本事項 2　基本 114

指針 (1) 2次方程式 $ax^2+bx+c=0$ (a, b, c は実数) の実数解の個数は，**判別式** $D=b^2-4ac$ **の符号で決まる。**

$$D>0 \Longleftrightarrow 2\text{個} \qquad D=0 \Longleftrightarrow 1\text{個} \qquad D<0 \Longleftrightarrow 0\text{個}$$

(イ) D が k の1次式になるから，k の値によって，場合を分けて答える。

なお，x の係数 b が $b=2b'$ (2の倍数) のときは，$\dfrac{D}{4}=b'^2-ac$ を使う方が，計算がらくになる。⟵ (1)の(イ)，(2)

(2) **2次方程式が重解をもつ** $\Longleftrightarrow$ $D=0$ によって得られる m の方程式を解く。また，重解は次のことを利用すると手早く求められる。

2次方程式 $ax^2+bx+c=0$ が重解をもつとき，その重解は $x=-\dfrac{b}{2a}$ ($p.162$ 参照)

解答

(1) 与えられた2次方程式の判別式を D とする。

(ア) $D=(-3)^2-4\cdot1\cdot1=9-4=5$

$D>0$ であるから，実数解の個数は **2個**

(イ) $\dfrac{D}{4}=3^2-1\cdot(-2k+1)=2k+8=2(k+4)$

よって，実数解の個数は，次のようになる。

$D>0$ すなわち **$k>-4$ のとき 2個**
$D=0$ すなわち **$k=-4$ のとき 1個**
$D<0$ すなわち **$k<-4$ のとき 0個**

(2) この2次方程式の判別式を D とすると

$\dfrac{D}{4}=m^2-1\cdot(3m+10)=m^2-3m-10=(m+2)(m-5)$

重解をもつための必要十分条件は $D=0$
すなわち $(m+2)(m-5)=0$
よって $m=-2,\ 5$

また，重解は $x=-\dfrac{2m}{2\cdot1}=-m$

したがって **$m=-2$ のとき 重解は $x=2$，**
$m=5$ のとき 重解は $x=-5$

◀2次方程式を $x^2+2\cdot3x-2k+1=0$ とみて $\dfrac{D}{4}$ を計算している。

参考 (2) m の値を求めた後，もとの方程式に m の値を代入して重解を求めてもよい。その場合，次のようにして重解を求められる。
$m=-2$ のとき，方程式は $x^2-4x+4=0$
ゆえに $(x-2)^2=0$
よって $x=2$
$m=5$ のとき，方程式は $x^2+10x+25=0$
ゆえに $(x+5)^2=0$
よって $x=-5$

練習 ② 100 m を定数とする。2次方程式 $x^2+2(2-m)x+m=0$ について
(1) $m=-1$，$m=3$ のときの実数解の個数を，それぞれ求めよ。
(2) 重解をもつように m の値を定め，そのときの重解を求めよ。

p.173 EX71

基本例題 101 方程式が実数解をもつ条件 ①①①①①

次の条件を満たす定数 a の値の範囲を求めよ。

(1) x の方程式 $x^2-2ax+a^2+a-5=0$ が実数解をもつ。

(2) x の方程式 $ax^2-(2a-3)x+a=0$ が異なる 2 つの実数解をもつ。

基本 100　基本 119，重要 122

指針

(1) **2 次方程式が実数解をもつ ⟺ $D\geqq 0$** によって得られる a の不等式を解く。

なお，上の条件は，2 次方程式が $\left\{\begin{array}{ll}\text{異なる 2 つの実数解をもつ} & \Longleftrightarrow D>0 \\ \text{ただ 1 つの実数解(重解)をもつ} & \Longleftrightarrow D=0\end{array}\right\}$ の 2 つの条件を合わせたもの。

(2) $a=0$ のときは 1 次方程式となるから，判別式は使えない。判別式が使えるのは，2 次方程式のとき（$a\neq 0$ のとき）である。

よって，x^2 の係数 a が 0 の場合と 0 でない場合に分けて考える。

解答

(1) この 2 次方程式の判別式を D とすると

$$\frac{D}{4}=(-a)^2-1\cdot(a^2+a-5)=-a+5$$

実数解をもつための必要十分条件は　$D\geqq 0$

よって　$-a+5\geqq 0$　ゆえに　$\boldsymbol{a\leqq 5}$

◀a の 1 次不等式を解く（$p.66$ 参照）。

(2) [1] $a=0$ のとき，方程式は　$3x=0$

よって，$x=0$ となり，方程式は 1 つの実数解しかもたないから，題意を満たさない。

[2] $a\neq 0$ のとき

与えられた方程式は 2 次方程式で，判別式を D とすると　$D=\{-(2a-3)\}^2-4a\cdot a$

$=(2a-3)^2-4a^2$

$=4a^2-12a+9-4a^2=-12a+9$

◀[1] の確認をせずに「判別式 $D>0$ から $-12a+9>0$」としては **ダメ！**

異なる 2 つの実数解をもつための必要十分条件は

$D>0$

ゆえに　$-12a+9>0$　よって　$a<\frac{3}{4}$

$a\neq 0$ であるから　$a<0,\ 0<a<\frac{3}{4}$

◀$a<\frac{3}{4}$ から $a=0$ を除いた範囲。

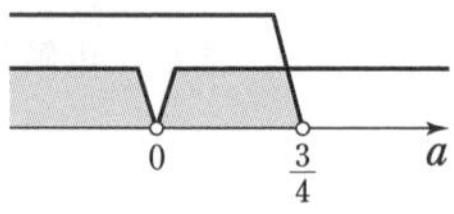

以上から，求める a の値の範囲は

$$\boldsymbol{a<0,\ 0<a<\frac{3}{4}}$$

練習 ③101

(1) x の 2 次方程式 $x^2+(2k-1)x+(k-1)(k+3)=0$ が実数解をもつような定数 k の値の範囲を求めよ。

(2) k を定数とする。x の方程式 $kx^2-4x+k+3=0$ がただ 1 つの実数解をもつような k の値を求めよ。　[(2) 京都産大]

p.173 EX 72

重要例題 102 2次方程式の共通解 ⊘⊘⊘⊘⊘

2つの2次方程式 $2x^2+kx+4=0$, $x^2+x+k=0$ がただ1つの共通の実数解をもつように定数 k の値を定め，その共通解を求めよ。

基本 97

指針 2つの方程式に **共通** な解の問題であるから，一方の方程式の解を求めることができたら，その解を他方に代入することによって，定数の値を求めることができる。しかし，この例題の方程式ではうまくいかない。このような共通解の問題では，次の解法が一般的である。

2つの方程式の **共通解を $x=\alpha$ とおいて，それぞれの方程式に代入** すると

$$2\alpha^2+k\alpha+4=0 \quad \cdots\cdots ①, \qquad \alpha^2+\alpha+k=0 \quad \cdots\cdots ②$$

これを α, k についての **連立方程式とみて解く**。

② から導かれる $k=-\alpha^2-\alpha$ を ① に代入（k を消去）してもよいが，3次方程式となって数学Ⅰの範囲では解けない。この問題では，最高次の項である α^2 の項を消去することを考える。なお，共通の「実数解」という **問題の条件に注意**。

CHART 方程式の共通解　**共通解を $x=\alpha$ とおく**

解答

共通解を $x=\alpha$ とおいて，方程式にそれぞれ代入すると

$$2\alpha^2+k\alpha+4=0 \quad \cdots\cdots ①, \qquad \alpha^2+\alpha+k=0 \quad \cdots\cdots ②$$

①−②×2 から　$(k-2)\alpha+4-2k=0$

◀ α^2 の項を消去。この考え方は，連立1次方程式を加減法で解くことに似ている。

ゆえに　$(k-2)(\alpha-2)=0$

よって　$k=2$ または $\alpha=2$

[1] $k=2$ のとき

2つの方程式はともに $x^2+x+2=0$ となり，この方程式の判別式を D とすると　$D=1^2-4\cdot1\cdot2=-7$

$D<0$ であるから，この方程式は実数解をもたない。

ゆえに，2つの方程式は共通の実数解をもたない。

◀ 数学Ⅰの範囲では，$x^2+x+2=0$ の解を求めることはできない。

[2] $\alpha=2$ のとき

② から　$2^2+2+k=0$　よって　$k=-6$

◀ $\alpha=2$ を ① に代入してもよい。

このとき，2つの方程式は $2x^2-6x+4=0$, $x^2+x-6=0$

すなわち　$2(x-1)(x-2)=0$, $(x-2)(x+3)=0$　となり，解はそれぞれ　$x=1, 2$;　$x=2, -3$

よって，2つの方程式はただ1つの共通の実数解 $x=2$ をもつ。

以上から　**$k=-6$，共通解は $x=2$**

注意 上の解答では，共通解 $x=\alpha$ をもつと仮定して α や k の値を求めているから，求めた値に対して，実際に共通解をもつか，または問題の条件を満たすかどうかを確認しなければならない。

練習 ③102 2つの2次方程式 $x^2+6x+12k-24=0$, $x^2+(k+3)x+12=0$ がただ1つの実数を共通解としてもつとき，実数の定数 k の値は ア［　］であり，そのときの共通解は イ［　］である。

p.173 EX 73

補足事項　共通解を求める問題について

1　共通解を求める問題では，なぜ共通解を x でなく，α とおくのか

前ページの例題 **102** の解答の α を x におき換えると，[2] は次のようになる。

[2]　$x=2$ のとき ……(ア)

②から　$2^2+2+k=0$　　よって　$k=-6$

このとき，2 つの方程式は　$2x^2-6x+4=0$，$x^2+x-6=0$ ……(イ)

ところが，(ア)の x は共通解の x であり，(イ)の x はそれぞれ 2 次方程式を満たす x（共通解を表すとは限らない）である。つまり，同じ問題の中で「x」が違う意味合いで使われていることになる。このようなことを避けるために，共通解は x と別な文字（α など）とおいて進める方が考えやすい。

2　同値な変形により，$x=\alpha$ とおかないで解く

1 では，共通解を α とおく理由として，$x=\alpha$ とおかずに進めると x が違う意味で使われるということを説明したが，与えられた 2 つの方程式 $f(x)=0$, $g(x)=0$ を連立方程式と考えた同値な式変形を行うことにより，α とおかなくても共通解を求めることができる。

一般に　$\begin{cases} f(x)=0 \\ g(x)=0 \end{cases} \iff \begin{cases} kf(x)=0 \\ lg(x)=0 \end{cases} \iff \begin{cases} f(x)=0 \\ kf(x)+lg(x)=0 \end{cases}$（$k$，$l$ は 0 でない定数）

よって　Ⓐ $\begin{cases} f(x)=0 \\ g(x)=0 \end{cases}$ が共通解をもつ $\iff$ Ⓑ $\begin{cases} f(x)=0 \\ kf(x)+lg(x)=0 \end{cases}$ が共通解をもつ

例題 **102** の 2 つの方程式を連立方程式とみると，同値な式変形により

Ⓐ′ $\begin{cases} 2x^2+kx+4=0 \\ x^2+x+k=0 \end{cases} \iff \begin{cases} 2x^2+kx+4=0 \\ (2x^2+kx+4)-2(x^2+x+k)=0 \end{cases} \iff$ Ⓑ′ $\begin{cases} 2x^2+kx+4=0 \\ (k-2)(x-2)=0 \end{cases}$

[1]　$k=2$ のとき　Ⓐ′ $\begin{cases} 2x^2+2x+4=0 \\ x^2+x+2=0 \end{cases} \iff$ Ⓑ′ $\begin{cases} 2x^2+2x+4=0 \\ 0\cdot(x-2)=0 \end{cases}$

$0\cdot(x-2)=0$ の解はすべての数であるから，Ⓑ′ の 2 つの方程式は共通解をもち，Ⓐ′ は同じ方程式となるから，共通解をもつ。ゆえに，Ⓐ $\iff$ Ⓑ である。

注意　ただし，$x^2+x+2=0$ は実数解をもたないから，問題の条件は満たさない。

[2]　$x=2$ のとき，Ⓑ′ の 2 つの方程式が共通解 $x=2$ をもつのは，$2\cdot2^2+k\cdot2+4=0$

すなわち $k=-6$ のときで，Ⓐ′ は　$\begin{cases} 2x^2-6x+4=0 \\ x^2+x-6=0 \end{cases}$ より $\begin{cases} 2(x-1)(x-2)=0 \\ (x-2)(x+3)=0 \end{cases}$

確かに $x=2$ は Ⓐ′ の共通解となっているから，Ⓐ $\iff$ Ⓑ であることがわかる。

例題 **102** では，2 つの 2 次方程式から最高次の項を消去して得られる 1 次方程式の解が，もとの 2 つの 2 次方程式の共通解となったが，同じようなことが常に成り立つとは限らない。例えば，$x^2-x-2=0$，$x^2-4x+3=0$ の場合，x^2 の項を消去すると，$3x-5=0$ が得られるが，この方程式の解 $x=\dfrac{5}{3}$ は共通解ではない。

一般に，2 つの方程式 $f(x)=0$ と $g(x)=0$ の共通解は，方程式 $kf(x)+lg(x)=0$ の解である。しかし，$kf(x)+lg(x)=0$ の解が $f(x)=0$ と $g(x)=0$ の共通解であるとは限らない。

EXERCISES

③**68** 次の方程式を解け。

(1) $x^2+\frac{1}{2}x=\frac{1}{3}\left(1-\frac{1}{2}x\right)$　　(2) $3(x+2)^2+12(x+2)+10=0$

(3) $(2+\sqrt{3})x^2+2(\sqrt{3}+1)x+2=0$　　(4) $2x^2-5|x|+3=0$　　→95,96

③**69** (1) 方程式 $3x^4-10x^2+8=0$ を $x^2=X$ とおくことにより解け。

(2) 方程式 $(x^2-6x+5)(x^2-6x+8)=4$ を解け。　　→96

②**70** 2次方程式 $x^2-5x+a+5=0$ の解の1つが $x=a+1$ であるとき，定数 a の値ともう1つの解を求めよ。　　→97

②**71** 2次方程式 $x^2+(2-4k)x+k+1=0$ が正の重解をもつとする。このとき，定数 k の値は $k=$ ア□ であり，2次方程式の重解は $x=$ イ□ である。　〔慶応大〕

→100

③**72** a を定数とする。x の方程式 $(a-3)x^2+2(a+3)x+a+5=0$ の実数解の個数を求めよ。また，解が1個のとき，その解を求めよ。　　→100,101

③**73** x の方程式 $x^2-(k-3)x+5k=0$，$x^2+(k-2)x-5k=0$ がただ1つの共通の解をもつように定数 k の値を定め，その共通の解を求めよ。　　→102

④**74** 方程式 $x^4-7x^3+14x^2-7x+1=0$ について考える。

$x=0$ はこの方程式の解ではないから，**x^2 で両辺を割り $x+\frac{1}{x}=t$ とおくと**，t に関する2次方程式 ア□ を得る。これを解くと，$t=$ イ□ となる。よって，最初の方程式の解は，$x=$ ウ□ となる。　〔順天堂大〕

→29,96

HINT

68　(3) 両辺を $(2-\sqrt{3})$ 倍すると x^2 の係数が1となる。

69　(2) $x^2-6x=X$ とおく。

71　重解をもつような k の値をまず求めて，そのときの重解が正となるかどうか確かめる。

72　$a-3=0$ と $a-3\neq0$ の場合に分けて考える。

73　共通の解を $x=\alpha$ とおいて，2つの方程式に代入する。この問題では，2次の項を消去するより，定数項 $5k$ と $-5k$ を消去する方が計算がらく。

74　$x^2+\frac{1}{x^2}=\left(x+\frac{1}{x}\right)^2-2$ を利用する。

参考事項　黄金比，白銀比

1　黄金比

比 $1:\dfrac{1+\sqrt{5}}{2}$ ($\fallingdotseq 1:1.618$) を **黄金比** といい，古代ギリシャの時代から最も美しい比であると考えられてきており，パルテノン神殿などの建造物に見い出されるとされている。この比の長方形による定義は次のようになる。

長方形から，短い方の辺を 1 辺とする正方形を切り取ったとき，残った長方形がもとの長方形と相似になる場合の，もとの長方形の短い方の辺と長い方の辺の長さの比。

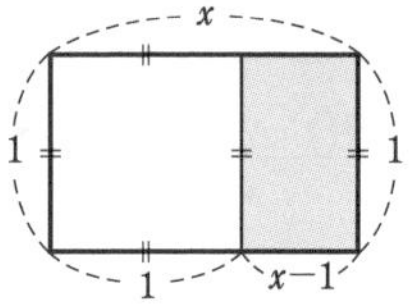

[解説]　もとの長方形の短い方の辺と長い方の辺の長さをそれぞれ 1，x $(x>1)$ とすると，右の図から

$$1:(x-1)=x:1$$

よって　$(x-1)x=1$

ゆえに　$x^2-x-1=0$

これを解くと　$x=\dfrac{1\pm\sqrt{5}}{2}$

$x>1$ であるから　$x=\dfrac{1+\sqrt{5}}{2}$

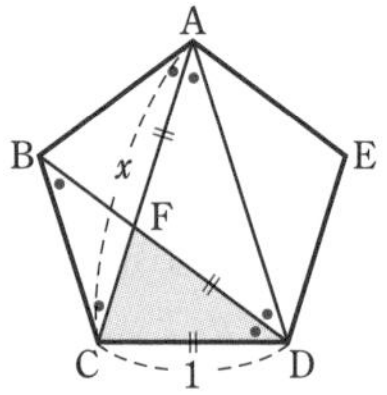

黄金比の身近な例として，正五角形の 1 辺と対角線の長さの比がある。右の図のように，CD$=1$，AC$=x$ とするとき，

△ACD∽△DFC から x を求めると　$x=\dfrac{1+\sqrt{5}}{2}$

2　白銀比

比 $1:\sqrt{2}$ ($\fallingdotseq 1:1.414$) を **白銀比** といい，法隆寺など日本の建築物にみられる。この比の長方形による定義は次のようになる。

長方形において，長い方の辺を半分にした長方形がもとの長方形と相似になる場合の，もとの長方形の短い方の辺と長い方の辺の長さの比。

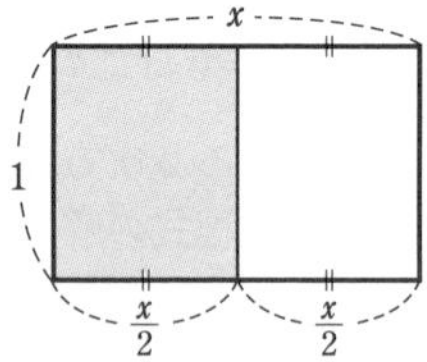

[解説]　もとの長方形の短い方の辺と長い方の辺の長さをそれぞれ 1，x $(x>1)$ とすると，右の図から

$$1:\frac{x}{2}=x:1$$

よって　$\dfrac{x^2}{2}=1$

ゆえに　$x^2=2$

$x>1$ であるから　$x=\sqrt{2}$

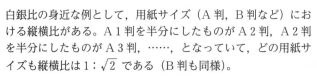

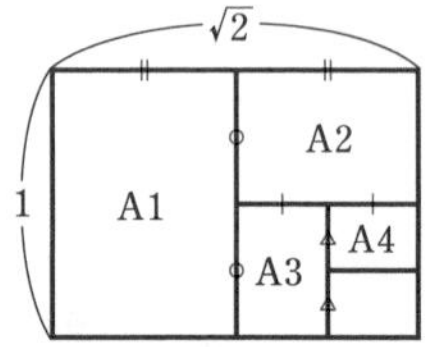

白銀比の身近な例として，用紙サイズ（A 判，B 判など）における縦横比がある。A 1 判を半分にしたものが A 2 判，A 2 判を半分にしたものが A 3 判，……，となっていて，どの用紙サイズも縦横比は $1:\sqrt{2}$ である（B 判も同様）。

12 グラフと2次方程式

基本事項

1　2次関数のグラフと x 軸の共有点の座標

2次関数 $y=ax^2+bx+c$ のグラフと **x 軸の共有点の x 座標** は，**2次方程式 $ax^2+bx+c=0$ の実数解** で与えられる。

2　2次関数のグラフと x 軸の位置関係

2次関数 $y=ax^2+bx+c$ のグラフと x 軸の共有点の個数は，2次方程式 $ax^2+bx+c=0$ の実数解の個数に一致する。そして，その実数解の個数は，2次方程式 $ax^2+bx+c=0$ の判別式 $\boldsymbol{D=b^2-4ac}$ の符号で決まる。よって，2次関数 $y=ax^2+bx+c$ のグラフと x 軸の位置関係は，次の表のようにまとめられる。

$D=b^2-4ac$ の符号	$D>0$	$D=0$	$D<0$
x 軸との位置関係	異なる2点で交わる	1点で接する	共有点がない
x 軸との共有点の個数と x 座標	2個，$x=\dfrac{-b\pm\sqrt{D}}{2a}$	1個，$x=-\dfrac{b}{2a}$	0個，なし
$y=ax^2+bx+c$ のグラフ $a>0$ のとき（下に凸） $a<0$ のとき（上に凸）	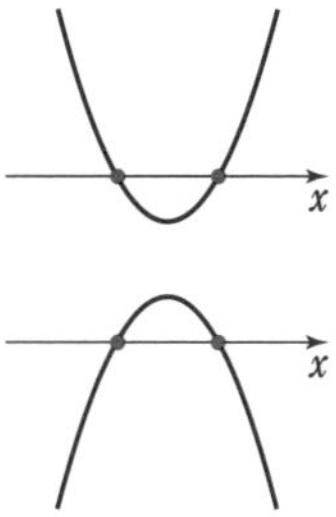	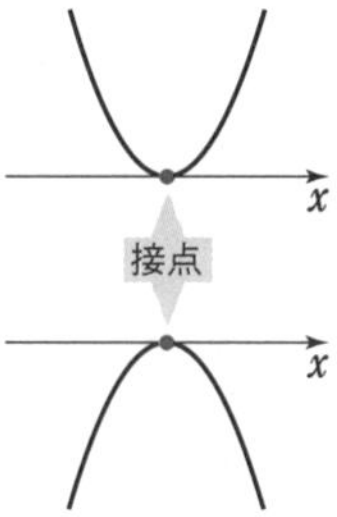	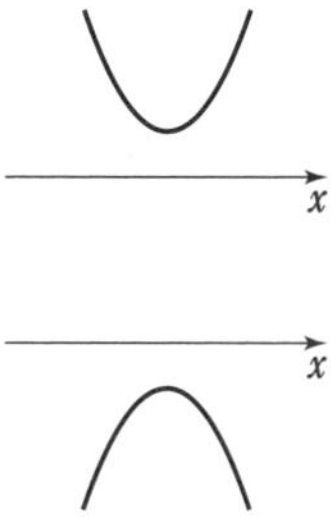

解　説

■2次関数のグラフと x 軸

2次関数　$y=ax^2+bx+c$ …… ①　のグラフと x 軸に共有点があるとき，その共有点の y 座標は0であるから，共有点の x 座標は，2次方程式 $ax^2+bx+c=0$ の実数解である。

$y=ax^2+bx+c$ と x 軸

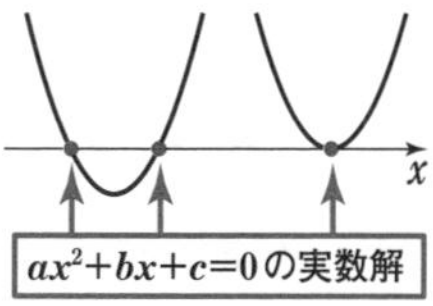

また，① は　$y=a\left(x+\dfrac{b}{2a}\right)^2-\dfrac{b^2-4ac}{4a}$　と変形できる。

よって，2次方程式 $ax^2+bx+c=0$ の判別式を $D=b^2-4ac$ とすると，① のグラフの頂点の座標は $\left(-\dfrac{b}{2a},\ -\dfrac{D}{4a}\right)$ と表され，D の符号が頂点の y 座標の位置，つまり $y=ax^2+bx+c$ のグラフと x 軸の共有点の個数を決めることがわかる。

なお，「**接する**」，「**接点**」については，$p.176$ 参照。

基本例題 103 放物線と x 軸の共有点の座標 ①①①①①

次の 2 次関数のグラフは x 軸と共有点をもつか。もつときは，その座標を求めよ。

(1) $y=x^2-3x-4$　　(2) $y=-x^2+4x-4$　　(3) $y=3x^2-5x+4$

p.175 基本事項 1, 2

指針 2 次関数 $y=ax^2+bx+c$ のグラフと x 軸の共有点の x 座標は，2 次方程式 $ax^2+bx+c=0$ の実数解である。したがって，次のことがいえる。

共有点の x 座標 ⟺ 方程式の実数解

また，2 次方程式 $ax^2+bx+c=0$ の判別式を $D=b^2-4ac$ とすると，グラフと x 軸の共有点の個数は

$D>0$ ⟺ 2 個 ⎫
$D=0$ ⟺ 1 個 ⎭ ⟶ **$D\geqq0$ ⟺ 共有点をもつ**
$D<0$ ⟺ 0 個 ⟶ **$D<0$ ⟺ 共有点をもたない**

解答

(1) $x^2-3x-4=0$ とすると　$(x+1)(x-4)=0$

よって　$x=-1,\ 4$

したがって，x 軸と共有点を 2 個もち，その座標は

$(-1,\ 0),\ (4,\ 0)$

(2) $-x^2+4x-4=0$ とすると　$x^2-4x+4=0$ …（＊）

ゆえに　$(x-2)^2=0$　　よって　$x=2$（重解）

したがって，x 軸と共有点を 1 個もち，その座標は

$(2,\ 0)$

(3) 2 次方程式 $3x^2-5x+4=0$ の判別式を D とすると

$$D=(-5)^2-4\cdot3\cdot4=-23$$

$D<0$ であるから，グラフと x 軸は **共有点をもたない**。

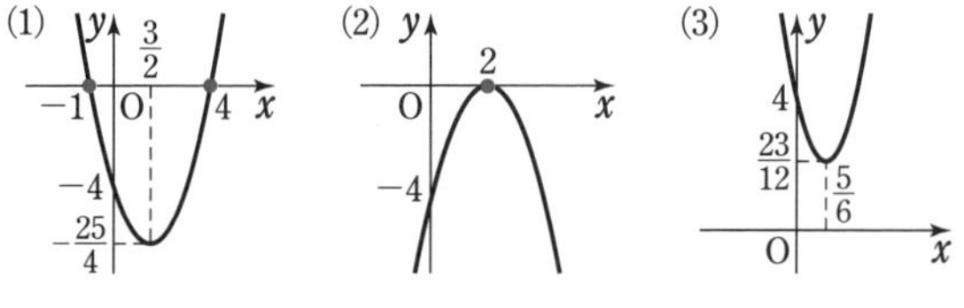

◀ $x^2-3x-4=0$ の判別式を D とすると $D=(-3)^2-4\cdot1\cdot(-4)=25>0$

◀（＊）の判別式を D とすると $D=(-4)^2-4\cdot1\cdot4=0$ グラフは x 軸に接し，点 $(2,\ 0)$ は **接点** である。

注意 2 次関数のグラフと x 軸の共有点の有無だけなら，**$D=b^2-4ac$ の符号を調べる** ことでわかるが，共有点の座標を求めるときは，左の (1), (2) のように 2 次方程式を解く必要がある。

検討 **2 次関数のグラフが x 軸と 1 点を共有する場合について**

$D=b^2-4ac=0$ のとき，2 次関数 $y=ax^2+bx+c$ のグラフは，x 軸とただ 1 点を共有し，共有点の x 座標は，2 次方程式 $ax^2+bx+c=0$ の重解である。このようなとき，2 次関数のグラフは x 軸に **接する** といい，その共有点を **接点** という。

練習 ② 103 次の 2 次関数のグラフは x 軸と共有点をもつか。もつときは，その座標を求めよ。

(1) $y=-3x^2+6x-3$　　(2) $y=2x^2-3x+4$　　(3) $y=-x^2+4x-2$

基本例題 104 放物線と x 軸の共有点の個数

放物線 $y=x^2-4x+k$ と x 軸の共有点の個数は，定数 k の値によってどのように変わるか。

基本 103

指針 2 次関数 $y=ax^2+bx+c$ のグラフと x 軸の共有点の個数は，2 次方程式 $ax^2+bx+c=0$ の **判別式 $D=b^2-4ac$ の符号** を調べるとよい。

$D>0 \iff$ **異なる 2 点で交わる** (2 個),
$D=0 \iff$ **1 点で接する** (1 個),
$D<0 \iff$ **共有点をもたない** (0 個)

なお，x の係数について $b=2b'$ のときは，$\dfrac{D}{4}=b'^2-ac$ を用いると計算がらくになる。

CHART 2 次関数 $y=ax^2+bx+c$ のグラフと x 軸の共有点
1 個数は判別式 $D=b^2-4ac$ の符号から
2 座標は $ax^2+bx+c=0$ の実数解から

解答
2 次方程式 $x^2-4x+k=0$ の判別式を D とすると

$$\frac{D}{4}=(-2)^2-1\cdot k=4-k$$

$D>0$ すなわち $4-k>0$ となるのは $k<4$
$D=0$ すなわち $4-k=0$ となるのは $k=4$
$D<0$ すなわち $4-k<0$ となるのは $k>4$
よって，放物線 $y=x^2-4x+k$ と x 軸の共有点の個数は

$$\begin{cases} k<4 \text{ のとき } 2 \text{ 個} \\ k=4 \text{ のとき } 1 \text{ 個} \\ k>4 \text{ のとき } 0 \text{ 個} \end{cases}$$

◀ x の係数について $-4=2\cdot(-2)$
◀ k の値によって D の符号が変わるから，場合分けして考える。

検討 **上の例題の，グラフを用いた考え方**
放物線 $y=x^2-4x+k=(x-2)^2+k-4$ は k の値の変化につれて図 [1] のように動く。
また，$-x^2+4x=k$ として，**放物線 $y=-x^2+4x$ と 直線 $y=k$** の共有点の個数と考える（図 [2] 参照）と，左辺が $y=-x^2+4x$ であって固定されたグラフ，右辺が $y=k$，すなわち x 軸に平行に移動する直線で，共有点の個数が調べやすくなる（p.206 重要例題 **125** 参照）。

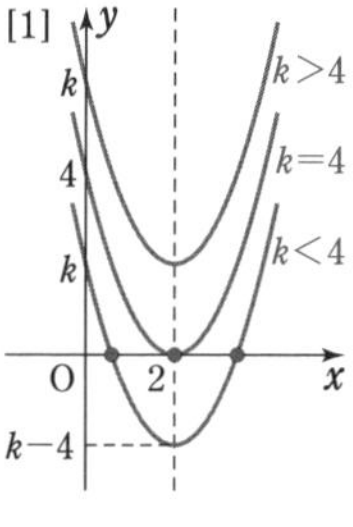

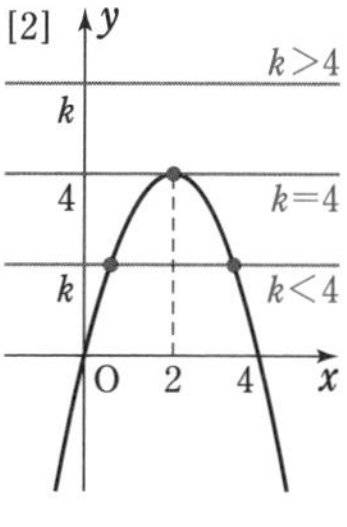

練習 ② 104 2 次関数 $y=x^2-2x+2k-4$ のグラフと x 軸の共有点の個数は，定数 k の値によってどのように変わるか。

基本例題 105 放物線が x 軸に接するための条件 ①①①①①

次の2次関数のグラフが x 軸に接するように，定数 k の値を定めよ。また，そのときの接点の座標を求めよ。

(1) $y=x^2+2(2-k)x+k$　　(2) $y=kx^2+3kx+3-k$

p.175 基本事項 2

指針 2次方程式 $ax^2+bx+c=0$ の判別式を D とするとき，
2次関数 $y=ax^2+bx+c$ のグラフが

x 軸に接する $\Longleftrightarrow D=b^2-4ac=0$ を利用。

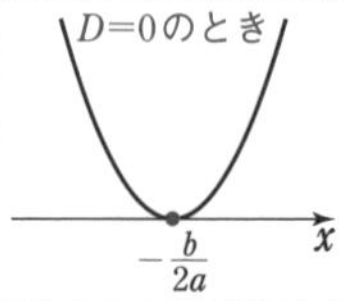

また，グラフが x 軸に接するとき，頂点で接するから，接点の x 座標は，グラフの頂点の x 座標 $x=-\dfrac{b}{2a}$ である。

(2)「2次関数」と問題文にあるから　$k\neq0$

解答 (1) 2次方程式 $x^2+2(2-k)x+k=0$ の判別式を D とすると　$\dfrac{D}{4}=(2-k)^2-1\cdot k$ [1] $=k^2-5k+4$
$=(k-1)(k-4)$

グラフが x 軸に接するための必要十分条件は　$D=0$

ゆえに　$(k-1)(k-4)=0$　よって　$k=1,\ 4$

グラフの頂点の x 座標は，$x=-\dfrac{2(2-k)}{2\cdot1}$ [2] $=k-2$ であるから　$k=1$ のとき $x=-1$，$k=4$ のとき $x=2$

したがって，接点の座標は

$k=1$ のとき $(-1,\ 0)$，　$k=4$ のとき $(2,\ 0)$

(2) $f(x)=kx^2+3kx+3-k$ とする。

$y=f(x)$ は2次関数であるから　$k\neq0$

2次方程式 $f(x)=0$ の判別式を D とすると

$D=(3k)^2-4\cdot k\cdot(3-k)=13k^2-12k=k(13k-12)$

グラフが x 軸に接するための必要十分条件は　$D=0$

よって　$k(13k-12)=0$　$k\neq0$ から　**$k=\dfrac{12}{13}$**

グラフの頂点の x 座標は　$x=-\dfrac{3k}{2\cdot k}=-\dfrac{3}{2}$

したがって，接点の座標は　**$\left(-\dfrac{3}{2},\ 0\right)$**

1) $\dfrac{D}{4}=b'^2-ac$ $\left(b'=\dfrac{b}{2}\right)$

2) 接点の x 座標は，$y=0$ とおいた2次方程式 $ax^2+bx+c=0$ の重解である。

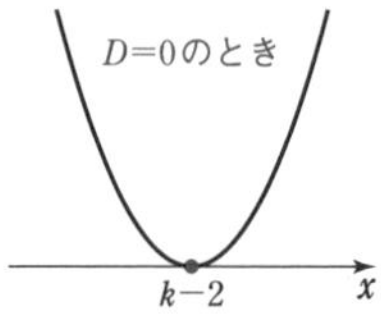

なお，$k=1$ のときは
$y=x^2+2x+1$
$=(x+1)^2$
$k=4$ のときは
$y=x^2-4x+4$
$=(x-2)^2$

◀ $k=\dfrac{12}{13}$ のときは
$y=\dfrac{12}{13}x^2+\dfrac{36}{13}x+\dfrac{27}{13}$
$=\dfrac{12}{13}\left(x+\dfrac{3}{2}\right)^2$

練習 ②105 次の2次関数のグラフが x 軸に接するように，定数 k の値を定めよ。また，そのときの接点の座標を求めよ。

(1) $y=-2x^2+kx-8$　　(2) $y=(k^2-1)x^2+2(k-1)x+2$

p.185 EX 75, 76

基本 例題 106 放物線が x 軸から切り取る線分の長さ

(1) 2 次関数 $y=-2x^2-3x+3$ のグラフが x 軸から切り取る線分の長さを求めよ。

(2) 放物線 $y=x^2-(k+2)x+2k$ が x 軸から切り取る線分の長さが 4 であるとき，定数 k の値を求めよ。

基本 103

指針 **「グラフが x 軸から切り取る線分の長さ」とは，グラフが x 軸と異なる 2 点 A，B で交わるときの線分 AB の長さのことで，** A，B の x 座標を，それぞれ α，β $(\alpha<\beta)$ とすると，$\beta-\alpha$ が求めるものである。

まず，$y=0$ とおいた 2 次方程式を解く。

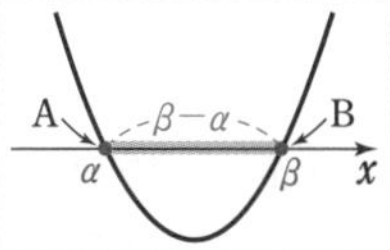

解答

(1) $-2x^2-3x+3=0$ とすると　　$2x^2+3x-3=0$

ゆえに　　$x=\dfrac{-3\pm\sqrt{3^2-4\cdot2\cdot(-3)}}{2\cdot2}=\dfrac{-3\pm\sqrt{33}}{4}$

よって，放物線が x 軸から切り取る線分の長さは

$$\frac{-3+\sqrt{33}}{4}-\frac{-3-\sqrt{33}}{4}=\boldsymbol{\frac{\sqrt{33}}{2}}$$

◀ x^2 の係数を正の数にしてから解く。

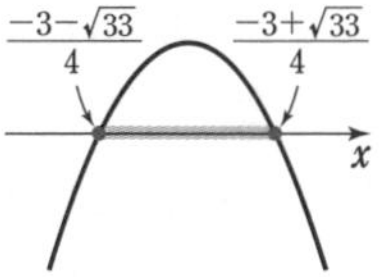

(2) $x^2-(k+2)x+2k=0$ とすると

$(x-2)(x-k)=0$

よって　　$x=2,\ k$

ゆえに，放物線が x 軸から切り取る線分の長さは

$|k-2|$

よって　　$|k-2|=4$

すなわち　　$k-2=\pm4$

したがって　　$\boldsymbol{k=6,\ -2}$

◀ 2 と k の大小関係が不明なので，絶対値を用いて表す。

◀ 方程式 $|x|=c$ $(c>0)$ の解は　$x=\pm c$

検討

放物線が x 軸から切り取る線分の長さ

$D=b^2-4ac>0$ のとき，放物線 $y=ax^2+bx+c$ が x 軸から切り取る線分の長さを l とする。

2 次方程式 $ax^2+bx+c=0$ の解を α，β $(\alpha<\beta)$ とすると

$a>0$ のとき　　$l=\beta-\alpha=\dfrac{-b+\sqrt{D}}{2a}-\dfrac{-b-\sqrt{D}}{2a}=\dfrac{\sqrt{D}}{a}$

$a<0$ のとき　　$l=\beta-\alpha=\dfrac{-b-\sqrt{D}}{2a}-\dfrac{-b+\sqrt{D}}{2a}=-\dfrac{\sqrt{D}}{a}$

したがって，一般に　$l=\dfrac{\sqrt{D}}{|a|}$　である。

特に　$|a|=1$ のときは $l=\sqrt{D}$　となる。

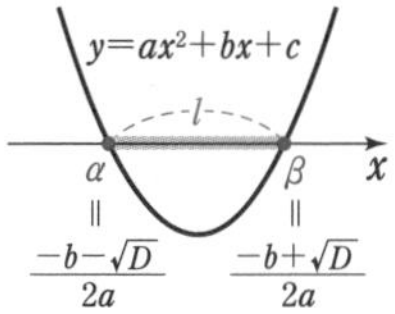

練習 ② 106

(1) 2 次関数 $y=-3x^2-4x+2$ のグラフが x 軸から切り取る線分の長さを求めよ。

(2) 放物線 $y=x^2-ax+a-1$ が x 軸から切り取る線分の長さが 6 であるとき，定数 a の値を求めよ。

〔(2) 大阪産大〕 p.185 EX 77

基本事項

1 放物線と直線の共有点

放物線 $y=ax^2+bx+c$ と直線 $y=mx+n$ の共有点の座標は，それぞれの方程式を満たすから，**連立方程式** $\begin{cases} y=ax^2+bx+c \\ y=mx+n \end{cases}$ **の実数解** $(x,\ y)$ で与えられる。

2 放物線と直線の共有点の個数

放物線 $y=ax^2+bx+c$ と直線 $y=mx+n$ の共有点の個数は，y を消去した

$ax^2+bx+c=mx+n$　すなわち　$ax^2+(b-m)x+c-n=0$ …… Ⓐ

の異なる実数解の個数と一致する。つまり，放物線 $y=ax^2+(b-m)x+c-n$ と x 軸の共有点の関係に帰着するから，2 次方程式 Ⓐ の判別式を D とすると

$D>0 \Longleftrightarrow$ 異なる 2 点で交わる (2 個)
$D=0 \Longleftrightarrow$ 1 点で接する (1 個)
（以上 2 つについて）**$D \geqq 0 \Longleftrightarrow$ 共有点をもつ**
$D<0 \Longleftrightarrow$ 共有点をもたない (0 個)

また，$D=0$ のとき，2 次方程式 $ax^2+(b-m)x+c-n=0$ は重解をもつ。このような場合，放物線と直線は **接する** といい，その共有点を **接点** という。

3 2 つの放物線の共有点

$f(x)$，$g(x)$ は 2 次式とすると，2 つの放物線 $y=f(x)$，$y=g(x)$ の共有点の座標は，連立方程式 $\begin{cases} y=f(x) \\ y=g(x) \end{cases}$ の実数解 $(x,\ y)$ で与えられる。

解　説

■ 放物線と直線の共有点

放物線と x 軸(直線 $y=0$)の共有点については，$p.175$ で学習したが，ここでは，放物線 $y=ax^2+bx+c$ $(a \neq 0)$ と，一般の直線 $y=mx+n$ の共有点について学習する。
方針としては，$y=ax^2+bx+c$ と $y=mx+n$ から y を消去してできる 2 次方程式 $ax^2+(b-m)x+c-n=0$ を，改めて

2 次関数 **$y=ax^2+(b-m)x+c-n$ のグラフと x 軸の関係**

にもち込めば，これまで学習してきた知識で解決できる。

つまり，右の図のように，放物線 $y=f(x)$ と直線 $y=g(x)$ について，

$F(x)=f(x)-g(x)$

を考えることにより，関数 $y=F(x)$ のグラフと x 軸の位置関係の問題にもち込むわけである。

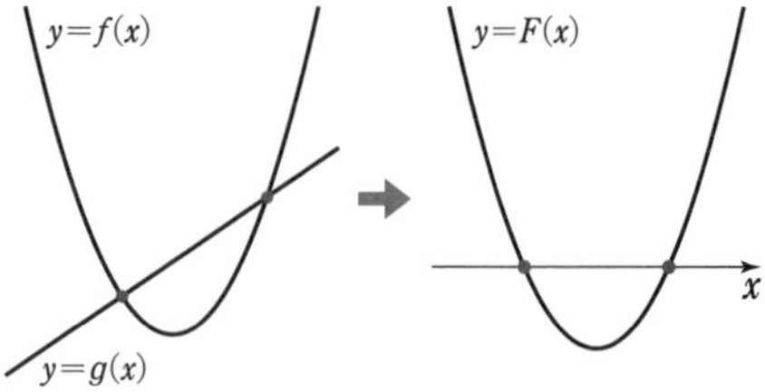

■ 2 つの放物線の共有点

2 つの放物線 $y=f(x)$，$y=g(x)$ の共有点の座標は，それぞれの等式を満たすから，連立方程式 $y=f(x)$，$y=g(x)$ の実数解で与えられる。

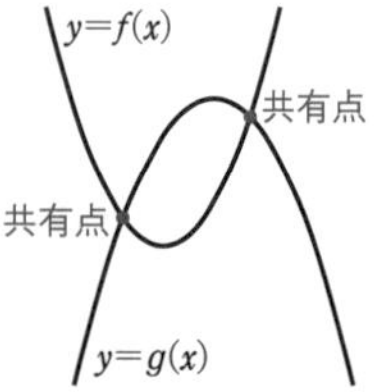

基本例題 107 放物線と直線の共有点の座標

次の放物線と直線は共有点をもつか。もつときは，その座標を求めよ。

(1) $y=x^2$，$y=-x+2$　　(2) $y=-x^2+1$，$y=4x+5$

(3) $y=4x^2-6x+1$，$y=2x-4$

p.180 基本事項 **1**，**2**

指針 放物線 $y=ax^2+bx+c$ と直線 $y=mx+n$ の共有点の座標は，

連立方程式 $\begin{cases} y=ax^2+bx+c \\ y=mx+n \end{cases}$ **の実数解** $(x,\ y)$

で与えられる。特に，y を消去して得られる 2 次方程式 $ax^2+bx+c=mx+n$ が **重解** をもつとき，放物線と直線は **接する**。

また，**実数解をもたないとき**，放物線と直線は **共有点をもたない**。

CHART グラフと方程式　共有点 ⟺ 実数解，接　点 ⟺ 重　解

解答

(1) $\begin{cases} y=x^2 & \cdots\cdots ① \\ y=-x+2 & \cdots\cdots ② \end{cases}$ とする。

①，② から y を消去すると　$x^2=-x+2$

整理すると　$x^2+x-2=0$

よって　$(x+2)(x-1)=0$　ゆえに　$x=-2,\ 1$

① から　$x=-2$ のとき　$y=4$

　　　　$x=1$ のとき　$y=1$

したがって，共有点の座標は　**$(-2,\ 4)$，$(1,\ 1)$**

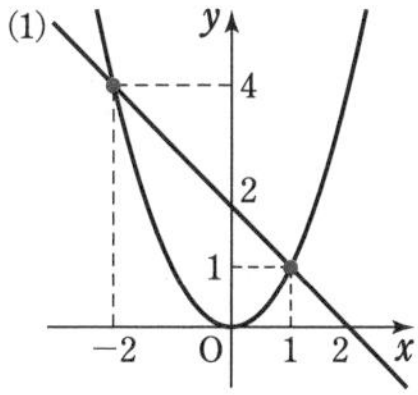

(2) $\begin{cases} y=-x^2+1 & \cdots\cdots ① \\ y=4x+5 & \cdots\cdots ② \end{cases}$ とする。

①，② から y を消去すると　$-x^2+1=4x+5$

整理すると　$x^2+4x+4=0$

よって　$(x+2)^2=0$　ゆえに　$x=-2$（重解）

このとき，② から　$y=-3$

したがって，共有点の座標は　**$(-2,\ -3)$**

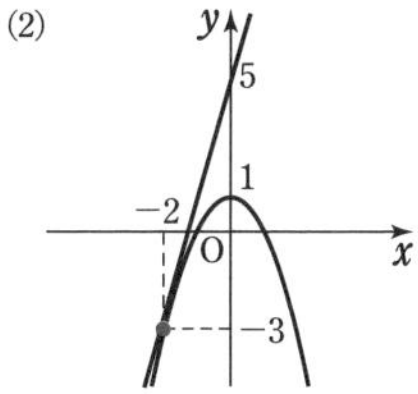

(3) $\begin{cases} y=4x^2-6x+1 & \cdots\cdots ① \\ y=2x-4 & \cdots\cdots ② \end{cases}$ とする。

①，② から y を消去すると　$4x^2-6x+1=2x-4$

整理すると　$4x^2-8x+5=0$

この 2 次方程式の判別式を D とすると

$$\frac{D}{4}=(-4)^2-4\cdot 5=-4$$

$D<0$ であるから，この 2 次方程式は実数解をもたない。

したがって，放物線 ① と直線 ② は **共有点をもたない。**

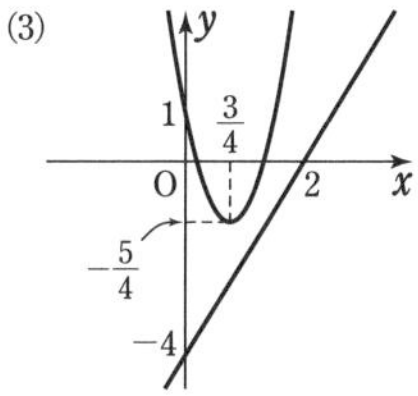

練習 ② 107 次の放物線と直線は共有点をもつか。もつときは，その座標を求めよ。

(1) $\begin{cases} y=x^2-2x+3 \\ y=x+6 \end{cases}$　(2) $\begin{cases} y=x^2-4x \\ y=2x-9 \end{cases}$　(3) $\begin{cases} y=-x^2+4x-3 \\ y=2x \end{cases}$

基本例題 108 放物線と直線の共有点の個数

①①①①①

(1) 放物線 $y=x^2+3x+a$ と直線 $y=x+4$ が接するとき，定数 a の値を求めよ。

(2) 2 次関数 $y=-x^2$ のグラフと直線 $y=-2x+k$ の共有点の個数を調べよ。
ただし，k は定数とする。

p.180 基本事項 2，基本 104

指針

放物線 $y=f(x)$ と
直線 $y=g(x)$ の } 共有点の x 座標 $\Longleftrightarrow$ 2 次方程式 $f(x)=g(x)$ の実数解

よって，y を消去して得られる 2 次方程式の判別式がポイントになる。

(1) **接する $\Longleftrightarrow$ 重解をもつ** であるから $D=0$

(2) y を消去すると $x^2-2x+k=0$ となるから，放物線 $y=x^2-2x+k$ と x 軸の共有点の個数の問題と同じように扱う。…… $p.177$ 基本例題 **104** 参照。

解答

(1) $y=x^2+3x+a$ …… ① と $y=x+4$ …… ② から y を消去して　$x^2+3x+a=x+4$

整理すると　$x^2+2x+a-4=0$ …… ③

放物線 ① と直線 ② が接するための必要十分条件は，2 次方程式 ③ の判別式を D とすると　$D=0$

$\dfrac{D}{4}=1^2-1\cdot(a-4)=5-a$ であるから　$5-a=0$

よって　$\boldsymbol{a=5}$

(2) $y=-x^2$ と $y=-2x+k$ から y を消去して

$-x^2=-2x+k$

整理すると　$x^2-2x+k=0$ ……（＊）

2 次方程式（＊）の判別式を D とすると

$\dfrac{D}{4}=(-1)^2-1\cdot k=1-k$

$D>0$ すなわち $1-k>0$
となるのは　$k<1$
$D=0$ すなわち $1-k=0$
となるのは　$k=1$
$D<0$ すなわち $1-k<0$
となるのは　$k>1$

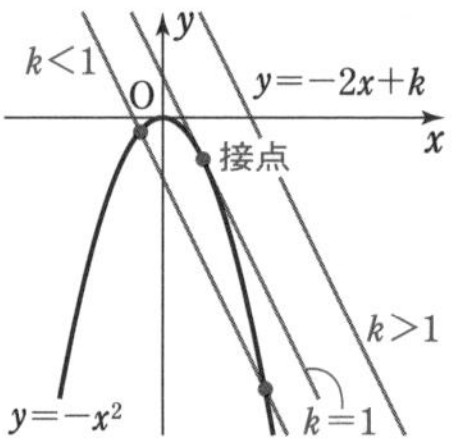

よって，求める共有点の個数は
$k<1$ のとき 2 個，
$k=1$ のとき 1 個，
$k>1$ のとき 0 個

検討

(2) で，（＊）から
$\boldsymbol{-x^2+2x=k}$
よって，$\boldsymbol{y=-x^2+2x}$ のグラフと x 軸に平行な直線 $\boldsymbol{y=k}$ の共有点を調べる方法によって考えることもできる（$p.177$ **検討**，$p.206$ 例題 **125** 参照）。

◀$k=1$ のとき，2 次方程式 $x^2-2x+k=0$ は重解をもつから，$y=-x^2$ のグラフと直線 $y=-2x+k$ は接する。

練習 ② 108

(1) 関数 $y=x^2+ax+a$ のグラフが直線 $y=x+1$ と接するように，定数 a の値を定めよ。また，そのときの接点の座標を求めよ。

(2) k は定数とする。関数 $y=x^2-2kx$ のグラフと直線 $y=2x-k^2$ の共有点の個数を調べよ。

p.185 EX 78, 79

重要例題 109 2つの放物線の共有点

次の2つの放物線は共有点をもつか。もつときは，その座標を求めよ。

(1) $y=x^2$，$y=-x^2+2x+12$　　(2) $y=x^2-x+1$，$y=2x^2-5x+6$

(3) $y=x^2-x$，$y=-x^2+3x-2$

p.180 基本事項 3，基本 107

指針 2つの放物線の場合も，考え方は基本例題 **107** と同様。

2つの放物線 $y=ax^2+bx+c$ と $y=a'x^2+b'x+c'$ の共有点の座標は，

$$\text{連立方程式}\begin{cases} y=ax^2+bx+c \\ y=a'x^2+b'x+c' \end{cases}\text{の実数解}(x,\ y)$$

で与えられる。また，y を消去して得られる方程式 $ax^2+bx+c=a'x^2+b'x+c'$ が **実数解をもたないとき**，2つの放物線は **共有点をもたない**。

CHART グラフと方程式　共有点 ⟺ 実数解

解答

(1) $\begin{cases} y=x^2 & \cdots\cdots ① \\ y=-x^2+2x+12 & \cdots\cdots ② \end{cases}$ とする。

①，② から y を消去すると　$x^2=-x^2+2x+12$

整理すると　$x^2-x-6=0$

よって　$(x+2)(x-3)=0$　　∴　$x=-2,\ 3$

① から　$x=-2$ のとき　$y=4$，$x=3$ のとき　$y=9$

したがって，共有点の座標は　**$(-2,\ 4)$，$(3,\ 9)$**

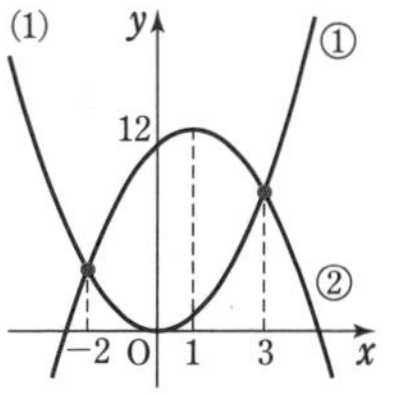

(2) $\begin{cases} y=x^2-x+1 & \cdots\cdots ① \\ y=2x^2-5x+6 & \cdots\cdots ② \end{cases}$ とする。

①，② から y を消去すると　$x^2-x+1=2x^2-5x+6$

よって　$x^2-4x+5=0$

2次方程式 $x^2-4x+5=0$ の判別式を D とすると

$$\frac{D}{4}=(-2)^2-1\cdot5=-1$$

$D<0$ であるから，この2次方程式は実数解をもたない。

したがって，2つの放物線 ①，② は **共有点をもたない**。

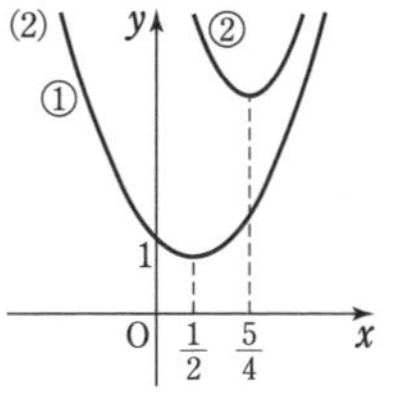

(3) $\begin{cases} y=x^2-x & \cdots\cdots ① \\ y=-x^2+3x-2 & \cdots\cdots ② \end{cases}$ とする。

①，② から y を消去すると　$x^2-x=-x^2+3x-2$

整理すると　$x^2-2x+1=0$

よって　$(x-1)^2=0$

ゆえに　$x=1$　　このとき，① から　$y=0$

したがって，共有点の座標は　**$(1,\ 0)$**

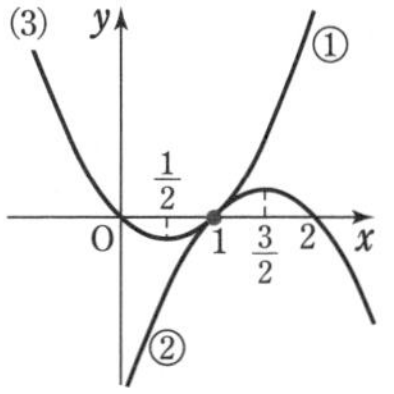

◀(3) のように，y を消去して得られた2次方程式が重解をもつとき，放物線 ① と ② は **接する** という。

練習 ③109 次の2つの放物線は共有点をもつか。もつときは，その座標を求めよ。

(1) $y=2x^2$，$y=x^2+2x+3$　　(2) $y=x^2-x$，$y=-x^2-3x-2$

(3) $y=2x^2-2x$，$y=x^2-4x-1$

参考事項　2つの放物線の共有点を通る直線の方程式

2つの放物線 $y=x^2$ …… ① と $y=-x^2+2x+12$ …… ② の共有点を通る直線の方程式を求めてみよう。
重要例題 **109** で求めたように，共有点の座標は $(3,\ 9)$ と $(-2,\ 4)$ である。中学で学んだように，この2点を通る直線の方程式は $y=ax+b$ とおいて考える。

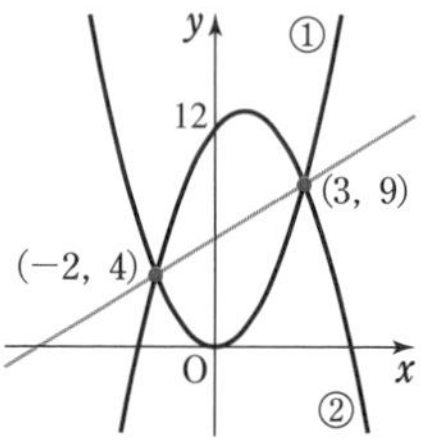

連立方程式 $\begin{cases} 3a+b=9 \\ -2a+b=4 \end{cases}$ を解くと，$a=1$，$b=6$ となり，求める直線の方程式は $y=x+6$ となる。この式は，① の $x^2=y$ を ② に代入した式 $y=-y+2x+12$ を変形し，$y=x+6$ として求めることもできる。

一般に，2つの放物線 $y=ax^2+bx+c$ …… ③ と $y=a'x^2+b'x+c'$ $(a\neq a')$ …… ④ が2つの共有点をもつとき，x^2 を消去した式

$$\boldsymbol{(a'-a)y=(a'b-ab')x+a'c-ac'}$$

は ③ と ④ の共有点を通る直線の方程式となる。

解説　③×a' から　$a'y=a'ax^2+a'bx+a'c$　…… ⑤
④×a から　$ay=aa'x^2+ab'x+ac'$　…… ⑥
辺々を引いて　$(a'-a)y=(a'b-ab')x+a'c-ac'$　…… ⑦
③ と ④ の2つの共有点の座標を $(x_1,\ y_1)$，$(x_2,\ y_2)$ とすると，$(x,\ y)=(x_1,\ y_1)$，$(x_2,\ y_2)$ はともに ⑤ と ⑥ を満たし，⑦ も満たす。
よって　$(a'-a)y_1=(a'b-ab')x_1+a'c-ac'$，$(a'-a)y_2=(a'b-ab')x_2+a'c-ac'$
$a\neq a'$ より，⑦ は直線の方程式であり，また，その直線は2点 $(x_1,\ y_1)$，$(x_2,\ y_2)$ を通る。2点を通る直線はただ1つしかないから，⑦ は ③ と ④ の共有点を通る直線の方程式となる。

この方法は，2つの放物線の共有点の座標が複雑になるとき有効である。
例えば，$y=2x^2$ …… ⑧ と $y=-x^2+x+1$ …… ⑨ の共有点を通る直線の方程式は，次のようにして求めることができる。
⑧ から　$y=2x^2$
⑨×2 から　$2y=-2x^2+2x+2$
辺々を加えて　$3y=2x+2$
よって，求める直線の方程式は　$y=\dfrac{2}{3}x+\dfrac{2}{3}$

⑧ と ⑨ の共有点の x 座標は，$2x^2=-x^2+x+1$ すなわち $3x^2-x-1=0$ を解いて $x=\dfrac{1\pm\sqrt{13}}{6}$

注意　この方法では，$y=x^2+1$ と $y=-x^2-1$ のような，2つの放物線が共有点をもたない場合でも直線の方程式が得られてしまうから，注意が必要である。

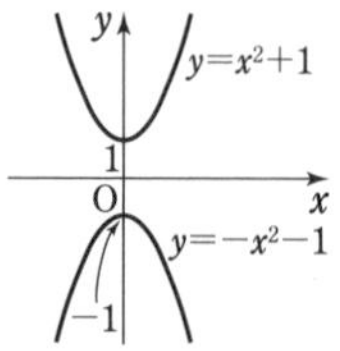

◀x^2 を消去すると　$y=0$

EXERCISES

②75 a は自然数とし，2 次関数 $y=x^2+ax+b$ …… ① のグラフを考える。

(1) $b=1$ のとき，① のグラフが x 軸と接するのは $a=$□ のときである。

(2) $b=3$ のとき，① のグラフが x 軸と異なる 2 点で交わるような自然数 a の中で，$a<9$ を満たす a の個数は□である。

→104, 105

③76 a は定数とする。関数 $y=ax^2+4x+2$ のグラフが，x 軸と異なる 2 つの共有点をもつときの a の値の範囲は ア□ であり，x 軸とただ 1 つの共有点をもつときの a の値は イ□ である。

→105

③77 a を定数とし，2 次関数 $y=x^2+4ax+4a^2+7a-2$ のグラフを C とする。

(1) C の頂点が直線 $y=-2x-8$ 上にあるとき，a の値を求めよ。

(2) C が x 軸と異なる 2 点 A，B で交わるとき，a の値の範囲を求めよ。

(3) a の値が (2) で求めた範囲にあるとする。線分 AB の長さが $2\sqrt{22}$ となるとき，a の値を求めよ。

〔類 摂南大〕 →106

②78 (1) 放物線 $y=-x^2+2(k+1)x-k^2$ が直線 $y=4x-2$ と共有点をもつような定数 k の値の範囲を求めよ。

(2) 座標平面上に，1 つの直線と 2 つの放物線

$$L: y=ax+b,\ C_1: y=-2x^2,\ C_2: y=x^2-12x+33$$

がある。L と C_1 および L と C_2 が，それぞれ 2 個の共有点をもつとき，ア□ a^2- イ□ $a-$ ウ□ $<b<$ エ□ a^2 が成り立つ。ただし，$a>0$ とする。

〔(2) 類 近畿大〕

→108

③79 2 次関数 $y=ax^2+bx+c$ のグラフが，2 点 $(-1,\ 0)$，$(3,\ 8)$ を通り，直線 $y=2x+6$ に接するとき，a，b，c の値を求めよ。

〔日本歯大〕

→108

HINT

75 「a は自然数」という条件に注意。

76 (イ) $a=0$，$a\neq0$ で場合分け。

77 (1) まず，基本形に直し，頂点の座標を求める。

79 まず，通る 2 点の座標を代入し，b，c を a で表す。

13 2次不等式

基本事項

注意 2次式 ax^2+bx+c について，$D=b^2-4ac$ とする（$p.187$ も同様）。

1 2次不等式の解 (1)

$a>0$ かつ $D>0$ のとき，2次方程式 $ax^2+bx+c=0$ の異なる2つの実数解を α，β $(\alpha<\beta)$ とすると

$\boldsymbol{ax^2+bx+c>0}$ **の解は** $\boldsymbol{x<\alpha,\ \beta<x}$ ┊ $\boldsymbol{ax^2+bx+c\geqq 0}$ **の解は** $\boldsymbol{x\leqq\alpha,\ \beta\leqq x}$

$\boldsymbol{ax^2+bx+c<0}$ **の解は** $\boldsymbol{\alpha<x<\beta}$ ┊ $\boldsymbol{ax^2+bx+c\leqq 0}$ **の解は** $\boldsymbol{\alpha\leqq x\leqq\beta}$

2 2次不等式の解 (2)

＝（イコール）がつくと解にも＝がつく

$\alpha<\beta$ のとき

$\boldsymbol{(x-\alpha)(x-\beta)>0}$ **の解は** $\boldsymbol{x<\alpha,\ \beta<x}$ ┊ $\boldsymbol{(x-\alpha)(x-\beta)\geqq 0}$ **の解は** $\boldsymbol{x\leqq\alpha,\ \beta\leqq x}$

$\boldsymbol{(x-\alpha)(x-\beta)<0}$ **の解は** $\boldsymbol{\alpha<x<\beta}$ ┊ $\boldsymbol{(x-\alpha)(x-\beta)\leqq 0}$ **の解は** $\boldsymbol{\alpha\leqq x\leqq\beta}$

解 説

■ 2次不等式の解

不等式のすべての項を左辺に移項して整理したとき，$ax^2+bx+c>0$，$ax^2+bx+c\leqq 0$ などのように，左辺が x の2次式になる不等式を，x についての **2次不等式** という。ただし，a，b，c は定数で，$a\neq 0$ とする。

◀「**2次**」であるから，2次の係数，すなわち a は0ではない。

2次不等式を解くとき，グラフを利用 すると，$=0$ とおいた方程式の解から得られる **x 軸との共有点の x 座標** から，その解が求められる。

1 $a>0$ かつ $D>0$ のとき，2次方程式 $ax^2+bx+c=0$ は異なる2つの実数解 $x=\alpha$，β $(\alpha<\beta)$ をもつ。このとき，2次関数 $y=ax^2+bx+c$ のグラフは下に凸の放物線で，x 軸と異なる2点 $(\alpha,\ 0)$，$(\beta,\ 0)$ で交わる。

$[a>0]$

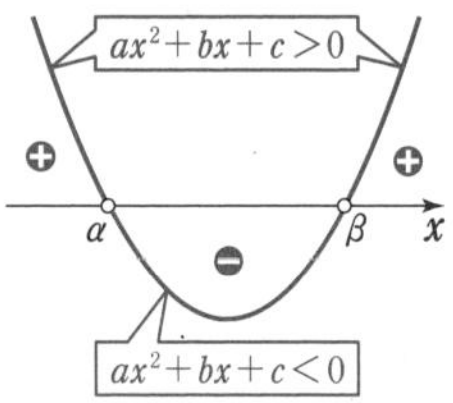

ax^2+bx+c の値の符号は，次の表のようになる。

x の値の範囲	$x<\alpha$	$x=\alpha$	$\alpha<x<\beta$	$x=\beta$	$\beta<x$
ax^2+bx+c の符号	$+$	0	$-$	0	$+$

$a<0$ の場合は，不等式の両辺に負の数を掛けて，$a>0$ の不等式に直して解く。

2 $(x-\alpha)(x-\beta)=0$ の解が α，β であるから，上の **1** と同様に **2** が成り立つ。

$\alpha<\beta$ のとき，因数の符号は次の表のようになり，このことからもわかる。

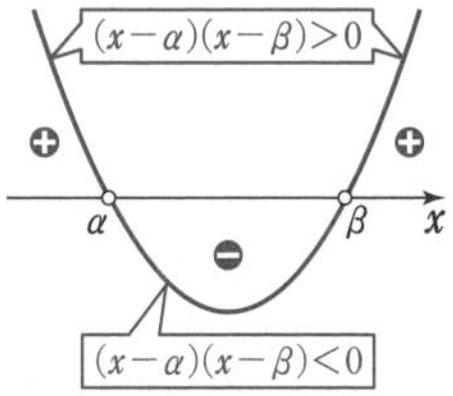

x の値の範囲	$x<\alpha$	$x=\alpha$	$\alpha<x<\beta$	$x=\beta$	$\beta<x$
$x-\alpha$ の符号	$-$	0	$+$	$+$	$+$
$x-\beta$ の符号	$-$	$-$	$-$	0	$+$
$(x-\alpha)(x-\beta)$ の符号	$+$	0	$-$	0	$+$

基本事項

3　2 次不等式の解 (3)

$a>0$ かつ $D=0$ のとき，2 次方程式 $ax^2+bx+c=0$ の重解を α とすると

$ax^2+bx+c>0$ の解は　α 以外のすべての実数

$ax^2+bx+c<0$ の解は　ない

$ax^2+bx+c\geqq 0$ の解は　すべての実数

$ax^2+bx+c\leqq 0$ の解は　$x=\alpha$

4　2 次不等式の解 (4)

$(x-\alpha)^2>0$ の解は　α 以外のすべての実数

$(x-\alpha)^2<0$ の解は　ない

$(x-\alpha)^2\geqq 0$ の解は　すべての実数

$(x-\alpha)^2\leqq 0$ の解は　$x=\alpha$

5　2 次不等式の解 (5)

$a>0$ かつ $D<0$ のとき

$ax^2+bx+c>0$ の解は　すべての実数

$ax^2+bx+c<0$ の解は　ない

$ax^2+bx+c\geqq 0$ の解は　すべての実数

$ax^2+bx+c\leqq 0$ の解は　ない

6　2 次式の定符号　$a\neq 0$ とする。

常に $ax^2+bx+c>0 \iff a>0,\ D<0$

常に $ax^2+bx+c<0 \iff a<0,\ D<0$

常に $ax^2+bx+c\geqq 0 \iff a>0,\ D\leqq 0$

常に $ax^2+bx+c\leqq 0 \iff a<0,\ D\leqq 0$

解　説

3, **4**　$p.175$ で学んだように，$a>0$ かつ $D=0$ のとき，2 次関数 $y=ax^2+bx+c$ [$\iff y=a(x-\alpha)^2$] のグラフは下に凸の放物線で，x 軸と 1 点 $(\alpha,\ 0)$ で接する。

よって，上の **3**, **4** の各不等式の解は，次の表や右の図により，それぞれ対応した形で求められる。

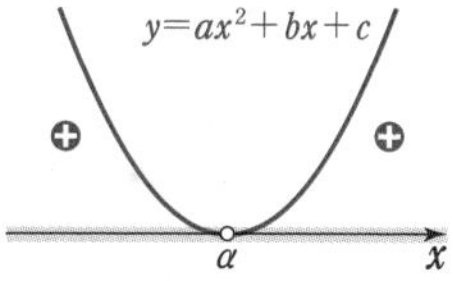

x の値の範囲	$x<\alpha$	$x=\alpha$	$\alpha<x$
ax^2+bx+c の符号	+	0	+
$(x-\alpha)^2$ の符号	+	0	+

5　$D<0$ であるから，$a>0$ のとき，2 次関数 $y=ax^2+bx+c$ のグラフは下に凸の放物線で，**x 軸より上側にある**（$p.175$ 参照）。

ゆえに，常に $ax^2+bx+c>0$ が成り立つ。

したがって，上の基本事項の解が求められる。

なお，このとき，ax^2+bx+c を基本形 $\boldsymbol{a(x-p)^2+q}$ の形に変形すると，$a>0$ のとき $\boldsymbol{q>0}$ である。

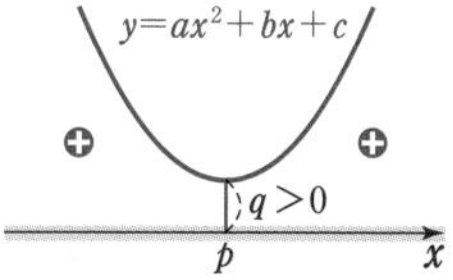

6　基本事項の 2 次不等式の解 (1)～(5) [(1), (2) は前ページ] から成り立つことがわかる。

常に $ax^2+bx+c\geqq 0$，$ax^2+bx+c\leqq 0$ のように，不等号に「＝」がつく場合は

$y=ax^2+bx+c$ のグラフが x 軸に接するとき

の「＝」である。よって，$D<0$ ではなく，$D\leqq 0$ のように，こちらにも「＝」がつく。

なお，すべての実数 x について成り立つ（すなわち，解が「すべての実数」となる）不等式を **絶対不等式** という。

基本例題 110 2次不等式の解法 (1)

①①①①①

次の2次不等式を解け。

(1) $x(x-3)<0$　　(2) $3x^2+20x-7>0$　　(3) $2x^2-x-4\geqq 0$

(4) $2-x>x^2$　　(5) $-x^2+2x+5\geqq 0$

p.186 基本事項 1, 2

指針 2次関数のグラフをかいて，グラフが x 軸より上側，または下側にある x の値の範囲を読み取る。具体的には次の手順となるが，(4), (5) では，まず x^2 の係数 a が正になるように，不等式を $\boldsymbol{ax^2+bx+c>0}$, $\boldsymbol{ax^2+bx+c\leqq 0}$ **などの形に整理**しておこう。

1 因数分解，または解の公式を用いて (左辺)$=0$ とした方程式，すなわち $ax^2+bx+c=0$ を解き，**$y=ax^2+bx+c$ と x 軸との共有点の x 座標 $x=\alpha,\ \beta\ (\alpha<\beta)$ を求める。**

2 x 軸との共有点をもとに **グラフをかき，不等式の解を求める。**

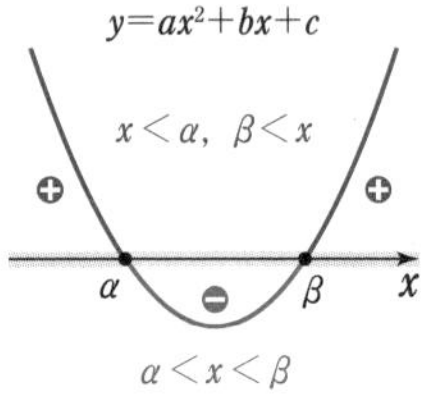

$ax^2+bx+c>0$
$\iff x<\alpha,\ \beta<x$
$ax^2+bx+c<0$
$\iff \alpha<x<\beta$

CHART 2次不等式の解法　x 軸との共有点を調べ，グラフから判断

解答

(1) $x(x-3)=0$ を解くと

$$x=0,\ 3$$

よって，不等式の解は

$$\boldsymbol{0<x<3}$$

(1)
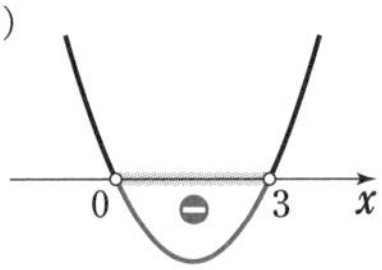

◀既に左辺が因数分解された形。

◀グラフが x 軸の下側にある x の値の範囲。

(2) $3x^2+20x-7>0$ から

$$(x+7)(3x-1)>0$$

$(x+7)(3x-1)=0$ を解くと

$$x=-7,\ \frac{1}{3}$$

よって，不等式の解は

$$\boldsymbol{x<-7,\ \frac{1}{3}<x}$$

(2)
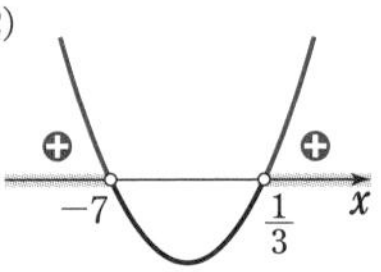

◀ 1 ╳ 7 → 21
　 3 ╲ −1 → −1
　 3　 −7　 20

◀グラフが x 軸の上側にある x の値の範囲。

(3) $2x^2-x-4=0$ を解くと

$$x=\frac{1\pm\sqrt{33}}{4}$$

よって，不等式の解は

$$\boldsymbol{x\leqq\frac{1-\sqrt{33}}{4},\ \frac{1+\sqrt{33}}{4}\leqq x}$$

(3)
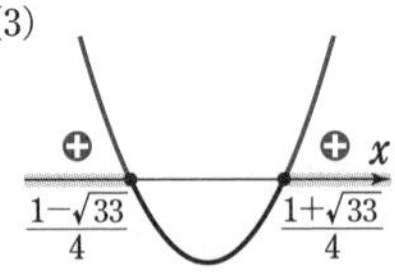

◀$x=\dfrac{-(-1)\pm\sqrt{(-1)^2-4\cdot2\cdot(-4)}}{2\cdot2}$
(解の公式)

(4) 不等式を変形して　$x^2+x-2<0$

ゆえに　$(x+2)(x-1)<0$

$(x+2)(x-1)=0$ を解くと

$$x=-2,\ 1$$

よって，不等式の解は

$$\boldsymbol{-2<x<1}$$

(4)
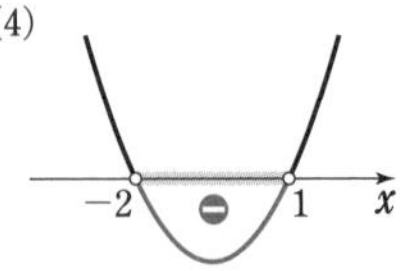

◀$\boldsymbol{ax^2+bx+c<0\ (a>0)}$ の形に整理する。

◀グラフが x 軸の下側にある x の値の範囲。

(5) 両辺に -1 を掛けて
$$x^2-2x-5\leqq 0$$
$x^2-2x-5=0$ を解くと
$$x=1\pm\sqrt{6}$$
よって，不等式の解は
$$\boldsymbol{1-\sqrt{6}\leqq x\leqq 1+\sqrt{6}}$$

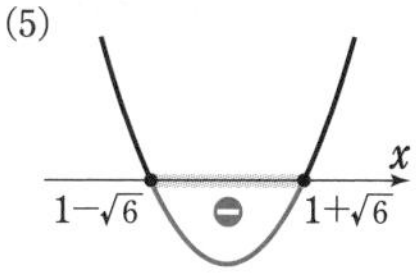

◀まず，2 次の係数を正に。なお，**不等号の向きが変わる。**

検討

2 次不等式を解く上でのポイント

2 次不等式を解く際のポイントは

簡単な図をかいて確認する（グラフをイメージする）こと

である。また，慣れないうちは，次のようなミスをしやすい。最初は図をかいて考えるのが確実である。以下，間違いやすい具体例をあげておこう。

例1 $x(x+1)>0$ を解け。

右の図からもわかるように，$x(x+1)>0$ の解は　$\boldsymbol{x<-1,\ 0<x}$
であるが，次のようなミスをしやすいので注意が必要。

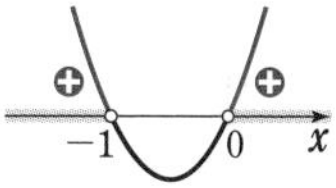

① $x(x+1)>0$ の両辺を x で割って　$x+1>0$
よって，解は　$x>-1$
【誤り！】 $x>0$ であると勝手に決めつけて，両辺を x で割っているのが最大のミス。

② $x(x+1)>0$ から　$-1<x<0$
【誤り！】 右の図のように，これは $x(x+1)<0$ の範囲。

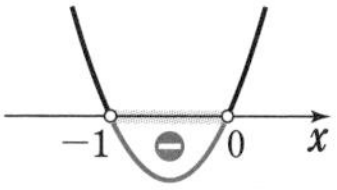

③ $x(x+1)>0$ から　$x<0,\ -1<x$
【誤り！】 右の図のように，0 と -1 の位置関係が逆。

④ $x(x+1)>0$ から　$x>0,\ -1$
【誤り！】 方程式 $x(x+1)=0$ の解 $x=0,\ -1$ と同じように考えている。

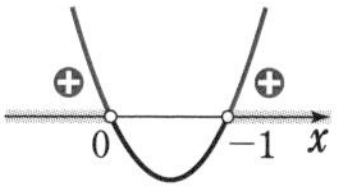

例2 $x^2-5<0$ を解け。

$x^2-5=0$ の解は　$x=\pm\sqrt{5}$
よって，$x^2-5<0$ すなわち $x^2<5$ の解は　$x<\pm\sqrt{5}$
【誤り！】 $x=\pm\sqrt{5}$ を求めたのはよいが，例 1 の ④ と同じように，方程式の解と不等式の解を混同している。
また，$\pm\sqrt{5}$ を表す点を 1 つの点として，数直線上に表現することはできない。

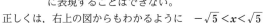

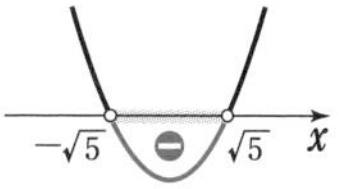

正しくは，右上の図からもわかるように　$\boldsymbol{-\sqrt{5}<x<\sqrt{5}}$

練習 ①**110** 次の 2 次不等式を解け。

(1) $x^2-x-6<0$　(2) $6x^2-x-2\geqq 0$　(3) $3(x^2+4x)>-11$

(4) $-2x^2+5x+1\geqq 0$　(5) $5x>3(4x^2-1)$　(6) $-x^2+2x+\dfrac{1}{3}\geqq 0$

基本例題 111　2次不等式の解法(2)

①①①①①

次の2次不等式を解け。

(1)　$x^2+2x+1>0$　　(2)　$x^2-4x+5>0$

(3)　$4x\geqq 4x^2+1$　　(4)　$-3x^2+8x-6>0$

p.187 基本事項 3～5

指針　前ページの例題と同様，2次関数の **グラフをかいて**，不等式の解を求める。グラフと x 軸との共有点の有無は，不等号を等号におき換えた2次方程式 $ax^2+bx+c=0$ の判別式 D の符号，または平方完成した式から判断できる。

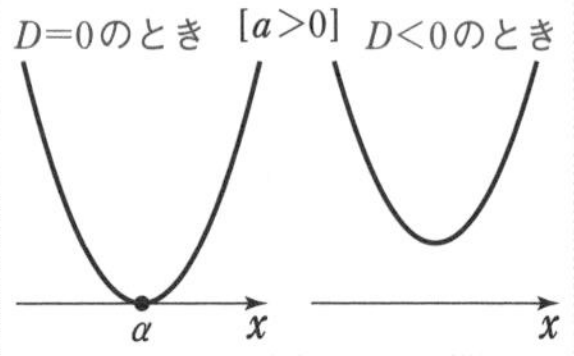

解答

(1)　$x^2+2x+1=(x+1)^2$ であるから，

不等式は　$(x+1)^2>0$

よって，解は

-1 以外のすべての実数

(1)
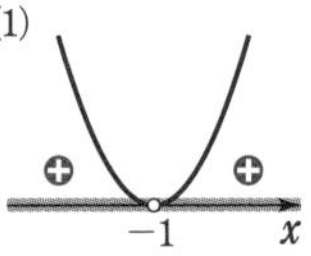

◀ $D=0$ の場合，左辺の式を **基本形に**。

◀ $x<-1$，$-1<x$ と答えてもよい。

(2)　$x^2-4x+5=(x-2)^2+1$ であるから，

不等式は　$(x-2)^2+1>0$

よって，解は　**すべての実数**

(2)
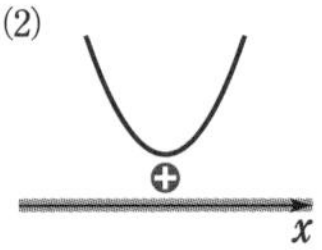

◀ $D<0$ の場合，左辺の式を **基本形に**。

◀ 関数 $y=x^2-4x+5$ の値は，すべての実数 x に対して　$y>0$

(3)　不等式から　$4x^2-4x+1\leqq 0$

$4x^2-4x+1=(2x-1)^2$ であるから，

不等式は　$(2x-1)^2\leqq 0$

よって，解は　$\boldsymbol{x=\dfrac{1}{2}}$

(3)
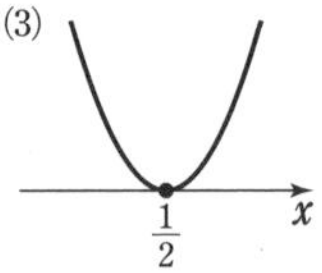

◀ 関数 $y=4x^2-4x+1$ の値は

$x=\dfrac{1}{2}$ のとき $y=0$

$x\neq\dfrac{1}{2}$ のとき $y>0$

(4)　不等式の両辺に -1 を掛けて

$$3x^2-8x+6<0$$

2次方程式 $3x^2-8x+6=0$ の判別式を

D とすると　$\dfrac{D}{4}=(-4)^2-3\cdot 6=-2$

(4)
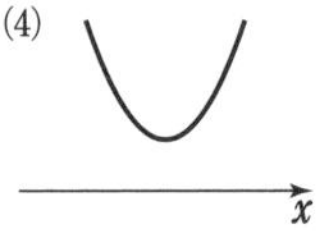

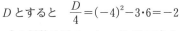

x^2 の係数は正で，かつ $D<0$ であるから，すべての実数 x に対して $3x^2-8x+6>0$ が成り立つ。

よって，与えられた不等式の　**解はない**

別解　不等式の両辺に -1 を掛けて　$3x^2-8x+6<0$

$3x^2-8x+6=3\left(x-\dfrac{4}{3}\right)^2+\dfrac{2}{3}>0$ であるから，

$3x^2-8x+6<0$ を満たす実数 x は存在しない。

よって，与えられた不等式の　**解はない**

◀ $D<0$ から，$y=3x^2-8x+6$ …… ① のグラフと x 軸は共有点をもたない。これと ① のグラフが下に凸であることから，すべての実数 x に対して　$3x^2-8x+6>0$

練習 ①111　次の2次不等式を解け。

(1)　$x^2+4x+4\geqq 0$　　(2)　$2x^2+4x+3<0$

(3)　$-4x^2+12x-9\geqq 0$　　(4)　$9x^2-6x+2>0$

重要例題 112　2次不等式の解法 (3)

次の不等式を解け。ただし，a は定数とする。

(1)　$x^2+(2-a)x-2a\leqq 0$　　(2)　$ax^2\leqq ax$

基本 110

指針　文字係数になっても，2次不等式の解法の要領は同じ。まず，**左辺＝0 の2次方程式を解く**。それには　1　**因数分解の利用**　2　**解の公式利用**　の2通りあるが，ここでは左辺を因数分解してみるとうまくいく。

2次方程式の解 α, β が a の式になるときは，**α と β の大小関係で場合分け** をしてグラフをかく。もしくは，次の公式を用いてもよい。

$\alpha<\beta$ のとき　$(x-\alpha)(x-\beta)>0 \iff x<\alpha,\ \beta<x$

$(x-\alpha)(x-\beta)<0 \iff \alpha<x<\beta$

(2)　x^2 の係数に注意が必要。$a>0$，$a=0$，$a<0$ で場合分け。

CHART　$(x-\alpha)(x-\beta)\gtreqless 0$ の解　α，β の大小関係に注意

解答

(1)　$x^2+(2-a)x-2a\leqq 0$ から　$(x+2)(x-a)\leqq 0$ …… ①

[1]　$a<-2$ のとき，① の解は

$a\leqq x\leqq -2$

[2]　$a=-2$ のとき，① は　$(x+2)^2\leqq 0$

よって，解は　$x=-2$

[3]　$-2<a$ のとき，① の解は

$-2\leqq x\leqq a$

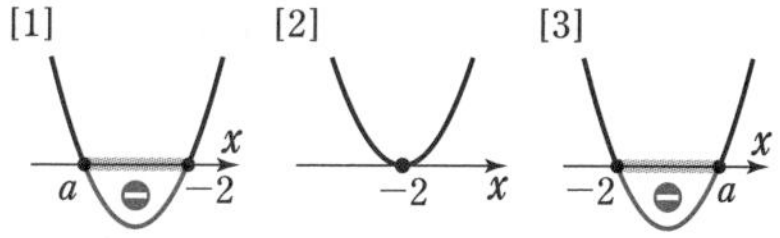

以上から　**$a<-2$ のとき　$a\leqq x\leqq -2$**

$a=-2$ のとき　$x=-2$

$-2<a$ のとき　$-2\leqq x\leqq a$

(2)　$ax^2\leqq ax$ から　$ax(x-1)\leqq 0$ …… ①

[1]　$a>0$ のとき，① から　$x(x-1)\leqq 0$

よって，解は　$0\leqq x\leqq 1$

◀ ① の両辺を正の数 a で割る。

[2]　$a=0$ のとき，① は　$0\cdot x(x-1)\leqq 0$

これは x がどんな値でも成り立つ。

よって，解は　すべての実数

◀ $0\leqq 0$ となる。≦ は「< または =」の意味で，< と = のどちらか一方が成り立てば正しい。

[3]　$a<0$ のとき，① から　$x(x-1)\geqq 0$

よって，解は　$x\leqq 0$，$1\leqq x$

◀ ① の両辺を負の数 a で割る。負の数で割るから，不等号の向きが変わる。

以上から　**$a>0$ のとき　$0\leqq x\leqq 1$；**

$a=0$ のとき　すべての実数；

$a<0$ のとき　$x\leqq 0$，$1\leqq x$

注意　(2) について，$ax^2\leqq ax$ の両辺を ax で割って，$x\leqq 1$ としたら **誤り**。なぜなら，$ax=0$ のときは両辺を割ることができないし，$ax<0$ のときは不等号の向きが変わるからである。

練習 ③112　次の不等式を解け。ただし，a は定数とする。　[(3) 類　公立はこだて未来大]

(1)　$x^2-ax\leqq 5(a-x)$　　(2)　$ax^2>x$　　(3)　$x^2-a(a+1)x+a^3<0$

基本例題 113 2次不等式の解から不等式の係数決定 ③

次の事柄が成り立つように，定数 a，b の値を定めよ。

(1) 2次不等式 $ax^2+bx+3>0$ の解が $-1<x<3$ である。

(2) 2次不等式 $ax^2+bx-24 \geqq 0$ の解が $x \leqq -2$，$4 \leqq x$ である。

基本 110

指針 2次不等式の解を，2次関数のグラフで考える。

$f(x)=ax^2+bx+c\ (a \neq 0)$ とすると

① **$f(x)>0$ の解が $x<\alpha$，$\beta<x$** $(\alpha<\beta)$

$\iff y=f(x)$ のグラフが，$x<\alpha$，$\beta<x$ のときだけ x 軸より上側にある。

$\iff$ **$a>0$**（下に凸），**$f(\alpha)=0$，$f(\beta)=0$**

② **$f(x)>0$ の解が $\alpha<x<\beta$**

$\iff y=f(x)$ のグラフが，$\alpha<x<\beta$ のときだけ x 軸より上側にある。

$\iff$ **$a<0$**（上に凸），**$f(\alpha)=0$，$f(\beta)=0$**

(2) 不等号に等号がついているが，上の $\iff$ の内容はそのまま使える。

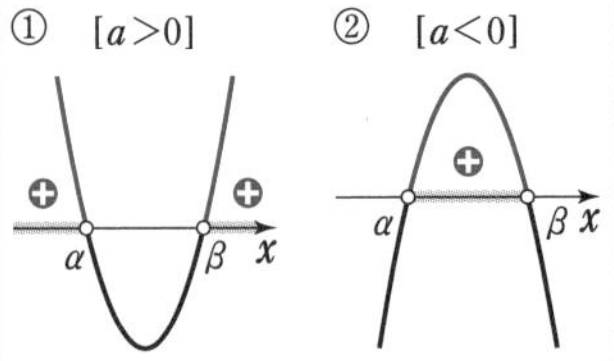

解答

(1) 条件から，2次関数 $y=ax^2+bx+3$ のグラフは，$-1<x<3$ のときだけ x 軸より上側にある。

すなわち，グラフは上に凸の放物線で2点 $(-1,\ 0)$，$(3,\ 0)$ を通るから

$a<0$，$a-b+3=0$ …… ①，$9a+3b+3=0$ …… ②

①，② を解いて　**$a=-1$，$b=2$**

これは $a<0$ を満たす。

別解　$-1<x<3$ を解とする2次不等式の1つは

$(x+1)(x-3)<0$　すなわち　$x^2-2x-3<0$

両辺に -1 を掛けて　$-x^2+2x+3>0$

$ax^2+bx+3>0$ と係数を比較して　**$a=-1$，$b=2$**

(2) 条件から，2次関数 $y=ax^2+bx-24$ のグラフは，$x<-2$，$4<x$ のときだけ x 軸より上側にある。

すなわち，グラフは下に凸の放物線で2点 $(-2,\ 0)$，$(4,\ 0)$ を通るから

$a>0$，$4a-2b-24=0$ … ①，$16a+4b-24=0$ … ②

①，② を解いて　**$a=3$，$b=-6$**

これは $a>0$ を満たす。

別解　$x \leqq -2$，$4 \leqq x \iff (x+2)(x-4) \geqq 0$

$\iff x^2-2x-8 \geqq 0 \iff 3x^2-6x-24 \geqq 0$

$ax^2+bx-24 \geqq 0$ と係数を比較して　**$a=3$，$b=-6$**

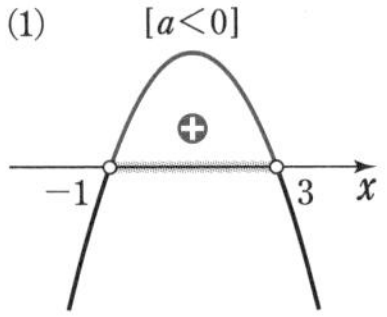

◀ $\alpha<\beta$ のとき
$(x-\alpha)(x-\beta)<0$
$\iff \alpha<x<\beta$

◀ $ax^2+bx+3>0$ と比較するために，**定数項を $+3$ にそろえる。**

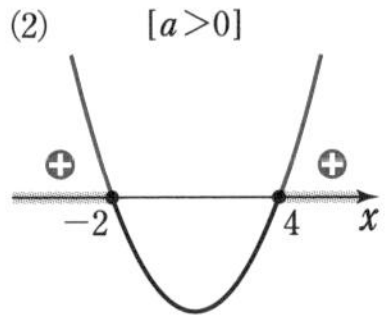

◀ $\alpha<\beta$ のとき
$(x-\alpha)(x-\beta) \geqq 0$
$\iff x \leqq \alpha$，$\beta \leqq x$

練習 ③113 次の事柄が成り立つように，定数 a，b の値を定めよ。

(1) 2次不等式 $ax^2+8x+b<0$ の解が $-3<x<1$ である。

(2) 2次不等式 $2ax^2+2bx+1 \leqq 0$ の解が $x \leqq -\dfrac{1}{2}$，$3 \leqq x$ である。　〔(2) 愛知学院大〕

基本例題 114 2次方程式の実数解の個数(2) ①①①①①

(1) 2次方程式 $2x^2-kx+k+1=0$ が実数解をもたないような，定数 k の値の範囲を求めよ。

(2) x の方程式 $mx^2+(m-3)x+1=0$ の実数解の個数を求めよ。 ↗基本100

指針 $p.169$ で学んだように，2次方程式 $ax^2+bx+c=0$ の実数解の有無や個数は，**判別式 $D=b^2-4ac$ の符号で決まる。**

		実数解の個数
異なる2つの実数解をもつ	$\Leftrightarrow$ $D>0$	**2個**
ただ1つの実数解(重解)をもつ	$\Leftrightarrow$ $D=0$	**1個**
実数解をもたない	$\Leftrightarrow$ $D<0$	**0個**

(2) x^2 の係数 m に注意。$m=0$ と $m\neq0$ の場合に分けて考える。

解答

(1) この2次方程式の判別式を D とすると

$$D=(-k)^2-4\cdot2(k+1)=k^2-8k-8$$

2次方程式が実数解をもたないための必要十分条件は

$D<0$

よって $k^2-8k-8<0$

$k^2-8k-8=0$ を解くと $k=4\pm2\sqrt{6}$

したがって $\boldsymbol{4-2\sqrt{6}<k<4+2\sqrt{6}}$

(2) $mx^2+(m-3)x+1=0$ …… ① とする。

[1] $m=0$ のとき，①は $-3x+1=0$

これを解くと $x=\dfrac{1}{3}$ よって，実数解は1個。

[2] $m\neq0$ のとき，①は2次方程式で，判別式を D とすると $D=(m-3)^2-4\cdot m\cdot1=m^2-10m+9$

$=(m-1)(m-9)$

$D>0$ となるのは，$(m-1)(m-9)>0$ のときである。

これを解いて $m<1,\ 9<m$

$m\neq0$ であるから $m<0,\ 0<m<1,\ 9<m$

このとき，実数解は2個。

$D=0$ となるのは，$(m-1)(m-9)=0$ のときである。

これを解いて $m=1,\ 9$ このとき，実数解は1個。

$D<0$ となるのは，$(m-1)(m-9)<0$ のときである。

これを解いて $1<m<9$ このとき，実数解は0個。

以上により **$m<0,\ 0<m<1,\ 9<m$ のとき 2個**

$m=0,\ 1,\ 9$ のとき 1個

$1<m<9$ のとき 0個

◀ $k=-(-4)\pm\sqrt{(-4)^2-1\cdot(-8)}$

◀問題文に2次方程式と書かれていないから，2次の係数が0となる $m=0$ の場合を見落とさないように。
$m=0$ の場合は1次方程式となるから，判別式は使えない。この点に注意が必要。

◀単に $m<1,\ 9<m$ だけでは **誤り！** $m\neq0$ であることを忘れずに。

◀ $1<m<9$ の範囲に $m=0$ は含まれていない。

◀[1]，[2]の結果をまとめる。

練習 ③114 (1) 2次方程式 $x^2-(k+1)x+1=0$ が異なる2つの実数解をもつような，定数 k の値の範囲を求めよ。

(2) x の方程式 $(m+1)x^2+2(m-1)x+2m-5=0$ の実数解の個数を求めよ。

基本 例題 115 常に成り立つ不等式(絶対不等式)

①①①①①

(1) すべての実数 x に対して，2 次不等式 $x^2+(k+3)x-k>0$ が成り立つような定数 k の値の範囲を求めよ。

(2) 任意の実数 x に対して，不等式 $ax^2-2\sqrt{3}x+a+2\leqq 0$ が成り立つような定数 a の値の範囲を求めよ。

p.187 基本事項 6

指針 左辺を $f(x)$ としたときの，**$y=f(x)$ のグラフと関連付けて考える** とよい。

(1) $f(x)=x^2+(k+3)x-k$ とすると，
すべての実数 x に対して $f(x)>0$ が成り立つのは，$y=f(x)$ のグラフが常に x 軸より上側（$y>0$ の部分）にあるときである。……★
$y=f(x)$ のグラフは下に凸の放物線であるから，グラフが常に x 軸より上側にあるための条件は，x 軸と共有点をもたないことである。よって，$f(x)=0$ の判別式を D とすると，**$D<0$** が条件となる。
$D<0$ は k についての不等式になるから，それを解いて k の値の範囲を求める。

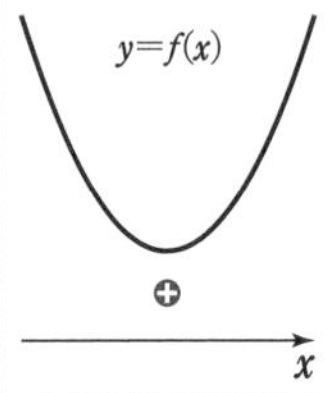

$f(x)$ の値が常に正

(2) (1) と同様に解くことができるが，単に「不等式」とあるから，$a=0$ の場合（2 次不等式でない場合）と $a\neq 0$ の場合に分けて考える。
$a\neq 0$ の場合，a の符号によって，グラフが下に凸か上に凸かが変わるから，a についての条件も必要となる。また，不等式の左辺の値は 0 になってもよいから，グラフが x 軸に接する場合も条件を満たすことに注意する。

CHART 不等式が常に成り立つ条件　**グラフと関連付けて考える**

解答

(1) $f(x)=x^2+(k+3)x-k$ とすると，$y=f(x)$ のグラフは下に凸の放物線である。
よって，すべての実数 x に対して $f(x)>0$ が成り立つための条件は，$y=f(x)$ のグラフが常に x 軸より上側にある，すなわち，$y=f(x)$ のグラフが x 軸と共有点をもたないことである。
ゆえに，2 次方程式 $f(x)=0$ の判別式を D とすると，求める条件は　$D<0$

$$D=(k+3)^2-4\cdot 1\cdot(-k)=k^2+10k+9$$
$$=(k+9)(k+1)$$

であるから，$D<0$ より

$$(k+9)(k+1)<0$$

よって　$\boldsymbol{-9<k<-1}$

(2) $a=0$ のとき，不等式は $-2\sqrt{3}x+2\leqq 0$ となり，例えば $x=0$ のとき成り立たない。

◀ $f(x)$ の x^2 の係数は正であるから，下に凸。

◀ **指針**＿＿……★ **の方針。** 不等式が成り立つ条件を，$y=f(x)$ のグラフの条件に言い換えて考える。

◀ $f(x)>0$ から $D>0$ とすると **誤り！** $D<0$ の“<”は，グラフが x 軸と共有点をもたないための条件である。

◀ $a=0$ のとき，左辺は 2 次式でない。

$a \neq 0$ のとき，$f(x)=ax^2-2\sqrt{3}x+a+2$ とすると，
$y=f(x)$ のグラフは放物線である。
よって，すべての実数 x に対し $f(x) \leqq 0$ が成り立つための条件は，$y=f(x)$ のグラフが上に凸の放物線であり，x 軸と共有点をもたない，または，x 軸と接することである。
ゆえに，2 次方程式 $f(x)=0$ の判別式を D とすると，求める条件は　　$a<0$　かつ　$D \leqq 0$

$$\frac{D}{4}=(-\sqrt{3})^2-a(a+2)=-a^2-2a+3$$
$$=-(a+3)(a-1)$$

であるから，$D \leqq 0$ より
$$(a+3)(a-1) \geqq 0$$
よって　　$a \leqq -3,\ 1 \leqq a$
$a<0$ との共通範囲を求めて　　$\boldsymbol{a \leqq -3}$

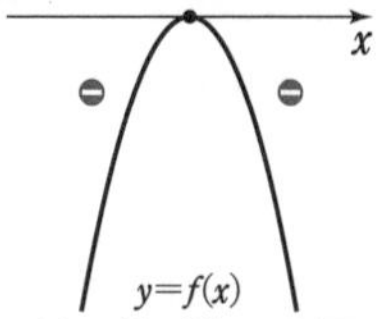

$f(x)$ の値が常に 0 以下

◀$a>0$ とすると，$y=f(x)$ のグラフは下に凸の放物線となり，$f(x)$ の値はいくらでも大きくなるから，常に $f(x) \leqq 0$ が成り立つことはない。

補足　この例題の不等式のように，すべての実数 x について成り立つ不等式のことを，**絶対不等式**という。

検討　**不等式の条件をグラフの条件に言い換える**

この例題は，不等式が成り立つ条件を関数のグラフが満たす条件を求めることで解いた。
2 次不等式 $ax^2+bx+c>0$ $(a \neq 0)$ を例に，考え方を整理しておこう。

不等式の条件		グラフの位置		係数の条件
すべての実数 x について，2 次不等式 $ax^2+bx+c>0$ が成り立つ	⟺	2 次関数 $y=ax^2+bx+c$ のグラフが常に x 軸より上側にある	⟺	$a>0$（下に凸の放物線） かつ $D=b^2-4ac<0$（x 軸と共有点をもたない）

また，「すべての実数 x に対して $f(x)>0$」は，「**($f(x)$ の最小値)>0**」と言い換えることもできる。問題によっては，グラフの条件よりも，最小値の条件の方が求めやすい場合もある（次ページの例題 **116** を参照）。なお，例題 **115** (1) において，関数
$f(x)=x^2+(k+3)x-k$ の最小値が 0 より大きいための条件は，解答と同じ $D<0$ である。

検討 PLUS ONE　**x^2 の係数に文字があるときの条件は？**

(2) のように，x^2 の係数に文字があるとき，考える不等式が 2 次不等式にならない場合もある。x^2 の係数が 0 になる場合も含めて考えると，次のようになる。

すべての実数 x に対して $ax^2+bx+c>0$ が成り立つ
$\iff$ ($a=b=0$ かつ $c>0$) または ($a>0$ かつ $D<0$)

練習 ② **115**
(1)　不等式 $x^2-2x \geqq kx-4$ の解がすべての実数であるような定数 k の値の範囲を求めよ。〔金沢工大〕
(2)　すべての実数 x に対して，不等式 $a(x^2+x-1)<x^2+x$ が成り立つような，定数 a の値の範囲を求めよ。

基本例題 116 ある区間で常に成り立つ不等式

$0 \leqq x \leqq 8$ のすべての x の値に対して，不等式 $x^2-2mx+m+6>0$ が成り立つような定数 m の値の範囲を求めよ。 〔類 奈良大〕 基本 82

指針 例題 **115** と似た問題であるが，$0 \leqq x \leqq 8$ という制限がある。ここでは
「$0 \leqq x \leqq 8$ において常に $f(x)>0$」を「($0 \leqq x \leqq 8$ における $f(x)$ の最小値)>0」と考えて進める。

CHART 不等式が常に成り立つ条件　グラフと関連付けて考える

解答

求める条件は，$0 \leqq x \leqq 8$ における $f(x)=x^2-2mx+m+6$ の最小値が正となることである。

$f(x)=(x-m)^2-m^2+m+6$ であるから，放物線 $y=f(x)$ の軸は　直線 $x=m$

[1]　$m<0$ のとき，$f(x)$ は $x=0$ で最小となり，最小値は　$f(0)=m+6$

ゆえに　$m+6>0$　　よって　$m>-6$

$m<0$ であるから(*)

$-6<m<0$ …… ①

[1]

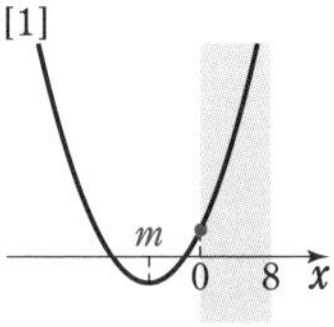

[2]　$0 \leqq m \leqq 8$ のとき，$f(x)$ は $x=m$ で最小となり，最小値は

$f(m)=-m^2+m+6$

ゆえに　$-m^2+m+6>0$

すなわち　$m^2-m-6<0$

これを解くと，$(m+2)(m-3)<0$ から

$-2<m<3$

$0 \leqq m \leqq 8$ であるから(*)

$0 \leqq m<3$ …… ②

[2]

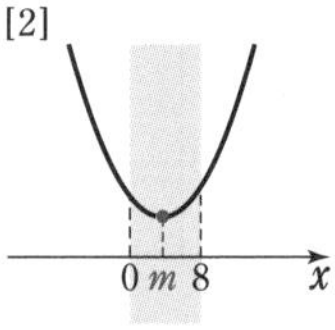

[3]　$8<m$ のとき，$f(x)$ は $x=8$ で最小となり，最小値は　$f(8)=-15m+70$

ゆえに，$-15m+70>0$ から　$m<\dfrac{14}{3}$

これは $8<m$ を満たさない。(*)

[3]

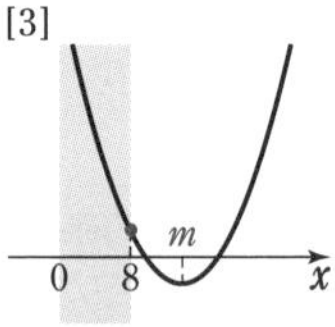

求める m の値の範囲は，①，② を合わせて　**$-6<m<3$**

◀$f(x)=x^2-2mx+m+6$ $(0 \leqq x \leqq 8)$ の最小値を求める。
⟶ $p.140$ 例題 **82** と同様に，軸の位置が区間 $0 \leqq x \leqq 8$ の左外か，内か，右外かで場合分け。
[1] **軸** は **区間の左外** にあるから，**区間の左端で最小**。
[2] **軸** は **区間内** にあるから，**頂点で最小**。
[3] **軸** は **区間の右外** にあるから，**区間の右端で最小**。

(*) 場合分けの条件を満たすかどうかの確認を忘れずに。[1]，[2] では共通範囲をとる。

◀合わせた範囲をとる。

POINT　**$f(x)$ の符号が区間で一定である条件**

区間で $f(x)>0 \iff$ [区間内の $f(x)$ の最小値]>0
区間で $f(x)<0 \iff$ [区間内の $f(x)$ の最大値]<0

練習 ③116　a は定数とし，$f(x)=x^2-2ax+a+2$ とする。$0 \leqq x \leqq 3$ のすべての x の値に対して，常に $f(x)>0$ が成り立つような a の値の範囲を求めよ。 〔類 東北学院大〕

まとめ　2次関数のグラフと2次方程式・不等式

2 次関数のグラフと 2 次方程式・不等式の解の関係をまとめておこう。

① **$a>0$ のとき**，2 次関数 $y=ax^2+bx+c$ のグラフと x 軸の位置関係，および 2 次方程式 $ax^2+bx+c=0$ の解と 2 次不等式 $ax^2+bx+c>0$（<0），$ax^2+bx+c\geqq 0$（$\leqq 0$）の解の関係は，次の表のようにまとめられる。ただし，$D=b^2-4ac$ とする。

D の符号	$D>0$	$D=0$	$D<0$
$y=ax^2+bx+c$ のグラフと x 軸の位置関係	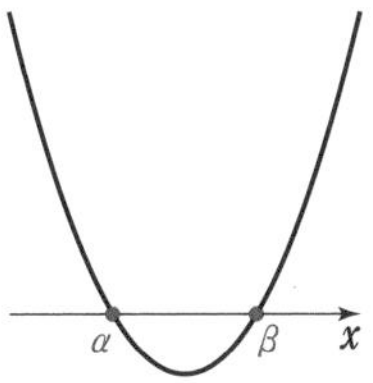	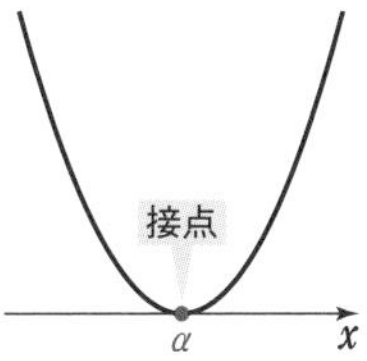	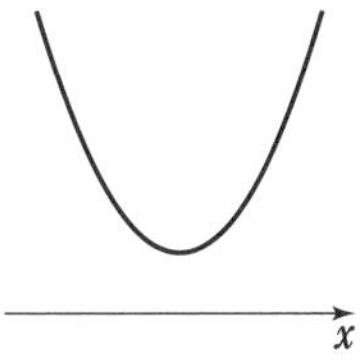
$ax^2+bx+c=0$ の実数解	**異なる 2 つの実数解** $x=\alpha,\ \beta$ $(\alpha<\beta)$	**重解** $x=\alpha$	**実数解はない**
$ax^2+bx+c>0$ の解	$\boldsymbol{x<\alpha,\ \beta<x}$	**α 以外のすべての実数**	**すべての実数**
$ax^2+bx+c\geqq 0$ の解	$\boldsymbol{x\leqq\alpha,\ \beta\leqq x}$	**すべての実数**	**すべての実数**
$ax^2+bx+c<0$ の解	$\boldsymbol{\alpha<x<\beta}$	**解はない**	**解はない**
$ax^2+bx+c\leqq 0$ の解	$\boldsymbol{\alpha\leqq x\leqq\beta}$	$\boldsymbol{x=\alpha}$	**解はない**

② **$a>0$ のとき**，$ax^2+bx+c=a(x-\alpha)(x-\beta)$ ならば

$\alpha<\beta$ のとき　$\boldsymbol{a(x-\alpha)(x-\beta)>0 \Longleftrightarrow x<\alpha,\ \beta<x}$

$\boldsymbol{a(x-\alpha)(x-\beta)<0 \Longleftrightarrow \alpha<x<\beta}$

（不等式の不等号に等号がつけば，解の不等号にも等号がつく）

③ **$a=0$ の場合も含めた ax^2+bx+c の定符号の条件**

$D=b^2-4ac$ とする。すべての実数 x について

常に　$ax^2+bx+c>0 \Longleftrightarrow a=b=0,\ c>0$；または $a>0,\ D<0$

④ **ある区間での ax^2+bx+c の定符号の条件**

ある区間で常に　$ax^2+bx+c>0 \Longleftrightarrow$（区間内の最小値）$>0$

ある区間で常に　$ax^2+bx+c<0 \Longleftrightarrow$（区間内の最大値）$<0$

基本例題 117 連立 2 次不等式の解法

①①①①①

次の不等式を解け。

(1) $\begin{cases} 2x^2-5x-3<0 \\ 3x^2-4x-4\leqq 0 \end{cases}$ (2) $2-3x-2x^2\leqq 4x-2<x^2$

基本 35, 110　重要 120

指針 **連立 2 次不等式** を解く方針は，連立 1 次不等式（p.67 参照）のときとまったく同じで
それぞれの不等式の解を求め，それらの共通範囲を求める。
共通範囲を求める場合は，1 次のときと同様に，**数直線** を利用するとよい。

CHART 連立不等式　解のまとめは数直線

解答

(1) $2x^2-5x-3<0$ から　$(2x+1)(x-3)<0$

よって　$-\dfrac{1}{2}<x<3$ …… ①

$3x^2-4x-4\leqq 0$ から　$(3x+2)(x-2)\leqq 0$

よって　$-\dfrac{2}{3}\leqq x\leqq 2$ …… ②

①，② の共通範囲を求めて

$\boldsymbol{-\dfrac{1}{2}<x\leqq 2}$

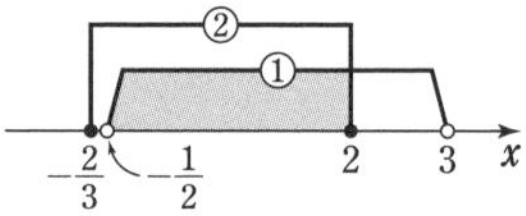

(2) $\begin{cases} 2-3x-2x^2\leqq 4x-2 & \cdots\cdots ① \\ 4x-2<x^2 & \cdots\cdots ② \end{cases}$

① から　$2x^2+7x-4\geqq 0$

よって　$(x+4)(2x-1)\geqq 0$

ゆえに　$x\leqq -4,\ \dfrac{1}{2}\leqq x$ …… ③

② から　$x^2-4x+2>0$

これを解くと，$x^2-4x+2=0$ の解が $x=2\pm\sqrt{2}$ であるから

$x<2-\sqrt{2},\ 2+\sqrt{2}<x$ …… ④

③，④ の共通範囲を求めて

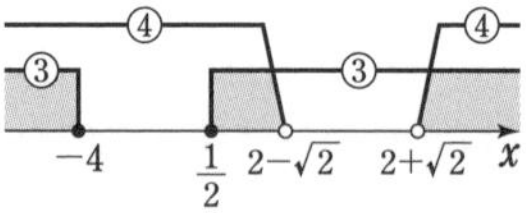

$\boldsymbol{x\leqq -4,\ \dfrac{1}{2}\leqq x<2-\sqrt{2},\ 2+\sqrt{2}<x}$

◀ $\begin{array}{ccc} 2 & 1 \to & 1 \\ 1 & -3 \to & -6 \\ \hline 2 & -3 & -5 \end{array}$

◀ $\begin{array}{ccc} 3 & 2 \to & 2 \\ 1 & -2 \to & -6 \\ \hline 3 & -4 & -4 \end{array}$

◀数直線で，● は値が範囲に含まれること，○ は値が範囲に含まれないことを表す。

◀ **$A\leqq B<C$ は連立不等式 $\begin{cases} A\leqq B \\ B<C \end{cases}$ と同じ意味。**

◀ $\begin{array}{ccc} 1 & 4 \to & 8 \\ 2 & -1 \to & -1 \\ \hline 2 & -4 & 7 \end{array}$

◀ $x=-(-2)\pm\sqrt{(-2)^2-1\cdot 2}$

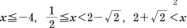

◀ $\sqrt{2}<1.5$ から $\dfrac{1}{2}=0.5=2-1.5<2-\sqrt{2}$

練習 ②117 次の不等式を解け。　〔(1) 芝浦工大，(2) 東北工大，(3) 名城大〕

(1) $\begin{cases} 6x^2-7x-3>0 \\ 15x^2-2x-8\leqq 0 \end{cases}$ (2) $\begin{cases} x^2-6x+5\leqq 0 \\ -3x^2+11x-6\geqq 0 \end{cases}$ (3) $2x+4>x^2>x+2$

p.219 EX 83

基本 例題 118　2次不等式と文章題

立方体Aがある。Aを縦に1cm縮め，横に2cm縮め，高さを4cm伸ばし直方体Bを作る。また，Aを縦に1cm伸ばし，横に2cm伸ばし，高さを2cm縮めた直方体Cを作る。Aの体積が，Bの体積より大きいがCの体積よりは大きくならないとき，Aの1辺の長さの範囲を求めよ。

基本 117

指針　不等式の文章題では，特に，次のことがポイントになる。

① **大小関係を見つけて不等式で表す**　　② **解の検討**

まず，立方体Aの1辺の長さを$x$cmとして（**変数の選定**），直方体B，Cの辺の長さをそれぞれxで表す。そして，体積に関する条件から不等式を作る。

なお，xの変域に注意。

CHART 文章題　**題意を式に表す**　**表しやすいように変数を選ぶ**　**変域に注意**

解答

立方体Aの1辺の長さを$x$cmとする。

直方体B，直方体Cの縦，横，高さはそれぞれ

直方体B：　$(x-1)$cm，　$(x-2)$cm，　$(x+4)$cm

直方体C：　$(x+1)$cm，　$(x+2)$cm，　$(x-2)$cm

各立体の辺の長さは正で，各辺の中で最も短いものは$(x-2)$cmであるから

$$x-2>0 \quad \text{すなわち} \quad x>2 \quad \cdots\cdots ①$$

(Bの体積)<(Aの体積)≦(Cの体積) の条件から

$$(x-1)(x-2)(x+4)<x^3\leqq(x+1)(x+2)(x-2)$$

ゆえに　$x^3+x^2-10x+8<x^3\leqq x^3+x^2-4x-4$ …（＊）

よって

$$x^2-10x+8<0 \ \cdots ② \quad \text{かつ} \quad x^2-4x-4\geqq0 \ \cdots ③$$

$x^2-10x+8=0$ の解は　$x=5\pm\sqrt{17}$

ゆえに，② の解は

$$5-\sqrt{17}<x<5+\sqrt{17} \quad \cdots\cdots ④$$

$x^2-4x-4=0$ の解は　$x=2\pm2\sqrt{2}$

よって，③ の解は

$$x\leqq2-2\sqrt{2},\ 2+2\sqrt{2}\leqq x \quad \cdots\cdots ⑤$$

①，④，⑤ の共通範囲は

$$2+2\sqrt{2}\leqq x<5+\sqrt{17}$$

以上から，立方体Aの1辺の長さは

$2+2\sqrt{2}$ cm 以上 $5+\sqrt{17}$ cm 未満

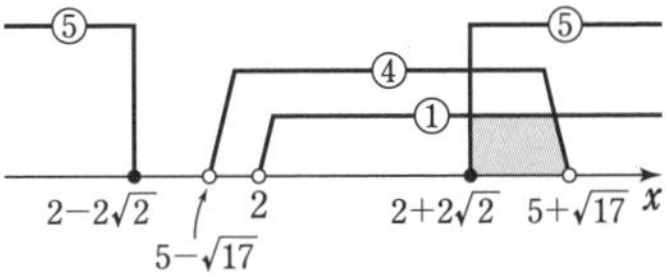

◀xの変域を調べる。

◀**PはQより大きくない**を不等式で表すと **$P\leqq Q$** 等号がつくことに注意。

（＊）はx^3の項が消えて $x^2-10x+8<0\leqq x^2-4x-4$ と同じ。また，

$$P<Q\leqq R \Longleftrightarrow \begin{cases} P<Q \\ Q\leqq R \end{cases}$$

練習 ②118　右の図のような，直角三角形ABCの各辺上に頂点をもつ長方形ADEFを作る。長方形の面積が3m^2以上5m^2未満になるときの辺DEの長さの範囲を求めよ。

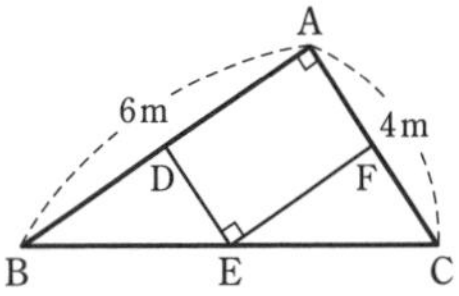

基本例題 119　2つの2次方程式の解の条件

$a \neq 0$ とする。2つの方程式 $ax^2-4x+a=0$, $x^2-ax+a^2-3a=0$ について，次の条件が成り立つように，定数 a の値の範囲を定めよ。

(1)　2つの方程式がともに実数解をもつ。

(2)　2つの方程式の少なくとも一方が実数解をもつ。

基本 101

指針　2次方程式 $ax^2+bx+c=0$ の判別式を $D=b^2-4ac$ とすると

実数解をもつ ⟺ $D \geqq 0$

2つの2次方程式の判別式を，順に D_1, D_2 とすると

(1)　$D_1 \geqq 0$ **かつ** $D_2 \geqq 0$ ⟶ 解の **共通範囲**

(2)　$D_1 \geqq 0$ **または** $D_2 \geqq 0$ ⟶ 解を **合わせた範囲**（和集合：p.81 参照）

なお，範囲を求めるときは，$a \neq 0$ という条件に注意。

解答

2次方程式 $ax^2-4x+a=0$, $x^2-ax+a^2-3a=0$ の判別式を，それぞれ D_1, D_2 とすると

$$\frac{D_1}{4}=(-2)^2-a \cdot a=-(a^2-4)=-(a+2)(a-2)$$

$$D_2=(-a)^2-4 \cdot 1 \cdot (a^2-3a)=-3a^2+12a=-3a(a-4)$$

◀ $a \neq 0$ から，$ax^2-4x+a=0$ は2次方程式である。なお，2つの判別式を区別するために，D_1, D_2 としている。

(1)　問題の条件は　$D_1 \geqq 0$ かつ $D_2 \geqq 0$

$D_1 \geqq 0$ から　$(a+2)(a-2) \leqq 0$

よって　$-2 \leqq a \leqq 2$

$a \neq 0$ であるから　$-2 \leqq a < 0$, $0 < a \leqq 2$ …… ①

◀ $a \neq 0$ に注意。

$D_2 \geqq 0$ から　$3a(a-4) \leqq 0$

よって　$0 \leqq a \leqq 4$

$a \neq 0$ であるから　$0 < a \leqq 4$ …… ②

①，② の共通範囲を求めて　$\boldsymbol{0 < a \leqq 2}$

(1)

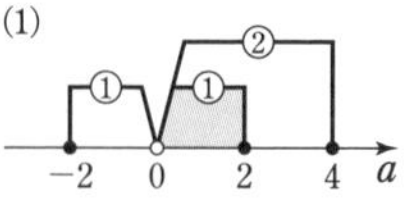

(2)　問題の条件は

$D_1 \geqq 0$ または $D_2 \geqq 0$

① と ② の範囲を合わせて　$\boldsymbol{-2 \leqq a < 0,\ 0 < a \leqq 4}$

(2)

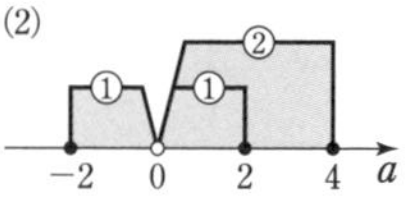

検討　**2つの方程式の一方だけが実数解をもつ条件**

上の例題に関し，「一方だけが実数解をもつ」という条件は，$D_1 \geqq 0$, $D_2 \geqq 0$ の一方だけが成り立つことである。

これは，右の図を見てもわかるように，

「$D_1 \geqq 0$ または $D_2 \geqq 0$」から「$D_1 \geqq 0$ かつ $D_2 \geqq 0$」

の範囲を除いたもので，$-2 \leqq a < 0$, $2 < a \leqq 4$ である。

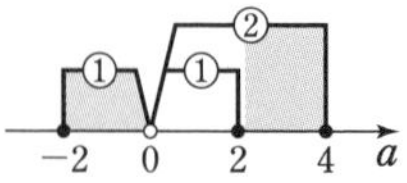

練習 ③ 119　2つの方程式 $x^2-x+a=0$, $x^2+2ax-3a+4=0$ について，次の条件が成り立つように，定数 a の値の範囲を定めよ。

(1)　両方とも実数解をもつ　　(2)　少なくとも一方が実数解をもたない

(3)　一方だけが実数解をもつ

p.219 EX 85

重要例題 120 連立2次不等式が整数解をもつ条件

x についての不等式 $x^2-(a+1)x+a<0$，$3x^2+2x-1>0$ を同時に満たす整数 x がちょうど3つ存在するような定数 a の値の範囲を求めよ。〔摂南大〕

基本 37，117

指針 1 まず，不等式を解く。不等式の左辺を見ると，2つとも **因数分解** ができそう。
なお，$x^2-(a+1)x+a<0$ は **文字 a を含む** から，**a の値によって場合を分ける。**
2 数直線を利用して，題意の **3つの整数を見定めて** a の条件を求める。

CHART 連立不等式　解のまとめは数直線

解答

$x^2-(a+1)x+a<0$ を解くと　$(x-a)(x-1)<0$ から

$a<1$ のとき　$a<x<1$
$a=1$ のとき　解なし　…… ①
$a>1$ のとき　$1<x<a$

$3x^2+2x-1>0$ を解くと　$(x+1)(3x-1)>0$ から

$x<-1$，$\frac{1}{3}<x$ …… ②

①，② を同時に満たす整数 x がちょうど3つ存在するのは　$a<1$ または $a>1$ の場合である。

[1] $a<1$ のとき
3つの整数 x は
$x=-4$，-3，-2
よって　$-5\leqq a<-4$

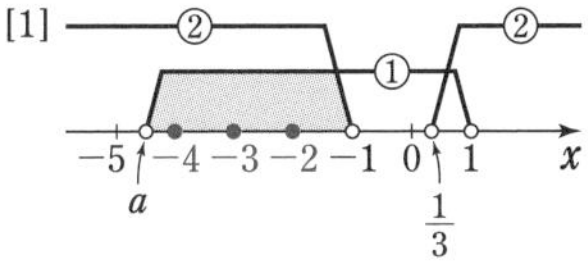

[2] $a>1$ のとき
3つの整数 x は
$x=2$，3，4
よって　$4<a\leqq 5$

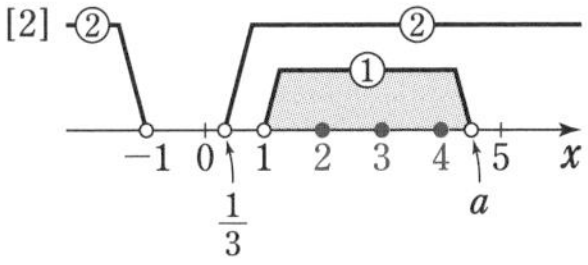

[1]，[2] から，求める a の値の範囲は　$\boldsymbol{-5\leqq a<-4,\ 4<a\leqq 5}$

◀ $a=1$ のとき，不等式は $(x-1)^2<0$ これを満たす実数 x は存在しない。
実数 A に対し
$A^2\geqq 0$ は　常に成立。
$A^2\leqq 0$ なら　$A=0$
$A^2<0$ は　不成立。

◀ $-5<a<-4$ としないように注意する。
$a<x<-1$ の範囲に整数3つが存在すればよいから，$a=-5$ のとき，$-5<x<-1$ となり条件を満たす。
[2] の $a=5$ のときも同様。

検討 **不等号に = を含むか含まないかに注意**
上の例題の不等式が $x^2-(a+1)x+a\leqq 0$，$3x^2+2x-1\geqq 0$ となると，答えは大きく違ってくる（解答編 $p.96$ 参照）。**イコールが，つくとつかないとでは大違い !!**

練習 ④120 x についての2つの2次不等式

$$x^2-2x-8<0,\quad x^2+(a-3)x-3a\geqq 0$$

を同時に満たす整数がただ1つ存在するように，定数 a の値の範囲を定めよ。

p.219 EX 86

重要例題 121　2変数関数の最大・最小(3)　◎◎◎◎◎

実数 x, y が $x^2+2y^2=1$ を満たすとき，$\frac{1}{2}x+y^2$ の最大値と最小値，およびそのときの x, y の値を求めよ。

基本 89

指針　$p.150$ 例題 **89** は条件式が1次だったが，2次の場合も方針は同じ。
条件式を利用して，**文字を減らす方針で** いく。このとき，次の2点に注意。

[1]　計算しやすい式になるように，消去する文字を決める。
…… ここでは，条件式を $y^2=\frac{1}{2}(1-x^2)$ と変形して $\frac{1}{2}x+y^2$ に代入するとよい。
[2]　残った文字の変域を調べる。
…… $y^2=\frac{1}{2}(1-x^2)$ で，$y^2 \geqq 0$ であることに注目。　⟵(実数)$^2 \geqq 0$

CHART　条件式　文字を減らす方針で　変域に注意

解答

$x^2+2y^2=1$ から　　$y^2=\frac{1}{2}(1-x^2)$ …… ①

$y^2 \geqq 0$ であるから　　$1-x^2 \geqq 0$

ゆえに　　$(x+1)(x-1) \leqq 0$

よって　　$-1 \leqq x \leqq 1$ …… ②

① を代入すると

$$\frac{1}{2}x+y^2=-\frac{1}{2}x^2+\frac{1}{2}x+\frac{1}{2}$$
$$=-\frac{1}{2}\left(x-\frac{1}{2}\right)^2+\frac{5}{8}$$

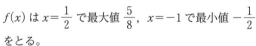

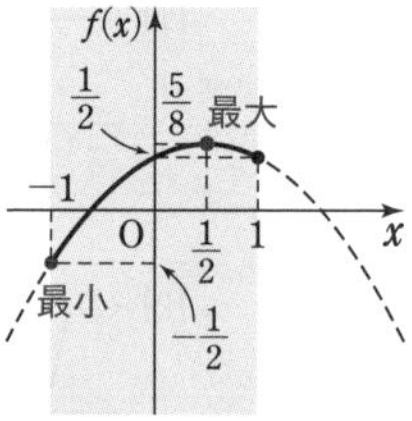

これを $f(x)$ とすると，② の範囲で
$f(x)$ は $x=\frac{1}{2}$ で最大値 $\frac{5}{8}$，$x=-1$ で最小値 $-\frac{1}{2}$ をとる。

① から

$x=\frac{1}{2}$ のとき　$y=\pm\sqrt{\frac{1}{2}\left(1-\frac{1}{4}\right)}=\pm\sqrt{\frac{3}{8}}=\pm\frac{\sqrt{6}}{4}$

$x=-1$ のとき　$y^2=0$　　ゆえに　　$y=0$

したがって　　**$(x,\ y)=\left(\frac{1}{2},\ \pm\frac{\sqrt{6}}{4}\right)$ のとき最大値 $\frac{5}{8}$**

$(x,\ y)=(-1,\ 0)$ のとき最小値 $-\frac{1}{2}$

◀条件式は
　x, y ともに2次
計算する式は
　x が1次，y が2次
であるから，y を消去するしかない。

◀x の2次式 ⟶ 基本形に直す。
$-\frac{1}{2}x^2+\frac{1}{2}x+\frac{1}{2}$
$=-\frac{1}{2}\left\{x^2-x+\left(-\frac{1}{2}\right)^2\right\}$
$+\frac{1}{2}\left(-\frac{1}{2}\right)^2+\frac{1}{2}$

◀$y=\pm\sqrt{\frac{1}{2}(1-x^2)}$

練習 ③121　実数 x, y が $x^2+y^2=1$ を満たすとき，$2x^2+2y-1$ の最大値と最小値，およびそのときの x, y の値を求めよ。　〔摂南大〕

p.220 EX 87

重要例題 122　2変数関数の最大・最小(4)　⊘⊘⊘⊘⊘

実数 x，y が $x^2+y^2=2$ を満たすとき，$2x+y$ のとりうる値の最大値と最小値を求めよ。また，そのときの x，y の値を求めよ。　〔類 南山大〕　基本 101

指針　条件式は文字を減らす方針でいきたいが，条件式 $x^2+y^2=2$ から文字を減らしても，$2x+y$ は x，y についての1次式であるからうまくいかない。

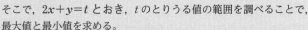

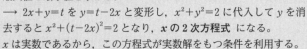

そこで，$\boldsymbol{2x+y=t}$ とおき，t のとりうる値の範囲を調べることで，最大値と最小値を求める。

⟶ $2x+y=t$ を $y=t-2x$ と変形し，$x^2+y^2=2$ に代入して y を消去すると $x^2+(t-2x)^2=2$ となり，**x の2次方程式** になる。

x は実数であるから，この方程式が実数解をもつ条件を利用する。

……　**実数解をもつ ⟺ $D\geqq 0$**　の利用。

CHART　最大・最小　$=t$ とおいて，実数解をもつ条件利用

解答

$2x+y=t$ とおくと　　$y=t-2x$ …… ①

これを $x^2+y^2=2$ に代入すると

$$x^2+(t-2x)^2=2$$

整理すると　　$5x^2-4tx+t^2-2=0$ …… ②

この x についての2次方程式 ② が実数解をもつための条件は，② の判別式を D とすると　　$D\geqq 0$

ここで　　$\dfrac{D}{4}=(-2t)^2-5(t^2-2)=-(t^2-10)$

$D\geqq 0$ から　　$t^2-10\leqq 0$

これを解いて　　$-\sqrt{10}\leqq t\leqq\sqrt{10}$

$t=\pm\sqrt{10}$ のとき，$D=0$ で，② は重解 $x=-\dfrac{-4t}{2\cdot 5}=\dfrac{2t}{5}$ をもつ。$t=\pm\sqrt{10}$ のとき　　$x=\pm\dfrac{2\sqrt{10}}{5}$

① から　　$y=\pm\dfrac{\sqrt{10}}{5}$（複号同順）

よって　　$\boldsymbol{x=\dfrac{2\sqrt{10}}{5}}$，$\boldsymbol{y=\dfrac{\sqrt{10}}{5}}$ **のとき最大値** $\boldsymbol{\sqrt{10}}$

　　　　$\boldsymbol{x=-\dfrac{2\sqrt{10}}{5}}$，$\boldsymbol{y=-\dfrac{\sqrt{10}}{5}}$ **のとき最小値** $\boldsymbol{-\sqrt{10}}$

参考　実数 a，b，x，y について，次の不等式が成り立つ（**コーシー・シュワルツの不等式**）。

$$(ax+by)^2\leqq(a^2+b^2)(x^2+y^2)$$

［等号成立は $ay=bx$］

この不等式に $a=2$，$b=1$ を代入することで解くこともできる。

◀ $t=\pm\sqrt{10}$ のとき，② は

$5x^2\mp 4\sqrt{10}\,x+8=0$

よって

$(\sqrt{5}\,x\mp 2\sqrt{2})^2=0$

ゆえに

$x=\pm\dfrac{2\sqrt{2}}{\sqrt{5}}=\pm\dfrac{2\sqrt{10}}{5}$

① から　$y=\pm\dfrac{\sqrt{10}}{5}$

（複号同順）

としてもよい。

練習 ⑤122　実数 x，y が $x^2-2xy+2y^2=2$ を満たすとき

(1)　x のとりうる値の最大値と最小値を求めよ。

(2)　$2x+y$ のとりうる値の最大値と最小値を求めよ。

基本例題 123 絶対値のついた 2 次関数のグラフ ①①①①①

次の関数のグラフをかけ。

(1) $y=x^2-4|x|+2$　　　(2) $y=|x^2-3x-4|$

基本 67, 68　重要 125

指針 例題 **67, 68** と同じ方針。次に従い，まず **絶対値記号をはずす。**

① **$A \geqq 0$ のとき　$|A|=A$**　　← そのままはずす

② **$A<0$ のとき　$|A|=-A$**　　← − をつけてはずす

場合分けの分かれ目となるのは，**｜　｜内の式 $=0$ となる x の値。**

(2) 2 次不等式 $x^2-3x-4 \geqq 0$, $x^2-3x-4<0$ を解いて，｜　｜内の式が $\geqq 0$, <0 となる x の値の範囲をつかむ。

CHART 絶対値　**場合に分ける**
分かれ目は ｜　｜内の式$=0$ の x の値

解答

(1) [1] $x \geqq 0$ のとき

$y=x^2-4x+2=(x-2)^2-2$

[2] $x<0$ のとき

$y=x^2+4x+2=(x+2)^2-2$

よって，グラフは **右の図の実線部分** のようになる。

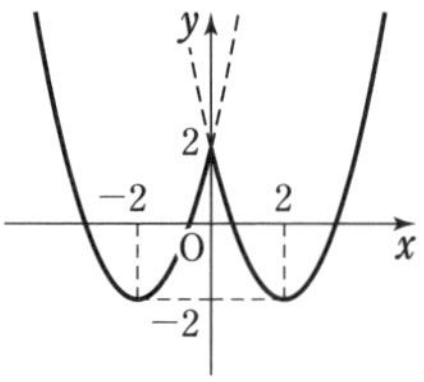

◀2 次式 ⟶ 基本形に直す。

(2) $x^2-3x-4=(x+1)(x-4)$ であるから

$x^2-3x-4 \geqq 0$ の解は　$x \leqq -1$, $4 \leqq x$

$x^2-3x-4<0$ の解は　$-1<x<4$

ゆえに，$x \leqq -1$, $4 \leqq x$ のとき

$$y=x^2-3x-4 = \left(x-\frac{3}{2}\right)^2-\frac{25}{4}$$

$-1<x<4$ のとき

$$y=-(x^2-3x-4) = -\left(x-\frac{3}{2}\right)^2+\frac{25}{4}$$

よって，グラフは **右の図の実線部分** のようになる。

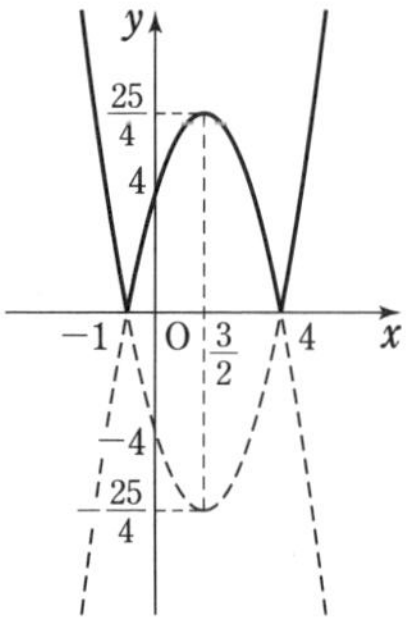

検討

$y=|f(x)|$ のグラフは，$y=f(x)$ のグラフで **$y<0$ の部分を x 軸に関して対称に折り返した** グラフである。$p.118$ 参照。

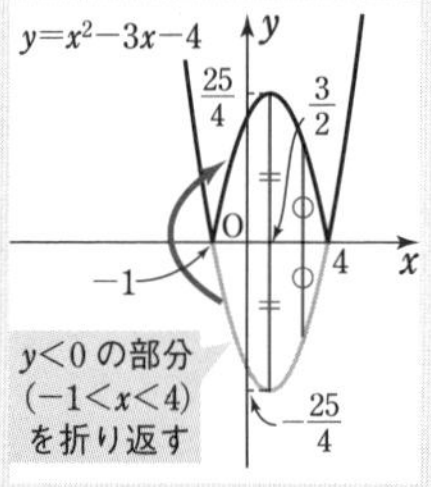

練習 ③123 次の関数のグラフをかけ。

(1) $y=x|x-2|+3$　　　(2) $y=\left|\dfrac{1}{2}x^2+x-4\right|$

p.220 EX 89

基本例題 124 絶対値を含む 2 次不等式 ③

不等式 $|x^2-2x-3| \geqq 3-x$ を解け。　　基本 42，110

指針 絶対値　場合に分ける　←― $p.74$ の基本例題 **42** 参照。

① $A \geqq 0$ のとき　$|A|=A$　　← そのままはずす。

② $A<0$ のとき　$|A|=-A$　　← − をつけてはずす。

を利用して，**場合分け** をすることにより，絶対値をはずす。
場合分けのカギとなるのは，**| |内の式 =0 となる x の値** である。| |内の式 $=(x+1)(x-3)$ となる。| |内の式が $\geqq 0$，<0 となる x の値の範囲を 2 次不等式を解いて求める。

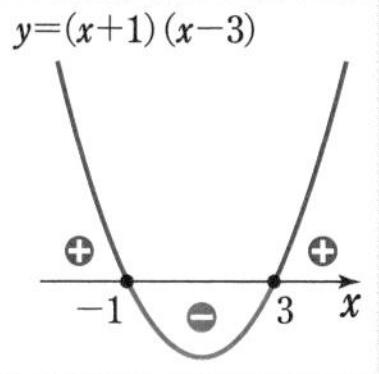

解答

$x^2-2x-3=(x+1)(x-3)$ であるから

$x^2-2x-3 \geqq 0$ の解は　　$x \leqq -1,\ 3 \leqq x$　　◀ $(x+1)(x-3) \geqq 0$

$x^2-2x-3<0$ の解は　　$-1<x<3$　　◀ $(x+1)(x-3)<0$

[1] $x \leqq -1,\ 3 \leqq x$ のとき，不等式は

$$x^2-2x-3 \geqq 3-x$$

ゆえに　$x^2-x-6 \geqq 0$

よって　$(x+2)(x-3) \geqq 0$

したがって　$x \leqq -2,\ 3 \leqq x$ …… ①

これは $x \leqq -1,\ 3 \leqq x$ を満たす。

[2] $-1<x<3$ のとき，不等式は

$$-(x^2-2x-3) \geqq 3-x$$

ゆえに　$x^2-3x \leqq 0$

よって　$x(x-3) \leqq 0$

したがって　$0 \leqq x \leqq 3$

$-1<x<3$ との共通範囲は　$0 \leqq x<3$ …… ②

求める解は，① と ② を合わせた範囲で

$$\boldsymbol{x \leqq -2,\ 0 \leqq x}$$

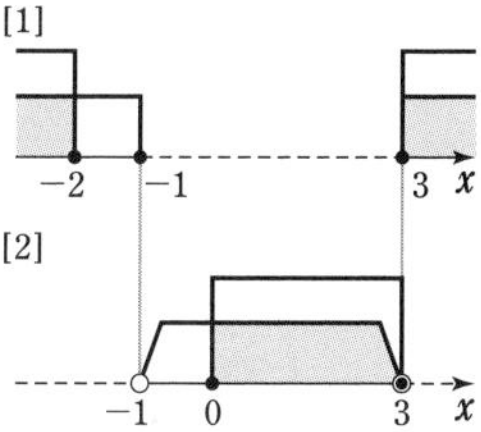

参考 $p.76$ 参考事項で紹介した $|A|<B \Leftrightarrow -B<A<B$，$|A|>B \Leftrightarrow A<-B$ または $B<A$（B の正負に関係なく成り立つ）を利用して解くこともできる。解答編 $p.99$，100 の **参考** 参照。

検討 **不等式の解とグラフの位置関係**

$y=|x^2-2x-3|$ のグラフは，$y=x^2-2x-3$ のグラフの x 軸より下側の部分を折り返すと得られる〔例題 **123** 参照〕。
また，不等式 $|x^2-2x-3| \geqq 3-x$ の解は，

$y=|x^2-2x-3|$ のグラフが直線 $y=3-x$ と一致する，
または，直線 $y=3-x$ より上側にある

x の値の範囲である。

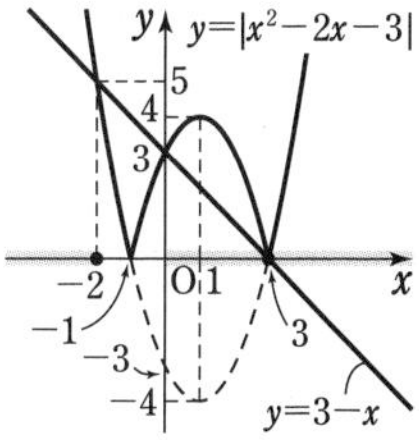

練習 次の不等式を解け。　〔(1) 東北学院大，(2) 類 西南学院大〕

③**124** (1) $7-x^2>|2x-4|$　(2) $|x^2-6x-7| \geqq 2x+2$　(3) $|2x^2-3x-5|<x+1$

重要例題 125 絶対値のついた 2 次方程式の解の個数 ④④④④④

k は定数とする。方程式 $|x^2-x-2|=2x+k$ の異なる実数解の個数を調べよ。

基本 123

指針 絶対値記号をはずし，場合ごとの実数解の個数を調べることもできるが，

方程式 $f(x)=g(x)$ の解 ⟺ $y=f(x)$，$y=g(x)$ のグラフの共有点の x 座標

に注目し，グラフを利用して考えると進めやすい。
このとき，$y=|x^2-x-2|$ と $y=2x+k$ のグラフの共有点を考えてもよいが，方程式を **$|x^2-x-2|-2x=k$（定数 k を分離した形）** に変形し，**$y=|x^2-x-2|-2x$ のグラフと直線 $y=k$ の共有点の個数を調べる** と考えやすい。

CHART 定数 k の入った方程式 $f(x)=k$ の形に直す（定数分離）

解答

$|x^2-x-2|=2x+k$ から　　$|x^2-x-2|-2x=k$

$y=|x^2-x-2|-2x$ …… ① とする。

$x^2-x-2=(x+1)(x-2)$ であるから

$x^2-x-2\geqq 0$ の解は　　$x\leqq -1$，$2\leqq x$

$x^2-x-2<0$ の解は　　$-1<x<2$

よって，① は

$x\leqq -1$，$2\leqq x$ のとき

$y=(x^2-x-2)-2x=x^2-3x-2$

$=\left(x-\dfrac{3}{2}\right)^2-\dfrac{17}{4}$

$-1<x<2$ のとき

$y=-(x^2-x-2)-2x$

$=-x^2-x+2$

$=-\left(x+\dfrac{1}{2}\right)^2+\dfrac{9}{4}$

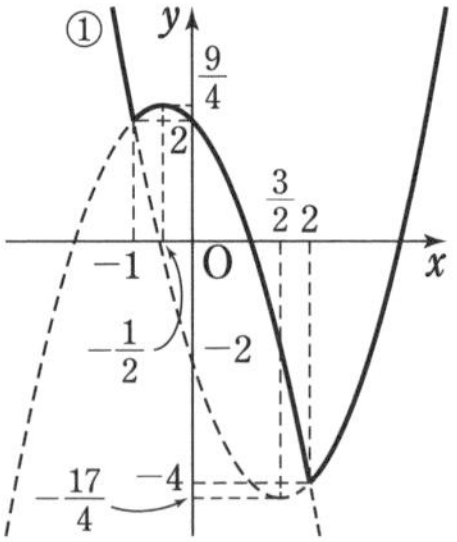

ゆえに，① のグラフは右上の図の実線部分のようになる。
与えられた方程式の実数解の個数は，① のグラフと直線 $y=k$ の共有点の個数に等しい。これを調べて

$k<-4$ のとき 0 個；

$k=-4$ のとき 1 個；

$-4<k<2$，$\dfrac{9}{4}<k$ のとき 2 個；

$k=2$，$\dfrac{9}{4}$ のとき 3 個；

$2<k<\dfrac{9}{4}$ のとき 4 個

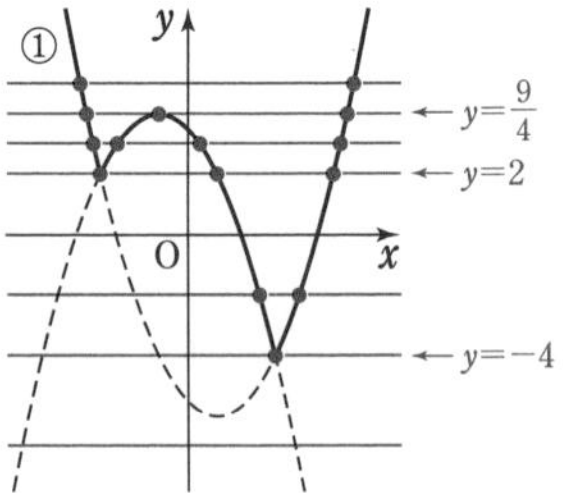

検討

$y=|x^2-x-2|$ のグラフは次のようになる（$p.204$ 参照）。

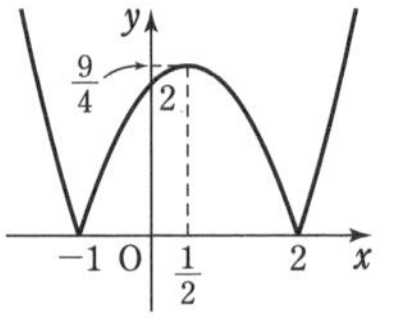

これと直線 $y=2x+k$ の共有点を調べるよりも，下のように，① のグラフと直線 $y=k$ の共有点を調べる方がらくである。

練習 ④125 k は定数とする。方程式 $|x^2+2x-3|+2x+k=0$ の異なる実数解の個数を調べよ。

p.220 EX90

基本事項

1 放物線と x 軸の共有点の位置

$f(x)=ax^2+bx+c\ (a>0)$, $D=b^2-4ac$ とする。$y=f(x)$ のグラフが x 軸と共有点をもち，その x 座標を α, $\beta\ (\alpha\leqq\beta)$ とするとき，α, β と数 k の大小関係について次のことが成り立つ。

① **α, β がともに k より大きい。**

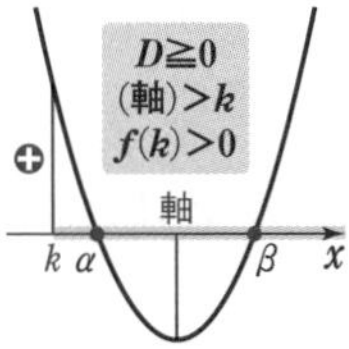

② **α, β がともに k より小さい。**

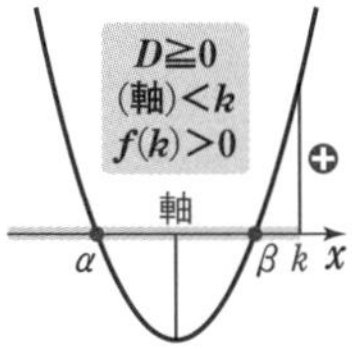

③ **α, β の間に k がある。($\alpha<k<\beta$)**

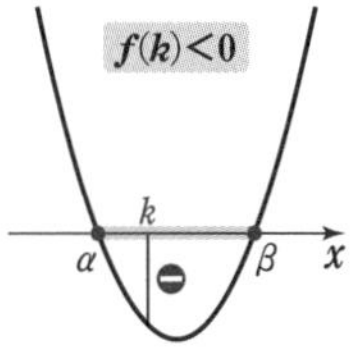

2 方程式の解の存在範囲

$f(x)=ax^2+bx+c\ (a\neq0)$ とし，$p<q$ とすると，2 次方程式 $f(x)=0$ は，
$f(p)$ と $f(q)$ が異符号 $[f(p)f(q)<0]$ ならば $p<x<q$ の範囲に実数解を 1 つもつ。

解　説

■ 放物線と x 軸の共有点の位置

上の ①～③ について考察してみよう。

①，②　**$D\geqq0$** であるから，グラフは x 軸と共有点をもつ。
また，$a>0$ であるから，グラフは下に凸の放物線である。
更に，**$f(k)>0$** であるから，α, β はともに k より大きいか，またはともに k より小さい。

①　**(軸の位置)$>k$** であるから，α, β はともに k より大きい。

②　**(軸の位置)$<k$** であるから，α, β はともに k より小さい。

③　**$f(k)<0$** であるから，グラフは $x<k$, $k<x$ でそれぞれ x 軸と交わり，α, β の間に k がある。

◀ 1 は，2 次方程式の解の条件に関する問題で利用される。ポイントとなるのは，$D=b^2-4ac$ の符号，軸の位置，$f(k)$ の符号 である。

■ 方程式の解の存在範囲

2 次関数 $y=f(x)$ において，例えば

$f(p)>0$, $f(q)<0$　$(p<q)$

とすると，x の値が p から q まで変わるとき，$f(x)$ の符号は正から負へと変わり，どこかで $f(x)$ の値は 0 になる。グラフでいうと，2 点 $(p,\ f(p))$, $(q,\ f(q))$ を結ぶ曲線は連続した曲線であり，x 軸とただ 1 点で交わる。その点の x 座標が方程式 $f(x)=0$ の解の 1 つになる。
$f(p)<0$, $f(q)>0$ のときも同様である。

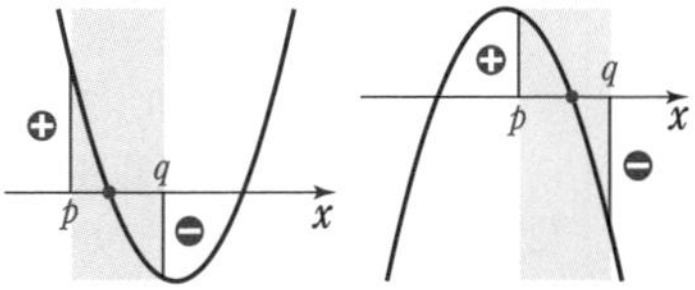

◀ グラフは途中で切れていない（つながっている）。

例　$f(x)=2x^2-3x-4$ とする。

$f(-1)=1>0$,　　$f(0)=-4<0$,

$f(2)=-2<0$,　　$f(3)=5>0$

よって，2 次方程式 $f(x)=0$ は $-1<x<0$ と $2<x<3$ の範囲に実数解を 1 つずつもつ。

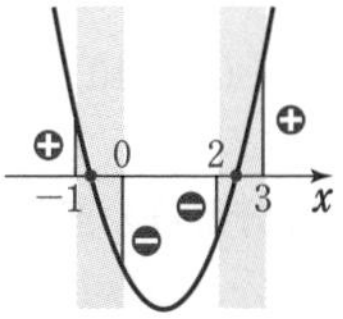

基本例題 126 放物線と x 軸の共有点の位置(1)

2次関数 $y=x^2-mx+m^2-3m$ のグラフが次の条件を満たすように，定数 m の値の範囲を定めよ。

(1) x 軸の正の部分と異なる2点で交わる。

(2) x 軸の正の部分と負の部分で交わる。

p.207 基本事項 1

指針 $f(x)=x^2-mx+m^2-3m$ とし，2次方程式 $f(x)=0$ の判別式を D とすると，$y=f(x)$ のグラフは下に凸の放物線であるから，グラフをイメージ して

(1) $D>0$，(軸の位置)>0，$f(0)>0$ (2) $f(0)<0$

を満たすように，定数 m の値の範囲を定める。

なお，(2) で $D>0$ を示す必要はない。なぜなら，下に凸の放物線は，その関数が負の値をとるとき，必ず x 軸と異なる2点で交わるからである。

CHART 放物線と x 軸の共有点の位置 D，軸，$f(k)$ に着目

解答

$f(x)=x^2-mx+m^2-3m$ とし，2次方程式 $f(x)=0$ の判別式を D とする。$y=f(x)$ のグラフは下に凸の放物線で，その軸は直線 $x=\dfrac{m}{2}$ である。

(1) $y=f(x)$ のグラフと x 軸の正の部分が異なる2点で交わるための条件は，次の [1]，[2]，[3] が同時に成り立つことである。

[1] $D>0$ [2] 軸が $x>0$ の範囲にある [3] $f(0)>0$

[1] $D=(-m)^2-4(m^2-3m)=-3m(m-4)$

$D>0$ から $m(m-4)<0$

よって $0<m<4$ …… ①

[2] 軸 $x=\dfrac{m}{2}$ について $\dfrac{m}{2}>0$

よって $m>0$ …… ②

[3] $f(0)>0$ から $m^2-3m>0$

ゆえに $m(m-3)>0$

よって $m<0$，$3<m$ …… ③

①，②，③ の共通範囲を求めて **$3<m<4$**

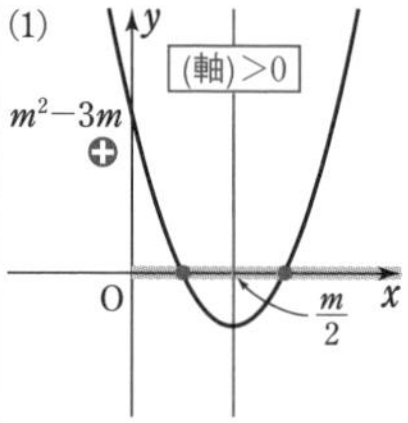

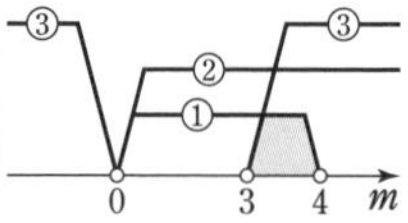

(2) $y=f(x)$ のグラフが x 軸の正の部分と負の部分で交わるための条件は $f(0)<0$

ゆえに $m^2-3m<0$ よって $m(m-3)<0$

したがって **$0<m<3$**

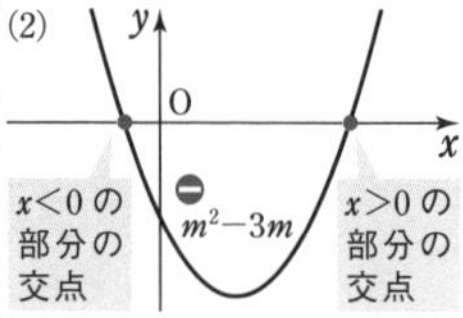

練習 ②126 2次関数 $y=-x^2+(m-10)x-m-14$ のグラフが次の条件を満たすように，定数 m の値の範囲を定めよ。

(1) x 軸の正の部分と負の部分で交わる。

(2) x 軸の負の部分とのみ共有点をもつ。

ズーム UP 放物線と x 軸の共有点の位置についての考え方

このタイプの問題では，解答を導くためのシナリオを自分で描かなければならないところが難しい。どのようにシナリオを描くか，指針に書かれた内容に沿って考えてみよう。

● まず，条件を満たすグラフをかく。

問題にとりかかる前に，まずは条件を満たすグラフをかくことから始めよう。(1) の場合，条件
「グラフが x 軸の正の部分と異なる 2 点で交わる」
を満たすグラフは，右の図のようになる。

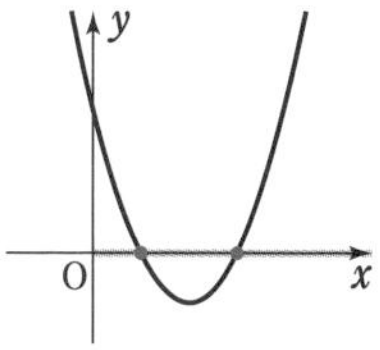

● 次に，かいた図の条件を式で表す。

[1]　$D>0$　…… グラフが x 軸と異なる 2 点で交わる。
[2]　(軸の位置)>0
[3]　$f(0)>0$　…… $x=0$ での y 座標が正である。

これらをすべて満たすことが重要で，3 つのうち 1 つでも欠けると，次のようになってしまい，間違ったシナリオを描いてしまうことになる。

◆[2]，[3] は満たすが，
[1] を満たさない。
つまり　$D\leqq 0$

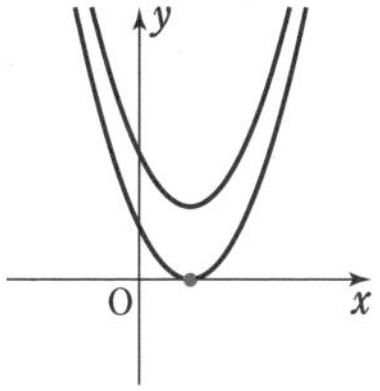

x 軸と共有点をもたない，
または x 軸と接する。

◆[1]，[3] は満たすが，
[2] を満たさない。
つまり　(軸の位置)<0

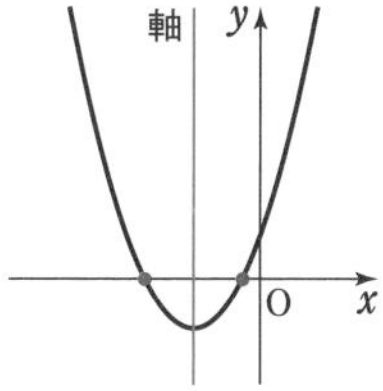

x 軸の負の部分と異なる
2 点で交わってしまう。

◆[1]，[2] は満たすが，
[3] を満たさない。
つまり　$f(0)\leqq 0$

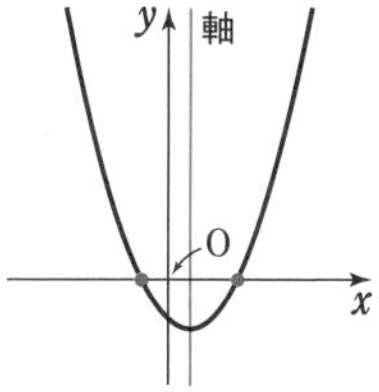

x 軸の負の部分または
$x=0$ で交わってしまう。

このように，[1]，[2]，[3] の 1 つでも満たされないときは，上のようなグラフになってしまう。式で表した条件を，もう一度図に表して確認するのがよい。

● $f(0)<0$ だけで OK？　$D>0$ や軸の条件は？

$f(0)<0$ ということは $x=0$ のときの y 座標は負である。このとき，右の図のように，下に凸の放物線は必ず x 軸と異なる 2 点で交わる。また，交点の x 座標を α，β $(\alpha<\beta)$ とすると，$f(0)<0$ であるとき，軸の位置に関係なく $\alpha<0<\beta$ となる。
よって，$f(0)<0$ を満たすとき，$D>0$ や軸についての条件は加えなくてよい。

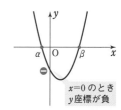

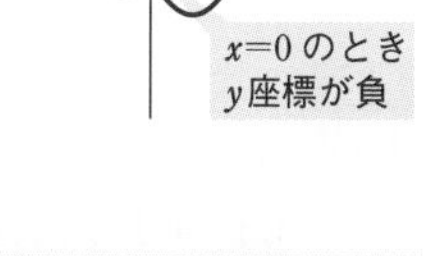

基本例題 127 放物線と x 軸の共有点の位置(2)

2 次関数 $y=x^2-(a+3)x+a^2$ のグラフが次の条件を満たすように，定数 a の値の範囲を定めよ。

(1) x 軸の $x>1$ の部分と異なる 2 点で交わる。

(2) x 軸の $x>1$ の部分と $x<1$ の部分で交わる。

基本 126

指針 前の例題では，x 軸の正負の部分との共有点についての問題であった。ここでは 0 以外の数 k との大小に関して考えるが，グラフをイメージ して考える方針は変わらない。

(1) **$D>0$，(軸の位置)>1，$f(1)>0$**　　(2) **$f(1)<0$**

を満たすように，定数 a の値の範囲を定める。

解答

$f(x)=x^2-(a+3)x+a^2$ とし，2 次方程式 $f(x)=0$ の判別式を D とする。

$y=f(x)$ のグラフは下に凸の放物線で，その軸は直線 $x=\dfrac{a+3}{2}$ である。

(1) $y=f(x)$ のグラフが x 軸の $x>1$ の部分と異なる 2 点で交わるための条件は，次の [1]，[2]，[3] が同時に成り立つことである。

[1] $D>0$　　[2] 軸が $x>1$ の範囲にある

[3] $f(1)>0$

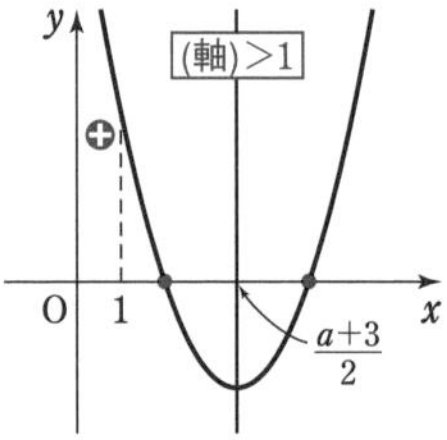

[1] $D=\{-(a+3)\}^2-4\cdot1\cdot a^2=-3(a^2-2a-3)$

$=-3(a+1)(a-3)$

$D>0$ から　$(a+1)(a-3)<0$

よって　$-1<a<3$ …… ①

[2] 軸 $x=\dfrac{a+3}{2}$ について　$\dfrac{a+3}{2}>1$

ゆえに　$a+3>2$　すなわち　$a>-1$ …… ②

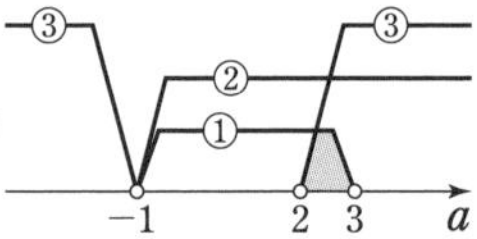

[3] $f(1)=1^2-(a+3)\cdot1+a^2=a^2-a-2=(a+1)(a-2)$

$f(1)>0$ から　$a<-1,\ 2<a$ …… ③

①，②，③ の共通範囲を求めて　**$2<a<3$**

(2) $y=f(x)$ のグラフが x 軸の $x>1$ の部分と $x<1$ の部分で交わるための条件は　$f(1)<0$

ゆえに　$(a+1)(a-2)<0$

すなわち　**$-1<a<2$**

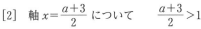

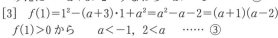

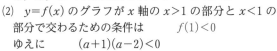

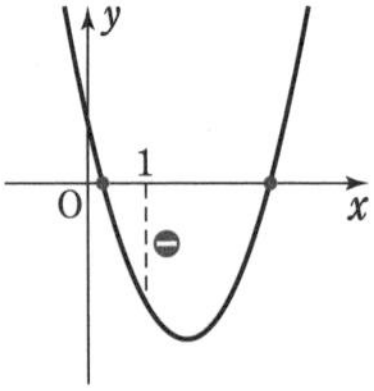

注意 例題 **126**，**127** では 2 次関数のグラフと x 軸の共有点の位置に関する問題を取り上げたが，この内容は，下の練習 **127** のように，2 次方程式の解の存在範囲の問題として出題されることも多い。しかし，2 次方程式の問題であっても，2 次関数のグラフをイメージして考えることは同じである。

練習 ②127 2 次方程式 $2x^2+ax+a=0$ が次の条件を満たすように，定数 a の値の範囲を定めよ。

(1) ともに 1 より小さい異なる 2 つの解をもつ。

(2) 3 より大きい解と 3 より小さい解をもつ。

基本例題 128 2次方程式の解と数の大小(1)

2次方程式 $x^2-2(a+1)x+3a=0$ が，$-1\leqq x\leqq 3$ の範囲に異なる2つの実数解をもつような定数 a の値の範囲を求めよ。 〔類 東北大〕

基本 126，127 重要 130

指針 2次方程式 $f(x)=0$ の解と数の大小については，$y=f(x)$ のグラフと x 軸の共有点の位置関係を考えることで，基本例題 126，127 で学習した方法が使える。……★

すなわち，$f(x)=x^2-2(a+1)x+3a$ として

2次方程式 $f(x)=0$ が $-1\leqq x\leqq 3$ で異なる2つの実数解をもつ

$\iff$ 放物線 $y=f(x)$ が x 軸の $-1\leqq x\leqq 3$ の部分と，異なる2点で交わる

したがって $D>0$，$-1<$(軸の位置)<3，$f(-1)\geqq 0$，$f(3)\geqq 0$ で解決。

CHART 2次方程式の解と数 k の大小 グラフ利用 D, 軸, $f(k)$ に着目

解答

この方程式の判別式を D とし，$f(x)=x^2-2(a+1)x+3a$ とする。$y=f(x)$ のグラフは下に凸の放物線で，その軸は直線 $x=a+1$ である。

方程式 $f(x)=0$ が $-1\leqq x\leqq 3$ の範囲に異なる2つの実数解をもつための条件は，$y=f(x)$ のグラフが x 軸の $-1\leqq x\leqq 3$ の部分と，異なる2点で交わることである。

すなわち，次の[1]～[4]が同時に成り立つことである。

[1] $D>0$ [2] 軸が $-1<x<3$ の範囲にある

[3] $f(-1)\geqq 0$ [4] $f(3)\geqq 0$

[1] $\dfrac{D}{4}=\{-(a+1)\}^2-1\cdot 3a=a^2-a+1=\left(a-\dfrac{1}{2}\right)^2+\dfrac{3}{4}$

よって，$D>0$ は常に成り立つ。……(＊)

[2] 軸 $x=a+1$ について $-1<a+1<3$

すなわち $-2<a<2$ ……①

[3] $f(-1)\geqq 0$ から $(-1)^2-2(a+1)\cdot(-1)+3a\geqq 0$

ゆえに $5a+3\geqq 0$ すなわち $a\geqq -\dfrac{3}{5}$ ……②

[4] $f(3)\geqq 0$ から $3^2-2(a+1)\cdot 3+3a\geqq 0$

ゆえに $-3a+3\geqq 0$

すなわち $a\leqq 1$ ……③

①，②，③の共通範囲を求めて

$$-\frac{3}{5}\leqq a\leqq 1$$

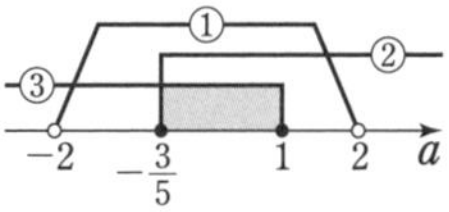

◀指針____……★の方針。
2次方程式についての問題を，2次関数のグラフにおき換えて考える。
この問題では，D の符号，軸の位置だけでなく，区間の両端の値 $f(-1)$，$f(3)$ の符号についての条件も必要となる。

$-1<$(軸)<3

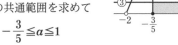

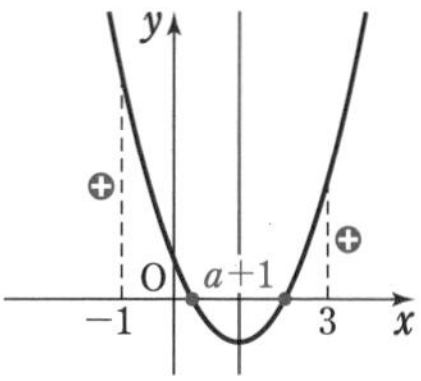

注意 [1]の(＊)のように，a の値に関係なく，常に成り立つ条件もある。

練習 ③128 2次方程式 $2x^2-ax+a-1=0$ が，$-1<x<1$ の範囲に異なる2つの実数解をもつような定数 a の値の範囲を求めよ。

基本 例題 129 2次方程式の解と数の大小 (2)

2次方程式 $ax^2-(a+1)x-a-3=0$ が，$-1<x<0$，$1<x<2$ の範囲にそれぞれ1つの実数解をもつように，定数 a の値の範囲を定めよ。

p.207 基本事項 2　重要 130

指針 $f(x)=ax^2-(a+1)x-a-3\ (a\neq0)$ としてグラフをイメージすると，問題の条件を満たすには $y=f(x)$ のグラフが右の図のようになればよい。

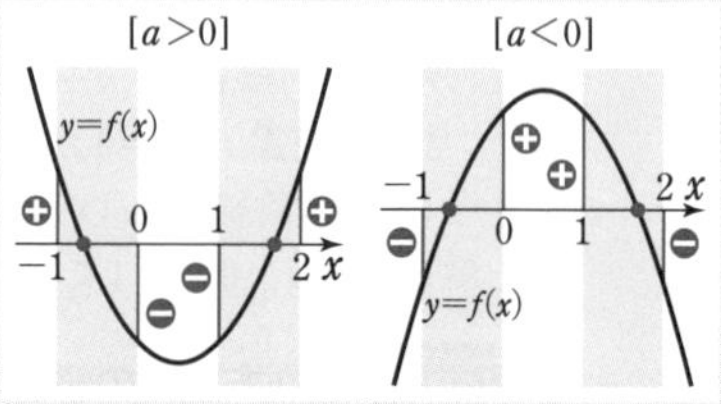

すなわち　**$f(-1)$ と $f(0)$ が異符号**
$[f(-1)f(0)<0]$
かつ　**$f(1)$ と $f(2)$ が異符号**
$[f(1)f(2)<0]$
である。a の連立不等式を解く。

CHART 解の存在範囲　$f(p)f(q)<0$ なら p と q の間に解(交点)あり

解答

$f(x)=ax^2-(a+1)x-a-3$ とする。ただし　$a\neq0$
題意を満たすための条件は，放物線 $y=f(x)$ が $-1<x<0$，$1<x<2$ の範囲でそれぞれ x 軸と1点で交わることである。
すなわち　$f(-1)f(0)<0$　かつ　$f(1)f(2)<0$
ここで　$f(-1)=a\cdot(-1)^2-(a+1)\cdot(-1)-a-3=a-2$,
$f(0)=-a-3$,
$f(1)=a\cdot1^2-(a+1)\cdot1-a-3=-a-4$,
$f(2)=a\cdot2^2-(a+1)\cdot2-a-3=a-5$
$f(-1)f(0)<0$ から
$(a-2)(-a-3)<0$
ゆえに　$(a+3)(a-2)>0$
よって　$a<-3,\ 2<a$ …… ①
また，$f(1)f(2)<0$ から
$(-a-4)(a-5)<0$
ゆえに　$(a+4)(a-5)>0$
よって　$a<-4,\ 5<a$ …… ②
①，② の共通範囲を求めて
$a<-4,\ 5<a$
これは $a\neq0$ を満たす。

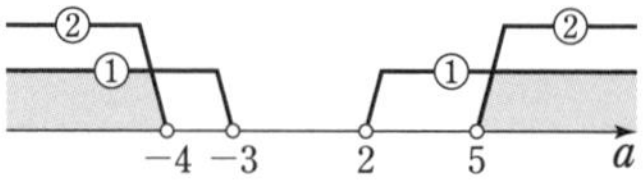

◀2次方程式であるから，(x^2 の係数)$\neq0$ に注意。

注意 指針のグラフからわかるように，$a>0$（グラフが下に凸），$a<0$（グラフが上に凸）いずれの場合も
$f(-1)f(0)<0$ かつ
$f(1)f(2)<0$
が，題意を満たす条件である。よって，$a>0$ のとき，$a<0$ のとき などと場合分けをして進める必要はない。

練習 ③129 2次方程式 $ax^2-2(a-5)x+3a-15=0$ が，$-5<x<0$，$1<x<2$ の範囲にそれぞれ1つの実数解をもつように，定数 a の値の範囲を定めよ。

p.220 EX92

振り返り　2次方程式の解の存在範囲

例題 **128**，**129** のように，2 次方程式の解が指定された範囲にあるための条件を考える問題を「解の存在範囲」の問題，あるいは「解の配置」問題と呼ぶことがある。ここでは，この解の存在範囲の問題について振り返る。以下，下に凸の放物線を考える。

●「方程式の実数解」を「グラフの共有点」として考える

「方程式 $f(x)=0$ が $p<x<q$ の範囲に実数解をもつ」は，「$y=f(x)$ のグラフが x 軸と $p<x<q$ の範囲に共有点をもつ」と同じことである。よって，2 次方程式の解の存在範囲の問題は，例題 **126**，**127** で扱ったように，グラフの問題ととらえることが重要である。

方程式の解
方程式 $f(x)=0$ が $p<x<q$ の範囲に実数解をもつ

⟺

グラフと x 軸の共有点
$y=f(x)$ のグラフが $p<x<q$ の範囲に x 軸と共有点をもつ

● グラフが指定された範囲に x 軸と共有点をもつ条件

2 次関数のグラフが指定された範囲に x 軸と共有点をもつ条件を考える問題では，

[1]　判別式 D の符号　　[2]　軸の位置　　[3]　区間の端の値の符号

の 3 つの条件に着目した。例えば，条件が

放物線 $y=f(x)$ が $x>p$ の範囲に x 軸との共有点を 2 つもつ

であるとき，グラフは右の図のようになり，次の [1]～[3] が条件となる。

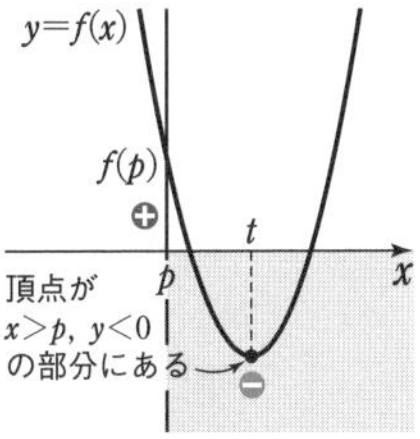

[1]　判別式 D の符号：$D>0$
[2]　軸の位置：軸が $x>p$ の部分にある
[3]　区間の端の値の符号：$f(p)>0$

[1] と [2] を合わせると，放物線の頂点の座標 $(t,\ f(t))$ が $t>p$，$f(t)<0$ を満たすことを意味する。更に，条件 [3] を満たすようにグラフをかくと，上の図のようになり，$x>p$ の範囲に x 軸との共有点を 2 つもつことがわかる（例題 **126** (1)，例題 **127** (1) 参照）。

● グラフの条件が変わるとどうなるか？

上の条件を少し変化させて，「$x>p$ の範囲に」ではなく「$p<x<q$ の範囲に」とした場合に，条件がどのように変化するかを考えてみよう。

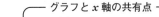

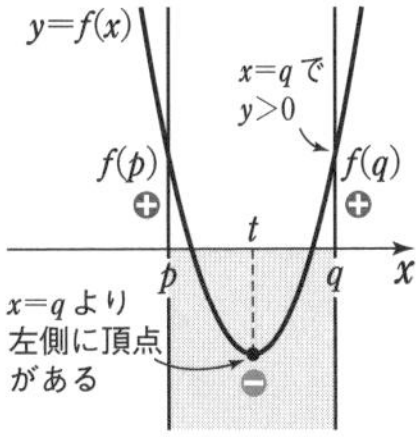

[1] の $D>0$ は変わらない
[2] は，軸が $p<x<q$ の部分にある
[3] は，$f(p)>0$ だけでなく，$f(q)>0$ も加わる

となる（例題 **128** 参照）。

右の図のように，グラフがどの部分を通過しなければならないかを考えると，条件がどのように変化するかわかるだろう。

このように，グラフと x 軸との共有点の問題や解の存在範囲の問題では，実際にグラフをかいて考える ことを意識しよう。

重要例題 130 2次方程式の解と数の大小 (3)

方程式 $x^2+(2-a)x+4-2a=0$ が $-1<x<1$ の範囲に少なくとも1つの実数解をもつような定数 a の値の範囲を求めよ。

基本 128, 129

指針 条件が「$-1<x<1$ の範囲に **少なくとも1つ** の実数解をもつ」であることに注意。
大きく分けて次の Ⓐ，Ⓑ の2つの場合がある。

Ⓐ $-1<x<1$ の範囲に，2つの解をもつ（重解は2つと考える）

Ⓑ $-1<x<1$ の範囲に，ただ1つの解をもつ

方程式の2つの解を α，β $(\alpha \leqq \beta)$ として，それぞれの場合について条件を満たすグラフをかくと図のようになる。

Ⓑ は以下の4つの場合がありうるので注意する。

Ⓐ [1]

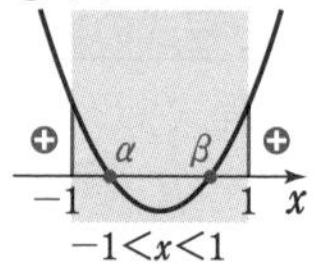

$-1<x<1$ の範囲に2つ

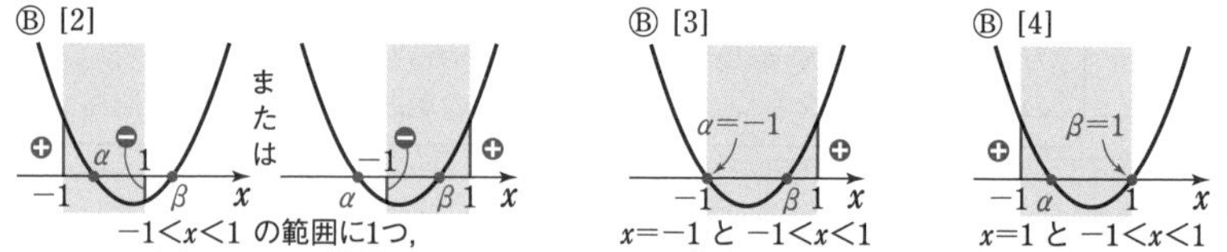

[2] $-1<x<1$ の範囲に1つ，$x<-1$ または $1<x$ の範囲に1つ

[3] $x=-1$ と $-1<x<1$ の範囲に1つ

[4] $x=1$ と $-1<x<1$ の範囲に1つ

解答

$f(x)=x^2+(2-a)x+4-2a$ とし，2次方程式 $f(x)=0$ の判別式を D とする。

$y=f(x)$ のグラフは下に凸の放物線で，その軸は直線 $x=\dfrac{a-2}{2}$ である。

◀ $x=-\dfrac{2-a}{2\cdot1}$

[1] 2つの解がともに $-1<x<1$ の範囲にあるための条件は，$y=f(x)$ のグラフが x 軸の $-1<x<1$ の部分と異なる2点で交わる，または接することである。
すなわち，次の (i)〜(iv) が同時に成り立つことである。

(i) $D \geqq 0$ (ii) 軸が $-1<x<1$ の範囲にある

(iii) $f(-1)>0$ (iv) $f(1)>0$

◀条件は「少なくとも1つ」であるから，$y=f(x)$ のグラフが x 軸に接する場合，すなわち，$D=0$ の場合も含まれる。

[1]

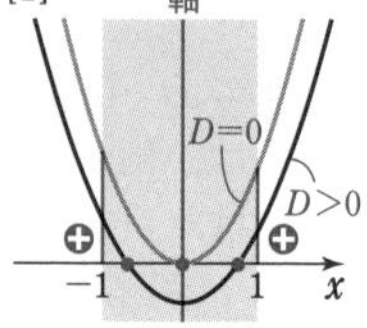

(i) $D=(2-a)^2-4\cdot1\cdot(4-2a)$
$=a^2+4a-12=(a+6)(a-2)$

$D\geqq0$ から $(a+6)(a-2)\geqq0$

ゆえに $a\leqq-6,\ 2\leqq a$ …… ①

(ii) 軸 $x=\dfrac{a-2}{2}$ について $-1<\dfrac{a-2}{2}<1$

よって $-2<a-2<2$

ゆえに $0<a<4$ …… ②

(iii) $f(-1)=-a+3$ であるから $-a+3>0$

よって $a<3$ …… ③

(iv) $f(1)=-3a+7$ であるから　　$-3a+7>0$

よって　　$a<\dfrac{7}{3}$ …… ④

①～④ の共通範囲を求めて　　$2\leqq a<\dfrac{7}{3}$

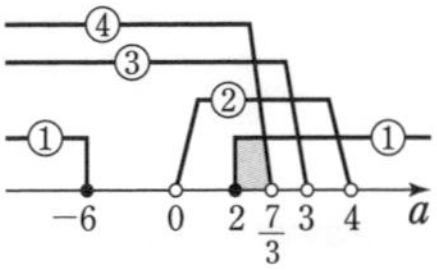

[2]　解の 1 つが $-1<x<1$ にあり，他の解が $x<-1$ または $1<x$ にあるための条件は　　$f(-1)f(1)<0$

ゆえに　　$(-a+3)(-3a+7)<0$

よって　　$(a-3)(3a-7)<0$　　ゆえに　　$\dfrac{7}{3}<a<3$

[2]

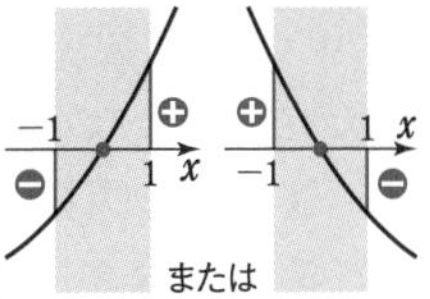

[3]　解の 1 つが $x=-1$ のとき

$f(-1)=0$ から　　$-a+3=0$　　ゆえに　　$a=3$

このとき，方程式は　　$x^2-x-2=0$

よって　　$(x+1)(x-2)=0$

ゆえに，解は $x=-1$，2 となり，条件を満たさない。

[3]　$a=3$

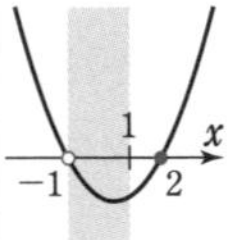

[4]　解の 1 つが $x=1$ のとき

$f(1)=0$ から　　$-3a+7=0$　　ゆえに　　$a=\dfrac{7}{3}$

このとき，方程式は　　$3x^2-x-2=0$

よって　　$(x-1)(3x+2)=0$

ゆえに，解は $x=-\dfrac{2}{3}$，1 となり，条件を満たす。

[4]　$a=\frac{7}{3}$

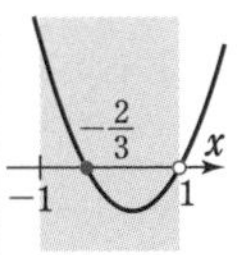

求める a の値の範囲は，[1]，[2]，[4] の結果を合わせて

$\boldsymbol{2\leqq a<3}$

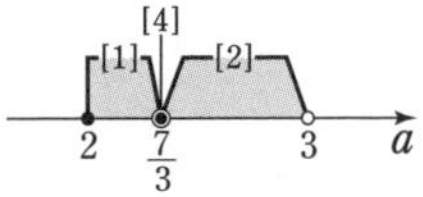

検討 PLUS ONE

定数分離による解法

この問題は，方程式を「(a を含まない式)=(a を含む式)」の形に変形し (a を分離するという)，2 つのグラフが共有点をもつ条件を求めることで解くこともできる。

別解　$x^2+(2-a)x+4-2a=0$ …… (＊) を変形して　　$x^2+2x+4=a(x+2)$

方程式(＊)が $-1<x<1$ の範囲に少なくとも 1 つの実数解をもつことは，放物線 $y=x^2+2x+4$ …… ① と直線 $y=a(x+2)$ …… ② が $-1<x<1$ の範囲に少なくとも 1 つの共有点をもつことと同じである。

② は点 $(-2,\ 0)$ を通り，傾き a の直線である。

② が点 $(-1,\ 3)$ を通るとき　　$a=3$

② が ① と $-1<x<1$ で接するとき，解答の [1] の D について $D=0$ から　$(a+6)(a-2)=0$　　ゆえに　$a=-6,\ 2$

図から $a>0$，すなわち $a=2$ のとき適する。

($a=2$ のとき，$x=0$ の点で接する)

よって，① と ② が $-1<x<1$ の範囲に共有点をもつのは，グラフから　**$2\leqq a<3$**　のときである。

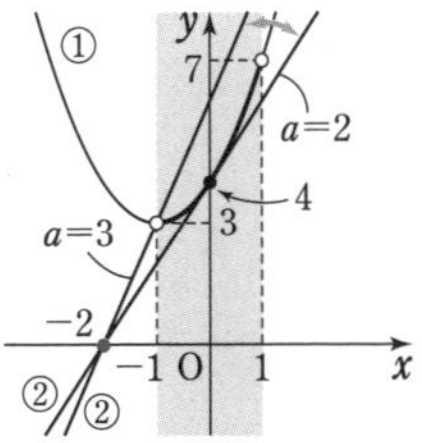

練習 ④**130**　方程式 $x^2+(a+2)x-a+1=0$ が $-2<x<0$ の範囲に少なくとも 1 つの実数解をもつような定数 a の値の範囲を求めよ。　　〔武庫川女子大〕

3章 ⑬ 2次不等式

14 2次関数の関連発展問題

演習 例題 131 2つの2次関数の大小関係 (1)

2つの2次関数 $f(x)=x^2+2ax+25$, $g(x)=-x^2+4ax-25$ がある。次の条件が成り立つような定数 a の値の範囲を求めよ。

(1) すべての実数 x に対して $f(x)>g(x)$ が成り立つ。

(2) ある実数 x に対して $f(x)<g(x)$ が成り立つ。

基本 115

指針 $y=f(x)$, $y=g(x)$ それぞれのグラフを考えるのではなく, $F(x)=f(x)-g(x)$ とし, **$f(x)$, $g(x)$ の条件を** $F(x)$ の条件におき換えて考える。

(1) すべての実数 x に対して $f(x)>g(x)$
$\iff$ すべての実数 x に対して $F(x)>0$

(2) ある実数 x に対して $f(x)<g(x)$
$\iff$ ある実数 x に対して $F(x)<0$

このようにおき換えて, $F(x)$ の最小値を考えることで a の値の範囲を求める。

補足 例題 **115** で学んだように, 判別式 D の符号に着目してもよい。

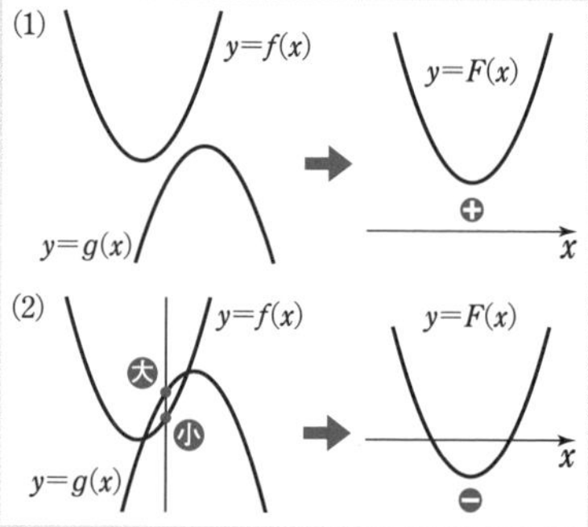

解答

$F(x)=f(x)-g(x)$ とすると

$$F(x)=2x^2-2ax+50=2\left(x-\frac{a}{2}\right)^2-\frac{a^2}{2}+50$$

(1) すべての実数 x に対して $f(x)>g(x)$ が成り立つことは, すべての実数 x に対して $F(x)>0$, すなわち [$F(x)$ の最小値] >0 が成り立つことと同じである。

$F(x)$ は $x=\dfrac{a}{2}$ で最小値 $-\dfrac{a^2}{2}+50$ をとるから　$-\dfrac{a^2}{2}+50>0$

よって　$(a+10)(a-10)<0$　ゆえに　$\boldsymbol{-10<a<10}$

(2) ある実数 x に対して $f(x)<g(x)$ が成り立つことは, ある実数 x に対して $F(x)<0$, すなわち [$F(x)$ の最小値] <0 が成り立つことと同じである。

よって　$-\dfrac{a^2}{2}+50<0$　ゆえに　$(a+10)(a-10)>0$

よって　$\boldsymbol{a<-10,\ 10<a}$

検討
「ある x について ● が成り立つ」とは, ● を満たす x が少なくとも1つある, ということである。

練習 ④131 2つの2次関数 $f(x)=x^2+2kx+2$, $g(x)=3x^2+4x+3$ がある。次の条件が成り立つような定数 k の値の範囲を求めよ。

(1) すべての実数 x に対して $f(x)<g(x)$ が成り立つ。

(2) ある実数 x に対して $f(x)>g(x)$ が成り立つ。

演習例題 132 2つの2次関数の大小関係 (2)

$f(x)=x^2-2x+3$, $g(x)=-x^2+6x+a^2+a-9$ がある。次の条件が成り立つような定数 a の値の範囲を求めよ。

(1) $0\leqq x\leqq 4$ を満たすすべての実数 x_1, x_2 に対して，$f(x_1)<g(x_2)$ が成り立つ。

(2) $0\leqq x\leqq 4$ を満たすある実数 x_1, x_2 に対して，$f(x_1)<g(x_2)$ が成り立つ。

指針 演習例題 **131** との違いに注意。

すべての（ある）**実数 x** に対して　$f(x)<g(x)$

→ $f(x)$, $g(x)$ に入る **x は同じ値**

→ $F(x)=f(x)-g(x)$ にまとめられる。

すべての（ある）**実数 x_1, x_2** に対して $f(x_1)<g(x_2)$

→ $f(x)$, $g(x)$ に入る **x は異なっていてもよい**

→ $F(x)=f(x)-g(x)$ にまとめられない。

例題 **131**　$f(x)<g(x)$　同じ値

例題 **132**　$f(x_1)<g(x_2)$　異なる値

x_1, x_2 の値が異なっていても，$f(x_1)<g(x_2)$ が成り立つのはどのようなときであるのかを，グラフをかいて考える。

(1) すべての実数 x_1, x_2 に対して　$f(x_1)<g(x_2)$

→ x_1, x_2 をどのようにとってきたとしても，点 $(x_1,\ f(x_1))$ は常に点 $(x_2,\ g(x_2))$ の下側にある。

→ [$f(x)$ の最大値]<[$g(x)$ の最小値]　が成り立つ。

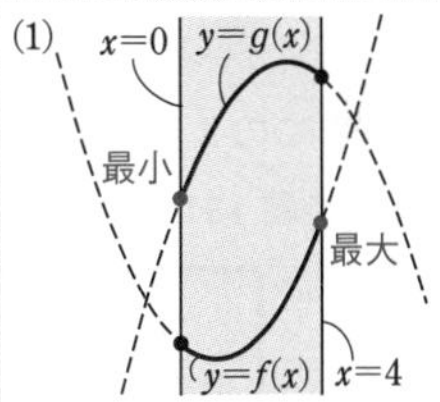

(2) ある実数 x_1, x_2 に対して　$f(x_1)<g(x_2)$

→ ある x_1, x_2 をうまくとると，点 $(x_1,\ f(x_1))$ が点 $(x_2,\ g(x_2))$ の下側にあるようにできる。

→ [$f(x)$ の最小値]<[$g(x)$ の最大値]　が成り立つ。

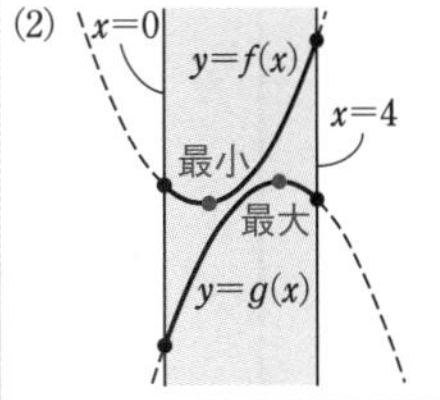

解答

$f(x)=(x-1)^2+2$,

$g(x)=-(x-3)^2+a^2+a$

(1) $0\leqq x\leqq 4$ を満たすすべての実数 x_1, x_2 に対して $f(x_1)<g(x_2)$ が成り立つのは

$0\leqq x\leqq 4$ において，

[$f(x)$ の最大値]<[$g(x)$ の最小値]

が成り立つときである。

$0\leqq x\leqq 4$ において

$f(x)$ の最大値は $f(4)=11$,

$g(x)$ の最小値は $g(0)=a^2+a-9$

よって　$11<a^2+a-9$

ゆえに　$a^2+a-20>0$

よって　$(a+5)(a-4)>0$

ゆえに　$\boldsymbol{a<-5,\ 4<a}$

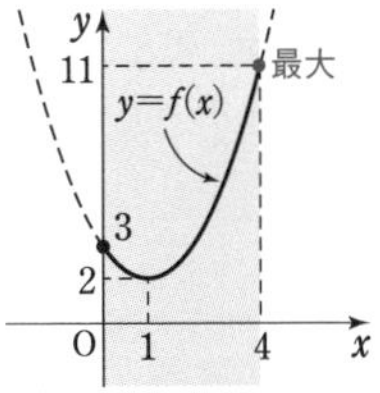

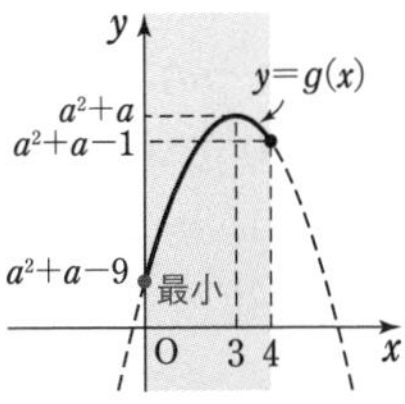

(2)　$0 \leqq x \leqq 4$ を満たすある実数 x_1, x_2 に対して
$f(x_1) < g(x_2)$ が成り立つのは
$0 \leqq x \leqq 4$ において,
　　　[$f(x)$ の最小値]$<$[$g(x)$ の最大値]
が成り立つときである。
$0 \leqq x \leqq 4$ において
　　　$f(x)$ の最小値は　$f(1)=2$,
　　　$g(x)$ の最大値は　$g(3)=a^2+a$
よって　　$2<a^2+a$
ゆえに　　$(a+2)(a-1)>0$
よって　　$\boldsymbol{a<-2,\ 1<a}$

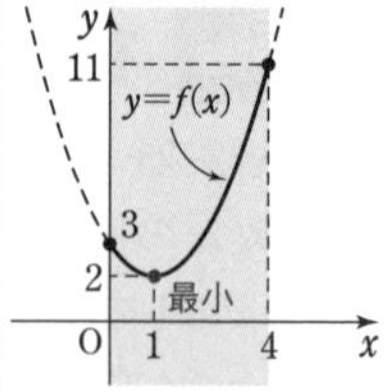

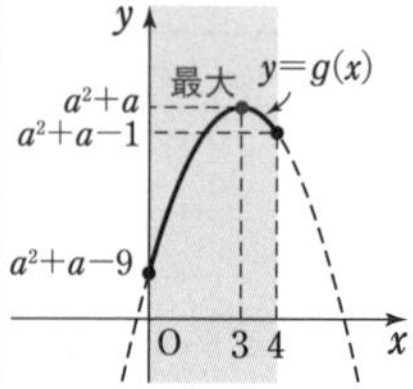

検討

2 つの 2 次関数の大小関係のまとめ

例題 **131**, **132** で学んだ, 2 つの 2 次関数の大小関係の考え方をまとめておこう。

> 2 つの 2 次関数を $f(x)$, $g(x)$ とし, $F(x)=f(x)-g(x)$ とする。
> ①　**すべての** x について $f(x)>g(x) \Longleftrightarrow$ **すべての** x について $F(x)>0$
> 　　　　$\Longleftrightarrow$ [$F(x)$ の **最小値**]>0
> ②　**ある** x について $f(x)>g(x) \Longleftrightarrow$ **ある** x について $F(x)>0$
> 　　　　$\Longleftrightarrow$ [$F(x)$ の **最大値**]>0
> ③　区間の **すべての** x_1, x_2 について $f(x_1)>g(x_2)$
> 　　$\Longleftrightarrow$ [区間における $f(x)$ の **最小値**]$>$[区間における $g(x)$ の **最大値**]
> ④　区間の **ある** x_1, x_2 について $f(x_1)>g(x_2)$
> 　　$\Longleftrightarrow$ [区間における $f(x)$ の **最大値**]$>$[区間における $g(x)$ の **最小値**]

ポイントは, $f(x)$ と $g(x)$ の x が同じ値の場合（例題 **131**, ① と ② の場合）と, $f(x_1)$ と $g(x_2)$ のように x が異なる値の場合（例題 **132**, ③ と ④ の場合）で, 考え方が異なることである。また, 上のようにまとめた結果を覚えるのではなく, 条件をどのように言い換えるか, 考え方を身につけることが大切である。それには, 例題 **131**, **132** の指針のように, 図をかいて考えることが有効である。

練習 ⑤**132**　2 つの 2 次関数 $f(x)=x^2+2x+a^2+14a-3$, $g(x)=x^2+12x$ がある。次の条件が成り立つような定数 a の値の範囲を求めよ。
(1)　$-2 \leqq x \leqq 2$ を満たすすべての実数 x_1, x_2 に対して, $f(x_1) \geqq g(x_2)$ が成り立つ。
(2)　$-2 \leqq x \leqq 2$ を満たすある実数 x_1, x_2 に対して, $f(x_1) \geqq g(x_2)$ が成り立つ。

p.220 EX94

EXERCISES　13　2次不等式，　14　2次関数の関連発展問題

③80　次の不等式を解け。

(1)　$\frac{1}{2}x^2 \leqq |x|-|x-1|$

(2)　$x|x|<(3x+2)|3x+2|$　〔(1) 類 名城大，(2) 類 岡山理科大〕

④81　2 次不等式 $a(x-3a)(x-a^2)<0$ を解け。ただし，a は 0 でない定数とする。

〔広島工大〕 →112

③82　不等式 $ax^2+y^2+az^2-xy-yz-zx \geqq 0$ が任意の実数 x，y，z に対して成り立つような定数 a の値の範囲を求めよ。　〔滋賀県大〕 →115

②83　放物線 $y=x^2-2a^2x+8x+a^4-9a^2+2a+31$ の頂点が第 1 象限にあるとき，定数 a の値の範囲を求めよ。　〔同志社大〕 →117

③84　2 次関数 $y=x^2+ax-a+3$ のグラフは x 軸と共有点をもつが，直線 $y=4x-5$ とは共有点をもたない。ただし，a は定数である。

(1)　a の値の範囲を求めよ。

(2)　2 次関数 $y=x^2+ax-a+3$ の最小値を m とするとき，m の値の範囲を求めよ。

〔北海道情報大〕 →108, 119

④85　a を定数とする x についての次の 3 つの 2 次方程式がある。　〔類 北星学園大〕

$x^2+ax+a+3=0 \cdots$ ①，$x^2-2(a-2)x+a=0 \cdots$ ②，$x^2+4x+a^2-a-2=0 \cdots$ ③

(1)　①～③ がいずれも実数解をもたないような a の値の範囲を求めよ。

(2)　①～③ の中で 1 つだけが実数解をもつような a の値の範囲を求めよ。　→119

④86　2 次不等式 $x^2-(2a+3)x+a^2+3a<0$ …… ①，$x^2+3x-4a^2+6a<0$ …… ② について，次の各問いに答えよ。ただし，a は定数で $0<a<4$ とする。

(1)　①，② を解け。

(2)　①，② を同時に満たす x が存在するのは，a がどんな範囲にあるときか。

(3)　①，② を同時に満たす整数 x が存在しないのは，a がどんな範囲にあるときか。

〔類 長崎総科大〕 →112, 120

HINT

80　絶対値記号内の式が 0 となる x の値を境に，3 つの区間に場合分けをする。

81　$a>0$，$a<0$ の場合に分ける。$a>0$ の場合は更に場合分けが必要。

82　y^2 の係数は 1 であるから，まず y について整理し，任意の実数 y に対して成り立つ条件を考える。

86　(1)　①，② ともに左辺は因数分解できる。

(3)　a の値の範囲を示す不等号に **等号を含めるか含めないかの判断が大切。**

⑤87　方程式 $3x^2+2xy+3y^2=8$ を満たす x，y に対して，$u=x+y$，$v=xy$ とおく。
(1)　$u^2-4v \geqq 0$ を示せ。　　(2)　u，v の間に成り立つ等式を求めよ。
(3)　$k=u+v$ がとる値の範囲を求めよ。　〔九州産大〕 →121

④88　(1)　不等式 $2x^4-5x^2+2>0$ を解け。
(2)　不等式 $(x^2-4x+1)^2-3(x^2-4x+1)+2 \leqq 0$ を解け。　→91,117,121

③89　$f(x)=|x^2-1|-x$ の $-1 \leqq x \leqq 2$ における最大値と最小値を求めよ。　〔昭和薬大〕 →123

⑤90　a を定数とする。x についての方程式 $|(x-2)(x-4)|=ax-5a+\dfrac{1}{2}$ が相異なる4つの実数解をもつとき，a の値の範囲を求めよ。　〔類 早稲田大〕 →123,125

②91　2次不等式 $2x^2-3x-2 \leqq 0$ を満たす x の値が常に2次不等式 $x^2-2ax-2 \leqq 0$ を満たすような定数 a の値の範囲を求めよ。　〔福岡工大〕 →116,126

③92　$a<b<c$ のとき，x に関する次の2次方程式は2つの実数解をもつことを示せ。また，その解を α，β $(\alpha<\beta)$ とするとき，α，β と定数 a，b，c の大小関係を示せ。
(1)　$2(x-b)(x-c)-(x-a)^2=0$　　(2)　$(x-a)(x-c)+(x-b)^2=0$　→129

④93　k を正の整数とする。$5n^2-2kn+1<0$ を満たす整数 n が，ちょうど1個であるような k の値をすべて求めよ。　〔一橋大〕 →129

⑤94　不等式 $-x^2+(a+2)x+a-3<y<x^2-(a-1)x-2$ ……（＊）を考える。ただし，x，y，a は実数とする。このとき，
「どんな x に対しても，それぞれ適当な y をとれば不等式（＊）が成立する」
ための a の値の範囲を求めよ。また，
「適当な y をとれば，どんな x に対しても不等式（＊）が成立する」
ための a の値の範囲を求めよ。　〔早稲田大〕 →131,132

HINT

87　(3)　(2)から，k は u の2次式で表される。u の値の範囲に注意。

88　(1)　$x^2=t$ とおき，$t \geqq 0$ であることに注意して，t の2次不等式を解く。
(2)　$x^2-4x+1=t$ とおき，t の値の範囲に注意して，t の2次不等式を解く。

90　グラフをかいて調べる。直線 $y=ax-5a+\dfrac{1}{2}$ は定点 $\left(5,\ \dfrac{1}{2}\right)$ を通る。

91　まず，不等式 $2x^2-3x-2 \leqq 0$ を解き，その解を区間とみて $y=x^2-2ax-2$ のグラフを考える。

92　2次関数の **グラフを利用** して考える。
(1)，(2)とも，左辺を $f(x)$ として，$f(a)$，$f(b)$，$f(c)$ の符号を調べる。
放物線 $y=f(x)$ は下に凸であることに注意する。

93　$f(x)=5x^2-2kx+1$ とし，$y=f(x)$ のグラフを利用。$f(0)$，$f(1)$，$f(2)$ の値に注目。

数学Ⅰ　第4章

図形と計量

4

SELECT STUDY

- 基本定着コース：133, 134, 135, 138, 140, 141, 142, 144, 147, 152, 153, 154, 155, 157, 162, 164, 165, 167, 169, 170, 173
- 精選速習コース：135, 136, 140, 143, 144, 145, 147, 148, 149, 154, 155, 158, 160, 164, 166, 167, 170, 172, 173
- 実力練成コース：145, 149, 150, 155, 158, 160, 166, 170, 172, 173, 174

例題一覧

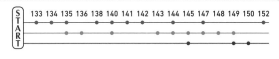

15 三角比の基本

基本事項

1　三角比の定義

右の図のような ∠POQ が鋭角である直角三角形において，∠POQ の大きさを θ とすると

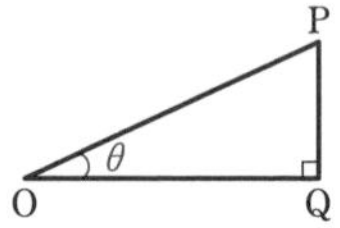

$\sin\theta=\dfrac{PQ}{OP}$,　　$\cos\theta=\dfrac{OQ}{OP}$,　　$\tan\theta=\dfrac{PQ}{OQ}$

正弦(sine)　　余弦(cosine)　　正接(tangent)

2　主な角(30°，45°，60°)の三角比

$\sin 30^\circ=\dfrac{1}{2}$　　$\sin 45^\circ=\dfrac{1}{\sqrt{2}}$　　$\sin 60^\circ=\dfrac{\sqrt{3}}{2}$

$\cos 30^\circ=\dfrac{\sqrt{3}}{2}$　　$\cos 45^\circ=\dfrac{1}{\sqrt{2}}$　　$\cos 60^\circ=\dfrac{1}{2}$

$\tan 30^\circ=\dfrac{1}{\sqrt{3}}$　　$\tan 45^\circ=1$　　$\tan 60^\circ=\sqrt{3}$

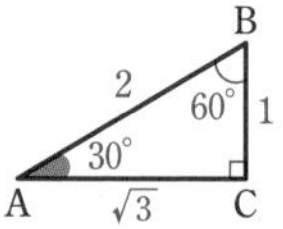

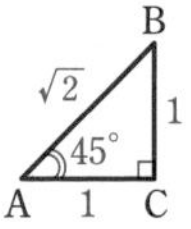

解　説

■三角比

直角三角形においては，1つの鋭角の大きさが定まると，直角三角形の形が定まる。すなわち，同じ鋭角 θ ($0^\circ<\theta<90^\circ$) をもつ直角三角形はすべて相似になる。

右の図で，△POQ∽△P′OQ′ であるから

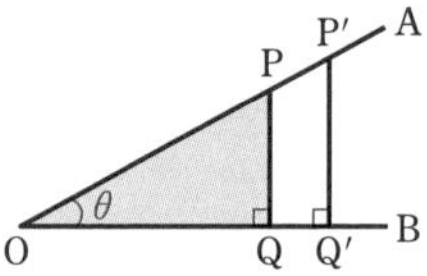

$$\frac{PQ}{OP}=\frac{P'Q'}{OP'},\quad \frac{OQ}{OP}=\frac{OQ'}{OP'},\quad \frac{PQ}{OQ}=\frac{P'Q'}{OQ'}$$

これらの値は一定で，それぞれ角 θ の **正弦**，**余弦**，**正接** といい，それぞれ $\sin\theta$，$\cos\theta$，$\tan\theta$ で表す。

◀対応する2辺の長さの比の値は一定。

◀1°ごとの角について，その正弦，余弦，正接の値の，小数第4位まで（第5位を四捨五入）を「三角比の表」（p.375）として載せてある。建物や木の高さを測る問題などでこの表を利用する。

■三角比の覚え方

正弦(sin)，余弦(cos)，正接(tan)と辺の関係は，下の図のように，それぞれの頭文字 s，c，t の筆記体を，**着目している角に合わせて** 書いて **分母** $\xrightarrow[\text{分の}]{}$ **分子** とする，という形で覚えておくとよい。

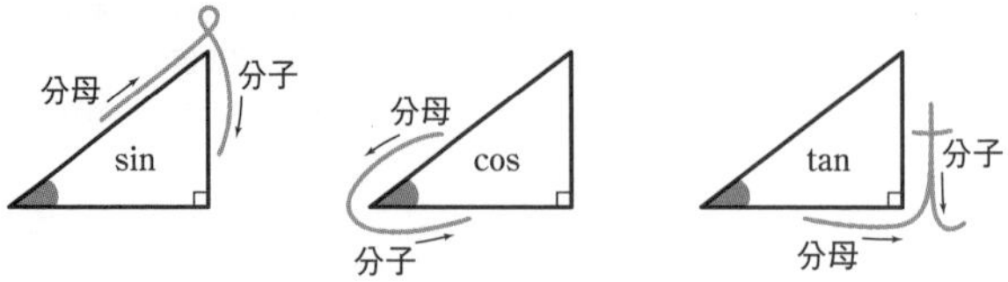

■主な角の三角比

三角比の問題では，**30°，45°，60°** の三角比がよく出てくる。これらは右の図のように，正三角形と正方形をそれぞれ半分にしてできる直角三角形から求められる。

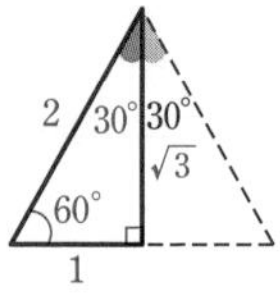

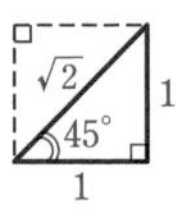

基本事項

3 三角比の相互関係

θ が鋭角，すなわち $0^\circ<\theta<90^\circ$ のとき

① $\tan\theta=\dfrac{\sin\theta}{\cos\theta}$　② $\sin^2\theta+\cos^2\theta=1$　③ $1+\tan^2\theta=\dfrac{1}{\cos^2\theta}$

4 $90^\circ-\theta$ の三角比

θ が鋭角，すなわち $0^\circ<\theta<90^\circ$ のとき

$$\sin(90^\circ-\theta)=\cos\theta,\quad \cos(90^\circ-\theta)=\sin\theta,\quad \tan(90^\circ-\theta)=\frac{1}{\tan\theta}$$

解　説

■ 三角比の累乗

同じ三角比の n 個の積 $(\sin\theta)^n$，$(\cos\theta)^n$，$(\tan\theta)^n$ は，それぞれ
$\sin^n\theta$，$\cos^n\theta$，$\tan^n\theta$ と書く。
例えば，$(\sin\theta)^2$ は $\sin^2\theta$ と書き「サイン 2（に）じょう θ（シータ）」と読む。

◀例えば，$(\sin\theta)^n$ をかっこをつけずに $\sin\theta^n$ と書いてはダメ！

■ 三角比の相互関係

右の図の直角三角形 ABC において

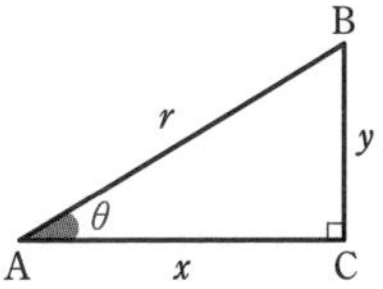

$$x=r\cos\theta,\quad y=r\sin\theta$$

◀$\cos\theta=\dfrac{x}{r}$，$\sin\theta=\dfrac{y}{r}$ から。

よって　$\tan\theta=\dfrac{y}{x}=\dfrac{r\sin\theta}{r\cos\theta}=\dfrac{\sin\theta}{\cos\theta}$

また，三平方の定理から　$x^2+y^2=r^2$
したがって　$(r\cos\theta)^2+(r\sin\theta)^2=r^2$
両辺を r^2 で割って　$\sin^2\theta+\cos^2\theta=1$

◀この関係式は特に重要。

更に，この等式の両辺を $\cos^2\theta$ で割ると

$$\tan^2\theta+1=\frac{1}{\cos^2\theta}$$

◀$\dfrac{\sin\theta}{\cos\theta}=\tan\theta$ から $\dfrac{\sin^2\theta}{\cos^2\theta}=\tan^2\theta$

以上により，上の 3 ①～③ が成り立つ。
3 つの三角比 $\sin\theta$，$\cos\theta$，$\tan\theta$ のうち 1 つの値がわかると，
3 ①～③ の関係式を使うことによって残りの 2 つの値が計算できる。

◀$p.228$ の基本例題 **137** で詳しく学ぶ。

■ $90^\circ-\theta$ の三角比

右の図の直角三角形 ABC において，$\angle B=90^\circ-\theta$ であるから

◀三角形の内角の和は 180°

$$\sin(90^\circ-\theta)=\frac{x}{r}=\cos\theta$$

$$\cos(90^\circ-\theta)=\frac{y}{r}=\sin\theta$$

$$\tan(90^\circ-\theta)=\frac{x}{y}=\frac{1}{\tan\theta}$$

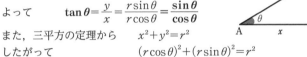

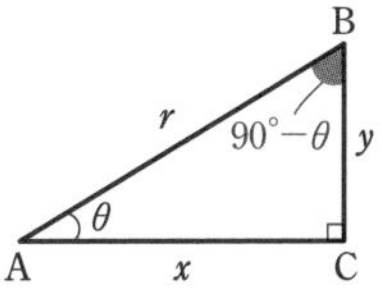

以上により，上の 4 が成り立つ。
4 の関係式を用いると，鋭角の三角比はすべて 45° 以下の角の三角比で表すことができる。

◀$p.229$ の基本例題 **138** (1) でも学習する。

例　$\sin 76^\circ=\sin(90^\circ-14^\circ)=\cos 14^\circ$
　　$\cos 76^\circ=\cos(90^\circ-14^\circ)=\sin 14^\circ$
　　$\tan 76^\circ=\tan(90^\circ-14^\circ)=\dfrac{1}{\tan 14^\circ}$

基本 例題 **133** 直角三角形と三角比 ◯◯◯◯◯

(1) 図(ア)で，$\sin\theta$，$\cos\theta$，$\tan\theta$ の値を求めよ。

(2) 図(イ)で，x，y の値を求めよ。

(ア)

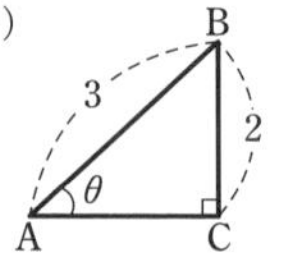

(イ)

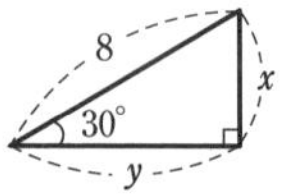

p.222 基本事項 **1**，**2**

指針 **三角比の定義** に当てはめて求める。次の図で定義を確認しよう。

$$\sin\theta=\frac{y}{r} \qquad \cos\theta=\frac{x}{r} \qquad \tan\theta=\frac{y}{x}$$

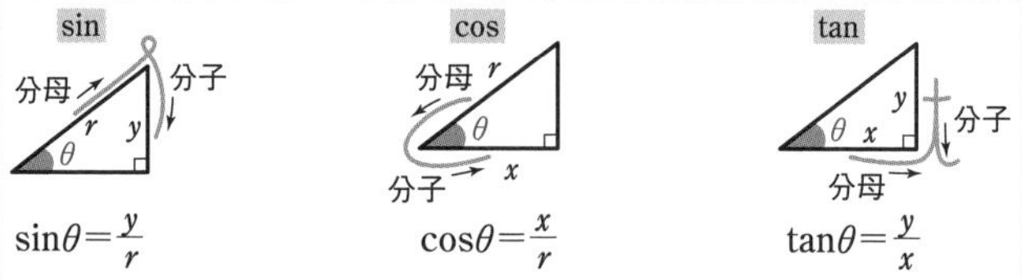

(1) 辺 AC の長さが必要だが，直角三角形であるから **三平方の定理** が利用できる。

(2) まずは三角比の定義に従って，$\sin 30°$ を x を含む式で表す。同様に，$\cos 30°$ を y を含む式で表す。

解答

(1) 三平方の定理により
$$AC=\sqrt{3^2-2^2}=\sqrt{5}$$
よって $\quad \boldsymbol{\sin\theta}=\dfrac{BC}{AB}=\dfrac{2}{3}$，

$\quad \boldsymbol{\cos\theta}=\dfrac{AC}{AB}=\dfrac{\sqrt{5}}{3}$，

$\quad \boldsymbol{\tan\theta}=\dfrac{BC}{AC}=\dfrac{2}{\sqrt{5}}$

(2) $\sin 30°=\dfrac{x}{8}$ から $\quad \boldsymbol{x}=8\sin 30°=8\cdot\dfrac{1}{2}=4$ ◀$\sin 30°=\dfrac{1}{2}$

$\cos 30°=\dfrac{y}{8}$ から $\quad \boldsymbol{y}=8\cos 30°=8\cdot\dfrac{\sqrt{3}}{2}=4\sqrt{3}$ ◀$\cos 30°=\dfrac{\sqrt{3}}{2}$

注意 (1)の $\tan\theta$ は，分母を有理化して $\dfrac{2\sqrt{5}}{5}$ と答えてもよい。

(2)は，3辺の比が $1:2:\sqrt{3}$ の直角三角形である。

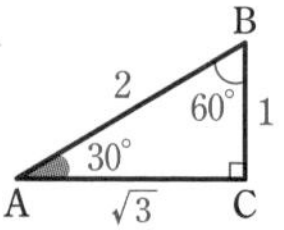

練習 (1) 図(ア)で，$\sin\theta$，$\cos\theta$，$\tan\theta$ の値を求めよ。

①**133** (2) 図(イ)で，x，y の値を求めよ。

(ア)(イ)

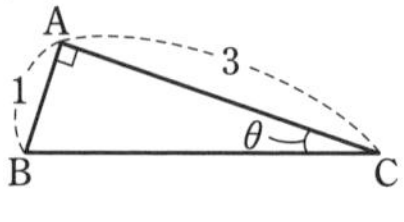

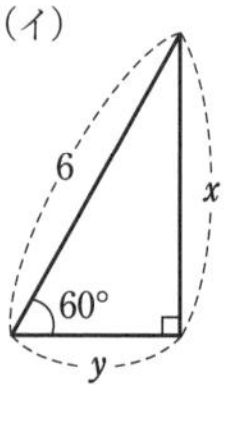

基本 例題 134 三角比の表

巻末の「三角比の表」を用いて，次の問いに答えよ。

(1) 図(ア)で，x，y の値を求めよ。ただし，小数第 2 位を四捨五入せよ。

(2) 図(イ)で，鋭角 θ のおよその大きさを求めよ。

(ア)

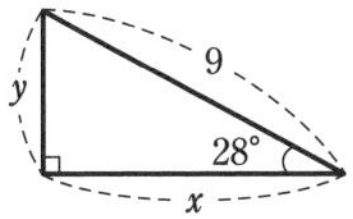

(イ)

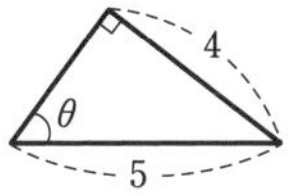

基本 133

指針 **三角比の定義** から求める。

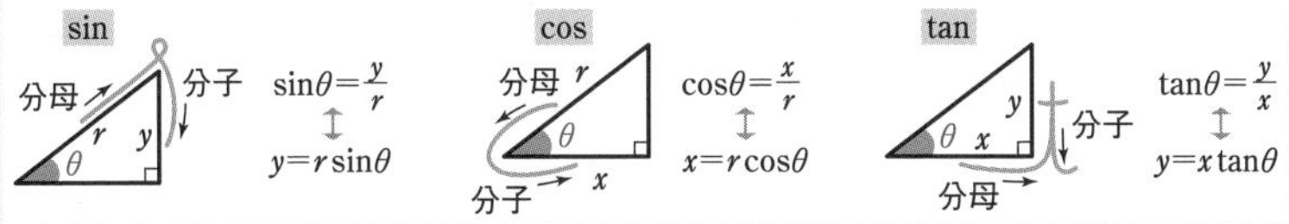

(1) 小数第 2 位を四捨五入するから，**小数第 1 位までを答え** とする。また，求める値は近似値であるから，**ほぼ等しいことを表す記号** ≒ を使って答える。

(2) $\sin\theta$ の値を求め，三角比の表から，最も近い角度を求める。≒ を使って答える。

解答

(1) $x=9\cos 28°=9\times 0.8829=7.9461$

$y=9\sin 28°=9\times 0.4695=4.2255$

小数第 2 位を四捨五入して　　$x\fallingdotseq 7.9$，$y\fallingdotseq 4.2$

(2) $\sin\theta=\dfrac{4}{5}=0.8$ で，三角比の表から

$\sin 53°=0.7986$，　　$\sin 54°=0.8090$

ゆえに，53° の方が近い値である。　よって　$\theta\fallingdotseq 53°$

◀三角比の表から，$\sin 28°$，$\cos 28°$ の値を読み取る。

[三角形を回転させた図]

(ア)　　(イ)

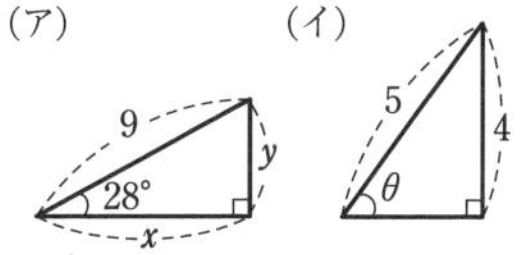

検討 **三角比の表の使い方**

巻末の三角比の表は，$\theta=0°$ から $\theta=90°$ までの 1° ごとの角 θ についての **三角比の値の近似値** を載せたものである。

例えば $\theta=8°$ の三角比は，左端で $\theta=8°$ のところの行を右に順に読み，$\sin 8°=0.1392$，$\cos 8°=0.9903$，$\tan 8°=0.1405$ となる。

三角比の表は，三角比の値が与えられたときの θ を求める場合にも利用できる。

例えば $\sin\theta=0.1045$ を満たす θ は，$\theta=6°$ である。

θ	$\sin\theta$	$\cos\theta$	$\tan\theta$
⋮	⋮	⋮	⋮
5°	0.0872	0.9962	0.0875
6°	0.1045	0.9945	0.1051
7°	0.1219	0.9925	0.1228
8°	0.1392	0.9903	0.1405
9°	0.1564	0.9877	0.1584

練習 ①**134** 「三角比の表」を用いて，次の問いに答えよ。

(1) 図(ア)で，x，y の値を求めよ。ただし，小数第 2 位を四捨五入せよ。

(2) 図(イ)で，鋭角 θ のおよその大きさを求めよ。

(ア)

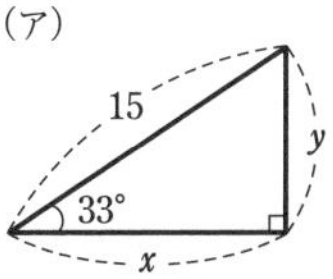

(イ)

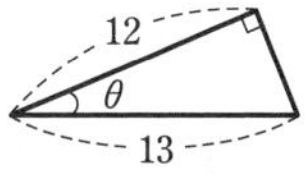

p.230 EX95

基本例題 135 測量の問題 ①①①①①

目の高さが 1.5 m の人が，平地に立っている木の高さを知るために，木の前方の地点 A から測った木の頂点の仰角が 30°，A から木に向かって 10 m 近づいた地点 B から測った仰角が 45° であった。木の高さを求めよ。

p.222 基本事項 2，基本 133　基本 173

指針　① 与えられた値を **三角形の辺や角としてとらえて，まず** 図をかく。そして，
② **求めるものを文字で表し，方程式を作る。**

特に，**直角三角形** では，**三平方の定理** や **三角比の利用** が有効。
ここでは，目の高さを除いた木の高さを求める方がらく。

注意　点 A から点 P を見るとき，AP と水平面とのなす角を，P が A を通る水平面より上にあるならば **仰角**(ぎょうかく) といい，下にあるならば **俯角**(ふかく) という。

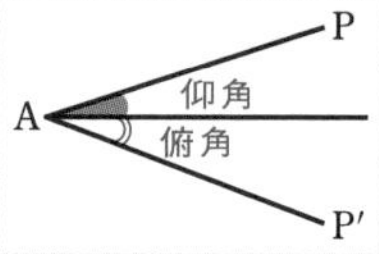

CHART　30°，45°，60° の三角比
三角定規を思い出す

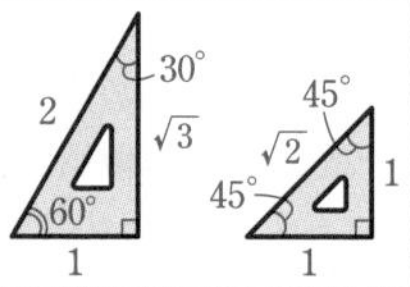

解答

右の図のように，木の頂点を D，木の根元を C とし，目の高さの直線上の点を A′，B′，C′ とする。

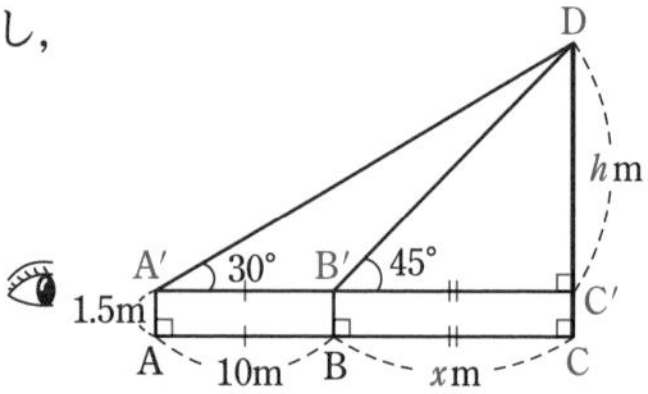

このとき，BC$=x$ (m)，C′D$=h$ (m) とすると

$h=(10+x)\tan 30°$ …… ①

$h=x\tan 45°$ …… ②

② から　$x=h$　　これを ① に代入して

$h=\dfrac{10+h}{\sqrt{3}}$　　ゆえに　$(\sqrt{3}-1)h=10$

よって　$h=\dfrac{10}{\sqrt{3}-1}=\dfrac{10(\sqrt{3}+1)}{(\sqrt{3}-1)(\sqrt{3}+1)}$

$=\dfrac{10(\sqrt{3}+1)}{2}=5(\sqrt{3}+1)$

したがって，求める木の高さは，目の高さを加えて

$5(\sqrt{3}+1)+1.5=\mathbf{5\sqrt{3}+6.5}$ **(m)** (＊)

注意　この例題のような，測量の問題では，「小数第 2 位を四捨五入せよ」などの指示がある場合は近似値を求め，指示がない場合は計算の結果を，そのまま（つまり，上の例題では根号がついたまま）答えとする。

◀①，② はそれぞれ
$\tan 30°=\dfrac{h}{10+x}$，
$\tan 45°=\dfrac{h}{x}$ から。ここで
$\tan 30°=\dfrac{1}{\sqrt{3}}$，$\tan 45°=1$
（30°, 45°, 60° の三角比の値は覚えておくこと。）

(＊) $\sqrt{3}\fallingdotseq 1.73$ から
$5\sqrt{3}\fallingdotseq 8.65$
よって，$5\sqrt{3}\fallingdotseq 8.7$ とすると
$5\sqrt{3}+6.5\fallingdotseq 8.7+6.5$
$=15.2$ (m)

練習 ② 135　海面のある場所から崖の上に立つ高さ 30 m の灯台の先端の仰角が 60° で，同じ場所から灯台の下端の仰角が 30° のとき，崖の高さを求めよ。　〔金沢工大〕

基本例題 136　75° の三角比

①①①①①

右の図の △ABC で，∠B＝75° とする。頂点 A から辺 BC に垂線 AD，頂点 B から辺 CA に垂線 BE を引くと，AD＝DC，AE＝2 である。
(1)　線分 AD，BD の長さを求めよ。
(2)　sin 75°，cos 75° の値を求めよ。

基本 133

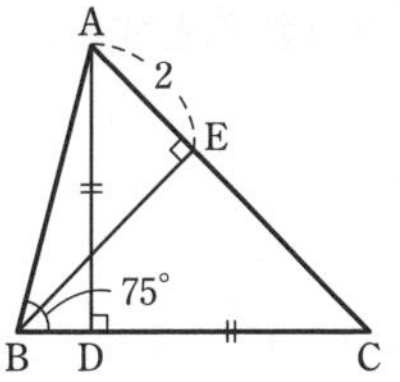

指針　**三角比の問題では，直角三角形を見つける ことが重要。**
特に，右のような三角定規の形の三角形の場合は，その辺の比を利用する。
(1)　△ABD，△ADC，△ABE，△BCE の 4 つの直角三角形を見つけることができる。これらの直角以外の角の大きさに注目。
(2)　75° の角をもつ直角三角形に注目する。⟶ △ABD を利用。

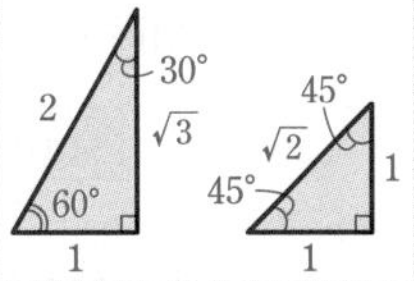

解答
(1)　△ADC において，AD＝DC，
∠ADC＝90° であるから
　　∠CAD＝∠ACD＝45°
△ABC において
　　∠A＝180°−(75°＋45°)＝60°
よって，△ABE において，
∠A＝60°，∠BEA＝90° であるから
　　$AB=2AE=4$，$BE=\sqrt{3}\,AE=2\sqrt{3}$
△BCE において，∠BCE＝45°，∠CEB＝90° であるから　　$CE=BE=2\sqrt{3}$，$BC=\sqrt{2}\,BE=2\sqrt{6}$

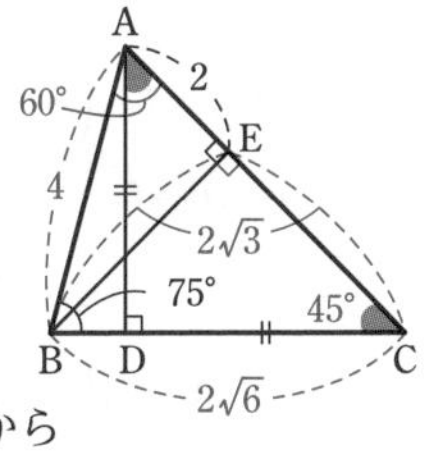

よって　　$\mathbf{AD}=\dfrac{AC}{\sqrt{2}}=\dfrac{AE+EC}{\sqrt{2}}$
$=\dfrac{2+2\sqrt{3}}{\sqrt{2}}=\boldsymbol{\sqrt{6}+\sqrt{2}}$
$\mathbf{BD}=BC-DC=BC-AD$
$=2\sqrt{6}-(\sqrt{6}+\sqrt{2})=\boldsymbol{\sqrt{6}-\sqrt{2}}$

(2)　直角三角形 ABD において，(1) から
$$\mathbf{\sin 75^\circ}=\sin\angle B=\frac{AD}{AB}=\boldsymbol{\frac{\sqrt{6}+\sqrt{2}}{4}}$$
$$\mathbf{\cos 75^\circ}=\cos\angle B=\frac{BD}{AB}=\boldsymbol{\frac{\sqrt{6}-\sqrt{2}}{4}}$$

◀△ADC は直角二等辺三角形。
◀底角は等しい。
◀△ABE は 30°，60°，90° の直角三角形であるから
AE : AB : BE＝1 : 2 : $\sqrt{3}$
◀△BCE は直角二等辺三角形であるから
BE : EC : BC＝1 : 1 : $\sqrt{2}$
◀AD : AC＝1 : $\sqrt{2}$

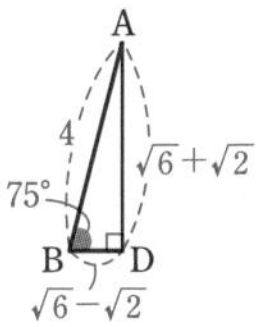

練習 ③**136**
(1)　右の図で，線分 DE，AE の長さを求めよ。
(2)　右の図を利用して，次の値を求めよ。
　　sin 15°，　cos 15°，　tan 15°

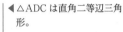

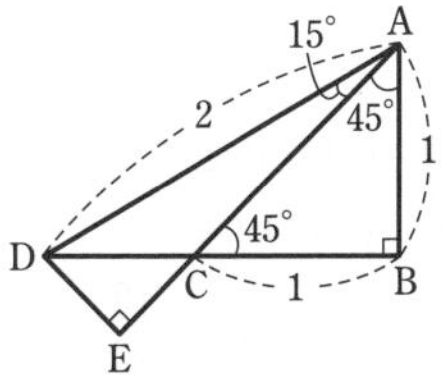

p.230 EX 96, 97

基本例題 137 三角比の相互関係 (1)

θ は鋭角とする。 [(1) 愛知工大]

(1) $\sin\theta=\dfrac{3}{4}$ のとき，$\cos\theta$ と $\tan\theta$ の値を求めよ。

(2) $\tan\theta=3$ のとき，$\sin\theta$ と $\cos\theta$ の値を求めよ。

p.223 基本事項 3　基本 144

指針 **三角比の相互関係**　θ が鋭角 すなわち $0°<\theta<90°$ のとき

① $\tan\theta=\dfrac{\sin\theta}{\cos\theta}$　② $\sin^2\theta+\cos^2\theta=1$　③ $1+\tan^2\theta=\dfrac{1}{\cos^2\theta}$

を利用する。次の手順で求めるとよい。

(1) **$\sin\theta$ または $\cos\theta$** —公式②→ **$\cos\theta$ または $\sin\theta$** —公式①→ **$\tan\theta$**

(2) **$\tan\theta$** —公式③→ **$\cos\theta$** —$\sin\theta=\tan\theta\cos\theta$ (①)→ **$\sin\theta$**

解答

(1) $\sin^2\theta+\cos^2\theta=1$ から

$$\cos^2\theta=1-\sin^2\theta=1-\left(\frac{3}{4}\right)^2=\frac{7}{16}$$

θ は鋭角であるから　$\cos\theta>0$

よって　$\boldsymbol{\cos\theta=\dfrac{\sqrt{7}}{4}}$

また　$\boldsymbol{\tan\theta}=\dfrac{\sin\theta}{\cos\theta}=\dfrac{3}{4}\div\dfrac{\sqrt{7}}{4}=\boldsymbol{\dfrac{3}{\sqrt{7}}}$

◀ $\sin\theta=\dfrac{3}{4}$ を満たす直角三角形

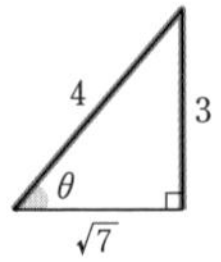

(2) $1+\tan^2\theta=\dfrac{1}{\cos^2\theta}$ から　$\dfrac{1}{\cos^2\theta}=1+3^2=10$

したがって　$\cos^2\theta=\dfrac{1}{10}$

θ は鋭角であるから　$\cos\theta>0$

よって　$\boldsymbol{\cos\theta=\dfrac{1}{\sqrt{10}}}$

また　$\boldsymbol{\sin\theta}=\tan\theta\cos\theta=3\cdot\dfrac{1}{\sqrt{10}}=\boldsymbol{\dfrac{3}{\sqrt{10}}}$

◀ $\tan\theta=\dfrac{3}{1}$ を満たす直角三角形

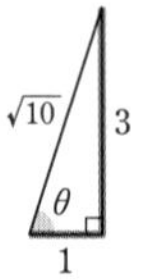

参考 (1) の $\tan\theta=\dfrac{3}{\sqrt{7}}$ の分母，分子はそれぞれ右図の直角三角形の辺の長さと一致していて，三角比と辺の対応がわかりやすい。そのため，本書では，三角比の値などで分母に平方根があっても有理化していないことが多い。

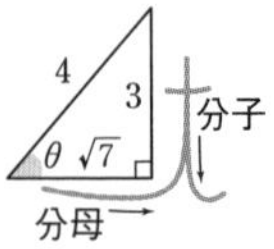

練習 ②137 θ は鋭角とする。$\sin\theta$, $\cos\theta$, $\tan\theta$ のうち 1 つが次の値をとるとき，他の 2 つの値を求めよ。

(1) $\sin\theta=\dfrac{12}{13}$　(2) $\cos\theta=\dfrac{1}{3}$　(3) $\tan\theta=\dfrac{2}{\sqrt{5}}$

p.230 EX 98

基本例題 138 90°−θ の三角比

(1) 次の三角比を 45° 以下の角の三角比で表せ。

(ア) $\sin 58^\circ$　(イ) $\cos 56^\circ$　(ウ) $\tan 80^\circ$

(2) △ABC の 3 つの内角 ∠A，∠B，∠C の大きさを，それぞれ A，B，C とするとき，等式 $\sin\dfrac{A}{2}=\cos\dfrac{B+C}{2}$ が成り立つことを証明せよ。

p.223 基本事項 4

指針 **90°−θ の三角比**　$0^\circ<\theta<90^\circ$ のとき

$$\sin(90^\circ-\theta)=\cos\theta,\ \cos(90^\circ-\theta)=\sin\theta,\ \tan(90^\circ-\theta)=\frac{1}{\tan\theta}$$

(1) (ア) $90^\circ-58^\circ=32^\circ$ であるから　$58^\circ=90^\circ-32^\circ$

↑32° は 45° 以下！

よって　$\sin 58^\circ=\sin(90^\circ-32^\circ)$　　(イ)，(ウ) も同じように考えるとよい。

(2) 等式の証明は，一方の辺を変形して，他方の辺と一致することを示す。

A，B，C は △ABC の 3 つの内角であるから　$\boldsymbol{A+B+C=180^\circ}$

よって，$B+C=180^\circ-A$ であるから　$\dfrac{B+C}{2}=\dfrac{180^\circ-A}{2}=90^\circ-\dfrac{A}{2}$

解答

(1) (ア) $\sin 58^\circ=\sin(90^\circ-32^\circ)=\boldsymbol{\cos 32^\circ}$

(イ) $\cos 56^\circ=\cos(90^\circ-34^\circ)=\boldsymbol{\sin 34^\circ}$

(ウ) $\tan 80^\circ=\tan(90^\circ-10^\circ)=\boldsymbol{\dfrac{1}{\tan 10^\circ}}$

(2) $A+B+C=180^\circ$ であるから　$B+C=180^\circ-A$

よって　$\dfrac{B+C}{2}=\dfrac{180^\circ-A}{2}=90^\circ-\dfrac{A}{2}$

ゆえに　$\cos\dfrac{B+C}{2}=\cos\left(90^\circ-\dfrac{A}{2}\right)=\sin\dfrac{A}{2}$

したがって，等式は成り立つ。

◀ $\sin(90^\circ-\theta)=\cos\theta$

◀ $\cos(90^\circ-\theta)=\sin\theta$

◀ $\tan(90^\circ-\theta)=\dfrac{1}{\tan\theta}$

◀ 等式の証明では，左辺，右辺のうち，複雑な方の式を変形する。

◀ $\cos(90^\circ-\theta)=\sin\theta$

検討 **等式の証明の方法（数学Ⅱ）**

等式 $P=Q$ が成り立つことを証明するには，次のような方法がある。

[1] **P か Q の一方を変形して，他方を導く。**

[2] **P，Q をそれぞれ変形して，同じ式を導く。**

[3] **$P-Q$ を変形して，0 となることを示す。**

練習 ②138 (1) 次の三角比を 45° 以下の角の三角比で表せ。

(ア) $\sin 72^\circ$　(イ) $\cos 85^\circ$　(ウ) $\tan 47^\circ$

(2) △ABC の 3 つの内角 ∠A，∠B，∠C の大きさを，それぞれ A，B，C とするとき，次の等式が成り立つことを証明せよ。

(ア) $\sin\dfrac{B+C}{2}=\cos\dfrac{A}{2}$　(イ) $\tan\dfrac{A+B}{2}\tan\dfrac{C}{2}=1$

p.230 EX99

EXERCISES

②**95**　道路や鉄道の傾斜具合を表す言葉に勾配（こうばい）がある。「三角比の表」を用いて，次の問いに答えよ。

(1)　道路の勾配には，百分率（%，パーセント）がよく用いられる。百分率は，水平方向に 100 m 進んだときに，何 m 標高が高くなるかを表す。ある道路では，14% と表示された標識がある。この道路の傾斜は約何度か。

(2)　鉄道の勾配には，千分率（‰，パーミル）がよく用いられる。千分率は，水平方向に 1000 m 進んだときに，何 m 標高が高くなるかを表す。ある鉄道路線では，35 ‰ と表示された標識がある。この鉄道路線の傾斜は約何度か。　→134

③**96**　右の図で，$\angle B=22.5^\circ$，$\angle C=90^\circ$，$\angle ADC=45^\circ$，$AD=BD$ とする。

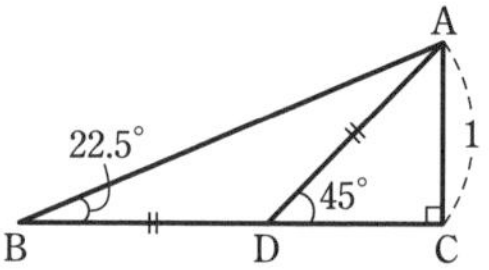

(1)　線分 AB の長さを求めよ。

(2)　$\sin 22.5^\circ$，$\cos 22.5^\circ$，$\tan 22.5^\circ$ の値をそれぞれ求めよ。　→136

③**97**　二等辺三角形 ABC において $AB=AC$，$BC=1$，$\angle A=36^\circ$ とする。∠B の二等分線と辺 AC の交点を D とすれば，$BD=$ ア□ である。これより

$AB=$ イ□，$\sin 18^\circ=$ ウ□

である。　→136

③**98**　(1)　θ は鋭角とする。$\tan\theta=\sqrt{7}$ のとき，$(\sin\theta+\cos\theta)^2$ の値を求めよ。

(2)　$\tan^2\theta+(1-\tan^4\theta)(1-\sin^2\theta)$ の値を求めよ。　〔名城大〕

(3)　$\dfrac{\sin^4\theta+4\cos^2\theta-\cos^4\theta+1}{3(1+\cos^2\theta)}$ の値を求めよ。　〔中部大〕

→137

②**99**　(1)　$\cos^2 20^\circ+\cos^2 35^\circ+\cos^2 45^\circ+\cos^2 55^\circ+\cos^2 70^\circ$ の値を求めよ。

(2)　△ABC の内角 ∠A，∠B，∠C の大きさを，それぞれ A，B，C で表すとき，等式 $\left(1+\tan^2\dfrac{A}{2}\right)\sin^2\dfrac{B+C}{2}=1$ が成り立つことを証明せよ。　→138

HINT

96　(1)　△ADC や △ABD の形状に着目して，線分 CD，AD，BD，BC の長さを，次々に求めていくとよい。

97　△ABC∽△BCD であることを利用。

98　(1)　$\cos\theta$，$\sin\theta$ の順に値を求める。

(2)　まず，$1-\tan^4\theta$ を $(1+\tan^2\theta)(1-\tan^2\theta)$ と変形。

(3)　分子を簡単にする。それには，まず $a^4-b^4=(a^2+b^2)(a^2-b^2)$ を使って，$\sin^4\theta-\cos^4\theta$ を変形。**かくれた条件 $\sin^2\theta+\cos^2\theta=1$ に注意する。**

16 三角比の拡張

基本事項

1 座標を用いた三角比の定義

$0^\circ \leqq \theta \leqq 180^\circ$ とする。右の図において

$$\sin\theta=\frac{y}{r},\ \cos\theta=\frac{x}{r},\ \tan\theta=\frac{y}{x}$$

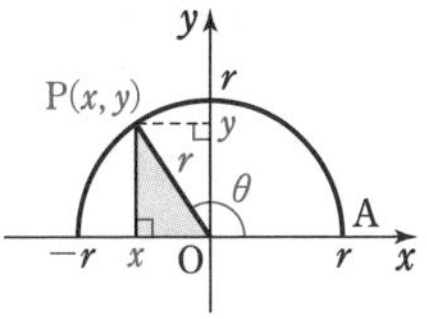

2 三角比の値の範囲，三角比の等式を満たす角 θ

① **三角比の値の範囲** $0^\circ \leqq \theta \leqq 180^\circ$ であるとき

$0 \leqq \sin\theta \leqq 1$，$-1 \leqq \cos\theta \leqq 1$，$\tan\theta$ ($\theta \neq 90^\circ$) はすべての実数値をとる。

② 角 θ の三角比の値から，θ ($0^\circ \leqq \theta \leqq 180^\circ$) が決まる。

解　説

■ 鈍角の三角比

上の基本事項の図で，半円上の点を P とし，$\angle AOP=\theta$ とする。

P(x, y) とし，θ が鋭角 ($0^\circ<\theta<90^\circ$) の場合は，$p.222$ で定義したときの △POQ における OP が r，OQ が x，PQ が y に対応して

$$\sin\theta=\frac{y}{r},\ \cos\theta=\frac{x}{r},\ \tan\theta=\frac{y}{x} \quad \cdots\cdots ①$$

これを拡張して，θ が鈍角 ($90^\circ<\theta<180^\circ$) のときも，三角比を ① の形で定義する。

θ が鈍角のとき，点 P(x, y) は第 2 象限にあり $x<0$，$y>0$ であるから，三角比の符号は $\sin\theta>0$，$\cos\theta<0$，$\tan\theta<0$ となる。

三角比の符号

θ	0°	鋭角	90°	鈍角	180°
$\sin\theta$	0	+	1	+	0
$\cos\theta$	1	+	0	−	−1
$\tan\theta$	0	+	なし	−	0

■ 三角比の値の範囲

三角比の値は，上の定義の式で，いずれも半円の半径 r に関係なく，θ だけで定まるから，普通は半径 1 の半円で考える。

右の図で，原点 O を中心とする半径が 1 の半円上の点 P(x, y) について

$$x=\cos\theta,\ y=\sin\theta$$

ここで，$-1 \leqq x \leqq 1$，$0 \leqq y \leqq 1$ であるから

$-1 \leqq \cos\theta \leqq 1$，$0 \leqq \sin\theta \leqq 1$ である。

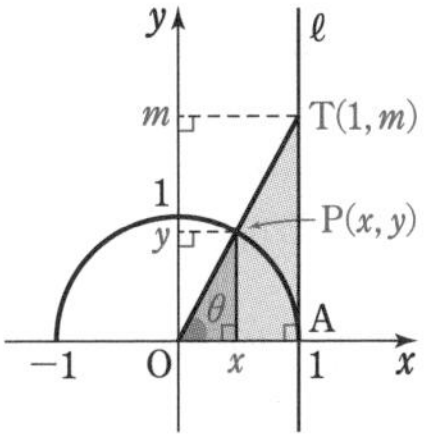

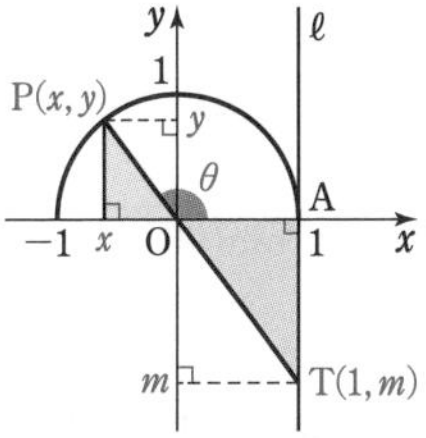

また，点 A(1, 0) を通り x 軸に垂直な直線 ℓ と，直線 OP の交点を T(1, m) とすると　　$\tan\theta=\dfrac{y}{x}=\dfrac{m}{1}$

よって　　$\tan\theta=m$ ($\theta \neq 90^\circ$)

◀ $0^\circ \leqq \theta < 90^\circ$ のとき $\tan\theta \geqq 0$，$90^\circ < \theta \leqq 180^\circ$ のとき $\tan\theta \leqq 0$

■ 三角比を含む方程式

大きさが未知の角の三角比を含む方程式を解くには，原点 O を中心とする半径 1 の半円を利用する。なお，三角比を含む方程式を **三角方程式** といい，方程式を満たす角を求めることを，**三角方程式を解く** という。

基本事項

3 180°－θ，90°＋θ の三角比

① **180°－θ の三角比** (0°≦θ≦180°)

$\sin(180°-\theta)=\sin\theta$

$\cos(180°-\theta)=-\cos\theta$

$\tan(180°-\theta)=-\tan\theta$ ($\theta\neq 90°$)

② **90°＋θ の三角比** (0°≦θ≦90°)

$\sin(90°+\theta)=\cos\theta$

$\cos(90°+\theta)=-\sin\theta$

$\tan(90°+\theta)=-\dfrac{1}{\tan\theta}$ ($\theta\neq 0°$，$\theta\neq 90°$)

4 三角比の相互関係

0°≦θ≦180° のときも，次の関係が成り立つ。ただし，①，③ では θ≠90° とする。

① $\tan\theta=\dfrac{\sin\theta}{\cos\theta}$　② $\sin^2\theta+\cos^2\theta=1$　③ $1+\tan^2\theta=\dfrac{1}{\cos^2\theta}$

5 直線の傾きと正接

直線 $y=mx$ と x 軸の正の向きとのなす角が θ (0°＜θ＜180°，θ≠90°) であるとき

$$m=\tan\theta$$

解　説

■180°－θ，90°＋θ の三角比

① 右の図のように，半径 1 の半円周上に，点 P，Q を ∠AOP＝θ，∠AOQ＝180°－θ であるようにとると，P と Q は y 軸に関して対称である。
よって，点 P の座標を $(x,\ y)$ とすると，点 Q の座標は $(-x,\ y)$ となる。

ゆえに　$\sin(180°-\theta)=y=\sin\theta$

$\cos(180°-\theta)=-x=-\cos\theta$

$\tan(180°-\theta)=-\dfrac{y}{x}=-\tan\theta$

θが鋭角の場合

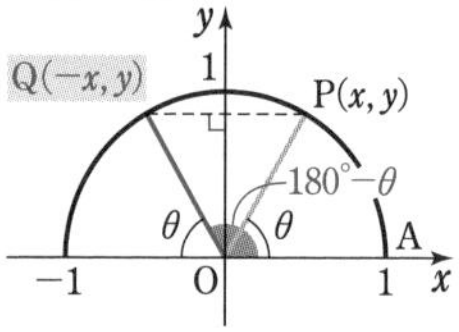

θが鈍角の場合

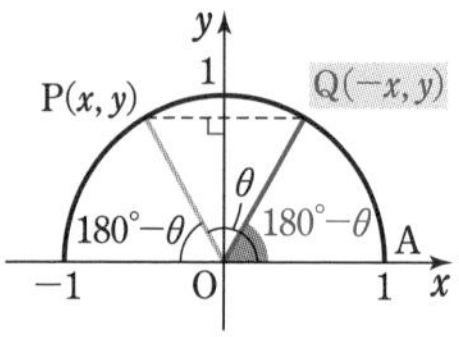

② $\sin(90°+\theta)=\sin\{180°-(90°-\theta)\}$

$=\sin(90°-\theta)=\cos\theta$　◀① の結果を利用。

$\cos(90°+\theta)=\cos\{180°-(90°-\theta)\}$

$=-\cos(90°-\theta)=-\sin\theta$

$\tan(90°+\theta)=\tan\{180°-(90°-\theta)\}$

$=-\tan(90°-\theta)=-\dfrac{1}{\tan\theta}$

■直線の傾きと正接

$m\neq 0$ のとき，**直線 $y=mx$ と x 軸の正の向きとのなす角** とは，x 軸の正の部分から左回りに直線 $y=mx$ まで測った角をいい，図から $m=\tan\theta$ が成り立つ。
$m=0$ のときは，$\theta=0°$ とすると，この場合も $m=\tan\theta$ が成り立つ。

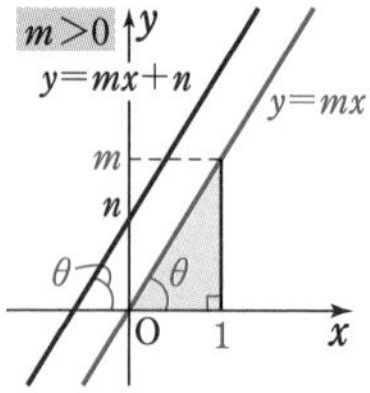

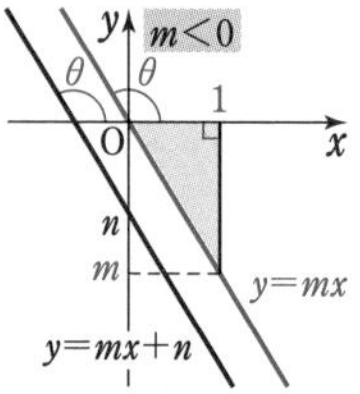

また，直線 $y=mx+n$ と x 軸の正の向きとのなす角は，直線 $y=mx$ と x 軸の正の向きとのなす角に等しい。

◀直線 $y=mx$ と直線 $y=mx+n$ は平行。

基本 例題 139 鈍角の三角比 ①①①①①

次の表において，(ア)，(イ)，(ウ)，(エ)，(オ) の値を求めよ。

θ	120°	135°	150°	180°
$\sin\theta$	(ア)	(b)	(オ)	0
$\cos\theta$	(イ)	(ウ)	(c)	−1
$\tan\theta$	(a)	(エ)	(d)	0

p.231 基本事項 1

指針 原点 O を中心とする **半径 r の半円** をかき，点 $(r,\ 0)$ を A とする。**半円周上の点 P$(x,\ y)$** に対し，$\angle\text{AOP}=\theta$ のときの三角比は

$$\sin\theta=\frac{y}{r},\quad \cos\theta=\frac{x}{r},\quad \tan\theta=\frac{y}{x}$$

である。
それぞれの角について，適当な半径の半円をかいて点 P の座標を求めて，三角比の値を考える。

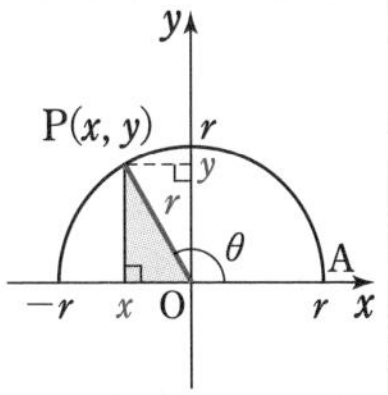

解答

図 [1] で，$\angle\text{AOP}=120°$，$\text{OP}=2$ とすると $\text{P}(-1,\ \sqrt{3})$

ゆえに $\sin 120°=$ ア$\dfrac{\sqrt{3}}{2}$，

$\cos 120°=\dfrac{-1}{2}=$ イ$-\dfrac{1}{2}$

[1]
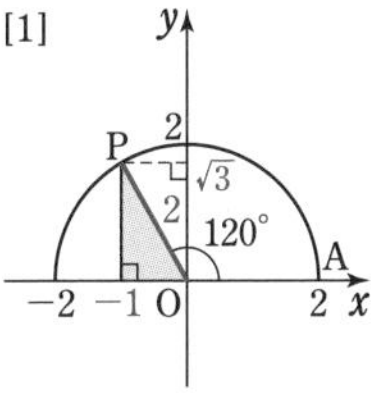

図 [2] で，$\angle\text{AOP}=135°$，$\text{OP}=\sqrt{2}$ とすると $\text{P}(-1,\ 1)$

よって $\cos 135°=\dfrac{-1}{\sqrt{2}}=$ ウ$-\dfrac{1}{\sqrt{2}}$，

$\tan 135°=\dfrac{1}{-1}=$ エ-1

[2]
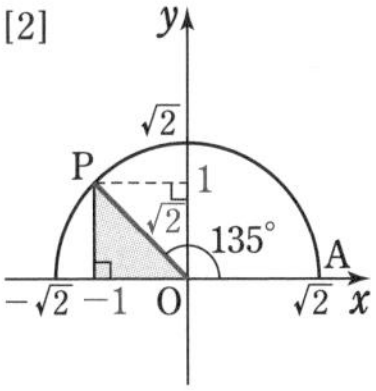

図 [3] で，$\angle\text{AOP}=150°$，$\text{OP}=2$ とすると $\text{P}(-\sqrt{3},\ 1)$

ゆえに $\sin 150°=$ オ$\dfrac{1}{2}$

[3]
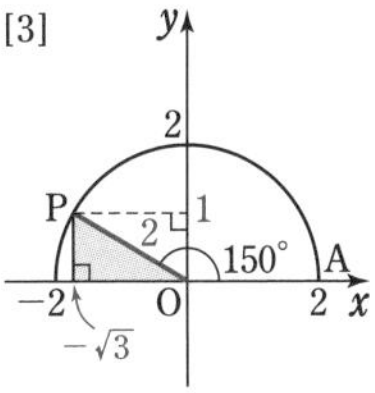

検討

$\theta=30°，60°，120°，150°$ のとき，半径 2 の半円；$\theta=45°，135°$ のとき，半径 $\sqrt{2}$ の半円を使って考えるとわかりやすい。

◀$\theta=135°$ のとき，半径 $\sqrt{2}$ の半円を使うと，P の x 座標，y 座標がともに整数になる。

練習 ① **139** 上の例題の表において，(a)，(b)，(c)，(d) の値を求めよ。

基本例題 140　$90^\circ\pm\theta$，$180^\circ-\theta$ の角の三角比　①①①①①

次の式の値を求めよ。ただし，$0^\circ<\theta<90^\circ$ とする。

(1)　$\cos(90^\circ-\theta)+\cos\theta+\cos(90^\circ+\theta)-\sin(90^\circ+\theta)$

(2)　$\sin\theta=\dfrac{1}{3}$ のとき，$\sin(180^\circ-\theta)+\cos\theta+\cos(180^\circ-\theta)+\sin\theta$

(3)　$\tan(90^\circ-\theta)\times\tan(180^\circ-\theta)$

p.223 基本事項 4，p.232 基本事項 3

指針　$90^\circ\pm\theta$，$180^\circ-\theta$ の公式を活用。公式は特徴を整理して正確に記憶する。

$90^\circ-\theta$ ➡	θ	$90^\circ+\theta$ ➡	θ	$180^\circ-\theta$ ➡	θ
sin ⟶	cos	sin ⟶	cos	sin ⟶	sin
cos ⟶	sin	cos ⟶	$-$sin	cos ⟶	$-$cos
tan ⟶	$\dfrac{1}{\tan}$	tan ⟶	$-\dfrac{1}{\tan}$	tan ⟶	$-$tan
式	変わる	式	変わる	式	そのまま

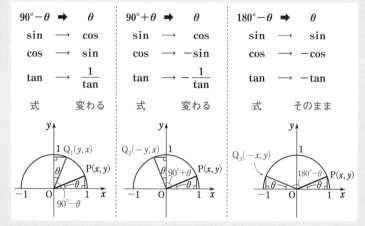

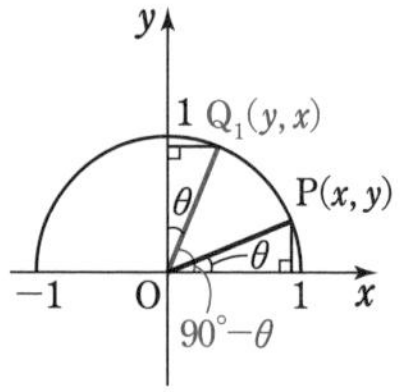

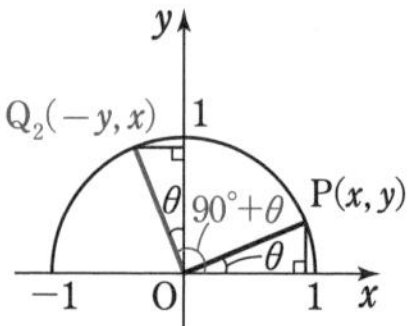

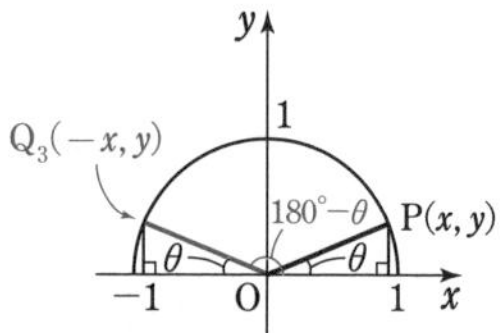

また，上の図と合わせて公式の意味を理解しておこう。
ここで，$x=\cos\theta$，$y=\sin\theta$ であり，例えば，点 Q_1 の座標から

$\sin(90^\circ-\theta)=x=\cos\theta$，　$\cos(90^\circ-\theta)=y=\sin\theta$

解答

(1)　$\cos(90^\circ-\theta)+\cos\theta+\cos(90^\circ+\theta)-\sin(90^\circ+\theta)$

$=\sin\theta+\cos\theta-\sin\theta-\cos\theta=\mathbf{0}$

◀ $\cos(90^\circ-\theta)=\sin\theta$
$\cos(90^\circ+\theta)=-\sin\theta$
$\sin(90^\circ+\theta)=\cos\theta$

(2)　$\sin(180^\circ-\theta)+\cos\theta+\cos(180^\circ-\theta)+\sin\theta$

$=\sin\theta+\cos\theta-\cos\theta+\sin\theta$

$=2\sin\theta=\mathbf{\dfrac{2}{3}}$

◀ $\sin(180^\circ-\theta)=\sin\theta$
$\cos(180^\circ-\theta)=-\cos\theta$

(3)　$\tan(90^\circ-\theta)\times\tan(180^\circ-\theta)$

$=\dfrac{1}{\tan\theta}\times(-\tan\theta)=\mathbf{-1}$

練習 ② 140

(1)　$\cos160^\circ-\cos110^\circ+\sin70^\circ-\sin20^\circ$ の値を求めよ。　〔(1) 函館大〕

(2)　$\cos\theta=\dfrac{1}{4}$ のとき

$\sin(\theta+90^\circ)\times\tan(90^\circ-\theta)\times\cos(180^\circ-\theta)\times\tan(180^\circ-\theta)$

の値を求めよ。

p.247 EX100

基本 例題 141 三角比を含む方程式 (1) …… sin, cos

⦶⦶⦶⦶⦶

0°≦θ≦180° のとき，次の等式を満たす θ を求めよ。

(1) $\sin\theta=\dfrac{1}{\sqrt{2}}$　　　(2) $\cos\theta=-\dfrac{\sqrt{3}}{2}$

p.231 基本事項 **2**，基本 139　重要 148

指針 三角比を含む方程式 **$\sin\theta$=●，$\cos\theta$=▲** は **原点を中心とする半径1の半円を利用** して解く。

1 次の直線と半円の **図をかいて**，次の点Pの位置をつかむ。

$\sin\theta$=● …… 直線 y=● と半円の交点P　⟵ y 座標が●となる半円周上の点

$\cos\theta$=▲ …… 直線 x=▲ と半円の交点P　⟵ x 座標が▲となる半円周上の点

2 A(1, 0) として，∠AOP の大きさを求める。

↑ 30°，45°，60° などの三角比を用いる。

解答

(1) 半径1の半円周上で，

y 座標が $\dfrac{1}{\sqrt{2}}$ となる点は，

右の図の2点P，Qである。

求める θ は

∠AOP と ∠AOQ

であるから

$\boldsymbol{\theta=45°,\ 135°}$

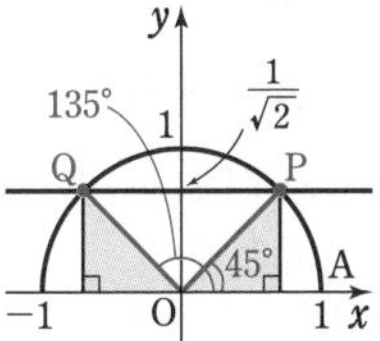

◀直線 $y=\dfrac{1}{\sqrt{2}}$ と半円の交点が2点P，Qである。

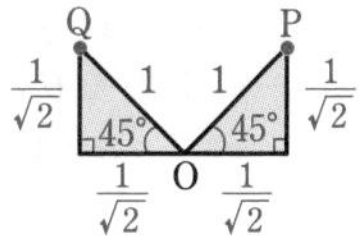

(2) 半径1の半円周上で，

x 座標が $-\dfrac{\sqrt{3}}{2}$ となる点は，

右の図の点Pである。

求める θ は

∠AOP

であるから

$\boldsymbol{\theta=150°}$

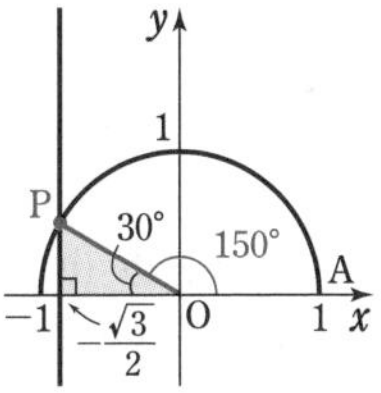

◀直線 $x=-\dfrac{\sqrt{3}}{2}$ と半円の交点が点Pである。

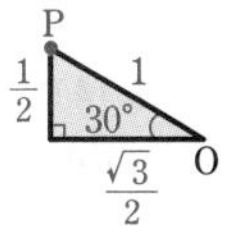

注意 解答では詳しく書いているが，慣れてきたら，次のように簡単に答えてもよい。

(1) $\sin\theta=\dfrac{1}{\sqrt{2}}$ から　　$\boldsymbol{\theta=45°,\ 135°}$

(2) $\cos\theta=-\dfrac{\sqrt{3}}{2}$ から　　$\boldsymbol{\theta=150°}$

練習 ②141 0°≦θ≦180° のとき，次の等式を満たす θ を求めよ。

(1) $\sin\theta=\dfrac{\sqrt{3}}{2}$　　　(2) $\cos\theta=\dfrac{1}{\sqrt{2}}$

基本例題 142　三角比を含む方程式 (2) …… tan

$0^\circ \leqq \theta \leqq 180^\circ$ のとき，次の等式を満たす θ を求めよ。

$$\tan\theta = -\frac{1}{\sqrt{3}}$$

p.231 基本事項 **2**，基本 139　重要 148

指針　三角比を含む方程式 **$\tan\theta=$■** は 原点を中心とする半径 1 の半円と直線 $x=1$ を利用して解く。

1　直線 $y=$■ と半円および直線 $x=1$ の **図をかいて**，次の点 T の位置をつかむ。

$\tan\theta=$■ …… 直線 $y=$■ と直線 $x=1$ の交点 T　⟵ y 座標が ■ となる直線 $x=1$ 上の点

2　直線 OT と半円の交点を P，A(1, 0) として，∠AOP の大きさを求める。
↑ 30°，45°，60° などの三角比を用いる。

解答　直線 $x=1$ 上で，y 座標が $-\frac{1}{\sqrt{3}}$ となる点を T とすると，直線 OT と半径 1 の半円の交点は，右の図の点 P である。
求める θ は ∠AOP であるから
　　$\boldsymbol{\theta=150^\circ}$

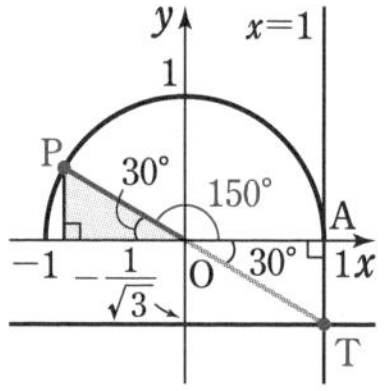

◀直線 $y=-\frac{1}{\sqrt{3}}$ と直線 $x=1$ の交点が点 T である。すなわち
$\mathrm{T}\left(1,\ -\frac{1}{\sqrt{3}}\right)$

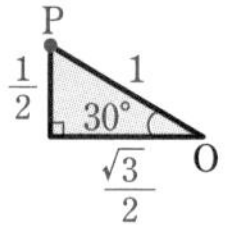

注意　解答では詳しく書いているが，慣れてきたら，次のように簡単に答えてもよい。

$\tan\theta=-\frac{1}{\sqrt{3}}$ から　　$\boldsymbol{\theta=150^\circ}$

検討　**三角比を含む方程式の解のまとめ**（$0^\circ \leqq \theta \leqq 180^\circ$）

例題 **141**，**142** で学んだ，三角比を含む方程式の解法について，まとめておこう。

① $\sin\theta=s$ を満たす θ

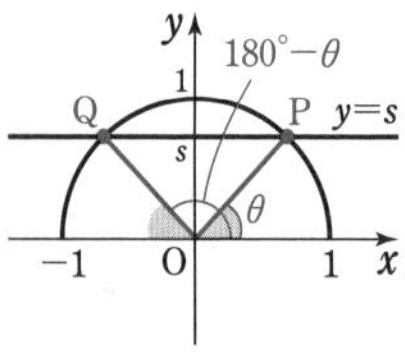

$0 \leqq s < 1$ なら θ，$180^\circ-\theta$ ← 解は 2 つ！
$s=1$ なら $\theta=90^\circ$

② $\cos\theta=c$ を満たす θ

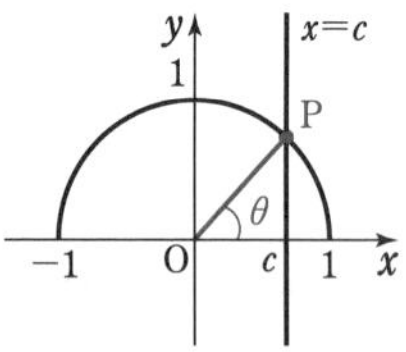

$-1 \leqq c \leqq 1$ で，
θ はただ 1 つ

③ $\tan\theta=t$ を満たす θ

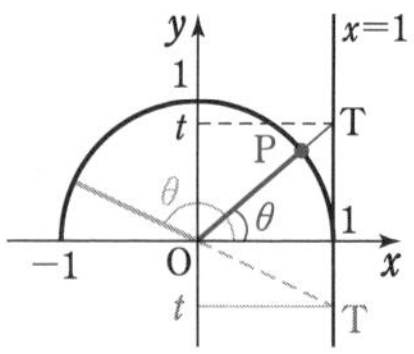

$t \neq 0$ なら θ はただ 1 つ
$t=0$ なら $\theta=0^\circ$，180°

三角比を含む方程式の解法は，次のように覚えておこう。

sin は y 座標，cos は x 座標，tan は直線 $x=1$ を利用

練習 ② 142　$0^\circ \leqq \theta \leqq 180^\circ$ のとき，次の等式を満たす θ を求めよ。
(1) $\tan\theta=\sqrt{3}$　　(2) $\tan\theta=-1$

重要例題 143 三角比を含む方程式(3)

次の方程式を解け。

(1) $2\cos^2\theta+3\sin\theta-3=0$ $(0°\leqq\theta\leqq180°)$

(2) $\sin\theta\tan\theta=-\dfrac{3}{2}$ $(90°<\theta\leqq180°)$

基本 141

指針 $\sin\theta$, $\cos\theta$, $\tan\theta$ の **いずれか1種類の三角比の方程式** に直して解く。

1. $\sin^2\theta+\cos^2\theta=1$ や $\tan\theta=\dfrac{\sin\theta}{\cos\theta}$ を用いて，1つの三角比だけで表す。
2. (1) は $\sin\theta$ だけ，(2) は $\cos\theta$ だけの式になるから，その三角比を t とおく。
→ t の2次方程式になる。ただし，t の変域に要注意！
3. t の方程式を解き，t の値に対応する θ の値を求める。

CHART 三角比の計算　かくれた条件　$\sin^2\theta+\cos^2\theta=1$ が効(き)く

解答

(1) $\cos^2\theta=1-\sin^2\theta$ であるから

$$2(1-\sin^2\theta)+3\sin\theta-3=0$$

整理すると　$2\sin^2\theta-3\sin\theta+1=0$　◀$\sin\theta$ の2次方程式。

$\sin\theta=t$ とおくと，$0°\leqq\theta\leqq180°$ のとき　◀おき換えを利用。

$$0\leqq t\leqq1 \cdots\cdots ①$$

方程式は　$2t^2-3t+1=0$　ゆえに　$(t-1)(2t-1)=0$

よって　$t=1, \dfrac{1}{2}$　これらは ① を満たす。

$t=1$ すなわち $\sin\theta=1$ を解いて　$\theta=90°$

$t=\dfrac{1}{2}$ すなわち $\sin\theta=\dfrac{1}{2}$ を解いて　$\theta=30°, 150°$

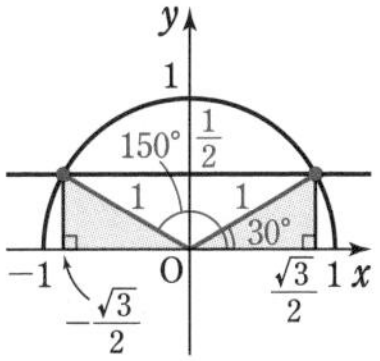

以上から　$\boldsymbol{\theta=30°, 90°, 150°}$　◀最後に解をまとめる。

(2) $\tan\theta=\dfrac{\sin\theta}{\cos\theta}$ であるから　$\sin\theta\cdot\dfrac{\sin\theta}{\cos\theta}=-\dfrac{3}{2}$　◀両辺に $2\cos\theta$ を掛ける。

ゆえに　$2\sin^2\theta=-3\cos\theta$

$\sin^2\theta=1-\cos^2\theta$ であるから　$2(1-\cos^2\theta)=-3\cos\theta$

整理すると　$2\cos^2\theta-3\cos\theta-2=0 \cdots\cdots (*)$

$\cos\theta=t$ とおくと，$90°<\theta\leqq180°$ のとき

$$-1\leqq t<0 \cdots\cdots ①$$

方程式は　$2t^2-3t-2=0$　ゆえに　$(t-2)(2t+1)=0$

よって　$t=2, -\dfrac{1}{2}$　① を満たすものは　$t=-\dfrac{1}{2}$

求める解は，$t=-\dfrac{1}{2}$ すなわち $\cos\theta=-\dfrac{1}{2}$ を解いて

$$\boldsymbol{\theta=120°}$$

◀(＊) 慣れてきたら，おき換えをせずに，(＊) から $(\cos\theta-2)(2\cos\theta+1)=0$
よって　$\cos\theta=2, -\dfrac{1}{2}$
などと進めてもよい。

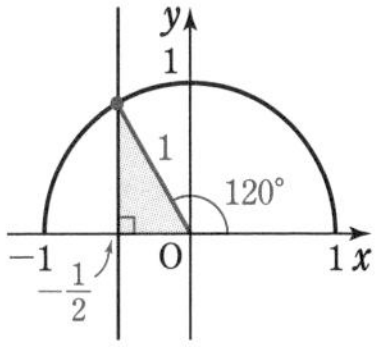

練習 ③**143** 次の方程式を解け。

(1) $2\sin^2\theta-\cos\theta-1=0$ $(0°\leqq\theta\leqq180°)$　(2) $\tan\theta=\sqrt{2}\cos\theta$ $(0°\leqq\theta<90°)$

p.247 EX 101

基本例題 144 三角比の相互関係 (2)

①①①①①

$0° \leqq \theta \leqq 180°$ とする。

(1) $\sin\theta=\dfrac{2}{3}$ のとき，$\cos\theta$ と $\tan\theta$ の値を求めよ。

(2) $\cos\theta=-\dfrac{1}{3}$ のとき，$\sin\theta$ と $\tan\theta$ の値を求めよ。

(3) $\tan\theta=\dfrac{1}{2}$ のとき，$\sin\theta$ と $\cos\theta$ の値を求めよ。

基本 137　重要 146

指針 $p.228$ 基本例題 **137** と同様に，相互関係

$$\tan\theta=\frac{\sin\theta}{\cos\theta},\quad \sin^2\theta+\cos^2\theta=1,\quad 1+\tan^2\theta=\frac{1}{\cos^2\theta}$$

を利用する方針で解く。

(1) $0° \leqq \theta \leqq 180°$ のとき，$\sin\theta=k\ (0 \leqq k<1)$ を満たす **θ は 2 つ** あり，θ が鈍角のとき $\cos\theta<0$，$\tan\theta<0$ となることに注意。

(2) $0° \leqq \theta \leqq 180°$ のとき，$\cos\theta=k\ (-1 \leqq k \leqq 1)$ を満たす **θ は 1 つ** である。

(3) $\tan\theta>0$ であるから　$0°<\theta<90°$

また，$\sin\theta=\tan\theta\cos\theta$ を利用する。

CHART 三角比の計算　かくれた条件　$\sin^2\theta+\cos^2\theta=1$ が効(き)く

解答

(1) $\sin^2\theta+\cos^2\theta=1$ から

$$\cos^2\theta=1-\sin^2\theta=1-\left(\frac{2}{3}\right)^2=\frac{5}{9}$$

$0° \leqq \theta \leqq 90°$ のとき，$\cos\theta \geqq 0$ であるから

$$\cos\theta=\sqrt{\frac{5}{9}}=\frac{\sqrt{5}}{3}$$

$$\tan\theta=\frac{\sin\theta}{\cos\theta}=\frac{2}{3}\div\frac{\sqrt{5}}{3}=\frac{2}{\sqrt{5}}$$

$90°<\theta \leqq 180°$ のとき，$\cos\theta<0$ であるから

$$\cos\theta=-\sqrt{\frac{5}{9}}=-\frac{\sqrt{5}}{3}$$

$$\tan\theta=\frac{\sin\theta}{\cos\theta}=\frac{2}{3}\div\left(-\frac{\sqrt{5}}{3}\right)=-\frac{2}{\sqrt{5}}$$

よって

$$(\cos\theta,\ \tan\theta)=\left(\frac{\sqrt{5}}{3},\ \frac{2}{\sqrt{5}}\right),\ \left(-\frac{\sqrt{5}}{3},\ -\frac{2}{\sqrt{5}}\right)$$

(1) $\sin\theta=\dfrac{2}{3}$ となる θ は，$0° \leqq \theta \leqq 180°$ の範囲に 2 つあるから，$0° \leqq \theta \leqq 90°$ のときと $90°<\theta \leqq 180°$ のときに場合分けして考える。

◀ $0° \leqq \theta \leqq 90°$ のとき
$\sin\theta \geqq 0$，$\cos\theta \geqq 0$，$\tan\theta \geqq 0$ $(\theta \neq 90°)$

◀ $90°<\theta \leqq 180°$ のとき
$\sin\theta \geqq 0$，$\cos\theta<0$，$\tan\theta \leqq 0$
（符号に要注意！）

◀組 $(\cos\theta,\ \tan\theta)$ は **2** 通り。

(2) $\sin^2\theta+\cos^2\theta=1$ から

$$\sin^2\theta=1-\cos^2\theta=1-\left(-\frac{1}{3}\right)^2=\frac{8}{9}$$

$0°\leqq\theta\leqq180°$ のとき，$\sin\theta\geqq0$ であるから

$$\boldsymbol{\sin\theta}=\sqrt{\frac{8}{9}}=\boldsymbol{\frac{2\sqrt{2}}{3}}$$

◀$\sin\theta$ は 1 通り。

また　$\boldsymbol{\tan\theta}=\dfrac{\sin\theta}{\cos\theta}=\dfrac{2\sqrt{2}}{3}\div\left(-\dfrac{1}{3}\right)=\boldsymbol{-2\sqrt{2}}$

(3) $1+\tan^2\theta=\dfrac{1}{\cos^2\theta}$ から　$\dfrac{1}{\cos^2\theta}=1+\left(\dfrac{1}{2}\right)^2=\dfrac{5}{4}$

よって　$\cos^2\theta=\dfrac{4}{5}$

$\tan\theta=\dfrac{1}{2}>0$ より，$0°<\theta<90°$ であるから　$\cos\theta>0$

◀$\tan\theta>0$ のとき θ は鋭角

ゆえに　$\boldsymbol{\cos\theta}=\sqrt{\dfrac{4}{5}}=\boldsymbol{\dfrac{2}{\sqrt{5}}}$

また　$\boldsymbol{\sin\theta}=\tan\theta\cos\theta=\dfrac{1}{2}\cdot\dfrac{2}{\sqrt{5}}=\boldsymbol{\dfrac{1}{\sqrt{5}}}$

◀$\tan\theta=\dfrac{\sin\theta}{\cos\theta}$ から $\sin\theta=\tan\theta\cos\theta$

検討

図を使って解く解法

(1) $\sin\theta=\dfrac{2}{3}$ から，$\boldsymbol{r=3}$，$\boldsymbol{y=2}$ とすると　$x^2=3^2-2^2=5$

↑ $\sin\theta$ の分母を r（半径）にする

ゆえに　$x=\pm\sqrt{5}$　　よって，右の図から

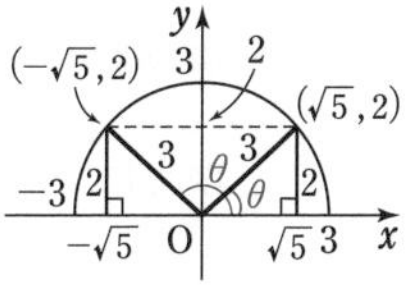

$0°\leqq\theta\leqq90°$ のとき

$$(\cos\theta,\ \tan\theta)=\left(\frac{\sqrt{5}}{3},\ \frac{2}{\sqrt{5}}\right)$$

$90°<\theta\leqq180°$ のとき

$$(\cos\theta,\ \tan\theta)=\left(\frac{-\sqrt{5}}{3},\ \frac{2}{-\sqrt{5}}\right)=\left(-\frac{\sqrt{5}}{3},\ -\frac{2}{\sqrt{5}}\right)$$

(2) $\cos\theta=-\dfrac{1}{3}$ から，$\boldsymbol{r=3}$，$\boldsymbol{x=-1}$ とすると

↑ $\cos\theta$ の分母を r（半径）にする

$$y^2=3^2-(-1)^2=8$$

$y\geqq0$ であるから $y=2\sqrt{2}$ となり，右の図から

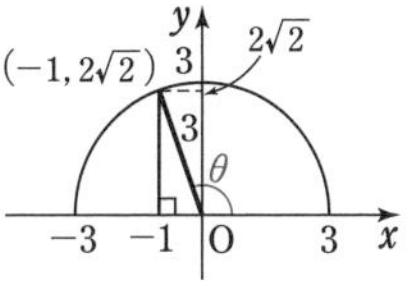

$$\sin\theta=\frac{2\sqrt{2}}{3},\ \tan\theta=\frac{2\sqrt{2}}{-1}=-2\sqrt{2}$$

(3) $\tan\theta=\dfrac{1}{2}$ から，$\boldsymbol{x=2}$，$\boldsymbol{y=1}$ とすると

↑ $\tan\theta$ の分母を x にする

$$r=\sqrt{2^2+1^2}=\sqrt{5}$$

よって，右の図から

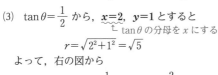

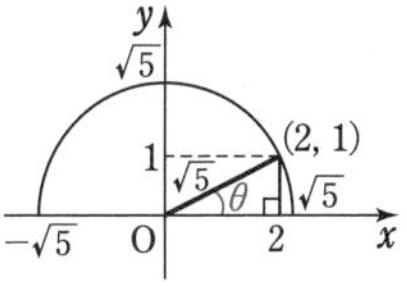

$$\sin\theta=\frac{1}{\sqrt{5}},\ \cos\theta=\frac{2}{\sqrt{5}}$$

練習 ②144　$0°\leqq\theta\leqq180°$ とする。$\sin\theta$，$\cos\theta$，$\tan\theta$ のうち 1 つが次の値をとるとき，他の 2 つの値を求めよ。

(1) $\sin\theta=\dfrac{6}{7}$　(2) $\cos\theta=-\dfrac{3}{4}$　(3) $\tan\theta=-\dfrac{12}{5}$

基本例題 145 三角比を含む対称式・交代式の値

$\sin\theta+\cos\theta=\dfrac{\sqrt{2}}{2}$ $(0°<\theta<180°)$ のとき，次の式の値を求めよ。

(1) $\sin\theta\cos\theta$，$\sin^3\theta+\cos^3\theta$　(2) $\sin\theta-\cos\theta$，$\tan\theta-\dfrac{1}{\tan\theta}$

基本 28，144

指針 (1)の $\sin\theta\cos\theta$，$\sin^3\theta+\cos^3\theta$ はともに，$\sin\theta$，$\cos\theta$ の **対称式**（$p.35$，$p.54$ 参照）。

⟶ **和 $\sin\theta+\cos\theta$，積 $\sin\theta\cos\theta$ の値を利用** して，式の値を求める。

(1) $\sin\theta\cos\theta$ について …… **条件の等式の両辺を 2 乗すると，$\sin^2\theta+\cos^2\theta$ と $\sin\theta\cos\theta$ が現れる。かくれた条件 $\sin^2\theta+\cos^2\theta=1$ を利用すると，$\sin\theta\cos\theta$ の方程式となる。**……★

$\sin^3\theta+\cos^3\theta$ について …… $a^3+b^3=(a+b)(a^2-ab+b^2)$ を利用。

(2) $\sin\theta-\cos\theta$ について …… まず $(\sin\theta-\cos\theta)^2$ の値を求める。$0°<\theta<180°$ と (1)の結果から，$\sin\theta-\cos\theta$ の **符号に注意**。

解答

(1) $\sin\theta+\cos\theta=\dfrac{\sqrt{2}}{2}$ の両辺を 2 乗すると

$$\sin^2\theta+2\sin\theta\cos\theta+\cos^2\theta=\frac{1}{2}$$

よって　$1+2\sin\theta\cos\theta=\dfrac{1}{2}$

ゆえに　$\boldsymbol{\sin\theta\cos\theta=-\dfrac{1}{4}}$ …… ①

よって　$\boldsymbol{\sin^3\theta+\cos^3\theta}$

$$=(\sin\theta+\cos\theta)(\sin^2\theta-\sin\theta\cos\theta+\cos^2\theta)$$

$$=\frac{\sqrt{2}}{2}\left\{1-\left(-\frac{1}{4}\right)\right\}=\boldsymbol{\frac{5\sqrt{2}}{8}}$$

(2) $0°<\theta<180°$ では $\sin\theta>0$ であるから，① より

$\cos\theta<0$

ゆえに　$\sin\theta-\cos\theta>0$ …… ②

① から　$(\sin\theta-\cos\theta)^2=1-2\sin\theta\cos\theta=\dfrac{3}{2}$

よって，② から　$\boldsymbol{\sin\theta-\cos\theta}=\sqrt{\dfrac{3}{2}}=\boldsymbol{\dfrac{\sqrt{6}}{2}}$

また　$\boldsymbol{\tan\theta-\dfrac{1}{\tan\theta}}=\dfrac{\sin\theta}{\cos\theta}-\dfrac{\cos\theta}{\sin\theta}=\dfrac{\sin^2\theta-\cos^2\theta}{\sin\theta\cos\theta}$

$$=\frac{(\sin\theta+\cos\theta)(\sin\theta-\cos\theta)}{\sin\theta\cos\theta}$$

$$=\frac{\sqrt{2}}{2}\cdot\frac{\sqrt{6}}{2}\div\left(-\frac{1}{4}\right)=\boldsymbol{-2\sqrt{3}}$$

◀指針＿＿……★の方針。
$\sin\theta+\cos\theta$ の値が与えられているとき，両辺を 2 乗することで $\sin\theta\cos\theta$ の値を求めることができる。

◀$\sin^3\theta+\cos^3\theta$
$=(\sin\theta+\cos\theta)^3$
$-3\sin\theta\cos\theta$
$\times(\sin\theta+\cos\theta)$
から求めてもよい。

◀$\sin\theta\cos\theta=-\dfrac{1}{4}<0$，
$\sin\theta>0$ であるから
$\cos\theta<0$

◀$\tan\theta=\dfrac{\sin\theta}{\cos\theta}$ を利用して，$\sin\theta$，$\cos\theta$ の式に直す。
求めた $\sin\theta\cos\theta$，$\sin\theta-\cos\theta$ の値を利用。

練習 ③145 $\sin\theta+\cos\theta=\dfrac{1}{2}$ $(0°<\theta<180°)$ のとき，$\sin\theta\cos\theta$，$\sin\theta-\cos\theta$，$\dfrac{\cos^2\theta}{\sin\theta}+\dfrac{\sin^2\theta}{\cos\theta}$，$\sin^4\theta+\cos^4\theta$，$\sin^4\theta-\cos^4\theta$ の値をそれぞれ求めよ。〔類 京都薬大〕

p.247 EX102

重要例題 146 三角比の等式と式の値 ②②②②②

$0° \leqq \theta \leqq 180°$ とする。$\cos\theta - \sin\theta = \dfrac{1}{2}$ のとき，$\tan\theta$ の値を求めよ。

基本 144

指針 $\tan\theta$ の値は $\sin\theta$，$\cos\theta$ の値がわかると求められる。そこで，与えられた関係式と **かくれた条件 $\sin^2\theta + \cos^2\theta = 1$ を 連立させて**，$\sin\theta$，$\cos\theta$ の値を求める。

CHART 三角比の計算　かくれた条件 $\sin^2\theta + \cos^2\theta = 1$ が効(き)く

解答

$\cos\theta - \sin\theta = \dfrac{1}{2}$ から　　$\cos\theta = \sin\theta + \dfrac{1}{2}$ …… ①

① を $\sin^2\theta + \cos^2\theta = 1$ に代入して

$$\sin^2\theta + \left(\sin\theta + \frac{1}{2}\right)^2 = 1 \text{ [1)]}$$

ゆえに　　$2\sin^2\theta + \sin\theta - \dfrac{3}{4} = 0$

よって　　$8\sin^2\theta + 4\sin\theta - 3 = 0$

これを $\sin\theta$ の 2 次方程式とみて，$\sin\theta$ について解くと

$$\sin\theta = \frac{-2 \pm \sqrt{2^2 - 8\cdot(-3)}}{8} \text{ [2)]} = \frac{-2 \pm 2\sqrt{7}}{8} = \frac{-1 \pm \sqrt{7}}{4}$$

$0 \leqq \sin\theta \leqq 1$ であるから　　$\sin\theta = \dfrac{-1+\sqrt{7}}{4}$

このとき，① から　　$\cos\theta = \dfrac{-1+\sqrt{7}}{4} + \dfrac{1}{2} = \dfrac{1+\sqrt{7}}{4}$

したがって　　$\tan\theta = \dfrac{\sin\theta}{\cos\theta} = \dfrac{-1+\sqrt{7}}{1+\sqrt{7}}$ [3)] $= \boldsymbol{\dfrac{4-\sqrt{7}}{3}}$

別解　$\theta = 90°$ は与えられた等式を満たさないから　$\theta \neq 90°$

よって，$\cos\theta \neq 0$ であるから，等式の両辺を $\cos\theta$ で割って　　$1 - \tan\theta = \dfrac{1}{2\cos\theta}$

ゆえに　　$\dfrac{1}{\cos\theta} = 2(1 - \tan\theta)$

$\dfrac{1}{\cos^2\theta} = 1 + \tan^2\theta$ から　　$4(1-\tan\theta)^2 = 1 + \tan^2\theta$

整理すると　　$3\tan^2\theta - 8\tan\theta + 3 = 0$

$\tan\theta$ について解くと　　$\tan\theta = \dfrac{4 \pm \sqrt{7}}{3}$ [4)]

関係式より $\cos\theta > \sin\theta \geqq 0$ [5)] であるから　$0 \leqq \tan\theta < 1$

したがって　　$\tan\theta = \boldsymbol{\dfrac{4-\sqrt{7}}{3}}$

1) $\sin\theta$ を消去して $\cos\theta$ について解くと $\cos\theta = \dfrac{1 \pm \sqrt{7}}{4}$ となる。このうち $\cos\theta = \dfrac{1-\sqrt{7}}{4}$ は，$\sin\theta = \cos\theta - \dfrac{1}{2} = \dfrac{-1-\sqrt{7}}{4} < 0$ となり適さないが，この判断を見逃すこともあるので，$\cos\theta$ の消去が無難。

2) 2 次方程式 $ax^2 + 2b'x + c = 0$ の解は
$$\boldsymbol{x = \frac{-b' \pm \sqrt{b'^2 - ac}}{a}}$$

3) $\dfrac{-1+\sqrt{7}}{1+\sqrt{7}} = \dfrac{(\sqrt{7}-1)^2}{(\sqrt{7}+1)(\sqrt{7}-1)} = \dfrac{8-2\sqrt{7}}{6} = \dfrac{4-\sqrt{7}}{3}$

4) $\tan\theta = \dfrac{-(-4) \pm \sqrt{(-4)^2 - 3\cdot3}}{3}$

5) $\cos\theta = \sin\theta + \dfrac{1}{2}$，$\sin\theta \geqq 0$ であるから $\cos\theta > \sin\theta \geqq 0$

4章 ⑯ 三角比の拡張

練習 ③146 $0° < \theta < 180°$ とする。$4\cos\theta + 2\sin\theta = \sqrt{2}$ のとき，$\tan\theta$ の値を求めよ。〔大阪産大〕

p.247 EX 103, 104

基本例題 147 2直線のなす角 ⓘⓘⓘⓘⓘ

(1) 直線 $y=-\dfrac{1}{\sqrt{3}}x$ ……①, $y=\dfrac{1}{\sqrt{3}}x$ ……② が x 軸の正の向きとなす角をそれぞれ α, β とする。α, β を求めよ。また，2直線①，②のなす鋭角を求めよ。ただし，$0°<\alpha<180°$, $0°<\beta<180°$ とする。

(2) 2直線 $y=-\sqrt{3}x$, $y=x+1$ のなす鋭角を求めよ。

p.232 基本事項 5，基本 142

指針 直線 $y=mx$ と x 軸の正の向きとのなす角を θ とすると

$$m=\tan\theta \quad (0°\leqq\theta<90°,\ 90°<\theta<180°)$$

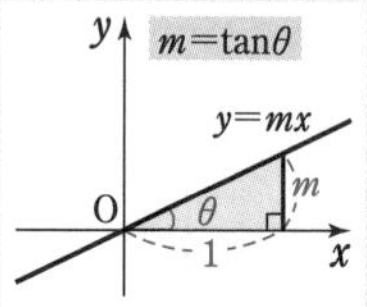

(1) (後半) 2直線のなす角は，$\alpha>\beta$ のとき $\alpha-\beta$ である。なお，求めるのは鋭角であるから，**$\alpha-\beta>90°$ ならば $180°-(\alpha-\beta)$** が求める角度である。

(2) 直線は平行移動しても傾きは変わらないから，「直線 $y=mx+n$ と x 軸の正の向きとのなす角」は，「直線 $y=mx$ と x 軸の正の向きとのなす角」に等しい。

CHART 2直線のなす角 まず，各直線と x 軸のなす角に注目

解答

(1) 条件から $\tan\alpha=-\dfrac{1}{\sqrt{3}}$

$0°<\alpha<180°$ であるから **$\alpha=150°$**

また $\tan\beta=\dfrac{1}{\sqrt{3}}$

$0°<\beta<180°$ であるから **$\beta=30°$**

ゆえに，2直線①，②のなす角は

$\alpha-\beta=150°-30°=120°>90°$

よって，求める鋭角は

$180°-120°=$**60°**

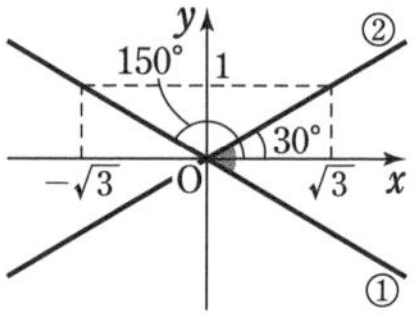

◀$\tan\alpha$, $\tan\beta$ はそれぞれ直線①，②の傾きに一致。

◀tan の三角方程式を解く。(p.236 例題 142 と同様)

◀**$\alpha-\beta>90°$ ならば，なす鋭角は $180°-(\alpha-\beta)$**

(2) 2直線 $y=-\sqrt{3}x$, $y=x+1$ の $y>0$ の部分と x 軸の正の向きとのなす角を，それぞれ α, β とすると，$0°<\alpha<180°$, $0°<\beta<180°$ で

$\tan\alpha=-\sqrt{3}$, $\tan\beta=1$

よって $\alpha=120°$, $\beta=45°$

図から，求める鋭角は

$\alpha-\beta=120°-45°=$**75°**

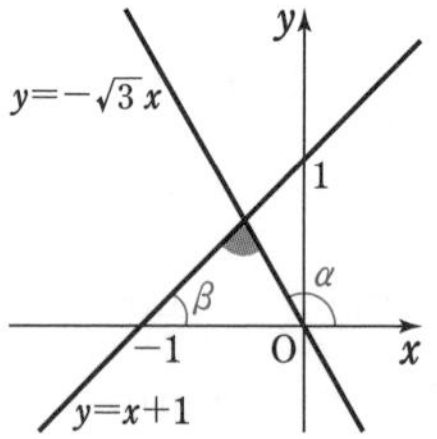

◀$y=x+1$ の傾きは $y=x$ の傾きと同じで 1

◀$\tan 120°=-\sqrt{3}$, $\tan 45°=1$

◀求める角は，**2直線の図をかいて判断**する。

練習 ②147 次の2直線のなす鋭角 θ を求めよ。

(1) $\sqrt{3}x-y=0$, $x-\sqrt{3}y=0$ (2) $x-y=1$, $x+\sqrt{3}y+2=0$

p.247 EX105

重要例題 148 三角比を含む不等式(1)

①①①①①

$0^\circ \leqq \theta \leqq 180^\circ$ のとき，次の不等式を満たす θ の値の範囲を求めよ。

(1) $\sin\theta > \dfrac{1}{2}$　　(2) $\cos\theta \leqq \dfrac{1}{\sqrt{2}}$　　(3) $\tan\theta < \sqrt{3}$

基本 141，142　演習 151

指針 **三角比を含む不等式** は，三角比を含む方程式（$p.235$，236 基本例題 **141**，**142**）同様，**原点を中心とする半径 1 の半円を利用** して解く。

1 半円の図をかいて，不等号を ＝ とおいた三角比を含む方程式を解く。

2 それぞれ次の座標に着目して，不等式の解を求める。

$\sin\theta$ の不等式 …… 解答(1)の図で，半円上の点 P の y 座標

$\cos\theta$ の不等式 …… 解答(2)の図で，半円上の点 P の x 座標

$\tan\theta$ の不等式 …… 解答(3)の図で，直線 $x=1$ 上の点 T の y 座標

CHART **三角比を含む不等式の解法　まず ＝ とおいた方程式を解く**

解答

A(1, 0) とする。

(1) $\sin\theta = \dfrac{1}{2}$ を解くと　　$\theta = 30^\circ$, 150°

半径 1 の半円に対して，x 軸に平行な直線 $y=k$ を上下に動かし，この直線と半円との共有点 P の y 座標 k が $\dfrac{1}{2}$ より大きくなるような $\angle$AOP の範囲が，求める θ の値の範囲である。よって　　$\mathbf{30^\circ < \theta < 150^\circ}$

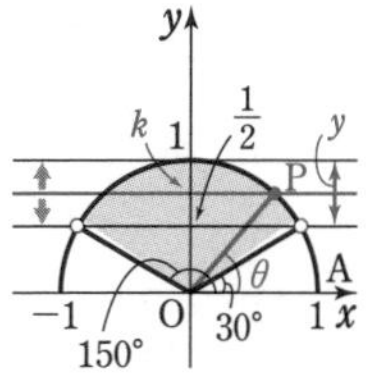

(2) $\cos\theta = \dfrac{1}{\sqrt{2}}$ を解くと　　$\theta = 45^\circ$

半径 1 の半円に対して，y 軸に平行な直線 $x=k$ を左右に動かし，この直線と半円との共有点 P の x 座標 k が $\dfrac{1}{\sqrt{2}}$ 以下になるような $\angle$AOP の範囲が，求める θ の値の範囲である。よって　　$\mathbf{45^\circ \leqq \theta \leqq 180^\circ}$

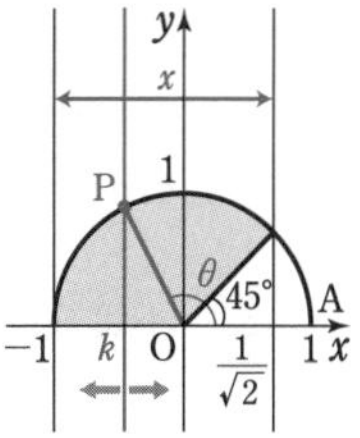

(3) $\tan\theta = \sqrt{3}$ を解くと　　$\theta = 60^\circ$

半径 1 の半円周上の点 P に対して，直線 OP を原点を中心として回転させたとき，直線 OP と直線 $x=1$ との共有点 T の y 座標 m が $\sqrt{3}$ より小さくなるような $\angle$AOP の範囲が，求める θ の値の範囲である。

よって　　$\mathbf{0^\circ \leqq \theta < 60^\circ,\ 90^\circ < \theta \leqq 180^\circ}$

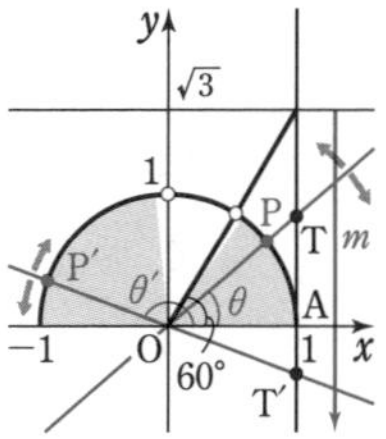

注意 (3) $\tan\theta$ については，$\theta \neq 90^\circ$ であることに注意する。
また，上の解答では詳しく書いているが，慣れてきたら，練習 148 の解答のように簡単に答えてもよい（解答編 $p.146$ 参照）。

練習 ③**148** $0^\circ \leqq \theta \leqq 180^\circ$ のとき，次の不等式を満たす θ の値の範囲を求めよ。

(1) $\sqrt{2}\sin\theta - 1 \leqq 0$　　(2) $2\cos\theta + 1 > 0$　　(3) $\tan\theta > -1$

重要例題 149 三角比を含む不等式 (2)

④④④④④

$0° \leqq \theta \leqq 180°$ のとき，次の不等式を解け。

(1) $2\sin^2\theta - \cos\theta - 1 \leqq 0$　　(2) $2\cos^2\theta + 3\sin\theta < 3$

重要 143，148

指針 要領は $p.237$ 重要例題 **143** と同じ。$\boldsymbol{\sin^2\theta = 1 - \cos^2\theta}$ または $\boldsymbol{\cos^2\theta = 1 - \sin^2\theta}$ を代入し，$\sin\theta$ または $\cos\theta$ いずれか 1 種類の三角比の不等式 に直して解く。

CHART 三角比の計算　かくれた条件　$\sin^2\theta + \cos^2\theta = 1$ が効く

解答

(1) $\sin^2\theta = 1 - \cos^2\theta$ であるから

$$2(1-\cos^2\theta) - \cos\theta - 1 \leqq 0$$

整理すると　$2\cos^2\theta + \cos\theta - 1 \geqq 0$

◀ $\cos\theta$ の 2 次不等式。

$\cos\theta = t$ とおくと，$0° \leqq \theta \leqq 180°$ のとき

$$-1 \leqq t \leqq 1 \quad \cdots\cdots ①$$

◀おき換えを利用する。t の変域に要注意！

不等式は　$2t^2 + t - 1 \geqq 0$　　$\therefore \quad (t+1)(2t-1) \geqq 0$

◀「∴」は「ゆえに」を表す記号である。

よって　$t \leqq -1, \ \frac{1}{2} \leqq t$

◀ $\boldsymbol{(x-\alpha)(x-\beta) \geqq 0}$ $(\alpha < \beta)$ $\Longleftrightarrow \boldsymbol{x \leqq \alpha, \ \beta \leqq x}$

① との共通範囲を求めて　$t = -1, \ \frac{1}{2} \leqq t \leqq 1$

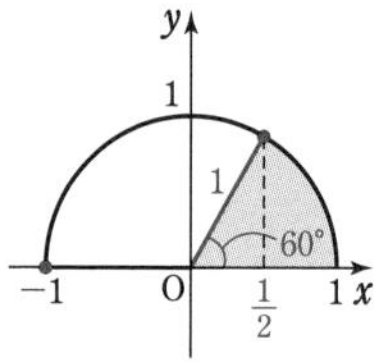

$t = -1$　すなわち $\cos\theta = -1$ を解いて　$\theta = 180°$

$\frac{1}{2} \leqq t \leqq 1$ すなわち $\frac{1}{2} \leqq \cos\theta \leqq 1$ を解いて

$$0° \leqq \theta \leqq 60°$$

以上から　$\boldsymbol{0° \leqq \theta \leqq 60°, \ \theta = 180°}$

(2) $\cos^2\theta = 1 - \sin^2\theta$ であるから

$$2(1-\sin^2\theta) + 3\sin\theta < 3$$

整理すると　$2\sin^2\theta - 3\sin\theta + 1 > 0$

◀ $\sin\theta$ の 2 次不等式。

$\sin\theta = t$ とおくと，$0° \leqq \theta \leqq 180°$ のとき

$$0 \leqq t \leqq 1 \quad \cdots\cdots ①$$

◀おき換えを利用する。t の変域に要注意！

不等式は　$2t^2 - 3t + 1 > 0$　　$\therefore \quad (2t-1)(t-1) > 0$

よって　$t < \frac{1}{2}, \ 1 < t$

① との共通範囲を求めて　$0 \leqq t < \frac{1}{2}$

求める解は，$0 \leqq t < \frac{1}{2}$ すなわち $0 \leqq \sin\theta < \frac{1}{2}$ を解いて

$$\boldsymbol{0° \leqq \theta < 30°, \ 150° < \theta \leqq 180°}$$

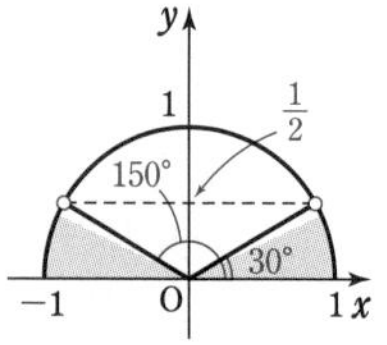

練習 ③ **149**　$0° \leqq \theta \leqq 180°$ のとき，次の不等式を解け。

(1) $2\sin^2\theta - 3\cos\theta > 0$

(2) $4\cos^2\theta + (2+2\sqrt{2})\sin\theta > 4 + \sqrt{2}$

〔(2) 類 九州国際大〕

重要例題 150 三角比の 2 次関数の最大・最小

$30^\circ \leqq \theta \leqq 90^\circ$ のとき，関数 $y=\sin^2\theta+\cos\theta+1$ の最大値，最小値を求めよ。また，そのときの θ の値も求めよ。〔類 北海道情報大〕

基本 80，重要 143

指針

1 p.237，244 同様，複数の三角比を含む式は，まず 1 種類の三角比の式 **で表す。** そこで，**かくれた条件 $\sin^2\theta+\cos^2\theta=1$** を用いて，右辺を $\cos\theta$ だけの式で表すと，y は $\cos\theta$ についての 2 次関数となる。

2 処理しやすいように，$\cos\theta$ を t でおき換えるとよい。このとき，t の変域に注意！

3 t の 2 次関数の最大・最小問題となる。⟶ 2 次式は基本形に直す。

CHART 三角比の式

1 **sin，cos，tan のいずれか 1 種類で表す**

2 **sin と cos が混じった式 ⟶ $\sin^2\theta+\cos^2\theta=1$ が効く**

解答

$\sin^2\theta=1-\cos^2\theta$ であるから

$$y=\sin^2\theta+\cos\theta+1=(1-\cos^2\theta)+\cos\theta+1$$
$$=-\cos^2\theta+\cos\theta+2$$

$\cos\theta=t$ とおくと，$30^\circ \leqq \theta \leqq 90^\circ$ のとき

$$0 \leqq t \leqq \frac{\sqrt{3}}{2} \quad \cdots\cdots ①$$

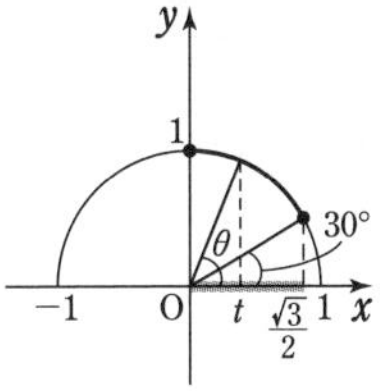

y を t の式で表すと

$$y=-t^2+t+2$$
$$=-\left(t-\frac{1}{2}\right)^2+\frac{9}{4}$$

◀ $-t^2+t+2$
$=-(t^2-t)+2$
$=-\left(t-\frac{1}{2}\right)^2+\left(\frac{1}{2}\right)^2+2$

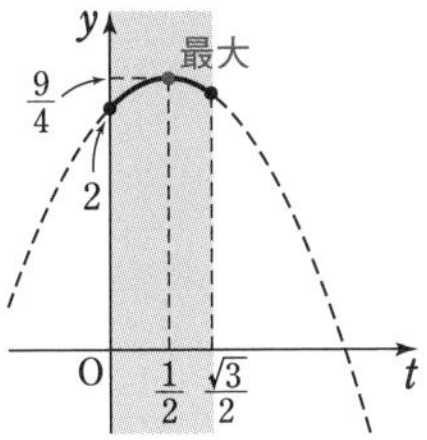

① の範囲において，y は

$t=\frac{1}{2}$ で最大値 $\frac{9}{4}$，

$t=0$ で最小値 2

をとる。

◀軸 $t=\frac{1}{2}$ は **区間内** で **中央より右** にあるから，頂点で最大，軸から遠い端 ($t=0$) で最小となる。

$30^\circ \leqq \theta \leqq 90^\circ$ であるから

$t=\frac{1}{2}$ となるのは，$\cos\theta=\frac{1}{2}$ から $\theta=60^\circ$

$t=0$ となるのは，$\cos\theta=0$ から $\theta=90^\circ$

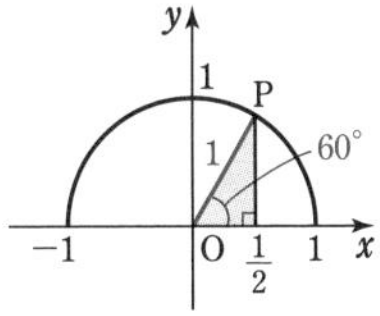

よって **$\theta=60^\circ$ のとき最大値 $\frac{9}{4}$，**

$\theta=90^\circ$ のとき最小値 2

練習 ④150 次の関数の最大値・最小値，およびそのときの θ の値を求めよ。

(1) $0^\circ \leqq \theta \leqq 180^\circ$ のとき $y=4\cos^2\theta+4\sin\theta+5$ 〔(1) 類 自治医大〕

(2) $0^\circ < \theta < 90^\circ$ のとき $y=2\tan^2\theta-4\tan\theta+3$

p.247 EX 106

17 三角比の関連発展問題

演習 例題 151 係数に三角比を含む 2 次方程式の解の条件 ④

$0° \leqq \theta \leqq 180°$ とする。x の 2 次方程式 $x^2-2\sqrt{2}(\cos\theta)x+\cos\theta=0$ が，異なる 2 つの実数解をもち，それらがともに正となるような θ の値の範囲を求めよ。

基本 126，重要 148

指針 2 次方程式 $ax^2+bx+c=0$ の解と数 k との大小の問題は，$p.208$ 基本例題 **126** で学習したように，関数 $f(x)=ax^2+bx+c$ のグラフ(放物線)と x 軸の交点に関する条件に読みかえて解く。ポイントとなるのは

判別式 D の符号，軸 の位置，$f(k)$ の符号

└この問題では　$k=0$

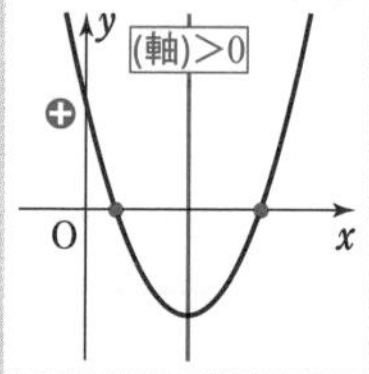

CHART 2 次方程式の解の正負　グラフ利用　D，軸，$f(0)$　に着目

解答

$f(x)=x^2-2\sqrt{2}(\cos\theta)x+\cos\theta$ とし，2 次方程式 $f(x)=0$ の判別式を D とする。

2 次方程式 $f(x)=0$ が異なる 2 つの正の実数解をもつための条件は，放物線 $y=f(x)$ が x 軸の正の部分と，異なる 2 点で交わることである。

すなわち，次の [1]，[2]，[3] が同時に成り立つときである。

[1]　$D>0$

[2]　軸が $x>0$ の範囲にある

[3]　$f(0)>0$

また，$0° \leqq \theta \leqq 180°$ のとき　　$-1 \leqq \cos\theta \leqq 1$ …… ①

[1]　$\dfrac{D}{4}=(-\sqrt{2}\cos\theta)^2-1\cdot\cos\theta=\cos\theta(2\cos\theta-1)$

$D>0$ から　　$\cos\theta<0,\ \dfrac{1}{2}<\cos\theta$ …… ②

[2]　放物線の軸は直線 $x=\sqrt{2}\cos\theta$ であるから

$\sqrt{2}\cos\theta>0$

よって　　$\cos\theta>0$ …… ③

[3]　$f(0)>0$ から　　$\cos\theta>0$ …… ④

①～④ の共通範囲を求めて　　$\dfrac{1}{2}<\cos\theta \leqq 1$

$0° \leqq \theta \leqq 180°$ であるから　　$\mathbf{0° \leqq \theta < 60°}$

[2]　放物線 $y=ax^2+bx+c$ の軸は直線 $x=-\dfrac{b}{2a}$

よって，放物線 $y=f(x)$ の軸は直線 $x=\sqrt{2}\cos\theta$

◀この条件が加わる。

◀計算に慣れてきたら，$\cos\theta=t$ とおかないで，そのまま計算する。

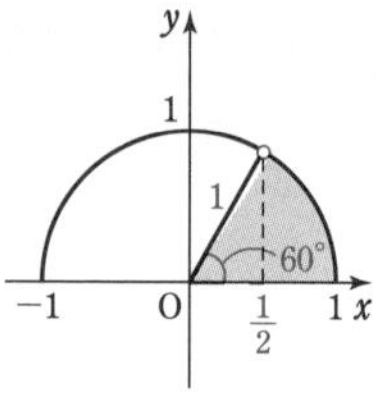

練習 ④151　$0° \leqq \theta \leqq 180°$ とする。x の 2 次方程式 $x^2+2(\sin\theta)x+\cos^2\theta=0$ が，異なる 2 つの実数解をもち，それらがともに負となるような θ の値の範囲を求めよ。

p.247 EX107

EXERCISES

②100 (1) $\sin 140^\circ + \cos 130^\circ + \tan 120^\circ$ はいくらか。 〔(1) 防衛医大〕

(2) $0^\circ < \theta < 90^\circ$ とする。$p = \sin\theta$ とするとき，
$\sin(90^\circ - \theta) + \sin(180^\circ - \theta)\cos(90^\circ + \theta)$ を p を用いて表せ。 →140

③101 $0^\circ \leqq \theta \leqq 180^\circ$ とする。方程式 $2\cos^2\theta + \cos\theta - 2\sin\theta\cos\theta - \sin\theta = 0$ を解け。
〔類 摂南大〕 →143

③102 $0^\circ < \theta < 90^\circ$ とする。$\tan\theta + \dfrac{1}{\tan\theta} = 3$ のとき，次の式の値を求めよ。

(1) $\sin\theta\cos\theta$　　(2) $\sin\theta + \cos\theta$

(3) $\sin^3\theta + \cos^3\theta$　　(4) $\dfrac{1}{\sin^3\theta} + \dfrac{1}{\cos^3\theta}$ 〔名古屋学院大〕 →145

③103 (1) $2\sin\theta - \cos\theta = 1$ のとき，$\sin\theta$，$\cos\theta$ の値を求めよ。ただし，$0^\circ < \theta < 90^\circ$ とする。 〔金沢工大〕

(2) $0^\circ \leqq \theta \leqq 180^\circ$ とする。$\tan\theta = \dfrac{2}{3}$ のとき，$\dfrac{1 - 2\cos^2\theta}{1 + 2\sin\theta\cos\theta}$ の値を求めよ。
〔福岡工大〕 →144，146

④104 $0^\circ \leqq x \leqq 180^\circ$，$0^\circ \leqq y \leqq 180^\circ$ とする。
連立方程式 $\cos^2 x + \sin^2 y = \dfrac{1}{2}$，$\sin x \cos(180^\circ - y) = -\dfrac{3}{4}$ を解け。 →146

③105 直線 $y = x - 1$ と 15° の角をなす直線で，点 $(0,\ 1)$ を通るものは 2 本存在する。これらの直線の方程式を求めよ。 →147

④106 $0^\circ \leqq \theta \leqq 180^\circ$ のとき，$y = \sin^4\theta + \cos^4\theta$ とする。$\sin^2\theta = t$ とおくと，
$y =$ ア$\square$ $t^2 -$ イ$\square$ $t +$ ウ$\square$ と表されるから，y は $\theta =$ エ$\square$ のとき最大値 オ$\square$，$\theta =$ カ$\square$ のとき最小値 キ$\square$ をとる。 →150

④107 $0^\circ \leqq \theta \leqq 180^\circ$ とする。x の 2 次方程式 $x^2 - (\cos\theta)x + \cos\theta = 0$ が異なる 2 つの実数解をもち，それらがともに $-1 < x < 2$ の範囲に含まれるような θ の値の範囲を求めよ。 〔秋田大〕 →151

HINT

100 (2) $0^\circ < \theta < 90^\circ$ のとき，$\cos\theta > 0$ であるから　$\cos\theta = \sqrt{1 - \sin^2\theta}$

101 $\cos\theta$ について 2 次式，$\sin\theta$ について 1 次式であるから，次数の低い $\sin\theta$ について整理。

102 $\sin\theta$，$\cos\theta$ の対称式は $\sin\theta + \cos\theta$，$\sin\theta\cos\theta$ で表す。

(1) $\tan\theta + \dfrac{1}{\tan\theta} = \dfrac{\sin\theta}{\cos\theta} + \dfrac{\cos\theta}{\sin\theta}$ と変形。

103 (1) 条件の式と $\sin^2\theta + \cos^2\theta = 1$ から，$\cos\theta$ を消去する。

(2) $\cos\theta$，$\sin\theta$ の値を求める。

104 かくれた条件 $\sin^2 x + \cos^2 x = 1$，$\sin^2 y + \cos^2 y = 1$ を利用する。

105 すべて，原点を通る直線に平行移動したもので考える。

106 t の変域に注意。

107 2 次関数のグラフを利用する。D，軸の位置，$f(-1)$，$f(2)$ の符号に着目する。

18 正弦定理と余弦定理

基本事項

以後，△ABC において，頂点 A，B，C に向かい合う辺（対辺）**BC，CA，AB の長さ** を，それぞれ a，b，c で表し，
∠A，∠B，∠C の大きさ を，それぞれ A，B，C で表す。

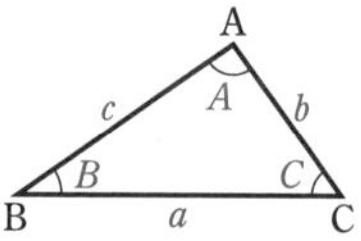

1 正弦定理

△ABC の外接円の半径を R とすると

$$\frac{a}{\sin A}=\frac{b}{\sin B}=\frac{c}{\sin C}=2R$$

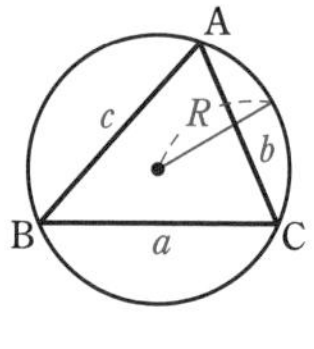

2 余弦定理

△ABC において　$a^2=b^2+c^2-2bc\cos A$
$b^2=c^2+a^2-2ca\cos B$
$c^2=a^2+b^2-2ab\cos C$

余弦定理から，次の等式が得られる。

$$\cos A=\frac{b^2+c^2-a^2}{2bc},\quad \cos B=\frac{c^2+a^2-b^2}{2ca},\quad \cos C=\frac{a^2+b^2-c^2}{2ab}$$

3 三角形の成立条件　$|b-c|<a<b+c$

4 三角形の辺と角の大小

[1] $a<b \Longleftrightarrow A<B$　　[2] $A<90^\circ \Longleftrightarrow a^2<b^2+c^2$
$a=b \Longleftrightarrow A=B$　　$A=90^\circ \Longleftrightarrow a^2=b^2+c^2$
$a>b \Longleftrightarrow A>B$　　$A>90^\circ \Longleftrightarrow a^2>b^2+c^2$

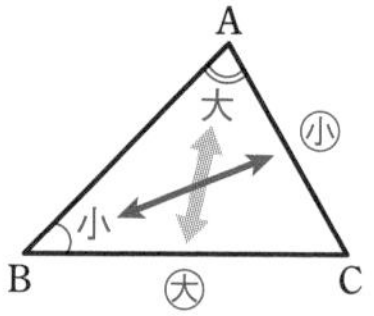

解　説

■ **三角形の外接円**

三角形の 3 つの頂点を通る円を，その三角形の **外接円** という。
円周角は中心角の半分であることから　円に内接する四角形の対角の和は 180°　であることがわかる（詳しくは数学 A で学習する）。

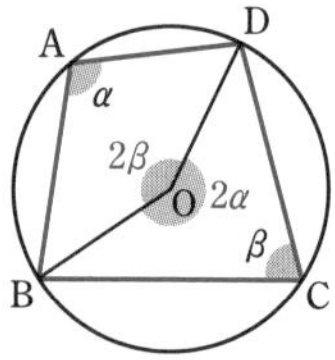

$\alpha+\beta=180^\circ$

■ **正弦定理**

$a=2R\sin A$ は，**半円の弧に対する円周角が 90°** であることを利用して，次のように証明できる。

[1]　$A<90^\circ$ のとき　　[2]　$A=90^\circ$ のとき　　[3]　$A>90^\circ$ のとき

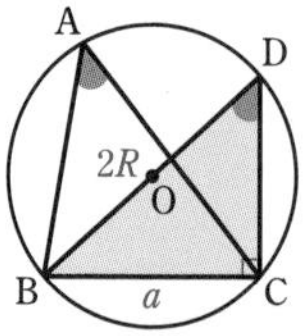

$\sin A=\sin D$
$=\frac{\mathrm{BC}}{\mathrm{BD}}=\frac{a}{2R}$

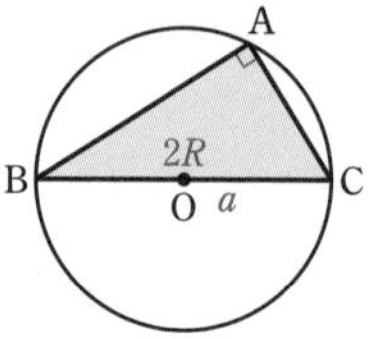

$2R\sin A=2R\sin 90^\circ$
$=2R=a$

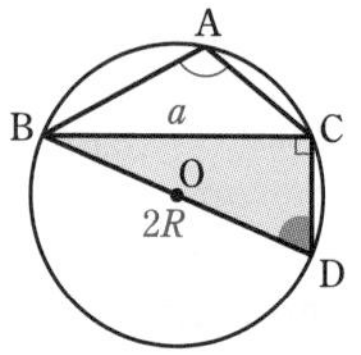

$\sin A=\sin(180^\circ-D)$
$=\sin D=\frac{\mathrm{BC}}{\mathrm{BD}}=\frac{a}{2R}$

解 説

同様にして　$b=2R\sin B$，$c=2R\sin C$　が成り立つ。また，$a=2R\sin A$，$b=2R\sin B$，$c=2R\sin C$ から　　$\boldsymbol{a:b:c=\sin A:\sin B:\sin C}$　　となる。
つまり，3 辺の長さの比と正弦の値の比は一致する（$p.258$ 基本例題 **157** 参照）。

■ **余弦定理**

右の図のように，座標軸をとると，△ABC の頂点の座標は
$A(0,\ 0)$，$B(c,\ 0)$，$C(b\cos A,\ b\sin A)$
頂点 C から辺 AB に垂線 CH を下ろし，直角三角形 BCH で
三平方の定理から　　$BC^2=BH^2+CH^2$
ゆえに　　$a^2=|c-b\cos A|^2+(b\sin A)^2$
$\qquad=c^2-2bc\cos A+b^2(\cos^2 A+\sin^2 A)$
すなわち　$a^2=b^2+c^2-2bc\cos A$ ……（＊）
（＊）で，$a\longrightarrow b$，$b\longrightarrow c$，$c\longrightarrow a$，$A\longrightarrow B$ とすると
$b^2=c^2+a^2-2ca\cos B$
更に　　$b\longrightarrow c$，$c\longrightarrow a$，$a\longrightarrow b$，$B\longrightarrow C$ とすると
$c^2=a^2+b^2-2ab\cos C$

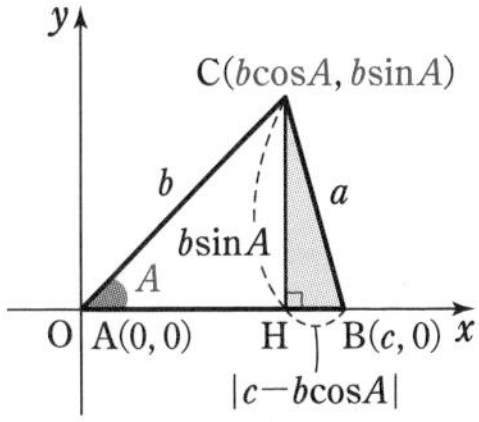

◀このように，文字を変えることを **循環的に変える** という。
（＊）は A が直角や鈍角のときも成り立つ。

■ **三角形の成立条件**

三角形の 2 辺の長さの和は，他の 1 辺の長さより大きい ことが知られている。このことを三角比を用いて証明してみよう。

◀詳しくは数学 A で学習する。

右の図で　$-1<\cos B<1$，$-1<\cos C<1$
また　　　$a=c\cos B+b\cos C$　　　　　← $p.255$ 検討 参照。
ゆえに　　$b+c-a=b(1-\cos C)+c(1-\cos B)>0$
よって　　$a<b+c$　　　同様に　　$b<c+a$，$c<a+b$
ゆえに　　$a<b+c$　かつ　$b<c+a$　かつ　$c<a+b$
また，$b<c+a$ かつ $c<a+b$ から　　$b-c<a$ かつ $c-b<a$
この 2 つは $|b-c|<a$ とまとめられるから，$\boldsymbol{|b-c|<a<b+c}$　が成り立つ。
（同様に，$|c-a|<b<c+a$，$|a-b|<c<a+b$ である。）

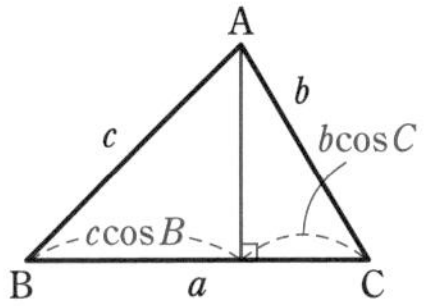

■ **三角形の辺と角の大小**

[1]　$a<b \iff A<B$ を証明する。他も同様にして証明できる。

$$\cos A-\cos B=\frac{b^2+c^2-a^2}{2bc}-\frac{c^2+a^2-b^2}{2ca}=\frac{ab^2+ac^2-a^3-bc^2-a^2b+b^3}{2abc}$$ であり

（分子）$=(a-b)c^2+ab^2-a^3-a^2b+b^3=(a-b)c^2+(b^3-a^3)+ab(b-a)$
$\quad=-(b-a)c^2+(b-a)(b^2+ab+a^2)+ab(b-a)=(b-a)(-c^2+b^2+ab+a^2+ab)$
$\quad=(b-a)\{(a+b)^2-c^2\}=(b-a)(a+b+c)(a+b-c)$

ここで，$a+b+c>0$，$a+b-c>0$（三角形の成立条件より），$2abc>0$ であるから
$b-a>0 \iff a<b \iff \cos A-\cos B>0 \iff \cos A>\cos B \iff 0°<A<B<180°$

注意　$0°\leqq\alpha\leqq180°$，$0°\leqq\beta\leqq180°$ のとき　$\boldsymbol{\alpha<\beta \iff \cos\alpha>\cos\beta}$　が成り立つ。

[2]　∠A を最大の角とすると，$\cos A=\dfrac{b^2+c^2-a^2}{2bc}$ であるから，次のことが成り立つ。

（鋭角三角形）　$A<90° \iff \cos A>0 \iff b^2+c^2-a^2>0 \iff \boldsymbol{a^2<b^2+c^2}$
（直角三角形）　$A=90° \iff \cos A=0 \iff b^2+c^2-a^2=0 \iff \boldsymbol{a^2=b^2+c^2}$
（鈍角三角形）　$A>90° \iff \cos A<0 \iff b^2+c^2-a^2<0 \iff \boldsymbol{a^2>b^2+c^2}$

基本例題 152 正弦定理の利用

△ABC において，外接円の半径を R とする。次のものを求めよ。

(1) $b=4$，$B=30°$，$C=105°$ のとき　a と R

(2) $a=\sqrt{6}$，$b=2$，$A=60°$ のとき　B と C

p.248 基本事項 1

指針 △ABC において，a と A，b と B，c と C のように，
1 辺とその対角 が与えられたときは，

正弦定理 $\dfrac{a}{\sin A}=\dfrac{b}{\sin B}=\dfrac{c}{\sin C}=2R$

（R は △ABC の外接円の半径）

の利用を考える。与えられた辺や角に応じて必要な等式を取り出して使う。また，$A+B+C=180°$ も利用。

(2) 正弦定理から，$\sin\theta=k$ の形が得られる。これから θ を決めるときは，$A+B+C=180°$ を満たすかどうかに注意する。

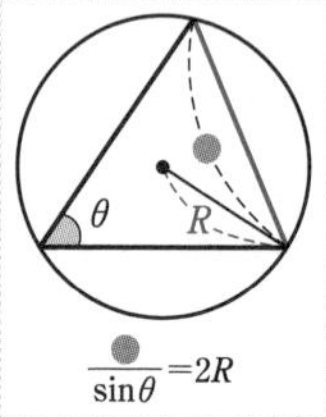

解答

(1) $A+B+C=180°$ であるから

$A=180°-(30°+105°)=45°$

正弦定理により，$\dfrac{a}{\sin A}=\dfrac{b}{\sin B}$

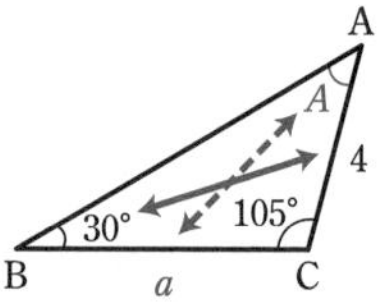

であるから　$\dfrac{a}{\sin 45°}=\dfrac{4}{\sin 30°}$

よって　$\boldsymbol{a}=\dfrac{4}{\sin 30°}\cdot\sin 45°=4\div\dfrac{1}{2}\times\dfrac{1}{\sqrt{2}}=\boldsymbol{4\sqrt{2}}$

また，正弦定理により，$\dfrac{b}{\sin B}=2R$ であるから

$\dfrac{4}{\sin 30°}=2R$

よって　$\boldsymbol{R}=\dfrac{4}{2\sin 30°}=\dfrac{4}{2\cdot\frac{1}{2}}=\boldsymbol{4}$

(2) 正弦定理により，$\dfrac{a}{\sin A}=\dfrac{b}{\sin B}$

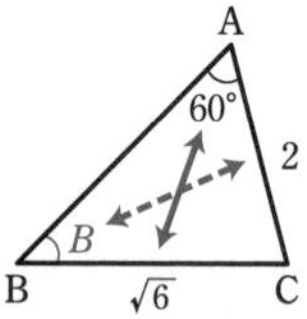

であるから　$\dfrac{\sqrt{6}}{\sin 60°}=\dfrac{2}{\sin B}$

ゆえに　$\sin B=\dfrac{2}{\sqrt{6}}\sin 60°$

$=\dfrac{2}{\sqrt{6}}\cdot\dfrac{\sqrt{3}}{2}=\dfrac{1}{\sqrt{2}}$

$0°<B<180°-A$ より $0°<B<120°$ であるから　$\boldsymbol{B=45°}$

よって　$\boldsymbol{C}=180°-(A+B)=180°-(60°+45°)=\boldsymbol{75°}$

◀まず，左のような図をかく。

◀b と B が与えられていて，a を求めるから，まず A を求めて，正弦定理の $\dfrac{a}{\sin A}=\dfrac{b}{\sin B}$ の等式を使う。

◀R を求めるから，正弦定理の $\dfrac{b}{\sin B}=2R$ の等式を使う。

◀B と C を求めるが，与えられているものが a，b，A であるから，まず B を求める。

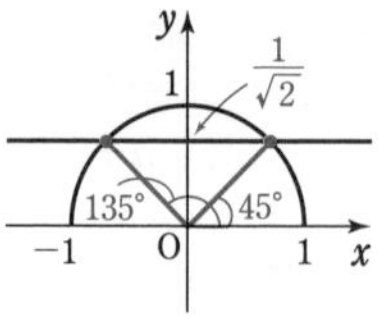

練習 ② 152 △ABC において，外接円の半径を R とする。次のものを求めよ。

(1) $A=60°$，$C=45°$，$a=3$ のとき　c と R

(2) $a=\sqrt{2}$，$B=50°$，$R=1$ のとき　A と C

基本例題 153 余弦定理の利用 ②②②②②

△ABC において，次のものを求めよ。

(1) $A=60^\circ$，$b=5$，$c=3$ のとき a

(2) $a=2$，$b=\sqrt{6}$，$B=60^\circ$ のとき c

(3) $a=\sqrt{10}$，$b=\sqrt{2}$，$c=2$ のとき A

p.248 基本事項 2

指針

(1) **2 辺とその間の角** が条件であるから，

余弦定理 $a^2=b^2+c^2-2bc\cos A$ を利用。

(2) c の対角 C がわからないから，$\cos C$ を含む余弦定理 $c^2=a^2+b^2-2ab\cos C$ は使えない。そこで，与えられている B を含む余弦定理 $b^2=c^2+a^2-2ca\cos B$ により，**c の 2 次方程式を作って解く**。$c>0$ に注意。

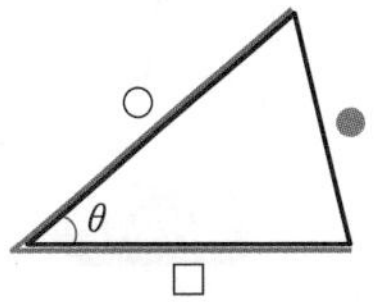

●²=○²+□²−2○□cosθ

(3) **3 辺** が条件であるから，$\cos A=\dfrac{b^2+c^2-a^2}{2bc}$ を利用して，まず $\cos A$ を求める。

解答

(1) 余弦定理により

$$a^2=b^2+c^2-2bc\cos A$$
$$=5^2+3^2-2\cdot5\cdot3\cos60^\circ$$
$$=25+9-2\cdot5\cdot3\cdot\frac{1}{2}=19$$

$a>0$ であるから　　$\boldsymbol{a=\sqrt{19}}$

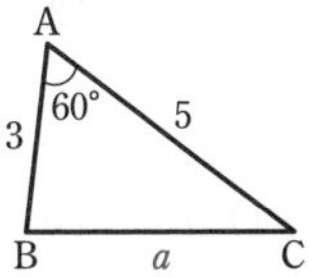

◀まず，図をかいてみるとよい。

◀a は辺の長さであるから正。

(2) 余弦定理により，

$$b^2=c^2+a^2-2ca\cos B$$

であるから

$$(\sqrt{6})^2=c^2+2^2-2\cdot c\cdot 2\cos60^\circ$$

ゆえに　　$c^2-2c-2=0$

これを解いて

$$c=-(-1)\pm\sqrt{(-1)^2-1\cdot(-2)}$$
$$=1\pm\sqrt{3}$$

$c>0$ であるから　　$\boldsymbol{c=1+\sqrt{3}}$

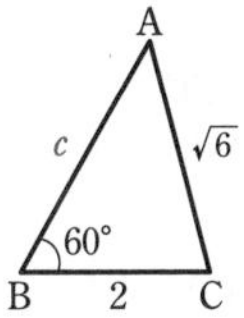

◀2 次方程式 $ax^2+2b'x+c=0$ の解は $\boldsymbol{x=\dfrac{-b'\pm\sqrt{b'^2-ac}}{a}}$

(3) 余弦定理により

$$\cos A=\frac{b^2+c^2-a^2}{2bc}$$
$$=\frac{(\sqrt{2})^2+2^2-(\sqrt{10})^2}{2\cdot\sqrt{2}\cdot2}=-\frac{1}{\sqrt{2}}$$

したがって　　$\boldsymbol{A=135^\circ}$

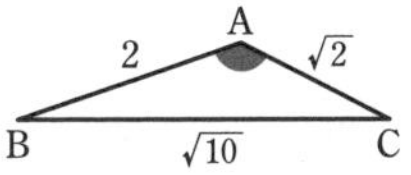

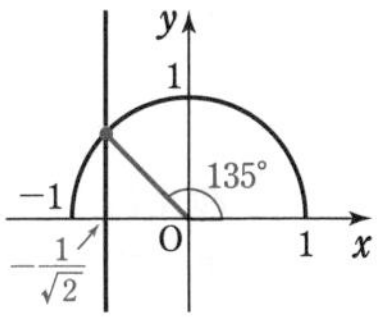

練習 ② 153 △ABC において，次のものを求めよ。

(1) $b=\sqrt{6}-\sqrt{2}$，$c=2\sqrt{3}$，$A=45^\circ$ のとき a と C

(2) $a=2$，$c=\sqrt{6}-\sqrt{2}$，$C=30^\circ$ のとき b

(3) $a=1+\sqrt{3}$，$b=\sqrt{6}$，$c=2$ のとき B

基本例題 154 三角形の解法 (1)

△ABC において，次のものを求めよ。

(1) $b=\sqrt{6}$，$c=\sqrt{3}-1$，$A=45^\circ$ のとき　a，B，C

(2) $a=1+\sqrt{3}$，$b=2$，$c=\sqrt{6}$ のとき　A，B，C

基本 153

指針 (1) 条件は，2 辺とその間の角 ⟶ **まず，余弦定理** で a を求める。
次に，C から求めようとするとうまくいかない。よって，他の角 B から求める。

(2) 条件は，3 辺 ⟶ **余弦定理** の利用。B，C から求めるとよい。

三角形の解法

CHART 1 **2 角と 1 辺（外接円の半径）が条件なら　正弦定理**
2 **3 辺，2 辺とその間の角　が条件なら　余弦定理**

解答

(1) 余弦定理により

$a^2=(\sqrt{6})^2+(\sqrt{3}-1)^2-2\cdot\sqrt{6}(\sqrt{3}-1)\cos 45^\circ$

$=6+(4-2\sqrt{3})-(6-2\sqrt{3})=4$

$a>0$ であるから　$\boldsymbol{a=2}$

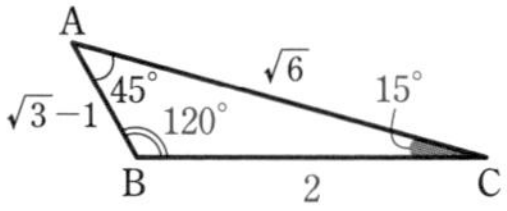

余弦定理により

$$\cos B=\frac{(\sqrt{3}-1)^2+2^2-(\sqrt{6})^2}{2(\sqrt{3}-1)\cdot 2}$$

$$=\frac{2(1-\sqrt{3})}{4(\sqrt{3}-1)}=-\frac{1}{2}$$

ゆえに　$\boldsymbol{B=120^\circ}$

よって　$\boldsymbol{C}=180^\circ-(45^\circ+120^\circ)=\boldsymbol{15^\circ}$

◀ C から考えると

$\cos C$

$=\dfrac{2^2+(\sqrt{6})^2-(\sqrt{3}-1)^2}{2\cdot 2\cdot\sqrt{6}}$

$=\dfrac{\sqrt{6}+\sqrt{2}}{4}$

この値は，15°，75° の三角比（$p.227$ 参照）である。

(2) 余弦定理により

$$\cos B=\frac{(\sqrt{6})^2+(1+\sqrt{3})^2-2^2}{2\sqrt{6}(1+\sqrt{3})}$$

$$=\frac{\sqrt{3}(1+\sqrt{3})}{\sqrt{6}(1+\sqrt{3})}=\frac{1}{\sqrt{2}}$$

よって　$\boldsymbol{B=45^\circ}$

◀ A から考えると

$\cos A$

$=\dfrac{2^2+(\sqrt{6})^2-(1+\sqrt{3})^2}{2\cdot 2\cdot\sqrt{6}}$

$=\dfrac{\sqrt{6}-\sqrt{2}}{4}$ となる。

余弦定理により

$$\cos C=\frac{(1+\sqrt{3})^2+2^2-(\sqrt{6})^2}{2(1+\sqrt{3})\cdot 2}=\frac{2(1+\sqrt{3})}{4(1+\sqrt{3})}=\frac{1}{2}$$

ゆえに　$\boldsymbol{C=60^\circ}$

よって　$\boldsymbol{A}=180^\circ-(45^\circ+60^\circ)=\boldsymbol{75^\circ}$

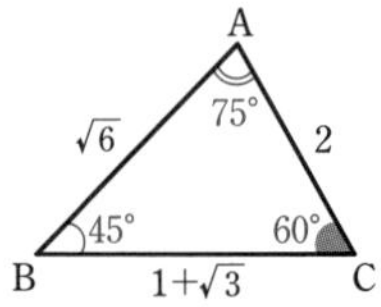

補足　この例題のように，三角形の残りの要素を求めることを **三角形を解く** ということがある。

練習 ② 154 △ABC において，次のものを求めよ。

(1) $b=2(\sqrt{3}-1)$，$c=2\sqrt{2}$，$A=135^\circ$ のとき　a，B，C

(2) $a=\sqrt{2}$，$b=2$，$c=\sqrt{3}+1$ のとき　A，B，C

p.263 EX110

ズームUP 正弦定理か余弦定理か

△ABC の 6 つの要素（3 辺 a，b，c と 3 つの角 A，B，C）のうち，合同条件で用いられるもの，すなわち，[1] **1 辺とその両端の角**　[2] **2 辺とその間の角**　[3] **3 辺** のどれかが与えられると，その三角形の形と大きさが定まる。そして，

正弦定理　**余弦定理**　**(内角の和)＝180°**　($A+B+C=180°$)

を用いて残りの 3 つの要素を求めることができる。

● 正弦定理を使うか，余弦定理を使うか

正弦定理は　2 辺とそれぞれの対角　◀ $\dfrac{a}{\sin A}=\dfrac{b}{\sin B}$ は $(a,\ b,\ A,\ B)$

余弦定理は　3 辺と 1 つの対角　◀ $a^2=b^2+c^2-2bc\cos A$ は $(a,\ b,\ c,\ A)$

の関係式であるから，[1]，[3] については

[1] **1 辺とその両端の角** が与えられたとき ⟶ 正弦定理で辺を求める

[3] **3 辺** が与えられたとき ⟶ 余弦定理で角を求める

と方針が決まる。しかし，[2] **2 辺とその間の角** が与えられたときは，

① 余弦定理を利用して，その後に余弦定理を利用

② 余弦定理を利用して，その後に正弦定理を利用

のどちらも考えられる。

①，② の違いを左の例題(1)で見てみよう。

① 解答では　余弦定理により　$\boldsymbol{a=2}$

更に余弦定理を利用して　$\boldsymbol{B=120°}$

$A+B+C=180°$ であるから　$\boldsymbol{C=15°}$

と求めた。

② 正弦定理も利用する場合，次のように考える。

① と同様に，余弦定理により　$\boldsymbol{a=2}$

このとき，正弦定理の等式は　$\underbrace{\dfrac{2}{\sin 45°}=\dfrac{\sqrt{6}}{\sin B}}_{㋐}=\dfrac{\sqrt{3}-1}{\sin C}$　（㋑：$\dfrac{2}{\sin 45°}=\dfrac{\sqrt{3}-1}{\sin C}$）

㋐ の等式から考えると　$\sin B=\dfrac{\sqrt{3}}{2}$　◀ ㋑ の等式から考えると $\sin C=\dfrac{\sqrt{6}-\sqrt{2}}{4}$ となる。

よって　$B=60°,\ 120°$

$B=60°$ のとき，$A+B+C=180°$ から　$C=75°$

$B=120°$ のとき，$A+B+C=180°$ から　$C=15°$

ここで，$b>a>c$ より，b が最大辺である。◀ $\sqrt{6}>2>\sqrt{3}-1=0.732\cdots$

ゆえに，∠B が最大角であり，$B=60°$ は適さない。

したがって　$\boldsymbol{B=120°,\ C=15°}$

① の場合，導かれる B は 1 通りだが，② の場合，正弦定理を利用することにより B が 2 通り導かれ，辺と角の大小関係についての吟味が必要となる。

基本例題 155 三角形の解法 (2) ①①①①①

△ABC において，$a=\sqrt{2}$，$b=2$，$A=30^\circ$ のとき，c，B，C を求めよ。

基本 152，153

指針 基本例題 **154** と同様に，三角形の辺と角が与えられているが，2 辺と 1 対角が与えられた場合，三角形が 1 通りに定まらないことがある。
まず，余弦定理で c についての方程式を立てる。その際，**c の値が 2 つ得られるので，それぞれについて B，C を求める。**……★
正弦定理を用いた 別解 については，右ページの 検討 を参照。

解答

余弦定理により

$$(\sqrt{2})^2=2^2+c^2-2\cdot 2c\cos 30^\circ$$

よって　$c^2-2\sqrt{3}c+2=0$

これを解いて　$c=\sqrt{3}\pm 1$

[1]　$c=\sqrt{3}+1$ のとき

余弦定理により

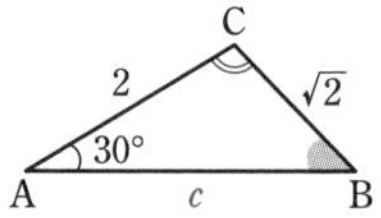

$$\cos B=\frac{(\sqrt{3}+1)^2+(\sqrt{2})^2-2^2}{2(\sqrt{3}+1)\cdot\sqrt{2}}=\frac{2(\sqrt{3}+1)}{2\sqrt{2}(\sqrt{3}+1)}=\frac{1}{\sqrt{2}}$$

ゆえに　$B=45^\circ$

よって　$C=180^\circ-(30^\circ+45^\circ)=105^\circ$

[2]　$c=\sqrt{3}-1$ のとき

余弦定理により

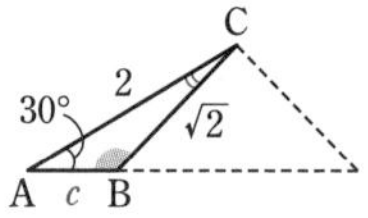

$$\cos B=\frac{(\sqrt{3}-1)^2+(\sqrt{2})^2-2^2}{2(\sqrt{3}-1)\cdot\sqrt{2}}=\frac{-2(\sqrt{3}-1)}{2\sqrt{2}(\sqrt{3}-1)}=-\frac{1}{\sqrt{2}}$$

ゆえに　$B=135^\circ$

よって　$C=180^\circ-(30^\circ+135^\circ)=15^\circ$

以上から

$c=\sqrt{3}+1$，$B=45^\circ$，$C=105^\circ$

または　$c=\sqrt{3}-1$，$B=135^\circ$，$C=15^\circ$

◀ A が与えられているから，$\cos A$ を含む余弦定理の式を用いる。

◀ どちらも $c>0$

◀ **指針**＿＿……★ **の方針。** c の値が 2 つ得られたから，得られた c の値それぞれについて，B，C の値を求める。

◀ $A+B+C=180^\circ$

◀ $A+B+C=180^\circ$

◀ [1] と [2] で求めた辺と角，それぞれを解答とする。

検討

三角形が 1 つに定まらない場合もある

2 辺と 1 対角（2 辺とその間以外の 1 角）の条件が与えられた場合，この例題のように，三角形が 1 通りに定まるとは限らない。
解答のように，余弦定理を用いて c についての 2 次方程式を作って解き，正の解が 2 つ得られたら，それぞれについて残りの角を求める必要があることに注意しよう。

検討 PLUS ONE

第 1 余弦定理

三角形の辺の長さと三角比との関係を表すもので，次のようなものもある。

△ABC において

$$\boldsymbol{a=c\cos B+b\cos C},$$
$$\boldsymbol{b=a\cos C+c\cos A},$$
$$\boldsymbol{c=b\cos A+a\cos B}$$ が成り立つ。

証明　$a=c\cos B+b\cos C$ を示す。

[1]　$0°<C<90°$ のとき

頂点 A から辺 BC に垂線 AH を下ろすと

$$a=BC=BH+HC$$
$$=c\cos B+b\cos C$$

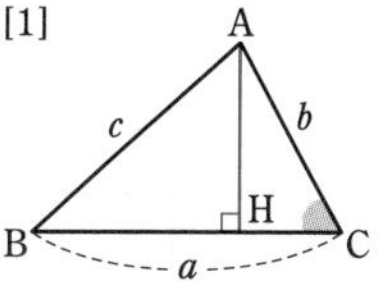

[2]　$C=90°$ のとき

$\cos B=\dfrac{a}{c}$，$\cos C=0$ であるから，

$a=c\cos B+b\cos C$　が成り立つ。

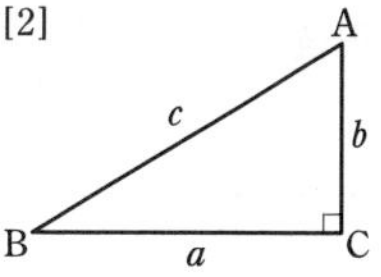

[3]　$90°<C<180°$ のとき

頂点 A から直線 BC に垂線 AH を下ろすと

$$a=BC=BH-HC$$

である。

また，　$BH=c\cos B$

$CH=b\cos(180°-C)=-b\cos C$

であるから

$$a=BH-HC=c\cos B+b\cos C$$

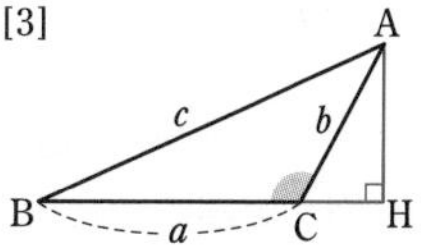

以上より，$a=c\cos B+b\cos C$ が成り立つ。

$b=a\cos C+c\cos A$，$c=b\cos A+a\cos B$ も同様に示すことができる。

これを **第 1 余弦定理**，$p.248$ の **2** を **第 2 余弦定理** ということがある。

上の証明のように，三角形の 1 つの頂点から対辺に垂線を下ろすことで，直ちに示すことができる。この定理を記憶してもよいが，すぐに導けるようにしておくとよいだろう。

左ページの例題 **155** について，この第 1 余弦定理を用いた，次のような別解もある。

別解　正弦定理により　$\dfrac{2}{\sin B}=\dfrac{\sqrt{2}}{\sin 30°}$

ゆえに　$\sin B=\dfrac{1}{\sqrt{2}}$

$A=30°$ より，$0°<B<150°$ であるから　$B=45°$，$135°$

[1]　$B=45°$ のとき　$C=180°-(30°+45°)=105°$

$c=b\cos A+a\cos B$

$=2\cos 30°+\sqrt{2}\cos 45°=\sqrt{3}+1$

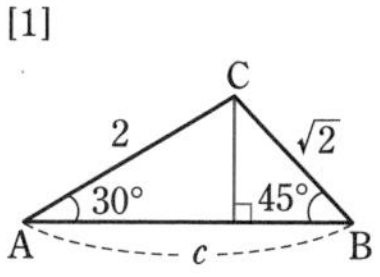

[2]　$B=135°$ のとき　$C=180°-(30°+135°)=15°$

$c=b\cos A+a\cos B$

$=2\cos 30°+\sqrt{2}\cos 135°=\sqrt{3}-1$

以上から　$\boldsymbol{c=\sqrt{3}+1}$，$\boldsymbol{B=45°}$，$\boldsymbol{C=105°}$

または　$\boldsymbol{c=\sqrt{3}-1}$，$\boldsymbol{B=135°}$，$\boldsymbol{C=15°}$

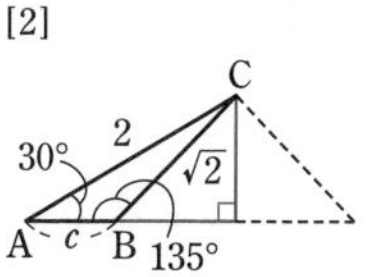

練習 ②**155**　△ABC において，$a=1+\sqrt{3}$，$b=2$，$B=45°$ のとき，c，A，C を求めよ。

4章 ⑱ 正弦定理と余弦定理

まとめ 三角形の解法のまとめ

△ABC の 6 つの要素（3 辺 a，b，c と 3 つの角 A，B，C）のうち，三角形をただ 1 通りに決めるためには，少なくとも 1 つの辺を含む次の 3 つの要素が条件として必要である。

[1] **1 辺とその両端の角**　[2] **2 辺とその間の角**　[3] **3 辺**

これらの条件から，他の 3 つの要素を求めるとき，条件に応じた定理の使用法などを整理しておこう。

使用する性質と定理　△ABC において　$A+B+C=180^\circ$

正弦定理　$\dfrac{a}{\sin A}=\dfrac{b}{\sin B}=\dfrac{c}{\sin C}=2R$　（R は外接円の半径）

余弦定理　$\begin{cases} a^2=b^2+c^2-2bc\cos A \\ b^2=c^2+a^2-2ca\cos B \\ c^2=a^2+b^2-2ab\cos C \end{cases}$

[1] **1 辺とその両端の角**（a，B，C の条件から，b，c，A を求める）

1 $A=180^\circ-(B+C)$ から　A

2 正弦定理 $\dfrac{a}{\sin A}=\dfrac{b}{\sin B}=\dfrac{c}{\sin C}$ から　b，c

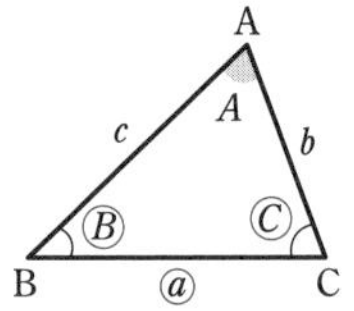

参考 両端の角に限らず，1 辺と 2 角の条件のときも，同じようにして求めることができる。

[2] **2 辺とその間の角**（b，c，A の条件から，a，B，C を求める）

1 余弦定理 $a^2=b^2+c^2-2bc\cos A$ から　a

2 余弦定理 $\cos B=\dfrac{c^2+a^2-b^2}{2ca}$　から　B

3 $C=180^\circ-(A+B)$ から　C

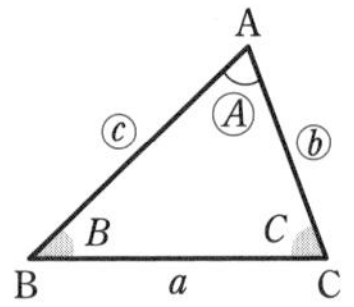

[3] **3 辺**（a，b，c の条件から，A，B，C を求める）

1 余弦定理 $\cos A=\dfrac{b^2+c^2-a^2}{2bc}$ から　A

2 余弦定理 $\cos B=\dfrac{c^2+a^2-b^2}{2ca}$ から　B

3 $C=180^\circ-(A+B)$ から　C

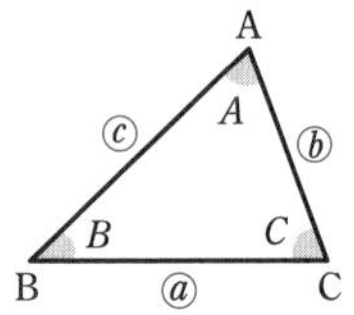

参考 [2] の 2，[3] の 2 で，正弦定理 $\dfrac{a}{\sin A}=\dfrac{b}{\sin B}$ から $\sin B$ の値を求めてもよいが，B の値の候補が 2 つあり，その吟味が必要となる。$p.253$ **ズーム UP** 参照。

注意 **2 辺と 1 対角** の条件が与えられた場合，三角形は 1 通りに決まるとは限らない（$p.254$ 参照）。

例えば，a，b，A の条件から，c，B，C を求める場合，

余弦定理 $a^2=b^2+c^2-2bc\cos A$ から，c を求める。

正弦定理 $\dfrac{a}{\sin A}=\dfrac{b}{\sin B}$ から，B を求める。

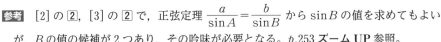

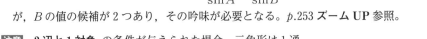

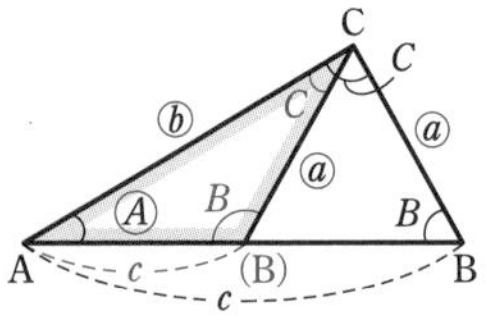

の方法が考えられるが，いずれの場合も得られる値がただ 1 つに決まるとは限らない。

基本 例題 156 頂角の二等分線 …… 余弦定理利用

△ABC において，AB=15，BC=18，AC=12 とし，頂角 A の二等分線と辺 BC の交点を D とする。線分 BD，AD の長さを求めよ。

基本 153

指針 線分 BD の長さは，△ABC の頂角 A の二等分線 AD に対し **AB：AC=BD：DC** であること（数学 A）から求める。
また，線分 AD の長さは，線分 AD を △ABD の 1 辺としてとらえ，余弦定理を利用して求める。なお，$\cos B$ は △ABC において余弦定理を用いると求められる。

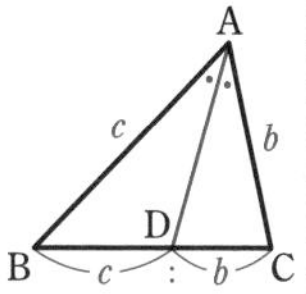

解答

AD は頂角 A の二等分線であるから

BD：DC=AB：AC

=15：12=5：4

BC=18 であるから

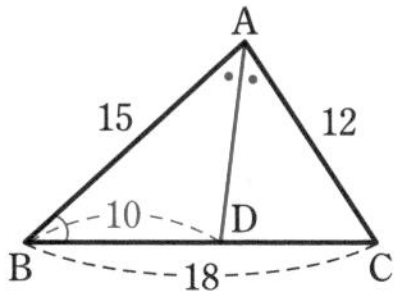

$$\mathbf{BD}=\frac{5}{5+4}\mathrm{BC}=\frac{5}{9}\cdot 18=\mathbf{10}$$

△ABD において，余弦定理により

$$\mathrm{AD}^2=15^2+10^2-2\cdot 15\cdot 10\cos B$$
$$=325-300\cos B \quad \cdots\cdots ①$$

また，△ABC において，余弦定理により

$$\cos B=\frac{18^2+15^2-12^2}{2\cdot 18\cdot 15}=\frac{405}{2\cdot 18\cdot 15}=\frac{3}{4}$$

これを ① に代入して　$\mathrm{AD}^2=325-300\cdot\frac{3}{4}=100$

AD>0 であるから　**AD=10**

別解　上と同様にして　**BD=10**　よって　DC=8

AD=x とする。

△ABD，△ADC において，余弦定理により

$$\cos\frac{A}{2}=\frac{15^2+x^2-10^2}{2\cdot 15\cdot x},\quad \cos\frac{A}{2}=\frac{12^2+x^2-8^2}{2\cdot 12\cdot x}$$

ゆえに　$\frac{x^2+125}{30x}=\frac{x^2+80}{24x}$

両辺に $120x$ を掛けて　$4(x^2+125)=5(x^2+80)$

よって　$x^2=100$　$x>0$ であるから　$x=10$

すなわち　**AD=10**

参考　頂角 A の二等分線と辺 BC の交点を D とするとき，一般に $\mathrm{AD}^2=\mathrm{AB}\cdot\mathrm{AC}-\mathrm{BD}\cdot\mathrm{CD}$ …… (＊) が成り立つ。

検討

下の図で，AC=AE とすると

∠ACE+∠AEC=∠BAC，

∠ACE=∠AEC から

$\angle\mathrm{ACE}=\frac{1}{2}\angle\mathrm{BAC}$

=∠DAC

ゆえに　AD∥EC

よって　**AB：AC**

=BA：AE=**BD：DC**

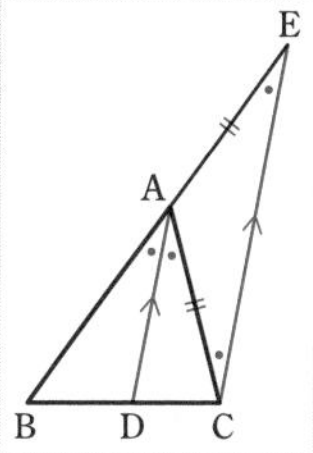

また，図で D は 2 辺 AB，AC より等距離にあるから

△ABD：△ACD=AB：AC

更に，BD，DC を底辺とみると

△ABD：△ACD=BD：DC

よって，

AB：AC=BD：DC

が成り立つ。

(＊) の証明は解答編 $p.152$ 参照。

練習 ②156　△ABC の ∠A の二等分線と辺 BC の交点を D とする。次の各場合について，線分 BD，AD の長さを求めよ。

(1)　AB=6，BC=5，CA=4　(2)　AB=6，BC=10，$B=120^\circ$

p.263 EX111

基本 例題 157 三角形の辺と角の大小 ①①①①①

△ABC において，$\sin A : \sin B : \sin C = \sqrt{7} : \sqrt{3} : 1$ が成り立つとき
(1) △ABC の内角のうち，最も大きい角の大きさを求めよ。
(2) △ABC の内角のうち，2 番目に大きい角の正接を求めよ。

p.248 基本事項 4　重要 159

指針 (1) 正弦定理より，$\boldsymbol{a : b : c = \sin A : \sin B : \sin C}$ が成り立つ。
これと与えられた等式から最大辺がどれかわかる。
三角形の辺と角の大小関係 より，最大辺の対角が最大角であるから，3 辺の比に注目し，余弦定理を利用。
$\boldsymbol{a<b \iff A<B \quad a=b \iff A=B \quad a>b \iff A>B}$
（三角形の 2 辺の大小関係は，その対角の大小関係に一致する。）

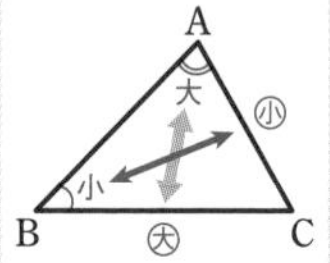

(2) まず，2 番目に大きい角の cos を求め，関係式 $\boldsymbol{1+\tan^2\theta = \dfrac{1}{\cos^2\theta}}$ を利用。

解答

(1) 正弦定理 $\dfrac{a}{\sin A} = \dfrac{b}{\sin B} = \dfrac{c}{\sin C}$ により
$a : b : c = \sin A : \sin B : \sin C$ …… (＊)
これと与えられた等式から　$a : b : c = \sqrt{7} : \sqrt{3} : 1$
よって，ある正の数 k を用いて
$a=\sqrt{7}k,\ b=\sqrt{3}k,\ c=k$
と表される。ゆえに，a が最大の辺であるから，A が最大の角である。
余弦定理により
$$\cos A = \frac{(\sqrt{3}k)^2 + k^2 - (\sqrt{7}k)^2}{2\cdot\sqrt{3}k\cdot k} = \frac{-3k^2}{2\sqrt{3}k^2} = -\frac{\sqrt{3}}{2}$$
よって，最大の角の大きさは　$A=\mathbf{150^\circ}$

(2) (1) から，2 番目に大きい角は B である。
余弦定理により
$$\cos B = \frac{k^2 + (\sqrt{7}k)^2 - (\sqrt{3}k)^2}{2\cdot k\cdot\sqrt{7}k} = \frac{5k^2}{2\sqrt{7}k^2} = \frac{5}{2\sqrt{7}}$$
等式 $1+\tan^2 B = \dfrac{1}{\cos^2 B}$ から
$$\tan^2 B = \frac{1}{\cos^2 B} - 1 = \left(\frac{2\sqrt{7}}{5}\right)^2 - 1 = \frac{28}{25} - 1 = \frac{3}{25}$$
$A>90^\circ$ より $B<90^\circ$ であるから　$\tan B>0$
したがって　$\tan B = \sqrt{\dfrac{3}{25}} = \boldsymbol{\dfrac{\sqrt{3}}{5}}$

◀ $\dfrac{a}{\sin A} = \dfrac{b}{\sin B}$ から
$a : b = \sin A : \sin B$
$\dfrac{b}{\sin B} = \dfrac{c}{\sin C}$ から
$b : c = \sin B : \sin C$
合わせると (＊) となる。

◀ k を正の数として
$\dfrac{a}{\sqrt{7}} = \dfrac{b}{\sqrt{3}} = \dfrac{c}{1} = k$
とおくと
$a=\sqrt{7}k,\ b=\sqrt{3}k,$
$c=k$
$a>b>c$ から $A>B>C$
よって，A が最大の角である。

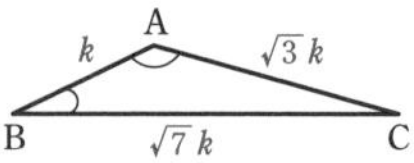

◀ 三角比の相互関係。
（p.238 例題 **144** 参照。）

◀ (1) の結果を利用。
△ABC は鈍角三角形。

練習 ② 157 △ABC において，$\dfrac{5}{\sin A} = \dfrac{8}{\sin B} = \dfrac{7}{\sin C}$ が成り立つとき
(1) △ABC の内角のうち，2 番目に大きい角の大きさを求めよ。
(2) △ABC の内角のうち，最も小さい角の正接を求めよ。　〔類 愛知工大〕

基本例題 158 三角形の成立条件，鈍角三角形となるための条件 ①①①①①

AB=2，BC=x，CA=3 である △ABC がある。
(1) x のとりうる値の範囲を求めよ。
(2) △ABC が鈍角三角形であるとき，x の値の範囲を求めよ。　〔類 関東学院大〕

p.248 基本事項 3，4　重要 159

指針 (1) **三角形の成立条件 $|b-c|<a<b+c$** を利用する。
ここでは，$|3-2|<x<3+2$ の形で使うと計算が簡単になる。
(2) 鈍角三角形において，**最大の角以外の角はすべて鋭角である** から，最大の角が鈍角となる場合を考えればよい（三角形の辺と角の大小関係より，最大の辺を考えることになる）。そこで，最大辺の長さが 3 か x かで場合分けをする。
例えば　CA(=3) が最大辺とすると，

$$\angle \mathrm{B}\text{ が鈍角} \iff \cos B<0 \iff \frac{c^2+a^2-b^2}{2ca}<0 \iff c^2+a^2-b^2<0$$

となり，$\boldsymbol{b^2>c^2+a^2}$ が導かれる。これに $b=3$，$c=2$，$a=x$ を代入して，x の 2 次不等式が得られる。

解答
(1) 三角形の成立条件から　$3-2<x<3+2$
よって　$\boldsymbol{1<x<5}$
(2) どの辺が最大辺になるかで場合分けをして考える。
[1] $1<x<3$ のとき，最大辺の長さは 3 であるから，その対角が 90° より大きいとき鈍角三角形になる。
ゆえに　$3^2>2^2+x^2$
すなわち　$x^2-5<0$
よって　$(x+\sqrt{5})(x-\sqrt{5})<0$
ゆえに　$-\sqrt{5}<x<\sqrt{5}$
$1<x<3$ との共通範囲は　$1<x<\sqrt{5}$
[2] $3\leqq x<5$ のとき，最大辺の長さは x であるから，その対角が 90° より大きいとき鈍角三角形になる。
ゆえに　$x^2>2^2+3^2$
すなわち　$x^2-13>0$
よって　$(x+\sqrt{13})(x-\sqrt{13})>0$
ゆえに　$x<-\sqrt{13}$，$\sqrt{13}<x$
$3\leqq x<5$ との共通範囲は　$\sqrt{13}<x<5$
[1]，[2] を合わせて　$\boldsymbol{1<x<\sqrt{5}}$，$\boldsymbol{\sqrt{13}<x<5}$

参考 鋭角三角形である条件を求める際にも，最大の角に着目し，最大の角が鋭角となる場合を考えればよい。

◀ $|x-3|<2<x+3$ または $|2-x|<3<2+x$ を解いて x の値の範囲を求めてもよいが，面倒。

◀(1) から　$1<x$
[1] 最大辺が CA=3

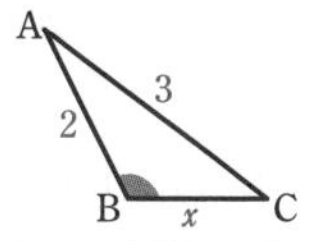

$B>90° \iff \mathrm{AC}^2>\mathrm{AB}^2+\mathrm{BC}^2$

◀(1) から　$x<5$
[2] 最大辺が BC=x

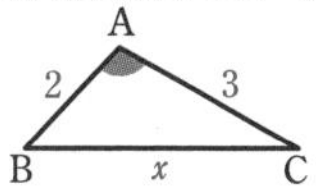

$A>90° \iff \mathrm{BC}^2>\mathrm{AB}^2+\mathrm{AC}^2$

練習 ③158 AB=x，BC=$x-3$，CA=$x+3$ である △ABC がある。　〔類 久留米大〕
(1) x のとりうる値の範囲を求めよ。
(2) △ABC が鋭角三角形であるとき，x の値の範囲を求めよ。

p.263 EX113

重要例題 159 三角形の最大辺と最大角

$x>1$ とする。三角形の3辺の長さがそれぞれ x^2-1, $2x+1$, x^2+x+1 であるとき，この三角形の最大の角の大きさを求めよ。　〔類 日本工大〕

基本 157，158

指針 **三角形の最大の角は，最大の辺に対する角** であるから，3辺の大小を調べる。
このとき，$x>1$ を満たす適当な値を代入して，大小の目安をつけるとよい。
例えば，$x=2$ とすると　$x^2-1=3$, $2x+1=5$, $x^2+x+1=7$　となるから，
x^2+x+1 が最大であるという **予想** がつく。
なお，x^2-1, $2x+1$, x^2+x+1 が三角形の3辺の長さとなることを，
三角形の成立条件 $|b-c|<a<b+c$ で確認することを忘れてはならない。

CHART 文字式の大小　数を代入して大小の目安をつける

解答

$x>1$ のとき　$x^2+x+1-(x^2-1)=x+2>0$

$x^2+x+1-(2x+1)=x^2-x=x(x-1)>0$

よって，長さが x^2+x+1 である辺が最大の辺であるから，3辺の長さを x^2-1, $2x+1$, x^2+x+1 とする三角形が存在するための条件は

$$x^2+x+1<(x^2-1)+(2x+1)$$

整理すると　$x>1$

したがって，$x>1$ のとき三角形が存在する。

また，最大の辺に対する角が最大の角である。

この角を θ とすると，余弦定理により

$$\cos\theta=\frac{(x^2-1)^2+(2x+1)^2-(x^2+x+1)^2}{2(x^2-1)(2x+1)}$$

$$=\frac{x^4-2x^2+1+4x^2+4x+1-(x^4+x^2+1+2x^3+2x+2x^2)}{2(x^2-1)(2x+1)}$$

$$=\frac{-2x^3-x^2+2x+1}{2(x^2-1)(2x+1)}=-\frac{2x^3+x^2-2x-1}{2(x^2-1)(2x+1)}$$

$$=-\frac{(x^2-1)(2x+1)}{2(x^2-1)(2x+1)}=-\frac{1}{2}$$

したがって　$\theta=$ **120°**

◀ x^2+x+1 が最大という **予想** から，次のことを示す。
$x^2+x+1>x^2-1$
$x^2+x+1>2x+1$

◀ **三角形の成立条件**
$|b-c|<a<b+c$ は，
a が最大辺のとき
$a<b+c$
だけでよい。

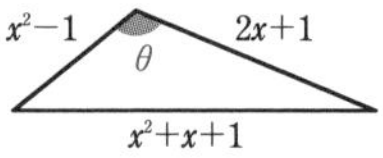

◀ $2x^3+x^2-2x-1$
$=x^2(2x+1)-(2x+1)$
$=(x^2-1)(2x+1)$

練習 ③**159** 三角形の3辺の長さが x^2+3, $4x$, x^2-2x-3 である。
(1) このような三角形が存在するための x の条件を求めよ。
(2) 三角形の最大の角の大きさを求めよ。

重要例題 160 三角形の辺や角の等式の証明 ④④④④④

△ABC において，次の等式が成り立つことを証明せよ。

$$a\sin A-b\sin B=c(\sin A\cos B-\cos A\sin B)$$

指針 **等式の証明** には，$p.229$ 検討 の [1]～[3] の方法がある。ここでは，[2] の方法（**左辺，右辺をそれぞれ変形して，同じ式を導く**）で証明してみよう。
この問題のように，辺 $(a,\ b,\ c)$ と角 $(A,\ B,\ C)$ が混在した式を扱うときは，**角を消去して辺だけの関係に直す** とよい。
それには，**正弦定理** $\sin A=\dfrac{a}{2R}$，**余弦定理** $\cos A=\dfrac{b^2+c^2-a^2}{2bc}$ などを代入して，a，b，c，R の式に直す（**文字を減らす**）。

CHART **三角形の辺と角の等式**　**辺だけの関係にもち込む**

解答
△ABC の外接円の半径を R とする。
正弦定理，余弦定理により

$$a\sin A-b\sin B=a\cdot\frac{a}{2R}-b\cdot\frac{b}{2R}=\frac{a^2-b^2}{2R}$$

$$c(\sin A\cos B-\cos A\sin B)$$
$$=c\left(\frac{a}{2R}\cdot\frac{c^2+a^2-b^2}{2ca}-\frac{b^2+c^2-a^2}{2bc}\cdot\frac{b}{2R}\right)$$
$$=\frac{c^2+a^2-b^2}{4R}-\frac{b^2+c^2-a^2}{4R}=\frac{2a^2-2b^2}{4R}=\frac{a^2-b^2}{2R}$$

したがって

$$a\sin A-b\sin B=c(\sin A\cos B-\cos A\sin B)$$

検討
辺を消去して角だけの関係に直す方法もあるが，数学 I の範囲の知識では，その後の変形をうまく進められないことが多い。そのため，まずは **辺だけの関係** に直すことを考える方がよい。

◀同じ式～～が導かれた。

別解　第 1 余弦定理により

$$a=c\cos B+b\cos C \quad \cdots\cdots ①,$$
$$b=a\cos C+c\cos A \quad \cdots\cdots ②$$

◀第 1 余弦定理
（$p.255$ 検討 参照）
$a=c\cos B+b\cos C$
$b=a\cos C+c\cos A$
$c=b\cos A+a\cos B$

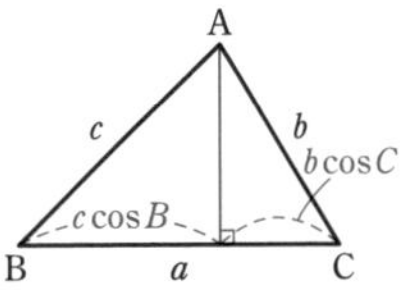

①×$\sin A$－②×$\sin B$ から

$$a\sin A-b\sin B$$
$$=(c\cos B+b\cos C)\sin A-(a\cos C+c\cos A)\sin B$$
$$=c(\sin A\cos B-\cos A\sin B)+\cos C(b\sin A-a\sin B)$$

正弦定理 $\dfrac{a}{\sin A}=\dfrac{b}{\sin B}$ より，$b\sin A-a\sin B=0$ であるから

$$a\sin A-b\sin B=c(\sin A\cos B-\cos A\sin B)$$

◀左辺を変形し，右辺を導いた。

練習 ③**160**　△ABC において，次の等式が成り立つことを証明せよ。
(1)　$(b-c)\sin A+(c-a)\sin B+(a-b)\sin C=0$
(2)　$c(\cos B-\cos A)=(a-b)(1+\cos C)$
(3)　$\sin^2 B+\sin^2 C-\sin^2 A=2\sin B\sin C\cos A$

重要例題 161 三角形の形状決定 ④④④④④

△ABC において次の等式が成り立つとき，この三角形はどのような形か。

(1) $a\sin A+c\sin C=b\sin B$　　(2) $b\cos B=c\cos C$

↗重要 160

指針 三角形の辺と角の等式　辺だけの関係にもち込む

に従い，**正弦定理** $\sin A=\dfrac{a}{2R}$，**余弦定理** $\cos A=\dfrac{b^2+c^2-a^2}{2bc}$ などを等式に代入する。

注意 どんな三角形かを答えるとき，「二等辺三角形」，「直角三角形」では答えとしては不十分である。どの辺とどの辺が等しいか，どの角が直角であるかなどをしっかり書く。

解答

(1) △ABC の外接円の半径を R とする。正弦定理により

$$\sin A=\frac{a}{2R},\ \sin B=\frac{b}{2R},\ \sin C=\frac{c}{2R}$$

これらを等式 $a\sin A+c\sin C=b\sin B$ に代入すると

$$a\cdot\frac{a}{2R}+c\cdot\frac{c}{2R}=b\cdot\frac{b}{2R}$$

両辺に $2R$ を掛けて　$a^2+c^2=b^2$

よって，△ABC は

∠B＝90° の直角三角形

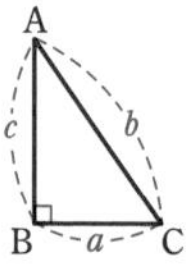

(2) 余弦定理により

$$\cos B=\frac{c^2+a^2-b^2}{2ca},\ \cos C=\frac{a^2+b^2-c^2}{2ab}$$

これらを等式 $b\cos B=c\cos C$ に代入すると

$$\frac{b(c^2+a^2-b^2)}{2ca}=\frac{c(a^2+b^2-c^2)}{2ab}$$

両辺に $2abc$ を掛けて

$$b^2(c^2+a^2-b^2)=c^2(a^2+b^2-c^2)$$

ゆえに　$b^2c^2+a^2b^2-b^4=c^2a^2+b^2c^2-c^4$

a について整理して　$(b^2-c^2)a^2-(b^4-c^4)=0$

よって　$(b^2-c^2)a^2-(b^2+c^2)(b^2-c^2)=0$

ゆえに　$(b^2-c^2)\{a^2-(b^2+c^2)\}=0$

したがって　$b^2=c^2$ または $a^2=b^2+c^2$

$b>0$，$c>0$ であるから　$b=c$ または $a^2=b^2+c^2$

ゆえに，△ABC は

AB＝AC の二等辺三角形

または　∠A＝90° の直角三角形

検討

△ABC の形状
式を変形して得られた結果が，例えば，$\boldsymbol{b=c}$ なら **AB＝AC の二等辺三角形，**
$\boldsymbol{a=b=c}$ なら **正三角形，**
$\boldsymbol{a^2=b^2+c^2}$ なら
∠A＝90° の直角三角形
である。

◀分母を払う。

◀右辺 $c^2a^2+b^2c^2-c^4$ を左辺に移項し，次数が最も低い a^2 について整理する。

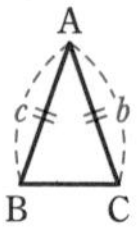

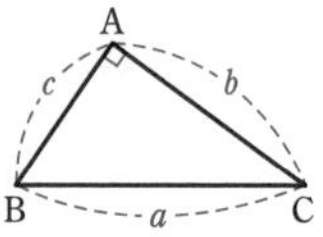

練習 ④161 △ABC において，次の等式が成り立つとき，この三角形はどのような形か。

(1) $a\sin A=b\sin B$　〔宮城教育大〕

(2) $\dfrac{\cos A}{a}=\dfrac{\cos B}{b}=\dfrac{\cos C}{c}$　〔類 松本歯大〕

(3) $\sin A\cos A=\sin B\cos B+\sin C\cos C$　〔東京国際大〕 p.263 EX114↘

EXERCISES

③108 △ABC において，外接円の半径を R とする。次のものを求めよ。

(1) $a=2$，$c=4\cos B$，$\cos C=-\dfrac{1}{3}$ のとき　b，$\cos A$

(2) $b=4$，$c=4\sqrt{3}$，$B=30°$ のとき　a，A，C，R

(3) $(b+c):(c+a):(a+b)=4:5:6$，$R=1$ のとき　A，a，b，c

→152〜155

③109 △ABC は ∠B=60°，AB+BC=1 を満たしている。辺 BC の中点を M とすると，線分 AM の長さが最小となるのは BC=□ のときである。〔類 岡山理科大〕

→153

②110 右の図のように，100 m 離れた 2 地点 A，B から川を隔てた対岸の 2 地点 P，Q を観測して，次の値を得た。
∠PAB=75°，∠QAB=45°，∠PBA=60°，∠QBA=90°
このとき，次の問いに答えよ。

(1) A，P 間の距離を求めよ。

(2) P，Q 間の距離を求めよ。 →154

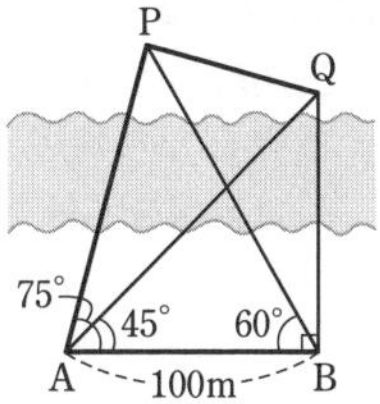

③111 △ABC において，∠BAC の二等分線と辺 BC の交点を D とする。AB=5，AC=2，AD=$2\sqrt{2}$ とする。

(1) $\dfrac{\mathrm{CD}}{\mathrm{BD}}$ の値を求めよ。　(2) cos∠BAD の値を求めよ。

(3) △ACD の外接円の半径を求めよ。〔防衛大〕 →156

②112 △ABC において，辺 BC の中点を M とする。

(1) **$\mathrm{AB}^2+\mathrm{AC}^2=2(\mathrm{AM}^2+\mathrm{BM}^2)$ (中線定理)** が成り立つことを証明せよ。

(2) AB=9，BC=8，CA=7 のとき，線分 AM の長さを求めよ。 →156

③113 3 辺の長さが a，$a+2$，$a+4$ である三角形について考える。

(1) この三角形が鈍角三角形であるとき，a のとりうる値の範囲を求めよ。

(2) この三角形の 1 つの内角が 120° であるとき，a の値，外接円の半径を求めよ。

〔西南学院大〕 →157, 158

④114 (1) △ABC において，次の等式が成り立つことを証明せよ。

$$(b^2+c^2-a^2)\tan A=(c^2+a^2-b^2)\tan B$$

(2) 次の条件を満たす △ABC はどのような形の三角形か。〔(2) 類 群馬大〕

$$(b-c)\sin^2 A=b\sin^2 B-c\sin^2 C$$

→160, 161

HINT

108 (3) $b+c=8k$，$c+a=10k$，$a+b=12k$ $(k>0)$ とおく。

109 BC=x として，AM^2 を x で表す。x の **2 次式 ⟶ 基本形に直す。**

111 (2) ∠BAD=∠CAD=θ とおき，余弦定理を利用して BD^2，CD^2 をそれぞれ $\cos\theta$ で表す。

112 (1) △AMB，△AMC においてそれぞれ余弦定理を利用する。

113 (2) 120° は鈍角であるから，最大辺に対する角である。

19 三角形の面積，空間図形への応用

基本事項

1 三角形の面積

△ABC の面積を S とすると

① $\boldsymbol{S=\frac{1}{2}bc\sin A=\frac{1}{2}ca\sin B=\frac{1}{2}ab\sin C}$

② $2s=a+b+c$ とすると　$\boldsymbol{S=\sqrt{s(s-a)(s-b)(s-c)}}$

この式を **ヘロンの公式** という。

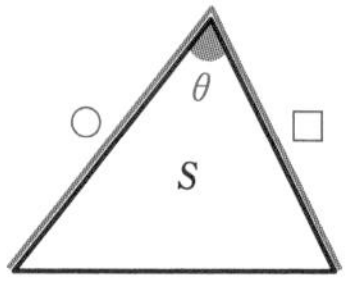

$S=\frac{1}{2}\times○\times□\times\sin\theta$

解　説

■ **三角形の面積**

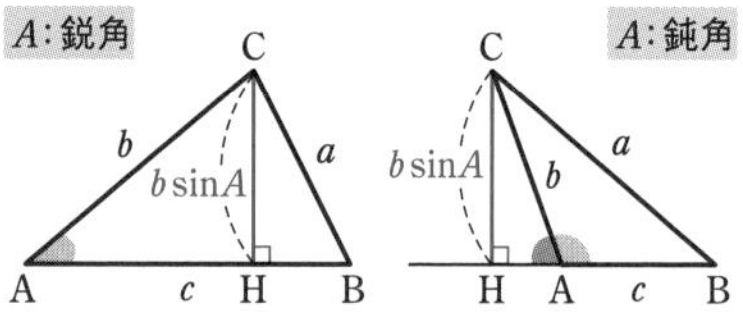

頂点 C から対辺 AB，またはその延長線上に下ろした垂線を CH とすると

[1]　∠A が鋭角のとき　$\mathrm{CH}=b\sin A$

[2]　∠A が直角のとき　$\mathrm{CH}=b=b\sin A$

[3]　∠A が鈍角のとき　$\mathrm{CH}=b\sin(180^\circ-A)=b\sin A$

◀ $\sin(180^\circ-\theta)=\sin\theta$

ゆえに　　$S=\frac{1}{2}\mathrm{AB}\cdot\mathrm{CH}=\boldsymbol{\frac{1}{2}bc\sin A}$

他の 2 つも同様にして証明できる。

また，$S=\frac{1}{2}bc\sin A$ の $\sin A$ を 3 辺の長さ a，b，c で表すことを考える。余弦定理により，$\cos A=\frac{b^2+c^2-a^2}{2bc}$ であるから

$$\sin^2 A=1-\cos^2 A=(1+\cos A)(1-\cos A)$$
$$=\left(1+\frac{b^2+c^2-a^2}{2bc}\right)\left(1-\frac{b^2+c^2-a^2}{2bc}\right)$$
$$=\frac{2bc+b^2+c^2-a^2}{2bc}\times\frac{2bc-b^2-c^2+a^2}{2bc}$$
$$=\frac{(b+c)^2-a^2}{2bc}\times\frac{a^2-(b-c)^2}{2bc}$$
$$=\frac{(a+b+c)(-a+b+c)(a-b+c)(a+b-c)}{4b^2c^2}$$

注意　ヘロンの公式は，3 辺の長さがわかったとき，特に，3 辺の長さが整数のときなどに利用するとよい。

例　3 辺の長さが 3，6，7 のとき，

$2s=3+6+7=16$ から

$s=8$

よって

$S=\sqrt{8(8-3)(8-6)(8-7)}$

$=\sqrt{8\cdot5\cdot2\cdot1}=4\sqrt{5}$

ここで，$a+b+c=2s$ とおくと

$$-a+b+c=2(s-a),\ a-b+c=2(s-b),\ a+b-c=2(s-c)$$

したがって　　$\sin^2 A=\frac{2s\cdot2(s-a)\cdot2(s-b)\cdot2(s-c)}{4b^2c^2}=\frac{4s(s-a)(s-b)(s-c)}{(bc)^2}$

$\sin A>0$ であるから　　$\sin A=\frac{2\sqrt{s(s-a)(s-b)(s-c)}}{bc}$

これを $S=\frac{1}{2}bc\sin A$ に代入すると

$$\boldsymbol{S=\sqrt{s(s-a)(s-b)(s-c)}}\qquad \text{ただし}\quad 2s=a+b+c$$

基本事項

2 多角形の面積

多角形をいくつかの三角形に分割して求める。

3 三角形の内接円と面積

三角形の3辺に接する円を，その三角形の **内接円** という。

△ABC の面積を S，内接円の半径を r とすると

$$\boldsymbol{S=\frac{1}{2}r(a+b+c)}$$

4 空間図形の計量

柱体や錐体において，底面積を S，高さを h とすると

柱体の体積　$\boldsymbol{V=Sh}$　　　**錐体の体積**　$\boldsymbol{V=\frac{1}{3}Sh}$

半径 r の球の体積を V，表面積を S とすると

$$\boldsymbol{V=\frac{4}{3}\pi r^3,\qquad S=4\pi r^2}$$

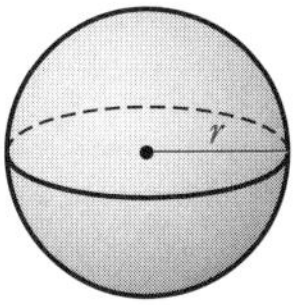

解説

■ 多角形の面積

例えば，四角形については，対角線によって2つの三角形に分けると，左ページの公式 1 により面積が求められる。

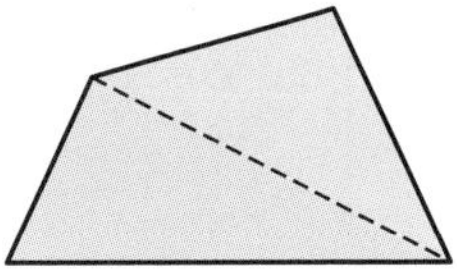

■ 三角形の内接円と面積

△ABC の内接円の中心を I とすると

$$\boldsymbol{S}=\triangle\mathrm{IBC}+\triangle\mathrm{ICA}+\triangle\mathrm{IAB}$$
$$=\frac{1}{2}ar+\frac{1}{2}br+\frac{1}{2}cr$$
$$=\boldsymbol{\frac{1}{2}r(a+b+c)}\ \cdots\cdots\ ①$$

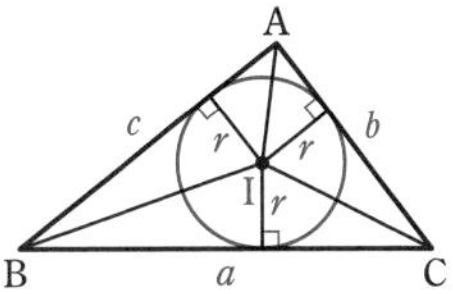

また，$2s=a+b+c$ とすると，① は $\boldsymbol{S=rs}$ と表される。

■ 空間図形の計量

三角柱，四角柱，円柱などの柱体の体積は (底面積)×(高さ) で与えられる。

また，三角錐 (四面体)，四角錐，円錐などの錐体の体積は，底面積と高さが同じ柱体の体積の $\frac{1}{3}$ である。

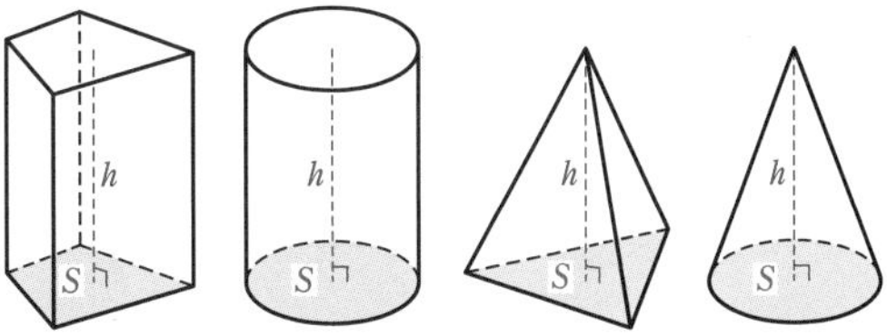

空間図形の問題では，平面図形を取り出して考えるとよい。

① 曲面は広げる（展開図）　　② 平面で切る（断面図）

② に含まれるが，**垂線を下ろして直角三角形を作る** ことも有効な手段である。

基本 例題 162 三角形の面積 ①①①①①

次のような △ABC の面積 S を求めよ。

(1) $a=3$, $c=2\sqrt{2}$, $B=45^\circ$　　(2) $a=6$, $b=5$, $c=4$

p.264 基本事項 1

指針　$\triangle ABC=\frac{1}{2}bc\sin A=\frac{1}{2}ca\sin B=\frac{1}{2}ab\sin C$

この三角形の面積の公式を使うには，**2 辺の長さとその間の角**がポイントとなる。

(1) **2 辺とその間の角がわかっている** から，公式にズバリ代入。

(2) **3 辺の長さがわかっている** 場合

余弦定理により **$\cos A$**　次に，$\sin^2 A+\cos^2 A=1$ により **$\sin A$** と順に求め，上の公式を利用する。

または，別解 のように **ヘロンの公式** を使っても解ける。

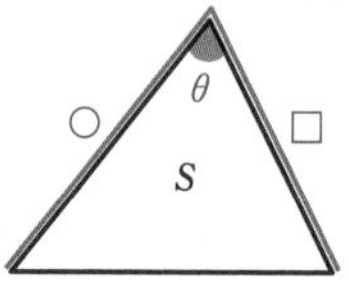

$S=\frac{1}{2}\times○\times□\times\sin\theta$

CHART 三角形の面積　$\frac{1}{2}\times(2\text{ 辺})\times\sin(\text{間の角})$

解答

(1) $S=\frac{1}{2}ca\sin B=\frac{1}{2}\cdot 2\sqrt{2}\cdot 3\sin 45^\circ=3\sqrt{2}\cdot\frac{1}{\sqrt{2}}=\mathbf{3}$

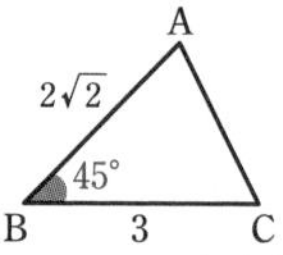

(2) $\cos A=\frac{b^2+c^2-a^2}{2bc}=\frac{5^2+4^2-6^2}{2\cdot5\cdot4}$

$=\frac{5}{2\cdot5\cdot4}=\frac{1}{8}$

◀ $\cos B$, $\cos C$ を求めてもよい。

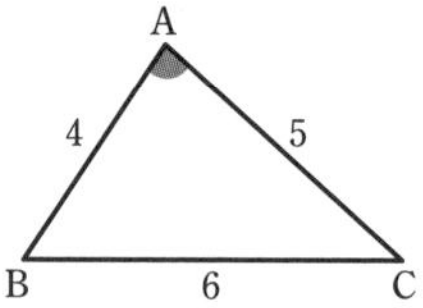

$\sin A>0$ であるから

$\sin A=\sqrt{1-\cos^2 A}$

$=\sqrt{1-\left(\frac{1}{8}\right)^2}=\frac{3\sqrt{7}}{8}$

◀ A は三角形の内角であるから　$0^\circ<A<180^\circ$　よって　$0<\sin A<1$

よって　$S=\frac{1}{2}bc\sin A=\frac{1}{2}\cdot5\cdot4\cdot\frac{3\sqrt{7}}{8}=\mathbf{\frac{15\sqrt{7}}{4}}$

別解　ヘロンの公式を用いると，$s=\frac{6+5+4}{2}=\frac{15}{2}$ であるから

$S=\sqrt{s(s-a)(s-b)(s-c)}$

$=\sqrt{\frac{15}{2}\left(\frac{15}{2}-6\right)\left(\frac{15}{2}-5\right)\left(\frac{15}{2}-4\right)}$

$=\sqrt{\frac{15\cdot3\cdot5\cdot7}{2^4}}=\mathbf{\frac{15\sqrt{7}}{4}}$

◀ ヘロンの公式は，a, b, c が整数のときなど，$\sqrt{\quad}$ の中の計算が比較的らくなときに利用するとよい。

練習 ① 162　次のような △ABC の面積 S を求めよ。

(1) $a=10$, $b=7$, $C=150^\circ$　　(2) $a=5$, $b=9$, $c=8$

基本例題 163 図形の分割と面積(1)

次のような四角形 ABCD の面積 S を求めよ。

(1) 平行四辺形 ABCD で，対角線の交点を O とすると

$AC=10,\ BD=6\sqrt{2},\ \angle AOD=135^\circ$

(2) $AD/\!/BC$ の台形 ABCD で，$AB=5,\ BC=8,\ BD=7,\ \angle A=120^\circ$

p.265 基本事項 2，基本 162

指針 四角形の面積 を求める問題は，対角線で 2 つの三角形に分割 して考える。

(1) **平行四辺形は，対角線で合同な 2 つの三角形に分割される** から $S=2\triangle ABD$
また，BO=DO から $\triangle ABD=2\triangle OAD$ よって，まず △OAD の面積を求める。

(2) **(台形の面積)=(上底+下底)×(高さ)÷2** が使えるように，上底 AD の長さと高さを求める。まず，△ABD（2 辺と 1 角が既知）において余弦定理を適用。

CHART 四角形の問題 対角線で 2 つの三角形に分割

解答

(1) 平行四辺形の対角線は，互いに他を 2 等分するから

$OA=\frac{1}{2}AC=5,$

$OD=\frac{1}{2}BD=3\sqrt{2}$

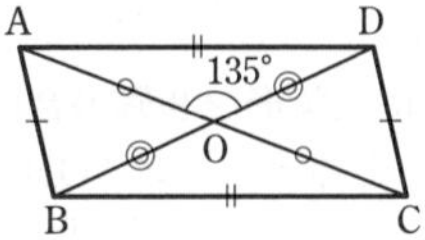

ゆえに $\triangle OAD$

$=\frac{1}{2}OA\cdot OD\sin 135^\circ=\frac{1}{2}\cdot 5\cdot 3\sqrt{2}\cdot\frac{1}{\sqrt{2}}=\frac{15}{2}$

よって $S=2\triangle ABD=2\cdot 2\triangle OAD^{(*)}=4\cdot\frac{15}{2}=\mathbf{30}$

(2) △ABD において，余弦定理により

$7^2=5^2+AD^2-2\cdot 5\cdot AD\cos 120^\circ$

ゆえに $AD^2+5AD-24=0$

よって $(AD-3)(AD+8)=0$

$AD>0$ であるから $AD=3$

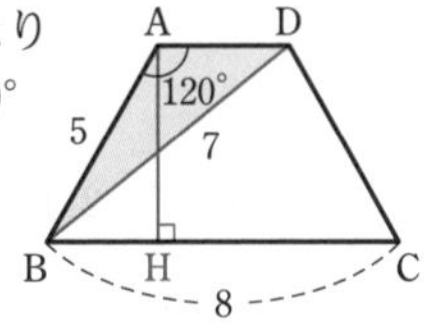

頂点 A から辺 BC に垂線 AH を引くと

$AH=AB\sin\angle ABH,$

$\angle ABH=180^\circ-\angle BAD=60^\circ$ ◀AD∥BC

よって $S=\frac{1}{2}(AD+BC)AH$ ◀(上底+下底)×(高さ)÷2

$=\frac{1}{2}(3+8)\cdot 5\sin 60^\circ=\mathbf{\frac{55\sqrt{3}}{4}}$

(*) △OAB と △OAD は，それぞれの底辺を OB，OD とみると，OB=OD で，**高さが同じであるから，その面積も等しい。**

参考 下の図の平行四辺形の面積 S は

$$S=\frac{1}{2}AC\cdot BD\sin\theta$$

[練習 163 (2) 参照]

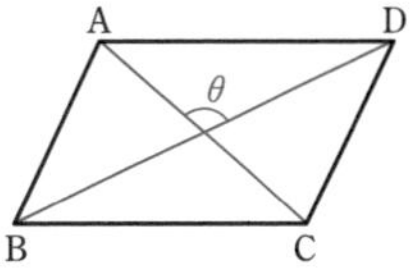

練習 ② 163 次のような四角形 ABCD の面積 S を求めよ（O は AC と BD の交点）。

(1) 平行四辺形 ABCD で，$AB=5,\ BC=6,\ AC=7$

(2) 平行四辺形 ABCD で，$AC=p,\ BD=q,\ \angle AOB=\theta$

(3) $AD/\!/BC$ の台形 ABCD で，$BC=9,\ CD=8,\ CA=4\sqrt{7},\ \angle D=120^\circ$

基本例題 164 図形の分割と面積(2)

(1) △ABC において，AB=8，AC=5，∠A=120° とする。∠A の二等分線と辺 BC の交点を D とするとき，線分 AD の長さを求めよ。

(2) 1 辺の長さが 1 の正八角形の面積を求めよ。

p.265 基本事項 2，基本 162

指針 (1) 面積を利用する。△ABC=△ABD+△ADC であることに着目。AD=x として，この等式から x の方程式を作る。

(2) **多角形の面積** は **いくつかの三角形に分割** して考えていく。ここでは，正八角形の外接円の中心と各頂点を結び，8 つの合同な三角形に分ける。

CHART 多角形の面積 いくつかの三角形に分割して求める

解答

(1) AD=x とおく。△ABC=△ABD+△ADC であるから

$$\frac{1}{2}\cdot 8\cdot 5\sin 120^\circ=\frac{1}{2}\cdot 8\cdot x\sin 60^\circ+\frac{1}{2}\cdot x\cdot 5\sin 60^\circ$$

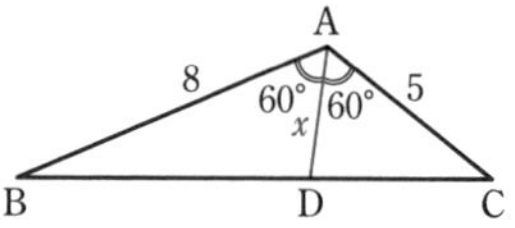

ゆえに　$40=8x+5x$

よって　$x=\frac{40}{13}$　すなわち　AD=$\mathbf{\frac{40}{13}}$

(2) 図のように，正八角形を 8 個の合同な三角形に分け，3 点 O，A，B をとると　∠AOB=360°÷8=45°

OA=OB=a とすると，余弦定理により

$$1^2=a^2+a^2-2a\cdot a\cos 45^\circ$$

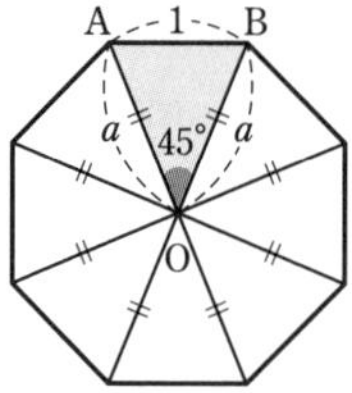

整理して　$(2-\sqrt{2})a^2=1$

ゆえに　$a^2=\frac{1}{2-\sqrt{2}}=\frac{2+\sqrt{2}}{2}$

よって，求める面積は

$$8\triangle OAB=8\cdot\frac{1}{2}a^2\sin 45^\circ=\mathbf{2(1+\sqrt{2})}$$

◀ $AB^2=OA^2+OB^2-2OA\cdot OB\cos\angle AOB$

◀ここでは a の値まで求めておかなくてよい。

◀ $4\cdot\frac{2+\sqrt{2}}{2}\cdot\frac{1}{\sqrt{2}}=\sqrt{2}(2+\sqrt{2})$

検討

$AD^2=AB\cdot AC-BD\cdot CD$ (p.257 参考) の利用

上の例題(1)は，p.257 参考を利用して解くこともできる。

△ABC において，余弦定理により　BC=$\sqrt{129}$

よって，右の図から　$AD^2=8\cdot 5-\frac{8\sqrt{129}}{13}\cdot\frac{5\sqrt{129}}{13}=\frac{40^2}{13^2}$

AD>0 であるから　AD=$\frac{40}{13}$

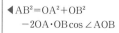

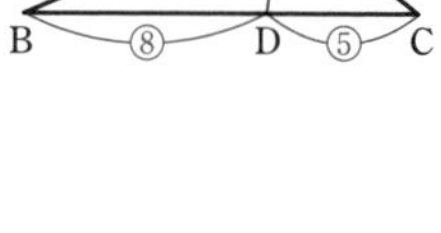

練習 ② 164 (1) △ABC において，∠A=60°，AB=7，AC=5 のとき，∠A の二等分線が辺 BC と交わる点を D とすると AD=□ となる。〔(1) 国士舘大〕

(2) 半径 a の円に内接する正八角形の面積 S を求めよ。

(3) 1 辺の長さが 1 の正十二角形の面積 S を求めよ。

基本例題 165 円に内接する四角形の面積 (1)

円に内接する四角形 ABCD において，AB=2, BC=3, CD=1, ∠ABC=60° とする。次のものを求めよ。

(1) AC の長さ　　(2) AD の長さ　　(3) 四角形 ABCD の面積

基本 163

指針 円に内接する四角形の対角の和は 180°　このことを利用して解く。

(1) △ABC において，「2 辺とその間の角」がわかっているから **余弦定理**。

(2) ∠B+∠D=180° より，∠D の大きさがわかるから，△ACD において **余弦定理**。

(3) *p*.267 例題 **163** で学んだように，**2 つの三角形** △ABC，△ACD **に分けて**，それぞれに対し **三角形の面積公式** を用いる。

CHART 四角形の問題
1. 対角線で 2 つの三角形に分割
2. 円に内接なら (対角の和)=180° に注意

解答

(1) △ABC において，余弦定理により

$AC^2=2^2+3^2-2\cdot2\cdot3\cos60°$

$=13-12\cdot\frac{1}{2}=7$

AC>0 であるから　$AC=\sqrt{7}$

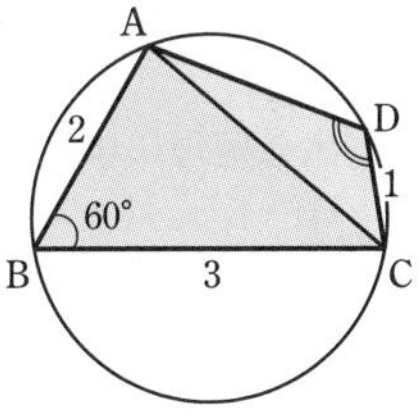

(2) 四角形 ABCD は円に内接するから

$\angle D=180°-\angle B$

$=180°-60°=120°$

よって，△ACD において，余弦定理により

$AC^2=CD^2+AD^2-2\cdot CD\cdot AD\cos\angle D$

ゆえに　$(\sqrt{7})^2=1^2+AD^2-2\cdot1\cdot AD\cos120°$

よって　$AD^2+AD-6=0$

ゆえに　$(AD-2)(AD+3)=0$

AD>0 であるから　**AD=2**

(3) 四角形 ABCD の面積を S とすると

$S=\triangle ABC+\triangle ACD$

$=\frac{1}{2}\cdot2\cdot3\sin60°+\frac{1}{2}\cdot2\cdot1\cdot\sin120°$

$=3\cdot\frac{\sqrt{3}}{2}+\frac{\sqrt{3}}{2}=2\sqrt{3}$

◀どの三角形に対しての余弦定理か，きちんと示す。

円に内接する四角形

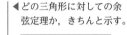

◀△ABC $=\frac{1}{2}AB\cdot BC\sin\angle ABC$

△ACD $=\frac{1}{2}AD\cdot CD\sin\angle ADC$

練習 ② 165 円に内接する四角形 ABCD において，AD∥BC, AB=3, BC=5, ∠ABC=60° とする。次のものを求めよ。

(1) AC の長さ　　(2) CD の長さ

(3) AD の長さ　　(4) 四角形 ABCD の面積

基本例題 166 円に内接する四角形の面積 (2)

円に内接する四角形 ABCD において，AB=4，BC=5，CD=7，DA=10 とする。次のものを求めよ。

(1) $\cos A$ の値　　　(2) 四角形 ABCD の面積

基本 165

指針 四角形の問題は，**対角線で 2 つの三角形に分割する** のが基本方針。
また，**円に内接する四角形の対角の和は 180°** であることにも注意。

(1) △ABD，△BCD それぞれで余弦定理を適用し，BD^2 を 2 通りに表す。……★
なお，$A+C=180°$（**対角の和は 180°**）も利用。

(2) △ABD＋△BCD として求める。△ABD，△BCD の 2 辺は与えられているから，その間の角の sin がわかれば面積が求められる。(1) の結果を $\sin^2 A+\cos^2 A=1$ に代入し，まず $\sin A$ を求める。

CHART 四角形の問題
1 対角線で 2 つの三角形に分割
2 円に内接なら（対角の和）=180° に注意

解答

(1) 四角形 ABCD は円に内接するから

$C=180°-A$

◀ $A+C=180°$

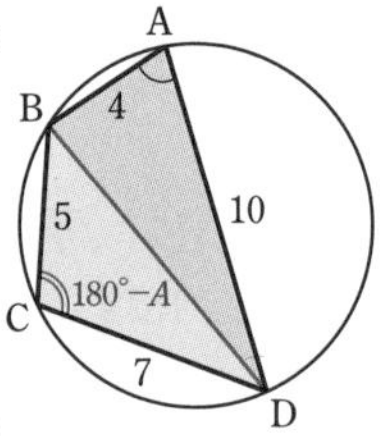

△ABD において，余弦定理により

$BD^2=10^2+4^2-2\cdot10\cdot4\cos A$

$=116-80\cos A$ …… ①

△BCD において，余弦定理により

$BD^2=7^2+5^2-2\cdot7\cdot5\cos(180°-A)$

$=74+70\cos A$ …… ②

◀ $\cos(180°-A)=-\cos A$

①，② から　$116-80\cos A=74+70\cos A$

ゆえに　$\cos A=\dfrac{42}{150}=\mathbf{\dfrac{7}{25}}$

◀ 指針＿＿……★ の方針。△ABD だけに着目しても $\cos A$ は求められないから，△BCD にも着目して BD^2 を 2 通りに表し，$\cos A$ についての方程式を作る。

(2) $\sin A>0$ であるから

$$\sin A=\sqrt{1-\left(\frac{7}{25}\right)^2}=\frac{\sqrt{576}}{25}=\frac{24}{25}$$

また　$\sin C=\sin(180°-A)=\sin A=\dfrac{24}{25}$

よって，四角形 ABCD の面積を S とすると

$S=$△ABD＋△BCD

$=\dfrac{1}{2}AB\cdot AD\sin A+\dfrac{1}{2}BC\cdot CD\sin C$

$=\dfrac{1}{2}\cdot4\cdot10\cdot\dfrac{24}{25}+\dfrac{1}{2}\cdot5\cdot7\cdot\dfrac{24}{25}=\mathbf{36}$

検討

一般に，円に内接する四角形は，4 辺の長さが決まれば，その面積が決まる（次ページの 1. 参照）。

練習 ③166 円に内接する四角形 ABCD において，AB=1，BC=3，CD=3，DA=2 とする。次のものを求めよ。

(1) $\cos B$ の値　　　(2) 四角形 ABCD の面積

p.285 EX116, 117

参考事項　円に内接する四角形の面積，中線定理の拡張

※円に内接する四角形の面積を求めるのには，三角形の **ヘロンの公式** の拡張となる公式がある。
また，p.263 EXERCISES 112 で証明した **中線定理** は，中点に限らずいろいろな分点についての関係式に拡張することができる。これらの事柄は覚えて利用するものではないが，余弦定理の応用として紹介しておく。

1. 円に内接する四角形の面積（ブラーマグプタの公式）

円に内接する四角形の 4 辺の長さを a，b，c，d とし，$2s=a+b+c+d$ とすると
この四角形の面積 S は　　$\boldsymbol{S=\sqrt{(s-a)(s-b)(s-c)(s-d)}}$　である。

［解説］　右の図で，$D=180°-B$ であるから

$$\sin D=\sin(180°-B)=\sin B$$

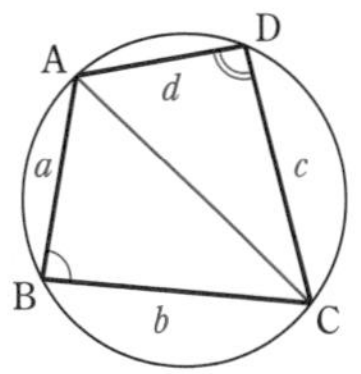

ゆえに　　$2S=2(\triangle ABC+\triangle ACD)=ab\sin B+cd\sin D$

$$=(ab+cd)\sin B \quad \cdots\cdots \text{①}$$

△ABC，△ACD において，余弦定理により

$AC^2=a^2+b^2-2ab\cos B$，　$AC^2=c^2+d^2-2cd\cos(180°-B)$

よって　$\cos B=\dfrac{a^2+b^2-c^2-d^2}{2(ab+cd)}$　　ゆえに，$\sin B=\sqrt{1-\cos^2 B}$ から

$$\sin B=\frac{1}{2(ab+cd)}\sqrt{(a+b+c-d)(a+b-c+d)(a-b+c+d)(-a+b+c+d)}$$

$2s=a+b+c+d$ とすると，① から　　$S=\sqrt{(s-a)(s-b)(s-c)(s-d)}$

注意　ヘロンの公式は，ブラーマグプタの公式で $d=0$ としたものに一致する。

2. 中線定理（パップスの定理）の拡張（スチュワートの定理）

△ABC において，辺 BC 上に BD：DC$=m:n$ となる点 D をとると

$$\boldsymbol{nAB^2+mAC^2=nBD^2+mCD^2+(m+n)AD^2}$$

（$m=n=1$ のとき，中線定理 $\boldsymbol{AB^2+AC^2=2(AD^2+BD^2)}$ となる。）

［解説］　$\angle ADB=\theta$ とすると，余弦定理により

$$AB^2=AD^2+BD^2-2AD\cdot BD\cos\theta$$
$$AC^2=AD^2+CD^2-2AD\cdot CD\cos(180°-\theta)$$
$$=AD^2+CD^2+2AD\cdot CD\cos\theta$$

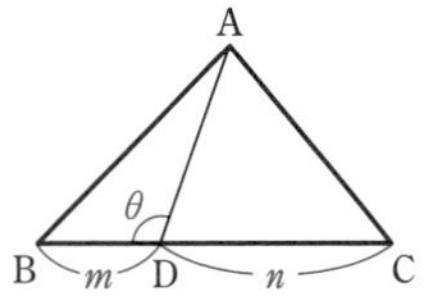

また，BD：DC$=m:n$ から　　$nBD=mDC$

よって　　nAB^2+mAC^2

$$=n(AD^2+BD^2-2AD\cdot BD\cos\theta)+m(AD^2+CD^2+2AD\cdot CD\cos\theta)$$
$$=nBD^2+mCD^2+(m+n)AD^2$$

例　$AB=6$，$BC=8$，$CA=7$ の △ABC において，辺 BC を 1：3 に分ける点を D とするとき，
線分 AD の長さは　　$3\cdot6^2+1\cdot7^2=3\cdot2^2+1\cdot6^2+(1+3)\cdot AD^2$

AD>0 であるから　　$AD=\dfrac{\sqrt{109}}{2}$

基本例題 167 三角形の内接円，外接円の半径

△ABC において，$a=2$，$b=\sqrt{2}$，$c=1$ とする。次のものを求めよ。

(1) $\cos B$，$\sin B$　　(2) △ABC の面積 S

(3) △ABC の内接円の半径 r　　(4) △ABC の外接円の半径 R

p.265 基本事項 3，基本 162

指針

(1) 3 辺が与えられているから，余弦定理によって $\cos B$ を求める。
次に，$\sin^2 B+\cos^2 B=1$ によって $\sin B$ を求める。

(2) 2 辺とその間の角の sin がわかるから　$\boldsymbol{S=\frac{1}{2}ca\sin B}$

(3) **内接円の半径 r は，三角形の面積を利用** して求める。
内接円の中心を I とすると

$$\triangle\mathbf{ABC}=\triangle\mathbf{IBC}+\triangle\mathbf{ICA}+\triangle\mathbf{IAB}$$

よって　$S=\frac{1}{2}ar+\frac{1}{2}br+\frac{1}{2}cr=\boldsymbol{\frac{1}{2}r(a+b+c)}$

これと (2) の結果を利用して，r を求める。

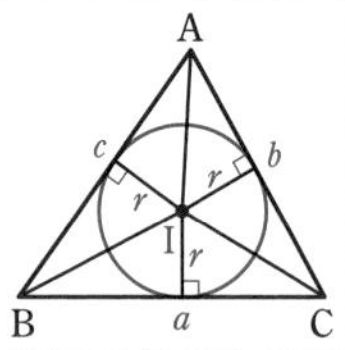

(4) **外接円の半径 R は，正弦定理を利用** して求める。

CHART 三角形と円
1 外接円の半径 は，正弦定理 利用
2 内接円の半径 は，三角形の面積 利用
により求める

解答

(1) 余弦定理により　$\boldsymbol{\cos B}=\frac{1^2+2^2-(\sqrt{2})^2}{2\cdot1\cdot2}=\boldsymbol{\frac{3}{4}}$　◀ $\cos B=\frac{c^2+a^2-b^2}{2ca}$

$\sin B>0$ であるから　$\boldsymbol{\sin B}=\sqrt{1-\left(\frac{3}{4}\right)^2}=\boldsymbol{\frac{\sqrt{7}}{4}}$

(2) $\boldsymbol{S}=\frac{1}{2}ca\sin B=\frac{1}{2}\cdot1\cdot2\cdot\frac{\sqrt{7}}{4}=\boldsymbol{\frac{\sqrt{7}}{4}}$

(3) (2)，$S=\frac{1}{2}r(a+b+c)$ から

$$\frac{\sqrt{7}}{4}=\frac{1}{2}r(2+\sqrt{2}+1)$$

よって　$\boldsymbol{r}=\frac{\sqrt{7}}{2(3+\sqrt{2})}=\boldsymbol{\frac{\sqrt{7}(3-\sqrt{2})}{14}}$　◀ $\frac{\sqrt{7}(3-\sqrt{2})}{2(3+\sqrt{2})(3-\sqrt{2})}$

(4) 正弦定理により

$$\boldsymbol{R}=\frac{b}{2\sin B}=\sqrt{2}\div\left(2\cdot\frac{\sqrt{7}}{4}\right)=\frac{2\sqrt{2}}{\sqrt{7}}=\boldsymbol{\frac{2\sqrt{14}}{7}}$$

◀ $2R=\frac{b}{\sin B}$

練習 ② 167 △ABC において，$a=1+\sqrt{3}$，$b=2$，$C=60^\circ$ とする。次のものを求めよ。

(1) 辺 AB の長さ　(2) ∠B の大きさ　(3) △ABC の面積

(4) 外接円の半径　(5) 内接円の半径

〔類 奈良教育大〕

p.285 EX 118, 119

振り返り　図形の問題の考え方

これまで取り上げた例題では，定理や公式を利用して解くだけでなく，図形量を 2 通りに表したり，図形を適切に分割したりして考えたものもあった。これらの視点で学習内容を振り返ってみよう。

● 図形量を 2 通りに表す

線分の長さなどを求める際に，求められていないものを文字でおいて，同じ図形量を 2 通りに表す ことができれば，その等式から求めたいものが得られる。

例　**角の 2 等分線の長さ**（p.268 例題 **164**(1)）

∠A の二等分線 AD の長さを x として，△ABC の面積を 2 通りに表す。

$$\triangle ABC=\frac{1}{2}\cdot 8\cdot 5\sin 120^\circ$$

$$\triangle ABC=\triangle ABD+\triangle ADC=\frac{1}{2}\cdot 8\cdot x\sin 60^\circ+\frac{1}{2}\cdot x\cdot 5\sin 60^\circ$$

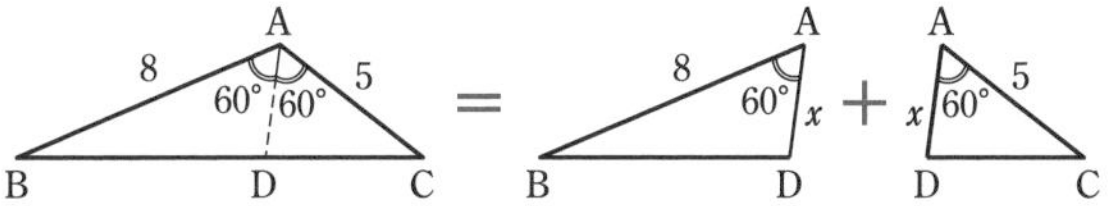

例　**内接円の半径**（p.272 例題 **167**(3)）

内接円の半径を r として，△ABC の面積 S を 2 通りに表す。

$$S=\frac{1}{2}ca\sin B=\frac{1}{2}\cdot 1\cdot 2\cdot\frac{\sqrt{7}}{4}$$

$$S=\frac{1}{2}r(a+b+c)=\frac{1}{2}r(2+\sqrt{2}+1)$$

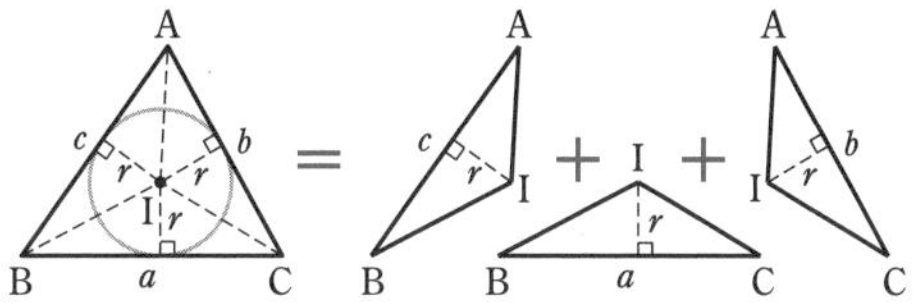

他にも，p.270 例題 **166** では，BD^2 を 2 通りに表し，$\cos A$ の値を求めた。

このような考え方は，これから学習する空間図形においても用いられる。

● 面積は求めやすいように分割する

多角形の面積を求める際，対角線で分割することが有効な場合も多いが，**正 n 角形（$n\geqq 5$）の場合，その正 n 角形に外接する円の中心と各頂点を結んで分割する**。すると，各三角形は合同$\left(\text{頂角 }\dfrac{360^\circ}{n}\text{ の二等辺三角形}\right)$となり，面積は求められる。

例　1 辺の長さが 1 の **正八角形の面積**（p.268 例題 **164**(2)）

正八角形を 8 個の合同な三角形に分けて求められる。

例　半径 1 の円に内接する **正五角形の面積** を S とすると

$$S=5\times\left(\frac{1}{2}\cdot 1\cdot 1\cdot\sin 72^\circ\right)=\frac{5}{2}\sin 72^\circ$$

$$=\frac{5}{2}\cos 18^\circ=\frac{5\sqrt{10+2\sqrt{5}}}{8}$$

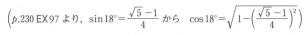

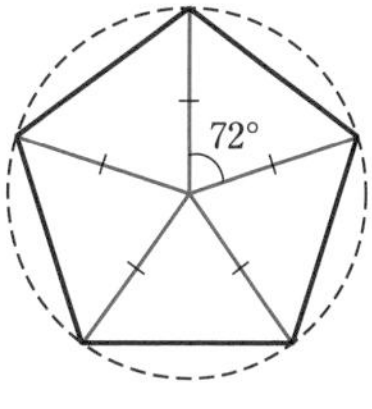

$\left(p.230\ \text{EX97 より，}\sin 18^\circ=\dfrac{\sqrt{5}-1}{4}\text{ から}\quad\cos 18^\circ=\sqrt{1-\left(\dfrac{\sqrt{5}-1}{4}\right)^2}\right)$

重要例題 168 三角形の面積の最小値

面積が1である△ABCの辺AB，BC，CA上にそれぞれ点D，E，Fを
AD：DB＝BE：EC＝CF：FA＝t：$(1-t)$（ただし，$0<t<1$）となるようにとる。
(1) △ADFの面積をtを用いて表せ。
(2) △DEFの面積をSとするとき，Sの最小値とそのときのtの値を求めよ。

基本 162

指針 (1) 辺の長さや角の大きさが与えられていないが，△ABCの面積が1であることと，△ABCと△ADFは∠Aを共有していることに注目。

$$\triangle ABC=\frac{1}{2}AB\cdot AC\sin A\ (=1),\qquad \triangle ADF=\frac{1}{2}AD\cdot AF\sin A$$

(2) △DEF＝△ABC－(△ADF＋△BED＋△CFE)として求める。
Sはtの2次式 となるから，**基本形 $a(t-p)^2+q$** に直す。
ただし，tの変域に要注意！

解答

(1) AD＝tAB，AF＝$(1-t)$AC であるから

$$\triangle ADF=\frac{1}{2}AD\cdot AF\sin A=\frac{1}{2}t(1-t)AB\cdot AC\sin A$$

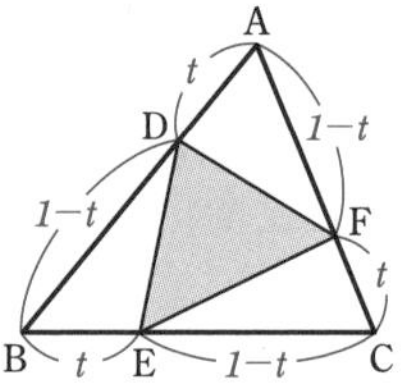

また，$\triangle ABC=\frac{1}{2}AB\cdot AC\sin A$

であり，△ABC＝1から　$AB\cdot AC\sin A=2$

よって　$\triangle ADF=\frac{1}{2}t(1-t)\cdot 2=\boldsymbol{t(1-t)}$

(2) (1)と同様にして　$\triangle BED=\triangle CFE=t(1-t)$

よって　$S=\triangle ABC-(\triangle ADF+\triangle BED+\triangle CFE)$

$$=1-3t(1-t)=3t^2-3t+1$$
$$=3(t^2-t)+1=3\left\{t^2-t+\left(\frac{1}{2}\right)^2\right\}-3\left(\frac{1}{2}\right)^2+1$$
$$=3\left(t-\frac{1}{2}\right)^2+\frac{1}{4}$$

ゆえに，$0<t<1$の範囲において，Sは

$t=\frac{1}{2}$ のとき最小値 $\frac{1}{4}$ をとる。

（D，E，Fがそれぞれ辺AB，BC，CAの中点のとき最小となる）

検討

一般に

$$\frac{\triangle AB'C'}{\triangle ABC}=\frac{AB'\cdot AC'}{AB\cdot AC}$$

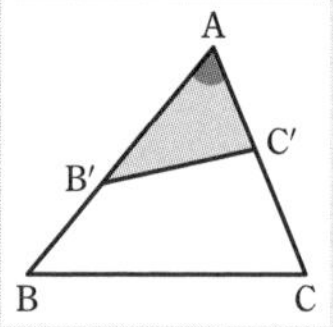

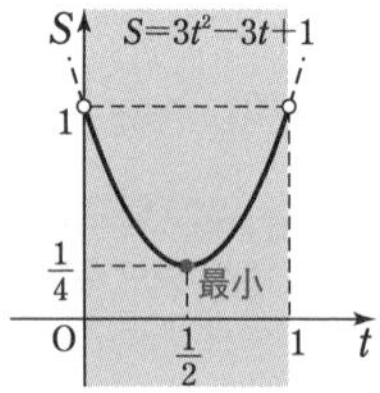

練習 ③168 1辺の長さが1の正三角形ABCの辺AB，BC，CA上にそれぞれ頂点と異なる点D，E，Fをとり，AD＝x，BE＝$2x$，CF＝$3x$とする。〔類 追手門学院大〕
(1) △DEFの面積Sをxで表せ。
(2) (1)のSを最小にするxの値と最小値を求めよ。

p.285 EX 120

基本例題 169 正四面体の切り口の三角形の面積 ①①①①①

1 辺の長さが 6 の正四面体 OABC がある。辺 OA, OB, OC 上に，それぞれ点 L, M, N を OL=3, OM=4, ON=2 となるようにとる。このとき，△LMN の面積を求めよ。

基本 162

指針 △LMN において，辺 LM, MN, NL を，それぞれ
△OLM の辺，△OMN の辺，△ONL の辺 とみて，
まず，**余弦定理** により辺 LM, MN, NL の長さを求める。
なお，正四面体の各面は，1 辺の長さが 6 の合同な正三角形である。

CHART 空間図形の問題 **平面図形を取り出す**

解答

△OLM において，余弦定理により

$LM^2=OL^2+OM^2-2\cdot OL\cdot OM\cos 60^\circ$

$=3^2+4^2-2\cdot3\cdot4\cdot\dfrac{1}{2}=13$

◀ $\angle AOB=\angle BOC=\angle COA=60^\circ$

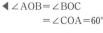

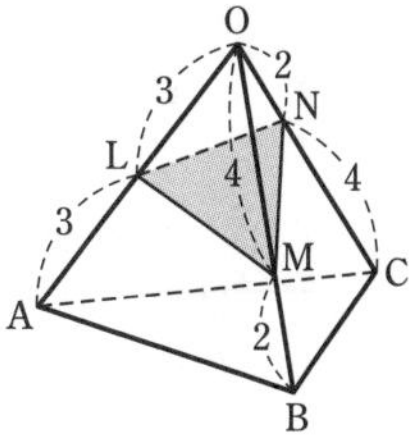

△OMN において，余弦定理により

$MN^2=OM^2+ON^2-2\cdot OM\cdot ON\cos 60^\circ$

$=4^2+2^2-2\cdot4\cdot2\cdot\dfrac{1}{2}=12$

△ONL において，余弦定理により

$NL^2=ON^2+OL^2-2\cdot ON\cdot OL\cos 60^\circ=2^2+3^2-2\cdot2\cdot3\cdot\dfrac{1}{2}=7$

ゆえに　$LM=\sqrt{13}$, $MN=2\sqrt{3}$, $NL=\sqrt{7}$

△LMN において，余弦定理により

$\cos\angle MLN=\dfrac{LM^2+NL^2-MN^2}{2\cdot LM\cdot NL}$

$=\dfrac{13+7-12}{2\cdot\sqrt{13}\cdot\sqrt{7}}=\dfrac{4}{\sqrt{91}}$

◀ △LMN の 3 辺の長さがわかったから，p.266 例題 **162** (2) と同様にして，△LMN の面積を求める。

よって　$\sin\angle MLN=\sqrt{1-\cos^2\angle MLN}$

$=\sqrt{1-\left(\dfrac{4}{\sqrt{91}}\right)^2}=\sqrt{\dfrac{75}{91}}=\dfrac{5\sqrt{3}}{\sqrt{91}}$

◀ $0^\circ<\angle MLN<180^\circ$ から $\sin\angle MLN>0$

ゆえに　$\triangle LMN=\dfrac{1}{2}LM\cdot NL\sin\angle MLN$

$=\dfrac{1}{2}\cdot\sqrt{13}\cdot\sqrt{7}\cdot\dfrac{5\sqrt{3}}{\sqrt{91}}=\boldsymbol{\dfrac{5\sqrt{3}}{2}}$

練習 ② 169 1 辺の長さが 6 の正四面体 ABCD について，辺 BC 上で 2BE=EC を満たす点を E, 辺 CD の中点を M とする。

(1) 線分 AM, AE, EM の長さをそれぞれ求めよ。

(2) $\angle EAM=\theta$ とおくとき，$\cos\theta$ の値を求めよ。

(3) △AEM の面積を求めよ。

p.286 EX 121

基本例題 170 正四面体の高さと体積

1 辺の長さが a である正四面体 ABCD において，頂点 A から △BCD に垂線 AH を下ろす。

(1) AH の長さ h を a を用いて表せ。

(2) 正四面体 ABCD の体積 V を a を用いて表せ。

(3) 点 H から △ABC に下ろした垂線の長さを a を用いて表せ。

基本 169

指針

(1) 直線 AH は平面 BCD 上のすべての直線と垂直であるから

$\mathrm{AH}\perp\mathrm{BH}$, $\mathrm{AH}\perp\mathrm{CH}$, $\mathrm{AH}\perp\mathrm{DH}$

ここで，直角三角形 ABH に注目すると　$\mathrm{AH}=\sqrt{\mathrm{AB}^2-\mathrm{BH}^2}$

よって，まず BH を求める。

また，BH は正三角形 BCD の外接円の半径であるから，正弦定理を利用。

(2) **(四面体の体積)$=\dfrac{1}{3}\times$(底面積)$\times$(高さ)**

(3) △ABC を底面とする四面体 HABC の高さとして求める。また，3 つの四面体 HABC，HACD，HABD の体積は等しいことも利用。

解答

(1) △ABH，△ACH，△ADH はいずれも ∠H＝90° の直角三角形であり

AB＝AC＝AD，AH は共通

であるから

△ABH≡△ACH≡△ADH

よって　BH＝CH＝DH

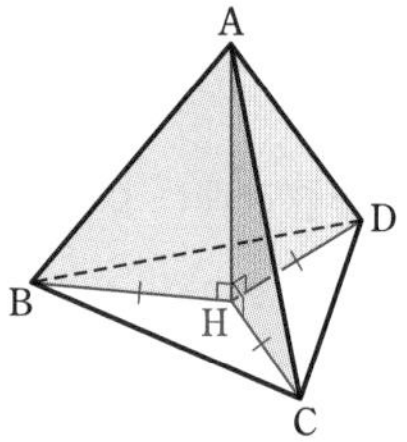

◀直角三角形において，斜辺と他の 1 辺がそれぞれ等しいならば互いに合同である。

ゆえに，H は △BCD の外接円の中心であり，BH は △BCD の外接円の半径であるから，△BCD において，

◀H は △BCD の外心。(数学 A で詳しく学ぶ)

正弦定理により　$\dfrac{a}{\sin 60^\circ}=2\mathrm{BH}$

よって　$\mathrm{BH}=\dfrac{a}{2\sin 60^\circ}=\dfrac{a}{2}\div\dfrac{\sqrt{3}}{2}=\dfrac{a}{\sqrt{3}}$

◀△BCD は正三角形であり，1 辺の長さは a，1 つの内角は 60° である。

△ABH は直角三角形であるから，三平方の定理により

$$h=\mathrm{AH}=\sqrt{\mathrm{AB}^2-\mathrm{BH}^2}$$

$$=\sqrt{a^2-\left(\dfrac{a}{\sqrt{3}}\right)^2}=\sqrt{\dfrac{2}{3}a^2}=\boldsymbol{\dfrac{\sqrt{6}}{3}a}$$

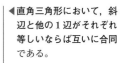

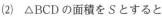

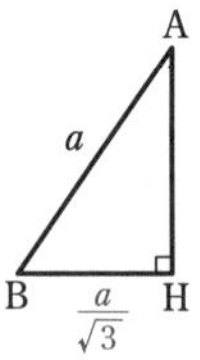

(2) △BCD の面積を S とすると

$$S=\dfrac{1}{2}a^2\sin 60^\circ=\dfrac{\sqrt{3}}{4}a^2$$

◀(△BCD の面積) $=\dfrac{1}{2}\mathrm{BC}\cdot\mathrm{BD}\sin\angle\mathrm{CBD}$

よって，正四面体 ABCD の体積 V は

$$V=\dfrac{1}{3}Sh=\dfrac{1}{3}\cdot\dfrac{\sqrt{3}}{4}a^2\cdot\dfrac{\sqrt{6}}{3}a=\boldsymbol{\dfrac{\sqrt{2}}{12}a^3}$$

(3)　3つの四面体 HABC，HACD，HABD の体積は等しいから，

(四面体 HABC の体積)×3

$=$(正四面体 ABCD の体積)　…… ①

が成り立つ。

求める垂線の長さを x とすると

(四面体 HABC の体積)

$$=\frac{1}{3}\cdot\triangle ABC\cdot x=\frac{1}{3}\cdot\frac{\sqrt{3}}{4}a^2x$$

また，(2) より，正四面体 ABCD の体積は $\frac{\sqrt{2}}{12}a^3$ であるから，これらを ① に代入すると

$$\left(\frac{1}{3}\cdot\frac{\sqrt{3}}{4}a^2x\right)\times 3=\frac{\sqrt{2}}{12}a^3$$

よって　$x=\frac{4}{\sqrt{3}}\cdot\frac{\sqrt{2}}{12}a=\frac{\sqrt{2}}{3\sqrt{3}}a=\boldsymbol{\frac{\sqrt{6}}{9}a}$

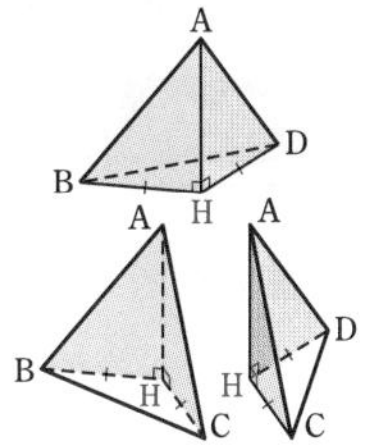

◀ $\frac{1}{3}$×(底面積)×(高さ)

△ABC を底面，点 H から △ABC に下ろした垂線を高さとみる。

検討

重心の性質を用いた解法

正三角形において，その外接円の中心（外心）と重心は一致する。このことを利用すると，(1) の AH の長さは次のように求めることもできる。

なお，重心については，数学 A で詳しく学ぶが，ここでは次の性質を利用する。

> 三角形の 3 つの中線は 1 点で交わり，その点は各中線を 2：1 に内分する。
> 三角形の 3 つの中線の交点を，三角形の **重心** という。

辺 CD の中点を M とすると，$BM=BC\sin 60°=\frac{\sqrt{3}}{2}a$

であるから　　$BH=\frac{2}{2+1}BM=\frac{2}{3}\cdot\frac{\sqrt{3}}{2}a=\frac{\sqrt{3}}{3}a$

したがって　　$AH=\sqrt{AB^2-BH^2}=\sqrt{a^2-\left(\frac{\sqrt{3}}{3}a\right)^2}=\frac{\sqrt{6}}{3}a$

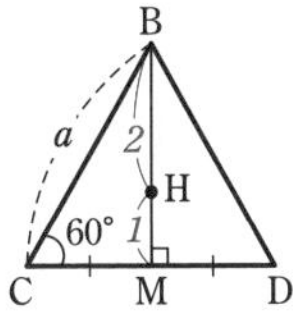

例題 **170** において，1 辺の長さが a である正四面体の

高さは $\boldsymbol{h=\frac{\sqrt{6}}{3}a}$，体積は $\boldsymbol{V=\frac{\sqrt{2}}{12}a^3}$

であることを求めた。これらは記憶しておくと役に立つが，高さ AH については，上のような計算方法も知っておくとよいだろう。

また，体積については，立方体に正四面体を埋め込む方法も知られている（次ページを参照)。

練習 ③170　1 辺の長さが 3 の正三角形 ABC を底面とし，PA＝PB＝PC＝2 の四面体 PABC において，頂点 P から底面 ABC に垂線 PH を下ろす。

(1)　PH の長さを求めよ。　　(2)　四面体 PABC の体積を求めよ。

(3)　点 H から 3 点 P，A，B を通る平面に下ろした垂線の長さ h を求めよ。

p.286 EX 122

参考事項　正四面体の体積

例題 **170** では，正四面体の体積を $\frac{1}{3}\times$(底面積)$\times$(高さ) の公式を利用して求めた。ここでは，正四面体を囲む立方体を利用して体積を求める方法について説明しよう。ただし，空間の図形は直感的につかみにくいので，前段階として平面上のひし形の面積を，ひし形を囲む長方形を利用して求める方法から考えていこう。

①　ひし形の面積

ひし形の性質より，対角線は垂直に交わるから，図のように対角線に平行な直線によってできる長方形 EFGH で，ひし形 ABCD を囲むことができて

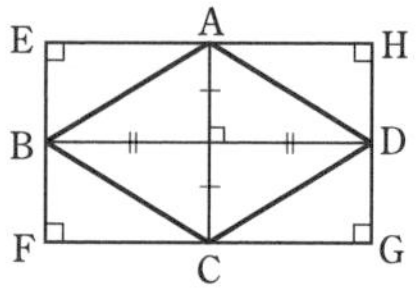

$$\textbf{(ひし形 ABCD)}=\frac{1}{2}\times\textbf{(長方形 EFGH)}$$

① の考え方を立体の場合に適用する。

②　1 辺の長さが a の正四面体の体積

右の図のように正四面体 BDEG を立方体 ABCD-EFGH で囲むことができる。(立方体の各面の対角線が正四面体の 1 辺となっている。⟶ 辺の長さがすべて等しい四面体は正四面体)
この正四面体は立方体から 4 つの三角錐 ABDE，BCDG，BEFG，DEGH を取り除いたものである。

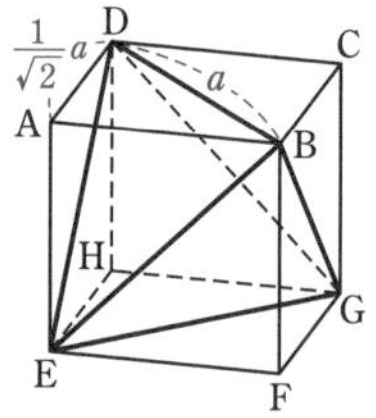

三角錐 ABDE の体積は $\frac{1}{3}\times\triangle \mathrm{ABD}\times \mathrm{AE}$，立方体の体積は (正方形 ABCD)$\times$AE である。

よって，三角錐 ABDE の体積は立方体の $\frac{1}{6}$ であり，同様に他の 3 つの三角錐の体積も立方体の $\frac{1}{6}$ であるから，体積について

$$\textbf{(正四面体)}=(\text{立方体})-4\cdot\left\{\frac{1}{6}\times(\text{立方体})\right\}=\frac{1}{3}\times\textbf{(立方体)}$$

このことを利用すると．次のようにして正四面体の体積を考えることができる。

正四面体の 1 辺の長さ a に対し，正四面体を囲む立方体の 1 辺の長さは $\frac{1}{\sqrt{2}}a$ となるから，正四面体の体積は $\frac{1}{3}\times\left(\frac{1}{\sqrt{2}}a\right)^3=\frac{\sqrt{2}}{12}a^3$ となる。

参考　**等面四面体**（4 つの面がすべて合同な四面体）**の体積**

図のように，3 辺の長さが a，b，c の直方体に囲まれた四面体 BDEG の体積は，② と同様に考えて

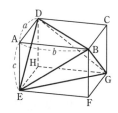

$$\textbf{(等面四面体)}=(\text{直方体})-4\cdot\left\{\frac{1}{6}\times(\text{直方体})\right\}=\frac{1}{3}\times\textbf{(直方体)}$$

ゆえに，四面体 BDEG の体積は　$\frac{1}{3}abc$

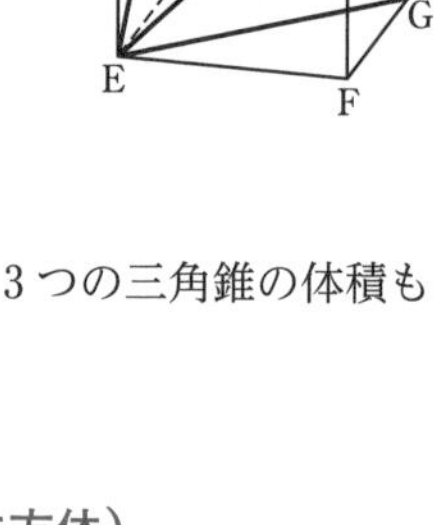

基本例題 171 円錐に内接する球の体積・表面積 ①①①①①

図のように，高さ 4，底面の半径 $\sqrt{2}$ の円錐が，球 O と側面で接し，底面の中心 M でも接している。
(1) 円錐の母線の長さを求めよ。
(2) 球 O の半径を求めよ。
(3) 球 O の体積 V と表面積 S を求めよ。

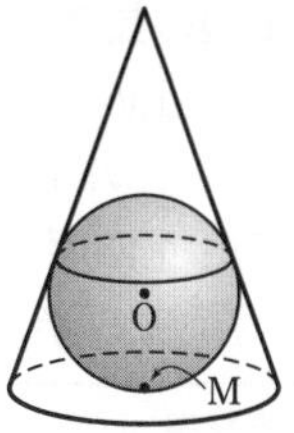

基本 167

指針 円錐の頂点 A と底面の円の中心 M を通る平面で円錐を切った切り口の図形(右図の二等辺三角形 ABC)について考える。
(1) 円錐の **母線** は，右の図の辺 AB である。
(2) (球 O の半径)=(△ABC の内接円の半径)
(3) (2) の結果と公式 $V=\frac{4}{3}\pi r^3$，$S=4\pi r^2$ を利用。

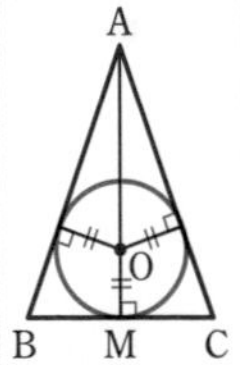

CHART 空間図形の問題　平面で切る(断面図の利用)

解答 円錐の頂点を A とすると，A と点 M を通る平面で円錐を切ったときの切り口の図形は，図のようになる。

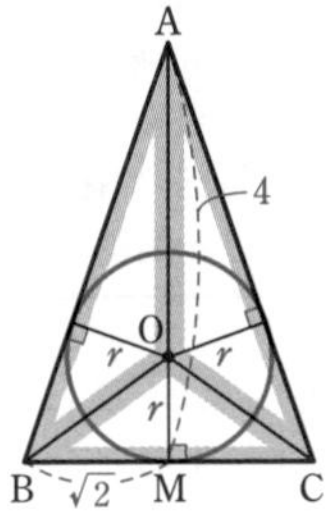

(1) 母線の長さは

$$\sqrt{BM^2+AM^2}=\sqrt{(\sqrt{2})^2+4^2}$$
$$=\mathbf{3\sqrt{2}}$$

◀三平方の定理

(2) 球 O の半径を r とすると

$$\triangle ABC=\frac{r}{2}(AB+BC+CA)$$
$$=\frac{r}{2}(2\sqrt{2}+3\sqrt{2}\cdot 2)$$
$$=4\sqrt{2}\,r$$

◀△ABC＝△OAB＋△OBC＋△OCA
*p.*272 例題 **167** (3) と同じ要領。

$\triangle ABC=\frac{1}{2}\cdot 2\sqrt{2}\cdot 4=4\sqrt{2}$ であるから

◀$\triangle ABC=\frac{1}{2}BC\cdot AM$

$$4\sqrt{2}\,r=4\sqrt{2}$$

したがって　$\mathbf{r=1}$

(3) (2) から　$V=\frac{4}{3}\pi\cdot 1^3=\mathbf{\frac{4}{3}\pi}$

◀$V=\frac{4}{3}\pi r^3$

$S=4\pi\cdot 1^2=\mathbf{4\pi}$

◀$S=4\pi r^2$

練習 ③171 底面の半径 2，母線の長さ 6 の円錐が，球 O と側面で接し，底面の中心でも接している。この球の半径，体積，表面積をそれぞれ求めよ。

p.286 EX123

重要例題 172 正四面体と球

1辺の長さが a である正四面体 ABCD がある。

(1) 正四面体 ABCD に外接する球の半径 R を a を用いて表せ。
(2) (1)の半径 R の球と正四面体 ABCD の体積比を求めよ。
(3) 正四面体 ABCD に内接する球の半径 r を a を用いて表せ。
(4) (3)の半径 r の球と正四面体 ABCD の体積比を求めよ。

基本 167, 170

指針 (1) 頂点 A から底面 △BCD に垂線 AH を下ろす。
外接する球の中心を O とすると,
OA=OB=OC=OD (=R) である。
また, 直線 AH 上の点 P に対して,
PB=PC=PD であるから, O は直線 AH 上にある。
よって, **直角三角形 OBH に着目して考える。**

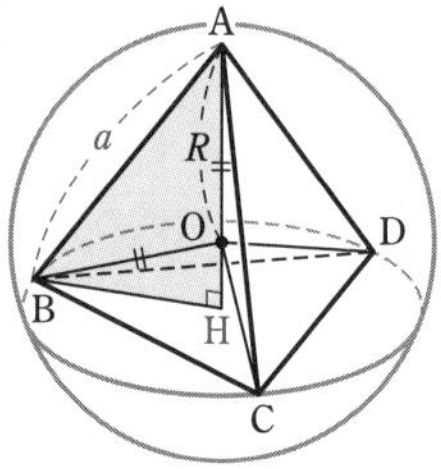

(2) 半径 R の球の体積は $\boldsymbol{\dfrac{4}{3}\pi R^3}$

(3) 内接する球の中心を I とすると, I から正四面体の各面に下ろした垂線の長さは等しい。正四面体を I を頂点とする 4 つの合同な四面体に分けると

(正四面体 ABCD の体積)=4×(四面体 IBCD の体積)

これから, 半径 r を求める。
(例題 **167** (3) で三角形の内接円の半径を求めるとき, 三角形を 3 つに分け, 面積を利用したのと同様)

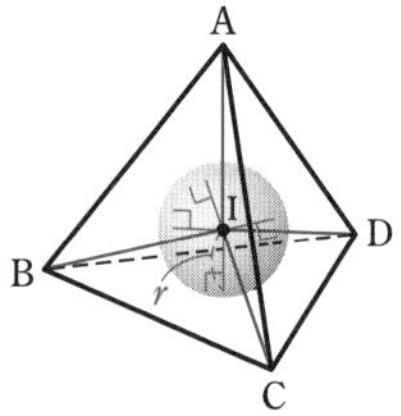

解答

(1) 頂点 A から底面 △BCD に垂線 AH を下ろし, 外接する球の中心を O とすると, O は線分 AH 上にあり

$$OA=OB=R$$

ゆえに $OH=AH-OA=\dfrac{\sqrt{6}}{3}a-R$

◀ $AH=\dfrac{\sqrt{6}}{3}a$, $BH=\dfrac{a}{\sqrt{3}}$ は基本例題 **170** (1) の結果を用いた。

△OBH は直角三角形であるから, 三平方の定理により

$$BH^2+OH^2=OB^2$$

よって $\left(\dfrac{a}{\sqrt{3}}\right)^2+\left(\dfrac{\sqrt{6}}{3}a-R\right)^2=R^2$

整理して $a^2-\dfrac{2\sqrt{6}}{3}aR=0$

ゆえに $R=\dfrac{3}{2\sqrt{6}}a=\boldsymbol{\dfrac{\sqrt{6}}{4}a}$

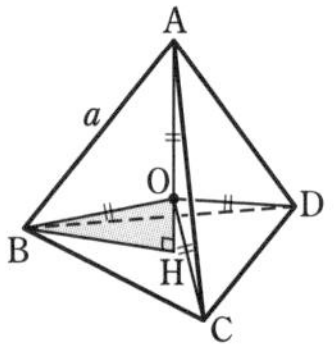

(2) 正四面体 ABCD の体積を V とすると $V=\dfrac{\sqrt{2}}{12}a^3$

◀ $V=\dfrac{\sqrt{2}}{12}a^3$ は基本例題 **170** (2) の結果を用いた。

また, 半径 R の球の体積を V_1 とすると

$$V_1=\frac{4}{3}\pi R^3=\frac{4}{3}\pi\left(\frac{\sqrt{6}}{4}a\right)^3=\frac{\sqrt{6}}{8}\pi a^3$$

よって $V_1:V=\dfrac{\sqrt{6}}{8}\pi a^3:\dfrac{\sqrt{2}}{12}a^3=\boldsymbol{9\pi:2\sqrt{3}}$

(3)　内接する球の中心をIとする。4つの四面体IABC, IACD, IABD, IBCD は合同であるから

$$V=4\times(\text{四面体 IBCD の体積})=4\times\left(\frac{1}{3}\cdot\triangle\mathrm{BCD}\cdot r\right)$$

$$=4\times\left(\frac{1}{3}\cdot\frac{\sqrt{3}}{4}a^2\cdot r\right)=\frac{\sqrt{3}}{3}a^2r$$

$V=\frac{\sqrt{2}}{12}a^3$ から　　$\frac{\sqrt{2}}{12}a^3=\frac{\sqrt{3}}{3}a^2r$

ゆえに　　$r=\boldsymbol{\frac{\sqrt{6}}{12}a}$

(4)　半径 r の球の体積を V_2 とすると

$$V_2=\frac{4}{3}\pi r^3=\frac{4}{3}\pi\left(\frac{\sqrt{6}}{12}a\right)^3=\frac{\sqrt{6}}{216}\pi a^3$$

よって　　$V_2:V=\frac{\sqrt{6}}{216}\pi a^3:\frac{\sqrt{2}}{12}a^3=\boldsymbol{\pi:6\sqrt{3}}$

◀体積を2通りに表す方針。

◀△BCD は1辺の長さが a の正三角形で，その面積は　$\frac{1}{2}a^2\sin 60°$

◀(1)，(3)より，$R:r=3:1$ であるから $V_1:V_2=3^3:1^3=27:1$ である。

検討

空間図形の問題は平面図形を取り出して考える

基本例題 **170** と重要例題 **172** では，正四面体について考察した。
空間図形の計量の問題は，平面図形と比べ難しく感じられるが，
求めたい部分や与えられている条件を含む平面に着目する
ことが，解法のポイントである。

重要例題 **172** のように，正四面体とそれに外接する球を考える問題では，球の中心を通るような平面に着目することが多い。
球の中心Oは3点A，B，Hを含む平面上にあり，この平面は辺CDの中点Mで交わるから（$p.277$ 参照），断面は右の図のようになる。このとき，OA，OB は球の半径であり，AB は正四面体の1辺であるが，Mは球Oとは共有点をもたないことに注意。
着目する平面を定めたら，条件を確認しながら改めて図をかいて考えるとよい。

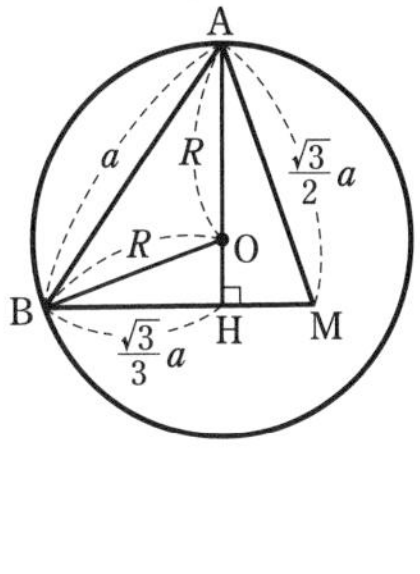

練習 ③172　半径1の球Oに正四面体ABCDが内接している。このとき，次の問いに答えよ。ただし，正四面体の頂点から底面の三角形に引いた垂線と底面の交点は，底面の三角形の外接円の中心であることを証明なしで用いてよい。
(1)　正四面体ABCDの1辺の長さを求めよ。
(2)　球Oと正四面体ABCDの体積比を求めよ。　〔類　お茶の水大〕

p.286 EX124

参考事項　正四面体のすべての辺に接する球

空間図形の応用問題では，例題 **172** のような正四面体と球に関する題材が多く見られるが，その位置関係について誤解しないように注意したい。例えば，「正四面体のすべての頂点を通る球」なら，球は正四面体に外接し，「正四面体のすべての面に接する球」なら，球は正四面体に内接している。ここでは，この 2 例以外に，「**正四面体のすべての辺に接する球**」について考えてみよう。

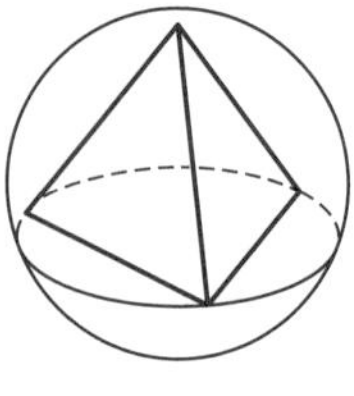

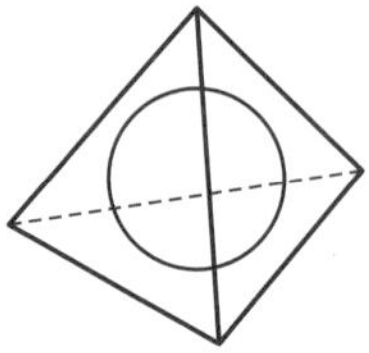

半径 1 の球が正四面体 ABCD のすべての辺に接しているとき，この正四面体の 1 辺の長さ a を求めてみよう。

すべての辺に接している球を，平面 ABC で切ったときの切り口は，△ABC の内接円である。
したがって，それぞれの辺の接点は，それぞれの辺の中点である。
ここで，辺 CD の中点を M とし，平面 ABM で正四面体と球を切ったときの切り口を考える。
図形の対称性から，平面 ABM は球の中心を通る。
したがって，球の切り口の円の半径は球の半径 1 に等しい。
ここで，辺 AB の中点を N とすると，△MAB が二等辺三角形であることから　　$AB \perp MN$
BM と円の交点を L とすると，円は N で AB に接するから　　$\angle BNL = \angle BMN$
よって　　$\angle BLN = \angle BNM$
ゆえに　　$\angle NLM = 90°$
したがって，線分 MN は円の直径であるから　　$MN = 2$
$BN = \frac{1}{2}a$，$BM = \frac{\sqrt{3}}{2}a$ であるから，$BN^2 + MN^2 = BM^2$
より　　$\frac{1}{4}a^2 + 2^2 = \frac{3}{4}a^2$　　　よって　　$a = 2\sqrt{2}$
したがって，正四面体の 1 辺の長さは　　$\mathbf{2\sqrt{2}}$

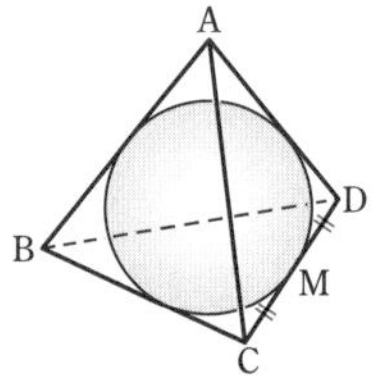

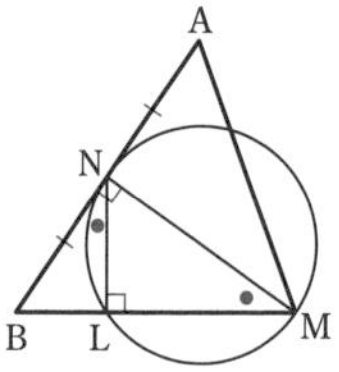

◀**接弦定理**（数学 A）

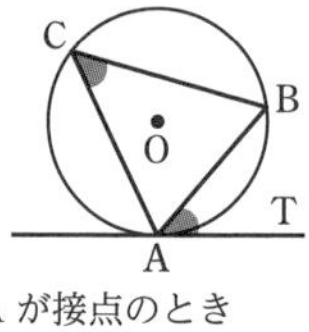

A が接点のとき
$\angle ACB = \angle BAT$

参考　右の図のような立方体 ABCD-EFGH を考える。
この立方体を 4 つの平面 ACF，ACH，AHF，CFH で切ると，正四面体 ACFH ができる。
正四面体 ACFH のすべての辺に接する球は，立方体 ABCD-EFGH に内接する球である。
この球の半径が 1 のとき，立方体 ABCD-EFGH の 1 辺の長さは 2 であるから，正四面体 ACFH の 1 辺の長さは $2\sqrt{2}$ である。

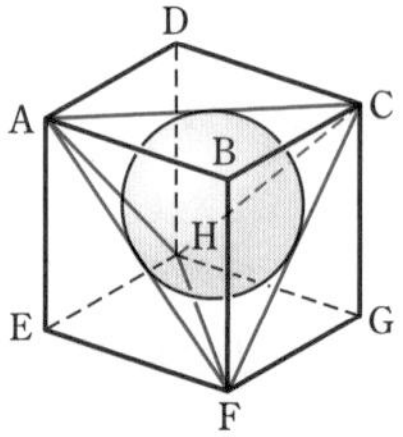

基本 例題 173 空間図形の測量 ⓘⓘⓘⓘⓘ

水平な地面の地点Hに，地面に垂直にポールが立っている。2つの地点A，Bからポールの先端を見ると，仰角はそれぞれ30°と60°であった。また，地面上の測量ではA，B間の距離が20 m，地点Hから2地点A，Bを見込む角度は60°であった。このとき，ポールの高さを求めよ。ただし，目の高さは考えないものとする。

基本 135

指針 例題 **135** の測量の問題と異なり，与えられた値を三角形の辺や角としてとらえると，空間図形が現れる。よって，

空間図形の問題　平面図形を取り出す

に従って考える。

ここでは，ポールの高さを x m として，AH，BH を x で表し，△ABH に **余弦定理** を利用する。

なお，右の図のように，点Pから線分ABの両端に向かう2つの半直線の作る角を，点Pから線分ABを **見込む角** という。

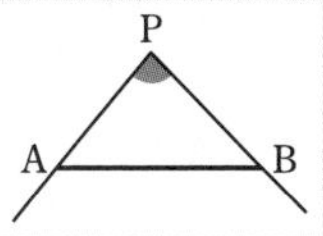

解答

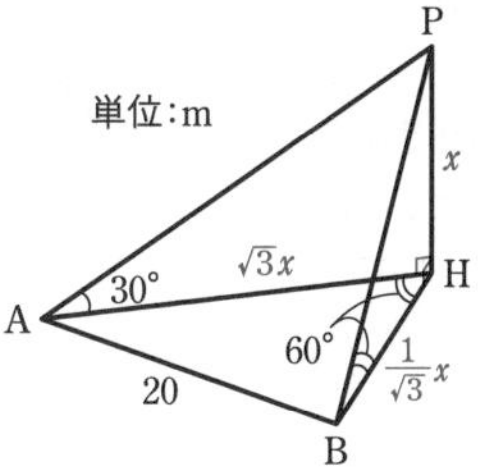

ポールの先端をPとし，ポールの高さを PH$=x$ (m) とする。

△PAH で　PH：AH$=1:\sqrt{3}$

ゆえに　AH$=\sqrt{3}x$ (m)

△PBH で　PH：BH$=\sqrt{3}:1$

よって　BH$=\dfrac{1}{\sqrt{3}}x$ (m)

△ABH において，余弦定理により

$$20^2=(\sqrt{3}x)^2+\left(\frac{1}{\sqrt{3}}x\right)^2-2\cdot\sqrt{3}x\cdot\frac{1}{\sqrt{3}}x\cos 60^\circ$$

したがって　$x^2=\dfrac{1200}{7}$

$x>0$ であるから　$x=\sqrt{\dfrac{1200}{7}}=\dfrac{20\sqrt{21}}{7}$

よって，求めるポールの高さは　$\boldsymbol{\dfrac{20\sqrt{21}}{7}}$ **m**

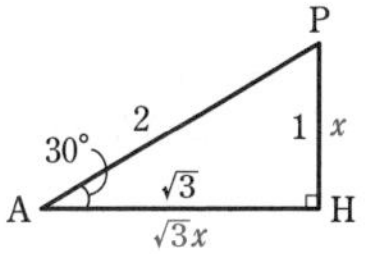

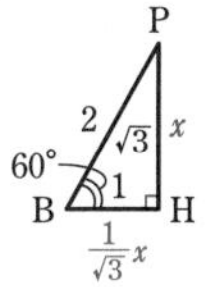

内角が30°，60°，90°の直角三角形の3辺の長さの比は　1：2：$\sqrt{3}$

◀ $\dfrac{\sqrt{1200}}{\sqrt{7}}=\dfrac{20\sqrt{3}}{\sqrt{7}}$

◀高さは約13 m

練習 ②173 あるタワーが立っている地点Kと同じ標高の地点Aからタワーの先端の仰角を測ると30°であった。また，地点AからAB$=114$ (m) となるところに地点Bがあり，∠KAB$=75^\circ$ および ∠KBA$=60^\circ$ であった。このとき，A，K間の距離は ア□ m，タワーの高さは イ□ m である。〔国学院大〕

重要例題 174 曲面上の最短距離

右の図の直円錐で，H は円の中心，線分 AB は直径，OH は円に垂直で，$OA=a$，$\sin\theta=\dfrac{1}{3}$ とする。

点 P が母線 OB 上にあり，$PB=\dfrac{a}{3}$ とするとき，点 A からこの直円錐の側面を通って点 P に至る最短経路の長さを求めよ。

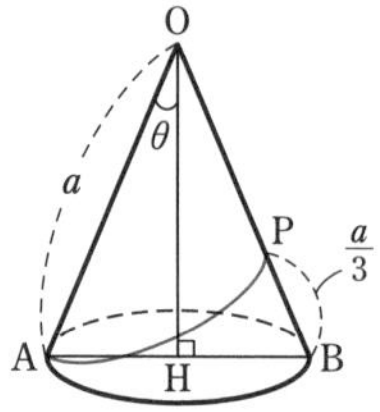

基本 153

指針 直円錐の側面は曲面であるから，そのままでは最短経路は考えにくい。そこで，曲面を広げる，つまり **展開図** で考える。⟶ 側面の展開図は扇形となる。
なお，**平面上の 2 点間を結ぶ最短の経路は，2 点を結ぶ線分** である。

解答

$AB=2r$ とすると，△OAH で，$AH=r$，$\angle OHA=90°$，

$\sin\theta=\dfrac{1}{3}$ であるから　$\dfrac{r}{a}=\dfrac{1}{3}$

側面を直線 OA で切り開いた展開図は，図のような，中心 O，半径 $OA=a$ の扇形である。
中心角を x とすると，図の弧 ABA′ の長さについて

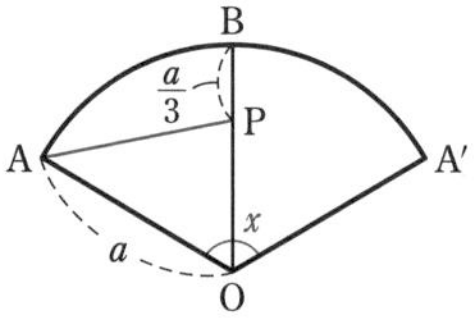

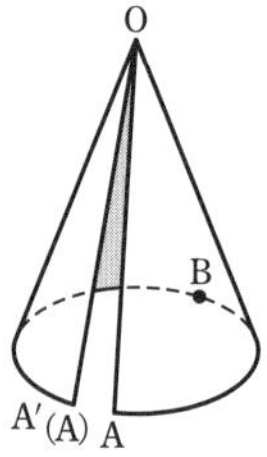

$$2\pi a\cdot\frac{x}{360°}=2\pi r$$

◀弧 ABA′ の長さは，底面の円 H の円周に等しい。

$\dfrac{r}{a}=\dfrac{1}{3}$ であるから　$x=360°\cdot\dfrac{r}{a}=360°\cdot\dfrac{1}{3}=120°$

ここで，求める最短経路の長さは，図の線分 AP の長さであるから，△OAP において，余弦定理により

$$AP^2=OA^2+OP^2-2OA\cdot OP\cos 60°$$
$$=a^2+\left(\frac{2}{3}a\right)^2-2a\cdot\frac{2}{3}a\cdot\frac{1}{2}=\frac{7}{9}a^2$$

$AP>0$ であるから，求める最短経路の長さは　$\boldsymbol{\dfrac{\sqrt{7}}{3}a}$

2 点 S，T を結ぶ最短の経路は，2 点を結ぶ 線分 ST

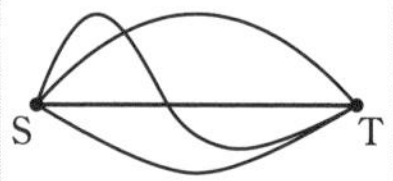

練習 ③174 1 辺の長さが a の正四面体 OABC において，辺 AB，BC，OC 上にそれぞれ点 P，Q，R をとる。頂点 O から，P，Q，R の順に 3 点を通り，頂点 A に至る最短経路の長さを求めよ。

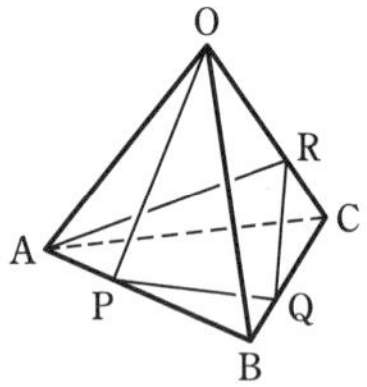

p.286 EX125

③115　次の図形の面積を求めよ。
(1)　$a=10$，$B=30°$，$C=105°$ の △ABC
(2)　AB=3，AC=$3\sqrt{3}$，∠B=60° の平行四辺形 ABCD
(3)　円に内接し，AB=6，BC=CD=3，∠B=120° の四角形 ABCD
(4)　半径 r の円に外接する正八角形　→162～165

③116　四角形 ABCD において，AB∥DC，AB=4，BC=2，CD=6，DA=3 であるとする。
(1)　対角線 AC の長さを求めよ。
(2)　四角形 ABCD の面積を求めよ。　〔信州大〕　→166

④117　4 辺の長さが AB=a，BC=b，CD=c，DA=d である四角形 ABCD が円に内接していて，AC=x，BD=y とする。
(1)　△ABC と △CDA に余弦定理を適用して，x を a，b，c，d で表せ。また，y を a，b，c，d で表せ。
(2)　xy を a，b，c，d で表すと，$xy=ac+bd$（これを **トレミーの定理** という）となる。このことを(1)を用いて示せ。　〔宮城教育大〕　→166

②118　△ABC の面積が $12\sqrt{6}$ であり，その辺の長さの比は AB：BC：CA=5：6：7 である。このとき，sin∠ABC= ア［　　］となり，△ABC の内接円の半径は イ［　　］である。　〔南山大〕　→167

③119　△ABC の面積を S，外接円の半径を R，内接円の半径を r とするとき，次の等式が成り立つことを証明せよ。
(1)　$S=\dfrac{abc}{4R}$　(2)　$S=\dfrac{a^2\sin B\sin C}{2\sin(B+C)}$　(3)　$S=Rr(\sin A+\sin B+\sin C)$
→167

④120　四角形 ABCD において，AB=4，BC=5，CD=t，DA=$3-t$ $(0<t<3)$ とする。また，四角形 ABCD は外接円をもつとする。
(1)　$\cos C$ を t で表せ。　(2)　四角形 ABCD の面積 S を t で表せ。
(3)　S の最大値と，そのときの t の値を求めよ。　〔名古屋大〕　→166, 168

HINT
115　(1)　まず，b を求める。次に，C から AB に垂線 CD を引き，c=AD+DB として c を求める。
(3)　△ABC と △ACD に分割する。また，△ACD の面積を求めるために，辺 AD の長さも求める。
116　(1)　AC=x として，cos∠BAC，cos∠ACD をそれぞれ x で表す。AB∥DC より，∠BAC=∠ACD を利用。
118　条件から AB=$5k$，BC=$6k$，CA=$7k$ $(k>0)$ とおける。
119　(1)，(2)　$S=\dfrac{1}{2}bc\sin A$　(3)　$S=\dfrac{1}{2}r(a+b+c)$　を利用する。
120　(1)　△ABD と △BCD において，それぞれ余弦定理により BD^2 を t で表す。

③121　正四角錐 O-ABCD において，底面の 1 辺の長さは $2a$，高さは a である。
このとき，次のものを求めよ。
(1)　頂点 A から辺 OB に引いた垂線 AE の長さ
(2)　(1)の点 E に対し，∠AEC の大きさと △AEC の面積　→169

③122　四面体 ABCD において，AB=3，BC=$\sqrt{13}$，CA=4，DA=DB=DC=3 とし，頂点 D から △ABC に垂線 DH を下ろす。
このとき，線分 DH の長さと四面体 ABCD の体積を求めよ。　〔東京慈恵会医大〕
→170

④123　3 辺の長さが 5，6，7 の三角形を T とする。
(1)　T の面積を求めよ。
(2)　T を底面とする高さ 4 の直三角柱の内部に含まれる球の半径の最大値を求めよ。ただし，直三角柱とは，すべての側面が底面と垂直であるような三角柱である。　〔北海道大〕　→171

⑤124　1 辺の長さが 1 の正二十面体 W のすべての頂点が球 S の表面上にあるとき，次の問いに答えよ。なお，正二十面体は，すべての面が合同な正三角形であり，各頂点は 5 つの正三角形に共有されている。
(1)　正二十面体 W の 1 つの頂点を A，頂点 A からの距離が 1 である 5 つの頂点を B，C，D，E，F とする。$\cos 36^\circ=\dfrac{1+\sqrt{5}}{4}$ を用いて，対角線 BE の長さと正五角形 BCDEF の外接円の半径 R を求めよ。
(2)　2 つの頂点 D，E からの距離が 1 である 2 つの頂点のうち，頂点 A でない方を G とする。球 S の直径 BG の長さを求めよ。
(3)　球 S の中心を O とする。△DEG を底面とする三角錐 ODEG の体積を求め，正二十面体 W の体積を求めよ。　→172

③125　1 辺の長さが 6 の正四面体 ABCD がある。辺 BD 上に BE=4 となるように点 E をとる。また，辺 AC 上に点 P，辺 AD 上に点 Q をとり，線分 BP，PQ，QE のそれぞれの長さを x，y，z とおく。
(1)　四面体 ABCE の体積を求めよ。
(2)　P と Q を動かして $x+y+z$ を最小にするとき，$x+y+z$ の値を求めよ。
〔南山大〕
→174

HINT
121　(1)　△OAB の面積を 2 通りに表して求める。　(2)　余弦定理を利用。
123　(2)　直三角柱の内部に球が含まれるための必要十分条件は，
(球の直径)≦(直三角柱の高さ) かつ T の内部に球と同じ半径の円が含まれることである。
124　(2)　BG は球 S の直径であるから　∠BEG=90°

参考事項 三角比の歴史

三角比の考え方は，古代から知られていた。ここでは，その代表として，古代エジプトと古代ギリシャについて紹介しよう。

●古代エジプト

三角形の角と辺の間の比を考えることは，紀元前 2000 年頃のエジプトやメソポタミアにさかのぼる。紀元前 1600 年頃にエジプトの書記官アーメスによって書かれたパピルスの 56 番から 60 番の問題に，セケド（skd）またはセクト（seqt）という言葉が出てくる。これは，右の図のようなピラミッドで，$\dfrac{\mathrm{MH}}{\mathrm{AH}}$ を意味し，$\angle\mathrm{AMH}=\theta$ としたときの，$\dfrac{1}{\tan\theta}$ を表している。

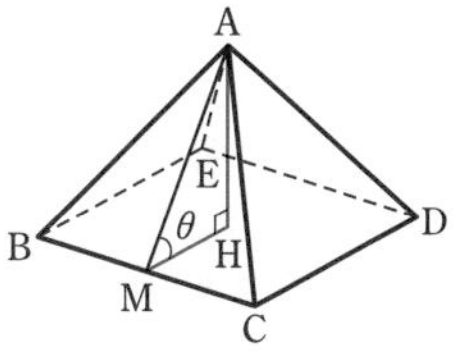

●古代ギリシャ

古代ギリシャでは，天文学とともに三角比の研究が進められた。
アリスタルコス（紀元前 310～紀元前 230 年頃）は「太陽と月の大きさと距離について」を書いて，太陽と月の距離の大まかな比を求めた。その時代に三角比は知られていなかったが，アリスタルコスが用いたのは，現代の記号でいうと，右の図において

$\angle\mathrm{ABC}=\alpha$，$\angle\mathrm{DBC}=\beta$ とすると，$\dfrac{\tan\alpha}{\tan\beta}>\dfrac{\alpha}{\beta}$

が成り立つということである。
まず，このことを証明してみよう。

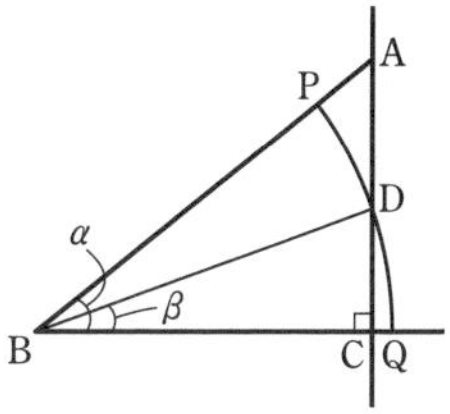

証明　図より $\dfrac{\triangle\mathrm{ABD}}{\triangle\mathrm{DBC}}>\dfrac{\text{扇形PBD}}{\text{扇形DBQ}}$ であるから

$$\frac{\mathrm{AD}}{\mathrm{DC}}>\frac{\angle\mathrm{ABD}}{\angle\mathrm{DBC}}$$

両辺に 1 を加えて　$\dfrac{\mathrm{AD}+\mathrm{DC}}{\mathrm{DC}}>\dfrac{\angle\mathrm{ABD}+\angle\mathrm{DBC}}{\angle\mathrm{DBC}}$

よって　$\dfrac{\mathrm{AC}}{\mathrm{DC}}>\dfrac{\angle\mathrm{ABC}}{\angle\mathrm{DBC}}$

ゆえに　$\dfrac{\tan\alpha}{\tan\beta}>\dfrac{\alpha}{\beta}$ ……（＊）

注意　$\dfrac{\alpha}{\beta}$ は角度の比の値である。

＜太陽と月の距離の比＞

アリスタルコスは半月の日の太陽と月の角度 θ を観測して，太陽と月の距離の比を次のように求めた。

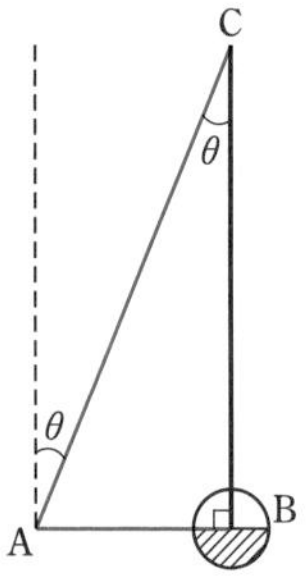

右の図のように，A を地球上の観測者，B を月，

C を太陽とすると $\dfrac{\mathbf{AC}}{\mathbf{AB}}=\dfrac{\mathbf{1}}{\mathbf{\sin\theta}}$

ただ，アリスタルコスの時代には，三角比の数表が存在しなかったために，比がある範囲にあることしか計算できなかった。それでは，アリスタルコスはどのような計算をしたのか，ということを説明しよう。

右の図のように，正方形 ACDE を考え AG は $\angle$DAE の二等分線であるとする。

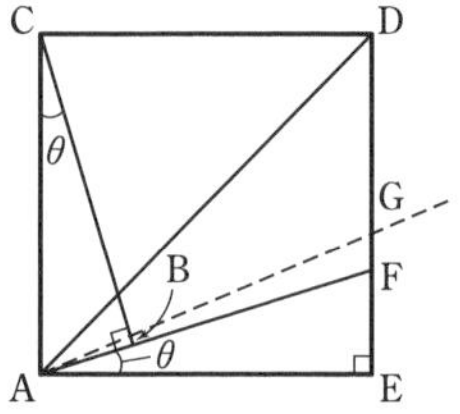

このとき　$\angle\mathrm{GAE}:\angle\mathrm{FAE}=22.5^\circ:\theta=45^\circ:2\theta$

ゆえに，(＊) から　$\dfrac{\tan\angle\mathrm{GAE}}{\tan\angle\mathrm{FAE}}>\dfrac{\angle\mathrm{GAE}}{\angle\mathrm{FAE}}=\dfrac{45^\circ}{2\theta}$

よって　$\dfrac{\mathrm{AE}\tan\angle\mathrm{GAE}}{\mathrm{AE}\tan\angle\mathrm{FAE}}>\dfrac{45^\circ}{2\theta}$　すなわち　$\dfrac{\mathrm{GE}}{\mathrm{FE}}>\dfrac{45^\circ}{2\theta}$

……①

直線 AG は $\angle$DAE の二等分線であるから

$$\frac{\mathrm{DG}}{\mathrm{GE}}=\frac{\mathrm{AD}}{\mathrm{AE}}=\sqrt{2}>\frac{7}{5}$$

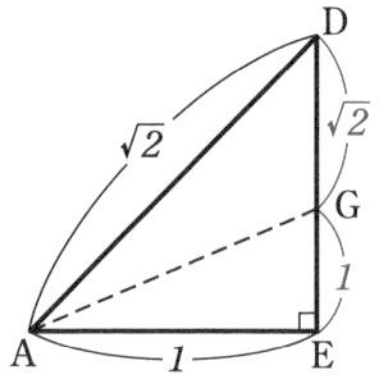

$\dfrac{\mathrm{DG}}{\mathrm{GE}}>\dfrac{7}{5}$ の両辺に 1 を加えて　$\dfrac{\mathrm{DG}+\mathrm{GE}}{\mathrm{GE}}>\dfrac{7+5}{5}$

すなわち　$\dfrac{\mathrm{DE}}{\mathrm{GE}}>\dfrac{12}{5}$ ……②

① と ② から　$\dfrac{\mathrm{DE}}{\mathrm{FE}}=\dfrac{\mathrm{GE}}{\mathrm{FE}}\times\dfrac{\mathrm{DE}}{\mathrm{GE}}>\dfrac{45^\circ}{2\theta}\times\dfrac{12}{5}=\dfrac{54^\circ}{\theta}$

$\triangle$ABC∽$\triangle$FEA と EA＝DE から

$$\frac{\mathbf{AC}}{\mathbf{AB}}=\frac{\mathrm{FA}}{\mathrm{FE}}>\frac{\mathrm{EA}}{\mathrm{FE}}=\frac{\mathrm{DE}}{\mathrm{FE}}>\frac{\mathbf{54^\circ}}{\boldsymbol{\theta}}$$

アリスタルコスの観測では，$\theta=3^\circ$ であったので，$\dfrac{\mathrm{AC}}{\mathrm{AB}}>18$ となり，

太陽と地球の距離は月と地球の距離の 18 倍より大きい

とされた。現在の観測では，$\theta=0.15^\circ$ であるから，$\dfrac{\mathrm{AC}}{\mathrm{AB}}>360$ となり，太陽と地球の距離は月と地球の距離の 360 倍より大きい。

その後，ヒッパルコス（紀元前 190～紀元前 125 年頃）は，天文学に用いるため円の中心角に対する弦の長さの数表を作ったといわれている。

ローマ時代には，プトレマイオス（トレミー）がアルマゲストという書物の中で彼の定理（p.285 EX 117）を利用して，ヒッパルコスの数表より精緻（せいち）なものを作った。

数学Ⅰ　第5章

データの分析

5

SELECT STUDY

- **基本定着コース**……教科書の基本事項を確認したいきみに
- **精選速習コース**……入試の基礎を短期間で身につけたいきみに
- **実力練成コース**……入試に向け実力を高めたいきみに

START　175 176 177 178 179 180 181 182 183 184 185 186 187 188 189 190 191 192 193

- 基本定着コース：175, 176, 179, 180, 182, 185, 187, 188, 191
- 精選速習コース：176, 177, 180, 181, 183, 184, 185, 186, 188, 189, 192, 193
- 実力練成コース：177, 178, 181, 183, 184, 186, 189, 190, 192, 193

例題一覧

20 データの整理，データの代表値

基本事項

1 データの整理

① **度数分布表**

階級 …… データの値の範囲を区切った区間。
階級の幅 …… 階級としての区間の幅。
階級値 …… 階級の真ん中の値。
度数 …… 各階級に入るデータの個数。
度数分布表 …… 各階級に度数を対応させた表。

② **相対度数分布表**

相対度数 …… 各階級の度数の全体に対する割合。
累積度数 …… 各階級に対し，度数を最初の階級からその階級の値まで合計したもの。
累積相対度数 …… 相対度数についての累積度数。

度数分布表

階級値	度数
x_1	f_1
x_2	f_2
⋮	⋮
x_r	f_r
計	n

x_i の相対度数は $\dfrac{f_i}{n}$

解説

■ **データ**

テストの得点などのように，ある集団を構成する人や物の特性を数量的に表す量を **変量** といい，調査や実験などで得られた変量の観測値や測定値の集まりを **データ** という。
また，得点や温度のデータのように，数値として得られるデータを **量的データ**，所属クラスや都道府県のデータのように，数値ではないものとして得られるデータを **質的データ** という。
データを構成する観測値や測定値の個数を，そのデータの **大きさ** という。

■ **相対度数分布表**

各階級に累積度数を対応させた表を **累積度数分布表** といい，各階級に相対度数を対応させた表を **相対度数分布表** という。

例　ある卵 105 個の重さ（単位は g）を測り，階級の幅を 5 g としたときの度数分布表が〔表 1〕のとき，累積度数分布表は〔表 2〕，相対度数分布表は〔表 3〕のようになる。

〔表 1〕**度数分布表**

階　級（g）	度数
45 以上～50 未満	10
50　～55	15
55　～60	36
60　～65	34
65　～70	6
70　～75	4
計	105

〔表 2〕**累積度数分布表**

階　級（g）	累積度数
50 未満	10
55	25
60	61
65	95
70	101
75	105

〔表 3〕**相対度数分布表**

階　級（g）	相対度数
45 以上～50 未満	0.10
50　～55	0.14
55　～60	0.34
60　～65	0.32
65　～70	0.06
70　～75	0.04
計	1.00

〔表 2〕の累積度数は　10，10＋15（＝25），10＋15＋36（＝61），……

〔表 3〕の相対度数は　$\dfrac{10}{105}$（≒0.10），$\dfrac{15}{105}$（≒0.14），……

基本事項

2 ヒストグラム

ヒストグラム …… 度数分布表に整理された資料を柱状のグラフで表したもの。

3 データの代表値

① **平均値 $\overline{x}$**

大きさ n のデータの値を x_1, x_2, ……, x_n とするとき

$$\overline{x}=\frac{1}{n}(x_1+x_2+\cdots\cdots+x_n)$$

② **中央値(メジアン)**

データを値の大きさの順に並べたとき，中央の位置にくる値。

注意 データの大きさが偶数のときは，中央の 2 つの値の平均値を中央値とする。

③ **最頻値(モード)** データにおいて，最も個数の多い値。

注意 データが度数分布表に整理されているときは，度数が最も大きい階級の階級値を最頻値とする。

解 説

■ヒストグラム

度数分布表に整理された資料を柱状のグラフで表したものを **ヒストグラム** という。右の図は，前ページの度数分布表（〔表 1〕）をもとにしたヒストグラムである。

ヒストグラムの各長方形の高さは各階級の度数を表し，長方形の面積は各階級の度数に比例している。したがって，長方形の面積の和を見ると，ある範囲にあるものが何 % ぐらいあるかがだいたいわかる。

ヒストグラム

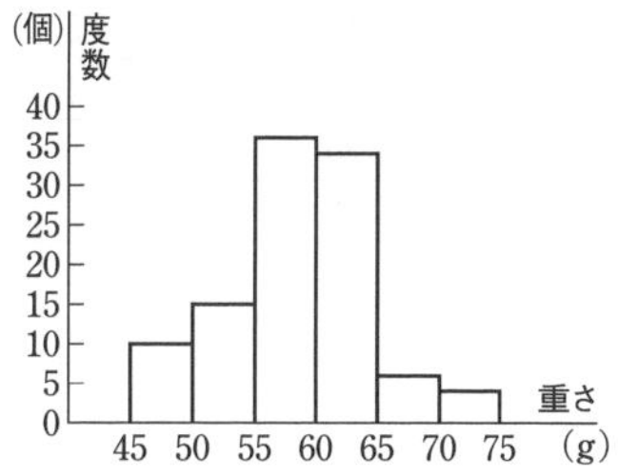

■代表値

データ全体の特徴を適当な 1 つの数値で表すとき，その数値をデータの **代表値** という。

よく用いられる代表値として，平均値，中央値，最頻値がある。

大きさ n のデータの値を x_1, x_2, ……, x_n とするとき，それらの総和を n で割ったものを，データの **平均値** といい，$\overline{x}$ で表す。

例 データ 2, 3, 5, 6 の平均値は $\frac{1}{4}(2+3+5+6)=4$

データ 1, 3, 6, 7, 8 の中央値は 6

データ 1, 2, 3, 6, 7, 8 の中央値は $\frac{3+6}{2}=4.5$ ◀データの大きさが偶数の場合

データ 1, 2, 3, 3, 3, 3, 4, 4 の最頻値は 3

例 (データが度数分布表に整理されているときの最頻値の例)

前ページの〔表 1〕では，度数が最も大きい階級は 55～60 であるから，最頻値は

$$\frac{55+60}{2}=57.5\,(\text{g})$$

5章

⑳ データの整理，データの代表値

基本例題 175 度数分布表，ヒストグラム

次のデータは，ある月の A 市の毎日の最高気温の記録である。

20.7　20.1　14.5　10.9　12.1　19.1　16.3　13.1　14.6　20.2
23.2　14.3　20.1　17.4　11.2　7.4　11.5　16.5　19.9　18.1
25.5　14.2　10.1　16.7　16.7　19.9　15.7　15.4　23.4　20.1（単位は ℃）

(1) 階級の幅を 2 ℃ として，度数分布表を作れ。ただし，階級は 6 ℃ から区切り始めるものとする。
(2) (1)で作った度数分布表をもとにして，ヒストグラムをかけ。

p.290 基本事項 1，p.291 基本事項 2

指針 (1) 階級の区切り始めと階級の幅から，各階級に入るデータの数を数え，表にする。
(2) (1)の **度数分布表** をもとに，柱状のグラフにして表す。ヒストグラムの各長方形の高さは，各階級の度数を表す。

解答

(1)

階級（℃）	度数
6 以上 8 未満	1
8 ～ 10	0
10 ～ 12	4
12 ～ 14	2
14 ～ 16	6
16 ～ 18	5
18 ～ 20	4
20 ～ 22	5
22 ～ 24	2
24 ～ 26	1
計	30

(2)

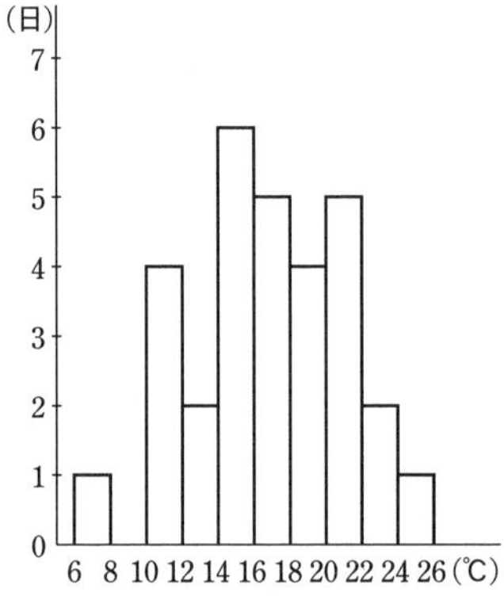

◀6 ℃ 以上 8 ℃ 未満からスタートし，最高気温 25.5 ℃ が入る 24 ℃ 以上 26 ℃ 未満まで 10 個の階級に分ける。

検討

階級の分け方

度数分布表の階級の幅は，データ全体の傾向がよく表されるように適切な大きさを選ぶことが大切である。
30～500 程度の大きさのデータに対して，自分で階級を分ける場合は，階級の数を 6～10 程度にすると，資料の特徴をつかみやすい。

練習 ①175 次のデータは，ある野球チームの選手 30 人の体重である。

91　84　74　75　83　78　95　74　85　75
96　89　77　76　70　90　79　84　86　77
80　78　87　73　81　78　66　83　73　70　（単位は kg）

(1) 階級の幅を 5 kg として，度数分布表を作れ。ただし，階級は 65 kg から区切り始めるものとする。
(2) (1)で作った度数分布表をもとにして，ヒストグラムをかけ。

基本例題 176 平均値，中央値の求め方

次のデータは，A 班 5 人，B 班 6 人の，10 点満点のテストの結果である。

A 班：5，7，8，4，9　　B 班：7，10，9，4，8，6　(単位は点)

(1)　A 班のデータの平均値と B 班のデータの平均値をそれぞれ求めよ。ただし，小数第 2 位を四捨五入せよ。

(2)　A 班と B 班を合わせた 11 人のデータの平均値を求めよ。

(3)　A 班のデータの中央値と B 班のデータの中央値をそれぞれ求めよ。

p.291 基本事項 3

指針　(1)，(2)　**平均値** ⟶ 変量 x のデータの値が x_1，x_2，……，x_n であるとき，

このデータの平均値 $\bar{x}$ は　$\boldsymbol{\bar{x}=\frac{1}{n}(x_1+x_2+\cdots\cdots+x_n)}$

(3)　データを値の 大きさの順 (小 → 大) に並べ替え，中央の位置にくる値を **中央値** とする。このとき，次のようにデータの大きさが奇数であるか，偶数であるかに分けて考える。

解答

(1)　A 班のデータの平均値は

$$\frac{1}{5}(5+7+8+4+9)=\frac{33}{5}=\mathbf{6.6}\ (\textbf{点})$$

◀ $\dfrac{\text{データの総和}}{\text{データの大きさ}}$

B 班のデータの平均値は

$$\frac{1}{6}(7+10+9+4+8+6)=\frac{44}{6}\fallingdotseq\mathbf{7.3}\ (\textbf{点})$$

(2)　$\frac{1}{11}(33+44)=\mathbf{7}$ (**点**)

◀(1) から，11 人のデータの総和は　33+44

(3)　A 班のデータを小さい方から順に並べると

4，5，7，8，9

3 番目が中央値であるから　　**7 点**

◀データの大きさが奇数。

B 班のデータを小さい方から順に並べると

4，6，7，8，9，10

3 番目と 4 番目の平均をとって，中央値は

$$\frac{7+8}{2}=\mathbf{7.5}\ (\textbf{点})$$

◀データの大きさが偶数。

練習 ② 176　次のデータは 10 人の生徒の 20 点満点のテストの結果である。

6，5，20，11，9，8，15，12，7，17　(単位は点)

(1)　このデータの平均値を求めよ。　(2)　このデータの中央値を求めよ。

基本例題 177 平均値のとりうる値

右の表は，あるクラス 10 人について行われた数学のテストの得点の度数分布表である。得点はすべて整数とする。

(1) このデータの平均値のとりうる値の範囲を求めよ。

(2) 10 人の得点の平均点は 54.3 点であり，各得点は

69，65，62，57，55，55，53，48，42，x（単位は点）

であった。x の値を求めよ。

得点の階級(点)	人数
30 以上 40 未満	1
40 ～ 50	2
50 ～ 60	4
60 ～ 70	3
計	10

基本 176

指針 (1) データの平均値の最小値は $\dfrac{(\text{各階級の値の最小値})\times(\text{各階級の人数})\text{ の和}}{10}$

データの平均値の最大値は $\dfrac{(\text{各階級の値の最大値})\times(\text{各階級の人数})\text{ の和}}{10}$

参考 平均値を a として，合計点の範囲の不等式を作って考えてもよい。

(各階級の値の最小値)×(各階級の人数) の和

$\leqq 10a \leqq$(各階級の値の最大値)×(各階級の人数) の和

(2) **合計点についての方程式** を作る。

解答 (1) データの平均値が最小となるのは，データの各値が各階級の値の最小の値となるときであるから

$$\frac{1}{10}(30\times1+40\times2+50\times4+60\times3)=49$$

データの平均値が最大となるのは，データの各値が各階級の値の最大の値となるときであるから

$$\frac{1}{10}(39\times1+49\times2+59\times4+69\times3)=58$$

◀得点は整数であるから「30 以上 40 未満」の階級において，最大の値は 39 である。

よって　**49 点以上 58 点以下**

別解 **[データの平均値の最大値を求める別解]**

データの平均値が最大となるのは，データの各値が最小の値よりそれぞれ 9 点だけ大きいときであるから，平均点も 9 点高くなり　$49+9=58$

◀$39=30+9$，$49=40+9$，$59=50+9$，$69=60+9$ であるから，平均値の最大値は $49+\dfrac{1}{10}\times9(1+2+4+3)$

(2) 合計点を考えると

$$69+65+62+57+55+55+53+48+42+x=54.3\times10$$

よって　$x+506=543$　　ゆえに　$\boldsymbol{x=37}$

練習 ③177 右の表は，8 人の生徒について行われたテストの得点の度数分布表である。得点はすべて整数とする。

(1) このデータの平均値のとりうる値の範囲を求めよ。

(2) 8 人の得点の平均点は 52 点であり，各得点は

34，42，43，46，57，58，65，x（単位は点）

であった。x の値を求めよ。

得点の階級(点)	人数
20 以上 40 未満	1
40 ～ 60	5
60 ～ 80	2
計	8

基本例題 178 中央値のとりうる値 ①①①①①

学生 9 人を対象に試験を行った結果，それぞれ 50，57，60，42，x，73，80，35，68 点だった。0 以上 100 以下の整数 x の値がわからないとき，このデータの中央値として何通りの値がありうるか。〔摂南大〕

基本 176

指針 中央値の問題は **小さい方から順にデータを並べる** ことが第一である。
この例題では，データの大きさが 9 であるから，5 番目の値が中央値となる。

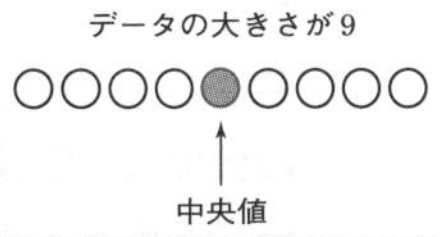

CHART 中央値　データの値を，小さい方から順に並べて判断

解答

データの大きさが 9 であるから，中央値は小さい方から 5 番目の値である。
x 以外の値を小さい方から順に並べると

35，42，50，57，60，68，73，80

この 8 個のデータにおいて，小さい方から 4 番目の値は 57，5 番目の値は 60 であるから

[1]　$0 \leqq x \leqq 56$ のとき
　　57 が 5 番目となる。

[2]　$x=57$ のとき
　　57 $(=x)$ が 5 番目となる。

◀[1] と [2] をまとめて $0 \leqq x \leqq 57$ としてもよい。

[3]　$57<x<60$ のとき，x のとりうる値は 58，59
　　x が 5 番目となる。

[4]　$x=60$ のとき
　　60 $(=x)$ が 5 番目となる。

[5]　$60<x \leqq 100$ のとき
　　60 が 5 番目となる。

◀[4] と [5] をまとめてもよい。

以上から，中央値の値としてありうるのは，

57，58，59，60

の **4 通り**。

練習 ③ **178** 次のデータは 10 人の生徒のある教科のテストの得点である。ただし，x の値は正の整数である。

43，55，x，64，36，48，46，71，65，50　(単位は点)

x の値がわからないとき，このデータの中央値として何通りの値がありうるか。

21 データの散らばり

基本事項

1 データの散らばりと四分位範囲

範囲，四分位範囲は，データの散らばりの度合いを表す 1 つの量。

① **範囲**

データの最大値と最小値の差。

② **四分位数，四分位範囲**

データを値の大きさの順に並べたとき，4 等分する位置にくる 3 つの値を **四分位数**（しぶんいすう）という。四分位数は，小さい方から **第 1 四分位数，第 2 四分位数，第 3 四分位数** といい，これらを順に Q_1，Q_2，Q_3 で表す。第 2 四分位数は中央値である。また，第 3 四分位数から第 1 四分位数を引いたもの，すなわち Q_3-Q_1 を **四分位範囲** という。

補足　四分位範囲を 2 で割った値，すなわち $\dfrac{Q_3-Q_1}{2}$ を **四分位偏差**（へんさ）という。

③ **箱ひげ図**

データの最小値，第 1 四分位数，中央値，第 3 四分位数，最大値を箱と線(ひげ)で表現する図。なお，平均値を記入することもある。

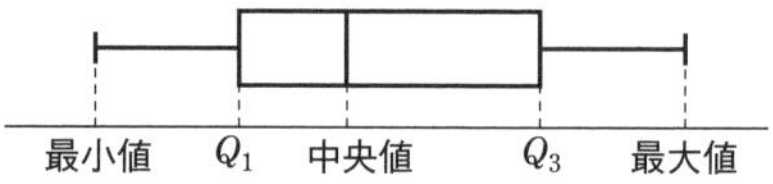

解　説

■ **範囲**

例1　10 点満点のテストのデータ　　3，4，4，5，6，7，8，8，8，9，10

最小値は 3，最大値は 10 であるから，範囲は 10−3=7 である。

■ **四分位数，四分位範囲の求め方**

四分位数を求めるときは，以下のようにするとよい。

1　まず，データを小さい方から順に左から並べる。

2　左半分のデータを下位のデータ，右半分のデータを上位のデータとする。

3　下位のデータの中央値（＝第 1 四分位数 Q_1），上位のデータの中央値（＝第 3 四分位数 Q_3）を求める。

下位のデータ　上位のデータ

例2　3，④，4，⑤，7，⑧，9

↑Q_1　↑Q_2　↑Q_3

下位のデータ　上位のデータ

例3　3，4，4，5，6，6，7，8

$Q_1=4$　$Q_2=5.5$　$Q_3=6.5$

例1 において，第 1 四分位数 Q_1 は $Q_1=4$，第 3 四分位数 Q_3 は $Q_3=8$，四分位範囲は $Q_3-Q_1=8-4=4$ である。

注意　四分位数は，他にもいくつかの定め方がある。

■ **箱ひげ図**

複数のデータの分布を比較するときに用いられる。例えば，上の 例2 と 例3 の箱ひげ図は右のようになる。

なお，平均値を記入するときは ＋ で記入する。

（箱ひげ図を 90° 回転して，縦に表示することもある。）

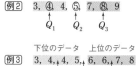

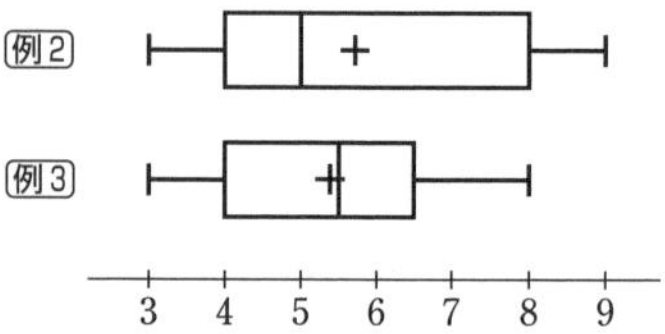

基本例題 179 四分位数と四分位範囲 ①①①①①

次のデータは，A 班 10 人と B 班 9 人の 7 日間の勉強時間の合計を調べたものである。

A 班　5，15，17，11，18，22，12，9，14，4
B 班　2，16，13，19，6，3，10，8，7　　(単位は時間)

(1) それぞれのデータの範囲を求め，範囲によってデータの散らばりの度合いを比較せよ。
(2) それぞれのデータの第 1 四分位数 Q_1，第 2 四分位数 Q_2，第 3 四分位数 Q_3 を求めよ。
(3) それぞれのデータの四分位範囲を求め，四分位範囲によってデータの散らばりの度合いを比較せよ。

p.296 基本事項 1

指針
(1) **データの範囲は，データの最大値と最小値の差。**
(2)，(3) p.296 の解説 **四分位数，四分位範囲の求め方** の手順で，第 2 四分位数（中央値)，第 1 四分位数，第 3 四分位数の順に求める。まずは，データを小さい方から順に並べる。また，**四分位範囲は Q_3-Q_1** である。

解答

(1) A 班のデータの範囲は　$22-4=\mathbf{18}$ **(時間)**
B 班のデータの範囲は　$19-2=\mathbf{17}$ **(時間)**
よって，A 班の方が範囲が大きい。
ゆえに，**A 班の方が散らばりの度合いが大きい** と考えられる。

(2) A 班のデータを小さい方から順に並べると
4，5，9，11，12，14，15，17，18，22 ⟵ 下位のデータ 4，5，9，11，12，上位のデータ 14，15，17，18，22

よって　$Q_2=\dfrac{12+14}{2}=\mathbf{13}$ **(時間)**，
$Q_1=\mathbf{9}$ **(時間)**，$Q_3=\mathbf{17}$ **(時間)**

B 班のデータを小さい方から順に並べると
2，3，6，7，8，10，13，16，19 ⟵ 下位のデータ 2，3，6，7，8，上位のデータ 10，13，16，19

ゆえに　$Q_2=\mathbf{8}$ **(時間)**，$Q_1=\dfrac{3+6}{2}=\mathbf{4.5}$ **(時間)**，
$Q_3=\dfrac{13+16}{2}=\mathbf{14.5}$ **(時間)**

(3) A 班のデータの **四分位範囲は**　$Q_3-Q_1=17-9=\mathbf{8}$ **(時間)**
B 班のデータの **四分位範囲は**　$Q_3-Q_1=14.5-4.5=\mathbf{10}$ **(時間)**
よって，B 班の方が四分位範囲が大きい。
ゆえに，**B 班の方が散らばりの度合いが大きい** と考えられる。

練習 ① 179 上の例題の A 班，B 班を合わせた大きさ 19 のデータの範囲，四分位範囲を求めよ。

基本例題 180 箱ひげ図の読み取り

右の図は，ある学校の1年生，2年生各200人の身長のデータの箱ひげ図である。
この箱ひげ図から読み取れることとして，正しいものを次の①～③からすべて選べ。

① 185 cm より大きい生徒が1年生にはいるが，2年生にはいない。

② 170 cm 以上の生徒が1年生では100人以下であるが，2年生では100人以上いる。

③ 165 cm 以下の生徒がどちらの学年にも50人より多くいる。

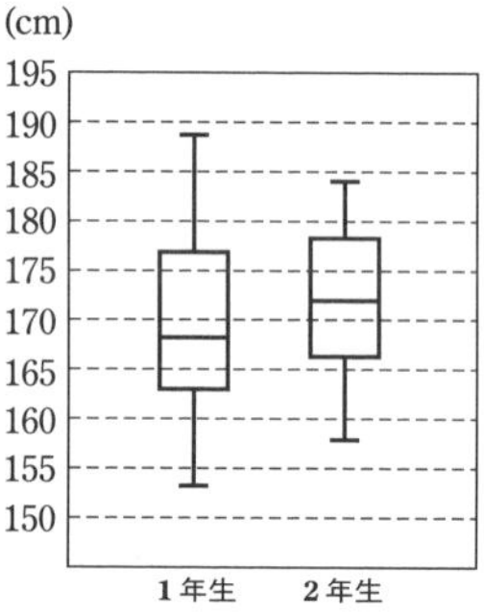

p.296 基本事項 1，基本 179

指針 箱ひげ図からは，データの **最大値**，**最小値**，**四分位数 Q_1，Q_2，Q_3** を読み取ることができる。

① 最大値に注目。

② 「100人」がデータの大きさの2分の1であるから，中央値（第2四分位数）Q_2 に注目。

③ 「50人」がデータの大きさの4分の1であるから，第1四分位数 Q_1 に注目。

解答

① 最大値は，1年生が185 cm より大きく，2年生が185 cm より小さい。よって，①は正しい。

② 1年生のデータの中央値は170 cm より小さいから，170 cm 以上の生徒が100人以下であることがわかる。
一方，2年生のデータの中央値は170 cm より大きいから，170 cm 以上の生徒が100人以上であることがわかる。よって，②は正しい。

◀箱ひげ図の中央値から，1年生は170 cm 以上が50％（100人）以下，2年生は170 cm 以上が50％以上いる，と読み取れる。

③ 2年生のデータの第1四分位数は165 cm より大きいから，165 cm 以下の生徒が50人以下であることがわかる。よって，③は正しくない。

◀なお，1年生は165 cm 以下の生徒が50人以上であることがわかる。

以上から，正しいものは　①，②

練習 ②180 右の図は，160人の生徒が受けた数学Ⅰと数学Aのテストの得点のデータの箱ひげ図である。この箱ひげ図から読み取れることとして正しいものを，次の①～④からすべて選べ。

① 数学Ⅰは数学Aに比べて四分位範囲が大きい。

② 数学Ⅰでは60点以上の生徒が80人より少ない。

③ 数学Aでは80点以上の生徒が40人以下である。

④ 数学Ⅰ，数学Aともに30点以上40点以下の生徒がいる。

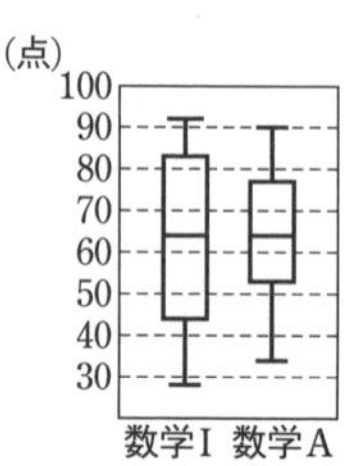

基本例題 181 ヒストグラムと箱ひげ図

右のヒストグラムと矛盾する箱ひげ図を ①～③ のうちからすべて選べ。ただし，各階級は 10 点以上 20 点未満のように区切っている。また，データの大きさは 20 である。

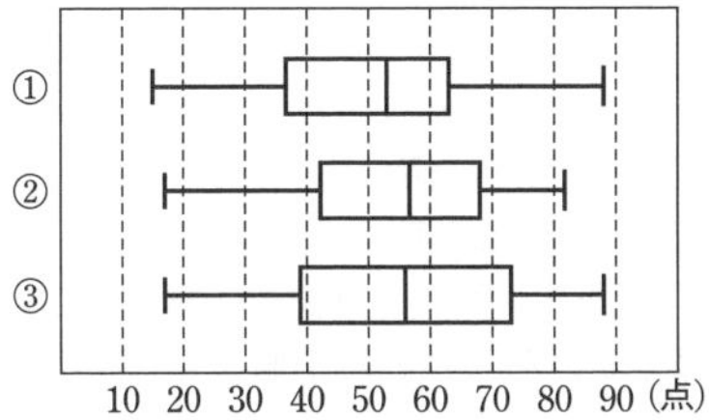

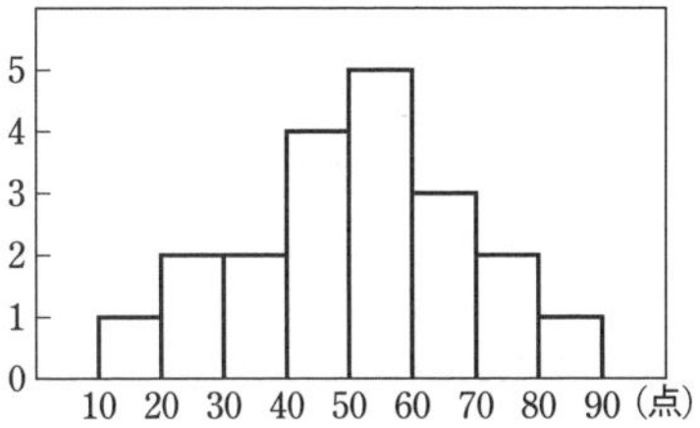

基本 180

指針 ヒストグラムから，データの **最大値**，**最小値**，**四分位数** Q_1，Q_2，Q_3 を読み取る。
なお，**矛盾する** 箱ひげ図を選ぶから，ヒストグラムから読み取った内容を満たしていないものを選ぶ。

解答

ヒストグラムから，次のことが読み取れる。

[1]　最大値は 80 点以上 90 点未満の階級にある。

[2]　最小値は 10 点以上 20 点未満の階級にある。

[3]　第 1 四分位数 Q_1 は 30 点以上 40 点未満の階級，または，40 点以上 50 点未満の階級にある。

◀ Q_1：下から 5 番目と 6 番目の値の平均値

[4]　中央値 Q_2 は 50 点以上 60 点未満の階級にある。

[5]　第 3 四分位数 Q_3 は 60 点以上 70 点未満の階級にある。

◀ Q_3：上から 5 番目と 6 番目の値の平均値

① と ② の箱ひげ図は，[1]～[5] をすべて満たしている。
③ の箱ひげ図は，Q_3 が 70 点以上 80 点未満の階級にあり，[5] を満たしていない。
以上から，ヒストグラムと矛盾する箱ひげ図は　③

注意 ヒストグラムは階級表示であるから，この例題のように対応する箱ひげ図が 1 つに定まらないこともある。

練習 ③ 181 右のヒストグラムと矛盾する箱ひげ図を ①～③ のうちからすべて選べ。ただし，各階級は 8 ℃ 以上 10 ℃ 未満のように区切っている。また，データの大きさは 30 である。

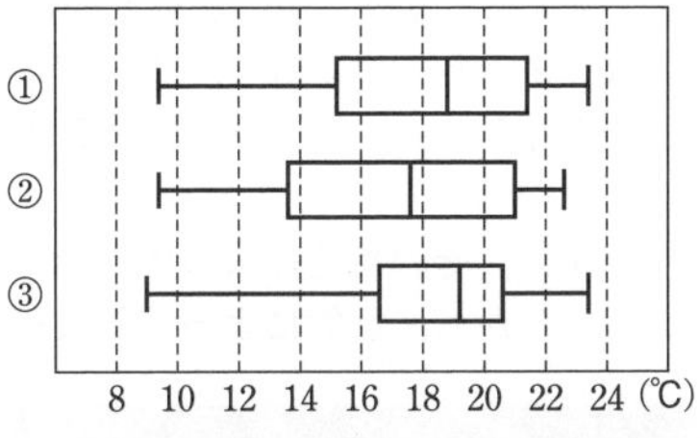

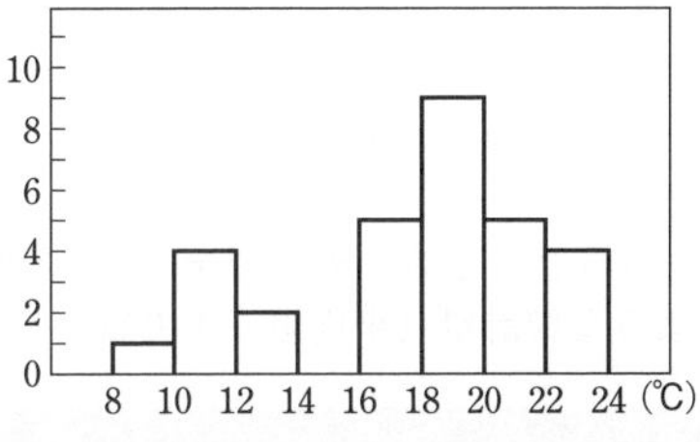

補足事項　外れ値

1　外れ値

データの中に，他の値から極端にかけ離れた値が含まれることがある。そのような値を **外れ値**（はずれち） という。

外れ値の基準は複数あるが，例えば，次のような値を外れ値とする。

{(第 1 四分位数)−1.5×(四分位範囲)} 以下の値

{(第 3 四分位数)+1.5×(四分位範囲)} 以上の値

外れ値がある場合，箱ひげ図において，下の図のように外れ値を∘で表すことがある。箱ひげ図の左右のひげは，データから外れ値を除いたときの最小値または最大値まで引いている。

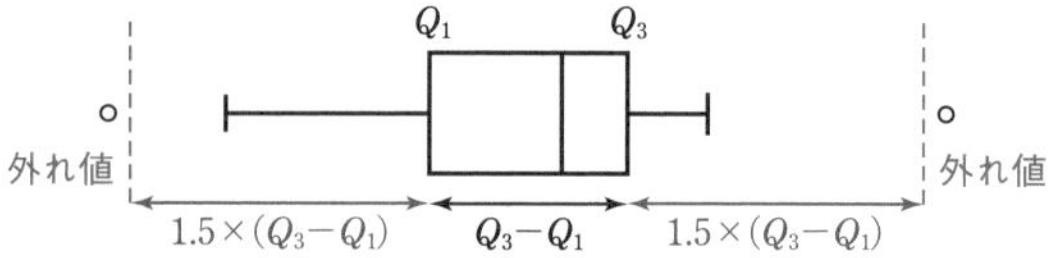

注意　四分位数は，外れ値を除かないすべてのデータの四分位数であり，その値に基づいて箱をかく。また，箱ひげ図を上のようにかいたとしても，データそのものが修正されるわけではない。そのデータの最大値や最小値は，あくまで元のデータから判断する。

2　外れ値の代表値への影響

次のデータ

5，8，8，9，10，12，15，99　……①

において，第 1 四分位数は 8，第 3 四分位数は 13.5 であるから，四分位範囲は 13.5−8=5.5 である。

このとき，

(第 3 四分位数)+1.5×(四分位範囲)

=13.5+1.5×5.5=21.75

より，21.75 以上である 99 は外れ値であるといえる。

データ ① から外れ値である 99 を除いたデータ

5，8，8，9，10，12，15　……②

において，代表値を考えてみよう。

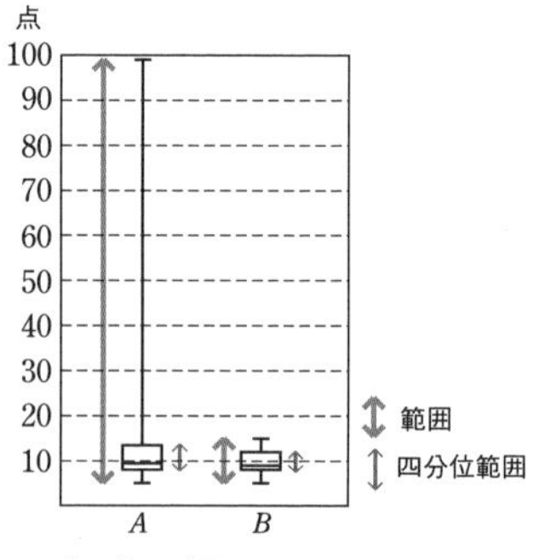

A：①の箱ひげ図

B：①から **99** を除いたデータ②の箱ひげ図

① の平均値は 20.75，中央値は 9.5 であるのに対し，② の平均値は約 9.57 と大きく変化するが，中央値は 9 とあまり変化しない。このように，**平均値は中央値より外れ値の影響を受けやすい**。

また，① の範囲は 99−5=94，四分位範囲は 5.5 であるのに対し，② の範囲は 15−5=10，四分位範囲は 12−8=4 と，**四分位範囲の方が外れ値の影響を受けにくい** ことがわかる。

データを扱うとき，外れ値をどのように扱うかは，その目的によって異なり，また，どのような統計量（平均値，中央値など）を考えるかも，目的によって異なってくる。

補足事項 データの分析と代表値

次の表は，2008 年から 2013 年までの乗用車の新車登録台数を月別にまとめたものである。この表のデータから何が分析できるだろうか，ということを考えてみよう。

	1月	2月	3月	4月	5月	6月	7月	8月	9月	10月	11月	12月	合計
2008年	32	43	61	31	30	36	38	26	40	31	30	25	423
2009年	26	32	46	24	24	32	37	26	41	34	37	32	391
2010年	32	40	58	30	30	38	42	37	40	25	26	24	422
2011年	26	34	36	15	20	29	31	27	39	32	32	29	350
2012年	36	45	64	31	34	43	45	32	38	30	32	28	458
2013年	33	41	57	31	31	38	40	31	45	35	38	36	456

単位：万台

出典：日本自動車工業会（2014）『自動車統計月報』などより作成

〔センター試験から抜粋〕

それぞれの数字を見ただけではわからなくても，合計を見ると，2011 年が最も少ないことがわかる。2011 年は東日本大震災が 3 月に起きた年である。そこで，2011 年の各月の台数を見ると，3 月，4 月は特に他の年の半分程度しかない。これは大震災の影響といってよいだろう。

このように，合計もデータを比較する上での代表値として十分に役立つといえる。更にデータの傾向を調べようとするときに，箱ひげ図が役に立つ。例えば，下の箱ひげ図は上の表をもとに作成したものである。

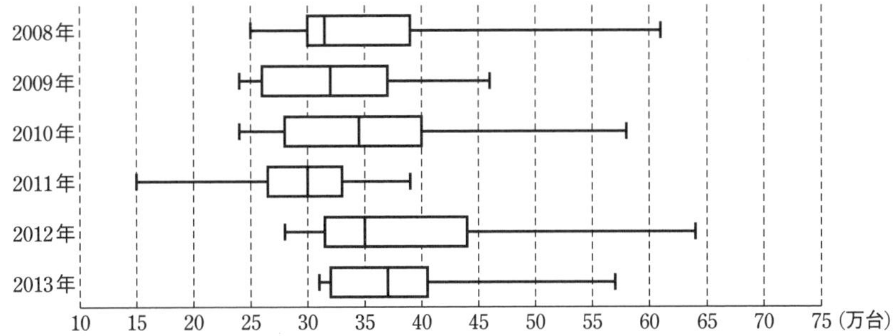

〔センター試験から抜粋〕

この箱ひげ図を見ると，最大値，最小値において，2011 年のデータが突出して小さいことがわかる。ここからも，2011 年は何か特別な年であったことが窺(うかが)える。

このように，数字だけを見るより，箱ひげ図で視覚的に比較した方がよりわかりやすいと感じる人が多いだろう。しかし，箱ひげ図だけでは，2011 年が特別な年であったことがわかっても，細かいことはわからない。ただし，表のデータを見ると，3 月，4 月が特に少なく，この時期に何かがあったことがわかる。**データの代表値をもとに分析を行うことが多いが，逆に失われてしまう情報があることには留意しておきたい。**

22 分散と標準偏差

基本事項

1 分散と標準偏差

変量 x についてのデータの値が，n 個の値 x_1，x_2，……，x_n であるとし，x_1，x_2，……，x_n の平均値を $\overline{x}$ とする。

① **偏差**

変量 x の n 個の各値 x_1，x_2，……，x_n と平均値 $\overline{x}$ の差 $x_1-\overline{x}$，$x_2-\overline{x}$，……，$x_n-\overline{x}$ をそれぞれ x_1，x_2，……，x_n の平均値からの **偏差** という。

② **分散：s^2**

偏差の 2 乗の平均値であり

$$s^2=\frac{1}{n}\{(x_1-\overline{x})^2+(x_2-\overline{x})^2+\cdots\cdots+(x_n-\overline{x})^2\}$$

また，$s^2=\overline{x^2}-(\overline{x})^2$ で計算できる。

↑(x^2 のデータの平均値)−(x のデータの平均値)^2

③ **標準偏差：s**

分散の正の平方根であり

$$s=\sqrt{\frac{1}{n}\{(x_1-\overline{x})^2+(x_2-\overline{x})^2+\cdots\cdots+(x_n-\overline{x})^2\}}$$

$$=\sqrt{\overline{x^2}-(\overline{x})^2}$$

解　説

■分散

分散は，データの散らばりの度合いを表す量である。分散が小さいことは，データの平均値の周りの散らばり方が小さいことの 1 つの目安である。

分散 s^2 の式は次のように変形される。

$$s^2=\frac{1}{n}\{(x_1-\overline{x})^2+(x_2-\overline{x})^2+\cdots\cdots+(x_n-\overline{x})^2\}$$

$$=\frac{1}{n}\{(x_1{}^2+x_2{}^2+\cdots\cdots+x_n{}^2)-2x_1\overline{x}-2x_2\overline{x}-\cdots\cdots-2x_n\overline{x}+(\overline{x})^2+(\overline{x})^2+\cdots\cdots+(\overline{x})^2\}$$

$$=\frac{1}{n}\{(x_1{}^2+x_2{}^2+\cdots\cdots+x_n{}^2)-2\overline{x}(x_1+x_2+\cdots\cdots+x_n)+n(\overline{x})^2\}$$

$$=\frac{1}{n}(x_1{}^2+x_2{}^2+\cdots\cdots+x_n{}^2)-2\overline{x}\cdot\frac{1}{n}(x_1+x_2+\cdots\cdots+x_n)+(\overline{x})^2$$

$$=\overline{x^2}-2\overline{x}\cdot\overline{x}+(\overline{x})^2=\overline{x^2}-(\overline{x})^2$$

↑ $\overline{x^2}$ は x^2 のデータ $x_1{}^2$，$x_2{}^2$，……，$x_n{}^2$ の平均値を表す。

■標準偏差

分散 s^2 の単位は，(変量の測定単位)^2 となってしまう。そこで，測定単位と一致させるために，その正の平方根 $\sqrt{s^2}$ を散らばりの度合いを表す量として用いることも多い。

例　測定単位が m のとき，分散の単位は m^2，標準偏差の単位は m

基本例題 182 分散と標準偏差 ①①①①①

次のデータは，ある商品 A，B の 5 日間の売り上げ個数である。

A　5，7，4，3，6　　B　4，6，8，3，9　　(単位は個)

A，B の変量をそれぞれ x，y とするとき，次の問いに答えよ。

(1) x，y のデータの平均値，分散，標準偏差をそれぞれ求めよ。ただし，標準偏差については小数第 2 位を四捨五入せよ。

(2) x，y のデータについて，標準偏差によってデータの平均値からの散らばりの度合いを比較せよ。

p.302 基本事項 1

指針 (1) 変量 x のデータが x_1，x_2，……，x_n で，その平均値が $\overline{x}$ のとき，分散 s^2 は

① $s^2=\overline{x^2}-(\overline{x})^2$

② $s^2=\dfrac{1}{n}\{(x_1-\overline{x})^2+(x_2-\overline{x})^2+\cdots\cdots+(x_n-\overline{x})^2\}$ ←定義に基づいて計算

(2) 標準偏差(分散)が大きいことは，データの平均値の周りの散らばり方が大きいことの 1 つの目安である。

解答

(1) x，y のデータの **平均値** をそれぞれ $\overline{x}$，$\overline{y}$ とすると

$\overline{x}=\dfrac{1}{5}(5+7+4+3+6)=\mathbf{5}$ **(個)**，$\overline{y}=\dfrac{1}{5}(4+6+8+3+9)=\mathbf{6}$ **(個)**　◀平均値はともに整数。

x，y のデータの **分散** をそれぞれ $s_x{}^2$，$s_y{}^2$ とすると

$s_x{}^2=\dfrac{1}{5}(5^2+7^2+4^2+3^2+6^2)-5^2=\mathbf{2}$，$s_y{}^2=\dfrac{1}{5}(4^2+6^2+8^2+3^2+9^2)-6^2=\mathbf{5.2}$

よって，**標準偏差** は　$s_x=\sqrt{2}\fallingdotseq\mathbf{1.4}$ **(個)**，$s_y=\sqrt{5.2}\fallingdotseq\mathbf{2.3}$ **(個)**　◀$(2.25)^2=5.0625$，$(2.3)^2=5.29$

(2) (1) から　$s_y>s_x$

ゆえに，**y のデータの方が散らばりの度合いが大きい。**

参考 分散の計算は，解答では指針 ① を用いたが，指針 ② を用いて次のように計算してもよい。

$s_x{}^2=\dfrac{1}{5}\{(5-5)^2+(7-5)^2+(4-5)^2+(3-5)^2+(6-5)^2\}=\mathbf{2}$

$s_y{}^2=\dfrac{1}{5}\{(4-6)^2+(6-6)^2+(8-6)^2+(3-6)^2+(9-6)^2\}=\mathbf{5.2}$

① と ②，どちらを用いるかは，① の $\overline{x^2}$ と ② の $(x_{\circ}-\overline{x})^2$，どちらの計算がらくかで判断するとよい。

練習 ② 182 右の表は，A 工場，B 工場の同じ規格の製品 30 個の重さを量った結果である。

(1) 両工場のデータについて，平均値，標準偏差をそれぞれ求めよ。ただし，小数第 3 位を四捨五入せよ。

(2) 両工場のデータについて，標準偏差によってデータの平均値からの散らばりの度合いを比較せよ。

製品の重さ(g)	個数 A 工場	個数 B 工場
3.6	3	0
3.7	4	1
3.8	6	2
3.9	0	6
4.0	11	8
4.1	6	13
計	30	30

基本例題 183 分散と平均値の関係 ②②②②②

ある集団はAとBの2つのグループで構成されている。データを集計したところ，それぞれのグループの個数，平均値，分散は右の表のようになった。このとき，集団全体の平均値と分散を求めよ。 〔立命館大〕

グループ	個数	平均値	分散
A	20	16	24
B	60	12	28

基本 182

指針 データ x_1，x_2，……，x_n の平均値を $\overline{x}$，分散を $s_x{}^2$ とすると，

$$\textbf{(公式)}\quad s_x{}^2=\overline{x^2}-(\overline{x})^2$$

が成り立つ。公式を利用して，まず，それぞれのデータの2乗の総和を求め，再度，公式を適用すれば，集団全体の分散は求められる。
この方針で求める際，それぞれのデータの値を文字で表すと考えやすい。下の解答では，A，Bのデータの値をそれぞれ x_1，x_2，……，x_{20}；y_1，y_2，……，y_{60} として考えている。なお，慣れてきたら，データの値を文字などで表さずに，別解のようにして求めてもよい。

解答

集団全体の **平均値は** $\dfrac{20\times16+60\times12}{20+60}=\mathbf{13}$ ◀集団全体の総和は $20\times16+60\times12$

Aの変量を x とし，データの値を x_1，x_2，……，x_{20} とする。
また，Bの変量を y とし，データの値を y_1，y_2，……，y_{60} とする。
x，y のデータの平均値をそれぞれ $\overline{x}$，$\overline{y}$ とし，分散をそれぞれ $s_x{}^2$，$s_y{}^2$ とする。
$s_x{}^2=\overline{x^2}-(\overline{x})^2$ より，$\overline{x^2}=s_x{}^2+(\overline{x})^2$ であるから

$$x_1{}^2+x_2{}^2+\cdots\cdots+x_{20}{}^2=20\times(24+16^2)=160\times35$$

◀$\overline{x^2}=\dfrac{1}{20}(x_1{}^2+x_2{}^2+\cdots\cdots+x_{20}{}^2)$

$s_y{}^2=\overline{y^2}-(\overline{y})^2$ より，$\overline{y^2}=s_y{}^2+(\overline{y})^2$ であるから

$$y_1{}^2+y_2{}^2+\cdots\cdots+y_{60}{}^2=60\times(28+12^2)=240\times43$$

よって，集団全体の **分散は**

集団全体の平均値は 13

$$\frac{1}{20+60}(x_1{}^2+x_2{}^2+\cdots\cdots+x_{20}{}^2+y_1{}^2+y_2{}^2+\cdots\cdots+y_{60}{}^2)-13^2$$

$$=\frac{160\times35+240\times43}{80}-169=\mathbf{30}$$

別解 集団全体の **平均値は** $\dfrac{20\times16+60\times12}{20+60}=\mathbf{13}$

Aのデータの2乗の平均値は $24+16^2$ であり，Bのデータの2乗の平均値は $28+12^2$ であるから，集団全体の **分散は**

$$\frac{20\times(24+16^2)+60\times(28+12^2)}{20+60}-13^2=\frac{160\times35+240\times43}{80}-169=\mathbf{30}$$

練習 ③183 12個のデータがある。そのうちの6個のデータの平均値は4，標準偏差は3であり，残りの6個のデータの平均値は8，標準偏差は5である。
(1) 全体の平均値を求めよ。 (2) 全体の分散を求めよ。 〔広島工大〕

基本例題 184 データの修正による平均値・分散の変化 ①①①①①

次のデータは，ある都市のある年の月ごとの最高気温を並べたものである。

5，4，8，12，17，24，27，28，22，30，9，6　(単位は ℃)

(1) このデータの平均値を求めよ。

(2) このデータの中で入力ミスが見つかった。30 ℃ となっている月の最高気温は正しくは 18 ℃ であった。この入力ミスを修正すると，このデータの平均値は修正前より何 ℃ 減少するか。

(3) このデータの中で入力ミスが見つかった。正しくは 6 ℃ が 10 ℃，30 ℃ が 26 ℃ であった。この入力ミスを修正すると，このデータの平均値は ア[　] し，分散は イ[　] する。

ア[　]，イ[　] に当てはまるものを次の ①，②，③ から選べ。

① 修正前より増加　　② 修正前より減少　　③ 修正前と一致

基本 182

指針 (2)，(3)(ア)　平均値＝$\dfrac{\text{データの総和}}{\text{データの大きさ}}$　平均値の変化はデータの総和の変化に注目。

(3)(イ)　分散＝$\dfrac{\text{偏差の 2 乗の総和}}{\text{データの大きさ}}$　分散の変化は偏差の 2 乗の総和の変化に注目。

解答

(1) $\dfrac{1}{12}(5+4+8+12+17+24+27+28+22+30+9+6)=\mathbf{16}$ **(℃)**

(2) データの総和は 12 ℃ 減少するから，データの平均値は修正前より $\dfrac{12}{12}=\mathbf{1}$ **(℃)** 減少する。

◀修正前のデータの総和を X とすると，修正前の平均値は $\dfrac{X}{12}$ ℃ で，修正後の平均値は $\dfrac{X-12}{12}=\dfrac{X}{12}-1$ (℃)

(3) (ア) $6+30=10+26$ であるから，データの総和は変化せず，平均値は修正前と一致する。よって　③

(イ) (1)，(ア)より，修正後のデータの平均値は 16 ℃ であるから，修正した 2 つのデータの平均値からの偏差の 2 乗の和は

修正前：$(6-16)^2+(30-16)^2=296$

修正後：$(10-16)^2+(26-16)^2=136$

ゆえに，偏差の 2 乗の総和は減少するから，分散は修正前より減少する。よって　②

◀平均値が修正前と修正後で一致しているから，修正していない 10 個のデータについては，平均値からの偏差の 2 乗の値に変化はない。

練習 ③184 次のデータは，ある都市のある年の月ごとの最低気温を並べたものである。

−12，−9，−3，3，10，17，20，19，15，7，1，−8　(単位は ℃)

(1) このデータの平均値を求めよ。

(2) このデータの中で入力ミスが見つかった。正しくは −3 ℃ が −1 ℃，3 ℃ が 2 ℃，19 ℃ が 18 ℃ であった。この入力ミスを修正すると，このデータの平均値は ア[　] し，分散は イ[　] する。

ア[　]，イ[　] に当てはまるものを上の例題の ①，②，③ から選べ。

基本事項

1 変量の変換

a, b は定数とする。変量 x のデータから $y=ax+b$ によって新しい変量 y のデータが得られるとき，x, y のデータの平均値をそれぞれ $\overline{x}$, $\overline{y}$, 分散をそれぞれ $s_x{}^2$, $s_y{}^2$, 標準偏差をそれぞれ s_x, s_y とすると

$$\boldsymbol{\overline{y}=a\overline{x}+b,\qquad s_y{}^2=a^2s_x{}^2,\qquad s_y=|a|s_x}$$

このように，関係式 $y=ax+b$ によって変量 x を別の変量 y に変えることを，**変量の変換** という。

解　説

■ 変量の変換

データの大きさを n として，変量 x の値を x_1, x_2, ……, x_n とする。a, b を定数として，$y=ax+b$ によって新たな変量 y を作るとき，変量 y の値は次の n 個である。

$$y_1=ax_1+b,\ y_2=ax_2+b,\ \cdots\cdots,\ y_n=ax_n+b$$

変量 y の平均値 $\overline{y}$ は

$$\begin{aligned}\overline{y}&=\frac{1}{n}(y_1+y_2+\cdots\cdots+y_n)\\&=\frac{1}{n}\{(ax_1+b)+(ax_2+b)+\cdots\cdots+(ax_n+b)\}\\&=\frac{1}{n}\{a(x_1+x_2+\cdots\cdots+x_n)+nb\}\\&=a\cdot\frac{1}{n}(x_1+x_2+\cdots\cdots+x_n)+b=a\overline{x}+b\end{aligned}$$

変量 y の分散 $s_y{}^2$ は，$y_k-\overline{y}=ax_k+b-(a\overline{x}+b)=a(x_k-\overline{x})$ であるから

$$\begin{aligned}s_y{}^2&=\frac{1}{n}\{(y_1-\overline{y})^2+(y_2-\overline{y})^2+\cdots\cdots+(y_n-\overline{y})^2\}\\&=\frac{1}{n}\{a^2(x_1-\overline{x})^2+a^2(x_2-\overline{x})^2+\cdots\cdots+a^2(x_n-\overline{x})^2\}\\&=a^2\cdot\frac{1}{n}\{(x_1-\overline{x})^2+(x_2-\overline{x})^2+\cdots\cdots+(x_n-\overline{x})^2\}=a^2s_x{}^2\end{aligned}$$

変量 y の標準偏差 s_y は　　$s_y=\sqrt{s_y{}^2}=\sqrt{a^2s_x{}^2}=|a|s_x$

変量 x に b を加える変換を行うと，平均値も b だけ増加するが，偏差には影響を与えない。よって，散らばり具合を表す分散，標準偏差には変化がない。また，変量 x を a 倍する変換を行うと，平均も a 倍され，偏差も a 倍になる。よって，散らばり具合を表す分散，標準偏差も拡大，縮小される。

例　x_0, c $(c\neq 0)$ を定数として，関係式 $u=\dfrac{x-x_0}{c}$ による変量の変換を考える。

$u=\dfrac{1}{c}x-\dfrac{x_0}{c}$ であるから，$\overline{u}=\dfrac{1}{c}\overline{x}-\dfrac{x_0}{c}=\dfrac{\overline{x}-x_0}{c}$, $s_u=\left|\dfrac{1}{c}\right|s_x$ である。

ここで，$x_0=\overline{x}$, $c=s_x$ とすると　　$\overline{u}=\dfrac{\overline{x}-\overline{x}}{s_x}=0$,　$s_u=\left|\dfrac{1}{s_x}\right|s_x=1$

この u を x の **標準化** という。標準化に関連するものとして **偏差値** があげられる。($p.309$ 参照)

基本例題 185 変量の変換

変量 x のデータの平均値 $\overline{x}$ が $\overline{x}=21$，分散 $s_x{}^2$ が $s_x{}^2=12$ であるとする。このとき，次の式によって得られる新しい変量 y のデータについて，平均値 $\overline{y}$，分散 $s_y{}^2$，標準偏差 s_y を求めよ。
ただし，$\sqrt{3}=1.73$ とし，標準偏差は小数第 2 位を四捨五入して，小数第 1 位まで求めよ。

(1) $y=x-5$　(2) $y=3x$　(3) $y=-2x+3$　(4) $y=\dfrac{x-21}{2\sqrt{3}}$

p.306 基本事項 1　重要 190

指針 a，b は定数とする。変量 x のデータから $y=ax+b$ によって新しい変量 y のデータが得られるとき，x，y のデータの平均値をそれぞれ $\overline{x}$，$\overline{y}$，分散をそれぞれ $s_x{}^2$，$s_y{}^2$，標準偏差をそれぞれ s_x，s_y とすると

① $\overline{y}=a\overline{x}+b$　② $s_y{}^2=a^2s_x{}^2$　③ $s_y=|a|s_x$

が成り立つ。この ①，②，③ を利用すればよい。

解答

(1) $\overline{y}=\overline{x}-5=21-5=\mathbf{16}$
$s_y{}^2=1^2\times s_x{}^2=\mathbf{12}$
$s_y=1\times s_x=2\sqrt{3}=2\times1.73=3.46\fallingdotseq\mathbf{3.5}$

(2) $\overline{y}=3\overline{x}=3\times21=\mathbf{63}$
$s_y{}^2=3^2\times s_x{}^2=9\times12=\mathbf{108}$
$s_y=3s_x=3\times2\sqrt{3}=6\sqrt{3}=6\times1.73=10.38\fallingdotseq\mathbf{10.4}$

(3) $\overline{y}=-2\overline{x}+3=-2\times21+3=\mathbf{-39}$
$s_y{}^2=(-2)^2s_x{}^2=4\times12=\mathbf{48}$
$s_y=|-2|s_x=2\times2\sqrt{3}=4\sqrt{3}=4\times1.73=6.92\fallingdotseq\mathbf{6.9}$

(4) $\overline{y}=\dfrac{\overline{x}-21}{2\sqrt{3}}=\dfrac{21-21}{2\sqrt{3}}=\mathbf{0}$

$s_y{}^2=\dfrac{s_x{}^2}{(2\sqrt{3})^2}=\dfrac{12}{12}=\mathbf{1}$

$s_y=\dfrac{s_x}{2\sqrt{3}}=\dfrac{2\sqrt{3}}{2\sqrt{3}}=\mathbf{1}$

参考 (4) は変量 x を標準化（p.306 参照）したものである。

補足 標準偏差は，分散の正の平方根であるから，次のように求めてもよい。
(1) $s_y{}^2=12$ より $s_y=\sqrt{12}=2\sqrt{3}$
(2) $s_y{}^2=108$ より $s_y=\sqrt{108}=6\sqrt{3}$
(3) $s_y{}^2=48$ より $s_y=\sqrt{48}=4\sqrt{3}$
(4) $s_y{}^2=1$ より $s_y=\sqrt{1}=1$

注意 (3) の s_y は (1) の s_y の 2 倍であるが，(1) の「3.5」は四捨五入された値のため，(3) の s_y を
$3.5\times2=7.0$
としたら間違い。

5章　22 分散と標準偏差

練習 ② 185 ある変量のデータがあり，その平均値は 50，標準偏差は 15 である。そのデータを修正して，各データの値を 1.2 倍して 5 を引いたとき，修正後の平均値と標準偏差を求めよ。

基本例題 186 仮平均の利用

①①①①①

次の変量 x のデータについて，以下の問いに答えよ。

726, 814, 798, 750, 742, 766, 734, 702

(1) $y=x-750$ とおくことにより，変量 x のデータの平均値 $\overline{x}$ を求めよ。

(2) $u=\dfrac{x-750}{8}$ とおくことにより，変量 x のデータの分散を求めよ。

基本 185

指針 (1) y のデータの平均値を $\overline{y}$ とすると，$\overline{y}=\overline{x}-750$ すなわち $\overline{x}=\overline{y}+750$ である。よって，まず $\overline{y}$ を求める。

(2) x, u のデータの分散をそれぞれ $s_x{}^2$, $s_u{}^2$ とすると，$s_x{}^2=8^2s_u{}^2$ である。よって，まず，変量 x の各値に対応する変量 u の値を求め，$s_u{}^2$ を計算する。

解答

(1) y のデータの平均値を $\overline{y}$ とすると

$$\overline{y}=\frac{1}{8}\{(-24)+64+48+0+(-8)+16+(-16)+(-48)\}=4$$

ゆえに　$\overline{x}=\overline{y}+750=\mathbf{754}$

(1) $\overline{x}=\dfrac{1}{8}(726+\cdots+702)$ としても求められるが，解答の方が計算がらく。

(2) $u=\dfrac{x-750}{8}$ とおくと，u, u^2 の値は次のようになる。

x	726	814	798	750	742	766	734	702	計
y	−24	64	48	0	−8	16	−16	−48	32
u	−3	8	6	0	−1	2	−2	−6	4
u^2	9	64	36	0	1	4	4	36	154

よって，u のデータの分散は

$$\overline{u^2}-(\overline{u})^2=\frac{154}{8}-\left(\frac{4}{8}\right)^2=\frac{76}{4}=19$$

◀(u のデータの分散) ＝(u^2 のデータの平均値) −(u のデータの平均値)^2

ゆえに，x のデータの分散は

$$8^2\times19=\mathbf{1216}$$

◀$s_x{}^2=8^2s_u{}^2$

参考 上の例題(1)の「750」のように，平均値の計算を簡単にするためにとった値のことを **仮平均** という。仮平均を自分で設定する場合，計算がらくになるようなものを選ぶ。具体的には，各データとの差が小さくなる値(平均値に近いと予想される値) をとるとよい。

◀$u=\dfrac{x-x_0}{c}$ の x_0 を仮平均という。

練習 ②186 次の変量 x のデータについて，以下の問いに答えよ。

514, 584, 598, 521, 605, 612, 577

(1) $y=x-570$ とおくことにより，変量 x のデータの平均値 $\overline{x}$ を求めよ。

(2) $u=\dfrac{x-570}{7}$ とおくことにより，変量 x のデータの分散を求めよ。

参考事項　偏差値

これまでに学んだ平均値，標準偏差を用いて求められる値の中で，代表的なものとして偏差値があげられる。複数教科の試験を受けた場合，平均点が異なる場合が多いため，得点のみで各教科の実力の差を見極めることは難しい。偏差値を用いれば平均点が異なっていても各教科の実力の差を比較しやすい。偏差値は，平均値と標準偏差を用いて，次のように定義される。

> データの変量 x に対し，x の平均値を $\overline{x}$，標準偏差を s_x で表すとき
> $y=50+\dfrac{x-\overline{x}}{s_x}\times 10$ によって得られる y を x の **偏差値** という。

参考　偏差値の平均値は 50，標準偏差は 10 である。

大学入学共通テストや，その前身である大学入試センター試験では，毎年平均点に加え，標準偏差も発表されている。それらの値を利用して，偏差値を算出することができる。

例　ある生徒の大学入試センター試験の国語・数学ＩＡ・英語の得点の結果は次の表の通りであった。

大学入試センター試験	得点	得点率	平均点	標準偏差
国語（200 点）	150	75	98.67	26.83
数学ＩＡ（100 点）	85	85	62.08	21.85
英語（200 点）	170	85	118.87	41.06

3 教科の偏差値を求めると

国語　$50+\dfrac{150-98.67}{26.83}\times 10\fallingdotseq 69.13$

数学　$50+\dfrac{85-62.08}{21.85}\times 10\fallingdotseq 60.49$

英語　$50+\dfrac{170-118.87}{41.06}\times 10\fallingdotseq 62.45$

上の計算から，得点率で比較すると 3 教科の中で国語が最も低いが，偏差値で比較すると，国語が最も高いと判断できる。

偏差値を用いることで自分の相対位置（大まかな順位）がわかることがある。得点分布が正規分布（詳しくは数学Ｂで学習）になる場合，偏差値に対する上位からの割合（%）は次の表のようになることが知られている。

偏差値	75	…	70	…	65	…	60	…	55	…	50	…	45	…	40	…	35	…	30	…	25
%	0.7		2.3		6.7		15.9		30.9		50.0		69.1		84.1		93.3		97.7		99.3

50 万人が受験した試験で，ある生徒の偏差値が 65 であるならば，得点分布が正規分布になるものと仮定すると，全国順位は約 33,500 位になる。

EXERCISES

②**126** 次の表のデータは，厚生労働省発表の都道府県別にみた人口1人当たりの国民医療費（平成28年度）から抜き出したものである。ただし，単位は万円であり，小数第1位を四捨五入してある。〔富山県大〕

都道府県名	東京都	新潟県	富山県	石川県	福井県	大阪府
人口1人当たりの国民医療費	30	31	33	34	34	36

(1) 表のデータについて，次の値を求めよ。
(a) 平均値　(b) 分散　(c) 標準偏差

(2) 表のデータに，ある都道府県のデータを1つ追加したところ，平均値が34になった。このとき，追加されたデータの数値を求めよ。→177，182

④**127** 変量 x の値を x_1，x_2，……，x_n とする。このとき，ある値 t からの各値の偏差 $t-x_k$ $(k=1,\ 2,\ \cdots\cdots,\ n)$ の2乗の和を y とする。すなわち
$y=(t-x_1)^2+(t-x_2)^2+\cdots\cdots+(t-x_n)^2$ である。
このとき，y は $t=\overline{x}$（x の平均値）のとき最小となることを示せ。→182

④**128** 変量 x のデータが，n 個の実数値 x_1，x_2，……，x_n であるとする。x_1，x_2，……，x_n の平均値を $\overline{x}$ とし，標準偏差を s_x とする。式 $y=4x-2$ で新たな変量 y と y のデータ y_1，y_2，……，y_n を定めたとき，y_1，y_2，……，y_n の平均値 $\overline{y}$ と標準偏差 s_y を $\overline{x}$ と s_x を用いて表すと，$\overline{y}=$ ア□，$s_y=$ イ□ となる。
$i=1,\ 2,\ \cdots\cdots,\ n$ に対して，x_i の平均値からの偏差を $d_i=x_i-\overline{x}$ とする。
$|d_i|>2s_x$ を満たす i が2個あるとき，データの大きさ n のとりうる値の範囲は $n\geqq$ ウ□ である。ただし，ウ□ は整数とする。〔関西学院大〕→185

④**129** 受験者数が100人の試験が実施され，この試験を受験した智子さんの得点は84（点）であった。また，この試験の得点の平均値は60（点）であった。
なお，得点の平均値が m（点），標準偏差が s（点）である試験において，得点が x（点）である受験者の偏差値は $50+\dfrac{10(x-m)}{s}$ となることを用いてよい。

(1) 智子さんの偏差値は62であった。したがって，100人の受験者の得点の標準偏差は ア□（点）である。

(2) この試験において，得点が x（点）である受験者の偏差値が65以上であるための必要十分条件は $x\geqq$ イ□ である。

(3) 後日，この試験を新たに50人が受験し，受験者数は合計で150人となった。その結果，試験の得点の平均値が62（点）となり，智子さんの偏差値は60となった。したがって，150人の受験者の得点の標準偏差は ウ□（点）である。また，新たに受験した50人の受験者の得点について，平均値は エ□（点）であり，標準偏差は オ□（点）である。〔類 上智大〕→183，185

HINT
127 t についての2次関数とみて，平方完成する。
129 （変量 y の分散）＝（y^2 の平均値）−（y の平均値）^{2} を利用する。
また，（標準偏差）＝$\sqrt{（分散）}$ である。

③130 ある高校 3 年生 1 クラスの生徒 40 人について，ハンドボール投げの飛距離のデータを取った。〔図 1〕は，このクラスで最初に取ったデータのヒストグラムである。

(1) この 40 人のデータの第 3 四分位数が含まれる階級を次の ①～③ から 1 つ選べ。

① 20 m 以上 25 m 未満
② 25 m 以上 30 m 未満
③ 30 m 以上 35 m 未満

〔図1〕

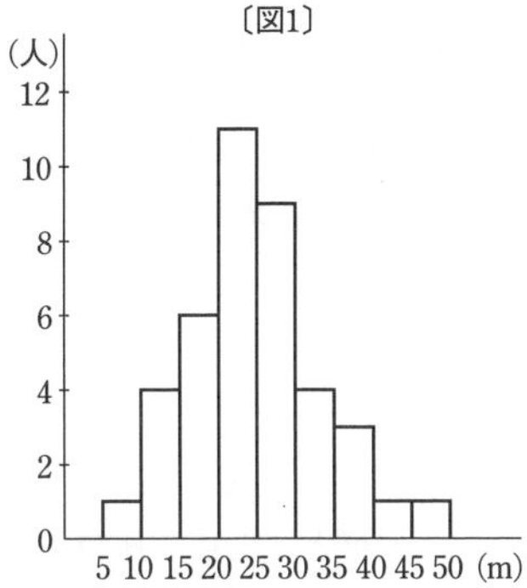

(2) このデータを箱ひげ図にまとめたとき，〔図 1〕のヒストグラムと矛盾するものを次の ④～⑨ から 4 つ選べ。

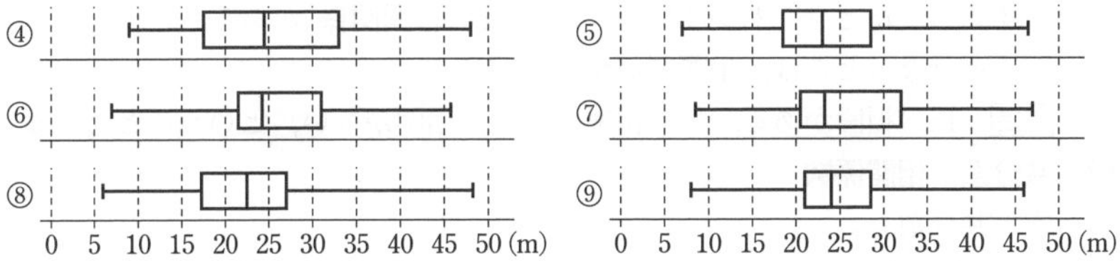

(3) 後日，このクラスでハンドボール投げの記録を取り直した。次に示した A～D は，最初に取った記録から今回の記録への変化の分析結果を記述したものである。a～d の各々が今回取り直したデータの箱ひげ図となる場合に，⑩～⑬ の組合せのうち分析結果と箱ひげ図が矛盾するものを 2 つ選べ。

⑩ A－a　　⑪ B－b　　⑫ C－c　　⑬ D－d

A：どの生徒の記録も下がった。　B：どの生徒の記録も伸びた。

C：最初に取ったデータで上位 $\frac{1}{3}$ に入るすべての生徒の記録が伸びた。

D：最初に取ったデータで上位 $\frac{1}{3}$ に入るすべての生徒の記録は伸び，下位 $\frac{1}{3}$ に入るすべての生徒の記録は下がった。

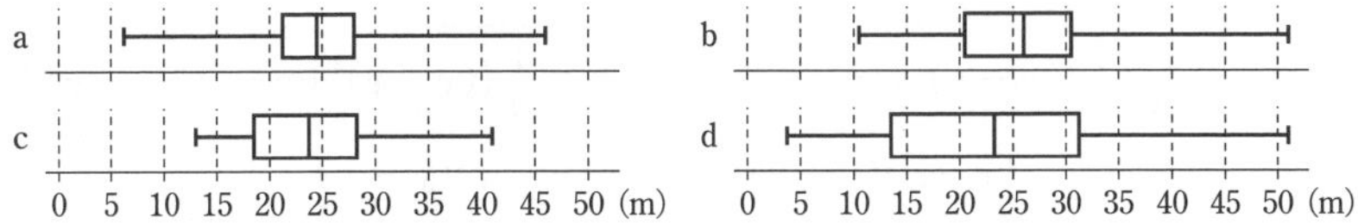

〔類 センター試験〕

HINT 130 (2) ④～⑨ について，データの最大値，最小値，中央値が含まれる階級は同じであるから，第 1 四分位数，第 3 四分位数について調べる。
(3) A～D を踏まえて，取り直す前と後のデータの最大値，最小値などの変化を考える。

23 データの相関

基本事項

2つの変量 x, y があり，そのデータの大きさがともに n 個であり，
x_1, x_2, ……, x_n ; y_1, y_2, ……, y_n とする。

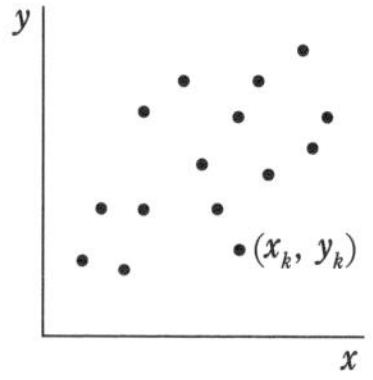

1 散布図

右の図のように，x と y の間の関係を見やすくするために，
x, y の値の組

$(x_k,\ y_k)$　　$k=1,\ 2,\ \cdots\cdots,\ n$

を座標とする点を座標平面上にとったもの。

2 相関関係

2つの変量のデータにおいて，一方が増えると他方も増える傾向が認められるとき，2つの変量の間に **正の相関関係** があるという。逆に，一方が増えると他方が減る傾向が認められるとき，2つの変量の間に **負の相関関係** があるという。どちらの傾向も認められないときは，**相関関係がない** という。

補足　正の相関がある，負の相関がある，相関がない，ということもある。

3 共分散，相関係数

① **共分散 s_{xy}**

x の偏差と y の偏差の積 $(x_k-\overline{x})(y_k-\overline{y})$ の平均値，すなわち

$$\frac{1}{n}\{(x_1-\overline{x})(y_1-\overline{y})+(x_2-\overline{x})(y_2-\overline{y})+\cdots\cdots+(x_n-\overline{x})(y_n-\overline{y})\}$$

を x と y の **共分散** といい，s_{xy} で表す。

② **相関係数 r**

直線的な相関関係を考察するための目安となる数値。x, y の標準偏差をそれぞれ s_x, s_y とするとき，共分散 s_{xy} を，s_x と s_y の積 s_xs_y で割った量を，x と y の **相関係数** といい，r で表す。

$$r=\frac{s_{xy}}{s_xs_y}\qquad \leftarrow \frac{(x\text{ と }y\text{ の共分散})}{(x\text{ の標準偏差})\times(y\text{ の標準偏差})}$$

$$=\frac{\frac{1}{n}\{(x_1-\overline{x})(y_1-\overline{y})+\cdots\cdots+(x_n-\overline{x})(y_n-\overline{y})\}}{\sqrt{\frac{1}{n}\{(x_1-\overline{x})^2+\cdots\cdots+(x_n-\overline{x})^2\}}\sqrt{\frac{1}{n}\{(y_1-\overline{y})^2+\cdots\cdots+(y_n-\overline{y})^2\}}}$$

$$=\frac{(x_1-\overline{x})(y_1-\overline{y})+\cdots\cdots+(x_n-\overline{x})(y_n-\overline{y})}{\sqrt{\{(x_1-\overline{x})^2+\cdots\cdots+(x_n-\overline{x})^2\}\{(y_1-\overline{y})^2+\cdots\cdots+(y_n-\overline{y})^2\}}}$$

相関係数 r には，次の性質がある。

[1]　$-1\leqq r\leqq 1$

[2]　**$r=1$ のとき，散布図の点は右上がりの直線に沿って分布する。**

[3]　**$r=-1$ のとき，散布図の点は右下がりの直線に沿って分布する。**

[4]　**r の値が 0 に近いとき，直線的な相関関係はない。**

解　説

■散布図と相関関係

2つの変量の間に正の相関関係があるとき，散布図の点は全体に右上がりに分布し，負の相関関係があるとき，散布図の点は全体に右下がりに分布する。
また，散布図における点の分布が1つの直線に接近しているほど強い相関関係があるという。

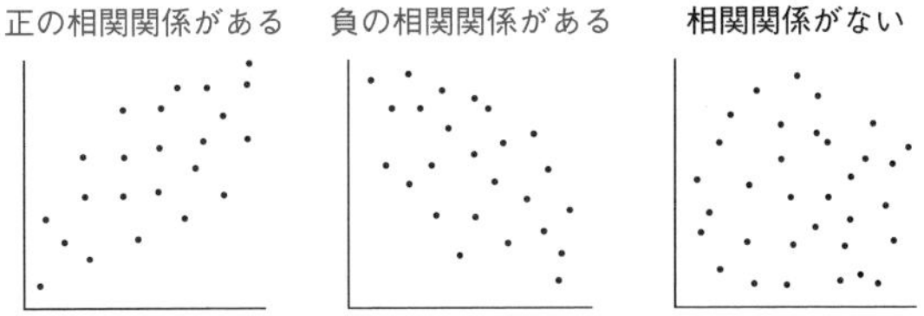

■共分散，相関係数

2つの変量 x, y についてのデータの組

$$(x_1,\ y_1),\ (x_2,\ y_2),\ \cdots\cdots,\ (x_n,\ y_n)$$

があり，x, y の平均値をそれぞれ $\overline{x}$, $\overline{y}$ とする。
$\overline{x}$, $\overline{y}$ を境界として，データの散布図を右のように4つの部分に分けると，散布図の点について，次の傾向がある。
点 $(x_k,\ y_k)$ の多くが「＋」の部分にあるとき，
$(x_k-\overline{x})(y_k-\overline{y})>0$ となるものの割合が大きいから，$s_{xy}>0$ となる。このとき，正の相関関係があるといえる。
点 $(x_k,\ y_k)$ の多くが「－」の部分にあるとき，$(x_k-\overline{x})(y_k-\overline{y})<0$ となるものの割合が大きいから，$s_{xy}<0$ となる。このとき，負の相関関係があるといえる。
共分散の正負は，相関関係の正負の目安になる。

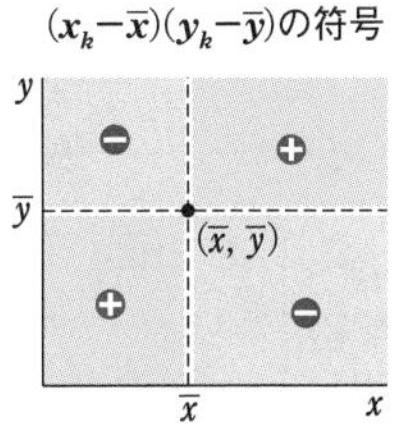

相関係数 r の値については，r の値が1に近いほど正の相関関係が強く，r の値が -1 に近いほど負の相関関係が強い。相関関係がないとき，r は0に近い値をとる。

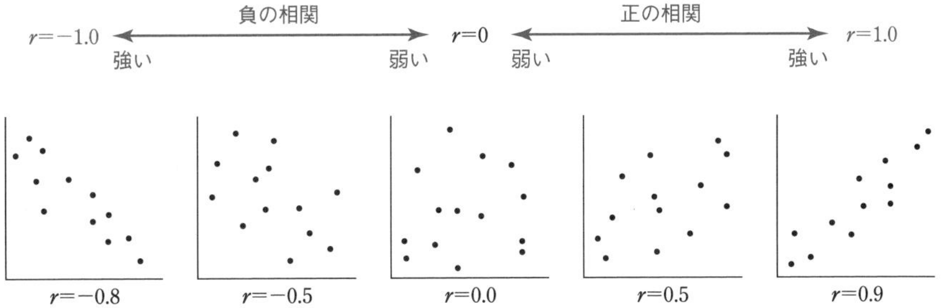

参考　2つの変量 x, y をそれぞれ $u=ax+b$, $v=cy+d$（a, b, c, d は定数，$ac>0$）により変換したとき，u と v の相関係数と x と y の相関係数は等しい。
相関係数は2つのデータの間の関係を表す数値であり，正の定数を掛けたり足したりしても相関関係の正負や強弱は変化しない。ただし，いずれか一方のみに負の定数を掛ける（$ac<0$）と，相関関係の正負が逆になる。

基本例題 187 散布図と相関関係 ①①①①①

次のような変量 x, y のデータがある。これらについて，散布図をかき，x と y の間に相関関係があるかどうかを調べよ。また，相関関係がある場合には，正・負のどちらであるかをいえ。

(1)

x	1	3	8	5	4	6	2	9
y	2	2	6	7	3	5	3	8

(2)

x	38	46	20	48	18	27	11	33
y	12	15	25	11	30	21	38	30

(3)

x	1.3	3.3	4.9	2.2	5.7	3.6	2.7	4.0
y	2.6	4.2	2.0	1.3	4.2	1.2	4.1	3.6

p.312 基本事項 **1**, **2**

指針 変量 x, y について，組 $(x,\ y)$ を座標とする点を平面上にとる。その際，目盛りは表す点がわかりやすくなるように入れる。
でき上がった散布図をみて，次のように判断する。
散布図の点が全体に **右上がりに分布** ⟶ **正の相関関係**
散布図の点が全体に **右下がりに分布** ⟶ **負の相関関係**
どちらの傾向もみられない ⟶ **相関関係がない**

解答

(1) 〔図〕**正の相関関係がある。**

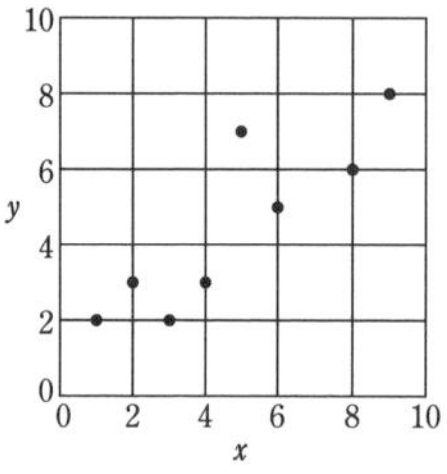

(2) 〔図〕**負の相関関係がある。**

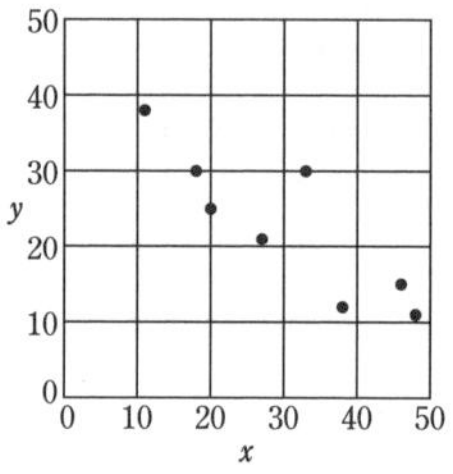

(3) 〔図〕**相関関係はない。**

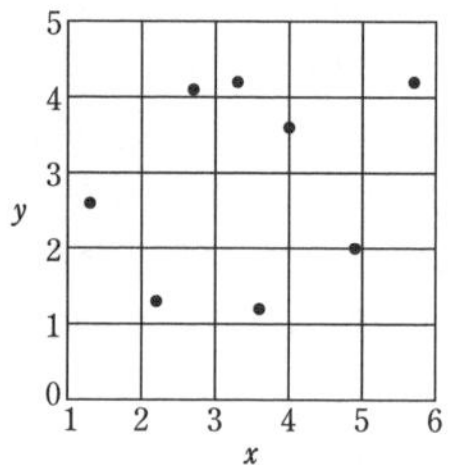

練習 ① 187 右の散布図は，30 人のクラスの漢字と英単語の 100 点満点で実施したテストの得点の散布図である。
(1) この散布図をもとにして，漢字と英単語の得点の間に相関関係があるかどうかを調べよ。また，相関関係がある場合には，正・負のどちらであるかをいえ。
(2) この散布図をもとにして，英単語の度数分布表を作成せよ。ただし，階級は「40 以上 50 未満」，……，「90 以上 100 未満」とする。

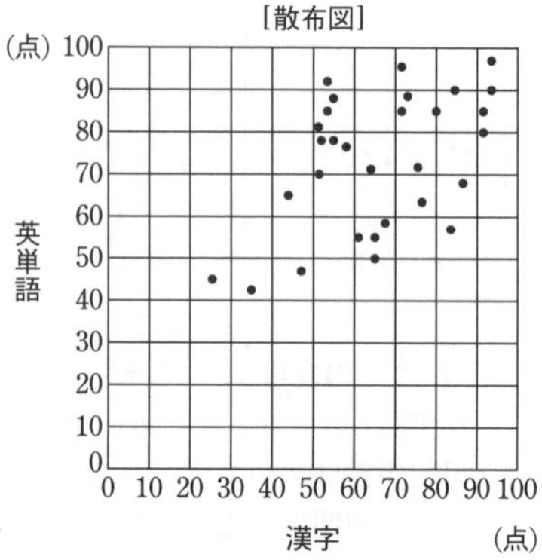

基本 例題 188 相関係数の計算 ①①①①①

次の表は，学生 5 名の身長 x (cm) と体重 y (kg) を測定した結果である。x と y の相関係数 r を求めよ。

	A	B	C	D	E
身長 x (cm)	181	167	173	169	165
体重 y (kg)	75	59	63	67	61

〔藤田保健衛生大〕

p.312 基本事項 3　重要 190

指針 x, y のデータの標準偏差をそれぞれ s_x, s_y とし，x と y の共分散を s_{xy} とするとき，相関係数 r は，$r=\dfrac{s_{xy}}{s_x s_y}=\dfrac{\{(x-\overline{x})(y-\overline{y})\text{ の和}\}}{\sqrt{\{(x-\overline{x})^2\text{ の和}\}\times\{(y-\overline{y})^2\text{ の和}\}}}$ で与えられる。

r を求めるには，x, y のデータの平均値 $\overline{x}$, $\overline{y}$ をまず求め，$(x-\overline{x})^2$ **の和**，$(y-\overline{y})^2$ **の和**，$(x-\overline{x})(y-\overline{y})$ **の和** の順に計算していく。この際，下の解答のように表を作成して計算するとよい。

解答

x, y のデータの平均値をそれぞれ $\overline{x}$, $\overline{y}$ とすると

$$\overline{x}=\frac{1}{5}(181+167+173+169+165)$$
$$=171\ \text{(cm)}$$
$$\overline{y}=\frac{1}{5}(75+59+63+67+61)=65\ \text{(kg)}$$

◀x, y の仮平均（p.308 参照）を，それぞれ 170, 65 として計算すると
$\overline{x}=170+\dfrac{1}{5}(11-3+3-1-5)=171$
$\overline{y}=65+\dfrac{1}{5}(10-6-2+2-4)=65$

よって，次の表が得られる。

	x	y	$x-\overline{x}$	$y-\overline{y}$	$(x-\overline{x})^2$	$(y-\overline{y})^2$	$(x-\overline{x})(y-\overline{y})$
A	181	75	10	10	100	100	100
B	167	59	−4	−6	16	36	24
C	173	63	2	−2	4	4	−4
D	169	67	−2	2	4	4	−4
E	165	61	−6	−4	36	16	24
計					160	160	140

ゆえに，相関係数 r は

$$r=\frac{140}{\sqrt{160\times 160}}=\frac{140}{160}=\mathbf{0.875}$$

練習 ② 188 下の表は，10 人の生徒に 30 点満点の 2 種類のテスト A，B を行った得点の結果である。テスト A, B の得点をそれぞれ x, y とするとき，x と y の相関係数 r を求めよ。ただし，小数第 3 位を四捨五入せよ。

生徒番号	1	2	3	4	5	6	7	8	9	10
x	29	25	22	28	18	23	26	30	30	29
y	23	23	18	26	17	20	21	20	26	26

参考事項　相関係数と外れ値，相関関係と因果関係

1　相関係数と外れ値

相関係数は，外れ値（p.300）の影響を受けやすい値である。例えば，例題 **187** (1) のデータに $(x,\ y)=(1,\ 15)$ を付け加えると，次のようになる。

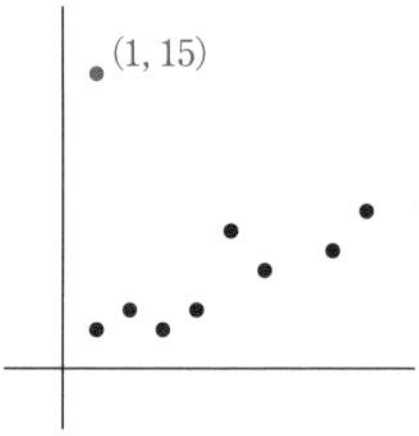

(1)

x	1	3	8	5	4	6	2	9	1
y	2	2	6	7	3	5	3	8	15

相関係数は，およその値で 0.9 から 0.1 に変化する。

また，例題 **187** (3) のデータに $(x,\ y)=(15.0,\ 15.0)$ を付け加えると次のようになる。

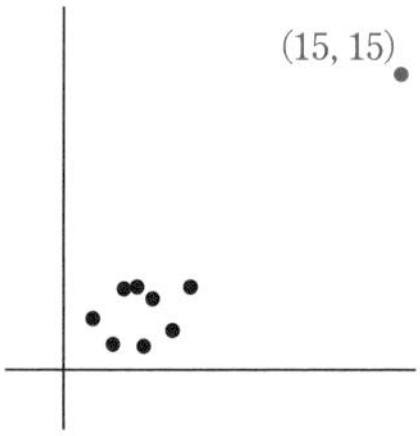

(3)

x	1.3	3.3	4.9	2.2	5.7	3.6	2.7	4.0	15.0
y	2.6	4.2	2.0	1.3	4.2	1.2	4.1	3.6	15.0

相関係数は，およその値で 0.3 から 0.9 に変化する。相関係数は 0.9 となるが，右の散布図から，強い正の相関関係があるとはいえない。

これらのことからわかるように，相関係数だけで相関関係を判断するのは避け，外れ値のことを念頭において散布図をかいて考えるべきである。

2　相関関係と因果関係

原因とそれによって起こる結果との関係を **因果関係** という。相関関係と因果関係について考えてみよう。

例えば，47 都道府県のある期間の，熱中症による救急搬送人数と，都市公園の数のデータを調べたところ，相関係数が約 0.83 であった。この 2 つのデータの間には正の相関関係が認められる。しかし，公園の数が多いことが原因で救急搬送が増えることや，逆に，救急搬送が多いから公園の数が増えるといったことまでは断定できない。つまり，因果関係が認められるとは断定できない。

一般に，**2 つのデータの間に相関関係があるからといって，必ずしも因果関係があるとはいえない。**

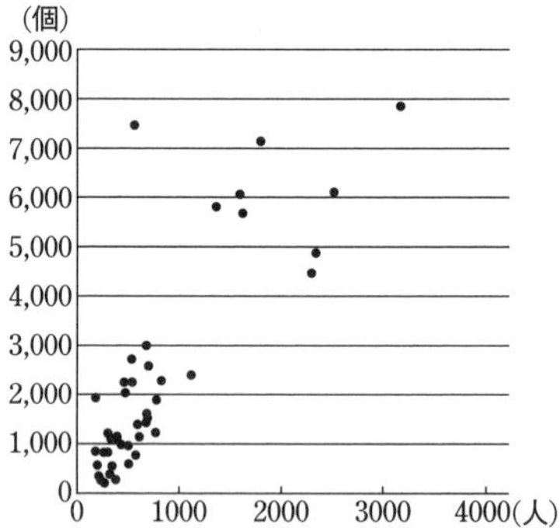

総務省消防庁および統計局のホームページより作成

基本例題 189 相関係数による分析 ③

右の表は，10 名からなるある少人数クラスで，100 点満点で 2 回ずつ実施した数学と英語のテストの得点をまとめたものである。

(1) 数学と英語の得点の散布図を，1 回目，2 回目の各回についてかけ。

(2) 1 回目の数学と英語の得点の相関係数を r_1，2 回目の数学と英語の得点の相関係数を r_2 とするとき，値の組 $(r_1,\ r_2)$ として正しいものを以下の①～④から 1 つ選べ。

① $(0.54,\ 0.20)$　② $(-0.54,\ 0.20)$

③ $(0.20,\ 0.54)$　④ $(0.20,\ -0.54)$

	1 回目		2 回目	
番号	数学	英語	数学	英語
1	40	43	60	54
2	63	55	61	67
3	59	62	56	60
4	35	64	60	71
5	43	36	69	80
6	36	48	64	50
7	51	46	54	57
8	57	71	59	40
9	32	65	49	42
10	34	50	57	69

基本 187

指針 与えられたデータから相関係数を選ぶ問題では，相関係数の組が与えられているから，直接計算をする必要はない。ここでは，(1) で散布図をかくから，それをもとに判断する。

解答

(1) 〔図〕 1 回目

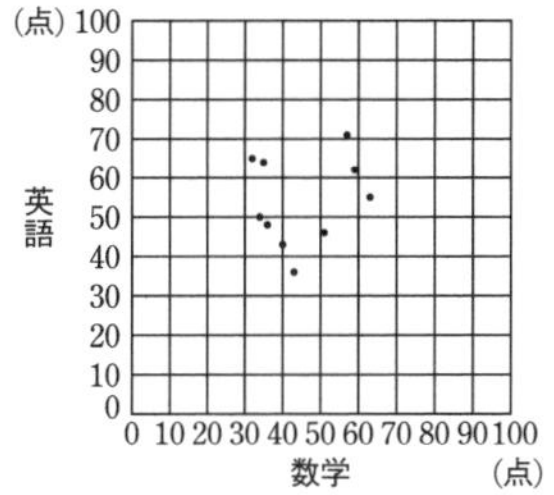

2 回目

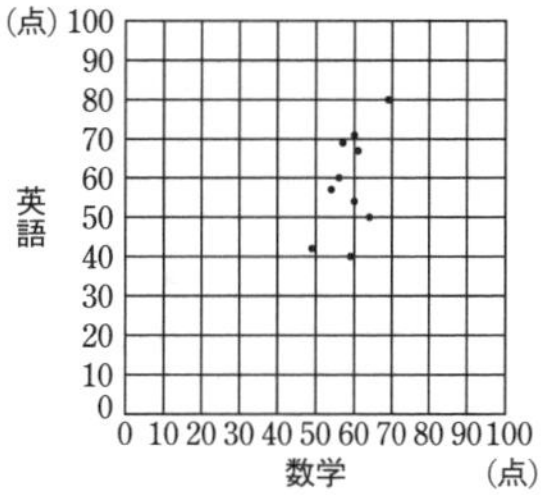

(2) 2 回目の散布図より，2 回目の数学と英語の得点には正の相関関係があるから　$r_2>0$

また，1 回目と 2 回目の散布図より，1 回目の方が 2 回目よりも相関が弱いから　$|r_1|<|r_2|$

以上から，値の組は

③ $(0.20,\ 0.54)$

散布図において，点が右上がりの直線（右下がりの直線）上およびその近くに分布しているほど **相関が強い** といい，直線上ではなく広くばらついているほど **相関が弱い** という。

練習 ③189 右の表は，2 つの変量 x，y のデータである。

x	80	70	62	72	90	78
y	58	72	83	71	52	78

(1) これらのデータについて，0.72，-0.19，-0.85 のうち，x と y の相関係数に最も近いものはどれか。

(2) 表の右端のデータの y の値を 68 に変更すると，x と y の相関係数の絶対値は大きくなるか，それとも小さくなるか。

p.320 EX131

重要例題 190 変量を変換したときの相関係数 ④

2 つの変量 x, y の 3 組のデータ $(x_1,\ y_1)$, $(x_2,\ y_2)$, $(x_3,\ y_3)$ がある。変量 x, y, xy の平均をそれぞれ $\overline{x}$, $\overline{y}$, $\overline{xy}$ とし, x, y の標準偏差をそれぞれ s_x, s_y, 共分散を s_{xy} とする。このとき, 次の問いに答えよ。

(1) $s_{xy}=\overline{xy}-\overline{x}\cdot\overline{y}$ が成り立つことを示せ。

(2) 変量 z を $z=2y+3$ とするとき, x と z の相関係数 r_{xz} は x と y の相関係数 r_{xy} に等しいことを示せ。

基本 185, 188

指針 (1) $s_{xy}=\dfrac{1}{3}\{(x_1-\overline{x})(y_1-\overline{y})+(x_2-\overline{x})(y_2-\overline{y})+(x_3-\overline{x})(y_3-\overline{y})\}$ の右辺を変形する。

(2) 変量 z を $z=ay+b$ とするとき, $\boldsymbol{\overline{z}=a\overline{y}+b}$, $\boldsymbol{s_z=|a|s_y}$ ($p.306$ 基本事項参照) が成り立つ。このことと (1) の結果を利用する。

解答

(1) $s_{xy}=\dfrac{1}{3}\{(x_1-\overline{x})(y_1-\overline{y})+(x_2-\overline{x})(y_2-\overline{y})+(x_3-\overline{x})(y_3-\overline{y})\}$

$=\dfrac{1}{3}\{(x_1y_1+x_2y_2+x_3y_3)-\overline{x}(y_1+y_2+y_3)-(x_1+x_2+x_3)\overline{y}+3\overline{x}\cdot\overline{y}\}$

$=\dfrac{1}{3}(x_1y_1+x_2y_2+x_3y_3)-\overline{x}\cdot\dfrac{y_1+y_2+y_3}{3}-\dfrac{x_1+x_2+x_3}{3}\cdot\overline{y}+\overline{x}\cdot\overline{y}$

$=\overline{xy}-\overline{x}\cdot\overline{y}-\overline{x}\cdot\overline{y}+\overline{x}\cdot\overline{y}=\overline{xy}-\overline{x}\cdot\overline{y}$

(2) z, xz のデータの平均値をそれぞれ $\overline{z}$, $\overline{xz}$ とする。

また, x と z の共分散を s_{xz} とし, $z_k=2y_k+3$ $(k=1,\ 2,\ 3)$ とする。

(1) から　$s_{xz}=\overline{xz}-\overline{x}\cdot\overline{z}$

ここで　$\overline{xz}=\dfrac{1}{3}(x_1z_1+x_2z_2+x_3z_3)=\dfrac{1}{3}\{x_1(2y_1+3)+x_2(2y_2+3)+x_3(2y_3+3)\}$

$=2\cdot\dfrac{1}{3}(x_1y_1+x_2y_2+x_3y_3)+3\cdot\dfrac{x_1+x_2+x_3}{3}=2\overline{xy}+3\overline{x}$

よって　$s_{xz}=2\overline{xy}+3\overline{x}-\overline{x}\cdot(2\overline{y}+3)=2\overline{xy}-2\overline{x}\cdot\overline{y}$

$=2(\overline{xy}-\overline{x}\cdot\overline{y})=2s_{xy}$

z の標準偏差を s_z とすると, $s_z=2s_y$ であるから

$$r_{xz}=\frac{s_{xz}}{s_xs_z}=\frac{2s_{xy}}{s_x\cdot 2s_y}=\frac{s_{xy}}{s_xs_y}=r_{xy}$$

参考 一般に 2 つの変量 x, y について, $s_{xy}=\overline{xy}-\overline{x}\cdot\overline{y}$ が成り立つ。
また, 変量 z を $z=ay+b$ とするとき, $s_{xz}=as_{xy}$ が成り立つ。

練習 ④190 変量 x の平均を $\overline{x}$ とする。2 つの変量 x, y の 3 組のデータ $(x_1,\ y_1)$, $(x_2,\ y_2)$, $(x_3,\ y_3)$ があり, $\overline{x}=1$, $\overline{y}=2$, $\overline{x^2}=3$, $\overline{y^2}=10$, $\overline{xy}=4$ である。このとき, 以下の問いに答えよ。ただし, 相関係数については, $\sqrt{3}=1.73$ とし, 小数第 2 位を四捨五入せよ。

(1) x と y の共分散 s_{xy}, 相関係数 r_{xy} を求めよ。

(2) 変量 z を $z=-2x+1$ とするとき, y と z の共分散 s_{yz}, 相関係数 r_{yz} を求めよ。

p.320 EX 132

参考事項 回帰直線

散布図において，点の配列に「できるだけ合うように引いた直線」を **回帰直線** という。ここでは，「できるだけ合うように引く」という事柄を明確にし，回帰直線の式を求めてみよう。

大きさが n の2つの変量 x，y のデータを x_1，x_2，……，x_n；y_1，y_2，……，y_n とし，x，y のデータの平均値をそれぞれ $\overline{x}$，$\overline{y}$，標準偏差をそれぞれ s_x，s_y とし，x と y の共分散を s_{xy}，相関係数を r とする。

ここで，回帰直線の式を $y=ax+b$ とし，

$P_1(x_1,\ y_1)$，$P_2(x_2,\ y_2)$，……，$P_n(x_n,\ y_n)$；

$Q_1(x_1,\ ax_1+b)$，$Q_2(x_2,\ ax_2+b)$，……，

$Q_n(x_n,\ ax_n+b)$

とする。

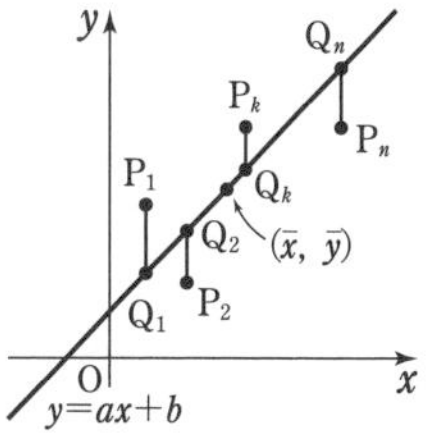

さて，「できるだけ合うように引く」とは，

① $\boldsymbol{x}$，$\boldsymbol{y}$ **の平均による点** $(\overline{x},\ \overline{y})$ **を通り，**

② $L=P_1Q_1^2+P_2Q_2^2+\cdots\cdots+P_nQ_n^2$ **が最小となる**

ということであるとする。

①，② を満たす a，b の値を求めてみよう。

① より，$\overline{y}=a\overline{x}+b$ であるから　　$b=-a\overline{x}+\overline{y}$

よって，$1\leqq k\leqq n$，k は整数とすると，$P_k(x_k,\ y_k)$，$Q_k(x_k,\ a(x_k-\overline{x})+\overline{y})$ となり

$$\begin{aligned}P_kQ_k^2&=[y_k-\{a(x_k-\overline{x})+\overline{y}\}]^2\\&=\{(y_k-\overline{y})-a(x_k-\overline{x})\}^2\\&=(y_k-\overline{y})^2-2(x_k-\overline{x})(y_k-\overline{y})a+(x_k-\overline{x})^2a^2\end{aligned}$$

ゆえに

$$\begin{aligned}L=&\{(x_1-\overline{x})^2+(x_2-\overline{x})^2+\cdots\cdots+(x_n-\overline{x})^2\}a^2\\&-2\{(x_1-\overline{x})(y_1-\overline{y})+(x_2-\overline{x})(y_2-\overline{y})+\cdots\cdots+(x_n-\overline{x})(y_n-\overline{y})\}a\\&+\{(y_1-\overline{y})^2+(y_2-\overline{y})^2+\cdots\cdots+(y_n-\overline{y})^2\}\\=&ns_x^2\cdot a^2-2ns_{xy}\cdot a+ns_y^2\\=&n\left\{s_x^2\left(a-\frac{s_{xy}}{s_x^2}\right)^2+s_y^2-\frac{s_{xy}^2}{s_x^2}\right\}\end{aligned}$$

◀ a の2次関数と考えて平方完成。

したがって，L は $\boldsymbol{a=\dfrac{s_{xy}}{s_x^2}}$ のとき最小となる。

相関係数 r を使うと，$a=\dfrac{s_y}{s_x}r$ となり，回帰直線の式は次のようになる。

$$y=\frac{s_y}{s_x}rx-\frac{s_y}{s_x}r\overline{x}+\overline{y}\quad すなわち\quad \boldsymbol{\frac{y-\overline{y}}{s_y}=r\cdot\frac{x-\overline{x}}{s_x}}$$

回帰直線を求めることで，データにない x の値に対する y の値を推測することができる。ただし，直線的な相関関係が弱い場合には，回帰直線による分析を行うことはできない。

補足　ここでは，計算を簡単にするため「① x，y の平均による点 $(\overline{x},\ \overline{y})$ を通る」を仮定したが，① を仮定せず「② L が最小となる」のみを仮定しても回帰直線の式を導くことができる。詳しくは，解答編 $p.200$ を参照。

③**131** 次の表は，P 高校のあるクラス 20 人について，数学と国語のテストの得点をまとめたものである。数学の得点を変量 x，国語の得点を変量 y で表し，x，y の平均値をそれぞれ $\overline{x}$，$\overline{y}$ で表す。ただし，表の数値はすべて正確な値であり，四捨五入されていないものとする。

生徒番号	x	y	$x-\overline{x}$	$(x-\overline{x})^2$	$y-\overline{y}$	$(y-\overline{y})^2$	$(x-\overline{x})(y-\overline{y})$
1	62	63	3.0	9.0	2.0	4.0	6.0
⋮	⋮	⋮	⋮	⋮	⋮	⋮	⋮
20	57	63	−2.0	4.0	2.0	4.0	−4.0
合　計	A	1220	0.0	1544.0	0.0	516.0	−748.0
平　均	B	61.0	0.0	77.2	0.0	25.8	−37.4
中央値	57.5	62.0	−1.5	30.5	1.0	9.0	−14.0

(1) A と B の値を求めよ。

(2) 変量 x と変量 y の散布図として適切なものを，相関関係，中央値に注意して次の ①～④ のうちから 1 つ選べ。

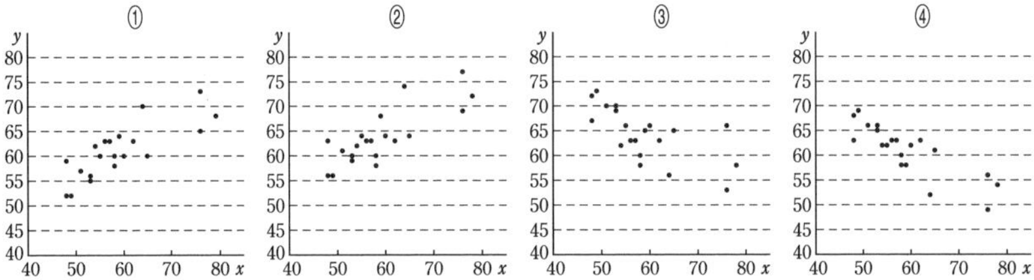

→188, 189

④**132** 東京と N 市の 365 日の各日の最高気温のデータについて考える。
N 市では温度の単位として摂氏 (°C) のほかに華氏 (°F) も使われている。華氏 (°F) での温度は，摂氏 (°C) での温度を $\dfrac{9}{5}$ 倍し，32 を加えると得られる。
したがって，N 市の最高気温について，摂氏での分散を X，華氏での分散を Y とすると，$\dfrac{Y}{X}=$ ア□ である。
東京（摂氏）と N 市（摂氏）の共分散を Z，東京（摂氏）と N 市（華氏）の共分散を W とすると，$\dfrac{W}{Z}=$ イ□ である。
東京（摂氏）と N 市（摂氏）の相関係数を U，東京（摂氏）と N 市（華氏）の相関係数を V とすると，$\dfrac{V}{U}=$ ウ□ である。　〔類 センター試験〕

→185, 190

HINT
131 (1) 番号 1 の生徒の $x-\overline{x}$ から $\overline{x}$ が求められる。
132 変量を変換したときの公式を利用する。

24 仮説検定の考え方

基本事項

1 仮説検定の考え方

得られたデータをもとに，母集団に対する仮説を立て，それが正しいかどうかを判断する手法を **仮説検定** という。

2 仮説検定の手順

ある主張が正しいかどうか判断するための仮説検定は，次のような手順で行う。

① 正しいかどうか判断したい主張に対し，その主張に反する仮説を立てる。

② 基準となる確率を定め，立てた仮説のもとで，得られたデータがどの程度の確率で起こるかを求める。

③ 仮説が正しいかどうかをもとに，主張が正しいかどうか判断する。

解　説

■仮説検定の考え方

仮説検定は，最初に仮説を立て，立てた仮説のもとで実際に起こった出来事の確率を計算し，結論を導く統計的な手法である。例えば，「コインを 10 回投げて，9 回表が出た」というような，通常であればめったに起こらないような出来事が起きたとき，「このコインは表が出やすい」という主張 が考えられる。しかし，この主張が正しいことを直接示すことは難しい。そこで，この主張に反する仮説 を立て，その仮説が疑わしいと考えられる場合に，もとの主張が正しいと判断する，と考えてみよう。具体的には，次のようになる。

① 「このコインは表が出やすい」という主張 に反する仮説として，このコインは公正に作られている，すなわち，
仮説：「このコインの表の出る確率は $\frac{1}{2}$ である」を立てる。

② 基準となる確率を 0.05 と定める。仮説：「このコインの表の出る確率は $\frac{1}{2}$ である」のもとで，コインを 10 回投げて，9 回以上表が出る確率を求めると，およそ 0.01 である。

③ この 0.01 は，基準となる確率 0.05 より小さい。このようなとき，仮説のもとで珍しいことが起こったと考えるのではなく，そもそも仮説は正しくなかったと考え，「このコインは表が出やすい」が正しかった，と判断する。

◀仮説検定において，正しいかどうか判断したい主張に反する仮定として立てた仮説を **帰無仮説**（きむかせつ） といい，もとの主張を **対立仮説** という。

◀このおよその確率 0.01 は，数学 A で学ぶ「反復試行の確率」を用いて計算することができる。

補足　② において，基準となる確率は 0.05 や 0.01 と定めることが多い。また，仮説のもとでの確率はふつう計算で求めるが，コイン投げなどの実験結果を利用して求めることもある。
③ において，仮説が正しくないと判断することを，仮説を **棄却する** という。

注意　求めた確率が，基準となる確率 0.05 より大きい場合は，仮説が正しくなかったとは言い切れない。しかし，もとの主張が正しいことを意味するわけではない（p.323 参照）。

基本例題 191 仮説検定による判断(1)

①①①①①

ある企業が発売している製品を改良し，20 人にアンケートを実施したところ，15 人が「品質が向上した」と回答した。この結果から，製品の品質が向上したと判断してよいか。仮説検定の考え方を用い，基準となる確率を 0.05 として考察せよ。ただし，公正なコインを 20 枚投げて表が出た枚数を記録する実験を 200 回行ったところ，次の表のようになったとし，この結果を用いよ。

表の枚数	4	5	6	7	8	9	10	11	12	13	14	15	16	17
度数	1	3	8	14	24	30	37	32	23	16	8	3	0	1

p.321 基本事項 2

指針 仮説検定を用いて考察する問題では，次のような手順で進める。

① 考察したい仮説 H_1 に反する仮説 H_0 を立てる。この問題では次のようになる。

仮説 H_1：品質が向上した

仮説 H_0：品質が向上したとはいえず，「品質が向上した」と回答する場合と，そうでない場合がまったくの偶然で起こる

② 仮説 H_0，すなわち，「アンケートで品質が向上したと回答する確率が $\frac{1}{2}$ である」という前提で，20 人中 15 人以上が「品質が向上した」と回答する確率を調べる。確率を調べる際には，コイン投げの実験結果を用いる。

③ 調べた確率が，基準となる確率 0.05 より小さい場合は，仮説 H_0 は正しくなかったとして，仮説 H_1 は正しいと判断してよい。基準となる確率より大きい場合は，仮説 H_0 は否定できず，仮説 H_1 が正しいとは判断できない。

解答

仮説 H_1：品質が向上した

と判断してよいかを考察するために，次の仮説を立てる。

仮説 H_0：品質が向上したとはいえず，「品質が向上した」と回答する場合と，そうでない場合がまったくの偶然で起こる

コイン投げの実験結果から，コインを 20 枚投げて表が 15 枚以上出る場合の相対度数は

$$\frac{3+0+1}{200}=\frac{4}{200}=0.02$$

すなわち，仮説 H_0 のもとでは，15 人以上が「品質が向上した」と回答する確率は 0.02 程度であると考えられる。

これは 0.05 より小さいから，仮説 H_0 は正しくなかったと考えられ，仮説 H_1 は正しいと判断してよい。

したがって，**製品の品質が向上したと判断してよい。**

◀① 仮説 H_1（対立仮説）に反する仮説 H_0（帰無仮説）を立てる。

◀② 仮説 H_0 のもとで，確率を調べる。

◀③ 基準となる確率との大小を比較する。$0.02<0.05$ から，仮説 H_0 を棄却する。

参考 H は仮説を意味する英語 hypothesis の頭文字である。帰無仮説には H_0，対立仮説には H_1 がよく用いられる。

注意 上の基本例題 **191** に対する練習（練習 191）は *p*.325 で扱う。

ズームUP 仮説検定の考え方

例題 **191** では「品質が向上した」という仮説 H_1 に反する仮説 H_0 が正しくないと判断しているが，その判断のしかたについて，もう少し詳しく見てみよう。

● なぜ，仮説を棄却するのか？

仮説 H_0 が正しいとすると，「品質が向上したと回答する確率が $\frac{1}{2}$ である」という前提で，20 人中 15 人以上が「品質が向上した」と回答する確率は，コイン投げの実験によると 0.02 程度であった。この結果から，仮説 H_0 が正しいかどうかを判断するにあたり，

仮説 H_0 は正しく，15 人以上が「品質が向上した」と回答したのは偶然である。
つまり，確率 0.02 程度でしか起こらないような，非常に珍しいことが起こった。

と考えるよりは，非常に珍しいことが起こっているのだから，

仮説 H_0 は疑わしい。すなわち，「品質が向上したと回答する確率は $\frac{1}{2}$ である」という仮説 H_0 は間違いであり，「品質が向上した」という仮説 H_1 が正しい。

と考える方が自然である。

このように，「珍しいことが起こったのは単なる偶然ではなく，帰無仮説 H_0 が間違いだった」として，「品質が向上した」という主張（対立仮説 H_1）は正しい，と判断するのが仮説検定の考え方である。

仮説 H_0 のもとで，15 人以上が「品質が向上した」と回答する確率は　0.02	→	確率 0.02 でしか起こらないような非常に珍しいことが起きた
	→	**そもそも仮説 H_0 が間違いで，「品質が向上した」が正しい**　← こちらの方が自然である。

なお，本来ならば確率分布（数学 B）の知識を用いる。ここでは，回答の偶然性を考慮し，またできるだけ標本を多くとるために，200 回のコイン投げの実験に当てはめている。

● 仮説が棄却できなかったときは？

20 人のアンケート結果が，13 人が「品質が向上した」と回答した場合はどうなるだろうか。コインを 20 枚投げて表が 13 枚以上出る場合の相対度数は

$\frac{16+8+3+0+1}{200}=0.14$ であり，仮説 H_0 のもとでは，13 人以上が「品質が向上した」と回答する確率は 0.14 程度である。これは 0.05 より大きいから，**仮説 H_0 は棄却されない（仮説 H_0 は否定できない）**。

しかし，仮説 H_0 が棄却されなかったからといって，「品質が向上したとはいえない」ことを正しいと認めるわけではないことに注意しよう。仮説 H_0 が棄却されなかったときは，仮説 H_0 と仮説 H_1 のどちらが正しいかは判断できなかった，という結論を下すことになる。これは，背理法で，矛盾を導けなかったからといって，否定した命題が真であるとは限らないことに似ている。

基本例題 192 仮説検定による判断 (2)

X 地区における政党 A の支持率は $\frac{2}{3}$ であった。政党 A がある政策を掲げたところ，支持率が変化したのではないかと考え，アンケート調査を行うことにした。30 人に対しアンケートをとったところ，25 人が政党 A を支持すると回答した。この結果から，政党 A の支持率は上昇したと判断してよいか。仮説検定の考え方を用い，次の各場合について考察せよ。ただし，公正なさいころを 30 個投げて，1 から 4 までのいずれかの目が出た個数を記録する実験を 200 回行ったところ，次の表のようになったとし，この結果を用いよ。

1～4 の個数	12	13	14	15	16	17	18	19	20	21	22	23	24	25	26	27	計
度数	1	0	2	5	9	14	22	27	32	29	24	17	11	4	2	1	200

(1) 基準となる確率を 0.05 とする。　(2) 基準となる確率を 0.01 とする。

基本 191

指針 「支持率は上昇した」に反する仮説として，

仮説 H_0：アンケートで「支持する」と回答する確率は $\frac{2}{3}$ である

を立てる。この仮説のもとで，30 人中 25 人以上が「支持する」と回答する確率を調べる。なお，さいころを投げて 1 から 4 までのいずれかの目が出る確率は $\frac{2}{3}$ である。

解答

仮説 H_1：支持率は上昇した

と判断してよいかを考察するために，次の仮説を立てる。

仮説 H_0：支持率は上昇したとはいえず，「支持する」と回答する確率は $\frac{2}{3}$ である

さいころを 1 個投げて 1 から 4 までのいずれかの目が出る確率は $\frac{2}{3}$ である。さいころ投げの実験結果から，さいころを 30 個投げて 1 から 4 までのいずれかの目が 25 個以上出る場合の相対度数は　$\frac{4+2+1}{200}=\frac{7}{200}=0.035$

すなわち，仮説 H_0 のもとでは，25 人以上が「支持する」と回答する確率は 0.035 程度であると考えられる。

(1) 0.035 は基準となる確率 0.05 より小さい。よって，仮説 H_0 は正しくなかったと考えられ，仮説 H_1 は正しいと判断してよい。
したがって，**支持率は上昇したと判断してよい。**

(2) 0.035 は基準となる確率 0.01 より大きい。よって，仮説 H_0 は否定できず，仮説 H_1 が正しいとは判断できない。
したがって，**支持率は上昇したとは判断できない。**

◀対立仮説

◀帰無仮説。この仮説 H_0 を棄却できれば，仮説 H_1（対立仮説）が正しいと判断できる。

◀$0.035<0.05$ から，仮説 H_0 を棄却する。

◀$0.035>0.01$ から，仮説 H_0 は棄却されない。

注意 上の基本例題 **192** に対する練習（練習 192）は *p*.325 で扱う。

注意 下の練習 191，192 は，それぞれ例題 **191**，**192** に対する練習である。

練習 ② 191 ある企業がイメージキャラクターを作成し，20 人にアンケートを実施したところ，14 人が「企業の印象が良くなった」と回答した。この結果から，企業の印象が良くなったと判断してよいか。仮説検定の考え方を用い，基準となる確率を 0.05 として考察せよ。ただし，公正なコインを 20 枚投げて表が出た枚数を記録する実験を 200 回行ったところ，次の表のようになったとし，この結果を用いよ。

表の枚数	4	5	6	7	8	9	10	11	12	13	14	15	16	17
度数	1	3	8	14	24	30	37	32	23	16	8	3	0	1

練習 ③ 192 Y 地区における政党 B の支持率は $\frac{1}{3}$ であった。政党 B がある政策を掲げたところ，支持率が変化したのではないかと考え，アンケート調査を行うことにした。30 人に対しアンケートをとったところ，15 人が政党 B を支持すると回答した。この結果から，政党 B の支持率は上昇したと判断してよいか。仮説検定の考え方を用い，次の各場合について考察せよ。ただし，公正なさいころを 30 個投げて，1 から 4 までのいずれかの目が出た個数を記録する実験を 200 回行ったところ，次の表のようになったとし，この結果を用いよ。

1～4 の個数	12	13	14	15	16	17	18	19	20	21	22	23	24	25	26	27	計
度数	1	0	2	5	9	14	22	27	32	29	24	17	11	4	2	1	200

(1) 基準となる確率を 0.05 とする。　　(2) 基準となる確率を 0.01 とする。

---

p.326 以降は，数学 A の「反復試行の確率」の内容を含む。ここで，反復試行の確率についてまとめておく。

反復試行の確率

1 回の試行で事象 E が起こる確率を p とする。この試行を n 回繰り返し行うとき，
事象 E がちょうど r 回起こる確率は

$${}_n\mathrm{C}_r p^r(1-p)^{n-r} \qquad \text{ただし}\quad r=0,\ 1,\ \cdots\cdots,\ n$$

補足 ${}_n\mathrm{C}_r$ は，異なる n 個のものの中から異なる r 個を取る組合せの総数である。

(例 1) コインを 3 回投げて，ちょうど 2 回表が出る確率は，$n=3$，$r=2$，$p=\frac{1}{2}$ として

$${}_3\mathrm{C}_2\left(\frac{1}{2}\right)^2\left(1-\frac{1}{2}\right)^{3-2}=3\times\left(\frac{1}{2}\right)^2\times\left(\frac{1}{2}\right)^1=\mathbf{\frac{3}{8}}$$

(例 2) さいころを 4 回投げて，1 の目が 3 回以上出る確率は，$n=4$，$p=\frac{1}{6}$ としたときの，$r=3$ のときと $r=4$ のときの和であるから

$${}_4\mathrm{C}_3\left(\frac{1}{6}\right)^3\left(1-\frac{1}{6}\right)^1+{}_4\mathrm{C}_4\left(\frac{1}{6}\right)^4\left(1-\frac{1}{6}\right)^0=4\times\frac{5}{6^4}+1\times\frac{1}{6^4}=\frac{21}{6^4}=\mathbf{\frac{7}{432}}$$

重要例題 193 反復試行の確率と仮説検定

AとBがあるゲームを9回行ったところ，Aが7回勝った。この結果から，AはBより強いと判断してよいか。仮説検定の考え方を用い，基準となる確率を0.05として考察せよ。ただし，ゲームに引き分けはないものとする。

基本191

指針 AはBより強いかどうかを考察するから，仮説 H_1 として「AはBより強い」，仮説 H_0 として「AとBの強さは同等である」を立てる。そして，仮説 H_0，すなわち，Aの勝つ確率が $\frac{1}{2}$ であるという仮定のもとで，Aが7回以上勝つ確率を求める。

なお，ゲームを9回繰り返すから，確率は**反復試行の確率**（数学A）の考え方を用いて求める。

反復試行の確率

1回の試行で事象 E が起こる確率を p とする。この試行を n 回繰り返し行うとき，事象 E がちょうど r 回起こる確率は　${}_n\mathrm{C}_r p^r(1-p)^{n-r}$　ただし　$r=0,\ 1,\ \cdots\cdots,\ n$

補足　${}_n\mathrm{C}_r$ は，異なる n 個のものの中から異なる r 個を取る組合せの総数である。

解答

　仮説 H_1：AはBより強い

と判断してよいかを考察するために，次の仮説を立てる。

　仮説 H_0：AとBの強さは同等である

仮説 H_0 のもとで，ゲームを9回行って，Aが7回以上勝つ確率は

$${}_9\mathrm{C}_9\left(\frac{1}{2}\right)^9\left(\frac{1}{2}\right)^0+{}_9\mathrm{C}_8\left(\frac{1}{2}\right)^8\left(\frac{1}{2}\right)^1+{}_9\mathrm{C}_7\left(\frac{1}{2}\right)^7\left(\frac{1}{2}\right)^2$$

$$=\frac{1}{2^9}(1+9+36)=\frac{46}{512}=0.089\cdots\cdots$$

これは0.05より大きいから，仮説 H_0 は否定できず，仮説 H_1 が正しいとは判断できない。

したがって，**AはBより強いとは判断できない**。

◀対立仮説

◀帰無仮説

◀反復試行の確率。AとBの強さが同等のとき，1回のゲームでAが勝つ確率は $\frac{1}{2}$，Bが勝つ確率は $1-\frac{1}{2}=\frac{1}{2}$ である。

検討

AはBより強いと判断できる条件

問題文の条件が，「ゲームを9回行ったところ，Aが8回勝った」であったとすると，ゲームを9回行って，Aが8回以上勝つ確率は

$${}_9\mathrm{C}_9\left(\frac{1}{2}\right)^9\left(\frac{1}{2}\right)^0+{}_9\mathrm{C}_8\left(\frac{1}{2}\right)^8\left(\frac{1}{2}\right)^1=\frac{1}{2^9}(1+9)=\frac{10}{512}=0.019\cdots\cdots$$

これは0.05より小さいから，AはBより強いと判断できる。

Aが勝つ回数を X とすると，仮説 H_1 が正しい，つまり，AはBより強いと判断できるための範囲は，例題の結果と合わせて考えると，$X\geqq 8$ である。この $X\geqq 8$，つまり，仮説 H_0 が正しくなかったと判断する範囲（仮説 H_0 を棄却する範囲）のことを **棄却域** という。棄却域は基準となる確率（この問題では0.05）によって変わる。

練習 ③193 1枚のコインを8回投げたところ，裏が7回出た。この結果から，このコインは裏が出やすいと判断してよいか。仮説検定の考え方を用い，基準となる確率を0.05として考察せよ。

p.330 EX134

参考事項　仮説検定における基準となる確率について

これまで，基準となる確率を定めて仮説検定を行うことを学んできたが，この「基準となる確率」について詳しく見てみよう。

基本事項 $p.321$ の

「コインを 10 回投げたとき，表が 9 回出た」

を例に考える。
コインが公正であると仮定すると，表が 9 回以上出る確率はおよそ 0.01 である。これは基準となる確率 0.05 より小さいから，コインが公正であるという仮説を棄却して，「このコインは表が出やすい」と判断した。

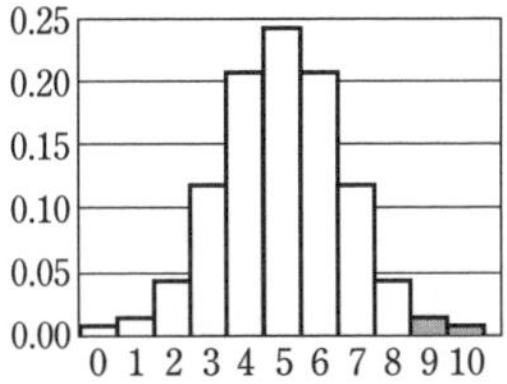

上の図は，公正なコインを 10 回投げて，表が出る回数を横軸に，その回数となる確率を縦軸にとり，ヒストグラムの形で表したものである。
コインが公正であるという仮説が棄却されるのは，影をつけた部分の面積が 0.05 以下であるから，と考えることもできる。

今回，基準となる確率を 0.05，すなわち 5 % と定めて仮説検定を行ったが，これは，

「ある事象が偶然起こったとは考えにくい」

と判断する基準を 5 % と定めて考察を行う，ということである。
統計学において，「偶然起こったとは認めがたく，何らかの差があること」を **有意** であるといい，基準となる確率のことを **有意水準** という。

しかし，このコインが公正でないということは，必ずしも正しいとは限らない。
表が 9 回以上出る確率がおよそ 0.01 であるということは，コインを 10 回投げるという実験を 1 セットとし，この実験を 100 セット行えば，そのうち 1 セット程度は表が 9 回以上出る，ということである。つまり，およそ 0.01 の非常に低い確率ではあるが，そのコインは実は公正なもので，偶然，表が 9 回出た場合を観測したのかもしれない。
このように，コインは実は公正なものであるが，仮説「コインは公正である」を棄却し，「このコインは表が出やすい」と判断してしまう可能性がある。
これは，仮説（帰無仮説）が正しいにもかかわらず，仮説を棄却してしまうという誤りをおかす危険性が，確率 5 % 以内で起こりうることを意味する。このため，基準となる確率のことを **危険率** ともいう。

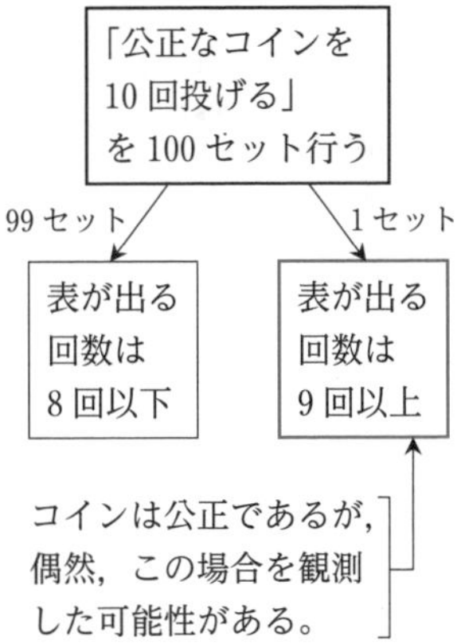

補足　基準となる確率（有意水準，危険率）の値によって，仮説が棄却されるか，棄却されないか，結果が異なる場合がある（例えば，基本例題 **192** の (1) と (2) の結果を比較せよ）。

重要例題 194 比率と仮説検定

野球において，打者の評価の指標の 1 つに「打率」がある。ここでは，打席に立ったときはヒットを打つか打たないかのいずれかとし，打率を

$\dfrac{\text{ヒットを打った回数}}{\text{打席に立った回数}}$ で定義する。一般に，この打率が高いほど，打者としての評価は高いといわれる。以下では，打率をヒットを打つ確率とする。

野球選手 A のヒットを打つ確率は，前シーズンまで $\dfrac{1}{4}$ であった。今年，A 選手はシーズン前のキャンプで猛練習を積み，今シーズンの開幕直後の 2 試合に出場した。次の各場合について，A 選手の打者としての評価が高まったかどうか，仮説検定の考え方を用い，基準となる確率を 0.05 として考察せよ。

(1) 開幕直後の 1 試合目では，5 打席中 3 打席ヒットを打った。1 試合目の成績から，A 選手の打者としての評価は高まったと判断してよいか。

(2) 続く 2 試合目も 5 打席中 3 打席ヒットを打った。開幕直後の 2 試合の成績から，A 選手の打者としての評価は高まったと判断してよいか。ただし，「公正なコインを 2 枚同時に投げる」という操作を 10 回繰り返したとき，「2 枚とも表が出る」ことがちょうど k 回起きる確率 p_k $(0\leqq k\leqq 5)$ は，次の表の通りである。

k	0	1	2	3	4	5
p_k	0.056	0.188	0.282	0.250	0.146	0.058

重要 193

指針 (1) 反復試行の確率の考え方を用い，5 打席中 3 打席以上ヒットを打つ確率を求める。
(2) 10 打席中 6 打席以上ヒットを打つ確率を，与えられた表から求める。ここで，
(ヒットを打つ打席が 6 打席以上である確率)
=1−(ヒットを打つ打席が 5 打席以下である確率) である。
なお，ヒットを打った比率（打率）は (1) と同じであるが，(1) で求めた確率と同じではないことに注意！（次ページの 検討 も参照）

解答

仮説 H_1：A 選手の評価は高まった。

と判断してよいかを考察するために，次の仮説を立てる。

仮説 H_0：A 選手の評価は変わらない。

すなわち，ヒットを打つ確率は $\dfrac{1}{4}$ である。

(1) 仮説 H_0 のもとで，5 打席中，ヒットを打つ打席が 3 打席以上である確率は

$${}_5C_5\left(\frac{1}{4}\right)^5\left(\frac{3}{4}\right)^0+{}_5C_4\left(\frac{1}{4}\right)^4\left(\frac{3}{4}\right)^1+{}_5C_3\left(\frac{1}{4}\right)^3\left(\frac{3}{4}\right)^2$$

$$=\frac{1+15+90}{4^5}=\frac{106}{1024}=0.10\cdots\cdots$$

これは 0.05 より大きいから，仮説 H_0 は否定できず，仮

◀対立仮説

◀帰無仮説

◀反復試行の確率。
A がヒットを打つ確率が $\dfrac{1}{4}$ のとき，ヒットを打たない確率は $1-\dfrac{1}{4}=\dfrac{3}{4}$ である。

説 H_1 が正しいとは判断できない。
したがって，**A 選手の評価は高まったとは判断できない。**

(2) 仮説 H_0 のもとで，10 打席中，ヒットを打つ打席が 5 打席以下である確率は，与えられた表から

$$0.056+0.188+0.282+0.250+0.146+0.058=0.98$$

よって，10 打席中，ヒットを打つ打席が 6 打席以上である確率は　　$1-0.98=0.02$
これは 0.05 より小さいから，仮説 H_0 は正しくなかったと考えられ，仮説 H_1 は正しいと判断してよい。
したがって，**A 選手の評価は高まったと判断してよい。**

補足　表の確率 p_k は，反復試行の確率
$${}_{10}C_k\left(\frac{1}{4}\right)^k\left(\frac{3}{4}\right)^{10-k}$$
$(0\leqq k\leqq 5)$ の計算結果である。

検討 PLUS ONE

二項分布（数学 B 確率分布の内容）

この例題では，(1)，(2) どちらの場合も，A がヒットを打った比率（打率）はともに $\frac{3}{5}$ で等しいが，考察の結果，(1) と (2) では判断は異なる。この違いについて考えてみよう。
下の図は，1 打席でヒットを打つ確率が $p=\frac{1}{4}$ のときの，n 打席中 k 打席ヒットを打つ確率を，$n=5$，$n=10$，$n=20$ の各場合にヒストグラムで表したものである（このような分布を **二項分布** という）。
最もヒットを打つ確率の高い本数は，ヒストグラムから，$n=5$ のとき 1 本，$n=10$ のとき 2 本，$n=20$ のとき 5 本であることがわかるが，一般に，np の値の近くにあることが知られている。
また，n が大きくなるにつれ，np から離れたところの確率は小さくなる。この例題では，$n=5$ のときに 3 本以上ヒットを打つ確率は約 0.10 で，0.05 より大きかったが，n を大きくしていくと，$n=10$ のときに 6 本以上ヒットを打つ確率は 0.02 で，0.05 より小さくなった。なお，$n=20$ のとき，12 本以上ヒットを打つ確率は 0.001 より小さい。

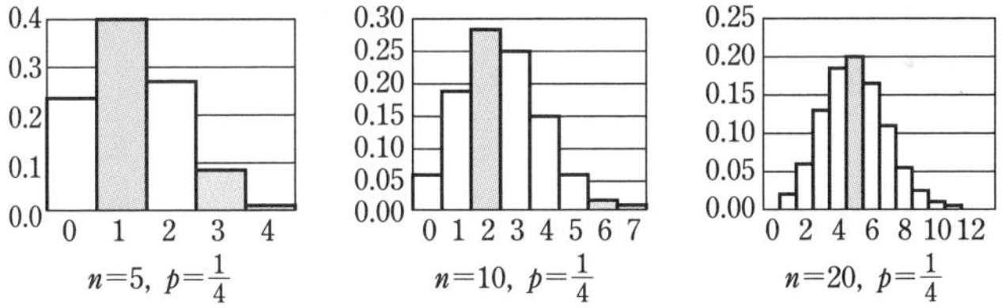

練習 ④194　A と B であるゲームを行う。これまでの結果では，A が B に勝つ確率は $\frac{1}{3}$ であった。次の各場合について，仮説検定の考え方を用い，基準となる確率を 0.05 として考察せよ。ただし，ゲームに引き分けはないものとする。
(1) このゲームを 6 回行ったところ，A が B に 4 回勝った。この結果から，A は以前より強いと判断してよいか。
(2) このゲームを 12 回行ったところ，A が B に 8 回勝った。この結果から，A は以前より強いと判断してよいか。ただし，公正なさいころを 12 回繰り返し投げたとき，3 の倍数の目がちょうど k 回出る確率 p_k $(0\leqq k\leqq 7)$ は，次の表の通りである。

k	0	1	2	3	4	5	6	7
p_k	0.008	0.046	0.127	0.212	0.238	0.191	0.111	0.048

②**133** A さんがあるコインを 10 回投げたところ，表が 7 回出た。このコインは表が出やすいと判断してよいか，A さんは仮説検定の考え方を用いて考察することにした。
まず，正しいかどうか判断したい仮説 H_1 と，それに反する仮説 H_0 を次のように立てる。

仮説 H_1：このコインは表が出やすい
仮説 H_0：このコインは公正である

また，基準となる確率を 0.05 とする。
ここで，公正なさいころを 10 回投げて奇数の目が出た回数を記録する実験を 1 セットとし，この実験を 200 セット行ったところ，次の表のようになった。

奇数の回数	1	2	3	4	5	6	7	8	9
度数	2	9	24	41	51	39	23	10	1

仮説 H_0 のもとで，表が 7 回以上出る確率は，上の実験結果を用いると ア□ 程度であることがわかる。このとき，「イ□。」と結論する。
ア□ に当てはまる数を求めよ。また，イ□ に当てはまるものを，次の ⓪ ～ ⑤ のうちから 1 つ選べ。

⓪ 仮説 H_1 は正しくなかったと考えられ，仮説 H_0 が正しい，すなわち，このコインは公正であると判断する
① 仮説 H_1 は否定できず，仮説 H_1 が正しい，すなわち，このコインは表が出やすいと判断する
② 仮説 H_1 は否定できず，仮説 H_0 が正しいとは判断できない，すなわち，このコインは公正であるとは判断できない
③ 仮説 H_0 は正しくなかったと考えられ，仮説 H_1 が正しい，すなわち，このコインは表が出やすいと判断する
④ 仮説 H_0 は否定できず，仮説 H_0 が正しい，すなわち，このコインは公正であると判断する
⑤ 仮説 H_0 は否定できず，仮説 H_1 が正しいとは判断できない，すなわち，このコインは表が出やすいとは判断できない

→191

③**134** さいころを 7 回投げたところ，1 の目が 4 回出た。この結果から，このさいころは 1 の目が出やすいと判断してよいか。仮説検定の考え方を用い，次の各場合について考察せよ。ただし，$6^7=280000$ として計算してよい。
(1) 基準となる確率を 0.05 とする。　(2) 基準となる確率を 0.01 とする。

→193

HINT　134 反復試行の確率の考え方を用いて計算する。

数学A 第1章

場合の数 1

1 集合の要素の個数
2 場合の数
3 順列
4 円順列・重複順列
5 組合せ

SELECT STUDY

—●— **基本定着コース**……教科書の基本事項を確認したいきみに
—●— **精選速習コース**……入試の基礎を短期間で身につけたいきみに
—●— **実力練成コース**……入試に向け実力を高めたいきみに

START	1	2	4	5	7	8	9	10	11	12	14	15	17	18	19	20	21	22	23	24	25	27	28	30	31	32	33	34
基本定着コース	●	●			●	●	●	●	●	●			●	●		●		●			●	●		●		●		
精選速習コース			●			●	●			●	●				●		●		●		●		●	●		●	●	
実力練成コース			●	●			●					●			●		●			●				●	●			●

例題一覧

			難易度
1	基本 1	倍数の個数	②
	基本 2	個数の計算 (2 つの集合)	②
	重要 3	集合の要素の個数の最大と最小	③
	基本 4	3 つの集合の要素の個数 (1)	③
	重要 5	3 つの集合の要素の個数 (2)	④
2	基本 6	辞書式配列法，樹形図による数え上げ	①
	基本 7	和の法則，積の法則	①
	基本 8	約数の個数と総和	②
	基本 9	(全体)−(…でない) の考えの利用	③
	基本 10	支払いに関する場合の数	②
3	基本 11	数字の順列の基本	①
	基本 12	0 を含む数字の順列	②
	基本 13	隣接する順列，しない順列	②
	基本 14	辞書式に並べる順列	③
	重要 15	完全順列	③
	重要 16	塗り分けの問題 (1)	③
4	基本 17	円順列・じゅず順列 (1)	②
	基本 18	円順列・じゅず順列 (2)	②
	重要 19	塗り分けの問題 (2)	③
	基本 20	重複順列	②
	基本 21	組分けの問題 (1)	③
5	基本 22	組合せの基本	②
	基本 23	線分，三角形の個数と組合せ	②
	重要 24	三角形の個数と組合せ	③
	基本 25	組分けの問題 (2)	②
	基本 26	塗り分けの問題 (3)	③
	基本 27	同じものを含む順列	②
	基本 28	順序が定まった順列	③
	基本 29	同じ数字を含む順列	③
	基本 30	最短経路の数	③
	重要 31	同じものを含む円順列	④
	基本 32	重複組合せの基本	③
	基本 33	$x+y+z=n$ の整数解の個数	③
	重要 34	数字の順列 (数の大小関係が条件)	④

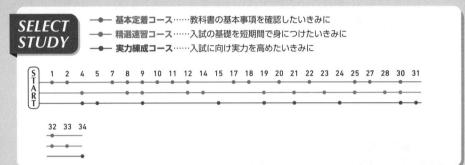

1　集合の要素の個数

基本事項

注意　このページでは，第1章で必要となる「集合(数学Ⅰ)」の内容をまとめた。

1　集合とその表し方

① 範囲がはっきりしたものの集まりを **集合** といい，集合を構成している1つ1つのものを，その集合の **要素** または **元** という。

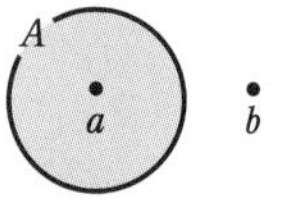

$a\in A$　　$b\notin A$

② $\boldsymbol{a\in A}$ …… a は集合 A の要素である。a は集合 A に属する。
　$\boldsymbol{b\notin A}$ …… b は集合 A の要素でない。b は集合 A に属さない。

③ **集合の表し方**　[1] 要素を1つ1つ書き並べる。$\{2,\ 4,\ 6,\ 8,\ 10\}$
　　　　　　　　　[2] 要素の満たす条件を示す。$\{x\,|\,1\leqq x\leqq 10,\ x$ は偶数$\}$

2　部分集合

① $\boldsymbol{A\subset B}$ …… A は B の **部分集合**　「$x\in A$ ならば $x\in B$」が成り立つ。

② $\boldsymbol{A=B}$ …… A と B は等しい。A と B の要素は完全に一致する。
　「$A\subset B$ かつ $B\subset A$」が成り立つ。

③ **空集合　$\varnothing$**　要素を1つももたない集合。

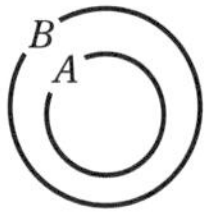

$A\subset B$

注意　・$A\subset B$ のとき，A は B に **含まれる**，または B は A を **含む** という。
　・A 自身も A の部分集合である。すなわち　$A\subset A$
　・**空集合 $\varnothing$ はすべての集合の部分集合**，と考える。

3　共通部分，和集合

共通部分　$\boldsymbol{A\cap B}$　A と B のどちらにも属する要素全体の集合。
　すなわち　$A\cap B=\{x\,|\,x\in A$ **かつ** $x\in B\}$

和 集 合　$\boldsymbol{A\cup B}$　A と B の少なくとも一方に属する要素全体の集合。
　すなわち　$A\cup B=\{x\,|\,x\in A$ **または** $x\in B\}$

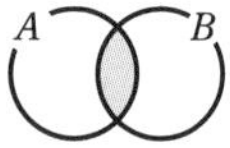

$A\cap B$

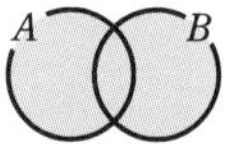

$A\cup B$

また，3つの集合 $A,\ B,\ C$ について

共通部分　$\boldsymbol{A\cap B\cap C}$　$A,\ B,\ C$ のどれにも属する要素全体の集合。

和 集 合　$\boldsymbol{A\cup B\cup C}$　$A,\ B,\ C$ の少なくとも1つに属する要素全体の集合。

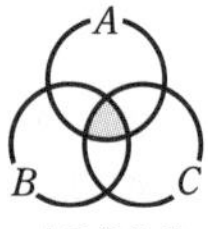

$A\cap B\cap C$

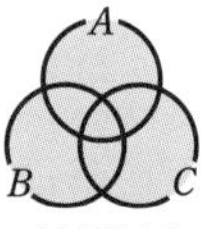

$A\cup B\cup C$

4　補集合

① **補集合** $\boldsymbol{\overline{A}}$　全体集合 U の要素で，A に属さない要素全体の集合。
　すなわち　$\overline{A}=\{x\,|\,x\in U$ **かつ** $x\notin A\}$

② $A\cap\overline{A}=\varnothing,\quad A\cup\overline{A}=U,\quad \overline{\overline{A}}=A$

③ **ド・モルガンの法則**　$\boldsymbol{\overline{A\cup B}=\overline{A}\cap\overline{B},\ \overline{A\cap B}=\overline{A}\cup\overline{B}}$

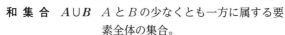

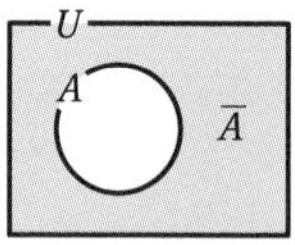

基本事項

5 個数定理

有限集合 P の要素の個数を $n(P)$ で表す。U, A, B, C が有限集合のとき

① **和集合の要素の個数**

1 $n(A\cup B)=n(A)+n(B)-n(A\cap B)$

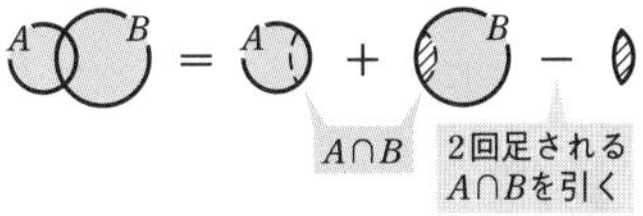

2 $A\cap B=\varnothing$ のとき

$n(A\cup B)=n(A)+n(B)$

② **補集合の要素の個数**

$n(\overline{A})=n(U)-n(A)$　（U は全体集合，$\overline{A}$ は A の補集合）

③ **3つの集合の和集合の要素の個数**

$$n(A\cup B\cup C)=n(A)+n(B)+n(C)-n(A\cap B)-n(B\cap C)-n(C\cap A)+n(A\cap B\cap C)$$

解　説

■集合の要素の個数の表し方

有限個の要素からなる集合を **有限集合** といい，無限に多くの要素からなる集合を **無限集合** という。集合 A が有限集合のとき，その要素の個数を $n(A)$ で表す。なお，空集合 $\varnothing$ は要素を1つももたないから，$n(\varnothing)=0$ である。

◀n は number の頭文字をとったものである。

■個数定理

集合の要素の個数に関しては，上の基本事項 ①～③ で示した重要な公式がある（本書では **個数定理** ということにする）。そして，公式 ①～③ は，次のように示すことができる。

① $n(A\cup B)=n(A)+n(B)-n(A\cap B)$

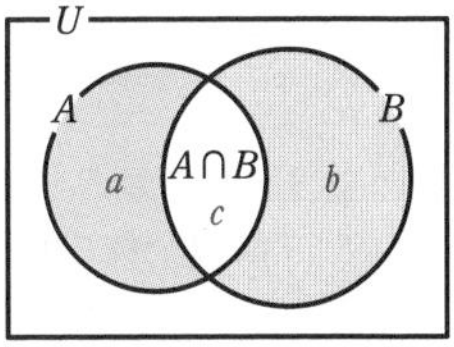

右の図のように，各部分の要素の個数を a, b, c とすると

(右辺)$=(a+c)+(b+c)-c$

$=a+b+c=$(左辺)

よって，公式 ① は成り立つ。

② $n(\overline{A})=n(U)-n(A)$

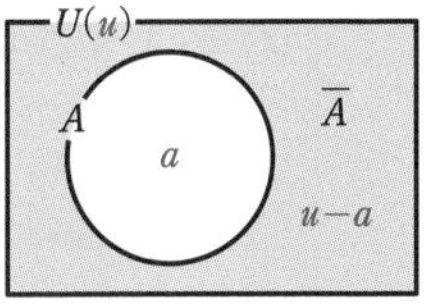

$n(U)=u$, $n(A)=a$ とすると　$n(\overline{A})=u-a=n(U)-n(A)$

ゆえに，公式 ② は成り立つ。

(別証)　$U=A\cup\overline{A}$, $A\cap\overline{A}=\varnothing$ であるから，① より

$n(U)=n(A)+n(\overline{A})$　　よって　$n(\overline{A})=n(U)-n(A)$

③ $n(A\cup B\cup C)=n(A)+n(B)+n(C)-n(A\cap B)-n(B\cap C)-n(C\cap A)+n(A\cap B\cap C)$

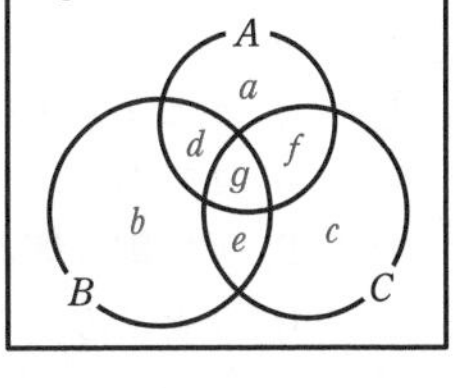

右の図のように，各部分の要素の個数を a, b, c, d, e, f, g とすると

(右辺)$=(a+d+f+g)+(b+d+e+g)+(c+e+f+g)$

$-(d+g)-(e+g)-(f+g)+g$

$=a+b+c+d+e+f+g=$(左辺)

よって，公式 ③ は成り立つ。

基本例題 1 倍数の個数

100 から 200 までの整数のうち，次の整数の個数を求めよ。

(1) 5 の倍数かつ 8 の倍数　　(2) 5 の倍数または 8 の倍数

(3) 5 で割り切れるが 8 で割り切れない整数

(4) 5 と 8 の少なくとも一方で割り切れない整数

p.333 基本事項 5　重要 3

指針 (1) 5 の倍数 かつ 8 の倍数 ⟶ $n(A\cap B)$ のタイプ。

5 と 8 の公倍数であるから，最小公倍数 40 の倍数の個数を求める。

(2) 5 の倍数 または 8 の倍数 ⟶ $n(A\cup B)$ のタイプ。**個数定理の利用。**

(3) $n(A\cap\overline{B})=n(A)-n(A\cap B)$ のタイプ。「●で割り切れる」＝「●の倍数」

(4) 5 と 8 の少なくとも一方で割り切れない数 ⟶ $n(\overline{A}\cup\overline{B})$ のタイプ。

ド・モルガンの法則 $\overline{A}\cup\overline{B}=\overline{A\cap B}$ が使える。$n(A\cap B)$ は (1) で計算済み。

注意 (4) は (2) の補集合ではない。(2) の $A\cup B$ の補集合は $\overline{A\cup B}=\overline{A}\cap\overline{B}$ である。

解答 100 から 200 までの整数全体の集合を U とし，そのうち 5 の倍数，8 の倍数全体の集合をそれぞれ A，B とすると

$$A=\{5\cdot20,\ 5\cdot21,\ \cdots\cdots,\ 5\cdot40\},$$
$$B=\{8\cdot13,\ 8\cdot14,\ \cdots\cdots,\ 8\cdot25\}$$

ゆえに　$n(A)=40-20+1=21$,

$n(B)=25-13+1=13$

(1) 5 の倍数かつ 8 の倍数すなわち 40 の倍数全体の集合は $A\cap B$ であり　$A\cap B=\{40\cdot3,\ 40\cdot4,\ 40\cdot5\}$

よって　$n(A\cap B)=$ **3**

(2) 5 の倍数または 8 の倍数全体の集合は $A\cup B$ であるから　$n(A\cup B)=n(A)+n(B)-n(A\cap B)$

$=21+13-3=$ **31**

(3) 5 で割り切れるが 8 で割り切れない整数全体の集合は $A\cap\overline{B}$ であるから

$n(A\cap\overline{B})=n(A)-n(A\cap B)$

$=21-3=$ **18**

(3)
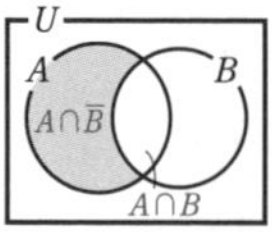

(4) 5 と 8 の少なくとも一方で割り切れない整数全体の集合は $\overline{A}\cup\overline{B}$ であるから

$n(\overline{A}\cup\overline{B})=n(\overline{A\cap B})$

$=n(U)-n(A\cap B)$

$=(200-100+1)-3=$ **98**

(4)
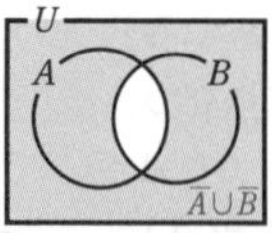

◀U，A，B はどんな集合であるかを記す。

◀・は積を表す記号である。
$100=8\cdot12+4$

◀5 と 8 の最小公倍数は 40
$100=40\cdot2+20$

◀個数定理

◀$A\cap\overline{B}$ は A から $A\cap B$ を除いた部分。

◀ド・モルガンの法則
$\overline{A}\cup\overline{B}=\overline{A\cap B}$

練習 1 ② 1 から 100 までの整数のうち，次の整数の個数を求めよ。

(1) 4 と 7 の少なくとも一方で割り切れる整数

(2) 4 でも 7 でも割り切れない整数

(3) 4 で割り切れるが 7 で割り切れない整数

(4) 4 と 7 の少なくとも一方で割り切れない整数

p.341 EX1

ズームUP 倍数の個数の問題の扱い方

● 個数定理を使う意味

例題 **1** では，5 の倍数と 8 の倍数を書き並べ，(1)~(4) で要求された数を数え上げてもよいが，やや手間である。また，数が大きくなると，数え上げる方法ではとても対応できない。そこで，効率よく個数を求めるために，問題の内容を **集合と結びつけ**，**個数定理** や **ド・モルガンの法則** を利用する。

個数定理　$n(A\cup B)=n(A)+n(B)-n(A\cap B)$,
$n(\overline{A})=n(U)-n(A)$　［U は全体集合］
ド・モルガンの法則　$\overline{A\cup B}=\overline{A}\cap\overline{B}$　$\overline{A\cap B}=\overline{A}\cup\overline{B}$

個数定理を使うには，個数を求める数の全体を集合で表す必要がある。例題 **1** では
　U：100 から 200 までの整数，　A：5 の倍数，　B：8 の倍数
と集合を定め，
　かつ・ともに ⟶ ∩　　または・少なくとも一方 ⟶ ∪　　● でない ⟶ $\overline{●}$
のように，問題の内容と集合の記号を対応させることがポイントとなる。ここで，
(1) $A\cap B$，(2) $A\cup B$　はわかりやすいが，(3)，(4) について細かく見てみよう。

(3)　5 で割り切れる (A)　かつ
　8 で割り切れない $(\overline{B})$

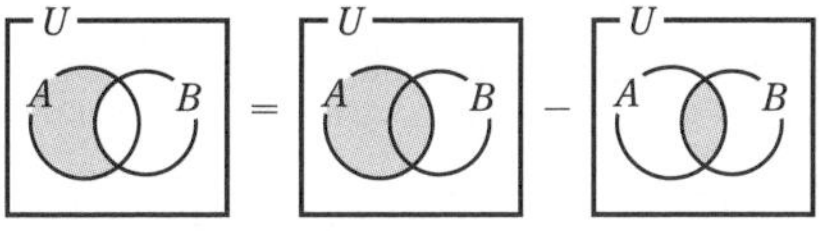

$n(A\cap\overline{B})$　=　$n(A)$　−　$n(A\cap B)$

(4)　5 と 8 の少なくとも一方で割り切れない
　= 5 で割り切れない $(\overline{A})$　または
　　8 で割り切れない $(\overline{B})$
　= $\overline{A}\cup\overline{B}$ = $\overline{A\cap B}$
　（**ド・モルガンの法則**）

● 集合の要素の個数を数え上げるときの注意点

1 から n までの整数のうち，k の倍数の個数は，n を k で割ったときの商である。
よって，「1 から 200 まで」のうち 5 の倍数なら，200÷5=40 として個数がわかるが，例題 **1** では「100 から 200 まで」であるから，$n(A)$ を直ちには求められない。
そこで，5 の倍数は $5m$（m は整数）の形に表されることに注目すると，5 の倍数の集合は，1 から 200 までなら　$\{5\cdot1,\ 5\cdot2,\ \cdots\cdots,\ 5\cdot19,\ 5\cdot20,\ 5\cdot21,\ \cdots\cdots,\ 5\cdot40\}$
　100 から 200 までなら　$\{5\cdot20,\ 5\cdot21,\ \cdots\cdots,\ 5\cdot40\}$ $(=A)$
5 に掛けられる整数 m の個数に注目して
　$n(A)=40-19=21$
と求められる。

$\overbrace{\underbrace{1,\ 2,\ \cdots,\ 19,}_{19\text{個}}\ \underbrace{20,\ 21,\ \cdots,\ 40}_{40-19\text{個}}}^{40\text{個}}$

注意　$n(A)=40-20=20$ としては **誤り**！
間違いやすいので十分に注意しよう。
なお，自然数 m，n $(m<n)$ に対して，
m から n までの整数の個数は
　$n-(m-1)=n-m+1$
である。

$\overbrace{\underbrace{1,\ 2,\ \cdots,\ m-1,}_{m-1\text{個}}\ \underbrace{m,\ m+1,\ \cdots,\ n}_{n-(m-1)\text{個}}}^{n\text{個}}$

基本例題 2 個数の計算（2 つの集合）

①①①①①

100 人の学生について，数学が「好きか，好きでないか」および「得意か，得意でないか」について調査した。好き と答えた者は 43 人，得意 と答えた者は 29 人，好きでもなく得意でもない と答えた者は 35 人であった。〔類 広島経大〕

(1) 数学が好きであり得意でもあると答えた者は何人か。

(2) 数学は好きだが得意でないと答えた者は何人か。 p.333 基本事項 5 重要 3

指針 **図をかいて** 考える。全体集合を U とし，数学が好きと答えた者の集合を A，数学が得意と答えた者の集合を B とすると，求める人数の集合は，それぞれ右の図の赤く塗った部分である。

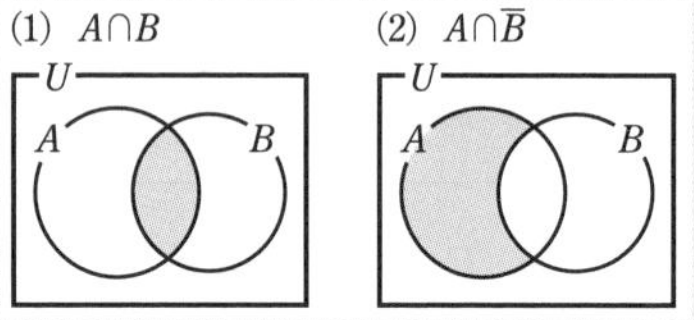

(1) 求める人数は，**個数定理** から

$n(A\cap B)=n(A)+n(B)-n(A\cup B)$ まず，図から $n(A\cup B)$ を求める。

(2) 求める人数は $n(A\cap\overline{B})=n(A)-n(A\cap B)$ ここで，(1)の **結果を利用**。

なお，検討のように，図をかいて **方程式の問題** に帰着させる方法もある。

CHART **集合の要素の個数 図をかいて**

1 順々に求める　2 方程式を作る

解答

学生全体の集合を全体集合 U とし，数学が好きと答えた者の集合を A，数学が得意と答えた者の集合を B とすると $n(U)=100$，$n(A)=43$，$n(B)=29$，$n(\overline{A}\cap\overline{B})=35$

(1) 数学が好きであり得意でもあると答えた者の集合は $A\cap B$ である。

ここで，右の図から

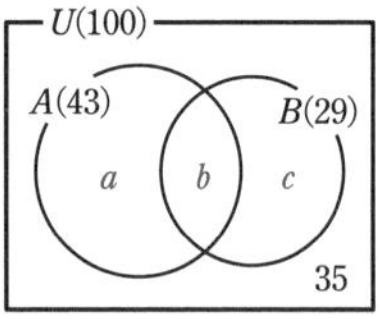

$n(A\cup B)=n(U)-n(\overline{A}\cap\overline{B})$ *)

$=100-35=65$ (人)

したがって

$n(A\cap B)=n(A)+n(B)-n(A\cup B)$

$=43+29-65=$**7 (人)**

(2) 数学は好きだが得意でないと答えた者の集合は $A\cap\overline{B}$ であるから

$n(A\cap\overline{B})=n(A)-n(A\cap B)$

$=43-7=$**36 (人)**

*) 全体から「好きでもなく得意でもない」者を引く。ド・モルガンの法則 $\overline{A}\cap\overline{B}=\overline{A\cup B}$ を利用してもよい。

検討

方程式を作る 方針で解いてもよい。図のように，$n(A\cap\overline{B})=a$，$n(A\cap B)=b$，$n(\overline{A}\cap B)=c$ とすると

$a+b+c+35=100$，

$a+b=43$，$b+c=29$

この方程式から $c=22$

(1) $b=$**7** (2) $a=$**36**

練習 ② **2** 300 人を対象に「2 つのテーマパーク P と Q に行ったことがあるか」というアンケートをおこなったところ，P に行ったことがある人が 147 人，Q に行ったことがある人が 86 人，どちらにも行ったことのない人が 131 人であった。

(1) 両方に行ったことのある人の数を求めよ。

(2) どちらか一方にだけ行ったことのある人の数を求めよ。〔関東学院大〕

重要例題 3 集合の要素の個数の最大と最小 ⊘⊘⊘⊘⊘

集合 U とその部分集合 A, B に対して, $n(U)=100$, $n(A)=60$, $n(B)=48$ とする。 〔藤田保健衛生大〕

(1) $n(A\cap B)$ の最大値と最小値を求めよ。

(2) $n(\overline{A}\cap B)$ の最大値と最小値を求めよ。

基本 1, 2

指針 (1) $n(A\cap B)=n(A)+n(B)-n(A\cup B)$ において,
$n(A)+n(B)=60+48=108$ で一定であるから
$n(A\cup B)$ が **最大** のとき, $n(A\cap B)$ は **最小**,
$n(A\cup B)$ が **最小** のとき, $n(A\cap B)$ は **最大** となる。

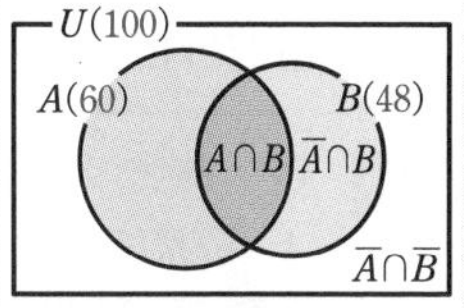

(2) 右の図の B に注目すると

$$n(B)=n(A\cap B)+n(\overline{A}\cap B)$$

ゆえに $n(\overline{A}\cap B)=48-n(A\cap B)$ ここで, (1) の結果を利用する。

解答

(1) $n(A\cap B)=n(A)+n(B)-n(A\cup B)$
$=60+48-n(A\cup B)=108-n(A\cup B)$

$n(A\cap B)$ が最大になるのは $n(A\cup B)$ が最小となるときである。ここで, $n(A)>n(B)$ であるから, $n(A\cup B)$ が最小となるのは $A\supset B$ のとき, すなわち $n(A\cup B)=n(A)=60$ のときである。

また, $n(A\cap B)$ が最小になるのは $n(A\cup B)$ が最大となるときである。ここで, $n(A)+n(B)>n(U)$ であるから, $n(A\cup B)$ が最大となるのは $A\cup B=U$ のときである。このとき $n(A\cup B)=n(U)=100$

以上から, $n(A\cap B)$ の **最大値** は $108-60=\mathbf{48}$,

最小値 は $108-100=\mathbf{8}$

$A\supset B$

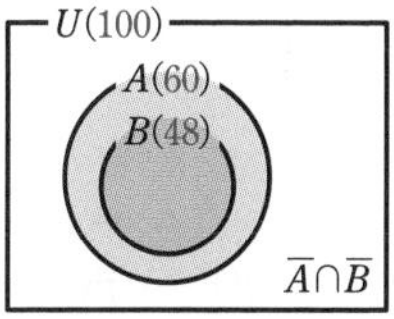

(このとき, $\overline{A}\cap\overline{B}=\overline{A\cup B}$ の要素の個数が最大)

$A\cup B=U$ $(\overline{A}\cap\overline{B}=\varnothing)$

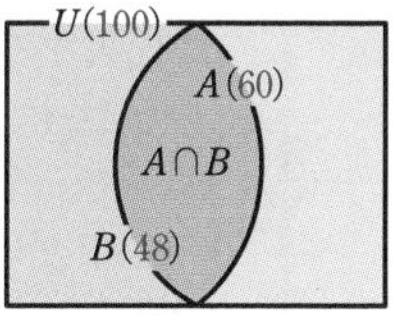

(このとき, $\overline{A}\cap\overline{B}=\overline{A\cup B}$ の要素の個数が最小)

(2) $n(\overline{A}\cap B)=n(B)-n(A\cap B)=48-n(A\cap B)$

よって, $n(\overline{A}\cap B)$ は, $n(A\cap B)$ が最小のとき最大, $n(A\cap B)$ が最大のとき最小となる。

(1) の結果から, $n(\overline{A}\cap B)$ の

最大値 は $48-8=\mathbf{40}$, **最小値** は $48-48=\mathbf{0}$

検討 **不等式 (数学 I) の利用**

(2) では, 不等式を利用して考えてもよい。

(1) から $8\leqq n(A\cap B)\leqq 48$ すなわち $-48\leqq -n(A\cap B)\leqq -8$

したがって $48-48\leqq 48-n(A\cap B)\leqq 48-8$

よって $\mathbf{0}\leqq n(\overline{A}\cap B)\leqq \mathbf{40}$

練習 ③ 3 デパートに来た客 100 人の買い物調査をしたところ, A 商品を買った人は 80 人, B 商品を買った人は 70 人であった。両方とも買った人数のとりうる最大値は ア□ で, 最小値は イ□ である。また, 両方とも買わなかった人数のとりうる最大値は ウ□ で, 最小値は エ□ である。 〔久留米大〕 p.341 EX 2

基本 例題 4 3つの集合の要素の個数 (1)

100 人のうち，A 市，B 市，C 市に行ったことのある人の集合を，それぞれ A，B，C で表し，集合 A の要素の個数を $n(A)$ で表すと，次の通りであった。

$n(A)=50$，　$n(B)=13$，　$n(C)=30$，　$n(A\cap C)=9$，
$n(B\cap C)=10$，　$n(A\cap B\cap C)=3$，　$n(\overline{A}\cap\overline{B}\cap\overline{C})=28$

(1) A 市と B 市に行ったことのある人は何人か。
(2) A 市だけに行ったことのある人は何人か。

p.333 基本事項 5　重要 5

指針 集合の問題 図をかく　集合が 3 つになるが，2 つの集合の場合と基本は同じ。
まず，解答の図のように，3 つの集合の図をかき，わかっている人数を書き込む。
また，3 つの集合の場合，個数定理は次のようになる。
$$n(A\cup B\cup C)=n(A)+n(B)+n(C)-n(A\cap B)-n(B\cap C)-n(C\cap A)+n(A\cap B\cap C)$$

解答

全体集合を U とすると
$n(U)=100$
また　$n(A\cup B\cup C)$
$=n(U)-n(\overline{A}\cap\overline{B}\cap\overline{C})$
$=100-28=72$

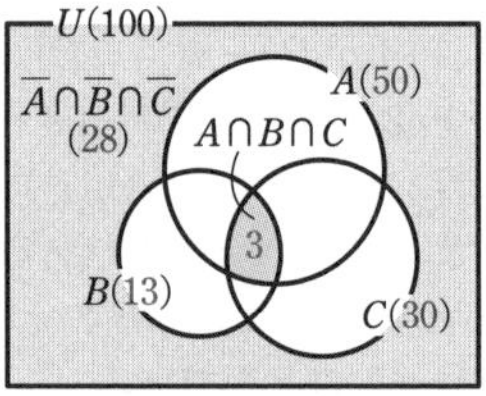

◀図から，**ド・モルガンの法則**
$\overline{A}\cap\overline{B}\cap\overline{C}=\overline{A\cup B\cup C}$
が成り立つことがわかる。

(1) A 市と B 市に行ったことのある人の集合は $A\cap B$ である。
$n(A\cup B\cup C)=n(A)+n(B)+n(C)-n(A\cap B)$
$\qquad -n(B\cap C)-n(C\cap A)+n(A\cap B\cap C)$
に代入すると　$72=50+13+30-n(A\cap B)-10-9+3$
したがって　$n(A\cap B)=5$
よって，A 市と B 市に行ったことのある人は　**5 人**

◀3 つの集合の個数定理

(2) A 市だけに行ったことのある人の集合は $A\cap\overline{B}\cap\overline{C}$ である。
ゆえに　$n(A\cap\overline{B}\cap\overline{C})$
$=n(A\cup B\cup C)-n(B\cup C)$
$=n(A\cup B\cup C)-\{n(B)+n(C)-n(B\cap C)\}$
$=72-(13+30-10)=39$
よって，A 市だけに行ったことのある人は　**39 人**

(2)
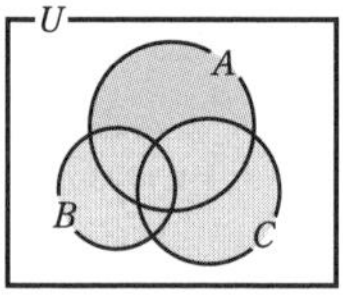

別解 (2) 求める人数は
$n(A)-n(A\cap B)$
$-n(A\cap C)$
$+n(A\cap B\cap C)$
$=50-5-9+3=39$
よって　**39 人**

練習 4 ③ ある高校の生徒 140 人を対象に，国語，数学，英語の 3 科目のそれぞれについて，得意か得意でないかを調査した。その結果，国語が得意な人は 86 人，数学が得意な人は 40 人いた。そして，国語と数学がともに得意な人は 18 人，国語と英語がともに得意な人は 15 人，国語または英語が得意な人は 101 人，数学または英語が得意な人は 55 人いた。また，どの科目についても得意でない人は 20 人いた。このとき，3 科目のすべてが得意な人は ア□ 人であり，3 科目中 1 科目のみ得意な人は イ□ 人である。

〔名城大〕 p.341 EX 3

重要例題 5 3つの集合の要素の個数 (2)

分母を810，分子を1から809までの整数とする分数の集合
$\left\{\frac{1}{810},\ \frac{2}{810},\ \cdots\cdots,\ \frac{809}{810}\right\}$ を作る。この集合の要素の中で約分ができないものの個数を求めよ。

基本 4

指針 約分できないのは，分子と分母810の最大公約数が1であるもので，810を **素因数分解** すると　$810=2\cdot3^4\cdot5$
よって，分子を取り出した集合 $U=\{1,\ 2,\ \cdots,\ 809\}$ の要素のうち，2でも3でも5でも割り切れないものの個数を求めればよい。
　A：2の倍数の集合，B：3の倍数の集合，C：5の倍数の集合とすると，求める集合は $\overline{A}\cap\overline{B}\cap\overline{C}$（図の赤い部分）であり
$$n(\overline{A}\cap\overline{B}\cap\overline{C})=n(\overline{A\cup B\cup C})=n(U)-n(A\cup B\cup C)$$

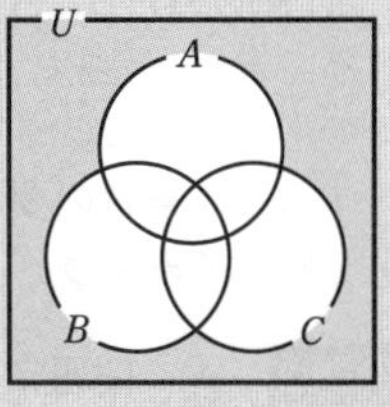

解答

$810=2\cdot3^4\cdot5$ であるから，1から809までの整数のうち，2でも3でも5でも割り切れない整数の個数を求めればよい。
1から809までの整数全体の集合を U とすると
$$n(U)=809$$
U の部分集合のうち，2の倍数全体の集合を A，3の倍数全体の集合を B，5の倍数全体の集合を C とする。
$810\notin U$ に注意して，$810=2\cdot405$ から　$n(A)=404$
　$810=3\cdot270$ から　$n(B)=269$
　$810=5\cdot162$ から　$n(C)=161$
また，$A\cap B$ は6の倍数全体の集合で，$810=6\cdot135$ から
$$n(A\cap B)=134$$
$B\cap C$ は15の倍数全体の集合で，$810=15\cdot54$ から
$$n(B\cap C)=53$$
$C\cap A$ は10の倍数全体の集合で，$810=10\cdot81$ から
$$n(C\cap A)=80$$
$A\cap B\cap C$ は30の倍数全体の集合で，$810=30\cdot27$ から
$$n(A\cap B\cap C)=26$$
よって　$n(A\cup B\cup C)=n(A)+n(B)+n(C)-n(A\cap B)-n(B\cap C)-n(C\cap A)+n(A\cap B\cap C)$
$=404+269+161-134-53-80+26=593$
求める個数は　$n(\overline{A}\cap\overline{B}\cap\overline{C})=n(\overline{A\cup B\cup C})$
$=n(U)-n(A\cup B\cup C)$
$=809-593=$ **216**

◀ $810=81\cdot10=3^4\cdot2\cdot5$
◀ $n(A)=405$ ではない。1から810までであれば，2の倍数は405個あるが，$U=\{1,\ 2,\ \cdots,\ 809\}$ なので，$810\notin U$ である。なお，$809=2\cdot404+1$ すなわち，809を2で割った商が404であることから，$n(A)=404$ としてもよい。
◀ 3つの集合の個数定理
◀ ド・モルガンの法則
◀ $n(\overline{P})=n(U)-n(P)$

練習 ④ **5** 分母を700，分子を1から699までの整数とする分数の集合 $\left\{\frac{1}{700},\ \frac{2}{700},\ \cdots\cdots,\ \frac{699}{700}\right\}$ を作る。この集合の要素の中で約分ができないものの個数を求めよ。

p.341 EX4

参考事項　集合の要素の個数を表から求める

※全体集合を U，その部分集合を A，B とすると，U は右の〔図 1〕（ベン図）のように，互いに共通部分をもたない 4 つの集合 $A\cap B$，$A\cap\overline{B}$，$\overline{A}\cap B$，$\overline{A}\cap\overline{B}$ に分けられる。また，〔図 1〕は〔図 2〕のように，表の形で表すこともできる。このことに注目すると，集合の要素の個数を，**表を利用して** 求めることができる。この方法で例題 **2** を解いてみよう。

〔図 1〕

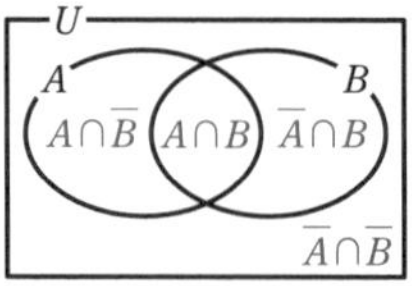

〔図 2〕

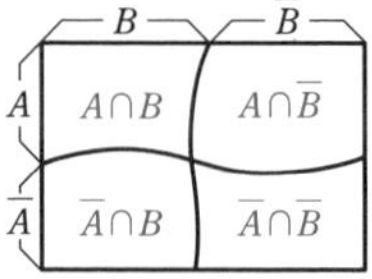

例題 2　①　問題文で与えられた人数を表に書き込む。（右の，人数が 100，43，29，35 の箇所。）

②　合計人数をもとに，引き算によって残りの空欄（右の $\square$ の箇所）を順に埋めていく。

$n(\overline{A})=100-43=\boxed{57}$，　$n(\overline{B})=100-29=\boxed{71}$，

$n(A\cap\overline{B})=71-35=\boxed{36}$，　$n(\overline{A}\cap B)=57-35=\boxed{22}$，

$n(A\cap B)=43-36=\boxed{7}$　◀ $29-22=\boxed{7}$ でもよい。

表から　(1)　$n(A\cap B)=$ **7（人）**　(2)　$n(A\cap\overline{B})=$ **36（人）**

	B	$\overline{B}$	計
A	$\boxed{7}$	$\boxed{36}$	43
$\overline{A}$	$\boxed{22}$	35	$\boxed{57}$
計	29	$\boxed{71}$	100

この考え方の利点は，引き算によって人数（表の空欄）をどんどん埋めていくと，個数定理やド・モルガンの法則などを利用しなくても人数を求められる，というところにある。同じようにして例題 **1** を解くと，次のようになる。

例題 1　①　$n(A)=21$，$n(B)=13$，$n(U)=101$ と (1) で求めた $n(A\cap B)=3$ を表に書き込む。

②　残りの空欄（右の $\square$ の箇所）を埋めていく。

表から　(2)　$n(A\cup B)=3+18+10=$ **31**

(3)　$n(A\cap\overline{B})=$ **18**

(4)　$n(\overline{A}\cup\overline{B})=18+10+70=$ **98**

	B	$\overline{B}$	計
A	3	$\boxed{18}$	21
$\overline{A}$	$\boxed{10}$	$\boxed{70}$	$\boxed{80}$
計	13	$\boxed{88}$	101

次に，3 つの集合の要素の個数を，表から求める方法を紹介しよう。

例題 4　右の表において，中央の C の枠の内部は集合 C に含まれ，外部は C に含まれないことを意味する。

①　問題文で与えられた人数のうち，100，50，13，30，3，28 を書き込み，引き算で △ の人数を求める。

②　$n(A\cap C)=9$，$n(B\cap C)=10$ を利用して，◯ の人数を求める。例えば　$n(A\cap\overline{B}\cap C)=9-3=⑥$

③　残りの空欄（$\square$ 部分）を埋めていく。例えば $n(\overline{A}\cap\overline{B}\cap C)=30-(3+6+7)=14$ など。

表から　(1)　$n(A\cap B)=2+3=$ **5（人）**

(2)　$n(A\cap\overline{B}\cap\overline{C})=$ **39（人）**　◀赤く塗った部分。

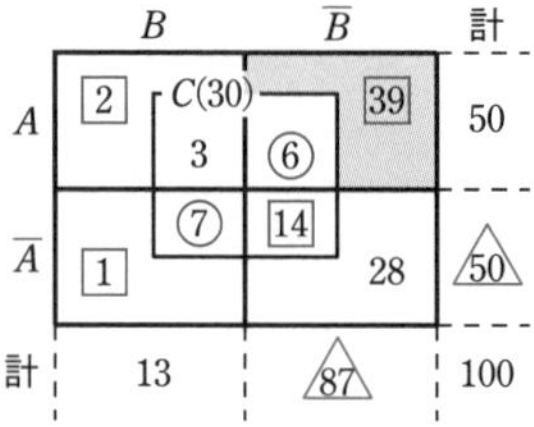

EXERCISES

③1 2桁の自然数の集合を全体集合とし，4の倍数の集合を A，6の倍数の集合を B と表す。このとき，$A\cup B$ の要素の個数は ア□ である。
また，$A\triangle B=(A\cap\overline{B})\cup(\overline{A}\cap B)$ とするとき，$A\triangle B$ の要素の個数は イ□，$A\triangle\overline{B}$ の要素の個数は ウ□ である。 →1

④2 ある学科の1年生の学生数は198人で，そのうち男子学生は137人である。ある調査の結果，1年生のうちスマートフォンを持っている学生は148人，タブレットPCを持っている学生は123人であった。このとき，スマートフォンとタブレットPCを両方持っている学生は少なくとも ア□ 人いる。また，スマートフォンを持っている男子学生は少なくとも イ□ 人いて，タブレットPCを持っている男子学生は少なくとも ウ□ 人いる。 〔類 立命館大〕
→3

④3 70人の学生に，異なる3種類の飲料水X，Y，Zを飲んだことがあるか調査したところ，全員がX，Y，Zのうち少なくとも1種類は飲んだことがあった。また，XとYの両方，YとZの両方，XとZの両方を飲んだことがある人の数はそれぞれ13人，11人，15人であり，XとYの少なくとも一方，YとZの少なくとも一方，XとZの少なくとも一方を飲んだことのある人の数は，それぞれ52人，49人，60人であった。
(1) 飲料水Xを飲んだことのある人の数は何人か。
(2) 飲料水Yを飲んだことのある人の数は何人か。
(3) 飲料水Zを飲んだことのある人の数は何人か。
(4) X，Y，Zの全種類を飲んだことのある人の数は何人か。 〔日本女子大〕
→4

③4 500以下の自然数を全体集合とし，A を奇数の集合，B を3の倍数の集合，C を5の倍数の集合とする。次の集合の要素の個数を求めよ。
(1) $A\cap B\cap C$　　(2) $(A\cup B)\cap C$　　(3) $(A\cap B)\cup(A\cap C)$ →5

HINT

1 (ウ) $A\triangle\overline{B}=(A\cap\overline{\overline{B}})\cup(\overline{A}\cap\overline{B})=(A\cap B)\cup(\overline{A}\cap\overline{B})$，$(A\cap B)\cap(\overline{A}\cap\overline{B})=\varnothing$ に注意。
2 男子学生の集合，女子学生の集合，スマートフォンを持っている学生の集合，タブレットPCを持っている学生の集合をそれぞれ M，W，S，T とする。
(イ) $n(S\cap M)=n(S)-n(S\cap W)$　$n(S\cap W)$ が最大の場合に注目。
3 X，Y，Zに関する3つの集合を考え，条件を整理する。
4 例えば，$A\cap B$ は奇数かつ3の倍数であるが，これを3の倍数のもののうち，6の倍数でないものの集合と考えて，その要素の個数を求める。

2 場合の数

基本事項

1 場合の数の数え方

起こりうるすべての場合を，もれなく，重複することなく数え上げる。

① **辞書式配列法**　例えば，辞書の単語のようにアルファベット順に並べる方式

② **樹形図 (tree)**　各場合を，順次枝分かれの図でかき表す方式

2 和の法則，積の法則

① **和の法則**　2 つの事柄 A，B は **同時には起こらない** とする。
A の起こり方が a 通りあり，B の起こり方が b 通りとすると，A または B の **どちらかが起こる** 場合は **$a+b$ 通り** ある。

② **積の法則**　事柄 A の起こり方が a 通りあり，その **おのおのの場合について**，B の起こり方が b 通りずつあるならば，A と B が **ともに起こる** 場合は **ab 通り** ある。

①，② とも，3 つ以上の事柄 A，B，C，…… についても同様のことが成り立つ。

解説

■場合の数の数え方

ある事柄について，起こりうる場合の数を数えるということは，もれなく，重複することなく数え上げることである。そのためには，辞書式配列法や樹形図 (tree) を用いて，**一定の方針で，順序正しく** 行う。

例　a，a，a，b，c から 3 個を選んで 1 列に並べる方法の総数を，次の ① または ② の方法で調べると　13 個

① **辞書式配列法**

aaa，aab，aac，aba，abc，aca，acb，
baa，bac，bca，
caa，cab，cba

② **樹形図 (tree)**

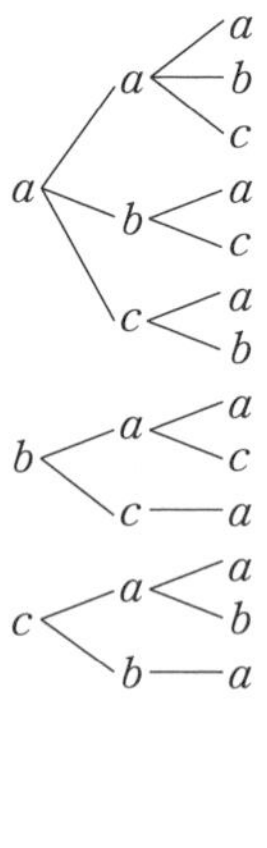

■和の法則，積の法則

① **和の法則**　事柄 A，B の起こる場合の全体をそれぞれ集合 A，B で表すと，和の法則は，次のことが成り立つことに他ならない。

$A\cap B=\varnothing$ のとき　$n(A\cup B)=n(A)+n(B)$
└ 2 つの事柄 A，B が同時に起こらない。

例　上の例で，a，b，c で始まるもので分類することにより
$7+3+3=13$ (個)

② **積の法則**

例　2 桁の整数の個数

十の位の数字は 1 ～ 9 の 9 通りあり，そのおのおのに対して，一の位の数字は 0 も含めた 0 ～ 9 の 10 通りあるから

$9\times10=90$ (個)　⟵ $99-9=90$ (個) としても求められる。
(1 ～ 99 の 99 個から 1 ～ 9 の 9 個を除く。)

十 × 一
↑ 1 ～ 9 の 9 通り　↑ 0 ～ 9 の 10 通り

基本例題 6 辞書式配列法，樹形図による数え上げ ①①①①①

集合 $U=\{a, b, c, d, e\}$ の部分集合で，3 個の要素からなるものをすべて求めよ。

p.342 基本事項 1　重要 15

指針 辞書式配列法 と 樹形図 (tree) の 2 通りの方法で考えてみよう。

[1] **辞書式配列法**　3 個の要素からなる部分集合を，アルファベット順に順序正しく配列する。

[2] **樹形図 (tree)**　部分集合を {①, ②, ③} とし，① ⟶ ② ⟶ ③ と枝分かれしていくような図をかく。
アルファベット順に考えて，配置の **もれ・重複のないように** する。

CHART 場合の数
辞書式 か 樹形図 (tree) で　もれなく，重複なく

解答

解法 1　辞書式配列法 によって，求める部分集合を，要素がアルファベット順に並ぶように表すと

$\{\boldsymbol{a}, \boldsymbol{b}, \boldsymbol{c}\}$, $\{\boldsymbol{a}, \boldsymbol{b}, \boldsymbol{d}\}$, $\{\boldsymbol{a}, \boldsymbol{b}, \boldsymbol{e}\}$,
$\{\boldsymbol{a}, \boldsymbol{c}, \boldsymbol{d}\}$, $\{\boldsymbol{a}, \boldsymbol{c}, \boldsymbol{e}\}$, $\{\boldsymbol{a}, \boldsymbol{d}, \boldsymbol{e}\}$,
$\{\boldsymbol{b}, \boldsymbol{c}, \boldsymbol{d}\}$, $\{\boldsymbol{b}, \boldsymbol{c}, \boldsymbol{e}\}$, $\{\boldsymbol{b}, \boldsymbol{d}, \boldsymbol{e}\}$,
$\{\boldsymbol{c}, \boldsymbol{d}, \boldsymbol{e}\}$

◀1 つ目の要素が a の集合を書き上げ，続いて，1 つ目の要素が b の集合，c の集合を順に書き上げる方針で考える。

解法 2　樹形図 (tree) で示すと，次のようになる
(①, ②, ③ はアルファベット順)。

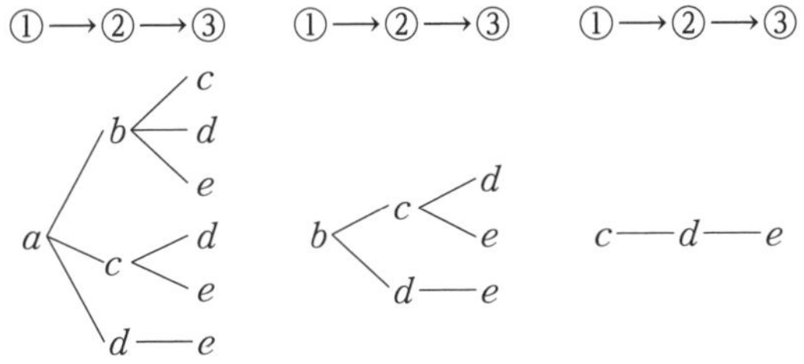

この図に従って {①, ②, ③} のように書き表すと，解法 1 と同じ部分集合が得られる。

参考　5 個の要素からなる集合の部分集合で，3 個の要素からなるものが 10 個あることは，$p.367$ の基本事項により，異なる 5 個のものの中から異なる 3 個を取る **組合せ** の総数 ${}_5C_3$ として求められる。

練習 6 ①
(1)　a, a, b, b, c の 5 個の文字から 4 個を選んで 1 列に並べる方法は何通りあるか。また，そのうち a, b, c のすべての文字が現れるのは何通りあるか。
(2)　大中小 3 個のさいころを投げるとき，出る目の和が 6 になる場合は何通りあるか。

p.357 EX5

基本例題 7 和の法則，積の法則

(1) 大小 2 個のさいころを投げるとき，出る目の和が 5 の倍数になる場合は何通りあるか。

(2) $(a+b+c)(p+q+r)(x+y)$ を展開すると，異なる項は何個できるか。

p.342 基本事項 2　重要 16

指針 (1) 和が 5，10 となる目の出方をそれぞれ数え上げ，**和の法則** を利用する。

(2) 展開してできる項は，右の図のように，1 つずつ取り出して掛け合わせて作られる。
したがって，**積の法則** が利用できる。

○×△×□
（○：$(a,\ b,\ c)$ から 1 つ，△：$(p,\ q,\ r)$ から 1 つ，□：$(x,\ y)$ から 1 つ）

解答

(1) 目の和が 5 の倍数になるのは，目の和が 5 または 10 のときである。それぞれ表を作って調べると

[1] 目の和が 5 となるのは
4 通り

大	1	2	3	4
小	4	3	2	1

[2] 目の和が 10 となるのは
3 通り

大	4	5	6
小	6	5	4

[1]，[2] の場合は同時には起こらないから，求める場合の数は，和の法則により

$4+3=$**7**（**通り**）

(2) $(a+b+c)(p+q+r)(x+y)$ を展開してできる項は，

$(a,\ b,\ c)$，$(p,\ q,\ r)$，$(x,\ y)$

から，それぞれ 1 つずつ文字を取り出して掛け合わせて作られる。
よって，異なる項の個数は，積の法則により

$3\times3\times2=$**18**（**個**）

(2) の樹形図

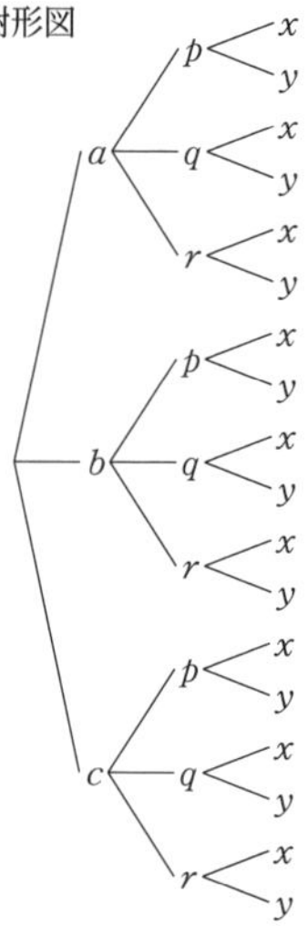

検討

和の法則と積の法則の関係

樹形図をかいたとき，まず m 通りに分かれ，それぞれが

p 通り，q 通り，r 通り，……

に分かれるならば，場合の数は

$\underbrace{p+q+r+\cdots\cdots}_{m\text{ 個の和}}$ 通り　⟵ **和の法則**

このとき，$p=q=\cdots\cdots$ ならば，$=n$ として場合の数は　$m\times n$ 通り　⟵ **積の法則**

和の法則

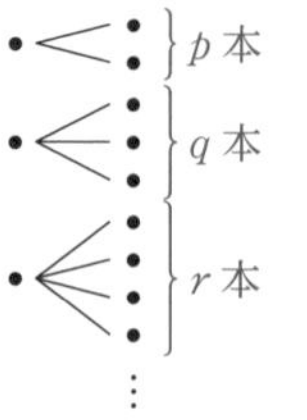

$p+q+r+\cdots$ 通り

積の法則

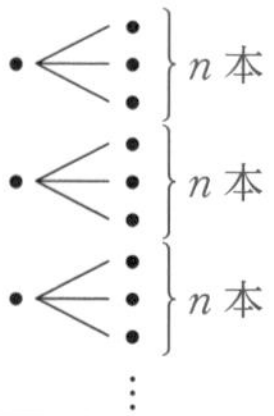

各枝の本数が同じ

練習 ① 7 (1) 大小 2 個のさいころを投げるとき，出る目の和が 10 以上になる場合は何通りあるか。

(2) $(a+b)(p+2q)(x+2y+3z)$ を展開すると，異なる項は何個できるか。 p.357 EX6

基本例題 8 約数の個数と総和 ①①①①①

540 の正の約数は全部で何個あるか。また，その約数の和を求めよ。

↗基本 7

指針 正の約数の個数や和についての問題では，**素因数分解からスタート** する。
また，0 でない実数 p に対し $p^0=1$ と定義される（数学Ⅱで学習）。このことも利用して，12 すなわち $2^2\cdot3$ の場合で考えてみよう。
12 の正の約数は $\boldsymbol{2^a\cdot3^b\ (a=0,\ 1,\ 2\ ;\ b=0,\ 1)}$ の形で表され，その個数は，右の樹形図から

$$2^0\cdot3^0,\ 2^0\cdot3^1,\ 2^1\cdot3^0,\ 2^1\cdot3^1,\ 2^2\cdot3^0,\ 2^2\cdot3^1$$

の 6 個あり，これらのすべての和は

$$\begin{aligned}&2^0\cdot3^0+2^0\cdot3^1+2^1\cdot3^0+2^1\cdot3^1+2^2\cdot3^0+2^2\cdot3^1\\&=2^0(3^0+3^1)+2^1(3^0+3^1)+2^2(3^0+3^1)\\&=(2^0+2^1+2^2)(3^0+3^1)=\boldsymbol{(1+2+2^2)(1+3)}\end{aligned}$$

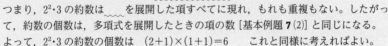

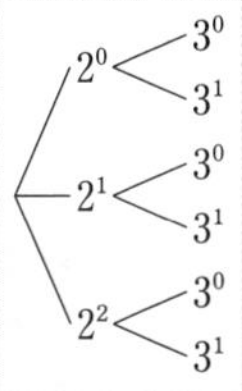

つまり，$2^2\cdot3$ の約数は ～～ を展開した項すべてに現れ，もれも重複もない。したがって，約数の個数は，多項式を展開したときの項の数［基本例題 **7** (2)］と同じになる。
よって，$2^2\cdot3$ の約数の個数は　$(2+1)\times(1+1)=6$　　これと同様に考えればよい。

解答

$540=2^2\cdot3^3\cdot5$ であるから，540 の正の約数は，

$$a=0,\ 1,\ 2\ ;\quad b=0,\ 1,\ 2,\ 3\ ;\quad c=0,\ 1$$

として，$2^a\cdot3^b\cdot5^c$ と表される。

(約数の個数)　a の定め方は 3 通り。
そのおのおのについて，b の定め方は 4 通り。
更に，そのおのおのについて，c の定め方は 2 通りある。
よって，積の法則により　　$3\times4\times2=\boldsymbol{24}$ **(個)**

(約数の和)　540 の正の約数は

$$(1+2+2^2)(1+3+3^2+3^3)(1+5)\ \cdots\cdots\ (*)$$

を展開した項にすべて現れる。よって，求める和は

$$(1+2+2^2)(1+3+3^2+3^3)(1+5)$$
$$=7\times40\times6=\boldsymbol{1680}$$

◀ $\boldsymbol{2^0=1}$
$\boldsymbol{3^0=1}$
$\boldsymbol{5^0=1}$

2) 540
2) 270
3) 135
3)　45
3)　15
　　　5

◀ $(*)$ を展開したときの項の数を求めることと同じ。なお，
$2\times3\times1=6$ (個) のような誤りをしないように。

検討

約数の個数と総和（第 4 章でも学習する）
自然数 N を素因数分解した結果が $N=p^aq^br^c$ であるとき，N の

正の約数の個数は　$(a+1)(b+1)(c+1)$　　← 考え方は上の解答の（約数の個数）と同様。
正の約数の総和は　$(1+p+\cdots\cdots+p^a)(1+q+\cdots\cdots+q^b)(1+r+\cdots\cdots+r^c)$

正の約数の個数や和を求める問題では，素因数分解をした後に，このことを直接利用した解答でもよい。
例えば，上の例題の約数の個数は　$(2+1)(3+1)(1+1)=\boldsymbol{24}$ **(個)**　のような解答でもよい。

練習 ② 8　1400 の正の約数の個数と，正の約数の和を求めよ。また，1400 の正の約数のうち偶数は何個あるか。

p.357 EX 7

基本例題 9 (全体)−(…でない) の考えの利用

大，中，小 3 個のさいころを投げるとき，目の積が 4 の倍数になる場合は何通りあるか。
〔東京女子大〕 基本 7

指針 「目の積が 4 の倍数」を考える正攻法でいくと，意外と面倒。そこで，

(目の積が 4 の倍数)=**(全体)−(目の積が 4 の倍数でない)**

として考えると早い。ここで，目の積が 4 の倍数にならないのは，次の場合である。

[1] 目の積が奇数 ⟶ 3 つの目がすべて奇数

[2] 目の積が偶数で，4 の倍数でない ⟶ 偶数の目は 2 または 6 の 1 つだけで，他の 2 つは奇数

CHART 場合の数 **早道も考える**
(A である)=(全体)−(A でない) の技(わざ)活用

解答

目の出る場合の数の総数は　$6\times6\times6=216$ (通り)

目の積が 4 の倍数にならない場合には，次の場合がある。

[1] 目の積が奇数の場合

3 つの目がすべて奇数のときで　$3\times3\times3=27$ (通り)

[2] 目の積が偶数で，4 の倍数でない場合

3 つのうち，2 つの目が奇数で，残りの 1 つは 2 または 6 の目であるから　$(3^2\times2)\times3=54$ (通り)

[1]，[2] から，目の積が 4 の倍数にならない場合の数は

$27+54=81$ (通り)

よって，目の積が 4 の倍数になる場合の数は

$216-81=$ **135** (通り)

◀**積の法則** (6^3 と書いてもよい。)

◀**奇数どうしの積は奇数。** 1 つでも **偶数があれば積は偶数** になる。

◀4 が入るとダメ。

◀**和の法則**

◀**(全体)−(…でない)**

検討 **目の積が偶数で，4 の倍数でない場合の考え方**

上の解答の [2] は，次のようにして考えている。

大，中，小のさいころの出た目を (大，中，小) と表すと，3 つの目の積が偶数で，4 の倍数にならない目の出方は，以下のような場合である。

(大，中，小)=(奇数，奇数，2 または 6) …… $3\times3\times2$ 通り
=(奇数，2 または 6，奇数) …… $3\times2\times3$ 通り
=(2 または 6，奇数，奇数) …… $2\times3\times3$ 通り
} よって $(3^2\times2)\times3$ 通り

参考 目の積が 4 の倍数になる場合の数を直接求めると，次のようになる。

(i) 3 つの目がすべて偶数 ⟶ 3^3 通り
(ii) 2 つの目が偶数で，残り 1 つの目が奇数 ⟶ $(3^2\times3)\times3$ 通り
(iii) 1 つの目が 4 で，残り 2 つの目が奇数 ⟶ $(1\times3^2)\times3$ 通り
} 合わせて $27+81+27=135$ (通り)

練習 ③ **9** 大，中，小 3 個のさいころを投げるとき，次の場合は何通りあるか。

(1) 目の積が 3 の倍数になる場合

(2) 目の積が 6 の倍数になる場合

p.357 EX8

基本例題 10 支払いに関する場合の数

500 円，100 円，10 円の 3 種類の硬貨がたくさんある。この 3 種類の硬貨を使って，1200 円を支払う方法は何通りあるか。ただし，使わない硬貨があってもよいものとする。

基本 7

指針 支払いに使う硬貨 500 円，100 円，10 円の枚数をそれぞれ x，y，z とすると

$500x+100y+10z=1200$ （x，y，z は 0 以上の整数)

この方程式の解 $(x,\ y,\ z)$ の個数を求める。

…… 金額が最も大きい 500 円の枚数 x で場合分けすると，分け方が少なくてすむ。

解答

支払いに使う 500 円，100 円，10 円硬貨の枚数をそれぞれ x，y，z とすると，x，y，z は 0 以上の整数で

$500x+100y+10z=1200$ すなわち $50x+10y+z=120$

ゆえに $50x=120-(10y+z)\leqq 120$ よって $5x\leqq 12$

x は 0 以上の整数であるから $x=0,\ 1,\ 2$

[1] $x=2$ のとき $10y+z=20$

この等式を満たす 0 以上の整数 y，z の組は

$(y,\ z)=(2,\ 0),\ (1,\ 10),\ (0,\ 20)$ の 3 通り。

[2] $x=1$ のとき $10y+z=70$

この等式を満たす 0 以上の整数 y，z の組は

$(y,\ z)=(7,\ 0),\ (6,\ 10),\ \cdots\cdots,\ (0,\ 70)$ の 8 通り。

[3] $x=0$ のとき $10y+z=120$

この等式を満たす 0 以上の整数 y，z の組は

$(y,\ z)=(12,\ 0),\ (11,\ 10),\ \cdots\cdots,\ (0,\ 120)$

の 13 通り。

[1]，[2]，[3] の場合は同時には起こらないから，求める場合の数は $3+8+13=$ **24（通り）**

◀不定方程式（$p.569$～）。

◀$y\geqq 0$，$z\geqq 0$ であるから $50x\leqq 120$ これを満たす 0 以上の整数を求める。

◀$10y=20-z\leqq 20$ から $10y\leqq 20$ すなわち $y\leqq 2$ よって $y=0,\ 1,\ 2$

◀$10y=70-z\leqq 70$ から $10y\leqq 70$ すなわち $y\leqq 7$ よって $y=0,\ 1,\ \cdots,\ 7$

◀$10y=120-z\leqq 120$ から $10y\leqq 120$ すなわち $y\leqq 12$ よって $y=0, 1, \cdots, 12$

◀**和の法則**

検討 **すべての種類の硬貨を使う場合の考え方**

もし，上の問題で「すべての種類の硬貨を使う」とあった場合は，次のように 処理できる条件を先に片付けておくと，数値が簡単になって処理しやすくなる。

① 3 種類の硬貨をすべて使う ⟶ 1200 円から，500 円 1 枚，100 円 1 枚，10 円 1 枚を除いた $1200-(500+100+10)=590$（円）について考える。

② 590 円の 90 円は 10 円硬貨で支払う ⟶ 更に 10 円 9 枚を除くと $590-9\times 10=500$（円）

後は，500 円を支払う方法(使わない硬貨があってもよい)を考えると

500 円 1 枚のとき，100 円，10 円とも 0 枚の 1 通り。

500 円 0 枚のとき，100 円，10 円の枚数をそれぞれ a，b とすると

$(a,\ b)=(0,\ 50),\ (1,\ 40),\ (2,\ 30),\ (3,\ 20),\ (4,\ 10),\ (5,\ 0)$ の 6 通り。

したがって，合計で 7 通りある。

練習 ② 10 10 ユーロ，20 ユーロ，50 ユーロの紙幣を使って支払いをする。ちょうど 200 ユーロを支払う方法は何通りあるか。ただし，どの紙幣も十分な枚数を持っているものとし，使わない紙幣があってもよいとする。 〔早稲田大〕 p.357 EX9

3 順　　　列

基本事項

異なる n 個のものの中から異なる r 個を取り出して 1 列に並べる **順列** の総数は

$$ {}_n\mathrm{P}_r=\underbrace{n(n-1)(n-2)\cdots\cdots(n-r+1)}_{r\text{ 個の数の自然数の積}}=\frac{n!}{(n-r)!}\quad (r\leqq n)$$

特に　${}_n\mathrm{P}_n=n!=n(n-1)(n-2)\cdots\cdots3\cdot2\cdot1$　　ただし，$0!=1$，${}_n\mathrm{P}_0=1$ と定める。

解　説

注意　**今後，特に断りがない限り，n は自然数を表すものとする。**

■ **順列**

一般に，いくつかのものを，順序をつけて 1 列に並べる配列を **順列** という。また，$r\leqq n$ のとき，異なる n 個のものの中から異なる r 個を取って 1 列に並べる順列を，**n 個から r 個取る順列** といい，その総数を ${}_n\mathrm{P}_r$(*) で表す。${}_n\mathrm{P}_r$ は

(*) P は permutation (順列)の頭文字である。また，${}_n\mathrm{P}_r$ は「P の n，r」や「n，P，r」と読む。

1 番目のものの取り方は　　n 通り

2 番目のものは，残り $n-1$ 個の中から 1 つ取るから，取り方は　　$n-1$ 通り

3 番目のものは，残り $n-2$ 個の中から 1 つ取るから，取り方は　　$n-2$ 通り

このようにして最後の r 番目のものは，既に取った $r-1$ 個を除いた残り $n-(r-1)$ 個の中から 1 つ取るから，取り方は　　$n-(r-1)$ 通り，すなわち　$n-r+1$ 通り

したがって，求める順列の総数 ${}_n\mathrm{P}_r$ は，**積の法則** により

$$ {}_n\mathrm{P}_r=n(n-1)(n-2)\cdots\cdots(n-r+1)$$

↑ n から始まって 1 ずつ小さくなる r 個の自然数の積

特に，$r=n$ のとき，すなわち，異なる n 個のものすべてを 1 列に並べる順列の総数は

$$ {}_n\mathrm{P}_n=n(n-1)(n-2)\cdots\cdots3\cdot2\cdot1$$

この式の右辺は 1 から n までの自然数の積で，これを n の **階乗** といい，記号 $n!$ で表す。この記号 ! を使うと，${}_n\mathrm{P}_r$ は次のようにも表される。

$$ {}_n\mathrm{P}_r=n\cdots\cdots(n-r+1)\times\frac{(n-r)!}{(n-r)!}=\frac{n\cdots\cdots(n-r+1)\cdots\cdots2\cdot1}{(n-r)!}=\frac{n!}{(n-r)!}$$

この式が $r=n$，$r=0$ でも成り立つように，$0!=1$，${}_n\mathrm{P}_0=1$ と定める。

例　異なる 3 個のもの $\{a,\ b,\ c\}$ から異なる 2 個を取って 1 列に並べる方法。

1 番目のものの取り方は　　3 通り

2 番目のものの取り方は　　2 通り

求める順列の総数は　　${}_3\mathrm{P}_2=3\cdot2=6$

樹形図は右のようになり，記号 ${}_3\mathrm{P}_2$ でこの樹形図を表していると考えてよい。

${}_3\mathrm{P}_2=\underbrace{3\cdot2}$ → 2 個の数の積

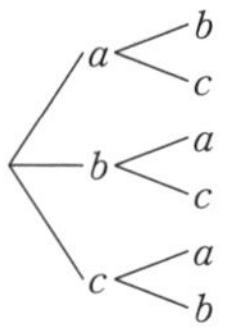

問　(1)　(ア)　${}_8\mathrm{P}_4$　(イ)　${}_{13}\mathrm{P}_2$　(ウ)　${}_4\mathrm{P}_4$　の値を求めよ。

(2)　6 人の生徒から 3 人を選んで 1 列に並べる方法は何通りあるか。

(*)　問 の解答は $p.659$ にある。

基本例題 11 数字の順列の基本 ①①①①①

6 個の整数 1, 2, 3, 4, 5, 6 から異なる 3 個を取り出して 1 列に並べたとき，できる 3 桁の整数は全部で ア□ 個ある。このうち，偶数は イ□ 個，4 の倍数は ウ□ 個，5 の倍数は エ□ 個である。〔千葉工大〕

p.348 基本事項

指針 (イ) **偶数** (2 の倍数) ⟶ **一の位が偶数** ⟶ 一の位が 2, 4, 6 であるから，右のように考える(他も同じ)。

(ウ) 例えば，4 の倍数である 536 は，次のように表される。

$$536=500+36=5\cdot100+4\cdot9=5\cdot4\cdot25+4\cdot9$$

ここで，$100=4\cdot25$ は 4 の倍数であるから，4 の倍数を見分けるには，**下 2 桁が 4 の倍数** であるかどうかに注目する。

(エ) 5 の倍数 ⟶ 一の位が 0 または 5 ⟶ 0 はないから 5 のみ

このように，「～の倍数」という条件がついたときは，一の位など 特定の位から先に処理していく。

(これを本書では **条件処理** と呼ぶことにする。)

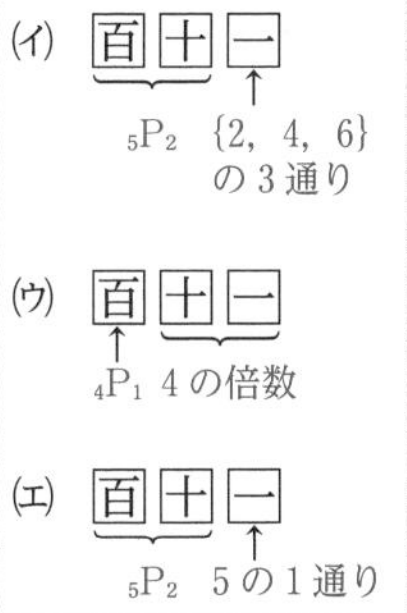

CHART 数字の順列と倍数の条件
特定の位 か 各位の和（基本例題 12 参照） **に着目**

解答

(ア) 求める個数は，異なる 6 個の整数から 3 個を取って並べる順列の総数であるから

$$_6P_3=6\cdot5\cdot4=\mathbf{120}\text{ (個)}$$

◀慣れてきたら，直ちに $_6P_3=120$ と答えてよい。

(イ) 偶数であるから，一の位は 2, 4, 6 のいずれかで 3 通り

◀条件処理：一の位が偶数

そのおのおのに対し，百，十の位は残り 5 個から 2 個取る順列で $_5P_2$ 通り

◀一の位に使った数字は使えない。

よって，求める個数は

$$3\times{}_5P_2=3\times5\cdot4=\mathbf{60}\text{ (個)}$$

(ウ) 下 2 桁が 4 の倍数 であればよい。そのようなものは，

12, 16, 24, 32, 36, 52, 56, 64

の 8 通りある。

◀条件処理：下 2 桁が 4 の倍数

◀1～6 の数字でできる 2 桁の 4 の倍数をあげる。8, 20 などは 4 の倍数であるが，この問題で 0, 8 はないから除外する。

百の位は，下 2 桁の数以外の数であるから，4 の倍数は

$$8\times4=\mathbf{32}\text{ (個)}$$

(エ) 一の位が 5 で，百，十の位は残り 5 個から 2 個取る順列であるから

◀条件処理：一の位が 5

$$1\times{}_5P_2=5\cdot4=\mathbf{20}\text{ (個)}$$

練習 ① 11 1, 2, 3, 4, 5, 6, 7 から異なる 5 個の数字を取って作られる 5 桁の整数は全部で ア□ 通りでき，そのうち，奇数であるものは イ□ 通りである。また，4 の倍数は ウ□ 通りである。

基本例題 12 0を含む数字の順列

0，1，2，3，4，5 の 6 個の数字から異なる 4 個の数字を取って並べて，4 桁の整数を作るものとする。次のものは全部で何個できるか。

(1) 整数　(2) 3 の倍数　(3) 6 の倍数　(4) 2400 より大きい整数

基本 11

指針 0 を含む数字の順列の問題では，最高位に 0 を並べない ……★ ことに要注意。例えば，(1) を，単純に「6 個から 4 個取る順列」と考えて，「求める個数は $_6P_4$」とすると誤りである。

…… $_6P_4$ では，4 桁の整数でない 0123，0234 のような数も含まれてしまう。

4 桁の整数
千 百 十 一
↑ 0 以外

すなわち，**条件処理** が必要で，まず，最高位の千の位に 0 以外の数字から 1 つ選ぶ。

(1) 千の位は **0 以外** の 5 個の数字から 1 個選び，百，十，一の位は，0 を含めた残りの 5 個から 3 個取って並べる。

(2) **3 の倍数 ⟶ 各位の数の和が 3 の倍数** であることを利用する。和が 3 の倍数になる 4 個の数字の組を考え，0 を含む組と含まない組の場合に分ける。

(3) **6 の倍数 ⟶ 2 の倍数かつ 3 の倍数** であるから，(2) のうち，2 の倍数を考えればよい。つまり，一の位に着目する。

(4) 千の位が 2 のときと，千の位が 3，4，5 のときの場合に分けて考える。

(1)~(4) のいずれも，選び方や並べ方は，解答の図を参照してほしい。

CHART 0 を含む数字の順列　**最高位に 0 を並べないように注意**

解答

(1) 千の位は 0 以外 の 1 ~ 5 の数字から 1 個を取るから 5 通り

そのおのおのについて，百，十，一の位は，0 を含めた残りの 5 個から 3 個取る順列で $_5P_3$ 通り

千 百 十 一
↑ 0 以外　千に入れた数字を除いた残り 5 個から 3 個取って並べる
(5 通り)×($_5P_3$ 通り)

よって，求める個数は

$5\times{}_5P_3=5\times5\cdot4\cdot3=$ **300 (個)**

別解　0 ~ 5 の 6 個の数字から 4 個を取って 1 列に並べる順列の総数は　$_6P_4=6\cdot5\cdot4\cdot3=360$ (個)

このうち，1 番目の数字が 0 であるものは

$_5P_3=5\cdot4\cdot3=60$ (個)

よって，求める個数は

$360-60=$ **300 (個)**

(2) 3 の倍数となるための条件は，各位の数の和が 3 の倍数 になることである。

0，1，2，3，4，5 のうち，和が 3 の倍数になる 4 個の数字の組は

◀指針___……★ の方針。0 を含む数字の順列の問題では，最高位に 0 を並べないことに注意する。

◀最初は 0 も含めて計算し，後で処理する方法。

◀4 個の数字の順列では，0123 のようなものを含むから，千の位が 0 になる 0□□□ の形のものを除く。

◀条件処理。

(0, 1, 2, 3), (0, 1, 3, 5), (0, 2, 3, 4),
(0, 3, 4, 5), (1, 2, 4, 5) …… ①

[1] 0を含む4組の場合
1つの組について，千の位は0以外であるから
$3\times3!=18$ (個)
よって　$4\times18=72$ (個)

[2] (1, 2, 4, 5)の場合
整数の個数は　$4!=24$ (個)
したがって，求める個数は　$72+24=$**96 (個)**

[1] 0を含む組
千 百 十 一
0以外　千に入れた数字を除いた残り3個を並べる
(3通り)×(3!通り)

(3) 6の倍数は，2の倍数かつ3の倍数であるから，(2)の①の5組からできる数のうち，一の位が偶数となるものを考える。

[1] 一の位が0のとき
0を含む組は4組あるから
$4\times3!=24$ (個)

[1] 千 百 十 0
残り3個を並べる (3!通り)

[2] 0を含む組で一の位が2または4のとき
千の位は0以外で，百，十の位は残りの2個を並べるから　$2\times2!=4$ (個)
2を含む組は2組，4を含む組は2組あるから　$4\times(2+2)=16$ (個)

[2] 一の位が2ならば
千 百 十 2
0以外　残り2個を並べる
(2通り)×(2!通り)

[3] (1, 2, 4, 5)の場合
整数の個数は　$2\times3!=12$ (個)
よって，求める個数は　$24+16+12=$**52 (個)**

[3] 千 百 十 2か4
残り3個を並べる　2通り
(3!通り)×(2通り)

(4) [1] 千の位が2のとき
百の位は，4または5であればよいから
$2\times{}_4P_2=2\times4\cdot3=24$ (個)

[1] 2 百 十 一
4か5　残り4個から2個取って並べる
(2通り)×(${}_4P_2$通り)

[2] 千の位が3, 4, 5のとき
百，十，一の位は，残りの5個から3個取る順列であるから　${}_5P_3=60$ (個)
よって　$3\times60=180$ (個)
したがって，求める個数は　$24+180=$**204 (個)**

[2] 3か4か5 百 十 一
3通り　残り5個から3個取って並べる
(3通り)×(${}_5P_3$通り)

参考 **倍数の判定法** (第4章でも学習する)

2の倍数	一の位が偶数	**4の倍数**	下2桁が4の倍数
5の倍数	一の位が0か5	**25の倍数**	下2桁が25の倍数
3の倍数	各位の数の和が3の倍数	**6の倍数**	2の倍数　かつ 3の倍数
9の倍数	各位の数の和が9の倍数		

練習 ② 12 7個の数字0, 1, 2, 3, 4, 5, 6を重複することなく用いて4桁の整数を作る。次のものは，それぞれ何個できるか。

(1) 整数　(2) 5の倍数　(3) 3500より大きい整数
(4) 2500より小さい整数　(5) 9の倍数

p.357 EX 10

基本例題 13 隣接する順列，しない順列 ①①①①①

男子 A，B，C，女子 D，E，F，G の 7 人が 1 列に並ぶとき　〔類 九州共立大〕

(1) A と B が隣り合うような並び方は全部で何通りあるか。

(2) A と B が両端にくるような並び方は全部で何通りあるか。

(3) どの男子も隣り合わないような並び方は全部で何通りあるか。

基本 11

指針 (1) A と B が **隣り合う**

1 隣り合う 2 人を 1 組にまとめて（図のように **枠□に入れる**），**1 人とみなし**，この 1 人と残り 5 人の計 6 人を並べる。

2 次に，**枠の中での A，B の並び方** を考える（枠□の中で動かす）。

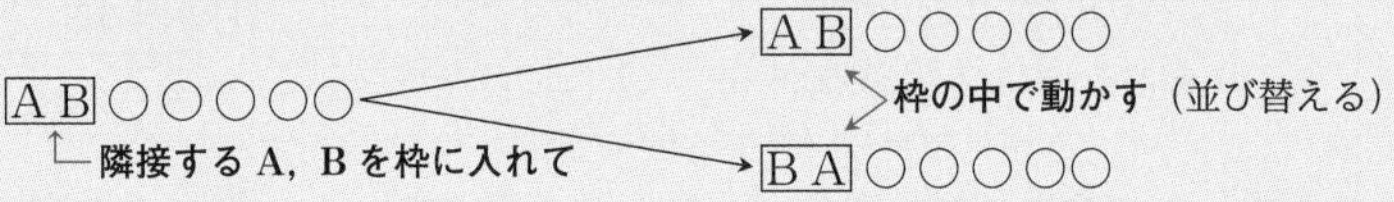

(2) A と B が **両端にくる**

1 両端にくる A，B の並び方を考える。

2 次に，間に入る 5 人の並べ方を考える。

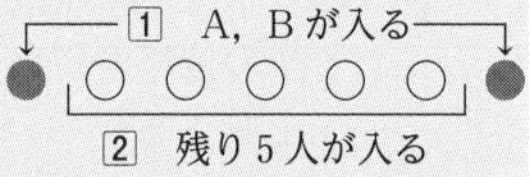

(3) どの男子も **隣り合わない**

1 まず，女子 4 人 D，E，F，G を並べる。

2 次に，その 間または両端に 男子 A，B，C を並べる。

解答

(1) A，B 2 人 1 組と残り 5 人の並び方は　$6!$ 通り　◀1 組にまとめる。

そのおのおのについて，A，B の並び方は　$2!$ 通り　◀中で動かす。

よって，求める並び方は

$$6!\times 2!=720\times 2=\mathbf{1440}\ \textbf{(通り)}$$　◀**積の法則**

(2) A と B が両端に並ぶ並び方は　$2!$ 通り　◀両端に並べる。

そのおのおのについて，残りの 5 人の並び方は　$5!$ 通り　◀間に並べる。

よって，求める並び方は

$$2!\times 5!=2\times 120=\mathbf{240}\ \textbf{(通り)}$$　◀**積の法則**

(3) 女子 D，E，F，G 4 人の並び方は　$4!$ 通り

そのおのおのについて，この 4 人の間または両端の 5 か所に，男子 A，B，C 3 人を並べる方法は　${}_5P_3$ 通り

よって，求める並び方は

$$4!\times {}_5P_3=24\times 5\cdot 4\cdot 3=\mathbf{1440}\ \textbf{(通り)}$$

検討
「2 人が隣り合わない」場合の数は，**(全体)−(2 人が隣り合う)** の方針の方がらくなこともある。

POINT
1 **隣接するもの**　枠に入れて中で動かす
2 **隣接しないもの**　後から 間 または 両端 に入れる

練習 ② **13** 男子 4 人，女子 3 人がいる。次の並び方は何通りあるか。

(1) 男子が両端にくるように 7 人が 1 列に並ぶ。

(2) 男子が隣り合わないように 7 人が 1 列に並ぶ。

(3) 女子のうち 2 人だけが隣り合うように 7 人が 1 列に並ぶ。

p.358 EX11

基本例題 14 辞書式に並べる順列

a, b, c, d, e の 5 文字を並べたものを，アルファベット順に，1 番目 abcde, 2 番目 abced, ……, 120 番目 edcba と番号を付ける。 〔岡山理科大〕

(1) cbeda は何番目か。

(2) 40 番目は何か。

基本 11

指針 (1) cbeda より前に並んでいる順列を，**左側の文字から整理** して個数を調べる。

a□□□□, b□□□□, ca□□□

のように，左側の文字からアルファベット順に分類して固定し，それぞれの順列の個数の和を求める。

(2) a□□□□ の形のものは $4!=24$ 個

b□□□□ の形のものは $4!=24$ 個 合わせて 48 個。

$48>40$ であるから，初めの文字は b と決まる。以下，同様にして

ba□□□, bc□□□

の形のものの個数を求め，左側から順に文字を決めていく。

CHART 辞書式に並べる順列
左側から順に文字を決めて個数を調べる

解答

(1) cbeda より前に並んでいる順列のうち

a□□□□ の形のものは $4!=24$ (個)

b□□□□ の形のものは 24 個 ◀a□□□□ の形のものの数と同数。

ca□□□ の形のものは $3!=6$ (個)

cba□□ の形のものは $2!=2$ (個)

cbd□□ の形のものは 2 個 ◀cba□□ の形と同数。

cbd□□ の形の次に，cbead, cbeda の 2 個がある。 ◀cbeda は cbe□□ の形の最後のもの。

よって $24\times2+6+2\times2+2=$ **60 (番目)**

(2) a□□□□ の形のものは $4!=24$ (個)

ba□□□ の形のものは $3!=6$ (個) ◀ここまでで 30 個。

bc□□□ の形のものは 6 個 ◀ここまでで 36 個。

bda□□ の形のものは $2!=2$ (個)

以上の合計は $24+6\times2+2=38$ (個)

38 番目は bdaec であるから，

39 番目は bdcae ◀40 番目に近くなったから，書き出していく。

したがって，40 番目は **bdcea**

練習 ③ 14 6 個の数字 1, 2, 3, 4, 5, 6 を重複なく使ってできる 6 桁の数を，小さい方から順に並べる。 〔類 日本女子大〕

(1) 初めて 300000 以上になる数を求めよ。また，その数は何番目か答えよ。

(2) 300 番目の数を答えよ。

p.358 EX12

重要例題 15 完全順列（k 番目の数が k でない順列）

5人に招待状を送るため，あて名を書いた招待状と，それを入れるあて名を書いた封筒を作成した。招待状を全部間違った封筒に入れる方法は何通りあるか。

〔武庫川女子大〕 基本 6

指針 5人を1，2，3，4，5とし，それぞれの人のあて名を書いた封筒を①，②，③，④，⑤；招待状を1，2，3，4，5とすると，問題の条件は　ⓚ≠$\boxed{k}$（k=1，2，3，4，5）
よって，1，2，3，4，5の5人を1列に並べたとき，k 番目が k でない順列の数を求めればよい。

解答
5人を1，2，3，4，5とすると，求める場合の数は，5人を1列に並べた順列のうち，k 番目が k（k=1，2，3，4，5）でないものの個数に等しい。
1番目が2のとき，条件を満たす順列は，次の11通り。

◀1番目は1でない。

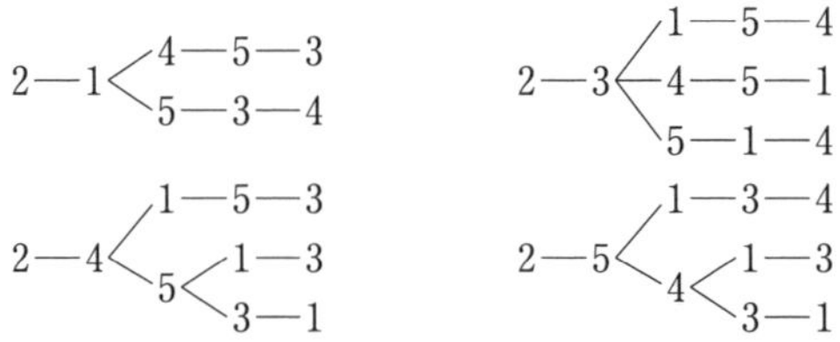

1番目が3，4，5のときも条件を満たす順列は，同様に11通りずつある。
よって，求める方法の数は　　$11\times4=$**44（通り）**

参考 樹形図を作る際は，例えば

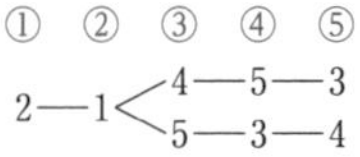

のように書き，○内の数字の下にその数字を並べないようにするとよい。

検討
完全順列（次ページの参考事項も参照）
1～n の n 個の数字を1列に並べた順列のうち，どの k 番目の数字も k でないものを **完全順列** という。完全順列の総数を調べるには，上の解答のように **樹形図** をかいてもよい。しかし，n の値が大きくなると，樹形図をかくのは大変。そこで，$n\geqq4$ のときの完全順列については，1つ前や2つ前の結果を利用して調べてみよう。

● n 個の数字の順列 $\boxed{1}$，$\boxed{2}$，……，$\boxed{n}$ の完全順列の総数を $W(n)$ で表す。
n=1のとき　$\boldsymbol{W(1)=0}$　　　n=2のとき，$\boxed{2}\boxed{1}$ の1通りしかないから　$\boldsymbol{W(2)=1}$
n=3のとき，$\boxed{2}\boxed{3}\boxed{1}$，$\boxed{3}\boxed{1}\boxed{2}$ の2通りあるから　　$\boldsymbol{W(3)=2}$
n=4のとき，まず，$\boxed{1}$，$\boxed{2}$，$\boxed{3}$ の3個の数字の順列の最後に $\boxed{4}$ を並べる。
［1］ 3個の数字の順列が **完全順列** であるとき，$\boxed{4}$ と1～3番目の数字を入れ替える。
例えば，$\boxed{2}\boxed{3}\boxed{1}\boxed{4}$ において，$\boxed{4}$ と $\boxed{1}$ を入れ替えると　　$\boxed{2}\boxed{3}\boxed{4}\boxed{1}$　◀完全順列
［2］ k=1，2，3とする。3個の数字の順列で1つだけ k 番目のものが $\boxed{k}$ であるとき（残る2個の数字は完全順列になっている），$\boxed{k}$ と $\boxed{4}$ を入れ替える。
例えば，$\boxed{2}\boxed{1}\boxed{3}\boxed{4}$ において，$\boxed{4}$ と $\boxed{3}$ を入れ替えると　　$\boxed{2}\boxed{1}\boxed{4}\boxed{3}$　◀完全順列
［1］の場合は3通りの入れ替え方があり，［2］の場合も3通りの入れ替え方がある。
よって　　$\boldsymbol{W(4)}=3\times W(3)+3\times W(2)=3\times2+3\times1=\boldsymbol{9}$　　（以後，次ページに続く）

練習 ③ **15**
右の図のようなマス目を考える。どの行（横の並び）にも，どの列（縦の並び）にも同じ数が現れないように1から4まで自然数を入れる入れ方の場合の数 K を求めよ。　〔類　埼玉大〕

2	1	3	4
1	4	2	3

参考事項 完全順列

※以下，前ページの 検討 から続く内容である。

● n 個の数字の順列 1，2，……，n の完全順列の総数を $W(n)$ で表す。
$n=5$ のとき，まず，1，2，3，4 の 4 個の数字の順列の最後に 5 を並べる。

[1]　4 個の数字の順列が **完全順列** であるとき，5 と 1〜4 番目の数を入れ替える。
この場合，4 通りの入れ替え方があるから　　　$4\times W(4)$ 通り

例　2 3 4 1 5 ――(5 と 1 を入れ替える)――→ 2 3 4 5 1

[2]　$k=1,\ 2,\ 3,\ 4$ とする。
4 個の数字の順列において，1 つだけ k 番目のものが k であるとき (残る 3 個の数字は **完全順列** になっている)，k と 5 を入れ替える。
この場合，4 通りの入れ替え方があるから　　　$4\times W(3)$ 通り

例　2 3 1 4 5 ――(5 と 4 を入れ替える)――→ 2 3 1 5 4

[1]，[2] から　　$W(5)=4\times W(4)+4\times W(3)=4\times9+4\times2=\mathbf{44}$

注意　$k=1,\ 2,\ \cdots\cdots,\ 5$ とするとき，1〜5 の 5 個の数字の順列において，k 番目が k であるものの個数を N とすると，$N=0,\ 1,\ 2,\ 3,\ 5$ の場合がある ($N=4$ は起こりえない)。これまで説明した方法で **完全順列** を作ることができるのは，$N=0,\ 1$ の場合のみである。

一般に，完全順列について，次のような関係式が成り立つことが知られている。

$$\begin{cases} W(1)=0,\ W(2)=1 \\ W(n)=(n-1)\{W(n-1)+W(n-2)\} \quad (n\geqq 3) \quad \cdots\cdots (*) \end{cases}$$

参考　$(*)$ のような関係式を **漸化式** という (数学 B で学習する)。また，n 個のものの完全順列の総数 $W(n)$ を **モンモール数** という。

● **補集合の考えを利用した求め方** ($p.367$ 以後で学習する「組合せ」の知識を用いる)
1，2，……，5 の 5 個の数字の順列は　　$5!$ 通り
また，上の **注意** のように，k，N を定めると

[1]　$N=1$ のとき　　${}_5C_1\times W(4)=5\times9=45$ (通り)
例　2 3 4 1 5，1 3 4 5 2 など　　◀青く塗った部分は完全順列

[2]　$N=2$ のとき　　${}_5C_2\times W(3)=10\times2=20$ (通り)
例　1 2 4 5 3，2 5 3 4 1 など　　◀青く塗った部分は完全順列

[3]　$N=3$ のとき　　${}_5C_3\times W(2)=10\times1=10$ (通り)
例　1 2 3 5 4，5 2 3 4 1 など　　◀青く塗った部分は完全順列

[4]　$N=4$ のときは，5 個の数字すべて k 番目に k があることになるから　0 通り

[5]　$N=5$ のときは，1 2 3 4 5 の　1 通り

以上から　　$W(5)=5!-(45+20+10+1)=120-76=\mathbf{44}$

重要例題 16 塗り分けの問題 (1) … 積の法則 ⊘⊘⊘⊘⊘

ある領域が，右の図のように 6 つの区画に分けられている。境界を接している区画は異なる色で塗ることにして，赤・青・黄・白の 4 色以内で領域を塗り分ける方法は何通りあるか。〔類 東北学院大〕

基本 7

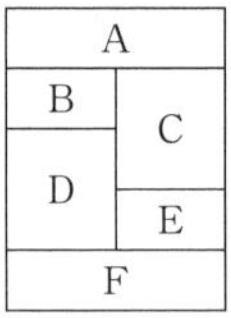

指針 塗り分けの問題では，まず **特別な領域**（多くの領域と隣り合う，同色が可能）に着目するとよい。この問題では，最も多くの領域と隣り合う C（D でもよい）に着目し

C → A → B → D → E → F

の順に塗っていくことを考える。

解答

C → A → B → D → E → F の順に塗る。

C → A → B の塗り方は

$_4P_3 = 24$ (通り)

この塗り方に対し，D，E，F の塗り方は 2 通りずつある。

よって，塗り分ける方法は全部で $24 \times 2 \times 2 \times 2 = \mathbf{192}$ **(通り)**

C → A → B → D → E → F

4 × 3 × 2 × 2 × 2 × 2

（3：C の色を除く，2：C と A の色を除く，2：C と B の色を除く，2：C と D の色を除く，2：D と E の色を除く）

◀A，B，D，E の 4 つの領域と隣り合う C から塗り始める。

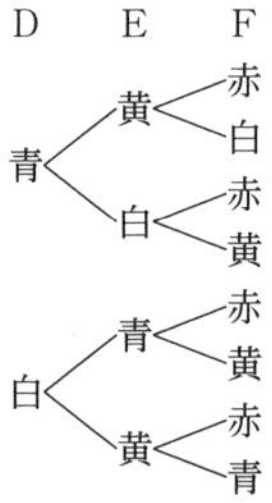

注意 上の解答では，積の法則を使って解いたが，右のように樹形図を利用してもよい。なお，右の樹形図は，C が赤，A が青，B が黄で塗られているときのものである。

検討

4 色すべてを用いる場合の塗り分け方

上の例題では，「4 色以内」で領域を塗り分ける方法を考えたが，「4 色すべてを用いて」塗り分ける方法を考えてみよう。

この領域を塗り分けるには，最低でも 3 色が必要であるから

(4 色すべてを用いる塗り分け方)=(4 色以内の塗り分け方)−(3 色を用いる塗り分け方)

により求められる。

ここで，3 色で塗り分ける方法の数を調べると

[C, F] → [A, D] → [B, E]（[ ] は同じ色で塗る領域）の順に塗る方法は

$_3P_3 = 6$ (通り)

4 色から 3 色を選ぶ（= 使わない 1 色を選ぶ）方法は　4 通り

ゆえに　$6 \times 4 = 24$ (通り)

よって，4 色すべてを用いる塗り分け方は　$192 - 24 = 168$ (通り)

練習 ③ 16 右の図の A，B，C，D，E 各領域を色分けしたい。隣り合った領域には異なる色を用いて塗り分けるとき，塗り分け方はそれぞれ何通りか。

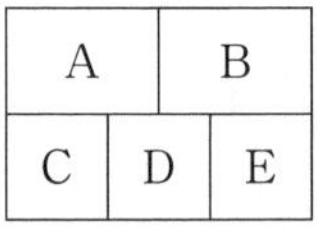

(1) 4 色以内で塗り分ける。　(2) 3 色で塗り分ける。

(3) 4 色すべてを用いて塗り分ける。　〔類 広島修道大〕

p.358 EX13

②5 2つのチームA，Bで優勝戦を行い，先に2勝した方を優勝チームとする。最初の試合でBが勝った場合にAが優勝する勝負の分かれ方は何通りあるか。ただし，試合では引き分けもあるが，引き分けの次の試合は必ず勝負がつくものとする。 →6

②6 赤，青，白の3個のさいころを投げたとき，可能な目の出方は全部で ア□ 通りあり，このうち赤と青の目が等しい場合は イ□ 通り，赤と青の目の合計が白の目より小さい場合は ウ□ 通りある。 →7

②7 1050の正の約数は ア□ 個あり，その約数のうち1と1050を除く正の約数の和は イ□ である。〔類 星薬大〕

→8

②8 大，中，小3個のさいころを投げるとき，それぞれの出る目の数を a，b，c とする。このとき，$\dfrac{a}{bc}$ が整数とならない場合は何通りあるか。 →9

②9 十円硬貨6枚，百円硬貨4枚，五百円硬貨2枚，合計12枚の硬貨の中から1枚以上使って支払える金額は何通りあるか。〔摂南大〕

→10

③10 5個の数字0，2，4，6，8から異なる4個を並べて4桁の整数を作る。

(1) 次のものは何個できるか。

(ア) 4桁の整数　(イ) 3の倍数　(ウ) 各桁の数字の和が20になる整数

(エ) 4500より大きく8500より小さい整数

(2) (1)(ウ)の整数すべての合計を求めよ。〔類 駒澤大〕

→11, 12

HINT

5 樹形図を利用して，起こりうる勝敗の分かれ方を書き上げる。

6 (ウ) 赤と青の目の合計を先に考えて，適する場合を数え上げる。

8 直接求めるのは手間。(整数とならない場合)＝(全体)－(整数となる場合) として求める。

9 積の法則が使える。ただし，0円となる場合を除くのを忘れないように。

10 (1) (イ) 3の倍数となるのは，各位の数の和が3の倍数のときである。

(エ) 千の位が4，6，8で場合分け。

(2) 位ごとに合計を求める。

EXERCISES

②**11** 1年生2人，2年生2人，3年生3人の7人の生徒を横1列に並べる。ただし，同じ学年の生徒であっても個人を区別して考えるものとする。

(1) 並び方は全部で □ 通りある。

(2) 両端に3年生が並ぶ並び方は全部で □ 通りある。

(3) 3年生の3人が隣り合う並び方は □ 通りある。

(4) 1年生の2人，2年生の2人および3年生の3人が，それぞれ隣り合う並び方は □ 通りある。

→13

③**12** C，O，M，P，U，T，E の7文字を全部使ってできる文字列を，アルファベット順の辞書式に並べる。

(1) 最初の文字列は何か。また，全部で何通りの文字列があるか。

(2) COMPUTE は何番目にあるか。

(3) 200番目の文字列は何か。 〔名城大〕

→14

④**13** 図の ① から ⑥ の6つの部分を色鉛筆を使って塗り分ける方法について考える。ただし，1つの部分は1つの色で塗り，隣り合う部分は異なる色で塗るものとする。

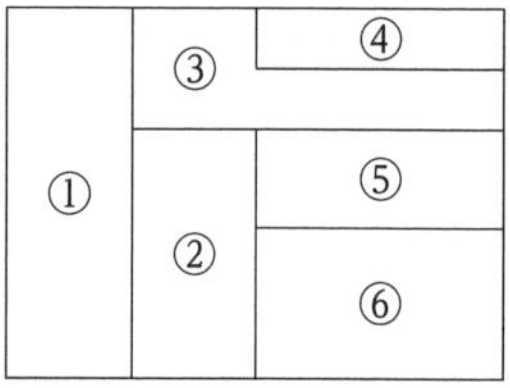

(1) 6色で塗り分ける方法は， □ 通りである。

(2) 5色で塗り分ける方法は， □ 通りである。

(3) 4色で塗り分ける方法は， □ 通りである。

(4) 3色で塗り分ける方法は， □ 通りである。 〔立命館大〕

→16

④**14** n 桁の自然数について，数字1を奇数個含むものの個数を $f(n)$ とする。ただし，n は自然数とする。

(1) $f(2)$，$f(3)$ を求めよ。

(2) $f(n+1)=8f(n)+9\cdot10^{n-1}$ が成り立つことを示せ。

HINT

12 (2) CE△△△△△，CM△△△△△，COE△△△△，COME△△△ のように，左側の文字からアルファベット順に整理して，それぞれの形の文字列の個数を調べる。

(3) (2) で整理した文字列の個数の計算を利用する。

13 (2) ②→③→⑤→①→⑥→④ の順に塗っていくことを考える。

14 (1) 数え上げてもよいが，例えば，$f(2)$ については，1桁の自然数にどのような数を付け加えればよいか，ということを考えるとよい。

(2) n 桁の自然数は全部で $(10^n-1)-10^{n-1}+1=9\cdot10^{n-1}$ (個) ある。このうち，数字1を奇数個含むものは $f(n)$ 個あるから，偶数個含むものは $\{9\cdot10^{n-1}-f(n)\}$ 個ある。

4 円順列・重複順列

基本事項

1 円順列

異なる n 個のものの円順列の総数は $\dfrac{{}_n\mathrm{P}_n}{n}=(n-1)!$

2 重複順列

異なる n 個のものから **重複を許して**，r 個を取り出して並べる順列の総数は n^r

解説

■ 円順列

いくつかのものを円形に並べる配列を **円順列** という。
円順列では，適当に回転して並びが一致するものは同じものと考える。
例えば，A，B，C，D，E の 5 人を円形に並べるとき，右図の 5 つは回転するとどれも一致する。
すなわち，普通の順列 ABCDE，BCDEA，CDEAB，DEABC，EABCD の 5 つは，円順列としては同じものである。
ゆえに，1 つの円順列に対して 5 つの順列があり，順列の総数は ${}_5\mathrm{P}_5$ であるから，求める円順列の総数を x とすると $x\times 5={}_5\mathrm{P}_5$

よって $x=\dfrac{{}_5\mathrm{P}_5}{5}=\dfrac{5!}{5}=(5-1)!$（通り）

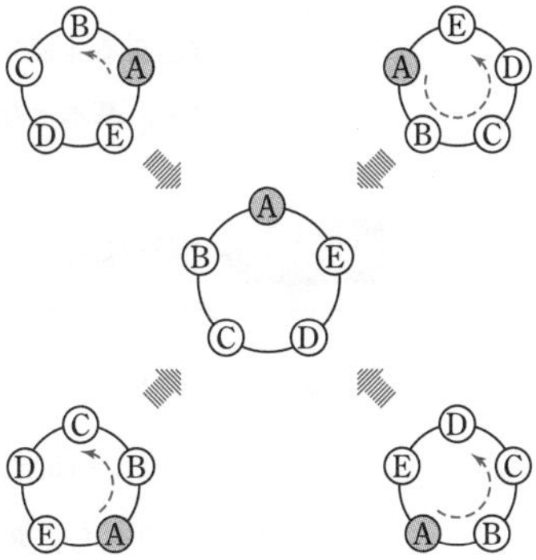

これはまた，1 つのもの，例えば，A を固定して，他の B〜E の 4 人を並べると考えることもできるから，${}_4\mathrm{P}_4=(5-1)!=4!$（通り） としても求められる。
異なる n 個のものについても同様に，円順列の総数は

$$\dfrac{{}_n\mathrm{P}_n}{n}={}_{n-1}\mathrm{P}_{n-1}=(n-1)!$$

固定
B〜E の順列

■ 重複順列

一般に，異なる n 個のものから，重複を許して r 個を取り出して並べる順列の総数は，第 1 のものも，第 2，第 3，……，第 r のものも，その選び方は，すべて n 通りで

$$\underbrace{n\times n\times n\times\cdots\cdots\times n}_{r\ 個}=n^r$$

である。このような順列を n 個から r 個取る **重複順列** という。
なお，重複順列では，$r\leqq n$ とは限らず，$r>n$ であってもよい。

例 1 と 2 の数字を重複を許して，5 個を取り出して並べる。
このとき，どの位置も 1 または 2 の 2 通りの並べ方があるから，11111 から 22222 までの順列の総数は
$2\times2\times2\times2\times2=2^5=32$（通り） となる。

すべてに 1 か 2 が入る

○	○	○	○	○
↑	↑	↑	↑	↑
1 or 2	1 or 2	1 or 2	1 or 2	1 or 2

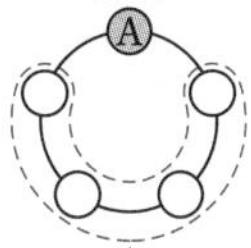

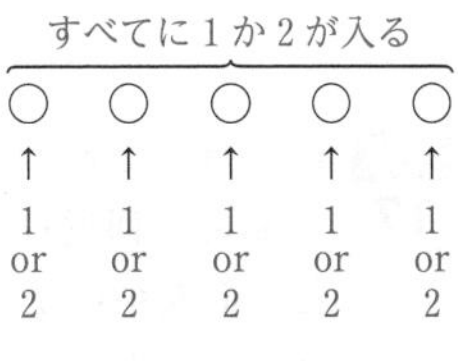

基本 例題 17 円順列・じゅず順列 (1)

異なる 6 個の宝石がある。

(1) これらの宝石を机の上で円形に並べる方法は何通りあるか。

(2) これらの宝石で首飾りを作るとき，何種類の首飾りができるか。

(3) 6 個の宝石から 4 個を取り出し，机の上で円形に並べる方法は何通りあるか。

p.359 基本事項 1 重要 19

指針

(1) 机の上で円形に並べるのだから，**円順列** と考える。

(2) 首飾りは，裏返すと同じものになる。例えば，右の図の並べ方は円順列としては異なるが，裏返すと同じものである。このときの順列の個数は，円順列の場合の半分となる（検討 参照）。

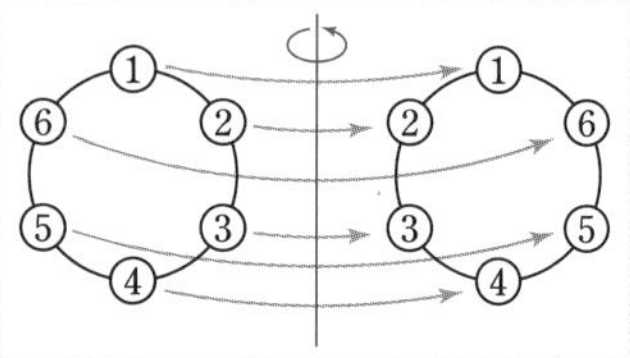

(3) 1 列に並べると $_6P_4$ これを，回転すると同じ並べ方となる 4 通りで割る。

いずれの場合も，**基本となる順列を考えて，同じものの個数で割る** ことがポイントとなる。

CHART **特殊な順列** **基本の順列を考え，同じものの個数で割る**

解答

(1) 6 個の宝石を机上で円形に並べる方法は

$$\frac{_6P_6}{6}=(6-1)!=5!=\mathbf{120}\text{ (通り)}$$

(2) (1) の並べ方のうち，裏返して一致するものを同じものと考えて $\dfrac{(6-1)!}{2}=\mathbf{60}$ **(種類)**

(3) 異なる 6 個から 4 個取る順列 $_6P_4$ には，円順列としては同じものが 4 通りずつあるから

$$\frac{_6P_4}{4}=\frac{6\cdot5\cdot4\cdot3}{4}=\mathbf{90}\text{ (通り)}$$

◀1 つのものを固定して他のものの順列を考えてもよい。すなわち，5 個の宝石を 1 列に並べる順列と考えて 5! 通り

◀一般に，異なる n 個のものから r 個取った円順列の総数は $\dfrac{_nP_r}{r}$

検討

じゅず順列

(2) の首飾りのように，異なるいくつかのものを円形に並べ，回転または裏返して一致するものは同じものとみるとき，その並び方を **じゅず順列** という。円順列の中には裏返すと一致するものが 2 つずつあるから，じゅず順列の総数は円順列の総数の半分である。すなわち，**異なる n 個のもののじゅず順列の総数は** $\dfrac{(n-1)!}{2}$ である。

問題文に **首飾り，腕輪，ブレスレット，ネックレス** など裏返すことができるものが現れた場合には，じゅず順列を意識するとよい。

練習 ② 17

(1) 異なる色のガラス玉 8 個を輪にしてブレスレットを作る。玉の並び方の異なるものは何通りできるか。

(2) 7 人から 5 人を選んで円卓に座らせる方法は何通りあるか。

基本例題 18 円順列・じゅず順列 (2)

(1) 6個の数字1, 2, 3, 4, 5, 6を円形に並べるとき，1と2が隣り合う並べ方は ア□ 通りあり，1と2が向かい合う並べ方は イ□ 通りある。

(2) 男子4人と女子3人が円形のテーブルに着くとき，女子の両隣には必ず男子が座るような並び方は全部で □ 通りある。

基本 13, 17　重要 31

指針 円順列の問題であるが，*p*.352 基本例題 **13** と同じような条件の処理が必要となる。

(1) (ア) 隣り合う 1と2を 1組にまとめて (1つのものとみなし)，3, 4, 5, 6との円順列を考える。次に，1と2の並べ方を考える。

(イ) 1を 固定して 考えると，2の位置も自動的に固定される。

(2) まず男子を円形に並べ，男子と男子の間に女子を並べる と考える。

解答

(1) (ア) 1と2を1組と考えて，この1組と3, 4, 5, 6を円形に並べる並べ方は

$(5-1)!=4!=24$ (通り)

1と2の並べ方は　$2!=2$ (通り)

よって　$24\times2=$**48** (通り)

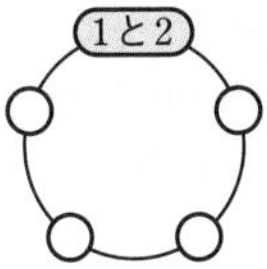

◀左図の○に3, 4, 5, 6が入る。1と2を固定して考えると，3, 4, 5, 6を○に並べる順列の数で　4! 通り

(イ) 1を固定して考えると，2は1と向かい合う位置に決まる。

残りの4つの位置に3, 4, 5, 6を並べればよいから

$4!=$**24** (通り)

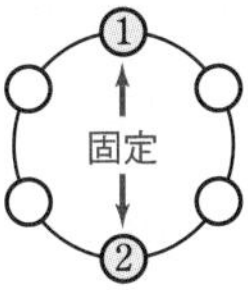

◀1と2は固定されているから，円順列とは考えない。

(2) まず，男子4人の円順列は

$(4-1)!=6$ (通り)

男子と男子の間の4か所に女子3人が1人ずつ並ぶ方法は

${}_4P_3=4\cdot3\cdot2=24$ (通り)

よって　$6\times24=$**144** (通り)

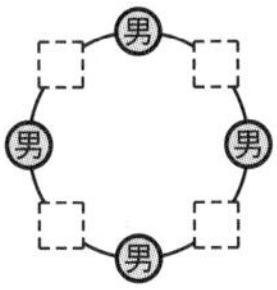

◀4つの□から3つを選んで女子を並べる。

別解 (1)について，「まず，1を除いた2〜6の5個の数字を円形に並べ，その後に1をどこに入れるか」に着目して解くと，次のようになる。

2〜6の5個の円順列は　$(5-1)!=24$ (通り)

(ア) 1と2が隣り合うようにするためには，1を2の左右どちらかに入れればよいから

$24\times2=$**48** (通り)

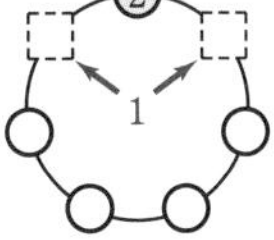

(イ) 1と2が向かい合うようにするためには，1を2の対面に入れればよいから

$24\times1=$**24** (通り)

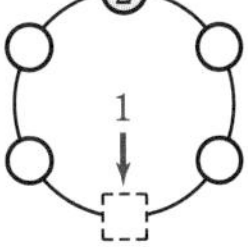

練習 ② 18 1から8までの番号札が1枚ずつあり，この8枚すべてを円形に並べるとき，次のような並び方の総数を求めよ。

(1) すべての奇数の札が続けて並ぶ。　(2) 奇数の札と偶数の札が交互に並ぶ。

(3) 奇数と偶数が交互に並び，かつ1の札と8の札が隣り合う。

p.366 EX 15

重要例題 19 塗り分けの問題(2) … 円順列・じゅず順列

立方体の各面に，隣り合った面の色は異なるように，色を塗りたい。ただし，立方体を回転させて一致する塗り方は同じとみなす。
(1) 異なる 6 色をすべて使って塗る方法は何通りあるか。
(2) 異なる 5 色をすべて使って塗る方法は何通りあるか。

基本 17 重要 31

指針 「回転させて一致するものは同じ」と考えるときは，**特定のものを固定して，他のものの配列を考える**

(1) 上面に 1 つの色を固定し，残り 5 面の塗り方を考える。まず，下面に塗る色を決めると，側面の塗り方は **円順列** を利用して求められる。

(2) 5 色の場合，同じ色の面が 2 つある。その色で上面と下面を塗る。そして，側面の塗り方を考えるが，上面と下面は同色であるから，下の解答のように **じゅず順列** を利用することになる。

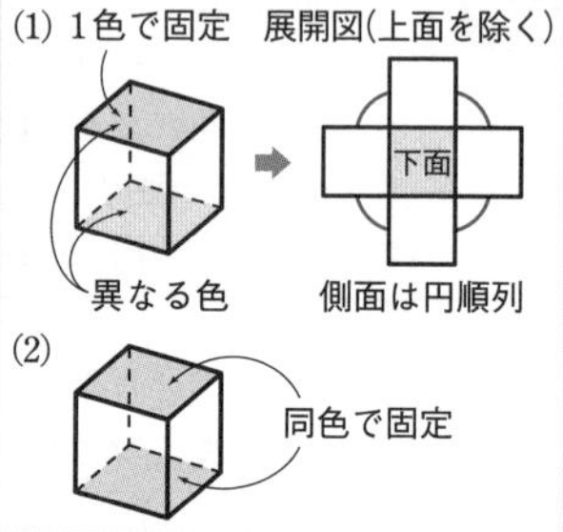

CHART 回転体の面の塗り分け 1つの面を固定し 円順列 か じゅず順列

解答

(1) ある面を 1 つの色で塗り，それを上面に固定する。
このとき，下面の色は残りの色で塗るから
　　5 通り
そのおのおのについて，側面の塗り方は，異なる 4 個の円順列で
$$(4-1)!=3!=6 \text{（通り）}$$
よって　$5\times 6=\mathbf{30}$ **（通り）**

(2) 2 つの面は同じ色を塗ることになり，その色の選び方は　5 通り
その色で上面と下面を塗ると，そのおのおのについて，側面の塗り方には，上下をひっくり返すと，塗り方が一致する場合が含まれている。(*)
ゆえに，異なる 4 個のじゅず順列で
$$\frac{(4-1)!}{2}=\frac{3!}{2}=3 \text{（通り）}$$
よって　$5\times 3=\mathbf{15}$ **（通り）**

検討

(1) 次の 2 つの塗り方は，例えば，左の塗り方の上下をひっくり返すと，右の塗り方と一致する。このような一致を防ぐため，上面に 1 色を固定している。

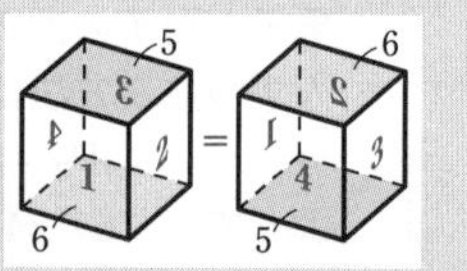

(2) (＊)に関し，例えば，次の 2 つの塗り方（側面の色の並び方が，時計回り，反時計回りの違いのみで同じもの）は，上下をひっくり返すと一致する。

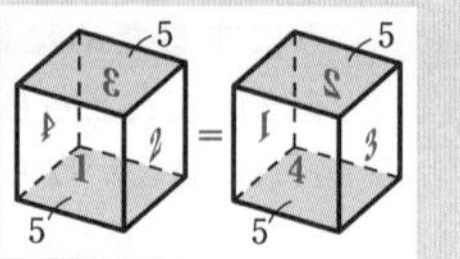

練習 ③ 19 次のような立体の塗り分け方は何通りあるか。ただし，立体を回転させて一致する塗り方は同じとみなす。
(1) 正五角錐の各面を異なる 6 色すべてを使って塗る方法
(2) 正三角柱の各面を異なる 5 色すべてを使って塗る方法

p.366 EX16

基本例題 20 重複順列

(1) 1から5までの番号の付いた箱がある。次のような入れ方は何通りあるか。

(ア) それぞれの箱に，赤か白の玉のうち，いずれか1個を入れる。

(イ) それぞれの箱に，赤か白の玉のうち，いずれか1個を入れて，どの色の玉も必ずどれかの箱に入るようにする。

(2) 4個の数字0，1，2，3を重複を許して使ってできる，次のような正の整数は何個あるか。

(ア) 4桁の整数　　(イ) 3桁以下の整数

p.359 基本事項 2

指針 (1) (ア) どの箱へも入れ方は，赤または白の　2通り
5つの箱があるから　$2\times2\times2\times2\times2$ 通り
異なる2個のものから5個取る 重複順列

(イ) 「赤も白もどれかに入る」から，全体より赤玉のみ，白玉のみの場合を除く。

箱1	箱2	箱3	箱4	箱5
↑	↑	↑	↑	↑
赤 or 白	赤 or 白	赤 or 白	赤 or 白	赤 or 白

(2) 最高位に0は使えないことに注意。

CHART 同じもの(重複)を許した並び ⟹ 重複順列

解答

(1) (ア) 赤か白の玉のうち，いずれか1個を入れる入れ方は　$2\times2\times2\times2\times2=2^5=$**32 (通り)**

◀異なる n 個から r 個取る重複順列の総数は n^r

(イ) (ア)のうち，全部の箱に赤玉のみ，白玉のみを入れた場合の2通りを除いて　$32-2=$**30 (通り)**

◀(全体)−(…でない)

(2) (ア) 千の位に使える数は，1，2，3の　3通り
そのおのおのについて，百，十，一の位に使える数は，それぞれ0，1，2，3の4通りずつある。
よって，求める個数は
$3\times4\times4\times4=3\times4^3=$**192 (個)**

(ア)

千	百	十	一
↑	↑	↑	↑
1	0	0	0
2	1	1	1
3	2	2	2
	3	3	3

$3\times4\times4\times4$

(イ) (ア)と同様に考えて，正の整数で3桁のものは
$3\times4\times4=3\times4^2=48$ (個)
2桁のものは　$3\times4=12$ (個)，1桁のものは　3個
よって，求める個数は　$48+12+3=$**63 (個)**

◀1桁の正の整数に0は含まれない。

別解 (イ) 例えば，001を1とみるとすると，百，十，一の位それぞれに0，1，2，3のいずれかを使い，000を除くと考えて　$4^3-1=$**63 (個)**

◀どの位も4通り。

練習 ② 20

(1) 異なる5個の要素からなる集合の部分集合の個数を求めよ。

(2) 机の上に異なる本が7冊ある。その中から，少なくとも1冊以上何冊でも好きなだけ本を取り出すとき，その取り出し方は何通りあるか。〔(2) 神戸薬大〕

(3) 0，1，2，3の4種類の数字を用いて4桁の整数を作るとき，10の倍数でない整数は何個できるか。ただし，同じ数字を何回用いてもよい。

p.366 EX17

基本例題 21 組分けの問題 (1) … 重複順列 ②②②②②

6 枚のカード 1，2，3，4，5，6 がある。

(1) 6 枚のカードを組 A と組 B に分ける方法は何通りあるか。ただし，各組に少なくとも 1 枚は入るものとする。

(2) 6 枚のカードを 2 組に分ける方法は何通りあるか。

(3) 6 枚のカードを区別できない 3 個の箱に分けるとき，カード 1，2 を別々の箱に入れる方法は何通りあるか。ただし，空の箱はないものとする。

基本 20

指針

(1) 6 枚のカードおのおのの分け方は，A，B の 2 通り。

→ **重複順列** で　2^6 通り

ただし，どちらの組にも 1 枚は入れるから，全部を A または B に入れる場合を除くために　-2

1	2	3	4	5	6
↑	↑	↑	↑	↑	↑
A or B	A or B	A or B	A or B	A or B	A or B

(2) (1) で，A，B の区別をなくすために　$\div 2$

(3) 3 個の箱を A，B，C とし，問題の条件を表に示すと，右のようになる。よって，次のように計算する。

箱	A	B	C
カード	1	2	

（C の欄：3，4，5，6 から少なくとも 1 枚）

(3，4，5，6 を A，B，C に分ける)

$-$(C が空箱になる＝3，4，5，6 を A と B のみに入れる)

CHART 組分けの問題　0 個の組 と 組の区別の有無 に注意

解答

(1) 6 枚のカードを，A，B 2 つの組のどちらかに入れる方法は　$2^6=64$ (通り)

このうち，A，B の一方だけに入れる方法は　2 通り

よって，組 A と組 B に分ける方法は

$64-2=\mathbf{62}$ **(通り)**

(2) (1) で A，B の区別をなくして

$62\div 2=\mathbf{31}$ **(通り)**

(3) カード 1，カード 2 が入る箱を，それぞれ A，B とし，残りの箱を C とする。

A，B，C の 3 個の箱のどれかにカード 3，4，5，6 を入れる方法は　3^4 通り

このうち，C には 1 枚も入れない方法は　2^4 通り

したがって　$3^4-2^4=81-16=\mathbf{65}$ **(通り)**

◀A，B の 2 個から 6 個取る重複順列の総数。

◀(2 組の分け方)×2!＝(A，B 2 組の分け方)

(3) 問題文に「区別できない」とあっても，カード 1 が入る箱，カード 2 が入る箱，残りの箱，と区別できるようになる。C が空となる入れ方は，A，B の 2 個から 4 個取る重複順列の総数と考えて　2^4 通り

練習 ③ 21

(1) 7 人を 2 つの部屋 A，B に分けるとき，どの部屋も 1 人以上になる分け方は全部で何通りあるか。

(2) 4 人を 3 つの部屋 A，B，C に分けるとき，どの部屋も 1 人以上になる分け方は全部で何通りあるか。

(3) 大人 4 人，子ども 3 人の計 7 人を 3 つの部屋 A，B，C に分けるとき，どの部屋も大人が 1 人以上になる分け方は全部で何通りあるか。

p.366 EX 18

ズームUP 重複順列，組分けの問題に関する注意点

前ページの例題 **21** や $p.372$ 例題 **25** のように，組分けの問題には，いろいろなタイプがあり，問題の設定に応じて考えていく必要がある。例題 **21** では重複順列の考えを利用しているが，その内容について更に掘り下げて考えてみよう。

● 重複順列の考え方

異なる n 個のものから r 個取る重複順列の総数は n^r ……（＊）

1	2	3	4	5	6
↑	↑	↑	↑	↑	↑
2通り	2通り	2通り	2通り	2通り	2通り

（＊）の n^r を単に公式として覚えているだけでは，n と r を取り違えて，例えば(1)では，2^6 でなく 6^2 としてしまうミスをしやすい。よって，慣れないうちは指針の(1)にあるような図，または上の図のように，各位置に何通りの方法があるかがわかるような図をかくとよい。
また，図をかくことで，重複順列は，積の法則を繰り返し利用したものになっていることがわかり，（＊）の式の原理をしっかり理解するのにも役立つ。

● 組分けの問題での注意点 1

組分けの問題では，0 個となる組が許されるかどうか，にまず注目しよう。
(1)では，「各組に少なくとも 1 枚は入る」（0 枚の組はダメ）という設定であるから，（組 A：0 枚，組 B：1 ～ 6 の 6 枚）の分け方と（組 A：1 ～ 6 の 6 枚，組 B：0 枚）の分け方を除く必要がある。ここで，仮に「1 枚も入らない組があってもよい」（0 枚の組も OK）という設定ならば，答えは $2^6=64$（通り）となる。

なお，(2)では，一方の組に 6 枚のカードすべてを入れると組の数は 1 となり，2 組という条件を満たさない。すなわち，問題文に断り書きはないが，「0 枚の組は許されない」という前提条件のもとで考えていくことになる。

● (2)において ÷2 する理由

(1)の 62 通りの分け方のうち，例えば(1)では右の ①，② の分け方は別のもの（2 通り）である。
しかし，(2)では組 A，B の区別がなくなるから，① と ② は同じもの（1 通り）となる。

	A	B
①	(1, 2, 3)	(4, 5, 6)
②	(4, 5, 6)	(1, 2, 3)
⋮	⋮	⋮
㊷	⋮	⋮

(1)の組分け ①～㊷ のうち，組の区別をなくすと同じになるものが 2 通りずつあるから，(2)では ÷2 としているのである。

● 組分けの問題での注意点 2

組分けの問題では，分けるものや組に区別があるかないか をしっかり見極めることも重要である。例えば，例題 **21** (1)，(2)ではカードに区別があるが，仮にカードの区別がないとした場合は，結果はまったく異なるので，注意が必要である。
⟶ 詳しくは解答編 $p.259$ の検討参照。カードの枚数だけに注目し，数え上げによって分け方を書き上げると，(1)では 5 通り，(2)では 3 通りとなる。

EXERCISES

④15 A さんとその 3 人の子ども，B さんとその 3 人の子ども，C さんとその 2 人の子どもの合わせて 11 人が，A さんと A さんの三男は隣り合わせになるようにして，円形のテーブルに着席する。このとき，それぞれの家族がまとまって座る場合の着席の仕方は ア□ 通りあり，その中で，異なる家族の子どもたちが隣り合わせにならないような着席の仕方は イ□ 通りある。〔南山大〕

→17, 18

③16 正四面体の各面に色を塗りたい。ただし，1 つの面には 1 色しか塗らないものとし，色を塗ったとき，正四面体を回転させて一致する塗り方は同じとみなすことにする。

(1) 異なる 4 色の色がある場合，その 4 色すべてを使って塗る方法は全部で何通りあるか。

(2) 異なる 3 色の色がある場合を考える。3 色すべてを使うときは，その塗り方は全部で何通りあるか。また，3 色のうち使わない色があってもよいときは，その塗り方は全部で何通りあるか。〔神戸学院大〕

→19

③17 4 種類の数字 0，1，2，3 を用いて表される自然数を，1 桁から 4 桁まで小さい順に並べる。すなわち

1，2，3，10，11，12，13，20，21，……

このとき，全部で ア□ 個の自然数が並ぶ。また，230 番目にある数は イ□ であり，230 は ウ□ 番目にある。〔類 日本女子大〕

→20

③18 乗客定員 9 名の小型バスが 2 台ある。乗客 10 人が座席を区別せずに 2 台のバスに分乗する。人も車も区別しないで，人数の分け方だけを考えて分乗する方法は ア□ 通りあり，人は区別しないが車は区別して分乗する方法は イ□ 通りある。更に，人も車も区別して分乗する方法は ウ□ 通りあり，その中で 10 人のうちの特定の 5 人が同じ車になるように分乗する方法は エ□ 通りある。〔関西学院大〕

→21

HINT

15 (ア) まず，それぞれの家族を 1 つのものと考える。
(イ) A さん，B さん，C さんを先に並べてから子どもの配置を考える。

16 ある 1 つの面（底面）を固定して考える。
(1) 残りの面の塗り方は円順列になる。
(2) 正四面体を，[1] 3 色で塗る ⟶ 1 色で 2 面，[2] 2 色で塗る ⟶ (i) 1 色で 2 面，(ii) 1 色で 3 面 などに場合分けをする。

17 (ア) 2 桁から 4 桁の数の最高位に 0 は使えない。

18 (ウ)，(エ) 定員が 9 名であるから，1 台のバスに全員乗ることはできない。

5 組合せ

基本事項

1 組合せ

異なる n 個のものの中から異なる r 個を取る組合せの総数は

$$ {}_n\mathrm{C}_r=\frac{{}_n\mathrm{P}_r}{r!}=\frac{n(n-1)(n-2)\cdots\cdots(n-r+1)}{r(r-1)\cdots\cdots3\cdot2\cdot1}=\frac{n!}{r!(n-r)!} $$

特に　${}_n\mathrm{C}_n=1$　　ただし，${}_n\mathrm{C}_0=1$ と定める。 ←${}_n\mathrm{P}_0=1$ (p.348)

2 ${}_n\mathrm{C}_r$ の性質

① ${}_n\mathrm{C}_r={}_n\mathrm{C}_{n-r}$　$(0\leqq r\leqq n)$

② ${}_n\mathrm{C}_r={}_{n-1}\mathrm{C}_{r-1}+{}_{n-1}\mathrm{C}_r$　$(1\leqq r\leqq n-1,\ n\geqq2)$

3 同じものを含む順列

n 個 のもののうち，**p 個** は同じもの，**q 個** は別の同じもの，**r 個** はまた別の同じもの，…… であるとき，それら **n 個** のもの全部を使って作られる順列の総数は

$$ {}_n\mathrm{C}_p\times{}_{n-p}\mathrm{C}_q\times{}_{n-p-q}\mathrm{C}_r\times\cdots\cdots \quad \text{すなわち} \quad \frac{n!}{p!q!r!\cdots\cdots} \quad (p+q+r+\cdots\cdots=n) $$

解　説

■組合せ

4 個の数字 1，2，3，4 の中から異なる 3 個の数字を選んで 1 列に並べる順列では，その並べる順序が問題であった。しかし，組合せでは並べる順序を問題にせず，それを構成するもののみを考える。

例　1，2，3，4 の 4 個の中から異なる 3 個の数字を選ぶ方法は，数字の順序を問題にしないから，次の 4 通りである。

(1，2，3)，(1，2，4)，(1，3，4)，(2，3，4) …… ①

◀4 個の中から 3 個を取ると 1 個の数字が残るから，この残る 1 個の数字を選ぶ，と考えることもできる。

順列 123，132，213，231，312，321 は，組合せでは同じものになる。
一般に，$r\leqq n$ のとき，異なる n 個のものの中から異なる r 個を取り出し，順序を問題にしないで 1 組としたものを，**n 個から r 個取る組合せ** といい，その組合せの総数を ${}_n\mathrm{C}_r$ (*) で表す。
例えば，上の 例 において，組合せの総数は　${}_4\mathrm{C}_3=4$

(*) C は combination (組合せ) の頭文字で，${}_n\mathrm{C}_r$ は「C の n，r」や「n，C，r」と読む。

また，この ${}_4\mathrm{C}_3$ の値は，次のように考えることもできる。
① の組の 1 つ (1，2，3) について，1，2，3 の順列は 3! 通りある。
これは他のどの組についても同じであるから，全体では ${}_4\mathrm{C}_3\times3!$ 通りの順列が得られる。
このことは，右の表からもわかるように，4 個から 3 個取る順列の総数 ${}_4\mathrm{P}_3$ に一致する。

${}_4\mathrm{C}_3$

(1, 2, 3)	(1, 2, 4)	(1, 3, 4)	(2, 3, 4)
1 3 2	1 4 2	1 4 3	2 4 3
2 1 3	2 1 4	3 1 4	3 2 4
2 3 1	2 4 1	3 4 1	3 4 2
3 1 2	4 1 2	4 1 3	4 2 3
3 2 1	4 2 1	4 3 1	4 3 2

3!

ゆえに　${}_4\mathrm{C}_3\times3!={}_4\mathrm{P}_3$

よって　${}_4\mathrm{C}_3=\dfrac{{}_4\mathrm{P}_3}{3!}=\dfrac{4\cdot3\cdot2}{3\cdot2\cdot1}=4$

一般に，${}_n\mathrm{C}_r\times r!={}_n\mathrm{P}_r$ が成り立つから，基本事項 **1** の公式が成り立つ。

■ ${}_n\mathrm{C}_r$ の性質

証明　① n 個から r 個取ることは，n 個から $n-r$ 個残すことと同じであるから

$${}_n\mathrm{C}_r={}_n\mathrm{C}_{n-r}$$

② 1，2，……，n の n 枚のカードから r 枚取る組合せを，次の 2 つに分ける。

(A) **1 が入っている組合せ**

1 を除いた $n-1$ 枚の 2，3，……，n から $r-1$ 枚を選び，それに 1 を入れておく。その方法の数は　${}_{n-1}\mathrm{C}_{r-1}$

(B) **1 が入っていない組合せ**

1 を除いた 2，3，……，n から r 枚を選ぶ。その方法の数は　${}_{n-1}\mathrm{C}_r$

${}_n\mathrm{C}_r$ は (A)＋(B) であるから　　${}_n\mathrm{C}_r={}_{n-1}\mathrm{C}_{r-1}+{}_{n-1}\mathrm{C}_r$

次のように，${}_n\mathrm{C}_r=\dfrac{n!}{r!(n-r)!}$ を用いて証明することもできる。

証明　① ${}_n\mathrm{C}_{n-r}=\dfrac{n!}{(n-r)!\{n-(n-r)\}!}=\dfrac{n!}{(n-r)!r!}={}_n\mathrm{C}_r$

② $${}_{n-1}\mathrm{C}_{r-1}+{}_{n-1}\mathrm{C}_r=\frac{(n-1)!}{(r-1)!\{(n-1)-(r-1)\}!}+\frac{(n-1)!}{r!\{(n-1)-r\}!}$$
$$=\frac{(n-1)!}{r!(n-r)!}\{r+(n-r)\}=\frac{n!}{r!(n-r)!}={}_n\mathrm{C}_r$$

■ 同じものを含む順列

同じものを含む順列の総数を計算するには，次の ①，② の 2 つの方法があるが，どちらの方法で求めてもよい。

① 同じものを並べる位置を **先に** 決める。　　　⟹ **組合せ** の考え

② すべて区別して並べた **後に**，その区別をなくす。⟹ **順　列** の考え

例　a 4 個，b 3 個，c 2 個の計 9 個の順列の総数

① [1] 右の 9 個の ○ から，a 4 個を入れる位置を決める方法は　　${}_9\mathrm{C}_4$ 通り

[2] 残りの 5 個の ○ から，b 3 個を入れる位置を決める方法は　　${}_5\mathrm{C}_3$ 通り

[3] 残りの 2 個の ○ に c 2 個を入れる方法は　　${}_2\mathrm{C}_2$ 通り

[1] ○○○○○○○○○
[2] ⓐ○ⓐⓐ○○○○ⓐ
[3] ⓐⓑⓐⓐ○ⓑⓑ○ⓐ

よって　　${}_9\mathrm{C}_4\times{}_5\mathrm{C}_3\times{}_2\mathrm{C}_2=\dfrac{9!}{4!5!}\times\dfrac{5!}{3!2!}\times\dfrac{2!}{2!}=\dfrac{9!}{4!3!2!}=1260$ (通り)　$\leftarrow{}_n\mathrm{C}_r=\dfrac{n!}{r!(n-r)!}$

② まず，a，b，c がすべて異なるものとして，a_1，a_2，a_3，a_4；b_1，b_2，b_3；c_1，c_2 の 9 個の順列と考えると　　${}_9\mathrm{P}_9=9!$ (通り)

$a_1=a_2=a_3=a_4=a$ とすると，同じものが　${}_4\mathrm{P}_4=4!$ (通り)
$b_1=b_2=b_3=b$　　　とすると，同じものが　${}_3\mathrm{P}_3=3!$ (通り)
$c_1=c_2=c$　　　　とすると，同じものが　${}_2\mathrm{P}_2=2!$ (通り)
ずつ出てくる。

例えば
ⓐⓑⓐⓐ(c_1)ⓑⓑ(c_2)ⓐ と
ⓐⓑⓐⓐ(c_2)ⓑⓑ(c_1)ⓐ は
同じ順列となる。

ゆえに，求める順列の総数を x とすると　　$x\times4!\times3!\times2!=9!$

よって　　$x=\dfrac{9!}{4!3!2!}=1260$ (通り)

問　次の値を求めよ。

(1) ${}_{10}\mathrm{C}_4$　　(2) ${}_{12}\mathrm{C}_9$　　(3) ${}_{11}\mathrm{C}_{10}$　　(4) ${}_5\mathrm{C}_0$　　(5) ${}_3\mathrm{C}_3$

(＊) 問 の解答は $p.659$ にある。

基本例題 22 組合せの基本

男子 3 人，女子 4 人から 3 人を選ぶとき，次の場合の数を求めよ。

(1) 7 人から 3 人を選ぶ選び方

(2) 3 人のうち女子が 1 人だけ入っている選び方

(3) 3 人のうち女子が少なくとも 1 人入っている選び方

(4) 女子 2 人，男子 1 人を選んで 1 列に並べる方法

p.367 基本事項 1

指針

(1) 7 人から 3 人 **選ぶ** ⟶ 順序は問題にしないから **組合せ** ${}_7C_3$

(2) 男子 3 人から 2 人選び，女子 4 人から 1 人選ぶ。

(3) 女子が **少なくとも 1 人** ⟶ 女子が 1 人，2 人，3 人の場合があるが **(全体)−(女子が 1 人も入っていない)** で計算した方が早い。

(4) まず，**選ぶ**（組に分かれる）。次に，選んだ人を **並べる**。

解答

(1) ${}_7C_3=\frac{7\cdot6\cdot5}{3\cdot2\cdot1}=$**35（通り）**

◀ ${}_7C_3=\frac{{}_7P_3}{3!}$

(2) 男子 3 人から 2 人選ぶ選び方は ${}_3C_2$ 通り

そのおのおのに対し，女子 4 人から 1 人選ぶ選び方は ${}_4C_1$ 通り

よって ${}_3C_2\times{}_4C_1=3\times4=$**12（通り）**

◀積の法則

(1) 7人 → 3人
(2) 男3人 → 2人，女4人 → 1人

(3) すべて男子を選ぶ選び方は ${}_3C_3$ 通り

よって，少なくとも 1 人女子が入っている選び方は

${}_7C_3-{}_3C_3=35-1=$**34（通り）**

◀(1)の結果を使う。

◀(全体)−(…でない)

(4) 女子 4 人から 2 人選ぶ選び方は ${}_4C_2$ 通り

そのおのおのに対し，男子 3 人から 1 人選ぶ選び方は ${}_3C_1$ 通り

ゆえに，女子 2 人，男子 1 人の選び方は ${}_4C_2\times{}_3C_1$ 通り

◀(2)と同じ考え方。

選んだ 3 人を 1 列に並べる並べ方は ${}_3P_3$ 通り

よって $({}_4C_2\times{}_3C_1)\times{}_3P_3=\frac{4\cdot3}{2\cdot1}\times3\times3\cdot2\cdot1$

$=$**108（通り）**

◀積の法則

検討

順列 ${}_nP_r$ と組合せ ${}_nC_r$ の違い

選ぶときに　順列　…… 選んだものの 順序まで考える

組合せ …… 選んだものの 順序は考えない（どれとどれを選ぶかのみに注目）

つまり，${}_nC_r$ 個の組合せ 1 つ 1 つは r 個の異なるものから成り，この r 個に順序をつけると $r!$ 通りの順列ができる。よって，$\boldsymbol{{}_nP_r={}_nC_r\times r!}$ が成り立つ。

練習 ② 22 A を含む 5 人の男子生徒，B を含む 5 人の女子生徒の計 10 人から 5 人を選ぶ。次のような方法は何通りあるか。

(1) 全員から選ぶ選び方　(2) 男子 2 人，女子 3 人を選ぶ選び方

(3) 男子から A を含む 2 人，女子から B を含む 3 人を選ぶ選び方

(4) 男子 2 人，女子 3 人を選んで 1 列に並べる並べ方

p.389 EX19

基本 例題 23 線分，三角形の個数と組合せ

(1) 円周上に異なる7個の点 A, B, C, ……, G があり，七角形 ABCDEFG を作ることができる。これらの点から2点を選んで線分を作るとき

(ア) 線分は全部で何本できるか。

(イ) 他の線分と端点以外の交点をもつ線分は，全部で何本できるか。

(2) △ABC の各辺を3分割したときの6点と3頂点のうちから3点を結んでできる三角形は全部で何個あるか。

基本 22　重要 24

指針 (1) (ア) 7個の点から2点を **選ぶ** と線分が1本できる。

(イ) (全体)−(他の線分と端点以外の交点をもたない) で計算。

(2) 「9点から3点を選ぶ」と考えて $_9C_3$ とすると **誤り！** $_9C_3$ には1辺上にある4点から3点を選んでしまう場合も含まれるので，これを除く必要がある。

解答

(1)

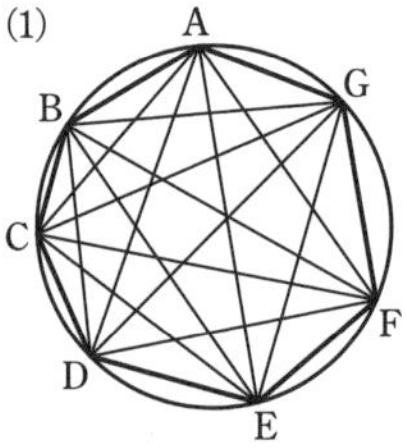

(2)

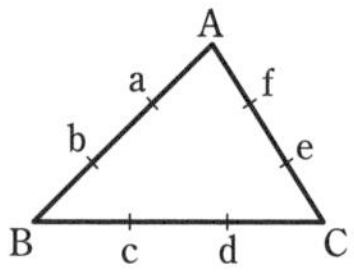

(1) (ア) 2点で1本の線分ができるから　$_7C_2=$**21 (本)**

(イ) (ア)の21本の線分のうち，他の線分と端点以外の交点をもたないものは，七角形 ABCDEFG の1辺となる7本の線分のみであるから　$21-7=$**14 (本)**

(2) 9点から3点を選ぶ方法は

$_9C_3=84$ (通り)

このうち，各辺から3点を選ぶ方法は

$3\times{}_4C_3=12$ (通り)

ゆえに，求める三角形の個数は

$84-12=$**72 (個)**

◀三角形ができない3点(図の A, a, B など)の選び方の総数を求め，最後に除く。

検討

図形の個数の問題では，図形の決まり方に注目

三角形　同じ直線上にない3点で1つできる。または，互いに平行でなく1点で交わらない3直線で1つできる。
$\longrightarrow n$ 本あれば $_nC_3$ 個できる。

交　点　どの3直線も1点で交わらないとき，平行でない2直線で1つできる。
$\longrightarrow n$ 本あれば $_nC_2$ 個できる。

直　線　異なる2点で1本できる。

練習 ② 23 (1) 正十二角形 $A_1A_2\cdots\cdots A_{12}$ の頂点を結んで得られる三角形の総数は ア□個，頂点を結んで得られる直線の総数は イ□本である。

(2) 平面上において，4本だけが互いに平行で，どの3本も同じ点で交わらない10本の直線の交点の個数は全部で ウ□個ある。

p.389 EX 20

重要例題 24 三角形の個数と組合せ

(1) 正八角形 $A_1A_2\cdots\cdots A_8$ の頂点を結んでできる三角形の個数を求めよ。
(2) (1)の三角形で，正八角形と1辺あるいは2辺を共有する三角形の個数を求めよ。
(3) 正 n 角形 $A_1A_2\cdots\cdots A_n$ の頂点を結んでできる三角形のうち，正 n 角形と辺を共有しない三角形の個数を求めよ。ただし $n \geqq 5$ とする。〔類 法政大，麻布大〕

基本 23

指針 (1) 三角形は，同じ直線上にない3点で1つできる（前ページの 検討 参照）。
(2) [1] 正八角形と1辺だけを共有する三角形
⟶ 共有する辺の両端の点と，その辺の両隣の2点を除く点が頂点となる。
[2] 正八角形と2辺を共有する三角形 ⟶ 隣り合う2辺でできる。
(3) (1)，(2)，(3)の問題 (1)，(2)は(3)のヒント
(全体)−(正 n 角形と辺を共有する三角形) で計算。

解答 (1) 正八角形の8つの頂点から，3つの頂点を選んで結べば，1つの三角形ができるから，求める個数は

$${}_8C_3=\frac{8\cdot7\cdot6}{3\cdot2\cdot1}=\mathbf{56}\ (\text{個})$$

(2) [1] 正八角形と1辺だけを共有する三角形は，各辺に対し，それに対する頂点として，8つの頂点のうち，辺の両端および両隣の2頂点以外の頂点を選べるから，求める個数は $(8-4)\cdot8=32$ (個)
[2] 正八角形と2辺を共有する三角形は，隣り合う2辺でできる三角形であるから，8個ある。
よって，求める個数は $32+8=\mathbf{40}$ (個)

(3) 正 n 角形の頂点を結んでできる三角形は，全部で ${}_nC_3$ 個ある。そのうち，正 n 角形と1辺だけを共有する三角形は $n \geqq 5$ のとき $n(n-4)$ 個あり，2辺を共有する三角形は n 個あるから，正 n 角形と辺を共有しない三角形の個数は

$$^{(*)}\,{}_nC_3-n(n-4)-n=\frac{n(n-1)(n-2)}{3\cdot2\cdot1}-n(n-4)-n$$

$$=\boldsymbol{\frac{1}{6}n(n-4)(n-5)}\ (\text{個})$$

(2)

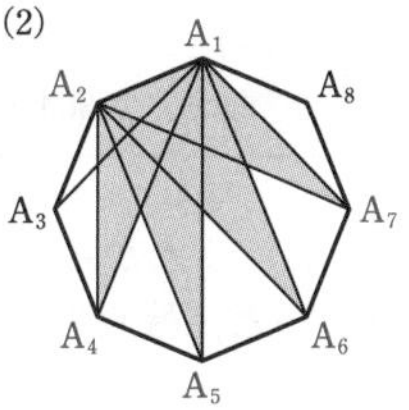

◀頂点1つに三角形が1つ対応する。

(＊) (三角形の総数)
−(1辺だけを共有するもの)
−(2辺を共有するもの)

◀ $=\dfrac{n}{6}\{(n-1)(n-2)-6(n-4)-6\}$
$=\dfrac{1}{6}n(n^2-9n+20)$

練習 ③ **24** 円に内接する n 角形 F $(n>4)$ の対角線の総数は ア[ ] 本である。また，F の頂点3つからできる三角形の総数は イ[ ] 個，F の頂点4つからできる四角形の総数は ウ[ ] 個である。更に，対角線のうちのどの3本をとっても F の頂点以外の同一点で交わらないとすると，F の対角線の交点のうち，F の内部で交わるものの総数は エ[ ] 個である。

p.389 EX 21

基本例題 25 組分けの問題(2) … 組合せ

①①①①①

9人を次のように分ける方法は何通りあるか。 〔類 東京経大〕

(1) 4人，3人，2人の3組に分ける。

(2) 3人ずつ，A，B，Cの3組に分ける。

(3) 3人ずつ3組に分ける。

(4) 5人，2人，2人の3組に分ける。

基本 21

指針 組分けの問題では，次の①，②を明確にしておく。

① **分けるものが区別できるかどうか** ……「9人」は **異なる** から，区別できる。

② **分けてできる組が区別できるかどうか** …… 特に，(2)と(3)の違いに注意。

(1) 3組は人数の違いから **区別できる**。例えば，4人の組をA，3人の組をB，2人の組をCとすることと同じ。

(2) 組にA，B，Cの名称があるから，3組は **区別できる**。

(3) 3組は人数が同じで **区別できない**。(2)で，**A，B，Cの区別をなくす**。

⟶ 3人ずつに分けた組分けのおのおのに対し，A，B，Cの区別をつけると，異なる3個の順列の数 $3!$ 通りの組分け方ができるから，[(2)の数]$\div 3!$ が求める方法の数。

(4) 2つの2人の組には区別がないことに注意。

なお，*p*.364 基本例題 **21** との違いにも注意しよう。

解答

(1) 9人から4人を選び，次に残った5人から3人を選ぶと，残りの2人は自動的に定まるから，分け方の総数は

$${}_9C_4\times{}_5C_3=126\times10=\mathbf{1260}\ \textbf{(通り)}$$

(2) Aに入れる3人を選ぶ方法は ${}_9C_3$ 通り

Bに入れる3人を，残りの6人から選ぶ方法は ${}_6C_3$ 通り

Cには残りの3人を入れればよい。

したがって，分け方の総数は

$${}_9C_3\times{}_6C_3=84\times20=\mathbf{1680}\ \textbf{(通り)}$$

(3) (2)で，A，B，Cの区別をなくすと，同じものが $3!$ 通りずつできるから，分け方の総数は

$$({}_9C_3\times{}_6C_3)\div3!=1680\div6=\mathbf{280}\ \textbf{(通り)}$$

(4) A(5人)，B(2人)，C(2人)の組に分ける方法は ${}_9C_5\times{}_4C_2$ 通り

B，Cの区別をなくすと，同じものが $2!$ 通りずつできるから，分け方の総数は

$$({}_9C_5\times{}_4C_2)\div2!=756\div2=\mathbf{378}\ \textbf{(通り)}$$

(1) 2人，3人，4人の順に選んでも結果は同じになる。

◀ ${}_9C_4\times{}_5C_3\times{}_2C_2$ としても同じこと。

◀ 次ページのズームUP参照。

◀ 次ページのズームUP参照。

練習 ② **25** 12冊の異なる本を次のように分ける方法は何通りあるか。 p.389 EX22

(1) 5冊，4冊，3冊の3組に分ける。 (2) 4冊ずつ3人に分ける。

(3) 4冊ずつ3組に分ける。 (4) 6冊，3冊，3冊の3組に分ける。

ズームUP 組合せを利用する組分けの問題

例題 **25** の (2) と (3) の違い，特に (3) で $\div 3!$ とする理由について，具体的に見てみよう。

● 状況がわかりやすくなるように工夫する

「9 人」の中に同一の人はいないから，区別できる。それがわかりやすいように，9 人をそれぞれ番号 1，2，3，……，9 で表すことにする。

● $\div 3!$ とする理由を，別の視点で考えてみよう

例えば，1，2，3，……，9 の 9 人を {1，2，3}，{4，5，6}，{7，8，9} のように 3 組に分けた場合について考えてみよう。このとき，(2) で組に A，B，C と名称を付けた場合，次のような分け方があり，この場合の数は 3! 通りである。

A	B	C
{1，2，3}，	{4，5，6}，	{7，8，9}
{1，2，3}，	{7，8，9}，	{4，5，6}
{4，5，6}，	{1，2，3}，	{7，8，9}
{4，5，6}，	{7，8，9}，	{1，2，3}
{7，8，9}，	{1，2，3}，	{4，5，6}
{7，8，9}，	{4，5，6}，	{1，2，3}

3! 通り
=3 つの組 {1，2，3}，{4，5，6}，{7，8，9} の順列の数。

… 他の組，例えば {1，4，7}，{2，5，8}，{3，6，9} についても，同様に 3! 通りある。

(2) ではこれらを区別するのだが，(3) は単に「3 組に分ける」とあり，A，B，C のように，組に名称は付いてない。

よって，単に 3 組に分ける方法の数を N とすると，N 通りの分け方のおのおのに，組の名称を付ける方法が 3! 通りずつある。

ゆえに　$N\times 3!={}_9C_3\times{}_6C_3$　　よって　$N=\dfrac{{}_9C_3\times{}_6C_3}{\mathbf{3!}}$

これが $\div 3!$ とする理由である。

● (4) の $\div 2!$ の意味は？

A 組 5 人，B 組 2 人，C 組 2 人の 3 組に分ける方法は　${}_9C_5\times{}_4C_2$ 通り

ここで，例えば　A{1，2，3，4，5}，　B{6，7}，　C{8，9}
　　　　　　　　A{1，2，3，4，5}，　B{8，9}，　C{6，7}

は異なる分け方であるが，A，B，C の区別をなくせば同じ分け方である。

組に名称を付けない方法の数を N とすると，同じ数の B 組，C 組の 2 組に名称を付ける方法が 2! 通りあるから　$N\times 2!={}_9C_5\times{}_4C_2$　　よって　$N=\dfrac{{}_9C_5\times{}_4C_2}{2!}$

注意　5 人の組は他の 2 人の組と人数が異なっているから，名称を付けなくても 2 人の組と区別できる。

基本例題 26 塗り分けの問題 (3) … 組合せ

図のように 4 等分した円板を，隣り合う部分は異なる色で塗り分ける。ただし，回転して一致する塗り方は同じ塗り方と考える。

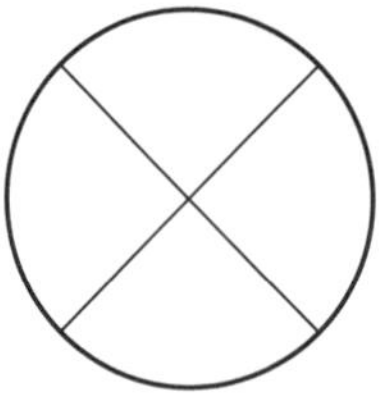

(1) 赤，青，黄，緑の 4 色から 2 色を選び，塗り分ける方法は何通りあるか。

(2) 赤，青，黄，緑の 4 色から 3 色を選び，3 色すべてを使って塗り分ける方法は何通りあるか。

基本 22

指針 **色の選び方** と **色の並べ方** を考える必要がある。

(1) 「隣り合う部分は同色でない」から，2 色を ㋐，㋑ とすると，塗り方は (A と C，B と D)=(㋐，㋑)，(㋑，㋐) に決まる。更に，これらの塗り方は 90° 回転させるとそれぞれ一致する。

(2) まず，A と C をある 1 色で塗ると考える。

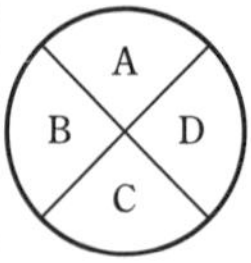

CHART 塗り分けの問題
特別な領域 (同色で塗る，多くの領域と隣り合う) に着目

解答

(1) 2 色を使って円板を塗り分ける方法は
1 通り
よって，その 2 色の選び方が求める場合の数であるから
$_4C_2=\mathbf{6}$ **(通り)**

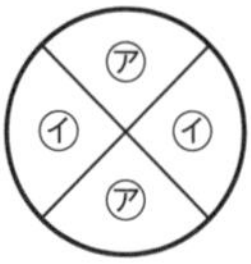

◀㋐ と ㋑ の色を決めればよい。選んだ 2 色で塗り方が 1 通りに決まる。

(2) 3 色を使って塗り分けるには，1 色で 2 か所を塗り，残り 2 色は 1 か所ずつ塗ればよいから，塗り分け方は，2 か所を塗る色の選び方と同じで
$_3C_1=3$ (通り)
また，3 色の選び方は　$_4C_3=4$ (通り)
よって，求める場合の数は
$4\times3=\mathbf{12}$ **(通り)**

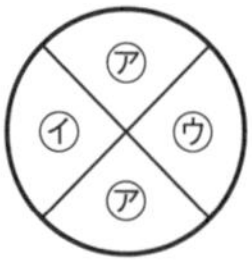

◀㋑ と ㋒ を入れ替えて塗っても 180° 回転すると，同じ塗り方になるから，㋑ と ㋒ の塗り方は 1 通り。

◀$_4C_3={}_4C_1$

練習 ③ 26 右の図のように，正方形を，各辺の中点を結んで 5 つの領域に分ける。隣り合った領域は異なる色で塗り分けるとき，次のような塗り分け方はそれぞれ何通りあるか。ただし，回転して一致する塗り方は同じ塗り方と考える。

(1) 異なる 4 色から 2 色を選んで塗り分ける。

(2) 異なる 4 色から 3 色を選び，3 色すべてを使って塗り分ける。

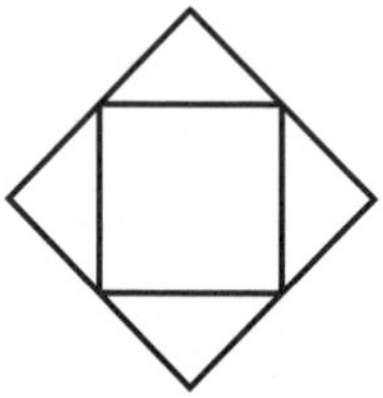

p.390 EX 23

基本例題 27 同じものを含む順列

赤色のカードが 4 枚，青色のカードが 3 枚，黄色のカードが 2 枚，白色のカードが 1 枚ある。同じ色のカードは区別できないものとする。
この 10 枚のカードを左から右へ 1 列に並べる並べ方は全部で ア□ 通りある。
このうち，左から 3 枚の色がすべて同じものは イ□ 通りある。〔類 立命館大〕

p.367 基本事項 3

指針 並べるものに同じものが含まれる順列については，p.367 基本事項 3 の公式を用いる。

n 個のもののうち，p 個は同じもの，q 個は別の同じもの，r 個はまた別の同じもの，…… であるとき，それら n 個のもの全部を使って作られる順列の総数は

$$_{n}C_{p}\times{}_{n-p}C_{q}\times{}_{n-p-q}C_{r}\times\cdots\cdots=\frac{n!}{p!q!r!\cdots}\quad(p+q+r+\cdots\cdots=n)$$

なお，公式はどちらを使ってもよい。
(イ) 左から 3 枚の色が赤赤赤，青青青となる各場合について，右の残り 7 枚の並べ方を考え，最後に **和の法則** を利用する。

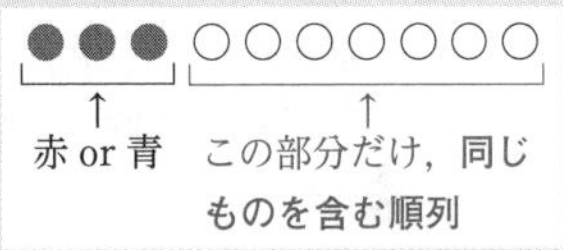

解答

(ア) $\dfrac{10!}{4!3!2!1!}=\dfrac{10\cdot9\cdot8\cdot7\cdot6\cdot5}{3\cdot2\cdot1\cdot2\cdot1}=$ **12600** (通り)

◀分母の 1! は書かなくてもよい。

別解 $_{10}C_4\times{}_6C_3\times{}_3C_2\times{}_1C_1=\dfrac{10\cdot9\cdot8\cdot7}{4\cdot3\cdot2\cdot1}\times\dfrac{6\cdot5\cdot4}{3\cdot2\cdot1}\times3\times1$
$=$ **12600** (通り)

◀$_3C_2={}_3C_1=3$

(イ) 左から 3 枚の色がすべて同じものには，赤が 3 枚並ぶ場合と青が 3 枚並ぶ場合がある。

◀黄色と白色のカードはともに 3 枚未満であるから，除外できる。

[1] 左から赤が 3 枚並ぶとき
残り 7 枚は，赤 1 枚，青 3 枚，黄 2 枚，白 1 枚を並べる。

[2] 左から青が 3 枚並ぶとき
残り 7 枚は，赤 4 枚，黄 2 枚，白 1 枚を並べる。

したがって，求める順列の総数は

$$\frac{7!}{1!3!2!1!}+\frac{7!}{4!2!1!}=\frac{7\cdot6\cdot5\cdot4}{2\cdot1}+\frac{7\cdot6\cdot5}{2\cdot1}=420+105$$
$$=\mathbf{525}\ (通り)$$

◀和の法則

別解 $_7C_1\times{}_6C_3\times{}_3C_2\times{}_1C_1+{}_7C_4\times{}_3C_2\times{}_1C_1$ として求めてもよい。

練習 ② 27 アルファベットの 8 文字 A，Z，K，I，G，K，A，U が 1 文字ずつ書かれた 8 枚のカードがある。これらのカードを 1 列に並べる方法は全部で ア□ 通りある。
また，この中から 7 枚のカードを取り出して 1 列に並べる方法は全部で イ□ 通りある。

p.390 EX24

基本 例題 28 順序が定まった順列

YOKOHAMA の 8 文字を横 1 列に並べて順列を作るとき，次の数を求めよ。
(1) 順列の総数
(2) AA と OO という並びをともに含む順列の数
(3) Y，K，H，M がこの順に並ぶ順列の数

基本 27

指針
(1) 8 文字の中に，A，O が 2 個ずつある。⟶ **同じものを含む順列** の公式を利用。
(2) AA と OO という並びをともに含むということは，A と A，O と O が **隣り合う** こと。「隣り合う順列」には　**1 組にまとめる（枠に入れる）**
つまり，AA を A′，OO を O′ とみて，Y，O′，K，H，A′，M の順列と考える。
(3) Y，K，H，M がこの順に並ぶということは，Y，K，H，M の並べ替えは考えなくてもよいということである。よって，次のように考えるとよい。

順序の定まったものは同じものとみる

すなわち，Y，K，H，M を同じもの □ として，□ 4 個，O 2 個，A 2 個の順列を作り，□ に Y，K，H，M の順に入れると考える。

□O□O□A□A
↑　↑　↑　↑
Y　K　H　M

CHART 順序が定まった順列　**定まったものを同じものとみる**

解答

(1) 8 文字のうち，A，O は 2 個ずつあるから，求める順列の総数は

$$\frac{8!}{2!2!1!1!1!1!}=\frac{8\cdot7\cdot6\cdot5\cdot4\cdot3}{2\cdot1}$$
$$=\mathbf{10080}\ \textbf{（通り）}$$

◀1! は書かなくてもよい。

(2) 並ぶ AA をまとめて A′，OO をまとめて O′ で表す。
このとき，求める順列は，A′，O′，Y，K，H，M の順列であるから，その総数は

$${}_6P_6=6!=\mathbf{720}\ \textbf{（通り）}$$

◀1 組にまとめる。なお，AA，OO はともに同じ文字であるから，中で動かすことは考えなくてよい。

(3) □ 4 個，O 2 個，A 2 個を 1 列に並べ，4 個の □ は左から Y，K，H，M とすればよい。
よって，求める順列の総数は

$$\frac{8!}{4!2!2!}=\frac{8\cdot7\cdot6\cdot5}{2\cdot1\cdot2\cdot1}=\mathbf{420}\ \textbf{（通り）}$$

(3) 例えば，
□O□□AO□A
といった順列に対し，4 個の □ に左から Y，K，H，M と入れると
YOKHAOMA
の列ができる。

練習 ③ 28 9 個の文字 M，A，T，H，C，H，A，R，T を横 1 列に並べる。
(1) この並べ方は □ 通りある。
(2) A と A が隣り合うような並べ方は □ 通りある。
(3) A と A が隣り合い，かつ，T と T も隣り合うような並べ方は □ 通りある。
(4) M，C，R がこの順に並ぶ並べ方は □ 通りある。
(5) 2 個の A と C が A，C，A の順に並ぶ並べ方は □ 通りある。

基本例題 29 同じ数字を含む順列 ①①①②②

1, 2, 3 の数字が書かれたカードがそれぞれ 2 枚, 3 枚, 4 枚ある。これらのカードから 4 枚を使ってできる 4 桁の整数の個数を求めよ。

基本 27

指針 同じ数字のカードが何枚かあり（しかし, **その枚数には制限がある**）, そこから整数を作る問題では, まず **作ることができる整数のタイプを考える**。本問では, 使うことができる数字の制限から, 次の 4 つのタイプに分けることができる。

$AAAA$, $AAAB$, $AABB$, $AABC$
…… A, B, C は 1, 2, 3 のいずれかを表す。

このタイプ別に整数の個数を考える。

解答

1, 2, 3 のいずれかを A, B, C で表す。ただし, A, B, C はすべて異なる数字とする。
次の [1]～[4] のいずれかの場合が考えられる。

[1] $AAAA$ のタイプ
つまり, 同じ数字を 4 つ含むとき。
4 枚ある数字は 3 だけであるから　1 個

◀3333 だけ。

[2] $AAAB$ のタイプ
つまり, 同じ数字を 3 つ含むとき。
3 枚以上ある数字は 2, 3 であるから, A の選び方は　2 通り
A にどれを選んでも, B の選び方は　2 通り
そのおのおのについて, 並べ方は　$\dfrac{4!}{3!}=4$（通り）
よって, このタイプの整数は　$2\times2\times4=16$（個）

◀222□（□ は 1, 3）または 333□（□ は 1, 2）

[3] $AABB$ のタイプ
つまり, 同じ数字 2 つを 2 組含むとき。
1, 2, 3 すべて 2 枚以上あるから, A, B の選び方は　${}_3C_2$ 通り
そのおのおのについて, 並べ方は　$\dfrac{4!}{2!2!}=6$（通り）
よって, このタイプの整数は　${}_3C_2\times6=18$（個）

◀1122, 1133, 2233

◀1, 2, 3 から使わない数を 1 つ選ぶと考えて, ${}_3C_1$ 通りとしてもよい。

◀${}_3C_2={}_3C_1=3$

[4] $AABC$ のタイプ
つまり, 同じ数字 2 つを 1 組含むとき。
A の選び方は 3 通りで, B, C は A を選べば決まる。
そのおのおのについて, 並べ方は　$\dfrac{4!}{2!}=12$（通り）
よって, このタイプの整数は　$3\times12=36$（個）

◀1123, 2213, 3312 の 3 通りがある。なお, 例えば 1132 は 1123 と同じタイプであることに注意。

以上から　$1+16+18+36=$ **71（個）**

練習 ③ 29 1, 1, 2, 2, 3, 3, 3 の 7 つの数字のうちの 4 つを使って 4 桁の整数を作る。このような 4 桁の整数は全部で ア□ 個あり, このうち 2200 より小さいものは イ□ 個ある。

基本例題 30 最短経路の数

右の図のように，道路が碁盤の目のようになった街がある。地点 A から地点 B までの長さが最短の道を行くとき，次の場合は何通りの道順があるか。〔類 東北大〕

(1) 全部の道順 (2) 地点 C を通る。
(3) 地点 P は通らない。 (4) 地点 P も地点 Q も通らない。

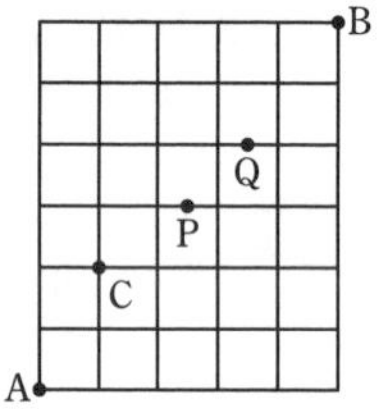

基本 27

指針 A から B への最短経路は，右の図で **右進** または **上進** することによって得られる。右へ 1 区画進むことを →，上へ 1 区画進むことを ↑ で表すとき，例えば，右の図のような 2 つの最短経路は

赤の経路なら →↑→→↑↑↑→↑→↑

青の経路なら ↑↑↑→→↑↑→↑→→

で表される。したがって，A から B への最短経路は，→ 5 個，↑ 6 個の 同じものを含む順列 で与えられる。

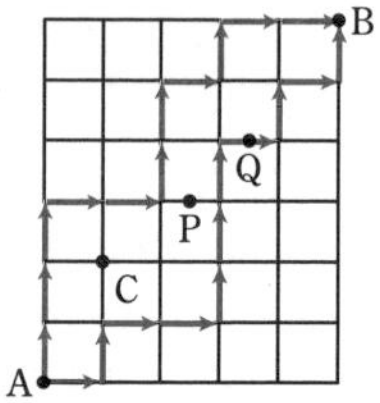

(2) A ⟶ C，C ⟶ B と分けて考える。**積の法則** を利用。

(3) **(P を通らない)＝(全道順)−(P を通る)** で計算。

(4) すべての道順の集合を U，P を通る道順の集合を P，Q を通る道順の集合を Q とすると，求めるのは $n(\overline{P}\cap\overline{Q})=n(\overline{P\cup Q})=n(U)-n(P\cup Q)$ ◀ド・モルガンの法則

つまり (P も Q も通らない)＝(全道順)−(P または Q を通る)

ここで $n(P\cup Q)=n(P)+n(Q)-n(P\cap Q)$ ◀個数定理

つまり **(P または Q を通る)＝(P を通る)＋(Q を通る)−(P と Q を通る)**

解答 右へ 1 区画進むことを →，上へ 1 区画進むことを ↑ で表す。

(1) 最短の道順は → 5 個，↑ 6 個の順列で表されるから

$$\frac{11!}{5!6!}=\frac{11\cdot10\cdot9\cdot8\cdot7}{5\cdot4\cdot3\cdot2\cdot1}=\mathbf{462}\ \textbf{(通り)}$$

◀組合せで考えてもよい。次ページの 別解 参照。

(2) A から C までの道順，C から B までの道順はそれぞれ

$$\frac{3!}{1!2!}=3\ (通り),\quad \frac{8!}{4!4!}=70\ (通り)$$

よって，求める道順は $3\times70=\mathbf{210}$ **(通り)**

◀A から C までで → 1 個，↑ 2 個　C から B までで → 4 個，↑ 4 個

(3) P を通る道順は $\dfrac{5!}{2!3!}\times\dfrac{5!}{2!3!}=10\times10=100$ (通り)

よって，求める道順は $462-100=\mathbf{362}$ **(通り)**

◀(P を通らない)＝(全体)−(P を通る)

(4) Q を通る道順は $\dfrac{7!}{3!4!}\times\dfrac{3!}{1!2!}=35\times3=105$ (通り)

P と Q の両方を通る道順は

$$\frac{5!}{2!3!}\times\frac{3!}{1!2!}=10\times3=30\ (通り)$$

◀P から Q に至る最短の道順は 1 通りである。

よって，P または Q を通る道順は

$$100+105-30=175\ (通り)$$

ゆえに，求める道順は $462-175=\mathbf{287}$ **(通り)**

別解 [(1)〜(3) の組合せによる考え方]

(1) 5+6=11 個の場所から，→5 個が入る場所を選ぶと考えて　$_{11}C_5=\dfrac{11!}{5!6!}=$**462（通り）**

(2) A から C までは　$_3C_1$ 通り
　C から B までは　$_8C_4$ 通り
よって，求める道順は　$_3C_1\times{}_8C_4=3\times70=$**210（通り）**

(3) P を通る道順は　$_5C_2\times{}_5C_2=10\times10=100$（通り）
よって，求める道順は　$462-100=$**362（通り）**

○●○●●●○○●○○
この 11 個の場所に→5 個が入る場所を選ぶと，残りの部分には，↑が入る。
例えば，上の●に→を入れると
↑→↑→→→↑↑→↑↑
となる。

検討

書き込んで求める

右の図のような街路で，

P までの道順が p 通り
Q までの道順が q 通り

あれば，X までの道順は，$p+q$ 通りである。

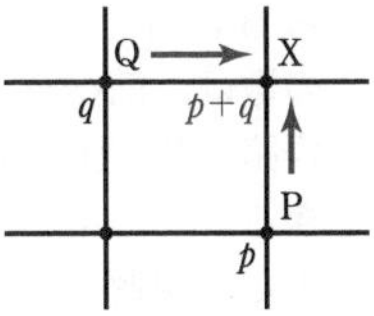

このことを用いて，例題 (4) の P と Q の両方を通らない経路の数を書き込んでいくと，〔図ア〕のようになり，287 通りであることがわかる。

また，この数え上げによる考え方は，〔図イ〕のような道路の一部が欠けている場合に有効なことが多い。なお，〔図ア〕と〔図イ〕の街路図は同じものである。

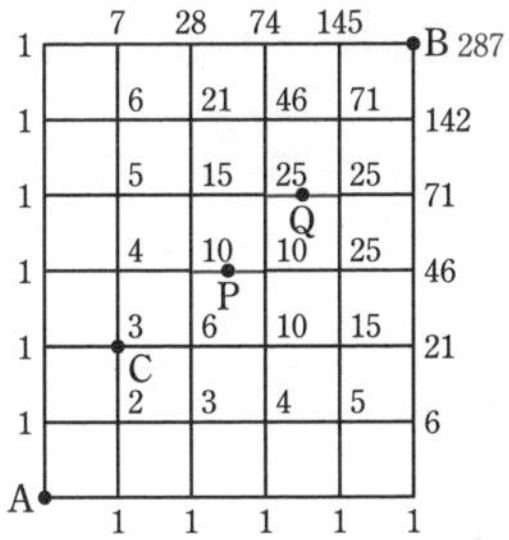

〔図ア〕

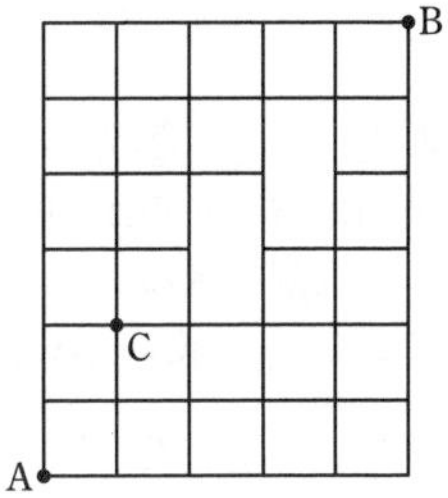

〔図イ〕

練習 ③ **30**

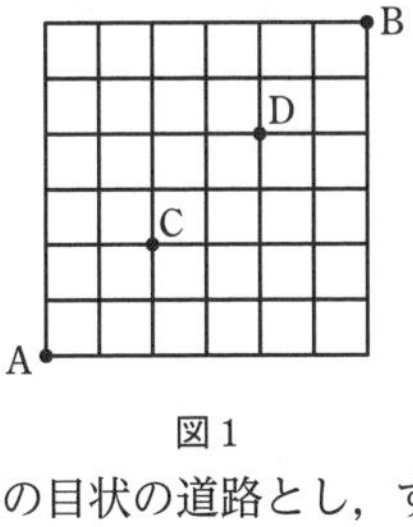

図 1

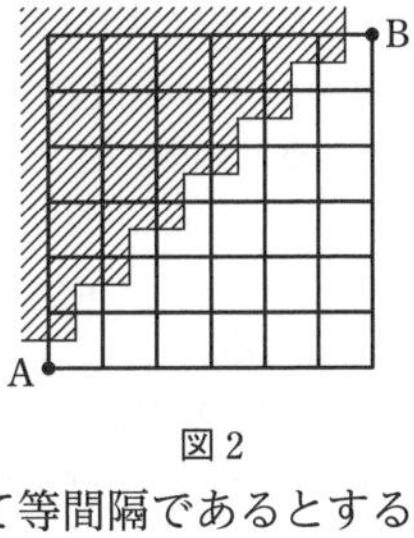

図 2

図 1 と図 2 は碁盤の目状の道路とし，すべて等間隔であるとする。

(1) 図 1 において，点 A から点 B に行く最短経路は全部で何通りあるか。また，このうち次の条件を満たすものは何通りあるか。

(ア) 点 C を通る。　　(イ) 点 C と点 D の両方を通る。

(ウ) 点 C または点 D を通る。　　(エ) 点 C と点 D のどちらも通らない。

(2) 図 2 において，点 A から点 B に行く最短経路は全部で何通りあるか。ただし，斜線の部分は通れないものとする。

〔類 九州大〕 p.390 EX25

参考事項 カタラン数

a を n 個，b を n 個の計 $2n$ 個を 1 列に並べるとき，a よりも多くの b が先に並ばないような並べ方の総数を **カタラン数**[(*1)] という。この数について考えてみよう。

例えば，$n=1$ のとき　ab の 1 通り；　$n=2$ のとき　$aabb$，$abab$ の 2 通り；

　　　$n=3$ のとき　$aaabbb$，$aababb$，$aabbab$，$abaabb$，$ababab$ の 5 通り

つまり，n 番目のカタラン数を C_n とすると　　$\boldsymbol{C_1=1}$，$\boldsymbol{C_2=2}$，$\boldsymbol{C_3=5}$

しかし，$n=4$ のとき，同じように列を書き出して調べるのは大変。

そこで，a を →，b を ↑ に対応させると，カタラン数は，〔図 1〕の A から B に行く最短経路の数と同じになる。[(*2)]

この数は，前ページの 検討 でも説明したように，各交差点を通過する経路の数（〔図 1〕の数字）を書き込むことによって，求めることができる。⟶ 図から 14 通り

〔図 1〕

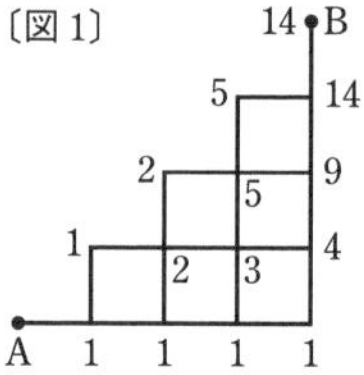

また，練習 30 の検討（解答編 $p.265$）のように考えてみると，〔図 2〕のような破線部分の経路があるものと仮定したとき，A から B に行く最短経路は → 4 個，↑ 4 個の順列と考えて　　${}_8C_4$　…… ①

更に，A から B′ に行く最短経路は → 3 個，↑ 5 個の順列と考えて

${}_8C_3$　…… ②

ゆえに，①−② から　　${}_8C_4-{}_8C_3=70-56=14$

〔図2〕

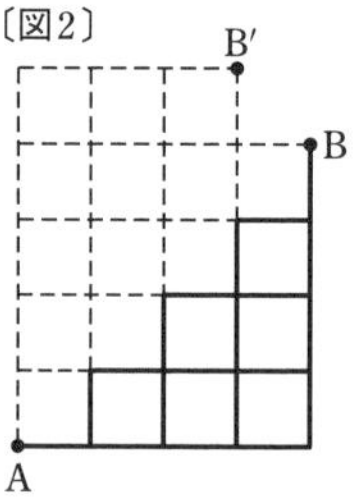

証明は省略するが，同様に考えることにより，$C_n={}_{2n}C_n-{}_{2n}C_{n-1}$ であると推測できる。

ここで　　$${}_{2n}C_n-{}_{2n}C_{n-1}=\frac{(2n)!}{n!(2n-n)!}-\frac{(2n)!}{(n-1)!\{2n-(n-1)\}!}$$

$$=\frac{(2n)!\{(n+1)-n\}}{n!(n+1)!}=\frac{(2n)!}{n!(n+1)!}=\frac{1}{n+1}\cdot\frac{(2n)!}{n!n!}=\frac{{}_{2n}C_n}{n+1}$$

よって，カタラン数 C_n は次のように表される。

$$\boldsymbol{C_n={}_{2n}C_n-{}_{2n}C_{n-1}=\frac{{}_{2n}C_n}{n+1}}$$

n	1	2	3	4	5	6	7	8
カタラン数 C_n	**1**	**2**	**5**	**14**	**42**	**132**	**429**	**1430**

カタラン数の例 1 …… 掛け算の順序（括弧の付け方）

いくつかの数の積は 2 つずつの積の計算の繰り返しであるが，例えば，4 個の文字 a，b，c，d の積 $abcd$ は，次のように内側の括弧から先に計算すると，

Ⓐ $\begin{cases}(((a\cdot b)\cdot c)\cdot d),\ ((a\cdot b)\cdot(c\cdot d)),\ ((a\cdot(b\cdot c))\cdot d),\\ (a\cdot((b\cdot c)\cdot d)),\ (a\cdot(b\cdot(c\cdot d)))\end{cases}$

の 5 通りの順序が考えられる。

ここで，左括弧 (を →，積の記号・を ↑ に対応させると，この順序の数 5 は，右の図のような A から B に行く最短経路の数と同じと考えられるから，$\boldsymbol{C_3=5}$ に対応しているといえる。

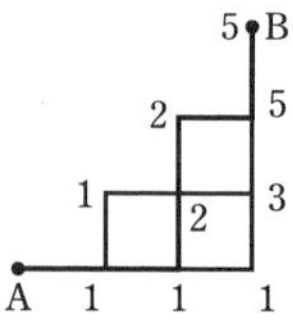

したがって，異なる $n+1$ 個の文字の積の順序の総数，すなわち，括弧の付け方の総数は，カタラン数 C_n と同じであると考えられる。[(*3)]

(*1)　ベルギーの数学者カタラン（E.C.Catalan）の名前に由来している。

(*2)　〔図 1〕のような最短経路では，→ 方向よりも多く ↑ 方向に進むことはない。

(*3)　カタラン数 C_n を異なる $n+1$ 個の文字の積に関する括弧の付け方の総数と定義することもある。

カタラン数の例 [2] …… トーナメント表の数

$(n+1)$ チームがトーナメント戦を行う。ただし，各試合において引き分けはなく，勝負は必ず決まるものとするとき，優勝が決まるまで n 試合が必要になる。このとき，何通りのトーナメント表が考えられるだろうか。$n=1$，2，3 の場合を見てみよう。

■ $n=1$ のとき，
2 チーム ⟶ **1 通り**

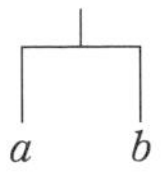

■ $n=2$ のとき，3 チーム ⟶ **2 通り**

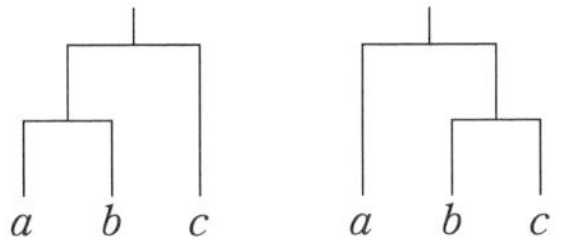

注意 表の形が何通りあるかということが問題であって，対戦の組み合わせは考えない。

■ $n=3$ のとき，4 チーム ⟶ **5 通り**

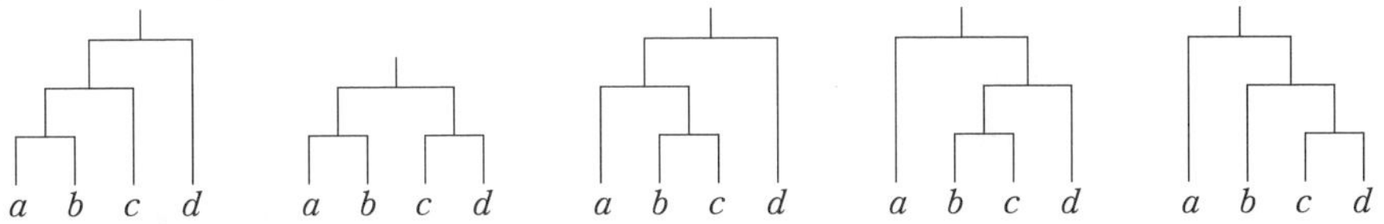

ここで，$n=3$ のときのトーナメント表において，試合をする組を括弧でくくると，左から

$(((a\cdot b)\cdot c)\cdot d)$，　$((a\cdot b)\cdot(c\cdot d))$，　$((a\cdot(b\cdot c))\cdot d)$，　$(a\cdot((b\cdot c)\cdot d))$，　$(a\cdot(b\cdot(c\cdot d)))$

となり，「カタラン数の例 [1]」の Ⓐ と 1 対 1 に対応している。すなわち，$(n+1)$ チームでトーナメント戦を行ったときの対戦方法の数も **カタラン数** であると考えられる。

カタラン数の例 [3] …… 多角形を三角形に分割する方法

凸多角形の内角の和や面積を求めるとき，いくつかの三角形に分割して考えることが多い。それでは，$(n+2)$ 角形を三角形に分割するとき，何通りの方法があるだろうか。
上の例 [2] と同じように考えてみよう。ただし，以下では，最も左にある 1 辺以外の辺に，時計回りに a，b，c，d と文字を割り当て，三角形の文字が割り当てられない第 3 の辺に，他の 2 辺の積を割り当てる，と考える。

■ $n=1$ のとき，三角形を分割 ⟶ **1 通り**

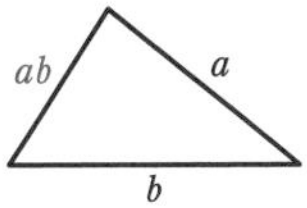

■ $n=2$ のとき，四角形を分割 ⟶ **2 通り**

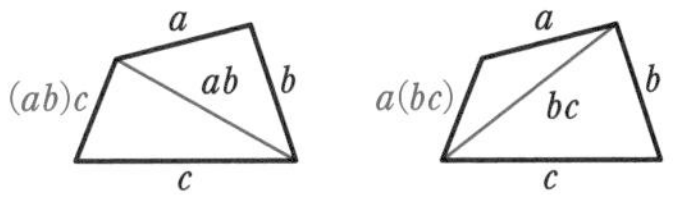

■ $n=3$ のとき，五角形を分割 ⟶ **5 通り**

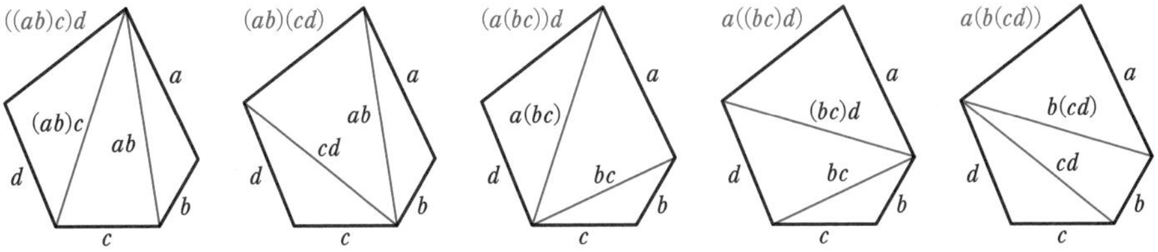

$(((a\cdot b)\cdot c)\cdot d)$，　$((a\cdot b)\cdot(c\cdot d))$，　$((a\cdot(b\cdot c))\cdot d)$，　$(a\cdot((b\cdot c)\cdot d))$，　$(a\cdot(b\cdot(c\cdot d)))$

この規則で表すと，第 3 の辺は，それぞれ「カタラン数の例 [1]」の Ⓐ と 1 対 1 に対応している。よって，$(n+2)$ 角形を三角形に分割する方法の数も **カタラン数** であると考えられる。

重要例題 31 同じものを含む円順列 ④④④④○

白玉が4個，黒玉が3個，赤玉が1個あるとする。これらを1列に並べる方法は ア□ 通り，円形に並べる方法は イ□ 通りある。更に，これらの玉にひもを通し，輪を作る方法は ウ□ 通りある。〔近畿大〕

基本 18，重要 19

指針 (イ) 円形に並べるときは，1つのものを固定 の考え方が有効。
ここでは，1個しかない赤玉を固定すると，残りは同じものを含む順列の問題になる。
(ウ) 「輪を作る」とあるから，直ちに **じゅず順列＝円順列÷2** と計算してしまうと，この問題ではミスになる。すべて異なるものなら「じゅず順列＝円順列÷2」で解決するが，ここでは，同じものを含むからうまくいかない。そこで，次の2パターンに分ける。

[A] **左右対称形の円順列** は，裏返すと自分自身になるから，**1個** と数える。

[B] **左右非対称形の円順列** は，裏返すと同じになるものが2通りずつあるから ÷2

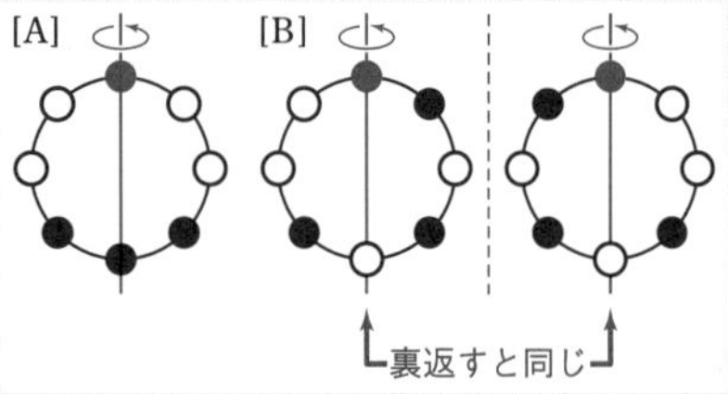

よって　(対称形)＋$\dfrac{(\text{円順列全体})-(\text{対称形})}{2}$

解答

(ア) $\dfrac{8!}{4!3!}=\mathbf{280}$（通り）

◀同じものを含む順列。

(イ) 赤玉を固定して考えると，白玉4個，黒玉3個の順列の総数に等しいから　$\dfrac{7!}{4!3!}=\mathbf{35}$（通り）

◀1つのものを **固定する**。

◀$_7C_4={}_7C_3$

(ウ) (イ)の35通りのうち，裏返して自分自身と一致するものは，次の[1]〜[3]の3通り。

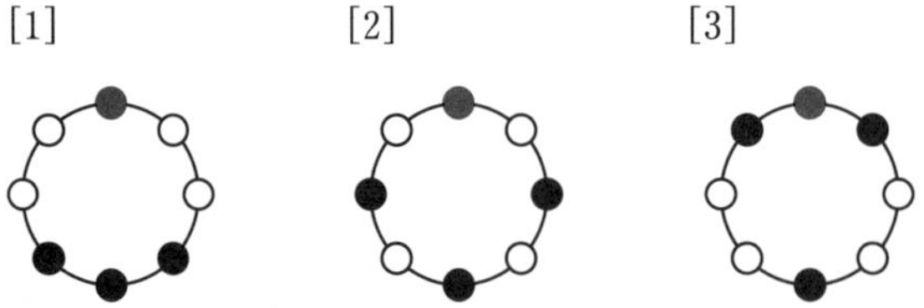

◀**左右対称形** の円順列。図のように，赤玉を一番上に 固定 して考えるとよい。
また，左右対称形のとき，赤玉と向かい合う位置にあるものは黒玉であることもポイント。

残りの32通りの円順列1つ1つに対して，裏返すと一致するものが他に必ず1つずつあるから，輪を作る方法は全部で　$3+\dfrac{35-3}{2}=3+16=\mathbf{19}$（通り）

◀残りの32通りは **左右非対称形** の円順列。

◀$(\text{対称形})+\dfrac{(\text{全体})-(\text{対称形})}{2}$
$=(\text{対称形})+\dfrac{(\text{非対称形})}{2}$

練習 ④ 31 同じ大きさの赤玉が2個，青玉が2個，白玉が2個，黒玉が1個ある。これらの玉に糸を通して輪を作る。
(1) 輪は何通りあるか。　(2) 赤玉が隣り合う輪は何通りあるか。

基本事項

重複組合せ

異なる n 個のものから，**重複を許して** r 個取る組合せ（**重複組合せ**）の総数は

$${}_n\mathrm{H}_r={}_{n+r-1}\mathrm{C}_r \qquad (n<r \text{ であってもよい})$$

解　説

組合せ ${}_n\mathrm{C}_r$ では，異なる n 個のものから，異なる r 個を取り出したが，同じものを繰り返し取ってもよいことにすると，異なる n 個のものから重複を許して r 個取る組合せ（重複組合せ）の総数は，上の基本事項のようになる。

◀重複を許して r 個取る **組合せ** であるから，重複順列と混同しないように。重複順列は，r 個取り出して並べるのだから，順序も考える。しかし，ここで取り上げる重複組合せは並べる順序には関係なく，構成するもののみを問題とする。

例　柿，みかん，りんごの 3 種類の果物が店頭にたくさんある。5 個の果物を買うとき，何通りの買い方があるか。ただし，含まれない果物があってもよいものとする。

[考え方と解答]　柿，みかん，りんごの 3 種類の果物があって，これらの中から 5 個の果物を買うというだけで，柿，みかん，りんごからそれぞれ何個ずつ買うかは指定がない。このような場合は，次のように考える。

買物かごを用意して，その中に **2 個の仕切り**（**|** で表す）を入れ，仕切りの左側には柿，仕切りと仕切りの間にはみかん，仕切りの右側にはりんごを入れる。例えば

○|○○|○○　は　柿 **1**|みかん **2**|りんご **2**
○○○||○○　は　柿 **3**|みかん **0**|りんご **2**
||○○○○○　は　柿 **0**|みかん **0**|りんご **5**　　を表す。

◀果物を 5 個買うから，○ を 5 個並べる。果物の種類の違いを 2 個の仕切りを入れて表す。

このように考えると，**5 個の ○ と 2 個の |** の順列の総数が，3 種類の果物から 5 個を買う買い方の総数に一致する。

これは同じものを含む順列で，$(3+5-1=)$ 7 個の場所から 5 個の ○ の場所を選ぶ組合せの数に等しい。

◀同じものを含む順列の解説（$p.368$）を参照。

よって，求める場合の数は

$${}_{3+5-1}\mathrm{C}_5={}_7\mathrm{C}_5={}_7\mathrm{C}_2=\frac{7\cdot 6}{2}=\mathbf{21}\text{（通り）}$$

◀7 個の場所から 2 個の **|**（仕切り）の場所を選ぶ組合せと考えてもよい。

■ **重複組合せ**

一般に，異なる n 個のものから重複を許して r 個を取る組合せの総数は，上と同じ考えで，**r 個の ○ と $n-1$ 個の仕切り |** の順列の総数に等しく，$(n-1)+r$ 個の場所から，r 個の ○ の場所を選ぶことであるから　　${}_{(n-1)+r}\mathrm{C}_r$　すなわち　${}_{n+r-1}\mathrm{C}_r$

である。

そして，このような組合せを **重複組合せ** といい，その総数を ${}_n\mathrm{H}_r$ で表す。したがって，次のことがいえる。

　n 個のものから r 個のものを選ぶ 重複組合せの数　${}_n\mathrm{H}_r={}_{n+r-1}\mathrm{C}_r$

なお，重複を許して取るから，当然 $n<r$ となる場合もあるが，上記のことから，${}_n\mathrm{H}_r$ は $n<r$ でも成り立つことは明らかである。

◀H は homogeneous product（同次積）の頭文字で，${}_n\mathrm{H}_r$ は「H の n，r」や「n，H，r」と読む。

基本例題 32 重複組合せの基本

次の問いに答えよ。ただし，含まれない数字や文字があってもよいものとする。
(1) 1, 2, 3, 4 の 4 個の数字から重複を許して 3 個の数字を取り出す。このとき，作られる組の総数を求めよ。
(2) x, y, z の 3 種類の文字から作られる 6 次の項は何通りできるか。

p.383 基本事項　重要 34

指針 基本事項で示した ${}_n\mathrm{H}_r={}_{n+r-1}\mathrm{C}_r$ を直ちに用いてもよいが，n と r を取り違えやすい。
慣れるまでは，**○ と仕切り | による順列の問題** として考えるとよい。
(1) 1, 2, 3, 4 の異なる 4 個（4 種類）の数字から重複を許して 3 個の数字を取り出す。
⟶ 3 つの ○ と 3 つの仕切り | の順列
(2) x, y, z の異なる 3 個（3 種類）の文字から重複を許して 6 個の文字を取り出す。
⟶ 6 つの ○ と 2 つの仕切り | の順列

解答
(1) 3 つの ○ で数字，3 つの | で仕切りを表し，
1 つ目の仕切りの左側に ○ があるときは　数字 1
1 つ目と 2 つ目の仕切りの間に ○ があるときは　数字 2
2 つ目と 3 つ目の仕切りの間に ○ があるときは　数字 3
3 つ目の仕切りの右側に ○ があるときは　数字 4
を表すとする。
このとき，求める組の総数は，3 つの ○ と 3 つの | の順列の総数に等しいから　${}_6\mathrm{C}_3=$**20（通り）**
(2) 6 つの ○ で x, y, z を表し，2 つの | で仕切りを表す。
このとき，求める組の総数は，6 つの ○ と 2 つの | の順列の総数に等しいから　${}_8\mathrm{C}_6={}_8\mathrm{C}_2=$**28（通り）**

(1) 例えば，
○○||○|
1　2 3 4
で (1, 1, 3) を表し，
|○|○|○
1　2　3　4
で (2, 3, 4) を表す。

(2) 例えば，
○○○|○|○○
x　y　z
で x^3yz^2 を表す。

検討 PLUS ONE
○ と | を使わない重複組合せの別の考え方
(1)で，取り出した 3 個の数字を $(a,\ b,\ c)$［ただし $a\leqq b\leqq c$］のように表す。
このとき，取り出した数を小さい順に並べ，その各数に 0, 1, 2 を加えると，例えば

$$(1,\ 1,\ 3)\longrightarrow(1,\ 2,\ 5),\ (2,\ 2,\ 2)\longrightarrow(2,\ 3,\ 4),\ (3,\ 4,\ 4)\longrightarrow(3,\ 5,\ 6)$$

のように，同じものを含む 3 つの数を異なる 3 つの数に対応させることができる。
すなわち　$(a,\ b,\ c)\longrightarrow(a,\ b+1,\ c+2)$　ただし $1\leqq a<b+1<c+2\leqq 6$
したがって，各数に 0, 1, 2 を加えてできた組は，1～6 までの異なる 3 つの整数となるから，求める組の総数は，1～6 の 6 個の数字から 3 個の数字を取り出す組合せ（${}_6\mathrm{C}_3$ 通り）に一致すると考えられる。
よって，求める組の総数は，${}_6\mathrm{C}_3=$**20（通り）** である。

練習 ③ 32
(1) 8 個のりんごを A, B, C, D の 4 つの袋に分ける方法は何通りあるか。ただし，1 個も入れない袋があってもよいものとする。
(2) $(x+y+z)^5$ の展開式の異なる項の数を求めよ。

基本例題 33 $x+y+z=n$ の整数解の個数

(1) $x+y+z=9$, $x\geqq 0$, $y\geqq 0$, $z\geqq 0$ を満たす整数 x, y, z の組 (x, y, z) は, 全部で何組あるか。

(2) $x+y+z=12$ を満たす正の整数 x, y, z の組 (x, y, z) は, 全部で何組あるか。

〔類 芝浦工大, 神奈川大〕 基本 32 重要 34

指針 (1) 1つの整数解 (x, y, z) の組は, 9個の ○ と2個の仕切り | の順列に対応する。

例えば　○○|○○○|○○○○　は　$(x, y, z)=(2, 3, 4)$

○○○○○○||○○○　は　$(x, y, z)=(6, 0, 3)$

に対応する, と考えればよい。つまり, (x, y, z) の組の総数は, 異なる3種類のものから, 重複を許して9個取る組合せの総数となる。

(2) 正の整数解であるから, x, y, z は 0であってはいけない。そこで

$$x-1=X,\ y-1=Y,\ z-1=Z$$

とおき, **0 であってもよい $X\geqq 0$, $Y\geqq 0$, $Z\geqq 0$** の整数解の場合に帰着させる。

また, 別解 のように, 12個の ○ と2つの仕切り | で考えることもできる。

解答

(1) 9個の ○ で x, y, z を表し, 2つの | で仕切りを表す。
求める整数解の組の個数は, 9個の ○ と2個の | の順列の総数に等しいから　${}_{11}C_9={}_{11}C_2=\mathbf{55}$ **(組)**

◀仕切りで分けられた3つの部分にある ○ の個数を, 左から x, y, z の値と考える。

別解 異なる3個のものから, 重複を許して9個取る組合せと考えられるから

$${}_3H_9={}_{3+9-1}C_9={}_{11}C_9={}_{11}C_2=\mathbf{55}\ \textbf{(組)}$$

(2) $x-1=X$, $y-1=Y$, $z-1=Z$ とおくと

$$X\geqq 0,\ Y\geqq 0,\ Z\geqq 0$$

このとき, $x+y+z=12$ から

$$(X+1)+(Y+1)+(Z+1)=12$$

よって　$X+Y+Z=9$, $X\geqq 0$, $Y\geqq 0$, $Z\geqq 0$ …… Ⓐ

求める正の整数解の組の個数は, Ⓐ を満たす0以上の整数解 X, Y, Z の組の個数に等しいから, (1)の結果より

55 組

◀x, y, z はすべて1以上の整数であるから, ○ と | の順列で, 仕切り | を連続して並べてはいけない。

別解 12個の ○ を並べる：○○○○○○○○○○○○

このとき, ○ と ○ の間の11か所から2つを選んで仕切りを入れ　A|B|C

としたときの, A, B, C の部分にある ○ の数をそれぞれ x, y, z とすると, 解が1つ決まるから

$${}_{11}C_2=\mathbf{55}\ \textbf{(組)}$$

◀例えば
○○○|○○○○○|○○○○ は
$(x, y, z)=(3, 5, 4)$
を表す。

練習 ③ 33 A, B, C, D の4種類の商品を合わせて10個買うものとする。次のような買い方はそれぞれ何通りあるか。

(1) 買わない商品があってもよいとき。

(2) どの商品も少なくとも1個買うとき。

(3) A は3個買い, B, C, D は少なくとも1個買うとき。

p.390 EX 26

重要例題 34 数字の順列（数の大小関係が条件）

次の条件を満たす整数の組 $(a_1,\ a_2,\ a_3,\ a_4,\ a_5)$ の個数を求めよ。

(1) $0<a_1<a_2<a_3<a_4<a_5<9$　　(2) $0\leqq a_1\leqq a_2\leqq a_3\leqq a_4\leqq a_5\leqq 3$

(3) $a_1+a_2+a_3+a_4+a_5\leqq 3,\ a_i\geqq 0\ (i=1,\ 2,\ 3,\ 4,\ 5)$

基本 32, 33

指針

(1) $a_1,\ a_2,\ \cdots\cdots,\ a_5$ はすべて異なるから，1, 2, ……, 8 の **8 個の数字から異なる 5 個を選び**，小さい順に $a_1,\ a_2,\ \cdots\cdots,\ a_5$ を対応させればよい。
→ 求める個数は組合せ ${}_8C_5$ に一致する。

(2) (1)とは違って，条件の式に ≦ を含むから，0, 1, 2, 3 の **4 個の数字から重複を許して 5 個を選び**，小さい順に $a_1,\ a_2,\ \cdots\cdots,\ a_5$ を対応させればよい。
→ 求める個数は重複組合せ ${}_4H_5$ に一致する。

(3) おき換えを利用すると，不等式の条件を等式の条件に変更できる。
$3-(a_1+a_2+a_3+a_4+a_5)=b$ とおくと　$a_1+a_2+a_3+a_4+a_5+b=3$　← 等式
また，$a_1+a_2+a_3+a_4+a_5\leqq 3$ から　$b\geqq 0$
よって，基本例題 **33** (1)と同様にして求められる。

解答

(1) 1, 2, ……, 8 の 8 個の数字から異なる 5 個を選び，小さい順に $a_1,\ a_2,\ \cdots\cdots,\ a_5$ とすると，条件を満たす組が 1 つ決まる。
よって，求める組の個数は　${}_8C_5={}_8C_3=$**56（個）**

(2) 0, 1, 2, 3 の 4 個の数字から重複を許して 5 個を選び，小さい順に $a_1,\ a_2,\ \cdots\cdots,\ a_5$ とすると，条件を満たす組が 1 つ決まる。
よって，求める組の個数は
$${}_4H_5={}_{4+5-1}C_5={}_8C_5=\mathbf{56}\ \text{(個)}$$

(3) $3-(a_1+a_2+a_3+a_4+a_5)=b$ とおくと
$$a_1+a_2+a_3+a_4+a_5+b=3,\quad a_i\geqq 0\ (i=1,\ 2,\ 3,\ 4,\ 5),\ b\geqq 0 \quad \cdots\cdots ①$$
よって，求める組の個数は，① を満たす 0 以上の整数の組の個数に等しい。これは異なる 6 個のものから 3 個取る重複組合せの総数に等しく
$${}_6H_3={}_{6+3-1}C_3={}_8C_3=\mathbf{56}\ \text{(個)}$$

別解　$a_1+a_2+a_3+a_4+a_5=k\ (k=0,\ 1,\ 2,\ 3)$ を満たす 0 以上の整数の組 $(a_1,\ a_2,\ a_3,\ a_4,\ a_5)$ の数は ${}_5H_k$ であるから　${}_5H_0+{}_5H_1+{}_5H_2+{}_5H_3$
$={}_4C_0+{}_5C_1+{}_6C_2+{}_7C_3$
$=1+5+15+35=$**56（個）**

検討

(2), (3) は次のようにして解くこともできる。

(2) ［p.384 検討 PLUS ONE の方法の利用］
$b_i=a_i+i\ (i=1,\ 2,\ 3,\ 4,\ 5)$ とすると，条件は $0<b_1<b_2<b_3<b_4<b_5<9$ と同値になる。よって，(1) の結果から　**56 個**

(3) 3 個の○と 5 個の仕切り | を並べ，例えば，
|○||○○||　の場合は (0, 1, 0, 2, 0) を表すと考える。
このとき，
A | B | C | D | E | F
とすると，A, B, C, D, E の部分に入る○の数をそれぞれ $a_1,\ a_2,\ a_3,\ a_4,\ a_5$ とすれば，組が 1 つ決まるから
${}_8C_3=$**56（個）**

練習 ④ 34　5 桁の整数 n において，万の位，千の位，百の位，十の位，一の位の数字をそれぞれ $a,\ b,\ c,\ d,\ e$ とするとき，次の条件を満たす n は何個あるか。

(1) $a>b>c>d>e$　　(2) $a\geqq b\geqq c\geqq d\geqq e$

(3) $a+b+c+d+e\leqq 6$

振り返り 場合の数

● 場合の数を　もれなく，重複なく　一定の方針で順序よく数え上げるには

樹形図（tree）　や　辞書式配列法

によるのが最も基本の考え方である。

● 代表的な問題・似ている問題の差異

・$(a+b)(p+q+r)(x+y)$ の展開式の項の数　$2\cdot3\cdot2$　積の法則　➡例題 7

・$2700=2^2\cdot3^3\cdot5^2$ の約数の個数　$(2+1)(3+1)(2+1)$　➡例題 8

の約数の和　$(1+2+2^2)(1+3+3^2+3^3)(1+5+5^2)$

・10 人から 3 人選んで 1 列に並べる　${}_{10}\mathrm{P}_3$　順　列　➡例題 11

・10 人を 1 列に並べるとき　➡例題 13

(ア)　特定の 3 人が隣り合う並べ方　$8!\times3!$

(イ)　特定の 3 人 A，B，C がこの順に現れる並べ方　$10!\div3!$

・10 人から 3 人選んで円形に並べる　${}_{10}\mathrm{P}_3\div3$　円順列　➡例題 17

・異なる 10 個の玉から 3 個を選んで首飾りを作る　(円順列)$\div2$　じゅず順列

・10 人から 3 人を選ぶ　${}_{10}\mathrm{C}_3$　組合せ　➡例題 22

・3 本の平行線と，それらに交わる 5 本の平行線によってできる平行四辺形の数

${}_3\mathrm{C}_2\times{}_5\mathrm{C}_2$

・正 n 角形 $(n\geqq4)$ の　(ア)　対角線の数　$n(n-3)\div2$　➡例題 24

(イ)　頂点を結んでできる三角形の数　${}_n\mathrm{C}_3$

・10 人から学級委員，議長，書記を選ぶ　${}_{10}\mathrm{P}_3$　順　列

・10 人が学級委員，議長，書記のいずれかに立候補する　3^{10}　重複順列　➡例題 20

・a 3 個，b 2 個，c 5 個の文字を 1 列に並べる　$\dfrac{10!}{3!2!5!}$　同じものを含む順列　➡例題 27

・3 種類の果物から 10 個を選ぶ　${}_3\mathrm{H}_{10}$　重複組合せ　➡例題 32

（1 個も選ばれない果物があってもよい）

（a　b　c
○○○｜○○○○○｜○○
10 個の ○ と 2 個の ｜ の順列と考えると　${}_{12}\mathrm{C}_{10}$（または ${}_{12}\mathrm{C}_2$)）

・$x+y+z=8$ のとき　➡例題 33

(ア)　$x\geqq0$，$y\geqq0$，$z\geqq0$ の整数解の個数　${}_3\mathrm{H}_8$

(イ)　$x\geqq1$，$y\geqq1$，$z\geqq1$ の整数解の個数　${}_3\mathrm{H}_5$

組分けの問題

➡例題 21, 25

・15 人を 8 人と 7 人の 2 つの組に分ける方法　${}_{15}\mathrm{C}_8$（または ${}_{15}\mathrm{C}_7$）

・15 人を 2 つの組に分ける方法　$(2^{15}-2)\div2$

・15 人を 6 人，5 人，4 人の 3 つの組に分ける方法　${}_{15}\mathrm{C}_6\times{}_9\mathrm{C}_5$

・15 人を 7 人，4 人，4 人の 3 つの組に分ける方法　${}_{15}\mathrm{C}_7\times{}_8\mathrm{C}_4\div2!$

・15 人を 5 人ずつ 3 つの組に分ける方法　${}_{15}\mathrm{C}_5\times{}_{10}\mathrm{C}_5\div3!$

・15 人を A，B，C の 3 つの組に分ける方法（0 人の組があってもよい）　3^{15}

・6 個の区別がつかない玉を 3 つの組に分ける方法（各組に最低 1 個は入る）

組の区別がつかない場合　**数え上げ**。(1, 1, 4)，(1, 2, 3)，(2, 2, 2) の　3 通り

組の区別がつく場合　$x+y+z=6$，$x\geqq1$，$y\geqq1$，$z\geqq1$ の整数解の個数で　${}_3\mathrm{H}_3$

参考事項　二項定理，パスカルの三角形

※数学Ⅱで学習する内容であるが，組合せ $_{n}C_{r}$ が関連した事柄として，二項定理とパスカルの三角形を紹介しておこう。

二項定理

$$(a+b)^n={}_{n}C_{0}a^n+{}_{n}C_{1}a^{n-1}b+{}_{n}C_{2}a^{n-2}b^2+\cdots\cdots+{}_{n}C_{r}a^{n-r}b^r+\cdots\cdots+{}_{n}C_{n}b^n$$

一般項　（第 $r+1$ 項）　$_{n}C_{r}a^{n-r}b^r$

[解説]　$(a+b)^n=(a+b)(a+b)\cdots\cdots(a+b)$ の展開式における $a^{n-r}b^r$ の形の積は，n 個の因数 $a+b$ のうち，r 個から b を，残りの $(n-r)$ 個から a を取り出して，それらを掛け合わせると得られる。

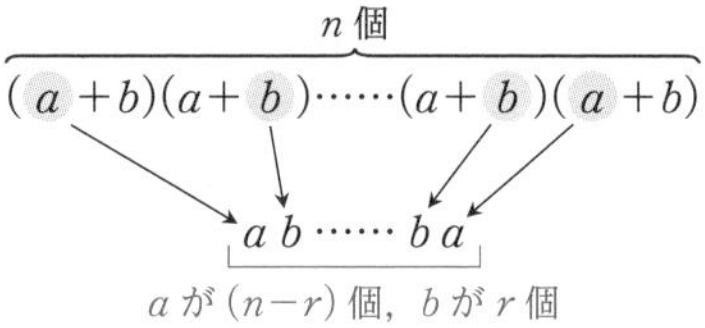

このような場合の総数は，n 個の因数から，b を取る r 個の因数を選ぶ方法の総数に等しく，$_{n}C_{r}$ である。
すなわち，$(a+b)^n$ の展開式における $a^{n-r}b^r$ の項の係数は $_{n}C_{r}$ であり，その展開式は上のようになる。これを **二項定理** という。ただし，$a^0=1$，$b^0=1$ である。
また，$_{n}C_{r}a^{n-r}b^r$ を $(a+b)^n$ の展開式における **一般項** という。更に，$_{n}C_{r}$ は二項定理の展開式における係数を表しているから，$_{n}C_{r}$ を **二項係数** ともいう。

参考　二項定理において，$a=b=1$ のとき　　$2^n={}_{n}C_{0}+{}_{n}C_{1}+{}_{n}C_{2}+\cdots\cdots+{}_{n}C_{n}$　…… ①
一方，要素の個数が n である部分集合の個数を，重複順列の考えを用いて求めると 2^n 通り。要素の個数が 0 個のもの，1 個のもの，……，n 個のものと分けて組合せで求めると，$_{n}C_{0}+{}_{n}C_{1}+{}_{n}C_{2}+\cdots\cdots+{}_{n}C_{n}$ 通り。これからも ① が示される。

パスカルの三角形

$(a+b)^n$ の展開式の係数を $n=1$，2，3，4，5，…… の場合に順に書き出すと，左下の図のようになる。これを **パスカルの三角形** という。そして，各係数を $_{n}C_{r}$ の形で表してみると，右下の図のようになり $_{n}C_{r}$ の性質から，以下の [1]～[3] が成り立つ。

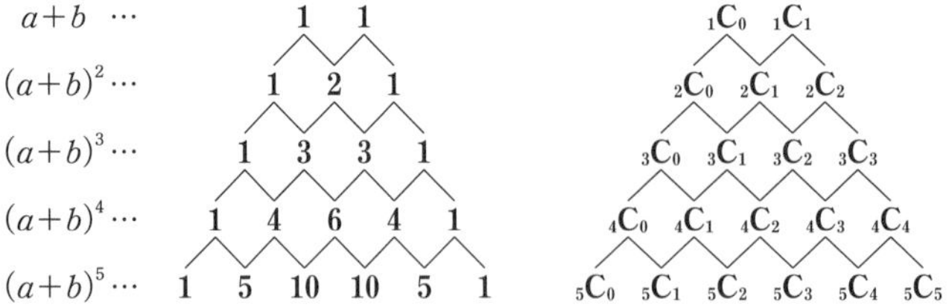

[1]　各行の **左右の両端の数は 1** である。……　$_{n}C_{0}={}_{n}C_{n}=1$
[2]　各行の両端以外の数は，その **左上の数と右上の数の和に等しい。**
　　　　　　　　　　　　　　　　　　……　$_{n}C_{r}={}_{n-1}C_{r-1}+{}_{n-1}C_{r}$
[3]　各行の数は **中央に関して左右対称。** ……　$_{n}C_{r}={}_{n}C_{n-r}$

EXERCISES

③19 A 高校の生徒会の役員は 6 名で，そのうち 3 名は女子である。また，B 高校の生徒会の役員は 5 名で，そのうち 2 名は女子である。各高校の役員から，それぞれ 2 名以上を出して，合計 5 名の合同委員会を作るとき，次の各場合は何通りあるか。

(1) 合同委員会の作り方

(2) 合同委員会に少なくとも 1 名女子が入っている場合

(3) 合同委員会に 1 名女子が入っている場合 〔南山大〕

→22

③20 xy 平面において，6 本の直線 $x=k$ ($k=0$, 1, 2, 3, 4, 5) のうちの 2 本と，4 本の直線 $y=l$ ($l=0$, 1, 2, 3) のうちの 2 本で囲まれた図形について考える。長方形は全部で ア□ 個あり，そのうち正方形は全部で イ□ 個ある。また，面積が 2 となる長方形は全部で ウ□ 個であり，4 となる長方形は全部で エ□ 個ある。

〔関西学院大〕 →23

③21 正 n 角形がある (n は 3 以上の整数)。この正 n 角形の n 個の頂点のうちの 3 個を頂点とする三角形について考える。 〔京都産大〕

(1) $n=6$ とする。このとき，三角形は全部で ア□ 個あり，直角三角形は イ□ 個ある。また，二等辺三角形は ウ□ 個あり，そのうち正三角形は エ□ 個ある。

(2) $n=8$ とする。このとき，直角三角形は オ□ 個，鈍角三角形は カ□ 個，鋭角三角形は キ□ 個ある。

(3) $n=6k$ (k は正の整数) であるとする。このとき，k を用いて表すと，正三角形の個数は ク□ であり，直角三角形の個数は ケ□ である。

→24

③22 定員 2 名，3 名，4 名の 3 つの部屋がある。

(1) 2 人の教員と 7 人の学生の合計 9 人をこれらの 3 つの部屋に定員どおりに入れる割り当て方は ア□ 通りである。また，その割り当て方の中で 2 人の教員が異なる部屋に入るようにする割り当て方は イ□ 通りである。

(2) 7 人の学生のみを，これらの 3 つの部屋に定員を超えないように入れる割り当て方は ウ□ 通りである。ただし，誰も入らない部屋があってもよい。〔慶応大〕

→25

HINT

19 「それぞれ 2 名以上」の条件に注意。 (2) (少なくとも 1 名女子)=(全体)−(全員男子)

20 (イ) 1 辺の長さで分けて数え上げる。 (ウ), (エ) 縦，横の長さで分けて数え上げる。

21 1 辺が外接円の中心を通ると直角三角形になる。

22 (1) (ア) 定員の数が異なるから，3 つの部屋は区別できる。

(イ) 2 人の教員がどの 2 つの部屋に 1 人ずつ入るかで場合分けをする。

(2) 2 人の教員を含めた合計 9 人を，3 つの部屋に定員どおりに割り当ててから 2 人の教員を除く，と考える。(1) の結果を利用。

EXERCISES

③**23** 赤，青，黄，白，緑の5色を使って，正四角錐の底面を含む5つの面を塗り分けるとき，次のような塗り分け方は何通りあるか。ただし，側面はすべて合同な二等辺三角形で，回転させて同じになる塗り方は同一と考えるものとする。

(1) 底面を白で塗り，側面を残りの4色すべてを使って塗り分ける。

(2) 5色全部を使って塗り分ける。

(3) 5色全部または一部を使って，隣り合う面が別の色になるように塗り分ける。

〔類 大阪学院大〕 →26

③**24** 1，2，3，4の数字が書かれたカードを各1枚，数字0が書かれたカードと数字5が書かれたカードを各2枚ずつ用意する。この中からカードを何枚か選び，左から順に横1列に並べる。このとき，先頭のカードの数字が0でなければ，カードの数字の列は，選んだカードの枚数を桁数とする正の整数を表す。このようにして得られる整数について，次の問いに答えよ。

(1) 0，1，2，3，4の数字が書かれたカード各1枚ずつ，計5枚のカードだけを用いて表すことができる5桁の整数はいくつあるか。

(2) 用意されたカードをすべて用いて表すことができる8桁の整数はいくつあるか。

〔岡山大〕 →12,27

③**25** 右の図のように，同じ大きさの5つの立方体からなる立体に沿って，最短距離で行く経路について考える。このとき，次の経路は何通りあるか。なお，この5つの立方体のすべての辺上が通行可能である。

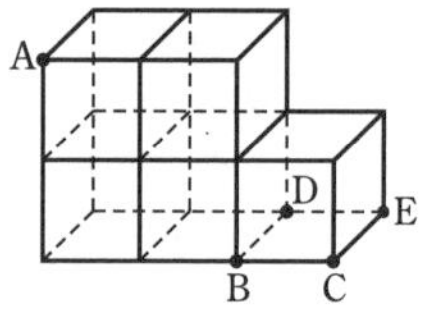

(1) 地点Aから地点Bまでの最短経路

(2) 地点Aから地点Cまでの最短経路

(3) 地点Aから地点Dまでの最短経路

(4) 地点Aから地点Eまでの最短経路

〔名城大〕 →30

④**26** (1) 和が30になる2つの自然数からなる順列の総数を求めよ。

(2) 和が30になる3つの自然数からなる順列の総数を求めよ。

(3) 和が30になる3つの自然数からなる組合せの総数を求めよ。 〔神戸大〕 →33

HINT

23 (3) 側面を2色，3色，4色を使って塗り分ける場合を考える。

24 (2) 最高位の数字が1，2，3，4か5で場合分けして考える。

25 (3) 右に2，下に2，奥に1区画進む経路の問題。

(4) 地点Eの1区画上の点をGとすると，A→C→E，A→D→E，A→G→Eの場合に分けられる。

26 x，y，zを自然数とする。(1) $x+y=30$を満たす$(x,\ y)$の組，(2) $x+y+z=30$を満たす$(x,\ y,\ z)$の組の個数をそれぞれ求める。

(3) (2)の「順列」では，x，y，zの並べる順序を考えて数え上げるが，(3)の「組合せ」の場合，順序を問題にしないで数え上げることになる。そこで，3つの数がすべて同じ，2つだけが同じ，すべて異なる，の3つの場合に分けて考える。

数学A 第2章

確　　率

2

- 6 事象と確率
- 7 確率の基本性質
- 8 独立な試行・反復試行の確率
- 9 条件付き確率
- 10 期　待　値

SELECT STUDY

- **基本定着コース**……教科書の基本事項を確認したいきみに
- **精選速習コース**……入試の基礎を短期間で身につけたいきみに
- **実力練成コース**……入試に向け実力を高めたいきみに

START

コース	35	36	37	38	39	40	42	43	44	45	46	47	49	50	51	52	54	56	57	58	59	60	61	63	64	65	67	68	69
基本定着コース	●	●		●			●	●	●			●	●	●	●	●				●		●		●		●	●		
精選速習コース			●	●	●				●	●				●	●	●	●				●	●	●	●			●	●	
実力練成コース					●	●				●	●						●	●	●		●		●		●			●	●

例題一覧

			難易度
6	基本 35	確率の計算	①
	基本 36	順列と確率 (1)	②
	基本 37	順列と確率 (2)	②
	基本 38	組合せと確率	③
	基本 39	じゃんけんと確率	③
	基本 40	確率の条件から未知数の決定	③
	重要 41	2 次方程式の解の条件と確率	③
7	基本 42	確率の加法定理	②
	基本 43	和事象の確率	②
	基本 44	余事象の確率	②
	基本 45	和事象・余事象の確率	③
	重要 46	確率の基本計算と和事象の確率	③
8	基本 47	独立な試行の確率	②
	基本 48	独立な試行の確率と加法定理	②
	基本 49	反復試行の確率	②
	基本 50	繰り返し対戦する大会で優勝する確率	②
	基本 51	最大値・最小値の確率	②
	基本 52	数直線上の点の移動と反復試行	②
	基本 53	3 つの事象に関する反復試行の確率	③
	基本 54	平面上の点の移動と反復試行	③
	重要 55	2 点の移動と確率	③
	重要 56	図形上の頂点を動く点と確率	④
	重要 57	独立な試行の確率の最大	⑤
9	基本 58	条件付き確率の計算 (1)	①
	基本 59	条件付き確率の計算 (2)	③
	基本 60	確率の乗法定理 (1)	②
	基本 61	確率の乗法定理 (2)	②
	重要 62	確率の乗法定理 (3)	③
	基本 63	原因の確率	③
	重要 64	ベイズの定理	③
10	基本 65	期待値の基本	②
	基本 66	カードの最大数の期待値	②
	基本 67	期待値と有利・不利 (1)	②
	重要 68	図形と期待値	④
	重要 69	期待値と有利・不利 (2)	⑤

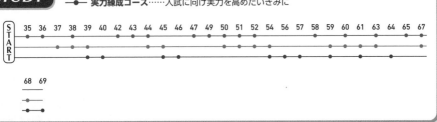

6 事象と確率

基本事項

確率の定義　全事象 U の要素の個数を $n(U)$ とし，事象 A の要素の個数を $n(A)$ とする。
全事象 U のどの根元事象も同様に確からしいとき，事象 A の起こる確率 $P(A)$ を

$$P(A)=\frac{n(A)}{n(U)}=\frac{\text{事象 }A\text{ の起こる場合の数}}{\text{起こりうるすべての場合の数}}$$

で定める。

解　説

■試行と事象

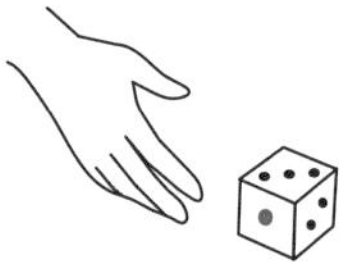

同じ状態のもとで繰り返すことができ，その結果が偶然によって決まる実験や観測など（例えば，さいころを投げることや，くじを引くこと）を **試行** といい，その結果起こる事柄を **事象** という。

◀事象は A，B，C などの文字を用いて表す。

ある試行において，起こりうる場合全体の集合を U とすると，この試行におけるどの事象も U の部分集合で表すことができる。特に，全体集合 U で表される事象を **全事象**，空集合 $\varnothing$ で表される事象を **空事象** という。また，U の1個の要素からなる集合で表される事象を **根元事象** という。

◀本書では，事象 A を表す集合と事象 A を同一視して考えることにする。

例　1つのさいころを投げる試行において，3の倍数の目が出る事象を A とすると

全事象 U は　$U=\{1,\ 2,\ 3,\ 4,\ 5,\ 6\}$，
事象 A は　$A=\{3,\ 6\}$，
根元事象は　$\{1\}$，$\{2\}$，$\{3\}$，$\{4\}$，$\{5\}$，$\{6\}$

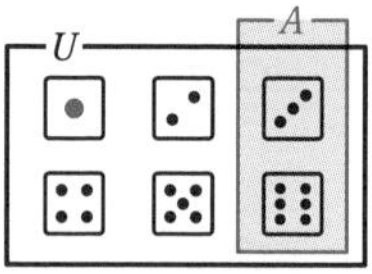

■確率の定義

1つの試行において，ある事象 A の起こることが期待される割合を，**事象 A の起こる確率** といい，これを $\boldsymbol{P(A)}$ で表す。

◀P は probability（確率）の頭文字である。

上の 例 では，1から6までのどの目が出ることも同じ程度に期待できる。一般に，ある試行において，根元事象のどれが起こることも同じ程度に期待できるとき，これらの根元事象は **同様に確からしい** という。

全事象 U のどの根元事象も同様に確からしいとき，事象 A の起こる確率 $P(A)$ を

$$P(A)=\frac{n(A)}{n(U)}=\frac{a}{N}=\frac{\text{事象 A の起こる場合の数}}{\text{起こりうるすべての場合の数}}$$

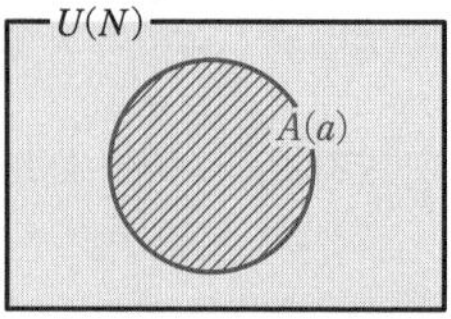

で定める。なお，上の式では，$n(U)=N$，$n(A)=a$ としている。
例えば，上の 例 において

$$P(A)=\frac{n(A)}{n(U)}=\frac{2}{6}=\frac{1}{3}$$

基本例題 35 確率の計算

次の確率を求めよ。
(1) 2個のさいころを投げるとき，目の和が素数である確率
(2) 3枚の硬貨を投げて，表1枚，裏2枚が出る確率

p.392 基本事項

指針 確率の計算の基本
① **起こりうる場合全体の集合 U を定める**
② **確率を求めたい事象 A の根元事象を見つける**
そして，U の場合の数 N，A の場合の数 a を求め　$P(A)=\dfrac{a}{N}$

また，確率では，**同じ形の硬貨，さいころ，玉，くじなどの1つ1つを**区別して考える（つまり，**1つ1つを**異なるものと考える）ことに注意が必要である。

CHART 確率の基本　N（すべての数）と a（起こる数）を求めて $\dfrac{a}{N}$
同じさいころ，硬貨でも区別して考える

解答
(1) 起こりうるすべての場合は
$6\times6=36$（通り）
目の和が素数 2，3，5，7，11 となる場合は，それぞれ 1，2，4，6，2通りあり，合計して
$1+2+4+6+2=15$（通り）
よって，求める確率は　$\dfrac{15}{36}=\boldsymbol{\dfrac{5}{12}}$

(2) 起こりうるすべての場合は
$2^3=8$（通り）
このうち，表1枚，裏2枚が出る場合は
（表，裏，裏），（裏，表，裏），（裏，裏，表）
の3通りある。
よって，求める確率は　$\boldsymbol{\dfrac{3}{8}}$

(1) 表を作る とよい。

和	1	2	3	4	5	6
1	2	3	4	5	6	7
2	3	4	5	6	7	8
3	4	5	6	7	8	9
4	5	6	7	8	9	10
5	6	7	8	9	10	11
6	7	8	9	10	11	12

例えば，**(1，2) と (2，1) は別の出方** とみる。

(2) 3枚の硬貨を A，B，C と区別して
（○，○，○）
↑ ↑ ↑
A B C
○ は表か裏

検討
上の例題(2)で，「3枚の硬貨の表と裏の出方には，次の4つの場合が考えられる。
(a) 表3枚　(b) 表2枚，裏1枚　(c) 表1枚，裏2枚　(d) 裏3枚
求める確率は，この4つの場合のうちの(c)の1つであるから　$\dfrac{1}{4}$」としたら **大間違い！**
これは例えば，(a)と(b)は同じ程度に期待できない（「同様に確からしい」の前提が崩れる）からである。詳しくは次ページの補足事項を参考にしてほしい。

練習 ① 35
(1) 2個のさいころを投げるとき，次の確率を求めよ。
(ア) 目の和が6である確率　(イ) 目の積が12である確率
(2) 硬貨4枚を投げて，表裏2枚ずつ出る確率，全部裏が出る確率を求めよ。

p.409 EX 27, 28

補足事項 「同様に確からしい」について

※確率では，起こりうるすべての場合について，同様に確からしい こと（根元事象のどれが起こることも同じ程度に期待できること）が前提にある。そのためには，

見た目がまったく同じものでも区別して考える

ことがポイントである。

例えば，「赤玉 1 個，白玉 9 個の計 10 個入った箱から 1 個の玉を取り出すとき，取り出される玉の色は，赤か白かの 2 通りであるから，赤玉が取り出される確率は $\frac{1}{2}$ である」と説明されたら納得できるだろうか。
白玉の個数の方が赤玉より多いから，圧倒的に白玉の方が出やすいと思う人が多いのではないだろうか。

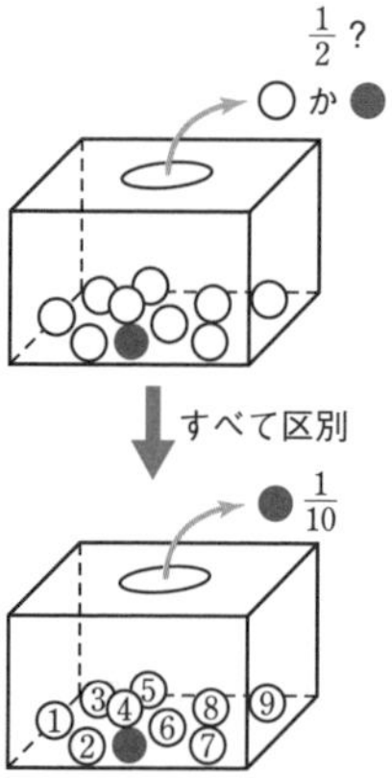

正しくは，白玉 9 個をすべて 白$_1$，白$_2$，……，白$_9$ のように区別して考えることで，全事象 U は

$$U=\{白_1,\ 白_2,\ \cdots\cdots,\ 白_9,\ 赤\}$$

となり，どの根元事象も同じ程度に起こることが期待できるようになる。

つまり，$n(U)=10$ から，赤玉が出る確率は $\frac{1}{10}$ と求められ，これは納得できる値である。

前ページの基本例題 **35** においても

(1) では，2 個のさいころを A，B

(2) では，3 枚の硬貨を　　A，B，C

などとして区別する必要がある。
区別することにより，全事象 U について

(1) では，前ページの解答側注の表から　$N=36$

(2) では，右の図から　　　　　　　　　$N=8$

となることがわかる。そして，それぞれの根元事象が起こることは同じ程度に期待できる（**同様に確からしい**）から，正しい確率が求められるようになる。

今後，ある事象が起こる確率を求めるときは，根元事象がすべて「同様に確からしい」かどうかを意識するようにしよう。

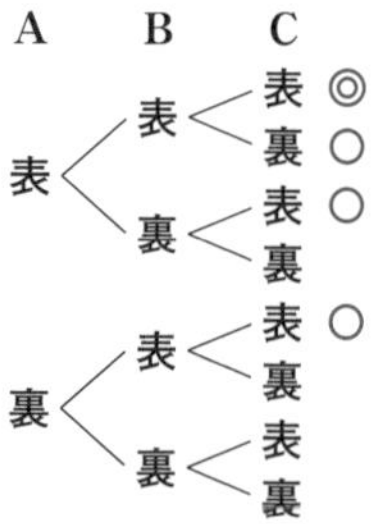

(a)　表 3 枚は ◎ の 1 通り。
(b)　表 2 枚，裏 1 枚は ○ の 3 通りで，(a) は (b) の 3 倍起こりやすい。

基本例題 36 順列と確率 (1)

男子 4 人と女子 2 人が次のように並ぶとき，各場合の確率を求めよ。
(1) 1 列に並ぶとき，両端が男子になる確率
(2) 輪の形に並ぶとき，女子 2 人が隣り合う確率

p.392 基本事項　重要 41

指針 (1) では **順列 $_n\mathrm{P}_r$**　(2) では **円順列 $(n-1)!$** を利用して，場合の数 N，a を求める。
(1) N… 6 人が 1 列に並ぶ順列。
a … まず両端に男子を並べ，次に間に残りの 4 人を並べると考える。
(2) N…「輪の形」であるから，6 人の円順列。
a … まず，女子 2 人を 1 組と考えて全体の並びを考え，次に女子 2 人を並べる。

CHART 確率の基本　N と a を求めて　$\dfrac{a}{N}$

解答

(1) すべての場合の数は，6 人を 1 列に並べる順列であるから　$_6\mathrm{P}_6=6!$ (通り)
このうち，両端にくる男子の並び方は　$_4\mathrm{P}_2$ 通り
そのおのおのについて，残りの 4 人の並び方は
$_4\mathrm{P}_4=4!$ (通り)
よって，求める確率は
$$\frac{_4\mathrm{P}_2\times4!}{6!}=\frac{4\cdot3\times4!}{6!}=\frac{\mathbf{2}}{\mathbf{5}}$$

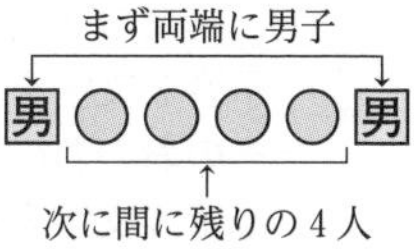

◀**積の法則** を利用。

(2) すべての場合の数は，6 人の円順列であるから
$(6-1)!=5!$ (通り)
隣り合う女子 2 人をまとめて 1 組と考えると，この 1 組と男子 4 人の並び方は
$(5-1)!=4!$ (通り)
そのおのおのについて，女子 2 人の並び方は　$2!$ 通り
よって，求める確率は　$\dfrac{4!\times2!}{5!}=\dfrac{\mathbf{2}}{\mathbf{5}}$

別解 (2) 女子 2 人を A，B とすると，2 人が隣り合うのは，A から見て右隣か左隣に B がくる場合である。
A を固定すると，A 以外の 5 人が A の左右に並ぶ方法は　$_5\mathrm{P}_2$ 通り
A の左右のどちらかに B が並ぶ方法は　2×4 通り
よって，求める確率は　$\dfrac{2\times4}{_5\mathrm{P}_2}=\dfrac{\mathbf{2}}{\mathbf{5}}$

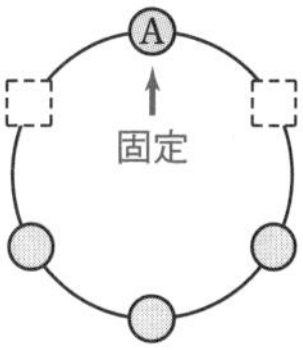

練習 ② **36** 男子 5 人と女子 3 人が次のように並ぶとき，各場合の確率を求めよ。
(1) 1 列に並ぶとき，女子どうしが隣り合わない確率
(2) 輪の形に並ぶとき，女子どうしが隣り合わない確率

基本例題 37 順列と確率 (2) … 同じものを区別する ②②②②②

coffee の 6 文字を次のように並べるとき，各場合の確率を求めよ。
(1) 横 1 列に並べるとき，左端が子音でかつ母音と子音が交互に並ぶ確率
(2) 円形に並べるとき，母音と子音が交互に並ぶ確率

p.392 基本事項

指針 確率の基本 **同じものでも区別して考える** ……★

に従い，2 個ずつある f と e をそれぞれ区別して，f_1，f_2，e_1，e_2 と考える。
(1) まず，子音を並べ，次にその間と右端に母音を並べる。
(2) 「円形」に並べるから，**円順列** の考えを利用する。まず，子音を円形に並べて **固定** し，次に子音と子音の間に母音を並べる。

注意 アルファベット 26 文字のうち，a, i, u, e, o を母音，残り 21 文字を子音という。

解答

2 個の f を f_1，f_2，2 個の e を e_1，e_2 とすると，母音は o，e_1，e_2，子音は c，f_1，f_2 である。

(1) 異なる 6 文字を 1 列に並べる方法は ${}_6P_6=6!$ (通り)
子音 3 文字を 1 列に並べる方法は ${}_3P_3=3!$ (通り)
そのおのおのについて，子音と子音の間および右端に母音 3 文字を並べる方法は ${}_3P_3=3!$ (通り)
よって，求める確率は $\dfrac{3!\times3!}{6!}=\mathbf{\dfrac{1}{20}}$

(2) 異なる 6 文字の円順列は $(6-1)!=5!$ (通り)
子音 3 文字の円順列は $(3-1)!=2!$ (通り)
そのおのおのについて，子音を固定して，子音と子音の間に母音 3 文字を並べる方法は ${}_3P_3=3!$ (通り)
よって，求める確率は $\dfrac{2!\times3!}{5!}=\mathbf{\dfrac{1}{10}}$

◀**指針**___……★ の方針。確率では，同様に確からしいことが前提にあるため，同じものでも区別して考える。

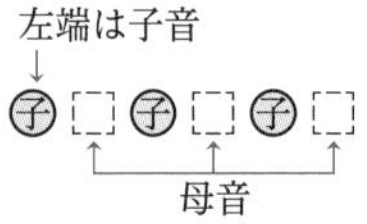

◀**積の法則** を利用。

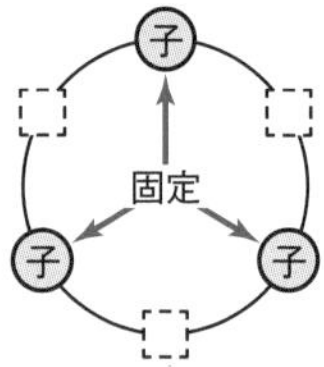

□ に母音を並べる。

検討

(1) で同じものを区別しないとき

(1) で，2 個の f，2 個の e を区別しないで考えると，並べ方の総数は $\dfrac{6!}{2!2!}=180$ (通り)
条件を満たす並べ方は $\left(\dfrac{3!}{2!}\right)^2=9$ (通り)　よって，確率は $\dfrac{9}{180}=\dfrac{1}{20}$
結果は上の解答と一致する。これは，同じものを区別しないで考えたときの根元事象が「同様に確からしい」ことから導かれた，正しいものである。
(6 文字の列 1 つ 1 つには，f，e を区別すると $2!\times2!$ 通り分の並べ方があり，どの文字列も同じ程度に起こることが期待できる。)
しかし，「同様に確からしい」の判断は意外と難しい。慣れるまでは，**同じものでも区別して考える** 方針が安全である。

練習 37 ②
kakuritu の 8 文字を次のように並べるとき，各場合の確率を求めよ。
(1) 横 1 列に並べるとき，左端が子音でかつ母音と子音が交互に並ぶ確率
(2) 円形に並べるとき，母音と子音が交互に並ぶ確率

p.409 EX 29

基本例題 38 組合せと確率 ②②②②②

赤，青，黄の札が 4 枚ずつあり，どの色の札にも 1 から 4 までの番号が 1 つずつ書かれている。この 12 枚の札から無作為に 3 枚取り出したとき，次のことが起こる確率を求めよ。 〔埼玉医大〕

(1) 全部同じ色になる。　(2) 番号が全部異なる。

(3) 色も番号も全部異なる。

p.392 基本事項

指針 場合の総数 N は，全 12 枚の札から 3 枚を選ぶ **組合せ** で ${}_{12}C_3$ 通り

(1)～(3) の各事象が起こる場合の数 a は，次のようにして求める。

(1) (同じ色の選び方)×(番号の取り出し方) ◀積の法則

(2) (異なる 3 つの番号の取り出し方)×(色の選び方)

↑ 同色でもよい。

(3) (異なる 3 つの番号の取り出し方)×(3 つの番号の色の選び方)

取り出した 3 つの番号を小さい順に並べ，それに対し，3 色を順に対応させる，と考えると，取り出した番号 1 組について，色の対応が ${}_3P_3$ 通りある。

(3)

1	2	3
赤	青	黄
赤	黄	青
青	赤	黄
青	黄	赤
黄	赤	青
黄	青	赤

} ${}_3P_3$ 通り

解答

12 枚の札から 3 枚の札を取り出す方法は ${}_{12}C_3$ 通り

(1) 赤，青，黄のどの色が同じになるかが ${}_3C_1$ 通り

その色について，どの番号を取り出すかが ${}_4C_3$ 通り

よって，求める確率は $\dfrac{{}_3C_1\times{}_4C_3}{{}_{12}C_3}=\dfrac{3\times4}{220}=\dfrac{3}{55}$

(2) どの 3 つの番号を取り出すかが ${}_4C_3$ 通り

そのおのおのに対して，色の選び方は 3^3 通りずつあるから，番号が全部異なる場合は ${}_4C_3\times3^3$ 通り

よって，求める確率は $\dfrac{{}_4C_3\times3^3}{{}_{12}C_3}=\dfrac{4\times27}{220}=\dfrac{27}{55}$

(3) どの 3 つの番号を取り出すかが ${}_4C_3$ 通りあり，取り出した 3 つの番号の色の選び方が ${}_3P_3$ 通りあるから，色も番号も全部異なる場合は ${}_4C_3\times{}_3P_3$ 通り

よって，求める確率は $\dfrac{{}_4C_3\times{}_3P_3}{{}_{12}C_3}=\dfrac{4\times6}{220}=\dfrac{6}{55}$

(1) 札を選ぶ順序にも注目して考えてもよい。下の 参考 を参照。

◀3 つの番号それぞれに対し，3 つずつ色が選べるから $3\times3\times3=3^3$

◀赤，青，黄の 3 色に対し，1，2，3，4 から 3 つの数を選んで対応させる，と考えて，$1\times{}_4P_3$ 通りとしてもよい。

参考 札を選ぶ **「順序」にも注目** して考えると $N={}_{12}P_3={}_{12}C_3\times3!$

(1) 色の選び方は ${}_3C_1$，番号の順序は ${}_4P_3$ で $a={}_3C_1\times{}_4P_3={}_3C_1\times{}_4C_3\times3!$

よって，$\dfrac{a}{N}=\dfrac{{}_3C_1\times{}_4C_3}{{}_{12}C_3}$ となる。同様に考えて (2) $a={}_4P_3\times3^3$ (3) $a={}_4P_3\times{}_3P_3$

練習 ③ 38 1 組のトランプの絵札（ジャック，クイーン，キング）合計 12 枚の中から任意に 4 枚の札を選ぶとき，次の確率を求めよ。 〔北海学園大〕

(1) スペード，ハート，ダイヤ，クラブの 4 種類の札が選ばれる確率

(2) ジャック，クイーン，キングの札が選ばれる確率

(3) スペード，ハート，ダイヤ，クラブの 4 種類の札が選ばれ，かつジャック，クイーン，キングの札が選ばれる確率

p.409 EX 30

基本 例題 39 じゃんけんと確率

①①①①①

(1) 2人がじゃんけんを1回するとき，勝負が決まる確率を求めよ。
(2) 3人がじゃんけんを1回するとき，ただ1人の勝者が決まる確率を求めよ。
(3) 4人がじゃんけんを1回するとき，あいこになる確率を求めよ。

基本 38

指針 じゃんけんの確率の問題では，「誰が」と「どの手」に注目する。

(2) **誰が** ただ1人の勝者か …… 3人から1人を選ぶから　3通り
　どの手 で勝つか …… ✊（グー），✌（チョキ），✋（パー）の3通り

(3) **あいこ** になる …… 「全員の手が同じ」か「3種類の手がすべて出ている」場合がある。よって，手の出し方の総数を，和の法則により求める。

解答

(1) 2人の手の出し方の総数は　$3^2=9$（通り）
1回で勝負が決まる場合，勝者の決まり方は　2通り
そのおのおのに対して，勝ち方がグー，チョキ，パーの3通りずつある。
よって，求める確率は　$\dfrac{2\times3}{9}=\mathbf{\dfrac{2}{3}}$

◀2人のうち誰が勝つか $_2C_1$ 通り
◀3つのどの手で勝つか $_3C_1$ 通り

別解　勝負が決まらない場合は，2人が同じ手を出したときの3通りあるから，求める確率は　$1-\dfrac{3}{9}=\mathbf{\dfrac{2}{3}}$

◀後で学ぶ余事象の確率（p.405）による考え方。

(2) 3人の手の出し方の総数は　$3^3=27$（通り）
1回で勝負が決まる場合，勝者の決まり方は
$_3C_1=3$（通り）
そのおのおのに対して，勝ち方がグー，チョキ，パーの3通りずつある。
よって，求める確率は　$\dfrac{3\times3}{27}=\mathbf{\dfrac{1}{3}}$

(2) 3人をA，B，Cとすると，Aだけが勝つのは

A	B	C
✊	✌	✌
✌	✋	✋
✋	✊	✊

の3通り。

(3) 4人の手の出し方の総数は　$3^4=81$（通り）
あいこになる場合は，次の[1]，[2]のどちらかである。
[1] 手の出し方が1種類のとき　3通り
[2] 手の出し方が3種類のとき
{グー，グー，チョキ，パー}，
{グー，チョキ，チョキ，パー}，
{グー，チョキ，パー，パー} の3つの場合がある。
出す人を区別すると，どの場合も $\dfrac{4!}{2!}$ 通りずつあるから，全部で　$\dfrac{4!}{2!}\times3=36$（通り）
よって，求める確率は　$\dfrac{3+36}{81}=\mathbf{\dfrac{13}{27}}$

◀$3\times3\times3\times3$ 通り
◀4人全員が✊または✌または✋。
◀例えば，{✊，✊，✌，✋}で✊を出す2人を，4人から選ぶと考えて $_4C_2\times2!=\dfrac{4!}{2!}$（通り）

練習 ③ **39** 5人がじゃんけんを1回するとき，次の確率を求めよ。
(1) 1人だけが勝つ確率　(2) 2人が勝つ確率
(3) あいこになる確率

p.409 EX 31

基本例題 40 確率の条件から未知数の決定

15 本のくじの中に何本かの当たりくじが入っている。この中から同時に 2 本引くとき，1 本が当たり，1 本がはずれる確率が $\frac{12}{35}$ であるという。当たりくじは何本あるか。

基本 38

指針 当たりくじの本数を n として，まず，確率を計算する。ここでは，確率が n の式で表されるから，$=\frac{12}{35}$ とおいて n の方程式を解く。

なお，文章題では，**解の検討** が大切で，n のとりうる値の範囲に注意が必要である。この問題では，1 本が当たり，1 本がはずれる確率が 0 ではないから，$1\leqq n\leqq 14$ であることに注意。

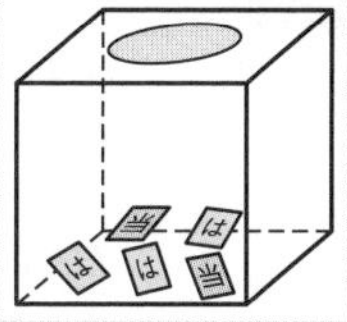

解答

当たりくじの本数を n とすると，n は整数で

$$1\leqq n\leqq 14 \quad \cdots\cdots ①$$

また，はずれくじの本数は $15-n$ で表される。

15 本から 2 本を取り出す方法は

$${}_{15}C_2 \text{ 通り}$$

当たり 1 本，はずれ 1 本を取り出す方法は

$${}_nC_1\times{}_{15-n}C_1 \text{ 通り}$$

したがって，条件から

$$\frac{{}_nC_1\times{}_{15-n}C_1}{{}_{15}C_2}=\frac{12}{35}$$

すなわち $\frac{n(15-n)}{15\cdot 7}=\frac{12}{35}$ ……（＊）

分母を払って整理すると　$n^2-15n+36=0$

左辺を因数分解して　$(n-3)(n-12)=0$

これを解いて　$n=3,\ 12$

① を満たす n の値は　$n=3,\ 12$

よって，当たりくじの本数は　**3 本または 12 本**

◀ $0\leqq n\leqq 15$ でもよいが，$n=0$（すべてはずれくじ），$n=15$（すべて当たりくじ）の場合，1 本が当たり，1 本がはずれとなることは起こらない。よって，$1\leqq n\leqq 14$ としている。

◀ ${}_{15}C_2=\frac{15\cdot 14}{2\cdot 1}=15\cdot 7$

◀ **解の検討**。$n=3,\ 12$ はともに ① を満たす。

検討

くじを引く順序を考える

当たりくじ n 本を $a_1,\ a_2,\ \cdots\cdots,\ a_n$；はずれくじ $15-n$ 本を $b_1,\ b_2,\ \cdots\cdots,\ b_{15-n}$ として，(1 本目，2 本目)＝(当たり，はずれ)，(はずれ，当たり) のように引く順序を考えると，題意の確率は，$\frac{2\times{}_nP_1\times{}_{15-n}P_1}{{}_{15}P_2}=\frac{n(15-n)}{15\cdot 7}$ となり，解答の（＊）の左辺と一致する。

この方針でもよいが，上のように組合せで考えると，当たり，はずれの順序を考える必要がない分だけ計算しやすい。

練習 ③ 40 袋の中に赤玉，白玉が合わせて 8 個入っている。この袋から玉を 2 個同時に取り出すとき，赤玉と白玉が 1 個ずつ出る確率が $\frac{3}{7}$ であるという。赤玉は何個あるか。

p.410 EX 32

重要例題 41 2次方程式の解の条件と確率 ④④④④④

3, 4, 5, 6, 7, 8 から 3 つの異なる数を取り出し，取り出した順に a, b, c とする。このとき，a, b, c を係数とする 2 次方程式 $ax^2+bx+c=0$ が実数解をもつ確率を求めよ。

基本 36

指針 この問題では，数学 I で学ぶ以下のことを利用する。

2 次方程式 $ax^2+bx+c=0$ の実数解の個数と判別式 $D=b^2-4ac$ の符号の関係

$D>0$ のとき，異なる 2 つの実数解をもつ
$D=0$ のとき，ただ 1 つの実数解(重解)をもつ } **$D \geqq 0$ のとき，実数解をもつ** ……★
$D<0$ のとき，実数解をもたない

ゆえに，$D=b^2-4ac \geqq 0$ を満たす組 (a, b, c) が何通りあるか，ということがカギとなる。この場合の数を「a, b, c は 3 以上 8 以下の整数」,「$a \neq b$ かつ $b \neq c$ かつ $c \neq a$」という条件を活かして，**もれなく，重複なく** 数え上げる。

解答

できる 2 次方程式の総数は　${}_6P_3=6\cdot5\cdot4=120$ (通り)

2 次方程式 $ax^2+bx+c=0$ の判別式を D とすると，実数解をもつための条件は　$D \geqq 0$

$D=b^2-4ac$ であるから　$b^2-4ac \geqq 0$ …… ①

$3 \leqq a \leqq 8$, $3 \leqq b \leqq 8$, $3 \leqq c \leqq 8$ であり，$a \neq c$ であるから

① より　$b^2 \geqq 4ac \geqq 4\cdot3\cdot4$
ゆえに　$b^2 \geqq 48$　よって　$b=7, 8$ } (＊)

$b=7$ のとき，① から

$$7^2 \geqq 4ac \quad すなわち \quad ac \leqq \frac{49}{4}=12.25$$

この不等式を満たす a, c の組は

$(a, c)=(3, 4), (4, 3)$

$b=8$ のとき，① から　$8^2 \geqq 4ac$　すなわち　$ac \leqq 16$

この不等式を満たす a, c の組は

$(a, c)=(3, 4), (3, 5), (4, 3), (5, 3)$

したがって，求める確率は　$\dfrac{2+4}{120}=\dfrac{\mathbf{1}}{\mathbf{20}}$

◀組 (a, b, c) の総数。

◀指針＿＿……★ の方針。

◀ac のとりうる最小の値に注目する。

◀$7^2=49>48$ であるから $b=7, 8$

◀3 以上 8 以下の異なる 2 数の積は，小さい順に $3\cdot4=12$, $3\cdot5=15$, $3\cdot6=18>16$ 以後も 16 より大きい。よって，a, c の組を絞ることができる。

検討

整数の問題は，不等式で値を絞る

上の例題では，$D=b^2-4ac \geqq 0$ を満たす整数の組 (a, b, c) を調べるために，$ac \geqq 3\cdot4$ という条件を利用し，まず b の値を絞った[解答の(＊)の部分]。
このように，場合の数を求めるのに，不等式を処理する必要がある場合，文字が整数のときはその性質を利用するとよい。特に，**さいころの目 a** によって係数が決まるときは，「**a は 1 以上 6 以下の整数**」であることに注意する。

練習 ③ 41 さいころを 3 回投げて，出た目の数を順に a, b, c とするとき，x の 2 次方程式 $abx^2-12x+c=0$ が重解をもつ確率を求めよ。〔広島文教女子大〕

p.410 EX 33

参考事項 統計的確率

※これまで学習してきた確率は，ある試行において1つの結果からなる根元事象がどれも同様に確からしい場合について考えてきた（これを **数学的確率** ということがある）。しかし，現実的な社会の中の確率の問題では，同様に確からしいと考えられない場合も多い。そのような場合の確率について考えてみよう。

右の表は2013年から2018年までの日本の出生統計である。この表から，出生児が男子である割合は，一定の値0.513とほぼ等しいとみなしてよいことがわかる。

年次	出生児数 N	男子数 r	$\frac{r}{N}$
2013	1,029,817	527,657	0.512
2014	1,003,609	515,572	0.514
2015	1,005,721	515,468	0.513
2016	977,242	502,012	0.514
2017	946,146	484,478	0.512
2018	918,400	470,851	0.513

一般に，観察した資料の総数 N が十分大きいとき，事象 A の起こった度数 r を N で割った値（相対度数）$\dfrac{r}{N}$ が一定の値 p にほぼ等しいとみなされるとき，値 p を事象 A の **統計的確率** という。

例えば，日本における出生児が男子である統計的確率は0.513であると考えられる。

例　日本人の血液型の割合は，おおよそ右の表のようになることが過去の統計からわかっている。

O 型	A 型	B 型	AB 型
30 %	40 %	20 %	10 %

例えば，任意に選ばれた1人の日本人について，その人がO型，A型，B型，AB型である事象をそれぞれ O，A，B，X とすると，これらの事象が起こる統計的確率は

$$P(O)=0.3,\ P(A)=0.4,\ P(B)=0.2,\ P(X)=0.1$$

であると考えられる。
この統計的確率を用いると，（日本人の）生徒5人がいるとき，B型の人が1人だけ含まれる確率は

$${}_5C_1(0.2)^1(1-0.2)^4=(0.8)^4=0.4096 \quad \text{すなわち} \quad \text{約}\ 41\ \%$$

と考えることができる（$p.411$ で学ぶ反復試行の確率を用いた）。

参考　上の 例 で示した血液型の割合は，日本人全体についてのものである。実は，血液型の割合は国によってかなり差がある。また，日本国内においても，地域によっては 例 で示した割合と多少差が生じることがわかっている。

問　過去のデータから，明日と明後日の2日とも，午前9時から午後3時までに雨の降る確率は20％であることがわかっている。明日も明後日も上記の時間にずっと屋外にいる人が，2日とも雨にあわない確率が67％であるとき，2日とも雨にあう確率を求めよ。

（＊） 問 の解答は $p.659$ にある（$p.402$ で学ぶ和事象の確率を用いる）。

7 確率の基本性質

基本事項

1 確率の基本性質　どんな事象 A についても　$0 \leqq P(A) \leqq 1$
特に，空事象 $\varnothing$ の確率は　$P(\varnothing)=0$，　全事象 U の確率は　$P(U)=1$

2 積事象，和事象　全事象 U の部分集合 A，B について
A と B の **積事象 $A \cap B$ 「A と B がともに起こる」という事象**
和事象 $A \cup B$ 「A または B が起こる」という事象

3 排反事象
2 つの事象 A，B が同時には決して起こらないとき，すなわち，$A \cap B=\varnothing$ のとき，事象 A，B は互いに **排反** である，または，互いに **排反事象** であるという。
3 つ以上の事象については，その中のどの 2 つの事象も互いに排反であるとき，これらの事象は互いに **排反** である，または，互いに **排反事象** であるという。

4 加法定理，和事象の確率

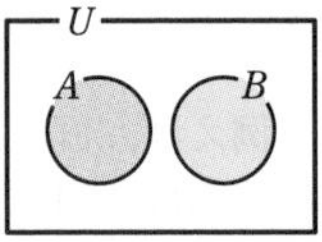

① **加法定理**　事象 A，B が互いに排反 ($A \cap B=\varnothing$) であるとき
$$P(A \cup B)=P(A)+P(B)$$
3 つ以上の事象 A，B，C，…… が互いに排反であるとき
$$P(A \cup B \cup C \cup \cdots\cdots)=P(A)+P(B)+P(C)+\cdots\cdots$$
② **和事象の確率**　一般に　$P(A \cup B)=P(A)+P(B)-P(A \cap B)$

5 余事象の確率
事象 A に対して，A が起こらないという事象を，A の **余事象** といい，$\overline{A}$ で表す。
余事象の確率　$P(\overline{A})=1-P(A)$

解　説

■確率と集合

事象 T の起こる場合の数が $n(T)$ であり，$P(T)=\dfrac{n(T)}{n(U)}$ であるから，集合の **個数の性質** (個数定理)が **確率の性質** に直接結びついている。すなわち，$n(\ \ )$ の性質の各辺を $n(U)$ で割ると，$P(\ \ )$ の性質が得られる。

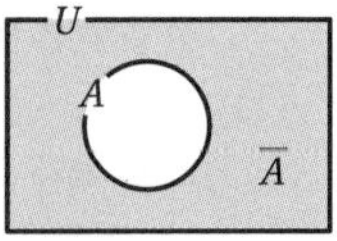

$\varnothing \subset A \subset U$　$0 \leqq n(A) \leqq n(U)$	$0 \leqq P(A) \leqq 1$
$n(\varnothing)=0$，$n(U)$	$P(\varnothing)=0$，$P(U)=1$
$A \cap B=\varnothing$ のとき	A と B が互いに排反のとき
$n(A \cup B)=n(A)+n(B)$	$P(A \cup B)=P(A)+P(B)$
一般に	一般に
$n(A \cup B)=n(A)+n(B)-n(A \cap B)$	$P(A \cup B)=P(A)+P(B)-P(A \cap B)$
$A \cup \overline{A}=U$，$A \cap \overline{A}=\varnothing$ から	$P(A \cup \overline{A})=1$，$P(A \cap \overline{A})=0$ から
$n(A)+n(\overline{A})=n(U)$	$P(A)+P(\overline{A})=1$
よって　$n(\overline{A})=n(U)-n(A)$	よって　$P(\overline{A})=1-P(A)$

参考　3 つの事象の和事象の確率については，以下のことが成り立つ。
$$P(A \cup B \cup C)=P(A)+P(B)+P(C)-P(A \cap B)-P(B \cap C)-P(C \cap A)$$
$$+P(A \cap B \cap C)$$
← p.333 基本事項 5 ③ に対応。

基本 例題 42 確率の加法定理

袋の中に赤玉 2 個，青玉 3 個，白玉 4 個の合わせて 9 個の玉が入っている。

(1) この袋から 3 個の玉を同時に取り出すとき，3 個の玉の色がすべて同じである確率を求めよ。

(2) この袋から 2 個の玉を同時に取り出すとき，2 個の玉の色が異なる確率を求めよ。

p.402 基本事項 3，4

指針 A と B が互いに **排反事象**（$A\cap B=\varnothing$）であるとき，確率の

加法定理　$P(A\cup B)=P(A)+P(B)$

（3 つ以上の事象についても同様）

が成り立つ。つまり，この加法定理により，確率どうしを加えることができる。

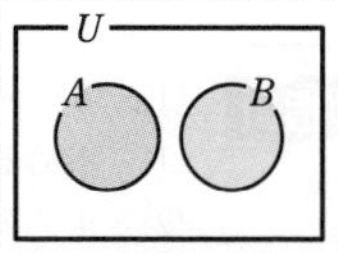

(1) 3 個の玉の色がすべて同じ ⟶「3 個とも青」と「3 個とも白」の 2 つの **排反事象** の和事象。

(2) 2 個の玉の色が異なる ⟶ 2 色の選び方に注目し，**排反事象** に分ける。

CHART 確率の計算　**排反なら 確率を加える**

解答

(1) 9 個の玉から 3 個を取り出す場合の総数は　${}_9C_3$ 通り

3 個の玉の色がすべて同じであるのは

A：3 個とも青，　B：3 個とも白

の場合であり，事象 A，B は互いに排反である。

よって，求める確率は

$$P(A\cup B)=P(A)+P(B)$$
$$=\frac{{}_3C_3}{{}_9C_3}+\frac{{}_4C_3}{{}_9C_3}$$
$$=\frac{1}{84}+\frac{4}{84}=\mathbf{\frac{5}{84}}$$

(2) 9 個の玉から 2 個を取り出す場合の総数は　${}_9C_2$ 通り

2 個の玉の色が異なるのは

C：赤と青，　D：青と白，　E：白と赤

の場合であり，事象 C，D，E は互いに排反である。

よって，求める確率は

$$P(C\cup D\cup E)=P(C)+P(D)+P(E)$$
$$=\frac{2\times3}{{}_9C_2}+\frac{3\times4}{{}_9C_2}+\frac{4\times2}{{}_9C_2}$$
$$=\frac{26}{36}=\mathbf{\frac{13}{18}}$$

◀ A：●●●、B：○○○　互いに排反

◀ 問題の事象は，A と B の和事象である。

◀ 事象 A，B は同時に起こらない（排反）。

◀ C：●●、D：●○、E：○●　互いに排反

◀ $P(C)=\dfrac{{}_2C_1\times{}_3C_1}{{}_9C_2}$

練習 ② **42** 袋の中に，2 と書かれたカードが 5 枚，3 と書かれたカードが 4 枚，4 と書かれたカードが 3 枚入っている。この袋から一度に 3 枚のカードを取り出すとき

(1) 3 枚のカードの数がすべて同じである確率を求めよ。

(2) 3 枚のカードの数の和が奇数である確率を求めよ。

p.410 EX 34

基本例題 43 和事象の確率

箱の中に1から10までの10枚の番号札が入っている。この箱の中から3枚の番号札を一度に取り出す。次の確率を求めよ。

(1) 最大の番号が7以下で，最小の番号が3以上である確率

(2) 最大の番号が7以下であるか，または，最小の番号が3以上である確率

(3) 1または2の番号札を取り出す確率 〔類 日本女子大〕

p.402 基本事項 4　重要 45, 46

指針 (1), (2) A：最大の番号が7以下，B：最小の番号が3以上 とする。

(1) 求める確率は $P(A\cap B)$ ⟶ 3～7の番号札から3枚取り出す確率を求める。

(2) 求める確率は $P(A\cup B)$ であるが，2つの事象 A，B は**「互いに排反」ではない。**

2つの事象 A，B が排反でないときは，次の **和事象の確率** で考える。

$$P(A\cup B)=P(A)+P(B)-P(A\cap B)$$

(3) C：1の番号札を取り出す，D：2の番号札を取り出す とすると，求める確率は $P(C\cup D)$ であるが，ここでも2つの事象 C，D は**「互いに排反」ではない。**

解答

A：最大の番号が7以下，B：最小の番号が3以上 とする。

(1) 求める確率は $P(A\cap B)$ であり，3, 4, 5, 6, 7の番号札の中から3枚を取り出す確率に等しいから

$$\frac{{}_5C_3}{{}_{10}C_3}=\mathbf{\frac{1}{12}}$$

(2) $P(A)=\dfrac{{}_7C_3}{{}_{10}C_3}$，$P(B)=\dfrac{{}_8C_3}{{}_{10}C_3}$，(1)から $P(A\cap B)=\dfrac{1}{12}$

よって，求める確率は

$$P(A\cup B)=P(A)+P(B)-P(A\cap B)$$
$$=\frac{{}_7C_3}{{}_{10}C_3}+\frac{{}_8C_3}{{}_{10}C_3}-\frac{1}{12}=\frac{35}{120}+\frac{56}{120}-\frac{10}{120}$$
$$=\mathbf{\frac{27}{40}}$$

(3) C：1の番号札を取り出す，D：2の番号札を取り出す

とすると $P(C)=\dfrac{{}_9C_2}{{}_{10}C_3}$，$P(D)=\dfrac{{}_9C_2}{{}_{10}C_3}$，$P(C\cap D)=\dfrac{{}_8C_1}{{}_{10}C_3}$

よって，求める確率は

$$P(C\cup D)=P(C)+P(D)-P(C\cap D)$$
$$=\frac{{}_9C_2}{{}_{10}C_3}+\frac{{}_9C_2}{{}_{10}C_3}-\frac{{}_8C_1}{{}_{10}C_3}=\frac{36}{120}\cdot 2-\frac{8}{120}$$
$$=\mathbf{\frac{8}{15}}$$

◀2つの事象 A，B は同時に起こりうるから，A，B は排反ではない。

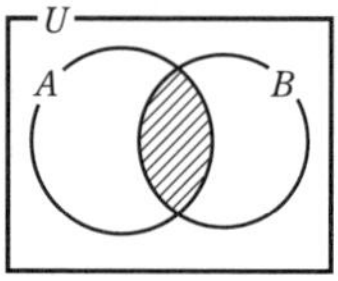

(1) 積事象 $A\cap B$ は，図の斜線部分で表され，その確率は $\dfrac{1}{12}$

(3) 別解 1または2を取り出す事象の余事象は，最小の番号が3以上になることであるから，求める確率は，(2)より

$$1-P(B)=1-\frac{{}_8C_3}{{}_{10}C_3}$$
$$=1-\frac{56}{120}=\mathbf{\frac{8}{15}}$$

練習 ② 43 1から5までの番号札が各数字3枚ずつ計15枚ある。札をよくかき混ぜてから2枚取り出したとき，次の確率を求めよ。

(1) 2枚が同じ数字である確率

(2) 2枚が同じ数字であるか，2枚の数字の積が4以下である確率

基本 例題 44 余事象の確率

(1) 15 個の電球の中に 2 個の不良品が入っている。この中から同時に 3 個の電球を取り出すとき，少なくとも 1 個の不良品が含まれる確率を求めよ。

(2) さいころを 3 回投げて，出た目の数全部の積を X とする。このとき，$X>2$ となる確率を求めよ。

p.402 基本事項 5　重要 45，46

指針 (1) 「少なくとも」とあるときは，**余事象** を考えるとよい。
「少なくとも 1 個の不良品が含まれる」の余事象は「3 個とも不良品でない」であるから，1−(…… でない確率) により，求める確率が得られる。

(2) 「$X>2$」の場合の数は求めにくい。そこで，**余事象** を考える。
「$X>2$」の余事象は「$X\leqq2$」であり，X はさいころの出た目の積であるから，$X=1$，2 となる 2 つの場合の数を考える。

CHART 確率の計算
「少なくとも……」，「……でない」には 余事象 が近道

解答

(1) A:「少なくとも 1 個の不良品が含まれる」とすると，余事象 $\overline{A}$ は「3 個とも不良品でない」であるから，その確率は

$$P(\overline{A})=\frac{{}_{13}C_3}{{}_{15}C_3}=\frac{22}{35}$$

◀ $\dfrac{\frac{13\times12\times11}{3\times2\times1}}{\frac{15\times14\times13}{3\times2\times1}}$

よって，求める確率は　$P(A)=1-P(\overline{A})=\mathbf{\frac{13}{35}}$

別解 不良品が 1 個または 2 個の場合があり，これらは互いに排反であるから，求める確率は

$$\frac{{}_2C_1\times{}_{13}C_2}{{}_{15}C_3}+\frac{{}_2C_2\times{}_{13}C_1}{{}_{15}C_3}=\mathbf{\frac{13}{35}}$$

(2) A:「$X>2$」とすると，余事象 $\overline{A}$ は「$X\leqq2$」である。

◀「$X>2$」の余事象を「$X<2$」と間違えないように注意。$>$ の否定は $\leqq$ である。

[1] $X=1$ となる目の出方は，(1，1，1) の　1 通り

[2] $X=2$ となる目の出方は，
(2，1，1)，(1，2，1)，(1，1，2) の　3 通り

目の出方は全体で 6^3 通りであるから，[1]，[2] より

$$P(\overline{A})=\frac{1+3}{6^3}=\frac{1}{54}$$

◀ 事象 [1]，[2] は互いに排反。

よって，求める確率は

$$P(A)=1-P(\overline{A})=1-\frac{1}{54}=\mathbf{\frac{53}{54}}$$

練習 ② 44

(1) 5 枚のカード A，B，C，D，E を横 1 列に並べるとき，B が A の隣にならない確率を求めよ。 [(1) 九州産大]

(2) 赤球 4 個と白球 6 個が入っている袋から同時に 4 個の球を取り出すとき，取り出した 4 個のうち少なくとも 2 個が赤球である確率を求めよ。 [(2) 学習院大]

基本例題 45 和事象・余事象の確率

あるパーティーに，A，B，C，D の 4 人が 1 個ずつプレゼントを持って集まった。これらのプレゼントを一度集めてから無作為に分配することにする。
(1) A または B が自分のプレゼントを受け取る確率を求めよ。
(2) 自分が持ってきたプレゼントを受け取る人数が k 人である確率を $P(k)$ とする。$P(0)$，$P(1)$，$P(2)$，$P(3)$，$P(4)$ をそれぞれ求めよ。

基本 43，44

指針
(1) A，B が自分のプレゼントを受け取るという事象をそれぞれ A，B として
和事象の確率 $P(A\cup B)=P(A)+P(B)-P(A\cap B)$
を利用する。
(2) $P(0)$ が一番求めにくいので，まず，$P(1)$～$P(4)$ を求める。そして，最後に $P(0)$ を $P(0)+P(1)+P(2)+P(3)+P(4)=1$（**確率の総和は 1**）を利用して求める。

解答
(1) プレゼントの受け取り方の総数は　4! 通り
A，B が自分のプレゼントを受け取るという事象をそれぞれ A，B とすると，求める確率は

$$P(A\cup B)=P(A)+P(B)-P(A\cap B)$$
$$=\frac{3!}{4!}+\frac{3!}{4!}-\frac{2!}{4!}=\frac{6}{24}+\frac{6}{24}-\frac{2}{24}=\mathbf{\frac{5}{12}}$$

(2) $P(4)$，$P(3)$，$P(2)$，$P(1)$，$P(0)$ の順に求める。
[1] $k=4$ のとき，全員が自分のプレゼントを受け取るから 1 通り。よって　$\boldsymbol{P(4)}=\frac{1}{4!}=\mathbf{\frac{1}{24}}$
[2] $k=3$ となることは起こらないから　$\boldsymbol{P(3)=0}$
[3] $k=2$ のとき，例えば A と B が自分のプレゼントを受け取るとすると，C，D はそれぞれ D，C のプレゼントを受け取ることになるから 1 通り。
よって　$\boldsymbol{P(2)}=\frac{{}_4C_2\times1}{4!}=\mathbf{\frac{1}{4}}$
[4] $k=1$ のとき，例えば A が自分のプレゼントを受け取るとすると，B，C，D はそれぞれ順に C，D，B または D，B，C のプレゼントを受け取る 2 通りがあるから　$\boldsymbol{P(1)}=\frac{{}_4C_1\times2}{4!}=\mathbf{\frac{1}{3}}$
[1]～[4] から　$\boldsymbol{P(0)}=1-\{P(1)+P(2)+P(3)+P(4)\}$
$$=1-\left(\frac{1}{3}+\frac{1}{4}+\frac{1}{24}\right)=\mathbf{\frac{3}{8}}$$

◀4 個のプレゼントを 1 列に並べて，A から順に受け取ると考える。

◀A の場合の数は，並び Ⓐ□□□ の 3 つの □ に，B，C，D のプレゼントを並べる方法で 3! 通り。

◀3 人が自分のプレゼントを受け取るなら，残り 1 人も必ず自分のプレゼントを受け取る。

◀自分のプレゼントを受け取る 2 人の選び方は ${}_4C_2$ 通り。

検討
$k=0$ のときは，4 人の**完全順列**（$p.354$）の数であるから　9 通り
よって　$P(0)=\frac{9}{4!}=\frac{3}{8}$

練習 ③ **45**
1 から 200 までの整数が 1 つずつ記入された 200 本のくじがある。これから 1 本を引くとき，それに記入された数が 2 の倍数でもなく，3 の倍数でもない確率を求めよ。
〔岡山大〕 p.410 EX 35

重要例題 46 確率の基本計算と和事象の確率

2個のさいころを同時に投げるとき，少なくとも1個は6の目が出るという事象をA，出た目の和が偶数となるという事象をBとする。

(1) AまたはBが起こる確率を求めよ。

(2) A，Bのどちらか一方だけが起こる確率を求めよ。

基本 43，44

指針 全事象をUとすると，Uは右の図のように，互いに **排反** な4つの事象　$A\cap\overline{B}$，$A\cap B$，$\overline{A}\cap B$，$\overline{A}\cap\overline{B}$　に分けられる。

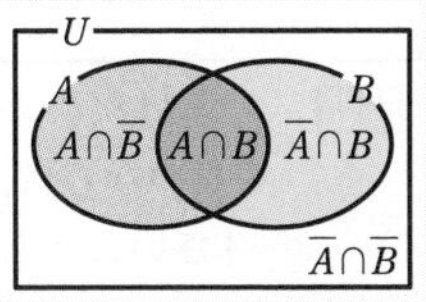

(1) $P(A\cup B)=P(A)+P(B)-P(A\cap B)$　を利用。

(2) A，Bのどちらか一方だけが起こるという事象は，$A\cap\overline{B}$または$\overline{A}\cap B$（互いに排反）で表される。

解答

(1) $\overline{A}$は，2個とも6以外の目が出るという事象であるから　$P(A)=1-P(\overline{A})=1-\dfrac{5^2}{6^2}=\dfrac{11}{36}$

また，目の和が偶数となるのは，2個とも偶数または2個とも奇数の場合で　$P(B)=\dfrac{3^2+3^2}{6^2}=\dfrac{18}{36}$

更に，少なくとも1個は6の目が出て，かつ，出た目の和が偶数となる場合には，

(2，6)，(4，6)，(6，2)，(6，4)，(6，6)

の5通りがあるから　$P(A\cap B)=\dfrac{5}{6^2}=\dfrac{5}{36}$

よって，求める確率は

$$P(A\cup B)=P(A)+P(B)-P(A\cap B)$$
$$=\frac{11}{36}+\frac{18}{36}-\frac{5}{36}=\frac{24}{36}=\boldsymbol{\frac{2}{3}}$$

(2) Aだけが起こるという事象は$A\cap\overline{B}$，Bだけが起こるという事象は$\overline{A}\cap B$で表され，この2つの事象は互いに排反である。よって，求める確率は

$$P(A\cap\overline{B})+P(\overline{A}\cap B)$$
$$=\{P(A)-P(A\cap B)\}+\{P(B)-P(A\cap B)\}$$
$$=\frac{11}{36}+\frac{18}{36}-2\cdot\frac{5}{36}=\boldsymbol{\frac{19}{36}}$$

◀(1)の結果を利用。

少なくとも……には **余事象** が近道

検討

指針の図を，次のように表すこともある。

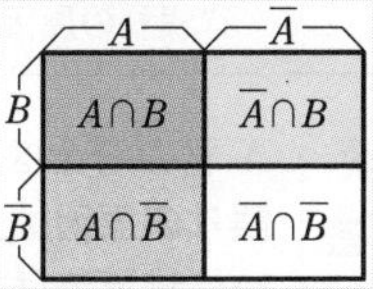

図から，次の等式が成り立つ。

$P(A\cap\overline{B})=P(A)-P(A\cap B)$，
$P(\overline{A}\cap B)=P(B)-P(A\cap B)$

また，(2)では次の等式を利用してもよい。

$P(A\cap\overline{B})+P(\overline{A}\cap B)$
$=P(A\cup B)-P(A\cap B)$

練習 ③46 ジョーカーを除く1組52枚のトランプから同時に2枚取り出すとき，少なくとも1枚がハートであるという事象をA，2枚のマーク（スペード，ハート，ダイヤ，クラブ）が異なるという事象をBとする。このとき，次の確率を求めよ。

(1) AまたはBが起こる確率

(2) A，Bのどちらか一方だけが起こる確率

参考事項　正誤を問う確率の問題（「排反」の正しい理解）

※和事象の確率　　$P(A\cup B)=P(A)+P(B)-P(A\cap B)$　　……①

確率の加法定理　A と B が排反 $(A\cap B=\varnothing)$ のとき　$P(A\cup B)=P(A)+P(B)$ …②

を使い分けるには，「排反」の概念を正しく理解することが必要となる。少し難しいが，「排反」に関する次の問題にチャレンジしてみよう。

問題　A 君は次のように考えた。A 君の考えは正しいかどうかをいえ。もし，正しくないならば，誤りの原因をなるべく簡潔に指摘せよ。

「さいころを何回か投げるとき，各回に 1 の目が出る確率は $\frac{1}{6}$ である。

よって，6 回投げるとき，少なくとも 1 回は 1 の目が出る確率は

$\frac{1}{6}+\frac{1}{6}+\frac{1}{6}+\frac{1}{6}+\frac{1}{6}+\frac{1}{6}=1$ である。」　〔類　京都大〕

指針　下の解答を読む前に，まずは式 ①，② の意味を考えながら，自分で考えてみよう。

さて，A 君は $\frac{1}{6}+\frac{1}{6}+\frac{1}{6}+\frac{1}{6}+\frac{1}{6}+\frac{1}{6}=1$ としているから，加法定理によって解いたと考えることができる。しかし，加法定理が適用できるのは，

それぞれの事象が互いに排反であるときに限られる。

“誤りの原因をなるべく簡潔に指摘せよ” に対して，ここでは次のように答える。

解答

A 君の考えは正しくない。

誤りの原因は，1 回目，2 回目，……，6 回目の各回に 1 の目が出るという事象が互いに排反ではないのに，各回に 1 の目が出る確率を加えるだけで「6 回投げるとき，少なくとも 1 回は 1 の目が出る確率」としたところにある。

もう少し詳しく解説しよう。

問題文にあるような確率の足し算ができるためには，

「1 回目に 1 が出る」,「2 回目に 1 が出る」, ……,「6 回目に 1 が出る」　……（∗）

という各事象が **互いに排反** になっていなければならない。すなわち，事象どうしに共通部分がないことが必要である。

ところが，実際には「1 回目に 1 が出る」ことと「2 回目に 1 が出る」ことが同時に起こることもある。すなわち，(∗)の 6 つの事象はどの 2 つについても共通部分がある。したがって，単に足し合わせるだけではなく，正しくは 2 重，3 重になっている **「足し過ぎ」** の部分を引かなければならないのである。

[1]　こうであれば A 君の計算は正しい。

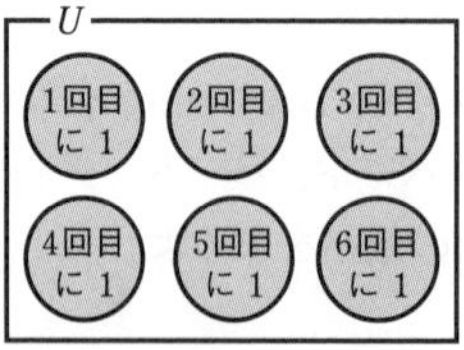

[2]　実際はこうなっている。

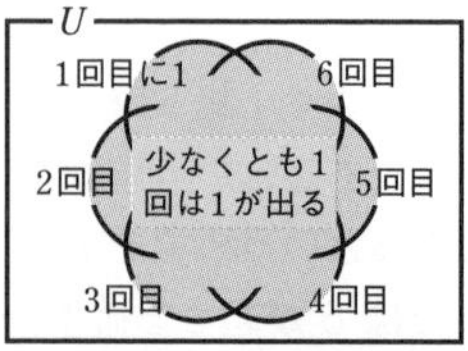

③27 1から6までの整数が1つずつ書かれた6枚のカードを横1列に並べる。左から n 番目のカードに書かれた整数を a_n とするとき

(1) $a_3=3$ である確率を求めよ。
(2) $a_1>a_6$ である確率を求めよ。
(3) $a_1<a_3<a_5$ かつ $a_2<a_4<a_6$ である確率を求めよ。〔山口大〕

→35

②28 正六角形の頂点を反時計回りに P_1, P_2, P_3, P_4, P_5, P_6 とする。1個のさいころを2回投げて，出た目を順に j, k とする。

(1) P_1, P_j, P_k が異なる3点となる確率を求めよ。
(2) P_1, P_j, P_k が正三角形の3頂点となる確率を求めよ。
(3) P_1, P_j, P_k が直角三角形の3頂点となる確率を求めよ。〔広島大〕

→35

③29 (1) 赤色が1個，青色が2個，黄色が1個の合計4個のボールがある。この4個のボールから3個を選び1列に並べる。この並べ方は全部で何通りあるか。

(2) 赤色と青色がそれぞれ2個，黄色が1個の合計5個のボールがある。この5個のボールから4個を選び1列に並べる。この並べ方は全部で何通りあるか。

(3) (2)の5個のボールから4個を選び1列に並べるとき，赤色のボールが隣り合う確率を求めよ。〔中央大〕

→37

③30 5桁の整数で，各位の数が2，3，4のいずれかであるものの全体を考える。これらの整数から1つを選ぶとき，次の確率を求めよ。

(1) 選んだ整数が4の倍数である確率
(2) 選んだ整数の各位の数5個の総和が13となる確率〔関西大〕

→38

③31 6人でじゃんけんを1回するとき，手の出し方の総数は ア□ 通りであり，勝者が3人である確率は イ□ である。また，勝者が決まる確率は ウ□ である。

〔類 玉川大〕

→39

HINT

27 (2) 6枚から2枚を選び，カードに書かれた数が大きい方を a_1，小さい方を a_6 とすると，$a_1>a_6$ となる。
(3) (2)と同様に，まず3枚を選ぶことを考えてみるとよい。

28 (3) $\angle P_1$ が直角のとき，直角でないときで場合分け。

29 (3) 確率では，ボールすべてを区別して考える。

30 (1) 4の倍数となるのは，下2桁が4の倍数となる場合である。
(2) 22222（各位の数の総和は10）を基に，各位の数の総和を13にするための方法，すなわち，2を3または4におき換える方法を考える。

31 (ウ) 6人でじゃんけんをするのだから，勝者は1～5人の場合がある。

④32　n 本のくじがあり，その中に 3 本の当たりくじが入っている。ただし，$n\geqq5$ であるとする。この中から 2 本のくじを引く。

(1)　$n=5$ のとき，2 本とも当たりくじである確率は □ である。

(2)　$n=7$ のとき，少なくとも 1 本は当たりくじである確率は □ である。

(3)　少なくとも 1 本は当たりくじである確率を n を用いて表すと □ である。

(4)　2 本とも当たりくじである確率が $\frac{1}{12}$ となる n は □ である。

(5)　少なくとも 1 本は当たりくじである確率が $\frac{1}{2}$ 以下となる最小の n は □ である。

〔関西大〕　→40

③33　大小 2 つのさいころを投げて，大きいさいころの目の数を a，小さいさいころの目の数を b とする。このとき，関数 $y=ax^2+2x-b$ のグラフと関数 $y=bx^2$ のグラフが異なる 2 点で交わる確率を求めよ。〔類　熊本大〕　→41

③34　中の見えない袋の中に同じ大きさの白球 3 個，赤球 2 個，黒球 1 個が入っている。この袋から 1 球ずつ球を取り出し，黒球を取り出したとき袋から球を取り出すことをやめる。ただし，取り出した球はもとに戻さない。〔大阪府大〕

(1)　取り出した球の中に，赤球がちょうど 2 個含まれる確率を求めよ。

(2)　取り出した球の中に，赤球より白球が多く含まれる確率を求めよ。　→42

④35　箱の中に A と書かれたカード，B と書かれたカード，C と書かれたカードがそれぞれ 4 枚ずつ入っている。男性 6 人，女性 6 人が箱の中から 1 枚ずつカードを引く。ただし，引いたカードは戻さない。〔横浜市大〕

(1)　A と書かれたカードを 4 枚とも男性が引く確率を求めよ。

(2)　A，B，C と書かれたカードのうち，少なくとも 1 種類のカードを 4 枚とも男性または 4 枚とも女性が引く確率を求めよ。　→43, 45

HINT

32　(4)　分母に n がある式の方程式を，分母を払って解く。

(5)　(3) の結果を利用。(分母に n がある式)$\leqq\frac{1}{2}$ の不等式を解くことになるが，$n\geqq5$ であるから，分母を払っても不等号の向きは変わらない。

33　方程式 $ax^2+2x-b=bx^2$ が異なる 2 つの実数解をもつための条件を考える。

34　黒球が出る前の場合を考える。

35　(2)　1 種類のカードを 4 枚とも男性が引くという事象を D，女性が引くという事象を E とすると，求める確率は　$P(D\cup E)=P(D)+P(E)-P(D\cap E)$

8 独立な試行・反復試行の確率

基本事項

1 独立な試行の確率

① 2つの独立な試行 S, T において, S では事象 A が起こり, T では事象 B が起こるという事象を C とすると　$P(C)=P(A)P(B)$

② 3つの独立な試行 T_1, T_2, T_3 において, T_1 では事象 A が起こり, T_2 では事象 B が起こり, T_3 では事象 C が起こるという事象を D とすると

$$P(D)=P(A)P(B)P(C)$$

4つ以上の独立な試行についても, 同様の等式が成り立つ。

2 反復試行の確率

1回の試行で事象 A が起こる確率を p とする。この試行を n 回繰り返し行うとき, 事象 A がちょうど r 回起こる確率は

$${}_n\mathrm{C}_r p^r(1-p)^{n-r}\qquad ただし\quad r=0,\ 1,\ 2,\ \cdots\cdots,\ n$$

注意 $a\neq 0$ のとき $\boldsymbol{a^0=1}$ と定義する。${}_n\mathrm{C}_0 p^0(1-p)^n=(1-p)^n$, ${}_n\mathrm{C}_n p^n(1-p)^0=p^n$

解　説

■ 独立な試行

1個のさいころを投げる試行と1枚の硬貨を投げる試行において, さいころの目の出方と硬貨の表裏の出方は明らかに無関係であり, この2つの試行は互いにその結果に影響を及ぼさない。このように, **2つの試行が互いに他方の結果に影響を及ぼさない** とき, これらの2つの試行は **独立** であるという。3つ以上の試行においても, **どの試行の結果も他の試行の結果に影響を及ぼさないとき**, これらの試行は **独立** であるという。

また, 2つの独立な試行を同時に行うとか, または続けて行うというように, これらの試行をまとめた試行を **独立試行** という。

例　(1) 1個のさいころを投げる試行と, 2枚の硬貨を投げる試行は独立である。

(2) 赤玉6個, 白玉4個が入った袋の中から, 玉を1個取り出す試行を S, 続いてもう1個取り出す試行を T とする。

[1] 最初の玉をもとに戻すとき, S と T は **独立である。**

[2] 最初の玉をもとに戻さないとき, S と T は **独立ではない。**

注意 [1] の取り出し方を **復元抽出**, [2] の取り出し方を **非復元抽出** という。

■ 反復試行

例えば,「1枚の硬貨を続けて投げる」のように, 同じ条件のもとで同じ試行を何回か繰り返すとき, 各回の試行は独立である。このような独立な試行の繰り返しを **反復試行** という。

■ 反復試行の確率

1回の試行で事象 A が起こる確率を p とする。← A が起こらない確率は $1-p$

A が起こることを ○, 起こらないことを × で表すとき, 例えば,

○×○○……×○ (○ は n 個中 r 個, × は残りの $n-r$ 個) となる確率は　$p^r(1-p)^{n-r}$

次に, ○ が n 回中ちょうど r 回起こる場合の数は, n 個の位置から ○ の r 個を選ぶ ${}_n\mathrm{C}_r$ 通りあり, それらは互いに排反である。よって, 求める確率は　${}_n\mathrm{C}_r p^r(1-p)^{n-r}$

基本例題 47 独立な試行の確率

(1) さいころを 2 回投げる。1 回目は 2 以下の目，2 回目は 4 以上の目が出る確率を求めよ。

(2) A，B，C の 3 人がある的に向かって 1 つのボールを投げるとき，的に当てる確率はそれぞれ $\frac{1}{2}$，$\frac{1}{2}$，$\frac{1}{3}$ であるという。この 3 人がそれぞれ 1 つのボールを投げるとき，少なくとも 1 人が的に当てる確率を求めよ。

p.411 基本事項 1

指針 (1) さいころを投げる 2 回の試行は **独立** ⟶ $P(C)=P(A)P(B)$ を利用。

(2) 問題文では特に断りがないから，各人が的に向かってボールを投げた結果は互いに影響を及ぼさないと考えてよい。つまり，**独立な試行の確率** の問題と捉えてよい。「少なくとも」とあるから，$P(D)=P(A)P(B)P(C)$ を利用して，まずは 3 人とも的に当たらない確率を求める。

CHART 確率の計算　**独立なら 確率を掛ける**

解答

(1) さいころを投げる 2 回の試行は独立である。

1 回目に 2 以下の目が出る確率は $\frac{2}{6}$

2 回目に 4 以上の目が出る確率は $\frac{3}{6}$

◀1 回目は 1，2 の 2 通り，2 回目は 4，5，6 の 3 通り。

よって，求める確率は $\frac{2}{6}\times\frac{3}{6}=\mathbf{\frac{1}{6}}$

◀独立なら 確率を掛ける

(2) A，B，C の 3 人が的に向かってボールを投げる試行は独立である。また，少なくとも 1 人が的に当てるという事象は，3 人とも的に当たらないという事象の余事象である。

◀「少なくとも 1 つ」には余事象が近道

ゆえに，3 人とも的にボールが当たらない確率は

$$\left(1-\frac{1}{2}\right)\left(1-\frac{1}{2}\right)\left(1-\frac{1}{3}\right)=\frac{1}{2}\times\frac{1}{2}\times\frac{2}{3}=\frac{1}{6}$$

◀(当たらない確率)=1−(当てる確率)

よって，少なくとも 1 人が的に当てる確率は

$$1-\frac{1}{6}=\mathbf{\frac{5}{6}}$$

◀余事象の確率

練習 ② 47 (1) 1 つのさいころを 3 回投げるとき，次の確率を求めよ。

(ア) 少なくとも 1 回は 1 の目が出る確率

(イ) 1 回目は 1 の目，2 回目は 2 以下の目，3 回目は 4 以上の目が出る確率

(2) 弓道部員の 3 人 A，B，C が矢を的に当てる確率はそれぞれ $\frac{3}{4}$，$\frac{2}{3}$，$\frac{2}{5}$ であるという。この 3 人が 1 人 1 回ずつ的に向けて矢を放つとき，次の確率を求めよ。

(ア) A だけが的に当てる確率　　(イ) A を含めた 2 人だけが的に当てる確率

基本例題 48 独立な試行の確率と加法定理

袋Aには赤玉3個と青玉2個，袋Bには赤玉7個と青玉3個が入っている。

(1) 袋Aから1個，袋Bから2個の玉を取り出すとき，玉の色がすべて同じである確率を求めよ。

(2) 袋Aに白玉1個を加える。袋Aから玉を1個取り出し，色を確認した後，もとに戻す。これを3回繰り返すとき，すべての色の玉が出る確率を求めよ。

基本 47

指針

(1) 袋A，Bからそれぞれ玉を取り出す試行は **独立** である。
玉の色がすべて同じとなる場合は，次の2つの **排反事象** に分かれる。
[1] Aから赤1個，Bから赤2個　[2] Aから青1個，Bから青2個
それぞれの確率を求め，**加える**（確率の **加法定理**）。

(2) 取り出した玉を毎回袋の **中に戻す**（復元抽出）から，3回の試行は **独立** である。
赤，青，白の出方（順序）に注目して，排反事象に分ける。

排反，独立　排反なら 確率を加える　独立なら 確率を掛ける

解答

(1) 袋Aから玉を取り出す試行と，袋Bから玉を取り出す試行は独立である。

[1] 袋Aから赤玉1個，袋Bから赤玉2個を取り出す場合，その確率は $\dfrac{3}{5}\times\dfrac{{}_7C_2}{{}_{10}C_2}=\dfrac{3}{5}\times\dfrac{21}{45}=\dfrac{21}{75}$

[2] 袋Aから青玉1個，袋Bから青玉2個を取り出す場合，その確率は $\dfrac{2}{5}\times\dfrac{{}_3C_2}{{}_{10}C_2}=\dfrac{2}{5}\times\dfrac{3}{45}=\dfrac{2}{75}$

[1]，[2]は互いに排反であるから，求める確率は

$$\frac{21}{75}+\frac{2}{75}=\mathbf{\frac{23}{75}}$$

(2) 3回の試行は独立である。1個玉を取り出すとき，赤玉，青玉，白玉が出る確率は，それぞれ $\dfrac{3}{6}$，$\dfrac{2}{6}$，$\dfrac{1}{6}$

3回玉を取り出すとき，赤玉，青玉，白玉が1個ずつ出る出方は ${}_3P_3$ 通りあり，各場合は互いに排反である。

よって，求める確率は $\dfrac{3}{6}\cdot\dfrac{2}{6}\cdot\dfrac{1}{6}\times{}_3P_3{}^{(*)}=\mathbf{\dfrac{1}{6}}$

検討

「**排反**」と「**独立**」の区別に注意。
事象 A，B は **排反**
$\Longleftrightarrow$ A，B は同時に起こらない（$A\cap B=\varnothing$）。
試行S，Tは **独立**
$\Longleftrightarrow$ S，Tは互いの結果に影響を及ぼさない。
「排反」は事象（イベントの結果）に対しての概念であり，「独立」は試行（イベント自体）に対しての概念である。

(＊) 排反事象は全部で ${}_3P_3$ 個あり，各事象の確率はすべて同じ $\dfrac{3}{6}\cdot\dfrac{2}{6}\cdot\dfrac{1}{6}$

練習 ② 48 袋Aには白玉5個と黒玉1個と赤玉1個，袋Bには白玉3個と赤玉2個が入っている。このとき，次の確率を求めよ。

(1) 袋A，Bから玉をそれぞれ2個ずつ取り出すとき，取り出した玉が白玉3個と赤玉1個である確率

(2) 袋Aから玉を1個取り出し，色を調べてからもとに戻すことを4回繰り返すとき，白玉を3回，赤玉を1回取り出す確率

p.424 EX 36

基本 例題 **49** 反復試行の確率　🕐🕐🕐🕐🕐🕐

(1) 1個のさいころを5回投げるとき，素数の目がちょうど4回出る確率は ア□ である。また，素数の目が4回以上出る確率は イ□ である。

(2) サッカー部のA君はシュートをするとき，3回のうち2回の割合でゴールを決める。A君が6回連続してシュートをするとき，2回以上ゴールが決まる確率を求めよ。
　　　　　　　　　　　　　　　　　　　　　／p.411 基本事項 **2** 重要 57 ＼

指針 「さいころを投げる」，「シュートをする」ことを **繰り返す** から，ともに **反復試行** である。

(1) （前半）素数の目が「ちょうど4回」出る確率について

素数の目は2，3，5 —→ $_nC_r p^r(1-p)^{n-r}$ で $n=5$，$r=4$，$p=\dfrac{3}{6}$

（後半）「4回以上出る」とあるから，素数の目が4回または5回出る確率を求める。**加法定理** を利用。

(2) シュートが2回以上決まるのには，決まる回数が2回，3回，4回，5回，6回の場合がある。各回数の場合の確率を求めるのは大変だから，余事象を考える。

—→ 1－{(1回も決まらない確率)＋(1回だけ決まる確率)} として求めると早い。

CHART 反復試行の確率　　確率 p と n, r　$_nC_r p^r(1-p)^{n-r}$

解答

(1) さいころを1回投げるとき，それが素数の目である確率は $\dfrac{3}{6}$，素数以外の目である確率は $\dfrac{3}{6}$ である。

(ア) $^{1)}{}_5C_4\left(\dfrac{3}{6}\right)^4\left(\dfrac{3}{6}\right)^1 = 5\times\left(\dfrac{1}{2}\right)^5 = \dfrac{5}{32}$

(イ) 素数の目が4回以上出るのは，素数の目が4回または5回出る場合であるから，その確率は

$\dfrac{5}{32} + {}^{2)}\left(\dfrac{3}{6}\right)^5 = \dfrac{5}{32} + \dfrac{1}{32} = \dfrac{3}{16}$

(2) 1回シュートをしてゴールを決める確率は $\dfrac{2}{3}$

6回シュートをするとき，2回以上ゴールが決まるという事象は，0回または1回だけゴールが決まるという事象の余事象である。

したがって，求める確率は

$1-\left\{{}_6C_0\left(\dfrac{2}{3}\right)^0\left(\dfrac{1}{3}\right)^6 + {}_6C_1\left(\dfrac{2}{3}\right)^1\left(\dfrac{1}{3}\right)^5\right\}$

$= 1-\left(\dfrac{1}{3^6}+\dfrac{12}{3^6}\right) = 1-\dfrac{13}{3^6} = \dfrac{3^6-13}{3^6} = \dfrac{716}{729}$

（右側注釈）

素数以外1回

1) $_5C_4\left(\dfrac{3}{6}\right)^4\left(\dfrac{3}{6}\right)^1$　素数4回

5回中，素数4回

2) 反復試行の確率の公式を用いた場合の計算は

$_5C_5\left(\dfrac{3}{6}\right)^5\left(\dfrac{3}{6}\right)^0 = \left(\dfrac{3}{6}\right)^5$

$\left[{}_5C_5=1,\ \left(\dfrac{3}{6}\right)^0=1\right]$

◀3回のうち2回の割合。

◀＿＿は6回とも外す確率として $\left(\dfrac{1}{3}\right)^6$ でもよい。

練習 ② **49** 1個のさいころを4回投げるとき，3の目が2回出る確率は ア□ であり，5以上の目が3回以上出る確率は イ□ である。また，少なくとも1回3の倍数の目が出る確率は ウ□ である。　　　　　　　　　　　　　〔類 東京農大〕

基本 例題 50 繰り返し対戦する大会で優勝する確率 ◇◇◇◇◇

あるゲームで A が B に勝つ確率は常に一定で $\dfrac{3}{5}$ とする。A, B がゲームをし, 先に 3 ゲーム勝った方を優勝とする大会を行う。このとき, 3 ゲーム目で優勝が決まる確率は ア□ である。また, 5 ゲーム目まで行って A が優勝する確率は イ□ である。ただし, ゲームでは必ず勝負がつくものとする。 基本 49

指針 1 回のゲームで, A が勝つ(B が勝つ)確率が一定であり, 各回のゲームの勝敗は独立で, これを何回か繰り返した結果の確率を考えるから, **反復試行の確率** の問題である。

(ア) A が続けて 3 勝するか, または, B が続けて 3 勝する場合がある。
　この 2 つの事象は互いに排反であるから **加法定理** を利用して確率を求める。

(イ) 求める確率を $_5C_3\left(\dfrac{3}{5}\right)^3\left(\dfrac{2}{5}\right)^2$ としたら **誤り！**　5 ゲームで A が優勝するのは,
4 ゲーム目までに A が 2 勝 2 敗とし, 5 ゲーム目で A が勝つ 場合である。

CHART 反復試行の確率　確率 p と n, r　$_nC_r p^r(1-p)^{n-r}$

解答

1 回のゲームで A が負ける(B が勝つ)確率は　$1-\dfrac{3}{5}=\dfrac{2}{5}$

(ア) 3 ゲーム目で優勝が決まるのは, A が 3 ゲームとも勝つか, または, B が 3 ゲームとも勝つ場合で, これらは排反事象であるから, 求める確率は

$$\left(\dfrac{3}{5}\right)^3+\left(\dfrac{2}{5}\right)^3=\dfrac{27}{125}+\dfrac{8}{125}=\dfrac{35}{125}=\dfrac{7}{25}$$

(イ) 5 ゲーム目まで行って, A が優勝するのは, 4 ゲームまでに A が 2 勝 2 敗で, 5 ゲーム目に A が勝つ場合であるから, 求める確率は

$$_4C_2\left(\dfrac{3}{5}\right)^2\left(\dfrac{2}{5}\right)^2\times\dfrac{3}{5}=6\cdot\dfrac{2^2\cdot3^3}{5^5}=\dfrac{648}{3125}$$

検討

このような問題では, 優勝する人は 最後のゲームに必ず勝つ, ということに注意が必要である。

◀加法定理

(イ) $_5C_3\left(\dfrac{3}{5}\right)^3\left(\dfrac{2}{5}\right)^2$ は, 5 ゲームすべて行って A が 3 勝 2 敗の確率である。これには ○○○×× のような場合が含まれてしまう。

検討 **基本例題 50 における A の優勝確率**

A が 3 勝 0 敗で優勝, 3 勝 1 敗で優勝, 3 勝 2 敗で優勝の場合があるから, A の優勝確率は

$$\left(\dfrac{3}{5}\right)^3+_3C_2\left(\dfrac{3}{5}\right)^2\left(\dfrac{2}{5}\right)^1\times\dfrac{3}{5}+6\cdot\dfrac{2^2\cdot3^3}{5^5}=\dfrac{3^3}{5^3}+\dfrac{2\cdot3^4}{5^4}+\dfrac{2^3\cdot3^4}{5^5}=\dfrac{3^3(25+30+24)}{5^5}=\dfrac{2133}{3125}$$

└─ 3 ゲームまでに A が 2 勝 1 敗で, 4 ゲーム目に A が勝つ

練習 **② 50** 1 個のさいころを投げる試行を繰り返す。奇数の目が出たら A の勝ち, 偶数の目が出たら B の勝ちとし, どちらかが 4 連勝したら試行を終了する。　[類 広島大]

(1) この試行が 4 回で終了する確率を求めよ。

(2) この試行が 5 回以上続き, かつ, 4 回目が A の勝ちである確率を求めよ。

p.424 EX 37

参考事項　対戦ゲームと確率

前ページの基本例題 **50** では，1 ゲームで A が B に勝つ確率が $\frac{3}{5}>\frac{1}{2}$ であるため，A の方が B よりも優勝する確率が高いと予想できる。そこで，「アドバンテージとして 1 試合目を無条件で B の勝ち」とするとき，A が優勝する確率はどうなるか考えてみよう。

A が 3 勝 1 敗で優勝する確率は $\left(\frac{3}{5}\right)^3=\frac{3^3}{5^3}$　◀ × ¦ ○○○　（○：A の勝ち　×：A の負け）

A が 3 勝 2 敗で優勝する確率は ${}_3C_2\left(\frac{3}{5}\right)^2\left(\frac{2}{5}\right)^1\times\frac{3}{5}=\frac{2\cdot 3^4}{5^4}$　◀ × ¦ A の 2 勝 1 敗 ○

よって，A の優勝確率は $\frac{3^3}{5^3}+\frac{2\cdot 3^4}{5^4}=\frac{3^3(5+6)}{5^4}=\frac{297}{625}\fallingdotseq 47.5\ \%$ となり，前ページの 検討 で求めた B のアドバンテージなしの場合の A の優勝確率 $\frac{2133}{3125}\fallingdotseq 68.3\ \%$ と比べて 20 % 以上下がっている。すなわち，「1 試合目を無条件で B の勝ち」というのは，B にとってかなりありがたい（A にとっては困る）アドバンテージであるといえるだろう。

●トーナメント形式による対戦に関する確率

次に，A，B，C，D の 4 人がトーナメント形式で対戦する大会において，A が優勝する確率について考えてみよう。以下では，A，B，C，D の 4 人の強さをそれぞれ 4，3，2，1 とし，例えば A（強さ 4）と B（強さ 3）が対戦するとき，A が勝つ確率は $\frac{4}{4+3}=\frac{4}{7}$ であると考える（各ゲームにおいて引き分けはないとする）。

まず，図 [1] のようなトーナメント形式の場合について考える。
① に A が入るとする。② に B が入るとき，A の優勝確率は

[1]

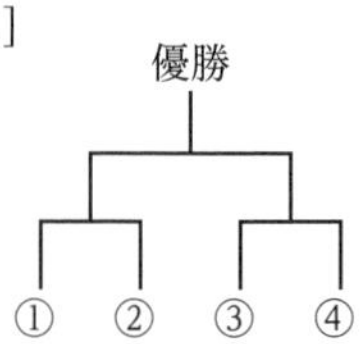

①・② で A が勝つ
③・④ で D が勝ち，2 戦目で A が勝つ

$$\frac{4}{7}\times\left(\frac{2}{3}\times\frac{4}{6}+\frac{1}{3}\times\frac{4}{5}\right)=\frac{128}{315}\fallingdotseq 40.6\ \%$$

③・④ で C が勝ち，2 戦目で A が勝つ

同様に，② に C が入るとき，A の優勝確率は　$\frac{4}{6}\times\left(\frac{3}{4}\times\frac{4}{7}+\frac{1}{4}\times\frac{4}{5}\right)=\frac{44}{105}\fallingdotseq 41.9\ \%$

② に D が入るとき，A の優勝確率は　$\frac{4}{5}\times\left(\frac{3}{5}\times\frac{4}{7}+\frac{2}{5}\times\frac{4}{6}\right)=\frac{256}{525}\fallingdotseq 48.8\ \%$

よって，初戦の対戦相手が D となる場合が，A にとっては最も都合がよい。

また，図 [2] のようなトーナメント形式も考えられる。

[2]

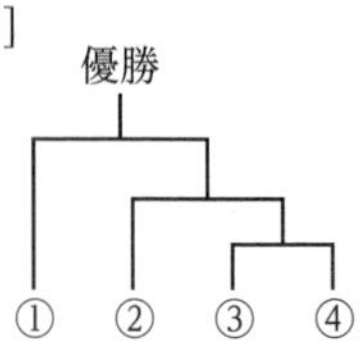

この場合，③ または ④ に A が入ったときの A の優勝確率は約 30.5 %（A が他の 3 人相手に 3 連勝），A が ②，B が ① に入ったときの A の優勝確率は約 40.6 %，A が ①，B が ② に入ったときの A の優勝確率は約 61.6 % である。このように，A の優勝確率は，A の入る位置によってだいぶ異なってくる。なお，最も A に有利なのは，① に A，② に D が入るときで，そのときの A の優勝確率は約 66.2 % である。

基本例題 51 最大値・最小値の確率

箱の中に，1 から 10 までの整数が 1 つずつ書かれた 10 枚のカードが入っている。この箱の中からカードを 1 枚取り出し，書かれた数字を記録して箱の中に戻す。この操作を 3 回繰り返すとき，記録された数字について，次の確率を求めよ。

(1) すべて 6 以上である確率　　(2) 最小値が 6 である確率

(3) 最大値が 6 である確率

基本 49

指針 「カードを取り出してもとに戻す」ことを **繰り返す** から，**反復試行** である。

(2) 最小値が 6 であるとは，すべて 6 以上のカードから取り出すが，すべて 7 以上となることはない，ということ。つまり，事象 A:「すべて 6 以上」から，事象 B:「すべて 7 以上」を除いたものと考えることができる。……★

(3) 最大値が 6 であるとは，すべて 6 以下のカードから取り出すが，すべて 5 以下となることはない，ということ。

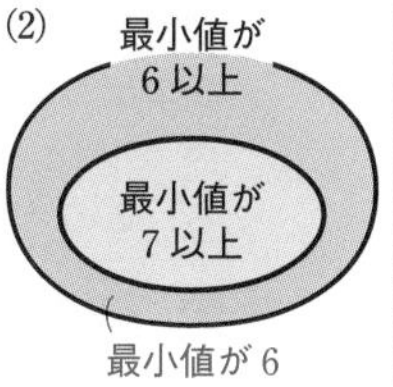

解答

(1) カードを 1 枚取り出すとき，番号が 6 以上である確率は $\frac{5}{10}=\frac{1}{2}$ であるから，求める確率は

$${}_3C_3\left(\frac{1}{2}\right)^3\left(\frac{1}{2}\right)^0=\mathbf{\frac{1}{8}}$$

(2) 最小値が 6 であるという事象は，すべて 6 以上であるという事象から，すべて 7 以上であるという事象を除いたものと考えられる。

カードを 1 枚取り出すとき，番号が 7 以上である確率は $\frac{4}{10}$ (*) であるから，求める確率は

$$\frac{1}{8}-{}_3C_3\left(\frac{4}{10}\right)^3\left(\frac{6}{10}\right)^0=\left(\frac{5}{10}\right)^3-\left(\frac{4}{10}\right)^3=\frac{5^3-4^3}{10^3}=\mathbf{\frac{61}{1000}}$$

(3) 最大値が 6 であるという事象は，すべて 6 以下であるという事象から，すべて 5 以下であるという事象を除いたものと考えられる。カードを 1 枚取り出すとき，

番号が 6 以下である確率は $\frac{6}{10}$，5 以下である確率は $\frac{5}{10}$

よって，求める確率は

$$\left(\frac{6}{10}\right)^3-\left(\frac{5}{10}\right)^3=\frac{6^3-5^3}{10^3}=\frac{216-125}{1000}=\mathbf{\frac{91}{1000}}$$

◀10 枚中 6 以上のカードは 5 枚。

◀直ちに $\left(\frac{1}{2}\right)^3=\frac{1}{8}$ としてもよい。

◀指針____……★ の方針。

(*) 後の確率を求める計算がしやすいように，約分しないでおく。

◀(すべて 6 以上の確率)−(すべて 7 以上の確率)
(1) の結果は $\frac{1}{8}$ であるが，計算しやすいように $\frac{1}{8}=\left(\frac{1}{2}\right)^3=\left(\frac{5}{10}\right)^3$ とする。

◀(すべて 6 以下の確率)−(すべて 5 以下の確率)

POINT (最小値が k の確率)=(最小値が k 以上の確率)−(最小値が $k+1$ 以上の確率)

練習 ② 51 1 個のさいころを 4 回投げるとき，次の確率を求めよ。

(1) 出る目がすべて 3 以上である確率　　(2) 出る目の最小値が 3 である確率

(3) 出る目の最大値が 3 である確率

p.424 EX 38

基本例題 52 数直線上の点の移動と反復試行 ①①①①①

x 軸上を動く点 A があり，最初は原点にある。硬貨を投げて表が出たら正の方向に 1 だけ進み，裏が出たら負の方向に 1 だけ進む。硬貨を 6 回投げるものとして，次の確率を求めよ。

(1) 点 A が原点に戻る確率

(2) 点 A が 2 回目に原点に戻り，かつ 6 回目に原点に戻る確率 〔埼玉大〕

基本 49　重要 55, 56

指針 硬貨を 6 回投げるとき，各回の試行は独立であるから，表裏の出方によって点 A を動かすことは **反復試行** である。点 A の位置は，表または裏の出る回数によって決まるから，この **回数を求める** 必要がある。

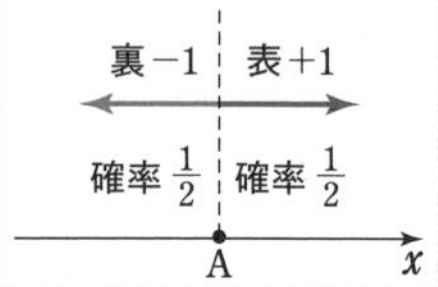

(1) 6 回投げて，表が r 回出る確率は　${}_6C_r\left(\frac{1}{2}\right)^r\left(\frac{1}{2}\right)^{6-r}$

点 A の x 座標は　$x=1\cdot r+(-1)\cdot(6-r)$

この式で $x=0$ とすると，原点の位置にあるときの表の出る回数がわかる。

(2) 最初の 2 回と，次の 4 回に分けて，表または裏の出る回数を考える。

CHART 反復試行の確率　**確率 p と n，r**　${}_nC_r p^r(1-p)^{n-r}$

解答

(1) 硬貨を 6 回投げたとき，表が r 回出たとすると，点 A の x 座標は

$$1\cdot r+(-1)\cdot(6-r)=2r-6 \quad (r=0,\ 1,\ \cdots\cdots,\ 6)$$

x 座標が 0 のとき，$2r-6=0$ とすると　$r=3$

よって，点 A が原点に戻るのは，6 回のうち表が 3 回，裏が 3 回出る場合である。

したがって，求める確率は

$$ {}_6C_3\left(\frac{1}{2}\right)^3\left(\frac{1}{2}\right)^3=\frac{20}{2^6}=\frac{5}{16}$$

(2) 点 A が 2 回目に原点に戻り，かつ 6 回目に原点に戻るのは，最初の 2 回で表が 1 回，裏が 1 回出て，残りの 4 回で表が 2 回，裏が 2 回出る場合である。

したがって，求める確率は

$$ {}_2C_1\left(\frac{1}{2}\right)^1\left(\frac{1}{2}\right)^1\times{}_4C_2\left(\frac{1}{2}\right)^2\left(\frac{1}{2}\right)^2=\frac{2\cdot 6}{2^6}=\frac{3}{16}$$

◀裏は $(6-r)$ 回。

◀$r=0$, 1, 2, 3, 4, 5, 6 のとき，$2r-6$ の値は順に -6, -4, -2, 0, 2, 4, 6 となる。よって，例えば 6 回目に点 A が $x=$(奇数) の位置にくる確率は 0 である。

◀＿＿の回数の求め方は (1) と同様である。なお，ここでは，原点に戻るのは表の回数と裏の回数が等しいとき である。

練習 ② 52 点 P は初め数直線上の原点 O にあり，さいころを 1 回投げるごとに，偶数の目が出たら数直線上を正の方向に 3，奇数の目が出たら負の方向に 2 だけ進む。10 回さいころを投げるとき，次の確率を求めよ。

(1) 点 P が原点 O にある確率

(2) 点 P の座標が 19 以下である確率 〔北里大〕

基本例題 53 3つの事象に関する反復試行の確率

ボタンを1回押すと，文字X，Y，Zのうちいずれか1つがそれぞれ $\frac{2}{5}$，$\frac{1}{5}$，$\frac{2}{5}$ の確率で表示される機械がある。ボタンを続けて5回押すとき，次の確率を求めよ。

(1) Xが3回，Y，Zがそれぞれ1回ずつ表示される確率

(2) X，Yの表示される回数が同じである確率

p.367 基本事項 3，p.411 基本事項 1，2

指針 与えられた確率をすべて足すと1で，3つの事象に関する反復試行の問題と考えられる。反復試行の確率では，特定の事柄が何回起こるかということを押さえる。

(1) まず，Xが3回，Yが1回，Zが1回表示される場合が何通りあるか求める。

(2) 表示される **回数を求める** 必要がある。X，Yが r 回（r は整数，$0 \leqq r \leqq 5$）ずつ表示されるとすると，Zは $5-2r$ 回表示されることになる。

解答

(1) ボタンを5回押したときに，Xが3回，Yが1回，Zが1回表示される場合の数は $\frac{5!}{3!1!1!}=20$

求める確率は $20\times\left(\frac{2}{5}\right)^3\left(\frac{1}{5}\right)^1\left(\frac{2}{5}\right)^1=\frac{20\cdot2^4}{5^5}=\boldsymbol{\frac{64}{625}}$

(2) r は整数で，$0 \leqq r \leqq 5$ とする。

ボタンを5回押したときに，X，Yが r 回ずつ表示されるとすると，Zは $5-2r$ 回表示される。

$0 \leqq 5-2r \leqq 5$ を満たす整数 r は $r=0,\ 1,\ 2$

よって，X，Yの表示回数が同じになるには

[1] X，Yが0回ずつ，Zが5回表示される

[2] X，Yが1回ずつ，Zが3回表示される

[3] X，Yが2回ずつ，Zが1回表示される

場合がある。[1]～[3]の事象は互いに排反であるから，求める確率は

$$\left(\frac{2}{5}\right)^5+\frac{5!}{1!1!3!}\cdot\frac{2}{5}\cdot\frac{1}{5}\left(\frac{2}{5}\right)^3+\frac{5!}{2!2!1!}\left(\frac{2}{5}\right)^2\left(\frac{1}{5}\right)^2\cdot\frac{2}{5}$$

$$=\frac{32+320+240}{5^5}=\boldsymbol{\frac{592}{3125}}$$

◀ ${}_5C_3\times{}_2C_1\times{}_1C_1$ でもよい。

◀場合の数20に，Xが3回，Yが1回，Zが1回起こる確率を掛ける。

◀不等式 $0 \leqq 5-2r \leqq 5$ を解くと $0 \leqq r \leqq \frac{5}{2}$

◀排反なら 確率を加える

参考 1回の試行で事象 A，B，C が起こる確率がそれぞれ p，q，r $(p+q+r=1)$ であり，この試行を n 回繰り返し行うとき，事象 A，B，C がそれぞれ k，l，m 回 $(k+l+m=n)$ 起こる確率は

$${}_nC_k\cdot{}_{n-k}C_l\cdot p^kq^lr^m=\boldsymbol{\frac{n!}{k!l!m!}p^kq^lr^m}$$

練習 ③ **53** Aチームと Bチームがサッカーの試合を5回行う。どの試合でも，Aチームが勝つ確率は $\frac{1}{2}$，Bチームが勝つ確率は $\frac{1}{4}$，引き分けとなる確率は $\frac{1}{4}$ である。

(1) Aチームの試合結果が2勝2敗1引き分けとなる確率を求めよ。

(2) 両チームの勝ち数が同じになる確率を求めよ。

基本例題 54 平面上の点の移動と反復試行

①①①①①

右の図のように，東西に 4 本，南北に 5 本の道路がある。地点 A から出発した人が最短の道順を通って地点 B へ向かう。このとき，途中で地点 P を通る確率を求めよ。ただし，各交差点で，東に行くか，北に行くかは等確率とし，一方しか行けないときは確率 1 でその方向に行くものとする。

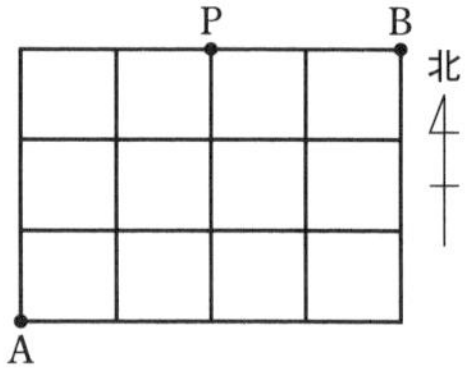

基本 52　重要 55

指針　求める確率を $\dfrac{\text{A} \longrightarrow \text{P} \longrightarrow \text{B の経路の総数}}{\text{A} \longrightarrow \text{B の経路の総数}}$ から，$\dfrac{{}_5C_2 \times {}_2C_2}{{}_7C_3}$ とするのは **誤り！**

これは，どの最短の道順も同様に確からしい場合の確率で，本問は **道順によって確率が異なる。**

例えば，A ↑↑↑→→ P →→ B の確率は

$$\frac{1}{2}\cdot\frac{1}{2}\cdot\frac{1}{2}\cdot1\cdot1\cdot1\cdot1=\frac{1}{8}$$

A →↑→↑↑ P →→ B の確率は

$$\frac{1}{2}\cdot\frac{1}{2}\cdot\frac{1}{2}\cdot\frac{1}{2}\cdot\frac{1}{2}\cdot1\cdot1=\frac{1}{32}$$

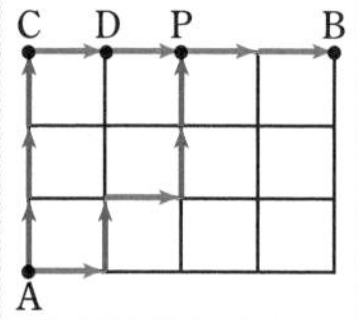

したがって，P を通る道順を，通る点で分けて確率を計算する。

解答　右の図のように，地点 C，D，C′，D′，P′ をとる。

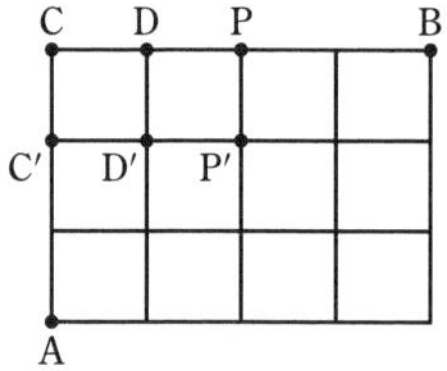

P を通る道順には次の 3 つの場合があり，これらは互いに排反である。

[1]　道順 A ⟶ C′ ⟶ C ⟶ P

この確率は　$\dfrac{1}{2}\times\dfrac{1}{2}\times\dfrac{1}{2}\times1\times1=\left(\dfrac{1}{2}\right)^3=\dfrac{1}{8}$

[2]　道順 A ⟶ D′ ⟶ D ⟶ P

この確率は　${}_3C_1\left(\dfrac{1}{2}\right)\left(\dfrac{1}{2}\right)^2\times\dfrac{1}{2}\times1=3\left(\dfrac{1}{2}\right)^4=\dfrac{3}{16}$

[3]　道順 A ⟶ P′ ⟶ P

この確率は　${}_4C_2\left(\dfrac{1}{2}\right)^2\left(\dfrac{1}{2}\right)^2\times\dfrac{1}{2}=6\left(\dfrac{1}{2}\right)^5=\dfrac{6}{32}$

よって，求める確率は　$\dfrac{1}{8}+\dfrac{3}{16}+\dfrac{6}{32}=\dfrac{16}{32}=\mathbf{\dfrac{1}{2}}$

[1]　↑↑↑→→ と進む。
[2]　○○○↑→ と進む。
○には，→1 個と ↑2 個が入る。
[3]　○○○○↑ と進む。
○には，→2 個と ↑2 個が入る。

練習 ③ 54　右の図のような格子状の道がある。スタートの場所から出発し，コインを投げて，表が出たら右へ 1 区画進み，裏が出たら上へ 1 区画進むとする。ただし，右の端で表が出たときと，上の端で裏が出たときは動かないものとする。

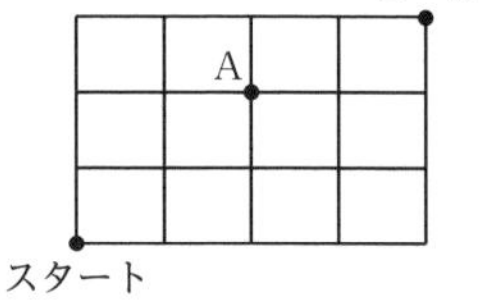

(1)　7 回コインを投げたときに，A を通りゴールに到達する確率を求めよ。

(2)　8 回コインを投げてもゴールに到達できない確率を求めよ。　〔類 島根大〕

重要例題 55 2点の移動と確率 ③

右図のようなます目がある。A は硬貨を 1 枚投げて，表が出たら右へ 1 目盛り，裏が出たら上へ 1 目盛り進む。B は別に硬貨を 1 枚投げて，表が出たら左へ 1 目盛り，裏が出たら下へ 1 目盛り進む。A，B ともに，1 分ごとに同時にそれぞれ硬貨を投げ，1 目盛り進むものとし，4 回繰り返す。A は点 O(0，0) から，B は点 P(4，4) から同時に出発するとき，A と B が出会う確率を求めよ。

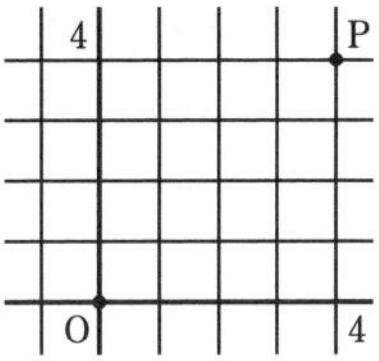

基本 52，54

指針 A，B の位置は，それぞれが投げた硬貨の表裏の出る回数によって決まる。硬貨を 4 回投げたときに A は表を a 回，B は b 回表を出したとして，A，B の位置を座標で示すと　A$(a,\ 4-a)$，B$(4-b,\ 4-(4-b))$　すなわち　B$(4-b,\ b)$
ゆえに，A と B が出会うのは，$a=4-b$ かつ $4-a=b$ から，$a+b=4$ のときである。
つまり，2 点 (0，4)，(4，0) を結ぶ線分上の 5 つの点が出会う点である。

解答

A，B それぞれが表を出した回数を a，b とすると

A の座標は　$(a,\ 4-a)$，
B の座標は　$(4-b,\ b)$

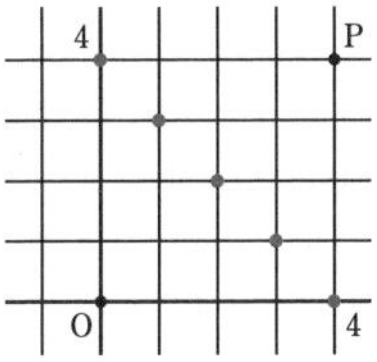

A と B が出会うのは，
$a=4-b$　すなわち　$a+b=4$

◀ $4-a=b$ としても同じ。

のときで，出会うときの点の座標は，次のようになる。
(0，4)，(1，3)，(2，2)，(3，1)，(4，0)

◀ 硬貨の表の出方は順に
A：表 0，B：表 4
A：表 1，B：表 3
A：表 2，B：表 2
A：表 3，B：表 1
A：表 4，B：表 0

したがって，求める確率は

$$\left(\frac{1}{2}\right)^4\left(\frac{1}{2}\right)^4+{}_4C_1\left(\frac{1}{2}\right)\left(\frac{1}{2}\right)^3\cdot{}_4C_3\left(\frac{1}{2}\right)^3\left(\frac{1}{2}\right)$$
$$+{}_4C_2\left(\frac{1}{2}\right)^2\left(\frac{1}{2}\right)^2\cdot{}_4C_2\left(\frac{1}{2}\right)^2\left(\frac{1}{2}\right)^2$$
$$+{}_4C_3\left(\frac{1}{2}\right)^3\left(\frac{1}{2}\right)\cdot{}_4C_1\left(\frac{1}{2}\right)\left(\frac{1}{2}\right)^3+\left(\frac{1}{2}\right)^4\left(\frac{1}{2}\right)^4$$
$$=(1+{}_4C_1\cdot{}_4C_3+{}_4C_2\cdot{}_4C_2+{}_4C_3\cdot{}_4C_1+1)\cdot\left(\frac{1}{2}\right)^8$$
$$=\frac{1+16+36+16+1}{2^8}=\mathbf{\frac{35}{128}}$$

◀ ${}_4C_1={}_4C_3=4$

練習 ③ 55 右図のように，東西に 6 本，南北に 6 本，等間隔に道がある。ロボット A は S 地点から T 地点まで，ロボット B は T 地点から S 地点まで最短距離の道を等速で動く。なお，各地点で最短距離で行くために選べる道が 2 つ以上ある場合，どの道を選ぶかは同様に確からしい。ロボット A は S 地点から，ロボット B は T 地点から同時に出発するとき，ロボット A と B が出会う確率を求めよ。

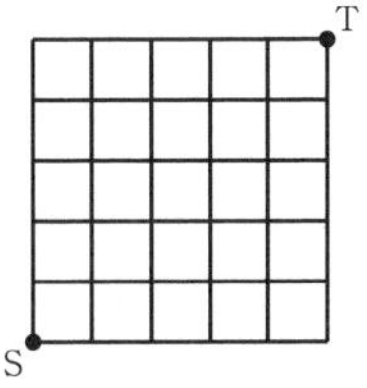

p.424 EX 39

重要例題 56 図形上の頂点を動く点と確率

円周を6等分する点を時計回りの順にA, B, C, D, E, Fとし，点Aを出発点として小石を置く。さいころを振り，偶数の目が出たときは2，奇数の目が出たときには1だけ小石を時計回りに分点上を進めるゲームを続け，最初に点Aにちょうど戻ったときを上がりとする。　〔北海道大〕

(1) ちょうど1周して上がる確率を求めよ。

(2) ちょうど2周して上がる確率を求めよ。　基本52

指針 さいころを振ることを **繰り返す** から，**反復試行** である。

(1) **1周して上がる** …… 1，2をいくつか足して6にする。
→ 偶数の回数 m，奇数の回数 n の **方程式を作る。**

(2) **2周して上がる** …… 1周目にAにあってはいけない。
A→F，F→B，B→Aと分ける。このときA→FとB→Aは **ともに5だけ進む** から，**同じ確率** になる。

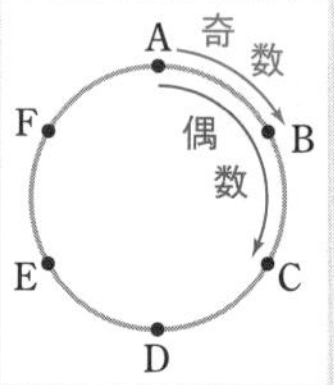

解答

(1) ちょうど1周して上がるのに，偶数の目が m 回，奇数の目が n 回出るとすると　$2m+n=6$　(m, n は0以上の整数)

よって　$(m,\ n)=(0,\ 6),\ (1,\ 4),\ (2,\ 2),\ (3,\ 0)$

これらの事象は互いに排反であるから，求める確率は

$$\left(\frac{1}{2}\right)^6+{}_5C_1\left(\frac{1}{2}\right)\left(\frac{1}{2}\right)^4+{}_4C_2\left(\frac{1}{2}\right)^2\left(\frac{1}{2}\right)^2+\left(\frac{1}{2}\right)^3=\boldsymbol{\frac{43}{64}}$$

(2) ちょうど2周して上がるのは，次の[1]→[2]→[3]の順に進む場合である。

[1] AからFに進む　[2] FからBに進む(Aには止まらない)

[3] BからAに進む

(1)と同様に考えて，[1]～[3]の各場合の確率は

[1] $2m+n=5$ から　$(m,\ n)=(0,\ 5),\ (1,\ 3),\ (2,\ 1)$

この場合の確率は　$\left(\frac{1}{2}\right)^5+{}_4C_1\left(\frac{1}{2}\right)\left(\frac{1}{2}\right)^3+{}_3C_2\left(\frac{1}{2}\right)^2\left(\frac{1}{2}\right)=\frac{21}{32}$

[2] 偶数の目が出るときであるから，確率は　$\frac{1}{2}$

[3] 確率は[1]と同じであり　$\frac{21}{32}$

よって，求める確率は　$\frac{21}{32}\times\frac{1}{2}\times\frac{21}{32}=\boldsymbol{\frac{441}{2048}}$

[3] BからAに進むとき5だけ進む。これは[1]のAからFに進む(5だけ進む)のと同じであり，確率も等しい。

練習 ④ 56 動点Pが正五角形ABCDEの頂点Aから出発して正五角形の周上を動くものとする。Pがある頂点にいるとき，1秒後にはその頂点に隣接する2頂点のどちらかにそれぞれ確率 $\frac{1}{2}$ で移っているものとする。

(1) PがAから出発して3秒後にEにいる確率を求めよ。

(2) PがAから出発して4秒後にBにいる確率を求めよ。

(3) PがAから出発して9秒後にAにいる確率を求めよ。　〔類 産能大〕

重要例題 57 独立な試行の確率の最大 ①①①①①

さいころを続けて 100 回投げるとき，1 の目がちょうど k 回 $(0 \leqq k \leqq 100)$ 出る確率は ${}_{100}\mathrm{C}_k \times \dfrac{ア\square}{6^{100}}$ であり，この確率が最大になるのは $k=$ イ$\square$ のときである。

〔慶応大〕 基本 49

指針 (ア) 求める確率を p_k とする。1 の目が k 回出るとき，他の目が $100-k$ 回出る。

(イ) 確率 p_k の最大値を直接求めることは難しい。このようなときは，隣接する 2 項 **p_{k+1} と p_k の大小を比較する**。大小の比較をするときは，差をとることが多い。しかし，確率は負の値をとらないことと ${}_n\mathrm{C}_r=\dfrac{n!}{r!(n-r)!}$ を使うため，式の中に累乗や階乗が多く出てくることから，**比 $\dfrac{p_{k+1}}{p_k}$ をとり，1 との大小を比べる** とよい。

$$\frac{p_{k+1}}{p_k}>1 \iff p_k<p_{k+1}\ (増加),\qquad \frac{p_{k+1}}{p_k}<1 \iff p_k>p_{k+1}\ (減少)$$

CHART 確率の大小比較　比 $\dfrac{p_{k+1}}{p_k}$ をとり，1 との大小を比べる

解答

さいころを 100 回投げるとき，1 の目がちょうど k 回出る確率を p_k とすると

$$p_k={}_{100}\mathrm{C}_k\left(\frac{1}{6}\right)^k\left(\frac{5}{6}\right)^{100-k}={}_{100}\mathrm{C}_k\times\frac{{}^{ア}\mathbf{5}^{100-k}}{6^{100}}$$

◀反復試行の確率。

ここで　$\dfrac{p_{k+1}}{p_k}=\dfrac{100!\cdot 5^{99-k}}{(k+1)!(99-k)!}\times\dfrac{k!(100-k)!}{100!\cdot 5^{100-k}}$

$$=\frac{k!}{(k+1)k!}\cdot\frac{(100-k)(99-k)!}{(99-k)!}\cdot\frac{5^{99-k}}{5\cdot 5^{99-k}}=\frac{100-k}{5(k+1)}$$

◀$p_{k+1}={}_{100}\mathrm{C}_{k+1}\times\dfrac{5^{100-(k+1)}}{6^{100}}$ … p_k の k の代わりに $k+1$ とおく。

$\dfrac{p_{k+1}}{p_k}>1$ とすると　$\dfrac{100-k}{5(k+1)}>1$

両辺に $5(k+1)$ $[>0]$ を掛けて　$100-k>5(k+1)$

これを解くと　$k<\dfrac{95}{6}=15.8\cdots$

よって，$0 \leqq k \leqq 15$ のとき　$p_k<p_{k+1}$

◀k は $0 \leqq k \leqq 100$ を満たす整数である。

$\dfrac{p_{k+1}}{p_k}<1$ とすると　$100-k<5(k+1)$

これを解いて　$k>\dfrac{95}{6}=15.8\cdots$

よって，$k \geqq 16$ のとき　$p_k>p_{k+1}$

したがって　$p_0<p_1<\cdots\cdots<p_{15}<p_{16}$,

$p_{16}>p_{17}>\cdots\cdots>p_{100}$

よって，p_k が最大になるのは $k=$ イ**16** のときである。

p_k の大きさを棒で表すと

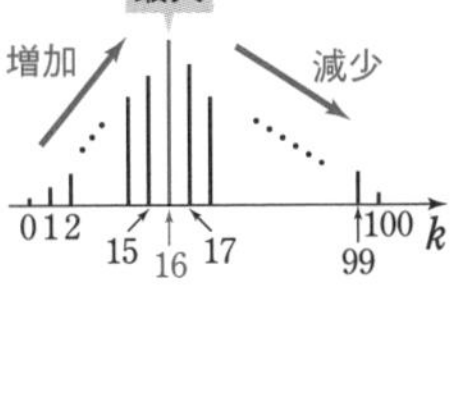

練習 ⑤ 57 さいころを振る操作を繰り返し，1 の目が 3 回出たらこの操作を終了する。3 以上の自然数 n に対し，n 回目にこの操作が終了する確率を p_n とするとき，p_n の値が最大となる n の値を求めよ。

〔京都産大〕 p.424 EX 40

EXERCISES

③36 A，B，Cの3人でじゃんけんをする。一度じゃんけんで負けたものは，以後のじゃんけんから抜ける。残りが1人になるまでじゃんけんを繰り返し，最後に残ったものを勝者とする。ただし，あいこの場合も1回のじゃんけんを行ったと数える。

(1) 1回目のじゃんけんで勝者が決まる確率を求めよ。

(2) 2回目のじゃんけんで勝者が決まる確率を求めよ。 〔東北大〕 →47, 48

③37 1枚の硬貨を投げる試行を T とする。試行 T を7回繰り返したとき，n 回後 $(1\leqq n\leqq 7)$ に表が出た回数を f_n で表す。このとき，次の確率を求めよ。

(1) 最後に $f_7=4$ となる確率 p_1

(2) 途中 $f_3=2$ であり，かつ最後に $f_7=4$ となる確率 p_2

(3) 途中 $f_3\neq 2$ であり，かつ最後に $f_7\neq 4$ となる確率 p_3 〔兵庫県大〕 →50

④38 1個のさいころを n 回 $(n\geqq 2)$ 投げるとき，次の確率を求めよ。

(1) 出る目の最大値が4である確率

(2) 出る目の最大値が4で，かつ最小値が2である確率

(3) 出る目の積が6の倍数である確率 →51

③39 xy 平面上に原点を出発点として動く点Qがあり，次の試行を行う。

1枚の硬貨を投げ，表が出たら点Qは x 軸の正の方向に1，裏が出たら y 軸の正の方向に1動く。ただし，点 $(3,\ 1)$ に到達したら点Qは原点に戻る。

この試行を n 回繰り返した後の点Qの座標を $(x_n,\ y_n)$ とする。

(1) $(x_4,\ y_4)=(0,\ 0)$ となる確率を求めよ。

(2) $(x_8,\ y_8)=(5,\ 3)$ となる確率を求めよ。 〔類 広島大〕 →55

⑤40 n を9以上の自然数とする。袋の中に n 個の球が入っている。このうち6個は赤球で残りは白球である。この袋から6個の球を同時に取り出すとき，3個が赤球である確率を P_n とする。

(1) P_{10} を求めよ。

(2) $\dfrac{P_{n+1}}{P_n}$ を求めよ。

(3) P_n が最大となる n の値を求めよ。 〔大分大〕 →57

HINT

36 (1) まず，勝者1人を決め，**各人の手の出し方** を調べる。

(2) 残る人数は $\underset{3\text{人}}{1\text{回目}} \longrightarrow \underset{1\text{人}}{2\text{回目}}$ または $\underset{2\text{人}}{1\text{回目}} \longrightarrow \underset{1\text{人}}{2\text{回目}}$ の場合がある。

37 (3) $f_3=2$ となる事象を A，$f_7=4$ となる事象を B とすると $p_3=P(\overline{A}\cap\overline{B})=P(\overline{A\cup B})$

38 (2) A：「すべて2以上4以下」，B：「すべて2または3」，C：「すべて3または4」とすると，求める確率は $P(A)-P(B\cup C)=P(A)-\{P(B)+P(C)-P(B\cap C)\}$

(3) E：「積が2の倍数」，F：「積が3の倍数」とすると，求める確率は $P(E\cap F)$
これを $P(\overline{E})$，$P(\overline{F})$，$P(\overline{E}\cap\overline{F})$ を用いて表す。

39 (2) 点 $(3,\ 1)$ に到達したら原点に戻る，という条件に注意。

9 条件付き確率

基本事項

ある試行における2つの事象を A, B とし, $P(A) \neq 0$ とする。

1 条件付き確率　事象 A が起こったときに事象 B が起こる確率 $P_A(B)$ は

$$P_A(B)=\frac{P(A\cap B)}{P(A)}$$

2 確率の乗法定理

$$P(A\cap B)=P(A)P_A(B)$$

解 説

■条件付き確率

全事象を U とする。2つの事象 A, B について, 事象 A が起こったときに, 事象 B が起こる確率を, 事象 A が起こったときの事象 B の起こる **条件付き確率** といい, $\boldsymbol{P_A(B)}$ で表す。

◀$P(B|A)$ と表すこともある。

例　ある学校の生徒90人が定員45名の2台のバスX, Yに分かれて乗るとき, 右の表のようになった。この生徒90人の中から1人の生徒を選ぶとき, 選ばれた生徒が「男子である」という事象を A,「バスXに乗っている」という事象を B とすると　$P_A(B)=\frac{23}{44}$ $\left[=\frac{n(A\cap B)}{n(A)}=\frac{P(A\cap B)}{P(A)}\right]$

	男子	女子	計
バスX	23	22	45
バスY	21	24	45
計	44	46	90

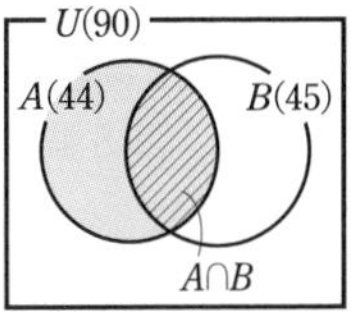

	A	$\overline{A}$	計
B	23	22	45
$\overline{B}$	21	24	45
計	44	46	90

一般に, 各根元事象が同様に確からしい試行において, その全事象を U とする。また, A, B を2つの事象とし, $n(A) \neq 0$ とする。このとき, 条件付き確率 $P_A(B)$ は, A を新しい全事象とみた場合の事象 $A\cap B$ の起こる確率と考えられる。

よって　$P_A(B)=\frac{n(A\cap B)}{n(A)}$　右辺の分母・分子を $n(U)$ で割って

$$P_A(B)=\frac{n(A\cap B)}{n(A)}=\frac{\frac{n(A\cap B)}{n(U)}}{\frac{n(A)}{n(U)}}=\frac{P(A\cap B)}{P(A)} \quad \cdots\cdots ①$$

■確率の乗法定理

この定理は①の分母を払うことによって導かれる。また, 3つの事象 A, B, C について, $\boldsymbol{P(A\cap B\cap C)=P(A)P_A(B)P_{A\cap B}(C)}$ が成り立つ。

(証明)　$P_{A\cap B}(C)=\frac{n(A\cap B\cap C)}{n(A\cap B)}=\frac{\frac{n(A\cap B\cap C)}{n(U)}}{\frac{n(A\cap B)}{n(U)}}=\frac{P(A\cap B\cap C)}{P(A\cap B)}$

よって　$P(A\cap B\cap C)=P(A\cap B)P_{A\cap B}(C)=P(A)P_A(B)P_{A\cap B}(C)$

4つ以上の事象についても, 同様に考えることができる。特に, この確率の乗法定理は, **非復元抽出** の確率の問題において役に立つ。

基本例題 58 条件付き確率の計算 (1) … 個数の状態がわかる ①①①①①

赤玉 5 個，青玉 4 個が入っている袋から，玉を 1 個取り出し，それをもとに戻さないで，続いてもう 1 個取り出すとき，次の確率を求めよ。

(1) 1 回目に赤玉が出たとき，2 回目も赤玉が出る確率

(2) 1 回目に青玉が出たとき，2 回目に赤玉が出る確率

p.425 基本事項 1

指針 事象 A：「1 回目に赤玉を取り出す」，事象 B：「2 回目に赤玉を取り出す」とすると，(1) の確率は $P_A(B)$ [⟵ $P(A\cap B)$ ではない！次ページ参照。]，(2) の確率は $P_{\overline{A}}(B)$ である。

条件付き確率の定義式　$P_A(B)=\dfrac{A\cap B\text{ の起こる確率}}{A\text{ の起こる確率}}=\dfrac{P(A\cap B)}{P(A)}$

└ 全体を A としたときの $A\cap B$ の割合

を利用して求めてもよいが，この問題のように，個数の状態の変化の過程がわかるものは，解答のように考えた方が早い。

解答

1 回目に赤玉を取り出すという事象を A，2 回目に赤玉を取り出すという事象を B とする。

(1) 求める確率は　$P_A(B)$

1 回目に赤玉が出たとき，2 回目は赤玉 4 個，青玉 4 個の計 8 個の中から玉を取り出すことになるから

$$P_A(B)=\frac{4}{8}=\mathbf{\frac{1}{2}}$$

(2) 求める確率は　$P_{\overline{A}}(B)$

1 回目に青玉が出たとき，2 回目は赤玉 5 個，青玉 3 個の計 8 個の中から玉を取り出すことになるから

$$P_{\overline{A}}(B)=\mathbf{\frac{5}{8}}$$

(1)

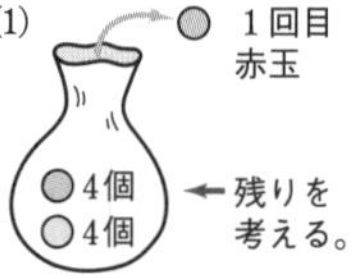

(2)

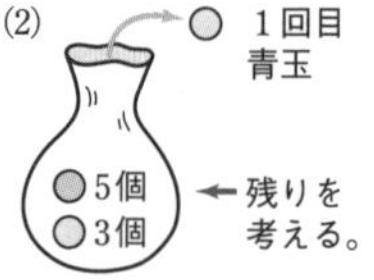

別解 **[条件付き確率の定義式に当てはめて考える]**

(1) $P(A)=\dfrac{5}{9}$，$P(A\cap B)=\dfrac{{}_5\mathrm{P}_2}{{}_9\mathrm{P}_2}=\dfrac{5\cdot4}{9\cdot8}=\dfrac{5}{18}$

よって　$P_A(B)=\dfrac{P(A\cap B)}{P(A)}=\dfrac{5}{18}\div\dfrac{5}{9}=\dfrac{5}{18}\cdot\dfrac{9}{5}=\mathbf{\dfrac{1}{2}}$

(2) $P(\overline{A})=\dfrac{4}{9}$，$P(\overline{A}\cap B)=\dfrac{{}_4\mathrm{P}_1\times{}_5\mathrm{P}_1}{{}_9\mathrm{P}_2}=\dfrac{4\cdot5}{9\cdot8}=\dfrac{5}{18}$

よって　$P_{\overline{A}}(B)=\dfrac{P(\overline{A}\cap B)}{P(\overline{A})}=\dfrac{5}{18}\div\dfrac{4}{9}=\dfrac{5}{18}\cdot\dfrac{9}{4}=\mathbf{\dfrac{5}{8}}$

◀「取り出した玉を並べる」と考え，順列を利用して取り出し方を数え上げる。例えば，(1) では $P(A\cap B)$ に関し，赤玉 5 個を R_1，R_2，……，R_5，青玉 4 個を B_1，B_2，B_3，B_4 と区別して考えることで，並べ方の総数を ${}_9\mathrm{P}_2$ 通りとしている。

練習 ① 58 1 から 15 までの番号が付いたカードが 15 枚入っている箱から，カードを 1 枚取り出し，それをもとに戻さないで，続けてもう 1 枚取り出す。

(1) 1 回目に奇数が出たとき，2 回目も奇数が出る確率を求めよ。

(2) 1 回目に偶数が出たとき，2 回目は奇数が出る確率を求めよ。

p.436 EX41

ズームUP 条件付き確率の意味を正しく理解しよう

● $P(A\cap B)$ と $P_A(B)$ の違いに注意

例えば，例題 **58** (1) では，求める確率を $P(A\cap B)$ と勘違いしないようにしよう。

$\boldsymbol{P(A\cap B)}$ …… 1 回目と 2 回目に赤玉を取り出す確率（**同時確率** ともいう）。

$\boldsymbol{P_A(B)}$ …… 1 回目に赤玉を取り出したという前提のもとで，2 回目も赤玉を取り出す確率。なお，$P(A)$ を **事前確率**，$P_A(B)$ を **事後確率** ともいう。

$$P(A\cap B)=\frac{n(A\cap B)}{n(U)}$$

… U を全体と考えたときの $A\cap B$ の割合

$$P_A(B)=\frac{n(A\cap B)}{n(A)}=\frac{P(A\cap B)}{P(A)}$$

… A を全体と考えたときの $A\cap B$ の割合

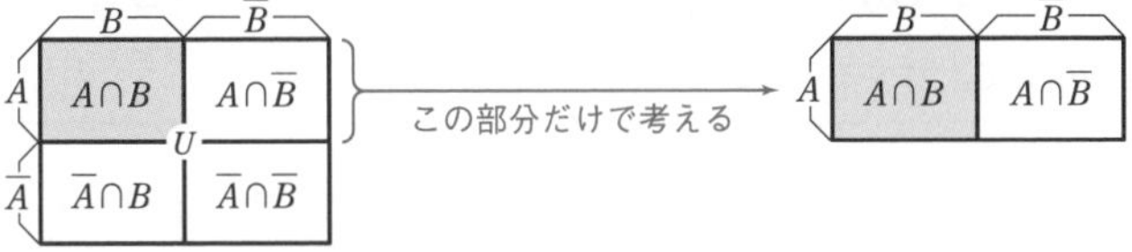

問題 硬貨 2 枚を同時に投げる。少なくとも 1 枚は表であるとき，2 枚とも表である確率を求めよ。

解答 問題で要求されているのは，少なくとも 1 枚は表であったという情報を得ている条件のもとで，2 枚とも表であった確率，すなわち **条件付き確率** である。

よって，少なくとも 1 枚は表が出るという事象を A，2 枚とも表が出るという事象を B とすると，求める確率は **条件付き確率 $\boldsymbol{P_A(B)}$** である。

$P(A)=\dfrac{3}{4}$，$P(A\cap B)=\dfrac{1}{4}$ であるから　$P_A(B)=\dfrac{P(A\cap B)}{P(A)}=\dfrac{1}{4}\div\dfrac{3}{4}=\boldsymbol{\dfrac{1}{3}}$

[解説] 硬貨 2 枚を a，b として，全事象を考えると

{a 表，b 表}，{a 表，b 裏}，{a 裏，b 表}，{a 裏，b 裏}

の 4 通りの場合がある。

ここで，少なくとも 1 枚が表である場合は，

{a 表，b 表}，{a 表，b 裏}，{a 裏，b 表}

の 3 通りあり，どれも同様に確からしい。

このうち，2 枚とも表であるのは，{a 表，b 表} の 1 通り。

よって，求める確率は　$\dfrac{1}{3}$ $\left[P_A(B)=\dfrac{n(A\cap B)}{n(A)}\right]$

◀**同様に確からしい** ことが確率の前提にある。そのため，区別がつかないものでも異なるものと考える，のが基本原則。

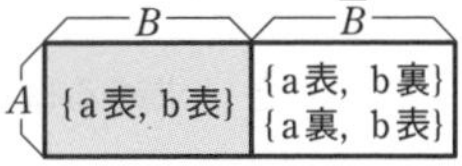

注意 次のような解答は誤りである！

× 2 枚とも表となる場合であるから　$\dfrac{1}{4}$　⟵ これは確率 $P(B)[=P(A\cap B)]$

× 1 枚は表であるから，残り 1 枚が表である確率を求めて　$\dfrac{1}{2}$

⟶ これは {表，表}，{表，裏} を全事象として考えているが，〰〰 が起こることは同様に確からしくない。… {表，裏} には {a 表，b 裏} と {a 裏，b 表} がある。

基本例題 59 条件付き確率の計算(2) … 場合の数利用

3個のさいころを同時に投げ，出た目の最大値を X，最小値を Y とし，その差 $X-Y$ を Z とする。

(1) $Z=4$ となる確率を求めよ。

(2) $Z=4$ という条件のもとで，$X=5$ となる条件付き確率を求めよ。

p.425 基本事項 1

指針 (1) $1\leqq X\leqq 6$，$1\leqq Y\leqq 6$ から，$Z=4$ となるのは，$(X,\ Y)=(5,\ 1),\ (6,\ 2)$ のときである。この2つの場合に分けて，$Z=4$ となる目の出方を数え上げる。

(2) $Z=4$ となる事象を A，$X=5$ となる事象を B とすると，求める確率は **条件付き確率 $P_A(B)$** である。(1) で $n(A)$，$n(A\cap B)$ を求めているから，

$$P_A(B)=\frac{n(A\cap B)}{n(A)}$$ ← 全体を A としたときの $A\cap B$ の割合

を利用して計算するとよい。

解答

(1) $Z=4$ となるのは，$(X,\ Y)=(5,\ 1),\ (6,\ 2)$ のとき。

[1] $(X,\ Y)=(5,\ 1)$ のとき

このような3個のさいころの目の組を，目の大きい方から順にあげると，次のようになる。

$(5,\ 5,\ 1)$，　$(5,\ 4,\ 1)$，　$(5,\ 3,\ 1)$，
$(5,\ 2,\ 1)$，　$(5,\ 1,\ 1)$

[1] の目の出方は　$\dfrac{3!}{2!}+3\times 3!+\dfrac{3!}{2!}=24$（通り）

[2] $(X,\ Y)=(6,\ 2)$ のとき

[1] と同様にして，目の組を調べると

$(6,\ 6,\ 2)$，　$(6,\ 5,\ 2)$，　$(6,\ 4,\ 2)$，
$(6,\ 3,\ 2)$，　$(6,\ 2,\ 2)$

[2] の目の出方は　$\dfrac{3!}{2!}+3\times 3!+\dfrac{3!}{2!}=24$（通り）

以上から，$Z=4$ となる目の出方は　$24+24=48$（通り）

よって，求める確率は　$\dfrac{48}{6^3}=\mathbf{\dfrac{2}{9}}$

(2) $Z=4$ となる事象を A，$X=5$ となる事象を B とすると，求める確率は　$P_A(B)=\dfrac{n(A\cap B)}{n(A)}=\dfrac{24}{48}=\mathbf{\dfrac{1}{2}}$

◀ $Z=X-Y=4$ から $X=Y+4$　$X\leqq 6$ であるためには $Y=1$ または $Y=2$

◀ 組 $(5,\ 5,\ 1)$ と組 $(5,\ 1,\ 1)$ については，同じものを含む順列を利用。（同じものがない1個の数が入る場所を選ぶと考えて，${}_3C_1$ としてもよい。）他の3組については順列を利用。

◀ $P_A(B)=\dfrac{P(A\cap B)}{P(A)}=\dfrac{n(A\cap B)}{n(A)}$

POINT 条件付き確率は $P_A(B)=\dfrac{P(A\cap B)}{P(A)}$ か $P_A(B)=\dfrac{n(A\cap B)}{n(A)}$ で計算

練習 ③ 59 2個のさいころを同時に1回投げる。出る目の和を5で割った余りを X，出る目の積を5で割った余りを Y とするとき，次の確率を求めよ。

(1) $X=2$ である条件のもとで $Y=2$ である確率

(2) $Y=2$ である条件のもとで $X=2$ である確率

p.436 EX42, 45

基本例題 60 確率の乗法定理 (1) … くじ引きの確率

10本のくじの中に当たりくじが3本ある。一度引いたくじはもとに戻さない。
(1) 初めにaが1本引き，次にbが1本引くとき，次の確率を求めよ。
(ア) a，bともに当たる確率　　(イ) bが当たる確率
(2) 初めaが1本ずつ2回引き，次にbが1本引くとき，a，bが1本ずつ当たる確率を求めよ。

p.425 基本事項 2

指針 順列の考え方でも解けるが，ここでは，**確率の乗法定理** を利用して解いてみよう。「a，bの順にくじを引く」，「引いたくじはもとに戻さない（**非復元抽出**）」から，aの結果がbの結果に影響を与える。よって，くじの状態の変化の過程に注目して確率を計算する。

(1) aが当たるという事象をA，bが当たるという事象をBとする。

(ア) 求める確率は$P(A\cap B)$であるから　　$\boldsymbol{P(A\cap B)=P(A)P_A(B)}$

(イ) bが当たる場合を，2つの事象 {a○，b○}，{a×，b○}　←○当たり，×はずれ　に分ける。2つの事象は互いに排反であるから，最後に **加法定理** を利用する。

解答

当たることを○，はずれることを×で表す。　◀記述を簡単にする工夫。

(1) aが当たるという事象をA，bが当たるという事象をBとする。

(ア) $P(A)=\dfrac{3}{10}$，$P_A(B)=\dfrac{2}{9}$ であるから，求める確率は

$$P(A\cap B)=P(A)P_A(B)=\frac{3}{10}\times\frac{2}{9}=\boldsymbol{\frac{1}{15}}$$

◀aが当たったとき，bは当たりくじを2本含む9本のくじから引く。

(イ) bが当たるのは，{a○，b○}，{a×，b○} の場合があり，これらの事象は互いに排反である。
求める確率は

$$\begin{aligned}P(B)&=P(A\cap B)+P(\overline{A}\cap B)\\&=P(A)P_A(B)+P(\overline{A})P_{\overline{A}}(B)\\&=\frac{3}{10}\times\frac{2}{9}+\frac{7}{10}\times\frac{3}{9}=\boldsymbol{\frac{3}{10}}\end{aligned}$$

◀aがはずれたとき，bは当たりくじを3本含む9本のくじから引く。

(2) a，bが1本ずつ当たるのは，{a○，a×，b○}，{a×，a○，b○} の場合があり，これらの事象は互いに排反である。よって，求める確率は

$$\frac{3}{10}\times\frac{7}{9}\times\frac{2}{8}+\frac{7}{10}\times\frac{3}{9}\times\frac{2}{8}=\boldsymbol{\frac{7}{60}}$$

◀ $\boldsymbol{P(A\cap B\cap C)=P(A)P_A(B)P_{A\cap B}(C)}$

検討

上の例題の(1)において，aが当たる確率は$\dfrac{3}{10}$で，これは(1)(イ)で求めたbが当たる確率と等しい。一般に，当たりくじを引く確率は，くじを引く順番に関係なく一定である。

練習 ② 60 8本のくじの中に当たりくじが3本ある。一度引いたくじはもとに戻さないで，初めにaが1本引き，次にbが1本引く。更にその後にaが1本引くとする。
(1) 初めにaが当たり，次にbがはずれ，更にその後にaがはずれる確率を求めよ。
(2) a，bともに1回ずつ当たる確率を求めよ。

基本例題 61 確率の乗法定理 (2) … やや複雑な事象 ①①①①①

箱 A には赤球 3 個，白球 2 個，箱 B には赤球 2 個，白球 2 個が入っている。

(1) 箱 A から球を 1 個取り出し，それを箱 B に入れた後，箱 B から球を 1 個取り出すとき，それが赤球である確率を求めよ。

(2) 箱 A から球を 2 個取り出し，それを箱 B に入れた後，箱 B から球を 2 個取り出すとき，それが 2 個とも赤球である確率を求めよ。 〔長崎総合科大〕

基本 60　重要 62

指針 確率を求めるには，箱 B の中の赤球と白球の個数がわかればよい。ところが，箱 A から取り出される球の色や個数によって，箱 B の中の状態が変わってくる。
そこで，箱 A から取り出す球の色や個数に応じた場合分けをして，それぞれの場合に，箱 B の中の状態がどうなっているかということを，正確につかんでおく。

複雑な事象の確率　排反な事象に分ける

解答

(1) 箱 B から赤球を取り出すのには
　[1] 箱 A から赤球，箱 B から赤球
　[2] 箱 A から白球，箱 B から赤球
のように取り出す場合があり，[1]，[2] の事象は互いに排反である。
箱 B から球を取り出すとき，箱 B の球の色と個数は
　[1] の場合　赤 3，白 2　　[2] の場合　赤 2，白 3
となるから，求める確率は　$\frac{3}{5}\times\frac{3}{5}+\frac{2}{5}\times\frac{2}{5}=\mathbf{\frac{13}{25}}$

(2) 箱 B から赤球 2 個を取り出すのには
[1] 箱 A から赤球 2 個，箱 B から赤球 2 個
[2] 箱 A から赤球 1 個と白球 1 個，箱 B から赤球 2 個
[3] 箱 A から白球 2 個，箱 B から赤球 2 個
のように取り出す場合があり，[1]～[3] の事象は互いに排反である。[1]～[3] の各場合において，箱 B から球を取り出すとき，箱 B の球の色と個数は次のようになる。
[1] 赤 4，白 2　　[2] 赤 3，白 3　　[3] 赤 2，白 4
したがって，求める確率は

$$\frac{{}_3C_2}{{}_5C_2}\times\frac{{}_4C_2}{{}_6C_2}+\frac{{}_3C_1\cdot{}_2C_1}{{}_5C_2}\times\frac{{}_3C_2}{{}_6C_2}+\frac{{}_2C_2}{{}_5C_2}\times\frac{{}_2C_2}{{}_6C_2}$$

$$=\frac{3}{10}\times\frac{6}{15}+\frac{6}{10}\times\frac{3}{15}+\frac{1}{10}\times\frac{1}{15}=\mathbf{\frac{37}{150}}$$

[1] Bから取り出すとき

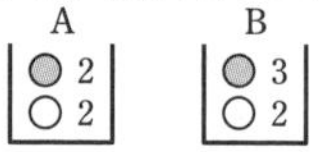

[2] Bから取り出すとき

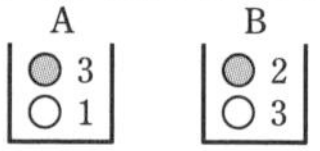

◀[1]，[2] のそれぞれが起こる確率は，**乗法定理** を用いて計算する。
そして，[1] と [2] は互いに排反であるから，**加法定理** で加える。

◀(1) と同様に，乗法定理と加法定理による。

練習 ② 61 袋 A には白球 4 個，黒球 5 個，袋 B には白球 3 個，黒球 2 個が入っている。まず，袋 A から 2 個を取り出して袋 B に入れ，次に袋 B から 2 個を取り出して袋 A に戻す。このとき，袋 A の中の白球，黒球の個数が初めと変わらない確率を求めよ。また，袋 A の中の白球の個数が初めより増加する確率を求めよ。

重要例題 62 確率の乗法定理 (3) … 樹形図の利用

袋の中に，赤球 2 個と白球 3 個が入っている。A，B がこの順に交互に 1 個ずつ球を取り出し，2 個目の赤球を取り出した方を勝ちとする。ただし，取り出した球はもとに戻さない。このとき，B が勝つ確率を求めよ。

基本 61

指針 試行の結果により，毎回状態が変わってくるような複雑な事象については，変化のようすを **樹形図** (tree) で整理し，樹形図に確率を書き添えるとわかりやすくなる。
この問題で，B が勝つ場合を樹形図で表すと，右の図のようになる。
それぞれの事象が起こる確率を **乗法定理** を利用して求め，最後に **加法定理** を利用すると，B が勝つ確率が得られる。

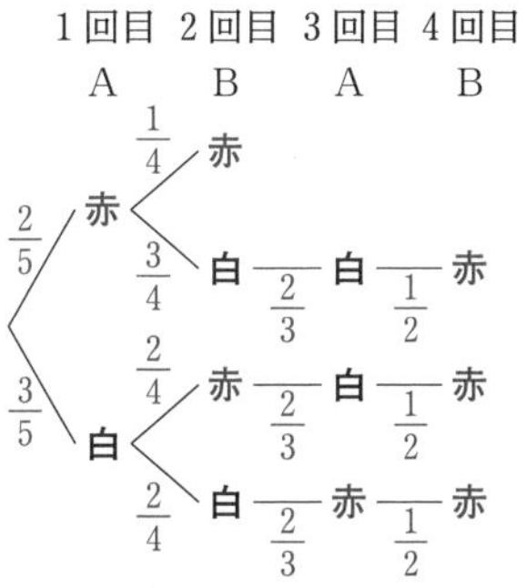

解答 例えば，A が赤球を取り出すことを「A 赤」のように表す。
B が勝つのは，次のように球が取り出される場合である。

[1] A 赤 ⟶ B 赤
[2] A 赤 ⟶ B 白 ⟶ A 白 ⟶ B 赤
[3] A 白 ⟶ B 赤 ⟶ A 白 ⟶ B 赤
[4] A 白 ⟶ B 白 ⟶ A 赤 ⟶ B 赤

[1]~[4] の各場合の確率を計算すると

[1] $\dfrac{2}{5}\times\dfrac{1}{4}=\dfrac{1}{10}$

[2] $\dfrac{2}{5}\times\dfrac{3}{4}\times\dfrac{2}{3}\times\dfrac{1}{2}=\dfrac{1}{10}$

[3] $\dfrac{3}{5}\times\dfrac{2}{4}\times\dfrac{2}{3}\times\dfrac{1}{2}=\dfrac{1}{10}$

[4] $\dfrac{3}{5}\times\dfrac{2}{4}\times\dfrac{2}{3}\times\dfrac{1}{2}=\dfrac{1}{10}$

これらの事象は互いに排反であるから，求める確率は

$$\frac{1}{10}+\frac{1}{10}+\frac{1}{10}+\frac{1}{10}=\boldsymbol{\frac{2}{5}}$$

◀赤球と白球の合計は 5 個であるから，B が勝つのは，2 回目または 4 回目の試行のときである。

◀[1] で A が赤を取り出したとき，B は赤 1，白 3 の合計 4 個の中から球を取り出す。

練習 ③ 62 赤球 3 個と白球 2 個が入った袋の中から球を 1 個取り出し，その球と同じ色の球を 1 個加えて 2 個とも袋に戻す。この作業を 3 回繰り返すとき，次の確率を求めよ。
(1) 赤球を 3 回続けて取り出す確率
(2) 作業が終わった後，袋の中に赤球と白球が 4 個ずつ入っている確率

p.436 EX 43, 44

基本例題 63 原因の確率

ある工場では，同じ製品をいくつかの機械で製造している。不良品が現れる確率は機械 A の場合は 4 % であるが，それ以外の機械では 7 % に上がる。また，機械 A で製品全体の 60 % を作る。製品の中から 1 個を取り出したとき

(1) それが不良品である確率を求めよ。

(2) 不良品であったとき，それが機械 A の製品である確率を求めよ。

基本 58，60 重要 64

指針 取り出した 1 個が，機械 A の製品である事象を A，不良品である事象を E とする。

(1) 不良品には，[1] 機械 A で製造された不良品，[2] 機械 A 以外で製造された不良品の 2 つの場合があり，これらは互いに **排反** である。⟶ $P(A\cap E)+P(\overline{A}\cap E)$

(2) 求めるのは，「不良品である」ということがわかっている条件のもとで，それが機械 A の製品である確率，すなわち **条件付き確率 $P_E(A)$** である。

解答

取り出した 1 個が，機械 A の製品であるという事象を A，不良品であるという事象を E とすると $P(A)=\dfrac{60}{100}=\dfrac{3}{5}$，

$$P(\overline{A})=1-\frac{3}{5}=\frac{2}{5},\quad P_A(E)=\frac{4}{100},\quad P_{\overline{A}}(E)=\frac{7}{100}$$

(1) 求める確率は $P(E)$ であるから

$$P(E)=P(A\cap E)+P(\overline{A}\cap E)$$
$$=P(A)P_A(E)+P(\overline{A})P_{\overline{A}}(E)$$
$$=\frac{3}{5}\cdot\frac{4}{100}+\frac{2}{5}\cdot\frac{7}{100}=\frac{26}{500}=\mathbf{\frac{13}{250}}$$

(2) 求める確率は $P_E(A)$ であるから

$$P_E(A)=\frac{P(A\cap E)}{P(E)}=\frac{P(A)P_A(E)}{P(E)}=\frac{3}{125}\div\frac{13}{250}=\mathbf{\frac{6}{13}}$$

検討

次のように，具体的な数を当てはめてみると，問題の意味がわかりやすい。全部で 1000 個の製品を製造したと仮定すると

機械	製造数	不良品
A	600	24
A 以外	400	28
計	1000	52

(1) の確率は $\dfrac{52}{1000}=\dfrac{13}{250}$

(2) の確率は $\dfrac{24}{52}=\dfrac{6}{13}$

検討

原因の確率

上の例題の (2) では，「不良品であった」という **“結果”** が条件として与えられ，「それが機械 A のものかどうか」という **“原因”** の確率を問題にしている。この意味から，(2) のような確率を **原因の確率** ということがある。また，(1)，(2) から

$$\boldsymbol{P_E(A)=\frac{P(A)P_A(E)}{P(A)P_A(E)+P(\overline{A})P_{\overline{A}}(E)}}$$

が成り立つ。これを **ベイズの定理** という。詳しくは，次ページ参照。

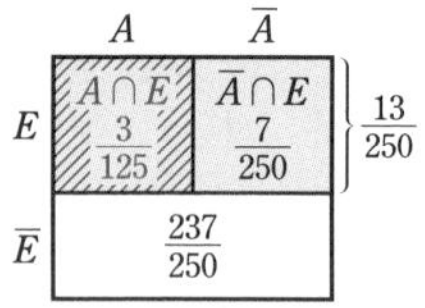

練習 ③ 63 集団 A では 4 % の人が病気 X にかかっている。病気 X を診断する検査で，病気 X にかかっている人が正しく陽性と判定される確率は 80 %，病気 X にかかっていない人が誤って陽性と判定される確率は 10 % である。集団 A のある人がこの検査を受けたとき，次の確率を求めよ。

(1) その人が陽性と判定される確率

(2) 陽性と判定されたとき，その人が病気 X にかかっている確率 〔類 岐阜薬大〕

重要例題 64 ベイズの定理 ⦶⦶⦶⦶⦶

袋 A には赤球 10 個，白球 5 個，青球 3 個；袋 B には赤球 8 個，白球 4 個，青球 6 個；袋 C には赤球 4 個，白球 3 個，青球 5 個が入っている。
3 つの袋から無作為に 1 つの袋を選び，その袋から球を 1 個取り出したところ白球であった。それが袋 A から取り出された球である確率を求めよ。 基本 63

指針 袋 A を選ぶという事象を A，白球を取り出すという事象を W とすると，求める確率は **条件付き確率** $P_W(A)=\dfrac{P(W\cap A)}{P(W)}$ である。
よって，$P(W)$，$P(A\cap W)$ がわかればよい。まず，事象 W を次の 3 つの排反事象
[1] A から白球を取り出す，[2] B から白球を取り出す，[3] C から白球を取り出す
に分けて，$P(W)$ を計算することから始める。また　$P(A\cap W)=P(A)P_A(W)$

解答 袋 A，B，C を選ぶという事象をそれぞれ A，B，C とし，白球を取り出すという事象を W とすると

$$P(W)=P(A\cap W)+P(B\cap W)+P(C\cap W)$$
$$=P(A)P_A(W)+P(B)P_B(W)+P(C)P_C(W)$$
$$=\frac{1}{3}\cdot\frac{5}{18}+\frac{1}{3}\cdot\frac{4}{18}+\frac{1}{3}\cdot\frac{3}{12}$$
$$=\frac{5}{54}+\frac{2}{27}+\frac{1}{12}=\frac{1}{4}$$

よって，求める確率は

$$P_W(A)=\frac{P(A\cap W)}{P(W)}=\frac{P(A)P_A(W)}{P(W)}=\frac{5}{54}\div\frac{1}{4}=\mathbf{\frac{10}{27}}$$

⦶ **複雑な事象**
排反な事象に分ける

◀加法定理

◀乗法定理

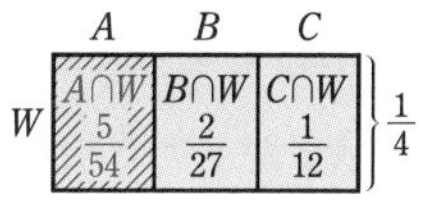

検討 **ベイズの定理**

上の例題から，$P_W(A)=\dfrac{P(A)P_A(W)}{P(A)P_A(W)+P(B)P_B(W)+P(C)P_C(W)}$ が成り立つ。
一般に，n 個の事象 A_1，A_2，……，A_n が互いに排反であり，そのうちの 1 つが必ず起こるものとする。このとき，任意の事象 B に対して，次のことが成り立つ。

$$P_B(A_k)=\frac{P(A_k)P_{A_k}(B)}{P(A_1)P_{A_1}(B)+P(A_2)P_{A_2}(B)+\cdots\cdots+P(A_n)P_{A_n}(B)}\quad(k=1,\ 2,\ \cdots\cdots,\ n)$$

これを **ベイズの定理** という。このことは，$B=(A_1\cap B)\cup(A_2\cap B)\cup\cdots\cdots\cup(A_n\cap B)$ で，$A_1\cap B$，$A_2\cap B$，……，$A_n\cap B$ は互いに排反であることから，上の式の右辺の分母が $P(B)$ と一致し，$P_B(A_k)=\dfrac{P(B\cap A_k)}{P(B)}=\dfrac{P(A_k\cap B)}{P(B)}$ かつ $P(A_k\cap B)=P(A_k)P_{A_k}(B)$ から導かれる。

練習 ③ **64** ある電器店が，A 社，B 社，C 社から同じ製品を仕入れた。A 社，B 社，C 社から仕入れた比率は，4：3：2 であり，製品が不良品である比率はそれぞれ 3 %，4 %，5 % であるという。いま，大量にある 3 社の製品をよく混ぜ，その中から任意に 1 個抜き取って調べたところ，不良品であった。これが B 社から仕入れたものである確率を求めよ。
〔類　広島修道大〕 p.436 EX45

参考事項 モンティ・ホール問題

※次の問題は，モンティ・ホールという人が司会を務めたアメリカのテレビ番組「Let's make a deal（駆け引きしましょう）」の中で行われ，話題を集めたゲームである。条件付き確率やベイズの定理が関係する面白い問題であるので，考えてみよう。

> 3つあるドアの1つだけに賞品が隠されています（残り2つのドアははずれ）。挑戦者であるあなたは，3つのドアのうち1つを開けて，賞品があればもらうことができます。
> まず，あなたはドアを1つ選択します。そして，どのドアに賞品があるかを把握している司会者は残った2つのドアのうち，はずれのドアを1つ開けます。
> ここで，はずれのドアを開けた司会者はあなたに尋ねます。
> 「賞品がもらえる確率を上げるために，開けるドアを変更しますか？変更しませんか？」

以下では，3つのドアをA, B, Cとし，最初にドアAを選択し，司会者はドアCを開けるとして考えていくこととする。

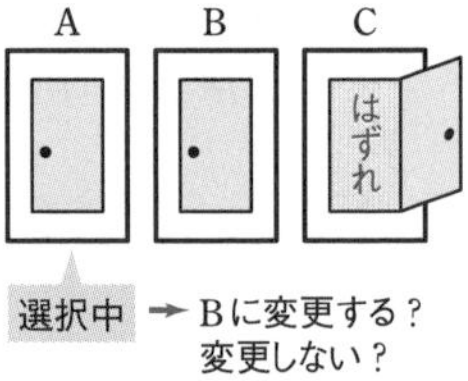

ドアA，B，Cに賞品が隠れているという事象をそれぞれA，B，Cとすると　　$P(A)=P(B)=P(C)=\frac{1}{3}$

司会者がドアCを開けるという事象をXとすると

$$P_A(X)=\frac{1}{2},\ P_B(X)=1$$

$A\cap X$，$B\cap X$は互いに排反であり，$X=(A\cap X)\cup(B\cap X)$であるから

$$\begin{aligned}P(X)&=P(A\cap X)+P(B\cap X)\\&=P(A)P_A(X)+P(B)P_B(X)\\&=\frac{1}{3}\times\frac{1}{2}+\frac{1}{3}\times1=\frac{1}{2}\end{aligned}$$

	A（選択）	B	C（開ける）	
A ○ なら →	○	$\times\left(\frac{1}{2}\right)$	$\times\left(\frac{1}{2}\right)$	← $P_A(X)$
B ○ なら →	×	○ (0)	× (1)	← $P_B(X)$
C ○ なら →	×	× (1)	○ (0)	← $P_C(X)$

○：賞品，×：はずれ

司会者がドアCを開けたときに，ドアA, Bに賞品がある確率はそれぞれ$P_X(A)$，$P_X(B)$である。ベイズの定理により

$$P_X(A)=\frac{P(X\cap A)}{P(X)}=\frac{1}{6}\div\frac{1}{2}=\frac{1}{3},\ P_X(B)=\frac{P(X\cap B)}{P(X)}=\frac{1}{3}\div\frac{1}{2}=\frac{2}{3}$$

$P_X(A)<P_X(B)$であるから，ドアを変更した方がよい といえる。

以上が条件付き確率による正しい考え方であるが，心理的には納得できないかもしれない。納得できないときは，次のような極端なケースを考えてみるとよい。

[1]　100個のドアの1つだけ○で，残り99個は×　　……○：賞品がある，×：はずれ

[2]　あなたは100個のドアから1つのドアを選択する。　……○の確率は　1/100=0.01 (1%)

[3]　答えを知っている司会者は，残り99個から98個の×のドアを開ける。

つまり，最後に残ったのは，あなたが最初に選んだ1つのドアと，答えを知っている司会者が99個（○の確率99%）の中から意図的に開かなかった1つのドアである。同じように尋ねられたら，ドアを変更する方が有利であることが納得できるのではないだろうか。

※モンティ・ホール問題をベイズの定理を用いて解説したが，ベイズの定理は，事象 E という原因で事象 A が起こったときに，原因の確率 $P_E(A)$ を求めるものである。さて，ベイズの定理が大学入試の題材に取り上げられることは，昨今珍しいことではないが，次の問題が出題された 1976 年当時はかなり珍しく，条件付き確率が入試で注目されるきっかけになったとも言われている。この有名問題を紹介しておこう。

問題 5 回に 1 回の割合で帽子を忘れるくせのある K 君が，正月に A，B，C 3 軒を順に年始回りをして家に帰ったとき，帽子を忘れてきたことに気がついた。2 番目の家 B に忘れてきた確率を求めよ。〔早稲田大〕

（補足）この問題は，「チャート式基礎からの確率・統計」（初版 1984 年発行）にも採録。

指針 B に忘れてくることは，A には忘れないで B に忘れることであるから，求める確率は $\left(1-\frac{1}{5}\right)\times\frac{1}{5}=\frac{4}{5}\times\frac{1}{5}=\frac{4}{25}$ としては **誤り！** これは，単に，B に忘れる確率である。

問題文には「帽子を忘れたことに気がついた」とあるように，**帽子を忘れたという事実が確定している**。つまり，3 軒のいずれかで忘れることを前提として（これを全事象とみて），B に忘れる確率を再検証しなければならない。

解答 A，B，C のいずれかに忘れるという事象を E とし，B に忘れるという事象を B とする。

5 回に 1 回の割合で帽子を忘れるくせがあるから

$$P(E)=1-\left(1-\frac{1}{5}\right)^3=1-\left(\frac{4}{5}\right)^3=1-\frac{64}{125}=\frac{61}{125}$$

A に忘れないで B に忘れるという事象は $E\cap B$ であるから

$$P(E\cap B)=\frac{4}{5}\times\frac{1}{5}=\frac{4}{25}$$

よって，事象 E が起こったときに，事象 B が起こる確率は

$$P_E(B)=\frac{P(E\cap B)}{P(E)}=\frac{4}{25}\div\frac{61}{125}=\frac{4}{25}\times\frac{125}{61}=\mathbf{\frac{20}{61}}$$

◎ 余事象が近道

◀「忘れた」ことが確定しているから，E を新しい全事象とみなす。

◀忘れてきたとき，それが B である確率

［解説］ A，C に忘れるという事象をそれぞれ A，C とすると

[1] $P(E\cap A)=\frac{1}{5}$，[2] $P(E\cap B)=\frac{4}{25}$，[3] $P(E\cap C)=\frac{16}{125}$，[4] $P(\overline{E})=\frac{64}{125}$

家に帰ってきたときに帽子のことは気がつかないで，A，B，C のいずれかに忘れる確率や，3 軒のどの家にも忘れない確率なら，上記の [1]～[4] でよい。

しかし，問題では「忘れてきた」ことが事実として確定しているため，[4] の確率は 0 となり，[1]～[3] の 確率の和が 1 になるように，再検証しなければならない。

和を 1 にするためには，[1]，[2]，[3] の確率の比が 25：20：16（和は 61）であるから

$\times\frac{125}{61}$ より　$P_E(A)=\frac{25}{61}$，$P_E(B)=\frac{20}{61}$，$P_E(C)=\frac{16}{61}$　◀ $\frac{61}{125}$ の中での条件付き確率の割合

このように，ベイズの定理によって，原因の確率が求められるわけであるが，単に B に忘れる確率 $\frac{4}{25}=0.16$ が，忘れたことが確定すると $\frac{20}{61}=0.3278\cdots$ と 2 倍以上になる。直感による確率と計算に基づいた確率の相違であるともいえる。

EXERCISES

③41　n を自然数とする。1 から $2n$ までの数が 1 つずつ書かれた $2n$ 枚のカードがある。この中から 1 枚のカードを等確率で選ぶ試行において，選ばれたカードに書かれた数が偶数であることがわかっているとき，その数が n 以下である確率を，n が偶数か奇数かの場合に分けて求めよ。　〔類 鹿児島大〕 →58

③42　袋の中に，1 から 6 までの番号が 1 つずつ書かれた 6 個の玉が入っている。袋から 6 個の玉を 1 つずつ取り出していき，k 番目に取り出した玉に書かれた番号を a_k $(k=1,\ 2,\ \cdots\cdots,\ 6)$ とする。ただし，取り出した玉は袋に戻さない。〔学習院大〕

(1)　$a_1+a_2=a_3+a_4=a_5+a_6$ が成り立つ確率を求めよ。

(2)　a_6 が偶数であったとき，a_1 が奇数である確率を求めよ。 →59

③43　当たり 3 本，はずれ 7 本のくじを A，B 2 人が引く。ただし，引いたくじはもとに戻さないとする。次の (1)，(2) の各場合について，A，B が当たりくじを引く確率 $P(A)$，$P(B)$ をそれぞれ求めよ。

(1)　まず A が 1 本引き，はずれたときだけ A がもう 1 本引く。次に B が 1 本引き，はずれたときだけ B がもう 1 本引く。

(2)　まず A は 1 本だけ引く。A が当たれば，B は引けない。A がはずれたときは B は 1 本引き，はずれたときだけ B がもう 1 本引く。 →60, 62

④44　袋の中に最初に赤玉 2 個と青玉 1 個が入っている。次の操作を考える。

(操作)　袋から 1 個の玉を取り出し，それが赤玉ならば代わりに青玉 1 個を袋に入れ，青玉ならば代わりに赤玉 1 個を袋に入れる。袋に入っている 3 個の玉がすべて青玉になるとき，硬貨を 1 枚もらう。

この操作を 4 回繰り返す。もらう硬貨の総数が 1 枚である確率と，もらう硬貨の総数が 2 枚である確率をそれぞれ求めよ。　〔九州大〕 →62

④45　1 つの袋の中に白玉，青玉，赤玉が合わせて 25 個入っている。この袋から同時に 2 個の玉を取り出すとき，白玉 1 個と青玉 1 個が取り出される確率は $\frac{1}{6}$ であるという。また，この袋から同時に 4 個の玉を取り出す。取り出した玉がすべての色の玉を含んでいたとき，その中に青玉が 2 個入っている確率は $\frac{2}{11}$ であるという。この袋の中に最初に入っている白玉，青玉，赤玉の個数をそれぞれ求めよ。 →40, 59, 64

HINT

41　n 以下の偶数は，n が偶数のとき $\frac{n}{2}$ 個，奇数のとき $\frac{n-1}{2}$ 個ある。

42　(1)　$1+2+3+4+5+6=21$ であるから　$a_1+a_2=a_3+a_4=a_5+a_6=7$

43, 44　**樹形図 (tree)** をかき，状態と確率を見やすくするとよい。44 では，もらう硬貨の総数が 2 枚の確率の方が求めやすい。

45　白玉，青玉の個数をそれぞれ x，y として，確率の条件から x，y の連立方程式を作る。

10 期 待 値

基本事項

期待値　変量 X のとりうる値を x_1, x_2, ……, x_n とし，X がこれらの値をとる確率をそれぞれ p_1, p_2, ……, p_n とすると，X の期待値 E は

$$\boldsymbol{E=x_1p_1+x_2p_2+\cdots\cdots+x_np_n} \qquad \text{ただし}\quad p_1+p_2+\cdots\cdots+p_n=1$$

解 説

■ 期待値

X の値	x_1	x_2	……	x_n	計
確率	p_1	p_2	……	p_n	1

一般に，ある試行の結果によって値の定まる変量 X があって，X のとりうる値を x_1, x_2, ……, x_n とし，X がこれらの値をとる確率をそれぞれ p_1, p_2, ……, p_n とすると

$$\boldsymbol{p_1+p_2+\cdots\cdots+p_n=1}$$

が成り立つ。このとき，x_1, x_2, ……, x_n の各値に，それぞれの値をとる確率 p_1, p_2, ……, p_n を掛けて加えた値

$$x_1p_1+x_2p_2+\cdots\cdots+x_np_n$$

を，変量 X の **期待値** といい，$\boldsymbol{E}$ で表す。
E は，期待値を意味する expectation の頭文字である。
なお，期待値を **平均値** ということもある。また，変量 X を **確率変数** ともいう。このことは，数学Bで詳しく学習する。

例　2個のさいころを同時に投げるときの目の和の期待値。

目の和を X，それをとる確率を P とすると，右の表のようになる。

X	2	3	4	5	6	7	8	9	10	11	12	計
P	$\frac{1}{36}$	$\frac{2}{36}$	$\frac{3}{36}$	$\frac{4}{36}$	$\frac{5}{36}$	$\frac{6}{36}$	$\frac{5}{36}$	$\frac{4}{36}$	$\frac{3}{36}$	$\frac{2}{36}$	$\frac{1}{36}$	1

これから，求める期待値は

$$2\times\frac{1}{36}+3\times\frac{2}{36}+4\times\frac{3}{36}+5\times\frac{4}{36}+6\times\frac{5}{36}+7\times\frac{6}{36}+8\times\frac{5}{36}+9\times\frac{4}{36}$$
$$+10\times\frac{3}{36}+11\times\frac{2}{36}+12\times\frac{1}{36}=\frac{252}{36}=\mathbf{7}$$

■ 期待値の応用

結果が不確実な状況下において，例えば，賞金がついたゲームに参加するのは得か損かなど，どの選択が有利かを判断する際，期待値の考えを判断の基準として利用することができる。
なお，期待値が金額で表されるとき，これを **期待金額** ということがある。

例　1個のさいころを投げて，1または2の目が出たら1500円を受け取り，それ以外の目が出た場合は600円を支払うゲームがある。参加料が200円のとき，このゲームに参加することは，得であるといえるか。

(解答)　期待金額は　$1500\times\frac{2}{6}+(-600)\times\frac{4}{6}=100$ (円) <200 (円)

したがって，期待金額は参加料より少ないから，このゲームに参加することは得ではない。

基本例題 65 期待値の基本

A のカード 3 枚，B のカード 2 枚，C のカード 1 枚，合計 6 枚のカードがある。この中から 2 枚のカードを取り出す。A のカードを 1 点，B のカードを 2 点，C のカードを 3 点とするとき，カード 2 枚の合計点の期待値を求めよ。

p.437 基本事項　重要 68

指針 期待値の計算は，次の手順で行う。

1. 変量 X のとりうる **値** を調べる。…… カードの組み合わせで合計点は決まる。
2. X の各値に対応する **確率** P を求める。…… 組合せ $_nC_r$ を利用して計算。
3. X と P の **表** を作り，**確率の和が 1** になるかどうかを確かめる。
4. 期待値（すなわち **値×確率 の和**）を計算。

解答

合計点を X 点とすると，X のとりうる値は

$X=2,\ 3,\ 4,\ 5$

それぞれの値をとる確率は

$X=2$ のとき　$\dfrac{_3C_2}{_6C_2}=\dfrac{3}{15}$

$X=3$ のとき　$\dfrac{_3C_1\times{}_2C_1}{_6C_2}=\dfrac{6}{15}$

$X=4$ のとき　$\dfrac{_3C_1\times{}_1C_1+{}_2C_2}{_6C_2}=\dfrac{4}{15}$

$X=5$ のとき　$\dfrac{_2C_1\times{}_1C_1}{_6C_2}=\dfrac{2}{15}$

X	2	3	4	5	計
確率	$\frac{3}{15}$	$\frac{6}{15}$	$\frac{4}{15}$	$\frac{2}{15}$	1

よって，求める期待値は

$$2\times\frac{3}{15}+3\times\frac{6}{15}+4\times\frac{4}{15}+5\times\frac{2}{15}=\frac{50}{15}=\mathbf{\frac{10}{3}}\ (点)$$

◀カードの組合せは，次の 5 パターン。
(A, A) ⟶ 2 点
(A, B) ⟶ 3 点
(A, C) ⟶ 4 点
(B, B) ⟶ 4 点
(B, C) ⟶ 5 点

◀確率の和は
$\frac{3}{15}+\frac{6}{15}+\frac{4}{15}+\frac{2}{15}=1$
となり，OK。

検討

期待値を求めるときの注意点

期待値を計算するときは，解答のように **変量 X と確率 P を表にまとめる** とよい。その際，次のことに注意する。

1. 確率の値は，約分しないで **分母を同じにしておく**。これにより，期待値の計算をするとき通分しないですむから，計算がらくになる。
2. **確率の和が 1 になることを確認** する。1 にならなければ，どこかに間違いがあるということである。

練習 ② 65 表に 1，裏に 2 を記した 1 枚のコイン C がある。

(1) コイン C を 1 回投げ，出る数 x について x^2+4 を得点とする。このとき，得点の期待値を求めよ。

(2) コイン C を 3 回投げるとき，出る数の和の期待値を求めよ。

p.443 EX46

基本例題 66 カードの最大数の期待値 ②②②②②

1 から 9 までの整数が 1 つずつ書かれたカードが 9 枚ある。この中から 7 枚のカードを無作為に取り出して得られる 7 つの整数のうちの最大のものを X とする。$X=k$ となる確率を $P(X=k)$ とするとき

(1) $P(X=8)$ を求めよ。

(2) X の期待値 $E(X)$ を求めよ。

基本 65

指針 (1) $X=8$ …… 7 枚の整数の最大値が 8 であるから，7 枚のうち 1 枚が 8，残りの 6 枚を 1 ～ 7 から選ぶ。

(2) 1 まず，X の **とりうる値** を確認すると　$X=7,\ 8,\ 9$

2 (1) と同じ方法で **確率** $P(X=7)$ などを求め，**期待値** を計算。

解答

(1) 起こりうるすべての場合の数は　${}_9C_7$ 通り

$X=8$ となるのは，1 枚が 8 で，残りの 6 枚を 1 ～ 7 から選ぶときであるから　${}_7C_6$ 通り

よって　$P(X=8)=\dfrac{{}_7C_6}{{}_9C_7}=\dfrac{{}_7C_1}{{}_9C_2}=\boldsymbol{\dfrac{7}{36}}$

(2) X のとりうる値は　$X=7,\ 8,\ 9$

(1) と同様に考えて

$$P(X=7)=\frac{{}_6C_6}{{}_9C_7}=\frac{1}{{}_9C_2}=\frac{1}{36}$$

$$P(X=9)=\frac{{}_8C_6}{{}_9C_7}=\frac{{}_8C_2}{{}_9C_2}=\frac{28}{36}$$

X	7	8	9	計
確率	$\frac{1}{36}$	$\frac{7}{36}$	$\frac{28}{36}$	1

したがって　$E(X)=7\times\dfrac{1}{36}+8\times\dfrac{7}{36}+9\times\dfrac{28}{36}$

$$=\frac{7+56+252}{36}=\frac{315}{36}=\boldsymbol{\frac{35}{4}}$$

検討
(2) $P(X=9)$ は，**余事象の確率** を利用して　$P(X=9)=1-P(X=8)-P(X=7)$ として求めることもできる。

◀1 枚が 7 で，残りの 6 枚を 1 ～ 6 から選ぶ。

◀$\frac{1}{36}+\frac{7}{36}+\frac{28}{36}=1$ となり OK。

◀**値×確率の和**

検討　最大値の確率について

$p.417$ 基本例題 **51** で学習したように，最大値が m になる確率は

(最大値が m 以下の確率)−(最大値が $m-1$ 以下の確率)

として求めることもできる。

上の例題 (1) の $P(X=8)$ について，最大値が 8 以下になる場合の数は，1 ～ 8 から 7 枚選べばよいから ${}_8C_7$ 通り。同様に，最大値が 7 以下になる場合の数は ${}_7C_7$ 通りであるから

$$P(X=8)=\frac{{}_8C_7}{{}_9C_7}-\frac{{}_7C_7}{{}_9C_7}=\frac{{}_8C_1-1}{{}_9C_2}=\frac{8-1}{36}=\boldsymbol{\frac{7}{36}}$$

◀解答 (1) の結果と一致。

練習 ② 66 1 から 7 までの数字の中から，重複しないように 3 つの数字を無作為に選ぶ。その中の最小の数字を X とするとき，X の期待値 $E(X)$ を求めよ。

p.443 EX 47

基本例題 67 期待値と有利・不利 (1)

①①①①①

Aのゲームは5枚の100円硬貨を同時に投げたとき，表の出た硬貨をもらえる。Bのゲームは1つのさいころを投げて，3以上の目が出るとその目の枚数だけの100円硬貨をもらえ，2以下の目が出るとその目の枚数だけの100円硬貨を支払う。A，Bどちらのゲームに参加する方が有利か。

基本 65　重要 69

指針　ゲームなどで **有利・不利** あるいは **公平・不公平** を判断するには，

1 **確率の大小で比較**　　2 **期待値，期待金額の大小で比較**

の2通りの方法が考えられる。
この例題では，A，Bのゲームの期待金額をそれぞれ求めて，金額の大きい方が有利と判断する。

CHART ゲームの有利・不利　**期待値の大小で判断**

解答

A：k は整数，$0 \leqq k \leqq 5$ とする。
5枚の100円硬貨を同時に投げたとき，k 枚表が出る確率は　${}_5C_k\left(\frac{1}{2}\right)^k\left(\frac{1}{2}\right)^{5-k}$　すなわち　${}_5C_k\left(\frac{1}{2}\right)^5$

したがって，期待金額は

$$100(0\cdot1+1\cdot{}_5C_1+2\cdot{}_5C_2+3\cdot{}_5C_3+4\cdot{}_5C_4+5\cdot1)\left(\frac{1}{2}\right)^5$$

$$=100(0+5+20+30+20+5)\left(\frac{1}{2}\right)^5=\frac{100\cdot80}{32}$$

$$=250\ (\text{円})$$

B：期待金額は

$$100\left\{(-1)\cdot\frac{1}{6}+(-2)\cdot\frac{1}{6}+3\cdot\frac{1}{6}+4\cdot\frac{1}{6}+5\cdot\frac{1}{6}+6\cdot\frac{1}{6}\right\}$$

$$=\frac{100\cdot15}{6}=250\ (\text{円})$$

期待金額が等しいから

A，Bどちらのゲームに参加しても同じ。

検討

Aの期待金額250円は500円の $\frac{1}{2}$ である。
一般に，
$X=k\ (k=0, 1, 2, \cdots\cdots, n)$ のとき，確率
$P_k={}_nC_kp^k(1-p)^{n-k}$
である変数 X の期待値は $\boldsymbol{np}$ となる。
[数学Bで学習]
ここで，P_k は **反復試行** の確率である。

練習 ② 67　Sさんの1か月分のこづかいの受け取り方として，以下の3通りの案が提案された。1年間のこづかいの受け取り方として，最も有利な案はどれか。

A案：毎月1回さいころを投げ，出た目の数が1から4のときは2000円，出た目の数が5または6のときは6000円を受け取る。

B案：1月から4月までは毎月10000円，5月から12月までは毎月1000円を受け取る。

C案：毎月1回さいころを投げ，奇数の目が出たら8000円，偶数の目が出たら100円を受け取る。

〔広島修道大〕

p.443 EX 48, 49

重要例題 68 図形と期待値

1 辺の長さが 1 の正六角形 ABCDEF の 6 つの頂点から，異なる 3 点を無作為に選びそれらを頂点とする三角形 T を作るとき，T が直角三角形である確率は ^{ア}□，T の周の長さの期待値は ^{イ}□ である。

基本 65

指針 (ア) 三角形 T の頂点は，正六角形の 6 頂点を通る円周上にある。
→ T の 1 辺がその円の直径となるとき，T は直角三角形になる。

(イ) T の形状は，**正三角形**（正六角形と辺の共有なし），**直角三角形**（正六角形と 1 辺共有），**二等辺三角形**（正六角形と 2 辺共有）の 3 パターンある。

解答

(ア) T の 3 つの頂点の選び方は　${}_6C_3$ 通り

T が直角三角形となるのは，T の 1 辺が正六角形の 6 つの頂点を通る円の直径になる場合である。[1]

直径の選び方は 3 通りあり，各直径に対して直角三角形は 4 つできるから，求める確率は　$\dfrac{3\times4}{{}_6C_3}=\dfrac{12}{20}=\boldsymbol{\dfrac{3}{5}}$

(イ) [1] T が正六角形と辺を共有しないとき，T は正三角形となる。その場合は 2 通りあるから，[1] の確率は　$\dfrac{2}{{}_6C_3}=\dfrac{1}{10}$

このとき，周の長さは　$\sqrt{3}\times3=3\sqrt{3}$

[2] T が正六角形と 1 辺だけを共有するとき，T は直角三角形となる。その確率は(ア)から　$\dfrac{3}{5}$

このとき，周の長さは　$1+2+\sqrt{3}=3+\sqrt{3}$

[3] T が正六角形と 2 辺を共有するとき，T は二等辺三角形となる。正六角形の頂点を 1 つ選ぶと，このような三角形が 1 つ決まるから，[3] の確率は

$\dfrac{6}{{}_6C_3}=\dfrac{3}{10}$ [2]

このとき，周の長さは　$1+1+\sqrt{3}=2+\sqrt{3}$

したがって，三角形 T の周の長さの期待値は

$3\sqrt{3}\times\dfrac{1}{10}+(3+\sqrt{3})\times\dfrac{3}{5}+(2+\sqrt{3})\times\dfrac{3}{10}=\boldsymbol{\dfrac{12+6\sqrt{3}}{5}}$

1) 下の [2] の図参照。

(イ) [1]

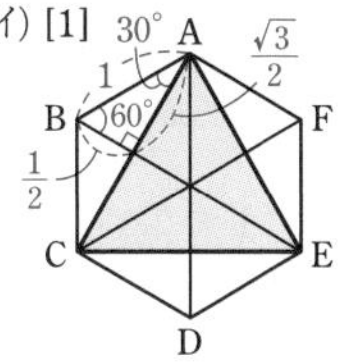

[2]

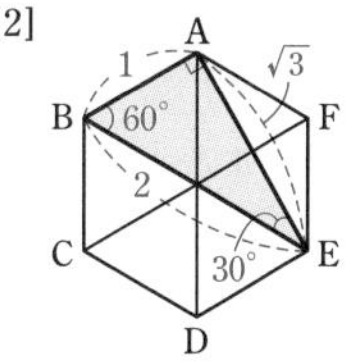

[3]

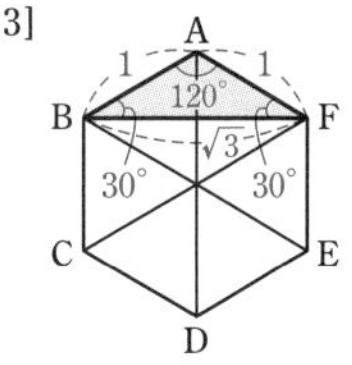

2) [1]，[2] を利用すると，[3] の確率は

$1-\dfrac{1}{10}-\dfrac{3}{5}=\dfrac{3}{10}$

練習 ④ 68 表に 1，裏に 2 と書いてあるコインを 2 回投げて，1 回目に出た数を x とし，2 回目に出た数を y として，座標平面上の点 $(x,\ y)$ を決める。ここで，表と裏の出る確率はともに $\dfrac{1}{2}$ とする。この試行を独立に 2 回繰り返して決まる 2 点と点 $(0,\ 0)$ とで定まる図形（三角形または線分）について　〔東京学芸大〕

(1) 図形が線分になる確率を求めよ。

(2) 図形の面積の期待値を求めよ。ただし，線分の面積は 0 とする。

p.443 EX 50

重要例題 69 期待値と有利・不利 (2)

1つのさいころを振って出た目の数だけ得点がもらえるゲームがある。ただし，出た目が気に入らなければ，1回だけ振り直すことを許すとする。
このゲームでもらえる得点の期待値が最大になるようにふるまったとき，その期待値を求めよ。 〔類 慶応大〕

基本 67

指針 1回目に1が出たときに振り直すのは直観的に明らかであろう。問題となるのは，「いくつの目が出たら振り直さないか」ということである。
そこで，1回目にどの目が出たら振り直すことにし，いくつから振り直さないか，という判断に **期待値を用いる**。出た目の数だけ得点がもらえるのだから，

(1回目に出た目)<(出る目の期待値) ……★

のとき，さいころを振り直すことになる。

解答

1つのさいころを振って出る目の期待値は

$$(1+2+3+4+5+6)\cdot\frac{1}{6}=\frac{21}{6}=\frac{7}{2}(=3.5)$$

したがって，3以下なら振り直し，4以上ならそのままとする。

◀指針____……★の方針。出た目<3.5 を判断材料とする。

すなわち，1回目に出た目を X とするとき，$X=4,\ 5,\ 6$ の場合は振り直さない。
また，振り直したときに2回目に出た目を Y とすると

◀振り直した場合，Y が得点となる。

$(X,\ Y)=(1,\ 1),\ (1,\ 2),\ (1,\ 3),\ (1,\ 4),\ (1,\ 5),\ (1,\ 6),$
$(2,\ 1),\ (2,\ 2),\ (2,\ 3),\ (2,\ 4),\ (2,\ 5),\ (2,\ 6),$
$(3,\ 1),\ (3,\ 2),\ (3,\ 3),\ (3,\ 4),\ (3,\ 5),\ (3,\ 6)$

したがって，求める期待値は

$$\left(1\times\frac{1}{6^2}+2\times\frac{1}{6^2}+3\times\frac{1}{6^2}+4\times\frac{1}{6^2}+5\times\frac{1}{6^2}+6\times\frac{1}{6^2}\right)\times3$$
$$+4\times\frac{1}{6}+5\times\frac{1}{6}+6\times\frac{1}{6}=\mathbf{\frac{17}{4}}$$

◀$(1+2+\cdots\cdots+6)\times\frac{1}{6}\times\frac{1}{6}\times\boxed{3}+(4+5+6)\times\frac{1}{6}$ と計算。（$\boxed{3}$：$X=1,\ 2,\ 3$ の3つの場合）

練習 ⑤ 69 次のような競技を考える。競技者がさいころを振る。もし，出た目が気に入ればその目を得点とする。そうでなければ，もう1回さいころを振って，2つの目の合計を得点とすることができる。ただし，合計が7以上になった場合は得点は0点とする。

(1) 競技者が常にさいころを2回振るとすると，得点の期待値はいくらか。

(2) 競技者が最初の目が6のときだけ2回目を振らないとすると，得点の期待値はいくらか。

(3) 最初の目が k 以上ならば，競技者は2回目を振らないこととし，そのときの得点の期待値を E_k とする。E_k が最大となるときの k の値を求めよ。ただし，k は1以上6以下の整数とする。 〔類 九州大〕

EXERCISES

③46 袋の中に 2 個の白球と n 個の赤球が入っている。この袋から同時に 2 個の球を取り出したとき赤球の数を X とする。X の期待値が 1 であるとき，n の値を求めよ。ただし，$n \geqq 2$ であるとする。〔類 防衛医大〕

→65

④47 4 チームがリーグ戦を行う。すなわち，各チームは他のすべてのチームとそれぞれ 1 回ずつ対戦する。引き分けはないものとし，勝つ確率はすべて $\frac{1}{2}$ とする。勝ち数の多い順に順位をつけ，勝ち数が同じであればそれらは同順位とするとき，1 位のチーム数の期待値を求めよ。〔京都大〕

→65, 66

②48 A さんは今日から 3 日間，P 市から Q 市へ出張することになっている。P 市の駅で新聞の天気予報をみると，Q 市の今日，明日，あさっての降水確率はそれぞれ 20 %，50 %，40 % であった。
A さんは，出張中に雨が降った場合，Q 市で 1000 円の傘を買うつもりでいた。しかし，P 市の駅で 600 円で売られている傘を見つけたので，それを買うべきか検討することにした。A さんは P 市の駅で傘を買わなかった場合，「Q 市で傘を買うための出費の期待値」を X 円と計算した。X を求め，A さんは P 市の駅で傘を買うべきかどうか答えよ。

→67

③49 A，B の 2 人でじゃんけんを 1 回行う。グー，チョキ，パーで勝つとそれぞれ勝者が敗者から 1，2，3 円受け取り，あいこのときは支払いはない。A はグー，チョキ，パーをそれぞれ確率 p_1，p_2，p_3 で，B は q_1，q_2，q_3 で出すとする。

(1) A が受け取る額の期待値 E を p_1，p_2，q_1，q_2 で表せ。ただし，例えば A がチョキ，B がグーを出せば，A の受け取る額は -1 円と考える。

(2) A がグー，チョキをそれぞれ確率 $\frac{1}{3}$，$\frac{1}{2}$ で出すとすると，A がこのじゃんけんを行うことは得といえるか。

→65, 67

③50 同じ長さの赤と白の棒を 6 本使って正四面体を作る。ただし，各辺が赤である確率は $\frac{1}{3}$，白である確率は $\frac{2}{3}$ とする。

(1) 赤い辺の本数が 3 である確率を求めよ。

(2) 1 つの頂点から出る赤い辺の本数の期待値を求めよ。

(3) 赤い辺で囲まれる面が 1 つである確率を求めよ。〔名古屋市大〕

→68

HINT

47　1 位のチームの勝ち数は 3 または 2 であり，勝ち数が 2 のときの 1 位のチーム数は 3 または 2 の場合に分かれる。

49　(1) A の受け取る金額とそのときの確率を求める。**確率の和は 1** に注意。

参考事項 DNA 型鑑定と確率

DNA は遺伝情報を担う物質であり，細胞の核の中にあってタンパク質とともに染色体を形成している。DNA は 2 本の鎖から構成されており，鎖の内側に突き出した A（アデニン），T（チミン），G（グアニン），C（シトシン）の 4 種類の部品（塩基）の A と T，G と C とが互いに対になるように結合し，全体にねじれた二重らせん構造をしている。DNA を構成する鎖の A，T，G，C の並び順を **塩基配列** とよび，遺伝情報は塩基配列に存在している。

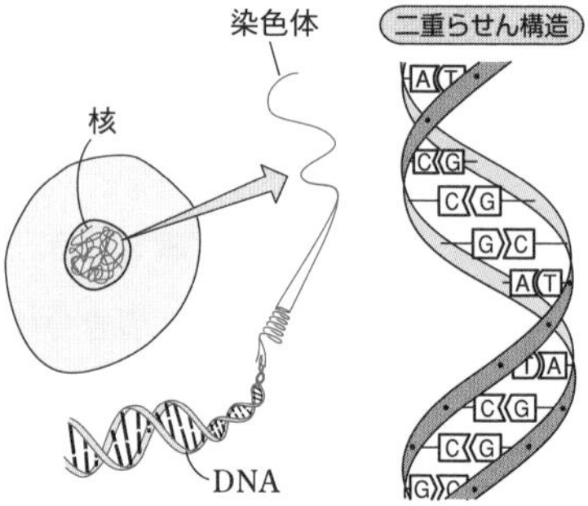

ヒトの DNA の中には **STR** とよばれる 2 ～ 5 個の塩基からなる配列が何回も繰り返されている部分がある。この繰り返しの回数は個人によって異なっており，犯罪捜査などではそのうちの 15 種類程度の STR の繰り返しの回数を用いて **DNA 型鑑定** を行っている。

例えば，現場から採取された犯人の DNA と容疑者の DNA に対し，ある種類の STR（便宜上，これを “P” とする）について比較してみる。仮に，“P” という STR に関する繰り返しの回数が 10，11，12 となる確率は，右のようであるとする。

回数	出現確率
10	0.21
11	0.22
12	0.40

注意 DNA には父親から由来するものと母親から由来するものがあるため（*），1 つの STR に関する調査結果は 2 つの繰り返し回数の組で表される。

（*） ヒトの細胞の核には 2 本ずつ対になった 46 本の染色体がある。つまり，23 本の染色体が 2 組あり，そのうちの 1 組は父親から，もう 1 組は母親から受け継いだものである。

例1 **繰り返しの回数が 11 と 12 の人の出現確率**

繰り返しの回数が 11 と 12 の染色体をもつということは，父親から回数 11 の染色体，母親から回数 12 の染色体を受け継ぐ場合とその逆の場合があるから，出現確率は $0.22\times0.40\times2=0.176$ となり，これは約 5.7 人に 1 人の割合である。

例2 **繰り返しの回数が 10 と 10 の人の出現確率**

父親，母親両方から繰り返しの回数が 10 回の染色体を受け継いでいるから，その出現確率は $0.21^2 \fallingdotseq 0.044$ であり，約 22.7 人に 1 人の割合である。

よって，もし犯人と容疑者の，種類 “P” の STR に関する繰り返しの回数が上の 例1 や 例2 のように一致したとしても，犯人と容疑者が一致すると主張するには十分ではない。しかし，各 STR に関する調査はそれぞれ独立であると考えてよく，15 種類程度の STR について調査することで，別人で同一の型が出現するのは，約 4 兆 7,000 億人に 1 人，という相当高い精度で個人識別を行うことが可能となっている。

◀別の STR は他の染色体にあったり，同じ染色体でも位置が離れていたりしているため，影響を及ぼさないと考えてよい。

DNA 型鑑定は，犯罪捜査だけではなく，親子など血縁の鑑定や，作物や家畜の品種鑑定など，いろいろな場面で利用されている。

数学A 第3章

3 図形の性質

SELECT STUDY

- 基本定着コース……教科書の基本事項を確認したいきみに
- 精選速習コース……入試の基礎を短期間で身につけたいきみに
- 実力練成コース……入試に向け実力を高めたいきみに

START

- 基本定着コース：70, 71, 73, 74, 75, 80, 81, 82, 83, 88, 89, 92, 93, 95, 98, 100, 101, 103, 105, 107, 108
- 精選速習コース：71, 75, 77, 78, 81, 82, 84, 86, 88, 90, 91, 93, 96, 98, 100, 102, 103, 107, 109
- 実力練成コース：71, 77, 78, 81, 84, 85, 86, 88, 91, 94, 97, 99, 100, 102, 104, 106, 109

例題一覧

				難易度
11	基本	70	三角形の角の二等分線と比	②
	基本	71	三角形の角の二等分線と比の利用	②
	基本	72	角の二等分線の定理の逆	③
	基本	73	三角形の外心と角の大きさ	②
	基本	74	三角形の内心と角の大きさ	②
	基本	75	重心と線分の比・面積比	②
	基本	76	重心であることの証明	③
	基本	77	三角形の外心・垂心と証明	③
	基本	78	重心・外心・垂心の関係	③
	基本	79	三角形の傍接円，傍心	②
	基本	80	中線定理の利用	②
	基本	81	三角形の面積比	②
12	基本	82	チェバの定理，メネラウスの定理 (1)	②
	基本	83	チェバの定理，メネラウスの定理 (2)	②
	基本	84	メネラウスの定理と三角形の面積	③
	重要	85	チェバの定理の逆・メネラウスの定理の逆	③
13	基本	86	三角形の周の長さの比較	③
	基本	87	三角形の辺と角の大小	③
	基本	88	最短経路	③
14	基本	89	円に内接する四角形と角の大きさ	②
	基本	90	四角形が円に内接することの証明	③
	基本	91	円に内接する四角形の利用	③
15	基本	92	接線の長さ	②
	基本	93	接弦定理の利用	②
	基本	94	接弦定理の逆の利用	③
	基本	95	方べきの定理の利用	②
	基本	96	方べきの定理とその逆を利用した証明問題	③
	重要	97	方べきの定理と等式の証明	④
	基本	98	共通接線の長さ	②
	基本	99	外接する2つの円と直線	③
16	基本	100	相似な図形の作図	②
	基本	101	対称な図形の作図	②
	基本	102	2円の共通接線の作図	③
	基本	103	長さが与えられた線分の作図	②
	重要	104	2次方程式の解と作図	③
17	基本	105	2直線の垂直，直線と平面の垂直	②
	基本	106	三垂線の定理	③
	基本	107	多面体の面，辺，頂点の数	②
	基本	108	多面体の体積	②
	基本	109	多面体を軸の周りに回転してできる立体の体積	③

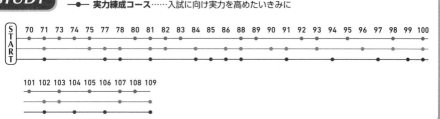

平面図形の基本

以下は，中学で学んだ平面図形の内容である。ひと通り復習しておこう。

注意　「p ならば q」を $p \Longrightarrow q$ と書く。また，「p ならば q　かつ　q ならば p」を $p \Longleftrightarrow q$ と書く。

基本事項

1　角の性質

(1) **対頂角**　対頂角は等しい。

(2) **平行線と角**

① 2 直線が平行 $\Longleftrightarrow$ 同位角が等しい

② 2 直線が平行 $\Longleftrightarrow$ 錯角が等しい

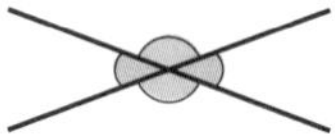

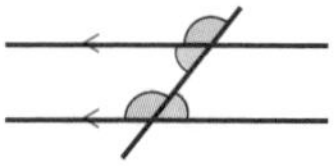

2　三角形の性質

(1) **内角と外角**

① 三角形の 3 つの内角の和は 180° である。

② 三角形の 1 つの外角は，それと隣り合わない 2 つの内角の和に等しい。

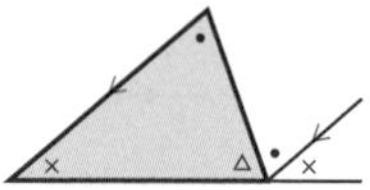

(2) **二等辺三角形の性質**

① △ABC において　　AB＝AC $\Longleftrightarrow$ ∠B＝∠C

② 二等辺三角形の頂角の二等分線は，底辺を垂直に 2 等分する。

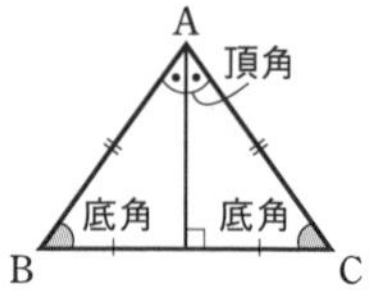

(3) **三角形の合同条件**

① 3 辺がそれぞれ等しい。

② 2 辺とその間の角がそれぞれ等しい。

③ 1 辺とその両端の角がそれぞれ等しい。

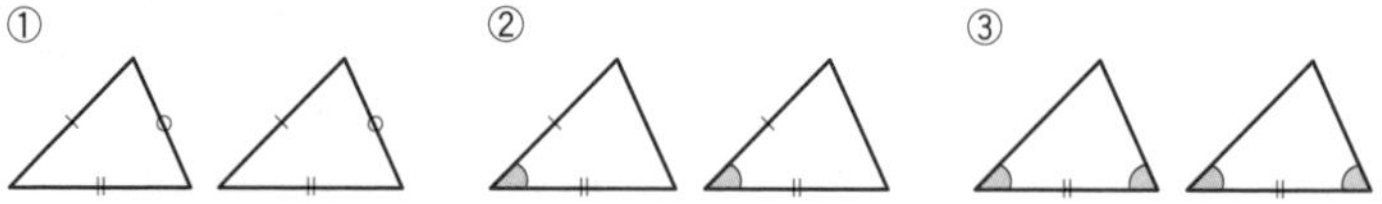

特に，直角三角形の合同条件は

① 斜辺と他の 1 辺がそれぞれ等しい。

② 斜辺と 1 つの鋭角がそれぞれ等しい。

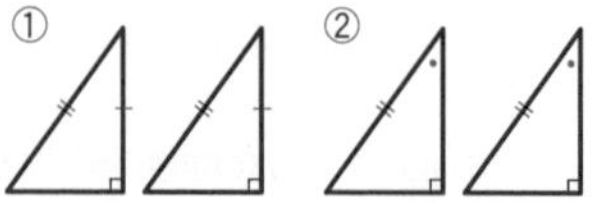

(4) **三角形の相似条件**

① 3 組の辺の比がすべて等しい。

② 2 組の辺の比とその間の角がそれぞれ等しい。

③ 2 組の角がそれぞれ等しい。

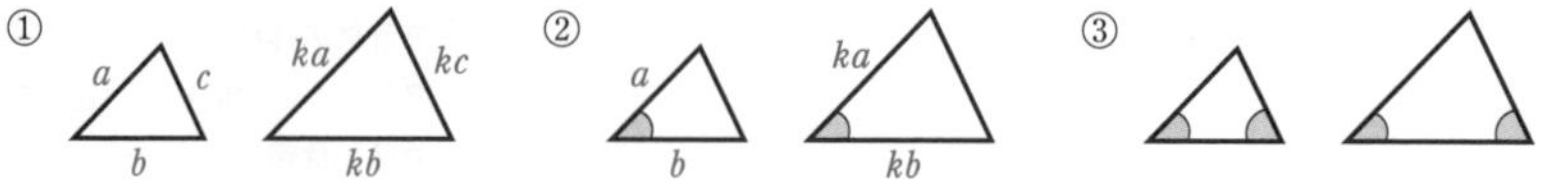

基本事項

3 平行線と線分の比

(1) 中点連結定理

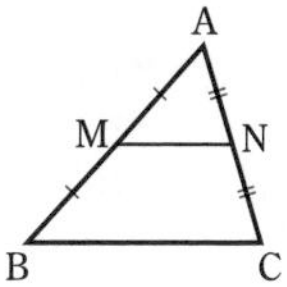

△ABC において，辺 AB，AC の中点をそれぞれ M，N とすると

$$\mathrm{MN} /\!/ \mathrm{BC},\ \mathrm{MN}=\frac{1}{2}\mathrm{BC}$$

(2) 右の図において，PQ∥BC ならば

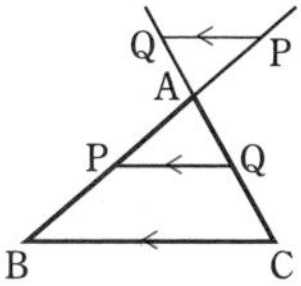

AP：AB＝AQ：AC …… Ⓐ

AP：PB＝AQ：QC …… Ⓑ

AP：AB＝PQ：BC …… Ⓒ

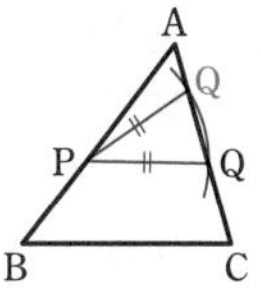

注意 Ⓐ，Ⓑ はそれぞれ逆も成り立つ。
ただし，Ⓒ の逆は成り立たない。右の図のように，AP：AB＝PQ：BC となる場合が 2 通り考えられるので，常に PQ∥BC になるとはいえないからである。

4 平行四辺形

(1) 平行四辺形になるための条件

四角形が平行四辺形になるための条件は，次のどれか 1 つが成り立つことである。

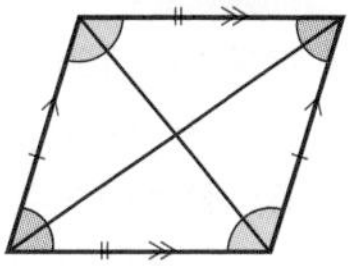

① 2 組の対辺がそれぞれ平行である。(定義)
② 2 組の対辺がそれぞれ等しい。
③ 2 組の対角がそれぞれ等しい。
④ 1 組の対辺が平行で，その長さが等しい。
⑤ 対角線がそれぞれの中点で交わる。

(2) 特別な平行四辺形の性質

① 長方形 …… (A) 4 つの角が等しい(直角)。　(B) 対角線の長さが等しい。
② ひし形 …… (C) 4 つの辺の長さが等しい。　(D) 対角線は垂直に交わる。
③ 正方形 …… 長方形 かつ ひし形。
上の (A) ～ (D) をすべて満たす。

5 三平方の定理（ピタゴラスの定理）とその逆

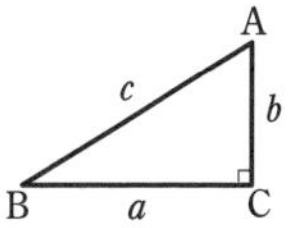

△ABC において，BC＝a，CA＝b，AB＝c とすると

$\angle \mathrm{C}=90^\circ \iff a^2+b^2=c^2$　⟵ (直角を挟む 2 辺の平方の和)
＝(斜辺の平方)

問 右の図において，長さ a，b または角の大きさ x，y を求めよ。
ただし，(1) では DE∥BC，(2) では AD∥BC，AD＝BC，AE は ∠A の二等分線である。

(1)

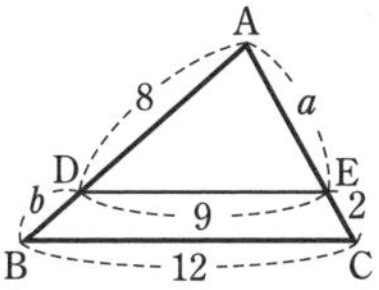

(2)

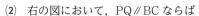

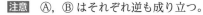

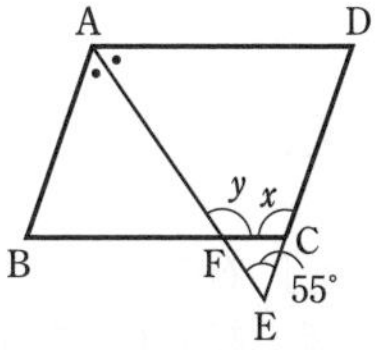

(＊) **問** の解答は p.659 にある。

11 三角形の辺の比，五心

基本事項

1 線分の内分・外分　m, n を正の数とする。

① **内分**　点Pが **線分AB上** にあって
AP：PB＝m：n　が成り立つとき，Pは線分ABを m：n に **内分** するといい，Pを **内分点** という。

② **外分**　点Qが **線分ABの延長上** にあって
AQ：QB＝m：n ($m \neq n$) が成り立つとき，Qは線分ABを m：n に **外分** するといい，Qを **外分点** という。

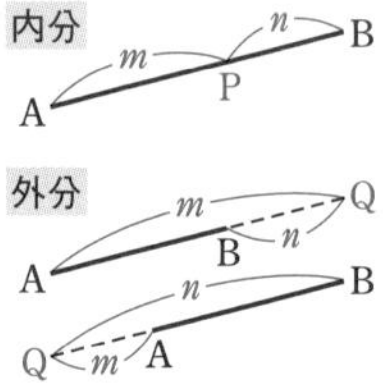

2 三角形の角の二等分線と比

定理1　内角の二等分線の定理
△ABCの∠Aの二等分線と辺BCとの交点Pは，辺BCをAB：ACに内分する。

定理2　外角の二等分線の定理
AB≠ACである△ABCの∠Aの外角の二等分線と辺BCの延長との交点Qは，辺BCをAB：ACに外分する。

解　説

■ **定理1の証明**
点Cを通り直線APに平行な直線を引き，辺ABのAを越える延長との交点をDとすると，AP∥DCであるから
　　∠BAP＝∠ADC，∠PAC＝∠ACD
一方，∠BAP＝∠PACであるから　∠ADC＝∠ACD
よって　AD＝AC …… ①
また，AP∥DCから　BP：PC＝BA：AD …… ②
①，②から　BP：PC＝AB：AC

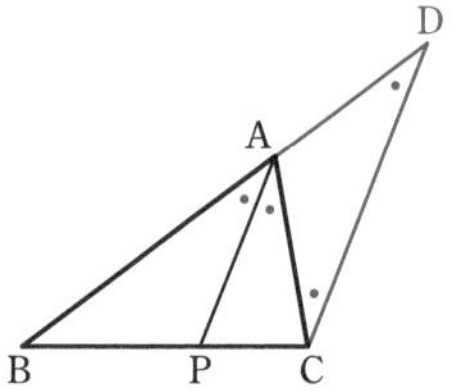

注意　上の証明中の線分CDのように，問題解決のために新たに付け加える線分や直線のことを **補助線** という。

■ **定理2の証明**
AB＞ACとする。点Cを通り直線AQに平行な直線を引き，辺ABとの交点をEとする。辺BAのAを越える延長上の1点をDとすると，AQ∥ECであるから
　　∠DAQ＝∠AEC，∠QAC＝∠ACE

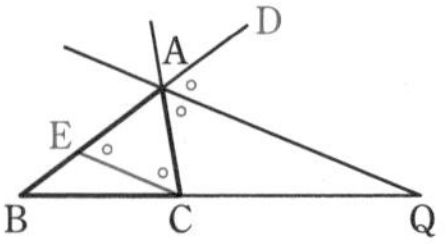

一方，∠DAQ＝∠QACであるから　∠AEC＝∠ACE　よって　AE＝AC …… ③
また，AQ∥ECであるから　BQ：QC＝BA：AE …… ④
③，④から　BQ：QC＝AB：AC　　AB＜ACの場合も同様に示される。

注意　△ABCで，AB＝ACの場合，∠Aの外角の二等分線と辺BCは平行になる。

問　右の図で，AB＝BC＝CD＝DE＝EFである。線分CDを3：2に外分する点は ア□ で，2：3に外分する点は イ□ である。

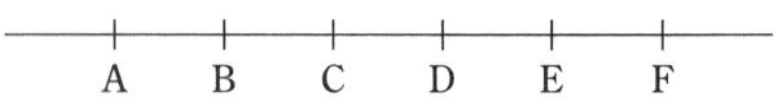

(＊) 問 の解答は p.659 にある。

基本 例題 70 三角形の角の二等分線と比

AB=7, BC=5, CA=3 である △ABC において, ∠A およびその外角の二等分線が辺 BC またはその延長と交わる点を, それぞれ D, E とする。線分 DE の長さを求めよ。 〔埼玉工大〕

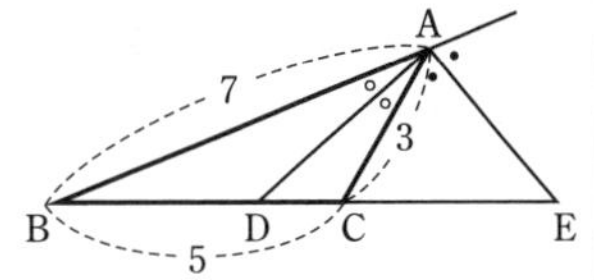

p.448 基本事項 2

指針 〔図 1〕 AD は ∠A の二等分線 ⟶ 内角の二等分線の定理

BD : DC=AB : AC

〔図 2〕 AE は ∠A の外角の二等分線 ⟶ 外角の二等分線の定理

BE : EC=AB : AC

を利用して, 線分 DC, CE の順に長さを求める。

〔図1〕 〔図2〕

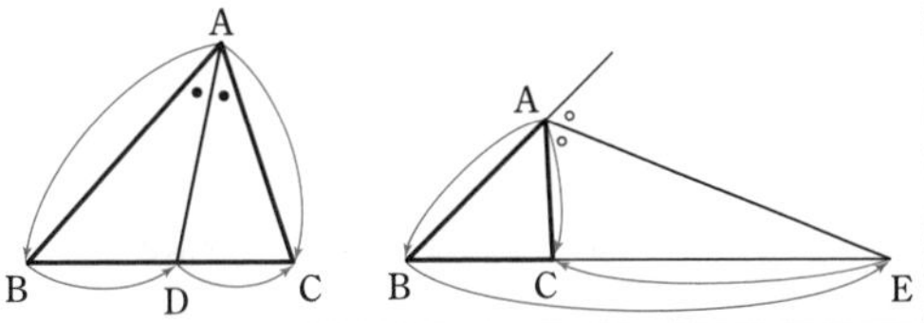

CHART 三角形の角の二等分線と比 (線分比)=(2 辺の比)

解答

AD は ∠A の二等分線であるから

BD : DC=AB : AC

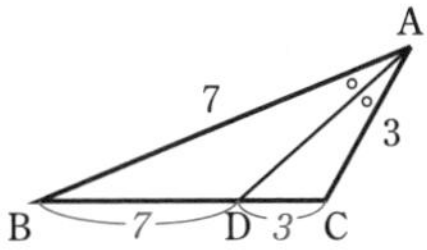

すなわち

(5−DC) : DC=7 : 3

ゆえに 7DC=3(5−DC)

これを解いて $\mathrm{DC}=\dfrac{3}{2}$

また, AE は ∠A の外角の二等分線であるから

BE : EC=AB : AC

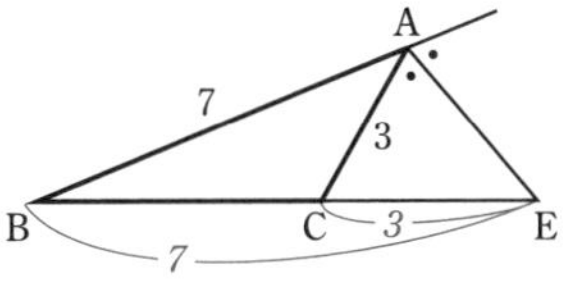

すなわち

(EC+5) : EC=7 : 3

ゆえに 7EC=3(EC+5)

これを解いて $\mathrm{EC}=\dfrac{15}{4}$

よって $\mathrm{DE}=\mathrm{DC}+\mathrm{CE}=\dfrac{3}{2}+\dfrac{15}{4}=\boldsymbol{\dfrac{21}{4}}$

次のように解いてもよい。

BD : DC=AB : AC=7 : 3

から $\mathrm{DC}=\dfrac{3}{7+3}\times\mathrm{BC}$

$=\dfrac{3}{10}\times5=\dfrac{3}{2}$

BE : EC=AB : AC=7 : 3

から $\mathrm{CE}=\dfrac{3}{7-3}\times\mathrm{BC}$

$=\dfrac{3}{4}\times5=\dfrac{15}{4}$

以後は同じ。

練習 ② **70** △ABC において, AB=5, BC=4, CA=3 とし, ∠A の二等分線と対辺 BC との交点を P とする。また, 頂点 A における外角の二等分線と対辺 BC の延長との交点を Q とする。このとき, 線分 BP, PC, CQ の長さを求めよ。 〔金沢工大〕

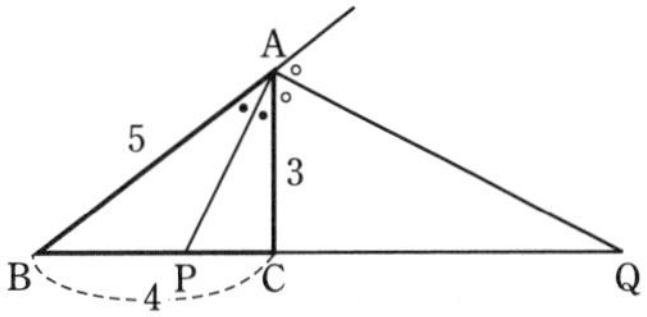

基本例題 71 三角形の角の二等分線と比の利用 ①①①①①

△ABC において，辺 BC の中点を M とし，∠AMB, ∠AMC の二等分線が辺 AB, AC と交わる点をそれぞれ D, E とする。このとき，DE∥BC であることを証明せよ。

p.447 基本事項 3，p.448 基本事項 2

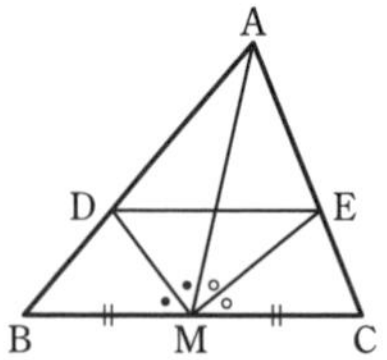

指針 平行であることの証明に，**平行線と線分の比の性質** を利用する。
p.447 基本事項 3 (2) の Ⓑ から　DE∥BC ⟺ AD：DB＝AE：EC
したがって，*p*.448 基本事項 2 **定理 1（内角の二等分線の定理）** を用いることにより，＿＿を導くことを目指す。

CHART **三角形の角の二等分線と比**　(線分比)＝(2 辺の比)

解答

△MAB において，MD は ∠AMB の二等分線であるから

AD：DB＝MA：MB …… ①　◀(線分比)＝(2 辺の比)

△MAC において，ME は ∠AMC の二等分線であるから

AE：EC＝MA：MC …… ②　◀(線分比)＝(2 辺の比)

M は辺 BC の中点であるから

MB＝MC

よって，② は　AE：EC＝MA：MB

ゆえに，① から

AD：DB＝AE：EC

したがって　DE∥BC　◀平行線と線分の比の性質。

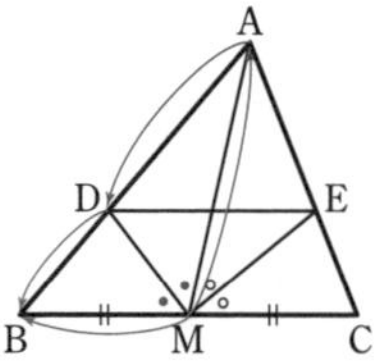

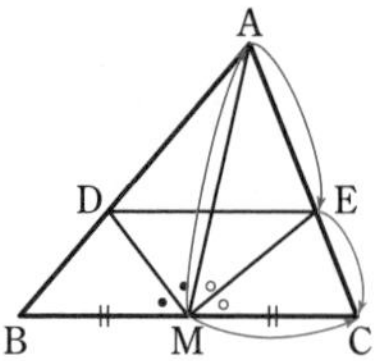

検討

図形の証明問題の取り組み方

図形の証明問題では，証明したいもの（結論）から逆に考えることが多いが，証明が苦手な人は，問題文中の図形に関する用語や記号を□で囲むなどして，方針を見つけやすくするとよい。上の例題では

① [∠AMB の二等分線], [∠AMC の二等分線] ⟶ 定理 1 の利用

② [DE∥BC] ⟶ 平行線と線分の比の性質 の利用

といったことが見えてくる。なお，問題文に図がない場合は，まず **図をかく** ことから始めよう。

練習 ② 71 △ABC の辺 AB, AC 上に，それぞれ頂点と異なる任意の点 D, E をとる。D から BE に平行に，また，E から CD に平行に直線を引き，AC, AB との交点をそれぞれ F, G とする。このとき，GF は BC に平行であることを証明せよ。

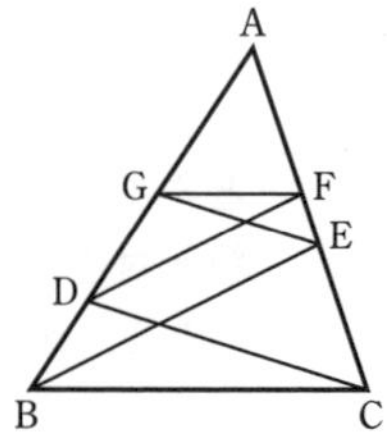

基本例題 72 角の二等分線の定理の逆

△ABC の辺 BC を AB：AC に内分する点を P とする。このとき，AP は ∠A の二等分線であることを証明せよ。

p.448 基本事項 2

指針 *p*.448 基本事項 2 **定理 1（内角の二等分線の定理）の逆** である。
問題文の内容を式で表すと，次のようになる。

BP：PC＝AB：AC ⟹ AP は ∠A の二等分線（∠BAP＝∠CAP）

つまり，線分の比に関する条件から，角が等しいことを示すことになるが，線分の比を扱うときには，**平行線を利用する** とよい。
∠A の二等分線 ⟹ BP：PC＝AB：AC の証明（*p*.448 解説）にならい，まず，辺 BA の A を越える延長上に，AC＝AD となるような点 D をとることから始める。
別解 ∠A の二等分線と辺 BC の交点を D として，2 点 P，D が一致することを示す。
なお，このような証明方法を **同一法** または **一致法** という。
p.453 における三角形の重心の証明でも同一法を用いている。

解答
△ABC において，辺 BA の延長上に点 D を AC＝AD となるようにとる。

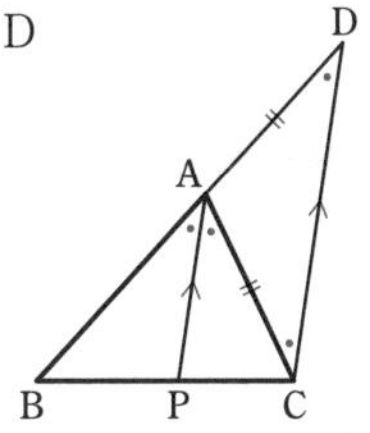

BP：PC＝AB：AC のとき，
BP：PC＝BA：AD から
AP∥DC ◀平行線と線分の比の性質の逆
ゆえに ∠BAP＝∠ADC
∠PAC＝∠ACD ◀平行線の同位角，錯角はそれぞれ等しい。
AC＝AD から ∠ADC＝∠ACD ◀△ACD は二等辺三角形。
よって ∠BAP＝∠PAC
すなわち，AP は ∠A の二等分線である。

別解 辺 BC 上の点 P が

BP：PC＝AB：AC …… ①

を満たしているとする。

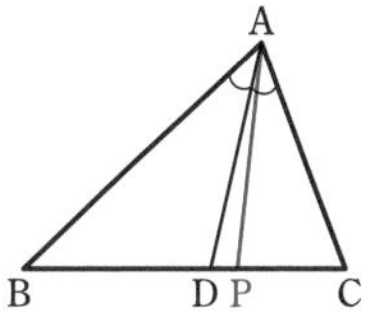

∠A の二等分線と辺 BC の交点を D とすると，内角の二等分線の定理により

AB：AC＝BD：DC …… ②

①，② から BP：PC＝BD：DC
よって，P と D は辺 BC を同じ比に内分するから一致する。 ◀同一法
したがって，AP は ∠A の二等分線である。

注意 *p*.448 基本事項 2 の定理 2（外角の二等分線の定理）についても逆が成り立つ。下の練習 72 でその証明に取り組んでみよう。

練習 ③ 72 AB＞AC である △ABC の辺 BC を AB：AC に外分する点を Q とする。このとき，AQ は ∠A の外角の二等分線であることを証明せよ。

基本事項

1　三角形の外心　定理 3

三角形の 3 辺の垂直二等分線は 1 点で交わり，その点は 3 つの頂点から等距離にある。

2　三角形の内心　定理 4

三角形の 3 つの内角の二等分線は 1 点で交わり，その点は 3 辺から等距離にある。

外心

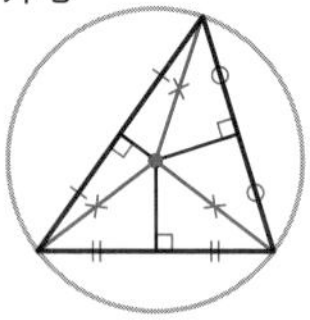

内心

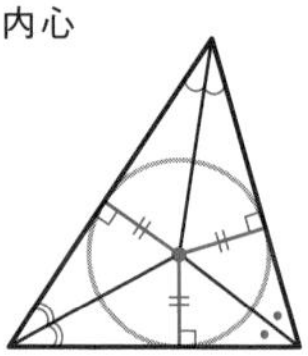

解　説

■ 三角形の外心

△ABC において，辺 AB，AC の垂直二等分線の交点を O とすると

OA＝OB，OA＝OC　　よって　OB＝OC

したがって，O は辺 BC の垂直二等分線上にある。

注意　点 P が線分 AB の垂直二等分線上にある ⟺ PA＝PB

よって，三角形の 3 辺の垂直二等分線は 1 点 O で交わり，O は 3 つの頂点から等距離にある。

三角形の 3 辺の垂直二等分線の交点を，三角形の **外心** という。外心は，3 つの頂点から等距離にあるから，外心を中心として，3 つの頂点を通る円をかくことができる。この円を三角形の **外接円** という。

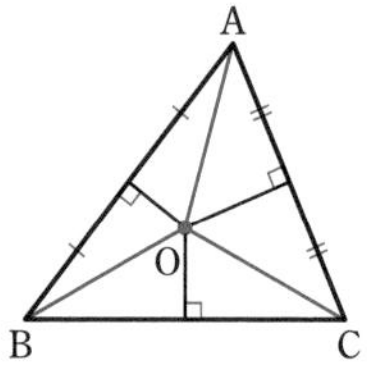

■ 三角形の内心

△ABC において，∠B と ∠C の二等分線の交点を I とし，I から辺 BC，CA，AB に下ろした垂線を，それぞれ ID，IE，IF とする。

このとき　IF＝ID，IE＝ID

よって　IF＝IE

ゆえに，点 I は ∠A の二等分線上にある。

したがって，三角形の 3 つの内角の二等分線は 1 点 I で交わり，点 I は 3 辺から等距離にある。

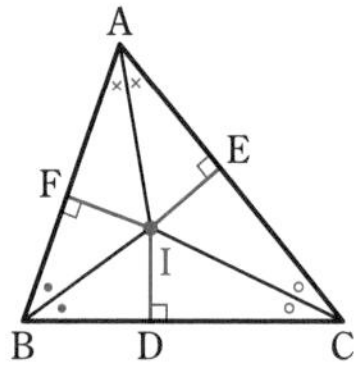

注意　点 P が ∠AOB の二等分線上にある ⟺ 点 P が 2 辺 OA，OB から等距離にある

三角形の 3 つの内角の二等分線の交点を，三角形の **内心** という。

ID＝IE＝IF であるから，内心 I を中心として，△ABC の 3 辺に点 D，E，F で接する円をかくことができる。

この円を三角形の **内接円** という。

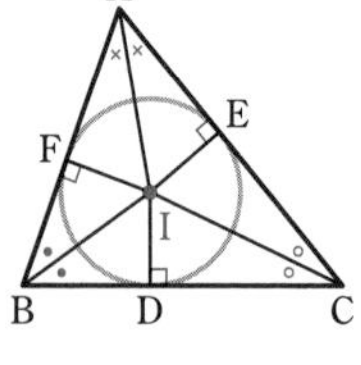

■ 三角形の重心 (基本事項は次ページ)

三角形の頂点とその対辺の中点を結ぶ線分を **中線** という。

△ABC において，辺 BC，CA，AB の中点を，それぞれ L，M，N とする。L，M はそれぞれ辺 BC，CA の中点であるから，中点連結定理により　ML // AB，2ML＝AB

よって，中線 AL と BM の交点を G とすると

AG : GL＝AB : ML＝2 : 1

また，中線 AL と CN の交点を G′ とすると，上と同様に考えて

AG′ : G′L＝AC : NL＝2 : 1

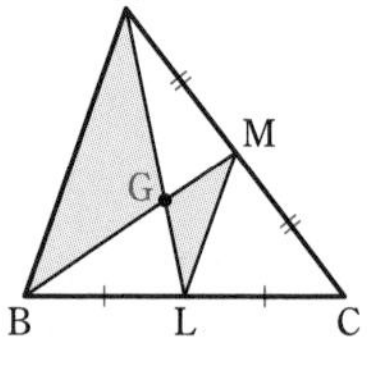

基本事項

3 三角形の重心　定理 5
三角形の 3 つの中線は 1 点で交わり，その点は各中線を 2：1 に内分する。

4 三角形の垂心　定理 6
三角形の各頂点から向かい合う辺(対辺)またはその延長に下ろした垂線は 1 点で交わる。

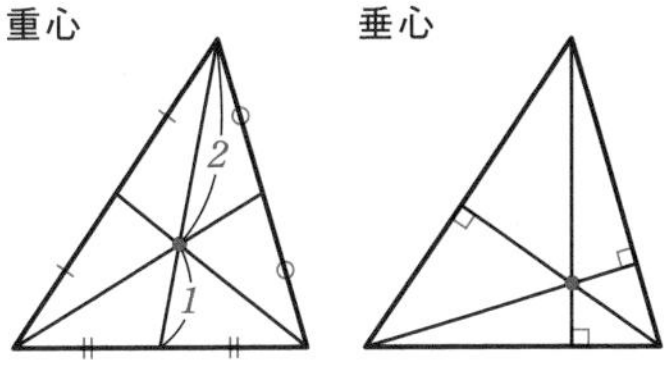

5 中線定理　定理 7
△ABC の辺 BC の中点を M とすると

$$AB^2+AC^2=2(AM^2+BM^2)$$

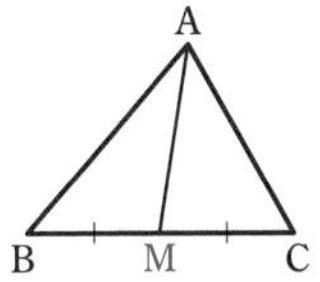

解説

■ 三角形の重心 (続き)

ゆえに，G と G′ はともに線分 AL を 2：1 に内分する点であるから，この 2 点は一致する。したがって，3 つの中線は 1 点 G で交わり，AG：GL＝2：1 である。このとき，

$$BG:GM=CG:GN=2:1$$

であるから，点 G は各中線を 2：1 に内分する。
三角形の 3 つの中線の交点を，三角形の **重心** という。

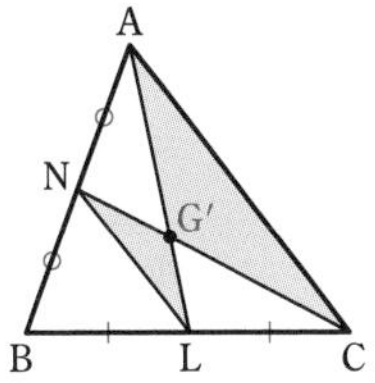

■ 三角形の垂心

三角形の頂点に向かい合う辺を，その頂点の **対辺** という。
△ABC の頂点 A，B，C から対辺またはその延長に下ろした垂線を，それぞれ AD，BE，CF とする。また，各頂点を通り，それぞれの対辺に平行な直線の交点を，右の図のように P，Q，R とする。
四角形 ABCQ，ACBR は，ともに平行四辺形であるから

AQ＝BC，RA＝BC　　ゆえに　AQ＝RA

また，AD⊥BC，RQ∥BC であるから　AD⊥RQ
よって，AD は △PQR の辺 QR の垂直二等分線である。
同様に，BE は辺 RP の，CF は辺 PQ の垂直二等分線であるから，AD，BE，CF は，△PQR の外心において 1 点で交わる。
三角形の各頂点から対辺またはその延長に下ろした垂線の交点を，その三角形の **垂心** という。

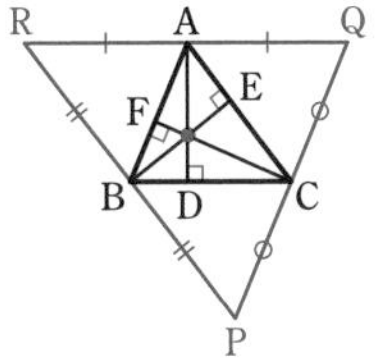

◀外心は，三角形の 3 辺の垂直二等分線の交点。

■ 中線定理

△ABC において，AB＞AC とする。
点 A から辺 BC またはその延長に下ろした垂線を AH，辺 BC の中点を M とすると，三平方の定理により

$$AB^2+AC^2=(BM+MH)^2+AH^2+(MC-MH)^2+AH^2$$
$$=2(BM^2+MH^2+AH^2)=2(AM^2+BM^2)$$

AB≦AC の場合も同様に成り立つ。
なお，中線定理を **パップス(Pappus)の定理** ともいう。

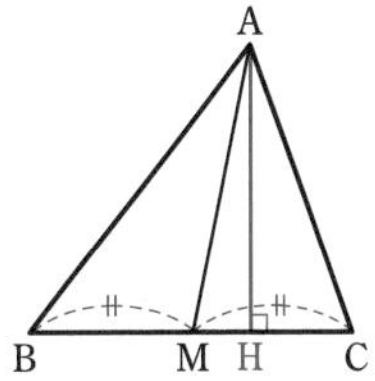

基本 例題 73 三角形の外心と角の大きさ

△ABC の外心を O とするとき，右の図の角 α，β を求めよ。

p.452 基本事項 1

(1)

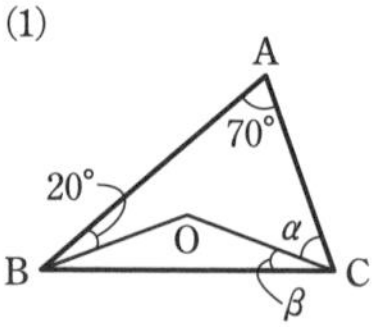

(2)

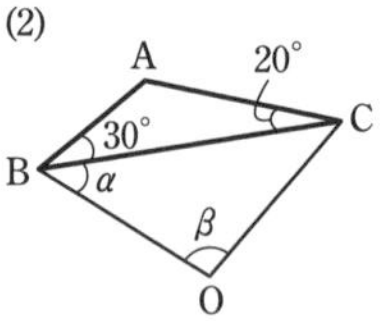

指針 三角形の **外心** …… **3 辺の垂直二等分線の交点**

→ **等しい線分** OA＝OB＝OC＝(外接円の半径) **に注目** して求める。……★

図をかいて，長さの等しい線分や等しい角にどんどん印をつけていく とよい。

CHART 三角形の外心 等しい線分 に注目

解答

(1) OA＝OB であるから

$\angle OAB=\angle OBA=20^\circ$

ゆえに $\angle OAC=50^\circ$

よって $\boldsymbol{\alpha=\angle OAC=50^\circ}$

また，OB＝OC であるから

$\angle OBC=\angle OCB=\beta$

ゆえに $20^\circ+70^\circ+50^\circ+2\beta=180^\circ$

よって $\boldsymbol{\beta=20^\circ}$

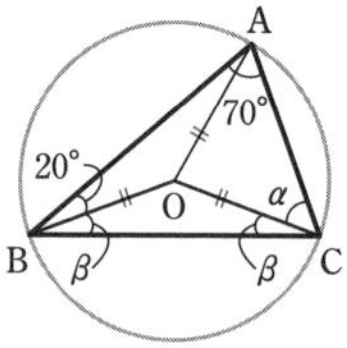

(2) $\angle A=180^\circ-(30^\circ+20^\circ)=130^\circ$ …… ①

OA＝OB＝OC であるから

$\angle OAB=\angle OBA$，

$\angle OAC=\angle OCA$，

$\angle OBC=\angle OCB=\alpha$

よって $\angle A=\angle OAB+\angle OAC$

$=\angle OBA+\angle OCA$

$=(\alpha+30^\circ)+(\alpha+20^\circ)$

$=2\alpha+50^\circ$ …… ②

①，② から $2\alpha+50^\circ=130^\circ$

ゆえに $\boldsymbol{\alpha=40^\circ}$

また $\boldsymbol{\beta=180^\circ-2\times40^\circ=100^\circ}$

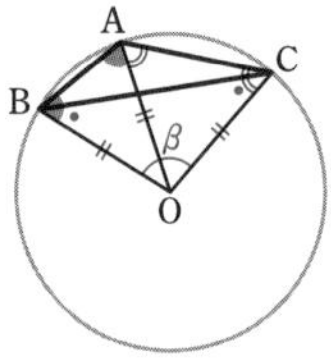

◀指針＿＿……★ の方針。△OAB は二等辺三角形。

◀指針＿＿……★ の方針。△OBC は二等辺三角形。

◀△ABC の内角の和。

別解 (2) $\overset{\frown}{BA}$，$\overset{\frown}{AC}$ に対する中心角と円周角の関係から

$\angle BOA=2\angle BCA=40^\circ$

$\angle AOC=2\angle ABC=60^\circ$

ゆえに

$\boldsymbol{\beta=\angle BOA+\angle AOC=100^\circ}$

また

$\boldsymbol{\alpha=\frac{1}{2}(180^\circ-100^\circ)=40^\circ}$

このように，かくれた外接円を見つけ，円周角の定理を利用してもよい。(1) の β も同様にして求められる。

練習 ② 73 △ABC の外心を O とするとき，右の図の角 α，β を求めよ。

(1)

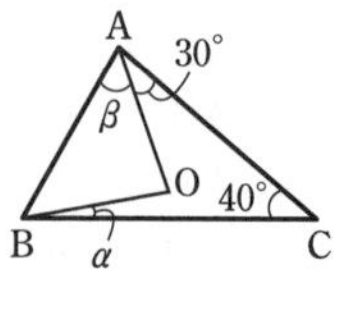

(2)

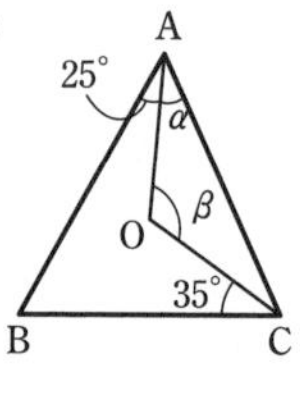

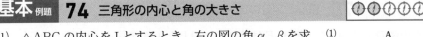

基本例題 74 三角形の内心と角の大きさ ②②②②②

(1) △ABC の内心を I とするとき，右の図の角 α，β を求めよ。ただし，点 D は直線 AI と辺 BC の交点である。

(2) △ABC の内心を I とし，直線 AI と辺 BC の交点を D とする。AB=8，BC=7，AC=4 であるとき，AI：ID を求めよ。

p.452 基本事項 2

(1)

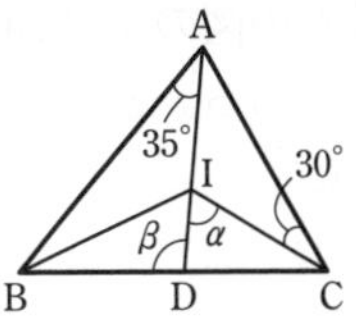

指針 三角形の **内心** …… **3 つの内角の二等分線の交点**

(1) **等しい角** ∠IAB=∠IAC，∠IBC=∠IBA，∠ICA=∠ICB **に注目** ……★
図をかいて，等しい角にどんどん印をつけていく とよい。

(2) p.448 基本事項 2 の内角の二等分線の定理を利用する。この定理によって，三角形の辺の比が線分の比に移る。すなわち，AB：AC=BD：DC である。
また，BI は ∠B の二等分線あるから　　BA：BD=AI：ID

CHART 三角形の内心　**角の二等分線に注目**

解答

(1) ∠IAC=∠IAB=35° であるから

α=∠IAC+∠ICA
=35°+30°=**65°**

よって　β=α+∠ICD
=65°+∠ICA
=65°+30°=**95°**

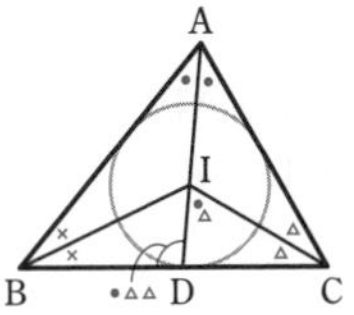

◀指針___……★ の方針。

◀△IAC の内角と外角の性質から。

◀△ICD の内角と外角の性質から。

(2) 直線 AD は ∠A の二等分線であるから　　BD：DC=AB：AC
=2：1

よって　　$BD=\frac{2}{3}BC=\frac{14}{3}$

直線 BI は ∠B の二等分線であるから
AI：ID=BA：BD
$=8:\frac{14}{3}=$**12：7**

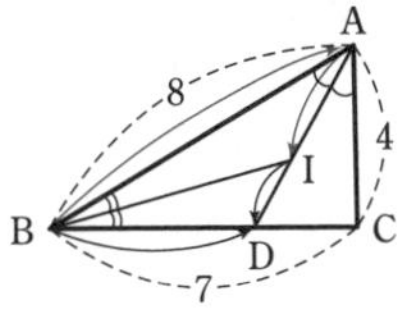

(2) 内心 I と頂点 B を結ぶ。

◀AB：AC=8：4

下の図で，PS を ∠QPR の二等分線とすると

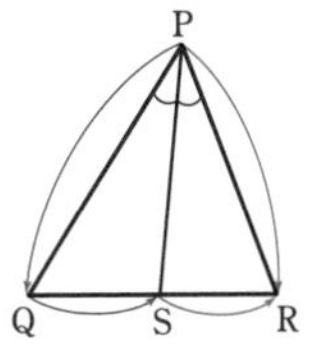

QS：SR=PQ：PR

注意 後半は，直線 CI が ∠C の二等分線であることに着目し，AI：ID=CA：CD=4：$\frac{7}{3}$=12：7 としてもよい。

練習 ② **74**

(1) △ABC の内心を I とするとき，右の図の角 α，β を求めよ。ただし，点 D は直線 CI と辺 AB との交点である。

(2) 3 辺が AB=5，BC=8，CA=4 である △ABC の内心を I とし，直線 CI と辺 AB との交点を D とする。このとき，CI：ID を求めよ。

(1)

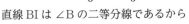

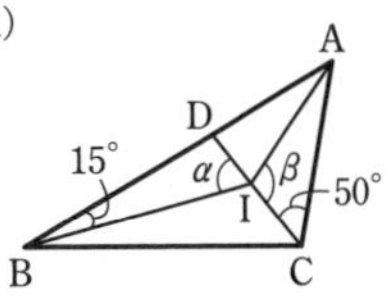

基本例題 75 重心と線分の比・面積比

右の図の △ABC で，点 D，E はそれぞれ辺 BC，CA の中点である。また，AD と BE の交点を F，線分 AF の中点を G，CG と BE の交点を H とする。BE=9 のとき

(1) 線分 FH の長さを求めよ。

(2) 面積について，△EBC=□△FBD である。

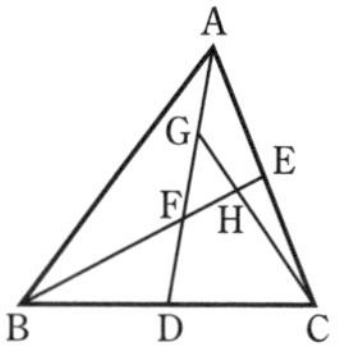

p.453 基本事項 3

指針 (1) 点 F は △ABC の **中線** AD，BE **の交点** であるから，点 F は △ABC の **重心**。そこで，**三角形の重心は各中線を 2：1 に内分する** という性質を利用し，線分 FE の長さを求める。次に，補助線 CF を引き，△AFC で同様に考察する。

(2) △EBC と △FBC，△FBC と △FBD に分けると，それぞれ 高さ は 共通 である。よって，**面積比は底辺の長さの比に等しい** ことを利用する。
まず，△FBC を △FBD で表し，それを利用して △EBC を △FBD で表す。

CHART 三角形の面積比　等高なら底辺の比，等底なら高さの比

解答

(1) 線分 AD，BE は △ABC の中線であるから，その交点 F は △ABC の重心である。

よって　BF：FE=2：1

ゆえに　$FE=\frac{1}{2+1}\times BE=\frac{1}{3}\times 9=3$

また，C と F を結ぶと，線分 CG，FE は △AFC の中線であるから，その交点 H は △AFC の重心である。

よって　FH：HE=2：1

ゆえに　$FH=\frac{2}{2+1}\times FE=\frac{2}{3}\times 3=$ **2**

◀かくれた重心を見つけ出す。

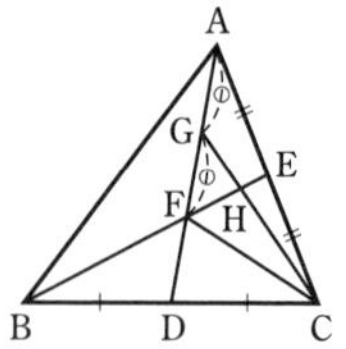

(2) △FBC：△FBD=BC：BD=2：1

よって　△FBC=2△FBD

また

△EBC：△FBC=EB：FB=3：2

ゆえに　$\triangle EBC=\frac{3}{2}\triangle FBC$

$=\frac{3}{2}\times 2\triangle FBD=$ **3**△FBD

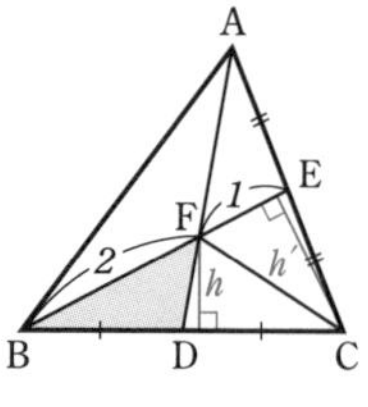

◀高さは図の h で共通。
∴ 面積比=BC：BD

◀高さは図の h' で共通。
∴ 面積比=EB：FB

（補足） ∴ は「ゆえに」を表す記号である。

練習 ② 75 右の図のように，平行四辺形 ABCD の対角線の交点を O，辺 BC の中点を M とし，AM と BD の交点を P，線分 OD の中点を Q とする。

(1) 線分 PQ の長さは，線分 BD の長さの何倍か。

(2) △ABP の面積が 6 cm² のとき，四角形 ABCD の面積を求めよ。

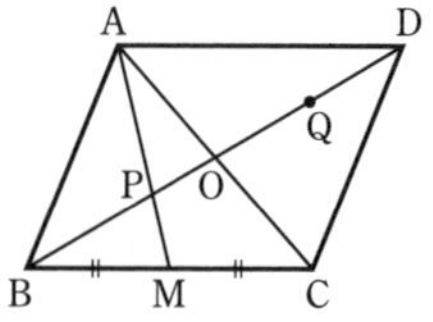

基本例題 76 重心であることの証明 ③③③③③

△ABC の辺 BC，CA，AB の中点をそれぞれ D，E，F とし，線分 FE の E を越える延長上に FE＝EP となるような点 P をとる。このとき，E は △ADP の重心であることを証明せよ。

基本 75

指針 結論からお迎え の方針で考える。

例えば，右の図で，**点 G が △PQR の重心** であることを示すには，

QS＝RS（S が辺 QR の中点），**PG：GS＝2：1**

となることをいえばよい。

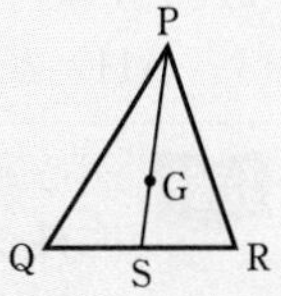

この問題でも，点 E が △ADP の中線上にあり，中線を 2：1 に内分することを示す。……★

中点が 2 つ以上あるから，**中点連結定理** ⟶ **平行で半分の線分** が出てくる ⟶ **平行線と線分の比の性質** などの利用　の流れで証明を進める。

CHART 重心と中線　2：1 の比，辺の中点の活用

解答

△ABC と線分 FE において，中点連結定理により

$$FE /\!/ BC,\ FE=\frac{1}{2}BC$$

AD と FE の交点を Q とすると

$$QE /\!/ DC$$

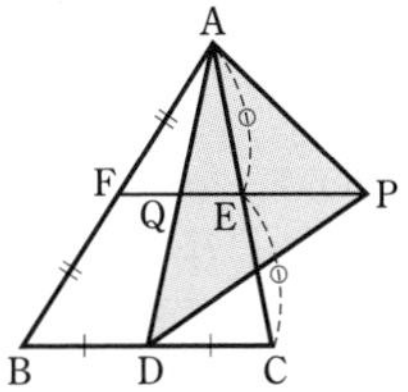

よって　AQ：QD＝AE：EC＝1：1

ゆえに，点 Q は線分 AD の中点である。…… ①

よって，△ADC と線分 QE において，中点連結定理により　$QE=\frac{1}{2}DC=\frac{1}{2}\times\frac{1}{2}BC=\frac{1}{4}BC$

また，FE＝EP であるから

$$PE : EQ=FE : EQ=\frac{1}{2}BC : \frac{1}{4}BC=2 : 1$$

…… ②

①，② から，点 E は △ADP の重心である。

◀**中点連結定理**
中点 2 つで平行と半分

◀平行線と線分の比の性質。

◀$DC=\frac{1}{2}BC$

◀問題の条件。

◀指針＿＿……★ の方針。

検討 **重心の物理的な意味**

密度が均一な三角形状の板の重心 G に，糸をつけてぶら下げると，板は地面に水平につり合う。

また，重心 G に穴を開け，三角形に垂直になるように鉛筆を刺すと，よく回るコマを作ることができる。

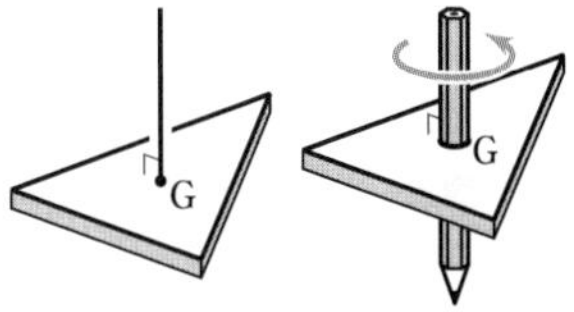

練習 ③ **76** △ABC の辺 BC，CA，AB の中点をそれぞれ D，E，F とする。このとき，△ABC と △DEF の重心が一致することを証明せよ。

基本例題 77 三角形の外心・垂心と証明 ①①①①①

鋭角三角形 ABC の外心を O，垂心を H とし，O から辺 BC に下ろした垂線を OM とする。また，△ABC の外接円の周上に点 D をとり，線分 CD が円の直径になるようにする。このとき，次のことを証明せよ。

(1) DB＝2OM

(2) 四角形 ADBH は平行四辺形である

(3) AH＝2OM

p.452，453 基本事項 1，4

指針 外心・垂心が出てきたときの，一般的な考え方のポイントは

外心 ⟶ **外接円** をかいて，**等しい線分** に注目する。または **円に関する定理や性質**(*) を利用してもよい。

垂心 ⟶ **垂線** を下ろして，**直角** を利用。

(＊) この例題では，次のことを利用する。

・円周角の定理(特に，半円の弧に対する円周角は 90° である。)

解答

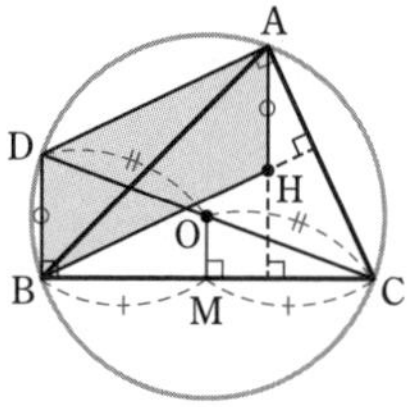

(1) M は辺 BC の中点，O は線分 DC の中点であるから，中点連結定理により

DB＝2OM …… ①

(2) 線分 CD は外接円の直径であるから

∠DBC＝90°，∠DAC＝90°

DB⊥BC，AH⊥BC より

DB∥AH

また，DA⊥AC，BH⊥AC より　DA∥BH

よって，四角形 ADBH は平行四辺形である。

(3) (2) から　AH＝DB …… ②

①，② から　AH＝2OM

◀OM は辺 BC の垂直二等分線。

◀**中点連結定理** 中点 2 つで平行と半分

◀∠DBC，∠DAC は半円の弧に対する円周角。

◀H は △ABC の垂心。

◀2 組の対辺がそれぞれ平行。

注意 この問題は，△ABC が鈍角三角形のときも成り立つ。
ただし，∠A＝90° または ∠B＝90° の直角三角形のときは (2) の四角形ができない。

検討

三角形の外心，垂心，内心，重心の取り扱いのポイント

外心　3 辺の **垂直二等分線** 利用。3 頂点から等距離にある（等しい線分 の利用）。
…… **外接円** をかいて，**円に関する定理や性質**（*p*.478～ で詳しく学習）も利用。

垂心　垂線を引いて 直角 を利用。

内心　3 つの内角の **二等分線** 利用。3 辺から等距離にある（等しい角 の利用）。

重心　3 つの中線を 2：1 に内分する。中線と辺の交点は，その辺の **中点**。

練習 ③ 77

(1) 鋭角三角形 ABC の外心を O，垂心を H とするとき，∠BAO＝∠CAH であることを証明せよ。

(2) 外心と内心が一致する三角形は正三角形であることを証明せよ。

基本例題 78 重心・外心・垂心の関係

正三角形ではない鋭角三角形 ABC の重心 G，外心 O，垂心 H は一直線上にあって，重心は外心と垂心を結ぶ線分を，外心の方から 1：2 に内分することを証明せよ。なお，基本例題 **77** の結果を利用してもよい。

p.452，453 基本事項 1，3，4

指針 証明することは，次の [1]，[2] である。

[1] 3 点 G，O，H が一直線上にある。
これを示すには，直線 OH 上に点 G があることを示せばよい。それには，OH と中線 AM の交点を G′ として，G′ と G が一致することを示す。

[2] 重心 G が線分 OH を 1：2 に内分する，つまり OG：GH＝1：2 をいう。
AH∥OM に注目して，**平行線と線分の比の性質** を利用する。

解答 右の図において，直線 OH と △ABC の中線 AM との交点を G′ とする。

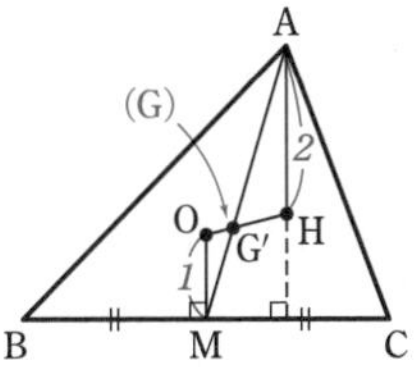

AH⊥BC，OM⊥BC より，AH∥OM であるから

◀垂心，外心の性質から。

$$AG' : G'M = AH : OM = 2OM : OM = 2 : 1$$

◀基本例題 **77** の結果から。

AM は中線であるから，G′ は △ABC の重心 G と一致する。
よって，外心 O，垂心 H，重心 G は一直線上にあり

$$HG : OG = AG : GM = 2 : 1$$

すなわち　$OG : GH = 1 : 2$

検討 外心，重心，垂心が通る直線（この例題の直線 OH）を **オイラー線** という。ただし，正三角形ではオイラー線は定義できない。下の 検討 ③ を参照。

検討 **三角形の外心，内心，重心，垂心の間の関係**
例えば，次のような関係がある。

① 外心は三角形の 3 辺の中点を結ぶ三角形の垂心である（**練習 78**）。
② 重心は 3 辺の中点を結ぶ三角形の重心である（**練習 76**）。
③ 正三角形の外心，内心，重心，垂心は一致する（**練習 77**）。
したがって，正三角形ではオイラー線は定義できない。

①
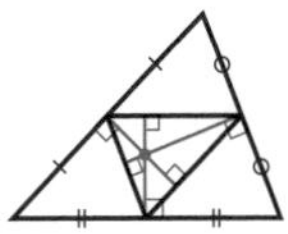
②
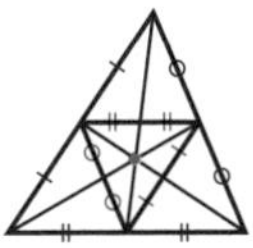
③
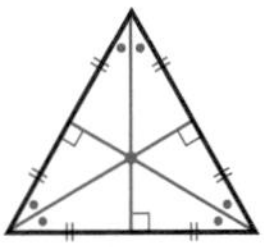

練習 ③ 78 △ABC の辺 BC，CA，AB の中点をそれぞれ L，M，N とする。△ABC の外心 O は △LMN についてどのような点か。

p.464 EX 52，53

基本例題 79 三角形の傍接円，傍心 ②②②②②

△ABC の ∠B，∠C の外角の二等分線の交点を I とする。このとき，次のことを証明せよ。

(1) I を中心として，辺 BC および辺 AB，AC の延長に接する円が存在する。

(2) ∠A の二等分線は，点 I を通る。 〔類 広島修道大〕

基本 74

指針 (1) **点 P が ∠AOB の二等分線上にある**

⇔ 点 P が ∠AOB の 2 辺 OA，OB から等距離にある ことを利用する。

I から，辺 BC および辺 AB，AC の延長にそれぞれ垂線 IP，IQ，IR を下ろし，これらの線分の長さが等しくなることを示す。

(2) 言い換えると「∠B，∠C の外角の二等分線と ∠A の二等分線は 1 点で交わる」ということである。

よって，点 I が ∠QAR の 2 辺 AQ，AR から等距離にあることをいえばよい。

なお，(1)での円を △ABC の **傍接円** といい，点 I を頂角 A 内の **傍心** という。

解答 I から，辺 BC および辺 AB，AC の延長にそれぞれ垂線 IP，IQ，IR を下ろす。

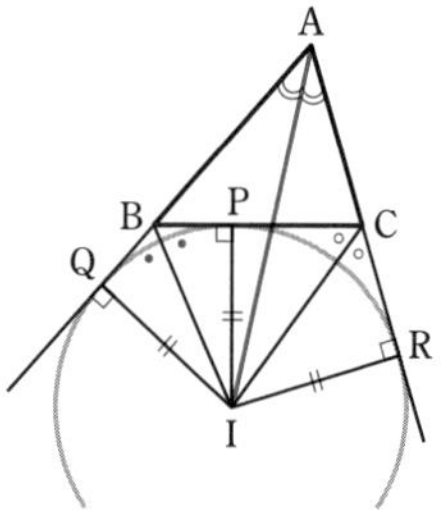

(1) IB は ∠PBQ の二等分線であるから IP＝IQ

IC は ∠PCR の二等分線であるから IP＝IR

よって IP＝IQ＝IR

また，IP⊥BC，IQ⊥AB，IR⊥CA であるから，I を中心として，辺 BC および辺 AB，AC の延長に接する円が存在する。

(2) (1)より，IQ＝IR であるから，点 I は ∠QAR の 2 辺 AQ，AR から等距離にある。

ゆえに，点 I は ∠QAR の二等分線上にある。

したがって，∠A の二等分線は，点 I を通る。

検討 **傍心・傍接円**

[定理] 三角形の 1 つの頂点における内角の二等分線と，他の 2 つの頂点における外角の二等分線は 1 点で交わる。

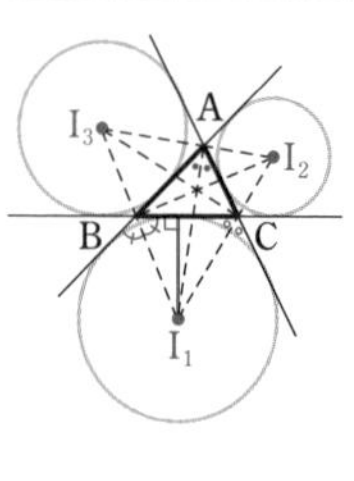

この点を(1 つの頂角内の) **傍心** という。また，三角形の傍心を中心として 1 辺と他の 2 辺の延長に接する円が存在する。この円を，その三角形の **傍接円** という。

1 つの三角形において，傍心と傍接円は 3 つずつある。

なお，これまでに学習してきた三角形における外心，内心，重心，垂心と傍心を合わせて，三角形の五心 という。

練習 ② 79 △ABC の頂角 A 内の傍心を I_a とする。次のことを証明せよ。

(1) $\angle AI_aB=\dfrac{1}{2}\angle C$ (2) $\angle BI_aC=90^\circ-\dfrac{1}{2}\angle A$

p.464 EX54

基本例題 80 中線定理の利用

△ABC において，辺 BC の中点を M，線分 BM の中点を D とするとき，$3AB^2+AC^2=4AD^2+12BD^2$ が成り立つことを示せ。

p.453 基本事項 5

指針 線分の平方といえば，直角を見つけるか作るかなどして **三平方の定理** を利用することが多いが，この問題では **中点** が出てくることがポイントになる。つまり

中線定理　**△ABC の辺 BC の中点を M とすると**
$$AB^2+AC^2=2(AM^2+BM^2)$$

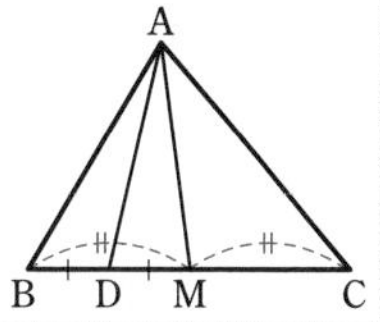

を利用して，$3AB^2+AC^2$ を AD^2 と BD^2 で表す。具体的には，△ABC と △ABM に中線定理を適用し，AM^2 を消去することを考える。

CHART 線分の平方　① 直角を作って　三平方の定理　② 中線があれば　中線定理

解答

△ABC において，中線定理により
$$AB^2+AC^2=2(AM^2+BM^2)$$
BM=2BD であるから　$BM^2=4BD^2$

よって　$AB^2+AC^2=2AM^2+8BD^2$　…… ①

◀ $2(AM^2+BM^2)=2(AM^2+4BD^2)=2AM^2+8BD^2$

また，△ABM において，中線定理により
$$AB^2+AM^2=2(AD^2+BD^2)$$ …… ②

② から　$AM^2=2(AD^2+BD^2)-AB^2$

◀ 証明したい式に AM^2 は含まれていないから，①，② より AM^2 を消去する。

これを ① に代入すると
$$AB^2+AC^2=2\{2(AD^2+BD^2)-AB^2\}+8BD^2$$
$$=4AD^2+4BD^2-2AB^2+8BD^2$$
よって　$3AB^2+AC^2=4AD^2+12BD^2$

◀ 右辺の $-2AB^2$ を移項。

検討

中線定理の逆は成り立たない

△ABC で $AB^2+AC^2=2(AP^2+BP^2)$ が成り立っても，P は辺 BC の中点であるとは限らない。反例は右の図の点 P である。なぜなら，

$AB^2+AC^2=2(AM^2+BM^2)$　◀ △ABC において，中線定理

$=2\{2(MN^2+AN^2)\}$　◀ △MAB において，中線定理

$=2\{2(PN^2+AN^2)\}$　◀ MN=PN

$AP^2+BP^2=2(AN^2+PN^2)$　◀ △ABP において，中線定理

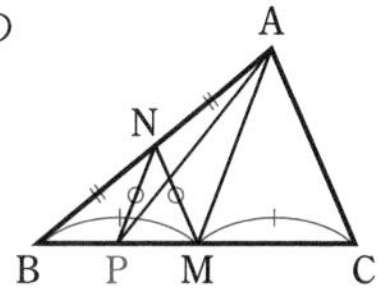

したがって，$AB^2+AC^2=2(AP^2+BP^2)$ となり，P が辺 BC の中点でなくても等式は成り立つ。

練習 ② 80 △ABC において，辺 BC を 3 等分する点を B に近いものから順に D，E とするとき，$2AB^2+AC^2=3AD^2+6BD^2$ が成り立つことを示せ。

基本例題 81 三角形の面積比

(1) △ABC の辺 AB，AC 上に，それぞれ頂点と異なる点 D，E をとるとき，

$\dfrac{\triangle\mathrm{ADE}}{\triangle\mathrm{ABC}}=\dfrac{\mathrm{AD}}{\mathrm{AB}}\cdot\dfrac{\mathrm{AE}}{\mathrm{AC}}$ が成り立つことを証明せよ。

(2) △ABC の辺 BC，CA，AB を 3：2 に内分する点をそれぞれ D，E，F とする。△ABC と △DEF の面積の比を求めよ。 基本 75

指針 三角形の面積比は，*p*.456 で考えたように **等しいもの（高さか底辺）に注目する。**

(1) まず，補助線 CD を引く。△ADE と △ADC では何が等しいか。

三角形の面積比　等高なら底辺の比，等底なら高さの比

(2) (1) を利用。△DEF は，△ABC から 3 つの三角形を除いたものと考える。

解答

(1) 2 点 C，D を結ぶ。

△ADE と △ADC は，底辺をそれぞれ線分 AE，線分 AC とみると，高さが等しいから $\dfrac{\triangle\mathrm{ADE}}{\triangle\mathrm{ADC}}=\dfrac{\mathrm{AE}}{\mathrm{AC}}$ …… ①

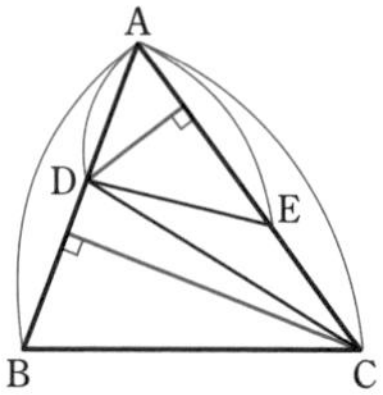

△ADC と △ABC は，底辺をそれぞれ線分 AD，線分 AB とみると，高さが等しいから $\dfrac{\triangle\mathrm{ADC}}{\triangle\mathrm{ABC}}=\dfrac{\mathrm{AD}}{\mathrm{AB}}$ …… ②

①，② の辺々を掛けると

$$\frac{\triangle\mathrm{ADE}}{\triangle\mathrm{ADC}}\cdot\frac{\triangle\mathrm{ADC}}{\triangle\mathrm{ABC}}=\frac{\mathrm{AE}}{\mathrm{AC}}\cdot\frac{\mathrm{AD}}{\mathrm{AB}}$$

したがって $\dfrac{\triangle\mathrm{ADE}}{\triangle\mathrm{ABC}}=\dfrac{\mathrm{AD}}{\mathrm{AB}}\cdot\dfrac{\mathrm{AE}}{\mathrm{AC}}$

> $a:b=c:d$
> $\iff ad=bc$
> $\iff \dfrac{a}{b}=\dfrac{c}{d}$

(2) (1) により

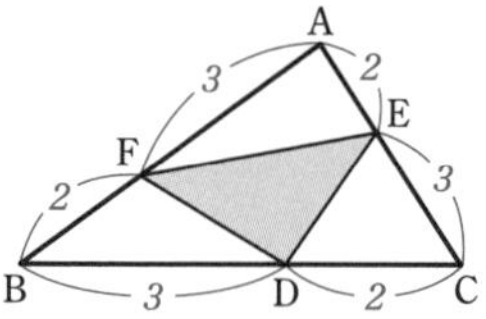

$$\frac{\triangle\mathrm{AFE}}{\triangle\mathrm{ABC}}=\frac{\mathrm{AF}}{\mathrm{AB}}\cdot\frac{\mathrm{AE}}{\mathrm{AC}}=\frac{3}{5}\cdot\frac{2}{5}=\frac{6}{25}$$

$$\frac{\triangle\mathrm{BDF}}{\triangle\mathrm{ABC}}=\frac{\mathrm{BD}}{\mathrm{BC}}\cdot\frac{\mathrm{BF}}{\mathrm{BA}}=\frac{3}{5}\cdot\frac{2}{5}=\frac{6}{25}$$

$$\frac{\triangle\mathrm{CED}}{\triangle\mathrm{ABC}}=\frac{\mathrm{CE}}{\mathrm{CA}}\cdot\frac{\mathrm{CD}}{\mathrm{CB}}=\frac{3}{5}\cdot\frac{2}{5}=\frac{6}{25}$$

ここで　△DEF＝△ABC－△AFE－△BDF－△CED

両辺を △ABC で割ると

$$\frac{\triangle\mathrm{DEF}}{\triangle\mathrm{ABC}}=1-\frac{\triangle\mathrm{AFE}}{\triangle\mathrm{ABC}}-\frac{\triangle\mathrm{BDF}}{\triangle\mathrm{ABC}}-\frac{\triangle\mathrm{CED}}{\triangle\mathrm{ABC}}$$

$$=1-\frac{6}{25}-\frac{6}{25}-\frac{6}{25}=\frac{7}{25}$$

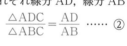

ゆえに　△ABC：△DEF＝**25：7**

練習 81 ② △ABC の辺 BC を 2：3 に内分する点を D とし，辺 CA を 1：4 に内分する点を E とする。また，辺 AB の中点を F とする。△DEF の面積が 14 のとき，△ABC の面積を求めよ。

まとめ 三角形の面積比

三角形の面積比の求め方に関し，いくつかのパターンをここにまとめておく。

① 等高 ⟶ 底辺の比	② 等底 ⟶ 高さの比	③ 等角 ⟶ 挟む辺の積の比
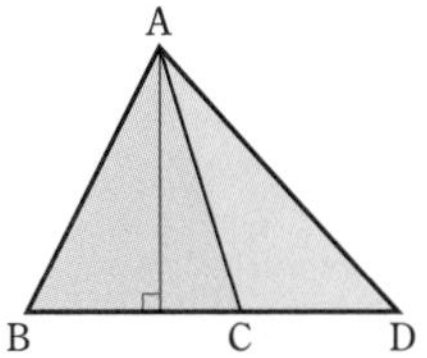 $\dfrac{\triangle ACD}{\triangle ABC}=\dfrac{CD}{BC}$	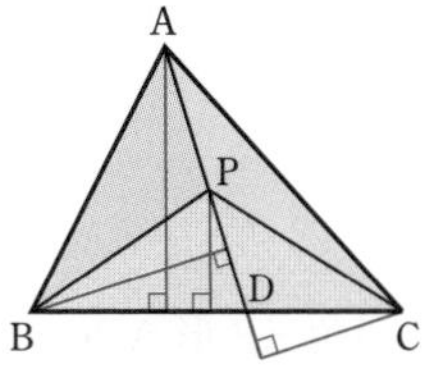 $\dfrac{\triangle PBC}{\triangle ABC}=\dfrac{PD}{AD}$ $\dfrac{\triangle ACP}{\triangle ABP}=\dfrac{DC}{BD}$	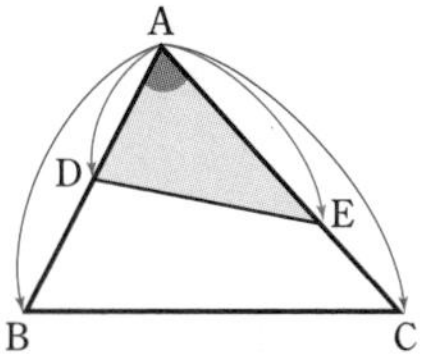 $\dfrac{\triangle ADE}{\triangle ABC}=\dfrac{AD\cdot AE}{AB\cdot AC}$

参考事項 三角比の利用

数学Ⅰの三角比で学ぶ，**正弦定理**，**余弦定理**，**三角形の面積の公式**（正弦［sin］を使った式）などは，平面図形の問題を解くのに有効な場合がある。
これまでに学習した内容を，三角比の知識を利用して解いてみよう。
（三角比を既に学習した人は，そのときに学んだいろいろな公式を確認しておこう。）

① *p.*453 5 **中線定理**「△ABC の辺 BC の中点を M とすると $AB^2+AC^2=2(AM^2+BM^2)$」**の別証** ［**余弦定理** を利用する。］

証明 $\angle AMC=\theta$ とすると $\angle AMB=180^\circ-\theta$

△ABM，△AMC において，それぞれ余弦定理により

$\cos(180^\circ-\theta)=-\cos\theta$

$$AB^2=AM^2+BM^2-2AM\cdot BM\cos(180^\circ-\theta)$$
$$=AM^2+BM^2+2AM\cdot BM\cos\theta \quad \cdots\cdots ㋐$$
$$AC^2=AM^2+CM^2-2AM\cdot CM\cos\theta \quad \longleftarrow CM=BM$$
$$=AM^2+BM^2-2AM\cdot BM\cos\theta \quad \cdots\cdots ㋑$$

㋐＋㋑ から $AB^2+AC^2=2(AM^2+BM^2)$

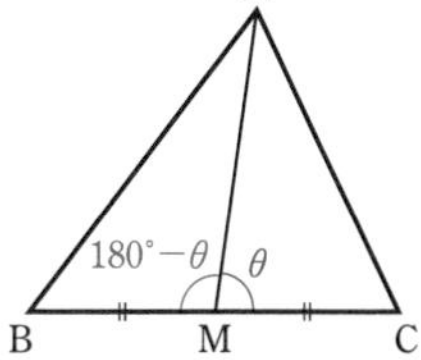

② 前ページの **基本例題 81** (1) **の別証** ［**三角形の面積の公式** を利用する。］

証明 $\triangle ABC=\dfrac{1}{2}AB\cdot AC\sin\angle BAC$，$\triangle ADE=\dfrac{1}{2}AD\cdot AE\sin\angle BAC$ であるから

$$\frac{\triangle ADE}{\triangle ABC}=\frac{AD\cdot AE\,\cancel{\sin\angle BAC}}{AB\cdot AC\,\cancel{\sin\angle BAC}}=\frac{AD}{AB}\cdot\frac{AE}{AC}$$

なお，*p.*448 2 の定理 1（内角の二等分線の定理）も，三角形の面積の公式を利用して証明することができるので，取り組んでみてほしい。

②**51**　(1)　AB=3，BC=4，∠BAC=90° である △ABC があり，頂点 C から ∠ABC の二等分線に下ろした垂線を CD とする。このとき，△BCD の面積を求めよ。

〔福島県医大〕

(2)　△ABC の内心を I とし，直線 BI と辺 CA の交点を D，直線 CI と辺 AB の交点を E とする。BC=a，CA=b，AB=c とするとき，面積比 △ADE：△ABC を求めよ。

→70, 74

③**52**　∠A=90°，AB=4，AC=3 の直角三角形 ABC の重心を G とする。

(1)　線分 AG，BG の長さはどちらが大きいか。

(2)　垂心，外心の位置をいえ。

(3)　△ABC の外接円と内接円の半径を求めよ。

→75～78

③**53**　右図において，△ABC の外心を O，垂心を H とする。また，△ABC の外接円と直線 CO の交点を D，点 O から辺 BC に引いた垂線を OE とし，線分 AE と線分 OH の交点を G とする。

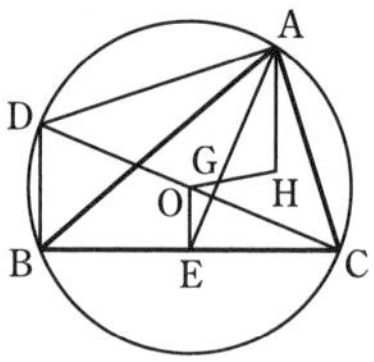

(1)　AH=DB であることを示せ。

(2)　点 G は △ABC の重心であることを示せ。　〔宮崎大〕

→76～78

③**54**　AB=AC である二等辺三角形 ABC の内心を I とし，内接円 I と辺 BC の接点を D とする。辺 BA の延長と点 E で，辺 BC の延長と点 F でそれぞれ接し，辺 AC にも接する ∠B 内の円の中心（傍心）を G とするとき

(1)　AG∥BF が成り立つことを示せ。

(2)　AD=GF が成り立つことを示せ。

(3)　AB=5，BD=2 のとき，AI=ア□，IG=イ□ である。

→74, 79

HINT

51　三角形の内角の二等分線の定理を利用する。

52　(1)　**中線定理** を用いて，2 点 A，B から引いた中線の長さの 2 乗を比べる。
(2)　∠A=90°，斜辺 BC の中点に着目。

53　(1)　四角形 ADBH が平行四辺形であることを示す。
(2)　平行線と線分の比の性質を利用して，EG：GA を求める。

54　(1)　∠EAG=∠ABC を示す。　(2)　四角形 ADFG に注目する。
(3)　三平方の定理と角の二等分線の定理を利用する。

12 チェバの定理，メネラウスの定理

基本事項

1 チェバの定理

△ABC の 3 頂点 A，B，C と，三角形の辺上またはその延長上にない点 O とを結ぶ直線が，対辺 BC，CA，AB またはその延長と交わるとき，交点をそれぞれ P，Q，R とすると $\dfrac{\mathbf{BP}}{\mathbf{PC}}\cdot\dfrac{\mathbf{CQ}}{\mathbf{QA}}\cdot\dfrac{\mathbf{AR}}{\mathbf{RB}}=\mathbf{1}$　← 等式の覚え方は，次ページの一番下の図参照。

2 チェバの定理の逆　△ABC の辺 BC，CA，AB またはその延長上に，それぞれ点 P，Q，R があり，この 3 点のうちの 1 個または 3 個が辺上にあるとする。

このとき，BQ と CR が交わり，かつ $\dfrac{BP}{PC}\cdot\dfrac{CQ}{QA}\cdot\dfrac{AR}{RB}=1$ が成り立つならば，

3 直線 AP，BQ，CR は 1 点で交わる。

解　説

■ チェバの定理の証明

右の図 [1] のように，底辺 OA を共有する △OAB，△OAC があり，直線 OA，BC が点 P で交わるとする。また，2 点 B，C から直線 OA に下ろした垂線をそれぞれ BH，CK とすると，BH∥CK であるから

[1]

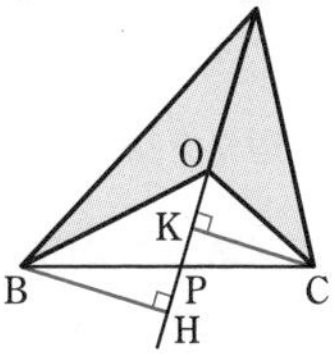

$$\frac{BH}{CK}=\frac{BP}{PC}\qquad ここで，\ \frac{\triangle OAB}{\triangle OCA}=\frac{BH}{CK}\ から$$

$$\frac{\triangle OAB}{\triangle OCA}=\frac{BP}{PC}\quad \cdots\cdots ①$$

同様に，図 [2] において

[2]

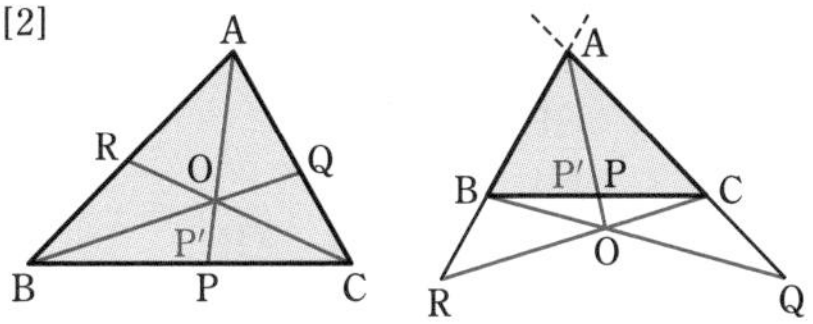

$$\frac{\triangle OBC}{\triangle OAB}=\frac{CQ}{QA}\quad \cdots\cdots ②$$

$$\frac{\triangle OCA}{\triangle OBC}=\frac{AR}{RB}\quad \cdots\cdots ③$$

①，②，③ の辺々を掛けると

$$\frac{BP}{PC}\cdot\frac{CQ}{QA}\cdot\frac{AR}{RB}=\frac{\triangle OAB}{\triangle OCA}\cdot\frac{\triangle OBC}{\triangle OAB}\cdot\frac{\triangle OCA}{\triangle OBC}=1$$

■ チェバの定理の逆の証明

上の図 [2] のように，点 Q，R はともに辺上にあるか，またはともに辺の延長上にあるものとすると，点 P は辺 BC 上の点である。2 直線 BQ，CR の交点を O とすると，O は 2 直線 AB，AC によってできる ∠BAC またはその対頂角の内部にあるから，直線 AO は辺 BC と交わる。その交点を P′ とすると，チェバの定理により

$$\frac{BP'}{P'C}\cdot\frac{CQ}{QA}\cdot\frac{AR}{RB}=1\qquad これと条件の等式から\qquad \frac{BP'}{P'C}=\frac{BP}{PC}$$

P，P′ はともに辺 BC 上にあるから，P′ は P に一致する。

したがって，3 直線 AP，BQ，CR は 1 点で交わる。

参考　チェバ (Ceva 1647 年～1734 年) は，イタリアの数学者である。

基本事項

3　メネラウスの定理

△ABC の辺 BC，CA，AB またはその延長が，三角形の頂点を通らない 1 直線とそれぞれ点 P，Q，R で交わるとき　$\dfrac{\mathbf{BP}}{\mathbf{PC}}\cdot\dfrac{\mathbf{CQ}}{\mathbf{QA}}\cdot\dfrac{\mathbf{AR}}{\mathbf{RB}}=\mathbf{1}$　← このページの一番下の図参照。

4　メネラウスの定理の逆　△ABC の辺 BC，CA，AB またはその延長上に，それぞれ点 P，Q，R があり，この 3 点のうちの 1 個または 3 個が辺の延長上にあるとする。

このとき，$\dfrac{BP}{PC}\cdot\dfrac{CQ}{QA}\cdot\dfrac{AR}{RB}=1$ が成り立つならば，**P，Q，R は 1 つの直線上にある。**

解　説

■ メネラウスの定理の証明

右の図のように，直線 XY が △ABC の辺 BC，CA，AB またはその延長と点 P，Q，R で交わるとする。

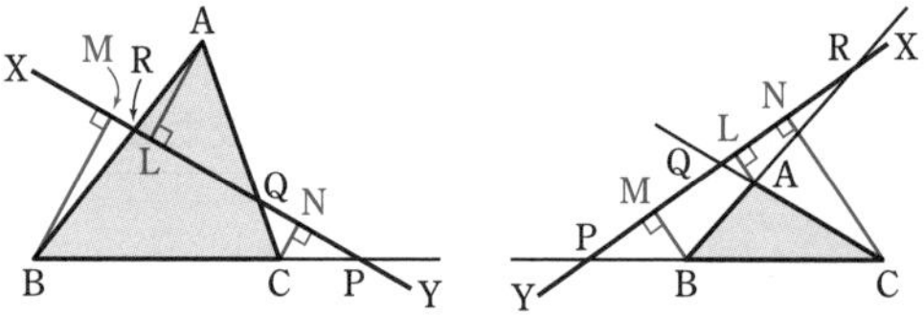

頂点 A，B，C から直線 XY に垂線 AL，BM，CN を引くと，これら 3 つの垂線は互いに平行であるから

$$\frac{BP}{PC}=\frac{BM}{CN},\qquad \frac{CQ}{QA}=\frac{CN}{AL},\qquad \frac{AR}{RB}=\frac{AL}{BM}$$

辺々を掛けると　$\dfrac{BP}{PC}\cdot\dfrac{CQ}{QA}\cdot\dfrac{AR}{RB}=\dfrac{BM}{CN}\cdot\dfrac{CN}{AL}\cdot\dfrac{AL}{BM}=1$

■ メネラウスの定理の逆の証明

2 点 Q，R はそれぞれ辺 CA，AB 上にあるとする。(図 [1])

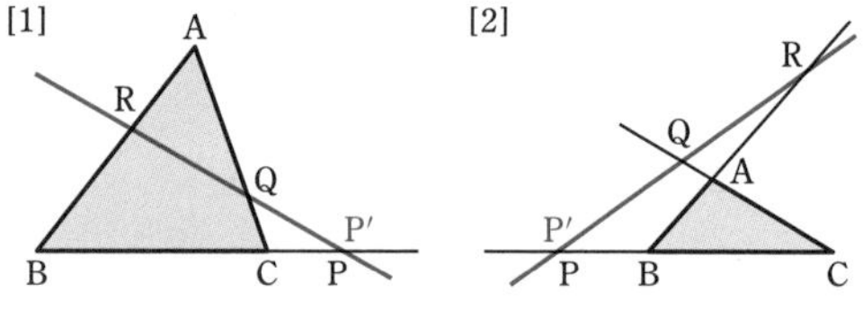

直線 QR と辺 BC の延長との交点を P′ とすると，メネラウスの定理により

$$\frac{BP'}{P'C}\cdot\frac{CQ}{QA}\cdot\frac{AR}{RB}=1$$

仮定から　$\dfrac{BP}{PC}\cdot\dfrac{CQ}{QA}\cdot\dfrac{AR}{RB}=1$　　ゆえに　$\dfrac{BP'}{P'C}=\dfrac{BP}{PC}$

P，P′ はともに辺 BC の延長上にあるから，P′ は P と一致し，3 点 P，Q，R は 1 つの直線上にある。

2 点 Q，R がそれぞれ辺 CA，BA の延長上にあるとき（図 [2]）も同様である。

参考　メネラウス (Menelaus 紀元 100 年頃) はギリシアの数学者，天文学者である。

チェバの定理・メネラウスの定理の等式の覚え方

頂 → 分 → 頂 で三角形をひとまわり

頂点Bから出発して，分点P，頂点Cへいく。	頂点Cから分点Qを経て，頂点Aへいく。	頂点Aから分点Rを経て，頂点Bに戻る。

$$\frac{\mathbf{BP}}{\mathbf{PC}}\times\frac{\mathbf{CQ}}{\mathbf{QA}}\times\frac{\mathbf{AR}}{\mathbf{RB}}=\mathbf{1}$$

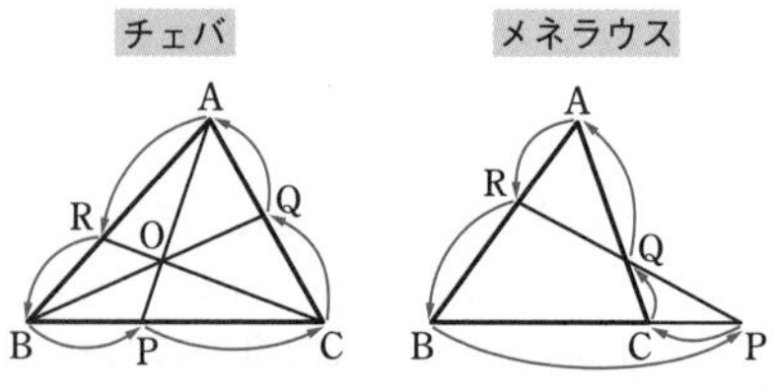

基本例題 82 チェバの定理，メネラウスの定理 (1)

(1) 1辺の長さが7の正三角形ABCがある。辺AB，AC上にAD=3，AE=6となるように2点D，Eをとる。このとき，線分BEとCDの交点をF，直線AFと辺BCの交点をGとする。線分CGの長さを求めよ。

(2) △ABCにおいて，辺AB上と辺ACの延長上にそれぞれ点E，Fをとり，AE：EB=1：2，AF：FC=3：1とする。直線EFと直線BCの交点をDとするとき，BD：DC，ED：DFをそれぞれ求めよ。

p.465，466 基本事項 1，3

指針 図をかいて，チェバの定理，メネラウスの定理を適用する。
(1) **3頂点からの直線が1点で交わるなら　チェバの定理**
(2) **三角形と直線1本で　メネラウスの定理**

解答

(1) AD=3，DB=7−3=4，AE=6，CE=7−6=1
△ABCにおいて，チェバの定理により

$$\frac{BG}{GC}\cdot\frac{CE}{EA}\cdot\frac{AD}{DB}=1$$

すなわち　$\frac{BG}{GC}\cdot\frac{1}{6}\cdot\frac{3}{4}=1$

$\frac{BG}{GC}=8$ から　BG=8GC

よって　$CG=\frac{1}{9}BC=\frac{1}{9}\cdot 7=\mathbf{\frac{7}{9}}$

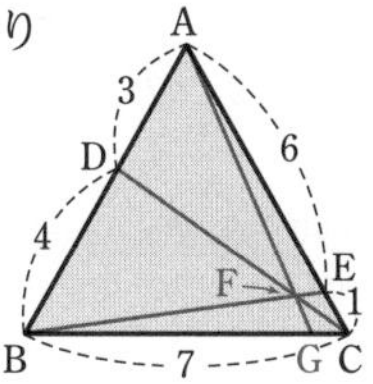

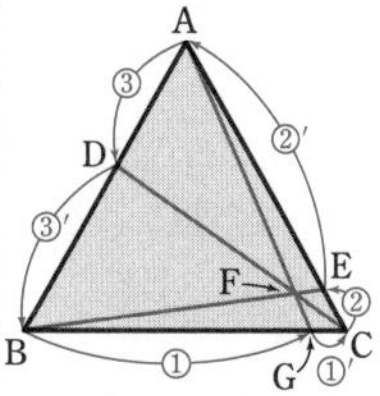

$\frac{①}{①'}\cdot\frac{②}{②'}\cdot\frac{③}{③'}=1$

(2) △ABCと直線EFについて，
メネラウスの定理により

$$\frac{BD}{DC}\cdot\frac{CF}{FA}\cdot\frac{AE}{EB}=1$$

すなわち　$\frac{BD}{DC}\cdot\frac{1}{3}\cdot\frac{1}{2}=1$

$\frac{BD}{DC}=6$ から　**BD：DC=6：1**

△AEFと直線BCについて，メネラウスの定理により

$\frac{ED}{DF}\cdot\frac{FC}{CA}\cdot\frac{AB}{BE}=1$　すなわち　$\frac{ED}{DF}\cdot\frac{1}{2}\cdot\frac{3}{2}=1$

$\frac{ED}{DF}=\frac{4}{3}$ から　**ED：DF=4：3**

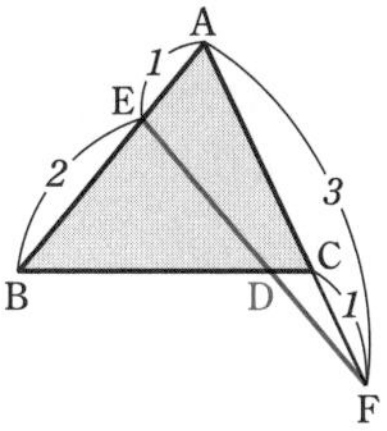

◀メネラウスの定理を用いるときは，対象となる三角形と直線を書く。

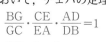

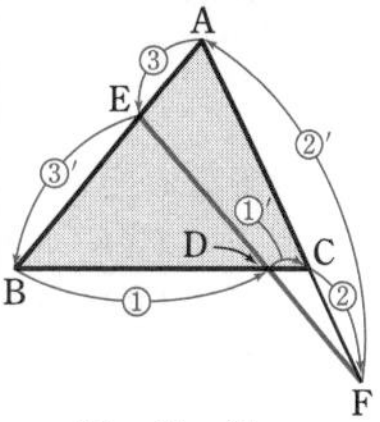

$\frac{①}{①'}\cdot\frac{②}{②'}\cdot\frac{③}{③'}=1$

練習 ② **82**
(1) △ABCの辺ABを3：2に内分する点をD，辺ACを4：3に内分する点をEとし，線分BEとCDの交点をOとする。直線AOと辺BCの交点をFとするとき，BF：FCを求めよ。
(2) △ABCの辺ABを3：1に内分する点をP，辺BCの中点をQとし，線分CPとAQの交点をRとする。このとき，CR：RPを求めよ。

基本例題 83 チェバの定理，メネラウスの定理 (2)

②②②②②

右の図のように，△ABC の外部に点 O があり，直線 AO, BO, CO が，対辺 BC, CA, AB またはその延長と，それぞれ点 P, Q, R で交わる。AB：AR＝5：4, AQ：QC＝10：9 のとき，次の比を求めよ。

(1) BP：PC　　(2) BQ：QO

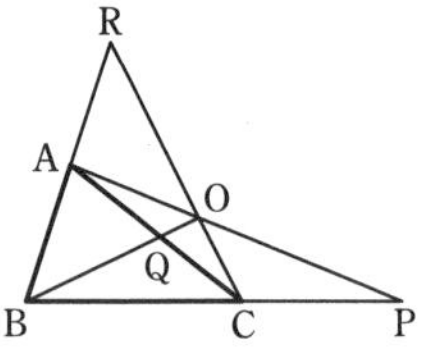

基本 82

指針 CHART　3 頂点からの直線が 1 点で交わるなら　チェバの定理　⟶(1)
三角形と直線 1 本で　メネラウスの定理　⟶(2)

(1) チェバの定理は，点 O が △ABC の外部にある場合にも成り立つ。

(2) メネラウスの定理を利用したいが，対象となる三角形や直線がわかりにくい。このような場合は，比が既知の線分や比を求めたい線分に ◡ を書き込んだとき（解答の図を参照），◡ で囲まれた三角形と，その三角形の各辺の 3 つの分点（外分点が 1 個または 3 個）を結んだ直線に着目するとよい。

解答

(1) △ABC において，チェバの定理により

$$\frac{BP}{PC}\cdot\frac{CQ}{QA}\cdot\frac{AR}{RB}=1$$

すなわち

$$\frac{BP}{PC}\cdot\frac{9}{10}\cdot\frac{4}{4+5}=1$$

$\frac{BP}{PC}=\frac{5}{2}$ から　　BP：PC＝**5：2**

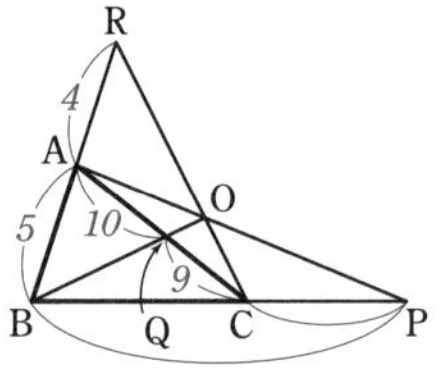

(2) △QAB と直線 RC について，メネラウスの定理により

$$\frac{BO}{OQ}\cdot\frac{QC}{CA}\cdot\frac{AR}{RB}=1$$

すなわち

$$\frac{BO}{OQ}\cdot\frac{9}{9+10}\cdot\frac{4}{4+5}=1$$

$\frac{BO}{OQ}=\frac{19}{4}$ から　　BO：OQ＝19：4

よって　　BQ：QO＝**15：4**

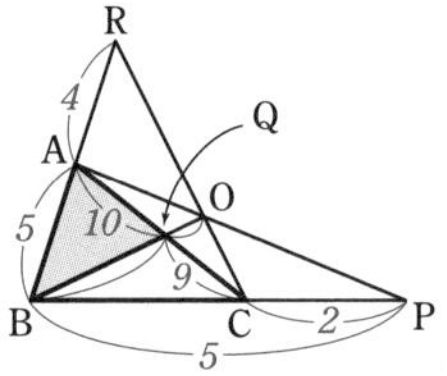

検討

頂 → 分 → 頂 で三角形をひとまわり

メネラウスの定理では，**外分点が 1 個または 3 個（奇数個）**であるのに対し，チェバの定理で，**外分点は 0 個または 2 個（偶数個）**である。

(2) は，△QBC と直線 AP に，メネラウスの定理を用いてもよい。

練習 ② 83 右の図のように，△ABC の外部に点 O があり，直線 AO, BO, CO が，対辺 BC, CA, AB またはその延長と，それぞれ点 P, Q, R で交わる。

(1) △ABC において，チェバの定理が成り立つことを，メネラウスの定理を用いて証明せよ。

(2) BP：PC＝2：3, AQ：QC＝3：1 のとき，次の比を求めよ。

(ア) BO：OQ　　(イ) AP：PO

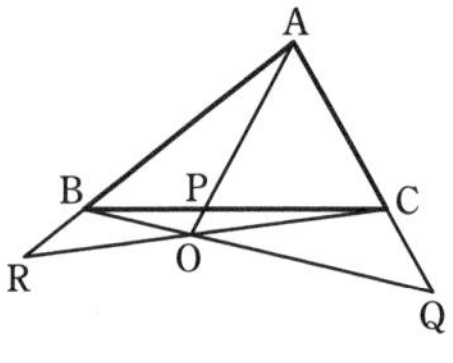

基本例題 84 メネラウスの定理と三角形の面積 ①①①①①

面積が1に等しい△ABCにおいて，辺BC，CA，ABを2：1に内分する点をそれぞれL，M，Nとし，線分ALとBM，BMとCN，CNとALの交点をそれぞれP，Q，Rとするとき　〔類 創価大〕

(1)　AP：PR：RL＝ア□：イ□：1である。

(2)　△PQRの面積はウ□である。

基本 82，83

指針　(1)　△ABLと直線CNに **メネラウス ⟶ LR：RA**

△ACLと直線BMに **メネラウス ⟶ LP：PA**

これらから比AP：PR：RLがわかる。

(2)　比BQ：QP：PMも(1)と同様にして求められる。

△ABCの面積を利用して，△ABL ⟶ △PBR ⟶ △PQR と順に面積を求める。

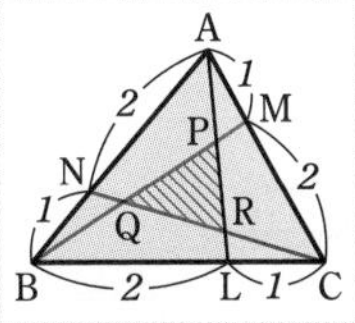

CHART　三角形の面積比　**等高なら底辺の比，等底なら高さの比**

解答

(1)　△ABLと直線CNについて，メネラウスの定理により

$$\frac{AN}{NB}\cdot\frac{BC}{CL}\cdot\frac{LR}{RA}=1$$

すなわち　$\frac{2}{1}\cdot\frac{3}{1}\cdot\frac{LR}{RA}=1$

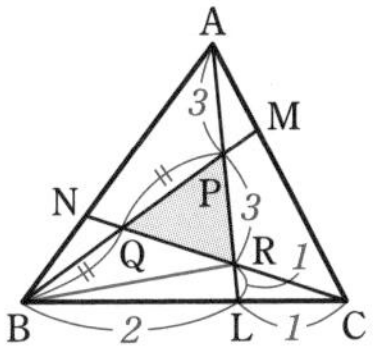

よって　LR：RA＝1：6 … ①

△ACLと直線BMについて，メネラウスの定理により

$\frac{AM}{MC}\cdot\frac{CB}{BL}\cdot\frac{LP}{PA}=1$　すなわち　$\frac{1}{2}\cdot\frac{3}{2}\cdot\frac{LP}{PA}=1$

よって　LP：PA＝4：3 …… ②

①，②から　AP：PR：RL＝ア**3**：イ**3**：1

(2)　(1)と同様にして，BQ：QP：PM＝3：3：1から

$$\triangle ABL=\frac{2}{3}\triangle ABC=\frac{2}{3},\quad \triangle PBR=\frac{3}{7}\triangle ABL=\frac{2}{7}$$

ゆえに　$\triangle PQR=\frac{3}{6}\triangle PBR=$ ウ$\boldsymbol{\frac{1}{7}}$

別解　$\triangle ABP=\frac{3}{7}\triangle ABL=\frac{3}{7}\cdot\frac{2}{3}\triangle ABC=\frac{2}{7}$

△BCQ，△CARも同様であるから

$$\triangle PQR=\left(1-3\times\frac{2}{7}\right)\triangle ABC=\text{ウ}\boldsymbol{\frac{1}{7}}$$

◀定理を用いる三角形と直線を明示する。

◀$\frac{LR}{RA}=\frac{1}{6}$

◀$\frac{LP}{PA}=\frac{4}{3}$

◀AP：PR：RL＝$l：m：n$とすると $\frac{n}{l+m}=\frac{1}{6}$，$\frac{m+n}{l}=\frac{4}{3}$ から　$l=m=3n$

◀L，M，Nは3辺を同じ比に内分する点であるから，同様に考えられる。

練習 ③ 84　△ABCの辺ABを1：2に内分する点をM，辺BCを3：2に内分する点をNとする。線分ANとCMの交点をOとし，直線BOと辺ACの交点をPとする。△AOPの面積が1のとき，△ABCの面積Sを求めよ。　〔岡山理科大〕

p.477 EX55

重要例題 85 チェバの定理の逆・メネラウスの定理の逆 ⓘⓘⓘⓘⓘ

(1) △ABC の辺 BC 上に頂点と異なる点 D をとり，∠ADB，∠ADC の二等分線が AB，AC と交わる点をそれぞれ E，F とすると，AD，BF，CE は 1 点で交わることを証明せよ。

(2) 平行四辺形 ABCD 内の 1 点 P を通り，各辺に平行な直線を引き，辺 AB，CD，BC，DA との交点を，順に Q，R，S，T とする。2 直線 QS，RT が点 O で交わるとき，3 点 O，A，C は 1 つの直線上にあることを示せ。

p.465，466 基本事項 2，4

指針 (1) △ADB において，∠ADB の二等分線 DE に対し $\dfrac{DA}{DB}=\dfrac{AE}{EB}$

△ADC における ∠ADC の二等分線 DF についても同様に考え，**チェバの定理の逆**を適用する。

(2) △PQS と直線 OTR にメネラウスの定理を用いて $\dfrac{QR}{RP}\cdot\dfrac{PT}{TS}\cdot\dfrac{SO}{OQ}=1$

ここで，平行四辺形の性質から PT，TS，QR，PR を他の線分におき換えて **メネラウスの定理の逆** を適用する。

解答

(1) DE，DF は，それぞれ ∠ADB，∠ADC の二等分線であるから $\dfrac{DA}{DB}=\dfrac{AE}{EB}$，$\dfrac{DC}{DA}=\dfrac{CF}{FA}$

ゆえに $\dfrac{AE}{EB}\cdot\dfrac{BD}{DC}\cdot\dfrac{CF}{FA}=\dfrac{DA}{DB}\cdot\dfrac{BD}{DC}\cdot\dfrac{DC}{DA}=1$

よって，チェバの定理の逆により，AD，BF，CE は 1 点で交わる。

(2) △PQS と直線 OTR について，メネラウスの定理により $\dfrac{QR}{RP}\cdot\dfrac{PT}{TS}\cdot\dfrac{SO}{OQ}=1$

PT=AQ，TS=AB，QR=BC，PR=CS であるから

$$\dfrac{BC}{CS}\cdot\dfrac{AQ}{AB}\cdot\dfrac{SO}{OQ}=1$$

すなわち $\dfrac{QA}{AB}\cdot\dfrac{BC}{CS}\cdot\dfrac{SO}{OQ}=1$

よって，メネラウスの定理の逆により，3 点 O，A，C は 1 つの直線上にある。

◀内角の二等分線の定理

(1)

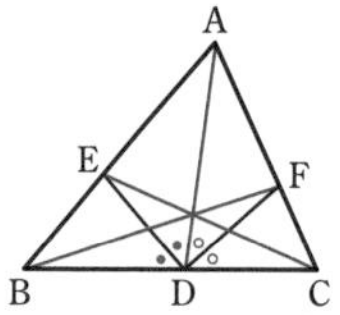

(2)

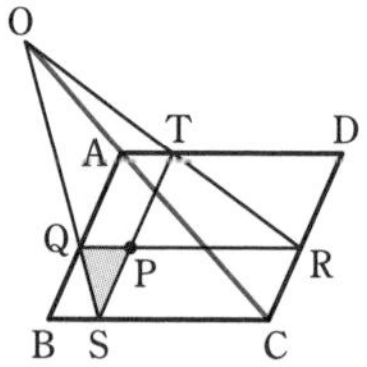

◀△QBS と 3 点 O，A，C に注目。

練習 ③ 85

(1) △ABC の内部の任意の点を O とし，∠BOC，∠COA，∠AOB の二等分線と辺 BC，CA，AB との交点をそれぞれ P，Q，R とすると，AP，BQ，CR は 1 点で交わることを証明せよ。

(2) △ABC の ∠A の外角の二等分線が線分 BC の延長と交わるとき，その交点を D とする。∠B，∠C の二等分線と辺 AC，AB の交点をそれぞれ E，F とすると，3 点 D，E，F は 1 つの直線上にあることを示せ。

p.477 EX58

参考事項 チェバの定理の逆の利用（三角形の五心の存在の証明）

三角形の五心（外心・垂心・重心・内心・傍心）は，いずれも三角形に関する 3 つの直線の交点としてその存在が示されたが（$p.452$, 453, 460），五心の存在の証明は，**チェバの定理の逆** を用いても示すことができるので，紹介しておきたい。

※以下では，△ABC について考える。

❶ 重心　（三角形の 3 本の中線の交点）

辺 BC，CA，AB の中点をそれぞれ P，Q，R とすると，

BP＝PC，CQ＝QA，AR＝RB から　$\dfrac{BP}{PC}\cdot\dfrac{CQ}{QA}\cdot\dfrac{AR}{RB}=1$

よって，チェバの定理の逆により，3 つの中線は 1 点で交わる。

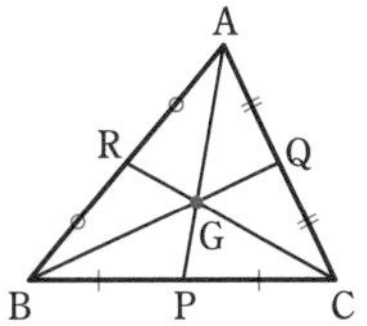

❷ 内心　（三角形の 3 つの内角の二等分線の交点）

∠A，∠B，∠C の二等分線がそれぞれ辺 BC，CA，AB と点 P，Q，R で交わるとすると，内角の二等分線の定理より

$$\frac{BP}{PC}=\frac{AB}{AC},\quad \frac{CQ}{QA}=\frac{BC}{BA},\quad \frac{AR}{RB}=\frac{CA}{CB}$$

ゆえに　$\dfrac{BP}{PC}\cdot\dfrac{CQ}{QA}\cdot\dfrac{AR}{RB}=\dfrac{AB}{AC}\cdot\dfrac{BC}{BA}\cdot\dfrac{CA}{CB}=1$

よって，チェバの定理の逆により，3 つの内角の二等分線は 1 点で交わる。

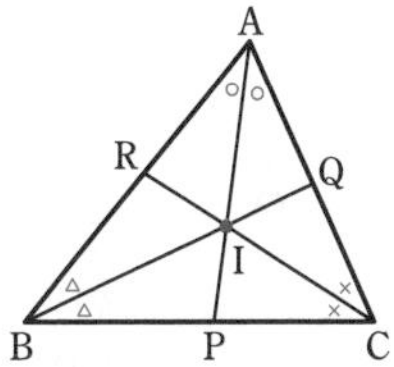

参考　傍心の存在は，上の内心の存在の証明と同様の方針で示される（外角の二等分線の定理も利用する）。各自取り組んでみてほしい。

❸ 垂心　（三角形の 3 頂点から対辺またはその延長に下ろした垂線の交点）

△ABC が直角三角形のときは，直角となる頂点が垂心となる。
△ABC が直角三角形でないとき，頂点 A，B，C からその対辺またはその延長上に垂線 AP，BQ，CR を下ろすと

$$\frac{BP}{PC}=\frac{AB\cos B}{AC\cos C},\quad \frac{CQ}{QA}=\frac{BC\cos C}{BA\cos A},\quad \frac{AR}{RB}=\frac{CA\cos A}{CB\cos B}$$

ゆえに　$\dfrac{BP}{PC}\cdot\dfrac{CQ}{QA}\cdot\dfrac{AR}{RB}=\dfrac{AB\cos B}{AC\cos C}\cdot\dfrac{BC\cos C}{BA\cos A}\cdot\dfrac{CA\cos A}{CB\cos B}=1$

よって，チェバの定理の逆により，3 頂点から対辺またはその延長に下ろした垂線は 1 点で交わる。

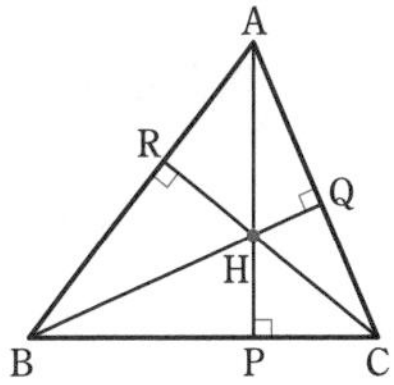

❹ 外心　（三角形の 3 辺の垂直二等分線の交点）

△ABC が直角三角形のときは，斜辺の中点が外心となる。
△ABC が直角三角形でないとき，辺 BC，CA，AB の中点をそれぞれ P，Q，R とし，△PQR の垂心を O とすると，中点連結定理により　BC∥RQ
また，RQ⊥PO であるから，　BC⊥PO　　更に，点 P は辺 BC の中点であるから，PO は辺 BC の垂直二等分線である。
同様に，QO，RO もそれぞれ辺 CA，辺 AB の垂直二等分線であり，❸ で垂心の存在が証明されているから，辺 AB，BC，CA それぞれの垂直二等分線は 1 点 O で交わることになる。

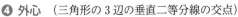

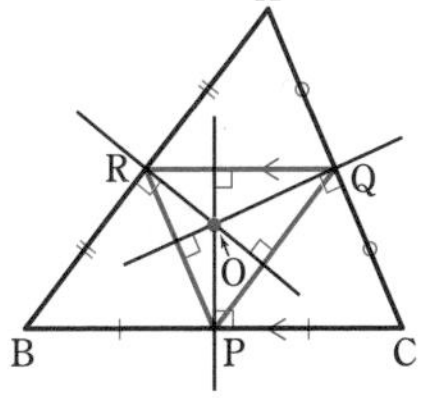

参考事項 デザルグの定理

※メネラウスの定理の応用として，有名なデザルグの定理を紹介しよう。

(デザルグの定理) △ABC, △A′B′C′ において，AA′, BB′, CC′ が 1 点 O で交わるならば，直線 BC, B′C′ の交点を P，直線 CA, C′A′ の交点を Q，直線 AB, A′B′ の交点を R とすると，3 点 P, Q, R は一直線上にある。

証明　△OAB と直線 A′B′ について，メネラウスの定理により

$$\frac{AR}{RB}\cdot\frac{BB'}{B'O}\cdot\frac{OA'}{A'A}=1 \quad \cdots\cdots ①$$

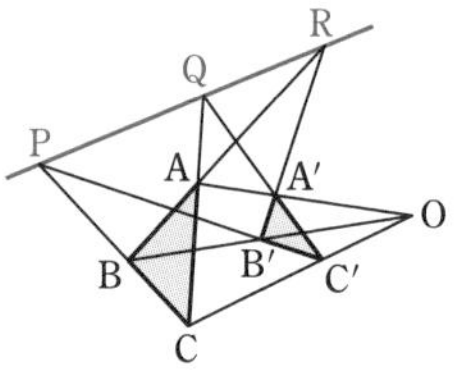

△OBC と直線 B′C′ について，メネラウスの定理により

$$\frac{BP}{PC}\cdot\frac{CC'}{C'O}\cdot\frac{OB'}{B'B}=1 \quad \cdots\cdots ②$$

△OCA と直線 C′A′ について，メネラウスの定理により

$$\frac{CQ}{QA}\cdot\frac{AA'}{A'O}\cdot\frac{OC'}{C'C}=1 \quad \cdots\cdots ③$$

①, ②, ③ の辺々を掛けると

$$\frac{BP}{PC}\cdot\frac{CQ}{QA}\cdot\frac{AR}{RB}=1$$

よって，メネラウスの定理の逆により，3 点 P, Q, R は一直線上にある。

注意　P, Q, R のうち，1 点だけが △ABC の辺の延長上にある場合も同様に証明できる (右の図)。

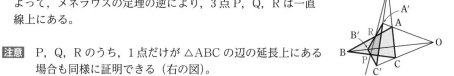

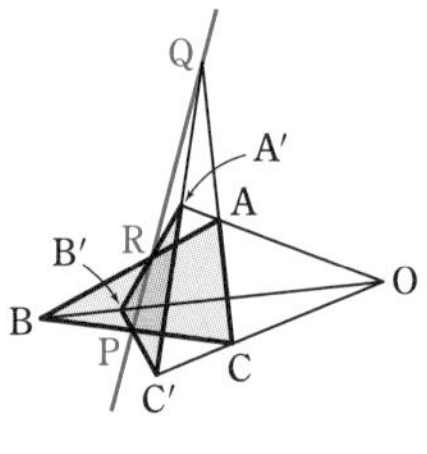

また，デザルグの定理は逆も成り立つ。すなわち，

△ABC, △A′B′C′ において，BC と B′C′ の交点 P；CA と C′A′ の交点 Q；AB と A′B′ の交点 R が一直線上にあるならば，3 直線 AA′, BB′, CC′ は 1 点で交わる。

証明　AA′, BB′ の交点を O′ とし，3 点 C, C′, O′ が一直線上にあることを示す。
△PBB′ と △QAA′ において，PQ, BA, B′A′ は 1 点 R で交わる。
よって，デザルグの定理により，

　　PB と QA の交点 C；　PB′ と QA′ の交点 C′；　BB′ と AA′ の交点 O′

は一直線上にある。
したがって，3 直線 AA′, BB′, CC′ は 1 点で交わる。

13 三角形の辺と角

基本事項

1 三角形の3辺の大小関係　定理8　1つの三角形において

1　**2辺の** 長さの **和は，他の1辺** の長さ **より大きい。**

2　**2辺の** 長さの **差は，他の1辺** の長さ **より小さい。**

2 三角形の辺と角の大小関係　定理9　1つの三角形において

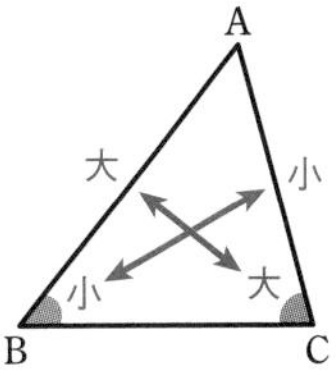

1　大きい辺に向かい合う角は，小さい辺に向かい合う角より大きい。

2　大きい角に向かい合う辺は，小さい角に向かい合う辺より大きい。

すなわち，△ABC において　　**AB＞AC ⟺ ∠C＞∠B**

解　説

■ **三角形の3辺の大小関係**　2 の定理9を用いて証明する。

BC＝a，CA＝b，AB＝c とする。

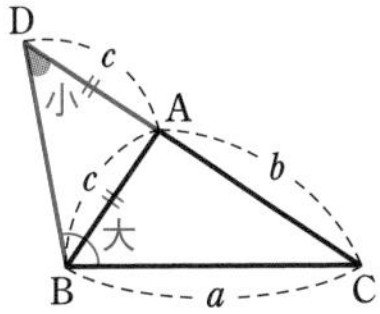

1 **の証明**　右の図で，△ABC の辺 CA の延長上に点 D を，AD＝AB となるようにとると　　$b+c=$CD ……①

また　　∠ABD＝∠ADB，∠CBD＞∠ABD

ゆえに　　∠CBD＞∠ADB

よって，△BCD において　　CD＞a

したがって，① から　　$b+c>a$

2 **の証明**　1 と同様にして　$c+a>b$，$a+b>c$　が成り立つ。

よって　　$b-c<a$，$-(b-c)<a$　　したがって　　$|b-c|<a$

1，2 をまとめると　　$|\boldsymbol{b}-\boldsymbol{c}|<\boldsymbol{a}<\boldsymbol{b}+\boldsymbol{c}$ (**三角形の成立条件**)　　が成り立つ。

逆に，a，b，c がこの不等式を満たせば，<u>a，b，c はすべて正であり</u>，a，b，c を3辺の長さとする三角形が存在する（＿＿の理由については，解答編 p.338 の **検討** 参照）。

■ **三角形の辺と角の大小関係**

1　(AB＞AC ⟹ ∠C＞∠B) **の証明**

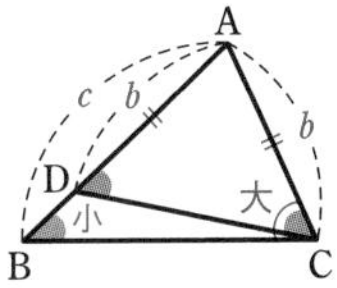

$c>b$ のとき，右の図のように，辺 AB 上に点 D を，AD＝b であるようにとると　　∠C＞∠ACD＝∠ADC＝∠B＋∠BCD

＞∠B

2　(∠C＞∠B ⟹ AB＞AC) **の証明**

∠C＞∠B のとき，2辺 AB，AC の大小関係については，次のいずれかが成り立つ。

AB＝AC，　AB＜AC，　AB＞AC

[1]　AB＝AC とすると，△ABC は ∠A を頂点とする二等辺三角形であるから

∠C＝∠B

[2]　AB＜AC とすると，1 により，∠C＜∠B となる。

よって，[1]，[2] いずれの場合も ∠C＞∠B でないから，2辺 AB，AC の大小関係は AB＞AC となる。

したがって，∠C＞∠B ⟹ AB＞AC が成り立つ。

基本例題 86 三角形の周の長さの比較

△ABC の 3 つの中線を AD，BE，CF とするとき

(1)　$2AD<AB+AC$ が成り立つことを証明せよ。

(2)　$AD+BE+CF<AB+BC+CA$ が成り立つことを証明せよ。

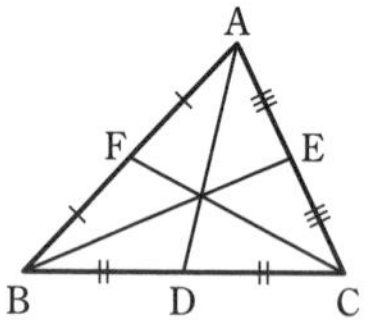

p.473 基本事項 1

指針　(1)　2AD は中線 AD を 2 倍にのばしたものである。

中線は 2 倍にのばす　平行四辺形の利用 ……★

右の図のように，平行四辺形を作ると ($DA'=AD$)，辺 AC は線分 BA′ に移るから，△ABA′ において，三角形の辺の長さの関係

(2 辺の長さの和)＞(他の 1 辺の長さ)

を利用する。

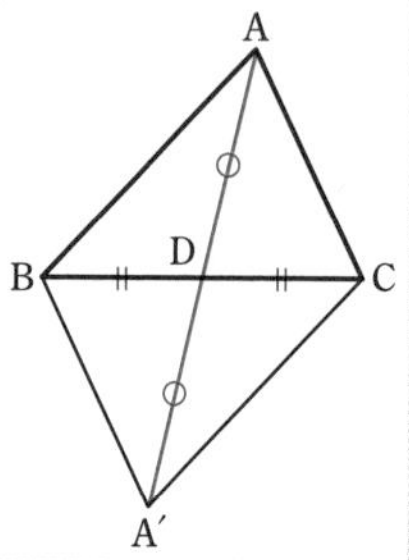

(2)　**(1) は (2) のヒント**　他の中線 BE，CF についても (1) と同様の不等式を作り，それらの **辺々を加える。**

CHART 三角形の辺の長さの比較　1 角の大小にもち込む　2 2 辺の和＞他の 1 辺

解答

(1)　線分 AD の D を越える延長上に $DA'=AD$ となる点 A′ をとると，四角形 ABA′C は平行四辺形となる。

ゆえに　$AC=BA'$

△ABA′ において

$AA'<AB+BA'$

よって　$2AD<AB+AC$ …… ①

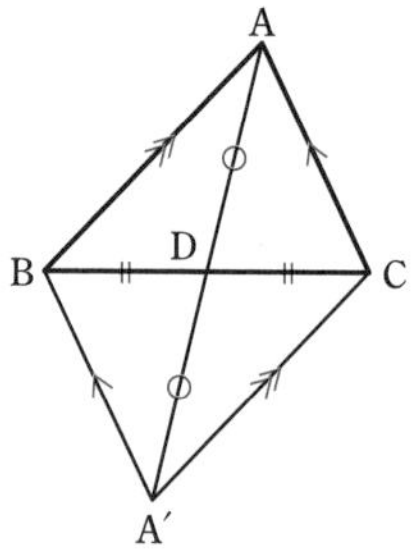

(2)　(1) と同様にして

$2BE<BC+AB$ …… ②

$2CF<CA+BC$ …… ③

①～③ の辺々を加えると

$2(AD+BE+CF)<2(AB+BC+CA)$

ゆえに　$AD+BE+CF<AB+BC+CA$

◀指針＿＿……★ の方針。中線は 2 倍にのばす

◀平行四辺形の対辺の長さは等しい。

◀三角形の 2 辺の長さの和は他の 1 辺の長さより大きい（定理 8)。

◀不等式の性質
$a<d,\ b<e,\ c<f$
$\Longrightarrow a+b+c<d+e+f$

練習 ③ 86　(1)　$AB=2$，$BC=x$，$AC=4-x$ であるような △ABC がある。このとき，x の値の範囲を求めよ。〔岐阜聖徳学園大〕

(2)　△ABC の内部の 1 点を P とするとき，次の不等式が成り立つことを証明せよ。

$$AP+BP+CP<AB+BC+CA$$

p.477 EX 59

基本例題 87 三角形の辺と角の大小 ③③③③③

(1) $\angle C=90^\circ$ の直角三角形 ABC の辺 BC 上に，頂点と異なる点 P をとると，AP<AB であることを証明せよ。

(2) 線分 AB の垂直二等分線 ℓ に関して A と同じ側にあって，直線 AB 上にない 1 点を P とすると，AP<BP であることを証明せよ。

p.473 基本事項 2

指針 三角形において，**(辺の大小) ⟺ (角の大小)** が成り立つことを利用する。

(1) AP<AB の代わりに $\angle B<\angle APB$ を示す。2 つの三角形 △ABP と △APC に分けて考える。

(2) (1) と同様に，$\angle PBA<\angle PAB$ を示すことを目指す。ℓ と線分 PB との交点を Q とすると，△QAB は二等辺三角形であることに注目。

CHART 三角形の辺の長さの比較　**角の大小にもち込む**

解答

(1) △ABC は $\angle C=90^\circ$ の直角三角形であるから　$\angle B<\angle C$ …… ①

また

$\angle APB=\angle CAP+\angle C$

$>\angle C$ …… ②

①，② から　$\angle B<\angle APB$

よって　AP<AB

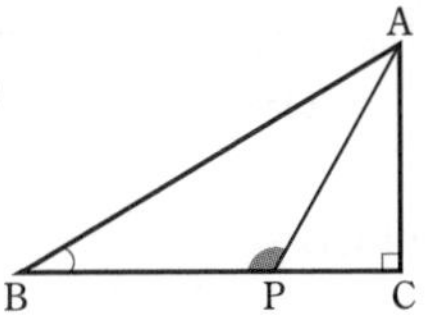

◀ $\angle C=90^\circ$ であるから $\angle A<90^\circ$，$\angle B<90^\circ$

◀ △APC の内角と外角の性質から。

◀ $\angle B<\angle C<\angle APB$ から $\angle B<\angle APB$

(2) 点 P，B は ℓ に関して反対側にあるから，線分 PB は ℓ と交わる。その交点を Q とすると，Q は線分 PB 上にある（P，B とは異なる）から

$\angle PAB>\angle QAB$ …… ①

また，Q は ℓ 上にあるから　AQ=BQ

ゆえに　$\angle QAB=\angle QBA$ …… ②

①，② から　$\angle QBA<\angle PAB$

すなわち　$\angle PBA<\angle PAB$

よって　AP<BP

(2)

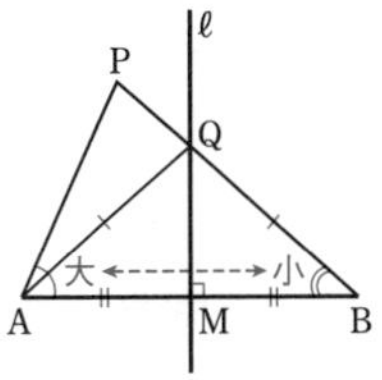

検討 **三角形の 2 辺の大小**

上の例題 (2) の結果から，△ABC の 2 辺 AB，AC の長さの大小は，辺 BC の垂直二等分線を利用して判定できることがわかる。つまり

辺 BC の垂直二等分線 ℓ に関して，点 A が点 B と同じ側にあれば，AB<AC である。

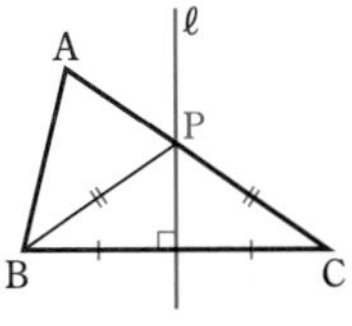

練習 ③ 87

(1) 鈍角三角形の 3 辺のうち，鈍角に対する辺が最大であることを証明せよ。

(2) △ABC の辺 BC の中点を M とする。AB>AC のとき，$\angle BAM<\angle CAM$ であることを証明せよ。

p.477 EX 60

基本例題 88 最短経路

鋭角 XOY の内部に，2 定点 A，B が右の図のように与えられている。半直線 OX，OY 上に，それぞれ点 P，Q をとり，AP＋PQ＋QB を最小にするには，P，Q をそれぞれどのような位置にとればよいか。

基本 86

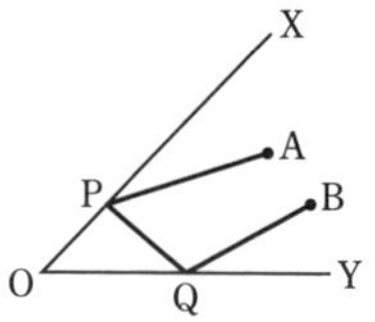

指針 **折れ線** APQB **の長さの最小問題** では，OX に関する点 A の **対称点**，OY に関する点 B の **対称点** を考えて，次の関係を利用する。

- **線分の垂直二等分線上の点は，その端点から等距離にある。**
- **2 点間の最短経路は，2 点を結ぶ線分である。** ⟵ 検討 参照。

CHART **折れ線の最小**　線分にのばす　対称点をとる

解答

半直線 OX に関して点 A と対称な点を A′，半直線 OY に関して点 B と対称な点を B′ とすると

AP＝A′P，BQ＝B′Q

であるから

AP＋PQ＋QB＝A′P＋PQ＋QB′

また，A′P＋PQ＋QB′ が最小になるのは，4 点 A′，P，Q，B′ が一直線上にあるときである。

したがって，**半直線 OX に関して点 A と対称な点を A′，半直線 OY に関して点 B と対称な点を B′ として，直線 A′B′ と半直線 OX との交点を P，直線 A′B′ と半直線 OY との交点を Q とすればよい。**

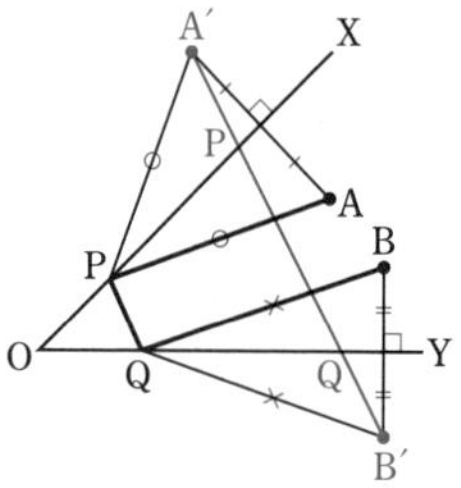

検討 **2 点間の最短経路**

例　右の図で，**(2 辺の長さの和)＞(他の 1 辺の長さ)** を 2 回使うと

AB＜AC＋CB＜AD＋DC＋CB

一般に，**2 点 A，B を結んだ線分 AB は，その 2 点をつなぐどのような折れ線よりも短い** ことが知られている。

更に，次のことも成り立つ。

2 点間の最短経路は，2 点を結ぶ線分である。

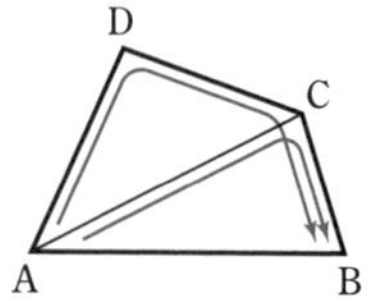

練習 ③ 88 BC＝10，CA＝6，∠ACB＝60° である △ABC の内部に点 P をとり，△APC を頂点 C を中心に時計回りに 60° 回転した三角形を △A′P′C とする。△A′BC ができるとき

(1) △A′BC の面積を求めよ。

(2) AP＋BP＋CP の長さの最小値を求めよ。

EXERCISES　12 チェバの定理，メネラウスの定理，　13 三角形の辺と角

②**55**　△ABC において，辺 AB を 5：2 に内分する点を P，辺 AC を 7：2 に外分する点を Q，直線 PQ と辺 BC の交点を R とする。このとき，BR：CR＝ア□ であり，△BPR の面積は △CQR の面積の イ□ 倍である。　〔類 神戸薬大〕

→83, 84

③**56**　△ABC の辺 BC の垂直二等分線が辺 BC，CA，AB またはその延長と交わる点を，それぞれ P，Q，R としたとき，交点 R が辺 AB を 1：2 に内分したとする。

(1) PQ：QR を求めよ。　(2) AQ：QC を求めよ。

(3) AP：BQ を求めよ。　(4) AB^2-AC^2 を BC で表せ。

〔類 神戸女学院大〕　→80, 83

④**57**　△ABC の 3 辺 BC，CA，AB 上にそれぞれ点 P，Q，R があり，AP，BQ，CR が 1 点 O で交わっているとする。QR と BC が平行でないとき，直線 QR と直線 BC の交点を S とすると

(1) BP：PC＝BS：SC が成り立つことを示せ。

(2) O が △ABC の内心であるとき，∠PAS の大きさを求めよ。　→83

④**58**　右の図のように，四角形 ABCD の辺 AB，CD の延長の交点を E とし，辺 AD，BC の延長の交点を F とする。線分 AC，BD，EF の中点をそれぞれ P，Q，R とするとき，3 点 P，Q，R は 1 つの直線上にあることを証明せよ。(**ニュートンの定理**)　→85

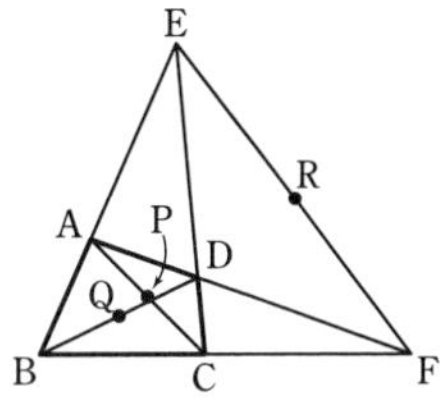

②**59**　$a=2x-3$，$b=x^2-2x$，$c=x^2-x+1$ が三角形の 3 辺であるとき，x の値の範囲を求めよ。　〔兵庫医大〕　→86

③**60**　∠A＞90° である △ABC の辺 AB，AC 上にそれぞれ頂点と異なる点 P，Q をとる。このとき，PQ＜BC であることを証明せよ。　〔倉敷芸科大〕　→87

HINT

56　(3) (2)の結果を利用。　(4) 中線定理を利用。AP，AQ，AC の関係に注目。

57　(1) △ABC と内部の 1 点 O ⟶ **チェバ**
　　　△ABC と直線 QS ⟶ **メネラウス**　｝両方の定理を利用。

　　(2) (1)の結果と，練習 72 の結果［定理 2 の逆］を利用。

58　辺 BC，線分 CE，線分 EB の中点をそれぞれ L，M，N として，△ABC，△ACE などに中点連結定理を適用し，P，Q，R がそれぞれ直線 LM，NL，MN 上にあることを導く。3 点が 1 つの直線上にあることは，**メネラウスの定理の逆** を利用して示す。

59　**三角形の成立条件** $a+b>c$，$b+c>a$，$c+a>b$ を利用する。

60　辺 AC，AB 上に，それぞれ PR∥BC，SQ∥BC となるような点 R，S をとると　PR＜BC，SQ＜BC　例えば，PR＞SQ のとき △PQR の辺と角の大小関係に注目。

14 円に内接する四角形

基本事項

中学校で学習した円周角の定理について，復習しておこう。

1 円周角の定理　定理 10

1 つの弧に対する円周角は一定であり，その弧に対する中心角の半分である。
特に，半円の弧に対する円周角は 90° である。
また，円周角と弧の長さは比例する。

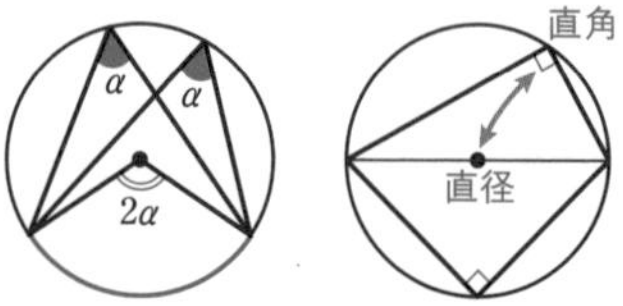

2 円周角の定理の逆　定理 11

**4 点 A，B，P，Q について，P と Q が直線 AB に関して同じ側にあって，∠APB＝∠AQB ならば，
4 点 A，B，P，Q は 1 つの円周上にある。**

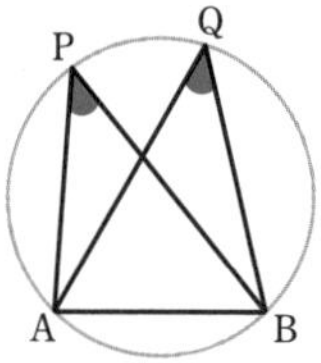

解　説

■ **円周角の定理の逆の証明**

△QAB の外接円を考えると，点 P は外接円の内部，外部，周上のいずれかにある。

[1]　点 P が外接円の内部にあるとする。
右の図のように，円周上に点 P′ をとると，∠AP′B＝∠AQB，
∠APB＝∠AP′B＋∠P′BP であるから　　∠APB＞∠AP′B
よって　　∠APB＞∠AQB

[1]

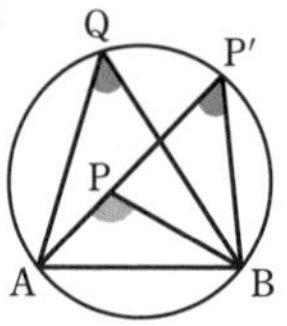

[2]　点 P が外接円の外部にあるとする。
右の図において，線分 AB 上に，A，B とは異なる点 C をとり，直線 CP と円周の交点を P′ とすると
　∠APC＝∠AP′C－∠PAP′，∠CPB＝∠CP′B－∠PBP′
ゆえに　∠APB＝∠APC＋∠CPB
　　　　　　＝∠AP′B－(∠PAP′＋∠PBP′)＜∠AP′B
∠AP′B＝∠AQB であるから　　∠APB＜∠AQB

[2]

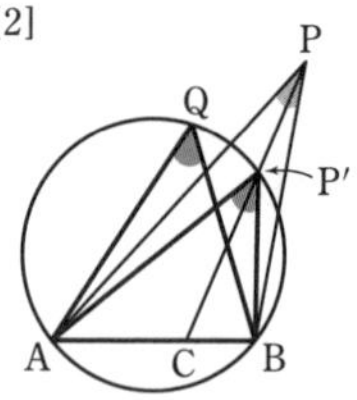

したがって，どちらの場合も ∠APB＝∠AQB でないから，点 P は △QAB の外接円の周上にある。

問　次の図で，角 θ を求めよ。ただし，O は円の中心とする。

(1)

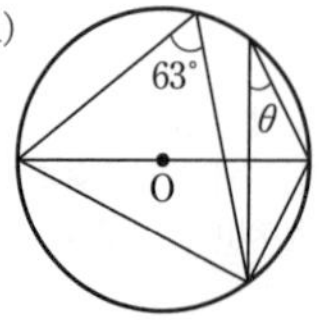

(2)

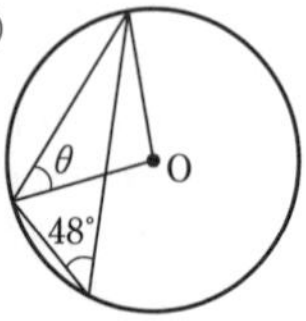

(3)

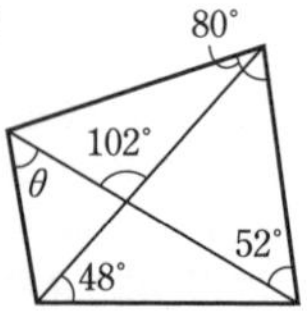

(＊)　問 の解答は p.659 にある。

基本事項

3　円に内接する四角形　定理 12

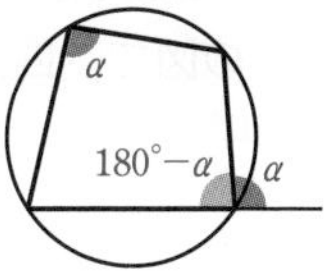

四角形が円に内接するとき

1　**四角形の対角の和は 180° である。**

2　**四角形の内角は，その対角の外角に等しい。**

4　四角形が円に内接するための条件　定理 13

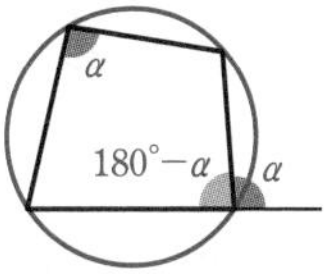

次の 1，2 のどちらかが成り立つ四角形は円に内接する。

1　**1 組の対角の和が 180° である。**

2　**1 つの内角が，その対角の外角に等しい。**

解　説

一般に，多角形のすべての頂点が 1 つの円周上にあるとき，その多角形は円に **内接** するといい，その円を多角形の **外接円** という。

また，四角形において，1 つの角と向かい合う角を，その角の **対角** という。

■ 定理 12 の証明

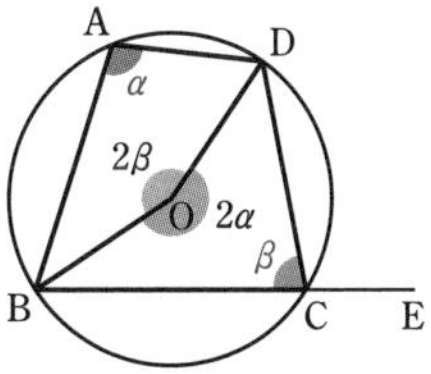

四角形 ABCD が円に内接するとき，∠BAD$=\alpha$，∠BCD$=\beta$ とすると，弧 BAD に対する中心角は 2β，弧 BCD に対する中心角は 2α である。

$2\alpha+2\beta=360°$ であるから　　$\alpha+\beta=180°$

よって，1 が成り立つ。

また，頂点 C における外角を ∠DCE とすると

　　∠DCE$=180°-\beta$

これは，1 から ∠BAD に等しい。 よって，2 も成り立つ。

■ 定理 13 の証明

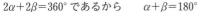

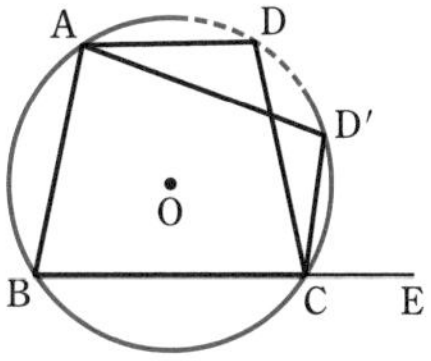

1 の証明　四角形 ABCD において

　　∠ABC＋∠ADC$=180°$ …… ①

であるとする。

右の図のように，△ABC の外接円 O の周上に点 D′ をとると，四角形 ABCD′ は円 O に内接するから

　　∠ABC＋∠AD′C$=180°$ …… ②

よって，①，② から　　∠ADC＝∠AD′C

ゆえに，円周角の定理の逆から，4 点 A，C，D′，D は同じ円周上にある。

△ACD′ の外接円は円 O であるから，点 D も円 O の周上にある。

よって，四角形 ABCD は円 O に内接する。

2 の証明　四角形 ABCD において，∠DCE＝∠BAD とすると

　　∠BAD$=180°-$∠DCB

ゆえに　　∠BAD＋∠DCB$=180°$

したがって，1 により四角形 ABCD は円に内接する。

注意　三角形は必ず円に内接する（どんな三角形でも外心をもつ）が，四角形は必ずしも円に内接するとは限らない。定理 13 は，四角形が円に内接するかどうかを判定する 1 つの方法である。

基本例題 89 円に内接する四角形と角の大きさ

下の図で，四角形 ABCD は円に内接している。角 θ を求めよ。

(1)

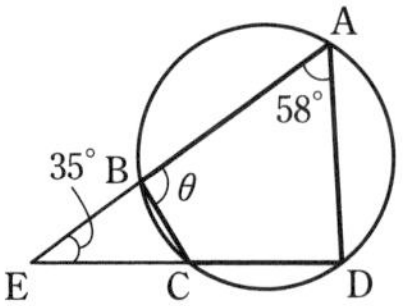

(2)

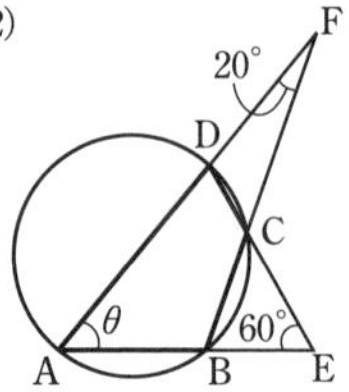

(3)

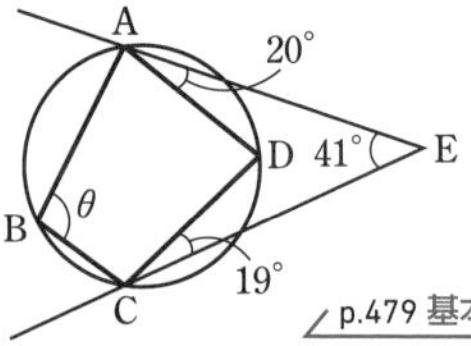

p.479 基本事項 3

指針 四角形 ABCD が **円に内接** しているから，内接四角形の性質を利用する。

1 対角の和が 180°　**2 内角は，その対角の外角に等しい**

三角形の外角，円周角も利用して，求められるところから次々に求めていく。

解答

(1) $\angle BCE=\angle A=58°$

よって　$\boldsymbol{\theta}=\angle E+\angle BCE$

$=35°+58°$

$\boldsymbol{=93°}$

(1)

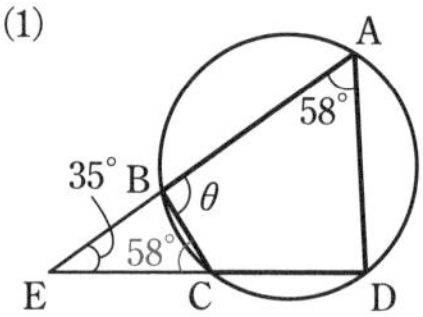

(2) 四角形 ABCD は円に内接するから

$\angle BCE=\angle DAB=\theta$

よって　$\angle ABF=\angle BCE+\angle BEC=\theta+60°$

△ABF において　$\theta+20°+(\theta+60°)=180°$

整理して　$2\theta=100°$

したがって　$\boldsymbol{\theta=50°}$

(2)

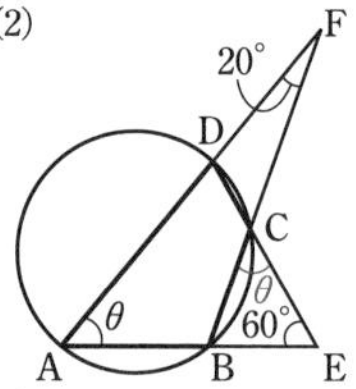

(3) D と E を通る直線を引く。

$\angle ADC=\angle DAE+\angle AED+\angle CED+\angle DCE$

$=20°+\angle AEC+19°=20°+41°+19°=80°$

四角形 ABCD は円に内接しているから，

$\theta+\angle ADC=180°$

より　$\boldsymbol{\theta}=180°-\angle ADC=180°-80°\boldsymbol{=100°}$

(3)

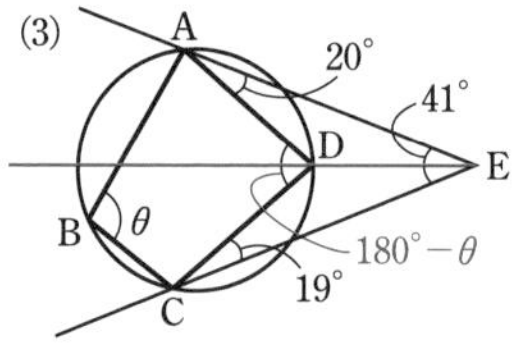

別解 (3) 四角形 ABCE において

$\angle ABC+\angle BCE+\angle CEA+\angle EAB=360°$

よって　$\theta+(\angle BCD+19°)+41°+(\angle DAB+20°)=360°$

$\angle BCD+\angle DAB=180°$ であるから

$\boldsymbol{\theta}=360°-(180°+19°+41°+20°)\boldsymbol{=100°}$

◀円に内接する四角形の対角の和は 180°

練習 ② 89 右の図で，四角形 ABCD は円に内接している。角 θ を求めよ。ただし，(2) では AD=DC，AB=AE である。

(1)

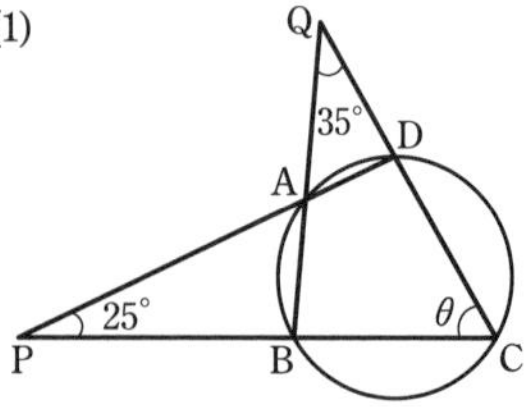

(2)

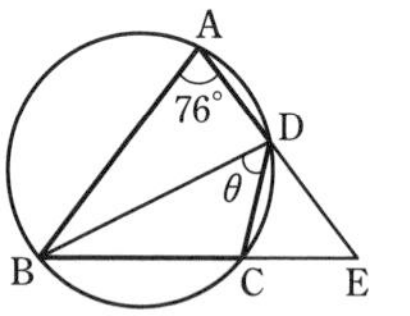

基本例題 90 四角形が円に内接することの証明 ①①①①①

右の図のように，鋭角三角形 ABC の頂点 A から BC に下ろした垂線を AD とし，D から AB，AC に下ろした垂線をそれぞれ DE，DF とするとき，4 点 B，C，F，E は 1 つの円周上にあることを証明せよ。

p.479 基本事項 4

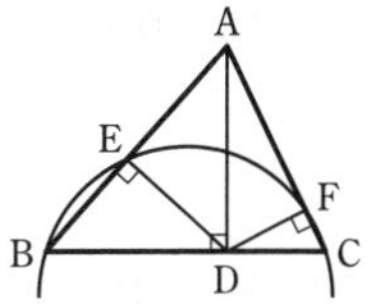

指針 四角形 BCFE が円に内接することがいえれば，4 点 B，C，F，E が 1 つの円周上にあることを証明できる。まず補助線 EF を引き

1 **対角の和が 180°**　　2 **内角は，その対角の外角に等しい**

を用いて，四角形 BCFE が円に内接することを証明したいが，直接証明しようとしてもうまくいかない。

このようなときは，かくれた円を見つける ことから始めるとよい。……★

かくれた円が見つかったら，**円周角の定理** によって，四角形 BCFE の内角または外角と等しい角を見つけ，上の 1 または 2 のいずれか(ここでは 2)を示せばよい。

解答

$\angle AED = \angle AFD = 90°$ であるから，四角形 AEDF は線分 AD を直径とする円に内接する。

◀指針____……★ の方針。**対角の和が 180°** を利用。

よって　$\angle AFE = \angle ADE$

◀弧 AE に対する円周角。

ここで　$\angle ABD = 90° - \angle DAB$
$= 90° - \angle DAE$
$= \angle ADE$

ゆえに　$\angle ABD = \angle AFE$

◀すなわち $\angle EBC = \angle AFE$

したがって，四角形 BCFE が円に内接するから，4 点 B，C，F，E は 1 つの円周上にある。

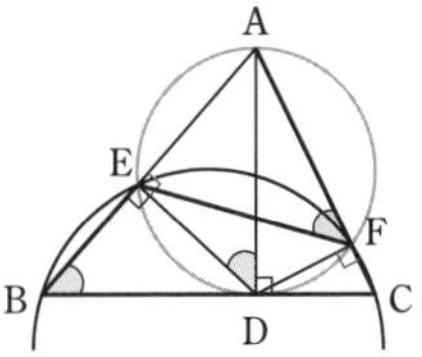

検討 **直角と円**

解答の 1 行目～3 行目で示したように，次のことがいえる。

1 **直径は直角　　直角は直径**
2 **直角 2 つで円(まる)くなる**

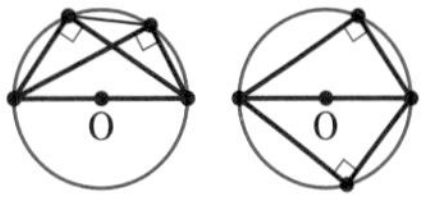

1 は「直径なら円周角は直角」になり，逆に「円周角が直角なら直径」になるというチャート。これはよく利用されるので，直径 ⟺ 直角 としてしっかり覚えておこう。

2 は，右上の図のように，大きさが 90° の円周角が 2 つあると四角形に外接する円がかけることを表している。

練習 ③ 90 右の図の正三角形 ABC で，辺 AB，AC 上にそれぞれ点 D (点 A，B とは異なる)，E(点 A，C とは異なる)をとり，BD＝AE となるようにする。BE と CD の交点を F とするとき，4 点 A，D，F，E が 1 つの円周上にあることを証明せよ。

p.496 EX 61

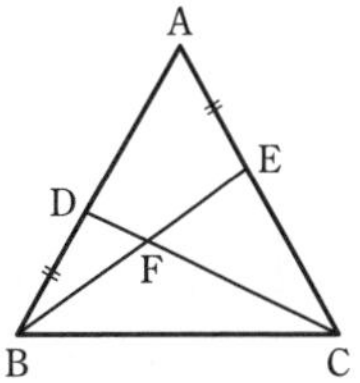

基本例題 91 円に内接する四角形の利用

①①①①①

二等辺三角形でない $\triangle$ABC の辺 BC の中点 M を通り BC に垂直な直線と，$\triangle$ABC の外接円との交点を P，Q とする。P，Q から AB に垂線 PR，QS をそれぞれ引くと，$\triangle$RMS は直角三角形であることを示せ。

基本 90

指針 $\triangle$RMS をかいてみる（解答の図）と，$\angle$M$=90^\circ$ すなわち $\angle$R$+\angle$S$=90^\circ$ となりそうだが，これを直接示すことは困難。そこで，前ページと同様に，

かくれた円を見つけ出し，
円周角の定理から等しい角を見つける

方針で進める。特に，かくれた円をさがすには，

直角 2 つで四角形は円に内接する ……★

こと（右の図）を利用するとよい。

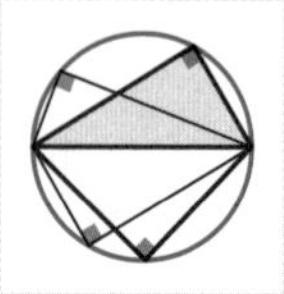

CHART 四角形と円　直角 2 つで円(まる)くなる

解答

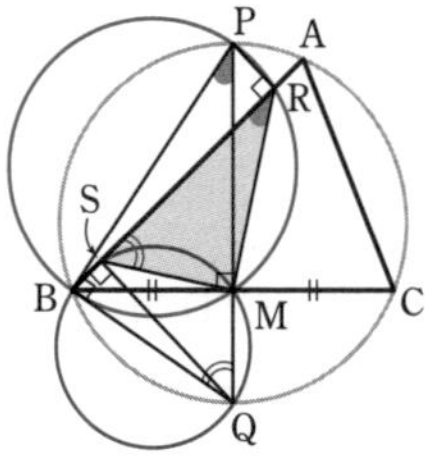

PQ は弦 BC の垂直二等分線であるから，$\triangle$ABC の外接円の直径で

$\angle$PBQ$=90^\circ$

ゆえに　$\angle$BPM$+\angle$BQM$=90^\circ$ ……①

◀直径を弦とする弧の円周角は 90°

$\angle$PRB$=90^\circ$，$\angle$PMB$=90^\circ$ であるから，4 点 P，B，M，R は 1 つの円周上にあって

◀指針____……★ の方針。

$\angle$BPM$=\angle$BRM ……②

◀円周角の定理

同様に　$\angle$BSQ$=90^\circ$，$\angle$BMQ$=90^\circ$

であるから，4 点 S，B，Q，M も 1 つの円周上にあって

$\angle$BQM$=\angle$RSM ……③

◀③ は，円に内接する四角形 SBQM の内角と外角の関係から。

①，②，③ から　$\angle$BRM$+\angle$RSM$=90^\circ$

したがって，$\triangle$RMS は $\angle$M$=90^\circ$ の直角三角形である。

検討

上の例題では，②，③ から　$\triangle$PBQ∽$\triangle$RMS（2 組の角がそれぞれ等しい。）

よって　$\angle$RMS$=\angle$PBQ$=90^\circ$　と進めてもよい。

なお，4 個以上の点が **1 つの円周上にある** とき，これらは **共円** であるといい，これらの点を **共円点** という。上の例題では，点 P，B，M，R；点 S，B，Q，M がそれぞれ共円点である（p.492 [3] も参照）。

練習 ③ 91 $\angle$A$=60^\circ$ の $\triangle$ABC の頂点 B，C から直線 CA，AB に下ろした垂線をそれぞれ BD，CE とし，辺 BC の中点を M とする。このとき，$\triangle$DME は正三角形であることを示せ。

参考事項 トレミーの定理

※次の定理は，**トレミーの定理** と呼ばれる幾何学では有名な定理である。

トレミーの定理

四角形 ABCD が円に内接する $\Longleftrightarrow$ AB·CD＋AD·BC＝AC·BD

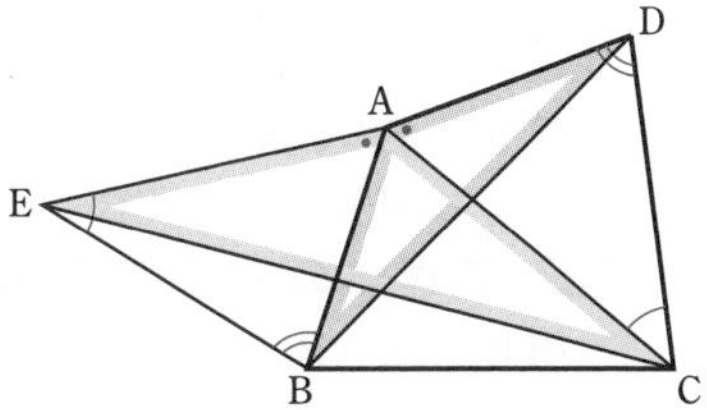

証明　右の図のように，四角形 ABCD の外側に

$\triangle ABE \backsim \triangle ADC$

となるように点 E をとると，辺の比は等しいから

AB : AD＝BE : CD＝AE : CA …… ①

① から　　AB·CD＝AD·BE　　…… ②

一方，$\triangle$AEC と $\triangle$ABD において

① から　　AE : CA＝AB : AD

また　　$\angle EAC=\angle BAD$

2 辺の比とその間の角が等しいから　　$\triangle AEC \backsim \triangle ABD$

よって　　EC : BD＝AC : AD　すなわち　AC·BD＝AD·EC　　…… ③

③−② から　　AC·BD−AB·CD＝AD·EC−AD·BE＝AD(EC−BE) …… ④

ここで，3 点 E，B，C が一直線上にないとき，$\triangle$BEC を考えると

BC＋BE＞EC　すなわち　EC−BE＜BC

◀2 辺の和＞他の 1 辺

両辺に AD を掛けて　AD(EC−BE)＜AD·BC

ゆえに，④ から　　AC·BD−AB·CD＜AD·BC

したがって　　AB·CD＋AD·BC＞AC·BD

3 点 E，B，C が一直線上にあるとき，EC−BE＝BC となるから　　AB·CD＋AD·BC＝AC·BD …… ⑤

逆に，⑤ が成り立つとき　　AC·BD−AB·CD＝AD·BC

④ から　　AD(EC−BE)＝AD·BC

ゆえに　　EC−BE＝BC　すなわち　EB＋BC＝EC

これは 3 点 E，B，C が一直線上にあることを示している。

よって　3 点 E，B，C が一直線上にある $\Longleftrightarrow$ $\angle EBA+\angle ABC=180^\circ$

$\Longleftrightarrow$ $\angle ADC+\angle ABC=180^\circ$ $\Longleftrightarrow$ 四角形 ABCD が円に内接する

したがって，上のトレミーの定理が成り立つ。

参考　一般の四角形で
AB·CD＋AD·BC≧AC·BD
が成り立つ。
これをトレミーの定理ということもある。

参考　半径 1 の円 O に内接し，対角線 BD が直径となる四角形 ABCD を考える。

$\angle ABD=\alpha$，$\angle CBD=\beta$ とすると，$\angle AOC=2(\alpha+\beta)$ となり，

$AC=2\sin(\alpha+\beta)$ である。

また，$\angle BAD=\angle BCD=90^\circ$ であり，BD＝2 であるから

$AB=2\cos\alpha$，$AD=2\sin\alpha$，$BC=2\cos\beta$，$CD=2\sin\beta$

ここで，トレミーの定理により

$2\cos\alpha\cdot 2\sin\beta+2\sin\alpha\cdot 2\cos\beta=2\cdot 2\sin(\alpha+\beta)$

すなわち　　$\boldsymbol{\sin(\alpha+\beta)=\sin\alpha\cos\beta+\cos\alpha\sin\beta}$

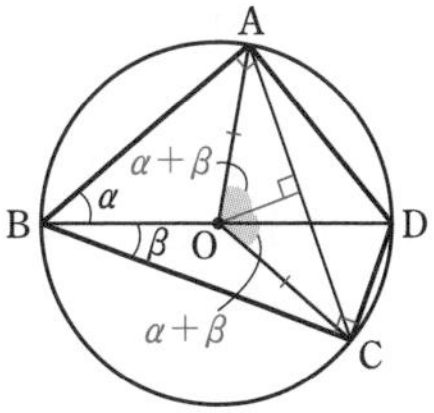

これは，数学Ⅱで学習する **三角関数の加法定理** である。

15 円と直線，2つの円の位置関係

基本事項

1 接線の長さ　定理 14

円の外部の 1 点からその円に引いた 2 本の接線について，2 つの接線の長さは等しい。

2 接線と弦の作る角

定理 15（接弦定理） 円 O の弦 AB と，その端点 A における接線 AT が作る角 ∠BAT は，その角の内部に含まれる弧 AB に対する円周角 ∠ACB に等しい。

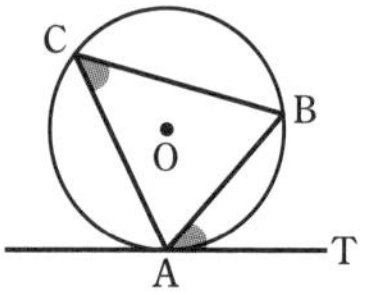

参考　定理 15 の逆（接弦定理の逆）

円 O の弧 AB と半直線 AT が直線 AB に関して同じ側にあって，弧 AB に対する円周角 ∠ACB が ∠BAT に等しいとき，直線 AT は点 A で円 O に接する。

解　説

円の接線について，次のことが成り立つ(中学の学習事項)。

1　**円 O の接線 ℓ は，接点 A を通る半径 OA に垂直である。**

2　**円周上の点 A を通る直線 ℓ が半径 OA と垂直であるならば，ℓ はこの円の接線である。**

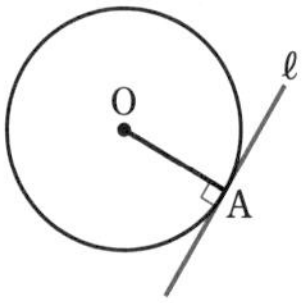

■接線の長さ

円の外部の点からその円に引いた接線は 2 本ある。このとき，その円の外部の点と接点の間の距離を **接線の長さ** という。

円 O の外部の 1 点 P からこの円に引いた 2 本の接線を PA，PB とし，A，B を接点とする。

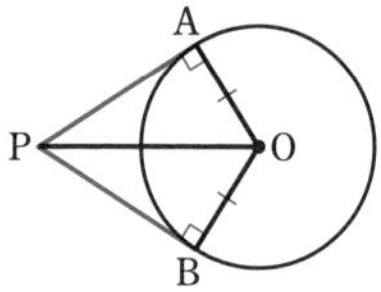

△APO と △BPO において　　OA＝OB，OP は共通

∠PAO＝∠PBO＝90° であるから　　△APO≡△BPO

したがって　　PA＝PB

[定理 15 の証明]　[1]　∠BAT が鋭角の場合

円 O の周上に，線分 AD が円 O の直径となるように点 D をとると，

AD⊥AT であるから　　　∠BAT＝90°－∠BAD …… ①

また，∠ABD＝90° から　　∠ADB＝90°－∠BAD …… ②

①，② から　　∠BAT＝∠ADB＝∠ACB

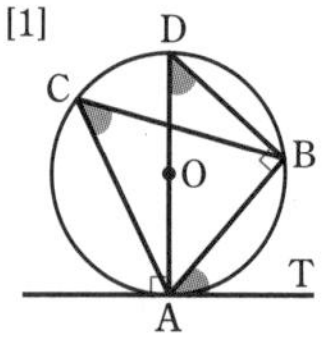

[2]　∠BAT が直角の場合

∠BAT＝90°＝∠ACB

[3]　∠BAT が鈍角の場合

線分 TA の A を越える延長上に点 T′ をとると，

∠BAT′＜90° となるから，[1] と同様に

∠BAT′＝∠ADB

よって　　∠BAT＝180°－∠BAT′

＝180°－∠ADB＝∠ACB

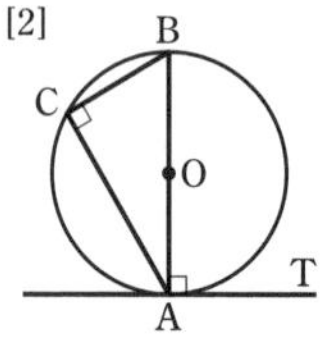

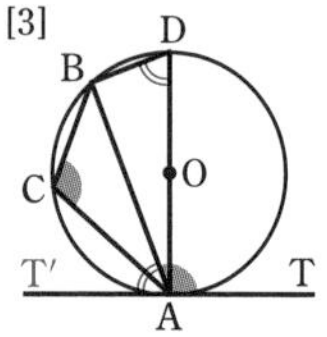

したがって，定理 15 が成り立つ。

基本例題 92 接線の長さ … 三角形と内接円

△ABC の内心を I とし，△ABC の内接円と辺 BC，CA，AB の接点を，それぞれ P，Q，R とする。

(1) 内接円の半径が 1，$\angle A=90^\circ$，BC=5 のとき，線分 BP の長さを求めよ。

(2) BC=13，CA=9，AB=10 のとき，線分 AR の長さを求めよ。

p.484 基本事項 1

指針 次の接線の長さの定理を利用する。求める長さを x として方程式を作り，それを解く。

円の外部の 1 点からその円に引いた 2 本の接線について，2 つの接線の長さは等しい

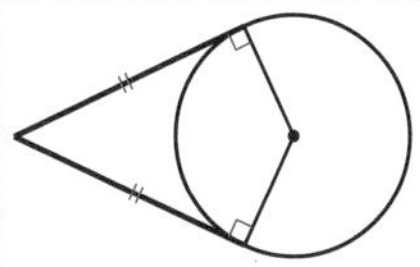

(1) △ABC は直角三角形であるから，三平方の定理も活用する。

CHART 接線の性質　接線 2 本で　二等辺

解答

(1) BP=x とすると

BP=BR=x

よって　CQ=CP=$5-x$

また，AQ=AR=1 であるから

AB=$x+1$,

AC=$(5-x)+1=6-x$

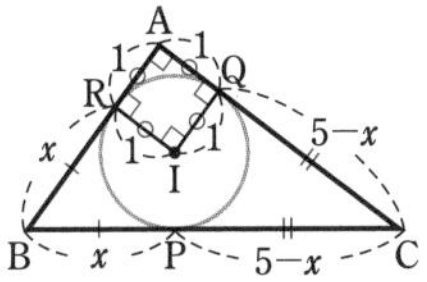

◀四角形 ARIQ は正方形。

◀AB=BR+AR, AC=CQ+AQ

△ABC で，三平方の定理により

$(x+1)^2+(6-x)^2=5^2$

整理して　$x^2-5x+6=0$

ゆえに　$(x-2)(x-3)=0$

したがって　$x=\mathbf{2,\ 3}$

◀ともに $x>0$ を満たすので適する。

(2) AR=x，BP=y，CQ=z とする。

AR=AQ，BP=BR，CQ=CP

であるから

$x+y=10$，$y+z=13$，$z+x=9$

辺々加えて　$2(x+y+z)=32$

ゆえに　$x+y+z=16$

これと $y+z=13$ から　$x=\mathbf{3}$

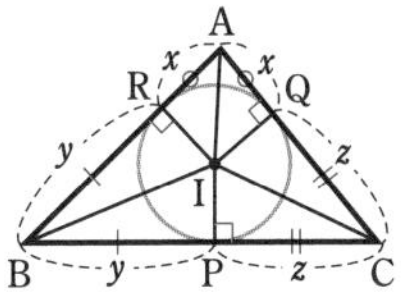

◀AB=AR+RB
BC=BP+PC
CA=CQ+QA

練習 ② 92 AB=7，BC=8，CA=9 の鋭角三角形 ABC の内接円の中心を I とし，この内接円が辺 BC と接する点を P とする。

(1) 線分 BP の長さを求めよ。

(2) A から BC に垂線 AH を下ろすとき，線分 BH，AH の長さを求めよ。

(3) △ABC の面積と，内接円の半径を求めよ。

基本 例題 93 接弦定理の利用

(1) 円Oの外部の点Pから円Oに接線を引き，その接点をA，Bとし，線分PBのBを越える延長上に点Qをとる。また，円Oの周上に点Cを，PBとACが平行になるようにとる。∠APB＝30°であるとき，∠CBQの大きさを求めよ。

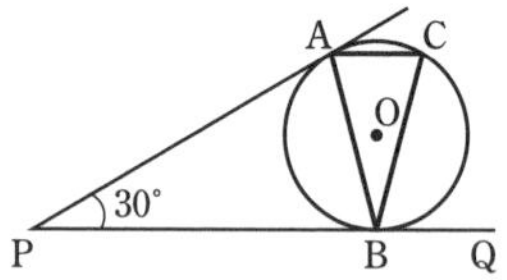

(2) 右の図のように，円Oに内接する△ABC（AC＞BC）がある。点Cにおける円Oの接線と直線ABとの交点をPとし，点Pを通りBCに平行な直線と直線ACとの交点をQとする。このとき，△ABC∽△PCQであることを証明せよ。

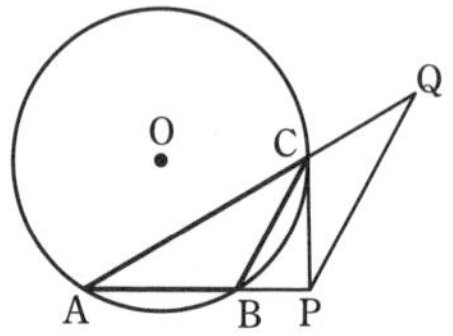

p.484 基本事項 2

指針 接線と角の大きさが関係した問題であるから，**接弦定理** を利用する。
また，(1),(2) ともに「平行な直線」が現れているから，平行線の **同位角，錯角** にも注目。
(2) 等しい角を2組見つける。

解答

(1) PQは円Oの接線であるから
∠CAB＝∠CBQ ◀接弦定理
AC∥PBから
∠ABP＝∠CAB ◀平行線の錯角は等しい
よって ∠CBQ＝∠ABP …… ①

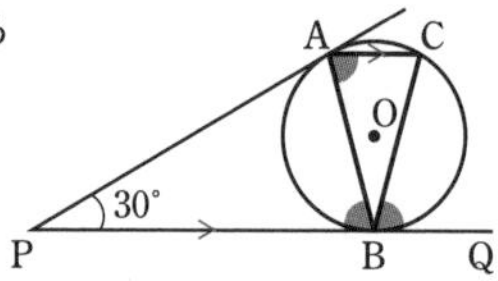

△APBにおいて，PA＝PBから ◀接線の長さは等しい
∠ABP＝(180°－30°)÷2＝75° …… ② ◀∠PAB＝∠PBA
①，②から ∠CBQ＝**75°**

(2) △ABCと△PCQにおいて，
BC∥PQから
∠ACB＝∠PQC …… ① ◀平行線の同位角は等しい
また ∠BCP＝∠CPQ ◀平行線の錯角は等しい
PCは円Oの接線であるから
∠BCP＝∠BAC ◀接弦定理
よって ∠BAC＝∠CPQ …… ②
①，②から △ABC∽△PCQ ◀2角相等

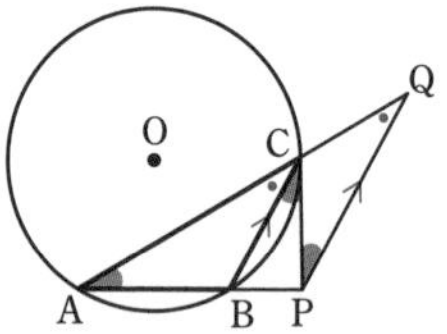

練習 ② 93 右の図において，2つの円は点Cで内接している。また，△DECの外接円は直線EFと接している。AB＝BC，∠BAC＝65°のとき，∠AFEを求めよ。
〔福井工大〕

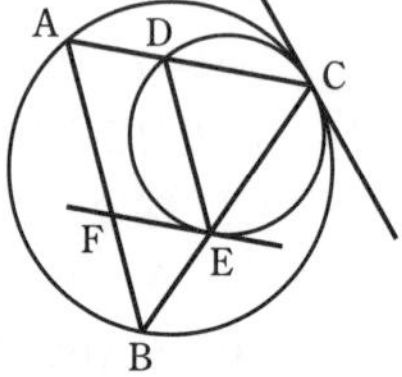

p.496 EX62

基本例題 94 接弦定理の逆の利用 ⓘⓘⓘⓘⓘ

円Oの外部の点Pからこの円に接線PA，PBを引き，A，Bを接点とする。また，点Bを通り，PAと平行な直線が円Oと再び交わる点をCとする。

(1) ∠PAB$=a$とするとき，∠BACをaを用いて表せ。

(2) 直線ACは△PABの外接円の接線であることを証明せよ。 p.484 基本事項 2

指針 (1) **円の外部の1点からその円に引いた2本の接線の長さは等しい** ことや，**接弦定理**，平行線の **同位角・錯角** に注目して，∠PABに等しい角をいくつか見つける。

(2) **接線であることの証明** に，次の **接弦定理の逆** を利用する。

円Oの弧ABと半直線ATが直線ABに関して同じ側にあって∠ACB=∠BATならば，直線ATは点Aで円Oに接する ……★

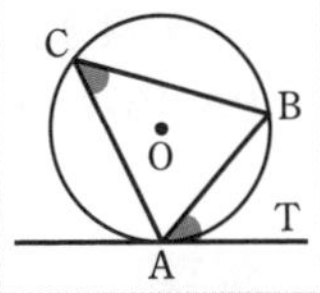

(1)の結果を利用して，∠APB=∠BACを示す。

CHART 接線であることの証明　接弦定理の逆が有効

解答

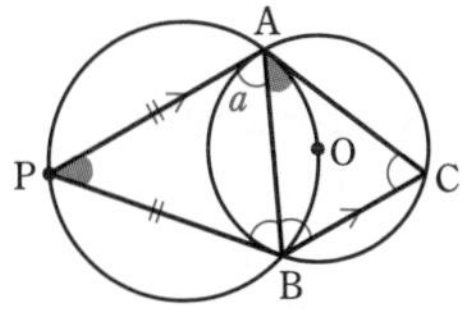

(1) PA=PBであるから

∠PAB=∠PBA$=a$ ◀2本の接線の長さは等しい。

また，PA∥BCであるから

∠ABC=∠PAB$=a$ ◀平行線の錯角は等しい

更に，PAは円Oの接線であるから　∠ACB=∠PAB$=a$ ◀接弦定理

よって，△ABCにおいて

∠BAC=180°−2a …… ①

(2) △PABにおいて

∠APB=180°−2a …… ② ◀△PABは二等辺三角形。

①，②から　∠APB=∠BAC

したがって，直線ACは△PABの外接円の接線である。 ◀指針___……★の方針。接弦定理の逆

検討 接弦定理の逆の証明

点Aを通る円Oの接線AT′を∠BAT′が弧ABを含むように引くと，接弦定理から　∠ACB=∠BAT′

一方，仮定により　∠ACB=∠BAT

したがって　∠BAT′=∠BAT

ゆえに，2直線AT，AT′は一致し，直線ATは円Oに接する。

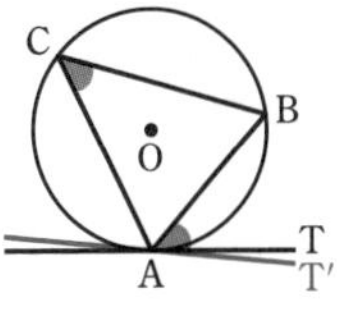

練習 ③ 94 △ABCの頂角Aおよびその外角の二等分線が直線BCと交わる点をそれぞれD，Eとし，線分DEの中点をMとする。このとき，直線MAは△ABCの外接円に接することを証明せよ。

基本事項

■1 方べきの定理

定理 16　円の 2 つの弦 AB，CD の交点，またはそれらの延長の交点を P とすると

PA･PB＝PC･PD　　が成り立つ。

定理 17　円の外部の点 P から円に引いた接線の接点を T とする。P を通る直線がこの円と 2 点 A，B で交わるとき

PA･PB＝PT²　　が成り立つ。

■2 方べきの定理の逆　定理 18

2 つの線分 AB と CD，または AB の延長と CD の延長が点 P で交わるとき，
PA･PB＝PC･PD が成り立つならば，4 点 A，B，C，D は 1 つの円周上にある。

解説

■ 定理 16 の証明

（点 P が，[1]　弦 AB，CD の交点である。 [2]　弦 AB，CD の延長の交点である。
のいずれの場合も証明は同様。）

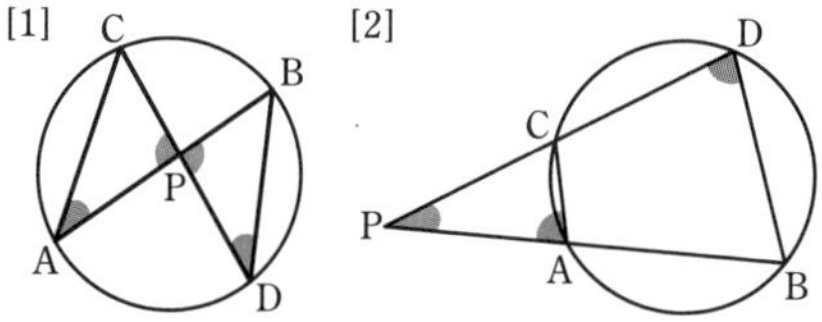

△PAC と △PDB において

∠APC＝∠DPB，∠CAP＝∠BDP

よって　　△PAC∽△PDB

ゆえに　　PA：PD＝PC：PB

したがって　　PA･PB＝PC･PD

上の定理 16 において，PA･PB の値を点 P のこの円に関する **方べき** という。

■ 定理 17 の証明

直線 PT は接線であるから，△PTA と △PBT において

∠PTA＝∠PBT，∠P は共通

よって　　△PTA∽△PBT

ゆえに　　PT：PB＝PA：PT

したがって　　PA･PB＝PT²

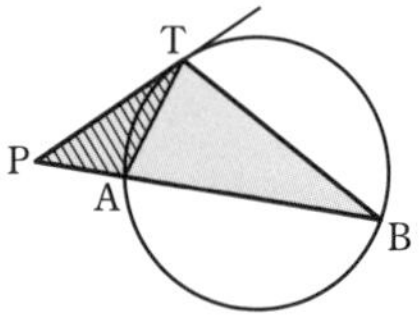

■ 定理 18 の証明

（点 P が，[1]　線分 AB，CD の交点である。
[2]　線分 AB，CD の延長の交点である。
のいずれの場合も証明は同様。）

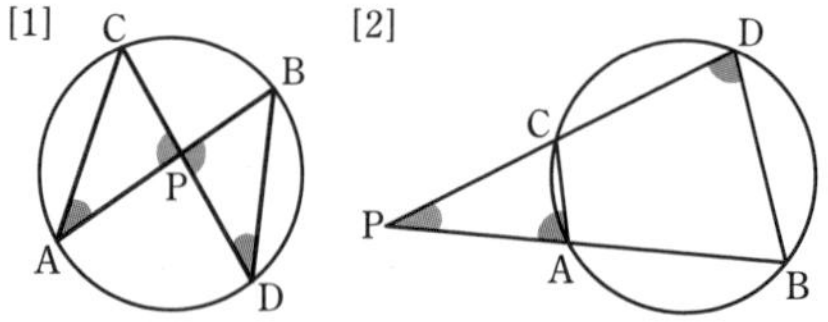

PA･PB＝PC･PD から　PA：PD＝PC：PB

また　　∠APC＝∠DPB

ゆえに　　△PAC∽△PDB

よって　　∠PAC＝∠PDB

したがって，4 点 A，B，C，D は 1 つの円周上にある。

参考　定理 17 の逆も成り立つ。（これも **方べきの定理の逆** である。証明は解答編 *p*.361 の **検討** 参照。）

一直線上にない 3 点 A，B，T および線分 AB の延長上に点 P があって，
PA･PB＝PT² が成り立つならば，PT は 3 点 A，B，T を通る円に接する。

基本 例題 95 方べきの定理の利用 ②②③③③

線分 AB を直径とする半径 1 の円 O があり，右の図のように線分 AB の延長上の点 P からこの円に接線 PT を引き，T を接点とする。
$\angle BAT=30^\circ$ であるとき
(1) PB=BT=1 であることを示せ。
(2) 方べきの定理を利用して，接線 PT の長さを求めよ。

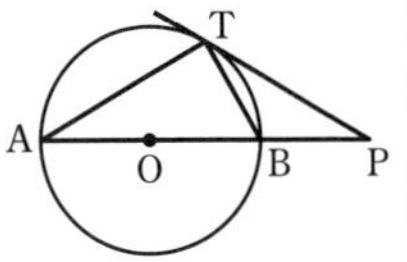

p.488 基本事項 1

指針 円の円周と異なる 2 点で交わる直線や半直線を，その円の **割線**（かっせん）という。
(1) 接弦定理を利用して，$\angle BTP=\angle BPT$ を示す。
(2) 円と **接線・割線** があるから，**方べきの定理 $PA\cdot PB=PT^2$** を適用する。

CHART 1 点から 接線と割線 で 方べきの定理

解答
(1) △TAB において，
$\angle T=90^\circ$，$\angle BAT=30^\circ$
であるから
$\angle ABT=60^\circ$，BT=1
また　$\angle BTP=\angle BAT=30^\circ$　◀**接弦定理**
$\angle BPT=60^\circ-\angle BTP$
$=30^\circ$　◀△BTP の内角と外角の性質から。
ゆえに　$\angle BTP=\angle BPT$
よって　PB=BT=1

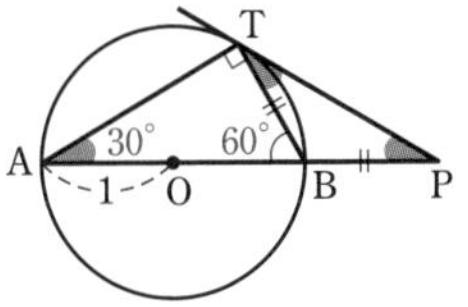

(2) 方べきの定理により　$PA\cdot PB=PT^2$
ゆえに　$(2+1)\cdot 1=PT^2$　よって　$PT^2=3$　◀PA=AB+BP
PT>0 であるから　$PT=\sqrt{3}$

検討
前ページの定理 16 において，円の中心を O とし，その半径を r とすると，方べきは $PA\cdot PB=|OP^2-r^2|$ と表される（各自求めてみよ）。これから次のことがいえる。
定点 P を通る直線が円 O と 2 点 A，B で交わるとき，任意の直線に対して，方べき PA・PB は一定の値である。

練習 ② 95 (1) 次の図の x の値を求めよ。ただし，(ウ) の点 O は円の中心である。

(ア)
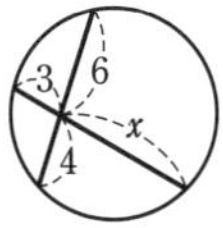

(イ)
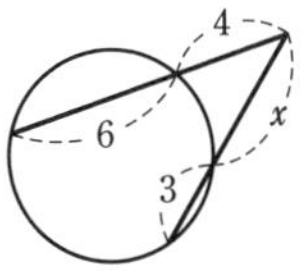

(ウ)
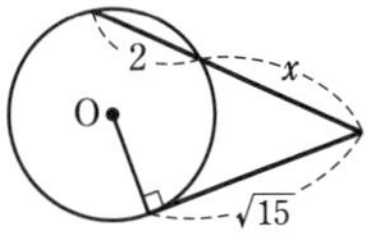

(2) 点 O を中心とする半径 5 の円の内部の点 P を通る弦 AB について，PA・PB=21 であるとき，線分 OP の長さを求めよ。　〔(2) 岡山理科大〕

p.496 EX63

基本例題 96 方べきの定理とその逆を利用した証明問題

(1) 鋭角三角形ABCの各頂点から対辺に，それぞれ垂線AD，BE，CFを引き，それらの交点(垂心)をHとするとき，AH・HD＝BH・HE＝CH・HFが成り立つことを証明せよ。〔類 広島修道大〕

(2) 2点Q，Rで交わる2円がある。直線QR上の点Pを通る2円の弦をそれぞれAB，CD(または割線をPAB，PCD)とするとき，A，B，C，Dは1つの円周上にあることを証明せよ。ただし，A，B，C，Dは一直線上にないとする。

p.488 基本事項 1，2 重要 97

指針 (1) **直角2つで円くなる** により，4点B，C，E，Fは1つの円周上にある。
ゆえに，**弦** BE と **弦** CF で **方べきの定理** が利用できて　BH・HE＝CH・HF
同様にして，AH・HD＝BH・HE または AH・HD＝CH・HF を示す。
(2) PA・PB＝PC・PD …… (＊) であることが示されれば，**方べきの定理の逆** により，題意は証明できる。
よって，(＊) を導くために，弦ABと弦QR，弦CDと弦QRで方べきの定理を使う。

CHART 接線と割線，交わる2弦・2割線 で 方べきの定理

解答
(1) ∠BEC＝∠BFC＝90° であるから，4点B，C，E，Fは1つの円周上にある。
よって，方べきの定理により
BH・HE＝CH・HF …… ①
同様に，4点A，B，D，Eは1つの円周上にあるから
AH・HD＝BH・HE …… ②
①，② から
AH・HD＝BH・HE＝CH・HF

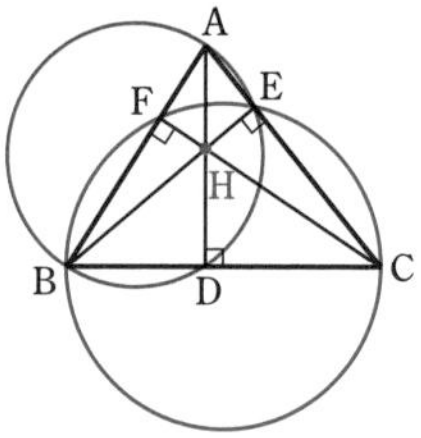

◀直角2つで円くなる
◀弦BEと弦CFに注目。
◀∠ADB＝∠AEB＝90°
◀弦ADと弦BEに注目。

(2) 2円について
PA・PB＝PQ・PR，
PC・PD＝PQ・PR
ゆえに　PA・PB＝PC・PD
よって，A，B，C，Dは1つの円周上にある。

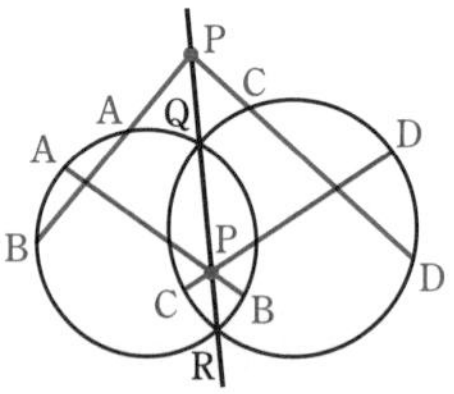

◀方べきの定理
◀方べきの定理の逆

練習 ③ 96 (1) 円に内接する四角形ABCDの対角線の交点EからADに平行な直線を引き，直線BCとの交点をFとする。このとき，Fから四角形ABCDの外接円に引いた接線FGの長さは線分FEの長さに等しいことを証明せよ。
(2) 基本例題 **90** を，方べきの定理の逆を用いて証明せよ。

重要例題 97 方べきの定理と等式の証明 ④

円に内接する四角形 ABCD の辺 AB，CD の延長の交点を E，辺 BC，AD の延長の交点を F とする。E，F からこの円に引いた接線の接点をそれぞれ S，T とするとき，等式 $ES^2+FT^2=EF^2$ が成り立つことを証明せよ。

基本 96

指針 左辺の ES^2，FT^2 は，方べきの定理 $ES^2=EC\cdot ED$，$FT^2=FA\cdot FD$ に現れる。しかし，右辺の EF^2 については同じようにはいかないし，三平方の定理も使えない。
そこで，E と F が関係した円を新たにさがしてみよう。
まず，E が関係した円として，△ADE の外接円が考えられる。
そして，この円と EF の交点を G とすると，四角形 DCFG も円に内接することが示される。
よって，右図の赤い 2 円に関し，**方べきの定理が使える**。

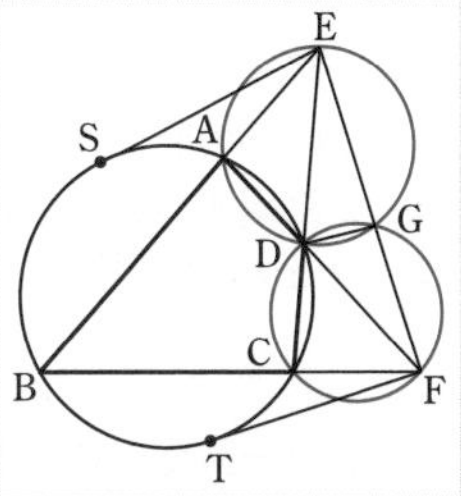

CHART 1点から 接線と割線 で 方べきの定理

解答

方べきの定理から

$ES^2=EC\cdot ED$ …… ①，

$FT^2=FA\cdot FD$ …… ②

△ADE の外接円と EF の交点を G とすると

$\angle EGD=\angle BAD$ …… ③

また，四角形 ABCD は円に内接するから

$\angle DCF=\angle BAD$ …… ④

③，④ から　$\angle EGD=\angle DCF$

ゆえに，四角形 DCFG も円に内接する。

よって，方べきの定理から

$EC\cdot ED=EF\cdot EG$ …… ⑤，

$FA\cdot FD=FE\cdot FG$ …… ⑥

①，⑤ から　$ES^2=EF\cdot EG$

②，⑥ から　$FT^2=FE\cdot FG$

したがって　$ES^2+FT^2=EF(EG+FG)=EF^2$

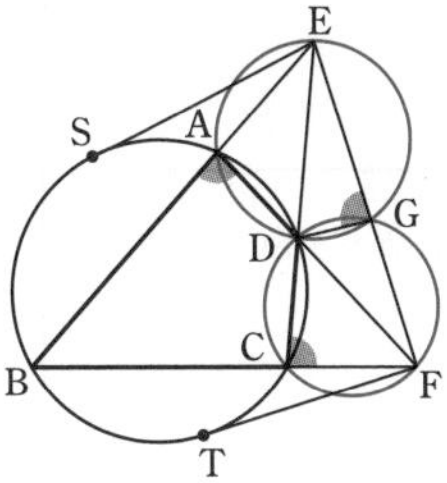

◀1点から 接線と割線 で，方べきの定理

◀円に内接する四角形の内角は，その対角の外角に等しい。

◀1つの内角が，その対角の外角に等しい。

◀$EG+FG=EF$

練習 ④ 97 右の図のように，AB を直径とする円 O の一方の半円上に点 C をとり，他の半円上に点 D をとる。直線 AC，BD の交点を P とするとき，等式

$AC\cdot AP-BD\cdot BP=AB^2$

が成り立つことを証明せよ。

p.496 EX 64

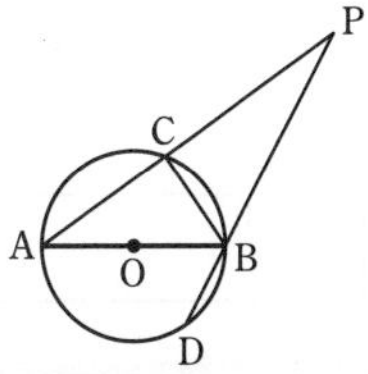

まとめ　平面図形のいろいろな条件

※「3 点～が一直線上にあることを示せ。」,「～は円 … の接線であることを示せ。」など, 証明の手段がつかみにくい条件について, 何を示せばよいかをここにまとめておく。
(性質 1～4 について, ①, ②, …… のうちいずれか 1 つを示せばよい。)

1　3 直線が 1 点で交わるための条件 (共点条件)

① 2 直線の交点を第 3 の直線が通る
② 2 直線ずつの交点が一致する
③ チェバの定理の逆 [p.465]

③
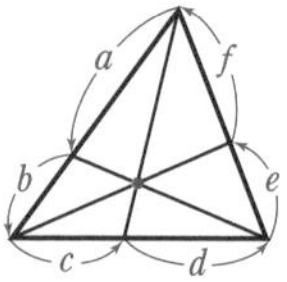

$$\frac{a}{b}\cdot\frac{c}{d}\cdot\frac{e}{f}=1$$

2　3 点が一直線上にあるための条件 (共線条件)
(3 点を A, B, C ; ℓ をある直線とする。)

① 直線 AB 上に C がある [p.459]	② ∠ABC＝180° [p.495]	③ AB∥ℓ かつ AC∥ℓ	④ メネラウスの定理の逆 [p.466]
	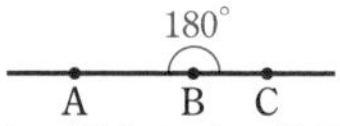 (Bが線分AC上の場合)	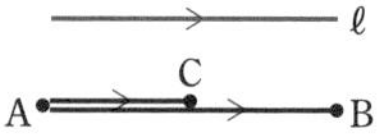	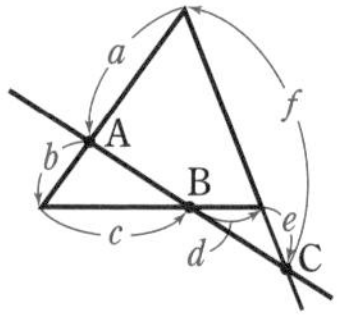 $\frac{a}{b}\cdot\frac{c}{d}\cdot\frac{e}{f}=1$

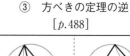

3　4 点が 1 つの円周上にあるための条件 (共円条件)

① 円周角の定理の逆 [p.478]	② 四角形が円に内接するための条件 [p.479]		③ 方べきの定理の逆 [p.488]	
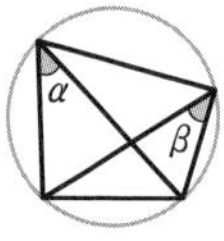 $\alpha=\beta$	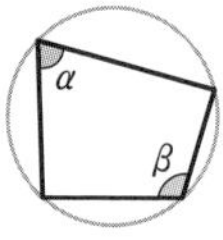 $\alpha+\beta=180^\circ$	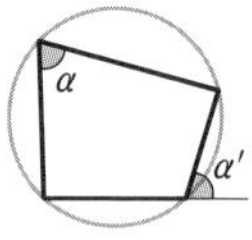 $\alpha=\alpha'$	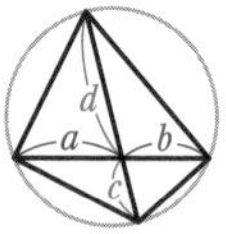 $ab=cd$	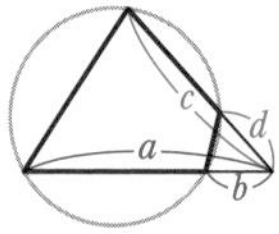 $ab=cd$

4　接線であるための条件 (直線 PQ が, 点 Q で円 O に接することを示す。)

① OQ⊥PQ (基本)	② 接弦定理の逆 [p.484]	③ 方べきの定理の逆 [p.488]
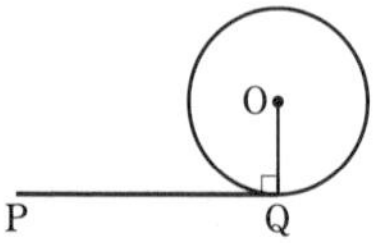	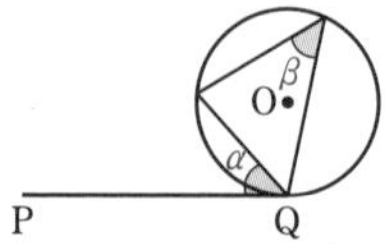 $\alpha=\beta$	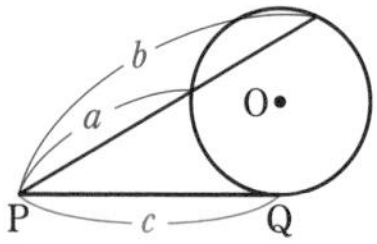 $ab=c^2$

基本事項

1 **2 つの円の位置関係**　半径がそれぞれ r，r' $(r>r')$ である 2 つの円の中心間の距離を d とすると，2 つの円の位置関係は次のようになる。

[1] 外部にある	[2] 外接する	[3] 2 点で交わる	[4] 内接する	[5] 内部にある
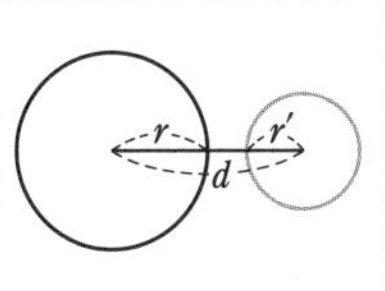	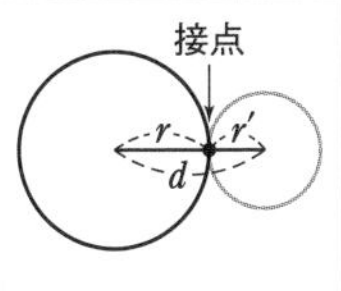	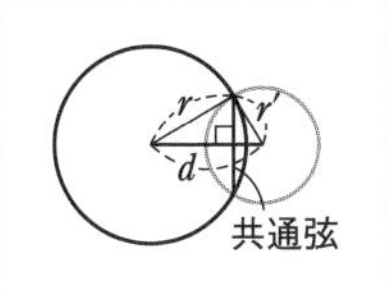	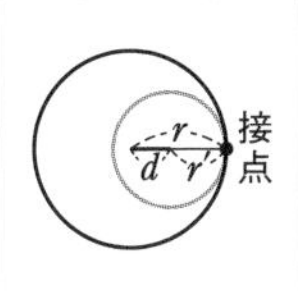	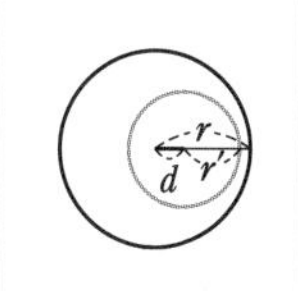
$d>r+r'$	$d=r+r'$	$r-r'<d<r+r'$	$d=r-r'$	$d<r-r'$

2 **共通接線**　1 つの直線が，2 つの円に接しているとき，この直線を 2 つの円の **共通接線** という。2 つの円の共通接線の本数は，2 つの円の位置関係によって決まる。

[1] 外部にある	[2] 外接する	[3] 2 点で交わる	[4] 内接する	[5] 内部にある
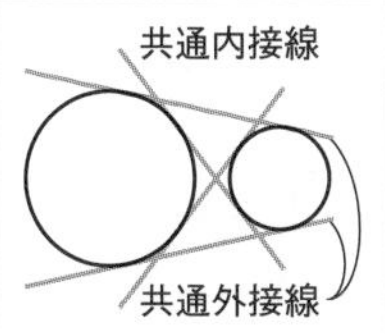	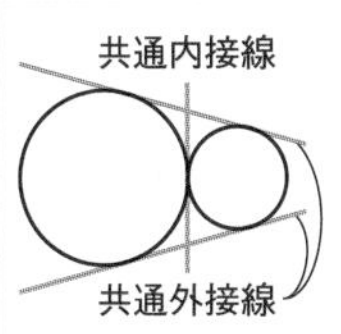	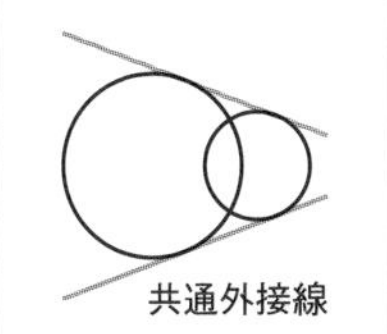		
共通接線は 4 本	3 本	2 本	1 本	0 本

解　説

■ 2 つの円の位置関係

2 つの円がただ 1 つの共有点をもつとき，この 2 つの円は互いに **接する** といい，
1 [2] のように，$d=r+r'$ のとき，2 つの円は **外接** する
1 [4] のように，$d=r-r'$ のとき，2 つの円は **内接** する
という。また，その共有点を **接点** という。

■ 中心線，共通弦

2 つの円のそれぞれの中心を結ぶ直線を **中心線** という。また，2 つの円が異なる 2 点で交わるとき，その交点を結ぶ線分を 2 つの円の **共通弦** という。中心線と共通弦について，次の性質がある。

① **2 つの円が接するとき([2], [4])，接点は 2 つの円の中心を結ぶ直線上(中心線上)にある。**
② 2 つの円が異なる 2 点で交わるとき([3])，2 つの円は中心線に関して対称である。また，2 つの円の中心線は 2 つの円の共通弦の垂直二等分線である。

■ 共通接線

2 つの円が，共通接線 ℓ の両側にあるとき ℓ を 2 つの円の **共通内接線** といい，共通接線 ℓ の同じ側にあるとき ℓ を 2 つの円の **共通外接線** という。また，共通接線と 2 つの円の接点間の距離を **共通接線の長さ** という。

問　半径が異なる 2 つの円がある。2 つの円は中心間の距離が 9 のとき外接し，中心間の距離が 3 のとき内接する。2 つの円の半径を求めよ。

(＊) 問 の解答は $p.659$ にある。

基本例題 98 共通接線の長さ

右の図のように，半径 5 の円 O と半径 12 の円 O′ があり，OO′=25 である。このとき，共通外接線 AB の長さと共通内接線 CD の長さを求めよ。

p.493 基本事項 2

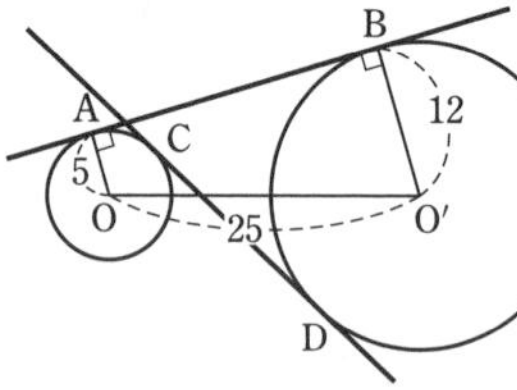

指針 **接線は半径に垂直　直角作って三平方** が問題解決のカギ。

[共通外接線]　問題の図から　OA⊥AB，O′B⊥AB　ゆえに　OA∥O′B

ここで，円 O の中心 O から O′B に垂線 OH を下ろすと，△OO′H は **直角三角形** となるから，**三平方の定理** により，線分 OH すなわち AB の長さが求められる。

[共通内接線]　共通外接線の場合と同様に考える。

解答

(共通外接線 AB の長さ)

O から O′B に垂線 OH を下ろすと，∠A=∠B=90° であるから　AB=OH，BH=AO=5

△OO′H において，∠H=90° であるから

$$OH^2=OO'^2-O'H^2$$
$$=25^2-(12-5)^2=25^2-7^2$$
$$=(25+7)(25-7)$$
$$=32\cdot18=8^2\cdot3^2$$

OH>0 であるから　OH=8·3=24

したがって　**AB**=OH=**24**

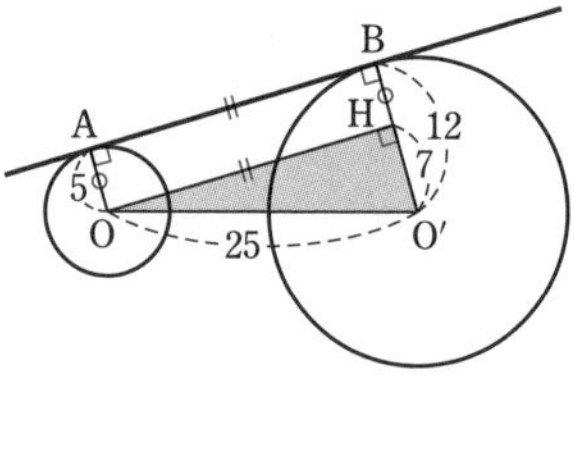

(共通内接線 CD の長さ)

O から線分 O′D の延長に垂線 OH′ を下ろすと，∠C=∠D=90° であるから

CD=OH′，DH′=CO=5

△OO′H′ において，∠H′=90° であるから

$$OH'^2=OO'^2-O'H'^2$$
$$=25^2-(12+5)^2=25^2-17^2$$
$$=(25+17)(25-17)$$
$$=42\cdot8$$

OH′>0 であるから　$OH'=4\sqrt{21}$

したがって　**CD**=OH′=$\mathbf{4\sqrt{21}}$

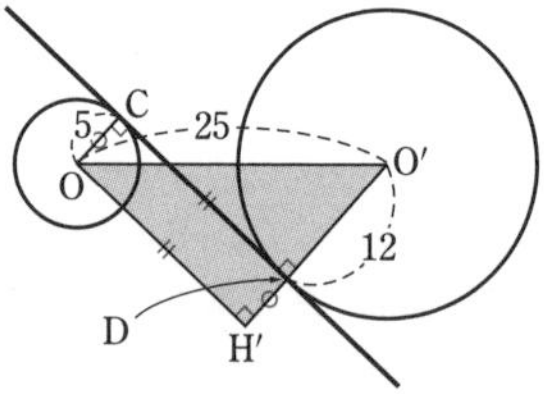

参考　2 つの円の半径を r，r' ($r\geqq r'$)，中心間の距離を d とすると

共通外接線の長さ$=\sqrt{d^2-(r-r')^2}$

共通内接線の長さ$=\sqrt{d^2-(r+r')^2}$

練習 ② 98　右の図のように，中心間の距離が 13，共通外接線の長さが 12，共通内接線の長さが 9 である 2 つの円 O，O′ がある。この 2 つの円の半径を，それぞれ求めよ。

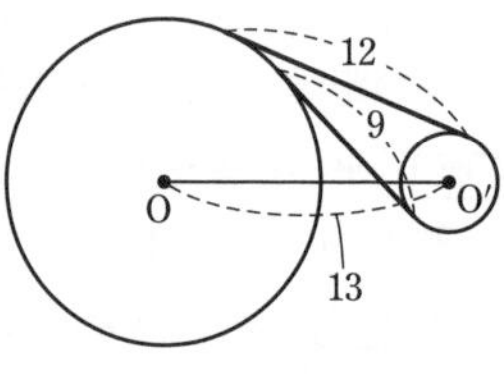

基本例題 99 外接する 2 つの円と直線

点 A で外接する 2 つの円 O，O′ の共通外接線の接点をそれぞれ B，C とする。

(1) △ABC は直角三角形であることを示せ。

(2) 円 O の直径 BD を引くとき，3 点 D，A，C は 1 つの直線上にあることを証明せよ。

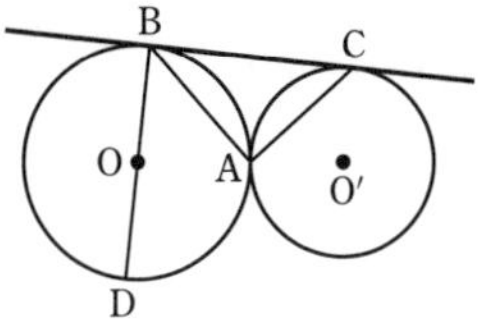

p.493 基本事項 1，2

指針 2 つの円を結びつけるものとして重要なのは，次の 3 つである。

① **中心線**　② **共通弦**　③ **共通接線**

本問では，2 円のようすから，③ **共通接線** を結びつける手段に考えるとよい。……★

(1) A を通る共通接線と BC の交点を M とすると，M から円 O，O′ に，それぞれ接線が 2 本ずつ引かれたことになる。

よって，**接線の長さは等しい** ことから　AM＝BM＝CM

(2) 3 点 D，A，C が 1 つの直線上にあることをいうには，∠CAD＝180° を示せばよい。

CHART 2 つの円

1 **交わる 2 円　共 通 弦を引く**　中心線で垂直に 2 等分

2 **接する 2 円　共通接線を引く**　中心線上に接点あり

解答

(1) 2 つの円の接点 A における共通接線と BC との交点を M とする。

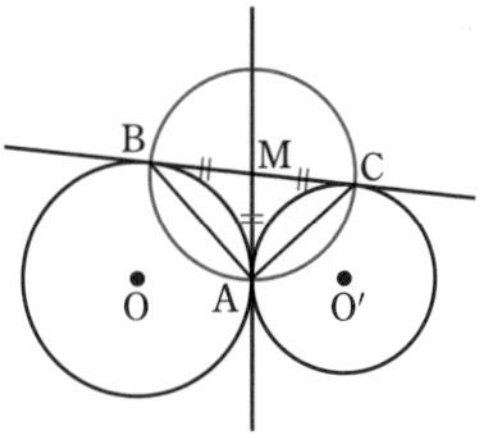

MA，MB は円 O の接線であるから　AM＝BM

MA，MC は円 O′ の接線であるから　AM＝CM

ゆえに　AM＝BM＝CM

よって，A は M を中心とする円，すなわち線分 BC を直径とする円周上にあり　∠BAC＝90°

したがって，△ABC は ∠A＝90° の直角三角形である。

◀指針____……★ の方針。共通内接線 AM が問題解決のカギ。

◀**円の外部の 1 点からその円に引いた 2 本の接線の長さは等しい。**

◀かくれた円を見つける。

(2) 線分 BD は円 O の直径であるから

∠BAD＝90°

よって　∠CAD＝∠BAD＋∠BAC

＝180°

ゆえに，3 点 D，A，C は 1 つの直線上にある。

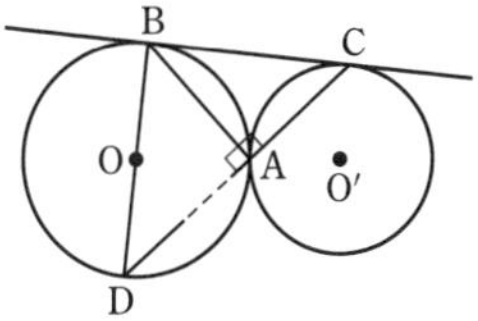

練習 ③ **99** 点 P で外接する 2 つの円 O，O′ の共通外接線の接点をそれぞれ C，D とする。P を通る直線と 2 つの円 O，O′ との P 以外の交点をそれぞれ A，B とすると，AC⊥BD であることを証明せよ。

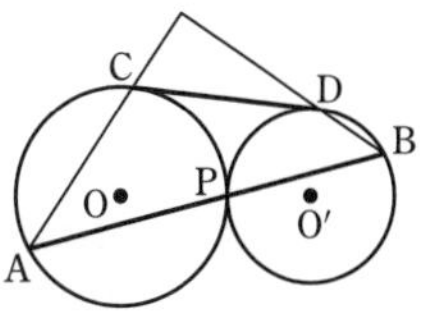

p.496 EX 65

③61 △ABC において，AB=AC=3，BC=2 である。辺 BC の中点を D，頂点 B から辺 AC に垂線を下ろし，その交点を E，AD と BE の交点を F とする。このとき，四角形 DCEF は円に内接することを示し，その外接円の周の長さを求めよ。

→89，90

②62 図のように，大きい円に小さい円が点 T で内接している。点 S で小さい円に接する接線と大きい円との交点を A，B とするとき，∠ATS と ∠BTS が等しいことを証明せよ。
〔神戸女学院大〕

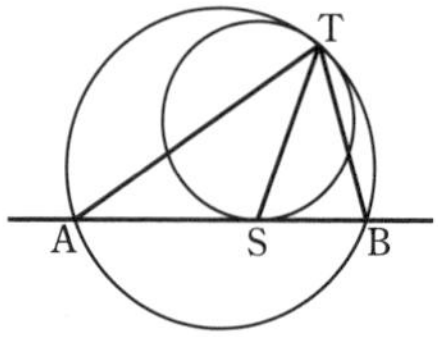

→93

②63 △ABC において，点 A から辺 BC に垂線 AH を下ろす。線分 AH を直径とする円 O と辺 AB，AC の交点をそれぞれ D，E とし，円 O の半径を 1，BH=1，CE=3 とする。
(1) 線分 DB の長さを求めよ。
(2) 線分 HC と線分 CA の長さをそれぞれ求めよ。
(3) ∠EDH の大きさを求めよ。
〔大分大〕

→95

④64 円周上に 3 点 A，B，C がある。弦 AB の延長上に 1 点 P をとり，点 C と点 P を結ぶ線分がこの円と再び交わる点を Q とする。このとき，

$$CA^2=CP\cdot CQ$$

が成り立つとすると，△ABC はどのような三角形か。

→97

③65 四角形 ABCD において，AC と BD の交点を P とする。∠APB=∠CPD=90°，AB∥DC であるとする。このとき，△PAB と △PCD のそれぞれの外接円は互いに外接することを示せ。
〔倉敷芸科大〕

→99

HINT

61　線分 CF は外接円の直径である。その長さを求めるには，線分 DF の長さが必要。これを相似な三角形を利用して求める。△BFD と △ACD に着目。

62　T における 2 つの円の共通接線を引き，接弦定理を利用する。

63　(2) HC=x，CA=y として，三平方の定理と方べきの定理から得られる連立方程式を解く。

64　CA は △AQP の外接円に接する(**方べきの定理の逆**)。4 点 A，C，Q，B は 1 つの円周上にある。これらのことを利用。

65　**接弦定理の逆** を利用。△PAB の外接円の，点 P における接線を引き，この直線に △PCD の外接円が接することを示す。

参考事項　9 点 円

※三角形と円に関して，次のことが成り立つ。

三角形の各辺の中点 3 つ，各頂点から向かい合う辺に下ろした垂線の足(*) 3 つ，垂心と各頂点を結ぶ線分の中点 3 つ，合計 9 つの点は 1 つの円周上にある。
このとき，この円を **9 点円**（オイラー円，フォイエルバッハ円）という。

この理由を，鋭角三角形 ABC について考えてみよう。

△ABC の 3 頂点 A，B，C からそれぞれ辺 BC，CA，AB に下ろした垂線の足(*) を D，E，F；垂心を H とし，線分 AH，BH，CH の中点をそれぞれ P，Q，R；3 辺 BC，CA，AB の中点をそれぞれ L，M，N とする。

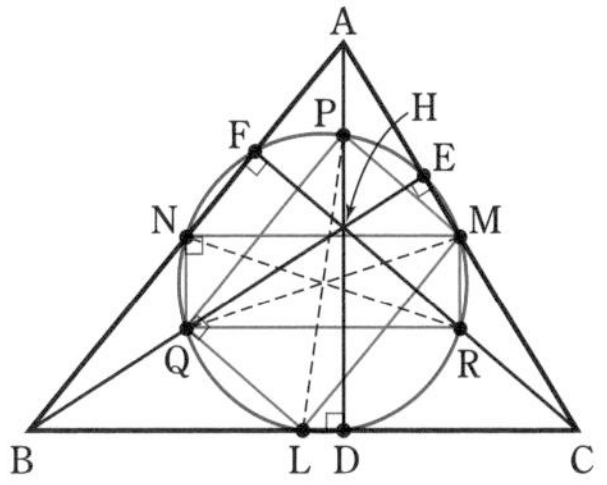

PQ∥AB∥ML，LQ∥CH∥MP，AB⊥CH

であるから　　PQ⊥LQ

ゆえに，四角形 PQLM は長方形である。同様に

NM∥BC∥QR，NQ∥AH∥MR，BC⊥AH

であるから　　NM⊥NQ

ゆえに，四角形 NQRM も長方形である。

2 つの長方形 PQLM，NQRM は対角線 QM を共有するから，点 P，Q，R，L，M，N は，線分 QM を直径とする 1 つの円周上にある。

このとき，線分 PL，RN もそれぞれ長方形 PQLM，NQRM の対角線であるから，この円の直径であって　　∠PDL＝90°，∠QEM＝90°，∠RFN＝90°

よって，点 D，E，F も上の円の周上にある。

したがって，9 点 P，Q，R，L，M，N，D，E，F は 1 つの円周上にある。

注意　(*)　**垂線の足** とは，点から直線に垂線を下ろしたときの，直線と垂線の交点のこと。

9 点円に関して，次のような性質が成り立つことが知られている。

① **9 点円の中心は，もとの三角形の外心と垂心を結ぶ線分の中点であり，9 点円の半径は外接円の半径の半分である。**

② **9 点円の中心と，もとの三角形の重心，外心，垂心は一直線上にある。**

③ **9 点円は，もとの三角形の内接円と傍接円に接する。**（フォイエルバッハの定理）

①

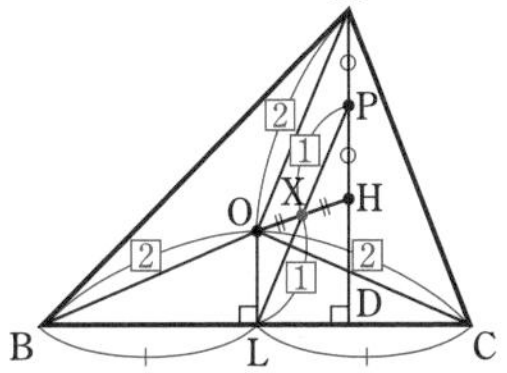

②

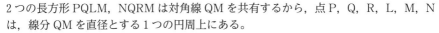

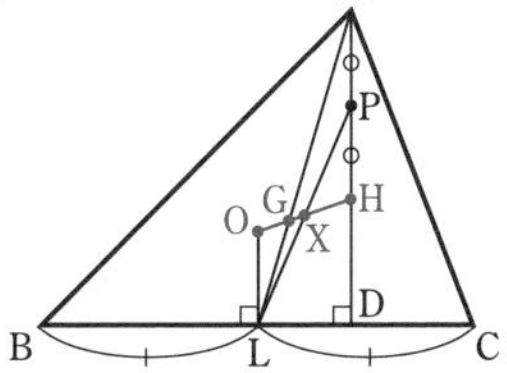

② に関し
OG：GH＝1：2
（基本例題 78）
OX：XH＝1：1（①）
⟶ OG：GX：XH
＝2：1：3

△ABC の外心を O，垂心を H，重心を G，9 点円の中心を X とする。

16 作　　図

基本事項

1 作図

定規とコンパスだけを用いて，次の規約に基づき，与えられた条件を満たす図形をかくことを **作図** という（この 2 つの規約を **作図の公法** ともいう）。

- **定規**　　与えられた 2 点を通る直線を引く。線分を延長する。
- **コンパス**　与えられた 1 点を中心として，与えられた半径の円をかく。

2 基本作図

①，②，… は作図の順序を示し，① と ①′，② と ②′，… は等しい半径の円を示す。

[1] 線分を移す

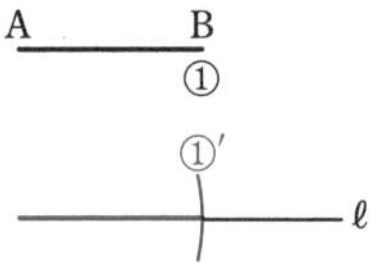

[2] 角を移す

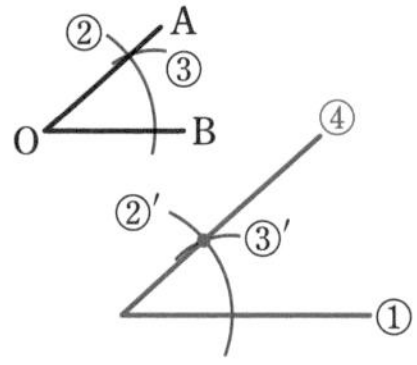

[3] 垂直二等分線

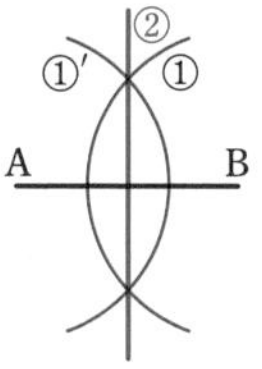

[4] 角の二等分線

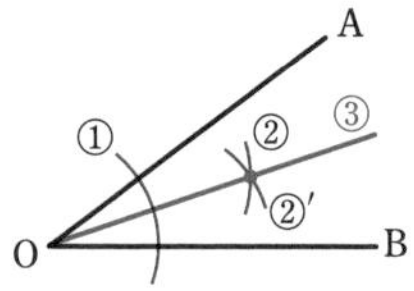

[5] 点を通る垂線

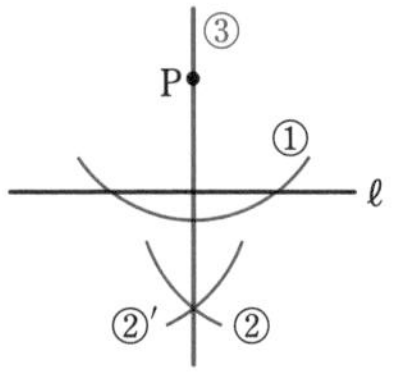

[6] 点を通る平行線

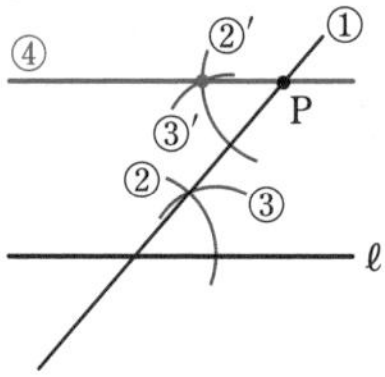

[7] 線分の分点

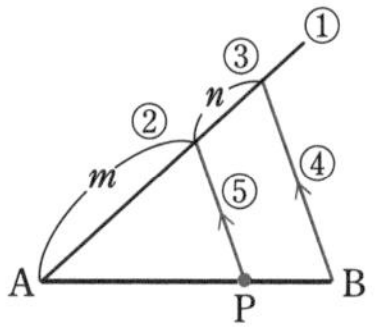

解　説

■ 作図

本来，作図の問題を完全に解くには，次の Ⅰ ～ Ⅳのことが行われるが，ここでは，作図の手順について主に学習する。

Ⅰ　**解析**　作図ができたものと仮定して，満たすべき条件を見い出し，作図方法を発見する。

Ⅱ　**作図**　作図の手順を述べる。

Ⅲ　**証明**　作図によって得られた図形が条件を満たすことを示す。

Ⅳ　**吟味**　作図が可能であるかどうか，ということを調べる。

◀**作図の完全解** という。

◀ Ⅰ ～ Ⅳの中では，主にⅡについて学習する。

◀作図の問題では，作図に使ったコンパスの線などは消さないで，残しておくこと。

■ 基本作図

1 の作図の方法でかける簡単な図形で，作図の基本となるものを **基本作図** といい，これらは作図の手順の説明や証明なしで使ってよい。なお，[6] の平行線を引く作図については，[5] を繰り返し用いてもできるが，幾何学の一般的な基本作図として定着しているのは，上の [6] の方法である。

◀[6] では，[2] **角を移す** 基本作図を用いている（平行線の錯角が等しいことを利用）。

基本 例題 100 相似な図形の作図

右の図のような，O を中心とする扇形 OAB の内部に正方形 PQRS を，辺 QR が線分 OA 上，頂点 P が線分 OB 上，頂点 S が弧 AB 上にあるように作図せよ（作図の方法だけ答えよ）。

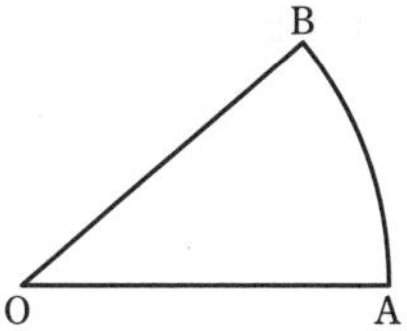

p.498 基本事項 2

指針 問題の条件は，正方形 PQRS が扇形 OAB に内接するように作図すること。しかし，条件に適した図形を直ちにかくのは難しい。
そこで，「扇形 OAB に内接する」の 条件を弱くして，
辺 Q′R′ が線分 OA 上にあり，頂点 P′ が線分 OB 上にあるような正方形 P′Q′R′S′
をかくことから始めてみよう。
そして，正方形はすべて相似であるから，正方形 P′Q′R′S′ を拡大し，頂点 S′ が弧 AB 上の点 S に移るようにすればよい，と考える。
なお，このような作図の方法を **相似法** ともいう。

CHART 作図方法の発見　**条件の一部を考える**

解答

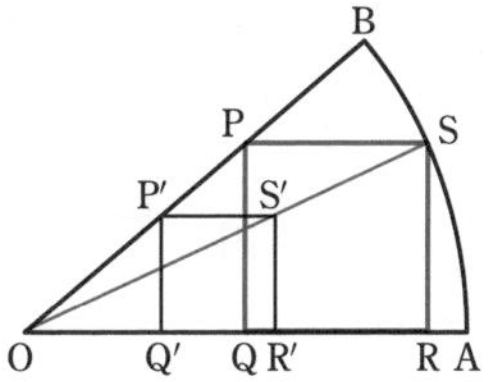

① 線分 OB 上に点 P′ をとり，P′ から線分 OA 上に垂線 P′Q′ を引く。
② 線分 P′Q′ を 1 辺とする正方形 P′Q′R′S′ を扇形 OAB の内部に作る。
③ 直線 OS′ と弧 AB の交点を S とし，S から線分 OA に平行に引いた直線と線分 OB の交点を P とする。
④ S，P から線分 OA 上にそれぞれ垂線 SR，PQ を引く。
このとき，四角形 PQRS は，O を相似の中心として，正方形 P′Q′R′S′ と相似の位置にある正方形である。
したがって，この四角形 PQRS が求める正方形である。

◀ *p*.498 の基本作図 [5] によって垂線を引く。

◀ 正方形は，基本作図
[1] **線分を移す**
[5] **点を通る垂線を引く**
を組み合わせて，かくことができる。

◀ 相似の中心，相似の位置については，中学で学習。

練習 ② 100 右の図のような，鋭角三角形 ABC の内部に，2PQ＝QR である長方形 PQRS を，辺 QR が辺 BC 上，頂点 P が辺 AB 上，頂点 S が辺 CA 上にあるように作図せよ（作図の方法だけ答えよ）。

p.504 EX66

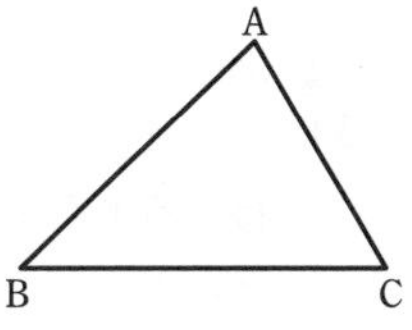

基本 例題 101 対称な図形の作図

図のような半円を，弦を折り目として折る。このとき，折られた弧の部分が直径上の点Pにおいて，直径に接するような折り目の線分を作図せよ(作図の方法だけ答えよ)。

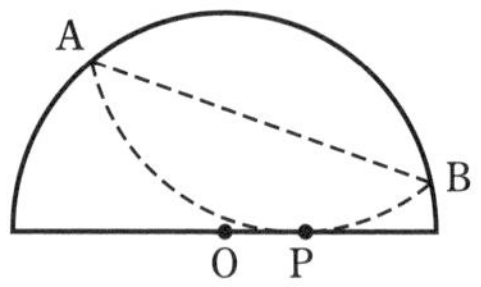

p.498 基本事項 2

指針 作図方法の発見　作図ができたとして考える

折る とは，**対称移動** するということ。折り目は **対称の軸** である。
まずは，**作図ができたとして**，対称な図形と折り目の関係を考えてみよう。
…… このような考察が作図法の **解析** にあたる。

[1] 右の図の折り目ABに関して，点Oと対称な点をO′とすると，線分O′Pは円O′の半径である。
[2] 円O′は点Pで半円Oの直径と接するから　O′P⊥OP
以上のことを，手がかりにして作図すればよい。

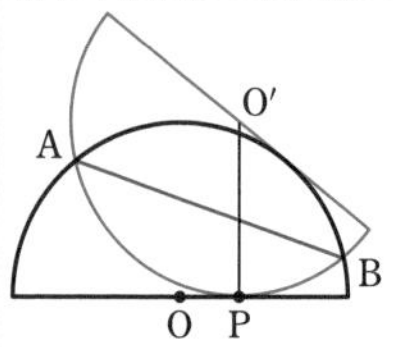

解答

① 点Pを通り，直径に垂直な直線を引く。
② ①の垂線上に半円Oの半径と等しい長さの線分O′Pをとる。
③ 点O′を中心として，半円Oと等しい半径の円をかく。
④ 半円Oと円O′の2つの交点A，Bを結ぶ線分ABをかく。
このとき，線分ABが折り目の線分となる。

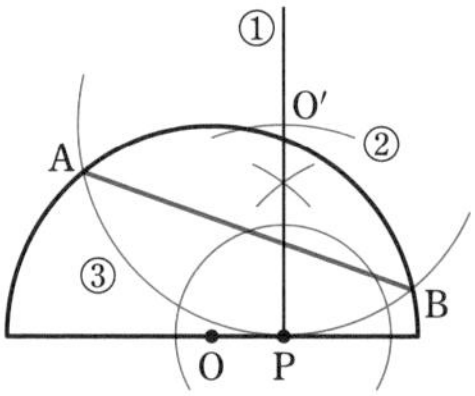

◀ *p*.498 の基本作図 [5] によって垂線を引く。
◀ *p*.498 の基本作図 [1]
◀ 折り目は線分OO′の垂直二等分線である。

検討 **円の接線に関する作図** (次の例題と関連)

図[1]　直線 ℓ 上の点Pで接する円O
図[2]　円外の点Pから引いた円Oの接線(2本ある)
の作図であり，①，②，…… は作図の順序を示す。なお，図[2]の点Mは線分OPの中点である。

[1]

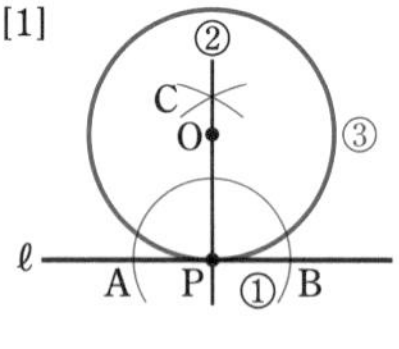

[2]

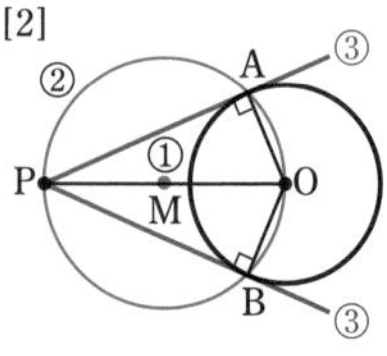

練習 ② **101** 図のような半円を，弦を折り目として折る。このとき，折られた弧の上の点Qにおいて，折られた弧が直径に接するような折り目の線分を作図せよ(作図の方法だけ答えよ)。

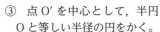

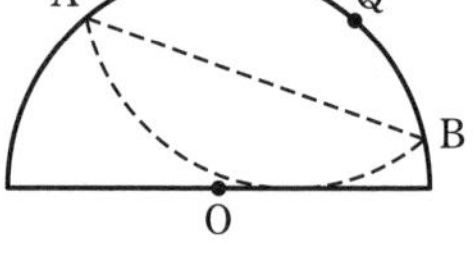

p.504 EX68

基本例題 102 2円の共通接線の作図 ⊘⊘⊘⊘⊘

右の図のように，2つの円O，O′がある。この2つの円の共通外接線を作図せよ。
なお，円O，O′の半径を，それぞれ r，r' $(r>r')$ とする。

p.498 基本事項 2

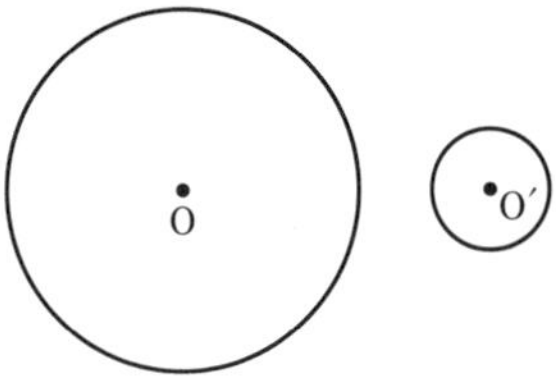

指針 図のように，**共通外接線** AA′ **が引けたとする**と，四角形APO′A′は長方形である。
この点Pが作図のポイントで，点Pに関し
　∠OPO′=90°　　⟶ **直径OO′の円**
　OP=OA−O′A′ ⟶ **中心O，半径 $r-r'$ の円**
つまり，この2円の交点をPとすればよい。
なお，2円は離れているから，共通外接線は2本あることに注意する。

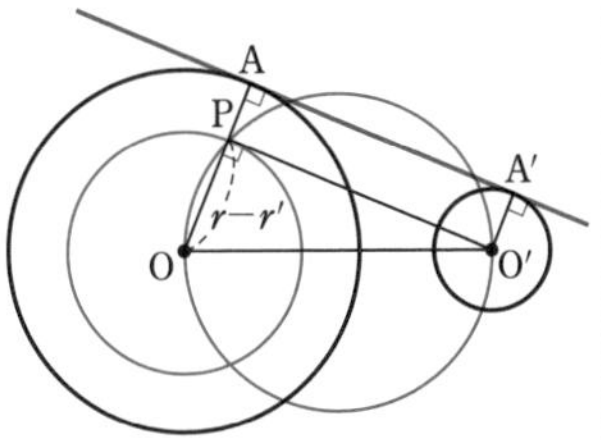

解答
① Oを中心として，半径 $r-r'$ の円をかく。
② 線分OO′の中点を中心として，線分OO′を直径とする円をかく。
③ ①の円と②の円の交点をP，Qとする。
④ 半直線OP，OQと円Oの交点を，それぞれA，Bとする。
⑤ 点O′を通り，線分OA，OBに平行な直線と円O′との交点を，それぞれA′，B′とする。
⑥ 直線AA′と直線BB′を引く。
　この2直線が2円O，O′の共通外接線である。

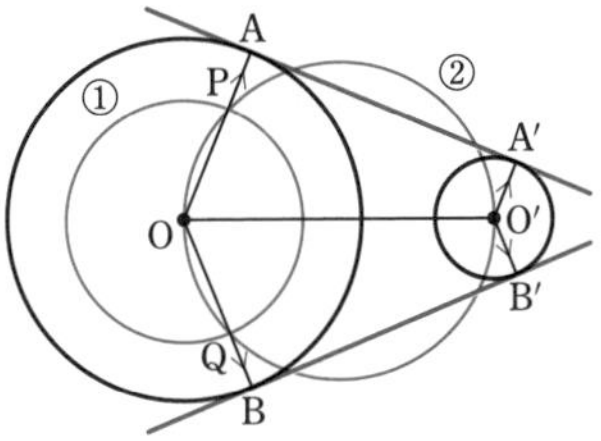

このとき　　∠OPO′=90°,
　　　　　　AP=OA−OP=$r-(r-r')=r'$
また，OA∥O′A′であるから，四角形APO′A′は長方形となる。
ゆえに　　∠OAA′=∠O′A′A=90°
よって，直線AA′は2円O，O′の共通外接線である。
直線BB′についても同様にして示される。

◀円Oの適当な半径に，長さ r' の線分を移して，半径 $r-r'$ の円をかく。

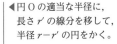

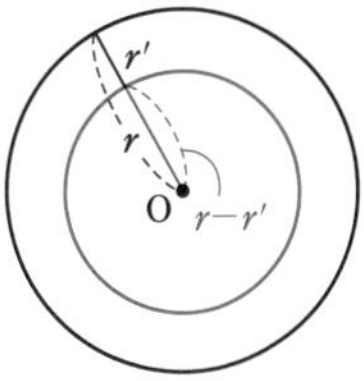

◀②は線分OO′とその垂直二等分線の交点から円の中心を定める。
◀⑤は p.498 の基本作図[6]
◀①～⑥の手順で作図された図形が条件を満たすことを示す。

練習 ③102 上の例題の2つの円O，O′について，この2つの円の共通内接線を作図せよ。

p.504 EX69

基本例題 103　長さが与えられた線分の作図

長さ 1，a，b の線分が与えられたとき，長さ $\sqrt{\dfrac{b}{a}}$ の線分を作図せよ。

p.498 基本事項 2　重要 104

指針　長さが与えられた線分を作図するには，**ほしい長さを x とおいた方程式を作り，その解を作図する。**

例題の場合，$x=\dfrac{b}{a}$，$y=\sqrt{x}$ とおき，商 $\dfrac{b}{a}$ と平方根 $\sqrt{x}$ の作図を考えればよい。

商 $\dfrac{b}{a}$ については，**分点の作図**（基本作図 [7]）を利用し，平方根 $\sqrt{x}$ については，**方べきの定理** を利用する。…… 詳しくは，下の 検討 を参照。

解答

長さ 1 の線分 AB をとる。

① A を通り，直線 AB と異なる直線 ℓ を引き，ℓ 上に AC$=a$，CD$=b$ となるような点 C，D をとる。
ただし，C は線分 AD 上にとる。

② D を通り，BC に平行な直線を引き，直線 AB との交点を E とする。

③ 線分 AE を直径とする半円をかく。

④ B を通り，直線 AB に垂直な直線を引き，③ の半円との交点を F とする。線分 BF が求める線分である。

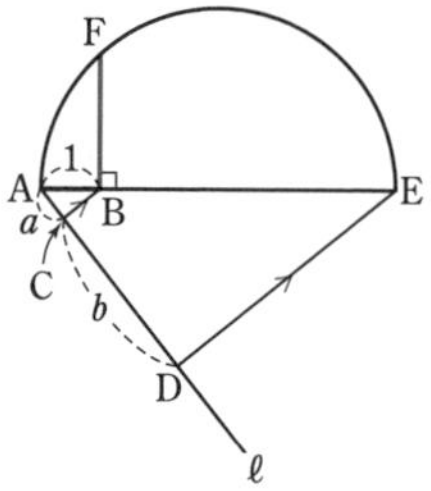

BE$=x$，BF$=y$ とすると，BC // ED から

$a:b=1:x$

よって　$x=\dfrac{b}{a}$

方べきの定理から

$y^2=1\cdot x$

（検討 の図 [3] 参照）

ゆえに　$y=\sqrt{x}=\sqrt{\dfrac{b}{a}}$

したがって，線分 BF は長さ $\sqrt{\dfrac{b}{a}}$ の線分である。

検討

方程式の解の作図 … a，b は定数。すなわち，与えられた線分の長さとする。

1　1 次方程式 $ax=bc$（c は定数）の解の作図

図 [1] で，**平行線と線分の比の性質** から

$a:b=c:x$　　よって　$ax=bc$

図 [2] で，**方べきの定理** から　$ax=bc$

よって　$a=1$ のとき　$x=bc$（積），

$c=1$ のとき　$x=\dfrac{b}{a}$（商）

2　2 次方程式 $x^2=ab$ の解の作図

図 [3] で，**方べきの定理** から　$x^2=ab$

図 [4] で，**方べきの定理** から　$x^2=ab$

よって　$x=\sqrt{ab}$

特に，$b=1$ のとき　$x=\sqrt{a}$（平方根）

[1]

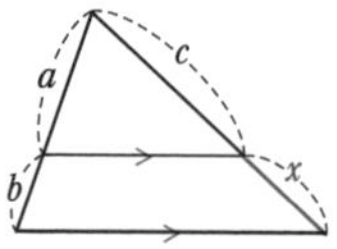

[2]

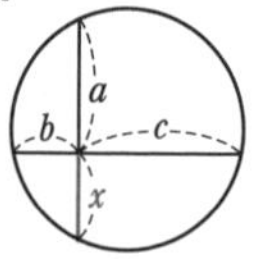

[3]

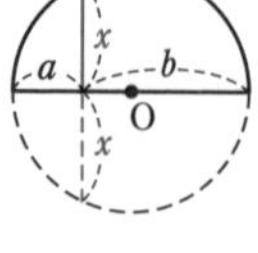

[4]

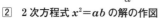

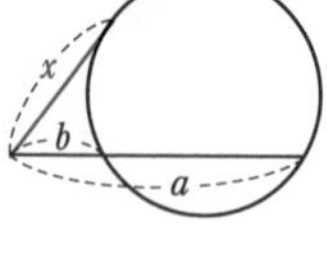

練習 ② 103　長さ 1，a，b の線分が与えられたとき，次の長さの線分を作図せよ。

(1) $\dfrac{b^2}{a}$　　(2) $\dfrac{\sqrt{a}}{b}$

重要例題 104 2次方程式の解と作図

長さ1の線分が与えられたとき，次の2次方程式の正の解を長さにもつ線分を作図せよ。

(1) $x^2+4x-1=0$　　(2) $x^2-2x-4=0$

基本 103

指針 2次方程式の解の公式の形からもわかるように，平方根に関する作図であるから，前ページで学習したように，**方べきの定理**を利用する。
まず，与えられた方程式を，

方べきの定理 $PA\cdot PB=PT^2$

の形の式に変形する。そして，右の図形に値を当てはめる。

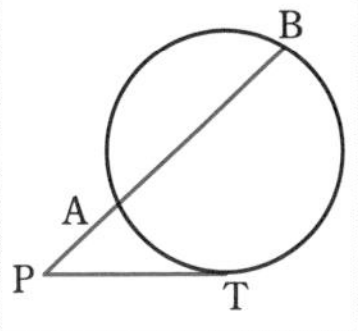

解答

(1) $x^2+4x-1=0$ から　$x(x+4)=1^2$

① 直径4の円Oをかく。

② 円Oの周上の点Tを通り，OTに垂直な直線を引く。その直線上に $PT=1$ となるような点Pをとる。

③ 直線POと円Oの交点を，図のようにA，Bとすると，線分PAが求める線分である。

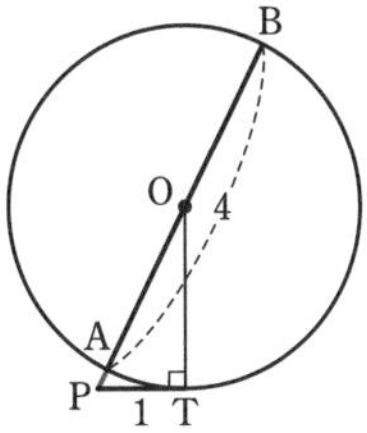

このとき，$PA=x$ とすると，方べきの定理から

$$x(x+4)=1^2 \quad すなわち \quad x^2+4x-1=0$$

ゆえに，線分PAは2次方程式 $x^2+4x-1=0$ の正の解を長さにもつ線分である。

◀ $x=-2+\sqrt{5}$

(1) $x^2+ax-b^2=0$
$(a>0,\ b>0)$ の正の解は，$x(x+a)=b^2$ から，図の線分PA

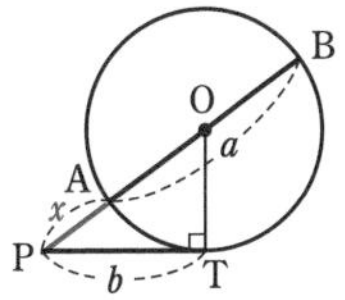

(2) $x^2-2x-4=0$ から　$x(x-2)=2^2$

① 直径2の円Oをかく。

② 円Oの周上の点Tを通り，OTに垂直な直線を引く。その直線上に $PT=2$ となるような点Pをとる。

③ 直線POと円Oの交点を，図のようにA，Bとすると，線分PBが求める線分である。

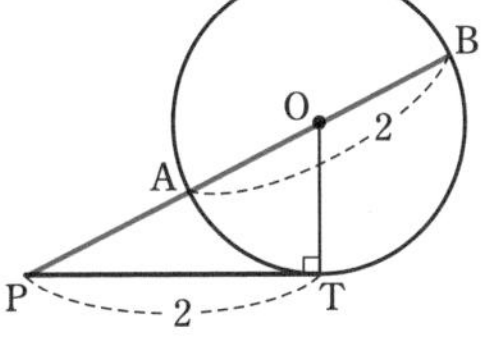

このとき，$PB=x$ とすると，方べきの定理から

$$x(x-2)=2^2 \quad すなわち \quad x^2-2x-4=0$$

ゆえに，線分PBは2次方程式 $x^2-2x-4=0$ の正の解を長さにもつ線分である。

◀ $x=1+\sqrt{5}$

(2) $x^2-ax-b^2=0$
$(a>0,\ b>0)$ の正の解は，$x(x-a)=b^2$ から，図の線分PB

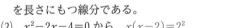

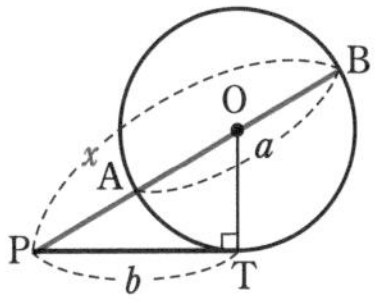

練習 ③104 長さ1の線分が与えられたとき，次の2次方程式の正の解を長さにもつ線分を作図せよ。

(1) $x^2+5x-2=0$　　(2) $x^2-4x-3=0$

p.504 EX 70

④**66** 長さ a の線分が与えられたとき，対角線と１辺の長さの和が a である正方形を作図せよ。 →100

④**67** 右の図のような △ABC の辺 AB，AC 上にそれぞれ点 D，E をとり，線分 BD，DE，CE の長さがすべて等しくなるようにしたい。このような線分 DE を作図せよ。 →100

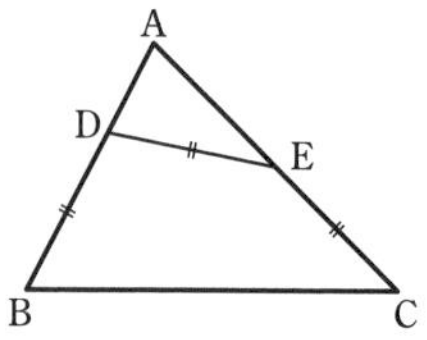

③**68** 右の図のように，円 O の内部に２点 A，B が与えられている。この円を折り，折り返された弧が A，B を通るような折り目の線分を作図せよ。 →101

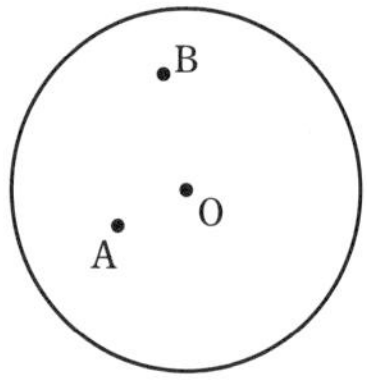

③**69** 右の図のように，半径の等しい２つの円 O，O′ と直線 ℓ がある。直線 ℓ 上に中心があり，２つの円 O，O′ に接する円を１つ作図せよ。 →102

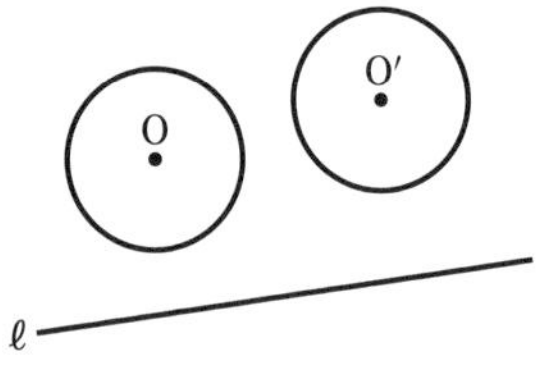

③**70** 長さ１の線分が与えられたとき，連立方程式 $x+y=4$，$xy=1$ の解を長さにもつ線分を作図せよ。 →104

④**71** ２定点 A，B を結ぶ線分の中点を，コンパスのみを使って作図せよ。

HINT

66　正方形の対角線の延長上に正方形の１辺を移して考える。
67　四角形 ABC′E′ を，辺 BA，AE′，E′C′ の長さがすべて等しくなるように作る。
68　折り目に関して，円 O と対称な円の周上に２点 A，B がある。
69　求める円の中心を P とすると，P は２点 O，O′ から等距離にあるから，P は線分 OO′ の垂直二等分線上にある。
70　y を消去すると，$x(4-x)=1$ となるから，方べきの定理が利用できないかと考える。
71　まず，線分 AB の B を越える延長上に AR=2AB となる点 R を作図する。次に，点 R を中心とする半径 AR の円と，点 A を中心とする半径 AB の円との交点を利用する。

17 空 間 図 形

基本事項

1 2直線 ℓ, m の位置関係

[1]

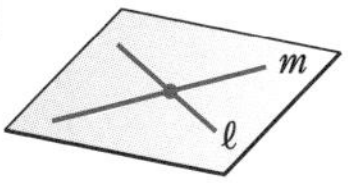

[2]

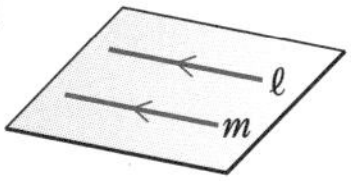

[3]

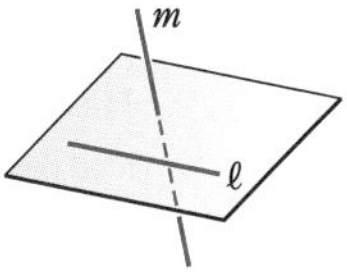

[1] **1点で交わる**　同じ平面上にあって，ただ1つの共有点をもつ。
[2] **平　行**　同じ平面上にあって，共有点がない。このとき，$\boldsymbol{\ell /\!/ m}$ と表す。
[3] **ねじれの位置**　同じ平面上にない。
このとき，ℓ と m は共有点をもたず，また平行でもない。

参考　3直線 ℓ, m, n について，$\boldsymbol{\ell /\!/ m}$, $\boldsymbol{m /\!/ n}$ **ならば** $\boldsymbol{\ell /\!/ n}$ が成り立つ。

2 2直線 ℓ, m のなす角

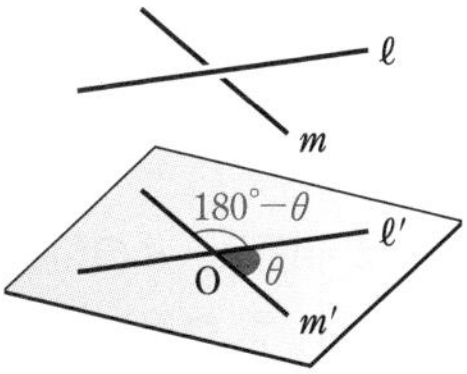

2直線 ℓ, m が平行でないとき，任意の点Oを通り ℓ, m に平行な直線を，それぞれ ℓ', m' とすると，ℓ', m' は同じ平面上にあり，ℓ', m' のなす角 θ は点Oのとり方によらず一定である。このとき，θ を **2直線 ℓ, m のなす角** という。
2直線 ℓ, m のなす角が直角であるとき，ℓ, m は **垂直** であるといい，$\boldsymbol{\ell \perp m}$ と表す。垂直な2直線 ℓ と m が交わるとき，ℓ と m は **直交する** という。
また，平行な2直線の一方に垂直な直線は，他方にも垂直である。

3 直線 ℓ と平面 α の位置関係

[1]

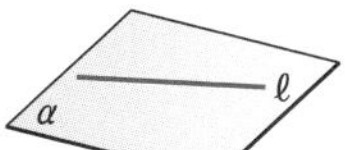

[2]

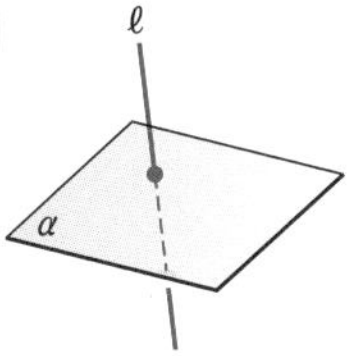

[3]

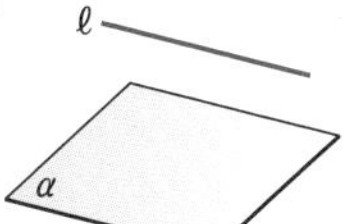

[1] **直線が平面に含まれる**　直線上のすべての点が平面上の点でもある。
[2] **1点で交わる**　ただ1つの共有点をもつ。
[3] **平　行**　共有点をもたない。このとき，$\boldsymbol{\ell /\!/ \alpha}$ と表す。

4 直線と平面の垂直

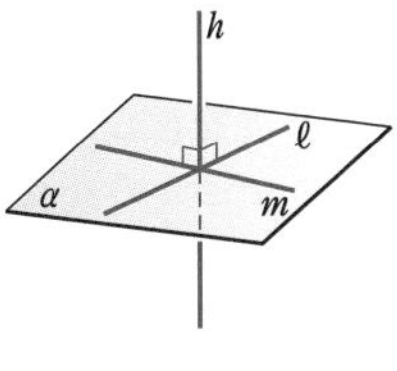

直線 h が，平面 α 上のすべての直線に垂直であるとき，直線 h は α に **垂直** である，または α に **直交** するといい，$\boldsymbol{h \perp \alpha}$ と書く。また，このとき，h を平面 α の **垂線** という。
[定理]　**直線 h が，平面 α 上の交わる2直線 ℓ, m に垂直ならば，直線 h は平面 α に垂直である。**

基本事項

証明　直線 h と平面 α の交点をOとし，Oを通り α 上にある ℓ, m 以外の任意の直線を n とする。Oを通らない直線と ℓ, m, n がそれぞれA, B, Cで交わるとき，直線 h 上に，α に関して互いに反対側にある点P, P′ をとり，OP＝OP′ とする。

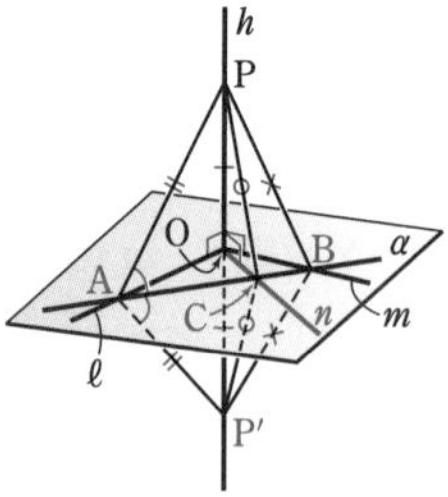

OA⊥h，OB⊥h のとき

　　PA＝P′A，PB＝P′B，ABは共通

よって　　△PAB≡△P′AB

ゆえに　　∠PAC＝∠P′AC

△PAC と △P′AC において，PA＝P′A，AC は共通であるから　　△PAC≡△P′AC　　よって　　PC＝P′C

また　　OP＝OP′　　ゆえに　　OC⊥h

したがって，h は α 上の任意の直線と垂直となるから，$h\perp\alpha$ が成り立つ。

注意　**垂線の足**

平面 α 上にない点Aを通る α の垂線が，平面 α と交わる点Hを，点Aから平面 α に下ろした **垂線の足** という。

点Aから直線 ℓ に下ろした **垂線の足** も同様に定義する。

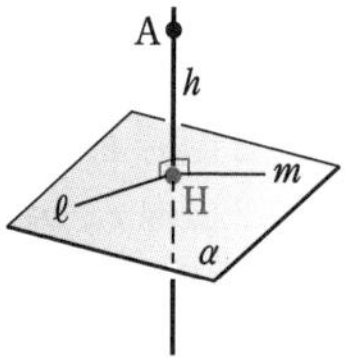

5　2平面 α, β の位置関係

[1]　**交わる**　共有点をもつ。

このとき，α と β の共有点全体は1つの直線になる。この直線を2平面の **交線** という。

[2]　**平　行**　共有点をもたない。

このとき，$\boldsymbol{\alpha /\!/ \beta}$ と書く。

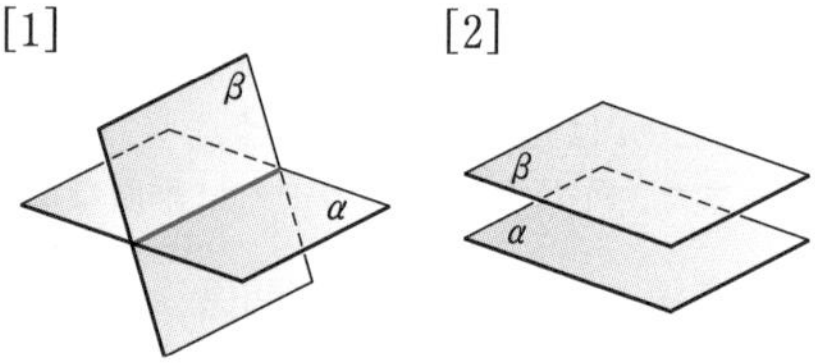

6　2平面 α, β のなす角

交わる2平面の交線上の点から，各平面上に，交線に垂直に引いた2直線のなす角を **2平面のなす角** という。

2平面 α, β のなす角が直角であるとき，α, β は **垂直** である，または **直交** するといい，$\boldsymbol{\alpha\perp\beta}$ と書く。

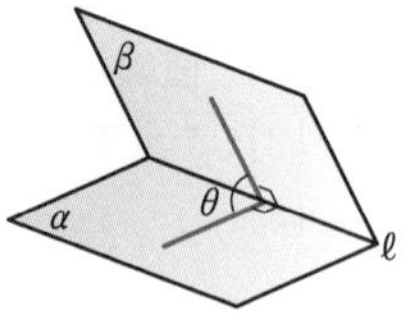

[定理]　平面 α の1つの垂線を含む平面は，α に垂直である。

証明　平面 α の1つの垂線を h とする。
h を含む平面を β とし，β と α の交線を ℓ とする。
ℓ と h の交点を通り，ℓ に垂直な直線 m を α 上に引く。
h は α に垂直であるから，h は m に垂直となり，2平面 α, β のなす角は直角である。

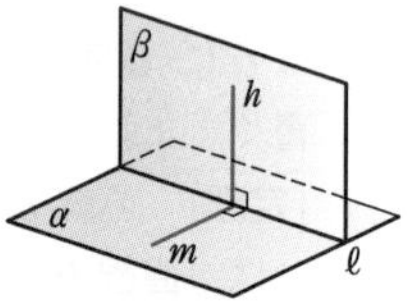

基本例題 105 2直線の垂直，直線と平面の垂直

①①①①①

正四面体 ABCD について，次のことを証明せよ。

(1) 辺 AB の中点を M とする。

(ア) 辺 AB は平面 CDM に垂直である。 (イ) 辺 AB と辺 CD は垂直である。

(2) 辺 BC，AC，AD，BD の中点をそれぞれ P，Q，R，S とするとき，四角形 PQRS は正方形である。

p.505 基本事項 2，4

指針 (1) (ア) 直線と平面の垂直に関する，次の定理（p.505 基本事項 4）を利用する。

直線 h が，平面 α 上の交わる 2 直線に垂直 ⟹ 直線 $h\perp$ 平面 α

平面 CDM 上の交わる 2 直線 CM，DM に対し，AB⊥CM，AB⊥DM を示す。

(イ) **直線 $h\perp$ 平面 α ⟹ 直線 h は平面 α 上のすべての直線に垂直**

したがって，(ア) が示されれば直ちにわかる。

(2) PQ＝QR＝RS＝SP はわかりやすい。後は，1 つの内角が 90° であることをいいたい。

そこで「**平行な 2 直線の一方に垂直な直線は他方にも垂直である**」ことを利用する。

(1)(イ) より AB⊥CD であるから，このことと AB∥PQ，CD∥QR より　PQ⊥QR

解答 (1) (ア) CM，DM はそれぞれ，正三角形 ABC，ABD の中線であるから　　CM⊥AB，DM⊥AB

よって，辺 AB は平面 CDM に垂直である。

(イ) (ア) から　　AB⊥CD

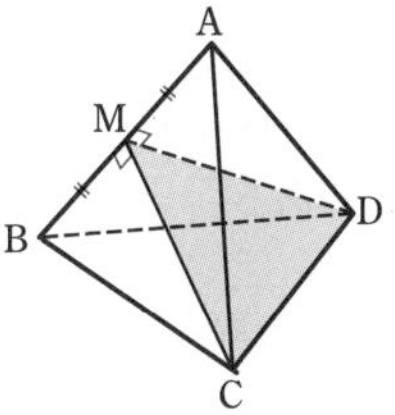

(2) 正四面体の各面の正三角形において，中点連結定理から

PQ＝QR＝RS＝SP

また，AB∥PQ，AB∥RS から

PQ∥RS

よって，4 点 P，Q，R，S は同一平面上にある。

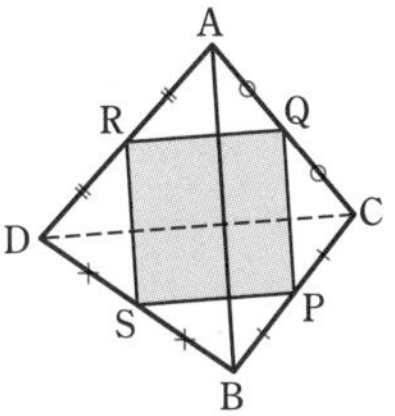

更に，CD∥QR でもあり，(1) の (イ) から

AB⊥CD

ゆえに　　PQ⊥QR　すなわち　∠PQR＝90°

各辺の長さが等しく，1 つの内角が 90° であるから，四角形 PQRS は正方形である。

◀正三角形の中線は，底辺の垂直二等分線と同じ。

◀辺 CD は平面 CDM 上にある。

◀4 辺とも正四面体の辺の半分の長さ。

◀平行な 2 直線で平面が定まる。

◀中点連結定理

◀PQ∥AB，AB⊥CD ⟹ PQ⊥CD
QR∥CD，PQ⊥CD ⟹ PQ⊥QR

練習 ② 105 △ABC を含む平面を α とし，△ABC の垂心を H とする。垂心 H を通り，平面 α に垂直な直線上に点 P をとるとき，PA⊥BC であることを証明せよ。

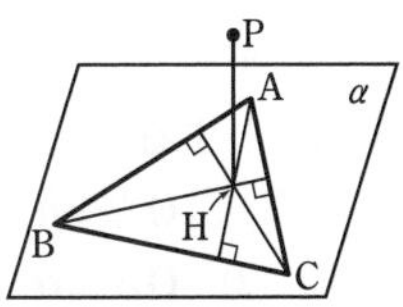

p.514 EX 72, 73

基本例題 106 三垂線の定理

平面 α とその上にない点 A があり，また，α 上に直線 ℓ と ℓ 上にない点 O があるとする。
ℓ 上の 1 点を B とするとき，

$AB\perp\ell$，$OB\perp\ell$，$OA\perp OB$　ならば　$OA\perp\alpha$

が成り立つことを証明せよ。

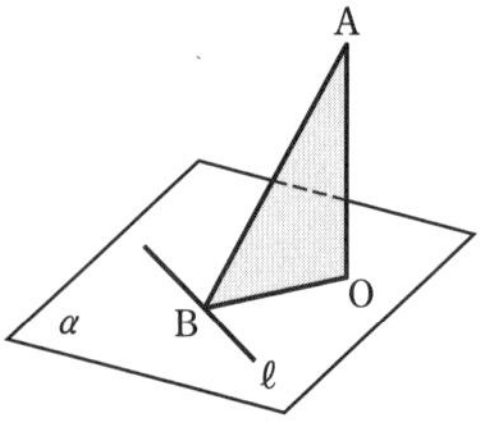

基本 105

指針 この例題 106 と下の練習 106 は，**三垂線の定理** と呼ばれる。
$OA\perp\alpha$ を証明するには，直線 OA が 平面 α 上の交わる 2 直線に垂直 であることをいえばよい。しかし，仮定の $OA\perp OB$ 以外に，α 上の直線で B を通り OA と垂直となるものがほしい。そこで，直線 ℓ に着目。まず，$OA\perp\ell$ を示すことから考えよう。
別解　OA が平面 α 上の交わる 2 直線に垂直であることを示すのに，三平方の定理の逆を利用する方法もある。

解答

$AB\perp\ell$，$OB\perp\ell$ であるから，直線 ℓ は平面 OAB に垂直である。

◀AB，OB は平面 OAB 上の交わる 2 直線。

よって　　$OA\perp\ell$

このことと，$OA\perp OB$ から，直線 OA は平面 α 上の交わる 2 直線 ℓ，OB と垂直である。

◀直線 ℓ と直線 OB は点 B で交わる。

ゆえに　　$OA\perp\alpha$

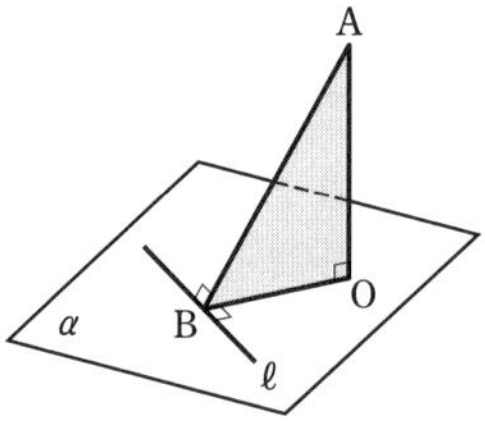

別解　直線 ℓ 上に，B と異なる点 C をとる。

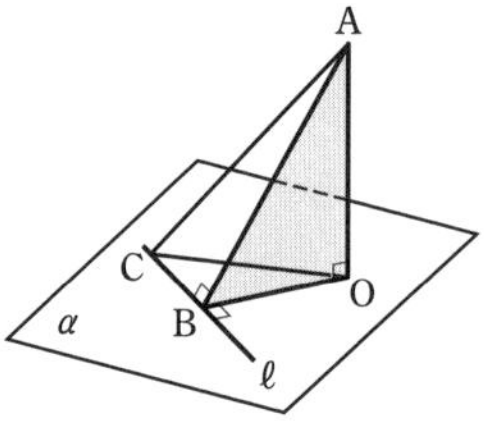

三平方の定理から

$AB^2+BC^2=AC^2$ …… ①　◀△ABC

$BC^2+OB^2=OC^2$ …… ②　◀△OBC

$OA^2+OB^2=AB^2$ …… ③　◀△OAB

①，②，③ から

$OA^2+OC^2=AC^2$

◀② から $BC^2=OC^2-OB^2$ これと ③ を ① に代入すると $OA^2+OB^2+OC^2-OB^2=AC^2$

ゆえに，三平方の定理の逆により

$\angle AOC=90^\circ$　すなわち　$OA\perp OC$

このことと，$OA\perp OB$ より，直線 OA は平面 α 上の交わる 2 直線 OB，OC と垂直であるから

$OA\perp\alpha$

練習 ③106 平面 α とその上にない点 A があり，また，α 上に直線 ℓ と ℓ 上にない点 O があるとする。ℓ 上の 1 点を B とするとき，次のことが成り立つことを証明せよ。

(1) **$OA\perp\alpha$，$AB\perp\ell$　ならば　$OB\perp\ell$**

(2) **$OA\perp\alpha$，$OB\perp\ell$　ならば　$AB\perp\ell$**

基本事項

1 多面体

① 三角柱，四角錐などのように，いくつかの平面で囲まれた立体を **多面体** といい，へこみのない多面体を **凸多面体** という。

② 次の 2 つの条件を満たす多面体を **正多面体** という。⟵ プラトン立体とも呼ばれる。

[1] 各面はすべて合同な正多角形　[2] 各頂点に集まる面の数はすべて等しい

正多面体は，次の 5 種類しかないことが知られている。

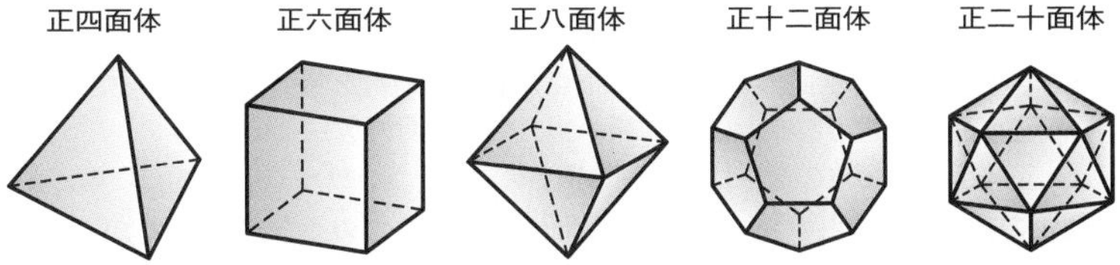

2 オイラーの多面体定理

凸多面体の頂点，辺，面の数を，それぞれ v，e，f とすると，$\boldsymbol{v-e+f=2}$ が成り立つ。これを **オイラーの多面体定理** という。

解説

■ 正多面体の面

正多面体の 1 つの頂点には，3 つ以上の面が集まっていて，1 点に集まる角の大きさの和は 360° より小さい。よって，正多面体の面になる正多角形の 1 つの角の大きさは，360°÷3=120° より小さい。正三角形，正方形，正五角形の 1 つの角の大きさは，それぞれ 60°，90°，108° であり 120° より小さいから，

正多面体の面は，正三角形，正方形，正五角形以外にない

◀正 n 角形の 1 つの角の大きさは $(n-2)\times180°\div n$
正六角形の 1 つの角の大きさは 120° であるから，正六角形が 1 つの頂点に集まっても多面体はできない。なぜなら，1 点に集まる角の大きさの和が 360° のときは，平面になってしまうからである。

■ オイラーの多面体定理

各面が正三角形である正多面体の頂点，辺，面の数を，それぞれ v，e，f とすると　$v-e+f=2$ …… ①

1 つの頂点に集まる正三角形の面の数を x とすると，集まる角の大きさの和について，$60°\times x<360°$，$x\geqq3$ から　$x=3,\ 4,\ 5$

$x=3$ のとき　$v=\dfrac{3f}{3}$，$e=\dfrac{3f}{2}$　① に代入して　$f=4$

同様にして　$x=4$ のとき　$f=8$，　$x=5$ のとき　$f=20$

◀1 つの頂点に集まる面の数は 3，1 つの辺に集まる面の数は 2

ゆえに，各面が正三角形である正多面体が存在すれば，その面の数は，4，8，20 である。

問　正多面体について，次の表を完成させよ。　(＊) 解答は $p.659$ にある。

正多面体	面の数	面の形	1 頂点に集まる面の数	頂点の数	辺の数
正四面体					
正六面体					
正八面体					
正十二面体					
正二十面体					

基本例題 107 多面体の面，辺，頂点の数

正二十面体の各辺の中点を通る平面で，すべてのかどを切り取ってできる多面体の面の数 f，辺の数 e，頂点の数 v を，それぞれ求めよ。

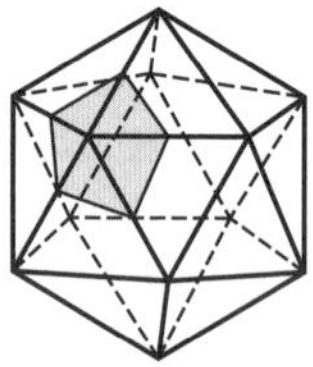

p.509 基本事項 2

指針 このようなタイプの問題では，**切り取られる面の形や面の数に注目する。**
まず，もとの正二十面体について，頂点の数，辺の数を調べることから始める。
⟶ **正多面体の辺の数**　(1 つの面の辺の数)×(面の数)÷2
　正多面体の頂点の数　(1 つの面の頂点の数)×(面の数)÷(1 つの頂点に集まる面の数)
問題の多面体の頂点の数 v，辺の数 e，面の数 f の 3 つのうち，2 つがわかれば，残り 1 つは **オイラーの多面体定理　$v-e+f=2$** から求められる。
なお，この定理は，下の CHART で示すように，$e=v+f-2$ の形の方が覚えやすい。

CHART オイラーの多面体定理　$e=v+f-2$

線　は　帳　面　に引け
(辺の数)＝(頂点の数)＋(面の数)－2

解答 正二十面体は，各面が正三角形であり，1 つの頂点に集まる面の数は 5 である。
したがって，正二十面体の
　辺の数は　$3\times20\div2=30$
　頂点の数は　$3\times20\div5=12$ …… ①
次に，問題の多面体について考える。
正二十面体の 1 つのかどを切り取ると，新しい面として正五角形が 1 つできる。
① より，正五角形が 12 個できるから，この数だけ，正二十面体より面の数が増える。
したがって，**面の数は**　$\boldsymbol{f=20+12=32}$
辺の数は，正五角形が 12 個あるから
　$\boldsymbol{e=5\times12=60}$
頂点の数は，オイラーの多面体定理から
　$\boldsymbol{v=60-32+2=30}$

問題の多面体は，次の図のようになる。この多面体を
二十面十二面体
ということがある。

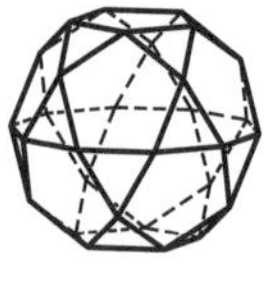

◀正二十面体の各辺の中点が，問題の多面体の頂点になることに着目して，頂点の数から先に求めてもよい。

練習 ② 107 正十二面体の各辺の中点を通る平面で，すべてのかどを切り取ってできる多面体の面の数 f，辺の数 e，頂点の数 v を，それぞれ求めよ。

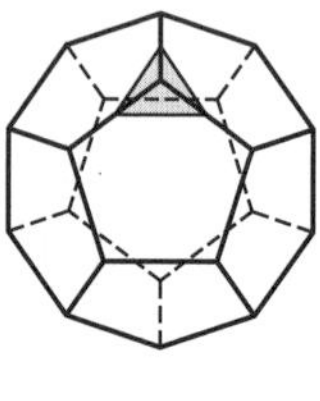

p.514 EX75

基本例題 108 多面体の体積

1 辺の長さが 3 の正八面体がある。この正八面体を，右の図のように，正八面体の 1 つの頂点に集まる 4 つの辺の 3 等分点のうち，頂点に近い方の点を結んでできる正方形を含む平面で切り，頂点を含む正四角錐を取り除く。すべての頂点で同様にして，正四角錐を取り除くとき，残った立体の体積 V を求めよ。

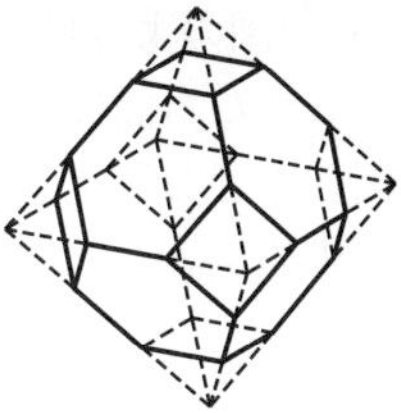

基本 107

指針 切り取られる図形の形や数に注目

切り取られるのは **正四角錐** で，正八面体の頂点の数と同じだけある。また，正八面体は，2 つの合同な正四角錐に分けられるから，**正四角錐の体積がポイント** になる。

正八面体を 2 個に分けた正四角錐 … 底面は正方形で，すべての辺の長さが等しい。

また　(正四角錐の体積)$=\frac{1}{3}\times$(底面の正方形の面積)$\times$(高さ)

解答

右の図において，四角形 ABCD は正方形であり，頂点 P から下ろした垂線の足は，正方形 ABCD の対角線の交点 O と一致する。

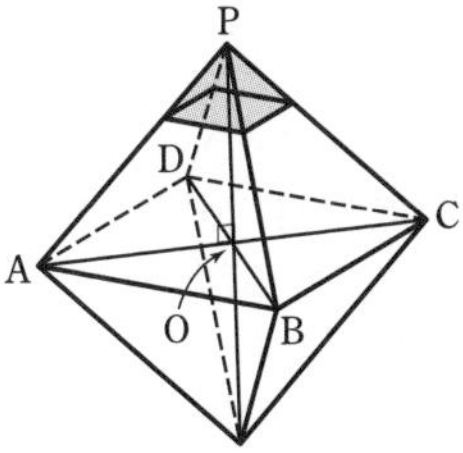

よって　$PO=\frac{1}{\sqrt{2}}PA=\frac{3\sqrt{2}}{2}$

ゆえに，正四角錐 P-ABCD の体積は　$\frac{1}{3}\cdot AB^2\cdot PO=\frac{9\sqrt{2}}{2}$

よって，正八面体の体積を V_0 とすると

$$V_0=9\sqrt{2}$$

取り除かれる正四角錐の 1 辺の長さは 1 であるから，その体積を V_1 とすると

$$V_1=\frac{1}{3}\cdot 1^2\cdot\frac{1}{\sqrt{2}}=\frac{\sqrt{2}}{6}$$

取り除かれる正四角錐の数は，正八面体の頂点の数 6 と同じであるから　$\boldsymbol{V=V_0-6V_1=8\sqrt{2}}$

問題の多面体は，次の図のようになる。この多面体を **切頂八面体** ということがある。

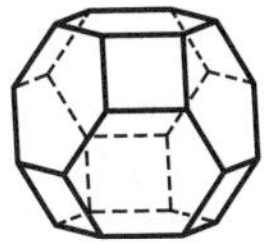

参考 **相似を利用。**
正四角錐 P-ABCD と取り除かれる正四角錐は相似で，相似比は　3：1
よって

$$\frac{V_0}{2}:V_1=3^3:1^3$$

$$V=V_0-6V_1=\frac{8}{9}V_0$$

練習 ② 108 1 辺の長さが 3 の正四面体がある。この正四面体を，右の図のように，正四面体の 1 つの頂点に集まる 3 つの辺の 3 等分点のうち，頂点に近い方の点を結んでできる正三角形を含む平面で切り，頂点を含む正四面体を取り除く。すべての頂点で同様にして，正四面体を取り除くとき，残った立体の体積 V を求めよ。

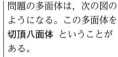

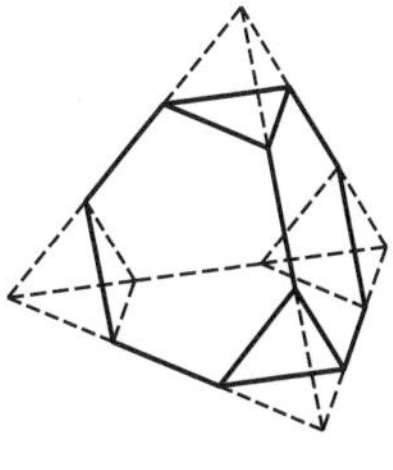

基本例題 109 多面体を軸の周りに回転してできる立体の体積

右の図のように，1辺の長さが2の正四面体を2つつなぎ合わせた六面体がある。この六面体を直線PQを軸として回転させるとき，この六面体の面が通過する部分の体積Vを求めよ。

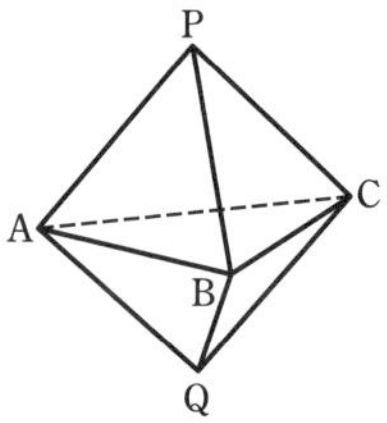

基本 108

指針 「面が通過する部分の体積」とあるから，単純にはいかない。
そこで，**回転体 断面をつかむ** に従って考えてみよう。
回転体を△ABCを含む平面で切ったときの断面は，図のようになる（Oは△ABCの重心，Mは辺BCの中点）。したがって，面が通過する部分は，△ABCの外接円から，△ABCの内接円をくり抜いたものと考えられる。このことを立体全体に適用すると

V＝(内部が通過する部分の体積)－(面が通過しない部分の体積)

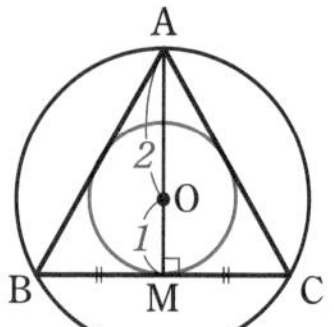

解答 頂点Pから△ABCに垂線POを下ろし，辺BCの中点をMとする。
この六面体の内部が通過する部分の体積は，半径OAの円を底面とし，線分OPを高さとする円錐の体積の2倍である。
次に，この六面体の面が通過しない部分の体積は，半径OMの円を底面とし，線分OPを高さとする円錐の体積の2倍である。

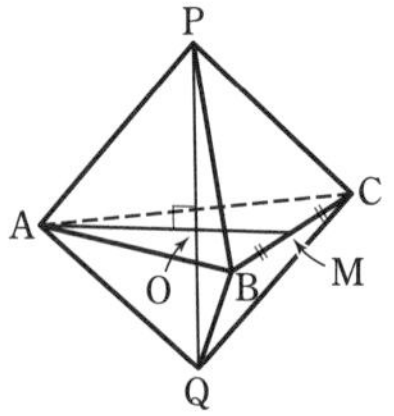

注意 問題の六面体は，すべての面が合同な正三角形であるが，正多面体ではない。なぜなら，頂点に集まる面の数が3または4のところがあり，一定ではないからである。

よって　$V=2\times\dfrac{1}{3}\pi\cdot OA^2\cdot OP-2\times\dfrac{1}{3}\pi\cdot OM^2\cdot OP$ …… ①

△ACMは30°，60°，90°の直角三角形で，AC＝2より，AM＝$\sqrt{3}$であり，Oは△ABCの重心であるから

$OA=\dfrac{2}{3}AM=\dfrac{2\sqrt{3}}{3}$，$OM=\dfrac{1}{3}AM=\dfrac{\sqrt{3}}{3}$　また　$OP=\sqrt{PA^2-OA^2}=\dfrac{2\sqrt{6}}{3}$

これらを①に代入して

$$V=\frac{2}{3}\pi(OA^2-OM^2)\cdot OP=\frac{2}{3}\pi\left(\frac{4}{3}-\frac{1}{3}\right)\cdot\frac{2\sqrt{6}}{3}=\boldsymbol{\frac{4\sqrt{6}}{9}\pi}$$

練習 ③109 1辺の長さが2の正八面体PABCDQの辺AB，BC，CD，DAの中点を，それぞれK，L，M，Nとする。
この正八面体を直線PQを軸として回転させるとき，八面体PKLMNQの内部が通過する部分を除いた部分の体積Vを求めよ。

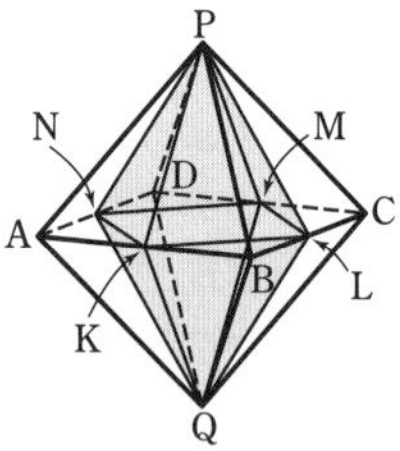

参考事項 準正多面体

※正多面体はすべての面が合同で，どの頂点にも同じ数の面が集まる凸多面体であるが，この条件をゆるめると新たな立体を考えることができる。
次の [1] と [2] が成り立つ凸多面体を **準正多面体** という。

[1]　各面は正多角形からできている。
[2]　各頂点のまわりの状態がすべて同じ。

◀正多角形は 1 種類でなくてもよい。
◀各頂点に集まる正多角形の種類と順序が同じ。

準正多面体には，次のようなものがある。

① 切頂四面体

② 切頂六面体

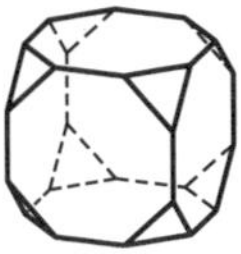

③ 切頂八面体

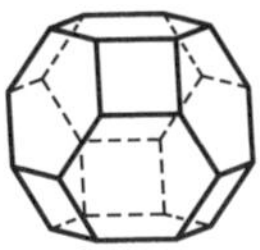

④ 切頂十二面体

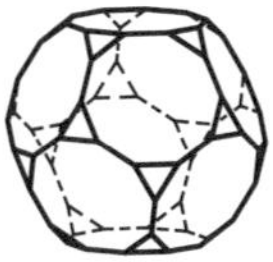

⑤ 切頂二十面体

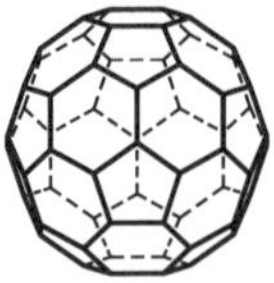

⑥ 立方八面体

⑦ 二十面十二面体

⑧ 切頂立方八面体

⑨ 切頂二十面十二面体

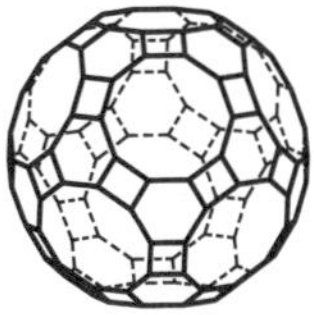

⑩ 斜立方八面体

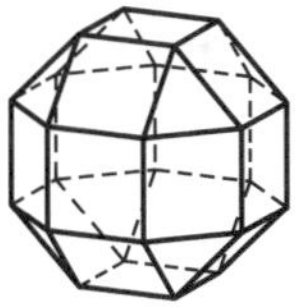

⑪ 斜十二面二十面体

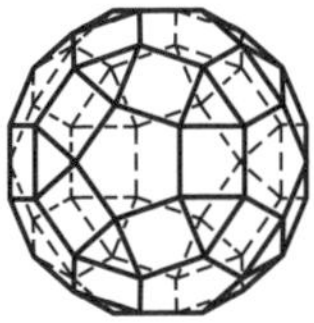

⑫ ねじれ立方体

⑬ ねじれ十二面体

例えば，正六面体(立方体)の各辺の中点を通る平面で 8 つのかどを切り取ってできる多面体は，⑥ **立方八面体** である。また，正六面体の各頂点で，1 つの頂点に集まる 3 つの辺の 3 等分点のうち，頂点に近い方の点を通る平面で 8 つのかどを切り取ってできる多面体は，② **切頂六面体** である。

②72　空間内の直線 ℓ, m, n や平面 P, Q, R について，次の記述が正しいか，正しくないかを答えよ。

(1)　$P\perp Q$, $Q\perp R$ のとき，$P /\!/ R$ である。
(2)　$P\perp Q$, $Q /\!/ R$ のとき，$P\perp R$ である。
(3)　$\ell\perp m$, $P /\!/ \ell$ のとき，$P\perp m$ である。
(4)　$P /\!/ \ell$, $Q /\!/ \ell$ のとき，$P /\!/ Q$ である。
(5)　$P\perp \ell$, $Q /\!/ \ell$ のとき，$P\perp Q$ である。
(6)　$\ell\perp m$, $m\perp n$ のとき，$\ell /\!/ n$ である。

→105

③73　四面体 ABCD がある。線分 AB, BC, CD, DA 上にそれぞれ点 P, Q, R, S がある。点 P, Q, R, S は同一平面上にあり，四面体のどの頂点とも異なるとする。PQ と RS が平行でないとき，等式 $\dfrac{\mathrm{AP}}{\mathrm{PB}}\cdot\dfrac{\mathrm{BQ}}{\mathrm{QC}}\cdot\dfrac{\mathrm{CR}}{\mathrm{RD}}\cdot\dfrac{\mathrm{DS}}{\mathrm{SA}}=1$ が成り立つことを示せ。　〔類　埼玉大〕

→105, 82

②74　正多面体の隣り合う 2 つの面の正多角形の中心を結んでできる多面体もまた，正多面体である。5 つの正多面体のそれぞれについて，できる正多面体を答えよ。ただし，正多角形の中心とは，その正多角形の外接円の中心とする。→p.509 基本事項 1

③75　正二十面体の 1 つの頂点に集まる 5 つの辺の 3 等分点のうち，頂点に近い方の点を結んでできる正五角形を含む平面で正二十面体を切り，頂点を含む正五角錐を取り除く。すべての頂点で，同様に正五角錐を取り除くとき，残った多面体の面の数 f, 辺の数 e, 頂点の数 v を，それぞれ求めよ。

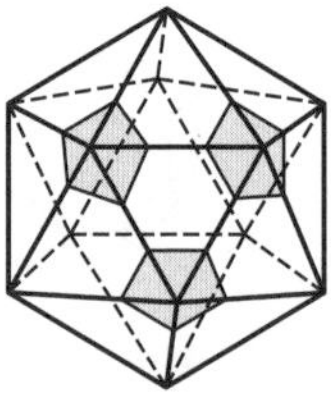

→107

④76　正多面体は，正四面体，正六面体，正八面体，正十二面体，正二十面体の 5 種類以外にないことを，オイラーの多面体定理を用いて証明せよ。→p.509 基本事項 2

HINT

72　正しくない例が 1 つでもあれば，答えは×となる。
73　直線 PQ と RS は交わる。その交点を X とすると，X は 3 点 A, B, C を通る平面上にあり，3 点 A, C, D を通る平面上にもある。
74　新しくできる正多面体の頂点の数は，もとの正多面体の面の数に等しい。
75　まず，正二十面体の辺と頂点の数を求める。
76　正多面体の頂点，辺，面の数をそれぞれ v, e, f とする。各面を正 m 角形とすると $mf=2e$ であり，1 つの頂点に集まる辺の数を n とすると　$nv=2e$
これらとオイラーの多面体定理および $e>0$ から，m, n の値を導く。

数学A 第4章

数学と人間の活動

4

SELECT STUDY

START

- 基本定着コース：110, 111, 112, 115, 116, 117, 118, 120, 124, 125, 126, 133, 135, 136, 146, 147, 148, 152, 154, 155
- 精選速習コース：112, 114, 115, 116, 118, 120, 121, 125, 126, 127, 129, 130, 134, 136, 137, 139, 140, 141, 142, 143, 147, 149, 150, 152, 153, 154, 156
- 実力練成コース：114, 115, 121, 122, 123, 127, 128, 129, 130, 132, 134, 137, 138, 139, 141, 142, 144, 145, 150, 151, 153, 156

例題一覧

				難易度
18	基本	110	約数と倍数	②
	基本	111	倍数の判定法	②
	基本	112	素因数分解に関する問題	②
	基本	113	約数の個数と総和	②
	重要	114	$\sqrt{2\text{次式}}$ の値が自然数となる条件	③
	基本	115	素数の問題	③
	基本	116	素因数の個数	②
	基本	117	最大公約数と最小公倍数	①
	基本	118	最大公約数・最小公倍数と数の決定 (1)	②
	基本	119	最大公約数・最小公倍数と数の決定 (2)	③
	基本	120	互いに素に関する証明問題 (1)	②
	基本	121	互いに素に関する証明問題 (2)	③
	重要	122	互いに素である自然数の個数	④
	重要	123	完全数	④
19	基本	124	割り算の余りの性質	②
	基本	125	余りによる整数の分類	②
	基本	126	連続する整数の積の性質の利用	②
	重要	127	等式 $a^2+b^2=c^2$ に関する証明問題	④
	重要	128	素数の問題（余りによる整数の分類の利用）	④
20	演習	129	合同式の性質の証明と利用	③
	演習	130	合同式の利用	③
	演習	131	合同式を利用した証明 (1)	③
	演習	132	合同式を利用した証明 (2)	④
21	基本	133	ユークリッドの互除法	①
	基本	134	互除法の応用問題	③
	基本	135	1次不定方程式の整数解 (1)	②
	基本	136	1次不定方程式の整数解 (2)	②
	基本	137	1次不定方程式の応用問題	③
	重要	138	$ax+by$ の形で表される整数	④
	重要	139	整数値多項式	③
22	演習	140	方程式の整数解 (1)	③
	演習	141	方程式の整数解 (2)	④
	演習	142	方程式の整数解 (3)	④
	演習	143	方程式の整数解 (4)	③
	演習	144	方程式の整数解 (5)	④
	演習	145	方程式の整数解 (6)	④
23	基本	146	記数法の変換	①
	基本	147	n 進法の小数	②
	基本	148	n 進数の四則計算	②
	基本	149	n 進数の各位の数と記数法の決定	③
	基本	150	n 進数の桁数	③
	重要	151	5進数の列	③
	基本	152	有限小数・循環小数で表される条件	②
	基本	153	分数，小数と n 進法	③
24	基本	154	座標平面上の点	②
	基本	155	空間の点の座標	①
	基本	156	空間の点	③

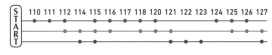

18 約数と倍数，最大公約数と最小公倍数

基本事項

1 約数，倍数　2つの整数 a，b について，ある整数 k を用いて，$a=bk$ と表されるとき，b は a の **約数** であるといい，a は b の **倍数** であるという。

2 倍数の判定法

2の倍数　一の位が偶数（0，2，4，6，8のいずれか）

5の倍数　一の位が0，5のいずれか　　4の倍数　下2桁が4の倍数

3の倍数　各位の数の和が3の倍数　　9の倍数　各位の数の和が9の倍数

3 素数と素因数分解

① 2以上の自然数のうち，1とそれ自身以外に正の約数をもたない数を **素数** といい，素数でない数を **合成数** という。1は素数でも合成数でもない。

② 整数がいくつかの整数の積で表されるとき，積を作る1つ1つの整数を，もとの整数の **因数** という。素数である因数を **素因数** といい，自然数を素数だけの積の形に表すことを **素因数分解** するという。

4 約数の個数，総和　自然数 N を素因数分解した結果が $N=p^aq^br^c\cdots\cdots$ であるとき，

N の正の約数の　個数は　$(a+1)(b+1)(c+1)\cdots\cdots$　← 基本例題 8 参照。

総和は　$(1+p+\cdots+p^a)(1+q+\cdots+q^b)(1+r+\cdots+r^c)\cdots\cdots$

解　説

■ 約数，倍数

$a=bk$ のとき $a=(-b)(-k)$ であるから，b が a の約数ならば $-b$ も a の約数である。また，すべての整数は0の約数であり，0はすべての整数の倍数である。なお，0がある整数の約数となることはない。

■ 倍数の判定法

[4の倍数の判定]　正の整数 N の下2桁を a とすると，負でないある整数 k を用いて，$N=100k+a=4\cdot25k+a$ と表される。

よって，N が4の倍数であるのは，a が4の倍数のときである。

[3の倍数，9の倍数の判定]　例えば，3桁の正の整数 N を $N=100a+10b+c$ とすると，

$N=(99+1)a+(9+1)b+c=9(11a+b)+(a+b+c)$ であるから，

$a+b+c$ が3の倍数であれば N は3の倍数であり，$a+b+c$ が9の倍数であれば N は9の倍数である。4桁以上の場合についても同様。

■ 素因数分解の一意性

合成数は，1とそれ自身以外の正の約数を用いて，いくつかの自然数の積で表すことができる。それらの自然数の中に合成数があれば，その合成数はまたいくつかの自然数の積に表すことができる。

このような操作を続けていくと，もとの合成数は，素数だけの積になる。よって，合成数は，必ず素因数分解できる。また，1つの合成数の素因数分解は，積の順序の違いを除けばただ1通りである。

注意　以後，約数や倍数は，整数の範囲（0や負の数も含む）で考える。

◀0は $0=b\cdot0$ と表されるから，b は0の約数であり，0は b の倍数である。

◀4の倍数の判定法は，「下2桁が4の倍数または00」と示されることもある。本書では，00の表す数は0であるとみなして，4の倍数の中に含めている。

◀例えば，$210=6\cdot35$ と表すことができるが，$6=2\cdot3$，$35=5\cdot7$ から，$210=2\cdot3\cdot5\cdot7$ のように素数だけの積で表される。

基本例題 110 約数と倍数

a, b は0でない整数とする。 p.516 基本事項 1

(1) a と b がともに3の倍数ならば，$7a-4b$ も3の倍数であることを証明せよ。

(2) $\dfrac{a}{5}$ と $\dfrac{40}{a}$ がともに整数であるような a をすべて求めよ。

(3) a が b の倍数で，かつ b が a の倍数であるとき，a を b で表せ。

指針 「**a が b の倍数である**」ことは，「**b が a の約数である**」ことと同じであり，このとき，**整数 k を用いて**

$$a=bk$$

と表される。このことを利用して解いていく。

(2) a は5の倍数で，かつ40の約数でもある。

$$\boldsymbol{a=bk}$$

（b は a の約数，a は b の倍数）

解答

(1) a, b が3の倍数であるから，整数 k, l を用いて

$a=3k$, $b=3l$ と表される。

よって $7a-4b=7\cdot3k-4\cdot3l=3(7k-4l)$

$7k-4l$ は整数であるから，$7a-4b$ は3の倍数である。 ◀整数の和・差・積は整数である。

(2) $\dfrac{a}{5}$ が整数であるから，a は5の倍数である。

ゆえに，k を整数として $a=5k$ と表される。

よって $\dfrac{40}{a}=\dfrac{40}{5k}=\dfrac{8}{k}$ ◀$a=5k$ を代入。

$\dfrac{40}{a}$ が整数となるのは，k が8の約数のときであるから

$k=\pm1$, ±2, ±4, ±8 ◀**負の約数も考える。**

したがって $\boldsymbol{a=\pm5,\ \pm10,\ \pm20,\ \pm40}$ ◀$a=5k$ に k の値を代入。

(3) a が b の倍数，b が a の倍数であるから，整数 k, l を用いて $a=bk$, $b=al$ と表される。

$a=bk$ を $b=al$ に代入し，変形すると $b(kl-1)=0$ ◀a を消去する。

$b\neq0$ であるから $kl=1$ ◀k, l はともに1の約数である。

k, l は整数であるから $k=l=\pm1$

したがって $\boldsymbol{a=\pm b}$

検討 **倍数の表し方に注意！**

上の解答の～～で，l を用いずに，例えば(1)で $a=3k$, $b=3k$ のように書いてはダメ！これでは $a=b$ となり，この場合しか証明したことにならない。a, b は別々の値をとる変数であるから，～～のように別の文字（k, l など）を用いて表さなければならない。

練習 ②110

(1) 次のことを証明せよ。ただし，a, b, c, d は整数とする。

(ア) a, b がともに4の倍数ならば，a^2+b^2 は8の倍数である。

(イ) a が c の倍数で，d が b の約数ならば，cd は ab の約数である。

(2) 2つの整数 a, b に対して，$a=bk$ となる整数 k が存在するとき，$b\,|\,a$ と書くことにする。このとき，$a\,|\,20$ かつ $2\,|\,a$ であるような整数 a を求めよ。

基本例題 111 倍数の判定法

(1) 5 桁の自然数 257□6 が 8 の倍数であるとき，□ に入る数をすべて求めよ。

(2) 11 の倍数については，次の判定法が知られている。

「偶数桁目の数の和」と「奇数桁目の数の和」の差が 11 の倍数

このことを，6 桁の自然数 N について証明せよ。

p.516 基本事項 2

指針 (1) 例えば，8 の倍数である 4376 は，$4376=4000+376=4\cdot1000+8\cdot47$ と表される。$1000=8\cdot125$ は 8 の倍数であるから，8 の倍数であることを判定するには，**下 3 桁が 8 の倍数であるかどうかに注目する**（ただし，000 の場合は 0 とみなす）。

(2) **$N=Ak+B$ のとき，N が A の倍数ならば，B は A の倍数**（文字は整数）
N を $11k+B$ の形で表したとき，B が 11 の倍数であることから証明できそう。解答のように，10 の累乗数を 11 の倍数±1 の形で表しながら，変形していくとよい。

解答

(1) □ に入る数を a（a は整数，$0\leqq a\leqq9$）とする。
下 3 桁が 8 の倍数であるとき，257□6 は 8 の倍数となるから $700+10a+6=706+10a=8(a+88)+2(a+1)$
$2(a+1)$ は 8 の倍数となるから，$a+1$ は 4 の倍数。
よって　$a+1=4,\ 8$　すなわち　$a=3,\ 7$
したがって，□ に入る数は　**3，7**

(2) $N=10^5a+10^4b+10^3c+10^2d+10e+f$ とすると

$$N=(100001-1)a+(9999+1)b+(1001-1)c+(99+1)d+(11-1)e+f$$
$$=11(9091a+909b+91c+9d+e)+(b+d+f)-(a+c+e)$$

よって，N が 11 の倍数であるのは，偶数桁目の数の和 $a+c+e$ と，奇数桁目の数の和 $b+d+f$ の差が 11 の倍数のときである。

◀ $706=8\cdot88+2$

◀ $0\leqq a\leqq9$ のとき $1\leqq a+1\leqq10$

◀ $1001=7\cdot11\cdot13$ は記憶しておくとよい。

◀ $-a+b-c+d-e+f$ を問題に合うように変形した。

検討 **7 の倍数の判定法**

7 の倍数については，次の判定法が知られている。下の練習 111 (2) も参照。

一の位から左へ 3 桁ごとに区切り，左から奇数番目の区画の和から，偶数番目の区画の和を引いた数が 7 の倍数である。

例えば，987654122 は，右の図において，(①+③)−② から
$(987+122)-654=455=7\times65$ ⟶ 987654122 は 7 の倍数。
なお，この判定法は，$10^3+1=7\times143$，$10^6-1=7\times142857$，$10^9+1=7\times142857143$，…… であることを利用している。

例 987654122
3 桁ごとに区切ると
987 | 654 | 122
① ② ③

練習 ② 111
(1) 5 桁の自然数 4□9□3 の □ に，それぞれ適当な数を入れると 9 の倍数になる。このような自然数で最大なものを求めよ。
(2) 6 桁の自然数 N を 3 桁ごとに 2 つの数に分けたとき，前の数と後の数の差が 7 の倍数であるという。このとき，N は 7 の倍数であることを証明せよ。

p.535 EX77

基本例題 112 素因数分解に関する問題 ②②②②②

(1) $\sqrt{\dfrac{63n}{40}}$ が有理数となるような最小の自然数 n を求めよ。

(2) $\dfrac{n}{6}$, $\dfrac{n^2}{196}$, $\dfrac{n^3}{441}$ がすべて自然数となるような最小の自然数 n を求めよ。

p.516 基本事項 3

指針 いずれの問題も **素因数分解** が，問題解決のカギを握る。

(1) $\sqrt{A^m}$ (m は偶数) の形になれば，根号をはずすことができるから，$\sqrt{\ \ }$ の中の数を素因数分解しておくと，考えやすくなる。

(2) $\dfrac{n}{6}=m$ (m は自然数) とおいて，$\dfrac{n^2}{196}$, $\dfrac{n^3}{441}$ が自然数となる条件を考える。

素因数分解

$$\begin{array}{r|l} 3 & 63 \\ \hline 3 & 21 \\ \hline & 7 \end{array}$$

$63=3^2\cdot7$

解答

(1) $\sqrt{\dfrac{63n}{40}}=\sqrt{\dfrac{3^2\cdot7n}{2^3\cdot5}}=\dfrac{3}{2}\sqrt{\dfrac{7n}{2\cdot5}}$

これが有理数となるような最小の自然数 n は

$\boldsymbol{n}=2\cdot5\cdot7=\mathbf{70}$

(2) $\dfrac{n}{6}=m$ (m は自然数) とおくと　$n=2\cdot3m$

ゆえに　$\dfrac{n^2}{196}=\dfrac{2^2\cdot3^2m^2}{2^2\cdot7^2}=\dfrac{3^2m^2}{7^2}=\left(\dfrac{3m}{7}\right)^2$

これが自然数となるのは，m が 7 の倍数のときであるから，$m=7k$ (k は自然数) とおくと　$n=2\cdot3\cdot7k$ … ①

よって　$\dfrac{n^3}{441}=\dfrac{2^3\cdot3^3\cdot7^3k^3}{3^2\cdot7^2}=2^3\cdot3\cdot7k^3$

これが自然数となるもので最小のものは，$k=1$ のときであるから，① に $k=1$ を代入して　$\boldsymbol{n=42}$

◀ $63=3^2\cdot7$, $40=2^3\cdot5$

◀ $\dfrac{3}{2}\sqrt{\dfrac{7}{2\cdot5}\times2\cdot5\cdot7}$ $=\dfrac{3}{2}\cdot7=\dfrac{21}{2}$ (有理数) となる。

◀ ① より，k が最小のとき，n も最小となる。

検討

素因数分解の一意性

素因数分解については，次の **素因数分解の一意性** も重要である。

合成数の素因数分解は，積の順序の違いを除けばただ 1 通りである。

したがって，整数の問題では，2 通りに素因数分解できれば，指数部分の比較によって方程式を解き進めることができる。なお，1 を素数に含めると，$8=2^3=1\cdot2^3=1^2\cdot2^3$ のように，素因数分解の一意性が成り立たなくなるので，1 は素数から除外してある。

問題 $3^m\cdot15^n=405$ を満たす整数 m, n の値を求めよ。

解答 $3^m\cdot15^n=3^m\cdot(3\cdot5)^n=3^{m+n}\cdot5^n$, $405=3^4\cdot5$ であるから　$3^{m+n}\cdot5^n=3^4\cdot5$

指数部分を比較して　$m+n=4$, $n=1$　よって　$\boldsymbol{m=3,\ n=1}$

練習 ② 112

(1) $\sqrt{\dfrac{500}{77n}}$ が有理数となるような最小の自然数 n を求めよ。

(2) $\sqrt{54000n}$ が自然数になるような最小の自然数 n を求めよ。

(3) $\dfrac{n}{10}$, $\dfrac{n^2}{18}$, $\dfrac{n^3}{45}$ がすべて自然数となるような最小の自然数 n を求めよ。

p.535 EX 78

基本例題 113 約数の個数と総和

(1) 360 の正の約数の個数と，正の約数の総和を求めよ。
(2) 12^n の正の約数の個数が 28 個となるような自然数 n を求めよ。〔(2) 慶応大〕
(3) 56 の倍数で，正の約数の個数が 15 個である自然数 n を求めよ。

p.516 基本事項 4

指針 約数の個数，総和に関する問題では，次のことを利用するとよい。

自然数 N の素因数分解が $N=p^aq^br^c\cdots\cdots$ となるとき
正の約数の個数は　$(a+1)(b+1)(c+1)\cdots\cdots$
正の約数の総和は　$(1+p+p^2+\cdots+p^a)(1+q+q^2+\cdots+q^b)(1+r+r^2+\cdots+r^c)\cdots\cdots$

(2) 12^n を素因数分解して，約数の個数に関する n の方程式を作る。
(3) **正の約数の個数 15 を積で表し，指数** となる a, b, …… **の値を決める** とよい。
15 を積で表すと，$15\cdot1$, $5\cdot3$ であるから，n は $p^{15-1}q^{1-1}$ または $p^{5-1}q^{3-1}$ の形。

CHART **約数の個数，総和**　**素因数分解した式を利用**
$p^aq^br^c$ の正の約数の個数は $(a+1)(b+1)(c+1)$ (p, q, r は素数)

解答

(1) $360=2^3\cdot3^2\cdot5$ であるから，正の約数の個数は
$(3+1)(2+1)(1+1)=4\cdot3\cdot2=$ **24 (個)**
また，正の約数の総和は
$(1+2+2^2+2^3)(1+3+3^2)(1+5)$
$=15\cdot13\cdot6=$ **1170**

◀積の法則を利用しても求められる（p.345 参照）。

(2) $12^n=(2^2\cdot3)^n=2^{2n}\cdot3^n$ であるから，12^n の正の約数が 28 個であるための条件は
$(2n+1)(n+1)=28$
よって　$2n^2+3n-27=0$
ゆえに　$(n-3)(2n+9)=0$
n は自然数であるから　$\boldsymbol{n=3}$

◀$(ab)^n=a^nb^n$, $(a^n)^m=a^{nm}$
◀〜〜のところを $2n\cdot n$ としたら誤り。

(3) n の正の約数の個数は 15 $(=15\cdot1=5\cdot3)$ であるから，
n は　p^{14}　または　p^4q^2 (p, q は異なる素数)
の形で表される。
n は 56 の倍数であり，$56=2^3\cdot7$ であるから，n は p^4q^2 の形で表される。
したがって，求める自然数 n は　$\boldsymbol{n=2^4\cdot7^2=784}$

◀$15\cdot1$ から　$p^{15-1}q^{1-1}$
$5\cdot3$ から　$p^{5-1}q^{3-1}$
◀p^{14} の場合は起こらない。
◀$p=2$, $q=7$

練習 ② 113
(1) 756 の正の約数の個数と，正の約数の総和を求めよ。
(2) 正の約数の個数が 3 で，正の約数の総和が 57 となる自然数 n を求めよ。
(3) 300 以下の自然数のうち，正の約数が 9 個である数の個数を求めよ。

p.535 EX 79

重要例題 114　$\sqrt{2}$ 次式 の値が自然数となる条件

$\sqrt{n^2+40}$ が自然数となるような自然数 n をすべて求めよ。

指針　$\sqrt{n^2+40}=m$（m は自然数）とおき，両辺を平方して整理すると　$m^2-n^2=40$
よって　$(m+n)(m-n)=40$ …… ①　　⟵(　)(　)=(整数) の形
ここで，A，B，C が整数のとき，$AB=C$ ならば　A，B は C の約数 …（∗）
を利用して，① を満たす整数 $m+n$，$m-n$ の組を考える。
このとき，$m>0$，$n>0$ より $m+n>0$ であるから，① が満たされるとき　$m-n>0$
更に，$m+n>m-n$ であることを利用して，組の絞り込みを効率化するとよい。

CHART 整数の問題　(　)(　)=(整数) の形を導き出す

解答
$\sqrt{n^2+40}=m$（m は自然数）とおくと　$n<m$　　◀ $n=\sqrt{n^2}<\sqrt{n^2+40}=m$
平方して　$n^2+40=m^2$
ゆえに　$(m+n)(m-n)=40$ …… ①　　◀ $m^2-n^2=40$
m，n は自然数であるから，$m+n$，$m-n$ も自然数であり，40 の約数である。
また，$m+n>m-n\geqq 1$ であるから，① より　　◀ $n>0$ から $m+n>m-n$

$$\begin{cases} m+n=40 \\ m-n=1 \end{cases},\ \begin{cases} m+n=20 \\ m-n=2 \end{cases},\ \begin{cases} m+n=10 \\ m-n=4 \end{cases},\ \begin{cases} m+n=8 \\ m-n=5 \end{cases}$$

◀ $m+n=a$，$m-n=b$ とすると $m=\dfrac{a+b}{2}$，$n=\dfrac{a-b}{2}$

解は順に

$$(m,\ n)=\left(\frac{41}{2},\ \frac{39}{2}\right),\ (11,\ 9),\ (7,\ 3),\ \left(\frac{13}{2},\ \frac{3}{2}\right)$$

したがって，求める n の値は　$\boldsymbol{n=9,\ 3}$　　◀ m，n が分数の組は不適。

検討　積が，ある整数になる 2 整数の組の求め方
上の解答の ① のように，**(　)(　)=(整数) の形を導く** ことは，整数の問題における有効な方法の 1 つである。(　)(　)=(整数) の形ができれば，指針の (∗) を利用することで，値の候補を絞り込み，答えにたどりつくことができる。
　また，上の解答では，積が 40 となるような 2 つの自然数の組を調べる必要があるが，そのような組は，右の ⌐¬ で示された，2 数を選ぶと決まる。例えば，1 と 40 に対して (1，40) と (40，1) の 2 組が決まるから，条件を満たす組は全部で $4\times2=8$ (組) ある。
しかし，上の解答では，﹏ を利用することで，$(m+n,\ m-n)$ の組を 4 つに絞る工夫をしている。

40 の正の約数
$40=2^3\cdot5$ から　$(3+1)(1+1)=8$ (個)

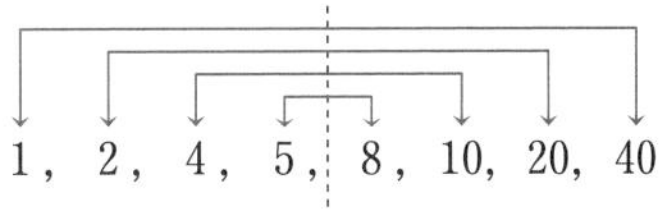

なお，整数 a，b に対し，$(a+b)-(a-b)=2b$ (偶数) であるから，$a+b$ と $a-b$ の偶奇は一致する。このことを利用すると，上の解答の ＿ の組は省くことができて，2 組に絞られるから，更に効率よく進められる。

練習 ③ **114**
(1)　$m^2=4n^2+33$ を満たす自然数の組 $(m,\ n)$ をすべて求めよ。
(2)　$\sqrt{n^2+84}$ が整数となるような自然数 n をすべて求めよ。　〔(2) 名古屋市大〕

基本例題 115 素数の問題 ①①①①①

(1) n は自然数とする。$n^2+2n-24$ が素数となるような n をすべて求めよ。

(2) p, q, r を $p<q<r$ である素数とする。等式 $r=q^2-p^2$ を満たす p, q, r の組 (p, q, r) をすべて求めよ。 [(2) 類 同志社大]

指針 **素数 p の正の約数は 1 と p（自分自身）だけである**

このことが問題解決のカギとなる。なお，素数は 2 以上（すなわち正）の整数である。

(1) $n^2+2n-24=(n-4)(n+6)$ であるから，$n^2+2n-24$ が素数となるには，$n+6>0$ より，$n-4$，$n+6$ のどちらかが 1 となる必要がある。
ここで，$n-4$ と $n+6$ の大小関係に注目すると，おのずと $n-4=1$ に決まる。

(2) 等式を変形すると　$(q+p)(q-p)=r$　⟵ (　)(　)=(整数) の形
$q+p>q-p>0$，r は素数であることに注目すると　$q-p=1$
ここで，q, p はその差が奇数となるから，一方が奇数で，他方が偶数である。ここで，**「偶数の素数は 2 だけである」**という性質を利用すると，p の値が 2 に決まる。

◀奇±偶=奇
奇±奇=偶
偶±偶=偶

CHART **素数　正の約数は 1 とその数だけ　偶数の素数は 2 だけ**

解答

(1) $n^2+2n-24=(n-4)(n+6)$ …… ①

n は自然数であるから　$n+6>0$　また　$n-4<n+6$

$n^2+2n-24$ が素数であるとき，① から　$n-4>0$

よって　$n-4=1$　ゆえに　$n=5$

このとき　$n^2+2n-24=(5-4)(5+6)=11$
これは素数であるから，適する。 ……(＊)

したがって　$\boldsymbol{n=5}$

(2) $r=q^2-p^2$ から　$(q+p)(q-p)=r$ …… ②

$0<p<q<r$ であるから　$0<q-p<q+p$

r が素数であるから，② より　$q+p=r$, $q-p=1$

$q-p=1$（奇数）であるから，q, p は偶奇が異なる。

更に，$p<q$ であるから　$p=2$　よって　$q=3$

ゆえに　$r=3+2=5$

したがって　$\boldsymbol{(p, q, r)=(2, 3, 5)}$

◀まず，因数分解。

(＊)　$n-4=1$ が満たされても，$n+6=$(合成数) となってしまっては不適となる。そのため，$n^2+2n-24$ が素数となることを確認している
[$n+6=5+6=11$ (素数) の確認だけでも十分である]。

◀**素数は 2 以上の整数。**

◀q, p のどちらか一方は 2 となる。

POINT 2 整数の和（または差）が偶数 ⟺ 2 整数の偶奇は一致する
2 整数の和（または差）が奇数 ⟺ 2 整数の偶奇は異なる

練習 ③115 (1) n は自然数とする。次の式の値が素数となるような n をすべて求めよ。
(ア) $n^2+6n-27$　　(イ) $n^2-16n+39$

(2) p は素数とする。$m^2=n^2+p^2$ を満たす自然数の組 (m, n) が存在しないとき，p の値を求めよ。

p.535 EX80

ズーム UP 素数の性質の利用

素数は「**1 とそれ自身以外に正の約数をもたない 2 以上の整数**」というシンプルな定義であるが，シンプルがゆえに，素数が問題の条件として与えられた場合に，それをどう活かせばよいか戸惑う人も多いかもしれない。素数に関しては，まず次の性質 ①, ② をしっかり把握しておくことが重要である。与えられた条件が少ない場合でも，値を絞り込む際に ①, ② が威力を発揮することが多い。

① 素数 p の約数は ±1 と $\pm p$ （正の約数は 1 と p の 2 個）
② 素数は 2 以上の整数で，偶数であるものは 2 だけである。また，3 以上の素数はすべて奇数である。

● 「素数 p の約数は ±1 と $\pm p$」の利用

(1) において，「n が自然数」という条件の場合は，(1) の指針・解答で示したように，$0<n-4<n+6$ により $n-4=1$ となる ($n+6=1$ は起こりえない)。
一方，「n が整数」という条件の場合は，素数 p に対し $(-p)\times(-1)=p$ もあるため，右の ①～④ の値の組が考えられる。
ここで，$n-4<n+6$ であるから，適するのは ①, ③ のみであり，$n-4=1$ または $n+6=-1$ として進める必要がある。
($1<p$, $-p<-1$ に注意。)

	①	②	③	④
$n-4$	1	p	$-p$	-1
$n+6$	p	1	-1	$-p$
	○	×	○	×

● 「素数は 2 以上」，「偶数の素数は 2 だけ，3 以上の素数は奇数」の利用

p, q $(p<q)$ を異なる素数とすると，$p\geqq2$, $q\geqq3$ であるから　$p+q\geqq5$, $pq\geqq6$ といった不等式が成り立つ。
また，$p\pm q=$(奇数) や $pq=$(偶数) のときは，p, q は偶数値をとりうるが，**偶数の素数は 2 だけ** であるから　$p=2$　と決めることができる。
逆に言うと，$p\pm q=$(偶数) や $pq=$(奇数) のときは，p, q はともに奇数であり，
　$p\geqq3$, $q\geqq5$　ということになる。

● 素数でないこと（合成数であること）の証明

n が素数でないことを証明するには，n が素因数 (素数の因数) を複数もつことを示すとよい。

例　素数 p, q $(p<q)$ に対し，p^2q^2-4 は合成数であることを示す。
　$p^2q^2-4=(pq+2)(pq-2)$　　$p\geqq2$, $q\geqq3$ であるから　$pq\geqq6$
　よって　$pq+2\geqq8$, $pq-2\geqq4$　　ゆえに，p^2q^2-4 は合成数である。

参考　素数に関しては，次のような性質もある。
　③ **素数 p は 1, 2, ……, $p-1$ のすべてと互いに素である**
　注意　2 整数 a, b が互いに素であるとは，a, b が共通な素因数をもたないこと。
　④ **素数は無限個ある**　← 証明は $p.530$ の 参考 参照。背理法でも証明できる。

基本例題 116 素因数の個数

(1) 20! を計算した結果は，2 で何回割り切れるか。
(2) 25! を計算すると，末尾には 0 が連続して何個並ぶか。 〔類 法政大〕

基本 112

指針 第 1 章でも学習したが，1 から n までの自然数の積 $\boldsymbol{1\cdot2\cdot3\cdots\cdots(n-1)\cdot n}$ を n の **階乗** といい，$\boldsymbol{n!}$ で表す。

(1) $1\times2\times3\times\cdots\cdots\times20$ の中に **素因数 2 が何個含まれるか**，ということがポイント。
$2^5=32>20$ であるから，2，2^2，2^3，2^4 の倍数の個数を考える。

(2) 25! に **10 が何個含まれるか**，ということがわかればよい。ここで，$10=2\times5$ であるが，25! には素因数 2 の方が素因数 5 より多く含まれる。
したがって，末尾に並ぶ 0 の個数は，素因数 5 の個数に一致する。

CHART 末尾に連続して並ぶ 0 の個数　**素因数 5 の個数がポイント**

解答

(1) 20! が 2 で割り切れる回数は，20! を素因数分解したときの 素因数 2 の個数に一致する。
1 から 20 までの自然数のうち，
　2 の倍数の個数は，20 を 2 で割った商で　10
　2^2 の倍数の個数は，20 を 2^2 で割った商で　5
　2^3 の倍数の個数は，20 を 2^3 で割った商で　2
　2^4 の倍数の個数は，20 を 2^4 で割った商で　1
　$20<2^5$ であるから，2^n $(n\geqq5)$ の倍数はない。
よって，素因数 2 の個数は，全部で
$$10+5+2+1=18\ (\text{個})$$
したがって，20! は 2 で **18 回** 割り切れる。

	2	4	6	8	10	12	14	16	18	20	
2：	○	○	○	○	○	○	○	○	○	○	…10 個
2^2：		○		○		○		○		○	… 5 個
2^3：				○				○			… 2 個
2^4：								○			… 1 個

◀素因数 2 は 2 の倍数だけがもつ。

注意 **1 から n までの整数のうち，k の倍数の個数は，n を k で割った商に等しい**（n，k は自然数）。

(2) 25! を計算したときの 末尾に並ぶ 0 の個数は，25! を素因数分解したときの 素因数 5 の個数に一致する。
1 から 25 までの自然数のうち，
　5 の倍数の個数は，25 を 5 で割った商で　5
　5^2 の倍数の個数は，25 を 5^2 で割った商で　1
　$25<5^3$ であるから，5^n $(n\geqq3)$ の倍数はない。
よって，素因数 5 の個数は，全部で
$$5+1=6\ (\text{個})\ \cdots\cdots\ (*)$$
したがって，末尾には 0 が **6 個** 連続して並ぶ。

◀1 から 25 までの自然数のうち 2 の倍数は 12 個。これと (＊) から，指針の〰〰の理由がわかる。

(＊) から，$25!=10^6k$（k は 10 の倍数でない整数）と表される。

練習 ② 116 (1) $30!=30\cdot29\cdot28\cdots\cdots3\cdot2\cdot1=2^a\cdot3^b\cdot5^c\cdots\cdots19^h\cdot23^i\cdot29^j$ のように，30! を素数の累乗の積として表したとき，a，c の値を求めよ。
(2) 100! を計算すると，末尾には 0 が連続して何個並ぶか。 〔類 星薬大〕

基本事項

1 最大公約数と最小公倍数

2つ以上の整数に共通な約数を，それらの整数の **公約数** といい，公約数のうち最大のものを **最大公約数** という。また，2つ以上の整数に共通な倍数を，それらの整数の **公倍数** といい，公倍数のうち正で最小のものを **最小公倍数** という。

一般に，**公約数は最大公約数の約数** 1)，**公倍数は最小公倍数の倍数** 2) である。

注意　最大公約数を G.C.D. (Greatest Common Divisor) または G.C.M. (Greatest Common Measure)，最小公倍数を L.C.M. (Least Common Multiple) ともいう。

2 互いに素

2つの整数 a，b の最大公約数が1であるとき，a，b は **互いに素** であるという。

3 最大公約数，最小公倍数の性質

2つの自然数 a，b の最大公約数を g，最小公倍数を l とする。$a=ga'$，$b=gb'$ であるとすると，次のことが成り立つ。

1　**a' と b' は互いに素**　　2　$\boldsymbol{l=ga'b'=a'b=ab'}$　　3　$\boldsymbol{ab=gl}$

解　説

■ 最大公約数，最小公倍数

上の1)と2)を証明してみよう。それには，まず2)から示す。

[**2)の証明**]　a，b，c，…… の最小公倍数を l，任意の公倍数を k とする。

k を l で割ったときの商を q，余りを r とすると

$$k=ql+r \ \cdots\cdots \ ①,\quad 0\leqq r<l$$

◀この等式については，次の「§19 整数の割り算」で詳しく学習する。

k も l も a の倍数であるから，$k=ak'$，$l=al'$（k'，l' は整数）と表され

$r=k-ql=a(k'-ql')$ より，r は a の倍数である。

同様に，r は b，c，…… の倍数であるから，r は a，b，c，…… の公倍数である。ここで，$r\neq 0$ と仮定すると，l より小さい正の公倍数 r が存在することになるが，これは l が最小公倍数であることに矛盾する。

◀背理法。

ゆえに　$r=0$　　よって，① は $k=ql$ となり，k は l の倍数である。

[**1)の証明**]　a，b，c，…… の最大公約数を g，任意の公約数を m とする。

◀1)を示すには，g と m の最小公倍数が g であることを示せばよい。

l を g と m の最小公倍数とすると，a は g と m の公倍数であるから，2)より，a は l の倍数である。同様に，b，c，…… も l の倍数である。

したがって，l は a，b，c，…… の公約数である。

ここで，g が最大の公約数であるから　　$l\leqq g$

一方，l は g と m の最小公倍数であるから　　$l\geqq g$　　ゆえに　$l=g$

◀$A\leqq B$ かつ $A\geqq B$ ならば　$A=B$
この論法は整数の性質に関する証明でよく使われる。

よって，g と m の最小公倍数 l が g に一致し，g は m の倍数である。

すなわち，任意の公約数 m は最大公約数 g の約数である。

■ 互いに素；最大公約数，最小公倍数の性質

g は a の約数でも b の約数でもあるから，自然数 a'，b' を用いて $a=ga'$，$b=gb'$ と表される。このとき，g が最大公約数であることから，a'，b' は1より大きい公約数をもたない。すなわち，a'，b' は互いに素である。

また，最大公約数と最小公倍数の性質 2，3 が成り立つことは，右の図式のようにして見てみると理解しやすい。

$$\begin{aligned} a&=a'\times g \\ b&=\phantom{a'\times{}} g\times b' \\ \hline l&=a'\times g\times b' \\ lg&=\underbrace{a'\times g}_{a}\times\underbrace{b'\times g}_{b} \end{aligned}$$

基本例題 117 最大公約数と最小公倍数

①①①①①

次の数の組の最大公約数と最小公倍数を求めよ。

(1) 168, 252　　(2) 84, 126, 630

p.525 基本事項 1

指針 最大公約数と最小公倍数を求めるとき, **素因数分解** が利用できる。
まず, 各数を素因数分解する。その後は, 次のようにして求めればよい。

最大公約数 ⟶ **共通な素因数に, 指数が最も小さいものを付けて掛け合わせる。**

最小公倍数 ⟶ **すべての素因数に, 指数が最も大きいものを付けて掛け合わせる。**

例　378 と 900 の最大公約数と最小公倍数

$378=2\quad\times3\times3\times3\qquad\times7=2\times3^3\times7$

$900=2\times2\times3\times3\quad\times5\times5\quad=2^2\times3^2\times5^2$

（網掛け）で示した部分が共通な素因数

最大公約数は　$2\times3^2=18$　⟵ 共通な素因数 2 と 3 に, 指数が最も小さいものを付けて掛ける。

最小公倍数は　$2^2\times3^3\times5^2\times7=18900$　⟵ すべての素因数 2, 3, 5, 7 に, 指数が最も大きいものを付けて掛ける。

解答

(1)　$168=2^3\cdot3\cdot7$

$252=2^2\cdot3^2\cdot7$

最大公約数は　$2^2\cdot3\cdot7=\mathbf{84}$

最小公倍数は　$2^3\cdot3^2\cdot7=\mathbf{504}$

(2)　$84=2^2\cdot3\cdot7$

$126=2\cdot3^2\cdot7$

$630=2\cdot3^2\cdot5\cdot7$

最大公約数は　$2\cdot3\cdot7=\mathbf{42}$

最小公倍数は　$2^2\cdot3^2\cdot5\cdot7=\mathbf{1260}$

2) 168　　2) 252
2) 84　　2) 126
2) 42　　3) 63
3) 21　　3) 21
　　7　　　　7

2) 84　　2) 126　　2) 630
2) 42　　3) 63　　3) 315
3) 21　　3) 21　　3) 105
　　7　　　　7　　5) 35
　　　　　　　　　　　7

参考 [共通な素因数で割っていく方法]

● 2 つの数の場合　[上の(1)]

1　2 つに共通な素因数で割れるだけ割っていく。

2　左側の素因数の積が最大公約数, 最大公約数に下の 2 つの数を掛け合わせたものが最小公倍数となる。

2) 168　252
2) 84　126
3) 42　63
7) 14　21
　　2　3

最大公約数は　$2^2\cdot3\cdot7=84$

最小公倍数は　$84\cdot2\cdot3=504$

● 3 つの数の場合　[上の(2)]

1　3 つに共通な素因数で割れるだけ割っていく。

2　左側の素因数の積が最大公約数, 最大公約数に下の 3 つの数の最小公倍数を掛け合わせたものが, 求める最小公倍数となる。

2) 84　126　630
3) 42　63　315
7) 14　21　105
　　2　3　15

最大公約数は　$2\cdot3\cdot7=42$

下の 3 つの数 2, 3, 15$(=3\cdot5)$ の最小公倍数は $2\cdot3\cdot5=30$ であるから, 求める **最小公倍数は**

$42\cdot30=\mathbf{1260}$

練習 ① **117**　次の数の組の最大公約数と最小公倍数を求めよ。

(1) 36, 378　　(2) 462, 1155

(3) 60, 135, 195　　(4) 180, 336, 4410

p.535 EX81

基本例題 118 最大公約数・最小公倍数と数の決定 (1)

次の条件を満たす 2 つの自然数 a, b の組をすべて求めよ。ただし, $a<b$ とする。
(1) 和が 192, 最大公約数が 16
(2) 積が 375, 最小公倍数が 75

p.525 基本事項 3

指針 2 つの自然数 a, b の最大公約数を g, 最小公倍数を l とし, $a=ga'$, $b=gb'$ とすると

1 a' と b' は互いに素
2 $l=ga'b'$ 3 $ab=gl$

が成り立つ (**最大公約数と最小公倍数の性質**)。これを利用する。

(1) 条件から, $a=16a'$, $b=16b'$ $(a'<b')$ とすると, 1 より a', b' は互いに素な自然数となる。和の条件 $16a'+16b'=192$ を満たす a', b' の組を, $a'<b'$ と a', b' は互いに素な自然数であることに注意して求める。

(2) まず 3 を利用して最大公約数 g を求める。次に, $a=●a'$, $b=●b'$ (●は求めた最大公約数) として, 2 により $a'b'$ の値を求める。(1) 同様, 1 にも注意する。

自然数 a, b の表現
$a=ga'$, $b=gb'$
(a', b' は互いに素)

CHART 2 数の積 ＝ 最大公約数 × 最小公倍数 ← $ab=gl$

解答

(1) 最大公約数が 16 であるから, a, b は
$a=16a'$, $b=16b'$ と表される。
ただし, a', b' は互いに素な自然数で $a'<b'$
和が 192 であるから $16a'+16b'=192$
すなわち $a'+b'=12$ …… ①
① を満たす, 互いに素である自然数 a', b' $(a'<b')$ の組は $(a', b')=(1, 11), (5, 7)$
したがって **$(a, b)=(16, 176), (80, 112)$**

(2) 最大公約数を g とすると, 積が 375, 最小公倍数が 75 であるから $375=g\cdot75$
ゆえに $g=5$
よって, $a=5a'$, $b=5b'$ と表される。
ただし, a', b' は互いに素な自然数で $a'<b'$
ここで, $75=5a'b'$ が成り立つから $a'b'=15$ …… ②
② を満たす, 互いに素である自然数 a', b' $(a'<b')$ の組は $(a', b')=(1, 15), (3, 5)$
したがって **$(a, b)=(5, 75), (15, 25)$**

◀1 を利用。$a<b$ から $a'<b'$ となる。
◀① の右辺 12 に注目すると, a' が偶数の場合は不適。
◀$a=16a'$, $b=16b'$
◀$ab=gl$ (3)
◀1 を利用。
◀$l=ga'b'$ (2)
◀$a=5a'$, $b=5b'$

練習 ②118 次の条件を満たす 2 つの自然数 a, b の組をすべて求めよ。ただし, $a<b$ とする。
(1) 和が 175, 最大公約数が 35
(2) 積が 384, 最大公約数が 8
(3) 最大公約数が 8, 最小公倍数が 240 [(3) 大阪経大]

p.535 EX82

基本例題 119 最大公約数・最小公倍数と数の決定 (2)

次の (A), (B), (C) を満たす 3 つの自然数の組 $(a,\ b,\ c)$ をすべて求めよ。ただし，$a<b<c$ とする。 〔専修大〕

(A) $a,\ b,\ c$ の最大公約数は 6

(B) b と c の最大公約数は 24，最小公倍数は 144

(C) a と b の最小公倍数は 240

p.525 基本事項 3，基本 118

指針 前ページの基本例題 118 と同様に，**最大公約数と最小公倍数の性質** を利用する。
2 つの自然数 $a,\ b$ の最大公約数を g，最小公倍数を l，$a=ga'$，$b=gb'$ とすると

1 **a' と b' は互いに素**　2 $l=ga'b'$　3 $ab=gl$

(A) から，$a=6k,\ b=6l,\ c=6m$ として扱うのは難しい（$k,\ l,\ m$ が互いに素である，とは仮定できないため）。(B) から $b,\ c$，次に，(C) から a の値を求め，最後に (A) を満たすものを解とした方が進めやすい。
このとき，$b=24b',\ c=24c'$（$b',\ c'$ は互いに素で $b'<c'$）とおける。
最小公倍数について　$24b'c'=144$　これから $b',\ c'$ を求める。

解答

(B) の前半の条件から，$b=24b',\ c=24c'$ と表される。
ただし，$b',\ c'$ は互いに素な自然数で　$b'<c'$ …… ①
(B) の後半の条件から

$24b'c'=144$　すなわち　$b'c'=6$　◀ $gb'c'=l$

これと ① を満たす $b',\ c'$ の組は

$(b',\ c')=(1,\ 6),\ (2,\ 3)$

ゆえに　$(b,\ c)=(24,\ 144),\ (48,\ 72)$　◀ $b=24b',\ c=24c'$

(A) から，a は 2 と 3 を素因数にもつ。　◀ 3 つの数の最大公約数は $6=2\cdot3$

また，(C) において　$240=2^4\cdot3\cdot5$

[1] $b=24\ (=2^3\cdot3)$ のとき，a と 24 の最小公倍数が 240 であるような a は　$a=2^4\cdot3\cdot5$
これは，$a<b$ を満たさない。

[2] $b=48\ (=2^4\cdot3)$ のとき，a と 48 の最小公倍数が 240 であるような a は　$a=2^p\cdot3\cdot5$
ただし　$p=1,\ 2,\ 3,\ 4$
$a<48$ を満たすのは $p=1$ の場合で，このとき　$a=30$
30, 48, 72 の最大公約数は 6 で，(A) を満たす。

◀ $240=2^4\cdot3\cdot5$
[1] $b=2^3\cdot3$
[2] $b=2^4\cdot3$
これから a の因数を考える。

以上から　$(a,\ b,\ c)=(30,\ 48,\ 72)$

練習 ③119 次の (A), (B), (C) を満たす 3 つの自然数の組 $(a,\ b,\ c)$ をすべて求めよ。ただし，$a<b<c$ とする。

(A) $a,\ b,\ c$ の最大公約数は 7

(B) b と c の最大公約数は 21，最小公倍数は 294

(C) a と b の最小公倍数は 84

基本例題 120 互いに素に関する証明問題 (1)

(1) n は自然数とする。$n+3$ は 6 の倍数であり，$n+1$ は 8 の倍数であるとき，$n+9$ は 24 の倍数であることを証明せよ。

(2) 任意の自然数 n に対して，**連続する 2 つの自然数 n と $n+1$ は互いに素** であることを証明せよ。

p.525 基本事項 2　重要 122

指針 (1) n を用いて証明しようとしても見通しが立たない。例題 **110** のように，$n+1$，$n+9$ がそれぞれ 8，24 の倍数であることを，別々の文字を用いて表し，n を消去する。そして，n の代わりに用いた文字に関する条件を考える。次のことを利用。

a，b は互いに素で，ak が b の倍数であるならば，k は b の倍数である。……★　(a，b，k は整数)

(2) **n と $n+1$ は互いに素 ⟺ n と $n+1$ の最大公約数は 1**

n と $n+1$ の最大公約数を g とすると　$n=ga$，$n+1=gb$　(a，b は互いに素)

この 2 つの式から n を消去して $g=1$ を導き出す。ポイントは

A，B が自然数のとき，$AB=1$　ならば　$A=B=1$

CHART a，b は互いに素　[1] $ak=bl$ ならば　k は b の倍数，l は a の倍数　[2] a と b の最大公約数は 1

解答

(1) $n+3=6k$，$n+1=8l$ (k，l は自然数) と表される。

$n+9=(n+3)+6=6k+6=6(k+1)$

$n+9=(n+1)+8=8l+8=8(l+1)$

よって　$6(k+1)=8(l+1)$

すなわち　$3(k+1)=4(l+1)$

3 と 4 は互いに素であるから，$k+1$ は 4 の倍数である。

したがって，$k+1=4m$ (m は自然数) と表される。

ゆえに　$n+9=6(k+1)=6\cdot4m=24m$

したがって，$n+9$ は 24 の倍数である。

(2) n と $n+1$ の最大公約数を g とすると

$n=ga$，$n+1=gb$

(a，b は互いに素である自然数)

と表される。$n=ga$ を $n+1=gb$ に代入すると

$ga+1=gb$　すなわち　$g(b-a)=1$

g は自然数，$b-a$ は整数であるから　$g=1$

したがって，n と $n+1$ の最大公約数は 1 であるから，n と $n+1$ は互いに素である。

参考 (1) $n+9$ は，6 の倍数かつ 8 の倍数であるから，6 と 8 の最小公倍数である 24 の倍数，として示してもよい。

◀指針____……★ の方針。なお，「3 と 4 は互いに素」は重要で，この条件がないと使えない。答案では必ず書くようにする。また，このとき，$l+1$ は 3 の倍数である。したがって，$l+1=3m$ と表されるから，$n+9=8\cdot3m=24m$ としてもよい。

◀積が 1 となる自然数は 1 だけである。

注意 (2) の内容に関連した内容を，次ページの 参考 で扱っている。

練習 ②120 (1) n は自然数とする。$n+5$ は 7 の倍数であり，$n+7$ は 5 の倍数であるとき，$n+12$ を 35 で割った余りを求めよ。

(2) n を自然数とするとき，$2n-1$ と $2n+1$ は互いに素であることを示せ。

[(1) 中央大，(2) 広島修道大]　p.535 EX83

基本例題 121 互いに素に関する証明問題 (2)

自然数 a, b に対して，a と b が互いに素ならば，$a+b$ と ab は互いに素であることを証明せよ。

p.525 基本事項 2　重要 121

指針 $a+b$ と ab の最大公約数が 1 となることを直接示そうとしても見通しが立たない。そこで，**背理法**（間接証明法）を利用する。

→ $a+b$ と ab が互いに素でない，すなわち，$a+b$ と ab はある素数 p を公約数にもつ，と仮定して矛盾を導く。

なお，次の素数の性質も利用する。ただし，m, n は整数である。

mn が素数 p の倍数であるとき，m または n は p の倍数である。

CHART 互いに素であることの証明
1. 最大公約数が 1 を導く
2. 背理法（間接証明法）の利用

解答

$a+b$ と ab が互いに素でない，すなわち，$a+b$ と ab はある素数 p を公約数にもつと仮定すると

$$a+b=pk \cdots\cdots ①,\quad ab=pl \cdots\cdots ②$$

と表される。ただし，k, l は自然数である。

② から，a または b は p の倍数である。

a が p の倍数であるとき，$a=pm$ となる自然数 m がある。

このとき，① から，$b=pk-a=pk-pm=p(k-m)$ となり，b も p の倍数である。

これは a と b が互いに素であることに矛盾している。

b が p の倍数であるときも，同様にして a は p の倍数であり，a と b が互いに素であることに矛盾する。

したがって，$a+b$ と ab は互いに素である。

◀ m と n が互いに素でない ⟺ m と n が素数を公約数にもつ

◀ $k-m$ は整数。

◀ $a=pk-b$ $=p(k-m')$ （m' は整数）

参考 前ページの基本例題 **120** (2) の結果「**連続する 2 つの自然数は互いに素である**」は，整数の問題を解くのに利用できることがある。興味深い例を 1 つあげておこう。

問題 素数は無限個存在することを証明せよ。

証明 n_1 を 2 以上の自然数とする。n_1 と n_1+1 は互いに素であるから，$n_2=n_1(n_1+1)$ は異なる素因数を 2 個以上もつ。

同様にして，$n_3=n_2(n_2+1)=n_1(n_1+1)(n_2+1)$ は異なる素因数を 3 個以上もつ。

この操作は無限に続けることができるから，素数は無限個存在する。

素数が無限個存在することの証明は，ユークリッドが発見した背理法を利用する方法が有名であるが，上の **証明** は，21 世紀に入って（2006 年），サイダックによって提示された，とても簡潔な方法である。次ページで詳しく取り上げたので参照してほしい。

練習 ③**121** a, b は自然数とする。このとき，次のことを証明せよ。

(1) a と b が互いに素ならば，a^2 と b^2 は互いに素である。

(2) $a+b$ と ab が互いに素ならば，a と b は互いに素である。

参考事項　素数は無限個存在する

※素数が無限個存在することの証明について，前ページで紹介したサイダックの提示による方法はとても簡潔である。しかし，証明が簡潔すぎて，素数が無限にあることが実感しづらいかもしれない。$n_1=2$ から始めて，n_2，n_3，n_4，n_5 の場合までを検証してみよう。

[1]　$n_2=n_1(n_1+1)=2\times3=6$

[2]　$n_3=n_2(n_2+1)=6\times7=42$

[3]　$n_4=n_3(n_3+1)=42\times43=1806$

[4]　$n_5=n_4(n_4+1)=1806\times1807$
　　$=42\times43\times13\times139=3263442$

……………………………

◀赤の数字が素数である。[1]～[4] のように，素数が見つかっていることがわかる。

◀1807 は素数ではないが，1806 がもつ素因数 (2，3，7，43) では割り切れない。

$n_6=n_5(n_5+1)$ についても，連続する 2 つの自然数 n_5 と n_5+1 は互いに素であるから，n_5+1 は n_5 がもつ素因数では割り切れない。上の [4] の 1807 のように，n_5+1 は素数であるとは限らないが，n_5 とは異なる素因数を少なくとも 1 つもつ。
したがって，n_6 は少なくとも異なる素因数を 6 個以上もつことになる。

（補足）$n_1=2$ から始めた場合，$n_6=2\times3\times7\times43\times13\times139\times3263443$ から素因数は 7 個。

以下，n_7，n_8，…… と同様の操作を繰り返すことにより，素数を無限に見つけることができる。

※ユークリッドが発見した **背理法** による「素数は無限個存在する」ことの証明は，次のようになる。

[証明]　素数が有限個であると仮定し，それらを p_1，p_2，……，p_k $(p_1<p_2<\cdots\cdots<p_k)$ とする。
このとき，$N=p_1\cdot p_2\cdot p_3\cdot\cdots\cdots\cdot p_k+1$ とすると，N は $N>p_k$ を満たす整数である。
N が素数であるとすると，N は p_k より大きい素数となり，素数が p_1，p_2，……，p_k だけであるとした仮定に反する。
また，N が合成数であるとすると，N は p_1，p_2，……，p_k の少なくとも 1 つの素因数をもつ。
ところが，N は p_1，p_2，……，p_k のどれで割っても 1 余る数で，p_1，p_2，……，p_k のいずれも素因数としない。これは矛盾である。
よって，N は素数でも合成数でもなく，$N>1$ を満たす数であるから，素数が有限個であるとした仮定は誤りである。……（＊）
したがって，素数は無限個存在する。

◀素数でないものが合成数である。

◀N はどの p_i $(i=1,\ 2,\ \cdots,\ k)$ でも割り切れない。

（＊）正の整数は 1，素数，合成数のいずれか。

※ある数が素数か合成数かを判断する際，次の定理も知っておくとよい（証明は対偶を利用）。

定理　自然数 N は，$\sqrt{N}$ を超えない最大の整数を n とするとき，n 以下のどの素数でも割り切れなければ素数である。

例　139 が素数であるかどうかを調べる。
$11<\sqrt{139}<12$ であるが，139 は 11 以下のすべての素数 2，3，5，7，11 のいずれでも割り切れない。したがって，139 は素数である。

重要例題 122 互いに素である自然数の個数 ⊘⊘⊘⊘⊘

n を自然数とするとき，$m \leqq n$ で，m と n が互いに素であるような自然数 m の個数を $f(n)$ とする。また，p，q は素数とする。

(1) $f(15)$ の値を求めよ。　　(2) $p \neq q$ のとき，$f(pq)$ を求めよ。

(3) 自然数 k に対し，$f(p^k)$ を求めよ。　〔類　名古屋大〕　基本 120，121

指針

(1) 15 と互いに素である 15 以下の自然数の個数を求めればよい。$15=3\cdot5$ であるから，15 と互いに素である自然数は，3 の倍数でも 5 の倍数でもない自然数である。しかし，「でない」の個数を求めるのは一般に面倒なので，全体−(である) の方針で考える。

(2) p と q は異なる素数であるから，pq と互いに素である自然数は，p の倍数でも q の倍数でもない自然数である。(1) と同様，全体−(である) の方針で考える。

(3) p^k と互いに素である自然数は，p の倍数でない自然数である。

解答

(1) $15=3\cdot5$ であるから，$f(15)$ は 1 から 15 までの自然数のうち，　$1\cdot3$，$2\cdot3$，$3\cdot3$，$4\cdot3$，$1\cdot5$，$2\cdot5$，$3\cdot5$ を除いたものの個数であるから

$$\boldsymbol{f(15)=15-7=8}$$

◀15 程度であれば，左の解答でも対応できるが，数が大きい場合には，(2) のように，集合の要素の個数の問題として考える。

(2) 1 から pq までの自然数を全体集合 U とし，そのうち，p の倍数，q の倍数の集合をそれぞれ A，B とすると，

$A=\{p,\ 2p,\ \cdots\cdots,\ (q-1)p,\ qp\}$ から　$n(A)=q$

$B=\{q,\ 2q,\ \cdots\cdots,\ (p-1)q,\ pq\}$ から　$n(B)=p$

◀1 から pq までの自然数のうち，p の倍数は $\dfrac{pq}{p}=q$ (個)，q の倍数は $\dfrac{pq}{q}=p$ (個) としてもよい。(3) はこの方針で個数を求めている。

p，q は異なる素数であるから，pq と互いに素である自然数は，p の倍数でも q の倍数でもない自然数で，その集合は $\overline{A}\cap\overline{B}$ で表される。

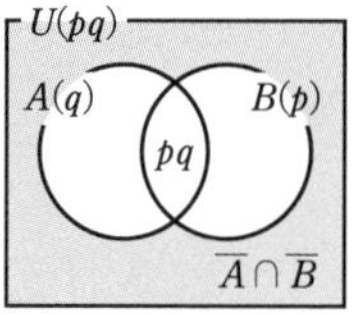

したがって

$$\begin{aligned}\boldsymbol{f(pq)}&=n(\overline{A}\cap\overline{B})=n(\overline{A\cup B})=n(U)-n(A\cup B)\\&=n(U)-\{n(A)+n(B)-n(A\cap B)\}\\&=pq-(q+p-1)=pq-p-q+1\\&=\boldsymbol{(p-1)(q-1)}\end{aligned}$$

◀ド・モルガンの法則

◀$A\cap B=\{pq\}$

(3) 1 から p^k までの p^k 個の自然数のうち，p の倍数は $p^k\div p=p^{k-1}$ (個) あるから，$f(p^k)$ は p の倍数でないものの個数を求めて　$\boldsymbol{f(p^k)=p^k-p^{k-1}}$

◀$p^k\left(1-\dfrac{1}{p}\right)$ としてもよい。

検討

オイラー関数 $\phi(n)$ …… ϕ はギリシア文字で「ファイ」と読む。

n は自然数とする。1 から n までの自然数で，n と互いに素であるものの個数を $\phi(n)$ と表す。この $\phi(n)$ を **オイラー関数** といい，次の性質があることが知られている。

① **p は素数，k は自然数のとき**　$\boldsymbol{\phi(p)=p-1}$，　$\boldsymbol{\phi(p^k)=p^k-p^{k-1}}$

② **p と q は異なる素数のとき**　$\boldsymbol{\phi(pq)=\phi(p)\phi(q)=(p-1)(q-1)}$

③ **p と q は互いに素のとき**　$\boldsymbol{\phi(pq)=\phi(p)\phi(q)}$

検討 PLUS ONE

オイラー関数の性質（発展）

p_1, p_2, ……, p_m を異なる素数, k_1, k_2, ……, k_m を自然数として, 自然数 n が $n=p_1^{k_1}p_2^{k_2}\cdots\cdots p_m^{k_m}$ と表されるとき, 前ページ 検討 の ①, ③ から, 次の性質 ④ が導かれる。

$$④\quad \boldsymbol{\phi(p_1^{k_1}p_2^{k_2}\cdots\cdots p_m^{k_m})}=\phi(p_1^{k_1})\phi(p_2^{k_2})\cdots\cdots\phi(p_m^{k_m})$$
$$=(p_1^{k_1}-p_1^{k_1-1})(p_2^{k_2}-p_2^{k_2-1})\cdots\cdots(p_m^{k_m}-p_m^{k_m-1})$$
$$=p_1^{k_1}\left(1-\frac{1}{p_1}\right)\cdot p_2^{k_2}\left(1-\frac{1}{p_2}\right)\cdots\cdots p_m^{k_m}\left(1-\frac{1}{p_m}\right)$$
$$=\boldsymbol{n\left(1-\frac{1}{p_1}\right)\left(1-\frac{1}{p_2}\right)\cdots\cdots\left(1-\frac{1}{p_m}\right)}$$

③ の性質の証明は, 高校数学の範囲を超えるので省略するが, 具体例をもとに, その意味を確認しておこう。

例　$p=5$, $q=6$ のとき　　$pq=30$

1 以上 30 以下の自然数を, 右のように並べる。

ここで, 6 と互いに素である数は, 赤い枠で囲まれた数で, $\phi(6)=2$ (列) ある。

また, 赤枠の 2 列の 5 個の数を, 5 で割ったときの余りは, 各数の添え字（青）のように, 0, 1, 2, 3, 4 とすべて異なるから, 各列の中に 5 と互いに素である数は $\phi(5)=4$ (個) ある。

1_1	2	3	4	5_0	6
7_2	8	9	10	11_1	12
13_3	14	15	16	17_2	18
19_4	20	21	22	23_3	24
25_0	26	27	28	29_4	30

よって, $5\times6=30$ と互いに素である 30 以下の自然数の個数は　　$2\times4=8$ (個)

したがって　　$\phi(5\cdot6)=\phi(5)\phi(6)$

ここで, 近年出題された次の入試問題は, オイラー関数の性質を使うことにより, 比較的容易に示すことができる。しかし, オイラー関数は高校の範囲外なので, 試験場での利用は奨められない。確認用の検算として用いる程度にしておこう。

> 1000 以下の素数は 250 個以下であることを示せ。　〔一橋大〕

$1050=2\cdot3\cdot5^2\cdot7$ にオイラー関数の性質 ④ を使うと, 1 から 1050 までの自然数で, 1050 と互いに素であるものの個数は

$$\phi(1050)=\phi(2\cdot3\cdot5^2\cdot7)=2\cdot3\cdot5^2\cdot7\times\left(1-\frac{1}{2}\right)\left(1-\frac{1}{3}\right)\left(1-\frac{1}{5}\right)\left(1-\frac{1}{7}\right)$$
$$=2\cdot3\cdot5^2\cdot7\times\frac{1}{2}\cdot\frac{2}{3}\cdot\frac{4}{5}\cdot\frac{6}{7}=240$$

この 240 個すべてが素数であるとは限らない（例えば 11×11 など）。しかし, 2, 3, 5, 7 以外の 1050 以下の素数は必ず含まれている。よって, 1050 以下の自然数のうち, 素数は 2, 3, 5, 7 を含めて $240+4=244$ (個) 以下である（実際には 176 個）。

したがって, 1000 以下の素数は 250 個以下である（実際には 168 個）。

練習 ④122　重要例題 **122** の $f(n)$ について, 次の問いに答えよ。

(1)　$f(77)$ の値を求めよ。

(2)　$f(pq)=24$ となる 2 つの素数 p, q $(p<q)$ の組をすべて求めよ。

(3)　$f(3^k)=54$ となる自然数 k を求めよ。　〔類 早稲田大〕

p.535 EX 84

重要例題 123 完全数

自然数 n に対して，n のすべての正の約数（1 と n を含む）の和を $S(n)$ とする。例えば，$S(9)=1+3+9=13$ である。n が異なる素数 p と q によって $n=p^2q$ と表されるとき，$S(n)=2n$ を満たす n をすべて求めよ。

基本 113

指針 n の正の約数は 1，p，p^2，q，pq，p^2q で，これらの和が $2p^2q$ に等しいとき

$1+p+p^2+q+pq+p^2q=2p^2q$　　整理して　$p^2q-pq-q-p^2-p-1=0$

これでも解けるが処理が煩雑。整数の問題では，**(　)(　)=(整数)** のように，積の形に表すと見通しがよくなるから，例題 **113** で学習したように，正の約数の和を積の形で表し，**a は b の倍数 ⟺ $a=bk$**（a，b，k は整数）と素数の条件を活かして p，q の値を求める。

解答

$n=p^2q$ の正の約数の和は　$S(n)=(1+p+p^2)(1+q)$

$S(n)=2n$ から　$(1+p+p^2)(1+q)=2p^2q$ …… ①

$1+p+p^2=1+p(p+1)$ より，$1+p+p^2$ は奇数であり，p の倍数ではないから，$1+q$ は $2p^2$ の倍数である。

◀ $p(p+1)$ は連続する 2 整数の積で偶数。1+偶数から，$1+p+p^2$ は奇数。

よって，$1+q=2p^2k$（k は自然数） …… ②

と表される。

① から　$(1+p+p^2)\cdot 2p^2k=2p^2q$

ゆえに　$q=(1+p+p^2)k$ …… ③

◀ $2p^2 \neq 0$

ここで，q は素数であるから　$k=1$

◀ $1+p+p^2>1$ で，q は素数であるから，③ の右辺は $q\cdot 1$ の形をしている。

②，③ から　$\begin{cases} 1+q=2p^2 & \cdots\cdots ④ \\ q=1+p+p^2 & \cdots\cdots ⑤ \end{cases}$

④，⑤ から q を消去して　$1+1+p+p^2=2p^2$

よって　$p^2-p-2=0$　すなわち　$(p+1)(p-2)=0$

ゆえに　$p=-1$，2　　p は素数であるから　$p=2$

$p=2$ を ⑤ に代入して　$q=7$

したがって，求める n の値は　$\boldsymbol{n=2^2\cdot 7=28}$

◀ 28 は完全数（他に 6 など）。

検討

完全数，過剰数，不足数

自然数 n に対し，n 以外の正の約数の和と n の大小関係について，次のように定義される。

完全数　n 以外の正の約数の和が n 自身と等しい。　◀例題で $S(n)-n=n$ すなわち $S(n)=2n$

完全数は 2018 年時点で 51 個見つかっているが，すべて偶数である。

不足数　n 以外の正の約数の和が n 自身より小さい。　◀例題で $S(n)-n<n$　例 2，10 など。

過剰数　n 以外の正の約数の和が n 自身より大きい。　◀例題で $S(n)-n>n$　例 12，18 など。

他に，2^m-1 の形の数を **メルセンヌ数** といい，これが素数のとき **メルセンヌ素数** という。下の練習 (2) は，n のメルセンヌ数の部分 (2^m-1) が素数であるとき，n が完全数であることを示す問題である。

練習 ④123 2 以上の自然数 n に対し，n の n 以外の正の約数の和を $S(n)$ とする。

(1) $S(120)$ を求めよ。

(2) $n=2^{m-1}(2^m-1)$（$m=2$，3，4，……）とする。2^m-1 が素数であるとき，$S(n)=n$ であることを，$1+2+\cdots\cdots+2^{m-1}=2^m-1$ を使って示せ。

EXERCISES　　18 約数と倍数，最大公約数と最小公倍数

②77 4つの数字3，4，5，6を並べ替えてできる4桁の数をmとし，mの各位の数を逆順に並べてできる4桁の数をnとすると，$m+n$は99の倍数となることを示せ。

→110, 111

③78 2から20までの10個の偶数から異なる5個をとり，それらの積をa，残りの積をbとする。このとき，$a \neq b$であることを証明せよ。〔広島修道大〕

→112

③79 (1) 1080の正の約数の個数と，正の約数のうち偶数であるものの総和を求めよ。
(2) 正の約数の個数が28個である最小の正の整数を求めよ。〔(2) 早稲田大〕

→113

④80 (1) 自然数nでn^2-1が素数になるものをすべて求めよ。
(2) $0 \leqq n \leqq m$を満たす整数m，nの組(m, n)で，$3m^2+mn-2n^2$が素数になるものをすべて求めよ。
(3) 0以上の整数m，nの組(m, n)で，$m^4-3m^2n^2-4n^4-6m^2-16n^2-16$が素数になるものをすべて求めよ。〔大阪府大〕 →115

②81 分数$\frac{104}{21}$，$\frac{182}{15}$のいずれに掛けても積が自然数となるような分数のうち，最小のものを求めよ。〔大阪経大〕 →117

③82 自然数m，n $(m \geqq n > 0)$がある。$m+n$と$m+4n$の最大公約数が3で，最小公倍数が$4m+16n$であるという。このようなm，nをすべて求めよ。〔東北学院大〕

→118

③83 Nは$100 \leqq N \leqq 199$を満たす整数とする。N^2とNの下2桁が一致するとき，Nの値を求めよ。〔類 中央大〕 →120

③84 $\frac{n}{144}$が1より小さい既約分数となるような正の整数nは全部で何個あるか。〔千葉工大〕 →122

HINT

77 $3+4+5+6=18=9 \cdot 2$であるから，m，nは9の倍数である。

78 背理法による。$a=b$と仮定して矛盾を導く。素因数7の個数に着目。

79 (1) 正の約数のうち偶数であるものは，素因数2を1個以上もつ。
(2) $28=28 \cdot 1=14 \cdot 2=7 \cdot 4=7 \cdot 2 \cdot 2$のように表されることに着目。

80 **素数　正の約数は1とその数（自分自身）だけ**
(3) (　)(　)=(整数)の形に表す。

82 $m+n$，$m+4n$の最大公約数は3であるから，$m+n=3a$，$m+4n=3b$ (a，bは互いに素)と表される。

83 $N^2-N=N(N-1)$が100の倍数となることが条件。連続する自然数Nと$N-1$は互いに素である。

84 nは143以下で144と互いに素である正の整数。

19 整数の割り算

基本事項

1 割り算における商と余り　整数 a と正の整数 b に対して

$$a=bq+r,\quad 0\leqq r<b$$

を満たす整数 q と r がただ1通りに定まる。

2 余りによる整数の分類　一般に，正の整数 m が与えられると，すべての整数 n は，

$$mk,\ mk+1,\ mk+2,\ \cdots\cdots,\ mk+(m-1)\quad (k\text{ は整数})$$

のいずれかの形で表される。

3 割り算の余りの性質　m を正の整数とし，2つの整数 a，b を m で割ったときの余りを，それぞれ r，r' とすると，次のことが成り立つ。

1　**$a+b$ を m で割った余りは，$r+r'$ を m で割った余りに等しい。**

2　**$a-b$ を m で割った余りは，$r-r'$ を m で割った余りに等しい。**

3　**ab を m で割った余りは，rr' を m で割った余りに等しい。**

4　**a^n を m で割った余りは，r^n を m で割った余りに等しい。**（n は自然数）

解　説

■ 割り算についての等式 $a=bq+r$

q を，a を b で割ったときの **商** といい，r を **余り** という。

例　$49=6\cdot8+1$ から，49 を 6 で割ったときの商は 8，余りは 1
$-30=7\cdot(-5)+5$ から，-30 を 7 で割ったときの商は -5，余りは 5

特に，$r=0$ のとき，a は b で **割り切れる** といい，$r\neq0$ のとき **割り切れない** という。なお，$a=bq+r$，$0\leqq r<b$ を満たす q と r がただ1通りに定まることは，次のようにして証明される。

証明　整数 a と正の整数 b に対して，$bq\leqq a<b(q+1)$ …… ① となる整数 q が存在する。ここで，$a-bq=r$ とおく。
① より $0\leqq a-bq<b$ であるから　$0\leqq r<b$ で　$a=bq+r$
このような q と r が2通りあると仮定すると

$$a=bq_1+r_1,\ 0\leqq r_1<b;\quad a=bq_2+r_2,\ 0\leqq r_2<b$$

辺々引いて $0=b(q_1-q_2)+r_1-r_2$　∴　$-(r_1-r_2)=b(q_1-q_2)$ …… ②
したがって，r_1-r_2 は b の倍数である。
ところが，$0\leqq r_1<b$，$0\leqq r_2<b$ $(-b<-r_2\leqq0)$ から　$-b<r_1-r_2<b$
この範囲の b の倍数は 0 しかないから　$r_1-r_2=0$　すなわち　$r_1=r_2$
このとき，② から　$q_1-q_2=0$　すなわち　$q_1=q_2$
よって，$a=bq+r$，$0\leqq r<b$ となるような q と r は1通りしかない。

■ 割り算の余りの性質

1〜3 の性質は，$a=mq+r$，$b=mq'+r'$ とおくことにより，証明することができる。また，性質 3 で $a=b$ とおくと「a^2 を m で割った余りは，r^2 を m で割った余りに等しい」となる。このことから，性質 4 が成り立つことがわかる。

◀上の **1** を **除法の原理** などと呼ぶこともある。

◀$-30=7\cdot(-4)-2$ とすると，$0\leqq r<b$ を満たさない。

◀$r=0$ のとき $a=bq$ となり，a は b の倍数，b は a の約数である。

◀$A=Bk$ のとき，A は B の倍数。

◀$0\leqq r_1<b$，$-b<-r_2\leqq0$ の辺々を加えると $-b<r_1-r_2<b$ 等号はつかない。

基本 例題 124 割り算の余りの性質

①①①①①

a, b は整数とする。a を 7 で割ると 3 余り，b を 7 で割ると 4 余る。このとき，次の数を 7 で割った余りを求めよ。

(1) $a+2b$　　(2) ab　　(3) a^4　　(4) a^{2021}

p.536 基本事項 1，3

指針 前ページの基本事項 3 の **割り算の余りの性質** を利用してもよいが，(1)～(3) は，$a=7k+3$, $b=7l+4$ と表して考える基本的な方針で解いてみる。

(3) $(7k+3)^4$ を展開して，7×○＋▲ の形を導いてもよいが計算が面倒。$a^4=(a^2)^2$ に着目し，まず，a^2 を 7 で割った余りを利用する方針で考えるとよい。

(4) 割り算の余りの性質 4 **a^n を m で割った余りは，r^n を m で割った余りに等しい** を利用すると，求める余りは「3^{2021} を 7 で割った余り」であるが，3^{2021} の計算は不可能。このような場合，まず **a^n を m で割った余りが 1 となる n を見つける** ことから始めるのがよい。

CHART 割り算の問題　**$A=BQ+R$ が基本**
(割られる数)＝(割る数)×(商)＋(余り)

解答

$a=7k+3$, $b=7l+4$ (k, l は整数) と表される。

(1) $a+2b=7k+3+2(7l+4)=7(k+2l)+3+8$
$=7(k+2l+1)+4$

したがって，求める余りは　**4**

(2) $ab=(7k+3)(7l+4)=49kl+7(4k+3l)+12$
$=7(7kl+4k+3l+1)+5$

したがって，求める余りは　**5**

(3) $a^2=(7k+3)^2=49k^2+42k+9=7(7k^2+6k+1)+2$

よって，$a^2=7m+2$ (m は整数) と表されるから

$a^4=(a^2)^2=(7m+2)^2=49m^2+28m+4$
$=7(7m^2+4m)+4$

したがって，求める余りは　**4**

(4) (3) より，a^4 を 7 で割った余りが 4 であるから，a^5 を 7 で割った余りは，$4\cdot3$ を 7 で割った余り 5 に等しい。

ゆえに，a^6 を 7 で割った余りは，$5\cdot3$ を 7 で割った余り 1 に等しい。

$a^{2021}=(a^6)^{336}\cdot a^5$ であるから，求める余りは，$1^{336}\cdot5=5$ を 7 で割った余りに等しい。

したがって，求める余りは　**5**

別解　**割り算の余りの性質を利用した解法。**

(1) 2 を 7 で割った余りは 2 ($2=7\cdot0+2$) であるから，$2b$ を 7 で割った余りは $2\cdot4=8$ を 7 で割った余り 1 に等しい。
ゆえに，$a+2b$ を 7 で割った余りは $3+1=4$ を 7 で割った余りに等しい。
よって，求める余りは 4

(2) ab を 7 で割った余りは $3\cdot4=12$ を 7 で割った余りに等しい。
よって，求める余りは 5

(3) a^4 を 7 で割った余りは $3^4=81$ を 7 で割った余りに等しい。
よって，求める余りは 4

練習 ②124 a, b は整数とする。a を 5 で割ると 2 余り，a^2-b を 5 で割ると 3 余る。このとき，次の数を 5 で割った余りを求めよ。

(1) b　　(2) $3a-2b$　　(3) b^2-4a　　(4) a^{299}

p.543 EX 85, 86

基本例題 125 余りによる整数の分類

n は整数とする。次のことを証明せよ。 [(1) 共立薬大, (2) 学習院大]

(1) n^4+2n^2 は3の倍数である。 (2) n^2+n+1 は5で割り切れない。

p.536 基本事項 2 重要 127, 128

指針 すべての整数は，正の整数 m を用いて，次のいずれかの形で表される。

$\boldsymbol{mk,\ mk+1,\ mk+2,\ \cdots\cdots,\ mk+(m-1)}$ （k は整数）

↑ m で割った余りが 0, 1, 2, ……, $m-1$

そして，この m の値は，問題に応じて決める。

(1) 「3の倍数である」=「3で割り切れる」であるから，3で割ったときの余りを考える。したがって，整数全体を，$\boldsymbol{3k,\ 3k+1,\ 3k+2}$ に分けて考える。

(2) 5で割った余りを考えるから，整数全体を，$\boldsymbol{5k,\ 5k+1,\ 5k+2,\ 5k+3,\ 5k+4}$ に分けて考える。

CHART 整数の分類 m で割った余りは 0, 1, 2, ……, $m-1$

余りで分類 $\longrightarrow mk,\ mk+1,\ mk+2,\ \cdots\cdots,\ mk+(m-1)$

解答

(1) すべての整数 n は，$3k$, $3k+1$, $3k+2$ (k は整数) のいずれかの形で表される。

$n^4+2n^2=n^2(n^2+2)$ であるから

[1] $n=3k$ のとき

$$n^4+2n^2=9k^2(9k^2+2)=3\cdot 3k^2(9k^2+2)$$

[2] $n=3k+1$ のとき

$$n^4+2n^2=(3k+1)^2(9k^2+6k+1+2)=3(3k+1)^2(3k^2+2k+1)$$

[3] $n=3k+2$ のとき

$$n^4+2n^2=(3k+2)^2(9k^2+12k+4+2)=3(3k+2)^2(3k^2+4k+2)$$

よって，n^4+2n^2 は3の倍数である。

(2) すべての整数 n は，$5k$, $5k+1$, $5k+2$, $5k+3$, $5k+4$ (k は整数) のいずれかの形で表される。

[1] $n=5k$ のとき $n^2+n+1=5(5k^2+k)+1$

[2] $n=5k+1$ のとき $n^2+n+1=5(5k^2+3k)+3$

[3] $n=5k+2$ のとき $n^2+n+1=5(5k^2+5k+1)+2$

[4] $n=5k+3$ のとき $n^2+n+1=5(5k^2+7k+2)+3$

[5] $n=5k+4$ のとき $n^2+n+1=5(5k^2+9k+4)+1$

よって，n^2+n+1 を5で割った余りは，1, 2, 3のいずれかであり，n^2+n+1 は5で割り切れない。

◀ $3k-1$, $3k$, $3k+1$ と表してもよい。この場合，$3k+1$ と $3k-1$ をまとめて $3k\pm1$ と書き

$n^4+2n^2=n^2(n^2+2)$
$=(3k\pm1)^2\{(3k\pm1)^2+2\}$
$=(3k\pm1)^2(9k^2\pm6k+3)$
$=3(3k\pm1)^2(3k^2\pm2k+1)$
（複号同順）

として，$3\times$(整数) の形になることを示すこともできる。

◀すべて $3\times$(整数) の形。

◀ $5k-2$, $5k-1$, $5k$, $5k+1$, $5k+2$ と表してもよい。

検討

左の解答のように，整数を余りで分類する方法は，**剰余類** の考えによるものである（演習例題 **131** 参照）。

練習 ②125 n は整数とする。次のことを証明せよ。

(1) n^9-n^3 は9の倍数である。 [(1) 京都大]

(2) n^2 を5で割ったとき，余りが3になることはない。

p.543 EX87

基本例題 126 連続する整数の積の性質の利用

(1) **連続した 2 つの整数の積は 2 の倍数である** ことを証明せよ。
(2) **連続した 3 つの整数の積は 6 の倍数である** ことを証明せよ。
(3) n が奇数のとき，n^3-n は 24 の倍数であることを証明せよ。
なお，(2) では (1) の性質，(3) では (1)，(2) の性質を利用してよい。 基本 125

指針 (1)，(2) 連続した 2 つの整数には偶数が，連続した 3 つの整数には 3 の倍数が必ず含まれる。 **連続した n 個の整数には，n の倍数が含まれる**
この性質は証明なしに用いてもよいが，基本例題 **125** と同じように考えてみよう。
(3) (1)，(2) の性質が利用できるように，n^3-n を変形する。
n^3-n を因数分解すると $n^3-n=n(n^2-1)=n(n+1)(n-1)=(n-1)n(n+1)$

解答
以下，k は整数とする。
(1) 連続する 2 つの整数を n，$n+1$ とし，$A=n(n+1)$ とする。
[1] $n=2k$ のとき $A=2k(2k+1)$
[2] $n=2k+1$ のとき $A=(2k+1)(2k+2)=2(2k+1)(k+1)$
したがって，A は 2 の倍数である。
(2) 連続する 3 つの整数を $n-1$，n，$n+1$ とし，$B=(n-1)n(n+1)$ とする。
(1) より，連続する 2 整数の積は 2 の倍数 であるから，B は 2 の倍数である。ゆえに，B が 3 の倍数であることを示せば，B は 6 の倍数であることが示される。
[1] $n=3k$ のとき，B は明らかに 3 の倍数である。
[2] $n=3k+1$ のとき $n-1=(3k+1)-1=3k$
[3] $n=3k+2$ のとき $n+1=(3k+2)+1=3(k+1)$
よって，n，$n-1$，$n+1$ のいずれかが 3 の倍数となるから，B は 3 の倍数である。
したがって，B は 6 の倍数である。
(3) n が奇数のとき，$n=2k+1$ と表される。

$$\begin{aligned} n^3-n&=(n-1)n(n+1)=2k(2k+1)(2k+2)\\ &=4k(k+1)(2k+1)=4k(k+1)\{(k-1)+(k+2)\}\\ &=4\{(k-1)k(k+1)+k(k+1)(k+2)\} \quad \cdots\cdots ① \end{aligned}$$

(2) より，$(k-1)k(k+1)$，$k(k+1)(k+2)$ はともに 6 の倍数 であるから，a，b を整数とすると，① より

$$n^3-n=4(6a+6b)=24(a+b)$$

よって，n が奇数のとき，n^3-n は 24 の倍数である。

◀連続する 3 つの整数を n，$n+1$，$n+2$ としてもよい。

注意 (2) では，n を $6k$，$6k+1$，…，$6k+5$ の 6 つに分類して考えることもできるが，これは面倒。

検討
連続した n 個の整数の積は $n!$ の倍数である ことが知られている。

◀$n=2k-1$ としてもよい。

◀$(k-1)k(k+1)$，$k(k+1)(k+2)$ はともに連続する 3 整数の積。

練習 ② 126 n は整数とする。次のことを示せ。なお，(3) は対偶を考えよ。
(1) n が 3 の倍数でないならば，$(n+2)(n+1)$ は 6 の倍数である。
(2) n が奇数ならば，$(n+3)(n+1)$ は 8 の倍数である。
(3) $(n+3)(n+2)(n+1)$ が 24 の倍数でないならば，n は偶数である。
〔類 東北大〕 p.543 EX 88, 89

重要例題 127 等式 $a^2+b^2=c^2$ に関する証明問題

a, b, c は整数とし, $a^2+b^2=c^2$ とする。a, b のうち, 少なくとも 1 つは 3 の倍数であることを証明せよ。

基本 125

指針 **「少なくとも 1 つ」の証明** では, **間接証明法(対偶を利用した証明, 背理法)** が有効である。ここでは, 背理法を利用した証明を考えてみよう。

「a, b のうち, **少なくとも 1 つは** 3 の倍数 **である**」の否定は,

「a, b は **ともに** 3 の倍数 **でない**」であるから,

$a=3m+1$, $3m+2$; $b=3n+1$, $3n+2$ (m, n は整数) と表される。

よって, a, b がともに 3 の倍数でないと仮定して, $a^2+b^2=c^2$ に矛盾することを導く。

CHART ● の倍数に関する証明なら, ● で割った余りで分類

解答

a, b はともに 3 の倍数でないと仮定する。

このとき, a^2, b^2 は $(3k+1)^2=3(3k^2+2k)+1$,

$(3k+2)^2=3(3k^2+4k+1)+1$

のどちらかの式の k に適当な整数を代入すると, それぞれ表される。

ゆえに, 3 の倍数でない数 a, b の 2 乗を 3 で割った余りはともに 1 である。

よって, a^2+b^2 を 3 で割った余りは 2 である。…… ①

一方, c が 3 の倍数のとき, c^2 は 3 で割り切れ, c が 3 の倍数でないとき, c^2 を 3 で割った余りは 1 である。

すなわち, c^2 を 3 で割った余りは 0 か 1 である。…… ②

①, ② は, $a^2+b^2=c^2$ であることに矛盾する。

したがって, $a^2+b^2=c^2$ ならば, a, b のうち, 少なくとも 1 つは 3 の倍数である。

◀ $a=3m+1$, $b=3n+2$ などの場合をまとめて計算。

[① の理由]
$(3K+1)+(3L+1)$
$=3(K+L)+2$
(K, L は整数)

◀ ___ から。

◀ (左辺)÷3 の余りは 2
(右辺)÷3 の余りは 0, 1
となっている。

注意 **「平方数を 3 で割った余りは 0 か 1 である」**(上の ②) も, 覚えておくと便利である。
(**平方数** とは, 自然数の 2 乗になっている数のこと。)

検討 **ピタゴラス数とその性質**

$a^2+b^2=c^2$ …… Ⓐ を満たす自然数の組 (a, b, c) を **ピタゴラス数** という。Ⓐ を満たすピタゴラス数 (a, b, c) について, 次のことが成り立つ。

① a, b のうち, 少なくとも 1 つは 3 の倍数である。 ◀ 重要例題 **127**
② a, b のうち, 少なくとも 1 つは 4 の倍数である。 ◀ $p.543$ EXERCISES 90 (2)
③ a, b, c のうち, 少なくとも 1 つは 5 の倍数である。 ◀ $p.548$ 練習 **131** (2)

参考 ①, ② から, ab は 12 の倍数であり, ①〜③ から, abc は 60 の倍数である。

練習 ④127 正の整数 a, b, c, d が等式 $a^2+b^2+c^2=d^2$ を満たすとき, d が 3 の倍数でないならば, a, b, c の中に 3 の倍数がちょうど 2 つあることを示せ。 〔一橋大〕

p.543 EX 90

参考事項　ピタゴラス数

$a^2+b^2=c^2$ …… Ⓐ を満たす自然数の組 $(a,\ b,\ c)$ を **ピタゴラス数** というが，特に，3つの自然数 $a,\ b,\ c$ の最大公約数が1であるようなピタゴラス数を **原始ピタゴラス数** という。ただし，$a,\ b,\ c$ のどれか2つが公約数 $d\ (d\neq 1)$ をもつと，Ⓐ より，残りの1つも d を公約数としてもつから，$a,\ b,\ c$ のどの2つも互いに素である。

また，k を自然数とすると，原始ピタゴラス数を k 倍したものもピタゴラス数になる。なぜなら，Ⓐ が成り立つとき，$(ka)^2+(kb)^2=(kc)^2$ も成り立つからである。つまり，ピタゴラス数は無数に存在する。

さて，$(a,\ b,\ c)$ が Ⓐ を満たす原始ピタゴラス数のとき，

a，b のうちの一方は奇数で，他方は偶数，c は奇数である。 ← EXERCISES 90 (1)

これが成り立つことを前提に，原始ピタゴラス数に関する定理を紹介しよう。

定理　2つの整数 $m,\ n$ が「m と n は互いに素，$m>n>0$，$m,\ n$ の偶奇は異なる (※1)」を満たすとき，次の式で表される $(a,\ b,\ c)$ は原始ピタゴラス数である。

$$a=m^2-n^2,\quad b=2mn,\quad c=m^2+n^2 \quad \cdots\cdots \text{Ⓑ}$$

逆に，すべての原始ピタゴラス数 $(a,\ b,\ c)$ は Ⓑ の形に表される。

[解説]　Ⓑ の $(a,\ b,\ c)$ について，$a^2+b^2=c^2$ が成り立つ（代入して確かめよ）。

逆に，$(a,\ b,\ c)$ は Ⓐ を満たす原始ピタゴラス数とする。

前提条件から，a を奇数，b を偶数（c は奇数）としても一般性を失わない。

Ⓐ から　$b^2=c^2-a^2=(c+a)(c-a)$ …… ①

a と c は奇数であるから，$c+a$ と $c-a$ はともに偶数である。

また，$\dfrac{b^2}{4}=\dfrac{c+a}{2}\cdot\dfrac{c-a}{2}$ …… ①′ から，$\dfrac{c+a}{2}$ と $\dfrac{c-a}{2}$ はともに平方数となる。(※2)

よって，$\dfrac{c+a}{2}=m^2$ …… ②，$\dfrac{c-a}{2}=n^2$ …… ③ とおくと

②−③ から　$a=m^2-n^2$，　②+③ から　$c=m^2+n^2$

① から　$b^2=2m^2\cdot 2n^2=4m^2n^2$　　$b,\ m,\ n$ はすべて正であるから　$b=2mn$

したがって，すべての原始ピタゴラス数は Ⓑ の形に表される。

(※1)　$a=(m+n)(m-n)$ において，$m,\ n$ の偶奇が一致するとき a は偶数になるが，$b=2mn$ は偶数であるから，「$a,\ b,\ c$ のどの2つも互いに素である」という原始ピタゴラス数の仮定に反する。

(※2)　$\dfrac{c+a}{2}$ と $\dfrac{c-a}{2}$ はともに平方数でない，または一方のみが平方数であると仮定する。

①′ の $\left(\dfrac{b}{2}\right)^2$ は平方数であるが，平方数は素数でないから，$\dfrac{c+a}{2}$ と $\dfrac{c-a}{2}$ は共通の素因数 p をもち，k，l を整数として，$\dfrac{c+a}{2}=kp$，$\dfrac{c-a}{2}=lp$ とおくと　$c+a=2kp$，$c-a=2lp$

この2式を a，c について解くと　$a=(k-l)p$，$c=(k+l)p$

a，c はともに p の倍数となり，このとき b も p の倍数となるから，「$a,\ b,\ c$ のどの2つも互いに素である」という原始ピタゴラス数の仮定に反する。

重要例題 128 素数の問題（余りによる整数の分類の利用） ①①①①①

n は自然数とする。n，$n+2$，$n+4$ がすべて素数であるのは $n=3$ の場合だけであることを示せ。 〔早稲田大，東京女子大〕

基本 125

指針 n が素数でない場合は条件を満たさない。 ◀n，$n+2$，$n+4$ の中に n が含まれている。

n が素数の場合について，$n+2$，$n+4$ の値を調べてみると右の表のようになり，n，$n+2$，$n+4$ の中には必ず 3 の倍数が含まれるらしい，ということがわかる。

n	②	③	⑤	⑦	⑪	⑬
$n+2$	4	⑤	⑦	9	⑬	15
$n+4$	6	⑦	9	⑪	15	⑰

○：素数，●：3 の倍数（3, 9, 6, 9, 15, 15 が 3 の倍数）

よって，$n=2$，3 のときは直接値を代入して条件を満たすかどうかを調べ，n が 5 以上の素数のときは，$n=3k+1$，$3k+2$ の場合に分けて，条件を満たさない，すなわち $n+2$，$n+4$ のどちらかが素数にならないことを示す，という方針で進める。

CHART 整数の問題
いくつかの値で 小手調べ（実験） ⟶ 規則性の発見

解答

n が素数でない場合は，明らかに条件を満たさない。 ◀3 つの数のうち，n が素数でない。

n が素数の場合について

[1] $n=2$ のとき　$n+2=4$
　これは素数でないから，条件を満たさない。 ◀$n+4(=6)$ も素数でない。

[2] $n=3$ のとき　$n+2=5$，　$n+4=7$
　すべて素数であるから，条件を満たす。

[3] n が 5 以上の素数のとき
　n は $3k+1$，$3k+2$（k は自然数）のいずれかで表され ◀$n=3k$ $(n\geqq 5)$ は素数にならないから，この場合は考えない。

　(i) $n=3k+1$ のとき　$n+2=3k+3=3(k+1)$
　　$k+1$ は 2 以上の自然数であるから，$n+2$ は素数にならず，条件を満たさない。 ◀〰〰の断りは重要。$k+1=1$ とすると，$n+2=3$（素数）となるため，このように書いている [(ii) でも同様]。

　(ii) $n=3k+2$ のとき　$n+4=3k+6=3(k+2)$
　　$k+2$ は 3 以上の自然数であるから，$n+4$ は素数にならず，条件を満たさない。

以上から，条件を満たすのは $n=3$ の場合だけである。

検討 双子素数と三つ子素数

n は自然数とする。n，$n+2$ がともに素数であるとき，これを **双子素数** という。また，$(n,\ n+2,\ n+6)$ または $(n,\ n+4,\ n+6)$ の形をした素数の組を **三つ子素数** という。なお，上の例題から，n，$n+2$，$n+4$ の形の素数は $(3,\ 5,\ 7)$ しかないことがわかるが，これを三つ子素数とはいわない。双子素数や三つ子素数は無数にあることが予想されているが，現在（2021 年），そのことは証明されていない。

練習 ④128 n と n^2+2 がともに素数になるような自然数 n の値を求めよ。 〔類 京都大〕

EXERCISES

②**85** (1)　整数 n に対し，n^2+n-6 が 13 の倍数になるとき，n を 13 で割った余りを求めよ。

(2)　(ア)　x が整数のとき，x^4 を 5 で割った余りを求めよ。

(イ)　$x^4-5y^4=2$ を満たすような整数の組 $(x,\ y)$ は存在しないことを示せ。

〔(2) 類　岩手大〕

→124

④**86** n を自然数とする。$A_n=2^n+n^2$，$B_n=3^n+n^3$ とおく。A_n を 3 で割った余りを a_n とし，B_n を 4 で割った余りを b_n とする。

(1)　$A_{n+6}-A_n$ は 3 で割り切れることを示せ。

(2)　$1\leqq n\leqq 2018$ かつ $a_n=1$ を満たす n の個数を求めよ。

(3)　$1\leqq n\leqq 2018$ かつ $b_n=2$ を満たす n の個数を求めよ。　〔神戸大〕

→124

③**87** 自然数 P が 2 でも 3 でも割り切れないとき，P^2-1 は 24 で割り切れることを証明せよ。　〔ノートルダム清心女子大〕

→125

②**88** すべての自然数 n に対して $\dfrac{n^3}{6}-\dfrac{n^2}{2}+\dfrac{4n}{3}$ は整数であることを証明せよ。

〔学習院大〕

→126

③**89** x，y を自然数，p を 3 以上の素数とするとき

(1)　$x^3-y^3=p$ が成り立つとき，p を 6 で割った余りが 1 となることを証明せよ。

(2)　$x^3-y^3=p$ が自然数の解の組 $(x,\ y)$ をもつような p を，小さい数から順に p_1，p_2，p_3，…… とするとき，p_5 の値を求めよ。　〔類　早稲田大〕

→126

④**90** a，b，c はどの 2 つも 1 以外の共通な約数をもたない正の整数とする。a，b，c が $a^2+b^2=c^2$ を満たしているとき，次の問いに答えよ。

(1)　a，b のうちの一方は偶数で他方は奇数であり，c は奇数であることを示せ。

(2)　a，b のうち 1 つは 4 の倍数であることを示せ。　〔類　旭川医大〕

→127

HINT

85　(2)　(ア)　$p.536$ の割り算の余りの性質 4 を用いるとよい。

86　(2)　**(1) は (2) のヒント**　(1) の結果を利用して a_n の周期性を調べる。

(3)　まず，$B_{n+4}-B_n$ を調べる。

87　P は 2 でも 3 でも割り切れないから，$P=6k+1$，$6k+5$ (k は整数) と表される。

88　与式を $\dfrac{1}{6}$(n の式) と変形し，(n の式) が 6 の倍数になることを示す。

連続する 3 整数の積を作り出すように変形。

89　(1)　等式から　$(x-y)(x^2+xy+y^2)=p$　　ここで，$x^2+xy+y^2\geqq 3$ である。

90　(1)　a，b がともに偶数またはともに奇数と仮定すると矛盾が生じることを示す。k が整数のとき，k と k^2 の偶奇が一致することも利用。

(2)　(1) の結果を利用する。

20 発展 合同式

ここで扱う合同式は学習指導要領の範囲外の内容であるから，場合によっては省略してよい。しかし，合同式は整数の問題を考えるときにとても便利なものなので，興味があれば，是非取り組んでほしい。

基本事項

以下では，m は正の整数とし，a，b，c，d は整数とする。

1 合同式　$a-b$ が m の倍数であるとき，a，b は m を **法** として **合同** であるといい，式で $\boldsymbol{a\equiv b\ (\mathrm{mod}\ m)}$ と表す。このような式を **合同式** という。

2 合同式の性質 1

① **反射律**　$\boldsymbol{a\equiv a\ (\mathrm{mod}\ m)}$

② **対称律**　$\boldsymbol{a\equiv b\ (\mathrm{mod}\ m)}$ **のとき**　$\boldsymbol{b\equiv a\ (\mathrm{mod}\ m)}$

③ **推移律**　$\boldsymbol{a\equiv b\ (\mathrm{mod}\ m)}$，$\boldsymbol{b\equiv c\ (\mathrm{mod}\ m)}$ **のとき**　$\boldsymbol{a\equiv c\ (\mathrm{mod}\ m)}$

注意　$a\equiv b\ (\mathrm{mod}\ m)$，$b\equiv c\ (\mathrm{mod}\ m)$ は，$a\equiv b\equiv c\ (\mathrm{mod}\ m)$ と書いてもよい。

3 合同式の性質 2　$\boldsymbol{a\equiv b\ (\mathrm{mod}\ m)}$，$\boldsymbol{c\equiv d\ (\mathrm{mod}\ m)}$ **のとき**，次のことが成り立つ。

1　$\boldsymbol{a+c\equiv b+d\ (\mathrm{mod}\ m)}$　　2　$\boldsymbol{a-c\equiv b-d\ (\mathrm{mod}\ m)}$

3　$\boldsymbol{ac\equiv bd\ (\mathrm{mod}\ m)}$　　4　自然数 n に対し　$\boldsymbol{a^n\equiv b^n\ (\mathrm{mod}\ m)}$

解　説

■ 合同式

a と b が m を法として合同であるとき，次の関係が成り立つ。

$\boldsymbol{a\equiv b\ (\mathrm{mod}\ m)}$

$\Longleftrightarrow$ $\boldsymbol{a-b}$ **が** $\boldsymbol{m}$ **の倍数** $[a-b=mk$ (k は整数)$]$　⟵ 定義

$\Longleftrightarrow$ **($\boldsymbol{a}$ を $\boldsymbol{m}$ で割った余り)＝($\boldsymbol{b}$ を $\boldsymbol{m}$ で割った余り)**

説明　$a=mq+r$，$b=mq'+r'$ $(0\leqq r<m,\ 0\leqq r'<m)$ とすると

$a-b=m(q-q')+r-r'$ …… ①，$-m<r-r'<m$ …… ②

$a\equiv b\ (\mathrm{mod}\ m)$ のとき，$a-b$ は m の倍数であるから，$r-r'$ も m の倍数である。ここで，② の範囲にある m の倍数は 0 のみであるから

$r-r'=0$　すなわち　$r=r'$

逆に，$r=r'$ のとき，① から　$a-b=m(q-q')$

したがって，$a-b$ は m の倍数である。

例　$23=3\cdot7+2$，$5=3\cdot1+2$ であるから　　$23\equiv5\ (\mathrm{mod}\ 3)$

$13=7\cdot1+6$，$-8=7\cdot(-2)+6$ であるから　　$13\equiv-8\ (\mathrm{mod}\ 7)$

◀「合同」という用語は，図形で用いられてきたが，ここでは，整数に関する合同を考える。

◀mod は，modulus（「法」という意味）に由来している。

◀① の左辺は m の倍数であり，右辺の $m(q-q')$ も m の倍数であるから，$r-r'$ も m の倍数でなければならない。

■ 合同式の性質 1

これらは等号の場合と同じ性質であるが，その証明は次のようになる。

[反射律]　$a-a=m\cdot0$ となる整数 0 があるから　　$a\equiv a\ (\mathrm{mod}\ m)$

[対称律]　$a\equiv b\ (\mathrm{mod}\ m)$ のとき，$a-b=mk$ となる整数 k が存在する。

これから　$b-a=-mk$　すなわち　$b-a=m(-k)$

$-k$ は整数であるから　　$b\equiv a\ (\mathrm{mod}\ m)$

[推移律]　$a\equiv b\ (\mathrm{mod}\ m)$，$b\equiv c\ (\mathrm{mod}\ m)$ のとき，$a-b=mk$，$b-c=ml$ となる整数 k，l が存在するから，辺々加えて

$a-c=m(k+l)$　　$k+l$ は整数であるから　$a\equiv c\ (\mathrm{mod}\ m)$

■ **合同式の性質 2**

2，3 の証明は，次ページの演習例題 **129** (1)，練習 129 (1) で取り上げたので，実際に自分で証明してみてほしい。ここでは，1，4 の証明のみ扱っておく。

◀除法に関する性質については，演習例題 **129** (1) で扱っている。ただし，加法・減法・乗法に比べ，慎重に取り扱う必要がある。

証明　$a \equiv b \pmod{m}$，$c \equiv d \pmod{m}$ のとき，k，l を整数として

$a-b=mk$，$c-d=ml$　すなわち　$a=b+mk$，$c=d+ml$

1　$a+c=(b+mk)+(d+ml)=b+d+m(k+l)$

ゆえに　$a+c-(b+d)=m(k+l)$　　よって　$a+c \equiv b+d \pmod{m}$

4　$a^n=(b+mk)^n=b^n+{}_n\mathrm{C}_1 b^{n-1}(mk)+\cdots\cdots+{}_n\mathrm{C}_{n-1} b(mk)^{n-1}+(mk)^n$

ゆえに，a^n-b^n は m の倍数であるから　　$a^n \equiv b^n \pmod{m}$

◀二項定理。$p.388$ 参考事項を参照。

また，次のことも成り立つから，覚えておくとよい。

1′　**$a+b \equiv c \pmod{m}$ のとき　　$a \equiv c-b \pmod{m}$**

証明　$(a+b)-c=mk$ から　　$a-(c-b)=mk$　　（k は整数）

したがって　　$a \equiv c-b \pmod{m}$

◀つまり，合同式でも移項が可能 ということ。

2′　**交換法則**　　$a+b \equiv b+a \pmod{m}$，$ab \equiv ba \pmod{m}$

結合法則　　$(a+b)+c \equiv a+(b+c) \pmod{m}$，

$(ab)c \equiv a(bc) \pmod{m}$

分配法則　　$a(b+c) \equiv ab+ac \pmod{m}$

◀左辺－右辺＝$m \cdot 0$ として証明できる。

■ **参考 剰余類**

整数全体の集合 Z は，例えば，5 で割った余りによって，次の 5 つの部分集合

$C_0=\{5x \mid x \in Z\}$，　$C_1=\{5x+1 \mid x \in Z\}$，　$C_2=\{5x+2 \mid x \in Z\}$，

$C_3=\{5x+3 \mid x \in Z\}$，$C_4=\{5x+4 \mid x \in Z\}$　…… ①

に分けられる。これらの部分集合を，5 を法とする **剰余類** という。そして，これらの剰余類について，「**C_i，C_j を決めると，その要素 $a \in C_i$，$b \in C_j$ をどのようにとっても，$a+b$，$a-b$，ab などの属する剰余類が決まる**」ということが成り立つ。

証明　x，y が同じ剰余類に属するのは，$x-y$ が 5 の倍数となるときである。

a，b の代わりに $a' \in C_i$，$b' \in C_j$ をとると，$a-a'$，$b-b'$ は 5 の倍数であるから

$(a+b)-(a'+b')=(a-a')+(b-b')$，$(a-b)-(a'-b')=(a-a')-(b-b')$

$ab-a'b'=a(b-b')+(a-a')b'$　　はいずれも 5 の倍数になる。

よって，$a+b$ と $a'+b'$，$a-b$ と $a'-b'$，ab と $a'b'$ は同じ剰余類に属する。

したがって，要素のとり方に関係なく，和，差，積の属する剰余類が決まる。

注意　以上のことは，合同式を用いると，次のように書くことができる。5 を法として

$a \equiv a'$，$b \equiv b'$　ならば　$a+b \equiv a'+b'$，$a-b \equiv a'-b'$　$ab \equiv a'b'$

① の各剰余類を，0，1，2，3，4 で代表させた集合 {0，1，2，3，4} を，5 を法とする **剰余系** という。
このとき，5 を法として　$4+2 \equiv 1$，$4 \cdot 2 \equiv 3$ となるが，これらは集合 {0，1，2，3，4} の中の計算と考えられ，右の表のようにまとめられる。

+	0	1	2	3	4
0	0	1	2	3	4
1	1	2	3	4	0
2	2	3	4	0	1
3	3	4	0	1	2
4	4	0	1	2	3

×	0	1	2	3	4
0	0	0	0	0	0
1	0	1	2	3	4
2	0	2	4	1	3
3	0	3	1	4	2
4	0	4	3	2	1

なお，このとき，5 を法とする剰余系は，加法と乗法について **閉じている** という。

演習 例題 129 合同式の性質の証明と利用

(1) $p.544$ 基本事項の合同式の性質 2，および次の性質 5 を証明せよ。ただし，a は整数，m は自然数とする。

5　a と m が互いに素のとき　$ax \equiv ay \pmod{m} \Longrightarrow x \equiv y \pmod{m}$

(2) 次の合同式を満たす x を，それぞれの法 m において，$x \equiv a \pmod{m}$ ［a は m より小さい自然数］の形で表せ（これを **合同方程式を解く** ということがある）。

(ア) $x+4 \equiv 2 \pmod{6}$　　(イ) $3x \equiv 4 \pmod{5}$

p.544 基本事項 3

指針
(1) 方針は $p.545$ の 証明 と同様。●≡■ (mod m) のとき，●−■ は m の倍数
(2) **合同式　加法・減法・乗法だけなら普通の数と同じように扱える**
(イ)「4≡● (mod 5) かつ ● が 3 の倍数」となるような数を見つけ，性質 5 を適用。

解答

(1) 2　条件から，$a-b=mk$，$c-d=ml$（k，l は整数）　◀▲の倍数 ⟶ =▲k（k は整数）
と表され　$a=b+mk$，$c=d+ml$
よって　$a-c=(b+mk)-(d+ml)=b-d+m(k-l)$
ゆえに　$a-c-(b-d)=m(k-l)$　よって　$a-c \equiv b-d \pmod{m}$

5　$ax \equiv ay \pmod{m}$ ならば，$ax-ay=mk$（k は整数）
と表され　$a(x-y)=mk$
a と m は互いに素であるから　$x-y=ml$（l は整数）
よって　$x \equiv y \pmod{m}$

◀**p，q が互いに素で pk が q の倍数ならば，k は q の倍数である。**

(2) (ア) 与式から　$x \equiv 2-4 \pmod{6}$　◀性質 2。移項の要領。
よって　$x \equiv -2 \pmod{6}$
$-2 \equiv 4 \pmod{6}$ であるから　$\boldsymbol{x \equiv 4 \pmod{6}}$　◀$-2 \equiv -2+6 \equiv 4 \pmod{6}$

(イ) $4 \equiv 9 \pmod{5}$ であるから，与式は　$3x \equiv 9 \pmod{5}$
法 5 と 3 は互いに素であるから　$\boldsymbol{x \equiv 3 \pmod{5}}$　◀性質 5 を利用。

検討

合同方程式の問題は表を利用すると確実

(2) (イ)については，次のような **表を利用** する解答も考えられる。

別解 (イ) $x=0,\ 1,\ 2,\ 3,\ 4$ について，$3x$ の値は右の表のようになる。$3x \equiv 4 \pmod{5}$ となるのは，$x=3$ のときであるから　$\boldsymbol{x \equiv 3 \pmod{5}}$

x	0	1	2	3	4
$3x$	0	3	$6 \equiv 1$	$9 \equiv 4$	$12 \equiv 2$

注意 合同式の性質 5 が利用できるのは，「a と m が互いに素」であるときに限られる。
例えば，$4x \equiv 4 \pmod{6}$ ……① について，4 と法 6 は互いに素ではないにもかかわらず，① より $x \equiv 1 \pmod{6}$ としたら **誤り！**
表を利用 の方針で考えると，右の表からわかるように　$x \equiv 1,\ 4 \pmod{6}$　である。

x	0	1	2	3	4	5
$4x$	0	4	$8 \equiv 2$	$12 \equiv 0$	$16 \equiv 4$	$20 \equiv 2$

［$x \equiv a \pmod{m}$ または $x \equiv b \pmod{m}$ を「$x \equiv a,\ b \pmod{m}$」と表す。］

練習 ③129
(1) $p.544$ 基本事項の合同式の性質 3 を証明せよ。
(2) 次の合同式を満たす x を，それぞれの法 m において，$x \equiv a \pmod{m}$ の形で表せ。ただし，a は m より小さい自然数とする。
(ア) $x-7 \equiv 6 \pmod{7}$　(イ) $4x \equiv 5 \pmod{11}$　(ウ) $6x \equiv 3 \pmod{9}$

演習 例題 130 合同式の利用 … 累乗の数の余り ③③③③③

合同式を利用して，次のものを求めよ。

(1) (ア) 13^{100} を 9 で割った余り　(イ) 2000^{2000} を 12 で割った余り　〔(イ) 早稲田大〕

(2) 47^{2011} の一の位の数　〔(2) 類 自治医大〕

p.544 基本事項 3

指針 乗法に関する次の性質を利用する。

> $a\equiv b \pmod{m}$，$c\equiv d \pmod{m}$ のとき
> 3 $ac\equiv bd \pmod{m}$　4 自然数 n に対し　$a^n\equiv b^n \pmod{m}$

(1) 累乗の数に関する余りの問題では，余りの周期性に着目する ことがポイントである。また，合同式を利用して，指数の底を小さくしてから，周期性を調べると計算がらくになる。 …… **注意** a^n の a を指数の **底** という。
特に，$a^n\equiv 1 \pmod{m}$ となる n が見つかれば，問題の見通しがかなり良くなる。

(2) ある自然数 N の一の位の数は，N を 10 で割ったときの余りに等しい。したがって，**10 を法とする剰余系を利用する。**

CHART 累乗の数を割った余りの問題　余りの周期性に注目

解答

(1) (ア) $13\equiv 4 \pmod{9}$ であり
$4^2\equiv 16\equiv 7 \pmod{9}$，　$4^3\equiv 64\equiv 1 \pmod{9}$
ゆえに　$4^{100}\equiv 4\cdot(4^3)^{33}\equiv 4\cdot 1^{33}\equiv 4 \pmod{9}$
よって　$13^{100}\equiv 4^{100}\equiv 4 \pmod{9}$
したがって，求める余りは　**4**

◀ $13-4=9$ であるから，13 と 4 は 9 を法として合同であることに着目し，4^n に関する余りを調べる。13^2，13^3 を 9 で割った余りを調べてもよいが，一般に 4^2，4^3 の方がらく。

(イ) $2000\equiv 8 \pmod{12}$ であり
$8^2\equiv 64\equiv 4 \pmod{12}$，
$8^3\equiv 8\cdot 4\equiv 8 \pmod{12}$，
$8^4\equiv (8^2)^2\equiv 4^2\equiv 4 \pmod{12}$
ゆえに，k を自然数とすると　$8^{2k}\equiv 4 \pmod{12}$
よって　$2000^{2000}\equiv 8^{2000}\equiv 4 \pmod{12}$
したがって，求める余りは　**4**

◀ 2000^n の計算は面倒。2000 を 12 で割った余りは 8 であるから，2000 と 8 は 12 を法として合同。したがって，8^n に関する余りを調べる。

(2) $47\equiv 7 \pmod{10}$ であり　$7^2\equiv 49\equiv 9 \pmod{10}$，
$7^3\equiv 9\cdot 7\equiv 3 \pmod{10}$，
$7^4\equiv 9^2\equiv 1 \pmod{10}$
ゆえに　$7^{2011}\equiv (7^4)^{502}\cdot 7^3\equiv 1^{502}\cdot 3\equiv 1\cdot 3\equiv 3 \pmod{10}$
よって　$47^{2011}\equiv 7^{2011}\equiv 3 \pmod{10}$
したがって，47^{2011} の一の位の数は　**3**

◀ $47=10\cdot 4+7$

◀ $2011=4\cdot 502+3$

練習 ③**130** 合同式を利用して，次のものを求めよ。
(1) (ア) 7^{203} を 5 で割った余り　(イ) 3000^{3000} を 14 で割った余り
(2) 83^{1234} の一の位の数

演習 例題 131 合同式を利用した証明 (1)

a, b は 3 で割り切れない整数とする。このとき, $a^4+a^2b^2+b^4$ は 3 で割り切れることを証明せよ。 〔倉敷芸科大〕

p.544 基本事項 3

指針 基本例題 **125**, **126** で似た問題を扱ったが, ここでは **合同式を利用して** 証明してみよう。a が 3 で割り切れない整数とは, a を **3 で割った余りは 1 または 2** ということである(b についても同じ)。このことから, 問題を合同式で表すと, 次のようになる。

「$a\equiv1 \pmod 3$ または $a\equiv2 \pmod 3$, $b\equiv1 \pmod 3$ または $b\equiv2 \pmod 3$ のとき $a^4+a^2b^2+b^4\equiv0 \pmod 3$ であることを証明せよ。」

なお, 証明では, 解答のように表を用いると簡明である。

CHART 決まった数の割り算や倍数に関係する問題 合同式を利用すると簡明

解答

a, b は 3 で割り切れない整数であるから, 3 を法として

[1] $a\equiv1$, $b\equiv1$ [2] $a\equiv1$, $b\equiv2$

[3] $a\equiv2$, $b\equiv1$ [4] $a\equiv2$, $b\equiv2$

[1]~[4] の各場合について, $a^4+a^2b^2+b^4$ を計算すると, 次の表のようになる。

	[1]	[2]	[3]	[4]
a^4	$1^4\equiv1$	$1^4\equiv1$	$2^4\equiv1$	$2^4\equiv1$
a^2b^2	$1^2\cdot1^2\equiv1$	$1^2\cdot2^2\equiv1$	$2^2\cdot1^2\equiv1$	$2^2\cdot2^2\equiv1$
b^4	$1^4\equiv1$	$2^4\equiv1$	$1^4\equiv1$	$2^4\equiv1$
$a^4+a^2b^2+b^4$	$3\equiv0$	$3\equiv0$	$3\equiv0$	$3\equiv0$

よって, いずれの場合も $a^4+a^2b^2+b^4\equiv0 \pmod 3$

したがって, $a^4+a^2b^2+b^4$ は 3 で割り切れる。

別解 a, b は 3 で割り切れない整数であるから

$a\equiv\pm1 \pmod 3$, $b\equiv\pm1 \pmod 3$

よって $a^4+a^2b^2+b^4\equiv(\pm1)^4+(\pm1)^2\cdot(\pm1)^2+(\pm1)^4$

$\equiv1+1\cdot1+1\equiv3\equiv0 \pmod 3$

したがって, $a^4+a^2b^2+b^4$ は 3 で割り切れる。

◀式が煩雑になるので, (mod 3) は省略した。ただし, ＿＿のように最初に断っておくこと。

◀$2^4\equiv16\equiv1 \pmod 3$
$2^2\equiv4\equiv1 \pmod 3$

◀$A\equiv B \pmod m$, $C\equiv D \pmod m$ ならば $A+C\equiv B+D \pmod m$

◀$2\equiv-1 \pmod 3$
絶対値が小さい余りにしておくと計算しやすいことがある。

検討

合同式を利用すると簡潔な解答が書ける!

基本例題 **125**, **126** で学習したように, 合同式を知らなくても証明できないわけではない。a も b も 3 で割り切れないから, $a=3m+1$, $3m+2$; $b=3n+1$, $3n+2$ の形で表される。そして, これらの組み合わせ 4 組について, $a^4+a^2b^2+b^4$ を計算し, それが 3×(整数) の形になることを示せばよい。しかし, この計算はかなり大変である。

$a^4+a^2b^2+b^4=(a^2+ab+b^2)(a^2-ab+b^2)$ と因数分解できるが, これを利用しても計算の面倒さは変わらない。合同式による表現のうまさを味わっていただきたい。

練習 ③**131**

(1) n が自然数のとき, n^3+1 が 3 で割り切れるものをすべて求めよ。

(2) 整数 a, b, c が $a^2+b^2=c^2$ を満たすとき, a, b, c のうち少なくとも 1 つは 5 の倍数である。このことを合同式を利用して証明せよ。

演習 例題 132 合同式を利用した証明 (2)

n は奇数とする。このとき，次のことを証明せよ。〔千葉大〕

(1) n^2-1 は 8 の倍数である。　(2) n^5-n は 3 の倍数である。

(3) n^5-n は 120 の倍数である。

演習 131

指針 決まった数の割り算 (倍数) の問題では **合同式の利用** による解答を示す。

(1) は法 8 の合同式を利用し，(2) は法 3 の合同式を利用することはわかるが，(3) を法 120 の合同式利用で進めるのは非現実的。そこで，**(1)，(2) は (3) のヒント** に従って考えると　$n^5-n=n(n^2+1)(n^2-1)$　⟶ n^5-n は $8\times3=24$ の倍数

（n^5-n：(2) から，3 の倍数；(n^2-1)：(1) から，8 の倍数）

$120\div24=5$ であるから，後は，n^5-n が 5 の倍数であることを示せばよい。

解答

(1) n は奇数であるから，8 で割った余りが偶数になることはない。

ゆえに　$n\equiv1,\ 3,\ 5,\ 7 \pmod 8$

このとき，右の表から

$n^2-1\equiv0 \pmod 8$

n	1	3	5	7
n^2	1	$9\equiv1$	$25\equiv1$	$49\equiv1$
n^2-1	0	0	0	0

よって，n が奇数のとき，n^2-1 は 8 の倍数である。

(2) $n\equiv0,\ 1,\ 2 \pmod 3$ のとき，右の表から

$n^5-n\equiv0 \pmod 3$

n	0	1	2
n^5	0	$1^5\equiv1$	$2^5\equiv2$
n^5-n	0	0	0

よって，n^5-n は 3 の倍数である。

◀条件では，n は奇数であるが，すべての整数 n について，n^5-n は 3 の倍数である。

(3) $n^5-n=n(n^2+1)(n^2-1)$

ここで，(1) から n^2-1 は 8 の倍数であり，これと (2) から，n^5-n は 24 の倍数である。

ゆえに，n^5-n が 120 の倍数であることを示すには，n^5-n が 5 の倍数であることを示せばよい。

◀$120=3\cdot5\cdot8$

$n\equiv0,\ 1,\ 2,\ 3,\ 4 \pmod 5$ のとき，n^5-n を計算すると，次の表のようになる。

n	0	1	2	3	4
n^5	0	$1^5\equiv1$	$2^5\equiv2$	$3^5\equiv3$	$4^5\equiv4$
n^5-n	0	0	0	0	0

◀5 を法として
$3^5\equiv3^4\cdot3\equiv1\cdot3$,
$4^5\equiv4^4\cdot4\equiv(4^2)^2\cdot4\equiv1\cdot4$

よって　$n^5-n\equiv0 \pmod 5$

したがって，n^5-n は 8 かつ 3 かつ 5 の倍数，すなわち 120 の倍数である。

◀3 と 5 と 8 は互いに素。

練習 ④132 (1) n が 5 で割り切れない奇数のとき，n^4-1 は 80 で割り切れることを証明せよ。

(2) n が 2 でも 3 でも 5 でも割り切れない整数のとき，n^4-1 は 240 で割り切れることを証明せよ。

振り返り　整数に関する重要な性質

整数に関する性質にはさまざまなものがあるが，問題に応じてどの性質を利用すればよいか，判断の難しい場合も多いだろう。ここで，これまでに学んできた内容のうち重要なものを，問題のタイプや考え方ごとに振り返っておこう。

補足　次の(＊)は整数の当然な性質であるが，下の 例 1，例 2 のような，不等式から整数値を求める場面で利用されることもあるので，初めに確認しておきたい。

(＊)　整数は間隔 1 でとびとびの値（離散的な値）をとる。

例 1. 整数 a，b に対し　$a<b<a+2$ なら　$b=a+1$，
$a \leqq b<a+1$ なら　$b=a$，　$a<b$ なら　$b \geqq a+1$　などが成り立つ。

例 2. 自然数 a に対して，整数 b が a の倍数のとき　$-a<b<a$ なら　$b=0$ が成り立つ [± 1，± 2，……，$\pm(a-1)$ は a の倍数ではないため]。

➡$p.544$〈合同式〉

1　倍数であることの証明問題　例えば，次の方法がある。

① 基本　整数 a，b に対し，$\boldsymbol{a}$ が $\boldsymbol{b}$ の倍数（$\boldsymbol{b}$ が $\boldsymbol{a}$ の約数）であることをいうには，$\boldsymbol{a=bk}$（$\boldsymbol{k}$ は整数）を示す。 ➡例題 110

② **倍数の判定法** を利用する。
3 (9) の倍数 …… 各位の数の和が 3 (9) の倍数，4 の倍数 …… 下 2 桁が 4 の倍数，
8 の倍数 …… 下 3 桁が 8 の倍数　など。 ➡例題 111

③ **連続する整数の積の形** を作り出し，次の性質を利用する。 ➡例題 126
連続する 2 整数の積は 2 の倍数である。連続する 3 整数の積は 6 の倍数である。

説明　① 「● は ■ の倍数」という条件が与えられたら，まずは ●＝■k (k は整数) と表すのが問題解決の第 1 歩となる。
② 特定の位や，各位の数の和に関する条件が与えられたときなどに意識するとよい。
③ ある式が 2 や 6 の倍数であることを示す問題で意識するとよい。連続する整数の積は，n を整数として $n(n+1)$，$(n-1)n$；$n(n+1)(n+2)$，$(n-1)n(n+1)$ などと表される。
なお，6 余りによる分類 の方法が有効な場合もある。

2　約数の個数，総和に関する問題　次のことを利用する。

自然数 N が $N=p^aq^br^c$…… と素因数分解されるとき，N の正の約数の

個数は　$(\boldsymbol{a}+1)(\boldsymbol{b}+1)(\boldsymbol{c}+1)$……

総和は　$(1+\boldsymbol{p}+\cdots+\boldsymbol{p}^{a})(1+\boldsymbol{q}+\cdots+\boldsymbol{q}^{b})(1+\boldsymbol{r}+\cdots+\boldsymbol{r}^{c})$…… ➡例題 113

3　素数の問題　特に重要なのは，次の 2 つの性質である。

① **素数 $\boldsymbol{p}$ の約数は ± 1 と $\pm \boldsymbol{p}$　(正の約数は 1 と $\boldsymbol{p}$)**

② **偶数の素数は 2 だけで，3 以上の素数はすべて奇数である。** ➡例題 115

説明　詳しくは，$p.523$ のズーム UP を参照。素数が条件で与えられた問題では，① や ② の性質を利用して，値の候補を絞り込んでいくようにするとよい。

4 最大公約数，最小公倍数の性質

自然数 a，b の最大公約数を g，最小公倍数を l とし，$a=ga'$，$b=gb'$ とすると

1 **a' と b' は互いに素**　2 **$l=ga'b'$**　3 **$ab=gl$**　➡例題 118，119

説明　最大公約数，最小公倍数が関連する問題では，この性質がカギを握る。是非，押さえておきたい。

5 互いに素に関する問題　a，b，k は整数とする。

性質　**a，b が互いに素で，ak が b の倍数であるならば，k は b の倍数である。**

説明　この性質はとても重要である。整数の等式では，互いに素な 2 整数に注目し，この性質を利用するとうまく処理できることが多い。

● a と b が互いに素であることの証明問題は

(a と b の最大公約数)=1 を示す　または　**背理法を利用**　➡例題 120，121

なお，a と b が互いに素でないときは，a，b がある素数 p を公約数にもち $a=pk$，$b=pl$（k，l は整数）と表される。

6 余りによる分類

すべての整数 n は，ある自然数 m で割った余りによって，m 通りの表し方に分けられる。例えば，5 で割った余りは 0，1，2，3，4 の 5 通りがあり

$n=5k$，$n=5k+1$，$n=5k+2$，$n=5k+3$，$n=5k+4$　のいずれかで表される。

[$n=5k$，$n=5k\pm1$，$n=5k\pm2$ のように書くこともできる。]　➡例題 125

説明　すべての整数についての証明問題では，この分類法が有効な場合も多い。なお，どの数で割った余りで分類するかであるが，● の倍数であることを示したり，● で割った余りに関する証明問題では，● で割った余りに注目して分類するとよい。

7 [発展] 合同式　a，b は整数，m は自然数とする。

定義　**$a\equiv b \pmod{m} \iff a-b$ が m の倍数**

$\iff$ (a を m で割った余り)=(b を m で割った余り)

説明　合同式は，整数の問題を簡単に扱うことができる場合もあり，便利である。実際の解答では，合同式の性質（$p.544$ **2**，**3**）を利用して議論を進める。　➡例題 130〜132

以上，整数の問題を解くうえで特に重要な性質についてまとめてみたが，整数の問題にはさまざまなタイプがあり，なかなか解法の糸口が見えないこともあるだろう。

そのような問題では，$p.542$ 重要例題 **128** で触れた **いくつかの値で小手調べ**

すなわち，**いくつかの値で実験 ⟶ 規則性などに注目し，解法の道筋を見い出す**

といった進め方をとる必要があるだろう。考えにくい整数の問題では，このように試行錯誤をすることが大切であり，それは思考力を高めるうえでよい訓練になるだろう。

参考　二項定理（$p.388$ 参照，数学Ⅱで詳しく学習）を利用する整数の問題もある。
（巻末の総合演習第 2 部において，二項定理を利用する問題を 1 問扱った [$p.647$ 問題 **25**]）。

参考事項　フェルマーの小定理

p を素数，a を p と互いに素な整数とする。このとき，$\boldsymbol{a^{p-1}-1}$ **は** $\boldsymbol{p}$ **で割り切れる。**

すなわち　$\boldsymbol{a^{p-1}\equiv 1 \pmod{p}}$ ……Ⓐ　が成り立つ。

これを **フェルマーの小定理** という。

フェルマーの小定理は，$a^n\equiv 1 \pmod{p}$ となる n を見つけるのに利用できることがある。
例えば，$p.547$ 練習 130(1)(ア)では，5 は素数，7 と 5 は互いに素である。
よって，フェルマーの小定理を適用すると　$7^{5-1}\equiv 7^4\equiv 1 \pmod{5}$
$203=4\cdot 50+3$ であるから

$$7^{203}\equiv (7^4)^{50}\cdot 7^3\equiv 1^{50}\cdot 7^3\equiv 343\equiv 3 \pmod{5} \qquad \longleftarrow 343=5\cdot 68+3$$

よって，余りは　**3**　このようにして解くこともできる。

参考　フェルマーの小定理の証明

まず，次のことを証明する。

p を素数，m，n を整数とするとき　$(m+n)^p\equiv m^p+n^p \pmod{p}$ ……(∗)

二項定理 ($p.388$) により

$$(m+n)^p={}_p\mathrm{C}_0 m^p+{}_p\mathrm{C}_1 m^{p-1}n+{}_p\mathrm{C}_2 m^{p-2}n^2+\cdots\cdots+{}_p\mathrm{C}_{p-1} mn^{p-1}+{}_p\mathrm{C}_p n^p$$

よって　$(m+n)^p-(m^p+n^p)={}_p\mathrm{C}_1 m^{p-1}n+{}_p\mathrm{C}_2 m^{p-2}n^2+\cdots\cdots+{}_p\mathrm{C}_{p-1} mn^{p-1}$ ……①

ここで，${}_p\mathrm{C}_k$ ($k=1,\ 2,\ \cdots\cdots,\ p-1$) について

$${}_p\mathrm{C}_k=\frac{p(p-1)(p-2)\cdots\cdots(p-k+1)}{k!}$$

であるが，p は素数で，$p>k$ であるから，右辺の p と $k!$ は互いに素である。
一方，${}_p\mathrm{C}_k$ は組合せの数，すなわち整数であるから，$p(p-1)(p-2)\cdots\cdots(p-k+1)$ は $k!$ で割り切れる。つまり，${}_p\mathrm{C}_k=p\times$(整数) と表されるから，${}_p\mathrm{C}_k$ は p の倍数である。
したがって，① の右辺は p の倍数であるから，(∗)が成り立つ。

次に，(∗)において，$m=1$，$n=1$ とすると　$2^p\equiv 1^p+1^p\equiv 1+1\equiv 2 \pmod{p}$
$m=1$，$n=2$ とすると　$3^p\equiv 1^p+2^p\equiv 1+2\equiv 3 \pmod{p}$

以下これを繰り返すことで，すべての自然数 a に対して
$a^p\equiv a \pmod{p}$ ……②　が成り立つ。

◀厳密には，数学的帰納法 (数学B) を利用して証明する。

ここで，$(-1)^p\equiv -1 \pmod{p}$ が任意の素数 p に対して成り立つから，これを ② の両辺に掛けて
$(-a)^p\equiv -a \pmod{p}$

◀p が奇数の素数のときは明らか。$p=2$ のときは $1\equiv -1 \pmod{p}$ であるから，成り立つ。

ゆえに，すべての整数 $\boldsymbol{a}$ に対して $\boldsymbol{a^p\equiv a \pmod{p}}$ が成り立つ。

◀フェルマーの小定理の変形版である。

a と p が互いに素な場合は，$p.546$ で証明した性質 5 より，$a^{p-1}\equiv 1 \pmod{p}$ が成り立つ。(証明終)

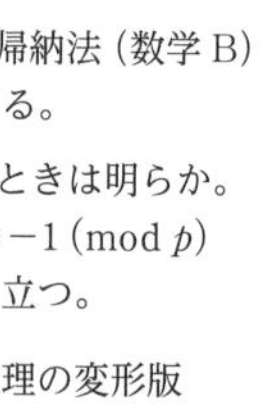

なお，上のフェルマーの小定理の変形版を用いると，$p.549$ 演習例題 **132**(3)に関し，n^5-n が 5 の倍数であることがすぐにわかる。

21 ユークリッドの互除法と1次不定方程式

基本事項

1 割り算と最大公約数

2つの自然数 a, b について，a を b で割ったときの商を q，余りを r とすると

a と b の最大公約数は，b と r の最大公約数に等しい。 ……（＊）

2 ユークリッドの互除法

次の操作を繰り返して，2つの自然数 a, b の最大公約数を求める方法を **ユークリッドの互除法** または単に **互除法** という。

[1] a を b で割ったときの余りを r とする。

[2] $r=0$（すなわち割り切れる）ならば，b が a と b の最大公約数である。

$r \neq 0$ ならば，r を b に，b を a におき換えて，[1] に戻る。

同じ操作を繰り返すと，余りは必ず0になる。余りが0になったときの割る数（0でない最後の余り，でも同じ）が2数の最大公約数である。

解説

注意 **整数 x, y の最大公約数を $(x,\ y)$ で表す** ことがある。

◀本書でも座標と紛れることがないときは，この表記を用いる。

■ 割り算と最大公約数

（＊）の定理の証明は，次のようになる。

証明 $a=bq+r$ …… ①　　移項して　$r=a-bq$ …… ②

a と b の最大公約数を g とし，b と r の最大公約数を g' とする。

[すなわち　$g=(a,\ b)$, $g'=(b,\ r)$]　② から，g は r の約数である。

ゆえに，g は b と r の公約数であるから　　$g \leqq g'$

また，① から，g' は a の約数である。

よって，g' は a と b の公約数であるから　　$g' \leqq g$

したがって　　$g=g'$　すなわち　$(a,\ b)=(b,\ r)$

◀$a=ga'$, $b=gb'$ とすると　$r=ga'-gb'q$

◀$b=g'b''$, $r=g'r'$ とすると
$a=g'b''q+g'r'$

◀$A \leqq B$ かつ $A \geqq B$ ならば　$A=B$

なお，割り算で成り立つ等式 $a=bq+r$ で，$0 \leqq r<b$ を満たす整数 q と r はただ1通りに定まるが，（＊）の定理を適用するときは，必ずしも $0 \leqq r<b$ である必要はない。単に，**$a=bq+r$ の形に書き表された式に対し，$(a,\ b)=(b,\ r)$ が成り立つ** と考えてよい。

◀$30=4 \cdot 7+2$ について
$(30,\ 4)=(4,\ 2)=2$
$30=4 \cdot 6+6$ について
$(30,\ 4)=(4,\ 6)=2$

■ ユークリッドの互除法

ユークリッド (Euclid：300 B.C. 頃) はギリシアの数学者で，著書「原論」は，現代の幾何学の基礎と言うべき，ユークリッド幾何学をまとめた代表作である。そして，この「原論」は幾何学だけではなく，代数的な内容も含まれており，その中の1つとして，ユークリッドの互除法がある。

◀ユークリッドはエウクレイデスの英語読みである。

$p.526$ では，最大公約数を素因数分解を利用して求めた。しかし，例えば，3059 と 2337 の最大公約数を求めようとしても，素因数分解による方法では手間がかかる。このようなときに威力を発揮するのが，ユークリッドの互除法（以後，互除法と呼ぶ）である。

◀$48<\sqrt{2337}<49$ であるから，48以下の素数が素因数の候補。しかし，これも大変。

そして，互除法による計算は，一般に次のように行われる。

まず，a を b で割ったときの商を q_1，余りを r_1 とする。　◀このとき　$b>r_1$

次に，b を r_1 で割ったときの商を q_2，余りを r_2 とする。　◀このとき　$r_1>r_2$

更に，r_1 を r_2 で割ったときの商を q_3，余りを r_3 とする。　◀このとき　$r_2>r_3$

以下，同じ操作を繰り返すと，r_1，r_2，r_3，…… は 0 以上の整数で，$r_1>r_2>r_3>\cdots\cdots$ となり，どこかで 0 になる（つまり，どこかで割り切れる）。

ここで，0 でない最後の余りを r_n とすると，$r_1>r_2>r_3>\cdots\cdots>r_n>0$ であり，この r_n が求める最大公約数である。このことを，3059 と 2337 の最大公約数を求めるようすと対比させながら，式と定理（＊）で表すと，次のようになる。

$a=bq_1+r_1$ …… $(a,\ b)=(b,\ r_1)$

$b=r_1q_2+r_2$ …… $(b,\ r_1)=(r_1,\ r_2)$

$r_1=r_2q_3+r_3$ …… $(r_1,\ r_2)=(r_2,\ r_3)$

……（同じ操作の繰り返し）……

$r_{n-2}=r_{n-1}q_n+r_n$ … $(r_{n-2},\ r_{n-1})=(r_{n-1},\ r_n)$

$r_{n-1}=r_nq_{n+1}$ ⟵ 割り切れたところで終了。r_n が求める最大公約数。

$3059=2337\cdot1+722$ … $(3059,\ 2337)=(2337,\ 722)$

$2337=722\cdot3+171$ … $(2337,\ 722)=(722,\ 171)$

$722=171\cdot4+38$ … $(722,\ 171)=(171,\ 38)$

$171=38\cdot4+19$ … $(171,\ 38)=(38,\ 19)$

$38=19\cdot2$ … $(38,\ 19)=19$

3059 と 2337 の最大公約数は　19

2 つの数の最大公約数は，一方を他方で割った余りの中にあり，余りは割る数より小さい。つまり，最初の 2 数より小さい数の間の最大公約数を求める問題におき換えることができる。
そして，割り算を繰り返すことにより，更に数を小さくし，最終的に最大公約数が求められる。これが互除法の最大の特長である。なお，互除法により，最大公約数を求めるようすは，次の例で実感できる。

◀上の例においても
(3059, 2337)
=(2337, 722)
=(722, 171)
=(171, 38)
=(38, 19)
のように小さくなっているのがわかる。

例　縦 270，横 396 の長方形を，同じ大きさのできるだけ大きい正方形で隙間なく敷き詰める。このときの正方形の 1 辺の長さは，270 と 396 の最大公約数 18 である。これは次のようにして求められる。

① 長方形から，1 辺の長さ 270 の正方形は 1 個切り取ることができて，270×126 の長方形が残る。
…… 396 を 270 で割った商は 1，余りは 126

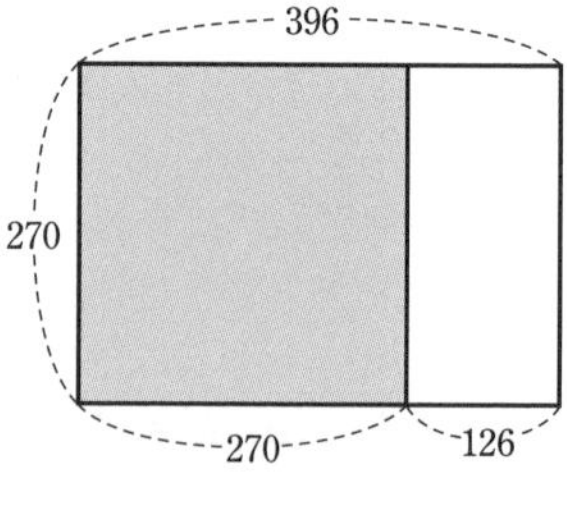

② ① で残った長方形から，1 辺の長さ 126 の正方形は 2 個切り取ることができて，18×126 の長方形が残る。
…… 270 を 126 で割った商は 2，余りは 18

③ ② で残った長方形から，1 辺の長さ 18 の正方形はちょうど 7 個切り取ることができる。
…… 126 を 18 で割った商は 7，余りは 0

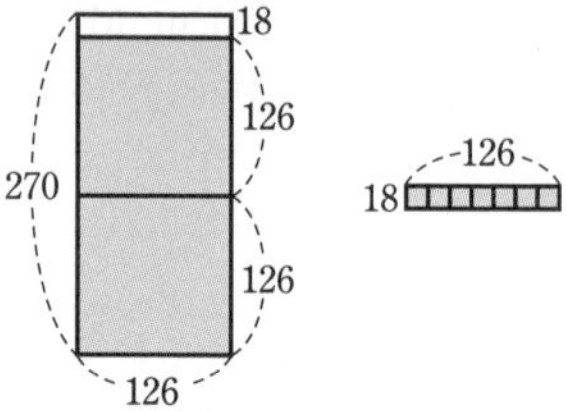

■ **互除法の筆算**

いろいろな方法があるが，本書では，次のような，左に書き足していく形式の筆算を主に用いることにする。

例　**3059 と 2337 の最大公約数を筆算で求める方法**

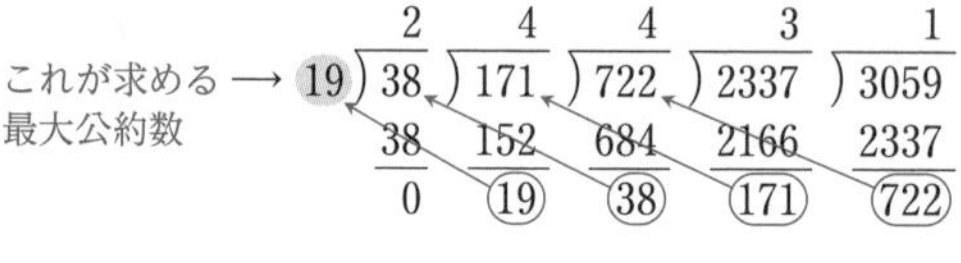

基本 例題 133 ユークリッドの互除法 〇〇〇〇〇

次の 2 つの整数の最大公約数を，互除法を用いて求めよ。

(1) 323, 884　　　　(2) 943, 1058　　　　(3) 1829, 2077

╱p.553 基本事項 **2**

指針 互除法の計算
割り切れるまで，右の手順による
割り算を繰り返す。
　→ 最後の割る数が最大公約数
なお，計算の際には，筆算が便利。

$a = bq_1 + r_1$　　a を b で割る …… 余り r_1
$b = r_1 q_2 + r_2$　　b を r_1 で割る …… 余り r_2
$r_1 = r_2 q_3 + r_3$　　r_1 を r_2 で割る…… 余り r_3
　　……
$r_{n-1} = r_n q_{n+1}$　←── 割り切れたところで終了
　　　　　　　　　r_n が最大公約数

解答

(1) $884 = 323 \cdot 2 + 238$
　$323 = 238 \cdot 1 + 85$
　$238 = 85 \cdot 2 + 68$
　$85 = 68 \cdot 1 + ⑰$
　$68 = ⑰ \cdot 4$
　よって，最大公約数は　**17**

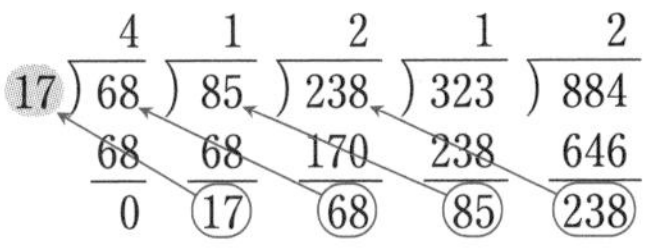

(2) $1058 = 943 \cdot 1 + 115$
　$943 = 115 \cdot 8 + ㉓$
　$115 = ㉓ \cdot 5$
　よって，最大公約数は　**23**

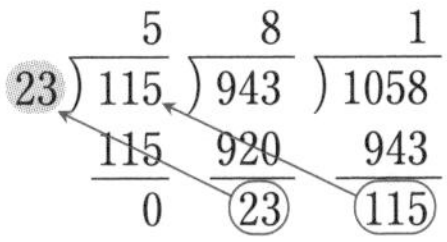

(3) $2077 = 1829 \cdot 1 + 248$
　$1829 = 248 \cdot 7 + 93$
　$248 = 93 \cdot 2 + 62$
　$93 = 62 \cdot 1 + ㉛$
　$62 = ㉛ \cdot 2$
　よって，最大公約数は　**31**

```
    4     1     2     1     2
17)68  )85  )238 )323 )884
   68    68   170   238   646
   0    (17)  (68) (85) (238)
```

```
    5     8     1
23)115 )943 )1058
  115   920   943
   0   (23)  (115)
```

```
    2     1     2     7     1
31)62  )93  )248 )1829 )2077
   62    62   186  1736  1829
   0   (31)  (62)  (93) (248)
```

4章

㉑ ユークリッドの互除法と1次不定方程式

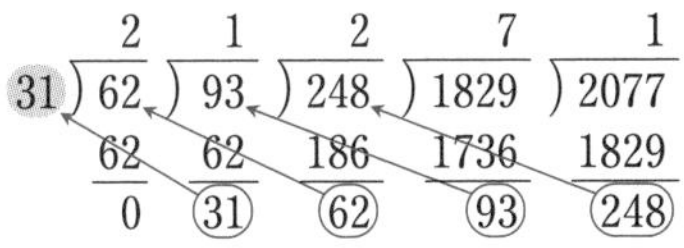

検討 | 互除法の筆算 ───

例えば，(2)を右のようにして計算する方法もある。これは

❶ $943 \times 1 = 943$　　**❷** $1058 - 943 = 115$
❸ $115 \times 8 = 920$　　**❹** $943 - 920 = 23$
❺ $23 \times 5 = 115$

のように，掛ける数を交互に右端・左端に書いていく要領
の筆算である。

8	943	1058	1
	❸920	❶943	
	❹23	❷115	5
		❺115	
		0	

練習 次の 2 つの整数の最大公約数を，互除法を用いて求めよ。
①**133** (1) 817, 988　　　　(2) 997, 1201　　　　(3) 2415, 9345

基本例題 134 互除法の応用問題

(1) 2つの自然数 m, n の最大公約数と $3m+4n$, $2m+3n$ の最大公約数は一致することを示せ。

(2) $7n+4$ と $8n+5$ が互いに素になるような 100 以下の自然数 n は全部でいくつあるか。

p.553 基本事項 1

指針 最大公約数が関係した問題では，$p.553$ 基本事項 1 (＊) で示した，右の定理を利用して，数を小さくしていくと考えやすい。
本問のように，多項式が出てくるときは，まず，2つの式の関係を $a=bq+r$ の形に表す。
次に，式の係数や次数を下げる要領で変形していくとよい。

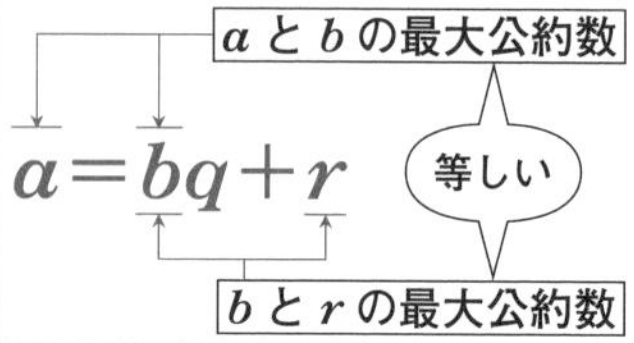

解答 2数 A, B の最大公約数を $(A,\ B)$ で表す。

(1) $3m+4n=(2m+3n)\cdot1+m+n$,
$2m+3n=(m+n)\cdot2+n$,
$m+n=n\cdot1+m$

よって　$(3m+4n,\ 2m+3n)=(2m+3n,\ m+n)$
$=(m+n,\ n)=(n,\ m)$

したがって，m, n の最大公約数と $3m+4n$, $2m+3n$ の最大公約数は一致する。

◀差をとって考えてもよい。
$3m+4n-(2m+3n)=m+n$
$2m+3n-(m+n)=m+2n$
$m+2n-(m+n)=n$
$m+n-n=m$

別解 $\begin{cases}3m+4n=a\\2m+3n=b\end{cases}$ … ① とおくと $\begin{cases}m=3a-4b\\n=3b-2a\end{cases}$ … ②

m と n の最大公約数を d, a と b の最大公約数を e とする。① より，a と b は d で割り切れるから，d は a と b の公約数である。ゆえに　$d \leqq e$ …… ③
同様に，② より，e は m と n の公約数で　$e \leqq d$ … ④
③, ④ から　$d=e$　　よって，最大公約数は一致する。

◀$m=dm'$, $n=dn'$, $a=ea'$, $b=eb'$ とする。
① は $\begin{cases}d(3m'+4n')=a\\d(2m'+3n')=b\end{cases}$
② は $\begin{cases}e(3a'-4b')=m\\e(3b'-2a')=n\end{cases}$

(2) $8n+5=(7n+4)\cdot1+n+1$,
$7n+4=(n+1)\cdot7-3$

ゆえに　$(8n+5,\ 7n+4)=(7n+4,\ n+1)=(n+1,\ 3)$
$7n+4$ と $8n+5$ は互いに素であるとき，$n+1$ と 3 も互いに素であるから，$n+1$ と 3 が互いに素であるような n の個数を求めればよい。
$2 \leqq n+1 \leqq 101$ の範囲に，3 の倍数は 33 個あるから，求める自然数は　$100-33=$ **67 (個)**

◀$a=bq-r$ のときも $(a,\ b)=(b,\ r)$ が成り立つ。$p.553$ の解説と同じ要領で証明できる。

練習 ③ 134
(1) a, b が互いに素な自然数のとき，$\dfrac{3a+7b}{2a+5b}$ は既約分数であることを示せ。
(2) $3n+1$ と $4n+3$ の最大公約数が 5 になるような 50 以下の自然数 n は全部でいくつあるか。

p.568 EX91, 92

基本事項

以下では，a，b，c は整数の定数で，$a \neq 0$，$b \neq 0$ とする。

1　1 次不定方程式

x，y の 1 次方程式 $ax+by=c$ を成り立たせる整数 x，y の組を，この方程式の **整数解** という。また，この方程式の整数解を求めることを，**1 次不定方程式を解く** という。

2　1 次不定方程式と整数解

2 つの整数 a，b が互いに素であるならば，任意の整数 c について，$ax+by=c$ を満たす整数 x，y が存在する。また，整数解の 1 つを $x=p$，$y=q$ とすると，すべての整数解は，$\boldsymbol{x=bk+p}$，$\boldsymbol{y=-ak+q}$（$\boldsymbol{k}$ **は整数**）と表される。　⟵ **一般解** ともいう。

解　説

■ 1 次不定方程式と整数解

方程式 $ax+by=c$ は，2 つの未知数 x，y に対し，式が 1 つであるから，一般に解は無数にある。しかし，x，y が整数という条件がつくと，解が存在する場合と存在しない場合がある。

◀例えば，$3x+2y=0$ の解は無数にある。……直線 $y=-\dfrac{3}{2}x$ 上の点が解。

例 1　**$\boldsymbol{6x+2y=3}$ は整数解をもたない。**

なぜなら，方程式の左辺を変形すると　　$2(3x+y)=3$

左辺は偶数，右辺は奇数であるから，等号は成り立たない。このように，x，y の係数 a，b が互いに素でないとき，整数解が存在しないことがある。

例 1

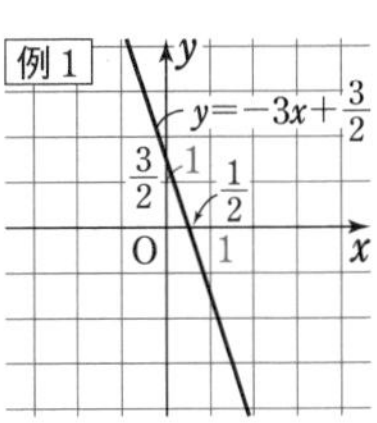

直線上に格子点（x，y がともに整数の点）はない。

例 2　**$\boldsymbol{3x+2y=1}$ の整数解は，**$x=1$，$y=-1$ など無数にある。なお，この方程式の整数解は，$\boldsymbol{x=2k+1}$，$\boldsymbol{y=-3k-1}$（$\boldsymbol{k}$ **は整数**）と表される。

● a と b が互いに素であるとき，$ap+bq=1$ を満たす整数 p，q が存在する（$p.565$ で証明）。

この両辺に c を掛けて　　$a(cp)+b(cq)=c$

よって，a と b が互いに素であるならば，任意の整数 c について $ax+by=c$ を満たす整数 x，y が存在する。

■ 方程式 $ax+by=0$（a，b は互いに素）の整数解

方程式を変形すると　　$ax=-by$

a，b は互いに素であるから，x は b の倍数である。

ゆえに，$\boldsymbol{k}$ **を整数** として，$\boldsymbol{x=bk}$ と表される。

$x=bk$ を $ax=-by$ に代入することにより　　$\boldsymbol{y=-ak}$

◀$x=-bk$，$y=ak$ とも表される。方程式の係数の符号によって，どちらを用いてもよい。

■ 方程式 $ax+by=c$（a，b は互いに素）の整数解

整数解をすべて求めるには，まず 方程式の 1 組の解を見つける。

◀整数解が存在するための条件を厳密に示すのは難しい。本書では $p.564$ 以後で取り上げた。

方程式 $ax+by=c$ …… ① の 1 組の解を $x=p$，$y=q$ とすると

$$ap+bq=c \quad \cdots\cdots ②$$

①−② から　　$a(x-p)+b(y-q)=0$

すなわち　　$a(x-p)=-b(y-q)$ …… ③

a，b は互いに素であるから，$x-p$ は b の倍数である。

ゆえに，k を整数として，$x-p=bk$ と表される。

③ に代入して　　$y-q=-ak$

よって，解は　　$\boldsymbol{x=bk+p}$，$\boldsymbol{y=-ak+q}$（$\boldsymbol{k}$ **は整数**）

基本 例題 **135** 1次不定方程式の整数解(1) … $ax+by=1$ ①①①①①

次の方程式の整数解をすべて求めよ。

(1) $9x+5y=1$　　　　　　　　(2) $19x-24y=1$

/p.557 基本事項 **2** 演習 140 \

指針 1次不定方程式の整数解を求める基本　　まず，1組の解を見つける

(1) x, y に適当な値を代入して1組の解を見つける。方法は何でもよいが，例えば

[1] 係数が大きい x に 1，-1 などを代入し，y が整数となるようなものを調べる。

[2] $9x$ を移項して $5y=1-9x$　この右辺が5の倍数となるような x の値を探す。

(2) 係数が大きいから，1組の解が簡単に見つかりそうにない。このようなときは，互除法を利用して見つけるとよい。解答下の **注意** を参照。

解答

(1) $9x+5y=1$ …… ①

$x=-1$, $y=2$ は ① の整数解の1つである。

よって　　　　$9\cdot(-1)+5\cdot2=1$　　……②

①−② から　　$9(x+1)+5(y-2)=0$ …… ㋐

すなわち　　　$9(x+1)=-5(y-2)$ …… ③

9と5は互いに素であるから，$x+1$ は5の倍数である。

ゆえに，k を整数として，$x+1=5k$ と表される。

③ に代入して　$9\cdot5k=-5(y-2)$

すなわち　　　$y-2=-9k$

よって，解は　　$x=5k-1$, $y=-9k+2$ (k は整数) …… Ⓐ

(2) $x=-5$, $y=-4$ は方程式の整数解の1つである。

よって　　　　$19(x+5)-24(y+4)=0$

すなわち　　　$19(x+5)=24(y+4)$ …… ④

19と24は互いに素であるから，$x+5$ は24の倍数である。ゆえに，k を整数として，$x+5=24k$ と表される。

④ に代入して　$19\cdot24k=24(y+4)$

すなわち　　　$y+4=19k$

よって，解は　　$x=24k-5$, $y=19k-4$ (k は整数)

◀1組の解はどのようにとってもよい。例えば，$x=4$, $y=-7$ でもよい。

◀a, b が互いに素で，an が b の倍数ならば，n は b の倍数である。(a, b, n は整数)

◀下の **注意** 参照。

◀$19x-24y=1$

$19\cdot(-5)-24\cdot(-4)=1$

を辺々引いて

$19(x+5)-24(y+4)=0$

注意 19と24で互除法を用いて，1組の解 $x=-5$, $y=-4$ を見つける方法

$24=19\cdot1+5$　　　　移項して　　$5=24-19\cdot1$ …… ①

$19=5\cdot3+4$　　　　移項して　　$4=19-5\cdot3$ …… ②

$5=4\cdot1+1$　　　　移項して　　$1=5-4\cdot1$ …… ③

よって $\underbrace{1=5-4\cdot1}_{③}=5-\underbrace{(19-5\cdot3)}_{4 に ② を代入}\cdot1=\underbrace{19\cdot(-1)+5\cdot4}_{整理}=19\cdot(-1)+\underbrace{(24-19\cdot1)}_{5 に ① を代入}\cdot4$ … (*)

$19\cdot(-1)+(24-19\cdot1)\cdot4$ を整理して　　$1=19\cdot(-5)-24\cdot(-4)$

練習 次の方程式の整数解をすべて求めよ。

②**135** (1) $4x-7y=1$　　　　　　(2) $55x+23y=1$

p.568 EX94 \

ズームUP 1次不定方程式の特殊解に関する補足

1次不定方程式を解くには，まず1組の整数解（**特殊解** という）を見つけることが最重要で，解が1組見つかれば，すべての解（**一般解** という）を求めることができる。ここでは，解の見つけ方などについて，補足説明しておこう。

● 互除法を利用して1組の解を見つける方法

x や y に適当な値を代入しても1組の解が簡単に見つからない場合は，互除法の計算過程を利用して解を見つける。

前ページの **注意** がその一例であるが，（＊）の式変形を追うのが複雑に感じられるかもしれない。そこで，x，y の係数を文字でおくと，次のようになる。（＊）の式変形が理解できなかった人は，次の内容を確認してほしい。

互除法の計算過程

$m=19$，$n=24$ とおくと

$24=19\cdot1+5$ → よって　$5=24-19=n-m$　◀ $24=n$，$19=m$

$19=5\cdot3+4$ → よって　$4=19-5\cdot3=m-(n-m)\cdot3$　◀ $19=m$，$5=n-m$

$=4m-3n$　◀●m＋■n の形に。

$5=4\cdot1+1$ → よって　$1=5-4=(n-m)-(4m-3n)$　◀ $5=n-m$，$4=4m-3n$

$=-5m+4n$　◀●m＋■n の形に。

ゆえに　$m(-5)-n(-4)=1$

すなわち　$19(-5)-24(-4)=1$

● 見つけた1組の解が異なると，求める解の形も異なる

解答例とは異なる1組の解を見つけることもあるかもしれない。例えば，例題 **135** (1)で，$x=-1$，$y=2$ ではなく，$x=4$，$y=-7$ を先に見つけることもありうる。
このとき，前ページの解答(1)の ㋐ の部分は　$9(x-4)+5(y+7)=0$　となり，最後の答えは　$\boldsymbol{x=5k+4}$，$\boldsymbol{y=-9k-7}$（$\boldsymbol{k}$ **は整数**）…… Ⓑ　となる。

Ⓑ は前ページの(1)の答え Ⓐ と形が異なるが，これも正解である。
なぜなら，Ⓑ は　$x=5k+4=5(k+1)-1$，$y=-9k-7=-9(k+1)+2$　と変形され，$k+1=l$ とおくと　$x=5l-1$，$y=-9l+2$（l は整数）　これは Ⓐ と同様の形であることからわかる。　└ l を改めて k に書き替えると，Ⓐ とまったく同じ形。
このように，最初に見つけた1組の解が異なると，得られる解も見かけ上異なるが，実際は（解の全体としては）同じものになっている。

参考　$\mathrm{P}(5k-1,\ -9k+2)$，$\mathrm{Q}(5k+4,\ -9k-7)$ とすると，2点P，Qは直線 $9x+5y=1$ 上にある。
なお，直線 $9x+5y=0$ 上の点 $\mathrm{R}(5k,\ -9k)$ に対し，点Pは点Rを x 軸方向に -1，y 軸方向に 2 だけ，点Qは点Rを x 軸方向に 4，y 軸方向に -7 だけ，それぞれ平行移動した位置にある。

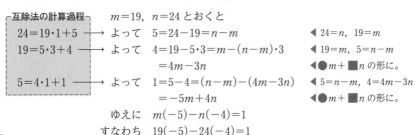

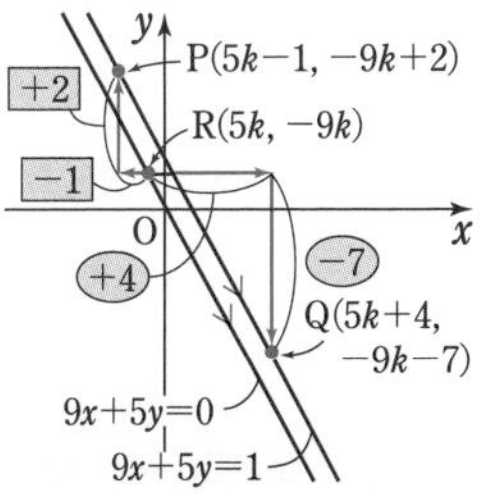

基本 例題 136 1次不定方程式の整数解(2) … $ax+by=c$

次の方程式の整数解をすべて求めよ。

(1) $7x+6y=40$　　(2) $37x-90y=4$

基本 135　演習 140

指針 **$ax+by=c$ の整数解**　1組の解 $(p,\ q)$ を見つけて $a(x-p)+b(y-q)=0$ が第一の方針。しかし，(1) は比較的見つけやすいが，(2) は簡単に見つからない。そこで，(2) では，次の方針による解答を考えてみよう。

1. a と b の最大公約数を 互除法 によって求め，その計算過程を逆にたどる。
   …… 特に，$1=ap+bq$ の形が導かれたら，両辺を c 倍して　$a(cp)+b(cq)=c$
2. (絶対値が) 大きい方の係数を小さい方の係数で割ることによって，**係数を小さくし** (本書では 係数下げ と呼ぶ)，1組の解を見つけやすくする。

なお，検討 として，3 **合同式を利用する** 解法も取り上げた。

CHART 不定方程式の整数解　**解がすぐに見つからなければ　互除法 または 係数下げ**

解答

(1) $x=4,\ y=2$ は $7x+6y=40$ の整数解の1つである。

ゆえに，方程式は　$7(x-4)+6(y-2)=0$

すなわち　$7(x-4)=-6(y-2)$

7 と 6 は互いに素であるから，k を整数として

$x-4=6k,\ -(y-2)=7k$　と表される。

よって，解は　$\boldsymbol{x=6k+4,\ y=-7k+2}$ (**k は整数**)

◀$7x+6y=40$ から $7x=2(20-3y)$ よって，x は 2 の倍数である。このようにして，方程式を満たす整数解を見つける目安を付けるとよい。

(2) 〔**解法 1**〕 $37x-90y=4$ …… ①

◀**互除法** の利用。

$m=37,\ n=90$ とする。

◀文字におき換えて変形。前ページ参照。

$90=37\cdot2+16$ から　$16=90-37\cdot2=n-2m$ …… ⓐ

$37=16\cdot2+5$ から　$5=37-16\cdot2=m-(n-2m)\cdot2$
$=5m-2n$ …… ⓑ

◀16 に ⓐ を代入して整理する。

$16=5\cdot3+1$ から　$1=16-5\cdot3$
$=(n-2m)-(5m-2n)\cdot3$
$=-17m+7n$

◀16 に ⓐ，5 に ⓑ を代入して整理する。

ゆえに　$37\cdot(-17)-90\cdot(-7)=1$

◀m を 37，n を 90 に戻す。$x=-17,\ y=-7$ は $37x-90y=1$ を満たす。

両辺に 4 を掛けて　$37\cdot(-68)-90\cdot(-28)=4$ …… ②

①−② から　$37(x+68)-90(y+28)=0$

すなわち　$37(x+68)=90(y+28)$

37 と 90 は互いに素であるから，k を整数として

$x+68=90k,\ y+28=37k$　と表される。

よって，解は　$\boldsymbol{x=90k-68,\ y=37k-28}$ (**k は整数**)

〔**解法 2**〕 $90=37\cdot2+16$ から，$37x-90y=4$ は

◀**係数下げ** による解法。

$37x-(37\cdot2+16)y=4$

◀90 を 37 で割ったときの商は 2，余りは 16

すなわち　$37(x-2y)-16y=4$

$x-2y=s$ …… ① とおくと　$37s-16y=4$

$37=16\cdot2+5$ から　$(16\cdot2+5)s-16y=4$

整理して　　$5s+16(2s-y)=4$
$2s-y=t$ …… ② とおくと　$5s+16t=4$
$16=5\cdot3+1$ から　$5s+(5\cdot3+1)t=4$
整理して　$5(s+3t)+t=4$
$s+3t=k$ …… ③ とおくと　$5k+t=4$
これから　$t=-5k+4$ …… ④
③ から　$s=k-3t$
④ を代入して　$s=16k-12$ …… ⑤
次に，② から　$y=2s-t$
④，⑤ を代入して　$y=37k-28$ …… ⑥
更に，① から　$x=2y+s$
⑤，⑥ を代入して　$x=90k-68$
よって，解は　$\boldsymbol{x=90k-68}$，$\boldsymbol{y=37k-28}$ (**k は整数**)

◀この等式を満たす解の1つ $s=4$，$t=-1$ を見つけたら，ここで係数下げの作業を打ち切り，連立方程式 ①，② を解いて，1組の解 x，y を求めてもよい。

◀$5k+t=4$ を満たす整数 $(k=0,\ t=4)$ を見つけ，③，②，① の順に代入しても，1組の解 $x=-68$，$y=-28$ が得られる。

検討 PLUS ONE

〔解法 3〕 合同式を利用した解法

a，b は互いに素である自然数とし，$a>b$ とするとき，不定方程式 $ax\pm by=c$ に対し，
$ax-c=\mp by$ より，$ax-c$ は b の倍数であるから　$\boldsymbol{ax\equiv c\ (\mathrm{mod}\ b)}$ ⟵ 合同式の定義
a を b で割ったときの余りを r とすると，$a\equiv r\ (\mathrm{mod}\ b)$ であるから　$\boldsymbol{rx\equiv c\ (\mathrm{mod}\ b)}$
このようにして，x の **係数を小さくしていけば必ず解ける** ということである。
また，$a<b$ のときは，a を法として考えればよい。例題をこの方針で解いてみよう。

(1)　$7x+6y=40$ から　$7x-40=-6y$ …… ①
　ゆえに　$7x\equiv40\ (\mathrm{mod}\ 6)$ …… ②　また　$6x\equiv0\ (\mathrm{mod}\ 6)$ …… ③
　②−③ から　$x\equiv40\equiv4\ (\mathrm{mod}\ 6)$
　　↑ 解の表記を簡潔にするため，法 6 より小さい数にする。
　したがって，k を整数とすると，$x=6k+4$ と表される。
　① から　$6y=40-7x=40-7(6k+4)=-42k+12$　ゆえに　$y=-7k+2$
　よって，解は　$\boldsymbol{x=6k+4}$，$\boldsymbol{y=-7k+2}$ (**k は整数**)

(2)　$37x-90y=4$ から　$90y-(-4)=37x$ …… ①
　ゆえに　$90y\equiv-4\ (\mathrm{mod}\ 37)$ …… ②　また　$37y\equiv0\ (\mathrm{mod}\ 37)$ …… ③
　②−③×2 から　$16y\equiv-4\ (\mathrm{mod}\ 37)$ …… ④　⟵ $90=37\cdot2+16$
　③−④×2 から　$5y\equiv8\ (\mathrm{mod}\ 37)$ …… ⑤　⟵ $37=16\cdot2+5$
　④−⑤×3 から　$y\equiv-28\ (\mathrm{mod}\ 37)$　⟵ $16=5\cdot3+1$
　したがって，k を整数とすると，$y=37k-28$ と表される。
　① から　$37x=90y+4=90(37k-28)+4=37\cdot90k-2516$
　ゆえに　$x=90k-68$
　よって，解は　$\boldsymbol{x=90k-68}$，$\boldsymbol{y=37k-28}$ (**k は整数**) …… (＊)

別解　④ において，法 37 と 4 は互いに素であるから，両辺を 4 で割ると
　$4y\equiv-1\ (\mathrm{mod}\ 37)$ …… ④′　③−④′×9 から　$y\equiv9\ (\mathrm{mod}\ 37)$
　ゆえに，**k を整数** とすると　$\boldsymbol{y=37k+9}$　これと ① から　$\boldsymbol{x=90k+22}$
　なお，$x=90k+22$，$y=37k+9$ は，(＊)の k をそれぞれ $k+1$ におき換えると得られる。

注意　(1) は 7，(2) は 90 を法としてもよいが，法とする数は小さい方が処理しやすい。

練習 ②**136**　次の方程式の整数解をすべて求めよ。
(1)　$12x-17y=2$　(2)　$71x+32y=3$　(3)　$73x-56y=5$

p.568 EX93, 94

基本例題 137　1次不定方程式の応用問題

3で割ると2余り，5で割ると3余り，7で割ると4余るような自然数 n で最小のものを求めよ。

基本 135，136

指針　条件を満たす自然数を小さい順に書き上げると

[1]　3で割ると2余る自然数は　2，5，8，11，14，17，20，23，……

[2]　5で割ると3余る自然数は　3，8，13，18，23，……

[3]　7で割ると4余る自然数は　4，11，18，25，32，39，46，53，……

[1]，[2] に共通な数は ● であるから，「3で割ると2余り，5で割ると3余る」自然数は　[4]　8，23，38，53，68，……

◀最小数は8で，3と5の最小公倍数15ずつ大きくなる。

求める最小の自然数 n は，[3] と [4] に共通な数（□の数）**53** であることがわかる。

このように，書き上げによって考える方法もあるが，条件を満たす数が簡単に見つからない（相当多くの数の書き上げが必要な）場合は非効率的である。

そこで，問題の条件を **1次不定方程式に帰着させ**，その解を求める方針で解いてみよう。

解答

n は x，y，z を整数として，次のように表される。

$$n=3x+2,\ n=5y+3,\ n=7z+4$$

$3x+2=5y+3$ から　$3x-5y=1$ …… ①

$x=2$，$y=1$ は，① の整数解の1つであるから

$$3(x-2)-5(y-1)=0$$

すなわち　$3(x-2)=5(y-1)$

3と5は互いに素であるから，k を整数として，$x-2=5k$ と表される。

よって　$x=5k+2$ …… ②

② を $3x+2=7z+4$ に代入して

$$3(5k+2)+2=7z+4$$

ゆえに　$7z-15k=4$ …… ③

$$7\cdot(-2)-15\cdot(-1)=1$$

両辺に4を掛けて

$$7\cdot(-8)-15\cdot(-4)=4 \quad \cdots\cdots ④$$

③−④ から　$7(z+8)-15(k+4)=0$

すなわち　$7(z+8)=15(k+4)$

7と15は互いに素であるから，l を整数として，$z+8=15l$ と表される。

よって　$z=15l-8$

これを $n=7z+4$ に代入して

$$n=7(15l-8)+4=105l-52$$

求める最小の自然数 n は，$l=1$ を代入して

$$\boldsymbol{n=53}$$

注意　$3x+2=5y+3$ かつ $5y+3=7z+4$ として解いてもよいが，係数が小さい方が処理しやすい。

◀このとき　$y=3k+1$

◀$3x-7z=2$ から
$3(x-3)-7(z-1)=0$
ゆえに，l を整数として
$x=7l+3$
これと $x=5k+2$ を等置して　$5k+2=7l+3$
よって　$5k-7l=1$
これより，k，l が求められるが，方程式を解く手間が1つ増える。

◀$105l-52>0$ とすると
$l>\dfrac{52}{105}$

別解 1.　3 で割ると 2 余る数のうち，5 でも 7 でも割り切れる数は　　$5\cdot7=3\cdot11+2$

5 で割ると 3 余る数のうち，7 でも 3 でも割り切れる数は，$7\cdot3=5\cdot4+1$ の両辺を 3 倍して

$$3\cdot7\cdot3=3\cdot5\cdot4+3$$

7 で割ると 4 余る数のうち，3 でも 5 でも割り切れる数は，$3\cdot5=7\cdot2+1$ の両辺を 4 倍して

$$4\cdot3\cdot5=4\cdot7\cdot2+4$$

したがって，$5\cdot7+3\cdot7\cdot3+4\cdot3\cdot5=35+63+60=158$ は，3 で割ると 2 余り，5 で割ると 3 余り，7 で割ると 4 余る数である。

3，5，7 の最小公倍数は 105 であるから，求める自然数 n は　　$\boldsymbol{n=158-105=53}$

◀下線の数を見つけるために，ここでは 1 余る数をもとにしているが，直ちに 63 としてもよい。その次の $4\cdot3\cdot5=60$ も同様。

別解 2.　3 で割ると 2 余り，5 で割ると 3 余り，7 で割ると 4 余る自然数を n とすると　$n\equiv2 \pmod 3$ ……①，

$n\equiv3 \pmod 5$ ……②，$n\equiv4 \pmod 7$ ……③

① から　　$n=3s+2$（s は整数）……④

④ を ② に代入して　　$3s+2\equiv3$　すなわち　$3s\equiv1$

$1\equiv6$ であるから　　$3s\equiv6$

法 5 と 3 は互いに素であるから　　$s\equiv2$（以上 mod 5）

ゆえに，$s=5t+2$（t は整数）と表され，④ に代入すると

$$n=3(5t+2)+2=15t+8 \quad \cdots\cdots ⑤$$

⑤ を ③ に代入して　　$15t+8\equiv4$　すなわち　$15t\equiv-4$

$14t\equiv0$ であるから　　$t\equiv-4$（以上 mod 7）

ゆえに，$t=7k-4$（k は整数）と表され，⑤ に代入すると

$$n=15(7k-4)+8=105k-52$$

求める最小の自然数 n は，$k=1$ を代入して

$$\boldsymbol{n=105\cdot1-52=53}$$

◀合同式を用いた解法。

◀法 5 と 3 は互いに素であるから，両辺を 3 で割ることができる。

◀$15t\equiv45$ として，法 7 と 15 は互いに素であるから，両辺を 15 で割って $t\equiv3$ とすることもできる。

検討　**百五減算**

ある人の年齢を 3，5，7 でそれぞれ割ったときの余りを a，b，c とし，$\boldsymbol{n=70a+21b+15c}$ とする。この n の値から 105 を繰り返し引き，105 より小さい数が得られたら，その数がその人の年齢である。これは 3，5，7 で割った余りからもとの数を求める和算の 1 つで，**百五減算** と呼ばれる。なお，この計算のようすは合同式を用いると，次のように示される。

求める数を x とすると，$x\equiv a \pmod 3$，$x\equiv b \pmod 5$，$x\equiv c \pmod 7$ であり，

$$n\equiv70a\equiv1\cdot a\equiv a\equiv x \pmod 3,\quad n\equiv21b\equiv1\cdot b\equiv b\equiv x \pmod 5,$$
$$n\equiv15c\equiv1\cdot c\equiv c\equiv x \pmod 7$$

よって，$n-x$ は 3 でも 5 でも 7 でも割り切れるから，3，5，7 の最小公倍数 105 で割り切れる。ゆえに，k を整数として，$n-x=105k$ から　　$x=n-105k$

この k が 105 を引く回数である。

練習 ③**137**　3 で割ると 2 余り，5 で割ると 1 余り，11 で割ると 5 余る自然数 n のうちで，1000 を超えない最大のものを求めよ。

重要例題 138 $ax+by$ の形で表される整数

どのような負でない 2 つの整数 m と n を用いても $x=3m+5n$ とは表すことができない正の整数 x をすべて求めよ。 〔大阪大〕 基本 125，重要 128

指針 整数の問題　いくつかの値で小手調べ（実験）

$3m+5n$ の係数 3，5 のうち，小さい方の 3 に注目。$n=0$，1，2 を代入してみて，x がどのような形の式になるかを調べてみる。

⟶ x を 3 で割った余りで分類されることが見えてくる。

解答

m，n は負でない整数であるから　$m\geqq 0$，$n\geqq 0$

[1] $n=0$ とすると　$x=3m$

よって，x が 3 の倍数（$x=3$，6，9，……）のときは，$x=3m+5n$ の形に表すことができる。

[2] $n=1$ とすると　$x=3m+5=3(m+1)+2$

ここで，$m\geqq 0$ より $m+1\geqq 1$ であるから　$x\geqq 3\cdot 1+2=5$

よって，x が 5 以上の 3 で割って 2 余る数（$x=5$，8，11，……）のときは，$x=3m+5n$ の形に表すことができる。

[3] $n=2$ とすると　$x=3m+10=3(m+3)+1$

ここで，$m\geqq 0$ より $m+3\geqq 3$ であるから　$x\geqq 3\cdot 3+1=10$

よって，x が 10 以上の 3 で割って 1 余る数（$x=10$，13，16，……）のときは，$x=3m+5n$ の形に表すことができる。

[1]～[3] により，$x=3$，5，6 と $x\geqq 8$ のときは，$x=3m+5n$ の形に表すことができる。

よって，$x=1$，2，4，7 について考えればよい。

$m=0$，$n=0$ のとき　$x=0$

$m=1$，$n=0$ のとき　$x=3$

$m=0$，$n=1$ のとき　$x=5$

$m\geqq 1$，$n\geqq 1$ のとき　$3m+5n\geqq 8$

したがって，$x=3m+5n$ と表すことができない正の整数は

$x=1$，2，4，7

◀ $m>0$，$n>0$ は誤り。「負でない」であるから，0 であってもよい。

◀ $x=3(m+2)-1$ としてもよい。

◀ $x=3(m+4)-2$ としてもよい。

◀ m，n が小さい値のときの，x の値を調べる。

◀ $3m+5n\geqq 3\cdot 1+5\cdot 1=8$

検討

文字の表す値の範囲に注意

次ページの(＊)によると，すべての整数 x について $x=3m+5n$ を満たす整数 m，n が存在する。しかし，上の例題では，m，n を「負でない」整数としているため，$3m+5n$ の形で表せない自然数も出てくる。

なお，一般に次のことがわかっている。ただし，a，b は互いに素な自然数とする。

$ab+1$ 以上のすべての自然数は $ax+by$（x，y は自然数）の形で表される。

⟶ このことの証明は，p.647 総合演習第 2 部の 28 (3) の解答と同様である（解答編 p.445 参照）。

練習 ④138 どのような自然数 m，n を用いても $x=4m+7n$ とは表すことができない最大の自然数 x を求めよ。

補足事項　1次不定方程式の整数解が存在するための条件

a，b は 0 でない整数とするとき，一般に次のことが成り立つ。

$ax+by=1$ を満たす整数 x，y が存在する $\Longleftrightarrow$ a と b は互いに素　……（＊）

このことは，1 次方程式に関する重要な性質であり，1 次不定方程式が整数解をもつかどうかの判定にも利用できる。ここで，性質（＊）を証明しておきたい。
まず，$\Longrightarrow$ については，次のように比較的簡単に証明できる。

[（＊）の $\Longrightarrow$ の証明]
$ax+by=1$ が整数解 $x=m$，$y=n$ をもつとする。
また，a と b の最大公約数を g とすると　　$a=ga'$，$b=gb'$
と表され　　$am+bn=g(a'm+b'n)=1$
よって，g は 1 の約数であるから　　$g=1$
したがって，a と b は互いに素である。

◀a と b の最大公約数が 1 となることを示す方針［$p.529$ 基本例題 **120** (2) 参照］。
◀$a'm+b'n$ は整数，$g>0$

一方，$\Longleftarrow$ の証明については，次の定理を利用する。

定理　a と b は互いに素な自然数とするとき，b 個の整数
$a\cdot1$，$a\cdot2$，$a\cdot3$，……，ab をそれぞれ b で割った余りはすべて互いに異なる。

証明　i，j を $1\leqq i<j\leqq b$ である自然数とする。
ai，aj をそれぞれ b で割った余りが等しいと仮定すると
$aj-ai=bk$　（k は整数）　と表される。
よって　　$a(j-i)=bk$
a と b は互いに素であるから，$j-i$ は b の倍数である。…… ①
しかし，$1\leqq j-i\leqq b-1$ であるから，$j-i$ は b の倍数にはならず，① に矛盾している。
したがって，上の定理が成り立つ。

◀背理法を利用。
◀差が b の倍数。
◀p，q は互いに素で，pr が q の倍数ならば，r は q の倍数である（p，q，r は整数）。

[（＊）の $\Longleftarrow$ の証明]
a と b は互いに素であるから，上の定理により b 個の整数 $a\cdot1$，$a\cdot2$，$a\cdot3$，……，ab をそれぞれ b で割った余りはすべて互いに異なる。ここで，整数を b で割ったときの余りは 0，1，2，……，$b-1$ のいずれか（b 通り）であるから，ak を b で割った余りが 1 となるような整数 k $(1\leqq k\leqq b)$ が存在する。
ak を b で割った商を l とすると
$ak=bl+1$　すなわち　$ak+b(-l)=1$
よって，$x=k$，$y=-l$ は $ax+by=1$ を満たす。
すなわち，$ax+by=1$ を満たす整数 x，y が存在することが示された。

◀上の定理を利用。
◀このような論法は，**部屋割り論法** と呼ばれる。詳しくは次ページで扱ったので，読んでみてほしい。

なお，$p.568$ の EXERCISES 95 番では，（＊）の $\Longleftarrow$ の別の証明法を問題として取り上げている。

参考事項 部屋割り論法

※「…… が少なくとも 1 つ存在する」ということを証明するのに,

「n 室の部屋に $n+1$ 人を入れると, 2 人以上入っている部屋が少なくとも 1 室はある。」

という事実を利用する方法がある。これを **部屋割り論法** または **鳩の巣原理** という。

例 1 から 50 までの整数の中から相異なる 26 個の数をどのように選んでも, 和が 51 になる 2 つの数の組が必ず含まれていることを示せ。

指針 数を 26 個選ぶのだから, 2 つの数の組を 25 個作るのがポイントである。

解答 和が 51 になる 2 つの数の組は, 次の 25 組ある。

$$(1,\ 50),\ (2,\ 49),\ (3,\ 48),\ \cdots\cdots,\ (25,\ 26)$$

選んだ 26 個の数をこの 25 組に入れると, 2 個入る組が少なくとも 1 つある。
つまり, 和が 51 になる 2 つの数の組が必ず含まれている。

例 異なる $n+1$ 個の自然数がある。その中に, 2 つの自然数の差が n で割り切れるような組が少なくとも 1 組存在する。

指針 自然数を n で割った余りは, 0, 1, 2, ……, $n-1$ の n 通りで, これを n 個の部屋と考える。そして, 異なる $n+1$ 個の自然数を $n+1$ 人と考えると, 2 人以上入っている部屋が少なくとも 1 室ある, すなわち, n で割ったときの余りが等しい自然数が少なくとも 2 個ある。

解答 自然数を n で割った余りは, 0, 1, 2, ……, $n-1$ の n 通りある。
異なる $n+1$ 個の自然数の中には, n で割ったときの余りが等しい 2 つの自然数の組が少なくとも 1 組存在する。余りが等しい 2 つの自然数を a, b とし, 等しい余りを r とすると　　$a=np+r$, $b=nq+r$　(p, q は整数)
辺々引いて　　$a-b=n(p-q)$
$p-q$ は整数であるから, $a-b$ は n の倍数である。よって, 2 つの自然数の差が n で割り切れるような組 $(a,\ b)$ が少なくとも 1 組存在する。

※部屋割り論法は, 次の形でも用いられる。

「n 人を n 個の部屋に入れるとき, 相部屋がなければ, どの部屋にも 1 人ずつ人が入っている。」

この考え方は, 前ページの [(＊)の ⟸ の証明] の中で利用している。
そこでは, $a \cdot p$ を b で割った余りを r_p $(1 \leqq p \leqq b)$ とすると

r_1, r_2, r_3, ……, r_b はすべて互いに異なる。　←b 個の部屋

r_p は 0, 1, 2, ……, $b-1$ のいずれかである。　←b 人の人

として,「b 人を b 個の部屋に入れると, 相部屋がない (すべて異なるから)」と考えると,「どの部屋にも 1 人ずつ人が入っている」わけだから, r_p $(1 \leqq p \leqq b)$ は, 0, 1, 2, 3, ……, $b-1$ の値の中からそれぞれの値を 1 つずつとる, ことがいえる。

重要例題 139 整数値多項式

a_0, a_1, a_2 を有理数とし，$f(x)=a_0+a_1x+\frac{a_2}{2}x(x-1)$ とする。このとき，次のことを示せ。

(1) a_0, a_1, a_2 が整数ならば，任意の整数 n に対して $f(n)$ は整数である。

(2) 1つの整数 n に対して $f(n)$, $f(n+1)$, $f(n+2)$ が整数ならば，a_0, a_1, a_2 は整数である。

〔中央大〕

指針 (1) $n(n-1)$ は連続する2整数の積であるから，偶数である。本問のような整数値と多項式の問題では，連続する整数の積の性質が用いられることが多い。

(2) $f(n)$ の式のままでは証明の見通しが立たない。そこで，**差をとって考える。**
つまり，**$f(n)$ が整数なら，$f(n+1)-f(n)$ も整数** でなければならない。

解答

(1) $f(n)=a_0+a_1n+\frac{a_2}{2}n(n-1)$ …… ①

$n(n-1)$ は連続する2整数の積であるから，偶数である。
ゆえに，a_0, a_1, a_2 が整数ならば，任意の整数 n に対して a_0, a_1n, $\frac{a_2}{2}n(n-1)$ も整数である。

よって，任意の整数 n に対して $f(n)$ は整数である。

◀(整数)+(整数)=(整数)

(2) $f(n+1)=a_0+a_1(n+1)+\frac{a_2}{2}n(n+1)$ …… ②

$f(n+2)=a_0+a_1(n+2)+\frac{a_2}{2}(n+1)(n+2)$ …… ③

②−① から　$f(n+1)-f(n)=a_1+a_2n$ …… ④

③−② から　$f(n+2)-f(n+1)=a_1+a_2(n+1)$ … ⑤

⑤−④ から　$f(n+2)-2f(n+1)+f(n)=a_2$ …… ⑥

◀①, ②, ③ を a_0, a_1, a_2 についての連立方程式とみて，$f(n)$, $f(n+1)$, $f(n+2)$ で表す方針で考える。

1つの整数 n に対して $f(n)$, $f(n+1)$, $f(n+2)$ が整数ならば，この n に対して，⑥ の左辺は整数となるから，a_2 は整数である。

このとき，④ から　$a_1=f(n+1)-f(n)-a_2n$ …… ⑦

⑦ の右辺において，$f(n+1)$, $f(n)$, a_2n は整数であるから，a_1 も整数である。

更に，① において，$f(n)$, a_1n, $\frac{a_2}{2}n(n-1)$ も整数であることから，a_0 も整数である。

したがって，1つの整数 n に対して $f(n)$, $f(n+1)$, $f(n+2)$ が整数ならば，a_0, a_1, a_2 は整数である。

検討

(1), (2) の結果から，ある1つの整数 k に対して $f(k)$, $f(k+1)$, $f(k+2)$ が整数ならば，任意の整数 n に対して $f(n)$ は整数であることがわかる。

練習 ③139 整式 $f(x)=x^3+ax^2+bx+c$ (a, b, c は実数) を考える。$f(-1)$, $f(0)$, $f(1)$ がすべて整数ならば，すべての整数 n に対し，$f(n)$ は整数であることを示せ。

〔類　名古屋大〕

EXERCISES　21　ユークリッドの互除法と１次不定方程式

③**91**　2つの自然数 a と b が互いに素であるとき，$3a+b$ と $5a+2b$ も互いに素であることを証明せよ。　〔山口大〕

→134

④**92**　自然数 n について，以下の問いに答えよ。

(1)　$n+2$ と n^2+1 の公約数は1または5に限ることを示せ。

(2)　(1)を用いて，$n+2$ と n^2+1 が1以外に公約数をもつような自然数 n をすべて求めよ。

(3)　(1), (2)を参考にして，$2n+1$ と n^2+1 が1以外に公約数をもつような自然数 n をすべて求めよ。　〔神戸大〕

→134

②**93**　3が記されたカードと7が記されたカードがそれぞれ何枚ずつかある。3のカードの枚数は7のカードの枚数よりも多く，7のカードの枚数の2倍は，3のカードの枚数よりも多い。また，各カードに記された数をすべて合計すると140になる。このとき，3のカード，7のカードの枚数をそれぞれ求めよ。　〔成蹊大〕

→136

③**94**　(1)　x，y を正の整数とする。$17x-36y=1$ となる最小の x は ア□ である。また，$17x^3-36y=1$ となる最小の x は イ□ である。

(2)　整数 a，b が $2a+3b=42$ を満たすとき，ab の最大値を求めよ。　〔早稲田大〕

→135，136

⑤**95**　a，b は0でない整数の定数とし，$ax+by$（x，y は整数）の形の数全体の集合を M とする。M に属する最小の正の整数を d とするとき

(1)　M の要素は，すべて d で割り切れることを示せ。

(2)　d は a，b の最大公約数であることを示せ。

(3)　a，b が互いに素な整数のときは，$as+bt=1$ となるような整数 s，t が存在することを示せ。　〔類　大阪教育大，東京理科大，中央大〕

→p.565

HINT

91　（別解）$3a+b$ と $5a+2b$ が1より大きい公約数をもつと仮定し，背理法で証明する。

92　(2)　(1)より，$n+2$ と n^2+1 の1以外の公約数は5だけであるから，$n+2=5k$（k は自然数）と表される。

(3)　等式 $4(n^2+1)-(2n+1)(2n-1)=5$ を利用する。

93　3，7のカードの枚数をそれぞれ x，y として，方程式・不等式を作る。

94　(1)　まず，不定方程式 $17x-36y=1$ …… ① を解く。

（後半）①の解（x，y はともに整数）のうち，x が（正の整数）^{3}［立方数］となるものを見つける。

(2)　a，b を整数 k で表し，ab を計算すると k の **2次式**。
⟶ **平方完成** し，放物線のグラフを考える。

95　(1)　$d=as+bt$ とし，任意の要素 $ax+by$ を d で割った商を q，余りを r とすると，$ax+by=q(as+bt)+r$，$0\leqq r<d$

22 関連発展問題(方程式の整数解)

演習 例題 140 方程式の整数解(1) … 絞り込み 1

(1) 方程式 $2x+3y=33$ を満たす自然数 x, y の組をすべて求めよ。〔類 福岡工大〕

(2) 方程式 $x+3y+z=10$ を満たす自然数 x, y, z の組の数を求めよ。〔法政大〕

基本 135, 136

指針 このような不定方程式の **自然数の解** を求める問題では,

● が **自然数(正の整数)** ⟶ ●>0, ●$\geqq 1$ という条件を活かし, 値を絞る。……★

(1) 方程式から $2x=3(11-y)$ x, y は自然数であるから $x>0$, $y>0$

2 と 3 は互いに素であるから, $11-y$ は正の偶数で, y の値が絞られる。

(2) 係数が最大の y について解き, $x\geqq 1$, $z\geqq 1$ であることを利用すると

$3y=10-(x+z)\leqq 10-(1+1)=8$ つまり $3y\leqq 8$ ⟶ これからまず y の値を絞る。

CHART 方程式の自然数解 不等式にもち込み 値を絞る

解答

(1) $2x+3y=33$ から $2x=3(11-y)$ …… ①

x, y は自然数, 2 と 3 は互いに素であるから, $11-y$ は正の偶数で $11-y=2, 4, 6, 8, 10$ …… ②

y の値はそれぞれ $y=9, 7, 5, 3, 1$ …… ②′

② または ②′ を ① に代入して x の値を求めると

$(x, y)=(3, 9), (6, 7), (9, 5), (12, 3), (15, 1)$

別解 ① で 2 と 3 は互いに素であるから, k を整数とすると

$x=3k>0$, $y=-2k+11>0$ …… Ⓐ より $0<k<\dfrac{11}{2}$

この範囲にある整数 k は $k=1, 2, 3, 4, 5$

これを Ⓐ に代入すると, 上と同じ解が得られる。

(2) $x+3y+z=10$ から $3y=10-(x+z)\leqq 10-(1+1)$

したがって $3y\leqq 8$

y は自然数であるから $y=1, 2$

[1] $y=1$ のとき, $x+z=7$ を満たす自然数 x, z の組は

$(x, z)=(1, 6), (2, 5), (3, 4), (4, 3), (5, 2), (6, 1)$

[2] $y=2$ のとき, $x+z=4$ を満たす自然数 x, z の組は

$(x, z)=(1, 3), (2, 2), (3, 1)$

以上から, 求める組の数は $6+3=9$

◀ $3y=33-2x$ とすると, 絞り込みが面倒。

◀ x の値は, ② を ① に代入するのが早い。
$11-y=2$ $(y=9)$ のとき $2x=3\cdot 2$
$11-y=4$ $(y=7)$ のとき $2x=3\cdot 4$
から, $x=6$ など。

◀ 指針 ____ …… ★ の方針。
$x\geqq 1$, $z\geqq 1$ であるから
$x+z\geqq 1+1$
よって
$-(x+z)\leqq -(1+1)$
↑ 向きが変わる。

練習 ③ 140
(1) 方程式 $9x+4y=50$ を満たす自然数 x, y の組をすべて求めよ。
(2) 方程式 $4x+2y+z=15$ を満たす自然数 x, y, z の組をすべて求めよ。

〔(2) 京都産大〕 p.576 EX 96

演習 例題 141 方程式の整数解 (2) … 絞り込み 2

次の等式を満たす自然数 x, y, z の組をすべて求めよ。 [(2) 神戸薬大]

(1) $xyz=x+y+z$ $(x\leqq y\leqq z)$　　(2) $\dfrac{1}{x}+\dfrac{1}{y}+\dfrac{1}{z}=1$ $(x<y<z)$

演習 140

指針 (文字式)≦(自然数) の形の不等式を導いて，値を絞り込む。

(1) 左辺は 3 次式，右辺は 1 次式であるから，x, y, z の値が大きくなると，次数が高い左辺の xyz の値の方が大きくなるスピードが速い。よって，**次数が低い** 右辺の $x+y+z$ において，最小の数または最大の数におき換えることにより，不等式を作ると見通しが立てやすくなる。$x\leqq y\leqq z$ であるから

[1] 右辺の y, z を **最小の数 x** におき換えると　$x+y+z\geqq x+x+x=3x$
よって　$xyz\geqq 3x$　すなわち　$yz\geqq 3$　⟵ 絞り込めない。 ×

[2] 右辺の x, y を **最大の数 z** におき換えると　$x+y+z\leqq z+z+z=3z$
よって　$xyz\leqq 3z$　すなわち　$xy\leqq 3$　⟵ 絞り込める。 ○

なお，左辺を同じ要領でおき換えると，次のようになって行き詰まる。

[1]′ x におき換え：$xyz\geqq x\cdot x\cdot x=x^3$　よって　$x^3\leqq x+y+z$ ×

[2]′ z におき換え：$xyz\leqq z\cdot z\cdot z=z^3$　よって　$z^3\geqq x+y+z$ ×

(2) $0<x<y<z$ から　$\dfrac{1}{z}<\dfrac{1}{y}<\dfrac{1}{x}$　左辺を [1] $\dfrac{1}{z}$, [2] $\dfrac{1}{x}$ におき換えて

[1] $\dfrac{1}{x}+\dfrac{1}{y}+\dfrac{1}{z}>\dfrac{1}{z}+\dfrac{1}{z}+\dfrac{1}{z}=\dfrac{3}{z}$ ⟶ $1>\dfrac{3}{z}$　よって　$z>3$ ×

[2] $\dfrac{1}{x}+\dfrac{1}{y}+\dfrac{1}{z}<\dfrac{1}{x}+\dfrac{1}{x}+\dfrac{1}{x}=\dfrac{3}{x}$ ⟶ $1<\dfrac{3}{x}$　よって　$x<3$ ○

CHART 方程式の自然数解　**不等式にもち込み 値を絞る**

解答

(1) $1\leqq x\leqq y\leqq z$ であるから

$$xyz=x+y+z\leqq z+z+z=3z$$

よって　$xy\leqq 3$

ゆえに　$(x,\ y)=(1,\ 1),\ (1,\ 2),\ (1,\ 3)$

[1] $(x,\ y)=(1,\ 1)$ のとき，等式は　$z=2+z$
これを満たす自然数 z はない。…… Ⓐ

[2] $(x,\ y)=(1,\ 2)$ のとき，等式は　$2z=3+z$
よって　$z=3$　このとき $x\leqq y\leqq z$ は満たされる。

[3] $(x,\ y)=(1,\ 3)$ のとき，等式は　$3z=4+z$
よって　$z=2$　このとき，$y>z$ となり不適。

[1]～[3] から　$\boldsymbol{(x,\ y,\ z)=(1,\ 2,\ 3)}$

◀ $xyz\leqq 3z$ の両辺を z (>0) で割ると　$xy\leqq 3$

◀ $1\leqq x\leqq y$ に注意。

◀ $x=1$, $y=1$ をもとの等式に代入。

Ⓐ $z=2+z$ から　$0=2$

◀ この条件を満たすかどうかの確認を忘れずに。

(2) $0<x<y<z$ であるから　$\dfrac{1}{z}<\dfrac{1}{y}<\dfrac{1}{x}$

よって　$1=\dfrac{1}{x}+\dfrac{1}{y}+\dfrac{1}{z}<\dfrac{1}{x}+\dfrac{1}{x}+\dfrac{1}{x}=\dfrac{3}{x}$

ゆえに　$1<\dfrac{3}{x}$　　よって　$x=1,\ 2$ …… Ⓑ

◀ $0<a<b$ のとき $\dfrac{1}{b}<\dfrac{1}{a}$

◀ $\dfrac{1}{y}<\dfrac{1}{x}$, $\dfrac{1}{z}<\dfrac{1}{x}$

◀ $x<3$

[1]　$x=1$ のとき，等式は　$\frac{1}{y}+\frac{1}{z}=0$

これを満たす自然数 y，z の組はない。

[2]　$x=2$ のとき，等式は　$\frac{1}{y}+\frac{1}{z}=\frac{1}{2}$ ……①

ここで　$\frac{1}{y}+\frac{1}{z}<\frac{1}{y}+\frac{1}{y}=\frac{2}{y}$

よって　$\frac{1}{2}<\frac{2}{y}$

ゆえに　$y<4$　　$y>2$ を満たすものは　$y=3$

このとき，①から　$\frac{1}{z}=\frac{1}{2}-\frac{1}{y}=\frac{1}{2}-\frac{1}{3}=\frac{1}{6}$

よって　$z=6$　　これは $y<z$ を満たす。

[1]，[2] から　**$(x,\ y,\ z)=(2,\ 3,\ 6)$**

◀$0<y<z$ のとき
$\frac{1}{y}+\frac{1}{z}>0$

Ⓑ $1<\frac{3}{x}$ に加え，
$\frac{1}{x}<\frac{1}{x}+\frac{1}{y}+\frac{1}{z}=1$ から
$\frac{1}{x}<1$　すなわち　$x>1$
よって，$1<x<3$ から
$x=2$
としてもよい。

検討

積の形に変形する解法

(2)　①は，$p.573$ 演習例題 **143** (1) の解答のように，**(　)(　)=(整数)** の形に変形して解いてもよい。

①の両辺に $2yz$ を掛けると　$2z+2y=yz$

ゆえに　$yz-2y-2z=0$ ……②

ここで，$yz-2y-2z=y(z-2)-2(z-2)-4=(y-2)(z-2)-4$ であるから，②より

$(y-2)(z-2)=4$　　← $p.573$ の解答 (1) の変形参照。

$2<y<z$ であるから　$0<y-2<z-2$

よって　$(y-2,\ z-2)=(1,\ 4)$　　したがって　$(y,\ z)=(3,\ 6)$

参考　対称性がある不定方程式の自然数解を求める問題では，最初に大小関係を仮定して進め，最後にその仮定をはずす，という考え方が有効なケースもある。

例　$\frac{1}{x}+\frac{1}{y}=\frac{2}{3}$ を満たす自然数 x，y の組を求めよ。

解答　$x \leqq y$ とすると，$\frac{1}{y} \leqq \frac{1}{x}$ であるから　$\frac{2}{3}=\frac{1}{x}+\frac{1}{y} \leqq \frac{1}{x}+\frac{1}{x}$

よって　$\frac{2}{3} \leqq \frac{2}{x}$　　ゆえに　$x \leqq 3$　すなわち　$x=1,\ 2,\ 3$

$\frac{1}{y}=\frac{2}{3}-\frac{1}{x}$ に各 x の値を代入することにより，y の値を求めると

$x=1$ のとき　$y=-3$（不適）　$x=2$ のとき　$y=6$　$x=3$ のとき　$y=3$

よって　$(x,\ y)=(2,\ 6),\ (3,\ 3)$

← $x \leqq y$ の制限をはずす。

$x>y$ のときも含めて，求める解は　**$(x,\ y)=(2,\ 6),\ (3,\ 3),\ (6,\ 2)$**

練習 ④**141**　次の等式を満たす自然数 x，y，z の組をすべて求めよ。

(1)　$x+3y+4z=2xyz$　$(x \leqq y \leqq z)$　　(2)　$\frac{1}{x}+\frac{1}{y}+\frac{1}{z}=\frac{1}{2}$　$(4 \leqq x<y<z)$

p.576 EX 97, 98

演習 例題 142 方程式の整数解 (3) … 絞り込み 3 ④④④④④

次の等式を満たす自然数 x, y の組をすべて求めよ。 〔(2) 類 立教大〕

(1) $x^2-2xy+2y^2=13$ (2) $x^2+xy+y^2=19$

演習 141

指針 (1) $x^2-2xy+y^2=(x-y)^2$ に注目。一般に，**(実数)$^2\geqq 0$** であることを 値の絞り込みに利用する。
方程式を変形すると，$(x-y)^2+y^2=13$ から $(x-y)^2=13-y^2$
ここで，$(x-y)^2\geqq 0$ であるから，$13-y^2\geqq 0$ として，まず y の値が絞り込める。

(2) この方程式では左辺が x, y の **対称式**（x と y を入れ替えても同じ式）であることに注目するとよい。前ページの 参考 で示した，**$x\leqq y$ を仮定して進め，最後にその仮定をはずす** 方法で進めることができて，値の絞り込みが効率よく行える。

不等式による値の絞り込み

CHART 1 **自然数の解なら（文字式）≦(自然数) の形を**
2 **(実数)$^2\geqq 0$ の利用** 3 **判別式 $D\geqq 0$ の利用**

解答
(1) $x^2-2xy+2y^2=13$ から $(x-y)^2+y^2=13$ …… ①
よって $(x-y)^2=13-y^2\geqq 0$ ゆえに $y^2\leqq 13$
したがって $y=1, 2, 3$
[1] $y=1$ のとき，① は $(x-1)^2+1^2=13$
よって $(x-1)^2=12$ これを満たす自然数 x はない。
[2] $y=2$ のとき，① は $(x-2)^2+2^2=13$
よって $(x-2)^2=9$ ゆえに $x-2=\pm 3$
x は自然数であるから $x=5$
[3] $y=3$ のとき，① は $(x-3)^2+3^2=13$
よって $(x-3)^2=4$
ゆえに $x-3=\pm 2$ よって $x=5, 1$ （適する）
[1]～[3] から **$(x, y)=(5, 2), (5, 3), (1, 3)$**

(2) 左辺は x, y の対称式であるから，$x\leqq y$ とすると
$x^2+x\cdot x+x^2\leqq x^2+xy+y^2=19$ ∴ $3x^2\leqq 19$
この不等式を満たす自然数 x は $x=1, 2$ (*)
[1] $x=1$ のとき，等式は $1+y+y^2=19$
よって $y^2+y-18=0$ ∴ $y=\dfrac{-1\pm\sqrt{73}}{2}$ (不適)
[2] $x=2$ のとき，等式は $4+2y+y^2=19$
よって $y^2+2y-15=0$ ∴ $(y-3)(y+5)=0$
$x\leqq y$ であるから $y=3$
[1], [2] から $(x, y)=(2, 3)$
$x>y$ のときも含めて，求める解は ◀$x\leqq y$ の制限をはずす。
$(x, y)=(2, 3), (3, 2)$

別解 (1) **判別式 $D\geqq 0$ の利用** の方針で y の値を絞り込む。等式から
$x^2-2yx+2y^2-13=0$
この x の 2 次方程式が実数解をもつから，判別式を D とすると $D\geqq 0$
$\dfrac{D}{4}=(-y)^2-1\cdot(2y^2-13)$
$=-y^2+13$
よって，$-y^2+13\geqq 0$ から
$y^2\leqq 13$
以後の解答は同様。

別解 (2) 等式から
$x^2=19-(xy+y^2)$
$xy+y^2\geqq 1\cdot 1+1^2=2$ から
$x^2\leqq 19-2=17$
よって $x=1, 2, 3, 4$
このようにして x の値を絞り込む。

(*) $x=3$ のとき
$3x^2=27>19$

注意 (2) 等式から
$\left(x+\dfrac{y}{2}\right)^2=19-\dfrac{3}{4}y^2$
右辺≧0 から y の値を絞り込むのは面倒。

練習 ④142 次の等式を満たす自然数 x, y の組をすべて求めよ。
(1) $x^2+2xy+3y^2=27$ (2) $x^2+3xy+y^2=44$

p.576 EX99

演習 例題 143 方程式の整数解 (4) … ( )( )=(整数) 型 1

(1) $xy+2x-3y-10=0$ を満たす整数 x, y の組をすべて求めよ。 [(1) 類 近畿大]

(2) $\dfrac{1}{x}-\dfrac{1}{y}=\dfrac{1}{4}$ を満たす自然数 x, y の値の組をすべて求めよ。

演習 141

指針 (1) $xy+ax+by+c=0$ の形の方程式は，$\boldsymbol{xy+ax+by=(x+b)(y+a)-ab}$ の変形を利用して，**( )( )=(整数) の形** を導く。
そして，次のことを利用する。

A, B, C が整数のとき，$AB=C$ ならば　A, B は C の約数

(2) 両辺に $4xy$ を掛けて分母を払うと，(1) と同様の形の方程式になる。
なお，x, y は自然数，すなわち $x\geqq1$, $y\geqq1$ という関係にも注意。

CHART 方程式の整数解　**( )( )=(整数) の形 にもち込む**
$xy+ax+by=(x+b)(y+a)-ab$ の利用

解答

(1) $xy+2x-3y=x(y+2)-3(y+2)+6$
$=(x-3)(y+2)+6$

与式に代入すると
$(x-3)(y+2)+6-10=0$

よって　$(x-3)(y+2)=4$ …… ①

x, y は整数であるから，$x-3$, $y+2$ も整数で，① より
$(x-3,\ y+2)=(-4,\ -1),\ (-2,\ -2),\ (-1,\ -4),$
$(1,\ 4),\ (2,\ 2),\ (4,\ 1)$

ゆえに　$\boldsymbol{(x,\ y)=(-1,\ -3),\ (1,\ -4),\ (2,\ -6),}$
$\boldsymbol{(4,\ 2),\ (5,\ 0),\ (7,\ -1)}$

(2) 両辺に $4xy$ を掛けて　$4y-4x=xy$

よって　$xy+4x-4y=0$

ゆえに　$(x-4)(y+4)+16=0$

よって　$(x-4)(y+4)=-16$ …… ②

x, y は自然数であるから，$x-4$, $y+4$ は整数である。
また，$x\geqq1$, $y\geqq1$ であるから　$x-4\geqq-3$, $y+4\geqq5$
よって，② から
$(x-4,\ y+4)=(-2,\ 8),\ (-1,\ 16)$

ゆえに　$\boldsymbol{(x,\ y)=(2,\ 4),\ (3,\ 12)}$

ⓐ $xy+2x=x(y+2)$ に注目。
ⓑ $(x+●)(y+■)$ の形に因数分解できるように，〰の項を加える。
ⓒ 定数項が 0 となるように，6 を加える。
◀ $4=(-4)(-1)$, $(-2)(-2)$, $(-1)(-4)$, $1\cdot4$, $2\cdot2$, $4\cdot1$
◀ 例えば，$x-3=-4$, $y+2=-1$ を解くと $x=-1$, $y=-3$
◀ $xy+4x-4y$
$=x(y+4)-4(y+4)+16$
$=(x-4)(y+4)+16$

注意 **(分母)$\boldsymbol{\neq0}$** であるから，(2) では $x\neq0$, $y\neq0$ という前提条件がある。下の練習 143 (2) ではこのことに注意。

参考 (1) の等式を y について解くと　$y=\dfrac{-2x+10}{x-3}=\dfrac{-2(x-3)+4}{x-3}=-2+\boxed{\dfrac{4}{x-3}}$　$(x\neq3)$

y は整数であるから，枠で囲んだ分数は整数でなければならない。よって，$x-3$ は 4 の約数で　$x-3=\pm1,\ \pm2,\ \pm4$　このように考えてもよい。

↑ $x=3$ のときは，等式を満たさない。

練習 ③ **143** (1) $xy=2x+4y-5$ を満たす正の整数 x, y の組をすべて求めよ。 [(1) 学習院大]

(2) $\dfrac{2}{x}+\dfrac{3}{y}=1$ を満たす整数の組 $(x,\ y)$ をすべて求めよ。 [(2) 類 自治医大]

p.576 EX 99, 100

演習 例題 144 方程式の整数解 (5) … ( )( )=(整数) 型 2

(1) $2x^2+3xy-2y^2-3x+4y-2$ を因数分解せよ。
(2) $2x^2+3xy-2y^2-3x+4y-5=0$ を満たす整数 x, y の値を求めよ。

演習 143

指針 (1) 2元2次式の因数分解。$2x^2+●x+■$ の形に変形し，**たすき掛け** を利用。
(2) **(1) の結果を利用** し，**( )( )=(整数) の形** を導く。
後は，前ページの例題と同じ要領だが，( ) 内は x, y の1次式になるから，最後に x, y の連立1次方程式を解くことになる。

解答

(1) $2x^2+3xy-2y^2-3x+4y-2$
$=2x^2+(3y-3)x-(2y^2-4y+2)$
$=2x^2+3(y-1)x-2(y-1)^2$
$=\{x+2(y-1)\}\{2x-(y-1)\}$
$=\boldsymbol{(x+2y-2)(2x-y+1)}$

◀ たすき掛け:
1	$2(y-1)$	$\longrightarrow 4(y-1)$
2	$-(y-1)$	$\longrightarrow -(y-1)$
2	$-2(y-1)^2$	$3(y-1)$

(2) $2x^2+3xy-2y^2-3x+4y-5$
$=(2x^2+3xy-2y^2-3x+4y-2)-3$ であるから，
(1) の結果より　$(x+2y-2)(2x-y+1)-3=0$
したがって　$(x+2y-2)(2x-y+1)=3$
x, y は整数であるから，$x+2y-2$, $2x-y+1$ も整数である。

よって
$\begin{cases} x+2y-2=-3 \\ 2x-y+1=-1 \end{cases}$　$\begin{cases} x+2y-2=-1 \\ 2x-y+1=-3 \end{cases}$
$\begin{cases} x+2y-2=1 \\ 2x-y+1=3 \end{cases}$　$\begin{cases} x+2y-2=3 \\ 2x-y+1=1 \end{cases}$

これらの連立方程式の解は，順に
$$(x,\ y)=(-1,\ 0),\ \left(-\frac{7}{5},\ \frac{6}{5}\right),\ \left(\frac{7}{5},\ \frac{4}{5}\right),\ (1,\ 2)$$
x, y がともに整数であるものは
$$\boldsymbol{(x,\ y)=(-1,\ 0),\ (1,\ 2)}$$

◀定数項だけが (1) の式と異なることに注目し，(1) の結果を利用。
◀(x, y の1次式)×(x, y の1次式)=(整数)
◀$3=(-3)(-1)$, $(-1)(-3)$, $1\cdot3$, $3\cdot1$
◀$\begin{cases} x+2y-2=-3 \\ 2x-y+1=-1 \end{cases}$ から
$x+2y=-1$,
$2x-y=-2$
よって　$x=-1$, $y=0$
◀x, y が分数の組は不適。

検討 PLUS ONE

上の例題で (1) がない場合の対処法

上の例題に関して，(2) のみの形で出題されたときは，次のようにして
(x, y の1次式)×(x, y の1次式) の形 を導き出す（数学Ⅱで学ぶ恒等式の考えを使用）。
$2x^2+3xy-2y^2=(x+2y)(2x-y)$ である。そこで，$(x+2y+a)(2x-y+b)$ …… ① を考えると，① の展開式は　$2x^2+3xy-2y^2+(2a+b)x+(-a+2b)y+ab$
$2a+b=-3$, $-a+2b=4$ とおき，この2式を連立して解くと　$a=-2$, $b=1$
よって　$2x^2+3xy-2y^2-3x+4y+(-2)\cdot1=\boldsymbol{(x+2y-2)(2x-y+1)}$　となる。
なお，このような式の形の不定方程式については，次ページで紹介するような解法もある。

練習 ④144
(1) $3x^2+4xy-4y^2+4x-16y-15$ を因数分解せよ。
(2) $3x^2+4xy-4y^2+4x-16y-28=0$ を満たす整数 x, y の組を求めよ。
〔神戸学院大〕

演習 例題 145 方程式の整数解 (6) … 実数解の条件利用 ④

$x^2-2xy+2y^2-2x-3y+5=0$ を満たす整数 x，y の組を求めよ。

演習 144

指針 例題 **144** (2) に似た問題であるが，$x^2-2xy+2y^2$ は $(x+●y)(x+■y)$ の形に因数分解できないから，例題 **144** (2) の方針は使えそうにない（前ページ 検討 参照）。
そこで，1 つの文字（ここでは x）に着目し，降べきの順に整理する。つまり，式を x の 2 次方程式ととらえて，**実数解をもつ** $\Longleftrightarrow$ $D\geqq 0$ を利用し，まず y の **値を絞る。**

CHART 方程式の整数解　**2 次式なら判別式 $D\geqq 0$ も有効**

解答

$x^2-2xy+2y^2-2x-3y+5=0$ を x について整理すると

$$x^2-2(y+1)x+2y^2-3y+5=0 \quad \cdots\cdots ①$$

◀ x^2 の係数が 1 であることに注目し，x について降べきの順に整理する。

この x についての 2 次方程式の判別式を D とすると

$$\frac{D}{4}=\{-(y+1)\}^2-1\cdot(2y^2-3y+5)=-y^2+5y-4$$
$$=-(y-1)(y-4)$$

① の解は整数(実数)であるから　$D\geqq 0$

◀ 整数は実数である。

よって　$-(y-1)(y-4)\geqq 0$　ゆえに　$1\leqq y\leqq 4$

◀ $(y-1)(y-4)\leqq 0$

y は整数であるから　$y=1,\ 2,\ 3,\ 4$　……（＊）

$y=1$ のとき，① は　$x^2-4x+4=0$

よって　$(x-2)^2=0$　ゆえに　$x=2$

◀ $y=1,\ 4$ のときは $D=0$ であるから，このときの x の値は ① の重解で，$x=-\{-(y+1)\}=y+1$

$y=2$ のとき，① は　$x^2-6x+7=0$

これを解いて　$x=3\pm\sqrt{2}$

◀ 整数でない。

$y=3$ のとき，① は　$x^2-8x+14=0$

これを解いて　$x=4\pm\sqrt{2}$

◀ 整数でない。

$y=4$ のとき，① は　$x^2-10x+25=0$

よって　$(x-5)^2=0$　ゆえに　$x=5$

x，y がともに整数であるものは

$$(\boldsymbol{x},\ \boldsymbol{y})=(\mathbf{2},\ \mathbf{1}),\ (\mathbf{5},\ \mathbf{4})$$

検討　**整数解の問題における，判別式 D の使い方の工夫**

上の解答で，① を x について解くと　$x=y+1\pm\sqrt{\dfrac{D}{4}}$　$(D\geqq 0)$　← 解の公式から

よって，x が整数になるには「$\dfrac{D}{4}$ は 0 または 平方数（つまり，0，1，4，9，16，25，……）」でなければならない。

このことを利用すると，上の解答の（＊）の y の値は，次のように更に絞ることもできる。

$y=1,\ 2,\ 3,\ 4$ のとき，$\dfrac{D}{4}$ の値は順に　0，2，2，0　よって，$y=2,\ 3$ は不適。
（2，2 ← 平方数でない。）

練習 ④145　$5x^2+2xy+y^2-12x+4y+11=0$ を満たす整数 x，y の組を求めよ。

p.576 EX 101

③**96** 自然数 x, y, z は方程式 $15x+14y+24z=266$ を満たす。

(1) $k=5x+8z$ としたとき，y を k の式で表すと $y=\boxed{}$ である。

(2) x, y, z の組は，$(x, y, z)=\boxed{}$ である。　〔慶応大〕

→140

③**97** $2\leqq p<q<r$ を満たす整数 p, q, r の組で，$\dfrac{1}{p}+\dfrac{1}{q}+\dfrac{1}{r}\geqq 1$ となるものをすべて求めよ。　〔群馬大〕 →141

④**98** 連立方程式 $\begin{cases} x^2=yz+7 \\ y^2=zx+7 \\ z^2=xy+7 \end{cases}$ を満たす整数の組 (x, y, z) で $x\leqq y\leqq z$ となるものを求めよ。　〔一橋大〕 →141

③**99** (1) 等式 $x^2-y^2+x-y=10$ を満たす自然数 x, y の組を求めよ。

(2) $55x^2+2xy+y^2=2007$ を満たす整数の組 (x, y) をすべて求めよ。

〔(1) 広島工大，(2) 立命館大〕 →142, 143

④**100** x, y を正の整数とする。

(1) $\dfrac{2}{x}+\dfrac{1}{y}=\dfrac{1}{4}$ を満たす組 (x, y) をすべて求めよ。

(2) p を 3 以上の素数とする。$\dfrac{2}{x}+\dfrac{1}{y}=\dfrac{1}{p}$ を満たす組 (x, y) のうち，$x+y$ を最小にする (x, y) を求めよ。　〔類 名古屋大〕 →143

④**101** n は整数とする。x の 2 次方程式 $x^2+2nx+2n^2+4n-16=0$ …… ① について考える。

(1) 方程式 ① が実数解をもつような最大の整数 n は ${}^{ア}\boxed{}$ で，最小の整数 n は ${}^{イ}\boxed{}$ である。

(2) 方程式 ① が整数の解をもつような整数 n の値を求めよ。

〔金沢工大〕 →145

HINT

96　(2) (1)の結果を利用。y が整数となるための k の条件を考える。

97　$\dfrac{1}{p}+\dfrac{1}{q}+\dfrac{1}{r}\geqq 1$ の不等号の向きに着目して，絞り込む文字を決める。

98　まず，最小の x と最大の z の範囲を絞る。例えば，$x\geqq 0$ とすると $x^2\leqq yz$ であるが，$x^2=yz+7$ すなわち $x^2>yz$ に矛盾する。

99　(2) 与式を変形すると　$54x^2+(x+y)^2=2007$　　$(x+y)^2\geqq 0$ に注目し，x の値を絞る。

100　(2) 与式の分母を払うと　$2py+px=xy$　　これを変形して　$(x-2p)(y-p)=2p^2$

101　(1) 方程式 ① の判別式を D とすると　$D\geqq 0$

振り返り　不定方程式の解法のパターン

1　1次不定方程式

① $ax+by=c$ の整数解（a と b は互いに素な整数）　➡例題 135, 136

⟶ まず，1組の解 $x=p$，$y=q$ を見つける ことがカギ。簡単に見つからないときは，**互除法の計算** または **係数下げ** を利用する。解が見つかれば，$a(x-p)=-b(y-q)$ の形に変形することで，すべての整数解が求められる。

2　いろいろな不定方程式　… 値の絞り込み と $(\quad)(\quad)=$(整数) に変形 が2大方針。

② **自然数の解を求める問題では，不等式による値の絞り込みが有効**

⟶「● が自然数なら ●>0，●$\geqq 1$」を利用して値を絞る。

例 1. $x+3y+z=10$ $(x\geqq 1,\ y\geqq 1,\ z\geqq 1)$ の場合　➡例題 140 (2)

$x\geqq 1$，$z\geqq 1$ を利用して　$3y=10-(x+z)\leqq 8$　よって　$y=1,\ 2$

例 2. $\dfrac{1}{x}+\dfrac{1}{y}+\dfrac{1}{z}=1$ $(0<x<y<z)$ の場合［大小関係つき］　➡例題 141 (2)

$\dfrac{1}{z}<\dfrac{1}{y}<\dfrac{1}{x}$ を利用して　$1=\dfrac{1}{x}+\dfrac{1}{y}+\dfrac{1}{z}<\dfrac{3}{x}$　よって　$x=1,\ 2$

注意　方程式が対称式の場合は，最初に大小関係（$x\leqq y$，$x\leqq y\leqq z$ など）を仮定して進め，最後にその制限をはずす，という方法もある。　➡例題 142 (2)

③ **(実数)$^2\geqq 0$ も値の絞り込みに有効**

⟶ $(\quad)^2$ の形を作り出すことができるなら，$(\quad)^2=$ ▢ から ▢ $\geqq 0$ として値を絞ることを考えてみるのもよい。

例 3. $x^2-2xy+2y^2=13$ $(x>0,\ y>0)$ の場合　➡例題 142 (1)

$(x-y)^2+y^2=13$ から　$(x-y)^2=13-y^2\geqq 0$　$y^2\leqq 13$ から　$y=1,\ 2,\ 3$

④ **$(\quad)(\quad)=$(整数) に変形できるタイプ（$axy+bx+cy+d=0$ の整数解）**

⟶「$AB=C$（A，B，C は整数）ならば，A，B は C の約数」を利用する。

例 4. $xy+2x-3y-10=0$ の場合　➡例題 143 (1)

$(x-3)(y+2)+6-10=0$ から　$(x-3)(y+2)=4$

後は，4の約数で，積が4となるような2つの整数の組として組 $(x-3,\ y+2)$ を具体的に書き上げる。

⑤ **$ax^2+bxy+cy^2+dx+ey+f=0$ の整数解**

⟶ 2次の項 $ax^2+bxy+cy^2$ が

因数分解できるなら　$(\quad)(\quad)=$(整数) に変形 して処理。　➡例題 144

因数分解できないなら　x（または y）の 2次方程式とみて，判別式 $D\geqq 0$ を利用し，値を絞り込む。　➡例題 145

（2次方程式が実数解をもつ ⟺ 判別式 $D\geqq 0$）

なお，数学IIで学ぶ，解と係数の関係を利用して解く問題もある。これについては，「チャート式基礎からの数学II」の第2章（複素数と方程式）で扱う。

23 記数法

基本事項

1 n 進法

① 位取りの基礎を n として数を表す方法を **n 進法** といい，n 進法で表された数を **n 進数** という。また，位取りの基礎となる数 n を **底** という。ただし，n は2以上の整数で，n 進数の各位の数字は，0以上 $n-1$ 以下の整数である。

② n 進数では，その数の右下に $_{(n)}$ と書く。なお，10進数では普通 $_{(10)}$ を省略する。

2 分数と有限小数，循環小数

m は整数，n は0でない整数とする。

分数 $\dfrac{m}{n}$
- **整数**
- **有限小数** …… 小数第何位かで終わる小数。分母 n の素因数は 2，5 のみ。（これに対し，小数部分が無限に続く小数は **無限小数** という。）
- **循環小数** …… 無限小数のうち，いくつかの数字の配列が繰り返されるもの。分母 n の素因数は 2，5 以外のものがある。

解説

■ n 進法

数を表すには，通常，位取りの基礎を10とする **10進法** が用いられる。例えば，10進法で表された数12345については

$$1\cdot10^4 + 2\cdot10^3 + 3\cdot10^2 + 4\cdot10^1 + 5\cdot10^0$$

10^4 の位　10^3 の位　10^2 の位　10^1 の位　10^0 の位

であり，各位の数字は，上の位から順に，左から右に並べる。また，各位の数字は0以上9以下の整数で，これは整数を10で割った余りの種類と同じである。

◀位取りの基礎となる数を **基数** ともいう。

◀$10^0=1$ である。

一般に，n を2以上の整数とするとき，0以上の整数は，すべて

$$\boldsymbol{a_k\cdot n^k+a_{k-1}\cdot n^{k-1}+\cdots\cdots+a_2\cdot n^2+a_1\cdot n^1+a_0\cdot n^0}$$

（a_0，a_1，a_2，……，a_{k-1}，a_k は0以上 $n-1$ 以下の整数，$a_k \neq 0$）

の形に書くことができる。これを $a_ka_{k-1}\cdots\cdots a_2a_1a_0$ のような数字の配列で表す方法が **位取り記数法** である。$n=10$ の場合が10進法であり，$n=2$ の場合は **2進法** と呼ばれる表し方になる❶。

なお，n 進法の小数について，小数点以下の位は

$\dfrac{1}{n^1}$ の位，$\dfrac{1}{n^2}$ の位，$\dfrac{1}{n^3}$ の位，…… となる❷。このようなことや n 進法（主に2進法，5進法）の四則計算については，基本例題 **148** で詳しく学習する。

❶ 2～10進法以外には，コンピュータの世界で用いられる16進法が代表的である。

❷ 例えば，5.5 は $1\cdot2^2+0\cdot2^1+1\cdot2^0+1\cdot\dfrac{1}{2}$ の形に書くことができるから，2進法で表すと $101.1_{(2)}$ となる。

■ 分数と小数

基本事項 **2** で示した内容や，循環小数を分数に変換することは，数学Ⅰでも学習している。ここでは，有限小数，循環小数で表される条件や分数 $\dfrac{m}{n}$ が記数法の底によって，有限小数で表されたり，循環小数で表されたりすることを研究する。

◀$p.46$ などを参照。

参考事項 アラビア数字とローマ数字

私たちが使っている 0, 1, 2, 3, ……などの数字は，**アラビア数字** と呼ばれているが，これは，実はインドで発明されたものである。10 世紀頃，アラビア語を使う北アフリカの商人たちが，この数字をヨーロッパに持ち込んだことがアラビア数字と呼ばれるようになった背景のようである。アラビア語では，0，1，2，3，……などの数字のことを「インド数字」と呼んでいる。最近では，欧米でも「インド・アラビア数字」と呼ぶことがある。

ヨーロッパで，アラビア数字が普及する前に使われていた数字が **ローマ数字** である。今でも，時計の文字盤などでは，ローマ数字を用いてⅠ，Ⅱ，Ⅲ，Ⅳなどと書かれていることがある。ここでは，ローマ数字を用いた記数法について紹介したい。

● ローマ数字の記数法のしくみ

まず，**基本になるのは I，V，X，L，C，D，M の 7 つの数字** であり，これは右のように対応している。

アラビア数字	1	5	10	50	100	500	1000
ローマ数字	I	V	X	L	C	D	M

これ以外の数字は，上の 7 つの数字の和で考え，左から大きい順に，できるだけ使う文字数が少なくなるように並べて書く。また，**I，X，C，M は 3 つまで同じものを重ねて書くことができる**。いくつか例を見てみよう。

2＝II [1＋1]　6＝VI [5＋1]　12＝XII [10＋1＋1]　30＝XXX [10＋10＋10]
53＝LIII [50＋1＋1＋1]　66＝LXVI [50＋10＋5＋1]
125＝CXXV [100＋10＋10＋5]　752＝DCCLII [500＋100＋100＋50＋1＋1]
2021＝MMXXI [1000＋1000＋10＋10＋1]

ただし，**同じ数字を 4 つ以上並べることはできない**。そのため，4，9，40，90 などを表すには，小さい数字を大きい数字の左に並べて書き，それが右の数字から左の数字を引いた数を表すものと考える。例えば 4＝IV [−1(I)＋5(V)]　◀ IIII と書くのはダメ。
のように書く。また，4 以外の 9，40 などについては，右のように表される。この規則も踏まえ，更に例を見てみよう。

アラビア数字	4	9	40	90	400	900
ローマ数字	IV	IX	XL	XC	CD	CM

24＝XXIV [10＋10＋(−1＋5)]　45＝XLV [(−10＋50)＋5]
99＝XCIX [(−10＋100)＋(−1＋10)]　◀ IC [−1＋100] とは書かない。
442＝CDXLII [(−100＋500)＋(−10＋50)＋1＋1]
1997＝MCMXCVII [1000＋(−100＋1000)＋(−10＋100)＋5＋1＋1]

以上がローマ数字による記数法のしくみであるが，アラビア数字に比べると複雑であるし，表すことができる数字は 1 から 3999 までで，0 を表す表記は存在しない。また，表記が長いものは区切りを入れないと読みにくい。実用性では，ローマ数字よりもアラビア数字の方が優れているといえるだろう。しかし，ローマ数字はデザイン性にすぐれているため，現在でも時計の文字盤など，装飾性を重視するものに使われている。

基本例題 146 記数法の変換

(1) 10 進数 78 を 2 進法で表すと ^{ア}□，5 進法で表すと ^{イ}□ である。

(2) n は 3 以上の整数とする。$(n+1)^2$ と表される数を n 進法で表せ。

(3) $110111_{(2)}$，$120201_{(3)}$ をそれぞれ 10 進数で表せ。

p.578 基本事項 1　重要 151

指針

(1) 10 進数を n 進法で表すには，**商が 0 になるまで n で割る割り算を繰り返し，出てきた余りを逆順に並べればよい。** 次の 例 は，23 を 2 進数で表す方法である。

例

$$\begin{array}{r|l} 2\,) \underline{23} & \text{余り} \\ 2\,) \underline{11} & \cdots 1 \\ 2\,) \underline{\ 5} & \cdots 1 \\ 2\,) \underline{\ 2} & \cdots 1 \\ 2\,) \underline{\ 1} & \cdots 0 \\ 0 & \cdots 1 \end{array}$$

$\iff 23=2\cdot 11+1$
$\iff 11=2\cdot 5+1$
$\iff 5=2\cdot 2+1$
$\iff 2=2\cdot 1+0$
$\iff 1=2\cdot 0+1$

よって，23 の 2 進数表示は $10111_{(2)}$

右のように，商が割る数より小さくなったら割り算をやめ，最後の商を先頭にして，余りを逆順に並べる方法もある。

$$\begin{array}{r|l} 2\,) \underline{23} & \text{余り} \\ 2\,) \underline{11} & \cdots 1 \\ 2\,) \underline{\ 5} & \cdots 1 \\ 2\,) \underline{\ 2} & \cdots 1 \\ ① & \cdots 0 \\ \text{商} & \end{array}$$

(2), (3) n を 2 以上の整数とすると，n 進法で $a_ka_{k-1}\cdots\cdots a_2a_1a_0$ と書かれた $k+1$ 桁の正の整数は，$a_k\cdot n^k+a_{k-1}\cdot n^{k-1}+\cdots\cdots+a_2\cdot n^2+a_1\cdot n^1+a_0\cdot n^0$ の意味である。
(a_0，a_1，a_2，……，a_{k-1}，a_k は 0 以上 $n-1$ 以下の整数，$a_k\neq 0$)

(2) は，$(n+1)^2$ を展開してみると，わかりやすい。

(3) 例えば，$121_{(3)}$ なら，$1\cdot 3^2+2\cdot 3^1+1\cdot 3^0=9+6+1=16$ として 10 進数に直す。

解答

(1) (ア)

$$\begin{array}{r|l} 2\,) \underline{78} & \text{余り} \\ 2\,) \underline{39} & \cdots 0 \\ 2\,) \underline{19} & \cdots 1 \\ 2\,) \underline{\ 9} & \cdots 1 \\ 2\,) \underline{\ 4} & \cdots 1 \\ 2\,) \underline{\ 2} & \cdots 0 \\ 2\,) \underline{\ 1} & \cdots 0 \\ 0 & \cdots 1 \end{array}$$

(イ)

$$\begin{array}{r|l} 5\,) \underline{78} & \text{余り} \\ 5\,) \underline{15} & \cdots 3 \\ 5\,) \underline{\ 3} & \cdots 0 \\ 0 & \cdots 3 \end{array}$$

よって
(ア) **$1001110_{(2)}$**
(イ) **$303_{(5)}$**

(2) $(n+1)^2=n^2+2n+1=1\cdot n^2+2\cdot n^1+1\cdot n^0$
n は 3 以上の整数であるから，n 進法では　**$121_{(n)}$**

(3) $\mathbf{110111_{(2)}}=1\cdot 2^5+1\cdot 2^4+0\cdot 2^3+1\cdot 2^2+1\cdot 2^1+1\cdot 2^0$
$=32+16+0+4+2+1=\mathbf{55}$
$\mathbf{120201_{(3)}}=1\cdot 3^5+2\cdot 3^4+0\cdot 3^3+2\cdot 3^2+0\cdot 3^1+1\cdot 3^0$
$=243+162+0+18+0+1=\mathbf{424}$

別解
$78=1\cdot 2^6+0\cdot 2^5+0\cdot 2^4+1\cdot 2^3+1\cdot 2^2+1\cdot 2^1+0\cdot 2^0$ と表される。
よって　**$1001110_{(2)}$**
また，
$78=3\cdot 5^2+0\cdot 5^1+3\cdot 5^0$
とも表されるから
$303_{(5)}$

(2)

$$\begin{array}{l|l} n\,) \underline{n^2+2n+1} & \\ n\,) \underline{n+2} & \cdots 1 \\ n\,) \underline{1} & \cdots 2 \\ 0 & \cdots 1 \end{array}$$

から **$121_{(n)}$** としてもよい。

練習 ① 146

(1) 10 進数 1000 を 5 進法で表すと ^{ア}□，9 進法で表すと ^{イ}□ である。

(2) n は 5 以上の整数とする。$(2n+1)^2$ と表される数を n 進法で表せ。

(3) $32123_{(4)}$，$41034_{(5)}$ をそれぞれ 10 進数で表せ。

p.594 EX102

基本例題 147 n 進法の小数

(1) $0.111_{(2)}$ を 10 進法の小数で表せ。 〔(1) 大阪経大〕

(2) 10 進数 0.375 を 2 進法で表すと ア□，5 進法で表すと イ□ である。

p.578 基本事項 1，基本 146

指針 (1) 例えば，n 進法で $0.abc_{(n)}$ (a，b，c は 0 以上 $n-1$ 以下の整数) と書き表された数は，$\dfrac{a}{n^1}+\dfrac{b}{n^2}+\dfrac{c}{n^3}$ の意味で，小数点以下の位は，$\dfrac{1}{n^1}$ の位，$\dfrac{1}{n^2}$ の位，$\dfrac{1}{n^3}$ の位となる。

(2) 一般に，10 進法の小数を n 進法の小数で表すには，まず，もとの小数に n を掛け，**小数部分に n を掛けることを繰り返し，出てきた整数部分を順に並べていく。**
そして，小数部分が 0 になれば計算は終了(**有限小数** となる)。しかし，常に 0 となって計算が終了するとは限らない。終了しない場合は，**循環小数** となる。

解答

(1) $0.111_{(2)}=\dfrac{1}{2}+\dfrac{1}{2^2}+\dfrac{1}{2^3}=\dfrac{2^2+2+1}{2^3}=\dfrac{7}{8}=\mathbf{0.875}$

(2) (ア) 0.375 に 2 を掛け，小数部分に 2 を掛けることを繰り返すと，右のようになる。

したがって　$\mathbf{0.011_{(2)}}$

```
   0.375
×      2
   0.750   ◀整数部分は 0
×      2
   1.50    ◀整数部分は 1
×      2
   1.0     ◀整数部分は 1 で，小数部分は 0 となり終了。
```

別解　$0.375=\dfrac{3}{8}=\dfrac{3}{2^3}=\dfrac{1+2}{2^3}=\dfrac{1}{2^2}+\dfrac{1}{2^3}$

したがって　$\mathbf{0.011_{(2)}}$

(イ) 0.375 に 5 を掛け，小数部分に 5 を掛けることを繰り返すと，右のようになって，同じ計算が繰り返される。

したがって　$\mathbf{0.\dot{1}\dot{4}_{(5)}}$

```
   0.375
×      5
   1.875
×      5
   4.375
×      5
   1.875
×      5
   4.375
×      5
   ……
```

参考　$0.375=0.abcd\cdots\cdots_{(5)}$ で表されるとすると

$0.375=\dfrac{a}{5}+\dfrac{b}{5^2}+\dfrac{c}{5^3}+\dfrac{d}{5^4}+\cdots\cdots$　……①

◀a，b，c，d は 0 以上 4 以下の整数。

[1] $0.375\times5=a+\dfrac{b}{5}+\dfrac{c}{5^2}+\dfrac{d}{5^3}+\cdots\cdots$　……②

◀① の両辺に 5 を掛ける。$0.375\times5=1.875$

a はこの数の整数部分であるから　$a=1$

[2] b は，$(1.875-1)\times5=b+\dfrac{c}{5}+\dfrac{d}{5^2}+\cdots\cdots$ の整数部分であるから　$b=4$

◀② に $a=1$ を代入して移項し，両辺に 5 を掛ける。$0.875\times5=4.375$

$b=4$ を代入して移項すると　$4.375-4=\dfrac{c}{5}+\dfrac{d}{5^2}+\cdots\cdots$

これは，① と同じ形であるから　$c=a$

以後，$d=b$，…… となる。

したがって，$0.375=0.\dot{1}\dot{4}_{(5)}$ が得られる。これを簡単にしたのが，上の解答の計算である。

練習 ② 147 (1) $21.201_{(5)}$ を 10 進法で表せ。

(2) 10 進数 0.9375 を 8 進法で表すと ア□，10 進数 0.9 を 6 進法で表すと イ□ である。

p.594 EX 103

基本 例題 148 n 進数の四則計算

次の計算の結果を，[　]内の記数法で表せ。

(1) $11011_{(2)}+11010_{(2)}$ [2 進法]　(2) $3420_{(5)}-2434_{(5)}$ [5 進法]

(3) $413_{(5)}\times32_{(5)}$ [5 進法]　(4) $1101001_{(2)}\div101_{(2)}$ [2 進法]

基本 146

指針 **繰り上がり(上の桁に数を上げる)，繰り下がり(下の桁に数を下ろす)に注意** して，各位の計算を行う。10 進数のときと同様に，各位の数を縦に並べて計算するとよい。

[2 進法] 和が 2 になると繰り上がる。

加法・乗法では次の計算が基本。

+	0	1
0	0	1
1	1	10

×	0	1
0	0	0
1	0	1

減法は　10−1=1 に注意。

除法は，乗法と減法を組み合わせて行う。

[5 進法] 和が 5 になると繰り上がる。

乗法については，右の表(四四？)も参照。

×	1	2	3	4
1	1	2	3	4
2	2	4	11	13
3	3	11	14	22
4	4	13	22	31

n 進数の四則計算

CHART ① **n になると繰り上がる　足りないときは n を繰り下げる**

② **10 進数に直して計算。最後に n 進数に直す。** ⟵ 最も確実

解答

(1) $11011_{(2)}+11010_{(2)}=\mathbf{110101_{(2)}}$

$$\begin{array}{r} 11011 \\ +\ 11010 \\ \hline 110101 \end{array}$$

◀ $1+1=2=10_{(2)}$ に注意して，上の桁に 1 を上げていく。

(2) $3420_{(5)}-2434_{(5)}=\mathbf{431_{(5)}}$

$$\begin{array}{r} 3420 \\ -\ 2434 \\ \hline 431 \end{array}$$

◀5 進法では

$$\begin{array}{r} 10 \\ -\ 4 \\ \hline 1 \end{array}\quad \begin{array}{r} 11 \\ -\ 3 \\ \hline 3 \end{array}\quad \begin{array}{r} 13 \\ -\ 4 \\ \hline 4 \end{array}$$

↑ 6−3=3

(3) $413_{(5)}\times32_{(5)}=\mathbf{24321_{(5)}}$

$$\begin{array}{rl} 413 & \\ \times\ \ 32 & \\ \hline 1331 & ❶ \\ 2244\ \ & ❷ \\ \hline 24321 & ❸ \end{array}$$

❶ $2\times3=6=11_{(5)}$ で，上の桁に 1 が上がる。

❷ $3\times3=9=14_{(5)}$ で，上の桁に 1 が上がる。

❸ 加法の計算。

$3+4=7=12_{(5)}$

$4+4=8=13_{(5)}$

(4) $1101001_{(2)}\div101_{(2)}=\mathbf{10101_{(2)}}$

$$\begin{array}{r} 10101 \\ 101\overline{)1101001} \\ 101 \\ \hline 110 \\ 101 \\ \hline 101 \\ 101 \\ \hline 0 \end{array}$$

◀2 進法では

$$\begin{array}{r} 110 \\ -101 \\ \hline 1 \end{array}$$

◀10 進法では

$110_{(2)}=6$，$101_{(2)}=5$ であるから　$6-5=1$

参考 10 進法で計算すると，それぞれ次のようになる。

(1) $$\begin{array}{r} 27 \\ +\ 26 \\ \hline 53 \end{array}=110101_{(2)}$$

(2) $$\begin{array}{r} 485 \\ -\ 369 \\ \hline 116 \end{array}=431_{(5)}$$

(3) $$\begin{array}{r} 108 \\ \times\ 17 \\ \hline 1836 \end{array}=24321_{(5)}$$

(4) $$\begin{array}{r} 21 \\ 5\overline{)105} \\ 105 \\ \hline 0 \end{array}\quad 21=10101_{(2)}$$

練習 ②**148** 次の計算の結果を，[　]内の記数法で表せ。

(1) $1222_{(3)}+1120_{(3)}$ [3 進法]　(2) $110100_{(2)}-101101_{(2)}$ [2 進法]

(3) $2304_{(5)}\times203_{(5)}$ [5 進法]　(4) $110001_{(2)}\div111_{(2)}$ [2 進法]

基本 例題 149 n 進数の各位の数と記数法の決定

(1) 自然数 N を 6 進法と 9 進法で表すと，それぞれ 3 桁の数 $abc_{(6)}$ と $cab_{(9)}$ になるという。a，b，c の値を求めよ。また，N を 10 進法で表せ。

(2) n は 2 以上の自然数とする。4 進数 $321_{(4)}$ を n 進法で表すと $111_{(n)}$ となるような n の値を求めよ。

基本 146

指針 (1) では 6 進数と 9 進数，(2) では 4 進数と n 進数とあるように，記数法の底が混在している。このようなときは，**底を統一する**。特に，**10 進法で表す** と処理しやすい。

(1) 「3 桁の数」とあるから，$a \neq 0$，$c \neq 0$ である。また，最高位以外の n 進数の各位の数は，0 以上 $n-1$ 以下の整数であることに着目すると，a，b，c の値の範囲が絞り込まれる。

(2) $321_{(4)}$ と $111_{(n)}$ を 10 進法で表して等置すると，n の方程式が導かれる。

CHART k 桁の n 進数 10 進法で表す
$A\cdots PQR_{(n)} = A\cdot n^{k-1} + \cdots + P\cdot n^2 + Q\cdot n^1 + R\cdot n^0$

解答

(1) $abc_{(6)}$ と $cab_{(9)}$ はともに 3 桁の数であり，底について

$6<9$ であるから　$1 \leqq a \leqq 5$，$0 \leqq b \leqq 5$，$1 \leqq c \leqq 5$

◀底が小さい 6 について，各位の数の範囲を考えればよい。

$abc_{(6)} = a\cdot 6^2 + b\cdot 6^1 + c\cdot 6^0 = 36a+6b+c$ …… ①

$cab_{(9)} = c\cdot 9^2 + a\cdot 9^1 + b\cdot 9^0 = 81c+9a+b$

この 2 数は同じ数であるから　$36a+6b+c=81c+9a+b$

ゆえに　$27a=80c-5b$

すなわち　$27a=5(16c-b)$ …… ②

5 と 27 は互いに素であるから，a は 5 の倍数である。

$1 \leqq a \leqq 5$ であるから　$a=5$

② に代入して整理すると　$16c=b+27$ …… ③

◀$27\cdot 5=5(16c-b)$ から。

よって，$b+27$ は 16 の倍数である。

$0 \leqq b \leqq 5$ より，$27 \leqq b+27 \leqq 32$ であるから　$b+27=32$

◀$32=16\cdot 2$

よって　$b=5$　③ から　$c=2$　($1 \leqq c \leqq 5$ を満たす)

◀$16c=32$ から。

以上から　$\boldsymbol{a=5,\ b=5,\ c=2}$

この値を ① に代入して　$\boldsymbol{N=36\cdot 5+6\cdot 5+2=212}$

◀$81c+9a+b$ に代入してもよい。

(2) $321_{(4)} = 3\cdot 4^2+2\cdot 4^1+1\cdot 4^0$，$111_{(n)} = 1\cdot n^2+1\cdot n^1+1\cdot n^0$

ゆえに　$57=n^2+n+1$　すなわち　$n^2+n-56=0$

よって　$(n-7)(n+8)=0$

◀これを解くと $n=7,\ -8$

n は 2 以上の自然数であるから　$\boldsymbol{n=7}$

練習 ③149 (1) ある自然数 N を 5 進法で表すと 3 桁の数 $abc_{(5)}$ となり，3 倍して 9 進法で表すと 3 桁の数 $cba_{(9)}$ となる。a，b，c の値を求めよ。また，N を 10 進法で表せ。
[(1) 阪南大]

(2) n は 2 以上の自然数とする。3 進数 $1212_{(3)}$ を n 進法で表すと $101_{(n)}$ となるような n の値を求めよ。

p.594 EX 104, 105

基本例題 150 n 進数の桁数

(1) 2 進法で表すと 10 桁となるような自然数 N は何個あるか。〔(1) 昭和女子大〕

(2) 8 進法で表すと 10 桁となる自然数 N を，2 進法，16 進法で表すと，それぞれ何桁の数になるか。

基本 146，149

指針 例えば，10 進法では 3 桁で表される自然数 A は，100 以上 1000 未満の数である。よって，不等式 $10^2 \leqq A < 10^3$ が成り立つ。 ← 指数の底はそろえておく方が考えやすい。
また，2 進法で表すと 3 桁で表される自然数 B は，$100_{(2)}$ 以上 $1000_{(2)}$ 未満の数であり，$100_{(2)} = 2^2$，$1000_{(2)} = 2^3$ であるから，不等式 $2^2 \leqq B < 2^3$ が成り立つ。同様に考えると，
n 進法で表すと a 桁となる自然数 N について，次の不等式が成り立つ。

$$n^{a-1} \leqq N < n^a$$

← $n^a \leqq N < n^{a+1}$ ではない！

(1) 条件から，$2^{10-1} \leqq N < 2^{10}$ が成り立つ。 別解 場合の数の問題として考える。

(2) 条件から $8^{10-1} \leqq N < 8^{10}$ が成り立つ。この不等式から，指数の底が 2 または 16 のものを導く。$8 = 2^3$，$16 = 2^4$ に着目し，指数法則 $a^{m+n} = a^m \cdot a^n$，$(a^m)^n = a^{mn}$ を利用して変形する。

CHART n 進数 N の桁数の問題
まず，不等式 $n^{桁数-1} \leqq N < n^{桁数}$ の形に表す

解答

(1) N は 2 進法で表すと 10 桁となる自然数であるから

$2^{10-1} \leqq N < 2^{10}$ すなわち $2^9 \leqq N < 2^{10}$

◀ $2^{10} \leqq N < 2^{10+1}$ は誤り！

この不等式を満たす自然数 N の個数は

$2^{10} - 2^9 = 2^9(2-1) = 2^9 = $ **512 (個)**

◀ $2^9 \leqq N \leqq 2^{10}-1$ と考えて，$(2^{10}-1)-2^9+1$ として求めてもよい。

別解 2 進法で表すと，10 桁となる数は，

$1□□□□□□□□□_{(2)}$

の □ に 0 または 1 を入れた数であるから，この場合の数を考えて $2^9 = $ **512 (個)**

◀ 重複順列。

(2) N は 8 進法で表すと 10 桁となる自然数であるから

$8^{10-1} \leqq N < 8^{10}$ すなわち $8^9 \leqq N < 8^{10}$ …… ①

① から $(2^3)^9 \leqq N < (2^3)^{10}$

すなわち $2^{27} \leqq N < 2^{30}$ …… ②

したがって，N を 2 進法で表すと，**28 桁，29 桁，30 桁** の数となる。

◀ $2^{27} \leqq N < 2^{28}$ から 28 桁
$2^{28} \leqq N < 2^{29}$ から 29 桁
$2^{29} \leqq N < 2^{30}$ から 30 桁

また，② から $(2^4)^6 \cdot 2^3 \leqq N < (2^4)^7 \cdot 2^2$

ゆえに $8 \cdot 16^6 \leqq N < 4 \cdot 16^7$

$16^6 < 8 \cdot 16^6$，$4 \cdot 16^7 < 16^8$ であるから $16^6 < N < 16^8$

したがって，N を 16 進法で表すと，**7 桁，8 桁** の数となる。

◀ $16^6 < N < 16^7$ から 7 桁
$16^7 \leqq N < 16^8$ から 8 桁

練習 ③150 (1) 5 進法で表すと 3 桁となるような自然数 N は何個あるか。

(2) 4 進法で表すと 20 桁となる自然数 N を，2 進法，8 進法で表すと，それぞれ何桁の数になるか。

p.594 EX 106

重要例題 151 5進数の列

5種類の数字 0, 1, 2, 3, 4 を用いて表される自然数を，1桁から4桁まで小さい順に並べる。すなわち

1, 2, 3, 4, 10, 11, 12, 13, 14, 20, 21, ……

(1) 1234 は何番目か。　(2) 566 番目の数は何か。

(3) 整数は全部で何個並ぶか。

基本 14, 146

指針 第1章（p.353）で似た問題を学習したが，ここでは記数法の考えを利用して解いてみよう。数字の列の各数に $_{(5)}$ をつけた，5進数の列

$1_{(5)}$, $2_{(5)}$, $3_{(5)}$, $4_{(5)}$, $10_{(5)}$, $11_{(5)}$, $12_{(5)}$, $13_{(5)}$, $14_{(5)}$, $20_{(5)}$, ……

を考える。この数字の列を10進数に直すと

1, 2, 3, 4, 5, 6, 7, 8, 9, 10, ……

のように，正の整数の列になっている。よって，もとの数字の列に並ぶ数を，5進数とみると，それを10進数に直すことで何番目であるかがわかる。

例えば，123 なら $123_{(5)}=1\cdot5^2+2\cdot5+3\cdot5^0=38$ から，38番目である。

(1) $1234_{(5)}$ とみて，これを10進数で表してみる。　(2) 566 を5進数で表してみる。

(3) 最も大きな数は 4444 である。これを $4444_{(5)}$ とみる。

解答 題意の数の列は，整数の列 1, 2, 3, 4, …… を5進数で表したものと一致する。

(1) $1234_{(5)}=1\cdot5^3+2\cdot5^2+3\cdot5+4=194$

よって，1234 は **194番目** である。

(2) $566=4\cdot5^3+2\cdot5^2+3\cdot5+1$

よって，10進法による 566 は5進法では $4231_{(5)}$ である。

すなわち，この数の列の566番目の数は **4231** である。

(3) 最大の数は 4444 であり

$4444_{(5)}=4\cdot5^3+4\cdot5^2+4\cdot5+4=624$

よって，全部で **624個**

別解 (3) □□□□ の □ に 0, 1, 2, 3, 4 のいずれかの数字を入れる場合の数は　$5^4=625$（通り）

0000 の場合を除いて　$625-1=$ **624（個）**

(2)
```
5 ) 566    余り
5 ) 113 … 1
5 )  22 … 3
5 )   4 … 2
      0 … 4
```

◀最大数が何番目かを調べる。

◀重複順列の考え。
各□にはそれぞれ5通りの入れ方がある。

POINT 0 から $n-1$ までの n 種類の数字を使った数字の列には　n 進法の利用

練習 ③151 4種類の数字 0, 1, 2, 3 を用いて表される数を，0 から始めて1桁から4桁まで小さい順に並べる。すなわち

0, 1, 2, 3, 10, 11, 12, 13, 20, 21, ……

(1) 1032 は何番目か。　(2) 150 番目の数は何か。

(3) 整数は全部で何個並ぶか。

基本 例題 152 有限小数・循環小数で表される条件

(1) $\dfrac{n}{420}$ の分子を分母で割ると，有限小数となるような最小の自然数 n を求めよ。

(2) $\dfrac{53}{n}$ の分子を分母で割ると，循環小数となるような 2 桁の自然数 n は何個あるか。

p.578 基本事項 2

指針 $\dfrac{m}{n}$ が整数でない既約分数のとき

① **分母 n の素因数は 2，5 だけからなる $\Longleftrightarrow$ $\dfrac{m}{n}$ は有限小数**

② **分母 n の素因数は 2，5 以外のものがある $\Longleftrightarrow$ $\dfrac{m}{n}$ は循環小数**

有限小数であるか，循環小数であるかは，**分母の素因数に注目して判断** する。
(1) では ① を利用する。(2) では ② を利用するのではなく，全体から整数や有限小数となるものを除く方針で進めるとよい。なお，53 は素数である。

解答

(1) $\dfrac{n}{420}$ が有限小数となるのは，約分したときの分母の素因数が 2，5 だけからなる ときである。
$420=2^2\cdot3\cdot5\cdot7$ であるから，$\boldsymbol{n=3\cdot7=21}$ が有限小数となる最小の自然数である。

◀約分した後の分母に 3，7 がなければよい。

(2) 2 桁の自然数 n は全部で 90 個ある。 ◀ $99-9=90$
このうち，$\dfrac{53}{n}$ が整数となるのは，$n=53$ のみである。
また，$\dfrac{53}{n}$ が有限小数となるとき，n の 素因数は 2，5 だけからなる。
このような 2 桁の自然数 n の個数について
　素因数が 2 だけのものは，$n=2^4,\ 2^5,\ 2^6$ の 3 個
　素因数が 5 だけのものは，$n=5^2$ の 1 個
　素因数が 2 と 5 を含むものは，
　　$n=2\cdot5,\ 2^2\cdot5,\ 2^3\cdot5,\ 2^4\cdot5,\ 2\cdot5^2$ の 5 個
よって，求める n の個数は
$$90-1-(3+1+5)=\boldsymbol{80}\ \textbf{(個)}$$

(2) 分数 $\dfrac{m}{n}$ は，整数，有限小数，循環小数のいずれかである。循環小数となるものを直接求めるのは複雑なので，
全体－整数の個数－有限小数の個数 により求める。

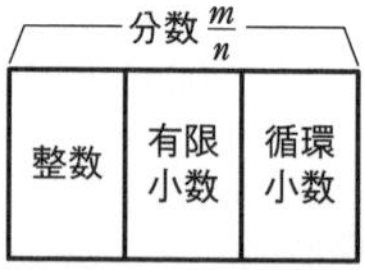

練習 ②152 次の条件を満たす自然数 n は何個あるか。
(1) $\dfrac{19}{n}$ の分子を分母で割ると，整数部分が 1 以上の有限小数となるような n
(2) $\dfrac{100}{n}$ の分子を分母で割ると，循環小数となるような 100 以下の n

基本例題 153 分数，小数と n 進法

(1) $0.\dot{1}\dot{2}_{(3)}$ を 10 進法における既約分数で表せ。

(2) $\dfrac{7}{9}$ を 3 進法，8 進法の小数でそれぞれ表せ。

基本 147

指針 (1) まず，3 進法の小数 $0.a_1a_2a_3\cdots_{(3)}$ は $\dfrac{a_1}{3}+\dfrac{a_2}{3^2}+\dfrac{a_3}{3^3}+\cdots\cdots$ である。

(a_1，a_2，a_3，…… は 0 か 1 か 2)

10 進法における循環小数を既約分数に直す問題（数学Ⅰ）と方法は同様。$x=0.\dot{1}\dot{2}_{(3)}$ とおき，両辺に 3^2 を掛けたものと辺々を引くと，**循環部分を消す** ことができる。

↑ 循環部分が 2 桁 ⟶ 両辺を 3^2 倍。

(2) 10 進法の小数を n 進法の小数で表すときと同じように考えればよい。まず，もとの分数に n を掛け，帯分数で表すようにして整数部分を取り出す。そして，残った部分に n を掛けることを繰り返し，出てきた整数部分を順に並べていく。

解答

(1) $x=0.\dot{1}\dot{2}_{(3)}$ とおくと

$$x=\frac{1}{3}+\frac{2}{3^2}+\frac{1}{3^3}+\frac{2}{3^4}+\cdots\cdots \quad \cdots\cdots ①$$

① の両辺に 3^2 を掛けて

$$9x=3\cdot1+2+\frac{1}{3}+\frac{2}{3^2}+\frac{1}{3^3}+\frac{2}{3^4}+\cdots\cdots \quad \cdots\cdots ②$$

②−① から　$8x=5$　よって　$x=\dfrac{5}{8}$

(2) [1] $\dfrac{7}{9}\times3=\dfrac{7}{3}=2+\dfrac{1}{3}$ …… 整数部分は 2

[2] $\dfrac{1}{3}\times3=1$ …… 整数部分は 1

よって，3 進法の小数で表すと　$\mathbf{0.21_{(3)}}$

次に [1] $\dfrac{7}{9}\times8=\dfrac{56}{9}=6+\dfrac{2}{9}$ …… 整数部分は 6

[2] $\dfrac{2}{9}\times8=\dfrac{16}{9}=1+\dfrac{7}{9}$ …… 整数部分は 1

[3] $\dfrac{7}{9}\times8=\dfrac{56}{9}=6+\dfrac{2}{9}$ …… 整数部分は 6

したがって，[3] 以後は，[1]，[2] の順に計算が繰り返される。

よって，8 進法の小数で表すと　$\mathbf{0.\dot{6}\dot{1}_{(8)}}$

(1) 次のようにしてもよい。
$x=0.\dot{1}\dot{2}_{(3)}$ … ① の両辺に $100_{(3)}$ を掛けて
$100_{(3)}x=12.\dot{1}\dot{2}_{(3)}$ … ②
②−① から
$\{100_{(3)}-1_{(3)}\}x=12_{(3)}$
よって，$8x=5$ から
$x=\dfrac{5}{8}$

◀ 分数の整数部分以外が 0 になると計算終了。

別解 $\dfrac{7}{9}=\dfrac{2}{3}+\dfrac{1}{3^2}$ から $\dfrac{7}{9}=\mathbf{0.21_{(3)}}$

検討

(2) で調べたように，分数 $\dfrac{m}{n}$ は記数法の底によって，有限小数で表されたり，循環小数で表されたりする。

練習 ③153 (1) $0.1\dot{1}1\dot{0}_{(2)}$ を 10 進法における既約分数で表せ。

(2) $\dfrac{5}{16}$ を 2 進法，7 進法の小数でそれぞれ表せ。

参考事項 2進数，16進数とコンピュータ

● コンピュータにおける2進数，16進数

コンピュータは，オン/オフの2つの状態を表す多くのスイッチからできている。すなわち，オンを1，オフを0と考えることで，2進数が構造の基本になっている。

(例) 電流が　流れる(1)，流れない(0)　　電圧が　高い(1)，低い(0)

また，オン(1)，オフ(0)の2つの状態だけをとるものを **ビット** という。ビットは情報の量を表す最小単位であり，実際の情報はビットの並び方（**ビットパターン**）で表現する。

例えば，　1ビットで表されるのは　0，1の 2^1 通り　◀2進数の1桁
　　　　　2ビットで表されるのは　00，01，10，11の 2^2 通り　◀2進数の1桁・2桁
　　　　　3ビットで表されるのは　000，001，010，011，100，101，110，111の 2^3 通り　◀2進数の1桁〜3桁

の情報である。一般に，n ビットでは 2^n 通りの情報を表すことができ，それは2進数とみれば1桁から n 桁までの数である。

ところで，2進数は桁数が大きくなりやすいという欠点がある。情報の量が多くなるとビットパターンの配列も長くなって読みにくい。そのような場合は，4桁ごとに区切って表現することがあり，このときに使われるのが16進数である。

2進数	0000	0001	0010	0011	0100	0101	0110	0111	1000	1001	1010	1011	1100	1101	1110	1111
10進数	0	1	2	3	4	5	6	7	8	9	10	11	12	13	14	15
16進数	0	1	2	3	4	5	6	7	8	9	A	B	C	D	E	F

この対応表を使うと，2進数 $\rightleftarrows$ 16進数 の変換を機械的に行うことができる。

例えば12ビットの110110110101について考えてみよう。

2進数 $110110110101_{(2)}$ は（10進数では3509）は　1101　1011　0101　と4桁ずつ区切ることで16進数では　$\mathrm{DB5}_{(16)}$　となる。すなわち，12桁の2進数も，16進数で表すと3桁になる。このように，桁数の多い2進数は，10進数に変換するよりも16進数に変換する方が更に桁数も少なく，桁の対応もわかりやすい。

● 数のデジタル表現

例えば，4ビットの2進数であれば，$0000_{(2)}$ が0，$0001_{(2)}$ が1，$0010_{(2)}$ が2を表し，$1111_{(2)}$ は15を表す。この15が4ビットで表される最大の正の整数である。

このように，コンピュータでは，0と1を使って整数を表すが，負の整数を表すには，－（マイナス）をつけるのではなく，独自の方法があるので紹介しよう。
4ビットの場合で考えてみる。

5桁目が使えるとする。5桁目の1は＋を表すと考え，
$10001_{(2)}$ が1を表し，それより1小さい $10000_{(2)}$ が0を表すと考える。
更に，$10000_{(2)}$ より1小さい $01111_{(2)}$ が -1 を表すものとする。
同様にして，$01111_{(2)}$ より1小さい $01110_{(2)}$ が -2 を表すと考える。
実際は使えるのは4桁であるから，5桁目を取り去り，$0001_{(2)}$ が1を表し，$0000_{(2)}$ が0を，$1111_{(2)}$ が -1 を，$1110_{(2)}$ が -2 をそれぞれ表すものと考える。

このように表現すると，1番上位の桁が0のときは0または正，1のとき負となり，最大の数は$0111_{(2)}$の7，最小の数は$1000_{(2)}$の-8となる。
このようにして負の数を表す方法を **2の補数表現** という。

⑤④③②①	2の補数表現 あり	2の補数表現 なし
1 0 1 1 1	7	7
…	…	…
1 0 0 1 0	2	2
1 0 0 0 1	1	1
1 0 0 0 0	0	0
0 1 1 1 1	-1	15
0 1 1 1 0	-2	14
…	…	…
0 1 0 0 0	-8	8

2の補数表現を利用すると，引き算は次のようにできる。
4ビットの場合で$5-7$を考えてみよう。
5は$0101_{(2)}$，-7は$1001_{(2)}$であるから，
$5-7$は　$0101_{(2)}+1001_{(2)}=1110_{(2)}$
となり，$1110_{(2)}$は-2を表す。
このように，コンピュータでは2の補数表現によって，引き算を足し算の回路で計算している。

＜大学入試問題にチャレンジ＞

問題　7ビットの2進数で0と正の整数だけを表現する場合，0から ア□ までの整数が表現できる。負の数を含めて表現する場合には，2の補数表現を用いると，1100011は10進数で イ□ を表す。また，-12を7ビットの2進数で表現すると，ウ□ となる。　〔類　慶応大〕

指針　(ア)　7ビットであるから，□□□□□□□ の7つの □ すべてに1が入る場合が最も大きな整数である。
(イ)　2の補数表現では，$1111111_{(2)}$が-1を表し，$1000000_{(2)}$が$-2^{7-1}=-64$を表す。そして，-1は-64に$0111111_{(2)}=63$を加えた数になっている。このように考えると，$1100011_{(2)}$は-64に$100011_{(2)}$を加えた数である。
(ウ)　$-64+52=-12$に注目。$1000000_{(2)}$に2進数で表した52を加えればよい。

解答
(ア)　$1111111_{(2)}=1\cdot2^6+1\cdot2^5+1\cdot2^4+1\cdot2^3+1\cdot2^2+1\cdot2+1$
　$=\mathbf{127}$　　◀7ビットなので7桁。
(イ)　$100011_{(2)}=1\cdot2^5+1\cdot2+1=35$
よって　$-64+35=\mathbf{-29}$　　◀最小値は-2^6 ここから35増えればよい。
(ウ)　$52=1\cdot2^5+1\cdot2^4+0\cdot2^3+1\cdot2^2+0\cdot2+0$
　$=110100_{(2)}$　　◀$-64+52=-12$
よって　$1000000_{(2)}+110100_{(2)}=\mathbf{1110100}_{(2)}$

参考　**2の補数表現による負の数の表し方**
nビットの2進数において，正の整数aに対し2の補数表現による$-a$は，2^n-aを2進数で表したものである。例えば，上の **問題** の(ウ)（7ビットの2進数）については，2^7-12を2進法で表すことにより-12を2進数で表すことができる。

24 座標の考え方

基本事項

1 平面上の点の位置

点 O を共通の原点とし，O で互いに直交する 2 本の数直線を右の図のように定め，それぞれ **x 軸**，**y 軸** という。この 2 つの座標軸によって定められる平面上の点 P の位置は，2 つの実数の組 $(a,\ b)$ で表される。この組 $(a,\ b)$ を点 P の **座標** といい，座標が $(a,\ b)$ である点 P を，$\mathbf{P}(\boldsymbol{a},\ \boldsymbol{b})$ と書く。a，b を，それぞれ点 P の **x 座標**，**y 座標** という。

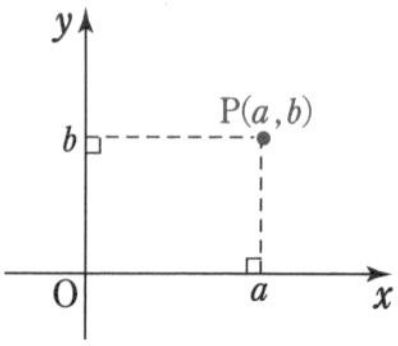

座標の定められた平面を **座標平面** といい，点 O を座標平面の **原点** という。原点 O の座標は $(0,\ 0)$ である。

2 空間の点の位置

点 O を共通の原点とし，O で互いに直交する 3 本の数直線を右の図のように定め，それぞれ **x 軸**，**y 軸**，**z 軸** という。空間の点 P の位置は，3 つの実数の組 $(a,\ b,\ c)$ で表される。この組 $(a,\ b,\ c)$ を点 P の **座標** といい，座標が $(a,\ b,\ c)$ である点 P を $\mathbf{P}(\boldsymbol{a},\ \boldsymbol{b},\ \boldsymbol{c})$ と書く。

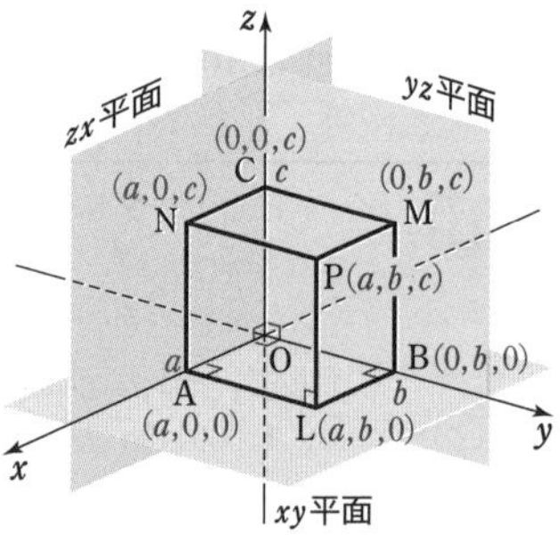

a，b，c を，それぞれ点 P の **x 座標**，**y 座標**，**z 座標** という。

座標の定められた空間を **座標空間** といい，点 O を座標空間の **原点** という。原点 O の座標は $(0,\ 0,\ 0)$ である。

3 2 点間の距離

① 座標平面　$A(x_1,\ y_1)$，$B(x_2,\ y_2)$，$O(0,\ 0)$ のとき

$$\mathbf{AB}=\sqrt{(x_2-x_1)^2+(y_2-y_1)^2} \qquad \text{特に}\quad \mathbf{OA}=\sqrt{x_1^2+y_1^2}$$

② 座標空間　$A(x_1,\ y_1,\ z_1)$，$B(x_2,\ y_2,\ z_2)$，$O(0,\ 0,\ 0)$ のとき

$$\mathbf{AB}=\sqrt{(x_2-x_1)^2+(y_2-y_1)^2+(z_2-z_1)^2} \qquad \text{特に}\quad \mathbf{OA}=\sqrt{x_1^2+y_1^2+z_1^2}$$

解　説

■座標平面

x 軸と y 軸が定める平面を **xy 平面** という。他の **yz 平面**，**zx 平面** も同様。

■空間における座標軸，座標平面上の点

一般に，

x 軸上の点の座標は	$(a,\ 0,\ 0)$	xy 平面上の点の座標は	$(a,\ b,\ 0)$
y 軸上の点の座標は	$(0,\ b,\ 0)$	yz 平面上の点の座標は	$(0,\ b,\ c)$
z 軸上の点の座標は	$(0,\ 0,\ c)$	zx 平面上の点の座標は	$(a,\ 0,\ c)$　で表される。

基本例題 154 座標平面上の点

座標平面の x 軸の正の部分に 2 点 A，B，y 軸の正の部分に点 C がある。このとき，AB=11，AC=25，BC=30 であるように 2 点 A，C の座標を定めよ。

p.590 基本事項 3

指針 AC<BC であるから，点 A の方が点 B より原点に近い方にある。したがって，A$(x,\ 0)$ とすると，点 B の座標は $(x+11,\ 0)$ と表される。また，点 C は y 軸上にあるから $(0,\ y)$ として，座標平面の 2 点間の距離の公式を利用する。

> 2 点 A$(x_1,\ y_1)$，B$(x_2,\ y_2)$ 間の距離 AB は
> $$\mathrm{AB}=\sqrt{(x_2-x_1)^2+(y_2-y_1)^2}$$

◀証明は下の 補足 参照。

なお，AC=25 のままでは扱いにくいから，これと同値な条件 $\mathrm{AC}^2=25^2$ を利用する。

CHART 距離の条件　2 乗した形で扱う

解答

AC<BC であるから，A$(x,\ 0)$ とすると，B$(x+11,\ 0)$ と表される。

また，C$(0,\ y)$ とする。ただし，$x>0$，$y>0$ である。

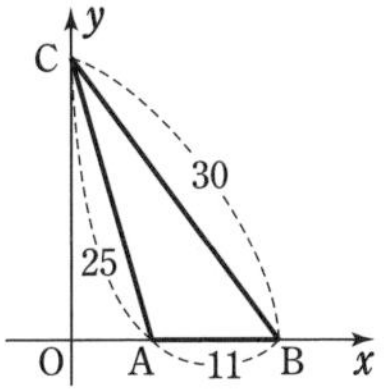

◀AB=11 から，点 B の x 座標は $x+11$

条件から　$\mathrm{AC}^2=25^2$，$\mathrm{BC}^2=30^2$

したがって

$x^2+y^2=25^2$　…… ①

$(x+11)^2+y^2=30^2$　…… ②

◀座標平面の 2 点間の距離の公式を利用。

②−① から　$(x+11)^2-x^2=275$

◀y^2 を消去している。

式を整理すると　$22x=154$

よって　$x=7$

これを ① に代入すると　$49+y^2=625$

すなわち　$y^2=576$

$y>0$ であるから　$y=24$

よって　**A(7，0)，C(0，24)**

参考 平方数の差の計算は，$a^2-b^2=(a+b)(a-b)$ を利用するとよい。②−① の右辺は $30^2-25^2=(30+25)(30-25)=55\cdot5$ と計算できる。

補足 **座標平面上の 2 点間の距離の公式**

座標平面上の 2 点 A$(x_1,\ y_1)$，B$(x_2,\ y_2)$ 間の距離 AB を求めてみよう。

直線 AB が x 軸，y 軸のどちらにも平行でないとき，右の図において　$\mathrm{AC}=|x_2-x_1|$，　$\mathrm{BC}=|y_2-y_1|$

△ABC は直角三角形であるから，三平方の定理により

$$\mathrm{AB}=\sqrt{\mathrm{AC}^2+\mathrm{BC}^2}=\sqrt{(x_2-x_1)^2+(y_2-y_1)^2}$$

この式は，直線 AB が x 軸，または y 軸に平行なときにも成り立つ。

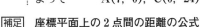

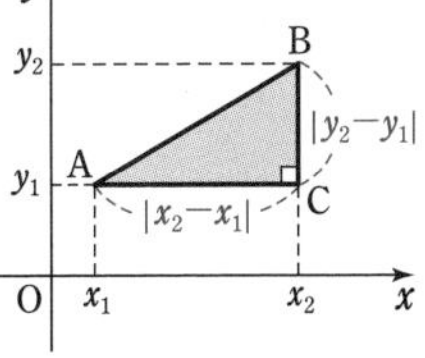

練習 ②**154** x 軸の正の部分に原点に近い方から 3 点 A，B，C があり，y 軸の正の部分に原点に近い方から 3 点 D，E，F がある。AB=2，BC=1，DE=3，EF=4 であり，AF=BE=CD が成り立つとき，2 点 B，E の座標を求めよ。

基本例題 155 空間の点の座標 ①①①①①

右の図の直方体 OABC-DEFG について，次の点の座標を求めよ。

(1) 点 F から xy 平面に下ろした垂線と xy 平面の交点 B

(2) 点 F と yz 平面に関して対称な点 P

(3) 点 P と y 軸に関して対称な点 Q

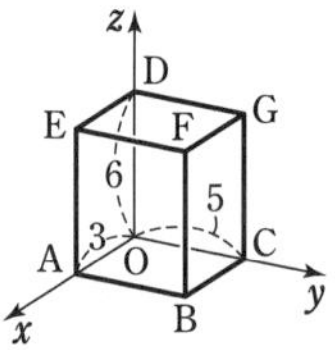

p.590 基本事項 2

指針 (2), (3) 解答のような図をかき，符号に注目して考えるとよい。

(2) 点 F と点 P は yz 平面に関して対称。

⟶ 点 P は直線 FG 上にあって　FG＝GP

⟶ 点 P の y 座標，z 座標は点 F と同じ。x 座標は異符号。

(3) 点 P と点 Q は y 軸に関して対称。

⟶ 点 Q は直線 PC 上にあって　PC＝CQ

⟶ 点 Q の y 座標は点 P と同じ。x 座標と z 座標は異符号。

解答

(1) **B(3, 5, 0)**

(2) 図から　**P(−3, 5, 6)**

(3) 図から　**Q(3, 5, −6)**

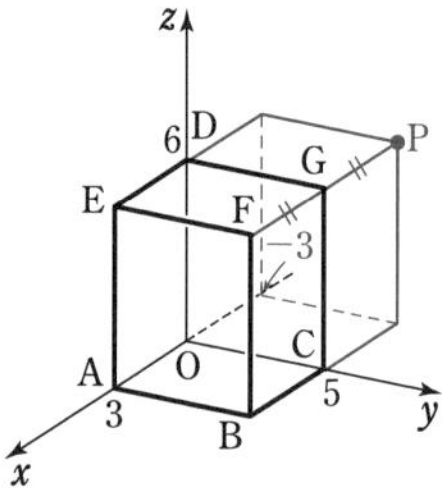

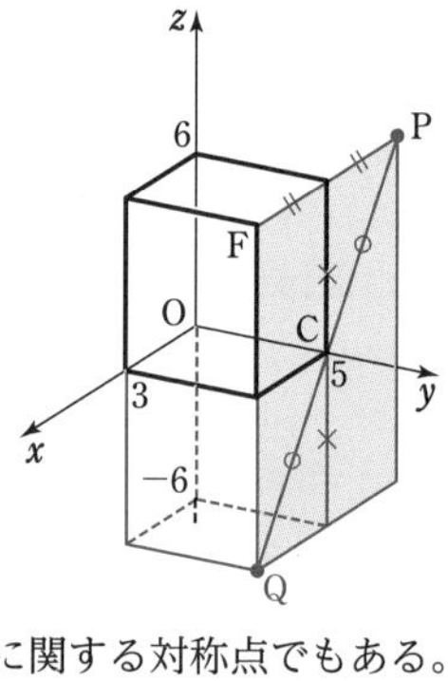

補足　点 Q は，点 F の xy 平面に関する対称点でもある。

(1) 座標平面上の点は
xy 平面 … $(a,\ b,\ 0)$
yz 平面 … $(0,\ b,\ c)$
zx 平面 … $(a,\ 0,\ c)$
と表される。

検討

座標軸，座標平面に関して対称な点

点 $(a,\ b,\ c)$ と，座標軸，座標平面に関して対称な点の座標は，次のようになる。

x 軸 …… $(a,\ -b,\ -c)$　　**xy 平面** …… $(a,\ b,\ -c)$

y 軸 …… $(-a,\ b,\ -c)$　　**yz 平面** …… $(-a,\ b,\ c)$

z 軸 …… $(-a,\ -b,\ c)$　　**zx 平面** …… $(a,\ -b,\ c)$

また，原点に関して対称な点の座標は　$(-a,\ -b,\ -c)$

練習 ① 155 点 P(4, −3, 2) に対して，次の点の座標を求めよ。

(1) 点 P から x 軸に下ろした垂線と x 軸の交点 Q

(2) xy 平面に関して対称な点 R

(3) 原点 O に関して対称な点 S

基本 例題 156 空間の点 ③③③③③

座標空間内の 3 点 O(0, 0, 0), A(4, 4, 0), B(0, 4, −4) からの距離がともに $4\sqrt{2}$ である点 C の座標を求めよ。

p.590 基本事項 3

指針 点 C の座標を $(x,\ y,\ z)$ として，座標空間の 2 点間の距離の公式を利用する（証明は下の 補足 を参照）。

> 2 点 $A(x_1,\ y_1,\ z_1)$, $B(x_2,\ y_2,\ z_2)$ 間の距離 AB は
> $$\mathbf{AB=\sqrt{(x_2-x_1)^2+(y_2-y_1)^2+(z_2-z_1)^2}}$$

距離の条件を式に表し，方程式を解く。なお，OC=AC のままでは扱いにくいから，これと同値な条件 $OC^2=AC^2$ を利用する。

CHART 距離の条件　2 乗した形で扱う

解答

点 C の座標を $(x,\ y,\ z)$ とする。

条件から　$OC=AC=BC=4\sqrt{2}$

ゆえに　$OC^2=AC^2=BC^2=32$

$OC^2=AC^2$ から　$x^2+y^2+z^2=(x-4)^2+(y-4)^2+z^2$

よって　$x+y=4$ …… ①

◀両辺から x^2, y^2, z^2 の項が消える。

$OC^2=BC^2$ から　$x^2+y^2+z^2=x^2+(y-4)^2+(z+4)^2$

よって　$y-z=4$ …… ②

$OC^2=32$ から　$x^2+y^2+z^2=32$ …… ③

①, ② から　$x=-y+4,\ z=y-4$ …… ④

◀x と z を y で表す。

④ を ③ に代入して　$(-y+4)^2+y^2+(y-4)^2=32$

◀1 つの文字だけの方程式を作る。

整理して　$3y^2-16y=0$

すなわち　$y(3y-16)=0$　　よって　$y=0,\ \dfrac{16}{3}$

④ から，求める点 C の座標は

$$\mathbf{(4,\ 0,\ -4),\ \left(-\frac{4}{3},\ \frac{16}{3},\ \frac{4}{3}\right)}$$

補足 **座標空間における 2 点間の距離の公式**

座標空間における 2 点 $A(x_1,\ y_1,\ z_1)$, $B(x_2,\ y_2,\ z_2)$ 間の距離 AB を求めてみよう。

点 A を通り各座標平面に平行な 3 つの平面と，点 B を通り各座標平面に平行な 3 つの平面でできる直方体 ACDE−FGBH において　$AC=|x_2-x_1|$, $CD=|y_2-y_1|$, $DB=|z_2-z_1|$

であるから　$AB^2=AD^2+DB^2=(AC^2+CD^2)+DB^2$
$=(x_2-x_1)^2+(y_2-y_1)^2+(z_2-z_1)^2$

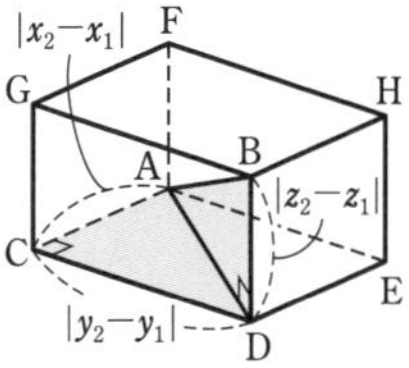

AB>0 であるから，2 点 A, B 間の距離は

$$\mathbf{AB=\sqrt{(x_2-x_1)^2+(y_2-y_1)^2+(z_2-z_1)^2}}$$

練習 ③156 座標空間内の 3 点 O(0, 0, 0), A(0, 0, 4), B(1, 1, 0) からの距離がともに $\sqrt{29}$ である点 C の座標を求めよ。

p.594 EX 107

EXERCISES

③**102**　16 進数は 0，1，2，3，4，5，6，7，8，9，A，B，C，D，E，F の計 16 個の数字と文字を用いて表され，A から F はそれぞれ 10 進数の 10 から 15 を表す。

(1)　16 進数 $120_{(16)}$，$B8_{(16)}$ をそれぞれ 10 進数で表せ。

(2)　2 進数 $10111011_{(2)}$，8 進数 $6324_{(8)}$ をそれぞれ 16 進数で表せ。　→146

③**103**　(1)　2 進法で表された数 $11010.01_{(2)}$ を 8 進法で表せ。

(2)　8 進法で表された $53.54_{(8)}$ を 2 進法で表せ。　〔立正大〕

→146，147

③**104**　自然数 N を 8 進法と 7 進法で表すと，それぞれ 3 桁の数 $abc_{(8)}$ と $cba_{(7)}$ になるという。a，b，c の値を求めよ。また，N を 10 進法で表せ。　〔神戸女子薬大〕

→149

③**105**　(1)　5 進法により 2 桁で表された正の整数で，8 進法で表すと 2 桁となるものを考える。このとき，8 進法で表したときの各位の数の並びは，5 進法で表されたときの各位の数の並びと逆順にはならないことを示せ。

(2)　5 進法により 3 桁で表された正の整数で，8 進法で表すと 3 桁となるものを考える。このとき，8 進法で表したときの各位の数の並びが 5 進法で表されたときの各位の数の並びと逆順になるものをすべて求め，10 進法で表せ。

〔類　宮崎大〕

→149

③**106**　(1)　自然数のうち，10 進法で表しても 5 進法で表しても，3 桁になるものは全部で何個あるか。

(2)　自然数のうち，10 進法で表しても 5 進法で表しても，4 桁になるものは存在しないことを示せ。　〔東京女子大〕

→150

③**107**　次の 3 点を頂点とする三角形はどのような三角形か。

(1)　A$(3,\ -1,\ 2)$，B$(1,\ 2,\ 3)$，C$(4,\ -4,\ 0)$

(2)　A$(4,\ 1,\ 2)$，B$(6,\ 3,\ 1)$，C$(4,\ 2,\ 4)$　→156

HINT

102　16 進数では底が 16 となる。

103　(1)　まず 10 進法で表し，底が 8 となるように変形する。

105　条件を等式で表すと，(1) $ab_{(5)}=ba_{(8)}$，(2) $abc_{(5)}=cba_{(8)}$ である。
それぞれ底が小さい 5 について，各位の数の範囲を考える。

106　**不等式 $n^{桁数-1} \leqq N < n^{桁数}$ の形に表す**

107　三角形の形状は，2 頂点間の距離を調べて，辺の長さの関係に注目して考える。

総合演習

学習の総仕上げのための問題を２部構成で掲載しています。数学Ⅰ，数学Ａのひととおりの学習を終えた後に取り組んでください。

●第１部

第１部では，大学入学共通テスト対策に役立つものや，思考力を鍛えることができるテーマを取り上げ，それに関連する問題や解説を掲載しています。
各テーマは次のような流れで構成されています。

CHECK ⟶ 問題 ⟶ 指針 ⟶ 解答 ⟶ 検討

CHECK では，例題で学んだ問題の類題を取り上げています。その後に続く問題の準備となるような解説も書かれていますので，例題で学んだ内容を思い出しながら読み進めてみましょう。必要に応じて，例題の内容を復習するとよいでしょう。

問題 では，そのテーマで主となる問題を掲載しています。あまり解いたことのない形式のものや，思考力を要する問題も含まれています。CHECK で確認したことや，これまで学んできた内容を活用しながらチャレンジしてください。
解答の方針がつかみづらい場合は，指針も読んで考えてみましょう。

更に，解答と検討が続きますが，問題が解けた場合も解けなかった場合も，解答や検討の内容もきちんと確認してみてください。検討の内容まで理解することで，より思考力を高められます。

●第２部

第２部では，基本～標準レベルの入試問題を中心に取り上げました。中には難しい問題もあります（◇印をつけました）。解法の手がかりとなる HINT も設けていますから，難しい場合は HINT も参考にしながら挑戦してください。

テーマ 1 絶対値と文字定数を含む関数 数学Ⅰ

グラフから最大・最小を考察する

絶対値を含む関数は，絶対値記号内の式が 0 になるときを場合の分かれ目として，絶対値記号をはずして考えました。その場合の分かれ目において，関数のグラフが折れ曲がるという性質があることを数学Ⅰ例題 **67** などで学習しました。ここでは，絶対値に加え文字定数を含むとき，その関数のグラフや関数の最大値・最小値がどのように変化するのかを考察します。

まず，次の問題を考えてみましょう。

CHECK 1−A　関数 $y=|x-1|+|x-3|$ のグラフをかけ。

絶対値を含む関数の問題では，まず **絶対値記号 $|\quad|$ をはずす** ことを考えます。
記号 $|\quad|$ は次のように，$|\quad|$ 内の式の符号によって **場合分けする** ことにより，はずすことができます。

$$A \geqq 0 \text{ のとき } |A|=A, \qquad A<0 \text{ のとき } |A|=-A$$

この問題では 2 つの $|\quad|$ をはずす必要があり，$|\quad|$ 内の式$=0$ となる $x=1$，3 が $|\quad|$ をはずすための場合分けの分かれ目となります。

解答

$x<1$ のとき

$$y=-(x-1)-(x-3)$$

ゆえに　$y=-2x+4$

◀ $x<1$ のとき $x-1<0$，$x-3<0$

$1 \leqq x<3$ のとき

$$y=(x-1)-(x-3)$$

ゆえに　$y=2$

◀ $1 \leqq x<3$ のとき $x-1 \geqq 0$，$x-3<0$

$3 \leqq x$ のとき

$$y=(x-1)+(x-3)$$

ゆえに　$y=2x-4$

◀ $3 \leqq x$ のとき $x-1 \geqq 0$，$x-3 \geqq 0$

よって，**グラフは図の実線部分。**

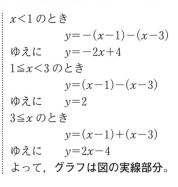

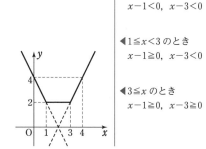

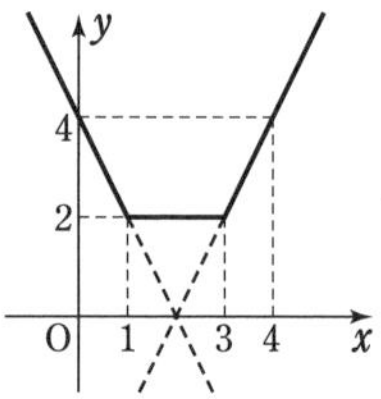

絶対値記号を含む関数では，$|\quad|$ 内の式$=0$ となる x の値が絶対値をはずすための場合分けの分かれ目となり，その x においてグラフは折れ曲がります。同様の問題を数学Ⅰ例題 **68** でも学習しているので，復習しておきましょう。
上の問題では，$|(1\text{ 次式})|+|(1\text{ 次式})|$ の形なので，$|\quad|$ をはずした結果は 1 次式または定数になります。したがって，上の関数のグラフは直線をつないだ形をしていることがわかります。
また，グラフが直線をつないだ形であることを前提にすれば，場合分けの分かれ目である $x=1$，3 のときにグラフが通る 2 点 $(1,\ 2)$，$(3,\ 2)$，$x<1$ において通る点（例えば点 $(0,\ 4)$），そして $3<x$ において通る点（例えば点 $(4,\ 4)$）を求めて，それらを直線で結ぶことによりグラフをかくこともできます。
グラフをかくことにより，関数の最大値や最小値がわかります。この関数の場合，グラフから，最大値はなく，最小値は 2 であることがわかります。

CHECK 1－A の関数のグラフは，$1 \leqq x \leqq 3$ においては傾きが 0 の直線（定数関数）でしたが，係数の値によっては，似た式の形でもグラフの形が変化することがあります。また，文字定数を含む場合は，その文字定数の値によって更に場合分けが必要です。次の問題で，絶対値と文字定数を含む関数について考えてみましょう。

CHECK 1－B　a は定数とする。関数 $y=2|x-1|+|x-a|$ のグラフを，次の (1)～(3) の場合についてそれぞれかけ。

(1)　$a<1$　　(2)　$a=1$　　(3)　$a>1$

この問題でも，CHECK 1－A と同様に，|　|内の式$=0$ となる x の値を場合分けの分かれ目として，絶対値をはずすことを考えます。この問題における分かれ目は $x=1$, a となりますが，1 と a の大小関係は a の値によって変わります。

(1)～(3) それぞれの場合について，**1 と a の大小関係に注意して場合分け** を行いましょう。

解答

(1)　$a<1$ のとき

$x<a$，$a \leqq x<1$，$1 \leqq x$ の範囲で場合分けをして考える。

$x<a$ のとき

$y=-2(x-1)-(x-a)=-3x+a+2$

$a \leqq x<1$ のとき

$y=-2(x-1)+(x-a)=-x-a+2$

$1 \leqq x$ のとき

$y=2(x-1)+(x-a)=3x-a-2$

よって，グラフは **右の図の実線部分**。

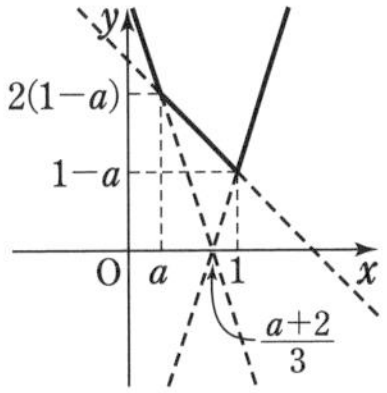

(2)　$a=1$ のとき

関数は　$y=2|x-1|+|x-1|$

$=3|x-1|$

$x<1$ のとき　$y=-3(x-1)$

$1 \leqq x$ のとき　$y=3(x-1)$

よって，グラフは **右の図の実線部分**。

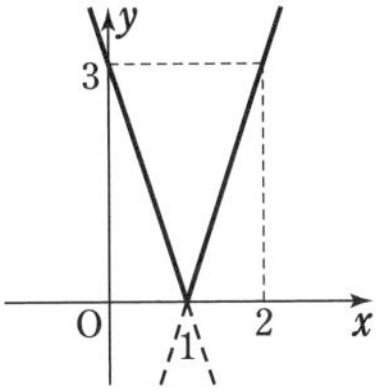

◀ $y=|f(x)|$ のグラフは，$y=f(x)$ のグラフの x 軸より下側の部分を x 軸に関して折り返したものである。

(3)　$a>1$ のとき

$x<1$，$1 \leqq x<a$，$a \leqq x$ の範囲で場合分けをして考える。

$x<1$ のとき

$y=-2(x-1)-(x-a)=-3x+a+2$

$1 \leqq x<a$ のとき

$y=2(x-1)-(x-a)=x+a-2$

$a \leqq x$ のとき

$y=2(x-1)+(x-a)=3x-a-2$

よって，グラフは **右の図の実線部分**。

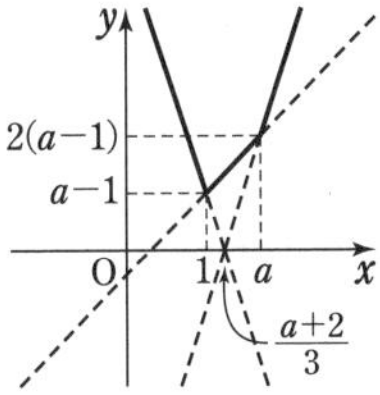

実際にグラフをかいてみると，$a \neq 1$ のとき，関数 $y=2|x-1|+|x-a|$ のグラフは 1 と a の間において，a の値によって傾きが正になる場合と負になる場合があることがわかります。また，a の値に関わらず，y は $x=1$ のとき最小値 $|1-a|$ をとることもグラフからわかります。

最後に，もう少し複雑な関数について考えてみましょう。

問題 1　絶対値と文字定数を含む関数，最大値をもつ条件

a は定数とする。関数 $f(x)=a|x-2|-|x-a|$ について，次の問いに答えよ。

(1)　$a=3$ のとき，$y=f(x)$ のグラフの概形として最も適当なものを，次の⓪～⑤から１つ選べ。［ア］

⓪
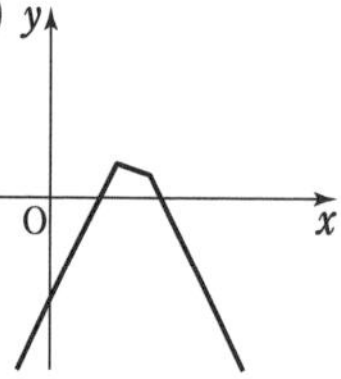

①
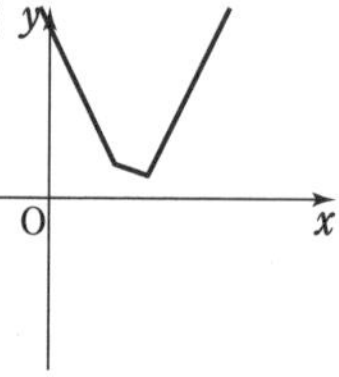

②
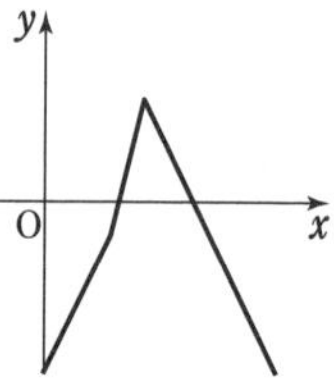

③
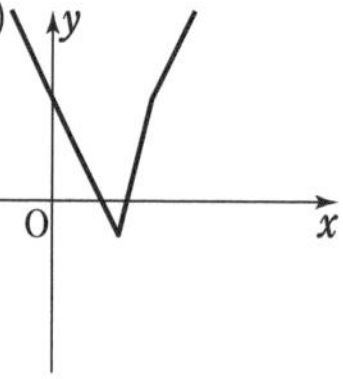

④
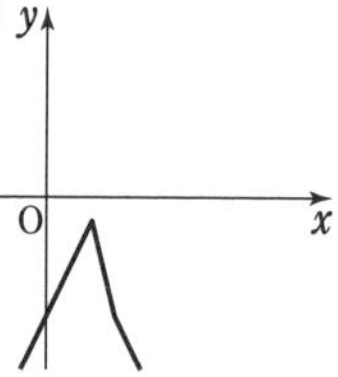

⑤
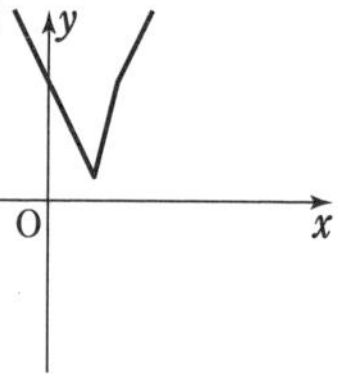

(2)　$a=3$ であることは，$f(x)$ が最小値をもつための［イ］。
［イ］に当てはまるものを，次の⓪～③から１つ選べ。

⓪　必要十分条件である
①　必要条件であるが，十分条件ではない
②　十分条件であるが，必要条件ではない
③　必要条件でも十分条件でもない

(3)　$f(x)$ が最大値をもつための必要十分条件は［ウ］であり，$f(2)$ が最大値であるための必要十分条件は［エ］である。［ウ］，［エ］に当てはまるものを，次の⓪～⑧からそれぞれ１つずつ選べ。

⓪　$a\leqq -1$	①　$a\geqq -1$	②　$a\leqq 1$
③　$a\geqq 1$	④　$a\leqq 2$	⑤　$a\geqq 2$
⑥　$-1\leqq a\leqq 1$	⑦　$1\leqq a\leqq 2$	⑧　$-1\leqq a\leqq 2$

指針

(1)　$x<2$，$2\leqq x<3$，$3\leqq x$ で場合分けをして，**絶対値をはずす。**

(2)　関数の式の形から，最小値をもつかどうかについて，a が 2 より大きい値であれば，$a=3$ のときと同じ結果になることが予想できる。

(3)　グラフの左側の折れ目（$x=a$ または $x=2$）よりも左側の範囲にある直線の傾きが負の場合，x の値が小さくなるほど $f(x)$ の値は大きくなるから，$f(x)$ は最大値をもたない。よって，$f(x)$ が最大値をもつためには，$x<a$ かつ $x<2$ における直線の傾きが 0 以上でなければならないことに着目する。

解答

(1)　$a=3$ のとき　　$f(x)=3|x-2|-|x-3|$

$x<2$ のとき

$$f(x)=-3(x-2)+(x-3)=-2x+3$$

$2\leqq x<3$ のとき

$$f(x)=3(x-2)+(x-3)=4x-9$$

$3\leqq x$ のとき

$$f(x)=3(x-2)-(x-3)=2x-3$$

よって，$y=f(x)$ のグラフの概形は右の図のようになる。

(ア ③)

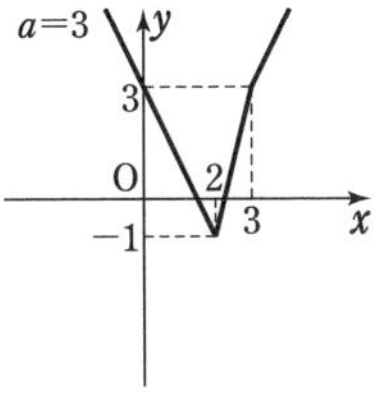

◀| |の中の式が 0 となるのは $x=2,\ 3$ のときであるから，$x<2,\ 2\leqq x<3,\ 3\leqq x$ の範囲で場合分けをして絶対値をはずす。

◀$f(2)=-1<0$ であるから，⑤ではない。

(2)「$a=3 \Longrightarrow f(x)$ は最小値をもつ」は，(1)のグラフより真。

「$f(x)$ は最小値をもつ $\Longrightarrow a=3$」について，

例えば，$a=4$ のときを考えると，グラフの概形は右の図のようになるから，$f(x)$ は最小値をもつ。

ゆえに，偽。

よって，$a=3$ であることは，$f(x)$ が最小値をもつための十分条件であるが，必要条件ではない。

(イ ②)

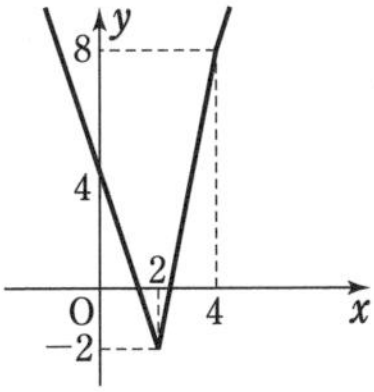

◀(1)から，$a=3$ のとき $f(x)$ が最小値をもつことがわかった。関数の形から，a が 2 より大きい値であれば，$a=3$ のときと同じように $f(x)$ が最小値をもつと予想でき，考えやすい $a=4$ の場合を例としている。実際，$a=4$ のときのグラフは，$a=3$ のときのグラフと似た形をしている。

(3)　$x<a$ かつ $x<2$ のとき

$$f(x)=-a(x-2)+(x-a)=(1-a)x+a$$

$1-a<0$ とすると，x の値が小さくなるほど $f(x)$ の値は大きくなるから，$f(x)$ は最大値をもたない。

よって，$f(x)$ が最大値をもつならば，$1-a\geqq 0$，すなわち $a\leqq 1$ が成り立つ。

逆に，$a\leqq 1$ のとき，$a<2$ であるから

$x<a$ のとき

$$f(x)=-a(x-2)+(x-a)=(1-a)x+a$$

$a\leqq x<2$ のとき

$$f(x)=-a(x-2)-(x-a)=-(1+a)x+3a$$

$2\leqq x$ のとき

$$f(x)=a(x-2)-(x-a)=-(1-a)x-a$$

ゆえに，$y=f(x)$ のグラフは，$x=a$ と $x=2$ において折れ曲がる折れ線になる。

◀$a\leqq 1$ であることは最大値をもつための **必要条件** であることがわかった。逆に，$a\leqq 1$ のときに最大値をもつかどうかを調べ，$a\leqq 1$ であることが最大値をもつための **十分条件** となっているかどうかを確認する。

$a \leqq 1$ より $1-a \geqq 0$ であるから，

$x<a$ のときの x の係数 $1-a$ は正または 0，

$2 \leqq x$ のときの x の係数 $-(1-a)$ は負または 0

である。

よって，$a \leqq x<2$ のときの x の係数 $-(1+a)$ の符号，および $1-a$ の符号で場合分けし，$y=f(x)$ のグラフの傾きの変化を考える。

[1]　$-(1+a)>0$ かつ $1-a>0$

すなわち　$a<-1$ のとき

$y=f(x)$ のグラフの傾きは，正，正，負と変化するから，$f(x)$ は $x=2$ で最大となる。

[2]　$-(1+a)=0$ かつ $1-a>0$

すなわち　$a=-1$ のとき

$y=f(x)$ のグラフの傾きは，正，0，負と変化するから，$f(x)$ は $-1 \leqq x \leqq 2$ を満たす x で最大となる。

[3]　$-(1+a)<0$ かつ $1-a>0$

すなわち　$-1<a<1$ のとき

$y=f(x)$ のグラフの傾きは，正，負，負と変化するから，$f(x)$ は $x=a$ で最大となる。

[4]　$1-a=0$　すなわち　$a=1$ のとき

$-(1+a)=-2<0$ より，$y=f(x)$ のグラフの傾きは，0，負，0 と変化するから，$f(x)$ は $x \leqq a$，すなわち $x \leqq 1$ を満たす x で最大となる。

[1]～[4] より，$a \leqq 1$ ならば，$f(x)$ は最大値をもつ。

ゆえに，$f(x)$ が最大値をもつための必要十分条件は

$a \leqq 1$　　(ウ②)

また，[1]～[4] より，$f(2)$ が最大値であるための必要十分条件は　$a \leqq -1$　　(エ⓪)

◀例えば，[1] の $a<-1$ のとき，グラフは下の図のようになる。
直線の傾きが正から負に変化する $x=2$ において，$f(x)$ は最大となる。

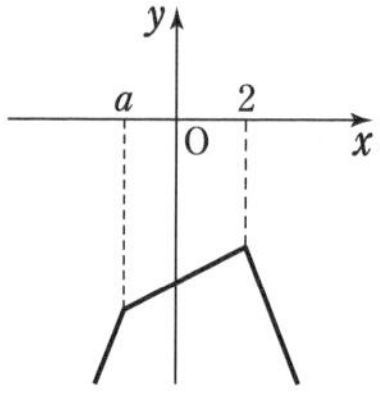

他の場合のグラフについては，次ページを参照。

検討

グラフの特徴を読み取る

(1) はグラフを選ぶ問題であるから，次のように考えて正解を選ぶこともできる。
$a=3$ のとき，$f(x)=3|x-2|-|x-3|$ より，$x=2, 3$ において $y=f(x)$ のグラフは折れ曲がる。また，$f(2)=-1<0$，$f(3)=3>0$，更に $f(0)=3>0$ を満たすグラフは③だけである。

(3) については，「$f(2)$ が最大値である $\Longrightarrow$ $f(x)$ は最大値をもつ」が成り立つから，
［エ］の範囲は［ウ］の範囲に含まれていなくてはならないことに注意する。

この問題は，a の値の範囲によってグラフの形が複雑に変化するため，最初から最大値をもつための a の値の範囲を考えようとしても難しいかもしれない。そのようなときは，具体的な値を a に代入してグラフを観察してみるのも 1 つの方法である。例えば，(1) で考えた $a=3$ のときのグラフ（最大値をもたない）と，$a=0$ のときのグラフ（$f(x)=-|x|$，最大値をもつ）を比較することにより，最大値をもつ場合のグラフの特徴に気付くことができれば，それが解法の糸口となるであろう。

検討

定数 a の値によりグラフはどのように変化するか？

$y=a|x-2|-|x-a|$ のグラフは，a の値の範囲によって次のように変化する。

[1] $a<-1$ のとき

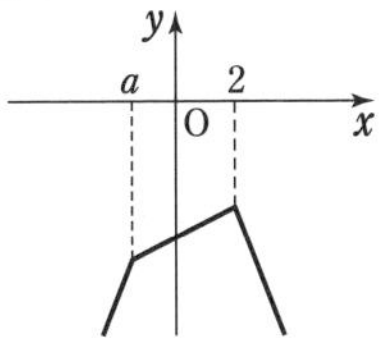

[2] $a=-1$ のとき

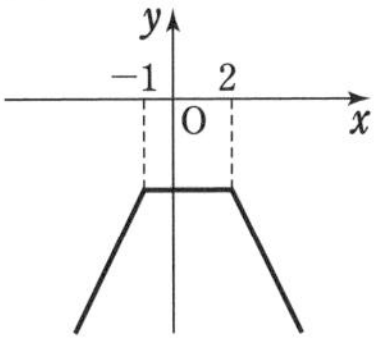

◀[2] $a=-1$ のとき，$-1\leqq x\leqq 2$ の区間では y は定数である。

[3] の $-1<a<1$ のときは，a の値によってグラフの形が変わるため，更に次の(i)〜(iii)のように場合分けする。

(i) $-1<a<0$ のとき

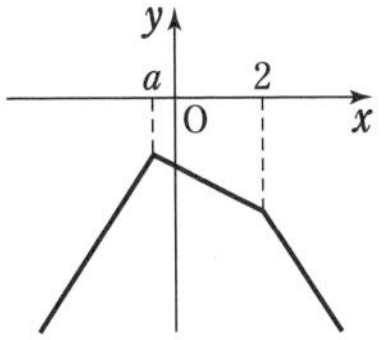

(ii) $a=0$ のとき

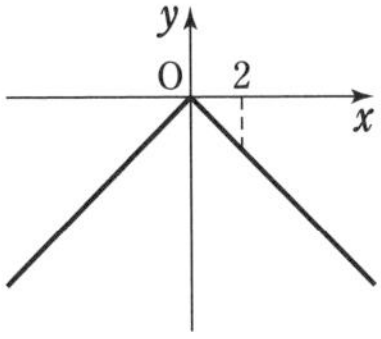

(iii) $0<a<1$ のとき

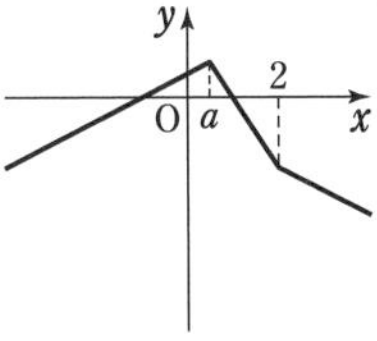

◀[3] $-1<a<1$ のとき，$a\leqq x<2$ の範囲における直線の傾き $-(1+a)$ の値と，$2\leqq x$ の範囲における直線の傾き $-(1-a)$ の値の大小関係によってグラフの形が変わる。
ただし，(i)〜(iii)のどの場合も，y は $x=a$ で最大となる。

[4] $a=1$ のとき

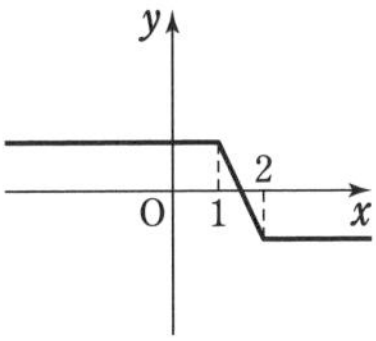

[5] $1<a<2$ のとき

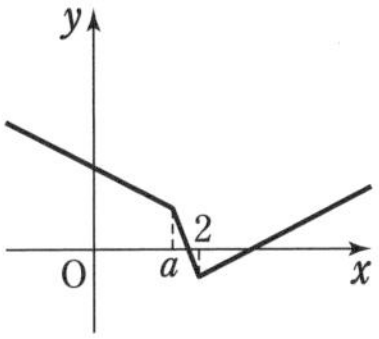

◀[4] の $a=1$ のときのグラフは，$x\leqq 1$，および $2\leqq x$ において，傾き 0 の直線になる。

[6] $a=2$ のとき

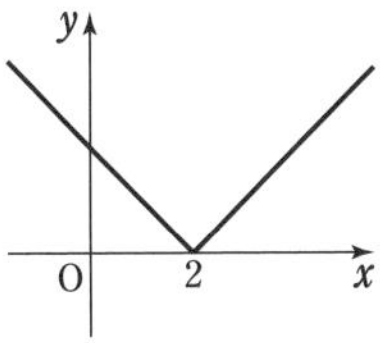

[7] $a>2$ のとき

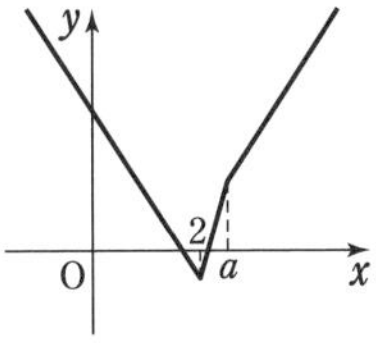

◀[5]，[6]，[7] のとき，いずれも y は $x=2$ で最小となる。

関数グラフソフトを用いると，a の値によってグラフが変化する様子を確かめることができる。
これらのグラフから，a の値の範囲により，最大値をもつ場合と最小値をもつ場合があることがわかり，最大値と最小値の両方をもつのは $a=1$ のときに限られることもわかる。

関数グラフソフト

テーマ 2

2次関数のグラフ

数学 I

係数を変化させたときのグラフの様子を調べる

2次関数の問題や2次式が現れる問題では，2次関数のグラフを用いて考えることが有効な場合が多くあります。また，2次関数のグラフは，コンピュータソフトを用いると簡単にかくことができます。ここでは，コンピュータソフトも利用し，2次関数の係数を変化させたときのグラフの様子を調べながら考察します。

まず，次の問題を考えてみましょう。

CHECK 2－A グラフが3点 $(1,\ 0)$，$(3,\ 0)$，$(4,\ 2)$ を通る2次関数を求めよ。

この問題は，グラフが与えられた3点を通るような2次関数を求める問題ですので，求める2次関数を $\boldsymbol{y=ax^2+bx+c}$ **(一般形)** として，3点を通る条件から，係数 a，b，c についての連立方程式を解くことで求めることができます。
ただし，この問題の条件のうち，2点 $(1,\ 0)$，$(3,\ 0)$ が **x 軸上の点であることに着目する** と，次のように解くこともできます。

解答

グラフが2点 $(1,\ 0)$，$(3,\ 0)$ を通るから，求める2次関数は

$$y=a(x-1)(x-3) \quad \cdots\cdots \text{①}$$

と表される。
更に，点 $(4,\ 2)$ を通るから，
① に $x=4$，$y=2$ を代入して

$$2=a(4-1)(4-3)$$

すなわち　$2=3a$

よって　$a=\dfrac{2}{3}$

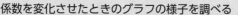

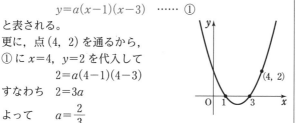

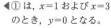

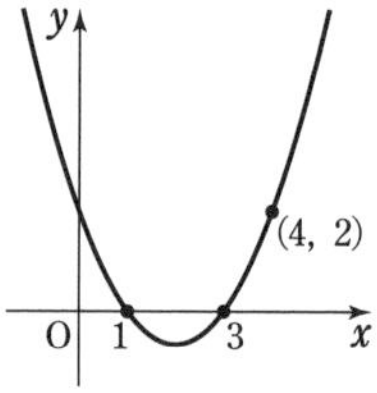

ゆえに，求める2次関数は，① に $a=\dfrac{2}{3}$ を代入して

$$y=\frac{2}{3}(x-1)(x-3)$$

すなわち　$\boldsymbol{y=\dfrac{2}{3}x^2-\dfrac{8}{3}x+2}$

◀① は，$x=1$ および $x=3$ のとき，$y=0$ となる。

◀関数 $y=f(x)$ のグラフが点 $(s,\ t)$ を通る $\iff t=f(s)$

◀$\boldsymbol{y=\dfrac{2}{3}(x-1)(x-3)}$ を解答としてもよい。

上の解答の ①，すなわち $\boldsymbol{y=a(x-1)(x-3)}$ の形は，いわゆる **分解形** というもので，x 軸との交点が2点わかっている場合に利用できます。数学 I 例題 **93** でも学習していますので，復習しておきましょう。

この解答の考え方は，x 軸上の2点を通るという条件があり，特別な場合であると考えられますが，そうでない場合にも同様の考え方で関数を求められる場合もあります。
次の問題を考えてみましょう。

CHECK 2−B　グラフが 3 点 $(1,\ 1)$, $(3,\ 5)$, $(4,\ 4)$ を通る 2 次関数を求めよ。

この問題も 3 点を通る条件が与えられています。求める 2 次関数を $\boldsymbol{y=ax^2+bx+c}$ として，

条件から連立方程式 $\begin{cases} 1=a+b+c \\ 5=9a+3b+c \\ 4=16a+4b+c \end{cases}$ を立て，これを解いて a, b, c を求める方法もありますが，次のように考えることもできます。

解答

2 点 $(1,\ 1)$, $(4,\ 4)$ は直線 $y=x$ 上にある。

ここで，$y=x$ の右辺に $a(x-1)(x-4)$ を加えた関数

$$y=x+a(x-1)(x-4) \quad \cdots\cdots ①$$

を考える。

$x=1$ のとき　$a(x-1)(x-4)=0$

$x=4$ のとき　$a(x-1)(x-4)=0$

であるから，① のグラフは，2 点 $(1,\ 1)$, $(4,\ 4)$ を通ることがわかる。

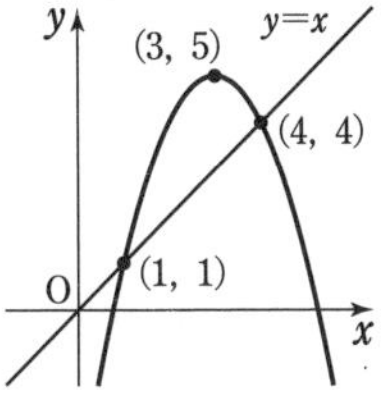

◀① は，$x=1$ のとき $y=1$　$x=4$ のとき $y=4$ となる。

更に，① のグラフが点 $(3,\ 5)$ を通るから，① に $x=3$, $y=5$ を代入して

$$5=3+a(3-1)(3-4)$$

よって　$2=-2a$

ゆえに　$a=-1$

したがって，求める 2 次関数は，① に $a=-1$ を代入して

$$y=x-(x-1)(x-4)$$

すなわち　$\boldsymbol{y=-x^2+6x-4}$

見慣れない解法だったかもしれませんが，この解答のように，2 点を通る直線を求め，その式の右辺に，直線を求めるときに用いた 2 点の x 座標を **代入したときに 0 になるような 2 次式** を加えて，更に，残りの 1 点を通るように a を定めると，グラフがその 3 点を通る 2 次関数が得られます。

もう少し詳しく，数式を用いて説明すると，次のようになります。

$f(x)=x$, $g(x)=a(x-1)(x-4)$ とします。$f(x)$ と $g(x)$ について，

直線 $y=f(x)$ は 2 点 $(1,\ 1)$, $(4,\ 4)$ を通る，すなわち，

関数 $f(x)$ は　$f(1)=1$, $f(4)=4$　を満たす

関数 $g(x)$ は　$g(1)=0$, $g(4)=0$　を満たす

が成り立ちます。

そこで，**$h(x)=f(x)+g(x)$ とすると，**

関数 $h(x)$ は　$h(1)=f(1)+g(1)=1$, $h(4)=f(4)+g(4)=4$　を満たすので，

$y=h(x)$ のグラフも 2 点 $(1,\ 1)$, $(4,\ 4)$ を通る

ことがわかります。

最後に，点 $(3,\ 5)$ を通るように a の値を定めると，求める 2 次関数の式が得られます。

さて，ここで，$y=h(x)$，つまり，2 次関数 $y=x+a(x-1)(x-4)$ …… ① のグラフを考えてみましょう。文字定数 a を含んでいるので，**a の値によって ① のグラフは変わります**。いくつかの a の値について，コンピュータソフトを用いてグラフをかいてみましょう。

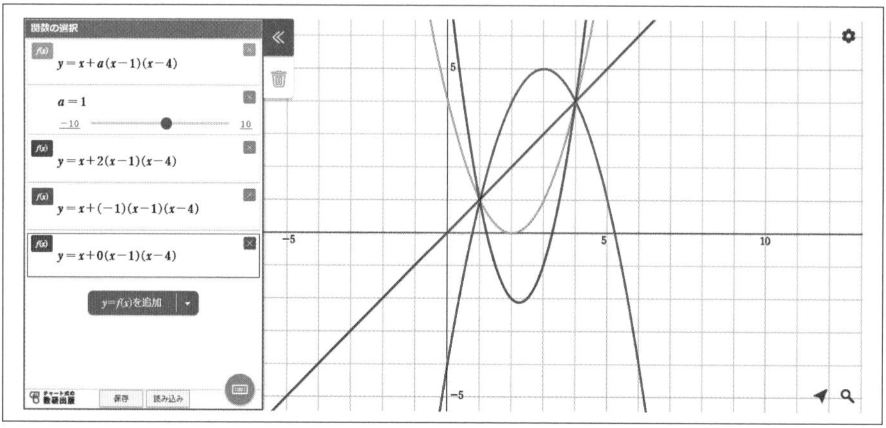

上の図では，$a=1$，$a=2$，$a=-1$，$a=0$ の 4 つの場合に，コンピュータソフトを用いてグラフをかいています。
$a=-1$ のときは，グラフは上に凸の放物線になりますが，点 $(3,\ 5)$ を通るグラフになっていることが読み取れるでしょうか。これは，CHECK 2−B の場合のグラフです。
また，$a=0$ のときは，① が $y=x$ になりますので，グラフは直線 $y=x$ となっています。

ここで着目してほしいのは，どのグラフも 2 点 $(1,\ 1)$，$(4,\ 4)$ を通っていること です。a がどのような値であっても，これら 2 点を通ります。
ぜひこの関数グラフソフトを使って，自ら確かめてみてください。

関数グラフ
ソフト

CHECK 2−B の解答では，2 点 $(1,\ 1)$，$(4,\ 4)$ を通る条件から，
求める 2 次関数を ① のように定め，a の値を変化させて，点 $(3,\ 5)$ を通るような a の値を見つけ出した，という流れになっています。a の値を変化させるとグラフがどのように変化するのかは，このようなコンピュータソフトを用いると，視覚的にとらえることができます。

ちなみに，直線 $y=f(x)$ として直線 $y=x$ を選んだのは，3 点 $(1,\ 1)$，$(3,\ 5)$，$(4,\ 4)$ を見たときに，2 点 $(1,\ 1)$，$(4,\ 4)$ が直線 $y=x$ を通ることがすぐにわかるからです。
このように，「どの 2 点を選ぶと，その 2 点を通る直線がすぐにわかるか」という視点をもつことも大切です。

補足　CHECK 2−A の考え方は，「x 軸との交点が 2 点わかっている場合」という特別な場合ではありましたが，実は CHECK 2−B の考え方の特別な場合になっています。
「x 軸との交点が 2 点わかっている」，これを直線 $y=0$ 上にある 2 点を通ると考える，つまり，$f(x)=0$，$g(x)=a(x-1)(x-3)$ と考えると，CHECK 2−B と同じ考え方をしていることがわかります。

CHECK 2－B のように，グラフが 2 点を通ることを保ったまま，関数を“補正する”ことで，2 次関数の式を求める方法があります。この考え方を意識して，次の問題に挑戦してみましょう。

問題 2　グラフが放物線と直線の交点を通る 2 次関数を求める

$f(x)=x-1$，$g(x)=-x^2+5x-2$ とし，直線 $y=f(x)$ と放物線 $y=g(x)$ の 2 つの共有点を A，B とする。また，点 P(2，−5) とする。

(1)　k を定数とする。$h(x)=f(x)+k\{g(x)-f(x)\}$ としたとき，$y=h(x)$ のグラフは 2 点 A，B を通ることを示せ。

(2)　グラフが 3 点 A，B，P を通る 2 次関数を求めよ。

指針

(1)　2 点 A，B の x 座標をそれぞれ a，b とすると，2 点 A，B は直線 $y=f(x)$ と放物線 $y=g(x)$ の共有点であるから，$f(a)=g(a)$，$f(b)=g(b)$ を満たす。これに注意して，$h(x)$ の式に $x=a$，$x=b$ をそれぞれ代入してみる。……★

(2)　$y=h(x)$ のグラフが点 P を通るように，k の値を定めればよい。$y=h(x)$ に $x=2$，$y=-5$ を代入し，k の方程式を解く。

解答

(1)　2 点 A，B の x 座標をそれぞれ a，b とすると，

$f(a)=g(a)$，$f(b)=g(b)$ であるから

$$h(a)=f(a)+k\{g(a)-f(a)\}=f(a)$$
$$h(b)=f(b)+k\{g(b)-f(b)\}=f(b)$$

よって，関数 $y=h(x)$ は，

$x=a$ のとき，$y=f(a)$

$x=b$ のとき，$y=f(b)$

を満たすから，$y=h(x)$ のグラフは 2 点 $(a,\ f(a))$，$(b,\ f(b))$，すなわち，2 点 A，B を通る。

◀指針＿＿……★の方針。$x=a$ のとき，$f(a)=g(a)$ であるから，k が消える。よって，k がどのような値であっても，$x=a$ のときの $h(a)$ は一定の値をとる。$x=b$ のときも同様。

(2)　(1) から，$y=h(x)$ のグラフは 2 点 A，B を通る。

更に，$y=h(x)$ のグラフが P(2，−5) を通るから，

$y=x-1+k(-x^2+4x-1)$

に $x=2$，$y=-5$ を代入して

$$-5=1+3k$$

よって　$3k=-6$

ゆえに　$k=-2$

したがって，求める 2 次関数は　$\boldsymbol{y=2x^2-7x+1}$

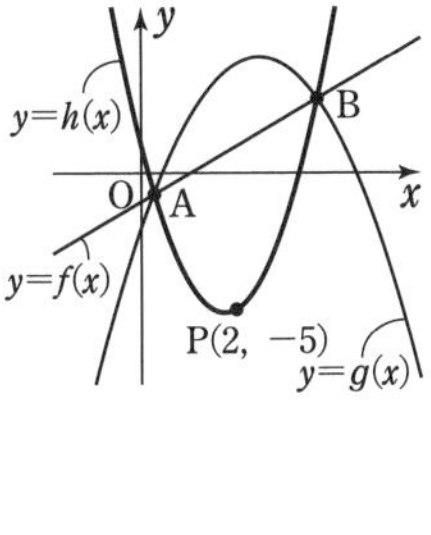

検討

2 点 A，B の座標を求めずに関数を求める

この解法のポイントは，**2 点 A，B の座標を求めていない**ことである。

関数 $h(x)$ を，$h(x)=f(x)+k\{g(x)-f(x)\}$ のようにおいたことで，k がどのような値であっても，$y=h(x)$ のグラフは 2 点 A，B を通ることが (1) からわかる。後は，点 P を通るように k の値を定めればよい。

なお，A，B の座標を求めると，次のようになる。

$f(x)=g(x)$ とすると　　$x-1=-x^2+5x-2$

整理すると　　$x^2-4x+1=0$　　　これを解くと　　　$x=2\pm\sqrt{3}$

$y=x-1$ に代入して　　　$y=(2\pm\sqrt{3})-1=1\pm\sqrt{3}$　(複号同順)

よって，x 座標が小さい方を A，大きい方を B とすると

$\mathrm{A}(2-\sqrt{3},\ 1-\sqrt{3})$，$\mathrm{B}(2+\sqrt{3},\ 1+\sqrt{3})$

ゆえに，求める関数を $y=ax^2+bx+c$ として，3 点 $\mathrm{A}(2-\sqrt{3},\ 1-\sqrt{3})$，$\mathrm{B}(2+\sqrt{3},\ 1+\sqrt{3})$，$\mathrm{P}(2,\ -5)$ を通る条件から，a，b，c の連立方程式を解くことで求めることもできるが，前ページの解答の方が計算量が少なくて済む。

検討

k の値と $h(x)$ の関係について

問題 2 において，点 $\mathrm{P}(2,\ -5)$ を通るときの k の値は $k=-2$ であったが，k の値を変化させた場合，$y=h(x)$，すなわち $y=f(x)+k\{g(x)-f(x)\}$ のグラフがどのように変化するかを，コンピュータソフトも用いながら考察してみよう。

まず，k の値を変化させて $y=h(x)$ のグラフをかいてみると，以下のようになる。

k を変化させたときのグラフを観察すると，次のことが読み取れる。

- $k=0$ のとき，$y=h(x)$ のグラフは $y=f(x)$ のグラフと一致する。
- $k=1$ のとき，$y=h(x)$ のグラフは $y=g(x)$ のグラフと一致する。

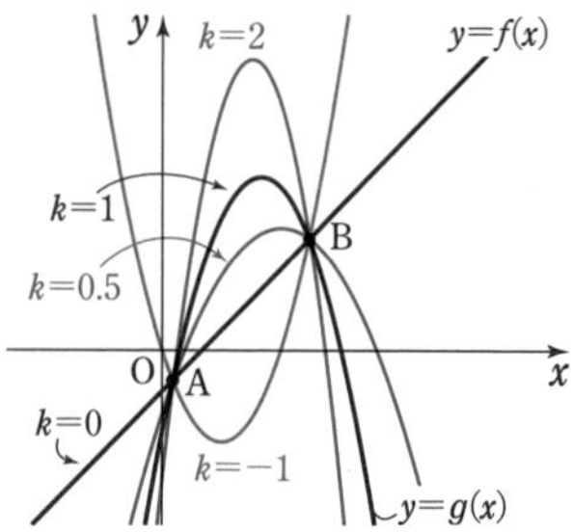

これは，$h(x)=f(x)+k\{g(x)-f(x)\}$ において，

$k=0$ のとき　$h(x)=f(x)$

$k=1$ のとき　$h(x)=f(x)+1\cdot\{g(x)-f(x)\}=g(x)$

となることから確かめることができる。

関数グラフソフト

また，2 点 A，B の x 座標をそれぞれ a，b としたとき，区間 $a<x<b$ の部分に着目すると次のことも読み取れる。

- $k<0$ のとき，$y=h(x)$ のグラフは $y=f(x)$ のグラフの下側にある。
  (上の図の，$k=-1$ のときのグラフと，$k=0$ のとき $[y=f(x)]$ のグラフを見よ。)
- $0<k<1$ のとき，$y=h(x)$ のグラフは $y=f(x)$ のグラフと $y=g(x)$ のグラフの間にある。
  (上の図の，$k=0.5$ のときのグラフと，$k=0$ のとき $[y=f(x)]$，および $k=1$ のとき $[y=g(x)]$ のグラフを見よ。)
- $1<k$ のとき，$y=h(x)$ のグラフは $y=g(x)$ のグラフの上側にある。
  (上の図の，$k=2$ のときのグラフと，$k=1$ のとき $[y=g(x)]$ のグラフを見よ。)

1 つ目の 検討 の結果を用いると，$a=2-\sqrt{3}$，$b=2+\sqrt{3}$ であるから，点 P の x 座標 2 について，$a<2<b$ が成り立つ。また，点 $\mathrm{P}(2,\ -5)$ は $y=f(x)$ のグラフの下側にある。
よって，問題 2 における，点 P を通るときの k の値は負であることがわかる。
(実際に問題 2 で求めたように，k の値が負 $(k=-2)$ であることが確認できる。)

テーマ 3

三角比と測量

三角比を利用して山の高さを計測する

数学 I

三角比は，遠くに見えるものまでの距離や高さなど，直接計測することができないものを計測するために考え出され，その歴史は紀元前にまでさかのぼります。ここでは，三角比を用いて山の高さを計算する方法について考察します。

まず，次の問題を考えてみましょう。

CHECK 3−A　地点 O から山の頂上 M を見上げたときの角度を α，O から山の方向を向いたまま c m 後ろへ下がった地点を C とし，地点 C から頂上 M を見上げたときの角度を β とする。山の高さを x m とするとき，x を α，β，c を用いて表せ。ただし，目の高さは無視する。

まず，与えられた条件を図に表します。そして，直角三角形に着目して三角比を利用し，x に関する方程式を立てるとよいでしょう。

解答

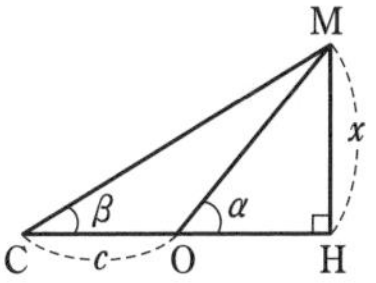

頂上 M から地平に垂線 MH を下ろすと　MH$=x$

$\dfrac{\text{HM}}{\text{OH}}=\tan\alpha$ より　OH$=\dfrac{x}{\tan\alpha}$　◀直角三角形 OHM に着目。

$\dfrac{\text{HM}}{\text{CH}}=\tan\beta$ より　◀直角三角形 CHM に着目。

$x=\text{CH}\tan\beta$ …… ①

ここで，$\text{CH}=\text{CO}+\text{OH}=c+\dfrac{x}{\tan\alpha}$ であるから，① に代入すると　$x=\left(c+\dfrac{x}{\tan\alpha}\right)\tan\beta$

ゆえに　$x\tan\alpha=c\tan\alpha\tan\beta+x\tan\beta$

よって　$\boldsymbol{x=\dfrac{c\tan\alpha\tan\beta}{\tan\alpha-\tan\beta}}$　◀$0°<\beta<\alpha<90°$ から $\tan\alpha-\tan\beta\neq0$

このように，直接計測できない山の高さも，三角比を用いると求めることができます。
例えば，$\alpha=32°$，$\beta=25°$，$c=300$ とすると，巻末の三角比の表より $\tan 32°=0.6249$，$\tan 25°=0.4663$ であるから

$$x=\frac{300\tan 32°\tan 25°}{\tan 32°-\tan 25°}=\frac{300\times0.6249\times0.4663}{0.6249-0.4663}=551.1\cdots\cdots$$

よって，山の高さはおよそ 551 m と求めることができます。
同様の問題を数学 I 例題 **135** でも学習していますので，復習しておきましょう。

CHECK 3−A では，ある地点 O と，地点 O から真っすぐ後ろに下がった地点 C の 2 か所で頂上を見上げた角度を計測することにより山の高さを求めましたが，障害物などがあり，地点 O から真っすぐ後ろに下がることができない場合も考えられます。
次の問題では，そのような場合について考えます。

問題3 空間図形と測量

Pさん，QさんとT先生の3人は東西に流れる川の向こうに見える山の高さを計測しようとしている。3人の会話を読み，次の問いに答えよ。

T先生：今日は，川の向こうに見える山の高さを計測してみましょう。
Pさん：川の向こうの山の高さなんて，わかるのですか？
Qさん：山に登るのは大変そうですが……
T先生：実際に山に登るわけではありません。3人で協力して求めます。
今いる地点をOとしましょう。Pさんは地点Oから西へ a m進んだ地点Aから，Qさんは東へ b m進んだ地点Bから，そして，私はこの地点Oから山の頂上を見上げたときの角度を測定します。
後は，計算で山の高さを求められます。
Pさん：それだけでわかるのですか？
Qさん：三角比の考えを使うのでは？
以前の授業で似た問題に取り組んだと思います。
T先生：そうですね。三角比を利用して求めます。
では，実際に計測に行く前に，Pさん，Qさん，私がそれぞれ計測した角度を α，β，γ，山の高さを x m として，x を a，b，α，β，γ を用いて表すことができるかどうか，図をかいて考えてみましょう。考えやすいように，目の高さは無視するものとし，山の頂上をM，頂上から地平に引いた垂線と地平との交点をHとして考えてみてください。

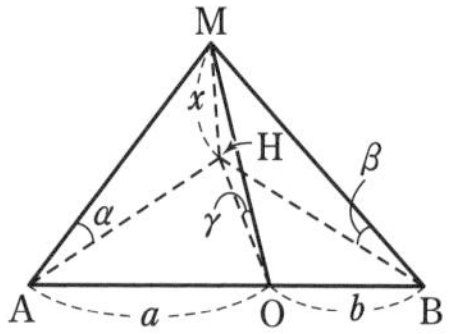

次のようなPさんの構想で，x は a，b，α，β，γ を用いて表すことができる。
【Pさんの構想】
△MAHにおいて，∠MAH$=\alpha$，MH⊥AH，MH$=x$ から　AH$=$ ア
同様に，BH，OHもそれぞれ β，γ，および x を用いて表せる。
∠HOA$=\theta$ として，△OAHにおいて余弦定理を用いると
イ$^2=$ ウ$^2+$ エ$^2-2$ ウ・エ $\cos\theta$ …… ①
同様に，△OBHにおいて余弦定理を用いると
オ$^2=$ カ$^2+$ キ$^2-2$ カ・キ $\cos(180°-\theta)$ …… ②
$\cos(180°-\theta)=$ ク であるから，①$\times b+$②$\times a$ により θ を消去すれば，x と a，b，α，β，γ の式ができる。
これを整理すると，x を a，b，α，β，γ を用いて表すことができる。

(1) [ア]～[ク] に当てはまるものを，次の各解答群のうちから一つずつ選べ。ただし，[ウ] と [エ]，[カ] と [キ] の解答の順序は問わない。

[ア] の解答群：

⓪ $x\sin\alpha$　① $\dfrac{x}{\sin\alpha}$　② $x\cos\alpha$　③ $\dfrac{x}{\cos\alpha}$

④ $x\tan\alpha$　⑤ $\dfrac{x}{\tan\alpha}$

[イ]～[キ] の解答群：

⓪ OA　① OB　② OH　③ AH　④ BH

[ク] の解答群：

⓪ $\sin\theta$　① $-\sin\theta$　② $\cos\theta$　③ $-\cos\theta$

(2) 【P さんの構想】に基づいて，x を a，b，α，β，γ を用いて表すと，

$$x=\sqrt{\frac{\boxed{\text{ケ}}}{\dfrac{\boxed{\text{コ}}}{\tan^2\alpha}+\dfrac{\boxed{\text{サ}}}{\tan^2\beta}+\dfrac{\boxed{\text{シ}}}{\tan^2\gamma}}}$$

となる。

[ケ]～[シ] に当てはまるものを，次の⓪～⑨から一つずつ選べ。

⓪ a　① $-a$　② b　③ $-b$

④ $a+b$　⑤ $-(a+b)$　⑥ ab

⑦ a^2+b^2　⑧ $ab(a+b)$　⑨ a^3+b^3

(3) $a=1000$，$b=500$，$\alpha=30°$，$\beta=45°$，$\gamma=60°$ のとき，山の高さは約 [ス] m である。[ス] に最も近い数を，次の⓪～③のうちから一つ選べ。

⓪ 500　① 600　② 700　③ 800

指針 【P さんの構想】の流れは次のようになっている。この流れに沿って，[　] に当てはまるものを求める。

AH を α と x の式で表す　　OH を γ と x の式で表す　　BH を β と x の式で表す

↓

△OAH において余弦定理を用いて，a，α，γ，x，θ の関係式を作る　　△OBH において余弦定理を用いて，b，β，γ，x，θ の関係式を作る

↓

θ を消去して，a，b，α，β，γ，x の関係式を作る

解答

(1) $\triangle$MAH において，$\angle$MAH$=\alpha$，MH$\perp$AH，MH$=x$

から　$\dfrac{x}{\text{AH}}=\tan\alpha$

よって　$\text{AH}=\dfrac{x}{\tan\alpha}$　（ア⑤）

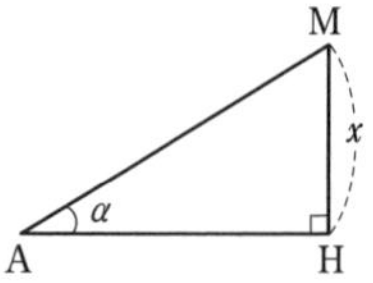

同様に，$\text{BH}=\dfrac{x}{\tan\beta}$，$\text{OH}=\dfrac{x}{\tan\gamma}$ が成り立つ。

$\angle\text{HOA}=\theta$ として，$\triangle$OAH において余弦定理を用いると

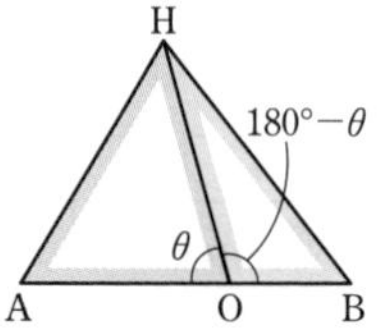

$$\text{AH}^2=\text{OA}^2+\text{OH}^2-2\text{OA}\cdot\text{OH}\cos\theta \quad \cdots\cdots ①$$

（イ③，ウ⓪，エ②またはイ③，ウ②，エ⓪）

同様に，$\triangle$OBH において余弦定理を用いると

$$\text{BH}^2=\text{OB}^2+\text{OH}^2-2\text{OB}\cdot\text{OH}\cos(180^\circ-\theta) \quad \cdots\cdots ②$$

（オ④，カ①，キ②またはオ④，カ②，キ①）

$\text{AH}=\dfrac{x}{\tan\alpha}$，$\text{OA}=a$，$\text{OH}=\dfrac{x}{\tan\gamma}$ から，① は

$$\left(\frac{x}{\tan\alpha}\right)^2=a^2+\left(\frac{x}{\tan\gamma}\right)^2-2a\left(\frac{x}{\tan\gamma}\right)\cos\theta \quad \cdots\cdots ①'$$

$\text{BH}=\dfrac{x}{\tan\beta}$，$\text{OB}=b$，$\text{OH}=\dfrac{x}{\tan\gamma}$ と

$\cos(180^\circ-\theta)=-\cos\theta$（ク③）から，② は

$$\left(\frac{x}{\tan\beta}\right)^2=b^2+\left(\frac{x}{\tan\gamma}\right)^2+2b\left(\frac{x}{\tan\gamma}\right)\cos\theta \quad \cdots\cdots ②'$$

よって，$①'\times b+②'\times a$ により，θ を消去できる。

(2) $①'\times b+②'\times a$ により，θ を消去すると

$$\frac{b}{\tan^2\alpha}x^2+\frac{a}{\tan^2\beta}x^2=a^2b+ab^2+\frac{b+a}{\tan^2\gamma}x^2$$

◀a，b，α，β，γ（計測で求める量）と x を含む関係式になった。

整理すると

$$\left(\frac{b}{\tan^2\alpha}+\frac{a}{\tan^2\beta}-\frac{a+b}{\tan^2\gamma}\right)x^2=ab(a+b)$$

$x>0$ であるから

$$x=\sqrt{\frac{ab(a+b)}{\dfrac{b}{\tan^2\alpha}+\dfrac{a}{\tan^2\beta}+\dfrac{-(a+b)}{\tan^2\gamma}}}$$

（ケ⑧，コ②，サ⓪，シ⑤）

(3) $\alpha=30^\circ$, $\beta=45^\circ$, $\gamma=60^\circ$ のとき

$$\tan^2\alpha=\tan^2 30^\circ=\frac{1}{3},$$
$$\tan^2\beta=\tan^2 45^\circ=1,$$
$$\tan^2\gamma=\tan^2 60^\circ=3$$

これらと $a=1000$, $b=500$ を(2)の結果に代入すると

$$x=\sqrt{\frac{1000\cdot500\cdot1500}{500\cdot3+1000\cdot1-1500\cdot\frac{1}{3}}}=250\sqrt{6}$$

$2.4^2=5.76$, $2.5^2=6.25$ から　$2.4<\sqrt{6}<2.5$

よって，$600<250\sqrt{6}<625$ であるから，最も近いのは

約 600 m（ス①）

◀ $\sqrt{6}=2.449\cdots\cdots$ の近似値を用いてもよい。

参考　$250\sqrt{6}=\sqrt{375000}$, $612^2=374544$, $613^2=375769$ から

$$612<250\sqrt{6}<613$$

よって，山の高さは約 612 m と，更に詳しく求めることもできる。

検討

CHECK 3−A と問題 3 の関係

CHECK 3−A と問題 3 の計測方法を合わせて 1 つの図に示すと，右の図のようになる。

CHECK 3−A のように，観測する地点が MH と同一平面上にとれる場合は平面図形の問題として考えることができるが，問題 3 のように，観測する地点が MH と同一平面上にとれない場合は空間図形の問題となる。どちらを用いるかは，与えられた状況に応じて考える必要がある。

なお，空間図形の測量の問題は数学 I 例題 **173** でも学習しているので，復習しておこう。

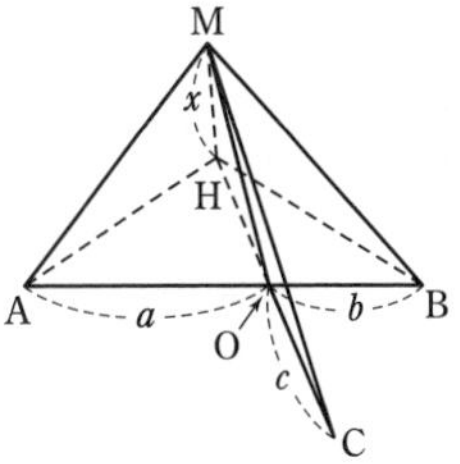

テーマ 4 平均値・分散の値の変化

データを修正したときの平均値・分散の変化を調べる

数学 I

データの特徴を把握するために，データの代表値としては平均値が，データの散らばりの度合いを示す値としては分散がよく用いられます。ここでは，元のデータが変化したときに，平均値や分散の値がどのように変化するのかを考察します。

まず，次の問題を考えてみましょう。

CHECK 4－A ある 40 人のクラスで試験が行われ，39 人が受験し 1 人が欠席した。受験した 39 人の点数の平均値は 50，分散は 25 であった。欠席者は後日，同じ試験を受験し，その点数を含めて平均値と分散を計算し直すことになっている。

(1) 欠席者の点数が 50 点であるとすると，計算し直した平均値と分散は，計算し直す前の値と比べてどうなるか。［ア］，［イ］に当てはまるものを，次の⓪～②からそれぞれ 1 つずつ選べ。

平均値：［ア］　　分散：［イ］

⓪ 変化しない　① 大きくなる　② 小さくなる

(2) 欠席者の点数が 70 点であるとするとき，計算し直した平均値と分散をそれぞれ求めよ。

平均値や分散を求める問題では，それぞれの **定義に基づいて** 値を求めることが基本です。変量 x についてのデータが，n 個の値 x_1，x_2，……，x_n であるとし，平均値を $\overline{x}$，分散を $s_x{}^2$ と表すと，次の式で定義されます。

平均値　$$\overline{x}=\frac{x_1+x_2+\cdots\cdots+x_n}{n}$$

分散　$$s_x{}^2=\frac{(x_1-\overline{x})^2+(x_2-\overline{x})^2+\cdots\cdots+(x_n-\overline{x})^2}{n}$$

また，分散は

$$s_x{}^2=\frac{x_1{}^2+x_2{}^2+\cdots\cdots+x_n{}^2}{n}-(\overline{x})^2$$ （p.302 参照）

を利用すると簡単に計算できることがあるので，この公式も利用するとよいでしょう。

解答

欠席者以外の 39 人の点数を x_1，x_2，……，x_{39}，欠席者の点数を y とおき，欠席者の点数を含めて計算し直したときの平均値を $\overline{z}$，分散を $s_z{}^2$ とする。

(1) $y=50$ のとき，欠席者以外の 39 人の平均値が 50 であるから

$$\overline{z}=\frac{x_1+x_2+\cdots\cdots+x_{39}+y}{40}=\frac{50\times39+50}{40}=50$$

よって，平均値は変化しない。（ア ⓪）

◀39 人の点数の平均値が 50 であるから $\frac{1}{39}(x_1+\cdots+x_{39})=50$ よって $x_1+\cdots+x_{39}=50\times39$

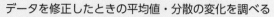

また，$y=50$ のとき，$\overline{z}=50$ であるから

$$s_z{}^2=\frac{(x_1-\overline{z})^2+(x_2-\overline{z})^2+\cdots\cdots+(x_{39}-\overline{z})^2+(y-\overline{z})^2}{40}$$

$$=\frac{(x_1-50)^2+(x_2-50)^2+\cdots\cdots+(x_{39}-50)^2+(50-50)^2}{40}$$

$$=\frac{39}{40}\cdot\frac{(x_1-50)^2+(x_2-50)^2+\cdots\cdots+(x_{39}-50)^2}{39}$$

$$=\frac{39}{40}\cdot 25<25$$

よって，分散は小さくなる。(イ ②)

◀39 人の点数の分散が 25 であるから $\frac{1}{39}\{(x_1-50)^2+\cdots\cdots+(x_{39}-50)^2\}=25$

(2)　$y=70$ のとき

$$\overline{z}=\frac{x_1+x_2+\cdots\cdots+x_{39}+y}{40}$$

$$=\frac{50\times 39+70}{40}=50.5$$

39 人の点数の分散が 25 であることから

$$\frac{x_1{}^2+x_2{}^2+\cdots\cdots+x_{39}{}^2}{39}-50^2=25$$

◀(分散)＝(各データの 2 乗の平均値)－(平均値)^2

これを変形すると

$$x_1{}^2+x_2{}^2+\cdots\cdots+x_{39}{}^2=39\times(25+50^2)$$

が成り立つから，40 人の点数の分散は

$$s_z{}^2=\frac{x_1{}^2+x_2{}^2+\cdots\cdots+x_{39}{}^2+y^2}{40}-(\overline{z})^2$$

$$=\frac{39\times(25+50^2)+70^2}{40}-(50.5)^2$$

$$=34.125$$

以上より　平均値は **50.5 (点)**，分散は **34.125**

このように，データを修正したときの平均値や分散の変化は，数学 I 例題 **184** でも学習しているので，復習しておきましょう。

CHECK 4－A の結果から，追加する点数が 50 点（平均点）の場合，分散は元の分散と比べて小さくなり，70 点の場合，元の分散と比べて大きくなることがわかりました。では，追加する点数が何点以上だと分散は元の分散と比べて大きくなるのでしょうか？
その境目について，CHECK 4－A を一般化して考察してみましょう。

元の n 個のデータの値を x_1，x_2，……，x_n，平均値を $\overline{x}$，分散を $s_x{}^2$ とし，追加するデータを y，データを追加した後の平均値を $\overline{z}$，分散を $s_z{}^2$ とすると，

$\overline{x}=\dfrac{x_1+x_2+\cdots\cdots+x_n}{n}$，$s_x{}^2=\dfrac{x_1{}^2+x_2{}^2+\cdots\cdots+x_n{}^2}{n}-(\overline{x})^2$ より

$$\bar{z}=\frac{x_1+x_2+\cdots\cdots+x_n+y}{n+1}=\frac{n\bar{x}+y}{n+1} \quad \cdots\cdots (*)$$

$$s_z{}^2=\frac{x_1{}^2+x_2{}^2+\cdots\cdots+x_n{}^2+y^2}{n+1}-(\bar{z})^2=\frac{n\{s_x{}^2+(\bar{x})^2\}+y^2}{n+1}-\left(\frac{n\bar{x}+y}{n+1}\right)^2$$

$$=\frac{n}{n+1}s_x{}^2+\frac{n(n+1)(\bar{x})^2+(n+1)y^2-(n\bar{x}+y)^2}{(n+1)^2}$$

$$=\frac{n}{n+1}s_x{}^2+\frac{n}{(n+1)^2}(y-\bar{x})^2 \quad \cdots\cdots (**)$$ が成り立つ。

よって，$s_z{}^2>s_x{}^2$ が成り立つのは，$\frac{n}{n+1}s_x{}^2+\frac{n}{(n+1)^2}(y-\bar{x})^2>s_x{}^2$ より

$y>\underline{\bar{x}+\sqrt{\frac{n+1}{n}s_x{}^2}}$ のときである。

CHECK 4−A の場合は，$n=39$, $\bar{x}=50$, $s_x{}^2=25$ を代入すると $y>\underline{50+\sqrt{\frac{40}{39}\times 25}}=55.06\cdots\cdots$ から，追加する点数が 55 点より大きいとき，分散は大きくなります。

また，n の値が十分大きいときは，$\frac{n+1}{n}\fallingdotseq 1$ と見なせるので，追加する値がおよそ(平均値)+(標準偏差) より大きい値のときに，分散の値は大きくなることがわかります。

次に，データを 1 つ追加することによる，平均値や分散への影響を考察してみましょう。CHECK 4−A ではテストの受験者が 39 人と少なく，データを 1 つ追加することによる影響が大きいため，平均値と分散を計算し直す必要があります。しかし，受験者数が十分に多い場合は，データを 1 つ追加することによる影響は非常に小さいため，平均値も分散も計算し直しても値はほとんど変化しません。このことは直感的には理解できると思いますが，次のように説明することもできます。

n の値が十分大きいとき $\frac{n}{n+1}\fallingdotseq 1$, $\frac{1}{n+1}\fallingdotseq 0$ と見なせることから，$(*)$, $(**)$ より

$$\bar{z}=\frac{n\bar{x}+y}{n+1}=\frac{n}{n+1}\bar{x}+\frac{1}{n+1}y\fallingdotseq\bar{x}$$

$$s_z{}^2=\frac{n}{n+1}s_x{}^2+\frac{n}{(n+1)^2}(y-\bar{x})^2=\frac{n}{n+1}s_x{}^2+\frac{n}{n+1}\cdot\frac{1}{n+1}(y-\bar{x})^2\fallingdotseq s_x{}^2$$

このことは，身の回りのデータ処理にも応用することができます。例えば，受験人数が数万人規模であるような模擬試験を欠席した場合，平均点や偏差値が公表されてから問題を解いて点数を出し，その点数に応じた偏差値をその試験の偏差値と見なしても，当日に模擬試験を受けた場合の偏差値とほとんど誤差は生じません。

CHECK 4−A では 1 つのデータを追加した場合について考えましたが，追加するデータが 1 つではなく，複数の場合はどうなるかを次の問題で考えてみましょう。

問題4　2つのグループのデータを合わせたときの平均値と分散

ある集団はXとYの2つのグループで構成されている。データを集計したところ，それぞれのグループの個数，平均値，分散は右の表のようになった。

グループ	個数	平均値	分散
X	20	16	24
Y	60	$\overline{y}$	$s_y{}^2$

集団全体の平均値を $\overline{z}$，分散を $s_z{}^2$ とするとき，次の問いに答えよ。

(1)　$\overline{y}=20$，$s_y{}^2=32$ のとき，$\overline{z}$ および $s_z{}^2$ の値を求めよ。

(2)　$\overline{y}=16$，$s_y{}^2<24$ のとき，$s_z{}^2$ は［ア］を満たす。［ア］に当てはまる式を次の⓪～④から1つ選べ。

⓪　$s_z{}^2<s_y{}^2$　①　$s_z{}^2=s_y{}^2$　②　$s_y{}^2<s_z{}^2<24$

③　$s_z{}^2=24$　④　$s_z{}^2>24$

(3)　$\overline{y}<16$，$s_y{}^2=24$ のとき，$s_z{}^2$ は［イ］を満たす。［イ］に当てはまる式を次の⓪～②から1つ選べ。

⓪　$s_z{}^2<24$　①　$s_z{}^2=24$　②　$s_z{}^2>24$

指針　Xのデータの値を x_1，x_2，……，x_{20}，Yのデータの値を y_1，y_2，……，y_{60} とすると

$$\overline{z}=\frac{x_1+x_2+\cdots\cdots+x_{20}+y_1+y_2+\cdots\cdots+y_{60}}{20+60}$$

$$s_z{}^2=\frac{x_1{}^2+x_2{}^2+\cdots\cdots+x_{20}{}^2+y_1{}^2+y_2{}^2+\cdots\cdots+y_{60}{}^2}{20+60}-(\overline{z})^2$$

である。

$x_1{}^2+x_2{}^2+\cdots\cdots+x_{20}{}^2$，$y_1{}^2+y_2{}^2+\cdots\cdots+y_{60}{}^2$ の値はそれぞれ，Xの分散の値，Yの分散の値を利用して求める。

解答　Xのデータの値を x_1，x_2，……，x_{20}，

Yのデータの値を y_1，y_2，……，y_{60} とすると

$$\overline{z}=\frac{x_1+x_2+\cdots\cdots+x_{20}+y_1+y_2+\cdots\cdots+y_{60}}{20+60}$$

$$=\frac{20\times16+60\times\overline{y}}{80}$$

$$=\frac{3}{4}\overline{y}+4$$

$$s_z{}^2=\frac{x_1{}^2+x_2{}^2+\cdots\cdots+x_{20}{}^2+y_1{}^2+y_2{}^2+\cdots\cdots+y_{60}{}^2}{20+60}-(\overline{z})^2$$

$$=\frac{20\times(24+16^2)+60\times\{s_y{}^2+(\overline{y})^2\}}{80}-(\overline{z})^2$$

$$=\frac{3}{4}\{s_y{}^2+(\overline{y})^2\}+70-(\overline{z})^2$$

◀Xの平均値が16，分散が24であるから
$\frac{1}{20}(x_1{}^2+\cdots+x_{20}{}^2)-16^2=24$
よって
$x_1{}^2+\cdots+x_{20}{}^2=20\times(24+16^2)$
同様に
$y_1{}^2+\cdots+y_{60}{}^2=60\times\{s_y{}^2+(\overline{y})^2\}$

(1)　$\overline{y}=20$，$s_y{}^2=32$ のとき

$$\overline{z}=\frac{3}{4}\overline{y}+4=\frac{3}{4}\times20+4=\mathbf{19}$$

$$\boldsymbol{s_z{}^2}=\frac{3}{4}\{s_y{}^2+(\overline{y})^2\}+70-(\overline{z})^2$$

$$=\frac{3}{4}(32+20^2)+70-19^2=\mathbf{33}$$

(2)　$\overline{y}=16$，$s_y{}^2<24$ のとき，

$$\overline{z}=\frac{3}{4}\overline{y}+4=\frac{3}{4}\times16+4=16$$

であるから

$$s_z{}^2=\frac{3}{4}\{s_y{}^2+(\overline{y})^2\}+70-(\overline{z})^2$$

$$=\frac{3}{4}(s_y{}^2+16^2)+70-16^2$$

$$=\frac{3}{4}s_y{}^2+6<\frac{3}{4}\times24+6=24$$

また　$s_z{}^2=\frac{3}{4}s_y{}^2+6=\frac{3}{4}s_y{}^2+\frac{1}{4}\cdot24$

$$>\frac{3}{4}s_y{}^2+\frac{1}{4}s_y{}^2=s_y{}^2$$

よって，$s_y{}^2<s_z{}^2<24$ が成り立つ。（ア②）

◀2つのグループX，Yの平均値が等しく，分散が異なる場合。

(3)　$\overline{y}<16$，$s_y{}^2=24$ のとき，$\overline{z}=\frac{3}{4}\overline{y}+4$ から

$$s_z{}^2=\frac{3}{4}\{s_y{}^2+(\overline{y})^2\}+70-(\overline{z})^2$$

$$=\frac{3}{4}\{24+(\overline{y})^2\}+70-\left(\frac{3}{4}\overline{y}+4\right)^2$$

$$=\frac{3}{16}(\overline{y}-16)^2+24>24$$

よって，$s_z{}^2>24$ が成り立つ。（イ②）

◀2つのグループX，Yの分散が等しく，平均値が異なる場合。

◀$\overline{y}<16$ から $\frac{3}{16}(\overline{y}-16)^2>0$

検討

2つのグループのデータを合わせた場合の平均値と分散の変化

問題4ではグループに含まれる個数やXの平均値や分散を固定して考えたが，これらの数値も一般化して，2つのグループのデータを合わせた場合の平均値と分散について考えてみよう。

　グループXのデータの値を x_1，x_2，……，x_m，平均値を $\overline{x}$，分散を $s_x{}^2$，

　グループYのデータの値を y_1，y_2，……，y_n，平均値を $\overline{y}$，分散を $s_y{}^2$，

　XとYを合わせたデータの平均値を $\overline{z}$，分散を $s_z{}^2$

とする。

まず，平均値 $\overline{z}$ について考える。

$$\overline{z}=\frac{x_1+x_2+\cdots\cdots+x_m+y_1+y_2+\cdots\cdots+y_n}{m+n}$$

であるから，

$$\bar{z}=\frac{m\bar{x}+n\bar{y}}{m+n}$$

が成り立つ。
この式からわかるように，個数の異なる2つのグループのデータを合わせる場合，その平均値は個数が多い方のグループの平均値の影響を強く受ける。
例えば，$m=100$，$n=10$ とすると，

$$\bar{z}=\frac{100\bar{x}+10\bar{y}}{110}=\frac{10}{11}\bar{x}+\frac{1}{11}\bar{y}$$

となり，$\bar{z}$ の値は $\bar{x}$ の値に近くなる。
このように，個数が異なるデータを合わせたとき，その個数を考慮して計算した平均値を**加重平均** という。

次に，分散 $s_z{}^2$ について考える。

$$s_z{}^2=\frac{x_1{}^2+x_2{}^2+\cdots\cdots+x_m{}^2+y_1{}^2+y_2{}^2+\cdots\cdots+y_n{}^2}{m+n}-(\bar{z})^2$$

であるから

$$\begin{aligned}s_z{}^2&=\frac{m\{s_x{}^2+(\bar{x})^2\}+n\{s_y{}^2+(\bar{y})^2\}}{m+n}-\left(\frac{m\bar{x}+n\bar{y}}{m+n}\right)^2\\&=\frac{ms_x{}^2+ns_y{}^2}{m+n}+\frac{m(m+n)(\bar{x})^2+n(m+n)(\bar{y})^2-(m\bar{x}+n\bar{y})^2}{(m+n)^2}\\&=\frac{ms_x{}^2+ns_y{}^2}{m+n}+\frac{mn}{(m+n)^2}(\bar{x}-\bar{y})^2\end{aligned}$$

が成り立つ。
この式を利用して (2), (3) について考える。
$\bar{x}=\bar{y}$ のとき，$s_z{}^2=\dfrac{ms_x{}^2+ns_y{}^2}{m+n}$ となり，$s_x{}^2\neq s_y{}^2$ のとき，$s_z{}^2$ の値は $s_x{}^2$ と $s_y{}^2$ の間にあることがわかる。
$s_x{}^2=s_y{}^2$ のとき，$s_z{}^2=s_x{}^2+\dfrac{mn}{(m+n)^2}(\bar{x}-\bar{y})^2$ となり，$\bar{x}\neq\bar{y}$ のときは $(\bar{x}-\bar{y})^2>0$ であるから，$s_z{}^2>s_x{}^2$ となることがわかる。

検討

ヒストグラムによる考察

1つ目の検討では，次のことを数式を用いて示した。

- **平均値が同じで分散が異なる集団を合わせたときの分散は，2つの集団の分散の間の値になる**
- **分散が同じで平均値が異なる集団を合わせたときの分散は，合わせる集団の分散よりも大きくなる**

ここでは，この事実をヒストグラムを用いて考察してみよう。

まず，分散が大きいグループのヒストグラムと，分散が小さいグループのヒストグラムでは，次のような形状の違いがあるということを確認しておこう。
一般のデータは，必ずしも特徴がわかりやすい分布をしているわけではないが，ここでは考えやすいように次のような分布のグループについて考えることにする。

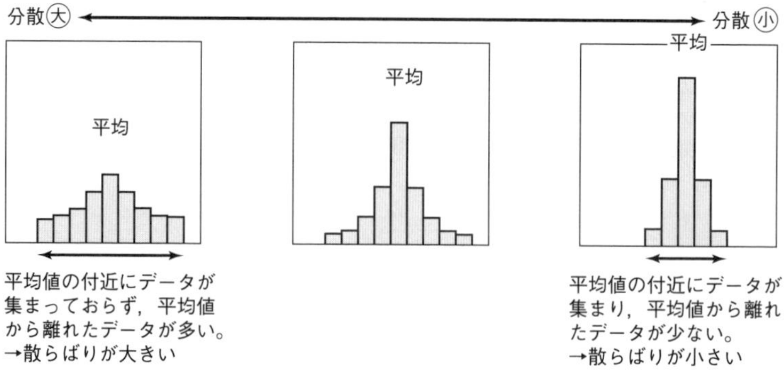

このヒストグラムを用いて，**平均値が同じ集団** を合わせた場合と，**分散が同じ集団** を合わせた場合についてのヒストグラムを考えると，次のようになる。

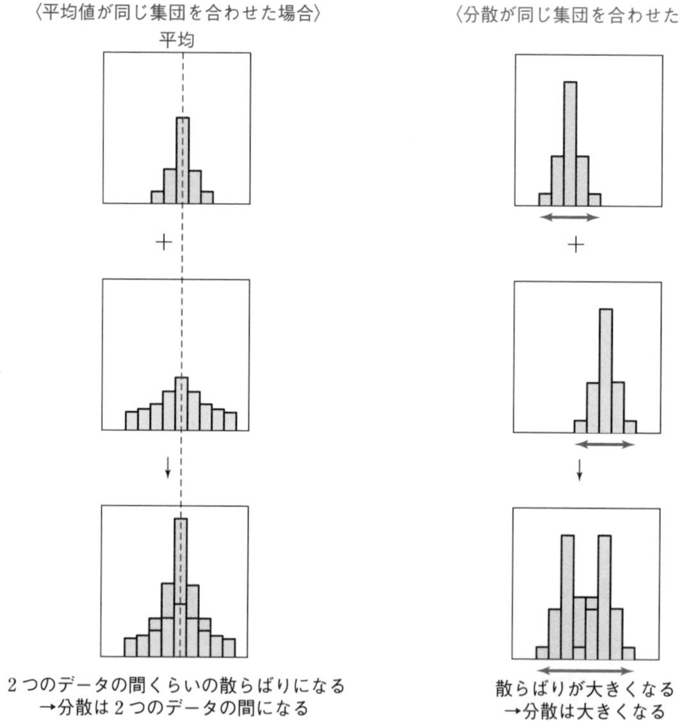

解答や 1 つ目の検討で行ったように，定義に基づいて数値を計算できることももちろん大切なことではあるが，計算だけに終始すると平均値や分散の意味を見失いかねない。上のように，それぞれの数値がどのような意味をもった数値なのかを理解して，データを分析することも大切なことである。

テーマ 1 確率・期待値の応用問題

数学A

複雑な事象の期待値を計算する

場合の数や確率は，その分野で深く研究されているだけでなく，実社会で応用されることも多くあります。ここでは，条件付き確率や期待値の応用例を考察します。

まず，次の問題で，確率の基本事項について確認しましょう。

CHECK 1－A 10 円硬貨，100 円硬貨，500 円硬貨の 3 枚の硬貨を同時に投げ，表が出た硬貨をもらえるとする。
(1) 表が出た硬貨の枚数が 1 枚である確率を求めよ。
(2) 表が出た硬貨の枚数が 1 枚であるとき，その硬貨が 500 円硬貨である確率を求めよ。
(3) もらえる金額の期待値を求めよ。

(1) については，3 枚の硬貨を投げたとき，それぞれの結果は互いに影響を与えませんので，この試行は **反復試行** として考えることができます。(2) で求める確率は，**条件付き確率** であることに注意しましょう。また，(3) は期待値を求める問題ですので，定義に従って，「(もらえる金額)×(確率) の和」で求められます。

解答

(1) 硬貨を 3 枚同時に投げるとき，表が 1 枚，裏が 2 枚出る確率は $\quad {}_3C_1\left(\frac{1}{2}\right)^1\left(\frac{1}{2}\right)^2=\boldsymbol{\frac{3}{8}}$

◀反復試行の確率。
硬貨を 1 枚投げて表が出る確率は $\frac{1}{2}$，
裏が出る確率は
$1-\frac{1}{2}=\frac{1}{2}$ である。

(2) 表が出た硬貨の枚数が 1 枚であるという事象を A，500 円硬貨が表であるという事象を B とする。

(1) から $\quad P(A)=\frac{3}{8}$

事象 $A\cap B$ が起こるのは，500 円硬貨は表が出て，10 円硬貨，100 円硬貨はともに裏が出る場合であるから

$$P(A\cap B)=\frac{1}{2}\cdot\frac{1}{2}\cdot\frac{1}{2}=\frac{1}{8}$$

よって，求める条件付き確率は

$$P_A(B)=\frac{P(A\cap B)}{P(A)}=\frac{1}{8}\div\frac{3}{8}=\boldsymbol{\frac{1}{3}}$$

◀事象 A が起こったときに，事象 B が起こる確率は，条件付き確率 $P_A(B)$ である。

(3) もらえる金額を X 円とすると，X のとりうる値は
0，10，100，110，500，510，600，610

それぞれの値をとる確率は $\frac{1}{2}\cdot\frac{1}{2}\cdot\frac{1}{2}=\frac{1}{8}$ であるから，

求める期待値は

$$0\times\frac{1}{8}+10\times\frac{1}{8}+100\times\frac{1}{8}+110\times\frac{1}{8}+500\times\frac{1}{8}$$
$$+510\times\frac{1}{8}+600\times\frac{1}{8}+610\times\frac{1}{8}=\boldsymbol{305}$$

◀例えば，もらえる金額が 110 円となるのは，10 円硬貨，100 円硬貨は表が出て，500 円硬貨は裏が出るときである。

CHECK 1－A の(2)では，問題文に「条件付き確率」と書いてありませんが，「～であるとき，…… である確率」という場合には，条件付き確率を表している場合もあることを覚えておきましょう。
なお，条件付き確率の定義や計算方法については，$p.427$ ズーム UP などで詳しく解説していますので，復習しておきましょう。

次の問題 1 は CHECK 1－A と同様，条件付き確率や期待値を求める問題ですが，設定がやや複雑になっています。問題文をよく読み，状況を整理しながら解いてみましょう。

問題 1　陽性判定の確率と期待値

ウイルス X に感染しているかどうかを調べるための検査に対して，次の(i), (ii)がわかっている。

(i)　X に感染している場合，陽性と判定される確率は 90 % である。

(ii)　X に感染していない場合，陽性と判定される確率は 10 % である。

また，検査結果は陽性か陰性のどちらか一方のみが出るものとし，それ以外の結果は出ないものとする。
これから，ある 5 人がこの検査を受けようとしている。5 人のうち 1 人だけが X に感染しているとするとき，次の問いに答えよ。

(1)　5 人から無作為に選んだ 1 人が陽性と判定される確率を求めよ。

(2)　5 人のうち 1 人だけが陽性と判定される確率を求めよ。

(3)　5 人のうち 1 人だけが陽性と判定されたとき，その 1 人が X に感染している確率を求めよ。

(4)　陽性と判定される人数の期待値を求めよ。

指針

(1)　X に感染している人が選ばれて陽性と判定される場合と，X に感染していない人が選ばれて陽性と判定される場合がある。

(2)　陽性と判定される 1 人が，X に感染している人である場合と，感染していない人である場合がある。

(3)　「5 人のうち 1 人だけが陽性と判定される」という事象が起こったときに，「その 1 人が X に感染している」という事象が起こる **条件付き確率** を求める。

(4)　陽性と判定される人数が 2 人，3 人，4 人，5 人である確率をそれぞれ求め，**期待値**を計算する。

解答

(1)　5 人から無作為に選んだ 1 人が陽性と判定されるのは

[1]　X に感染している人が選ばれて，陽性と判定される

[2]　X に感染していない人が選ばれて，陽性と判定される

の場合があり，[1]，[2] の事象は互いに排反である。

X に感染している人が陽性と判定される確率は $\frac{9}{10}$,

X に感染していない人が陽性と判定される確率は $\frac{1}{10}$

であるから，求める確率は

$$\frac{1}{5}\times\frac{9}{10}+\frac{4}{5}\times\frac{1}{10}=\mathbf{\frac{13}{50}}$$

(2) 5 人のうち 1 人だけが陽性と判定されるのは

[1] X に感染している人が陽性と判定され，X に感染していない人は 4 人とも陰性と判定される

[2] X に感染している人が陰性と判定され，X に感染していない人のうち 1 人が陽性，他の 3 人は陰性と判定される

の場合があり，[1]，[2] の事象は互いに排反である。

X に感染していない人が陰性と判定される確率は $\frac{9}{10}$,

X に感染している人が陰性と判定される確率は $\frac{1}{10}$

であるから，

[1] の場合の確率は $\quad\frac{9}{10}\times\left(\frac{9}{10}\right)^4=\frac{9^5}{10^5}$

[2] の場合の確率は $\quad\frac{1}{10}\times{}_4C_1\left(\frac{1}{10}\right)^1\left(\frac{9}{10}\right)^3=\frac{4\times9^3}{10^5}$

よって，求める確率は

$$\frac{9^5}{10^5}+\frac{4\times9^3}{10^5}=\frac{9^3\times(81+4)}{10^5}$$

$$=\frac{9^3\times85}{10^5}=\mathbf{\frac{12393}{20000}}$$

(3) 5 人のうち 1 人だけが陽性と判定されるという事象を A，陽性と判定された人が X に感染しているという事象を B とすると，(2) から

$$P(A)=\frac{9^3\times85}{10^5},\ P(A\cap B)=\frac{9^5}{10^5}$$

よって $\quad P_A(B)=\frac{P(A\cap B)}{P(A)}=\frac{9^5}{10^5}\div\frac{9^3\times85}{10^5}=\mathbf{\frac{81}{85}}$

(4) 5 人のうち 2 人だけが陽性と判定される場合を考える。

X に感染している人と感染していない 1 人が，陽性と判定される確率は $\quad\frac{9}{10}\times{}_4C_1\left(\frac{1}{10}\right)^1\left(\frac{9}{10}\right)^3$

X に感染している人は陰性と判定され，感染していない 2 人が陽性と判定される確率は $\quad\frac{1}{10}\times{}_4C_2\left(\frac{1}{10}\right)^2\left(\frac{9}{10}\right)^2$

よって，5 人のうち 2 人だけが陽性と判定される確率は

$$\frac{9}{10}\times{}_4C_1\left(\frac{1}{10}\right)^1\left(\frac{9}{10}\right)^3+\frac{1}{10}\times{}_4C_2\left(\frac{1}{10}\right)^2\left(\frac{9}{10}\right)^2=\frac{26730}{100000}$$

◀ ┈┈ は，条件 (i)，┈┈ は，条件 (ii) から。

◀5 人から無作為に 1 人を選ぶとき，X に感染している人が選ばれる確率は $\frac{1}{5}$，X に感染していない人が選ばれる確率は $\frac{4}{5}$ である。

◀ 〰 は，条件 (ii)，〰 は，条件 (i) から。

◀感染していない 4 人のうち 1 人だけが陽性と判定される確率は，反復試行の確率の考えを用いる。

◀$\frac{9^3\times85}{10^5}=\frac{61965}{100000}$ から，約 62 % である。

◀$P(A\cap B)$ は，(2) [1] の場合の確率である。

◀$\frac{81}{85}=0.952\cdots\cdots$ から，約 95 % である。

◀(2) と同様に，X に感染している人が陽性と判定されるか，陰性と判定されるかで場合分けして考える。

◀約分しないでおく。

同様に，5 人のうち 3 人だけが陽性と判定される確率は

$$\frac{9}{10}\times{}_4C_2\left(\frac{1}{10}\right)^2\left(\frac{9}{10}\right)^2+\frac{1}{10}\times{}_4C_3\left(\frac{1}{10}\right)^3\left(\frac{9}{10}\right)^1=\frac{4410}{100000}$$

5 人のうち 4 人だけが陽性と判定される確率は

$$\frac{9}{10}\times{}_4C_3\left(\frac{1}{10}\right)^3\left(\frac{9}{10}\right)^1+\frac{1}{10}\times\underline{\left(\frac{1}{10}\right)^4}=\frac{325}{100000}$$

◀＿＿は，X に感染していない 4 人が，4 人とも陽性と判定される確率である。

5 人全員が陽性と判定される確率は

$$\frac{9}{10}\times\left(\frac{1}{10}\right)^4=\frac{9}{100000}$$

よって，求める期待値は

$$1\times\frac{61965}{100000}+2\times\frac{26730}{100000}+3\times\frac{4410}{100000}+4\times\frac{325}{100000}+5\times\frac{9}{100000}=\mathbf{1.3}$$

◀(人数)×(確率) の和。1 人が陽性と判定される場合については，(2) の結果を利用。

検討

期待値の計算

期待値の計算について，数学 B では次の性質を学習する。

> 変量 X，Y に対して，その期待値を $E(X)$，$E(Y)$ とするとき，
> $$\boldsymbol{E(X+Y)=E(X)+E(Y)}$$
> すなわち，「**(和の期待値)＝(期待値の和)**」……（＊）　が成り立つ。

(＊)が成り立つことを，まずは CHECK 1－A (3) を例に確かめてみよう。

10 円硬貨，100 円硬貨，500 円硬貨，それぞれについて，表が出る確率は $\frac{1}{2}$ であるから，もらえる金額の期待値は

$$\left(10\times\frac{1}{2}+0\times\frac{1}{2}\right)+\left(100\times\frac{1}{2}+0\times\frac{1}{2}\right)+\left(500\times\frac{1}{2}+0\times\frac{1}{2}\right)$$

◀硬貨ごとの期待値の和

$$=5+50+250=\mathbf{305}$$

このように，硬貨ごとにもらえる金額の期待値の和を計算しても，CHECK 1－A (3) の解答のように X のとりうる値とその確率を計算して期待値を求めても，同じ結果になることがわかる。

それでは，(＊)を用いて，問題 **1** (4) の期待値を計算してみよう。

X に感染している 1 人に対して検査を行うとき，陽性と判定される人数の期待値は

$$1\times0.9+0\times0.1=0.9$$

X に感染していない 1 人に対して検査を行うとき，陽性と判定される人数の期待値は

$$1\times0.1+0\times0.9=0.1$$

よって，X に感染している 1 人と感染していない 4 人に対して検査を行うとき，陽性と判定される人数の期待値は

$$0.9+0.1\times4=\mathbf{1.3}$$

問題 **1** の設定では，5 人のうち 1 人だけが X に感染していることがわかっている場合であるから，このように(＊)を用いることで簡単に計算できる。

検討

感度と特異度

実際の医学における臨床検査において，

　陽性と判定されるべき人（X に感染している人）が陽性と判定される確率を「**感度**」，

　陰性と判定されるべき人（X に感染していない人）が陰性と判定される確率を「**特異度**」

という。

問題 **1** の検査における感度を a，特異度を b とすると，$a=0.9$，$b=0.9$ である。

問題 **1** では，5 人に検査を行う場合について考えたが，もっと大規模な集団に対して検査を行う場合について考察してみよう。

いま，10000 人の集団があり，そのうち 250 人が X に感染しているとする。この 10000 人に対して検査を行うことを考える。検査の感度を a，特異度を b とすると，陽性と判定される人数の期待値は，(＊)の性質を利用して求めると

$$250a+9750(1-b) \quad \cdots\cdots \text{①}$$

と表される。

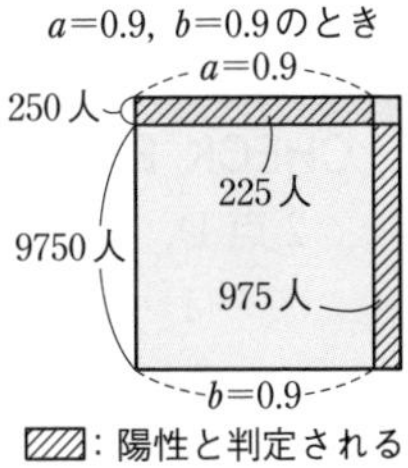

問題 **1** と同様に，$a=0.9$，$b=0.9$ であるとすると，陽性と判定される人数の期待値は，① から

$$250\times0.9+9750\times0.1=1200 \text{（人）}$$

となり，実際の感染者数 250 人との差が大きいことがわかる。

それでは，検査の感度 a や特異度 b を変化させたとき，陽性と判定される人数の期待値がどのように変化するのかを考察してみよう。

a，b のうち，一方を 0.99 とした場合，陽性と判定される人数の期待値は，① から

　$a=0.99$，$b=0.9$ のとき

　　$250\times0.99+9750\times0.1=1222.5$（人）

　$a=0.9$，$b=0.99$ のとき

　　$250\times0.9+9750\times0.01=322.5$（人）

となる。

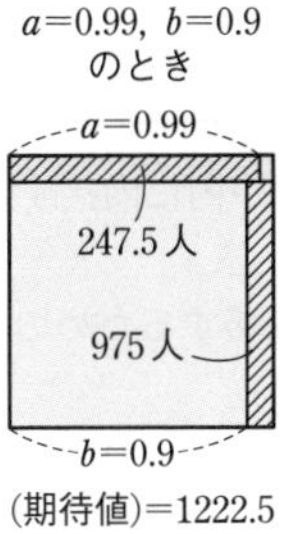

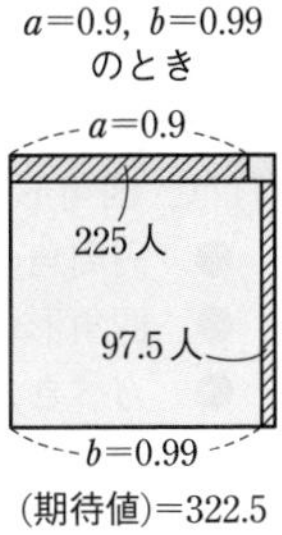

よって，この状況設定では，特異度 b を高める方が，実際の感染者数と陽性と判定される人数の期待値が近くなることがわかる。

ただし，どのような場合でも，特異度を高めれば実際の感染者数と期待値が近くなる，というわけではないことにも注意したい。

10000 人のうち 250 人が感染している，すなわち，感染率が 2.5 % と低い場合は，感度よりも特異度の方が期待値に与える影響が大きいが，感染率が高くなるとその結果は変わる。

例えば，感染率が 90 % である，すなわち，10000 人のうち 9000 人が感染している場合，陽性と判定される人数の期待値は

$a=0.9$，$b=0.9$ のとき　　$9000\times0.9+1000\times0.1=8200$（人）

$a=0.99$，$b=0.9$ のとき　　$9000\times0.99+1000\times0.1=9010$（人）

$a=0.9$，$b=0.99$ のとき　　$9000\times0.9+1000\times0.01=8110$（人）

よって，この場合は感度 a を高める方が実際の感染者数と期待値が近くなることがわかる。

テーマ **2**

平面図形上の点の位置

与えられた条件を満たす点の位置を考察する

数学A

平面図形の性質は，これまで多くの問題や定理などを通じて学んできました。このテーマでは，条件を満たすように図形をかいたとき，特定の点がどのような位置にあるか，その位置に規則性はあるかといったことを，コンピュータソフトも利用しながら考察します。

まず，次の問題を考えてみましょう。

CHECK 2−A　正三角形 ABC に対し，図のように，2 点 D，E を，次の(i)~(iii) を満たすようにとる。

(i)　△ADE は正三角形である

(ii)　3 点 B，D，E は一直線上にある

(iii)　直線 BE は辺 AC と交わる

ただし，点 B に近い方の点を D，遠い方の点を E とする。

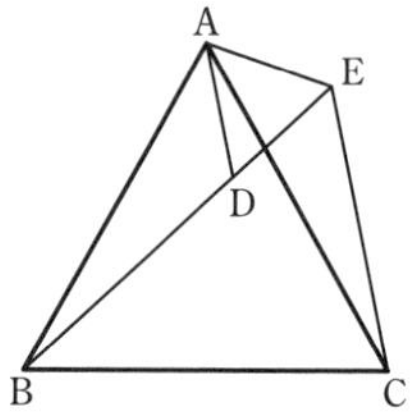

(1)　四角形 ABCE は円に内接することを証明せよ。

(2)　AD∥EC であることを証明せよ。

(3)　辺 AC と直線 BE の交点を P とする。
AD=3，BD=5 のとき，DP の長さを求めよ。

(1) は，四角形 ABCE が円に内接することを示します。その方法としては，

- 円周角の定理の逆　◀p.478 参照
- 四角形が円に内接するための条件（1 組の対角の和が 180°）　◀p.479 参照
- 方べきの定理の逆　◀p.488 参照

などを利用することが挙げられます。どの方法が利用しやすいかを考えてみましょう。
(2) では，(1) で示したことを利用して，同位角，または錯角が等しいことを示します。
(3) は少し難しいかもしれませんが，△ABD と合同な三角形を探してみましょう。

解答

(1)　△ABC，△ADE は正三角形であるから

$\angle ACB=\angle AEB=60°$

よって，円周角の定理の逆により，四角形 ABCE は円に内接する。

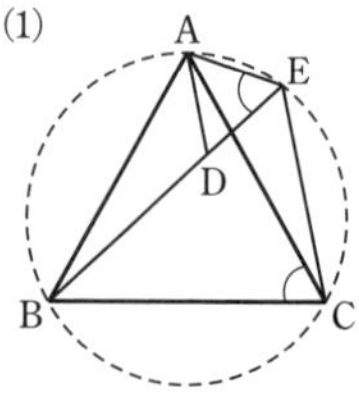

(2)　△ABC，△ADE は正三角形であるから

$\angle BAC=60°,\ \angle ADE=60°$

(1) より，四角形 ABCE は円に内接するから，円周角の定理により

$\angle BEC=\angle BAC=60°$

よって，∠ADE=∠BEC より，錯角が等しいから

AD∥EC

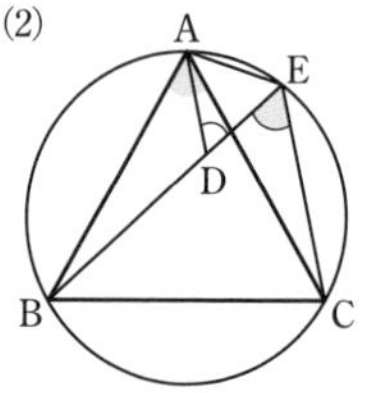

(3) △ABD と △ACE において，
△ABC，△ADE は正三角形であるから

$AB=AC$ …… ①
$AD=AE$ …… ②
$\angle BAC=\angle DAE=60^\circ$

よって，$\angle BAD=60^\circ-\angle DAC$，
$\angle CAE=60^\circ-\angle DAC$ より

$\angle BAD=\angle CAE$ …… ③

①，②，③ から

$\triangle ABD\equiv\triangle ACE$

◀2 組の辺とその間の角がそれぞれ等しい。

ゆえに　$CE=BD=5$

(2) より，AD∥EC であるから

$DP:PE=AD:EC=3:5$

よって　$DP=\frac{3}{3+5}DE=\frac{3}{8}\times 3=\mathbf{\frac{9}{8}}$

◀$DE=AD=3$

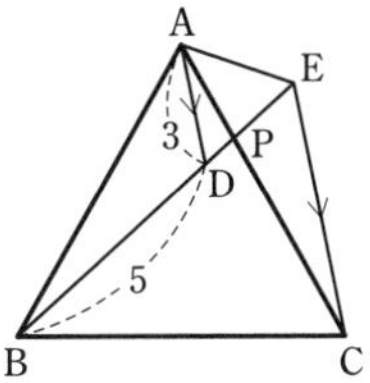

補足　△ABD について，余弦定理により

◀余弦定理は数学Ⅰで学習する。

$AB^2=AD^2+BD^2-2AD\cdot BD\cos\angle ADB$
$=3^2+5^2-2\cdot3\cdot5\cdot\cos 120^\circ$
$=9+25-2\cdot3\cdot5\cdot\left(-\frac{1}{2}\right)=49$

◀△ABD は，3 辺の長さが 3, 5, 7 で，1 つの角の大きさが 120° である。

AB>0 から　AB=7

よって，正三角形 ABC の 1 辺の長さは 7 である。

CHECK 2－A の図形について，2 点 D，E は

(i) △ADE は正三角形である
(ii) 3 点 B，D，E は一直線上にある
(iii) 直線 BE は辺 AC と交わる

を満たします。ここで，これらの条件を満たす 2 点 D，E がどのような位置にあるのかを考えてみましょう。ただし，(3) の条件である AD=3，BD=5 ははずして考えます。

まず，点 E の位置について考えます。
点 E は (1) で証明したように，∠AEB=60° であることから，<u>△ABC の外接円上にある</u>ことがわかります。
また，直線 BE が辺 AC と交わることから，点 E は点 B を含まない $\overset{\frown}{AC}$ 上にあり，2 点 A，C とは異なる点となります。
よって，点 E を $\overset{\frown}{AC}$ 上に 1 つ定めると，△ADE が正三角形であるという条件から，直線 BE 上に AE=DE となるように，点 D をとることになります。

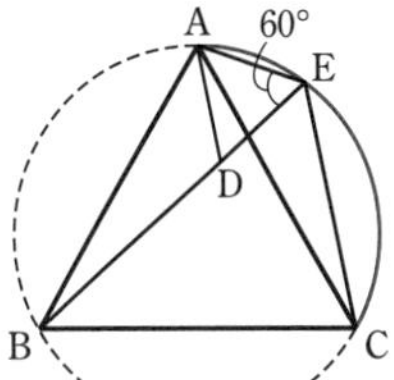

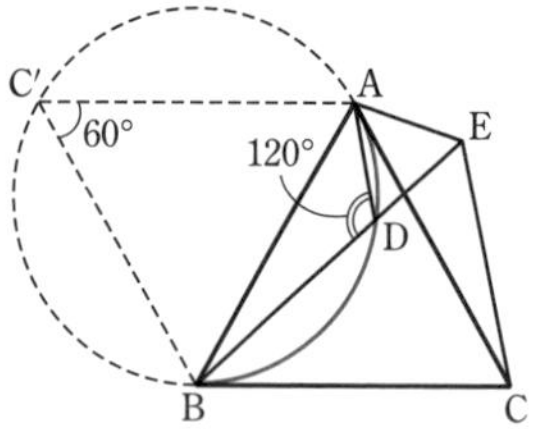

次に，点Dの位置についても考えてみましょう。
∠ADE＝60° より，常に ∠ADB＝120° が成り立ちます。よって，点Eの位置を考えたときと同様に考えると，点Dはある円周上にあることがわかります。
ここで，点Cを直線ABに関して対称移動させた点をC′とすると，△ABC′ は正三角形になります。
∠AC′B＝60°，∠ADB＝120° から，四角形 AC′BD は円に内接し，その円は △ABC′ の外接円です。
したがって，点Dは △ABC′ の外接円の，点C′ を含まない $\overset{\frown}{\mathrm{AB}}$ 上（ただし，2点A，Bを除く）にあることがわかります。

まとめると，点Eは $\overset{\frown}{\mathrm{AC}}$ 上にあり，点Dは（△ABC′ の外接円の）$\overset{\frown}{\mathrm{AB}}$ 上にありますが，点Eの位置によって直線BEも変化しますので，点Dの位置も変化します。なお，△ABC の外接円と △ABC′ の外接円は，点A，B，CおよびC′によって決まるものですので，点D，Eの位置が変化しても，これら2つの円は変化しません。

点D，Eの変化の様子は，コンピュータソフトを用いると，視覚的に確かめることができます。

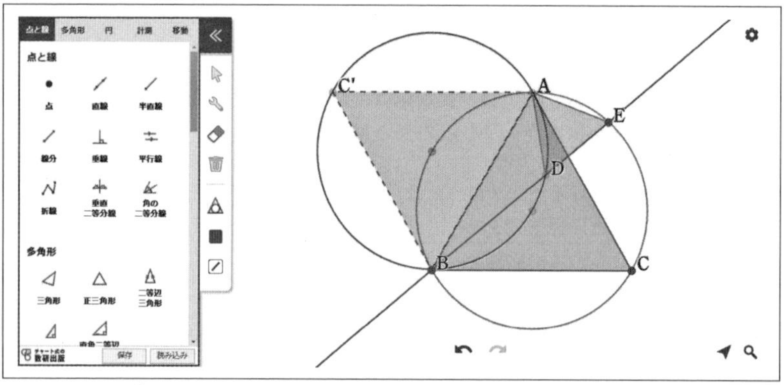

↑ コンピュータソフトの画面。点Eを動かすと，それに合わせて点Dも動く。

このソフトでは，点Eを動かすことができ，$\overset{\frown}{\mathrm{AC}}$ 上を動くように予め設定されています。点Eを動かすことで，それに合わせて点Dが $\overset{\frown}{\mathrm{AB}}$ 上を動く様子を確かめることができます。このソフトは，右の二次元コードからアクセスできますので，ぜひ自ら確かめてみてください。

図形描画
ソフト

このように，点の位置について，与えられた条件により常に特定の図形上にある場合があります。そのようなことも意識しながら，次の問題 **2** に挑戦してみましょう。

問題2 外接円上を動く点と内心の位置の変化

AB＝AC＝8，BC＝4 である △ABC の内心を I とし，△ABC の外接円を円 O とする。

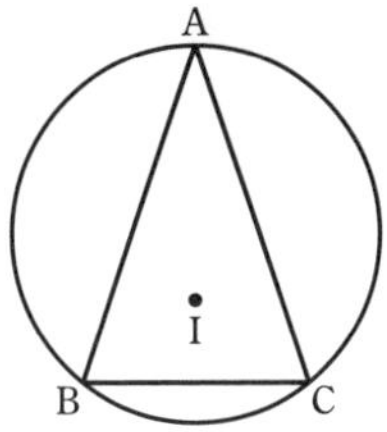

(1) 線分 AI の長さを求めよ。

(2) 点 B を含まない $\overset{\frown}{AC}$ 上に，点 A，C とは異なる点 A′ をとり，△A′BC の内心を I′ とする。
∠BAC＝θ とするとき，∠BIC＝［ア］，∠BA′C＝［イ］，∠BI′C＝［ウ］である。
よって，I′ は［エ］。
［ア］～［エ］に当てはまるものを，次の各解答群のうちから一つずつ選べ。ただし，同じものを繰り返し選んでもよい。

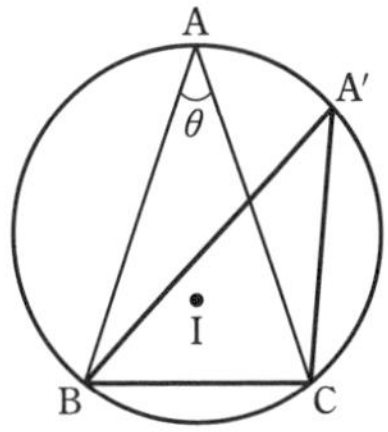

［ア］～［ウ］の解答群：

⓪ θ　① $90^\circ+\theta$　② $90^\circ-\theta$　③ $\dfrac{\theta}{2}$　④ $90^\circ+\dfrac{\theta}{2}$

⑤ $90^\circ-\dfrac{\theta}{2}$　⑥ 2θ　⑦ $90^\circ+2\theta$　⑧ $90^\circ-2\theta$

［エ］の解答群：

⓪ △IBC の外接円上にある　① △IBC の内接円上にある
② △IBC の重心と一致する　③ 辺 IC 上にある

(3) 直線 AI と円 O との交点のうち，点 A と異なる点を D，直線 A′I′ と円 O との交点のうち，点 A′ と異なる点を D′ とする。このとき，点 D′ の位置について最も適当なものを，次の⓪～③のうちから一つ選べ。ただし，以下の $\overset{\frown}{BD}$，$\overset{\frown}{CD}$ は，点 A を含まない方の弧を表す。また，$\overset{\frown}{BD}$ 上，$\overset{\frown}{CD}$ 上には，それぞれ両端の 2 点を含まないものとする。［オ］

⓪ 点 D′ の位置は点 A′ の位置によらず，点 D と同じ位置にある。
① 点 D′ の位置は点 A′ の位置によらず，$\overset{\frown}{BD}$ 上にある。
② 点 D′ の位置は点 A′ の位置によらず，$\overset{\frown}{CD}$ 上にある。
③ 点 D′ の位置は点 A′ の位置によって，$\overset{\frown}{BD}$ 上にある場合と $\overset{\frown}{CD}$ 上にある場合がある。

指針
(1) 内心は三角形の 3 つの内角の二等分線の交点であるから，角の二等分線の性質が利用できる。
(2) 4 点 A，B，C，A′ は 1 つの円周上にあるから，円周角の定理が利用できる。
(3) 直線 AI，A′I′ はそれぞれ ∠BAC，∠BA′C の二等分線であることから，$\overset{\frown}{BC}$ に対して，点 D，点 D′ がどのような位置にあるかを考える。

解答

(1) 直線 AI と辺 BC との交点を M とする。

AB＝AC より点 M は辺 BC の中点であり，AM⊥BC である。

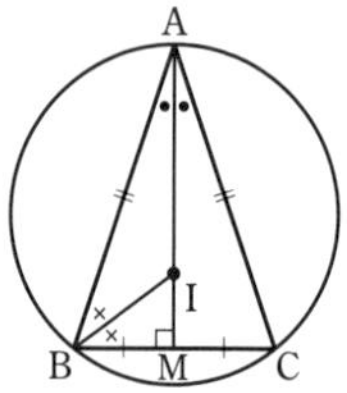

よって，三平方の定理より

$$AM=\sqrt{AB^2-BM^2}=\sqrt{8^2-2^2}=2\sqrt{15}$$

また，I は △ABC の内心であるから，直線 BI は ∠ABC の二等分線である。

よって　　AI：IM＝BA：BM

◀角の二等分線の性質 （p.448 参照）

BA：BM＝8：2＝4：1 であるから

AI：IM＝4：1

ゆえに　　$AI=\dfrac{4}{4+1}AM=\dfrac{4}{5}\times 2\sqrt{15}=\boldsymbol{\dfrac{8\sqrt{15}}{5}}$

(2) AB＝AC，∠BAC＝θ より

$$\angle ABC=\angle ACB=\frac{180^\circ-\theta}{2}=90^\circ-\frac{\theta}{2}$$

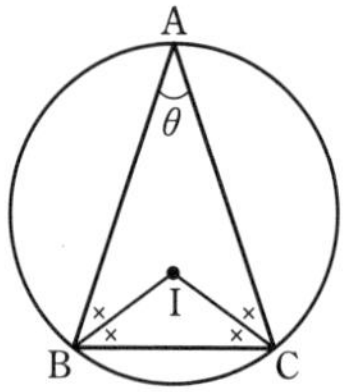

I は △ABC の内心であるから，直線 BI，CI はそれぞれ ∠ABC，∠ACB の二等分線である。

よって　　$\angle IBC=\angle ICB=\dfrac{1}{2}\left(90^\circ-\dfrac{\theta}{2}\right)$

ゆえに　　$\angle BIC=180^\circ-\dfrac{1}{2}\left(90^\circ-\dfrac{\theta}{2}\right)\times 2$

$$=90^\circ+\frac{\theta}{2}\ (^{ア}④)$$

また，4 点 A，B，C，A′ は 1 つの円周上にあるから，円周角の定理により

$$\angle BA'C=\angle BAC=\theta\ (^{イ}⓪)$$

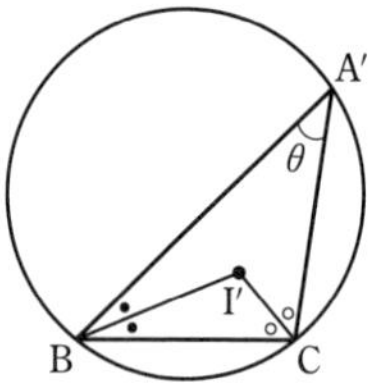

I′ は △A′BC の内心であるから，直線 BI′，CI′ はそれぞれ ∠A′BC，∠A′CB の二等分線である。

よって

$$\angle I'BC+\angle I'CB=\frac{1}{2}(\angle A'BC+\angle A'CB)$$

$$=\frac{1}{2}(180^\circ-\theta)=90^\circ-\frac{\theta}{2}$$

ゆえに

$$\angle BI'C=180^\circ-(\angle I'BC+\angle I'CB)$$

$$=180^\circ-\left(90^\circ-\frac{\theta}{2}\right)=90^\circ+\frac{\theta}{2}\ (^{ウ}④)$$

したがって，∠BIC＝∠BI′C が成り立つから，円周角の定理の逆により，4 点 I，B，C，I′ は 1 つの円周上にある。この円は △IBC の外接円であるから，I′ は △IBC の外接円上にある。(^{エ}⓪)

(3) 直線 AI，A′I′ はそれぞれ $\angle BAC$，$\angle BA'C$ の二等分線であるから

$\angle BAD=\angle CAD$，

$\angle BA'D'=\angle CA'D'$

よって，$\overset{\frown}{BD}=\overset{\frown}{CD}$，

$\overset{\frown}{BD'}=\overset{\frown}{CD'}$ が成り立つから，

点 D′ の位置は点 A′ の位置によらず，点 D と同じ位置にある。（^{オ}⓪）

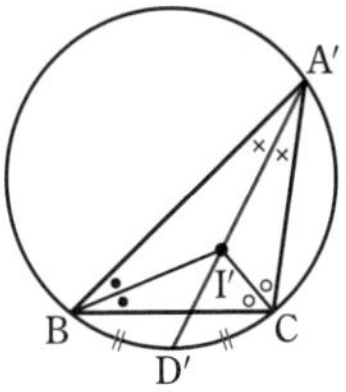

◀1 つの円において，円周角と弧の長さは比例するから，円周角が等しければ，弧の長さも等しい。

（$p.478$ 参照）

検討

点 I′ が △IBC の外接円上にあることをコンピュータソフトで確かめる

(2) では，点 A′ の位置によらず，$\angle BI'C$ が一定 $\left(\angle BI'C=90°+\dfrac{\theta}{2}\right)$ であることから，円周角の定理の逆を用いて，点 I′ が △IBC の外接円上にあることを示した。これは，点 A′ が △ABC の外接円上を動くとき，それに合わせて点 I′ が △IBC の外接円上を動くことを示している。これも，コンピュータソフトを用いると視覚的に確かめることができる。

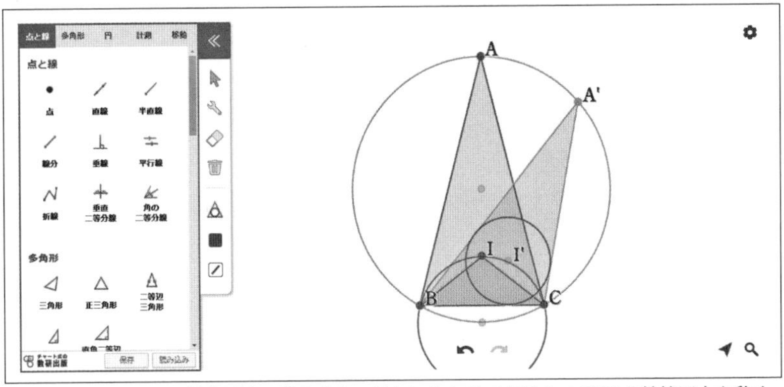

↑ 点 A′ を △ABC の外接円上で動かすと，それに合わせて点 I′ も △IBC の外接円上を動く。

右の二次元コードから，問題 **2** (2) の図形を動かすことのできる図形ソフトにアクセスできる。点 A′ が動くときの点 I′ の動きを実際に確かめてみよう。

図形描画
ソフト

テーマ
3 素数の問題

数学A

素数を題材とした問題へのアプローチを学ぶ

このテーマでは，素数を題材にした整数問題を扱います。数学A 基本例題 **115** でも学習しましたが，素数とは，1と自分自身以外に正の約数をもたない2以上の自然数のことです。このシンプルな性質ゆえ，その使い方には工夫が必要なものもあります。易しい内容ではありませんが，例題で学んだことを思い出しながら取り組んでみましょう。

まず，次の問題を考えてみましょう。

CHECK 3−A　整数 n について，n^2 を4で割った余りを求めよ。

整数の問題を考えるときの重要な考え方の1つとして，数学A 基本例題 **125** で学習した「余りによって整数を分類する」という考え方があります。この問題は，n^2 を4で割った余りを求める問題ですので，整数 n を4で割った余りで分けて考えます。

解答

すべての整数 n は，$4k$，$4k+1$，$4k+2$，$4k+3$（k は整数）のいずれかの形で表される。

[1]　$n=4k$ のとき

$n^2=(4k)^2=4\cdot4k^2$

[2]　$n=4k+1$ のとき

$n^2=(4k+1)^2=4(4k^2+2k)+1$

[3]　$n=4k+2$ のとき

$n^2=(4k+2)^2=4(4k^2+4k+1)$

[4]　$n=4k+3$ のとき

$n^2=(4k+3)^2=4(4k^2+6k+2)+1$

よって，n^2 を4で割った余りは

$n=4k$，$4k+2$ のとき　0，

$n=4k+1$，$4k+3$ のとき　1（k は整数）

◀$4k+3$ は $4k-1$ と表してもよい。この場合，$4k+1$ と $4k-1$ をまとめて $4k\pm1$ と書き，
$n^2=(4k\pm1)^2$
$=4(4k^2\pm2k)+1$
（複号同順）
として，[2] と [4] をまとめて，4で割った余りが1であることを示すこともできる。

別解　すべての整数 n は $2k$，$2k+1$（k は整数）のいずれかの形で表される。

[1]　$n=2k$ のとき

$n^2=(2k)^2=4k^2$

[2]　$n=2k+1$ のとき

$n^2=(2k+1)^2=4(k^2+k)+1$

よって，n^2 を4で割った余りは

$n=2k$ のとき　0，

$n=2k+1$ のとき　1（k は整数）

◀この問題は，2で割った余りで分けて考えてもうまくいく。

CHECK 3－A は，問題文に「4 で割った余りを求めよ」とありますので，整数 n を 4 で割った余りで分類しました。このように分類することで，$\boldsymbol{n^2=4\times}$**(整数)＋(余り)** の形に整理することができ，余りを求めることができます。また，最終的な答えの書き方は，解答のように，n がどのような整数か（4 で割った余りがいくつか）によって，自ら場合に分けて解答する必要があります。

> $n=4k+m$ のとき
> $n^2=\underline{16}k^2+\underline{8}mk+m^2$
> ↑　↑
> 4 の倍数が出てくる
> → 4×(整数)＋(余り)
> の形にできる

なお，

n を 4 で割った余りが 0 または 2 のとき，n^2 を 4 で割った余りは　0,

n を 4 で割った余りが 1 または 3 のとき，n^2 を 4 で割った余りは　1

のように，言葉で説明して解答しても構いません。

ところで，別解 では整数 n を 2 で割った余りで分類して示しました。このように分類することで場合分けの数を減らすことができますが，いつでもうまくいくとは限りません。

そのため，「● で割った余りを求めよ」という問題では，**● で割ったときの余りで分類するのが原則** です。

整数の問題としてよく題材になるものに「素数」があります。数学 A 基本例題 **115** で扱ったように，素数とは，正の約数が 1 と自分自身だけである 2 以上の自然数のことです。$p.523$ のズーム UP では，偶数の素数は 2 だけであり，また，3 以上の素数はすべて奇数であるという性質を学びました。次の問題 **3** は素数を題材にした問題で，類題を演習したことがあまりないタイプの問題かもしれません。解答の方針が定まらないときは，すぐに解答を見るのではなく，指針をよく読み，じっくり考えてみてください。

問題 3　(素数)^2 を 12 で割った余り

3 より大きい素数 p について，p^2 を 12 で割った余りを求めよ。　〔類 弘前大〕

指針 問題の状況がつかめない場合には，まずは，具体的な素数 p $(p>3)$ について，p^2 を 12 で割った余りを調べてみるとよい。すると，

$p=5$ のとき　$p^2=25=12\cdot2+1$,　$p=7$ のとき　$p^2=49=12\cdot4+1$,

$p=11$ のとき　$p^2=121=12\cdot10+1$,　$p=13$ のとき　$p^2=169=12\cdot14+1$

であるから，p^2 を 12 で割った余りは 1 であることが予想できる。

この問題では，12 で割った余りを考えるから，k を整数として，

$p=\underline{12}k+m$ $(m=0,\ 1,\ \cdots\cdots,\ 11)$ に分けて考える。

ここで，$p>3$，$12=2^2\cdot3$ であるから，**m が 2 の倍数または 3 の倍数のときは，素数にはならず，除外できる。**……★

したがって，$\boldsymbol{p=12k+1,\ 12k+5,\ 12k+7,\ 12k+11}$ について，p^2 を 12 で割った余りを求めればよい。

> (例) $m=4$ のとき
> $12k+4=4(3k+1)$
> → 素数ではない！

余りで分類

CHART　$\boldsymbol{m}$ で割った余りは　0, 1, 2, ……, $\boldsymbol{m-1}$

→ $\boldsymbol{mk,\ mk+1,\ mk+2,\ \cdots\cdots,\ mk+(m-1)}$

別解　p を 6 で割った余りで分類しても，$(6k+m)^2=\underline{12}(3k^2+km)+m^2$ となることから，12 で割った余りを調べることができる。

ここで，3 より大きい素数は 2 でも 3 でも割り切れないから，3 より大きい素数 p は，k を整数として，$\boldsymbol{6k+1}$ または $\boldsymbol{6k+5}$ のいずれかの形で表される。

解答

すべての整数は

$12k+m$ （k は整数，$m=0,\ 1,\ 2,\ \cdots\cdots,\ 11$）

の形で表される。

ここで，m が2の倍数のとき，$12k+m$ は2で割り切れるから，$12k+m$ が2になる場合を除き，素数ではない。

また，m が3の倍数のとき，$12k+m$ は3で割り切れるから，$12k+m$ が3になる場合を除き，素数ではない。

よって，3より大きい素数 p は，

$12k+1,\ 12k+5,\ 12k+7,\ 12k+11$ （k は整数）

のいずれかの形で表される。

[1]　$p=12k+1$ のとき

$p^2=(12k+1)^2=12(12k^2+2k)+1$

[2]　$p=12k+5$ のとき

$p^2=(12k+5)^2=12(12k^2+10k+2)+1$

[3]　$p=12k+7$ のとき

$p^2=(12k+7)^2=12(12k^2+14k+4)+1$

[4]　$p=12k+11$ のとき

$p^2=(12k+11)^2=12(12k^2+22k+10)+1$

ゆえに，3より大きい素数 p について，p^2 を12で割った余りは　**1**

別解　3より大きい素数は2でも3でも割り切れないから，6で割った余りは1または5である。

よって，3より大きい素数 p は，$6k+1,\ 6k+5$ （k は整数）のいずれかの形で表される。

[1]　$p=6k+1$ のとき

$p^2=(6k+1)^2=12(3k^2+k)+1$

[2]　$p=6k+5$ のとき

$p^2=(6k+5)^2=12(3k^2+5k+2)+1$

ゆえに，3より大きい素数 p について，p^2 を12で割った余りは　**1**

◀指針＿＿……★の方針。
3より大きい素数が $12k+m$ の形で表されるとき，12と m は共通の素因数をもたない。このことから，3より大きい素数は，
$12k,\ 12k+2,$
$12k+3,\ 12k+4,$
$12k+6,\ 12k+8,$
$12k+9,\ 12k+10$
の形で表されることはない。

◀$12k+7$ は $12k-5$，$12k+11$ は $12k-1$ と表してもよい。
この場合，$12k\pm1$，$12k\pm5$ と書くことで，[1]と[4]，[2]と[3]をまとめて計算することもできる。

◀6で割って5余る数は，$6k-1$ と表してもよい。
この場合，$6k\pm1$ とまとめて書くことで，[1]と[2]をまとめて計算することもできる。

検討

「素数である」という条件の使い方

整数の問題において，「p は素数である」という条件が与えられたとき，この条件をどのように使うかを改めて考えてみよう。

数学A基本例題 **115** では，「**素数 p の正の約数が1と p だけである**」という性質を学んだ。この性質は，「整数 $m,\ n$ と素数 p が $p=mn$ を満たすとき，$(m,\ n)=(\pm1,\ \pm p)$ または $(\pm p,\ \pm1)$ （複号同順）である」のように利用されることが多い。

問題 **3** では，

「2より大きい整数が $12k+2$ と表されるとき，$12k+2$ は2で割り切れるから，これは素数ではない」

として，素数の性質を用いた。なお，数学A重要例題 **128** でも同様の考え方を用いている。ただし，「2より大きい」という条件がない場合，$12k+2$ は $k=0$ のときに2という素数になるから注意が必要である。

検討 PLUS ONE

問題3の別解の考え方

数学A基本例題**115**や$p.523$ズームUPでは，他の素数の性質として

「偶数（2の倍数）の素数は2だけである。また，3以上の素数はすべて奇数である（2で割り切れない）。」

という性質も学んだ。これを発展させると，

「3の倍数の素数は3だけである。また，5以上の素数はすべて3で割り切れない。」

という性質もあることがわかる。

問題3の 別解 で用いた，3より大きい素数は2でも3でも割り切れないから，6で割った余りは1または5である，という考え方は，このような性質を念頭においている。

なお，「p^2を12で割った余りが1になる」と予想できれば（指針を参照），次のような方法で示すこともできる。

別解 2.　$p^2=p^2-1+1=(p-1)(p+1)+1$

pは奇数であるから，$p-1$，$p+1$はともに偶数であり，$(p-1)(p+1)$は4の倍数である。

また，pを3で割った余りは1または2であるから，$p-1$，$p+1$のどちらか一方は3の倍数である。

よって，$(p-1)(p+1)$は4の倍数かつ3の倍数であるから，12の倍数である。

したがって，p^2を12で割った余りは　**1**

この解法の$p^2=p^2-1+1=(p-1)(p+1)+1$という式変形はやや唐突ではあるが，余りが1になると予想できれば，「p^2を(整数)$+1$と変形して，(整数)が12の倍数であることを示せないか」という発想にたどりつける。

補足　問題3は，素数pに対しp^2を12で割った余りを求める問題であったが，実は，p^2を24で割った余りも1である。これを確かめてみよう。

解答では，[1]～[4]それぞれの場合で，$p^2=12\times(2\text{の倍数})+1$となっていることから，$p^2=24\times(\text{整数})+1$であることがわかる。

別解 では，kの偶奇で分けることで示すことができる（各自確かめてみよ）。

上の 別解 2.では，pを4で割った余りは1または3であることから，$p-1$，$p+1$はともに偶数であり，どちらか一方は4の倍数である。ゆえに，$(p-1)(p+1)$は8の倍数であることから示すことができる。

また，pが素数でなくとも，2でも3でも割り切れない整数であれば，24で割った余りが1であることを，解答と同様に示すことができる。例えば，25は素数ではないが，$25^2=24\times26+1$である。

更に，24で割った余りが1ならば，1以外の24の約数で割った余りも1であるから，2，3，4，6，8，12で割った余りも1であることも同時に証明できていることがわかる。（12で割った余りが1であることは，問題3で示した。）

素数の問題は，解法の選択が難しい問題が多い。しかし，問題3で見たように，基本例題で学んだ内容が活用されていることは実感できたであろう。素数が題材の問題に取り組むときには，「これまで学んだ知識を活用できるものはあるか」「素数特有の性質を用いているものは何か」といったことを意識しながら挑戦してみよう。

総合演習
第２部

総合演習　第2部　数学Ⅰ

第1章　数と式

1 (1) 整式 $A=x^2-2xy+3y^2$, $B=2x^2+3y^2$, $C=x^2-2xy$ について，
$2(A-B)-\{C-(3A-B)\}$ を計算せよ。　〔金沢工大〕
(2) $(x-1)(x+1)(x^2+1)(x^2-\sqrt{2}x+1)(x^2+\sqrt{2}x+1)$ を展開せよ。　〔摂南大〕
(3) $xy+x-3y-bx+2ay+2a+3b-2ab-3$ を因数分解せよ。　〔法政大〕
(4) $a^4+b^4+c^4-2a^2b^2-2a^2c^2-2b^2c^2$ を因数分解せよ。　〔横浜市大〕

2 定数 a, b, c, p, q を整数とし，次の x と y の多項式 P, Q, R を考える。
$P=(x+a)^2-9c^2(y+b)^2$,　$Q=(x+11)^2+13(x+11)y+36y^2$
$R=x^2+(p+2q)xy+2pqy^2+4x+(11p-14q)y-77$
(1) 多項式 P, Q, R を因数分解せよ。
(2) P と Q, Q と R, R と P は，それぞれ x, y の1次式を共通因数としてもっているものとする。このときの整数 a, b, c, p, q を求めよ。　〔東北大〕

3 n を自然数とし，$a=\dfrac{1}{1+\sqrt{2}+\sqrt{3}}$, $b=\dfrac{1}{1+\sqrt{2}-\sqrt{3}}$, $c=\dfrac{1}{1-\sqrt{2}+\sqrt{n}}$,
$d=\dfrac{1}{1-\sqrt{2}-\sqrt{n}}$ とする。整式 $(x-a)(x-b)(x-c)(x-d)$ を展開すると，定数項が $-\dfrac{1}{8}$ であるという。このとき，展開した整式の x の係数を求めよ。
〔防衛医大〕

4 (1) 2次方程式 $x^2+4x-1=0$ の解の1つを α とするとき，$\alpha-\dfrac{1}{\alpha}=$ ア□ であり，
$\alpha^3-\dfrac{1}{\alpha^3}=$ イ□ である。　〔金沢工大〕
(2) 異なる実数 α, β が $\begin{cases}\alpha^2+\sqrt{3}\beta=\sqrt{6}\\ \beta^2+\sqrt{3}\alpha=\sqrt{6}\end{cases}$ を満たすとき，$\alpha+\beta=$ ア□,
$\alpha\beta=$ イ□ であり，$\dfrac{\beta}{\alpha}+\dfrac{\alpha}{\beta}=$ ウ□ である。　〔近畿大〕

5 不等式 $p(x+2)+q(x-1)>0$ を満たす x の値の範囲が $x<\dfrac{1}{2}$ であるとき，不等式 $q(x+2)+p(x-1)<0$ を満たす x の値の範囲を求めよ。ただし，p と q は実数の定数とする。　〔法政大〕

HINT
1 (4) a について整理する。$2(b^2+c^2)=(b+c)^2+(b-c)^2$ であることを利用する。
2 (2) それぞれの因数の y の係数や定数項に着目する。係数に文字が含まれない Q を基準にするとよい。
3 展開したときの定数項は $abcd$ であり，x の係数は $-abc-abd-acd-bcd$ である。
4 (1) α は $x^2+4x-1=0$ の解であるから，$\alpha^2+4\alpha-1=0$ を満たす。$\alpha\neq0$ に注意。
(2) (ア) $\alpha^2+\sqrt{3}\beta=\sqrt{6}$, $\beta^2+\sqrt{3}\alpha=\sqrt{6}$ について，両辺の差をとる。
5 与えられた不等式を $Ax>B$ の形に整理する。これを解くとき，割る数 A の符号に注意。

総合演習　第2部

第2章　集合と命題

6　1から49までの自然数からなる集合を全体集合 U とする。U の要素のうち，50との最大公約数が1より大きいもの全体からなる集合を V，また，U の要素のうち，偶数であるもの全体からなる集合を W とする。いま A と B は U の部分集合で，次の2つの条件を満たすとするとき，集合 A の要素をすべて求めよ。

(i)　$A\cup\overline{B}=V$　　(ii)　$\overline{A}\cap\overline{B}=W$　〔岩手大〕

7　$M=\{m^2+mn+n^2\mid m,\ n$ は負でない整数$\}$ とする。〔宮崎大〕

(1)　負でない整数 a，b，x，y について，次の等式が成り立つことを示せ。

$$(a^2+ab+b^2)(x^2+xy+y^2)$$
$$=(ax+ay+by)^2+(ax+ay+by)(bx-ay)+(bx-ay)^2$$

(2)　7，31，217 が集合 M の要素であることを示せ。

(3)　集合 M の各要素 α，β について，積 $\alpha\beta$ の値は M の要素であることを示せ。

8◇　a，b，c，d を定数とする。また，w は x，y，z から $w=ax+by+cz+d$ によって定まるものとする。以下の命題を考える。

命題1：$x\geqq 0$ かつ $y\geqq 0$ かつ $z\geqq 0 \Longrightarrow w\geqq 0$

命題2：「$x\geqq 0$ かつ $z\geqq 0$」または「$y\geqq 0$ かつ $z\geqq 0$」$\Longrightarrow w\geqq 0$

命題3：$z\geqq 0 \Longrightarrow w\geqq 0$

(1)　$b=0$ かつ $c=0$ のとき，命題1が真であれば，$a\geqq 0$ かつ $d\geqq 0$ であることを示せ。

(2)　命題1が真であれば，a，b，c，d はすべて0以上であることを示せ。

(3)　命題2が真であれば，命題3も真であることを示せ。〔お茶の水大〕

9　(1)　$\sqrt{9+4\sqrt{5}}\,x+(1+3\sqrt{5})y=8+9\sqrt{5}$ を満たす整数 x，y の組を求めよ。

(2)　正の整数 x，y について $\sqrt{12-\sqrt{x}}=y-\sqrt{3}$ が成り立つとき，$x=$ ア□，$y=$ イ□ である。〔(1) 防衛医大，(2) 星薬大〕

10◇　実数 a に対して，a 以下の最大の整数を $[a]$ で表す。

(1)　a と b が実数のとき，$a\leqq b$ ならば $[a]\leqq[b]$ であることを示せ。

(2)　n を自然数とするとき，$[\sqrt{n}]=\sqrt{n}$ であるための必要十分条件は，n が平方数であることを示せ。ただし，平方数とは整数の2乗である数をいう。

(3)　n を自然数とするとき，$[\sqrt{n}]-[\sqrt{n-1}]=1$ となるための必要十分条件は，n が平方数であることを示せ。〔津田塾大〕

HINT

6　V と W の要素を書き出して考える。

7　(1)　右辺を展開・整理して，左辺と等しくなることを示す。
(2)　$217=7\times 31$ である。　(3)　(1)の結果を利用する。

8　(1)　まず，$d\geqq 0$ であることを示す。そして，$a<0$ として矛盾を導く。
(2)　(1)を利用する。　(3)　命題2が真のとき，命題1も真である。また，命題2が真で，$y=z=0$ のとき，$ax+d\geqq 0$ がすべての実数 x で成り立つから　$a=0$ かつ $d\geqq 0$

9　(1)　2重根号をはずして考える。
(2)　両辺を2乗して，(有理数)=(根号を含む式) に変形。

10　(1)　実数 x に対し，$[x]\leqq x<[x]+1$ が成り立つ。

総合演習 第2部　数学I

第3章 2 次関数

11 実数 x, y が $|2x+y|+|2x-y|=4$ を満たすとき，$2x^2+xy-y^2$ のとりうる値の範囲は ${}^{ア}\square \leqq 2x^2+xy-y^2 \leqq {}^{イ}\square$ である。〔東京慈恵会医大〕

12 a は実数とし，b は正の定数とする。x の関数 $f(x)=x^2+2(ax+b|x|)$ の最小値 m を求めよ。更に，a の値が変化するとき，a の値を横軸に，m の値を縦軸にとって m のグラフをかけ。〔京都大〕

13 x, y を実数とする。

(1) $x^2+5y^2+2xy-2x-6y+4 \geqq {}^{ア}\square$ であり，等号が成り立つのは，$x={}^{イ}\square$ かつ $y={}^{ウ}\square$ のときである。

(2) x, y が $x^2+y^2+2xy-2x-4y+1=0$ …… (＊) を満たすとする。(＊) を y に関する 2 次方程式と考えたときの判別式は ${}^{エ}\square$ である。したがって，x のとりうる値の範囲は $x \leqq {}^{オ}\square$ である。また，(＊) を x に関する 2 次方程式と考えたときの判別式は ${}^{カ}\square$ である。したがって，y のとりうる値の範囲は $y \geqq {}^{キ}\square$ である。

(3) x, y が (＊) を満たすとき，$x^2+5y^2+2xy-2x-6y+4 \geqq {}^{ク}\square$ であり，等号が成り立つのは，$x={}^{ケ}\square$ かつ $y={}^{コ}\square$ のときである。〔立命館大〕

14 実数 x に対して，$k \leqq x < k+1$ を満たす整数 k を $[x]$ で表す。

(1) $n^2-n-\frac{5}{4}<0$ を満たす整数 n をすべて求めよ。

(2) $[x]^2-[x]-\frac{5}{4}<0$ を満たす実数 x の値の範囲を求めよ。

(3) x は (2) で求めた範囲にあるものとする。$x^2-[x]-\frac{5}{4}=0$ を満たす x の値をすべて求めよ。〔北海道大〕

15 次の条件を満たすような実数 a の値の範囲を求めよ。

(条件)：どんな実数 x に対しても $x^2-3x+2>0$ または $x^2+ax+1>0$ が成立する。〔学習院大〕

HINT

11 $2x+y$, $2x-y$ の符号によって場合分けをし，条件式の絶対値をはずす。

12 まず，$x<0$, $x \geqq 0$ で場合分けして絶対値をはずす。$f(x)$ の最小値はグラフをかいて調べるが，$x<0$ の場合の軸の位置と $x \geqq 0$ の場合の軸の位置に注意。

13 (3) $x^2+5y^2+2xy-2x-6y+4=(x^2+y^2+2xy-2x-4y+1)+4y^2-2y+3$ であることを利用する。

14 (2) $[x]=n$ とおいて，(1) の結果を使う。

15 $x^2-3x+2 \leqq 0$ の解は $1 \leqq x \leqq 2$ であるから，この範囲のすべての x の値に対して $x^2+ax+1>0$ となるような a の値の範囲を求める。

総合演習 第2部

16 k を実数の定数とする。x の 2 次方程式 $x^2+kx+k^2+3k-9=0$ …… ① について

(1) 方程式 ① が実数解をもつとき，その解の値の範囲を求めよ。

(2) 方程式 ① が異なる 2 つの整数解をもつような整数 k の値をすべて求めよ。

〔類 近畿大〕

17 関数 $y=|x^2-2mx|-m$ のグラフに関する次の問いに答えよ。ただし，m は実数とする。

(1) $m=1$ のときのグラフの概形をかけ。

(2) グラフと x 軸の共有点の個数を求めよ。 〔千葉大〕

18 次の条件を満たす実数 x の値の範囲をそれぞれ求めよ。

(1) $x^2+xy+y^2=1$ を満たす実数 y が存在する。

(2) $x^2+xy+y^2=1$ を満たす正の実数 y が存在しない。

(3) すべての実数 y に対して $x^2+xy+y^2>x+y$ が成り立つ。 〔慶応大〕

19 a を実数とし，$f(x)=x^2-2x+2$，$g(x)=-x^2+ax+a$ とする。

(1) すべての実数 s，t に対して $f(s)\geqq g(t)$ が成り立つような a の値の範囲を求めよ。

(2) $0\leqq x\leqq 1$ を満たすすべての x に対して $f(x)\geqq g(x)$ が成り立つような a の値の範囲を求めよ。 〔神戸大〕

20◇ a，b，c，p を実数とする。不等式 $ax^2+bx+c>0$，$bx^2+cx+a>0$，$cx^2+ax+b>0$ をすべて満たす実数 x の集合と，$x>p$ を満たす実数 x の集合が一致しているとする。

(1) a，b，c はすべて 0 以上であることを示せ。

(2) a，b，c のうち少なくとも 1 個は 0 であることを示せ。

(3) $p=0$ であることを示せ。 〔東京大〕

HINT

16 (1) ① を k の 2 次方程式とみて **実数解をもつ** $\Longleftrightarrow$ $D\geqq 0$ を利用。

17 (2) $y=0$ とすると $|x^2-2mx|=m$
$y=|x^2-2mx|$ のグラフと直線 $y=m$ の共有点の個数を調べる。

18 (1) y についての 2 次方程式として，判別式を利用。
(2) $f(y)=y^2+xy+x^2-1$ として，$f(y)=0$ が正の解 y をもたない条件を求める。
(3) y についての 2 次不等式として考える。

19 (1) 求める条件は [$f(x)$ の最小値]$\geqq$[$g(x)$ の最大値]
(2) $h(x)=f(x)-g(x)$ として，$0\leqq x\leqq 1$ で [$h(x)$ の最小値]$\geqq 0$ となる a の値の範囲を求める。

20 (1)，(2) 背理法を利用。(3) (2)の結果から，a，b，c のうち 0 が 3 個か 2 個か 1 個かの 3 通りの場合が考えられる。

総合演習 第2部 数学I

第4章 図形と計量

21 三角形ABCの最大辺をBC，最小辺をABとし，AB$=c$，BC$=a$，CA$=b$とする($a \geqq b \geqq c$)。また，三角形ABCの面積をSとする。

(1) 不等式$S \leqq \dfrac{\sqrt{3}}{4}a^2$が成り立つことを示せ。

(2) 三角形ABCが鋭角三角形のときは，不等式$\dfrac{\sqrt{3}}{4}c^2 \leqq S$も成り立つことを示せ。〔兵庫県大〕

22◇ 3辺の長さがa，b，c (a，b，cは自然数，$a<b<c$)である三角形の，周の長さをl，面積をSとする。

(1) この三角形の最も大きい角の大きさをθとするとき，$\cos\theta$の値をa，b，cで表せ。

(2) (1)を利用して，次の関係式が成り立つことを示せ。

$$16S^2=l(l-2a)(l-2b)(l-2c)$$

(3) Sが自然数であるとき，lは偶数であることを示せ。

(4) $S=6$となる組(a，b，c)を求めよ。〔慶応大〕

23 △ABCにおける∠Aの二等分線と辺BCとの交点をDとし，AからDへのばした半直線と△ABCの外接円との交点をEとする。∠BADの大きさをθとし，BE$=3$，$\cos 2\theta=\dfrac{2}{3}$とする。

(1) 線分BCの長さを求めよ。　(2) △BECの面積を求めよ。

(3) AD：DE$=4:1$のとき，線分AB，ACの長さを求めよ。ただし，AB$>$ACとする。〔宮崎大〕

24 右の図のように，円に内接する六角形ABCDEFがあり，それぞれの辺の長さは，

AB$=$CD$=$EF$=2$，BC$=$DE$=$FA$=3$

である。

(1) ∠ABCの大きさを求めよ。

(2) 六角形ABCDEFの面積を求めよ。〔類 東京理科大〕

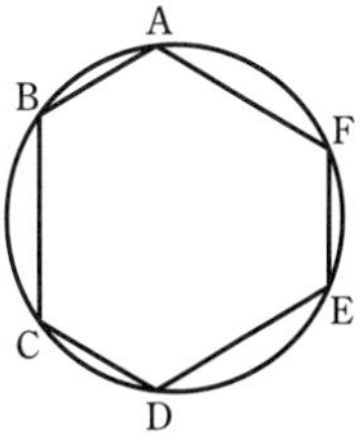

HINT

21 $a \geqq b \geqq c$であるから　$A \geqq B \geqq C$　ゆえに　$A+A+A \geqq A+B+C \geqq C+C+C$

22 (2) $16S^2$を$\cos\theta$で表して，(1)の結果を代入。

(3) lが奇数であると仮定し，(2)で示した関係式をもとに不合理を導く。

(4) (2)の関係式に$S=6$を代入した等式の両辺を16で割った式に注目。l，$l-2a$，$l-2b$，$l-2c$の大小関係に注意。

23 (1) △BECにおいて余弦定理。BE$=$ECに注意。(3) △ABC：△BEC$=$AD：DE

24 (1) △ACEの形状に注目。 (2) 対角線AC，CE，EAで分割。

総合演習 第2部

25◇ 半径 1 の円に内接する四角形 ABCD に対し，

$$L=AB^2-BC^2-CD^2+DA^2$$

とおき，△ABD と △BCD の面積をそれぞれ S，T とする。また，$\angle A=\theta\ (0°<\theta<90°)$ とおく。〔横浜市大〕

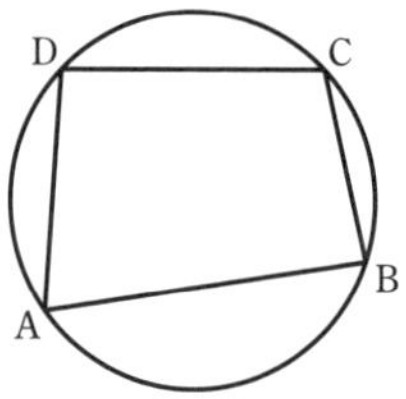

(1) L を S，T および θ を用いて表せ。

(2) θ を一定としたとき，L の最大値を求めよ。

26 AB=2，AC=3，BC=$t\ (1<t<5)$ である三角形 ABC を底面とする直三角柱 T を考える。ただし，直三角柱とは，すべての側面が底面と垂直であるような三角柱である。更に，球 S が T の内部に含まれ，T のすべての面に接しているとする。

(1) S の半径を r，T の高さを h とする。r と h をそれぞれ t を用いて表せ。

(2) T の表面積を K とする。K を最大にする t の値と，K の最大値を求めよ。

〔富山大〕

27 1 辺の長さが 1 の立方体 ABCD-EFGH がある。
3 点 A，C，F を含む平面と直線 BH の交点を P，P から面 ABCD に下ろした垂線と面 ABCD との交点を Q とする。

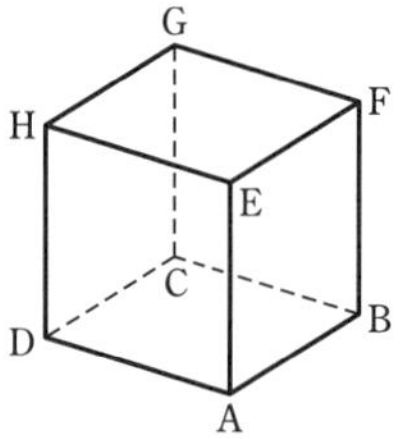

(1) 線分 BP，PQ の長さを求めよ。

(2) 四面体 ABCF に内接する球の中心を O とする。
点 O は線分 BP 上にあることを示せ。

(3) 四面体 ABCF に内接する球の半径を求めよ。〔北海道大〕

28 1 辺の長さが 3 の正四面体 ABCD の辺 AB，AC，CD，DB 上にそれぞれ点 P，Q，R，S を，AP=1，DS=2 となるようにとる。

(1) △APS の面積を求めよ。

(2) 3 つの線分の長さの和 PQ+QR+RS の最小値を求めよ。〔東北学院大〕

HINT

25 (1) 四角形を対角線 BD で 2 つの三角形 △ABD，△BCD に分割する。それぞれの三角形で面積の公式，余弦定理を活用。

(2) 頂点 A，C から BD にそれぞれ垂線を引いて考える。

26 (1) 直三角柱 T と球 S を，S の中心 O を通り面 ABC に平行な平面で切った切り口に注目。

(2) $K=●\sqrt{at^4+bt^2+c}$ の形 ⟶ $\sqrt{\quad}$ の中の式を基本形 $a(t^2+p)^2+q$ に直す。

27 (1) 線分 AC，BD の交点を M とする。点 P は，長方形 DBFH と平面 ACF が交わってできる線分 FM 上にある。

(2) △ACF と内接球 O の接点を R とすると BR⊥△ACF また，BP⊥△ACF を示し，P と R が一致することを示す。

28 (2) 展開図を考えると，PQ+QR+RS が最小となるのは，P，Q，R，S が一直線上に並ぶとき。

総合演習 第2部

第5章 データの分析

29 ある野生動物を10匹捕獲し，0から9の番号で区別して体長と体重を記録したところ，以下の表のようになった。ただし，体長と体重の単位は省略する。

番号	0	1	2	3	4	5	6	7	8	9
体長	60	66	52	69	54	72	74	60	58	61
体重	5.5	5.7	5.9	5.9	6.0	6.2	6.2	6.4	6.5	6.7

(1) この10匹の体長の最小値は ア□，最大値は イ□ である。

(2) この10匹は5匹ずつAとBの2種類に分類できる。1つの種類の中では体長と体重は正の相関をもつ。10匹の体長と体重の相関係数は0.05以下だが，種類Aの5匹に限れば0.95以上であり，種類Bの5匹も0.95以上である。また，番号2の個体は種類Bである。このとき，種類Aの5匹の番号は小さい方から順に ウ□，エ□，オ□，カ□，キ□ であり，その5匹の体長の平均値は ク□ となる。

(3) 10匹のうち体長の大きい方から5匹の体長の平均値は ケ□ である。(2)で求めた平均値と異なるのは，体長の大きい5匹のうち番号 コ□ の個体が種類Bだからである。

(4) (2)で求めた種類Aの5匹の体重の偏差と体長の偏差の積の和は6.6，体重の偏差の2乗の和の平方根は小数第3位を四捨五入すると0.62，体長の偏差の2乗の和の平方根は小数第1位を四捨五入すると サ□ である。〔慶応大〕

30 2つの変量 x，y の10個のデータ $(x_1,\ y_1)$，$(x_2,\ y_2)$，……，$(x_{10},\ y_{10})$ が与えられており，これらのデータから $x_1+x_2+\cdots\cdots+x_{10}=55$，$y_1+y_2+\cdots\cdots+y_{10}=75$，
$x_1{}^2+x_2{}^2+\cdots\cdots+x_{10}{}^2=385$，$y_1{}^2+y_2{}^2+\cdots\cdots+y_{10}{}^2=645$，
$x_1y_1+x_2y_2+\cdots\cdots+x_{10}y_{10}=445$ が得られている。また，2つの変量 z，w の10個のデータ $(z_1,\ w_1)$，$(z_2,\ w_2)$，……，$(z_{10},\ w_{10})$ はそれぞれ $z_i=2x_i+3$，$w_i=y_i-4$ $(i=1,\ 2,\ \cdots\cdots,\ 10)$ で得られるとする。

(1) 変量 x，y，z，w の平均 $\overline{x}$，$\overline{y}$，$\overline{z}$，$\overline{w}$ をそれぞれ求めよ。

(2) 変量 x の分散を $s_x{}^2$ とし，2つの変量 x，y の共分散を s_{xy} とする。このとき，2つの等式 $x_1{}^2+x_2{}^2+\cdots\cdots+x_{10}{}^2=10\{s_x{}^2+(\overline{x})^2\}$，
$x_1y_1+x_2y_2+\cdots\cdots+x_{10}y_{10}=10(s_{xy}+\overline{x}\,\overline{y})$ がそれぞれ成り立つことを示せ。

(3) x と y の共分散 s_{xy} および相関係数 r_{xy} をそれぞれ求めよ。また，z と w の共分散 s_{zw} および相関係数 r_{zw} をそれぞれ求めよ。ただし，r_{xy}，r_{zw} は小数第3位を四捨五入せよ。〔類 同志社大〕

HINT

29 (2) 散布図をかいてみる。
(4) 体重の偏差と体長の偏差の積の和，体重の偏差の2乗の和の平方根と相関係数の関係を考える。

30 (1) $\overline{z}=2\overline{x}+3$，$\overline{w}=\overline{y}-4$ が成り立つ。
(3) (2)の結果を利用する。

総合演習 第2部 数学A

第1章 場合の数

1 A, B, C, D, E の5人の紳士から，それぞれの帽子を1つずつ受け取り，それらを再び1人に1つずつ配る。帽子は必ずしももとの持ち主に戻されるわけではない。

(1) 帽子を配る方法は全部で ア□ 通りある。そのうち，A が自分の帽子を受け取るのは イ□ 通り，B が自分の帽子を受け取るのは同じく イ□ 通り，A と B がともに自分の帽子を受け取るのは ウ□ 通りである。したがって，A も B も自分の帽子を受け取らない場合は エ□ 通りである。

(2) A，B，C の3人が誰も自分の帽子を受け取らない場合は何通りか。

〔早稲田大〕

2 n を自然数とする。同じ数字を繰り返し用いてよいことにして，0，1，2，3 の4つの数字を使って n 桁の整数を作る。ただし，0 以外の数字から始まり，0 を少なくとも1回以上使うものとする。

(1) 全部でいくつの整数ができるか。個数を n を用いて表せ。

(2) $n=5$ のとき，すべての整数を小さいものから順に並べる。ちょうど真ん中の位置にくる整数を求めよ。〔大阪府大〕

3 4つの合同な正方形と2つの合同なひし形（正方形でない）を面としてもつ多面体がある。この多面体の各面を，白，黒，赤，青，緑，黄の6色のうちの1つの色で塗り，すべての面が異なる色になるように塗り分ける方法は何通りあるか。
ただし，回転させて一致するものは同じものとみなす。〔類 東京理科大〕

4 座標平面上に8本の直線 $x=a$ $(a=1,\ 2,\ 3,\ 4)$，$y=b$ $(b=1,\ 2,\ 3,\ 4)$ がある。以下，16個の点 $(a,\ b)$ $(a=1,\ 2,\ 3,\ 4,\ b=1,\ 2,\ 3,\ 4)$ から異なる5個の点を選ぶことを考える。

(1) 次の条件を満たす5個の点の選び方は何通りあるか。

上の8本の直線のうち，選んだ点を1個も含まないものがちょうど2本ある。

(2) 次の条件を満たす5個の点の選び方は何通りあるか。

上の8本の直線は，いずれも選んだ点を少なくとも1個含む。

〔東京大〕

HINT

1 (1) (エ) 人物 X (X=A, B, C, D, E) が自分の帽子を受け取る方法の集合を X で表すとすると，求めるのは $n(\overline{A}\cap\overline{B})$ 　ここで $\overline{A}\cap\overline{B}=\overline{A\cup B}$

(2) まず，$n(A\cup B\cup C)$ を求める。

2 (2) まず，ちょうど真ん中の位置にくる整数は何番目の数かということを求める。そして，整数の形に応じた個数を数え上げていく。

3 ひし形の面が底面となるように多面体をおく。まず，上面と底面を塗り，次に側面（正方形）を4色で塗る方法を考える。

4 (1) 選んだ点を含まない2本の直線が平行の場合と直交する場合に分けて考える。

(2) 条件を満たすとき，4本の直線 $x=a$ $(a=1,\ 2,\ 3,\ 4)$ のうち，選んだ点を2個含むものが1本だけある。

総合演習　第2部　数学A

5　縦4個，横4個のマス目のそれぞれに1，2，3，4の数字を入れていく。このマス目の横の並びを行といい，縦の並びを列という。どの行にも，どの列にも同じ数字が1回しか現れない入れ方は何通りあるか求めよ。右図はこのような入れ方の1例である。〔京都大〕

1	2	3	4
3	4	1	2
4	1	2	3
2	3	4	1

6　碁石を n 個1列に並べる並べ方のうち，黒石が先頭で白石どうしは隣り合わないような並べ方の総数を a_n とする。ここで，$a_1=1$，$a_2=2$ である。このとき，a_{10} を求めよ。〔早稲田大〕

第2章　確　　率

7　1個のさいころを3回投げる。1回目に出る目を a_1，2回目に出る目を a_2，3回目に出る目を a_3 とし，整数 n を $n=(a_1-a_2)(a_2-a_3)(a_3-a_1)$ と定める。〔千葉大〕

(1)　$n=0$ である確率を求めよ。　　(2)　$|n|=30$ である確率を求めよ。

8　1から9までの数字が1つずつ重複せずに書かれた9枚のカードがある。そのうち8枚のカードをA，B，C，Dの4人に2枚ずつ分ける。

(1)　9枚のカードの分け方は全部で何通りあるか。

(2)　各人が持っている2枚のカードに書かれた数の和が4人とも奇数である確率を求めよ。

(3)　各人が持っている2枚のカードに書かれた数の差が4人とも同じである確率を求めよ。ただし，2枚のカードに書かれた数の差とは，大きい方の数から小さい方の数を引いた数である。〔岐阜大〕

9　トランプのハートとスペードの1から10までのカードが1枚ずつ総計20枚ある。$i=1$，2，……，10に対して，番号 i のハートとスペードのカードの組を第 i 対とよぶことにする。20枚のカードの中から4枚のカードを無作為に取り出す。取り出された4枚のカードの中に第 i 対が含まれているという事象を A_i で表すとき，次の問いに答えよ。

(1)　事象 A_1 が起こる確率 $P(A_1)$ を求めよ。

(2)　確率 $P(A_1\cap A_2)$ を求めよ。　　(3)　確率 $P(A_1\cup A_2\cup A_3)$ を求めよ。

(4)　取り出された4枚のカードの中に第1対，第2対，第3対，第4対，第5対，第6対の中の少なくとも1つが含まれる確率を求めよ。〔早稲田大〕

HINT

5　1行目が1234と並んでいる場合，2～4行目に並ぶ数の組を考える。

6　黒石は5個以上必要である。黒石が k 個，白石が $(10-k)$ 個のとき，黒石の間と末尾の k か所から $(10-k)$ か所を選んで白石を並べると考える。

7　(2)　30を1以上5以下の3個の自然数の積で表すと　$30=2\cdot3\cdot5$

8　(2)　偶数のカード，奇数のカード1枚ずつの場合。

(3)　カードの数の差を k とし，4人とも $k=1$，2，……となるカード4組の分け方を具体的に書き上げてみる。

9　(3)　$P(A_1\cup A_2\cup A_3)=P(A_1)+P(A_2)+P(A_3)-P(A_1\cap A_2)-P(A_2\cap A_3)-P(A_3\cap A_1)+P(A_1\cap A_2\cap A_3)$ を利用。ここで，$P(A_1\cap A_2\cap A_3)=0$ である。

10 ボタンを1回押すたびに1, 2, 3, 4, 5, 6のいずれかの数字が1つ画面に表示される機械がある。このうちの1つの数字Qが表示される確率は$\dfrac{1}{k}$であり，Q以外の数字が表示される確率はいずれも等しいとする。ただし，kは$k>6$を満たす自然数とする。ボタンを1回押して表示された数字を確認する試行を繰り返すとき，1回目に4の数字，2回目に5の数字が表示される確率は，1回目に5の数字，2回目に6の数字が表示される確率の$\dfrac{8}{5}$倍である。このとき，

(1) Qは ア[　] であり，kは イ[　] である。

(2) この試行を3回繰り返すとき，表示された3つの数字の和が16となる確率は ウ[　] である。

(3) この試行を500回繰り返すとき，そのうちQの数字がn回表示される確率をP_nとおくと，P_nの値が最も大きくなるnの値は エ[　] である。 〔慶応大〕

11 白球と赤球の入った袋から2個の球を同時に取り出すゲームを考える。取り出した2球がともに白球ならば「成功」でゲームを終了し，そうでないときは「失敗」とし，取り出した2球に赤球を1個加えた3個の球を袋に戻してゲームを続けるものとする。最初に白球が2個，赤球が1個袋に入っていたとき，$n-1$回まで失敗しn回目に成功する確率を求めよ。ただし，$n \geqq 2$とする。 〔京都大〕

12 nを2以上の自然数とする。1個のさいころを続けてn回投げる試行を行い，出た目を順にX_1, X_2, ……, X_nとする。 〔北海道大〕

(1) X_1, X_2, ……, X_nの最大公約数が3となる確率をnの式で表せ。

(2) X_1, X_2, ……, X_nの最大公約数が1となる確率をnの式で表せ。

(3) X_1, X_2, ……, X_nの最小公倍数が20となる確率をnの式で表せ。

13 4人でじゃんけんをして，負けた者から順に抜けていき，最後に残った1人を優勝者とする。ただし，あいこの場合も1回のじゃんけんを行ったものとする。

(1) 1回目で2人が負け，2回目で優勝者が決まる確率は ア[　] である。また，ちょうど2回目で優勝者が決まる確率は イ[　] である。

(2) ちょうど2回目で優勝者が決まった場合，1回目があいこである条件付き確率は ウ[　] である。 〔類 京都産大〕

HINT

10 (1) 4, 5, 6の数字が表示される確率をそれぞれ$P(4)$, $P(5)$, $P(6)$として，まず$P(4)$, $P(5)$, $P(6)$の等式を作る。

(2) 和が16となる3つの数字の組は (4, 6, 6)または(5, 5, 6)

(3) $\dfrac{P_{n+1}}{P_n}$と1の大小比較。

11 各回の試行は独立である。k回目($k \geqq 1$)に取り出すとき，袋の中には白球が2個，赤球がk個入っている。このとき，成功する確率と失敗する確率を求め，$k=1, 2, \cdots\cdots, n-1$のとき失敗し，$k=n$のとき成功する確率を考える。

12 (1) 最大公約数が3のとき，出た目はすべて3または6である。

(2) 最大公約数が1ではない場合について考える。

(3) 最小公倍数が20のとき，出た目はすべて1, 2, 4, 5のいずれかである。

13 (1) (イ) 残る人数が 4人 ⟶ 2人 ⟶ 1人，4人 ⟶ 3人 ⟶ 1人，4人 ⟶ 4人 ⟶ 1人 の，3つの場合がある。

14◇ 1つのさいころを3回投げる。1回目に出る目の数，2回目に出る目の数，3回目に出る目の数をそれぞれ X_1，X_2，X_3 とし，5つの数 2，5，$2-X_1$，$5+X_2$，X_3 からなるデータを考える。

(1) データの範囲が7以下である確率を求めよ。

(2) X_3 がデータの中央値に等しい確率を求めよ。

(3) X_3 がデータの平均値に等しい確率を求めよ。

(4) データの中央値と平均値が一致するとき，X_3 が中央値に等しい条件付き確率を求めよ。 〔熊本大〕

15 袋の中に青玉が7個，赤玉が3個入っている。袋から1回につき1個ずつ玉を取り出す。一度取り出した玉は袋に戻さないとして，次の問いに答えよ。

(1) 4回目に初めて赤玉が取り出される確率を求めよ。

(2) 8回目が終わった時点で赤玉がすべて取り出されている確率を求めよ。

(3) 赤玉がちょうど8回目ですべて取り出される確率を求めよ。

(4) 4回目が終わった時点で取り出されている赤玉の個数の期待値を求めよ。 〔東北大〕

第3章 図形の性質

16 右図の △ABC において，AB：AC＝3：4 とする。また，∠A の二等分線と辺 BC との交点を D とする。更に，

線分 AD を 5：3 に内分する点を E，
線分 ED を 2：1 に内分する点を F，
線分 AC を 7：5 に内分する点を G　とする。

直線 BE と辺 AC との交点を H とするとき，次の各問いに答えよ。

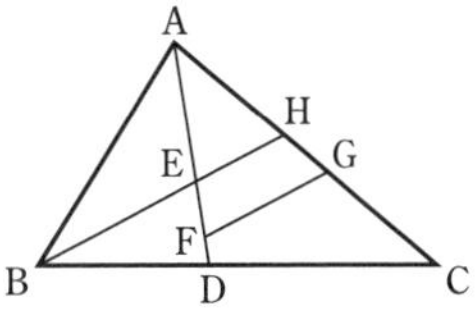

(1) $\dfrac{\mathrm{AH}}{\mathrm{HC}}$ の値を求めよ。　(2) BH∥FG であることを示せ。

(3) FG＝7 のとき，線分 BE の長さを求めよ。 〔宮崎大〕

HINT

14 (1) 1≦(さいころの目)≦6 に注意し，5つのデータの大小関係を調べる。
(2) X_3 の値を絞る。　(3) まず，X_3 を X_1，X_2 で表す。
(4) データの中央値となりうる数は，2，5，X_3 である。

15 全体の取り出し方は (1)，(4) ${}_{10}\mathrm{P}_4$　(2)，(3) ${}_{10}\mathrm{P}_8$

16 角の二等分線の定理とメネラウスの定理，平行線と線分の比の性質を利用する。

17◇ 平面上の鋭角三角形 △ABC の内部（辺や頂点は含まない）に点 P をとり，A′ を B，C，P を通る円の中心，B′ を C，A，P を通る円の中心，C′ を A，B，P を通る円の中心とする。このとき，A，B，C，A′，B′，C′ が同一円周上にあるための必要十分条件は，P が △ABC の内心に一致することであることを示せ。〔京都大〕

18 四面体 OABC が次の条件を満たすならば，それは正四面体であることを示せ。
条件：頂点 A，B，C からそれぞれの対面を含む平面へ下ろした垂線は対面の重心を通る。
ただし，四面体のある頂点の対面とは，その頂点を除く他の 3 つの頂点がなす三角形のことをいう。〔京都大〕

19 立方体の各辺の中点は全部で 12 個ある。頂点がすべてこれら 12 個の点のうちのどれかであるような正多角形は全部でいくつあるか。〔早稲田大〕

第４章　数学と人間の活動

20 (1) $\dfrac{n!}{1024}$ が整数となる最小の正の整数 n を求めよ。〔摂南大〕

(2) 自然数 2520 の正の約数の個数は ア□ である。また，$2520=ABC$ となる 3 つの正の偶数 A，B，C の選び方は イ□ 通りある。〔類 北里大〕

21 2 以上の整数 m，n は $m^3+1^3=n^3+10^3$ を満たす。m，n を求めよ。〔一橋大〕

22 自然数 a，b，c，d は $c=4a+7b$，$d=3a+4b$ を満たしているものとする。
(1) $c+3d$ が 5 の倍数ならば $2a+b$ も 5 の倍数であることを示せ。
(2) a と b が互いに素で，c と d がどちらも素数 p の倍数ならば，$p=5$ であることを示せ。〔千葉大〕

HINT

17 必要十分条件とあるから，「A，B，C，A′，B′，C′ が同一円周上にある ⟹ AP が ∠BAC の二等分線である」ことと，「P が △ABC の内心である ⟹ 4 点 A，B，C，A′ が同一円周上にある」ことを示す。

19 立方体の 1 辺の長さを 2 とすると，立方体の各辺の中点を結んでできる線分の長さは，$\sqrt{2}$，2，$\sqrt{6}$，$2\sqrt{2}$ の 4 通りある。

21 $m^3-n^3=(m-n)(m^2+mn+n^2)$　ここで　$m-n<m^2+mn+n^2$

22 (2) 背理法で示す。$c=c'p$，$d=d'p$（c'，d' は自然数）とおき，$5a$ と $5b$ を c'，d'，p で表す。

総合演習　第2部　

23　m, n $(m<n)$ を自然数とし，$a=n^2-m^2$，$b=2mn$，$c=n^2+m^2$ とおく。3辺の長さが a, b, c である三角形の内接円の半径を r とし，その三角形の面積を S とする。

(1)　$a^2+b^2=c^2$ を示せ。

(2)　r を m, n を用いて表せ。

(3)　r が素数のときに，S を r を用いて表せ。

(4)　r が素数のときに，S が 6 で割り切れることを示せ。　〔神戸大〕

24　n を 2 以上の自然数とする。

(1)　n が素数または 4 のとき，$(n-1)!$ は n で割り切れないことを示せ。

(2)　n が素数でなくかつ 4 でもないとき，$(n-1)!$ は n で割り切れることを示せ。

〔東京工大〕

25◇　素数 p, q を用いて p^q+q^p と表される素数をすべて求めよ。　〔京都大〕

26◇　(1)　x が自然数のとき，x^2 を 5 で割ったときの余りは 0, 1, 4 のいずれかであることを示せ。

(2)　自然数 x, y, z が $x^2+5y=2z^2$ を満たすとき，x, y, z はすべて 5 の倍数であることを示せ。

(3)　$x^2+5y^2=2z^2$ を満たす自然数 x, y, z の組は存在しないことを示せ。

〔熊本大〕

27　m, n は異なる正の整数とする。x の 2 次方程式 $5nx^2+(mn-20)x+4m=0$ が 1 より大きい解と 1 より小さい解をもつような m, n の組 $(m,\ n)$ をすべて求めよ。

〔関西大〕

28◇　(1)　方程式 $65x+31y=1$ の整数解をすべて求めよ。

(2)　$65x+31y=2016$ を満たす正の整数の組 $(x,\ y)$ を求めよ。

(3)　2016 以上の整数 m は，正の整数 x, y を用いて $m=65x+31y$ と表せることを示せ。　〔福井大〕

29　10 進法で表された自然数を 2 進法に直すと，桁数が 3 増すという。このような数で，最小のものと最大のものを求めよ。　〔類 東京理科大〕

HINT

23 (2)　(1)の結果を利用して，S を 2 通りに表す。　(4)　連続する 3 整数の積は 6 の倍数。

24 (2)　n は 2 以上 $n-1$ 以下の自然数 a, b を用いて，$n=ab$ と表される。

25　$p\leqq q$ として考えてもよい。まず，p の値を求める。

26 (1)　すべての自然数 x は，整数 n を用いて $x=5n$，$5n\pm1$，$5n\pm2$ のいずれかで表される。

(2)　x^2，z^2 を 5 で割った余りは(1)から 0, 1, 4 のいずれかである。

(3)　背理法で証明する。条件を満たす $(x,\ y,\ z)$ が存在すると仮定し，そのような $(x,\ y,\ z)$ のうち x が最小であるような組を $(x_1,\ y_1,\ z_1)$ として矛盾を導く。

28 (2)　$2016=65\cdot31+1$　(3)　部屋割り論法を利用する。

答の部

答の部（数学Ⅰ）

問，練習，EXERCISES，総合演習第2部の答の数値のみをあげ，図・表・証明は省略した。
なお，問については略解を［　］内に付した場合もある。

数学Ⅰ

● 問 の解答

・$p.153$ の 問 (1) $x=3$，$y=2$，$z=1$
(2) $x=-\frac{2}{3}$，$y=\frac{5}{2}$，$z=-\frac{4}{3}$
(3) $x=1$，$y=2$，$z=4$
[(3) (第1式)−(第2式) から $x-z=-3$
これと第3式を解いて，x，z の値を求める]

＜第1章＞ 数 と 式

● 練習 の解答

1 (1) $x^2+3x+2y$
(2) (ア) 次数2，定数項 $-x+3$
(イ) $[b]$：次数2，定数項 $7c^2+a+1$
$[a$ と $b]$：次数4，定数項 $7c^2+1$

2 (1) $4x^3-2x^2y+6xy^2+y^3$
(2) $-11x^3+6x^2y+12xy^2-3y^3$

3 (1) $-2a^5b^3$ (2) $6x^6y^4z^7$
(3) $-6a^2b^3c+2a^3bc+4a^2bc^2$
(4) $-24x^5+16x^4-32x^3$

4 (1) $2a^2-ab-6b^2$
(2) $4x^2-8xy+3y^2-8x+10y+3$
(3) $2a^3-9a^2b+17ab^2-12b^3$
(4) $2x^5-x^4-5x^2-17x+6$

5 (1) $9x^2+30xy+25y^2$ (2) $a^4+4a^2b+4b^2$
(3) $9a^2-12ab+4b^2$ (4) $4x^2y^2-12xy+9$
(5) $4x^2-9y^2$ (6) $12x^2-xy-20y^2$

6 (1) x^3+8 (2) $8p^3-q^3$
(3) $8x^3+12x^2+6x+1$
(4) $27x^3-54x^2y+36xy^2-8y^3$

7 (1) $a^2+9b^2+c^2+6ab-6bc-2ca$
(2) $x^2+2xy+y^2-49$ (3) $x^2-9y^2-4z^2+12yz$
(4) $x^4+x^3-10x^2+x+1$

8 (1) x^4-81 (2) x^4-5x^2+4
(3) $a^6-3a^4b^2+3a^2b^4-b^6$ (4) x^6+26x^3-27

9 (1) $x^4+6x^3+x^2-24x-20$
(2) $x^4+8x^3-37x^2-212x+672$
(3) $-x^4-y^4-z^4+2x^2y^2+2y^2z^2+2z^2x^2$
(4) $x^3+y^3-3xy+1$

10 (1) $(a+b)(x-y)$ (2) $x(a-b)(x-y)$
(3) $-(7xy+11)(7xy-11)$ (4) $2xy(2z-5)^2$
(5) $(x-2)(x-6)$ (6) $(a+15b)(a-10b)$
(7) $(x+3y)(x-4y)$

11 (1) $(x+3)(3x+1)$ (2) $(x-4)(2x-1)$
(3) $(2x+1)(3x-1)$ (4) $(2x+y)(4x-3y)$
(5) $(2a-3b)(3a+4b)$ (6) $(2p-3q)(5p-2q)$

12 (1) $(2a+3b)(4a^2-6ab+9b^2)$
(2) $(4x-1)(16x^2+4x+1)$ (3) $(2x-3)^3$
(4) $(x-2)(2x+3)(2x-3)$

13 (1) $(4x+1)(6x+7)$
(2) $(2x+3y+7)(2x-3y+7)$
(3) $(x+2)(x-2)(2x^2+1)$
(4) $(x+1)(x-3)(x+2)(x-4)$

14 (1) $(x+3)^2(x-5)^2$ (2) $(x-2)^2(x^2-4x-3)$
(3) $(x^2-8x+6)(x-4)^2$
(4) $(2x^2+4xy+2y^2+2x+2y+1)(2x+2y+1)$

15 (1) $(a+2)(a-2)(ab-4)$
(2) $(x+z)(x-z)(xy+1)$ (3) $(2x-y)(3x+z)$
(4) $(x+2z)(3x+2y-z)$

16 (1) $(x+y+4)(x-3y+2)$
(2) $(x-3y+4)(2x+y-1)$
(3) $(2x+y+4)(3x+y-5)$

17 (1) $(a+1)(b+1)(c+1)$
(2) $(a+b-1)(ab+1)$

18 (1) $(a+b+c)(ab+bc+ca)$
(2) $(a-b)(b-c)(c-a)(a+b+c)$

19 (1) $(x^2+x+2)(x^2-x+2)$
(2) $(x^2+3xy-y^2)(x^2-3xy-y^2)$
(3) $(x^2+xy-4y^2)(x^2-xy-4y^2)$
(4) $(2x^2+xy+3y^2)(2x^2-xy+3y^2)$

20 (1) $(a-b-c)(a^2+b^2+c^2+ab-bc+ca)$
(2) $(a-2b+1)(a^2+2ab+4b^2-a+2b+1)$

21 (1) (ア) $2.\dot{4}$ (イ) $0.08\dot{3}$ (ウ) $1.\dot{1}4285\dot{7}$
(2) (ア) $\frac{7}{9}$ (イ) $\frac{82}{333}$ (ウ) $\frac{27}{370}$

22 (1) (ア) 6 (イ) $\sqrt{2}-1$ (ウ) $4-2\sqrt{3}$
(2) (ア) 7 (イ) 5 (ウ) 3 (3) 順に -1，2

23 (1) (ア) 3 (イ) $15\sqrt{3}$ (ウ) $105\sqrt{2}$
(2) (ア) $-5\sqrt{2}$ (イ) $30-12\sqrt{6}$
(ウ) $12-5\sqrt{15}$ (エ) $2\sqrt{6}$

24 (1) $\frac{\sqrt{6}}{3}$ (2) $9+3\sqrt{7}$ (3) $1-2\sqrt{6}-\sqrt{15}$
(4) $\frac{66-23\sqrt{6}-\sqrt{42}}{12}$ (5) $\frac{\sqrt{6}+\sqrt{15}}{3}$

25 (1) (ア) $2a+2$ (イ) 2 (ウ) $-2a-2$ (2) $5x-1$

26 (1) $2+\sqrt{2}$ (2) $\sqrt{6}-\sqrt{2}$
(3) $\frac{\sqrt{6}+\sqrt{2}}{2}$ (4) $\frac{\sqrt{30}-\sqrt{6}}{2}$

27 (1) $a=3$，$b=\sqrt{3}-1$ (2) 順に $\frac{5\sqrt{3}+1}{6}$，1

28 順に 8，1，62，488，$126\sqrt{15}$

29 (1) 5 (2) $4\sqrt{7}$ (3) 110

30 (1) $-2\sqrt{3}-1$ (2) 15 (3) $30\sqrt{3}+1$
31 (1) 0 (2) $\dfrac{97-56\sqrt{3}}{16}$
32 (1) $2<x+3<5$ (2) $-6<-2y<-2$
(3) $-\dfrac{2}{5}<-\dfrac{x}{5}<\dfrac{1}{5}$ (4) $-14<5x-3y<7$
33 (1) $6.5\leqq x<7.5$ (2) $\dfrac{19}{3}<y<\dfrac{25}{3}$
34 (1) $x>5$ (2) $x\geqq\dfrac{2}{13}$ (3) $x>11$
(4) $x\leqq-7$ (5) $x<\dfrac{5}{9}$
35 (1) $-3<x<8$ (2) $x<3$ (3) 解はない
36 (1) 14 (2) $a=5,\ 6$
37 (ア) 7 (イ) 8
38 (1) $a>1$ のとき $x>a+2$, $a=1$ のとき 解はない, $a<1$ のとき $x<a+2$ (2) $a=\dfrac{19}{10}$
39 42本
40 (1) $x=-2,\ -8$ (2) $x=2,\ -\dfrac{4}{3}$
(3) $-7<x<3$ (4) $x\leqq-1,\ 2\leqq x$
41 (1) $x=\dfrac{2}{5}$ (2) $x=-\dfrac{5}{3},\ 1,\ 5$
42 (1) $-2<x<1$ (2) $x<-3,\ -1<x<3$
43 (1) $x=6,\ -4$ (2) $\dfrac{12}{5}\leqq x\leqq18$

● EXERCISES の解答

1 0
2 (1) $-2x^2+x-1$ (2) a^3+b^3
3 (1) $-40x^7y^5$ (2) $-18a^{10}b^9$ (3) $-72a^{12}b^7$
(4) $-12a^3b^2x^7y^5$
4 (1) $a^2-2ab+b^2-c^2$
(2) $2x^4+5x^3-8x^2+6x-3$
(3) $8a^3-60a^2b+150ab^2-125b^3$
(4) $x^5-2x^4+3x^3-5x^2+8x-6$
(5) $x^4+4x^2y^2+16y^4$ (6) x^8-y^8 (7) $1+a^9$
5 (1) (ア) 5 (イ) 9 (2) 54
6 (1) $a^2b-ab^2+b^2c-bc^2+c^2a-ca^2$ (2) $48xyz$
7 (1) $(x-z)(y-u)$ (2) $3y(2x+3z)(2x-3z)$
(3) $\left(x-\dfrac{3}{2}\right)^2$ (4) $(3x+7)(6x-1)$
8 (1) $3(a-3b)(a^2+3ab+9b^2)$
(2) $x(5x+2y)(25x^2-10xy+4y^2)$
(3) $\left(t-\dfrac{1}{3}\right)^3$ (4) $(x+3)(x+2)(x-2)$
9 (1) $(x-y)(x-y-1)$
(2) $(3x+y)(3x-y)(9x^2+y^2)$
(3) $(x+3y)(x-3y)(2x+y)(2x-y)$
(4) $(x+1)(x-2)(x+2)(x-3)$
10 (1) $(x+1)(x-1)(x^2-x+1)(x^2+x+1)$
(2) $4xy(x^2+3y^2)(3x^2+y^2)$
(3) $(x+2)(x-3)(x^2-2x+4)(x^2+3x+9)$
(4) $(x-1)^2(x^2+x+1)^2$
11 (1) $(2x+5y-5)(2x+5y+13)$
(2) $(x+3y)(x+3y+1)(x+3y+5)$
(3) $(2x-5)(6x-7)$ (4) $(3x^2-2x+3)(3x^2+2x+3)$
(5) $(x^2+5x+5)^2$
12 (1) $8ac$ (2) $8abc$
13 (1) $(xy+1)(x-y-2z)$
(2) $(4x+3)(x+y)(2x+y)$
(3) $(x+1)(x-1)(x+y)(y+1)$
14 (1) $(x-1)\{(a+b)x-a+b\}$
(2) $(a-b-1)(a+3b-2)$
(3) $(x+2y+3)(3x-y+2)$
(4) $(4x+6y-9)(6x-9y+10)$
15 (1) $(a-b)(a+b+c)(a+b-c)$
(2) $(a+b)(b+c)(c+a)$ (3) $(a-b)(b-c)(c+a)$
16 (1) $(x+y+z)(xy+yz+zx)$
(2) $(2a+c)(3a-4c)(b-c)$
(3) $(ab+a+b-1)(ab-a-b-1)$
17 (1) $3(y-z)(z-x)(x-y)$
(2) $-3(x-z)(y-z)(x+y-2z)$
18 $\dfrac{4}{121}$
19 (1) 1.1 (2) 0.16 (3) 4 (4) $-a^3bc^4\sqrt{bc}$
20 ⑤, 理由：$\sqrt{\{(-3)^3\}^2}>0$, $(-3)^3=-27<0$
21 (1) $-\sqrt{2}$ (2) $11\sqrt{3}$ (3) $10+6\sqrt{3}$
(4) $-21\sqrt{2}$ (5) $-3+2\sqrt{3}$
(6) $68-4\sqrt{6}+36\sqrt{2}-12\sqrt{3}$
22 (1) $-\dfrac{\sqrt{5}+\sqrt{3}}{2}$ (2) $\dfrac{\sqrt{2}}{5}$ (3) $\sqrt{5}-1$
(4) $\dfrac{3\sqrt{2}-\sqrt{30}}{6}$
23 (ア) 3 (イ) 6 (ウ) 3 (エ) $-2a$ (オ) -6
24 (1) $2\sqrt{2}+\sqrt{3}$ (2) $2+\sqrt{3}$ (3) $\sqrt{10}$
25 (1) $2\sqrt{3}+1$ (2) $\sqrt{5}-1$
26 (1) 順に 17, $28\sqrt{5}$ (2) 順に 3, 7, 123
27 $abc=\dfrac{1}{6}A^3-\dfrac{1}{2}AB+\dfrac{1}{3}C$
28 (1) $-8\sqrt{5}$ (2) $-38+17\sqrt{5}$ (3) $144-64\sqrt{5}$
29 最大のもの 349, 最小のもの 330
30 (1) $x\leqq\dfrac{14}{3}$ (2) $x<\dfrac{15}{2}$ (3) $x\geqq-\dfrac{5}{12}$
(4) $x<-31$
31 (1) $x\geqq\dfrac{44}{5}$ (2) $-3\leqq x<-\dfrac{5}{3}$
32 (1) $a\geqq\dfrac{7}{12}$ (2) $a<\dfrac{1}{3}$ (3) $-\dfrac{2}{3}\leqq a<-\dfrac{1}{3}$
33 $a>3$ のとき $x>-\dfrac{b}{a-3}$, $a=3$ かつ $b>0$ のとき 解はすべての数, $a=3$ かつ $b\leqq0$ のとき 解はない, $a<3$ のとき $x<-\dfrac{b}{a-3}$
34 (1) 330 m 以内 (2) 400 g 以上 800 g 以下
35 (1) $x=-1,\ 5$ (2) $x=1$
(3) $x\leqq-5,\ \dfrac{1}{5}\leqq x$ (4) $-5<x<5$

<第2章> 集合と命題

● 練習 の解答

44 (1) (ア) $\notin$ (イ) $\in$ (ウ) $\notin$
(2) (ア) $\{-2, -1, 0, 1\}$
(イ) $\{1, 2, 4, 8, 16, 32\}$
(3) (ア) $=$ (イ) $\subset$ (ウ) $\subset$

45 順に $\{3, 6, 9\}$, $\{3, 4, 7, 10\}$, $\{6, 9\}$

46 (1) (ア) $\{x|x\leqq 4\}$ (イ) $\{x|-3\leqq x\leqq 2\}$
(ウ) $\{x|x<5\}$ (2) $3\leqq k\leqq 4$

47 略

48 $a=2$

49 (1) $\{30\}$ (2) $\{6, 10, 12, 18, 20, 24, 30\}$
(3) $\{5, 10, 15, 20, 25\}$

50 略

51 (1) 真 (2) 偽 (3) 偽 (4) 真

52 (1) 真 (2) 偽

53 (1) (ア) 反例である (イ) 反例ではない
(ウ) 反例ではない (エ) 反例ではない
(2) $a=0$

54 (1) (エ) (2) (ア) (3) (ウ) (4) (イ)

55 (1) $x>3$ (2) $x>3$ または $y\leqq 2$
(3) $x\neq 3$ かつ $y\neq 3$ (4) $x\leqq -2$ または $4<x$

56 (1) 否定:「すべての自然数 n について
$n^2-5n-6\neq 0$」, 偽; もとの命題は 真
(2) 否定:「ある実数 x, y について
$9x^2-12xy+4y^2\leqq 0$」, 真; もとの命題は 偽
(3) 否定:「すべての自然数 m, n について
$2m+3n\neq 6$」, 真; もとの命題は 偽

57 (1) $x^3=8$ であって $x\neq 2$ である実数 x がある
(2) $x^2+y^2<1$ であって $|x|\geqq 1$ または $|y|\geqq 1$ である実数 x, y がある

58 (1) 逆:「$x=2$ かつ $y=3 \Longrightarrow x+y=5$」, 真;
対偶:「$x\neq 2$ または $y\neq 3 \Longrightarrow x+y\neq 5$」, 偽;
裏:「$x+y\neq 5 \Longrightarrow x\neq 2$ または $y\neq 3$」, 真
(2) 逆:「x, y の少なくとも一方が無理数ならば, xy は無理数である」, 偽;
対偶:「x, y がともに有理数ならば, xy は有理数である」, 真;
裏:「xy が有理数ならば, x, y はともに有理数である」, 偽

59~62 略

63 (1) $x=2$, $y=3$ (2) $a=2$, $b=-1$

● EXERCISES の解答

36 (1) $1\in N$ (2) $\{1\}\subset N$

37 $A=\{1, 2, 3, 4, 5\}$,
$B=\{-2, 0, 2, 4, 6\}$, $A\cap B=\{2, 4\}$,
$A\cup B=\{-2, 0, 1, 2, 3, 4, 5, 6\}$,
$\overline{A}\cap B=\{-2, 0, 6\}$

38 $\varnothing$, $\{a\}$, $\{b\}$, $\{c\}$, $\{d\}$, $\{a, b\}$, $\{a, c\}$,
$\{a, d\}$, $\{b, c\}$, $\{b, d\}$, $\{c, d\}$, $\{a, b, c\}$,
$\{a, b, d\}$, $\{a, c, d\}$, $\{b, c, d\}$,
$\{a, b, c, d\}$

39 $A=B$

40 (1) $\{2, 3, 5\}$
(2) $A\cap(\overline{B\cup C})=\{2, 5\}$, $A=\{2, 4, 5, 7, 9\}$

41 略

42 (1) 真, 証明略 (2) 偽, 反例:$x=\dfrac{-1\pm\sqrt{5}}{2}$
(3) 偽, 反例:$x=\sqrt{2}$, $y=-\sqrt{2}$

43 ①, ④

44 (ア) ⓪ (イ) ② (ウ) ①

45 (ア) ③ (イ) ④ (ウ) ①

46 (1) × (2) × (3) ○ (4) ○ (5) ×

47~49 略

50 $x=3$, $y=-1$

＜第3章＞ 2 次関数

● 練習 の解答

64 (1) $f(0)=2$, $f(-1)=5$, $f(a+1)=-3a-1$, $g(2)=0$, $g(2a-1)=4a^2-10a+6$
(2) 順に 第4象限, $\frac{1}{3}$

65 (1) 値域 $-2 \leqq y \leqq 13$；$x=3$ で最大値 13, $x=0$ で最小値 -2
(2) 値域 $-5 \leqq y < 4$；$x=2$ で最小値 -5, 最大値はない

66 $a=2$, $b=-5$ または $a=-2$, $b=9$

67～68 略

69 (1) $-\frac{2}{3} \leqq x \leqq \frac{4}{3}$ (2) $x<-3$, $-1<x<3$

70 (1) 順に 1, -3, -3 (2) 略 (3) 略

71 略

72 グラフ略；(1) y 軸方向に 4 だけ平行移動したもの, 軸は y 軸 (直線 $x=0$), 頂点は 点 $(0,\ 4)$
(2) x 軸方向に 1 だけ平行移動したもの, 軸は 直線 $x=1$, 頂点は 点 $(1,\ 0)$
(3) x 軸方向に 2, y 軸方向に -1 だけ平行移動したもの, 軸は 直線 $x=2$, 頂点は 点 $(2,\ -1)$

73 グラフ略；軸, 頂点の順に (1) 直線 $x=\frac{5}{4}$, 点 $\left(\frac{5}{4},\ \frac{9}{8}\right)$ (2) 直線 $x=3$, 点 $(3,\ -8)$

74 (1) $c>0$ (2) $b>0$ (3) $b^2-4ac>0$
(4) $a+b+c>0$ (5) $a-b+c<0$

75 $y=x^2-8x+11$ $(y=(x-4)^2-5)$

76 (1) x 軸方向に -6, y 軸方向に 28 だけ平行移動する (2) $y=x^2+x$

77 (1) $y=x^2-4x+1$ (2) $y=-x^2-4x-1$
(3) $y=x^2+4x+1$

78 $p=-\frac{3}{2}$, $q=-\frac{21}{4}$

79 (1) $x=1$ で最小値 -4, 最大値はない
(2) $x=\frac{3}{4}$ で最大値 $-\frac{31}{8}$, 最小値はない
(3) $x=\frac{3}{2}$ で最大値 $\frac{11}{2}$, 最小値はない
(4) $x=\frac{5}{6}$ で最小値 $\frac{71}{12}$, 最大値はない

80 (1) $x=-\frac{1}{2}$ で最小値 0, 最大値はない
(2) $x=2$ で最大値 $\frac{7}{2}$, $x=5$ で最小値 -1

81 (1) $0<a<1$ のとき　$x=a$ で最小値 a^2-2a-3
$a \geqq 1$ のとき　$x=1$ で最小値 -4
(2) $0<a<2$ のとき　$x=0$ で最大値 -3
$a=2$ のとき　$x=0$, 2 で最大値 -3
$a>2$ のとき　$x=a$ で最大値 a^2-2a-3

82 (1) $a>2$ のとき $x=-1$ で最小値 $-2a+3$, $0 \leqq a \leqq 2$ のとき $x=1-a$ で最小値 $-(a-1)^2$, $a<0$ のとき $x=1$ で最小値 $2a-1$
(2) $a>1$ のとき $x=1$ で最大値 $2a-1$；$a=1$ のとき $x=-1$, 1 で最大値 1；$a<1$ のとき $x=-1$ で最大値 $-2a+3$

83 (1) $a<1$ のとき $x=a$ で最小値 $-2a^2+6a+1$；$a=1$ のとき $x=1$, 2 で最小値 5；$a>1$ のとき $x=a+1$ で最小値 $-2a^2+2a+5$
(2) $a<\frac{1}{2}$ のとき $x=a+1$ で最大値 $-2a^2+2a+5$, $\frac{1}{2} \leqq a \leqq \frac{3}{2}$ のとき $x=\frac{3}{2}$ で最大値 $\frac{11}{2}$, $a>\frac{3}{2}$ のとき $x=a$ で最大値 $-2a^2+6a+1$

84 (1) $M=\frac{1}{2}a^2-a$ (2) $a=1$ で最小値 $-\frac{1}{2}$

85 (1) $k=3$ (2) $a=-2-\sqrt{2}$, $-\frac{1}{2}$

86 $a=\frac{4}{15}$, $b=\frac{9}{5}$ または $a=-\frac{4}{15}$, $b=\frac{21}{5}$

87 AC$=2$ のとき最小値 3π

88 $2\sqrt{5}$

89 (1) $(x,\ y)=\left(\frac{6}{7},\ \frac{4}{7}\right)$ のとき最大値 $\frac{8}{7}$
(2) $(x,\ y)=(1,\ 0)$ のとき最大値 1, $(x,\ y)=\left(\frac{1}{5},\ \frac{2}{5}\right)$ のとき最小値 $\frac{1}{5}$

90 (1) $x=1$, $y=-5$ のとき最小値 -29
(2) $x=7$, $y=2$ のとき最小値 -3

91 (1) $x=0$ のとき最大値 0, 最小値はない
(2) $x=3$ のとき最大値 3, $x=3\pm\sqrt{3}$ のとき最小値 -6

92 (1) $y=-2\left(x+\frac{3}{2}\right)^2-\frac{1}{2}$ $(y=-2x^2-6x-5)$
(2) $y=-2(x+3)^2+10$ $(y=-2x^2-12x-8)$

93 (1) $y=x^2+3x+4$
(2) $y=3(x+1)(x-2)$ $(y=3x^2-3x-6)$

94 (1) $y=2(x-1)^2+3$ $(y=2x^2-4x+5)$, $y=\frac{2}{9}(x-5)^2+3$ $\left(y=\frac{2}{9}x^2-\frac{20}{9}x+\frac{77}{9}\right)$
(2) $y=(x-1)^2+3$ $(y=x^2-2x+4)$

95 (1) $x=0$, $-\frac{1}{3}$ (2) $x=\frac{1}{2}$, $-\frac{1}{3}$
(3) $x=\frac{3}{2}$ (4) $x=\frac{-5\pm\sqrt{61}}{6}$
(5) $x=-\frac{4}{3}$, $\frac{3}{4}$ (6) $x=-7\pm2\sqrt{29}$

96 (1) $x=4\pm\sqrt{19}$ (2) $x=\sqrt{3}$, $-\frac{5\sqrt{3}}{3}$
(3) $x=\frac{3\pm\sqrt{5}}{4}$ (4) $x=4$, $1-\sqrt{5}$

97 (1) $m=-5$, $n=-2$ (2) $m=-2$ のとき他の解 $x=-3$, $m=\frac{2}{3}$ のとき他の解 $x=1$

98 (1) $(x,\ y)=(-2,\ 2),\ \left(-\frac{9}{2},\ -\frac{11}{2}\right)$
(2) $(x,\ y)=(3,\ -3),\ (-1,\ 1),\ (-2,\ -1),\ \left(\frac{2}{3},\ \frac{5}{3}\right)$

99 (1) $a\neq1$ のとき $x=\frac{a^2-2}{a-1}$，
$a=1$ のとき 解はない
(2) $a\neq\pm1$ のとき $x=1,\ -\frac{1}{a+1}$；$a=1$ のとき解はすべての数；$a=-1$ のとき $x=1$

100 (1) $m=-1$ のとき 2 個，$m=3$ のとき 0 個
(2) $m=1$ のとき重解 $x=-1$，
$m=4$ のとき重解 $x=2$

101 (1) $k\leqq\frac{13}{12}$ (2) $k=-4,\ 0,\ 1$

102 (ア) -16 (イ) 12

103 (1) $(1,\ 0)$ (2) 共有点をもたない
(3) $(2-\sqrt{2},\ 0),\ (2+\sqrt{2},\ 0)$

104 $k<\frac{5}{2}$ のとき 2 個，$k=\frac{5}{2}$ のとき 1 個，
$k>\frac{5}{2}$ のとき 0 個

105 (1) $k=-8$ のとき $(-2,\ 0)$，
$k=8$ のとき $(2,\ 0)$ (2) $k=-3,\ \left(\frac{1}{2},\ 0\right)$

106 (1) $\frac{2\sqrt{10}}{3}$ (2) $a=8,\ -4$

107 (1) $\left(\frac{3-\sqrt{21}}{2},\ \frac{15-\sqrt{21}}{2}\right)$，
$\left(\frac{3+\sqrt{21}}{2},\ \frac{15+\sqrt{21}}{2}\right)$
(2) $(3,\ -3)$ (3) 共有点をもたない

108 (1) $a=1$ のとき $(0,\ 1)$，
$a=5$ のとき $(-2,\ -1)$
(2) $k>-\frac{1}{2}$ のとき 2 個，
$k=-\frac{1}{2}$ のとき 1 個，$k<-\frac{1}{2}$ のとき 0 個

109 (1) $(-1,\ 2),\ (3,\ 18)$
(2) 共有点をもたない (3) $(-1,\ 4)$

110 (1) $-2<x<3$ (2) $x\leqq-\frac{1}{2},\ \frac{2}{3}\leqq x$
(3) $x<\frac{-6-\sqrt{3}}{3},\ \frac{-6+\sqrt{3}}{3}<x$
(4) $\frac{5-\sqrt{33}}{4}\leqq x\leqq\frac{5+\sqrt{33}}{4}$ (5) $-\frac{1}{3}<x<\frac{3}{4}$
(6) $\frac{3-2\sqrt{3}}{3}\leqq x\leqq\frac{3+2\sqrt{3}}{3}$

111 (1) すべての実数 (2) 解はない
(3) $x=\frac{3}{2}$ (4) すべての実数

112 (1) $a<-5$ のとき $a\leqq x\leqq-5$；
$a=-5$ のとき $x=-5$；
$-5<a$ のとき $-5\leqq x\leqq a$
(2) $a>0$ のとき $x<0,\ \frac{1}{a}<x$；
$a=0$ のとき $x<0$；
$a<0$ のとき $\frac{1}{a}<x<0$
(3) $a<0,\ 1<a$ のとき $a<x<a^2$；
$a=0,\ 1$ のとき 解はない；
$0<a<1$ のとき $a^2<x<a$

113 (1) $a=4,\ b=-12$
(2) $a=-\frac{1}{3},\ b=\frac{5}{6}$

114 (1) $k<-3,\ 1<k$
(2) $-2<m<-1,\ -1<m<3$ のとき 2 個；
$m=-2,\ -1,\ 3$ のとき 1 個；
$m<-2,\ 3<m$ のとき 0 個

115 (1) $-6\leqq k\leqq2$ (2) $\frac{1}{5}<a\leqq1$

116 $-2<a<2$

117 (1) $-\frac{2}{3}\leqq x<-\frac{1}{3}$ (2) $1\leqq x\leqq3$
(3) $1-\sqrt{5}<x<-1,\ 2<x<1+\sqrt{5}$

118 $2-\sqrt{2}$ m 以上 $2-\frac{\sqrt{6}}{3}$ m 未満，または
$2+\frac{\sqrt{6}}{3}$ m より大きく $2+\sqrt{2}$ m 以下

119 (1) $a\leqq-4$ (2) $a>-4$
(3) $-4<a\leqq\frac{1}{4},\ 1\leqq a$

120 $a>1$

121 $(x,\ y)=\left(\pm\frac{\sqrt{3}}{2},\ \frac{1}{2}\right)$ のとき最大値 $\frac{3}{2}$
$(x,\ y)=(0,\ -1)$ のとき最小値 -3

122 (1) 最大値 2，最小値 -2
(2) $x=\frac{5\sqrt{26}}{13},\ y=\frac{3\sqrt{26}}{13}$ で最大値 $\sqrt{26}$；
$x=-\frac{5\sqrt{26}}{13},\ y=-\frac{3\sqrt{26}}{13}$ で最小値 $-\sqrt{26}$

123 略

124 (1) $-1<x<-1+2\sqrt{3}$ (2) $x\leqq5,\ 9\leqq x$
(3) $2<x<3$

125 $k>6$ のとき 0 個；$k=6$ のとき 1 個；$k<-3$，$-2<k<6$ のとき 2 個；$k=-2,\ -3$ のとき 3 個；$-3<k<-2$ のとき 4 個

126 (1) $m<-14$ (2) $-14<m\leqq2$

127 (1) $-1<a<0,\ 8<a$ (2) $a<-\frac{9}{2}$

128 $-\frac{1}{2}<a<4-2\sqrt{2}$

129 $\frac{65}{38}<a<\frac{5}{2}$

130 $0\leqq a<1$

131 (1) $2-\sqrt{2}<k<2+\sqrt{2}$
(2) $k<2-\sqrt{2},\ 2+\sqrt{2}<k$

132 (1) $a\leqq-16,\ 2\leqq a$
(2) $a\leqq-7-2\sqrt{6},\ -7+2\sqrt{6}\leqq a$

● EXERCISES の解答

51　$x<\frac{3}{2}$，第 3 象限

52　(1)　$a=-1$，$b=3$　(2)　$a=-2$，$b=3$

53　$\frac{8}{3}$

54　(1)　$x=2$ で最小値 2　(2)　$x=8$ で最小値 8

55　(1)　順に $\left(-\frac{a}{2},\ -\frac{a^2}{4}-2\right)$，$a=2$

(2)　$a=-1$，$b=-10$

56　(1)　⑧　(2)　③

57　$a=4$，$b=1$

58　(1)　$g(x)=x^2-8x+14$，図略　(2)　略

(3)　$0<a<1$ のとき $m=a^2-2a+2$，
$1\leqq a<4-\sqrt{3}$ のとき $m=1$，
$4-\sqrt{3}\leqq a<4$ のとき $m=a^2-8a+14$，
$4\leqq a$ のとき $m=-2$

59　(1)　$x=0$ で最小値 -1；
$x=\frac{2+2\sqrt{6}}{5}$ で最大値 $\frac{2+2\sqrt{6}}{5}$

(2)　$(p,\ q)=\left(-1,\ \frac{1}{4}\right)$，$\left(-1,\ \frac{2+2\sqrt{6}}{5}\right)$

60　(1)　$\frac{15}{16}$

(2)　$a<-\frac{2}{3}$ のとき $m(a)=2a^2+3a+2$；
$-\frac{2}{3}\leqq a\leqq\frac{2}{3}$ のとき $m(a)=-\frac{a^2}{4}+1$；
$\frac{2}{3}<a$ のとき $m(a)=2a^2-3a+2$

(3)　$a=\pm\frac{3}{4}$ のとき最小値 $\frac{7}{8}$

61　(1)　$a<0$ のとき $x=0$ で最大値 $-a$，
$0\leqq a\leqq 10$ のとき $x=\frac{a}{2}$ で最大値 $\frac{a^2}{4}-a$，
$a>10$ のとき $x=5$ で最大値 $-25+4a$

(2)　$a=-3$，6

62　(1)　$0<x\leqq 2\sqrt{3}-3$ のとき $y=x^2$；
$2\sqrt{3}-3<x<1$ のとき $y=-\frac{\sqrt{3}}{2}x^2+\frac{\sqrt{3}}{2}x$

(2)　$x=\frac{1}{2}$ で最大値 $\frac{\sqrt{3}}{8}$

63　(1)　$a=\frac{1}{2}$，$b=\frac{1}{2}$ のとき最小値 $\frac{1}{4}$

(2)　$x=2$，$y=1$ のとき最小値 12

64　$x=0$ のとき最大値 10；$x=1$，3 のとき最小値 1

65　(1)　(ア)　-1　(イ)　$-t^2+2t+1$

(ウ)，(エ)　$-1\pm\sqrt{2}$　(オ)　2

(2)　(カ)　-1

66　(1)　$y=-\frac{1}{3}(x-2)^2+2$
$\left(y=-\frac{1}{3}x^2+\frac{4}{3}x+\frac{2}{3}\right)$

(2)　$a=-1$，$b=2$，$c=3$

67　(1)　軸 $x=1$，$a=-2$，$b=3$

(2)　(ア)　$a=-1$　(イ)　$b=\frac{1}{2}$，$c=2$

68　(1)　$x=-1$，$\frac{1}{3}$　(2)　$x=-4\pm\frac{\sqrt{6}}{3}$

(3)　$x=1-\sqrt{3}$　(4)　$x=\pm 1$，$\pm\frac{3}{2}$

69　(1)　$x=\pm\sqrt{2}$，$\pm\frac{2\sqrt{3}}{3}$　(2)　$x=3$，$3\pm\sqrt{5}$

70　$a=1$，$x=3$

71　(ア)　$\frac{5}{4}$　(イ)　$\frac{3}{2}$

72　$-6<a<3$，$3<a$ のとき 2 個；
$a=-6$，3 のとき 1 個；
$a<-6$ のとき 0 個；
$a=3$ のとき $x=-\frac{2}{3}$，$a=-6$ のとき $x=-\frac{1}{3}$

73　$k=0$ のとき共通の解 $x=0$，
$k=\frac{5}{22}$ のとき共通の解 $x=-\frac{1}{2}$

74　(ア)　$t^2-7t+12=0$　(イ)　3，4

(ウ)　$\frac{3\pm\sqrt{5}}{2}$，$2\pm\sqrt{3}$

75　(1)　2　(2)　5 個

76　(ア)　$a<0$，$0<a<2$　(イ)　0，2

77　(1)　$a=-2$　(2)　$a<\frac{2}{7}$　(3)　$a=-\frac{20}{7}$

78　(1) $k\leqq\frac{3}{2}$　(2) (ア) $-\frac{1}{4}$ (イ) 6 (ウ) 3 (エ) $\frac{1}{8}$

79　$a=-1$，$b=4$，$c=5$

80　(1)　$2-\sqrt{2}\leqq x\leqq\sqrt{2}$　(2)　$x>-1$

81　$a<0$ のとき $x<3a$，$a^2<x$；
$0<a<3$ のとき $a^2<x<3a$；
$a=3$ のとき 解なし；
$3<a$ のとき $3a<x<a^2$

82　$a\geqq 1$

83　$-3<a<-2$，$2<a<5$

84　(1)　$2\leqq a<2+2\sqrt{5}$　(2)　$-5-4\sqrt{5}<m\leqq 0$

85　(1)　$3<a<4$　(2)　$1<a\leqq 3$，$4\leqq a<6$

86　(1)　① の解は　$a<x<a+3$；
② の解は $0<a<\frac{3}{4}$ のとき $2a-3<x<-2a$，
$a=\frac{3}{4}$ のとき 解はない，$\frac{3}{4}<a<4$ のとき
$-2a<x<2a-3$

(2)　$3<a<4$　(3)　$0<a\leqq\frac{7}{2}$

87　(1)　略　(2)　$3u^2-4v=8$　(3)　$-\frac{7}{3}\leqq k\leqq 3$

88　(1)　$x<-\sqrt{2}$，$-\frac{1}{\sqrt{2}}<x<\frac{1}{\sqrt{2}}$，$\sqrt{2}<x$

(2)　$2-\sqrt{5}\leqq x\leqq 0$，$4\leqq x\leqq 2+\sqrt{5}$

89　$x=-\frac{1}{2}$ で最大値 $\frac{5}{4}$，$x=1$ で最小値 -1

90 $-4+\sqrt{14}<a<\frac{1}{6}$

91 $\frac{1}{2}\leqq a\leqq\frac{7}{4}$

92 (1) 証明略，$a<\alpha<b<c<\beta$
(2) 証明略，$a<\alpha<b<\beta<c$

93 $k=4,\ 5$

94 順に $-\frac{7}{2}<a<\frac{1}{2}$；$\frac{-3-\sqrt{7}}{2}<a<\frac{-3+\sqrt{7}}{2}$

＜第4章＞ 図形と計量

● 練習 の解答

133 (1)
$\sin\theta=\frac{1}{\sqrt{10}}$，$\cos\theta=\frac{3}{\sqrt{10}}$，$\tan\theta=\frac{1}{3}$
(2) $x=3\sqrt{3}$，$y=3$

134 (1) $x\fallingdotseq 12.6$，$y\fallingdotseq 8.2$ (2) $\theta\fallingdotseq 23^\circ$

135 15 m

136 (1) $\mathrm{DE}=\frac{\sqrt{6}-\sqrt{2}}{2}$，$\mathrm{AE}=\frac{\sqrt{6}+\sqrt{2}}{2}$
(2) $\sin 15^\circ=\frac{\sqrt{6}-\sqrt{2}}{4}$，$\cos 15^\circ=\frac{\sqrt{6}+\sqrt{2}}{4}$，
$\tan 15^\circ=2-\sqrt{3}$

137 (1) $\cos\theta=\frac{5}{13}$，$\tan\theta=\frac{12}{5}$
(2) $\sin\theta=\frac{2\sqrt{2}}{3}$，$\tan\theta=2\sqrt{2}$
(3) $\sin\theta=\frac{2}{3}$，$\cos\theta=\frac{\sqrt{5}}{3}$

138 (1) (ア) $\cos 18^\circ$ (イ) $\sin 5^\circ$ (ウ) $\frac{1}{\tan 43^\circ}$
(2) 略

139 (a) $-\sqrt{3}$ (b) $\frac{1}{\sqrt{2}}$ (c) $-\frac{\sqrt{3}}{2}$
(d) $-\frac{1}{\sqrt{3}}$

140 (1) 0 (2) $\frac{1}{16}$

141 (1) $\theta=60^\circ,\ 120^\circ$ (2) $\theta=45^\circ$

142 (1) $\theta=60^\circ$ (2) $\theta=135^\circ$

143 (1) $\theta=60^\circ,\ 180^\circ$ (2) $\theta=45^\circ$

144 (1) $(\cos\theta,\ \tan\theta)=\left(\frac{\sqrt{13}}{7},\ \frac{6}{\sqrt{13}}\right)$，
$\left(-\frac{\sqrt{13}}{7},\ -\frac{6}{\sqrt{13}}\right)$ (2) $\sin\theta=\frac{\sqrt{7}}{4}$，
$\tan\theta=-\frac{\sqrt{7}}{3}$ (3) $\sin\theta=\frac{12}{13}$，$\cos\theta=-\frac{5}{13}$

145 順に $-\frac{3}{8}$，$\frac{\sqrt{7}}{2}$，$-\frac{11}{6}$，$\frac{23}{32}$，$\frac{\sqrt{7}}{4}$

146 -7

147 (1) $\theta=30^\circ$ (2) $\theta=75^\circ$

148 (1) $0^\circ\leqq\theta\leqq 45^\circ$，$135^\circ\leqq\theta\leqq 180^\circ$
(2) $0^\circ\leqq\theta<120^\circ$ (3) $0^\circ\leqq\theta<90^\circ$，$135^\circ<\theta\leqq 180^\circ$

149 (1) $60^\circ<\theta\leqq 180^\circ$
(2) $30^\circ<\theta<45^\circ$，$135^\circ<\theta<150^\circ$

150 (1) $\theta=30^\circ,\ 150^\circ$ のとき最大値 10
$\theta=0^\circ,\ 90^\circ,\ 180^\circ$ のとき最小値 9
(2) $\theta=45^\circ$ のとき最小値 1，最大値はない

151 $45^\circ<\theta<90^\circ$，$90^\circ<\theta<135^\circ$

152 (1) $c=\sqrt{6}$，$R=\sqrt{3}$
(2) $A=45^\circ$，$C=85^\circ$

153 (1) $a=2\sqrt{2}$，$C=120^\circ$
(2) $b=2,\ -2+2\sqrt{3}$ (3) $B=60^\circ$

154 (1) $a=4$, $B=15°$, $C=30°$
(2) $A=30°$, $B=45°$, $C=105°$

155 $c=\sqrt{2}$, $A=105°$, $C=30°$ または
$c=\sqrt{6}$, $A=75°$, $C=60°$

156 (1) BD=3, AD=$3\sqrt{2}$
(2) BD=3, AD=$3\sqrt{7}$

157 (1) 60° (2) $\frac{5\sqrt{3}}{11}$

158 (1) $x>6$ (2) $x>12$

159 (1) $x>3$ (2) 120°

160 略

161 (1) BC=CA の二等辺三角形 (2) 正三角形
(3) ∠B=90° または ∠C=90° の直角三角形

162 (1) $S=\frac{35}{2}$ (2) $S=6\sqrt{11}$

163 (1) $S=12\sqrt{6}$ (2) $S=\frac{1}{2}pq\sin\theta$
(3) $S=26\sqrt{3}$

164 (1) $\frac{35\sqrt{3}}{12}$ (2) $S=2\sqrt{2}a^2$
(3) $S=3(2+\sqrt{3})$

165 (1) $\sqrt{19}$ (2) 3 (3) 2 (4) $\frac{21\sqrt{3}}{4}$

166 (1) $\cos B=-\frac{1}{6}$ (2) $\frac{3\sqrt{35}}{4}$

167 (1) $\sqrt{6}$ (2) 45° (3) $\frac{3+\sqrt{3}}{2}$ (4) $\sqrt{2}$
(5) $\frac{1+\sqrt{3}-\sqrt{2}}{2}$

168 (1) $S=\frac{\sqrt{3}}{4}(11x^2-6x+1)\left(0<x<\frac{1}{3}\right)$
(2) $x=\frac{3}{11}$ のとき最小値 $\frac{\sqrt{3}}{22}$

169 (1) AM=$3\sqrt{3}$, AE=$2\sqrt{7}$, EM=$\sqrt{13}$
(2) $\cos\theta=\frac{\sqrt{21}}{6}$ (3) $\frac{3\sqrt{35}}{2}$

170 (1) 1 (2) $\frac{3\sqrt{3}}{4}$ (3) $\frac{\sqrt{21}}{7}$

171 順に $\sqrt{2}$, $\frac{8\sqrt{2}}{3}\pi$, 8π

172 (1) $\frac{2\sqrt{6}}{3}$ (2) $9\pi : 2\sqrt{3}$

173 (ア) $57\sqrt{6}$ (イ) $57\sqrt{2}$

174 $\sqrt{7}a$

● EXERCISES の解答

95 (1) 約8° (2) 約2°

96 (1) AB=$\sqrt{4+2\sqrt{2}}$ (2) $\sin 22.5°=\frac{\sqrt{2-\sqrt{2}}}{2}$,
$\cos 22.5°=\frac{\sqrt{2+\sqrt{2}}}{2}$, $\tan 22.5°=\sqrt{2}-1$

97 (ア) 1 (イ) $\frac{\sqrt{5}+1}{2}$ (ウ) $\frac{\sqrt{5}-1}{4}$

98 (1) $\frac{4+\sqrt{7}}{4}$ (2) 1 (3) $\frac{2}{3}$

99 (1) $\frac{5}{2}$ (2) 略

100 (1) $-\sqrt{3}$ (2) $\sqrt{1-p^2}-p^2$

101 $\theta=45°$, 120°

102 (1) $\frac{1}{3}$ (2) $\frac{\sqrt{15}}{3}$ (3) $\frac{2\sqrt{15}}{9}$ (4) $6\sqrt{15}$

103 (1) $\sin\theta=\frac{4}{5}$, $\cos\theta=\frac{3}{5}$ (2) $-\frac{1}{5}$

104 $x=60°$, $y=30°$ または $x=120°$, $y=30°$

105 $y=\frac{1}{\sqrt{3}}x+1$, $y=\sqrt{3}x+1$

106 (ア) 2 (イ) 2 (ウ) 1 (エ) 0°, 90°, 180°
(オ) 1 (カ) 45°, 135° (キ) $\frac{1}{2}$

107 $90°<\theta<120°$

108 (1) $b=2$, $\cos A=\frac{\sqrt{6}}{3}$
(2) $a=8$, $A=90°$, $C=60°$, $R=4$ または
$a=4$, $A=30°$, $C=120°$, $R=4$
(3) $A=120°$, $a=\sqrt{3}$, $b=\frac{5\sqrt{3}}{7}$, $c=\frac{3\sqrt{3}}{7}$

109 $\frac{5}{7}$

110 (1) $50\sqrt{6}$ m (2) $50\sqrt{2}$ m

111 (1) $\frac{2}{5}$ (2) $\frac{7\sqrt{2}}{10}$ (3) $\sqrt{10}$

112 (1) 略 (2) AM=7

113 (1) $2<a<6$
(2) $a=3$, 外接円の半径は $\frac{7\sqrt{3}}{3}$

114 (1) 略 (2) AB=AC の二等辺三角形
または ∠A=120° の三角形

115 (1) $\frac{25(1+\sqrt{3})}{2}$ (2) $9\sqrt{3}$ (3) $\frac{45\sqrt{3}}{4}$
(4) $8(\sqrt{2}-1)r^2$

116 (1) $3\sqrt{2}$ (2) $\frac{15\sqrt{7}}{4}$

117 (1) $x=\sqrt{\frac{(ac+bd)(ad+bc)}{ab+cd}}$,
$y=\sqrt{\frac{(ac+bd)(ab+cd)}{ad+bc}}$ (2) 略

118 (ア) $\frac{2\sqrt{6}}{5}$ (イ) $\frac{4\sqrt{3}}{3}$

119 略

120 (1) $\cos C=\frac{3t}{t+12}$ (2) $S=\sqrt{-2t^2+6t+36}$
(3) $t=\frac{3}{2}$ のとき最大値 $\frac{9\sqrt{2}}{2}$

121 (1) $\frac{2\sqrt{6}}{3}a$ (2) ∠AEC=120°, 面積 $\frac{2\sqrt{3}}{3}a^2$

122 DH=$\frac{\sqrt{42}}{3}$, 四面体 ABCD の体積は $\sqrt{14}$

123 (1) $6\sqrt{6}$ (2) $\dfrac{2\sqrt{6}}{3}$

124 (1) $BE=\dfrac{1+\sqrt{5}}{2}$, $R=\dfrac{2}{\sqrt{10-2\sqrt{5}}}$

(2) $BG=\dfrac{\sqrt{10+2\sqrt{5}}}{2}$

(3) 順に $\dfrac{3+\sqrt{5}}{48}$, $\dfrac{15+5\sqrt{5}}{12}$

125 (1) $12\sqrt{2}$ (2) $4\sqrt{7}$

<第5章> データの分析

● 練習 の解答

175 略
176 (1) 11点 (2) 10点
177 (1) 42.5点以上 61.5点以下 (2) $x=71$
178 8通り
179 範囲は20時間，四分位範囲は10時間
180 ①，③
181 ①，②
182 (1) A工場：平均値 3.90 g，標準偏差 0.17 g
B工場：平均値 4.00 g，標準偏差 0.11 g
(2) A工場の方が散らばりの度合いが大きい
183 (1) 6 (2) 21
184 (1) 5 °C (2) (ア) ③ (イ) ②
185 平均値は55，標準偏差は18
186 (1) $\overline{x}=573$ (2) 1356
187 (1) 正の相関関係がある (2) 略
188 0.77
189 (1) -0.85 (2) 大きくなる
190 (1) $s_{xy}=2$，$r_{xy}\fallingdotseq 0.6$
(2) $s_{yz}=-4$，$r_{yz}\fallingdotseq -0.6$
191 企業の印象が良くなったとは判断できない
192 (1) 支持率は上昇したと判断してよい
(2) 支持率は上昇したとは判断できない
193 このコインは裏が出やすいと判断してよい
194 (1) Aが以前より強いとは判断できない
(2) Aは以前より強いと判断してよい

● EXERCISES の解答

126 (1) (a) 33万円 (b) 4 (c) 2万円
(2) 40
127 略
128 (ア) $4\overline{x}-2$ (イ) $4s_x$ (ウ) 9
129 (ア) 20 (イ) 90 (ウ) 22 (エ) 66
(オ) $2\sqrt{157}$
130 (1) ② (2) ④⑥⑦⑨ (3) ⑩⑫
131 (1) $A=1180$，$B=59.0$ (2) ④
132 (ア) $\dfrac{81}{25}$ (イ) $\dfrac{9}{5}$ (ウ) 1
133 (ア) 0.17 (イ) ⑤
134 (1) このさいころは1の目が出やすいと判断してよい
(2) このさいころは1の目が出やすいとは判断できない

● 総合演習第2部 の解答

1 (1) $-2x^2-8xy+6y^2$
(2) x^8-1 (3) $(x+2a-3)(y-b+1)$
(4) $(a+b+c)(a-b-c)(a+b-c)(a-b+c)$

2 (1) $P=(x+3cy+a+3bc)(x-3cy+a-3bc)$
$Q=(x+4y+11)(x+9y+11)$
$R=(x+py-7)(x+2qy+11)$
(2) $a=2,\ b=1,\ c=\pm3,\ p=-9,\ q=2$

3 $\dfrac{1}{2}$

4 (1) (ア) -4 (イ) -76
(2) (ア) $\sqrt{3}$ (イ) $3-\sqrt{6}$ (ウ) $1+\sqrt{6}$

5 $x>-\dfrac{3}{2}$

6 5, 15, 25, 35, 45

7～**8** 略

9 (1) $(x,\ y)=(3,\ 2)$ (2) (ア) 108 (イ) 3

10 略

11 (ア) $-\dfrac{9}{2}$ (イ) $\dfrac{9}{4}$

12
$$m=\begin{cases}-(a+b)^2 & (a\leqq -b)\\ 0 & (-b<a<b),\\ -(a-b)^2 & (b\leqq a)\end{cases}$$
グラフ略

13 (1) (ア) 2 (イ) $\dfrac{1}{2}$ (ウ) $\dfrac{1}{2}$
(2) (エ) $-8x+12$ (オ) $\dfrac{3}{2}$ (カ) $8y$ (キ) 0
(3) (ク) $\dfrac{11}{4}$ (ケ) $\dfrac{3\pm2\sqrt{2}}{4}$ (コ) $\dfrac{1}{4}$

14 (1) $n=0,\ 1$ (2) $0\leqq x<2$ (3) $x=\dfrac{3}{2}$

15 $a>-2$

16 (1) $-3\leqq x\leqq 5$ (2) $k=0,\ -4$

17 (1) 略 (2) $m<0$ のとき0個，$m=0$ のとき1個，$0<m<1$ のとき2個，$m=1$ のとき3個，$m>1$ のとき4個

18 (1) $-\dfrac{2}{\sqrt{3}}\leqq x\leqq\dfrac{2}{\sqrt{3}}$ (2) $x<-\dfrac{2}{\sqrt{3}},\ 1\leqq x$
(3) $x<-\dfrac{1}{3},\ 1<x$

19 (1) $-2-2\sqrt{2}\leqq a\leqq -2+2\sqrt{2}$
(2) $a\leqq -6+4\sqrt{3}$

20～**21** 略

22 (1) $\cos\theta=\dfrac{a^2+b^2-c^2}{2ab}$ (2), (3) 略
(4) $(a,\ b,\ c)=(3,\ 4,\ 5)$

23 (1) $\sqrt{30}$ (2) $\dfrac{3\sqrt{5}}{2}$
(3) $\mathrm{AB}=3\sqrt{6},\ \mathrm{AC}=2\sqrt{6}$

24 (1) $120°$ (2) $\dfrac{37\sqrt{3}}{4}$

25 (1) $L=\dfrac{4}{\tan\theta}(S+T)$ (2) $8\cos\theta$

26 (1) $r=\dfrac{\sqrt{-t^4+26t^2-25}}{2(5+t)}$,
$h=\dfrac{\sqrt{-t^4+26t^2-25}}{5+t}$
(2) $t=\sqrt{13}$ のとき最大値 18

27 (1) $\mathrm{BP}=\dfrac{\sqrt{3}}{3},\ \mathrm{PQ}=\dfrac{1}{3}$ (2) 略 (3) $\dfrac{3-\sqrt{3}}{6}$

28 (1) $\dfrac{\sqrt{3}}{4}$ (2) $\sqrt{21}$

29 (1) (ア) 52 (イ) 74
(2) (ウ) 0 (エ) 1 (オ) 3
(カ) 5 (キ) 6 (ク) 68.2
(3) (ケ) 68.4 (コ) 9 (4) (サ) 11

30 (1) $\overline{x}=5.5,\ \overline{y}=7.5,\ \overline{z}=14,\ \overline{w}=3.5$
(2) 略
(3) $s_{xy}=3.25,\ r_{xy}\fallingdotseq 0.39,\ s_{zw}=6.5,\ r_{zw}\fallingdotseq 0.39$

答の部（数学A）

問，練習，EXERCISES，総合演習第2部の答の数値のみをあげ，図・表・証明は省略した。なお，問については略解を［　］内に付した場合もある。

数学 A

● 問の解答

・$p.348$ の 問　(1)　(ア)　1680　(イ)　156　(ウ)　24
(2)　120 通り
［(1)　(ア)　8·7·6·5　(イ)　13·12　(ウ)　4!　(2)　${}_6P_3$］

・$p.368$ の 問
(1)　210　(2)　220　(3)　11　(4)　1　(5)　1
$\left[(1)\ \dfrac{10\cdot9\cdot8\cdot7}{4\cdot3\cdot2\cdot1}\quad(2)\ {}_{12}C_9={}_{12}C_3=\dfrac{12\cdot11\cdot10}{3\cdot2\cdot1}\right]$

・$p.401$ の 問　7％
［明日雨にあう確率を A，明後日雨にあう確率を B とすると $P(A)=P(B)=0.2$，$P(\overline{A}\cap\overline{B})=0.67$
このとき
$P(A\cup B)=1-P(\overline{A\cup B})=1-P(\overline{A}\cap\overline{B})=0.33$
求める確率は
$P(A\cap B)=P(A)+P(B)-P(A\cup B)$］

・$p.447$ の 問
(1)　$a=6$，$b=\dfrac{8}{3}$　(2)　$x=110°$，$y=125°$
［(1)　$a:(a+2)=9:12$，$8:b=6:2$
(2)　四角形 ABCD は平行四辺形である。
$x=\angle BAD=2\angle BAF=2\angle FEC$，
$y=\angle FEC+(180°-x)$］

・$p.448$ の 問　(ア)　F　(イ)　A

・$p.478$ の 問
(1)　$\theta=27°$　(2)　$\theta=42°$　(3)　$\theta=50°$
$\left[(1)\ 63°+\theta=90°\quad(2)\ \theta=\dfrac{180°-2\times48°}{2}\right.$
(3)　$\theta+52°=102°$］

・$p.493$ の 問　3，6
［2つの円の半径を r，r' $(r>r')$ とすると
$r+r'=9$，$r-r'=3$］

・$p.509$ の 問
① 面の数，② 面の形，③ 1頂点に集まる面の数，④ 頂点の数，⑤ 辺の数　とする。

正多面体	①	②	③	④	⑤
正四面体	4	正三角形	3	4	6
正六面体	6	正 方 形	3	8	12
正八面体	8	正三角形	4	6	12
正十二面体	12	正五角形	3	20	30
正二十面体	20	正三角形	5	12	30

<第1章>　場 合 の 数

● 練習 の解答

1　(1)　36　(2)　64　(3)　22　(4)　97
2　(1)　64　(2)　105
3　(ア)　70　(イ)　50　(ウ)　20　(エ)　0
4　(ア)　12　(イ)　96
5　240
6　(1)　順に 30 通り，24 通り　(2)　10 通り
7　(1)　6 通り　(2)　12 個
8　順に 24 個，3720，18 個
9　(1)　152 通り　(2)　133 通り
10　29 通り
11　(ア)　2520　(イ)　1440　(ウ)　600
12　(1)　720 個　(2)　220 個　(3)　400 個　(4)　200 個　(5)　78 個
13　(1)　1440 通り　(2)　144 通り　(3)　2880 通り
14　(1)　順に 312456，241 番目　(2)　342651
15　216
16　(1)　96 通り　(2)　6 通り　(3)　72 通り
17　(1)　2520 通り　(2)　504 通り
18　(1)　576 通り　(2)　144 通り　(3)　72 通り
19　(1)　144 通り　(2)　20 通り
20　(1)　32 個　(2)　127 通り　(3)　144 個
21　(1)　126 通り　(2)　36 通り　(3)　972 通り
22　(1)　252 通り　(2)　100 通り　(3)　24 通り　(4)　12000 通り
23　(1)　(ア)　220　(イ)　66　(2)　(ウ)　39
24　(ア)　$\dfrac{1}{2}n(n-3)$　(イ)　$\dfrac{1}{6}n(n-1)(n-2)$
(ウ)　$\dfrac{1}{24}n(n-1)(n-2)(n-3)$
(エ)　$\dfrac{1}{24}n(n-1)(n-2)(n-3)$
25　(1)　27720 通り　(2)　34650 通り　(3)　5775 通り　(4)　9240 通り
26　(1)　12 通り　(2)　48 通り
27　(ア)　10080　(イ)　10080
28　(1)　45360　(2)　10080　(3)　2520　(4)　7560　(5)　15120
29　(ア)　62　(イ)　26
30　(1)　924 通り　(ア)　420 通り　(イ)　216 通り　(ウ)　624 通り　(エ)　300 通り　(2)　132 通り
31　(1)　48 通り　(2)　16 通り
32　(1)　165 通り　(2)　21 通り

33 (1) 286通り (2) 84通り (3) 15通り
34 (1) 252個 (2) 2001個 (3) 252個

● EXERCISES の解答

1 (ア) 29 (イ) 21 (ウ) 69
2 (ア) 73 (イ) 87 (ウ) 62
3 (1) 40人 (2) 25人 (3) 35人 (4) 9人
4 (1) 17 (2) 66 (3) 116
5 4通り
6 (ア) 216 (イ) 36 (ウ) 20
7 (ア) 24 (イ) 1925
8 191通り
9 104通り
10 (1) (ア) 96個 (イ) 36個 (ウ) 24個 (エ) 54個
(2) 133320
11 (1) 5040 (2) 720 (3) 720 (4) 144
12 (1) 順にCEMOPTU，5040通り
(2) 276番目 (3) CMTOEUP
13 (1) 720通り (2) 840通り (3) 240通り
(4) 12通り
14 (1) $f(2)=17$，$f(3)=226$ (2) 略
15 (ア) 3456 (イ) 96
16 (1) 2通り (2) 順に3通り，15通り
17 (ア) 255 (イ) 3212 (ウ) 44
18 (ア) 5 (イ) 9 (ウ) 1022 (エ) 62
19 (1) 350通り (2) 344通り (3) 60通り
20 (ア) 90 (イ) 26 (ウ) 22 (エ) 14
21 (1) (ア) 20 (イ) 12 (ウ) 8 (エ) 2
(2) (オ) 24 (カ) 24 (キ) 8
(3) (ク) $2k$ (ケ) $6k(3k-1)$
22 (1) (ア) 1260 (イ) 910 (2) (ウ) 805
23 (1) 6通り (2) 30通り (3) 120通り
24 (1) 96個 (2) 7560個
25 (1) 6通り (2) 9通り
(3) 30通り (4) 54通り
26 (1) 29通り (2) 406通り (3) 75通り

＜第2章＞ 確　率

● 練習 の解答

35 (1) (ア) $\frac{5}{36}$ (イ) $\frac{1}{9}$
(2) 表裏2枚ずつ出る確率は $\frac{3}{8}$，
全部裏が出る確率は $\frac{1}{16}$
36 (1) $\frac{5}{14}$ (2) $\frac{2}{7}$
37 (1) $\frac{1}{70}$ (2) $\frac{1}{35}$
38 (1) $\frac{9}{55}$ (2) $\frac{32}{55}$ (3) $\frac{4}{55}$
39 (1) $\frac{5}{81}$ (2) $\frac{10}{81}$ (3) $\frac{17}{27}$
40 2個または6個
41 $\frac{1}{18}$
42 (1) $\frac{3}{44}$ (2) $\frac{29}{55}$
43 (1) $\frac{1}{7}$ (2) $\frac{2}{5}$
44 (1) $\frac{3}{5}$ (2) $\frac{23}{42}$
45 $\frac{67}{200}$
46 (1) $\frac{14}{17}$ (2) $\frac{15}{34}$
47 (1) (ア) $\frac{91}{216}$ (イ) $\frac{1}{36}$
(2) (ア) $\frac{3}{20}$ (イ) $\frac{2}{5}$
48 (1) $\frac{5}{14}$ (2) $\frac{500}{2401}$
49 (ア) $\frac{25}{216}$ (イ) $\frac{1}{9}$ (ウ) $\frac{65}{81}$
50 (1) $\frac{1}{8}$ (2) $\frac{7}{16}$
51 (1) $\frac{16}{81}$ (2) $\frac{175}{1296}$ (3) $\frac{65}{1296}$
52 (1) $\frac{105}{512}$ (2) $\frac{121}{128}$
53 (1) $\frac{15}{128}$ (2) $\frac{161}{1024}$
54 (1) $\frac{9}{64}$ (2) $\frac{65}{128}$
55 $\frac{63}{256}$
56 (1) $\frac{3}{8}$ (2) $\frac{1}{16}$ (3) $\frac{9}{64}$
57 $n=12$，13
58 (1) $\frac{1}{2}$ (2) $\frac{4}{7}$
59 (1) $\frac{1}{4}$ (2) $\frac{1}{3}$

60 (1) $\frac{5}{28}$ (2) $\frac{5}{28}$

61 順に $\frac{10}{21}$, $\frac{5}{14}$

62 (1) $\frac{2}{7}$ (2) $\frac{9}{35}$

63 (1) $\frac{16}{125}$ (2) $\frac{1}{4}$

64 $\frac{6}{17}$

65 (1) $\frac{13}{2}$ 点 (2) $\frac{9}{2}$

66 2

67 C 案が最も有利

68 (1) $\frac{3}{8}$ (2) $\frac{9}{16}$

69 (1) $\frac{35}{18}$ (2) $\frac{53}{18}$ (3) $k=3$

● EXERCISES の解答

27 (1) $\frac{1}{6}$ (2) $\frac{1}{2}$ (3) $\frac{1}{36}$

28 (1) $\frac{5}{9}$ (2) $\frac{1}{18}$ (3) $\frac{1}{3}$

29 (1) 12 通り (2) 30 通り (3) $\frac{3}{10}$

30 (1) $\frac{1}{3}$ (2) $\frac{10}{81}$

31 (ア) 729 (イ) $\frac{20}{243}$ (ウ) $\frac{62}{243}$

32 (1) $\frac{3}{10}$ (2) $\frac{5}{7}$ (3) $\frac{6(n-2)}{n(n-1)}$ (4) 9
(5) 11

33 $\frac{5}{12}$

34 (1) $\frac{1}{3}$ (2) $\frac{1}{2}$

35 (1) $\frac{1}{33}$ (2) $\frac{1}{7}$

36 (1) $\frac{1}{3}$ (2) $\frac{1}{3}$

37 (1) $\frac{35}{128}$ (2) $\frac{9}{64}$ (3) $\frac{63}{128}$

38 (1) $\frac{4^n-3^n}{6^n}$ (2) $\frac{3^n-2^{n+1}+1}{6^n}$
(3) $\frac{6^n-3^n-4^n+2^n}{6^n}$

39 (1) $\frac{1}{4}$ (2) $\frac{1}{8}$

40 (1) $\frac{8}{21}$ (2) $\frac{(n-5)^2}{(n+1)(n-8)}$
(3) $n=11$, 12

41 n が偶数のとき $\frac{1}{2}$,
n が奇数のとき $\frac{n-1}{2n}$

42 (1) $\frac{1}{15}$ (2) $\frac{3}{5}$

43 (1) $P(A)=\frac{8}{15}$, $P(B)=\frac{8}{15}$
(2) $P(A)=\frac{3}{10}$, $P(B)=\frac{49}{120}$

44 順に $\frac{26}{81}$, $\frac{2}{27}$

45 白玉 10 個, 青玉 5 個, 赤玉 10 個

46 $n=2$

47 $\frac{13}{8}$

48 傘を買うべき

49 (1) $E=6p_1q_2-6p_2q_1-3p_1+2p_2+3q_1-2q_2$
(2) 得であるとも損であるともいえない

50 (1) $\frac{160}{729}$ (2) 1 本 (3) $\frac{80}{729}$

＜第3章＞ 図形の性質

● 練習 の解答

70 $BP=\frac{5}{2}$, $PC=\frac{3}{2}$, $CQ=6$
71, 72 略
73 (1) $\alpha=10^\circ$, $\beta=50^\circ$
(2) $\alpha=30^\circ$, $\beta=120^\circ$
74 (1) $\alpha=65^\circ$, $\beta=105^\circ$ (2) 12：5
75 (1) $\frac{5}{12}$ 倍 (2) 36 cm^2
76, 77 略
78 垂心
79, 80 略
81 50
82 (1) 8：9 (2) 4：3
83 (1) 略 (2) (ア) 4：9 (イ) 13：2
84 $\frac{21}{2}$
85 略
86 (1) $1<x<3$ (2) 略
87 略
88 (1) $15\sqrt{3}$ (2) 14
89 (1) 60° (2) 50°
90, 91 略
92 (1) 3
(2) $BH=2$, $AH=3\sqrt{5}$
(3) 面積は $12\sqrt{5}$，半径は $\sqrt{5}$
93 115°
94 略
95 (1) (ア) $x=8$ (イ) $x=5$ (ウ) $x=3$
(2) 2
96, 97 略
98 $\sqrt{22}+\frac{5}{2}$, $\sqrt{22}-\frac{5}{2}$
99～106 略
107 $f=32$, $e=60$, $v=30$
108 $\frac{23\sqrt{2}}{12}$
109 $\frac{2\sqrt{2}}{3}\pi$

● EXERCISES の解答

51 (1) $\sqrt{7}$ (2) $bc:(a+b)(c+a)$
52 (1) 線分 BG の長さの方が大きい
(2) 垂心は頂点 A と一致する。
外心は斜辺 BC の中点と一致する
(3) 順に $\frac{5}{2}$，1
53 略
54 (1), (2) 略
(3) (ア) $\frac{5\sqrt{21}}{7}$ (イ) $\frac{5\sqrt{70}}{7}$
55 (ア) 7：5 (イ) 1
56 (1) 3：2 (2) 1：2 (3) 1：2
(4) $\frac{1}{2}BC^2$
57 (1) 略 (2) 90°
58 略
59 $x>4$
60 略
61 $\frac{3\sqrt{2}}{4}\pi$
62 略
63 (1) $\frac{1}{\sqrt{5}}$ (2) $HC=2\sqrt{3}$, $CA=4$ (3) 60°
64 CA＝CB の二等辺三角形
65～71 略
72 正しいときは○，正しくないときは × で表す。
(1) × (2) ○ (3) × (4) × (5) ○
(6) ×
73 略
74

もとの正多面体	新しくできる正多面体
正四面体	正四面体
正六面体	正八面体
正八面体	正六面体
正十二面体	正二十面体
正二十面体	正十二面体

75 $f=32$, $e=90$, $v=60$
76 略

<第4章> 数学と人間の活動

● 練習 の解答

110 (1) 略 (2) $a=\pm2,\ \pm4,\ \pm10,\ \pm20$
111 (1) 49923 (2) 略
112 (1) $n=385$ (2) $n=15$ (3) $n=30$
113 (1) 個数は 24 個，総和は 2240
(2) $n=49$ (3) 5 個
114 (1) $(m,\ n)=(17,\ 8),\ (7,\ 2)$
(2) $n=4,\ 20$
115 (1) (ア) $n=4$ (イ) $n=2,\ 14$ (2) $p=2$
116 (1) $a=26,\ c=7$ (2) 24 個
117 最大公約数，最小公倍数の順に
(1) 18，756 (2) 231，2310 (3) 15，7020
(4) 6，35280
118 (1) $(a,\ b)=(35,\ 140),\ (70,\ 105)$
(2) $(a,\ b)=(8,\ 48),\ (16,\ 24)$
(3) $(a,\ b)=(8,\ 240),\ (16,\ 120),\ (24,\ 80),\ (40,\ 48)$
119 $(a,\ b,\ c)=(28,\ 42,\ 147)$
120 (1) 0 (2) 略
121 略
122 (1) 60 (2) $(p,\ q)=(3,\ 13),\ (5,\ 7)$
(3) $k=4$
123 (1) 240 (2) 略
124 (1) 1 (2) 4 (3) 3 (4) 3
125～127 略
128 $n=3$
129 (1) 略
(2) (ア) $x\equiv6 \pmod 7$ (イ) $x\equiv4 \pmod{11}$
(ウ) $x\equiv2,\ 5,\ 8 \pmod 9$
130 (1) (ア) 3 (イ) 8 (2) 9
131 (1) $n=3k+2$ (k は 0 以上の整数)
(2) 略
132 略
133 (1) 19 (2) 1 (3) 105
134 (1) 略 (2) 10 個
135 k は整数とする。
(1) $x=7k+2,\ y=4k+1$
(2) $x=23k-5,\ y=-55k+12$
136 k は整数とする。
(1) $x=17k+3,\ y=12k+2$
(2) $x=32k-27,\ y=-71k+60$
(3) $x=56k-3,\ y=73k-4$
137 896
138 $x=28$
139 略
140 (1) $(x,\ y)=(2,\ 8)$
(2) $(x,\ y,\ z)=(1,\ 1,\ 9),\ (1,\ 2,\ 7),\ (1,\ 3,\ 5),\ (1,\ 4,\ 3),\ (1,\ 5,\ 1),\ (2,\ 1,\ 5),\ (2,\ 2,\ 3),\ (2,\ 3,\ 1),\ (3,\ 1,\ 1)$
141 (1) $(x,\ y,\ z)=(1,\ 3,\ 5),\ (2,\ 2,\ 2)$
(2) $(x,\ y,\ z)=(4,\ 5,\ 20),\ (4,\ 6,\ 12)$
142 (1) $(x,\ y)=(4,\ 1)$
(2) $(x,\ y)=(2,\ 4),\ (4,\ 2)$
143 (1) $(x,\ y)=(1,\ 1),\ (5,\ 5),\ (7,\ 3)$
(2) $(x,\ y)=(3,\ 9),\ (4,\ 6),\ (5,\ 5),\ (8,\ 4),\ (1,\ -3),\ (-1,\ 1),\ (-4,\ 2)$
144 (1) $(x+2y+3)(3x-2y-5)$
(2) $(x,\ y)=(4,\ -3),\ (4,\ 3)$
145 $(x,\ y)=(2,\ -1),\ (2,\ -7)$
146 (1) (ア) $13000_{(5)}$ (イ) $1331_{(9)}$
(2) $441_{(n)}$ (3) 順に 923，2644
147 (1) 11.408
(2) (ア) $0.74_{(8)}$ (イ) $0.5\dot{2}_{(6)}$
148 (1) $10112_{(3)}$ (2) $111_{(2)}$
(3) $1024222_{(5)}$ (4) $111_{(2)}$
149 (1) $a=3,\ b=2,\ c=3,\ N=88$ (2) $n=7$
150 (1) 100 個
(2) 2 進法で表すと 39 桁，40 桁；
8 進法で表すと 13 桁，14 桁
151 (1) 79 番目 (2) 2111 (3) 256 個
152 (1) 6 個 (2) 85 個
153 (1) $\dfrac{13}{14}$
(2) 順に $0.0101_{(2)}$，$0.\dot{2}\dot{1}_{(7)}$
154 B(25, 0)，E(0, 10)
155 (1) Q(4, 0, 0) (2) R(4, −3, −2)
(3) S(−4, 3, −2)
156 (−3, 4, 2)，(4, −3, 2)

● EXERCISES の解答

77，78 略
79 (1) 順に 32 個，3360 (2) 960
80 (1) $n=2$
(2) $(m,\ n)=(1,\ 0),\ (1,\ 1)$
(3) $(m,\ n)=(5,\ 2),\ (3,\ 0)$
81 $\dfrac{105}{26}$
82 $(m,\ n)=(11,\ 1),\ (9,\ 3),\ (7,\ 5)$
83 $N=100,\ 101,\ 125,\ 176$
84 48 個
85 (1) 2 または 10
(2) (ア) 0 または 1 (イ) 略
86 (1) 略 (2) 336 個 (3) 504 個
87，88 略
89 (1) 略 (2) $p_5=127$
90，91 略
92 (1) 略 (2) 5 で割ると 3 余る自然数
(3) 5 で割ると 2 余る自然数
93 3 のカードは 21 枚，7 のカードは 11 枚
94 (1) (ア) 17 (イ) 5
(2) $(a,\ b)=(9,\ 8),\ (12,\ 6)$ のとき最大値 72
95 略

96 (1) $-\frac{3}{14}k+19$

(2) $(4,\ 13,\ 1)$, $(2,\ 10,\ 4)$, $(8,\ 7,\ 2)$, $(6,\ 4,\ 5)$, $(4,\ 1,\ 8)$, $(12,\ 1,\ 3)$

97 $(p,\ q,\ r)=(2,\ 3,\ 4)$, $(2,\ 3,\ 5)$, $(2,\ 3,\ 6)$

98 $(x,\ y,\ z)=(-3,\ 1,\ 2)$, $(-2,\ -1,\ 3)$

99 (1) $(x,\ y)=(5,\ 4)$, $(3,\ 1)$

(2) $(x,\ y)=(3,\ 36)$, $(3,\ -42)$, $(-3,\ 42)$, $(-3,\ -36)$

100 (1) $(x,\ y)=(9,\ 36)$, $(10,\ 20)$, $(12,\ 12)$, $(16,\ 8)$, $(24,\ 6)$, $(40,\ 5)$

(2) $(x,\ y)=(3p,\ 3p)$, $(4p,\ 2p)$

101 (1) (ア) 2 (イ) -6

(2) $n=-6,\ -4,\ 0,\ 2$

102 (1) 順に 288, 184

(2) 順に $\mathrm{BB}_{(16)}$, $\mathrm{CD4}_{(16)}$

103 (1) $32.2_{(8)}$ (2) $101011.1011_{(2)}$

104 $a=3$, $b=3$, $c=4$, $N=220$

105 (1) 略 (2) 91

106 (1) 25 個 (2) 略

107 (1) AB=CA の二等辺三角形

(2) ∠A=90° の直角三角形

● 総合演習第 2 部 の解答

1 (1) (ア) 120 (イ) 24 (ウ) 6 (エ) 78

(2) 64 通り

2 (1) $3\cdot4^{n-1}-3^n$ 個 (2) 21200

3 180 通り

4 (1) 1824 通り (2) 432 通り

5 576 通り

6 89

7 (1) $\frac{4}{9}$ (2) $\frac{1}{18}$

8 (1) 22680 通り (2) $\frac{8}{63}$ (3) $\frac{11}{945}$

9 (1) $\frac{3}{95}$ (2) $\frac{1}{4845}$ (3) $\frac{8}{85}$ (4) $\frac{301}{1615}$

10 (1) (ア) 6 (イ) 9

(2) (ウ) $\frac{104}{6075}$ (3) (エ) 55

11 $\frac{2}{3n(n+1)}$

12 (1) $\frac{2^n-1}{6^n}$ (2) $\frac{6^n-3^n-2^n}{6^n}$

(3) $\frac{4^n-2\cdot3^n+2^n}{6^n}$

13 (1) (ア) $\frac{4}{27}$ (イ) $\frac{196}{729}$ (2) (ウ) $\frac{13}{49}$

14 (1) $\frac{1}{6}$ (2) $\frac{2}{3}$ (3) $\frac{1}{27}$ (4) $\frac{4}{5}$

15 (1) $\frac{1}{8}$ (2) $\frac{7}{15}$ (3) $\frac{7}{40}$ (4) $\frac{6}{5}$

16 (1) $\frac{5}{7}$ (2) 略 (3) 9

17, **18** 略

19 29 個

20 (1) $n=12$ (2) (ア) 48 (イ) 54

21 $m=12$, $n=9$

22 略

23 (1) 略 (2) $r=m(n-m)$

(3) $(m,\ n)=(1,\ r+1)$ のとき
$S=r(r+1)(r+2)$
$(m,\ n)=(r,\ r+1)$ のとき
$S=r(r+1)(2r+1)$

(4) 略

24 略

25 17

26 略

27 $(m,\ n)=(1,\ 2)$, $(2,\ 1)$

28 (1) $x=31k-10$, $y=-65k+21$ (k は整数)

(2) $(x,\ y)=(21,\ 21)$ (3) 略

29 最小のものは 8, 最大のものは 31

索　引

索　引（数学Ⅰ，数学A）

1. 用語の掲載ページ（右側の数字）を示した。
2. 主に初出のページを示したが，関連するページも合わせて示したところもある。

【あ行】

【か行】

【さ行】

【た行】

【な行】

【は行】

平方・立方・平方根の表

n	n^2	n^3	$\sqrt{n}$	$\sqrt{10n}$
1	1	1	1.0000	3.1623
2	4	8	1.4142	4.4721
3	9	27	1.7321	5.4772
4	16	64	2.0000	6.3246
5	25	125	2.2361	7.0711
6	36	216	2.4495	7.7460
7	49	343	2.6458	8.3666
8	64	512	2.8284	8.9443
9	81	729	3.0000	9.4868
10	100	1000	3.1623	10.0000
11	121	1331	3.3166	10.4881
12	144	1728	3.4641	10.9545
13	169	2197	3.6056	11.4018
14	196	2744	3.7417	11.8322
15	225	3375	3.8730	12.2474
16	256	4096	4.0000	12.6491
17	289	4913	4.1231	13.0384
18	324	5832	4.2426	13.4164
19	361	6859	4.3589	13.7840
20	400	8000	4.4721	14.1421
21	441	9261	4.5826	14.4914
22	484	10648	4.6904	14.8324
23	529	12167	4.7958	15.1658
24	576	13824	4.8990	15.4919
25	625	15625	5.0000	15.8114
26	676	17576	5.0990	16.1245
27	729	19683	5.1962	16.4317
28	784	21952	5.2915	16.7332
29	841	24389	5.3852	17.0294
30	900	27000	5.4772	17.3205
31	961	29791	5.5678	17.6068
32	1024	32768	5.6569	17.8885
33	1089	35937	5.7446	18.1659
34	1156	39304	5.8310	18.4391
35	1225	42875	5.9161	18.7083
36	1296	46656	6.0000	18.9737
37	1369	50653	6.0828	19.2354
38	1444	54872	6.1644	19.4936
39	1521	59319	6.2450	19.7484
40	1600	64000	6.3246	20.0000
41	1681	68921	6.4031	20.2485
42	1764	74088	6.4807	20.4939
43	1849	79507	6.5574	20.7364
44	1936	85184	6.6332	20.9762
45	2025	91125	6.7082	21.2132
46	2116	97336	6.7823	21.4476
47	2209	103823	6.8557	21.6795
48	2304	110592	6.9282	21.9089
49	2401	117649	7.0000	22.1359
50	2500	125000	7.0711	22.3607

n	n^2	n^3	$\sqrt{n}$	$\sqrt{10n}$
51	2601	132651	7.1414	22.5832
52	2704	140608	7.2111	22.8035
53	2809	148877	7.2801	23.0217
54	2916	157464	7.3485	23.2379
55	3025	166375	7.4162	23.4521
56	3136	175616	7.4833	23.6643
57	3249	185193	7.5498	23.8747
58	3364	195112	7.6158	24.0832
59	3481	205379	7.6811	24.2899
60	3600	216000	7.7460	24.4949
61	3721	226981	7.8102	24.6982
62	3844	238328	7.8740	24.8998
63	3969	250047	7.9373	25.0998
64	4096	262144	8.0000	25.2982
65	4225	274625	8.0623	25.4951
66	4356	287496	8.1240	25.6905
67	4489	300763	8.1854	25.8844
68	4624	314432	8.2462	26.0768
69	4761	328509	8.3066	26.2679
70	4900	343000	8.3666	26.4575
71	5041	357911	8.4261	26.6458
72	5184	373248	8.4853	26.8328
73	5329	389017	8.5440	27.0185
74	5476	405224	8.6023	27.2029
75	5625	421875	8.6603	27.3861
76	5776	438976	8.7178	27.5681
77	5929	456533	8.7750	27.7489
78	6084	474552	8.8318	27.9285
79	6241	493039	8.8882	28.1069
80	6400	512000	8.9443	28.2843
81	6561	531441	9.0000	28.4605
82	6724	551368	9.0554	28.6356
83	6889	571787	9.1104	28.8097
84	7056	592704	9.1652	28.9828
85	7225	614125	9.2195	29.1548
86	7396	636056	9.2736	29.3258
87	7569	658503	9.3274	29.4958
88	7744	681472	9.3808	29.6648
89	7921	704969	9.4340	29.8329
90	8100	729000	9.4868	30.0000
91	8281	753571	9.5394	30.1662
92	8464	778688	9.5917	30.3315
93	8649	804357	9.6437	30.4959
94	8836	830584	9.6954	30.6594
95	9025	857375	9.7468	30.8221
96	9216	884736	9.7980	30.9839
97	9409	912673	9.8489	31.1448
98	9604	941192	9.8995	31.3050
99	9801	970299	9.9499	31.4643
100	10000	1000000	10.0000	31.6228

三角比の表

θ	$\sin\theta$	$\cos\theta$	$\tan\theta$	θ	$\sin\theta$	$\cos\theta$	$\tan\theta$
0°	0.0000	1.0000	0.0000	45°	0.7071	0.7071	1.0000
1°	0.0175	0.9998	0.0175	46°	0.7193	0.6947	1.0355
2°	0.0349	0.9994	0.0349	47°	0.7314	0.6820	1.0724
3°	0.0523	0.9986	0.0524	48°	0.7431	0.6691	1.1106
4°	0.0698	0.9976	0.0699	49°	0.7547	0.6561	1.1504
5°	0.0872	0.9962	0.0875	50°	0.7660	0.6428	1.1918
6°	0.1045	0.9945	0.1051	51°	0.7771	0.6293	1.2349
7°	0.1219	0.9925	0.1228	52°	0.7880	0.6157	1.2799
8°	0.1392	0.9903	0.1405	53°	0.7986	0.6018	1.3270
9°	0.1564	0.9877	0.1584	54°	0.8090	0.5878	1.3764
10°	0.1736	0.9848	0.1763	55°	0.8192	0.5736	1.4281
11°	0.1908	0.9816	0.1944	56°	0.8290	0.5592	1.4826
12°	0.2079	0.9781	0.2126	57°	0.8387	0.5446	1.5399
13°	0.2250	0.9744	0.2309	58°	0.8480	0.5299	1.6003
14°	0.2419	0.9703	0.2493	59°	0.8572	0.5150	1.6643
15°	0.2588	0.9659	0.2679	60°	0.8660	0.5000	1.7321
16°	0.2756	0.9613	0.2867	61°	0.8746	0.4848	1.8040
17°	0.2924	0.9563	0.3057	62°	0.8829	0.4695	1.8807
18°	0.3090	0.9511	0.3249	63°	0.8910	0.4540	1.9626
19°	0.3256	0.9455	0.3443	64°	0.8988	0.4384	2.0503
20°	0.3420	0.9397	0.3640	65°	0.9063	0.4226	2.1445
21°	0.3584	0.9336	0.3839	66°	0.9135	0.4067	2.2460
22°	0.3746	0.9272	0.4040	67°	0.9205	0.3907	2.3559
23°	0.3907	0.9205	0.4245	68°	0.9272	0.3746	2.4751
24°	0.4067	0.9135	0.4452	69°	0.9336	0.3584	2.6051
25°	0.4226	0.9063	0.4663	70°	0.9397	0.3420	2.7475
26°	0.4384	0.8988	0.4877	71°	0.9455	0.3256	2.9042
27°	0.4540	0.8910	0.5095	72°	0.9511	0.3090	3.0777
28°	0.4695	0.8829	0.5317	73°	0.9563	0.2924	3.2709
29°	0.4848	0.8746	0.5543	74°	0.9613	0.2756	3.4874
30°	0.5000	0.8660	0.5774	75°	0.9659	0.2588	3.7321
31°	0.5150	0.8572	0.6009	76°	0.9703	0.2419	4.0108
32°	0.5299	0.8480	0.6249	77°	0.9744	0.2250	4.3315
33°	0.5446	0.8387	0.6494	78°	0.9781	0.2079	4.7046
34°	0.5592	0.8290	0.6745	79°	0.9816	0.1908	5.1446
35°	0.5736	0.8192	0.7002	80°	0.9848	0.1736	5.6713
36°	0.5878	0.8090	0.7265	81°	0.9877	0.1564	6.3138
37°	0.6018	0.7986	0.7536	82°	0.9903	0.1392	7.1154
38°	0.6157	0.7880	0.7813	83°	0.9925	0.1219	8.1443
39°	0.6293	0.7771	0.8098	84°	0.9945	0.1045	9.5144
40°	0.6428	0.7660	0.8391	85°	0.9962	0.0872	11.4301
41°	0.6561	0.7547	0.8693	86°	0.9976	0.0698	14.3007
42°	0.6691	0.7431	0.9004	87°	0.9986	0.0523	19.0811
43°	0.6820	0.7314	0.9325	88°	0.9994	0.0349	28.6363
44°	0.6947	0.7193	0.9657	89°	0.9998	0.0175	57.2900
45°	0.7071	0.7071	1.0000	90°	1.0000	0.0000	なし

●編著者
チャート研究所

●表紙・カバーデザイン
有限会社アーク・ビジュアル・ワークス

●本文デザイン
株式会社加藤文明社

新　版
第１刷　1998年２月１日　発行
新課程
第１刷　2003年２月１日　発行
改訂版
第１刷　2006年10月１日　発行
新課程
第１刷　2011年９月１日　発行
改訂版
第１刷　2016年11月１日　発行
増補改訂版
第１刷　2018年10月１日　発行
新課程
第１刷　2021年11月１日　発行
第16刷　2024年10月１日　発行

編集・制作　チャート研究所
発行者　星野 泰也

ISBN978-4-410-10578-4

※解答・解説は数研出版株式会社が作成したものです。

チャート式® 基礎からの 数学Ⅰ＋A

発行所　数研出版株式会社

〒101-0052 東京都千代田区神田小川町2丁目3番地3
〔振替〕00140-4-118431
〒604-0861 京都市中京区烏丸通竹屋町上る大倉町205番地
〔電話〕 代表 (075)231-0161
ホームページ　https://www.chart.co.jp
印刷　株式会社　加藤文明社
乱丁本・落丁本はお取り替えいたします　240816

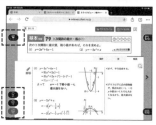

1　場合の数

□ 集合の要素の個数

▶個数定理

・$n(A\cup B)=n(A)+n(B)-n(A\cap B)$
　$A\cap B=\varnothing$ なら　$n(A\cup B)=n(A)+n(B)$

・$n(\overline{A})=n(U)-n(A)$

・$n(A\cup B\cup C)=n(A)+n(B)+n(C)$
$-n(A\cap B)-n(B\cap C)-n(C\cap A)$
$+n(A\cap B\cap C)$

▶集合の要素の個数の性質

・$n(U)\geqq n(A\cup B)$

・$n(A\cap B)\leqq n(A)$　　$n(A\cap B)\leqq n(B)$

・$n(A\cup B)\leqq n(A)+n(B)$

□ 場合の数

▶和の法則，積の法則

・和の法則　事柄A，Bの起こり方が，それぞれ a，b 通りで，AとBが同時に起こらないとき，AまたはBのどちらかが起こる場合の数は $a+b$ 通りである。

・積の法則　事柄Aの起こり方が a 通りあり，そのおのおのに対して事柄Bの起こり方が b 通りあるとすると，AとBがともに起こる場合の数は ab 通りである。

□ 順列・円順列・重複順列

▶順列

$${}_nP_r=n(n-1)(n-2)\cdots\cdots(n-r+1)$$
$$=\frac{n!}{(n-r)!}\quad(0\leqq r\leqq n)$$

$0!=1$　　特に　${}_nP_n=n!$

▶円順列　$(n-1)!$　$\left(=\frac{{}_nP_n}{n}\right)$

▶じゅず順列　$\frac{(n-1)!}{2}$　$\left(=\frac{\text{円順列}}{2}\right)$

▶重複順列　n^r（$n<r$ であってもよい）

（例）　n 個の異なるものを
　A，B 2組に分ける　2^n-2
　A, B, C 3組に分ける　$3^n-3(2^n-2)-3$

□ 組合せ，同じものを含む順列

▶組合せの数

$${}_nC_r=\frac{{}_nP_r}{r!}=\frac{n!}{r!(n-r)!}\quad(0\leqq r\leqq n)$$

特に　${}_nC_n=1$

▶ ${}_nC_r$ の性質　${}_nC_r={}_nC_{n-r}$　$(0\leqq r\leqq n)$
${}_nC_r={}_{n-1}C_{r-1}+{}_{n-1}C_r$　$(1\leqq r\leqq n-1,\ n\geqq 2)$

▶組分け

n 人をA組 p 人，B組 q 人，C組 r 人に分ける
$${}_nC_p\times{}_{n-p}C_q$$
単に，3組に分けるときには注意が必要。
3組同数なら　$\div 3!$　　2組同数なら　$\div 2!$

▶同じものを含む順列

$${}_nC_p\times{}_{n-p}C_q\times{}_{n-p-q}C_r\times\cdots\cdots=\frac{n!}{p!q!r!\cdots\cdots}$$

ただし　$p+q+r+\cdots\cdots=n$

▶重複組合せの数

${}_nH_r={}_{n+r-1}C_r$　（$n<r$ であってもよい）

2　確　率

□ 確率とその基本性質

▶確率の定義

全事象 U のどの根元事象も同様に確からしいとき，事象 A の起こる確率 $P(A)$ は
$$P(A)=\frac{n(A)}{n(U)}=\frac{\text{事象 }A\text{ の起こる場合の数}}{\text{起こりうるすべての場合の数}}$$

▶基本性質　$0\leqq P(A)\leqq 1$，$P(\varnothing)=0$，$P(U)=1$

▶加法定理　事象 A，B が互いに排反のとき
$$P(A\cup B)=P(A)+P(B)$$

▶余事象の確率　$P(\overline{A})=1-P(A)$

□ 独立な試行，反復試行の確率

▶独立な試行の確率　2つの独立な試行S，Tにおいて，Sでは事象 A が起こり，Tでは事象 B が起こるという事象を C とすると
$$P(C)=P(A)P(B)$$

▶反復試行の確率　1回の試行で事象 A の起こる確率が p であるとする。この試行を n 回繰り返すとき，事象 A がちょうど r 回起こる確率は　${}_nC_rp^r(1-p)^{n-r}$

□ 条件付き確率

▶条件付き確率　事象 A が起こったときに事象 B が起こる条件付き確率 $P_A(B)$ は
$$P_A(B)=\frac{n(A\cap B)}{n(A)}=\frac{P(A\cap B)}{P(A)}$$

▶確率の乗法定理
$$P(A\cap B)=P(A)P_A(B)$$

□ 期待値

▶期待値　変量 X のとりうる値を x_1，x_2，……，x_n とし，X がこれらの値をとる確率をそれぞれ p_1，p_2，……，p_n とすると，X の期待値 E は
$$E=x_1p_1+x_2p_2+\cdots\cdots+x_np_n$$
ただし　$p_1+p_2+\cdots\cdots+p_n=1$

3　図形の性質

□ 三角形の辺の比，外心・内心・重心

▶三角形の角の二等分線と比

・△ABC の ∠A の二等分線と辺 BC との交点 P は，辺 BC を AB：AC に内分する。

・AB≠AC である △ABC の ∠A の外角の二等分線と辺 BC の延長との交点 Q は，辺 BC を AB：AC に外分する。

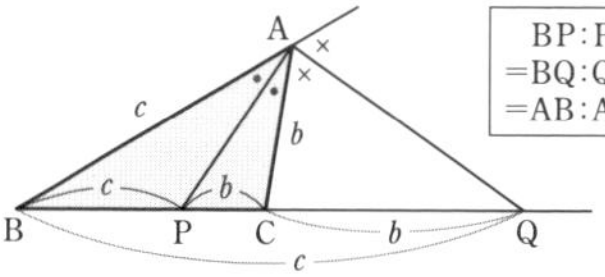

BP:PC
=BQ:QC
=AB:AC

▶外心・内心・重心

・外心 …… 3 辺の垂直二等分線の交点。

・内心 …… 3 つの内角の二等分線の交点。

・重心 …… 3 つの中線の交点。重心は各中線を 2：1 に内分する。

外心 O

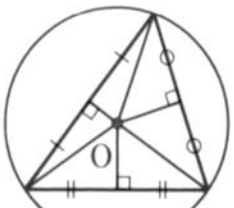

内心 I

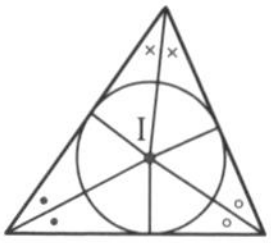

重心 G

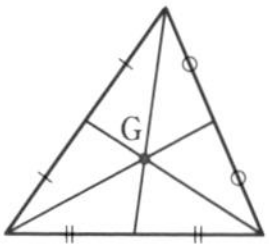

▶垂心　三角形の各頂点から対辺またはその延長に下ろした垂線の交点。

□ チェバの定理，メネラウスの定理

▶チェバの定理

△ABC の頂点 A，B，C と辺上にもその延長上にもない点 O を結ぶ各直線が，対辺またはその延長とそれぞれ P，Q，R で交わるとき

$$\frac{BP}{PC}\cdot\frac{CQ}{QA}\cdot\frac{AR}{RB}=1$$

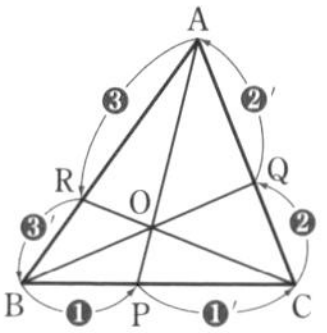

$\frac{❶}{❶'}\cdot\frac{❷}{❷'}\cdot\frac{❸}{❸'}=1$

▶メネラウスの定理

△ABC の辺 BC，CA，AB またはその延長が頂点を通らない直線 ℓ と，それぞれ点 P，Q，R で交わるとき

$$\frac{BP}{PC}\cdot\frac{CQ}{QA}\cdot\frac{AR}{RB}=1$$

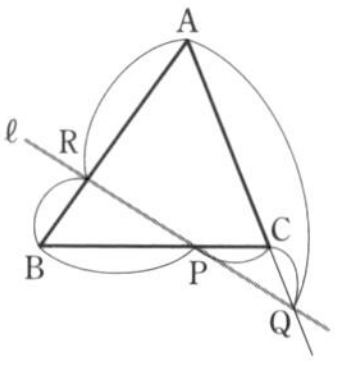

▶三角形の 3 辺の長さの性質

三角形の 3 辺の長さを a，b，c とすると

$|b-c|<a<b+c$　（三角形の成立条件）

□ 円周角，円に内接する四角形

▶円周角の定理とその逆

右の図において

4 点 A，B，P，Q が 1 つの円周上にある

⟺ ∠APB＝∠AQB

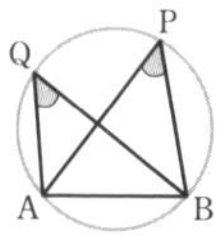

▶円に内接する四角形

四角形が円に内接するとき，次の ①，② が成り立つ。

①　対角の和は 180°

②　内角は，その対角の外角に等しい。

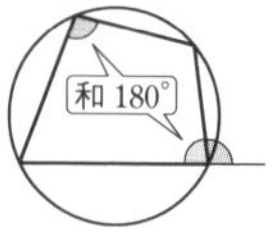

逆に，① または ② が成り立つ四角形は，円に内接する。

□ 円と直線，方べきの定理

▶円の接線

・右の図において

OA⊥PA

OB⊥PB

PA＝PB

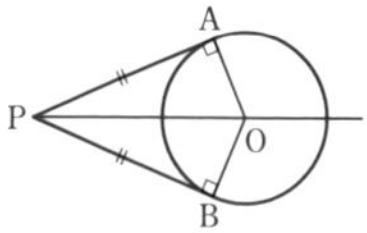

▶接弦定理とその逆

右の図において

直線 AT が円 O の接線

⟺

∠ACB＝∠BAT

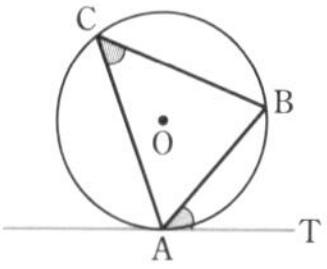

▶方べきの定理

[1]　円の 2 つの弦 AB，CD またはそれらの延長の交点を P とすると

PA･PB＝PC･PD

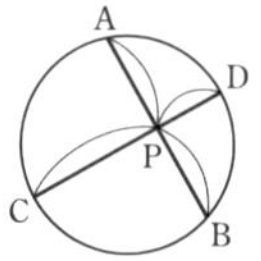

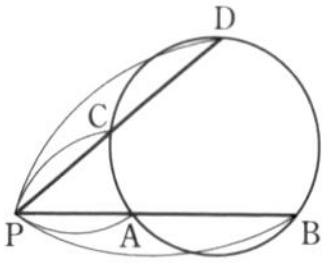

[2]　円の外部の点 P から円に引いた接線の接点を T とし，P を通りこの円と 2 点 A，B で交わる直線を引くと

$PA\cdot PB=PT^2$

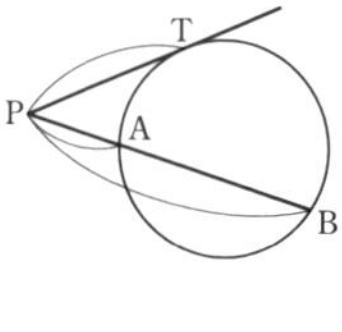

練習，EXERCISES，総合演習の解答（数学 I）

注意 ・章ごとに，練習，EXERCISES の解答をまとめて扱った。
・問題番号の左横の数字は，難易度を表したものである。

練習 ①1
(1) 多項式 $-2x+3y+x^2+5x-y$ の同類項をまとめよ。
(2) 次の多項式において，[ ] 内の文字に着目したとき，その次数と定数項をいえ。
(ア) $x-2xy+3y^2+4-2x-7xy+2y^2-1$ [y]
(イ) $a^2b^2-ab+3ab-2a^2b^2+7c^2+4a-5b-3a+1$ [b]，[a と b]

(1) $-2x+3y+x^2+5x-y=(-2x+5x)+(3y-y)+x^2$ ←同類項を集める。
$=(-2+5)x+(3-1)y+x^2$ ←同類項をまとめる。
$=\boldsymbol{x^2+3x+2y}$ ←降べきの順に整理。

(2) (ア) $x-2xy+3y^2+4-2x-7xy+2y^2-1$
$=(3y^2+2y^2)+(-2xy-7xy)+(x-2x)+(4-1)$ ←同類項を集める。
$=(3+2)y^2+(-2-7)xy+(1-2)x+3$ ←同類項をまとめる。
$=5y^2-9xy-x+3$
y に着目すると **次数 2，定数項 $-x+3$** ←y 以外の文字は数と考える。

(イ) $a^2b^2-ab+3ab-2a^2b^2+7c^2+4a-5b-3a+1$
$=(a^2b^2-2a^2b^2)+(-ab+3ab)+7c^2+(4a-3a)-5b+1$ ←同類項を集める。
$=(1-2)a^2b^2+(-1+3)ab+7c^2+(4-3)a-5b+1$ ←同類項をまとめる。
$=-a^2b^2+2ab+7c^2+a-5b+1$ …… ①
また，b について，降べきの順に整理すると ←b 以外の文字は数と考える。
$-a^2b^2+(2a-5)b+7c^2+a+1$
よって，**b に着目すると 次数 2，定数項 $7c^2+a+1$**
a と b に着目すると ① から **次数 4，定数項 $7c^2+1$** ←a^2b^2 は，a を 2 個，b を 2 個掛け合わせているから，a と b に着目すると 4 次。

練習 ②2
$A=-2x^3+4x^2y+5y^3$，$B=x^2y-3xy^2+2y^3$，$C=3x^3-2x^2y$ であるとき，次の計算をせよ。
(1) $3(A-2B)-2(A-2B-C)$ (2) $3A-2\{(2A-B)-(A-3B)\}-3C$

(1) $3(A-2B)-2(A-2B-C)$
$=3A-6B-2A+4B+2C=A-2B+2C$ ←縦書きの計算
$=(-2x^3+4x^2y+5y^3)-2(x^2y-3xy^2+2y^3)+2(3x^3-2x^2y)$
$=-2x^3+4x^2y+5y^3-2x^2y+6xy^2-4y^3+6x^3-4x^2y$
$=\boldsymbol{4x^3-2x^2y+6xy^2+y^3}$

$$\begin{array}{rrrr} -2x^3 & +4x^2y & & +5y^3 \\ & -2x^2y & +6xy^2 & -4y^3 \\ +)\ 6x^3 & -4x^2y & & \\ \hline 4x^3 & -2x^2y & +6xy^2 & +y^3 \end{array}$$

(2) $3A-2\{(2A-B)-(A-3B)\}-3C$ ←内側の括弧から ( )，{ } の順にはずす。
$=3A-2(2A-B-A+3B)-3C=3A-2(A+2B)-3C$
$=3A-2A-4B-3C=A-4B-3C$ ←A, B, C について整理。
$=(-2x^3+4x^2y+5y^3)-4(x^2y-3xy^2+2y^3)-3(3x^3-2x^2y)$ ←A, B, C の各式を代入。
$=-2x^3+4x^2y+5y^3-4x^2y+12xy^2-8y^3-9x^3+6x^2y$
$=\boldsymbol{-11x^3+6x^2y+12xy^2-3y^3}$ ←x の降べきの順に整理。

練習 ①3 次の計算をせよ。

(1) $(-ab)^2(-2a^3b)$　(2) $(-2x^4y^2z^3)(-3x^2y^2z^4)$

(3) $2a^2bc(a-3b^2+2c)$　(4) $(-2x)^3(3x^2-2x+4)$

(1) $(-ab)^2(-2a^3b)=(-1)^2a^2b^2\times(-2a^3b)=1\cdot(-2)a^{2+3}b^{2+1}$

$=\boldsymbol{-2a^5b^3}$

(2) $(-2x^4y^2z^3)(-3x^2y^2z^4)=(-2)\cdot(-3)x^{4+2}y^{2+2}z^{3+4}=\boldsymbol{6x^6y^4z^7}$

(3) $2a^2bc(a-3b^2+2c)$

$=2a^2bc\cdot a+2a^2bc\cdot(-3b^2)+2a^2bc\cdot 2c$

$=\boldsymbol{-6a^2b^3c+2a^3bc+4a^2bc^2}$

(4) $(-2x)^3(3x^2-2x+4)=-8x^3(3x^2-2x+4)$

$=-8x^3\cdot 3x^2-8x^3\cdot(-2x)-8x^3\cdot 4$

$=\boldsymbol{-24x^5+16x^4-32x^3}$

←**指数法則**
m, n が自然数のとき
$a^ma^n=a^{m+n}$,
$(a^m)^n=a^{mn}$,
$(ab)^n=a^nb^n$

←**分配法則**

←次数の高い順に。

←$(-2x)^3=(-2)^3\cdot x^3$
$=-8x^3$

練習 ①4 次の式を展開せよ。

(1) $(2a+3b)(a-2b)$　(2) $(2x-3y-1)(2x-y-3)$

(3) $(2a-3b)(a^2+4b^2-3ab)$　(4) $(3x+x^3-1)(2x^2-x-6)$

(1) $(2a+3b)(a-2b)=2a(a-2b)+3b(a-2b)$

$=2a^2-4ab+3ab-6b^2$

$=\boldsymbol{2a^2-ab-6b^2}$

←**分配法則**

←同類項 □ab をまとめる。

(2) $(2x-3y-1)(2x-y-3)$

$=2x(2x-y-3)-3y(2x-y-3)-(2x-y-3)$

$=4x^2-2xy-6x-6xy+3y^2+9y-2x+y+3$

$=\boldsymbol{4x^2-8xy+3y^2-8x+10y+3}$

←降べきの順に整理。

(3) $(2a-3b)(a^2+4b^2-3ab)$

$=2a(a^2+4b^2-3ab)-3b(a^2+4b^2-3ab)$

$=2a^3+8ab^2-6a^2b-3a^2b-12b^3+9ab^2$

$=\boldsymbol{2a^3-9a^2b+17ab^2-12b^3}$

←縦書きの計算も便利。
別解 参照。

(4) $(3x+x^3-1)(2x^2-x-6)$

$=3x(2x^2-x-6)+x^3(2x^2-x-6)-(2x^2-x-6)$

$=6x^3-3x^2-18x+2x^5-x^4-6x^3-2x^2+x+6$

$=\boldsymbol{2x^5-x^4-5x^2-17x+6}$

←降べきの順に整理。

別解 (3)

$$\begin{array}{rrrrr}
 & a^2 & -3ab & +4b^2 & \\
\times) & 2a & -3b & & \\
\hline
 & 2a^3 & -6a^2b & +8ab^2 & \\
 & & -3a^2b & +9ab^2 & -12b^3 \\
\hline
 & \boldsymbol{2a^3} & \boldsymbol{-9a^2b} & \boldsymbol{+17ab^2} & \boldsymbol{-12b^3}
\end{array}$$

←a の降べきの順に書く。項数の多い式を上に。

←同類項は縦にそろえる。

(4)

$$\begin{array}{rrrrrrr}
 & & & x^3 & \underset{\sim\sim}{} & +3x & -1 \\
\times) & & & 2x^2 & -x & -6 & \\
\hline
2x^5 & & +6x^3 & -2x^2 & & & \\
 & -x^4 & & -3x^2 & +x & & \\
 & & -6x^3 & & -18x & +6 & \\
\hline
\boldsymbol{2x^5} & \boldsymbol{-x^4} & & \boldsymbol{-5x^2} & \boldsymbol{-17x} & \boldsymbol{+6} &
\end{array}$$

←欠けている次数の項，すなわち 2 次の項はあけておく(～～の部分)。

練習 ①5 次の式を展開せよ。
(1) $(3x+5y)^2$　(2) $(a^2+2b)^2$　(3) $(3a-2b)^2$
(4) $(2xy-3)^2$　(5) $(2x-3y)(2x+3y)$　(6) $(3x-4y)(5y+4x)$

(1) $(3x+5y)^2=(3x)^2+2\cdot3x\cdot5y+(5y)^2$
$=\boldsymbol{9x^2+30xy+25y^2}$

← $(a+b)^2=a^2+2ab+b^2$

(2) $(a^2+2b)^2=(a^2)^2+2\cdot a^2\cdot2b+(2b)^2$
$=\boldsymbol{a^4+4a^2b+4b^2}$

(3) $(3a-2b)^2=(3a)^2-2\cdot3a\cdot2b+(2b)^2$
$=\boldsymbol{9a^2-12ab+4b^2}$

← $(a-b)^2=a^2-2ab+b^2$

(4) $(2xy-3)^2=(2xy)^2-2\cdot2xy\cdot3+3^2$
$=\boldsymbol{4x^2y^2-12xy+9}$

(5) $(2x-3y)(2x+3y)=(2x+3y)(2x-3y)=(2x)^2-(3y)^2$
$=\boldsymbol{4x^2-9y^2}$

← $(a+b)(a-b)=a^2-b^2$

(6) $(3x-4y)(5y+4x)=(3x-4y)(4x+5y)$
$=3\cdot4x^2+\{3\cdot5+(-4)\cdot4\}xy+(-4)\cdot5y^2$
$=\boldsymbol{12x^2-xy-20y^2}$

← $(ax+b)(cx+d)=acx^2+(ad+bc)x+bd$

参考　解答の2行目を次のようにしてもよい。
$=3\cdot4x^2+\{3\cdot5y+(-4y)\cdot4\}x+(-4y)\cdot5y$

練習 ①6 次の式を展開せよ。
(1) $(x+2)(x^2-2x+4)$　(2) $(2p-q)(4p^2+2pq+q^2)$　(3) $(2x+1)^3$　(4) $(3x-2y)^3$

(1) $(x+2)(x^2-2x+4)=(x+2)(x^2-x\cdot2+2^2)=x^3+2^3$
$=\boldsymbol{x^3+8}$

← $(a+b)(a^2-ab+b^2)=a^3+b^3$

(2) $(2p-q)(4p^2+2pq+q^2)=(2p-q)\{(2p)^2+2p\cdot q+q^2\}$
$=(2p)^3-q^3=\boldsymbol{8p^3-q^3}$

← $(a-b)(a^2+ab+b^2)=a^3-b^3$

(3) $(2x+1)^3=(2x)^3+3\cdot(2x)^2\cdot1+3\cdot2x\cdot1^2+1^3$
$=\boldsymbol{8x^3+12x^2+6x+1}$

← $(a+b)^3=a^3+3a^2b+3ab^2+b^3$

(4) $(3x-2y)^3=(3x)^3-3\cdot(3x)^2\cdot2y+3\cdot3x\cdot(2y)^2-(2y)^3$
$=\boldsymbol{27x^3-54x^2y+36xy^2-8y^3}$

← $(a-b)^3=a^3-3a^2b+3ab^2-b^3$

練習 ②7 次の式を展開せよ。
(1) $(a+3b-c)^2$　(2) $(x+y+7)(x+y-7)$
(3) $(x-3y+2z)(x+3y-2z)$　(4) $(x^2-3x+1)(x^2+4x+1)$

(1) $(a+3b-c)^2=\{a+(3b-c)\}^2=a^2+2a(3b-c)+(3b-c)^2$
$=a^2+6ab-2ac+9b^2-6bc+c^2$
$=\boldsymbol{a^2+9b^2+c^2+6ab-6bc-2ca}$

← $3b-c=\boldsymbol{X}$ とおくと $(a+\boldsymbol{X})^2=a^2+2aX+X^2$

別解　$(a+3b-c)^2=\{a+3b+(-c)\}^2$
$=a^2+(3b)^2+(-c)^2+2\cdot a\cdot3b+2\cdot3b(-c)+2(-c)a$
$=\boldsymbol{a^2+9b^2+c^2+6ab-6bc-2ca}$

← $\boldsymbol{(a+b+c)^2=a^2+b^2+c^2+2ab+2bc+2ca}$

(2) $(x+y+7)(x+y-7)=\{(x+y)+7\}\{(x+y)-7\}$
$=(x+y)^2-7^2$
$=\boldsymbol{x^2+2xy+y^2-49}$

← $x+y=\boldsymbol{A}$ とおくと $(\boldsymbol{A}+7)(\boldsymbol{A}-7)=A^2-7^2$

(3) $(x-3y+2z)(x+3y-2z)=\{x-(3y-2z)\}\{x+(3y-2z)\}$
$=x^2-(3y-2z)^2$
$=\boldsymbol{x^2-9y^2-4z^2+12yz}$

←$3y$, $2z$ の符号に注目。
$3y-2z=\boldsymbol{A}$ とおくと
$(x-\boldsymbol{A})(x+\boldsymbol{A})=x^2-A^2$

(4) $(x^2-3x+1)(x^2+4x+1)=\{(x^2+1)-3x\}\{(x^2+1)+4x\}$
$=(x^2+1)^2+x(x^2+1)-12x^2$
$=(x^4+2x^2+1)+x^3+x-12x^2$
$=\boldsymbol{x^4+x^3-10x^2+x+1}$

←$x^2+1=\boldsymbol{A}$ とおくと
$(\boldsymbol{A}-3x)(\boldsymbol{A}+4x)$
$=A^2+xA-12x^2$

←降べきの順に整理。

練習 ②8 次の式を展開せよ。
(1) $(x+3)(x-3)(x^2+9)$ (2) $(x-1)(x-2)(x+1)(x+2)$
(3) $(a+b)^3(a-b)^3$ (4) $(x+3)(x-1)(x^2+x+1)(x^2-3x+9)$

(1) $(x+3)(x-3)(x^2+9)=(x^2-9)(x^2+9)=(x^2)^2-9^2$
$=\boldsymbol{x^4-81}$

←$(a+b)(a-b)=a^2-b^2$

(2) $(x-1)(x-2)(x+1)(x+2)=(x-1)(x+1)\times(x-2)(x+2)$
$=(x^2-1)\times(x^2-4)$
$=(x^2)^2-5x^2+4$
$=\boldsymbol{x^4-5x^2+4}$

←掛ける順序を工夫。
←$(a+b)(a-b)=a^2-b^2$

(3) $(a+b)^3(a-b)^3=\{(a+b)(a-b)\}^3=(a^2-b^2)^3$
$=(a^2)^3-3(a^2)^2b^2+3a^2(b^2)^2-(b^2)^3$
$=\boldsymbol{a^6-3a^4b^2+3a^2b^4-b^6}$

←$A^3B^3=(AB)^3$
←$(a-b)^3$
$=a^3-3a^2b+3ab^2-b^3$

(4) $(x+3)(x-1)(x^2+x+1)(x^2-3x+9)$
$=(x-1)(x^2+x+1)\times(x+3)(x^2-3x+9)$
$=(x^3-1)(x^3+27)$
$=(x^3)^2+26x^3-27$
$=\boldsymbol{x^6+26x^3-27}$

←$(a+b)(a^2-ab+b^2)$
$=a^3+b^3$
$(a-b)(a^2+ab+b^2)$
$=a^3-b^3$

練習 ③9 次の式を展開せよ。
(1) $(x-2)(x+1)(x+2)(x+5)$ (2) $(x+8)(x+7)(x-3)(x-4)$
(3) $(x+y+z)(-x+y+z)(x-y+z)(x+y-z)$
(4) $(x+y+1)(x^2-xy+y^2-x-y+1)$

(1) $(x-2)(x+1)(x+2)(x+5)$
$=\{(x-2)(x+5)\}\times\{(x+1)(x+2)\}$
$=\{(x^2+3x)-10\}\times\{(x^2+3x)+2\}$
$=(x^2+3x)^2-8(x^2+3x)-20$
$=x^4+6x^3+9x^2-8x^2-24x-20$
$=\boldsymbol{x^4+6x^3+x^2-24x-20}$

←定数項に注目。
$-2+5=3$, $1+2=3$
←$x^2+3x=\boldsymbol{A}$ とおくと
$(\boldsymbol{A}-10)(\boldsymbol{A}+2)$
$=A^2-8A-20$

(2) $(x+8)(x+7)(x-3)(x-4)$
$=\{(x+8)(x-4)\}\times\{(x+7)(x-3)\}$
$=\{(x^2+4x)-32\}\times\{(x^2+4x)-21\}$
$=(x^2+4x)^2-53(x^2+4x)+672$
$=x^4+8x^3+16x^2-53x^2-212x+672$
$=\boldsymbol{x^4+8x^3-37x^2-212x+672}$

←定数項に注目。
$8-4=4$, $7-3=4$
←$x^2+4x=\boldsymbol{A}$ とおくと
$(\boldsymbol{A}-32)(\boldsymbol{A}-21)$
$=A^2-53A+672$

(3) $(x+y+z)(-x+y+z)(x-y+z)(x+y-z)$

$=\{x+(y+z)\}\{-x+(y+z)\}\times\{x-(y-z)\}\{x+(y-z)\}$

$=\{(y+z)^2-x^2\}\{x^2-(y-z)^2\}$ ←平方の差の利用。

$=\{-x^2+(y+z)^2\}\{x^2-(y-z)^2\}$ ←$(-x^2+●)(x^2-■)$ の形。

$=-x^4+\{(y+z)^2+(y-z)^2\}x^2-(y+z)^2(y-z)^2$ ←$(y+z)^2(y-z)^2=\{(y+z)(y-z)\}^2$

$=-x^4+2(y^2+z^2)x^2-(y^2-z^2)^2$

$=\boldsymbol{-x^4-y^4-z^4+2x^2y^2+2y^2z^2+2z^2x^2}$

(4) $(x+y+1)(x^2-xy+y^2-x-y+1)$ ←x について整理し，$(x+●)(x^2-▲x+■)$ とみて展開。

$=\{x+(y+1)\}\{x^2-(y+1)x+(y^2-y+1)\}$

$=x^3+\{(y+1)-(y+1)\}x^2+\{(y^2-y+1)-(y+1)^2\}x$
$\quad+(y+1)(y^2-y+1)$

$=x^3+(-3y)x+y^3+1$

$=\boldsymbol{x^3+y^3-3xy+1}$

練習 ①10 次の式を因数分解せよ。

(1) $(a+b)x-(a+b)y$　(2) $(a-b)x^2+(b-a)xy$
(3) $121-49x^2y^2$　(4) $8xyz^2-40xyz+50xy$
(5) $x^2-8x+12$　(6) $a^2+5ab-150b^2$　(7) $x^2-xy-12y^2$

(1) $(a+b)x-(a+b)y=\boldsymbol{(a+b)(x-y)}$

(2) $(a-b)x^2+(b-a)xy=(a-b)x^2-(a-b)xy$ ←$b-a=-(a-b)$

$=\boldsymbol{x(a-b)(x-y)}$ ←共通因数は $x(a-b)$

(3) $121-49x^2y^2=11^2-(7xy)^2$ ←平方の差→和と差の積

$=(11+7xy)(11-7xy)$ ←これでも正解。

$=\boldsymbol{-(7xy+11)(7xy-11)}$

(4) $8xyz^2-40xyz+50xy=2xy(4z^2-20z+25)$

$=2xy\{(2z)^2-2\cdot2z\cdot5+5^2\}$ ←$a^2-2ab+b^2=(a-b)^2$

$=\boldsymbol{2xy(2z-5)^2}$

(5) $x^2-8x+12=x^2+(-2-6)\cdot x+(-2)\cdot(-6)$ ←掛けて 12，足して -8

$=\boldsymbol{(x-2)(x-6)}$

(6) $a^2+5ab-150b^2=a^2+(15b-10b)\cdot a+15b\cdot(-10b)$ ←掛けて $-150b^2$，足して $5b$

$=\boldsymbol{(a+15b)(a-10b)}$

(7) $x^2-xy-12y^2=x^2+(3y-4y)\cdot x+3y\cdot(-4y)$ ←掛けて $-12y^2$，足して $-y$

$=\boldsymbol{(x+3y)(x-4y)}$

練習 ①11 次の式を因数分解せよ。

(1) $3x^2+10x+3$　(2) $2x^2-9x+4$　(3) $6x^2+x-1$
(4) $8x^2-2xy-3y^2$　(5) $6a^2-ab-12b^2$　(6) $10p^2-19pq+6q^2$

(1) 右のたすき掛けから

$3x^2+10x+3=\boldsymbol{(x+3)(3x+1)}$

(1)
1	╳	3 →	9
3		1 →	1
3		3	10

(2) 右のたすき掛けから
$2x^2-9x+4=\boldsymbol{(x-4)(2x-1)}$

(2)
$$\begin{array}{ccc} 1 & -4 & \to -8 \\ 2 & -1 & \to -1 \\ \hline 2 & 4 & -9 \end{array}$$

(3) 右のたすき掛けから
$6x^2+x-1=\boldsymbol{(2x+1)(3x-1)}$

(3)
$$\begin{array}{ccc} 2 & 1 & \to 3 \\ 3 & -1 & \to -2 \\ \hline 6 & -1 & 1 \end{array}$$

(4) 右のたすき掛けから
$8x^2-2xy-3y^2=\boldsymbol{(2x+y)(4x-3y)}$

(4)
$$\begin{array}{ccc} 2 & y & \to 4y \\ 4 & -3y & \to -6y \\ \hline 8 & -3y^2 & -2y \end{array}$$

(5) 右のたすき掛けから
$6a^2-ab-12b^2$
$=\boldsymbol{(2a-3b)(3a+4b)}$

(5)
$$\begin{array}{ccc} 2 & -3b & \to -9b \\ 3 & 4b & \to 8b \\ \hline 6 & -12b^2 & -b \end{array}$$

(6) 右のたすき掛けから
$10p^2-19pq+6q^2$
$=\boldsymbol{(2p-3q)(5p-2q)}$

(6)
$$\begin{array}{ccc} 2 & -3q & \to -15q \\ 5 & -2q & \to -4q \\ \hline 10 & 6q^2 & -19q \end{array}$$

(2) <失敗例>
$$\begin{array}{ccc} 1 & 4 & \to 8 \\ 2 & 1 & \to 1 \\ \hline 2 & 4 & 9 \end{array}$$
なお，この失敗例のように，〰〰が2つとも正の値だと，＿＿は正の値になり，必ず失敗する。また，2つの〰〰の積は正の値でないといけないから，〰〰は2つとも負の値である。このように，試す組み合わせをあらかじめ減らす工夫も大切。

検討 たすき掛けにおいて，試す組み合わせを減らす工夫で，正か負かの他に，偶数か奇数かを考えることも有効である。例えば，練習 11 (5) $6a^2-ab-12b^2$ では，ab の係数が -1 で 1 が奇数であるから，-12 に対して (奇数)×(偶数) の組み合わせだけを考えればよい ((偶数)×(偶数) の組み合わせを考えると，たすきがけの右端の和は必ず偶数になるから)。

←奇＋奇＝偶
奇＋偶＝奇
偶＋偶＝偶
奇×奇＝奇
奇×偶＝偶
偶×偶＝偶

練習 ②12 次の式を因数分解せよ。
(1) $8a^3+27b^3$ (2) $64x^3-1$ (3) $8x^3-36x^2+54x-27$ (4) $4x^3-8x^2-9x+18$

(1) $8a^3+27b^3=(2a)^3+(3b)^3=(2a+3b)\{(2a)^2-2a\cdot 3b+(3b)^2\}$
$=\boldsymbol{(2a+3b)(4a^2-6ab+9b^2)}$

←$a^3+b^3=(a+b)(a^2-ab+b^2)$

(2) $64x^3-1=(4x)^3-1^3=(4x-1)\{(4x)^2+4x\cdot 1+1^2\}$
$=\boldsymbol{(4x-1)(16x^2+4x+1)}$

←$a^3-b^3=(a-b)(a^2+ab+b^2)$

(3) $8x^3-36x^2+54x-27=(2x)^3-3\cdot(2x)^2\cdot 3+3\cdot 2x\cdot 3^2-3^3$
$=\boldsymbol{(2x-3)^3}$

←$a^3-3a^2b+3ab^2-b^3=(a-b)^3$

別解 $8x^3-36x^2+54x-27=8x^3-27-(36x^2-54x)$
$=(2x-3)(4x^2+6x+9)-18x(2x-3)$
$=(2x-3)(4x^2+6x+9-18x)=(2x-3)(4x^2-12x+9)$
$=(2x-3)(2x-3)^2=\boldsymbol{(2x-3)^3}$

←$8x^3-27=(2x)^3-3^3$

←共通因数 $2x-3$ でくくる。

(4) $4x^3-8x^2-9x+18=4x^2(x-2)-9(x-2)=(x-2)(4x^2-9)$
$=\boldsymbol{(x-2)(2x+3)(2x-3)}$

←$x-2$ が共通因数。
←$4x^2-9=(2x)^2-3^2$

練習 ②13 次の式を因数分解せよ。 [(4) 京都産大]
(1) $6(2x+1)^2+5(2x+1)-4$ (2) $4x^2-9y^2+28x+49$
(3) $2x^4-7x^2-4$ (4) $(x^2-2x)^2-11(x^2-2x)+24$

(1) $6(2x+1)^2+5(2x+1)-4=\{2(2x+1)-1\}\{3(2x+1)+4\}$
$=\boldsymbol{(4x+1)(6x+7)}$

←
$$\begin{array}{ccc} 2 & -1 & \to -3 \\ 3 & 4 & \to 8 \\ \hline 6 & -4 & 5 \end{array}$$

(2) $4x^2-9y^2+28x+49=(4x^2+28x+49)-9y^2$

$=\{(2x)^2+2\cdot 2x\cdot 7+7^2\}-(3y)^2$

$=(2x+7)^2-(3y)^2$

$=(2x+7+3y)(2x+7-3y)$

$=\boldsymbol{(2x+3y+7)(2x-3y+7)}$

←平方の差
⟶ 和と差の積

(3) $2x^4-7x^2-4=2(x^2)^2-7x^2-4=(x^2-4)(2x^2+1)$

$=\boldsymbol{(x+2)(x-2)(2x^2+1)}$

← $\begin{array}{ccc} 1 & -4 & \to -8 \\ 2 & 1 & \to 1 \\ \hline 2 & -4 & -7 \end{array}$

(4) $(x^2-2x)^2-11(x^2-2x)+24=\{(x^2-2x)-3\}\{(x^2-2x)-8\}$

$=(x^2-2x-3)(x^2-2x-8)$

$=\boldsymbol{(x+1)(x-3)(x+2)(x-4)}$

←$x^2-2x=X$ とおくと
$X^2-11X+24$
$=(X-3)(X-8)$

練習 ④14 次の式を因数分解せよ。

(1) $(x^2-2x-16)(x^2-2x-14)+1$　(2) $(x+1)(x-5)(x^2-4x+6)+18$

(3) $(x-1)(x-3)(x-5)(x-7)-9$　(4) $(x+y+1)^4-(x+y)^4$　[(1) 専修大]

(1) (与式)$=(x^2-2x)^2-30(x^2-2x)+224+1$

$=(x^2-2x)^2-30(x^2-2x)+225=(x^2-2x-15)^2$

$=\{(x+3)(x-5)\}^2=\boldsymbol{(x+3)^2(x-5)^2}$

←$x^2-2x=X$ とおくと
$(X-16)(X-14)+1$
$=X^2-30X+224+1$

(2) (与式)$=(x^2-4x-5)(x^2-4x+6)+18$

$=(x^2-4x)^2+(x^2-4x)-30+18$

$=(x^2-4x)^2+(x^2-4x)-12$

$=(x^2-4x+4)(x^2-4x-3)$

$=\boldsymbol{(x-2)^2(x^2-4x-3)}$

←$(x+1)(x-5)$ を組み合わせると，同じ形 x^2-4x が現れる。

(3) (与式)$=(x-1)(x-7)\times(x-3)(x-5)-9$

$=(x^2-8x+7)(x^2-8x+15)-9$

$=(x^2-8x)^2+22(x^2-8x)+96$

$=(x^2-8x+6)(x^2-8x+16)$

$=\boldsymbol{(x^2-8x+6)(x-4)^2}$

←$-1-7=-8$，$-3-5=-8$ に着目して，組み合わせる。

←$x^2-8x+16=(x-4)^2$

(4) $x+y=A$ とおくと

(与式)$=(A+1)^4-A^4$

$=\{(A+1)^2+A^2\}\{(A+1)^2-A^2\}$

$=(2A^2+2A+1)(2A+1)$

$=\{2(x+y)^2+2(x+y)+1\}\{2(x+y)+1\}$

$=\boldsymbol{(2x^2+4xy+2y^2+2x+2y+1)(2x+2y+1)}$

←$(A+1)^2=B$，$A^2=C$ とおくと
B^2-C^2
$=(B+C)(B-C)$

練習 ②15 次の式を因数分解せよ。

(1) $a^3b+16-4ab-4a^2$　(2) $x^3y+x^2-xyz^2-z^2$

(3) $6x^2-yz+2xz-3xy$　(4) $3x^2-2z^2+4yz+2xy+5xz$

(1) $a^3b+16-4ab-4a^2=(a^3-4a)b+16-4a^2$

$=a(a^2-4)b-4(a^2-4)$

$=(a^2-4)(ab-4)$

$=\boldsymbol{(a+2)(a-2)(ab-4)}$

←最低次の文字 b について整理。

←これを答えとしたら誤り！

(2) $x^3y+x^2-xyz^2-z^2=(x^3-xz^2)y+x^2-z^2$

$=x(x^2-z^2)y+x^2-z^2$

←最低次の文字 y について整理。

$=(x^2-z^2)(xy+1)$

$=\boldsymbol{(x+z)(x-z)(xy+1)}$

(3) $6x^2-yz+2xz-3xy=(2x-y)z+6x^2-3xy$

$=(2x-y)z+3x(2x-y)$

$=\boldsymbol{(2x-y)(3x+z)}$

←y，z のどちらについても1次であるが，y の係数が負であるから，z について整理。

(4) $3x^2-2z^2+4yz+2xy+5xz=(2x+4z)y+3x^2+5xz-2z^2$

$=2(x+2z)y+(x+2z)(3x-z)$

$=(x+2z)(2y+3x-z)$

$=\boldsymbol{(x+2z)(3x+2y-z)}$

←

1	2 →	6
3	−1 →	−1
3	−2	5

練習 ②16 次の式を因数分解せよ。

(1) $x^2-2xy-3y^2+6x-10y+8$　(2) $2x^2-5xy-3y^2+7x+7y-4$

(3) $6x^2+5xy+y^2+2x-y-20$

(1) $x^2-2xy-3y^2+6x-10y+8$

$=x^2-(2y-6)x-(3y^2+10y-8)$

$=x^2-(2y-6)x-(y+4)(3y-2)$

$=\{x+(y+4)\}\{x-(3y-2)\}$

$=\boldsymbol{(x+y+4)(x-3y+2)}$

←

1	$y+4$ ⟶	$y+4$
1	$-(3y-2)$ ⟶	$-3y+2$
1	$-(y+4)(3y-2)$	$-2y+6$

(2) $2x^2-5xy-3y^2+7x+7y-4$

$=2x^2-(5y-7)x-(3y^2-7y+4)$

$=2x^2-(5y-7)x-(y-1)(3y-4)$

$=\{x-(3y-4)\}\{2x+(y-1)\}$

$=\boldsymbol{(x-3y+4)(2x+y-1)}$

←

1	$-(3y-4)$ ⟶	$-6y+8$
2	$y-1$ ⟶	$y-1$
2	$-(y-1)(3y-4)$	$-5y+7$

(3) $6x^2+5xy+y^2+2x-y-20$

$=6x^2+(5y+2)x+y^2-y-20$

$=6x^2+(5y+2)x+(y+4)(y-5)$

$=\{2x+(y+4)\}\{3x+(y-5)\}$

$=\boldsymbol{(2x+y+4)(3x+y-5)}$

←

2	$y+4$ ⟶	$3y+12$
3	$y-5$ ⟶	$2y-10$
6	$(y+4)(y-5)$	$5y+2$

別解　y について整理すると

$6x^2+5xy+y^2+2x-y-20$

$=y^2+(5x-1)y+2(3x^2+x-10)$

$=y^2+(5x-1)y+2(x+2)(3x-5)$

$=\{y+2(x+2)\}\{y+(3x-5)\}$

$=\boldsymbol{(2x+y+4)(3x+y-5)}$

←

1	$2(x+2)$ ⟶	$2x+4$
1	$3x-5$ ⟶	$3x-5$
1	$2(x+2)(3x-5)$	$5x-1$

練習 ②17 次の式を因数分解せよ。

(1) $abc+ab+bc+ca+a+b+c+1$　(2) $a^2b+ab^2+a+b-ab-1$

(1) $abc+ab+bc+ca+a+b+c+1$

$=(bc+b+c+1)a+bc+b+c+1$

←a について整理。

$=(a+1)(bc+b+c+1)$

$=(a+1)\{(c+1)b+c+1\}$

←$bc+b+c+1$ を b について整理。

$=\boldsymbol{(a+1)(b+1)(c+1)}$

(2) $a^2b+ab^2+a+b-ab-1$

$=ba^2+(b^2-b+1)a+b-1$

$=(a+b-1)(ba+1)$

$=\boldsymbol{(a+b-1)(ab+1)}$

1	╲╱	$b-1$ →	b^2-b
b	╱╲	1 →	1
b		$b-1$	b^2-b+1

←a について整理。

別解 $a^2b+ab^2+a+b-ab-1=ab(a+b)+a+b-ab-1$

$=(a+b)(ab+1)-(ab+1)$

$=\boldsymbol{(a+b-1)(ab+1)}$

←項を組み合わせて，共通な式が現れたら，くくり出していく方法。

練習 ③18 次の式を因数分解せよ。

(1) $ab(a+b)+bc(b+c)+ca(c+a)+3abc$　　(2) $a(b-c)^3+b(c-a)^3+c(a-b)^3$

(1) (与式)$=(b+c)a^2+(b^2+3bc+c^2)a+bc(b+c)$

$=\{a+(b+c)\}\{(b+c)a+bc\}$

$=\boldsymbol{(a+b+c)(ab+bc+ca)}$

←a について整理。

1	╲╱	$b+c$	→ $b^2+2bc+c^2$
$b+c$	╱╲	bc	→ bc
$b+c$		$bc(b+c)$	$b^2+3bc+c^2$

別解 (与式)$=ab(a+b+c)-abc+bc(a+b+c)-abc$

$+ca(a+b+c)-abc+3abc$

$=ab(a+b+c)+bc(a+b+c)+ca(a+b+c)$

$=\boldsymbol{(a+b+c)(ab+bc+ca)}$

←式の形の特徴をにらんで，各項にない文字を加えて引くと，$3abc$ が消える。

(2) (与式)$=(b-c)^3a+b(c^3-3c^2a+3ca^2-a^3)$

$+c(a^3-3a^2b+3ab^2-b^3)$

$=-(b-c)a^3+\{(b-c)^3+3bc(b-c)\}a-bc(b^2-c^2)$

←a について整理。

$=-(b-c)a^3+(b-c)\{(b-c)^2+3bc\}a-bc(b+c)(b-c)$

$=-(b-c)a^3+(b-c)(b^2+bc+c^2)a-bc(b+c)(b-c)$

←$b-c$ が共通因数。

$=-(b-c)\{a^3-(b^2+bc+c^2)a+bc(b+c)\}$

$=-(b-c)\{(c-a)b^2+(c^2-ca)b+a(a^2-c^2)\}$

$=-(b-c)\{(c-a)b^2+c(c-a)b-a(c+a)(c-a)\}$

←{ }内は b について整理。$c-a$ が共通因数。

$=-(b-c)(c-a)\{b^2+cb-a(c+a)\}$

$=-(b-c)(c-a)\{(b-a)c+b^2-a^2\}$

←{ }内は c について整理。$b-a$ が共通因数。

$=-(b-c)(c-a)(b-a)\{c+(b+a)\}$

$=\boldsymbol{(a-b)(b-c)(c-a)(a+b+c)}$

練習 ③19 次の式を因数分解せよ。

(1) x^4+3x^2+4　(2) $x^4-11x^2y^2+y^4$　(3) $x^4-9x^2y^2+16y^4$　(4) $4x^4+11x^2y^2+9y^4$

(1) $x^4+3x^2+4=(x^4+4x^2+4)-x^2=(x^2+2)^2-x^2$

$=\{(x^2+2)+x\}\{(x^2+2)-x\}$

$=\boldsymbol{(x^2+x+2)(x^2-x+2)}$

←x^2 を加えて引く。

(2) $x^4-11x^2y^2+y^4=(x^4-2x^2y^2+y^4)-9x^2y^2=(x^2-y^2)^2-(3xy)^2$

$=\{(x^2-y^2)+3xy\}\{(x^2-y^2)-3xy\}$

$=\boldsymbol{(x^2+3xy-y^2)(x^2-3xy-y^2)}$

←$(\quad)^2-(\quad)^2$ となるように，x^2y^2 の係数を $-11=-2-9$ と考える。

(3) $x^4-9x^2y^2+16y^4=\{x^4-8x^2y^2+(4y^2)^2\}-x^2y^2$

$=(x^2-4y^2)^2-(xy)^2$

←$-9=-8-1$

$=\{(x^2-4y^2)+xy\}\{(x^2-4y^2)-xy\}$
$=\boldsymbol{(x^2+xy-4y^2)(x^2-xy-4y^2)}$

(4) $4x^4+11x^2y^2+9y^4=\{(2x^2)^2+12x^2y^2+(3y^2)^2\}-x^2y^2$
$=(2x^2+3y^2)^2-(xy)^2$
$=\{(2x^2+3y^2)+xy\}\{(2x^2+3y^2)-xy\}$
$=\boldsymbol{(2x^2+xy+3y^2)(2x^2-xy+3y^2)}$

←x^2y^2 を加えて引く。

練習 ④20 次の式を因数分解せよ。
(1) $a^3-b^3-c^3-3abc$　　(2) $a^3+6ab-8b^3+1$

(1) $a^3-b^3-c^3-3abc$
$=a^3+(-b)^3+(-c)^3-3a(-b)(-c)$
$=\{a+(-b)+(-c)\}$
$\times\{a^2+(-b)^2+(-c)^2-a(-b)-(-b)(-c)-(-c)a\}$
$=\boldsymbol{(a-b-c)(a^2+b^2+c^2+ab-bc+ca)}$

(2) $a^3+6ab-8b^3+1=a^3-8b^3+1+6ab$
$=a^3+(-2b)^3+1^3-3a\cdot(-2b)\cdot 1$
$=\{a+(-2b)+1\}\{a^2+(-2b)^2+1^2-a\cdot(-2b)-(-2b)\cdot 1-1\cdot a\}$
$=(a-2b+1)(a^2+4b^2+1+2ab+2b-a)$
$=\boldsymbol{(a-2b+1)(a^2+2ab+4b^2-a+2b+1)}$

HINT
例題 20 (1) の結果
$\boldsymbol{a^3+b^3+c^3-3abc}$
$\boldsymbol{=(a+b+c)(a^2+b^2+c^2-ab-bc-ca)}$
を公式として用いる。

←項の順序を入れ替える。

←HINT の公式で，b に $-2b$，c に 1 を代入する。

←降べきの順に整理。

練習 ①21 (1) 次の分数を小数に直し，循環小数の表し方で書け。
(ア) $\dfrac{22}{9}$　(イ) $\dfrac{1}{12}$　(ウ) $\dfrac{8}{7}$
(2) 次の循環小数を分数で表せ。
(ア) $0.\dot{7}$　(イ) $0.\dot{2}4\dot{6}$　(ウ) $0.0\dot{7}2\dot{9}$

(1) (ア) $\dfrac{22}{9}=2.444\cdots\cdots=\boldsymbol{2.\dot{4}}$

(イ) $\dfrac{1}{12}=0.08333\cdots\cdots=\boldsymbol{0.08\dot{3}}$

(ウ) $\dfrac{8}{7}=1.142857142857\cdots\cdots=\boldsymbol{1.\dot{1}4285\dot{7}}$

←小数第 1 位以降 142857 が繰り返される。

(2) (ア) $x=0.\dot{7}$ とおくと　$10x=7.777\cdots\cdots$
よって　$10x-x=7$　すなわち　$9x=7$
したがって　$x=\boldsymbol{\dfrac{7}{9}}$

$$\begin{array}{rl} 10x=&7.777\cdots \\ -)\quad x=&0.777\cdots \\ \hline 9x=&7 \end{array}$$

(イ) $x=0.\dot{2}4\dot{6}$ とおくと　$1000x=246.246246\cdots\cdots$
よって　$1000x-x=246$　すなわち　$999x=246$
したがって　$x=\dfrac{246}{999}=\boldsymbol{\dfrac{82}{333}}$

$$\begin{array}{rl} 1000x=&246.246\cdots \\ -)\quad x=&0.246\cdots \\ \hline 999x=&246 \end{array}$$

(ウ) $x=0.0\dot{7}2\dot{9}$ とおくと　$10x=0.729729\cdots\cdots$
よって　$1000\times 10x=729.729729\cdots\cdots$
ゆえに　$10000x-10x=729$
すなわち　$9990x=729$　よって　$x=\dfrac{729}{9990}=\boldsymbol{\dfrac{27}{370}}$

←循環部分の最初が小数第 1 位になるようにする。

$$\begin{array}{rl} 10000x=&729.729\cdots \\ -)\quad 10x=&0.729\cdots \\ \hline 9990x=&729 \end{array}$$

練習 ①22

(1) 次の値を求めよ。

(ア) $|-6|$　(イ) $|\sqrt{2}-1|$　(ウ) $|2\sqrt{3}-4|$

(2) 数直線上において，次の2点間の距離を求めよ。

(ア) P(-2)，Q(5)　(イ) A(8)，B(3)　(ウ) C(-4)，D(-1)

(3) $x=2$，3のとき，$P=|x-1|-2|3-x|$ の値をそれぞれ求めよ。

(1) (ア) $-6<0$ であるから　$|-6|=-(-6)=\mathbf{6}$

(イ) $\sqrt{2}>1$ から　$\sqrt{2}-1>0$　よって　$|\sqrt{2}-1|=\boldsymbol{\sqrt{2}-1}$

(ウ) $2\sqrt{3}=\sqrt{12}<4$ から　$2\sqrt{3}-4<0$

よって　$|2\sqrt{3}-4|=-(2\sqrt{3}-4)=\boldsymbol{4-2\sqrt{3}}$

(2) (ア) P，Q間の距離は　$|5-(-2)|=|7|=\mathbf{7}$

(イ) A，B間の距離は　$|3-8|=|-5|=\mathbf{5}$

(ウ) C，D間の距離は　$|-1-(-4)|=|3|=\mathbf{3}$

(3) $\boldsymbol{x=2}$ **のとき**　$P=|2-1|-2|3-2|=|1|-2|1|=1-2\cdot1=\mathbf{-1}$

$\boldsymbol{x=3}$ **のとき**　$P=|3-1|-2|3-3|=|2|-2|0|=2-2\cdot0=\mathbf{2}$

←− をつけてはずす。

←$\sqrt{2}>\sqrt{1}$

←$\sqrt{12}<\sqrt{16}$

←$|-5|=-(-5)=5$

←$|1|=1$

←$|0|=0$

練習 ①23

(1) 次の値を求めよ。

(ア) $\sqrt{(-3)^2}$　(イ) $\sqrt{(-15)(-45)}$　(ウ) $\sqrt{15}\sqrt{35}\sqrt{42}$

(2) 次の式を計算せよ。

(ア) $\sqrt{18}-2\sqrt{50}-\sqrt{8}+\sqrt{32}$　(イ) $(2\sqrt{3}-3\sqrt{2})^2$

(ウ) $(2\sqrt{5}-3\sqrt{3})(3\sqrt{5}+2\sqrt{3})$　(エ) $(\sqrt{5}+\sqrt{3}-\sqrt{2})(\sqrt{5}-\sqrt{3}+\sqrt{2})$

(1) (ア) $\sqrt{(-3)^2}=|-3|=\mathbf{3}$

(イ) $\sqrt{(-15)(-45)}=\sqrt{15\times45}=\sqrt{3\cdot5\times3^2\cdot5}=\sqrt{3^3\cdot5^2}$

$=3\cdot5\sqrt{3}=\boldsymbol{15\sqrt{3}}$

(ウ) $\sqrt{15}\sqrt{35}\sqrt{42}=\sqrt{15\times35\times42}=\sqrt{3\cdot5\times5\cdot7\times2\cdot3\cdot7}$

$=\sqrt{2\cdot3^2\cdot5^2\cdot7^2}=3\cdot5\cdot7\sqrt{2}=\boldsymbol{105\sqrt{2}}$

(2) (ア) (与式)$=\sqrt{3^2\cdot2}-2\sqrt{5^2\cdot2}-\sqrt{2^2\cdot2}+\sqrt{4^2\cdot2}$

$=3\sqrt{2}-2\cdot5\sqrt{2}-2\sqrt{2}+4\sqrt{2}$

$=(3-10-2+4)\sqrt{2}=\boldsymbol{-5\sqrt{2}}$

(イ) (与式)$=(2\sqrt{3})^2-2\cdot2\sqrt{3}\cdot3\sqrt{2}+(3\sqrt{2})^2$

$=4\cdot3-12\sqrt{6}+9\cdot2=\boldsymbol{30-12\sqrt{6}}$

(ウ) (与式)$=2\cdot3(\sqrt{5})^2+(2\cdot2-3\cdot3)\sqrt{5}\sqrt{3}+(-3)\cdot2(\sqrt{3})^2$

$=6\cdot5+(4-9)\sqrt{15}-6\cdot3$

$=\boldsymbol{12-5\sqrt{15}}$

(エ) (与式)$=\{\sqrt{5}+(\sqrt{3}-\sqrt{2})\}\{\sqrt{5}-(\sqrt{3}-\sqrt{2})\}$

$=(\sqrt{5})^2-(\sqrt{3}-\sqrt{2})^2=5-(3-2\sqrt{6}+2)$

$=\boldsymbol{2\sqrt{6}}$

←$\sqrt{(-3)^2}=-3$ は誤り！

←$\sqrt{15^2\cdot3}$ としてもよい。

←根号内を素因数分解する。

←$\boldsymbol{a>0}$，$\boldsymbol{k>0}$ **のとき** $\boldsymbol{\sqrt{k^2a}=k\sqrt{a}}$

←$(a-b)^2=a^2-2ab+b^2$

←$(ax+b)(cx+d)$ $=acx^2+(ad+bc)x+bd$

←$\sqrt{5}=a$，$\sqrt{3}-\sqrt{2}=b$ とおくと $(a+b)(a-b)=a^2-b^2$

練習 ②24

次の式を，分母を有理化して簡単にせよ。

(1) $\dfrac{3\sqrt{2}}{2\sqrt{3}}-\dfrac{\sqrt{3}}{3\sqrt{2}}$　(2) $\dfrac{6}{3-\sqrt{7}}$　(3) $\dfrac{\sqrt{3}-\sqrt{2}}{\sqrt{3}+\sqrt{2}}-\dfrac{\sqrt{5}+\sqrt{3}}{\sqrt{5}-\sqrt{3}}$

(4) $\dfrac{1}{1+\sqrt{6}+\sqrt{7}}+\dfrac{1}{5+2\sqrt{6}}$　(5) $\dfrac{\sqrt{2}-\sqrt{3}+\sqrt{5}}{\sqrt{2}+\sqrt{3}-\sqrt{5}}$

HINT (5) $(\sqrt{2})^2+(\sqrt{3})^2=(\sqrt{5})^2$ に着目する。

(1) $(与式)=\dfrac{3\sqrt{2}\sqrt{3}}{2(\sqrt{3})^2}-\dfrac{\sqrt{3}\sqrt{2}}{3(\sqrt{2})^2}=\dfrac{3\sqrt{6}}{6}-\dfrac{\sqrt{6}}{6}=\dfrac{2\sqrt{6}}{6}=\boldsymbol{\dfrac{\sqrt{6}}{3}}$

←分母が $\sqrt{a}$ なら，分母・分子に $\sqrt{a}$ を掛ける。

(2) $(与式)=\dfrac{6(3+\sqrt{7})}{(3-\sqrt{7})(3+\sqrt{7})}=\dfrac{6(3+\sqrt{7})}{9-7}$

$=3(3+\sqrt{7})=\boldsymbol{9+3\sqrt{7}}$

←分母が $a-\sqrt{b}$ なら，分母・分子に $a+\sqrt{b}$ を掛ける。

(3) $(与式)=\dfrac{(\sqrt{3}-\sqrt{2})^2}{(\sqrt{3}+\sqrt{2})(\sqrt{3}-\sqrt{2})}-\dfrac{(\sqrt{5}+\sqrt{3})^2}{(\sqrt{5}-\sqrt{3})(\sqrt{5}+\sqrt{3})}$

$=\dfrac{5-2\sqrt{6}}{3-2}-\dfrac{8+2\sqrt{15}}{5-3}=5-2\sqrt{6}-(4+\sqrt{15})$

$=\boldsymbol{1-2\sqrt{6}-\sqrt{15}}$

←分母が $\sqrt{a}+\sqrt{b}$ なら，分母・分子に $\sqrt{a}-\sqrt{b}$；分母が $\sqrt{a}-\sqrt{b}$ なら，分母・分子に $\sqrt{a}+\sqrt{b}$ を掛ける。

(4) $(与式)=\dfrac{1+\sqrt{6}-\sqrt{7}}{\{(1+\sqrt{6})+\sqrt{7}\}\{(1+\sqrt{6})-\sqrt{7}\}}$

$+\dfrac{5-2\sqrt{6}}{(5+2\sqrt{6})(5-2\sqrt{6})}$

$=\dfrac{1+\sqrt{6}-\sqrt{7}}{(1+\sqrt{6})^2-(\sqrt{7})^2}+\dfrac{5-2\sqrt{6}}{25-24}=\dfrac{1+\sqrt{6}-\sqrt{7}}{2\sqrt{6}}+5-2\sqrt{6}$

$=\dfrac{(1+\sqrt{6}-\sqrt{7})\sqrt{6}}{2(\sqrt{6})^2}+5-2\sqrt{6}$

$=\dfrac{\sqrt{6}+6-\sqrt{42}}{12}+\dfrac{12(5-2\sqrt{6})}{12}=\boldsymbol{\dfrac{66-23\sqrt{6}-\sqrt{42}}{12}}$

←$\dfrac{1}{1+\sqrt{6}+\sqrt{7}}$ は，分母を $(1+\sqrt{6})+\sqrt{7}$ と考えて分母・分子に $(1+\sqrt{6})-\sqrt{7}$ を掛ける。

←更に分母を有理化。

←通分する。

(5) $(与式)=\dfrac{(\sqrt{2}-\sqrt{3}+\sqrt{5})\{(\sqrt{2}+\sqrt{3})+\sqrt{5}\}}{\{(\sqrt{2}+\sqrt{3})-\sqrt{5}\}\{(\sqrt{2}+\sqrt{3})+\sqrt{5}\}}$

$=\dfrac{\{(\sqrt{2}+\sqrt{5})-\sqrt{3}\}\{(\sqrt{2}+\sqrt{5})+\sqrt{3}\}}{(\sqrt{2}+\sqrt{3})^2-(\sqrt{5})^2}$

$=\dfrac{(\sqrt{2}+\sqrt{5})^2-(\sqrt{3})^2}{2\sqrt{6}}=\dfrac{2+\sqrt{10}}{\sqrt{6}}$

$=\dfrac{(2+\sqrt{10})\sqrt{6}}{(\sqrt{6})^2}=\dfrac{2\sqrt{6}+2\sqrt{15}}{6}=\boldsymbol{\dfrac{\sqrt{6}+\sqrt{15}}{3}}$

←例えば，分母・分子に $\sqrt{2}-(\sqrt{3}-\sqrt{5})$ を掛けると，分母は $2(\sqrt{15}-3)$ となり，更に分母・分子に $\sqrt{15}+3$ を掛けることになる。これは，左の解答より計算が複雑。

練習 ②25

(1) 次の(ア)~(ウ)の場合について，$\sqrt{(a+2)^2}+\sqrt{a^2}$ の根号をはずし簡単にせよ。

(ア) $a\geqq 0$　(イ) $-2\leqq a<0$　(ウ) $a<-2$

(2) 次の式の根号をはずし簡単にせよ。

$\sqrt{x^2+4x+4}-\sqrt{16x^2-24x+9}$　$\left(ただし\ -2<x<\dfrac{3}{4}\right)$　[(2) 類 東北工大]

(1) $P=\sqrt{(a+2)^2}+\sqrt{a^2}$ とおくと　$P=|a+2|+|a|$

(ア) $a\geqq 0$ のとき　$a+2>0$,　$a\geqq 0$

よって　$P=(a+2)+a=\boldsymbol{2a+2}$

(イ) $-2\leqq a<0$ のとき　$a+2\geqq 0$,　$a<0$

よって　$P=(a+2)-a=a+2-a=\boldsymbol{2}$

(ウ) $a<-2$ のとき　$a+2<0$,　$a<0$

よって　$P=-(a+2)-a=-a-2-a=\boldsymbol{-2a-2}$

HINT $\sqrt{A^2}=|A|$ である（**$\sqrt{A^2}=A$ とは限らない**ことに注意）。与式をまず｜　｜の式に直す。

(2) (与式)$=\sqrt{(x+2)^2}-\sqrt{(4x-3)^2}=|x+2|-|4x-3|$

$-2<x<\dfrac{3}{4}$ のとき　$x+2>0$, $4x-3<0$

よって　(与式)$=(x+2)-\{-(4x-3)\}$

$=x+2+4x-3=\mathbf{5x-1}$

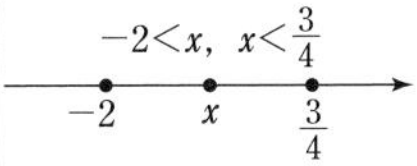

練習 ②26 次の式の2重根号をはずして簡単にせよ。

(1) $\sqrt{6+4\sqrt{2}}$　(2) $\sqrt{8-\sqrt{48}}$　(3) $\sqrt{2+\sqrt{3}}$　(4) $\sqrt{9-3\sqrt{5}}$

(1) $\sqrt{6+4\sqrt{2}}=\sqrt{6+2\sqrt{2^2\cdot 2}}=\sqrt{(4+2)+2\sqrt{4\cdot 2}}$

$=\sqrt{(\sqrt{4}+\sqrt{2})^2}=\sqrt{4}+\sqrt{2}=\mathbf{2+\sqrt{2}}$

(2) $\sqrt{8-\sqrt{48}}=\sqrt{8-\sqrt{2^2\cdot 12}}=\sqrt{(6+2)-2\sqrt{6\cdot 2}}$

$=\sqrt{(\sqrt{6}-\sqrt{2})^2}=\mathbf{\sqrt{6}-\sqrt{2}}$

(3) $\sqrt{2+\sqrt{3}}=\sqrt{\dfrac{4+2\sqrt{3}}{2}}=\dfrac{\sqrt{(3+1)+2\sqrt{3\cdot 1}}}{\sqrt{2}}$

$=\dfrac{\sqrt{(\sqrt{3}+1)^2}}{\sqrt{2}}=\dfrac{\sqrt{3}+1}{\sqrt{2}}=\mathbf{\dfrac{\sqrt{6}+\sqrt{2}}{2}}$

(4) $\sqrt{9-3\sqrt{5}}=\sqrt{\dfrac{18-6\sqrt{5}}{2}}=\dfrac{\sqrt{18-2\sqrt{3^2\cdot 5}}}{\sqrt{2}}$

$=\dfrac{\sqrt{(15+3)-2\sqrt{15\cdot 3}}}{\sqrt{2}}=\dfrac{\sqrt{(\sqrt{15}-\sqrt{3})^2}}{\sqrt{2}}$

$=\dfrac{\sqrt{15}-\sqrt{3}}{\sqrt{2}}=\mathbf{\dfrac{\sqrt{30}-\sqrt{6}}{2}}$

←$a>0$, $b>0$ のとき
$\sqrt{(a+b)+2\sqrt{ab}}$
$=\sqrt{(\sqrt{a}+\sqrt{b})^2}$
$=\sqrt{a}+\sqrt{b}$
←$a>b>0$ のとき
$\sqrt{(a+b)-2\sqrt{ab}}$
$=\sqrt{(\sqrt{a}-\sqrt{b})^2}$
$=\sqrt{a}-\sqrt{b}$
←分母を有理化。

←分母を有理化。

練習 ③27 $\dfrac{1}{2-\sqrt{3}}$ の整数部分を a, 小数部分を b とする。

(1) a, b の値を求めよ。　(2) $\dfrac{a+b^2}{3b}$, $a^2-b^2-2a-2b$ の値を求めよ。

(1) $\dfrac{1}{2-\sqrt{3}}=\dfrac{2+\sqrt{3}}{(2-\sqrt{3})(2+\sqrt{3})}=2+\sqrt{3}$

$1<\sqrt{3}<2$ であるから, $\sqrt{3}$ の整数部分は　1

よって, $2+\sqrt{3}$ の整数部分は　$2+1=3$

したがって　$\mathbf{a=3}$, $\mathbf{b}=(2+\sqrt{3})-3=\mathbf{\sqrt{3}-1}$

(2) (1)から　$\dfrac{a+b^2}{3b}=\dfrac{3+(\sqrt{3}-1)^2}{3(\sqrt{3}-1)}=\dfrac{7-2\sqrt{3}}{3(\sqrt{3}-1)}$

$=\dfrac{(7-2\sqrt{3})(\sqrt{3}+1)}{3(\sqrt{3}-1)(\sqrt{3}+1)}$

$=\dfrac{7\sqrt{3}+7-2(\sqrt{3})^2-2\sqrt{3}}{3(3-1)}=\mathbf{\dfrac{5\sqrt{3}+1}{6}}$

$\mathbf{a^2-b^2-2a-2b}=(a+b)(a-b)-2(a+b)$

$=(a+b)(a-b-2)$

$=(2+\sqrt{3})\{3-(\sqrt{3}-1)-2\}$

$=(2+\sqrt{3})(2-\sqrt{3})=2^2-3=\mathbf{1}$

←分母を有理化。
←$\sqrt{1}<\sqrt{3}<\sqrt{4}$ から。
←(小数部分)
=(数)−(整数部分)
←分母を有理化。
←(数)=(整数部分)
+(小数部分) であるから
$a+b=2+\sqrt{3}$

練習 ②28 $x=\dfrac{\sqrt{5}+\sqrt{3}}{\sqrt{5}-\sqrt{3}}$，$y=\dfrac{\sqrt{5}-\sqrt{3}}{\sqrt{5}+\sqrt{3}}$ のとき，$x+y$，xy，x^2+y^2，x^3+y^3，x^3-y^3 の値を求めよ。

〔類 順天堂大〕

HINT　x^3-y^3 は $x^3-y^3=(x-y)(x^2+xy+y^2)$ を利用して求めるとよい。

$$\boldsymbol{x+y}=\frac{\sqrt{5}+\sqrt{3}}{\sqrt{5}-\sqrt{3}}+\frac{\sqrt{5}-\sqrt{3}}{\sqrt{5}+\sqrt{3}}=\frac{(\sqrt{5}+\sqrt{3})^2+(\sqrt{5}-\sqrt{3})^2}{(\sqrt{5}-\sqrt{3})(\sqrt{5}+\sqrt{3})}$$

$$=\frac{(5+2\sqrt{15}+3)+(5-2\sqrt{15}+3)}{5-3}=\boldsymbol{8}$$

←通分と同時に分母が有理化される。

$$\boldsymbol{xy}=\frac{\sqrt{5}+\sqrt{3}}{\sqrt{5}-\sqrt{3}}\cdot\frac{\sqrt{5}-\sqrt{3}}{\sqrt{5}+\sqrt{3}}=\boldsymbol{1}$$

←x と y は互いに他の逆数となっているから　$xy=1$

$$\boldsymbol{x^2+y^2}=(x+y)^2-2xy=8^2-2\cdot1=\boldsymbol{62}$$

$$\boldsymbol{x^3+y^3}=(x+y)^3-3xy(x+y)=8^3-3\cdot1\cdot8=\boldsymbol{488}$$

また　$x-y=\dfrac{\sqrt{5}+\sqrt{3}}{\sqrt{5}-\sqrt{3}}-\dfrac{\sqrt{5}-\sqrt{3}}{\sqrt{5}+\sqrt{3}}$

$$=\frac{(\sqrt{5}+\sqrt{3})^2-(\sqrt{5}-\sqrt{3})^2}{(\sqrt{5}-\sqrt{3})(\sqrt{5}+\sqrt{3})}$$

$$=\frac{(5+2\sqrt{15}+3)-(5-2\sqrt{15}+3)}{5-3}$$

$$=2\sqrt{15}$$

←x^3-y^3 の値を求めるため，まず $x-y$ の値を求める。

よって　$\boldsymbol{x^3-y^3}=(x-y)(x^2+xy+y^2)$

$$=2\sqrt{15}(62+1)=\boldsymbol{126\sqrt{15}}$$

←既に求めた x^2+y^2，xy の値を利用。

別解　$\boldsymbol{x^3-y^3}=(x-y)^3+3xy(x-y)$

$$=(2\sqrt{15})^3+3\cdot1\cdot2\sqrt{15}$$

$$=120\sqrt{15}+6\sqrt{15}=\boldsymbol{126\sqrt{15}}$$

←$x^3+y^3=(x+y)^3-3xy(x+y)$ で y を $-y$ におき換える。

練習 ③29 $2x+\dfrac{1}{2x}=\sqrt{7}$ のとき，次の式の値を求めよ。

(1)　$4x^2+\dfrac{1}{4x^2}$　　(2)　$8x^3+\dfrac{1}{8x^3}$　　(3)　$64x^6+\dfrac{1}{64x^6}$

(1)　$4x^2+\dfrac{1}{4x^2}=\left(2x+\dfrac{1}{2x}\right)^2-2\cdot2x\cdot\dfrac{1}{2x}=(\sqrt{7})^2-2\cdot1=\boldsymbol{5}$

←$x^2+y^2=(x+y)^2-2xy$

(2)　$8x^3+\dfrac{1}{8x^3}=\left(2x+\dfrac{1}{2x}\right)^3-3\cdot2x\cdot\dfrac{1}{2x}\left(2x+\dfrac{1}{2x}\right)$

$$=(\sqrt{7})^3-3\cdot1\cdot\sqrt{7}=7\sqrt{7}-3\sqrt{7}=\boldsymbol{4\sqrt{7}}$$

←$x^3+y^3=(x+y)^3-3xy(x+y)$

(3)　$64x^6+\dfrac{1}{64x^6}=(8x^3)^2+\dfrac{1}{(8x^3)^2}=\left(8x^3+\dfrac{1}{8x^3}\right)^2-2\cdot8x^3\cdot\dfrac{1}{8x^3}$

$$=(4\sqrt{7})^2-2\cdot1=112-2=\boldsymbol{110}$$

←(2) の結果を利用。

別解　$64x^6+\dfrac{1}{64x^6}=(4x^2)^3+\dfrac{1}{(4x^2)^3}$

$$=\left(4x^2+\frac{1}{4x^2}\right)^3-3\cdot4x^2\cdot\frac{1}{4x^2}\left(4x^2+\frac{1}{4x^2}\right)$$

$$=5^3-3\cdot1\cdot5=\boldsymbol{110}$$

←$x^3+y^3=(x+y)^3-3xy(x+y)$

←(1) の結果を利用。

練習 ④30 $x+y+z=2\sqrt{3}+1$, $xy+yz+zx=2\sqrt{3}-1$, $xyz=-1$ を満たす実数 x, y, z に対して，次の式の値を求めよ。

(1) $\dfrac{1}{xy}+\dfrac{1}{yz}+\dfrac{1}{zx}$　　(2) $x^2+y^2+z^2$　　(3) $x^3+y^3+z^3$

(1) $\dfrac{1}{xy}+\dfrac{1}{yz}+\dfrac{1}{zx}=\dfrac{z}{xy\cdot z}+\dfrac{x}{yz\cdot x}+\dfrac{y}{zx\cdot y}=\dfrac{z+x+y}{xyz}$

$=\dfrac{2\sqrt{3}+1}{-1}=\mathbf{-2\sqrt{3}-1}$

←まず分母を xyz にそろえる（通分する）。

(2) $x^2+y^2+z^2=(x+y+z)^2-2(xy+yz+zx)$

$=(2\sqrt{3}+1)^2-2(2\sqrt{3}-1)$

$=13+4\sqrt{3}-4\sqrt{3}+2=\mathbf{15}$

(3) (2) から

$x^3+y^3+z^3=(x+y+z)(x^2+y^2+z^2-xy-yz-zx)+3xyz$

$=(2\sqrt{3}+1)\{15-(2\sqrt{3}-1)\}+3\cdot(-1)$

$=2(2\sqrt{3}+1)(8-\sqrt{3})-3$

$=4+30\sqrt{3}-3=\mathbf{30\sqrt{3}+1}$

別解　$x^3+y^3+z^3$

$=(x+y+z)^3-3(x+y+z)(xy+yz+zx)+3xyz$

$=(2\sqrt{3}+1)^3-3(2\sqrt{3}+1)(2\sqrt{3}-1)-3$

$=24\sqrt{3}+36+6\sqrt{3}+1-33-3=\mathbf{30\sqrt{3}+1}$

←対称式は基本対称式で表すことができる。

練習 ④31 $a=\dfrac{1-\sqrt{3}}{2}$ のとき，次の式の値を求めよ。

(1) $2a^2-2a-1$　　(2) a^8

(1) $a=\dfrac{1-\sqrt{3}}{2}$ から　　$2a-1=-\sqrt{3}$

両辺を 2 乗して　$(2a-1)^2=3$　　ゆえに　$4a^2-4a-2=0$

したがって　　$2a^2-2a-1=\mathbf{0}$

←根号をなくすために，両辺を 2 乗する。

(2) (1) から　　$a^2=a+\dfrac{1}{2}$

←この式を利用して a^8 の **次数を下げる**。

$a^8=(a^4)^2$ であるから，a^4 について

$a^4=(a^2)^2=\left(a+\dfrac{1}{2}\right)^2=a^2+a+\dfrac{1}{4}$

$=\left(a+\dfrac{1}{2}\right)+a+\dfrac{1}{4}=2a+\dfrac{3}{4}$

←a^2 を $a+\dfrac{1}{2}$ におき換える。この操作を a^2 が現れるたびに繰り返す。

よって　　$a^8=(a^4)^2=\left(2a+\dfrac{3}{4}\right)^2=4a^2+3a+\dfrac{9}{16}$

$=4\left(a+\dfrac{1}{2}\right)+3a+\dfrac{9}{16}=7a+\dfrac{41}{16}$

$a=\dfrac{1-\sqrt{3}}{2}$ を代入して

←最後に代入する。

$a^8=7\cdot\dfrac{1-\sqrt{3}}{2}+\dfrac{41}{16}=\dfrac{56(1-\sqrt{3})+41}{16}=\mathbf{\dfrac{97-56\sqrt{3}}{16}}$

別解　$a^4=2a+\dfrac{3}{4}$ を求めるところまでは同じ。

$$a^4=2a+\frac{3}{4}=2\cdot\frac{1-\sqrt{3}}{2}+\frac{3}{4}=\frac{7-4\sqrt{3}}{4}$$

←a^4 の段階で，$a=\dfrac{1-\sqrt{3}}{2}$ を代入。

よって　$a^8=(a^4)^2=\left(\dfrac{7-4\sqrt{3}}{4}\right)^2=\dfrac{(7-4\sqrt{3})^2}{4^2}$

$$=\boldsymbol{\frac{97-56\sqrt{3}}{16}}$$

別解　(1) から　$a^2=a+\dfrac{1}{2}$

これを利用して

$$a^3=a^2+\frac{1}{2}a=\left(a+\frac{1}{2}\right)+\frac{1}{2}a=\frac{3}{2}a+\frac{1}{2}$$

←$a^3=a^2\cdot a$

$$a^4=\frac{3}{2}a^2+\frac{1}{2}a=\frac{3}{2}\left(a+\frac{1}{2}\right)+\frac{1}{2}a=2a+\frac{3}{4}$$

←$a^4=a^3\cdot a$

$$a^5=2a^2+\frac{3}{4}a=2\left(a+\frac{1}{2}\right)+\frac{3}{4}a=\frac{11}{4}a+1$$

$$a^6=\frac{11}{4}a^2+a=\frac{11}{4}\left(a+\frac{1}{2}\right)+a=\frac{15}{4}a+\frac{11}{8}$$

$$a^7=\frac{15}{4}a^2+\frac{11}{8}a=\frac{15}{4}\left(a+\frac{1}{2}\right)+\frac{11}{8}a=\frac{41}{8}a+\frac{15}{8}$$

$$a^8=\frac{41}{8}a^2+\frac{15}{8}a=\frac{41}{8}\left(a+\frac{1}{2}\right)+\frac{15}{8}a=7a+\frac{41}{16}$$

よって　$a^8=7\cdot\dfrac{1-\sqrt{3}}{2}+\dfrac{41}{16}=\boldsymbol{\dfrac{97-56\sqrt{3}}{16}}$

検討
左の 別解 のようにして，a^n (n は自然数) は a の1次式で表すことができる。

練習 ①32

$-1<x<2$，$1<y<3$ であるとき，次の式のとりうる値の範囲を求めよ。

(1)　$x+3$　　(2)　$-2y$　　(3)　$-\dfrac{x}{5}$　　(4)　$5x-3y$

(1)　$-1<x<2$ の各辺に 3 を加えて　$-1+3<x+3<2+3$
　すなわち　$\boldsymbol{2<x+3<5}$

(2)　$1<y<3$ の各辺に -2 を掛けて　$1\cdot(-2)>-2y>3\cdot(-2)$
　すなわち　$\boldsymbol{-6<-2y<-2}$

←不等号の向きが変わる。
←$-2>-2y>-6$ でもよい。

(3)　$-1<x<2$ の各辺に $-\dfrac{1}{5}$ を掛けて

$$-1\cdot\left(-\frac{1}{5}\right)>-\frac{1}{5}x>2\cdot\left(-\frac{1}{5}\right)$$

←不等号の向きが変わる。

　すなわち　$\boldsymbol{-\dfrac{2}{5}<-\dfrac{x}{5}<\dfrac{1}{5}}$

(4)　$-1<x<2$ の各辺に 5 を掛けて　$-5<5x<10$　…… ①
　$1<y<3$ の各辺に -3 を掛けて　$-3>-3y>-9$
　すなわち　$-9<-3y<-3$　…… ②
　①，② の各辺を加えて　$\boldsymbol{-14<5x-3y<7}$

←不等号の向きが変わる。
←不等号の向きを ① とそろえる。

練習 ③33 x, y を正の数とする。x, $5x-3y$ を小数第1位で四捨五入すると，それぞれ 7, 13 になるという。
(1) x の値の範囲を求めよ。　(2) y の値の範囲を求めよ。

(1) x は小数第1位を四捨五入すると 7 になる数であるから

$\boldsymbol{6.5 \leqq x < 7.5}$ …… ①

(2) $5x-3y$ は小数第1位を四捨五入すると 13 になる数であるから　$12.5 \leqq 5x-3y < 13.5$ …… ②

① の各辺に -5 を掛けて

$-32.5 \geqq -5x > -37.5$　←不等号の向きが変わる。

すなわち　$-37.5 < -5x \leqq -32.5$ …… ③

②, ③ の各辺を加えて

$12.5-37.5 < 5x-3y-5x < 13.5-32.5$　←不等号が ≦ ではなく，＜ となることに注意。

したがって　$-25 < -3y < -19$

各辺を -3 で割って　$\dfrac{25}{3} > y > \dfrac{19}{3}$

すなわち　$\boldsymbol{\dfrac{19}{3} < y < \dfrac{25}{3}}$

練習 ②34 次の1次不等式を解け。
(1) $5x-7>3(x+1)$　(2) $4(3-2x) \leqq 5(x+2)$　(3) $\dfrac{3x+2}{5} < \dfrac{2x-1}{3}$
(4) $0.2x+1 \leqq -0.3x-2.5$　(5) $x+\dfrac{1}{3}\left\{x-\dfrac{1}{4}(x+1)\right\} > 2x-\dfrac{1}{2}$

(1) 不等式から　$5x-7>3x+3$

整理して　$2x>10$

両辺を 2 で割って　$\boldsymbol{x>5}$

(2) 不等式から　$12-8x \leqq 5x+10$

整理して　$-13x \leqq -2$

両辺を -13 で割って　$\boldsymbol{x \geqq \dfrac{2}{13}}$　←不等号の向きが変わる。

(3) 両辺に 15 を掛けて　$3(3x+2) < 5(2x-1)$　←分母の最小公倍数は 15

よって　$9x+6 < 10x-5$

整理して　$-x < -11$

両辺を -1 で割って　$\boldsymbol{x>11}$　←不等号の向きが変わる。

(4) 両辺に 10 を掛けて　$2x+10 \leqq -3x-25$　←係数が小数では計算しにくいから，**係数を整数に直す**。

整理して　$5x \leqq -35$

両辺を 5 で割って　$\boldsymbol{x \leqq -7}$

(5) 不等式から　$x+\dfrac{1}{3}\left(\dfrac{3}{4}x-\dfrac{1}{4}\right) > 2x-\dfrac{1}{2}$　←内側の括弧からはずし，{　} を (　) に変える。

よって　$\dfrac{5}{4}x-\dfrac{1}{12} > 2x-\dfrac{1}{2}$

両辺に 12 を掛けて　$15x-1 > 24x-6$　←分母の最小公倍数は 12

整理して　$-9x > -5$

両辺を -9 で割って　$\boldsymbol{x < \dfrac{5}{9}}$　←不等号の向きが変わる。

検討 (1)〜(5)の解を数直線を用いて表すと次のようになる。

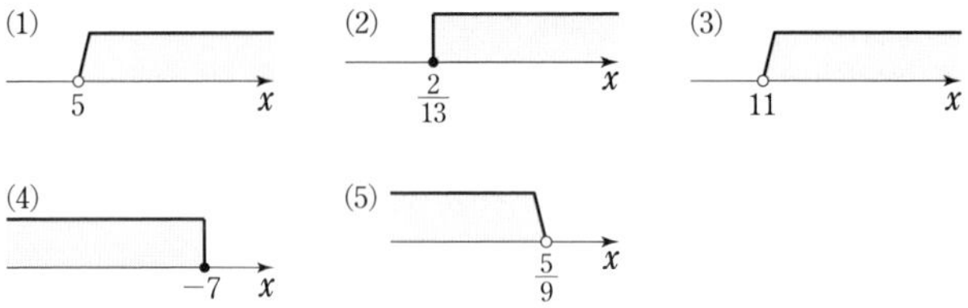

←本冊 $p.63$ 解説参照。

練習 ②35

連立不等式 (1) $\begin{cases} 2(1-x)>-6-x \\ 2x-3>-9 \end{cases}$ (2) $\begin{cases} 3(x-4)\leqq x-3 \\ 6x-2(x+1)<10 \end{cases}$ を解け。

(3) 不等式 $x+9\leqq 3-5x\leqq 2(x-2)$ を解け。

(1) $2(1-x)>-6-x$ から $2-2x>-6-x$

よって $-x>-8$ したがって $x<8$ …… ①

$2x-3>-9$ から $2x>-6$ よって $x>-3$ …… ②

①, ② の共通範囲を求めて $\boldsymbol{-3<x<8}$

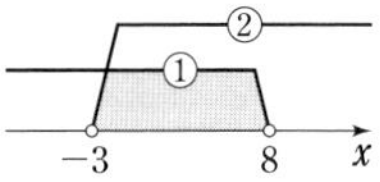

(2) $3(x-4)\leqq x-3$ から $3x-12\leqq x-3$

よって $2x\leqq 9$ したがって $x\leqq \dfrac{9}{2}$ …… ①

$6x-2(x+1)<10$ から $6x-2x-2<10$

よって $4x<12$ したがって $x<3$ …… ②

①, ② の共通範囲を求めて $\boldsymbol{x<3}$

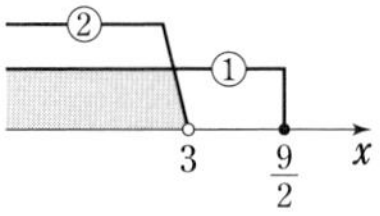

(3) $\begin{cases} x+9\leqq 3-5x \\ 3-5x\leqq 2(x-2) \end{cases}$

←不等式 $A\leqq B\leqq C$ は, 連立不等式 $A\leqq B$, $B\leqq C$ と同じ意味。

$x+9\leqq 3-5x$ から $6x\leqq -6$ よって $x\leqq -1$ …… ①

$3-5x\leqq 2(x-2)$ から $3-5x\leqq 2x-4$

よって $-7x\leqq -7$ したがって $x\geqq 1$ …… ②

①, ② の共通範囲はないから, 不等式の **解はない**。

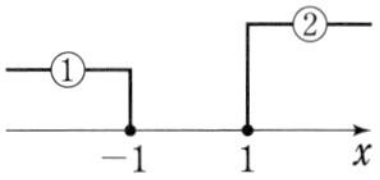

練習 ②36

(1) 不等式 $4(x-2)+5(6-x)>7$ を成り立たせる x の値のうち, 最も大きい整数を求めよ。

(2) 不等式 $3x+1>2a$ を満たす x の最小の整数値が 4 であるとき, 整数 a の値をすべて求めよ。

(1) 不等式から $4x-8+30-5x>7$

ゆえに $-x>-15$ よって $x<15$

したがって, 求める最も大きい整数は **14**

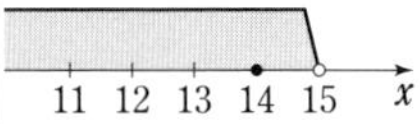

(2) $3x+1>2a$ を x について解くと $x>\dfrac{2a-1}{3}$

この不等式を満たす x の最小の整数値が 4 であるから

$$3\leqq \frac{2a-1}{3}<4$$

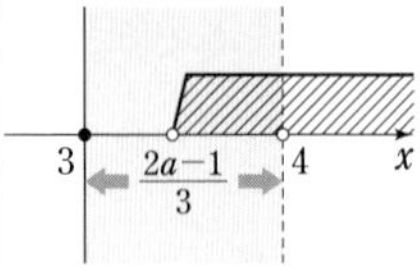

各辺に 3 を掛けて $9\leqq 2a-1<12$

各辺に 1 を加えて $10\leqq 2a<13$

よって $5\leqq a<\dfrac{13}{2}$

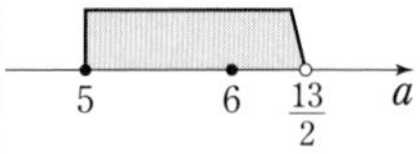

これを満たす整数 a の値は $\boldsymbol{a=5,\ 6}$

練習 ③37 x に関する連立不等式 $\begin{cases} 6x-4>3x+5 \\ 2x-1 \leqq x+a \end{cases}$ を満たす整数がちょうど5個あるとする。このとき，定数 a のとりうる値の範囲は ア$\square \leqq a <$ イ$\square$ である。 〔類 摂南大〕

$6x-4>3x+5$ から　$3x>9$
よって　$x>3$ …… ①
$2x-1 \leqq x+a$ から　$x \leqq a+1$ …… ②
与えられた連立不等式を満たす整数が存在するから，① と ② に共通範囲があって
$$3<x \leqq a+1$$
これを満たす整数 x がちょうど5個存在するとき，その整数 x は　$x=4,\ 5,\ 6,\ 7,\ 8$
よって　$8 \leqq a+1<9$
ゆえに　ア**7**$\leqq a <$イ**8**

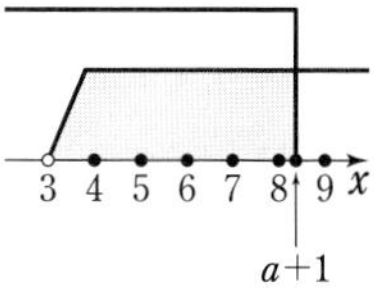

練習 ④38 (1) 不等式 $ax>x+a^2+a-2$ を解け。ただし，a は定数とする。
(2) 不等式 $2ax \leqq 4x+1 \leqq 5$ の解が $-5 \leqq x \leqq 1$ であるとき，定数 a の値を求めよ。

(1) 与式から　$(a-1)x>(a-1)(a+2)$ …… ①
[1] $a-1>0$ すなわち $a>1$ のとき　$x>a+2$
[2] $a-1=0$ すなわち $a=1$ のとき　① は　$0 \cdot x>0$
これを満たす x の値はない。
[3] $a-1<0$ すなわち $a<1$ のとき　$x<a+2$

←$a-1$ が正，0，負のときで場合分け。
←負の数で割ると，不等号の向きが変わる。

よって $\begin{cases} a>1 \text{ のとき } x>a+2 \\ a=1 \text{ のとき 解はない} \\ a<1 \text{ のとき } x<a+2 \end{cases}$

(2) $4x+1 \leqq 5$ から　$4x \leqq 4$　よって　$x \leqq 1$
ゆえに，解が $-5 \leqq x \leqq 1$ となるための条件は，
$2ax \leqq 4x+1$ …… ① の解が $x \geqq -5$ となることである。
① から　$2(a-2)x \leqq 1$ …… ②
[1] $a-2>0$ すなわち $a>2$ のとき，② から
$$x \leqq \frac{1}{2(a-2)}$$
このとき条件は満たされない。
[2] $a-2=0$ すなわち $a=2$ のとき，② は　$0 \cdot x \leqq 1$
よって，解はすべての実数であるから，条件は満たされない。
[3] $a-2<0$ すなわち $a<2$ のとき，② から
$$x \geqq \frac{1}{2(a-2)}$$
ゆえに　$\frac{1}{2(a-2)}=-5$　よって　$1=-10(a-2)$
ゆえに　$a=\frac{19}{10}$　これは $a<2$ を満たす。
[1]～[3] から　$\boldsymbol{a=\frac{19}{10}}$

←$a-2$ が正，0，負のときで場合分け。
←$x \geqq -5$ と不等号の向きが違う。
←$0 \leqq 1$ は常に成り立つ。
←負の数で割ると，不等号の向きが変わる。

練習 ②39 兄弟合わせて52本の鉛筆を持っている。いま，兄が弟に自分が持っている鉛筆のちょうど $\frac{1}{3}$ をあげてもまだ兄の方が多く，更に3本あげると弟の方が多くなる。兄が初めに持っていた鉛筆の本数を求めよ。

兄が初めに x 本持っていたとすると，条件から

$$\begin{cases} x-\frac{1}{3}x>52-x+\frac{1}{3}x & \cdots\cdots ① \\ x-\frac{1}{3}x-3<52-x+\frac{1}{3}x+3 & \cdots\cdots ② \end{cases}$$

① の両辺に3を掛けて　$3x-x>156-3x+x$

よって　$4x>156$　ゆえに　$x>39$　……③

② の両辺に3を掛けて　$3x-x-9<156-3x+x+9$

よって　$4x<174$　ゆえに　$x<\frac{87}{2}$　……④

③，④ の共通範囲を求めて　$39<x<\frac{87}{2}$

条件より，x は3の倍数であるから　$x=42$

よって，求める鉛筆の本数は　**42本**

←不等式の左辺が兄，右辺が弟の，それぞれ持っている鉛筆の本数を表す。

←「ちょうど $\frac{1}{3}$…」から，x は3の倍数である。$42=3\times14$

練習 ②40 次の方程式・不等式を解け。

(1) $|x+5|=3$　(2) $|1-3x|=5$　(3) $|x+2|<5$　(4) $|2x-1|\geqq3$

(1) $|x+5|=3$ から　$x+5=\pm3$

すなわち　$x+5=3$ または $x+5=-3$

よって　$\boldsymbol{x=-2,\ -8}$

(2) $|1-3x|=|3x-1|$ であるから，方程式は　$|3x-1|=5$

ゆえに　$3x-1=\pm5$

すなわち　$3x-1=5$ または $3x-1=-5$

よって　$\boldsymbol{x=2,\ -\frac{4}{3}}$

(3) $|x+2|<5$ から　$-5<x+2<5$

各辺に -2 を加えて　$\boldsymbol{-7<x<3}$

(4) $|2x-1|\geqq3$ から　$2x-1\leqq-3,\ 3\leqq2x-1$

各辺に1を加えて　$2x\leqq-2,\ 4\leqq2x$

各辺を2で割って　$\boldsymbol{x\leqq-1,\ 2\leqq x}$

←$c>0$ のとき，方程式 $|x|=c$ の解は $x=\pm c$

←$|-A|=|A|$ を利用して x の係数を正の数にしておくと解きやすくなる。

←$c>0$ のとき，
不等式 $|x|<c$ の解は
$-c<x<c$
不等式 $|x|>c$ の解は
$x<-c,\ c<x$

練習 ③41 次の方程式を解け。

(1) $2|x-1|=3x$　(2) $2|x+1|-|x-3|=2x$

(1) [1] $x\geqq1$ のとき，方程式は　$2(x-1)=3x$

すなわち　$2x-2=3x$

これを解いて　$x=-2$　$x=-2$ は $x\geqq1$ を満たさない。

[2] $x<1$ のとき，方程式は　$-2(x-1)=3x$

すなわち　$-2x+2=3x$

←場合の分かれ目は | |内の式=0 となる x の値。(1)では，$x-1=0$ を解くと　$x=1$
〰〰のように，場合分けの条件を満たすか満たさないかを必ず確認する。

これを解いて　$x=\frac{2}{5}$　　$x=\frac{2}{5}$ は $x<1$ を満たす。

[1]，[2] から，求める解は　　$\boldsymbol{x=\frac{2}{5}}$

(2)　[1]　$x<-1$ のとき，方程式は　　$-2(x+1)+(x-3)=2x$　　←$x+1<0$，$x-3<0$

すなわち　　$-x-5=2x$

これを解いて　　$x=-\frac{5}{3}$

$x=-\frac{5}{3}$ は $x<-1$ を満たす。

[2]　$-1\leqq x<3$ のとき，方程式は　　$2(x+1)+(x-3)=2x$　　←$x+1\geqq 0$，$x-3<0$

すなわち　　$3x-1=2x$

これを解いて　　$x=1$　　$x=1$ は $-1\leqq x<3$ を満たす。

[3]　$3\leqq x$ のとき，方程式は　　$2(x+1)-(x-3)=2x$　　←$x+1>0$，$x-3\geqq 0$

すなわち　　$x+5=2x$

これを解いて　　$x=5$　　$x=5$ は $3\leqq x$ を満たす。

以上から，求める解は

$\boldsymbol{x=-\frac{5}{3},\ 1,\ 5}$

練習 ③42　次の不等式を解け。

(1)　$3|x+1|<x+5$　　　(2)　$|x+2|-|x-1|>x$

(1)　[1]　$x\geqq -1$ のとき，不等式は　　$3(x+1)<x+5$

これを解いて　　$x<1$

$x\geqq -1$ との共通範囲は　　$-1\leqq x<1$　…… ①

[2]　$x<-1$ のとき，不等式は　　$-3(x+1)<x+5$

これを解いて　　$x>-2$

$x<-1$ との共通範囲は　　$-2<x<-1$　…… ②

求める解は，① と ② を合わせた範囲で

$\boldsymbol{-2<x<1}$

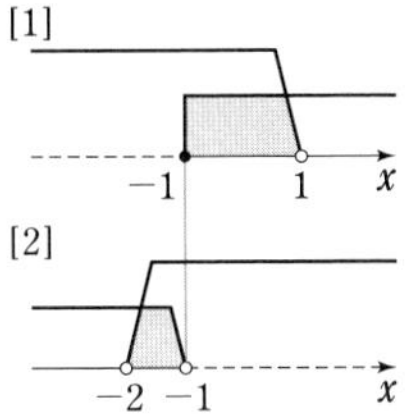

(2)　[1]　$x<-2$ のとき，不等式は　　$-(x+2)+(x-1)>x$

よって　　$x<-3$

$x<-2$ との共通範囲は　　$x<-3$　…… ①

[2]　$-2\leqq x<1$ のとき，不等式は　　$(x+2)+(x-1)>x$

よって　　$x>-1$

$-2\leqq x<1$ との共通範囲は　　$-1<x<1$　…… ②

[3]　$1\leqq x$ のとき，不等式は　　$(x+2)-(x-1)>x$

よって　　$x<3$

$1\leqq x$ との共通範囲は　　$1\leqq x<3$　…… ③

求める解は，①～③ を合わせた範囲で

$\boldsymbol{x<-3,\ -1<x<3}$

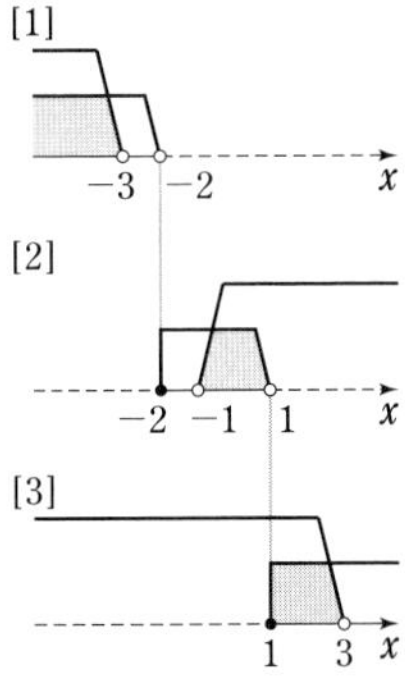

練習 ③43 次の方程式・不等式を解け。

(1) $||x-1|-2|-3=0$ (2) $|x-5|\leqq\frac{2}{3}|x|+1$

(1) [1] $x\geqq1$ のとき，方程式は $|(x-1)-2|-3=0$

すなわち $|x-3|=3$ よって $x-3=\pm3$

ゆえに $x=6,\ 0$

これらのうち，$x\geqq1$ を満たすのは $x=6$

[2] $x<1$ のとき，方程式は $|-(x-1)-2|-3=0$

すなわち $|x+1|=3$ よって $x+1=\pm3$

ゆえに $x=2,\ -4$

これらのうち，$x<1$ を満たすのは $x=-4$

以上から，求める解は $\boldsymbol{x=6,\ -4}$

別解 $||x-1|-2|=3$ から $|x-1|-2=\pm3$

よって $|x-1|=5,\ -1$

$|x-1|=5$ から $x-1=\pm5$ これを解いて $x=6,\ -4$

$|x-1|=-1$ を満たす x は存在しない。

以上から，求める解は $\boldsymbol{x=6,\ -4}$

(2) $|x-5|\leqq\frac{2}{3}|x|+1$ から $3|x-5|\leqq2|x|+3$

[1] $x<0$ のとき，不等式は $-3(x-5)\leqq-2x+3$

ゆえに $-x\leqq-12$ よって $x\geqq12$

これは $x<0$ を満たさない。

[2] $0\leqq x<5$ のとき，不等式は $-3(x-5)\leqq2x+3$

ゆえに $-5x\leqq-12$ よって $x\geqq\frac{12}{5}$

$0\leqq x<5$ との共通範囲は $\frac{12}{5}\leqq x<5$ …… ①

[3] $5\leqq x$ のとき，不等式は $3(x-5)\leqq2x+3$

これを解いて $x\leqq18$

$5\leqq x$ との共通範囲は $5\leqq x\leqq18$ …… ②

求める解は，① と ② を合わせた範囲で $\boldsymbol{\frac{12}{5}\leqq x\leqq18}$

←$\boldsymbol{c>0}$ **のとき，方程式** $\boldsymbol{|x|=c}$ **の解は** $\boldsymbol{x=\pm c}$

←$|-x-1|=|x+1|$

←外側の絶対値記号からはずす方針。

←(左辺)$\geqq0$，(右辺)<0

←両辺に 3 を掛ける。

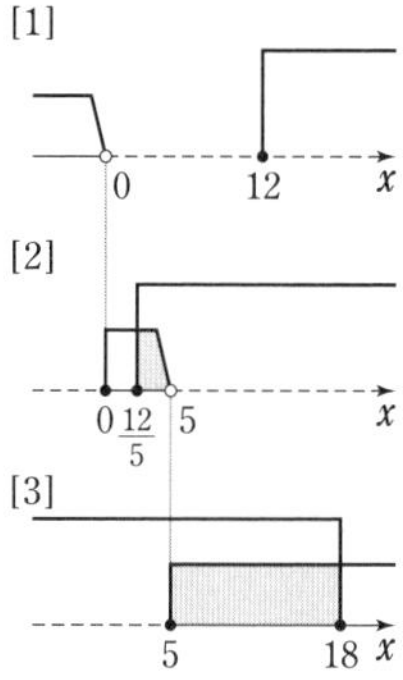

EX ②1 $P=-2x^2+2x-5$, $Q=3x^2-x$, $R=-x^2-x+5$ のとき，次の式を計算せよ。

$$3P-[2\{Q-(2R-P)\}-3(Q-R)]$$

$3P-[2\{Q-(2R-P)\}-3(Q-R)]$
$=3P-\{2(Q-2R+P)-3Q+3R\}$
$=3P-(2Q-4R+2P-3Q+3R)$
$=3P-(2P-Q-R)=P+Q+R$
$=(-2x^2+2x-5)+(3x^2-x)+(-x^2-x+5)=\mathbf{0}$

←括弧は内側からはずしていき，残す括弧も [ ]⟶{ }⟶( ) の順に変えていく。

EX ③2 (1) $3x^2-2x+1$ との和が x^2-x になる式を求めよ。
(2) ある多項式に $a^3+2a^2b-5ab^2+5b^3$ を加えるところを誤って引いたので，答えが $-a^3-4a^2b+10ab^2-9b^3$ になった。正しい答えを求めよ。

HINT (2) ある多項式を P とし，条件を式に表して P を求める。ただし，この P を正しい答えとしては誤り！

(1) 求める式を P とすると　$P+(3x^2-2x+1)=x^2-x$
ゆえに　$P=x^2-x-(3x^2-2x+1)=\boldsymbol{-2x^2+x-1}$

←P と Q との和が R ⟶ $P+Q=R$ よって　$P=R-Q$

(2) ある多項式を P とすると，題意から
$P-(a^3+2a^2b-5ab^2+5b^3)=-a^3-4a^2b+10ab^2-9b^3$
したがって
$P=-a^3-4a^2b+10ab^2-9b^3+(a^3+2a^2b-5ab^2+5b^3)$
$=-2a^2b+5ab^2-4b^3$

←P について解く。

よって，正しい答えは
$P+(a^3+2a^2b-5ab^2+5b^3)$
$=-2a^2b+5ab^2-4b^3+a^3+2a^2b-5ab^2+5b^3$
$=\boldsymbol{a^3+b^3}$

別解 ある多項式を P とし，$a^3+2a^2b-5ab^2+5b^3=Q$, $-a^3-4a^2b+10ab^2-9b^3=R$ としたとき，$P+Q$ を計算するところを，誤って $P-Q=R$ を計算したのであるから，正しい答えは
$P+Q=R+2Q$
$=-a^3-4a^2b+10ab^2-9b^3+2a^3+4a^2b-10ab^2+10b^3$
$=\boldsymbol{a^3+b^3}$

←$P+Q=P-Q+2Q$
$=R+2Q$

EX ②3 次の計算をせよ。
(1) $5xy^2\times(-2x^2y)^3$　(2) $2a^2b\times(-3ab)^2\times(-a^2b^2)^3$
(3) $(-2a^2b)^3(3a^3b^2)^2$　(4) $(-2ax^3y)^2(-3ab^2xy^3)$　[(1) 上武大]

(1) $5xy^2\times(-2x^2y)^3=5xy^2\times(-2)^3(x^2)^3y^3=5xy^2\times(-8)x^{2\times3}y^3$
$=5xy^2\times(-8)x^6y^3=5\cdot(-8)x^{1+6}y^{2+3}$
$=\boldsymbol{-40x^7y^5}$

(2) $2a^2b\times(-3ab)^2\times(-a^2b^2)^3$
$=2a^2b\times(-3)^2a^2b^2\times(-1)^3(a^2)^3(b^2)^3$
$=2a^2b\times9a^2b^2\times(-1)a^{2\times3}b^{2\times3}=2a^2b\times9a^2b^2\times(-1)a^6b^6$
$=2\cdot9\cdot(-1)a^{2+2+6}b^{1+2+6}=\boldsymbol{-18a^{10}b^9}$

←**指数法則**
m，n が自然数のとき
$\boldsymbol{a^ma^n=a^{m+n}}$,
$\boldsymbol{(a^m)^n=a^{mn}}$,
$\boldsymbol{(ab)^n=a^nb^n}$

(3) $(-2a^2b)^3(3a^3b^2)^2=(-2)^3(a^2)^3b^3\times3^2(a^3)^2(b^2)^2$
$=-8a^{2\times3}b^3\times9a^{3\times2}b^{2\times2}$
$=-8a^6b^3\times9a^6b^4$
$=(-8)\cdot9a^{6+6}b^{3+4}$
$=\boldsymbol{-72a^{12}b^7}$

(4) $(-2ax^3y)^2(-3ab^2xy^3)=(-2)^2a^2(x^3)^2y^2\times(-3)ab^2xy^3$
$=4a^2x^6y^2\times(-3)ab^2xy^3$
$=4\cdot(-3)a^{2+1}b^2x^{6+1}y^{2+3}$
$=\boldsymbol{-12a^3b^2x^7y^5}$

←$(x^3)^2=x^{3\times2}=x^6$

EX ③4

次の式を展開せよ。

(1) $(a-b+c)(a-b-c)$　(2) $(2x^2-x+1)(x^2+3x-3)$
(3) $(2a-5b)^3$　(4) $(x^3+x-3)(x^2-2x+2)$
(5) $(x^2-2xy+4y^2)(x^2+2xy+4y^2)$　(6) $(x+y)(x-y)(x^2+y^2)(x^4+y^4)$
(7) $(1+a)(1-a^3+a^6)(1-a+a^2)$

〔(1) 函館大, (2) 近畿大, (4) 函館大〕

HINT 和と差の積, 3 次式の展開の公式などを利用。公式が使えなければ, 分配法則により展開する。

(1) $(a-b+c)(a-b-c)=\{(a-b)+c\}\{(a-b)-c\}$
$=(a-b)^2-c^2$
$=\boldsymbol{a^2-2ab+b^2-c^2}$

←$a-b=A$ とおくと $(A+c)(A-c)=A^2-c^2$

(2) $(2x^2-x+1)(x^2+3x-3)$
$=2x^2(x^2+3x-3)-x(x^2+3x-3)+x^2+3x-3$
$=2x^4+6x^3-6x^2-x^3-3x^2+3x+x^2+3x-3$
$=\boldsymbol{2x^4+5x^3-8x^2+6x-3}$

←分配法則

(3) $(2a-5b)^3=(2a)^3-3(2a)^2\cdot5b+3\cdot2a\cdot(5b)^2-(5b)^3$
$=\boldsymbol{8a^3-60a^2b+150ab^2-125b^3}$

←$(a-b)^3=a^3-3a^2b+3ab^2-b^3$

(4) $(x^3+x-3)(x^2-2x+2)$
$=x^3(x^2-2x+2)+x(x^2-2x+2)-3(x^2-2x+2)$
$=x^5-2x^4+2x^3+x^3-2x^2+2x-3x^2+6x-6$
$=\boldsymbol{x^5-2x^4+3x^3-5x^2+8x-6}$

←分配法則

別解
$$\begin{array}{rrrrrr}
 & & x^3 & & +x & -3 \\
\times) & & & x^2 & -2x & +2 \\ \hline
x^5 & & +x^3 & -3x^2 & & \\
 & -2x^4 & & -2x^2 & +6x & \\
 & & 2x^3 & & +2x & -6 \\ \hline
\boldsymbol{x^5} & \boldsymbol{-2x^4} & \boldsymbol{+3x^3} & \boldsymbol{-5x^2} & \boldsymbol{+8x} & \boldsymbol{-6}
\end{array}$$

←欠けている 2 次の項をあけておく。

(5) $(x^2-2xy+4y^2)(x^2+2xy+4y^2)=(x^2+4y^2)^2-(2xy)^2$
$=x^4+8x^2y^2+16y^4-4x^2y^2$
$=\boldsymbol{x^4+4x^2y^2+16y^4}$

←項の順序を入れ替えて公式が適用できる形に。

(6) $(x+y)(x-y)(x^2+y^2)(x^4+y^4)=(x^2-y^2)(x^2+y^2)(x^4+y^4)$
$=(x^4-y^4)(x^4+y^4)$
$=\boldsymbol{x^8-y^8}$

←左から順に計算する。

(7) $(1+a)(1-a^3+a^6)(1-a+a^2)$
$=\{(1+a)(1-a+a^2)\}(1-a^3+a^6)=(1+a^3)(1-a^3+a^6)$
$=(1+a^3)\{1-a^3+(a^3)^2\}=1+(a^3)^3=\boldsymbol{1+a^9}$

←第 1 式と第 3 式を組み合わせて，公式を用いる。
$(a+b)(a^2-ab+b^2)$
$=a^3+b^3$

EX ③5

(1) $(x^3+3x^2+2x+7)(x^3+2x^2-x+1)$ を展開すると，x^5 の係数は ア□，x^3 の係数は イ□ となる。 〔千葉商大〕

(2) 式 $(2x+3y+z)(x+2y+3z)(3x+y+2z)$ を展開したときの xyz の係数は □ である。 〔立教大〕

HINT 直接展開するのではなく，必要な項だけを取り出して考える。

(1) $(x^3+3x^2+2x+7)(x^3+2x^2-x+1)$ の展開式で

(ア) x^5 の項は　$x^3\cdot 2x^2$，$3x^2\cdot x^3$　である。
よって，求める係数は　$1\cdot 2+3\cdot 1=\boldsymbol{5}$

(イ) x^3 の項は　$x^3\cdot 1$，$3x^2\cdot(-x)$，$2x\cdot 2x^2$，$7\cdot x^3$　である。
よって，求める係数は　$1\cdot 1+3\cdot(-1)+2\cdot 2+7\cdot 1=\boldsymbol{9}$

$(x^3+3x^2+2x+7)(x^3+2x^2-x+1)$

$(x^3+3x^2+2x+7)(x^3+2x^2-x+1)$

(2) $(2x+3y+z)(x+2y+3z)(3x+y+2z)$ の展開式で xyz の項は，x，y，z を含む項をそれぞれ 1 つずつ掛けたときに現れる。これらの項は
$2x\cdot 2y\cdot 2z$，$2x\cdot 3z\cdot y$，$3y\cdot x\cdot 2z$，$3y\cdot 3z\cdot 3x$，$z\cdot x\cdot y$，$z\cdot 2y\cdot 3x$
の 6 つであるから，xyz の係数は
$8+6+6+27+1+6=\boldsymbol{54}$

←$2x+3y+z$ の「$2x$」，$x+2y+3z$ の「$2y$」，$3x+y+2z$ の「$2z$」を掛けたときに現れる項は　$2x\cdot 2y\cdot 2z$

EX ④6

次の式を計算せよ。
(1) $(x-b)(x-c)(b-c)+(x-c)(x-a)(c-a)+(x-a)(x-b)(a-b)$
(2) $(x+y+2z)^3-(y+2z-x)^3-(2z+x-y)^3-(x+y-2z)^3$ 〔(2) 山梨学院大〕

(1) (与式)$=(b-c)\{x^2-(b+c)x+bc\}$
$+(c-a)\{x^2-(c+a)x+ca\}$
$+(a-b)\{x^2-(a+b)x+ab\}$
$=(b-c+c-a+a-b)x^2$
$-(b^2-c^2+c^2-a^2+a^2-b^2)x$
$+bc(b-c)+ca(c-a)+ab(a-b)$
$=\boldsymbol{a^2b-ab^2+b^2c-bc^2+c^2a-ca^2}$

←x^2 の係数は 0
←x の係数は 0
←輪環の順に整理。

(2) $y+2z=A$，$y-2z=B$ とおくと
(与式)$=(x+A)^3-(A-x)^3-(x-B)^3-(x+B)^3$
$=(x+A)^3+(x-A)^3-(x-B)^3-(x+B)^3$
$=(x^3+3x^2A+3xA^2+A^3)+(x^3-3x^2A+3xA^2-A^3)$
$-(x^3-3x^2B+3xB^2-B^3)-(x^3+3x^2B+3xB^2+B^3)$
$=6xA^2-6xB^2=6x(A^2-B^2)$
$=6x\{(y+2z)^2-(y-2z)^2\}$
$=6x\{y^2+4yz+4z^2-(y^2-4yz+4z^2)\}=6x\cdot 8yz=\boldsymbol{48xyz}$

←$-(A-x)^3$
$=-\{-(x-A)\}^3$
$=-(-1)^3(x-A)^3$
$=(x-A)^3$

別解 $y+2z=A$，$y-2z=B$ とおくと
(与式)$=(x+A)^3-(A-x)^3-(x-B)^3-(x+B)^3$
$=\{(x+A)^3+(x-A)^3\}-\{(x+B)^3+(x-B)^3\}$

←$(a+b)^2-(a-b)^2$
$=4ab$ と
$(a+b)^2+(a-b)^2$
$=2(a^2+b^2)$ は記憶して使えるようにしておくとよい。

ここで　$(x+A)^3+(x-A)^3$

$=\{(x+A)+(x-A)\}^3$
$\quad -3(x+A)(x-A)\{(x+A)+(x-A)\}$
$=(2x)^3-3(x^2-A^2)\cdot 2x$
$=8x^3-6x^3+6xA^2$
$=2x^3+6xA^2$

←$x+A=X$, $x-A=Y$ とおくと，
X^3+Y^3
$=(X+Y)^3$
$-3XY(X+Y)$
本冊 $p.39$ も参照。

同様に，$(x+B)^3+(x-B)^3=2x^3+6xB^2$ であるから

(与式)$=(2x^3+6xA^2)-(2x^3+6xB^2)$
$=6x(A^2-B^2)$
$=6x(A+B)(A-B)$
$=6x\{(y+2z)+(y-2z)\}\{(y+2z)-(y-2z)\}$
$=6x\cdot 2y\cdot 4z=\boldsymbol{48xyz}$

←A，B をもとの式に戻す。

EX ②7

次の式を因数分解せよ。

(1) $xy-yz+zu-ux$　(2) $12x^2y-27yz^2$　(3) $x^2-3x+\dfrac{9}{4}$　(4) $18x^2+39x-7$

(1) $xy-yz+zu-ux=(x-z)y-(x-z)u$
$=\boldsymbol{(x-z)(y-u)}$

←前 2 項と後 2 項を組み合わせると，共通因数が現れる。

(2) $12x^2y-27yz^2=3y(4x^2-9z^2)=\boldsymbol{3y(2x+3z)(2x-3z)}$

(3) $x^2-3x+\dfrac{9}{4}=x^2-2\cdot\dfrac{3}{2}\cdot x+\left(\dfrac{3}{2}\right)^2=\boldsymbol{\left(x-\dfrac{3}{2}\right)^2}$

検討　(3) のように分数が係数の場合，上の答え以外に

$$x^2-3x+\frac{9}{4}=\frac{1}{4}(4x^2-12x+9)=\boldsymbol{\frac{1}{4}(2x-3)^2}$$

といった答えも考えられるが，どちらも正解である。

(4) 右のたすき掛けから
$18x^2+39x-7=\boldsymbol{(3x+7)(6x-1)}$

3	7 →	42
6	−1 →	−3
18	−7	39

EX ②8

次の式を因数分解せよ。

(1) $3a^3-81b^3$　(2) $125x^4+8xy^3$　(3) $t^3-t^2+\dfrac{t}{3}-\dfrac{1}{27}$　(4) $x^3+3x^2-4x-12$

HINT　(4)　3 次と 2 次の項，1 次の項と定数項をそれぞれ組み合わせる。

(1) $3a^3-81b^3=3(a^3-27b^3)=3\{a^3-(3b)^3\}$
$=3(a-3b)\{a^2+a\cdot 3b+(3b)^2\}$
$=\boldsymbol{3(a-3b)(a^2+3ab+9b^2)}$

←a^3-b^3
$=(a-b)(a^2+ab+b^2)$

(2) $125x^4+8xy^3=x(125x^3+8y^3)=x\{(5x)^3+(2y)^3\}$
$=x(5x+2y)\{(5x)^2-5x\cdot 2y+(2y)^2\}$
$=\boldsymbol{x(5x+2y)(25x^2-10xy+4y^2)}$

←a^3+b^3
$=(a+b)(a^2-ab+b^2)$

(3) $t^3-t^2+\dfrac{t}{3}-\dfrac{1}{27}=t^3-3t^2\cdot\dfrac{1}{3}+3t\cdot\left(\dfrac{1}{3}\right)^2-\left(\dfrac{1}{3}\right)^3$
$=\boldsymbol{\left(t-\dfrac{1}{3}\right)^3}$

←$a^3-3a^2b+3ab^2-b^3$
$=(a-b)^3$

検討 次のような解答でもよい。

$$t^3-t^2+\frac{t}{3}-\frac{1}{27}=\frac{1}{27}(27t^3-27t^2+9t-1)$$
$$=\frac{1}{27}\{(3t)^3-3(3t)^2\cdot1+3(3t)\cdot1^2-1^3\}$$
$$=\boldsymbol{\frac{1}{27}(3t-1)^3}$$

←$\frac{1}{27}$ でくくると，係数が整数になる。

(4) $x^3+3x^2-4x-12=x^2(x+3)-4(x+3)$
$=(x+3)(x^2-4)$
$=\boldsymbol{(x+3)(x+2)(x-2)}$

←$(x^3-4x)+(3x^2-12)$ と組み合わせてもよい。

EX ③9

次の式を因数分解せよ。

(1) $x^2-2xy+y^2-x+y$　(2) $81x^4-y^4$
(3) $4x^4-37x^2y^2+9y^4$　(4) $(x^2-x)^2-8x^2+8x+12$

(1) $x^2-2xy+y^2-x+y=(x^2-2xy+y^2)-(x-y)$
$=(x-y)^2-(x-y)$
$=\boldsymbol{(x-y)(x-y-1)}$

←$x-y$ が共通因数。

別解 (与式)$=x^2-(2y+1)x+y(y+1)$
$=\boldsymbol{(x-y)(x-y-1)}$

←掛けて $y(y+1)$，足して $-(2y+1)$ となるものは $-y$ と $-(y+1)$

(2) $81x^4-y^4=(9x^2)^2-(y^2)^2$
$=(9x^2+y^2)(9x^2-y^2)$
$=\boldsymbol{(3x+y)(3x-y)(9x^2+y^2)}$

(3) $4x^4-37x^2y^2+9y^4=4(x^2)^2-37y^2\cdot x^2+9y^4$
$=(x^2-9y^2)(4x^2-y^2)$
$=\boldsymbol{(x+3y)(x-3y)(2x+y)(2x-y)}$

← 1 ╳ $-9y^2$ → $-36y^2$
　 4 ╳ $-y^2$ → $-y^2$
　 4　$9y^4$　$-37y^2$

(上の y^2，y^4 は省略してもよい)

(4) $x^2-x=X$ とおくと，$-8x^2+8x=-8X$ であるから
$(x^2-x)^2-8x^2+8x+12=X^2-8X+12$
$=(X-2)(X-6)$
$=(x^2-x-2)(x^2-x-6)$
$=\boldsymbol{(x+1)(x-2)(x+2)(x-3)}$

←ここで終わると誤り！

EX ④10

次の式を因数分解せよ。

(1) x^6-1　(2) $(x+y)^6-(x-y)^6$
(3) x^6-19x^3-216　(4) x^6-2x^3+1

(1) $x^6-1=(x^3)^2-1=(x^3+1)(x^3-1)$
$=(x+1)(x^2-x+1)(x-1)(x^2+x+1)$
$=\boldsymbol{(x+1)(x-1)(x^2-x+1)(x^2+x+1)}$

←$x^3=X$ とおくと $X^2-1=(X+1)(X-1)$

別解 $x^6-1=(x^2)^3-1=(x^2-1)(x^4+x^2+1)$
$=(x+1)(x-1)(x^4+x^2+1)$

ここで　$x^4+x^2+1=(x^4+2x^2+1)-x^2$
$=(x^2+1)^2-x^2$
$=(x^2+1+x)(x^2+1-x)$

←x^2 を加えて引く。本冊の例題 **19** 参照。

よって　$x^6-1=\boldsymbol{(x+1)(x-1)(x^2-x+1)(x^2+x+1)}$

(2) $(x+y)^6-(x-y)^6$

$=\{(x+y)^3\}^2-\{(x-y)^3\}^2$

$=\{(x+y)^3+(x-y)^3\}\{(x+y)^3-(x-y)^3\}$

$=(x^3+3x^2y+3xy^2+y^3+x^3-3x^2y+3xy^2-y^3)$

$\times(x^3+3x^2y+3xy^2+y^3-x^3+3x^2y-3xy^2+y^3)$

$=(2x^3+6xy^2)(6x^2y+2y^3)$

$=2x(x^2+3y^2)\cdot 2y(3x^2+y^2)$

$=\boldsymbol{4xy(x^2+3y^2)(3x^2+y^2)}$

> ←$(x+y)^3=A$, $(x-y)^3=B$ とおくと $A^2-B^2=(A+B)(A-B)$

(3) $x^6-19x^3-216=(x^3)^2-19x^3-216$

$=(x^3+8)(x^3-27)$

$=(x+2)(x^2-2x+4)(x-3)(x^2+3x+9)$

$=\boldsymbol{(x+2)(x-3)(x^2-2x+4)(x^2+3x+9)}$

> ←$x^3=X$ とおくと $X^2-19X-216=(X+8)(X-27)$

(4) $x^6-2x^3+1=(x^3)^2-2x^3+1$

$=(x^3-1)^2$

$=\{(x-1)(x^2+x+1)\}^2$

$=\boldsymbol{(x-1)^2(x^2+x+1)^2}$

> ←$x^3=X$ とおくと $X^2-2X+1=(X-1)^2$

EX ④11

次の式を因数分解せよ。 〔(1) 金沢工大，(2) 京都産大，(4) 山梨学院大，(5) 国士舘大〕

(1) $(2x+5y)(2x+5y+8)-65$　(2) $(x+3y-1)(x+3y+3)(x+3y+4)+12$

(3) $3(2x-3)^2-4(2x+1)+12$　(4) $2(x+1)^4+2(x-1)^4+5(x^2-1)^2$

(5) $(x+1)(x+2)(x+3)(x+4)+1$

(1) (与式)$=(2x+5y)\{(2x+5y)+8\}-65$

$=(2x+5y)^2+8(2x+5y)-65$

$=\{(2x+5y)-5\}\{(2x+5y)+13\}$

$=\boldsymbol{(2x+5y-5)(2x+5y+13)}$

> ←$2x+5y=X$ とおくと $X(X+8)-65=X^2+8X-65=(X-5)(X+13)$

(2) $x+3y=X$ とおくと

(与式)$=(X-1)(X+3)(X+4)+12$

$=(X-1)(X^2+7X+12)+12$

$=X^3+7X^2+12X-X^2-7X-12+12$

$=X^3+6X^2+5X=X(X^2+6X+5)$

$=X(X+1)(X+5)$

$=\boldsymbol{(x+3y)(x+3y+1)(x+3y+5)}$

> ←繰り返し出てくる式 $x+3y$ を X とおく。

(3) $2x-3=X$ とおくと，$2x+1=X+4$ であるから

(与式)$=3X^2-4(X+4)+12=3X^2-4X-4$

$=(X-2)(3X+2)$

$=(2x-3-2)\{3(2x-3)+2\}$

$=\boldsymbol{(2x-5)(6x-7)}$

> ←
>
> | | | |
> |---|---|---|
> | 1 | −2 → | −6 |
> | 3 | 2 → | 2 |
> | 3 | −4 | −4 |

(4) (与式)$=2(x+1)^4+5(x+1)^2(x-1)^2+2(x-1)^4$

ここで，$(x+1)^2=a$，$(x-1)^2=b$ とおくと

(与式)$=2a^2+5ab+2b^2=(a+2b)(2a+b)$

$=\{(x+1)^2+2(x-1)^2\}\{2(x+1)^2+(x-1)^2\}$

$=\boldsymbol{(3x^2-2x+3)(3x^2+2x+3)}$

> ←$5(x^2-1)^2=5\{(x+1)(x-1)\}^2$
>
> ←
>
> | | | |
> |---|---|---|
> | 1 | 2 → | 4 |
> | 2 | 1 → | 1 |
> | 2 | 2 | 5 |

(5)　(与式)$=\{(x+1)(x+4)\}\{(x+2)(x+3)\}+1$
$=(x^2+5x+4)(x^2+5x+6)+1$
$=(x^2+5x)^2+10(x^2+5x)+25$
$=\{(x^2+5x)+5\}^2$
$=\boldsymbol{(x^2+5x+5)^2}$

←$x^2+5x=X$ とおくと $X^2+10X+25=(X+5)^2$

EX ⑤12　次の式を簡単にせよ。
(1)　$(a+b+c)^2-(b+c-a)^2+(c+a-b)^2-(a+b-c)^2$　〔奈良大〕
(2)　$(a+b+c)(-a+b+c)(a-b+c)+(a+b+c)(a-b+c)(a+b-c)$
$+(a+b+c)(a+b-c)(-a+b+c)-(-a+b+c)(a-b+c)(a+b-c)$

(1)　$a+b+c=A$，$b+c-a=B$，$c+a-b=C$，$a+b-c=D$ とおくと
(与式)$=A^2-B^2+C^2-D^2$
$=(A+B)(A-B)+(C+D)(C-D)$
$=\{(a+b+c)+(b+c-a)\}\{(a+b+c)-(b+c-a)\}$
$+\{(c+a-b)+(a+b-c)\}\{(c+a-b)-(a+b-c)\}$
$=2(b+c)\cdot2a+2a\cdot2(c-b)$
$=4a\{(b+c)+(c-b)\}=\boldsymbol{8ac}$

←(与式)$=$●$^2-$■$^2+$▲$^2-$◆^{2} の形になっていることに着目すると，このおき換えが思いつく。

←共通因数 $4a$ でくくる。

(2)　$a+b+c=A$，$-a+b+c=B$，$a-b+c=C$，$a+b-c=D$ とおくと
(与式)$=ABC+ACD+ADB-BCD$
$=AB(C+D)+CD(A-B)$
$=2a(AB+CD)$
$=2a\{(a+b+c)(-a+b+c)+(a-b+c)(a+b-c)\}$
$=2a[\{(b+c)^2-a^2\}+\{a^2-(b-c)^2\}]$
$=2a\{(b+c)^2-(b-c)^2\}$
$=2a\{(b+c)+(b-c)\}\{(b+c)-(b-c)\}$
$=2a\cdot2b\cdot2c=\boldsymbol{8abc}$

←$C+D=2a$，$A-B=2a$

←{　}の中を展開して整理してもよい。

EX ③13　次の式を因数分解せよ。
(1)　$x^2y-2xyz-y-xy^2+x-2z$
(2)　$8x^3+12x^2y+4xy^2+6x^2+9xy+3y^2$
(3)　$x^3y+x^2y^2+x^3+x^2y-xy-y^2-x-y$
〔(1) つくば国際大，(2) 法政大，(3) 岐阜女子大〕

(1)　$x^2y-2xyz-y-xy^2+x-2z$
$=-2(xy+1)z+x^2y-xy^2+x-y$
$=-2(xy+1)z+xy(x-y)+(x-y)$
$=-2(xy+1)z+(x-y)(xy+1)$
$=\boldsymbol{(xy+1)(x-y-2z)}$

←z について整理。

←$xy+1$ が共通因数。

(2)　$8x^3+12x^2y+4xy^2+6x^2+9xy+3y^2$
$=(4x+3)y^2+(12x^2+9x)y+8x^3+6x^2$
$=(4x+3)y^2+3x(4x+3)y+2x^2(4x+3)$
$=(4x+3)(y^2+3xy+2x^2)$
$=(4x+3)(y+x)(y+2x)$
$=\boldsymbol{(4x+3)(x+y)(2x+y)}$

←y について整理。

←$4x+3$ が共通因数。

←掛けて $2x^2$，足して $3x$ の 2 数は，x と $2x$

(3) $x^3y+x^2y^2+x^3+x^2y-xy-y^2-x-y$

$=(x^2-1)y^2+(x^3+x^2-x-1)y+x^3-x$

$=(x^2-1)y^2+\{x(x^2-1)+x^2-1\}y+x(x^2-1)$

$=(x^2-1)y^2+(x+1)(x^2-1)y+x(x^2-1)$

$=(x^2-1)\{y^2+(x+1)y+x\}=(x+1)(x-1)(y+x)(y+1)$

$=\boldsymbol{(x+1)(x-1)(x+y)(y+1)}$

←y について整理。

←{ } 内で，項を組み合わせると，共通因数 x^2-1 が現れる。

別解 $x^3y+x^2y^2+x^3+x^2y-xy-y^2-x-y$

$=x^2y(x+y)+x^2(x+y)-y(x+y)-(x+y)$

$=(x+y)(x^2y+x^2-y-1)$

$=(x+y)\{x^2(y+1)-(y+1)\}$

$=(x+y)(y+1)(x^2-1)$

$=\boldsymbol{(x+y)(x+1)(x-1)(y+1)}$

←前から 2 項ずつ，項を組み合わせる。

←{ } 内で，前から 2 項ずつ，項を組み合わせる。

EX ②14

次の式を因数分解せよ。

(1) $(a+b)x^2-2ax+a-b$　　(2) $a^2+(2b-3)a-(3b^2+b-2)$

(3) $3x^2-2y^2+5xy+11x+y+6$　　(4) $24x^2-54y^2-14x+141y-90$

[(1) 北海学園大，(3) 法政大]

HINT (3), (4) どの文字についても 2 次であるから，2 乗の項の係数が正であり，簡単な文字について整理するとよい。

(1) $(a+b)x^2-2ax+a-b$

$=\boldsymbol{(x-1)\{(a+b)x-a+b\}}$

←

1	-1	$\longrightarrow -a-b$
$a+b$	$-(a-b)$	$\longrightarrow -a+b$
$a+b$	$a-b$	$-2a$

別解 $(a+b)x^2-2ax+a-b$

$=a(x^2-2x+1)+b(x^2-1)$

$=a(x-1)^2+b(x+1)(x-1)$

$=(x-1)\{a(x-1)+b(x+1)\}$

$=\boldsymbol{(x-1)\{(a+b)x-a+b\}}$

(2) $a^2+(2b-3)a-(3b^2+b-2)$

$=a^2+(2b-3)a-(b+1)(3b-2)$

$=\{a-(b+1)\}\{a+(3b-2)\}$

$=\boldsymbol{(a-b-1)(a+3b-2)}$

←

1	$-(b+1)$	$\longrightarrow -b-1$
1	$3b-2$	$\longrightarrow 3b-2$
1	$-(b+1)(3b-2)$	$2b-3$

(3) $3x^2-2y^2+5xy+11x+y+6$

$=3x^2+(5y+11)x-2y^2+y+6$

$=3x^2+(5y+11)x-(2y^2-y-6)$

$=3x^2+(5y+11)x-(y-2)(2y+3)$

$=\{x+(2y+3)\}\{3x-(y-2)\}$

$=\boldsymbol{(x+2y+3)(3x-y+2)}$

←

1	$2y+3$	$\longrightarrow 6y+9$
3	$-(y-2)$	$\longrightarrow -y+2$
3	$-(y-2)(2y+3)$	$5y+11$

(4) $24x^2-54y^2-14x+141y-90$

$=24x^2-14x-(54y^2-141y+90)$

$=24x^2-14x-3(18y^2-47y+30)$

$=24x^2-14x-3(2y-3)(9y-10)$

$=\{4x+3(2y-3)\}\{6x-(9y-10)\}$

$=\boldsymbol{(4x+6y-9)(6x-9y+10)}$

←

4	$3(2y-3)$	$\longrightarrow 36y-54$
6	$-(9y-10)$	$\longrightarrow -36y+40$
24	$-3(2y-3)(9y-10)$	-14

EX ②15 次の式を因数分解せよ。

(1) $a^3+a^2b-a(c^2+b^2)+bc^2-b^3$　　(2) $a(b+c)^2+b(c+a)^2+c(a+b)^2-4abc$

(3) $a^2b-ab^2-b^2c+bc^2-c^2a-ca^2+2abc$　　[(1) 摂南大]

(1) (与式)$=a^3+a^2b-ac^2-ab^2+bc^2-b^3$

$=-(a-b)c^2+a^3-b^3+a^2b-ab^2$　←c について整理。

$=-(a-b)c^2+(a-b)(a^2+ab+b^2)+ab(a-b)$　←共通因数 $a-b$ をくくり出す。

$=(a-b)\{-c^2+(a^2+ab+b^2)+ab\}$

$=(a-b)(a^2+2ab+b^2-c^2)=(a-b)\{(a+b)^2-c^2\}$

$=(a-b)\{(a+b)+c\}\{(a+b)-c\}$

$=\boldsymbol{(a-b)(a+b+c)(a+b-c)}$

(2) (与式)$=(b+c)^2a+b(c^2+2ca+a^2)+c(a^2+2ab+b^2)-4abc$

$=(b+c)a^2+\{(b+c)^2+2bc+2bc-4bc\}a+bc^2+b^2c$　←a について整理。

$=(b+c)a^2+(b+c)^2a+bc(b+c)$　←共通因数 $b+c$ をくくり出す。

$=(b+c)\{a^2+(b+c)a+bc\}$

$=(b+c)(a+b)(a+c)$　←これでも正解。

$=\boldsymbol{(a+b)(b+c)(c+a)}$

(3) (与式)$=(b-c)a^2-(b^2-2bc+c^2)a-bc(b-c)$　←a について整理。

$=(b-c)a^2-(b-c)^2a-bc(b-c)$　←共通因数 $b-c$ をくくり出す。

$=(b-c)\{a^2-(b-c)a-bc\}$

$=(b-c)(a-b)(a+c)$　←これでも正解。

$=\boldsymbol{(a-b)(b-c)(c+a)}$

EX ④16 次の式を因数分解せよ。

(1) $(x+y)(y+z)(z+x)+xyz$　　(2) $6a^2b-5abc-6a^2c+5ac^2-4bc^2+4c^3$

(3) $(a^2-1)(b^2-1)-4ab$　　[(1) 名城大, (2) 奈良大]

(1) (与式)$=(y+z)\{(x+y)(x+z)\}+yzx$

$=(y+z)\{x^2+(y+z)x+yz\}+yzx$

$=(y+z)x^2+\{(y+z)^2+yz\}x+(y+z)yz$　←x について整理。

$=\{x+(y+z)\}\{(y+z)x+yz\}$

$=\boldsymbol{(x+y+z)(xy+yz+zx)}$

← 1 ╳ $y+z$ → $(y+z)^2$
$y+z$ ╳ yz → yz
$y+z$　$(y+z)yz$　$(y+z)^2+yz$

(2) (与式)$=(6a^2-5ac-4c^2)b-(6a^2-5ac-4c^2)c$　←b について整理。

$=(6a^2-5ac-4c^2)(b-c)$　←共通因数 $6a^2-5ac-4c^2$ でくくる。

$=\boldsymbol{(2a+c)(3a-4c)(b-c)}$

(3) (与式)$=a^2b^2-a^2-b^2+1-4ab$

$=\{(ab)^2-2ab+1\}-(a^2+2ab+b^2)$　←$4ab$ を 2 つの $2ab$ に分ける。

$=(ab-1)^2-(a+b)^2$

$=\{(ab-1)+(a+b)\}\{(ab-1)-(a+b)\}$

$=\boldsymbol{(ab+a+b-1)(ab-a-b-1)}$

別解 (与式)$=(a^2-1)b^2-4ab-(a^2-1)$　←b について整理。

$=(a+1)(a-1)b^2-4ab-(a+1)(a-1)$

$=\{(a+1)b+(a-1)\}\{(a-1)b-(a+1)\}$

$=\boldsymbol{(ab+a+b-1)(ab-a-b-1)}$

← $a+1$ ╳ $a-1$ → a^2-2a+1
$a-1$ ╳ $-(a+1)$ → $-(a^2+2a+1)$
a^2-1　$-(a^2-1)$　$-4a$

EX ⑤17 等式 $a^3+b^3+c^3=(a+b+c)(a^2+b^2+c^2-ab-bc-ca)+3abc$ を用いて，次の式を因数分解せよ。 〔(2) つくば国際大〕

(1) $(y-z)^3+(z-x)^3+(x-y)^3$　　(2) $(x-z)^3+(y-z)^3-(x+y-2z)^3$

(1) $y-z=a$, $z-x=b$, $x-y=c$ とおくと

(与式)$=a^3+b^3+c^3$

$=(a+b+c)(a^2+b^2+c^2-ab-bc-ca)+3abc$ …… ①

ここで，$a+b+c=(y-z)+(z-x)+(x-y)=0$ であるから，

① より　(与式)$=3abc=\mathbf{3(y-z)(z-x)(x-y)}$

(2) $x-z=a$, $y-z=b$, $-(x+y-2z)=c$ とおくと

(与式)$=a^3+b^3+c^3$

$=(a+b+c)(a^2+b^2+c^2-ab-bc-ca)+3abc$ …… ②

ここで，$a+b+c=(x-z)+(y-z)+\{-(x+y-2z)\}=0$ であるから，② より

(与式)$=3abc$

$=3(x-z)(y-z)\{-(x+y-2z)\}$

$=\mathbf{-3(x-z)(y-z)(x+y-2z)}$

検討　$x-z=a$, $y-z=b$ とおくと

$a+b=x+y-2z$

よって　(与式)$=a^3+b^3-(a+b)^3$

$=a^3+b^3-(a^3+3a^2b+3ab^2+b^3)$

$=-3ab(a+b)$

$=\mathbf{-3(x-z)(y-z)(x+y-2z)}$

HINT (1) 与式の（ ）内を順に a, b, c とおくと，$a+b+c=0$ となることに着目。

←$-(x+y-2z)^3=\{-(x+y-2z)\}^3=c^3$

←問題文の等式を利用しない方法。

←$a^3+b^3=(a+b)^3-3ab(a+b)$ を利用してもよい。

EX ①18 次の循環小数の積を1つの既約分数で表せ。

$0.\dot{1}\dot{2}\times0.\dot{2}\dot{7}$ 〔信州大〕

$x=0.\dot{1}\dot{2}$ とおくと　$100x=12.1212\cdots\cdots$

ゆえに　$100x-x=12$　すなわち　$99x=12$

よって　$x=\dfrac{12}{99}=\dfrac{4}{33}$

また，$y=0.\dot{2}\dot{7}$ とおくと　$100y=27.2727\cdots\cdots$

ゆえに　$100y-y=27$　すなわち　$99y=27$

よって　$y=\dfrac{27}{99}=\dfrac{3}{11}$

したがって　$0.\dot{1}\dot{2}\times0.\dot{2}\dot{7}=xy=\dfrac{4}{33}\cdot\dfrac{3}{11}=\mathbf{\dfrac{4}{121}}$

←まず，$0.\dot{1}\dot{2}$ を既約分数に直す。

←次に，$0.\dot{2}\dot{7}$ を既約分数に直す。

EX ①19 (1), (2), (3) の値を求めよ。(4) は簡単にせよ。

(1) $\sqrt{1.21}$　(2) $\sqrt{0.0256}$　(3) $\dfrac{\sqrt{12}\sqrt{20}}{\sqrt{15}}$

(4) $a>0$, $b<0$, $c<0$ のとき　$\sqrt{(a^2bc^3)^3}$

HINT (4) まず，$\sqrt{(\ )^2p}$, $p>0$ の形へ。$\sqrt{●^2}=|●|$　●の符号に注意して処理。

(1) $\sqrt{1.21}=\sqrt{\dfrac{121}{100}}=\sqrt{\left(\dfrac{11}{10}\right)^2}=\dfrac{11}{10}=\mathbf{1.1}$

←$\sqrt{1.21}=\sqrt{1.1^2}=1.1$ と計算してもよい。

(2) $\sqrt{0.0256}=\sqrt{\dfrac{256}{10000}}=\sqrt{\left(\dfrac{16}{100}\right)^2}=\dfrac{16}{100}=\boldsymbol{0.16}$

←$256=2^8=(2^4)^2=16^2$

(3) $\dfrac{\sqrt{12}\sqrt{20}}{\sqrt{15}}=\sqrt{\dfrac{12\times20}{15}}=\sqrt{\dfrac{2^2\cdot3\times2^2\cdot5}{3\cdot5}}=2\cdot2=\boldsymbol{4}$

←$a>0$, $b>0$ のとき

$\sqrt{a}\sqrt{b}=\sqrt{ab}$,

$\dfrac{\sqrt{a}}{\sqrt{b}}=\sqrt{\dfrac{a}{b}}$

(4) $a>0$, $b<0$, $c<0$ のとき

$$\sqrt{(a^2bc^3)^3}=\sqrt{(a^3bc^4)^2bc}=|a^3bc^4|\sqrt{bc}$$
$$=\boldsymbol{-a^3bc^4}\sqrt{\boldsymbol{bc}}$$

←$a^3bc^4<0$, $bc>0$

EX ②20 次の計算は誤りである。① から ⑥ の等号の中で誤っているものをすべてあげ，誤りと判断した理由を述べよ。

$$27=\underset{①}{\sqrt{729}}=\underset{②}{\sqrt{3^6}}=\underset{③}{\sqrt{(-3)^6}}=\underset{④}{\sqrt{\{(-3)^3\}^2}}=\underset{⑤}{(-3)^3}=\underset{⑥}{-27}$$

[類 宮崎大]

$27=\sqrt{27^2}=\sqrt{729}$ であるから，① は正しい。

←$a\geqq0$ のとき

$\sqrt{a^2}=a$

$729=3^6=(-3)^6=\{(-3)^3\}^2$ であるから

$$\sqrt{729}=\sqrt{3^6}=\sqrt{(-3)^6}=\sqrt{\{(-3)^3\}^2}$$

よって，②，③，④ は正しい。

また，$\sqrt{\{(-3)^3\}^2}>0$，$(-3)^3=-27<0$ であるから，⑤ は誤りであり，⑥ は正しい。

←$\sqrt{\bullet}>0$

ゆえに，① から ⑥ の等号の中で誤っているものは

⑤ （理由）$\sqrt{\{(-3)^3\}^2}>0$，$(-3)^3=-27<0$ であるから。

EX ①21 次の式を計算せよ。

(1) $\sqrt{200}+\sqrt{98}-3\sqrt{72}$ 　　(2) $\sqrt{48}-\sqrt{27}+5\sqrt{12}$

(3) $(1+\sqrt{3})^3$ 　　(4) $(2\sqrt{6}+\sqrt{3})(\sqrt{6}-4\sqrt{3})$

(5) $(1-\sqrt{7}+\sqrt{3})(1+\sqrt{7}+\sqrt{3})$ 　　(6) $(\sqrt{2}-2\sqrt{3}-3\sqrt{6})^2$

(1) $\sqrt{200}+\sqrt{98}-3\sqrt{72}=\sqrt{10^2\cdot2}+\sqrt{7^2\cdot2}-3\sqrt{6^2\cdot2}$
$$=10\sqrt{2}+7\sqrt{2}-3\cdot6\sqrt{2}$$
$$=(10+7-18)\sqrt{2}$$
$$=\boldsymbol{-\sqrt{2}}$$

←平方因数は $\sqrt{}$ の外に出す。

(2) $\sqrt{48}-\sqrt{27}+5\sqrt{12}=\sqrt{4^2\cdot3}-\sqrt{3^2\cdot3}+5\sqrt{2^2\cdot3}$
$$=4\sqrt{3}-3\sqrt{3}+5\cdot2\sqrt{3}$$
$$=(4-3+10)\sqrt{3}=\boldsymbol{11\sqrt{3}}$$

←平方因数は $\sqrt{}$ の外に出す。

(3) $(1+\sqrt{3})^3=1^3+3\cdot1^2\cdot\sqrt{3}+3\cdot1\cdot(\sqrt{3})^2+(\sqrt{3})^3$
$$=1+3\sqrt{3}+9+3\sqrt{3}=\boldsymbol{10+6\sqrt{3}}$$

←$(a+b)^3$
$=a^3+3a^2b+3ab^2+b^3$

(4) $(2\sqrt{6}+\sqrt{3})(\sqrt{6}-4\sqrt{3})=\sqrt{3}(2\sqrt{2}+1)\cdot\sqrt{3}(\sqrt{2}-4)$
$$=3(2\sqrt{2}+1)(\sqrt{2}-4)$$
$$=3(4-7\sqrt{2}-4)=\boldsymbol{-21\sqrt{2}}$$

←$\sqrt{3}$ をくくり出すと計算がらく。

(5) $(1-\sqrt{7}+\sqrt{3})(1+\sqrt{7}+\sqrt{3})$
$$=\{(1+\sqrt{3})-\sqrt{7}\}\{(1+\sqrt{3})+\sqrt{7}\}$$
$$=(1+\sqrt{3})^2-(\sqrt{7})^2$$
$$=(4+2\sqrt{3})-7=\boldsymbol{-3+2\sqrt{3}}$$

←$(a-b)(a+b)$
$=a^2-b^2$

(6) $(\sqrt{2}-2\sqrt{3}-3\sqrt{6})^2$

$=\{\sqrt{2}+(-2\sqrt{3})+(-3\sqrt{6})\}^2$

$=(\sqrt{2})^2+(-2\sqrt{3})^2+(-3\sqrt{6})^2+2\cdot\sqrt{2}\cdot(-2\sqrt{3})$

$\quad+2\cdot(-2\sqrt{3})(-3\sqrt{6})+2\cdot(-3\sqrt{6})\cdot\sqrt{2}$

$=2+12+54-4\sqrt{6}+12\sqrt{18}-6\sqrt{12}$

$=68-4\sqrt{6}+12\cdot3\sqrt{2}-6\cdot2\sqrt{3}=\mathbf{68-4\sqrt{6}+36\sqrt{2}-12\sqrt{3}}$

←$(a+b+c)^2$ $=a^2+b^2+c^2+2ab$ $+2bc+2ca$ 本冊 $p.22$ 参照。

EX ②22 次の式を，分母を有理化して簡単にせよ。

(1) $\dfrac{1}{\sqrt{3}-\sqrt{5}}$　(2) $\dfrac{\sqrt{3}}{1+\sqrt{6}}-\dfrac{\sqrt{2}}{4+\sqrt{6}}$

(3) $\dfrac{1}{\sqrt{2}+1}+\dfrac{1}{\sqrt{3}+\sqrt{2}}+\dfrac{1}{\sqrt{4}+\sqrt{3}}+\dfrac{1}{\sqrt{5}+\sqrt{4}}$　(4) $\dfrac{1}{\sqrt{2}+\sqrt{3}+\sqrt{5}}+\dfrac{1}{\sqrt{2}-\sqrt{3}-\sqrt{5}}$

(1) $\dfrac{1}{\sqrt{3}-\sqrt{5}}=-\dfrac{\sqrt{5}+\sqrt{3}}{(\sqrt{5}-\sqrt{3})(\sqrt{5}+\sqrt{3})}=\mathbf{-\dfrac{\sqrt{5}+\sqrt{3}}{2}}$

←分母の符号を正にすると計算しやすい。

(2) $\dfrac{\sqrt{3}}{1+\sqrt{6}}-\dfrac{\sqrt{2}}{4+\sqrt{6}}=\dfrac{\sqrt{3}(\sqrt{6}-1)}{(\sqrt{6}+1)(\sqrt{6}-1)}-\dfrac{\sqrt{2}(4-\sqrt{6})}{(4+\sqrt{6})(4-\sqrt{6})}$

$=\dfrac{3\sqrt{2}-\sqrt{3}}{5}-\dfrac{4\sqrt{2}-2\sqrt{3}}{10}$

$=\dfrac{3\sqrt{2}-\sqrt{3}}{5}-\dfrac{2\sqrt{2}-\sqrt{3}}{5}=\mathbf{\dfrac{\sqrt{2}}{5}}$

←各式の分母を有理化してから通分。

(3) (与式)$=\dfrac{\sqrt{2}-1}{(\sqrt{2}+1)(\sqrt{2}-1)}+\dfrac{\sqrt{3}-\sqrt{2}}{(\sqrt{3}+\sqrt{2})(\sqrt{3}-\sqrt{2})}$

$+\dfrac{\sqrt{4}-\sqrt{3}}{(\sqrt{4}+\sqrt{3})(\sqrt{4}-\sqrt{3})}+\dfrac{\sqrt{5}-\sqrt{4}}{(\sqrt{5}+\sqrt{4})(\sqrt{5}-\sqrt{4})}$

$=\sqrt{2}-1+\sqrt{3}-\sqrt{2}+\sqrt{4}-\sqrt{3}+\sqrt{5}-\sqrt{4}=\mathbf{\sqrt{5}-1}$

←まず，分母の有理化。

(4) $\dfrac{1}{\sqrt{2}+\sqrt{3}+\sqrt{5}}+\dfrac{1}{\sqrt{2}-\sqrt{3}-\sqrt{5}}$

$=\dfrac{\sqrt{2}+\sqrt{3}-\sqrt{5}}{\{(\sqrt{2}+\sqrt{3})+\sqrt{5}\}\{(\sqrt{2}+\sqrt{3})-\sqrt{5}\}}$

$+\dfrac{\sqrt{2}-\sqrt{3}+\sqrt{5}}{\{(\sqrt{2}-\sqrt{3})-\sqrt{5}\}\{(\sqrt{2}-\sqrt{3})+\sqrt{5}\}}$

$=\dfrac{\sqrt{2}+\sqrt{3}-\sqrt{5}}{(\sqrt{2}+\sqrt{3})^2-(\sqrt{5})^2}+\dfrac{\sqrt{2}-\sqrt{3}+\sqrt{5}}{(\sqrt{2}-\sqrt{3})^2-(\sqrt{5})^2}$

$=\dfrac{\sqrt{2}+\sqrt{3}-\sqrt{5}}{2\sqrt{6}}-\dfrac{\sqrt{2}-\sqrt{3}+\sqrt{5}}{2\sqrt{6}}$

$=\dfrac{2\sqrt{3}-2\sqrt{5}}{2\sqrt{6}}=\dfrac{\sqrt{3}-\sqrt{5}}{\sqrt{6}}=\dfrac{(\sqrt{3}-\sqrt{5})\sqrt{6}}{6}=\mathbf{\dfrac{3\sqrt{2}-\sqrt{30}}{6}}$

←$(\sqrt{2})^2+(\sqrt{3})^2=(\sqrt{5})^2$ であることに着目して，各式の分母を有理化する。

←分母の有理化。

別解 $\dfrac{1}{\sqrt{2}+\sqrt{3}+\sqrt{5}}+\dfrac{1}{\sqrt{2}-\sqrt{3}-\sqrt{5}}$

$=\dfrac{\sqrt{2}-\sqrt{3}-\sqrt{5}+\sqrt{2}+\sqrt{3}+\sqrt{5}}{(\sqrt{2})^2-(\sqrt{3}+\sqrt{5})^2}=\dfrac{2\sqrt{2}}{-6-2\sqrt{15}}$

$=-\dfrac{\sqrt{2}}{\sqrt{15}+3}=-\dfrac{\sqrt{2}(\sqrt{15}-3)}{(\sqrt{15}+3)(\sqrt{15}-3)}=\mathbf{\dfrac{3\sqrt{2}-\sqrt{30}}{6}}$

←与式を通分した場合の解答。

←分母の有理化。

EX ③23

$x=a^2+9$ とし，$y=\sqrt{x-6a}-\sqrt{x+6a}$ とする。y を簡単にすると
$a\leqq -$ア□ のとき，$y=$イ□，$-$ア□$\leqq a\leqq$ウ□ のとき，$y=$エ□，
$a\geqq$ウ□ のとき，$y=$オ□ となる。〔摂南大〕

$x=a^2+9$ を y に代入すると

$$y=\sqrt{a^2+9-6a}-\sqrt{a^2+9+6a}$$
$$=\sqrt{(a-3)^2}-\sqrt{(a+3)^2}=|a-3|-|a+3|$$

[1] $a\leqq -$ア**3** のとき　$a-3<0$，$a+3\leqq 0$

よって　$y=-(a-3)-\{-(a+3)\}=$イ **6**

[2] $-$ア**3**$\leqq a\leqq$ウ**3** のとき　$a-3\leqq 0$，$a+3\geqq 0$

よって　$y=-(a-3)-(a+3)=$エ $\boldsymbol{-2a}$

[3] $a\geqq$ウ**3** のとき　$a-3\geqq 0$，$a+3>0$

よって　$y=(a-3)-(a+3)=$オ **−6**

←$\sqrt{A^2}=|A|$

←$a-3=0$，$a+3=0$ をそれぞれ解くと $a=3$，-3　よって，[1]～[3] のような場合分けを行う。なお，

$$|A|=\begin{cases}A & (A\geqq 0 \text{ のとき})\\ -A & (A<0 \text{ のとき})\end{cases}$$

EX ③24

次の式の 2 重根号をはずして簡単にせよ。

(1) $\sqrt{11+4\sqrt{6}}$　〔東京海洋大〕　(2) $\dfrac{1}{\sqrt{7-4\sqrt{3}}}$　〔職能開発大〕

(3) $\sqrt{3+\sqrt{5}}+\sqrt{3-\sqrt{5}}$　〔東京電機大〕

(1) $$\sqrt{11+4\sqrt{6}}=\sqrt{11+2\sqrt{24}}=\sqrt{(8+3)+2\sqrt{8\cdot 3}}$$
$$=\sqrt{(\sqrt{8}+\sqrt{3})^2}=\sqrt{8}+\sqrt{3}=\boldsymbol{2\sqrt{2}+\sqrt{3}}$$

←$4\sqrt{6}=2\sqrt{2^2\cdot 6}$

(2) $$\frac{1}{\sqrt{7-4\sqrt{3}}}=\frac{1}{\sqrt{7-2\sqrt{12}}}=\frac{1}{\sqrt{(4+3)-2\sqrt{4\cdot 3}}}$$
$$=\frac{1}{\sqrt{(\sqrt{4}-\sqrt{3})^2}}=\frac{1}{\sqrt{4}-\sqrt{3}}=\frac{1}{2-\sqrt{3}}$$
$$=\frac{2+\sqrt{3}}{(2-\sqrt{3})(2+\sqrt{3})}=\boldsymbol{2+\sqrt{3}}$$

←$4\sqrt{3}=2\sqrt{2^2\cdot 3}$

(3) $$\sqrt{3+\sqrt{5}}=\sqrt{\frac{6+2\sqrt{5}}{2}}=\frac{\sqrt{(5+1)+2\sqrt{5\cdot 1}}}{\sqrt{2}}$$
$$=\frac{\sqrt{(\sqrt{5}+1)^2}}{\sqrt{2}}=\frac{\sqrt{5}+1}{\sqrt{2}}=\frac{\sqrt{10}+\sqrt{2}}{2}$$

同様に　$\sqrt{3-\sqrt{5}}=\dfrac{\sqrt{10}-\sqrt{2}}{2}$

よって　$$\sqrt{3+\sqrt{5}}+\sqrt{3-\sqrt{5}}=\frac{\sqrt{10}+\sqrt{2}}{2}+\frac{\sqrt{10}-\sqrt{2}}{2}$$
$$=\boldsymbol{\sqrt{10}}$$

←中の根号の前の数を 2 にするために，$\dfrac{3+\sqrt{5}}{1}$ の分母・分子に 2 を掛ける。

EX ③25

次の式を簡単にせよ。

(1) $\sqrt{9+4\sqrt{4+2\sqrt{3}}}$　〔大阪産大〕　(2) $\sqrt{7-\sqrt{21+\sqrt{80}}}$　〔北海道薬大〕

(1) $$\sqrt{4+2\sqrt{3}}=\sqrt{(3+1)+2\sqrt{3\cdot 1}}=\sqrt{(\sqrt{3}+1)^2}=\sqrt{3}+1$$

よって　$$\sqrt{9+4\sqrt{4+2\sqrt{3}}}=\sqrt{9+4(\sqrt{3}+1)}$$
$$=\sqrt{13+2\sqrt{12}}$$
$$=\sqrt{(12+1)+2\sqrt{12\cdot 1}}$$

←内側の 2 重根号をはずす。

←$4\sqrt{3}=2\sqrt{2^2\cdot 3}$

$$=\sqrt{(\sqrt{12}+1)^2}$$
$$=\sqrt{12}+1=\mathbf{2\sqrt{3}+1}$$

(2) $\sqrt{21+\sqrt{80}}=\sqrt{21+2\sqrt{20}}=\sqrt{(20+1)+2\sqrt{20\cdot1}}$

$=\sqrt{(\sqrt{20}+1)^2}=\sqrt{20}+1=2\sqrt{5}+1$

←内側の 2 重根号をはずす。

よって　$\sqrt{7-\sqrt{21+\sqrt{80}}}=\sqrt{7-(2\sqrt{5}+1)}=\sqrt{6-2\sqrt{5}}$

$$=\sqrt{(5+1)-2\sqrt{5\cdot1}}$$
$$=\sqrt{(\sqrt{5}-1)^2}=\mathbf{\sqrt{5}-1}$$

EX ③26

(1) $a=\dfrac{3}{\sqrt{5}+\sqrt{2}}$, $b=\dfrac{3}{\sqrt{5}-\sqrt{2}}$ であるとき，a^2+ab+b^2，$a^3+a^2b+ab^2+b^3$ の値をそれぞれ求めよ。〔類　星薬大〕

(2) $a=\dfrac{2}{3-\sqrt{5}}$ のとき，$a+\dfrac{1}{a}$，$a^2+\dfrac{1}{a^2}$，$a^5+\dfrac{1}{a^5}$ の値をそれぞれ求めよ。〔鹿児島大〕

(1) $a+b=\dfrac{3(\sqrt{5}-\sqrt{2})+3(\sqrt{5}+\sqrt{2})}{(\sqrt{5}+\sqrt{2})(\sqrt{5}-\sqrt{2})}=\dfrac{6\sqrt{5}}{3}=2\sqrt{5}$

←a，b の対称式は $a+b$，ab で表されるから，先にこの 2 つの式の値を求めておく。

$ab=\dfrac{3\cdot3}{(\sqrt{5}+\sqrt{2})(\sqrt{5}-\sqrt{2})}=\dfrac{9}{3}=3$

よって　$\boldsymbol{a^2+ab+b^2}=(a+b)^2-ab=(2\sqrt{5})^2-3=20-3=\mathbf{17}$

$\boldsymbol{a^3+a^2b+ab^2+b^3}=(a^3+b^3)+ab(a+b)$

$=(a+b)^3-3ab(a+b)+ab(a+b)$

$=(a+b)^3-2ab(a+b)$

$=(2\sqrt{5})^3-2\cdot3\cdot2\sqrt{5}$

$=40\sqrt{5}-12\sqrt{5}=\mathbf{28\sqrt{5}}$

① a，b の対称式
基本対称式 $a+b$，ab で表す

(2) $a=\dfrac{2}{3-\sqrt{5}}=\dfrac{2(3+\sqrt{5})}{(3-\sqrt{5})(3+\sqrt{5})}=\dfrac{2(3+\sqrt{5})}{9-5}=\dfrac{3+\sqrt{5}}{2}$，

$\dfrac{1}{a}=\dfrac{3-\sqrt{5}}{2}$ であるから

$$\boldsymbol{a+\frac{1}{a}}=\frac{3+\sqrt{5}}{2}+\frac{3-\sqrt{5}}{2}=\mathbf{3}$$

よって　$\boldsymbol{a^2+\dfrac{1}{a^2}}=\left(a+\dfrac{1}{a}\right)^2-2\cdot a\cdot\dfrac{1}{a}=3^2-2=\mathbf{7}$

←$x^2+y^2=(x+y)^2-2xy$

次に，$\left(a^3+\dfrac{1}{a^3}\right)\left(a^2+\dfrac{1}{a^2}\right)=a^5+a+\dfrac{1}{a}+\dfrac{1}{a^5}$ であり，

$a^3+\dfrac{1}{a^3}=\left(a+\dfrac{1}{a}\right)^3-3\cdot a\cdot\dfrac{1}{a}\left(a+\dfrac{1}{a}\right)=3^3-3\cdot3=18$ であるから

←$x^3+y^3=(x+y)^3-3xy(x+y)$

$$\boldsymbol{a^5+\frac{1}{a^5}}=\left(a^3+\frac{1}{a^3}\right)\left(a^2+\frac{1}{a^2}\right)-\left(a+\frac{1}{a}\right)=18\cdot7-3=\mathbf{123}$$

EX ④27

a，b，c を実数として，A，B，C を $A=a+b+c$，$B=a^2+b^2+c^2$，$C=a^3+b^3+c^3$ とする。このとき，abc を A，B，C を用いて表せ。〔横浜市大〕

HINT　まず，$a^3+b^3+c^3-3abc$ を A，B を用いて表すことを考える。

$a^3+b^3+c^3-3abc=(a+b+c)(a^2+b^2+c^2-ab-bc-ca)$ であるから $C-3abc=A(B-ab-bc-ca)$ …… ①

ここで，$(a+b+c)^2=a^2+b^2+c^2+2ab+2bc+2ca$ であるから

$$A^2=B+2(ab+bc+ca)$$

←$ab+bc+ca$ を $a+b+c$ と $a^2+b^2+c^2$ を用いて表す。

よって $ab+bc+ca=\frac{1}{2}(A^2-B)$ …… ②

② を ① に代入すると

$$C-3abc=A\left\{B-\frac{1}{2}(A^2-B)\right\}$$

ゆえに $3abc=\frac{1}{2}A^3-\frac{3}{2}AB+C$

したがって $\boldsymbol{abc=\frac{1}{6}A^3-\frac{1}{2}AB+\frac{1}{3}C}$

EX ④28 $\sqrt{9+4\sqrt{5}}$ の小数部分を a とするとき，次の式の値を求めよ。

(1) $a^2-\frac{1}{a^2}$　(2) a^3　(3) a^4-2a^2+1

$\sqrt{9+4\sqrt{5}}=\sqrt{9+2\sqrt{20}}=\sqrt{(5+4)+2\sqrt{5\cdot4}}$

$=\sqrt{(\sqrt{5}+\sqrt{4})^2}=\sqrt{5}+\sqrt{4}=\sqrt{5}+2$

←2 重根号をはずす。

$2<\sqrt{5}<3$ であるから，$\sqrt{5}$ の整数部分は 2

←$\sqrt{4}<\sqrt{5}<\sqrt{9}$

よって，$\sqrt{5}+2$ の整数部分は $2+2=4$

したがって $a=\sqrt{5}+2-4=\sqrt{5}-2$

←(小数部分)＝(数)－(整数部分)

(1) $\frac{1}{a}=\frac{1}{\sqrt{5}-2}=\frac{\sqrt{5}+2}{(\sqrt{5}-2)(\sqrt{5}+2)}=\sqrt{5}+2$

よって $a^2-\frac{1}{a^2}=\left(a+\frac{1}{a}\right)\left(a-\frac{1}{a}\right)$

←$x^2-y^2=(x+y)(x-y)$

$=(\sqrt{5}-2+\sqrt{5}+2)(\sqrt{5}-2-\sqrt{5}-2)$

$=2\sqrt{5}\cdot(-4)=\boldsymbol{-8\sqrt{5}}$

(2) $a^3=(\sqrt{5}-2)^3=(\sqrt{5})^3-3(\sqrt{5})^2\cdot2+3\sqrt{5}\cdot2^2-2^3$

$=5\sqrt{5}-30+12\sqrt{5}-8$

$=\boldsymbol{-38+17\sqrt{5}}$

←$(x-y)^3=x^3-3x^2y+3xy^2-y^3$

(3) $a^4-2a^2+1=(a^2-1)^2=(a+1)^2(a-1)^2$

$=(\sqrt{5}-1)^2(\sqrt{5}-3)^2$

$=(6-2\sqrt{5})(14-6\sqrt{5})$

$=\boldsymbol{144-64\sqrt{5}}$

←a^4 を直接計算してもよいが，手間がかかるので，因数分解を利用してから計算する。

検討 $a=\sqrt{5}-2$ から $a+2=\sqrt{5}$

ゆえに $(a+2)^2=(\sqrt{5})^2$ よって $a^2=1-4a$

←本冊 p.58 重要例題 31 参照。

(2) $a^3=a\cdot a^2=a(1-4a)=a-4(1-4a)=17a-4$

(3) $a^4=a\cdot a^3=a(17a-4)=17(1-4a)-4a=-72a+17$

から $a^4-2a^2+1=-72a+17-2(1-4a)+1=-64a+16$

このように，次数を下げてから式の値を求めてもよい。

EX ②29

ある整数を 20 で割って，小数第 1 位を四捨五入すると 17 になる。そのような整数のうち，最大のものと最小のものを求めよ。

ある整数を a とする。a を 20 で割った数の小数第 1 位を四捨五入すると 17 であるから　$16.5 \leqq \frac{a}{20} < 17.5$

各辺に 20 を掛けて　　$330 \leqq a < 350$

よって，整数 a の **最大のものは 349，最小のものは 330**

HINT　四捨五入の条件を不等式で表す。

←a は整数であるから　$330 \leqq a \leqq 349$

EX ②30

次の 1 次不等式を解け。

(1)　$2(x-3) \leqq -x+8$　　(2)　$\frac{1}{3}x > \frac{3}{5}x-2$

(3)　$\frac{5x+1}{3} - \frac{3+2x}{4} \geqq \frac{1}{6}(x-5)$　　(4)　$0.3x-7.2 > 0.5(x-2)$

(1)　不等式から　　$2x-6 \leqq -x+8$

ゆえに　　$3x \leqq 14$　　　よって　　$\boldsymbol{x \leqq \frac{14}{3}}$

←移項して $ax \leqq b$ の形に整理する。

(2)　両辺に 15 を掛けて　　$5x > 9x-30$

←分母を払う。

ゆえに　　$-4x > -30$　　　よって　　$\boldsymbol{x < \frac{15}{2}}$

←不等号の向きが変わる。

(3)　両辺に 12 を掛けて　　$4(5x+1)-3(3+2x) \geqq 2(x-5)$

←係数を整数に直す。

したがって　　$20x+4-9-6x \geqq 2x-10$

←括弧をはずして整理する。

ゆえに　　$12x \geqq -5$　　　よって　　$\boldsymbol{x \geqq -\frac{5}{12}}$

(4)　両辺に 10 を掛けて　　$3x-72 > 5(x-2)$

←係数を整数に直す。

したがって　　$3x-72 > 5x-10$

ゆえに　　$-2x > 62$　　　よって　　$\boldsymbol{x < -31}$

←不等号の向きが変わる。

EX ②31

次の不等式を解け。

(1)　$\begin{cases} 6(x+1) > 2x-5 \\ 25-\frac{6-x}{2} \leqq 3x \end{cases}$　　(2)　$\frac{5(x-1)}{2} \leqq 2(2x+1) < \frac{7(x-1)}{4}$　　［(2) 倉敷芸科大］

(1)　$\begin{cases} 6(x+1) > 2x-5 & \cdots\cdots ① \\ 25-\frac{6-x}{2} \leqq 3x & \cdots\cdots ② \end{cases}$

① から　　$4x > -11$　　　よって　　$x > -\frac{11}{4}$　……　③

② の両辺に 2 を掛けて　　$50-6+x \leqq 6x$

ゆえに　　$-5x \leqq -44$　　　よって　　$x \geqq \frac{44}{5}$　……　④

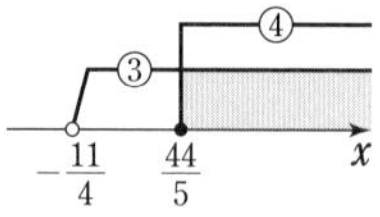

③，④ の共通範囲を求めて　　$\boldsymbol{x \geqq \frac{44}{5}}$

(2)　$\begin{cases} \frac{5(x-1)}{2} \leqq 2(2x+1) & \cdots\cdots ① \\ 2(2x+1) < \frac{7(x-1)}{4} & \cdots\cdots ② \end{cases}$

←不等式 $A \leqq B < C$ は，連立不等式 $A \leqq B, B < C$ と同じ意味。

① の両辺に 2 を掛けて　　$5(x-1) \leqq 4(2x+1)$

よって　$-3x \leqq 9$　ゆえに　$x \geqq -3$ …… ③

② の両辺に 4 を掛けて　$8(2x+1)<7(x-1)$

よって　$9x<-15$　ゆえに　$x<-\dfrac{5}{3}$ …… ④

③, ④ の共通範囲を求めて　$\boldsymbol{-3 \leqq x<-\dfrac{5}{3}}$

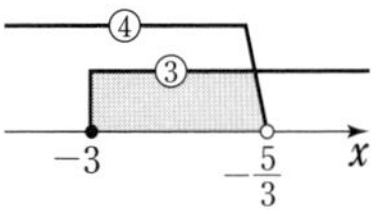

EX ③32

連立不等式 $\begin{cases} x>3a+1 \\ 2x-1>6(x-2) \end{cases}$ の解について，次の条件を満たす定数 a の値の範囲を求めよ。

(1) 解が存在しない。　(2) 解に 2 が含まれる。

(3) 解に含まれる整数が 3 つだけとなる。〔神戸学院大〕

$x>3a+1$ …… ① とする。

$2x-1>6(x-2)$ から　$2x-1>6x-12$

よって　$x<\dfrac{11}{4}$ …… ②

(1) ①, ② を同時に満たす x が存在しないための条件は

$\dfrac{11}{4} \leqq 3a+1$

ゆえに　$11 \leqq 12a+4$　よって　$\boldsymbol{a \geqq \dfrac{7}{12}}$

(1)
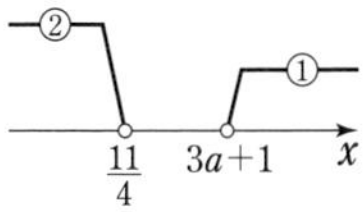

(2) $x=2$ は ② に含まれるから，$x=2$ が ① の解に含まれることが条件である。

ゆえに　$3a+1<2$　よって　$\boldsymbol{a<\dfrac{1}{3}}$

(2)
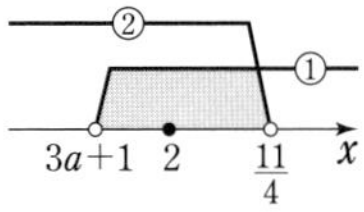

(3) ①, ② を同時に満たす整数が存在するから，① と ② に共通範囲があって　$3a+1<x<\dfrac{11}{4}$

これを満たす整数 x が 3 つだけとなるとき，$\dfrac{11}{4}=2.75$ であるから，その整数 x は　$x=0,\ 1,\ 2$

よって　$-1 \leqq 3a+1<0$　ゆえに　$-2 \leqq 3a<-1$

よって　$\boldsymbol{-\dfrac{2}{3} \leqq a<-\dfrac{1}{3}}$

(3)
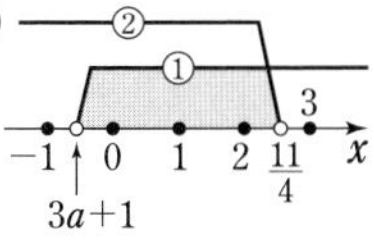

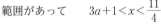

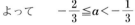

EX ④33

a, b は定数とする。不等式 $ax>3x-b$ を解け。

$ax>3x-b$ から　$(a-3)x>-b$ …… ①

[1] $a-3>0$ すなわち $a>3$ のとき，① から　$x>-\dfrac{b}{a-3}$

←不等号の向きは不変。

[2] $a-3=0$ すなわち $a=3$ のとき，① は

$0 \cdot x>-b$

←① の右辺 $-b$ の符号で更に場合分け。

(i) $b>0$ のとき，$-b<0$ であるから，解はすべての数。

←$0 \cdot x>$(負の数) はどんな x に対しても成り立つ。

(ii) $b \leqq 0$ のとき，$-b \geqq 0$ であるから，解はない。

←$0 \cdot x>$(0 以上の数) はどんな x に対しても不成立。

[3] $a-3<0$ すなわち $a<3$ のとき，① から

$$x<-\frac{b}{a-3}$$

←負の数 $a-3$ で両辺を割ると，不等号の向きが変わる。

よって
$$\begin{cases} a>3 \text{ のとき } & x>-\dfrac{b}{a-3} \\ a=3 \text{ かつ } b>0 \text{ のとき } & \text{解はすべての数} \\ a=3 \text{ かつ } b\leqq 0 \text{ のとき } & \text{解はない} \\ a<3 \text{ のとき } & x<-\dfrac{b}{a-3} \end{cases}$$

EX ③34

(1) 家から駅までの距離は 1.5 km である。最初毎分 60 m で歩き，途中から毎分 180 m で走る。家を出発してから 12 分以内で駅に着くためには，最初に歩く距離を何 m 以内にすればよいか。

(2) 5 %の食塩水と 8 %の食塩水がある。5 %の食塩水 800 g と 8 %の食塩水を何 g か混ぜ合わせて 6 %以上 6.5 %以下の食塩水を作りたい。8 %の食塩水を何 g 以上何 g 以下混ぜればよいか。

(1) 最初に歩いた距離を x m とすると，走った距離は $(1500-x)$ m である。

毎分 60 m で x m 歩くとき，要する時間は $\dfrac{x}{60}$ (分)

毎分 180 m で走るとき，要する時間は $\dfrac{1500-x}{180}$ (分)

←時間 $=\dfrac{\text{距離}}{\text{速さ}}$

単位が混在しているときは，そろえることに注意。

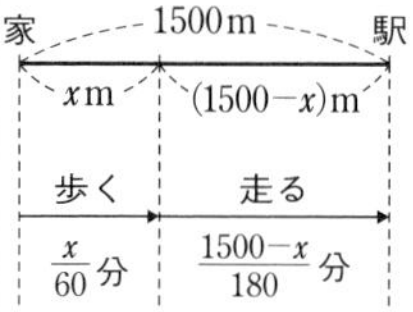

したがって，家を出発して 12 分以内で駅に着くためには

$$\frac{x}{60}+\frac{1500-x}{180}\leqq 12$$

両辺に 180 を掛けて　$3x+1500-x\leqq 2160$

ゆえに　$2x\leqq 660$　　よって　$x\leqq 330$

すなわち，最初に歩く距離を **330 m 以内** にすればよい。

(2) 8 %の食塩水を x g 混ぜるとする。

5 %の食塩水 800 g に含まれる食塩の量は　$800\times 0.05=40$ (g)

8 %の食塩水 x g に含まれる食塩の量は　$0.08x$ (g)

5 %の食塩水 800 g に 8 %の食塩水を x g 混ぜると，食塩水の量は $(800+x)$ g となるから，その濃度が 6 %以上 6.5 %以下になるための条件は

$$6\leqq\frac{40+0.08x}{800+x}\times 100\leqq 6.5$$

←見かけ上は，分母に文字 x を含む分数不等式であるが，正の数 $800+x$ を掛けて分母を払うことにより，1 次不等式にもち込むことができる。

各辺に正の数 $800+x$ を掛けて

$$6(800+x)\leqq 4000+8x\leqq 6.5(800+x)$$

ゆえに　$4800+6x\leqq 4000+8x\leqq 5200+6.5x$

$4800+6x\leqq 4000+8x$ から　$x\geqq 400$

$4000+8x\leqq 5200+6.5x$ から　$1.5x\leqq 1200$

すなわち　$x\leqq 800$

$x\geqq 400$ と $x\leqq 800$ の共通範囲は　$400\leqq x\leqq 800$

よって，8 %の食塩水を **400 g 以上 800 g 以下** 混ぜればよい。

EX ③35 次の方程式・不等式を解け。 [(3) 愛知学泉大]

(1) $|x-3|+|2x-3|=9$ (2) $||x-2|-4|=3x$

(3) $|2x-3|\leqq|3x+2|$ (4) $2|x+2|+|x-4|<15$

(1) [1] $x<\dfrac{3}{2}$ のとき，方程式は $-(x-3)-(2x-3)=9$

←$x-3<0$，$2x-3<0$

これを解いて $x=-1$ $x=-1$ は $x<\dfrac{3}{2}$ を満たす。

←場合分けの条件を確認。

[2] $\dfrac{3}{2}\leqq x<3$ のとき，方程式は $-(x-3)+(2x-3)=9$

←$x-3<0$，$2x-3\geqq0$

これを解いて $x=9$ $x=9$ は $\dfrac{3}{2}\leqq x<3$ を満たさない。

[3] $3\leqq x$ のとき，方程式は $(x-3)+(2x-3)=9$

←$x-3\geqq0$，$2x-3>0$

これを解いて $x=5$ $x=5$ は $3\leqq x$ を満たす。

以上から，求める解は $\boldsymbol{x=-1,\ 5}$

(2) [1] $x<2$ のとき，方程式は $|-(x-2)-4|=3x$

よって $|-x-2|=3x$

ゆえに $|x+2|=3x$ …… ①

←$|-A|=|A|$

(i) $x<-2$ のとき，① は $-(x+2)=3x$

←$x<2$ かつ $x+2<0$

よって $x=-\dfrac{1}{2}$

$x=-\dfrac{1}{2}$ は $x<-2$ を満たさない。

(ii) $-2\leqq x<2$ のとき，① は $x+2=3x$

←$x<2$ かつ $x+2\geqq0$

ゆえに $x=1$ $x=1$ は $-2\leqq x<2$ を満たす。

[2] $x\geqq2$ のとき，方程式は $|x-2-4|=3x$

よって $|x-6|=3x$ …… ②

(i) $2\leqq x<6$ のとき，② は $-(x-6)=3x$

←$x\geqq2$ かつ $x-6<0$

ゆえに $x=\dfrac{3}{2}$ $x=\dfrac{3}{2}$ は $2\leqq x<6$ を満たさない。

(ii) $x\geqq6$ のとき，② は $x-6=3x$

←$x\geqq2$ かつ $x-6\geqq0$

よって $x=-3$ $x=-3$ は $x\geqq6$ を満たさない。

以上から，求める解は $\boldsymbol{x=1}$

(3) [1] $x<-\dfrac{2}{3}$ のとき，不等式は $-(2x-3)\leqq-(3x+2)$

ゆえに $-2x+3\leqq-3x-2$ よって $x\leqq-5$

$x<-\dfrac{2}{3}$ との共通範囲は $x\leqq-5$ …… ①

[1]

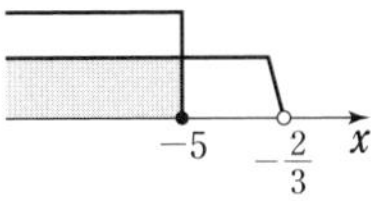

[2] $-\dfrac{2}{3}\leqq x<\dfrac{3}{2}$ のとき，不等式は $-(2x-3)\leqq3x+2$

ゆえに $-2x+3\leqq3x+2$ よって $x\geqq\dfrac{1}{5}$

$-\dfrac{2}{3}\leqq x<\dfrac{3}{2}$ との共通範囲は $\dfrac{1}{5}\leqq x<\dfrac{3}{2}$ …… ②

[2]

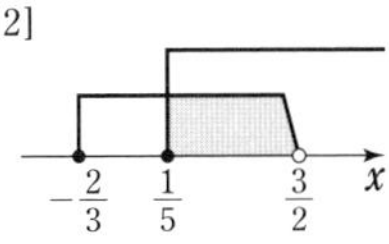

[3]　$\frac{3}{2} \leqq x$ のとき，不等式は　　$2x-3 \leqq 3x+2$

ゆえに　　$-x \leqq 5$　　　よって　　$x \geqq -5$

$\frac{3}{2} \leqq x$ との共通範囲は　　$\frac{3}{2} \leqq x$ …… ③

[3]

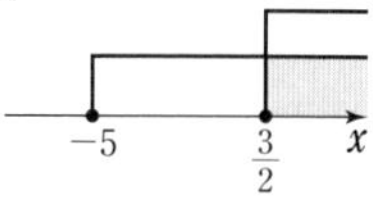

求める解は，① と ② と ③ を合わせた範囲であるから

$\boldsymbol{x \leqq -5,\ \frac{1}{5} \leqq x}$

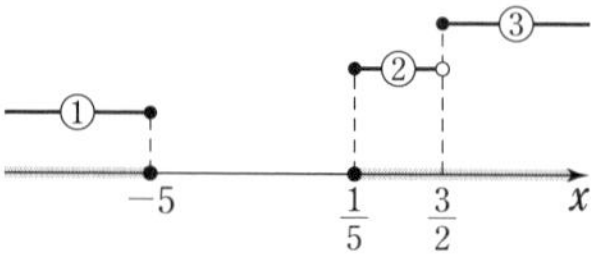

(4)　[1]　$x<-2$ のとき，不等式は　　$-2(x+2)-(x-4)<15$

ゆえに　　$-2x-4-x+4<15$

よって　　$x>-5$

$x<-2$ との共通範囲は　　$-5<x<-2$ …… ①

[1]

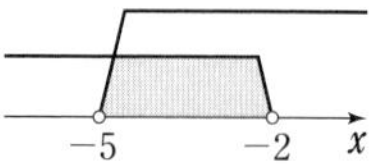

[2]　$-2 \leqq x<4$ のとき，不等式は　　$2(x+2)-(x-4)<15$

ゆえに　　$2x+4-x+4<15$

よって　　$x<7$

$-2 \leqq x<4$ との共通範囲は　　$-2 \leqq x<4$ …… ②

[2]

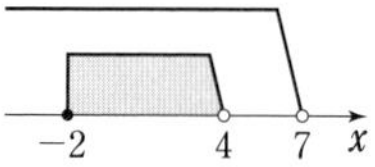

[3]　$4 \leqq x$ のとき，不等式は　　$2(x+2)+(x-4)<15$

ゆえに　　$2x+4+x-4<15$　　　よって　　$x<5$

$4 \leqq x$ との共通範囲は　　$4 \leqq x<5$ …… ③

[3]

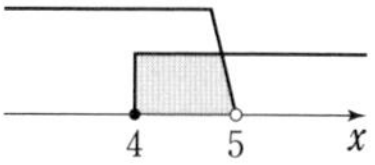

求める解は，① と ② と ③ を合わせた範囲であるから

$\boldsymbol{-5<x<5}$

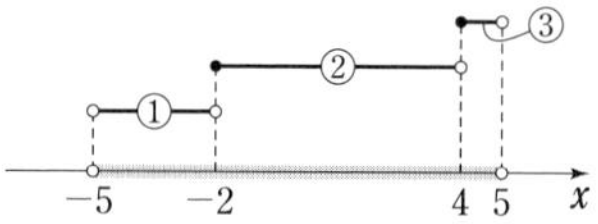

練習 ①44

(1) 1桁の自然数のうち，4 の倍数であるもの全体の集合を A とする。次の $\square$ の中に，$\in$ または $\notin$ のいずれか適するものを書き入れよ。

(ア) $6 \square A$ (イ) $8 \square A$ (ウ) $12 \square A$

(2) 次の集合を，要素を書き並べて表せ。

(ア) $A=\{x \mid -3<x<2,\ x$ は整数$\}$ (イ) $B=\{x \mid x$ は 32 の正の約数$\}$

(3) 3 つの集合 $A=\{1,\ 2,\ 3\}$，$B=\{x \mid x$ は 4 未満の自然数$\}$，$C=\{x \mid x$ は 6 の正の約数$\}$ について，次の $\square$ の中に，$\subset$，$\supset$，$=$ のうち，最も適するものを書き入れよ。

(ア) $A \square B$ (イ) $B \square C$ (ウ) $A \square C$

(1) (ア) 6 は 4 の倍数ではないから　$6 \notin A$

← $6=4\cdot1+2$

(イ) 8 は 1 桁の自然数であり，かつ，4 の倍数であるから
$8 \in A$

(ウ) 12 は 1 桁の自然数ではないから
$12 \notin A$

← 12 は 4 の倍数ではあるが，全体集合に含まれていない。

参考　$A=\{4,\ 8\}$ と要素を書き並べて表して，6，8，12 が A に属するかどうかを判断してもよい。

(2) (ア) $\boldsymbol{A=\{-2,\ -1,\ 0,\ 1\}}$

← $\{\ \}$ を用いて表す。$-3 \notin A$，$2 \notin A$

(イ) $\boldsymbol{B=\{1,\ 2,\ 4,\ 8,\ 16,\ 32\}}$

(3) $B=\{1,\ 2,\ 3\}$，$C=\{1,\ 2,\ 3,\ 6\}$ である。

← 要素を書き並べる。

(ア) A の要素と B の要素は完全に一致しているから　$A=B$

← $A=B=\{1,\ 2,\ 3\}$

(イ) B の要素はすべて C に属し，C の要素 6 は B に属さない。
よって　$B \subset C$

← $B=\{1,\ 2,\ 3\}$，$C=\{1,\ 2,\ 3,\ 6\}$

(ウ) A の要素はすべて C に属し，C の要素 6 は A に属さない。
よって　$A \subset C$

← $A=\{1,\ 2,\ 3\}$，$C=\{1,\ 2,\ 3,\ 6\}$

別解　(ア) より $A=B$，(イ) より $B \subset C$　であるから　$A \subset C$

練習 ①45

全体集合 $U=\{1,\ 2,\ 3,\ 4,\ 5,\ 6,\ 7,\ 8,\ 9,\ 10\}$ の部分集合 A，B について
$\overline{A} \cap \overline{B}=\{1,\ 2,\ 5,\ 8\}$，$A \cap B=\{3\}$，$\overline{A} \cap B=\{4,\ 7,\ 10\}$
がわかっている。このとき，A，B，$A \cap \overline{B}$ を求めよ。〔昭和薬大〕

与えられた集合の要素を図に書き込むと，右のようになるから
$\boldsymbol{A=\{3,\ 6,\ 9\}}$
$\boldsymbol{B=\{3,\ 4,\ 7,\ 10\}}$
$\boldsymbol{A \cap \overline{B}=\{6,\ 9\}}$

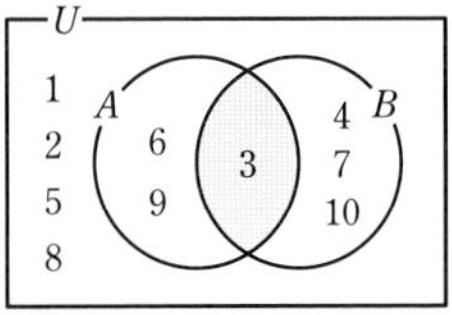

← ❶ 集合の問題　図（ベン図）を作る

練習 ②46

実数全体を全体集合とし，その部分集合 A，B，C について，次の問いに答えよ。

(1) $A=\{x \mid -3 \leqq x \leqq 2\}$，$B=\{x \mid 2x-8>0\}$，$C=\{x \mid -2<x<5\}$ とするとき，次の集合を求めよ。

(ア) $\overline{B}$ (イ) $A \cap \overline{B}$ (ウ) $\overline{B} \cup C$

(2) $A=\{x \mid -2 \leqq x \leqq 3\}$，$B=\{x \mid k-6 \leqq x \leqq k\}$ (k は定数) とするとき，$A \subset B$ となる k の値の範囲を求めよ。

(1) (ア) $2x-8>0$ を解くと
$x>4$
よって　$B=\{x \mid x>4\}$
ゆえに　$\overline{B}=\boldsymbol{\{x \mid x \leqq 4\}}$

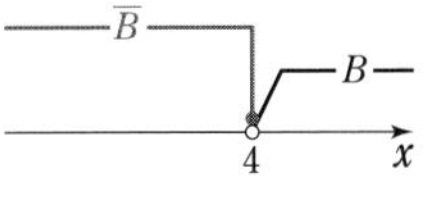

(イ) 右の図から

$A\cap\overline{B}=\{x\mid -3\leqq x\leqq 2\}$

(ウ) 右の図から

$\overline{B}\cup C=\{x\mid x<5\}$

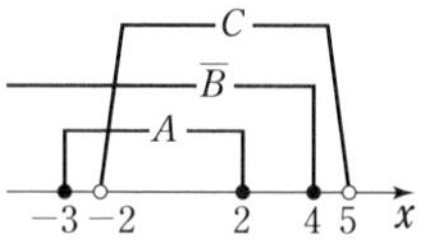

←(イ) $A\subset\overline{B}$ であるから，$A\cap\overline{B}=A$ となる。

(2) $A\subset B$ が成り立つとき，A，B を数直線上に表すと，右の図のようになる。

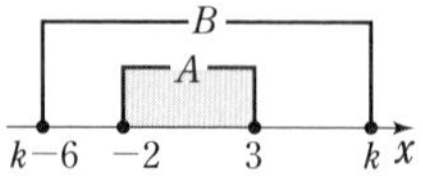

ゆえに，$A\subset B$ となるための条件は

$k-6\leqq -2$ … ①，$3\leqq k$ … ②

が同時に成り立つことである。

←左の図のように数直線をかいて考えるとよい。

① から　$k\leqq 4$　これと ② の共通範囲を求めて　$\mathbf{3\leqq k\leqq 4}$

練習 ③47 1から1000までの整数全体の集合を全体集合 U とし，その部分集合 A，B，C を

$A=\{n\mid n$ は奇数，$n\in U\}$，$B=\{n\mid n$ は3の倍数でない，$n\in U\}$，

$C=\{n\mid n$ は18の倍数でない，$n\in U\}$

とする。このとき，$A\cup B\subset C$ であることを示せ。

$\overline{A}=\{n\mid n$ は偶数，$n\in U\}$，$\overline{B}=\{n\mid n$ は3の倍数，$n\in U\}$

偶数かつ3の倍数である数は6の倍数であるから

$\overline{A}\cap\overline{B}=\{n\mid n$ は6の倍数，$n\in U\}$

また，$\overline{C}=\{n\mid n$ は18の倍数，$n\in U\}$ であり，18の倍数は6の倍数であるから　$\overline{C}\subset\overline{A}\cap\overline{B}$

←B，C は要素の条件が「～でない」の形で与えられていて考えにくい。このことも補集合を考えることの着目点となる。

ド・モルガンの法則により，$\overline{A}\cap\overline{B}=\overline{A\cup B}$ であるから

$\overline{C}\subset\overline{A\cup B}$

よって　$C\supset A\cup B$　すなわち　$A\cup B\subset C$

←$\overline{Q}\subset\overline{P}\iff Q\supset P$

検討 ド・モルガンの法則 $\overline{A\cup B}=\overline{A}\cap\overline{B}$，$\overline{A\cap B}=\overline{A}\cup\overline{B}$ が成り立つことは，図を用いて確認できる。

まず，$\overline{A\cup B}=\overline{A}\cap\overline{B}$ について，$\overline{A\cup B}$ は図(a)の斜線部分，$\overline{A}\cap\overline{B}$ は図(b)の二重の斜線部分である。

(a)

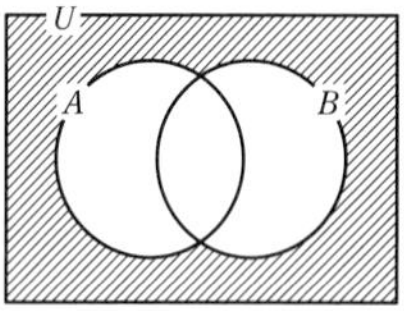

(b)

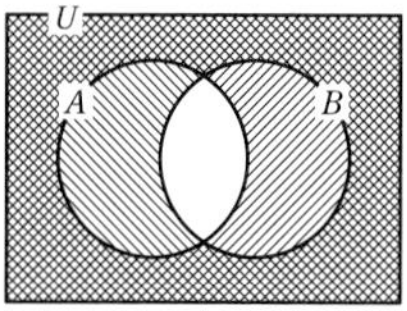

←(a)の斜線部分 ////// が $\overline{A\cup B}$

(b)の ////// 部分が $\overline{A}$，\\\\\\ 部分が $\overline{B}$

重なり合った ▩▩ 部分が $\overline{A}\cap\overline{B}$

図(a)の斜線部分と図(b)の二重の斜線部分が一致するから

$\mathbf{\overline{A\cup B}=\overline{A}\cap\overline{B}}$

また，$\overline{A\cap B}=\overline{A}\cup\overline{B}$ について，$\overline{A\cap B}$ は図(c)の斜線部分，$\overline{A}\cup\overline{B}$ は図(d)の斜線部分である。

(c)

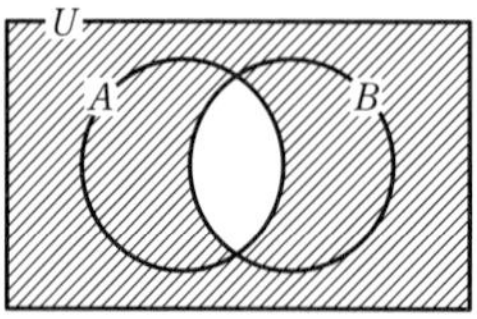

(d)

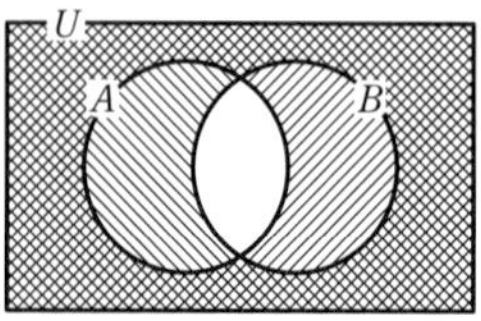

←(c)の斜線部分 ////// が $\overline{A\cap B}$

(d)の ////// 部分が $\overline{A}$，\\\\\\ 部分が $\overline{B}$

合わせて $\overline{A}\cup\overline{B}$

図(c)，図(d)それぞれの斜線部分が一致するから

$\mathbf{\overline{A\cap B}=\overline{A}\cup\overline{B}}$

練習 ③48 $U=\{x|x$ は実数$\}$ を全体集合とする。U の部分集合 $A=\{2, 4, a^2+1\}$, $B=\{4, a+7, a^2-4a+5\}$ について，$A\cap\overline{B}=\{2, 5\}$ となるとき，定数 a の値を求めよ。〔富山県大〕

$A\cap\overline{B}=\{2, 5\}$ であるから　$5\in A$

よって　$a^2+1=5$　ゆえに　$a=\pm2$

[1] $a=2$ のとき　$a+7=9$, $a^2-4a+5=1$

よって　$A=\{2, 4, 5\}$, $B=\{4, 9, 1\}$

このとき，$A\cap\overline{B}=\{2, 5\}$ となり，条件に適する。

[2] $a=-2$ のとき　$a+7=5$, $a^2-4a+5=17$

よって　$A=\{2, 4, 5\}$, $B=\{4, 5, 17\}$

このとき，$A\cap\overline{B}=\{2\}$ となり，条件に適さない。

以上から　$\boldsymbol{a=2}$

←$A\cap\overline{B}=\{x|x\in A$ かつ $x\in\overline{B}\}$

←$2\notin B$, $4\in B$, $5\notin B$ であるから $2\in\overline{B}$, $4\notin\overline{B}$, $5\in\overline{B}$

←$2\notin B$, $4\in B$, $5\in B$ であるから $2\in\overline{B}$, $4\notin\overline{B}$, $5\notin\overline{B}$

練習 ②49 30 以下の自然数全体を全体集合 U とし，U の要素のうち，偶数全体の集合を A，3 の倍数全体の集合を B，5 の倍数全体の集合を C とする。次の集合を求めよ。

(1) $A\cap B\cap C$　(2) $A\cap(B\cup C)$　(3) $(\overline{A}\cup\overline{B})\cap C$

(1) $A=\{2, 4, 6, 8, 10, 12, \cdots\cdots, 30\}$,

$B=\{3, 6, 9, 12, 15, 18, 21, 24, 27, 30\}$,

$C=\{5, 10, 15, 20, 25, 30\}$

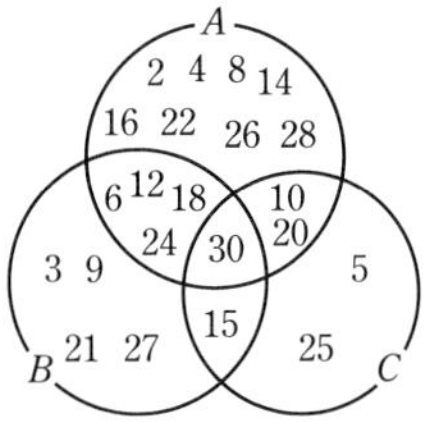

よって　$A\cap B\cap C=\{\mathbf{30}\}$

←A, B, C すべてに属する要素は 30 のみ。

(2) $B\cup C$

$=\{3, 5, 6, 9, 10, 12, 15, 18, 20, 21, 24, 25, 27, 30\}$

よって　$A\cap(B\cup C)=\{\mathbf{6, 10, 12, 18, 20, 24, 30}\}$

←$B\cup C$ の要素のうち，偶数であるものを書き上げる。

(3) $A\cap B=\{6, 12, 18, 24, 30\}$ であるから

$(\overline{A}\cup\overline{B})\cap C=(\overline{A\cap B})\cap C$

$=\{\mathbf{5, 10, 15, 20, 25}\}$

←C の要素のうち，$A\cap B$ の要素でない，すなわち 6 の倍数でないものを書き上げる。

練習 ④50 次のことを証明せよ。ただし，Z は整数全体の集合とする。

(1) $A=\{3n-1|n\in Z\}$, $B=\{6n+5|n\in Z\}$ ならば　$A\supset B$

(2) $A=\{2n-1|n\in Z\}$, $B=\{2n+1|n\in Z\}$ ならば　$A=B$

(1) $x\in B$ とすると，$x=6n+5$ (n は整数) と書くことができる。

このとき　$x=6(n+1)-1=3\cdot2(n+1)-1$

$2(n+1)=m$ とおくと，m は整数で　$x=3m-1$

ゆえに　$x\in A$

よって，$x\in B$ ならば $x\in A$ が成り立つから　$A\supset B$

←$x\in A$ を示すために，$6n+5$ を $3\times$(整数)-1 の形にする。

(2) $x\in A$ とすると，$x=2n-1$ (n は整数) と書くことができる。

このとき　$x=2(n-1)+1$

$n-1=k$ とおくと，k は整数で　$x=2k+1$

←$x\in B$ を示すために，$2n-1$ を $2\times$(整数)$+1$ の形にする。

ゆえに　$x \in B$

よって，$x \in A$ ならば $x \in B$ が成り立つから　$A \subset B$ …… ①

次に，$x \in B$ とすると，$x=2n+1$（n は整数）と書くことができる。このとき　$x=2(n+1)-1$

$n+1=l$ とおくと，l は整数で　$x=2l-1$

ゆえに　$x \in A$

よって，$x \in B$ ならば $x \in A$ が成り立つから　$B \subset A$ …… ②

①，② から　$A=B$

←$x \in A$ を示すために，$2n+1$ を $2\times$(整数)-1 の形にする。

←$A \subset B$ かつ $B \subset A$

練習 ①51 次の命題の真偽を調べよ。ただし，m，n は自然数，x，y は実数とする。

(1) n が 8 の倍数ならば，n は 4 の倍数である。

(2) $m+n$ が偶数ならば，m，n はともに偶数である。

(3) xy が有理数ならば，x，y はともに有理数である。

(4) x，y がともに有理数ならば，xy は有理数である。

HINT (3)，(4) 有理数は，分数 $\frac{m}{n}$（m，n は整数，$n \neq 0$）の形に表される数である。
無理数は，有理数でない実数。$\sqrt{2}$ や π など。

(1) **真**

（証明）n が 8 の倍数のとき，$n=8k$（k は自然数）と表される。このとき，$n=4\cdot 2k$ で，$2k$ は自然数であるから，n は 4 の倍数である。

←自然数 n が m の倍数であるとき，$\boldsymbol{n=mk}$（**k は自然数**）と表される。

(2) **偽**

（反例）$m=1$，$n=1$ のとき，$m+n=2$（偶数）であるが，m，n は奇数である。

(3) **偽**

（反例）$x=\sqrt{2}$，$y=\sqrt{2}$ のとき，$xy=2$（有理数）であるが，x，y は無理数である。

(4) **真**

（証明）x，y が有理数のとき，

$$x=\frac{p}{q},\quad y=\frac{r}{s}\quad (p,\ q,\ r,\ s \text{ は整数で，} q \neq 0,\ s \neq 0)$$

と表される。

このとき，$xy=\frac{p}{q}\cdot\frac{r}{s}=\frac{pr}{qs}$ となり，pr，qs は整数で $qs \neq 0$ であるから，xy は有理数である。

検討　(4) は (3) の**逆**（仮定と結論を入れ替えた命題。本冊 $p.102$ 参照）である。

練習 ①52 x は実数とする。集合を利用して，次の命題の真偽を調べよ。

(1) $|x|<2$ ならば $-3<x<3$　　(2) $|x-1|>1$ ならば $2|x-2| \geqq 1$

(1) $|x|<2$ から　$-2<x<2$

$P=\{x \mid -2<x<2\}$，

$Q=\{x \mid -3<x<3\}$

とすると　$P \subset Q$

ゆえに，与えられた命題は　**真**

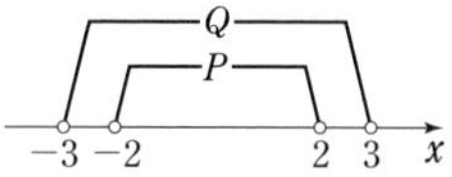

←$|X|<c$ $(c>0)$ $\Leftrightarrow -c<X<c$

(2) $|x-1|>1$ から　$x-1<-1,\ 1<x-1$

したがって　$x<0,\ 2<x$

また，$2|x-2|\geqq 1$ から　$|x-2|\geqq \dfrac{1}{2}$

ゆえに　$x-2\leqq -\dfrac{1}{2},\ \dfrac{1}{2}\leqq x-2$

よって　$x\leqq \dfrac{3}{2},\ \dfrac{5}{2}\leqq x$

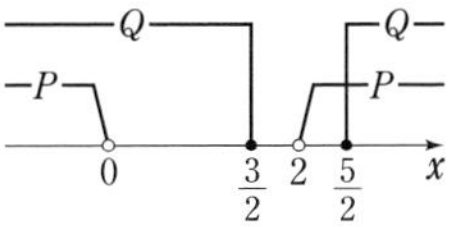

$P=\{x|x<0,\ 2<x\}$，$Q=\left\{x\,\middle|\,x\leqq \dfrac{3}{2},\ \dfrac{5}{2}\leqq x\right\}$

とすると，$P\subset Q$ は成り立たない。

ゆえに，与えられた命題は　**偽**

←$|X|>c\ (c>0)$ $\Leftrightarrow X<-c,\ c<X$

←反例は　$x=\dfrac{9}{4}$

練習 ③53 (1) 次の(ア)～(エ)が，命題「$|x|\geqq 3 \Longrightarrow x\geqq 1$」が偽であることを示すための反例であるかどうか，それぞれ答えよ。

(ア) $x=-4$　(イ) $x=-2$　(ウ) $x=2$　(エ) $x=4$

(2) a を整数とする。命題「$a<x<a+8 \Longrightarrow x\leqq 2+3a$」が偽で，$x=4$ がこの命題の反例であるような a のうち，最大のものを求めよ。

(1) (ア) $x=-4$ は，$|-4|=4$ より $|x|\geqq 3$ を満たすが，$x\geqq 1$ を満たさないから，**反例である。**

(イ) $x=-2$ は，$|-2|=2$ より $|x|\geqq 3$ を満たさないから，**反例ではない。**

(ウ) $x=2$ は，$|2|=2$ より $|x|\geqq 3$ を満たさないから，**反例ではない。**

(エ) $x=4$ は，$|4|=4$ より $|x|\geqq 3$ を満たすが，$x\geqq 1$ も満たすから，**反例ではない。**

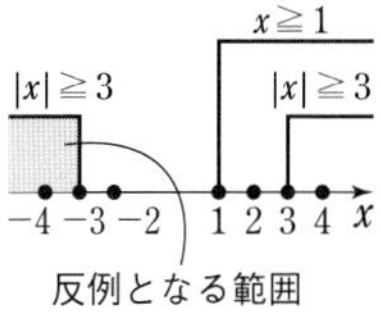

(2) $x=4$ が命題「$a<x<a+8 \Longrightarrow x\leqq 2+3a$」が偽であることを示すための反例であるとき，次の [1]，[2] が成り立つ。

[1]　$x=4$ は $a<x<a+8$ を満たす

[2]　$x=4$ は $x\leqq 2+3a$ を満たさない

[1] から　$a<4<a+8$　すなわち　$-4<a<4$ …… ①

[2] から　$4>2+3a$　すなわち　$a<\dfrac{2}{3}$ …… ②

①，② の共通範囲は　$-4<a<\dfrac{2}{3}$

これを満たす整数 a のうち，最大のものは　$\boldsymbol{a=0}$

←$4<a+8$ から $-4<a$ これと $a<4$ から $-4<a<4$ また，[2] を言い換えると「$x=4$ は $x>2+3a$ を満たす」となる。

練習 ②54 次の□に最も適する語句を(ア)～(エ)から選べ。ただし，a，x，y は実数とする。

(1) $xy>0$ は $x>0$ であるための□。　(2) $a\geqq 0$ は $\sqrt{a^2}=a$ であるための□。

(3) △ABC において，∠A=90° は，△ABC が直角三角形であるための□。

(4) A，B を 2 つの集合とする。a が $A\cup B$ の要素であることは，a が A の要素であるための□。　〔(4) 摂南大〕

(ア) 必要十分条件である　(イ) 必要条件であるが十分条件ではない

(ウ) 十分条件であるが必要条件ではない　(エ) 必要条件でも十分条件でもない

(1) 「$xy>0 \Longrightarrow x>0$」は偽。　（反例）　$x=-1$, $y=-2$
「$x>0 \Longrightarrow xy>0$」は偽。　（反例）　$x=1$, $y=-2$
よって　(エ)

(2) $\sqrt{a^2}=|a|$ であり，$a \geqq 0 \Longleftrightarrow |a|=a$ が成り立つから，
「$a \geqq 0 \Longleftrightarrow \sqrt{a^2}=a$」は真。
よって　(ア)

(3) 「△ABC において，∠A＝90° ⟹ △ABC が直角三角形」は真。
「△ABC が直角三角形 ⟹ ∠A＝90°」は偽。
（反例）　∠A＝30°，∠B＝90°，∠C＝60°
よって　(ウ)

(4) 「$a \in A \cup B \Longrightarrow a \in A$」は偽。
（反例）　$A=\{1,\ 2\}$, $B=\{2,\ 3\}$,
$a=3$
また，$A \subset A \cup B$ であるから，
「$a \in A \Longrightarrow a \in A \cup B$」は真。
よって　(イ)

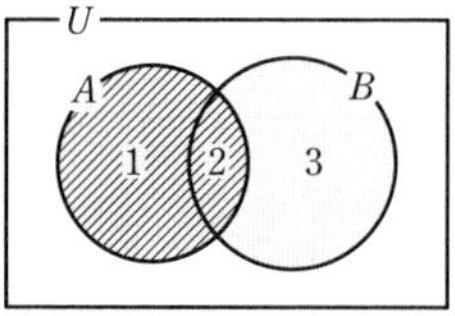

(1) $xy>0 \underset{\times}{\overset{\times}{\rightleftarrows}} x>0$

(2) $a \geqq 0 \underset{\bigcirc}{\overset{\bigcirc}{\rightleftarrows}} \sqrt{a^2}=a$

(3) $\angle A=90^\circ \underset{\times}{\overset{\bigcirc}{\rightleftarrows}}$ △ABC が直角三角形

(4) $a \in A \cup B \underset{\bigcirc}{\overset{\times}{\rightleftarrows}} a \in A$

(2) 参考
$a<0 \Longleftrightarrow \sqrt{a^2}=-a$ が成り立つ。

練習 ①55

x，y は実数とする。次の条件の否定を述べよ。
(1) $x \leqq 3$　(2) $x \leqq 3$ かつ $y>2$
(3) x，y の少なくとも一方は 3 である。　(4) $-2<x \leqq 4$

(1) 「$x \leqq 3$」の否定は　$\boldsymbol{x>3}$

(2) 「$x \leqq 3$ かつ $y>2$」の否定は　**$\boldsymbol{x>3}$ または $\boldsymbol{y \leqq 2}$**

(3) 「x，y の少なくとも一方は 3 である」は「$x=3$ または $y=3$」ということであるから，その否定は
$\boldsymbol{x \neq 3}$ かつ $\boldsymbol{y \neq 3}$

(4) 「$-2<x \leqq 4$」は「$-2<x$ かつ $x \leqq 4$」ということであるから，その否定は　**$\boldsymbol{x \leqq -2}$ または $\boldsymbol{4<x}$**

(3) 「**x も y も 3 ではない**」と答えてもよい。

練習 ③56

次の命題の否定を述べよ。また，もとの命題とその否定の真偽を調べよ。
(1) 少なくとも 1 つの自然数 n について　$n^2-5n-6=0$
(2) すべての実数 x，y について　$9x^2-12xy+4y^2>0$
(3) ある自然数 m，n について　$2m+3n=6$

(1) **否定：「すべての自然数 $\boldsymbol{n}$ について　$\boldsymbol{n^2-5n-6 \neq 0}$」**
真偽：自然数 $n=6$ に対して　$n^2-5n-6=0$
したがって　**偽**。
もとの命題 の真偽：**真**。（$n=6$ のとき　$n^2-5n-6=0$）

(2) **否定：「ある実数 $\boldsymbol{x}$，$\boldsymbol{y}$ について　$\boldsymbol{9x^2-12xy+4y^2 \leqq 0}$」**
真偽：$9x^2-12xy+4y^2=0$ とすると　$(3x-2y)^2=0$
ゆえに　$3x=2y$
よって，$x=2$，$y=3$ のとき $9x^2-12xy+4y^2=0$ が成り立つ。
したがって　**真**。
もとの命題 の真偽：**偽**。（反例：$x=2$，$y=3$）

← $n^2-5n-6=0$ を解くと，$(n+1)(n-6)=0$ から　$n=-1$, 6
「$\boldsymbol{p}$ が真のとき $\boldsymbol{\overline{p}}$ は偽，$\boldsymbol{p}$ が偽のとき $\boldsymbol{\overline{p}}$ は真」である。

(3) **否定：「すべての自然数 m，n について　$2m+3n \neq 6$」**

真偽：$m=1$，$n=1$ のとき　$2m+3n=5\ (\neq 6)$

$m \geqq 2$ のとき，$2m+3n \geqq 2\cdot 2+3\cdot 1=7$ から　$2m+3n \neq 6$

$n \geqq 2$ のとき，$2m+3n \geqq 2\cdot 1+3\cdot 2=8$ から　$2m+3n \neq 6$

したがって　**真**。

もとの命題 の真偽は，否定の真偽を調べたときと同様にして　**偽**。

←n はすべての自然数。

←m はすべての自然数。

練習 ④57　次の命題の否定を述べよ。

(1) x が実数のとき，$x^3=8$ ならば $x=2$ である。

(2) x，y が実数のとき，$x^2+y^2<1$ ならば $|x|<1$ かつ $|y|<1$ である。

(1) x が実数のとき，「$x^3=8$ ならば $x=2$ である」

の否定は　　**$x^3=8$ であって $x \neq 2$ である実数 x がある。**

(2) x，y が実数のとき，

「$x^2+y^2<1$ ならば $|x|<1$ かつ $|y|<1$ である」

の否定は　　**$x^2+y^2<1$ であって $|x| \geqq 1$ または $|y| \geqq 1$ である実数 x，y がある。**

←命題 $p \Longrightarrow q$ の否定は「p であって q でないものがある」

練習 ②58　x，y は実数とする。次の命題の逆・対偶・裏を述べ，その真偽をいえ。

(1) $x+y=5 \Longrightarrow x=2$ かつ $y=3$

(2) xy が無理数ならば，x，y の少なくとも一方は無理数である。

(1) **逆：「$x=2$ かつ $y=3 \Longrightarrow x+y=5$」**

これは明らかに成り立つから　**真**。

対偶：「$x \neq 2$ または $y \neq 3 \Longrightarrow x+y \neq 5$」

これは **偽**。(反例)　$x=1$，$y=4$

裏：「$x+y \neq 5 \Longrightarrow x \neq 2$ または $y \neq 3$」

裏の対偶，すなわち逆が真であるから　**真**。

←$\overline{p\ かつ\ q}$ は，$\overline{p}$ または $\overline{q}$ と同じ。

(2) **逆：「x，y の少なくとも一方が無理数ならば，xy は無理数である」**

これは **偽**。(反例)　$x=\sqrt{2}$，$y=0$

対偶：「x，y がともに有理数ならば，xy は有理数である」

これは **真**。

(証明)　$x=\dfrac{p}{q}$，$y=\dfrac{r}{s}$ (p，q，r，s は整数；$qs \neq 0$) とおくと

$$xy=\frac{pr}{qs}$$

ここで，pr，qs はいずれも整数で，$qs \neq 0$ である。

よって，xy は有理数である。

裏：「xy が有理数ならば，x，y はともに有理数である」

これは **偽**。(反例)　$x=\sqrt{2}$，$y=\sqrt{2}$

←$\overline{p\ または\ q}$ は，$\overline{p}$ かつ $\overline{q}$ と同じ。

練習 ②59 対偶を考えることにより，次の命題を証明せよ。
整数 m，n について，m^2+n^2 が奇数ならば，積 mn は偶数である。

与えられた命題の対偶は
「積 mn が奇数ならば，m^2+n^2 は偶数である」である。
mn が奇数ならば，m，n はともに奇数であり

$$m=2k+1,\ n=2l+1 \quad (k,\ l \text{ は整数})$$

と表される。このとき

$$\begin{aligned} m^2+n^2 &= (2k+1)^2+(2l+1)^2 \\ &= (4k^2+4k+1)+(4l^2+4l+1) \\ &= 2(2k^2+2l^2+2k+2l+1) \end{aligned}$$

$2k^2+2l^2+2k+2l+1$ は整数であるから，m^2+n^2 は偶数である。
よって，対偶は真である。
したがって，もとの命題も真である。

←奇数は 2 で割ったときの余りが 1 である。

←2×(整数) の形。

練習 ③60 対偶を考えることにより，次の命題を証明せよ。ただし，a，b，c は整数とする。
(1) $a^2+b^2+c^2$ が偶数ならば，a，b，c のうち少なくとも 1 つは偶数である。
(2) $a^2+b^2+c^2-ab-bc-ca$ が奇数ならば，a，b，c のうち奇数の個数は 1 個または 2 個である。
〔類 東北学院大〕

(1) 与えられた命題の対偶は
「a，b，c がすべて奇数ならば，$a^2+b^2+c^2$ は奇数である」
である。
a，b，c がすべて奇数ならば，整数 l，m，n を用いて

$$a=2l+1,\ b=2m+1,\ c=2n+1$$

と表される。このとき

$$\begin{aligned} a^2+b^2+c^2 &= (2l+1)^2+(2m+1)^2+(2n+1)^2 \\ &= 2(2l^2+2m^2+2n^2+2l+2m+2n+1)+1 \end{aligned}$$

$2l^2+2m^2+2n^2+2l+2m+2n+1$ は整数であるから，
$a^2+b^2+c^2$ は奇数である。
よって，対偶は真であるから，もとの命題も真である。

←2×(整数)+1 の形にして，奇数であることを示す。

(2) 与えられた命題の対偶は
「a，b，c がすべて偶数またはすべて奇数ならば，
$a^2+b^2+c^2-ab-bc-ca$ は偶数である」
である。

[1] a，b，c がすべて偶数のとき
整数 p，q，r を用いて

$$a=2p,\ b=2q,\ c=2r$$

と表される。
このとき $a^2+b^2+c^2-ab-bc-ca$

$$\begin{aligned} &= 4p^2+4q^2+4r^2-4pq-4qr-4rp \\ &= 2(2p^2+2q^2+2r^2-2pq-2qr-2rp) \quad \cdots\cdots \text{①} \end{aligned}$$

$2p^2+2q^2+2r^2-2pq-2qr-2rp$ は整数であるから，① は偶数である。

←「a，b，c のうち奇数は 1 個または 2 個」の否定は，「a，b，c のうち奇数が 0 個または 3 個」である。よって，
奇数が 0 個（[1]），
奇数が 3 個（[2]）
の場合に分けて証明する。

[2]　a, b, c がすべて奇数のとき
整数 l, m, n を用いて

$$a=2l+1,\ b=2m+1,\ c=2n+1$$

と表される。
また，(1) で示したことから，整数 s を用いて
$a^2+b^2+c^2=2s+1$ と表される。
このとき　$a^2+b^2+c^2-ab-bc-ca$

$$\begin{aligned}&=2s+1-(2l+1)(2m+1)-(2m+1)(2n+1)\\&\qquad -(2n+1)(2l+1)\\&=2(s-2lm-l-m-2mn-m-n-2nl-n-l-1)\\&=2(s-2lm-2mn-2nl-2l-2m-2n-1)\ \cdots\cdots\ ②\end{aligned}$$

$s-2lm-2mn-2nl-2l-2m-2n-1$ は整数であるから，② は偶数である。
よって，[1], [2] のいずれの場合も，$a^2+b^2+c^2-ab-bc-ca$ は偶数である。
したがって，対偶は真であるから，もとの命題も真である。

参考　[1], [2] において，
$a^2+b^2+c^2-ab-bc-ca$
$=\dfrac{1}{2}\{(a-b)^2+(b-c)^2+(c-a)^2\}$
を利用して，
$a^2+b^2+c^2-ab-bc-ca$ が偶数であることを示してもよい。

2章
練習
【集合と命題】

練習 ②61　$\sqrt{3}$ が無理数であることを用いて，$\dfrac{1}{\sqrt{2}}+\dfrac{1}{\sqrt{6}}$ が無理数であることを証明せよ。

$\dfrac{1}{\sqrt{2}}+\dfrac{1}{\sqrt{6}}$ が無理数でないと仮定すると，r を有理数として
$\dfrac{1}{\sqrt{2}}+\dfrac{1}{\sqrt{6}}=r$ とおける。

両辺を 2 乗すると　　$\dfrac{1}{2}+\dfrac{1}{\sqrt{3}}+\dfrac{1}{6}=r^2$

よって　　$\sqrt{3}=3r^2-2$ …… ①

ここで，r は有理数であるから，$3r^2-2$ も有理数である。
ゆえに，① は $\sqrt{3}$ が無理数であることに矛盾する。
したがって，$\dfrac{1}{\sqrt{2}}+\dfrac{1}{\sqrt{6}}$ は無理数である。

← $\dfrac{1}{\sqrt{2}}+\dfrac{1}{\sqrt{6}}$ は実数であり，無理数でないと仮定しているから，有理数である。
← $\dfrac{\sqrt{3}}{3}=r^2-\dfrac{2}{3}$
← $\sqrt{3}=$ (r の式) [有理数] の形に変形。

練習 ③62　命題「整数 n が 5 の倍数でなければ，n^2 は 5 の倍数ではない。」が真であることを証明せよ。また，この命題を用いて $\sqrt{5}$ は有理数でないことを背理法により証明せよ。

整数 n が 5 の倍数でないとき，k を整数として，
$n=5k+l$ ($l=1,\ 2,\ 3,\ 4$) とおける。このとき

$$\begin{aligned}n^2&=(5k+l)^2=25k^2+10kl+l^2\\&=5(5k^2+2kl)+l^2\end{aligned}$$

ここで，$5k^2+2kl$ は整数である。
また，l^2 は 1, 4, 9, 16 のいずれかであるが，どれも 5 の倍数でない。
ゆえに，n^2 は 5 の倍数ではない。

← (5 の倍数)+(5 の倍数でない数) の形の数は，5 の倍数ではない。

次に，$\sqrt{5}$ が有理数であると仮定すると

$$\sqrt{5}=\frac{p}{q}\quad (p,\ q \text{ は互いに素である自然数})$$

と表される。

このとき　　　　$p=\sqrt{5}\,q$

両辺を 2 乗すると　　$p^2=5q^2$ …… ①

ゆえに，p^2 は 5 の倍数である。

ここで，前半の命題は真であり，真である命題の対偶は真であるから，p は 5 の倍数である。

よって，$p=5r$ (r は自然数) とおいて，① に代入すると

$$(5r)^2=5q^2 \quad \text{すなわち} \quad q^2=5r^2$$

ゆえに，q^2 が 5 の倍数であるから q も 5 の倍数となり，p と q が互いに素であることに矛盾する。

したがって，$\sqrt{5}$ は有理数でない。

←p と q は 1 以外に正の公約数をもたない自然数。

←(前半)の命題の対偶「**n が整数で，n^2 が 5 の倍数ならば，n は 5 の倍数**」が真であることを利用。

←p と q は公約数 5 をもつことになってしまう。

練習 ③63　(1) $x+4\sqrt{2}\,y-6y-12\sqrt{2}+16=0$ を満たす有理数 x，y の値を求めよ。　［(1) 武庫川女子大］

(2) a，b を有理数の定数とする。$-1+\sqrt{2}$ が方程式 $x^2+ax+b=0$ の解の 1 つであるとき，a，b の値を求めよ。

(1) 与式を変形して　　$x-6y+16+(4y-12)\sqrt{2}=0$

ここで，x，y は有理数であるから，$x-6y+16$，$4y-12$ も有理数であり，$\sqrt{2}$ は無理数である。

よって　　　$x-6y+16=0$，$4y-12=0$

これを解いて　　$\boldsymbol{x=2,\ y=3}$

(2) $x=-1+\sqrt{2}$ が解であるから，

$$(-1+\sqrt{2})^2+a(-1+\sqrt{2})+b=0$$

整理すると　　$-a+b+3+(a-2)\sqrt{2}=0$

ここで，a，b は有理数であるから，$-a+b+3$，$a-2$ も有理数であり，$\sqrt{2}$ は無理数である。

よって　　　$-a+b+3=0$，$a-2=0$

これを解いて　　$\boldsymbol{a=2,\ b=-1}$

検討　$a=2$，$b=-1$ のとき，方程式は　　$x^2+2x-1=0$

解は $x=-1\pm\sqrt{2}$ で，$x=-1+\sqrt{2}$ 以外の解は

$$x=-1-\sqrt{2}$$

一般に，**有理数係数の 2 次方程式が $p+q\sqrt{l}$ (p，q は有理数，$\sqrt{l}$ は無理数) を解にもつとき $p-q\sqrt{l}$ も解である** ことが知られている。

←$a+b\sqrt{2}=0$ の形に。

←**この断りは重要！**

←a，b が有理数，$\sqrt{l}$ が無理数ならば

$\boldsymbol{a+b\sqrt{l}=0}$

$\iff \boldsymbol{a=b=0}$

←代入すると等式が成り立つ。

←**この断りは重要！**

←「有理数係数」が重要。なお，3 次以上の方程式でも成り立つことが知られている。

EX ①36

N を自然数全体の集合とする。
(1) 「1 は N の要素である」を，集合の記号を用いて表せ。
(2) 「1 のみを要素にもつ集合は，N の部分集合である」を，集合の記号を用いて表せ。

(1) $\boldsymbol{1 \in N}$
(2) 「1 のみを要素にもつ集合」は $\{1\}$ と表されるから

$$\boldsymbol{\{1\} \subset N}$$

検討 (1) $N \ni 1$ (2) $N \supset \{1\}$ と書いてもよい。
なお，(1) $1 \subset N$ は誤り。 ⟵ 1 は集合ではない。
(2) $\{1\} \in N$ は誤り。 ⟵ $\{1\}$ は要素ではない。

$\boldsymbol{a \in A}$ …… a は集合 A の要素である。
$\boldsymbol{A \subset B}$ …… 集合 A は集合 B の部分集合である。集合 A は集合 B に含まれる。

EX ①37

Z は整数全体の集合とする。次の集合を，要素を書き並べて表せ。
$A=\{x \mid 0<x<6,\ x \in Z\}$，$B=\{2x \mid -1 \leqq x \leqq 3,\ x \in Z\}$
また，$A \cap B$，$A \cup B$，$\overline{A} \cap B$ を，要素を書き並べて表せ。

$\boldsymbol{A=\{1,\ 2,\ 3,\ 4,\ 5\}}$，$\boldsymbol{B=\{-2,\ 0,\ 2,\ 4,\ 6\}}$
したがって $\boldsymbol{A \cap B=\{2,\ 4\}}$，
$\boldsymbol{A \cup B=\{-2,\ 0,\ 1,\ 2,\ 3,\ 4,\ 5,\ 6\}}$，
$\boldsymbol{\overline{A} \cap B=\{-2,\ 0,\ 6\}}$

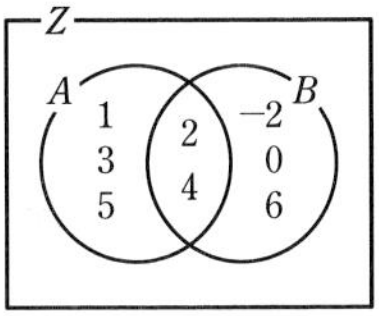

EX ①38

$P=\{a,\ b,\ c,\ d\}$ の部分集合をすべて求めよ。

$\varnothing$ や P 自身も P の部分集合であるから，以下の 16 個である。
$\boldsymbol{\varnothing}$，$\boldsymbol{\{a\}}$，$\boldsymbol{\{b\}}$，$\boldsymbol{\{c\}}$，$\boldsymbol{\{d\}}$，$\boldsymbol{\{a,\ b\}}$，$\boldsymbol{\{a,\ c\}}$，$\boldsymbol{\{a,\ d\}}$，$\boldsymbol{\{b,\ c\}}$，
$\boldsymbol{\{b,\ d\}}$，$\boldsymbol{\{c,\ d\}}$，$\boldsymbol{\{a,\ b,\ c\}}$，$\boldsymbol{\{a,\ b,\ d\}}$，$\boldsymbol{\{a,\ c,\ d\}}$，
$\boldsymbol{\{b,\ c,\ d\}}$，$\boldsymbol{\{a,\ b,\ c,\ d\}}$

←$\{\varnothing\}$ としないこと。

EX ②39

次の集合 A，B には，$A \subset B$，$A=B$，$A \supset B$ のうち，どの関係があるか。
$A=\{x \mid -1<x<2,\ x \text{ は実数}\}$，$B=\{x \mid -1<x \leqq 1 \text{ または } 0<x<2,\ x \text{ は実数}\}$

右の図より，A の x の範囲と B の x の範囲が一致するから

$$\boldsymbol{A=B}$$

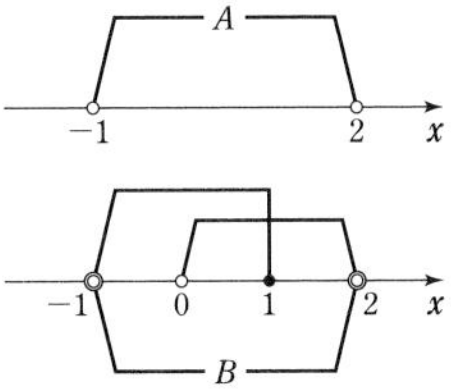

←**数直線**ではっきりする。

検討 $A=B$ は，図から明らかであるが，一般に $A=B$ であることを示すには **$A \subset B$ かつ $B \subset A$** が成り立つことを示す（本冊 $p.89$ 参照）。

EX ②40

U を 1 から 9 までの自然数の集合とする。U の部分集合 A，B，C について，以下が成り立つ。
$A \cup B=\{1,\ 2,\ 4,\ 5,\ 7,\ 8,\ 9\}$，$A \cup C=\{1,\ 2,\ 4,\ 5,\ 6,\ 7,\ 9\}$，
$B \cup C=\{1,\ 4,\ 6,\ 7,\ 8,\ 9\}$，$A \cap B=\{4,\ 9\}$，$A \cap C=\{7\}$，$B \cap C=\{1\}$，$A \cap B \cap C=\varnothing$
(1) 集合 $\overline{B} \cap \overline{C}$ を求めよ。 (2) 集合 $A \cap (\overline{B \cup C})$，$A$ を求めよ。 〔類 東京国際大〕

与えられた条件から，集合 A，B，C の要素を調べて図に書き込むと，右のようになる。よって，図から
(1) $\boldsymbol{\overline{B} \cap \overline{C}=\overline{B \cup C}=\{2,\ 3,\ 5\}}$
(2) $\boldsymbol{A \cap (\overline{B \cup C})=\{2,\ 5\}}$，
$\boldsymbol{A=\{2,\ 4,\ 5,\ 7,\ 9\}}$

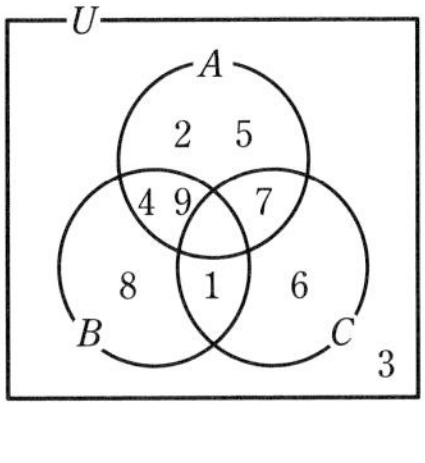

←まず $\overline{A} \cap \overline{B} \cap \overline{C}=\{3\}$ がわかる。他に $A \cup B$ と $B \cup C$ の要素から $2 \in A$，$5 \in A$ であるが $2 \notin B$，$5 \notin B$ など。

EX ④41 Z を整数全体の集合とし，$A=\{3n+2|n\in Z\}$，$B=\{6n+5|n\in Z\}$ とするとき，$A\supset B$ であるが $A\neq B$ であることを証明せよ。

$x\in B$ とすると　$x=6n+5$
このとき　$x=6n+3+2=3(2n+1)+2$
$2n+1=m$ とおくと，m は整数で　$x=3m+2$
ゆえに　$x\in A$
よって，$x\in B$ ならば $x\in A$ が成り立つから　$A\supset B$
次に，$2\in A$ であるが $2\notin B$ であるから　$A\neq B$ ……（＊）
したがって，$A\supset B$ であるが $A\neq B$ である。

←$x\in A$ を示すために，$3\times$(整数)$+2$ の形にする。

（＊）$x\in A$ であるが，$x\notin B$ である x が1つでもあれば　$A\neq B$

EX ③42 次の命題の真偽をいえ。真のときにはその証明をし，偽のときには反例をあげよ。ただし，x，y，z は実数とし，(2)，(3) については，$\sqrt{2}$，$\sqrt{5}$ が無理数であることを用いてもよい。
(1)　$x^3+y^3+z^3=0$，$x+y+z=0$ のとき，x，y，z のうち少なくとも1つは0である。
(2)　x^2+x が有理数ならば，x は有理数である。
(3)　x，y がともに無理数ならば，$x+y$，x^2+y^2 のうち少なくとも一方は無理数である。
[(1) 立教大，(2)，(3) 北海道大]

HINT　(1)　**x，y，z のうち少なくとも1つは0 $\Longleftrightarrow$ $xyz=0$**

(1)　**真**
（証明）　$x+y+z=0$ から　$z=-(x+y)$
$x^3+y^3+z^3=0$ に代入して　$x^3+y^3-(x+y)^3=0$
ゆえに　$(x+y)^3-3xy(x+y)-(x+y)^3=0$
よって　$-3xy(x+y)=0$　すなわち　$xyz=0$
したがって，x，y，z のうち少なくとも1つは0である。

←$x^3+y^3=(x+y)^3-3xy(x+y)$

別解　**[$x^3+y^3+z^3-3xyz$ の因数分解を利用]**
$x^3+y^3+z^3-3xyz=(x+y+z)(x^2+y^2+z^2-xy-yz-zx)$ に
$x^3+y^3+z^3=0$，$x+y+z=0$ を代入すると　$-3xyz=0$
よって，x，y，z のうち少なくとも1つは0である。

←本冊 p.39 参照。

(2)　**偽**
（反例）　$x^2+x=1$ とすると　$x^2+x-1=0$
これを解いて　$\boldsymbol{x=\dfrac{-1\pm\sqrt{5}}{2}}$
$\sqrt{5}$ は無理数であるから，x は無理数である。

←2次方程式 $ax^2+bx+c=0$ の解は $x=\dfrac{-b\pm\sqrt{b^2-4ac}}{2a}$

(3)　**偽**
（反例）　$\boldsymbol{x=\sqrt{2}}$，$\boldsymbol{y=-\sqrt{2}}$ のとき x，y はともに無理数であるが，$x+y=0$，$x^2+y^2=4$ であるから，$x+y$，x^2+y^2 はどちらも無理数でない。

EX ③43 無理数全体の集合を A とする。命題「$x\in A$，$y\in A$ ならば，$x+y\in A$ である」が偽であることを示すための反例となる x，y の組を，次の⓪～⑤のうちから2つ選べ。必要ならば，$\sqrt{2}$，$\sqrt{3}$，$\sqrt{2}+\sqrt{3}$ が無理数であることを用いてもよい。　[類 共通テスト試行調査(第2回)]
⓪　$x=\sqrt{2}$，$y=0$　　①　$x=3-\sqrt{3}$，$y=\sqrt{3}-1$
②　$x=\sqrt{3}+1$，$y=\sqrt{2}-1$　　③　$x=\sqrt{4}$，$y=-\sqrt{4}$
④　$x=\sqrt{8}$，$y=1-2\sqrt{2}$　　⑤　$x=\sqrt{2}-2$，$y=\sqrt{2}+2$

⓪　$x=\sqrt{2}$ は無理数，$y=0$ は有理数である。
よって，仮定を満たさないから，命題の反例ではない。

①　$x=3-\sqrt{3}$ と $y=\sqrt{3}-1$ はともに無理数であるから，仮定を満たしている。
また，$x+y=3-\sqrt{3}+\sqrt{3}-1=2$ は有理数であるから，結論は満たさない。よって，命題の反例である。

②　$x=\sqrt{3}+1$ と $y=\sqrt{2}-1$ はともに無理数であるから，仮定を満たしている。
また，$x+y=\sqrt{3}+1+\sqrt{2}-1=\sqrt{3}+\sqrt{2}$ は無理数であるから，結論も満たしている。よって，命題の反例ではない。

③　$x=\sqrt{4}=2$，$y=-\sqrt{4}=-2$ はともに有理数である。
よって，仮定を満たさないから，命題の反例ではない。

④　$x=\sqrt{8}=2\sqrt{2}$，$y=1-2\sqrt{2}$ はともに無理数であるから，仮定を満たしている。
また，$x+y=2\sqrt{2}+1-2\sqrt{2}=1$ は有理数であるから，結論は満たさない。よって，命題の反例である。

⑤　$x=\sqrt{2}-2$ と $y=\sqrt{2}+2$ はともに無理数であるから，仮定を満たしている。
また，$x+y=\sqrt{2}-2+\sqrt{2}+2=2\sqrt{2}$ は無理数であるから，結論も満たしている。よって，命題の反例ではない。

以上から　①，④

HINT　仮定 $x\in A$，$y\in A$ を満たすが，結論 $x+y\in A$ を満たさないものが反例となる。

← $\sqrt{4}=2$ は有理数であることに注意。

EX ④44

2以上の自然数 a，b について，集合 A，B を次のように定めるとき，次の ア□ ～ ウ□ に当てはまるものを，下の⓪～③のうちから1つ選べ。

$A=\{x|x$ は a の正の約数$\}$，$B=\{x|x$ は b の正の約数$\}$

(1) A の要素の個数が2であることは，a が素数であるための ア□。
(2) $A\cap B=\{1,\ 2\}$ であることは，a と b がともに偶数であるための イ□。
(3) $a\leqq b$ であることは，$A\subset B$ であるための ウ□。　〔センター試験〕

⓪ 必要十分条件である　① 必要条件であるが，十分条件でない
② 十分条件であるが，必要条件でない　③ 必要条件でも十分条件でもない

(1)　A の要素の個数が2である，すなわち a の正の約数が2個であることは，a が素数であることと同値である。
したがって　ア⓪

(2)「$A\cap B=\{1,\ 2\}\Longrightarrow a$，$b$ がともに偶数」は真である。
(証明)　$A\cap B=\{1,\ 2\}$ のとき，A は1，2を要素にもつ。
すなわち，a は1，2を約数にもつから，a は偶数である。
同様に b も偶数であるから，a，b はともに偶数である。
「a，b がともに偶数 $\Longrightarrow A\cap B=\{1,\ 2\}$」は偽である。
(反例)　$a=4$，$b=8$
このとき，$A=\{1,\ 2,\ 4\}$，$B=\{1,\ 2,\ 4,\ 8\}$ となり，
$A\cap B=\{1,\ 2,\ 4\}$ である。
したがって　イ②

← a の正の約数は 1と a

← $A\cap B=\{x|x\in A$ かつ $x\in B\}$
よって　$1\in A$，$2\in A$，$1\in B$，$2\in B$

(3) 「$a \leqq b \Longrightarrow A \subset B$」は偽である。

(反例) $a=3$, $b=5$

このとき，$A=\{1,\ 3\}$, $B=\{1,\ 5\}$ となり，$A \subset B$ ではない。

「$A \subset B \Longrightarrow a \leqq b$」は真である。…… (＊)

(証明) $A \subset B$ のとき，A の要素はすべて B の要素となる。

よって，b は，a の正の約数すべてを約数にもつ。

すなわち，b は a の倍数となるから　　$a \leqq b$

したがって　　ウ①

(＊) 例えば，$A=\{1,\ 2,\ 3,\ 6\}$ $(a=6)$ の場合。$A \subset B$ から，$1 \in B$, $2 \in B$, $3 \in B$, $6 \in B$ である。よって $B=\{1,\ 2,\ 3,\ 4,\ 6,\ 12\}$ $(b=12)$ などとなる。

EX ③45

次の□に当てはまるものを，下記の①～④のうちから 1 つ選べ。ただし，同じ番号を繰り返し選んでもよい。

実数 x に関する条件 p, q, r を

$$p : -1 \leqq x \leqq \frac{7}{3}, \qquad q : |3x-5| \leqq 2, \qquad r : -5 \leqq 2-3x \leqq -1$$

とする。このとき，p は q であるための ア□。q は p であるための イ□。また，r は q であるための ウ□。　〔金沢工大〕

① 必要十分条件である　　② 必要条件でも十分条件でもない
③ 必要条件であるが，十分条件ではない　　④ 十分条件であるが，必要条件ではない

$|3x-5| \leqq 2$ から　　$-2 \leqq 3x-5 \leqq 2$

すなわち　　$1 \leqq x \leqq \dfrac{7}{3}$

よって，$p \Longrightarrow q$ は偽，$q \Longrightarrow p$ は真である。

したがって

p は q であるための必要条件であるが，十分条件ではない。(ア③)

q は p であるための十分条件であるが，必要条件ではない。(イ④)

$-5 \leqq 2-3x \leqq -1$ から　　$1 \leqq x \leqq \dfrac{7}{3}$

ゆえに，$q \Longrightarrow r$, $r \Longrightarrow q$ はいずれも真である。

よって，r は q であるための必要十分条件である。(ウ①)

←条件 p, q を満たす x 全体の集合をそれぞれ P, Q とすると

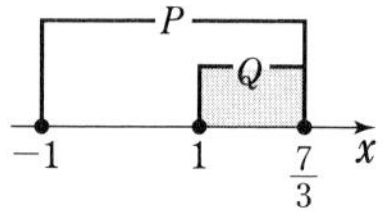

EX ③46

命題 $p \Longrightarrow q$ が真であるとき，以下の命題のうち必ず真であるものに ○ を，必ずしも真ではないものに × をつけよ。なお，記号 $\wedge$ は「かつ」を，記号 $\vee$ は「または」を表す。

(1) $q \Longrightarrow p$　　(2) $\overline{p} \Longrightarrow \overline{q}$　　(3) $\overline{q} \Longrightarrow \overline{p}$

(4) $p \wedge a \Longrightarrow q$　　(5) $p \vee a \Longrightarrow q$　　〔九州産大〕

$p \Longrightarrow q$ …… ① とする。

p, q, a を満たすもの全体の集合をそれぞれ P, Q, A とする。

(1) $q \Longrightarrow p$ は ① の逆であるから，必ずしも真ではない。

よって　　×

(2) $\overline{p} \Longrightarrow \overline{q}$ は (1) の命題の対偶であるから，必ずしも真ではない。

よって　　×

(3) $\overline{q} \Longrightarrow \overline{p}$ は ① の対偶であるから真である。

よって　　○

HINT　p, q を満たすものの全体の集合をそれぞれ P, Q とすると
「$p \Longrightarrow q$ が真」$\Longleftrightarrow$ $P \subset Q$

←「$\overline{p} \Longrightarrow \overline{q}$ は ① の裏であるから，必ずしも真ではない」としてもよい。

(4)　$p \wedge a$ を満たすもの全体の集合は $P \cap A$ である。
$p \Longrightarrow q$ が真であるから　　$P \subset Q$
$P \cap A \subset P$ であるから　　$P \cap A \subset Q$
よって，$p \wedge a \Longrightarrow q$ は真である。
ゆえに　　○

(5)　$p \vee a$ を満たすもの全体の集合は $P \cup A$ である。
$P \cup A \subset Q$ は必ずしも成り立つとはいえない。
反例として，$A \cap \overline{Q}$ の要素 x があるとき，x は $P \cup A$ の要素であるが，Q の要素ではない。
よって，$P \cup A \subset Q$ は成り立たない。
ゆえに，$p \vee a \Longrightarrow q$ は必ずしも真ではない。
したがって　　×

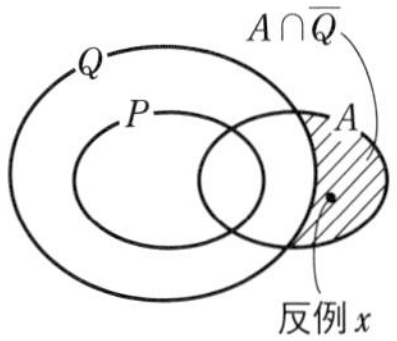

EX ④47　次の命題(A)，(B)を両方満たす，5個の互いに異なる実数は存在しないことを証明せよ。
(A)　5個の数のうち，どの1つを選んでも残りの4個の数の和よりも小さい。
(B)　5個の数のうち任意に2個選ぶ。この2個の数を比較して大きい方の数は，小さい方の数の2倍より大きい。　〔類　専修大〕

命題(A)，(B)を両方満たす，5個の互いに異なる実数が存在すると仮定して，それらを a，b，c，d，e とし，$a<b<c<d<e$ とする。
命題(A)から　　$e<a+b+c+d$
また，命題(B)から　　$2b<c$，$2c<d$，$2d<e$ ……①
よって　　$e<a+b+c+d<b+b+c+d=2b+c+d$
　　　$<c+c+d=2c+d<d+d=2d$
すなわち　　$e<2d$
これは，①に矛盾する。
ゆえに，命題(A)，(B)を両方満たす，5個の互いに異なる実数は存在しない。

←$a<b$ を利用。
←①を利用。

EX ④48　a，b，c を奇数とする。x についての2次方程式 $ax^2+bx+c=0$ に関して
(1)　この2次方程式が有理数の解 $\dfrac{q}{p}$ をもつならば，p と q はともに奇数であることを背理法で証明せよ。ただし，$\dfrac{q}{p}$ は既約分数とする。
(2)　この2次方程式が有理数の解をもたないことを，(1)を利用して証明せよ。　〔鹿児島大〕

HINT　(2)　有理数の解 $\dfrac{q'}{p'}$ をもつと仮定する。その解を2次方程式に代入して整理した式 $P=0$ について，P が0とならないことを示す。

(1)　2次方程式 $ax^2+bx+c=0$ が有理数の解 $\dfrac{q}{p}$（既約分数）をもち，p，q のうち少なくとも一方が偶数であると仮定する。
このとき，$\dfrac{q}{p}$ は既約分数であるから，p，q の一方が偶数で他方が奇数となる。

←p，q がともに偶数なら，$\dfrac{q}{p}$ は既約分数でなくなる。

ここで，$a\left(\frac{q}{p}\right)^2+b\cdot\frac{q}{p}+c=0$ であるから

$$aq^2+bpq+cp^2=0 \quad \cdots\cdots \text{①}$$

a，b，c はすべて奇数であり，p，q の一方だけが偶数で他方が奇数であるから，bpq は偶数である。

また，aq^2 と cp^2 の一方が偶数で他方が奇数となる。

よって，$aq^2+bpq+cp^2$ は奇数となる。

これは ① の右辺が 0 であることに矛盾する。

したがって，2 次方程式 $ax^2+bx+c=0$（a，b，c は奇数）が有理数の解 $\frac{q}{p}$（既約分数）をもつならば，p と q はともに奇数である。

←解を方程式に代入。

←偶数 2 つと奇数 1 つの和は奇数。

(2) 2 次方程式 $ax^2+bx+c=0$ が有理数の解をもつと仮定すると，その解は $\frac{q'}{p'}$（p'，q' は互いに素である整数，$p'\neq 0$）と表される。

(1) から，p'，q' はともに奇数である。

このとき，(1) と同様にして

$$aq'^2+bp'q'+cp'^2=0 \quad \cdots\cdots \text{②}$$

ここで，a，b，c は奇数であるから，aq'^2，$bp'q'$，cp'^2 はすべて奇数となる。

よって，② の左辺は奇数となり，右辺が 0 であることに矛盾。

したがって，この 2 次方程式は有理数の解をもたない。

←奇数 3 つの和は奇数。

EX ④49

n を 1 以上の整数とするとき，次の問いに答えよ。

(1) $\sqrt{n}$ が有理数ならば，$\sqrt{n}$ は整数であることを示せ。

(2) $\sqrt{n}$ と $\sqrt{n+1}$ がともに有理数であるような n は存在しないことを示せ。

(3) $\sqrt{n+1}-\sqrt{n}$ は無理数であることを示せ。〔富山大〕

(1) $\sqrt{n}$ が有理数であるとすると

$$\sqrt{n}=\frac{p}{q} \quad (p,\ q \text{ は互いに素である正の整数}) \quad \cdots\cdots \text{①}$$

と表される。

このとき，$q=1$ であることを示す。

① から，$\sqrt{n}\,q=p$ であり，この両辺を 2 乗すると

$$nq^2=p^2 \quad \cdots\cdots \text{②}$$

p と q は互いに素であるから，p^2 と q^2 も互いに素である。

② から，p^2 と q^2 の最大公約数は q^2 である。

よって，p^2 と q^2 が互いに素であることから

$$q^2=1 \quad \text{すなわち} \quad q=1$$

ゆえに，① から $\sqrt{n}=p$ であり，$\sqrt{n}$ は整数である。

以上から，$\sqrt{n}$ が有理数ならば，$\sqrt{n}$ は整数である。

←$\sqrt{n}>0$ であるから，p と q は「整数」ではなく「正の整数」としている。

←nq^2 と q^2 の最大公約数は q^2 である。

←$\sqrt{n}=p$ から，$\sqrt{n}$ は正の整数である。

(2) $\sqrt{n}$ と $\sqrt{n+1}$ がともに有理数であると仮定する。

このとき，(1)から，$\sqrt{n}$，$\sqrt{n+1}$ はともに正の整数である。

$\sqrt{n}=k$，$\sqrt{n+1}=l$（k，l は正の整数）とおくと

$$n=k^2 \cdots\cdots ③,\quad n+1=l^2 \cdots\cdots ④$$

③ を ④ に代入すると　　$k^2+1=l^2$

よって　　$l^2-k^2=1$　　　すなわち　　$(l+k)(l-k)=1$

$l+k$，$l-k$ は整数であり，$l+k>0$ であるから

$$l+k=1,\quad l-k=1$$

これを解くと　$k=0$，$l=1$

これは k が正の整数であることに矛盾する。

したがって，$\sqrt{n}$ と $\sqrt{n+1}$ がともに有理数であるような n は存在しない。

←例えば，$n=3$ のとき，$\sqrt{n}=\sqrt{3}$（無理数）$\sqrt{n+1}=\sqrt{4}=2$（有理数）である。

(3) $\sqrt{n+1}-\sqrt{n}$ が有理数であると仮定する。

$\sqrt{n+1}-\sqrt{n}=r$（r は有理数）とおくと，$r \neq 0$ であり

$$\frac{1}{r}=\frac{1}{\sqrt{n+1}-\sqrt{n}}=\frac{\sqrt{n+1}+\sqrt{n}}{(\sqrt{n+1}-\sqrt{n})(\sqrt{n+1}+\sqrt{n})}$$
$$=\sqrt{n+1}+\sqrt{n}$$

$\sqrt{n+1}-\sqrt{n}=r$，$\sqrt{n+1}+\sqrt{n}=\dfrac{1}{r}$ から

$$\sqrt{n}=\frac{1}{2}\left(\frac{1}{r}-r\right),\quad \sqrt{n+1}=\frac{1}{2}\left(r+\frac{1}{r}\right)$$

r は有理数であるから，$\sqrt{n}$，$\sqrt{n+1}$ はともに有理数である。

これは(2)の結果に矛盾する。

よって，$\sqrt{n+1}-\sqrt{n}$ は無理数である。

←$\sqrt{n+1}=r+\sqrt{n}$，$\sqrt{n}=\sqrt{n+1}-r$ をそれぞれ 2 乗することで $\sqrt{n}=(r$ の式$)$，$\sqrt{n+1}=(r$ の式$)$ を導いてもよい。

EX ③50　$\sqrt{2}$ の小数部分を a とするとき，$\dfrac{ax+y}{1-a}=a$ となるような有理数 x，y の値を求めよ。〔山口大〕

$\dfrac{ax+y}{1-a}=a$ から　　$ax+y=a(1-a)$ …… ①

ここで，$1<\sqrt{2}<2$ であるから，$\sqrt{2}$ の整数部分は 1 である。

したがって　　$a=\sqrt{2}-1$

これを ① に代入すると　　$(\sqrt{2}-1)x+y=(\sqrt{2}-1)(2-\sqrt{2})$

よって　　$(-x+y)+x\sqrt{2}=-4+3\sqrt{2}$

$-x+y$，x は有理数，$\sqrt{2}$ は無理数であるから

$$-x+y=-4,\quad x=3$$

これを解いて　　$\boldsymbol{x=3,\ y=-1}$

←(小数部分)=(数)−(整数部分)

←a，b，c，d が有理数，$\sqrt{l}$ が無理数のとき
$\boldsymbol{a+b\sqrt{l}=c+d\sqrt{l} \iff a=c,\ b=d}$

練習 ①64 (1) $f(x)=-3x+2$, $g(x)=x^2-3x+2$ のとき，次の値を求めよ。

$f(0)$, $f(-1)$, $f(a+1)$, $g(2)$, $g(2a-1)$

(2) 点 $(3x-1,\ 3-2x)$ は $x=2$ のとき第何象限にあるか。また，点 $(3x-1,\ -2)$ が第 3 象限にあるのは $x<\square$ のときである。

HINT (2) (後半) 点 $(x,\ y)$ が第 3 象限にある $\Longrightarrow x<0$ かつ $y<0$

(1) $\boldsymbol{f(0)}=-3\cdot0+2=\boldsymbol{2}$

$\boldsymbol{f(-1)}=-3\cdot(-1)+2=3+2=\boldsymbol{5}$

$\boldsymbol{f(a+1)}=-3(a+1)+2=-3a-3+2=\boldsymbol{-3a-1}$

$\boldsymbol{g(2)}=2^2-3\cdot2+2=4-6+2=\boldsymbol{0}$

$\boldsymbol{g(2a-1)}=(2a-1)^2-3(2a-1)+2$

$=4a^2-4a+1-6a+3+2$

$\boldsymbol{=4a^2-10a+6}$

←$f(●)=-3●+2$ とみて，● に同じ値を代入。$f(a+1)$ なら ● に $a+1$ を代入する。

(2) $x=2$ のとき，点 $(3x-1,\ 3-2x)$ の座標は

$(3\cdot2-1,\ 3-2\cdot2)$ ←$x=2$ を代入。

すなわち $(5,\ -1)$ ←$(+,\ -)$

よって，**第 4 象限** にある。

また，点 $(3x-1,\ -2)$ が第 3 象限にあるための条件は

$3x-1<0$

←(y 座標)$=-2<0$ であるから，(x 座標)<0 となることが条件。

これを解いて $x<\boldsymbol{\dfrac{1}{3}}$

練習 ①65 次の関数の値域を求めよ。また，最大値，最小値があれば，それを求めよ。

(1) $y=5x-2$ $(0\leqq x\leqq3)$ (2) $y=-3x+1$ $(-1<x\leqq2)$

(1) $y=5x-2$ において

$x=0$ のとき $y=5\cdot0-2=-2$

$x=3$ のとき $y=5\cdot3-2=13$

よって，$y=5x-2$ $(0\leqq x\leqq3)$ のグラフは，右の図の実線部分。

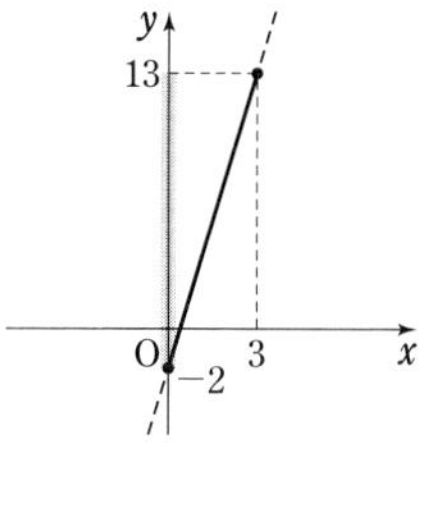

←$y=5x-2$ のグラフは，y 切片 -2，傾き 5 (右上がり) の直線。

値域は $\boldsymbol{-2\leqq y\leqq13}$

$\boldsymbol{x=3}$ **で最大値 13，**

$\boldsymbol{x=0}$ **で最小値 −2**

(2) $y=-3x+1$ において

$x=-1$ のとき

$y=-3\cdot(-1)+1=4$

$x=2$ のとき

$y=-3\cdot2+1=-5$

よって，$y=-3x+1$ $(-1<x\leqq2)$ のグラフは，右の図の実線部分。

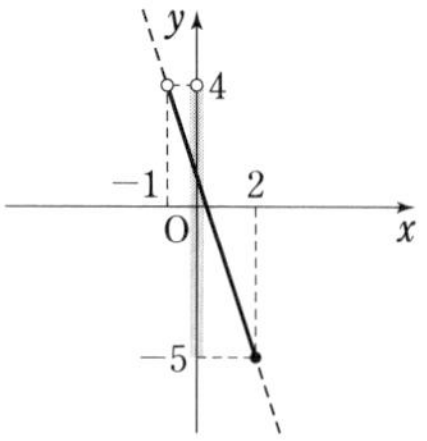

←y 切片 1，傾き -3 (右下がり) の直線。

値域は $\boldsymbol{-5\leqq y<4}$

$\boldsymbol{x=2}$ **で最小値 −5，最大値はない。**

←$x=-1$ が定義域に含まれないことに注意。

練習 ③66 関数 $y=ax+b$ $(2\leqq x\leqq5)$ の値域が $-1\leqq y\leqq5$ であるとき，定数 a, b の値を求めよ。

$x=2$ のとき　$y=2a+b$,　　$x=5$ のとき　$y=5a+b$

←定義域の端点の y 座標。

[1]　$a>0$ のとき

この関数は x の値が増加すると，y の値は増加するから，

値域は　　　$2a+b \leqq y \leqq 5a+b$

$-1 \leqq y \leqq 5$ と比べると　　$2a+b=-1$，$5a+b=5$

これを解いて　　$a=2$，$b=-5$　　これは $a>0$ を満たす。

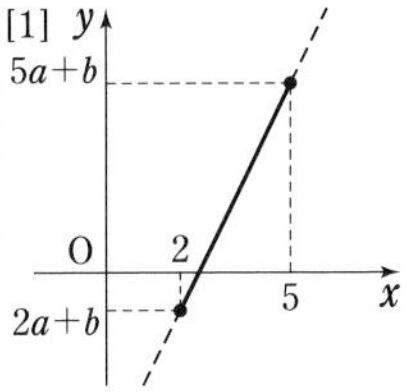

[2]　$a=0$ のとき

この関数は $y=b$（定数関数）になるから，値域は $-1 \leqq y \leqq 5$ になりえない。

←値域は $y=b$

[3]　$a<0$ のとき

この関数は x の値が増加すると，y の値は減少するから，

値域は　　　$5a+b \leqq y \leqq 2a+b$

$-1 \leqq y \leqq 5$ と比べると　　$5a+b=-1$，$2a+b=5$

これを解いて　　$a=-2$，$b=9$　　これは $a<0$ を満たす。

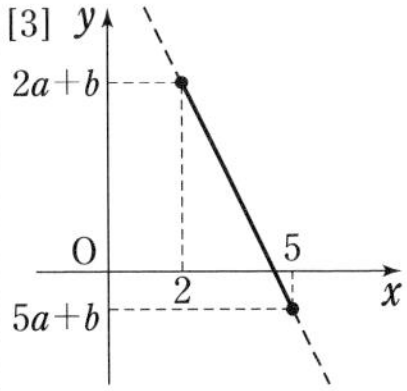

以上から　　**$a=2$，$b=-5$　または　$a=-2$，$b=9$**

練習 ②67　次の関数のグラフをかけ。
(1)　$y=|3-x|$　　　　(2)　$y=|2x+4|$

(1)　$|3-x|=|-(x-3)|=|x-3|$

$x-3 \geqq 0$　すなわち　$x \geqq 3$ のとき

$y=x-3$

$x-3<0$　すなわち　$x<3$ のとき

$y=-(x-3)$

$=-x+3$

よって，グラフは **右の図の実線部分。**

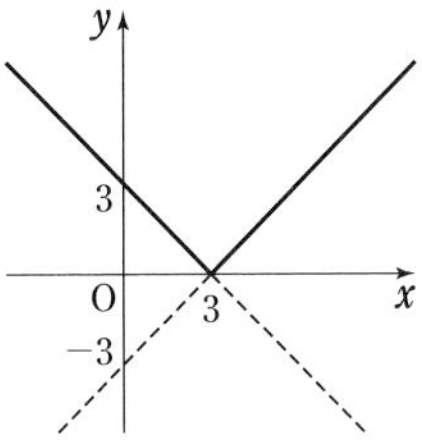

←$|-a|=|a|$

←| |内の式の符号が変わるのは，$x-3=0$ とおいたときの x の値，すなわち $x=3$ のとき。

(2)　$|2x+4|=|2(x+2)|=2|x+2|$

$x+2 \geqq 0$　すなわち　$x \geqq -2$ のとき

$y=2(x+2)=2x+4$

$x+2<0$　すなわち　$x<-2$ のとき

$y=-2(x+2)=-2x-4$

よって，グラフは **右の図の実線部分。**

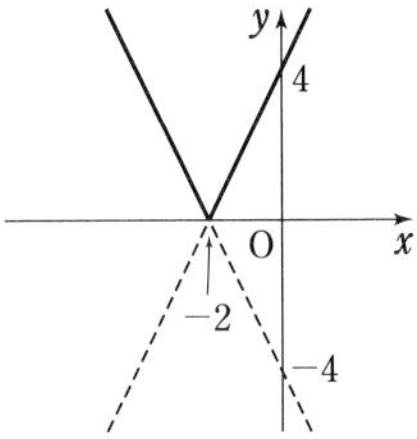

←| |内の式の符号が変わるのは，$x+2=0$ とおいたときの x の値，すなわち $x=-2$ のとき。

練習 ②68　次の関数のグラフをかけ。
(1)　$y=|x+2|-|x|$　　　　(2)　$y=|x+1|+2|x-1|$

(1)　$x<-2$ のとき

$y=-(x+2)-(-x)$ …… Ⓐ

$=-2$

$-2 \leqq x<0$ のとき

$y=(x+2)-(-x)=2x+2$

$0 \leqq x$ のとき

$y=x+2-x=2$

よって，グラフは **右の図の実線部分。**

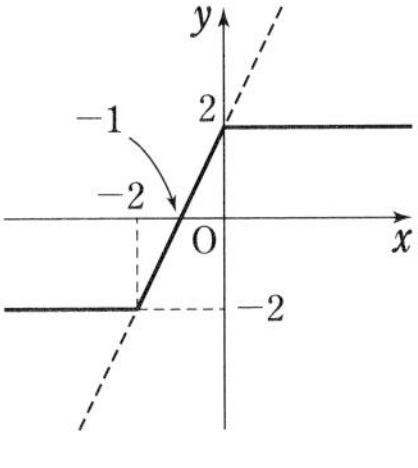

←$x+2=0$ とすると
$x=-2$
よって，左のような3通りの場合分け。
Ⓐ　$x+2<0$，$x<0$
←$x+2 \geqq 0$，$x<0$
←$x+2>0$，$x \geqq 0$

(2) $x<-1$ のとき
$y=-(x+1)-2(x-1)$ …… Ⓑ
$=-3x+1$
$-1\leqq x<1$ のとき
$y=x+1-2(x-1)=-x+3$
$1\leqq x$ のとき
$y=x+1+2(x-1)=3x-1$
よって，グラフは **右の図の実線部分**。

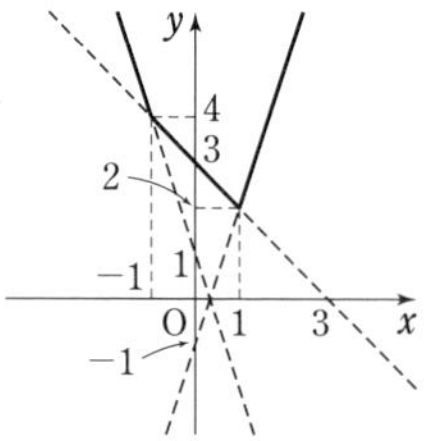

←$x+1=0$，$x-1=0$ とするとそれぞれ $x=-1$，$x=1$ ⟶ 左のような 3 通りの場合分け。
Ⓑ $x+1<0$，$x-1<0$
←$x+1\geqq 0$，$x-1<0$
←$x+1>0$，$x-1\geqq 0$

練習 ③69 次の不等式をグラフを利用して解け。
(1) $|x-1|+2|x|\leqq 3$　　(2) $|x+2|-|x-1|>x$

(1) $y=|x-1|+2|x|$ とする。
$x<0$ のとき　$y=-(x-1)-2x$
よって　$y=-3x+1$
$0\leqq x<1$ のとき　$y=-(x-1)+2x$
ゆえに　$y=x+1$
$1\leqq x$ のとき　$y=(x-1)+2x$
よって　$y=3x-1$
ゆえに，関数 $y=|x-1|+2|x|$ のグラフは右の図の ① となる。
一方，関数 $y=3$ のグラフは右の図の ② となる。
① と ② の交点の x 座標は

$$-3x+1=3 \text{ から }\quad x=-\frac{2}{3},\quad 3x-1=3 \text{ から }\quad x=\frac{4}{3}$$

したがって，不等式 $|x-1|+2|x|\leqq 3$ の解は　$\boldsymbol{-\frac{2}{3}\leqq x\leqq \frac{4}{3}}$

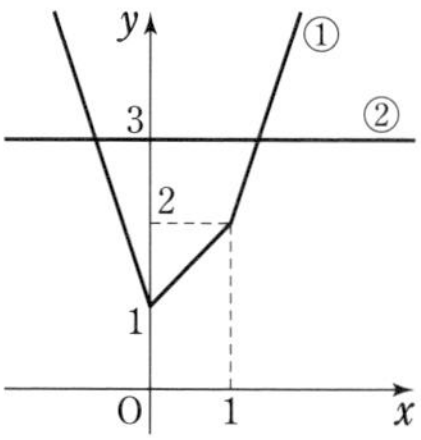

←$x-1<0$，$x<0$
←$x-1<0$，$x\geqq 0$
←$x-1\geqq 0$，$x>0$

① のグラフは次の 3 つの関数のグラフを合わせたものである。
$y=-3x+1\ (x<0)$
$y=x+1\ (0\leqq x<1)$
$y=3x-1\ (1\leqq x)$

←② のグラフが ① のグラフと一致するかまたは上側にある x の値の範囲。

(2) $y=|x+2|-|x-1|$ とする。
$x<-2$ のとき
$y=-(x+2)+(x-1)$
よって　$y=-3$
$-2\leqq x<1$ のとき
$y=(x+2)+(x-1)$
ゆえに　$y=2x+1$
$1\leqq x$ のとき　$y=(x+2)-(x-1)$
よって　$y=3$
ゆえに，関数 $y=|x+2|-|x-1|$ のグラフは図の ① となる。
一方，関数 $y=x$ のグラフは図の ② となる。
① と ② の交点の x 座標のうち，$x=-3$，3 以外のものは
$2x+1=x$ から　$x=-1$
したがって，不等式 $|x+2|-|x-1|>x$ の解は
$\boldsymbol{x<-3,\ -1<x<3}$

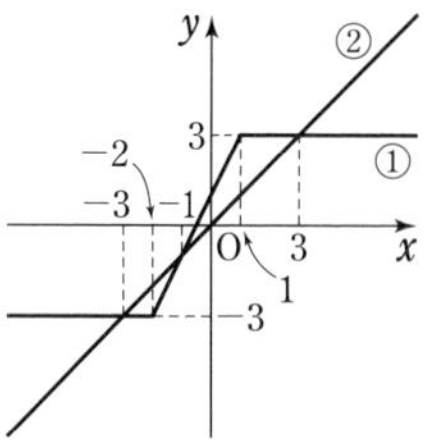

検討
(2) の不等式を変形して
$|x+2|-|x-1|-x>0$
$y=|x+2|-|x-1|-x$
として，この関数のグラフが x 軸より上側にある x の値の範囲を求めてもよい。

←① のグラフが ② のグラフより上側にある x の値の範囲。

練習 ④70 $[a]$ は実数 a を超えない最大の整数を表すものとする。

(1) $\left[\dfrac{13}{7}\right]$, $[-3]$, $[-\sqrt{7}\,]$ の値を求めよ。

(2) $y=-[x]$ $(-3 \leqq x \leqq 2)$ のグラフをかけ。

(3) $y=x+2[x]$ $(-2 \leqq x \leqq 2)$ のグラフをかけ。

(1) $1 \leqq \dfrac{13}{7} < 2$ であるから　$\left[\dfrac{13}{7}\right]=\mathbf{1}$

$-3 \leqq -3 < -2$ であるから　$[-3]=\mathbf{-3}$

$-3 \leqq -\sqrt{7} < -2$ であるから　$[-\sqrt{7}\,]=\mathbf{-3}$

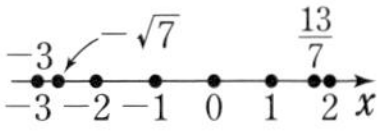

(2) $-3 \leqq x < -2$ のとき　$y=-(-3)=3$

$-2 \leqq x < -1$ のとき　$y=-(-2)=2$

$-1 \leqq x < 0$ のとき　$y=-(-1)=1$

$0 \leqq x < 1$ のとき　$y=-0=0$

$1 \leqq x < 2$ のとき　$y=-1$

$x=2$ のとき　$y=-2$

よって，グラフは **右の図** のようになる。

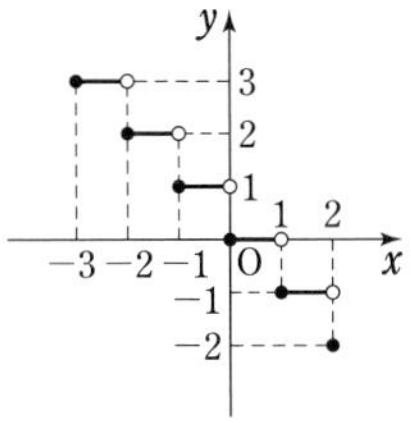

←各区間はいずれも $a \leqq x < b$ の形であるから，グラフの左端を含み，右端を含まない。

(3) $-2 \leqq x < -1$ のとき

$y=x+2(-2)=x-4$

←$[x]=-2$

$-1 \leqq x < 0$ のとき

$y=x+2(-1)=x-2$

←$[x]=-1$

$0 \leqq x < 1$ のとき　$y=x+2\cdot 0=x$

←$[x]=0$

$1 \leqq x < 2$ のとき　$y=x+2\cdot 1=x+2$

←$[x]=1$

$x=2$ のとき　$y=2+2\cdot 2=6$

←$[x]=2$

よって，グラフは **右の図** のようになる。

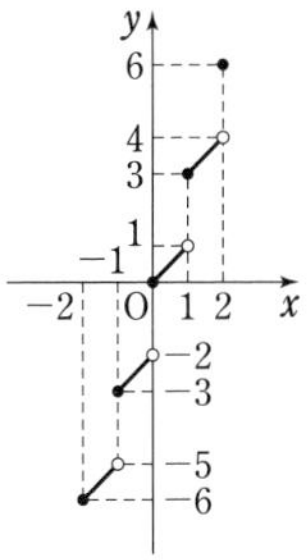

練習 ④71 関数 $f(x)$ $(0 \leqq x < 1)$ を右のように定義するとき，次の関数のグラフをかけ。

(1) $y=f(x)$　　(2) $y=f(f(x))$

$$f(x)=\begin{cases} 2x & \left(0 \leqq x < \dfrac{1}{2}\right) \\ 2x-1 & \left(\dfrac{1}{2} \leqq x < 1\right) \end{cases}$$

(1) グラフは **図(1)** のようになる。

←図は次ページ。

(2)
$$f(f(x))=\begin{cases} 2f(x) & \left(0 \leqq f(x) < \dfrac{1}{2}\right) \\ 2f(x)-1 & \left(\dfrac{1}{2} \leqq f(x) < 1\right) \end{cases}$$

$0 \leqq x < \dfrac{1}{4}$ のとき　$f(f(x))=2f(x)=2\cdot 2x=4x$

$\dfrac{1}{4} \leqq x < \dfrac{1}{2}$ のとき　$f(f(x))=2f(x)-1=2\cdot 2x-1=4x-1$

$\dfrac{1}{2} \leqq x < \dfrac{3}{4}$ のとき　$f(f(x))=2f(x)=2\cdot(2x-1)=4x-2$

$\dfrac{3}{4} \leqq x < 1$ のとき　$f(f(x))=2f(x)-1=2\cdot(2x-1)-1$

$=4x-3$

よって，$y=f(f(x))$ のグラフは **図(2)** のようになる。

(2) (1) のグラフから，$0 \leqq f(x) < \dfrac{1}{2}$ となるのは $0 \leqq x < \dfrac{1}{4}$, $\dfrac{1}{2} \leqq x < \dfrac{3}{4}$ のとき。

$\dfrac{1}{2} \leqq f(x) < 1$ となるのは $\dfrac{1}{4} \leqq x < \dfrac{1}{2}$, $\dfrac{3}{4} \leqq x < 1$ のとき。

よって，＿＿ の 4 通りの場合分けが必要になる。

←図は次ページ。

(1)
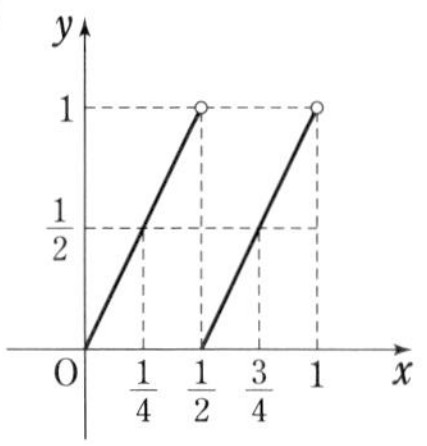

(2)
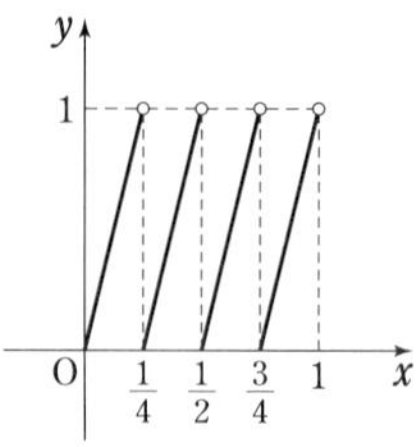

別解 (2)のグラフは，関数 $f(x)$ の式の意味を考え，次の要領でかいてもよい。

[1] $f(x)$ が $\frac{1}{2}$ 未満なら 2 倍する。

[2] $f(x)$ が $\frac{1}{2}$ 以上 1 未満なら，2 倍して 1 を引く。

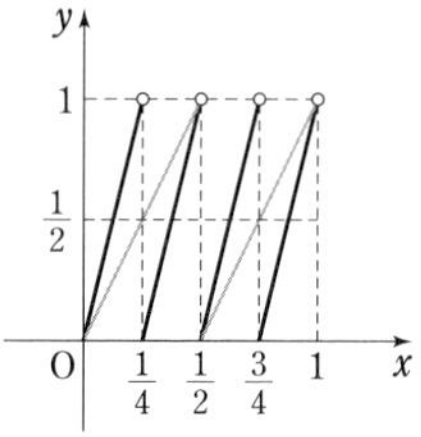

←―― が(1)のグラフ。―― が，直線 $y=\frac{1}{2}$ より下方の部分は 2 倍し，直線 $y=\frac{1}{2}$ より上方の部分は 2 倍して 1 を引く。

練習 ①72 次の 2 次関数のグラフは，[ ] 内の 2 次関数のグラフをそれぞれどのように平行移動したものか答えよ。また，それぞれのグラフをかき，その軸と頂点を求めよ。

(1) $y=-x^2+4$ $[y=-x^2]$　(2) $y=2(x-1)^2$ $[y=2x^2]$

(3) $y=-3(x-2)^2-1$ $[y=-3x^2]$

(1) **y 軸方向に 4 だけ平行移動したもの。図(1)。**
軸は y 軸(直線 $x=0$)，頂点は 点 $(0,\ 4)$

(2) **x 軸方向に 1 だけ平行移動したもの。図(2)。**
軸は 直線 $x=1$，頂点は 点 $(1,\ 0)$

(3) **x 軸方向に 2，y 軸方向に -1 だけ平行移動したもの。図(3)。**
軸は 直線 $x=2$，頂点は 点 $(2,\ -1)$

←$y=a(x-p)^2+q$ のグラフ
軸は 直線 $x=p$，
頂点は 点 $(p,\ q)$

(1)
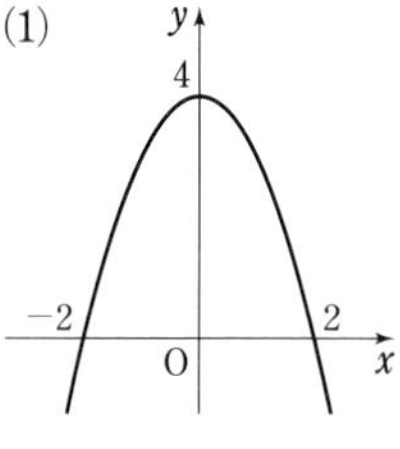

(2)
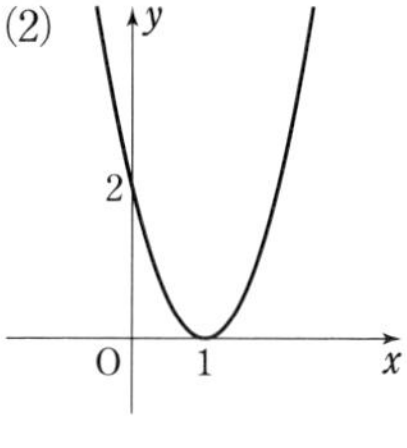

(3)
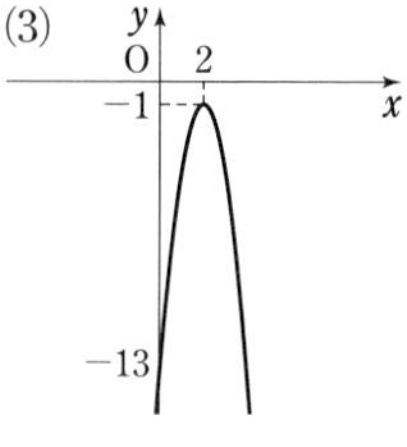

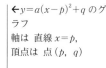

練習 ②73 次の 2 次関数のグラフをかき，その軸と頂点を求めよ。

(1) $y=-2x^2+5x-2$　(2) $y=\frac{1}{2}x^2-3x-\frac{7}{2}$

(1) $-2x^2+5x-2=-2\left(x^2-\frac{5}{2}x\right)-2$

$$=-2\left\{x^2-\frac{5}{2}x+\left(\frac{5}{4}\right)^2\right\}+2\cdot\left(\frac{5}{4}\right)^2-2$$

$$=-2\left(x-\frac{5}{4}\right)^2+\frac{9}{8}$$

←まず，**基本形**に。この変形を **平方完成** という。

ゆえに　　$y=-2\left(x-\dfrac{5}{4}\right)^2+\dfrac{9}{8}$

よって，グラフは **右の図** のようになる。

また，**軸は　直線 $x=\dfrac{5}{4}$，**

　　頂点は　点 $\left(\dfrac{5}{4},\ \dfrac{9}{8}\right)$

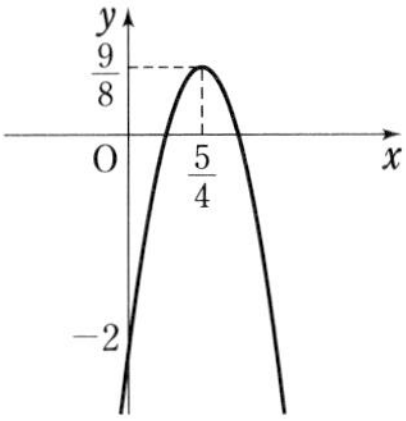

(2)　$\dfrac{1}{2}x^2-3x-\dfrac{7}{2}=\dfrac{1}{2}(x^2-6x)-\dfrac{7}{2}$

$$=\frac{1}{2}(x^2-6x+3^2)-\frac{1}{2}\cdot 3^2-\frac{7}{2}$$

$$=\frac{1}{2}(x-3)^2-8$$

ゆえに　　$y=\dfrac{1}{2}(x-3)^2-8$

よって，グラフは **右の図** のようになる。

また，**軸は　直線 $x=3$，**

　　頂点は　点 $(3,\ -8)$

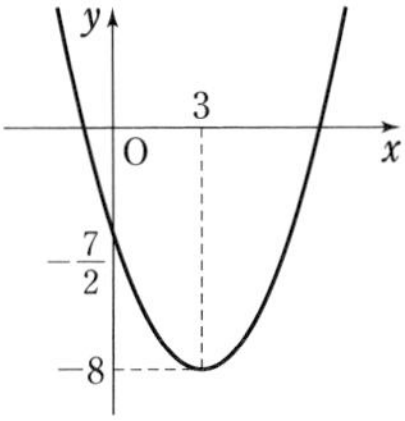

●**平方完成の手順**

ax^2+bx+c

$=a\left(x^2+\dfrac{b}{a}x\right)+c$

［x の係数の半分の平方］↓

$=a\left\{x^2+\dfrac{b}{a}x+\left(\dfrac{b}{2a}\right)^2\right\}$

$\quad-a\left(\dfrac{b}{2a}\right)^2+c$

↑［加えた分を引く］

$=a\left(x+\dfrac{b}{2a}\right)^2$

$\quad-\dfrac{b^2-4ac}{4a}$　［基本形］

練習 ③74

2 次関数 $y=ax^2+bx+c$ のグラフが右の図のようになるとき，次の値の符号を調べよ。

(1)　c　　(2)　b　　(3)　b^2-4ac

(4)　$a+b+c$　　(5)　$a-b+c$

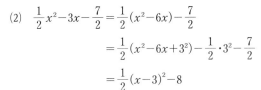

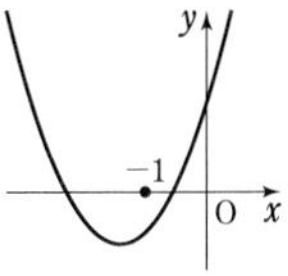

$ax^2+bx+c=a\left(x+\dfrac{b}{2a}\right)^2-\dfrac{b^2-4ac}{4a}$ であるから

　放物線 $y=ax^2+bx+c$ の軸は，直線 $x=-\dfrac{b}{2a}$，

　頂点の y 座標は $-\dfrac{b^2-4ac}{4a}$，y 軸との交点の y 座標は c

HINT　(2)　軸の位置に注目。

(1)　グラフは y 軸と $y>0$ の部分で交わるから　　$\boldsymbol{c>0}$

←y 軸との交点が点 $(0,\ c)$

(2)　グラフは下に凸であるから　　$a>0$

軸は $x<0$ の範囲にあるから　$-\dfrac{b}{2a}<0$　　ゆえに　　$\dfrac{b}{2a}>0$

$a>0$ であるから　　$\boldsymbol{b>0}$

←$\dfrac{b}{2a}>0$ であるから，a と b は同符号。

(3)　頂点の y 座標が負であるから　　$-\dfrac{b^2-4ac}{4a}<0$

$a>0$ であるから　　$-(b^2-4ac)<0$　　ゆえに　$\boldsymbol{b^2-4ac>0}$

別解　(3) グラフが x 軸と異なる 2 点で交わるから　$\boldsymbol{b^2-4ac>0}$ を導くことができる。詳しくは，本冊 $p.175$ 参照。

(4)　$x=1$ のとき　　$y=a\cdot 1^2+b\cdot 1+c=a+b+c$

グラフより，$x=1$ のとき $y>0$ であるから　　$\boldsymbol{a+b+c>0}$

(5)　$x=-1$ のとき　　$y=a\cdot(-1)^2+b\cdot(-1)+c=a-b+c$

グラフより，$x=-1$ のとき $y<0$ であるから　$\boldsymbol{a-b+c<0}$

練習 ②75 放物線 $y=x^2-4x$ を，x 軸方向に 2，y 軸方向に -1 だけ平行移動して得られる放物線の方程式を求めよ。

解法 1. 放物線 $y=x^2-4x$ の x を $x-2$，y を $y-(-1)$ におき換えると　$y-(-1)=(x-2)^2-4(x-2)$

よって，求める放物線の方程式は

$$\boldsymbol{y=x^2-8x+11}$$

解法 2. $x^2-4x=x^2-4x+2^2-2^2$
$=(x-2)^2-4$

よって，放物線 $y=x^2-4x$ の頂点は

点 $(2,\ -4)$

平行移動により，この点は

点 $(2+2,\ -4-1)$　すなわち

点 $(4,\ -5)$ に移るから，求める放物線の方程式は　$\boldsymbol{y=(x-4)^2-5}$

$(y=x^2-8x+11$ でもよい$)$

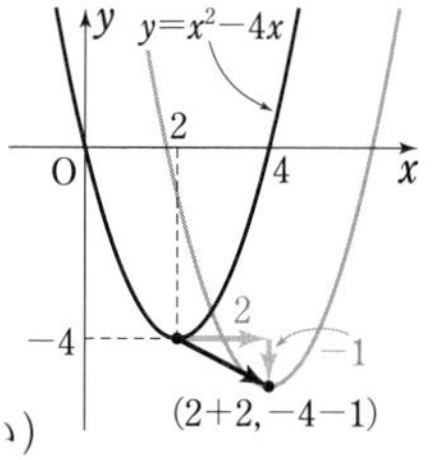

注意　一般に，関数 $y=f(x)$ のグラフを x 軸方向に p，y 軸方向に q だけ平行移動したグラフの方程式は

$\boldsymbol{y-q=f(x-p)}$

←基本形に直す。

練習 ②76 (1) 2 次関数 $y=x^2-8x-13$ のグラフをどのように平行移動すると，2 次関数 $y=x^2+4x+3$ のグラフに重なるか。
(2) x 軸方向に -1，y 軸方向に 2 だけ平行移動すると，放物線 $y=x^2+3x+4$ に移されるような放物線の方程式を求めよ。

(1) $y=x^2-8x-13$ …… ①，$y=x^2+4x+3$ …… ② とする。

① を変形すると　$y=(x-4)^2-29$　　頂点は　点 $(4,\ -29)$　　←$y=(x-4)^2-4^2-13$

② を変形すると　$y=(x+2)^2-1$　　頂点は　点 $(-2,\ -1)$　　←$y=(x+2)^2-2^2+3$

① のグラフを x 軸方向に p，y 軸方向に q だけ平行移動したとき，② のグラフに重なるとすると

$$4+p=-2,\quad -29+q=-1$$

←頂点の座標の違いを見て，$-2-4=-6$，$-1-(-29)=28$ としてもよい。

ゆえに　$p=-6,\ q=28$

よって，**x 軸方向に -6，y 軸方向に 28 だけ平行移動する** と重なる。

(2) 求める放物線は，放物線 $y=x^2+3x+4$ を x 軸方向に 1，y 軸方向に -2 だけ平行移動したもので，その方程式は

←逆向きの平行移動を考える。

$$y+2=(x-1)^2+3(x-1)+4$$

←$\begin{cases} x \longrightarrow x-1 \\ y \longrightarrow y-(-2) \end{cases}$ とおき換え。

したがって　$\boldsymbol{y=x^2+x}$

別解　$y=x^2+3x+4=\left(x+\dfrac{3}{2}\right)^2+\dfrac{7}{4}$　頂点は 点 $\left(-\dfrac{3}{2},\ \dfrac{7}{4}\right)$　←頂点の移動に着目する。

この点を x 軸方向に 1，y 軸方向に -2 だけ平行移動すると，

点 $\left(-\dfrac{1}{2},\ -\dfrac{1}{4}\right)$ に移るから，求める放物線の方程式は　←$\left(-\dfrac{3}{2}+1,\ \dfrac{7}{4}-2\right)$ から $\left(-\dfrac{1}{2},\ -\dfrac{1}{4}\right)$

$$\boldsymbol{y=\left(x+\frac{1}{2}\right)^2-\frac{1}{4}}\quad (y=x^2+x \text{ でもよい})$$

練習 ①77 2 次関数 $y=-x^2+4x-1$ のグラフを (1) x 軸 (2) y 軸 (3) 原点 のそれぞれに関して対称移動した曲線をグラフにもつ 2 次関数を求めよ。

(1) y を $-y$ におき換えて　$-y=-x^2+4x-1$

よって　$\boldsymbol{y=x^2-4x+1}$

(2) x を $-x$ におき換えて　$y=-(-x)^2+4(-x)-1$

よって　$\boldsymbol{y=-x^2-4x-1}$

(3) x を $-x$，y を $-y$ におき換えて　$-y=-(-x)^2+4(-x)-1$

よって　$\boldsymbol{y=x^2+4x+1}$

HINT　関数 $y=f(x)$ のグラフを対称移動すると，次のように移る。
x 軸対称 ⟶ $-y=f(x)$
y 軸対称 ⟶ $y=f(-x)$
原点対称 ⟶ $-y=f(-x)$

練習 ③78

放物線 $y=x^2$ を x 軸方向に p，y 軸方向に q だけ平行移動した後，x 軸に関して対称移動したところ，放物線の方程式は $y=-x^2-3x+3$ となった。このとき，p，q の値を求めよ。〔中央大〕

放物線 $y=x^2$ を x 軸方向に p，y 軸方向に q だけ平行移動した放物線の方程式は　$y-q=(x-p)^2$　すなわち　$y=(x-p)^2+q$

この放物線を x 軸に関して対称移動した放物線の方程式は

$-y=(x-p)^2+q$　　整理して　　$y=-x^2+2px-p^2-q$

これが $y=-x^2-3x+3$ と一致するから

$$2p=-3,\quad -p^2-q=3$$

これを解いて　$\boldsymbol{p=-\dfrac{3}{2},\ q=-\dfrac{21}{4}}$

←$y=f(x)$ のグラフを x 軸に関して対称移動 ⟶ y を $-y$ でおき換える。

別解　放物線 $y=x^2$ を x 軸方向に p，y 軸方向に q だけ平行移動した放物線の方程式は　$y-q=(x-p)^2$

すなわち　$y=(x-p)^2+q$ …… ①

放物線 $y=-x^2-3x+3$ を x 軸に関して対称移動した放物線の方程式は　$-y=-x^2-3x+3$　すなわち　$y=x^2+3x-3$

変形して　$y=\left\{x-\left(-\dfrac{3}{2}\right)\right\}^2-\dfrac{21}{4}$ …… ②

① と ② が一致するから　$\boldsymbol{p=-\dfrac{3}{2},\ q=-\dfrac{21}{4}}$

←放物線 $y=-x^2-3x+3$ を x 軸に関して対称移動した放物線の頂点が，放物線 $y=x^2$ を平行移動した放物線の頂点と一致する。

練習 ①79

次の2次関数に最大値，最小値があれば，それを求めよ。

(1) $y=x^2-2x-3$　(2) $y=-2x^2+3x-5$　(3) $y=-2x^2+6x+1$　(4) $y=3x^2-5x+8$

(1) $y=x^2-2x-3=(x^2-2x+1^2)-1^2-3$

$=(x-1)^2-4$

よって，グラフは下に凸の放物線で，頂点は 点 $(1,\ -4)$

ゆえに　**$x=1$ で最小値 -4，最大値はない。**

(1)

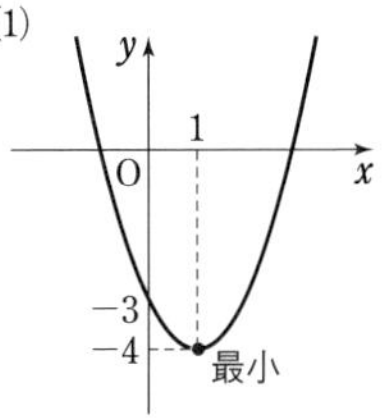

(2) $y=-2x^2+3x-5=-2\left(x^2-\dfrac{3}{2}x\right)-5$

$=-2\left\{x^2-\dfrac{3}{2}x+\left(\dfrac{3}{4}\right)^2\right\}+2\cdot\left(\dfrac{3}{4}\right)^2-5$

$=-2\left(x-\dfrac{3}{4}\right)^2-\dfrac{31}{8}$

よって，グラフは上に凸の放物線で，頂点は 点 $\left(\dfrac{3}{4},\ -\dfrac{31}{8}\right)$

ゆえに　**$x=\dfrac{3}{4}$ で最大値 $-\dfrac{31}{8}$，最小値はない。**

(2)

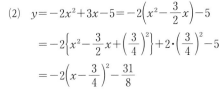

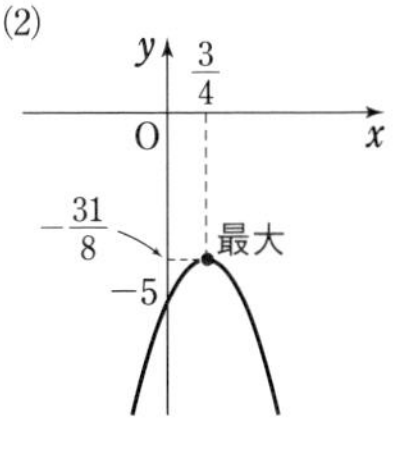

(3) $y=-2x^2+6x+1=-2(x^2-3x)+1$

$=-2\left\{x^2-3x+\left(\frac{3}{2}\right)^2\right\}+2\cdot\left(\frac{3}{2}\right)^2+1=-2\left(x-\frac{3}{2}\right)^2+\frac{11}{2}$

よって，グラフは上に凸の放物線で，頂点は 点$\left(\frac{3}{2},\ \frac{11}{2}\right)$

ゆえに　　**$x=\frac{3}{2}$ で最大値 $\frac{11}{2}$，最小値はない。**

(3)

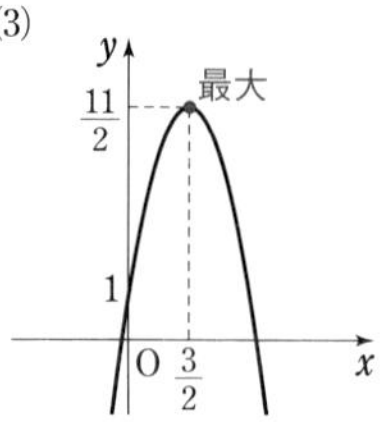

(4) $y=3x^2-5x+8=3\left(x^2-\frac{5}{3}x\right)+8$

$=3\left\{x^2-\frac{5}{3}x+\left(\frac{5}{6}\right)^2\right\}-3\cdot\left(\frac{5}{6}\right)^2+8=3\left(x-\frac{5}{6}\right)^2+\frac{71}{12}$

よって，グラフは下に凸の放物線で，頂点は 点$\left(\frac{5}{6},\ \frac{71}{12}\right)$

ゆえに　　**$x=\frac{5}{6}$ で最小値 $\frac{71}{12}$，最大値はない。**

(4)

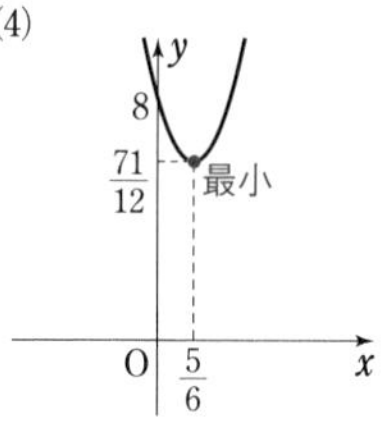

練習 ②80　次の関数に最大値，最小値があれば，それを求めよ。

(1) $y=2x^2+3x+1$　$\left(-\frac{1}{2}\leqq x<\frac{1}{2}\right)$　　(2) $y=-\frac{1}{2}x^2+2x+\frac{3}{2}$　$(1\leqq x\leqq 5)$

(1) $y=2x^2+3x+1=2\left(x^2+\frac{3}{2}x\right)+1$

$=2\left\{x^2+\frac{3}{2}x+\left(\frac{3}{4}\right)^2\right\}-2\cdot\left(\frac{3}{4}\right)^2+1$

$=2\left(x+\frac{3}{4}\right)^2-\frac{1}{8}$

また　　$x=-\frac{1}{2}$ のとき　$y=0$

$x=\frac{1}{2}$ のとき　　$y=3$

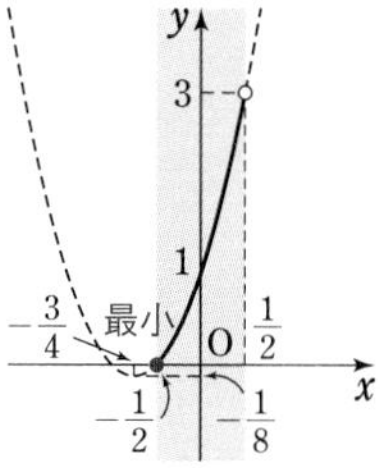

よって，与えられた関数のグラフは図の実線部分である。

ゆえに　　**$x=-\frac{1}{2}$ で最小値 0，最大値はない。**

HINT　2次関数の最大・最小問題では **頂点（軸）と定義域の端の値に注目。**

←軸 $x=-\frac{3}{4}$ は定義域の **左外** にある。なお，定義域の右端 $\left(x=\frac{1}{2}\right)$ は定義域に **含まれない** から最大値は **ない**。

(2) $y=-\frac{1}{2}x^2+2x+\frac{3}{2}$

$=-\frac{1}{2}(x^2-4x)+\frac{3}{2}$

$=-\frac{1}{2}(x^2-4x+2^2)+\frac{1}{2}\cdot 2^2+\frac{3}{2}$

$=-\frac{1}{2}(x-2)^2+\frac{7}{2}$

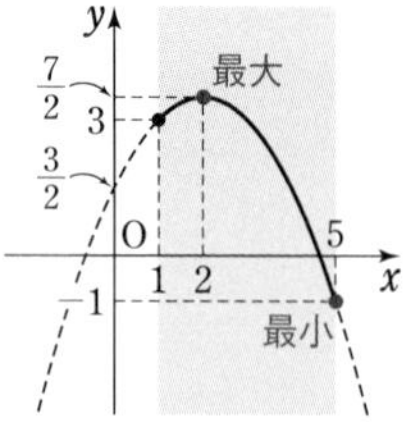

また　　$x=1$ のとき　$y=3$

$x=5$ のとき　$y=-1$

よって，与えられた関数のグラフは図の実線部分である。

ゆえに　　**$x=2$ で最大値 $\frac{7}{2}$，$x=5$ で最小値 -1**

←軸 $x=2$ は定義域の **内部** にある。

練習 ②81 a は正の定数とする。$0 \leqq x \leqq a$ における関数 $f(x)=x^2-2x-3$ について，次の問いに答えよ。
(1) 最小値を求めよ。 (2) 最大値を求めよ。

$f(x)=x^2-2x-3=(x-1)^2-4$

$y=f(x)$ のグラフは下に凸の放物線で，軸は 直線 $x=1$

←$f(x)=x^2-2x+1^2-1^2-3$

(1) [1] $0<a<1$ のとき

図 [1] のように，軸 $x=1$ は区間の右外にあるから，$x=a$ で最小となる。最小値は $f(a)=a^2-2a-3$

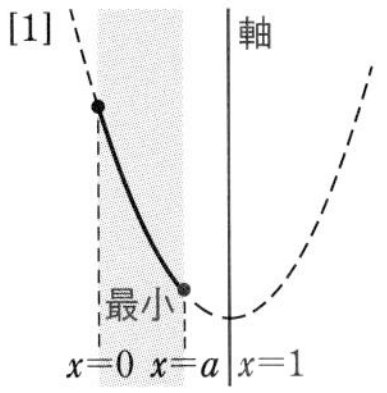

←軸が $0 \leqq x \leqq a$ の範囲に含まれるときと含まれないときで場合分けをする。

[2] $a \geqq 1$ のとき

図 [2] のように，軸 $x=1$ は区間に含まれるから，$x=1$ で最小となる。

最小値は $f(1)=-4$

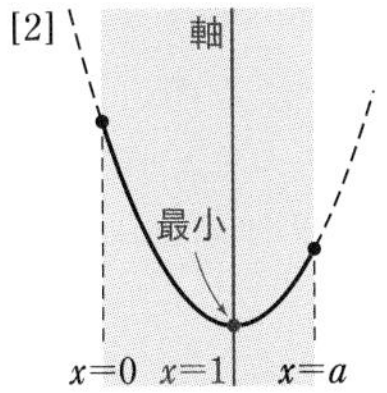

[1]，[2] から

$0<a<1$ のとき $x=a$ で最小値 a^2-2a-3

$a \geqq 1$ のとき $x=1$ で最小値 -4

(2) 区間 $0 \leqq x \leqq a$ の中央の値は $\dfrac{a}{2}$ である。

←区間 $0 \leqq x \leqq a$ の中央 $\dfrac{a}{2}$ と軸 $x=1$ の位置で場合分けをする。

[3] $0<\dfrac{a}{2}<1$ すなわち $0<a<2$ のとき

図 [3] のように，軸 $x=1$ は区間の中央より右側にあるから，$x=0$ で最大となる。

最大値は $f(0)=-3$

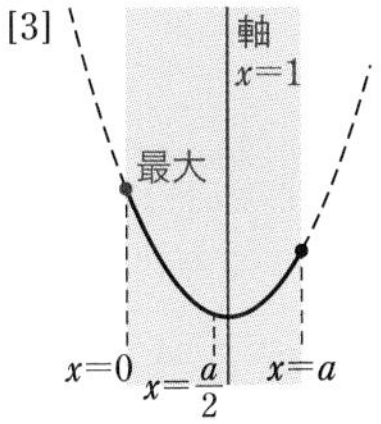

[4] $\dfrac{a}{2}=1$ すなわち $a=2$ のとき

図 [4] のように，軸 $x=1$ は区間の中央と一致するから，$x=0$，2 で最大となる。

最大値は $f(0)=f(2)=-3$

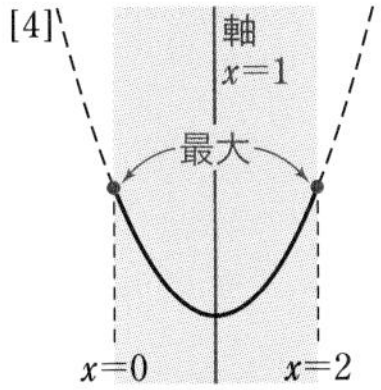

[5] $1<\dfrac{a}{2}$ すなわち $a>2$ のとき

図 [5] のように，軸 $x=1$ は区間の中央より左側にあるから，$x=a$ で最大となる。

最大値は $f(a)=a^2-2a-3$

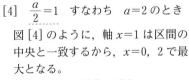

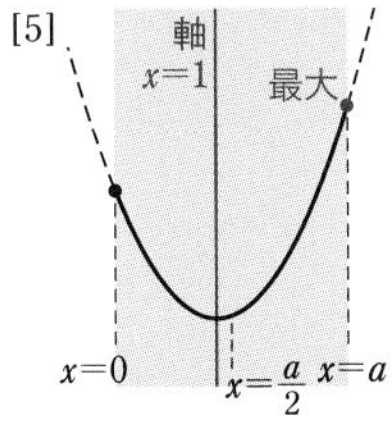

[3]～[5] から

$0<a<2$ のとき $x=0$ で最大値 -3

$a=2$ のとき $x=0$，2 で最大値 -3

$a>2$ のとき $x=a$ で最大値 a^2-2a-3

検討　本冊 $p.138$，139 例題 81 の最小値・最大値について

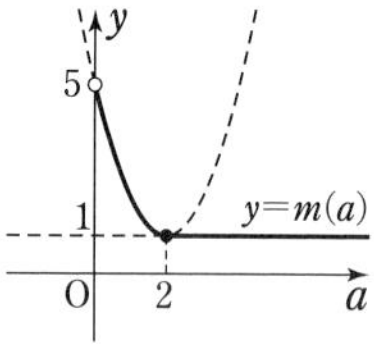

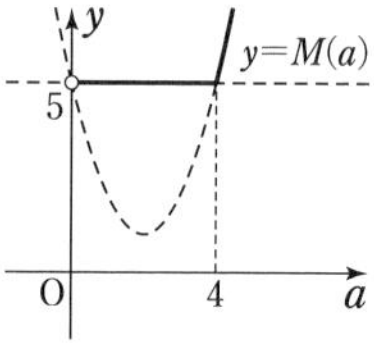

例題 81 で求めた $f(x)$ の最小値，最大値は，a の値によって変化することから，これらは a の関数であるといえる。そこで，$f(x)$ の最小値を $m(a)$，最大値を $M(a)$ とすると

$$m(a)=\begin{cases} a^2-4a+5 & (0<a<2) \\ 1 & (a \geqq 2) \end{cases}$$

$$M(a)=\begin{cases} 5 & (0<a \leqq 4) \\ a^2-4a+5 & (a>4) \end{cases}$$

と表される。$a^2-4a+5=(a-2)^2+1$ に注意すると，$y=m(a)$ および $y=M(a)$ のグラフはそれぞれ右の図の実線部分のようになる。

このグラフから，最小値は a が大きくなるに従って徐々に小さくなるが，a が 2 より大きくなると最小値は一定であることがわかる。また，最大値は最初 a が大きくなっても一定のままであるが，a が 4 より大きくなると，a が大きくなるに従って最大値も大きくなることがわかる。

練習 ③82　a は定数とする。$-1 \leqq x \leqq 1$ における関数 $f(x)=x^2+2(a-1)x$ について，次の問いに答えよ。
(1)　最小値を求めよ。　　(2)　最大値を求めよ。

$f(x)=x^2+2(a-1)x=\{x+(a-1)\}^2-(a-1)^2$

$y=f(x)$ のグラフは下に凸の放物線で，軸は　直線 $x=1-a$

←まず，基本形に直す。

(1)　[1]　$1-a<-1$　すなわち　$a>2$ のとき

図 [1] のように，軸 $x=1-a$ は区間の左外にあるから，$x=-1$ で最小となる。最小値は

$$f(-1)=(-1)^2+2(a-1)\cdot(-1)$$
$$=-2a+3$$

←軸 $x=1-a$ が，区間 $-1 \leqq x \leqq 1$ に含まれるときと含まれないとき，更に含まれないときは区間の左外か右外かで場合分けをする。

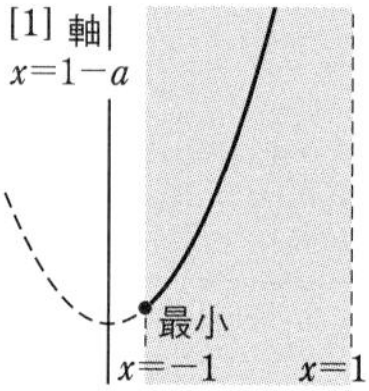

[2]　$-1 \leqq 1-a \leqq 1$　すなわち　$0 \leqq a \leqq 2$ のとき

図 [2] のように，軸 $x=1-a$ は区間に含まれるから，$x=1-a$ で最小となる。

最小値は　　$f(1-a)=-(a-1)^2$

←頂点の y 座標。

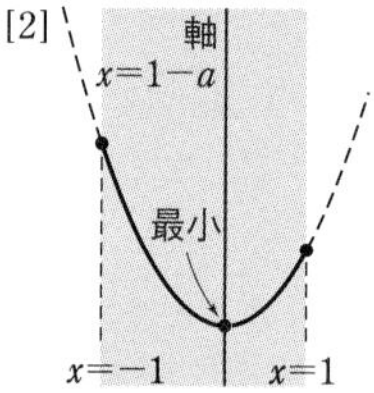

[3]　$1-a>1$　すなわち　$a<0$ のとき

図 [3] のように，軸 $x=1-a$ は区間の右外にあるから，$x=1$ で最小となる。

最小値は

$$f(1)=1^2+2(a-1)\cdot 1$$
$$=2a-1$$

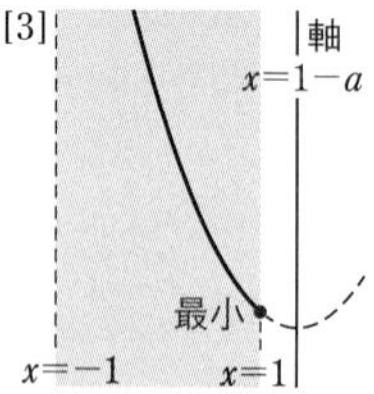

以上から
$$\begin{cases} \boldsymbol{a>2} \text{ のとき} & \boldsymbol{x=-1} \text{ で最小値 } \boldsymbol{-2a+3} \\ \boldsymbol{0 \leqq a \leqq 2} \text{ のとき} & \boldsymbol{x=1-a} \text{ で最小値 } \boldsymbol{-(a-1)^2} \\ \boldsymbol{a<0} \text{ のとき} & \boldsymbol{x=1} \text{ で最小値 } \boldsymbol{2a-1} \end{cases}$$

←場合分けは，例えば $a \geqq 2$，$0 \leqq a<2$，$a \leqq 0$ としてもよい。

(2) 区間 $-1 \leqq x \leqq 1$ の中央の値は　0

[4]　$1-a<0$　すなわち　$a>1$ のとき
図 [4] のように，軸 $x=1-a$ は区間の中央より左側にあるから，$x=1$ で最大となる。
最大値は　　$f(1)=2a-1$

[4]
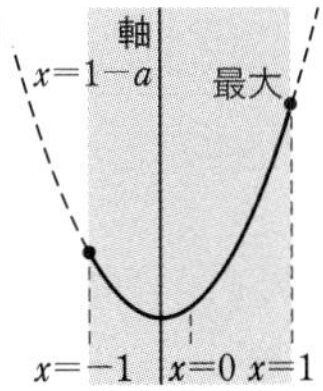

[5]　$1-a=0$　すなわち　$a=1$ のとき
図 [5] のように，軸 $x=1-a$ は区間の中央と一致するから，$x=-1, 1$ で最大となる。
最大値は　　$f(-1)=f(1)=1$

[5]
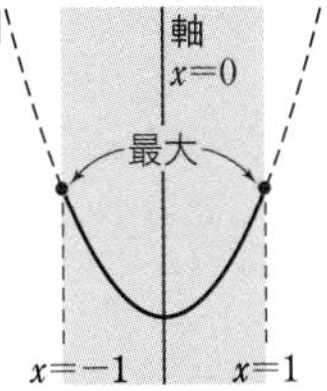

[6]　$1-a>0$　すなわち　$a<1$ のとき
図 [6] のように，軸 $x=1-a$ は区間の中央より右側にあるから，$x=-1$ で最大となる。
最大値は　　$f(-1)=-2a+3$

[6]
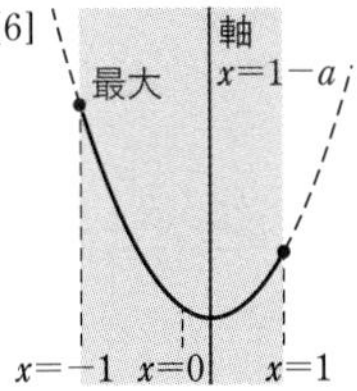

以上から

$$\begin{cases} \boldsymbol{a>1} \text{ のとき } \boldsymbol{x=1} \text{ で最大値 } \boldsymbol{2a-1} \\ \boldsymbol{a=1} \text{ のとき } \boldsymbol{x=-1, 1} \text{ で最大値 } \boldsymbol{1} \\ \boldsymbol{a<1} \text{ のとき } \boldsymbol{x=-1} \text{ で最大値 } \boldsymbol{-2a+3} \end{cases}$$

←軸 $x=1-a$ が，区間 $-1 \leqq x \leqq 1$ の中央 0 に対し左右どちらにあるかで場合分けをする。

練習 ③83　a は定数とする。$a \leqq x \leqq a+1$ における関数 $f(x)=-2x^2+6x+1$ について，次の問いに答えよ。
(1) 最小値を求めよ。　　(2) 最大値を求めよ。

関数の式を変形すると　　$f(x)=-2\left(x-\dfrac{3}{2}\right)^2+\dfrac{11}{2}$

$y=f(x)$ のグラフは上に凸の放物線で，軸は　直線 $x=\dfrac{3}{2}$

(1) 区間 $a \leqq x \leqq a+1$ の中央の値は　$a+\dfrac{1}{2}$

[1]　$a+\dfrac{1}{2}<\dfrac{3}{2}$　すなわち
$a<1$ のとき
図 [1] から，$x=a$ で最小となる。
最小値は　　$f(a)=-2a^2+6a+1$

[1]
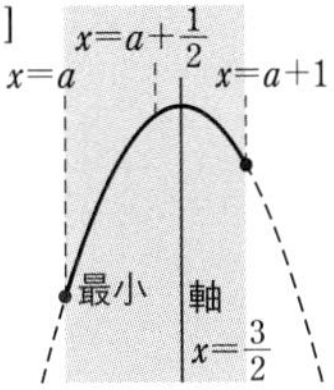

[2]　$a+\dfrac{1}{2}=\dfrac{3}{2}$　すなわち
$a=1$ のとき
図 [2] から，$x=1, 2$ のとき最小となる。
最小値は　　$f(1)=f(2)=5$

[2]
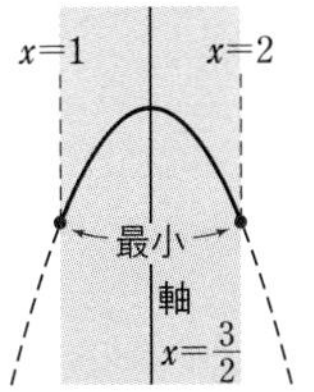

HINT　x^2 の係数が負であるから，$y=f(x)$ のグラフは上に凸の放物線である。したがって，本冊 $p.142$ 例題 **83** とは場合分けの方針が逆になることに注意。

←軸が区間の中央 $x=a+\dfrac{1}{2}$ より右にあるので，$x=a$ の方が軸から遠い。
よって　$f(a)<f(a+1)$

←軸が区間の中央 $x=a+\dfrac{1}{2}$ に一致するから，軸と $x=a, a+1$ との距離が等しい。
よって　$f(a)=f(a+1)$

[3]　$a+\frac{1}{2}>\frac{3}{2}$　すなわち

$a>1$ のとき

図 [3] から，$x=a+1$ で最小となる。

最小値は

$f(a+1)=-2(a+1)^2+6(a+1)+1$

$=-2a^2+2a+5$

[3]
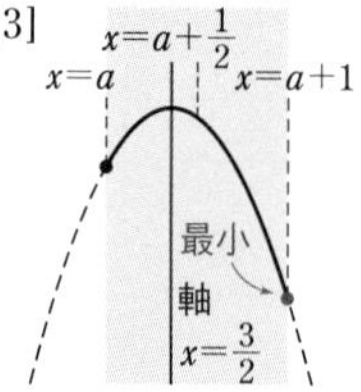

←軸が区間の中央 $x=a+\frac{1}{2}$ より左にあるので，$x=a+1$ の方が軸から遠い。

よって　$f(a)>f(a+1)$

以上から

$a<1$ のとき　$x=a$　で最小値 $-2a^2+6a+1$

$a=1$ のとき　$x=1,\ 2$ で最小値 5

$a>1$ のとき　$x=a+1$ で最小値 $-2a^2+2a+5$

(2)　軸 $x=\frac{3}{2}$ が $a\leqq x\leqq a+1$ の範囲に含まれるかどうかを考える。

[4]　$a+1<\frac{3}{2}$　すなわち

$a<\frac{1}{2}$ のとき

図 [4] から，$x=a+1$ で最大となる。

最大値は

$f(a+1)=-2a^2+2a+5$

[4]
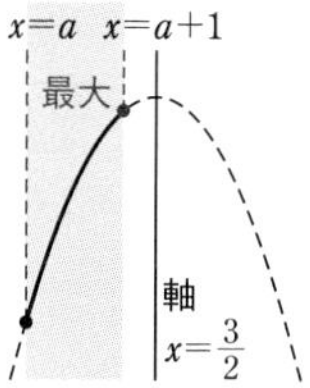

←軸が区間の右外にあるから，区間の右端で最大となる。

[5]　$a\leqq\frac{3}{2}\leqq a+1$　すなわち

$\frac{1}{2}\leqq a\leqq\frac{3}{2}$ のとき

図 [5] から，$x=\frac{3}{2}$ で最大となる。

最大値は　　$f\left(\frac{3}{2}\right)=\frac{11}{2}$

[5]
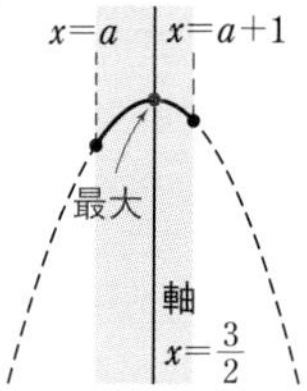

←軸が区間内にあるから，頂点で最大となる。

[6]　$\frac{3}{2}<a$　すなわち　$a>\frac{3}{2}$ のとき

図 [6] から，$x=a$ で最大となる。

最大値は　　$f(a)=-2a^2+6a+1$

[6]
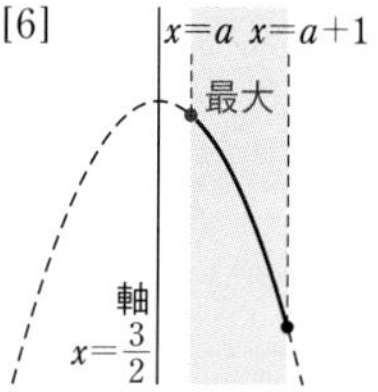

←軸が区間の左外にあるから，区間の左端で最大となる。

以上から

$a<\frac{1}{2}$ のとき　　$x=a+1$ で最大値 $-2a^2+2a+5$

$\frac{1}{2}\leqq a\leqq\frac{3}{2}$ のとき　$x=\frac{3}{2}$　で最大値 $\frac{11}{2}$

$a>\frac{3}{2}$ のとき　　$x=a$　で最大値 $-2a^2+6a+1$

練習 ③84　a は定数とし，x の2次関数 $y=-2x^2+2ax-a$ の最大値を M とする。

(1)　M を a の式で表せ。

(2)　a の関数 M の最小値と，そのときの a の値を求めよ。

(1) $y=-2x^2+2ax-a=-2(x^2-ax)-a$

$$=-2\left\{x^2-2\cdot\frac{a}{2}x+\left(\frac{a}{2}\right)^2\right\}+2\cdot\left(\frac{a}{2}\right)^2-a$$

$$=-2\left(x-\frac{a}{2}\right)^2+\frac{1}{2}a^2-a$$

よって，y は $x=\frac{a}{2}$ で最大値 $\boldsymbol{M=\frac{1}{2}a^2-a}$ をとる。

(2) $M=\frac{1}{2}a^2-a=\frac{1}{2}(a^2-2a)$

$$=\frac{1}{2}(a^2-2a+1^2)-\frac{1}{2}\cdot1^2=\frac{1}{2}(a-1)^2-\frac{1}{2}$$

よって，a の関数 M は $\boldsymbol{a=1}$ で**最小値** $\boldsymbol{-\frac{1}{2}}$ をとる。

Ⓘ 平方完成して基本形に直す

←上に凸 ⟶ 頂点で最大。

←最大値 M は a の **2** 次式 ⟶ 基本形に直す。

練習 ③85
(1) 2次関数 $y=x^2-x+k+1$ の $-1\leqq x\leqq 1$ における最大値が 6 であるとき，定数 k の値を求めよ。
(2) 関数 $y=-x^2+2ax-a^2-2a-1$ $(-1\leqq x\leqq 0)$ の最大値が 0 になるような定数 a の値を求めよ。

(1) $y=x^2-x+k+1$

$$=x^2-x+\left(\frac{1}{2}\right)^2-\left(\frac{1}{2}\right)^2+k+1$$

$$=\left(x-\frac{1}{2}\right)^2+k+\frac{3}{4}$$

ゆえに，$-1\leqq x\leqq 1$ の範囲において，右の図から，y は $x=-1$ で最大値 $k+3$ をとる。

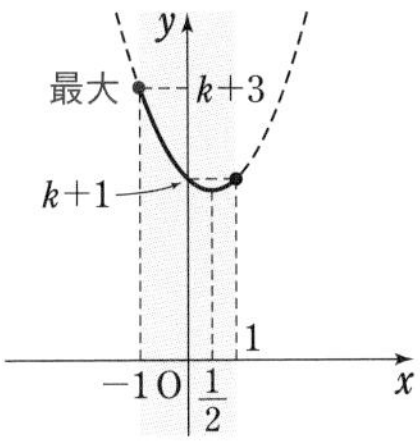

よって　$k+3=6$　　したがって　$\boldsymbol{k=3}$

←基本形に直す。

←軸 $x=\frac{1}{2}$ より遠い $x=-1$ で最大となる。

(2) $y=-x^2+2ax-a^2-2a-1=-(x^2-2ax+a^2)-2a-1$

$$=-(x-a)^2-2a-1$$

$f(x)=-(x-a)^2-2a-1$ とすると，$y=f(x)$ のグラフは上に凸の放物線で，軸は直線 $x=a$，頂点は点 $(a,\ -2a-1)$ である。

[1] $a<-1$ のとき，$x=-1$ で最大値

$f(-1)=-(-1-a)^2-2a-1$

$=-a^2-4a-2$

をとる。$-a^2-4a-2=0$ とすると

$a^2+4a+2=0$

ゆえに $a=-2\pm\sqrt{2^2-1\cdot2}=-2\pm\sqrt{2}$

$a<-1$ を満たすものは　$a=-2-\sqrt{2}$

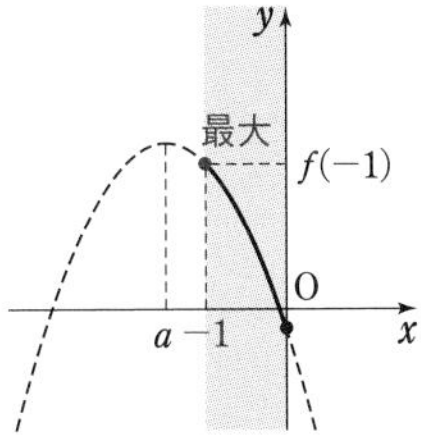

←軸が区間の左外にある場合。

←$1<\sqrt{2}<2$ であるから $-1<-2+\sqrt{2}<0$

[2] $-1\leqq a\leqq 0$ のとき，$x=a$ で最大値

$f(a)=-2a-1$　をとる。

$-2a-1=0$ とすると　$a=-\frac{1}{2}$

これは $-1\leqq a\leqq 0$ を満たす。

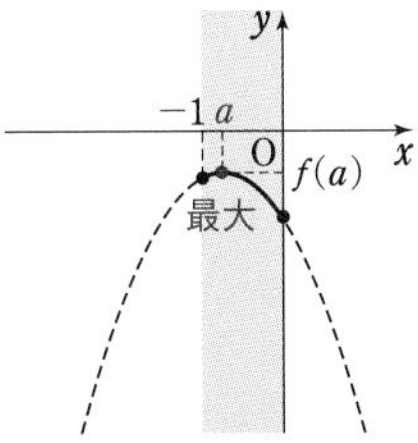

←軸が区間内にある場合。

[3] $0<a$ のとき，$x=0$ で最大値

$f(0)=-a^2-2a-1$　をとる。

$-a^2-2a-1=0$ とすると　$(a+1)^2=0$

←軸が区間の右外にある場合。

よって　$a=-1$　これは $0<a$ を満たさない。

以上から，求める a の値は　$\boldsymbol{a=-2-\sqrt{2},\ -\frac{1}{2}}$

練習 ③86 定義域を $-1\leqq x\leqq 2$ とする関数 $f(x)=ax^2+4ax+b$ の最大値が 5，最小値が 1 のとき，定数 a, b の値を求めよ。〔類 東北学院大〕

関数の式を変形すると　$f(x)=a(x+2)^2-4a+b$

[1]　$a=0$ のとき，$f(x)=b$ となり，条件を満たさない。

[2]　$a>0$ のとき，$y=f(x)$ のグラフは下に凸の放物線となるから，$-1\leqq x\leqq 2$ の範囲で $f(x)$ は

$x=2$ で最大値 $f(2)=12a+b$,

$x=-1$ で最小値 $f(-1)=-3a+b$

をとる。

よって　$12a+b=5,\ -3a+b=1$

これを解いて　$a=\frac{4}{15},\ b=\frac{9}{5}$

これは $a>0$ を満たす。

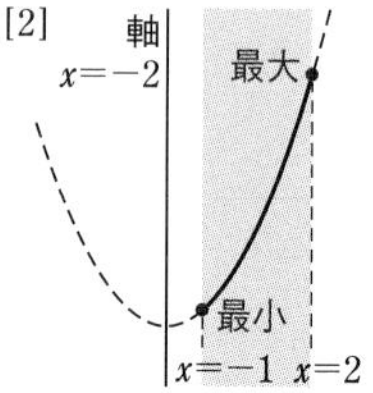

←この確認を忘れずに。

[3]　$a<0$ のとき，$y=f(x)$ のグラフは上に凸の放物線となるから，$-1\leqq x\leqq 2$ の範囲で $f(x)$ は

$x=-1$ で最大値 $f(-1)=-3a+b$,

$x=2$ で最小値 $f(2)=12a+b$

をとる。

よって　$-3a+b=5,\ 12a+b=1$

これを解いて　$a=-\frac{4}{15},\ b=\frac{21}{5}$

これは $a<0$ を満たす。

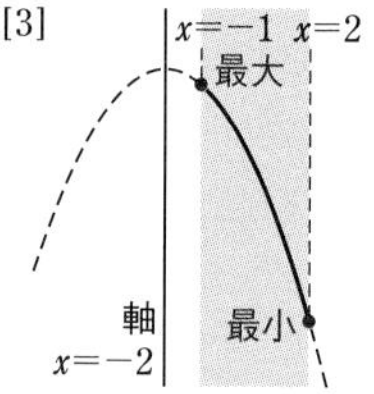

←この確認を忘れずに。

以上から　$\boldsymbol{a=\frac{4}{15},\ b=\frac{9}{5}}$ **または** $\boldsymbol{a=-\frac{4}{15},\ b=\frac{21}{5}}$

練習 ②87 長さ 6 の線分 AB 上に，2 点 C，D を AC=BD となるようにとる。ただし，$0<\text{AC}<3$ とする。線分 AC，CD，DB をそれぞれ直径とする 3 つの円の面積の和 S の最小値と，そのときの線分 AC の長さを求めよ。

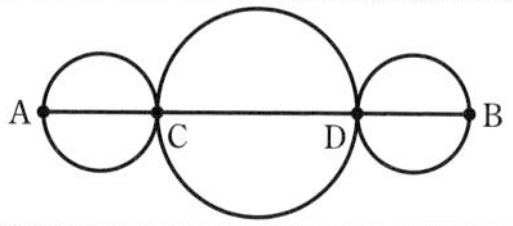

線分 AC を直径とする円の半径を x とすると

$\text{AC}=\text{BD}=2x,\ \text{CD}=6-2\times 2x=2(3-2x)$

$0<\text{AC}<3$ であるから　$0<2x<3$

よって　$0<x<\frac{3}{2}$ …… ①

←題意を式に表しやすいように変数を選ぶ。なお，線分 AC の長さを x とおいてもよいが，円の面積を表すときに分数が出てくるので，処理が煩わしくなる。

また，S を x で表すと

$S=\pi x^2+\pi(3-2x)^2+\pi x^2$

$=3\pi(2x^2-4x+3)$

$=6\pi(x-1)^2+3\pi$

←基本形に直して，グラフをかく。

① の範囲において，S は $x=1$ のとき最小となる。

←変数の変域に注意して最小値を求める。

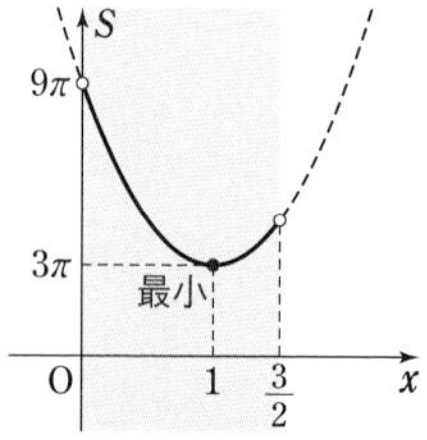

このとき　　$AC=2\times1=2$

したがって，S は **$AC=2$ のとき最小値 3π** をとる。

練習 ②88　$\angle B=90°$，$AB=5$，$BC=10$ の $\triangle ABC$ がある。いま，点 P が頂点 B から出発して辺 AB 上を毎分 1 の速さで A まで進む。また，点 Q は P と同時に頂点 C から出発して辺 BC 上を毎分 2 の速さで B まで進む。このとき，2 点 P，Q 間の距離が最小になるときの P，Q 間の距離を求めよ。

HINT　出発して t 分後の距離 PQ について，PQ^2 を t の 2 次式で表す。三平方の定理を利用。

出発して t 分後において

$BP=t$，$CQ=2t$

よって　　$BQ=10-2t$

ここで，$0\leqq t\leqq5$，$0\leqq2t\leqq10$ である から　　$0\leqq t\leqq5$ …… ①

←$0\leqq BP\leqq BA$，$0\leqq CQ\leqq CB$

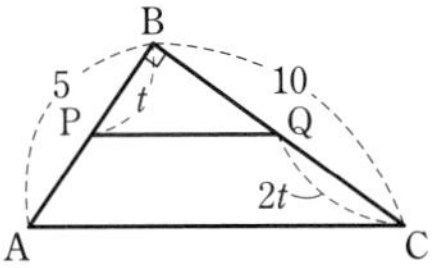

よって　　$PQ^2=BP^2+BQ^2$

$=t^2+(10-2t)^2$

$=5t^2-40t+100$

$=5(t-4)^2+20$

←三平方の定理

←$5t^2-40t+100$
$=5(t^2-8t)+100$
$=5(t-4)^2-5\cdot4^2+100$

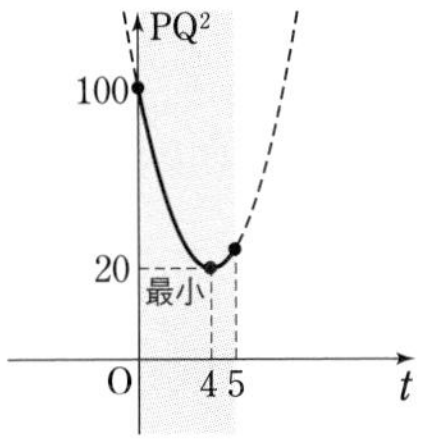

ゆえに，① の範囲において，PQ^2 は $t=4$ のとき最小値 20 をとる。

$PQ\geqq0$ であるから，PQ^2 が最小になるとき，PQ も最小となる。

←この断りは重要。

よって，求める P，Q 間の距離は　　$\sqrt{20}=\mathbf{2\sqrt{5}}$

練習 ③89　(1) $3x-y=2$ のとき，$2x^2-y^2$ の最大値を求めよ。
(2) $x\geqq0$，$y\geqq0$，$x+2y=1$ のとき，x^2+y^2 の最大値と最小値を求めよ。

(1) $3x-y=2$ から　　$y=3x-2$ …… ①

ゆえに　　$2x^2-y^2=2x^2-(3x-2)^2$

$=-7x^2+12x-4$

$=-7\left\{x^2-\frac{12}{7}x+\left(\frac{6}{7}\right)^2\right\}+7\cdot\left(\frac{6}{7}\right)^2-4$

$=-7\left(x-\frac{6}{7}\right)^2+\frac{8}{7}$

←計算がらくになるように y を消去する。
$t=-7x^2+12x-4$ とおくと，この関数のグラフは次のようになる。

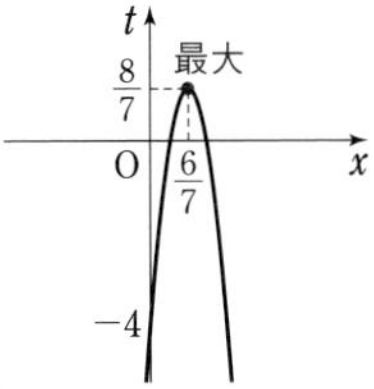

したがって，$x=\frac{6}{7}$ で最大値 $\frac{8}{7}$ をとる。

このとき，① から　　$y=3\cdot\frac{6}{7}-2=\frac{4}{7}$

よって　　**$(x,\ y)=\left(\frac{6}{7},\ \frac{4}{7}\right)$ のとき最大値 $\frac{8}{7}$**

(2) $x+2y=1$ から　　$x=-2y+1$ …… ①

$x\geqq0$ であるから　　$-2y+1\geqq0$

ゆえに　　$y\leqq\frac{1}{2}$

$y\geqq0$ との共通範囲は　　$0\leqq y\leqq\frac{1}{2}$ …… ②

←$y=\frac{1}{2}(1-x)$ とすると分数が出てくるから，x^2+y^2 を y の関数で表す方がらく。

$x^2+y^2=t$ とおくと

$t=(-2y+1)^2+y^2=5y^2-4y+1$

$=5\left(y-\frac{2}{5}\right)^2+\frac{1}{5}$

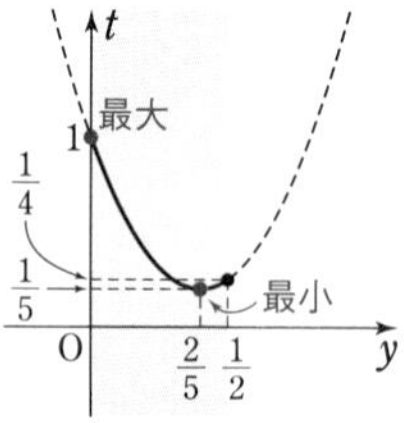

② の範囲において，t は $y=0$ で最大値 1 をとり，$y=\frac{2}{5}$ で最小値 $\frac{1}{5}$ をとる。

←軸は，区間 ② の右半分にある。

① から

$y=0$ のとき　$x=1$；$y=\frac{2}{5}$ のとき　$x=-2\cdot\frac{2}{5}+1=\frac{1}{5}$

したがって　**$(x,\ y)=(1,\ 0)$ のとき最大値 1,**

$(x,\ y)=\left(\frac{1}{5},\ \frac{2}{5}\right)$ のとき最小値 $\frac{1}{5}$

←$(x,\ y)$ の値を x^2+y^2 に代入して検算してみるとよい。

練習 ④90　(1)　x, y の関数 $P=2x^2+y^2-4x+10y-2$ の最小値を求めよ。
(2)　x, y の関数 $Q=x^2-6xy+10y^2-2x+2y+2$ の最小値を求めよ。
なお，(1), (2) では，最小値をとるときの x, y の値も示せ。

(1)　$P=2x^2-4x+y^2+10y-2$

$=2(x-1)^2-2\cdot1^2+y^2+10y-2$　　←x について基本形に。

$=2(x-1)^2+(y+5)^2-5^2-4$　　←y について基本形に。

$=2(x-1)^2+(y+5)^2-29$

x, y は実数であるから　$(x-1)^2\geqq0$, $(y+5)^2\geqq0$　　←(実数)$^2\geqq0$

よって，P は $x-1=0$, $y+5=0$ のとき最小となる。

ゆえに　**$x=1$, $y=-5$ のとき最小値 -29**

(2)　$Q=x^2-2(3y+1)x+10y^2+2y+2$　　←x について整理。

$=\{x-(3y+1)\}^2-(3y+1)^2+10y^2+2y+2$　　←x について基本形に。

$=\{x-(3y+1)\}^2+y^2-4y+1$

$=\{x-(3y+1)\}^2+(y-2)^2-2^2+1$　　←y について基本形に。

$=\{x-(3y+1)\}^2+(y-2)^2-3$

x, y は実数であるから　$\{x-(3y+1)\}^2\geqq0$, $(y-2)^2\geqq0$　　←$x-(3y+1)$ も実数。

よって，Q は $x-(3y+1)=0$, $y-2=0$ のとき最小となる。

$x-(3y+1)=0$, $y-2=0$ を解くと　$x=7$, $y=2$

ゆえに　**$x=7$, $y=2$ のとき最小値 -3**

練習 ④91　次の関数の最大値，最小値を求めよ。
(1)　$y=-2x^4-8x^2$　　(2)　$y=(x^2-6x)^2+12(x^2-6x)+30$　$(1\leqq x\leqq5)$

(1)　$x^2=t$ とおくと　$t\geqq0$　　←おき換えを利用。(実数)$^2\geqq0$

y を t の式で表すと

$y=-2t^2-8t=-2(t+2)^2+8$　　←$y=-2(x^2)^2-8x^2$ 　t の 2 次式 ⟶ 基本形に。

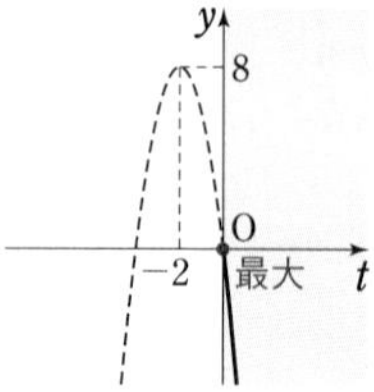

$t\geqq0$ の範囲において，y は $t=0$ のとき最大となり，最小値はない。

よって

$x=0$ のとき最大値 0，最小値はない。　　←$t=0$ すなわち $x^2=0$ を解くと　$x=0$

(2) $x^2-6x=t$ とおくと

$t=(x-3)^2-9$

$1\leqq x\leqq 5$ であるから

$-9\leqq t\leqq -5$ …… ①

y を t の式で表すと

$y=t^2+12t+30=(t+6)^2-6$

① の範囲において，y は $t=-9$ で最大値 3，$t=-6$ で最小値 -6 をとる。

$t=-9$ のとき　$(x-3)^2-9=-9$

ゆえに　$(x-3)^2=0$　よって　$x=3$

$t=-6$ のとき　$(x-3)^2-9=-6$

ゆえに　$(x-3)^2=3$　よって　$x=3\pm\sqrt{3}$

以上から　**$x=3$ のとき最大値 3，**

$x=3\pm\sqrt{3}$ のとき最小値 -6

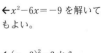

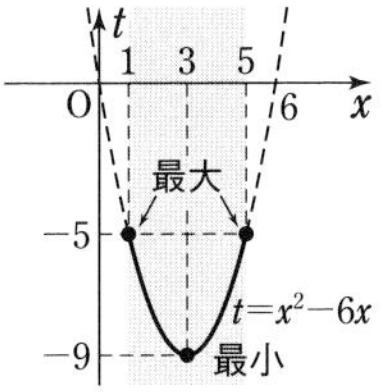

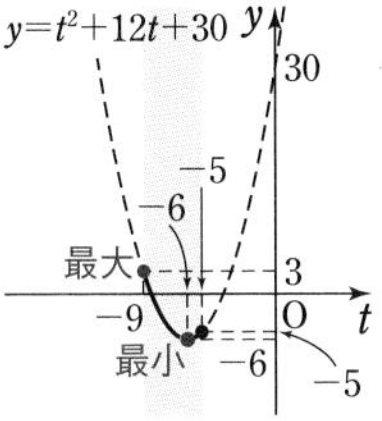

←$t=x^2-6x$ $(1\leqq x\leqq 5)$ のグラフから t の変域を判断。

←$x^2-6x=-9$ を解いてもよい。

←$(x-3)^2=3$ から $x-3=\pm\sqrt{3}$
なお，$x=3$，$3\pm\sqrt{3}$ は $1\leqq x\leqq 5$ の範囲内にある。

3章 練習 [2次関数]

練習 ②92 2 次関数のグラフが次の条件を満たすとき，その 2 次関数を求めよ。

(1) 頂点が点 $\left(-\frac{3}{2},\ -\frac{1}{2}\right)$ で，点 $(0,\ -5)$ を通る。

(2) 軸が直線 $x=-3$ で，2 点 $(-6,\ -8)$，$(1,\ -22)$ を通る。

(1) 頂点が点 $\left(-\frac{3}{2},\ -\frac{1}{2}\right)$ であるから，求める 2 次関数は

$y=a\left(x+\frac{3}{2}\right)^2-\frac{1}{2}$ と表される。

このグラフが点 $(0,\ -5)$ を通るから　$-5=a\left(0+\frac{3}{2}\right)^2-\frac{1}{2}$

すなわち　$-5=\frac{9}{4}a-\frac{1}{2}$　これを解いて　$a=-2$

よって　$\boldsymbol{y=-2\left(x+\frac{3}{2}\right)^2-\frac{1}{2}}$

$(y=-2x^2-6x-5$ でもよい$)$

(2) 軸が直線 $x=-3$ であるから，求める 2 次関数は

$y=a(x+3)^2+q$

と表される。

このグラフが 2 点 $(-6,\ -8)$，$(1,\ -22)$ を通るから

$-8=a(-3)^2+q$，$-22=a\cdot 4^2+q$

すなわち　$9a+q=-8$，$16a+q=-22$

これを解いて　$a=-2$，$q=10$

よって　$\boldsymbol{y=-2(x+3)^2+10}$　$(y=-2x^2-12x-8$ でもよい$)$

HINT 頂点や軸が与えられた場合は，基本形からスタート。

←関数 $y=f(x)$ のグラフが点 $(s,\ t)$ を通る。
$\Longleftrightarrow t=f(s)$

2 次関数の決定
頂点や軸があれば
基本形で

練習 ②93 2 次関数のグラフが次の条件を満たすとき，その 2 次関数を求めよ。

(1) 3 点 $(1,\ 8)$，$(-2,\ 2)$，$(-3,\ 4)$ を通る。

(2) x 軸と 2 点 $(-1,\ 0)$，$(2,\ 0)$ で交わり，点 $(3,\ 12)$ を通る。

(1) 求める 2 次関数を $y=ax^2+bx+c$ とする。

このグラフが 3 点 $(1,\ 8)$，$(-2,\ 2)$，$(-3,\ 4)$ を通るから

2 次関数の決定
3 点通過なら 一般形 で

$$\begin{cases} a+b+c=8 & \cdots\cdots ① \\ 4a-2b+c=2 & \cdots\cdots ② \\ 9a-3b+c=4 & \cdots\cdots ③ \end{cases}$$

←①〜③ の式を見ると，c の係数がすべて 1 であるから，まず c を消去することを考える。

②−① から　$3a-3b=-6$　すなわち　$a-b=-2$ ……④

③−② から　$5a-b=2$ ……⑤

⑤−④ から　$4a=4$　　ゆえに　$a=1$

このとき，④ から　$b=3$　　更に，① から　$c=4$

したがって　　$\boldsymbol{y=x^2+3x+4}$

←a，b の連立方程式 ④，⑤ を解く。

←④ から　$b=a+2$
① から　$c=8-a-b$

(2)　x 軸と 2 点 $(-1,\ 0)$，$(2,\ 0)$ で交わるから，求める 2 次関数は $y=a(x+1)(x-2)$ と表される。

このグラフが点 $(3,\ 12)$ を通るから　　$12=a(3+1)(3-2)$

すなわち　　$4a=12$　　ゆえに　　$a=3$

よって　　$\boldsymbol{y=3(x+1)(x-2)}$　$(y=3x^2-3x-6$ でもよい$)$

2 次関数の決定
x 軸と 2 点で交わるなら 分解形 で

別解　求める 2 次関数を $y=ax^2+bx+c$ とする。

このグラフが 3 点 $(-1,\ 0)$，$(2,\ 0)$，$(3,\ 12)$ を通るから

$$\begin{cases} a-b+c=0 \\ 4a+2b+c=0 \\ 9a+3b+c=12 \end{cases} \quad \text{これを解くと} \quad \begin{cases} a=3 \\ b=-3 \\ c=-6 \end{cases}$$

よって　　$\boldsymbol{y=3x^2-3x-6}$

←(第 2 式)−(第 1 式)，(第 3 式)−(第 1 式) からそれぞれ c を消去すると $a+b=0$，$2a+b=3$

練習 ③94　2 次関数のグラフが次の条件を満たすとき，その 2 次関数を求めよ。
(1)　頂点が点 $(p,\ 3)$ で，2 点 $(-1,\ 11)$，$(2,\ 5)$ を通る。
(2)　放物線 $y=x^2-3x+4$ を平行移動したもので，点 $(2,\ 4)$ を通り，その頂点が直線 $y=2x+1$ 上にある。

(1)　頂点が点 $(p,\ 3)$ であるから，求める 2 次関数は

$y=a(x-p)^2+3$　　と表される。

このグラフが 2 点 $(-1,\ 11)$，$(2,\ 5)$ を通るから

$a(-1-p)^2+3=11$　すなわち　$a(p+1)^2=8$ ……①

$a(2-p)^2+3=5$　　すなわち　$a(p-2)^2=2$ ……②

2 次関数の決定
頂点や軸があれば 基本形で

① と ②×4 から　　$a(p+1)^2=4a(p-2)^2$

$a \neq 0$ であるから　　$(p+1)^2=4(p-2)^2$

ゆえに　　$p^2-6p+5=0$　　よって　　$(p-1)(p-5)=0$

これを解いて　　$p=1,\ 5$

← (両辺)$\div a$
なお，文字で割るときには，文字が 0 でないことの確認が必要。

① から　　$p=1$ のとき　$a=2$，　　$p=5$ のとき　$a=\dfrac{2}{9}$

したがって　　$\boldsymbol{y=2(x-1)^2+3}$，$\boldsymbol{y=\dfrac{2}{9}(x-5)^2+3}$

$\left(y=2x^2-4x+5,\ y=\dfrac{2}{9}x^2-\dfrac{20}{9}x+\dfrac{77}{9}\right.$ でもよい$\left.\right)$

←p の値によって答えは 2 通り。

(2)　放物線 $y=x^2-3x+4$ を平行移動したもので，頂点が直線 $y=2x+1$ 上にあるから，頂点の座標を $(p,\ 2p+1)$ とすると，求める 2 次関数は $y=(x-p)^2+2p+1$ と表される。

このグラフが点 $(2,\ 4)$ を通るから　　$(2-p)^2+2p+1=4$

←頂点が直線 $y=2x+1$ 上にある $\Longrightarrow$ 頂点は点 $(p,\ 2p+1)$ と表される。

整理すると　$(p-1)^2=0$　よって　$p=1$
したがって　$\boldsymbol{y=(x-1)^2+3}$　($y=x^2-2x+4$ でもよい)

練習 ①95 次の2次方程式を解け。
(1) $2x(2x+1)=x(x+1)$　(2) $6x^2-x-1=0$　(3) $4x^2-12x+9=0$
(4) $5x=3(1-x^2)$　(5) $12x^2+7x-12=0$　(6) $x^2+14x-67=0$

(1) 与式を展開して整理すると　$3x^2+x=0$
ゆえに　$x(3x+1)=0$　よって　$\boldsymbol{x=0,\ -\frac{1}{3}}$

←与式の両辺を共通因数の x で割るのは誤り。

(2) 左辺を因数分解して　$(2x-1)(3x+1)=0$
ゆえに　$2x-1=0$　または　$3x+1=0$
よって　$\boldsymbol{x=\frac{1}{2},\ -\frac{1}{3}}$

←
2	−1 →	−3
3	1 →	2
6	−1	−1

(3) 左辺を因数分解して　$(2x-3)^2=0$
ゆえに　$2x-3=0$　よって　$\boldsymbol{x=\frac{3}{2}}$

←重解の場合。

(4) 与式を整理すると　$3x^2+5x-3=0$
解の公式により　$\boldsymbol{x}=\dfrac{-5\pm\sqrt{5^2-4\cdot3\cdot(-3)}}{2\cdot3}=\boldsymbol{\dfrac{-5\pm\sqrt{61}}{6}}$

←左辺は因数分解できないから，解の公式を使って解く。

(5) 左辺を因数分解して　$(3x+4)(4x-3)=0$
ゆえに　$3x+4=0$　または　$4x-3=0$
よって　$\boldsymbol{x=-\frac{4}{3},\ \frac{3}{4}}$

←
3	4 →	16
4	−3 →	−9
12	−12	7

(6) 与式は　$x^2+2\cdot7x-67=0$
解の公式により　$\boldsymbol{x}=\dfrac{-7\pm\sqrt{7^2-1\cdot(-67)}}{1}=-7\pm\sqrt{116}$
$\boldsymbol{=-7\pm2\sqrt{29}}$

←x の係数 $14=2\cdot7$
よって，$b=2b'$ の場合の解の公式を利用。

←$\sqrt{116}=\sqrt{2^2\cdot29}$

練習 ③96 次の方程式を解け。
(1) $\dfrac{x^2}{15}-\dfrac{x}{3}=\dfrac{1}{5}(x+1)$　(2) $-\sqrt{3}x^2-2x+5\sqrt{3}=0$
(3) $4(x-2)^2+10(x-2)+5=0$　(4) $x^2-3x-|x-2|-2=0$

(1) 両辺に15を掛けて　$x^2-5x=3(x+1)$
整理すると　$x^2-8x-3=0$
よって　$\boldsymbol{x}=\dfrac{-(-4)\pm\sqrt{(-4)^2-1\cdot(-3)}}{1}\boldsymbol{=4\pm\sqrt{19}}$

←まず，分母を払い，係数を整数に。なお，分母の最小公倍数は15

(2) 両辺に $-\sqrt{3}$ を掛けて　$3x^2+2\sqrt{3}x-15=0$
よって　$x=\dfrac{-\sqrt{3}\pm\sqrt{(\sqrt{3})^2-3\cdot(-15)}}{3}=\dfrac{-\sqrt{3}\pm4\sqrt{3}}{3}$
したがって　$\boldsymbol{x=\sqrt{3},\ -\frac{5\sqrt{3}}{3}}$

←x^2 の係数だけでも正の整数にすると扱いやすくなる。

別解　両辺に -1 を掛けて　$\sqrt{3}x^2+2x-5\sqrt{3}=0$
左辺を因数分解して　$(x-\sqrt{3})(\sqrt{3}x+5)=0$
よって　$x=\sqrt{3},\ -\dfrac{5}{\sqrt{3}}$　すなわち　$\boldsymbol{x=\sqrt{3},\ -\frac{5\sqrt{3}}{3}}$

←
1	$-\sqrt{3}$ →	−3
$\sqrt{3}$	5 →	5
$\sqrt{3}$	$-5\sqrt{3}$	2

3章 練習 [2次関数]

(3)　$x-2=X$ とおくと　$4X^2+10X+5=0$

ゆえに　$X=\dfrac{-5\pm\sqrt{5^2-4\cdot5}}{4}=\dfrac{-5\pm\sqrt{5}}{4}$

よって　$\boldsymbol{x}=X+2=\dfrac{-5\pm\sqrt{5}}{4}+2=\boldsymbol{\dfrac{3\pm\sqrt{5}}{4}}$

←おき換えを利用。

(4)　[1]　$x\geqq2$ のとき，方程式は

$x^2-3x-(x-2)-2=0$

ゆえに　$x^2-4x=0$　よって　$x(x-4)=0$

ゆえに　$x=0,\ 4$

$x\geqq2$ を満たすものは　$x=4$

←$x-2\geqq0$ であるから $|x-2|=x-2$

←この確認を忘れずに。

[2]　$x<2$ のとき，方程式は

$x^2-3x+(x-2)-2=0$

ゆえに　$x^2-2x-4=0$

よって　$x=-(-1)\pm\sqrt{(-1)^2-1\cdot(-4)}=1\pm\sqrt{5}$

$x<2$ を満たすものは　$x=1-\sqrt{5}$

[1]，[2] から，求める解は　$\boldsymbol{x=4,\ 1-\sqrt{5}}$

←$x-2<0$ であるから $|x-2|=-(x-2)$

←この確認を忘れずに。

←解をまとめておく。

練習 ③97

(1)　2 次方程式 $3x^2+mx+n=0$ の解が 2 と $-\dfrac{1}{3}$ であるとき，定数 m，n の値を求めよ。

(2)　$x=2$ が 2 次方程式 $mx^2-2x+3m^2=0$ の解であるとき，定数 m の値を求めよ。また，そのときの他の解を求めよ。

(1)　$x=2$ と $x=-\dfrac{1}{3}$ が解であるから

$3\cdot2^2+m\cdot2+n=0,\ 3\left(-\dfrac{1}{3}\right)^2+m\left(-\dfrac{1}{3}\right)+n=0$

整理して　$2m+n+12=0$ …… ①，$m-3n-1=0$ …… ②

①×3＋② から　$7m+35=0$　よって　$\boldsymbol{m=-5}$

① に代入して　$-10+n+12=0$　よって　$\boldsymbol{n=-2}$

①　$x=\alpha$ が 2 次方程式の解 ⟶ 2 次方程式に $x=\alpha$ を代入した等式が成り立つ。

(2)　$x=2$ が方程式の解であるから

$m\cdot2^2-2\cdot2+3m^2=0$　すなわち　$3m^2+4m-4=0$

ゆえに　$(m+2)(3m-2)=0$　よって　$m=-2,\ \dfrac{2}{3}$

[1]　$m=-2$ のとき，方程式は

$-2x^2-2x+12=0$　すなわち　$x^2+x-6=0$

ゆえに　$(x-2)(x+3)=0$　よって　$x=2,\ -3$

したがって，他の解は　$x=-3$

←これらは $m\neq0$ を満たす。よって，$m=-2,\ \dfrac{2}{3}$ で場合分け。

[2]　$m=\dfrac{2}{3}$ のとき，方程式は　$\dfrac{2}{3}x^2-2x+\dfrac{4}{3}=0$

よって　$x^2-3x+2=0$　ゆえに　$(x-1)(x-2)=0$

よって　$x=1,\ 2$

ゆえに，他の解は　$x=1$

←方程式の両辺に $\dfrac{3}{2}$ を掛けて，係数を整数に直す。

$m=-2$ のとき他の解 $x=-3$，$m=\dfrac{2}{3}$ のとき他の解 $x=1$

練習 ③98 次の連立方程式を解け。

(1) $\begin{cases} 3x-y+8=0 \\ x^2-y^2-4x-8=0 \end{cases}$　(2) $\begin{cases} x^2-y^2+x+y=0 \\ x^2-3x+2y^2+3y=9 \end{cases}$　〔(2) 関西大〕

(1) $\begin{cases} 3x-y+8=0 & \cdots\cdots ① \\ x^2-y^2-4x-8=0 & \cdots\cdots ② \end{cases}$

① から　$y=3x+8$ …… ③

←まず，y を消去する。

③ を ② に代入して整理すると　$2x^2+13x+18=0$

←$x^2-(3x+8)^2-4x-8=0$

よって　$(x+2)(2x+9)=0$　ゆえに　$x=-2,\ -\dfrac{9}{2}$

←因数分解を利用。

③ から　$x=-2$ のとき　$y=2$,

←$y=3(-2)+8$

$x=-\dfrac{9}{2}$ のとき　$y=-\dfrac{11}{2}$

←$y=3\left(-\dfrac{9}{2}\right)+8$

よって　$\boldsymbol{(x,\ y)=(-2,\ 2),\ \left(-\dfrac{9}{2},\ -\dfrac{11}{2}\right)}$

別解　①+② から　$x^2-y^2-x-y=0$

←①，② の定数の項は，符号だけが異なることに注目。

よって　$(x+y)(x-y-1)=0$

ゆえに　$x+y=0$ または $x-y-1=0$

$x+y=0$ と ① から

$(x,\ y)=(-2,\ 2)$　これは ② を満たす。

$x-y-1=0$ と ① から

$(x,\ y)=\left(-\dfrac{9}{2},\ -\dfrac{11}{2}\right)$　これは ② を満たす。

よって　$\boldsymbol{(x,\ y)=(-2,\ 2),\ \left(-\dfrac{9}{2},\ -\dfrac{11}{2}\right)}$

(2) $\begin{cases} x^2-y^2+x+y=0 & \cdots\cdots ① \\ x^2-3x+2y^2+3y=9 & \cdots\cdots ② \end{cases}$

① から　$(x+y)(x-y)+(x+y)=0$

←① は $AB=0$ の形。
$AB=0$ のとき $A=0$ または $B=0$

よって　$(x+y)(x-y+1)=0$

ゆえに　$y=-x$ または $y=x+1$

[1]　$y=-x$ …… ③ のとき，③ を ② に代入して整理すると

←$x^2-3x+2x^2-3x=9$

$x^2-2x-3=0$　よって　$(x+1)(x-3)=0$

ゆえに　$x=3,\ -1$

③ から　$x=3$ のとき $y=-3$,　$x=-1$ のとき $y=1$

[2]　$y=x+1$ …… ④ のとき，④ を ② に代入して整理すると

←$x^2-3x+2(x+1)^2+3(x+1)=9$

$3x^2+4x-4=0$　よって　$(x+2)(3x-2)=0$

←
1 ╲╱	2 →	6
3 ╱╲	−2 →	−2
3	−4	4

ゆえに　$x=-2,\ \dfrac{2}{3}$

④ から　$x=-2$ のとき $y=-1$,　$x=\dfrac{2}{3}$ のとき $y=\dfrac{5}{3}$

[1]，[2] から

$\boldsymbol{(x,\ y)=(3,\ -3),\ (-1,\ 1),\ (-2,\ -1),\ \left(\dfrac{2}{3},\ \dfrac{5}{3}\right)}$

練習 ③99 a は定数とする。次の方程式を解け。
(1) $ax+2=x+a^2$　　(2) $(a^2-1)x^2-(a^2-a)x+1-a=0$　［(1) 中央大］

(1) $ax+2=x+a^2$ から　$(a-1)x=a^2-2$ …… ①

[1] $a-1 \neq 0$ すなわち $a \neq 1$ のとき，① から　$x=\dfrac{a^2-2}{a-1}$

[2] $a-1=0$ すなわち $a=1$ のとき，① は　$0 \cdot x=-1$
これを満たす x の値はない。

したがって $\begin{cases} \boldsymbol{a \neq 1} \textbf{ のとき } \boldsymbol{x=\dfrac{a^2-2}{a-1}} \\ \boldsymbol{a=1} \textbf{ のとき　解はない} \end{cases}$

(2) 与式から　$(a+1)(a-1)x^2-a(a-1)x-(a-1)=0$
よって　$(a-1)\{(a+1)x^2-ax-1\}=0$
ゆえに　$(a-1)(x-1)\{(a+1)x+1\}=0$ …… ①

[1] $a-1 \neq 0$ かつ $a+1 \neq 0$ すなわち $a \neq \pm 1$ のとき，
① から　$(x-1)\{(a+1)x+1\}=0$
よって　$x=1,\ -\dfrac{1}{a+1}$

[2] $a=1$ のとき，① は　$0 \cdot (x-1)(2x+1)=0$
これは x がどんな値でも成り立つ。

[3] $a=-1$ のとき，① は　$-2(x-1) \cdot 1=0$
よって　$x=1$

したがって $\begin{cases} \boldsymbol{a \neq \pm 1} \textbf{ のとき } \boldsymbol{x=1,\ -\dfrac{1}{a+1}} \\ \boldsymbol{a=1} \textbf{ のとき　解はすべての数} \\ \boldsymbol{a=-1} \textbf{ のとき } \boldsymbol{x=1} \end{cases}$

←① の両辺を $a-1\ (\neq 0)$ で割る。
←$a=1$ を ① に代入。
←すべての数 x に対して，$0 \cdot x$ の値は 0 となる。

←$a-1$ でくくる。

←
1	-1 →	$-a-1$
$a+1$	1 →	1
$a+1$	-1	$-a$

または
$(a+1)x^2-ax-1$
$=a(x^2-x)+x^2-1$
$=ax(x-1)+(x+1)(x-1)$
$=(x-1)(ax+x+1)$

練習 ②100 m を定数とする。2 次方程式 $x^2+2(2-m)x+m=0$ について
(1) $m=-1$，$m=3$ のときの実数解の個数を，それぞれ求めよ。
(2) 重解をもつように m の値を定め，そのときの重解を求めよ。

判別式を D とすると

$$\frac{D}{4}=(2-m)^2-1 \cdot m=m^2-5m+4=(m-1)(m-4)$$

(1) $m=-1$ のとき　$\dfrac{D}{4}=(-2) \cdot (-5)=10$
$D>0$ であるから，実数解の個数は　2 個
$m=3$ のとき　$\dfrac{D}{4}=2 \cdot (-1)=-2$
$D<0$ であるから，実数解の個数は　0 個
したがって，実数解の個数は
$\boldsymbol{m=-1}$ のとき 2 個，$\boldsymbol{m=3}$ のとき 0 個

(2) 方程式が重解をもつための必要十分条件は　$D=0$
すなわち　$(m-1)(m-4)=0$
よって　$m=1,\ 4$

←x の係数 $2(2-m)$ は，2 の倍数であるから，$\dfrac{D}{4}=b'^2-ac$ の符号を調べる。

また，重解は　$x=-\frac{2(2-m)}{2\cdot1}=m-2$

したがって　**$m=1$ のとき　重解は $x=-1$,**

$m=4$ のとき　重解は $x=2$

注意　$m=1$, 4 を方程式に代入して重解を求めると，次のようになる。

$m=1$ のとき，方程式は　$x^2+2x+1=0$

ゆえに　$(x+1)^2=0$　よって　$x=-1$

$m=4$ のとき，方程式は　$x^2-4x+4=0$

ゆえに　$(x-2)^2=0$　よって　$x=2$

←2 次方程式 $ax^2+bx+c=0$ が重解をもつとき，その重解は $x=-\frac{b}{2a}$

練習 ③101　(1) x の 2 次方程式 $x^2+(2k-1)x+(k-1)(k+3)=0$ が実数解をもつような定数 k の値の範囲を求めよ。

(2) k を定数とする。x の方程式 $kx^2-4x+k+3=0$ がただ 1 つの実数解をもつような k の値を求めよ。〔(2) 京都産大〕

(1) 判別式を D とすると

$$D=(2k-1)^2-4\cdot1\cdot(k-1)(k+3)$$
$$=4k^2-4k+1-4(k^2+2k-3)=-12k+13$$

実数解をもつための必要十分条件は　$D\geqq0$

よって　$-12k+13\geqq0$

したがって　$\boldsymbol{k\leqq\frac{13}{12}}$

←**2 次方程式が実数解をもつ ⟺ $D\geqq0$**

(2) [1] $k=0$ のとき，方程式は　$-4x+3=0$

よって，$x=\frac{3}{4}$ となり，ただ 1 つの実数解をもつ。

[2] $k\neq0$ のとき，2 次方程式 $kx^2-4x+k+3=0$ の判別式を D とすると

$$\frac{D}{4}=(-2)^2-k(k+3)=-k^2-3k+4$$
$$=-(k^2+3k-4)=-(k-1)(k+4)$$

ただ 1 つの実数解をもつのは $D=0$ のときである。

ゆえに　$(k-1)(k+4)=0$　よって　$k=1$, -4

これらは，$k\neq0$ を満たす。

以上から，求める k の値は　$\boldsymbol{k=-4,\ 0,\ 1}$

←2 次の係数が 0 の場合を分けて考える。

←判別式が使えるのは，2 次方程式のときに限る。

←2 次方程式が重解をもつ場合である。

練習 ③102　2 つの 2 次方程式 $x^2+6x+12k-24=0$, $x^2+(k+3)x+12=0$ がただ 1 つの実数を共通解としてもつとき，実数の定数 k の値は ア□ であり，そのときの共通解は イ□ である。

共通解を $x=\alpha$ とおいて，方程式にそれぞれ代入すると

$\alpha^2+6\alpha+12k-24=0$ …… ①,

$\alpha^2+(k+3)\alpha+12=0$ …… ②

②−① から　$(k-3)\alpha-12k+36=0$

ゆえに　$(k-3)(\alpha-12)=0$

よって　$k=3$, $\alpha=12$

←α^2 の項を消去。

[1]　$k=3$ のとき

2つの2次方程式はともに $x^2+6x+12=0$ となり，この方程式の判別式を D とすると　$\dfrac{D}{4}=3^2-1\cdot12=-3$

$D<0$ であるから，この方程式は実数解をもたない。

ゆえに，2つの方程式は共通の実数解をもたない。

←$x^2+6x+12=(x+3)^2+3>0$ から示してもよい。

[2]　$\alpha=12$ のとき

① から　$12^2+6\cdot12+12k-24=0$　　よって　$k=-16$

←② に代入してもよい。

このとき，2つの2次方程式は

$$x^2+6x-216=0,\ x^2-13x+12=0$$

すなわち　$(x-12)(x+18)=0,\ (x-1)(x-12)=0$

←$216=6^3=2^3\cdot3^3$

解はそれぞれ　$x=12,\ -18$；　$x=1,\ 12$

ゆえに，2つの方程式はただ1つの共通の実数解 $x=12$ をもつ。

以上から　　$k=$ ア $\mathbf{-16}$，共通解は イ $\mathbf{12}$

練習 ②103　次の2次関数のグラフは x 軸と共有点をもつか。もつときは，その座標を求めよ。
(1)　$y=-3x^2+6x-3$　　(2)　$y=2x^2-3x+4$　　(3)　$y=-x^2+4x-2$

(1)　$-3x^2+6x-3=0$ とすると　　$x^2-2x+1=0$

ゆえに　　$(x-1)^2=0$　　したがって　　$x=1$

よって，x 軸と共有点を1個もち，その座標は　**(1, 0)**

共有点の x 座標 ⟺ 方程式の実数解

(2)　2次方程式 $2x^2-3x+4=0$ の判別式を D とすると

$$D=(-3)^2-4\cdot2\cdot4=-23$$

$D<0$ であるから，グラフと x 軸は **共有点をもたない。**

←方程式 $2x^2-3x+4=0$ は，実数解をもたないから，共有点はない。

(3)　$-x^2+4x-2=0$ とすると　　$x^2-4x+2=0$

これを解くと　　$x=-(-2)\pm\sqrt{(-2)^2-2}=2\pm\sqrt{2}$

よって，x 軸と共有点を2個もち，その座標は

$$\mathbf{(2-\sqrt{2},\ 0),\ (2+\sqrt{2},\ 0)}$$

練習 ②104　2次関数 $y=x^2-2x+2k-4$ のグラフと x 軸の共有点の個数は，定数 k の値によってどのように変わるか。

2次方程式 $x^2-2x+2k-4=0$ の判別式を D とすると

$$\frac{D}{4}=(-1)^2-(2k-4)=-2k+5$$

$$=-2\left(k-\frac{5}{2}\right)$$

グラフと x 軸の共有点の個数は

←k の値で場合分け。

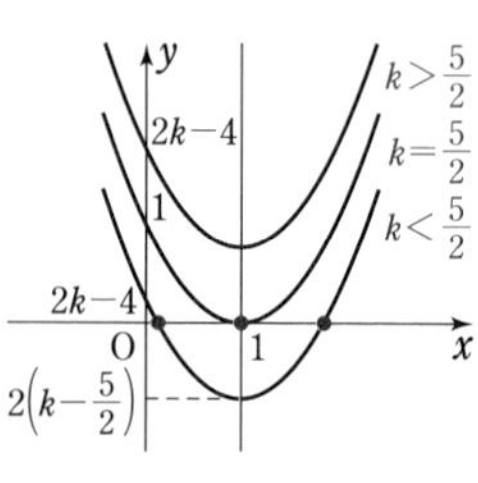

$D>0$ すなわち　$\boldsymbol{k<\dfrac{5}{2}}$ **のとき 2個**

←$k-\dfrac{5}{2}<0$

$D=0$ すなわち　$\boldsymbol{k=\dfrac{5}{2}}$ **のとき 1個**

←$k-\dfrac{5}{2}=0$

$D<0$ すなわち　$\boldsymbol{k>\dfrac{5}{2}}$ **のとき 0個**

←$k-\dfrac{5}{2}>0$

練習 ②105 次の2次関数のグラフが x 軸に接するように，定数 k の値を定めよ。また，そのときの接点の座標を求めよ。
(1) $y=-2x^2+kx-8$　　(2) $y=(k^2-1)x^2+2(k-1)x+2$

(1) 2次方程式 $-2x^2+kx-8=0$ の判別式を D とすると

$$D=k^2-4\cdot(-2)\cdot(-8)=k^2-64=(k+8)(k-8)$$

$y=-2x^2+kx-8$ のグラフが x 軸に接するための必要十分条件は　$D=0$

ゆえに　$(k+8)(k-8)=0$　　よって　$k=\pm 8$

グラフの頂点の x 座標は　$x=-\dfrac{k}{2\cdot(-2)}=\dfrac{k}{4}$

したがって，接点の座標は

$k=-8$ のとき　$(-2,\ 0)$，$k=8$ のとき　$(2,\ 0)$

(2) $f(x)=(k^2-1)x^2+2(k-1)x+2$ とする。

$y=f(x)$ は2次関数であるから　$k^2-1\neq 0$　ゆえに　$k\neq\pm 1$

2次方程式 $f(x)=0$ の判別式を D とすると

$$\frac{D}{4}=(k-1)^2-(k^2-1)\cdot 2=(k-1)^2-2(k+1)(k-1)$$
$$=(k-1)\{(k-1)-2(k+1)\}=-(k-1)(k+3)$$

グラフが x 軸に接するための必要十分条件は　$D=0$

ゆえに　$(k-1)(k+3)=0$　　よって　$k=1,\ -3$

$k\neq\pm 1$ であるから　**$k=-3$**

グラフの頂点の x 座標は

$$x=-\frac{k-1}{k^2-1}=-\frac{k-1}{(k+1)(k-1)}=-\frac{1}{k+1}=-\frac{1}{-3+1}=\frac{1}{2}$$

したがって，接点の座標は　**$\left(\dfrac{1}{2},\ 0\right)$**

←接する ⟺ 重解

←2次関数 $y=ax^2+bx+c$ のグラフが x 軸に接するとき，頂点が接点となるから，接点の x 座標は

$$\boldsymbol{x=-\frac{b}{2a}}$$

なお $k=-8$ のとき
$y=-2x^2-8x-8$
$=-2(x+2)^2$
$k=8$ のとき
$y=-2x^2+8x-8$
$=-2(x-2)^2$

←放物線 $y=ax^2+2b'x+c$ の頂点の x 座標は

$$x=-\frac{b'}{a}$$

なお，$k=-3$ のとき
$y=8x^2-8x+2$
$=8\left(x-\dfrac{1}{2}\right)^2$

練習 ②106 (1) 2次関数 $y=-3x^2-4x+2$ のグラフが x 軸から切り取る線分の長さを求めよ。
(2) 放物線 $y=x^2-ax+a-1$ が x 軸から切り取る線分の長さが6であるとき，定数 a の値を求めよ。　〔(2) 大阪産大〕

(1) $-3x^2-4x+2=0$ とすると　$3x^2+4x-2=0$

ゆえに　$x=\dfrac{-2\pm\sqrt{2^2-3\cdot(-2)}}{3}=\dfrac{-2\pm\sqrt{10}}{3}$

よって，放物線が x 軸から切り取る線分の長さは

$$\frac{-2+\sqrt{10}}{3}-\frac{-2-\sqrt{10}}{3}=\boldsymbol{\frac{2\sqrt{10}}{3}}$$

(2) $x^2-ax+a-1=0$ とすると　$(x-1)(x+1-a)=0$

ゆえに　$x=1,\ a-1$

よって，放物線が x 軸から切り取る線分の長さは

$|(a-1)-1|=|a-2|$　　ゆえに　$|a-2|=6$

よって　$a-2=\pm 6$　　したがって　**$a=8,\ -4$**

←x^2 の係数を正に。

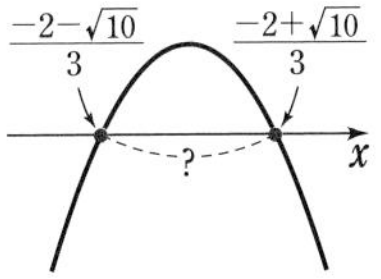

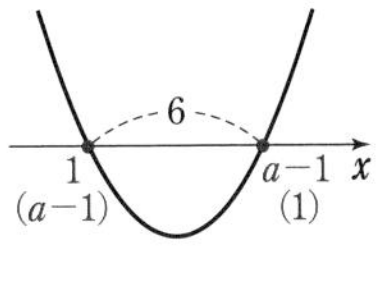

練習 ②107 次の放物線と直線は共有点をもつか。もつときは，その座標を求めよ。

(1) $\begin{cases} y=x^2-2x+3 \\ y=x+6 \end{cases}$ (2) $\begin{cases} y=x^2-4x \\ y=2x-9 \end{cases}$ (3) $\begin{cases} y=-x^2+4x-3 \\ y=2x \end{cases}$

(1) $\begin{cases} y=x^2-2x+3 & \cdots\cdots ① \\ y=x+6 & \cdots\cdots ② \end{cases}$ とする。

①，② から y を消去して $x^2-2x+3=x+6$

整理して $x^2-3x-3=0$

これを解くと $x=\dfrac{-(-3)\pm\sqrt{(-3)^2-4\cdot1\cdot(-3)}}{2\cdot1}=\dfrac{3\pm\sqrt{21}}{2}$

このとき，② から

$$y=\frac{3\pm\sqrt{21}}{2}+6=\frac{15\pm\sqrt{21}}{2}\ (\text{複号同順})$$

よって，共有点の座標は

$$\boldsymbol{\left(\frac{3-\sqrt{21}}{2},\ \frac{15-\sqrt{21}}{2}\right),\ \left(\frac{3+\sqrt{21}}{2},\ \frac{15+\sqrt{21}}{2}\right)}$$

(2) $\begin{cases} y=x^2-4x & \cdots\cdots ① \\ y=2x-9 & \cdots\cdots ② \end{cases}$ とする。

①，② から y を消去して $x^2-4x=2x-9$

整理して $x^2-6x+9=0$ よって $(x-3)^2=0$

したがって $x=3$（重解）

このとき，② から $y=2\cdot3-9=-3$

よって，共有点の座標は **(3, −3)**

(3) $\begin{cases} y=-x^2+4x-3 & \cdots\cdots ① \\ y=2x & \cdots\cdots ② \end{cases}$ とする。

①，② から y を消去して $-x^2+4x-3=2x$

整理して $x^2-2x+3=0$

この 2 次方程式の判別式を D とすると $\dfrac{D}{4}=(-1)^2-1\cdot3=-2$

$D<0$ であるから，この 2 次方程式は実数解をもたない。

したがって，放物線 ① と直線 ② は **共有点をもたない**。

共有点 ⟺ 実数解
接　点 ⟺ 重　解

(1)

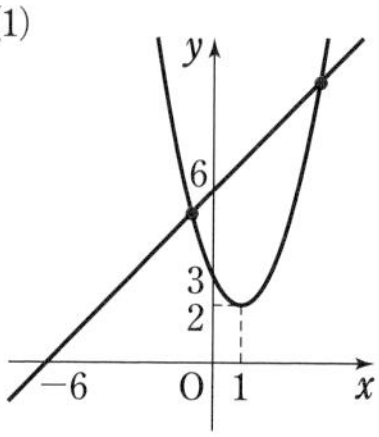

(2)

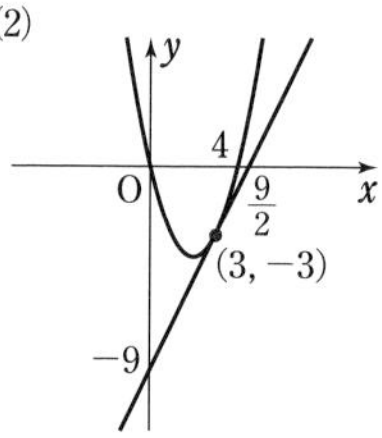

(3)

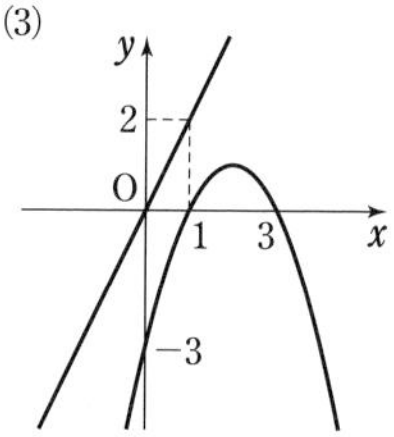

練習 ②108 (1) 関数 $y=x^2+ax+a$ のグラフが直線 $y=x+1$ と接するように，定数 a の値を定めよ。また，そのときの接点の座標を求めよ。

(2) k は定数とする。関数 $y=x^2-2kx$ のグラフと直線 $y=2x-k^2$ の共有点の個数を調べよ。

(1) $y=x^2+ax+a$ と $y=x+1$ から y を消去して

$$x^2+ax+a=x+1$$

整理すると $x^2+(a-1)x+a-1=0$ …… ①

2 次方程式 ① の判別式を D とすると

$$D=(a-1)^2-4(a-1)=(a-1)(a-5)$$

与えられた放物線と直線が接するための必要十分条件は

$$D=0$$

ゆえに $(a-1)(a-5)=0$ よって $a=1,\ 5$

共有点 ⟺ 実数解
y を消去して得られる 2 次方程式の判別式がカギをにぎる。

←接する ⟺ 重解

このとき，① の重解は　$x=-\frac{a-1}{2\cdot 1}=\frac{1-a}{2}$

$a=1$ のとき　$x=0$　このとき　$y=1$

したがって，**接点の座標は　(0, 1)**

$a=5$ のとき　$x=-2$　このとき　$y=-1$

したがって，**接点の座標は　(−2, −1)**

←y の値は，x の値を $y=x+1$ に代入して求める。$y=x^2+ax+a$ に代入してもよいが，a の値も関係してくるので，少し手間がかかる。

(2)　$y=x^2-2kx$ と $y=2x-k^2$ から y を消去して

$$x^2-2kx=2x-k^2$$

整理すると　$x^2-2(k+1)x+k^2=0$ …… ①

2 次方程式 ① の判別式を D とすると

$$\frac{D}{4}=\{-(k+1)\}^2-1\cdot k^2=2k+1$$

$D>0$　すなわち　$2k+1>0$ となるのは　$k>-\frac{1}{2}$

←① は異なる 2 つの実数解をもつ。

$D=0$　すなわち　$2k+1=0$ となるのは　$k=-\frac{1}{2}$

←① は重解をもつ。

$D<0$　すなわち　$2k+1<0$ となるのは　$k<-\frac{1}{2}$

←① は実数解をもたない。

よって，求める共有点の個数は

$k>-\frac{1}{2}$ のとき 2 個，$k=-\frac{1}{2}$ のとき 1 個，

$k<-\frac{1}{2}$ のとき 0 個

練習 ③109　次の 2 つの放物線は共有点をもつか。もつときは，その座標を求めよ。

(1)　$y=2x^2$，$y=x^2+2x+3$　(2)　$y=x^2-x$，$y=-x^2-3x-2$

(3)　$y=2x^2-2x$，$y=x^2-4x-1$

(1)　$\begin{cases} y=2x^2 & \cdots\cdots ① \\ y=x^2+2x+3 & \cdots\cdots ② \end{cases}$ とする。

①，② から y を消去すると　$2x^2=x^2+2x+3$

整理すると　$x^2-2x-3=0$

よって　$(x+1)(x-3)=0$　ゆえに　$x=-1,\ 3$

① から　$x=-1$ のとき　$y=2$

　　　　$x=3$ のとき　$y=18$

したがって，共有点の座標は　**(−1, 2)，(3, 18)**

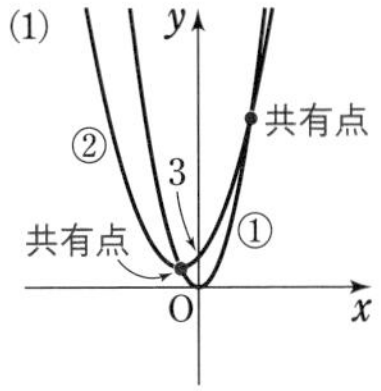

(2)　$\begin{cases} y=x^2-x & \cdots\cdots ① \\ y=-x^2-3x-2 & \cdots\cdots ② \end{cases}$ とする。

①，② から y を消去すると　$x^2-x=-x^2-3x-2$

整理すると　$x^2+x+1=0$

この 2 次方程式の判別式を D とすると

$$D=1^2-4\cdot 1\cdot 1=-3$$

$D<0$ であるから，この 2 次方程式は実数解をもたない。

したがって，2 つの放物線 ①，② は **共有点をもたない。**

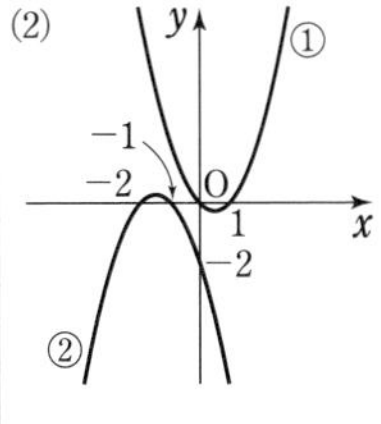

(3) $\begin{cases} y=2x^2-2x & \cdots\cdots ① \\ y=x^2-4x-1 & \cdots\cdots ② \end{cases}$ とする。

①，② から y を消去すると　$2x^2-2x=x^2-4x-1$

整理すると　$x^2+2x+1=0$　よって　$(x+1)^2=0$

ゆえに　$x=-1$　① から　$y=4$

したがって，共有点の座標は　**$(-1,\ 4)$**

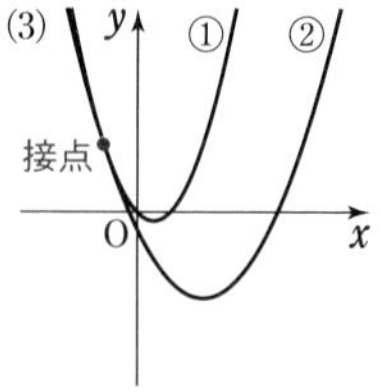

練習 ①110 次の 2 次不等式を解け。

(1) $x^2-x-6<0$　(2) $6x^2-x-2\geqq 0$　(3) $3(x^2+4x)>-11$

(4) $-2x^2+5x+1\geqq 0$　(5) $5x>3(4x^2-1)$　(6) $-x^2+2x+\frac{1}{3}\geqq 0$

(1) $x^2-x-6<0$ から　$(x+2)(x-3)<0$

$(x+2)(x-3)=0$ を解くと　$x=-2,\ 3$

よって，不等式の解は　$\boldsymbol{-2<x<3}$

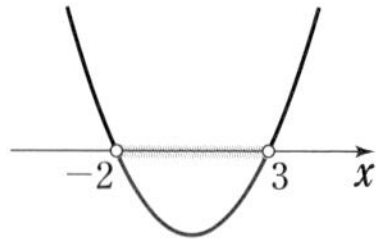

(2) $6x^2-x-2\geqq 0$ から　$(2x+1)(3x-2)\geqq 0$

$(2x+1)(3x-2)=0$ を解くと　$x=-\frac{1}{2},\ \frac{2}{3}$

よって，不等式の解は　$\boldsymbol{x\leqq -\frac{1}{2},\ \frac{2}{3}\leqq x}$

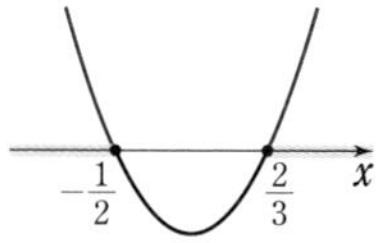

(3) 展開して整理すると　$3x^2+12x+11>0$

$3x^2+12x+11=0$ を解くと　$x=\frac{-6\pm\sqrt{3}}{3}$

よって，不等式の解は　$\boldsymbol{x<\frac{-6-\sqrt{3}}{3},\ \frac{-6+\sqrt{3}}{3}<x}$

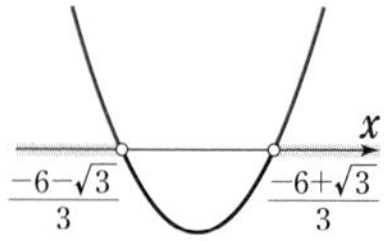

(4) 両辺に -1 を掛けて　$2x^2-5x-1\leqq 0$

$2x^2-5x-1=0$ を解くと　$x=\frac{5\pm\sqrt{33}}{4}$

よって，不等式の解は　$\boldsymbol{\frac{5-\sqrt{33}}{4}\leqq x\leqq \frac{5+\sqrt{33}}{4}}$

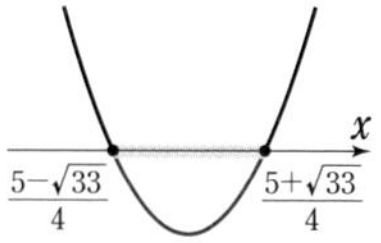

(5) 展開して整理すると　$12x^2-5x-3<0$

ゆえに　$(3x+1)(4x-3)<0$

$(3x+1)(4x-3)=0$ を解くと　$x=-\frac{1}{3},\ \frac{3}{4}$

よって，不等式の解は　$\boldsymbol{-\frac{1}{3}<x<\frac{3}{4}}$

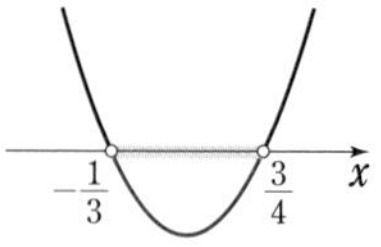

(6) 両辺に -3 を掛けて　$3x^2-6x-1\leqq 0$

$3x^2-6x-1=0$ を解くと　$x=\frac{3\pm 2\sqrt{3}}{3}$

よって，不等式の解は　$\boldsymbol{\frac{3-2\sqrt{3}}{3}\leqq x\leqq \frac{3+2\sqrt{3}}{3}}$

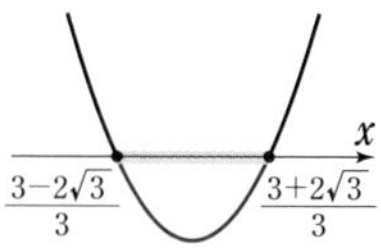

練習 ①111 次の 2 次不等式を解け。

(1) $x^2+4x+4\geqq 0$　(2) $2x^2+4x+3<0$　(3) $-4x^2+12x-9\geqq 0$　(4) $9x^2-6x+2>0$

(1)　左辺を因数分解して

$$(x+2)^2 \geqq 0$$

よって，解は　**すべての実数**

(2)　$2x^2+4x+3=2(x+1)^2+1$ から，

不等式は　$2(x+1)^2+1<0$

よって，**解はない**

(3)　不等式の両辺に -1 を掛けて

$$4x^2-12x+9 \leqq 0$$

左辺を因数分解して　$(2x-3)^2 \leqq 0$

よって，解は　$\boldsymbol{x=\frac{3}{2}}$

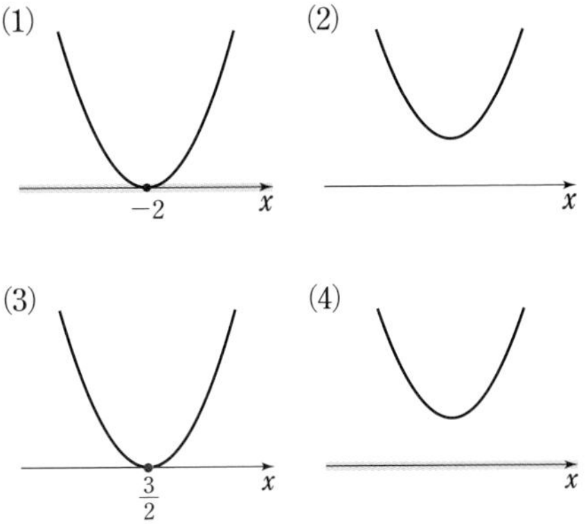

(4)　2 次方程式 $9x^2-6x+2=0$ の判別式を

D とすると　$\dfrac{D}{4}=(-3)^2-9\cdot 2=-9$

x^2 の係数は正で，かつ $D<0$ であるから，すべての実数について $9x^2-6x+2>0$ が成り立つ。

よって，解は　**すべての実数**

←$9x^2-6x+2=9\left(x-\dfrac{1}{3}\right)^2+1$ から求めてもよい。

練習 ③112　次の不等式を解け。ただし，a は定数とする。　[(3) 類 公立はこだて未来大]

(1)　$x^2-ax \leqq 5(a-x)$　(2)　$ax^2>x$　(3)　$x^2-a(a+1)x+a^3<0$

(1)　不等式から　$x(x-a)-5(a-x) \leqq 0$

ゆえに　$(x-a)(x+5) \leqq 0$

[1]　$a<-5$ のとき　解は　$a \leqq x \leqq -5$

[2]　$a=-5$ のとき　不等式は　$(x+5)^2 \leqq 0$

よって，解は　$x=-5$

[3]　$-5<a$ のとき　解は　$-5 \leqq x \leqq a$

以上から　**$a<-5$ のとき　$a \leqq x \leqq -5$**

$a=-5$ のとき　$x=-5$

$-5<a$ のとき　$-5 \leqq x \leqq a$

←$x-a$ が左辺の共通因数。

←$(x-a)(x+5)=0$ の解 -5 と a の大小関係で，3 通りに分ける。

(2)　不等式から　$ax^2-x>0$

よって　$x(ax-1)>0$ …… ①

[1]　$a>0$ のとき

① の両辺を正の数 a で割って　$x\left(x-\dfrac{1}{a}\right)>0$

$\dfrac{1}{a}>0$ であるから，① の解は　$x<0,\ \dfrac{1}{a}<x$

[2]　$a=0$ のとき　不等式は　$0>x$

よって，解は　$x<0$

[3]　$a<0$ のとき

① の両辺を負の数 a で割って　$x\left(x-\dfrac{1}{a}\right)<0$

$\dfrac{1}{a}<0$ であるから，① の解は　$\dfrac{1}{a}<x<0$

←a の正，0，負で場合分け。$(x-\alpha)(x-\beta)>0$，$(x-\alpha)(x-\beta)<0$ の形に変形しておくと解が求めやすい。

←**負の数で両辺を割ると，不等号の向きが変わる。**

3章 練習 [2次関数]

以上から　　**$a>0$ のとき　$x<0$, $\dfrac{1}{a}<x$；**

$a=0$ のとき　$x<0$；

$a<0$ のとき　$\dfrac{1}{a}<x<0$

(3) 不等式から　　$(x-a)(x-a^2)<0$ …… ①

[1] $a<a^2$ すなわち $a(a-1)>0$ となるのは，$a<0$，$1<a$ のときである。

このとき，① の解は　　$a<x<a^2$

[2] $a=a^2$ すなわち $a(a-1)=0$ から　　$a=0$，1

$a=0$ のとき，不等式は $x^2<0$ となり，解はない。

$a=1$ のとき，不等式は $(x-1)^2<0$ となり，解はない。

[3] $a>a^2$ すなわち $a(a-1)<0$ となるのは，$0<a<1$ のときである。

このとき，① の解は　　$a^2<x<a$

以上から　　**$a<0$, $1<a$ のとき　$a<x<a^2$；**

$a=0$, 1 のとき　　解はない；

$0<a<1$ のとき　　$a^2<x<a$

←
1	╲╱	$-a$	→ $-a$
1	╱╲	$-a^2$	→ $-a^2$
1		a^3	$-a(a+1)$

←a と a^2 の大小関係で3通りに分ける。

←(実数)$^2\geqq0$

練習 ③113　次の事柄が成り立つように，定数 a，b の値を定めよ。

(1) 2 次不等式 $ax^2+8x+b<0$ の解が $-3<x<1$ である。

(2) 2 次不等式 $2ax^2+2bx+1\leqq0$ の解が $x\leqq-\dfrac{1}{2}$，$3\leqq x$ である。　　〔(2) 愛知学院大〕

(1) 条件から，2 次関数 $y=ax^2+8x+b$ のグラフは，$-3<x<1$ のときだけ x 軸より下側にある。

すなわち，グラフは下に凸の放物線で 2 点 $(-3,\ 0)$，$(1,\ 0)$ を通るから　$a>0$，$9a-24+b=0$ … ①，$a+8+b=0$ … ②

①，② を解いて　**$a=4$，$b=-12$**　　これは $a>0$ を満たす。

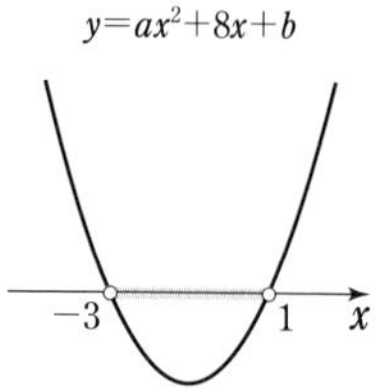

別解　$-3<x<1$ を解とする 2 次不等式の 1 つは

$(x+3)(x-1)<0$　すなわち　$x^2+2x-3<0$

両辺に 4 を掛けて　　$4x^2+8x-12<0$

$ax^2+8x+b<0$ と係数を比較して　　**$a=4$，$b=-12$**

←$ax^2+8x+b<0$ と比較するために，x の係数を 8 にそろえる。

検討　2 つの 2 次不等式 $ax^2+bx+c<0$，$a'x^2+b'x+c'<0$ の解が等しいからといって，直ちに $a=a'$，$b=b'$，$c=c'$ とするのは誤りである。対応する 3 つの係数のうち，少なくとも 1 つが等しいときに限って，残りの係数は等しいといえる。

(2) 条件から，2 次関数 $y=2ax^2+2bx+1$ のグラフは，$x<-\dfrac{1}{2}$，$3<x$ のときだけ x 軸より下側にある。よって，グラフは上に凸の放物線で 2 点 $\left(-\dfrac{1}{2},\ 0\right)$，$(3,\ 0)$ を通るから

$a<0$，$\dfrac{1}{2}a-b+1=0$ …… ①，$18a+6b+1=0$ …… ②

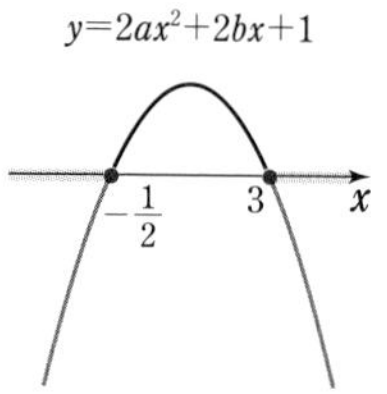

①，② を解いて　$a=-\frac{1}{3}$，$b=\frac{5}{6}$　　これは $a<0$ を満たす。

別解　$x \leqq -\frac{1}{2}$，$3 \leqq x$ を解とする 2 次不等式の 1 つは

$$(2x+1)(x-3) \geqq 0 \quad \text{すなわち} \quad 2x^2-5x-3 \geqq 0$$

両辺に $-\frac{1}{3}$ を掛けて　　$-\frac{2}{3}x^2+\frac{5}{3}x+1 \leqq 0$

$2ax^2+2bx+1 \leqq 0$ と係数を比較して

$$2a=-\frac{2}{3},\ 2b=\frac{5}{3} \quad \text{すなわち} \quad a=-\frac{1}{3},\ b=\frac{5}{6}$$

←$2ax^2+2bx+1 \leqq 0$ と比較するために，定数項を 1 にそろえる。

練習 ③114
(1) 2 次方程式 $x^2-(k+1)x+1=0$ が異なる 2 つの実数解をもつような，定数 k の値の範囲を求めよ。
(2) x の方程式 $(m+1)x^2+2(m-1)x+2m-5=0$ の実数解の個数を求めよ。

(1) この 2 次方程式の判別式を D とすると

$$D=\{-(k+1)\}^2-4\cdot1\cdot1=k^2+2k-3$$
$$=(k+3)(k-1)$$

2 次方程式が異なる 2 つの実数解をもつための必要十分条件は $D>0$ である。

ゆえに　　$(k+3)(k-1)>0$

よって　　$k<-3,\ 1<k$

(2) $(m+1)x^2+2(m-1)x+2m-5=0$ …… ① とする。

[1] $m+1=0$　すなわち　$m=-1$ のとき

① は　　$-4x-7=0$　　　これを解いて　　$x=-\frac{7}{4}$

よって，実数解は 1 個。

[2] $m+1 \neq 0$　すなわち　$m \neq -1$ のとき

① は 2 次方程式で，判別式を D とすると

$$\frac{D}{4}=(m-1)^2-(m+1)(2m-5)=-(m^2-m-6)$$
$$=-(m+2)(m-3)$$

$D>0$ となるのは，$(m+2)(m-3)<0$ のときである。

これを解いて　　$-2<m<3$

$m \neq -1$ であるから　　$-2<m<-1,\ -1<m<3$

このとき，実数解は 2 個。

$D=0$ となるのは，$(m+2)(m-3)=0$ のときである。

これを解いて　　$m=-2,\ 3$　　このとき，実数解は 1 個。

$D<0$ となるのは，$(m+2)(m-3)>0$ のときである。

これを解いて　　$m<-2,\ 3<m$

このとき，実数解は 0 個。

以上により　　**$-2<m<-1,\ -1<m<3$ のとき　2 個**

$m=-2,\ -1,\ 3$ のとき　1 個

$m<-2,\ 3<m$ のとき　0 個

←2 次方程式とは書かれていないから，$m+1=0$（1 次方程式）の場合を見落とさないように。

←単に $-2<m<3$ だけでは **誤り！**　$m \neq -1$ であることを忘れないように。

←この範囲に $m=-1$ は含まれていない。

練習 ②115
(1) 不等式 $x^2-2x \geqq kx-4$ の解がすべての実数であるような定数 k の値の範囲を求めよ。
(2) すべての実数 x に対して，不等式 $a(x^2+x-1)<x^2+x$ が成り立つような，定数 a の値の範囲を求めよ。 [(1) 金沢工大]

(1) 不等式を変形すると　$x^2-(k+2)x+4 \geqq 0$
$f(x)=x^2-(k+2)x+4$ とすると，$y=f(x)$ のグラフは下に凸の放物線である。
よって，不等式 $f(x) \geqq 0$ の解がすべての実数であるための条件は，$y=f(x)$ のグラフが x 軸と共有点をもたない，または，x 軸と接することである。
ゆえに，2 次方程式 $f(x)=0$ の判別式を D とすると，求める条件は　$D \leqq 0$

$$D=\{-(k+2)\}^2-4\cdot1\cdot4=(k+2+4)(k+2-4)$$
$$=(k+6)(k-2)$$

であるから，$D \leqq 0$ より　$(k+6)(k-2) \leqq 0$
よって　$\boldsymbol{-6 \leqq k \leqq 2}$

←$f(x)$ の x^2 の係数は正であるから，下に凸。

←$D<0$ とすると **誤り！** $D \leqq 0$ の“≦”は，グラフが x 軸と共有点をもたない，または，x 軸と接するための条件である。

(2) 不等式を変形すると　$(a-1)x^2+(a-1)x-a<0$ …… ①
[1] $a-1=0$　すなわち　$a=1$ のとき
① は $0\cdot x^2+0\cdot x-1<0$ となり，これはすべての実数 x について成り立つ。
[2] $a-1 \neq 0$　すなわち　$a \neq 1$ のとき
① の左辺を $f(x)$ とすると，$y=f(x)$ のグラフは放物線である。よって，すべての実数 x に対して $f(x)<0$ が成り立つための条件は，$y=f(x)$ のグラフが上に凸の放物線であり，x 軸と共有点をもたないことである。
ゆえに，2 次方程式 $f(x)=0$ の判別式を D とすると，求める条件は　$a-1<0$　かつ　$D<0$

$$D=(a-1)^2-4(a-1)(-a)=(a-1)\{(a-1)+4a\}$$
$$=(5a-1)(a-1)$$

であるから，$D<0$ より　$(5a-1)(a-1)<0$
よって　$\frac{1}{5}<a<1$

$a-1<0$ すなわち $a<1$ との共通範囲は　$\frac{1}{5}<a<1$

[1]，[2] から，求める a の値の範囲は　$\boldsymbol{\frac{1}{5}<a \leqq 1}$

←$a-1=0$ のとき，① の左辺は 2 次式ではない。

←このとき，グラフは常に $y<0$ の部分にある。

←$a-1>0$ とすると，$y=f(x)$ のグラフは下に凸の放物線となり，$f(x)$ の値はいくらでも大きくなるから，常に $f(x)<0$ が成り立つことはない。

練習 ③116
a は定数とし，$f(x)=x^2-2ax+a+2$ とする。$0 \leqq x \leqq 3$ のすべての x の値に対して，常に $f(x)>0$ が成り立つような a の値の範囲を求めよ。 [類 東北学院大]

求める条件は，$0 \leqq x \leqq 3$ における $f(x)=x^2-2ax+a+2$ の最小値が正となることである。
$f(x)=(x-a)^2-a^2+a+2$ であるから，放物線 $y=f(x)$ の軸は直線 $x=a$

←$f(x)=x^2-2ax+a+2$ $(0 \leqq x \leqq 3)$ の最小値を求める。軸の位置が区間 $0 \leqq x \leqq 3$ の左外か，内か，右外かで場合分け。

[1] $a<0$ のとき，$f(x)$ は $x=0$ で最小
となり，最小値は $f(0)=a+2$
ゆえに $a+2>0$ よって $a>-2$
$a<0$ であるから $-2<a<0$ …… ①

[2] $0\leqq a\leqq 3$ のとき，$x=a$ で最小とな
り，最小値は $f(a)=-a^2+a+2$
ゆえに $-a^2+a+2>0$
すなわち $a^2-a-2<0$
これを解くと，$(a+1)(a-2)<0$ から
$-1<a<2$
$0\leqq a\leqq 3$ であるから $0\leqq a<2$ …… ②

[3] $3<a$ のとき，$f(x)$ は $x=3$ で最小
となり，最小値は $f(3)=-5a+11$
ゆえに，$-5a+11>0$ から $a<\dfrac{11}{5}$

これは $3<a$ を満たさない。
求める a の値の範囲は，①，② を合わせて $\quad\boldsymbol{-2<a<2}$

[1]

[2]

[3]

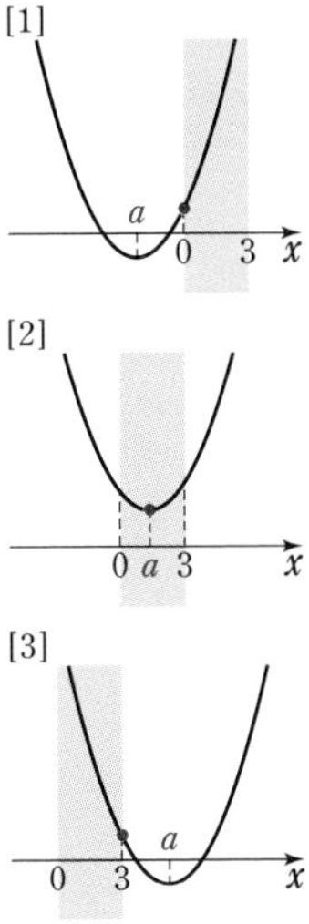

[1] 軸 は 区間の左外 に
あるから，区間の左端
$(x=0)$ で最小 となる。
[2] 軸 は 区間内 にある
から，頂点 $(x=a)$ で
最小 となる。
[3] 軸 は 区間の右外 に
あるから，区間の右端
$(x=3)$ で最小 となる。
また，[1]～[3] では，場
合分けの条件の確認を忘
れずに。[1]，[2] では共
通範囲をとる。

←合わせた範囲をとる。

練習
②**117**
次の不等式を解け。 [(1) 芝浦工大, (2) 東北工大, (3) 名城大]

(1) $\begin{cases} 6x^2-7x-3>0 \\ 15x^2-2x-8\leqq 0 \end{cases}$　　(2) $\begin{cases} x^2-6x+5\leqq 0 \\ -3x^2+11x-6\geqq 0 \end{cases}$　　(3) $2x+4>x^2>x+2$

(1) $6x^2-7x-3>0$ から $(2x-3)(3x+1)>0$
ゆえに $x<-\dfrac{1}{3}$, $\dfrac{3}{2}<x$ …… ①
$15x^2-2x-8\leqq 0$ から $(3x+2)(5x-4)\leqq 0$
ゆえに $-\dfrac{2}{3}\leqq x\leqq \dfrac{4}{5}$ …… ②
①，② の共通範囲を求めて
$$-\dfrac{2}{3}\leqq x<-\dfrac{1}{3}$$

$\leftarrow$
$\begin{array}{ccc} 2 & \diagdown & -3 \to -9 \\ 3 & \diagup & 1 \to 2 \\ \hline 6 & & -3 \quad -7 \end{array}$

$\leftarrow$
$\begin{array}{ccc} 3 & \diagdown & 2 \to 10 \\ 5 & \diagup & -4 \to -12 \\ \hline 15 & & -8 \quad -2 \end{array}$

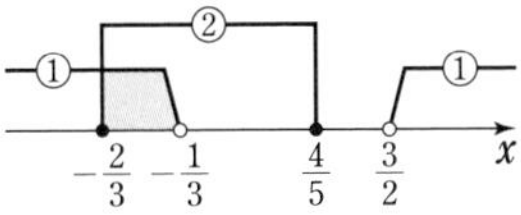

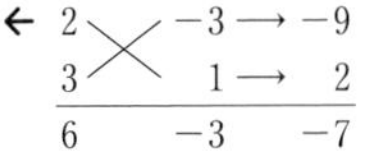

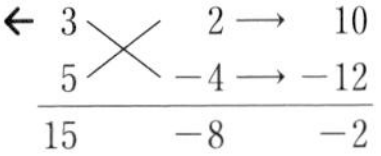

⚠ 連立不等式
解のまとめは数直線

(2) $x^2-6x+5\leqq 0$ から $(x-1)(x-5)\leqq 0$
ゆえに $1\leqq x\leqq 5$ …… ①
$-3x^2+11x-6\geqq 0$ から $3x^2-11x+6\leqq 0$
よって $(3x-2)(x-3)\leqq 0$
ゆえに $\dfrac{2}{3}\leqq x\leqq 3$ …… ②
①，② の共通範囲を求めて
$$1\leqq x\leqq 3$$

$\leftarrow$
$\begin{array}{ccc} 3 & \diagdown & -2 \to -2 \\ 1 & \diagup & -3 \to -9 \\ \hline 3 & & 6 \quad -11 \end{array}$

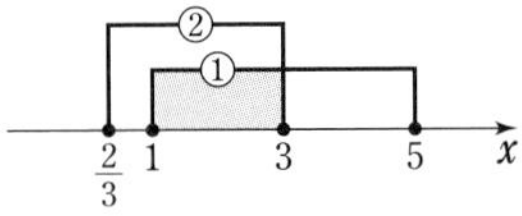

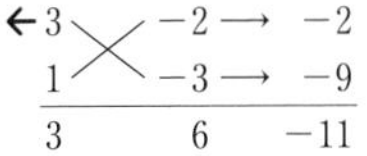

(3) $\begin{cases} 2x+4>x^2 \\ x^2>x+2 \end{cases}$

$2x+4>x^2$ から $x^2-2x-4<0$
$x^2-2x-4=0$ を解くと $x=1\pm\sqrt{5}$
よって，$2x+4>x^2$ の解は $1-\sqrt{5}<x<1+\sqrt{5}$ …… ①

$\leftarrow A>B>C$ は連立不等
式 $\begin{cases} A>B \\ B>C \end{cases}$ と同じ意味。

3章
練習

また，$x^2>x+2$ から　　$x^2-x-2>0$

ゆえに　　$(x+1)(x-2)>0$

よって，$x^2>x+2$ の解は

$x<-1,\ 2<x$ …… ②

①，② の共通範囲を求めて

$$\mathbf{1-\sqrt{5}<x<-1,\ 2<x<1+\sqrt{5}}\ \cdots\cdots\ (*)$$

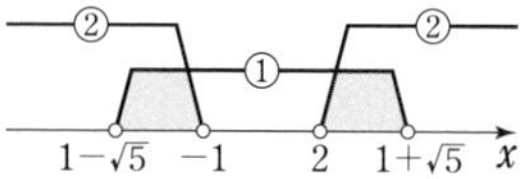

(＊) $2<\sqrt{5}<3$ から
$3<1+\sqrt{5}<4$,
$-2<1-\sqrt{5}<-1$

練習 ② 118　右の図のような，直角三角形 ABC の各辺上に頂点をもつ長方形 ADEF を作る。長方形の面積が $3\,\mathrm{m}^2$ 以上 $5\,\mathrm{m}^2$ 未満になるときの辺 DE の長さの範囲を求めよ。

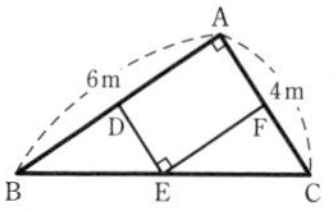

長方形 ADEF の辺 DE の長さを x m とすると

$0<x<4$ …… ①

辺 AD の長さを y m とすると

$\mathrm{BD}=6-y$

よって，$(6-y):6=x:4$ から

$4(6-y)=6x$

ゆえに　　$y=6-\dfrac{3}{2}x$

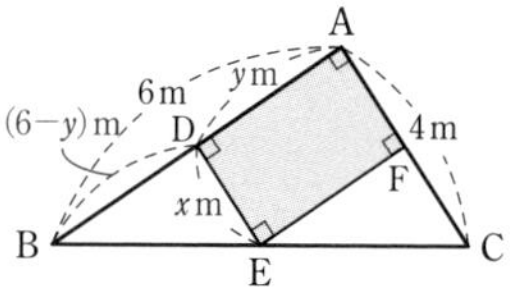

HINT　DE＝x (m) として，長方形 ADEF の他の 1 辺 AD を x で表す。面積についての条件から，x の不等式を作る。

←DE∥AC ならば BD：BA＝DE：AC

長方形 ADEF の面積の条件から

$3\leqq x\left(6-\dfrac{3}{2}x\right)<5$　すなわち　$3\leqq -\dfrac{3}{2}x^2+6x<5$

←「以上」は等号を含む。「未満」は等号を含まない。

$3\leqq -\dfrac{3}{2}x^2+6x$ から　　$x^2-4x+2\leqq 0$

$x^2-4x+2=0$ を解くと　　$x=2\pm\sqrt{2}$

$x^2-4x+2\leqq 0$ の解は　　$2-\sqrt{2}\leqq x\leqq 2+\sqrt{2}$ …… ②

←$x=-(-2)\pm\sqrt{(-2)^2-1\cdot 2}$

$-\dfrac{3}{2}x^2+6x<5$ から　　$3x^2-12x+10>0$

$3x^2-12x+10=0$ を解くと　　$x=\dfrac{6\pm\sqrt{6}}{3}=2\pm\dfrac{\sqrt{6}}{3}$

$3x^2-12x+10>0$ の解は

$x<2-\dfrac{\sqrt{6}}{3},\ 2+\dfrac{\sqrt{6}}{3}<x$ …… ③

←$2\pm\sqrt{2}$ との大小関係がわかりやすいように，$2\pm\dfrac{\sqrt{6}}{3}$ としている。

①，②，③ の共通範囲を求めて

$2-\sqrt{2}\leqq x<2-\dfrac{\sqrt{6}}{3}$,

$2+\dfrac{\sqrt{6}}{3}<x\leqq 2+\sqrt{2}$

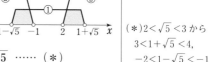

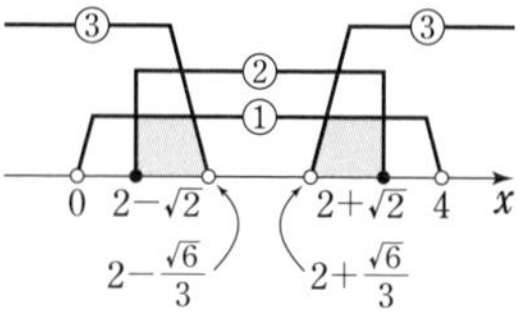

←$\dfrac{\sqrt{6}}{3}<\sqrt{2}$ であるから
$2+\dfrac{\sqrt{6}}{3}<2+\sqrt{2}\ (<4)$,
$(0<)\ 2-\sqrt{2}<2-\dfrac{\sqrt{6}}{3}$

以上から，辺 DE の長さは

$2-\sqrt{2}$ m 以上 $2-\dfrac{\sqrt{6}}{3}$ m 未満，

または　$2+\dfrac{\sqrt{6}}{3}$ m より大きく $2+\sqrt{2}$ m 以下。

練習 ③119 2つの方程式 $x^2-x+a=0$, $x^2+2ax-3a+4=0$ について，次の条件が成り立つように，定数 a の値の範囲を定めよ。
(1) 両方とも実数解をもつ　(2) 少なくとも一方が実数解をもたない
(3) 一方だけが実数解をもつ

HINT (3) 本冊 $p.200$ **検討** を参照。

$x^2-x+a=0$ …… ①，$x^2+2ax-3a+4=0$ …… ②
とし，それぞれの判別式を D_1, D_2 とすると

$$D_1=(-1)^2-4\cdot1\cdot a=1-4a$$

$$\frac{D_2}{4}=a^2-1\cdot(-3a+4)=a^2+3a-4$$

$$=(a-1)(a+4)$$

(1) ①，② が両方とも実数解をもつための条件は

$D_1\geqq0$ かつ $D_2\geqq0$

←実数解をもつ $\Longleftrightarrow D\geqq0$

$D_1\geqq0$ から　$1-4a\geqq0$　よって　$a\leqq\dfrac{1}{4}$ …… ③

$D_2\geqq0$ から　$(a-1)(a+4)\geqq0$
よって　$a\leqq-4$, $1\leqq a$ …… ④
求める a の値の範囲は，③ と ④ の共通範囲であるから　$\boldsymbol{a\leqq-4}$

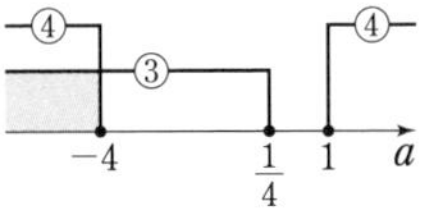

←「かつ」であるから，共通範囲。

(2) ①，② の少なくとも一方が実数解をもたないための条件は

$D_1<0$ または $D_2<0$

$D_1<0$ から　$1-4a<0$　よって　$a>\dfrac{1}{4}$ …… ⑤

$D_2<0$ から　$(a-1)(a+4)<0$
よって　$-4<a<1$ …… ⑥
求める a の値の範囲は，⑤ と ⑥ を合わせた範囲であるから

$\boldsymbol{a>-4}$

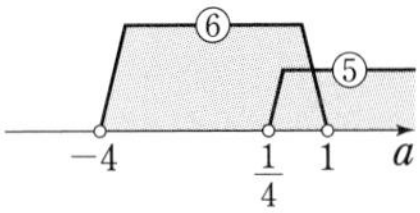

検討 (2) は，実数全体から (1) の範囲を除いた範囲，とも考えられる。

←「または」であるから，合わせた範囲。

(3) ①，② の一方だけが実数解をもつための条件は，$D_1\geqq0$, $D_2\geqq0$ の一方だけが成り立つことである。
したがって，③，④ の一方だけが成り立つ a の値の範囲を求めて

$\boldsymbol{-4<a\leqq\dfrac{1}{4}}$，$\boldsymbol{1\leqq a}$

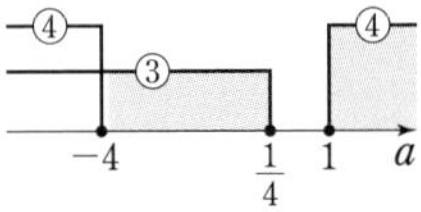

←($D_1\geqq0$ かつ $D_2<0$) または ($D_1<0$ かつ $D_2\geqq0$) として，求めてもよいが，(1) の数直線を利用する方が早い。

練習 ④120 x についての2つの2次不等式 $x^2-2x-8<0$, $x^2+(a-3)x-3a\geqq0$ を同時に満たす整数がただ1つ存在するように，定数 a の値の範囲を定めよ。

HINT 第2式から $(x+a)(x-3)\geqq0$
$-a$, 3 の大小関係に注目して場合を分け，数直線を用いる。

$x^2-2x-8<0$ を解くと，$(x+2)(x-4)<0$ から

$-2<x<4$ …… ①

よって，① を満たす整数は　$x=-1$, 0, 1, 2, 3
次に，$x^2+(a-3)x-3a\geqq0$ を解くと，$(x+a)(x-3)\geqq0$ から
$-a<3$ すなわち $a>-3$ のとき　$x\leqq-a$, $3\leqq x$ …… ②
$-a=3$ すなわち $a=-3$ のとき　すべての実数
$-a>3$ すなわち $a<-3$ のとき　$x\leqq3$, $-a\leqq x$ …… ③

←この段階で $a=-3$ は不適であることがわかる。

ゆえに，整数 $x=3$ は，a の値に関係なく $x^2+(a-3)x-3a\geqq 0$ を満たすから，2 つの不等式を同時に満たす整数がただ 1 つ存在するならば，その整数は $x=3$ である。

[1]　$a>-3$ の場合

(i)　$-3<a<2$ のとき，① と ② の共通範囲は

←$-2<-a$

$-2<x\leqq -a$，$3\leqq x<4$

求める条件は，$-2<x\leqq -a$ を満たす整数 x が存在しないことである。

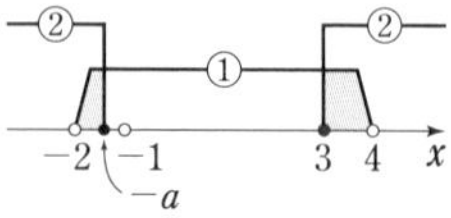

よって　$-a<-1$　すなわち　$a>1$

$-3<a<2$ であるから　　$1<a<2$

←$-a\leqq -1$ とすると，$x=-1$ も共通の整数解となるから **誤り！**

(ii)　$a\geqq 2$ のとき，① と ② の共通範囲は　　$3\leqq x<4$

←$-a\leqq -2$

$3\leqq x<4$ を満たす整数は $x=3$ のただ 1 つである。

[2]　$a\leqq -3$ の場合

a がこの範囲のどんな値をとっても，$-2<x\leqq 3$ は，① と ③ の共通範囲である。

←① と ③ の共通範囲は
$-4<a\leqq -3$ のとき
$-2<x\leqq 3$，
$-a\leqq x<4$
$a\leqq -4$ のとき
$-2<x\leqq 3$

$-2<x\leqq 3$ を満たす整数は

$x=-1,\ 0,\ 1,\ 2,\ 3$

の 5 個あるから，この場合は不適。

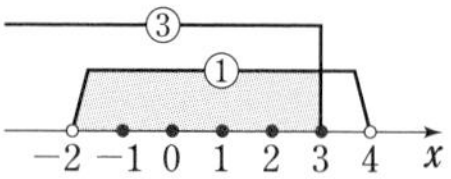

[1]，[2] から，条件を満たす a の値の範囲は　　$\boldsymbol{a>1}$

検討　**本冊 $p.201$，重要例題 120 の類題**

x についての不等式 $x^2-(a+1)x+a\leqq 0$，$3x^2+2x-1\geqq 0$ を同時に満たす整数 x がちょうど 3 つ存在するような定数 a の値の範囲を求めよ。〔類　摂南大〕

$x^2-(a+1)x+a\leqq 0$ を解くと，$(x-a)(x-1)\leqq 0$ から

$$\left.\begin{array}{ll} a<1 \text{ のとき} & a\leqq x\leqq 1 \\ a=1 \text{ のとき} & x=1 \\ a>1 \text{ のとき} & 1\leqq x\leqq a \end{array}\right\} \cdots\cdots ①$$

本冊の例題 **120** の不等式において，不等号に等号を含めた場合はどうなるかを検証してみよう。

① で，$a=1$ のとき，不等式は　$(x-1)^2\leqq 0$
これを満たす実数 x の値は $(x-1)^2=0$ のとき，すなわち $x-1=0$ のときの $x=1$ のみ。

$3x^2+2x-1\geqq 0$ を解くと，$(x+1)(3x-1)\geqq 0$ から

$$x\leqq -1,\ \frac{1}{3}\leqq x \ \cdots\cdots ②$$

①，② を同時に満たす整数 x がちょうど 3 つ存在するのは，$a<1$ または $a>1$ の場合である。

[1]　$a<1$ のとき

3 つの整数 x は

$x=-2,\ -1,\ 1$

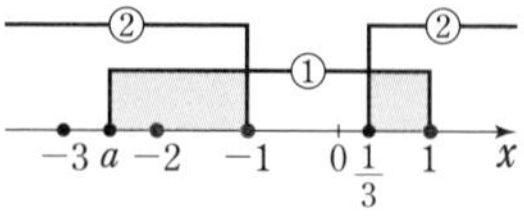

よって　$-3<a\leqq -2$

←$a=-3$ を含めると $x=-3$ も解に含まれてしまうから　$-3<a$

[2]　$a>1$ のとき

3 つの整数 x は　$x=1,\ 2,\ 3$

よって　$3\leqq a<4$

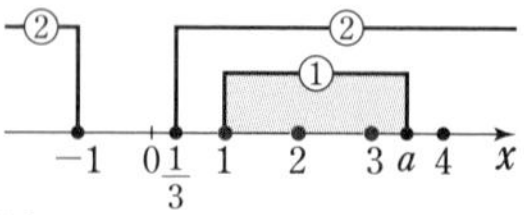

←$a=4$ を含めると $x=4$ も解に含まれてしまうから　$a<4$

[1]，[2] から，求める a の値の範囲は

$$\boldsymbol{-3<a\leqq -2,\ 3\leqq a<4}$$

練習 ③121 実数 x, y が $x^2+y^2=1$ を満たすとき，$2x^2+2y-1$ の最大値と最小値，およびそのときの x, y の値を求めよ。 〔摂南大〕

$x^2+y^2=1$ から　　$x^2=1-y^2$ …… ①

$x^2 \geqq 0$ であるから　　$1-y^2 \geqq 0$

ゆえに　　$(y+1)(y-1) \leqq 0$

よって　　$-1 \leqq y \leqq 1$ …… ②

また，① を代入すると

$$2x^2+2y-1=2(1-y^2)+2y-1$$
$$=-2y^2+2y+1$$
$$=-2\left(y-\frac{1}{2}\right)^2+\frac{3}{2}$$

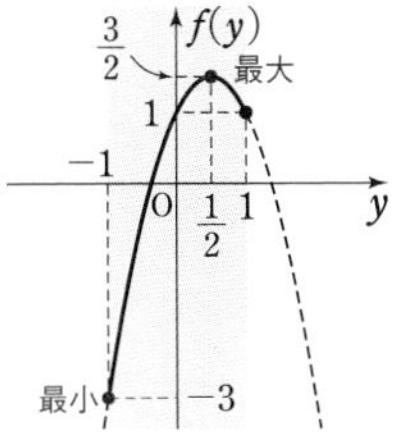

これを $f(y)$ とすると，② の範囲で $f(y)$ は

$y=\dfrac{1}{2}$ で最大値 $\dfrac{3}{2}$，$y=-1$ で最小値 -3

をとる。① から

$y=\dfrac{1}{2}$ のとき　　$x=\pm\sqrt{1-\left(\dfrac{1}{2}\right)^2}=\pm\sqrt{\dfrac{3}{4}}=\pm\dfrac{\sqrt{3}}{2}$

$y=-1$ のとき　　$x^2=0$　　ゆえに　　$x=0$

したがって　　**$(x,\ y)=\left(\pm\dfrac{\sqrt{3}}{2},\ \dfrac{1}{2}\right)$ のとき最大値 $\dfrac{3}{2}$**

$(x,\ y)=(0,\ -1)$ のとき最小値 -3

←(実数)$^2 \geqq 0$ を利用して，y の値の範囲を調べておく。なお，y を消去しようとすると $y=\pm\sqrt{1-x^2}$ となり，後の処理が非常に大変。

←2 次式 ⟶ 基本形に。
$-2y^2+2y+1$
$=-2(y^2-y)+1$
$=-2\left(y-\frac{1}{2}\right)^2+2\cdot\left(\frac{1}{2}\right)^2+1$

←$x=\pm\sqrt{1-y^2}$

練習 ⑤122 実数 x, y が $x^2-2xy+2y^2=2$ を満たすとき
(1) x のとりうる値の最大値と最小値を求めよ。
(2) $2x+y$ のとりうる値の最大値と最小値を求めよ。

(1) $x^2-2xy+2y^2=2$ から　　$2y^2-2xy+x^2-2=0$ …… ①

y の 2 次方程式 ① が実数解をもつための条件は，判別式を D とすると　　$D \geqq 0$

ここで　　$\dfrac{D}{4}=(-x)^2-2(x^2-2)=-x^2+4=-(x+2)(x-2)$

$D \geqq 0$ から　　$(x+2)(x-2) \leqq 0$

これを解いて　　$-2 \leqq x \leqq 2$

ゆえに，x のとりうる値の **最大値は 2，最小値は -2**

(2) $2x+y=t$ とおくと

$$y=t-2x$$

① に代入して　　$2(t-2x)^2-2x(t-2x)+x^2-2=0$

整理すると　　$13x^2-10tx+2t^2-2=0$ …… ②

x の 2 次方程式 ② が実数解をもつための条件は，判別式を D とすると　　$D \geqq 0$

ここで　　$\dfrac{D}{4}=(-5t)^2-13\cdot(2t^2-2)$

$$=-(t^2-26)=-(t+\sqrt{26})(t-\sqrt{26})$$

←① を y の 2 次方程式とみる。

←$x=\pm 2$ のとき　$D=0$
よって，① は重解
$y=\dfrac{x}{2}=\pm 1$
(複号同順) をもつ。
すなわち
$x=2$　のとき　$y=1$，
$x=-2$ のとき　$y=-1$

(2)　$x=\dfrac{t-y}{2}$ を与式に代入して y の 2 次方程式で考えてもよいが，計算は解答の方がらくである。

$D \geqq 0$ から　　　$(t+\sqrt{26})(t-\sqrt{26}) \leqq 0$

これを解いて　　$-\sqrt{26} \leqq t \leqq \sqrt{26}$

$t=\pm\sqrt{26}$ のとき $D=0$ で，② は重解 $x=-\dfrac{-10t}{2\cdot 13}=\dfrac{5t}{13}$ をもつ。

$y=t-2x$ であるから，$t=\pm\sqrt{26}$ のとき

$$x=\pm\frac{5\sqrt{26}}{13},\quad y=t-\frac{10}{13}t=\frac{3t}{13}=\pm\frac{3\sqrt{26}}{13}\quad（複号同順）$$

よって，$2x+y$ は $\boldsymbol{x=\dfrac{5\sqrt{26}}{13}}$，$\boldsymbol{y=\dfrac{3\sqrt{26}}{13}}$ **で最大値** $\boldsymbol{\sqrt{26}}$，

$\boldsymbol{x=-\dfrac{5\sqrt{26}}{13}}$，$\boldsymbol{y=-\dfrac{3\sqrt{26}}{13}}$ **で最小値** $\boldsymbol{-\sqrt{26}}$ をとる。

←$t=\pm\sqrt{26}$ のとき，②は
$13x^2\mp 10\sqrt{26}x+50=0$
よって
$(\sqrt{13}x\mp 5\sqrt{2})^2=0$
ゆえに　$x=\pm\dfrac{5\sqrt{26}}{13}$
（複号同順）

練習 ③123　次の関数のグラフをかけ。
(1)　$y=x|x-2|+3$　　　(2)　$y=\left|\dfrac{1}{2}x^2+x-4\right|$

(1)　$x \geqq 2$ のとき
$y=x(x-2)+3=x^2-2x+3$
$=(x-1)^2+2$
$x<2$ のとき
$y=x\{-(x-2)\}+3$
$=-x^2+2x+3$
$=-(x-1)^2+4$
グラフは **右の図の実線部分**。

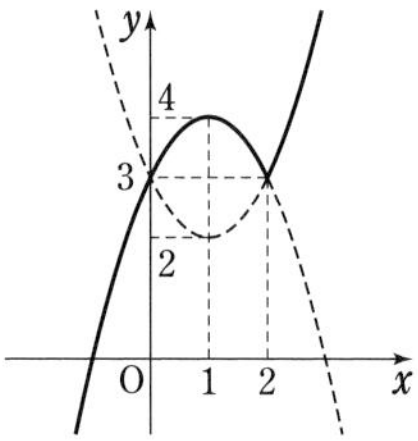

HINT　定義に従って，絶対値記号をはずす。
→｜　｜内の式 $=0$ となる x の値が場合分けのポイント。

(2)　$\dfrac{1}{2}x^2+x-4=\dfrac{1}{2}(x^2+2x-8)=\dfrac{1}{2}(x+4)(x-2)$ であるから

$\dfrac{1}{2}x^2+x-4 \geqq 0$ の解は　　$x \leqq -4,\ 2 \leqq x$

$\dfrac{1}{2}x^2+x-4<0$ の解は　　$-4<x<2$

ゆえに，$x \leqq -4,\ 2 \leqq x$ のとき

$$y=\frac{1}{2}x^2+x-4=\frac{1}{2}(x+1)^2-\frac{9}{2}$$

$-4<x<2$ のとき

$$y=-\left(\frac{1}{2}x^2+x-4\right)=-\frac{1}{2}(x+1)^2+\frac{9}{2}$$

グラフは **右の図の実線部分**。

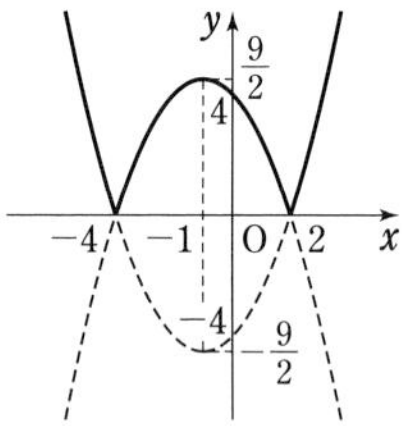

←$\alpha<\beta$ のとき
$\boldsymbol{(x-\alpha)(x-\beta) \geqq 0}$
$\boldsymbol{\iff x \leqq \alpha,\ \beta \leqq x}$
$\boldsymbol{(x-\alpha)(x-\beta)<0}$
$\boldsymbol{\iff \alpha<x<\beta}$

検討　求めるグラフは，$y=\dfrac{1}{2}(x+1)^2-\dfrac{9}{2}$ のグラフで $\boldsymbol{y<0}$ **の部分を** $\boldsymbol{x}$ **軸に関して対称に折り返したもの** である。

練習 ③124　次の不等式を解け。　　〔(1) 東北学院大，(2) 類 西南学院大〕
(1)　$7-x^2>|2x-4|$　　(2)　$|x^2-6x-7| \geqq 2x+2$　　(3)　$|2x^2-3x-5|<x+1$

(1)　[1]　$2x-4 \geqq 0$ すなわち $x \geqq 2$ のとき，不等式は
　　$7-x^2>2x-4$　　よって　　$x^2+2x-11<0$
$x^2+2x-11=0$ を解くと　　$x=-1\pm 2\sqrt{3}$
よって　　$-1-2\sqrt{3}<x<-1+2\sqrt{3}$
$x \geqq 2$ との共通範囲は　　$2 \leqq x<-1+2\sqrt{3}$ …… ①

←$\boldsymbol{A \geqq 0}$ **のとき**
　$\boldsymbol{|A|=A}$

←$x=-1\pm\sqrt{1^2-1\cdot(-11)}$

←$2<-1+2\sqrt{3}$

[2]　$2x-4<0$ すなわち $x<2$ のとき，不等式は

$7-x^2>-(2x-4)$　　よって　　$x^2-2x-3<0$

ゆえに　　$(x+1)(x-3)<0$　　よって　　$-1<x<3$

$x<2$ との共通範囲は　　$-1<x<2$ …… ②

求める解は，① と ② を合わせた範囲で　**$-1<x<-1+2\sqrt{3}$**

←$A<0$ のとき $|A|=-A$

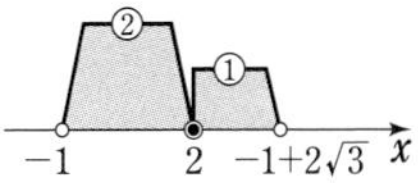

(2)　$x^2-6x-7=(x+1)(x-7)$ であるから

$x^2-6x-7\geqq 0$ の解は　　$x\leqq -1,\ 7\leqq x$

$x^2-6x-7<0$ の解は　　$-1<x<7$

←$(x+1)(x-7)\geqq 0$

←$(x+1)(x-7)<0$

[1]　$x\leqq -1,\ 7\leqq x$ のとき，不等式は

$x^2-6x-7\geqq 2x+2$

よって　　$x^2-8x-9\geqq 0$　　ゆえに　　$(x+1)(x-9)\geqq 0$

したがって　　$x\leqq -1,\ 9\leqq x$

$x\leqq -1,\ 7\leqq x$ との共通範囲は　　$x\leqq -1,\ 9\leqq x$ …… ①

[2]　$-1<x<7$ のとき，不等式は

$-(x^2-6x-7)\geqq 2x+2$

よって　　$x^2-4x-5\leqq 0$　　ゆえに　　$(x+1)(x-5)\leqq 0$

したがって　　$-1\leqq x\leqq 5$

$-1<x<7$ との共通範囲は　　$-1<x\leqq 5$ …… ②

求める解は，① と ② を合わせた範囲で　　**$x\leqq 5,\ 9\leqq x$**

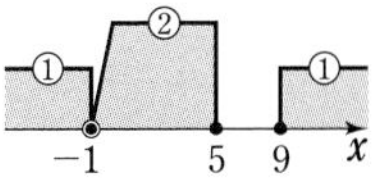

(3)　$2x^2-3x-5=(x+1)(2x-5)$ であるから

$2x^2-3x-5\geqq 0$ の解は　　$x\leqq -1,\ \dfrac{5}{2}\leqq x$

$2x^2-3x-5<0$ の解は　　$-1<x<\dfrac{5}{2}$

←$(x+1)(2x-5)\geqq 0$

←$(x+1)(2x-5)<0$

[1]　$x\leqq -1,\ \dfrac{5}{2}\leqq x$ のとき，不等式は　　$2x^2-3x-5<x+1$

整理して　　$x^2-2x-3<0$　　よって　　$(x+1)(x-3)<0$

したがって　　$-1<x<3$

$x\leqq -1,\ \dfrac{5}{2}\leqq x$ との共通範囲は　　$\dfrac{5}{2}\leqq x<3$ …… ①

[2]　$-1<x<\dfrac{5}{2}$ のとき，不等式は　　$-(2x^2-3x-5)<x+1$

整理して　　$x^2-x-2>0$　　よって　　$(x+1)(x-2)>0$

したがって　　$x<-1,\ 2<x$

$-1<x<\dfrac{5}{2}$ との共通範囲は　　$2<x<\dfrac{5}{2}$ …… ②

求める解は，① と ② を合わせた範囲で　　**$2<x<3$**

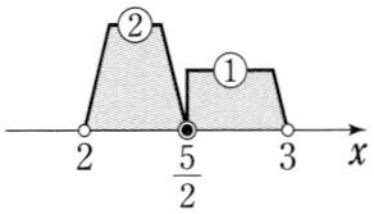

参考　本冊 p.76 で紹介した，「$|A|<B \iff -B<A<B$」，「$|A|>B \iff A<-B$ または $B<A$」を利用して解くこともできる。

(3) を例にすると，$|2x^2-3x-5|<x+1$ から

$-(x+1)<2x^2-3x-5<x+1$

←$|A|<B \iff -B<A<B$

$-(x+1)<2x^2-3x-5$ から　　$x^2-x-2>0$

ゆえに　　$(x+1)(x-2)>0$

よって　　$x<-1,\ 2<x$ …… ①

$2x^2-3x-5<x+1$ から　　$x^2-2x-3<0$

ゆえに　　$(x+1)(x-3)<0$

よって　　$-1<x<3$ …… ②

① と ② の共通範囲を求めて　　**$2<x<3$**

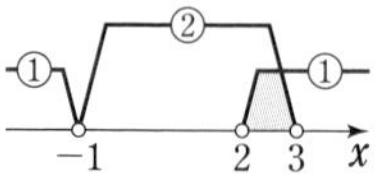

練習 ④125　k は定数とする。方程式 $|x^2+2x-3|+2x+k=0$ の異なる実数解の個数を調べよ。

$|x^2+2x-3|+2x+k=0$ から　　$-|x^2+2x-3|-2x=k$

← $f(x)=k$ の形に直す。

$y=-|x^2+2x-3|-2x$ …… ① とする。

$x^2+2x-3=(x+3)(x-1)$ であるから

$x^2+2x-3\geqq 0$ の解は　　$x\leqq -3,\ 1\leqq x$

$x^2+2x-3<0$ の解は　　$-3<x<1$

よって，① は $x\leqq -3,\ 1\leqq x$ のとき

$y=-(x^2+2x-3)-2x=-x^2-4x+3$

$=-(x+2)^2+7$

$-3<x<1$ のとき

$y=(x^2+2x-3)-2x=x^2-3$

← $|x^2+2x-3|$ の絶対値をはずす。
$A\geqq 0$ のとき $|A|=A$
$A<0$ のとき $|A|=-A$

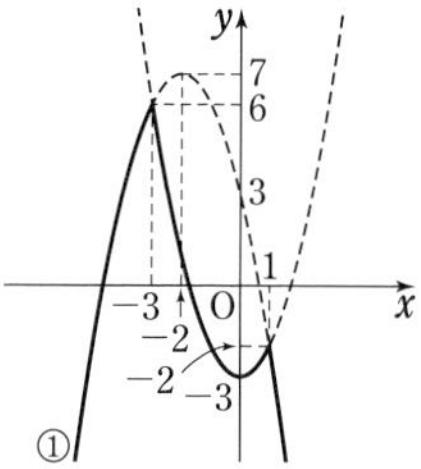

ゆえに，① のグラフは右上の図の実線部分のようになる。

与えられた方程式の実数解の個数は，① のグラフと直線 $y=k$ の共有点の個数に等しい。これを調べて

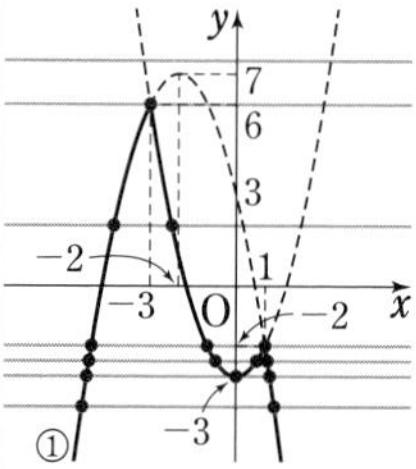

$k>6$ のとき 0 個；$k=6$ のとき 1 個；

$k<-3,\ -2<k<6$ のとき 2 個；

$k=-2,\ -3$ のとき 3 個；$-3<k<-2$ のとき 4 個

練習 ②126　2 次関数 $y=-x^2+(m-10)x-m-14$ のグラフが次の条件を満たすように，定数 m の値の範囲を定めよ。
(1) x 軸の正の部分と負の部分で交わる。　　(2) x 軸の負の部分とのみ共有点をもつ。

$f(x)=-x^2+(m-10)x-m-14$ とし，2 次方程式 $f(x)=0$ の判別式を D とする。$y=f(x)$ のグラフは上に凸の放物線で，その軸は直線 $x=\dfrac{m-10}{2}$ である。

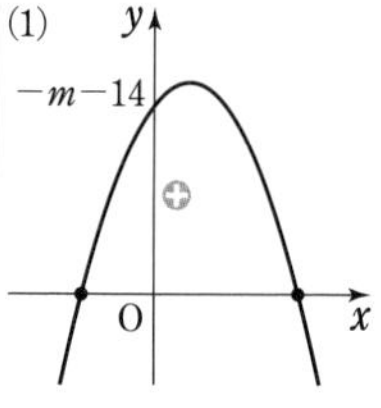

(1) $y=f(x)$ のグラフが x 軸の正の部分と負の部分で交わるための条件は　　$f(0)>0$

$f(0)=-m-14$ から　　$-m-14>0$　　よって　　**$m<-14$**

(2) $y=f(x)$ のグラフが x 軸の負の部分とのみ共有点をもつための条件は，次の [1]，[2]，[3] が同時に成り立つことである。

[1] $D\geqq 0$　　[2] 軸が $x<0$ の範囲にある　　[3] $f(0)<0$

[1] $D=(m-10)^2-4\cdot(-1)\cdot(-m-14)$

$=m^2-24m+44=(m-2)(m-22)$

$D\geqq 0$ から　　$(m-2)(m-22)\geqq 0$

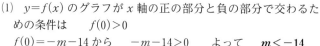

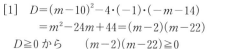

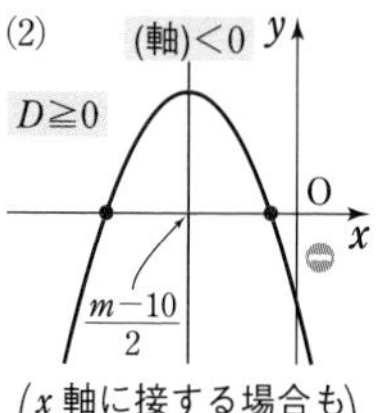

よって　　$m \leqq 2,\ 22 \leqq m$ …… ①

[2]　軸 $x=\dfrac{m-10}{2}$ について　　$\dfrac{m-10}{2}<0$

よって　　$m<10$ …… ②

[3]　$f(0)<0$ から　　$-m-14<0$

よって　　$m>-14$ …… ③

①，②，③ の共通範囲を求めて　　$\boldsymbol{-14<m \leqq 2}$

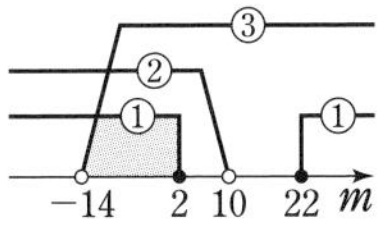

練習 ②127　2 次方程式 $2x^2+ax+a=0$ が次の条件を満たすように，定数 a の値の範囲を定めよ。
(1)　ともに 1 より小さい異なる 2 つの解をもつ。
(2)　3 より大きい解と 3 より小さい解をもつ。

$f(x)=2x^2+ax+a$ とし，2 次方程式 $f(x)=0$ の判別式を D とする。$y=f(x)$ のグラフは下に凸の放物線であり，軸は直線 $x=-\dfrac{a}{4}$ である。

(1)　方程式 $f(x)=0$ がともに 1 より小さい異なる 2 つの解をもつための条件は，放物線 $y=f(x)$ が x 軸の $x<1$ の部分と，異なる 2 点で交わることである。

すなわち，次の [1]，[2]，[3] が同時に成り立つことである。

[1]　$D>0$　　[2]　軸が $x<1$ の範囲にある　　[3]　$f(1)>0$

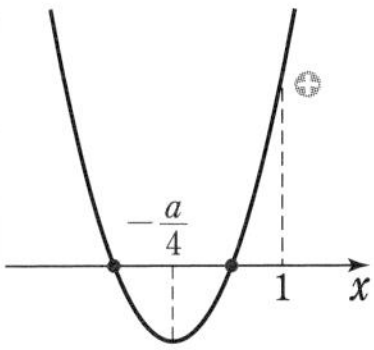

[1]　$D=a^2-4\cdot 2\cdot a=a^2-8a=a(a-8)$

$D>0$ から　　$a(a-8)>0$

ゆえに　　$a<0,\ 8<a$ …… ①

[2]　軸 $x=-\dfrac{a}{4}$ について　　$-\dfrac{a}{4}<1$

よって　　$a>-4$ …… ②

[3]　$f(1)=2+2a=2(1+a)$

$f(1)>0$ から　　$2(1+a)>0$

よって　　$a>-1$ …… ③

①，②，③ の共通範囲を求めて

$\boldsymbol{-1<a<0,\ 8<a}$

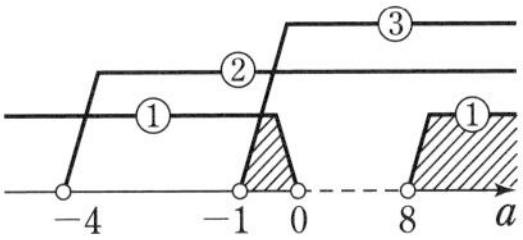

(2)　方程式 $f(x)=0$ が 3 より大きい解と 3 より小さい解をもつための条件は，$y=f(x)$ のグラフが x 軸の $x>3$ の部分と $x<3$ の部分で交わることであり，その条件は　　$f(3)<0$

ゆえに　　$18+4a<0$　　したがって　　$\boldsymbol{a<-\dfrac{9}{2}}$

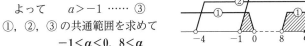

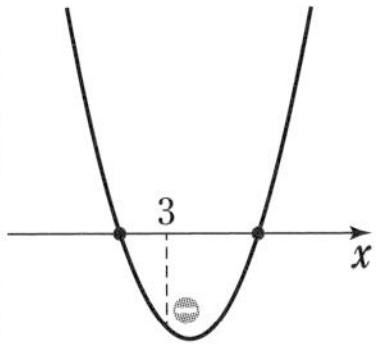

練習 ③128　2 次方程式 $2x^2-ax+a-1=0$ が，$-1<x<1$ の範囲に異なる 2 つの実数解をもつような定数 a の値の範囲を求めよ。

この方程式の判別式を D とし，$f(x)=2x^2-ax+a-1$ とする。

$y=f(x)$ のグラフは下に凸の放物線で，その軸は直線 $x=\dfrac{a}{4}$ である。

題意を満たすための条件は，放物線 $y=f(x)$ が x 軸の $-1<x<1$ の部分と，異なる 2 点で交わることである。
すなわち，次の [1]～[4] が同時に成り立つことである。

[1]　$D>0$　　[2]　軸が $-1<x<1$ の範囲にある
[3]　$f(-1)>0$　　[4]　$f(1)>0$

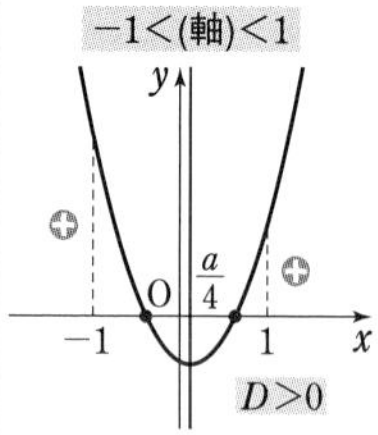

[1]　$D=(-a)^2-4\cdot2(a-1)=a^2-8a+8$
$a^2-8a+8=0$ を解くと　　$a=4\pm2\sqrt{2}$
よって，$D>0$ すなわち $a^2-8a+8>0$ の解は
$a<4-2\sqrt{2},\ 4+2\sqrt{2}<a$ …… ①

[2]　軸 $x=\frac{a}{4}$ について　　$-1<\frac{a}{4}<1$
よって　　$-4<a<4$ …… ②

[3]　$f(-1)>0$ から　　$2\cdot(-1)^2-a\cdot(-1)+a-1>0$
よって　　$a>-\frac{1}{2}$ …… ③

[4]　$f(1)>0$ から　　$2\cdot1^2-a\cdot1+a-1=1>0$
これは常に成り立つ。

①～③ の共通範囲から　**$-\frac{1}{2}<a<4-2\sqrt{2}$**

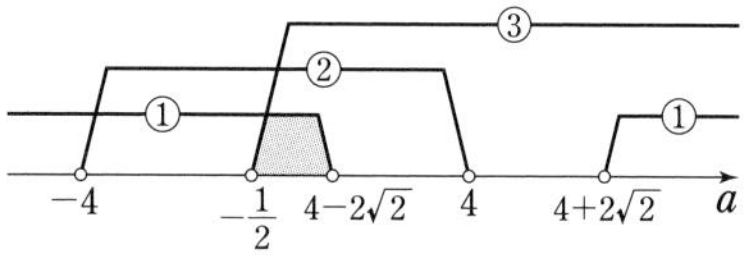

練習 ③129　2 次方程式 $ax^2-2(a-5)x+3a-15=0$ が，$-5<x<0$，$1<x<2$ の範囲にそれぞれ 1 つの実数解をもつように，定数 a の値の範囲を定めよ。

$f(x)=ax^2-2(a-5)x+3a-15$ とする。ただし　$a\neq0$
題意を満たすための条件は，放物線 $y=f(x)$ が $-5<x<0$，$1<x<2$ の範囲でそれぞれ x 軸と 1 点で交わることである。
すなわち　　$f(-5)f(0)<0$　かつ　$f(1)f(2)<0$
ここで
$f(-5)=a\cdot(-5)^2-2(a-5)\cdot(-5)+3a-15=38a-65$,
$f(0)=3a-15$，$f(1)=a\cdot1^2-2(a-5)\cdot1+3a-15=2a-5$,
$f(2)=a\cdot2^2-2(a-5)\cdot2+3a-15=3a+5$

$f(p)f(q)<0$ なら p と q の間に解あり

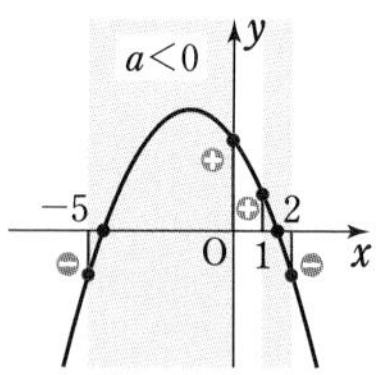

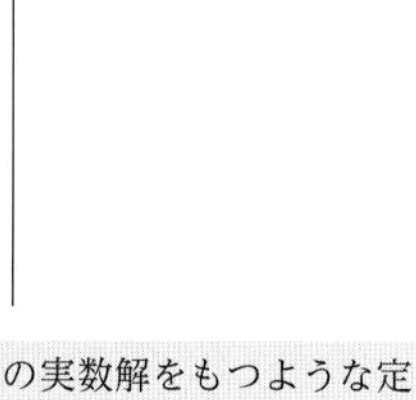

$f(-5)f(0)<0$ から
$(38a-65)(3a-15)<0$
よって　　$\frac{65}{38}<a<5$ …… ①
また，$f(1)f(2)<0$ から
$(2a-5)(3a+5)<0$
よって　　$-\frac{5}{3}<a<\frac{5}{2}$ …… ②
①，② の共通範囲を求めて　　**$\frac{65}{38}<a<\frac{5}{2}$**
これは $a\neq0$ を満たす。

練習 ④130　方程式 $x^2+(a+2)x-a+1=0$ が $-2<x<0$ の範囲に少なくとも 1 つの実数解をもつような定数 a の値の範囲を求めよ。〔武庫川女子大〕

$f(x)=x^2+(a+2)x-a+1$ とし，2 次方程式 $f(x)=0$ の判別式を D とする。$y=f(x)$ のグラフは下に凸の放物線で，その軸は直線 $x=-\dfrac{a+2}{2}$ である。

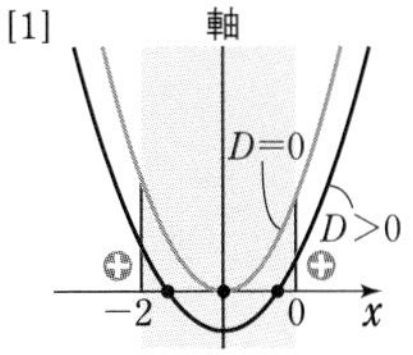

[1]　2 つの解がともに $-2<x<0$ の範囲にあるための条件は，$y=f(x)$ のグラフが x 軸の $-2<x<0$ の部分と異なる 2 点で交わる，または接することである。
すなわち，次の (i)〜(iv) が同時に成り立つことである。

(i)　$D\geqq 0$　　(ii)　軸が $-2<x<0$ の範囲にある
(iii)　$f(-2)>0$　　(iv)　$f(0)>0$

(i)　$D=(a+2)^2-4\cdot1\cdot(-a+1)=a^2+8a=a(a+8)$
$D\geqq 0$ から　　$a(a+8)\geqq 0$
よって　　$a\leqq -8,\ 0\leqq a$　　…… ①

(ii)　軸 $x=-\dfrac{a+2}{2}$ について　　$-2<-\dfrac{a+2}{2}<0$
ゆえに　　$0<a+2<4$
よって　　$-2<a<2$　　…… ②

(iii)　$f(-2)=-3a+1$ であるから　　$-3a+1>0$
よって　　$a<\dfrac{1}{3}$　　…… ③

(iv)　$f(0)=-a+1$ であるから　　$-a+1>0$
よって　　$a<1$　　…… ④

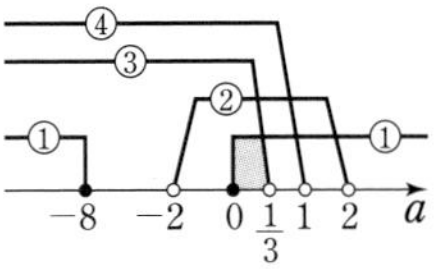

①〜④ の共通範囲を求めて　　$0\leqq a<\dfrac{1}{3}$

[2]　解の 1 つが $-2<x<0$ にあり，他の解が $x<-2$ または $0<x$ の範囲にあるための条件は　　$f(-2)f(0)<0$
よって　　$(-3a+1)(-a+1)<0$
ゆえに　　$(3a-1)(a-1)<0$　　　よって　　$\dfrac{1}{3}<a<1$

[3]　解の 1 つが $x=-2$ のとき
$f(-2)=0$ から　　$-3a+1=0$　　　ゆえに　　$a=\dfrac{1}{3}$
このとき，方程式は　　$3x^2+7x+2=0$
よって　　$(x+2)(3x+1)=0$
ゆえに，解は $x=-2,\ -\dfrac{1}{3}$ となり，条件を満たす。

←他の解が $-2<x<0$ の範囲にあるかどうかを調べる。

[4]　解の 1 つが $x=0$ のとき
$f(0)=0$ から　　$-a+1=0$　　　ゆえに　　$a=1$
このとき，方程式は　　$x^2+3x=0$
よって　　$x(x+3)=0$
ゆえに，解は $x=-3,\ 0$ となり，条件を満たさない。

求める a の値の範囲は，[1]，[2]，[3] を合わせて

$0\leqq a<1$

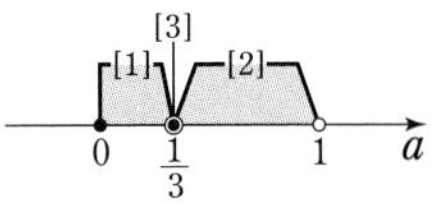

3章 練習 [2次関数]

別解　$x^2+(a+2)x-a+1=0$ ……（＊）を変形して

$$a(x-1)=-(x+1)^2$$

方程式（＊）が $-2<x<0$ の範囲に少なくとも1つの実数解をもつことは，放物線 $y=-(x+1)^2$ …… ① と直線 $y=a(x-1)$ …… ② が $-2<x<0$ の範囲に少なくとも1つの共有点をもつことと同じである。

←a を分離する。なお，a を含む式を左辺に集めると，「傾き a の直線」となり考えやすい。

② は点 $(1,\ 0)$ を通り，傾き a の直線である。

② が点 $(0,\ -1)$ を通るとき

$$a=1$$

② が ① と $-2<x<0$ で接するとき　$a=0$

←点 $(-1,\ 0)$ で接する。

よって，① と ② が $-2<x<0$ の範囲に共有点をもつのは，グラフから　$\boldsymbol{0 \leqq a<1}$　のときである。

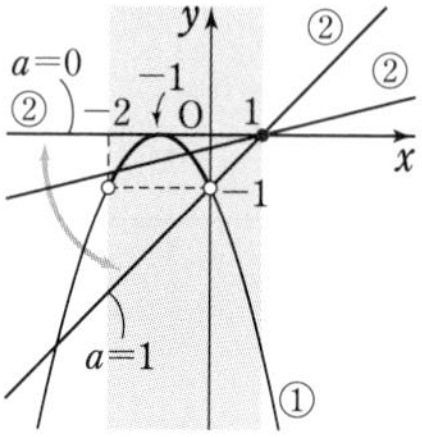

練習 ④131

2つの2次関数 $f(x)=x^2+2kx+2$，$g(x)=3x^2+4x+3$ がある。次の条件が成り立つような定数 k の値の範囲を求めよ。

(1)　すべての実数 x に対して $f(x)<g(x)$ が成り立つ。

(2)　ある実数 x に対して $f(x)>g(x)$ が成り立つ。

$F(x)=g(x)-f(x)$ とすると

$$F(x)=(3x^2+4x+3)-(x^2+2kx+2)=2x^2-2(k-2)x+1$$
$$=2\left(x-\frac{k-2}{2}\right)^2-\frac{k^2-4k+2}{2}$$

←$F(x)=g(x)-f(x)$ とするのは，$F(x)$ の2次の係数を正にするため。

(1)　すべての実数 x に対して $f(x)<g(x)$ が成り立つことは，すべての実数 x に対して $F(x)>0$，すなわち [$F(x)$ の最小値]>0 が成り立つことと同じである。

$F(x)$ は $x=\dfrac{k-2}{2}$ のとき最小値 $-\dfrac{k^2-4k+2}{2}$ をとるから

$$-\frac{k^2-4k+2}{2}>0$$

ゆえに　$k^2-4k+2<0$

$k^2-4k+2=0$ を解くと

$$k=-(-2)\pm\sqrt{(-2)^2-1\cdot 2}=2\pm\sqrt{2}$$

よって，求める k の値の範囲は　$\boldsymbol{2-\sqrt{2}<k<2+\sqrt{2}}$

(2)　ある実数 x に対して $f(x)>g(x)$ が成り立つことは，ある実数 x に対して $F(x)<0$，すなわち [$F(x)$ の最小値]<0 が成り立つことと同じである。

よって　$-\dfrac{k^2-4k+2}{2}<0$

ゆえに　$k^2-4k+2>0$

よって，求める k の値の範囲は　$\boldsymbol{k<2-\sqrt{2},\ 2+\sqrt{2}<k}$

別解　2次方程式 $F(x)=0$ の判別式を D とすると

$$\frac{D}{4}=\{-(k-2)\}^2-2\cdot 1$$
$$=k^2-4k+2$$

(1)　[$F(x)$ の最小値]>0 の代わりに，$D<0$ として進める。

(2)　[$F(x)$ の最小値]<0 の代わりに，$D>0$ として進める。

←$k^2-4k+2=0$ の解は(1)で求めた。

練習 ⑤132 2つの2次関数 $f(x)=x^2+2x+a^2+14a-3$, $g(x)=x^2+12x$ がある。次の条件が成り立つような定数 a の値の範囲を求めよ。
(1) $-2\leqq x\leqq 2$ を満たすすべての実数 x_1, x_2 に対して, $f(x_1)\geqq g(x_2)$ が成り立つ。
(2) $-2\leqq x\leqq 2$ を満たすある実数 x_1, x_2 に対して, $f(x_1)\geqq g(x_2)$ が成り立つ。

$f(x)=(x+1)^2+a^2+14a-4$, $g(x)=(x+6)^2-36$

←基本形に直しておく。

(1) $-2\leqq x\leqq 2$ を満たすすべての実数 x_1, x_2 に対して $f(x_1)\geqq g(x_2)$ が成り立つのは, $-2\leqq x\leqq 2$ において
[$f(x)$ の最小値]$\geqq$[$g(x)$ の最大値] が成り立つときである。
$-2\leqq x\leqq 2$ において, $f(x)$ の最小値は $f(-1)=a^2+14a-4$,
$g(x)$ の最大値は $g(2)=28$

よって $a^2+14a-4\geqq 28$
ゆえに $a^2+14a-32\geqq 0$
よって $(a+16)(a-2)\geqq 0$
ゆえに $\boldsymbol{a\leqq -16,\ 2\leqq a}$

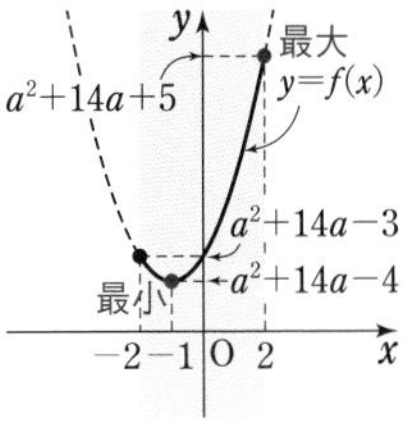

(2) $-2\leqq x\leqq 2$ を満たすある実数 x_1, x_2 に対して $f(x_1)\geqq g(x_2)$ が成り立つのは, $-2\leqq x\leqq 2$ において
[$f(x)$ の最大値]$\geqq$[$g(x)$ の最小値] が成り立つときである。
$-2\leqq x\leqq 2$ において, $f(x)$ の最大値は $f(2)=a^2+14a+5$,
$g(x)$ の最小値は $g(-2)=-20$

よって $a^2+14a+5\geqq -20$
ゆえに $a^2+14a+25\geqq 0$
$a^2+14a+25=0$ を解くと

$$a=-7\pm\sqrt{7^2-1\cdot 25}=-7\pm 2\sqrt{6}$$

よって, 求める a の値の範囲は

$$\boldsymbol{a\leqq -7-2\sqrt{6},\ -7+2\sqrt{6}\leqq a}$$

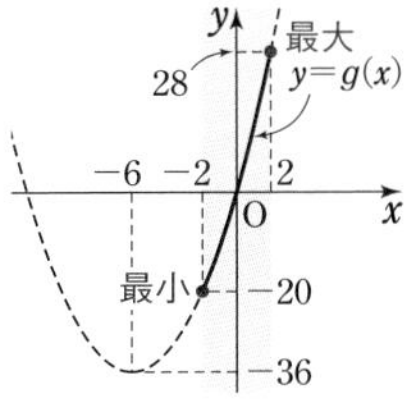

3章 練習 [2次関数]

EX ②51 点 $(2x-3,\ -3x+5)$ が第 2 象限にあるように，x の値の範囲を定めよ。また，x がどのような値であってもこの点が存在しない象限をいえ。

HINT （後半） 点が第 1 象限，第 3 象限，第 4 象限にあるような x の値の範囲があるか，それぞれ調べてみる。

点 $(2x-3,\ -3x+5)$ を P とする。

（前半） 点 P が第 2 象限にあるための条件は

$$2x-3<0 \quad かつ \quad -3x+5>0$$

←第 2 象限の点
⟹ **(x 座標)<0 かつ (y 座標)>0**

よって　　$x<\dfrac{3}{2}$　かつ　$x<\dfrac{5}{3}$

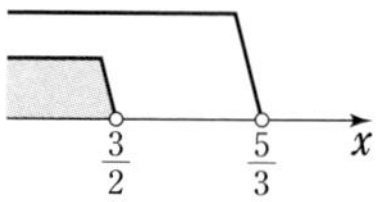

$\dfrac{3}{2}<\dfrac{5}{3}$ であるから，求める x の値の範囲は　　$\boldsymbol{x<\dfrac{3}{2}}$

（後半） 点 P が第 1 象限にあるための条件は

$$2x-3>0 \quad かつ \quad -3x+5>0$$

よって　　$x>\dfrac{3}{2}$　かつ　$x<\dfrac{5}{3}$　　すなわち　$\dfrac{3}{2}<x<\dfrac{5}{3}$

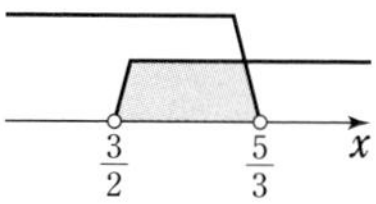

点 P が第 3 象限にあるための条件は

$$2x-3<0 \quad かつ \quad -3x+5<0$$

よって　　$x<\dfrac{3}{2}$　かつ　$x>\dfrac{5}{3}$

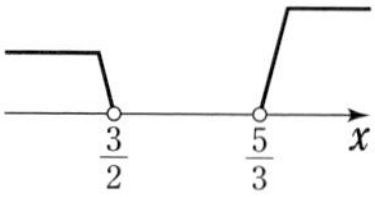

これを満たす x の値は存在しない。

点 P が第 4 象限にあるための条件は

$$2x-3>0 \quad かつ \quad -3x+5<0$$

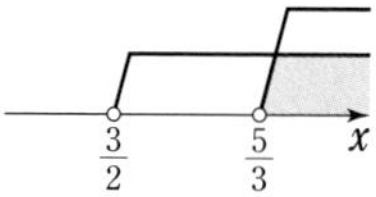

よって　　$x>\dfrac{3}{2}$　かつ　$x>\dfrac{5}{3}$　　ゆえに　$x>\dfrac{5}{3}$

以上から，点 P が存在しない象限は **第 3 象限**。……（＊）

（＊）第 3 象限以外の象限では，点 P が存在する x の値の範囲がある。

EX ③52
(1) 関数 $y=-x+1$ $(a\leqq x\leqq b)$ の最大値が 2，最小値が -2 であるとき，定数 a，b の値を求めよ。ただし，$a<b$ とする。
(2) 関数 $y=ax+b$ $(-2\leqq x<1)$ の値域が $1<y\leqq 7$ であるとき，定数 a，b の値を求めよ。

(1) 関数 $y=-x+1$ は x の値が増加すると，y の値は減少するから

　　$x=a$ で最大値 2,

　　$x=b$ で最小値 -2

をとる。

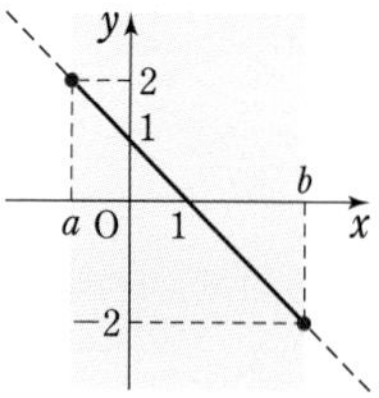

←$y=-x+1$ のグラフは，y 切片 1，傾き -1（右下がり）の直線。

よって　　$-a+1=2$，$-b+1=-2$

これを解いて　　$\boldsymbol{a=-1,\ b=3}$

(2) $a=0$ のとき，この関数は $y=b$（定数関数）となるから，値域が $1<y\leqq 7$ となることはない。

よって　　$a\neq 0$

また，$x=-2$ が定義域に含まれ，$y=7$ が値域に含まれているから，$x=-2$ に $y=7$ が対応し，$x=1$ に $y=1$ が対応している。

よって，この関数は x の値が増加すると，y の値は減少する。

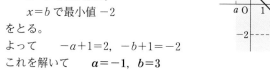

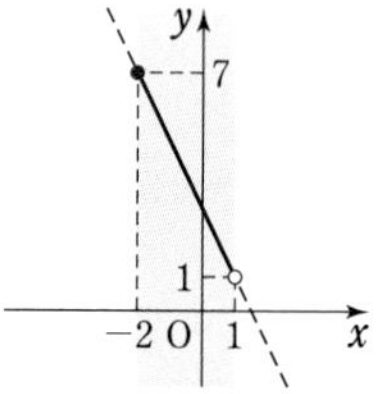

すなわち，$a<0$ で　$x=-2$ のとき　$y=7$，
$x=1$ のとき　$y=1$
ゆえに　$-2a+b=7$，$a+b=1$
この連立方程式を解いて　$\boldsymbol{a=-2}$，$\boldsymbol{b=3}$
これは $a<0$ を満たす。

EX ②53　xy 平面において，折れ線 $y=|2x+2|+x-1$ と x 軸によって囲まれた部分の面積を求めよ。〔千葉工大〕

$2x+2\geqq 0$　すなわち　$x\geqq -1$ のとき
$y=2x+2+x-1=3x+1$
$2x+2<0$　すなわち　$x<-1$ のとき
$y=-(2x+2)+x-1=-x-3$
よって，$y=|2x+2|+x-1$ のグラフは右の図の実線部分のようになる。
求める面積は，右の図の網部分の面積であり　$\dfrac{1}{2}\times\left\{-\dfrac{1}{3}-(-3)\right\}\times 2=\boldsymbol{\dfrac{8}{3}}$

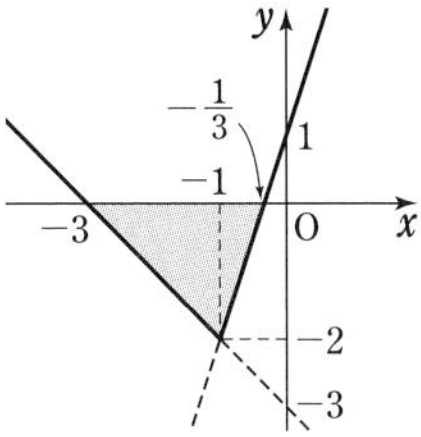

←$|2x+2|=2x+2$
←$|2x+2|=-(2x+2)$
［− をつけてはずす。］
←グラフと x 軸との交点の x 座標は $3x+1=0$，$-x-3=0$ から。
←$\dfrac{1}{2}\times$(底辺)$\times$(高さ)

EX ③54　次の関数 $f(x)$ の最小値とそのときの x の値を求めよ。
(1)　$f(x)=|x-1|+|x-2|+|x-3|$　〔大阪産大〕　(2)　$f(x)=|x+|3x-24||$　〔千葉工大〕

(1)　$x<1$ のとき
$f(x)=-(x-1)-(x-2)-(x-3)=-3x+6$
$1\leqq x<2$ のとき
$f(x)=(x-1)-(x-2)-(x-3)=-x+4$
$2\leqq x<3$ のとき
$f(x)=(x-1)+(x-2)-(x-3)=x$
$3\leqq x$ のとき
$f(x)=(x-1)+(x-2)+(x-3)$
$=3x-6$
よって，$y=f(x)$ のグラフは右の図のようになるから，$f(x)$ は
$\boldsymbol{x=2}$ **で最小値 2 をとる。**

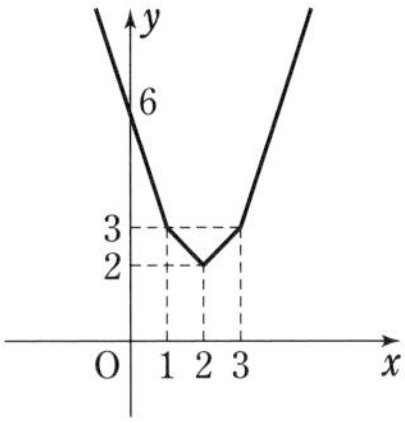

←$x-1<0$，$x-2<0$，$x-3<0$
←$x-1\geqq 0$，$x-2<0$，$x-3<0$
←$x-1>0$，$x-2\geqq 0$，$x-3<0$
←$x-1>0$，$x-2>0$，$x-3\geqq 0$

(2)　$3x-24\geqq 0$　すなわち　$x\geqq 8$ のとき
$f(x)=|x+3x-24|=|4x-24|=4|x-6|$
$x\geqq 8$ では $x-6>0$ であるから　$f(x)=4x-24$
$3x-24<0$　すなわち　$x<8$ のとき
$f(x)=|x+(-3x+24)|$
$=|24-2x|=2|12-x|$
$x<8$ では $12-x>0$ であるから
$f(x)=2(12-x)=-2x+24$
よって，$y=f(x)$ のグラフは右の図のようになるから，$f(x)$ は
$\boldsymbol{x=8}$ **で最小値 8 をとる。**

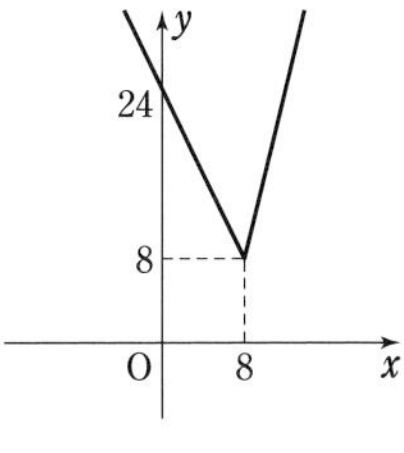

←まず，$|3x-24|$ の絶対値記号をはずす($x=8$ が場合分けの分かれ目)。

3章 EX［2次関数］

EX ③55

(1) 放物線 $y=x^2+ax-2$ の頂点の座標を a で表せ。また，頂点が直線 $y=2x-1$ 上にあるとき，定数 a の値を求めよ。 〔類 慶応大〕

(2) 2 つの放物線 $y=2x^2-12x+17$ と $y=ax^2+6x+b$ の頂点が一致するように定数 a，b の値を定めよ。 〔神戸国際大〕

(1) $y=x^2+ax-2=\left(x+\dfrac{a}{2}\right)^2-\dfrac{a^2}{4}-2$

よって，**頂点の座標** は $\left(-\dfrac{\boldsymbol{a}}{\boldsymbol{2}},\ -\dfrac{\boldsymbol{a}^2}{\boldsymbol{4}}-\boldsymbol{2}\right)$

また，頂点が直線 $y=2x-1$ 上にあるとき

$$-\frac{a^2}{4}-2=2\left(-\frac{a}{2}\right)-1$$

整理して $a^2-4a+4=0$

よって $(a-2)^2=0$ ゆえに $\boldsymbol{a=2}$

(2) $y=2x^2-12x+17=2(x^2-6x)+17$

$=2(x-3)^2-1$

$y=ax^2+6x+b=a\left(x^2+\dfrac{6}{a}x\right)+b$

$=a\left(x+\dfrac{3}{a}\right)^2-a\left(\dfrac{3}{a}\right)^2+b$

$=a\left(x+\dfrac{3}{a}\right)^2-\dfrac{9}{a}+b$

よって，2 つの放物線の頂点の座標は，順に

$$(3,\ -1),\ \left(-\frac{3}{a},\ -\frac{9}{a}+b\right)$$

題意を満たすための条件は

$$3=-\frac{3}{a}\ \cdots\cdots\ ①,\quad -1=-\frac{9}{a}+b\ \cdots\cdots\ ②$$

① の両辺に $\dfrac{a}{3}$ を掛けて $\boldsymbol{a=-1}$

$a=-1$ を ② に代入して $-1=9+b$

ゆえに $\boldsymbol{b=-10}$

別解 放物線 $y=2x^2-12x+17$ の頂点は，点 $(3,\ -1)$ であるから，2 つの放物線の頂点が一致するための条件は，$y=ax^2+6x+b$ が，$y=a(x-3)^2-1$ …… ③ と表されることである。

③ の右辺を展開して整理すると

$$y=ax^2-6ax+9a-1$$

$y=ax^2+6x+b$ と係数を比較して

$$6=-6a,\ b=9a-1$$

これを解いて $\boldsymbol{a=-1,\ b=-10}$

←$y=\left(x+\dfrac{a}{2}\right)^2-\left(\dfrac{a}{2}\right)^2-2$

←放物線 $y=a(x-p)^2+q$ の頂点は 点 $(p,\ q)$

←$y=2x-1$ に $x=-\dfrac{a}{2}$，$y=-\dfrac{a^2}{4}-2$ を代入。

←$2(x^2-6x)+17$ $=2(x-3)^2-2\cdot3^2+17$

←$y=ax^2+6x+b$ は放物線を表すから $a\neq0$

←x 座標，y 座標がそれぞれ一致。

←本冊 $p.153$ 参照。

EX ③56

2 次関数 $y=ax^2+bx+c$ のグラフをコンピュータのグラフ表示ソフトを用いて表示させる。このソフトでは，図の画面上の [A]，[B]，[C] にそれぞれ係数 a，b，c の値を入力すると，その値に応じたグラフが表示される。

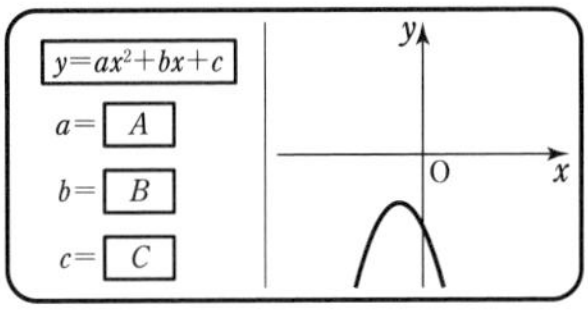

いま，[A]，[B]，[C] にある値を入力すると，右の図のようなグラフが表示された。

(1) [A]，[B]，[C] に入力した値の組み合わせとして，適切なものを右の表の ①～⑧ から1つ選べ。

(2) いま表示されているグラフを原点に関して対称移動した曲線を表示させるためには，[A]，[B]，[C] にどのような値を入力すればよいか。適切な組み合わせを，(1) の表の ①～⑧ から1つ選べ。

	①	②	③	④	⑤	⑥	⑦	⑧
A	1	1	1	1	-1	-1	-1	-1
B	2	2	-2	-2	2	2	-2	-2
C	3	-3	3	-3	3	-3	3	-3

(1) 表示されているグラフは上に凸の放物線であるから

$$a<0$$

頂点の x 座標は $-\dfrac{b}{2a}$ であり，グラフから　$-\dfrac{b}{2a}<0$

よって　$\dfrac{b}{2a}>0$

$a<0$ であるから　$b<0$

グラフは y 軸と $y<0$ の部分で交わるから　$c<0$

ゆえに，入力した値は $A<0$，$B<0$，$C<0$ であるから　⑧

(2) $y=-x^2-2x-3$ のグラフを，原点に関して対称移動した曲線の方程式は，x を $-x$，y を $-y$ におき換えて

$$-y=-(-x)^2-2(-x)-3$$

よって，$y=x^2-2x+3$ であるから　③

←a と c の符号は，グラフからすぐにわかる。b の符号は，頂点の x 座標もしくは軸の位置と，a の符号を用いて判断する。

←a と b は同符号。

←$y=f(x)$ のグラフを原点に関して対称移動した曲線の方程式は
$-y=f(-x)$

EX ②57

2 次関数 $y=3x^2-(3a-6)x+b$ が，$x=1$ で最小値 -2 をとるとき，定数 a，b の値を求めよ。
〔東京工芸大〕

関数の式を変形すると　$y=3\left(x-\dfrac{a-2}{2}\right)^2-\dfrac{3}{4}(a-2)^2+b$

この関数のグラフは下に凸の放物線であるから，y は

$x=\dfrac{a-2}{2}$ のとき最小値 $-\dfrac{3}{4}(a-2)^2+b$ をとる。

よって　$\dfrac{a-2}{2}=1$ …… ①，$-\dfrac{3}{4}(a-2)^2+b=-2$ …… ②

① を解くと　$\boldsymbol{a=4}$

よって，② から　$\boldsymbol{b}=-2+\dfrac{3}{4}(4-2)^2=-2+3=\boldsymbol{1}$

別解　$x=1$ で最小値 -2 をとるから，求める 2 次関数は

$y=3(x-1)^2-2$　と表される。

右辺を展開して　$y=3x^2-6x+1$

$y=3x^2-(3a-6)x+b$ と係数を比較して　$3a-6=6$，$b=1$

よって　$\boldsymbol{a=4,\ b=1}$

←$y=3\{x^2-(a-2)x\}+b$
$=3\left(x-\dfrac{a-2}{2}\right)^2-3\left(\dfrac{a-2}{2}\right)^2+b$

←下に凸 ⟶ 頂点で最小。

←$b=-2+\dfrac{3}{4}(a-2)^2$

←$x=p$ で最小値 q をとる ⟶ $y=a(x-p)^2+q$，$a>0$ と表される。

EX ④58

$f(x)=x^2-2x+2$ とする。また，関数 $y=f(x)$ のグラフを x 軸方向に 3，y 軸方向に -3 だけ平行移動して得られるグラフを表す関数を $y=g(x)$ とする。

(1) $g(x)$ の式を求め，$y=g(x)$ のグラフをかけ。

(2) $h(x)$ を次のように定めるとき，関数 $y=h(x)$ のグラフをかけ。

$$\begin{cases} f(x)\leqq g(x) \text{ のとき } & h(x)=f(x) \\ f(x)>g(x) \text{ のとき } & h(x)=g(x) \end{cases}$$

(3) $a>0$ とするとき，$0\leqq x\leqq a$ における $h(x)$ の最小値 m を a で表せ。 〔甲南大〕

(1) $y-(-3)=f(x-3)$ から

$y=f(x-3)-3$

$=(x-3)^2-2(x-3)+2-3$

$=x^2-8x+14$

よって　**$g(x)=x^2-8x+14$**

$x^2-8x+14=(x-4)^2-2$ であるから，$y=g(x)$ のグラフは **右の図 [1]** のようになる。

[1]

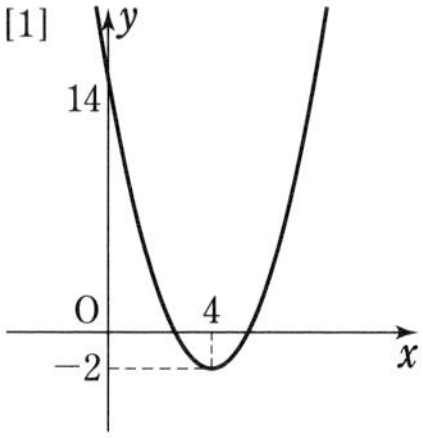

←関数 $y=f(x)$ のグラフを x 軸方向に p，y 軸方向に q だけ平行移動したグラフを表す方程式は **$y-q=f(x-p)$**

(2) $f(x)-g(x)=x^2-2x+2-(x^2-8x+14)$

$=6x-12=6(x-2)$

よって

$x\leqq 2$ のとき　$f(x)\leqq g(x)$，

$x>2$ のとき　$f(x)>g(x)$

ゆえに　$h(x)=\begin{cases} x^2-2x+2 & (x\leqq 2) \\ x^2-8x+14 & (x>2) \end{cases}$

したがって，$y=h(x)$ のグラフは **右の図 [2] の実線部分。**

[2]

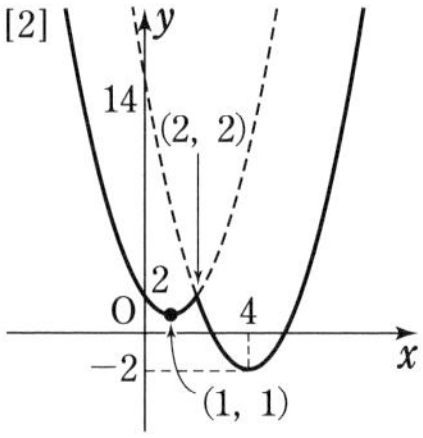

←$f(x)-g(x)\leqq 0$
$\iff f(x)\leqq g(x)$
$f(x)-g(x)>0$
$\iff f(x)>g(x)$

(3) $x^2-8x+14=1$ とすると　$x^2-8x+13=0$

これを解くと　$x=4\pm\sqrt{3}$

したがって

$0<a<1$ のとき

$m=h(a)=a^2-2a+2$

$1\leqq a<4-\sqrt{3}$ のとき

$m=h(1)=1$

$4-\sqrt{3}\leqq a<4$ のとき

$m=h(a)=a^2-8a+14$

$4\leqq a$ のとき

$m=h(4)=-2$

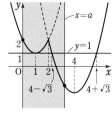

←$y=h(x)$ [$x>2$] のグラフと直線 $y=1$ の交点の x 座標を求めている。

EX ⑤59

2 次関数 $f(x)=\frac{5}{4}x^2-1$ について，次の問いに答えよ。

(1) a，b は $f(a)=a$，$f(b)=b$，$a<b$ を満たす。このとき，$a\leqq x\leqq b$ における $f(x)$ の最小値と最大値を求めよ。

(2) p，q は $p<q$ を満たす。このとき，$p\leqq x\leqq q$ における $f(x)$ の最小値が p，最大値が q となるような p，q の値の組をすべて求めよ。 〔類 滋賀大〕

(1)　$f(x)=x$ とすると　$\frac{5}{4}x^2-1=x$

よって　$5x^2-4x-4=0$

これを解くと　$x=\frac{-(-4)\pm\sqrt{(-4)^2-4\cdot5\cdot(-4)}}{2\cdot5}$

$=\frac{4\pm4\sqrt{6}}{10}=\frac{2\pm2\sqrt{6}}{5}$

$f(a)=a$，$f(b)=b$，$a<b$ であるから

$a=\frac{2-2\sqrt{6}}{5}$，$b=\frac{2+2\sqrt{6}}{5}$

このとき　$f(a)=a<0<b=f(b)$

ゆえに，$f(x)$ は $a\leqq x\leqq b$ において，

$x=0$ で最小値 -1，$x=\frac{2+2\sqrt{6}}{5}$ で

最大値 $\frac{2+2\sqrt{6}}{5}$ をとる。

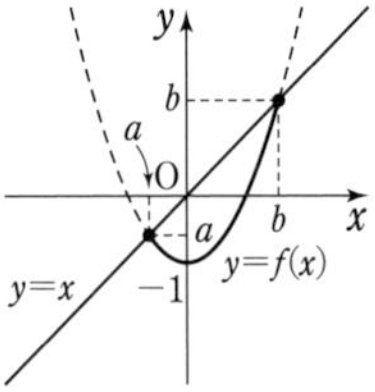

←a，b は，放物線 $y=f(x)$ と直線 $y=x$ の共有点の x 座標である。

←2 次方程式の解の公式。

←放物線 $y=f(x)$ の軸 $x=0$ が $a\leqq x\leqq b$ に含まれるから，頂点において最小，軸から遠い方の区間の端で最大となる。

(2)　[1]　$p<q<0$ のとき

$p\leqq x\leqq q$ において，$f(x)$ は $x=q$ で最小値 $f(q)$，$x=p$ で最大値 $f(p)$ をとる。

$f(p)=\frac{5}{4}p^2-1$，$f(q)=\frac{5}{4}q^2-1$ であり，$p\leqq x\leqq q$ における $f(x)$ の最小値が p，最大値が q となるから

$\frac{5}{4}q^2-1=p$ …… ①，$\frac{5}{4}p^2-1=q$ …… ②

①−② から　$\frac{5}{4}(q^2-p^2)=p-q$

すなわち　$(p-q)\left\{\frac{5}{4}(p+q)+1\right\}=0$

$p-q\neq0$ であるから　$\frac{5}{4}(p+q)+1=0$

よって　$q=-p-\frac{4}{5}$ …… ③

③ を ② に代入して　$\frac{5}{4}p^2-1=-p-\frac{4}{5}$

整理すると　$25p^2+20p-4=0$

ゆえに　$p=\frac{-20\pm\sqrt{20^2-4\cdot25\cdot(-4)}}{2\cdot25}=\frac{-2\pm2\sqrt{2}}{5}$

$p<0$ から　$p=\frac{-2-2\sqrt{2}}{5}$

③ から　$q=\frac{2+2\sqrt{2}}{5}-\frac{4}{5}=\frac{-2+2\sqrt{2}}{5}$

これは $q<0$ を満たさない。

(2)　軸 $x=0$ が区間 $p\leqq x\leqq q$ に含まれるかどうかで場合分けする。

[1] $p<q<0$

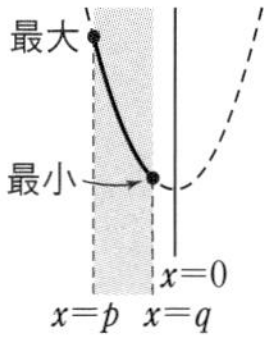

←$\frac{-2+2\sqrt{2}}{5}>0$

3章
EX
[2次関数]

[2]　$p\leqq 0\leqq q$ のとき

このとき，$f(x)$ は $x=0$ で最小値 -1 をとり，最小値が p となるから　　$p=-1$

これは $p\leqq 0$ を満たす。

(i)　$0\leqq q<1$ のとき

$-1\leqq x\leqq q$ において，$f(x)$ は $x=-1$ で最大値 $f(-1)=\dfrac{1}{4}$ をとり，最大値が q となるから　　$q=\dfrac{1}{4}$

これは $0\leqq q<1$ を満たす。

[2](i) $p=-1,\ 0\leqq q<1$

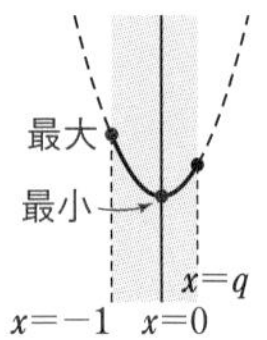

(ii)　$q=1$ のとき

$-1\leqq x\leqq q$ において，$f(x)$ は $x=\pm 1$ で最大値 $f(\pm 1)=\dfrac{1}{4}$ をとる。

最大値が $q(=1)$ とならないから，不適。

[2](ii) $p=-1,\ q=1$

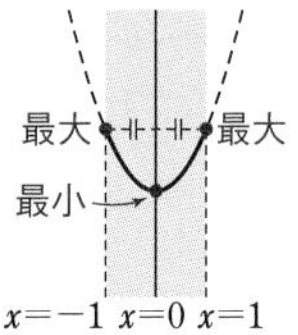

(iii)　$q>1$ のとき

$-1\leqq x\leqq q$ において，$f(x)$ は $x=q$ で最大値 $f(q)=\dfrac{5}{4}q^2-1$ をとり，最大値が q となるから

$$\frac{5}{4}q^2-1=q$$

これを解くと　　$q=\dfrac{2\pm 2\sqrt{6}}{5}$

$q>1$ であるから　　$q=\dfrac{2+2\sqrt{6}}{5}$

[2](iii) $p=-1,\ q>1$

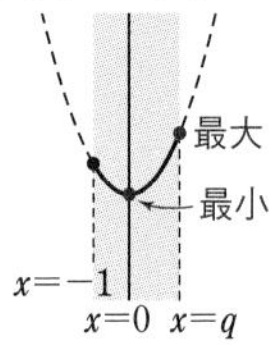

←(1)で $\dfrac{5}{4}x^2-1=x$ を解いている。

[3]　$0<p<q$ のとき

$p\leqq x\leqq q$ において，$f(x)$ は $x=p$ で最小値 $f(p)$，$x=q$ で最大値 $f(q)$ をとる。

$f(p)=\dfrac{5}{4}p^2-1$，$f(q)=\dfrac{5}{4}q^2-1$ であり，$p\leqq x\leqq q$ における $f(x)$ の最小値が p，最大値が q となるから

$$\frac{5}{4}p^2-1=p,\quad \frac{5}{4}q^2-1=q$$

$p<q$，(1)の計算過程から　　$p=\dfrac{2-2\sqrt{6}}{5}$，$q=\dfrac{2+2\sqrt{6}}{5}$

これは $p>0$ を満たさない。

[3] $0<p<q$

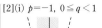

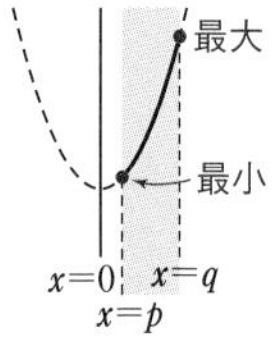

以上から　　$\boldsymbol{(p,\ q)=\left(-1,\ \dfrac{1}{4}\right),\ \left(-1,\ \dfrac{2+2\sqrt{6}}{5}\right)}$

EX ④60

a を実数とする。x の2次関数 $f(x)=x^2+ax+1$ の区間 $a-1\leqq x\leqq a+1$ における最小値を $m(a)$ とする。

(1)　$m\left(\dfrac{1}{2}\right)$ を求めよ。　　(2)　$m(a)$ を a の値で場合分けして求めよ。

(3)　a が実数全体を動くとき，$m(a)$ の最小値を求めよ。　〔岡山大〕

(1) $a=\frac{1}{2}$ のとき

$$f(x)=x^2+\frac{1}{2}x+1=x^2+\frac{1}{2}x+\left(\frac{1}{4}\right)^2-\left(\frac{1}{4}\right)^2+1$$
$$=\left(x+\frac{1}{4}\right)^2+\frac{15}{16}$$

←**2 次式** は **基本形** に直す。

また，区間 $a-1 \leqq x \leqq a+1$ は $-\frac{1}{2} \leqq x \leqq \frac{3}{2}$ となる。

$y=f(x)$ のグラフは下に凸の放物線で，軸は直線 $x=-\frac{1}{4}$ であるから，$-\frac{1}{2} \leqq x \leqq \frac{3}{2}$ の範囲において，$f(x)$ は $x=-\frac{1}{4}$ のとき最小値 $\frac{15}{16}$ をとる。

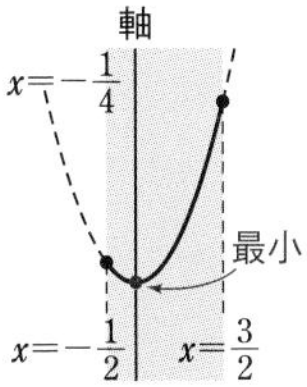

←軸が区間に含まれるから，頂点で最小となる。

したがって　　$m\left(\frac{1}{2}\right)=\boldsymbol{\frac{15}{16}}$

(2) 関数の式を変形すると

$$f(x)=x^2+ax+1=\left(x+\frac{a}{2}\right)^2-\frac{a^2}{4}+1$$

←$f(x)$
$=\left(x+\frac{a}{2}\right)^2-\left(\frac{a}{2}\right)^2+1$

$y=f(x)$ のグラフは下に凸の放物線で，軸は 直線 $x=-\frac{a}{2}$

[1] $a+1<-\frac{a}{2}$

すなわち　$a<-\frac{2}{3}$ のとき

図 [1] から，$f(x)$ は $x=a+1$ で最小となる。よって

$m(a)=f(a+1)=2a^2+3a+2$

[1]

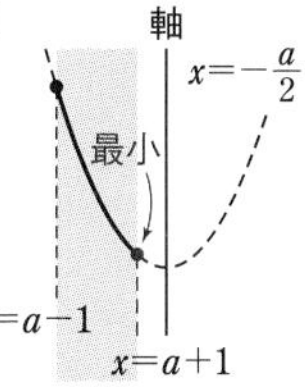

←軸が区間の右外にあるから，軸に近い右端で最小となる。

←$f(a+1)$
$=(a+1)^2+a(a+1)+1$

[2] $a-1 \leqq -\frac{a}{2} \leqq a+1$

すなわち　$-\frac{2}{3} \leqq a \leqq \frac{2}{3}$ のとき

図 [2] から，$f(x)$ は $x=-\frac{a}{2}$ で最小となる。よって

$m(a)=f\left(-\frac{a}{2}\right)=-\frac{a^2}{4}+1$

[2]

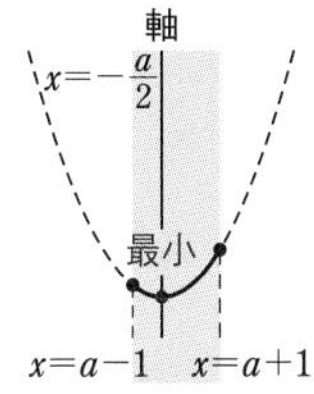

←軸が区間に含まれるから，頂点で最小となる。

[3] $-\frac{a}{2}<a-1$

すなわち　$\frac{2}{3}<a$ のとき

図 [3] から，$f(x)$ は $x=a-1$ で最小となる。よって

$m(a)=f(a-1)=2a^2-3a+2$

←軸が区間の左外にあるから，軸に近い左端で最小となる。

[3]

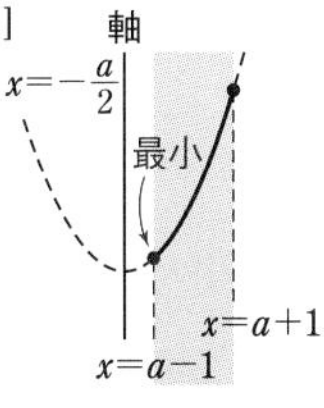

←$f(a-1)$
$=(a-1)^2+a(a-1)+1$

以上から

$a<-\dfrac{2}{3}$ **のとき**　　$m(a)=2a^2+3a+2$

$-\dfrac{2}{3}\leqq a\leqq\dfrac{2}{3}$ **のとき**　$m(a)=-\dfrac{a^2}{4}+1$

$\dfrac{2}{3}<a$ **のとき**　　$m(a)=2a^2-3a+2$

(3)　$2a^2+3a+2=2\left(a^2+\dfrac{3}{2}a\right)+2$

$$=2\left(a+\frac{3}{4}\right)^2-2\left(\frac{3}{4}\right)^2+2=2\left(a+\frac{3}{4}\right)^2+\frac{7}{8}$$

$2a^2-3a+2=2\left(a^2-\dfrac{3}{2}a\right)+2$

$$=2\left(a-\frac{3}{4}\right)^2-2\left(\frac{3}{4}\right)^2+2=2\left(a-\frac{3}{4}\right)^2+\frac{7}{8}$$

$-\dfrac{3}{4}<-\dfrac{2}{3}$，$\dfrac{2}{3}<\dfrac{3}{4}$ であるから，$y=m(a)$ のグラフは右の図のようになる。

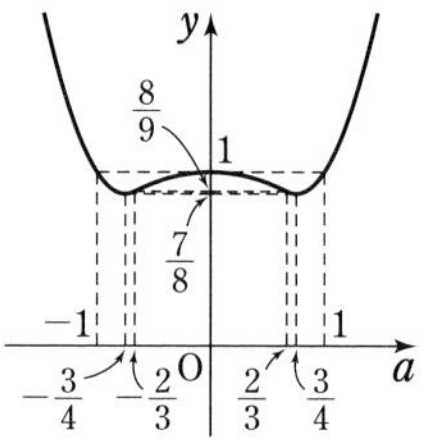

ここで，$a<-\dfrac{2}{3}$，$-\dfrac{2}{3}\leqq a\leqq\dfrac{2}{3}$，$\dfrac{2}{3}<a$ の各場合について，放物線の軸はそれぞれの範囲に含まれている。

よって，$m(a)$ は $a=\pm\dfrac{3}{4}$ **のとき最小値** $\dfrac{7}{8}$ をとる。

←$a<-\dfrac{2}{3}$ における最小値は　$m\left(-\dfrac{3}{4}\right)=\dfrac{7}{8}$

$-\dfrac{2}{3}\leqq a\leqq\dfrac{2}{3}$ における最小値は

$m\left(\pm\dfrac{2}{3}\right)=\dfrac{8}{9}$

$\dfrac{2}{3}<a$ における最小値は　$m\left(\dfrac{3}{4}\right)=\dfrac{7}{8}$

EX ③61

x が $0\leqq x\leqq 5$ の範囲を動くとき，関数 $f(x)=-x^2+ax-a$ について考える。ただし，a は定数とする。

(1)　$f(x)$ の最大値を求めよ。

(2)　$f(x)$ の最大値が 3 であるとき，a の値を求めよ。　〔類 北里大〕

(1)　関数の式を変形すると

$$f(x)=-\left(x-\frac{a}{2}\right)^2+\frac{a^2}{4}-a$$

←$f(x)=-(x^2-ax)-a$
$=-\left(x-\dfrac{a}{2}\right)^2+\left(\dfrac{a}{2}\right)^2-a$

$y=f(x)$ のグラフは上に凸の放物線で，軸は 直線 $x=\dfrac{a}{2}$

軸が区間の

[1]　$\dfrac{a}{2}<0$　すなわち　$a<0$ のとき

図 [1] から，$f(x)$ は $x=0$ で最大値 $f(0)=-a$ をとる。

[1] **左外**

[2]　$0\leqq\dfrac{a}{2}\leqq 5$　すなわち　$0\leqq a\leqq 10$ のとき

図 [2] から，$f(x)$ は $x=\dfrac{a}{2}$ で最大値 $f\left(\dfrac{a}{2}\right)=\dfrac{a^2}{4}-a$ をとる。

[2] **内**

[3]　$5<\dfrac{a}{2}$　すなわち　$10<a$ のとき

図 [3] から，$f(x)$ は $x=5$ で最大値 $f(5)=-25+4a$ をとる。

[3] **右外**

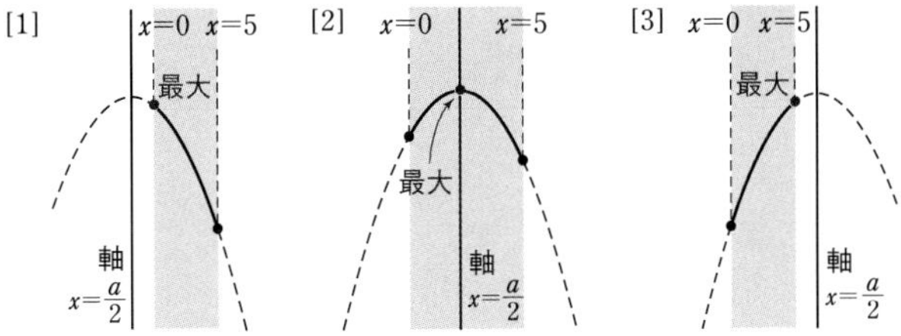

以上から $\begin{cases} a<0 \text{ のとき} & x=0 \text{ で最大値 } -a \\ 0 \leqq a \leqq 10 \text{ のとき} & x=\dfrac{a}{2} \text{ で最大値 } \dfrac{a^2}{4}-a \\ a>10 \text{ のとき} & x=5 \text{ で最大値 } -25+4a \end{cases}$

(2) [1] $a<0$ のとき，$f(x)$ の最大値が 3 であるとすると

$-a=3$

よって　$a=-3$　これは $a<0$ を満たす。

[2] $0 \leqq a \leqq 10$ のとき，$f(x)$ の最大値が 3 であるとすると

$\dfrac{a^2}{4}-a=3$

よって　$a^2-4a-12=0$　ゆえに　$(a+2)(a-6)=0$

$0 \leqq a \leqq 10$ であるから　$a=6$

[3] $10<a$ のとき，$f(x)$ の最大値が 3 であるとすると

$-25+4a=3$　よって　$a=7$

これは $10<a$ を満たさず，不適。

[1]～[3] から，求める a の値は　$a=-3,\ 6$

←[1]～[3] の場合ごとに，求めた最大値（a の式）を $=3$ とおいた方程式を解く。なお，a の値を求めた後，場合分けの条件を満たしているかどうかの確認を忘れずに。

EX ③62　1 辺の長さが 1 の正三角形 ABC において，辺 BC に平行な直線が 2 辺 AB，AC と交わる点をそれぞれ P，Q とする。PQ を 1 辺とし，A と反対側にある正方形と △ABC との共通部分の面積を y とする。PQ の長さを x とするとき

(1) y を x を用いて表せ。

(2) y の最大値を求めよ。　〔中央大〕

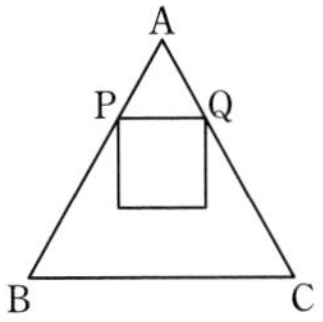

(1) PQ を 1 辺とし，A と反対側にある正方形 PQRS について，辺 SR が辺 BC 上にあるときを考える。

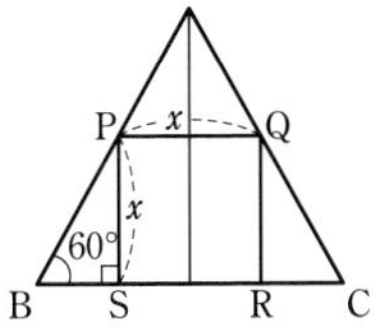

BS：PS$=1:\sqrt{3}$ であるから

BS：$x=1:\sqrt{3}$

ゆえに　$\mathrm{BS}=\dfrac{1}{\sqrt{3}}x$

同様にして　$\mathrm{CR}=\dfrac{1}{\sqrt{3}}x$

よって　$\mathrm{BC}=2\cdot\dfrac{1}{\sqrt{3}}x+x=\dfrac{2+\sqrt{3}}{\sqrt{3}}x$

$\mathrm{BC}=1$ より，$\dfrac{2+\sqrt{3}}{\sqrt{3}}x=1$ であるから

←場合分けの境目となる x の値をまず求める。

$$x=\frac{\sqrt{3}}{2+\sqrt{3}}=\frac{\sqrt{3}(2-\sqrt{3})}{(2+\sqrt{3})(2-\sqrt{3})}=2\sqrt{3}-3$$

したがって

[1]　**$0<x\leqq 2\sqrt{3}-3$ のとき　　$y=x^2$**

[2]　**$2\sqrt{3}-3<x<1$ のとき**，図 [2] から

$$\boldsymbol{y}=\left(\frac{\sqrt{3}}{2}-\frac{\sqrt{3}}{2}x\right)x=\boldsymbol{-\frac{\sqrt{3}}{2}x^2+\frac{\sqrt{3}}{2}x}$$

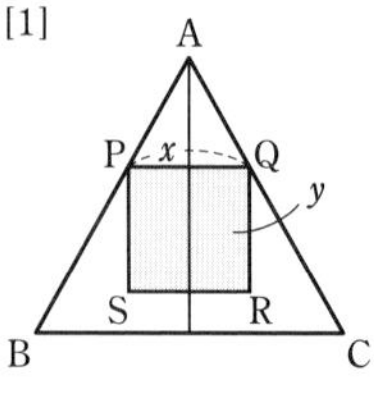

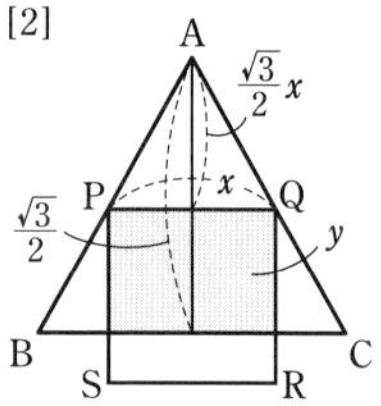

(2)　(1) の結果から，$2\sqrt{3}-3<x<1$ のとき

$$y=-\frac{\sqrt{3}}{2}(x^2-x)$$

$$=-\frac{\sqrt{3}}{2}\left(x-\frac{1}{2}\right)^2+\frac{\sqrt{3}}{8}$$

また　　$\dfrac{1}{2}-(2\sqrt{3}-3)=\dfrac{7-4\sqrt{3}}{2}$

$$=\frac{\sqrt{49}-\sqrt{48}}{2}>0$$

よって，$\dfrac{1}{2}>2\sqrt{3}-3$ であるから，(1) で求めた関数のグラフは右の図のようになる。

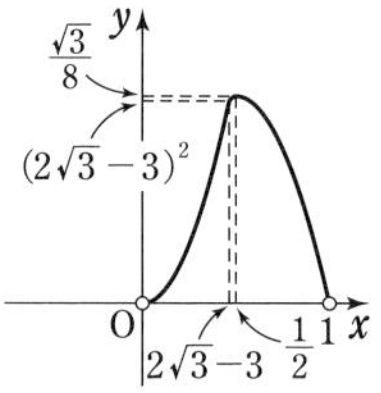

したがって，y は **$x=\dfrac{1}{2}$ で最大値 $\dfrac{\sqrt{3}}{8}$** をとる。

←軸 $x=\dfrac{1}{2}$ が $2\sqrt{3}-3<x<1$ の範囲に含まれるかどうかを調べる。

←軸 $x=\dfrac{1}{2}$ は $2\sqrt{3}-3<x<1$ の範囲に含まれる。

EX ④63

(1)　$a>0$，$b>0$，$a+b=1$ のとき，a^3+b^3 の最小値を求めよ。　〔東京電機大〕

(2)　x，y，z が $x+2y+3z=6$ を満たすとき，$x^2+4y^2+9z^2$ の最小値とそのときの x，y の値を求めよ。　〔西南学院大〕

(1)　$a+b=1$ から　　$b=1-a$ …… ①

$b>0$ であるから　　$1-a>0$　　ゆえに　　$a<1$

$a>0$ と合わせて　　$0<a<1$ …… ②

$a^3+b^3=t$ とおくと

$$t=a^3+(1-a)^3=3a^2-3a+1$$

$$=3\left(a-\frac{1}{2}\right)^2+\frac{1}{4}$$

② の範囲において，t は

$a=\dfrac{1}{2}$ のとき最小値 $\dfrac{1}{4}$ をとる。

① から，$a=\dfrac{1}{2}$ のとき　　$b=\dfrac{1}{2}$

したがって　　**$a=\dfrac{1}{2}$，$b=\dfrac{1}{2}$ のとき最小値 $\dfrac{1}{4}$**

←残る文字 a の値の範囲を求めておく。

←a^3 の項は消える。

←**2 次式 ⟶ 基本形に。**

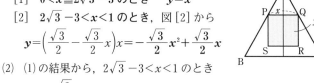

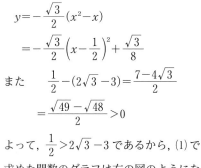

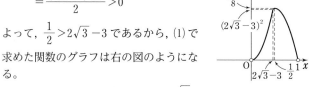

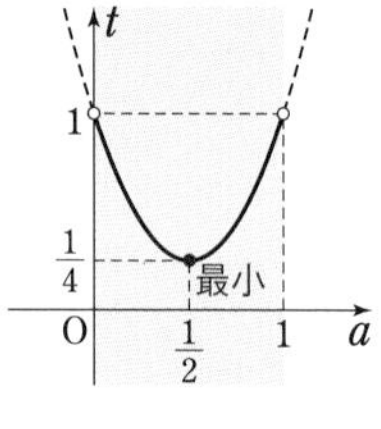

(2)　$x+2y+3z=6$ から　　$3z=6-x-2y$ …… ①

ゆえに　　$x^2+4y^2+9z^2=x^2+4y^2+(6-x-2y)^2$

$$=2x^2+4xy+8y^2-12x-24y+36$$

$=2x^2+4(y-3)x+8y^2-24y+36$ ←x について整理。

$=2\{x+(y-3)\}^2+6y^2-12y+18$ ←x について基本形に。

$=2(x+y-3)^2+6(y-1)^2+12$

x，y は実数であるから　$(x+y-3)^2 \geqq 0$，$(y-1)^2 \geqq 0$ ←(実数)$^2 \geqq 0$

よって，$x^2+4y^2+9z^2$ は，$x+y-3=0$，$y-1=0$ すなわち $x=2$，$y=1$ のとき最小となる。

このとき，① から　$z=\dfrac{2}{3}$

したがって　**$x=2$，$y=1$ のとき最小値 12**

EX ④64

$f(x)=x^2-4x+5$ とする。関数 $f(f(x))$ の区間 $0 \leqq x \leqq 3$ における最大値と最小値を求めよ。〔愛知工大〕

$f(x)=x^2-4x+5=(x-2)^2+1$ であるから，関数 $f(x)$ の $0 \leqq x \leqq 3$ における値域は　$1 \leqq f(x) \leqq 5$

また　$f(f(x))=\{f(x)\}^2-4f(x)+5=\{f(x)-2\}^2+1$

よって，$1 \leqq f(x) \leqq 5$ の範囲において，$f(f(x))$ は，$f(x)=5$ で最大値 10，$f(x)=2$ で最小値 1　をとる。

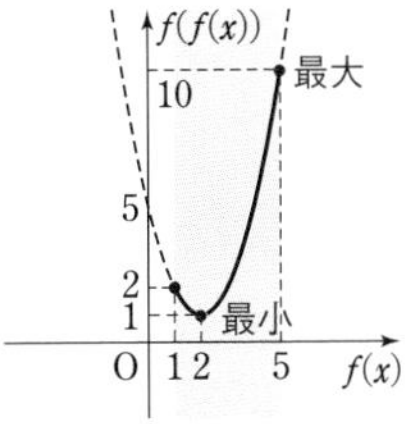

$f(x)=5$ のとき　$x^2-4x+5=5$

ゆえに　$x^2-4x=0$

これを解いて　$x=0$，4

$0 \leqq x \leqq 3$ を満たすものは　$x=0$

$f(x)=2$ のとき　$x^2-4x+5=2$

よって　$x^2-4x+3=0$

これを解いて　$x=1$，3

$x=1$，3 はともに $0 \leqq x \leqq 3$ を満たす。

ゆえに　**$x=0$ のとき最大値 10；$x=1$，3 のとき最小値 1**

$y=f(x)$ のグラフ

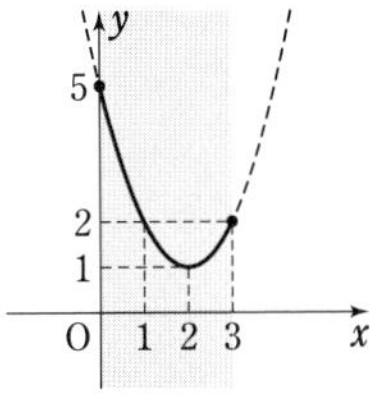

EX ④65

(1) 実数 x に対して $t=x^2+2x$ とおく。t のとりうる値の範囲は $t \geqq$ ア□ である。また，x の関数 $y=-x^4-4x^3-2x^2+4x+1$ を t の式で表すと $y=$ イ□ である。以上から，y は $x=$ ウ□，エ□ で最大値 オ□ をとる。

(2) a を実数とする。x の関数 $y=-x^4-4x^3+(2a-4)x^2+4ax-a^2+2$ の最大値が (1) で求めた値 オ□ であるとする。このとき，a のとりうる値の範囲は $a \geqq$ カ□ である。〔関西学院大〕

(1) $t=x^2+2x$ から　$t=(x+1)^2-1$ ←$(x+1)^2 \geqq 0$

x はすべての実数値をとるから，t のとりうる値の範囲は

$t \geqq$ ア **-1**

次に，y を t の式で表すと

$y=-(x^4+4x^3+4x^2)+2x^2+4x+1$

$=-(x^2+2x)^2+2x^2+4x+1$

$=-(x^2+2x)^2+2(x^2+2x)+1$

$=$ イ **$-t^2+2t+1$**

また　$y=-(t-1)^2+2$

$t \geqq -1$ の範囲において，y は $t=1$ で最大値 2 をとる。

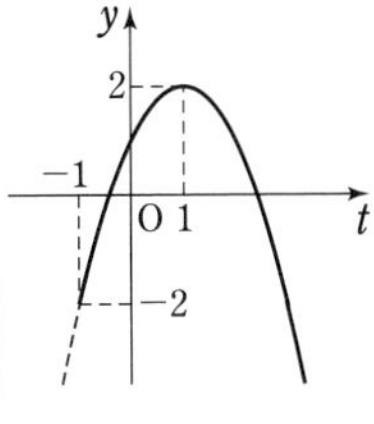

$t=1$ となるのは $x^2+2x=1$ のときである。
$x^2+2x=1$ すなわち $x^2+2x-1=0$ から　　$x=-1\pm\sqrt{2}$
ゆえに，y は $x=$ ウ, エ $\mathbf{-1\pm\sqrt{2}}$ で最大値 オ $\mathbf{2}$ をとる。

(2) $y=-(x^2+2x)^2+4x^2+(2a-4)x^2+4ax-a^2+2$
$=-(x^2+2x)^2+2a(x^2+2x)-a^2+2$
$t=x^2+2x$ とおくと　　$t\geqq-1$　　←(ア) から。
y を t の式で表すと　　$y=-t^2+2at-a^2+2=-(t-a)^2+2$
よって，放物線 $y=-t^2+2at-a^2+2$ は上に凸で，
軸は 直線 $t=a$

[1] $a<-1$ のとき　　←軸が区間 $t\geqq-1$ の左外にあるとき。
y は $t=-1$ で最大となり，その値は
$$-1-2a-a^2+2=-a^2-2a+1$$
(1) の (オ) から　　$-a^2-2a+1=2$
ゆえに　　$a^2+2a+1=0$　　　よって　　$a=-1$
これは $a<-1$ を満たさない。

[2] $a\geqq-1$ のとき　　←軸が区間 $t\geqq-1$ 内にあるとき。
y は $t=a$ で最大値 2 をとり，これは，(1) で求めた (オ) の値と一致する。

したがって，a のとりうる値の範囲は　　$a\geqq$ カ $\mathbf{-1}$

EX ②66

(1) $1\leqq x\leqq5$ の範囲で $x=2$ のとき最大値 2 をとり，最小値が -1 である 2 次関数を求めよ。
(2) 2 次関数 $f(x)=ax^2+bx+c$ が，$f(-1)=f(3)=0$ を満たし，その最大値が 4 であるとき，定数 a, b, c の値を求めよ。　〔(1) 摂南大，(2) 東京経大〕

(1) $1\leqq x\leqq5$ の範囲で $x=2$ のとき最大値 2 をとるから，この 2 次関数のグラフは上に凸で，頂点は点 $(2,\ 2)$ である。
よって，求める 2 次関数は　$y=a(x-2)^2+2$, $a<0$　と表される。
ゆえに，$1\leqq x\leqq5$ の範囲で，y は $x=5$ のとき最小になる。
$x=5$ のとき $y=-1$ であるから
$$-1=a(5-2)^2+2 \qquad よって \qquad a=-\frac{1}{3}$$
これは $a<0$ を満たす。
ゆえに，求める 2 次関数は
$$\boldsymbol{y=-\frac{1}{3}(x-2)^2+2} \quad \left(y=-\frac{1}{3}x^2+\frac{4}{3}x+\frac{2}{3}\ でもよい\right)$$

←条件から，求める 2 次関数のグラフの概形は次のようになる。

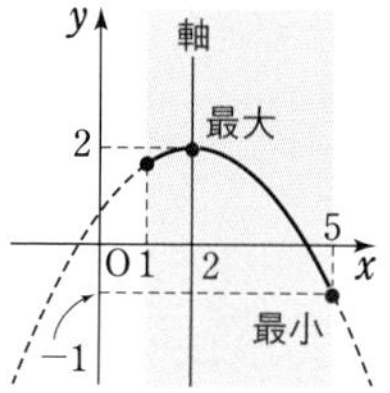

(2) $f(-1)=f(3)=0$ であるから，放物線 $y=f(x)$ の軸は，2 点 $(-1,\ 0)$, $(3,\ 0)$ を結ぶ線分の中点 $(1,\ 0)$ を通る。
ゆえに，$f(x)$ は $x=1$ で最大値 4 をとる。
よって，$f(x)$ は　$f(x)=a(x-1)^2+4$, $a<0$　と表される。
$f(-1)=0$ から　　$4a+4=0$
したがって　　$\boldsymbol{a=-1}$　　　これは $a<0$ を満たす。
ゆえに　$f(x)=-(x-1)^2+4$　　よって　$f(x)=-x^2+2x+3$
したがって　　$\boldsymbol{b=2,\ c=3}$

←グラフは軸に関して対称である。

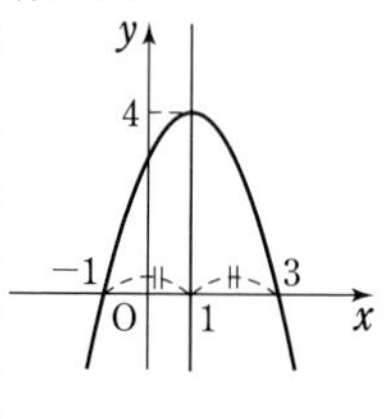

別解　$f(-1)=f(3)=0$ であるから，$f(x)=a(x+1)(x-3)$ と表される。

$a(x+1)(x-3)=a(x^2-2x-3)=a(x-1)^2-4a$ であるから

$$f(x)=a(x-1)^2-4a$$

最大値が 4 であるから　$a<0$　かつ　$-4a=4$

よって　$a=-1$　これは $a<0$ を満たす。

したがって　$f(x)=-(x+1)(x-3)=-x^2+2x+3$

ゆえに　$\boldsymbol{a=-1,\ b=2,\ c=3}$

←2 次関数 $y=f(x)$ のグラフが x 軸と交わるとき，その x 座標は，**2 次方程式 $f(x)=0$ の実数解** である（本冊 $p.175$ 参照）。

EX ③67

(1) $f(x)=x^2+2x-8$ とする。放物線 C：$y=f(x+a)+b$ は 2 点 $(4,\ 3)$，$(-2,\ 3)$ を通る。このとき，放物線 C の軸の方程式と定数 a，b の値を求めよ。〔日本工大〕

(2) x の 2 次関数 $y=ax^2+bx+c$ のグラフが相異なる 3 点 $(a,\ b)$，$(b,\ c)$，$(c,\ a)$ を通るものとする。ただし，a，b，c は定数で，$abc\neq0$ とする。

(ア) a の値を求めよ。　(イ) b，c の値を求めよ。〔早稲田大〕

(1) $f(x)=x^2+2x-8$ から　$f(x)=(x+1)^2-9$

放物線 C は，放物線 $y=f(x)$ を x 軸方向に $-a$，y 軸方向に b だけ平行移動したものであるから，その頂点は点 $(-1-a,\ -9+b)$ である。

したがって，C の方程式は　$y=(x+a+1)^2-9+b$

放物線 C は，2 点 $(4,\ 3)$，$(-2,\ 3)$ を通るから

$(a+5)^2-9+b=3$ …… ①，$(a-1)^2-9+b=3$ …… ②

①−② から　$12a+24=0$　よって　$\boldsymbol{a=-2}$

② に代入して　$9-9+b=3$　よって　$\boldsymbol{b=3}$

軸の方程式は，$x=-1-a$ に $a=-2$ を代入して　$\boldsymbol{x=1}$

別解　軸の方程式は，次のようにしても求められる。

放物線 C の軸を直線 $x=p$ とすると，C が通る 2 点 $(4,\ 3)$，$(-2,\ 3)$ の y 座標が等しいから　$p=\dfrac{4+(-2)}{2}=1$

よって，放物線 C の軸の方程式は　$\boldsymbol{x=1}$

←頂点は点 $(-1,\ -9)$

←曲線 $y=f(x)$ を x 軸方向に p，y 軸方向に q だけ平行移動した曲線の方程式は

$\boldsymbol{y-q=f(x-p)}$

←放物線は，軸に関して対称である。

(2) グラフが 3 点 $(a,\ b)$，$(b,\ c)$，$(c,\ a)$ を通るから

$$\begin{cases} b=a^3+ab+c & \cdots\cdots ① \\ c=ab^2+b^2+c & \cdots\cdots ② \\ a=ac^2+bc+c & \cdots\cdots ③ \end{cases}$$

また，$abc\neq0$ であるから　$a\neq0$，$b\neq0$，$c\neq0$

(ア) ② から　$b^2(a+1)=0$

$b\neq0$ より $b^2\neq0$ であるから　$a+1=0$

よって　$\boldsymbol{a=-1}$　これは $a\neq0$ を満たす。

(イ) ①，③ に $a=-1$ を代入すると

$$\begin{cases} b=-1-b+c & \cdots\cdots ④ \\ -1=-c^2+bc+c & \cdots\cdots ⑤ \end{cases}$$

④ から　$c=2b+1$ …… ⑥

⑤ から　$1=c(c-b-1)$

これに $c=2b+1$ を代入して　$1=(2b+1)b$

←$b=\dfrac{c-1}{2}$ として，b を消去してもよい。

整理して　$2b^2+b-1=0$　　ゆえに　$(b+1)(2b-1)=0$

よって　$b=-1,\ \dfrac{1}{2}$

$b=-1$ のとき，⑥ から　$c=-1$

このとき $a=b=c=-1$ となり，3 点 $(a,\ b)$，$(b,\ c)$，$(c,\ a)$ が相異なる 3 点という条件に反する。

ゆえに，この場合は不適。

$b=\dfrac{1}{2}$ のとき，⑥ から　$c=2$

このとき $b\neq0$，$c\neq0$ を満たし，3 点 $(a,\ b)$，$(b,\ c)$，$(c,\ a)$ が相異なる 3 点という条件も満たす。

したがって，求める b，c の値は　$\boldsymbol{b=\dfrac{1}{2},\ c=2}$

EX ③68

次の方程式を解け。

(1) $x^2+\dfrac{1}{2}x=\dfrac{1}{3}\left(1-\dfrac{1}{2}x\right)$　　(2) $3(x+2)^2+12(x+2)+10=0$

(3) $(2+\sqrt{3})x^2+2(\sqrt{3}+1)x+2=0$　　(4) $2x^2-5|x|+3=0$

(1) 方程式から　$x^2+\dfrac{1}{2}x=\dfrac{1}{3}-\dfrac{1}{6}x$

両辺に 6 を掛けて　$6x^2+3x=2-x$

ゆえに　$3x^2+2x-1=0$　　よって　$(x+1)(3x-1)=0$

したがって　$\boldsymbol{x=-1,\ \dfrac{1}{3}}$

← 1 ╳ 1 → 3
3 ╳ −1 → −1
3 　−1　 2

(2) $x+2=X$ とおくと　$3X^2+12X+10=0$

解の公式により　$X=\dfrac{-6\pm\sqrt{6^2-3\cdot10}}{3}=-2\pm\dfrac{\sqrt{6}}{3}$

よって　$\boldsymbol{x}=X-2=-2\pm\dfrac{\sqrt{6}}{3}-2=\boldsymbol{-4\pm\dfrac{\sqrt{6}}{3}}$

←$12=2\cdot6$
$b=2b'$ の場合の解の公式による。

(3) 両辺に $(2-\sqrt{3})$ を掛けて

$\{2^2-(\sqrt{3})^2\}x^2+2(\sqrt{3}+1)(2-\sqrt{3})x+2(2-\sqrt{3})=0$

整理すると　$x^2-2(1-\sqrt{3})x+2(2-\sqrt{3})=0$

解の公式により　$\boldsymbol{x}=1-\sqrt{3}\pm\sqrt{(1-\sqrt{3})^2-2(2-\sqrt{3})}$

$=1-\sqrt{3}\pm\sqrt{(4-2\sqrt{3})-4+2\sqrt{3}}$

$\boldsymbol{=1-\sqrt{3}}$

←分母の有理化と同じような操作により，x^2 の係数を正の整数にする。

←$\sqrt{}$ の中は 0

(4) [1] $x\geqq0$ のとき，方程式は　$2x^2-5x+3=0$

ゆえに　$(x-1)(2x-3)=0$　　よって　$x=1,\ \dfrac{3}{2}$

これらはともに $x\geqq0$ を満たす。

←$|x|=x$

[2] $x<0$ のとき，方程式は　$2x^2+5x+3=0$

ゆえに　$(x+1)(2x+3)=0$　　よって　$x=-1,\ -\dfrac{3}{2}$

これらはともに $x<0$ を満たす。

←$|x|=-x$

以上から，求める解は　$\boldsymbol{x=\pm1,\ \pm\dfrac{3}{2}}$

別解　$x^2=|x|^2$ であるから，方程式は　$2|x|^2-5|x|+3=0$

ゆえに　$(|x|-1)(2|x|-3)=0$

よって　$|x|=1,\ \dfrac{3}{2}$　すなわち　$\boldsymbol{x=\pm 1,\ \pm\dfrac{3}{2}}$

←$|x|$ の 2 次方程式とみる。

1 ╲╱	$-1 \to$	-2
2 ╱╲	$-3 \to$	-3
2	3	-5

EX ③69　(1) 方程式 $3x^4-10x^2+8=0$ を $x^2=X$ とおくことにより解け。
(2) 方程式 $(x^2-6x+5)(x^2-6x+8)=4$ を解け。

(1) $x^2=X$ とおくと　$3X^2-10X+8=0$

ゆえに　$(X-2)(3X-4)=0$　よって　$X=2,\ \dfrac{4}{3}$

ゆえに　$x^2=2,\ \dfrac{4}{3}$　したがって　$\boldsymbol{x=\pm\sqrt{2},\ \pm\dfrac{2\sqrt{3}}{3}}$

← 1 ╲╱	$-2 \longrightarrow$	-6
3 ╱╲	$-4 \longrightarrow$	-4
3	8	-10

←$\sqrt{\dfrac{4}{3}}=\dfrac{2}{\sqrt{3}}=\dfrac{2\sqrt{3}}{3}$

(2) $x^2-6x=X$ とおくと　$(X+5)(X+8)=4$

ゆえに　$X^2+13X+36=0$　よって　$(X+4)(X+9)=0$

ゆえに　$X+4=0$ または $X+9=0$

[1] $X+4=0$ のとき　$x^2-6x+4=0$

よって　$x=-(-3)\pm\sqrt{(-3)^2-1\cdot 4}=3\pm\sqrt{5}$

[2] $X+9=0$ のとき　$x^2-6x+9=0$

ゆえに　$(x-3)^2=0$　よって　$x=3$

[1]，[2] から，求める解は　$\boldsymbol{x=3,\ 3\pm\sqrt{5}}$

←繰り返し出てくる式 x^2-6x を X とおく。

←$X=-4,\ -9$ としてもよいが，左のように進めると，[1]，[2] の 2 次方程式を解く計算が進めやすい。

EX ②70　2 次方程式 $x^2-5x+a+5=0$ の解の 1 つが $x=a+1$ であるとき，定数 a の値ともう 1 つの解を求めよ。

$x=a+1$ が解であるから　$(a+1)^2-5(a+1)+a+5=0$

整理すると　$a^2-2a+1=0$　よって　$(a-1)^2=0$

これを解くと　$\boldsymbol{a=1}$　解の 1 つは　$x=1+1=2$

$a=1$ のとき，2 次方程式は　$x^2-5x+6=0$

これを解いて　$x=2,\ 3$

よって，もう 1 つの解は　$\boldsymbol{x=3}$

$x=\alpha$ が解 ⟶ 代入すると成り立つ
$x^2-5x+a+5=0$ に解 $x=a+1$ を代入。

←$(x-2)(x-3)=0$

EX ②71　2 次方程式 $x^2+(2-4k)x+k+1=0$ が正の重解をもつとする。このとき，定数 k の値は $k=$ ア□ であり，2 次方程式の重解は $x=$ イ□ である。〔慶応大〕

判別式を D とすると

$$\frac{D}{4}=(1-2k)^2-1\cdot(k+1)=4k^2-5k=k(4k-5)$$

方程式が重解をもつから　$D=0$

よって　$k(4k-5)=0$　ゆえに　$k=0,\ \dfrac{5}{4}$

このとき，重解は　$x=-\dfrac{2-4k}{2\cdot 1}=2k-1$ ……（＊）

$k=0,\ \dfrac{5}{4}$ のうち $2k-1>0$ を満たすものは　$k=$ ア $\boldsymbol{\dfrac{5}{4}}$

このとき，重解は　$2\cdot\dfrac{5}{4}-1=$ イ $\boldsymbol{\dfrac{3}{2}}$

←2 次方程式が重解をもつ ⟺ $D=0$

（＊）2 次方程式 $ax^2+2b'x+c=0$ の重解は　$x=-\dfrac{2b'}{2a}=-\dfrac{b'}{a}$

←“正の”重解となる場合のみが適する。

EX ③72 a を定数とする。x の方程式 $(a-3)x^2+2(a+3)x+a+5=0$ の実数解の個数を求めよ。また，解が1個のとき，その解を求めよ。

[1] $a=3$ のとき，与えられた方程式は

$$12x+8=0 \qquad ゆえに \qquad x=-\frac{2}{3}$$

[2] $a\neq3$ のとき，与えられた方程式の判別式を D とすると

$$\frac{D}{4}=(a+3)^2-(a-3)(a+5)=a^2+6a+9-(a^2+2a-15)$$
$$=4a+24=4(a+6)$$

よって，実数解の個数は，$a\neq3$ に注意して

$D>0$ すなわち $-6<a<3$，$3<a$ のとき 2個

$D=0$ すなわち $a=-6$ のとき 1個

$D<0$ すなわち $a<-6$ のとき 0個

[1]，[2] から，求める実数解の個数は

$-6<a<3$，$3<a$ のとき 2個

$a=-6$，3 のとき 1個

$a<-6$ のとき 0個

また，$a=-6$ のとき解が1個であり，このとき，与えられた2次方程式は重解をもち，その重解は

$$x=-\frac{2(a+3)}{2(a-3)}=-\frac{-6+3}{-6-3}=-\frac{1}{3}$$

以上から，解が1個であるときの解は

$a=3$ のとき $x=-\frac{2}{3}$，　$a=-6$ のとき $x=-\frac{1}{3}$

←「方程式」であるから，$a-3=0$ の場合も考える。

←$a=-6$ のとき，方程式は $-9x^2-6x-1=0$

EX ③73 x の方程式 $x^2-(k-3)x+5k=0$，$x^2+(k-2)x-5k=0$ がただ1つの共通の解をもつように定数 k の値を定め，その共通の解を求めよ。

共通の解を $x=\alpha$ とおいて，方程式にそれぞれ代入すると

$\alpha^2-(k-3)\alpha+5k=0$ …… ①，$\alpha^2+(k-2)\alpha-5k=0$ …… ②

①+② から　$2\alpha^2+\alpha=0$　ゆえに　$\alpha(2\alpha+1)=0$

これを解いて　$\alpha=0,\ -\frac{1}{2}$

[1] $\alpha=0$ のとき，① から　$5k=0$

よって　$k=0$

このとき，2つの方程式は $x^2+3x=0$，$x^2-2x=0$ となり，ただ1つの共通の解 $x=0$ をもつ。

[2] $\alpha=-\frac{1}{2}$ のとき，① から $\left(-\frac{1}{2}\right)^2-(k-3)\left(-\frac{1}{2}\right)+5k=0$

これを解くと　$k=\frac{5}{22}$

このとき，2つの方程式は

$$x^2+\frac{61}{22}x+\frac{25}{22}=0,\quad x^2-\frac{39}{22}x-\frac{25}{22}=0$$

方程式の共通解
共通解を $x=\alpha$ とおく

←定数項の方を消去する。α^2 の項を消去すると $(2k-5)\alpha-10k=0$ となり，この後の計算が非常に面倒になる。

←2つの方程式の左辺を因数分解すると $x(x+3)=0$，$x(x-2)=0$

すなわち，$22x^2+61x+25=0$，$22x^2-39x-25=0$ となり，ただ1つの共通の解 $x=-\frac{1}{2}$ をもつ。

←2つの方程式の左辺を因数分解すると
$(2x+1)(11x+25)=0$，
$(2x+1)(11x-25)=0$

したがって　**$k=0$　のとき 共通の解は $x=0$**

$k=\frac{5}{22}$ のとき 共通の解は $x=-\frac{1}{2}$

EX ④74

方程式 $x^4-7x^3+14x^2-7x+1=0$ について考える。
$x=0$ はこの方程式の解ではないから，x^2 で両辺を割り $x+\frac{1}{x}=t$ とおくと，t に関する2次方程式 ア□ を得る。これを解くと，$t=$ イ□ となる。よって，最初の方程式の解は，$x=$ ウ□ となる。〔順天堂大〕

HINT　与式の係数の対称性に着目。t の値がわかれば x の2次方程式が得られる。

$x=0$ は方程式の解でないから，方程式の両辺を $x^2\ (\neq 0)$ で割ると　$x^2-7x+14-\frac{7}{x}+\frac{1}{x^2}=0$ …… ①

←$x=0$ とすると　$1=0$
これは不合理である。
よって　$x\neq 0$

$x+\frac{1}{x}=t$ とおくと　$x^2+\frac{1}{x^2}=\left(x+\frac{1}{x}\right)^2-2=t^2-2$

←$x^2+y^2=(x+y)^2-2xy$

① に代入して　$t^2-2-7t+14=0$

よって　ア $\boldsymbol{t^2-7t+12=0}$　ゆえに　$(t-3)(t-4)=0$

したがって　$t=$ イ **3，4**

[1]　$t=3$ のとき　$x+\frac{1}{x}=3$

両辺に $x\ (\neq 0)$ を掛けて整理すると　$x^2-3x+1=0$

これを解いて　$x=\frac{-(-3)\pm\sqrt{(-3)^2-4\cdot1\cdot1}}{2}=\frac{3\pm\sqrt{5}}{2}$

[2]　$t=4$ のとき　$x+\frac{1}{x}=4$

両辺に $x\ (\neq 0)$ を掛けて整理すると　$x^2-4x+1=0$

これを解いて　$x=-(-2)\pm\sqrt{(-2)^2-1\cdot1}=2\pm\sqrt{3}$

以上から，求める解は　$x=$ ウ $\boldsymbol{\frac{3\pm\sqrt{5}}{2}}$，$\boldsymbol{2\pm\sqrt{3}}$

検討　EXERCISES 74 の方程式のように，n 次の方程式で r 次の項と $n-r$ 次の項の係数が等しいものを **相反方程式** という。相反方程式は，左の解答のような方法で解が求められることがある。

EX ②75

a は自然数とし，2次関数 $y=x^2+ax+b$ …… ① のグラフを考える。
(1)　$b=1$ のとき，① のグラフが x 軸と接するのは $a=$□ のときである。
(2)　$b=3$ のとき，① のグラフが x 軸と異なる2点で交わるような自然数 a の中で，$a<9$ を満たす a の個数は□である。

(1)　$b=1$ のとき，① は　$y=x^2+ax+1$

2次方程式 $x^2+ax+1=0$ の判別式を D とすると

$D=a^2-4\cdot1\cdot1=(a+2)(a-2)$

① のグラフが x 軸と接するための条件は　$D=0$

←**接する ⟺ 重解**

よって　$(a+2)(a-2)=0$　a は自然数であるから　$\boldsymbol{a=2}$

←$a=-2$ は自然数ではない。

(2)　$b=3$ のとき，① は　$y=x^2+ax+3$

2次方程式 $x^2+ax+3=0$ の判別式を D とすると

$D=a^2-4\cdot1\cdot3=a^2-12$

① のグラフが x 軸と異なる 2 点で交わるための条件は　$D>0$

よって　$a^2-12>0$　ゆえに　$a^2>12$

これと $a<9$ を満たす自然数 a は $a=4,\ 5,\ 6,\ 7,\ 8$ の　**5 個**

←$a\leqq3$ のとき　$a^2\leqq9$
　$a\geqq4$ のとき　$a^2\geqq16$

EX ③76

a は定数とする。関数 $y=ax^2+4x+2$ のグラフが，x 軸と異なる 2 つの共有点をもつときの a の値の範囲は ア□ であり，x 軸とただ 1 つの共有点をもつときの a の値は イ□ である。

$a\neq0$ のとき，$ax^2+4x+2=0$ の判別式を D とする。

(ア)　関数 $y=ax^2+4x+2$ のグラフが，x 軸と異なる 2 つの共有点をもつための条件は　$a\neq0$ かつ $D>0$

$\dfrac{D}{4}=2^2-2a=4-2a$ であるから，$D>0$ より　$4-2a>0$

これを解いて　$a<2$　$a\neq0$ であるから　$\boldsymbol{a<0,\ 0<a<2}$

←$a=0$ のときは 1 次関数になり，x 軸と異なる 2 つの共有点をもつことはない。

(イ)　$a=0$ のとき，与えられた関数は $y=4x+2$ となり，この関数のグラフは x 軸とただ 1 つの共有点をもつ。

←グラフは傾き 4 の直線。

また，$a\neq0$ のとき，与えられた関数のグラフが x 軸とただ 1 つの共有点をもつための条件は　$D=0$

←x 軸に接するとき。
　(ア)から　$\dfrac{D}{4}=4-2a$

ゆえに　$4-2a=0$　よって　$a=2$

したがって，求める a の値は　$a=\mathbf{0,\ 2}$

EX ③77

a を定数とし，2 次関数 $y=x^2+4ax+4a^2+7a-2$ のグラフを C とする。　〔類　摂南大〕

(1)　C の頂点が直線 $y=-2x-8$ 上にあるとき，a の値を求めよ。

(2)　C が x 軸と異なる 2 点 A，B で交わるとき，a の値の範囲を求めよ。

(3)　a の値が (2) で求めた範囲にあるとする。線分 AB の長さが $2\sqrt{22}$ となるとき，a の値を求めよ。

(1)　$y=x^2+4ax+4a^2+7a-2=(x+2a)^2+7a-2$

よって，C の頂点の座標は　$(-2a,\ 7a-2)$

←基本形に直して頂点の座標を求める。

頂点が直線 $y=-2x-8$ 上にあるとき，

$7a-2=-2(-2a)-8$　が成り立つ。

←直線の方程式に頂点の座標を代入。

よって　$7a-2=4a-8$　ゆえに　$\boldsymbol{a=-2}$

(2)　x の 2 次方程式 $x^2+4ax+4a^2+7a-2=0$ の判別式を D とすると　$\dfrac{D}{4}=(2a)^2-1\cdot(4a^2+7a-2)=-7a+2$

C が x 軸と異なる 2 点で交わるための必要十分条件は　$D>0$

よって　$-7a+2>0$　ゆえに　$\boldsymbol{a<\dfrac{2}{7}}$

(3)　2 点 A，B の x 座標を，$x^2+4ax+4a^2+7a-2=0$ を解いて求めると　$x=-2a\pm\sqrt{-7a+2}$

よって

$\mathrm{AB}=(-2a+\sqrt{-7a+2})-(-2a-\sqrt{-7a+2})=2\sqrt{-7a+2}$

$\mathrm{AB}=2\sqrt{22}$ から　$2\sqrt{-7a+2}=2\sqrt{22}$

ゆえに　$\sqrt{-7a+2}=\sqrt{22}$　よって　$-7a+2=22$

したがって　$\boldsymbol{a=-\dfrac{20}{7}}$　これは $a<\dfrac{2}{7}$ を満たす。

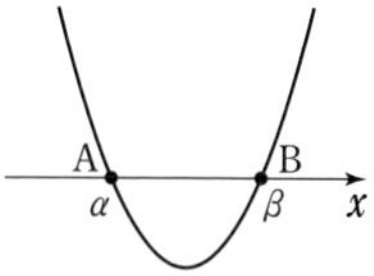

AB＝$\beta-\alpha$
$(\alpha<\beta)$

EX ②78

(1) 放物線 $y=-x^2+2(k+1)x-k^2$ が直線 $y=4x-2$ と共有点をもつような定数 k の値の範囲を求めよ。

(2) 座標平面上に，1つの直線と2つの放物線

$$L: y=ax+b,\ C_1: y=-2x^2,\ C_2: y=x^2-12x+33$$

がある。L と C_1 および L と C_2 が，それぞれ2個の共有点をもつとき，

ア□a^2-イ□$a-$ウ□$<b<$エ□a^2 が成り立つ。ただし，$a>0$ とする。

〔(2) 類 近畿大〕

(1) 放物線と直線の方程式から y を消去すると

$$-x^2+2(k+1)x-k^2=4x-2$$

整理すると　$x^2-2(k-1)x+k^2-2=0$

←$b=2b'$ の形。

この2次方程式の判別式を D とすると

$$\frac{D}{4}=\{-(k-1)\}^2-1\cdot(k^2-2)=-2k+3$$

放物線と直線が共有点をもつための条件は　$D\geqq 0$

よって　$-2k+3\geqq 0$　ゆえに　$\boldsymbol{k\leqq\frac{3}{2}}$

(2) L と C_1 の方程式，L と C_2 の方程式からそれぞれ y を消去すると　$2x^2+ax+b=0$ … ①，$x^2-(a+12)x-b+33=0$ … ②

←$ax+b=-2x^2$ から ①，$ax+b=x^2-12x+33$ から ② を導く。

2次方程式 ①，② の判別式をそれぞれ D_1，D_2 とすると

$$D_1=a^2-4\cdot2\cdot b=a^2-8b,$$
$$D_2=\{-(a+12)\}^2-4\cdot1\cdot(-b+33)=4b+a^2+24a+12$$

L と C_1，L と C_2 がそれぞれ2個の共有点をもつための条件は

$D_1>0$ かつ $D_2>0$

$D_1>0$ から　$a^2-8b>0$　よって　$b<\frac{1}{8}a^2$ …… ③

←＿＿ を b の1次不等式とみる。

$D_2>0$ から　$4b+a^2+24a+12>0$

よって　$b>-\frac{1}{4}a^2-6a-3$ …… ④

③，④ から　ア$\boldsymbol{-\frac{1}{4}}a^2-$イ$\boldsymbol{6}a-$ウ$\boldsymbol{3}<b<$エ$\boldsymbol{\frac{1}{8}}a^2$

←共通範囲をとる。

EX ③79

2次関数 $y=ax^2+bx+c$ のグラフが，2点 $(-1,\ 0)$，$(3,\ 8)$ を通り，直線 $y=2x+6$ に接するとき，a，b，c の値を求めよ。〔日本歯大〕

$y=ax^2+bx+c$ は，2次関数であるから　$a\neq 0$

この関数のグラフが2点 $(-1,\ 0)$，$(3,\ 8)$ を通るから

$$0=a\cdot(-1)^2+b\cdot(-1)+c,\quad 8=a\cdot3^2+b\cdot3+c$$

←a，b，c の3文字のままでは処理が煩雑になる。そこで，通る2点の座標を代入して，b，c を a で表すことから始める。

すなわち　$a-b+c=0$ …… ①，$9a+3b+c=8$ …… ②

②−① から　$8a+4b=8$

よって　$b=-2a+2$ …… ③

③ を ① に代入すると　$a-(-2a+2)+c=0$

ゆえに　$c=-3a+2$ …… ④

③，④ を $y=ax^2+bx+c$ に代入すると

$$y=ax^2+(-2a+2)x-3a+2$$

これと $y=2x+6$ から y を消去すると

$$ax^2+(-2a+2)x-3a+2=2x+6$$

整理すると　$ax^2-2ax-3a-4=0$

この 2 次方程式の判別式を D とすると

$$\frac{D}{4}=(-a)^2-a(-3a-4)=4a^2+4a=4a(a+1)$$

2 次関数 $y=ax^2+(-2a+2)x-3a+2$ のグラフが直線 $y=2x+6$ に接するための条件は　$D=0$

ゆえに　$a(a+1)=0$　　$a \neq 0$ であるから　$\boldsymbol{a=-1}$

$a=-1$ を ③, ④ に代入して　$\boldsymbol{b=4}$, $\boldsymbol{c=5}$

←$a \neq 0$ である。

←**接する ⟺ 重解**

←$a(a+1)=0$ の解は $a=0,\ -1$

EX ③80

次の不等式を解け。

(1) $\frac{1}{2}x^2 \leqq |x|-|x-1|$

(2) $x|x|<(3x+2)|3x+2|$　〔(1) 類　名城大, (2) 類　岡山理科大〕

(1) $\frac{1}{2}x^2 \leqq |x|-|x-1|$ …… ① とする。

[1]　$x<0$ のとき, ① は　$\frac{1}{2}x^2 \leqq -x+(x-1)$

整理すると　$x^2+2 \leqq 0$

これを満たす実数 x は存在しない。

[2]　$0 \leqq x<1$ のとき, ① は　$\frac{1}{2}x^2 \leqq x+(x-1)$

整理すると　$x^2-4x+2 \leqq 0$

これを解くと　$2-\sqrt{2} \leqq x \leqq 2+\sqrt{2}$

これと $0 \leqq x<1$ の共通範囲は　$2-\sqrt{2} \leqq x<1$ …… ②

[3]　$x \geqq 1$ のとき, ① は　$\frac{1}{2}x^2 \leqq x-(x-1)$

整理すると　$x^2-2 \leqq 0$

これを解くと　$-\sqrt{2} \leqq x \leqq \sqrt{2}$

これと $x \geqq 1$ の共通範囲は　$1 \leqq x \leqq \sqrt{2}$ …… ③

[1]～[3] から, ②, ③ の範囲を合わせて

$$\boldsymbol{2-\sqrt{2} \leqq x \leqq \sqrt{2}}$$

←| |内の式$=0$ となる x の値で場合分け。

←$x^2-4x+2=0$ の解は $x=2 \pm \sqrt{2}$

(2) [1]　$x \leqq -\frac{2}{3}$ のとき, 不等式は

$$-x^2<-(3x+2)^2 \quad すなわち \quad (3x+2)^2-x^2<0$$

ゆえに　$(x+1)(2x+1)<0$　　よって　$-1<x<-\frac{1}{2}$

$x \leqq -\frac{2}{3}$ との共通範囲は　$-1<x \leqq -\frac{2}{3}$ …… ①

[2]　$-\frac{2}{3}<x \leqq 0$ のとき, 不等式は

$$-x^2<(3x+2)^2 \quad すなわち \quad 5x^2+6x+2>0$$

←| |内の式 $=0$ となる x の値で場合分け。

2 次方程式 $5x^2+6x+2=0$ の判別式を D とすると

$$\frac{D}{4}=3^2-5\cdot 2=-1$$

ゆえに，$D<0$ であるから，$5x^2+6x+2>0$ の解は

すべての実数

よって　$-\frac{2}{3}<x\leqq 0$ …… ②

[3]　$x>0$ のとき，不等式は　$x^2<(3x+2)^2$

これを解くと，[1] から　$x<-1,\ -\frac{1}{2}<x$

$x>0$ との共通範囲は　$x>0$ …… ③

[1]～[3] から，①～③ の範囲を合わせて　$\boldsymbol{x>-1}$

EX ④81

2 次不等式 $a(x-3a)(x-a^2)<0$ を解け。ただし，a は 0 でない定数とする。　〔広島工大〕

[1]　$a>0$ のとき，与えられた不等式は

$$(x-3a)(x-a^2)<0 \ \cdots\cdots \ ①$$

←与えられた不等式の両辺を **正の数** a で割る。

(i)　$3a<a^2$ のとき　$a^2-3a>0$

ゆえに　$a(a-3)>0$

$a>0$ であるから　$a>3$

←$a-3>0$

このとき，① の解は　$3a<x<a^2$

←$\alpha<\beta$ のとき，不等式 $(x-\alpha)(x-\beta)<0$ の解は $\alpha<x<\beta$

(ii)　$3a=a^2$ のとき　$a^2-3a=0$

ゆえに　$a(a-3)=0$

$a>0$ であるから　$a=3$

このとき，① は $(x-9)^2<0$ となり，解はない。

(iii)　$a^2<3a$ のとき　$a^2-3a<0$

ゆえに　$a(a-3)<0$

よって　$0<a<3$

これは $a>0$ を満たす。

このとき，① の解は　$a^2<x<3a$

[2]　$a<0$ のとき，与えられた不等式は

$$(x-3a)(x-a^2)>0 \ \cdots\cdots \ ②$$

←与えられた不等式の両辺を **負の数** a で割る。**不等号の向きが変わる。**

ここで，$3a<0$，$a^2>0$ であるから，② の解は

$$x<3a,\ a^2<x$$

[1]，[2] から　**$a<0$ のとき　$x<3a,\ a^2<x$**

$0<a<3$ のとき　$a^2<x<3a$

$a=3$ のとき　解なし

$3<a$ のとき　$3a<x<a^2$

EX ③82

不等式 $ax^2+y^2+az^2-xy-yz-zx\geqq 0$ が任意の実数 x，y，z に対して成り立つような定数 a の値の範囲を求めよ。　〔滋賀県大〕

与えられた不等式を y について整理すると

$$y^2-(z+x)y+a(z^2+x^2)-zx\geqq 0$$

これが任意の実数 y に対して常に成り立つための条件は，y についての 2 次方程式 $y^2-(z+x)y+a(z^2+x^2)-zx=0$ の判別式を D_1 とすると，y^2 の係数が正であるから　　$D_1 \leqq 0$

←$p \neq 0$ のとき，常に $pX^2+qX+r \geqq 0$ $\Longleftrightarrow$ $p>0$ かつ $D \leqq 0$

すなわち　　$(z+x)^2-4\{a(z^2+x^2)-zx\} \leqq 0$

これを z について整理すると

$$(1-4a)z^2+6xz+(1-4a)x^2 \leqq 0 \quad \cdots\cdots \text{①}$$

←x について整理してもよい。

$1-4a=0$ のとき，① は $6xz \leqq 0$ となるが，これは例えば $x=1$，$z=1$ のとき成り立たないから不適である。

←(2 次の係数)$=0$ のときは別に考察。

$1-4a \neq 0$ のとき，z の方程式 $(1-4a)z^2+6xz+(1-4a)x^2=0$ の判別式を D_2 とすると，① が任意の実数 z に対して常に成り立つための条件は

$$1-4a<0 \quad \text{かつ} \quad D_2 \leqq 0$$

$1-4a<0$ から　　$a>\dfrac{1}{4}$

また　$\dfrac{D_2}{4}=(3x)^2-(1-4a)\cdot(1-4a)x^2=\{3^2-(1-4a)^2\}x^2$

$$=\{3+(1-4a)\}\{3-(1-4a)\}x^2=(4-4a)(2+4a)x^2$$

$$=8(1-a)(1+2a)x^2$$

$D_2 \leqq 0$ から　　$(1-a)(1+2a)x^2 \leqq 0 \quad \cdots\cdots$ ②

② が任意の実数 x に対して常に成り立つための条件は

$$(1-a)(1+2a) \leqq 0 \quad \text{すなわち} \quad (a-1)(2a+1) \geqq 0$$

←$x^2 \geqq 0$

よって　　$a \leqq -\dfrac{1}{2}$，$1 \leqq a$

これと $a>\dfrac{1}{4}$ の共通範囲を求めて　　$\boldsymbol{a \geqq 1}$

EX ②83　放物線 $y=x^2-2a^2x+8x+a^4-9a^2+2a+31$ の頂点が第 1 象限にあるとき，定数 a の値の範囲を求めよ。　〔同志社大〕

$$y=x^2-2a^2x+8x+a^4-9a^2+2a+31$$
$$=x^2-2(a^2-4)x+a^4-9a^2+2a+31$$
$$=\{x-(a^2-4)\}^2-(a^2-4)^2+a^4-9a^2+2a+31$$
$$=\{x-(a^2-4)\}^2-a^2+2a+15$$

HINT　与式を基本形に直し，頂点の座標を求める。この x 座標，y 座標がともに正となる条件を考える。

ゆえに，放物線の頂点の座標は

$$(a^2-4,\ -a^2+2a+15)$$

頂点が第 1 象限にあるための条件は

$$a^2-4>0 \quad \text{かつ} \quad -a^2+2a+15>0$$

←点 $(x,\ y)$ が第 1 象限内 $\Longleftrightarrow$ $x>0$ かつ $y>0$

$a^2-4>0$ から　　$(a+2)(a-2)>0$

　よって　　$a<-2$，$2<a \quad \cdots\cdots$ ①

$-a^2+2a+15>0$ から　　$a^2-2a-15<0$

　ゆえに　　$(a+3)(a-5)<0$

　よって　　$-3<a<5 \quad \cdots\cdots$ ②

①，② の共通範囲を求めて　　$\boldsymbol{-3<a<-2,\ 2<a<5}$

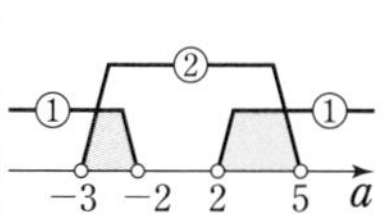

EX ③84 2 次関数 $y=x^2+ax-a+3$ のグラフは x 軸と共有点をもつが，直線 $y=4x-5$ とは共有点をもたない。ただし，a は定数である。
(1) a の値の範囲を求めよ。
(2) 2 次関数 $y=x^2+ax-a+3$ の最小値を m とするとき，m の値の範囲を求めよ。
〔北海道情報大〕

$y=x^2+ax-a+3$ …… ①，$y=4x-5$ …… ② とする。

(1) $x^2+ax-a+3=0$ の判別式を D_1 とすると

$$D_1=a^2-4(-a+3)=a^2+4a-12$$

① のグラフは x 軸と共有点をもつから　$D_1 \geqq 0$

←共有点をもつ ⟺ 実数解をもつ

よって　$a^2+4a-12 \geqq 0$

ゆえに　$(a+6)(a-2) \geqq 0$

よって　$a \leqq -6,\ 2 \leqq a$ …… ③

①，② から y を消去して　$x^2+ax-a+3=4x-5$

整理すると　$x^2+(a-4)x-a+8=0$

この 2 次方程式の判別式を D_2 とすると

$$D_2=(a-4)^2-4(-a+8)=a^2-4a-16$$

① と ② のグラフは共有点をもたないから　$D_2<0$

←共有点をもたない ⟺ 実数解をもたない

よって　$a^2-4a-16<0$

$a^2-4a-16=0$ を解くと　$a=2\pm 2\sqrt{5}$

ゆえに，$a^2-4a-16<0$ の解は

$$2-2\sqrt{5}<a<2+2\sqrt{5} \quad \cdots\cdots ④$$

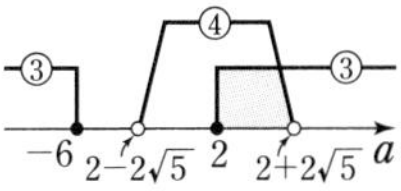

③，④ の共通範囲を求めて　$\boldsymbol{2 \leqq a < 2+2\sqrt{5}}$

(2) $x^2+ax-a+3=\left(x+\dfrac{a}{2}\right)^2-\dfrac{a^2}{4}-a+3$

よって，① の最小値 m は　$m=-\dfrac{a^2}{4}-a+3$

←$x=-\dfrac{a}{2}$ で最小値をとる。

ゆえに　$m=-\dfrac{1}{4}(a+2)^2+4$

$a=2$ のとき

$$m=-\frac{1}{4}(2+2)^2+4=0$$

←軸は区間の左外。

$a=2+2\sqrt{5}$ のとき

$$m=-\frac{1}{4}(2+2\sqrt{5}+2)^2+4$$
$$=-5-4\sqrt{5}$$

$2 \leqq a < 2+2\sqrt{5}$ の範囲において，

$m=-\dfrac{a^2}{4}-a+3$ のグラフは，右の図の実線部分のようになるから，求める m の値の範囲は

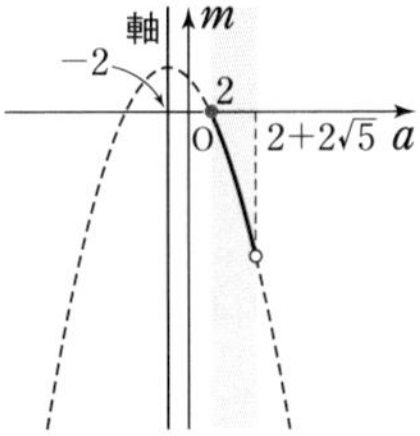

$$\boldsymbol{-5-4\sqrt{5}<m \leqq 0}$$

EX ④85 a を定数とする x についての次の 3 つの 2 次方程式がある。

$x^2+ax+a+3=0$ …… ①, $x^2-2(a-2)x+a=0$ …… ②, $x^2+4x+a^2-a-2=0$ …… ③

(1) ①~③ がいずれも実数解をもたないような a の値の範囲を求めよ。

(2) ①~③ の中で 1 つだけが実数解をもつような a の値の範囲を求めよ。 〔類 北星学園大〕

HINT ①~③ それぞれの判別式 D について，その正，負を考える。数直線を利用するとわかりやすい。

①, ②, ③ の判別式をそれぞれ D_1, D_2, D_3 とすると

$$D_1=a^2-4(a+3)=a^2-4a-12=(a+2)(a-6)$$

$$\frac{D_2}{4}=\{-(a-2)\}^2-a=a^2-5a+4=(a-1)(a-4)$$

$$\frac{D_3}{4}=2^2-(a^2-a-2)=-(a^2-a-6)=-(a+2)(a-3)$$

(1) ①, ②, ③ がいずれも実数解をもたないための条件は

$D_1<0$ かつ $D_2<0$ かつ $D_3<0$

$D_1<0$ から $(a+2)(a-6)<0$

よって $-2<a<6$ …… ④

$D_2<0$ から $(a-1)(a-4)<0$

よって $1<a<4$ …… ⑤

$D_3<0$ から $-(a+2)(a-3)<0$

よって $a<-2$, $3<a$ …… ⑥

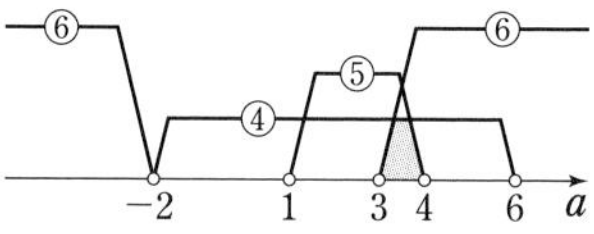

④, ⑤, ⑥ の共通範囲を求めて **$3<a<4$**

(2) 方程式 ①, ②, ③ が実数解をもつための条件は，それぞれ

$D_1\geqq 0$, $D_2\geqq 0$, $D_3\geqq 0$

$D_1\geqq 0$ から $a\leqq -2$, $6\leqq a$ …… ⑦

$D_2\geqq 0$ から $a\leqq 1$, $4\leqq a$ …… ⑧

$D_3\geqq 0$ から $-2\leqq a\leqq 3$ …… ⑨

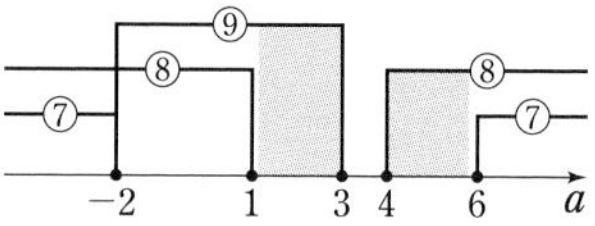

⑦, ⑧, ⑨ のうち，1 つだけが成り立つ a の値の範囲が求めるものである。

したがって，右の図から **$1<a\leqq 3$, $4\leqq a<6$**

EX ④86 2 次不等式 $x^2-(2a+3)x+a^2+3a<0$ …… ①, $x^2+3x-4a^2+6a<0$ …… ② について，次の各問いに答えよ。ただし，a は定数で $0<a<4$ とする。

(1) ①, ② を解け。

(2) ①, ② を同時に満たす x が存在するのは，a がどんな範囲にあるときか。

(3) ①, ② を同時に満たす整数 x が存在しないのは，a がどんな範囲にあるときか。

〔類 長崎総科大〕

(1) ① から $(x-a)\{x-(a+3)\}<0$

$a<a+3$ であるから，① **の解は** **$a<x<a+3$** …… ③

② から $(x+2a)\{x-(2a-3)\}<0$

$-2a>2a-3$, $-2a=2a-3$, $-2a<2a-3$ を満たす a の値または a の値の範囲は，それぞれ $a<\dfrac{3}{4}$, $a=\dfrac{3}{4}$, $a>\dfrac{3}{4}$

よって，$0<a<4$ に注意して，② **の解は**

$0<a<\dfrac{3}{4}$ のとき $2a-3<x<-2a$ …… ④

←① の (左辺)
$=x^2-(2a+3)x+a(a+3)$
$=(x-a)\{x-(a+3)\}$
② の (左辺)
$=x^2+3x-2a(2a-3)$
$=(x+2a)\{x-(2a-3)\}$

$\boldsymbol{a=\frac{3}{4}}$ **のとき，**$\left(x+\frac{3}{2}\right)^2<0$ となり **解はない** …… ⑤

$\boldsymbol{\frac{3}{4}<a<4}$ **のとき** $\boldsymbol{-2a<x<2a-3}$ …… ⑥

←(実数)$^2\geqq 0$

(2) $-2a<0<a$ であるから，③，④ を同時に満たす x は存在しない。また，③，⑤ を同時に満たす x も存在しない。

←$a>0$

③，⑥ を同時に満たす x が存在するのは，$a<2a-3$ のときである。 $a<2a-3$ を解くと $a>3$

←$-2a<0<a$

よって，$a>3$ と $\frac{3}{4}<a<4$ の共通範囲を求めて $\boldsymbol{3<a<4}$

(3) [1] (2) と同様に考えると，$2a-3\leqq a$ すなわち $0<a\leqq 3$ のとき ①，② を同時に満たす x は存在しない。すなわち，題意を満たす。

[2] $3<a<4$ のとき，$3<a$ から $a+3<2a$

よって $a<2a-3$

また，$2\cdot3-3<2a-3<2\cdot4-3$ から $3<2a-3<5$ …… ⑦

$3+3<a+3<4+3$ から $6<a+3<7$ …… ⑧

←$2a-3$，$a+3$ のとりうる値の範囲を調べてみる。

⑦，⑧ から $2a-3<a+3$

よって，①，② を同時に満たす x の範囲は $a<x<2a-3$

このとき，題意を満たすための条件は $2a-3\leqq 4$ ……（＊）

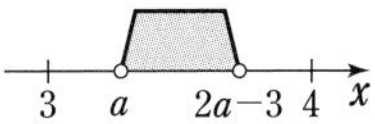

（＊）$2a-3=4$ の場合も含まれることに注意。

ゆえに $a\leqq\frac{7}{2}$

$3<a<4$ との共通範囲を求めて $3<a\leqq\frac{7}{2}$

[1]，[2] を合わせて，求める範囲は $\boldsymbol{0<a\leqq\frac{7}{2}}$

EX ⑤87

方程式 $3x^2+2xy+3y^2=8$ を満たす x，y に対して，$u=x+y$，$v=xy$ とおく。
(1) $u^2-4v\geqq 0$ を示せ。 (2) u，v の間に成り立つ等式を求めよ。
(3) $k=u+v$ がとる値の範囲を求めよ。 〔九州産大〕

(1) $u^2-4v=(x+y)^2-4xy=x^2-2xy+y^2=(x-y)^2\geqq 0$

よって，$u^2-4v\geqq 0$ が成り立つ。

←(実数)$^2\geqq 0$

(2) $x^2+y^2=(x+y)^2-2xy$ であるから，方程式は

$$3\{(x+y)^2-2xy\}+2xy=8$$

よって $3(x+y)^2-4xy=8$ ゆえに $\boldsymbol{3u^2-4v=8}$

←与式は，$\boldsymbol{x}$，$\boldsymbol{y}$ の対称式 ⟶ $\boldsymbol{x+y}$，$\boldsymbol{xy}$ で表す。

(3) $u^2-4v\geqq 0$ …… ①，$3u^2-4v=8$ …… ② とする。

② から $4v=3u^2-8$ ① に代入して $u^2-(3u^2-8)\geqq 0$

←v を消去。

ゆえに $u^2-4\leqq 0$ よって $-2\leqq u\leqq 2$ …… ③

k を u の式で表すと，② から

$$k=u+v=u+\frac{3u^2-8}{4}=\frac{3}{4}u^2+u-2$$

$$=\frac{3}{4}\left\{u^2+\frac{4}{3}u+\left(\frac{2}{3}\right)^2\right\}-\frac{3}{4}\cdot\left(\frac{2}{3}\right)^2-2=\frac{3}{4}\left(u+\frac{2}{3}\right)^2-\frac{7}{3}$$

$-2<-\dfrac{2}{3}<2$ であるから，③ の範囲において，k は

$u=2$ で最大値 3，$u=-\dfrac{2}{3}$ で最小値 $-\dfrac{7}{3}$ をとる。

したがって $\quad -\dfrac{7}{3}\leqq k\leqq 3$

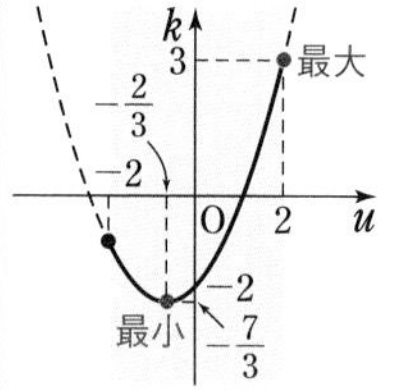

EX ④88

(1) 不等式 $2x^4-5x^2+2>0$ を解け。
(2) 不等式 $(x^2-4x+1)^2-3(x^2-4x+1)+2\leqq 0$ を解け。

(1) $x^2=t$ とおくと $\quad t\geqq 0 \quad$ 不等式は $\quad 2t^2-5t+2>0$

ゆえに $\quad (2t-1)(t-2)>0 \quad$ よって $\quad 0\leqq t<\dfrac{1}{2}$，$2<t$

したがって $\quad 0\leqq x^2<\dfrac{1}{2}$，$2<x^2$ ……（＊）

$x^2\geqq 0$ は常に成り立つ。

$x^2<\dfrac{1}{2}$ から $\quad -\dfrac{1}{\sqrt{2}}<x<\dfrac{1}{\sqrt{2}}$

$2<x^2$ から $\quad x<-\sqrt{2}$，$\sqrt{2}<x$

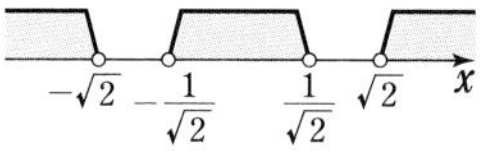

以上から $\quad$ $\boldsymbol{x<-\sqrt{2}}$，$\boldsymbol{-\dfrac{1}{\sqrt{2}}<x<\dfrac{1}{\sqrt{2}}}$，$\boldsymbol{\sqrt{2}<x}$

←(実数)$^2\geqq 0$

← 2 ╲╱ -1 → -1
　1 ╱╲ -2 → -4
　2 　　2 　-5

←$t=x^2$ を代入し，x の2次不等式を解く。
ここで，（＊）は $0\leqq x^2<\dfrac{1}{2}$ または $2<x^2$ であることに注意。

←合わせた範囲が答え。

(2) $x^2-4x+1=t$ とおくと $\quad t=(x-2)^2-3$

ゆえに，t のとりうる値の範囲は $\quad t\geqq -3$

不等式を t で表すと $\quad t^2-3t+2\leqq 0 \quad$ よって $\quad 1\leqq t\leqq 2$

これは $t\geqq -3$ を満たす。 ゆえに $\quad 1\leqq x^2-4x+1\leqq 2$

$1\leqq x^2-4x+1$ から $\quad x(x-4)\geqq 0$

ゆえに $\quad x\leqq 0$，$4\leqq x$ …… ①

$x^2-4x+1\leqq 2$ から $\quad x^2-4x-1\leqq 0$

$x^2-4x-1=0$ を解くと $\quad x=2\pm\sqrt{5}$

$x^2-4x-1\leqq 0$ の解は

$2-\sqrt{5}\leqq x\leqq 2+\sqrt{5}$ …… ②

① と ② の共通範囲を求めて

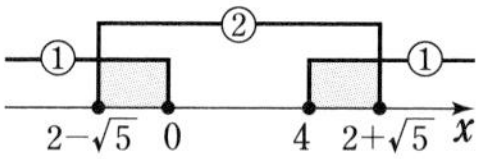

$\boldsymbol{2-\sqrt{5}\leqq x\leqq 0}$，$\boldsymbol{4\leqq x\leqq 2+\sqrt{5}}$

←2次式 → 基本形に直す。

←変数のおき換えで，変域が変わる。

←$t=x^2-4x+1$ を代入し，x の2次不等式を解く。

←$x=-(-2)\pm\sqrt{(-2)^2-1\cdot(-1)}=2\pm\sqrt{5}$

←$2<\sqrt{5}<3$ であるから $2-\sqrt{5}<0$，$4<2+\sqrt{5}$

EX ③89

$f(x)=|x^2-1|-x$ の $-1\leqq x\leqq 2$ における最大値と最小値を求めよ。 〔昭和薬大〕

$x^2-1=(x+1)(x-1)$ であるから

$x^2-1\geqq 0$ の解は $\quad x\leqq -1$，$1\leqq x$

$x^2-1<0$ の解は $\quad -1<x<1$

[1] $x\leqq -1$，$1\leqq x$ のとき

$$f(x)=x^2-1-x=\left(x-\frac{1}{2}\right)^2-\frac{5}{4}$$

また $\quad f(2)=1$

←$\geqq 0$，<0 となる場合に分けているが，>0，$\leqq 0$ と場合分けしてもよい。ただし，場合分けの一方には必ず等号をつける。

[2] $-1<x<1$ のとき

$$f(x)=-(x^2-1)-x=-x^2-x+1$$
$$=-\left(x+\frac{1}{2}\right)^2+\frac{5}{4}$$

よって，$-1\leqq x\leqq 2$ における $y=f(x)$ のグラフは図の実線部分のようになる。

ゆえに，$-1\leqq x\leqq 2$ において $f(x)$ は

$x=-\dfrac{1}{2}$ で最大値 $\dfrac{5}{4}$，

$x=1$ で最小値 -1

をとる。

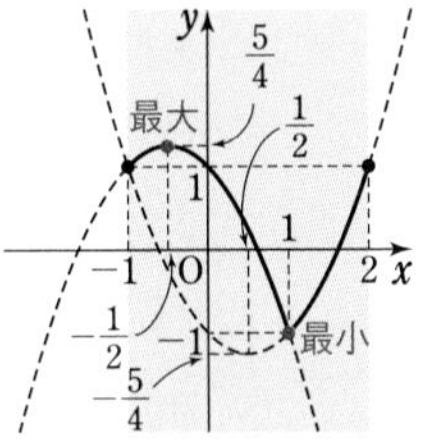

←$f\left(-\dfrac{1}{2}\right)>f(2)$ であるから，$x=-\dfrac{1}{2}$ で最大値をとる。

注意 $y=|x^2-1|-x$ のグラフは，$y=x^2-1-x$ のグラフで $y<0$ の部分を x 軸に関して対称に折り返したグラフではない。$y<0$ の部分を折り返して考えてよいのは，$y=|f(x)|$ の形（右辺全体に｜ ｜がつく）の場合である。

3章 EX［2次関数］

EX ⑤90 a を定数とする。x についての方程式 $|(x-2)(x-4)|=ax-5a+\dfrac{1}{2}$ が相異なる 4 つの実数解をもつとき，a の値の範囲を求めよ。〔類 早稲田大〕

$y=|(x-2)(x-4)|$ …… ①，$y=ax-5a+\dfrac{1}{2}$ …… ②

のグラフを考える。

$(x-2)(x-4)\geqq 0$ の解は　$x\leqq 2,\ 4\leqq x$

$(x-2)(x-4)<0$ の解は　$2<x<4$

ゆえに，① は

$x\leqq 2,\ 4\leqq x$ のとき　$y=(x-2)(x-4)=(x-3)^2-1$

$2<x<4$ のとき　$y=-(x-2)(x-4)=-(x-3)^2+1$

HINT $y=|(x-2)(x-4)|$ のグラフと直線 $y=ax-5a+\dfrac{1}{2}$ の共有点について調べる。

よって，① のグラフは，図の太線部分のようになる。

② は $y=a(x-5)+\dfrac{1}{2}$ と変形できるから，② のグラフは定点 $\left(5,\ \dfrac{1}{2}\right)$ を通る傾き a の直線である。

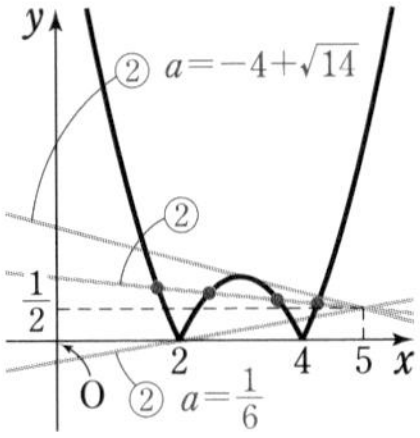

←$y=(x-2)(x-4)$ のグラフで，x 軸より下側の部分を x 軸に関して対称に折り返したものである。

[1] ② のグラフが ① のグラフの $2\leqq x\leqq 4$ の部分と接するとき

2 次方程式 $-(x-2)(x-4)=ax-5a+\dfrac{1}{2}$ すなわち

$x^2+(a-6)x-5a+\dfrac{17}{2}=0$ の判別式を D とすると

$$D=(a-6)^2-4\left(-5a+\frac{17}{2}\right)=a^2+8a+2$$

$D=0$ から　$a^2+8a+2=0$　よって　$a=-4\pm\sqrt{14}$

$2\leqq x\leqq 4$ の部分と接するのは，グラフから $a=-4+\sqrt{14}$ のときである。

[2]　② のグラフが点 (2, 0) を通るとき　　$0=2a-5a+\frac{1}{2}$

よって　　$a=\frac{1}{6}$

[1], [2] から，方程式 $|(x-2)(x-4)|=ax-5a+\frac{1}{2}$ が異なる 4 つの実数解をもつとき，a の値の範囲は

$$\boldsymbol{-4+\sqrt{14}<a<\frac{1}{6}}$$

EX ②91　2 次不等式 $2x^2-3x-2\leqq 0$ を満たす x の値が常に 2 次不等式 $x^2-2ax-2\leqq 0$ を満たすような定数 a の値の範囲を求めよ。〔福岡工大〕

$2x^2-3x-2\leqq 0$ から　　$(2x+1)(x-2)\leqq 0$

← 2 ╳ 1 → 1
1 　 −2 → −4
2 　 −2 　 −3

したがって　　$-\frac{1}{2}\leqq x\leqq 2$ …… ①

$f(x)=x^2-2ax-2$ とすると，$y=f(x)$ のグラフは下に凸の放物線であるから，① を満たす x の値が常に $f(x)\leqq 0$ を満たすための条件は　　$f\left(-\frac{1}{2}\right)\leqq 0$ かつ $f(2)\leqq 0$

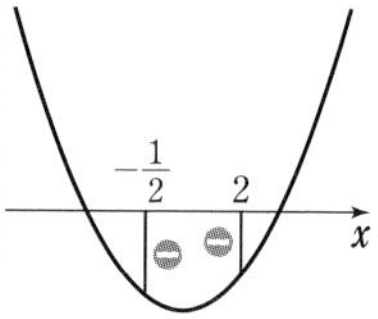

$f\left(-\frac{1}{2}\right)=\left(-\frac{1}{2}\right)^2-2a\cdot\left(-\frac{1}{2}\right)-2=a-\frac{7}{4}$

$f(2)=2^2-2a\cdot 2-2=-4a+2$ であるから

$$a-\frac{7}{4}\leqq 0 \text{ かつ } -4a+2\leqq 0$$

よって　　$a\leqq\frac{7}{4}$ かつ $a\geqq\frac{1}{2}$

すなわち　　$\boldsymbol{\frac{1}{2}\leqq a\leqq\frac{7}{4}}$

EX ③92　$a<b<c$ のとき，x に関する次の 2 次方程式は 2 つの実数解をもつことを示せ。また，その解を α, β $(\alpha<\beta)$ とするとき，α, β と定数 a, b, c の大小関係を示せ。
(1)　$2(x-b)(x-c)-(x-a)^2=0$　　(2)　$(x-a)(x-c)+(x-b)^2=0$

(1)　$f(x)=2(x-b)(x-c)-(x-a)^2$
とすると，$a<b<c$ であるから

$f(a)=2(a-b)(a-c)>0$　　←$a-b<0$, $a-c<0$

$f(b)=-(b-a)^2<0$　　←$(b-a)^2>0$

$f(c)=-(c-a)^2<0$　　←$(c-a)^2>0$

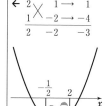

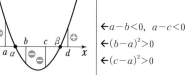

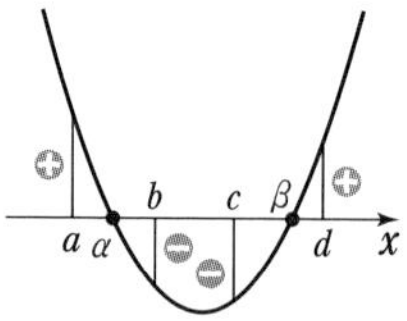

また，$f(x)$ の 2 次の係数は 1 で，
$y=f(x)$ のグラフは下に凸の放物線であるから，c より大きい値 d で $f(d)>0$ となるものが存在する。
ゆえに，$y=f(x)$ のグラフは $a<x<b$, $c<x<d$ の範囲で，それぞれ x 軸と交わる。
よって，方程式 $f(x)=0$ は 2 つの実数解 α, β をもち，
$\alpha<\beta$ とするとき，グラフから　　$\boldsymbol{a<\alpha<b<c<\beta}$

(2) $f(x)=(x-a)(x-c)+(x-b)^2$ とすると，$a<b<c$ であるから

$f(a)=(a-b)^2>0$

$f(b)=(b-a)(b-c)<0$ ←$b-a>0$，$b-c<0$

$f(c)=(c-b)^2>0$

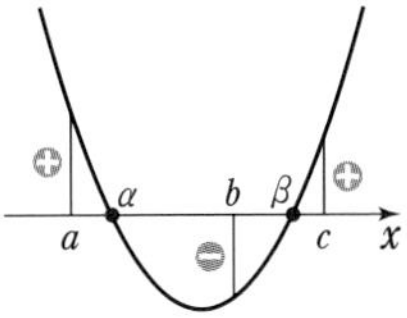

また，$f(x)$ の 2 次の係数は 2 で，$y=f(x)$ のグラフは下に凸の放物線であるから，方程式 $f(x)=0$ は 2 つの実数解 α，β をもち，$\alpha<\beta$ とするとき

$$a<\alpha<b<\beta<c$$

EX ④93 k を正の整数とする。$5n^2-2kn+1<0$ を満たす整数 n が，ちょうど 1 個であるような k の値をすべて求めよ。 ［一橋大］

$5n^2-2kn+1<0$ …… ① とし，$f(x)=5x^2-2kx+1$ とする。

$f(n)<0$ を満たす整数 n が存在するとき，$y=f(x)$ のグラフは x 軸と異なる 2 点で交わるから，$f(x)=0$ の判別式を D とすると　　$D>0$

←$y=f(x)$ のグラフは x 軸の $x<n$ の部分と $x>n$ の部分で交わる。

$\dfrac{D}{4}=(-k)^2-5\cdot1=k^2-5$ であるから　　$k^2-5>0$

すなわち　　$k^2>5$

k は正の整数であるから　　$k\geqq3$

←$k=1$, 2 のとき　$k^2\leqq4$

[1] $k=3$ のとき

$f(x)=5x^2-6x+1=(5x-1)(x-1)$

$f(n)<0$ とすると，$(5n-1)(n-1)<0$ から　　$\dfrac{1}{5}<n<1$

よって，① を満たす整数 n は存在しない。

[2] $k=4$ のとき

$f(x)=5x^2-8x+1$

グラフの軸の直線 $x=\dfrac{4}{5}$ に最も近い整数は 1 で

$f(0)=1>0$，$f(1)=-2<0$，$f(2)=5>0$

よって，① を満たす整数 n は $n=1$ のみである。

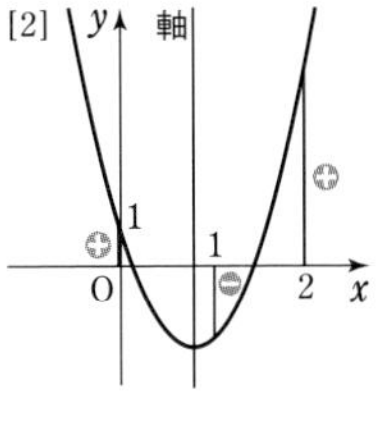

[3] $k=5$ のとき

$f(x)=5x^2-10x+1$

グラフの軸は直線 $x=1$ で

$f(0)=1>0$，$f(1)=-4<0$，$f(2)=1>0$

よって，① を満たす整数 n は $n=1$ のみである。

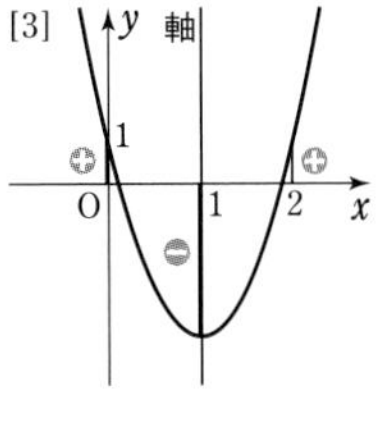

[4] $k\geqq6$ のとき

$f(1)=2(3-k)<0$，$f(2)=21-4k<0$

よって，① を満たす整数 n は 2 個以上ある。

[1]～[4] から，求める k の値は　　$\boldsymbol{k=4,\ 5}$

EX ⑤94 不等式 $-x^2+(a+2)x+a-3<y<x^2-(a-1)x-2$ ……（＊）を考える。ただし，x，y，a は実数とする。このとき，

「どんな x に対しても，それぞれ適当な y をとれば不等式（＊）が成立する」

ための a の値の範囲を求めよ。また，

「適当な y をとれば，どんな x に対しても不等式（＊）が成立する」

ための a の値の範囲を求めよ。〔早稲田大〕

$f(x)=-x^2+(a+2)x+a-3$，$g(x)=x^2-(a-1)x-2$ とする。

（前半）題意を満たすための条件は，すべての x に対して

$$f(x)<g(x) \quad \cdots\cdots ①$$

が成り立つことである。

① から　$-x^2+(a+2)x+a-3<x^2-(a-1)x-2$

よって　$2x^2-(2a+1)x-a+1>0$

これが任意の x に対して成り立つための条件は，

$2x^2-(2a+1)x-a+1=0$ の判別式を D とすると　$D<0$

ここで　$D=\{-(2a+1)\}^2-4\cdot2\cdot(-a+1)$

$=4a^2+12a-7$

ゆえに　$4a^2+12a-7<0$

よって　$(2a+7)(2a-1)<0$　ゆえに　$\boldsymbol{-\frac{7}{2}<a<\frac{1}{2}}$

適当な y を y_0 とする。

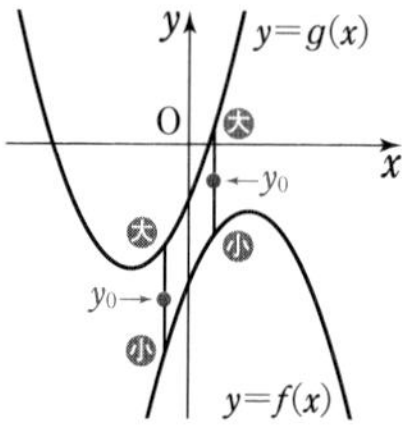

（後半）題意を満たすための条件は，

$$[f(x) \text{ の最大値}]<[g(x) \text{ の最小値}] \quad \cdots\cdots ②$$

が成り立つことである。

ここで　$f(x)=-\left(x-\frac{a+2}{2}\right)^2+\frac{a^2+8a-8}{4}$

$g(x)=\left(x-\frac{a-1}{2}\right)^2-\frac{a^2-2a+9}{4}$

よって，$f(x)$ の最大値は $\frac{a^2+8a-8}{4}$　$\left(x=\frac{a+2}{2}\text{ のとき}\right)$

$g(x)$ の最小値は $-\frac{a^2-2a+9}{4}$　$\left(x=\frac{a-1}{2}\text{ のとき}\right)$

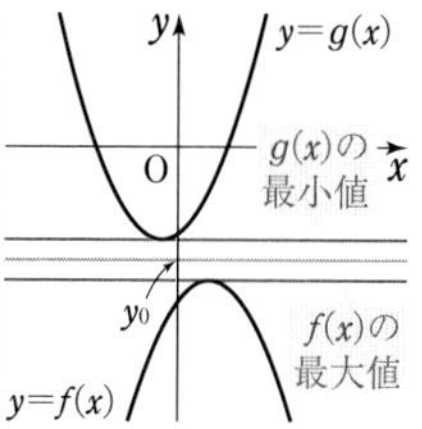

② から　$\frac{a^2+8a-8}{4}<-\frac{a^2-2a+9}{4}$

整理して　$2a^2+6a+1<0$

$2a^2+6a+1=0$ の解は　$a=\frac{-3\pm\sqrt{3^2-2\cdot1}}{2}=\frac{-3\pm\sqrt{7}}{2}$

したがって　$\boldsymbol{\frac{-3-\sqrt{7}}{2}<a<\frac{-3+\sqrt{7}}{2}}$

練習 ①133　(1) 図(ア)で，$\sin\theta$，$\cos\theta$，$\tan\theta$ の値を求めよ。
(2) 図(イ)で，x，y の値を求めよ。

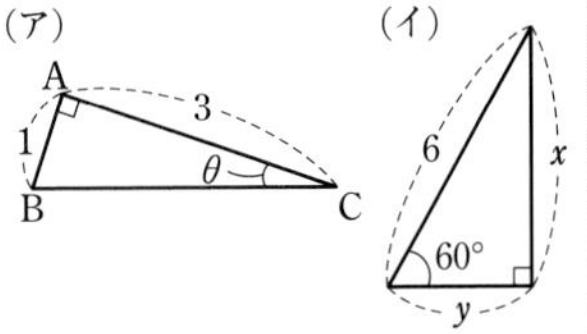

(1)　三平方の定理により

$$BC=\sqrt{1^2+3^2}=\sqrt{10}$$

よって　$\sin\theta=\dfrac{AB}{BC}=\boldsymbol{\dfrac{1}{\sqrt{10}}}$，

$\cos\theta=\dfrac{AC}{BC}=\boldsymbol{\dfrac{3}{\sqrt{10}}}$，

$\tan\theta=\dfrac{AB}{AC}=\boldsymbol{\dfrac{1}{3}}$

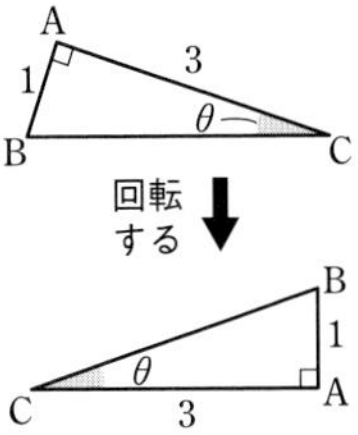

(2)　$\sin 60^\circ=\dfrac{x}{6}$ から　$\boldsymbol{x}=6\sin 60^\circ=6\cdot\dfrac{\sqrt{3}}{2}=\boldsymbol{3\sqrt{3}}$

←$\sin 60^\circ=\dfrac{\sqrt{3}}{2}$

$\cos 60^\circ=\dfrac{y}{6}$ から　$\boldsymbol{y}=6\cos 60^\circ=6\cdot\dfrac{1}{2}=\boldsymbol{3}$

←$\cos 60^\circ=\dfrac{1}{2}$

練習 ①134　「三角比の表」を用いて，次の問いに答えよ。
(1) 図(ア)で，x，y の値を求めよ。ただし，小数第 2 位を四捨五入せよ。
(2) 図(イ)で，鋭角 θ のおよその大きさを求めよ。

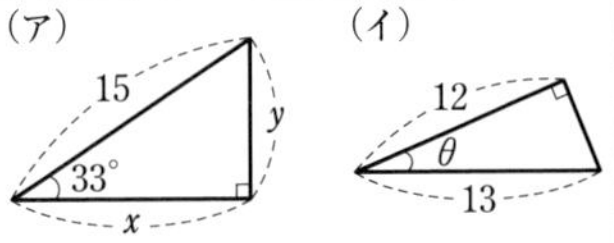

(1)　$x=15\cos 33^\circ=15\times 0.8387=12.5805$

$y=15\sin 33^\circ=15\times 0.5446=8.169$

小数第 2 位を四捨五入して　$\boldsymbol{x\fallingdotseq 12.6}$，$\boldsymbol{y\fallingdotseq 8.2}$

←三角比の表から
$\cos 33^\circ=0.8387$
$\sin 33^\circ=0.5446$

(2)　$\cos\theta=\dfrac{12}{13}=0.92307\cdots\fallingdotseq 0.9231$ で，三角比の表から

$$\cos 22^\circ=0.9272,\ \cos 23^\circ=0.9205$$

ゆえに，23° の方が近い値である。　よって　$\boldsymbol{\theta\fallingdotseq 23^\circ}$

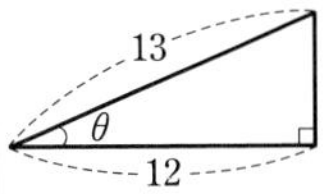

練習 ②135　海面のある場所から崖の上に立つ高さ 30 m の灯台の先端の仰角が 60° で，同じ場所から灯台の下端の仰角が 30° のとき，崖の高さを求めよ。〔金沢工大〕

崖の高さを h m とすると，海面のある場所から灯台までの水平距離は

$$\frac{h}{\tan 30^\circ}=\sqrt{3}\,h\ (\mathrm{m})$$

←$\tan 30^\circ=\dfrac{h}{\text{水平距離}}$

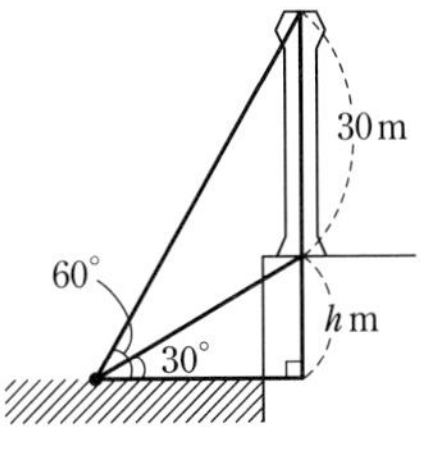

また，海面から灯台の先端までの高さは $(30+h)$ m である。

よって，図から　$\tan 60^\circ=\dfrac{30+h}{\sqrt{3}\,h}$

ゆえに　$\sqrt{3}=\dfrac{30+h}{\sqrt{3}\,h}$

両辺に $\sqrt{3}h$ を掛けて　　$3h=30+h$

よって　　$h=15$

したがって，崖の高さは　**15 m**

練習 ③136　(1) 右の図で，線分 DE，AE の長さを求めよ。
(2) 右の図を利用して，次の値を求めよ。
$\sin 15^\circ$，　$\cos 15^\circ$，　$\tan 15^\circ$

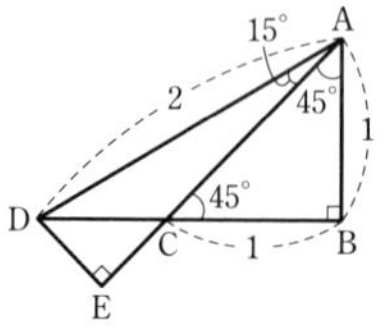

(1) $CD=BD-BC=\sqrt{AD^2-AB^2}-1$
$=\sqrt{2^2-1^2}-1=\sqrt{3}-1$

△CDE は ∠E=90° の直角二等辺三角形であるから

$$\mathbf{DE}=\frac{CD}{\sqrt{2}}=\frac{\sqrt{3}-1}{\sqrt{2}}=\boldsymbol{\frac{\sqrt{6}-\sqrt{2}}{2}}$$

また，$AC=\sqrt{2}BC=\sqrt{2}$，CE=DE であるから

$$\mathbf{AE}=AC+CE=\sqrt{2}+\frac{\sqrt{6}-\sqrt{2}}{2}=\boldsymbol{\frac{\sqrt{6}+\sqrt{2}}{2}}$$

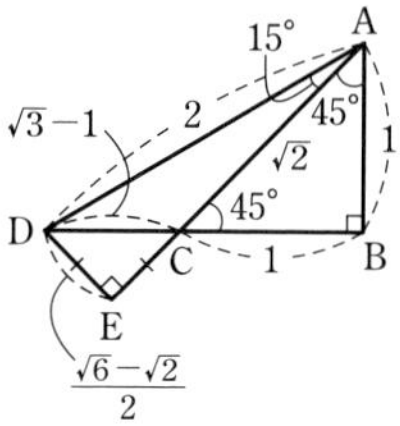

HINT　15° の三角比は直角三角形 ADE に着目。まず，線分 CD の長さを求め，これをもとに，線分 DE，AE の長さを求める。

(2) 直角三角形 ADE において

$$\mathbf{\sin 15^\circ}=\frac{DE}{AD}=\frac{\sqrt{6}-\sqrt{2}}{2}\div 2=\boldsymbol{\frac{\sqrt{6}-\sqrt{2}}{4}}$$

$$\mathbf{\cos 15^\circ}=\frac{AE}{AD}=\frac{\sqrt{6}+\sqrt{2}}{2}\div 2=\boldsymbol{\frac{\sqrt{6}+\sqrt{2}}{4}}$$

$$\mathbf{\tan 15^\circ}=\frac{DE}{AE}=\frac{\sqrt{6}-\sqrt{2}}{2}\div\frac{\sqrt{6}+\sqrt{2}}{2}$$
$$=\frac{\sqrt{6}-\sqrt{2}}{\sqrt{6}+\sqrt{2}}=\frac{(\sqrt{6}-\sqrt{2})^2}{(\sqrt{6}+\sqrt{2})(\sqrt{6}-\sqrt{2})}$$
$$=\frac{8-2\sqrt{12}}{6-2}=\frac{8-4\sqrt{3}}{4}$$
$$=\mathbf{2-\sqrt{3}}$$

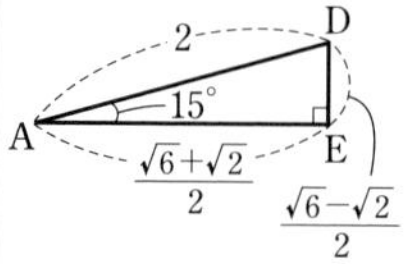

検討　$\tan\theta=\dfrac{\sin\theta}{\cos\theta}$ を利用して，

$\tan 15^\circ=\dfrac{\sin 15^\circ}{\cos 15^\circ}$
$=\dfrac{\sqrt{6}-\sqrt{2}}{\sqrt{6}+\sqrt{2}}=2-\sqrt{3}$
としてもよい。

練習 ②137　θ は鋭角とする。$\sin\theta$，$\cos\theta$，$\tan\theta$ のうち 1 つが次の値をとるとき，他の 2 つの値を求めよ。
(1) $\sin\theta=\dfrac{12}{13}$　　(2) $\cos\theta=\dfrac{1}{3}$　　(3) $\tan\theta=\dfrac{2}{\sqrt{5}}$

(1) $\sin^2\theta+\cos^2\theta=1$ から

$$\cos^2\theta=1-\sin^2\theta=1-\left(\frac{12}{13}\right)^2=\frac{25}{169}$$

θ は鋭角であるから　　$\cos\theta>0$

よって　　$\boldsymbol{\cos\theta}=\sqrt{\dfrac{25}{169}}=\boldsymbol{\dfrac{5}{13}}$

また　　$\boldsymbol{\tan\theta}=\dfrac{\sin\theta}{\cos\theta}=\dfrac{12}{13}\div\dfrac{5}{13}=\boldsymbol{\dfrac{12}{5}}$

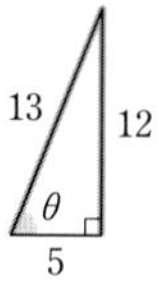

(2) $\sin^2\theta+\cos^2\theta=1$ から

$$\sin^2\theta=1-\cos^2\theta=1-\left(\frac{1}{3}\right)^2=\frac{8}{9}$$

$\sin\theta>0$ であるから

$$\boldsymbol{\sin\theta}=\sqrt{\frac{8}{9}}=\boldsymbol{\frac{2\sqrt{2}}{3}}$$

また　$\boldsymbol{\tan\theta}=\dfrac{\sin\theta}{\cos\theta}=\dfrac{2\sqrt{2}}{3}\div\dfrac{1}{3}=\boldsymbol{2\sqrt{2}}$

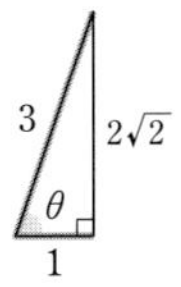

(3) $1+\tan^2\theta=\dfrac{1}{\cos^2\theta}$ から　$\dfrac{1}{\cos^2\theta}=1+\left(\dfrac{2}{\sqrt{5}}\right)^2=\dfrac{9}{5}$

したがって　$\cos^2\theta=\dfrac{5}{9}$

θ は鋭角であるから　$\cos\theta>0$

よって　$\boldsymbol{\cos\theta}=\sqrt{\dfrac{5}{9}}=\boldsymbol{\dfrac{\sqrt{5}}{3}}$

また　$\boldsymbol{\sin\theta}=\tan\theta\cos\theta=\dfrac{2}{\sqrt{5}}\cdot\dfrac{\sqrt{5}}{3}=\boldsymbol{\dfrac{2}{3}}$

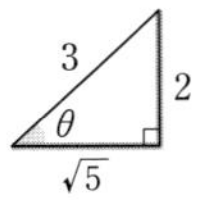

4章 練習 [図形と計量]

練習 ②138

(1) 次の三角比を 45° 以下の角の三角比で表せ。

(ア) $\sin 72^\circ$　(イ) $\cos 85^\circ$　(ウ) $\tan 47^\circ$

(2) △ABC の 3 つの内角 ∠A, ∠B, ∠C の大きさを，それぞれ A, B, C とするとき，次の等式が成り立つことを証明せよ。

(ア) $\sin\dfrac{B+C}{2}=\cos\dfrac{A}{2}$　(イ) $\tan\dfrac{A+B}{2}\tan\dfrac{C}{2}=1$

(1) (ア) $\sin 72^\circ=\sin(90^\circ-18^\circ)=\boldsymbol{\cos 18^\circ}$　←$\sin(90^\circ-\theta)=\cos\theta$

(イ) $\cos 85^\circ=\cos(90^\circ-5^\circ)=\boldsymbol{\sin 5^\circ}$　←$\cos(90^\circ-\theta)=\sin\theta$

(ウ) $\tan 47^\circ=\tan(90^\circ-43^\circ)=\boldsymbol{\dfrac{1}{\tan 43^\circ}}$　←$\tan(90^\circ-\theta)=\dfrac{1}{\tan\theta}$

(2) (ア) $A+B+C=180^\circ$ であるから　←三角形の内角の和は 180°

$$B+C=180^\circ-A$$

ゆえに　$\dfrac{B+C}{2}=\dfrac{180^\circ-A}{2}=90^\circ-\dfrac{A}{2}$

よって　$\sin\dfrac{B+C}{2}=\sin\left(90^\circ-\dfrac{A}{2}\right)=\cos\dfrac{A}{2}$　←$\sin(90^\circ-\theta)=\cos\theta$

したがって，等式は成り立つ。

(イ) $A+B+C=180^\circ$ であるから　$A+B=180^\circ-C$

ゆえに　$\dfrac{A+B}{2}=\dfrac{180^\circ-C}{2}=90^\circ-\dfrac{C}{2}$

よって　$\tan\dfrac{A+B}{2}\tan\dfrac{C}{2}=\tan\left(90^\circ-\dfrac{C}{2}\right)\tan\dfrac{C}{2}$

$$=\frac{1}{\tan\dfrac{C}{2}}\cdot\tan\frac{C}{2}=1$$

←$\tan(90^\circ-\theta)=\dfrac{1}{\tan\theta}$

したがって，等式は成り立つ。

練習 ①**139** 次の表において，(a)，(b)，(c)，(d) の値を求めよ。

θ	120°	135°	150°	180°
$\sin\theta$	$\dfrac{\sqrt{3}}{2}$	(b)	$\dfrac{1}{2}$	0
$\cos\theta$	$-\dfrac{1}{2}$	$-\dfrac{1}{\sqrt{2}}$	(c)	-1
$\tan\theta$	(a)	-1	(d)	0

図 [1] で，$\angle AOP=120°$，$OP=2$ とすると
$P(-1,\ \sqrt{3})$

よって　$\tan 120°=\dfrac{\sqrt{3}}{-1}=\mathbf{-\sqrt{3}}$ …… (a)

[1]

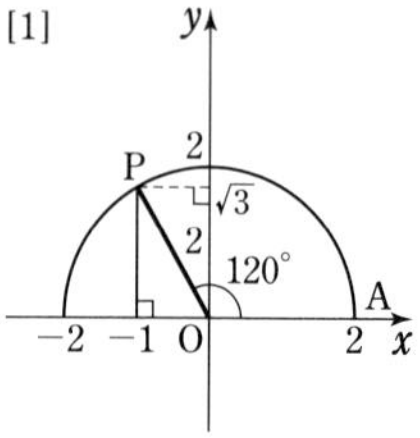

図 [2] で，$\angle AOP=135°$，$OP=\sqrt{2}$ とすると
$P(-1,\ 1)$

よって　$\sin 135°=\mathbf{\dfrac{1}{\sqrt{2}}}$ …… (b)

[2]

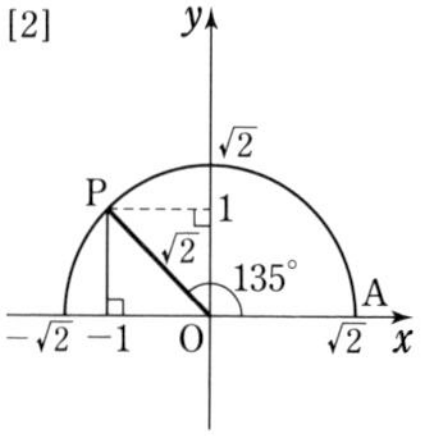

図 [3] で，$\angle AOP=150°$，$OP=2$ とすると
$P(-\sqrt{3},\ 1)$

ゆえに　$\cos 150°=\dfrac{-\sqrt{3}}{2}=\mathbf{-\dfrac{\sqrt{3}}{2}}$ …… (c)

$\tan 150°=\dfrac{1}{-\sqrt{3}}=\mathbf{-\dfrac{1}{\sqrt{3}}}$ …… (d)

[3]

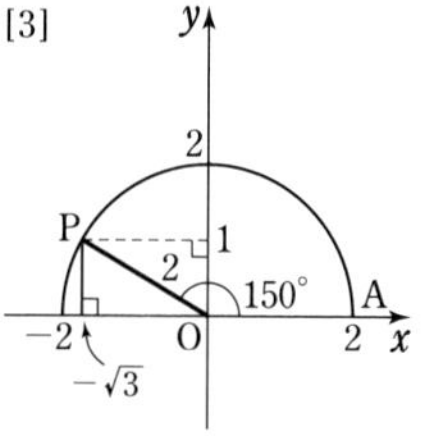

練習 ②**140** (1) $\cos 160°-\cos 110°+\sin 70°-\sin 20°$ の値を求めよ。　〔(1) 函館大〕

(2) $\cos\theta=\dfrac{1}{4}$ のとき
$\sin(\theta+90°)\times\tan(90°-\theta)\times\cos(180°-\theta)\times\tan(180°-\theta)$
の値を求めよ。

(1) $\cos 160°-\cos 110°+\sin 70°-\sin 20°$
$=\cos(180°-20°)-\cos(90°+20°)+\sin(90°-20°)-\sin 20°$
$=-\cos 20°+\sin 20°+\cos 20°-\sin 20°=\mathbf{0}$

←$\cos(180°-\theta)=-\cos\theta$
$\cos(90°+\theta)=-\sin\theta$
$\sin(90°-\theta)=\cos\theta$

(2) $\sin(\theta+90°)\times\tan(90°-\theta)\times\cos(180°-\theta)\times\tan(180°-\theta)$
$=\cos\theta\times\dfrac{1}{\tan\theta}\times(-\cos\theta)\times(-\tan\theta)$
$=\cos^2\theta=\mathbf{\dfrac{1}{16}}$

←$\sin(\theta+90°)=\cos\theta$
$\tan(90°-\theta)=\dfrac{1}{\tan\theta}$
$\cos(180°-\theta)=-\cos\theta$
$\tan(180°-\theta)=-\tan\theta$

練習 ②141 0°≦θ≦180° のとき，次の等式を満たす θ を求めよ。

(1) $\sin\theta=\dfrac{\sqrt{3}}{2}$　　(2) $\cos\theta=\dfrac{1}{\sqrt{2}}$

(1) 半径 1 の半円周上で，

y 座標が $\dfrac{\sqrt{3}}{2}$ となる点は，

右の図の 2 点 P，Q である。

求める θ は

∠AOP と ∠AOQ

であるから

$\boldsymbol{\theta=60^\circ,\ 120^\circ}$

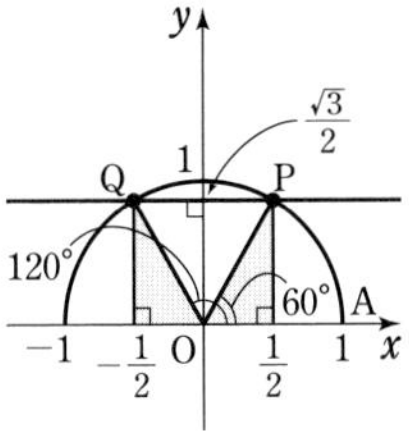

←直線 $y=\dfrac{\sqrt{3}}{2}$ と半円の交点が 2 点 P，Q である。

(2) 半径 1 の半円周上で，

x 座標が $\dfrac{1}{\sqrt{2}}$ となる点は，

右の図の点 P である。

求める θ は

∠AOP

であるから　　$\boldsymbol{\theta=45^\circ}$

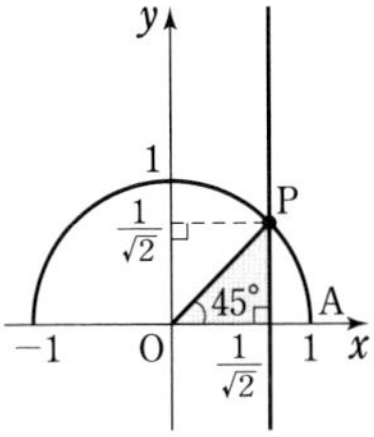

←直線 $x=\dfrac{1}{\sqrt{2}}$ と半円の交点が点 P である。

注意 解答では詳しく書いているが，慣れてきたら，次のように簡単に答えてもよい。

(1) $\sin\theta=\dfrac{\sqrt{3}}{2}$ から　　$\boldsymbol{\theta=60^\circ,\ 120^\circ}$

(2) $\cos\theta=\dfrac{1}{\sqrt{2}}$ から　　$\boldsymbol{\theta=45^\circ}$

練習 ②142 0°≦θ≦180° のとき，次の等式を満たす θ を求めよ。

(1) $\tan\theta=\sqrt{3}$　　(2) $\tan\theta=-1$

(1) 直線 $x=1$ 上で，y 座標が $\sqrt{3}$ となる点を T とすると，直線 OT と半径 1 の半円の交点は，右の図の点 P である。

求める θ は

∠AOP

であるから

$\boldsymbol{\theta=60^\circ}$

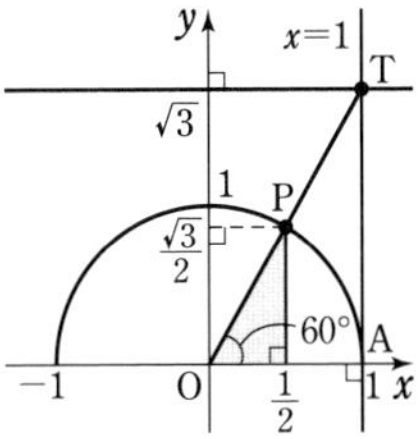

←直線 $y=\sqrt{3}$ と直線 $x=1$ の交点が点 T である。すなわち

T$(1,\ \sqrt{3})$

(2) 直線 $x=1$ 上で，y 座標が -1 となる点を T とすると，直線 OT と半径 1 の半円の交点は，右の図の点 P である。

求める θ は

∠AOP

であるから　　$\boldsymbol{\theta=135^\circ}$

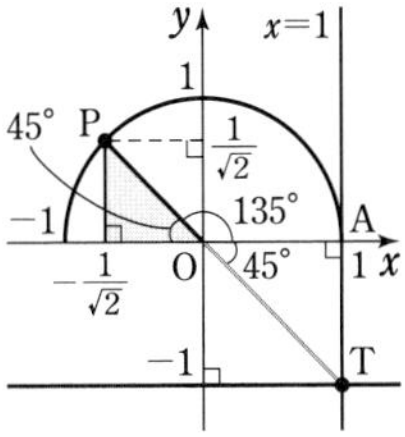

←直線 $y=-1$ と直線 $x=1$ の交点が点 T である。すなわち

T$(1,\ -1)$

注意 解答では詳しく書いているが，慣れてきたら，次のように簡単に答えてもよい。

(1) $\tan\theta=\sqrt{3}$ から　　$\boldsymbol{\theta=60^\circ}$

(2) $\tan\theta=-1$ から　　$\boldsymbol{\theta=135^\circ}$

練習 ③143 次の方程式を解け。

(1) $2\sin^2\theta-\cos\theta-1=0$ $(0^\circ\leqq\theta\leqq180^\circ)$　　(2) $\tan\theta=\sqrt{2}\cos\theta$ $(0^\circ\leqq\theta<90^\circ)$

(1) $\sin^2\theta=1-\cos^2\theta$ であるから　　$2(1-\cos^2\theta)-\cos\theta-1=0$

整理すると　　$2\cos^2\theta+\cos\theta-1=0$ 　　←$\cos\theta$ の 2 次方程式。

$\cos\theta=t$ とおくと，$0^\circ\leqq\theta\leqq180^\circ$ のとき　$-1\leqq t\leqq1$ …… ①　　←おき換えを利用。

方程式は　　$2t^2+t-1=0$　　ゆえに　　$(t+1)(2t-1)=0$

よって　　$t=-1,\ \dfrac{1}{2}$　　これらは ① を満たす。

$t=-1$ すなわち $\cos\theta=-1$ を解いて　　$\theta=180^\circ$

$t=\dfrac{1}{2}$ すなわち $\cos\theta=\dfrac{1}{2}$ を解いて　　$\theta=60^\circ$

以上から　　$\boldsymbol{\theta=60^\circ,\ 180^\circ}$

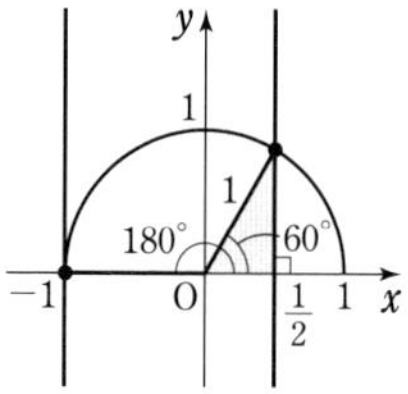

(2) $\tan\theta=\dfrac{\sin\theta}{\cos\theta}$ であるから　　$\dfrac{\sin\theta}{\cos\theta}=\sqrt{2}\cos\theta$

ゆえに　　$\sin\theta=\sqrt{2}\cos^2\theta$

$\cos^2\theta=1-\sin^2\theta$ であるから　　$\sin\theta=\sqrt{2}(1-\sin^2\theta)$

整理すると　　$\sqrt{2}\sin^2\theta+\sin\theta-\sqrt{2}=0$ 　　←$\sin\theta$ の 2 次方程式。

$\sin\theta=t$ とおくと，$0^\circ\leqq\theta<90^\circ$ のとき　　$0\leqq t<1$ …… ①

方程式は　　$\sqrt{2}t^2+t-\sqrt{2}=0$

よって　　$(t+\sqrt{2})(\sqrt{2}t-1)=0$

ゆえに　　$t=-\sqrt{2},\ \dfrac{1}{\sqrt{2}}$

① を満たすものは　　$t=\dfrac{1}{\sqrt{2}}$

よって，$\sin\theta=\dfrac{1}{\sqrt{2}}$ を解いて　　$\boldsymbol{\theta=45^\circ}$

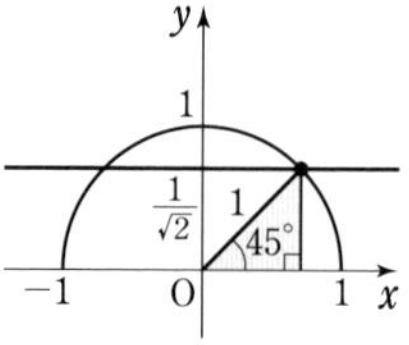

練習 ②144 $0^\circ\leqq\theta\leqq180^\circ$ とする。$\sin\theta$，$\cos\theta$，$\tan\theta$ のうち 1 つが次の値をとるとき，他の 2 つの値を求めよ。

(1) $\sin\theta=\dfrac{6}{7}$　　(2) $\cos\theta=-\dfrac{3}{4}$　　(3) $\tan\theta=-\dfrac{12}{5}$

(1) $\sin^2\theta+\cos^2\theta=1$ から　$\cos^2\theta=1-\sin^2\theta=1-\left(\dfrac{6}{7}\right)^2=\dfrac{13}{49}$

$0^\circ\leqq\theta\leqq90^\circ$ のとき，$\cos\theta\geqq0$ であるから

$$\cos\theta=\sqrt{\frac{13}{49}}=\frac{\sqrt{13}}{7}$$

←$0^\circ\leqq\theta\leqq90^\circ$ のとき $\sin\theta\geqq0$，$\cos\theta\geqq0$，$\tan\theta\geqq0$　$(\theta\neq90^\circ)$

$$\tan\theta=\frac{\sin\theta}{\cos\theta}=\frac{6}{7}\div\frac{\sqrt{13}}{7}=\frac{6}{\sqrt{13}}$$

$90^\circ<\theta\leqq180^\circ$ のとき，$\cos\theta<0$ であるから

$$\cos\theta=-\sqrt{\frac{13}{49}}=-\frac{\sqrt{13}}{7}$$

$$\tan\theta=\frac{\sin\theta}{\cos\theta}=\frac{6}{7}\div\left(-\frac{\sqrt{13}}{7}\right)=-\frac{6}{\sqrt{13}}$$

よって $(\cos\theta,\ \tan\theta)=\left(\frac{\sqrt{13}}{7},\ \frac{6}{\sqrt{13}}\right),\ \left(-\frac{\sqrt{13}}{7},\ -\frac{6}{\sqrt{13}}\right)$

←$90^\circ<\theta\leqq180^\circ$ のとき $\sin\theta\geqq0$，$\cos\theta<0$，$\tan\theta\leqq0$

参考　答えを　$\cos\theta=\pm\frac{\sqrt{13}}{7}$，$\tan\theta=\pm\frac{6}{\sqrt{13}}$（複号同順）

と書いてもよい。

←複号同順については，本冊 $p.52$ 参照。

(2)　$\sin^2\theta+\cos^2\theta=1$ から　$\sin^2\theta=1-\cos^2\theta=1-\left(-\frac{3}{4}\right)^2=\frac{7}{16}$

$0^\circ\leqq\theta\leqq180^\circ$ のとき，$\sin\theta\geqq0$ であるから

$$\boldsymbol{\sin\theta}=\sqrt{\frac{7}{16}}=\boldsymbol{\frac{\sqrt{7}}{4}}$$

$$\boldsymbol{\tan\theta}=\frac{\sin\theta}{\cos\theta}=\frac{\sqrt{7}}{4}\div\left(-\frac{3}{4}\right)=\boldsymbol{-\frac{\sqrt{7}}{3}}$$

(3)　$1+\tan^2\theta=\frac{1}{\cos^2\theta}$ から

$$\frac{1}{\cos^2\theta}=1+\left(-\frac{12}{5}\right)^2=\frac{169}{25}$$

←$\tan\theta$ が与えられたときは，まず $\boldsymbol{1+\tan^2\theta=\frac{1}{\cos^2\theta}}$ を用いて，$\cos\theta$ の値を求める。

したがって　　$\cos^2\theta=\frac{25}{169}$

$\tan\theta=-\frac{12}{5}<0$ より $90^\circ<\theta<180^\circ$ であるから　　$\cos\theta<0$

←$\tan\theta<0$ であるから，θ は鈍角である。

よって　　$\boldsymbol{\cos\theta}=-\sqrt{\frac{25}{169}}=\boldsymbol{-\frac{5}{13}}$

また　　$\boldsymbol{\sin\theta}=\tan\theta\cos\theta=-\frac{12}{5}\cdot\left(-\frac{5}{13}\right)=\boldsymbol{\frac{12}{13}}$

練習 ③145

$\sin\theta+\cos\theta=\frac{1}{2}$ $(0^\circ<\theta<180^\circ)$ のとき，$\sin\theta\cos\theta$，$\sin\theta-\cos\theta$，$\frac{\cos^2\theta}{\sin\theta}+\frac{\sin^2\theta}{\cos\theta}$，$\sin^4\theta+\cos^4\theta$，$\sin^4\theta-\cos^4\theta$ の値をそれぞれ求めよ。　〔類　京都薬大〕

$(\sin\theta+\cos\theta)^2=\left(\frac{1}{2}\right)^2$ から　　$1+2\sin\theta\cos\theta=\frac{1}{4}$

←$\boldsymbol{\sin^2\theta+\cos^2\theta=1}$

したがって　　$\boldsymbol{\sin\theta\cos\theta=-\frac{3}{8}}$ ……①

$0^\circ<\theta<180^\circ$ では $\sin\theta>0$ であるから，① より　　$\cos\theta<0$

よって　　$\sin\theta-\cos\theta>0$ ……②

① から　　$(\sin\theta-\cos\theta)^2=1-2\sin\theta\cos\theta$

$$=1-2\cdot\left(-\frac{3}{8}\right)=\frac{7}{4}$$

←まず，$(\sin\theta-\cos\theta)^2$ の値を求める。

② から　　$\boldsymbol{\sin\theta-\cos\theta=\frac{\sqrt{7}}{2}}$

また　$\dfrac{\cos^2\theta}{\sin\theta}+\dfrac{\sin^2\theta}{\cos\theta}=\dfrac{\cos^3\theta+\sin^3\theta}{\sin\theta\cos\theta}$

$=\dfrac{(\sin\theta+\cos\theta)(\sin^2\theta-\sin\theta\cos\theta+\cos^2\theta)}{\sin\theta\cos\theta}$

$=\dfrac{(\sin\theta+\cos\theta)(1-\sin\theta\cos\theta)}{\sin\theta\cos\theta}$

$=\dfrac{1}{2}\left\{1-\left(-\dfrac{3}{8}\right)\right\}\div\left(-\dfrac{3}{8}\right)=-\dfrac{11}{6}$

次に，$\sin^2\theta+\cos^2\theta=1$ の両辺を 2 乗して

$\sin^4\theta+2\sin^2\theta\cos^2\theta+\cos^4\theta=1$

ゆえに　$\sin^4\theta+\cos^4\theta=1-2(\sin\theta\cos\theta)^2$

$=1-2\cdot\left(-\dfrac{3}{8}\right)^2$

$=\dfrac{23}{32}$

更に　$\sin^4\theta-\cos^4\theta=(\sin^2\theta+\cos^2\theta)(\sin^2\theta-\cos^2\theta)$

$=1\cdot(\sin\theta+\cos\theta)(\sin\theta-\cos\theta)$

$=1\cdot\dfrac{1}{2}\cdot\dfrac{\sqrt{7}}{2}=\dfrac{\sqrt{7}}{4}$

←$a^3+b^3=(a+b)(a^2-ab+b^2)$
$\sin\theta$ と $\cos\theta$ のときは
$\sin^2\theta+\cos^2\theta=1$
(上で $a^2+b^2=1$)
が使えるから，
$a^3+b^3=(a+b)^3-3ab(a+b)$
の等式を使うよりも上の等式を使う方がらくである。

←$a^4+b^4=(a^2+b^2)^2-2a^2b^2$

←$\sin^2\theta+\cos^2\theta=1$

練習 146 ③　$0^\circ<\theta<180^\circ$ とする。$4\cos\theta+2\sin\theta=\sqrt{2}$ のとき，$\tan\theta$ の値を求めよ。〔大阪産大〕

$4\cos\theta+2\sin\theta=\sqrt{2}$ から　$4\cos\theta=\sqrt{2}-2\sin\theta$ …… ①

$\sin^2\theta+\cos^2\theta=1$ から　$16\sin^2\theta+16\cos^2\theta=16$ …… ②

① を ② に代入して　$16\sin^2\theta+(\sqrt{2}-2\sin\theta)^2=16$

整理すると　$10\sin^2\theta-2\sqrt{2}\sin\theta-7=0$

これを $\sin\theta$ についての 2 次方程式とみて，$\sin\theta$ について解くと

$\sin\theta=\dfrac{-(-\sqrt{2})\pm\sqrt{(-\sqrt{2})^2-10\cdot(-7)}}{10}$

$=\dfrac{\sqrt{2}\pm6\sqrt{2}}{10}$

すなわち　$\sin\theta=-\dfrac{\sqrt{2}}{2},\ \dfrac{7\sqrt{2}}{10}$

$0^\circ<\theta<180^\circ$ より $0<\sin\theta\leqq1$ であるから

$\sin\theta=\dfrac{7\sqrt{2}}{10}$

このとき，① から

$4\cos\theta=\sqrt{2}-2\cdot\dfrac{7\sqrt{2}}{10}=-\dfrac{4\sqrt{2}}{10}$

よって　$\cos\theta=-\dfrac{\sqrt{2}}{10}$

したがって　$\tan\theta=\dfrac{\sin\theta}{\cos\theta}=\dfrac{7\sqrt{2}}{10}\div\left(-\dfrac{\sqrt{2}}{10}\right)=-7$

別解　$\cos\theta\neq0$ であるから，等式を $\cos\theta$ で割って

$4+2\tan\theta=\dfrac{\sqrt{2}}{\cos\theta}$ … ③

ゆえに

$\dfrac{1}{\cos\theta}=\sqrt{2}(\tan\theta+2)$

これと $\dfrac{1}{\cos^2\theta}=1+\tan^2\theta$ から $\cos\theta$ を消去して

$\tan^2\theta+8\tan\theta+7=0$

よって　$\tan\theta=-1,\ -7$

ゆえに　$90^\circ<\theta<180^\circ$

$\tan\theta=-1$ のときは $\theta=135^\circ$ で，与えられた等式を満たさないから，不適。

$\tan\theta=-7$ のときは ③ から $\cos\theta<0$ となり，適する。

検討 $\begin{cases} 4\cos\theta+2\sin\theta=\sqrt{2} \\ \sin^2\theta+\cos^2\theta=1 \end{cases}$ から，$\sin\theta$ を消去すると

$\cos\theta=\dfrac{\sqrt{2}}{2}$，$-\dfrac{\sqrt{2}}{10}$ が得られるが，$\cos\theta=\dfrac{\sqrt{2}}{2}$ は $\sin\theta<0$ となって不適となる。うっかりすると，この検討を見逃す。よって，上の解答のように，まず $\cos\theta$ を消去して，符号が一定 $(\sin\theta>0)$ の $\sin\theta$ を残す方が，解の検討の手間が省ける。

←いつも $\sin\theta$ を残す方がよいとは限らない。角の大小を考える場合などは $\cos\theta$ で考えた方が都合がよい。

練習 ②147

次の2直線のなす鋭角 θ を求めよ。

(1) $\sqrt{3}x-y=0$，$x-\sqrt{3}y=0$　　(2) $x-y=1$，$x+\sqrt{3}y+2=0$

4章 練習 [図形と計量]

(1) $\sqrt{3}x-y=0$ から　$y=\sqrt{3}x$ …… ①

$x-\sqrt{3}y=0$ から　$y=\dfrac{1}{\sqrt{3}}x$ …… ②

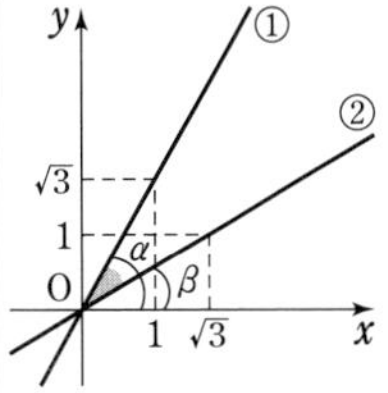

2直線①，②と x 軸の正の向きとのなす角を，それぞれ α，β とすると，$0°<\alpha<180°$，$0°<\beta<180°$ で

$$\tan\alpha=\sqrt{3},\ \tan\beta=\frac{1}{\sqrt{3}}$$

ゆえに　$\alpha=60°$，$\beta=30°$

←$\tan\theta$ を含む方程式とみて解く。

よって，求める鋭角 θ は

$$\boldsymbol{\theta}=\alpha-\beta=60°-30°=\mathbf{30°}$$

(2) $x-y=1$ から　$y=x-1$ …… ①

$x+\sqrt{3}y+2=0$ から

$$y=-\frac{1}{\sqrt{3}}x-\frac{2}{\sqrt{3}} \quad \cdots\cdots ②$$

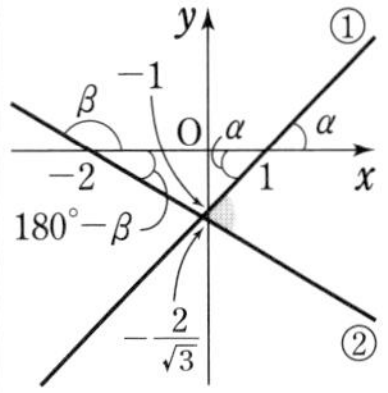

2直線①，②の $y>0$ の部分と x 軸の正の向きとのなす角を，それぞれ α，β とすると，$0°<\alpha<180°$，$0°<\beta<180°$ で

$$\tan\alpha=1,\ \tan\beta=-\frac{1}{\sqrt{3}}$$

よって　$\alpha=45°$，$\beta=150°$

図から，求める鋭角 θ は

$$\boldsymbol{\theta}=\alpha+(180°-\beta)=45°+30°=\mathbf{75°}$$

別解　原点を通り，2直線①，②と平行な直線は，それぞれ

$$y=x \ \cdots\cdots ①',\ y=-\frac{1}{\sqrt{3}}x \ \cdots\cdots ②' \quad \text{である。}$$

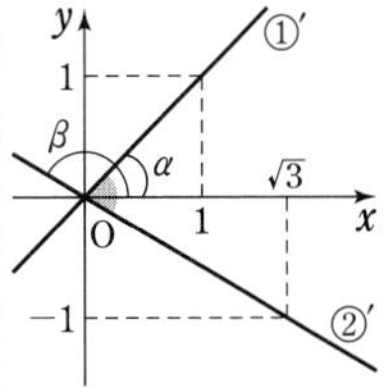

2直線①，②のなす角は，2直線①′，②′のなす角に等しい。2直線①′，②′と x 軸の正の向きとのなす角を，それぞれ α，β とすると，$0°<\alpha<180°$，$0°<\beta<180°$ で

$$\tan\alpha=1,\ \tan\beta=-\frac{1}{\sqrt{3}}$$

ゆえに　$\alpha=45°$，$\beta=150°$

よって　$\beta-\alpha=150°-45°=105°$

したがって，求める鋭角 θ は　$\boldsymbol{\theta}=180°-105°=\mathbf{75°}$

2直線のなす鋭角
$\beta-\alpha<90°$ なら　$\beta-\alpha$，
$\beta-\alpha>90°$ なら
$180°-(\beta-\alpha)$

練習 ③148 $0^\circ \leqq \theta \leqq 180^\circ$ のとき，次の不等式を満たす θ の値の範囲を求めよ。
(1) $\sqrt{2}\sin\theta - 1 \leqq 0$　　(2) $2\cos\theta + 1 > 0$　　(3) $\tan\theta > -1$

(1) 不等式は　　$\sin\theta \leqq \dfrac{1}{\sqrt{2}}$

$\sin\theta = \dfrac{1}{\sqrt{2}}$ を解くと　$\theta = 45^\circ,\ 135^\circ$

よって，右の図から，求める θ の範囲は　　$\mathbf{0^\circ \leqq \boldsymbol{\theta} \leqq 45^\circ,\ 135^\circ \leqq \boldsymbol{\theta} \leqq 180^\circ}$

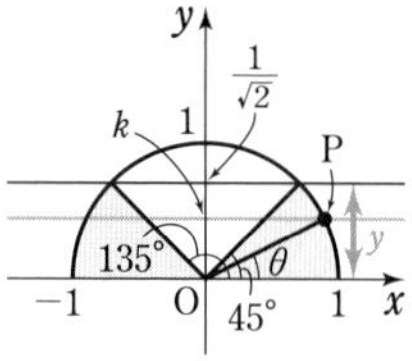

(1) x 軸に平行な直線 $y=k$ を上下に動かし，直線と半円の共有点 P の y 座標 k が $\dfrac{1}{\sqrt{2}}$ 以下になるような θ の値の範囲を求める。

(2) 不等式は　　$\cos\theta > -\dfrac{1}{2}$

$\cos\theta = -\dfrac{1}{2}$ を解くと　　$\theta = 120^\circ$

よって，右の図から，求める θ の範囲は　　$\mathbf{0^\circ \leqq \boldsymbol{\theta} < 120^\circ}$

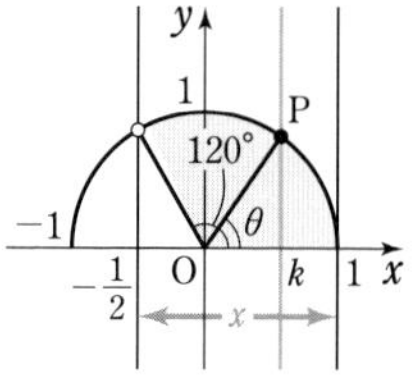

(2) y 軸に平行な直線 $x=k$ を左右に動かし，直線と半円の共有点 P の x 座標 k が $-\dfrac{1}{2}$ より大きくなるような θ の値の範囲を求める。

(3) $\tan\theta = -1$ を解くと
$\theta = 135^\circ$

よって，右の図から，求める θ の範囲は

$\mathbf{0^\circ \leqq \boldsymbol{\theta} < 90^\circ,\ 135^\circ < \boldsymbol{\theta} \leqq 180^\circ}$

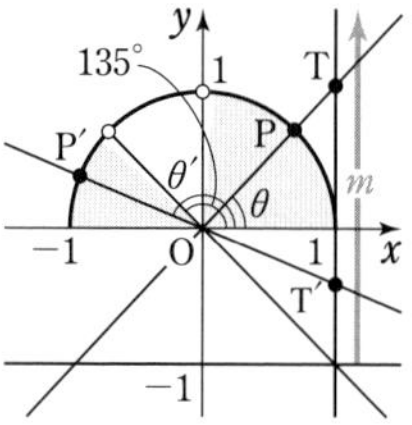

(3) 直線 OP（P は半円上の点）を原点を中心として回転させたとき，直線 OP と直線 $x=1$ との共有点 T の y 座標が -1 より大きくなるような θ の値の範囲を求める。なお，$\boldsymbol{\theta} \neq 90^\circ$ に注意。

参考　例題 148（本冊 $p.243$ 参照）の解答では詳しく説明しているが，上の練習 148 の解答でも十分である。

練習 ③149 $0^\circ \leqq \theta \leqq 180^\circ$ のとき，次の不等式を解け。
(1) $2\sin^2\theta - 3\cos\theta > 0$
(2) $4\cos^2\theta + (2+2\sqrt{2})\sin\theta > 4 + \sqrt{2}$　　〔(2) 類　九州国際大〕

(1) $\sin^2\theta = 1 - \cos^2\theta$ であるから

$2(1-\cos^2\theta) - 3\cos\theta > 0$

整理すると　　$2\cos^2\theta + 3\cos\theta - 2 < 0$　　← $\cos\theta$ の 2 次不等式。

$\cos\theta = t$ とおくと，$0^\circ \leqq \theta \leqq 180^\circ$ のとき

$-1 \leqq t \leqq 1$ …… ①　　← t の変域に注意。

不等式は　　$2t^2 + 3t - 2 < 0$

ゆえに　　$(t+2)(2t-1) < 0$

よって　　$-2 < t < \dfrac{1}{2}$

① との共通範囲を求めて　$-1 \leqq t < \dfrac{1}{2}$

ゆえに，$-1 \leqq \cos\theta < \dfrac{1}{2}$ を解いて　　$\mathbf{60^\circ < \boldsymbol{\theta} \leqq 180^\circ}$

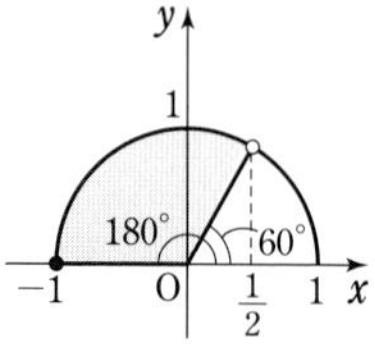

(2) $\cos^2\theta = 1 - \sin^2\theta$ であるから

$4(1-\sin^2\theta) + (2+2\sqrt{2})\sin\theta > 4 + \sqrt{2}$

整理すると　　$4\sin^2\theta-(2+2\sqrt{2})\sin\theta+\sqrt{2}<0$

$\sin\theta=t$ とおくと，$0°\leqq\theta\leqq180°$ のとき　　$0\leqq t\leqq1$ …… ①

不等式は　　$4t^2-(2+2\sqrt{2})t+\sqrt{2}<0$

ゆえに　　$(2t-1)(2t-\sqrt{2})<0$　　　よって　$\dfrac{1}{2}<t<\dfrac{\sqrt{2}}{2}$

① との共通範囲は　　$\dfrac{1}{2}<t<\dfrac{\sqrt{2}}{2}$

ゆえに，$\dfrac{1}{2}<\sin\theta<\dfrac{\sqrt{2}}{2}$ を解いて

$30°<\theta<45°$，$135°<\theta<150°$

←$\sin\theta$ の 2 次不等式。

←**t の変域に注意。**

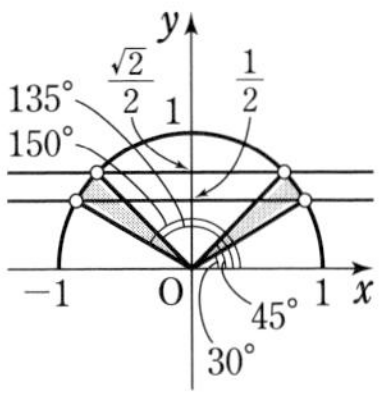

練習 ④150

次の関数の最大値・最小値，およびそのときの θ の値を求めよ。

(1)　$0°\leqq\theta\leqq180°$ のとき　　$y=4\cos^2\theta+4\sin\theta+5$　　〔(1) 類 自治医大〕

(2)　$0°<\theta<90°$ のとき　　$y=2\tan^2\theta-4\tan\theta+3$

(1)　$\cos^2\theta=1-\sin^2\theta$ であるから

$$y=4\cos^2\theta+4\sin\theta+5=4(1-\sin^2\theta)+4\sin\theta+5$$
$$=-4\sin^2\theta+4\sin\theta+9$$

$\sin\theta=t$ とおくと，$0°\leqq\theta\leqq180°$ のとき　　$0\leqq t\leqq1$ …… ①

y を t の式で表すと

$$y=-4t^2+4t+9=-4(t^2-t)+9=-4\left(t-\frac{1}{2}\right)^2+10$$

① の範囲において，y は

$t=\dfrac{1}{2}$ で最大値 10，

$t=0$，1 で最小値 9

をとる。

$0°\leqq\theta\leqq180°$ であるから

$t=\dfrac{1}{2}$ となるのは，$\sin\theta=\dfrac{1}{2}$ から　　$\theta=30°$，$150°$

$t=0$ となるのは，$\sin\theta=0$ から　　$\theta=0°$，$180°$

$t=1$ となるのは，$\sin\theta=1$ から　　$\theta=90°$

よって　　**$\theta=30°$，$150°$ のとき最大値 10**

$\theta=0°$，$90°$，$180°$ のとき最小値 9

←$\cos\theta$ を消去して，$\sin\theta$ だけの式で表す。

←**t の変域に注意。**

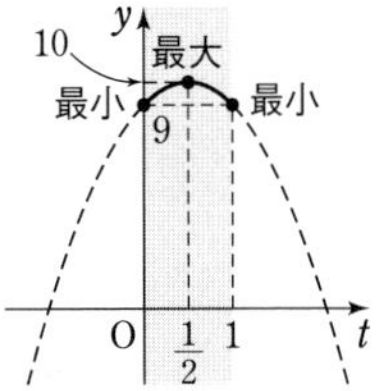

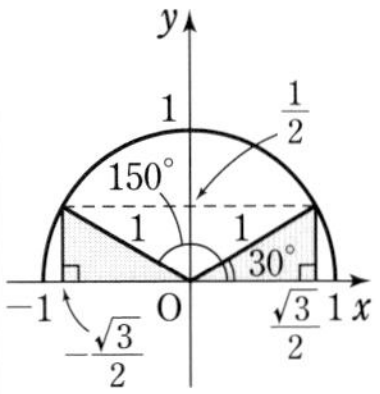

(2)　$\tan\theta=t$ とおくと，$0°<\theta<90°$ のとき

$t>0$ …… ①

y を t の式で表すと

$$y=2t^2-4t+3=2(t^2-2t)+3$$
$$=2(t-1)^2+1$$

① の範囲において，y は $t=1$ で最小値 1 をとり，最大値はない。

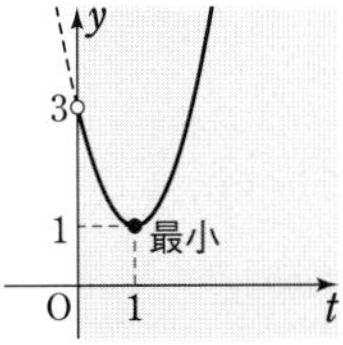

$0°<\theta<90°$ であるから

$t=1$ となるのは，$\tan\theta=1$ から　$\theta=45°$

よって　　**$\theta=45°$ のとき最小値 1，最大値はない**

←**t の変域に注意。**

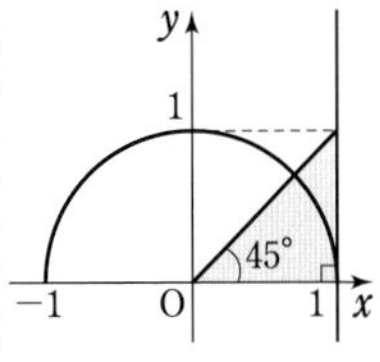

練習 ④**151** $0^\circ \leqq \theta \leqq 180^\circ$ とする。x の 2 次方程式 $x^2+2(\sin\theta)x+\cos^2\theta=0$ が，異なる 2 つの実数解をもち，それらがともに負となるような θ の値の範囲を求めよ。

$f(x)=x^2+2(\sin\theta)x+\cos^2\theta$ とし，2 次方程式 $f(x)=0$ の判別式を D とする。2 次方程式 $f(x)=0$ が異なる 2 つの負の実数解をもつための条件は，放物線 $y=f(x)$ が x 軸の負の部分と，異なる 2 点で交わることである。

すなわち，次の [1]，[2]，[3] が同時に成り立つときである。

[1] $D>0$

[2] 軸が $x<0$ の範囲にある

[3] $f(0)>0$

また，$0^\circ \leqq \theta \leqq 180^\circ$ のとき　$0 \leqq \sin\theta \leqq 1$ …… ①

[1] $\dfrac{D}{4}=\sin^2\theta-1\cdot\cos^2\theta=\sin^2\theta-(1-\sin^2\theta)$

$=2\sin^2\theta-1=(\sqrt{2}\sin\theta+1)(\sqrt{2}\sin\theta-1)$

$D>0$ から　$\sin\theta<-\dfrac{1}{\sqrt{2}}$，$\dfrac{1}{\sqrt{2}}<\sin\theta$ …… ②

[2] 放物線の軸は直線 $x=-\sin\theta$ であるから

$-\sin\theta<0$　よって　$\sin\theta>0$ …… ③

[3] $f(0)>0$ から　$\cos^2\theta>0$

すなわち　$\cos\theta \neq 0$

$0^\circ \leqq \theta \leqq 180^\circ$ であるから　$\theta \neq 90^\circ$ …… ④

①，②，③ の共通範囲を求めて　$\dfrac{1}{\sqrt{2}}<\sin\theta \leqq 1$

$0^\circ \leqq \theta \leqq 180^\circ$ であるから　$45^\circ<\theta<135^\circ$

④ に注意して，求める θ の値の範囲は

$$\boldsymbol{45^\circ<\theta<90^\circ,\ 90^\circ<\theta<135^\circ}$$

グラフ利用
***D*，軸，*f*(*k*) に着目**

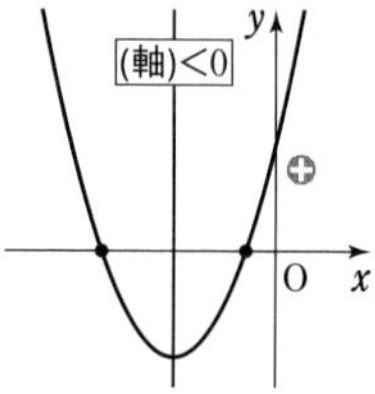

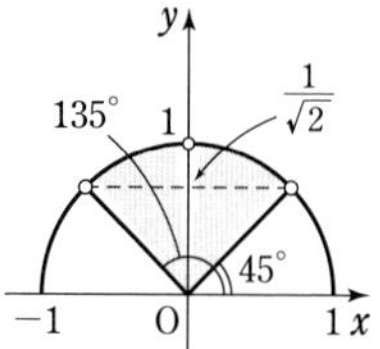

練習 ②**152** △ABC において，外接円の半径を R とする。次のものを求めよ。
(1) $A=60^\circ$，$C=45^\circ$，$a=3$ のとき　c と R
(2) $a=\sqrt{2}$，$B=50^\circ$，$R=1$ のとき　A と C

(1) 正弦定理により，$\dfrac{a}{\sin A}=\dfrac{c}{\sin C}$ であるから

$$\frac{3}{\sin 60^\circ}=\frac{c}{\sin 45^\circ}$$

ゆえに　$\boldsymbol{c}=\dfrac{3}{\sin 60^\circ}\cdot\sin 45^\circ=3\div\dfrac{\sqrt{3}}{2}\times\dfrac{1}{\sqrt{2}}=\boldsymbol{\sqrt{6}}$

また，正弦定理により，$\dfrac{a}{\sin A}=2R$ であるから

$$\frac{3}{\sin 60^\circ}=2R$$

よって　$\boldsymbol{R}=\dfrac{3}{2\sin 60^\circ}=\dfrac{3}{2\cdot\dfrac{\sqrt{3}}{2}}=\boldsymbol{\sqrt{3}}$

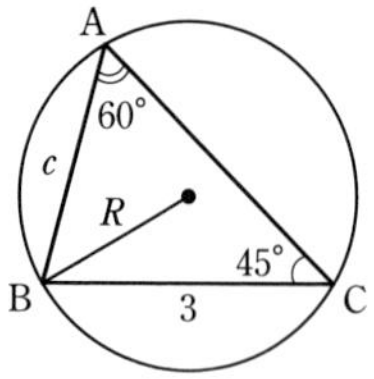

(2) 正弦定理により，$\dfrac{a}{\sin A}=2R$ であるから　$\dfrac{\sqrt{2}}{\sin A}=2\cdot 1$

ゆえに　$\sin A=\dfrac{\sqrt{2}}{2}$

$0°<A<180°-50°$ より $0°<A<130°$ であるから　$\boldsymbol{A=45°}$

また　$\boldsymbol{C}=180°-(A+B)=180°-(45°+50°)=\boldsymbol{85°}$

←$A=45°$ または $135°$ で，$A=135°$ は不適。

練習 ②153

△ABC において，次のものを求めよ。
(1) $b=\sqrt{6}-\sqrt{2}$，$c=2\sqrt{3}$，$A=45°$ のとき　a と C
(2) $a=2$，$c=\sqrt{6}-\sqrt{2}$，$C=30°$ のとき　b
(3) $a=1+\sqrt{3}$，$b=\sqrt{6}$，$c=2$ のとき　B

(1) 余弦定理により

$$a^2=b^2+c^2-2bc\cos A$$
$$=(\sqrt{6}-\sqrt{2})^2+(2\sqrt{3})^2-2(\sqrt{6}-\sqrt{2})\cdot 2\sqrt{3}\cos 45°$$
$$=8-4\sqrt{3}+12-12+4\sqrt{3}$$
$$=8$$

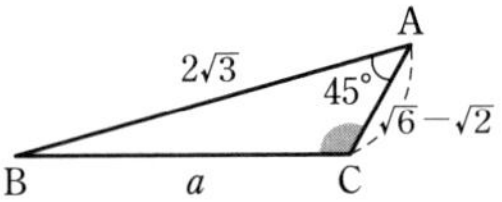

$a>0$ であるから　$\boldsymbol{a=\sqrt{8}=2\sqrt{2}}$

←a は辺の長さであるから正。

また　$\cos C=\dfrac{a^2+b^2-c^2}{2ab}$

$$=\frac{(2\sqrt{2})^2+(\sqrt{6}-\sqrt{2})^2-(2\sqrt{3})^2}{2\cdot 2\sqrt{2}(\sqrt{6}-\sqrt{2})}$$
$$=-\frac{1}{2}$$

したがって　$\boldsymbol{C=120°}$

(2) 余弦定理により，$c^2=a^2+b^2-2ab\cos C$ であるから

$$(\sqrt{6}-\sqrt{2})^2=2^2+b^2-2\cdot 2\cdot b\cos 30°$$

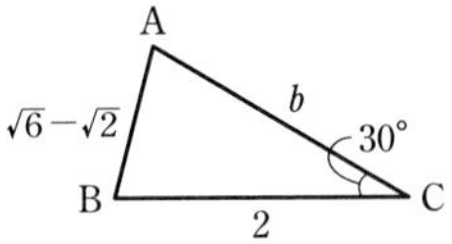

よって　$8-4\sqrt{3}=4+b^2-2\sqrt{3}\,b$

整理して　$b^2-2\sqrt{3}\,b-4+4\sqrt{3}=0$

すなわち　$b^2-2\sqrt{3}\,b-2(2-2\sqrt{3})=0$

ゆえに　$(b-2)(b+2-2\sqrt{3})=0$

よって　$\boldsymbol{b=2,\ -2+2\sqrt{3}}$

←C が与えられているから，$\cos C$ を含む余弦定理を用いる。

b の値が 2 通りとなる(下図参照)。

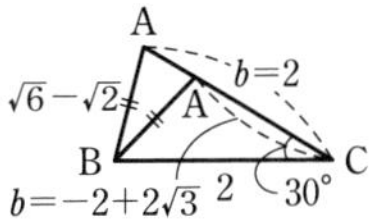

(3) 余弦定理により

$$\cos B=\frac{c^2+a^2-b^2}{2ca}$$
$$=\frac{2^2+(1+\sqrt{3})^2-(\sqrt{6})^2}{2\cdot 2(1+\sqrt{3})}$$
$$=\frac{2+2\sqrt{3}}{4(1+\sqrt{3})}=\frac{1}{2}$$

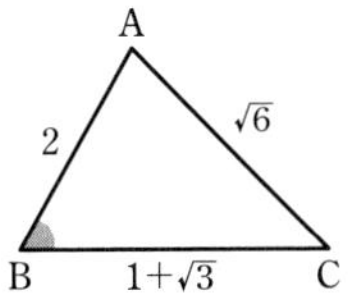

したがって　$\boldsymbol{B=60°}$

練習 ②154 △ABC において，次のものを求めよ。
(1) $b=2(\sqrt{3}-1)$，$c=2\sqrt{2}$，$A=135^\circ$ のとき　a，B，C
(2) $a=\sqrt{2}$，$b=2$，$c=\sqrt{3}+1$ のとき　A，B，C

(1) 余弦定理により

$$a^2=\{2(\sqrt{3}-1)\}^2+(2\sqrt{2})^2-2\cdot 2(\sqrt{3}-1)\cdot 2\sqrt{2}\cos 135^\circ$$
$$=4(4-2\sqrt{3})+8+8(\sqrt{3}-1)=16$$

$a>0$ であるから　$\boldsymbol{a=4}$

次に，正弦定理により

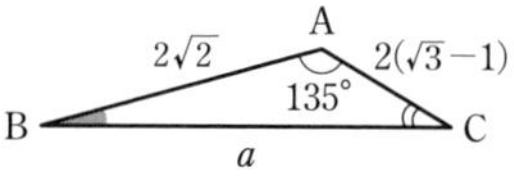

$$\frac{2\sqrt{2}}{\sin C}=\frac{4}{\sin 135^\circ}$$

ゆえに　$\sin C=\dfrac{1}{2}$

$0^\circ<C<180^\circ-135^\circ$ より $0^\circ<C<45^\circ$ であるから　$\boldsymbol{C=30^\circ}$

よって　$\boldsymbol{B}=180^\circ-(135^\circ+30^\circ)\boldsymbol{=15^\circ}$

←$A=135^\circ$ から，C は鋭角とわかる。C は正弦定理を用いる方が早い。

←$C=30^\circ$ または 150° で，$C=150^\circ$ は不適。

(2) 余弦定理により

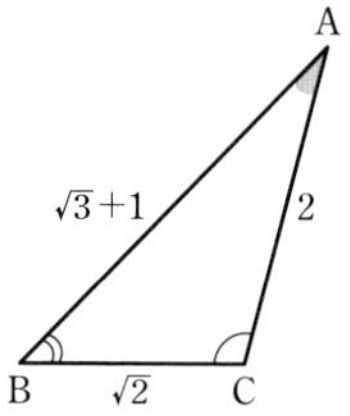

$$\cos A=\frac{2^2+(\sqrt{3}+1)^2-(\sqrt{2})^2}{2\cdot 2(\sqrt{3}+1)}=\frac{\sqrt{3}}{2}$$

よって　$\boldsymbol{A=30^\circ}$

余弦定理により

$$\cos B=\frac{(\sqrt{3}+1)^2+(\sqrt{2})^2-2^2}{2(\sqrt{3}+1)\cdot\sqrt{2}}=\frac{1}{\sqrt{2}}$$

ゆえに　$\boldsymbol{B=45^\circ}$

よって　$\boldsymbol{C}=180^\circ-(30^\circ+45^\circ)\boldsymbol{=105^\circ}$

←C を先に求めると
$\cos C=\dfrac{\sqrt{2}-\sqrt{6}}{4}$
となり，うまくいかない。

練習 ②155 △ABC において，$a=1+\sqrt{3}$，$b=2$，$B=45^\circ$ のとき，c，A，C を求めよ。

余弦定理により

$$2^2=c^2+(1+\sqrt{3})^2-2c(1+\sqrt{3})\cos 45^\circ$$

整理すると

$$c^2-\sqrt{2}(1+\sqrt{3})c+2\sqrt{3}=0$$

すなわち

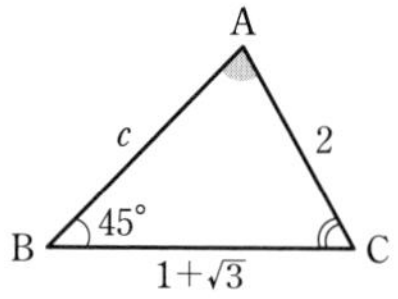

$$c^2-(\sqrt{2}+\sqrt{6})c+\sqrt{2}\sqrt{6}=0$$

よって　$(c-\sqrt{2})(c-\sqrt{6})=0$

ゆえに　$c=\sqrt{2}$，$\sqrt{6}$

HINT　余弦定理を利用し，c の方程式を作る。

←解の公式で解くと，2重根号が出てくる。

[1] $c=\sqrt{2}$ のとき

余弦定理により

$$\cos C=\frac{2^2+(1+\sqrt{3})^2-(\sqrt{2})^2}{2\cdot 2(1+\sqrt{3})}=\frac{6+2\sqrt{3}}{4(1+\sqrt{3})}$$
$$=\frac{2\sqrt{3}(1+\sqrt{3})}{4(1+\sqrt{3})}=\frac{\sqrt{3}}{2}$$

したがって　$C=30^\circ$

よって　$A=180^\circ-(45^\circ+30^\circ)=105^\circ$

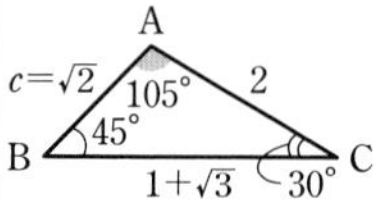

[2]　$c=\sqrt{6}$ のとき

余弦定理により

$$\cos C=\frac{2^2+(1+\sqrt{3})^2-(\sqrt{6})^2}{2\cdot 2(1+\sqrt{3})}=\frac{2(1+\sqrt{3})}{4(1+\sqrt{3})}=\frac{1}{2}$$

したがって　$C=60^\circ$

よって　$A=180^\circ-(45^\circ+60^\circ)=75^\circ$

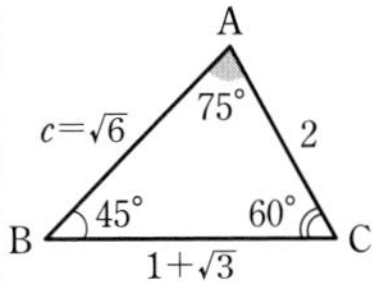

以上から　$\boldsymbol{c=\sqrt{2}}$, $\boldsymbol{A=105^\circ}$, $\boldsymbol{C=30^\circ}$　**または**

$\boldsymbol{c=\sqrt{6}}$, $\boldsymbol{A=75^\circ}$, $\boldsymbol{C=60^\circ}$

検討　[1], [2] では，正弦定理によって C を求めることもできる。

[1]　$c=\sqrt{2}$ のとき

正弦定理により　$\dfrac{2}{\sin 45^\circ}=\dfrac{\sqrt{2}}{\sin C}$　　← $\dfrac{b}{\sin B}=\dfrac{c}{\sin C}$

よって　$\sin C=\dfrac{\sin 45^\circ}{2}\cdot\sqrt{2}=\dfrac{1}{\sqrt{2}}\cdot\dfrac{1}{2}\cdot\sqrt{2}=\dfrac{1}{2}$

ゆえに　$C=30^\circ$, 150°

$0^\circ<C<180^\circ-B$ より，$0^\circ<C<135^\circ$ であるから　$C=30^\circ$

よって　$A=180^\circ-(45^\circ+30^\circ)=105^\circ$

[2]　$c=\sqrt{6}$ のとき

正弦定理により　$\dfrac{2}{\sin 45^\circ}=\dfrac{\sqrt{6}}{\sin C}$　　← $\dfrac{b}{\sin B}=\dfrac{c}{\sin C}$

よって　$\sin C=\dfrac{\sin 45^\circ}{2}\cdot\sqrt{6}=\dfrac{1}{\sqrt{2}}\cdot\dfrac{1}{2}\cdot\sqrt{6}=\dfrac{\sqrt{3}}{2}$

ゆえに　$C=60^\circ$, 120°

$C=60^\circ$ のとき　$A=180^\circ-(45^\circ+60^\circ)=75^\circ$

$C=120^\circ$ のとき　$A=180^\circ-(45^\circ+120^\circ)=15^\circ$

ここで，$a>c>b$ より，a が最大の辺であるから，A が最大の角であり，$A=15^\circ$ は適さない。　　← $1+\sqrt{3}=2.732\cdots\cdots$, $\sqrt{6}=2.449\cdots\cdots$

よって　$C=60^\circ$, $A=75^\circ$

4章 練習 [図形と計量]

練習 ②156　△ABC の ∠A の二等分線と辺 BC の交点を D とする。次の各場合について，線分 BD, AD の長さを求めよ。

(1)　AB=6, BC=5, CA=4　　(2)　AB=6, BC=10, $B=120^\circ$

(1)　AD は頂角 A の二等分線であるから

BD：DC＝AB：AC＝6：4＝3：2

BC=5 であるから　$\mathbf{BD}=\dfrac{3}{3+2}\mathrm{BC}=\dfrac{3}{5}\cdot 5=\mathbf{3}$

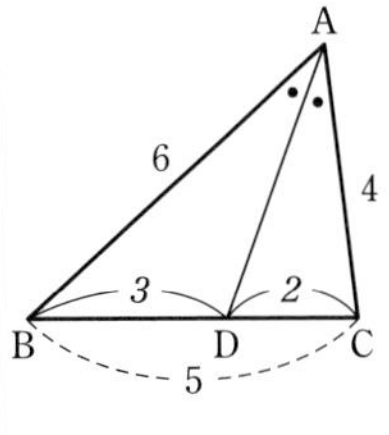

△ABD において，余弦定理により

$$\mathrm{AD}^2=6^2+3^2-2\cdot 6\cdot 3\cos B=45-36\cos B\ \cdots\cdots\ ①$$

△ABC において，余弦定理により

$$\cos B=\frac{6^2+5^2-4^2}{2\cdot 6\cdot 5}=\frac{3}{4}$$

これを ① に代入して　　$AD^2=18$

$AD>0$ であるから　　$\mathbf{AD=3\sqrt{2}}$

別解 ［線分 AD の求め方］

$AD=x$ とする。$BD=3$，$DC=2$ であるから，△ABD，△ADC において，余弦定理により

$$\cos\frac{A}{2}=\frac{6^2+x^2-3^2}{2\cdot6\cdot x},$$

$$\cos\frac{A}{2}=\frac{4^2+x^2-2^2}{2\cdot4\cdot x}$$

ゆえに　$\frac{x^2+27}{12x}=\frac{x^2+12}{8x}$

よって　$2(x^2+27)=3(x^2+12)$　　←両辺に $24x$ を掛ける。

整理して　$x^2=18$

$x>0$ であるから　　$x=\mathbf{AD=3\sqrt{2}}$

(2)　△ABC において，余弦定理により

$$AC^2=6^2+10^2-2\cdot6\cdot10\cos120°=196$$

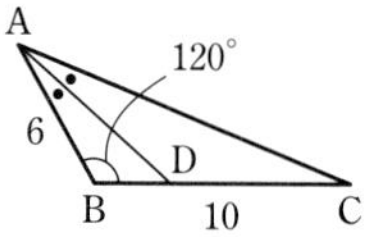

$AC>0$ であるから　　$AC=14$

AD は頂角 A の二等分線であるから

$$BD:DC=AB:AC=6:14=3:7$$

$BC=10$ であるから

$$\mathbf{BD}=\frac{3}{3+7}BC=\frac{3}{10}\cdot10\mathbf{=3}$$

△ABD において，余弦定理により

$$AD^2=6^2+3^2-2\cdot6\cdot3\cos120°=63$$

$AD>0$ であるから

$$\mathbf{AD=3\sqrt{7}}$$

本冊 p.257 参考の証明（数学 A の方べきの定理利用でも証明できる。）

参考　頂角 A の二等分線と辺 BC の交点を D とするとき，一般に $AD^2=AB\cdot AC-BD\cdot CD$ が成り立つ。

△ABD において，余弦定理により

$$AD^2=AB^2+BD^2-2AB\cdot BD\cos B\ \cdots\cdots ①$$

△ABC において，余弦定理により

$$\cos B=\frac{AB^2+BC^2-AC^2}{2AB\cdot BC}\ \cdots\cdots ②$$

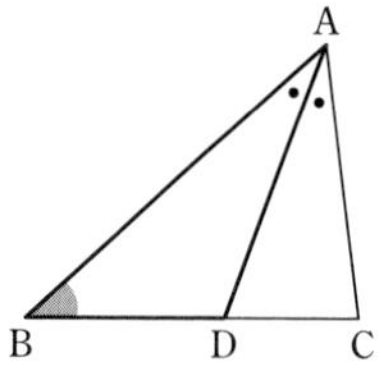

② を ① に代入して

$$AD^2=AB^2+BD^2-2AB\cdot BD\cdot\frac{AB^2+BC^2-AC^2}{2AB\cdot BC}$$

$$=AB^2+BD^2-\frac{BD}{BC}\cdot AB^2-BD\cdot BC+\frac{BD}{BC}\cdot AC^2$$

$$=\frac{BC-BD}{BC}\cdot AB^2+\frac{BD}{BC}\cdot AC^2-BD(BC-BD)$$

$$=\frac{CD}{BC}\cdot AB^2+\frac{BD}{BC}\cdot AC^2-BD\cdot CD$$

ここで，$\dfrac{CD}{BC}=\dfrac{AC}{AB+AC}$，$\dfrac{BD}{BC}=\dfrac{AB}{AB+AC}$ であるから

$$AD^2=\frac{AC}{AB+AC}\cdot AB^2+\frac{AB}{AB+AC}\cdot AC^2-BD\cdot CD$$
$$=\frac{AB\cdot AC(AB+AC)}{AB+AC}-BD\cdot CD$$
$$=AB\cdot AC-BD\cdot CD$$

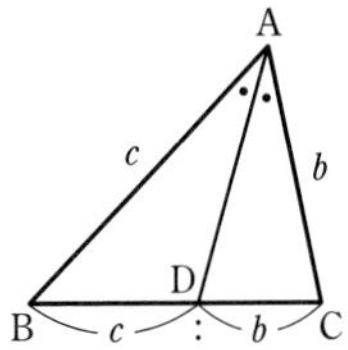

練習 ②157 △ABC において，$\dfrac{5}{\sin A}=\dfrac{8}{\sin B}=\dfrac{7}{\sin C}$ が成り立つとき
(1) △ABC の内角のうち，2 番目に大きい角の大きさを求めよ。
(2) △ABC の内角のうち，最も小さい角の正接を求めよ。 〔類 愛知工大〕

(1) 正弦定理 $\dfrac{a}{\sin A}=\dfrac{b}{\sin B}=\dfrac{c}{\sin C}$ により

$$a:b:c=\sin A:\sin B:\sin C$$

条件から　$5:8:7=\sin A:\sin B:\sin C$

ゆえに　$a:b:c=5:8:7$

よって，ある正の数 k を用いて

$$a=5k,\ b=8k,\ c=7k$$

と表される。

したがって，$b>c>a$ であるから

$$B>C>A \quad \cdots\cdots ①$$

←三角形の辺と角の大小関係から。

ゆえに，C が 2 番目に大きい角である。

余弦定理により

$$\cos C=\frac{(5k)^2+(8k)^2-(7k)^2}{2\cdot5k\cdot8k}=\frac{40k^2}{80k^2}=\frac{1}{2}$$

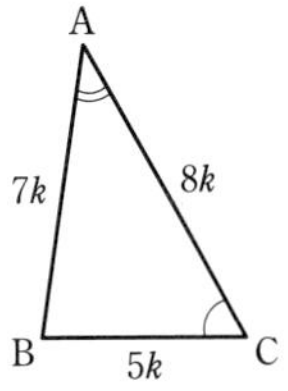

よって，2 番目に大きい角の大きさは　$C=\mathbf{60°}$

(2) ① から，最も小さい角は A である。

余弦定理により

$$\cos A=\frac{(8k)^2+(7k)^2-(5k)^2}{2\cdot8k\cdot7k}$$
$$=\frac{88k^2}{112k^2}=\frac{11}{14}$$

よって　$\tan^2 A=\dfrac{1}{\cos^2 A}-1=\left(\dfrac{14}{11}\right)^2-1$

←$\mathbf{1+\tan^2 A=\dfrac{1}{\cos^2 A}}$

$$=\frac{14^2-11^2}{11^2}=\frac{5^2\cdot3}{11^2}$$

←$14^2-11^2=(14+11)(14-11)=5^2\cdot3$

$A<90°$ より，$\tan A>0$ であるから

←A は最小の角であるから鋭角。

$$\tan A=\sqrt{\frac{5^2\cdot3}{11^2}}=\mathbf{\frac{5\sqrt{3}}{11}}$$

練習 ③158 AB$=x$，BC$=x-3$，CA$=x+3$ である △ABC がある。
(1) x のとりうる値の範囲を求めよ。
(2) △ABC が鋭角三角形であるとき，x の値の範囲を求めよ。 〔類 久留米大〕

(1)　$x-3<x<x+3$ …… ① であるから，三角形の成立条件より

$$(x+3)-(x-3)<x<(x+3)+(x-3)$$

よって　$6<x<2x$

ゆえに　$x>6$ …… ②　かつ　$x<2x$ …… ③

③ から　$x>0$ …… ④

②，④ の共通範囲を求めて　$\boldsymbol{x>6}$

別解　CA$=x+3$ が最大辺であるから，三角形の成立条件より

$$x+3<x+(x-3)$$

よって　$\boldsymbol{x>6}$

(2)　① より，最大辺の長さは CA $(=x+3)$ であるから，

△ABC が鋭角三角形であるとき　$\angle B<90°$

よって　$CA^2<AB^2+BC^2$

ゆえに　$(x+3)^2<x^2+(x-3)^2$

整理して　$x^2-12x>0$　よって　$x(x-12)>0$

ゆえに　$x<0$，$12<x$

(1) より，$x>6$ であるから　$\boldsymbol{x>12}$

←三角形の成立条件
$|CA-BC|<AB<CA+BC$
（このとき，AB>0，BC>0，CA>0 は成り立つ。）

←三角形の成立条件は，CA が最大辺のとき
CA<AB+BC
だけでよい。

←△ABC の内角のうち，最大角は　∠B

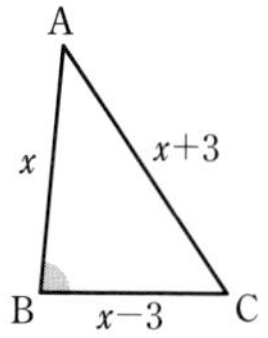

練習 ③159　三角形の 3 辺の長さが x^2+3，$4x$，x^2-2x-3 である。
(1)　このような三角形が存在するための x の条件を求めよ。
(2)　三角形の最大の角の大きさを求めよ。

(1)　x^2+3，$4x$，x^2-2x-3 は辺の長さを表すから

$$x^2+3>0,\quad 4x>0,\quad x^2-2x-3>0$$

$x^2+3>0$ は常に成り立つ。

$4x>0$ から　$x>0$

$x^2-2x-3>0$ から　$(x+1)(x-3)>0$

ゆえに　$x<-1$，$3<x$

これと $x>0$ との共通範囲を求めて　$x>3$

$x>3$ のとき　$x^2+3-4x=(x-1)(x-3)>0$

$x^2+3-(x^2-2x-3)=2x+6>0$

よって，長さが x^2+3 である辺が最大の辺であるから，3 辺の長さを x^2+3，$4x$，x^2-2x-3 とする三角形が存在するための条件は　$x^2+3<4x+(x^2-2x-3)$

整理すると　$2x>6$　すなわち　$x>3$

したがって，求める条件は　$\boldsymbol{x>3}$

(2)　(1) より，長さが x^2+3 である辺が最大の辺であるから，この辺に対する角が最大の角である。

この角を θ とすると，余弦定理により

$$\cos\theta=\frac{(4x)^2+(x^2-2x-3)^2-(x^2+3)^2}{2\cdot 4x(x^2-2x-3)}$$

$$=\frac{-4x^3+8x^2+12x}{8x(x^2-2x-3)}=\frac{-4x(x^2-2x-3)}{8x(x^2-2x-3)}=-\frac{1}{2}$$

したがって　$\boldsymbol{\theta=120°}$

HINT　(1)　**(最大辺)<(他の 2 辺の和)** により，x の条件を求める。
まず，どれが最大となるか，適当な値を代入して目安をつけるとよい。

←$x>3$ を満たす値として，$x=4$ を代入すると
$x^2+3=19$，$4x=16$，
$x^2-2x-3=5$
となるから，x^2+3 が最大であると予想できる。

←**最大の角は，最大辺の対角。**

←$(x^2-2x-3)^2$
$=x^4+4x^2+9-4x^3+12x-6x^2$

練習 ③160 △ABC において，次の等式が成り立つことを証明せよ。
(1) $(b-c)\sin A+(c-a)\sin B+(a-b)\sin C=0$
(2) $c(\cos B-\cos A)=(a-b)(1+\cos C)$
(3) $\sin^2 B+\sin^2 C-\sin^2 A=2\sin B\sin C\cos A$

(1) △ABC の外接円の半径を R とすると，正弦定理により

$$(b-c)\sin A+(c-a)\sin B+(a-b)\sin C$$
$$=(b-c)\cdot\frac{a}{2R}+(c-a)\cdot\frac{b}{2R}+(a-b)\cdot\frac{c}{2R}$$
$$=\frac{ab-ca+bc-ab+ca-bc}{2R}=0$$

したがって，与えられた等式は成り立つ。

(2) 余弦定理により

$$c(\cos B-\cos A)-(a-b)(1+\cos C)$$
$$=c(\cos B-\cos A)-(a-b)-(a-b)\cos C$$
$$=c\left(\frac{c^2+a^2-b^2}{2ca}-\frac{b^2+c^2-a^2}{2bc}\right)-(a-b)$$
$$-(a-b)\cdot\frac{a^2+b^2-c^2}{2ab}$$
$$=\frac{c^2+a^2-b^2}{2a}-\frac{b^2+c^2-a^2}{2b}-a+b$$
$$-\frac{a^2+b^2-c^2}{2b}+\frac{a^2+b^2-c^2}{2a}$$
$$=\frac{(c^2+a^2-b^2)+(a^2+b^2-c^2)}{2a}$$
$$-\frac{(b^2+c^2-a^2)+(a^2+b^2-c^2)}{2b}-a+b$$
$$=\frac{2a^2}{2a}-\frac{2b^2}{2b}-a+b=0$$

したがって　$c(\cos B-\cos A)=(a-b)(1+\cos C)$

別解　第1余弦定理 $a=c\cos B+b\cos C$，$b=a\cos C+c\cos A$ を用いて

$$(\text{左辺})=c\cos B-c\cos A=(a-b\cos C)-(b-a\cos C)$$
$$=(a-b)+(a-b)\cos C=(a-b)(1+\cos C)$$
$$=(\text{右辺})$$

(3) 外接円の半径を R とする。正弦定理，余弦定理により

$$\sin^2 B+\sin^2 C-\sin^2 A=\left(\frac{b}{2R}\right)^2+\left(\frac{c}{2R}\right)^2-\left(\frac{a}{2R}\right)^2$$
$$=\frac{b^2+c^2-a^2}{4R^2}$$

また　$2\sin B\sin C\cos A=2\cdot\frac{b}{2R}\cdot\frac{c}{2R}\cdot\frac{b^2+c^2-a^2}{2bc}$

$$=\frac{b^2+c^2-a^2}{4R^2}$$

したがって　$\sin^2 B+\sin^2 C-\sin^2 A=2\sin B\sin C\cos A$

HINT　辺だけの関係式にもち込む。
←左辺を変形して，右辺 (=0) を導く方針で証明する。
←(左辺)−(右辺) を変形して，=0 を導く方針で証明する。
←分母が同じものをまとめる。
←左辺を変形して，右辺を導く方針で証明。
←左辺，右辺をそれぞれ変形して，同じ式を導く方針で証明する。

練習 ④161 △ABC において，次の等式が成り立つとき，この三角形はどのような形か。

(1) $a\sin A=b\sin B$　〔宮城教育大〕　(2) $\dfrac{\cos A}{a}=\dfrac{\cos B}{b}=\dfrac{\cos C}{c}$　〔類 松本歯大〕

(3) $\sin A\cos A=\sin B\cos B+\sin C\cos C$　〔東京国際大〕

△ABC の外接円の半径を R とする。

(1) 正弦定理により　$\sin A=\dfrac{a}{2R}$，$\sin B=\dfrac{b}{2R}$

これらを等式 $a\sin A=b\sin B$ に代入して　$a\cdot\dfrac{a}{2R}=b\cdot\dfrac{b}{2R}$

両辺に $2R$ を掛けて　$a^2=b^2$

$a>0$，$b>0$ であるから　$a=b$

よって，△ABC は　**BC＝CA の二等辺三角形**

(2) 等式から　$\dfrac{\cos A}{a}=\dfrac{\cos B}{b}$ …… ①，$\dfrac{\cos B}{b}=\dfrac{\cos C}{c}$ …… ②

余弦定理により

$\cos A=\dfrac{b^2+c^2-a^2}{2bc}$，$\cos B=\dfrac{c^2+a^2-b^2}{2ca}$，$\cos C=\dfrac{a^2+b^2-c^2}{2ab}$

これらを ①，② に代入すると

$$\frac{1}{a}\cdot\frac{b^2+c^2-a^2}{2bc}=\frac{1}{b}\cdot\frac{c^2+a^2-b^2}{2ca} \quad \cdots\cdots ①'$$

$$\frac{1}{b}\cdot\frac{c^2+a^2-b^2}{2ca}=\frac{1}{c}\cdot\frac{a^2+b^2-c^2}{2ab} \quad \cdots\cdots ②'$$

①′ から　$b^2+c^2-a^2=c^2+a^2-b^2$　整理すると　$a^2=b^2$

$a>0$，$b>0$ であるから　$a=b$ …… ③

②′ から　$c^2+a^2-b^2=a^2+b^2-c^2$　整理すると　$b^2=c^2$

$b>0$，$c>0$ であるから　$b=c$ …… ④

③，④ から　$a=b=c$

よって，△ABC は　**正三角形**

検討 (2) は角だけの関係式にもち込んで解くこともできる。

正弦定理により　$a=2R\sin A$，$b=2R\sin B$，$c=2R\sin C$

これらを等式に代入して　$\dfrac{\cos A}{2R\sin A}=\dfrac{\cos B}{2R\sin B}=\dfrac{\cos C}{2R\sin C}$

よって　$\dfrac{\cos A}{\sin A}=\dfrac{\cos B}{\sin B}=\dfrac{\cos C}{\sin C}$ …… ⑤

ここで，$A=90°$ すなわち $\cos A=0$ と仮定すると，⑤ から

$\cos B=\cos C=0$

ゆえに，$B=C=90°$ となり，不合理が生じる。

同様に，$B=90°$，$C=90°$ と仮定しても不合理が生じるから，

A，B，C はいずれも $90°$ ではない。

よって，⑤ から　$\dfrac{\sin A}{\cos A}=\dfrac{\sin B}{\cos B}=\dfrac{\sin C}{\cos C}$

ゆえに　$\tan A=\tan B=\tan C$

$0°<A<180°$，$0°<B<180°$，$0°<C<180°$ であるから

HINT　辺だけの関係にもち込む。なお，答えでは，二等辺三角形なら **等しい辺**，直角三角形なら **直角となる角** を示しておく。

←a＝BC，b＝CA

←$P=Q=R$ から $P=Q$ かつ $Q=R$

←① に代入。

←② に代入。

←①′ の両辺に $2abc$ を掛ける。

←②′ の両辺に $2abc$ を掛ける。

←背理法（本冊 $p.106$ 参照）により，⑤ の各辺の分子がいずれも 0 でないことを示す。

←⑤ の各辺の分子がいずれも 0 でないから，逆数をとることができる。

$A=B=C$　　よって，△ABC は **正三角形**

(3) 正弦定理，余弦定理により

$$\frac{a}{2R}\cdot\frac{b^2+c^2-a^2}{2bc}=\frac{b}{2R}\cdot\frac{c^2+a^2-b^2}{2ca}+\frac{c}{2R}\cdot\frac{a^2+b^2-c^2}{2ab}$$

両辺に $4Rabc$ を掛けて

$$a^2(b^2+c^2-a^2)=b^2(c^2+a^2-b^2)+c^2(a^2+b^2-c^2)$$

ゆえに　$a^2b^2+a^2c^2-a^4=b^2c^2+b^2a^2-b^4+c^2a^2+c^2b^2-c^4$

a について整理して　$a^4-b^4+2b^2c^2-c^4=0$

したがって　$a^4-(b^2-c^2)^2=0$

よって　$\{a^2+(b^2-c^2)\}\{a^2-(b^2-c^2)\}=0$

ゆえに　$a^2+b^2=c^2$　または　$a^2+c^2=b^2$

したがって，△ABC は

∠B=90° または ∠C=90° の直角三角形

←$a^2=X$, $b^2-c^2=Y$ とおくと $a^4-(b^2-c^2)^2$ $=X^2-Y^2$ $=(X+Y)(X-Y)$

練習 ①162 次のような△ABC の面積 S を求めよ。
(1) $a=10$, $b=7$, $C=150°$　　(2) $a=5$, $b=9$, $c=8$

(1) $S=\frac{1}{2}ab\sin C=\frac{1}{2}\cdot10\cdot7\sin150°=\frac{1}{2}\cdot10\cdot7\cdot\frac{1}{2}=\boldsymbol{\frac{35}{2}}$

←$\sin150°=\sin(180°-30°)$ $=\sin30°$

(2) $\cos A=\frac{b^2+c^2-a^2}{2bc}=\frac{9^2+8^2-5^2}{2\cdot9\cdot8}=\frac{120}{2\cdot9\cdot8}=\frac{5}{6}$

←$\cos B$, $\cos C$ を求めてもよい。

$\sin A>0$ であるから　$\sin A=\sqrt{1-\left(\frac{5}{6}\right)^2}=\frac{\sqrt{11}}{6}$

←$0°<A<180°$ であるから　$\sin A>0$

よって　$S=\frac{1}{2}bc\sin A=\frac{1}{2}\cdot9\cdot8\cdot\frac{\sqrt{11}}{6}=\boldsymbol{6\sqrt{11}}$

別解　ヘロンの公式を用いると，$s=\frac{5+9+8}{2}=11$ であるから

$S=\sqrt{s(s-a)(s-b)(s-c)}=\sqrt{11\cdot6\cdot2\cdot3}$
$=\boldsymbol{6\sqrt{11}}$

←a, b, c が整数のときなどに利用するとよい。

練習 ②163 次のような四角形 ABCD の面積 S を求めよ（O は AC と BD の交点）。
(1) 平行四辺形 ABCD で，AB=5，BC=6，AC=7
(2) 平行四辺形 ABCD で，AC=p，BD=q，∠AOB=θ
(3) AD∥BC の台形 ABCD で，BC=9，CD=8，CA=$4\sqrt{7}$，∠D=120°

HINT　(1) まず，△ABC の面積を求める。
(2) 平行四辺形の対角線は，互いに他を 2 等分する。

(1) △ABC において，余弦定理により

$$\cos B=\frac{5^2+6^2-7^2}{2\cdot5\cdot6}=\frac{1}{5}$$

$\sin B>0$ であるから

$$\sin B=\sqrt{1-\left(\frac{1}{5}\right)^2}=\frac{2\sqrt{6}}{5}$$

四角形 ABCD は平行四辺形であるから

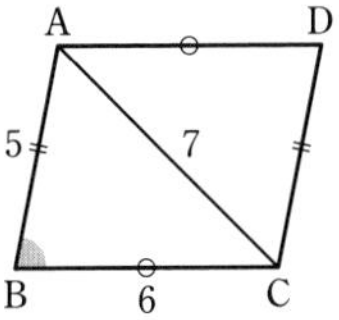

別解　ヘロンの公式を利用すると，△ABC の面積は，$s=\frac{5+6+7}{2}=9$ であるから
△ABC
$=\sqrt{9(9-5)(9-6)(9-7)}$
$=\sqrt{9\cdot4\cdot3\cdot2}=6\sqrt{6}$
よって　$S=2$△ABC
$=\boldsymbol{12\sqrt{6}}$

$S=\triangle ABC+\triangle ACD=2\triangle ABC$

$=2\cdot\dfrac{1}{2}AB\cdot BC\sin B=2\cdot\dfrac{1}{2}\cdot 5\cdot 6\cdot\dfrac{2\sqrt{6}}{5}=\mathbf{12\sqrt{6}}$

(2) 平行四辺形の対角線は，互いに他を 2 等分するから

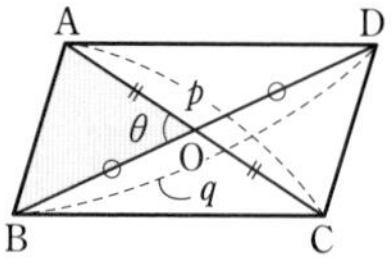

$OA=\dfrac{1}{2}AC=\dfrac{p}{2}$，$OB=\dfrac{1}{2}BD=\dfrac{q}{2}$

ゆえに　$\triangle OAB=\dfrac{1}{2}OA\cdot OB\sin\theta$

$=\dfrac{1}{2}\cdot\dfrac{p}{2}\cdot\dfrac{q}{2}\sin\theta=\dfrac{1}{8}pq\sin\theta$

よって　$S=2\triangle ABD=2\cdot 2\triangle OAB$

$=4\cdot\dfrac{1}{8}pq\sin\theta=\boldsymbol{\dfrac{1}{2}pq\sin\theta}$

(2) OA=OC，OB=OD などから $\triangle OAB\equiv\triangle OCD$，$\triangle OAD\equiv\triangle OCB$ また，面積について $\triangle OAB=\triangle OAD=\triangle OCD=\triangle OCB$

←$\triangle ABD\equiv\triangle CDB$

検討　一般の四角形 ABCD について，$AC=p$，$BD=q$，$\angle AOB=\theta$（O は AC と BD の交点）とすると，四角形 ABCD の面積 S は　$\boldsymbol{S=\dfrac{1}{2}pq\sin\theta}$　と表される。

(証明)　$AO=x$，$BO=y$ とすると　$OC=p-x$，$OD=q-y$

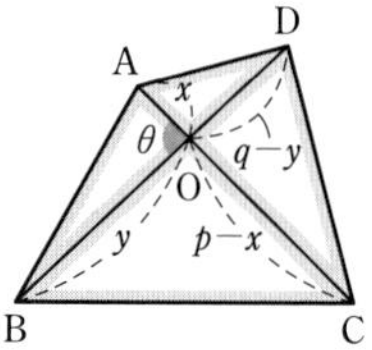

$S=\triangle AOB+\triangle BOC+\triangle COD+\triangle DOA$

$=\dfrac{1}{2}xy\sin\theta+\dfrac{1}{2}y(p-x)\sin(180^\circ-\theta)$

$+\dfrac{1}{2}(p-x)(q-y)\sin\theta+\dfrac{1}{2}x(q-y)\sin(180^\circ-\theta)$

$=\dfrac{1}{2}\{xy+y(p-x)+(p-x)(q-y)+x(q-y)\}\sin\theta$

←$\sin(180^\circ-\theta)=\sin\theta$

$=\dfrac{1}{2}(xy+py-xy+pq-py-qx+xy+qx-xy)\sin\theta$

$=\dfrac{1}{2}pq\sin\theta$

←(2)［平行四辺形］の場合と同じ結果。

(3) $\triangle ACD$ において，余弦定理により

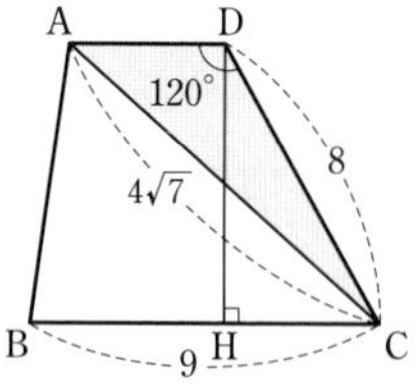

$(4\sqrt{7})^2=8^2+AD^2-2\cdot 8\cdot AD\cos 120^\circ$

ゆえに　$AD^2+8AD-48=0$

←AD の 2 次方程式を解く。

よって　$(AD-4)(AD+12)=0$

$AD>0$ であるから　$AD=4$

頂点 D から辺 BC に垂線 DH を引くと

$DH=DC\sin\angle DCH$，$\angle DCH=180^\circ-\angle ADC=60^\circ$

←AD∥BC

よって　$S=\dfrac{1}{2}(AD+BC)DH=\dfrac{1}{2}(4+9)\cdot 8\sin 60^\circ=\mathbf{26\sqrt{3}}$

←(上底＋下底)×高さ÷2

練習 ②164
(1) $\triangle ABC$ において，$\angle A=60^\circ$，AB=7，AC=5 のとき，$\angle A$ の二等分線が辺 BC と交わる点を D とすると AD=□ となる。　［(1) 国士舘大］
(2) 半径 a の円に内接する正八角形の面積 S を求めよ。
(3) 1 辺の長さが 1 の正十二角形の面積 S を求めよ。

(1)　AD$=x$ とおく。$\triangle$ABC$=\triangle$ABD$+\triangle$ADC であるから

$$\frac{1}{2}\cdot 7\cdot 5\sin 60^\circ=\frac{1}{2}\cdot 7\cdot x\sin 30^\circ+\frac{1}{2}\cdot x\cdot 5\sin 30^\circ$$

よって　$\dfrac{35\sqrt{3}}{4}=\dfrac{7}{4}x+\dfrac{5}{4}x$　ゆえに　$3x=\dfrac{35\sqrt{3}}{4}$

よって　$x=\dfrac{35\sqrt{3}}{12}$　すなわち　AD$=\boldsymbol{\dfrac{35\sqrt{3}}{12}}$

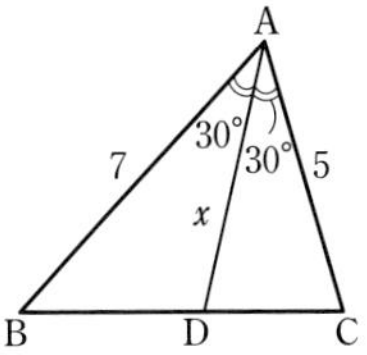

(2)　右の図のように，正八角形を 8 個の合同な三角形に分け，3 点 O，A，B をとると　$\angle$AOB$=360^\circ\div 8=45^\circ$

よって，求める面積は

$$S=8\triangle \mathrm{OAB}=8\cdot\frac{1}{2}a^2\sin 45^\circ$$
$$=8\cdot\frac{\sqrt{2}}{4}a^2=\boldsymbol{2\sqrt{2}\,a^2}$$

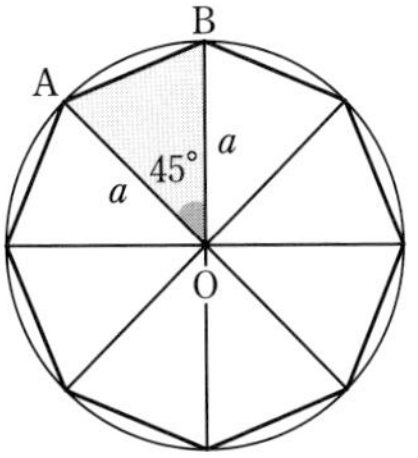

検討　一般に半径 a の円に内接する正 n 角形の面積を S とすると
$$\boldsymbol{S=\frac{1}{2}na^2\sin\frac{360^\circ}{n}}$$

(3)　右の図のように，正十二角形を対角線によって 12 個の合同な三角形に分け，3 点 O，A，B をとると

$$\angle \mathrm{AOB}=360^\circ\div 12=30^\circ$$

OA$=$OB$=a$ とすると，$\triangle$OAB において，余弦定理により

$$1^2=a^2+a^2-2a\cdot a\cos 30^\circ$$

すなわち　$1=(2-\sqrt{3})a^2$

ゆえに　$a^2=\dfrac{1}{2-\sqrt{3}}=\dfrac{2+\sqrt{3}}{(2-\sqrt{3})(2+\sqrt{3})}=2+\sqrt{3}$

よって　$S=12\triangle$OAB$=12\cdot\dfrac{1}{2}a^2\sin 30^\circ=\boldsymbol{3(2+\sqrt{3})}$

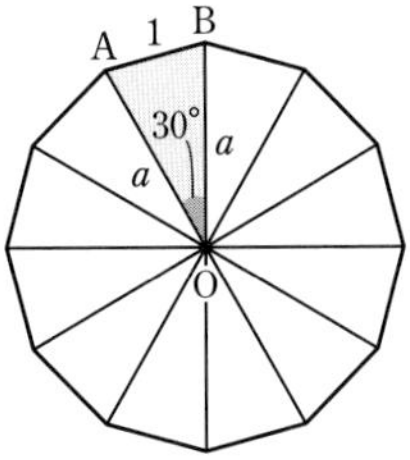

←$\mathrm{AB}^2=\mathrm{OA}^2+\mathrm{OB}^2-2\mathrm{OA}\cdot\mathrm{OB}\cos\angle\mathrm{AOB}$

←$6\cdot(2+\sqrt{3})\cdot\dfrac{1}{2}$

練習 ②165　円に内接する四角形 ABCD において，AD∥BC，AB$=3$，BC$=5$，$\angle$ABC$=60^\circ$ とする。次のものを求めよ。

(1)　AC の長さ　　(2)　CD の長さ
(3)　AD の長さ　　(4)　四角形 ABCD の面積

(1)　$\triangle$ABC において，余弦定理により

$$\mathrm{AC}^2=3^2+5^2-2\cdot 3\cdot 5\cos 60^\circ=19$$

AC>0 であるから　AC$=\boldsymbol{\sqrt{19}}$

(2)　頂点 A，D から辺 BC にそれぞれ垂線 AH，DI を下ろすと，AD∥BC であるから，四角形 AHID は長方形である。

よって　AH$=$DI ……①，
　$\angle$AHB$=\angle$DIC$=90^\circ$ ……②

また，四角形 ABCD は円に内接するから

$$\angle \mathrm{ADC}=180^\circ-\angle \mathrm{ABH}=180^\circ-60^\circ=120^\circ$$

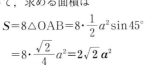

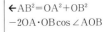

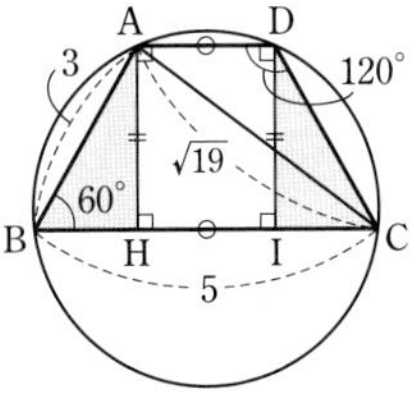

HINT　(2)　頂点 A，D から辺 BC にそれぞれ垂線 AH，DI を下ろし，$\triangle$ABH$\equiv\triangle$DCI を示す。

←円に内接する四角形の対角の和は 180°

よって　$\angle CDI = \angle ADC - \angle ADI$

$= 120° - 90° = 30°$

ゆえに　$\angle BAH = \angle CDI$ …… ③

←$\angle BAH = 180° - (90° + 60°)$

①〜③ から　$\triangle ABH \equiv \triangle DCI$

←1 組の辺とその両端の角がそれぞれ等しい。

したがって　$CD = BA = \mathbf{3}$

(3) $BH = CI = 3\cos 60° = \dfrac{3}{2}$

←△ACD において，余弦定理を適用してもよい。

よって　$AD = HI = BC - BH - IC$

$= 5 - 2 \cdot \dfrac{3}{2} = \mathbf{2}$

(4) 四角形 ABCD の面積を S とすると

$S = \triangle ABC + \triangle ACD$

$= \dfrac{1}{2} \cdot 3 \cdot 5 \sin 60° + \dfrac{1}{2} \cdot 2 \cdot 3 \sin 120°$

$= \dfrac{15}{2} \cdot \dfrac{\sqrt{3}}{2} + 3 \cdot \dfrac{\sqrt{3}}{2} = \mathbf{\dfrac{21\sqrt{3}}{4}}$

←$\triangle ABC = \dfrac{1}{2} AB \cdot BC \sin \angle ABC$

$\triangle ACD = \dfrac{1}{2} AD \cdot CD \sin \angle ADC$

別解　$\dfrac{1}{2}(AD + BC)AH = \dfrac{1}{2}(2+5) \cdot 3\sin 60°$

$= \dfrac{21}{2} \cdot \dfrac{\sqrt{3}}{2} = \mathbf{\dfrac{21\sqrt{3}}{4}}$

練習 ③166 円に内接する四角形 ABCD において，AB=1，BC=3，CD=3，DA=2 とする。次のものを求めよ。

(1) $\cos B$ の値　　(2) 四角形 ABCD の面積

HINT **円に内接する四角形の対角の和は 180° であることを利用。**

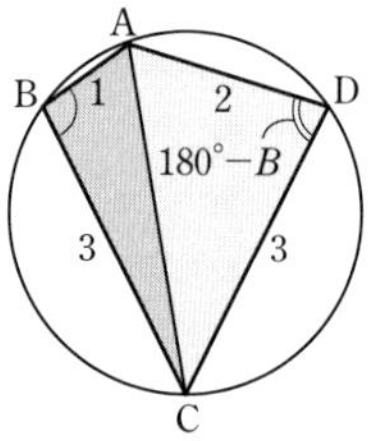

(1) △ABC において，余弦定理により

$AC^2 = 1^2 + 3^2 - 2 \cdot 1 \cdot 3\cos B$

$= 10 - 6\cos B$ …… ①

△ACD において，余弦定理により

$AC^2 = 3^2 + 2^2 - 2 \cdot 3 \cdot 2\cos(180° - B)$

$= 13 + 12\cos B$ …… ②

←$B + D = 180°$

←$\mathbf{\cos(180° - \theta) = -\cos\theta}$

①，② から　$10 - 6\cos B = 13 + 12\cos B$

←AC^2 を消去。$\cos B$ についての方程式を作る。

ゆえに　$\mathbf{\cos B = -\dfrac{3}{18} = -\dfrac{1}{6}}$

(2) $\sin B > 0$ であるから，(1) より

←$0° < B < 180°$

$\sin B = \sqrt{1 - \cos^2 B} = \sqrt{1 - \left(-\dfrac{1}{6}\right)^2} = \dfrac{\sqrt{35}}{6}$

また　$\sin D = \sin(180° - B) = \sin B = \dfrac{\sqrt{35}}{6}$

←$\mathbf{\sin(180° - \theta) = \sin\theta}$

よって，四角形 ABCD の面積を S とすると

$S = \triangle ABC + \triangle ACD$

$= \dfrac{1}{2} AB \cdot BC \sin B + \dfrac{1}{2} AD \cdot CD \sin D$

$= \dfrac{1}{2} \cdot 1 \cdot 3 \cdot \dfrac{\sqrt{35}}{6} + \dfrac{1}{2} \cdot 2 \cdot 3 \cdot \dfrac{\sqrt{35}}{6} = \mathbf{\dfrac{3\sqrt{35}}{4}}$

練習 ②167 △ABC において，$a=1+\sqrt{3}$，$b=2$，$C=60^\circ$ とする。次のものを求めよ。
(1) 辺 AB の長さ　(2) ∠B の大きさ　(3) △ABC の面積
(4) 外接円の半径　(5) 内接円の半径　〔類 奈良教育大〕

(1) 余弦定理により

$$c^2=a^2+b^2-2ab\cos C$$
$$=(1+\sqrt{3})^2+2^2-4(1+\sqrt{3})\cos 60^\circ$$
$$=(4+2\sqrt{3})+4-2(1+\sqrt{3})=6$$

$c>0$ であるから　$c=\text{AB}=\boldsymbol{\sqrt{6}}$

←2 辺と 1 角がわかっているから，余弦定理を利用。

(2) 余弦定理により

$$\cos B=\frac{c^2+a^2-b^2}{2ca}$$
$$=\frac{(\sqrt{6})^2+(1+\sqrt{3})^2-2^2}{2\sqrt{6}(1+\sqrt{3})}$$
$$=\frac{6+2\sqrt{3}}{2\sqrt{6}(1+\sqrt{3})}$$
$$=\frac{\sqrt{3}}{\sqrt{6}}=\frac{1}{\sqrt{2}}$$

よって　$B=\mathbf{45^\circ}$

←3 辺がわかっているから，余弦定理を利用。

←$6+2\sqrt{3}$
$=2\sqrt{3}(\sqrt{3}+1)$

(3) △ABC の面積は

$$\frac{1}{2}ab\sin C=\frac{1}{2}\cdot(1+\sqrt{3})\cdot 2\sin 60^\circ$$
$$=\boldsymbol{\frac{3+\sqrt{3}}{2}}$$

←$\frac{1}{2}ca\sin B$
$=\frac{1}{2}\cdot\sqrt{6}(1+\sqrt{3})\sin 45^\circ$
でもよい。

(4) 外接円の半径を R とすると，正弦定理により

$$R=\frac{c}{2\sin C}=\frac{\sqrt{6}}{2\sin 60^\circ}=\frac{\sqrt{6}}{\sqrt{3}}=\boldsymbol{\sqrt{2}}$$

←$R=\frac{b}{2\sin B}$
$=\frac{2}{2\sin 45^\circ}$ でもよい。

(5) 内接円の中心を I，半径を r とすると，
△ABC＝△IBC＋△ICA＋△IAB
であるから

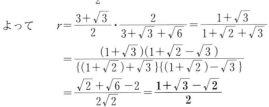

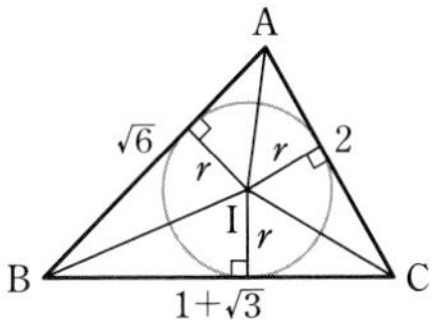

$$\frac{3+\sqrt{3}}{2}=\frac{1}{2}\cdot(1+\sqrt{3})\cdot r$$
$$+\frac{1}{2}\cdot 2\cdot r+\frac{1}{2}\cdot\sqrt{6}\cdot r$$
$$=\frac{3+\sqrt{3}+\sqrt{6}}{2}r$$

←内接円の半径
⟶ 三角形の面積を利用して求める。なお，△ABC の面積は (3) で求めた。

よって　$r=\frac{3+\sqrt{3}}{2}\cdot\frac{2}{3+\sqrt{3}+\sqrt{6}}=\frac{1+\sqrt{3}}{1+\sqrt{2}+\sqrt{3}}$

$$=\frac{(1+\sqrt{3})(1+\sqrt{2}-\sqrt{3})}{\{(1+\sqrt{2})+\sqrt{3}\}\{(1+\sqrt{2})-\sqrt{3}\}}$$
$$=\frac{\sqrt{2}+\sqrt{6}-2}{2\sqrt{2}}=\boldsymbol{\frac{1+\sqrt{3}-\sqrt{2}}{2}}$$

←$\sqrt{3}$ で約分。

←本冊 $p.49$ 参照。

←$\sqrt{2}$ で約分。

練習 ③168 1辺の長さが1の正三角形ABCの辺AB, BC, CA上にそれぞれ頂点と異なる点D, E, Fをとり，AD=x，BE=$2x$，CF=$3x$とする。
(1) △DEFの面積Sをxで表せ。
(2) (1)のSを最小にするxの値と最小値を求めよ。 〔類 追手門学院大〕

(1) $0<x<1$，$0<2x<1$，$0<3x<1$をそれぞれ解いて，共通範囲を求めると

$$0<x<\frac{1}{3}$$

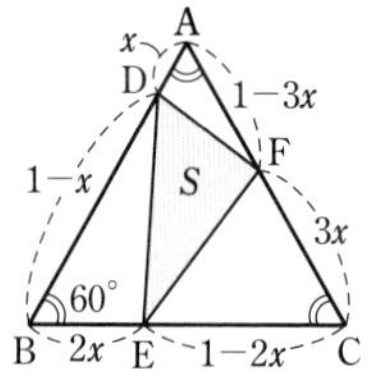

よって

$$\boldsymbol{S}=\triangle ABC-(\triangle ADF+\triangle BED+\triangle CFE)$$

$$=\frac{1}{2}\cdot 1\cdot 1\cdot\sin 60^\circ-\left\{\frac{1}{2}\cdot x(1-3x)\sin 60^\circ+\frac{1}{2}\cdot 2x(1-x)\sin 60^\circ+\frac{1}{2}\cdot 3x(1-2x)\sin 60^\circ\right\}$$

$$=\frac{\sqrt{3}}{4}-\frac{1}{2}\cdot\frac{\sqrt{3}}{2}\{x(1-3x)+2x(1-x)+3x(1-2x)\}$$

$$=\boldsymbol{\frac{\sqrt{3}}{4}(11x^2-6x+1)\quad\left(0<x<\frac{1}{3}\right)}$$

←△ABCの面積から，余分な三角形の面積を引く。

(2) $11x^2-6x+1=11\left(x-\frac{3}{11}\right)^2-11\cdot\left(\frac{3}{11}\right)^2+1$であるから

$$S=\frac{\sqrt{3}}{4}\left\{11\left(x-\frac{3}{11}\right)^2+\frac{2}{11}\right\}$$

よって，$0<x<\frac{1}{3}$の範囲において，Sは

$$\boldsymbol{x=\frac{3}{11}}\text{ **のとき最小値** }\frac{\sqrt{3}}{4}\cdot\frac{2}{11}=\boldsymbol{\frac{\sqrt{3}}{22}}$$

をとる。

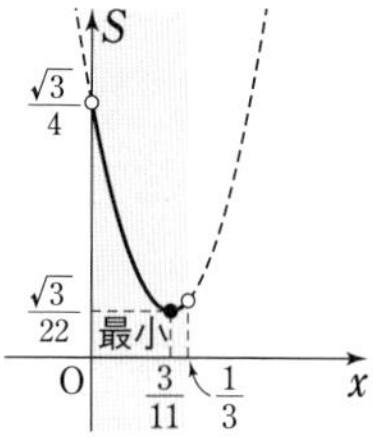

練習 ②169 1辺の長さが6の正四面体ABCDについて，辺BC上で2BE=ECを満たす点をE，辺CDの中点をMとする。
(1) 線分AM, AE, EMの長さをそれぞれ求めよ。
(2) ∠EAM=θとおくとき，$\cos\theta$の値を求めよ。
(3) △AEMの面積を求めよ。

(1) $\mathbf{AM}=\mathrm{AC}\sin 60^\circ=6\cdot\frac{\sqrt{3}}{2}=\boldsymbol{3\sqrt{3}}$

←線分AM, AE, EMを辺とする三角形を取り出す。△ACDは正三角形。

BE：EC=1：2であるから
BE=2，EC=4

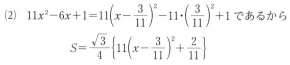

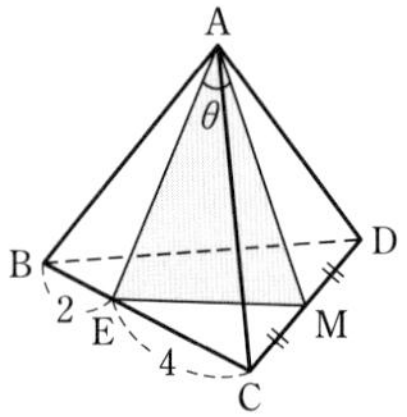

△ABEにおいて，余弦定理により

$$\mathrm{AE}^2=\mathrm{AB}^2+\mathrm{BE}^2-2\mathrm{AB}\cdot\mathrm{BE}\cos 60^\circ$$

$$=6^2+2^2-2\cdot 6\cdot 2\cdot\frac{1}{2}=28$$

←∠ABE=60°

AE>0であるから　　$\mathbf{AE}=\sqrt{28}=\boldsymbol{2\sqrt{7}}$

△ECM において，余弦定理により

$$EM^2=CE^2+CM^2-2CE\cdot CM\cos 60^\circ$$

$$=4^2+3^2-2\cdot 4\cdot 3\cdot \frac{1}{2}=13$$

EM>0 であるから　　**$EM=\sqrt{13}$**

←∠ECM=60°

(2)　△AEM において，余弦定理により

$$\cos\theta=\frac{AE^2+AM^2-EM^2}{2AE\cdot AM}=\frac{28+27-13}{2\cdot 2\sqrt{7}\cdot 3\sqrt{3}}$$

$$=\frac{42}{12\sqrt{21}}=\boldsymbol{\frac{\sqrt{21}}{6}}$$

←(1) で △AEM の 3 辺の長さを求めている。

(3)　0°<θ<180° より，sinθ>0 であるから

$$\sin\theta=\sqrt{1-\cos^2\theta}=\sqrt{1-\left(\frac{\sqrt{21}}{6}\right)^2}=\frac{\sqrt{15}}{6}$$

よって　　$\triangle AEM=\frac{1}{2}AE\cdot AM\sin\theta$

$$=\frac{1}{2}\cdot 2\sqrt{7}\cdot 3\sqrt{3}\cdot\frac{\sqrt{15}}{6}$$

$$=\boldsymbol{\frac{3\sqrt{35}}{2}}$$

4章
練習
[図形と計量]

練習 ③170　1 辺の長さが 3 の正三角形 ABC を底面とし，PA=PB=PC=2 の四面体 PABC において，頂点 P から底面 ABC に垂線 PH を下ろす。
(1)　PH の長さを求めよ。　　(2)　四面体 PABC の体積を求めよ。
(3)　点 H から 3 点 P，A，B を通る平面に下ろした垂線の長さ h を求めよ。

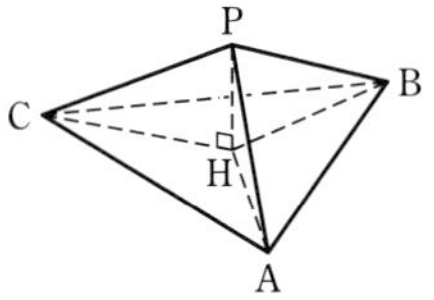

(1)　△PAH，△PBH，△PCH はいずれも ∠H=90° の直角三角形であり
　　PA=PB=PC，PH は共通
であるから　△PAH≡△PBH≡△PCH
よって　　AH=BH=CH
ゆえに，H は △ABC の外接円の中心であり，AH は △ABC の外接円の半径であるから，△ABC において，正弦定理により　　$\frac{3}{\sin 60^\circ}=2AH$

よって　　$AH=\frac{3}{2\sin 60^\circ}=\frac{3}{2}\div\frac{\sqrt{3}}{2}=\sqrt{3}$

←正弦定理により
$\frac{AB}{\sin 60^\circ}=2R$
R は △ABC の外接円の半径で，R=AH である。

△PAH は直角三角形であるから，三平方の定理により

$$PH=\sqrt{PA^2-AH^2}=\sqrt{2^2-(\sqrt{3})^2}=\boldsymbol{1}$$

(2)　正三角形 ABC の面積を S とすると

$$S=\frac{1}{2}\cdot 3\cdot 3\sin 60^\circ=\frac{9}{2}\cdot\frac{\sqrt{3}}{2}=\frac{9\sqrt{3}}{4}$$

よって，四面体 PABC の体積を V とすると

$$V=\frac{1}{3}\cdot S\cdot PH=\frac{1}{3}\cdot\frac{9\sqrt{3}}{4}\cdot 1=\boldsymbol{\frac{3\sqrt{3}}{4}}$$

←四面体 PABC は三角錐であり，体積は
$\frac{1}{3}$×(底面積)×(高さ)
で求められる。△ABC を底面とすると，高さは PH。

(3) △PAB は PA＝PB の二等辺三角形であるから，底辺を AB とすると，高さは

$$\sqrt{2^2-\left(\frac{3}{2}\right)^2}=\sqrt{\frac{7}{4}}=\frac{\sqrt{7}}{2}$$

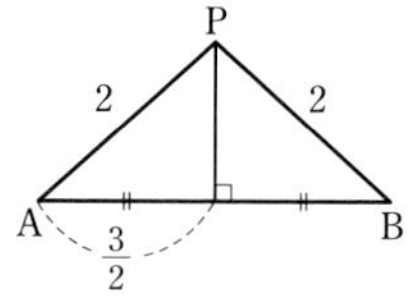

よって　$\triangle PAB=\frac{1}{2}\cdot 3\cdot\frac{\sqrt{7}}{2}=\frac{3\sqrt{7}}{4}$

ゆえに，四面体 PABH の体積を V' とすると

$$V'=\frac{1}{3}\cdot\triangle PAB\cdot h=\frac{1}{3}\cdot\frac{3\sqrt{7}}{4}\cdot h=\frac{\sqrt{7}}{4}h$$

←四面体 PABH の体積を △PAB を底面，高さを h として求め，(2) で求めた体積を利用。

また，$3V'=V$ であるから，(2) の結果より

$$3\cdot\frac{\sqrt{7}}{4}h=\frac{3\sqrt{3}}{4}$$

よって　$h=\frac{\sqrt{3}}{\sqrt{7}}=\boldsymbol{\frac{\sqrt{21}}{7}}$

練習 ③171 底面の半径 2，母線の長さ 6 の円錐が，球 O と側面で接し，底面の中心でも接している。この球の半径，体積，表面積をそれぞれ求めよ。

円錐の頂点を A，底面の円の中心を M とする。点 A と M を通る平面で円錐を切ったときの切り口の図形は，図のようになるから，円錐の高さは

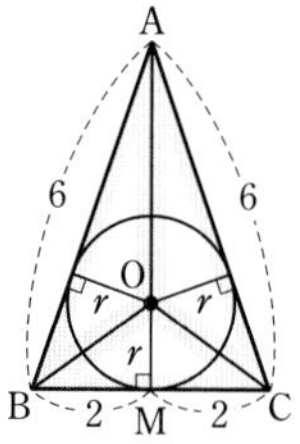

$$AM=\sqrt{AB^2-BM^2}$$
$$=\sqrt{6^2-2^2}=4\sqrt{2}$$

よって，図の △ABC の面積を S とすると

$$S=\frac{1}{2}BC\cdot AM$$
$$=\frac{1}{2}\cdot 4\cdot 4\sqrt{2}=8\sqrt{2}$$

また，球 O の **半径** を r とすると

$$S=\frac{r}{2}(AB+BC+CA)$$
$$=\frac{r}{2}(6+4+6)=8r$$

←$S=\triangle OAB+\triangle OBC+\triangle OCA$

ゆえに　$8\sqrt{2}=8r$

したがって　$r=\boldsymbol{\sqrt{2}}$

よって，球 O の **体積** は　$\frac{4}{3}\pi\cdot(\sqrt{2})^3=\boldsymbol{\frac{8\sqrt{2}}{3}\pi}$

←$\boldsymbol{V=\frac{4}{3}\pi r^3}$

表面積 は　$4\pi\cdot(\sqrt{2})^2=\boldsymbol{8\pi}$

←$\boldsymbol{S=4\pi r^2}$

練習 ③172 半径 1 の球 O に正四面体 ABCD が内接している。このとき，次の問いに答えよ。ただし，正四面体の頂点から底面の三角形に引いた垂線と底面の交点は，底面の三角形の外接円の中心であることを証明なしで用いてよい。

(1) 正四面体 ABCD の 1 辺の長さを求めよ。

(2) 球 O と正四面体 ABCD の体積比を求めよ。　〔類　お茶の水大〕

(1) 正四面体の1辺の長さを a とする。
正四面体の頂点Aから△BCDに垂線AHを下ろすと，Hは△BCDの外接円の中心である。
△BCDにおいて，正弦定理により

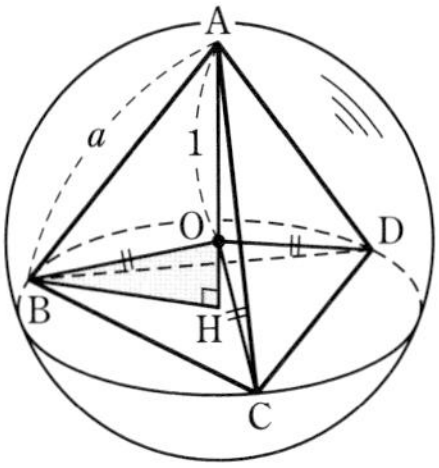

$$BH=\frac{a}{2\sin 60^\circ}=\frac{a}{\sqrt{3}}$$

よって　$AH=\sqrt{AB^2-BH^2}$

$$=\sqrt{a^2-\left(\frac{a}{\sqrt{3}}\right)^2}=\frac{\sqrt{6}}{3}a$$

直角三角形OBHにおいて，$BH^2+OH^2=OB^2$ から

$$\left(\frac{a}{\sqrt{3}}\right)^2+\left(\frac{\sqrt{6}}{3}a-1\right)^2=1$$

ゆえに　$a\left(a-\frac{2\sqrt{6}}{3}\right)=0$

$a>0$ であるから　$a=\boldsymbol{\frac{2\sqrt{6}}{3}}$

(2) 球Oの体積は $\frac{4}{3}\pi\cdot 1^3=\frac{4}{3}\pi$，正四面体ABCDの体積は

$$\frac{1}{3}\times\triangle BCD\times AH$$

$$=\frac{1}{3}\times\frac{1}{2}\cdot\left(\frac{2\sqrt{6}}{3}\right)^2\sin 60^\circ\times\frac{\sqrt{6}}{3}\cdot\frac{2\sqrt{6}}{3}=\frac{8\sqrt{3}}{27}$$

したがって　$\frac{4}{3}\pi : \frac{8\sqrt{3}}{27}=\boldsymbol{9\pi : 2\sqrt{3}}$

←球に正四面体が内接するという場合，正四面体の4つの頂点は球面上にある。

←$\angle DBC=60^\circ$，$CD=a$ であるから，△BCDの外接円の半径を R とすると
$\frac{CD}{\sin\angle DBC}=2R$

←a の2次方程式を解く。

←正四面体の体積 $\frac{\sqrt{2}}{12}a^3$ で，$a=\frac{2\sqrt{6}}{3}$ とおくと
$\frac{\sqrt{2}}{12}\cdot\frac{48\sqrt{6}}{27}=\frac{8\sqrt{3}}{27}$

←球Oの体積は，正四面体ABCDの体積の約8倍。

練習 ②173 あるタワーが立っている地点Kと同じ標高の地点Aからタワーの先端の仰角を測ると30°であった。また，地点Aから AB=114 (m) となるところに地点Bがあり，∠KAB=75° および ∠KBA=60° であった。このとき，A，K間の距離は ^{ア}□ m，タワーの高さは ^{イ}□ m である。　〔国学院大〕

$\angle AKB=180^\circ-(75^\circ+60^\circ)=45^\circ$
△KABにおいて，正弦定理により

$$\frac{AK}{\sin 60^\circ}=\frac{114}{\sin 45^\circ}$$

よって　$AK=\frac{114\sin 60^\circ}{\sin 45^\circ}$

$$=114\cdot\frac{\sqrt{3}}{2}\cdot\sqrt{2}$$

$$={}^{ア}\boldsymbol{57\sqrt{6}}\ (m)$$

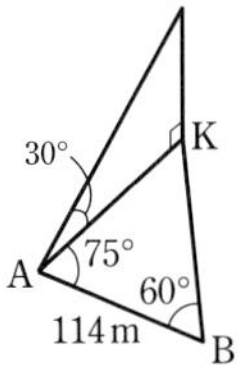

タワーの先端をPとすると，タワーの高さPKは

$$PK=AK\tan 30^\circ=57\sqrt{6}\cdot\frac{1}{\sqrt{3}}={}^{イ}\boldsymbol{57\sqrt{2}}\ (m)$$

←△KABの内角の和は180°

←△PAKについて考える。

練習 ③174 1辺の長さが a の正四面体OABCにおいて，辺AB，BC，OC上にそれぞれ点P，Q，Rをとる。頂点Oから，P，Q，Rの順に3点を通り，頂点Aに至る最短経路の長さを求めよ。

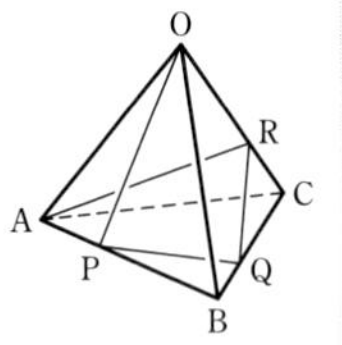

右の図のような展開図を考えると，四角形AOO′A′は平行四辺形であり，求める最短経路の長さは図の線分OA′の長さである。

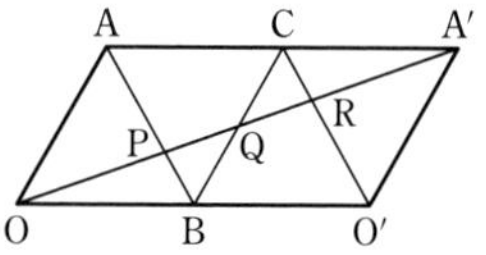

←2点を結ぶ最短の経路は，その2点を結ぶ線分である。

△OAA′で　$OA=a$，$AA'=2a$，

$\angle OAA'=2\cdot 60^\circ=120^\circ$ であるから，余弦定理により

$$OA'^2=AA'^2+OA^2-2AA'\cdot OA\cos 120^\circ$$
$$=(2a)^2+a^2-2\cdot 2a\cdot a\cdot\left(-\frac{1}{2}\right)=7a^2$$

$a>0$，$OA'>0$ であるから　　$OA'=\sqrt{7}\,a$

よって，求める最短経路の長さは　　$\boldsymbol{\sqrt{7}\,a}$

EX
②**95**

道路や鉄道の傾斜具合を表す言葉に勾配（こうばい）がある。「三角比の表」を用いて，次の問いに答えよ。

(1) 道路の勾配には，百分率（%，パーセント）がよく用いられる。百分率は，水平方向に 100 m 進んだときに，何 m 標高が高くなるかを表す。ある道路では，14 % と表示された標識がある。この道路の傾斜は約何度か。

(2) 鉄道の勾配には，千分率（‰，パーミル）がよく用いられる。千分率は，水平方向に 1000 m 進んだときに，何 m 標高が高くなるかを表す。ある鉄道路線では，35 ‰ と表示された標識がある。この鉄道路線の傾斜は約何度か。

(1) この道路の勾配は 14 % であるから，水平方向に 100 m 進んだとき，標高は 14 m 高くなる。

この道路の傾斜を θ とすると　　$\tan\theta=\dfrac{14}{100}=0.14$

三角比の表から

$$\tan 7^\circ=0.1228,\quad \tan 8^\circ=0.1405$$

ゆえに，8° の方が近い値であるから　　$\theta\fallingdotseq 8^\circ$

よって，この道路の傾斜は　　**約 8°**

(1)

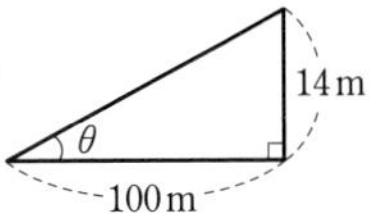

(2) この鉄道路線の勾配は 35 ‰ であるから，水平方向に 1000 m 進んだとき，標高は 35 m 高くなる。

この鉄道路線の傾斜を θ とすると　　$\tan\theta=\dfrac{35}{1000}=0.035$

三角比の表から

$$\tan 2^\circ=0.0349,\quad \tan 3^\circ=0.0524$$

ゆえに，2° の方が近い値であるから　　$\theta\fallingdotseq 2^\circ$

よって，この鉄道路線の傾斜は　　**約 2°**

(2)

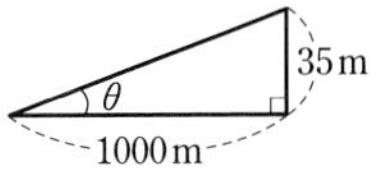

EX
③**96**

右の図で，$\angle B=22.5^\circ$，$\angle C=90^\circ$，$\angle ADC=45^\circ$，AD=BD とする。

(1) 線分 AB の長さを求めよ。

(2) $\sin 22.5^\circ$，$\cos 22.5^\circ$，$\tan 22.5^\circ$ の値をそれぞれ求めよ。

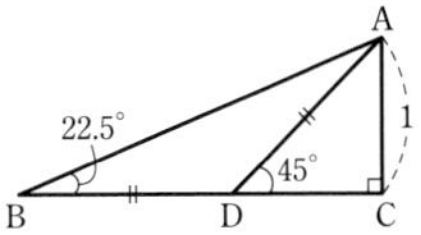

(1) △ADC は $\angle C=90^\circ$ の直角二等辺三角形であるから

$$CD=CA=1,\quad AD=\sqrt{2}$$

また，△ABD は AD=BD の二等辺三角形であるから

$$\angle DAB=\angle DBA=22.5^\circ,\quad BD=AD=\sqrt{2}$$

よって　　$BC=BD+CD=\sqrt{2}+1$

直角三角形 ABC において

$$\mathbf{AB}=\sqrt{(\sqrt{2}+1)^2+1^2}=\boldsymbol{\sqrt{4+2\sqrt{2}}}$$

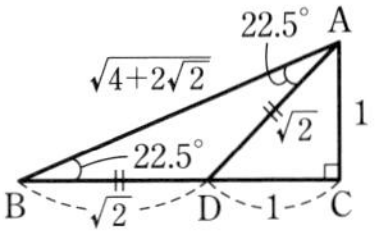

(2) $\mathbf{\sin 22.5^\circ}=\dfrac{AC}{AB}=\dfrac{1}{\sqrt{4+2\sqrt{2}}}$

$$=\frac{\sqrt{4-2\sqrt{2}}}{\sqrt{4+2\sqrt{2}}\sqrt{4-2\sqrt{2}}}$$

$$=\frac{\sqrt{4-2\sqrt{2}}}{\sqrt{8}}=\boldsymbol{\frac{\sqrt{2-\sqrt{2}}}{2}}$$

$$\cos 22.5^\circ=\frac{BC}{AB}=\frac{\sqrt{2}+1}{\sqrt{4+2\sqrt{2}}}=\frac{(\sqrt{2}+1)\sqrt{4-2\sqrt{2}}}{\sqrt{4+2\sqrt{2}}\sqrt{4-2\sqrt{2}}}$$
$$=\frac{(\sqrt{2}+1)\sqrt{4-2\sqrt{2}}}{\sqrt{8}}=\frac{(\sqrt{2}+1)\sqrt{2-\sqrt{2}}}{2}$$
$$=\frac{\sqrt{(\sqrt{2}+1)^2(2-\sqrt{2})}}{2}=\boldsymbol{\frac{\sqrt{2+\sqrt{2}}}{2}}$$

$$\tan 22.5^\circ=\frac{AC}{BC}=\frac{1}{\sqrt{2}+1}=\frac{\sqrt{2}-1}{(\sqrt{2}+1)(\sqrt{2}-1)}$$
$$=\boldsymbol{\sqrt{2}-1}$$

注意 $\tan 22.5^\circ=\frac{\sin 22.5^\circ}{\cos 22.5^\circ}=\frac{\sqrt{2-\sqrt{2}}}{\sqrt{2+\sqrt{2}}}=\sqrt{\frac{2-\sqrt{2}}{2+\sqrt{2}}}$

$$=\sqrt{\frac{(2-\sqrt{2})^2}{4-2}}=\frac{2-\sqrt{2}}{\sqrt{2}}=\boldsymbol{\sqrt{2}-1}$$

として求めることもできる。

別解 Dから辺ABに垂線DEを下ろすと，Eは辺ABの中点であり

$AE=\frac{\sqrt{4+2\sqrt{2}}}{2}$

$DE=\sqrt{AD^2-AE^2}$
$=\frac{\sqrt{4-2\sqrt{2}}}{2}$

よって

$\sin 22.5^\circ=\frac{DE}{AD}$

$\cos 22.5^\circ=\frac{AE}{AD}$

としても求められる。

EX ③97 二等辺三角形ABCにおいてAB=AC，BC=1，∠A=36°とする。∠Bの二等分線と辺ACの交点をDとすれば，BD=ア□である。これよりAB=イ□，sin18°=ウ□である。

△ABCにおいて，∠A=36°であるから

$$\angle B=\frac{180^\circ-36^\circ}{2}=72^\circ$$

よって　∠C=72°

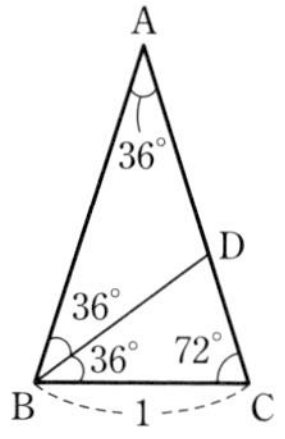

BDは∠Bの二等分線であるから

∠ABD=∠CBD=36°

また，∠BDC=72°であるから，△BCDはBC=BDの二等辺三角形である。

←∠BDC=36°+36°=72°

ゆえに　BD=BC=ア**1**

また，△DABはDA=DBの二等辺三角形であるから

AD=1

AB=xとすると　CD=$x-1$

△ABC∽△BCDであるから　AB：BC=BC：CD

←対応する辺の比は等しい。

すなわち　$x:1=1:(x-1)$　よって　$x(x-1)=1$

整理すると　$x^2-x-1=0$

これを解くと　$x=\frac{1\pm\sqrt{5}}{2}$

$x>0$であるから　$x=\frac{1+\sqrt{5}}{2}$　ゆえに　AB=イ$\boldsymbol{\frac{\sqrt{5}+1}{2}}$

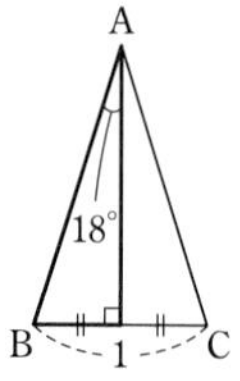

また　$\sin 18^\circ=\frac{\frac{1}{2}BC}{AB}=\frac{1}{2x}=\frac{1}{\sqrt{5}+1}$

$$=\frac{\sqrt{5}-1}{(\sqrt{5}+1)(\sqrt{5}-1)}=ウ\boldsymbol{\frac{\sqrt{5}-1}{4}}$$

EX ③98

(1) θ は鋭角とする。$\tan\theta=\sqrt{7}$ のとき，$(\sin\theta+\cos\theta)^2$ の値を求めよ。

(2) $\tan^2\theta+(1-\tan^4\theta)(1-\sin^2\theta)$ の値を求めよ。〔名城大〕

(3) $\dfrac{\sin^4\theta+4\cos^2\theta-\cos^4\theta+1}{3(1+\cos^2\theta)}$ の値を求めよ。〔中部大〕

(1) $1+\tan^2\theta=\dfrac{1}{\cos^2\theta}$ から　$\dfrac{1}{\cos^2\theta}=1+(\sqrt{7})^2=8$

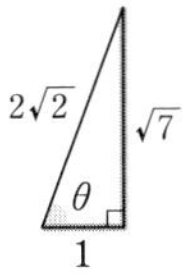

したがって　$\cos^2\theta=\dfrac{1}{8}$

θ は鋭角であるから，$\cos\theta>0$ より　$\cos\theta=\dfrac{1}{2\sqrt{2}}=\dfrac{\sqrt{2}}{4}$

よって　$\sin\theta=\tan\theta\cos\theta=\sqrt{7}\cdot\dfrac{\sqrt{2}}{4}=\dfrac{\sqrt{14}}{4}$

ゆえに　$(\sin\theta+\cos\theta)^2=\left(\dfrac{\sqrt{14}}{4}+\dfrac{\sqrt{2}}{4}\right)^2=\dfrac{(\sqrt{2})^2(\sqrt{7}+1)^2}{4^2}$

$=\dfrac{2(8+2\sqrt{7})}{16}=\mathbf{\dfrac{4+\sqrt{7}}{4}}$

←$(\sin\theta+\cos\theta)^2=1+2\sin\theta\cos\theta$ としてから，$\sin\theta$，$\cos\theta$ の値を代入してもよい。

別解　同様にして　$\cos^2\theta=\dfrac{1}{8}$

$\tan\theta=\sqrt{7}$ から　$\dfrac{\sin\theta}{\cos\theta}=\sqrt{7}$

←$\tan\theta=\dfrac{\sin\theta}{\cos\theta}$

ゆえに　$\sin\theta=\sqrt{7}\cos\theta$

よって　$(\sin\theta+\cos\theta)^2=\{(\sqrt{7}+1)\cos\theta\}^2=(\sqrt{7}+1)^2\cos^2\theta$

$=(8+2\sqrt{7})\cdot\dfrac{1}{8}=\mathbf{\dfrac{4+\sqrt{7}}{4}}$

(2) $\tan^2\theta+(1-\tan^4\theta)(1-\sin^2\theta)$

$=\tan^2\theta+(1+\tan^2\theta)(1-\tan^2\theta)\cos^2\theta$

$=\tan^2\theta+\dfrac{1-\tan^2\theta}{\cos^2\theta}\cdot\cos^2\theta$

←$1+\tan^2\theta=\dfrac{1}{\cos^2\theta}$

$=\tan^2\theta+1-\tan^2\theta=\mathbf{1}$

(3) (分子)$=\sin^4\theta+4\cos^2\theta-\cos^4\theta+1$

$=(\sin^2\theta+\cos^2\theta)(\sin^2\theta-\cos^2\theta)+4\cos^2\theta+1$

←$\sin^4\theta-\cos^4\theta=(\sin^2\theta)^2-(\cos^2\theta)^2$

$=\sin^2\theta-\cos^2\theta+4\cos^2\theta+1$

←$\sin^2\theta+\cos^2\theta=1$

$=(1-\cos^2\theta)+3\cos^2\theta+1$

$=2(1+\cos^2\theta)$

よって　(与式)$=\dfrac{2(1+\cos^2\theta)}{3(1+\cos^2\theta)}=\mathbf{\dfrac{2}{3}}$

4章 EX 〔図形と計量〕

EX ②99

(1) $\cos^2 20^\circ+\cos^2 35^\circ+\cos^2 45^\circ+\cos^2 55^\circ+\cos^2 70^\circ$ の値を求めよ。

(2) △ABC の内角 ∠A，∠B，∠C の大きさを，それぞれ A，B，C で表すとき，等式 $\left(1+\tan^2\dfrac{A}{2}\right)\sin^2\dfrac{B+C}{2}=1$ が成り立つことを証明せよ。

(1) $\cos 70^\circ=\cos(90^\circ-20^\circ)=\sin 20^\circ$

←$\cos(90^\circ-\theta)=\sin\theta$

$\cos 55^\circ=\cos(90^\circ-35^\circ)=\sin 35^\circ$

よって　$\cos^2 20°+\cos^2 35°+\cos^2 45°+\cos^2 55°+\cos^2 70°$

$=\cos^2 20°+\cos^2 35°+\cos^2 45°+\sin^2 35°+\sin^2 20°$

$=(\sin^2 20°+\cos^2 20°)+(\sin^2 35°+\cos^2 35°)+\cos^2 45°$

$=1+1+\left(\frac{1}{\sqrt{2}}\right)^2=\mathbf{\frac{5}{2}}$

(1) $\cos 20°=\cos(90°-70°)=\sin 70°$, $\cos 35°=\cos(90°-55°)=\sin 55°$ を代入してもよい。

(2)　$A+B+C=180°$ であるから　　$B+C=180°-A$

よって　$\left(1+\tan^2\frac{A}{2}\right)\sin^2\frac{B+C}{2}=\left(1+\tan^2\frac{A}{2}\right)\sin^2\frac{180°-A}{2}$

$=\left(1+\tan^2\frac{A}{2}\right)\sin^2\left(90°-\frac{A}{2}\right)$

$=\left(1+\tan^2\frac{A}{2}\right)\cos^2\frac{A}{2}$

$=\frac{1}{\cos^2\frac{A}{2}}\cdot\cos^2\frac{A}{2}=1$

したがって，等式は成り立つ。

←$\sin(90°-\theta)=\cos\theta$

←$1+\tan^2\theta=\frac{1}{\cos^2\theta}$

EX ②100
(1)　$\sin 140°+\cos 130°+\tan 120°$ はいくらか。　　　［(1) 防衛医大］
(2)　$0°<\theta<90°$ とする。$p=\sin\theta$ とするとき，$\sin(90°-\theta)+\sin(180°-\theta)\cos(90°+\theta)$ を p を用いて表せ。

(1)　$\sin 140°+\cos 130°+\tan 120°$

$=\sin(180°-40°)+\cos(90°+40°)+(-\sqrt{3})$

$=\sin 40°-\sin 40°-\sqrt{3}=\mathbf{-\sqrt{3}}$

(2)　$\sin^2\theta+\cos^2\theta=1$ から　　$\cos^2\theta=1-\sin^2\theta=1-p^2$

$0°<\theta<90°$ より，$\cos\theta>0$ であるから　　$\cos\theta=\sqrt{1-p^2}$

よって　　$\sin(90°-\theta)+\sin(180°-\theta)\cos(90°+\theta)$

$=\cos\theta+\sin\theta(-\sin\theta)=\cos\theta-\sin^2\theta$

$=\mathbf{\sqrt{1-p^2}-p^2}$

←$\sin(180°-\theta)=\sin\theta$, $\cos(90°+\theta)=-\sin\theta$

←$\cos\theta$ を p で表す。

←＿＿に注意。

←$\sin(90°-\theta)=\cos\theta$, $\sin(180°-\theta)=\sin\theta$, $\cos(90°+\theta)=-\sin\theta$

EX ③101
$0°\leqq\theta\leqq 180°$ とする。方程式 $2\cos^2\theta+\cos\theta-2\sin\theta\cos\theta-\sin\theta=0$ を解け。　　　［類　摂南大］

方程式を変形すると

$\sin\theta(-2\cos\theta-1)+(2\cos^2\theta+\cos\theta)=0$

$-\sin\theta(2\cos\theta+1)+\cos\theta(2\cos\theta+1)=0$

$(2\cos\theta+1)(\cos\theta-\sin\theta)=0$

ゆえに　　$2\cos\theta+1=0$　または　$\cos\theta-\sin\theta=0$

$2\cos\theta+1=0$ から　　$\cos\theta=-\frac{1}{2}$　　　よって　　$\theta=120°$

また　　$\cos\theta-\sin\theta=0$ から　　$\sin\theta=\cos\theta$ …… ①

$\theta=90°$ のとき，① は成り立たないから，① の両辺を

$\cos\theta\,(\neq 0)$ で割ると　　$\frac{\sin\theta}{\cos\theta}=1$

すなわち　$\tan\theta=1$　　　よって　　$\theta=45°$

したがって　　$\boldsymbol{\theta=45°,\ 120°}$

←与えられた方程式は，$\sin\theta$ について 1 次式，$\cos\theta$ について 2 次式であるから，次数の低い $\sin\theta$ について整理する。

EX ③102 $0^\circ<\theta<90^\circ$ とする。$\tan\theta+\dfrac{1}{\tan\theta}=3$ のとき，次の式の値を求めよ。〔名古屋学院大〕

(1) $\sin\theta\cos\theta$　(2) $\sin\theta+\cos\theta$　(3) $\sin^3\theta+\cos^3\theta$　(4) $\dfrac{1}{\sin^3\theta}+\dfrac{1}{\cos^3\theta}$

(1) $\tan\theta+\dfrac{1}{\tan\theta}=\dfrac{\sin\theta}{\cos\theta}+\dfrac{\cos\theta}{\sin\theta}=\dfrac{\sin^2\theta+\cos^2\theta}{\sin\theta\cos\theta}$

$=\dfrac{1}{\sin\theta\cos\theta}$

$\tan\theta+\dfrac{1}{\tan\theta}=3$ であるから　$\dfrac{1}{\sin\theta\cos\theta}=3$

したがって　$\sin\theta\cos\theta=\boldsymbol{\dfrac{1}{3}}$

(2) $(\sin\theta+\cos\theta)^2=\sin^2\theta+2\sin\theta\cos\theta+\cos^2\theta$

$=1+2\sin\theta\cos\theta=1+2\cdot\dfrac{1}{3}=\dfrac{5}{3}$

$0^\circ<\theta<90^\circ$ より，$\sin\theta>0$，$\cos\theta>0$ であるから

$\sin\theta+\cos\theta>0$

よって　$\sin\theta+\cos\theta=\sqrt{\dfrac{5}{3}}=\boldsymbol{\dfrac{\sqrt{15}}{3}}$

(3) $\sin^3\theta+\cos^3\theta=(\sin\theta+\cos\theta)(\sin^2\theta-\sin\theta\cos\theta+\cos^2\theta)$

$=\dfrac{\sqrt{15}}{3}\cdot\left(1-\dfrac{1}{3}\right)=\boldsymbol{\dfrac{2\sqrt{15}}{9}}$

(4) $\dfrac{1}{\sin^3\theta}+\dfrac{1}{\cos^3\theta}=\dfrac{\cos^3\theta+\sin^3\theta}{\sin^3\theta\cos^3\theta}=\dfrac{2\sqrt{15}}{9}\div\left(\dfrac{1}{3}\right)^3$

$=\dfrac{2\sqrt{15}}{9}\cdot27=\boldsymbol{6\sqrt{15}}$

←$\tan\theta=\dfrac{\sin\theta}{\cos\theta}$

←$\sin^2\theta+\cos^2\theta=1$

←$\sin^2\theta+\cos^2\theta=1$

←$\sin^2\theta+\cos^2\theta=1$

←(3) の結果を利用。

EX ③103 (1) $2\sin\theta-\cos\theta=1$ のとき，$\sin\theta$，$\cos\theta$ の値を求めよ。ただし，$0^\circ<\theta<90^\circ$ とする。

(2) $0^\circ\leqq\theta\leqq180^\circ$ とする。$\tan\theta=\dfrac{2}{3}$ のとき，$\dfrac{1-2\cos^2\theta}{1+2\sin\theta\cos\theta}$ の値を求めよ。

〔(1) 金沢工大，(2) 福岡工大〕

(1) $2\sin\theta-\cos\theta=1$ から　$\cos\theta=2\sin\theta-1$ …… ①

① を $\sin^2\theta+\cos^2\theta=1$ に代入すると

$\sin^2\theta+(2\sin\theta-1)^2=1$

整理して　$5\sin^2\theta-4\sin\theta=0$

ゆえに　$\sin\theta(5\sin\theta-4)=0$

$0^\circ<\theta<90^\circ$ より，$\sin\theta>0$ であるから　$\boldsymbol{\sin\theta=\dfrac{4}{5}}$

このとき，① から　$\boldsymbol{\cos\theta}=2\cdot\dfrac{4}{5}-1=\boldsymbol{\dfrac{3}{5}}$

(2) $\dfrac{1}{\cos^2\theta}=1+\tan^2\theta=1+\left(\dfrac{2}{3}\right)^2=\dfrac{13}{9}$

したがって　$\cos^2\theta=\dfrac{9}{13}$

←$\sin\theta$ について解くと $\sin\theta=\dfrac{\cos\theta+1}{2}$ となり，後の計算で分数が出てくるから，計算が少し面倒になる。

←まず，$\cos\theta$ の値を求める。

$0^\circ \leqq \theta \leqq 180^\circ$, $\tan\theta>0$ より, θ は鋭角であるから　$\cos\theta>0$

ゆえに　$\cos\theta=\sqrt{\dfrac{9}{13}}=\dfrac{3}{\sqrt{13}}$

また　$\sin\theta=\tan\theta\cos\theta=\dfrac{2}{3}\cdot\dfrac{3}{\sqrt{13}}=\dfrac{2}{\sqrt{13}}$

←$\tan\theta=\dfrac{\sin\theta}{\cos\theta}$ から $\sin\theta=\tan\theta\cos\theta$

したがって

$$\frac{1-2\cos^2\theta}{1+2\sin\theta\cos\theta}=\frac{1-2\cdot\dfrac{9}{13}}{1+2\cdot\dfrac{2}{\sqrt{13}}\cdot\dfrac{3}{\sqrt{13}}}=\frac{1-\dfrac{18}{13}}{1+\dfrac{12}{13}}=-\boldsymbol{\frac{1}{5}}$$

別解　分母・分子を $\cos^2\theta$ で割ると

$$\frac{1-2\cos^2\theta}{1+2\sin\theta\cos\theta}=\frac{\dfrac{1}{\cos^2\theta}-2}{\dfrac{1}{\cos^2\theta}+2\cdot\dfrac{\sin\theta}{\cos\theta}}=\frac{1+\tan^2\theta-2}{1+\tan^2\theta+2\tan\theta}$$

$$=\frac{\tan^2\theta-1}{(\tan\theta+1)^2}=\frac{\tan\theta-1}{\tan\theta+1}=-\boldsymbol{\frac{1}{5}}$$

←$\dfrac{1}{\cos^2\theta}=1+\tan^2\theta$, $\dfrac{\sin\theta}{\cos\theta}=\tan\theta$ を用いて, 与式を $\tan\theta$ で表す。

EX ④**104**

$0^\circ \leqq x \leqq 180^\circ$, $0^\circ \leqq y \leqq 180^\circ$ とする。
連立方程式 $\cos^2 x+\sin^2 y=\dfrac{1}{2}$, $\sin x\cos(180^\circ-y)=-\dfrac{3}{4}$ を解け。

第1式から　$(1-\sin^2 x)+(1-\cos^2 y)=\dfrac{1}{2}$

よって　$\sin^2 x+\cos^2 y=\dfrac{3}{2}$　…… ①

第2式から　$\sin x(-\cos y)=-\dfrac{3}{4}$

よって　$\sin x\cos y=\dfrac{3}{4}$　…… ②

② の両辺を2乗して, ① を代入すると

$$\sin^2 x\left(\frac{3}{2}-\sin^2 x\right)=\frac{9}{16}$$

整理して　$16\sin^4 x-24\sin^2 x+9=0$

ゆえに　$(4\sin^2 x-3)^2=0$

よって　$\sin^2 x=\dfrac{3}{4}$

$0^\circ \leqq x \leqq 180^\circ$ より, $\sin x \geqq 0$ であるから　$\sin x=\dfrac{\sqrt{3}}{2}$

したがって　$x=60^\circ, 120^\circ$

② から　$\dfrac{\sqrt{3}}{2}\cos y=\dfrac{3}{4}$　ゆえに　$\cos y=\dfrac{\sqrt{3}}{2}$

したがって　$y=30^\circ$

以上から　$\boldsymbol{x=60^\circ, y=30^\circ}$ **または** $\boldsymbol{x=120^\circ, y=30^\circ}$

HINT　かくれた条件
$\sin^2 x+\cos^2 x=1$,
$\sin^2 y+\cos^2 y=1$
を含めた4つの連立方程式を解くことを考える。
また, 第2式はこのままでは扱いにくいから, 第1式とかくれた条件式を用いて, $\sin x$ だけの式を導く。

EX ③105 直線 $y=x-1$ と 15° の角をなす直線で，点 $(0,\ 1)$ を通るものは 2 本存在する。これらの直線の方程式を求めよ。

まず，直線 $y=x-1$ と平行で原点を通る直線 $y=x$ と 15° の角をなす直線の傾きを求める。

直線 $y=x$ と x 軸の正の向きとのなす角を θ とすると　$\tan\theta=1$

よって　$\theta=45^\circ$

直線 $y=x$ と 15° の角をなす直線について，x 軸の正の向きとのなす角は

$45^\circ-15^\circ=30^\circ$ または $45^\circ+15^\circ=60^\circ$

ゆえに，これら 2 直線の傾きは

$$\tan 30^\circ=\frac{1}{\sqrt{3}}\quad\text{または}\quad\tan 60^\circ=\sqrt{3}$$

よって，求める直線はこれら 2 直線に平行で，点 $(0,\ 1)$ を通るから，その方程式は　$\boldsymbol{y=\frac{1}{\sqrt{3}}x+1,\quad y=\sqrt{3}\,x+1}$

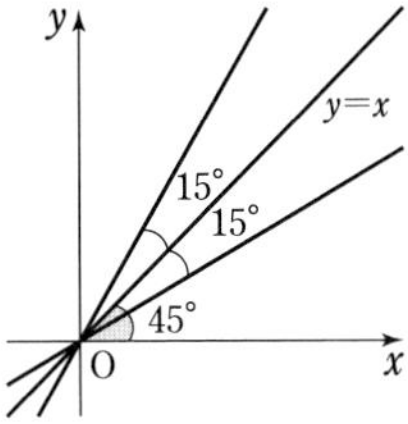

HINT 直線 $y=x-1$ と直線 $y=x$ は平行で，x 軸の正の向きとのなす角が等しいから，直線 $y=x$ で考えるとよい。

←$\tan 45^\circ=1$

←傾きが a，点 $(0,\ b)$ を通る（y 切片 b の）直線の方程式は　$y=ax+b$

EX ④106 $0^\circ\leqq\theta\leqq180^\circ$ のとき，$y=\sin^4\theta+\cos^4\theta$ とする。$\sin^2\theta=t$ とおくと，$y=$ ア□ t^2- イ□ $t+$ ウ□ と表されるから，y は $\theta=$ エ□ のとき最大値 オ□，$\theta=$ カ□ のとき最小値 キ□ をとる。

$\cos^4\theta=(\cos^2\theta)^2=(1-\sin^2\theta)^2$ であるから

$$y=\sin^4\theta+(1-\sin^2\theta)^2=(\sin^2\theta)^2+(1-\sin^2\theta)^2$$

$\sin^2\theta=t$ とおくと，$0^\circ\leqq\theta\leqq180^\circ$ のとき　$0\leqq t\leqq1$ …… ①

y を t の式で表すと

$$y=t^2+(1-t)^2={}^{ア}\boldsymbol{2}t^2-{}^{イ}\boldsymbol{2}t+{}^{ウ}\boldsymbol{1}$$
$$=2(t^2-t)+1=2\left(t-\frac{1}{2}\right)^2+\frac{1}{2}$$

① の範囲において，y は

$t=0,\ 1$ のとき最大値 1；$t=\frac{1}{2}$ のとき最小値 $\frac{1}{2}$

をとる。$0^\circ\leqq\theta\leqq180^\circ$ では，$\sin\theta\geqq0$ であるから

$t=0$ となるのは，$\sin^2\theta=0$ から　$\theta=0^\circ,\ 180^\circ$

$t=1$ となるのは，$\sin^2\theta=1$ から　$\theta=90^\circ$

$t=\frac{1}{2}$ となるのは，$\sin^2\theta=\frac{1}{2}$ から　$\theta=45^\circ,\ 135^\circ$

よって　$\theta={}^{エ}\boldsymbol{0^\circ,\ 90^\circ,\ 180^\circ}$ のとき最大値 ${}^{オ}\boldsymbol{1}$

$\theta={}^{カ}\boldsymbol{45^\circ,\ 135^\circ}$ のとき最小値 ${}^{キ}\boldsymbol{\frac{1}{2}}$

←$\sin^2\theta+\cos^2\theta=1$

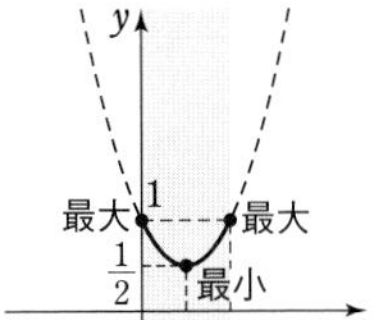

検討　y の式を，$\sin^2\theta$ を消去することで $\cos^2\theta$ の式に直して解くこともできるが，後で θ の値を求めるときに，やや手間がかかる。

EX ④107 $0^\circ\leqq\theta\leqq180^\circ$ とする。x の 2 次方程式 $x^2-(\cos\theta)x+\cos\theta=0$ が異なる 2 つの実数解をもち，それらがともに $-1<x<2$ の範囲に含まれるような θ の値の範囲を求めよ。〔秋田大〕

$f(x)=x^2-(\cos\theta)x+\cos\theta$ とし，2 次方程式 $f(x)=0$ の判別式を D とする。

グラフ利用
D，軸，$f(k)$ に注目

2 次方程式 $f(x)=0$ が $-1<x<2$ の範囲に異なる 2 つの実数解をもつための条件は，放物線 $y=f(x)$ が x 軸の $-1<x<2$ の部分と，異なる 2 点で交わることである。

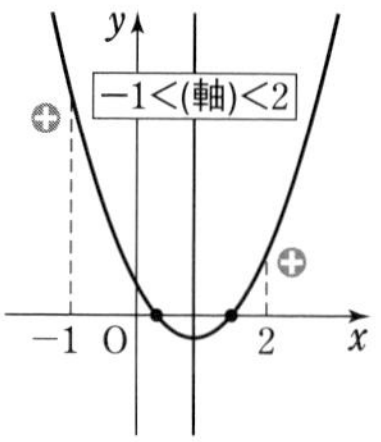

すなわち，次の [1]～[4] が同時に成り立つときである。

[1]　$D>0$　　[2]　軸が $-1<x<2$ の範囲にある

[3]　$f(-1)>0$　　[4]　$f(2)>0$

また，$0^\circ \leqq \theta \leqq 180^\circ$ のとき　$-1 \leqq \cos\theta \leqq 1$ ……①

[1]　$D=(-\cos\theta)^2-4\cos\theta=\cos\theta(\cos\theta-4)$

常に $\cos\theta-4<0$ であるから，$D>0$ より

$\cos\theta<0$ ……②

[2]　放物線の軸は直線 $x=\dfrac{\cos\theta}{2}$ であるから

$-1<\dfrac{\cos\theta}{2}<2$　すなわち　$-2<\cos\theta<4$

これは常に成り立つ。

[3]　$f(-1)>0$ から　$1+2\cos\theta>0$

したがって　$\cos\theta>-\dfrac{1}{2}$ ……③

[4]　$f(2)>0$ から　$4-\cos\theta>0$

これは常に成り立つ。

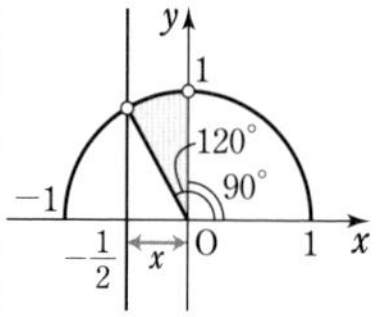

①，②，③ の共通範囲を求めて　$-\dfrac{1}{2}<\cos\theta<0$

$0^\circ \leqq \theta \leqq 180^\circ$ であるから　$\boldsymbol{90^\circ<\theta<120^\circ}$

EX ③108

△ABC において，外接円の半径を R とする。次のものを求めよ。

(1)　$a=2$，$c=4\cos B$，$\cos C=-\dfrac{1}{3}$ のとき　b，$\cos A$

(2)　$b=4$，$c=4\sqrt{3}$，$B=30^\circ$ のとき　a，A，C，R

(3)　$(b+c):(c+a):(a+b)=4:5:6$，$R=1$ のとき　A，a，b，c

HINT　(1)　余弦定理を利用。　(2)　正弦定理を利用する方が早い。
(3)　A がわかれば，正弦定理を利用して a が求められる。

(1)　△ABC において，余弦定理により

$b^2=(4\cos B)^2+2^2-2\cdot(4\cos B)\cdot 2\cos B$　←$b^2=c^2+a^2-2ca\cos B$

$=16\cos^2 B+4-16\cos^2 B=4$

$b>0$ であるから　$\boldsymbol{b=2}$

よって，$a=b=2$ であり，△ABC は AC＝BC の二等辺三角形であるから　$A=B$

余弦定理により　$c^2=2^2+2^2-2\cdot2\cdot2\cos C$　←$c^2=a^2+b^2-2ab\cos C$

すなわち　$(4\cos B)^2=8-8\cdot\left(-\dfrac{1}{3}\right)$

ゆえに　$16\cos^2 B=\dfrac{32}{3}$

よって　$\cos^2 B=\dfrac{2}{3}$

$A=B$ より，$0°<A<90°$ であるから　　$\cos A=\cos B>0$

したがって　　　$\boldsymbol{\cos A=\frac{\sqrt{6}}{3}}$

別解　$\cos C<0$ であるから

$90°<C<180°$

頂点 C から辺 AB に垂線 CH を引くと　　$BH=BC\cos B=2\cos B$

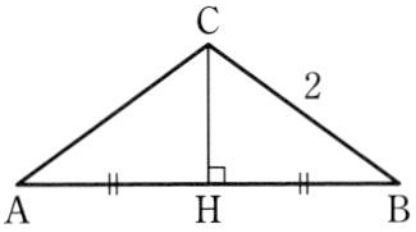

ゆえに，H は辺 AB の中点である。

よって，△ABC は AC=BC の二等辺三角形であるから

$\boldsymbol{b=a=2}$，$A=B$

△ABC において，余弦定理から

$$c^2=2^2+2^2-2\cdot2\cdot2\cos C=8-8\cdot\left(-\frac{1}{3}\right)=\frac{32}{3}$$

$c>0$ であるから　　$c=\frac{4\sqrt{2}}{\sqrt{3}}$

ゆえに　　$\boldsymbol{\cos A}=\cos B=\frac{1}{4}c\boldsymbol{=\frac{\sqrt{6}}{3}}$

(2)　正弦定理により　　$\frac{4}{\sin 30°}=\frac{4\sqrt{3}}{\sin C}=2R$

よって　　$\sin C=\frac{\sqrt{3}}{2}$，$R=4$

$\sin C=\frac{\sqrt{3}}{2}$ から　　$C=60°$，$120°$

[1]　$C=60°$ のとき

$A=180°-(B+C)=180°-(30°+60°)=90°$

正弦定理により　　$a=\frac{4\sin 90°}{\sin 30°}=8$

[2]　$C=120°$ のとき

$A=180°-(B+C)=180°-(30°+120°)=30°$

ゆえに，△ABC は AC=BC の二等辺三角形である。

よって　　$a=b=4$

以上から　　$\boldsymbol{a=8}$，$\boldsymbol{A=90°}$，$\boldsymbol{C=60°}$，$\boldsymbol{R=4}$　**または**

$\boldsymbol{a=4}$，$\boldsymbol{A=30°}$，$\boldsymbol{C=120°}$，$\boldsymbol{R=4}$

(3)　$(b+c):(c+a):(a+b)=4:5:6$ であるから，k を正の数として

$b+c=8k$，$c+a=10k$，$a+b=12k$ ……①

とおくことができる。

① の辺々を加えて　　$2(a+b+c)=30k$

よって　　$a+b+c=15k$　……②

①，② から　　$a=7k$，$b=5k$，$c=3k$　……③

余弦定理により　　$\cos A=\frac{(5k)^2+(3k)^2-(7k)^2}{2\cdot5k\cdot3k}=-\frac{1}{2}$

←$0°<2A<180°$

←$c^2=a^2+b^2-2ab\cos C$

←$c=4\cos B$

←余弦定理で a を求めてもよいが，この問題では，C がわかるので正弦定理で進めた方が簡明。

←3 辺の比が $2:1:\sqrt{3}$ となることに着目してもよい。

←図形の形状をとらえる。

(3)　$b+c=4k$ などとおくと　$a+b+c=\frac{15}{2}k$ となり，分数の計算が多くなって煩わしい。そこで，$4:5:6=8:10:12$ として，**分数が出てこない工夫** をしている。

←$-\frac{15k^2}{30k^2}=-\frac{1}{2}$

したがって　　$A=120°$

次に，$R=1$ であるから，正弦定理により　　$\dfrac{a}{\sin 120°}=2$

←$\dfrac{a}{\sin A}=2R$

よって　　$a=2\sin 120°=\sqrt{3}$

このとき，③ から，$k=\dfrac{\sqrt{3}}{7}$ で　　$b=\dfrac{5\sqrt{3}}{7}$，$c=\dfrac{3\sqrt{3}}{7}$

EX ③109 △ABC は ∠B=60°，AB+BC=1 を満たしている。辺 BC の中点を M とすると，線分 AM の長さが最小となるのは BC=[　　] のときである。〔類 岡山理科大〕

BC=x とすると

$\text{AB}=1-\text{BC}=1-x$

←AB+BC=1

また　　$\text{BM}=\dfrac{1}{2}\text{BC}=\dfrac{1}{2}x$

←M は辺 BC の中点。

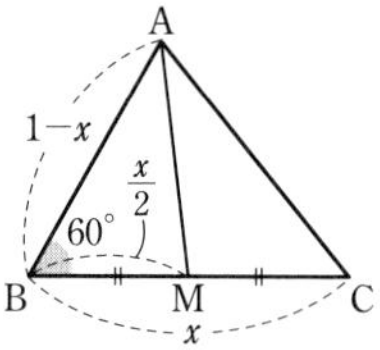

△ABM において，余弦定理により

$$\text{AM}^2=\text{AB}^2+\text{BM}^2-2\text{AB}\cdot\text{BM}\cos 60°$$
$$=(1-x)^2+\left(\frac{x}{2}\right)^2-2(1-x)\cdot\frac{x}{2}\cdot\frac{1}{2}$$
$$=\frac{7}{4}x^2-\frac{5}{2}x+1=\frac{7}{4}\left(x^2-\frac{10}{7}x\right)+1$$
$$=\frac{7}{4}\left(x-\frac{5}{7}\right)^2+\frac{3}{28}$$

←2 次式 ⟶ 基本形 $a(x-p)^2+q$ に直す。

AB>0，BC>0 であるから　　$1-x>0$，$x>0$

よって　　$0<x<1$

この範囲で，AM^2 は $x=\dfrac{5}{7}$ のとき最小となる。

AM>0 であるから，このとき線分 AM の長さも最小となる。

すなわち，求める長さは　　**BC=$\dfrac{5}{7}$**

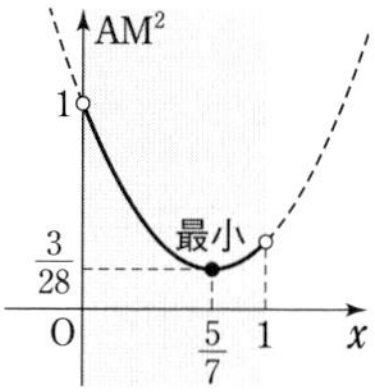

EX ②110 右の図のように，100 m 離れた 2 地点 A，B から川を隔てた対岸の 2 地点 P，Q を観測して，次の値を得た。

∠PAB=75°，∠QAB=45°，∠PBA=60°，∠QBA=90°

このとき，次の問いに答えよ。

(1) A，P 間の距離を求めよ。
(2) P，Q 間の距離を求めよ。

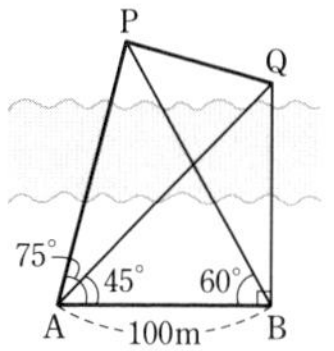

(1) △PAB において

$\angle\text{APB}=180°-(75°+60°)=45°$

正弦定理により　　$\dfrac{\text{AP}}{\sin 60°}=\dfrac{100}{\sin 45°}$

ゆえに　　$\text{AP}=\dfrac{100\sin 60°}{\sin 45°}$

$=100\cdot\dfrac{\sqrt{3}}{2}\cdot\sqrt{2}$

$=50\sqrt{6}$ **(m)**

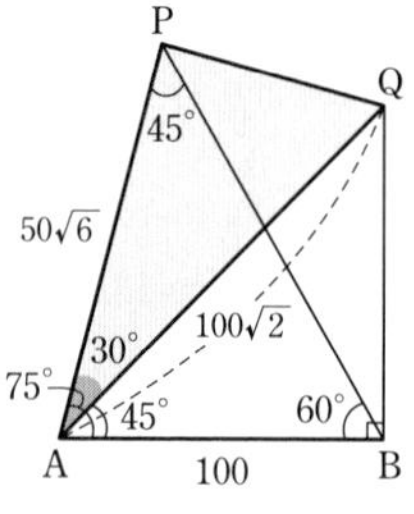

HINT (1) △PAB で正弦定理，(2) △PAQ で余弦定理を，それぞれ利用する。

←$\sin 60°=\dfrac{\sqrt{3}}{2}$
$\sin 45°=\dfrac{1}{\sqrt{2}}$

(2)　△QAB は ∠QBA＝90° の直角二等辺三角形であるから

$$AQ=100\sqrt{2}$$

∠PAQ＝75°−45°＝30° であるから，△PAQ において，余弦定理により

$$PQ^2=(50\sqrt{6})^2+(100\sqrt{2})^2-2\cdot50\sqrt{6}\cdot100\sqrt{2}\cos30^\circ$$
$$=2500\cdot6+10000\cdot2-20000\sqrt{3}\cdot\frac{\sqrt{3}}{2}$$
$$=15000+20000-30000$$
$$=5000$$

←$\cos30^\circ=\frac{\sqrt{3}}{2}$

PQ＞0 であるから　　$PQ=\sqrt{5000}=\mathbf{50\sqrt{2}}$ **(m)**

←$\sqrt{5000}=\sqrt{50^2\cdot2}$

検討　数学 A で学習する円に内接する四角形の性質（＊）を利用すると，次のように考えることもできる。

∠PAQ＝∠PBQ＝30° であるから，四角形 PABQ は円に内接する。

よって　　　　∠QBA＋∠APQ＝180°　……（＊）

また，∠QBA＝90° であるから　　∠APQ＝90°

△PAQ において，∠PAQ＝30°，∠APQ＝90° であるから

$$AP=\frac{\sqrt{3}}{2}AQ,\quad PQ=\frac{1}{2}AQ$$

ここで，△QAB は ∠QBA＝90° の直角二等辺三角形であるから　　$AQ=100\sqrt{2}$

したがって　　$AP=50\sqrt{6}$ (m)，$PQ=50\sqrt{2}$ (m)

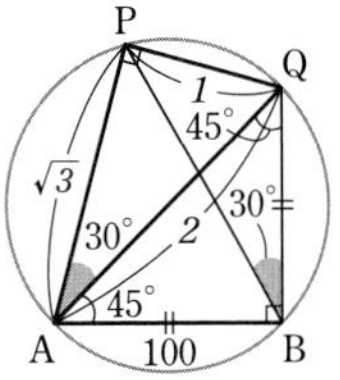

4章
EX
［図形と計量］

EX ③111

△ABC において，∠BAC の二等分線と辺 BC の交点を D とする。AB＝5，AC＝2，$AD=2\sqrt{2}$ とする。

(1)　$\frac{CD}{BD}$ の値を求めよ。　　　(2)　cos∠BAD の値を求めよ。

(3)　△ACD の外接円の半径を求めよ。　　　［防衛大］

(1)　AD は ∠BAC の二等分線であるから

BD：DC＝AB：AC

よって　　$\frac{CD}{BD}=\frac{AC}{AB}=\mathbf{\frac{2}{5}}$

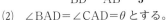

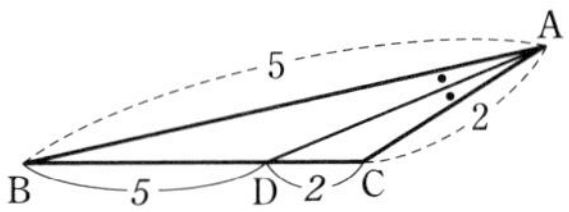

←角の二等分線の性質
AB：AC＝BD：DC

(2)　∠BAD＝∠CAD＝θ とする。

△ABD において，余弦定理により

$$BD^2=AB^2+AD^2-2AB\cdot AD\cos\theta$$
$$=25+8-2\cdot5\cdot2\sqrt{2}\cos\theta$$
$$=33-20\sqrt{2}\cos\theta\ \cdots\cdots ①$$

△ACD において，余弦定理により

$$CD^2=AC^2+AD^2-2AC\cdot AD\cos\theta$$
$$=4+8-2\cdot2\cdot2\sqrt{2}\cos\theta$$
$$=12-8\sqrt{2}\cos\theta\ \cdots\cdots ②$$

(1) より，2BD=5CD であるから　$4BD^2=25CD^2$

①，② から　$4(33-20\sqrt{2}\cos\theta)=25(12-8\sqrt{2}\cos\theta)$

すなわち　$120\sqrt{2}\cos\theta=168$

したがって　$\cos\theta=\dfrac{168}{120\sqrt{2}}=\mathbf{\dfrac{7\sqrt{2}}{10}}$

(3) ② から　$CD^2=12-8\sqrt{2}\cdot\dfrac{7\sqrt{2}}{10}=\dfrac{4}{5}$

CD>0 であるから　$CD=\sqrt{\dfrac{4}{5}}=\dfrac{2}{\sqrt{5}}$

また，$\sin\theta>0$ であるから

$$\sin\theta=\sqrt{1-\cos^2\theta}=\sqrt{1-\left(\frac{7\sqrt{2}}{10}\right)^2}=\sqrt{\frac{2}{100}}=\frac{\sqrt{2}}{10}$$

よって，△ACD の外接円の半径を R とすると，△ACD において，正弦定理により　$\dfrac{CD}{\sin\theta}=2R$

したがって　$R=\dfrac{CD}{2\sin\theta}=\dfrac{2}{\sqrt{5}}\cdot\dfrac{1}{2}\cdot\dfrac{10}{\sqrt{2}}=\mathbf{\sqrt{10}}$

EX ②112

△ABC において，辺 BC の中点を M とする。
(1) $AB^2+AC^2=2(AM^2+BM^2)$（中線定理）が成り立つことを証明せよ。
(2) AB=9，BC=8，CA=7 のとき，線分 AM の長さを求めよ。

(1) ∠AMB=θ とすると　∠AMC=$180°-\theta$

△AMB において，余弦定理により

$$AB^2=AM^2+BM^2-2AM\cdot BM\cos\theta \quad \cdots\cdots ①$$

△AMC において，余弦定理により

$$AC^2=AM^2+CM^2-2AM\cdot CM\cos(180°-\theta)$$

CM=BM，$\cos(180°-\theta)=-\cos\theta$ であるから

$$AC^2=AM^2+BM^2+2AM\cdot BM\cos\theta \quad \cdots\cdots ②$$

①+② から　$AB^2+AC^2=2(AM^2+BM^2)$

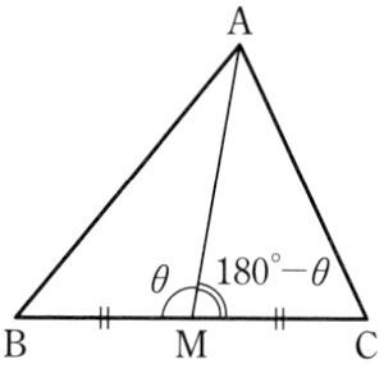

(2) AB=9，AC=7，BM=4 を (1) で証明した等式に代入すると

$$9^2+7^2=2(AM^2+4^2)$$

よって　$AM^2=49$

AM>0 であるから　AM=**7**

←$BM=\dfrac{1}{2}BC=4$

EX ③113

3 辺の長さが a，$a+2$，$a+4$ である三角形について考える。
(1) この三角形が鈍角三角形であるとき，a のとりうる値の範囲を求めよ。
(2) この三角形の 1 つの内角が 120° であるとき，a の値，外接円の半径を求めよ。〔西南学院大〕

(1) $a<a+2<a+4$ であるから，三角形の成立条件は

$$a+4<a+(a+2)$$

よって　$a>2$ ……①

←(最大辺の長さ) <(他の 2 辺の長さの和)

このとき，鈍角三角形となるための条件は

$$a^2+(a+2)^2<(a+4)^2$$

ゆえに　$a^2-4a-12<0$

すなわち　$(a+2)(a-6)<0$

←$A>90°$ $\Longleftrightarrow AB^2+AC^2<BC^2$

よって　$-2<a<6$ …… ②

①, ② の共通範囲を求めて　$\boldsymbol{2<a<6}$

(2) 長さ $a+4$ の辺に対する角が $120°$ になるから，余弦定理により　$(a+4)^2=a^2+(a+2)^2-2a(a+2)\cos 120°$

←$120°$ の内角が最大角。

ゆえに　$2(a^2-a-6)=0$

すなわち　$(a+2)(a-3)=0$

(1) より，$2<a<6$ であるから　$\boldsymbol{a=3}$

←1つの内角が $120°$ であるから，鈍角三角形。

外接円の半径を R とすると，正弦定理により

$$\frac{a+4}{\sin 120°}=2R$$

すなわち　$\dfrac{7}{\sin 120°}=2R$

よって　$R=\dfrac{1}{2}\cdot 7\cdot\dfrac{2}{\sqrt{3}}=\boldsymbol{\dfrac{7\sqrt{3}}{3}}$

EX ④114

(1) △ABC において，次の等式が成り立つことを証明せよ。

$$(b^2+c^2-a^2)\tan A=(c^2+a^2-b^2)\tan B$$

(2) 次の条件を満たす △ABC はどのような形の三角形か。

$$(b-c)\sin^2 A=b\sin^2 B-c\sin^2 C$$

［(2) 類 群馬大］

HINT　辺だけの関係式に直す。

△ABC の外接円の半径を R とする。

(1) 正弦定理，余弦定理により

←左辺，右辺をそれぞれ変形して，同じ式を導く方針で証明する。

$$(b^2+c^2-a^2)\tan A=(b^2+c^2-a^2)\cdot\frac{\sin A}{\cos A}$$

$$=(b^2+c^2-a^2)\cdot\frac{a}{2R}\cdot\frac{2bc}{b^2+c^2-a^2}=\frac{abc}{R}$$

$$(c^2+a^2-b^2)\tan B=(c^2+a^2-b^2)\cdot\frac{\sin B}{\cos B}$$

$$=(c^2+a^2-b^2)\cdot\frac{b}{2R}\cdot\frac{2ca}{c^2+a^2-b^2}=\frac{abc}{R}$$

$\sin A=\dfrac{a}{2R}$, $\sin B=\dfrac{b}{2R}$, $\cos A=\dfrac{b^2+c^2-a^2}{2bc}$, $\cos B=\dfrac{c^2+a^2-b^2}{2ca}$

よって　$(b^2+c^2-a^2)\tan A=(c^2+a^2-b^2)\tan B$

(2) 正弦定理により　$(b-c)\left(\dfrac{a}{2R}\right)^2=b\left(\dfrac{b}{2R}\right)^2-c\left(\dfrac{c}{2R}\right)^2$

←$\sin A=\dfrac{a}{2R}$, $\sin B=\dfrac{b}{2R}$, $\sin C=\dfrac{c}{2R}$

両辺に $4R^2$ を掛けて　$(b-c)a^2=b^3-c^3$

よって　$(b-c)a^2=(b-c)(b^2+bc+c^2)$

ゆえに　$(b-c)\{a^2-(b^2+bc+c^2)\}=0$

よって　$b=c$　または　$a^2=b^2+bc+c^2$

←$pq=0 \iff p=0$ または $q=0$

[1]　$b=c$ のとき

△ABC は AB=AC の二等辺三角形である。

[2]　$a^2=b^2+bc+c^2$ のとき

余弦定理により

$$\cos A=\frac{b^2+c^2-a^2}{2bc}=\frac{b^2+c^2-(b^2+bc+c^2)}{2bc}$$

$$=\frac{-bc}{2bc}=-\frac{1}{2}$$

←$bc\neq 0$

よって　$A=120°$

[1]，[2] から，△ABC は

AB=AC の二等辺三角形　または　∠A=120° の三角形

EX ③**115**

次の図形の面積を求めよ。

(1) $a=10$，$B=30°$，$C=105°$ の △ABC

(2) AB=3，AC=$3\sqrt{3}$，∠B=60° の平行四辺形 ABCD

(3) 円に内接し，AB=6，BC=CD=3，∠B=120° の四角形 ABCD

(4) 半径 r の円に外接する正八角形

(1) $A=180°-(30°+105°)=45°$

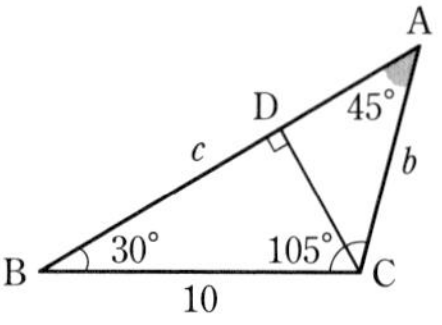

正弦定理により　$\dfrac{10}{\sin 45°}=\dfrac{b}{\sin 30°}$

ゆえに　$b=\dfrac{10\sin 30°}{\sin 45°}=5\sqrt{2}$

C から辺 AB に垂線 CD を引くと

$c=\mathrm{AD}+\mathrm{DB}=5\sqrt{2}\cos 45°+10\cos 30°=5(1+\sqrt{3})$

←第 1 余弦定理 $c=b\cos A+a\cos B$

よって，求める面積 S は

$$S=\frac{1}{2}ca\sin B=\frac{1}{2}\cdot 5(1+\sqrt{3})\cdot 10\sin 30°=\boldsymbol{\frac{25(1+\sqrt{3})}{2}}$$

別解　正弦定理から　$b=5\sqrt{2}$

余弦定理により　$(5\sqrt{2})^2=c^2+10^2-2c\cdot 10\cos 30°$

整理して　$c^2-10\sqrt{3}c+50=0$

これを解いて　$c=5\sqrt{3}\pm 5$

$C>90°$ であるから，c は最大辺で　$c>a=10$

←最大角に対する辺が最大辺である。

よって　$c=5(\sqrt{3}+1)$

ゆえに　$S=\dfrac{1}{2}ca\sin B=\boldsymbol{\dfrac{25(1+\sqrt{3})}{2}}$

(2) △ABC において，正弦定理により　$\dfrac{3\sqrt{3}}{\sin 60°}=\dfrac{3}{\sin\angle\mathrm{ACB}}$

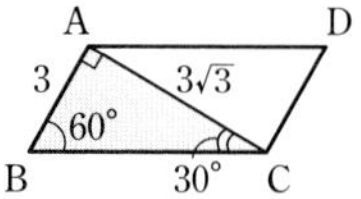

ゆえに　$\sin\angle\mathrm{ACB}=\dfrac{3\sin 60°}{3\sqrt{3}}=\dfrac{1}{2}$

∠B=60° であるから　$0°<\angle\mathrm{ACB}<120°$

←∠ACB =180°−∠B−∠BAC =120°−∠BAC

したがって　∠ACB=30°

よって　∠BAC=180°−(60°+30°)=90°

したがって，求める面積 S は

$S=2\triangle\mathrm{ABC}=\mathrm{AB}\cdot\mathrm{AC}=3\cdot 3\sqrt{3}=\boldsymbol{9\sqrt{3}}$

(3) △ABC において，余弦定理により

$\mathrm{AC}^2=6^2+3^2-2\cdot 6\cdot 3\cos 120°$

$=63$

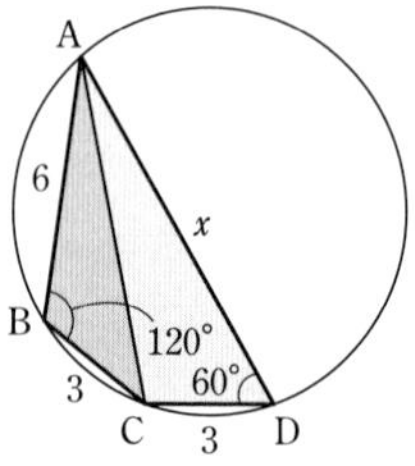

四角形 ABCD は円に内接するから

$\angle\mathrm{D}=180°-\angle\mathrm{B}=60°$

←円に内接する四角形の対角の和は 180°

AD=x とする。△ACD において，

余弦定理により

$63=3^2+x^2-2\cdot 3x\cos 60°$

ゆえに　$x^2-3x-54=0$

よって　$(x+6)(x-9)=0$

$x>0$ であるから　$x=9$　　ゆえに　$AD=9$

したがって，四角形ABCDの面積 S は

$$S=\triangle ABC+\triangle ACD$$
$$=\frac{1}{2}\cdot 6\cdot 3\sin 120^\circ+\frac{1}{2}\cdot 3\cdot 9\sin 60^\circ=\boldsymbol{\frac{45\sqrt{3}}{4}}$$

(4) 右の図において，半径 r の円の中心をOとし，円Oに外接する正八角形の1辺をABとする。

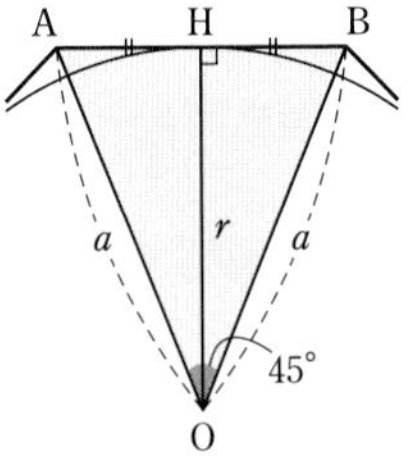

また，Oから辺ABに引いた垂線をOHとすると，Hは辺ABの中点である。$OA=OB=a$ とすると $\angle AOB=360^\circ\div 8=45^\circ$ であるから，$\triangle OAB$ の面積は

$$\frac{1}{2}a^2\sin 45^\circ=\frac{\sqrt{2}}{4}a^2 \quad \cdots\cdots ①$$

$\triangle OAB$ において，余弦定理により

$$AB^2=a^2+a^2-2a\cdot a\cos 45^\circ=(2-\sqrt{2})a^2 \quad \cdots\cdots ②$$

$\triangle OAH$ において，三平方の定理から　$AH^2=a^2-r^2$

$AH=\frac{1}{2}AB$ であるから　$\frac{1}{4}AB^2=a^2-r^2$　$\cdots\cdots$ ③

②，③ から　$4(a^2-r^2)=(2-\sqrt{2})a^2$

ゆえに　$a^2=\frac{4r^2}{2+\sqrt{2}}=2(2-\sqrt{2})r^2$

これを ① に代入して，$\triangle OAB$ の面積は　$(\sqrt{2}-1)r^2$

よって，求める正八角形の面積は　$\boldsymbol{8(\sqrt{2}-1)r^2}$

別解　右の図において

$\angle AMO=\angle ANO=90^\circ$

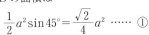

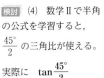

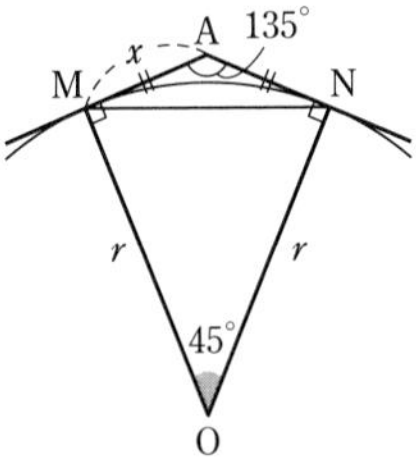

よって　$\angle A=360^\circ-2\cdot 90^\circ-45^\circ$
$=135^\circ$

$AM=x$ とすると，$\triangle AMN$ において，余弦定理により

$$MN^2=x^2+x^2-2x\cdot x\cos 135^\circ$$
$$=(2+\sqrt{2})x^2 \quad \cdots\cdots ①$$

$\triangle OMN$ において，余弦定理により

$$MN^2=r^2+r^2-2r\cdot r\cos 45^\circ=(2-\sqrt{2})r^2 \quad \cdots\cdots ②$$

①，② から　$(2+\sqrt{2})x^2=(2-\sqrt{2})r^2$

ゆえに　$x^2=\frac{2-\sqrt{2}}{2+\sqrt{2}}r^2=\frac{(2-\sqrt{2})^2}{(2+\sqrt{2})(2-\sqrt{2})}r^2$
$=\frac{(2-\sqrt{2})^2}{2}r^2$

検討　(4) 数学IIで半角の公式を学習すると，$\frac{45^\circ}{2}$ の三角比が使える。

実際に　$\tan\frac{45^\circ}{2}$
$=\sqrt{\frac{1-\cos 45^\circ}{1+\cos 45^\circ}}$
$=\boldsymbol{\sqrt{2}-1}$　と求めることができるから

$\triangle OAH=\frac{1}{2}OH\cdot AH$
$=\frac{1}{2}r\cdot r\tan\frac{45^\circ}{2}$
$=\frac{\sqrt{2}-1}{2}r^2$

これを16倍すると，正八角形の面積になる。

← $\frac{4}{2+\sqrt{2}}=\frac{4(2-\sqrt{2})}{2^2-(\sqrt{2})^2}$
$=2(2-\sqrt{2})$

←接線⊥半径

← MN^2 を2通りに表す。

$r>0$, $x>0$ であるから　　$x=(\sqrt{2}-1)r$

四角形 AMON の面積は

$$2\triangle \mathrm{AMO}=xr=(\sqrt{2}-1)r^2$$

よって，求める正八角形の面積は

$$\mathbf{8(\sqrt{2}-1)r^2}$$

←$\sqrt{\dfrac{(2-\sqrt{2})^2}{2}}=\dfrac{2-\sqrt{2}}{\sqrt{2}}=\sqrt{2}-1$

EX ③116

四角形 ABCD において，AB∥DC，AB=4，BC=2，CD=6，DA=3 であるとする。

(1) 対角線 AC の長さを求めよ。

(2) 四角形 ABCD の面積を求めよ。　　〔信州大〕

(1) $\mathrm{AC}=x$ $(x>0)$ とする。

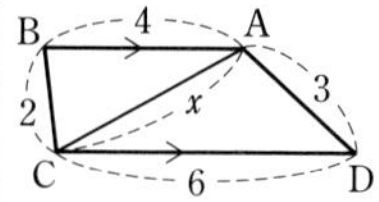

△ABC において，余弦定理により

$$\cos\angle\mathrm{BAC}=\frac{4^2+x^2-2^2}{2\cdot4\cdot x}=\frac{x^2+12}{8x}\quad\cdots\cdots①$$

△ACD において，余弦定理により

$$\cos\angle\mathrm{ACD}=\frac{6^2+x^2-3^2}{2\cdot6\cdot x}=\frac{x^2+27}{12x}\quad\cdots\cdots②$$

AB∥DC より，∠BAC=∠ACD であるから

$$\cos\angle\mathrm{BAC}=\cos\angle\mathrm{ACD}$$

←2 直線が平行 ⟺ 錯角が等しい

①，② から　　$\dfrac{x^2+12}{8x}=\dfrac{x^2+27}{12x}$

両辺に $24x$ を掛けて　　$3(x^2+12)=2(x^2+27)$

ゆえに　　$x^2=18$

$x>0$ であるから　　$x=3\sqrt{2}$

すなわち　　$\mathrm{AC}=\mathbf{3\sqrt{2}}$

(2) $\angle\mathrm{BAC}=\angle\mathrm{ACD}=\theta$ とすると，① から

$$\cos\theta=\frac{(3\sqrt{2})^2+12}{8\cdot3\sqrt{2}}=\frac{5}{4\sqrt{2}}$$

←② から $\cos\theta=\dfrac{(3\sqrt{2})^2+27}{12\cdot3\sqrt{2}}=\dfrac{5}{4\sqrt{2}}$ としてもよい。

$\sin\theta>0$ であるから

$$\sin\theta=\sqrt{1-\cos^2\theta}=\sqrt{1-\left(\frac{5}{4\sqrt{2}}\right)^2}=\sqrt{\frac{7}{32}}=\frac{\sqrt{7}}{4\sqrt{2}}$$

したがって，四角形 ABCD の面積を S とすると

$$S=\triangle\mathrm{ABC}+\triangle\mathrm{ACD}$$
$$=\frac{1}{2}\cdot4\cdot x\sin\theta+\frac{1}{2}\cdot6\cdot x\sin\theta$$
$$=5x\sin\theta=5\cdot3\sqrt{2}\cdot\frac{\sqrt{7}}{4\sqrt{2}}$$
$$=\mathbf{\frac{15\sqrt{7}}{4}}$$

EX ④**117**

4辺の長さが AB$=a$，BC$=b$，CD$=c$，DA$=d$ である四角形 ABCD が円に内接していて，AC$=x$，BD$=y$ とする。

(1) △ABC と △CDA に余弦定理を適用して，x を a，b，c，d で表せ。
また，y を a，b，c，d で表せ。

(2) xy を a，b，c，d で表すと，$xy=ac+bd$（これをトレミーの定理という）となる。このことを(1)を用いて示せ。〔宮城教育大〕

(1) 四角形 ABCD は円に内接するから

$$D=180°-B$$

←$B+D=180°$

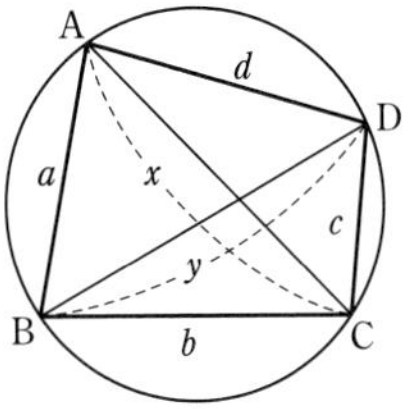

△ABC において，余弦定理により

$$x^2=a^2+b^2-2ab\cos B \cdots\cdots ①$$

△CDA において，余弦定理により

$$x^2=c^2+d^2-2cd\cos D$$
$$=c^2+d^2-2cd\cos(180°-B)$$
$$=c^2+d^2+2cd\cos B \cdots\cdots ②$$

①，② から　$a^2+b^2-2ab\cos B=c^2+d^2+2cd\cos B$

よって　$\cos B=\dfrac{a^2+b^2-c^2-d^2}{2(ab+cd)}$

これを ① に代入して

$$x^2=a^2+b^2-2ab\cdot\frac{a^2+b^2-c^2-d^2}{2(ab+cd)}$$
$$=a^2+b^2-\frac{ab(a^2+b^2-c^2-d^2)}{ab+cd}$$
$$=\frac{(a^2+b^2)(ab+cd)-ab(a^2+b^2-c^2-d^2)}{ab+cd}$$

ここで

(分子)$=(a^2+b^2)ab+(a^2+b^2)cd-ab(a^2+b^2)+ab(c^2+d^2)$
$=(a^2+b^2)cd+ab(c^2+d^2)$
$=cda^2+b(c^2+d^2)a+b^2cd$
$=(ac+bd)(ad+bc)$

←分子だけを取り出して整理する。

よって　$x^2=\dfrac{(ac+bd)(ad+bc)}{ab+cd}$

$x>0$ であるから

$$\boldsymbol{x=\sqrt{\frac{(ac+bd)(ad+bc)}{ab+cd}}} \cdots\cdots ③$$

y についても同様で，③ において，a を b，b を c，c を d，d を a におき換えればよいから

$$\boldsymbol{y}=\sqrt{\frac{(bd+ca)(ba+cd)}{bc+da}}=\boldsymbol{\sqrt{\frac{(ac+bd)(ab+cd)}{ad+bc}}}$$

←x と同様にすると，
$y^2=b^2+c^2-2bc\cos C$
と
$y^2=d^2+a^2+2da\cos C$
から
$\cos C=\dfrac{b^2+c^2-d^2-a^2}{2(bc+da)}$
よって
$y^2=b^2+c^2-\dfrac{bc(b^2+c^2-d^2-a^2)}{bc+da}$

(2) (1)の結果から

$$xy=\sqrt{\frac{(ac+bd)(ad+bc)}{ab+cd}}\sqrt{\frac{(ac+bd)(ab+cd)}{ad+bc}}$$
$$=\sqrt{(ac+bd)^2}$$

a，b，c，d はすべて正であるから　$xy=ac+bd$

4章
EX
〔図形と計量〕

EX ②118 △ABC の面積が $12\sqrt{6}$ であり，その辺の長さの比は AB：BC：CA＝5：6：7 である。このとき，$\sin\angle ABC=$ ア[　] となり，△ABC の内接円の半径は イ[　] である。〔南山大〕

AB：BC：CA＝5：6：7 から，正の定数 k を用いて

$$AB=5k,\ BC=6k,\ CA=7k$$

とおける。

余弦定理により

$$\cos\angle ABC=\frac{(5k)^2+(6k)^2-(7k)^2}{2\cdot5k\cdot6k}=\frac{1}{5}$$

$\sin\angle ABC>0$ であるから

$$\sin\angle ABC=\sqrt{1-\left(\frac{1}{5}\right)^2}={}^{ア}\boldsymbol{\frac{2\sqrt{6}}{5}}$$

△ABC の面積は $12\sqrt{6}$ であるから

$$\frac{1}{2}\cdot5k\cdot6k\sin\angle ABC=12\sqrt{6}$$

←$\triangle ABC=\frac{1}{2}AB\cdot BC\sin\angle ABC$

すなわち　$15k^2\cdot\frac{2\sqrt{6}}{5}=12\sqrt{6}$

よって　　$k^2=2$

$k>0$ であるから　　$k=\sqrt{2}$

△ABC の面積は $12\sqrt{6}$ であるから，△ABC の内接円の半径を r とすると　　$\frac{1}{2}r(5\sqrt{2}+6\sqrt{2}+7\sqrt{2})=12\sqrt{6}$

ゆえに　　$r={}^{イ}\boldsymbol{\frac{4\sqrt{3}}{3}}$

EX ③119 △ABC の面積を S，外接円の半径を R，内接円の半径を r とするとき，次の等式が成り立つことを証明せよ。

(1) $S=\frac{abc}{4R}$　　(2) $S=\frac{a^2\sin B\sin C}{2\sin(B+C)}$　　(3) $S=Rr(\sin A+\sin B+\sin C)$

(1) $S=\frac{1}{2}bc\sin A$ …… ①

また，正弦定理により　　$\sin A=\frac{a}{2R}$ …… ②

② を ① に代入して　　$S=\frac{1}{2}bc\cdot\frac{a}{2R}=\frac{abc}{4R}$

(2) 正弦定理により　　$\frac{a}{\sin A}=\frac{b}{\sin B}=\frac{c}{\sin C}$

ゆえに　　$b=\frac{a\sin B}{\sin A}$，$c=\frac{a\sin C}{\sin A}$ …… ③

③ を ① に代入して　　$S=\frac{a^2\sin B\sin C}{2\sin A}$

$\sin A=\sin(180^\circ-B-C)=\sin(B+C)$ であるから

$$S=\frac{a^2\sin B\sin C}{2\sin(B+C)}$$

別解 (2) $S=\frac{abc}{4R}$ に $b=2R\sin B$，$c=\frac{a\sin C}{\sin A}$ を代入し，$\sin A=\sin(B+C)$ と変形する。

←$\sin(180^\circ-\theta)=\sin\theta$

(3)　△ABC の面積 S と内接円の半径 r について，次の等式が成り立つ。

$$S=\frac{1}{2}r(a+b+c) \quad \cdots\cdots \text{④}$$

正弦定理により

$$a=2R\sin A,\ b=2R\sin B,\ c=2R\sin C$$

これらを ④ に代入すると

$$S=\frac{1}{2}r(2R\sin A+2R\sin B+2R\sin C)$$

よって　　$S=Rr(\sin A+\sin B+\sin C)$

←内接円の中心を I とすると
$S=\triangle\mathrm{IBC}+\triangle\mathrm{ICA}+\triangle\mathrm{IAB}$
$=\frac{1}{2}ar+\frac{1}{2}br+\frac{1}{2}cr$

EX ④120

四角形 ABCD において，AB=4，BC=5，CD=t，DA=$3-t$ $(0<t<3)$ とする。また，四角形 ABCD は外接円をもつとする。
(1)　$\cos C$ を t で表せ。　　(2)　四角形 ABCD の面積 S を t で表せ。
(3)　S の最大値と，そのときの t の値を求めよ。　〔名古屋大〕

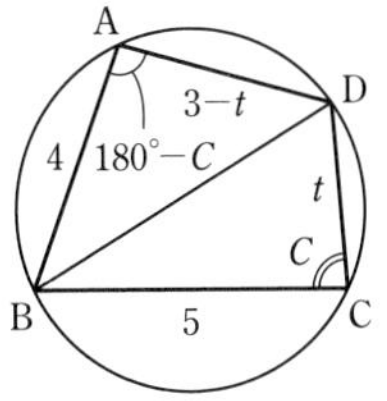

(1)　四角形 ABCD は円に内接するから

$$A=180°-C$$

△ABD，△BCD において，それぞれ余弦定理により

$$\mathrm{BD}^2=4^2+(3-t)^2-2\cdot4\cdot(3-t)\cos(180°-C)$$
$$=t^2-6t+25+8(3-t)\cos C$$
$$\mathrm{BD}^2=5^2+t^2-2\cdot5\cdot t\cos C$$
$$=t^2+25-10t\cos C$$

よって　　$t^2-6t+25+8(3-t)\cos C=t^2+25-10t\cos C$

整理して　　$2(t+12)\cos C=6t$

$0<t<3$ であるから　　$\boldsymbol{\cos C=\frac{3t}{t+12}}$

←円に内接する四角形の対角の和は 180°

←四角形 ABCD を △ABD と △BCD に分割。

←$\cos(180°-\theta)=-\cos\theta$

←$t+12\neq0$

(2)　$0°<C<180°$ より，$\sin C>0$ であるから

$$\sin C=\sqrt{1-\cos^2 C}=\sqrt{1-\left(\frac{3t}{t+12}\right)^2}$$
$$=\sqrt{\frac{(t+12)^2-9t^2}{(t+12)^2}}=\frac{\sqrt{4(-2t^2+6t+36)}}{\sqrt{(t+12)^2}}$$
$$=\frac{2\sqrt{-2t^2+6t+36}}{t+12}$$

また　　$\sin A=\sin(180°-C)=\sin C$

したがって

$$\boldsymbol{S}=\triangle\mathrm{ABD}+\triangle\mathrm{BCD}$$
$$=\frac{1}{2}\cdot4(3-t)\sin A+\frac{1}{2}\cdot5\cdot t\sin C=\frac{1}{2}(12+t)\sin C$$
$$=\frac{1}{2}(12+t)\cdot\frac{2\sqrt{-2t^2+6t+36}}{t+12}$$
$$\boldsymbol{=\sqrt{-2t^2+6t+36}}$$

(2)　本冊 p.271 のブラーマグプタの公式を利用すると
$s=\frac{1}{2}(4+5+t+3-t)$
$=6$ から
S
$=\sqrt{(6-4)(6-5)(6-t)(3+t)}$
$=\sqrt{-2t^2+6t+36}$
とすぐに求められる。

(3) $S=\sqrt{-2t^2+6t+36}=\sqrt{-2(t^2-3t)+36}$

$=\sqrt{-2\left(t-\dfrac{3}{2}\right)^2+\dfrac{81}{2}}$

と変形できる。

$0<t<3$ の範囲において，$-2t^2+6t+36$ が最大となるとき S は最大となる。

よって，$0<t<3$ の範囲において，S は

$t=\dfrac{3}{2}$ **のとき最大値** $\sqrt{\dfrac{81}{2}}=\dfrac{9\sqrt{2}}{2}$ をとる。

←**2 次式 ⟶ 基本形 $a(t-p)^2+q$ に直す。**

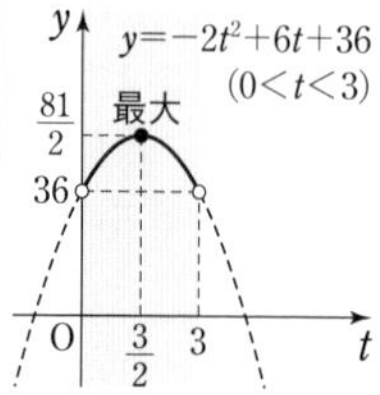

EX ③121 正四角錐 O-ABCD において，底面の 1 辺の長さは $2a$，高さは a である。このとき，次のものを求めよ。
(1) 頂点 A から辺 OB に引いた垂線 AE の長さ
(2) (1)の点 E に対し，∠AEC の大きさと △AEC の面積

(1) O から底面 ABCD に引いた垂線を OH とすると

$OH=a$

辺 AB の中点を M とすると

$OH\perp HM$

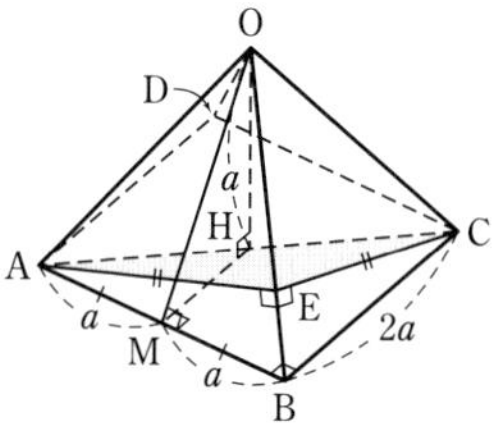

←直線 OH が平面に垂直ならば，OH は平面上のどの直線にも垂直。

また，点 H は正方形 ABCD の対角線の交点であるから

$HM=2a\div 2=a$

←**中点連結定理**

よって，$OH=HM=a$ となり，

△OMH は直角二等辺三角形であるから　$OM=\sqrt{2}\,a$

また　$OB=\sqrt{OM^2+MB^2}$

$=\sqrt{(\sqrt{2}\,a)^2+a^2}=\sqrt{3}\,a$

←**三平方の定理**

ゆえに，△OAB の面積について

$\dfrac{1}{2}AB\cdot OM=\dfrac{1}{2}OB\cdot AE$

←△OAB の面積を，辺 AB，OB をそれぞれ底辺とみた場合の 2 通りに表す。

よって　$AB\cdot OM=OB\cdot AE$

ゆえに　$AE=\dfrac{AB\cdot OM}{OB}=\dfrac{2a\cdot\sqrt{2}\,a}{\sqrt{3}\,a}=\boldsymbol{\dfrac{2\sqrt{6}}{3}a}$

(2) $\angle AEC=\theta$ とする。

△AEC において，余弦定理により

$\cos\theta=\dfrac{AE^2+CE^2-AC^2}{2AE\cdot CE}$

$=\dfrac{2\left(\dfrac{2\sqrt{6}}{3}a\right)^2-(2\sqrt{2}\,a)^2}{2\left(\dfrac{2\sqrt{6}}{3}a\right)^2}=-\dfrac{1}{2}$

←AE=CE，(1)の結果を利用。
$AC=\sqrt{2}\cdot 2a=2\sqrt{2}\,a$

よって　$\theta=120^\circ$

ゆえに　**∠AEC=120°**

また　　$\triangle \mathbf{AEC}=\frac{1}{2}\mathrm{AE}\cdot\mathrm{CE}\sin 120^\circ=\frac{1}{2}\cdot\left(\frac{2\sqrt{6}}{3}a\right)^2\cdot\frac{\sqrt{3}}{2}$

$=\boldsymbol{\frac{2\sqrt{3}}{3}a^2}$

EX
③**122**

四面体 ABCD において，AB=3，BC=$\sqrt{13}$，CA=4，DA=DB=DC=3 とし，頂点 D から △ABC に垂線 DH を下ろす。
このとき，線分 DH の長さと四面体 ABCD の体積を求めよ。　〔東京慈恵会医大〕

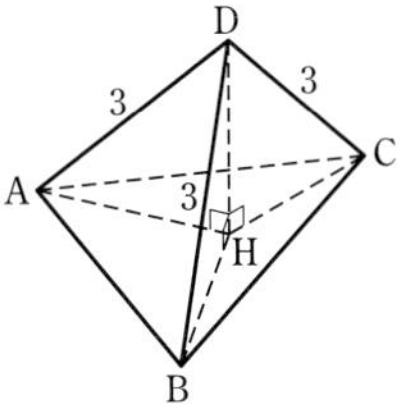

線分 DH は △ABC に下ろした垂線であるから

$\angle\mathrm{DHA}=\angle\mathrm{DHB}=\angle\mathrm{DHC}=90^\circ$

←DH⊥平面 ABC

よって，△ADH，△BDH，△CDH は直角三角形である。
また，この 3 つの直角三角形において

DH は共通

DA=DB=DC=3

直角三角形の斜辺と他の 1 辺がそれぞれ等しいから

$\triangle\mathrm{ADH}\equiv\triangle\mathrm{BDH}\equiv\triangle\mathrm{CDH}$

ゆえに，AH=BH=CH であるから，H は △ABC の外接円の中心（外心）である。
ここで，△ABC において，余弦定理により

$$\cos\angle\mathrm{BAC}=\frac{3^2+4^2-(\sqrt{13})^2}{2\cdot3\cdot4}=\frac{1}{2}$$

よって，∠BAC=60° であるから

$$\sin\angle\mathrm{BAC}=\frac{\sqrt{3}}{2}$$

線分 AH は △ABC の外接円の半径であるから，△ABC において，正弦定理により

←H は △ABC の外接円の中心である。

$$\mathrm{AH}=\frac{\mathrm{BC}}{2\sin\angle\mathrm{BAC}}=\frac{\sqrt{13}}{2\cdot\frac{\sqrt{3}}{2}}=\frac{\sqrt{13}}{\sqrt{3}}$$

ゆえに　　$\mathbf{DH}=\sqrt{\mathrm{AD}^2-\mathrm{AH}^2}=\sqrt{3^2-\left(\frac{\sqrt{13}}{\sqrt{3}}\right)^2}=\boldsymbol{\frac{\sqrt{42}}{3}}$

←直角三角形 ADH に三平方の定理を適用する。

よって，**四面体 ABCD の体積は**

$$\frac{1}{3}\triangle\mathrm{ABC}\cdot\mathrm{DH}=\frac{1}{3}\times\frac{1}{2}\mathrm{AB}\cdot\mathrm{AC}\sin\angle\mathrm{BAC}\times\mathrm{DH}$$

$$=\frac{1}{3}\times\frac{1}{2}\cdot3\cdot4\cdot\frac{\sqrt{3}}{2}\times\frac{\sqrt{42}}{3}=\boldsymbol{\sqrt{14}}$$

EX
④**123**

3 辺の長さが 5，6，7 の三角形を T とする。
(1) T の面積を求めよ。
(2) T を底面とする高さ 4 の直三角柱の内部に含まれる球の半径の最大値を求めよ。ただし，直三角柱とは，すべての側面が底面と垂直であるような三角柱である。　〔北海道大〕

(1) 右の図のように，T の頂点 A, B, C を

$$AB=5,\ BC=6,\ CA=7$$

となるようにとる。

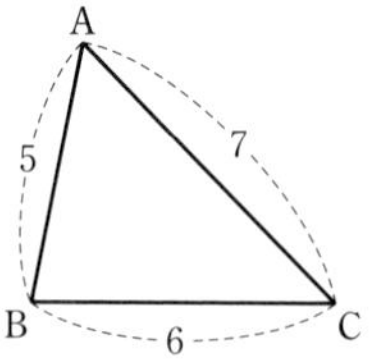

余弦定理により

$$\cos B=\frac{5^2+6^2-7^2}{2\cdot5\cdot6}=\frac{12}{2\cdot5\cdot6}=\frac{1}{5}$$

$0°<B<180°$ より，$\sin B>0$ であるから

$$\sin B=\sqrt{1-\cos^2 B}=\sqrt{1-\left(\frac{1}{5}\right)^2}$$

$$=\sqrt{\frac{24}{25}}=\frac{2\sqrt{6}}{5}$$

よって，T の面積は　$\frac{1}{2}\cdot5\cdot6\cdot\frac{2\sqrt{6}}{5}=\mathbf{6\sqrt{6}}$

←(T の面積) $=\frac{1}{2}\text{AB}\cdot\text{BC}\sin B$

別解　ヘロンの公式を用いると，$s=\frac{5+6+7}{2}=9$ であるから

$$S=\sqrt{9(9-5)(9-6)(9-7)}=\sqrt{9\cdot4\cdot3\cdot2}=\mathbf{6\sqrt{6}}$$

(2) 直三角柱の高さが 4 であるから，球の半径を r とすると

$0<r\leqq2$ …… ①

よって，T を底面とする高さ 4 の直三角柱の内部に半径 r の球が含まれるための必要十分条件は，① かつ T の内部に半径 r の円が含まれることである。

右の図のように，半径 r の円の中心を O とし，点 O から 3 辺 BC, CA, AB に垂線を下ろし，その長さをそれぞれ x, y, z とする。

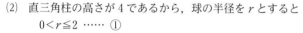

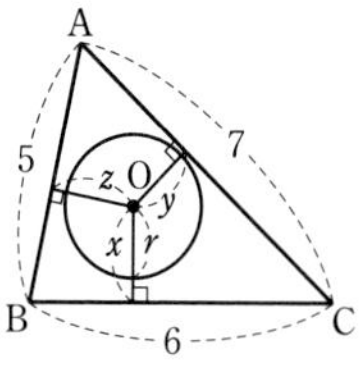

T の内部に円 O が含まれるから

$r\leqq x$, $r\leqq y$, $r\leqq z$ …… ②

また，T の面積は

$$\triangle\text{OBC}+\triangle\text{OCA}+\triangle\text{OAB}$$

$$=\frac{1}{2}\cdot6\cdot x+\frac{1}{2}\cdot7\cdot y+\frac{1}{2}\cdot5\cdot z=\frac{1}{2}(6x+7y+5z)$$

であるから，(1) より

$$\frac{1}{2}(6x+7y+5z)=6\sqrt{6}\quad すなわち\quad 6x+7y+5z=12\sqrt{6}$$

② から　$6x+7y+5z\geqq6r+7r+5r=18r$

等号が成り立つのは $x=y=z=r$ のとき，すなわち，円 O が T の内接円であるときである。

よって　$12\sqrt{6}\geqq18r$　すなわち　$r\leqq\frac{2\sqrt{6}}{3}$

←$\frac{2\sqrt{6}}{3}=1.632……$

したがって，① と合わせて，求める半径 r の最大値は　$\mathbf{\frac{2\sqrt{6}}{3}}$

EX ⑤**124** 1辺の長さが1の正二十面体 W のすべての頂点が球 S の表面上にあるとき，次の問いに答えよ。なお，正二十面体は，すべての面が合同な正三角形であり，各頂点は5つの正三角形に共有されている。

(1) 正二十面体 W の1つの頂点をA，頂点Aからの距離が1である5つの頂点をB，C，D，E，Fとする。$\cos 36^\circ=\dfrac{1+\sqrt{5}}{4}$ を用いて，対角線BEの長さと正五角形BCDEFの外接円の半径 R を求めよ。

(2) 2つの頂点D，Eからの距離が1である2つの頂点のうち，頂点Aでない方をGとする。球 S の直径BGの長さを求めよ。

(3) 球 S の中心をOとする。△DEGを底面とする三角錐ODEGの体積を求め，正二十面体 W の体積を求めよ。

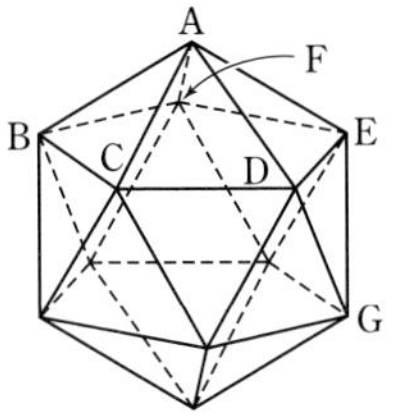

(1) ∠BFEは正五角形の内角であるから

$$\angle\mathrm{BFE}=\frac{180^\circ\times 3}{5}=108^\circ$$

←五角形の内角の和は $180^\circ\times 3$

よって

$$\angle\mathrm{FBE}=\frac{180^\circ-108^\circ}{2}=36^\circ$$

FからBEに下ろした垂線をFHとする。

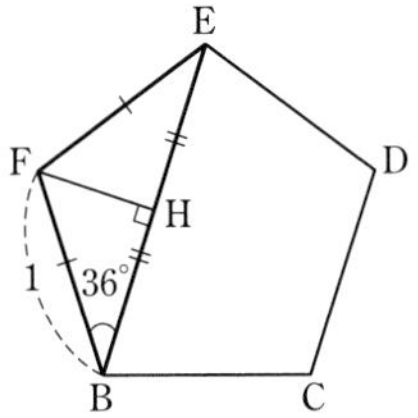

$\cos 36^\circ=\dfrac{1+\sqrt{5}}{4}$ であるから

$$\mathbf{BE}=2\mathrm{BH}$$
$$=2\mathrm{BF}\cos 36^\circ$$
$$=\boldsymbol{\frac{1+\sqrt{5}}{2}} \quad \cdots\cdots ①$$

検討 下の図において，$a=\dfrac{1+\sqrt{5}}{2}$ であるから

$\cos 36^\circ=\dfrac{a}{2}=\dfrac{1+\sqrt{5}}{4}$

(EXERCISES 97 参照)

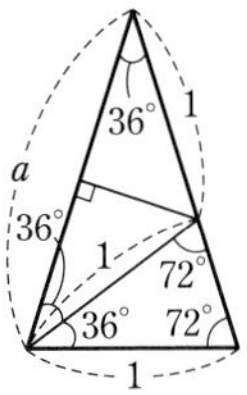

また，$\sin 36^\circ>0$ であるから

$$\sin 36^\circ=\sqrt{1-\cos^2 36^\circ}$$
$$=\sqrt{1-\left(\frac{1+\sqrt{5}}{4}\right)^2}$$
$$=\sqrt{\frac{4^2-(1+\sqrt{5})^2}{4^2}}$$
$$=\frac{\sqrt{10-2\sqrt{5}}}{4}$$

←和が10，積が5となる2数(自然数)は存在しないから2重根号ははずせない。

正五角形BCDEFの外接円は△BEFの外接円と等しいから，△BEFにおいて正弦定理により

$$\frac{\mathrm{EF}}{\sin 36^\circ}=2R$$

よって　$\boldsymbol{R=\dfrac{2}{\sqrt{10-2\sqrt{5}}}}$

(2) 頂点B, E, G は球 S の表面上にあり, BG は球 S の直径であるから, △EBG は ∠BEG=90° の直角三角形である。

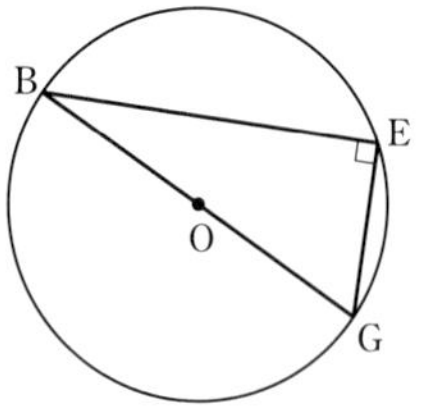

①, EG=1 から

$$BG^2=BE^2+EG^2$$
$$=\left(\frac{1+\sqrt{5}}{2}\right)^2+1^2$$
$$=\frac{10+2\sqrt{5}}{4}$$

←三平方の定理。

BG>0 であるから　　**$BG=\dfrac{\sqrt{10+2\sqrt{5}}}{2}$**

(3) 頂点Oから△DEG に垂線 OI を下ろすと, I は △DEG の外接円の中心である。

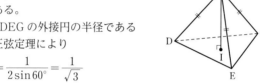

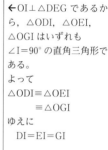

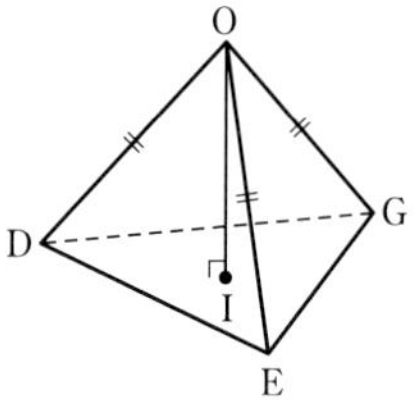

←OI⊥△DEG であるから, △ODI, △OEI, △OGI はいずれも ∠I=90° の直角三角形である。
よって
△ODI≡△OEI
≡△OGI
ゆえに
DI=EI=GI

GI は △DEG の外接円の半径であるから, 正弦定理により

$$GI=\frac{1}{2\sin 60^\circ}=\frac{1}{\sqrt{3}}$$

$OG=\dfrac{1}{2}BG=\dfrac{\sqrt{10+2\sqrt{5}}}{4}$ であるから

$$OI^2=OG^2-GI^2$$
$$=\frac{10+2\sqrt{5}}{16}-\frac{1}{3}=\frac{14+6\sqrt{5}}{48}$$
$$=\frac{14+2\sqrt{45}}{48}=\frac{9+5+2\sqrt{9\cdot5}}{48}$$
$$=\frac{(\sqrt{9}+\sqrt{5})^2}{48}=\frac{(3+\sqrt{5})^2}{48}$$

←$6\sqrt{5}=2\sqrt{45}$
根号の前を2にする。

OI>0 であるから　　$OI=\dfrac{3+\sqrt{5}}{4\sqrt{3}}$

また　　$\triangle DEG=\dfrac{1}{2}\cdot1\cdot1\cdot\sin 60^\circ=\dfrac{\sqrt{3}}{4}$

したがって, **三角錐 ODEG の体積** は

$$\frac{1}{3}\cdot\frac{\sqrt{3}}{4}\cdot\frac{3+\sqrt{5}}{4\sqrt{3}}=\boldsymbol{\frac{3+\sqrt{5}}{48}}$$

ゆえに, **正二十面体 W の体積** は

$$20\times\frac{3+\sqrt{5}}{48}=\boldsymbol{\frac{15+5\sqrt{5}}{12}}$$

←正二十面体 W は, 三角錐 ODEG と同じものが20個集まってできている。

EX ③125 1辺の長さが6の正四面体ABCDがある。辺BD上にBE=4となるように点Eをとる。また，辺AC上に点P，辺AD上に点Qをとり，線分BP，PQ，QEのそれぞれの長さをx，y，zとおく。
(1) 四面体ABCEの体積を求めよ。
(2) PとQを動かして$x+y+z$を最小にするとき，$x+y+z$の値を求めよ。 〔南山大〕

(1) 点Aから△BCDに下ろした垂線をAHとする。
AB=AC=ADであるから
　　△ABH≡△ACH≡△ADH
よって　　BH=CH=DH
ゆえに，Hは△BCDの外接円の中心である。

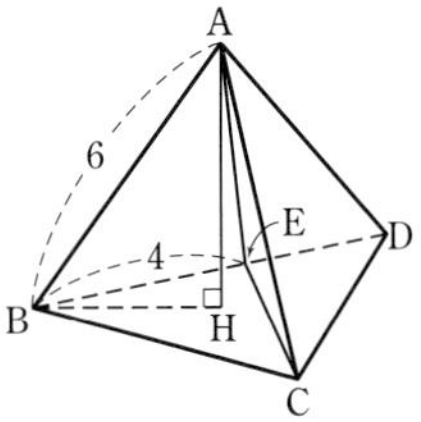

△BCDにおいて，正弦定理により

$$BH=\frac{6}{2\sin 60^\circ}=2\sqrt{3}$$

よって　　$AH=\sqrt{AB^2-BH^2}=\sqrt{6^2-(2\sqrt{3})^2}=2\sqrt{6}$

←直角三角形ABHにおいて，三平方の定理を適用する。

したがって，四面体ABCEの体積は

$$\frac{1}{3}\triangle BCE\cdot AH=\frac{1}{3}\cdot\frac{1}{2}\cdot 6\cdot 4\sin 60^\circ\cdot 2\sqrt{6}=\mathbf{12\sqrt{2}}$$

(2) $x+y+z$が最小となるのは右の展開図のようにB，P，Q，Eが一直線上に並ぶときである。

←4点B，P，Q，Eが一直線上に並ぶような展開図をかく。

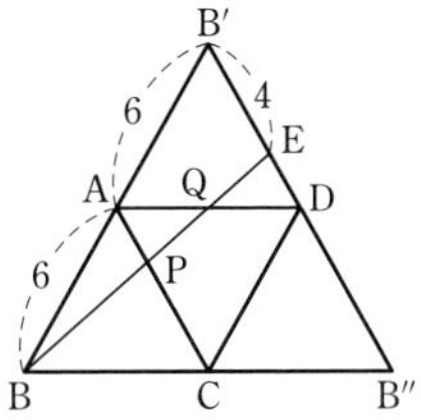

右の展開図から，△B′BEにおいて，余弦定理により

$$BE^2=12^2+4^2-2\cdot 12\cdot 4\cos 60^\circ$$
$$=112$$

BE>0であるから，求める最小値は

$$BE=\mathbf{4\sqrt{7}}$$

練習 ①175 次のデータは，ある野球チームの選手 30 人の体重である。

91　84　74　75　83　78　95　74　85　75
96　89　77　76　70　90　79　84　86　77
80　78　87　73　81　78　66　83　73　70　(単位は kg)

(1)　階級の幅を 5 kg として，度数分布表を作れ。ただし，階級は 65 kg から区切り始めるものとする。

(2)　(1) で作った度数分布表をもとにして，ヒストグラムをかけ。

(1)

階級(kg)	度数
65 以上 70 未満	1
70 ～ 75	6
75 ～ 80	9
80 ～ 85	6
85 ～ 90	4
90 ～ 95	2
95 ～ 100	2
計	30

(2)

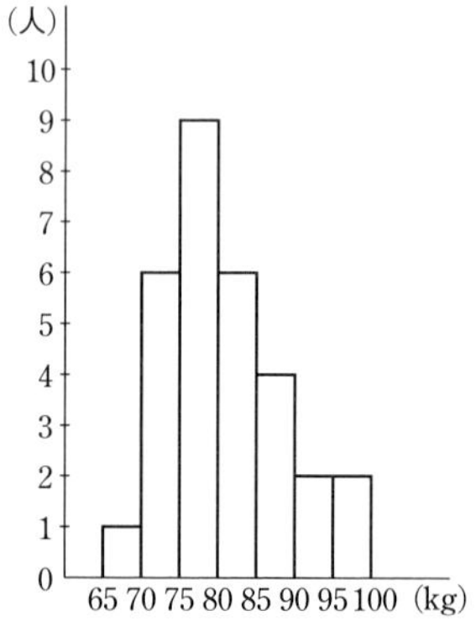

←65 kg 以上 70 kg 未満からスタートし，最高体重 96 kg が入る 95 kg 以上 100 kg 未満まで 7 個の階級に分ける。

練習 ②176 次のデータは 10 人の生徒の 20 点満点のテストの結果である。

6，5，20，11，9，8，15，12，7，17　(単位は点)

(1)　このデータの平均値を求めよ。　(2)　このデータの中央値を求めよ。

(1)　$\frac{1}{10}(6+5+20+11+9+8+15+12+7+17)=\frac{110}{10}=\mathbf{11}$ **(点)**

(2)　点数を小さい方から順に並べると

5，6，7，8，9，11，12，15，17，20

5 番目と 6 番目の平均をとって，中央値は

$\frac{9+11}{2}=\mathbf{10}$ **(点)**

←データの大きさが偶数のときは，中央の 2 つの値の平均をとる。

練習 ③177 右の表は，8 人の生徒について行われたテストの得点の度数分布表である。得点はすべて整数とする。

(1)　このデータの平均値のとりうる値の範囲を求めよ。

(2)　8 人の得点の平均点は 52 点であり，各得点は

34，42，43，46，57，58，65，x　(単位は点)

であった。x の値を求めよ。

得点の階級(点)	人数
20 以上 40 未満	1
40 ～ 60	5
60 ～ 80	2
計	8

(1)　データの平均値が最小となるのは，データの各値が各階級の値の最小の値となるときであるから

$\frac{1}{8}(20\times1+40\times5+60\times2)=42.5$

←$\frac{85}{2}$ でもよい。

データの平均値が最大となるのは，データの各値が各階級の値の最大の値となるときであるから

$\frac{1}{8}(39\times1+59\times5+79\times2)=61.5$

←$\frac{123}{2}$ でもよい。

よって　**42.5 点以上 61.5 点以下**

別解 [データの平均値の最大値を求める別解]

データの平均値が最大となるのは，データの各値が最小の値よりそれぞれ19点高いときであるから，平均点も19点高くなり　$42.5+19=61.5$

←$39=20+19$，$59=40+19$，$79=60+19$ であるから，平均値の最大値は $42.5+\frac{1}{8}\times 19(1+5+2)$

(2) 合計点を考えると

$$34+42+43+46+57+58+65+x=52\times 8$$

よって　$x+345=416$

ゆえに　$\boldsymbol{x=71}$

練習 ③178 次のデータは10人の生徒のある教科のテストの得点である。ただし，x の値は正の整数である。

43, 55, x, 64, 36, 48, 46, 71, 65, 50 （単位は点）

x の値がわからないとき，このデータの中央値として何通りの値がありうるか。

データの大きさが10であるから，中央値は小さい方から5番目と6番目の値の平均値である。

x 以外の値を小さい方から並べると

36, 43, 46, 48, 50, 55, 64, 65, 71

この9個のデータにおいて，小さい方から5番目の値は　50

よって，x を含めた10個のデータの中央値は

$$\frac{48+50}{2},\ \frac{50+55}{2},\ \frac{50+x}{2}\ （ただし，49\leqq x\leqq 54）$$

のいずれかである。

ゆえに，中央値は　$\frac{50+x}{2}$ （ただし，$48\leqq x\leqq 55$）

x は正の整数であるから，中央値は $55-48+1=$**8（通り）**の値がありうる。

補足 [1] $0<x\leqq 48$ のときの中央値は

$$\frac{48+50}{2}=49$$

[2] $x\geqq 55$ のときの中央値は

$$\frac{50+55}{2}=52.5$$

[3] $49\leqq x\leqq 54$ のときの中央値は

$$\frac{x+50}{2}$$

[1] 36, 43, x, 46, 48, 50, 55, 64, 65, 71 など。

[2] 36, 43, 46, 48, 50, 55, x, 64, 65, 71 など。

[3] 36, 43, 46, 48, x, 50, 55, 64, 65, 71 または 36, 43, 46, 48, 50, x, 55, 64, 65, 71

練習 ①179 次のデータは，A班10人とB班9人の7日間の勉強時間の合計を調べたものである。

A班　5, 15, 17, 11, 18, 22, 12, 9, 14, 4

B班　2, 16, 13, 19, 6, 3, 10, 8, 7　（単位は時間）

A班，B班を合わせた大きさ19のデータの範囲，四分位範囲を求めよ。

A班，B班を合わせたデータを小さい方から順に並べると

2, 3, 4, 5, 6, 7, 8, 9, 10, 11,

12, 13, 14, 15, 16, 17, 18, 19, 22

よって，データの **範囲は**　$22-2=$**20（時間）**

また，第 1 四分位数 Q_1，第 3 四分位数 Q_3 は

$Q_1=6$ (時間)，$Q_3=16$ (時間)

ゆえに，データの **四分位範囲は**

$Q_3-Q_1=$ **10** (**時間**)

下位のデータ

← 2, 3, 4, 5, **6**, 7, 8, 9, 10, 11,
12, 13, 14, 15, **16**, 17, 18, 19, 22

上位のデータ

練習
②**180**

右の図は，160 人の生徒が受けた数学Ⅰと数学Aのテストの得点のデータの箱ひげ図である。この箱ひげ図から読み取れることとして正しいものを，次の ①～④ からすべて選べ。

① 数学Ⅰは数学Aに比べて四分位範囲が大きい。

② 数学Ⅰでは 60 点以上の生徒が 80 人より少ない。

③ 数学Aでは 80 点以上の生徒が 40 人以下である。

④ 数学Ⅰ，数学Aともに 30 点以上 40 点以下の生徒がいる。

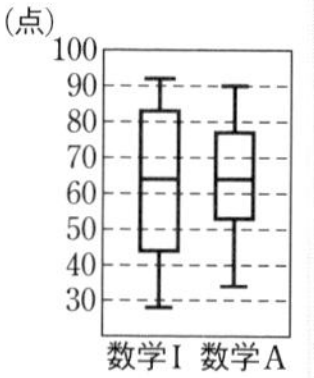

① 四分位範囲は，数学Ⅰの方が数学Aより大きい。よって，① は正しい。

② 数学Ⅰのデータの中央値は 60 点より大きいから，60 点以上の生徒が 80 人以上であることがわかる。よって，② は正しくない。

③ 数学Aのデータの第 3 四分位数は 80 点より小さいから，80 点以上の生徒が 40 人以下であることがわかる。よって，③ は正しい。

④ 数学Aのデータの最小値は 30 点以上 40 点以下であるから，数学Aには 30 点台の生徒がいる。一方，数学Ⅰのデータの最小値は 30 点より小さく，第 1 四分位数は 40 点より大きいから，数学Ⅰに 30 点以上 40 点以下の生徒がいるかどうかはこの箱ひげ図からはわからない。よって，④ は正しくない。

以上から，正しいものは　①，③

←四分位範囲は Q_3-Q_1

←箱ひげ図の中央値から，数学Ⅰは 60 点以上が 50％（80 人）以上いる，と読み取れる。

←数学Ⅰの箱ひげ図から，データを小さい方から順に並べたとき
1 番目が 29,
2 番目が 41, ……,
であることも考えられる。

練習
③**181**

右のヒストグラムと矛盾する箱ひげ図を ①～③ のうちからすべて選べ。ただし，各階級は 8 ℃ 以上 10 ℃ 未満のように区切っている。また，データの大きさは 30 である。

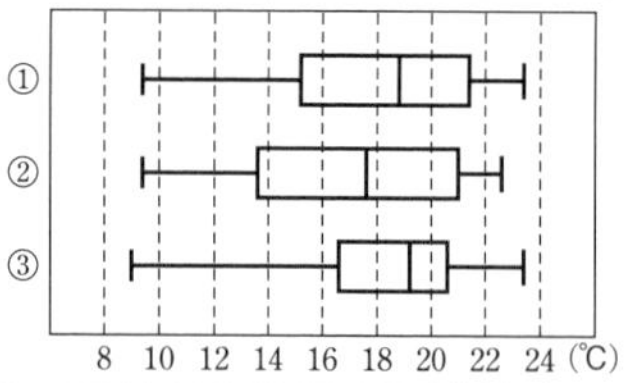

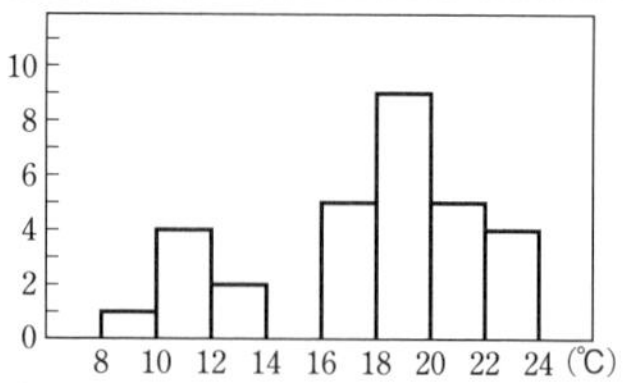

ヒストグラムから，次のことが読み取れる。

[1] 最大値は 22 ℃ 以上 24 ℃ 未満の階級にある。

[2] 最小値は 8 ℃ 以上 10 ℃ 未満の階級にある。

[3] 第 1 四分位数 Q_1 は 16 ℃ 以上 18 ℃ 未満の階級にある。　←Q_1：下から 8 番目

[4] 中央値 Q_2 は 18 ℃ 以上 20 ℃ 未満の階級にある。

[5] 第 3 四分位数 Q_3 は 20 ℃ 以上 22 ℃ 未満の階級にある。　←Q_3：上から 8 番目

③ の箱ひげ図は，[1]～[5] をすべて満たしている。
① の箱ひげ図は，Q_1 が 14 °C 以上 16 °C 未満の階級にあり，[3] を満たしていない。また，② の箱ひげ図は，Q_1 が 12 °C 以上 14 °C 未満の階級に，Q_2 が 16 °C 以上 18 °C 未満の階級にあり，それぞれ [3]，[4] を満たしていない。
以上から，ヒストグラムと矛盾する箱ひげ図は　①，②

練習 ②182 右の表は，A 工場，B 工場の同じ規格の製品 30 個の重さを量った結果である。
(1) 両工場のデータについて，平均値，標準偏差をそれぞれ求めよ。ただし，小数第 3 位を四捨五入せよ。
(2) 両工場のデータについて，標準偏差によってデータの平均値からの散らばりの度合いを比較せよ。

製品の重さ(g)	個数	
	A 工場	B 工場
3.6	3	0
3.7	4	1
3.8	6	2
3.9	0	6
4.0	11	8
4.1	6	13
計	30	30

(1) 製品の重さを x とし，製品の個数を f とする。
(A 工場)

x	f	xf	$x-\overline{x}$	$(x-\overline{x})^2$	$(x-\overline{x})^2f$
3.6	3	10.8	−0.3	0.09	0.27
3.7	4	14.8	−0.2	0.04	0.16
3.8	6	22.8	−0.1	0.01	0.06
3.9	0	0.0	0.0	0.00	0.00
4.0	11	44.0	0.1	0.01	0.11
4.1	6	24.6	0.2	0.04	0.24
計	30	117.0			0.84

表から，x の **平均値** $\overline{x}$ は　$\overline{x}=\dfrac{117}{30}=\mathbf{3.90}$ **(g)**

また，x の **標準偏差** s は　$s=\sqrt{\dfrac{0.84}{30}}=\sqrt{0.028}\fallingdotseq\mathbf{0.17}$ **(g)**

(B 工場)

x	f	xf	$x-\overline{x}$	$(x-\overline{x})^2$	$(x-\overline{x})^2f$
3.6	0	0.0	−0.4	0.16	0.00
3.7	1	3.7	−0.3	0.09	0.09
3.8	2	7.6	−0.2	0.04	0.08
3.9	6	23.4	−0.1	0.01	0.06
4.0	8	32.0	0.0	0.00	0.00
4.1	13	53.3	0.1	0.01	0.13
計	30	120.0			0.36

表から，x の **平均値** $\overline{x}$ は　$\overline{x}=\dfrac{120}{30}=\mathbf{4.00}$ **(g)**

また，x の **標準偏差** s は　$s=\sqrt{\dfrac{0.36}{30}}=\sqrt{0.012}\fallingdotseq\mathbf{0.11}$ **(g)**

←$\overline{x^2}$ を計算 [x^2f の和を 30 で割る] するよりも，定義に基づいて分散を計算 [$(x-\overline{x})^2f$ の和を 30 で割る] した方がらく。よって，「xf」，「$x-\overline{x}$」，「$(x-\overline{x})^2$」，「$(x-\overline{x})^2f$」の列を書き加える。

←$s=\sqrt{分散}$
$=\sqrt{\dfrac{(x-\overline{x})^2f の和}{30}}$
$(0.165)^2=0.027225$，
$(0.17)^2=0.0289$

←$f=0$ のとき，$(x-\overline{x})^2f=0$ となるから，$x-\overline{x}$，$(x-\overline{x})^2$ の数値を必ずしも書き込む必要はない。

←$(0.105)^2=0.011025$，
$(0.11)^2=0.0121$

(2) (1) より，標準偏差は A 工場のデータの方が大きいから，
A 工場の方が散らばりの度合いが大きい。

練習 ③183 12 個のデータがある。そのうちの 6 個のデータの平均値は 4，標準偏差は 3 であり，残りの 6 個のデータの平均値は 8，標準偏差は 5 である。
(1) 全体の平均値を求めよ。　(2) 全体の分散を求めよ。　〔広島工大〕

(1) $\dfrac{6\times4+6\times8}{12}=\mathbf{6}$

←12 個全体のデータの総和は　$6\times4+6\times8$

(2) 6 個のデータを x_1，x_2，……，x_6 とし，残り 6 個のデータを x_7，x_8，……，x_{12} とする。

$3^2=\dfrac{x_1{}^2+x_2{}^2+\cdots\cdots+x_6{}^2}{6}-4^2$ であるから

$$x_1{}^2+x_2{}^2+\cdots\cdots+x_6{}^2=6\times(3^2+4^2)=6\times25$$

←6 個のデータの標準偏差は 3，平均値は 4

$5^2=\dfrac{x_7{}^2+x_8{}^2+\cdots\cdots+x_{12}{}^2}{6}-8^2$ であるから

$$x_7{}^2+x_8{}^2+\cdots\cdots+x_{12}{}^2=6\times(5^2+8^2)=6\times89$$

←残り 6 個のデータの標準偏差は 5，平均値は 8

よって，12 個全体の分散は

$$\frac{1}{12}(x_1{}^2+x_2{}^2+\cdots+x_6{}^2+x_7{}^2+x_8{}^2+\cdots+x_{12}{}^2)-6^2$$

$$=\frac{6\times25+6\times89}{12}-36=57-36=\mathbf{21}$$

別解　6 個のデータの 2 乗の平均値は 3^2+4^2 であり，残り 6 個のデータの 2 乗の平均値は 5^2+8^2 であるから，12 個全体の分散は

$$\frac{6\times(3^2+4^2)+6\times(5^2+8^2)}{6+6}-6^2$$

$$=\frac{6\times25+6\times89}{12}-36=57-36=\mathbf{21}$$

練習 ③184 次のデータは，ある都市のある年の月ごとの最低気温を並べたものである。

−12，−9，−3，3，10，17，20，19，15，7，1，−8　(単位は °C)

(1) このデータの平均値を求めよ。
(2) このデータの中で入力ミスが見つかった。正しくは −3 °C が −1 °C，3 °C が 2 °C，19 °C が 18 °C であった。この入力ミスを修正すると，このデータの平均値は ア□ し，分散は イ□ する。
ア□，イ□ に当てはまるものを次の ①，②，③ から選べ。
① 修正前より増加　② 修正前より減少　③ 修正前と一致

(1) $\dfrac{1}{12}(-12-9-3+3+10+17+20+19+15+7+1-8)=\mathbf{5}$ **(°C)**

(2) (ア) $-3+3+19=-1+2+18$ であるから，データの総和は変化しない。
よって，データの平均値は修正前と一致する。
ゆえに　③

←修正の前後で，データの大きさも変化しない。

(イ) (1), (ア) より，修正後のデータの平均値は 5 °C であるから，修正した 3 つのデータの平均値からの偏差の 2 乗の和は

修正前：$(-3-5)^2+(3-5)^2+(19-5)^2=264$

修正後：$(-1-5)^2+(2-5)^2+(18-5)^2=214$

よって，偏差の 2 乗の総和は減少するから，分散は修正前より減少する。ゆえに　②

←平均値が修正前と修正後で一致しているから，修正していない 9 個のデータについては，平均値からの偏差の 2 乗の値に変化はない。

練習 ②185 ある変量のデータがあり，その平均値は 50，標準偏差は 15 である。そのデータを修正して，各データの値を 1.2 倍して 5 を引いたとき，修正後の平均値と標準偏差を求めよ。

修正前，修正後の変量をそれぞれ x，y とする。また，x，y のデータの平均値をそれぞれ $\overline{x}$，$\overline{y}$，標準偏差をそれぞれ s_x，s_y とする。

$y=1.2x-5$ であるから

$$\overline{y}=1.2\overline{x}-5=1.2\times50-5=55$$
$$s_y=1.2s_x=1.2\times15=18$$

よって，修正後の **平均値は 55，標準偏差は 18** である。

←$y=ax+b$（a，b は定数）のとき $\overline{y}=a\overline{x}+b$，$s_y=|a|s_x$

練習 ②186 次の変量 x のデータについて，以下の問いに答えよ。

514，584，598，521，605，612，577

(1) $y=x-570$ とおくことにより，変量 x のデータの平均値 $\overline{x}$ を求めよ。

(2) $u=\dfrac{x-570}{7}$ とおくことにより，変量 x のデータの分散を求めよ。

(1) $\overline{y}=\dfrac{1}{7}\{(-56)+14+28+(-49)+35+42+7\}=3$

ゆえに　$\overline{x}=\overline{y}+570=\mathbf{573}$

←$\overline{y}=\overline{x}-570$ から $\overline{x}=\overline{y}+570$

(2) $u=\dfrac{x-570}{7}$ とおくと，u，u^2 の値は次のようになる。

x	514	584	598	521	605	612	577	計
y	-56	14	28	-49	35	42	7	21
u	-8	2	4	-7	5	6	1	3
u^2	64	4	16	49	25	36	1	195

よって，u のデータの分散は

$$\overline{u^2}-(\overline{u})^2=\frac{195}{7}-\left(\frac{3}{7}\right)^2=\frac{1356}{49}$$

ゆえに，x のデータの分散は

$$7^2\times\frac{1356}{49}=\mathbf{1356}$$

←この場合，分散は $\overline{u^2}-(\overline{u})^2$ で求める方が早い。よって，$\overline{u^2}$（u^2 の平均値）を計算するために，u^2 の和を求めている。

練習 ①187 右の散布図は，30 人のクラスの漢字と英単語の 100 点満点で実施したテストの得点の散布図である。

(1) この散布図をもとにして，漢字と英単語の得点の間に相関関係があるかどうかを調べよ。また，相関関係がある場合には，正・負のどちらであるかをいえ。

(2) この散布図をもとにして，英単語の度数分布表を作成せよ。ただし，階級は「40 以上 50 未満」，……，「90 以上 100 未満」とする。

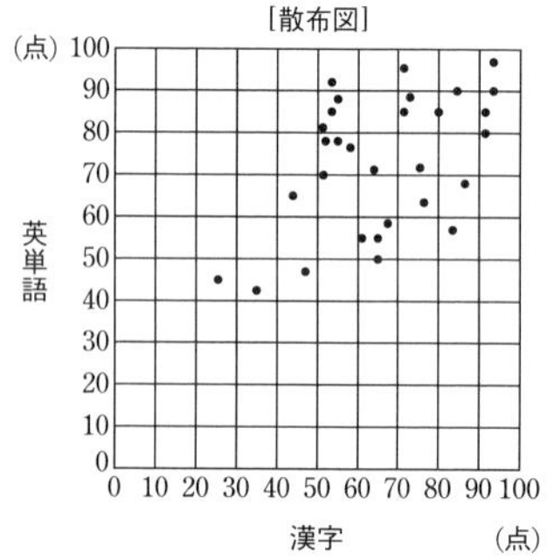

(1) **正の相関関係がある。**

(2) 英単語の度数分布表は次のようになる。

得点の階級(点)	人数
40 以上 50 未満	3
50 ～ 60	5
60 ～ 70	3
70 ～ 80	6
80 ～ 90	8
90 ～ 100	5
計	30

←散布図の点が全体に右上がりに分布している。

←英単語の 10 点刻みの横罫線を基準にして，数える。

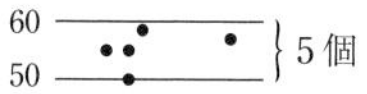

練習 ②188 下の表は，10 人の生徒に 30 点満点の 2 種類のテスト A，B を行った得点の結果である。テスト A，B の得点をそれぞれ x, y とするとき，x と y の相関係数 r を求めよ。ただし，小数第 3 位を四捨五入せよ。

生徒番号	1	2	3	4	5	6	7	8	9	10
x	29	25	22	28	18	23	26	30	30	29
y	23	23	18	26	17	20	21	20	26	26

x，y のデータの平均値をそれぞれ $\overline{x}$，$\overline{y}$ とすると

$$\overline{x}=\frac{1}{10}(29+25+22+28+18+23+26+30+30+29)$$
$$=26\ (点)$$

$$\overline{y}=\frac{1}{10}(23+23+18+26+17+20+21+20+26+26)$$
$$=22\ (点)$$

よって，次の表が得られる。

←x, y の仮平均を，それぞれ 25，20 として計算すると

$$\overline{x}=25+\frac{1}{10}(4+0-3+3-7-2+1+5+5+4)=26$$

$$\overline{y}=20+\frac{1}{10}(3+3-2+6-3+0+1+0+6+6)=22$$

番号	x	y	$x-\overline{x}$	$y-\overline{y}$	$(x-\overline{x})^2$	$(y-\overline{y})^2$	$(x-\overline{x})(y-\overline{y})$
1	29	23	3	1	9	1	3
2	25	23	−1	1	1	1	−1
3	22	18	−4	−4	16	16	16
4	28	26	2	4	4	16	8
5	18	17	−8	−5	64	25	40
6	23	20	−3	−2	9	4	6
7	26	21	0	−1	0	1	0
8	30	20	4	−2	16	4	−8
9	30	26	4	4	16	16	16
10	29	26	3	4	9	16	12
計					144	100	92

←$(x-\overline{x})^2$ の和，$(y-\overline{y})^2$ の和，$(x-\overline{x})(y-\overline{y})$ の和を求める。

ゆえに　$r=\dfrac{92}{\sqrt{144\times100}}=\dfrac{92}{12\times10}\fallingdotseq\mathbf{0.77}$

5章

練習 ③189　右の表は，2つの変量 x，y のデータである。

x	80	70	62	72	90	78
y	58	72	83	71	52	78

(1)　これらのデータについて，0.72，−0.19，−0.85 のうち，x と y の相関係数に最も近いものはどれか。

(2)　表の右端のデータの y の値を 68 に変更すると，x と y の相関係数の絶対値は大きくなるか，それとも小さくなるか。

(1)　散布図は右の図のようになる。
よって，x と y には強い負の相関関係がある。
ゆえに，相関係数に最も近いのは
−0.85

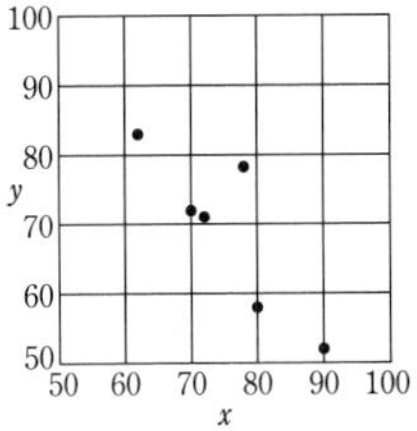

(2)　表の右端のデータの y の値が 68 に変わると，散布図において，
点 (78，78) が点 (78，68) に移る。
よって，変更後の方が変更前よりも相関が強いから，
相関係数の絶対値は大きくなる。

(1)　相関係数を計算するのは面倒。相関関係がわかればいいから，散布図をかいて，その散布図を利用して考える。

練習［データの分析］

練習 ④190　変量 x の平均を $\overline{x}$ とする。2つの変量 x，y の3組のデータ (x_1, y_1)，(x_2, y_2)，(x_3, y_3) があり，$\overline{x}=1$，$\overline{y}=2$，$\overline{x^2}=3$，$\overline{y^2}=10$，$\overline{xy}=4$ である。このとき，以下の問いに答えよ。ただし，相関係数については，$\sqrt{3}=1.73$ とし，小数第2位を四捨五入せよ。

(1)　x と y の共分散 s_{xy}，相関係数 r_{xy} を求めよ。

(2)　変量 z を $z=-2x+1$ とするとき，y と z の共分散 s_{yz}，相関係数 r_{yz} を求めよ。

(1)　$\boldsymbol{s_{xy}}=\dfrac{1}{3}\{(x_1-\overline{x})(y_1-\overline{y})+(x_2-\overline{x})(y_2-\overline{y})+(x_3-\overline{x})(y_3-\overline{y})\}$

$=\dfrac{1}{3}\{(x_1y_1+x_2y_2+x_3y_3)-\overline{x}(y_1+y_2+y_3)-(x_1+x_2+x_3)\overline{y}+3\overline{x}\cdot\overline{y}\}$

$=\dfrac{1}{3}(x_1y_1+x_2y_2+x_3y_3)-\overline{x}\cdot\dfrac{y_1+y_2+y_3}{3}-\dfrac{x_1+x_2+x_3}{3}\cdot\overline{y}+\overline{x}\cdot\overline{y}$

$=\overline{xy}-\overline{x}\cdot\overline{y}-\overline{x}\cdot\overline{y}+\overline{x}\cdot\overline{y}=\overline{xy}-\overline{x}\cdot\overline{y}$　…… ①

$=4-1\cdot2=\mathbf{2}$

x，y の標準偏差をそれぞれ s_x，s_y とすると

$$s_x{}^2=\overline{x^2}-(\overline{x})^2=3-1^2=2$$

$$s_y{}^2=\overline{y^2}-(\overline{y})^2=10-2^2=6$$

よって　$s_x=\sqrt{2}$，$s_y=\sqrt{6}$

ゆえに　$\boldsymbol{r_{xy}}=\dfrac{s_{xy}}{s_xs_y}=\dfrac{2}{\sqrt{2}\cdot\sqrt{6}}=\dfrac{1}{\sqrt{3}}\fallingdotseq\mathbf{0.6}$

←$\dfrac{1}{\sqrt{3}}=\dfrac{\sqrt{3}}{3}=\dfrac{1.73}{3}=0.57\cdots$

(2)　① から　$s_{yz}=\overline{yz}-\overline{y}\cdot\overline{z}$

ここで，$z_k=-2x_k+1$ $(k=1,\ 2,\ 3)$ とすると

$$\overline{yz}=\frac{1}{3}(y_1z_1+y_2z_2+y_3z_3)$$

$$=\frac{1}{3}\{y_1(-2x_1+1)+y_2(-2x_2+1)+y_3(-2x_3+1)\}$$

$$=-2\cdot\frac{1}{3}(x_1y_1+x_2y_2+x_3y_3)+\frac{y_1+y_2+y_3}{3}$$

$$=-2\overline{xy}+\overline{y}$$

よって　$\boldsymbol{s_{yz}}=-2\overline{xy}+\overline{y}-\overline{y}(-2\overline{x}+1)$

$$=-2\overline{xy}+2\overline{x}\cdot\overline{y}$$

$$=-2\cdot4+2\cdot1\cdot2=\mathbf{-4}$$

←$\overline{z}=-2\overline{x}+1$

また，z の標準偏差を s_z とすると

$$s_z=|-2|s_x=2\sqrt{2}$$

←$z=ax+b$（a，b は定数）のとき $s_z=|a|s_x$

ゆえに　$\boldsymbol{r_{yz}}=\dfrac{s_{yz}}{s_ys_z}=\dfrac{-4}{\sqrt{6}\cdot2\sqrt{2}}=-\dfrac{1}{\sqrt{3}}\fallingdotseq\mathbf{-0.6}$

参考　$z=ax+b$ のとき，$a>0$ ならば $r_{yz}=r_{xy}$ であり，$a<0$ ならば $r_{yz}=-r_{xy}$ である。

本冊 $p.319$ では，「① x，y の平均による点 $(\overline{x},\ \overline{y})$ を通る」かつ「② L が最小となる」を仮定して回帰直線の式を導いたが，① を仮定せず ② のみを仮定しても導くことができる。

大きさが n の 2 つの変量 x，y のデータを x_1，x_2，……，x_n；y_1，y_2，……，y_n とし，x，y のデータの平均値をそれぞれ $\overline{x}$，$\overline{y}$，標準偏差をそれぞれ s_x，s_y とし，x と y の共分散を s_{xy} とする。

また，x^2，y^2，xy のデータの平均値をそれぞれ $\overline{x^2}$，$\overline{y^2}$，$\overline{xy}$ とする。

ここで，回帰直線の式を $y=ax+b$ とし，

$\mathrm{P_1}(x_1,\ y_1)$，$\mathrm{P_2}(x_2,\ y_2)$，……，$\mathrm{P}_n(x_n,\ y_n)$；

$\mathrm{Q_1}(x_1,\ ax_1+b)$，$\mathrm{Q_2}(x_2,\ ax_2+b)$，……，

$\mathrm{Q}_n(x_n,\ ax_n+b)$

とする。このとき，

$L=\mathrm{P_1Q_1}^2+\mathrm{P_2Q_2}^2+\cdots\cdots+\mathrm{P}_n\mathrm{Q}_n{}^2$ が最小となる

という条件を満たす a，b の値を求めてみよう。

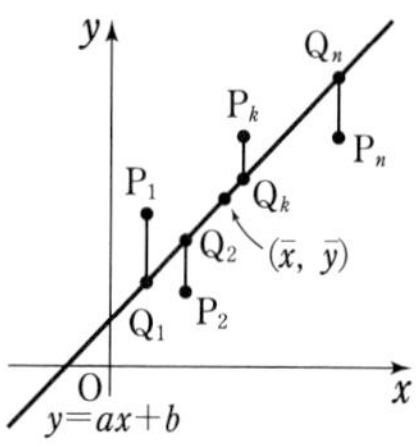

補足　散布図における 2 点 P_k，Q_k 間の距離を **残差** という。

$P_k(x_k,\ y_k)$，$Q_k(x_k,\ ax_k+b)$ $(k=1,\ 2,\ \cdots\cdots,\ n)$ に対し

$$\begin{aligned} P_kQ_k{}^2 &= \{y_k-(ax_k+b)\}^2=\{b+(ax_k-y_k)\}^2 \\ &= b^2+2(ax_k-y_k)b+(ax_k-y_k)^2 \end{aligned}$$

←b について整理する。

ゆえに，L を b の 2 次式とみて平方完成すると

$$\begin{aligned} L &= nb^2+2\{(ax_1-y_1)+(ax_2-y_2)+\cdots\cdots+(ax_n-y_n)\}b \\ &\qquad +\{(ax_1-y_1)^2+(ax_2-y_2)^2+\cdots\cdots+(ax_n-y_n)^2\} \\ &= nb^2+2\{a(x_1+x_2+\cdots\cdots+x_n)-(y_1+y_2+\cdots\cdots+y_n)\}b \\ &\qquad +\{(ax_1-y_1)^2+(ax_2-y_2)^2+\cdots\cdots+(ax_n-y_n)^2\} \\ &= n\left\{b^2+2\left(a\cdot\frac{x_1+x_2+\cdots\cdots+x_n}{n}-\frac{y_1+y_2+\cdots\cdots+y_n}{n}\right)b\right\} \\ &\qquad +\{(ax_1-y_1)^2+(ax_2-y_2)^2+\cdots\cdots+(ax_n-y_n)^2\} \\ &= n\{b^2+2(a\overline{x}-\overline{y})b\}+\{(ax_1-y_1)^2+(ax_2-y_2)^2+\cdots\cdots+(ax_n-y_n)^2\} \\ &= n\{b+(a\overline{x}-\overline{y})\}^2\underline{-n(a\overline{x}-\overline{y})^2} \\ &\qquad \underline{+\{(ax_1-y_1)^2+(ax_2-y_2)^2+\cdots\cdots+(ax_n-y_n)^2\}} \end{aligned}$$

ここで，

$$M=\underline{-n(a\overline{x}-\overline{y})^2+\{(ax_1-y_1)^2+(ax_2-y_2)^2+\cdots\cdots+(ax_n-y_n)^2\}}$$

として，M を a の 2 次式とみて平方完成すると

$$\begin{aligned} M &= -n\{a^2(\overline{x})^2-2a\overline{x}\cdot\overline{y}+(\overline{y})^2\}+a^2(x_1{}^2+x_2{}^2+\cdots\cdots+x_n{}^2) \\ &\qquad -2a(x_1y_1+x_2y_2+\cdots\cdots+x_ny_n)+(y_1{}^2+y_2{}^2+\cdots\cdots+y_n{}^2) \\ &= -n\{a^2(\overline{x})^2-2a\overline{x}\cdot\overline{y}+(\overline{y})^2\}+a^2\cdot n\overline{x^2}-2a\cdot n\overline{xy}+n\overline{y^2} \\ &= n\{\overline{x^2}-(\overline{x})^2\}a^2-2n(\overline{xy}-\overline{x}\cdot\overline{y})a+n\{\overline{y^2}-(\overline{y})^2\} \\ &= n\{\overline{x^2}-(\overline{x})^2\}\left\{a^2-2\cdot\frac{\overline{xy}-\overline{x}\cdot\overline{y}}{\overline{x^2}-(\overline{x})^2}\cdot a\right\}+n\{\overline{y^2}-(\overline{y})^2\} \\ &= n\{\overline{x^2}-(\overline{x})^2\}\left\{a-\frac{\overline{xy}-\overline{x}\cdot\overline{y}}{\overline{x^2}-(\overline{x})^2}\right\}^2-\frac{n(\overline{xy}-\overline{x}\cdot\overline{y})^2}{\overline{x^2}-(\overline{x})^2}+n\{\overline{y^2}-(\overline{y})^2\} \end{aligned}$$

よって

$$\begin{aligned} L &= n\{b+(a\overline{x}-\overline{y})\}^2+n\{\overline{x^2}-(\overline{x})^2\}\left\{a-\frac{\overline{xy}-\overline{x}\cdot\overline{y}}{\overline{x^2}-(\overline{x})^2}\right\}^2 \\ &\qquad -\frac{n(\overline{xy}-\overline{x}\cdot\overline{y})^2}{\overline{x^2}-(\overline{x})^2}+n\{\overline{y^2}-(\overline{y})^2\} \end{aligned}$$

したがって，L は

$b=-(a\overline{x}-\overline{y})$ …… ③　　かつ　　$a=\dfrac{\overline{xy}-\overline{x}\cdot\overline{y}}{\overline{x^2}-(\overline{x})^2}$ …… ④

のときに最小となる。

③ から　　$\overline{y}=a\overline{x}+b$

←点 $(\overline{x},\ \overline{y})$ は直線 $y=ax+b$ 上にある（①）ことが導ける。

また　　$s_x{}^2=\overline{x^2}-(\overline{x})^2$,

$$s_{xy}=\frac{1}{n}\{(x_1-\overline{x})(y_1-\overline{y})+(x_2-\overline{x})(y_2-\overline{y})+\cdots\cdots+(x_n-\overline{x})(y_n-\overline{y})\}$$
$$=\frac{1}{n}\{(x_1y_1+x_2y_2+\cdots\cdots+x_ny_n)-(x_1+x_2+\cdots\cdots+x_n)\overline{y}$$
$$-(y_1+y_2+\cdots\cdots+y_n)\overline{x}+n\overline{x}\cdot\overline{y}\}$$
$$=\overline{xy}-\overline{x}\cdot\overline{y}-\overline{y}\cdot\overline{x}+\overline{x}\cdot\overline{y}$$
$$=\overline{xy}-\overline{x}\cdot\overline{y}$$

であるから，④ より　　$a=\dfrac{s_{xy}}{s_x{}^2}$

したがって，L は $\boldsymbol{\overline{y}=a\overline{x}+b}$ かつ $\boldsymbol{a=\dfrac{s_{xy}}{s_x{}^2}}$ のとき最小となる。

相関係数 r を使うと，$a=\dfrac{s_y}{s_x}r$ となり，③ から，$b=-\dfrac{s_y}{s_x}r\overline{x}+\overline{y}$ となる。

よって，回帰直線の式は次のようになる。

$$y=\frac{s_y}{s_x}rx-\frac{s_y}{s_x}r\overline{x}+\overline{y}\qquad \text{すなわち}\qquad \boldsymbol{\frac{y-\overline{y}}{s_y}=r\cdot\frac{x-\overline{x}}{s_x}}$$

練習 ②191　ある企業がイメージキャラクターを作成し，20 人にアンケートを実施したところ，14 人が「企業の印象が良くなった」と回答した。この結果から，企業の印象が良くなったと判断してよいか。仮説検定の考え方を用い，基準となる確率を 0.05 として考察せよ。ただし，公正なコインを 20 枚投げて表が出た枚数を記録する実験を 200 回行ったところ，次の表のようになったとし，この結果を用いよ。

表の枚数	4	5	6	7	8	9	10	11	12	13	14	15	16	17
度数	1	3	8	14	24	30	37	32	23	16	8	3	0	1

仮説 H_1：企業の印象が良くなった

と判断してよいかを考察するために，次の仮説を立てる。

仮説 H_0：企業の印象が良くなったとはいえず，「企業の印象が良くなった」と回答する場合と，そうでない場合がまったくの偶然で起こる

コイン投げの実験結果から，コインを 20 枚投げて表が 14 枚以上出る場合の相対度数は

$$\frac{8+3+0+1}{200}=\frac{12}{200}=0.06$$

すなわち，仮説 H_0 のもとでは，14 人以上が「企業の印象が良くなった」と回答する確率は 0.06 程度であると考えられる。

これは 0.05 より大きいから，仮説 H_0 は否定できず，仮説 H_1 が正しいとは判断できない。

したがって，**企業の印象が良くなったとは判断できない。**

←① 仮説 H_1（対立仮説）と仮説 H_0（帰無仮説）を立てる。

←② 仮説 H_0 のもとで，確率を調べる。

←③ 基準となる確率との大小を比較する。$0.06>0.05$ から，仮説 H_0 は棄却されない。

練習 ③192 Y 地区における政党 B の支持率は $\frac{1}{3}$ であった。政党 B がある政策を掲げたところ，支持率が変化したのではないかと考え，アンケート調査を行うことにした。30 人に対しアンケートをとったところ，15 人が政党 B を支持すると回答した。この結果から，政党 B の支持率は上昇したと判断してよいか。仮説検定の考え方を用い，次の各場合について考察せよ。ただし，公正なさいころを 30 個投げて，1 から 4 までのいずれかの目が出た個数を記録する実験を 200 回行ったところ，次の表のようになったとし，この結果を用いよ。

1~4 の個数	12	13	14	15	16	17	18	19	20	21	22	23	24	25	26	27	計
度数	1	0	2	5	9	14	22	27	32	29	24	17	11	4	2	1	200

(1) 基準となる確率を 0.05 とする。　(2) 基準となる確率を 0.01 とする。

仮説 H_1：支持率は上昇した

←対立仮説

と判断してよいかを考察するために，次の仮説を立てる。

仮説 H_0：支持率は上昇したとはいえず，「支持する」と回答する確率は $\frac{1}{3}$ である

←帰無仮説

さいころを 1 個投げて 5 または 6 の目が出る確率は $\frac{1}{3}$ であるから，さいころを 30 個投げて 15 個以上 5 または 6 の目が出た個数を考える。

(さいころを 30 個投げて 5 または 6 の目が出た個数)
＝30－(さいころを 30 個投げて
1 から 4 までのいずれかの目が出た個数)

であるから，さいころ投げの実験結果から，次の表が得られる。

1~4 の個数	12	13	14	15	16	17	18	19	20	21	22	23	24	25	26	27	計
5，6 の個数	18	17	16	15	14	13	12	11	10	9	8	7	6	5	4	3	
度数	1	0	2	5	9	14	22	27	32	29	24	17	11	4	2	1	200

この表から，さいころを 30 個投げて 5 または 6 の目が 15 個以上出る場合の相対度数は

$$\frac{1+0+2+5}{200}=\frac{8}{200}=0.04$$

すなわち，仮説 H_0 のもとでは，15 人以上が「支持する」と回答する確率は 0.04 程度であると考えられる。

(1) 0.04 は基準となる確率 0.05 より小さい。よって，仮説 H_0 は正しくなかったと考えられ，仮説 H_1 は正しいと判断してよい。
したがって，**支持率は上昇したと判断してよい。**

←$0.04<0.05$ から，仮説 H_0 を棄却する。

(2) 0.04 は基準となる確率 0.01 より大きい。よって，仮説 H_0 は否定できず，仮説 H_1 が正しいとは判断できない。
したがって，**支持率は上昇したとは判断できない。**

←$0.04>0.01$ から，仮説 H_0 は棄却されない。

練習 ③**193** 1枚のコインを8回投げたところ，裏が7回出た。この結果から，このコインは裏が出やすいと判断してよいか。仮説検定の考え方を用い，基準となる確率を0.05として考察せよ。

仮説 H_1：このコインは裏が出やすい

と判断してよいかを考察するために，次の仮説を立てる。

仮説 H_0：このコインは公正である

仮説 H_0 のもとで，コインを8回投げて，裏が7回以上出る確率は

$$ {}_8C_8\left(\frac{1}{2}\right)^8\left(\frac{1}{2}\right)^0+{}_8C_7\left(\frac{1}{2}\right)^7\left(\frac{1}{2}\right)^1 $$

$$ =\frac{1}{2^8}(1+8)=\frac{9}{256}=0.035\cdots\cdots $$

これは0.05より小さいから，仮説 H_0 は正しくなかったと考えられ，仮説 H_1 は正しいと判断してよい。

したがって，**このコインは裏が出やすいと判断してよい。**

←対立仮説

←帰無仮説

←反復試行の確率。
公正なコインを1枚投げたとき，裏が出る確率は $\frac{1}{2}$，表が出る確率は $1-\frac{1}{2}=\frac{1}{2}$ である。

練習 ④**194** AとBであるゲームを行う。これまでの結果では，AがBに勝つ確率は $\frac{1}{3}$ であった。次の各場合について，仮説検定の考え方を用い，基準となる確率を0.05として考察せよ。ただし，ゲームに引き分けはないものとする。

(1) このゲームを6回行ったところ，AがBに4回勝った。この結果から，Aは以前より強いと判断してよいか。

(2) このゲームを12回行ったところ，AがBに8回勝った。この結果から，Aは以前より強いと判断してよいか。ただし，公正なさいころを12回繰り返し投げたとき，3の倍数の目がちょうど k 回出る確率 p_k $(0\leqq k\leqq 7)$ は，次の表の通りである。

k	0	1	2	3	4	5	6	7
p_k	0.008	0.046	0.127	0.212	0.238	0.191	0.111	0.048

仮説 H_1：Aは以前より強い

と判断してよいかを考察するために，次の仮説を立てる。

仮説 H_0：AがBに勝つ確率は $\frac{1}{3}$ である

(1) 仮説 H_0 のもとで，6回中，Aの勝つ回数が4回以上である確率は

$$ {}_6C_6\left(\frac{1}{3}\right)^6\left(\frac{2}{3}\right)^0+{}_6C_5\left(\frac{1}{3}\right)^5\left(\frac{2}{3}\right)^1+{}_6C_4\left(\frac{1}{3}\right)^4\left(\frac{2}{3}\right)^2 $$

$$ =\frac{1+12+60}{3^6}=\frac{73}{729}=0.100\cdots\cdots $$

これは0.05より大きいから，仮説 H_0 は否定できず，仮説 H_1 が正しいとは判断できない。

したがって，**Aが以前より強いとは判断できない。**

←対立仮説

←帰無仮説

←反復試行の確率。
AとBが1回ゲームをするとき，Aが勝つ確率は $\frac{1}{3}$，Bが勝つ確率は $1-\frac{1}{3}=\frac{2}{3}$ である。

(2) 仮説 H_0 のもとで，12 回中，A の勝つ回数が 7 回以下である確率は，与えられた表から

$$0.008+0.046+0.127+0.212+0.238+0.191+0.111+0.048$$
$$=0.981$$

よって，12 回中，A の勝つ回数が 8 回以上である確率は

$$1-0.981=0.019$$

これは 0.05 より小さいから，仮説 H_0 は正しくなかったと考えられ，仮説 H_1 は正しいと判断してよい。

したがって，**A は以前より強いと判断してよい。**

補足 表の確率 p_k は，反復試行の確率

$${}_{12}C_k\left(\frac{1}{3}\right)^k\left(\frac{2}{3}\right)^{12-k}$$

$(0 \leqq k \leqq 7)$

の計算結果である。

←$0.019<0.05$ から，仮説 H_0 を棄却する。

EX ②126 次の表のデータは，厚生労働省発表の都道府県別にみた人口1人当たりの国民医療費（平成28年度）から抜き出したものである。ただし，単位は万円であり，小数第1位を四捨五入してある。

都道府県名	東京都	新潟県	富山県	石川県	福井県	大阪府
人口1人当たりの国民医療費	30	31	33	34	34	36

(1) 表のデータについて，次の値を求めよ。
(a) 平均値　(b) 分散　(c) 標準偏差
(2) 表のデータに，ある都道府県のデータを1つ追加したところ，平均値が34になった。このとき，追加されたデータの数値を求めよ。　〔富山県大〕

(1) (a) $\frac{1}{6}(30+31+33+34+34+36)=\frac{198}{6}=\mathbf{33}$（万円）

(b) $\frac{1}{6}\{(30-33)^2+(31-33)^2+(33-33)^2+(34-33)^2+(34-33)^2+(36-33)^2\}$

$=\frac{1}{6}(9+4+0+1+1+9)=\frac{24}{6}=\mathbf{4}$

(c) $\sqrt{4}=\mathbf{2}$（万円）

(2) 追加したデータを x 万円とすると　$\frac{1}{7}(198+x)=34$

よって　$198+x=238$

ゆえに　$x=\mathbf{40}$

←仮平均を30として計算すると
$30+\frac{1}{6}(0+1+3+4+4+6)=33$（万円）

←データを1つ追加したから，7で割る。

EX ④127 変量 x の値を x_1, x_2, ……, x_n とする。このとき，ある値 t からの各値の偏差 $t-x_k$ $(k=1, 2, \cdots\cdots, n)$ の2乗の和を y とする。すなわち $y=(t-x_1)^2+(t-x_2)^2+\cdots\cdots+(t-x_n)^2$ である。このとき，y は $t=\overline{x}$（x の平均値）のとき最小となることを示せ。

$y=(t-x_1)^2+(t-x_2)^2+\cdots\cdots+(t-x_n)^2$
$=t^2-2x_1t+x_1{}^2+t^2-2x_2t+x_2{}^2+\cdots\cdots+t^2-2x_nt+x_n{}^2$
$=nt^2-2(x_1+x_2+\cdots\cdots+x_n)t+x_1{}^2+x_2{}^2+\cdots\cdots+x_n{}^2$
$=n\left(t^2-2\times\frac{x_1+x_2+\cdots\cdots+x_n}{n}t+\frac{x_1{}^2+x_2{}^2+\cdots\cdots+x_n{}^2}{n}\right)$

ここで

$$\overline{x}=\frac{x_1+x_2+\cdots\cdots+x_n}{n},\quad \overline{x^2}=\frac{x_1{}^2+x_2{}^2+\cdots\cdots+x_n{}^2}{n}$$

よって　$y=n(t^2-2\overline{x}t+\overline{x^2})$
$=n\{(t-\overline{x})^2-(\overline{x})^2+\overline{x^2}\}$

ゆえに，y は $t=\overline{x}$ のとき最小となる。

検討
左の解答から，ある値 t からの偏差の2乗の和の最小値は，$n\{\overline{x^2}-(\overline{x})^2\}$ すなわち（データの大きさ）×（分散）である，ということがわかる。

EX ④128 変量 x のデータが，n 個の実数値 x_1, x_2, ……, x_n であるとする。x_1, x_2, ……, x_n の平均値を $\overline{x}$ とし，標準偏差を s_x とする。式 $y=4x-2$ で新たな変量 y と y のデータ y_1, y_2, ……, y_n を定めたとき，y_1, y_2, ……, y_n の平均値 $\overline{y}$ と標準偏差 s_y を $\overline{x}$ と s_x を用いて表すと，$\overline{y}=$ ア□，$s_y=$ イ□ となる。
$i=1, 2, \cdots\cdots, n$ に対して，x_i の平均値からの偏差を $d_i=x_i-\overline{x}$ とする。$|d_i|>2s_x$ を満たす i が2個あるとき，データの大きさ n のとりうる値の範囲は $n\geqq$ ウ□ である。ただし，ウ□ は整数とする。　〔関西学院大〕

$$\overline{y}=\frac{1}{n}(y_1+y_2+\cdots\cdots+y_n)$$
$$=\frac{1}{n}\{(4x_1-2)+(4x_2-2)+\cdots\cdots+(4x_n-2)\}$$
$$=4\cdot\frac{1}{n}(x_1+x_2+\cdots\cdots+x_n)-\frac{2n}{n}$$
$$={}^{ア}\mathbf{4\overline{x}-2}$$

また，$i=1,\ 2,\ \cdots\cdots,\ n$ に対して

$$y_i-\overline{y}=(4x_i-2)-(4\overline{x}-2)=4(x_i-\overline{x})$$

よって

$$s_y=\sqrt{\frac{1}{n}\{(y_1-\overline{y})^2+(y_2-\overline{y})^2+\cdots\cdots+(y_n-\overline{y})^2\}}$$
$$=\sqrt{\frac{1}{n}\{4^2(x_1-\overline{x})^2+4^2(x_2-\overline{x})^2+\cdots\cdots+4^2(x_n-\overline{x})^2\}}$$
$$=4\sqrt{\frac{1}{n}\{(x_1-\overline{x})^2+(x_2-\overline{x})^2+\cdots\cdots+(x_n-\overline{x})^2\}}$$
$$={}^{イ}\mathbf{4s_x}$$

次に，$i=1,\ 2,\ \cdots\cdots,\ n$ のうち，$i=k,\ l$ ($k,\ l$ は 1 以上 n 以下の異なる整数）のみが $|d_i|>2s_x$ を満たすとする。

このとき　$d_k{}^2>4s_x{}^2$，$d_l{}^2>4s_x{}^2$

$s_x{}^2=\dfrac{1}{n}\{(x_1-\overline{x})^2+(x_2-\overline{x})^2+\cdots\cdots+(x_n-\overline{x})^2\}$ から

$$ns_x{}^2=d_1{}^2+d_2{}^2+\cdots\cdots+d_n{}^2$$
$$\geqq d_k{}^2+d_l{}^2$$
$$>4s_x{}^2+4s_x{}^2=8s_x{}^2$$

よって　　$n>8$

n は整数であるから　　$n\geqq{}^{ウ}\mathbf{9}$

補足　変量 x のデータから $y=ax+b$（$a,\ b$ は定数）によって新しい変量 y のデータが得られるとき

平均値　$\overline{y}=a\overline{x}+b$

分散　$s_y{}^2=a^2s_x{}^2$

標準偏差　$s_y=|a|s_x$

（本冊 $p.306$ 参照。）

←$s_x{}^2$ は x のデータの分散。

EX ④129

受験者数が 100 人の試験が実施され，この試験を受験した智子さんの得点は 84（点）であった。また，この試験の得点の平均値は 60（点）であった。

なお，得点の平均値が m（点），標準偏差が s（点）である試験において，得点が x（点）である受験者の偏差値は $50+\dfrac{10(x-m)}{s}$ となることを用いてよい。

(1) 智子さんの偏差値は 62 であった。したがって，100 人の受験者の得点の標準偏差は ア□（点）である。

(2) この試験において，得点が x（点）である受験者の偏差値が 65 以上であるための必要十分条件は $x\geqq$ イ□ である。

(3) 後日，この試験を新たに 50 人が受験し，受験者数は合計で 150 人となった。その結果，試験の得点の平均値が 62（点）となり，智子さんの偏差値は 60 となった。したがって，150 人の受験者の得点の標準偏差は ウ□（点）である。また，新たに受験した 50 人の受験者の得点について，平均値は エ□（点）であり，標準偏差は オ□（点）である。　〔類 上智大〕

(1)　求める標準偏差を s_1 とすると

$$62=50+\frac{10(84-60)}{s_1}$$

すなわち　$s_1=^{ア}\mathbf{20}$

(2)　求める条件は，(1)の結果を用いると

$$65\leqq 50+\frac{10(x-60)}{20}$$

整理すると　$x\geqq ^{イ}\mathbf{90}$

(3)　150 人の受験者の得点の標準偏差を s とすると

$$60=50+\frac{10(84-62)}{s}$$

すなわち　$s=^{ウ}\mathbf{22}$

新たに受験した 50 人の受験者の得点の平均値を $\overline{z}$ とすると

$$60\cdot 100+50\cdot\overline{z}=62\cdot 150$$

←150 人の得点の合計についての関係式。

ゆえに　$\overline{z}=^{エ}\mathbf{66}$

ここで，最初に受験した 100 人の受験者の得点の平均値を $\overline{y}$，得点の 2 乗の平均値を $\overline{y^2}$ とすると

$$s_1{}^2=\overline{y^2}-(\overline{y})^2$$

すなわち　$20^2=\overline{y^2}-60^2$

ゆえに　$\overline{y^2}=4000$

100 人の受験者の得点の 2 乗の和を A とすると

$$\frac{A}{100}=4000$$

ゆえに　$A=400000$ ……①

また，150 人の受験者の得点の平均値を $\overline{w}$，得点の 2 乗の平均値を $\overline{w^2}$ とすると

$$s^2=\overline{w^2}-(\overline{w})^2$$

すなわち　$22^2=\overline{w^2}-62^2$

ゆえに　$\overline{w^2}=4328$

新たに受験した 50 人の受験者の得点の 2 乗の和を B とすると

$$\frac{A+B}{150}=4328$$

① から　$B=249200$

よって，新たに受験した 50 人の受験者の標準偏差を s_2 とすると

$$s_2{}^2=\frac{B}{50}-(\overline{z})^2=\frac{249200}{50}-66^2$$

$$=4984-4356=628$$

したがって　$s_2=\sqrt{628}=^{オ}\mathbf{2\sqrt{157}}$

EX ③130 ある高校3年生1クラスの生徒40人について，ハンドボール投げの飛距離のデータを取った。〔図1〕は，このクラスで最初に取ったデータのヒストグラムである。

(1) この40人のデータの第3四分位数が含まれる階級を次の①～③から1つ選べ。
① 20m以上25m未満
② 25m以上30m未満
③ 30m以上35m未満

〔図1〕

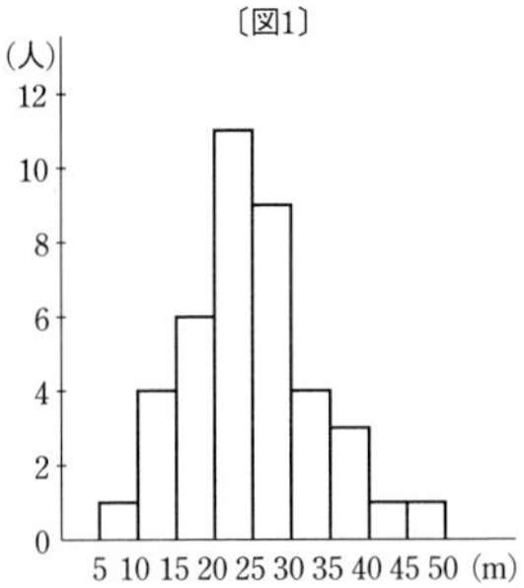

(2) このデータを箱ひげ図にまとめたとき，〔図1〕のヒストグラムと矛盾するものを次の④～⑨から4つ選べ。

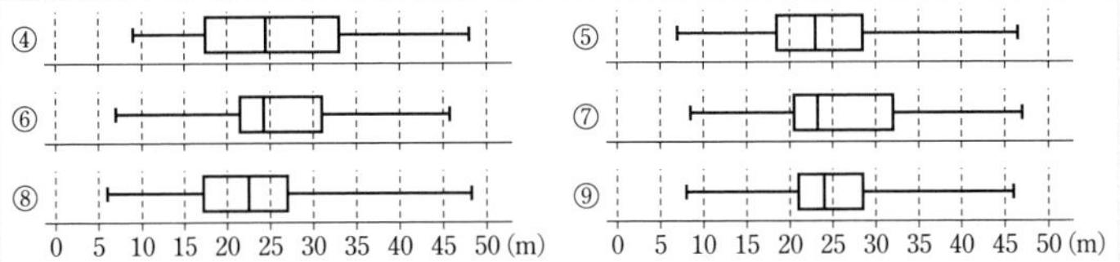

(3) 後日，このクラスでハンドボール投げの記録を取り直した。次に示したA～Dは，最初に取った記録から今回の記録への変化の分析結果を記述したものである。a～dの各々が今回取り直したデータの箱ひげ図となる場合に，⑩～⑬の組合せのうち分析結果と箱ひげ図が矛盾するものを2つ選べ。

⑩ A－a　　⑪ B－b　　⑫ C－c　　⑬ D－d

A：どの生徒の記録も下がった。　B：どの生徒の記録も伸びた。

C：最初に取ったデータで上位 $\frac{1}{3}$ に入るすべての生徒の記録が伸びた。

D：最初に取ったデータで上位 $\frac{1}{3}$ に入るすべての生徒の記録は伸び，下位 $\frac{1}{3}$ に入るすべての生徒の記録は下がった。

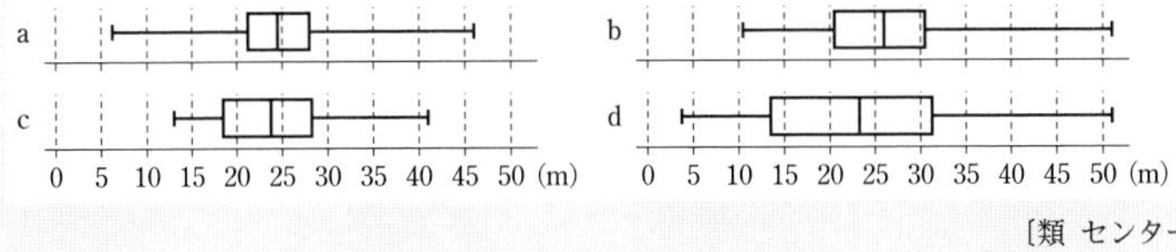

〔類 センター試験〕

(1) ヒストグラムより，大きい方から10番目の記録と11番目の記録は25m以上30m未満の階級に含まれることがわかるから，第3四分位数もこの階級に含まれる。
よって　②

(2) (1)から，〔図1〕のヒストグラムと矛盾するのは　④，⑥，⑦
また，〔図1〕のヒストグラムより，小さい方から10番目の記録と11番目の記録は15m以上20m未満の階級に含まれることがわかるから，第1四分位数もこの階級に含まれる。このことと矛盾するのは　⑥，⑦，⑨
したがって，〔図1〕のヒストグラムと矛盾するのは
④，⑥，⑦，⑨

(3) ⑩ a の箱ひげ図は最初のデータよりも第 1 四分位数が大きくなっているから，矛盾している。

⑪ b の箱ひげ図は最初のデータよりも最大値，第 3 四分位数，中央値，第 1 四分位数，最小値がすべて大きくなっているから，矛盾しているとはいえない。

⑫ c の箱ひげ図は最初のデータよりも最大値が小さくなっているから，矛盾している。

⑬ d の箱ひげ図は最初のデータよりも最大値と第 3 四分位数が大きくなっており，第 1 四分位数と最小値が小さくなっているから，矛盾しているとはいえない。

よって，分析結果と箱ひげ図が矛盾するものは　⑩，⑫

EX ③131 次の表は，P 高校のあるクラス 20 人について，数学と国語のテストの得点をまとめたものである。数学の得点を変量 x，国語の得点を変量 y で表し，x，y の平均値をそれぞれ $\overline{x}$，$\overline{y}$ で表す。ただし，表の数値はすべて正確な値であり，四捨五入されていないものとする。

生徒番号	x	y	$x-\overline{x}$	$(x-\overline{x})^2$	$y-\overline{y}$	$(y-\overline{y})^2$	$(x-\overline{x})(y-\overline{y})$
1	62	63	3.0	9.0	2.0	4.0	6.0
⋮	⋮	⋮	⋮	⋮	⋮	⋮	⋮
20	57	63	−2.0	4.0	2.0	4.0	−4.0
合　計	A	1220	0.0	1544.0	0.0	516.0	−748.0
平　均	B	61.0	0.0	77.2	0.0	25.8	−37.4
中央値	57.5	62.0	−1.5	30.5	1.0	9.0	−14.0

(1) A と B の値を求めよ。

(2) 変量 x と変量 y の散布図として適切なものを，相関関係，中央値に注意して次の ①～④ のうちから 1 つ選べ。

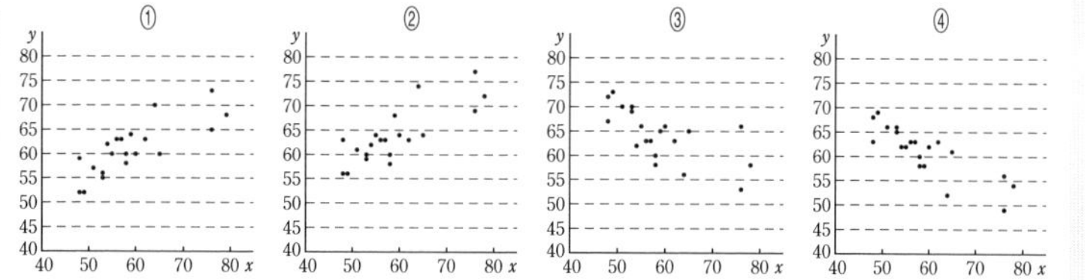

(1) 生徒番号 1 の生徒について，表から

$x=62,\quad x-\overline{x}=3.0$

よって　$62-\overline{x}=3.0$　　ゆえに　$\boldsymbol{B=59.0}$

よって　$\boldsymbol{A}=59.0\times 20=\mathbf{1180}$

(2) 表から，相関係数 r は　$r=\dfrac{-37.4}{\sqrt{77.2\times 25.8}}<0$ ……（＊）

ゆえに，散布図の点は右下がりに分布するから，③，④ のどちらかである。

このうち，x の中央値が 57.5 で，y の中央値が 62.0 のものは

④

（＊）変量 x，y の分散をそれぞれ $s_x{}^2$，$s_y{}^2$ とし，x と y の共分散を s_{xy} とすると

$$r=\frac{s_{xy}}{s_xs_y}=\frac{-37.4}{\sqrt{77.2}\times\sqrt{25.8}}$$

←中央値は，小さい順に並べたとき，10 番目と 11 番目の平均の値である。③ は，y の中央値が 65 である。

EX ④132

東京とN市の365日の各日の最高気温のデータについて考える。
N市では温度の単位として摂氏(°C)のほかに華氏(°F)も使われている。華氏(°F)での温度は，摂氏(°C)での温度を $\frac{9}{5}$ 倍し，32を加えると得られる。
したがって，N市の最高気温について，摂氏での分散を X，華氏での分散を Y とすると，$\frac{Y}{X}=$ ア□ である。
東京（摂氏）とN市（摂氏）の共分散を Z，東京（摂氏）とN市（華氏）の共分散を W とすると，$\frac{W}{Z}=$ イ□ である。
東京（摂氏）とN市（摂氏）の相関係数を U，東京（摂氏）とN市（華氏）の相関係数を V とすると，$\frac{V}{U}=$ ウ□ である。 〔類 センター試験〕

N市の摂氏での最高気温 x_N のデータを x_{N_1}，x_{N_2}，……，$x_{N_{365}}$，華氏での最高気温 y_N のデータを y_{N_1}，y_{N_2}，……，$y_{N_{365}}$ とする。

x_N と y_N の間には，$y_N=\frac{9}{5}x_N+32$ …… ① の関係があるから

$$Y=\left(\frac{9}{5}\right)^2X \qquad よって \qquad \frac{Y}{X}={}^{ア}\mathbf{\frac{81}{25}}$$

←変量 x，y のデータの平均値をそれぞれ $\overline{x}$，$\overline{y}$ とし，分散をそれぞれ $s_x{}^2$，$s_y{}^2$ とすると，$y=ax+b$ （a，b は定数）のとき $\overline{y}=a\overline{x}+b$，$s_y{}^2=a^2s_x{}^2$

東京（摂氏）の最高気温 x_T のデータを x_{T_1}，x_{T_2}，……，$x_{T_{365}}$，平均値を $\overline{x_T}$，N市の摂氏での平均値を $\overline{x_N}$，華氏での平均値を $\overline{y_N}$ とする。

ここで，① の関係から $\qquad \overline{y_N}=\frac{9}{5}\overline{x_N}+32$

ゆえに

$$W=\frac{1}{365}\{(x_{T_1}-\overline{x_T})(y_{N_1}-\overline{y_N})+(x_{T_2}-\overline{x_T})(y_{N_2}-\overline{y_N})+\cdots\cdots+(x_{T_{365}}-\overline{x_T})(y_{N_{365}}-\overline{y_N})\}$$

$$=\frac{1}{365}\left\{(x_{T_1}-\overline{x_T})\cdot\frac{9}{5}(x_{N_1}-\overline{x_N})+(x_{T_2}-\overline{x_T})\cdot\frac{9}{5}(x_{N_2}-\overline{x_N})+\cdots\cdots+(x_{T_{365}}-\overline{x_T})\cdot\frac{9}{5}(x_{N_{365}}-\overline{x_N})\right\}$$

$$=\frac{9}{5}\cdot\frac{1}{365}\{(x_{T_1}-\overline{x_T})(x_{N_1}-\overline{x_N})+(x_{T_2}-\overline{x_T})(x_{N_2}-\overline{x_N})+\cdots\cdots+(x_{T_{365}}-\overline{x_T})(x_{N_{365}}-\overline{x_N})\}$$

$$=\frac{9}{5}Z$$

←$y_{N_1}-\overline{y_N}=\frac{9}{5}x_{N_1}+32-\left(\frac{9}{5}\overline{x_N}+32\right)=\frac{9}{5}(x_{N_1}-\overline{x_N})$

よって $\qquad \frac{W}{Z}={}^{イ}\mathbf{\frac{9}{5}}$

東京（摂氏）の分散を $s_T{}^2$ とすると

$$V=\frac{W}{\sqrt{s_T{}^2}\sqrt{Y}}=\frac{\frac{9}{5}Z}{\sqrt{s_T{}^2}\sqrt{\left(\frac{9}{5}\right)^2X}}=\frac{Z}{\sqrt{s_T{}^2}\sqrt{X}}=U$$

ゆえに $\qquad \frac{V}{U}={}^{ウ}\mathbf{1}$

EX ②133

A さんがあるコインを 10 回投げたところ，表が 7 回出た。このコインは表が出やすいと判断してよいか，A さんは仮説検定の考え方を用いて考察することにした。
まず，正しいかどうか判断したい仮説 H_1 と，それに反する仮説 H_0 を次のように立てる。

仮説 H_1：このコインは表が出やすい
仮説 H_0：このコインは公正である

また，基準となる確率を 0.05 とする。
ここで，公正なさいころを 10 回投げて奇数の目が出た回数を記録する実験を 1 セットとし，この実験を 200 セット行ったところ，次の表のようになった。

奇数の回数	1	2	3	4	5	6	7	8	9
度数	2	9	24	41	51	39	23	10	1

仮説 H_0 のもとで，表が 7 回以上出る確率は，上の実験結果を用いると ア□ 程度であることがわかる。このとき，「イ□。」と結論する。
ア□ に当てはまる数を求めよ。また，イ□ に当てはまるものを，次の ⓪～⑤ のうちから 1 つ選べ。

⓪　仮説 H_1 は正しくなかったと考えられ，仮説 H_0 が正しい，すなわち，このコインは公正であると判断する
①　仮説 H_1 は否定できず，仮説 H_1 が正しい，すなわち，このコインは表が出やすいと判断する
②　仮説 H_1 は否定できず，仮説 H_0 が正しいとは判断できない，すなわち，このコインは公正であるとは判断できない
③　仮説 H_0 は正しくなかったと考えられ，仮説 H_1 が正しい，すなわち，このコインは表が出やすいと判断する
④　仮説 H_0 は否定できず，仮説 H_0 が正しい，すなわち，このコインは公正であると判断する
⑤　仮説 H_0 は否定できず，仮説 H_1 が正しいとは判断できない，すなわち，このコインは表が出やすいとは判断できない

　仮説 H_1：このコインは表が出やすい
と判断してよいかを考察するために，次の仮説を立てる。
　仮説 H_0：このコインは公正である
さいころ投げの実験結果から，さいころを 10 回投げて奇数の目が 7 回以上出る場合の相対度数は

$$\frac{23+10+1}{200}=\frac{34}{200}=0.17$$

仮説 H_0 のもとでは，コインを 10 回投げて，表が 7 回以上出る確率は ア**0.17** 程度であり，これは基準となる確率 0.05 より大きい。よって，仮説 H_0 は否定できず，仮説 H_1 が正しいとは判断できない。
したがって，このコインは表が出やすいとは判断できない。
（イ⑤）

←仮説 H_0 が誤りであったとはいえないが，これは，仮説 H_0 が正しいことを意味しているわけではない。よって，④ は誤り。

EX ③134 さいころを7回投げたところ，1の目が4回出た。この結果から，このさいころは1の目が出やすいと判断してよいか。仮説検定の考え方を用い，次の各場合について考察せよ。ただし，$6^7=280000$ として計算してよい。
(1) 基準となる確率を0.05とする。　(2) 基準となる確率を0.01とする。

仮説 H_1：このさいころは1の目が出やすい

と判断してよいかを考察するために，次の仮説を立てる。

仮説 H_0：このさいころの1の目が出る確率は $\frac{1}{6}$ である

仮説 H_0 のもとで，さいころを7回投げて，1の目が4回以上出る確率は

$$ {}_7C_7\left(\frac{1}{6}\right)^7\left(\frac{5}{6}\right)^0+{}_7C_6\left(\frac{1}{6}\right)^6\left(\frac{5}{6}\right)^1+{}_7C_5\left(\frac{1}{6}\right)^5\left(\frac{5}{6}\right)^2+{}_7C_4\left(\frac{1}{6}\right)^4\left(\frac{5}{6}\right)^3 $$

$$ =\frac{1}{6^7}(1+35+525+4375)=\frac{4936}{280000}=0.017\cdots\cdots $$

(1) 確率0.017…… は基準となる確率0.05より小さい。よって，仮説 H_0 は正しくなかったと考えられ，仮説 H_1 は正しいと判断してよい。
したがって，**このさいころは1の目が出やすいと判断してよい。**

(2) 確率0.017…… は基準となる確率0.01より大きい。よって，仮説 H_0 は否定できず，仮説 H_1 が正しいとは判断できない。
したがって，**このさいころは1の目が出やすいとは判断できない。**

参考　解答では，問題文で与えられた $6^7=280000$ を用いて確率を計算したが，正確には $6^7=279936$ であり，

$$ \frac{4936}{280000}=0.01762\cdots\cdots,\quad \frac{4936}{279936}=0.01763\cdots\cdots $$

である。

←対立仮説

←帰無仮説

←反復試行の確率。さいころを1回投げたとき，1の目が出る確率は $\frac{1}{6}$，1以外の目が出る確率は $1-\frac{1}{6}=\frac{5}{6}$ である。

総合 1

(1) 整式 $A=x^2-2xy+3y^2$, $B=2x^2+3y^2$, $C=x^2-2xy$ について, $2(A-B)-\{C-(3A-B)\}$ を計算せよ。 〔金沢工大〕

(2) $(x-1)(x+1)(x^2+1)(x^2-\sqrt{2}x+1)(x^2+\sqrt{2}x+1)$ を展開せよ。 〔摂南大〕

(3) $xy+x-3y-bx+2ay+2a+3b-2ab-3$ を因数分解せよ。 〔法政大〕

(4) $a^4+b^4+c^4-2a^2b^2-2a^2c^2-2b^2c^2$ を因数分解せよ。 〔横浜市大〕

➡ 本冊 数学 I 例題 2,8,18

HINT (2) $(A+B)(A-B)=A^2-B^2$ の利用。
(3) どの文字についても1次であるから, 係数が簡単な文字に着目。

(1) $2(A-B)-\{C-(3A-B)\}$

$=5A-3B-C$

$=5(x^2-2xy+3y^2)-3(2x^2+3y^2)-(x^2-2xy)$

$=\boldsymbol{-2x^2-8xy+6y^2}$

(2) $(x^2-\sqrt{2}x+1)(x^2+\sqrt{2}x+1)$

$=\{(x^2+1)-\sqrt{2}x\}\{(x^2+1)+\sqrt{2}x\}$

$=(x^2+1)^2-(\sqrt{2}x)^2$

$=(x^4+2x^2+1)-2x^2$

$=x^4+1$

←まず, 4番目と5番目の( )の積を計算。

よって (与式)$=(x-1)(x+1)(x^2+1)(x^4+1)$

$=(x^2-1)(x^2+1)(x^4+1)$

$=(x^4-1)(x^4+1)$

$=\boldsymbol{x^8-1}$

←まず, ---- を展開。
←次に, ___ を展開。

(3) $xy+x-3y-bx+2ay+2a+3b-2ab-3$

$=xy-(b-1)x+(2a-3)y-2a(b-1)+3(b-1)$

$=xy-(b-1)x+(2a-3)y-(2a-3)(b-1)$

$=\{x+(2a-3)\}\{y-(b-1)\}$

$=\boldsymbol{(x+2a-3)(y-b+1)}$

←係数が簡単な x, y について整理。

← x ╳ $2a-3 \longrightarrow (2a-3)y$
y ╳ $-(b-1) \longrightarrow -(b-1)x$
$-(b-1)x+(2a-3)y$

(4) $a^4+b^4+c^4-2a^2b^2-2a^2c^2-2b^2c^2$

$=a^4-2(b^2+c^2)a^2+b^4-2b^2c^2+c^4$

$=a^4-2(b^2+c^2)a^2+(b^2-c^2)^2$

$=a^4-2(b^2+c^2)a^2+\{(b+c)(b-c)\}^2$

$=a^4-\{(b+c)^2+(b-c)^2\}a^2+(b+c)^2(b-c)^2$

$=\{a^2-(b+c)^2\}\{a^2-(b-c)^2\}$

$=\{a+(b+c)\}\{a-(b+c)\}\{a+(b-c)\}\{a-(b-c)\}$

$=\boldsymbol{(a+b+c)(a-b-c)(a+b-c)(a-b+c)}$

← a について整理する。

← $2(b^2+c^2)=(b+c)^2+(b-c)^2$

別解 $a^4+b^4+c^4-2a^2b^2-2a^2c^2-2b^2c^2$

$=\{(a^2)^2+(b^2)^2+(-c^2)^2+2a^2b^2-2b^2c^2-2c^2a^2\}-4a^2b^2$

$=(a^2+b^2-c^2)^2-(2ab)^2$

$=\{(a^2+b^2-c^2)+2ab\}\{(a^2+b^2-c^2)-2ab\}$

$=\{(a^2+2ab+b^2)-c^2\}\{(a^2-2ab+b^2)-c^2\}$

$=\{(a+b)^2-c^2\}\{(a-b)^2-c^2\}$

$=\boldsymbol{(a+b+c)(a+b-c)(a-b+c)(a-b-c)}$

← $x^2+y^2+z^2+2xy+2yz+2zx=(x+y+z)^2$ において, $x=a^2$, $y=b^2$, $z=-c^2$ とする。

総合 2

定数 a, b, c, p, q を整数とし，次の x と y の多項式 P, Q, R を考える。

$$P=(x+a)^2-9c^2(y+b)^2, \quad Q=(x+11)^2+13(x+11)y+36y^2$$
$$R=x^2+(p+2q)xy+2pqy^2+4x+(11p-14q)y-77$$

(1) 多項式 P, Q, R を因数分解せよ。

(2) P と Q, Q と R, R と P は，それぞれ x, y の 1 次式を共通因数としてもっているものとする。このときの整数 a, b, c, p, q を求めよ。〔東北大〕

➡ 本冊 数学 I 例題 14, 16

(1) $P=(x+a)^2-\{3c(y+b)\}^2$
$=\{(x+a)+3c(y+b)\}\{(x+a)-3c(y+b)\}$
$=\boldsymbol{(x+3cy+a+3bc)(x-3cy+a-3bc)}$

$Q=\{(x+11)+4y\}\{(x+11)+9y\}$
$=\boldsymbol{(x+4y+11)(x+9y+11)}$

$R=x^2+(py+2qy+4)x+2pqy^2+(11p-14q)y-77$
$=x^2+(py+2qy+4)x+(py-7)(2qy+11)$
$=\boldsymbol{(x+py-7)(x+2qy+11)}$

(2) $2q$ は偶数であるから，Q と R が共通因数をもつとき

$$2q=4$$

したがって　$q=2$

$3c$ は 3 の倍数であるから，P と Q が共通因数をもつとき

[1]　$3c=9$　かつ　$a+3bc=11$

または　[2]　$-3c=9$　かつ　$a-3bc=11$

[1] の場合　$c=3$, $a+9b=11$ …… ①

このとき　$P=(x+9y+11)(x-9y+a-9b)$

P と R が共通因数をもつとき

$p=-9$　かつ　$a-9b=-7$ …… ②

①, ② を解いて　$a=2$, $b=1$

[2] の場合　$c=-3$, $a+9b=11$ …… ③

このとき　$P=(x-9y+a-9b)(x+9y+11)$

P と R が共通因数をもつとき

$p=-9$　かつ　$a-9b=-7$ …… ④

③, ④ を解いて　$a=2$, $b=1$

以上から　$\boldsymbol{a=2}$, $\boldsymbol{b=1}$, $\boldsymbol{c=\pm 3}$, $\boldsymbol{p=-9}$, $\boldsymbol{q=2}$

HINT (1) R は，x について整理し，定数項をたすき掛け。

←$x+11=X$ とおくと $Q=X^2+13Xy+36y^2$

← たすき掛け：

p	-7 →	$-14q$
$2q$	11 →	$11p$
$2pq$	-77	$11p-14q$

←(1) の結果の式において，Q と R の y の係数と定数項に注目すると，$x+4y+11$ が共通因数となる。仮に，$x+9y+11$ が共通因数となるなら，$2q=9$ となり，q が整数であることに反する。
また，P と Q の y の係数に注目すると，P の y の係数は 3 の倍数であるから，$x+4y+11$ が共通因数となることはない。

総合

総合 3

n を自然数とし，$a=\dfrac{1}{1+\sqrt{2}+\sqrt{3}}$, $b=\dfrac{1}{1+\sqrt{2}-\sqrt{3}}$, $c=\dfrac{1}{1-\sqrt{2}+\sqrt{n}}$, $d=\dfrac{1}{1-\sqrt{2}-\sqrt{n}}$ とする。整式 $(x-a)(x-b)(x-c)(x-d)$ を展開すると，定数項が $-\dfrac{1}{8}$ であるという。このとき，展開した整式の x の係数を求めよ。〔防衛医大〕

➡ 本冊 数学 I 例題 24

$(x-a)(x-b)(x-c)(x-d)$ を展開すると，定数項は

$$(-a)(-b)(-c)(-d)\quad すなわち\quad abcd$$

となる。

$$abcd=\frac{1}{1+\sqrt{2}+\sqrt{3}}\times\frac{1}{1+\sqrt{2}-\sqrt{3}}$$
$$\times\frac{1}{1-\sqrt{2}+\sqrt{n}}\times\frac{1}{1-\sqrt{2}-\sqrt{n}}$$
$$=\frac{1}{\{(1+\sqrt{2})+\sqrt{3}\}\{(1+\sqrt{2})-\sqrt{3}\}}$$
$$\times\frac{1}{\{(1-\sqrt{2})+\sqrt{n}\}\{(1-\sqrt{2})-\sqrt{n}\}}$$
$$=\frac{1}{(1+\sqrt{2})^2-(\sqrt{3})^2}\times\frac{1}{(1-\sqrt{2})^2-(\sqrt{n})^2}$$
$$=\frac{1}{2\sqrt{2}}\times\frac{1}{3-2\sqrt{2}-n}=\frac{1}{6\sqrt{2}-8-2\sqrt{2}n}$$

定数項は $-\frac{1}{8}$ であるから　$\frac{1}{6\sqrt{2}-8-2\sqrt{2}n}=-\frac{1}{8}$

よって　$2\sqrt{2}n=6\sqrt{2}$　ゆえに　$n=3$

$(x-a)(x-b)(x-c)(x-d)$ を展開すると，x の係数は

$-abc-abd-acd-bcd$ となる。

a，b，c，d は 0 でない実数であるから

$$-abc-abd-acd-bcd=\frac{1}{8}\left(\frac{1}{d}+\frac{1}{c}+\frac{1}{b}+\frac{1}{a}\right)$$
$$=\frac{1}{8}\{(1-\sqrt{2}-\sqrt{3})+(1-\sqrt{2}+\sqrt{3})$$
$$+(1+\sqrt{2}-\sqrt{3})+(1+\sqrt{2}+\sqrt{3})\}$$
$$=\frac{1}{8}\cdot4=\frac{1}{2}$$

したがって，求める x の係数は　$\boldsymbol{\frac{1}{2}}$

←$(A+B)(A-B)=A^2-B^2$ が使える。

←$(1+\sqrt{2})^2=3+2\sqrt{2}$
$(1-\sqrt{2})^2=3-2\sqrt{2}$

←$6\sqrt{2}-8-2\sqrt{2}n=-8$

←$abcd=-\frac{1}{8}$ であるから　$abc=-\frac{1}{8d}$，$abd=-\frac{1}{8c}$，$acd=-\frac{1}{8b}$，$bcd=-\frac{1}{8a}$

総合 4

(1) 2 次方程式 $x^2+4x-1=0$ の解の 1 つを α とするとき，$\alpha-\frac{1}{\alpha}=$ア□であり，$\alpha^3-\frac{1}{\alpha^3}=$イ□である。

(2) 異なる実数 α，β が $\begin{cases}\alpha^2+\sqrt{3}\beta=\sqrt{6}\\ \beta^2+\sqrt{3}\alpha=\sqrt{6}\end{cases}$ を満たすとき，$\alpha+\beta=$ア□，$\alpha\beta=$イ□であり，$\frac{\beta}{\alpha}+\frac{\alpha}{\beta}=$ウ□である。

[(1) 金沢工大，(2) 近畿大]

➡ 本冊 数学Ⅰ例題 28,29

(1) α は 2 次方程式 $x^2+4x-1=0$ の解であるから

$$\alpha^2+4\alpha-1=0 \quad \cdots\cdots ①$$

$\alpha\neq0$ であるから，① の両辺を α で割ると　$\alpha+4-\frac{1}{\alpha}=0$

よって　$\alpha-\frac{1}{\alpha}=$ア $\boldsymbol{-4}$

ゆえに　$\alpha^3-\frac{1}{\alpha^3}=\left(\alpha-\frac{1}{\alpha}\right)^3+3\alpha\cdot\frac{1}{\alpha}\left(\alpha-\frac{1}{\alpha}\right)$
$=(-4)^3+3(-4)=$イ $\boldsymbol{-76}$

←$0^2+4\cdot0-1\neq0$ から，$x=0$ は 2 次方程式の解ではない。

←$a^3-b^3=(a-b)^3+3ab(a-b)$

←(ア) の結果を利用。

(2)　$\alpha^2+\sqrt{3}\beta=\sqrt{6}$ …… ①,
$\beta^2+\sqrt{3}\alpha=\sqrt{6}$ …… ② とする。

①−② から　$\alpha^2-\beta^2-\sqrt{3}(\alpha-\beta)=0$
よって　$(\alpha-\beta)\{(\alpha+\beta)-\sqrt{3}\}=0$
$\alpha\neq\beta$ であるから　$\alpha+\beta-\sqrt{3}=0$
ゆえに　$\alpha+\beta=$ ア $\mathbf{\sqrt{3}}$
①+② から　$\alpha^2+\beta^2+\sqrt{3}(\alpha+\beta)=2\sqrt{6}$
よって　$(\alpha+\beta)^2-2\alpha\beta+\sqrt{3}(\alpha+\beta)=2\sqrt{6}$
ゆえに　$(\sqrt{3})^2-2\alpha\beta+\sqrt{3}\cdot\sqrt{3}=2\sqrt{6}$
よって　$\alpha\beta=$ イ $\mathbf{3-\sqrt{6}}$
$\alpha+\beta=\sqrt{3}$, $\alpha\beta=3-\sqrt{6}$ であるから

$$\frac{\beta}{\alpha}+\frac{\alpha}{\beta}=\frac{\alpha^2+\beta^2}{\alpha\beta}=\frac{(\alpha+\beta)^2-2\alpha\beta}{\alpha\beta}$$
$$=\frac{(\sqrt{3})^2-2(3-\sqrt{6})}{3-\sqrt{6}}=\frac{2\sqrt{6}-3}{3-\sqrt{6}}$$
$$=\frac{(2\sqrt{6}-3)(3+\sqrt{6})}{(3-\sqrt{6})(3+\sqrt{6})}=\frac{3+3\sqrt{6}}{9-6}$$
$$=\text{ウ}\ \mathbf{1+\sqrt{6}}$$

←$(\alpha+\beta)(\alpha-\beta)-\sqrt{3}(\alpha-\beta)=0$

←左辺は α, β の対称式であるから，基本対称式 $\alpha+\beta$, $\alpha\beta$ で表すことができる。

総合 5

不等式 $p(x+2)+q(x-1)>0$ を満たす x の値の範囲が $x<\frac{1}{2}$ であるとき，不等式 $q(x+2)+p(x-1)<0$ を満たす x の値の範囲を求めよ。ただし，p と q は実数の定数とする。
〔法政大〕

➡ 本冊 数学Ⅰ例題 38

$p(x+2)+q(x-1)>0$ から　$(p+q)x>-2p+q$
この不等式を満たす x の値の範囲が $x<\frac{1}{2}$ であるから

$$p+q<0 \ \cdots\cdots\ ① \quad かつ \quad \frac{-2p+q}{p+q}=\frac{1}{2} \ \cdots\cdots\ ②$$

② から　$2(-2p+q)=p+q$
ゆえに　$q=5p$ …… ③
このとき，$q(x+2)+p(x-1)<0$ は
$5p(x+2)+p(x-1)<0$
整理して　$2px<-3p$ …… ④
③ を ① に代入すると　$6p<0$　すなわち　$p<0$
よって，④ から　$x>-\frac{3p}{2p}$　すなわち　$\boldsymbol{x>-\frac{3}{2}}$

←まず，$Ax>B$ の形に整理。

←$p+q>0$ ならば $x>\frac{-2p+q}{p+q}$ となるから，不等号の向きが $x<\frac{1}{2}$ と合わない。よって，$p+q<0$ である。

←不等号の向きが変わる。

総合 6 1から49までの自然数からなる集合を全体集合 U とする。U の要素のうち，50との最大公約数が1より大きいもの全体からなる集合を V，また，U の要素のうち，偶数であるもの全体からなる集合を W とする。いま A と B は U の部分集合で，次の2つの条件を満たすとするとき，集合 A の要素をすべて求めよ。

(i) $A\cup\overline{B}=V$　　(ii) $\overline{A}\cap\overline{B}=W$　〔岩手大〕

➡ 本冊 数学 I 例題 47, 48

$U=\{1,\ 2,\ 3,\ \cdots\cdots,\ 49\}$ である。また，$50=2\cdot5^2$ であるから

$V=\{2,\ 4,\ \cdots\cdots,\ 48,\ 5,\ 15,\ 25,\ 35,\ 45\}$

$W=\{2,\ 4,\ \cdots\cdots,\ 48\}$

(i) から　$A\cup\overline{B}=V$

$\overline{A}\cap\overline{B}=\overline{A\cup B}$，(ii) から　$\overline{A\cup B}=W$

よって　$A=(A\cup\overline{B})\cap(A\cup B)=V\cap\overline{W}$

したがって，A の要素は V の要素から W の要素を除いたもので　**5, 15, 25, 35, 45**

←V は，2の倍数または5の倍数の集合。

←ド・モルガンの法則。

総合 7 $M=\{m^2+mn+n^2\mid m,\ n$ は負でない整数$\}$ とする。

(1) 負でない整数 $a,\ b,\ x,\ y$ について，次の等式が成り立つことを示せ。

$$(a^2+ab+b^2)(x^2+xy+y^2)=(ax+ay+by)^2+(ax+ay+by)(bx-ay)+(bx-ay)^2$$

(2) 7，31，217が集合 M の要素であることを示せ。

(3) 集合 M の各要素 $\alpha,\ \beta$ について，積 $\alpha\beta$ の値は M の要素であることを示せ。　〔宮崎大〕

➡ 本冊 数学 I 例題 50

(1) (右辺)$=a^2x^2+a^2y^2+b^2y^2+2a^2xy+2aby^2+2abxy$
$\quad+abx^2-a^2xy+abxy-a^2y^2+b^2xy-aby^2$
$\quad+b^2x^2-2abxy+a^2y^2$
$=a^2x^2+abx^2+b^2x^2+a^2xy+abxy+b^2xy$
$\quad+a^2y^2+aby^2+b^2y^2$
$=(a^2+ab+b^2)x^2+(a^2+ab+b^2)xy+(a^2+ab+b^2)y^2$
$=(a^2+ab+b^2)(x^2+xy+y^2)$
$=$(左辺)

←右辺(複雑な方)を変形。
$(x+y+z)^2$
$=x^2+y^2+z^2+2xy+2yz+2zx$

←x について整理。

(2) $7=1^2+1\cdot2+2^2$，$31=5^2+5\cdot1+1^2$

また，(1) から

$217=7\cdot31=(1^2+1\cdot2+2^2)(5^2+5\cdot1+1^2)$
$=(1\cdot5+1\cdot1+2\cdot1)^2+(1\cdot5+1\cdot1+2\cdot1)(2\cdot5-1\cdot1)$
$\quad+(2\cdot5-1\cdot1)^2$
$=8^2+8\cdot9+9^2$

よって，7，31，217は M の要素である。

←m^2+mn+n^2 の形。

←(1) において $a=1,\ b=2,\ x=5,\ y=1$ とする。

(3) 集合 M の要素 $\alpha,\ \beta$ について，次のように表される。

$\alpha=a^2+ab+b^2$，$\beta=x^2+xy+y^2$
($a,\ b,\ x,\ y$ は負でない整数)

ここで，$b\geqq a$，$x\geqq y$ としても一般性は失われない。……(＊)

このとき，$u=ax+ay+by$，$v=bx-ay$ は負でない整数であり，(1) から $\alpha\beta=u^2+uv+v^2$ と表される。

よって，$\alpha\beta$ は M の要素である。

(＊) a^2+ab+b^2，x^2+xy+y^2 は対称式であるから，a と b，x と y の文字を入れ替えられる。よって，$b\geqq a$，$x\geqq y$ としても一般性は失われない。

総合 8◇ a, b, c, d を定数とする。また，w は x, y, z から $w=ax+by+cz+d$ によって定まるものとする。以下の命題を考える。

命題 1：$x\geqq 0$ かつ $y\geqq 0$ かつ $z\geqq 0 \Longrightarrow w\geqq 0$

命題 2：「$x\geqq 0$ かつ $z\geqq 0$」または「$y\geqq 0$ かつ $z\geqq 0$」$\Longrightarrow w\geqq 0$

命題 3：$z\geqq 0 \Longrightarrow w\geqq 0$

(1) $b=0$ かつ $c=0$ のとき，命題 1 が真であれば，$a\geqq 0$ かつ $d\geqq 0$ であることを示せ。

(2) 命題 1 が真であれば，a, b, c, d はすべて 0 以上であることを示せ。

(3) 命題 2 が真であれば，命題 3 も真であることを示せ。 〔お茶の水大〕

➡ 本冊 数学Ⅰ例題 61

(1) $b=c=0$ のとき　$w=ax+d$

命題 1 が真であるから，$x=0$ のとき $w\geqq 0$ である。

よって　$d\geqq 0$

ここで，$a<0$ とする。

このとき，$x=-\dfrac{d+1}{a}$ とすると $x\geqq 0$ であり

$$w=a\cdot\left(-\frac{d+1}{a}\right)+d=-1<0$$

ゆえに，$w\geqq 0$ と矛盾する。よって　$a\geqq 0$

ゆえに，命題 1 が真であれば，$a\geqq 0$ かつ $d\geqq 0$ である。

←「$x=0$」は「$x\geqq 0$」に含まれる。

←背理法で示すことを考える。

←ある $x\,(\geqq 0)$ で $w\geqq 0$ とならないことを導ければよい。

別解　$b=c=0$ から　$w=ax+d$

命題 1 が真であるとする。

すなわち「$x\geqq 0 \Longrightarrow ax+d\geqq 0$」が成り立つ。

x を変数とする関数 $w=ax+d$ のグラフは直線である。

よって，$x\geqq 0$ を満たすすべての x について $w\geqq 0$ となることから

$a\geqq 0$ かつ $d\geqq 0$

ゆえに，命題 1 が真であれば，$a\geqq 0$ かつ $d\geqq 0$ である。

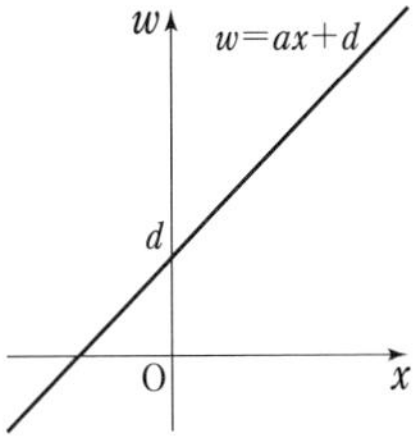

(2) 命題 1 が真であるとする。

$w=ax+by+cz+d$ …… ① とする。

① に $x=0$, $y=0$ を代入すると　$w=cz+d$

命題 1 が真であるから，$z\geqq 0$ のとき，$cz+d\geqq 0$ が成り立つ。

よって，(1) と同様の議論から　$c\geqq 0$, $d\geqq 0$

また，① に $y=0$, $z=0$ を代入すると　$w=ax+d$

① に $x=0$, $z=0$ を代入すると　$w=by+d$

これらについても，$x=0$, $y=0$ のときと同様にして

$a\geqq 0$, $b\geqq 0$ となる。

よって，命題 1 が真であれば，a, b, c, d はすべて 0 以上である。

←「$x=0$ かつ $y=0$ かつ $z\geqq 0$」は「$x\geqq 0$ かつ $y\geqq 0$ かつ $z\geqq 0$」に含まれる。

(3) 命題 2 が真であるとする。

このとき，「$x\geqq 0$ かつ $y\geqq 0$ かつ $z\geqq 0$」は

「$x\geqq 0$ かつ $z\geqq 0$」または「$y\geqq 0$ かつ $z\geqq 0$」

に含まれるから，命題 1 も真である。

よって，(2)から　$a \geqq 0$，$b \geqq 0$，$c \geqq 0$，$d \geqq 0$
命題 2 が真であるから，
$y=z=0$ のとき　$w=ax+d \geqq 0$
この不等式は，すべての実数 x について成り立つ。
よって，関数 $w=ax+d$ のグラフを考えると

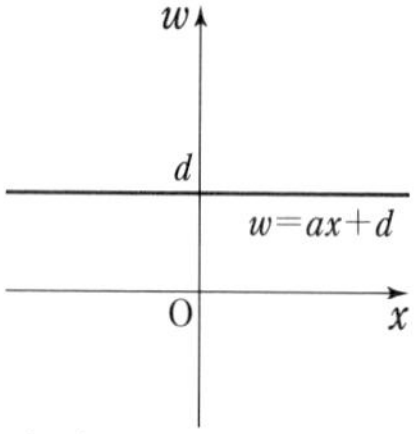

$a=0$ かつ $d \geqq 0$
また，命題 2 が真であるから，$x=z=0$ のとき
$w=by+d \geqq 0$
この不等式もすべての実数 y について成り立つから
$b=0$ かつ $d \geqq 0$
ゆえに，a，b，c，d について
$a=0$，$b=0$，$c \geqq 0$，$d \geqq 0$
$a=b=0$ であるから　$w=cz+d$
$c \geqq 0$，$d \geqq 0$ であるから，$z \geqq 0$ のとき　$w=cz+d \geqq 0$
したがって，命題 2 が真であれば，命題 3 も真である。

←「$y \geqq 0$ かつ $z \geqq 0$」のとき，$w \geqq 0$ が成り立つ。

←$a>0$ とすると，直線 $w=ax+d$ は次の図のようになり，$ax+d<0$ となる x が存在してしまう。

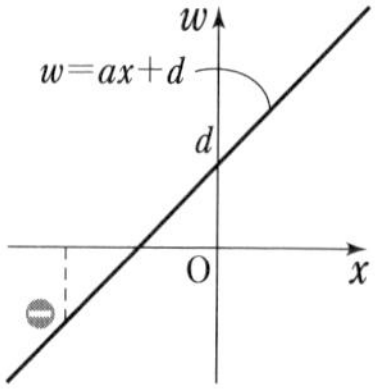

総合 9　(1)　$\sqrt{9+4\sqrt{5}}\,x+(1+3\sqrt{5})y=8+9\sqrt{5}$ を満たす整数 x，y の組を求めよ。〔防衛医大〕
(2)　正の整数 x，y について $\sqrt{12-\sqrt{x}}=y-\sqrt{3}$ が成り立つとき，$x=$ア□，$y=$イ□である。〔星薬大〕

➡ 本冊 数学 I 例題 63

(1)　$\sqrt{9+4\sqrt{5}}=\sqrt{9+2\sqrt{20}}=\sqrt{(5+4)+2\sqrt{5\cdot4}}$
$=\sqrt{5}+\sqrt{4}=\sqrt{5}+2$
よって，与式は
$(\sqrt{5}+2)x+(1+3\sqrt{5})y=8+9\sqrt{5}$
すなわち　$(2x+y)+(x+3y)\sqrt{5}=8+9\sqrt{5}$
$2x+y$，$x+3y$ は整数（有理数），$\sqrt{5}$ は無理数であるから
$2x+y=8$，$x+3y=9$
これを解いて　$x=3$，$y=2$
これは x，y が整数であることを満たす。
したがって，求める整数 x，y の組は　$\boldsymbol{(x,\ y)=(3,\ 2)}$

←a，b，c，d を有理数とするとき，$a+b\sqrt{5}=c+d\sqrt{5}$ ならば $a=c$，$b=d$ である。

(2)　$\sqrt{12-\sqrt{x}}=y-\sqrt{3}$ の両辺を 2 乗すると
$12-\sqrt{x}=y^2-2\sqrt{3}\,y+3$
よって　$y^2-9=2\sqrt{3}\,y-\sqrt{x}$ …… ①
y は整数であるから，① より $2\sqrt{3}\,y-\sqrt{x}$ は整数である。
$2\sqrt{3}\,y-\sqrt{x}=n$（n は整数）とおくと　$2\sqrt{3}\,y-n=\sqrt{x}$
両辺を 2 乗すると　$12y^2-4\sqrt{3}\,yn+n^2=x$
$n \neq 0$ と仮定すると　$\sqrt{3}=\dfrac{12y^2+n^2-x}{4yn}$ …… ②

←根号を含まない式を左辺に，根号を含む式を右辺にまとめる。

←$\sqrt{x}$ を消す。

←$y>0$

② の右辺は有理数であるから，② は $\sqrt{3}$ が無理数であることに矛盾している。ゆえに　$n=0$

← $\sqrt{3}$ が無理数であることを利用している。

よって　$2\sqrt{3}y-\sqrt{x}=0$ …… ③

① から　$y^2-9=0$

ゆえに　$y=\pm3$　y は正の整数であるから　$y=3$

これを ③ に代入して　$6\sqrt{3}-\sqrt{x}=0$

ゆえに　$x=(6\sqrt{3})^2=108$

$x=108$，$y=3$ のとき，$12-\sqrt{x}>0$，$y-\sqrt{3}>0$ となるから，適する。したがって　$x=$ ア **108**，$y=$ イ **3**

総合 10◇ 実数 a に対して，a 以下の最大の整数を $[a]$ で表す。

(1) a と b が実数のとき，$a\leqq b$ ならば $[a]\leqq[b]$ であることを示せ。

(2) n を自然数とするとき，$[\sqrt{n}]=\sqrt{n}$ であるための必要十分条件は，n が平方数であることを示せ。ただし，平方数とは整数の 2 乗である数をいう。

(3) n を自然数とするとき，$[\sqrt{n}]-[\sqrt{n-1}]=1$ となるための必要十分条件は，n が平方数であることを示せ。

［津田塾大］

➡ 本冊 数学 I 例題 70

HINT (2)，(3) A が B であるための必要十分条件であることを示すには，$A\Longrightarrow B$ が成り立つことと，$B\Longrightarrow A$ が成り立つことを両方証明する。

(1) $[a]\leqq a<[a]+1$，$[b]\leqq b<[b]+1$ から　$[a]\leqq a$，$b<[b]+1$

よって，$a\leqq b$ のとき　$[a]\leqq a\leqq b<[b]+1$

ゆえに，$[a]<[b]+1$ から　$[b]-[a]>-1$

$[b]-[a]$ は整数であるから　$[b]-[a]\geqq 0$

したがって　$[a]\leqq[b]$

← 実数 x，整数 n に対し，$n\leqq x<n+1$ ならば $[x]=n$

よって $[x]\leqq x<[x]+1$

← $[a]$，$[b]$ はともに整数。

(2) $[\sqrt{n}]=N$（N は自然数）とする。

$[\sqrt{n}]=\sqrt{n}$ のとき，$\sqrt{n}=N$ であるから　$n=N^2$

よって，n は平方数である。

逆に，n が平方数であるとき，$n=M^2$（M は自然数）と表される。

ゆえに　$[\sqrt{n}]=[\sqrt{M^2}]=[M]=M$

$M=\sqrt{n}$ であるから　$[\sqrt{n}]=\sqrt{n}$

以上から，n を自然数とするとき，$[\sqrt{n}]=\sqrt{n}$ であるための必要十分条件は，n が平方数であることである。

← 整数であることがわかりやすいように，$[\sqrt{n}]$ を N でおき換えることとする。

← M は整数であるから $[M]=M$

(3) $[\sqrt{n}]=N$（N は自然数）とする。

$[\sqrt{n}]-[\sqrt{n-1}]=1$ のとき　$[\sqrt{n-1}]=[\sqrt{n}]-1=N-1$

ここで，$\sqrt{n-1}-1<[\sqrt{n-1}]$ であるから

$\sqrt{n-1}-1<N-1$　すなわち　$\sqrt{n-1}<N$

よって　$n-1<N^2$　すなわち　$n<N^2+1$ …… ①

また，$[\sqrt{n}]\leqq\sqrt{n}$ すなわち $N\leqq\sqrt{n}$ から　$N^2\leqq n$ …… ②

①，② から　$N^2\leqq n<N^2+1$

n は自然数であるから　$n=N^2$

したがって，n は平方数である。

← (2) と同様。

← $[x]\leqq x<[x]+1$ から $x-1<[x]\leqq x$

← N^2，N^2+1 は連続する 2 整数。

逆に，n が平方数であるとき，$n=M^2$（M は自然数）と表される。

よって　　$[\sqrt{n}]=[M]=M$ …… ③

$\sqrt{n}>\sqrt{n-1}$ が成り立つから　　$M>\sqrt{n-1}$ …… ④

また　　$n-1=M^2-1$ …… ⑤

$(M^2-1)-(M-1)^2=2(M-1)\geqq 0$ から　$M^2-1\geqq (M-1)^2$ … ⑥

⑤，⑥ から　　$\sqrt{n-1}=\sqrt{M^2-1}\geqq \sqrt{(M-1)^2}=M-1$

これと ④ から　　$M>\sqrt{n-1}\geqq M-1$

すなわち　　$M-1\leqq \sqrt{n-1}<M$

よって　　$[\sqrt{n-1}]=M-1$ …… ⑦

③，⑦ から　　$[\sqrt{n}]-[\sqrt{n-1}]=M-(M-1)=1$

以上から，n を自然数とするとき，$[\sqrt{n}]-[\sqrt{n-1}]=1$ となるための必要十分条件は，n が平方数であることである。

←$[\sqrt{n}]=M$ であるから，$[\sqrt{n}]-[\sqrt{n-1}]=1$ をいうには，$[\sqrt{n-1}]=M-1$ すなわち $M-1\leqq \sqrt{n-1}<M$ を示すことが目標となる。
⟶ 結論から示すものをはっきりさせる方針（**結論からお迎え**）。

総合 11　実数 x，y が $|2x+y|+|2x-y|=4$ を満たすとき，$2x^2+xy-y^2$ のとりうる値の範囲は ア$\square\leqq 2x^2+xy-y^2\leqq$ イ$\square$ である。　〔東京慈恵会医大〕

➡ 本冊 数学I 例題 68,80

$|2x+y|+|2x-y|=4$ …… ① とする。

[1]　$2x+y\geqq 0$ かつ $2x-y\geqq 0$ のとき

① から　　$(2x+y)+(2x-y)=4$　　よって　　$x=1$

このとき　　$2x^2+xy-y^2=2+y-y^2=-(y^2-y)+2$

$$=-\left(y-\frac{1}{2}\right)^2+\frac{9}{4} \quad \cdots\cdots ②$$

$2x+y\geqq 0$ かつ $2x-y\geqq 0$ から　　$2+y\geqq 0$ かつ $2-y\geqq 0$

ゆえに　　$-2\leqq y\leqq 2$ …… ③

②，③ から　　$-4\leqq 2x^2+xy-y^2\leqq \dfrac{9}{4}$ …… ④

[2]　$2x+y\geqq 0$ かつ $2x-y<0$ のとき

① から　　$(2x+y)-(2x-y)=4$　　よって　　$y=2$

このとき　　$2x^2+xy-y^2=2x^2+2x-4=2(x^2+x)-4$

$$=2\left(x+\frac{1}{2}\right)^2-\frac{9}{2} \quad \cdots\cdots ⑤$$

$2x+y\geqq 0$ かつ $2x-y<0$ から　　$2x+2\geqq 0$ かつ $2x-2<0$

ゆえに　　$-1\leqq x<1$ …… ⑥

⑤，⑥ から　　$-\dfrac{9}{2}\leqq 2x^2+xy-y^2<0$ …… ⑦

[3]　$2x+y<0$ かつ $2x-y\geqq 0$ のとき

① から　　$-(2x+y)+(2x-y)=4$　　よって　　$y=-2$

このとき　　$2x^2+xy-y^2=2x^2-2x-4=2(x^2-x)-4$

$$=2\left(x-\frac{1}{2}\right)^2-\frac{9}{2} \quad \cdots\cdots ⑧$$

$2x+y<0$ かつ $2x-y\geqq 0$ から　　$2x-2<0$ かつ $2x+2\geqq 0$

ゆえに　　$-1\leqq x<1$ …… ⑨

HINT　$2x+y$，$2x-y$ の符号によって場合分けをし，条件式の絶対値をはずす。

[1]
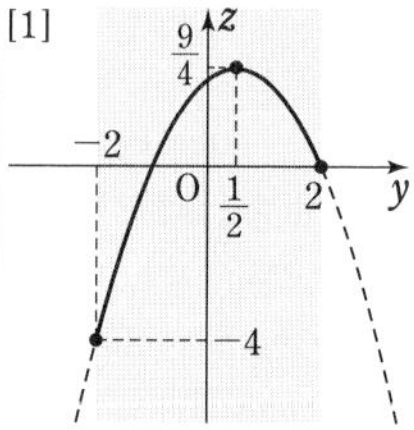

[2]
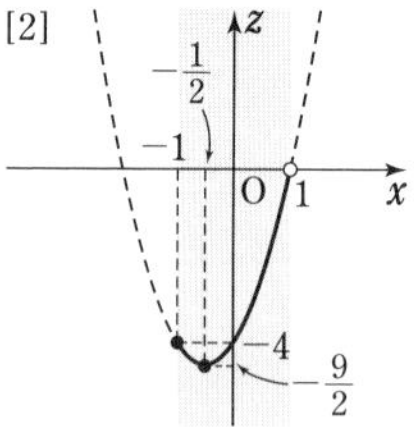

[3]
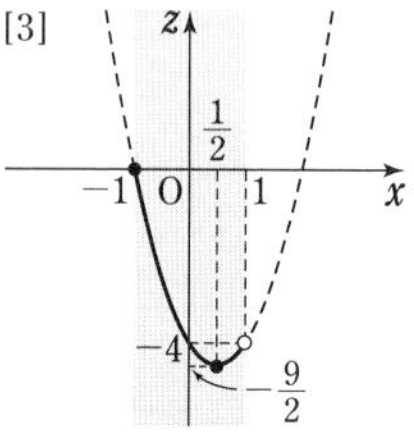

⑧，⑨ から　$-\dfrac{9}{2} \leqq 2x^2+xy-y^2 \leqq 0$ …… ⑩

[4]　$2x+y<0$ かつ $2x-y<0$ のとき

① から　$-(2x+y)-(2x-y)=4$　よって　$x=-1$

このとき　$2x^2+xy-y^2=2-y-y^2=-(y^2+y)+2$

$$=-\left(y+\frac{1}{2}\right)^2+\frac{9}{4} \quad \cdots\cdots ⑪$$

$2x+y<0$ かつ $2x-y<0$ から　$-2+y<0$ かつ $-2-y<0$

ゆえに　$-2<y<2$ …… ⑫

⑪，⑫ から　$-4<2x^2+xy-y^2 \leqq \dfrac{9}{4}$ …… ⑬

求める値の範囲は，④，⑦，⑩，⑬ を合わせたもので

$$^{ア}-\frac{9}{2} \leqq 2x^2+xy-y^2 \leqq {}^{イ}\frac{9}{4}$$

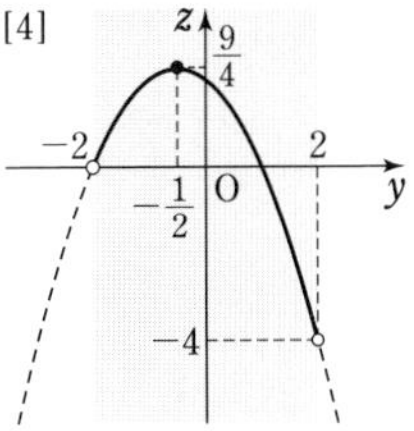

←点 $(x,\ y)$ 全体を [1]～[4] の各場合に分けたから，求めるのは「合わせた範囲」となる。

総合 12

a は実数とし，b は正の定数とする。x の関数 $f(x)=x^2+2(ax+b|x|)$ の最小値 m を求めよ。更に，a の値が変化するとき，a の値を横軸に，m の値を縦軸にとって m のグラフをかけ。

〔京都大〕

➡ 本冊 数学Ⅰ例題 84, 123

$x<0$ のとき

$$f(x)=x^2+2(ax-bx)=x^2+2(a-b)x$$
$$=(x+a-b)^2-(a-b)^2$$

$x \geqq 0$ のとき

$$f(x)=x^2+2(ax+bx)=x^2+2(a+b)x$$
$$=(x+a+b)^2-(a+b)^2$$

ここで，$b>0$ から　$-a-b<-a+b$

←まず，場合分けして絶対値をはずす。

←$y=f(x)$ のグラフは下に凸の放物線，軸は直線 $x=-a+b$

←$y=f(x)$ のグラフは下に凸の放物線，軸は直線 $x=-a-b$

[1]　$0 \leqq -a-b$ すなわち $a \leqq -b$ のとき

$y=f(x)$ のグラフは右図の実線部分のようになる。

よって

$$m=f(-a-b)=-(a+b)^2$$

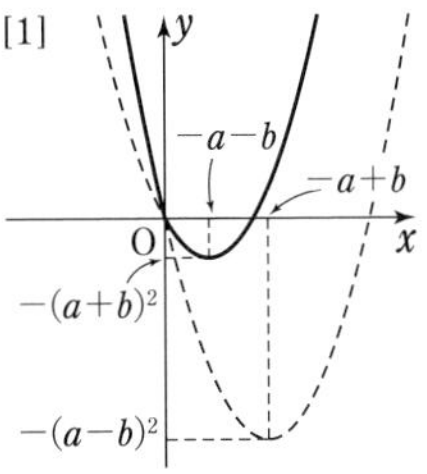

←2つの軸がともに $0 \leqq x$ の範囲にある場合。

[2]　$-a-b<0<-a+b$ すなわち $-b<a<b$ のとき

$y=f(x)$ のグラフは右図の実線部分のようになる。

よって

$$m=f(0)=0$$

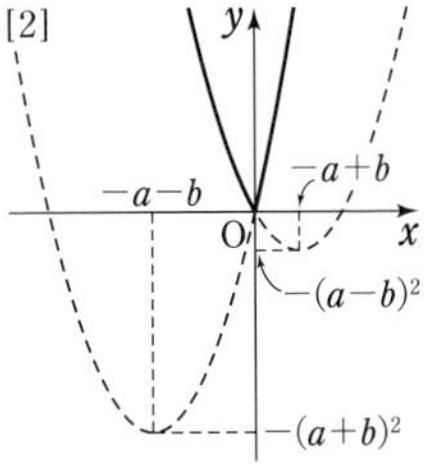

←一方の軸が $x<0$ の範囲にあり，もう一方の軸が $0<x$ の範囲にある場合。

[3]　$-a+b\leqq 0$ すなわち $a\geqq b$ のとき
$y=f(x)$ のグラフは右図の実線部分のようになる。
よって
$$m=f(-a+b)=-(a-b)^2$$

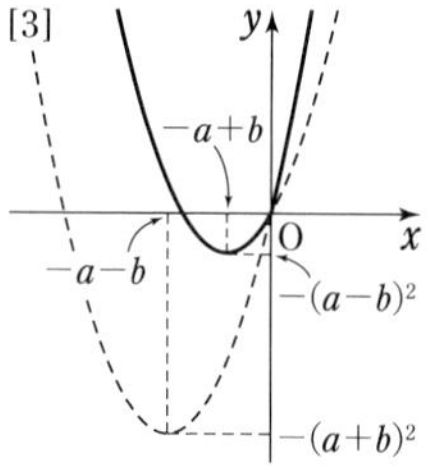

←2 つの軸がともに $x\leqq 0$ の範囲にある場合。

以上から
$$\boldsymbol{m}=\begin{cases}-(\boldsymbol{a}+\boldsymbol{b})^2 & (\boldsymbol{a}\leqq -\boldsymbol{b})\\ 0 & (-\boldsymbol{b}<\boldsymbol{a}<\boldsymbol{b})\\ -(\boldsymbol{a}-\boldsymbol{b})^2 & (\boldsymbol{b}\leqq \boldsymbol{a})\end{cases}$$
b は正の定数であるから，a の値を変化させるとき，m のグラフは **右図の実線部分** のようになる。

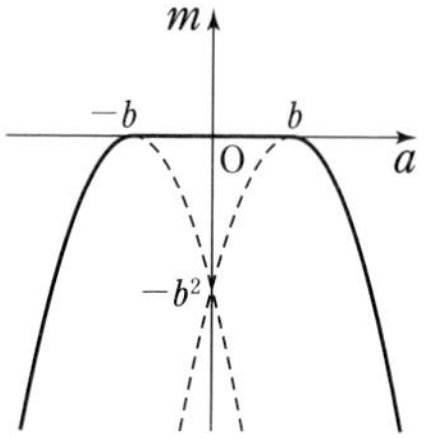

←例えば，$m=-(a+b)^2$ のグラフは，放物線 $m=-a^2$ を a 軸方向に $-b$ だけ平行移動したものである。

総合 13　x，y を実数とする。
(1)　$x^2+5y^2+2xy-2x-6y+4\geqq$ ア［　］であり，等号が成り立つのは，$x=$ イ［　］かつ $y=$ ウ［　］のときである。
(2)　x，y が $x^2+y^2+2xy-2x-4y+1=0$ ……（＊）を満たすとする。（＊）を y に関する 2 次方程式と考えたときの判別式は エ［　］である。したがって，x のとりうる値の範囲は $x\leqq$ オ［　］である。また，（＊）を x に関する 2 次方程式と考えたときの判別式は カ［　］である。したがって，y のとりうる値の範囲は $y\geqq$ キ［　］である。
(3)　x，y が（＊）を満たすとき，$x^2+5y^2+2xy-2x-6y+4\geqq$ ク［　］であり，等号が成り立つのは，$x=$ ケ［　］かつ $y=$ コ［　］のときである。
〔立命館大〕

➡ 本冊 数学 I 例題 90,122

(1)　$x^2+5y^2+2xy-2x-6y+4$
$$=x^2+2(y-1)x+5y^2-6y+4$$
$$=\{x+(y-1)\}^2-(y-1)^2+5y^2-6y+4$$
$$=(x+y-1)^2+4y^2-4y+3$$
$$=(x+y-1)^2+4\left(y-\frac{1}{2}\right)^2+2$$

←まず，x について基本形にする。

←次に，y について基本形にする。

$(x+y-1)^2\geqq 0$，$\left(y-\frac{1}{2}\right)^2\geqq 0$ であるから

←(実数)$^2\geqq 0$

$$x^2+5y^2+2xy-2x-6y+4\geqq {}^{ア}\boldsymbol{2}$$
等号が成り立つのは，$x+y-1=0$ かつ $y-\frac{1}{2}=0$，すなわち

$x=$ イ $\boldsymbol{\frac{1}{2}}$ かつ $y=$ ウ $\boldsymbol{\frac{1}{2}}$ のときである。

(2)　（＊）を y について整理すると
$$y^2+2(x-2)y+x^2-2x+1=0 \quad \cdots\cdots ①$$
① の判別式を D_1 とすると
$$D_1=\{2(x-2)\}^2-4\cdot 1\cdot (x^2-2x+1)$$
$$={}^{エ}\boldsymbol{-8x+12}$$
y に関する 2 次方程式 ① は実数解をもつから　　$D_1\geqq 0$

←y が実数であるから，① は実数解をもつ。

よって　$-8x+12 \geqq 0$　すなわち　$x \leqq {}^{オ}\boldsymbol{\frac{3}{2}}$

(＊)を x について整理すると

$$x^2+2(y-1)x+y^2-4y+1=0 \quad \cdots\cdots ②$$

②の判別式を D_2 とすると

$$D_2=\{2(y-1)\}^2-4\cdot1\cdot(y^2-4y+1)={}^{カ}\boldsymbol{8y}$$

x に関する2次方程式②は実数解をもつから

$$D_2 \geqq 0$$

よって　$8y \geqq 0$　すなわち　$y \geqq {}^{キ}\boldsymbol{0} \quad \cdots\cdots ③$

←x が実数であるから，②は実数解をもつ。

(3)　x，y が(＊)を満たすとき

$$\begin{aligned}&x^2+5y^2+2xy-2x-6y+4\\&=(x^2+y^2+2xy-2x-4y+1)+4y^2-2y+3\\&=4y^2-2y+3\\&=4\left(y-\frac{1}{4}\right)^2+\frac{11}{4}\end{aligned}$$

③より，$y \geqq 0$ であるから，$4\left(y-\frac{1}{4}\right)^2+\frac{11}{4}$ は $y=\frac{1}{4}$ で最小値 $\frac{11}{4}$ をとる。

←2次関数 $z=4\left(y-\frac{1}{4}\right)^2+\frac{11}{4}$ $(y \geqq 0)$ は軸 $y=\frac{1}{4}$ で最小となる。

総合

ここで，$y=\frac{1}{4}$ を $x^2+y^2+2xy-2x-4y+1=0$ に代入して整理すると　$16x^2-24x+1=0$

これを解くと

$$x=\frac{-(-12)\pm\sqrt{(-12)^2-16\cdot1}}{16}=\frac{3\pm2\sqrt{2}}{4}$$

この x の値は $x \leqq \frac{3}{2}$ を満たす。

よって，$x^2+5y^2+2xy-2x-6y+4 \geqq {}^{ク}\boldsymbol{\frac{11}{4}}$ であり，等号が成り立つのは，$x={}^{ケ}\boldsymbol{\frac{3\pm2\sqrt{2}}{4}}$ かつ $y={}^{コ}\boldsymbol{\frac{1}{4}}$ のときである。

総合 14

実数 x に対して，$k \leqq x < k+1$ を満たす整数 k を $[x]$ で表す。

(1)　$n^2-n-\frac{5}{4}<0$ を満たす整数 n をすべて求めよ。

(2)　$[x]^2-[x]-\frac{5}{4}<0$ を満たす実数 x の値の範囲を求めよ。

(3)　x は(2)で求めた範囲にあるものとする。$x^2-[x]-\frac{5}{4}=0$ を満たす x の値をすべて求めよ。

［北海道大］

➡ 本冊 数学Ⅰ例題 70,110

(1)　$n^2-n-\frac{5}{4}=0$ を解くと　$n=\frac{1\pm\sqrt{6}}{2}$

←$4n^2-4n-5=0$ を解の公式を利用して解く。

よって，$n^2-n-\frac{5}{4}<0$ を満たす n の値の範囲は

$$\frac{1-\sqrt{6}}{2}<n<\frac{1+\sqrt{6}}{2}$$

ここで，$2<\sqrt{6}<3$ であるから

$$-1<\frac{1-\sqrt{6}}{2}<-\frac{1}{2},\quad \frac{3}{2}<\frac{1+\sqrt{6}}{2}<2$$

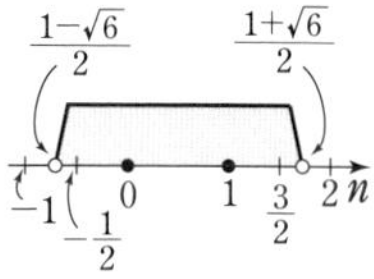

ゆえに，$n^2-n-\frac{5}{4}<0$ すなわち $\frac{1-\sqrt{6}}{2}<n<\frac{1+\sqrt{6}}{2}$ を満たす整数 n は　　**$n=0,\ 1$**

(2)　$[x]=n$ とおくと，不等式は　　$n^2-n-\frac{5}{4}<0$

これを満たす整数 n は，(1) から　　$n=0,\ 1$

$n=0$　すなわち　$[x]=0$ のとき　　$0 \leqq x<1$

$n=1$　すなわち　$[x]=1$ のとき　　$1 \leqq x<2$

よって，求める x の値の範囲は　　**$0 \leqq x<2$**

←$0 \leqq x<1$ と $1 \leqq x<2$ を合わせた範囲。

(3)　(i)　$0 \leqq x<1$ のとき

$[x]=0$ であるから，方程式は　　$x^2-\frac{5}{4}=0$

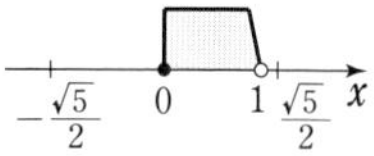

これを解くと　　$x=\pm\frac{\sqrt{5}}{2}$

これらは，$0 \leqq x<1$ を満たさないから不適。

(ii)　$1 \leqq x<2$ のとき

$[x]=1$ であるから，方程式は　　$x^2-\frac{9}{4}=0$

これを解くと　　$x=\pm\frac{3}{2}$

$1 \leqq x<2$ を満たすものは　　$x=\frac{3}{2}$

(i)，(ii) から，求める x の値は　　**$x=\frac{3}{2}$**

総合 15　次の条件を満たすような実数 a の値の範囲を求めよ。

(条件)：どんな実数 x に対しても $x^2-3x+2>0$ または $x^2+ax+1>0$ が成立する。

〔学習院大〕

➡ 本冊 数学 I 例題 116

$x^2-3x+2 \leqq 0$ の解は，$(x-1)(x-2) \leqq 0$ から　　$1 \leqq x \leqq 2$

よって，「$1 \leqq x \leqq 2$ のすべての x の値に対して，$x^2+ax+1>0$ が成り立つ」……(＊) すなわち「$1 \leqq x \leqq 2$ における x^2+ax+1 の最小値が正となる」ときの実数 a の値の範囲について考える。

(＊)　$x<1$ または $x>2$ の x の値に対して，常に $x^2-3x+2>0$ が成り立つ。よって，$x^2-3x+2>0$ が成り立たない x の値に対して，常に $x^2+ax+1>0$ が成り立てばよい。

$f(x)=x^2+ax+1$ とすると

$$f(x)=\left(x+\frac{a}{2}\right)^2-\frac{a^2}{4}+1$$

[1]　$-\dfrac{a}{2}<1$ すなわち $a>-2$ のとき

最小値は $f(1)=a+2$ であり，$a>-2$ のとき，常に $f(1)>0$ は成り立つ。

[2]　$1\leqq -\dfrac{a}{2}\leqq 2$ すなわち $-4\leqq a\leqq -2$ のとき

最小値は $f\left(-\dfrac{a}{2}\right)=-\dfrac{a^2}{4}+1$ であり，$-\dfrac{a^2}{4}+1>0$ から

$a^2-4<0$　　よって　　$-2<a<2$

これは $-4\leqq a\leqq -2$ を満たさない。

[3]　$2<-\dfrac{a}{2}$ すなわち $a<-4$ のとき

最小値は $f(2)=2a+5$ であり，$2a+5>0$ から

$$a>-\frac{5}{2}$$

これは $a<-4$ を満たさない。

[1]～[3] から，求める a の値の範囲は　　$\boldsymbol{a>-2}$

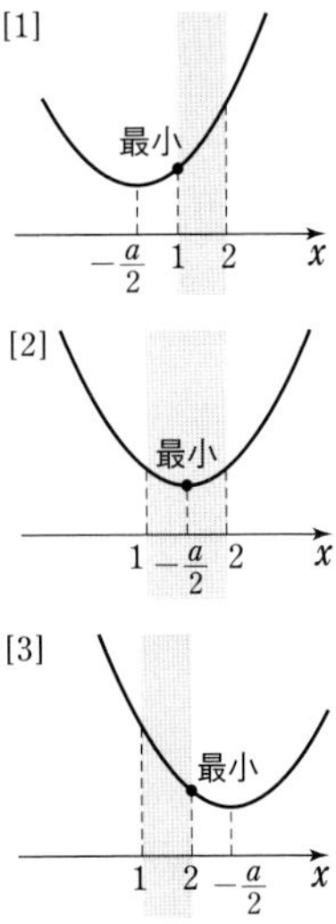

総合 16

k を実数の定数とする。x の 2 次方程式 $x^2+kx+k^2+3k-9=0$ …… ① について

(1)　方程式 ① が実数解をもつとき，その解の値の範囲を求めよ。

(2)　方程式 ① が異なる 2 つの整数解をもつような整数 k の値をすべて求めよ。　〔類 近畿大〕

➡ 本冊 数学 I 例題 114

総合

(1)　実数 α が方程式 ① の解となるための条件は

$$\alpha^2+k\alpha+k^2+3k-9=0$$

すなわち　$k^2+(\alpha+3)k+\alpha^2-9=0$ …… ②

を満たす実数 k が存在することである。

② を k の 2 次方程式とみて，その判別式を D とすると

$$D=(\alpha+3)^2-4(\alpha^2-9)=-3\alpha^2+6\alpha+45$$
$$=-3(\alpha^2-2\alpha-15)=-3(\alpha+3)(\alpha-5)$$

求める条件は，$D\geqq 0$ であるから　　$(\alpha+3)(\alpha-5)\leqq 0$

これを解くと　　$-3\leqq\alpha\leqq 5$

したがって，求める解の値の範囲は　　$\boldsymbol{-3\leqq x\leqq 5}$

(2)　① を x について解くと

$$x=\frac{-k\pm\sqrt{k^2-4(k^2+3k-9)}}{2}=\frac{-k\pm\sqrt{-3(k^2+4k-12)}}{2}$$

ここで，$-3(k^2+4k-12)=D'$ とおく。

① が異なる 2 つの整数解をもつとき　　$D'>0$

よって　　$k^2+4k-12<0$

ゆえに　　$(k+6)(k-2)<0$　　　よって　　$-6<k<2$

この不等式を満たす整数 k の値は

$k=-5,\ -4,\ -3,\ -2,\ -1,\ 0,\ 1$ …… ③

一方，方程式 ① は異なる 2 つの整数解をもつから，

$x=\dfrac{-k\pm\sqrt{D'}}{2}$ において，D' は平方数である。

HINT　(1)　① を k の 2 次方程式とみる。

Ⓘ　$x=\alpha$ が解 ⟶ 代入すると成り立つ

←実数解をもつ ⟺ $D\geqq 0$

←整数は実数であるから，異なる 2 つの整数解をもつならば，異なる 2 つの実数解をもつ条件 $D'>0$ を満たす必要がある。ただし，$D'>0$ を満たす整数 k すべてについて，**解が整数になるとは限らない。**

$D'=48-3(k+2)^2$ と変形できるから，これに ③ の k の値を代入して D' が平方数となるものを調べると

$$k=0,\ -4$$

$k=0$ のとき，$D'=6^2$ となるから　$x=\pm\dfrac{6}{2}=\pm3$

$k=-4$ のとき，$D'=6^2$ となるから

$$x=\frac{4\pm6}{2}\quad すなわち\quad x=5,\ -1$$

いずれの場合も，2 つの解は異なる整数となる。

以上により，求める k の値は　**$k=0,\ -4$**

←③ の各 k の値に対し $k+2=-3,\ -2,\ -1,\ 0,\ 1,\ 2,\ 3$ よって $(k+2)^2=0,\ 1,\ 4,\ 9$ このうち，D' が平方数になるのは，$(k+2)^2=4$ のとき。

総合 17

関数 $y=|x^2-2mx|-m$ のグラフに関する次の問いに答えよ。ただし，m は実数とする。

(1) $m=1$ のときのグラフの概形をかけ。

(2) グラフと x 軸の共有点の個数を求めよ。　〔千葉大〕

➡ 本冊 数学Ⅰ例題 125

(1) $m=1$ のとき

$$y=|x^2-2x|-1 \quad \cdots\cdots ①$$

$x(x-2)\geqq0$ すなわち $x\leqq0,\ 2\leqq x$ のとき　$y=x^2-2x-1=(x-1)^2-2$

$x(x-2)<0$ すなわち $0<x<2$ のとき

$$y=-(x^2-2x)-1=-(x-1)^2$$

よって，① のグラフは **右図の実線部分** のようになる。

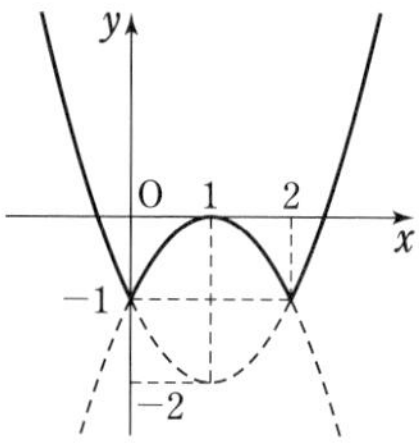

←絶対値の中の式の符号で場合分けをして，絶対値をはずす。

検討　$y=|x^2-2x|-1$ のグラフは，$y=x^2-2x$ すなわち $y=(x-1)^2-1$ のグラフの $y<0$ の部分を x 軸に関して対称移動したものを，更に y 軸方向に -1 だけ平行移動したものである。

(2) $|x^2-2mx|-m=0$ とすると　$|x^2-2mx|=m$

グラフと x 軸の共有点の個数は，$y=|x^2-2mx|$ のグラフ C と直線 $y=m$ の共有点の個数に等しい。

[1] $m<0$ のとき，$|x^2-2mx|\geqq0$ であるから，C と直線 $y=m$ は共有点をもたない。

[2] $m=0$ のとき，C は $y=x^2$ のグラフと一致し，これと直線 $y=0$ の共有点は原点のみである。

[3] $m>0$ のとき，$y=|x^2-2mx|$ について

$x(x-2m)\geqq0$ すなわち $x\leqq0,\ 2m\leqq x$ のとき

$$y=x^2-2mx=(x-m)^2-m^2$$

$x(x-2m)<0$ すなわち $0<x<2m$ のとき

$$y=-(x^2-2mx)=-(x-m)^2+m^2$$

ゆえに，C の概形は右図の実線部分のようになる。

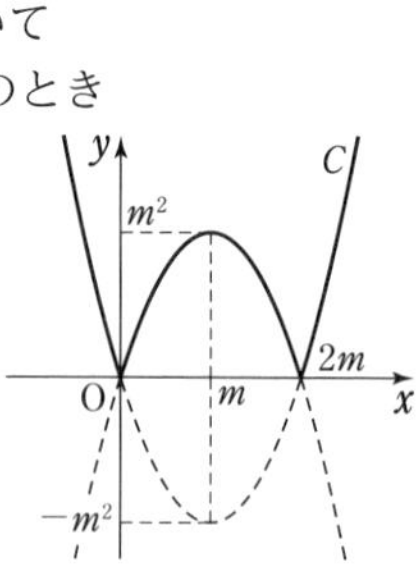

←C は x 軸の下側にないが，直線 $y=m$ は x 軸の下側にある。

←(1) と同様に，場合分けをして絶対値をはずす。なお，C は $y=x(x-2m)$ のグラフの $y<0$ の部分を x 軸に関して対称移動したものである。

C と直線 $y=m$ の共有点の個数は

(i) $m>m^2$ すなわち $0<m<1$ のとき　2 個

(ii) $m=m^2$ すなわち $m=1$ のとき　3 個

(iii) $m<m^2$ すなわち $m>1$ のとき　4 個

←$m(m-1)<0$

←$m(m-1)=0,\ m\neq0$

←$m(m-1)>0,\ m>0$

以上から，求める共有点の個数は
$m<0$ のとき 0 個，$m=0$ のとき 1 個，$0<m<1$ のとき 2 個，$m=1$ のとき 3 個，$m>1$ のとき 4 個

総合 18 次の条件を満たす実数 x の値の範囲をそれぞれ求めよ。
(1) $x^2+xy+y^2=1$ を満たす実数 y が存在する。
(2) $x^2+xy+y^2=1$ を満たす正の実数 y が存在しない。
(3) すべての実数 y に対して $x^2+xy+y^2>x+y$ が成り立つ。　〔慶応大〕

➡ 本冊 数学Ⅰ例題 115, 126

(1) $x^2+xy+y^2=1$ から
$$y^2+xy+(x^2-1)=0$$
←y についての 2 次方程式とみる。

これを満たす実数 y が存在するから，判別式 D について
$$D\geqq 0$$
$D=x^2-4(x^2-1)=-3x^2+4$ であるから　$3x^2-4\leqq 0$

ゆえに　$\left(x+\dfrac{2}{\sqrt{3}}\right)\left(x-\dfrac{2}{\sqrt{3}}\right)\leqq 0$

よって　$\boldsymbol{-\dfrac{2}{\sqrt{3}}\leqq x\leqq \dfrac{2}{\sqrt{3}}}$

(2) $f(y)=y^2+xy+(x^2-1)$ とすると
$$f(y)=\left(y+\frac{x}{2}\right)^2+\frac{3}{4}x^2-1$$
←y についての 2 次関数と考える。

$z=f(y)$ のグラフは下に凸の放物線で，軸は　直線 $y=-\dfrac{x}{2}$

←$z=f(y)$ のグラフが y 軸の正の部分と，共有点をもたない条件を考える。

[1] $-\dfrac{x}{2}\leqq 0$ すなわち $x\geqq 0$ のとき
求める条件は　$f(0)\geqq 0$
すなわち　$x^2-1\geqq 0$
よって　$x\leqq -1,\ 1\leqq x$
$x\geqq 0$ との共通範囲は　$x\geqq 1$

[1]
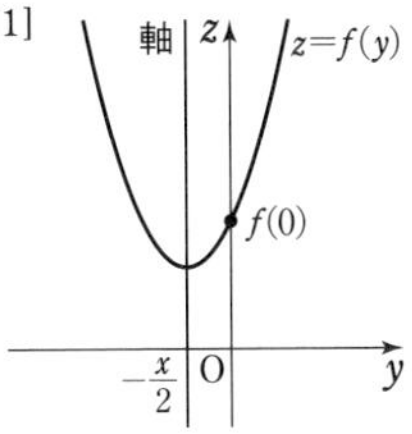

[2] $-\dfrac{x}{2}>0$ すなわち $x<0$ のとき
求める条件は　$\dfrac{3}{4}x^2-1>0$
←(頂点の z 座標)>0

すなわち　$x^2>\dfrac{4}{3}$

よって　$x<-\dfrac{2}{\sqrt{3}},\ \dfrac{2}{\sqrt{3}}<x$

$x<0$ との共通範囲は　$x<-\dfrac{2}{\sqrt{3}}$

[2]
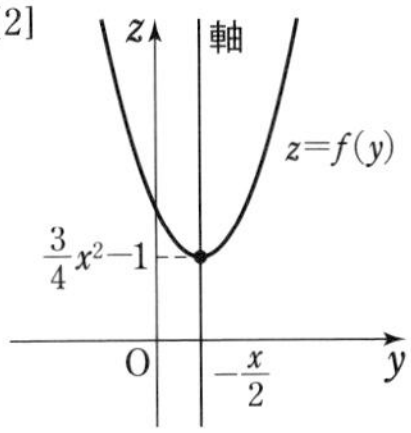

以上から　$\boldsymbol{x<-\dfrac{2}{\sqrt{3}},\ 1\leqq x}$

総合

(3)　$x^2+xy+y^2>x+y$ から

$$y^2+(x-1)y+(x^2-x)>0$$

よって　$\left(y+\dfrac{x-1}{2}\right)^2+\dfrac{3x^2-2x-1}{4}>0$

これがすべての実数 y について成り立つための条件は

$$\frac{3x^2-2x-1}{4}>0$$

ゆえに　$(3x+1)(x-1)>0$

よって　$\boldsymbol{x<-\dfrac{1}{3},\ 1<x}$

←y についての2次不等式とみる。

←「>」を「=」とした y についての2次方程式の判別式 D について，$D<0$ としてもよい。
このとき，$D=(x-1)^2-4(x^2-x)<0$ から，$3x^2-2x-1>0$ が得られる。

総合 19

a を実数とし，$f(x)=x^2-2x+2$，$g(x)=-x^2+ax+a$ とする。

(1)　すべての実数 s，t に対して $f(s) \geqq g(t)$ が成り立つような a の値の範囲を求めよ。

(2)　$0 \leqq x \leqq 1$ を満たすすべての x に対して $f(x) \geqq g(x)$ が成り立つような a の値の範囲を求めよ。

〔神戸大〕

➡ 本冊 数学Ⅰ例題 131, 132

(1)　$f(x)=(x-1)^2+1$，$g(x)=-\left(x-\dfrac{a}{2}\right)^2+\dfrac{a^2}{4}+a$

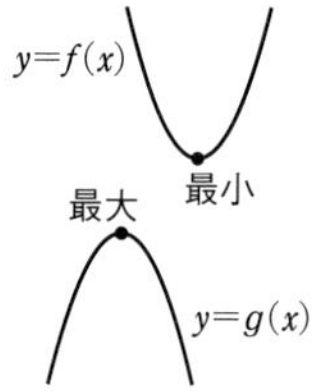

題意の条件は，[$f(x)$ の最小値]$\geqq$[$g(x)$ の最大値] が成り立つことと同じである。

よって　$1 \geqq \dfrac{a^2}{4}+a$

ゆえに　$a^2+4a-4 \leqq 0$

これを解くと　$\boldsymbol{-2-2\sqrt{2} \leqq a \leqq -2+2\sqrt{2}}$

←$a^2+4a-4=0$ の解は，解の公式から
$a=-2\pm2\sqrt{2}$

(2)　$f(x)-g(x)=h(x)$ とすると

$$\begin{aligned}h(x)&=2x^2-(a+2)x+2-a\\&=2\left(x-\frac{a+2}{4}\right)^2-\frac{1}{8}(a+2)^2+2-a\\&=2\left(x-\frac{a+2}{4}\right)^2-\frac{1}{8}a^2-\frac{3}{2}a+\frac{3}{2}\end{aligned}$$

$y=h(x)$ のグラフは下に凸の放物線で，軸は　直線 $x=\dfrac{a+2}{4}$

題意の条件は，$0 \leqq x \leqq 1$ において，[$h(x)$ の最小値]$\geqq 0$ が成り立つことと同じである。

[1]　$\dfrac{a+2}{4}<0$ すなわち $a<-2$ のとき

←軸の位置によって場合分け。

求める条件は

$h(0) \geqq 0$ すなわち $2-a \geqq 0$

よって　$a \leqq 2$

$a<-2$ との共通範囲は

$a<-2$

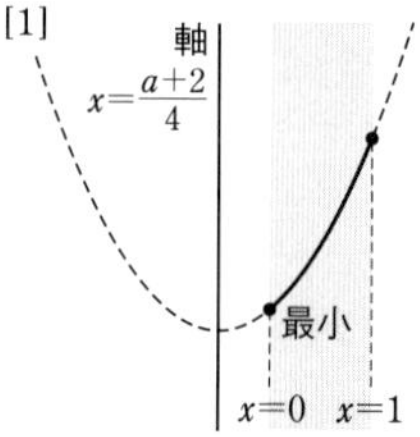

[2]　$0 \leqq \dfrac{a+2}{4} \leqq 1$ すなわち $-2 \leqq a \leqq 2$ のとき

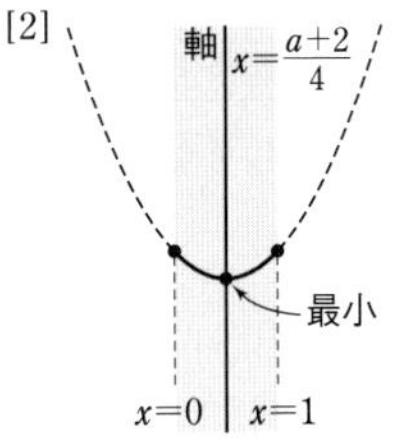

求める条件は

$$-\frac{1}{8}a^2-\frac{3}{2}a+\frac{3}{2} \geqq 0$$

ゆえに　$a^2+12a-12 \leqq 0$

これを解くと

$$-6-4\sqrt{3} \leqq a \leqq -6+4\sqrt{3}$$

$-2 \leqq a \leqq 2$ との共通範囲は

$$-2 \leqq a \leqq -6+4\sqrt{3}$$

←$a^2+12a-12=0$ の解は，解の公式から
$a=-6\pm4\sqrt{3}$

[3]　$1<\dfrac{a+2}{4}$ すなわち $a>2$ のとき

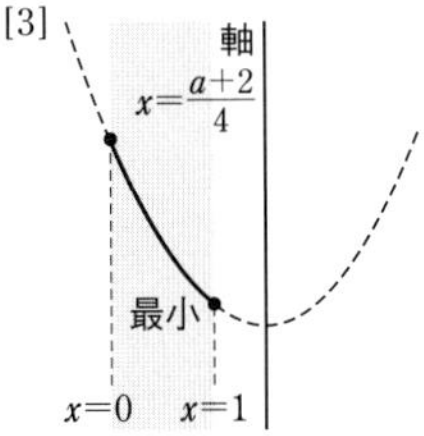

求める条件は　$h(1) \geqq 0$

すなわち　$2-a-2+2-a \geqq 0$

よって　$a \leqq 1$

$a>2$ との共通範囲はない。

以上から，求める a の値の範囲は，[1] と [2] で求めた範囲を合わせて

$$\boldsymbol{a \leqq -6+4\sqrt{3}}$$

総合

総合 20◇

a, b, c, p を実数とする。不等式 $ax^2+bx+c>0$, $bx^2+cx+a>0$, $cx^2+ax+b>0$ をすべて満たす実数 x の集合と，$x>p$ を満たす実数 x の集合が一致しているとする。

(1)　a, b, c はすべて 0 以上であることを示せ。

(2)　a, b, c のうち少なくとも 1 個は 0 であることを示せ。

(3)　$p=0$ であることを示せ。　〔東京大〕

➡ 本冊 数学 I 例題 113

HINT　(1), (2)　背理法を利用。グラフと関連づけて考える。
(3)　(2) の結果から，a, b, c のうち 0 が 3 個か 2 個か 1 個かで場合分け。

$ax^2+bx+c>0$, $bx^2+cx+a>0$, $cx^2+ax+b>0$ をすべて満たす実数 x の集合を I とする。

また，$x>p$ を満たす実数 x の集合を J とする。

(1)　$a<0$ であると仮定する。

このとき，$y=ax^2+bx+c$ のグラフは上に凸の放物線であるから，p より十分大きい x に対して，$ax^2+bx+c<0$ となる。

すなわち，I に含まれない J の要素が存在するが，これは $I=J$ であることに矛盾する。

よって　$a \geqq 0$

同様にして，$b \geqq 0$, $c \geqq 0$ となるから，a, b, c はすべて 0 以上である。

(1)

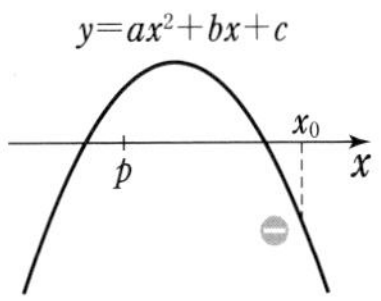

上の図で，実数 x_0 は $x_0 \in J$ であるが　$x_0 \notin I$
($x \in J$ ならば $x \in I$ すなわち，$ax^2+bx+c>0$, $bx^2+cx+a>0$, $cx^2+ax+b>0$ がすべて満たされるはずである。)

(2)　a, b, c がすべて正であると仮定する。
$a>0$ から，$y=ax^2+bx+c$ のグラフは下に凸の放物線であり，
$x<p$ を満たし，かつ $|x|$ が十分大きい x に対して，
$ax^2+bx+c>0$ となる。
同様にして，$x<p$ を満たし，かつ $|x|$ が十分大きい x に対して，
$bx^2+cx+a>0$，$cx^2+ax+b>0$ となる。
ゆえに，$|x|$ が十分大きい負の数 x で，I に含まれ J に含まれないものが存在するが，これは $I=J$ であることに矛盾する。
よって，a, b, c のうち少なくとも1個は0以下である。
これと(1)から，a, b, c のうち少なくとも1個は0である。

(2)
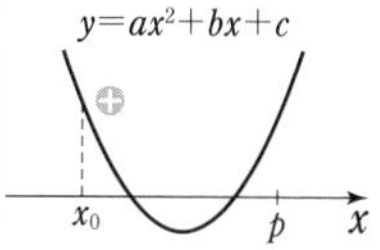

上の図で，実数 x_0 は $ax_0{}^2+bx_0+c>0$ を満たすが，$x_0 \notin J$ である。

(3)　(1), (2)から，次の3つの場合が考えられる。
　[1]　a, b, c はすべて0
　[2]　a, b, c のうち2個は0で，残りの1個は正
　[3]　a, b, c のうち1個は0で，残りの2個は正

←a, b, c に含まれる0の個数に注目して場合分け。

[1]　a, b, c がすべて0の場合
不等式 $ax^2+bx+c>0$ は $0>0$ となり　　$I=\varnothing$
これは $I=J$ に反するから，a, b, c がすべて0となることはない。

←$J \neq \varnothing$

[2]　a, b, c のうち2個が0で，残りの1個が正である場合
$a=b=0$ かつ $c>0$ としても一般性を失わない。
このとき，不等式 $ax^2+bx+c>0$ すなわち $0\cdot x^2+0\cdot x+c>0$ は，$c>0$ から任意の実数 x に対して成り立つ。
また，不等式 $bx^2+cx+a>0$ は $cx>0$ となり，解は

$$x>0$$

不等式 $cx^2+ax+b>0$ は $cx^2>0$ となり，解は

$$x<0,\ 0<x$$

よって，I は $x>0$ を満たす実数 x の集合である。
$I=J$ であるから　　$p=0$

←$ax^2+bx+c>0$，$bx^2+cx+a>0$，$cx^2+ax+b>0$ の式の形から。

←I は3つの不等式の解の共通範囲。

[3]　a, b, c のうち1個が0で，残りの2個が正である場合
$a=0$ かつ $b>0$ かつ $c>0$ としても一般性を失わない。
このとき，不等式 $ax^2+bx+c>0$ は $bx+c>0$ となり，解は

$$x>-\frac{c}{b}$$

また，不等式 $bx^2+cx+a>0$ は $bx^2+cx>0$ となり，
$-\frac{c}{b}<0$ に注意して，解は　　$x<-\frac{c}{b}$，$0<x$
不等式 $cx^2+ax+b>0$ は $cx^2+b>0$ となり，任意の実数 x に対して成り立つ。
ゆえに，I は $x>0$ を満たす実数 x の集合である。
$I=J$ であるから　　$p=0$
以上から，$p=0$ である。

←$bx^2+cx>0$ から
$bx\left(x+\frac{c}{b}\right)>0$
$b>0$，$-\frac{c}{b}<0$ であるから　$x<-\frac{c}{b}$，$0<x$

総合 21 三角形 ABC の最大辺を BC，最小辺を AB とし，AB$=c$，BC$=a$，CA$=b$ とする $(a \geqq b \geqq c)$。また，三角形 ABC の面積を S とする。

(1) 不等式 $S \leqq \dfrac{\sqrt{3}}{4}a^2$ が成り立つことを示せ。

(2) 三角形 ABC が鋭角三角形のときは，不等式 $\dfrac{\sqrt{3}}{4}c^2 \leqq S$ も成り立つことを示せ。〔兵庫県大〕

➡ 本冊 数学Ⅰ例題 162

$a \geqq b \geqq c$ であるから　$A \geqq B \geqq C$ …… ①

(1) ① から　$A+B+C \geqq C+C+C=3C$

$A+B+C=180^\circ$ であるから　$3C \leqq 180^\circ$

よって　$0^\circ < C \leqq 60^\circ$

ゆえに　$0 < \sin C \leqq \dfrac{\sqrt{3}}{2}$

よって　$S=\dfrac{1}{2}ab\sin C \leqq \dfrac{1}{2}ab\cdot\dfrac{\sqrt{3}}{2}=\dfrac{\sqrt{3}}{4}ab$

$a \geqq b$ の両辺に $a\,(>0)$ を掛けて　$a^2 \geqq ab$

ゆえに　$S \leqq \dfrac{\sqrt{3}}{4}a^2$

注意　等号が成り立つのは，$a=b$ かつ $\sin C=\dfrac{\sqrt{3}}{2}$ のとき，すなわち BC=CA かつ $C=60^\circ$ から，△ABC が正三角形のときである。

←示す不等式から，$S=\dfrac{1}{2}ab\sin C$ を利用することを考える。

(2) ① から　$A+B+C \leqq A+A+A=3A$

$A+B+C=180^\circ$ であるから　$180^\circ \leqq 3A$

すなわち　$A \geqq 60^\circ$

△ABC は鋭角三角形であるから　$60^\circ \leqq A < 90^\circ$

ゆえに　$\dfrac{\sqrt{3}}{2} \leqq \sin A < 1$

よって　$S=\dfrac{1}{2}bc\sin A \geqq \dfrac{1}{2}bc\cdot\dfrac{\sqrt{3}}{2}=\dfrac{\sqrt{3}}{4}bc$

$b \geqq c$ の両辺に $c\,(>0)$ を掛けて　$bc \geqq c^2$

ゆえに　$S \geqq \dfrac{\sqrt{3}}{4}c^2$

注意　等号が成り立つのは，$b=c$ かつ $\sin A=\dfrac{\sqrt{3}}{2}$ のとき，すなわち CA=AB かつ $A=60^\circ$ から，△ABC が正三角形のときである。

←示す不等式から，$S=\dfrac{1}{2}bc\sin A$ を利用することを考える。

総合 22◇ 3辺の長さが a, b, c (a, b, c は自然数, $a<b<c$) である三角形の, 周の長さを l, 面積を S とする。

(1) この三角形の最も大きい角の大きさを θ とするとき, $\cos\theta$ の値を a, b, c で表せ。

(2) (1)を利用して, 次の関係式が成り立つことを示せ。

$$16S^2=l(l-2a)(l-2b)(l-2c)$$

(3) S が自然数であるとき, l は偶数であることを示せ。

(4) $S=6$ となる組 $(a,\ b,\ c)$ を求めよ。

〔慶応大〕

➡ 本冊 数学Ⅰ例題 160,162

(1) $a<b<c$ であるから, θ は長さ c の辺の対角である。

よって, 余弦定理により

$$\cos\theta=\frac{a^2+b^2-c^2}{2ab}$$

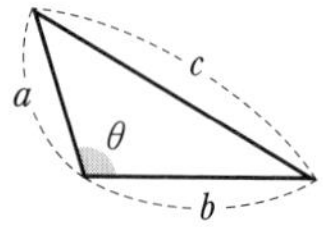

←最大の内角は, 最大辺の対角。

(2) $16S^2=16\left(\frac{1}{2}ab\sin\theta\right)^2=4a^2b^2\sin^2\theta$

$=4a^2b^2(1+\cos\theta)(1-\cos\theta)$

$=4a^2b^2\left(1+\frac{a^2+b^2-c^2}{2ab}\right)\left(1-\frac{a^2+b^2-c^2}{2ab}\right)$

$=4a^2b^2\cdot\frac{2ab+a^2+b^2-c^2}{2ab}\cdot\frac{2ab-a^2-b^2+c^2}{2ab}$

$=\{(a+b)^2-c^2\}\{c^2-(a-b)^2\}$

$=(a+b+c)(a+b-c)(c+a-b)(c-a+b)$

ここで, $a+b+c=l$ であるから

$a+b-c=l-2c$, $c+a-b=l-2b$, $c-a+b=l-2a$

よって　$16S^2=l(l-2a)(l-2b)(l-2c)$

←$\sin^2\theta=1-\cos^2\theta$ を代入し, $\cos\theta$ の式に直す。

←(1)の結果を代入。

←$2ab\cdot2ab=4a^2b^2$

←$(A^2-B^2)(C^2-D^2)$ $=(A+B)(A-B)(C+D)(C-D)$

←例えば, $a+b+c=l$ の両辺から $2c$ を引くと $a+b-c=l-2c$ が導かれる。

検討 ヘロンの公式により, $2s=a+b+c$ とすると

$S=\sqrt{s(s-a)(s-b)(s-c)}$ …… Ⓐ　が成り立つ。

$2s=l$ であるから　$s=\frac{l}{2}$　これを Ⓐ に代入して整理すると

$4S=\sqrt{l(l-2a)(l-2b)(l-2c)}$

両辺を2乗して　$16S^2=l(l-2a)(l-2b)(l-2c)$

←$S=\sqrt{\frac{l}{2}\cdot\frac{l-2a}{2}\cdot\frac{l-2b}{2}\cdot\frac{l-2c}{2}}$

(3) S が自然数であるとき, $16S^2$ は偶数である。

一方, l が奇数であると仮定すると, a, b, c は自然数であるから, l, $l-2a$, $l-2b$, $l-2c$ はすべて奇数である。

よって, $l(l-2a)(l-2b)(l-2c)$ は奇数である。

これは(2)の関係式が成り立つことに矛盾する。

したがって, l は偶数である。

←背理法を利用。l が偶数でない（奇数である）と仮定して矛盾を導く。

(4) $S=6$ のとき　$16\cdot6^2=l(l-2a)(l-2b)(l-2c)$ …… ①

ここで, 三角形の辺の長さについて, $a+b>c$ が成り立つから

$a+b-c>0$　よって　$l-2c>0$

これと $a<b<c$ から　$0<l-2c<l-2b<l-2a<l$ …… ②

また, (3)より l は偶数であるから, $l-2a$, $l-2b$, $l-2c$ も偶数である。

←三角形の成立条件

←$0<a<b<c$ から $-2c<-2b<-2a<0$

ここで，① から　$2^2\cdot3^2=\dfrac{l}{2}\cdot\dfrac{l-2a}{2}\cdot\dfrac{l-2b}{2}\cdot\dfrac{l-2c}{2}$

これと ② から　$\dfrac{l-2c}{2}=1,\ \dfrac{l-2b}{2}=2,\ \dfrac{l-2a}{2}=3,\ \dfrac{l}{2}=6$

$\dfrac{l}{2}=6$ を解くと　$l=12$

$l=12$ を $\dfrac{l-2c}{2}=1,\ \dfrac{l-2b}{2}=2,\ \dfrac{l-2a}{2}=3$ にそれぞれ代入して，$a,\ b,\ c$ の値を求めると　$\boldsymbol{(a,\ b,\ c)=(3,\ 4,\ 5)}$

これは $a+b+c=12$ を満たす。

←① の両辺を 16 で割る。

←$\dfrac{l-2c}{2},\ \dfrac{l-2b}{2},\ \dfrac{l-2a}{2},\ \dfrac{l}{2}$ は正の整数で $\dfrac{l-2c}{2}<\dfrac{l-2b}{2}<\dfrac{l-2a}{2}<\dfrac{l}{2}$

総合 23

△ABC における ∠A の二等分線と辺 BC との交点を D とし，A から D へのばした半直線と △ABC の外接円との交点を E とする。∠BAD の大きさを θ とし，BE=3，$\cos 2\theta=\dfrac{2}{3}$ とする。

(1) 線分 BC の長さを求めよ。　(2) △BEC の面積を求めよ。

(3) AD：DE=4：1 のとき，線分 AB，AC の長さを求めよ。ただし，AB>AC とする。

〔宮崎大〕

➡ 本冊 数学Ⅰ例題 98, 166

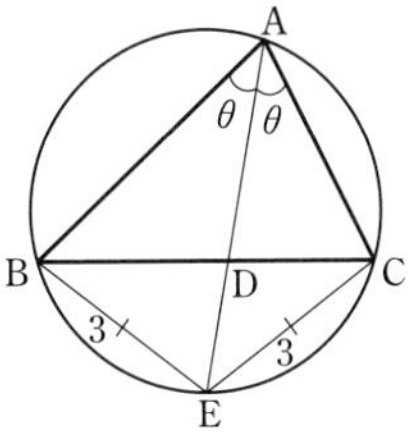

(1) ∠BAE=∠EAC であるから

$\overset{\frown}{BE}=\overset{\frown}{EC}$　よって　BE=EC=3

四角形 ABEC は円に内接しているから　∠BEC=180°−∠BAC

$=180°-2\theta$

△BEC において，余弦定理により

$BC^2=BE^2+EC^2-2BE\cdot EC\cos\angle BEC$

$=3^2+3^2-2\cdot3\cdot3\cos(180°-2\theta)$

$=18+18\cos 2\theta=18+18\cdot\dfrac{2}{3}=30$

BC>0 であるから　$BC=\boldsymbol{\sqrt{30}}$

←円周角の大きさが等しいとき，その円周角に対する弧の長さは等しい。

←円に内接する四角形の対角の和は 180°

←$\cos(180°-●)=-\cos●$

(2) $\sin\angle BEC=\sin(180°-2\theta)=\sin 2\theta$

ここで，$\cos 2\theta=\dfrac{2}{3}$，$\sin 2\theta>0$ から

$$\sin 2\theta=\sqrt{1-\cos^2 2\theta}=\sqrt{1-\left(\dfrac{2}{3}\right)^2}=\dfrac{\sqrt{5}}{3}$$

ゆえに　$\sin\angle BEC=\sin 2\theta=\dfrac{\sqrt{5}}{3}$

よって　$\triangle BEC=\dfrac{1}{2}BE\cdot EC\sin\angle BEC$

$=\dfrac{1}{2}\cdot3\cdot3\cdot\dfrac{\sqrt{5}}{3}=\boldsymbol{\dfrac{3\sqrt{5}}{2}}$

←$0°<2\theta<180°$

(3) △ABC：△BEC=AD：DE=4：1

よって　$\triangle ABC=4\triangle BEC=6\sqrt{5}$

また　$\triangle ABC=\dfrac{1}{2}AB\cdot AC\sin 2\theta=\dfrac{\sqrt{5}}{6}AB\cdot AC$

←△ABC と △BEC は底辺 BC を共有していると考えると，その面積比は高さの比，すなわち AD：DE に等しい。

ゆえに，$\dfrac{\sqrt{5}}{6}\mathrm{AB}\cdot\mathrm{AC}=6\sqrt{5}$ から　　$\mathrm{AB}\cdot\mathrm{AC}=36$ …… ①

△ABC において，余弦定理により

$$\mathrm{BC}^2=\mathrm{AB}^2+\mathrm{AC}^2-2\mathrm{AB}\cdot\mathrm{AC}\cos 2\theta$$

よって，①，(1) から　　$\mathrm{AB}^2+\mathrm{AC}^2=(\sqrt{30})^2+2\cdot 36\cdot\dfrac{2}{3}=78$

ゆえに，① から

$$(\mathrm{AB}+\mathrm{AC})^2=\mathrm{AB}^2+\mathrm{AC}^2+2\mathrm{AB}\cdot\mathrm{AC}=78+2\cdot 36=150$$

$\mathrm{AB}+\mathrm{AC}>0$ であるから　　$\mathrm{AB}+\mathrm{AC}=5\sqrt{6}$ …… ②

② から　　$\mathrm{AC}=5\sqrt{6}-\mathrm{AB}$ …… ③

③ を ① に代入して整理すると　　$\mathrm{AB}^2-5\sqrt{6}\,\mathrm{AB}+36=0$

よって　　$\mathrm{AB}=\dfrac{-(-5\sqrt{6})\pm\sqrt{(-5\sqrt{6})^2-4\cdot 1\cdot 36}}{2\cdot 1}$

$$=\frac{5\sqrt{6}\pm\sqrt{6}}{2}$$

ゆえに　　$\mathrm{AB}=3\sqrt{6},\ 2\sqrt{6}$

③ から　　$\mathrm{AB}=3\sqrt{6}$ のとき　　$\mathrm{AC}=2\sqrt{6}$

　　　　$\mathrm{AB}=2\sqrt{6}$ のとき　　$\mathrm{AC}=3\sqrt{6}$

$\mathrm{AB}>\mathrm{AC}$ から　　$\mathbf{AB=3\sqrt{6}}$，$\mathbf{AC=2\sqrt{6}}$

検討　(② を導くまでは同じ。) 一般に，**和が p，積が q である 2 数は，2 次方程式 $x^2-px+q=0$ の解である** ことを利用する。

①，② から，AB，AC は 2 次方程式 $x^2-5\sqrt{6}\,x+36=0$ の解である。この方程式を解くと　　$x=3\sqrt{6},\ 2\sqrt{6}$

$\mathrm{AB}>\mathrm{AC}$ であるから　　$\mathbf{AB=3\sqrt{6}}$，$\mathbf{AC=2\sqrt{6}}$

←AB，AC の連立方程式 ①，② を解く。

←$\mathrm{AB}(5\sqrt{6}-\mathrm{AB})=36$

←解の公式を利用。$(\mathrm{AB}-3\sqrt{6})(\mathrm{AB}-2\sqrt{6})=0$ と因数分解して解いてもよい。

←数学 II で学習する。

総合 24　右の図のように，円に内接する六角形 ABCDEF があり，それぞれの辺の長さは，AB=CD=EF=2，BC=DE=FA=3 である。

(1)　∠ABC の大きさを求めよ。

(2)　六角形 ABCDEF の面積を求めよ。

〔類 東京理科大〕

➡ 本冊 数学 I 例題 164

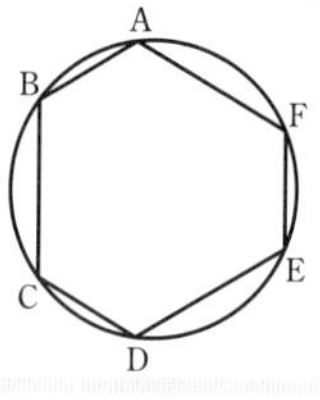

(1)　円の中心を O とすると

$$\triangle\mathrm{OAB}\equiv\triangle\mathrm{OCD}\equiv\triangle\mathrm{OEF}$$
$$\triangle\mathrm{OBC}\equiv\triangle\mathrm{ODE}\equiv\triangle\mathrm{OFA}$$

よって　　$\angle\mathrm{ABC}=\angle\mathrm{CDE}=\angle\mathrm{EFA}$

ゆえに　　$\triangle\mathrm{ABC}\equiv\triangle\mathrm{CDE}\equiv\triangle\mathrm{EFA}$ …… ①

よって，AC=CE=EA であり，△ACE は正三角形である。

四角形 ABCE は円に内接しているから

$$\angle\mathrm{ABC}=180^\circ-\angle\mathrm{AEC}$$
$$=180^\circ-60^\circ=\mathbf{120^\circ}$$

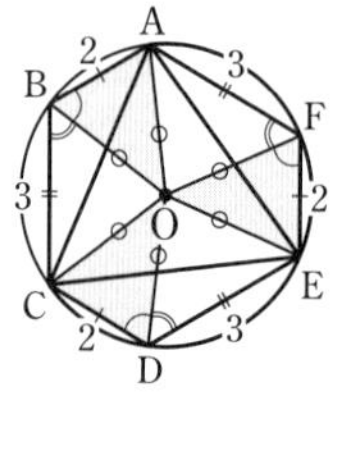

←円に内接する四角形の対角の和は 180°

(2) 六角形 ABCDEF の面積を S とすると

$$S=\triangle ABC+\triangle CDE+\triangle EFA+\triangle ACE$$

(1) から　$\triangle ABC=\frac{1}{2}\cdot AB\cdot BC\cdot \sin 120^\circ$

$$=\frac{1}{2}\cdot 2\cdot 3\cdot \frac{\sqrt{3}}{2}=\frac{3\sqrt{3}}{2}$$

ここで，① から

$$\triangle ABC=\triangle CDE=\triangle EFA=\frac{3\sqrt{3}}{2}$$

また，△ABC において余弦定理により

$$AC^2=2^2+3^2-2\cdot 2\cdot 3\cdot \cos 120^\circ$$

$$=13-12\cdot\left(-\frac{1}{2}\right)=19$$

よって　$AC=\sqrt{19}$

△ACE は 1 辺の長さが $\sqrt{19}$ の正三角形であるから

$$\triangle ACE=\frac{1}{2}AC\cdot AE\cdot \sin 60^\circ$$

$$=\frac{1}{2}\cdot(\sqrt{19})^2\cdot\frac{\sqrt{3}}{2}=\frac{19\sqrt{3}}{4}$$

よって　$S=\frac{3\sqrt{3}}{2}\times 3+\frac{19\sqrt{3}}{4}=\mathbf{\frac{37\sqrt{3}}{4}}$

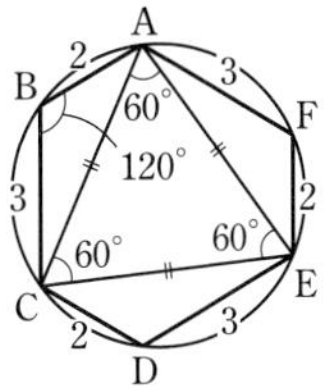

←次に，△ACE の面積を求めるため，線分 AC の長さを求める。

←AC＝CE＝EA を (1) で示した。

総合

総合 25◇ 半径 1 の円に内接する四角形 ABCD に対し，

$$L=AB^2-BC^2-CD^2+DA^2$$

とおき，△ABD と △BCD の面積をそれぞれ S，T とする。
また，$\angle A=\theta$ $(0^\circ<\theta<90^\circ)$ とおく。
(1) L を S，T および θ を用いて表せ。
(2) θ を一定としたとき，L の最大値を求めよ。　〔横浜市大〕

➡ 本冊 数学 I 例題 165

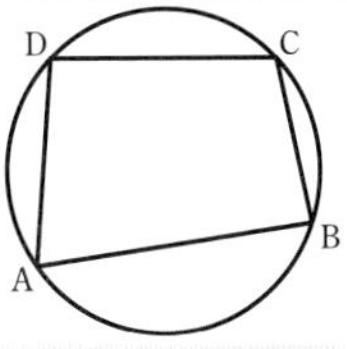

(1) 四角形 ABCD は円に内接するから　$\angle C=180^\circ-\theta$

よって　$S=\frac{1}{2}AB\cdot DA\sin\theta$

$$T=\frac{1}{2}BC\cdot CD\sin(180^\circ-\theta)$$

$$=\frac{1}{2}BC\cdot CD\sin\theta$$

ゆえに　$AB\cdot DA=\frac{2S}{\sin\theta}$，$BC\cdot CD=\frac{2T}{\sin\theta}$ …… Ⓐ

また，△ABD と △BCD において，余弦定理により

$$BD^2=AB^2+DA^2-2AB\cdot DA\cos\theta,$$

$$BD^2=BC^2+CD^2-2BC\cdot CD\cos(180^\circ-\theta)$$

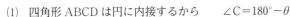

$$=BC^2+CD^2+2BC\cdot CD\cos\theta$$

よって　$AB^2+DA^2=BD^2+2AB\cdot DA\cos\theta$，…… Ⓑ
$BC^2+CD^2=BD^2-2BC\cdot CD\cos\theta$

HINT (1) 四角形を対角線 BD で分割し，△ABD，△BCD に余弦定理を使うと，AB^2+DA^2，BC^2+CD^2 が現れる。
AB・DA，BC・CD の値は，それぞれの三角形の面積を用いて表す。

←$\cos(180^\circ-\theta)=-\cos\theta$

ゆえに　$\boldsymbol{L}=\mathrm{AB}^2+\mathrm{DA}^2-(\mathrm{BC}^2+\mathrm{CD}^2)$

$=\mathrm{BD}^2+2\mathrm{AB}\cdot\mathrm{DA}\cos\theta-(\mathrm{BD}^2-2\mathrm{BC}\cdot\mathrm{CD}\cos\theta)$　←Ⓑ を代入。

$=2(\mathrm{AB}\cdot\mathrm{DA}+\mathrm{BC}\cdot\mathrm{CD})\cos\theta$

$=2\left(\dfrac{2S}{\sin\theta}+\dfrac{2T}{\sin\theta}\right)\cos\theta=\dfrac{4\cos\theta}{\sin\theta}(S+T)$　←Ⓐ を代入。

$=\boldsymbol{\dfrac{4}{\tan\theta}(S+T)}$

(2)　△ABD において，正弦定理により　$\dfrac{\mathrm{BD}}{\sin\theta}=2\cdot1$　←外接円の半径は 1

したがって　$\mathrm{BD}=2\sin\theta$（一定）

頂点 A，C から BD に引いた垂線をそれぞれ AP，CQ とすると

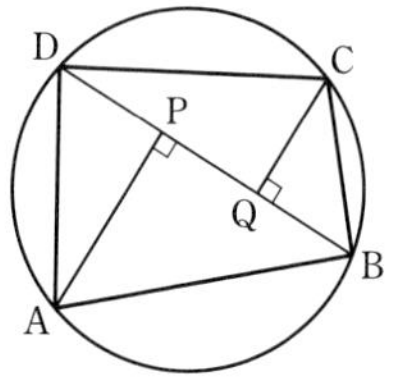

$S+T=\dfrac{1}{2}\mathrm{BD}\cdot\mathrm{AP}+\dfrac{1}{2}\mathrm{BD}\cdot\mathrm{CQ}$

$=(\mathrm{AP}+\mathrm{CQ})\cdot\dfrac{1}{2}\mathrm{BD}=(\mathrm{AP}+\mathrm{CQ})\sin\theta$

よって　$L=\dfrac{4}{\tan\theta}(\mathrm{AP}+\mathrm{CQ})\sin\theta=4(\mathrm{AP}+\mathrm{CQ})\cos\theta$

AP∥CQ より，AP+CQ が最大になるのは，点 P と点 Q が一致して，かつ線分 AC が円の直径になるときである。

←$\mathrm{AP}+\mathrm{CQ}\leqq\mathrm{AC}$
円の弦の中で最大のものは直径である。

このとき　$\mathrm{AP}+\mathrm{CQ}=2$

よって，L の最大値は　$4\cdot2\cos\theta=\boldsymbol{8\cos\theta}$

総合 26　AB=2, AC=3, BC=t $(1<t<5)$ である三角形 ABC を底面とする直三角柱 T を考える。ただし，直三角柱とは，すべての側面が底面と垂直であるような三角柱である。更に，球 S が T の内部に含まれ，T のすべての面に接しているとする。

(1)　S の半径を r，T の高さを h とする。r と h をそれぞれ t を用いて表せ。

(2)　T の表面積を K とする。K を最大にする t の値と，K の最大値を求めよ。　〔富山大〕

➡ 本冊 数学 I 例題 88, 91, 171

(1)　直三角柱 T と球 S を，S の中心 O を通り △ABC に平行な平面で切ると，その切り口では右の図のように，A′B′=2, A′C′=3, B′C′=t の三角形に点 O を中心とする半径 r の円が内接している。

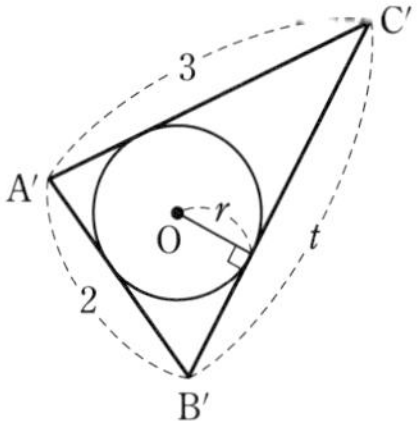

△A′B′C′ において，余弦定理により

←△A′B′C′ の面積を，3 辺の長さのみを利用する方法，内接円の半径 r と 3 辺の長さを利用する方法の 2 通りで表すことで，まず r を求める。

$$\cos\angle \mathrm{B'A'C'}=\frac{2^2+3^2-t^2}{2\cdot2\cdot3}=\frac{13-t^2}{12}$$

よって，$\sin\angle \mathrm{B'A'C'}>0$ から

$$\sin\angle \mathrm{B'A'C'}=\sqrt{1-\left(\frac{13-t^2}{12}\right)^2}=\frac{\sqrt{-t^4+26t^2-25}}{12}$$

ゆえに　$\triangle \mathrm{A'B'C'}=\dfrac{1}{2}\cdot2\cdot3\cdot\dfrac{\sqrt{-t^4+26t^2-25}}{12}$

$=\dfrac{\sqrt{-t^4+26t^2-25}}{4}$

←$\triangle \mathrm{A'B'C'}=\dfrac{1}{2}\mathrm{A'B'}\cdot\mathrm{A'C'}\sin\angle \mathrm{B'A'C'}$

また　　$\triangle A'B'C'=\dfrac{1}{2}r(2+3+t)=\dfrac{r}{2}(5+t)$

よって　　$\dfrac{r}{2}(5+t)=\dfrac{\sqrt{-t^4+26t^2-25}}{4}$

ゆえに　　$\boldsymbol{r=\dfrac{\sqrt{-t^4+26t^2-25}}{2(5+t)}}$

また，直三角柱の高さ h は，球 S の直径に等しいから

$$\boldsymbol{h}=2r=\boldsymbol{\frac{\sqrt{-t^4+26t^2-25}}{5+t}}$$

←$\triangle A'B'C'=\dfrac{1}{2}rA'B'+\dfrac{1}{2}rA'C'+\dfrac{1}{2}rB'C'$

(2)　$K=2\triangle ABC+2\cdot h+3\cdot h+t\cdot h=2\triangle ABC+(5+t)h$

$=2\cdot\dfrac{\sqrt{-t^4+26t^2-25}}{4}+(5+t)\cdot\dfrac{\sqrt{-t^4+26t^2-25}}{5+t}$

$=\dfrac{3}{2}\sqrt{-t^4+26t^2-25}$

$=\dfrac{3}{2}\sqrt{-(t^2-13)^2+144}$

$1<t<5$ から　　$1<t^2<25$

よって，$-(t^2-13)^2+144$ は $t^2=13$ すなわち $t=\sqrt{13}$ のとき最大値 144 をとり，このとき K も最大となる。

よって，K は $\boldsymbol{t=\sqrt{13}}$ **のとき最大値** $\dfrac{3}{2}\sqrt{144}=\boldsymbol{18}$ をとる。

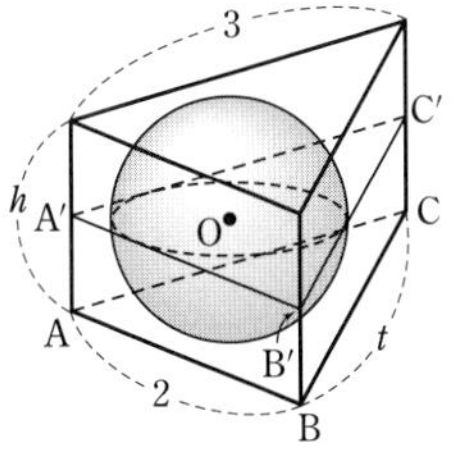

←$\sqrt{\ }$ の中は t^2 の**2次式** ⟶ **基本形**に直し，$\sqrt{\ }$ の中の式の最大値を求める。

総合

総合 27

1 辺の長さが 1 の立方体 ABCD-EFGH がある。3 点 A，C，F を含む平面と直線 BH の交点を P，P から面 ABCD に下ろした垂線と面 ABCD との交点を Q とする。

(1)　線分 BP，PQ の長さを求めよ。

(2)　四面体 ABCF に内接する球の中心を O とする。点 O は線分 BP 上にあることを示せ。

(3)　四面体 ABCF に内接する球の半径を求めよ。　　〔北海道大〕

➡ 本冊 数学Ⅰ例題 171

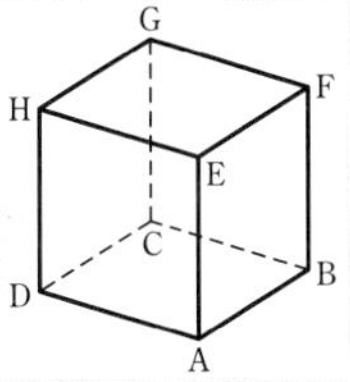

(1)　線分 AC，BD の交点を M とすると，M は線分 BD の中点である。

長方形 DBFH と $\triangle ACF$ との交線は，右の図の線分 FM であり，BH と FM の交点が P である。

$\triangle PMB\backsim\triangle PFH$ であるから

$$BP:HP=MB:FH=1:2$$

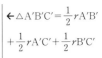

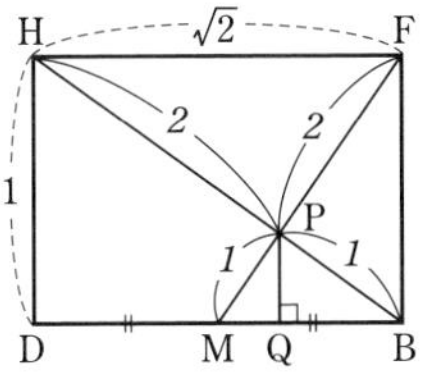

よって　　$\boldsymbol{BP}=\dfrac{1}{3}BH=\dfrac{1}{3}\sqrt{1^2+(\sqrt{2})^2}=\boldsymbol{\dfrac{\sqrt{3}}{3}}$

また　　$\boldsymbol{PQ}=\dfrac{1}{3}DH=\boldsymbol{\dfrac{1}{3}}$

HINT　(1)　線分 AC，BD の交点を M とすると，点 P は BH と FM の交点である。長方形 DBFH に現れる相似な三角形に着目する。

←$\triangle BPQ\backsim\triangle BHD$ で　PQ : HD=1 : 3

(2) 四面体 ABCF は，△ACF を底面とみると正三角錐である。したがって，△ACF と内接球 O の接点を R とすると，3 点 B，O，R は一直線上にあり　　BR⊥△ACF …… ①

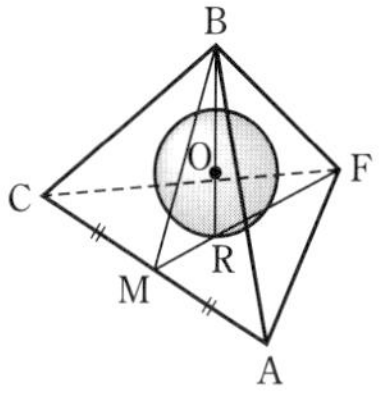

また，立方体 ABCD-EFGH は平面 DBFH に関して対称であるから，四面体 ABCF も平面 DBFH，すなわち △BMF に関して対称である。

ゆえに　　　　△ACF⊥△BMF …… ②

△PMB において

$$\mathrm{BP}=\frac{\sqrt{3}}{3},\ \mathrm{BM}=\frac{\mathrm{BD}}{2}=\frac{\sqrt{2}}{2},$$

$$\mathrm{PM}=\frac{1}{3}\mathrm{FM}=\frac{1}{3}\sqrt{1^2+\left(\frac{\sqrt{2}}{2}\right)^2}=\frac{\sqrt{6}}{6}$$

←△PMB∽△PFH で PM：PF＝1：2

であるから　　$\mathrm{BM}^2=\mathrm{BP}^2+\mathrm{PM}^2$

よって　　$\angle\mathrm{BPM}=90^\circ$

すなわち　　BP⊥FM

これと ② から　　BP⊥△ACF …… ③

P，R は，△ACF 上の点であるから，①，③ より，P と R は一致する。

よって，点 B，O，P は一直線上にある。

すなわち，点 O は線分 BP 上にある。

検討　② または BP⊥FM のどちらか一方だけで ③ は結論できない。なぜなら，② だけの場合，∠BPM は 90° でない可能性がある。また，BP⊥FM だけで，BP が △ACF 上の他の直線に関して垂直であることまではいえない。

別解　① を導くまでは同じ。

① から，△BRA，△BRC，△BRF はいずれも ∠R＝90° の直角三角形であり　　BA＝BC＝BF，BR は共通

←斜辺と他の 1 辺がそれぞれ等しい。

よって　　△BRA≡△BRC≡△BRF

ゆえに，RA＝RC＝RF であるから，R は △ACF の外心（外接円の中心）である。ここで，△ACF は正三角形であるから，R は重心でもある。

←正三角形では，外心と重心は一致する。
なお，重心は三角形の 3 つの中線の交点のことで，重心は各中線を 2：1 に内分する（数学 A）。

よって，R は線分 FM 上にあり　　FR：RM＝2：1

ゆえに，(1) から P と R は一致する。以後は同様。

(3) 内接球の半径を r とする。

(2) より，球の中心 O は線分 BP 上にある。O から BM に下ろした垂線を OS とすると　　OP＝OS＝r

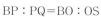

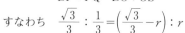

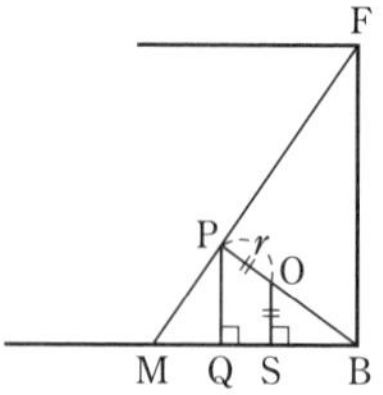

←四面体 ABCF を長方形 DBFH を含む平面で切った切り口の図形に注目。

△PQB∽△OSB であるから

BP：PQ＝BO：OS

すなわち　$\frac{\sqrt{3}}{3}:\frac{1}{3}=\left(\frac{\sqrt{3}}{3}-r\right):r$

よって　$\frac{\sqrt{3}}{3}-r=\sqrt{3}\,r$　　ゆえに　$(\sqrt{3}+1)r=\frac{\sqrt{3}}{3}$

したがって　$r=\frac{\sqrt{3}}{3(\sqrt{3}+1)}=\frac{\sqrt{3}(\sqrt{3}-1)}{3(\sqrt{3}+1)(\sqrt{3}-1)}=\mathbf{\frac{3-\sqrt{3}}{6}}$

別解　四面体ABCFの体積は

$$\frac{1}{3}\cdot\triangle ABC\cdot BF=\frac{1}{3}\cdot\frac{1}{2}\cdot 1=\frac{1}{6}$$

これは，$\frac{1}{3}(\triangle ACF+\triangle ABC+\triangle ABF+\triangle BCF)r$ に等しいから　$\frac{1}{3}\left\{\frac{1}{2}\cdot(\sqrt{2})^2\sin 60^\circ+3\cdot\frac{1}{2}\cdot 1^2\right\}r=\frac{1}{6}$

ゆえに　$(\sqrt{3}+3)r=1$　　よって　$r=\mathbf{\frac{3-\sqrt{3}}{6}}$

総合 28　1辺の長さが3の正四面体ABCDの辺AB，AC，CD，DB上にそれぞれ点P，Q，R，Sを，AP=1，DS=2となるようにとる。

(1)　△APSの面積を求めよ。

(2)　3つの線分の長さの和PQ+QR+RSの最小値を求めよ。〔東北学院大〕

➡ 本冊 数学I例題174

(1)　$\triangle APS=\frac{1}{3}\triangle ABS$

$=\frac{1}{3}\cdot\frac{1}{2}AB\cdot BS\sin 60^\circ$

$=\frac{1}{3}\cdot\frac{1}{2}\cdot 3\cdot 1\cdot\frac{\sqrt{3}}{2}$

$=\mathbf{\frac{\sqrt{3}}{4}}$

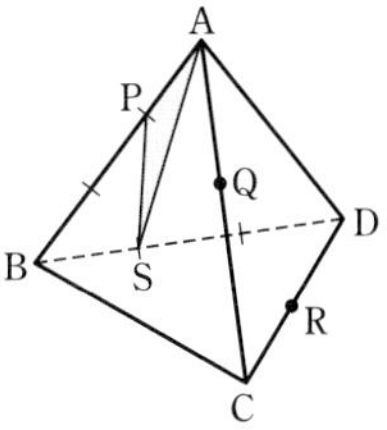

←$AP=\frac{1}{3}AB$ から $\triangle APS=\frac{1}{3}\triangle ABS$ (APを底辺とみる)

(2)　PQ+QR+RSが最小となるのは，下の展開図のようにP，Q，R，Sが一直線上に並ぶときである。

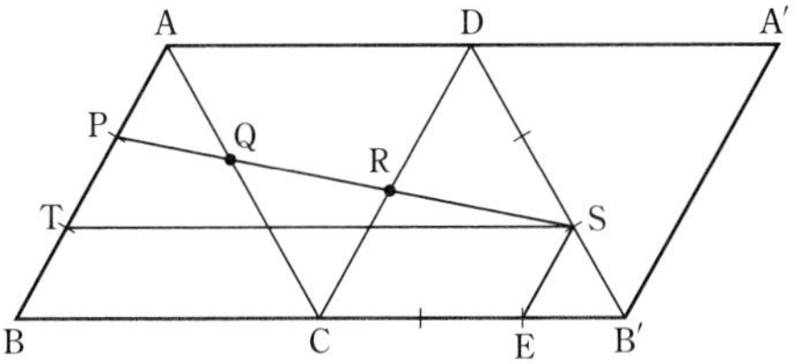

この展開図において，辺AB上に点TをAT=2となるようにとると　PT=1，∠PTS=60°

また，展開図のように，辺B′C上に点EをB′E=1となるようにとると，四角形TBESは平行四辺形である。

ゆえに　TS=5

よって，△PTSに余弦定理を用いると

$$PS^2=PT^2+TS^2-2PT\cdot TS\cos 60^\circ$$
$$=1^2+5^2-2\cdot 1\cdot 5\cdot\frac{1}{2}$$
$$=21$$

PS>0であるから　$PS=\sqrt{21}$

ゆえに，求める最小値は　$\mathbf{\sqrt{21}}$

←TS∥BCから ∠PTS=60°

←TS∥BE TB∥SE

総合 29 ある野生動物を10匹捕獲し，0から9の番号で区別して体長と体重を記録したところ，以下の表のようになった。ただし，体長と体重の単位は省略する。

番号	0	1	2	3	4	5	6	7	8	9
体長	60	66	52	69	54	72	74	60	58	61
体重	5.5	5.7	5.9	5.9	6.0	6.2	6.2	6.4	6.5	6.7

(1) この10匹の体長の最小値は ア□，最大値は イ□ である。

(2) この10匹は5匹ずつAとBの2種類に分類できる。1つの種類の中では体長と体重は正の相関をもつ。10匹の体長と体重の相関係数は0.05以下だが，種類Aの5匹に限れば0.95以上であり，種類Bの5匹も0.95以上である。また，番号2の個体は種類Bである。このとき，種類Aの5匹の番号は小さい方から順に ウ□，エ□，オ□，カ□，キ□ であり，その5匹の体長の平均値は ク□ となる。

(3) 10匹のうち体長の大きい方から5匹の体長の平均値は ケ□ である。(2)で求めた平均値と異なるのは，体長の大きい5匹のうち番号 コ□ の個体が種類Bだからである。

(4) (2)で求めた種類Aの5匹の体重の偏差と体長の偏差の積の和は6.6，体重の偏差の2乗の和の平方根は小数第3位を四捨五入すると0.62，体長の偏差の2乗の和の平方根は小数第1位を四捨五入すると サ□ である。 〔慶応大〕

➡ 本冊 数学Ⅰ例題 187,188

(1) 10匹の体長の

最小値は ア**52**，最大値は イ**74**

である。

(2) 10匹の体長と体重の散布図は，右の図のようになる。

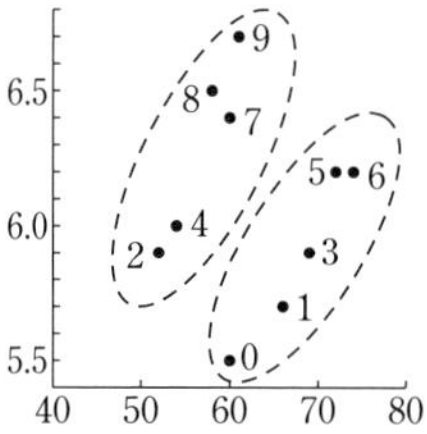

よって，種類Aの5匹の番号は小さい方から順に

ウ**0**，エ**1**，オ**3**，カ**5**，キ**6**

この5匹の体長の平均値は

$$\frac{60+66+69+72+74}{5}=^{ク}\mathbf{68.2}$$

←種類Aの5匹，Bの5匹ともに相関係数は0.95以上であるから，それぞれ右上がりの直線付近に分布している。

(3) 10匹のうち体長の大きい方から5匹の体長の平均値は

$$\frac{61+66+69+72+74}{5}=^{ケ}\mathbf{68.4}$$

これが(2)で求めた平均値と異なるのは，体長の大きい5匹のうち番号 コ**9** の個体が種類Bだからである。

(4) 種類Aの5匹の体長の偏差の2乗の和の平方根を s とすると，体長と体重の相関係数は $\dfrac{6.6}{0.62s}$ である。

種類Aの体長と体重の相関係数は0.95以上であるから

$$0.95 \leqq \frac{6.6}{0.62s} \leqq 1$$

←各辺の逆数をとると $\dfrac{1}{0.95} \geqq \dfrac{0.62s}{6.6} \geqq 1$

よって $\dfrac{6.6}{0.62} \leqq s \leqq \dfrac{6.6}{0.62\times0.95}$

ゆえに $10.64\cdots \leqq s \leqq 11.20\cdots$

したがって，体長の偏差の2乗の和の平方根 s は，小数第1位を四捨五入すると サ**11**

総合 30 2つの変量 x, y の10個のデータ (x_1, y_1), (x_2, y_2), ……, (x_{10}, y_{10}) が与えられており，これらのデータから $x_1+x_2+\cdots\cdots+x_{10}=55$, $y_1+y_2+\cdots\cdots+y_{10}=75$, $x_1^2+x_2^2+\cdots\cdots+x_{10}^2=385$, $y_1^2+y_2^2+\cdots\cdots+y_{10}^2=645$, $x_1y_1+x_2y_2+\cdots\cdots+x_{10}y_{10}=445$ が得られている。また，2つの変量 z, w の10個のデータ (z_1, w_1), (z_2, w_2), ……, (z_{10}, w_{10}) はそれぞれ $z_i=2x_i+3$, $w_i=y_i-4$ $(i=1, 2, \cdots\cdots, 10)$ で得られるとする。

(1) 変量 x, y, z, w の平均 $\overline{x}$, $\overline{y}$, $\overline{z}$, $\overline{w}$ をそれぞれ求めよ。

(2) 変量 x の分散を s_x^2 とし，2つの変量 x, y の共分散を s_{xy} とする。このとき，2つの等式 $x_1^2+x_2^2+\cdots\cdots+x_{10}^2=10\{s_x^2+(\overline{x})^2\}$, $x_1y_1+x_2y_2+\cdots\cdots+x_{10}y_{10}=10(s_{xy}+\overline{x}\,\overline{y})$ がそれぞれ成り立つことを示せ。

(3) x と y の共分散 s_{xy} および相関係数 r_{xy} をそれぞれ求めよ。また，z と w の共分散 s_{zw} および相関係数 r_{zw} をそれぞれ求めよ。ただし，r_{xy}, r_{zw} は小数第3位を四捨五入せよ。

〔類 同志社大〕

➡ 本冊 数学Ⅰ例題 190

(1) $\overline{x}=\dfrac{1}{10}(x_1+x_2+\cdots\cdots+x_{10})=\dfrac{1}{10}\times55=\mathbf{5.5}$

$\overline{y}=\dfrac{1}{10}(y_1+y_2+\cdots\cdots+y_{10})=\dfrac{1}{10}\times75=\mathbf{7.5}$

$z_i=2x_i+3$, $w_i=y_i-4$ であるから

$\overline{z}=2\overline{x}+3=2\times5.5+3=\mathbf{14}$

$\overline{w}=\overline{y}-4=7.5-4=\mathbf{3.5}$

←2つの変量 g, h に対して $h=ag+b$ (a, b は定数) のとき $\overline{h}=a\overline{g}+b$

(2) $10\{s_x^2+(\overline{x})^2\}$

$=10\times\dfrac{1}{10}\{(x_1-\overline{x})^2+(x_2-\overline{x})^2+\cdots\cdots+(x_{10}-\overline{x})^2\}+10(\overline{x})^2$

$=(x_1^2+x_2^2+\cdots\cdots+x_{10}^2)-2\overline{x}(x_1+x_2+\cdots\cdots+x_{10})$

$\quad+10(\overline{x})^2+10(\overline{x})^2$

$=(x_1^2+x_2^2+\cdots\cdots+x_{10}^2)-2\overline{x}\times10\overline{x}+20(\overline{x})^2$

$=x_1^2+x_2^2+\cdots\cdots+x_{10}^2$

ゆえに，$x_1^2+x_2^2+\cdots\cdots+x_{10}^2=10\{s_x^2+(\overline{x})^2\}$ が成り立つ。

また

$10(s_{xy}+\overline{x}\,\overline{y})$

$=10\times\dfrac{1}{10}\{(x_1-\overline{x})(y_1-\overline{y})+(x_2-\overline{x})(y_2-\overline{y})$

$\quad+\cdots\cdots+(x_{10}-\overline{x})(y_{10}-\overline{y})\}+10\overline{x}\,\overline{y}$

$=(x_1y_1+x_2y_2+\cdots\cdots+x_{10}y_{10})-\overline{y}(x_1+x_2+\cdots\cdots+x_{10})$

$\quad-\overline{x}(y_1+y_2+\cdots\cdots+y_{10})+10\overline{x}\,\overline{y}+10\overline{x}\,\overline{y}$

$=(x_1y_1+x_2y_2+\cdots\cdots+x_{10}y_{10})-\overline{y}\times10\overline{x}-\overline{x}\times10\overline{y}+20\overline{x}\,\overline{y}$

$=x_1y_1+x_2y_2+\cdots\cdots+x_{10}y_{10}$

よって，$x_1y_1+x_2y_2+\cdots\cdots+x_{10}y_{10}=10(s_{xy}+\overline{x}\,\overline{y})$ も成り立つ。

←これから $s_{xy}=\overline{xy}-\overline{x}\,\overline{y}$

(3) (2) から

$$\boldsymbol{s_{xy}}=\frac{1}{10}(x_1y_1+x_2y_2+\cdots\cdots+x_{10}y_{10})-\overline{x}\,\overline{y}$$
$$=\frac{1}{10}\times445-5.5\times7.5=\mathbf{3.25}$$
$$s_x{}^2=\frac{1}{10}(x_1{}^2+x_2{}^2+\cdots\cdots+x_{10}{}^2)-(\overline{x})^2$$
$$=\frac{1}{10}\times385-5.5^2=8.25$$
$$s_y{}^2=\frac{1}{10}(y_1{}^2+y_2{}^2+\cdots\cdots+y_{10}{}^2)-(\overline{y})^2$$
$$=\frac{1}{10}\times645-7.5^2=8.25$$

ゆえに $\boldsymbol{r_{xy}}=\dfrac{s_{xy}}{s_xs_y}=\dfrac{3.25}{\sqrt{8.25}\times\sqrt{8.25}}=\dfrac{325}{825}$

$$=\frac{13}{33}\fallingdotseq\mathbf{0.39}$$

←$\dfrac{13}{33}=0.393\cdots$

(2) から $s_{zw}=\dfrac{1}{10}(z_1w_1+z_2w_2+\cdots\cdots+z_{10}w_{10})-\overline{z}\,\overline{w}$

ここで $z_1w_1+z_2w_2+\cdots\cdots+z_{10}w_{10}$

$=(2x_1+3)(y_1-4)+(2x_2+3)(y_2-4)$

$\quad+\cdots\cdots+(2x_{10}+3)(y_{10}-4)$

$=2(x_1y_1+x_2y_2+\cdots\cdots+x_{10}y_{10})-8(x_1+x_2+\cdots\cdots+x_{10})$

$\quad+3(y_1+y_2+\cdots\cdots+y_{10})-12\times10$

$=2\times445-8\times55+3\times75-120=555$

よって $\boldsymbol{s_{zw}}=\dfrac{1}{10}\times555-14\times3.5=\mathbf{6.5}$

←本冊 $p.318$ 参考 を利用すると
$s_{zw}=s_{zy}$
$=2s_{xy}$
$=2\times3.25$
$=6.5$

変量 z の標準偏差を s_z，変量 w の標準偏差を s_w とする。

$z_i=2x_i+3$ であるから

$$s_z=2s_x=2\times\sqrt{8.25}$$

$w_i=y_i-4$ であるから

$$s_w=s_y=\sqrt{8.25}$$

ゆえに $\boldsymbol{r_{zw}}=\dfrac{s_{zw}}{s_zs_w}=\dfrac{6.5}{2\times\sqrt{8.25}\times\sqrt{8.25}}=\dfrac{65}{165}$

$$=\frac{13}{33}\fallingdotseq\mathbf{0.39}$$

平方・立方・平方根の表

n	n^2	n^3	$\sqrt{n}$	$\sqrt{10n}$
1	1	1	1.0000	3.1623
2	4	8	1.4142	4.4721
3	9	27	1.7321	5.4772
4	16	64	2.0000	6.3246
5	25	125	2.2361	7.0711
6	36	216	2.4495	7.7460
7	49	343	2.6458	8.3666
8	64	512	2.8284	8.9443
9	81	729	3.0000	9.4868
10	100	1000	3.1623	10.0000
11	121	1331	3.3166	10.4881
12	144	1728	3.4641	10.9545
13	169	2197	3.6056	11.4018
14	196	2744	3.7417	11.8322
15	225	3375	3.8730	12.2474
16	256	4096	4.0000	12.6491
17	289	4913	4.1231	13.0384
18	324	5832	4.2426	13.4164
19	361	6859	4.3589	13.7840
20	400	8000	4.4721	14.1421
21	441	9261	4.5826	14.4914
22	484	10648	4.6904	14.8324
23	529	12167	4.7958	15.1658
24	576	13824	4.8990	15.4919
25	625	15625	5.0000	15.8114
26	676	17576	5.0990	16.1245
27	729	19683	5.1962	16.4317
28	784	21952	5.2915	16.7332
29	841	24389	5.3852	17.0294
30	900	27000	5.4772	17.3205
31	961	29791	5.5678	17.6068
32	1024	32768	5.6569	17.8885
33	1089	35937	5.7446	18.1659
34	1156	39304	5.8310	18.4391
35	1225	42875	5.9161	18.7083
36	1296	46656	6.0000	18.9737
37	1369	50653	6.0828	19.2354
38	1444	54872	6.1644	19.4936
39	1521	59319	6.2450	19.7484
40	1600	64000	6.3246	20.0000
41	1681	68921	6.4031	20.2485
42	1764	74088	6.4807	20.4939
43	1849	79507	6.5574	20.7364
44	1936	85184	6.6332	20.9762
45	2025	91125	6.7082	21.2132
46	2116	97336	6.7823	21.4476
47	2209	103823	6.8557	21.6795
48	2304	110592	6.9282	21.9089
49	2401	117649	7.0000	22.1359
50	2500	125000	7.0711	22.3607

n	n^2	n^3	$\sqrt{n}$	$\sqrt{10n}$
51	2601	132651	7.1414	22.5832
52	2704	140608	7.2111	22.8035
53	2809	148877	7.2801	23.0217
54	2916	157464	7.3485	23.2379
55	3025	166375	7.4162	23.4521
56	3136	175616	7.4833	23.6643
57	3249	185193	7.5498	23.8747
58	3364	195112	7.6158	24.0832
59	3481	205379	7.6811	24.2899
60	3600	216000	7.7460	24.4949
61	3721	226981	7.8102	24.6982
62	3844	238328	7.8740	24.8998
63	3969	250047	7.9373	25.0998
64	4096	262144	8.0000	25.2982
65	4225	274625	8.0623	25.4951
66	4356	287496	8.1240	25.6905
67	4489	300763	8.1854	25.8844
68	4624	314432	8.2462	26.0768
69	4761	328509	8.3066	26.2679
70	4900	343000	8.3666	26.4575
71	5041	357911	8.4261	26.6458
72	5184	373248	8.4853	26.8328
73	5329	389017	8.5440	27.0185
74	5476	405224	8.6023	27.2029
75	5625	421875	8.6603	27.3861
76	5776	438976	8.7178	27.5681
77	5929	456533	8.7750	27.7489
78	6084	474552	8.8318	27.9285
79	6241	493039	8.8882	28.1069
80	6400	512000	8.9443	28.2843
81	6561	531441	9.0000	28.4605
82	6724	551368	9.0554	28.6356
83	6889	571787	9.1104	28.8097
84	7056	592704	9.1652	28.9828
85	7225	614125	9.2195	29.1548
86	7396	636056	9.2736	29.3258
87	7569	658503	9.3274	29.4958
88	7744	681472	9.3808	29.6648
89	7921	704969	9.4340	29.8329
90	8100	729000	9.4868	30.0000
91	8281	753571	9.5394	30.1662
92	8464	778688	9.5917	30.3315
93	8649	804357	9.6437	30.4959
94	8836	830584	9.6954	30.6594
95	9025	857375	9.7468	30.8221
96	9216	884736	9.7980	30.9839
97	9409	912673	9.8489	31.1448
98	9604	941192	9.8995	31.3050
99	9801	970299	9.9499	31.4643
100	10000	1000000	10.0000	31.6228

数学A

練習，EXERCISES，総合演習の解答（数学A）

注意　・章ごとに，練習・EXERCISES の解答をまとめて扱った。
・問題番号の左の数字は，難易度を表したものである。

練習 ②1　1 から 100 までの整数のうち，次の整数の個数を求めよ。
(1)　4 と 7 の少なくとも一方で割り切れる整数　　(2)　4 でも 7 でも割り切れない整数
(3)　4 で割り切れるが 7 で割り切れない整数
(4)　4 と 7 の少なくとも一方で割り切れない整数

1 から 100 までの整数全体の集合を U とし，そのうち 4 の倍数，7 の倍数全体の集合をそれぞれ A，B とすると

←U，A，B はどんな集合であるかを記す。

$A=\{4\cdot1,\ 4\cdot2,\ \cdots\cdots,\ 4\cdot25\}$，$B=\{7\cdot1,\ 7\cdot2,\ \cdots\cdots,\ 7\cdot14\}$

←$100=7\cdot14+2$

ゆえに　$n(A)=25$，$n(B)=14$

(1)　4 と 7 の少なくとも一方で割り切れる整数全体の集合は $A\cup B$ である。
ここで，4 でも 7 でも割り切れる整数全体の集合 $A\cap B$ すなわち 28 の倍数全体の集合について

←4 と 7 の最小公倍数は 28

$A\cap B=\{28\cdot1,\ 28\cdot2,\ 28\cdot3\}$

よって　$n(A\cap B)=3$

←本冊 $p.340$ 参考事項参照。

ゆえに　$n(A\cup B)=n(A)+n(B)-n(A\cap B)$
$=25+14-3=\mathbf{36}$

	B	$\overline{B}$	計
A	3	22	25
$\overline{A}$	11	64	75
計	14	86	100

(2)　4 でも 7 でも割り切れない整数全体の集合は $\overline{A}\cap\overline{B}$ である。
$n(U)=100$ であるから
$n(\overline{A}\cap\overline{B})=n(\overline{A\cup B})$

←ド・モルガンの法則

$=n(U)-n(A\cup B)$

←補集合の要素の個数。

$=100-36=\mathbf{64}$

(3)　4 で割り切れるが 7 で割り切れない整数全体の集合は $A\cap\overline{B}$ であるから
$n(A\cap\overline{B})=n(A)-n(A\cap B)$
$=25-3=\mathbf{22}$

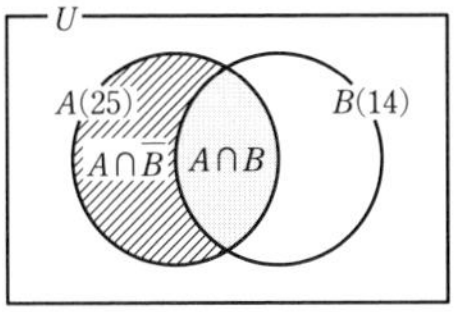

←この関係は，ベン図をかくとわかりやすい。

(4)　4 と 7 の少なくとも一方で割り切れない整数全体の集合は $\overline{A}\cup\overline{B}$ であるから

←(1) の補集合ではない。
(1) の補集合は $\overline{A\cup B}=\overline{A}\cap\overline{B}$

$n(\overline{A}\cup\overline{B})=n(\overline{A\cap B})=n(U)-n(A\cap B)$
$=100-3=\mathbf{97}$

←ド・モルガンの法則

練習 ②2　300 人を対象に「2 つのテーマパーク P と Q に行ったことがあるか」というアンケートをおこなったところ，P に行ったことがある人が 147 人，Q に行ったことがある人が 86 人，どちらにも行ったことのない人が 131 人であった。
(1)　両方に行ったことのある人の数を求めよ。
(2)　どちらか一方にだけ行ったことのある人の数を求めよ。　〔関東学院大〕

全体集合を U とし，P に行ったことのある人の集合を A，Q に行ったことのある人の集合を B とすると

←この断り書きは必ず書くようにする。

$n(U)=300$，$n(A)=147$，$n(B)=86$，$n(\overline{A}\cap\overline{B})=131$

(1)　両方に行ったことのある人の集合は $A\cap B$ である。

ゆえに　$n(A\cup B)=n(U)-n(\overline{A\cup B})$

$=n(U)-n(\overline{A}\cap\overline{B})$

$=300-131=169$

よって　$n(A\cap B)=n(A)+n(B)-n(A\cup B)$

$=147+86-169=\mathbf{64}$

(2)　どちらか一方にだけ行ったことのある人の数は

$n(A\cap\overline{B})+n(\overline{A}\cap B)$

$=n(A\cup B)-n(A\cap B)$

$=169-64=\mathbf{105}$

別解　**方程式を作る**

図のように a, b, c を定めると

$a+b=147$

$b+c=86$

$a+b+c+131=300$

これらから　(1)　$b=\mathbf{64}$

(2)　$a+c=\mathbf{105}$

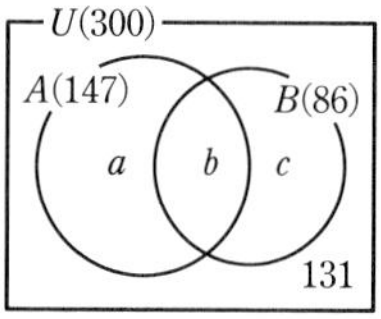

←$n(A)=n(U)-n(\overline{A})$

←(1)の結果を代入。

←本冊 $p.340$ 参考事項参照。

	B	$\overline{B}$	計
A	64	83	147
$\overline{A}$	22	131	153
計	86	214	300

練習 ③3　デパートに来た客100人の買い物調査をしたところ，A商品を買った人は80人，B商品を買った人は70人であった。両方とも買った人数のとりうる最大値は ア□ で，最小値は イ□ である。また，両方とも買わなかった人数のとりうる最大値は ウ□ で，最小値は エ□ である。
〔久留米大〕

客全体の集合を全体集合 U とし，A商品，B商品を買った人の集合をそれぞれ A, B とすると，条件から

$n(U)=100$, $n(A)=80$, $n(B)=70$

両方とも買った人数は $n(A\cap B)$ で表され，$n(A\cap B)$ は，$n(A)>n(B)$ であるから，$A\supset B$ のとき最大になる。

ゆえに　$n(A\cap B)=n(B)=$ ア $\mathbf{70}$

また，$n(A\cap B)$ は，$A\cup B=U$ のとき最小になる。

このとき　$n(A\cap B)=n(A)+n(B)-n(A\cup B)$

$=n(A)+n(B)-n(U)$

$=80+70-100=$ イ $\mathbf{50}$

次に，両方とも買わなかった人数は $n(\overline{A}\cap\overline{B})$ で表され，

$n(\overline{A}\cap\overline{B})=n(\overline{A\cup B})=n(U)-n(A\cup B)$

$=n(U)-\{n(A)+n(B)-n(A\cap B)\}$

$=100-80-70+n(A\cap B)$

$=n(A\cap B)-50$

したがって，$n(\overline{A}\cap\overline{B})$ が最大，最小となるのは，それぞれ $n(A\cap B)$ が最大，最小となる場合と一致する。

よって　最大値は　$70-50=$ ウ $\mathbf{20}$,

最小値は　$50-50=$ エ $\mathbf{0}$

検討　(ウ), (エ)　不等式の性質を用いて解くこともできる。

←$A\supset B$ のとき

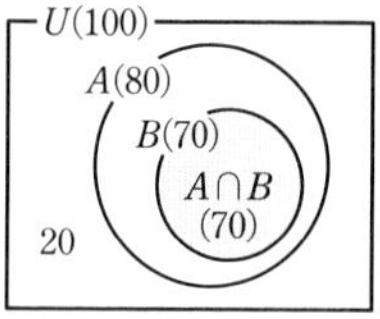

$A\cup B=U$ のとき

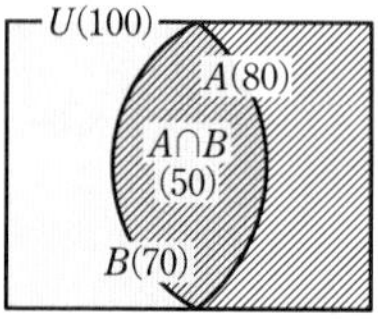

←数学Ⅰ参照。

不等式の性質

$$a < b \quad ならば \quad a+c < b+c, \ a-c < b-c$$

（解答）　$n(\overline{A} \cap \overline{B}) = n(A \cap B) - 50$ を導くまでは同じ。

$50 \leqq n(A \cap B) \leqq 70$ であるから

$$50 - 50 \leqq n(A \cap B) - 50 \leqq 70 - 50$$

よって　　　　$0 \leqq n(A \cap B) - 50 \leqq 20$

したがって　　$^{エ}0 \leqq n(\overline{A} \cap \overline{B}) \leqq {}^{ウ}20$

←(ア)，(イ)の結果。

←不等式の性質

←各辺を整理。

練習③4 ある高校の生徒 140 人を対象に，国語，数学，英語の 3 科目のそれぞれについて，得意か得意でないかを調査した。その結果，国語が得意な人は 86 人，数学が得意な人は 40 人いた。そして，国語と数学がともに得意な人は 18 人，国語と英語がともに得意な人は 15 人，国語または英語が得意な人は 101 人，数学または英語が得意な人は 55 人いた。また，どの科目についても得意でない人は 20 人いた。このとき，3 科目のすべてが得意な人は $^{ア}\boxed{}$ 人であり，3 科目中 1 科目のみ得意な人は $^{イ}\boxed{}$ 人である。　　　　　〔名城大〕

生徒全体の集合を U とし，国語，数学，英語が得意な人の集合をそれぞれ A，B，C とすると

$$n(U) = 140, \ n(A) = 86, \ n(B) = 40,$$
$$n(A \cap B) = 18, \ n(A \cap C) = 15, \ n(A \cup C) = 101,$$
$$n(B \cup C) = 55, \ n(\overline{A} \cap \overline{B} \cap \overline{C}) = 20$$

これから

$$n(A \cup B \cup C) = n(U) - n(\overline{A} \cap \overline{B} \cap \overline{C}) = 140 - 20 = 120,$$
$$n(C) = n(A \cup C) - n(A) + n(A \cap C) = 101 - 86 + 15 = 30,$$
$$n(B \cap C) = n(B) + n(C) - n(B \cup C) = 40 + 30 - 55 = 15$$

ここで　$n(A \cup B \cup C) = n(A) + n(B) + n(C)$
$$\qquad\qquad - n(A \cap B) - n(B \cap C) - n(A \cap C) + n(A \cap B \cap C)$$

であるから，3 科目のすべてが得意な人は

$$n(A \cap B \cap C) = n(A \cup B \cup C) - n(A) - n(B) - n(C)$$
$$\qquad\qquad + n(A \cap B) + n(B \cap C) + n(A \cap C)$$
$$\qquad = 120 - 86 - 40 - 30 + 18 + 15 + 15 = {}^{ア}12 \,(人)$$

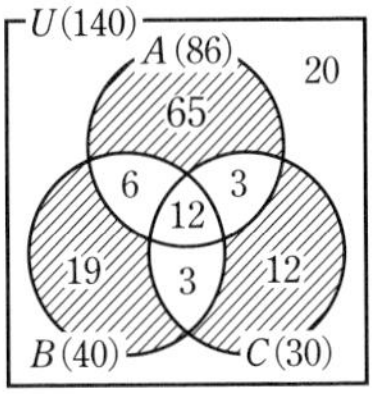

また，3 科目中 1 科目のみ得意な人の集合は，右の図の斜線部分であるから

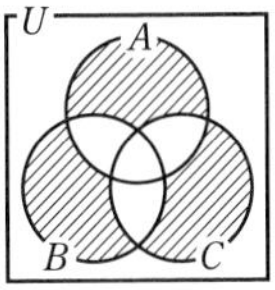

$$n(A \cup B \cup C) - n(A \cap B) - n(B \cap C)$$
$$\qquad - n(A \cap C) + 2 \times n(A \cap B \cap C)$$
$$\qquad = 120 - 18 - 15 - 15 + 2 \times 12 = {}^{イ}96 \,(人)$$

←まず，問題の条件の人数を，集合の要素の個数として表してみる。

←ド・モルガンの法則
$$\overline{A} \cap \overline{B} \cap \overline{C} = \overline{A \cup B \cup C}$$

別解　上の図から
$$n(A \cap \overline{B} \cap \overline{C})$$
$$\quad + n(\overline{A} \cap B \cap \overline{C})$$
$$\quad + n(\overline{A} \cap \overline{B} \cap C)$$
$$= 65 + 19 + 12 = 96 \,(人)$$

練習④5 分母を 700，分子を 1 から 699 までの整数とする分数の集合 $\left\{ \dfrac{1}{700}, \ \dfrac{2}{700}, \ \cdots\cdots, \ \dfrac{699}{700} \right\}$ を作る。この集合の要素の中で約分ができないものの個数を求めよ。

$700 = 2^2 \cdot 5^2 \cdot 7$ であるから，1 から 699 までの整数のうち，<u>2 でも 5 でも 7 でも割り切れない</u>整数の個数を求めればよい。

1 から 699 までの整数全体の集合を U とすると　$n(U) = 699$

U の部分集合のうち，2 の倍数全体の集合を A，5 の倍数全体の集合を B，7 の倍数全体の集合を C とする。

$$\begin{array}{r} 2\,)\underline{700} \\ 2\,)\underline{350} \\ 5\,)\underline{175} \\ 5\,)\underline{35} \\ 7 \end{array}$$

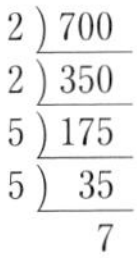

$700 \notin U$ に注意して，$700=2\cdot 350$ から　　$n(A)=349$

$700=5\cdot 140$ から　　$n(B)=139$

$700=7\cdot 100$ から　　$n(C)=99$

←$n(A)=350$ ではない。$U=\{1,\ 2,\ \cdots\cdots,\ 699\}$ であり，700 は U に属さない。なお，$699=2\cdot 349+1$ から $n(A)=349$ としてもよい。

また，$A\cap B$ は 10 の倍数全体の集合で，$700=10\cdot 70$ から

$n(A\cap B)=69$

$B\cap C$ は 35 の倍数全体の集合で，$700=35\cdot 20$ から

$n(B\cap C)=19$

$C\cap A$ は 14 の倍数全体の集合で，$700=14\cdot 50$ から

$n(C\cap A)=49$

$A\cap B\cap C$ は 70 の倍数全体の集合で，$700=70\cdot 10$ から

$n(A\cap B\cap C)=9$

よって　$n(A\cup B\cup C)=n(A)+n(B)+n(C)-n(A\cap B)$

$-n(B\cap C)-n(C\cap A)+n(A\cap B\cap C)$

$=349+139+99-69-19-49+9=459$

←3 つの集合の個数定理

求める個数は　　$n(\overline{A}\cap\overline{B}\cap\overline{C})=n(\overline{A\cup B\cup C})$

$=n(U)-n(A\cup B\cup C)$

$=699-459=\mathbf{240}$

←ド・モルガンの法則

練習 ①6　(1)　$a,\ a,\ b,\ b,\ c$ の 5 個の文字から 4 個を選んで 1 列に並べる方法は何通りあるか。また，そのうち $a,\ b,\ c$ のすべての文字が現れるのは何通りあるか。

(2)　大中小 3 個のさいころを投げるとき，出る目の和が 6 になる場合は何通りあるか。

(1)　樹形図をかくと次のようになる。よって，求める **並べ方の総数は　　30 通り**

このうち，**$a,\ b,\ c$ のすべての文字が現れるのは**，樹形図の ◯ 印の場合で

24 通り

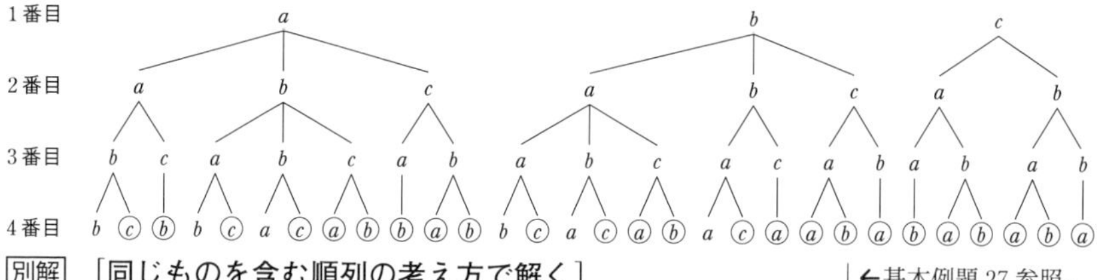

別解　**[同じものを含む順列の考え方で解く]**

←基本例題 27 参照。

[1]　a と b が 2 個ずつのとき　　$\dfrac{4!}{2!2!}=6$ (通り)

[2]　a が 2 個，$b,\ c$ が 1 個ずつのとき　　$\dfrac{4!}{2!}=12$ (通り)

[3]　b が 2 個で $a,\ c$ が 1 個ずつのとき　　$\dfrac{4!}{2!}=12$ (通り)

←$4!=4\cdot 3\cdot 2\cdot 1$
$2!=2\cdot 1$
一般に
$n!=n(n-1)(n-2)\cdots\cdots 3\cdot 2\cdot 1$

よって，並べ方の総数は　　$6+12+12=\mathbf{30}$ **(通り)**

このうち，$a,\ b,\ c$ すべての文字が現れるのは [1] 以外であるから　　$12\times 2=\mathbf{24}$ **(通り)**

(2)　大──中──小の順にさいころの目を樹形図で表すと

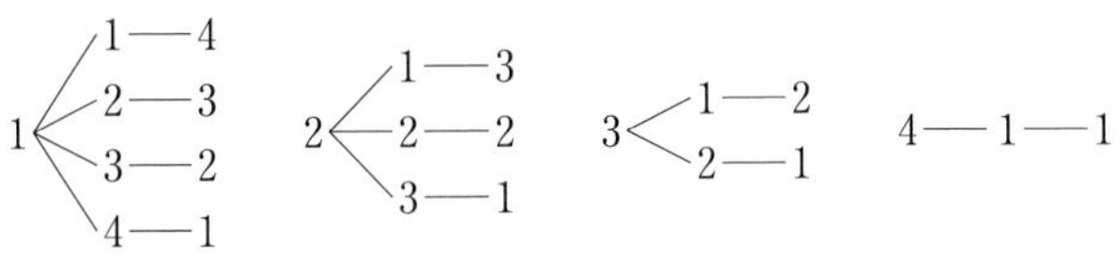

よって，求める場合の数は　**10 通り**

←大のさいころの目が 1, 2, 3, 4 の場合ごとに樹形図をかく。なお，1 個でも 5 以上の目が出ると，目の和が 6 になることはない。

練習 ①7
(1) 大小 2 個のさいころを投げるとき，出る目の和が 10 以上になる場合は何通りあるか。
(2) $(a+b)(p+2q)(x+2y+3z)$ を展開すると，異なる項は何個できるか。

(1) 目の和が 10 以上になるのは，和が 10 または 11 または 12 になる場合である。

[1] 和が 10 になる場合は　3 通り
[2] 和が 11 になる場合は　2 通り
[3] 和が 12 になる場合は　1 通り

[1]

大	4	5	6
小	6	5	4

[2]

大	5	6
小	6	5

[3]

大	6
小	6

これらは同時には起こらないから，求める場合の数は

$3+2+1=$**6 (通り)**　←和の法則

(2) 展開してできる項は，$(a,\ b)$, $(p,\ 2q)$, $(x,\ 2y,\ 3z)$ からそれぞれ 1 つずつ取り出して掛けて作られる。

よって，異なる項は　$2\times2\times3=$**12 (個)**　できる。　←積の法則

練習 ②8
1400 の正の約数の個数と，正の約数の和を求めよ。また，1400 の正の約数のうち偶数は何個あるか。

$1400=2^3\cdot5^2\cdot7$ であるから，1400 の正の約数は

$$2^a\cdot5^b\cdot7^c\ (a=0,\ 1,\ 2,\ 3\ ;\ b=0,\ 1,\ 2\ ;\ c=0,\ 1)$$

と表すことができる。

←$2^0=1$, $5^0=1$, $7^0=1$

2) 1400
2) 700
2) 350
5) 175
5) 35
7

a の定め方は 4 通り。
そのおのおのについて，b の定め方は 3 通り。
更に，そのおのおのについて，c の定め方は 2 通りある。
よって，1400 の正の約数の個数は　$4\times3\times2=$**24 (個)**　←積の法則

また，1400 の正の約数は

$$(1+2+2^2+2^3)(1+5+5^2)(1+7)$$

を展開した項にすべて現れる。
よって，求める約数の和は

$$(1+2+2^2+2^3)(1+5+5^2)(1+7)=15\times31\times8=\mathbf{3720}$$

また，1400 の正の約数のうち，偶数は

$$2^a\cdot5^b\cdot7^c\ (a=1,\ 2,\ 3\ ;\ b=0,\ 1,\ 2\ ;\ c=0,\ 1)$$

と表すことができる。　←$a=0$ $(2^0=1)$ の場合，奇数となる。

a の定め方は 3 通り。　←正の約数の個数の求め方と同様。
そのおのおのについて，b の定め方は 3 通り。
更に，そのおのおのについて，c の定め方は 2 通りある。
よって，1400 の正の約数のうち，偶数であるものは

$3\times3\times2=$**18 (個)**　←積の法則

練習 ③9 大，中，小3個のさいころを投げるとき，次の場合は何通りあるか。
(1) 目の積が3の倍数になる場合　　(2) 目の積が6の倍数になる場合

(1) 目の出方は全部で　$6\times6\times6=216$ (通り)
目の積が3の倍数になるのは，3個のさいころの目の少なくとも1つが3または6の目の場合である。
3個のさいころの目がすべて3と6以外の目である場合の数は
$4\times4\times4=64$ (通り)
よって，求める場合の数は　$216-64=$**152 (通り)**

(2) 目の積が6の倍数になるのは，目の積が3の倍数であり，かつ，3個のさいころの目の少なくとも1つが偶数の場合である。
よって，(1)の結果から目の積が奇数の3の倍数となる場合を除けばよい。
目の積が奇数の3の倍数になるのは，3個のさいころの目がすべて奇数であり，その中の少なくとも1つが3の目の場合である。
3個のさいころの目がすべて奇数になるのは
$3\times3\times3=27$ (通り)
3個のさいころの目が1または5の場合は
$2\times2\times2=8$ (通り)
ゆえに，目の積が奇数の3の倍数になるのは
$27-8=19$ (通り)
よって，求める場合の数は　$152-19=$**133 (通り)**

←「少なくとも1つが3または6の目」でないことは「3個とも1，2，4，5 (4通り) の目」の場合である。

(2) $6=2\cdot3$ であるから，6の倍数は，3の倍数で偶数のものである。
ゆえに，(3の倍数全体) −(奇数の3の倍数) の方針で求める。

←1，3，5の3通り。

←1，5の2通り。

練習 ②10 10ユーロ，20ユーロ，50ユーロの紙幣を使って支払いをする。ちょうど200ユーロを支払う方法は何通りあるか。ただし，どの紙幣も十分な枚数を持っているものとし，使わない紙幣があってもよいとする。　〔早稲田大〕

支払いに使う10ユーロ，20ユーロ，50ユーロの紙幣の枚数をそれぞれ x，y，z とすると，x，y，z は0以上の整数で
$10x+20y+50z=200$　すなわち　$x+2y+5z=20$ …… ①
ゆえに　$5z=20-x-2y$
よって，$5z\leqq20$ であるから　$z\leqq4$
z は0以上の整数であるから　$z=0,\ 1,\ 2,\ 3,\ 4$

[1] $z=0$ のとき，① から　$x+2y=20$
この等式を満たす0以上の整数 x，y の組は
$(x,\ y)=(0,\ 10),\ (2,\ 9),\ (4,\ 8),\ \cdots\cdots,\ (20,\ 0)$
の11通り。

[2] $z=1$ のとき，① から　$x+2y=15$
この等式を満たす0以上の整数 x，y の組は
$(x,\ y)=(1,\ 7),\ (3,\ 6),\ (5,\ 5),\ \cdots\cdots,\ (15,\ 0)$
の8通り。

[3] $z=2$ のとき，① から　$x+2y=10$

←$x\geqq0$，$y\geqq0$ であるから $x+2y\geqq0$

←$2y=20-x\leqq20$ から $2y\leqq20$　ゆえに　$y\leqq10$　よって　$y=0,\ 1,\ \cdots,\ 10$

←$2y=15-x\leqq15$ から $2y\leqq15$　ゆえに　$y\leqq7.5$　よって　$y=0,\ 1,\ \cdots,\ 7$

この等式を満たす0以上の整数 x, y の組は

$(x,\ y)=(0,\ 5),\ (2,\ 4),\ (4,\ 3),\ \cdots\cdots,\ (10,\ 0)$

の6通り。

←$2y=10-x\leqq 10$ から $2y\leqq 10$ ゆえに $y\leqq 5$ よって $y=0,\ 1,\ \cdots,\ 5$

[4] $z=3$ のとき，① から　$x+2y=5$

この等式を満たす0以上の整数 x, y の組は

$(x,\ y)=(1,\ 2),\ (3,\ 1),\ (5,\ 0)$ の3通り。

←$2y=5-x\leqq 5$ から $2y\leqq 5$ ゆえに $y\leqq 2.5$ よって $y=0,\ 1,\ 2$

[5] $z=4$ のとき，① から　$x+2y=0$

この等式を満たす0以上の整数 x, y の組は

$(x,\ y)=(0,\ 0)$ の1通り。

[1]～[5] の場合は同時には起こらないから，求める場合の数は

$11+8+6+3+1=$ **29（通り）**

←和の法則

練習 ①11　1, 2, 3, 4, 5, 6, 7 から異なる5個の数字を取って作られる5桁の整数は全部で ア□ 通りでき，そのうち，奇数であるものは イ□ 通りである。また，4の倍数は ウ□ 通りである。

(ア)　7個の数字から5個取る順列の総数に等しいから

$${}_7\mathrm{P}_5=7\cdot6\cdot5\cdot4\cdot3=\mathbf{2520}\ (\text{通り})$$

(イ)　一の位の数字は1, 3, 5, 7のいずれかで　4通り

そのおのおのについて，十，百，千，万の位の数字は，一の位の数字を除く6個から4個取る順列で　${}_6\mathrm{P}_4$ 通り

ゆえに，求める場合の数は

$$4\times{}_6\mathrm{P}_4=4\times6\cdot5\cdot4\cdot3=\mathbf{1440}\ (\text{通り})$$

←条件処理：一の位が奇数

←一の位に使った数字は使えない。

←積の法則

(ウ)　下2桁が4の倍数であればよい。そのようなものは

12, 16, 24, 32, 36, 52, 56, 64, 72, 76

の10通りある。

残りの桁は，これら2個の数字を除いた5個から3個取る順列で　${}_5\mathrm{P}_3$ 通り

ゆえに，求める場合の数は

$$10\times{}_5\mathrm{P}_3=10\times5\cdot4\cdot3=\mathbf{600}\ (\text{通り})$$

←1～7の数字でできる2桁の4の倍数をあげる。

←積の法則

練習 ②12　7個の数字0, 1, 2, 3, 4, 5, 6を重複することなく用いて4桁の整数を作る。次のものは，それぞれ何個できるか。

(1) 整数　(2) 5の倍数　(3) 3500より大きい整数

(4) 2500より小さい整数　(5) 9の倍数

(1)　千の位は，0を除く1～6の数字から1個を取るから　6通り

そのおのおのについて，百，十，一の位は，0を含めた残りの6個から3個取る順列で　${}_6\mathrm{P}_3$ 通り

よって，求める個数は　$6\times{}_6\mathrm{P}_3=6\times6\cdot5\cdot4=$ **720（個）**

千 百 十 一
（千：0以外，百・十・一：残り）

←積の法則

(2)　5の倍数となるための条件は，一の位が0または5となることである。

←条件処理。

[1]　一の位が0の場合

千，百，十の位は0を除く6個から3個取る順列であるから

$${}_6\mathrm{P}_3=6\cdot5\cdot4=120\ (\text{個})$$

[1] 千 百 十 一
（千・百・十：残り，一：0）

[2]　一の位が5の場合

千の位は，0と5を除く5個から1個取るから　　5通り

そのおのおのについて，百，十の位は，千の位の数字と5を除く5個から2個取る順列で　　${}_5P_2$ 通り

ゆえに，[2] の場合の個数は

$$5\times{}_5P_2=5\times5\cdot4=100\ (個)$$

よって，求める個数は　　120＋100＝**220 (個)**

(3)　[1]　千の位が4，5，6の場合

$$3\times{}_6P_3=3\times6\cdot5\cdot4=360\ (個)$$

[2]　36□□，35□□ の形の場合

$$2\times{}_5P_2=2\times5\cdot4=40\ (個)$$

よって，求める個数は　　360＋40＝**400 (個)**

(4)　[1]　千の位が1の場合　　$_6P_3=6\cdot5\cdot4=120$ (個)

[2]　24□□，23□□，21□□，20□□ の形の場合

$$4\times{}_5P_2=4\times5\cdot4=80\ (個)$$

よって，求める個数は　　120＋80＝**200 (個)**

別解　[1]　千の位が3，4，5，6の場合

$$4\times{}_6P_3=4\times6\cdot5\cdot4=480\ (個)$$

[2]　26□□，25□□ の形の場合

$$2\times{}_5P_2=2\times5\cdot4=40\ (個)$$

ゆえに，2500以上の整数は　　480＋40＝520 (個)

よって，求める個数は　　720−520＝**200 (個)**

(5)　9の倍数となるための条件は，各位の数の和が9の倍数になることである。

そのような4数の組は

(0，1，2，6)，(0，1，3，5)，(0，2，3，4)，(3，4，5，6)

[1]　0を含む3組の場合

1つの組について，千の位は0以外の数字であるから，この場合の整数は　　3×3!＝18 (個)

よって，[1] の場合の個数は　　3×18＝54 (個)

[2]　(3，4，5，6) の場合

整数の個数は　　4!＝24 (個)

よって，求める個数は　　54＋24＝**78 (個)**

[2]
千　百　十　一
↑ 0, 5以外　残り　↑ 5

←積の法則

←和の法則

←2つの形の数とも下2桁の数は $_5P_2$ 通り。

←和の法則

←和の法則

←(2500より小さい数)＝**(全体)−(2500以上の数)** という方針。

←(1) の結果を利用。

←条件処理。

←各組に対し，千の位は3通りで，そのおのおのについて，下3桁は $_3P_3=3!$ (通り)

練習 ②13

男子4人，女子3人がいる。次の並び方は何通りあるか。

(1)　男子が両端にくるように7人が1列に並ぶ。

(2)　男子が隣り合わないように7人が1列に並ぶ。

(3)　女子のうち2人だけが隣り合うように7人が1列に並ぶ。

(1)　男子が両端に並ぶ並び方は　　$_4P_2=4\cdot3=12$ (通り)

そのおのおのについて，残り5人がその間に並ぶ並び方は

$$5!=120\ (通り)$$

したがって，求める並び方は　　12×120＝**1440 (通り)**

←(1) では
男□□□□□男
□には男女がどのように並んでも構わない。

(2) まず，女子3人の並び方は　$3!=6$（通り）
そのおのおのについて，女子3人の間または両端の4か所に男子4人を入れる方法は　$4!=24$（通り）
したがって，求める並び方は　$6\times24=$**144（通り）**

←(2)では
□女□女□女□
の□に男子を入れる。

(3) まず男子4人を1列に並べて，その間または両端の5か所のうち1か所に女子2人を並べる。
次に，残りの4か所のうち1か所に残りの女子1人を入れるとよい。
男子4人の並び方は　$4!$ 通り
そのおのおのについて，女子3人の並び方は
$(5\times{}_3P_2)\times4$ 通り
したがって，求める並び方は
$4!\times(5\times{}_3P_2)\times4=4!\times(5\times3\cdot2)\times4=$**2880（通り）**

←(3)では
○男○男○男○男○
の5つの○のうち，1つの○に 女女 を入れ，女子2人を並べる。次に，残った4つの○のうち，1つの○に残りの女子1人を入れる。

練習 ③14

6個の数字1，2，3，4，5，6を重複なく使ってできる6桁の数を，小さい方から順に並べる。
(1) 初めて300000以上になる数を求めよ。また，その数は何番目か答えよ。
(2) 300番目の数を答えよ。　〔類 日本女子大〕

(1) 初めて300000以上になる数は　**312456**
1□□□□□ の形のものは　$5!=120$（個）
2□□□□□ の形のものは　$5!=120$（個）
よって，312456は　$120+120+1=$**241（番目）**

(2) (1)から，1□□□□□，2□□□□□ の形のものは，それぞれ120個
31□□□□ の形のものは　$4!=24$（個）
32□□□□ の形のものは　$4!=24$（個）
341□□□ の形のものは　$3!=6$（個）
342□□□ の形のものは　$3!=6$（個）
以上の合計は　$120+120+24+24+6+6=300$（個）
したがって，300番目の数は，342□□□ の形のものの最後の数であるから　**342651**

←32□□□□ の形のものまでの合計は
$120+120+24+24$
$=288$（個）

別解
300番目の数を　[1][2][3][4][5][6] とする。
ここで　$300=5!\times2+4!\times2+3!\times2+2!\times0+1!\times0+0$
$5!\times2$ から，[1] に入るのは，1，2，3，4，5，6の3番目の　3
$4!\times2$ から，[2] に入るのは，1，2，4，5，6の3番目の　4
$3!\times2+2!\times0+1!\times0+0$ から，[3] に入るのは，1，2，5，6の2番目の2で，342[4][5][6] は，342□□□ の形のものの最後の数となる。ゆえに，[4]，[5]，[6] にそれぞれ6，5，1が入る。
よって，300番目の数は　**342651**

←(1)を同様の方針で解こうとすると，逆に面倒。

←$300=5!\times2+60$
$60=4!\times2+12$
$12=3!\times2$
$(3!=6,\ 4!=24,\ 5!=120)$
ゆえに，12は $3!$ で割り切れるから，
$2!\times0+1!\times0+0$ となる。

練習 ③15

右の図のようなマス目を考える。どの行(横の並び)にも，どの列(縦の並び)にも同じ数が現れないように1から4まで自然数を入れる入れ方の場合の数 K を求めよ。　〔類 埼玉大〕

2	1	3	4
1	4	2	3

1 行目には 1, 2, 3, 4 を並べるから　　4! 通り

例えば, 1 行目の並びが 1234 のとき, 条件を満たす 2 行目の並びは次の 9 通り。

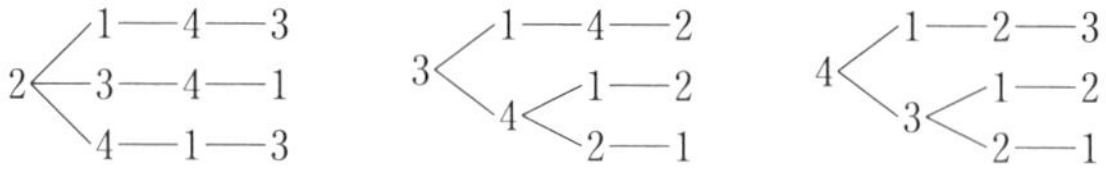

1 行目の並びが 1234 でない場合も, 条件を満たす 2 行目の並びが 9 通りずつあるから

$$K=4!\times 9=24\times 9=\mathbf{216}$$

←$_4P_4$

←異なる 4 個のものの **完全順列** の総数。

←積の法則

練習 ③16 右の図の A, B, C, D, E 各領域を色分けしたい。隣り合った領域には異なる色を用いて塗り分けるとき, 塗り分け方はそれぞれ何通りか。

(1) 4 色以内で塗り分ける。　　(2) 3 色で塗り分ける。

(3) 4 色すべてを用いて塗り分ける。　〔類 広島修道大〕

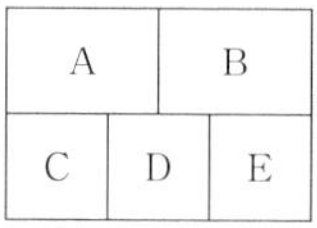

(1) D → A → B → C → E

の順に塗る。

D → A → B の塗り方は

$_4P_3=24$ (通り)

この塗り方に対し, C, E の塗り方は 2 通りずつある。

よって, 塗り分け方は全部で

$24\times 2\times 2=\mathbf{96}$ **(通り)**

D → A → B → C → E

(1) 4 × 3 × 2 × 2 × 2

3…Dの色を除く…　2…AとDの色を除く…　2…AとDの色を除く…　2…BとDの色を除く…

(2) 3 × 2 × 1 × 1 × 1

(2) D → A → B → C → E

の順に塗る。

D → A → B の塗り方は　$_3P_3=6$ (通り)

この塗り方に対し, C, E の塗り方は 1 通りずつある。

よって, 塗り分け方は全部で　$6\times 1\times 1=\mathbf{6}$ **(通り)**

(3) (1) の結果から, 4 色以内の塗り分け方は　96 通り

また, 4 色の中から 3 色を選ぶ方法は, 使わない 1 色を決めると考えて　　4 通り

ゆえに, 4 色すべてを用いて塗り分ける方法は, (2) の結果から

$96-4\times 6=\mathbf{72}$ **(通り)**

別解 **[同じ色を塗る領域に着目した解法]**

5 つの領域のうち, 同じ色を塗るのは 2 か所であり　A と E, B と C, C と E　の 3 通り

A と E が同じ色で, その他は色が異なる場合, 塗り分け方の数は, AE, B, C, D を異なる 4 色で塗り分ける方法の数に等しいから

$4!=24$ (通り)

B と C, C と E に同じ色を塗る場合もそれぞれ　　24 通り

よって, 求める塗り分け方の総数は

$24\times 3=\mathbf{72}$ **(通り)**

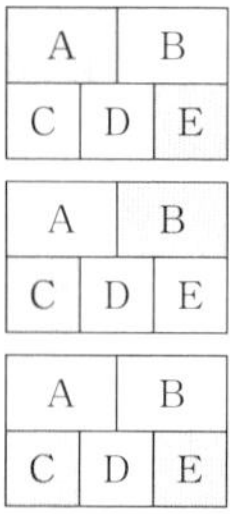

←A, B, C, E の 4 つの領域と隣り合う D から塗り始める。

←「4 色以内」とあるから, 4 色すべてを使わないで塗り分けることも考える。

←与えられた領域を 2 色で塗り分けることはできない。

←4 色を a, b, c, d とするとき, (1) では

[1] a, b, c, d をすべて使って塗る場合

[2] a, b, c, d から 3 色を選んで塗る場合

を考えている。

よって, (1) の結果から [2] の場合を除くことになるが, 4 色から 3 色を選ぶ方法も考えなければならないことに注意。

練習 ③19 次のような立体の塗り分け方は何通りあるか。ただし，立体を回転させて一致する塗り方は同じとみなす。
(1) 正五角錐の各面を異なる6色すべてを使って塗る方法
(2) 正三角柱の各面を異なる5色すべてを使って塗る方法

(1) 底面の正五角形の塗り方は

6通り

そのおのおのについて，側面の塗り方は，異なる5個の円順列で　　$(5-1)!=4!=24$（通り）

よって　　$6\times24=$**144（通り）**

(2) 2つの正三角形の面を上面と下面にして考える。

上面と下面を塗る方法は

$${}_5P_2=5\cdot4=20 \text{（通り）}$$

そのおのおのについて，側面の塗り方には，上下を裏返すと塗り方が一致する場合が含まれている。

ゆえに，異なる3個のじゅず順列で

$$\frac{(3-1)!}{2}=\frac{2!}{2}=1 \text{（通り）}$$

よって　　$20\times1=$**20（通り）**

(1)
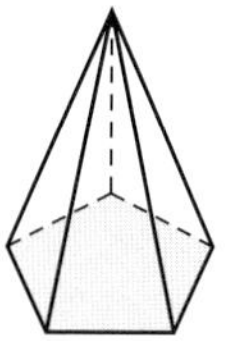

(2)
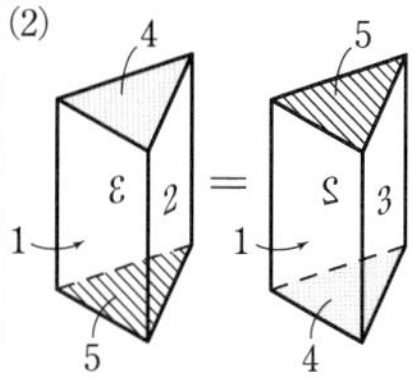

練習 ②20 (1) 異なる5個の要素からなる集合の部分集合の個数を求めよ。
(2) 机の上に異なる本が7冊ある。その中から，少なくとも1冊以上何冊でも好きなだけ本を取り出すとき，その取り出し方は何通りあるか。　［(2) 神戸薬大］
(3) 0，1，2，3の4種類の数字を用いて4桁の整数を作るとき，10の倍数でない整数は何個できるか。ただし，同じ数字を何回用いてもよい。

(1) 異なる5個の要素のそれぞれについて，その部分集合に属するか属さないかの2通りずつある。

よって，求める部分集合の個数は　　$2^5=$**32（個）**

注意　空集合はすべての集合の部分集合である。また，その集合自身も部分集合の1つである（$\varnothing\subset A$，$A\subset A$）。

←集合を $\{a,\ b,\ c,\ d,\ e\}$ とし，属するを○，属さないを×とすると

a	b	c	d	e
○ or ×	○ or ×	○ or ×	○ or ×	○ or ×
↑	↑	↑	↑	↑
2通り	2通り	2通り	2通り	2通り

(2) 7冊のそれぞれについて，取り出すか取り出さないかの2通りずつある。

ゆえに，7冊とも取り出さない場合を除いて

$$2^7-1=\mathbf{127} \text{（通り）}$$

(3) 千の位の数の選び方は，0を除く1，2，3の　　3通り

←千の位は0でない。

百の位，十の位の数の選び方は，それぞれ0，1，2，3の

4通り

一の位の数の選び方は，0を除く1，2，3の　　3通り

←10の倍数でないから，一の位も0ではない。

よって，求める個数は　　$3\times4^2\times3=$**144（個）**

別解　できる4桁の整数の総数は　　$3\times4^3=192$（個）

←（全体）−（10の倍数）の方針で考える。

このうち，10の倍数であるものは，一の位が0であるから

$$3\times4^2\times1=48 \text{（個）}$$

よって，求める個数は　　$192-48=$**144（個）**

練習 ②17 (1) 異なる色のガラス玉8個を輪にしてブレスレットを作る。玉の並び方の異なるものは何通りできるか。
(2) 7人から5人を選んで円卓に座らせる方法は何通りあるか。

(1) 異なる8個のものの円順列は　$(8-1)!=7!$ (通り)
このうち，裏返して同じになるものが2通りずつあるから
$7!\div 2=5040\div 2=\mathbf{2520}$ **(通り)**

←異なる n 個のもののじゅず順列の総数は $\dfrac{(n-1)!}{2}$

(2) 7人から5人を選んで並べる順列は ${}_7P_5$ 通りあり，このうち，円順列としては同じものが5通りずつあるから
${}_7P_5\div 5=7\cdot 6\cdot 4\cdot 3=\mathbf{504}$ **(通り)**

検討 (2)は，「**組合せ**」の考えを用いると，次のようになる。
7人から5人を選ぶ選び方は　${}_7C_5$ 通り
選んだ5人を円卓に座らせる方法は　$(5-1)!$ 通り

←5人の円順列。

よって　${}_7C_5\times(5-1)!={}_7C_2\times 4!=21\times 24=\mathbf{504}$ **(通り)**

←${}_7C_5={}_7C_{7-5}={}_7C_2$

なお，異なる n 個のものから r 個取った円順列の総数は，
${}_nC_r\times(r-1)!$　と表すことができる。

練習 ②18 1から8までの番号札が1枚ずつあり，この8枚すべてを円形に並べるとき，次のような並び方の総数を求めよ。
(1) すべての奇数の札が続けて並ぶ。
(2) 奇数の札と偶数の札が交互に並ぶ。
(3) 奇数と偶数が交互に並び，かつ1の札と8の札が隣り合う。

(1) 奇数4枚を1組とみて，この組と偶数4枚との計5枚の円順列は
$(5-1)!=24$ (通り)
そのおのおのについて，奇数4枚の並び方は
$4!=24$ (通り)
よって，求める総数は
$24\times 24=\mathbf{576}$ **(通り)**

(2) 奇数4枚の円順列は
$(4-1)!=6$ (通り)
そのおのおのについて，奇数の間の4か所に偶数4枚を並べればよいから，その入れ方は
$4!=24$ (通り)
よって，求める総数は
$6\times 24=\mathbf{144}$ **(通り)**

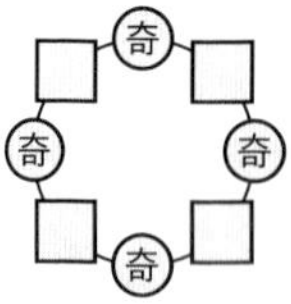

(3) 奇数4枚の円順列は　6通り
そのおのおのについて1の隣に8が並ぶ方法は　2通り
残りの偶数3枚が奇数の間に1枚ずつ並ぶ方法は
$3!=6$ (通り)
よって，求める総数は
$6\times 2\times 6=\mathbf{72}$ **(通り)**

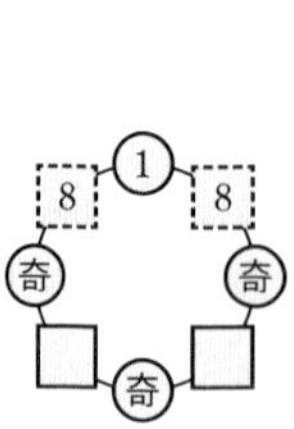

練習 ③21

(1) 7人を2つの部屋A，Bに分けるとき，どの部屋も1人以上になる分け方は全部で何通りあるか。

(2) 4人を3つの部屋A，B，Cに分けるとき，どの部屋も1人以上になる分け方は全部で何通りあるか。

(3) 大人4人，子ども3人の計7人を3つの部屋A，B，Cに分けるとき，どの部屋も大人が1人以上になる分け方は全部で何通りあるか。

(1) 空室ができてもよいとすると，A，B 2部屋に7人を分ける方法は　$2^7=128$（通り）　←重複順列

どの部屋も1人以上になる分け方は，この128通りのうちA，Bのどちらかが空室になる場合を除いて　$128-2=$**126（通り）**

(2) 空室ができてもよいとすると，A，B，C 3部屋に4人を分ける方法は　$3^4=81$（通り）

このうち，空室が2部屋できる場合は，空室でない残りの1部屋を選ぶと考えて　3通り　←残りの1部屋に4人全員が入る。

空室が1部屋できる場合は，空室の選び方が3通りあり，そのおのおのについて，残りの2部屋に4人が入る方法が 2^4-2 通りずつあるから　$3\times(2^4-2)=42$（通り）　←2部屋の中に空室がある場合を除く。

よって，求める場合の数は　$81-(3+42)=$**36（通り）**

(3) まず，大人4人を，どの部屋も大人が1人以上になるように分ける方法は，(2)から　36通り

そのおのおのについて，子ども3人をA，B，Cの3部屋に分ける方法は　$3^3=27$（通り）　←子どもが入らない部屋はあってもよい。

よって，求める場合の数は　$36\times27=$**972（通り）**

検討　本冊 *p*.364 基本例題21(1)，(2)でカードの区別がつかないとした場合は，次のように数え上げで調べる解答になる。　←カードの番号をとる。

(1) **区別のつかない6枚のカードを，A，Bの2組に分ける場合**（各組には少なくとも1枚は入るものとする）　←組に区別あり。

組A，Bに分けるカードの枚数だけが問題となるから，(Aの枚数，Bの枚数)とすると　←(0，6)，(6，0)の分け方は不適。

(1，5)，(2，4)，(3，3)，(4，2)，(5，1)の　**5通り**

(2) **区別のつかない6枚のカードを，2組に分ける場合**　←組に区別なし。

(1)の5通りの分け方で組の区別をなくす，すなわち，(1，5)と(5，1)，(2，4)と(4，2)をそれぞれ同じ分け方（1通り）と考えることで　**3通り**　←$\frac{4}{2}+1=3$

このように，区別の有無によって，考え方や結果はまったく異なるものになる。問題文をきちんと読み，**分けるものや組の区別の有無を把握**するようにしよう。

練習 ②22

Aを含む5人の男子生徒，Bを含む5人の女子生徒の計10人から5人を選ぶ。次のような方法は何通りあるか。

(1) 全員から選ぶ選び方　(2) 男子2人，女子3人を選ぶ選び方

(3) 男子からAを含む2人，女子からBを含む3人を選ぶ選び方

(4) 男子2人，女子3人を選んで1列に並べる並べ方

(1) 10 人から 5 人を選ぶ選び方であるから

$${}_{10}C_5=\frac{10\cdot9\cdot8\cdot7\cdot6}{5\cdot4\cdot3\cdot2\cdot1}=\mathbf{252}\ (\text{通り})$$

(2) 男子 5 人から 2 人を選ぶ選び方は　${}_5C_2$ 通り
そのおのおのについて，女子 5 人から 3 人を選ぶ選び方は
${}_5C_3$ 通り
よって，求める方法は

$${}_5C_2\times{}_5C_3=({}_5C_2)^2=\left(\frac{5\cdot4}{2\cdot1}\right)^2=\mathbf{100}\ (\text{通り})$$

(3) A を除く 4 人の男子から 1 人を選ぶ選び方は　${}_4C_1$ 通り
そのおのおのについて，B を除く 4 人の女子から 2 人を選ぶ選び方は　${}_4C_2$ 通り
よって，求める方法は　${}_4C_1\times{}_4C_2=4\times\frac{4\cdot3}{2\cdot1}=\mathbf{24}$ (通り)

(4) (2) の 100 通りの選び方のおのおのについて，5 人を 1 列に並べる並べ方は ${}_5P_5$ 通りあるから

$$100\times{}_5P_5=100\times5\cdot4\cdot3\cdot2\cdot1=\mathbf{12000}\ (\text{通り})$$

← ${}_{10}C_5=\frac{{}_{10}P_5}{5!}$

(1) 10人 → 5人

(2) 男5人 → 2人，女5人 → 3人

← ${}_5C_3={}_5C_{5-3}$

← このように選んでから A，B を追加すればよい。

← 積の法則

練習 ②23

(1) 正十二角形 $A_1A_2\cdots\cdots A_{12}$ の頂点を結んで得られる三角形の総数は ア□個，頂点を結んで得られる直線の総数は イ□本である。

(2) 平面上において，4 本だけが互いに平行で，どの 3 本も同じ点で交わらない 10 本の直線の交点の個数は全部で ウ□個ある。

(1) (ア) 正十二角形の 12 個の頂点は，どの 3 点も同じ直線上にないから，3 点で 1 つの三角形が得られる。
ゆえに　${}_{12}C_3=\mathbf{220}$ (個)

(イ) 頂点はどの 3 点も同じ直線上にないから，2 点で 1 本の直線が得られる。
ゆえに　${}_{12}C_2=\mathbf{66}$ (本)

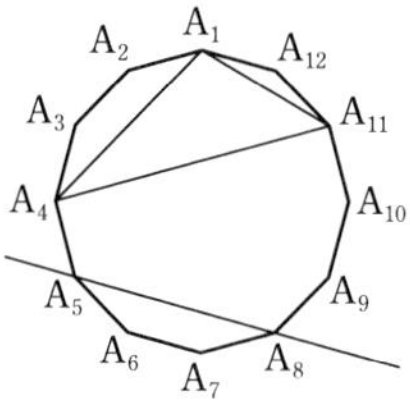

検討　一般に，正多角形の頂点を結んでできる図形の問題では，多角形の頂点は区別する。

(2) (ウ) 10 本の直線がどれも平行でないとすると，交点は
${}_{10}C_2$ 個
実際には，4 本の直線が平行であるから，平行な 4 本の直線で交点が ${}_4C_2$ 個減る。ゆえに
${}_{10}C_2-{}_4C_2=45-6=\mathbf{39}$ (個)

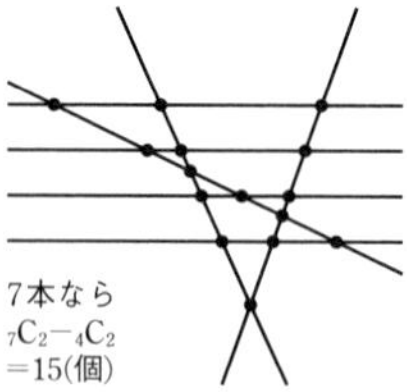

← 図は，7 本の場合の例。

← 平行な 4 直線から，どの 2 本を選んでも交点は得られない。

別解　平行な 4 直線以外の 6 本の直線は，どの 2 本も平行でなく，どの 3 本も同じ点で交わらないから，これら 6 本の直線の交点の個数は　${}_6C_2$ 個
また，平行な 4 直線のうちの 1 本とそれと平行でない 6 本の直線の交点は 6 個ある。したがって，求める交点の総数は

$${}_6C_2+6\times4=15+24=\mathbf{39}\ (\text{個})$$

← 平行でない 6 本の直線の交点と，平行な 4 本の直線と他の 6 本の直線の交点を場合分けして考える。

練習 ③24 円に内接する n 角形 F $(n>4)$ の対角線の総数は ア□ 本である。また，F の頂点3つからできる三角形の総数は イ□ 個，F の頂点4つからできる四角形の総数は ウ□ 個である。更に，対角線のうちのどの3本をとっても F の頂点以外の同一点で交わらないとすると，F の対角線の交点のうち，F の内部で交わるものの総数は エ□ 個である。

(ア) F の n 個の頂点から選んだ2点を結んで得られる線分から n 本の辺を除いたものが対角線であるから

$${}_nC_2-n=\frac{n(n-1)}{2}-n=\frac{n(n-1)-2n}{2}=\boldsymbol{\frac{1}{2}n(n-3)}\ (本)$$

別解 n 角形において，1つの頂点 A_1 を通る対角線は $(n-3)$ 本あり，頂点 A_2，……，A_n についても同様であるが，1本の対角線を2回ずつ重複して数えているから

$$\boldsymbol{\frac{1}{2}n(n-3)}\ 本$$

(イ) n 個の頂点から3個を選んで結ぶと三角形が1個できる。
よって，三角形の総数は

$${}_nC_3=\boldsymbol{\frac{1}{6}n(n-1)(n-2)}\ (個)$$

(ウ) n 個の頂点から4個を選んで結ぶと四角形が1個できる。
よって，四角形の総数は

$${}_nC_4=\boldsymbol{\frac{1}{24}n(n-1)(n-2)(n-3)}\ (個)$$

(エ) F の内部で交わる2本の対角線の1組を定めると，これらを対角線にもつ四角形が1つ定まるから，求める交点の総数は，
(ウ)と同じで　${}_nC_4=\boldsymbol{\frac{1}{24}n(n-1)(n-2)(n-3)}\ (個)$

検討　n 角形 F が円に**内接**するとは，F のすべての頂点が1つの円周上にあること。

←A_1 と両隣の頂点以外の頂点に対角線が1本ずつ対応する。

(エ)

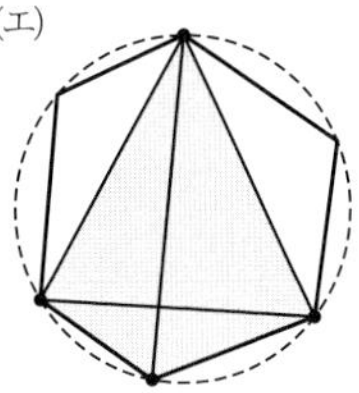

練習 ②25 12冊の異なる本を次のように分ける方法は何通りあるか。
(1) 5冊，4冊，3冊の3組に分ける。　(2) 4冊ずつ3人に分ける。
(3) 4冊ずつ3組に分ける。　(4) 6冊，3冊，3冊の3組に分ける。

(1) 12冊から5冊を選び，次に残った7冊から4冊を選ぶと，残りの3冊は自動的に定まる。
よって，分け方の総数は

$${}_{12}C_5\times{}_7C_4=792\times35=\boldsymbol{27720}\ (\textbf{通り})$$

←${}_7C_4={}_7C_3$

(2) 3人をA，B，Cとする。
Aに分ける4冊を選ぶ方法は　${}_{12}C_4$ 通り
Bに分ける4冊を残り8冊から選ぶ方法は　${}_8C_4$ 通り
Cには残り4冊を分ければよい。
よって，分け方の総数は

$${}_{12}C_4\times{}_8C_4=495\times70=\boldsymbol{34650}\ (\textbf{通り})$$

←3人を異なる3組と考える。

(3) (2)でA，B，Cの区別をなくすと，同じ分け方が3!通りずつできる。
よって，分け方の総数は

$$34650\div3!=\boldsymbol{5775}\ (\textbf{通り})$$

←4冊ずつの3組にA，B，Cの組の順列(3!通り)を対応させたものが(2)である。

(4)　A (6 冊), B (3 冊), C (3 冊) の組に分ける方法は

$${}_{12}C_6 \times {}_6C_3 = 924 \times 20 = 18480 \text{ (通り)}$$

ここで，B，C の区別をなくすと，同じ分け方が 2! 通りずつできる。

よって，分け方の総数は　$18480 \div 2! = \mathbf{9240}$ **(通り)**

←同じ冊数が 2 組あるから　÷2!

練習 ③26　右の図のように，正方形を，各辺の中点を結んで 5 つの領域に分ける。隣り合った領域は異なる色で塗り分けるとき，次のような塗り分け方はそれぞれ何通りあるか。ただし，回転して一致する塗り方は同じ塗り方と考える。

(1)　異なる 4 色から 2 色を選んで塗り分ける。

(2)　異なる 4 色から 3 色を選び，3 色すべてを使って塗り分ける。

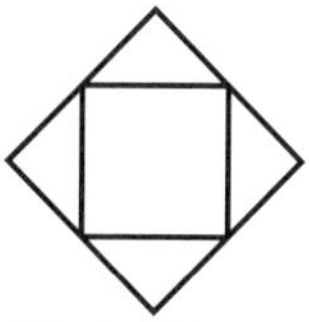

(1)　4 色から 2 色を選び，図の ㋐，㋑ の順に塗ればよい。

よって，求める塗り分け方は

$${}_4P_2 = \mathbf{12} \text{ \textbf{(通り)}}$$

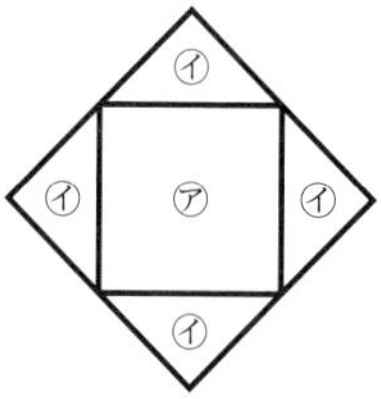

←多くの領域と隣り合う中央の ㋐ の領域に着目する。

(2)　3 色すべてを使って塗り分けるには，図の [1]～[3] のような方法がある。

[1]，[2] の塗り分け方は，3 色の中から ㋐ の領域を塗る色の選び方と同じである。ゆえに　${}_3C_1 \times 2 = 6$ (通り)

[3] の塗り分け方は，図の ㋐，㋑，㋒ の順に塗ればよいから

$$3! = 6 \text{ (通り)}$$

3 色の選び方は，${}_4C_3$ 通りであるから，求める塗り分け方は

$${}_4C_3 \times (6+6) = 4 \times 12 = \mathbf{48} \text{ \textbf{(通り)}}$$

←㋑ と ㋒ を入れ替えて塗っても [1] では 180°，[2] では 90° 回転すると，同じ塗り方になる。

別解　㋐ に塗る色の選び方は　${}_4C_1$ 通り

次に，㋑，㋒ に塗る色の選び方は　${}_3C_2$ 通り

図の [1]，[2] の場合と，[3] では ㋑ と ㋒ を入れ替えた場合があるから

${}_4C_1 \times {}_3C_2 \times (2+2)$

$= \mathbf{48}$ **(通り)**

[1]

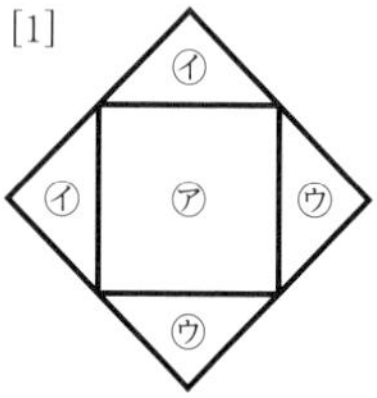

[2]

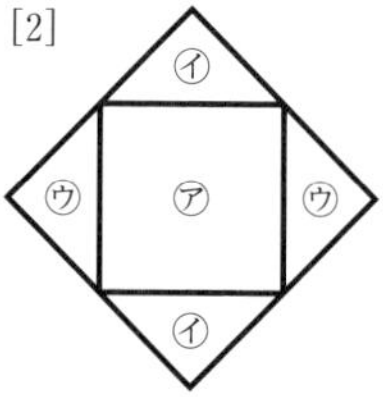

[3]

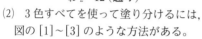

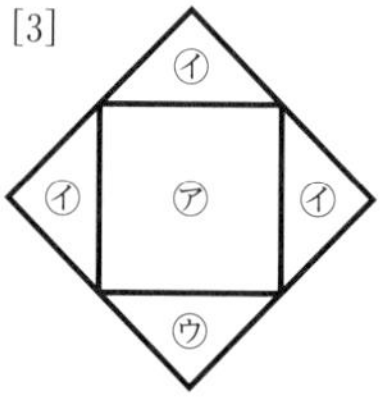

練習 ②27　アルファベットの 8 文字 A, Z, K, I, G, K, A, U が 1 文字ずつ書かれた 8 枚のカードがある。これらのカードを 1 列に並べる方法は全部で ア□ 通りある。また，この中から 7 枚のカードを取り出して 1 列に並べる方法は全部で イ□ 通りある。

(ア)　A 2 個，K 2 個，Z，I，G，U 各 1 個の順列の総数であるから

$$\frac{8!}{2!2!} = \mathbf{10080} \text{ (通り)}$$

←${}_8C_2 \times {}_6C_2 \times {}_4P_4$ として求めてもよい。

(イ)　次の [1]，[2] の場合が考えられる。

[1]　取り出さない 1 文字が A または K のとき

同じ文字 2 個と異なる文字 5 個を並べるから

$$2 \times \frac{7!}{2!} = 5040 \text{ (通り)}$$

←AKKZIGU または AAKZIGU を並べる。

[2]　取り出さない 1 文字が Z，I，G，U のとき

A 2 個，K 2 個と異なる文字 3 個を並べるから

$$4\times\frac{7!}{2!2!}=5040\ (\text{通り})$$

←AAKKIGU などを並べる。

[1]，[2] から　　5040＋5040＝**10080** (通り)

参考　取り出さない文字は 1 文字であるから，7 枚のカードを並べる代わりに，8 枚のカードを並べておき，左から 7 枚を取ると考えてもよい。このように考えると，(イ) の場合の数は，(ア) と同じであることがわかる。

練習 ③28　9 個の文字 M，A，T，H，C，H，A，R，T を横 1 列に並べる。
(1) この並べ方は □ 通りある。
(2) A と A が隣り合うような並べ方は □ 通りある。
(3) A と A が隣り合い，かつ，T と T も隣り合うような並べ方は □ 通りある。
(4) M，C，R がこの順に並ぶ並べ方は □ 通りある。
(5) 2 個の A と C が A，C，A の順に並ぶ並べ方は □ 通りある。

(1) $\frac{9!}{2!2!2!}$＝**45360** (通り)

←M 1 個，A 2 個，T 2 個，H 2 個，C 1 個，R 1 個

(2) 隣り合う AA をまとめて A′ と考えると，求める並べ方は

$$\frac{8!}{2!2!}=\mathbf{10080}\ (\text{通り})$$

←M 1 個，A′ 1 個，T 2 個，H 2 個，C 1 個，R 1 個

(3) 隣り合う AA をまとめて A′，TT をまとめて T′ と考えると，求める並べ方は　$\frac{7!}{2!}$＝**2520** (通り)

←M 1 個，A′ 1 個，T′ 1 個，H 2 個，C 1 個，R 1 個

(4) □ 3 個，A 2 個，T 2 個，H 2 個を 1 列に並べ，3 個の □ は左から順に M，C，R とすればよいから，求める並べ方は

$$\frac{9!}{3!2!2!2!}=\mathbf{7560}\ (\text{通り})$$

(4)，(5) 順序の定まったものは同じものとみる，ことがポイント。

(5) ○ 3 個，M 1 個，T 2 個，H 2 個，R 1 個を 1 列に並べ，3 個の ○ は左から順に A，C，A とすればよいから，求める並べ方は

$$\frac{9!}{3!2!2!}=\mathbf{15120}\ (\text{通り})$$

練習 ③29　1，1，2，2，3，3，3 の 7 つの数字のうちの 4 つを使って 4 桁の整数を作る。このような 4 桁の整数は全部で ア □ 個あり，このうち 2200 より小さいものは イ □ 個ある。

(ア) 1，2，3 のいずれかを A，B，C で表す。ただし，A，B，C はすべて異なる数字とする。
次の [1]～[3] のいずれかの場合が考えられる。

[1] $AAAB$ のタイプ。つまり，同じ数字を 3 つ含むとき。
3 つ以上ある数字は 3 だけであるから，A は 1 通り。
B の選び方は　　2 通り
そのおのおのについて，並べ方は　$\frac{4!}{3!}$＝4 (通り)

←333□ (□ は 1，2)

よって，このタイプの整数は　2×4＝8 (個)

[2] $AABB$ のタイプ。
つまり，同じ数字 2 つを 2 組含むとき。

1，2，3すべて2枚以上あるから，A，B の選び方は

$_3C_2$ 通り

そのおのおのについて，並べ方は　$\frac{4!}{2!2!}=6$（通り）

←1122，1133，2233

よって，このタイプの整数は　$_3C_2\times6=18$（個）

[3]　$AABC$ のタイプ。

つまり，同じ数字2つを1組含むとき。

A の選び方は3通りで，B，C は A を選べば決まる。

そのおのおのについて，並べ方は　$\frac{4!}{2!}=12$（通り）

←1123，2213，3312

よって，このタイプの整数は　$3\times12=36$（個）

以上から　$8+18+36=$ **62**（個）

(イ)　2200より小さい整数は，1□□□，21□□ の形のものである。

[1]　1□□□ の形の整数で □ に当てはまる数の組は

(1，2，2)，(1，2，3)，(1，3，3)，

(2，2，3)，(2，3，3)，(3，3，3)

よって，この形の整数は　$4\times\frac{3!}{2!}+3!+1=19$（個）

←(1，2，2)，(1，3，3)，(2，2，3)，(2，3，3) の4組それぞれについて，並べ方は $\frac{3!}{2!}$ 通り（$_3C_2={}_3C_1$ でもよい）

[2]　21□□ の形の整数で □ に当てはまる数の組は

(1，2)，(1，3)，(2，3)，(3，3)

よって，この形の整数は　$3\times2!+1=7$（個）

以上から，求める個数は　$19+7=$ **26**（個）

練習 ③30　図1と図2は碁盤の目状の道路とし，すべて等間隔であるとする。

(1)　図1において，点Aから点Bに行く最短経路は全部で何通りあるか。また，このうち次の条件を満たすものは何通りあるか。

(ア)　点Cを通る。

(イ)　点Cと点Dの両方を通る。

(ウ)　点Cまたは点Dを通る。

(エ)　点Cと点Dのどちらも通らない。

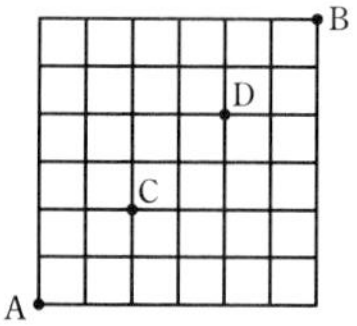

図1

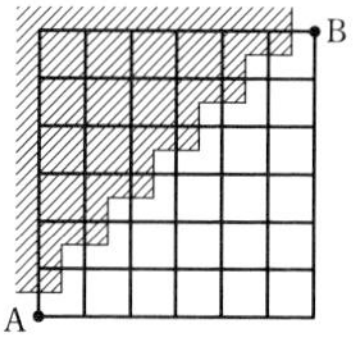

図2

(2)　図2において，点Aから点Bに行く最短経路は全部で何通りあるか。ただし，斜線の部分は通れないものとする。　〔類　九州大〕

(1)　右に1区画進むことを →，上に1区画進むことを↑で表すと，点Aから点Bに行く最短経路の総数は，6個の → と6個の↑を1列に並べる順列の総数に等しいから

$$\frac{12!}{6!6!}=\mathbf{924}\text{（通り）}$$

←$_{12}C_6$ から求めてもよい。

(ア)　点Cを通る最短経路は　$\frac{4!}{2!2!}\times\frac{8!}{4!4!}=$ **420**（通り）

←A ⟶ C，C ⟶ B

(イ)　点Cと点Dの両方を通る最短経路は

$$\frac{4!}{2!2!}\times\frac{4!}{2!2!}\times\frac{4!}{2!2!}=\mathbf{216}\text{（通り）}$$

←A ⟶ C，C ⟶ D，D ⟶ B

(ウ)　点Dを通る最短経路は　$\dfrac{8!}{4!4!}\times\dfrac{4!}{2!2!}=420$（通り）

←A ⟶ D，D ⟶ B

よって，点Cまたは点Dを通る最短経路は

$420+420-216=$**624**（通り）

←（Cを通る）+（Dを通る）−（CとDを通る）

(エ)　点Cと点Dのどちらも通らない最短経路は

$924-624=$**300**（通り）

←（全体）−（CまたはDを通る）

(2)　各交差点を通過する経路の数を記入していくと，右の図のようになる。
よって，求める最短経路の数は

132 通り

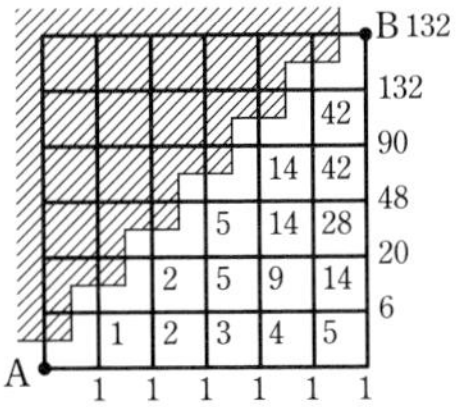

←(1)も同様の方法で求められる。

検討　斜線の部分を通る経路の総数を考える。斜線の部分を通るためには，図の直線 ℓ 上の点を少なくとも1つは通る。そこで，最初に ℓ 上の点を通った後の経路をすべて，直線 ℓ に関して対称移動した経路を考える。
例えば，A → P → B の経路（太線）は A → P → B′（網の線）に移る。

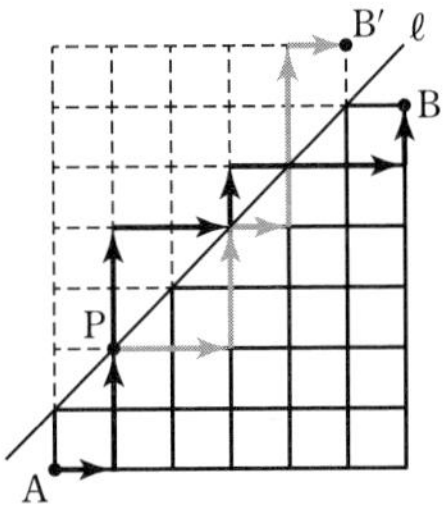

このとき，A → B の経路は A → B′ の経路と1対1に対応する。
よって，斜線の部分を通る経路の数は ${}_{12}C_5$ となる。
ゆえに，求める経路の数は　$924-{}_{12}C_5=924-792=$**132**（通り）

←問題の図2の斜線部分を通ってBに行く経路について考える。なお，この解法について詳しくは，本冊 $p.380$ も参照。

←${}_{12}C_6-{}_{12}C_5$

練習 ④31　同じ大きさの赤玉が2個，青玉が2個，白玉が2個，黒玉が1個ある。これらの玉に糸を通して輪を作る。
(1)　輪は何通りあるか。　　(2)　赤玉が隣り合う輪は何通りあるか。

(1)　黒玉を固定して，残りの6個を平面上に円形に並べる並べ方は　$\dfrac{6!}{2!2!2!}=90$（通り）

←黒玉は1個しかないから，これを固定する。

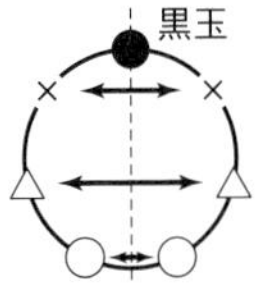

黒玉を中心にして玉を1列に並べたとき　○△×黒×△○
のように左右対称になるものは，赤玉，青玉，白玉3個の順列の数であるから　$3!=6$（通り）
90通りのうち，この6通り以外は左右対称でないから，裏返すと同じになるものが2個ずつある。

よって，輪は　$6+\dfrac{90-6}{2}=$**48**（通り）

(2)　黒玉を固定して，赤玉2個を1個と考えると，5個の玉を平面上に円形に並べる並べ方は　$\dfrac{5!}{2!2!}=30$（通り）
このうち，赤○△黒△○赤　のように，左右対称となるものは
$2!=2$（通り）であるから，輪は　$2+\dfrac{30-2}{2}=$**16**（通り）

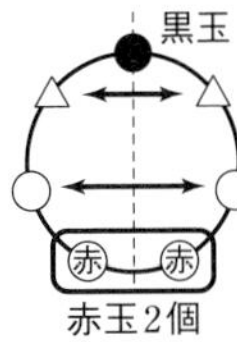

赤玉2個

練習 ③32
(1) 8個のりんごをA, B, C, Dの4つの袋に分ける方法は何通りあるか。ただし，1個も入れない袋があってもよいものとする。
(2) $(x+y+z)^5$ の展開式の異なる項の数を求めよ。

(1) 8個の ○ でりんごを表し，3個の｜で仕切りを表す。
このとき，求める組の総数は，8個の ○ と3個の｜の順列の総数に等しいから　$_{11}C_8={}_{11}C_3=$**165（通り）**

←例えば
○○｜○｜○○○｜○○
は，(A, B, C, D)
=(2, 1, 3, 2) を表す。

(2) $(x+y+z)^5$ の展開したときの各項は，x, y, z から重複を許して5個取り，それらを掛け合わせて得られる。
5個の ○ で x, y, z を表し，2個の｜で仕切りを表す。
このとき，求める組の総数は，5個の ○ と2個の｜の順列の総数に等しいから　$_7C_5={}_7C_2=$**21（通り）**

←例えば
○○｜○｜○○
x　y　z
で x^2yz^2 を表す。

別解　[記号Hを使って，次のように解答してもよい]
(1) 異なる4個のものから8個取る重複組合せと考え
$_4H_8={}_{4+8-1}C_8={}_{11}C_8={}_{11}C_3=$**165（通り）**

←$_nH_r={}_{n+r-1}C_r$

(2) 異なる3個のものから5個取る重複組合せと考え
$_3H_5={}_{3+5-1}C_5={}_7C_2=$**21（通り）**

練習 ③33
A, B, C, Dの4種類の商品を合わせて10個買うものとする。次のような買い方はそれぞれ何通りあるか。
(1) 買わない商品があってもよいとき。
(2) どの商品も少なくとも1個買うとき。
(3) Aは3個買い，B, C, Dは少なくとも1個買うとき。

(1) 10個の ○ で商品を表し，3個の｜で仕切りを表す。
このとき，10個の ○ と3個の｜の順列の総数が求める場合の数となるから　$_{13}C_{10}={}_{13}C_3=$**286（通り）**

←例えば
○○｜○｜○○○○○
｜○○　は，$a=2$, $b=1$, $c=5$, $d=2$ を意味する。

別解　A, B, C, Dの4種類から重複を許して10個取る組合せの総数であるから
$_4H_{10}={}_{4+10-1}C_{10}={}_{13}C_{10}={}_{13}C_3=$**286（通り）**

←$_nH_r={}_{n+r-1}C_r$

(2) A, B, C, Dを買う個数を，それぞれ a, b, c, d とすると，$a\geqq1$, $b\geqq1$, $c\geqq1$, $d\geqq1$ であり，合わせて10個買うから
$a+b+c+d=10$ …… ①
$a-1=A$, $b-1=B$, $c-1=C$, $d-1=D$ とおくと
$a=A+1$, $b=B+1$, $c=C+1$, $d=D+1$
① に代入して　$(A+1)+(B+1)+(C+1)+(D+1)=10$
ゆえに　$A+B+C+D=6$, $A\geqq0$, $B\geqq0$, $C\geqq0$, $D\geqq0$
求める買い方の総数は，A, B, C, Dの4種類から重複を許して6個取る組合せの総数に等しい。
よって　$_4H_6={}_{4+6-1}C_6={}_9C_6={}_9C_3=$**84（通り）**

←買わない商品があってもよいと考えて，後から各1個ずつ加える。

別解　○ を10個並べ，○ と ○ の間の9か所から3か所を選んで仕切り｜を入れる総数に等しいから
$_9C_3=$**84（通り）**

←例えば
○○｜○○○｜○○○○
｜○　は，$a=2$, $b=3$, $c=4$, $d=1$ を意味する。

(3) $a=3$ のとき，① から　$b+c+d=7$

$b-1=B$，$c-1=C$，$d-1=D$ を代入して

$$(B+1)+(C+1)+(D+1)=7$$

よって　$B+C+D=4$，$B\geqq 0$，$C\geqq 0$，$D\geqq 0$

求める買い方の総数は，(2) と同様に考えて

$${}_3H_4={}_{3+4-1}C_4={}_6C_4={}_6C_2=\mathbf{15}\ \textbf{(通り)}$$

←B，C，D の 3 種類から 4 個取る重複組合せ。

別解　○ を 7 個並べ，○ と ○ の間の 6 か所から 2 か所を選んで仕切り｜を入れる総数に等しいから

$${}_6C_2=\mathbf{15}\ \textbf{(通り)}$$

練習 ④34

5 桁の整数 n において，万の位，千の位，百の位，十の位，一の位の数字をそれぞれ a，b，c，d，e とするとき，次の条件を満たす n は何個あるか。

(1) $a>b>c>d>e$　　(2) $a\geqq b\geqq c\geqq d\geqq e$　　(3) $a+b+c+d+e\leqq 6$

(1) 0，1，2，……，9 の 10 個の数字から異なる 5 個を選び，大きい順に a，b，c，d，e とすると，条件を満たす整数 n が 1 つ定まるから　${}_{10}C_5=\mathbf{252}$ **(個)**

←$a>b>c>d>e$ から，$a\neq 0$ となる。

(2) 0，1，2，……，9 の 10 個の数字から重複を許して 5 個を選び，大きい順に a，b，c，d，e とすると，$a\geqq b\geqq c\geqq d\geqq e\geqq 0$ を満たす整数 a，b，c，d，e の組を作ることができる。このうち，$a=b=c=d=e=0$ の場合は 5 桁の整数にならないから，求める整数 n の数は

$${}_{10}H_5-1={}_{10+5-1}C_5-1={}_{14}C_5-1=2002-1=\mathbf{2001}\ \textbf{(個)}$$

←○ 5 個と｜9 個の順列を利用して，${}_{14}C_5-1$ としてもよい。

(3) $A=a-1$ とおくと，$a\geqq 1$ であるから　$A\geqq 0$

また，$a=A+1$ であるから，条件の式は

$$(A+1)+b+c+d+e\leqq 6$$

よって　$A+b+c+d+e\leqq 5$

←$a\neq 0$ に注意。a だけが 1 以上では扱いにくいから，おき換えを行う。

ここで，$f=5-(A+b+c+d+e)$ とおくと，$f\geqq 0$ で

$$A+b+c+d+e+f=5 \quad \cdots\cdots ①$$

求める整数 n の個数は，① を満たす 0 以上の整数の組 $(A,\ b,\ c,\ d,\ e,\ f)$ の個数に等しい。

ゆえに，異なる 6 個のものから 5 個取る重複組合せの総数を考えて　${}_6H_5={}_{6+5-1}C_5={}_{10}C_5=\mathbf{252}$ **(個)**

←$A+b+c+d+e=k$ $(k=0,\ 1,\ 2,\ 3,\ 4,\ 5)$ として考え　${}_5H_0+{}_5H_1+{}_5H_2+{}_5H_3+{}_5H_4+{}_5H_5={}_4C_0+{}_5C_1+{}_6C_2+{}_7C_3+{}_8C_4+{}_9C_5=\mathbf{252}$ **(個)** でもよい。

別解　まず，$a\geqq 0$ として考える。

←a が 0 以上の場合から a が 0 の場合を除く方針。

$f=6-(a+b+c+d+e)$ とおくと，$f\geqq 0$ で

$$a+b+c+d+e+f=6$$

これを満たす 0 以上の整数の組 $(a,\ b,\ c,\ d,\ e,\ f)$ は

$${}_6H_6={}_{6+6-1}C_6={}_{11}C_6={}_{11}C_5=462\ \text{(個)}$$

また，$a=0$ のとき，条件の式は　$b+c+d+e\leqq 6$

$g=6-(b+c+d+e)$ とおくと，$g\geqq 0$ で　$b+c+d+e+g=6$

これを満たす 0 以上の整数の組 $(b,\ c,\ d,\ e,\ g)$ は

$${}_5H_6={}_{5+6-1}C_6={}_{10}C_6={}_{10}C_4=210\ \text{(個)}$$

よって，求める整数 n の個数は　$462-210=\mathbf{252}$ **(個)**

EX ③1 2桁の自然数の集合を全体集合とし，4の倍数の集合をA，6の倍数の集合をBと表す。このとき，$A\cup B$の要素の個数は^{ア}□である。また，$A\triangle B=(A\cap\overline{B})\cup(\overline{A}\cap B)$とするとき，$A\triangle B$の要素の個数は^{イ}□，$A\triangle\overline{B}$の要素の個数は^{ウ}□である。

2桁の自然数の集合をUとすると　$n(U)=99-9=90$

$A=\{4\cdot3,\ 4\cdot4,\ \cdots\cdots,\ 4\cdot24\}$から　$n(A)=24-3+1=22$

←$n(A)=24-3=21$は誤り！

$B=\{6\cdot2,\ 6\cdot3,\ \cdots\cdots,\ 6\cdot16\}$から　$n(B)=16-2+1=15$

(ア)　$A\cap B$は12の倍数の集合である。

←$4\,(=2^2)$と$6\,(=2\cdot3)$の最小公倍数は　$2^2\cdot3=12$

$A\cap B=\{12\cdot1,\ 12\cdot2,\ \cdots\cdots,\ 12\cdot8\}$から　$n(A\cap B)=8$

ゆえに　$n(A\cup B)=n(A)+n(B)-n(A\cap B)$

←個数定理

$=22+15-8=\mathbf{29}$

(イ)　$A\triangle B=(A\cap\overline{B})\cup(\overline{A}\cap B)$は，右の図の影をつけた部分である。

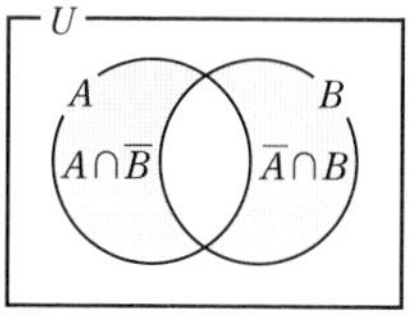

よって，$A\triangle B$の要素の個数は

$n(A\cup B)-n(A\cap B)=29-8$

$=\mathbf{21}$

(ウ)　$A\triangle\overline{B}=(A\cap\overline{\overline{B}})\cup(\overline{A}\cap\overline{B})$

$=(A\cap B)\cup(\overline{A}\cap\overline{B})$

←$\overline{\overline{B}}=B$

$(A\cap B)\cup(\overline{A}\cap\overline{B})$は，右の図の影をつけた部分である。

←$A\triangle\overline{B}$は$A\triangle B$の補集合であるといえる。

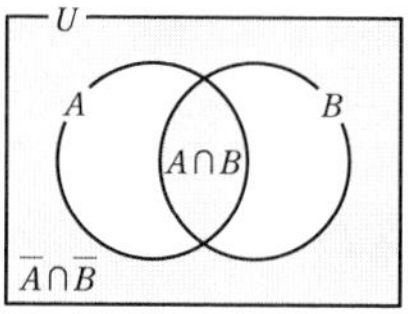

よって，$A\triangle\overline{B}$の要素の個数は

$n(A\cap B)+n(\overline{A}\cap\overline{B})$

$=n(A\cap B)+n(U)-n(A\cup B)$

$=n(U)-\{n(A\cup B)-n(A\cap B)\}$

$=90-21=\mathbf{69}$

←(イ)の結果を利用。

EX ④2 ある学科の1年生の学生数は198人で，そのうち男子学生は137人である。ある調査の結果，1年生のうちスマートフォンを持っている学生は148人，タブレットPCを持っている学生は123人であった。このとき，スマートフォンとタブレットPCを両方持っている学生は少なくとも^{ア}□人いる。また，スマートフォンを持っている男子学生は少なくとも^{イ}□人いて，タブレットPCを持っている男子学生は少なくとも^{ウ}□人いる。　〔類　立命館大〕

1年生の学生全体の集合，男子学生の集合，女子学生の集合，スマートフォンを持っている学生の集合，タブレットPCを持っている学生の集合をそれぞれ$U,\ M,\ W,\ S,\ T$とすると

←$U=M\cup W$，$M\cap W=\varnothing$

$n(U)=198,\ n(M)=137,$

$n(W)=n(U)-n(M)=198-137=61,$

$n(S)=148,\ n(T)=123$

(ア)　$n(S\cap T)=n(S)+n(T)-n(S\cup T)=148+123-n(S\cup T)$

$=271-n(S\cup T)$

よって，$n(S\cap T)$が最小となるのは，$n(S\cup T)$が最大のとき。

これは，$n(S)+n(T)>n(U)$であるから，$S\cup T=U$のとき。

このとき　$n(S\cup T)=n(U)=198$

ゆえに，スマートフォンとタブレットPCを両方持っている学生は少なくとも　$271-198=\mathbf{73}$（人）

(ア)　$S\cup T=U$のとき

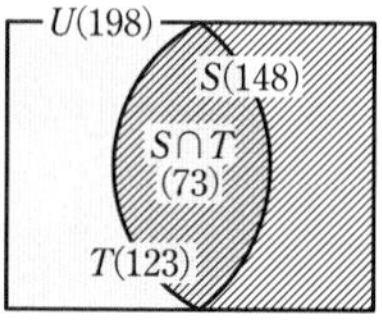

(イ) $n(S \cap M) = n(S) - n(S \cap W) = 148 - n(S \cap W)$

よって，$n(S \cap M)$ が最小となるのは，$n(S \cap W)$ が最大となるとき。

$n(W) < n(S)$ であるから，$W \subset S$ のとき $n(S \cap W)$ は最大となる。このとき　$n(S \cap W) = n(W) = 61$

ゆえに，スマートフォンを持っている男子学生は少なくとも

$148 - 61 = \mathbf{87}$ (人)

(イ)

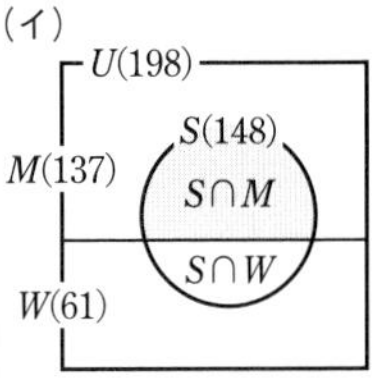

(ウ) $n(T \cap M) = n(T) - n(T \cap W) = 123 - n(T \cap W)$

よって，$n(T \cap M)$ が最小となるのは，$n(T \cap W)$ が最大となるとき。

$n(W) < n(T)$ であるから，$W \subset T$ のとき $n(T \cap W)$ は最大となる。このとき　$n(T \cap W) = n(W) = 61$

ゆえに，タブレット PC を持っている男子学生は少なくとも

$123 - 61 = \mathbf{62}$ (人)

(ウ)

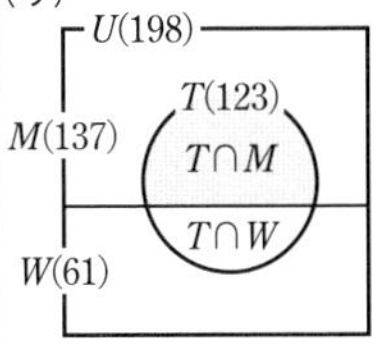

EX ④3

70 人の学生に，異なる 3 種類の飲料水 X，Y，Z を飲んだことがあるか調査したところ，全員が X，Y，Z のうち少なくとも 1 種類は飲んだことがあった。また，X と Y の両方，Y と Z の両方，X と Z の両方を飲んだことがある人の数はそれぞれ 13 人，11 人，15 人であり，X と Y の少なくとも一方，Y と Z の少なくとも一方，X と Z の少なくとも一方を飲んだことのある人の数は，それぞれ 52 人，49 人，60 人であった。

(1) 飲料水 X を飲んだことのある人の数は何人か。
(2) 飲料水 Y を飲んだことのある人の数は何人か。
(3) 飲料水 Z を飲んだことのある人の数は何人か。
(4) X，Y，Z の全種類を飲んだことのある人の数は何人か。　〔日本女子大〕

飲料水 X，Y，Z を飲んだことのある人の集合をそれぞれ X，Y，Z とする。与えられた条件から

←X，Y，Z がどんな集合であるかを記す。

$$n(X \cup Y \cup Z) = 70,$$
$$n(X \cap Y) = 13,\ n(Y \cap Z) = 11,\ n(Z \cap X) = 15,$$
$$n(X \cup Y) = 52,\ n(Y \cup Z) = 49,\ n(Z \cup X) = 60$$

←$\overline{X \cup Y \cup Z} = \varnothing$ であるから，U を全体集合とすると
$n(X \cup Y \cup Z) = n(U)$

$n(X \cup Y) = n(X) + n(Y) - n(X \cap Y)$ から

←個数定理

$$n(X) + n(Y) = 65 \cdots\cdots ①$$

$n(Y \cup Z) = n(Y) + n(Z) - n(Y \cap Z)$ から

$$n(Y) + n(Z) = 60 \cdots\cdots ②$$

$n(Z \cup X) = n(Z) + n(X) - n(Z \cap X)$ から

$$n(Z) + n(X) = 75 \cdots\cdots ③$$

①＋②＋③ から

$$n(X) + n(Y) + n(Z) = 100 \cdots\cdots ④$$

←連立方程式 $\begin{cases} x+y=a \\ y+z=b \\ z+x=c \end{cases}$ は，3 式の辺々を加えるとらくに解ける。

(1) ④－② から　$n(X) = \mathbf{40}$ **(人)**

(2) ④－③ から　$n(Y) = \mathbf{25}$ **(人)**

(3) ④－① から　$n(Z) = \mathbf{35}$ **(人)**

(4) $n(X \cup Y \cup Z) = n(X) + n(Y) + n(Z) - n(X \cap Y)$
$\qquad - n(Y \cap Z) - n(Z \cap X) + n(X \cap Y \cap Z)$

←3 つの集合の個数定理

から　$n(X \cap Y \cap Z) = 70 - 40 - 25 - 35 + 13 + 11 + 15 = \mathbf{9}$ **(人)**

別解　右の図のように各集合の要素の個数をそれぞれ a～g とすると

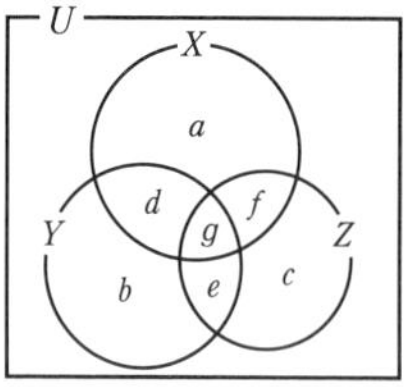

$$\begin{cases} a+b+c+d+e+f+g=70 & \cdots\cdots ① \\ d+g=13 & \cdots\cdots ② \\ e+g=11 & \cdots\cdots ③ \\ f+g=15 & \cdots\cdots ④ \\ a+b+d+e+f+g=52 & \cdots\cdots ⑤ \\ b+c+d+e+f+g=49 & \cdots\cdots ⑥ \\ a+c+d+e+f+g=60 & \cdots\cdots ⑦ \end{cases}$$

←問題文の条件を式で表すと ① ～ ⑦ のようになる。

①－⑤，①－⑥，①－⑦ のそれぞれから

$c=18$，$a=21$，$b=10$

これらを ① に代入して　$d+e+f+g=21$

②＋③＋④ から　$d+e+f+3g=39$

辺々を引いて　$-2g=-18$　すなわち　$g=9$

したがって，②，③，④ から　$d=4$，$e=2$，$f=6$

よって

(1)　$n(X)=a+d+f+g=21+4+6+9=$**40**（人）

(2)　$n(Y)=b+d+e+g=10+4+2+9=$**25**（人）

(3)　$n(Z)=c+e+f+g=18+2+6+9=$**35**（人）

(4)　$n(X\cap Y\cap Z)=g=$**9**（人）

EX
③**4**

500 以下の自然数を全体集合とし，A を奇数の集合，B を 3 の倍数の集合，C を 5 の倍数の集合とする。次の集合の要素の個数を求めよ。

(1)　$A\cap B\cap C$　　(2)　$(A\cup B)\cap C$　　(3)　$(A\cap B)\cup(A\cap C)$

全体集合を U とすると　$n(U)=500$

$A=\{1,\ 3,\ 5,\ \cdots\cdots,\ 499\}$ から　$n(A)=250$　←$499=2\cdot250-1$

$B=\{3\cdot1,\ 3\cdot2,\ \cdots\cdots,\ 3\cdot166\}$ から　$n(B)=166$　←$500=3\cdot166+2$

$C=\{5\cdot1,\ 5\cdot2,\ \cdots\cdots,\ 5\cdot100\}$ から　$n(C)=100$　←$500=5\cdot100$

$A\cap B$ は 3 の倍数のもののうち，6 の倍数でないものの集合で，6 の倍数の集合の要素の個数は，$\{6\cdot1,\ 6\cdot2,\ \cdots\cdots,\ 6\cdot83\}$ より 83 個あるから　$n(A\cap B)=166-83=83$　←$500=6\cdot83+2$

$B\cap C$ は 15 の倍数の集合で，$\{15\cdot1,\ 15\cdot2,\ \cdots\cdots,\ 15\cdot33\}$ から

$n(B\cap C)=33$　←$500=15\cdot33+5$

$C\cap A$ は 5 の倍数のもののうち，10 の倍数でないものの集合で，10 の倍数の集合の要素の個数は，$\{10\cdot1,\ 10\cdot2,\ \cdots\cdots,\ 10\cdot50\}$ より 50 個あるから　$n(C\cap A)=100-50=50$　←$500=10\cdot50$

(1)　$A\cap B\cap C$ は 15 の倍数のもののうち，30 の倍数でないものの集合である。

30 の倍数の集合の要素の個数は，$\{30\cdot1,\ 30\cdot2,\ \cdots\cdots,\ 30\cdot16\}$ より 16 個あるから　←$500=30\cdot16+20$

$n(A\cap B\cap C)=33-16=$**17**　←$n(B\cap C)=33$

(2) $(A\cup B)\cap C$ は，図の影をつけた部分である。したがって，求める個数は

$n(A\cap C)+n(B\cap C)-n(A\cap B\cap C)$

$=50+33-17=\mathbf{66}$

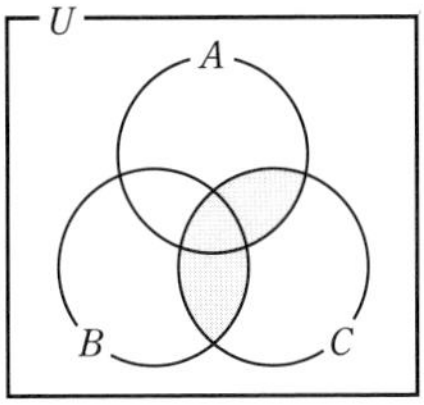

←細かく書くと $n(A\cap C)-n(A\cap B\cap C)$ $+n(B\cap C)-n(A\cap B\cap C)$ $+n(A\cap B\cap C)$

別解 $(A\cup B)\cap C=(A\cap C)\cup(B\cap C)$ であるから

$n((A\cup B)\cap C)=n((A\cap C)\cup(B\cap C))$

$=n(A\cap C)+n(B\cap C)-n((A\cap C)\cap(B\cap C))$

$=n(A\cap C)+n(B\cap C)-n(A\cap B\cap C)$

$=50+33-17=\mathbf{66}$

(3) $(A\cap B)\cup(A\cap C)$ は，図の影をつけた部分である。

したがって，求める個数は

$n(A\cap B)+n(A\cap C)-n(A\cap B\cap C)$

$=83+50-17=\mathbf{116}$

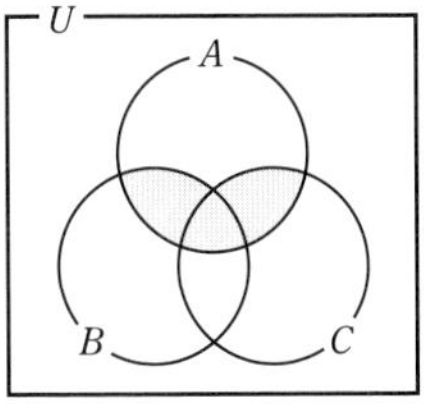

←$n(A\cap B)-n(A\cap B\cap C)$ $+n(A\cap C)-n(A\cap B\cap C)$ $+n(A\cap B\cap C)$

EX ②5

2つのチーム A，B で優勝戦を行い，先に2勝した方を優勝チームとする。最初の試合で B が勝った場合に A が優勝する勝負の分かれ方は何通りあるか。ただし，試合では引き分けもあるが，引き分けの次の試合は必ず勝負がつくものとする。

A の勝ち，負けをそれぞれ ○，×，引き分けを△で表し，優勝チームが決定するまでの勝負の分かれ方を樹形図でかくと，右のようになる。

このうち，A が優勝するのは，最終試合に □ を付けた　　**4通り**

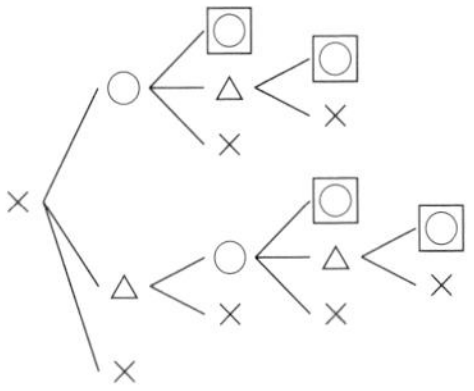

←○か×が2回出た時点でその枝は終了。また，△の後は○か×のみとなる。

←×○○，×○△○，×△○○，×△○△○

EX ②6

赤，青，白の3個のさいころを投げたとき，可能な目の出方は全部で ア□ 通りあり，このうち赤と青の目が等しい場合は イ□ 通り，赤と青の目の合計が白の目より小さい場合は ウ□ 通りある。

(ア) 赤，青，白のさいころの目の出方は，それぞれ6通りずつあるから，全部で　　$6\times6\times6=\mathbf{216}$ (通り)

←積の法則

(イ) 赤の目と青の目が等しくなるのは

(赤の目，青の目)＝(1, 1)，(2, 2)，(3, 3)，(4, 4)，(5, 5)，(6, 6)

の6通りあり，そのおのおのに対して，白の目の出方が6通りずつある。

よって，求める場合の数は　　$6\times6=\mathbf{36}$ (通り)

(ウ) 赤の目と青の目の合計が，白の目より小さいのは

(赤の目，青の目，白の目)

＝(1, 1, 3)，(1, 1, 4)，(1, 1, 5)，(1, 1, 6)，(1, 2, 4)，
(1, 2, 5)，(1, 2, 6)，(1, 3, 5)，(1, 3, 6)，(1, 4, 6)，

←赤の目と青の目の合計が5以下の場合を考えればよい。

(2, 1, 4), (2, 1, 5), (2, 1, 6), (2, 2, 5), (2, 2, 6),
(2, 3, 6), (3, 1, 5), (3, 1, 6), (3, 2, 6), (4, 1, 6)
の **20** 通り。

EX ②7 1050 の正の約数は ア□ 個あり，その約数のうち 1 と 1050 を除く正の約数の和は イ□ である。〔類 星薬大〕

(ア) $1050=2\cdot3\cdot5^2\cdot7$ であるから，1050 の正の約数の個数は

$$(1+1)(1+1)(2+1)(1+1)=2\cdot2\cdot3\cdot2=\mathbf{24}$$

(イ) 1050 の正の約数の総和は

$$(1+2)(1+3)(1+5+5^2)(1+7)=3\cdot4\cdot31\cdot8=2976$$

1 と 1050 を除くと　$2976-1-1050=\mathbf{1925}$

←まず，素因数分解。

```
5 ) 1050
5 )  210
2 )   42
3 )   21
       7
```

EX ②8 大，中，小の 3 個のさいころを投げるとき，それぞれの出る目の数を a, b, c とする。このとき，$\frac{a}{bc}$ が整数とならない場合は何通りあるか。

目の出方の総数は　$6\times6\times6=216$ (通り)

←積の法則

また，$1\leqq a\leqq6$, $1\leqq b\leqq6$, $1\leqq c\leqq6$ であり，$\frac{a}{bc}$ が整数となる場合を考えると，次の表のようになる。

a	1	2	3	4	5	6
bc	1	1, 2	1, 3	1, 2, 4	1, 5	1, 2, 3, 6

←分母は分子の約数。

$bc=1$ となるのは，$(b,\ c)=(1,\ 1)$ の 1 通り
$bc=2$ となるのは，$(b,\ c)=(1,\ 2),\ (2,\ 1)$ の 2 通り
$bc=3$ となるのは，$(b,\ c)=(1,\ 3),\ (3,\ 1)$ の 2 通り
$bc=4$ となるのは，$(b,\ c)=(1,\ 4),\ (2,\ 2),\ (4,\ 1)$ の 3 通り
$bc=5$ となるのは，$(b,\ c)=(1,\ 5),\ (5,\ 1)$ の 2 通り
$bc=6$ となるのは，$(b,\ c)=(1,\ 6),\ (2,\ 3),\ (3,\ 2),\ (6,\ 1)$ の 4 通り

したがって，$\frac{a}{bc}$ が整数となる場合の数は

$$1+(1+2)+(1+2)+(1+2+3)+(1+2)+(1+2+2+4)=25$$

よって，求める場合の数は　$216-25=\mathbf{191}$ **(通り)**

← (全体)−(整数となる場合)

EX ②9 十円硬貨 6 枚，百円硬貨 4 枚，五百円硬貨 2 枚，合計 12 枚の硬貨の中から 1 枚以上使って支払える金額は何通りあるか。〔摂南大〕

十円硬貨 6 枚を使ってできる金額は，
　0 円，10 円，……，60 円　の 7 通り
百円硬貨 4 枚を使ってできる金額は，
　0 円，100 円，……，400 円　の 5 通り
五百円硬貨 2 枚を使ってできる金額は，
　0 円，500 円，1000 円　の 3 通り
よって，支払える金額は，0 円の場合を除いて
　$7\times5\times3-1=\mathbf{104}$ **(通り)**

←十円 6 枚＜百円，百円 4 枚＜五百円であるから，支払い方に重複はない。

←1 枚以上は使う。

←積の法則

検討 この問題で，百円硬貨を5枚とした場合，解答は次のようになる。

百円硬貨5枚と五百円硬貨2枚を使ってできる金額は，

0円，100円，……，1500円　の16通り

十円硬貨6枚を使ってできる金額は，

0円，10円，……，60円　の7通り

よって，支払える金額は0円の場合を除いて

$16\times7-1=111$（通り）

←百円5枚＝五百円に注意。

←百円5枚＝五百円1枚，百円5枚と五百円1枚＝五百円2枚の重複がある。
⟶ 重複がある種類についてはまとめて考える。

EX ③10

5個の数字0，2，4，6，8から異なる4個を並べて4桁の整数を作る。

(1) 次のものは何個できるか。

(ア) 4桁の整数　(イ) 3の倍数　(ウ) 各桁の数字の和が20になる整数

(エ) 4500より大きく8500より小さい整数

(2) (1)(ウ)の整数すべての合計を求めよ。　〔類 駒澤大〕

(1) (ア) 千の位は0を除く4個の数字から1個を取るから

4通り

そのおのおのについて，百，十，一の位は残り4個の数字から3個取る順列で　${}_4P_3$ 通り

よって，求める個数は　$4\times{}_4P_3=4\times4\cdot3\cdot2=$ **96（個）**

←**最高位に0を並べない。**

←積の法則

(イ) 3の倍数となるのは，各位の数字の和が3の倍数のときである。和が3の倍数になる4個の数字の組は

(0，2，4，6)，(0，4，6，8)

0，2，4，6を使ってできる4桁の整数について，千の位は0以外の3通り。そのおのおのについて，百，十，一の位は ${}_3P_3=3!$（通り）の並べ方があるから　$3\times3!=18$（個）

0，4，6，8を使ってできる4桁の整数も同様に　18個

ゆえに，求める個数は　$18\times2=$ **36（個）**

←(ア)と同様，千の位に0を並べない。

←この4数にも0が含まれている。

(ウ) 各桁の数字の和が20になる4個の数字の組は

(2，4，6，8)

よって，求める個数は　${}_4P_4=4!=$ **24（個）**

←0を含まない。

(エ) 条件を満たすとき，千の位は4，6，8のいずれかである。

[1] 千の位が4のとき

百の位は6，8のいずれかで　2通り

十，一の位は，残り3個の数字から2個取る順列で

${}_3P_2$ 通り

よって　$2\times{}_3P_2=2\times3\cdot2=12$（個）

[2] 千の位が6のとき

百，十，一の位は，残り4個の数字から3個取る順列で

${}_4P_3=4\cdot3\cdot2=24$（個）

[3] 千の位が8のとき

百の位は0，2，4のいずれかで　3通り

十，一の位は，残り3個の数字から2個取る順列で

${}_3P_2$ 通り

←千の位が4，8のときについては，「4500より大」，「8500より小」の条件を満たすように百の位を考える。

よって　　$3\times{}_3P_2=3\times3\cdot2=18$（個）

[1]～[3] から，求める個数は　　$12+24+18=\mathbf{54}$（**個**）

←和の法則

別解　[1]　千の位が 2 のとき　　${}_4P_3=4\cdot3\cdot2=24$（個）

←全体から，4500 以下と 8500 以上を除く方針。

[2]　千の位が 4 で，4500 以下のものは

$2\times{}_3P_2=2\times3\cdot2=12$（個）

←百の位は 0 か 2

[3]　千の位が 8 で，8500 以上のものは　${}_3P_2=3\cdot2=6$（個）

←百の位は 6

よって，(ア)の結果も利用すると　$96-(24+12+6)=\mathbf{54}$（**個**）

(2)　(ウ)の 24 個の整数のうち，千の位が 2，4，6，8 のものはそれぞれ $3!=6$（通り）ずつある。

よって，(ウ)の 24 個の整数の，千の位の合計は

$2\times1000\times6+4\times1000\times6+6\times1000\times6+8\times1000\times6$

$=1000\times6\times(2+4+6+8)$

同様に考えて，(ウ)の 24 個の整数の，百の位，十の位，一の位の合計は，順に

$100\times6\times(2+4+6+8)$，$10\times6\times(2+4+6+8)$，

$1\times6\times(2+4+6+8)$

したがって，求める合計は

$(1000+100+10+1)\times6\times(2+4+6+8)$

$=1111\times6\times20=\mathbf{133320}$

←例えば，

$2468=2\times1000+4\times100$
$\qquad+6\times10+1\times8$

と考えられる。

24 個の整数の位ごとの合計を求めるとよい。

EX ②11　1 年生 2 人，2 年生 2 人，3 年生 3 人の 7 人の生徒を横 1 列に並べる。ただし，同じ学年の生徒であっても個人を区別して考えるものとする。

(1)　並び方は全部で□通りある。

(2)　両端に 3 年生が並ぶ並び方は全部で□通りある。

(3)　3 年生の 3 人が隣り合う並び方は□通りある。

(4)　1 年生の 2 人，2 年生の 2 人および 3 年生の 3 人が，それぞれ隣り合う並び方は□通りある。

(1)　7 人の順列であるから　　${}_7P_7=7!=\mathbf{5040}$（通り）

(2)　両端の 3 年生の並び方は　　${}_3P_2=6$（通り）

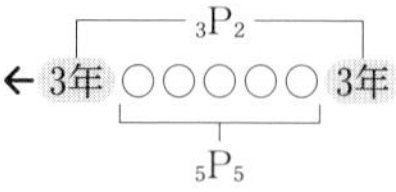

両端の 3 年生の間に並ぶ残り 5 人の並び方は

${}_5P_5=5!=120$（通り）

よって，求める並び方は　　$6\times120=\mathbf{720}$（通り）

(3)　3 年生 3 人をまとめて 1 組と考えると，この 1 組と残り 4 人の並び方は　　${}_5P_5=5!=120$（通り）

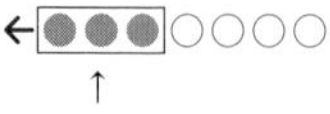

3 年生 3 人をまとめて 1 組と考える（枠に入れる）。

次に，3 年生 3 人の並び方は　　${}_3P_3=3!=6$（通り）

よって，求める並び方は　　$120\times6=\mathbf{720}$（通り）

(4)　1 年生 2 人，2 年生 2 人，3 年生 3 人を，それぞれまとめて 1 組と考えると，この 3 組の並び方は　　${}_3P_3=3!=6$（通り）

次に，1 年生 2 人の並び方は　　${}_2P_2=2!=2$（通り）

2 年生 2 人の並び方は　　${}_2P_2=2!=2$（通り）

3 年生 3 人の並び方は　　${}_3P_3=3!=6$（通り）

よって，求める並び方は　　$6\times2\times2\times6=\mathbf{144}$（通り）

EX ③12 C，O，M，P，U，T，E の 7 文字を全部使ってできる文字列を，アルファベット順の辞書式に並べる。

(1) 最初の文字列は何か。また，全部で何通りの文字列があるか。
(2) COMPUTE は何番目にあるか。
(3) 200 番目の文字列は何か。 〔名城大〕

(1) 最初の文字列は　**CEMOPTU**

文字列の総数は　${}_7P_7=7!=$**5040（通り）**

(2) CE△△△△△ の形の文字列は　${}_5P_5=5!=120$（個）

CM△△△△△ の形の文字列は　120 個

COE△△△△ の形の文字列は　${}_4P_4=4!=24$（個）

COME△△△ の形の文字列は　${}_3P_3=3!=6$（個）

その後は，COMPETU，COMPEUT，COMPTEU，COMPTUE，COMPUET，COMPUTE　の順に続く。

したがって，COMPUTE は

$120+120+24+6+6=$**276（番目）**

(3) CE△△△△△，CM△△△△△ の形の文字列は，それぞれ 120 個ずつあるから，200 番目の文字列は CM△△△△△ の形の文字列の 80 番目である。

CME△△△△，CMO△△△△，CMP△△△△，CMT△△△△ の形の文字列は，それぞれ 24 個ずつあるから，200 番目の文字列は CMT△△△△ の形の文字列の 8 番目である。

CMTE△△△ の形の文字列は 6 個ある。

その後は，CMTOEPU，CMTOEUP　の順に続く。

よって，200 番目の文字列は

CMTOEUP

←アルファベット順に左側の文字を決めながらタイプ別にまとめて計算。

←COMPUTE に近くなったから，順に書き出す。

←(2) の計算を利用。

←${}_4P_4=4!=24$

←${}_3P_3=3!=6$

EX ④13 図の ① から ⑥ の 6 つの部分を色鉛筆を使って塗り分ける方法について考える。
ただし，1 つの部分は 1 つの色で塗り，隣り合う部分は異なる色で塗るものとする。

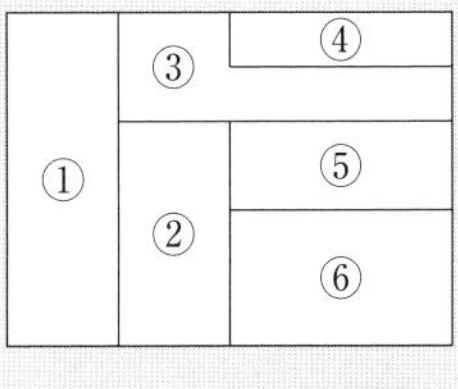

(1) 6 色で塗り分ける方法は，□ 通りである。
(2) 5 色で塗り分ける方法は，□ 通りである。
(3) 4 色で塗り分ける方法は，□ 通りである。
(4) 3 色で塗り分ける方法は，□ 通りである。 〔立命館大〕

(1) 塗り分け方の総数は，異なる 6 個のものの順列の総数に等しいから　${}_6P_6=6!=$**720（通り）**

(2) 5 色を A，B，C，D，E とする。

6 つの部分を ②→③→⑤→①→⑥→④ の順に塗ると考え，②，③，⑤ に塗る色をそれぞれ A，B，C とする。

①，④，⑥ に塗ることができる色を樹形図で調べると，次のようになる。

←隣接する部分が多い場所から塗り始める。

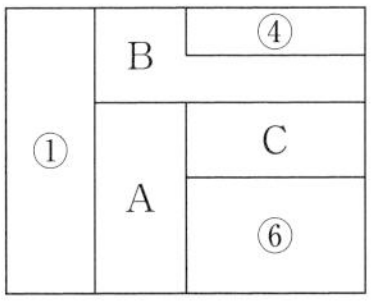

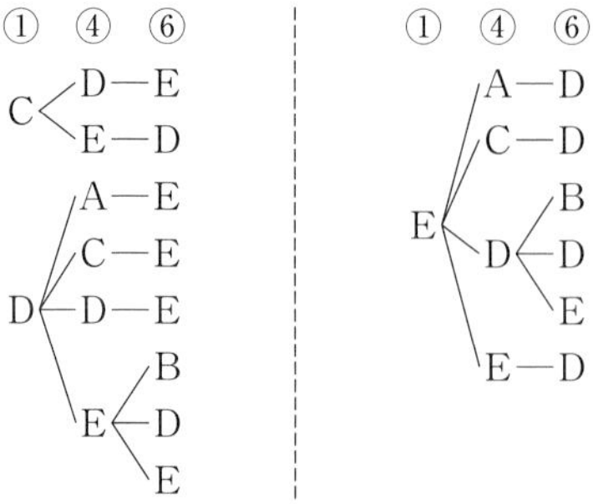

A, B, C に色を割り当てる方法は $_5P_3$ 通りあり，そのおのおのについて，残りの ①，④，⑥ の塗り方は樹形図から 14 通りずつある。

よって　　$14\times{}_5P_3=14\times60=$ **840** (通り)

(3)　4 色を A，B，C，D とする。(2) と同様に考え，4 色の場合を樹形図で調べると，次のようになる。

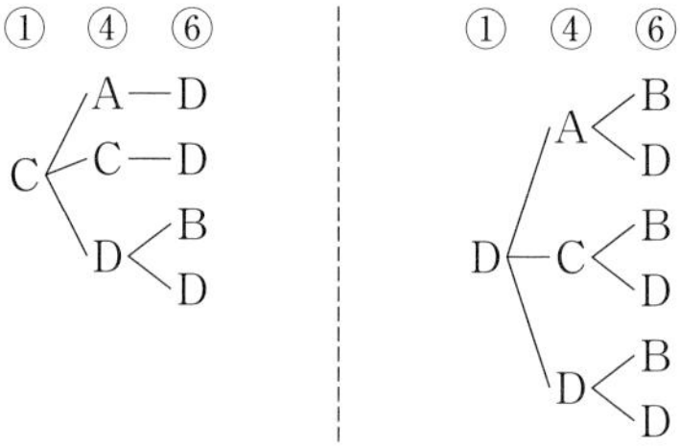

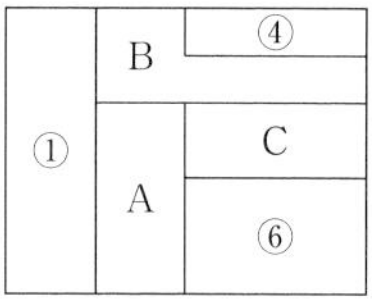

樹形図より 10 通りあることから，求める塗り方の総数は

$10\times{}_4P_3=10\times24=$ **240** (通り)

←A，B，C に色を割り当てる方法は $_4P_3$ 通り。

(4)　(2) と同様に，②，③，⑤ に塗る色をそれぞれ A，B，C とすると，① は C に，⑥ は B に塗る色が限定される。

④ は，A または C の 2 通りが可能であるから，求める塗り方の総数は　　$2\times{}_3P_3=2\times6=$ **12** (通り)

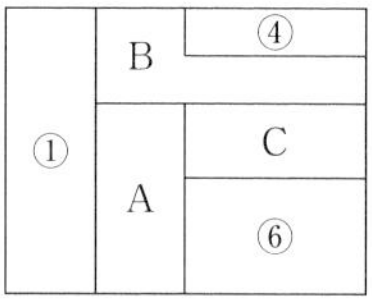

別解　[(2)~(4) について，同じ色で塗る部分を決める方法]

(2)　①~⑥ のうち，同じ色で塗る 2 つの部分を決めて，5 色を塗り分ければよい。

隣り合う部分は異なる色で塗るから，同じ色で塗る 2 つの部分は　　①と④，①と⑤，①と⑥，②と④，③と⑥，④と⑤，④と⑥

の 7 通りある。

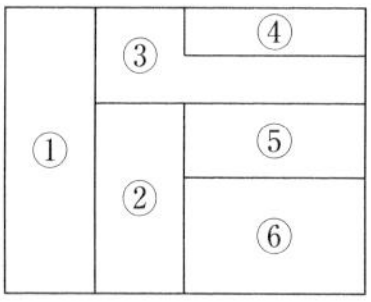

←①~⑥ から隣接しない 2 か所を選ぶ。

よって，塗り分ける方法は

$7\times{}_5P_5=7\times5\cdot4\cdot3\cdot2\cdot1=$ **840** (通り)

(3)　4 色で塗る方法は，6 つの部分のうち

[1]　同じ色で塗る 2 つの部分を 2 組選ぶ

[2]　同じ色で塗る 3 つの部分を 1 組選ぶ

がある。

[1]　AとBに同じ色，CとDに別の同じ色を塗ることを「ABとCD」のように表すと，同じ色を塗る部分の2組の選び方は

「①④と③⑥」，「①⑤と②④」，「①⑤と③⑥」，
「①⑤と④⑥」，「①⑥と②④」，「①⑥と④⑤」，
「②④と③⑥」，「③⑥と④⑤」

の8通りある。

←①～⑥から隣接しない2か所を2組選ぶ。

[2]　同じ色で塗る3つの部分の選び方は

「①と④と⑤」，「①と④と⑥」

の2通りある。

[2]

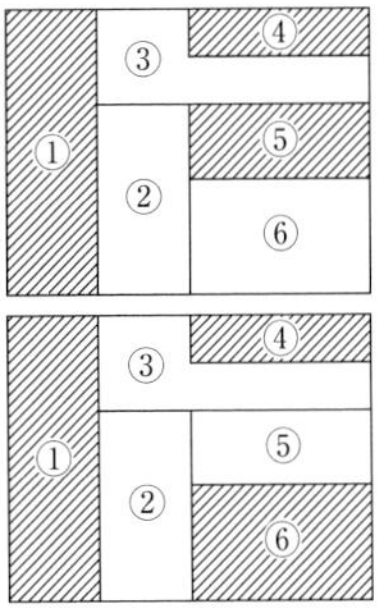

よって，塗り分ける方法は

$$(8+2)\times{}_4P_4=10\times4\cdot3\cdot2\cdot1=\mathbf{240}\ (\text{通り})$$

(4)　3色で塗る方法は，6つの部分のうち

[1]　同じ色で塗る2つの部分を3組選ぶ

[2]　3つの部分を同じ色で塗り，残りのうち2つの部分を同じ色で塗り，更に残りの1つの部分を残った色で塗る

がある。

[1]　3組の選び方は「①⑤と②④と③⑥」のみである。

[2]　同じ色で塗る部分の選び方は「①④⑤と③⑥と②」のみである。

よって，塗り分ける方法は

$$(1+1)\times{}_3P_3=2\times3\cdot2\cdot1=\mathbf{12}\ (\text{通り})$$

[1]

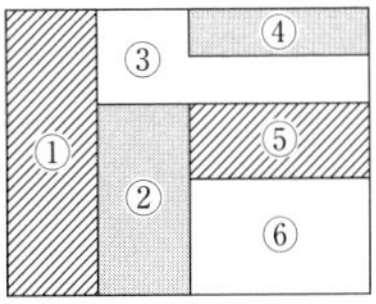

[2]

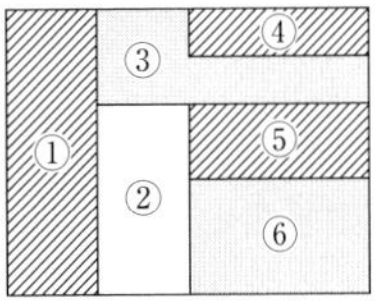

EX ④14

n 桁の自然数について，数字1を奇数個含むものの個数を $f(n)$ とする。ただし，n は自然数とする。

(1)　$f(2)$，$f(3)$ を求めよ。

(2)　$f(n+1)=8f(n)+9\cdot10^{n-1}$ が成り立つことを示せ。

(1)　まず，1桁の自然数で数字1を奇数個含むものは1だけであるから　　$f(1)=1$

2桁の自然数で数字1を奇数個含むものは，

1の後に0または2～9を付け加えて作られるものが　9個

←1□の□に0または2～9を入れると考える。

2～9の後に1を付け加えて作られるものが　8個

←2□，……，9□の□に1を入れると考える。

あるから　　$\boldsymbol{f(2)=9+8=17}$

次に，3桁の自然数で数字1を奇数個含むものは，次のようにして作ることができる。

[1]　2桁の自然数で1を奇数個含むものの後に，0または2～9を付け加える。

←例えば，14□の□に0または2～9を入れる。

[2]　2桁の自然数で1を偶数個含むものの後に，1を付け加える。

←1が0個のものも含む。

2 桁の自然数は 90 個あるから

$$\boldsymbol{f(3)}=f(2)\times9+\{90-f(2)\}\times1=8f(2)+90$$
$$=8\cdot17+90=\mathbf{226}$$

←10 から 99 までの $99-10+1=90$（個）

(2) $n+1$ 桁の自然数で数字 1 を奇数個含むものは，次のようにして作ることができる。

[1] n 桁の自然数で 1 を奇数個含むものの後に，0 または 2 ～ 9 を付け加える。

[2] n 桁の自然数で 1 を偶数個含むものの後に，1 を付け加える。

n 桁の自然数の個数は

$$(10^n-1)-10^{n-1}+1=10^n-10^{n-1}=10\cdot10^{n-1}-10^{n-1}=9\cdot10^{n-1}$$

←10^{n-1} から 10^n-1 までの個数。

したがって　$f(n+1)=f(n)\times9+\{9\cdot10^{n-1}-f(n)\}\times1$
$=8f(n)+9\cdot10^{n-1}$

EX
④**15**

A さんとその 3 人の子ども，B さんとその 3 人の子ども，C さんとその 2 人の子どもの合わせて 11 人が，A さんと A さんの三男は隣り合わせになるようにして，円形のテーブルに着席する。このとき，それぞれの家族がまとまって座る場合の着席の仕方は ア□ 通りあり，その中で，異なる家族の子どもたちが隣り合わせにならないような着席の仕方は イ□ 通りある。〔南山大〕

(ア) A さん，B さん，C さんの家族をそれぞれ 1 組と考えて，この 3 組を円形のテーブルに並べる方法は

$$(3-1)!=2\ (通り)$$

←まとまったものは 1 組とみる。

そのおのおのについて，A さんの家族 4 人が，A さんと三男が隣り合わせになるように並ぶ方法は，A さんと三男を 1 組とみて，この 1 組と残り 2 人の子どもの並び方が

$$3!\ 通り$$

←隣り合うものは枠に入れる。

次に，A さんと三男の並び方が 2 通りある。

←枠の中で動かす。

よって，A さんの家族の並び方は　$3!\times2=12$（通り）

また，B さんの家族 4 人の並び方は　$4!=24$（通り）

C さんの家族 3 人の並び方は　$3!=6$（通り）

←1 組の家族という枠の中で動かす。

したがって，求める場合の数は　$2\times12\times24\times6=\mathbf{3456}$（通り）

(イ) 異なる家族の子どもたちが隣り合わせにならないようにするには，まず A さん，B さん，C さんを円形のテーブルに並べ，その間の 3 か所に同じ家族の子どもを，それぞれの家族がまとまるように並べればよい。

←特定のもの(ここでは A さん，B さん，C さん)を固定する。

A さん，B さん，C さんを円形に並べる方法は

$$(3-1)!=2\ (通り)$$

例えば，3 人が右の図のように並んでいるとき，A さんの子どもは ① か ③ に入る。
① に入るとき，B さんの子どもは ②，C さんの子どもは ③ に入る。
③ に入るとき，B さんの子どもは ①，C さんの子どもは ② に入る。

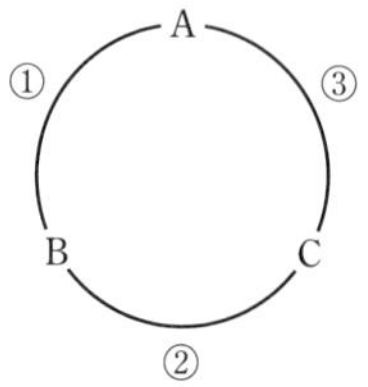

←各家族の子どもたちをまとまったもの(枠に入れる)として考え，後で子どもたちの並び方(中で動かす)を考える。

よって，子どもを①，②，③に配置する方法は　　2通り
そのおのおのについて，Aさんの家族は，Aさんの隣が三男となり，残り2人の子どもの並び方が　　$2!=2$（通り）
Bさんの子ども3人の並び方は　　$3!=6$（通り）
Cさんの子ども2人の並び方は　　$2!=2$（通り）
Aさん，Bさん，Cさんのもう1通りの並び方についても同様である。
したがって，求める場合の数は
$2\times2\times2\times6\times2=$**96**（通り）

←中で動かす。

EX ③16

正四面体の各面に色を塗りたい。ただし，1つの面には1色しか塗らないものとし，色を塗ったとき，正四面体を回転させて一致する塗り方は同じとみなすことにする。
(1) 異なる4色の色がある場合，その4色すべてを使って塗る方法は全部で何通りあるか。
(2) 異なる3色の色がある場合を考える。3色すべてを使うときは，その塗り方は全部で何通りあるか。また，3色のうち使わない色があってもよいときは，その塗り方は全部で何通りあるか。
［神戸学院大］

(1) 4色のうちのある1色を塗った面の位置を固定すると，残りの3面を他の3色で塗る方法は
$(3-1)!=2$（通り）
よって　　**2通り。**

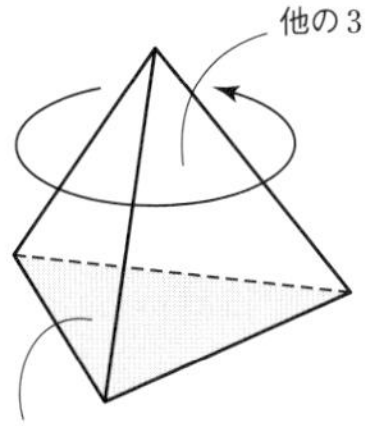

←例えば，特定の1色を底面に固定すると，側面の塗り方は3色の円順列。

(2) [1] 3色すべてを使う場合
4面あるから，どれか1色で2面を塗ることになる。
その色の選び方は　　3通り
その2面を固定して，その選んだ色で塗り，残りの2面を他の2色で塗る方法は2通りあるが，回転させると一致するから，1通りである。
よって，塗り方の総数は　　$3\times1=$**3（通り）**

←特別な面（同じ色の面）を固定する。

次に，3色のうち使わない色がある場合を考える。
[2] 2色で塗る場合，その色の選び方は　　3通り(*)
そのおのおのについて
(i) 1色を2面，もう1色を残りの2面に塗る場合
その塗り方は　　1通り
(ii) 1色を3面，もう1色を残りの1面に塗る場合
その塗り方は　　2通り
したがって，この場合の塗り方の総数は
$3\times(1+2)=9$（通り）
[3] 1色で塗る場合，その色の選び方は　　3通り
よって，**使わない色があってもよい場合の塗り方は**，[1]，[2]，[3]により，全部で　　$3+9+3=$**15（通り）**

←「使わない色があってもよい」ということは，3色，2色，1色のいずれかを使う場合を意味する。
(*) 3色から使う2色を選ぶということは，使わない1色を選ぶことと同じであるから　3通り。
なお，組合せの考えを用いると　${}_3C_2=3$

EX ③17 4種類の数字0，1，2，3を用いて表される自然数を，1桁から4桁まで小さい順に並べる。
すなわち　1，2，3，10，11，12，13，20，21，……
このとき，全部で ア□ 個の自然数が並ぶ。また，230番目にある数は イ□ であり，230は ウ□ 番目にある。〔類 日本女子大〕

(ア) 1桁の数は　3個
2桁の数は十の位が3通り，一の位が4通りであるから
$3\times4=12$ (個)
3桁の数は百の位が3通り，下2桁が 4^2 通りであるから
$3\times4^2=48$ (個)
4桁の数は千の位が3通り，下3桁が 4^3 通りであるから
$3\times4^3=192$ (個)
よって，全部で　$3+12+48+192=$ **255** (個)

(イ) (ア)より，3桁までの数は $3+12+48=63$ (個)，4桁までの数は255個であるから，230番目の数は4桁の数である。
1□□□，2□□□ の形の数は　$2\times4^3=128$ (個)
30□□，31□□ の形の数は　$2\times4^2=32$ (個)
320□ の形の数は　$1\times4=4$ (個)
ここで，$63+128+32+4=227$ (個) であるから，230番目の数は321□ の形の数の3番目である。
したがって，求める数は　**3212**

←230番目は何桁の数かをまず調べる。
←□ はそれぞれ0，1，2，3の4通り。
←3210，3211，3212

(ウ) (ア)から
1桁，2桁の数の個数の合計は　15個
1□□ の形の数は　$4^2=16$ (個)
20□，21□，22□ の形の数は　$3\times4=12$ (個)
したがって，230は　$15+16+12+1=$ **44** (番目)

←230以下の数を，桁数別に集計する。
←22□ の形の数の次の数が230

検討 (イ) 題意の数の列は自然数1，2，3，4，…… を4進法で表したものである。
$230=\mathbf{3}\cdot4^3+\mathbf{2}\cdot4^2+\mathbf{1}\cdot4+\mathbf{2}\cdot1$
であるから，10進法による230は，4進法では3212と表される[$3212_{(4)}$ とも表す]。
すなわち，この数の列の230番目の数は **3212** である。
(ウ) 4進法による230は，10進法では
$\mathbf{2}\cdot4^2+\mathbf{3}\cdot4+\mathbf{0}\cdot1=44$
であるから，230は **44** 番目にある。

←$n=a\cdot4^3+b\cdot4^2+c\cdot4+d\cdot1$ (a，b，c，d は0～3の整数)であれば，n 番目の数は $abcd_{(4)}$ である。
なお，4進法，10進法などの記数法については，第4章数学と人間の活動で詳しく学習する。

参考 p 進法における n 桁 $(n\geqq2)$ の数 $A=a_1a_2\cdots\cdots a_{n(p)}$ は
$A=a_1p^{n-1}+a_2p^{n-2}+\cdots\cdots+a_{n-1}p+a_n$
$(1\leqq a_1\leqq p-1,\ 0\leqq a_i\leqq p-1\ \ [i=2,\ 3,\ \cdots\cdots,\ n])$

EX ③18 乗客定員9名の小型バスが2台ある。乗客10人が座席を区別せずに2台のバスに分乗する。人も車も区別しないで，人数の分け方だけを考えて分乗する方法は ア□ 通りあり，人は区別しないが車は区別して分乗する方法は イ□ 通りある。更に，人も車も区別して分乗する方法は ウ□ 通りあり，その中で10人のうちの特定の5人が同じ車になるように分乗する方法は エ□ 通りある。〔関西学院大〕

(ア) a 人と b 人に分けることを $(a,\ b)$ で表すと，人も車も区別しないで，人数の分け方だけを考えて分乗する方法は，

$$(1,\ 9),\ (2,\ 8),\ (3,\ 7),\ (4,\ 6),\ (5,\ 5)$$

の　**5通り**

(イ) 2台の車をA，Bとする。
人は区別しないが車は区別して分乗する方法は，Aに乗る人数で決まるから　**9通り**

←残りはBに乗る。

注意　バスAに a 人，バスBに b 人乗ることを $(a,\ b)$ と書くと，(イ)の分乗の方法は

$$\begin{array}{ccccc}(1,\ 9), & (2,\ 8), & (3,\ 7), & (4,\ 6), & (5,\ 5),\\ \updownarrow & \updownarrow & \updownarrow & \updownarrow & \\ (9,\ 1), & (8,\ 2), & (7,\ 3), & (6,\ 4) & \end{array}$$

の9通りとなる。ここで，$\updownarrow$ で示した2つの方法を同じものと考えたのが，(ア)で求めた5通りの方法である。

(ウ) 10人のおのおのについて，Aに乗るか，Bに乗るかの2通りがあるが，全員がAかBに乗る場合は除かれる。
よって　$2^{10}-2=$**1022**（通り）

←乗客定員が9名であるから，10人全員がAかBのどちらか一方にのみ乗ることはできない。

(エ) 特定の5人がAに乗るか，Bに乗るかの　2通り
残り5人のおのおのについて，特定の5人と同じ車に乗るか，別の車に乗るかの2通りがあるが，全員が特定の5人と同じ車に乗る場合は除かれる。
よって　$2\times(2^5-1)=$**62**（通り）

←特定の5人をひとまとめにして考える。

EX ③19　A高校の生徒会の役員は6名で，そのうち3名は女子である。また，B高校の生徒会の役員は5名で，そのうち2名は女子である。各高校の役員から，それぞれ2名以上を出して，合計5名の合同委員会を作るとき，次の各場合は何通りあるか。
(1) 合同委員会の作り方
(2) 合同委員会に少なくとも1名女子が入っている場合
(3) 合同委員会に1名女子が入っている場合　〔南山大〕

A高校から a 名，B高校から b 名選ぶことを

$(\mathrm{A},\ \mathrm{B})=(a,\ b)$　と表す。

(1) $(\mathrm{A},\ \mathrm{B})=(3,\ 2),\ (2,\ 3)$ であるから，求める場合の数は

$$ {}_6C_3\times{}_5C_2+{}_6C_2\times{}_5C_3=20\times10+15\times10$$
$$=\mathbf{350}\text{（通り）}$$

←$(\mathrm{A},\ \mathrm{B})=(3,\ 2),\ (2,\ 3)$ はそれぞれ積の法則。まとめは和の法則。

(2) 女子が1人もいない，すなわち，男子ばかりの場合
$(\mathrm{A},\ \mathrm{B})=(3,\ 2)$ のとき　${}_3C_3\times{}_3C_2=1\times3=3$（通り）
$(\mathrm{A},\ \mathrm{B})=(2,\ 3)$ のとき　${}_3C_2\times{}_3C_3=3\times1=3$（通り）
よって，求める場合の数は，(1)から

$$350-(3+3)=\mathbf{344}\text{（通り）}$$

←A高校の男子，B高校の男子とも3名。

(3) [1] 女子1名がA高校の場合
男子の選び方は $(\mathrm{A},\ \mathrm{B})=(2,\ 2),\ (1,\ 3)$ であり，女子の選び方は ${}_3C_1$ 通りであるから

$${}_3C_1\times({}_3C_2\times{}_3C_2+{}_3C_1\times{}_3C_3)=3\times(3\times3+3\times1)=36\text{（通り）}$$

←(1)の $(\mathrm{A},\ \mathrm{B})$ において，Aが1名減る場合。

[2]　女子1名がB高校の場合

男子の選び方は(A, B)=(3, 1), (2, 2)であり，女子の選び方は ${}_2C_1$ 通りであるから

$${}_2C_1\times({}_3C_3\times{}_3C_1+{}_3C_2\times{}_3C_2)=2\times(1\times3+3\times3)=24\text{ (通り)}$$

←(1)の(A, B)において，Bが1名減る場合。

[1]，[2]から，求める場合の数は

$$36+24=\mathbf{60}\text{ (通り)}$$

←和の法則

EX ③20

xy 平面において，6本の直線 $x=k$ $(k=0,\ 1,\ 2,\ 3,\ 4,\ 5)$ のうちの2本と，4本の直線 $y=l$ $(l=0,\ 1,\ 2,\ 3)$ のうちの2本で囲まれた図形について考える。長方形は全部で ア□ 個あり，そのうち正方形は全部で イ□ 個ある。また，面積が2となる長方形は全部で ウ□ 個であり，4となる長方形は全部で エ□ 個ある。　〔関西学院大〕

(ア)　縦6本の直線から2本を選び，横4本の直線から2本を選ぶと，長方形が1個できるから，長方形の総数は

$${}_6C_2\times{}_4C_2=\mathbf{90}\text{ (個)}$$

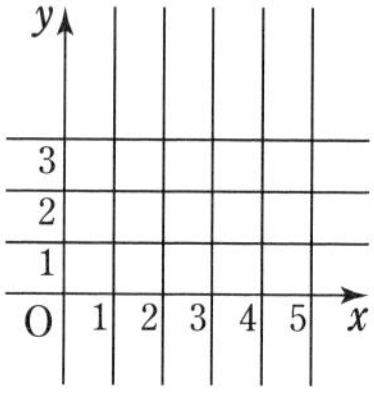

(イ)　正方形の1辺の長さで分けて数えると，

1辺の長さが1のものは　　$5\times3=15$ (個)

1辺の長さが2のものは　　$4\times2=8$ (個)

1辺の長さが3のものは　　$3\times1=3$ (個)

したがって　　$15+8+3=\mathbf{26}$ (個)

(ウ)　横の長さが a，縦の長さが b の長方形を $a\times b$ の長方形とよぶことにする。面積が2となる長方形のうち，

1×2 の長方形は　　$5\times2=10$ (個)

2×1 の長方形は　　$4\times3=12$ (個)

したがって　　$10+12=\mathbf{22}$ (個)

(エ)　面積が4となる長方形のうち，

4×1 の長方形は　　$2\times3=6$ (個)

2×2 の長方形は　　$4\times2=8$ (個)

1×4 の長方形はない。

したがって　　$6+8=\mathbf{14}$ (個)

EX ③21

正 n 角形がある(n は3以上の整数)。この正 n 角形の n 個の頂点のうちの3個を頂点とする三角形について考える。

(1)　$n=6$ とする。このとき，三角形は全部で ア□ 個あり，直角三角形は イ□ 個ある。また，二等辺三角形は ウ□ 個あり，そのうち正三角形は エ□ 個ある。

(2)　$n=8$ とする。このとき，直角三角形は オ□ 個，鈍角三角形は カ□ 個，鋭角三角形は キ□ 個ある。

(3)　$n=6k$ (k は正の整数)であるとする。このとき，k を用いて表すと，正三角形の個数は ク□ であり，直角三角形の個数は ケ□ である。　〔京都産大〕

(1)　三角形は全部で　${}_6C_3=$ ア $\mathbf{20}$ (個) ある。

正六角形の外接円の中心を通る対角線は3本あり，そのうちの1つを斜辺とする直角三角形は4個ある。

よって，直角三角形は全部で　$3\times4=$ イ $\mathbf{12}$ (個) ある。

また，正六角形と2辺を共有する二等辺三角形は6個あり，正六角形と辺を共有しない正三角形は2個ある。

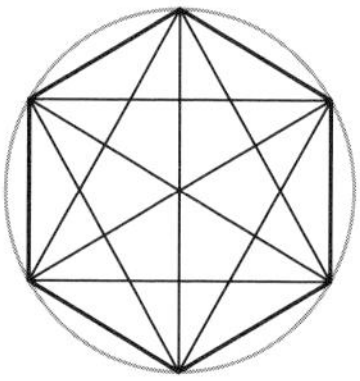

$n=6$

ゆえに，二等辺三角形は全部で　ウ**8** 個ある。
正三角形は上のことから　エ**2** 個ある。

(2)　正八角形の外接円の中心を通る対角線は 4 本あり，そのうちの 1 つを斜辺とする直角三角形は 6 個ある。
よって，直角三角形は全部で　$4\times6=$ オ**24**(個) ある。
また，正八角形と 1 辺だけを共有する鈍角三角形は $2\times8=16$(個) あり，正八角形と 2 辺を共有する鈍角三角形は 8 個ある。
ゆえに，鈍角三角形は全部で　$16+8=$ カ**24**(個) ある。
鋭角三角形は，三角形が全部で ${}_8C_3=56$(個) あるから
$56-(24+24)=$ キ**8**(個) ある。

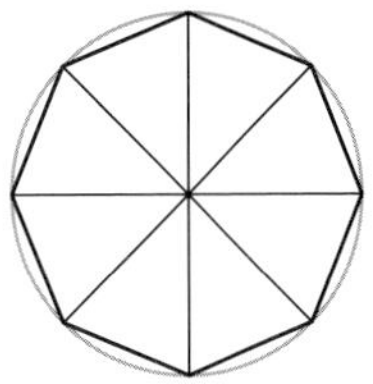

$n=8$

(3)　正 n 角形の n 個の頂点を順に A_1，A_2，……，A_n とする。
A_1 を 1 つの頂点とする正三角形の他の頂点は A_{2k+1}，A_{4k+1} である。
同様に，$(A_2,\ A_{2k+2},\ A_{4k+2})$，$(A_3,\ A_{2k+3},\ A_{4k+3})$，……，$(A_{2k},\ A_{2k+2k},\ A_{4k+2k})$ を 3 つの頂点とする正三角形があるから，正三角形の個数は全部で　ク$\boldsymbol{2k}$ である。
正 n 角形の外接円の中心を通る対角線は $6k\div2=3k$(本) あり，そのうちの 1 つを斜辺とする直角三角形は $(6k-2)$ 個ある。
したがって，直角三角形の個数は全部で

$$3k(6k-2)=\text{ケ}\ \boldsymbol{6k(3k-1)}$$

である。

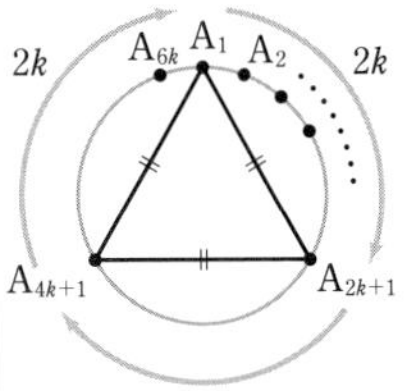

←直角三角形の直角の頂点は，斜辺の両端の 2 点を除く $(6k-2)$ 個。

EX ③22

定員 2 名，3 名，4 名の 3 つの部屋がある。
(1)　2 人の教員と 7 人の学生の合計 9 人をこれらの 3 つの部屋に定員どおりに入れる割り当て方は ア□ 通りである。また，その割り当て方の中で 2 人の教員が異なる部屋に入るようにする割り当て方は イ□ 通りである。
(2)　7 人の学生のみを，これらの 3 つの部屋に定員を超えないように入れる割り当て方は ウ□ 通りである。ただし，誰も入らない部屋があってもよい。　〔慶応大〕

定員 2 名，3 名，4 名の 3 つの部屋をそれぞれ A，B，C とする。

(1)　A の部屋への割り当て方は ${}_9C_2$ 通りあり，そのおのおのについて，B の部屋への割り当て方は ${}_7C_3$ 通りある。このとき，C の部屋への割り当て方はただ 1 通りに定まるから，割り当て方の総数は　${}_9C_2\times{}_7C_3=$ ア**1260** (通り)
次に，2 人の教員が異なる部屋に入る割り当て方を考える。

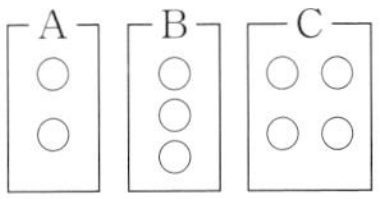

●：教員

[1]　A，B の部屋に 1 人ずつ入るとき，教員の入り方は 2! 通りあり，そのおのおのについて 7 人の学生の割り当て方は ${}_7C_1\times{}_6C_2=105$ (通り) あるから

$$2!\times105=210 \text{ (通り)}$$

[1]

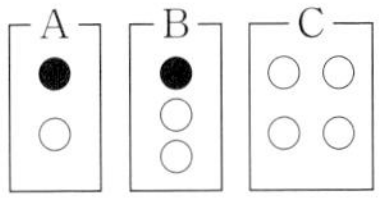

[2]　A，C の部屋に 1 人ずつ入るとき，同様に考えて

$$2!\times{}_7C_1\times{}_6C_3=280 \text{ (通り)}$$

[2]

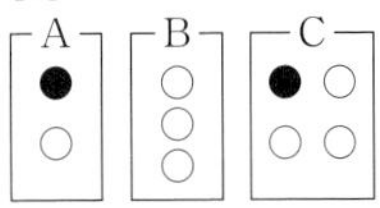

[3]　B，C の部屋に 1 人ずつ入るとき，同様に考えて

$2!\times{}_7C_2\times{}_5C_2=420$（通り）

[3]

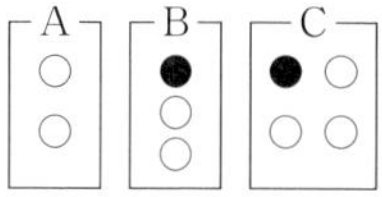

したがって，2 人の教員が異なる部屋に入るようにする割り当て方は　$210+280+420=$ ^{イ}**910**（通り）

別解　2 人の教員が同じ部屋に入るようにする割り当て方を考える。

←(全体) から (教員が同じ部屋に入る場合) を除く方針

[1]　A の部屋に 2 人の教員が入るとき

7 人の学生の割り当て方は　${}_7C_3=35$（通り）

[1]

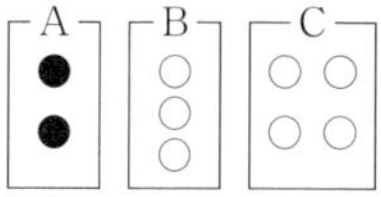

[2]　B の部屋に 2 人の教員が入るとき

7 人の学生の割り当て方は　${}_7C_2\times{}_5C_1=105$（通り）

[2]

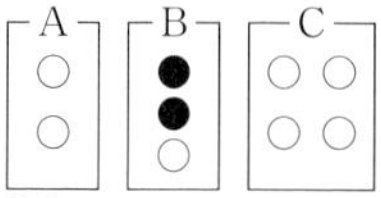

[3]　C の部屋に 2 人の教員が入るとき

7 人の学生の割り当て方は　${}_7C_2\times{}_5C_3=210$（通り）

[3]

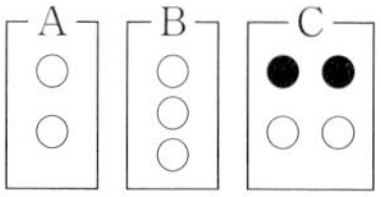

よって，2 人の教員が同じ部屋に入る割り当て方は

$35+105+210=350$（通り）

したがって，2 人の教員が異なる部屋に入るようにする割り当て方は　$1260-350=$ ^{イ}**910**（通り）

(2)　2 人の教員と 7 人の学生を 3 つの部屋に定員どおりに割り当ててから，2 人の教員を除けばよい。

(2)　2 人の教員も含めて部屋に割り当ててから，2 人の教員を除けば，学生 7 人を割り当てたことになる。

[1]　2 人の教員を同じ部屋に入るように割り当ててから 2 人の教員を除くとき，9 人の割り当て方は，(1) から

$1260-910=350$（通り）

このとき，2 人の教員を除いた場合も　350 通り

[2]　2 人の教員を異なる部屋に入るように割り当ててから 2 人の教員を除くとき 9 人の割り当て方は，(1) から　910 通り

除かれる 2 人の教員の区別をなくせばよいから

$\dfrac{910}{2}=455$（通り）

例

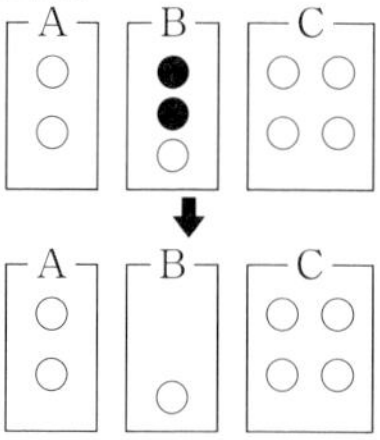

したがって，[1]，[2] から，7 人の学生の割り当て方は

$350+455=$ ^{ウ}**805**（通り）

別解　A, B, C の部屋に割り当てる学生の人数を (2，3，4) のように表すことにすると，割り当て方は次の 6 通り考えられる。

←樹形図等をかいて，漏れがないようにする。

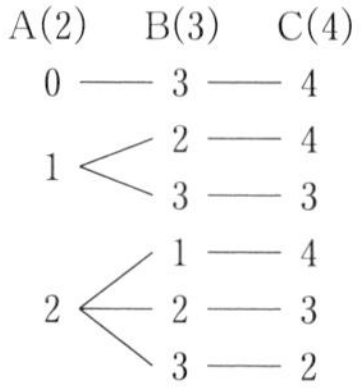

[1]　(0，3，4) の場合　${}_7C_3=35$（通り）

[2]　(1，2，4) の場合　$7\times{}_6C_2=105$（通り）

[3]　(1，3，3) の場合　$7\times{}_6C_3=140$（通り）

[4]　(2，1，4) の場合　${}_7C_2\times{}_5C_1=105$（通り）

[5]　(2，2，3) の場合　${}_7C_2\times{}_5C_2=210$（通り）

[6]　(2，3，2) の場合　${}_7C_2\times{}_5C_3=210$（通り）

以上から，7 人の学生の割り当て方は

$35+105+140+105+210+210=$ ^{ウ}**805**（通り）

EX ③23

赤，青，黄，白，緑の５色を使って，正四角錐の底面を含む５つの面を塗り分けるとき，次のような塗り分け方は何通りあるか。ただし，側面はすべて合同な二等辺三角形で，回転させて同じになる塗り方は同一と考えるものとする。

(1) 底面を白で塗り，側面を残り４色すべてを使って塗り分ける。

(2) ５色全部を使って塗り分ける。

(3) ５色全部または一部を使って，隣り合う面が別の色になるように塗り分ける。

〔類 大阪学院大〕

(1) ４つの側面の塗り方は，異なる４個の円順列であるから

$(4-1)!=\mathbf{6}$ **(通り)**

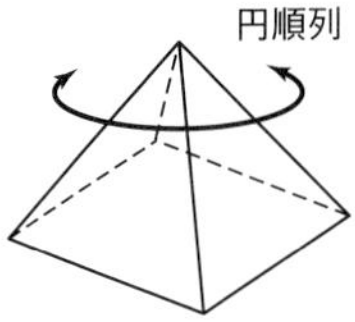

(2) 底面の塗り方は　５通り

そのおのおのについて，側面の塗り方は(1)から

６通り

よって，求める塗り方は　$5\times6=\mathbf{30}$ **(通り)**

(3) 底面の塗り方は　５通り

そのおのおのについて，条件を満たすように側面を塗り分けるには，２色，３色，４色を使う場合が考えられる。

[1] 側面を２色で塗り分ける場合

２色で塗り分ける方法は　１通り

よって，この場合の側面の塗り方は２色の選び方と同じで　${}_4C_2=6$ (通り)

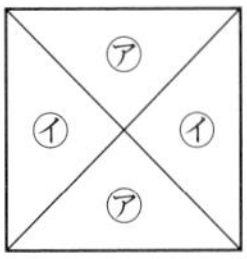

←㋐と㋑の色を決めればよい。選んだ２色で塗り方が１通りに決まる。

[2] 側面を３色で塗り分ける場合

３色で塗り分けるには，１色で２か所を塗り，残り２色は１か所ずつ塗ればよい。

ゆえに，塗り分ける方法は，２か所を塗る色の選び方と同じで　${}_3C_1=3$ (通り)

また，３色の選び方は　${}_4C_3=4$ (通り)

よって，この場合の側面の塗り方は　$3\times4=12$ (通り)

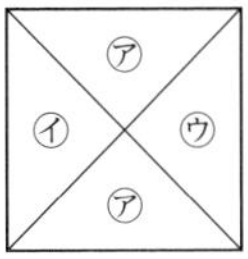

←まず，㋐の部分の色を決める。次に，㋑と㋒の色を決める。180° 回転すると，㋑と㋒が一致することに注意。

[3] 側面を４色で塗り分ける場合　(1)から　６通り

以上から，求める場合の数は

$5\times(6+12+6)=\mathbf{120}$ **(通り)**

EX ③24

1, 2, 3, 4 の数字が書かれたカードを各１枚，数字０が書かれたカードと数字５が書かれたカードを各２枚ずつ用意する。この中からカードを何枚か選び，左から順に横１列に並べる。このとき，先頭のカードの数字が０でなければ，カードの数字の列は，選んだカードの枚数を桁数とする正の整数を表す。このようにして得られる整数について，次の問いに答えよ。

(1) 0, 1, 2, 3, 4 の数字が書かれたカード各１枚ずつ，計５枚のカードだけを用いて表すことができる５桁の整数はいくつあるか。

(2) 用意されたカードをすべて用いて表すことができる８桁の整数はいくつあるか。〔岡山大〕

(1) 万の位には，1, 2, 3, 4 のカードのどれかを並べるから

４通り

←0 は使えない。

千，百，十，一の位には，残りの４枚のカードを並べるから

4! 通り

←万の位に選んだ数字は使えない。

よって，５桁の整数の個数は　$4\times4!=\mathbf{96}$ **(個)**

(2) [1] 最高位の数字が 1, 2, 3, 4 のいずれかのとき

残りのカードの並べ方は　$\frac{7!}{2!2!}$ 通り

よって　$4\times\frac{7!}{2!2!}=5040$ (個)

←0 と 5 のカードは各 2 枚ずつある。

[2] 最高位の数字が 5 のとき

残りのカードの並べ方を考えて　$\frac{7!}{2!}=2520$ (個)

←0 のカードは 2 枚あり, 1, 2, 3, 4, 5 のカードは各 1 枚ある。

したがって, 8 桁の整数の個数は　$5040+2520=$ **7560 (個)**

別解　8 枚のカードの並べ方は　$\frac{8!}{2!2!}=10080$ (通り)

このうち, 0 が先頭になる並べ方は　$\frac{7!}{2!}=2520$ (通り)

よって, 8 桁の整数の個数は　$10080-2520=$ **7560 (個)**

EX ③25

右の図のように, 同じ大きさの 5 つの立方体からなる立体に沿って, 最短距離で行く経路について考える。このとき, 次の経路は何通りあるか。なお, この 5 つの立方体のすべての辺上が通行可能である。

(1) 地点 A から地点 B までの最短経路
(2) 地点 A から地点 C までの最短経路
(3) 地点 A から地点 D までの最短経路
(4) 地点 A から地点 E までの最短経路　〔名城大〕

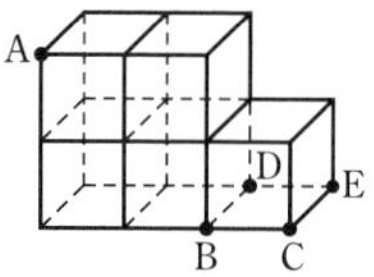

(1) 右へ 1 区画進むことを →, 下へ 1 区画進むことを ↓ で表すと, 地点 A から地点 B までの最短経路の総数は, 2 個の → と 2 個の ↓ を 1 列に並べる順列の総数に等しい。

←3 点 A, B, C を通る平面上で考える。

よって　$\frac{4!}{2!2!}=$ **6 (通り)**

(2) 右の図のように地点 F を定め, 右上の経路があると仮定すると, A から C までの経路は　$\frac{5!}{3!2!}=10$ (通り)

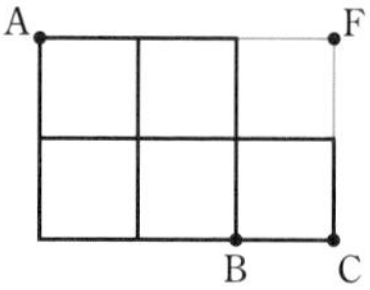

←仮の経路を作る考え方。別解のような考え方でもよい。

このうち, 地点 F を通る経路は　1 通り

←A ⟶ F, F ⟶ C

よって, 求める経路の数は　$10-1=$ **9 (通り)**

←(全体)−(F を通る)

別解　右の図のように地点 X を定める。

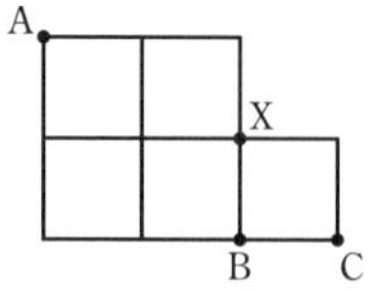

X を通る経路は

$\frac{3!}{2!1!}\times2=6$ (通り)

B を通る経路は　$6\times1=6$ (通り)

X と B をともに通る経路は　$\frac{3!}{2!1!}\times1\times1=3$ (通り)

参考　地点 B の 1 区画分左の位置に地点 Y をとり, X または Y を通り C までの経路の数を考えると, X と Y をともに通る経路はないから, 引く必要がない。

求める経路の数は, X または B を通る経路の数であるから

$6+6-3=$ **9 (通り)**

←(X を通る)+(B を通る)−(X と B をともに通る)

(3) 奥へ 1 区画進むことを ↗ で表すと, 地点 A から地点 D までの最短経路の総数は, 2 個の → と 2 個の ↓ と 1 個の ↗ を 1 列に並べる順列の総数に等しい。

よって　$\dfrac{5!}{2!2!1!}=\mathbf{30}$ **(通り)**

(4)　右の図のように地点G, H, Iを定める。

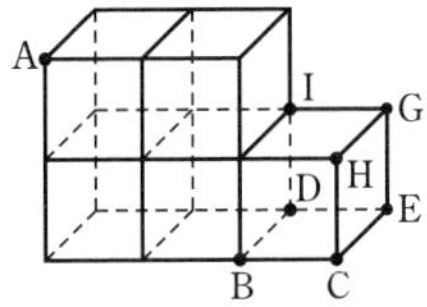

[1]　経路が A ⟶ C ⟶ E の場合
(2)の結果から　$9\times1=9$ (通り)

[2]　経路が A ⟶ D ⟶ E の場合
(3)の結果から　$30\times1=30$ (通り)

[3]　経路が A ⟶ G ⟶ E の場合
A ⟶ G には A ⟶ H ⟶ G の場合と A ⟶ I ⟶ G の場合があるから

$$\left(\frac{3!}{2!1!}\times1+\frac{4!}{2!1!1!}\times1\right)\times1=3+12=15 \text{ (通り)}$$

[1]~[3] から，求める経路の数は
$9+30+15=\mathbf{54}$ **(通り)**

←Eの1区画前がCかDかGかで場合分けする方法。
なお，(2)のように仮の経路を利用する方法も考えられるが，左の解答の方が(2)や(3)の結果が利用できるので早いだろう。

別解　各地点に至る最短経路の数を書き込んでいくと，右の図のようになる。

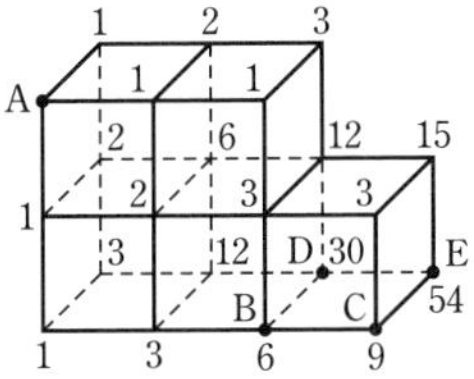

よって　(1)　**6通り**　(2)　**9通り**
(3)　**30通り**　(4)　**54通り**

←本冊 $p.379$ の検討の考え方を利用する方法。

EX ④26

(1)　和が30になる2つの自然数からなる順列の総数を求めよ。
(2)　和が30になる3つの自然数からなる順列の総数を求めよ。
(3)　和が30になる3つの自然数からなる組合せの総数を求めよ。　〔神戸大〕

(1)　x, y を自然数とすると，求める順列の総数は，$x+y=30$ の解の組の個数である。○を30個並べ，○と○の間の29か所から1か所を選んで仕切り｜を入れる総数に等しいから

$${}_{29}C_1=\mathbf{29} \textbf{ (通り)}$$

←30個の○と1個の仕切り｜の順列の先頭または最後に，仕切り｜は並ばないことに注意。

(2)　x, y, z を自然数とすると，求める順列の総数は，$x+y+z=30$ の解の組の個数である。
○を30個並べ，○と○の間の29か所から2か所を選んで仕切り｜を入れる総数に等しいから　${}_{29}C_2=\dfrac{29\cdot28}{2\cdot1}=\mathbf{406}$ **(通り)**

(3)　$x+y+z=30$ を満たす自然数 x, y, z の解の組合せの総数を求める。

←「組合せ」であるから
$(x,\ y,\ z)=(1,\ 1,\ 28)$
と
$(x,\ y,\ z)=(1,\ 28,\ 1)$
は区別しない。

[1]　$x=y=z$ のとき
$x+y+z=30$ から　$3x=30$
よって，$x=10$ であり，$(x,\ y,\ z)=(10,\ 10,\ 10)$ の1通り。

[2]　x, y, z のうち2つだけが等しいとき
$x=y$ とすると　$2x+z=30$
x, z は自然数であるから

$$(x,\ z)=(1,\ 28),\ (2,\ 26),\ \cdots\cdots,\ (14,\ 2)$$

このうち，$(x,\ z)=(10,\ 10)$ は $x=y=z$ となるから，これを除外して　　13 通り

←$(x,\ y,\ z)=(1,\ 1,\ 28),\ (1,\ 28,\ 1),\ (28,\ 1,\ 1)$ の 3 通りは同じ組合せ。

[3]　$x,\ y,\ z$ がすべて異なるとき

まず，$x,\ y,\ z$ を区別すると，(2) と [1]，[2] から

$$406-(1+13\times3)=366 \text{（通り）}$$

ここで，$x,\ y,\ z$ の区別をなくすと，同じものが 3! 通りずつあるから

$$\frac{366}{3!}=61 \text{（通り）}$$

[1]〜[3] より，求める組合せの総数は

$$1+13+61=\mathbf{75} \text{（通り）}$$

別解　(1)　$x+y=30,\ x\geqq1,\ y\geqq1$ において，$x-1=X,\ y-1=Y$ とおくと，$X\geqq0,\ Y\geqq0$ であり

$$(X+1)+(Y+1)=30 \quad \text{すなわち} \quad X+Y=28$$

これを満たす $(X,\ Y)$ の組は，異なる 2 個のものから 28 個取る重複組合せと考え

←重複組合せ $_n\mathrm{H}_r={}_{n+r-1}\mathrm{C}_r$

$$_2\mathrm{H}_{28}={}_{2+28-1}\mathrm{C}_{28}={}_{29}\mathrm{C}_{28}={}_{29}\mathrm{C}_1=\mathbf{29} \text{（通り）}$$

(2)　$x+y+z=30,\ x\geqq1,\ y\geqq1,\ z\geqq1$ において，

$$x-1=X,\ y-1=Y,\ z-1=Z$$

とおくと，$X\geqq0,\ Y\geqq0,\ Z\geqq0$ であり

$$(X+1)+(Y+1)+(Z+1)=30$$

すなわち　　$X+Y+Z=27$

これを満たす $(X,\ Y,\ Z)$ の組は，異なる 3 個のものから 27 個取る重複組合せと考え

$$_3\mathrm{H}_{27}={}_{3+27-1}\mathrm{C}_{27}={}_{29}\mathrm{C}_{27}={}_{29}\mathrm{C}_2=\mathbf{406} \text{（通り）}$$

(3)　$x+y+z=30,\ x\leqq y\leqq z$ を満たす自然数 $(x,\ y,\ z)$ の組を具体的に考えると

←もれなく，重複なく書き出してみる。

$(1,\ 1,\ 28),\ (1,\ 2,\ 27),\ \cdots\cdots,\ (1,\ 14,\ 15)$　で 14 通り
$(2,\ 2,\ 26),\ (2,\ 3,\ 25),\ \cdots\cdots,\ (2,\ 14,\ 14)$　で 13 通り
$(3,\ 3,\ 24),\ (3,\ 4,\ 23),\ \cdots\cdots,\ (3,\ 13,\ 14)$　で 11 通り
$(4,\ 4,\ 22),\ (4,\ 5,\ 21),\ \cdots\cdots,\ (4,\ 13,\ 13)$　で 10 通り
$(5,\ 5,\ 20),\ (5,\ 6,\ 19),\ \cdots\cdots,\ (5,\ 12,\ 13)$　で 8 通り
$(6,\ 6,\ 18),\ (6,\ 7,\ 17),\ \cdots\cdots,\ (6,\ 12,\ 12)$　で 7 通り
$(7,\ 7,\ 16),\ (7,\ 8,\ 15),\ \cdots\cdots,\ (7,\ 11,\ 12)$　で 5 通り
$(8,\ 8,\ 14),\ (8,\ 9,\ 13),\ \cdots\cdots,\ (8,\ 11,\ 11)$　で 4 通り
$(9,\ 9,\ 12),\ (9,\ 10,\ 11)$　で 2 通り
$(10,\ 10,\ 10)$　で 1 通り

以上から，求める組合せの総数は

$$14+13+11+10+8+7+5+4+2+1=\mathbf{75} \text{（通り）}$$

練習 ①35 (1) 2個のさいころを投げるとき，次の確率を求めよ。
(ア) 目の和が6である確率　　(イ) 目の積が12である確率
(2) 硬貨4枚を投げて，表裏2枚ずつ出る確率，全部裏が出る確率を求めよ。

(1) 起こりうるすべての場合は　$6^2=36$（通り）

(ア) 目の和が6である場合は

(1, 5), (2, 4), (3, 3), (4, 2), (5, 1)

の5通りある。

よって，求める確率は　$\boldsymbol{\dfrac{5}{36}}$

←本冊 *p*.393 解答の副文にある表を利用するとよい。

(イ) 目の積が12である場合は

(2, 6), (3, 4), (4, 3), (6, 2)

の4通りある。

よって，求める確率は　$\dfrac{4}{36}=\boldsymbol{\dfrac{1}{9}}$

←2個の さいころは区別して考える。

(2) 起こりうるすべての場合は　$2^4=16$（通り）

表裏2枚ずつ出る場合 は　${}_4C_2=6$（通り）

よって，この場合の確率は　$\dfrac{6}{16}=\boldsymbol{\dfrac{3}{8}}$

また，**全部裏が出る場合** は　1通り

よって，この場合の確率は　$\boldsymbol{\dfrac{1}{16}}$

←各硬貨は表か裏。

←表表裏裏，表裏表裏，表裏裏表，裏表表裏，裏表裏表，裏裏表表。
4枚のうち，表(裏)が出る2枚を選ぶと考えると ${}_4C_2$ 通り

練習 ②36 男子5人と女子3人が次のように並ぶとき，各場合の確率を求めよ。
(1) 1列に並ぶとき，女子どうしが隣り合わない確率
(2) 輪の形に並ぶとき，女子どうしが隣り合わない確率

(1) すべての場合の数は，8人を1列に並べる順列であるから

${}_8P_8=8!$（通り）

男子5人が1列に並ぶ方法は　5! 通り

男子5人の間と両端を合わせた6か所に女子3人を並べる方法は　${}_6P_3$ 通り

よって，求める確率は

$$\frac{5!\times{}_6P_3}{8!}=\frac{5!\times6\cdot5\cdot4}{8\cdot7\cdot6\times5!}=\boldsymbol{\frac{5}{14}}$$

←(1)
◌男◌男◌男◌男◌男◌
6か所の◌のうち，3か所に女子を入れる。

(2) すべての場合の数は，8人の円順列であるから

$(8-1)!=7!$（通り）

男子5人が輪の形に並ぶ方法は，5人の円順列であるから

$(5-1)!=4!$（通り）

男子5人の間の5か所に女子3人を並べる方法は

${}_5P_3$ 通り

よって，求める確率は

$$\frac{4!\times{}_5P_3}{7!}=\frac{4!\times5\cdot4\cdot3}{7\cdot6\cdot5\times4!}=\boldsymbol{\frac{2}{7}}$$

(2)
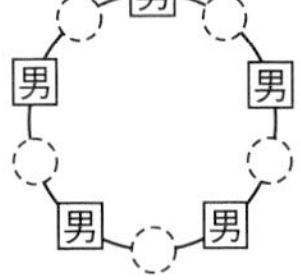

5か所の◌のうち，3か所に女子を入れる。

練習 ②37 kakuritu の8文字を次のように並べるとき，各場合の確率を求めよ。
(1) 横1列に並べるとき，左端が子音でかつ母音と子音が交互に並ぶ確率
(2) 円形に並べるとき，母音と子音が交互に並ぶ確率

2個の k を k_1，k_2，2個の u を u_1，u_2 とすると，母音は a，i，u_1，u_2，子音は k_1，k_2，r，t である。
すなわち，母音は4個，子音は4個ある。

←**同じものでも区別して考える** のが確率の基本。

(1) 異なる8文字を1列に並べる方法は　${}_8P_8=8!$（通り）
子音4個を1列に並べる方法は　${}_4P_4=4!$（通り）
そのおのおのについて，子音と子音の間および右端に母音4個を並べる方法は　${}_4P_4=4!$（通り）
よって，求める確率は　$\dfrac{4!\times 4!}{8!}=\dfrac{4\cdot 3\cdot 2\cdot 1}{8\cdot 7\cdot 6\cdot 5}=\mathbf{\dfrac{1}{70}}$

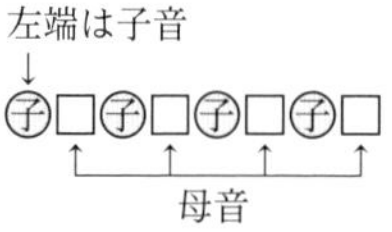

(2) 異なる8文字を円形に並べる方法は　$(8-1)!=7!$（通り）
子音4文字を円形に並べる方法は　$(4-1)!=3!$（通り）
そのおのおのについて，子音を固定して，子音と子音の間に母音4文字を並べる方法は　${}_4P_4=4!$（通り）
よって，求める確率は　$\dfrac{3!\times 4!}{7!}=\dfrac{3\cdot 2\cdot 1}{7\cdot 6\cdot 5}=\mathbf{\dfrac{1}{35}}$

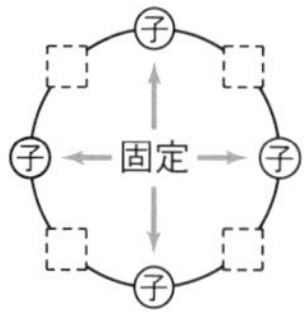

練習 ③38 1組のトランプの絵札(ジャック，クイーン，キング)合計12枚の中から任意に4枚の札を選ぶとき，次の確率を求めよ。
(1) スペード，ハート，ダイヤ，クラブの4種類の札が選ばれる確率
(2) ジャック，クイーン，キングの札が選ばれる確率
(3) スペード，ハート，ダイヤ，クラブの4種類の札が選ばれ，かつジャック，クイーン，キングの札が選ばれる確率　〔北海学園大〕

12枚の札から4枚の札を取り出す方法は　${}_{12}C_4$ 通り
(1) スペード，ハート，ダイヤ，クラブの各種類について，札の選び方は3通りある。
ゆえに，求める確率は　$\dfrac{3^4}{{}_{12}C_4}=\mathbf{\dfrac{9}{55}}$

←各種類に対して J，Q，K の3枚がある。

← $\dfrac{3^4}{\dfrac{12\cdot 11\cdot 10\cdot 9}{4\cdot 3\cdot 2\cdot 1}}=\dfrac{9}{55}$

(2) ジャック2枚，クイーン1枚，キング1枚を選ぶ方法は
$${}_4C_2\times{}_4C_1\times{}_4C_1=96\text{（通り）}$$
同様に，クイーン2枚，他が1枚の選び方；キング2枚，他が1枚の選び方もそれぞれ96通りずつある。
ゆえに，求める確率は　$\dfrac{96\times 3}{{}_{12}C_4}=\mathbf{\dfrac{32}{55}}$

←J，Q，K は4枚ずつある。

別解　4枚ずつあるジャック，クイーン，キングからそれぞれ1枚を選び，次に残りの9枚から1枚を選ぶ方法は
$${}_4C_1\times{}_4C_1\times{}_4C_1\times{}_9C_1=576\text{（通り）}$$
この576通りの組合せ1つ1つには，最初の3枚のうちの1枚と4枚目で，同じ絵札になるものがあるから，求める確率は　$\dfrac{576\div 2}{{}_{12}C_4}=\mathbf{\dfrac{32}{55}}$

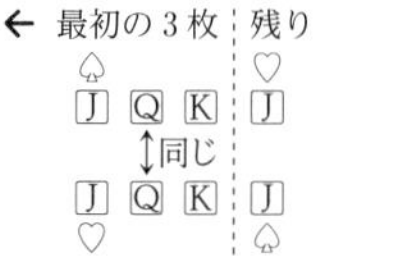

(3)　ジャック2枚，クイーン1枚，キング1枚を選ぶとき，ジャック2枚を選んだ後，残りの2種類のカードからクイーン，キングを種類が異なるように選ぶから

$${}_4C_2 \times {}_2C_1 \times {}_1C_1 = 12 \text{ (通り)}$$

←例えば，スペードとハートのJを選んだ場合，ダイヤ，クラブの各種類からQ，Kを選ぶ必要がある。

同様に，クイーン2枚，他が1枚の選び方と，キング2枚，他が1枚の選び方もそれぞれ12通りずつある。

ゆえに，求める確率は　$\dfrac{12 \times 3}{{}_{12}C_4} = \mathbf{\dfrac{4}{55}}$

別解　4枚ずつあるジャック，クイーン，キングからそれぞれ種類の異なるものを1枚ずつ選び，次に残った種類から1枚を選ぶ方法は　${}_4P_3 \times {}_3C_1 = 72$ (通り)

(2)の 別解 と同様に，最初の3枚のうちの1枚と4枚目で，同じ絵札になるものがあるから，求める確率は

$$\frac{72 \div 2}{{}_{12}C_4} = \mathbf{\frac{4}{55}}$$

← 最初の3枚 ¦ 残り

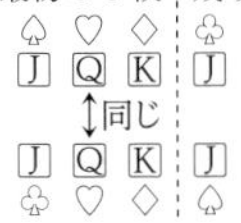

練習 ③39

5人がじゃんけんを1回するとき，次の確率を求めよ。

(1)　1人だけが勝つ確率　　(2)　2人が勝つ確率　　(3)　あいこになる確率

5人の手の出し方は，1人につきグー，チョキ，パーの3通りの出し方があるから，全部で　3^5 通り

←重複順列

(1)　1人だけが勝つ場合，勝者の決まり方は　5通り

そのおのおのについて，勝ち方がグー，チョキ，パーの3通りずつある。

よって，求める確率は　$\dfrac{5 \times 3}{3^5} = \mathbf{\dfrac{5}{81}}$

←同様に考えると，4人が勝つ(1人だけが負ける)確率は　$\dfrac{5}{81}$

(2)　2人が勝つ場合，勝者の決まり方は　${}_5C_2$ 通り

そのおのおのについて，勝ち方がグー，チョキ，パーの3通りずつある。

よって，求める確率は　$\dfrac{{}_5C_2 \times 3}{3^5} = \mathbf{\dfrac{10}{81}}$

←同様に考えると，3人が勝つ(2人が負ける)確率は　$\dfrac{10}{81}$

(3)　あいこになる場合は，次の[1]，[2]のどちらかである。

[1]　手の出し方が1種類のとき　3通り

[2]　手の出し方が3種類のとき

(a)　{グー，グー，グー，チョキ，パー}
(b)　{グー，チョキ，チョキ，チョキ，パー}
(c)　{グー，チョキ，パー，パー，パー}

}3個，1個，1個

(d)　{グー，グー，チョキ，チョキ，パー}
(e)　{グー，グー，チョキ，パー，パー}
(f)　{グー，チョキ，チョキ，パー，パー}

}2個，2個，1個

の6つの場合がある。出す人を区別すると，

(a)〜(c)は，それぞれ　$\dfrac{5!}{3!}$ 通り

(d)〜(f)は，それぞれ　$\dfrac{5!}{2!2!}$ 通り

であるから，全部で　$\dfrac{5!}{3!}\times3+\dfrac{5!}{2!2!}\times3=150$（通り）

よって，求める確率は　$\dfrac{3+150}{3^5}=\dfrac{153}{3^5}=\mathbf{\dfrac{17}{27}}$

別解　勝負が決まるのは，1人，2人，3人，4人が勝つ場合であるから，(1)，(2) より

$$1-\left(\frac{5}{81}\times2+\frac{10}{81}\times2\right)=\mathbf{\frac{17}{27}}$$

練習 ③40　袋の中に赤玉，白玉が合わせて8個入っている。この袋から玉を2個同時に取り出すとき，赤玉と白玉が1個ずつ出る確率が $\dfrac{3}{7}$ であるという。赤玉は何個あるか。

赤玉の個数を n とすると，n は整数で

$$1\leqq n\leqq7 \quad\cdots\cdots\ ①$$

←$0\leqq n\leqq8$ でもよいが，$n=0$，8 のとき，赤玉と白玉が1個ずつ出る確率は0となり不適。

また，白玉の個数は $8-n$ で表される。

8個の玉から2個を取り出す組合せは

$${}_8C_2 \text{ 通り}$$

そのうち，赤玉と白玉が1個ずつ出る場合は

$${}_nC_1\times{}_{8-n}C_1=n(8-n)\text{（通り）}$$

したがって，条件から

$$\frac{n(8-n)}{{}_8C_2}=\frac{3}{7}\quad\text{すなわち}\quad\frac{n(8-n)}{28}=\frac{3}{7}$$

←$\dfrac{n(8-n)}{28_4}=\dfrac{3}{7}$ から　$n(8-n)=12$

分母を払って整理すると　$n^2-8n+12=0$

よって　$(n-2)(n-6)=0$

ゆえに　$n=2,\ 6$

これらは ① を満たす。

したがって，赤玉の個数は　**2個または6個**

練習 ③41　さいころを3回投げて，出た目の数を順に a，b，c とするとき，x の2次方程式 $abx^2-12x+c=0$ が重解をもつ確率を求めよ。　〔広島文教女子大〕

さいころの目の出方の総数は　6^3 通り

2次方程式 $abx^2-12x+c=0$ の判別式を D とすると，重解をもつための条件は　$D=0$

←2次方程式 $px^2+2q'x+r=0$ の判別式を D とすると $\dfrac{D}{4}=q'^2-pr$

ここで　$\dfrac{D}{4}=(-6)^2-ab\cdot c=36-abc$

よって　$36-abc=0$　すなわち　$abc=36$

さいころの目の積が36となるのは，目の組み合わせが

$$(1,\ 6,\ 6),\ (2,\ 3,\ 6),\ (3,\ 3,\ 4)$$

←$36=2^2\cdot3^2$

となる場合であるから，題意を満たす組 $(a,\ b,\ c)$ は

$$\frac{3!}{2!}+3!+\frac{3!}{2!}=3+6+3=12\text{（通り）}$$

←同じものを含む順列

したがって，求める確率は　$\dfrac{12}{6^3}=\mathbf{\dfrac{1}{18}}$

Ⓣ N と a を求めて $\dfrac{a}{N}$

練習 ②42 袋の中に，2 と書かれたカードが 5 枚，3 と書かれたカードが 4 枚，4 と書かれたカードが 3 枚入っている。この袋から一度に 3 枚のカードを取り出すとき
(1) 3 枚のカードの数がすべて同じである確率を求めよ。
(2) 3 枚のカードの数の和が奇数である確率を求めよ。

12 枚のカードから 3 枚を取り出す場合の総数は　${}_{12}C_3$ 通り

(1) 3 枚のカードの数がすべて同じであるのは

[1] 3 枚とも 2　[2] 3 枚とも 3　[3] 3 枚とも 4

の場合であり，事象 [1]～[3] は互いに排反である。

したがって，求める確率は

$$\frac{{}_5C_3}{{}_{12}C_3}+\frac{{}_4C_3}{{}_{12}C_3}+\frac{{}_3C_3}{{}_{12}C_3}=\frac{10}{220}+\frac{4}{220}+\frac{1}{220}=\mathbf{\frac{3}{44}}$$

←2，3，4 が書かれたカードはそれぞれ 3 枚以上ある。

(2) 偶数 (2 または 4) が書かれたカードは 8 枚，奇数 (3) が書かれたカードは 4 枚ある。

ゆえに，3 枚のカードの数の和が奇数であるのは

[1] 3 枚とも奇数　[2] 2 枚が偶数，1 枚が奇数

の場合であり，この 2 つの事象は互いに排反である。

したがって，求める確率は

$$\frac{{}_4C_3}{{}_{12}C_3}+\frac{{}_8C_2\times{}_4C_1}{{}_{12}C_3}=\frac{4}{220}+\frac{28\cdot 4}{220}=\mathbf{\frac{29}{55}}$$

←3 枚のカードの数の和が奇数となる 3 数の組は (2, 2, 3), (2, 4, 3), (4, 4, 3), (3, 3, 3) これをもとに，確率を計算してもよいが，左の解答より手間がかかる。

練習 ②43 1 から 5 までの番号札が各数字 3 枚ずつ計 15 枚ある。札をよくかき混ぜてから 2 枚取り出したとき，次の確率を求めよ。
(1) 2 枚が同じ数字である確率
(2) 2 枚が同じ数字であるか，2 枚の数字の積が 4 以下である確率

15 枚の札から 2 枚を取り出す方法の総数は　${}_{15}C_2=105$ (通り)

←15 枚の札はすべて区別して考える。

(1) 同じ数字の 2 枚を取り出す方法は　$5\times{}_3C_2=15$ (通り)

よって，求める確率は　$\frac{15}{105}=\mathbf{\frac{1}{7}}$

←どの数字かで 5 通り，どの 2 枚を取り出すかで ${}_3C_2$ 通り。

(2) 2 枚が同じ数字であるという事象を A，2 枚の数字の積が 4 以下であるという事象を B とする。

←A，B は排反ではない。

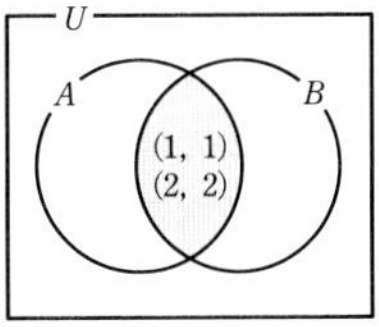

(1) から　$P(A)=\frac{15}{105}$

2 枚の数字の積が 4 以下である数の組合せは

(1, 1), (1, 2), (1, 3), (1, 4), (2, 2)

であるから　$P(B)=\frac{2\times{}_3C_2+3\times{}_3C_1\times{}_3C_1}{105}=\frac{33}{105}$

2 枚が同じ数字で，かつ数字の積が 4 以下となる数の組合せは

(1, 1), (2, 2) であるから　$P(A\cap B)=\frac{2\times{}_3C_2}{105}=\frac{6}{105}$

したがって，求める確率は

$$P(A\cup B)=P(A)+P(B)-P(A\cap B)$$
$$=\frac{15}{105}+\frac{33}{105}-\frac{6}{105}=\mathbf{\frac{2}{5}}$$

←和事象の確率

←$P(B)=\frac{n(B)}{n(U)}$ など。

練習 ②44
(1) 5枚のカードA, B, C, D, Eを横1列に並べるとき, BがAの隣にならない確率を求めよ。
(2) 赤球4個と白球6個が入っている袋から同時に4個の球を取り出すとき, 取り出した4個のうち少なくとも2個が赤球である確率を求めよ。 [(1) 九州産大, (2) 学習院大]

(1) 「BがAの隣にならない」という事象は,「BがAの隣になる」という事象の余事象である。

5枚のカードの並べ方の総数は　　$5!$ 通り

このうち, BがAの隣になる場合は　　$4!\times 2$ 通り

よって, BがAの隣になる確率は　　$\dfrac{4!\times 2}{5!}=\dfrac{2}{5}$

したがって, 求める確率は　　$1-\dfrac{2}{5}=\mathbf{\dfrac{3}{5}}$

別解　5枚のカードの並べ方の総数は　　$5!$ 通り

C, D, Eの3枚のカードの並べ方は　　$3!$ 通り

この3枚の間および両端の4か所にA, Bを並べる方法は
$_4P_2$ 通り

よって, BがAの隣にならない並べ方は　　$3!\times {}_4P_2$ 通り

したがって, 求める確率は　　$\dfrac{3!\times {}_4P_2}{5!}=\mathbf{\dfrac{3}{5}}$

(2) 球の取り出し方の総数は　　$_{10}C_4$ 通り

少なくとも2個が赤球である場合の余事象, すなわち赤球が1個以下となる場合の確率を調べる。

[1] 白球4個となる確率は　　$\dfrac{_6C_4}{_{10}C_4}=\dfrac{15}{210}$

[2] 赤球1個, 白球3個となる確率は　　$\dfrac{_4C_1\times {}_6C_3}{_{10}C_4}=\dfrac{4\times 20}{210}$

したがって, 求める確率は

$$1-\left(\frac{15}{210}+\frac{80}{210}\right)=1-\frac{19}{42}=\mathbf{\frac{23}{42}}$$

「…でない」には余事象が近道

←D (A B) C E

←余事象の確率

←◌C◌D◌E◌
隣り合わないものは, **後から間または両端に入れる** という考え方。

少なくとも……には余事象が近道

←事象[1], [2]は互いに排反。

←余事象の確率

練習 ③45
1から200までの整数が1つずつ記入された200本のくじがある。これから1本を引くとき, それに記入された数が2の倍数でもなく, 3の倍数でもない確率を求めよ。 [岡山大]

200本のくじから1本のくじを引いたとき, それに記入された数が2の倍数, 3の倍数である事象をそれぞれ A, B とする。

記入された数が2の倍数でもなく, 3の倍数でもない事象は

$\overline{A}\cap\overline{B}$ すなわち $\overline{A\cup B}$ で表され

$$P(\overline{A\cup B})=1-P(A\cup B),$$
$$P(A\cup B)=P(A)+P(B)-P(A\cap B)$$

ここで, $A\cap B$ は, 記入された数が $2\times 3=6$ の倍数である事象であり $\dfrac{200}{2}=100$, $\dfrac{200}{3}=66.6\cdots\cdots$, $\dfrac{200}{6}=33.3\cdots\cdots$ であるから　　$n(A)=100$, $n(B)=66$, $n(A\cap B)=33$

よって　　$P(A\cup B)=\dfrac{100}{200}+\dfrac{66}{200}-\dfrac{33}{200}=\dfrac{133}{200}$

←ド・モルガンの法則

←$A\cap B\neq\varnothing$ であるから和事象の確率。

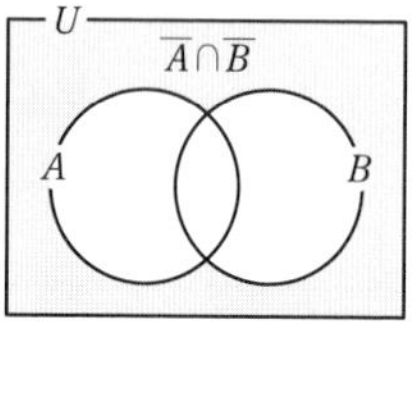

したがって，求める確率は

$$P(\overline{A}\cap\overline{B})=P(\overline{A\cup B})=1-P(A\cup B)$$
$$=1-\frac{133}{200}=\mathbf{\frac{67}{200}}$$

←余事象の確率

練習 ③46 ジョーカーを除く1組52枚のトランプから同時に2枚取り出すとき，少なくとも1枚がハートであるという事象をA，2枚のマーク（スペード，ハート，ダイヤ，クラブ）が異なるという事象をBとする。このとき，次の確率を求めよ。
(1) AまたはBが起こる確率　　(2) A，Bのどちらか一方だけが起こる確率

(1) Aの余事象$\overline{A}$は，2枚ともハートでないという事象であるから　$P(A)=1-P(\overline{A})=1-\frac{{}_{39}C_2}{{}_{52}C_2}=1-\frac{19}{34}=\frac{15}{34}$

←余事象の確率を利用。

事象Bについて，異なる2つのマークの選び方は${}_4C_2$通りあり，そのおのおのについて，13通りずつのカードの選び方があるから　$P(B)=\frac{{}_4C_2\times13^2}{{}_{52}C_2}=\frac{6\cdot13^2}{26\cdot51}=\frac{26}{34}$

←余事象$\overline{B}$を考えて，次のようにしてもよい。マークが同じとなるのは4通りあり，そのおのおのについて，${}_{13}C_2$通りずつの選び方があるから
$P(B)=1-P(\overline{B})$
$=1-\frac{4\times{}_{13}C_2}{{}_{52}C_2}$
$=\frac{13}{17}\left(=\frac{26}{34}\right)$

更に，事象$A\cap B$は1枚がハート，もう1枚がハート以外のマークとなる場合であるから

$$P(A\cap B)=\frac{{}_{13}C_1\times{}_{39}C_1}{{}_{52}C_2}=\frac{13\cdot39}{26\cdot51}=\frac{13}{34}$$

よって，求める確率は

$$P(A\cup B)=P(A)+P(B)-P(A\cap B)$$
$$=\frac{15}{34}+\frac{26}{34}-\frac{13}{34}=\mathbf{\frac{14}{17}}$$

←和事象の確率

(2) A，Bのどちらか一方だけが起こるという事象は，$(A\cap\overline{B})\cup(\overline{A}\cap B)$で表され，2つの事象$A\cap\overline{B}$，$\overline{A}\cap B$は互いに排反である。

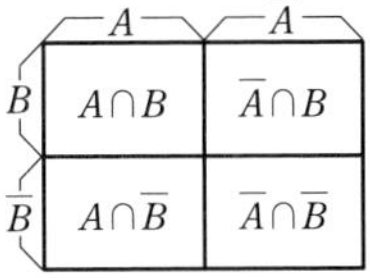

ここで　$P(A\cap\overline{B})=P(A)-P(A\cap B)=\frac{15}{34}-\frac{13}{34}=\frac{2}{34}$

$P(\overline{A}\cap B)=P(B)-P(A\cap B)=\frac{26}{34}-\frac{13}{34}=\frac{13}{34}$

よって，求める確率は

$$P(A\cap\overline{B})+P(\overline{A}\cap B)=\frac{2}{34}+\frac{13}{34}=\mathbf{\frac{15}{34}}$$

←加法定理

別解　$P(A\cap\overline{B})+P(\overline{A}\cap B)=P(A\cup B)-P(A\cap B)$
$$=\frac{28}{34}-\frac{13}{34}=\mathbf{\frac{15}{34}}$$

練習 ②47 (1) 1つのさいころを3回投げるとき，次の確率を求めよ。
(ア) 少なくとも1回は1の目が出る確率
(イ) 1回目は1の目，2回目は2以下の目，3回目は4以上の目が出る確率

(2) 弓道部員の3人A，B，Cが矢を的に当てる確率はそれぞれ$\frac{3}{4}$，$\frac{2}{3}$，$\frac{2}{5}$であるという。この3人が1人1回ずつ的に向けて矢を放つとき，次の確率を求めよ。
(ア) Aだけが的に当てる確率　　(イ) Aを含めた2人だけが的に当てる確率

(1) さいころを投げる3回の試行は独立である。

(ア) 3回とも1の目が出ない確率は $\left(\frac{5}{6}\right)^3=\frac{125}{216}$

←独立 ⟶ 確率を掛ける

ゆえに，求める確率は $1-\frac{125}{216}=\mathbf{\frac{91}{216}}$

←余事象の確率

(イ) 条件を満たすのは，1回目は1の目，2回目は1，2の目，3回目は4，5，6の目が出る場合である。

ゆえに，求める確率は $\frac{1}{6}\cdot\frac{2}{6}\cdot\frac{3}{6}=\mathbf{\frac{1}{36}}$

←独立 ⟶ 確率を掛ける

(2) A，B，Cの3人が1人1回ずつ的に向けて矢を放つという試行は独立である。

(ア) Aだけが的に当てるとき，B，Cは的を外すから，求める確率は

$$\frac{3}{4}\cdot\left(1-\frac{2}{3}\right)\cdot\left(1-\frac{2}{5}\right)=\frac{3}{4}\cdot\frac{1}{3}\cdot\frac{3}{5}=\mathbf{\frac{3}{20}}$$

←(的を外す確率)=1−(的に当てる確率)

(イ) Aを含めた2人だけが的に当てるには

[1] A，Bが的に当て，Cが的を外す

[2] A，Cが的に当て，Bが的を外す

の場合がある。

[1]，[2]は互いに排反であるから，求める確率は

$$\frac{3}{4}\cdot\frac{2}{3}\cdot\left(1-\frac{2}{5}\right)+\frac{3}{4}\cdot\left(1-\frac{2}{3}\right)\cdot\frac{2}{5}=\frac{3}{10}+\frac{1}{10}=\mathbf{\frac{2}{5}}$$

←排反 ⟶ 確率を加える

練習 ②48 袋Aには白玉5個と黒玉1個と赤玉1個，袋Bには白玉3個と赤玉2個が入っている。このとき，次の確率を求めよ。

(1) 袋A，Bから玉をそれぞれ2個ずつ取り出すとき，取り出した玉が白玉3個と赤玉1個である確率

(2) 袋Aから玉を1個取り出し，色を調べてからもとに戻すことを4回繰り返すとき，白玉を3回，赤玉を1回取り出す確率

(1) 袋Aから玉を2個取り出す試行と，袋Bから玉を2個取り出す試行は独立である。

取り出された合計4個の玉が，白玉3個と赤玉1個となるのは，次のような場合である。

[1] 袋Aから白玉1個と赤玉1個を取り出し，袋Bから白玉2個を取り出す。

その確率は $\frac{{}_1C_1\times{}_5C_1}{{}_7C_2}\times\frac{{}_3C_2}{{}_5C_2}=\frac{5}{21}\times\frac{3}{10}=\frac{1}{14}$

←独立 ⟶ 確率を掛ける

[2] 袋Aから白玉2個を取り出し，袋Bから白玉1個と赤玉1個を取り出す。

その確率は $\frac{{}_5C_2}{{}_7C_2}\times\frac{{}_3C_1\times{}_2C_1}{{}_5C_2}=\frac{10}{21}\times\frac{6}{10}=\frac{4}{14}$

←独立 ⟶ 確率を掛ける

[1]，[2]は互いに排反であるから，求める確率は

$$\frac{1}{14}+\frac{4}{14}=\mathbf{\frac{5}{14}}$$

←排反 ⟶ 確率を加える

(2) 玉を取り出す4回の試行は独立である。

1回の試行で白玉を取り出す確率は $\frac{5}{7}$,

赤玉を取り出す確率は $\frac{1}{7}$

4回玉を取り出すとき，白玉が3回，赤玉が1回出る場合は，$_4C_1$ 通りあり，それぞれが起こる事象は互いに排反である。

したがって，求める確率は

$$\frac{5}{7}\times\frac{5}{7}\times\frac{5}{7}\times\frac{1}{7}\times{}_4C_1=\frac{5^3\cdot4}{7^4}=\mathbf{\frac{500}{2401}}$$

←4回中赤玉が出る回を選ぶと考えて $_4C_1$ 通り。

練習 ②49 1個のさいころを4回投げるとき，3の目が2回出る確率は ア[ ] であり，5以上の目が3回以上出る確率は イ[ ] である。また，少なくとも1回3の倍数の目が出る確率は ウ[ ] である。
〔類 東京農大〕

(ア) $_4C_2\left(\frac{1}{6}\right)^2\left(\frac{5}{6}\right)^2=6\times\frac{25}{6^4}=\mathbf{\frac{25}{216}}$

←$_nC_rp^r(1-p)^{n-r}$ で $n=4$, $r=2$, $p=\frac{1}{6}$, $1-p=1-\frac{1}{6}=\frac{5}{6}$

(イ) 5以上の目が3回以上出るのは,「5または6の目」が3回または4回出る場合である。

したがって，求める確率は

$$_4C_3\left(\frac{2}{6}\right)^3\left(\frac{4}{6}\right)^1+\left(\frac{2}{6}\right)^4=\frac{8}{81}+\frac{1}{81}=\mathbf{\frac{1}{9}}$$

←3回出るという事象と4回出るという事象は互いに **排反**
⟶ **確率を加える。**

(ウ) 3の倍数の目は3と6であるから，4回投げて3の倍数の目が1回も出ない確率は $\left(\frac{4}{6}\right)^4=\left(\frac{2}{3}\right)^4=\frac{16}{81}$

ゆえに，4回投げて少なくとも1回3の倍数の目が出る確率は

$$1-\frac{16}{81}=\mathbf{\frac{65}{81}}$$

←**余事象の確率**

練習 ②50 1個のさいころを投げる試行を繰り返す。奇数の目が出たらAの勝ち，偶数の目が出たらBの勝ちとし，どちらかが4連勝したら試行を終了する。
(1) この試行が4回で終了する確率を求めよ。
(2) この試行が5回以上続き，かつ，4回目がAの勝ちである確率を求めよ。 〔類 広島大〕

1回の試行で，A，Bが勝つ確率はともに $\frac{3}{6}=\frac{1}{2}$

(1) この試行が4回で終了するのは，Aが4連勝またはBが4連勝する場合である。

したがって，求める確率は

$$\left(\frac{1}{2}\right)^4+\left(\frac{1}{2}\right)^4=\frac{2}{16}=\mathbf{\frac{1}{8}}$$

(2) 条件を満たすのは，1回目から3回目までにBが少なくとも1勝し(すなわちAが3連勝しない)，かつ4回目にAが勝つ場合である。

←5回目はどちらが勝っても条件は満たされる。

したがって，求める確率は

$$\left\{1-\left(\frac{1}{2}\right)^3\right\}\times\frac{1}{2}=\frac{7}{8}\cdot\frac{1}{2}=\mathbf{\frac{7}{16}}$$

←**余事象の確率**

練習 ②51 1個のさいころを4回投げるとき，次の確率を求めよ。
(1) 出る目がすべて3以上である確率　(2) 出る目の最小値が3である確率
(3) 出る目の最大値が3である確率

(1) さいころを1回投げるとき，出る目が3以上である確率は $\frac{4}{6}=\frac{2}{3}$ であるから，求める確率は $\quad {}_4C_4\left(\frac{2}{3}\right)^4\left(\frac{1}{3}\right)^0=\mathbf{\frac{16}{81}}$

←直ちに $\left(\frac{2}{3}\right)^4=\frac{16}{81}$ としてもよい。

(2) 出る目の最小値が3であるという事象は，出る目がすべて3以上であるという事象から，出る目がすべて4以上であるという事象を除いたものと考えられる。

さいころを1回投げるとき，出る目が4以上である確率は $\frac{3}{6}$

←後の確率を求める計算がしやすいように，約分しないでおく。

したがって，求める確率は

$$\frac{16}{81}-{}_4C_4\left(\frac{3}{6}\right)^4\left(\frac{3}{6}\right)^0=\left(\frac{4}{6}\right)^4-\left(\frac{3}{6}\right)^4=\frac{4^4-3^4}{6^4}=\mathbf{\frac{175}{1296}}$$

←(すべて3以上の確率)−(すべて4以上の確率)

(3) 出る目の最大値が3であるという事象は，出る目がすべて3以下であるという事象から，出る目がすべて2以下であるという事象を除いたものと考えられる。

さいころを1回投げるとき，出る目が3以下である確率は $\frac{3}{6}$，2以下である確率は $\frac{2}{6}$ であるから，求める確率は

$$\left(\frac{3}{6}\right)^4-\left(\frac{2}{6}\right)^4=\frac{3^4-2^4}{6^4}=\mathbf{\frac{65}{1296}}$$

←(すべて3以下の確率)−(すべて2以下の確率)

練習 ②52 点Pは初め数直線上の原点Oにあり，さいころを1回投げるごとに，偶数の目が出たら数直線上を正の方向に3，奇数の目が出たら負の方向に2だけ進む。10回さいころを投げるとき，次の確率を求めよ。
(1) 点Pが原点Oにある確率
(2) 点Pの座標が19以下である確率　〔北里大〕

さいころを1回投げて，偶数の目が出るという事象を A とすると $\quad P(A)=\frac{3}{6}=\frac{1}{2}$

また $\quad 1-P(A)=\frac{1}{2}$

←奇数の目が出る確率。

(1) さいころを10回投げたとき，Pが原点Oにあるとする。
このとき，偶数の目が r 回出たとすると

$$3r+(-2)(10-r)=0$$

←奇数の目は $(10-r)$ 回。
←方程式から r の値を決定する。

これを解くと $\quad r=4$
よって，Pが原点にあるのは，10回のうち A がちょうど4回起こる場合である。
したがって，求める確率は

$$ {}_{10}C_4\left(\frac{1}{2}\right)^4\left(\frac{1}{2}\right)^6=210\cdot\frac{1}{2^{10}}=\mathbf{\frac{105}{512}}$$

← ${}_nC_rp^r(1-p)^{n-r}$ で $n=10,\ r=4,\ p=\frac{1}{2}$

(2) さいころを10回投げたとき，Pの座標が19以下であるとする。このとき，偶数の目がr回出たとすると

$$3r+(-2)(10-r)\leqq 19$$

←不等式からrの値の範囲を決定する。

これを解くと　　$r\leqq\dfrac{39}{5}$ …… ①

rは$0\leqq r\leqq 10$を満たす整数であるから，①を満たすrは

$$r=0,\ 1,\ 2,\ 3,\ 4,\ 5,\ 6,\ 7$$

$r=8,\ 9,\ 10$のいずれかとなる場合の確率は

←偶数の目が0〜7回出る確率を求めようとすると計算が大変。そこで，余事象を考える。

$$ {}_{10}C_8\left(\frac{1}{2}\right)^8\left(\frac{1}{2}\right)^2+{}_{10}C_9\left(\frac{1}{2}\right)^9\cdot\frac{1}{2}+{}_{10}C_{10}\left(\frac{1}{2}\right)^{10}$$

$$={}_{10}C_2\left(\frac{1}{2}\right)^{10}+{}_{10}C_1\left(\frac{1}{2}\right)^{10}+1\cdot\left(\frac{1}{2}\right)^{10}$$

$$=(45+10+1)\left(\frac{1}{2}\right)^{10}=56\cdot\frac{1}{2^{10}}=\frac{7}{128}$$

したがって，求める確率は　　$1-\dfrac{7}{128}=\boldsymbol{\dfrac{121}{128}}$

練習 ③53

Aチームと Bチームがサッカーの試合を5回行う。どの試合でも，Aチームが勝つ確率は$\dfrac{1}{2}$，Bチームが勝つ確率は$\dfrac{1}{4}$，引き分けとなる確率は$\dfrac{1}{4}$である。

(1) Aチームの試合結果が2勝2敗1引き分けとなる確率を求めよ。

(2) 両チームの勝ち数が同じになる確率を求めよ。

A，Bはそれぞれそのチームが勝つことを表す。また，引き分けを△で表す。

(1) Aチームの試合結果が2勝2敗1引き分けとなるのは，A2個，B2個，△1個の順列に対応する。

←A，A，B，B，△の順列の総数は${}_5C_2\times{}_3C_2$として求めてもよい。

よって，求める確率は

$$\frac{5!}{2!2!1!}\left(\frac{1}{2}\right)^2\left(\frac{1}{4}\right)^2\cdot\frac{1}{4}=\frac{30}{2^8}=\boldsymbol{\frac{15}{128}}$$

(2) △（引き分け）の回数をx（xは整数，$0\leqq x\leqq 5$）とすると，勝負がついた回数は$5-x$で表される。

両チームの勝ち数が同じになるのは，$5-x$が偶数になるときで，$0\leqq 5-x\leqq 5$であるから，$5-x=0,\ 2,\ 4$より　　$x=5,\ 3,\ 1$

両チームの勝ち数が同じになるには，次の場合が考えられる。

[1] 5回すべて△

[2] A1回，B1回，△3回　　←1勝1敗3分け

[3] A2回，B2回，△1回　　←2勝2敗1分け

[1]〜[3]の事象は互いに排反であるから，求める確率は

←[3]の確率は，(1)の結果を利用する。

$$\left(\frac{1}{4}\right)^5+\frac{5!}{1!1!3!}\cdot\frac{1}{2}\cdot\frac{1}{4}\left(\frac{1}{4}\right)^3+\frac{30}{2^8}$$

$$=\frac{1}{2^{10}}+\frac{20}{2^9}+\frac{30}{2^8}=\frac{1+40+120}{2^{10}}=\boldsymbol{\frac{161}{1024}}$$

練習 ③54 右の図のような格子状の道がある。スタートの場所から出発し，コインを投げて，表が出たら右へ1区画進み，裏が出たら上へ1区画進むとする。ただし，右の端で表が出たときと，上の端で裏が出たときは動かないものとする。

(1) 7回コインを投げたときに，Aを通りゴールに到達する確率を求めよ。

(2) 8回コインを投げてもゴールに到達できない確率を求めよ。〔類 島根大〕

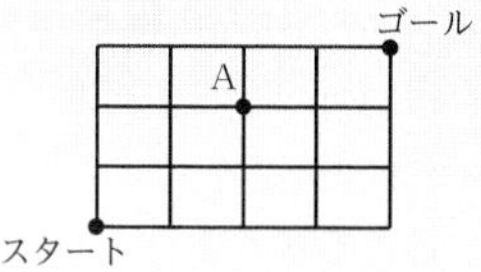

(1) Aを通ってゴールに到達するのは，4回中，表が2回，裏が2回出てAに至り，次の3回中，表が2回，裏が1回出てゴールに到達する場合である。

したがって，求める確率は

$${}_4C_2\left(\frac{1}{2}\right)^2\left(\frac{1}{2}\right)^2\times{}_3C_2\left(\frac{1}{2}\right)^2\left(\frac{1}{2}\right)=\frac{3}{8}\cdot\frac{3}{8}=\mathbf{\frac{9}{64}}$$

←反復試行の確率。

(2) 8回コインを投げたとき，表の出た回数を x，裏の出た回数を y とすると，8回コインを投げてゴールに到達するのは，$x\geqq4$ かつ $y\geqq3$ となるときであるから

$$(x,\ y)=(4,\ 4),\ (5,\ 3)$$

よって，8回コインを投げてゴールに到達する確率は

$${}_8C_4\left(\frac{1}{2}\right)^4\left(\frac{1}{2}\right)^4+{}_8C_5\left(\frac{1}{2}\right)^5\left(\frac{1}{2}\right)^3=\left(\frac{1}{2}\right)^8(70+56)$$

$$=\frac{126}{2^8}$$

$$=\frac{63}{128}$$

したがって，求める確率は　$1-\dfrac{63}{128}=\mathbf{\dfrac{65}{128}}$

(2) 余事象の確率を利用すると早い。

←$x\geqq4$ かつ $y\geqq3$ また $x+y=8$

←1−(ゴールに到達する確率)

検討 (2) 8回コインを投げてゴールに到達できないのは，

$$(x,\ y)=(0,\ 8),\ (1,\ 7),\ (2,\ 6),\ (3,\ 5),\ (6,\ 2),\ (7,\ 1),\ (8,\ 0)$$

のときである。

このように回数を調べ，反復試行の確率の公式を使って計算してもよい。しかし，計算量は先に示した余事象の確率を利用する解答の方がずっと少なく，らくである。

←$x\leqq3$ または $y\leqq2$ また $x+y=8$

練習 ③55 右図のように，東西に6本，南北に6本，等間隔に道がある。ロボットAはS地点からT地点まで，ロボットBはT地点からS地点まで最短距離の道を等速で動く。なお，各地点で最短距離で行くために選べる道が2つ以上ある場合，どの道を選ぶかは同様に確からしい。ロボットAはS地点から，ロボットBはT地点から同時に出発するとき，ロボットAとBが出会う確率を求めよ。

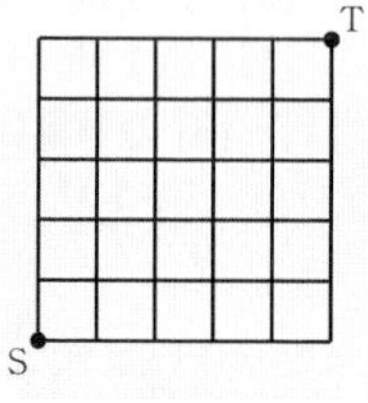

右図のように，地点C，D，E，F，G，Hを定める。

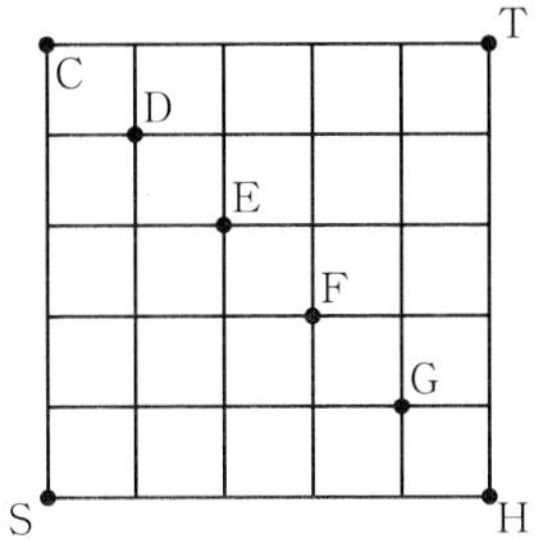

ロボットAとBが出会う可能性がある地点は，S地点とT地点から等距離にあるC，D，E，F，G，Hの6地点である。
ロボットAだけがS地点から出発して5区画進んだとき，C～Hの各地点にいる確率をそれぞれ，$p(\mathrm{C})$，$p(\mathrm{D})$，$p(\mathrm{E})$，$p(\mathrm{F})$，$p(\mathrm{G})$，$p(\mathrm{H})$ とすると，図形の対称性により　$p(\mathrm{C})=p(\mathrm{H})=\left(\frac{1}{2}\right)^5=\frac{1}{32}$，

←対角線STに関する対称性に着目。

$$p(\mathrm{D})=p(\mathrm{G})={}_5\mathrm{C}_1\left(\frac{1}{2}\right)^1\left(\frac{1}{2}\right)^4=5\left(\frac{1}{2}\right)^5=\frac{5}{32},$$

$$p(\mathrm{E})=p(\mathrm{F})={}_5\mathrm{C}_2\left(\frac{1}{2}\right)^2\left(\frac{1}{2}\right)^3=10\left(\frac{1}{2}\right)^5=\frac{10}{32}$$

←S ⟶ Dの道順は →1個，↑4個の順列
S ⟶ Gの道順は →4個，↑1個の順列
で　${}_5\mathrm{C}_1={}_5\mathrm{C}_4=5$（通り）

ロボットBについても同様であるから，ロボットAとロボットBが出会う確率は

$$2\times\left\{\left(\frac{1}{32}\right)^2+\left(\frac{5}{32}\right)^2+\left(\frac{10}{32}\right)^2\right\}=2\times\frac{126}{32^2}=\frac{2^2\cdot 63}{(2^5)^2}=\boldsymbol{\frac{63}{256}}$$

練習 ④56　動点Pが正五角形ABCDEの頂点Aから出発して正五角形の周上を動くものとする。Pがある頂点にいるとき，1秒後にはその頂点に隣接する2頂点のどちらかにそれぞれ確率 $\frac{1}{2}$ で移っているものとする。
(1)　PがAから出発して3秒後にEにいる確率を求めよ。
(2)　PがAから出発して4秒後にBにいる確率を求めよ。
(3)　PがAから出発して9秒後にAにいる確率を求めよ。　［類　産能大］

下の図のように，正五角形の頂点を数直線上の点に対応させる。
また，動点Pが正五角形の周上を反時計回りに移動することを数直線上の正の方向の移動，時計回りに移動することを数直線上の負の方向の移動と考える。

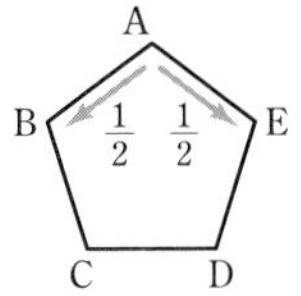

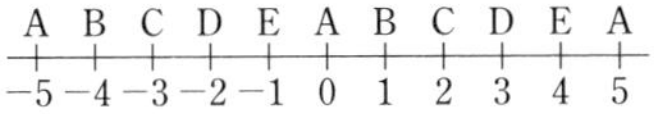

ゆえに，n 回の移動のうち，反時計回りに k 回，時計回りに $n-k$ 回動いたときのPの位置を，数直線上の座標で表すと

$$k-(n-k)=2k-n\qquad(n,\ k \text{ は整数，} 0\leqq k\leqq n)$$

(1)　Pが3秒後にEにいるとき，数直線上での座標は -1 と考えられる。$2k-3=-1$ とすると　　$k=1$
よって，Pが3秒後にEにいるのは，反時計回りに1回，時計回りに2回動いた場合である。
したがって，求める確率は　　${}_3\mathrm{C}_1\left(\frac{1}{2}\right)\left(\frac{1}{2}\right)^2=\boldsymbol{\frac{3}{8}}$

←3回の移動であるから　$-3\leqq 2k-3\leqq 3$

(2) Pが4秒後にBにいるとき，数直線上での座標は1または-4と考えられる。

$2k-4=1$ とすると　$k=\dfrac{5}{2}$，　$2k-4=-4$ とすると　$k=0$

$0 \leqq k \leqq 4$ を満たす整数であるものは　　$k=0$

よって，Pが4秒後にBにいるのは，時計回りに4回動いた場合である。

したがって，求める確率は　　$\left(\dfrac{1}{2}\right)^4=\boldsymbol{\dfrac{1}{16}}$

(3) Pが9秒後にAにいるとき，数直線上での座標は-5または0または5と考えられる。

$2k-9=-5$ とすると　$k=2$，　$2k-9=0$ とすると　$k=\dfrac{9}{2}$

$2k-9=5$ とすると　$k=7$

$0 \leqq k \leqq 9$ を満たす整数であるものは　　$k=2,\ 7$

よって，Pが9秒後にAにいるのは，反時計回りに2回，時計回りに7回動くか，反時計回りに7回，時計回りに2回動いた場合である。

したがって，求める確率は

$${}_9C_2\left(\frac{1}{2}\right)^2\left(\frac{1}{2}\right)^7+{}_9C_7\left(\frac{1}{2}\right)^7\left(\frac{1}{2}\right)^2=\frac{36+36}{2^9}=\boldsymbol{\frac{9}{64}}$$

検討　(1)，(2)は条件を満たす移動を数え上げる方針で考えてもよい。

(1)

A ⟶ B ⟶ A ⟶ E，

A ⟶ E ⟶ A ⟶ E，

A ⟶ E ⟶ D ⟶ E

よって　$3\times\left(\dfrac{1}{2}\right)^3=\boldsymbol{\dfrac{3}{8}}$

(2) A ⟶ E ⟶ D ⟶ C ⟶ B

よって　$\left(\dfrac{1}{2}\right)^4=\boldsymbol{\dfrac{1}{16}}$

←加法定理

練習 ⑤57　さいころを振る操作を繰り返し，1の目が3回出たらこの操作を終了する。3以上の自然数nに対し，n回目にこの操作が終了する確率をp_nとするとき，p_nの値が最大となるnの値を求めよ。
〔京都産大〕

p_nは，$(n-1)$回までに1の目が2回，他の目が$(n-3)$回出て，n回目に1の目が出る確率であるから

$$p_n={}_{n-1}C_2\left(\frac{1}{6}\right)^2\left(\frac{5}{6}\right)^{n-3}\times\frac{1}{6}=\frac{(n-1)(n-2)}{2}\cdot\frac{5^{n-3}}{6^n}$$

←$\dfrac{5^{n-3}}{6^{2+(n-3)+1}}=\dfrac{5^{n-3}}{6^n}$

よって　$\dfrac{p_{n+1}}{p_n}=\dfrac{n(n-1)}{2}\cdot\dfrac{5^{n-2}}{6^{n+1}}\times\dfrac{2}{(n-1)(n-2)}\cdot\dfrac{6^n}{5^{n-3}}$

$=\dfrac{5}{6}\cdot\dfrac{n}{n-2}$

←$\dfrac{5^{n-2}}{6^{n+1}}\cdot\dfrac{6^n}{5^{n-3}}=\dfrac{5^{(n-3)+1}}{6^n\cdot 6}\cdot\dfrac{6^n}{5^{n-3}}=\dfrac{5}{6}$

$\dfrac{p_{n+1}}{p_n}>1$ とすると　　$\dfrac{5n}{6(n-2)}>1$

$6(n-2)>0$ であるから　$5n>6(n-2)$　　ゆえに　$n<12$

←$n \geqq 3$ であるから $6(n-2)>0$

よって，$3 \leqq n \leqq 11$ のとき　　$p_n<p_{n+1}$

$\dfrac{p_{n+1}}{p_n}<1$ とすると　　$5n<6(n-2)$　　ゆえに　$n>12$

←$\dfrac{5n}{6(n-2)}<1$ の両辺に正の数$6(n-2)$を掛けて分母を払う。

よって，$n \geqq 13$ のとき　　$p_n>p_{n+1}$

なお，$n=12$ のとき，$\dfrac{p_{n+1}}{p_n}=1$ となるから　　$p_n=p_{n+1}$

ゆえに　　$p_3<p_4<\cdots\cdots<p_{12}$，$p_{12}=p_{13}$，$p_{13}>p_{14}>\cdots\cdots$

よって，p_nの値が最大となるのは $\boldsymbol{n=12,\ 13}$ のときである。

別解 ［$p_{n+1}-p_n$ の符号を調べる方針］

$$p_{n+1}-p_n=\frac{n(n-1)}{2}\cdot\frac{5^{n-2}}{6^{n+1}}-\frac{(n-1)(n-2)}{2}\cdot\frac{5^{n-3}}{6^n}$$
$$=\frac{n-1}{2}\cdot\frac{5^{n-3}}{6^{n+1}}\{5n-6(n-2)\}$$
$$=\frac{n-1}{2}\cdot\frac{5^{n-3}}{6^{n+1}}(12-n)$$

ここで，$\frac{n-1}{2}\cdot\frac{5^{n-3}}{6^{n+1}}>0$ であるから，$p_{n+1}-p_n$ の符号は $12-n$ の符号と一致する。

$3\leqq n\leqq 11$ のとき　$p_{n+1}-p_n>0$ から　$p_n<p_{n+1}$
$n=12$ のとき　$p_{n+1}-p_n=0$ から　$p_n=p_{n+1}$
$n\geqq 13$ のとき　$p_{n+1}-p_n<0$ から　$p_n>p_{n+1}$
ゆえに　$p_3<p_4<\cdots\cdots<p_{12}$，$p_{12}=p_{13}$，$p_{13}>p_{14}>\cdots\cdots$
したがって，p_n の値が最大となるのは $\boldsymbol{n=12,\ 13}$ のときである。

←差 $p_{n+1}-p_n$ と 0 との大小を比べる。

←$12-n=0$ とすると $n=12$
よって，$3\leqq n\leqq 11$，$n=12$，$n\geqq 13$ で分ける。

練習 ①58 1 から 15 までの番号が付いたカードが 15 枚入っている箱から，カードを 1 枚取り出し，それをもとに戻さないで，続けてもう 1 枚取り出す。
(1) 1 回目に奇数が出たとき，2 回目も奇数が出る確率を求めよ。
(2) 1 回目に偶数が出たとき，2 回目は奇数が出る確率を求めよ。

1 回目に奇数が出るという事象を A，2 回目に奇数が出るという事象を B とする。

(1) 求める確率は　$P_A(B)$
1 回目に奇数が出たとき，2 回目は奇数 7 枚，偶数 7 枚の計 14 枚の中からカードを取り出すことになる。
したがって　$P_A(B)=\frac{7}{14}=\boldsymbol{\frac{1}{2}}$

←15 枚のカードのうち奇数は 8 枚，偶数は 7 枚ある。

(2) 求める確率は　$P_{\overline{A}}(B)$
1 回目に偶数が出たとき，2 回目は奇数 8 枚，偶数 6 枚の計 14 枚の中からカードを取り出すことになる。
したがって　$P_{\overline{A}}(B)=\frac{8}{14}=\boldsymbol{\frac{4}{7}}$

別解 (1) $P(A)=\frac{8}{15}$，$P(A\cap B)=\frac{{}_8\mathrm{P}_2}{{}_{15}\mathrm{P}_2}=\frac{4}{15}$

よって　$P_A(B)=\frac{P(A\cap B)}{P(A)}=\boldsymbol{\frac{1}{2}}$

(2) $P(\overline{A})=\frac{7}{15}$，$P(\overline{A}\cap B)=\frac{{}_7\mathrm{P}_1\times{}_8\mathrm{P}_1}{{}_{15}\mathrm{P}_2}=\frac{4}{15}$

よって　$P_{\overline{A}}(B)=\frac{P(\overline{A}\cap B)}{P(\overline{A})}=\boldsymbol{\frac{4}{7}}$

←条件付き確率の定義式に当てはめて考える。

練習 ③59 2個のさいころを同時に1回投げる。出る目の和を5で割った余りをX，出る目の積を5で割った余りをYとするとき，次の確率を求めよ。
(1) $X=2$ である条件のもとで $Y=2$ である確率
(2) $Y=2$ である条件のもとで $X=2$ である確率

$X=2$ であるという事象を A，$Y=2$ であるという事象を B とし，2個のさいころの出た目を x，y とする。

(1) $X=2$ となるのは，和が2，7，12のときである。

[1] $x+y=2$ のとき　$(x,\ y)=(1,\ 1)$ の1通り

[2] $x+y=7$ のとき
$(x,\ y)=(1,\ 6),\ (2,\ 5),\ (3,\ 4),\ (4,\ 3),\ (5,\ 2),\ (6,\ 1)$ の6通り

[3] $x+y=12$ のとき　$(x,\ y)=(6,\ 6)$ の1通り

ゆえに，$X=2$ となる場合の数は　$n(A)=1+6+1=8$

また，[1]～[3] の8通りの $(x,\ y)$ のうち，積 xy を5で割ると2余るものは，$(x,\ y)=(3,\ 4),\ (4,\ 3)$ の2通りであるから

$$n(A\cap B)=2$$

したがって，求める確率は

$$P_A(B)=\frac{n(A\cap B)}{n(A)}=\frac{2}{8}=\mathbf{\frac{1}{4}}$$

← $1\leqq x\leqq 6$，$1\leqq y\leqq 6$ であるから　$2\leqq x+y\leqq 12$
$x+y=2$ の場合を落とさないように注意する。
$2=5\cdot 0+2$ であるから，2も5で割って2余る数である。

← $3\cdot 4=4\cdot 3=12$，$12=5\cdot 2+2$

(2) $Y=2$ となるのは，積が2，12のときである。

[1] $xy=2$ のとき　$(x,\ y)=(1,\ 2),\ (2,\ 1)$ の2通り

[2] $xy=12$ のとき
$(x,\ y)=(2,\ 6),\ (3,\ 4),\ (4,\ 3),\ (6,\ 2)$ の4通り

ゆえに，$Y=2$ となる場合の数は　$n(B)=2+4=6$

したがって，求める確率は

$$P_B(A)=\frac{n(B\cap A)}{n(B)}=\frac{2}{6}=\mathbf{\frac{1}{3}}$$

← $1\leqq x\leqq 6$，$1\leqq y\leqq 6$ であるから　$1\leqq xy\leqq 36$
この範囲の xy において，5で割って2余るものは $xy=2,\ 7,\ 12,\ 17,\ 22,\ 27,\ 32$ であるが，$xy=7,\ 17,\ 22,\ 27,\ 32$ は起こりえない。

練習 ②60 8本のくじの中に当たりくじが3本ある。一度引いたくじはもとに戻さないで，初めにaが1本引き，次にbが1本引く。更にその後にaが1本引くとする。
(1) 初めにaが当たり，次にbがはずれ，更にその後にaがはずれる確率を求めよ。
(2) a，bともに1回ずつ当たる確率を求めよ。

a，b，aの順にくじを引くとき，1本目，2本目，3本目のくじが当たりであるという事象を，それぞれ A，B，C とする。

(1) $P(A)=\dfrac{3}{8}$，$P_A(\overline{B})=\dfrac{5}{7}$，$P_{A\cap\overline{B}}(\overline{C})=\dfrac{4}{6}$ であるから，求める確率は　$P(A\cap\overline{B}\cap\overline{C})=P(A)P_A(\overline{B})P_{A\cap\overline{B}}(\overline{C})$

$$=\frac{3}{8}\times\frac{5}{7}\times\frac{4}{6}=\mathbf{\frac{5}{28}}$$

←
	1本目	a○→	b×→
○	3	2	2
×	5	5	4
計	8	7	6

(○：当たり,×：はずれ)

(2) 当たることを○，はずれることを × で表す。

a，bともに1回ずつ当たるのは，次の場合である。

{a○，b○，a×}，{a×，b○，a○}

これらの事象は互いに排反である。
したがって，求める確率は

$$P(A\cap B\cap\overline{C})+P(\overline{A}\cap B\cap C)$$
$$=P(A)P_A(B)P_{A\cap B}(\overline{C})+P(\overline{A})P_{\overline{A}}(B)P_{\overline{A}\cap B}(C)$$
$$=\frac{3}{8}\times\frac{2}{7}\times\frac{5}{6}+\frac{5}{8}\times\frac{3}{7}\times\frac{2}{6}=\mathbf{\frac{5}{28}}$$

検討　当たりくじを引く確率は，くじを引く順序と関係なく一定であるから　$P(A\cap B\cap\overline{C})=P(\overline{A}\cap B\cap C)$

練習 ②61　袋Aには白球4個，黒球5個，袋Bには白球3個，黒球2個が入っている。まず，袋Aから2個を取り出して袋Bに入れ，次に袋Bから2個を取り出して袋Aに戻す。このとき，袋Aの中の白球，黒球の個数が初めと変わらない確率を求めよ。また，袋Aの中の白球の個数が初めより増加する確率を求めよ。

(前半)　袋Aの中の白球，黒球の個数が初めと変わらないのには
　[1]　袋Aから白球2個，袋Bから白球2個
　[2]　袋Aから白球・黒球1個ずつ，袋Bから白球・黒球1個ずつ
　[3]　袋Aから黒球2個，袋Bから黒球2個
のように取り出す場合があり，[1]～[3]の事象は互いに排反である。
また，袋Bから球を取り出すとき，袋Bの球の色と個数は
　[1]　白5，黒2　　[2]　白4，黒3　　[3]　白3，黒4
となるから，求める確率は

$$\frac{{}_4C_2}{{}_9C_2}\times\frac{{}_5C_2}{{}_7C_2}+\frac{{}_4C_1\cdot{}_5C_1}{{}_9C_2}\times\frac{{}_4C_1\cdot{}_3C_1}{{}_7C_2}+\frac{{}_5C_2}{{}_9C_2}\times\frac{{}_4C_2}{{}_7C_2}$$
$$=\frac{6}{36}\times\frac{10}{21}+\frac{20}{36}\times\frac{12}{21}+\frac{10}{36}\times\frac{6}{21}$$
$$=\frac{5+20+5}{63}=\mathbf{\frac{10}{21}}$$

←(袋Aから取り出す球の色・個数)=(袋Bから取り出す球の色・個数)

←加法定理

(後半)　袋Aの中の白球の個数が初めより増加するのには
　[1]　袋Aから白球・黒球1個ずつ，袋Bから白球2個
　[2]　袋Aから黒球2個，袋Bから白球・黒球1個ずつ
　[3]　袋Aから黒球2個，袋Bから白球2個
のように取り出す場合があり，[1]～[3]の事象は互いに排反である。
また，袋Bから球を取り出すとき，袋Bの球の色と個数は
　[1]　白4，黒3　　[2]，[3]　白3，黒4
となるから，求める確率は

$$\frac{{}_4C_1\cdot{}_5C_1}{{}_9C_2}\times\frac{{}_4C_2}{{}_7C_2}+\frac{{}_5C_2}{{}_9C_2}\times\frac{{}_3C_1\cdot{}_4C_1}{{}_7C_2}+\frac{{}_5C_2}{{}_9C_2}\times\frac{{}_3C_2}{{}_7C_2}$$
$$=\frac{20}{36}\times\frac{6}{21}+\frac{10}{36}\times\frac{12}{21}+\frac{10}{36}\times\frac{3}{21}$$
$$=\frac{10}{63}+\frac{10}{63}+\frac{5}{126}=\mathbf{\frac{5}{14}}$$

←(袋Aから取り出す白球の個数)<(袋Bから取り出す白球の個数)
なお，袋Aから白球2個を取り出した時点で，初めの状態から白球の個数が増加することはない。

←加法定理

練習 ③62 赤球3個と白球2個が入った袋の中から球を1個取り出し，その球と同じ色の球を1個加えて2個とも袋に戻す。この作業を3回繰り返すとき，次の確率を求めよ。
(1) 赤球を3回続けて取り出す確率
(2) 作業が終わった後，袋の中に赤球と白球が4個ずつ入っている確率

(1) 3回とも赤球が取り出されるとき，2回目，3回目の試行の直前の袋の中の赤球の数は，それぞれ4個，5個となるから，求める確率は　$\dfrac{3}{5}\times\dfrac{4}{6}\times\dfrac{5}{7}=\boldsymbol{\dfrac{2}{7}}$

←白球は毎回2個。

←$P(A\cap B\cap C)=P(A)P_A(B)P_{A\cap B}(C)$

(2) 3回の試行後に赤球4個，白球4個となるのは，3回のうち，赤球が1回，白球が2回取り出されるときである。
それには，1回目，2回目，3回目の順に
[1] 赤球 → 白球 → 白球
[2] 白球 → 赤球 → 白球
[3] 白球 → 白球 → 赤球
と取り出される場合がある。
[1]～[3] の事象は互いに排反であるから，求める確率は

$$\frac{3}{5}\times\frac{2}{6}\times\frac{3}{7}+\frac{2}{5}\times\frac{3}{6}\times\frac{3}{7}+\frac{2}{5}\times\frac{3}{6}\times\frac{3}{7}=\frac{3}{35}\times3=\boldsymbol{\frac{9}{35}}$$

←加法定理

参考　変化のようすを樹形図(tree)で表すと，次のようになる。

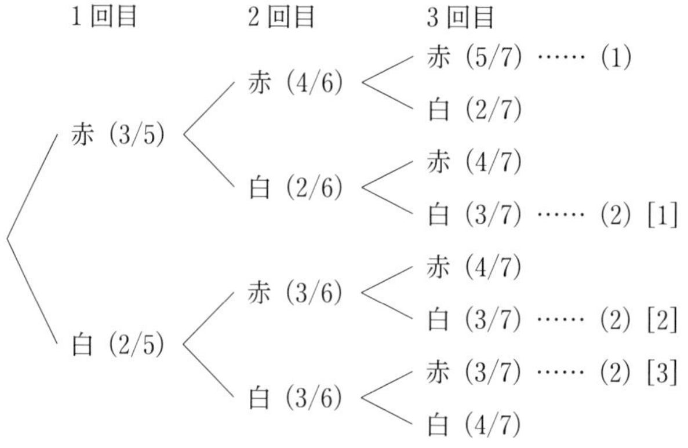

練習 ③63 集団Aでは4%の人が病気Xにかかっている。病気Xを診断する検査で，病気Xにかかっている人が正しく陽性と判定される確率は80%，病気Xにかかっていない人が誤って陽性と判定される確率は10%である。集団Aのある人がこの検査を受けたとき，次の確率を求めよ。
(1) その人が陽性と判定される確率
(2) 陽性と判定されたとき，その人が病気Xにかかっている確率　〔類 岐阜薬大〕

ある人が病気Xにかかっているという事象をX，陽性と判定されるという事象をYとすると

$$P(X)=\frac{4}{100},\ P(\overline{X})=1-\frac{4}{100}=\frac{96}{100},$$

$$P_X(Y)=\frac{80}{100},\ P_{\overline{X}}(Y)=\frac{10}{100}$$

←確率の条件を式に表す。

(1) 求める確率は $P(Y)$ であり

$$P(Y)=P(X\cap Y)+P(\overline{X}\cap Y)$$
$$=P(X)P_X(Y)+P(\overline{X})P_{\overline{X}}(Y)$$
$$=\frac{4}{100}\cdot\frac{80}{100}+\frac{96}{100}\cdot\frac{10}{100}$$
$$=\frac{320}{10000}+\frac{960}{10000}=\frac{1280}{10000}=\mathbf{\frac{16}{125}}$$

(2) 求める確率は $P_Y(X)$ であるから

$$P_Y(X)=\frac{P(Y\cap X)}{P(Y)}=\frac{320}{10000}\div\frac{1280}{10000}=\frac{32}{128}=\mathbf{\frac{1}{4}}$$

集団Aの人数を1000人とすると

	Y	$\overline{Y}$	計
X	32	8	40
$\overline{X}$	96	864	960
計	128	872	1000

(1)の確率は $\frac{128}{1000}=\frac{16}{125}$

(2)の確率は $\frac{32}{128}=\frac{1}{4}$

練習 ③64 ある電器店が，A社，B社，C社から同じ製品を仕入れた。A社，B社，C社から仕入れた比率は，4：3：2であり，製品が不良品である比率はそれぞれ3%，4%，5%であるという。いま，大量にある3社の製品をよく混ぜ，その中から任意に1個抜き取って調べたところ，不良品であった。これがB社から仕入れたものである確率を求めよ。　〔類 広島修道大〕

抜き取った1個の製品がA社，B社，C社のものであるという事象をそれぞれ A，B，C とし，不良品であるという事象を E とすると

$$P(A)=\frac{4}{9},\ P(B)=\frac{3}{9},\ P(C)=\frac{2}{9},$$

$$P_A(E)=\frac{3}{100},\ P_B(E)=\frac{4}{100},\ P_C(E)=\frac{5}{100}$$

求める確率は $P_E(B)$ である。

事象 $A\cap E$，$B\cap E$，$C\cap E$ は互いに排反であるから

$$P(E)=P(A\cap E)+P(B\cap E)+P(C\cap E)$$
$$=P(A)P_A(E)+P(B)P_B(E)+P(C)P_C(E)$$
$$=\frac{4}{9}\cdot\frac{3}{100}+\frac{3}{9}\cdot\frac{4}{100}+\frac{2}{9}\cdot\frac{5}{100}$$
$$=\frac{12}{900}+\frac{12}{900}+\frac{10}{900}=\frac{34}{900}$$

したがって　$P_E(B)=\frac{P(E\cap B)}{P(E)}=\frac{12}{900}\div\frac{34}{900}=\mathbf{\frac{6}{17}}$

検討　全部で900個の製品を，与えられた比率のように，3社から仕入れたと仮定すると

	仕入れ数	不良品
A社	400	12
B社	300	12
C社	200	10
計	900	34

よって，求める確率は

$\frac{12}{34}=\frac{6}{17}$

←$P(E\cap B)=P(B\cap E)$

練習 ②65 表に1，裏に2を記した1枚のコインCがある。
(1) コインCを1回投げ，出る数 x について x^2+4 を得点とする。このとき，得点の期待値を求めよ。
(2) コインCを3回投げるとき，出る数の和の期待値を求めよ。

(1) 出る数 x のとりうる値と得点，およびその確率を表にまとめると，右のようになる。よって，求める期待値は

$$5\times\frac{1}{2}+8\times\frac{1}{2}=\mathbf{\frac{13}{2}}\ (点)$$

x	1	2	
得点	5	8	計
確率	$\frac{1}{2}$	$\frac{1}{2}$	1

←**表にまとめる**とわかりやすい。

(2) 和を X とすると，X のとりうる値は　$X=3,\ 4,\ 5,\ 6$

$X=3$ となるのは，3回とも表が出る場合であるから，その確率は　$\left(\frac{1}{2}\right)^3=\frac{1}{8}$

←表を①，裏を②とすると，①3回，①2回・②1回，①1回・②2回，②3回　の場合がある。

$X=4$ となるのは，3 回のうち表が 2 回，裏が 1 回出た場合であるから，その確率は　${}_3C_2\left(\frac{1}{2}\right)^2\left(\frac{1}{2}\right)=\frac{3}{8}$

←反復試行の確率として計算。

$X=5$ となるのは，3 回のうち表が 1 回，裏が 2 回出た場合であるから，その確率は　${}_3C_1\left(\frac{1}{2}\right)\left(\frac{1}{2}\right)^2=\frac{3}{8}$

$X=6$ となるのは，3 回とも裏が出る場合であるから，その確率は

$$\left(\frac{1}{2}\right)^3=\frac{1}{8}$$

X	3	4	5	6	計
確率	$\frac{1}{8}$	$\frac{3}{8}$	$\frac{3}{8}$	$\frac{1}{8}$	1

← $\frac{1}{8}+\frac{3}{8}+\frac{3}{8}+\frac{1}{8}=1$ となり OK。

よって，求める期待値は

$$3\times\frac{1}{8}+4\times\frac{3}{8}+5\times\frac{3}{8}+6\times\frac{1}{8}=\frac{36}{8}=\boldsymbol{\frac{9}{2}}$$

練習 ②66　1 から 7 までの数字の中から，重複しないように 3 つの数字を無作為に選ぶ。その中の最小の数字を X とするとき，X の期待値 $E(X)$ を求めよ。

X のとりうる値は　$X=1,\ 2,\ 3,\ 4,\ 5$

3 つの数字の選び方の総数は　${}_7C_3$ 通り

$X=1$ となるのは，まず 1 を選び，残り 2 つを 2 ～ 7 の 6 つの数字から選ぶ場合であるから，その確率は　$\frac{{}_6C_2}{{}_7C_3}=\frac{15}{35}$

同様にして，$X=2,\ 3,\ 4,\ 5$ となる確率を求めると，次の表のようにまとめられる。

←$X=2$ となるのは，1 つが 2 で，残り 2 数を 3 ～ 7 から選ぶ場合である。

X	1	2	3	4	5	計
確率	$\frac{15}{35}$	$\frac{10}{35}$	$\frac{6}{35}$	$\frac{3}{35}$	$\frac{1}{35}$	1

したがって

$$\boldsymbol{E(X)}=1\times\frac{15}{35}+2\times\frac{10}{35}+3\times\frac{6}{35}+4\times\frac{3}{35}+5\times\frac{1}{35}=\frac{70}{35}=\boldsymbol{2}$$

← $\frac{15}{35}+\frac{10}{35}+\frac{6}{35}+\frac{3}{35}+\frac{1}{35}=1$ となり OK。

練習 ②67　S さんの 1 か月分のこづかいの受け取り方として，以下の 3 通りの案が提案された。1 年間のこづかいの受け取り方として，最も有利な案はどれか。

A 案：毎月 1 回さいころを投げ，出た目の数が 1 から 4 のときは 2000 円，出た目の数が 5 または 6 のときは 6000 円を受け取る。

B 案：1 月から 4 月までは毎月 10000 円，5 月から 12 月までは毎月 1000 円を受け取る。

C 案：毎月 1 回さいころを投げ，奇数の目が出たら 8000 円，偶数の目が出たら 100 円を受け取る。

〔広島修道大〕

HINT　各案のこづかいの期待値を求め，その中で最大の場合を調べる。A 案，C 案については，毎月のこづかいの期待値を求め，それを 12 倍したものが 1 年間の期待値となる。

[1]　A 案について

毎月もらえるこづかいの期待値は

$$2000\times\frac{4}{6}+6000\times\frac{2}{6}=\frac{10000}{3}\ (円)$$

よって，1 年間では　$12\times\frac{10000}{3}=40000$ (円)

[2]　B 案について

1 年間では　$4\times10000+8\times1000=48000$ (円)

[3] C案について

毎月もらえるこづかいの期待値は

$$8000\times\frac{1}{2}+100\times\frac{1}{2}=4050\ (円)$$

1年間では　$12\times4050=48600$ (円)

以上から，**C案が最も有利** である。

練習 ④68 表に1，裏に2と書いてあるコインを2回投げて，1回目に出た数を x とし，2回目に出た数を y として，座標平面上の点 $(x,\ y)$ を決める。ここで，表と裏の出る確率はともに $\frac{1}{2}$ とする。この試行を独立に2回繰り返して決まる2点と点 (0, 0) とで定まる図形（三角形または線分）について

(1) 図形が線分になる確率を求めよ。

(2) 図形の面積の期待値を求めよ。ただし，線分の面積は0とする。〔東京学芸大〕

HINT (2) 図形の対称性に着目。同じ直線上に並ばないような3点で三角形ができる。合同な三角形ごとに分類する。

(1) 1回の試行において決まる点は

A(1, 1)，B(1, 2)，C(2, 1)，D(2, 2)

の4点であり，各点に決まる確率は，それぞれ $\frac{1}{4}$ である。

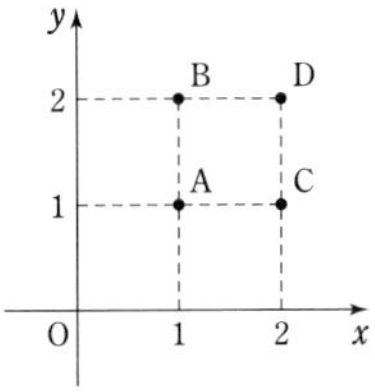

←$\frac{1}{2}\times\frac{1}{2}=\frac{1}{4}$

図形が線分となるのは，1回目と2回目が同一の点になる場合の4通りと

(1回目の点，2回目の点)＝(A, D)，(D, A)

の2通りの計6通り。

ゆえに，求める確率は　$6\times\left(\frac{1}{4}\right)^2=\boldsymbol{\frac{3}{8}}$

(2) [1] 図形が△OAB，△OACとなるのは，1回目，2回目の点が(A, B)，(B, A)，(A, C)，(C, A)の4通り。

このとき　$\triangle OAB=\triangle OAC=\frac{1}{2}$

←辺AB，ACを底辺とみて　$\frac{1}{2}\times1\times1=\frac{1}{2}$

また，この場合の確率は　$4\times\left(\frac{1}{4}\right)^2=\frac{1}{4}$

[2] 図形が△OBCとなるのは，1回目，2回目の点が(B, C)，(C, B)の2通り。

このとき　$\triangle OBC=\triangle OAB+\triangle OAC+\triangle ABC$

$$=\frac{1}{2}\times2+\frac{1}{2}=\frac{3}{2}$$

また，この場合の確率は　$2\times\left(\frac{1}{4}\right)^2=\frac{1}{8}$

[3] 図形が△OBD，△OCDとなるのは，1回目，2回目の点が(B, D)，(D, B)，(C, D)，(D, C)の4通り。

このとき　$\triangle OBD=\triangle OCD=\frac{1}{2}\times1\times2=1$

←辺BD，CDを底辺とみる。

また，この場合の確率は　$4\times\left(\frac{1}{4}\right)^2=\frac{1}{4}$

よって，面積の期待値は

$$\frac{1}{2}\times\frac{1}{4}+\frac{3}{2}\times\frac{1}{8}+1\times\frac{1}{4}=\frac{2+3+4}{16}=\mathbf{\frac{9}{16}}$$

面積	0	$\frac{1}{2}$	$\frac{3}{2}$	1	計
確率	$\frac{3}{8}$	$\frac{1}{4}$	$\frac{1}{8}$	$\frac{1}{4}$	1

練習 ⑤69　次のような競技を考える。競技者がさいころを振る。もし，出た目が気に入ればその目を得点とする。そうでなければ，もう1回さいころを振って，2つの目の合計を得点とすることができる。ただし，合計が7以上になった場合は得点は0点とする。

(1)　競技者が常にさいころを2回振るとすると，得点の期待値はいくらか。

(2)　競技者が最初の目が6のときだけ2回目を振らないとすると，得点の期待値はいくらか。

(3)　最初の目がk以上ならば，競技者は2回目を振らないこととし，そのときの得点の期待値をE_kとする。E_kが最大となるときのkの値を求めよ。ただし，kは1以上6以下の整数とする。

〔類　九州大〕

HINT　(1)　2回の出た目による得点を表でまとめるとよい。

(3)　(1)の表を利用。例えば，$k=5$のときは1回目に5以上の目が出て，2回目を振らない場合であるから，さいころを2回振ったときの得点は，表の①，②の行以外，つまり③～⑥の行を参照する。

(1)　さいころを2回振ったときの得点は，右の表のようになる。よって，求める期待値は

$$2\cdot\frac{1}{36}+3\cdot\frac{2}{36}+4\cdot\frac{3}{36}+5\cdot\frac{4}{36}+6\cdot\frac{5}{36}$$

$$=\frac{70}{36}=\mathbf{\frac{35}{18}}$$

	1＼2	1	2	3	4	5	6
⑥→	1	2	3	4	5	6	0
⑤→	2	3	4	5	6	0	0
④→	3	4	5	6	0	0	0
③→	4	5	6	0	0	0	0
②→	5	6	0	0	0	0	0
①→	6	0	0	0	0	0	0

(2)　1回目に6の目が出たときだけ2回目を振らないとすると，得点が6となる確率は$\frac{5}{36}+\frac{1}{6}$となり，期待値は，(1)より$6\cdot\frac{1}{6}=1$だけ増える。

したがって，求める期待値は　$\frac{35}{18}+1=\mathbf{\frac{53}{18}}$

(3)　$E_1=(1+2+3+4+5+6)\cdot\frac{1}{6}=\frac{21}{6}=\frac{126}{36}$

←どの目が出ても2回目は振らない。

$k=6$のとき，(2)の結果から　$E_6=\frac{53}{18}=\frac{106}{36}$

[1]　$k=5$のとき，得点が6，5となる確率はともに$\frac{4}{36}+\frac{1}{6}=\frac{10}{36}$となるから

←表の②の行の得点もすべて0点と考えることもできる。

$$E_5=2\cdot\frac{1}{36}+3\cdot\frac{2}{36}+4\cdot\frac{3}{36}+5\cdot\frac{10}{36}+6\cdot\frac{10}{36}=\frac{130}{36}$$

[2]　$k=4$のとき，得点が6，5，4となる確率はすべて$\frac{3}{36}+\frac{1}{6}=\frac{9}{36}$となるから

←2回振ったときの得点は，表の①～③の行以外，つまり④～⑥の行を参照する。

$$E_4=2\cdot\frac{1}{36}+3\cdot\frac{2}{36}+4\cdot\frac{9}{36}+5\cdot\frac{9}{36}+6\cdot\frac{9}{36}=\frac{143}{36}$$

[3]　$k=3$ のとき，得点が 6，5，4，3 となる確率はすべて

$\frac{2}{36}+\frac{1}{6}=\frac{8}{36}$ となるから

$$E_3=2\cdot\frac{1}{36}+3\cdot\frac{8}{36}+4\cdot\frac{8}{36}+5\cdot\frac{8}{36}+6\cdot\frac{8}{36}=\frac{146}{36}$$

←2 回振ったときの得点は，表の ① ~ ④ の行以外，つまり ⑤，⑥ の行を参照する。

[4]　$k=2$ のとき，得点が 6，5，4，3，2 となる確率はすべて

$\frac{1}{36}+\frac{1}{6}=\frac{7}{36}$ となるから

$$E_2=(2+3+4+5+6)\cdot\frac{7}{36}=\frac{140}{36}$$

←2 回振ったときの得点は，表の ⑥ の行のみ参照する。

よって，E_k が最大となるのは $\boldsymbol{k=3}$ のときである。

EX ③27 1から6までの整数が1つずつ書かれた6枚のカードを横1列に並べる。左からn番目のカードに書かれた整数をa_nとするとき

(1) $a_3=3$である確率を求めよ。 (2) $a_1>a_6$である確率を求めよ。

(3) $a_1<a_3<a_5$かつ$a_2<a_4<a_6$である確率を求めよ。 〔山口大〕

6枚のカードの並べ方の総数は $_6P_6=6!$（通り）

←異なる6枚の順列。

(1) $a_3=3$となる並べ方は，3番目以外の5枚のカードの並べ方だけあるから $_5P_5=5!$（通り）

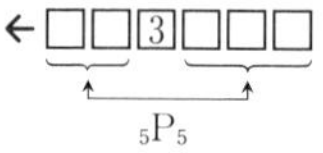

よって，求める確率は $\dfrac{5!}{6!}=\mathbf{\dfrac{1}{6}}$

(2) まず，6枚から2枚を選び，大きい方をa_1，小さい方をa_6として並べる。その2枚の選び方は $_6C_2$通り

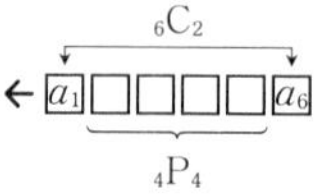

そのおのおのについて，間に並べる4枚の並べ方は

$_4P_4=4!$（通り）

よって，求める確率は $\dfrac{_6C_2\times4!}{6!}=\dfrac{15\times4!}{6\cdot5\times4!}=\mathbf{\dfrac{1}{2}}$

(3) (2)と同様に，まず6枚から3枚を選び，小さい順にa_1，a_3，a_5として並べる。その3枚の選び方は $_6C_3$通り

そのおのおのについて，残り3枚を小さい順にa_2，a_4，a_6とする選び方は1通りに決まる。

よって，求める確率は $\dfrac{_6C_3\times1}{6!}=\dfrac{20}{6!}=\mathbf{\dfrac{1}{36}}$

EX ②28 正六角形の頂点を反時計回りにP_1，P_2，P_3，P_4，P_5，P_6とする。1個のさいころを2回投げて，出た目を順にj，kとする。

(1) P_1，P_j，P_kが異なる3点となる確率を求めよ。

(2) P_1，P_j，P_kが正三角形の3頂点となる確率を求めよ。

(3) P_1，P_j，P_kが直角三角形の3頂点となる確率を求めよ。 〔広島大〕

さいころの目の出方の総数は 6^2通り

(1) $j\neq1$かつ$k\neq1$かつ$j\neq k$となればよい。

そのような目の出方は $_5P_2$通り

←2，3，4，5，6から2数をとって並べる。

よって，求める確率は $\dfrac{_5P_2}{6^2}=\dfrac{5\cdot4}{6^2}=\mathbf{\dfrac{5}{9}}$

(2) 正三角形となるのは，P_1以外の2点がP_3，P_5となるとき，すなわち，$(j,\ k)=(3,\ 5)$，$(5,\ 3)$のときである。

(2)

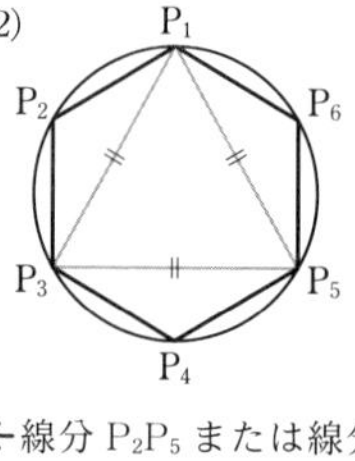

よって，求める確率は $\dfrac{2}{6^2}=\mathbf{\dfrac{1}{18}}$

(3) 直角三角形となるのには，次の[1]，[2]の場合がある。

[1] $\angle P_1$が直角のとき

P_1以外の2点が P_2とP_5 または P_3とP_6 となる。

このとき，組$(j,\ k)$は

$(j,\ k)=(2,\ 5)$，$(5,\ 2)$，$(3,\ 6)$，$(6,\ 3)$の4通り。

←線分P_2P_5または線分P_3P_6が直径。
(直径 ⟶ 円周角は90°)

[2] $\angle P_1$が直角でないとき

1点はP_4であり，もう1点がP_2，P_3，P_5，P_6のいずれかとなる。

←線分P_1P_4が直径。

このとき，組 $(j,\ k)$ は

$$(j,\ k)=(2,\ 4),\ (3,\ 4),\ (5,\ 4),\ (6,\ 4),\ (4,\ 2),\ (4,\ 3),\ (4,\ 5),\ (4,\ 6)$$ の 8 通り。

[1]，[2] から，求める確率は $\dfrac{4+8}{6^2}=\mathbf{\dfrac{1}{3}}$

EX ③29

(1) 赤色が 1 個，青色が 2 個，黄色が 1 個の合計 4 個のボールがある。この 4 個のボールから 3 個を選び 1 列に並べる。この並べ方は全部で何通りあるか。

(2) 赤色と青色がそれぞれ 2 個，黄色が 1 個の合計 5 個のボールがある。この 5 個のボールから 4 個を選び 1 列に並べる。この並べ方は全部で何通りあるか。

(3) (2) の 5 個のボールから 4 個を選び 1 列に並べるとき，赤色のボールが隣り合う確率を求めよ。 [中央大]

(1) 3 個のボールの選び方は，次の [1]～[3] の場合がある。

[1] 赤色 1 個，青色 2 個

[2] 青色 2 個，黄色 1 個

[3] 赤色 1 個，青色 1 個，黄色 1 個

このおのおのの場合について，ボールを 1 列に並べる方法は

[1] $\dfrac{3!}{2!}=3$ (通り)　[2] $\dfrac{3!}{2!}=3$ (通り)

[3] $3!=6$ (通り)

←[1]，[2] は同じものを含む順列。

よって，並べ方の総数は $3+3+6=\mathbf{12}$ **(通り)**

(2) 4 個のボールの選び方は，次の [1]～[3] の場合がある。

[1] 赤色 2 個，青色 2 個

[2] 赤色 2 個，青色 1 個，黄色 1 個

[3] 赤色 1 個，青色 2 個，黄色 1 個

このおのおのの場合について，ボールを 1 列に並べる方法は

[1] $\dfrac{4!}{2!2!}=6$ (通り)　[2] $\dfrac{4!}{2!}=12$ (通り)

[3] $\dfrac{4!}{2!}=12$ (通り)

←同じものを含む順列。

よって，並べ方の総数は $6+12+12=\mathbf{30}$ **(通り)**

(3) 5 個のボールを 赤$_1$，赤$_2$，青$_1$，青$_2$，黄 とし，すべて区別して考える。

←確率では，同じものでも区別して考える。

5 個のボールから 4 個を選び 1 列に並べる方法は $_5P_4$ 通り

赤$_1$，赤$_2$ を含むように 4 個のボールを選ぶ方法は $_3C_2$ 通り

このとき，赤$_1$，赤$_2$ が隣り合うように並べる方法は，まず，赤$_1$，赤$_2$ を 1 個とみなして 3 個のボールを 1 列に並べる方法が

$3!$ 通り

←**隣り合うものは枠に入れて中で動かす**

そのおのおのについて，赤$_1$，赤$_2$ の並べ方が 2 通りあるから

$3!\times 2=12$ (通り)

よって，赤$_1$，赤$_2$ が隣り合う並べ方は全部で

$_3C_2\times 12=36$ (通り)

したがって，求める確率は $\dfrac{36}{_5P_4}=\dfrac{36}{5\cdot 4\cdot 3\cdot 2}=\mathbf{\dfrac{3}{10}}$

EX ③30 5桁の整数で，各位の数が2，3，4のいずれかであるものの全体を考える。これらの整数から1つを選ぶとき，次の確率を求めよ。

(1) 選んだ整数が4の倍数である確率

(2) 選んだ整数の各位の数5個の総和が13となる確率 〔関西大〕

考えられる整数の総数は　3^5 個

←重複順列

(1) 4の倍数となるのは，下2桁が4の倍数のときであり，そのようなものには，24，32，44の3通りがある。

そのおのおのについて，上3桁の数は 3^3 通りずつあるから，求める確率は　$\dfrac{3\cdot3^3}{3^5}=\mathbf{\dfrac{1}{3}}$

←下2桁だけを考えた $\dfrac{3}{3^2}=\dfrac{1}{3}$ と同じこと。

(2) 2，3，4の中で最小の2のみで作られる5桁の整数は　22222

この各位の数の総和は　$2\cdot5=10$

ゆえに，各位の数の総和が13であるような整数を作るには，22222の2を3または4におき換えると考えて，次の[1]，[2]のようにすればよい。

[1]　22333のように，2を2回，3を3回使う。

[2]　22234のように，2を3回，3を1回，4を1回使う。

各場合の整数の個数は　[1] $\dfrac{5!}{2!3!}=10$ (個)，[2] $\dfrac{5!}{3!}=20$ (個)

←5か所のうち
[1]　2が入る2つの場所を選ぶと考えて　${}_5C_2$
[2]　3，4が入る1つずつの場所を選ぶと考えて ${}_5P_2$ としてもよい。

[1]，[2]は，互いに排反な事象であるから，求める確率は

$$\frac{10}{3^5}+\frac{20}{3^5}=\frac{30}{3^5}=\mathbf{\frac{10}{81}}$$

検討　2，3，4の個数をそれぞれ x，y，z とすると，条件から

$x+y+z=5$ …… ①，　$2x+3y+4z=13$ …… ②

②−①×2から　$y+2z=3$

これを満たす0以上の整数 y，z の組は

$(y,\ z)=(3,\ 0),\ (1,\ 1)$

よって　$(x,\ y,\ z)=(2,\ 3,\ 0),\ (3,\ 1,\ 1)$

これから，[1]，[2]の2つの場合を考えることもできる。

←$y=3-2z$ から
$z=0$ のとき　$y=3$
$z=1$ のとき　$y=1$
$z\geqq2$ のとき $y<0$ から，不適。

EX ③31 6人でじゃんけんを1回するとき，手の出し方の総数は ア□ 通りであり，勝者が3人である確率は イ□ である。また，勝者が決まる確率は ウ□ である。 〔類　玉川大〕

(ア) 1人の手の出し方はグー，チョキ，パーの3通りある。

よって，6人の手の出し方の総数は　$3^6=\mathbf{729}$ (通り)

←重複順列

(イ) 勝者が3人であるとき，勝者3人の選び方は

${}_6C_3=20$ (通り)

そのおのおのに対して，勝ち方がグー，チョキ，パーの3通りあるから，勝者が3人である確率は

$$\frac{20\times3}{729}=\mathbf{\frac{20}{243}}$$

(ウ) (イ)と同様に，勝者が1人，2人，4人，5人であるときの勝者の選び方の数は，それぞれ　${}_6C_1$，${}_6C_2$，${}_6C_4$，${}_6C_5$

←${}_6C_4={}_6C_2$，${}_6C_5={}_6C_1$

そのおのおのに対して，勝ち方がグー，チョキ，パーの3通りあるから，勝負が決まる確率は，(イ)の確率も含めて

$$\frac{(6+15+20+15+6)\times 3}{729}=\mathbf{\frac{62}{243}}$$

←(イ)の場合を落とさないように注意。

EX ④32

n 本のくじがあり，その中に3本の当たりくじが入っている。ただし，$n\geqq 5$ であるとする。この中から2本のくじを引く。〔関西大〕

(1) $n=5$ のとき，2本とも当たりくじである確率は□である。
(2) $n=7$ のとき，少なくとも1本は当たりくじである確率は□である。
(3) 少なくとも1本は当たりくじである確率を n を用いて表すと□である。
(4) 2本とも当たりくじである確率が $\frac{1}{12}$ となる n は□である。
(5) 少なくとも1本は当たりくじである確率が $\frac{1}{2}$ 以下となる最小の n は□である。

(1) $n=5$ のとき，くじの引き方の総数は　${}_5C_2=10$（通り）
また，2本とも当たりくじである引き方は　${}_3C_2=3$（通り）
よって，求める確率は　$\mathbf{\frac{3}{10}}$

(2) $n=7$ のとき，くじの引き方の総数は　${}_7C_2=21$（通り）
2本ともはずれくじである引き方は　${}_4C_2=6$（通り）
よって，求める確率は　$1-\frac{6}{21}=\mathbf{\frac{5}{7}}$

⑦ 少なくとも……には余事象

(3) くじの引き方の総数は　${}_nC_2$ 通り
2本ともはずれくじである引き方は　${}_{n-3}C_2$ 通り
よって，求める確率は

$$1-\frac{{}_{n-3}C_2}{{}_nC_2}=1-\frac{(n-3)(n-4)}{n(n-1)}=\frac{n(n-1)-(n^2-7n+12)}{n(n-1)}$$
$$=\frac{6n-12}{n(n-1)}=\mathbf{\frac{6(n-2)}{n(n-1)}}$$

←分母が $n(n-1)$ となるように，通分している。

(4) 2本とも当たりくじである確率は

$$\frac{{}_3C_2}{{}_nC_2}=\frac{6}{n(n-1)}\quad すなわち\quad \frac{6}{n(n-1)}=\frac{1}{12}$$

$n\geqq 5$ より $n(n-1)>0$ であるから，両辺に $12n(n-1)$ を掛けて　$n(n-1)=72$　すなわち　$n^2-n-72=0$

←分母を払う。

ゆえに　$(n+8)(n-9)=0$　　よって　$n=-8,\ 9$
$n\geqq 5$ を満たすものは　$\boldsymbol{n=9}$

←解の検討

(5) 求める条件は，(3)から　$\frac{6(n-2)}{n(n-1)}\leqq\frac{1}{2}$

$n\geqq 5$ より $n(n-1)>0$ であるから，両辺に $2n(n-1)$ を掛けて
$12(n-2)\leqq n(n-1)$　すなわち　$n^2-13n+24\geqq 0$

←注意 参照。

ゆえに　$n(n-13)+24\geqq 0$　…… ①
$n=5,\ 6,\ \cdots\cdots,\ 11$ のとき，$n(n-13)$ の値は，それぞれ
$-40,\ -42,\ -42,\ -40,\ -36,\ -30,\ -22$
よって，$n=11$ のとき，不等式①を初めて満たす。
したがって，求める最小の自然数 n は　$\boldsymbol{n=11}$

←最小の自然数 n を求めればよいから，$n=5$ から順に①を満たすかどうかを調べる。

注意　2次不等式（数学I）$n^2-13n+24\geqq 0$ を解くと

$$n\leqq\frac{13-\sqrt{73}}{2},\quad \frac{13+\sqrt{73}}{2}\leqq n$$

←$n^2-13n+24=0$ の解は　$n=\frac{13\pm\sqrt{73}}{2}$

$8<\sqrt{73}<9$ であるから

$$\frac{13-9}{2}<\frac{13-\sqrt{73}}{2}<\frac{13-8}{2},\quad \frac{13+8}{2}<\frac{13+\sqrt{73}}{2}<\frac{13+9}{2}$$

すなわち　$2<\frac{13-\sqrt{73}}{2}<\frac{5}{2},\quad \frac{21}{2}<\frac{13+\sqrt{73}}{2}<11$

よって，求める最小の自然数 n は　$\boldsymbol{n=11}$

EX ③33　大小2つのさいころを投げて，大きいさいころの目の数を a，小さいさいころの目の数を b とする。このとき，関数 $y=ax^2+2x-b$ のグラフと関数 $y=bx^2$ のグラフが異なる2点で交わる確率を求めよ。〔類 熊本大〕

2つのさいころの目の出方の総数は　$6^2=36$（通り）

$ax^2+2x-b=bx^2$ とすると

←2つの関数の式から y を消去する。

$$(a-b)x^2+2x-b=0 \quad \cdots\cdots ①$$

$y=ax^2+2x-b$ と $y=bx^2$ のグラフが異なる2点で交わるための条件は，方程式①が異なる2つの実数解をもつことである。

そのためには，①は2次方程式でなければならないから

$$a-b\neq 0 \quad すなわち \quad a\neq b \quad \cdots\cdots ②$$

←$a-b=0$ のとき，①は　$2x-b=0$　ゆえに，実数解が1つしかないから，2つのグラフが異なる2点で交わることはない。

$a\neq b$ のとき，2次方程式①の判別式を D とすると　$D>0$

ここで　$\frac{D}{4}=1^2-(a-b)(-b)=1+b(a-b)$

よって　$1+b(a-b)>0$　ゆえに　$(b-a)b<1$

$b>0$ であるから　$b-a<\frac{1}{b}$ ……㋐

$1\leqq b\leqq 6$ であるから　$b-a\leqq 0$　すなわち　$a\geqq b$

←$\frac{1}{6}\leqq\frac{1}{b}\leqq 1$ で，$b-a$ は整数であるから，不等式㋐を満たすとき，$b-a$ が1以上となることはない。

②より $a\neq b$ であるから　$a>b$

$a>b$ となる a，b の組は，1～6から異なる2数を選び，大きい方から a，b とすればよいから　${}_6C_2$ 通り

したがって，求める確率は　$\frac{{}_6C_2}{36}=\frac{15}{36}=\boldsymbol{\frac{5}{12}}$

EX ③34　中の見えない袋の中に同じ大きさの白球3個，赤球2個，黒球1個が入っている。この袋から1球ずつ球を取り出し，黒球を取り出したとき袋から球を取り出すことをやめる。ただし，取り出した球はもとに戻さない。

(1)　取り出した球の中に，赤球がちょうど2個含まれる確率を求めよ。

(2)　取り出した球の中に，赤球より白球が多く含まれる確率を求めよ。

〔大阪府大〕

白球をW，赤球をR，黒球をBで表す。

(1)　赤球がちょうど2個含まれるのは，Bが出る前に，次の[1]～[4]のいずれかが起こる場合であり，これらは互いに排反である。

←黒球(B)が出る前の場合を考えることが，この問題のポイント。

[1]　R 2 個が出る　　[2]　R 2 個，W 1 個が出る

[3]　R 2 個，W 2 個が出る　　[4]　R 2 個，W 3 個が出る

それぞれの場合の確率は

←同じ色の球でも区別して考える。

[1]　$\dfrac{{}_2P_2}{{}_6P_3}=\dfrac{1}{60}$　　[2]　$\dfrac{{}_3C_1\cdot{}_3P_3}{{}_6P_4}=\dfrac{1}{20}$

[3]　$\dfrac{{}_3C_2\cdot{}_4P_4}{{}_6P_5}=\dfrac{1}{10}$　　[4]　$\dfrac{{}_5P_5}{{}_6P_6}=\dfrac{1}{6}$

よって，求める確率は　$\dfrac{1}{60}+\dfrac{1}{20}+\dfrac{1}{10}+\dfrac{1}{6}=\boldsymbol{\dfrac{1}{3}}$

←加法定理

(2)　赤球より白球が多く含まれるのは，B が出る前に，次の [1]～[6] のいずれかが起こる場合であり，これらは互いに排反である。

[1]　W 1 個が出る　　[2]　W 2 個が出る

[3]　W 2 個，R 1 個が出る　　[4]　W 3 個が出る

[5]　W 3 個，R 1 個が出る　　[6]　W 3 個，R 2 個が出る

それぞれの場合の確率は

[1]　$\dfrac{{}_3P_1}{{}_6P_2}=\dfrac{1}{10}$　　[2]　$\dfrac{{}_3P_2}{{}_6P_3}=\dfrac{1}{20}$

[3]　$\dfrac{{}_3C_2\cdot{}_2C_1\cdot{}_3P_3}{{}_6P_4}=\dfrac{1}{10}$　　[4]　$\dfrac{{}_3P_3}{{}_6P_4}=\dfrac{1}{60}$

[5]　$\dfrac{{}_2C_1\cdot{}_4P_4}{{}_6P_5}=\dfrac{1}{15}$　　[6]　$\dfrac{{}_5P_5}{{}_6P_6}=\dfrac{1}{6}$

よって，求める確率は　$\dfrac{1}{10}+\dfrac{1}{20}+\dfrac{1}{10}+\dfrac{1}{60}+\dfrac{1}{15}+\dfrac{1}{6}=\boldsymbol{\dfrac{1}{2}}$

←加法定理

検討　球を取り出す代わりに，6 個の球を 1 列に並べておき，左から順にとると考えて，確率を求めることもできる。
このとき，例えば「RRBWWW」は (1) の [1] の場合に対応している。

2章 EX［確率］

EX ④35　箱の中に A と書かれたカード，B と書かれたカード，C と書かれたカードがそれぞれ 4 枚ずつ入っている。男性 6 人，女性 6 人が箱の中から 1 枚ずつカードを引く。ただし，引いたカードは戻さない。

(1)　A と書かれたカードを 4 枚とも男性が引く確率を求めよ。

(2)　A，B，C と書かれたカードのうち，少なくとも 1 種類のカードを 4 枚とも男性または 4 枚とも女性が引く確率を求めよ。　〔横浜市大〕

引いたカードの種類に応じて A，B，C の 3 つのグループに分かれると考える。このような分け方の総数は

$${}_{12}C_4\times{}_8C_4 \text{ 通り}$$

(1)　男性 6 人から 4 人を選んでグループ A に入れる方法は

$${}_6C_4\times{}_8C_4 \text{ 通り}$$

したがって，求める確率は

$$\frac{{}_6C_4\times{}_8C_4}{{}_{12}C_4\times{}_8C_4}=\frac{{}_6C_4}{{}_{12}C_4}=\frac{6\cdot5\cdot4\cdot3}{12\cdot11\cdot10\cdot9}=\boldsymbol{\frac{1}{33}}$$

(2) (1)から，男性6人のうち4人が1種類のカードを4枚引く確率は $3\cdot\frac{1}{33}=\frac{1}{11}$ であり，女性6人のうち4人が1種類のカードを4枚引く確率についても同様である。
次に，男性と女性の両方が1種類のカードを4枚とも引く場合を考える。カードの種類の組合せは　${}_3C_2$ 通り
例えば，男性6人のうち4人がAと書かれたカードを4枚引き，女性6人のうち4人がBと書かれたカードを4枚引く方法は，(1)と同じように考えて　${}_6C_4\times{}_6C_4={}_6C_2\times{}_6C_2=15^2$ (通り)
ゆえに，男性と女性の両方が1種類のカードを4枚とも引く確率は　$\frac{2\times{}_3C_2\times15^2}{{}_{12}C_4\times{}_8C_4}=\frac{2\cdot3\cdot15^2}{495\cdot70}=\frac{3}{77}$
したがって，求める確率は　$\frac{1}{11}+\frac{1}{11}-\frac{3}{77}=\mathbf{\frac{1}{7}}$ ……(＊)

注意　(＊)　1種類のカードを4枚とも男性が引くという事象をD，女性が引くという事象をEとすると，事象Dと事象Eは排反でないから　$P(D\cup E)=P(D)+P(E)-P(D\cap E)$

(2) 問題文に「少なくとも」とあるからといって，余事象を考えると逆に煩雑になる。

←3種類の中から，4枚とも引く2種類を選ぶ。

←男性と女性を入れ替えた場合も考慮する。

←和事象の確率

EX ③36　A，B，Cの3人でじゃんけんをする。一度じゃんけんで負けたものは，以後のじゃんけんから抜ける。残りが1人になるまでじゃんけんを繰り返し，最後に残ったものを勝者とする。ただし，あいこの場合も1回のじゃんけんを行ったと数える。
(1) 1回目のじゃんけんで勝者が決まる確率を求めよ。
(2) 2回目のじゃんけんで勝者が決まる確率を求めよ。　〔東北大〕

A，B，Cの3人が1回で出す手の数は全部で　3^3 通り
(1) 1回のじゃんけんでAだけが勝つとき，Aの手は，グー，チョキ，パーの　3通り
Bだけ，Cだけが勝つ勝ち方も同様に3通りずつあるから，求める確率は　$\frac{3\times3}{3^3}=\mathbf{\frac{1}{3}}$
(2) 2回のじゃんけんで勝者が決まるのは，次の2つの場合である。
[1] 1回目があいこで，2回目で1人残るとき
3人のじゃんけんであいこになる場合のうち
全員同じ手を出すのは　3通り
全員違う手を出すのは　3! 通り
よって，あいこになる確率は　$\frac{3+3!}{3^3}=\frac{1}{3}$
ゆえに，[1]の場合の確率は　$\frac{1}{3}\times\frac{1}{3}^{(*)}=\frac{1}{9}$
[2] 1回目で2人残り，2回目で1人残るとき
3人のじゃんけんで2人だけが勝つ確率は，(1)と同様に考えて　$\frac{3\times3}{3^3}=\frac{1}{3}$

←例えば，A：グーのとき，B：チョキ，C：チョキ　と1通りに決まる。

←2回目は3人でじゃんけん。

(＊)　2回目のじゃんけんで，1人だけが勝つ確率は，(1)から　$\frac{1}{3}$

←2回目は2人でじゃんけん。

←勝者の選び方が3通り，そのおのおのについて，勝ち方が3通り。

2人のじゃんけんで1人だけが勝つ確率も，(1)と同様に考えて　$\dfrac{2\times 3}{3^2}=\dfrac{2}{3}$

←勝者の選び方が2通り，そのおのおのについて，勝ち方が3通り。

ゆえに，[2]の場合の確率は　$\dfrac{1}{3}\times\dfrac{2}{3}=\dfrac{2}{9}$

事象[1]，[2]は互いに排反であるから，求める確率は

$$\frac{1}{9}+\frac{2}{9}=\mathbf{\frac{1}{3}}$$

検討　3回のじゃんけんで勝者が決まる場合について，各回のじゃんけんで残る人数と確率を，**樹形図**（**tree**）にまとめると，次のようになる。

←重要例題62も参照。

複雑な事象　樹形図(tree)で整理

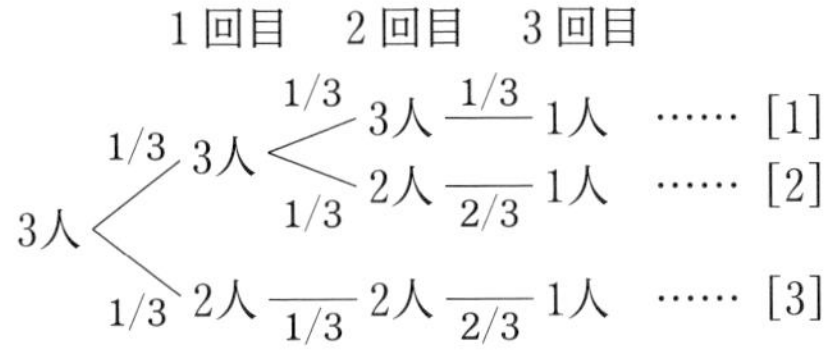

←1回のじゃんけんで，例えば，3人 ⟶ 2人となる確率 $\dfrac{1}{3}$ は，(2)[2]からわかる。なお，2人 ⟶ 2人の確率は　$\dfrac{3}{3^2}=\dfrac{1}{3}$

事象[1]~[3]は互いに排反であるから，3回のじゃんけんで勝者が決まる確率は

$$\frac{1}{3}\times\frac{1}{3}\times\frac{1}{3}+\frac{1}{3}\times\frac{1}{3}\times\frac{2}{3}+\frac{1}{3}\times\frac{1}{3}\times\frac{2}{3}=\mathbf{\frac{5}{27}}$$

EX ③37

1枚の硬貨を投げる試行を T とする。試行 T を7回繰り返したとき，n 回後 $(1\leqq n\leqq 7)$ に表が出た回数を f_n で表す。このとき，次の確率を求めよ。

(1)　最後に $f_7=4$ となる確率 p_1

(2)　途中 $f_3=2$ であり，かつ最後に $f_7=4$ となる確率 p_2

(3)　途中 $f_3\neq 2$ であり，かつ最後に $f_7\neq 4$ となる確率 p_3　〔兵庫県大〕

(1)　$f_7=4$ となるのは，硬貨を7回投げて，表が4回，裏が3回出るときであるから

$$p_1={}_7C_4\left(\frac{1}{2}\right)^4\left(\frac{1}{2}\right)^3=\frac{35}{2^7}=\mathbf{\frac{35}{128}}$$

←反復試行の確率

(2)　$f_3=2$ かつ $f_7=4$ となるのは，最初硬貨を3回投げたときに表が2回，裏が1回出て，更に4回投げたときに表が2回，裏が2回出る場合であるから

←○○○|○○○○　表2回 裏1回 | 表2回 裏2回

$$p_2={}_3C_2\left(\frac{1}{2}\right)^2\left(\frac{1}{2}\right)\times{}_4C_2\left(\frac{1}{2}\right)^2\left(\frac{1}{2}\right)^2=\frac{3}{2^3}\times\frac{6}{2^4}=\mathbf{\frac{9}{64}}$$

(3) $f_3=2$ となる事象を A，$f_7=4$ となる事象を B とすると，$p_3=P(\overline{A}\cap\overline{B})$ である。ここで，(1)，(2)から

$$P(A)=\frac{3}{2^3},\ P(B)=p_1=\frac{35}{2^7},\ P(A\cap B)=p_2=\frac{9}{2^6}$$

よって　$p_3=P(\overline{A}\cap\overline{B})=P(\overline{A\cup B})$

←ド・モルガンの法則

$=1-P(A\cup B)$

$=1-\{P(A)+P(B)-P(A\cap B)\}$

←和事象の確率

$=1-\left(\dfrac{3}{2^3}+\dfrac{35}{2^7}-\dfrac{9}{2^6}\right)=1-\dfrac{48+35-18}{128}=\mathbf{\dfrac{63}{128}}$

EX ④38 1個のさいころを n 回 $(n\geqq 2)$ 投げるとき，次の確率を求めよ。
(1) 出る目の最大値が4である確率
(2) 出る目の最大値が4で，かつ最小値が2である確率
(3) 出る目の積が6の倍数である確率

(1) 出る目の最大値が4であるという事象は，出る目がすべて4以下であるという事象から，すべて3以下であるという事象を除いたものである。

したがって，求める確率は $\left(\dfrac{4}{6}\right)^n-\left(\dfrac{3}{6}\right)^n=\boldsymbol{\dfrac{4^n-3^n}{6^n}}$

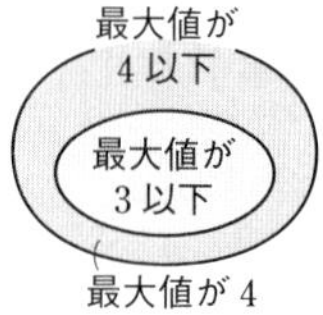

(2) 条件を満たすとき，1, 5, 6の目は1回も出ないから，事象 A, B, C を　A:「すべて2以上4以下の目が出る」
B:「すべて2または3の目が出る」
C:「すべて3または4の目が出る」
とすると，求める確率は

$$P(A)-P(B\cup C)=P(A)-\{P(B)+P(C)-P(B\cap C)\}$$
$$=\left(\frac{3}{6}\right)^n-\left(\frac{2}{6}\right)^n-\left(\frac{2}{6}\right)^n+\left(\frac{1}{6}\right)^n$$
$$=\boldsymbol{\frac{3^n-2^{n+1}+1}{6^n}}$$

最大値が4　最小値が2

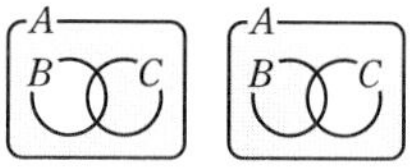

よって，上の2つの図の黒く塗った部分の共通部分 $A\cap\overline{(B\cup C)}$ の確率を求める。

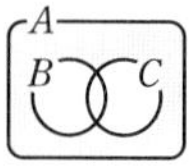

(3) E:「目の積が2の倍数」, F:「目の積が3の倍数」のように事象 E, F を定めると，求める確率は $P(E\cap F)$ であり

$$P(E\cap F)=1-P(\overline{E\cap F})=1-P(\overline{E}\cup\overline{F})$$
$$=1-\{P(\overline{E})+P(\overline{F})-P(\overline{E}\cap\overline{F})\}$$
$$=1-\left(\frac{3}{6}\right)^n-\left(\frac{4}{6}\right)^n+\left(\frac{2}{6}\right)^n$$
$$=\boldsymbol{\frac{6^n-3^n-4^n+2^n}{6^n}}$$

←6の倍数 ＝2の倍数かつ3の倍数

←ド・モルガンの法則

←和事象の確率

←$\overline{E}$：すべて奇数，
$\overline{F}$：すべて3，6以外，
$\overline{E}\cap\overline{F}$：すべて1か5

EX ③39 xy 平面上に原点を出発点として動く点Qがあり，次の試行を行う。
　1枚の硬貨を投げ，表が出たらQは x 軸の正の方向に1，裏が出たら y 軸の正の方向に1動く。ただし，点(3, 1)に到達したら点Qは原点に戻る。
この試行を n 回繰り返した後の点Qの座標を $(x_n,\ y_n)$ とする。
(1) $(x_4,\ y_4)=(0,\ 0)$ となる確率を求めよ。
(2) $(x_8,\ y_8)=(5,\ 3)$ となる確率を求めよ。　〔類 広島大〕

(1) $(x_4,\ y_4)=(0,\ 0)$ となるのは，1枚の硬貨を4回投げて点(3, 1)に到達し，原点に戻る場合である。
よって，硬貨を4回投げて表が3回，裏が1回出ればよいから，
求める確率は　${}_4C_3\left(\dfrac{1}{2}\right)^3\left(\dfrac{1}{2}\right)=\dfrac{4}{2^4}=\boldsymbol{\dfrac{1}{4}}$

←x 軸の負の向きや y 軸の負の向きに動くことはないから，条件を満たすのはこの場合だけである。

(2) $(x_8,\ y_8)=(5,\ 3)$ となるのは，1枚の硬貨を8回投げて表が5回，裏が3回出る場合から，そのうちの $(x_4,\ y_4)=(0,\ 0)$ となる場合を除いたものである。
よって，(1)から，求める確率は

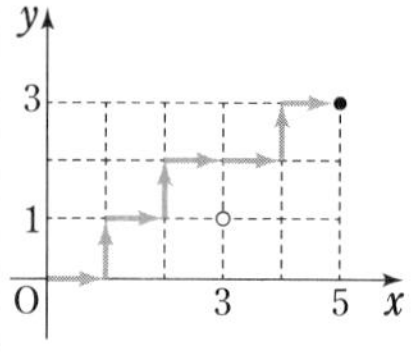

$$ {}_8C_5\left(\frac{1}{2}\right)^5\left(\frac{1}{2}\right)^3-\frac{1}{4}\times{}_4C_2\left(\frac{1}{2}\right)^2\left(\frac{1}{2}\right)^2=\frac{7}{2^5}-\frac{3}{2^5}=\mathbf{\frac{1}{8}} $$

←点(3, 1)を経由して点(5, 3)に至る確率を引く。

EX ⑤40 n を9以上の自然数とする。袋の中に n 個の球が入っている。このうち6個は赤球で残りは白球である。この袋から6個の球を同時に取り出すとき，3個が赤球である確率を P_n とする。

(1) P_{10} を求めよ。 (2) $\dfrac{P_{n+1}}{P_n}$ を求めよ。

(3) P_n が最大となる n の値を求めよ。 〔大分大〕

(1) $n=10$ のとき，袋の中にある白球の個数は $10-6=4$ (個)

よって $P_{10}=\dfrac{{}_6C_3\cdot{}_4C_3}{{}_{10}C_6}=\dfrac{20\cdot4}{210}=\mathbf{\dfrac{8}{21}}$

←赤球3個，白球3個。

(2) $P_n=\dfrac{{}_6C_3\cdot{}_{n-6}C_3}{{}_nC_6}$, $P_{n+1}=\dfrac{{}_6C_3\cdot{}_{n-5}C_3}{{}_{n+1}C_6}$ であるから

←白球は $n-6$ 個。P_{n+1} は P_n の式で n の代わりに $n+1$ とおいたもの。

$$\frac{P_{n+1}}{P_n}=\frac{{}_6C_3\cdot{}_{n-5}C_3}{{}_{n+1}C_6}\cdot\frac{{}_nC_6}{{}_6C_3\cdot{}_{n-6}C_3}$$

$$=\frac{(n-5)(n-6)(n-7)}{(n-6)(n-7)(n-8)}\cdot\frac{n(n-1)(n-2)(n-3)(n-4)(n-5)}{(n+1)n(n-1)(n-2)(n-3)(n-4)}$$

$$=\mathbf{\frac{(n-5)^2}{(n+1)(n-8)}}$$

$$\leftarrow\frac{{}_mC_k}{{}_nC_k}=\frac{m(m-1)(m-2)\cdots(m-k+1)}{n(n-1)(n-2)\cdots(n-k+1)}$$

(3) $\dfrac{P_{n+1}}{P_n}>1$ とすると，(2)から $\dfrac{(n-5)^2}{(n+1)(n-8)}>1$

←$\dfrac{P_{n+1}}{P_n}$ と1との大小を比較。

$n\geqq9$ より，$n-8>0$ であるから $(n-5)^2>(n+1)(n-8)$

整理すると $-3n+33>0$ よって $n<11$

ゆえに，$9\leqq n\leqq10$ のとき $P_n<P_{n+1}$

$\dfrac{P_{n+1}}{P_n}<1$ とすると，同様にして $n>11$

←〰〰で不等号が＜に替わったものになる。

よって，$n\geqq12$ のとき $P_n>P_{n+1}$

また，$n=11$ のとき，$\dfrac{P_{12}}{P_{11}}=1$ となるから $P_{11}=P_{12}$

←$\dfrac{P_{12}}{P_{11}}=\dfrac{6^2}{12\cdot3}=1$

ゆえに $P_9<P_{10}<P_{11}$, $P_{11}=P_{12}$, $P_{12}>P_{13}>\cdots\cdots$

したがって，P_n が最大となる n は $\mathbf{n=11,\ 12}$

EX ③41 n を自然数とする。1から $2n$ までの数が1つずつ書かれた $2n$ 枚のカードがある。この中から1枚のカードを等確率で選ぶ試行において，選ばれたカードに書かれた数が偶数であることがわかっているとき，その数が n 以下である確率を，n が偶数か奇数かの場合に分けて求めよ。 〔類 鹿児島大〕

1回の試行において，選ばれたカードに書かれた数が偶数であるという事象を A，選ばれたカードに書かれた数が n 以下であるという事象を B とすると，求める確率は $P_A(B)$ である。

ここで $P(A)=\dfrac{n}{2n}=\dfrac{1}{2}$

←1, 2, ……, $2n$ のうち偶数は n 個。

[1] n が偶数のとき $P(A\cap B)=\dfrac{n}{2}\div2n=\dfrac{1}{4}$

←n が偶数のとき，n 以下の偶数は $\dfrac{n}{2}$ 個。

よって $P_A(B)=\dfrac{P(A\cap B)}{P(A)}=\dfrac{1}{4}\div\dfrac{1}{2}=\dfrac{1}{2}$

[2]　n が奇数のとき　　$P(A\cap B)=\dfrac{n-1}{2}\div 2n=\dfrac{n-1}{4n}$

←n が奇数のとき，n 以下の偶数は $\dfrac{n-1}{2}$ 個。

よって　　$P_A(B)=\dfrac{P(A\cap B)}{P(A)}=\dfrac{n-1}{4n}\div\dfrac{1}{2}=\dfrac{n-1}{2n}$

以上から　　**n が偶数のとき $\dfrac{1}{2}$，n が奇数のとき $\dfrac{n-1}{2n}$**

別解　$n(A)=n$ である。

[1]　**n が偶数のとき**　　$n(A\cap B)=\dfrac{n}{2}$

よって　　$P_A(B)=\dfrac{n(A\cap B)}{n(A)}=\dfrac{n}{2}\div n=\mathbf{\dfrac{1}{2}}$

←$P_A(B)=\dfrac{n(A\cap B)}{n(A)}$ で計算。

[2]　**n が奇数のとき**　　$n(A\cap B)=\dfrac{n-1}{2}$

よって　　$P_A(B)=\dfrac{n(A\cap B)}{n(A)}=\dfrac{n-1}{2}\div n=\mathbf{\dfrac{n-1}{2n}}$

EX ③42

袋の中に，1 から 6 までの番号が 1 つずつ書かれた 6 個の玉が入っている。袋から 6 個の玉を 1 つずつ取り出していき，k 番目に取り出した玉に書かれた番号を a_k ($k=1,\ 2,\ \cdots\cdots,\ 6$) とする。ただし，取り出した玉は袋に戻さない。

(1)　$a_1+a_2=a_3+a_4=a_5+a_6$ が成り立つ確率を求めよ。

(2)　a_6 が偶数であったとき，a_1 が奇数である確率を求めよ。　〔学習院大〕

玉の取り出し方の総数は　　$6!$ 通り

←6 種類の番号の順列。

(1)　$a_1+a_2+a_3+a_4+a_5+a_6=1+2+3+4+5+6=21$

ゆえに，$a_1+a_2=a_3+a_4=a_5+a_6$ が成り立つのは，

$a_1+a_2=7,\ a_3+a_4=7,\ a_5+a_6=7$　の場合である。

←$21\div 3=7$

1 から 6 までの整数で，加えて 7 になる 2 つの数の組は

$(1,\ 6),\ (2,\ 5),\ (3,\ 4)$ …… ①

組 $(a_1,\ a_2),\ (a_3,\ a_4),\ (a_5,\ a_6)$ が ① のどの組に一致するかで

$3!$ 通り

そのおのおのに対して，$(a_1,\ a_2)$ は a_1 と a_2 の入れ替えを考えて 2 通りずつある。

同様に，$(a_3,\ a_4),\ (a_5,\ a_6)$ も 2 通りずつある。

この 3 組の並べ方 3! 通り
$(\boldsymbol{a_1},\ \boldsymbol{a_2}),\ (\boldsymbol{a_3},\ \boldsymbol{a_4}),\ (\boldsymbol{a_5},\ \boldsymbol{a_6})$
2 通り　2 通り　2 通り

よって，求める確率は　　$\dfrac{3!\times 2\times 2\times 2}{6!}=\mathbf{\dfrac{1}{15}}$

(2)　a_6 が偶数となる事象を A，a_1 が奇数となる事象を B とする。

←求める確率は　$P_A(B)$

事象 A が起こるとき，a_6 は $a_6=2,\ 4,\ 6$ の 3 通りあり，そのおのおのに対して，$a_1,\ a_2,\ \cdots\cdots,\ a_5$ の選び方は $5!$ 通りずつある。

ゆえに　　$n(A)=3\times 5!$

事象 $A\cap B$ が起こるとき，a_1 と a_6 は $a_1=1,\ 3,\ 5$ かつ $a_6=2,\ 4,\ 6$ の 3×3 通りあり，そのおのおのに対して，$a_2,\ a_3,\ a_4,\ a_5$ の選び方は $4!$ 通りずつある。

←$\boldsymbol{a_1},\ \boldsymbol{a_2},\ \boldsymbol{a_3},\ \boldsymbol{a_4},\ \boldsymbol{a_5},\ \boldsymbol{a_6}$
他の数字 4! 通り
1, 3, 5 の 3 通り　2, 4, 6 の 3 通り

ゆえに　　$n(A\cap B)=3\times 3\times 4!$

よって，求める確率は　　$P_A(B)=\dfrac{n(A\cap B)}{n(A)}=\dfrac{3\times 3\times 4!}{3\times 5!}=\mathbf{\dfrac{3}{5}}$

←$P_A(B)=\dfrac{n(A\cap B)}{n(A)}$

EX ③43

当たり3本，はずれ7本のくじをA，B 2人が引く。ただし，引いたくじはもとに戻さないとする。次の(1)，(2)の各場合について，A，Bが当たりくじを引く確率 $P(A)$，$P(B)$ をそれぞれ求めよ。

(1) まずAが1本引き，はずれたときだけAがもう1本引く。次にBが1本引き，はずれたときだけBがもう1本引く。

(2) まずAは1本だけ引く。Aが当たれば，Bは引けない。Aがはずれたときは B は1本引き，はずれたときだけBがもう1本引く。

(1) Aが1回目で当たりを引く確率は $\dfrac{3}{10}$

Aが1回目ではずれを引き，2回目で当たりを引く確率は $\dfrac{7}{10}\cdot\dfrac{3}{9}=\dfrac{7}{30}$

よって $\boldsymbol{P(A)=\dfrac{3}{10}+\dfrac{7}{30}=\dfrac{8}{15}}$

Bが当たりくじを引くのは，次の3つの場合がある。

[1] Aが1回目で当たりを引き，Bが1回目か2回目に当たりを引く。

[2] Aが1回目ではずれ，2回目で当たりを引き，Bが1回目か2回目に当たりを引く。

[3] Aが1回目も2回目もはずれを引き，Bが1回目か2回目に当たりを引く。

[1]～[3]の各事象は互いに排反であるから

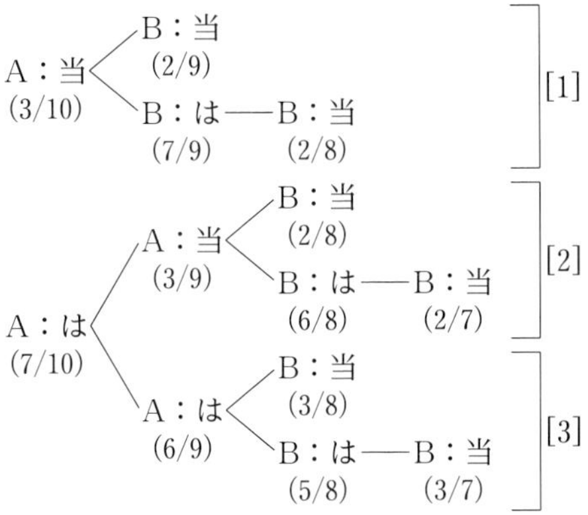

$$P(B)=\frac{3}{10}\left(\frac{2}{9}+\frac{7}{9}\cdot\frac{2}{8}\right)+\frac{7}{10}\cdot\frac{3}{9}\left(\frac{2}{8}+\frac{6}{8}\cdot\frac{2}{7}\right)+\frac{7}{10}\cdot\frac{6}{9}\left(\frac{3}{8}+\frac{5}{8}\cdot\frac{3}{7}\right)$$

$$=\frac{1}{8}+\frac{13}{120}+\frac{3}{10}=\boldsymbol{\frac{8}{15}}$$

(2) Aが当たりくじを引く確率は $\boldsymbol{P(A)=\dfrac{3}{10}}$

また，Bが当たりくじを引くのは，1回目でAがはずれくじを引いた後，次の場合がある。

[1] 2回目にBが当たりくじを引く。

[2] 2回目にBがはずれくじを引き，3回目にBが当たりくじを引く。

Aがはずれくじを引く確率は $\dfrac{7}{10}$

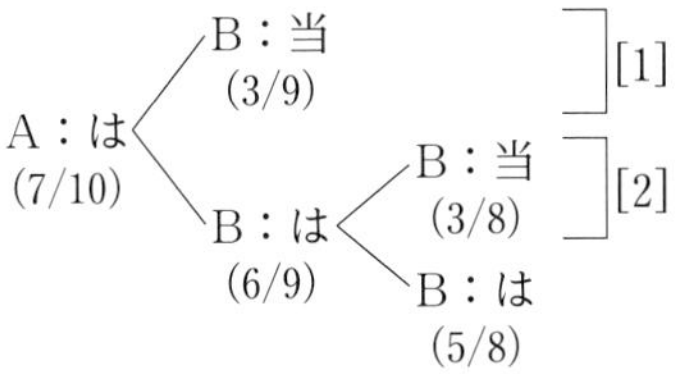

[1]の場合の確率は $\dfrac{3}{9}=\dfrac{1}{3}$

[2]の場合の確率は $\dfrac{6}{9}\cdot\dfrac{3}{8}=\dfrac{1}{4}$

[1]，[2]の事象は互いに排反であるから

$$\boldsymbol{P(B)=\frac{7}{10}\left(\frac{1}{3}+\frac{1}{4}\right)=\frac{49}{120}}$$

EX ④44 袋の中に最初に赤玉2個と青玉1個が入っている。次の操作を考える。

(操作)　袋から1個の玉を取り出し，それが赤玉ならば代わりに青玉1個を袋に入れ，青玉ならば代わりに赤玉1個を袋に入れる。袋に入っている3個の玉がすべて青玉になるとき，硬貨を1枚もらう。

この操作を4回繰り返す。もらう硬貨の総数が1枚である確率と，もらう硬貨の総数が2枚である確率をそれぞれ求めよ。　〔九州大〕

袋の中の赤玉の個数が a 個，青玉の個数が b 個のときの状態を $(a,\ b)$ で表すことにする。

4回繰り返したときの状態の推移は次のようになる。

←起こりうる場合を **樹形図** で書き上げるとよい。

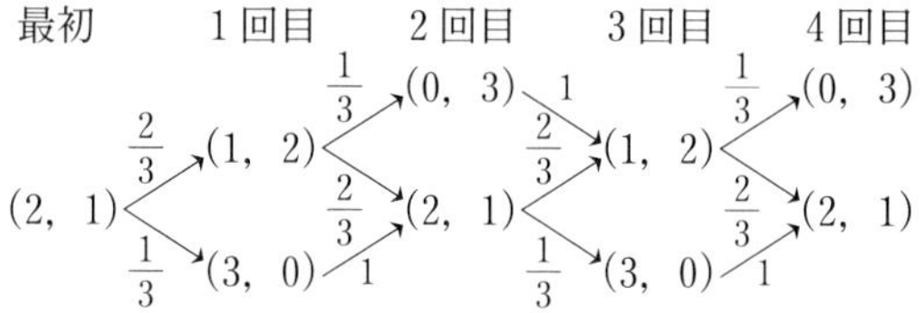

←(0, 3) のとき，硬貨を1枚もらう。

もらう硬貨の総数が1枚となるのには，次の [1]，[2] の場合があり，[1]，[2] は互いに排反である。

[1]　2回目だけで硬貨をもらうとき

$$(2,\ 1) \longrightarrow (1,\ 2) \longrightarrow (0,\ 3) \longrightarrow (1,\ 2) \longrightarrow (2,\ 1)$$

と推移する場合であるから，この確率は

$$\frac{2}{3}\times\frac{1}{3}\times1\times\frac{2}{3}=\frac{4}{27}$$

←2回目が (0, 3) で，4回目が (0, 3) でない。

[2]　4回目だけで硬貨をもらうとき

$$(2,\ 1) \longrightarrow (1,\ 2) \longrightarrow (2,\ 1) \longrightarrow (1,\ 2) \longrightarrow (0,\ 3)$$

または

$$(2,\ 1) \longrightarrow (3,\ 0) \longrightarrow (2,\ 1) \longrightarrow (1,\ 2) \longrightarrow (0,\ 3)$$

と推移する場合であるから，この確率は

$$\frac{2}{3}\times\frac{2}{3}\times\frac{2}{3}\times\frac{1}{3}+\frac{1}{3}\times1\times\frac{2}{3}\times\frac{1}{3}=\frac{14}{81}$$

←2回目が (0, 3) でなく，4回目が (0, 3) となる。

[1]，[2] から，**もらう硬貨が1枚の確率は**

$$\frac{4}{27}+\frac{14}{81}=\mathbf{\frac{26}{81}}$$

←加法定理

また，もらう硬貨の総数が2枚となるのは，2回目と4回目で硬貨をもらうときである。この場合は

$$(2,\ 1) \longrightarrow (1,\ 2) \longrightarrow (0,\ 3) \longrightarrow (1,\ 2) \longrightarrow (0,\ 3)$$

と推移するときであるから，**もらう硬貨が2枚の確率は**

$$\frac{2}{3}\times\frac{1}{3}\times1\times\frac{1}{3}=\mathbf{\frac{2}{27}}$$

←2回目と4回目がともに (0, 3) のとき。

EX ④45 1つの袋の中に白玉，青玉，赤玉が合わせて25個入っている。この袋から同時に2個の玉を取り出すとき，白玉1個と青玉1個が取り出される確率は $\frac{1}{6}$ であるという。また，この袋から同時に4個の玉を取り出す。取り出した玉がすべての色の玉を含んでいたとき，その中に青玉が2個入っている確率は $\frac{2}{11}$ であるという。この袋の中に最初に入っている白玉，青玉，赤玉の個数をそれぞれ求めよ。

白玉と青玉の個数をそれぞれ x，y とすると，赤玉の個数は $25-x-y$ である。

←x，y は自然数で $x\geqq 1$，$y\geqq 2$

同時に2個取り出す方法の総数は　${}_{25}C_2=25\cdot 12$（通り）

←問題の条件の2つの確率をそれぞれ x，y で表して，$=\frac{1}{6}$，$=\frac{2}{11}$ とおいた x，y の連立方程式を解く方針。

よって，条件から　$\dfrac{{}_xC_1\times{}_yC_1}{25\cdot 12}=\dfrac{1}{6}$　　ゆえに　$xy=50$

また，同時に4個取り出すとき，取り出した玉がすべての色を含んでいるという事象を A，取り出した玉の中に青玉が2個入っているという事象を B とすると，条件から　$P_A(B)=\dfrac{2}{11}$

$n(A)$ を求める。4個にすべての色の玉が含まれるのは，次の場合である。

[1]　白玉2個，青玉1個，赤玉1個を取り出す
[2]　白玉1個，青玉2個，赤玉1個を取り出す
[3]　白玉1個，青玉1個，赤玉2個を取り出す

←玉の色の種類は3通り，取り出す玉の個数は4個であることに注意。

[1] の場合の数は

$${}_xC_2\times{}_yC_1\times{}_{25-x-y}C_1=\frac{x(x-1)}{2}\cdot y(25-x-y)$$
$$=25(x-1)(25-x-y)$$

←$xy=50$ を代入。

[2] の場合の数は

$${}_xC_1\times{}_yC_2\times{}_{25-x-y}C_1=x\cdot\frac{y(y-1)}{2}(25-x-y)$$
$$=25(y-1)(25-x-y)$$

←$xy=50$ を代入。

←これが　$n(A\cap B)$

[3] の場合の数は　${}_xC_1\times{}_yC_1\times{}_{25-x-y}C_2$

$$=x\cdot y\frac{(25-x-y)(24-x-y)}{2}$$
$$=25(25-x-y)(24-x-y)$$

←$xy=50$ を代入。

よって　$n(A)=25(x-1)(25-x-y)+25(y-1)(25-x-y)$
$+25(25-x-y)(24-x-y)$
$=25(25-x-y)\{(x-1)+(y-1)+(24-x-y)\}$
$=25\cdot 22(25-x-y)$

←$25(25-x-y)$ が共通因数。

また，[2] から　$n(A\cap B)=25(y-1)(25-x-y)$

ゆえに　$P_A(B)=\dfrac{n(A\cap B)}{n(A)}=\dfrac{25(y-1)(25-x-y)}{25\cdot 22(25-x-y)}$
$=\dfrac{y-1}{22}$

よって　$\dfrac{y-1}{22}=\dfrac{2}{11}$　　これを解いて　$y=5$

←$P_A(B)=\dfrac{2}{11}$

$xy=50$ に代入して　　$5x=50$　すなわち　$x=10$

ゆえに　　$25-x-y=25-10-5=10$

よって，袋の中に最初に入っていた各玉の個数は

白玉 10 個，青玉 5 個，赤玉 10 個

←赤玉の個数を求めている。

EX ③46 袋の中に 2 個の白球と n 個の赤球が入っている。この袋から同時に 2 個の球を取り出したとき赤球の数を X とする。X の期待値が 1 であるとき，n の値を求めよ。ただし，$n \geqq 2$ であるとする。〔類　防衛医大〕

$X=k$ である確率を $P(X=k)$ で表すとする。

球の取り出し方の総数は　　${}_{n+2}C_2$ 通り

$X=1$ となるのは，白球と赤球を 1 個ずつ取り出すときで

$$P(X=1)=\frac{{}_2C_1\times{}_nC_1}{{}_{n+2}C_2}=\frac{4n}{(n+2)(n+1)}$$

$X=2$ となるのは，赤球を 2 個取り出すときで

$$P(X=2)=\frac{{}_nC_2}{{}_{n+2}C_2}=\frac{n(n-1)}{(n+2)(n+1)}$$

よって，X の期待値は

$$1\times\frac{4n}{(n+2)(n+1)}+2\times\frac{n(n-1)}{(n+2)(n+1)}$$

$$=\frac{2n(2+n-1)}{(n+2)(n+1)}=\frac{2n(n+1)}{(n+2)(n+1)}=\frac{2n}{n+2}$$

ゆえに，$\frac{2n}{n+2}=1$ であるとき，$2n=n+2$ から　　$\boldsymbol{n=2}$

←${}_{n+2}C_2=\frac{(n+2)(n+1)}{2\cdot1}$

←$n+1 \neq 0$ で分母・分子を割る。

EX ④47 4 チームがリーグ戦を行う。すなわち，各チームは他のすべてのチームとそれぞれ 1 回ずつ対戦する。引き分けはないものとし，勝つ確率はすべて $\frac{1}{2}$ とする。勝ち数の多い順に順位をつけ，勝ち数が同じであればそれらは同順位とするとき，1 位のチーム数の期待値を求めよ。〔京都大〕

試合数は全部で　　${}_4C_2=6$（通り）

1 位のチームの勝ち数は 3 または 2 である。

[1]　1 位のチームの勝ち数が 3 のとき，1 位のチーム数は 1 であり，その 1 チームが 3 連勝する。

1 位のチームの選び方は ${}_4C_1$ 通りあるから，この場合の確率は　　${}_4C_1\times\left(\frac{1}{2}\right)^3=\frac{1}{2}$

[2]　1 位のチームの勝ち数が 2 のとき，1 位のチーム数は 3 または 2 である。

(i)　1 位のチーム数が 3 であるとき，2 勝 1 敗のチーム数が 3（a，b，c とする），全敗のチーム数が 1（d とする）となる。

このとき，a，b，c の勝敗は，a が b に勝つか負けるかが決まると他の勝敗が 1 通りに決まる。

よって，この場合の確率は

$${}_4C_1\times2\times\left(\frac{1}{2}\right)^6=\frac{1}{8}$$

←1 勝のチームが 1 位になることはない。

←他の試合結果は関係ない。

←a，b，c が 2 勝 1 敗となるのは次の図の 2 通り。a と b の対戦結果で決まる。

＼	a	b	c	d
a	＼	○	×	○
b	×	＼	○	○
c	○	×	＼	○
d	×	×	×	＼

＼	a	b	c	d
a	＼	×	○	○
b	○	＼	×	○
c	×	○	＼	○
d	×	×	×	＼

(ii) 1位のチーム数が2であるとき，その確率は

$$1-\left(\frac{1}{2}+\frac{1}{8}\right)=\frac{3}{8}$$

←余事象の確率

[1]，[2] から，1位のチーム数の期待値は

$$1\times\frac{1}{2}+3\times\frac{1}{8}+2\times\frac{3}{8}=\mathbf{\frac{13}{8}}$$

←値×確率 の和

検討 1位のチームの勝ち数が2で，そのチーム数が2となる場合の確率を直接求めると，次のようになる。
2勝1敗のチーム数が2 (a, bとする)，1勝2敗のチーム数が2 (c, dとする) となり，この場合，次の4通りの勝敗の分かれ方がある。

＼	a	b	c	d
a	＼	○	○	×
b	×	＼	○	○
c	×	×	＼	○
d	○	×	×	＼

＼	a	b	c	d
a	＼	○	×	○
b	×	＼	○	○
c	○	×	＼	×
d	×	×	○	＼

＼	a	b	c	d
a	＼	×	○	○
b	○	＼	○	×
c	×	×	＼	○
d	×	○	×	＼

＼	a	b	c	d
a	＼	×	○	○
b	○	＼	×	○
c	×	○	＼	×
d	×	×	○	＼

よって，この場合の確率は $_4C_2\times4\times\left(\frac{1}{2}\right)^6=\frac{3}{8}$

EX ②48

Aさんは今日から3日間，P市からQ市へ出張することになっている。P市の駅で新聞の天気予報をみると，Q市の今日，明日，あさっての降水確率はそれぞれ20％，50％，40％であった。Aさんは，出張中に雨が降った場合，Q市で1000円の傘を買うつもりでいた。しかし，P市の駅で600円で売られている傘を見つけたので，それを買うべきか検討することにした。Aさんは P市の駅で傘を買わなかった場合，「Q市で傘を買うための出費の期待値」を X 円と計算した。X を求め，AさんはP市の駅で傘を買うべきかどうか答えよ。

今日からの3日の間に，Q市で1度も雨が降らない確率は

$$(1-0.2)\times(1-0.5)\times(1-0.4)=0.8\times0.5\times0.6=0.24$$

←余事象の確率を利用。

よって，少なくとも1日，Q市で雨が降る確率は

$$1-0.24=0.76$$

ゆえに，Q市で傘を買うための出費の期待値 X は

$$X=1000\times0.76=760\ (円)$$

←雨が降った場合，1000円の傘を買う。

$X>600$ であるから，AさんはP市の駅で **傘を買うべきである**。

EX ③49

A，Bの2人でじゃんけんを1回行う。グー，チョキ，パーで勝つとそれぞれ勝者が敗者から1，2，3円受け取り，あいこのときは支払いはない。Aはグー，チョキ，パーをそれぞれ確率 p_1，p_2，p_3 で，Bは q_1，q_2，q_3 で出すとする。
(1) Aが受け取る額の期待値 E を p_1，p_2，q_1，q_2 で表せ。ただし，例えばAがチョキ，Bがグーを出せば，Aの受け取る額は -1 円と考える。
(2) Aがグー，チョキをそれぞれ確率 $\frac{1}{3}$，$\frac{1}{2}$ で出すとすると，Aがこのじゃんけんを行うことは得といえるか。

(1) Aが受け取る金額を x とすると

$$x=0,\ \pm1,\ \pm2,\ \pm3\ (円)$$

$x=0$ (円) となるのは，A，Bが同じ手を出してあいことなる場合であるから，その確率は $p_1q_1+p_2q_2+p_3q_3$

←2人ともグー，2人ともチョキ，2人ともパー。

$x=1$ (円) となるのは，A がグーを出して勝つときであるから，その確率は　　p_1q_2

←B はチョキ。

$x=-1$ となるのは，A がチョキを出して負けるときであるから，その確率は　　p_2q_1

←B はグー。

同様にして，$x=\pm2,\ \pm3$ (円) となる確率を求め，x と確率をまとめると，次の表のようになる。

x	-3	-2	-1	0	1	2	3
確率	p_1q_3	p_3q_2	p_2q_1	$p_1q_1+p_2q_2+p_3q_3$	p_1q_2	p_2q_3	p_3q_1

	グ	チョ	パ	計
A	p_1	p_2	p_3	1
B	q_1	q_2	q_3	1

したがって

$$E=-3p_1q_3-2p_3q_2-p_2q_1+p_1q_2+2p_2q_3+3p_3q_1$$

ここで，$p_3=1-p_1-p_2$，$q_3=1-q_1-q_2$ であるから

←$p_1+p_2+p_3=1$，$q_1+q_2+q_3=1$

$$\boldsymbol{E}=-3p_1(1-q_1-q_2)-2(1-p_1-p_2)q_2-p_2q_1+p_1q_2+2p_2(1-q_1-q_2)+3(1-p_1-p_2)q_1$$
$$=\boldsymbol{6p_1q_2-6p_2q_1-3p_1+2p_2+3q_1-2q_2}$$

検討　解答の表で，確率の和は $p_1q_1+p_1q_2+p_1q_3+p_2q_1+p_2q_2+p_2q_3+p_3q_1+p_3q_2+p_3q_3=(p_1+p_2+p_3)(q_1+q_2+q_3)=1\cdot1=1$ となり OK。

(2)　$p_1=\dfrac{1}{3}$，$p_2=\dfrac{1}{2}$ を (1) の結果に代入すると

$$E=6\cdot\frac{1}{3}\cdot q_2-6\cdot\frac{1}{2}\cdot q_1-3\cdot\frac{1}{3}+2\cdot\frac{1}{2}+3q_1-2q_2$$
$$=2q_2-3q_1-1+1+3q_1-2q_2=0$$

よって，A がこのじゃんけんを行うことは **得であるとも損であるともいえない**。

EX ③50

同じ長さの赤と白の棒を 6 本使って正四面体を作る。ただし，各辺が赤である確率は $\dfrac{1}{3}$，白である確率は $\dfrac{2}{3}$ とする。

(1)　赤い辺の本数が 3 である確率を求めよ。

(2)　1 つの頂点から出る赤い辺の本数の期待値を求めよ。

(3)　赤い辺で囲まれる面が 1 つである確率を求めよ。　〔名古屋市大〕

(1)　各辺のうち，赤が 3 本，白が 3 本であるから，求める確率は

$${}_6C_3\left(\frac{1}{3}\right)^3\left(\frac{2}{3}\right)^3=\boldsymbol{\frac{160}{729}}$$

←① ② ③ ④ ⑤ ⑥ の 6 箇所を 3 つの赤，3 つの白で塗り分ける確率と考える。

(2)　1 つの頂点から出る赤い辺の本数を X とすると，X のとりうる値は　$X=0,\ 1,\ 2,\ 3$　　それぞれの値をとる確率は

$X=0$ のとき　$\left(\dfrac{2}{3}\right)^3=\dfrac{8}{27}$

$X=1$ のとき　${}_3C_1\cdot\dfrac{1}{3}\left(\dfrac{2}{3}\right)^2=\dfrac{12}{27}$

$X=2$ のとき　${}_3C_2\left(\dfrac{1}{3}\right)^2\cdot\dfrac{2}{3}=\dfrac{6}{27}$

$X=3$ のとき　$\left(\dfrac{1}{3}\right)^3=\dfrac{1}{27}$

よって，求める期待値は

$$0\times\frac{8}{27}+1\times\frac{12}{27}+2\times\frac{6}{27}+3\times\frac{1}{27}=\boldsymbol{1}\ (本)$$

検討
$X=k$ である確率が ${}_nC_kp^k(1-p)^{n-k}$ である変数の期待値は np である（本冊 $p.440$ 検討参照）。
これを用いると，求める期待値は

$$3\times\frac{1}{3}=1$$

(3) 赤い辺で囲まれる面が1つであるとき，赤い辺は3本または4本である。

[1] 赤い辺が3本，白い辺が3本のとき

赤い辺で囲まれる面の選び方は　4通り

そのおのおのについて，白い辺は自動的に決まる。

よって，このときの確率は

$$4\left(\frac{1}{3}\right)^3\left(\frac{2}{3}\right)^3=\frac{32}{729}$$

[2] 赤い辺が4本，白い辺が2本のとき

赤い辺で囲まれる面の選び方は　4通り

そのおのおのについて，残りの赤い辺と白い辺の選び方は

$_3C_1$ 通り

よって，このときの確率は

$$4\times{}_3C_1\left(\frac{1}{3}\right)^4\left(\frac{2}{3}\right)^2=\frac{48}{729}$$

[1]，[2] から，求める確率は　$\dfrac{32}{729}+\dfrac{48}{729}=\mathbf{\dfrac{80}{729}}$

[1]

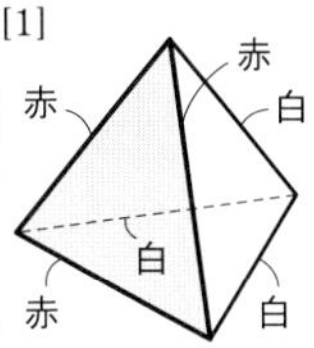

[2]

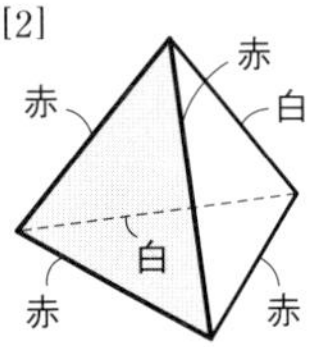

練習 ②70 △ABC において，AB=5，BC=4，CA=3 とし，∠A の二等分線と対辺 BC との交点を P とする。また，頂点 A における外角の二等分線と対辺 BC の延長との交点を Q とする。このとき，線分 BP，PC，CQ の長さを求めよ。
〔金沢工大〕

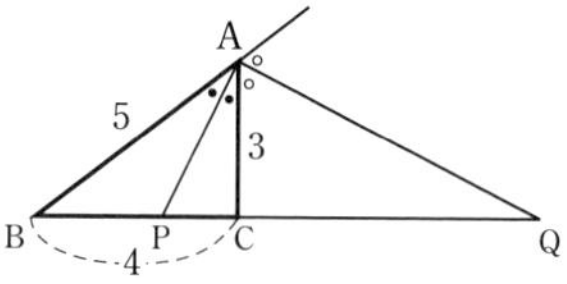

AP は ∠A の二等分線であるから

BP：PC=AB：AC

すなわち

BP：(4−BP)=5：3

よって　5(4−BP)=3BP

ゆえに　$\mathbf{BP}=\dfrac{5}{2}$　　また　$\mathbf{PC}=4-\mathrm{BP}=4-\dfrac{5}{2}=\dfrac{3}{2}$

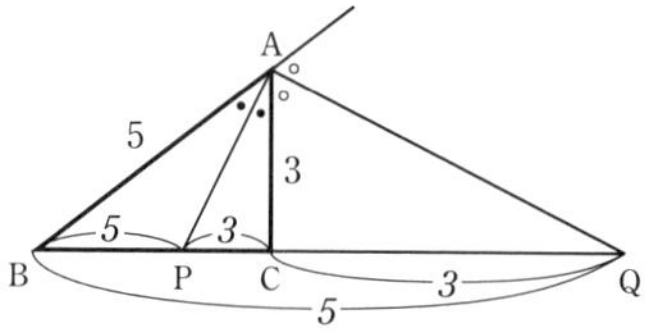

AQ は頂点 A における外角の二等分線であるから

BQ：CQ=AB：AC

すなわち　(4+CQ)：CQ=5：3

よって　5CQ=3(4+CQ)　　ゆえに　**CQ=6**

←BP：PC=AB：AC =5：3 から
$\mathrm{BP}=\dfrac{5}{5+3}\times\mathrm{BC}$
$\mathrm{PC}=\dfrac{3}{5+3}\times\mathrm{BC}$
としてもよい。

←BQ：CQ=5：3 から
$\mathrm{CQ}=\dfrac{3}{5-3}\times\mathrm{BC}$
としてもよい。

練習 ②71 △ABC の辺 AB，AC 上に，それぞれ頂点と異なる任意の点 D，E をとる。D から BE に平行に，また，E から CD に平行に直線を引き，AC，AB との交点をそれぞれ F，G とする。このとき，GF は BC に平行であることを証明せよ。

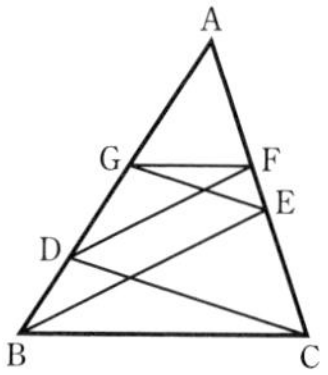

△ABE において，DF∥BE であるから

$\dfrac{\mathrm{AD}}{\mathrm{AB}}=\dfrac{\mathrm{AF}}{\mathrm{AE}}$ ……①

△ADC において，GE∥DC であるから

$\dfrac{\mathrm{AG}}{\mathrm{AD}}=\dfrac{\mathrm{AE}}{\mathrm{AC}}$ ……②

①，② の辺々を掛けると

$\dfrac{\mathrm{AD}}{\mathrm{AB}}\cdot\dfrac{\mathrm{AG}}{\mathrm{AD}}=\dfrac{\mathrm{AF}}{\mathrm{AE}}\cdot\dfrac{\mathrm{AE}}{\mathrm{AC}}$

ゆえに　$\dfrac{\mathrm{AG}}{\mathrm{AB}}=\dfrac{\mathrm{AF}}{\mathrm{AC}}$　　よって　GF∥BC

検討　$a:b=c:d$ は $\dfrac{a}{b}=\dfrac{c}{d}$ と同値 である。左の解答のように比を分数に直して進めると，数式のように扱えて考えやすくなる。

練習 ③72 AB>AC である △ABC の辺 BC を AB：AC に外分する点を Q とする。このとき，AQ は ∠A の外角の二等分線であることを証明せよ。

△ABC の辺 AB の A を越える延長上に点 D をとり，辺 AB 上に AC=AE となるような点 E をとる。

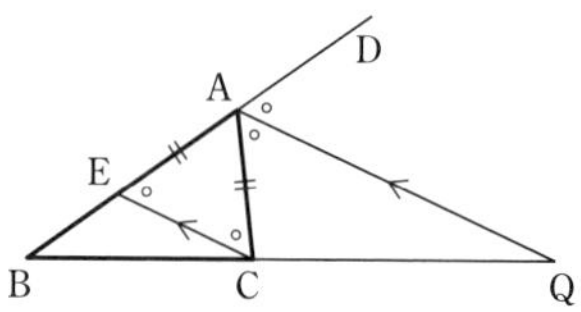

BQ：QC=AB：AC のとき，

BQ：QC=AB：AE から　AQ∥EC

ゆえに　　$\angle DAQ=\angle AEC$，$\angle QAC=\angle ACE$

←平行線の同位角，錯角はそれぞれ等しい。

$AC=AE$ であるから　　$\angle AEC=\angle ACE$

よって　　$\angle DAQ=\angle QAC$

すなわち，AQ は $\angle A$ の外角の二等分線である。

別解　辺 BC の C を越える延長上の点 Q が，

$BQ:QC=AB:AC$ …… ①

を満たしているとする。

←別解の手法は，**同一法** または **一致法** ともよばれる。

$\angle A$ の外角の二等分線と辺 BC の C を越える延長線との交点を E とすると　　$AB:AC=BE:EC$ …… ②

←外角の二等分線の定理

①，② から　　$BQ:QC=BE:EC$

よって，Q と E は辺 BC を同じ比に外分するから一致する。

したがって，AQ は $\angle A$ の外角の二等分線である。

練習 ②73　$\triangle ABC$ の外心を O とするとき，右の図の角 α，β を求めよ。

(1)

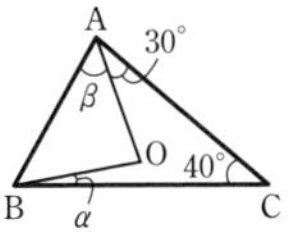

(2)

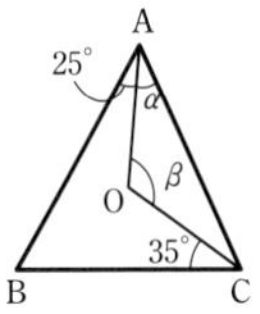

(1) O は $\triangle ABC$ の外心であるから　　$OA=OB=OC$

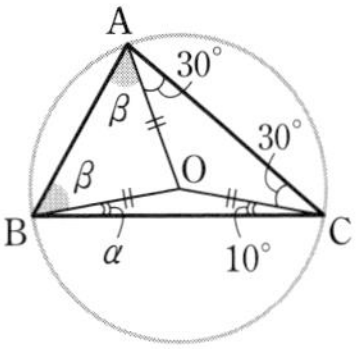

ゆえに　　$\angle OCA=\angle OAC=30^\circ$

よって　　$\angle OCB=\angle C-\angle OCA=40^\circ-30^\circ=10^\circ$

ゆえに　　$\boldsymbol{\alpha=\angle OBC=\angle OCB=10^\circ}$

また　　$\angle OBA=\angle OAB=\beta$

よって　　$\angle A+\angle B+\angle C=(\beta+30^\circ)+(\beta+10^\circ)+40^\circ$

$=2\beta+80^\circ$

ゆえに　　$2\beta+80^\circ=180^\circ$　　　よって　　$\boldsymbol{\beta=50^\circ}$

←$2\beta=100^\circ$

別解　$\angle AOB=2\times40^\circ=80^\circ$

←**(中心角)＝2(円周角)**

よって　　$\boldsymbol{\beta=\frac{1}{2}(180^\circ-80^\circ)=50^\circ}$

←$\triangle AOB$ の内角の和に注目。

(2) O は $\triangle ABC$ の外心であるから　　$OA=OB=OC$

$\triangle OAB$ で　　$\angle OBA=\angle OAB=25^\circ$

$\triangle OBC$ で　　$\angle OBC=\angle OCB=35^\circ$

$\triangle OCA$ で　　$\angle OCA=\angle OAC=\alpha$

$\triangle ABC$ の内角の和は 180° であるから

$2\times25^\circ+2\times35^\circ+2\alpha=180^\circ$

よって　　$\boldsymbol{\alpha=30^\circ}$

また　　$\boldsymbol{\beta=180^\circ-2\times30^\circ=120^\circ}$

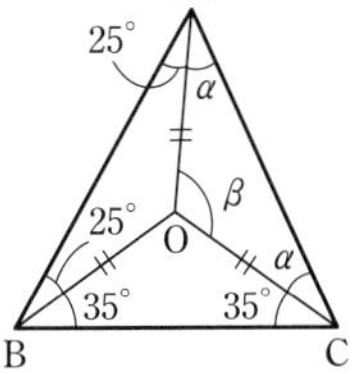

←$\angle B=60^\circ$ と $\overset{\frown}{AC}$ に対する中心角と円周角の関係から

$\beta=2\times60^\circ=120^\circ$

としてもよい。

練習 ②74　(1) $\triangle ABC$ の内心を I とするとき，右の図の角 α，β を求めよ。ただし，点 D は直線 CI と辺 AB との交点である。

(2) 3 辺が $AB=5$，$BC=8$，$CA=4$ である $\triangle ABC$ の内心を I とし，直線 CI と辺 AB との交点を D とする。このとき，$CI:ID$ を求めよ。

(1)

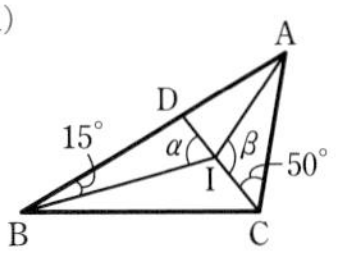

(1) Iは△ABCの内心であるから

$\angle IBC=\angle IBA=15^\circ$, $\angle ICB=\angle ICA=50^\circ$

ゆえに　$\alpha=\angle IBC+\angle ICB=15^\circ+50^\circ=\mathbf{65^\circ}$

また　$\angle B=2\angle ABI=30^\circ$,

$\angle C=2\angle ACI=100^\circ$

よって　$\angle A=180^\circ-(\angle B+\angle C)$

$=180^\circ-(30^\circ+100^\circ)=50^\circ$

ゆえに　$\angle IAC=\dfrac{1}{2}\angle A=25^\circ$

よって　$\beta=180^\circ-(\angle IAC+\angle ICA)$

$=180^\circ-(25^\circ+50^\circ)=\mathbf{105^\circ}$

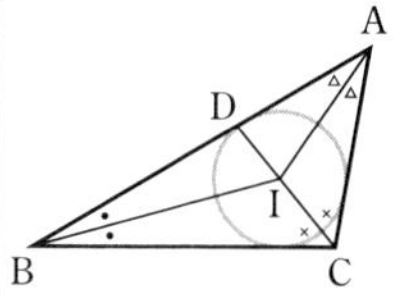

(2) △ABCにおいて，CDは∠Cの二等分線であるから

AD：DB＝CA：CB＝4：8＝1：2

よって　$AD=\dfrac{1}{1+2}\times AB=\dfrac{1}{3}\times 5=\dfrac{5}{3}$

また，△ADCにおいて，AIは∠Aの二等分線であるから

$CI:ID=AC:AD=4:\dfrac{5}{3}=\mathbf{12:5}$

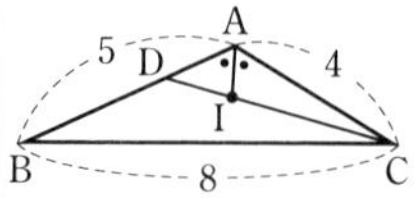

←BIが∠Bの二等分線であることに着目してもよい。

練習 ②75　右の図のように，平行四辺形ABCDの対角線の交点をO，辺BCの中点をMとし，AMとBDの交点をP，線分ODの中点をQとする。
(1) 線分PQの長さは，線分BDの長さの何倍か。
(2) △ABPの面積が6cm^2のとき，四角形ABCDの面積を求めよ。

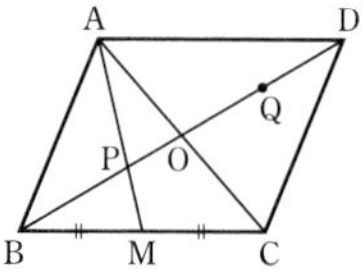

(1) AO＝CO，BM＝CMより，点Pは△ABCの重心であるから

BP：PO＝2：1

$PO=\dfrac{1}{3}BO$，$OQ=\dfrac{1}{2}OD$であるから

$PQ=PO+OQ=\dfrac{1}{3}BO+\dfrac{1}{2}OD=\dfrac{1}{3}\times\dfrac{1}{2}BD+\dfrac{1}{2}\times\dfrac{1}{2}BD$

$=\left(\dfrac{1}{6}+\dfrac{1}{4}\right)BD=\dfrac{5}{12}BD$

したがって　$\mathbf{\dfrac{5}{12}}$ **倍**

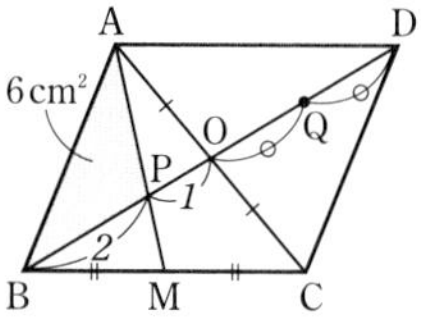

HINT　**重心を見つけ出し，重心は中線を2：1に内分する**ことを利用する。

←平行四辺形の対角線はそれぞれの中点で交わる。

(2) PD＝PO＋OD＝PO＋3PO＝4PO

よって　BP：PD＝2PO：4PO＝1：2

ゆえに　$\triangle ABD=3\triangle ABP=3\times 6=18(\text{cm}^2)$

したがって，四角形ABCDの面積は

$2\times\triangle ABD=\mathbf{36\ (cm^2)}$

←(1)を利用。

三角形の面積比　等高なら底辺の比

←△ABD≡△CDB

練習 ③76　△ABCの辺BC，CA，ABの中点をそれぞれD，E，Fとする。このとき，△ABCと△DEFの重心が一致することを証明せよ。

HINT　△ABCの中線の一部分が△DEFの中線となっていることを示す。

中線 AD と FE との交点を P とする。

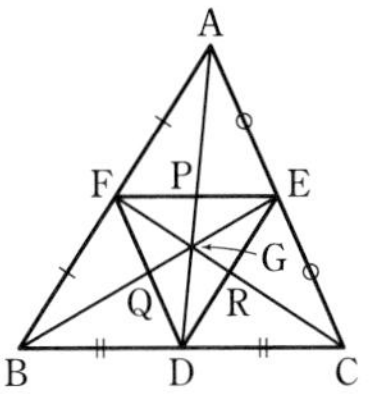

AE＝EC，BD＝DC から

AF∥ED …… ①

←中点連結定理

AF＝FB，CD＝DB から

AE∥FD …… ②

①，② より，四角形 AFDE は平行四辺形となる。

よって　　FP＝PE

←平行四辺形の対角線はそれぞれの中点で交わる。

同様に，中線 BE と FD，中線 CF と DE の交点をそれぞれ Q，R とすると　　DQ＝QF，DR＝RE

したがって，△ABC の重心を G とすると，G は △DEF の 3 つの中線 DP，EQ，FR の交点となり，G は △DEF の重心でもある。

すなわち，△ABC と △DEF の重心は一致する。

練習 ③77

(1) 鋭角三角形 ABC の外心を O，垂心を H とするとき，∠BAO＝∠CAH であることを証明せよ。

(2) 外心と内心が一致する三角形は正三角形であることを証明せよ。

(1) △ABO において　　OA＝OB

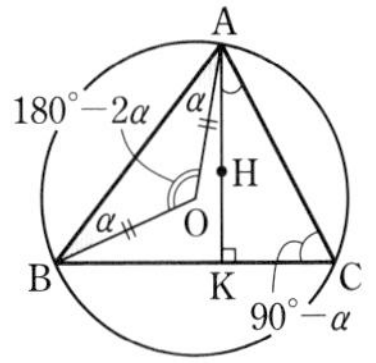

ゆえに，∠BAO＝∠ABO＝α とおくと

∠AOB＝180°−2α

よって，直線 AH と辺 BC との交点を K とすると

$$\angle ACK=\angle ACB=\frac{1}{2}\angle AOB$$

$$=90^\circ-\alpha$$

←(円周角)＝$\frac{1}{2}$(中心角)

ゆえに，△ACK において

$$\angle CAK=90^\circ-\angle ACK=90^\circ-(90^\circ-\alpha)=\alpha$$

←H は垂心であるから，AK⊥BC より　∠AKC＝90°

したがって　　∠BAO＝∠CAH

別解　AO と外接円の交点を D とし，AH と辺 BC の交点を K とする。

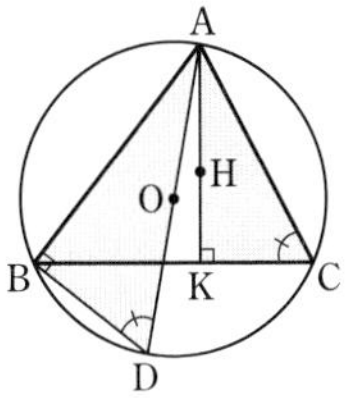

∠ABD＝∠AKC＝90°

←直径に対する円周角

∠ADB＝∠ACK

←円周角の定理

よって　　△ABD∽△AKC

←2 角がそれぞれ等しい。

ゆえに　　∠BAO＝∠CAH

(2) △ABC の外心と内心が一致するとき，その点を O とする。

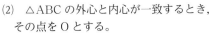

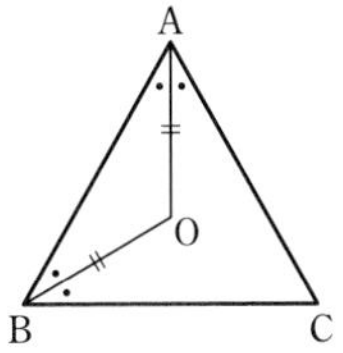

O は外心であるから　　OA＝OB

←外心なら等しい線分，内心なら等しい角に着目する。

よって　　∠OAB＝∠OBA …… ①

また，O は内心でもあるから

$$\angle OAB=\frac{1}{2}\angle A,\ \angle OBA=\frac{1}{2}\angle B$$

これと ① から　　∠A＝∠B

←$\frac{1}{2}\angle A=\frac{1}{2}\angle B$

同様にして　　　$\angle C=\angle A$

したがって，$\angle A=\angle B=\angle C$ となるから，$\triangle ABC$ は正三角形である。

←OC＝OA として同じ議論をすると出る。

練習 ③78 $\triangle ABC$ の辺 BC，CA，AB の中点をそれぞれ L，M，N とする。$\triangle ABC$ の外心 O は $\triangle LMN$ についてどのような点か。

O は $\triangle ABC$ の外心であるから

$OL\perp BC$ …… ①

また，AN＝NB，AM＝MC から

$NM /\!/ BC$ …… ②

①，② から　　$OL\perp NM$

同様にして　　$OM\perp LN$，$ON\perp ML$

よって，O は $\triangle LMN$ の **垂心** である。

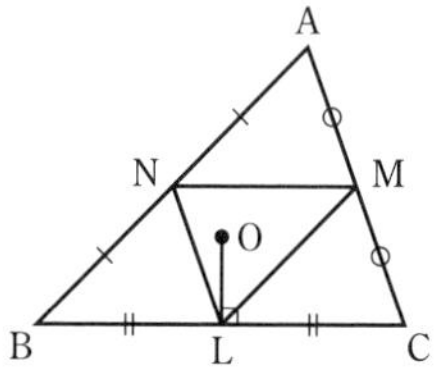

←OL は辺 BC の垂直二等分線。

←**中点連結定理**

練習 ②79 $\triangle ABC$ の頂角 A 内の傍心を I_a とする。次のことを証明せよ。

(1) $\angle AI_aB=\frac{1}{2}\angle C$　　　(2) $\angle BI_aC=90^\circ-\frac{1}{2}\angle A$

辺 AB，AC の B，C を越える延長上に，それぞれ点 D，E をとる。

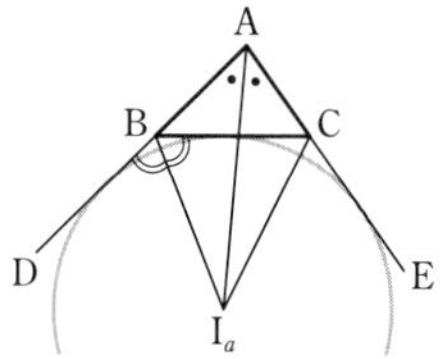

(1) $\angle AI_aB=\angle I_aBD-\angle I_aAB$

$=\frac{1}{2}\angle CBD-\frac{1}{2}\angle A$

$=\frac{1}{2}(\angle CBD-\angle A)$

$=\frac{1}{2}\angle C$

←$\angle I_aBD$ は $\triangle AI_aB$ の外角。

←$\angle CBD$ は $\triangle ABC$ の外角。

(2) $\angle AI_aC=\angle I_aCE-\angle I_aAC=\frac{1}{2}\angle BCE-\frac{1}{2}\angle A$

$=\frac{1}{2}(\angle BCE-\angle A)=\frac{1}{2}\angle B$

←(1) と同様に考える。$\angle I_aCE$ は $\triangle AI_aC$ の外角，$\angle BCE$ は $\triangle ABC$ の外角である。

よって　　$\angle BI_aC=\angle AI_aB+\angle AI_aC=\frac{1}{2}(\angle B+\angle C)$

$=\frac{1}{2}(180^\circ-\angle A)=90^\circ-\frac{1}{2}\angle A$

←(1) から $\angle AI_aB=\frac{1}{2}\angle C$

別解　I_a から直線 AB，BC，AC に下ろした垂線をそれぞれ I_aP，I_aQ，I_aR とすると

$\angle I_aPB=\angle I_aRC=90^\circ$

よって，四角形 API_aR は円に内接する。ゆえに　　$\angle A+\angle PI_aR=180^\circ$

ここで　　$\angle PI_aB=\angle QI_aB$，$\angle RI_aC=\angle QI_aC$

よって　　$\angle BI_aC=\frac{1}{2}\angle PI_aR=\frac{1}{2}(180^\circ-\angle A)$

$=90^\circ-\frac{1}{2}\angle A$

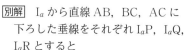

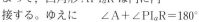

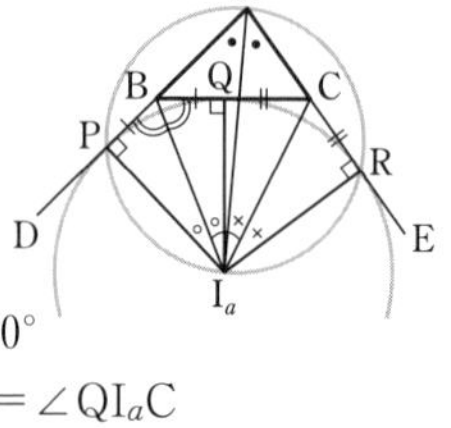

←円に内接する四角形の性質（本冊 $p.478$～）を利用する。

←対角の和が 180° である四角形は円に内接する。

←$\triangle I_aPB\equiv\triangle I_aQB$
$\triangle I_aQC\equiv\triangle I_aRC$

練習 ②80 △ABC において，辺 BC を 3 等分する点を B に近いものから順に D，E とするとき，$2AB^2+AC^2=3AD^2+6BD^2$ が成り立つことを示せ。

△ABE において，中線定理により

$$AB^2+AE^2=2(AD^2+BD^2)$$

ゆえに　$2AB^2=4AD^2-2AE^2+4BD^2$　…… ①

△ADC において，中線定理により

$$AD^2+AC^2=2(AE^2+DE^2)$$

DE＝BD から　$AC^2=2AE^2-AD^2+2BD^2$　…… ②

①＋② から　$2AB^2+AC^2=3AD^2+6BD^2$

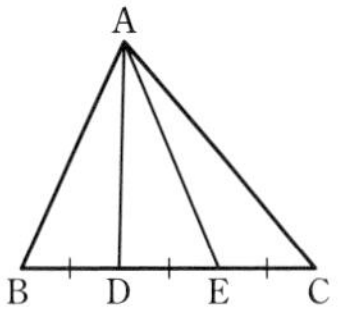

練習 ②81 △ABC の辺 BC を 2：3 に内分する点を D とし，辺 CA を 1：4 に内分する点を E とする。また，辺 AB の中点を F とする。△DEF の面積が 14 のとき，△ABC の面積を求めよ。

△ABC の面積を S とする。

$\dfrac{\triangle AEF}{\triangle ABC}=\dfrac{AF}{AB}\cdot\dfrac{AE}{AC}=\dfrac{1}{2}\cdot\dfrac{4}{5}=\dfrac{2}{5}$ であるから

$$\triangle AEF=\frac{2}{5}\triangle ABC=\frac{2}{5}S$$

同様にして，$\dfrac{\triangle BDF}{\triangle ABC}=\dfrac{2}{5}\cdot\dfrac{1}{2}=\dfrac{1}{5}$ から　$\triangle BDF=\dfrac{1}{5}S$

$\dfrac{\triangle CDE}{\triangle ABC}=\dfrac{3}{5}\cdot\dfrac{1}{5}=\dfrac{3}{25}$ から　$\triangle CDE=\dfrac{3}{25}S$

ゆえに　$\triangle DEF=\triangle ABC-\triangle AEF-\triangle BDF-\triangle CDE$

$$=S-\frac{2}{5}S-\frac{1}{5}S-\frac{3}{25}S=\frac{7}{25}S$$

よって　$\dfrac{7}{25}S=14$　　したがって　$S=14\cdot\dfrac{25}{7}=\mathbf{50}$

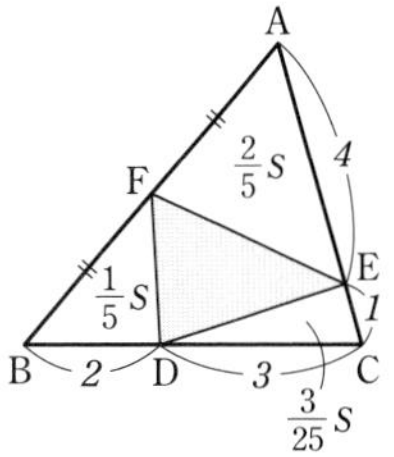

練習 ②82 (1) △ABC の辺 AB を 3：2 に内分する点を D，辺 AC を 4：3 に内分する点を E とし，線分 BE と CD の交点を O とする。直線 AO と辺 BC の交点を F とするとき，BF：FC を求めよ。
(2) △ABC の辺 AB を 3：1 に内分する点を P，辺 BC の中点を Q とし，線分 CP と AQ の交点を R とする。このとき，CR：RP を求めよ。

(1) △ABC において，チェバの定理により

$$\frac{BF}{FC}\cdot\frac{CE}{EA}\cdot\frac{AD}{DB}=1$$

すなわち　$\dfrac{BF}{FC}\cdot\dfrac{3}{4}\cdot\dfrac{3}{2}=1$

$\dfrac{BF}{FC}=\dfrac{8}{9}$ から　BF：FC＝**8：9**

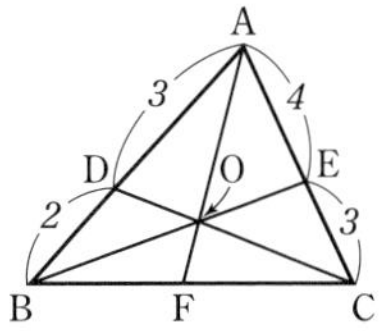

(2) △PBC と直線 AQ について，メネラウスの定理により

$$\frac{BQ}{QC}\cdot\frac{CR}{RP}\cdot\frac{PA}{AB}=1$$

すなわち　$\dfrac{1}{1}\cdot\dfrac{CR}{RP}\cdot\dfrac{3}{4}=1$

$\dfrac{CR}{RP}=\dfrac{4}{3}$ から　CR：RP＝**4：3**

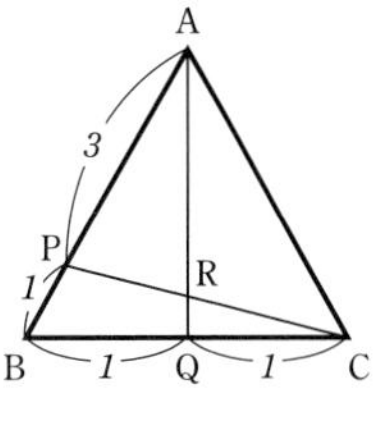

練習 ②83 右の図のように，△ABCの外部に点Oがあり，直線AO，BO，COが，対辺BC，CA，ABまたはその延長と，それぞれ点P，Q，Rで交わる。

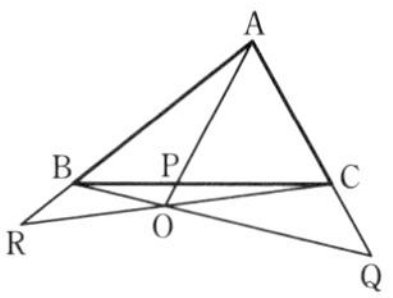

(1) △ABCにおいて，チェバの定理が成り立つことを，メネラウスの定理を用いて証明せよ。

(2) BP：PC=2：3，AQ：QC=3：1のとき，次の比を求めよ。

(ア) BO：OQ　　(イ) AP：PO

(1) △ABPと直線RCについて，メネラウスの定理により

$$\frac{BC}{CP}\cdot\frac{PO}{OA}\cdot\frac{AR}{RB}=1 \quad \cdots\cdots ①$$

△ACPと直線BQについて，メネラウスの定理により

$$\frac{CB}{BP}\cdot\frac{PO}{OA}\cdot\frac{AQ}{QC}=1 \quad \cdots\cdots ②$$

①÷②から　$\frac{BC}{CP}\cdot\frac{BP}{CB}\cdot\frac{AR}{RB}\cdot\frac{QC}{AQ}=1$

したがって　$\frac{BP}{PC}\cdot\frac{CQ}{QA}\cdot\frac{AR}{RB}=1$

←メネラウスの定理を適用するときは，対象となる三角形と直線を明示する。

(2) (ア) △BCQと直線AOについて，メネラウスの定理により

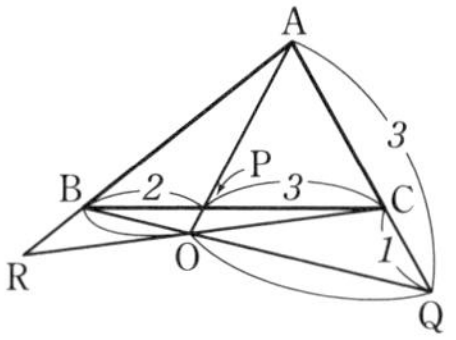

$$\frac{BO}{OQ}\cdot\frac{QA}{AC}\cdot\frac{CP}{PB}=1$$

すなわち

$$\frac{BO}{OQ}\cdot\frac{3}{3-1}\cdot\frac{3}{2}=1$$

$\frac{BO}{OQ}=\frac{4}{9}$ から　BO：OQ=**4：9**

(イ) △ACPと直線BQについて，メネラウスの定理により

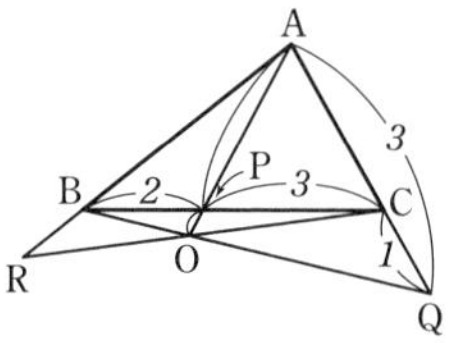

$$\frac{PB}{BC}\cdot\frac{CQ}{QA}\cdot\frac{AO}{OP}=1$$

すなわち

$$\frac{2}{2+3}\cdot\frac{1}{3}\cdot\frac{AO}{OP}=1$$

$\frac{AO}{OP}=\frac{15}{2}$ から　AO：OP=15：2

よって　AP：PO=**13：2**

(イ) 別解

[(ア)の結果を利用]

△BPOと直線AQについて，メネラウスの定理により

$$\frac{OQ}{QB}\cdot\frac{BC}{CP}\cdot\frac{PA}{AO}=1$$

$$\frac{9}{4+9}\cdot\frac{2+3}{3}\cdot\frac{PA}{AO}=1$$

$\frac{PA}{AO}=\frac{13}{15}$ から

PA：AO=13：15

したがって

AP：PO=**13：2**

練習 ③84 △ABCの辺ABを1：2に内分する点をM，辺BCを3：2に内分する点をNとする。線分ANとCMの交点をOとし，直線BOと辺ACの交点をPとする。△AOPの面積が1のとき，△ABCの面積Sを求めよ。［岡山理科大］

△ABCにおいて，チェバの定理により

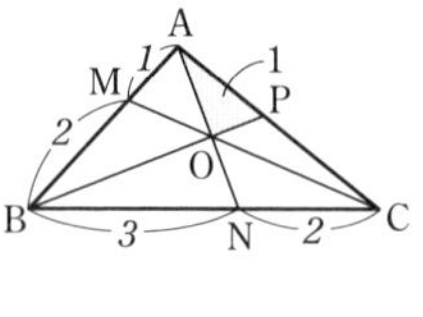

$$\frac{BN}{NC}\cdot\frac{CP}{PA}\cdot\frac{AM}{MB}=1$$

すなわち　$\frac{3}{2}\cdot\frac{CP}{PA}\cdot\frac{1}{2}=1$

HINT　チェバの定理，メネラウスの定理を用いて，CP：PA，NO：OAを求める。

$\dfrac{CP}{PA}=\dfrac{4}{3}$ から　　CP：PA＝4：3

また，△ABN と直線 CM について，メネラウスの定理により

$$\frac{BC}{CN}\cdot\frac{NO}{OA}\cdot\frac{AM}{MB}=1 \quad すなわち \quad \frac{5}{2}\cdot\frac{NO}{OA}\cdot\frac{1}{2}=1$$

←メネラウスの定理を用いるときは，対象となる三角形と直線を明示する。

$\dfrac{NO}{OA}=\dfrac{4}{5}$ から　　NO：OA＝4：5

よって　　$S=\dfrac{2+3}{2}\triangle ANC=\dfrac{5}{2}\cdot\dfrac{5+4}{5}\triangle AOC$

$$=\frac{9}{2}\cdot\frac{3+4}{3}\triangle AOP=\frac{21}{2}\triangle AOP=\frac{21}{2}\cdot 1=\mathbf{\frac{21}{2}}$$

←高さが等しい三角形の面積比は，底辺の長さの比に等しい。

練習 ③85

(1) △ABC の内部の任意の点を O とし，∠BOC，∠COA，∠AOB の二等分線と辺 BC，CA，AB との交点をそれぞれ P，Q，R とすると，AP，BQ，CR は1点で交わることを証明せよ。

(2) △ABC の ∠A の外角の二等分線が線分 BC の延長と交わるとき，その交点を D とする。∠B，∠C の二等分線と辺 AC，AB の交点をそれぞれ E，F とすると，3点 D，E，F は1つの直線上にあることを示せ。

(1) △OBC において，OP は ∠BOC の二等分線であるから　　$\dfrac{BP}{PC}=\dfrac{OB}{OC}$ …… ①

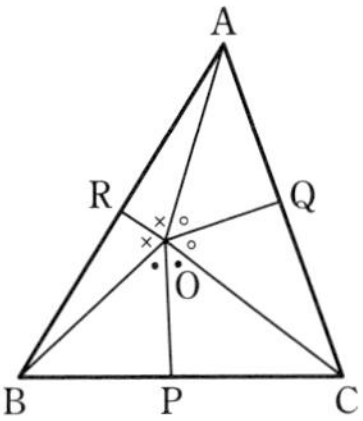

←内角の二等分線の定理。BP：PC＝OB：OC と $\dfrac{BP}{PC}=\dfrac{OB}{OC}$ は同じこと。

△OCA において，OQ は ∠COA の二等分線であるから　　$\dfrac{CQ}{QA}=\dfrac{OC}{OA}$ …… ②

△OAB において，OR は ∠AOB の二等分線であるから　　$\dfrac{AR}{RB}=\dfrac{OA}{OB}$ …… ③

よって，①，②，③ の辺々を掛けて

$$\frac{BP}{PC}\cdot\frac{CQ}{QA}\cdot\frac{AR}{RB}=\frac{OB}{OC}\cdot\frac{OC}{OA}\cdot\frac{OA}{OB}=1$$

したがって，チェバの定理の逆により，AP，BQ，CR は1点で交わる。

(2) 3点 D，E，F のうち，点 D は △ABC の辺 BC の延長上，2点 E，F はそれぞれ辺 AC，AB 上にあり

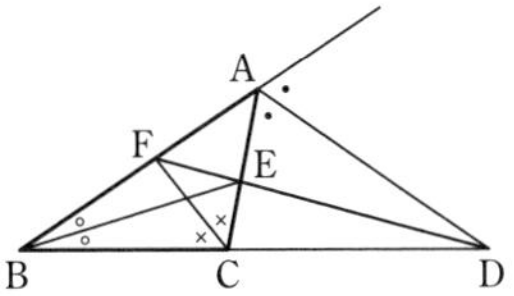

$$\frac{BD}{DC}=\frac{AB}{AC} \text{ …… ①},$$

$$\frac{CE}{EA}=\frac{BC}{BA} \text{ …… ②}, \quad \frac{AF}{FB}=\frac{AC}{BC} \text{ …… ③}$$

←① は外角の二等分線の定理。②，③ は内角の二等分線の定理。

①，②，③ の辺々を掛けて

$$\frac{BD}{DC}\cdot\frac{CE}{EA}\cdot\frac{AF}{FB}=\frac{AB}{AC}\cdot\frac{BC}{BA}\cdot\frac{AC}{BC}=1$$

よって，メネラウスの定理の逆により，3点 D，E，F は1つの直線上にある。

←△ABC と3点 D，E，F に注目。

検討 本冊 $p.473$ で紹介した，三角形の成立条件 $|b-c|<a<b+c$ …… ① について，①が成り立つとき $a>0$，$b>0$，$c>0$ である理由を考えてみよう。

①で，$|b-c|\geqq 0$ であるから，$a>0$ がわかる。

$b\geqq c$ のとき，①から　$b-c<b+c$　よって　$c>0$

$b\geqq c$ であるから　$b>0$

$b<c$ のときも，同様にして $b>0$，$c>0$ が示される。

練習 ③86

(1) AB=2，BC=x，AC=$4-x$ であるような △ABC がある。このとき，x の値の範囲を求めよ。〔岐阜聖徳学園大〕

(2) △ABC の内部の1点をPとするとき，次の不等式が成り立つことを証明せよ。

$$AP+BP+CP<AB+BC+CA$$

(1) △ABC が存在するための条件は

$$|x-(4-x)|<2<x+(4-x)$$

←三角形の成立条件 $|b-c|<a<b+c$

すなわち　$|2(x-2)|<2<4$

$|2(x-2)|<2$ から　$|x-2|<1$

←$|2(x-2)|=2|x-2|$

よって　$-1<x-2<1$　ゆえに　$1<x<3$

←$a>0$ のとき $|x|<a \Leftrightarrow -a<x<a$

また，$2<4$ は常に成り立つ。

したがって　$\boldsymbol{1<x<3}$

別解 △ABC が存在するための条件は

$$x+(4-x)>2,\ (4-x)+2>x,\ 2+x>4-x$$

が同時に成り立つことである。

この連立不等式を解いて　$\boldsymbol{1<x<3}$

←三角形の成立条件 $\begin{cases} b+c>a \\ c+a>b \\ a+b>c \end{cases}$

(2) 直線BPと辺ACの交点をDとする。

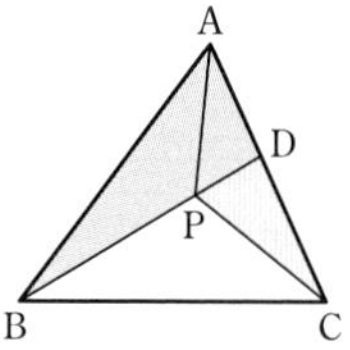

△ABD において　AB+AD>BD … ①

←三角形の2辺の長さの和は，他の1辺の長さより大きい

また，△PCD において

$$PD+DC>PC \text{ …… ②}$$

①+②から

←$a>b$，$c>d$ ならば $a+c>b+d$

$$AB+AD+PD+DC>BD+PC$$

ゆえに　AB+(AD+DC)+PD>(PB+PD)+PC

←両辺にPDが出てきて，消し合う。

よって　AB+AC>PB+PC …… ③

同様に　BC+BA>PC+PA …… ④

　　　　CA+CB>PA+PB …… ⑤

③~⑤の辺々を加えると

$$2(AB+BC+CA)>2(AP+BP+CP)$$

←両辺を2で割る。

よって　AP+BP+CP<AB+BC+CA

練習 ③87

(1) 鈍角三角形の3辺のうち，鈍角に対する辺が最大であることを証明せよ。

(2) △ABC の辺BCの中点をMとする。AB>AC のとき，∠BAM<∠CAM であることを証明せよ。

(1) △ABC において，∠A>90° とすると，∠B<90°，∠C<90° であるから

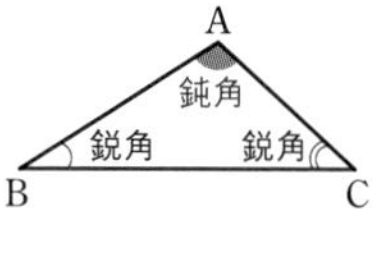

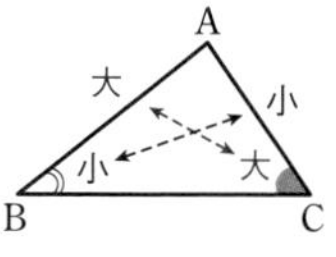

$$∠A>∠B,\ ∠A>∠C$$

ゆえに　BC>AC，BC>AB

したがって，鈍角三角形の 3 辺のうち，鈍角に対する辺が最大である。

(2)　線分 AM の M を越える延長上に MA′=AM となるように点 A′ をとると，BM=CM から，四角形 ABA′C は平行四辺形になる。ゆえに

　　A′B=AC，∠BA′A=∠A′AC

△ABA′ において，A′B<AB であるから

　　∠BAA′<∠BA′A

よって　　∠BAM<∠CAM

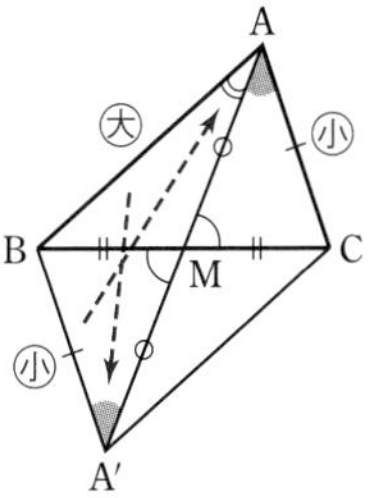

←対角線がそれぞれの中点で交わるから，平行四辺形になる。

検討　(2) のように，**中線に対しては** ⓘ **2 倍にのばして平行四辺形を作り出す**　という考え方が有効なこともある。

練習 ③88　BC=10，CA=6，∠ACB=60° である △ABC の内部に点 P をとり，△APC を頂点 C を中心に時計回りに 60° 回転した三角形を △A′P′C とする。△A′BC ができるとき
(1)　△A′BC の面積を求めよ。　　(2)　AP+BP+CP の長さの最小値を求めよ。

(1)　点 A′ から辺 BC の延長に垂線 A′H を下ろすと

　　∠A′CH=180°−(60°+60°)
　　　　　=60°

　　A′C=AC=6

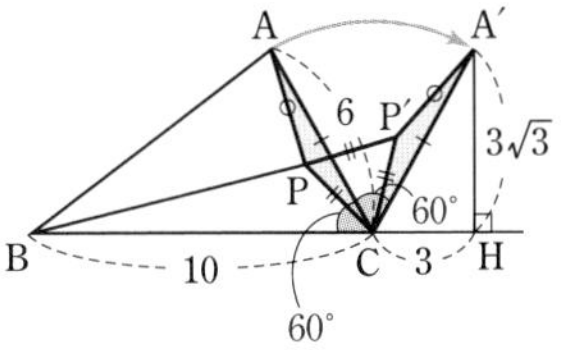

よって　　$A'H=6\cdot\dfrac{\sqrt{3}}{2}=3\sqrt{3}$

←△A′CH は辺の比が 1：$\sqrt{3}$：2 の直角三角形。

ゆえに　　$\triangle A'BC=\dfrac{1}{2}BC\cdot A'H=\dfrac{1}{2}\cdot 10\cdot 3\sqrt{3}=\mathbf{15\sqrt{3}}$

別解　$\triangle A'BC=\dfrac{1}{2}CB\cdot CA'\sin\angle A'CB$

　　$=\dfrac{1}{2}\cdot 10\cdot 6\sin 120^\circ=30\cdot\dfrac{\sqrt{3}}{2}=\mathbf{15\sqrt{3}}$

←三角形の面積公式（数学 I の三角比）

(2)　△APC≡△A′P′C であり，△PCP′ は正三角形であるから

　　AP+BP+CP=A′P′+BP+PP′

これは B，P，P′，A′ が一直線上にあるような位置に P，P′ がくるとき最小になり，そのとき最小値は，線分 A′B の長さに等しい。

←CP=CP′，∠PCP′=60°

ⓘ **折れ線の最小　線分にのばす**

ここで　　$CH=6\cdot\dfrac{1}{2}=3$

ゆえに　　BH=BC+CH=13

よって　　$A'B=\sqrt{13^2+(3\sqrt{3})^2}=\sqrt{196}=\mathbf{14}$

←三平方の定理
$A'B=\sqrt{BH^2+A'H^2}$

練習 ②89　右の図で，四角形 ABCD は円に内接している。角 θ を求めよ。
ただし，(2) では AD=DC，AB=AE である。

(1)

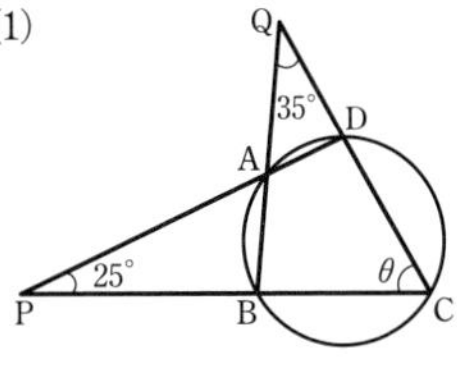

(2)

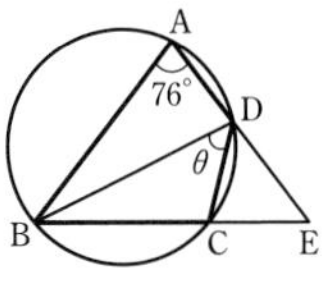

(1) $\angle PDQ=\theta+25°$

$\angle C=\angle QAD=\theta$

よって，$\triangle QAD$ において

$35°+\theta+(\theta+25°)=180°$

整理すると　$2\theta=120°$

したがって　$\boldsymbol{\theta=60°}$

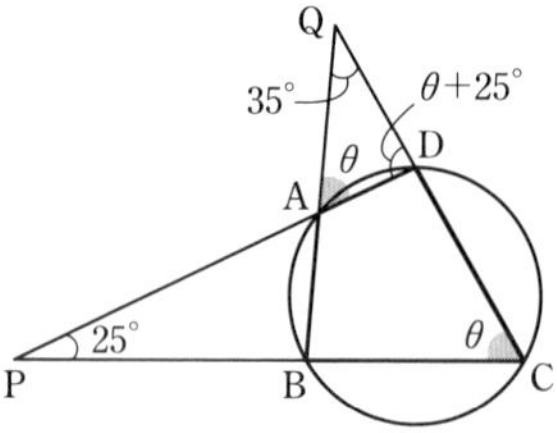

←$\triangle PCD$ の外角。

←**円に内接する四角形の内角は，その対角の外角に等しい**

(2) $\triangle ABE$ において，$AB=AE$

から　$\angle ABE=\angle AEB$

よって　$\angle ABE=(180°-76°)\div2$

$=52°$

$AD=DC$ から　$\overset{\frown}{AD}=\overset{\frown}{DC}$

ゆえに　$\angle ABD=\angle DBC$

よって　$\angle DBC=52°\div2=26°$　…… ①

四角形ABCDは円に内接しているから

$\angle BAD=\angle DCE=76°$ …… ②

$\triangle DBC$ において　$\theta+\angle DBC=\angle DCE$

①，② から　$\boldsymbol{\theta=76°-26°=50°}$

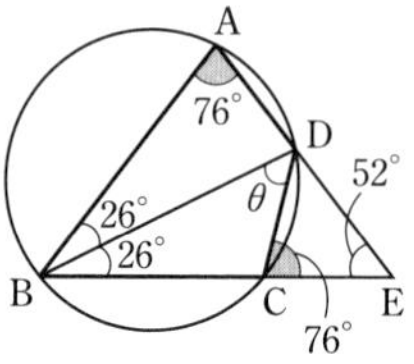

←長さの等しい弧に対する円周角は等しい。

←**円に内接する四角形の内角は，その対角の外角に等しい**

練習 ③90 右の図の正三角形ABCで，辺AB，AC上にそれぞれ点D（点A，Bとは異なる），E（点A，Cとは異なる）をとり，BD=AEとなるようにする。BEとCDの交点をFとするとき，4点A，D，F，Eが1つの円周上にあることを証明せよ。

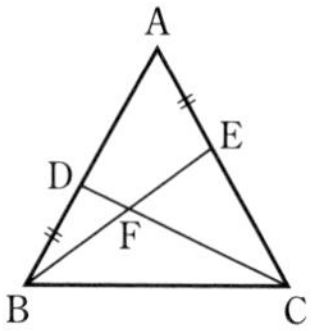

$\triangle DBC$ と $\triangle EAB$ において

$BD=AE$，$BC=AB$，

$\angle CBD=\angle BAE$

よって　$\triangle DBC\equiv\triangle EAB$

ゆえに　$\angle BDC=\angle AEB$

したがって，四角形ADFEが円に内接するから，4点A，D，F，Eは1つの円周上にある。

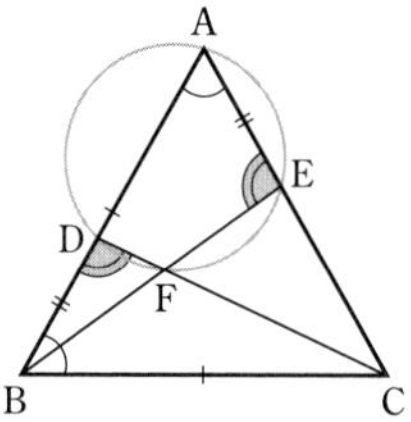

←$\triangle ABC$ は正三角形であるから　$BC=AB$，$\angle CBA=\angle BAC=60°$

練習 ③91 $\angle A=60°$ の $\triangle ABC$ の頂点B，Cから直線CA，ABに下ろした垂線をそれぞれBD，CEとし，辺BCの中点をMとする。このとき，$\triangle DME$ は正三角形であることを示せ。

$\angle BDC=\angle BEC=90°$ であるから，4点B，C，D，Eは線分BCを直径とする円周上にある。Mはこの円の中心であるから　$MD=ME$

$\triangle AEC$ で，$\angle A=60°$，$\angle AEC=90°$ から

$\angle DCE=30°$

$\angle DME$ は $\overset{\frown}{DE}$ に対する中心角であるから

$\angle DME=2\angle DCE=60°$

よって，$\triangle DME$ は正三角形である。

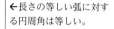

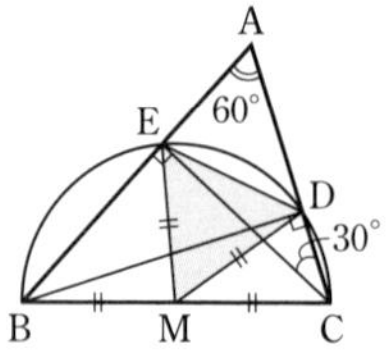

←直角2つで円（まる）くなる

←頂角が60°の二等辺三角形は正三角形。

練習 ②92 AB=7, BC=8, CA=9 の鋭角三角形 ABC の内接円の中心を I とし，この内接円が辺 BC と接する点を P とする。
(1) 線分 BP の長さを求めよ。
(2) A から BC に垂線 AH を下ろすとき，線分 BH，AH の長さを求めよ。
(3) △ABC の面積と，内接円の半径を求めよ。

HINT (2) 三平方の定理を利用して，AH^2 を 2 通りに表す。
(3) (後半) 内接円の半径を r とし，△ABC の面積を r で表す。

(1) △ABC の内接円と辺 AB，AC との接点をそれぞれ Q，R とすると

BP=BQ，CP=CR，AR=AQ

よって，BP=x とすると

AQ=$7-x$，CP=$8-x$

ゆえに　AR=$7-x$，CR=$8-x$

よって　CA=$(8-x)+(7-x)$
$=15-2x$

CA=9 であるから　$15-2x=9$

したがって　$x=$**3**

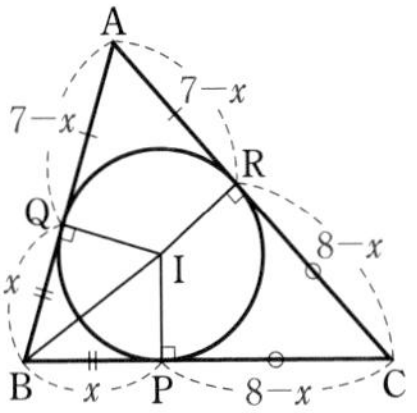

←円外の 1 点から円に引いた 2 本の接線の長さは等しい

←CA=CR+AR

(2) BH=y とすると

$AH^2=AB^2-BH^2$，$AH^2=AC^2-CH^2$

よって　$AH^2=7^2-y^2$，$AH^2=9^2-(8-y)^2$

ゆえに　$7^2-y^2=9^2-(8-y)^2$

整理すると　$16y=32$

よって　$y=2$

すなわち　**BH=2**

したがって　**AH**$=\sqrt{7^2-2^2}=\sqrt{45}=$**$3\sqrt{5}$**

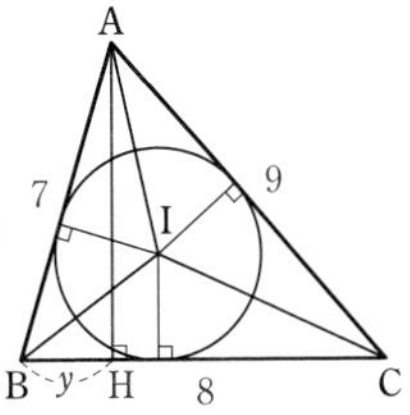

(3) **△ABC の面積は**　$\frac{1}{2}BC\cdot AH=\frac{1}{2}\cdot 8\cdot 3\sqrt{5}=$**$12\sqrt{5}$**

また，内接円の半径を r とすると，

△ABC=△IAB+△IBC+△ICA であるから

$$12\sqrt{5}=\frac{1}{2}AB\cdot r+\frac{1}{2}BC\cdot r+\frac{1}{2}CA\cdot r$$

$$=\frac{1}{2}(7+8+9)r$$

よって　$12\sqrt{5}=12r$

ゆえに，**内接円の半径は**　$r=$**$\sqrt{5}$**

検討 (2) △ABC の面積を S，内接円の半径を r とすると

$$S=\frac{1}{2}r(a+b+c)$$

練習 ②93 右の図において，2 つの円は点 C で内接している。また，△DEC の外接円は直線 EF と接している。AB=BC，∠BAC=65° のとき，∠AFE を求めよ。〔福井工大〕

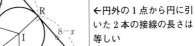

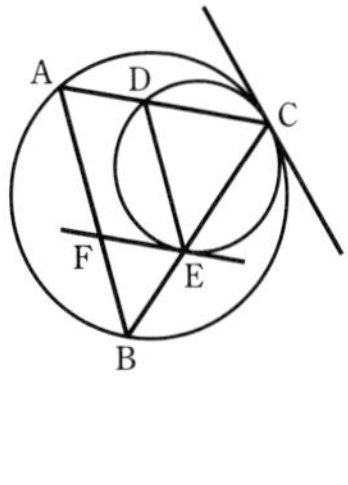

2 つの円の共通な接線上で，右の図のような位置に点 G をとる。

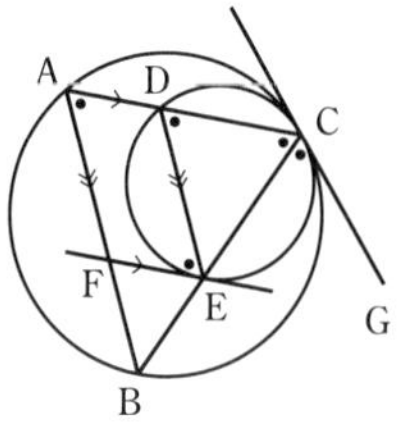

直線 CG は円の接線であるから

$\angle\mathrm{FAC}=\angle\mathrm{ECG}$

←接弦定理

同様に　$\angle\mathrm{EDC}=\angle\mathrm{ECG}$

よって　$\angle\mathrm{FAC}=\angle\mathrm{EDC}$

2 直線の同位角が等しいから

$\mathrm{FA}/\!/\mathrm{ED}$ …… ①

また，AB=BC より　$\angle\mathrm{FAC}=\angle\mathrm{ECD}$

←△ABC は二等辺三角形。

よって　$\angle\mathrm{EDC}=\angle\mathrm{ECD}$

直線 EF は円の接線であるから　$\angle\mathrm{DEF}=\angle\mathrm{ECD}$

←接弦定理

よって　$\angle\mathrm{EDC}=\angle\mathrm{DEF}$

2 直線の錯角が等しいから　$\mathrm{AD}/\!/\mathrm{FE}$ …… ②

①，② より，四角形 AFED は平行四辺形である。

よって　$\angle\mathrm{AFE}=180^\circ-\angle\mathrm{FAD}$

$=180^\circ-65^\circ=\mathbf{115^\circ}$

練習 ③94　△ABC の頂角 A およびその外角の二等分線が直線 BC と交わる点をそれぞれ D，E とし，線分 DE の中点を M とする。このとき，直線 MA は △ABC の外接円に接することを証明せよ。

AD は ∠A の二等分線であり，AE は ∠A の外角の二等分線であるから

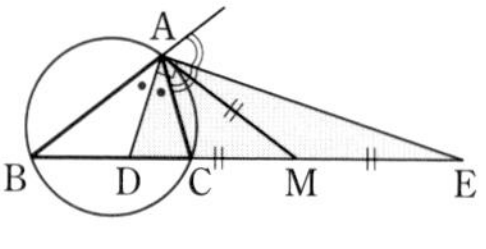

$\angle\mathrm{DAE}=90^\circ$

←$2\angle\mathrm{DAC}+2\angle\mathrm{CAE}=180^\circ$ から　$\angle\mathrm{DAE}=\angle\mathrm{DAC}+\angle\mathrm{CAE}=90^\circ$

よって，直角三角形 DAE において

$\mathrm{MA}=\mathrm{MD}=\mathrm{ME}$

←M は直角三角形 DAE の外心。

ゆえに，△MAD は二等辺三角形で

$\angle\mathrm{DAM}=\angle\mathrm{ADM}$ …… ①

また　$\angle\mathrm{DAM}=\angle\mathrm{DAC}+\angle\mathrm{CAM}$

$=\dfrac{1}{2}\angle\mathrm{BAC}+\angle\mathrm{CAM}$ …… ②

←AD は ∠A の二等分線。

$\angle\mathrm{ADM}=\angle\mathrm{BAD}+\angle\mathrm{B}$

$=\dfrac{1}{2}\angle\mathrm{BAC}+\angle\mathrm{B}$ …… ③

①～③ から　$\angle\mathrm{CAM}=\angle\mathrm{B}$

ゆえに，直線 MA は △ABC の外接円に接する。

←接弦定理の逆

練習 ②95　(1)　次の図の x の値を求めよ。ただし，(ウ) の点 O は円の中心である。

(ア)

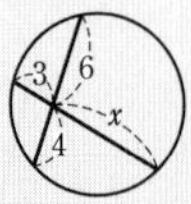

(イ)

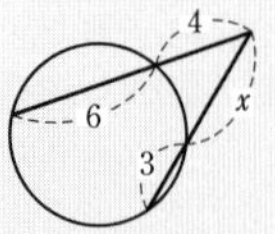

(ウ)

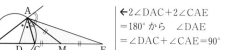

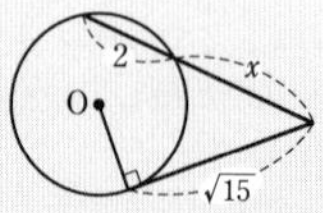

(2)　点 O を中心とする半径 5 の円の内部の点 P を通る弦 AB について，$\mathrm{PA}\cdot\mathrm{PB}=21$ であるとき，線分 OP の長さを求めよ。

［(2) 岡山理科大］

(1) (ア) 方べきの定理により　$3x=4\cdot6$

これを解いて　$\boldsymbol{x=8}$

(イ) 方べきの定理により　$x(x+3)=4(4+6)$

ゆえに　$x^2+3x-40=0$

よって　$(x-5)(x+8)=0$

$x>0$ であるから　$\boldsymbol{x=5}$

(ウ) 方べきの定理により　$x(x+2)=(\sqrt{15})^2$

ゆえに　$x^2+2x-15=0$

よって　$(x-3)(x+5)=0$

$x>0$ であるから　$\boldsymbol{x=3}$

HINT　方べきの定理

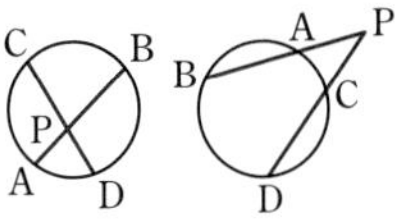

PA・PB=PC・PD

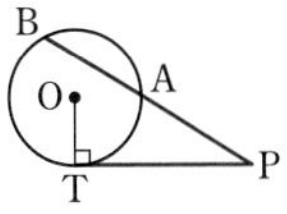

PA・PB=PT²

(2) 点Pを通るこの円の直径をCDとする。

方べきの定理により

$$\mathrm{PA\cdot PB=PC\cdot PD}=(5-\mathrm{OP})(5+\mathrm{OP})$$
$$=25-\mathrm{OP}^2$$

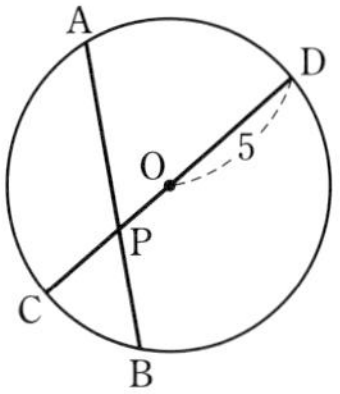

←OC=OD=(半径) であり，図では PC=OC−OP, PD=OD+OP

PA・PB=21 であるとき　$25-\mathrm{OP}^2=21$

したがって　$\mathrm{OP}^2=4$

OP>0 であるから　**OP=2**

練習 ③96

(1) 円に内接する四角形ABCDの対角線の交点EからADに平行な直線を引き，直線BCとの交点をFとする。このとき，Fから四角形ABCDの外接円に引いた接線FGの長さは線分FEの長さに等しいことを証明せよ。

(2) 鋭角三角形ABCの頂点AからBCに下ろした垂線をADとし，DからAB, ACに下ろした垂線をそれぞれDE, DFとするとき，4点B, C, F, Eは1つの円周上にあることを，方べきの定理の逆を用いて証明せよ。

(1) FE∥AD であるから

$\angle\mathrm{ADB}=\angle\mathrm{FEB}$　←平行線の同位角は等しい。

$\overset{\frown}{\mathrm{AB}}$ について　$\angle\mathrm{ADB}=\angle\mathrm{ACB}$　←円周角の定理

よって　$\angle\mathrm{FEB}=\angle\mathrm{ECB}$　←接弦定理の逆

ゆえに，直線FEは3点B, C, Eを通る円に接する。

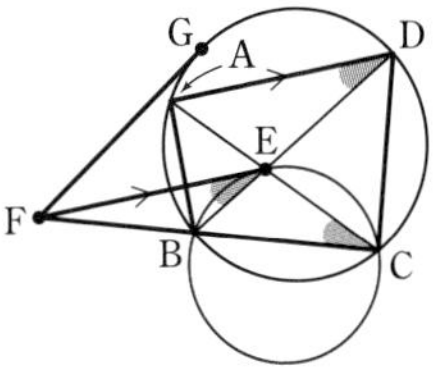

3点B, C, Eを通る円において，方べきの定理により

$\mathrm{FE}^2=\mathrm{FB\cdot FC}$ …… ①　←接線FEと割線FBCで **方べきの定理**

3点B, C, Gを通る円において，方べきの定理により

$\mathrm{FG}^2=\mathrm{FB\cdot FC}$ …… ②　←接線FGと割線FBCで **方べきの定理**

①, ② から　$\mathrm{FE}^2=\mathrm{FG}^2$

FE>0, FG>0 であるから　FG=FE

(2) ∠BED=90° であるから

点Eは線分BDを直径とする円周上にある。

∠ADB=90° であるから，ADはこの円の接線である。

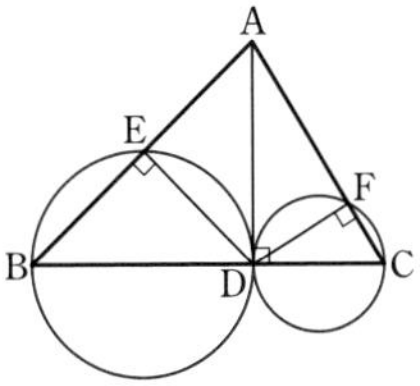

よって，方べきの定理により

$\mathrm{AD}^2=\mathrm{AE\cdot AB}$ …… ①　←接線ADと割線AEBで **方べきの定理**

同様に，点Fは線分DCを直径とする円周上にあり，ADはこの円の接線であるから，方べきの定理により

←接線ADと割線AFCで **方べきの定理**

$$AD^2=AF\cdot AC \quad \cdots\cdots ②$$

①，② から　$AE\cdot AB=AF\cdot AC$

したがって，4点B，C，F，Eは1つの円の周上にある。

←**方べきの定理の逆**

練習 ④97 右の図のように，ABを直径とする円Oの一方の半円上に点Cをとり，他の半円上に点Dをとる。直線AC，BDの交点をPとするとき，等式

$$AC\cdot AP-BD\cdot BP=AB^2$$

が成り立つことを証明せよ。

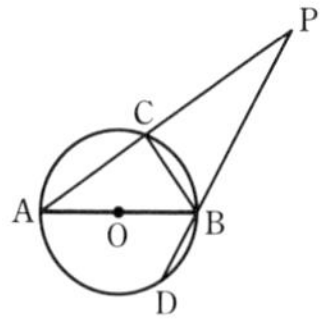

点Pから直線ABに垂線PEを引くと，∠BCP＝∠BEP＝90° となるから，4点B，E，P，Cは線分BPを直径とする円周上にある。

←補助線を引く。
←かくれた円を見つける。

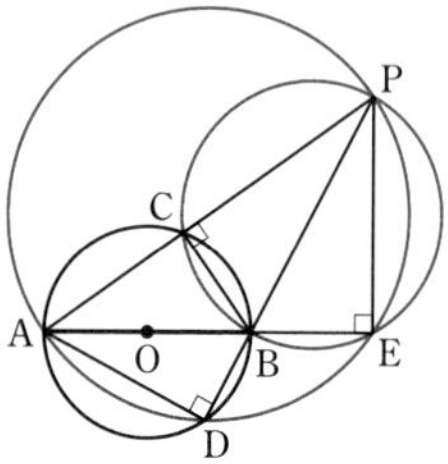

よって　$AC\cdot AP=AB\cdot AE$ …… ①

←**方べきの定理**

また，∠ADP＝∠AEP＝90° であるから，4点A，D，E，Pは線分APを直径とする円周上にある。

←かくれた円を見つける。

よって　$BD\cdot BP=AB\cdot BE$ …… ②

←**方べきの定理**

①－② から

$$AC\cdot AP-BD\cdot BP=AB\cdot AE-AB\cdot BE$$
$$=AB(AE-BE)$$
$$=AB^2$$

←$AE-BE=AB$

別解　方べきの定理により

$$PC\cdot PA=PB\cdot PD \quad \cdots\cdots ①$$

$PA=PC+AC$，$PD=PB+BD$ であるから，① は

$$PC\cdot(PC+AC)=PB\cdot(PB+BD)$$

←証明すべき等式に含まれるAC，BDを導き出す。

よって　$BD\cdot BP=PC^2+AC\cdot PC-PB^2$

△PBC において，∠PCB＝90° であるから

$$PB^2-PC^2=BC^2$$

←三平方の定理

ゆえに　$BD\cdot BP=AC\cdot PC-BC^2$

ここで　$AC\cdot AP-BD\cdot BP=AC\cdot AP-(AC\cdot PC-BC^2)$

$$=AC(AP-PC)+BC^2=AC^2+BC^2$$

←等式の左辺に代入。
←$AP-PC=AC$

△ABC において，∠BCA＝90° であるから

$$AB^2=BC^2+CA^2$$

←三平方の定理

よって　$AC\cdot AP-BD\cdot BP=AB^2$

練習 ②98 右の図のように，中心間の距離が13，共通外接線の長さが12，共通内接線の長さが9である2つの円O，O′がある。この2つの円の半径を，それぞれ求めよ。

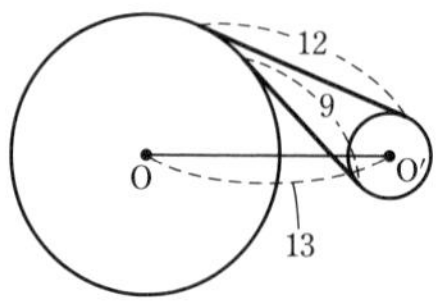

円Oの半径を R，円O′の半径を r $(R>r)$ とする。

円O，O′と共通外接線との接点を，それぞれA，Bとする。
O′からOAに引いた垂線をO′Hとすると，∠A＝∠B＝90° であるから　$HO'=AB=12$
$AH=BO'=r$

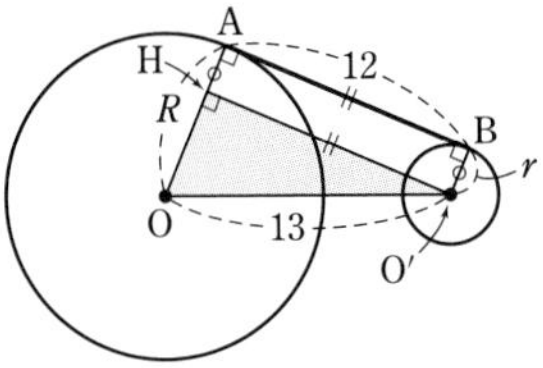

←四角形AHO′Bは長方形。

よって　$OH=OA-AH=R-r$
△OO′Hにおいて，∠H＝90° であるから
$OH^2+HO'^2=OO'^2$

←三平方の定理

すなわち　$(R-r)^2+12^2=13^2$

←$12^2=144$，$13^2=169$

ゆえに　$(R-r)^2=25$
$R-r>0$ であるから　$R-r=5$ …… ①
円O，O′と共通内接線との接点を，それぞれC，Dとする。
Oから線分O′Dの延長に引いた垂線をOKとすると，
∠C＝∠D＝90° であるから
$OK=CD=9$
$KD=OC=R$

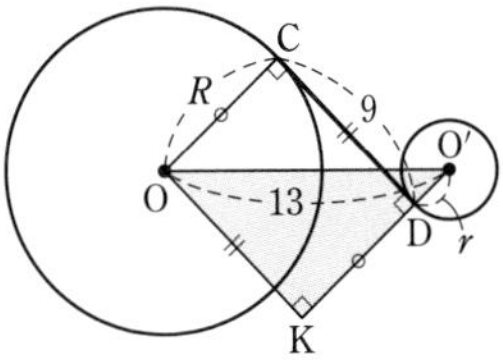

←四角形COKDは長方形。

よって　$KO'=KD+DO'=R+r$
△O′OKにおいて，∠K＝90° であるから
$OK^2+KO'^2=OO'^2$

←三平方の定理

すなわち　$9^2+(R+r)^2=13^2$
ゆえに　$(R+r)^2=88$
$R+r>0$ であるから　$R+r=2\sqrt{22}$ …… ②

←$\sqrt{88}=\sqrt{2^2\cdot22}=2\sqrt{22}$

①＋② から　$2R=2\sqrt{22}+5$　よって　$R=\sqrt{22}+\dfrac{5}{2}$

②－① から　$2r=2\sqrt{22}-5$　よって　$r=\sqrt{22}-\dfrac{5}{2}$

練習 ③99　点Pで外接する2つの円O，O′の共通外接線の接点をそれぞれC，Dとする。Pを通る直線と2つの円O，O′とのP以外の交点をそれぞれA，Bとすると，AC⊥BDであることを証明せよ。

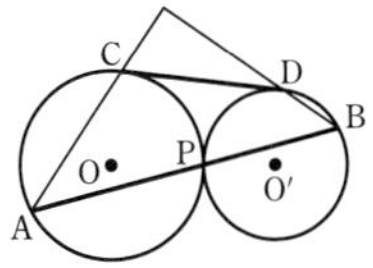

2直線AC，BDの交点をEとする。
また，2つの円の接点Pにおける共通接線とCDの交点をQとすると
$QC=QP=QD$
よって，Pは線分CDを直径とする円周上にあり
$\angle CPD=90°$
ゆえに，△CPDにおいて

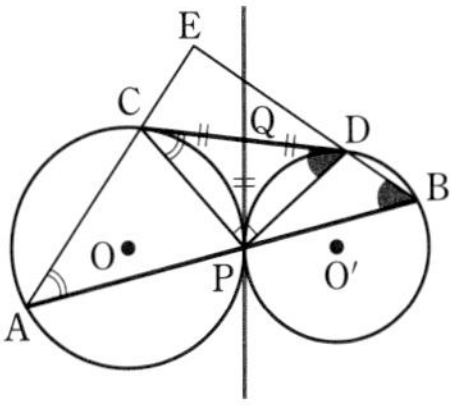

接する2円
共通接線を引く

接線2本で二等辺

$$\angle PCD+\angle PDC=90° \cdots\cdots ①$$

また，接弦定理から

$$\angle PCD=\angle CAP \cdots\cdots ②$$
$$\angle PDC=\angle DBP \cdots\cdots ③$$

②，③ を ① に代入して

$$\angle CAP+\angle DBP=90°$$

すなわち　$\angle EAB+\angle EBA=90°$

よって，△EAB において，∠AEB＝90° となるから

$$AC\perp BD$$

練習 ②100 右の図のような，鋭角三角形 ABC の内部に，2PQ＝QR である長方形 PQRS を，辺 QR が辺 BC 上，頂点 P が辺 AB 上，頂点 S が辺 CA 上にあるように作図せよ（作図の方法だけ答えよ）。

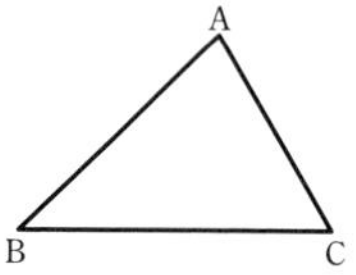

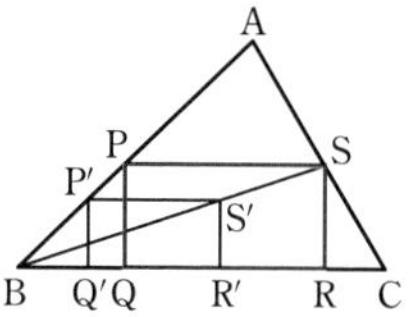

① 辺 AB 上に点 P′ をとり，P′ から辺 BC 上に垂線 P′Q′ を引く。

② 2P′Q′＝Q′R′ を満たす点 R′ を直線 BC 上の点 Q′ の右側にとる。

③ 線分 P′Q′，Q′R′ を隣り合う 2 辺とする長方形 P′Q′R′S′ を作る。

④ 直線 BS′ と辺 AC の交点を S とし，S から辺 BC 上に垂線 SR を引く。

⑤ 2SR＝QR を満たす点 Q を辺 BC 上の点 R の左側にとる。

⑥ Q を通り，BC に垂直な直線と辺 AB の交点を P とする。

このとき，四角形 PQRS は，B を相似の中心として，長方形 P′Q′R′S′ と相似の位置にある長方形である。

したがって，この四角形 PQRS が求める長方形である。

←条件を弱くして，相似法による作図を考える。

←点 R′ は辺 BC の延長上にあってもよい。

練習 ②101 図のような半円を，弦を折り目として折る。このとき，折られた弧の上の点 Q において，折られた弧が直径に接するような折り目の線分を作図せよ（作図の方法だけ答えよ）。

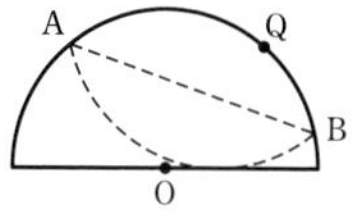

折り目に関して，点 Q と対称な点を Q′ とすると，半円 O の Q における接線は，折り目に関して直線 OQ′ と対称である。

よって，次のように作図すればよい。

① 点 Q における半円 O の接線（Q を通り，半径 OQ に垂直な直線）を引く。

② ① の直線と半円 O の直径の延長が作る角の二等分線を引く。

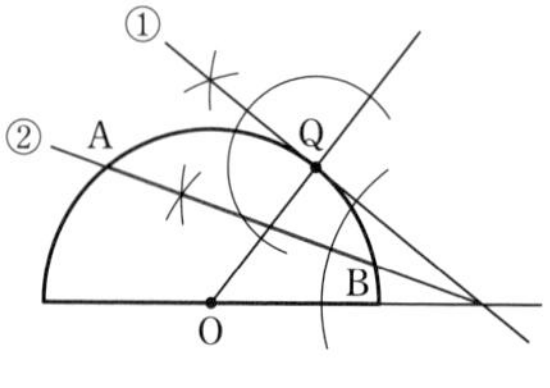

このとき，② の直線と半円 O の 2 つの交点 A，B を結ぶ線分

下図の O′ は折り目の線分 AB に関し，O と対称な点。

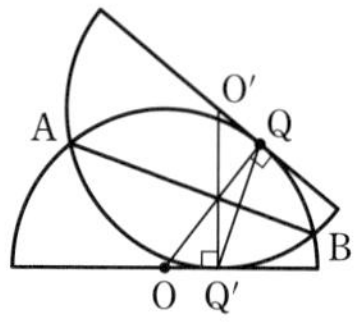

ABが折り目の線分である。
ただし，① の接線が直径と平行である場合には，線分 OQ の垂直二等分線が折り目になる。

練習 ③102 右の図のように，2つの円 O，O′ がある。この2つの円の共通内接線を作図せよ。なお，円 O，O′ の半径を，それぞれ r，$r'(r>r')$ とする。

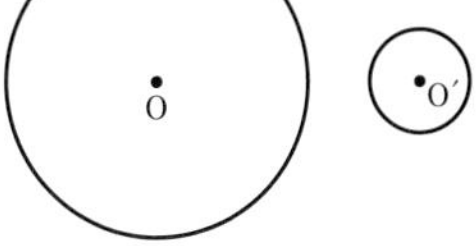

① O を中心として，半径 $r+r'$ の円をかく。
② 線分 OO′ の中点を中心として，線分 OO′ を直径とする円をかく。
③ ① の円と ② の円の交点を P，Q とする。
④ 半直線 OP，OQ と円 O の交点を，それぞれ A，B とする。

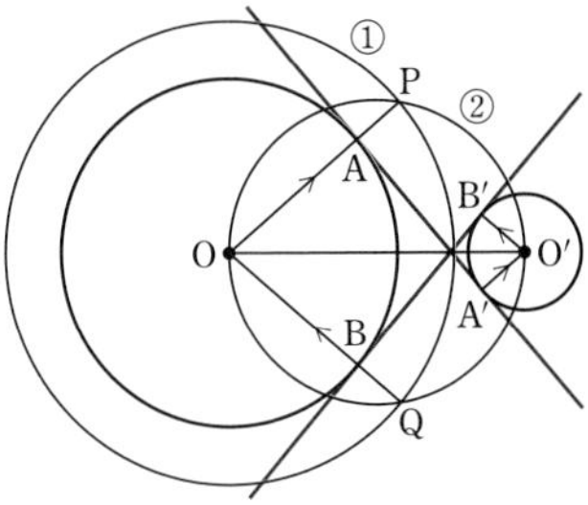

←円 O の適当な半径の延長上に，長さ r' の線分を移して，半径 $r+r'$ の円をかく。

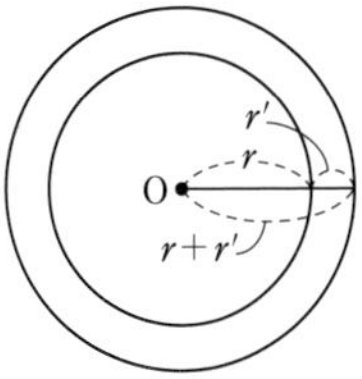

⑤ 点 O′ を通り，線分 OA，OB に平行な直線と円 O′ との交点を，それぞれ A′，B′ とする。
⑥ 直線 AA′ と直線 BB′ を引く。この2直線が2円 O，O′ の共通内接線である。

←2円 O，O′ は離れているから，共通内接線は2本ある。

このとき　　$\angle OPO'=90°$，
$AP=OP-OA=(r+r')-r=r'$
また，OA // A′O′ であるから，四角形 APO′A′ は長方形となる。
ゆえに　　$\angle OAA'=\angle O'A'A=90°$
よって，直線 AA′ は2円 O，O′ の共通内接線である。
直線 BB′ についても同様にして示される。

練習 ②103 長さ1，a，b の線分が与えられたとき，次の長さの線分を作図せよ。
(1) $\dfrac{b^2}{a}$　　(2) $\dfrac{\sqrt{a}}{b}$

(1) ① 1つの直線上に $AB=a$，$BC=b$ となるように，点 A，B，C を図のようにとる。
② A を通り，直線 AC と異なる直線 ℓ を引き，ℓ 上に $AD=b$ となるような点 D を図のようにとる。

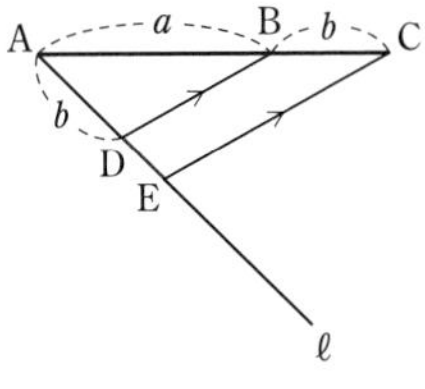

←$x=\dfrac{b^2}{a}$ とおくと
$ax=b^2$ から
$a:b=b:x$
ゆえに，分点の作図を利用する。

③ C を通り，BD に平行な直線を引き，その直線と直線 ℓ との交点を E とする。線分 DE が求める線分である。
このとき，$DE=x$ とすると，BD // CE から　　$a:b=b:x$

←平行線と線分の比の性質

ゆえに　$ax=b^2$　　よって　$x=\dfrac{b^2}{a}$

したがって，線分 DE は長さ $\dfrac{b^2}{a}$ の線分である。

(2) ①　1つの直線上に $AB=\dfrac{b^2}{a}$，$BC=1$ となるように，点 A，B，C を図のようにとる。

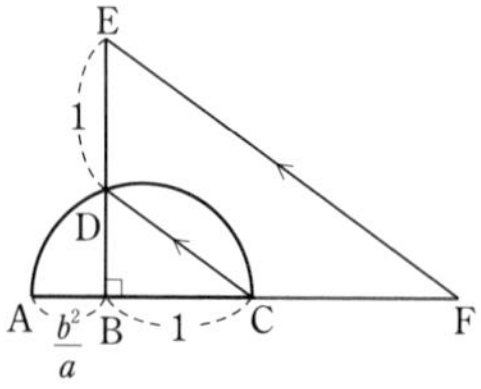

②　線分 AC を直径とする半円をかく。

③　B を通り，直線 AB に垂直な直線を引き，② の半円との交点を D とする。

④　直線 BD 上に，DE=1 となるように点 E をとる。

⑤　点 E を通り，DC に平行な直線と直線 AC との交点を F とする。線分 CF が求める線分である。

このとき，$BD=x$，$CF=y$ とすると，方べきの定理から

$$x^2=\frac{b^2}{a}\cdot 1$$

$x>0$ であるから　$x=\dfrac{b}{\sqrt{a}}$

また，$CD /\!/ FE$ から　$1:y=x:1$

すなわち　$y=\dfrac{1}{x}=\dfrac{\sqrt{a}}{b}$

したがって，線分 CF は長さ $\dfrac{\sqrt{a}}{b}$ の線分である。

HINT　(2)　(1) は (2) のヒント

$\dfrac{\sqrt{a}}{b}=\dfrac{1}{\dfrac{b}{\sqrt{a}}}=\dfrac{1}{\sqrt{\dfrac{b^2}{a}}}$ で，分母の根号内に (1) の形の式が現れる。よって，(1) で求めた長さを利用することを考える。

←② の半円の下の半円と ③ の垂線との交点を D′ とすると
$BD=BD'=x$

練習 ③104

長さ1の線分が与えられたとき，次の2次方程式の正の解を長さにもつ線分を作図せよ。

(1) $x^2+5x-2=0$　　(2) $x^2-4x-3=0$

(1) $x^2+5x-2=0$ から　$x(x+5)=(\sqrt{2})^2$

①　直径5の円 O をかく。

②　円 O の周上の点 T を通り，OT に垂直な直線を引く。その直線上に $PT=\sqrt{2}$ となるような点 P をとる。

③　直線 PO と円 O の交点を，図のように A，B とすると，線分 PA が求める線分である。

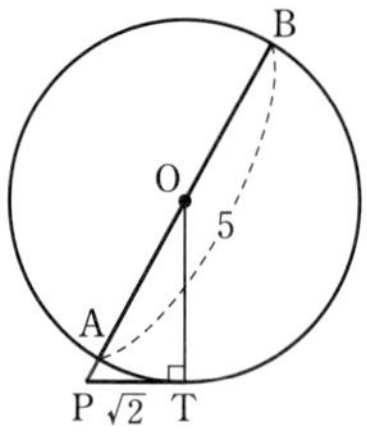

このとき，$PA=x$ とすると，方べきの定理から

$x(x+5)=(\sqrt{2})^2$　すなわち　$x^2+5x-2=0$

したがって，線分 PA は2次方程式 $x^2+5x-2=0$ の正の解を長さにもつ線分である。

注意　$x^2+5x-2=0$ の正の解は　$x=\dfrac{-5+\sqrt{33}}{2}$

←$\sqrt{2}$ の長さの線分は，1辺の長さ1の正方形をかくと，その対角線として得られる。

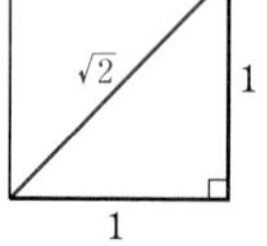

(2) $x^2-4x-3=0$ から　　$x(x-4)=(\sqrt{3})^2$

① 直径4の円Oをかく。

② 円Oの周上の点Tを通り，OTに垂直な直線を引く。その直線上に $PT=\sqrt{3}$ となるような点Pをとる。

③ 直線POと円Oの交点を，図のようにA，Bとすると，線分PBが求める線分である。

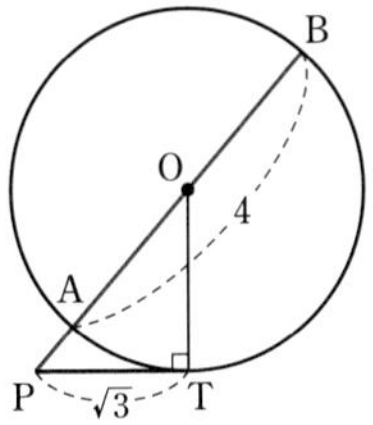

このとき，$PB=x$ とすると，方べきの定理から

$$x(x-4)=(\sqrt{3})^2 \quad すなわち \quad x^2-4x-3=0$$

したがって，線分PBは2次方程式 $x^2-4x-3=0$ の正の解を長さにもつ線分である。

注意　$x^2-4x-3=0$ の正の解は　　$x=2+\sqrt{7}$

←$\sqrt{3}$ の長さの線分は，(1)の $\sqrt{2}$ の長さを求めた線分を利用して求める。

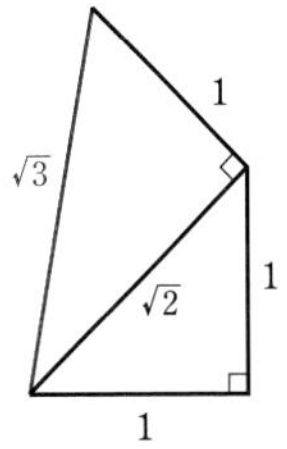

3章　練習［図形の性質］

練習 ②105

△ABCを含む平面を α とし，△ABCの垂心をHとする。垂心Hを通り，平面 α に垂直な直線上に点Pをとるとき，PA⊥BCであることを証明せよ。

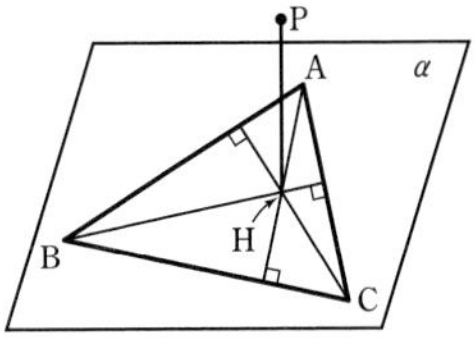

Hは△ABCの垂心であるから　　AH⊥BC

PHは平面 α に垂直であるから　　PH⊥BC

よって，BCは平面PAHに垂直である。

したがって　　PA⊥BC

←AH，PHは平面PAH上の交わる2直線。

練習 ③106

平面 α とその上にない点Aがあり，また，α 上に直線 ℓ と ℓ 上にない点Oがあるとする。ℓ 上の1点をBとするとき，次のことが成り立つことを証明せよ。

(1) OA⊥α，AB⊥ℓ　ならば　OB⊥ℓ　　(2) OA⊥α，OB⊥ℓ　ならば　AB⊥ℓ

(1) OA⊥α であり，直線 ℓ は平面 α 上の直線であるから

OA⊥ℓ

このことと，AB⊥ℓ から，直線 ℓ は平面OABに垂直である。

したがって

OB⊥ℓ

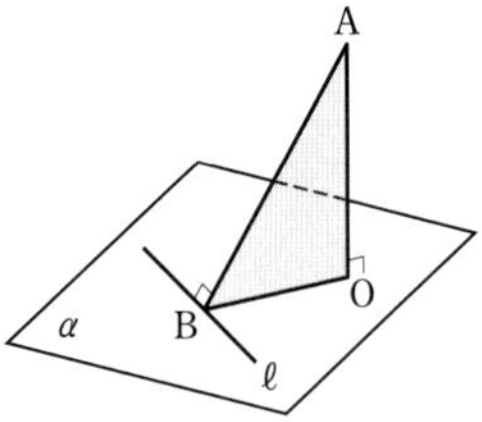

←OA，ABは平面OAB上の交わる2直線。

(2) OA⊥α であり，直線 ℓ は平面 α 上の直線であるから

OA⊥ℓ

このことと，OB⊥ℓ から，直線 ℓ は平面OABに垂直である。

したがって

AB⊥ℓ

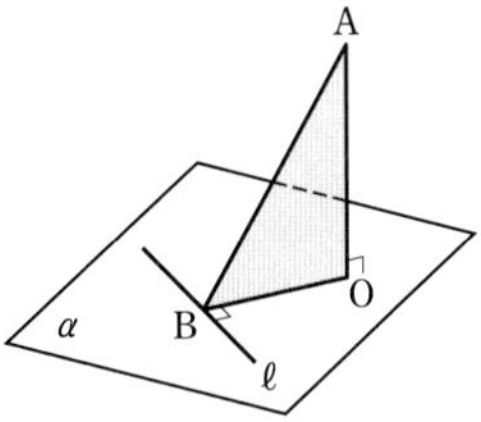

←OA，OBは平面OAB上の交わる2直線。

練習 ②107 正十二面体の各辺の中点を通る平面で，すべてのかどを切り取ってできる多面体の面の数 f，辺の数 e，頂点の数 v を，それぞれ求めよ。

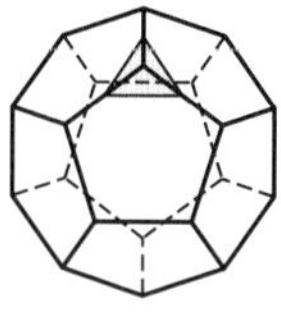

正十二面体は，各面が正五角形であり，1 つの頂点に集まる面の数は 3 である。したがって，正十二面体の

辺の数は　　$5\times12\div2=30$

頂点の数は　　$5\times12\div3=20$ …… ①

次に，問題の多面体について考える。

正十二面体の 1 つのかどを切り取ると，新しい面として正三角形が 1 つできる。

① より，正三角形が 20 個できるから，この数だけ，正十二面体より面の数が増える。

したがって，面の数は　　$\boldsymbol{f=12+20=32}$

辺の数は，正三角形が 20 個あるから　　$\boldsymbol{e=3\times20=60}$

頂点の数は，オイラーの多面体定理から

$\boldsymbol{v=60-32+2=30}$

問題の多面体は，**二十面十二面体** である。これは基本例題 107 と同じ多面体である。

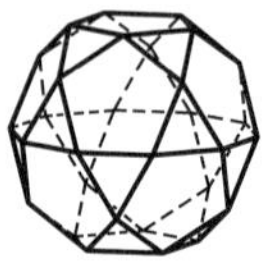

←正十二面体の各辺の中点が，問題の多面体の頂点になることに着目して，頂点の数から先に求めてもよい。

練習 ②108 1 辺の長さが 3 の正四面体がある。この正四面体を，右の図のように，正四面体の 1 つの頂点に集まる 3 つの辺の 3 等分点のうち，頂点に近い方の点を結んでできる正三角形を含む平面で切り，頂点を含む正四面体を取り除く。すべての頂点で同様にして，正四面体を取り除くとき，残った立体の体積 V を求めよ。

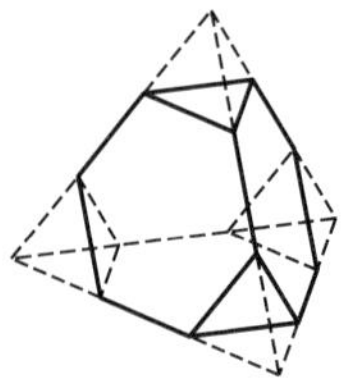

右の図において，正四面体 PABC の頂点 P から底面 ABC に下ろした垂線の足 H は，正三角形 ABC の重心と一致する。

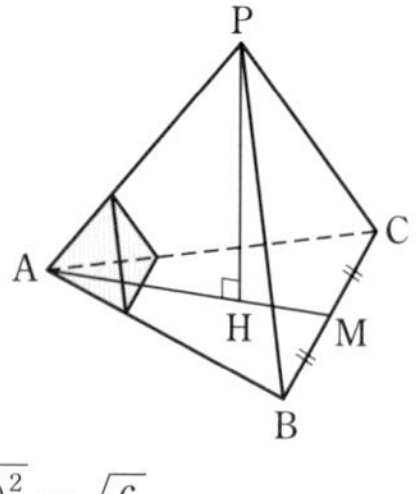

辺 BC の中点を M とすると

$$\mathrm{AH}=\frac{2}{3}\mathrm{AM}=\frac{2}{3}\cdot\frac{\sqrt{3}}{2}\mathrm{AB}=\sqrt{3}$$

よって　$\mathrm{PH}=\sqrt{\mathrm{PA}^2-\mathrm{AH}^2}=\sqrt{3^2-(\sqrt{3})^2}=\sqrt{6}$

正四面体の体積を V_0 とすると

$$V_0=\frac{1}{3}\cdot\triangle\mathrm{ABC}\cdot\mathrm{PH}=\frac{1}{3}\cdot\left(\frac{1}{2}\cdot3\cdot\frac{3\sqrt{3}}{2}\right)\cdot\sqrt{6}=\frac{9\sqrt{2}}{4}$$

取り除かれる正四面体の 1 辺の長さは 1 であるから，その体積を V_1 とすると　$V_1=\frac{1}{3}\cdot\left(\frac{1}{2}\cdot1\cdot\frac{\sqrt{3}}{2}\right)\cdot\sqrt{1^2-\left(\frac{\sqrt{3}}{3}\right)^2}=\frac{\sqrt{2}}{12}$

取り除かれる正四面体の数は，正四面体の頂点の数 4 と同じであるから　　$V=V_0-4V_1=\frac{9\sqrt{2}}{4}-4\cdot\frac{\sqrt{2}}{12}=\boldsymbol{\frac{23\sqrt{2}}{12}}$

問題の多面体は，次の図のようになる。この多面体を **切頂四面体** ということもある。

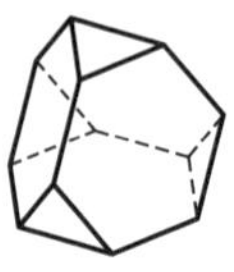

←正四面体 PABC と取り除かれる正四面体は相似で，相似比は　3：1

よって

$V_0：V_1=3^3：1^3$

$V=V_0-4V_1$

$=27V_1-4V_1$

$=23V_1$

練習 ③109 1辺の長さが2の正八面体PABCDQの辺AB，BC，CD，DAの中点を，それぞれK，L，M，Nとする。この正八面体を直線PQを軸として回転させるとき，八面体PKLMNQの内部が通過する部分を除いた部分の体積 V を求めよ。

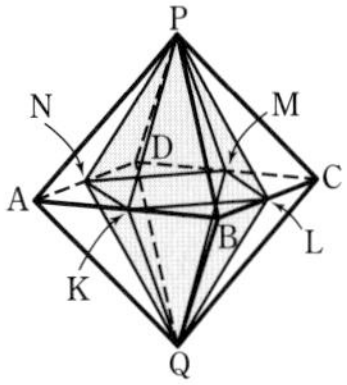

直線PQと正方形ABCDの交点をOとすると，Oは正方形ABCDの対角線の交点に一致し，

PO⊥正方形ABCD

正八面体PABCDQの内部が通過する部分の体積は，半径OAの円を底面，OPを高さとする円錐の体積の2倍である。

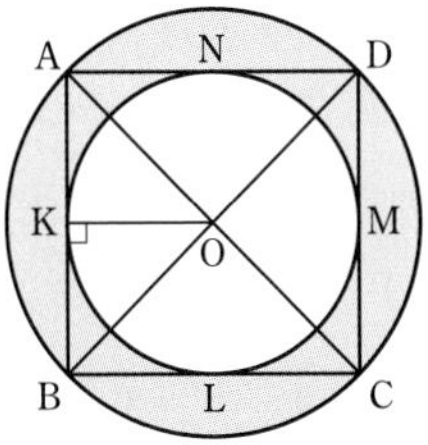

←図は，回転体を正方形ABCDを含む平面で切ったときの断面図。

また，八面体PKLMNQの内部が通過する部分の体積は，半径OKの円を底面，OPを高さとする円錐の体積の2倍である。

よって　$V=2\times\frac{1}{3}\pi\cdot OA^2\cdot OP-2\times\frac{1}{3}\pi\cdot OK^2\cdot OP$ …… ①

←(正八面体PABCDQの内部が通過する部分の体積)−(八面体PKLMNQの内部が通過する部分の体積)

ここで　$OA=\frac{1}{2}AC=\frac{1}{2}\cdot\sqrt{2}AB=\sqrt{2}$，$OK=\frac{1}{2}DA=1$，

$OP=\sqrt{PA^2-OA^2}=\sqrt{2^2-(\sqrt{2})^2}=\sqrt{2}$

これらを①に代入して

$$V=\frac{2}{3}\pi(OA^2-OK^2)\cdot OP=\frac{2}{3}\pi(2-1)\cdot\sqrt{2}=\boldsymbol{\frac{2\sqrt{2}}{3}\pi}$$

EX ②51

(1) AB=3, BC=4, ∠BAC=90° である △ABC があり，頂点 C から ∠ABC の二等分線に下ろした垂線を CD とする。このとき，△BCD の面積を求めよ。〔福島県医大〕

(2) △ABC の内心を I とし，直線 BI と辺 CA の交点を D，直線 CI と辺 AB の交点を E とする。BC=a, CA=b, AB=c とするとき，面積比 △ADE：△ABC を求めよ。

(1) ∠ABC の二等分線と辺 AC の交点を E とすると

$$\mathrm{CE}:\mathrm{EA}=\mathrm{BC}:\mathrm{BA}$$
$$=4:3$$

←内角の二等分線の定理

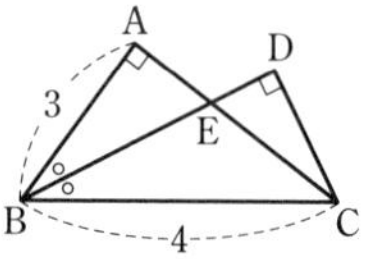

△ABC において，三平方の定理から

$$\mathrm{AC}=\sqrt{4^2-3^2}=\sqrt{7}$$

よって　$\mathrm{EA}=\dfrac{3}{4+3}\mathrm{AC}=\dfrac{3\sqrt{7}}{7}$

△BEA において，三平方の定理から

$$\mathrm{BE}=\sqrt{\left(\frac{3\sqrt{7}}{7}\right)^2+3^2}=3\sqrt{\frac{7}{49}+1}$$
$$=\frac{6\sqrt{14}}{7}$$

←角の二等分線の長さ $\sqrt{\mathrm{BA}\cdot\mathrm{BC}-\mathrm{EA}\cdot\mathrm{EC}}$ から求めることもできる。

△BCD∽△BEA であり，相似比は

$$\mathrm{BC}:\mathrm{BE}=4:\frac{6\sqrt{14}}{7}=28:6\sqrt{14}=14:3\sqrt{14}$$

←$14:3\sqrt{14}=\sqrt{14}:3$ としてもよい。

ゆえに　$\triangle\mathrm{BCD}:\triangle\mathrm{BEA}=14^2:(3\sqrt{14})^2=14:9$

←(相似比)^2

よって　$\triangle\mathrm{BCD}=\dfrac{14}{9}\triangle\mathrm{BEA}=\dfrac{14}{9}\times\dfrac{1}{2}\cdot3\cdot\dfrac{3\sqrt{7}}{7}=\boldsymbol{\sqrt{7}}$

←$\triangle\mathrm{BEA}=\dfrac{1}{2}\mathrm{AB}\cdot\mathrm{AE}$

(2) BD は ∠B の二等分線であるから　$\mathrm{CD}:\mathrm{DA}=a:c$

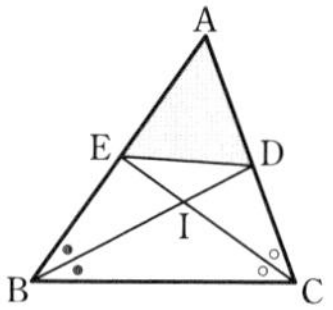

ゆえに　$\mathrm{CA}:\mathrm{DA}=(a+c):c$

よって　$\mathrm{AD}=\dfrac{c}{c+a}\mathrm{AC}=\dfrac{bc}{c+a}$

また，CE は ∠C の二等分線であるから　$\mathrm{AE}:\mathrm{EB}=b:a$

ゆえに　$\mathrm{AE}:\mathrm{AB}=b:(b+a)$

よって　$\mathrm{AE}=\dfrac{b}{a+b}\mathrm{AB}=\dfrac{bc}{a+b}$

ゆえに　$\dfrac{\triangle\mathrm{ADE}}{\triangle\mathrm{ABC}}=\dfrac{\mathrm{AD}\cdot\mathrm{AE}}{\mathrm{AB}\cdot\mathrm{AC}}=\dfrac{bc}{c+a}\cdot\dfrac{bc}{a+b}\cdot\dfrac{1}{c\cdot b}$

$$=\frac{bc}{(a+b)(c+a)}$$

よって　$\triangle\mathrm{ADE}:\triangle\mathrm{ABC}=\boldsymbol{bc:(a+b)(c+a)}$

EX ③52

∠A=90°, AB=4, AC=3 の直角三角形 ABC の重心を G とする。

(1) 線分 AG, BG の長さはどちらが大きいか。

(2) 垂心，外心の位置をいえ。

(3) △ABC の外接円と内接円の半径を求めよ。

(1) ∠A=90° であるから，三平方の定理により

$$\mathrm{BC}=\sqrt{\mathrm{AB}^2+\mathrm{AC}^2}=\sqrt{4^2+3^2}=5$$

辺 BC, CA, AB の中点をそれぞれ D, E, F とすると

HINT (1) △ABC の 3 辺の長さがわかるから，中線定理を用いる。

$AG=\frac{2}{3}AD$，$BG=\frac{2}{3}BE$ …… ①

中線定理により

$AB^2+AC^2=2(AD^2+BD^2)$ …… ②

$BA^2+BC^2=2(BE^2+AE^2)$ …… ③

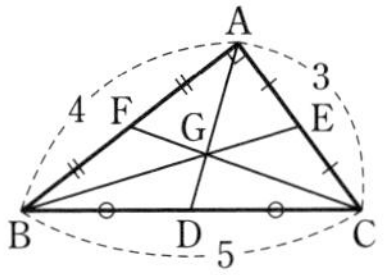

←重心は中線を 2：1 に内分する。

② から　$AD^2=\frac{4^2+3^2}{2}-\left(\frac{5}{2}\right)^2=\frac{25}{4}$

③ から　$BE^2=\frac{4^2+5^2}{2}-\left(\frac{3}{2}\right)^2=\frac{73}{4}$

ゆえに　$AD^2<BE^2$

$AD>0$，$BE>0$ であるから　$AD<BE$

←$a>0$，$b>0$ のとき $\boldsymbol{a^2>b^2 \iff a>b}$

よって，① から　$AG<BG$

すなわち，**線分 BG の長さの方が大きい。**

(2)　$\angle A=90^\circ$ であるから，**△ABC の垂心は頂点 A と一致する。**

また，D は △ABC の外接円の中心であるから，DE，DF はそれぞれ辺 AC，AB の垂直二等分線である。

よって，**△ABC の外心は斜辺 BC の中点 (D) と一致する。**

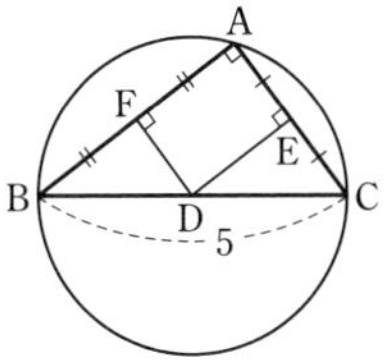

←垂心は，3 垂線の交点。B から辺 CA に引いた垂線は辺 BA に，C から辺 AB に引いた垂線は辺 CA に，それぞれ一致する。

←外心は，3 辺の垂直二等分線の交点。

(3)　△ABC の外接円の半径は　$BD=\frac{1}{2}BC=\boldsymbol{\frac{5}{2}}$

次に，内心を I，内接円の半径を r とすると，

△ABC＝△IAB＋△IBC＋△ICA であるから

$$\frac{1}{2}\cdot3\cdot4=\frac{1}{2}\cdot4\cdot r+\frac{1}{2}\cdot5\cdot r+\frac{1}{2}\cdot3\cdot r$$

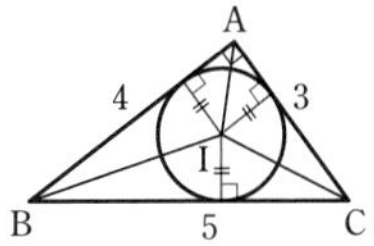

ゆえに　$6=2r+\frac{5}{2}r+\frac{3}{2}r$

よって　$\boldsymbol{r=1}$

EX
③**53**

右図において，△ABC の外心を O，垂心を H とする。また，△ABC の外接円と直線 CO の交点を D，点 O から辺 BC に引いた垂線を OE とし，線分 AE と線分 OH の交点を G とする。

(1)　AH＝DB であることを示せ。

(2)　点 G は △ABC の重心であることを示せ。　〔宮崎大〕

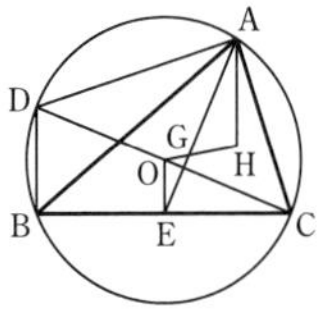

(1)　点 H は △ABC の垂心であるから

AH⊥BC …… ①，BH⊥AC …… ②

線分 CD は △ABC の外接円の直径であるから　DB⊥BC …… ③

DA⊥AC …… ④

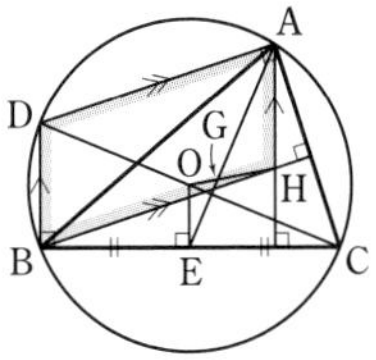

←直径(半円の弧)に対する円周角は直角。

①，③ から　AH∥DB

②，④ から　BH∥DA

よって，四角形 ADBH は平行四辺形である。

したがって　AH＝DB

←2 組の対辺がそれぞれ平行 ⟶ 平行四辺形

(2) OE∥DB から　　OE：DB＝CO：CD

線分 CD は円 O の直径であるから　　CO：CD＝1：2

ゆえに　　OE：DB＝1：2 …… ⑤

また，OE∥AH から　　EG：GA＝OE：AH

(1)と⑤から　　EG：GA＝OE：AH＝OE：DB＝1：2

よって，点 G は線分 AE を 2：1 に内分する。

OE∥DB と⑤より，点 E は辺 BC の中点であるから，点 G は △ABC の重心である。

←平行線と線分の比の性質

←(1)から　AH＝DB

←中点連結定理

EX ③54 AB＝AC である二等辺三角形 ABC の内心を I とし，内接円 I と辺 BC の接点を D とする。辺 BA の延長と点 E で，辺 BC の延長と点 F でそれぞれ接し，辺 AC にも接する ∠B 内の円の中心(傍心)を G とするとき

(1) AG∥BF が成り立つことを示せ。　(2) AD＝GF が成り立つことを示せ。

(3) AB＝5，BD＝2 のとき，AI＝ア☐，IG＝イ☐ である。

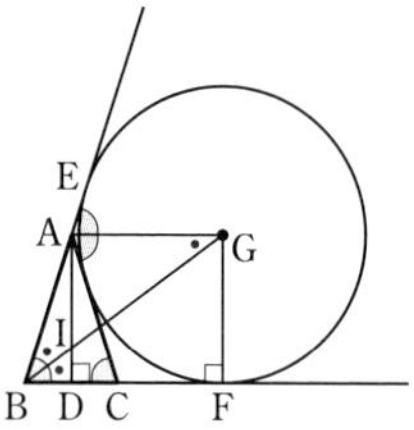

(1) ∠EAG＝∠CAG であるから

$2\angle EAG=\angle EAC$ …… ①

また　$\angle EAC=\angle ABC+\angle BCA$ …… ②

更に，AB＝AC から

$\angle ABC=\angle BCA$ …… ③

②，③から　　$\angle EAC=2\angle ABC$

①から　　$\angle EAG=\angle ABC$

よって　　AG∥BF …… ④

(2) 3 点 A，I，D は一直線上にあって，

$\angle ADC=\angle GFD=90^\circ$ …… ⑤

④，⑤から，四角形 ADFG は長方形である。

よって　　AD＝GF

別解 (1)，(2)　$\angle IAG=\angle IAC+\angle CAG$

$$=\frac{1}{2}\angle A+\frac{1}{2}(180^\circ-\angle A)=90^\circ$$

また，∠GFD＝90°，および AB＝AC より　　∠ADC＝90°

であるから　　$\angle AGF=360^\circ-90^\circ\times 3=90^\circ$

よって，四角形 ADFG は長方形であるから

AG∥BF，AD＝GF

(3) 三平方の定理により　$AD=\sqrt{AB^2-BD^2}=\sqrt{5^2-2^2}=\sqrt{21}$

また，BI は ∠ABD の二等分線であるから

AI：ID＝AB：BD＝5：2

よって　　$AI=\frac{5}{7}AD=$ ア $\mathbf{\frac{5\sqrt{21}}{7}}$

また，∠AGI＝∠CBI＝∠ABI であるから　　AG＝AB＝5

三平方の定理により，$IG=\sqrt{AI^2+AG^2}$ であるから

$$IG=\sqrt{\left(\frac{5\sqrt{21}}{7}\right)^2+5^2}=\sqrt{\left(\frac{5}{7}\right)^2(21+7^2)}=\text{イ}\ \mathbf{\frac{5\sqrt{70}}{7}}$$

←傍心の性質

←∠EAC は △ABC の外角。

←同位角が等しい→平行

←AI は ∠BAC の二等分線であり，かつ，AB＝AC から，線分 BC の垂直二等分線である。

←

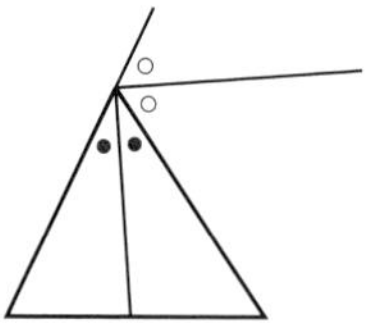

● ＋ ○ ＝90°

(2 等分された内角)＋(2 等分された外角)＝90°

EX ②55 △ABC において，辺 AB を 5：2 に内分する点を P，辺 AC を 7：2 に外分する点を Q，直線 PQ と辺 BC の交点を R とする。このとき，BR：CR=ア□であり，△BPR の面積は △CQR の面積の イ□倍である。〔類 神戸薬大〕

(ア) △ABC と直線 PQ について，メネラウスの定理により

←三角形と1直線でメネラウスの定理。

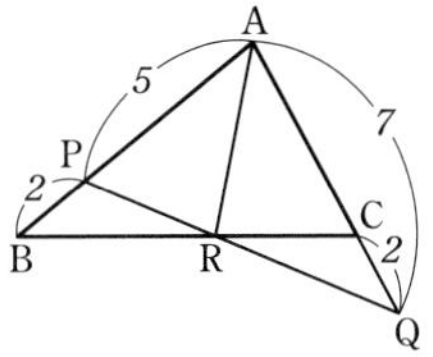

$$\frac{BR}{RC}\cdot\frac{CQ}{QA}\cdot\frac{AP}{PB}=1$$

よって $\dfrac{BR}{RC}\cdot\dfrac{2}{7}\cdot\dfrac{5}{2}=1$

ゆえに $\dfrac{BR}{RC}=\dfrac{7}{5}$ …… Ⓐ

すなわち BR：CR=ア**7：5**

(イ) △ABC=S とすると，(ア) より BR：CR=7：5 であるから

$\triangle ABR=\dfrac{7}{7+5}S=\dfrac{7}{12}S$ ←$\dfrac{\triangle ABR}{\triangle ABC}=\dfrac{BR}{BC}$

よって $\triangle BPR=\dfrac{2}{5+2}\triangle ABR=\dfrac{2}{7}\cdot\dfrac{7}{12}S=\dfrac{1}{6}S$ ←$\dfrac{\triangle BPR}{\triangle ABR}=\dfrac{BP}{AB}$

また $\triangle ARC=\dfrac{5}{7+5}S=\dfrac{5}{12}S$ ←$\dfrac{\triangle ARC}{\triangle ABC}=\dfrac{CR}{BC}$

ゆえに $\triangle CQR=\dfrac{2}{7-2}\triangle ARC=\dfrac{2}{5}\cdot\dfrac{5}{12}S=\dfrac{1}{6}S$ ←$\dfrac{\triangle CQR}{\triangle ARC}=\dfrac{CQ}{AC}$

よって，△BPR の面積と △CQR の面積は等しい。答えは イ**1** 倍

別解 △APQ と直線 BC について，メネラウスの定理により

$\dfrac{AB}{BP}\cdot\dfrac{PR}{RQ}\cdot\dfrac{QC}{CA}=1$ すなわち $\dfrac{7}{2}\cdot\dfrac{PR}{RQ}\cdot\dfrac{2}{5}=1$

ゆえに $\dfrac{PR}{RQ}=\dfrac{5}{7}$ …… Ⓑ

∠PRB=∠CRQ=θ とすると ←対頂角は等しい。

$$\frac{\triangle BPR}{\triangle CQR}=\frac{\frac{1}{2}PR\cdot BR\sin\theta}{\frac{1}{2}CR\cdot QR\sin\theta}=\frac{PR}{RQ}\cdot\frac{BR}{RC}=\frac{5}{7}\cdot\frac{7}{5}$$

←Ⓐ，Ⓑ を代入。

$=$ イ**1**

EX ③56 △ABC の辺 BC の垂直二等分線が辺 BC，CA，AB またはその延長と交わる点を，それぞれ P，Q，R としたとき，交点 R が辺 AB を 1：2 に内分したとする。
(1) PQ：QR を求めよ。 (2) AQ：QC を求めよ。
(3) AP：BQ を求めよ。 (4) AB²−AC² を BC で表せ。
〔類 神戸女学院大〕

(1) △BPR と直線 QC について，メネラウスの定理により

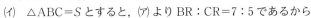

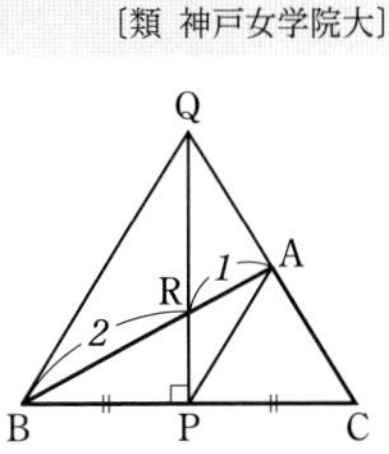

$$\frac{BC}{CP}\cdot\frac{PQ}{QR}\cdot\frac{RA}{AB}=1$$

よって $\dfrac{2}{1}\cdot\dfrac{PQ}{QR}\cdot\dfrac{1}{3}=1$ ゆえに $\dfrac{PQ}{QR}=\dfrac{3}{2}$

したがって PQ：QR=**3：2**

(2) △ABC と直線 QP について，メネラウスの定理により

$$\frac{AR}{RB}\cdot\frac{BP}{PC}\cdot\frac{CQ}{QA}=1$$

よって　$\frac{1}{2}\cdot\frac{1}{1}\cdot\frac{CQ}{QA}=1$

ゆえに　$\frac{CQ}{QA}=2$

したがって　AQ：QC=**1：2**

(3) △CBQ において，(2) から　CA=AQ

また　CP=PB

よって，中点連結定理から　AP：BQ=**1：2**

(4) △ABC において，中線定理から

$$AB^2+AC^2=2(AP^2+BP^2) \quad \cdots\cdots ①$$

また，△QPC は直角三角形で A はその斜辺 QC の中点であるから　AP=AQ=AC

① に代入すると　$AB^2+AC^2=2(AC^2+BP^2)$

ゆえに　$AB^2-AC^2=2BP^2=2\left(\frac{1}{2}BC\right)^2=\boldsymbol{\frac{1}{2}BC^2}$

中点2つで平行と半分

←A は △QPC の外接円の中心。

EX ④57

△ABC の3辺 BC，CA，AB 上にそれぞれ点 P，Q，R があり，AP，BQ，CR が1点 O で交わっているとする。QR と BC が平行でないとき，直線 QR と直線 BC の交点を S とすると

(1) BP：PC=BS：SC が成り立つことを示せ。

(2) O が △ABC の内心であるとき，∠PAS の大きさを求めよ。

(1) △ABC において，チェバの定理により

$$\frac{AR}{RB}\cdot\frac{BP}{PC}\cdot\frac{CQ}{QA}=1 \quad \cdots\cdots ①$$

また，△ABC と直線 QS について，メネラウスの定理により

$$\frac{AR}{RB}\cdot\frac{BS}{SC}\cdot\frac{CQ}{QA}=1 \quad \cdots\cdots ②$$

①，② から　$\frac{BP}{PC}=\frac{BS}{SC}$　←＿，〰 がそれぞれ同じ。

したがって　BP：PC=BS：SC

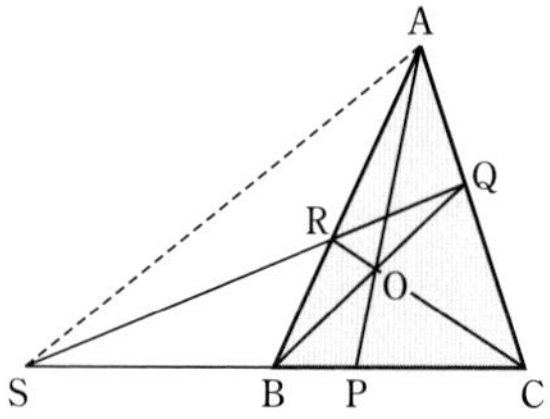

(2) O が △ABC の内心であるとき，AO は ∠A の二等分線であるから　BP：PC=AB：AC

これと (1) から　BS：SC=AB：AC

ゆえに，AS は ∠A の外角の二等分線であるから

$$2\angle PAB+2\angle BAS=180°$$

したがって　∠PAS=∠PAB+∠BAS=**90°**

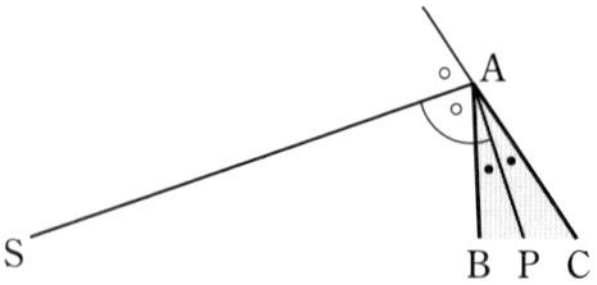

EX ④58

右の図のように，四角形 ABCD の辺 AB，CD の延長の交点を E とし，辺 AD，BC の延長の交点を F とする。線分 AC，BD，EF の中点をそれぞれ P，Q，R とするとき，3点 P，Q，R は1つの直線上にあることを証明せよ。

(ニュートンの定理)

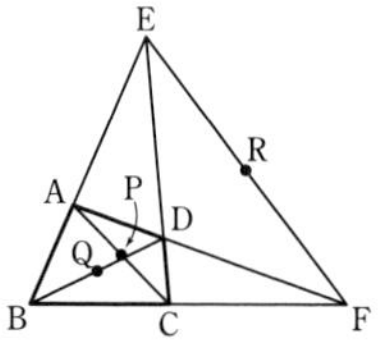

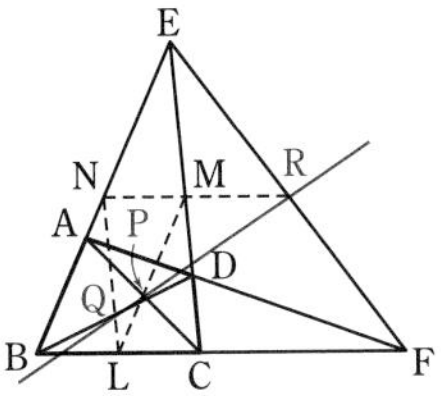

辺BCの中点をLとすると，中点連結定理により

　$PL /\!/ AB,\ 2PL = AB$ …… ①

線分CEの中点をMとすると，中点連結定理により

　$PM /\!/ AE,\ 2PM = AE$ …… ②

Eは辺ABの延長にあるから，①，②より，PLとPMは同じ直線を表し，Pは直線LM上にある。

線分EBの中点をNとすると，同様にして

$QN /\!/ DE,\ 2QN = DE$ …… ③

$QL /\!/ DC,\ 2QL = DC$ …… ④

また　$RM /\!/ FC,\ 2RM = FC$ …… ⑤

$RN /\!/ FB,\ 2RN = FB$ …… ⑥

Eは辺CDの延長にあるから，③，④より，QNとQLは同じ直線を表し，Qは直線NL上にある。

Fは辺BCの延長にあるから，⑤，⑥より，RMとRNは同じ直線を表し，Rは直線MN上にある。

△EBCと直線AFについて，メネラウスの定理により，

$$\frac{BF}{FC}\cdot\frac{CD}{DE}\cdot\frac{EA}{AB}=\frac{2RN}{2RM}\cdot\frac{2QL}{2QN}\cdot\frac{2PM}{2PL}=1$$

すなわち　$\dfrac{MP}{PL}\cdot\dfrac{LQ}{QN}\cdot\dfrac{NR}{RM}=1$

よって，メネラウスの定理の逆により，3点P，Q，Rは1つの直線上にある。

←△ABCにおいて，中点連結定理を適用。

中点2つで平行と半分

←△ACEにおいて，中点連結定理を適用。

←③：△BDE，④：△BCD，⑤：△CFE，⑥：△BFEにおいて，中点連結定理を適用。

←①～⑥のそれぞれにおける，線分の長さに関する等式から。

←この1つの直線をニュートン線という。

EX ②59

$a=2x-3,\ b=x^2-2x,\ c=x^2-x+1$ が三角形の3辺であるとき，x の値の範囲を求めよ。　〔兵庫医大〕

$a,\ b,\ c$ が三角形の3辺であるための条件は，次の3つの不等式が成り立つことである。

$a+b>c,\ b+c>a,\ c+a>b$

すなわち　$(2x-3)+(x^2-2x)>x^2-x+1$ …… ①

$(x^2-2x)+(x^2-x+1)>2x-3$ …… ②

$(x^2-x+1)+(2x-3)>x^2-2x$ …… ③

① を整理すると　$x>4$ …… ①′

② を整理すると　$2x^2-5x+4>0$

2次方程式 $2x^2-5x+4=0$ の判別式を D とすると

$D=(-5)^2-4\cdot 2\cdot 4=-7<0$ であるから，この不等式の解は

すべての実数 …… ②′

③ を整理すると　$3x>2$

よって　$x>\dfrac{2}{3}$ …… ③′

①′，②′，③′ の共通範囲を求めて　$\boldsymbol{x>4}$

HINT　三角形の成立条件　$|\boldsymbol{b}-\boldsymbol{c}|<\boldsymbol{a}<\boldsymbol{b}+\boldsymbol{c}$ を利用してもよいが，絶対値記号を含む2次不等式となり処理が煩雑になる。そこで左の3つの連立不等式を考える。

←左辺を平方完成して $2\left(x-\dfrac{5}{4}\right)^2+\dfrac{7}{8}>0$ から答えてもよい。

EX ③60 $\angle A>90^\circ$ である $\triangle ABC$ の辺 AB, AC 上にそれぞれ頂点と異なる点 P, Q をとる。このとき, $PQ<BC$ であることを証明せよ。

〔倉敷芸科大〕

$\triangle ABC$ は $\angle A>90^\circ$ の鈍角三角形であるから, $\angle A$ が最大である。

よって, $\triangle ABC$ の最大辺は辺 BC である。

←最大の角に向かい合う辺が最大。

また, $AB>AC$ としても一般性を失わない。

P, Q はそれぞれ辺 AB, AC 上の頂点と異なる点であるから

$$0<AP<AB,\ 0<AQ<AC \ \cdots\cdots \text{①}$$

点 P を通り, 辺 BC に平行な直線と辺 AC の交点を R とし, 点 Q を通り, 辺 BC に平行な直線と辺 AB の交点を S とすると $\triangle APR \backsim \triangle ABC$, $\triangle ASQ \backsim \triangle ABC$

←相似比について, 例えば $\dfrac{AP}{AB}=\dfrac{PR}{BC}=k$ とすると, ① から $0<k<1$

① から $PR<BC \ \cdots\cdots$ ②,

$SQ<BC \ \cdots\cdots$ ③

[1] $PR>SQ$ のとき

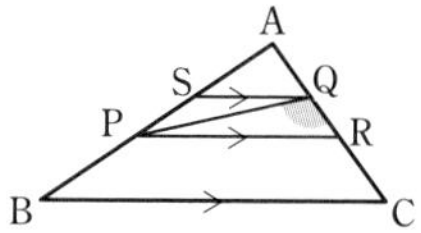

$\triangle PQR$ において

$\angle PQR=\angle A+\angle APQ$

ゆえに $\angle PQR>90^\circ$

←$\triangle PQR$ は $\angle PQR>90^\circ$ の鈍角三角形。

$\angle PQR$ に向かい合う辺 PR が最大となるから $PQ<PR$

よって, ② から $PQ<BC$

[2] $PR=SQ$ のとき $PQ /\!/ BC$

$\triangle APQ \backsim \triangle ABC$ と ① から $PQ<BC$

[3] $PR<SQ$ のとき

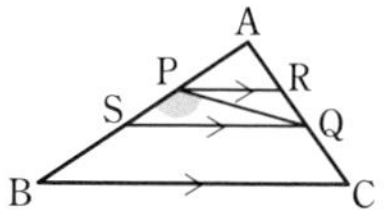

$\triangle SPQ$ において, $\angle SPQ=\angle A+\angle AQP>90^\circ$ より, 辺 SQ が最大となるから $PQ<SQ$

よって, ③ から $PQ<BC$

[1]~[3] から $PQ<BC$

別解 $\angle A>90^\circ$ であるから, 点 A は辺 BC を直径とする円 O の内部にある。

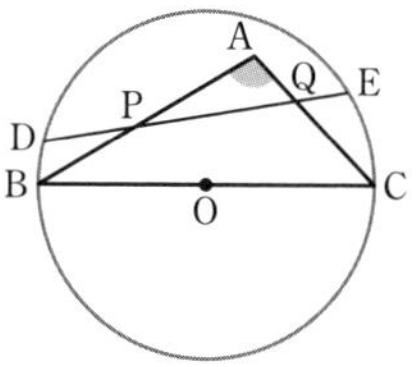

直線 PQ と円 O の交点を D, E とすると $PQ<DE \ \cdots\cdots$ ③

また, 辺 BC は円 O の直径であるから $DE<BC \ \cdots\cdots$ ④

←円周上の 2 点を結ぶ弦の長さが最大になるのは, 円の直径と一致するとき。

③, ④ から $PQ<BC$

EX ③61 $\triangle ABC$ において, $AB=AC=3$, $BC=2$ である。辺 BC の中点を D, 頂点 B から辺 AC に垂線を下ろし, その交点を E, AD と BE の交点を F とする。このとき, 四角形 DCEF は円に内接することを示し, その外接円の周の長さを求めよ。

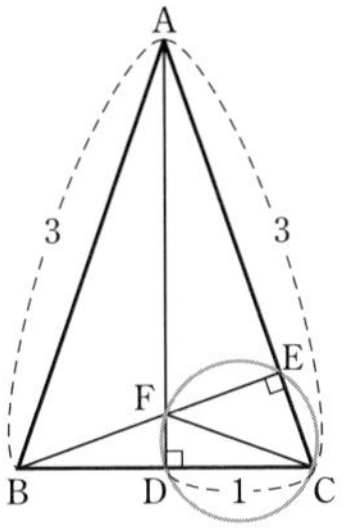

$\angle FDC=90^\circ$，$\angle FEC=90^\circ$ であるから，対角の和が 180° となる四角形 DCEF は円に内接し，線分 CF は四角形 DCEF の外接円の直径である。

←直角 2 つで円くなる

$\triangle BFD$ と $\triangle ACD$ において

$\angle BFD=\angle ACD$

←円に内接する四角形の内角は，その対角の外角に等しい

また　$\angle BDF=\angle ADC=90^\circ$

よって　$\triangle BFD \backsim \triangle ACD$

ゆえに　$DF:BD=CD:AD$

よって　$DF=\dfrac{BD\cdot CD}{AD}=\dfrac{1\cdot 1}{\sqrt{3^2-1^2}}=\dfrac{1}{\sqrt{8}}=\dfrac{\sqrt{2}}{4}$

ゆえに，求める長さは　$\pi\cdot CF=\pi\cdot\sqrt{1^2+\left(\dfrac{\sqrt{2}}{4}\right)^2}=\boldsymbol{\dfrac{3\sqrt{2}}{4}\pi}$

←三平方の定理

別解　（後半）$\triangle BCE \backsim \triangle ACD$ であるから

←$\angle BEC=\angle ADC=90^\circ$，$\angle C$ は共通。

$BC:CE=AC:CD$

ゆえに　$CE=\dfrac{BC\cdot CD}{AC}=\dfrac{2\cdot 1}{3}=\dfrac{2}{3}$

また　$BE=\sqrt{2^2-\left(\dfrac{2}{3}\right)^2}=\dfrac{4\sqrt{2}}{3}$

←$\triangle BCE$ において，三平方の定理から。

方べきの定理から　$BF\cdot BE=BD\cdot BC$

よって　$BF=\dfrac{BD\cdot BC}{BE}=1\cdot 2\times\dfrac{3}{4\sqrt{2}}=\dfrac{3\sqrt{2}}{4}$

点 F は辺 BC の垂直二等分線上にあるから

$CF=BF=\dfrac{3\sqrt{2}}{4}$

よって，求める長さは　$\pi\cdot CF=\pi\cdot\dfrac{3\sqrt{2}}{4}=\boldsymbol{\dfrac{3\sqrt{2}}{4}\pi}$

EX ②62

図のように，大きい円に小さい円が点 T で内接している。点 S で小さい円に接する接線と大きい円との交点を A，B とするとき，$\angle ATS$ と $\angle BTS$ が等しいことを証明せよ。　〔神戸女学院大〕

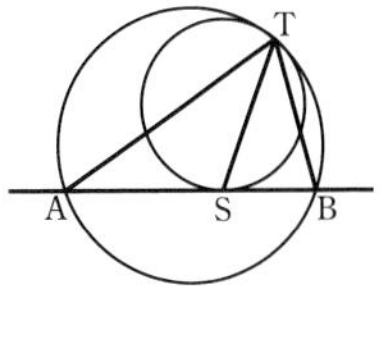

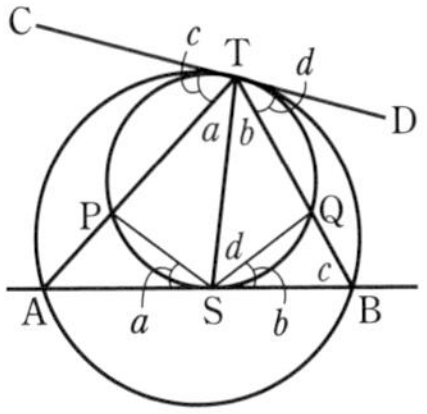

線分 AT，線分 BT と小さい円の交点をそれぞれ P，Q とする。

T における 2 つの円の共通接線を引き，右の図のように C，D を定める。

$\angle ASP=a$，$\angle BSQ=b$，$\angle CTP=c$，$\angle DTQ=d$ とすると，接弦定理により

$\angle ATS=a$，$\angle BTS=b$

←小さい円と接線 AB についての接弦定理。

よって　$a+b+c+d=180^\circ$ …… ①

更に，接弦定理により　$\angle TBS=c$，$\angle TSQ=d$

←接線 CD についての接弦定理。

△TSB において内角の和は 180° であるから

$$\angle TSB+\angle STB+\angle TBS=180°$$

すなわち　$(b+d)+b+c=180°$ …… ②

①，② から　$a=b$

ゆえに　$\angle ATS=\angle BTS$

EX ②63　△ABC において，点 A から辺 BC に垂線 AH を下ろす。線分 AH を直径とする円 O と辺 AB，AC の交点をそれぞれ D，E とし，円 O の半径を 1，BH=1，CE=3 とする。
(1) 線分 DB の長さを求めよ。
(2) 線分 HC と線分 CA の長さをそれぞれ求めよ。
(3) ∠EDH の大きさを求めよ。　〔大分大〕

(1) △ABH は，∠H=90° の直角三角形であるから

$$AB=\sqrt{1^2+2^2}=\sqrt{5}$$

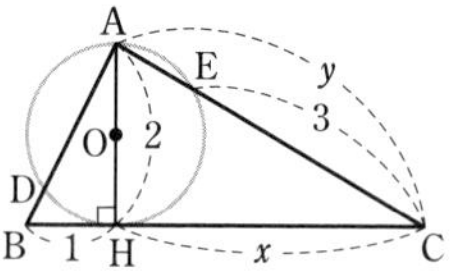

←まず，図をかく。辺や線分の長さも記入する。なお，x，y は (2) で使うものである。

直線 BH は円 O の接線であるから，方べきの定理により

$$BD\cdot BA=BH^2$$

よって　$\sqrt{5}\,DB=1^2$

ゆえに　$DB=\boldsymbol{\dfrac{1}{\sqrt{5}}}$

←$\dfrac{1}{\sqrt{5}}=\dfrac{\sqrt{5}}{5}$ としてもよい。

(2) HC=x，CA=y とすると　$x>0$，$y>0$

△AHC は ∠H=90° の直角三角形であるから

$$y^2=x^2+2^2 \quad \cdots\cdots ①$$

直線 CH は円 O の接線であるから，方べきの定理により

$$CE\cdot CA=CH^2$$

よって　$3y=x^2$ …… ②

①，② から　$y^2=3y+4$　　ゆえに　$y^2-3y-4=0$

←x^2 を消去。

よって　$(y+1)(y-4)=0$　　$y>0$ であるから　$y=4$

このとき，② から　$x^2=12$

$x>0$ であるから　$x=2\sqrt{3}$

したがって　**HC=$2\sqrt{3}$，CA=4**

(3) △AHC において，

∠H=90°，CA=4，AH=2

であるから　∠CAH=60°

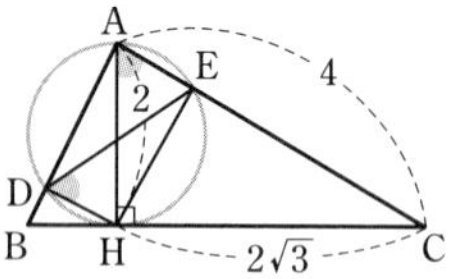

←直角三角形 AHC の辺の比に着目。

ゆえに，円周角の定理から

∠EDH=∠EAH=∠CAH=**60°**

←$\overset{\frown}{HE}$ に対する円周角

EX ④64　円周上に 3 点 A，B，C がある。弦 AB の延長上に 1 点 P をとり，点 C と点 P を結ぶ線分がこの円と再び交わる点を Q とする。このとき，$CA^2=CP\cdot CQ$ が成り立つとすると，△ABC はどのような三角形か。

HINT　条件から，方べきの定理の逆により，CA は △AQP の外接円の接線となることに着目。

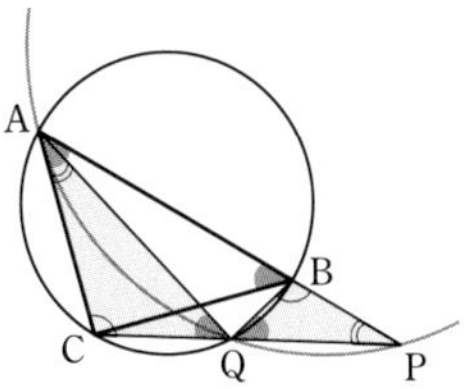

$CA^2=CP\cdot CQ$ であるから，CA は △AQP の外接円に点 A で接する。 ←方べきの定理の逆

ゆえに　$\angle CAQ=\angle BPQ$ …… ①　←接弦定理

また，4 点 A，C，Q，B は 1 つの円周上にあるから

$\angle ACQ=\angle PBQ$ …… ②　←1 つの内角が，その対角の外角に等しい。

①，② から　$\triangle CAQ \backsim \triangle BPQ$

よって　$\angle AQC=\angle PQB$ …… ③

また　$\angle CAB=\angle PQB$ …… ④

$\angle CBA=\angle AQC$ …… ⑤　←$\overset{\frown}{AC}$ に対する円周角。

③，④，⑤ から　$\angle CAB=\angle CBA$

したがって，△ABC は **CA=CB の二等辺三角形** である。

検討　**(方べきの定理の逆**「線分 AB の延長上に点 P があり，直線 AB 上にない点 T に対し，$PA\cdot PB=PT^2$ が成り立つならば，PT は △TAB の外接円に接する。」**の証明)**

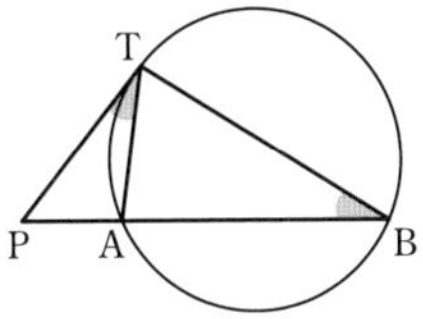

△PTA と △PBT において

$\angle TPA=\angle BPT$　←共通の角

また，$PA\cdot PB=PT^2$ から

$PA:PT=PT:PB$

ゆえに　$\triangle PTA \backsim \triangle PBT$

よって　$\angle PTA=\angle PBT$

したがって，PT は △TAB の外接円に点 T で接する。　←**接弦定理の逆**

EX ③65

四角形 ABCD において，AC と BD の交点を P とする。$\angle APB=\angle CPD=90^\circ$，AB∥DC であるとする。このとき，△PAB と △PCD のそれぞれの外接円は互いに外接することを示せ。

〔倉敷芸科大〕

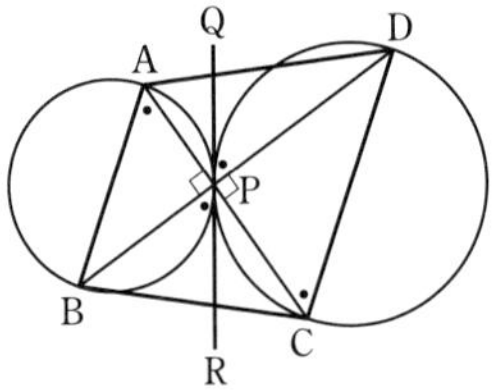

△PAB の外接円について，点 P における接線 QR を右の図のように引くと　$\angle BAP=\angle BPR$　←接弦定理

また　$\angle BPR=\angle DPQ$　←対頂角は等しい。

よって　$\angle BAP=\angle DPQ$ …… ①

AB∥DC であるから

$\angle BAP=\angle DCP$ …… ②　←平行線の錯角は等しい。

①，② から　$\angle DPQ=\angle DCP$

ゆえに，△PCD の外接円は直線 QR に接する。　←**接弦定理の逆**

したがって，△PAB と △PCD のそれぞれの外接円は点 P で互いに外接する。

EX ④66

長さ a の線分が与えられたとき，対角線と 1 辺の長さの和が a である正方形を作図せよ。

① 正方形 A′BC′D′ をかき，対角線 BD′ の D′ を越える延長上に，D′F′＝D′C′ となるような点 F′ をとる。

② 直線 BF′ 上に BF＝a となるような点 F をとる。

③ 点 F を通り，線分 F′C′ に平行な直線と直線 BC′ との交点を C とする。

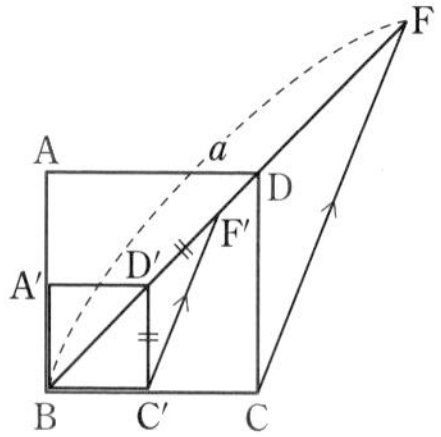

←対角線と1辺のままでは，いわゆる「折れ線」で，このままでは扱いにくい。そこで，1本の線分にのばして考える。

④ 辺 BC を1辺とする正方形 ABCD をかく。

この正方形 ABCD が求める正方形である。

←B を相似の中心として，正方形 ABCD と正方形 A′BC′D′ は相似の位置にある。

このとき，C′F′∥CF から　　$\angle$D′F′C′＝$\angle$DFC

また，D′C′∥DC から　　$\angle$F′D′C′＝$\angle$FDC

よって　　$\angle$D′C′F′＝$\angle$DCF

C′D′＝D′F′ より，$\angle$D′F′C′＝$\angle$D′C′F′ であるから

$\angle$DFC＝$\angle$DCF

ゆえに　　CD＝DF

よって　　BD＋CD＝BD＋DF＝BF＝a

したがって，この四角形 ABCD が求める正方形である。

別解　1辺の長さが x の正方形の対角線と1辺の長さの和は

$$\sqrt{2}x+x=(\sqrt{2}+1)x$$

$(\sqrt{2}+1)x=a$ とすると　　$x=\dfrac{a}{\sqrt{2}+1}=(\sqrt{2}-1)a$

よって，1辺の長さが $(\sqrt{2}-1)a$ の正方形を作図する方法を考える。

① 1辺の長さが a の正方形 AB′C′D′ を作図する。

② 点 C′ を中心として，半径 C′B′ の円弧と線分 AC′ との交点を B とする。

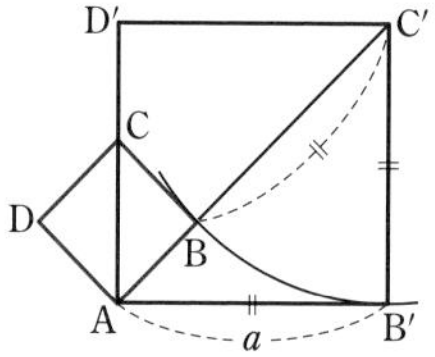

←正方形 AB′C′D′ の作図。

[1] 長さ a の線分 AB′ を引く。

[2] A を通り AB′ に垂直な直線を引く。

[3] A を中心とする半径 a の円をかき，[2] の直線との交点を D′ とする。

[4] B′，D′ を中心とする半径 a の円をそれぞれかき，その交点を C′ とする。

③ 辺 AB を1辺とする正方形 ABCD をかく。

この正方形 ABCD が求める正方形である。

このとき　　AB＝AC′−BC′＝$\sqrt{2}a-a=(\sqrt{2}-1)a$

正方形 ABCD の対角線と1辺の長さの和は

$$\text{AC}+\text{AB}=\sqrt{2}\,\text{AB}+\text{AB}=(\sqrt{2}+1)\text{AB}$$
$$=(\sqrt{2}+1)(\sqrt{2}-1)a=a$$

EX ④67

右の図のような △ABC の辺 AB，AC 上にそれぞれ点 D，E をとり，線分 BD，DE，CE の長さがすべて等しくなるようにしたい。このような線分 DE を作図せよ。

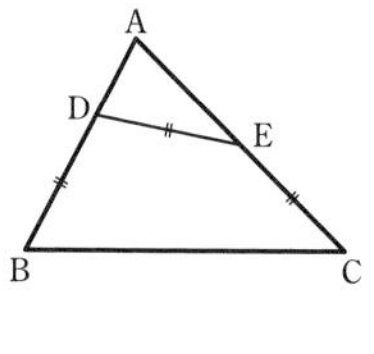

四角形ABC′E′を，AB＝AE′＝E′C′となるようにかき，Bを相似の中心として，C′がCに移るように縮小すると考える。したがって，次のように作図すればよい。

←Eが辺AC上にあるという条件をはずして考える。

① 辺AC上にCF＝ABとなるように点Fをとる。
② 点Fを通り，辺BCに平行な直線ℓを引く。
③ 点Aを中心として，半径ABの円をかき，直線ℓとの交点をE′とする。
④ 線分BE′と直線CAとの交点をEとし，Eを通り，線分E′Aに平行な直線と辺ABとの交点をDとすると，線分DEが求める線分である。

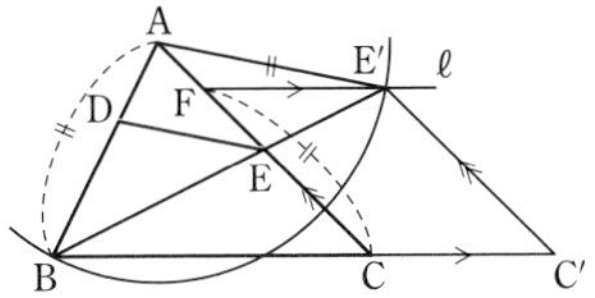

←AB＝AE′である。

←結局，C′は作図しなくても，点D，Eは作図することができる。

このとき，BC∥FE′から $\dfrac{CE}{CF}=\dfrac{BE}{BE'}$ …… ㋐

DE∥AE′から $\dfrac{BD}{BA}=\dfrac{BE}{BE'}=\dfrac{DE}{AE'}$ …… ㋑

㋐，㋑から $\dfrac{BD}{BA}=\dfrac{CE}{CF}=\dfrac{DE}{AE'}$ …… ㋒

AB＝CF＝AE′であるから，㋒より
BD＝CE＝DE

EX ③68

右の図のように，円Oの内部に2点A，Bが与えられている。この円を折り，折り返された弧がA，Bを通るような折り目の線分を作図せよ。

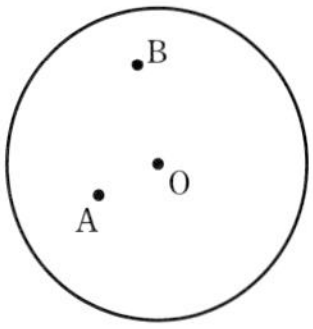

条件を満たすとき，折り目に関して，円Oと対称な円O′の弧の上に2点A，Bがある。
よって，円Oと円O′の交点を通る直線が折り目になると考えられるから，次のように作図する。

←作図ができたものとして考える。

① Aを中心として，円Oと等しい半径(rとする)の円をかく。
② 線分ABの垂直二等分線と①の円との交点をO′とする。
③ O′を中心として，半径rの円をかく。
④ 円Oと円O′の交点をC，Dとすると，線分CDが求める折り目の線分である。

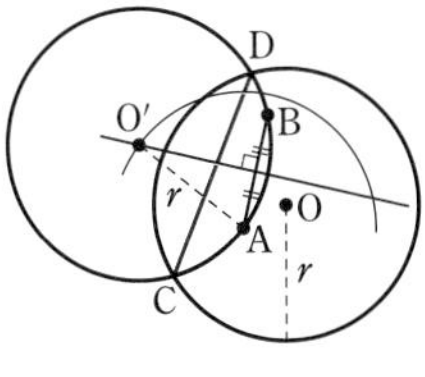

←②で，線分ABの垂直二等分線と①の円は異なる2点で交わる。左の図のもう1つの交点を利用して，③の円をかいてもよい。

このとき，O′は線分ABの垂直二等分線上にあり，O′A＝O′B＝rである。また，線分CDは，等円O，O′の共通弦であるから，∠COD＝∠CO′Dより　扇形OCD≡扇形O′CD

←半径が等しい円を等円という。

よって，円Oと円O′は共通弦CDに関して対称で，円O′の弧ABを，CDを折り目として折り返すと円O上に移される。

EX ③69 右の図のように，半径の等しい2つの円O，O′と直線ℓがある。直線ℓ上に中心があり，2つの円O，O′に接する円を1つ作図せよ。

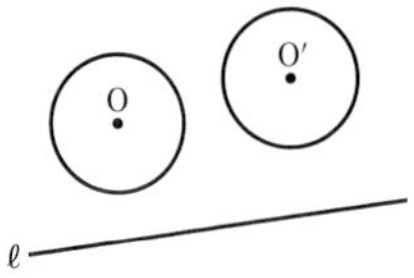

① 線分OO′の垂直二等分線を引き，直線ℓとの交点をPとする。

② 線分OPと円Oの交点をQ，線分O′Pと円O′の交点をRとする。

③ 点Pを中心として，半径PQ(またはPR)の円をかく。この円が求める円である。

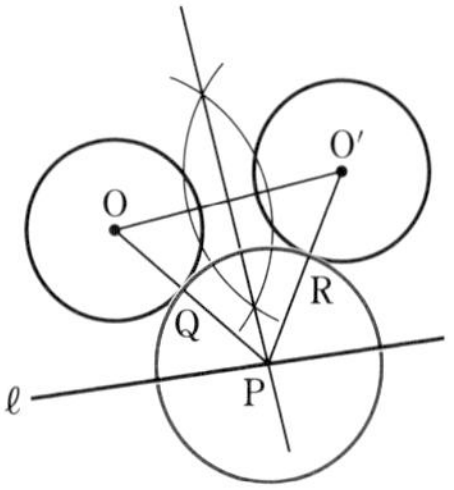

←接する円の中心は2円O，O′から等距離にある。

このとき，OP＝O′Pから

$$OQ+PQ=O'R+PR$$

←Pは線分OO′の垂直二等分線上にある。

円Oと円O′の半径は等しいから

$$OQ=O'R$$

ゆえに　$PQ=PR$

←$OP-OQ=O'P-O'R$

したがって，円Pは2円O，O′に接する。

EX ③70 長さ1の線分が与えられたとき，連立方程式$x+y=4$，$xy=1$の解を長さにもつ線分を作図せよ。

① 長さ4の線分ABを直径とする半円をかく。

② ABに平行で，ABとの距離が1である直線と，①の半円との交点の1つをCとする。

③ CからABに下ろした垂線の足をDとすると，線分AD，BDが求める線分である。

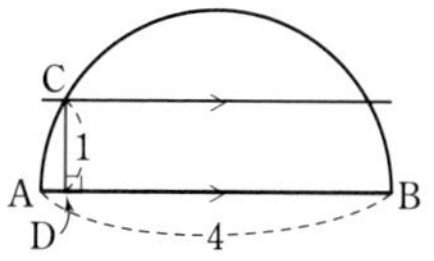

←$x+y=4$から
$y=4-x$
$xy=1$に代入して
$x(4-x)=1$
重要例題104と似た形なので，方べきの定理が利用できないか，と考える。

このとき，$AD=x$，$BD=y$とすると，AD＋BD＝ABから

$$x+y=4$$

また，方べきの定理より，$AD\cdot DB=CD^2$であるから

$$xy=1$$

←①の半円の下の半円と③の垂線の交点をC′とすると　$C'D=CD=1$

したがって，線分AD，BDは連立方程式$x+y=4$，$xy=1$の解を長さにもつ線分である。

EX ④71 2定点A，Bを結ぶ線分の中点を，コンパスのみを使って作図せよ。

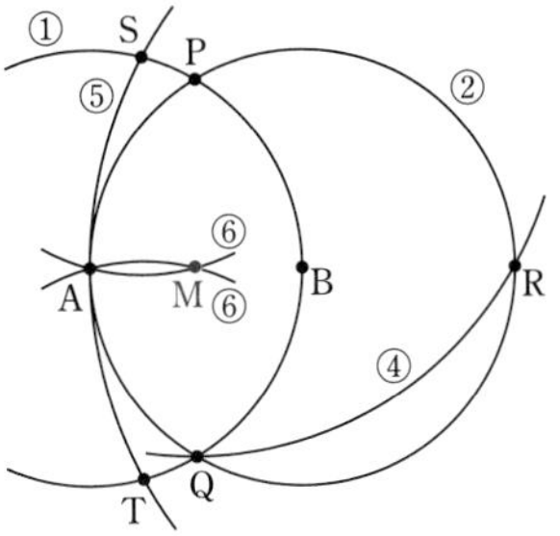

① 点 A を中心として，半径 AB の円をかく。

← 本問では，作図の際に定規を使えない。

② 点 B を中心として，半径 AB の円をかく。

③ ① の円と ② の円の交点を P，Q とする。

← PA＝PB＝QA＝QB＝AB

④ 点 P を中心として，半径 PQ の円をかき，② の円との Q でない交点を R とする。

← 線分 AB の B を越える延長上に，AR＝2AB となる点 R を作図することがポイント（①～④ の作業）。

⑤ 点 R を中心として，半径 AR の円をかき，① の円との交点を S，T とする。

⑥ 点 S, T を中心として，半径 AS の円をそれぞれかき，2 つの円の A でない交点を M とすると，点 M が線分 AB の中点である。

← AS＝AT

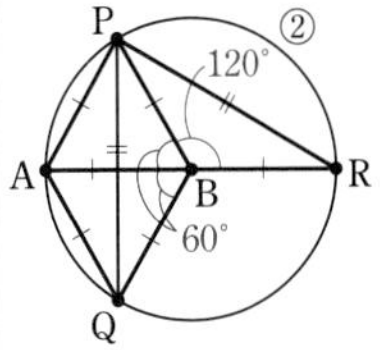

このとき，BP＝BQ＝BR，PQ＝PR であるから

△BPQ≡△BPR …… ㋐

△PAB と △QAB は合同な正三角形であるから

∠PBQ＝120°

よって，㋐ から　　∠PBR＝120°

ゆえに，∠PBA＋∠PBR＝60°＋120°＝180° であるから，点 R は直線 AB 上にあり　　AR＝2AB

← 線分 AR は ② の円の直径。

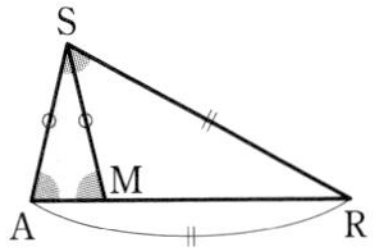

また，△RAS と △SAM において，RA＝RS，SA＝SM であるから　　∠RAS＝∠RSA，∠SAM＝∠SMA

ここで　　∠RAS＝∠SAM（共通）…… ㋑

よって　　∠RSA＝∠SMA　　　　…… ㋒

㋑，㋒ から　　△RAS∽△SAM

ゆえに　　$\dfrac{SA}{RS}=\dfrac{MA}{SM}$

SA＝SM＝AB，RS＝AR＝2AB から

$$AM=\frac{AB^2}{2AB}=\frac{1}{2}AB$$

← 点 S, B は点 A を中心とする円 ① 上にある。

㋑ より，点 M は直線 AB 上にあるから，M は線分 AB の中点である。

検討　**線分 AB を n 等分する点の作図**

①～④ の作業を繰り返し行い，線分 AB の B を越える延長上に，AR＝nAB となる点 R を作図する。

そして，⑤，⑥ と同様の作図をすると，AB：AM＝n：1 となる線分 AB 上の点 M が得られる。

n＝3 の場合（AB：AM＝3：1）

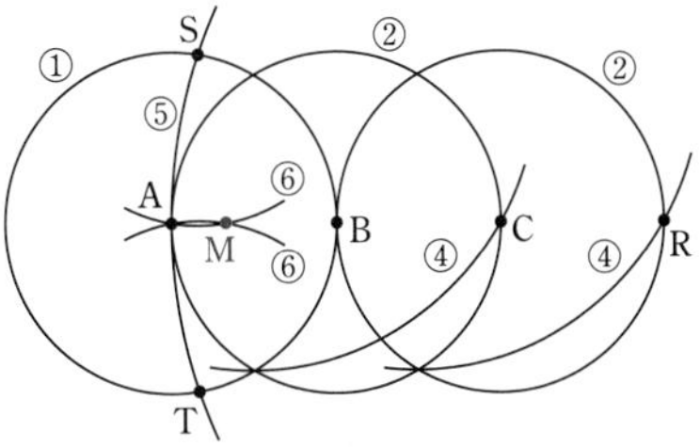

EX ②72

空間内の直線 ℓ, m, n や平面 P, Q, R について，次の記述が正しいか，正しくないかを答えよ。

(1) $P\perp Q$, $Q\perp R$ のとき，$P /\!/ R$ である。　(2) $P\perp Q$, $Q /\!/ R$ のとき，$P\perp R$ である。

(3) $\ell\perp m$, $P /\!/ \ell$ のとき，$P\perp m$ である。　(4) $P /\!/ \ell$, $Q /\!/ \ell$ のとき，$P /\!/ Q$ である。

(5) $P\perp\ell$, $Q /\!/ \ell$ のとき，$P\perp Q$ である。　(6) $\ell\perp m$, $m\perp n$ のとき，$\ell /\!/ n$ である。

正しいときは○，正しくないときは×で表す。

(1) ×　(2) ○　(3) ×　(4) ×

(5) ○　(6) ×

検討　(6) は，空間では正しくないが，平面上の 3 つの直線 ℓ, m, n について，「$\ell\perp m$, $m\perp n$ のとき，$\ell /\!/ n$」は正しい。

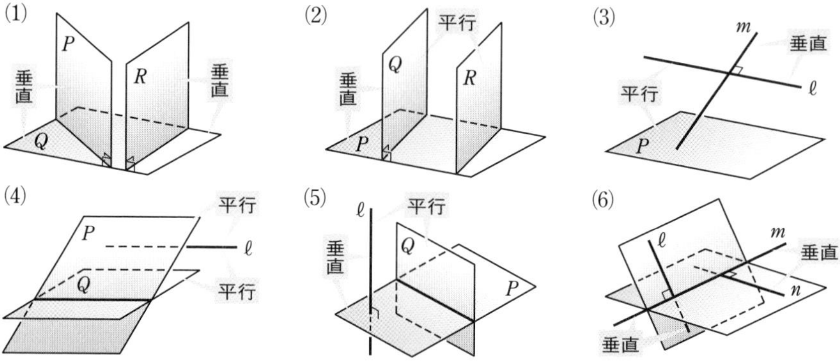

EX ③73

四面体 ABCD がある。線分 AB, BC, CD, DA 上にそれぞれ点 P, Q, R, S がある。点 P, Q, R, S は同一平面上にあり，四面体のどの頂点とも異なるとする。PQ と RS が平行でないとき，等式 $\dfrac{\mathrm{AP}}{\mathrm{PB}}\cdot\dfrac{\mathrm{BQ}}{\mathrm{QC}}\cdot\dfrac{\mathrm{CR}}{\mathrm{RD}}\cdot\dfrac{\mathrm{DS}}{\mathrm{SA}}=1$ が成り立つことを示せ。　〔類 埼玉大〕

3 点 A, B, C を通る平面を α, 3 点 A, C, D を通る平面を β, 4 点 P, Q, R, S を通る平面を γ とする。

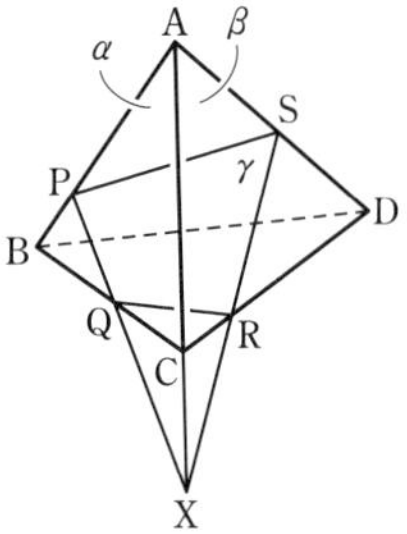

PQ と RS は同一平面上にあり，PQ$\not\parallel$RS より，平面 γ 上の点 X で交わる。

←このことがポイントとなる。

X は直線 PQ 上の点であり，直線 PQ は平面 α 上にあるから，X も平面 α 上にある。

また，X は直線 RS 上の点であり，直線 RS は平面 β 上にあるから，X も平面 β 上にある。

よって，X は平面 α と平面 β の交線上，すなわち，直線 AC 上にある。

ゆえに，△ABC と直線 PQ について，メネラウスの定理により

←三角形と 1 直線でメネラウスの定理。

$$\frac{\mathrm{AP}}{\mathrm{PB}}\cdot\frac{\mathrm{BQ}}{\mathrm{QC}}\cdot\frac{\mathrm{CX}}{\mathrm{XA}}=1 \quad\cdots\cdots ①$$

更に，△ACD と直線 RS について，メネラウスの定理により

$$\frac{\mathrm{AX}}{\mathrm{XC}}\cdot\frac{\mathrm{CR}}{\mathrm{RD}}\cdot\frac{\mathrm{DS}}{\mathrm{SA}}=1 \quad\cdots\cdots ②$$

①，② の辺々を掛けることにより　$\frac{AP}{PB}\cdot\frac{BQ}{QC}\cdot\frac{CR}{RD}\cdot\frac{DS}{SA}=1$

←① の $\frac{CX}{XA}$ と ② の $\frac{AX}{XC}$ が消し合う。

EX ②74 正多面体の隣り合う 2 つの面の正多角形の中心を結んでできる多面体もまた，正多面体である。5 つの正多面体のそれぞれについて，できる正多面体を答えよ。ただし，正多角形の中心とは，その正多角形の外接円の中心とする。

新しくできる正多面体の頂点の数は，もとの正多面体の面の数に等しい。よって，新しくできる正多面体は，表のようになる。

もとの正多面体	もとの面の数	もとの頂点の数	新しくできる頂点の数	新しくできる正多面体
正四面体	4	4	4	**正四面体**
正六面体	6	8	6	**正八面体**
正八面体	8	6	8	**正六面体**
正十二面体	12	20	12	**正二十面体**
正二十面体	20	12	20	**正十二面体**

検討　新しくできる正多面体を，もとの正多面体と **双対な正多面体** という。

EX ③75 正二十面体の 1 つの頂点に集まる 5 つの辺の 3 等分点のうち，頂点に近い方の点を結んでできる正五角形を含む平面で正二十面体を切り，頂点を含む正五角錐を取り除く。すべての頂点で，同様に正五角錐を取り除くとき，残った多面体の面の数 f，辺の数 e，頂点の数 v を，それぞれ求めよ。

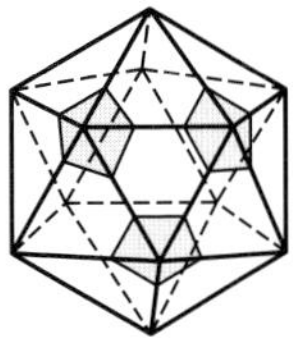

正二十面体は，各面が正三角形であり，1 つの頂点に集まる面の数は 5 である。したがって，正二十面体の

辺の数は　　$3\times20\div2=30$

頂点の数は　　$3\times20\div5=12$ …… ①

次に，問題の多面体について考える。

正二十面体の各頂点のところで正五角形を切り取っているから，頂点の数だけ面の数が増える。

ゆえに，① から，面の数は　　$\boldsymbol{f=20+12=32}$

辺の数は，頂点の数だけ正五角形が増えているから

$\boldsymbol{e=30+5\times12=90}$

頂点の数は，オイラーの多面体定理から

$\boldsymbol{v=90-32+2=60}$

問題の多面体は，次の図のようになり，**切頂二十面体** ともいう（サッカーボールの原型である）。

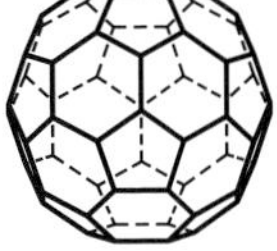

←正五角形の面がもとの正二十面体の頂点の数だけあるから，$v=5\times12=60$ としてもよい。

EX ④76 正多面体は，正四面体，正六面体，正八面体，正十二面体，正二十面体の 5 種類以外にないことを，オイラーの多面体定理を用いて証明せよ。

正多面体の頂点，辺，面の数を，それぞれ v，e，f とする。

正多面体の各面を正 m 角形（m は 3 以上の整数）とすると，各面は m 個ずつの辺をもつから，f 個の正 m 角形では mf 個の辺をもつことになるが，1 つの辺は 2 つの面に共有されている

から　　$mf=2e$　すなわち　$f=\dfrac{2e}{m}$ …… ①

←つまり，mf は，1つの辺を重複して数え上げていることになる。

次に，1つの頂点に集まる辺の数を n (n は3以上の整数) とすると，v 個の頂点には nv 個の辺が集まることになるが，各辺には両端の2頂点が対応するから

$$nv=2e \quad すなわち \quad v=\frac{2e}{n} \ \cdots\cdots ②$$

←nv は，1つの辺を重複して数え上げている。

①，② をオイラーの多面体定理 $v-e+f=2$ に代入すると

$$\frac{2e}{n}-e+\frac{2e}{m}=2$$

よって　　$e=\dfrac{2mn}{2(m+n)-mn}$ …… ③

$e>0$，$2mn>0$ であるから　　$2(m+n)-mn>0$

ゆえに　　$mn-2(m+n)<0$ …… (＊)

　　　　　$mn-2(m+n)+4<4$

よって　　$(m-2)(n-2)<4$

$m \geqq 3$，$n \geqq 3$ の範囲の整数で，この不等式を満たす m，n の値は右の表のようになる。

$m-2$	1	1	1	2	3
$n-2$	1	2	3	1	1
m	3	3	3	4	5
n	3	4	5	3	3

また，この m，n の値に対応する e，v，f の値は，③，②，① に代入して

[1]　$m=3$，$n=3$ のとき　　$e=6$，$v=4$，$f=4$

←$v=\dfrac{2e}{n}$，$f=\dfrac{2e}{m}$

[2]　$m=3$，$n=4$ のとき　　$e=12$，$v=6$，$f=8$

[3]　$m=3$，$n=5$ のとき　　$e=30$，$v=12$，$f=20$

[4]　$m=4$，$n=3$ のとき　　$e=12$，$v=8$，$f=6$

[5]　$m=5$，$n=3$ のとき　　$e=30$，$v=20$，$f=12$

ゆえに，[1] は正四面体，[2] は正八面体，[3] は正二十面体，
　　　[4] は正六面体，[5] は正十二面体　　である。

よって，正多面体には，これらの5種類以外はない。

別解　n 個の正 m 角形が1つの頂点に集まるとする。

正 m 角形の1つの内角の大きさは　　$\dfrac{(m-2)\times 180^\circ}{m}$

1つの頂点に集まる角の和は 360° より小さいから

$$n\cdot\frac{(m-2)\times 180^\circ}{m}<360^\circ$$

ゆえに　　$n(m-2)<2m$

よって　　$2(m+n)-mn>0$

ゆえに　　$mn-2(m+n)<0$

(＊) と同じ不等式が得られ，以後は同じ。

練習 ②110
(1) 次のことを証明せよ。ただし，a，b，c，d は整数とする。
(ア) a，b がともに 4 の倍数ならば，a^2+b^2 は 8 の倍数である。
(イ) a が c の倍数で，d が b の約数ならば，cd は ab の約数である。
(2) 2 つの整数 a，b に対して，$a=bk$ となる整数 k が存在するとき，$b \mid a$ と書くことにする。このとき，$a \mid 20$ かつ $2 \mid a$ であるような整数 a を求めよ。

(1) (ア) a，b は 4 の倍数であるから，整数 k，l を用いて
$a=4k$，$b=4l$ と表される。
よって $a^2+b^2=(4k)^2+(4l)^2=16k^2+16l^2$
$=8(2k^2+2l^2)$
$2k^2+2l^2$ は整数であるから，a^2+b^2 は 8 の倍数である。

←●が■の倍数 ⟺ ●＝■k（k は整数）

(イ) a が c の倍数で，d が b の約数であるから，整数 k，l を用いて $a=ck$，$b=dl$ と表される。
この 2 式の辺々を掛けて $ab=cdkl$
kl は整数であるから，cd は ab の約数である。

←●が■の約数 ⟺ ■＝●l（l は整数）

(2) $a \mid 20$ から $20=ak$ …… ①，$2 \mid a$ から $a=2l$ …… ②
となる整数 k，l が存在する。
② を ① に代入して $20=2l \cdot k$ よって $kl=10$
ゆえに，l は 10 の約数であるから
$l=\pm1,\ \pm2,\ \pm5,\ \pm10$
したがって **$a=\pm2,\ \pm4,\ \pm10,\ \pm20$**

←「a は 20 の約数」かつ「a は 2 の倍数」と考え，20 の約数のうち偶数であるものを書き上げる方針で進めてもよい。

←② に l の値を代入。

練習 ②111
(1) 5 桁の自然数 4□9□3 の□に，それぞれ適当な数を入れると 9 の倍数になる。このような自然数で最大なものを求めよ。
(2) 6 桁の自然数 N を 3 桁ごとに 2 つの数に分けたとき，前の数と後の数の差が 7 の倍数であるという。このとき，N は 7 の倍数であることを証明せよ。

(1) 千の位の数を a，十の位の数を b とする。
ただし，a，b は整数で，$0 \leqq a \leqq 9$，$0 \leqq b \leqq 9$ である。
5 桁の自然数 $4a9b3$ が 9 の倍数となるのは，各位の数の和
$4+a+9+b+3=a+b+16$ が 9 の倍数となるときである。
$0 \leqq a \leqq 9$，$0 \leqq b \leqq 9$ より，$0 \leqq a+b \leqq 18$ であるから，
$a+b+16$ が 9 の倍数となるのは，
$a+b=2$ または $a+b=11$
のときである。
最大なものを求めるから，$a+b=11$ を満たす a，b の値の中で，a が最大となる場合を考えればよい。
それを求めて $a=9$，$b=2$
したがって，求める自然数は **49923**

←$16 \leqq a+b+16 \leqq 34$ の範囲で，$a+b+16$ が 9 の倍数となるのは
$a+b+16=9 \cdot 2=18$
$a+b+16=9 \cdot 3=27$
のときである。

(2) $N=1000a+b$（a，b は整数；$100 \leqq a \leqq 999$，$0 \leqq b \leqq 999$）
とおくと，条件から，$a-b=7m$（m は整数）と表される。
ゆえに，$a=b+7m$ であるから
$N=1000(b+7m)+b=7(143b+1000m)$
したがって，N は 7 の倍数である。

←$869036=869000+36$
$=869 \times 1000+36$
のように表す。

←$1001b+7000m$
$=7 \cdot 143b+7 \cdot 1000m$

練習 ②112
(1) $\sqrt{\dfrac{500}{77n}}$ が有理数となるような最小の自然数 n を求めよ。
(2) $\sqrt{54000n}$ が自然数になるような最小の自然数 n を求めよ。
(3) $\dfrac{n}{10}$, $\dfrac{n^2}{18}$, $\dfrac{n^3}{45}$ がすべて自然数となるような最小の自然数 n を求めよ。

(1) $\sqrt{\dfrac{500}{77n}}=\sqrt{\dfrac{2^2\cdot 5^3}{7\cdot 11n}}=10\sqrt{\dfrac{5}{7\cdot 11n}}$ であるから，これが有理数となるような最小の自然数 n は　　$\boldsymbol{n=5\cdot 7\cdot 11=385}$

←$10\sqrt{\dfrac{5}{7\cdot 11\cdot 5\cdot 7\cdot 11}}=10\cdot\dfrac{1}{7\cdot 11}=\dfrac{10}{77}$ となる。

(2) $\sqrt{54000}=\sqrt{2^4\cdot 3^3\cdot 5^3}=2^2\cdot 3\cdot 5\sqrt{3\cdot 5}$
ゆえに，$\sqrt{54000n}$ が自然数となるのは，$\sqrt{3\cdot 5n}$ の根号の中の $3\cdot 5n$ を素因数分解したとき，それぞれの指数が偶数になるときである。
よって，求める最小の自然数 n は　　$\boldsymbol{n=3\cdot 5=15}$

←$\sqrt{\ }$ 内が平方数。

←$2^2\cdot 3\cdot 5\sqrt{3^2\cdot 5^2}$ となる。

(3) $\dfrac{n}{10}=m$ (m は自然数) とおくと　　$n=2\cdot 5m$
ゆえに　　$\dfrac{n^2}{18}=\dfrac{2^2\cdot 5^2m^2}{2\cdot 3^2}=\dfrac{2\cdot 5^2m^2}{3^2}=2\left(\dfrac{5m}{3}\right)^2$
これが自然数となるのは，m が 3 の倍数のときであるから，
$m=3k$ (k は自然数) とおくと　　$n=2\cdot 3\cdot 5k$ …… ①
よって　　$\dfrac{n^3}{45}=\dfrac{2^3\cdot 3^3\cdot 5^3k^3}{3^2\cdot 5}=2^3\cdot 3\cdot 5^2k^3$
これが自然数となるもので最小のものは，$k=1$ のときである。
① に $k=1$ を代入して　　$\boldsymbol{n=30}$

←$(ab)^l=a^lb^l$

←① から，k が最小のとき，n も最小となる。

練習 ②113
(1) 756 の正の約数の個数と，正の約数の総和を求めよ。
(2) 正の約数の個数が 3 で，正の約数の総和が 57 となる自然数 n を求めよ。
(3) 300 以下の自然数のうち，正の約数が 9 個である数の個数を求めよ。

(1) $756=2^2\cdot 3^3\cdot 7$ であるから，**正の約数の個数は**
$(2+1)(3+1)(1+1)=3\cdot 4\cdot 2=\boldsymbol{24}$ **(個)**
また，**正の約数の総和は**
$(1+2+2^2)(1+3+3^2+3^3)(1+7)=7\cdot 40\cdot 8=\boldsymbol{2240}$

(2) n の正の約数の個数は 3 $(=3\cdot 1)$ であるから，
$n=p^{3-1}=p^2$ (p は素数)　と表される。
n の正の約数の総和が 57 であるから　　$1+p+p^2=57$
よって　　$p^2+p-56=0$　　ゆえに　　$(p-7)(p+8)=0$
p は素数であるから　　$p=7$
したがって　　$\boldsymbol{n=7^2=49}$

←$n=p^aq^b$ (p, q は異なる素数；$a\geqq 1$, $b\geqq 1$) とすると，n の正の約数の個数は $(a+1)(b+1)\geqq 2\cdot 2>3$ となり，不適。

(3) 正の約数の個数が 9 $(=9\cdot 1=3\cdot 3)$ であるような自然数を n として，n を素因数分解すると，次の形で表される。
p^8 または p^2q^2 (p, q は異なる素数，$p<q$)
[1] $n=p^8$ の形の場合
$2^8=256$, $3^8>300$ であるから，条件を満たす p の値は　$p=2$

←$9\cdot 1$ から　$p^{9-1}q^{1-1}$，$3\cdot 3$ から　$p^{3-1}q^{3-1}$ の形と考えられる。

[2]　$n=p^2q^2$ の形の場合

$\sqrt{300}=10\sqrt{3}<18$ であるから，積 pq が 17 以下となるような素数 p, q について考える。

$p=2$ のとき，$p<q$, $2q\leqq 17$ を満たす素数 q は　$q=3$, 5, 7

$p=3$ のとき，$p<q$, $3q\leqq 17$ を満たす素数 q は　$q=5$

$p=5$ のとき，$p<q$, $5q\leqq 17$ を満たす素数 q は存在しない。

よって，正の約数の個数が 9 個であるような自然数は　**5 個**。

←$n=p^2q^2=(pq)^2$ と $n\leqq 300$ から　$pq\leqq\sqrt{300}$

練習 ③114　(1)　$m^2=4n^2+33$ を満たす自然数の組 $(m,\ n)$ をすべて求めよ。
(2)　$\sqrt{n^2+84}$ が整数となるような自然数 n をすべて求めよ。　〔(2) 名古屋市大〕

(1)　$m^2=4n^2+33$ から　$m^2-4n^2=33$

よって　$(m+2n)(m-2n)=33$ …… ①

m, n は自然数であるから，$m+2n$ と $m-2n$ も自然数であり，33 の約数である。

① を満たす $(m+2n,\ m-2n)$ の組は，$m+2n>m-2n\geqq 1$ に注意すると　$\begin{cases} m+2n=33 \\ m-2n=1 \end{cases}$，$\begin{cases} m+2n=11 \\ m-2n=3 \end{cases}$

それぞれを解くと　$(\boldsymbol{m},\ \boldsymbol{n})=(\mathbf{17},\ \mathbf{8}),\ (\mathbf{7},\ \mathbf{2})$

←① の右辺は正で，$m+2n>0$ であるから　$m-2n>0$

←$33=33\cdot 1$, $33=11\cdot 3$ の場合。

(2)　$\sqrt{n^2+84}=m$ …… ①（m は整数）とおくと　$n<m$

① の両辺を平方して　$n^2+84=m^2$　すなわち　$m^2-n^2=84$

よって　$(m+n)(m-n)=84$ …… ②

m, n は自然数であるから，$m+n$, $m-n$ も自然数であり，$m+n>m-n\geqq 1$ を満たす。

また　$(m+n)-(m-n)=2n$

ゆえに，$m+n$ と $m-n$ の差は偶数であるから，$m+n$, $m-n$ の偶奇は一致する。ここで，② の右辺は偶数であるから，$m+n$, $m-n$ はともに偶数である。

よって，② から　$\begin{cases} m+n=42 \\ m-n=2 \end{cases}$，$\begin{cases} m+n=14 \\ m-n=6 \end{cases}$

それぞれを解くと　$(m,\ n)=(22,\ 20),\ (10,\ 4)$

したがって，求める n の値は　$\boldsymbol{n}=\mathbf{4},\ \mathbf{20}$

←$n=\sqrt{n^2}<\sqrt{n^2+84}=m$

←最初に「m は整数」とおいているが，実質的に m は自然数である。

←この性質は覚えておくとよい。

←$(m+n,\ m-n)=(84,\ 1),\ (28,\ 3),\ (21,\ 4),\ (12,\ 7)$ は $m+n$, $m-n$ の一方が奇数のため，不適。

練習 ③115　(1)　n は自然数とする。次の式の値が素数となるような n をすべて求めよ。
(ア)　$n^2+6n-27$　　(イ)　$n^2-16n+39$
(2)　p は素数とする。$m^2=n^2+p^2$ を満たす自然数の組 $(m,\ n)$ が存在しないとき，p の値を求めよ。

(1)　(ア)　$n^2+6n-27=(n-3)(n+9)$ …… ①

n は自然数であるから　$n+9>0$　また　$n-3<n+9$

$n^2+6n-27$ が素数であるとき，① から　$n-3>0$

よって　$n-3=1$　ゆえに　$n=4$

このとき　$n^2+6n-27=(4-3)(4+9)=1\cdot 13=13$

これは素数であるから，適する。

したがって　$\boldsymbol{n}=\mathbf{4}$

←まず，因数分解。

←この大小関係に注意。

←$n=4$ が適するかどうか確認。

4章 練習 〔数学と人間の活動〕

(イ) $n^2-16n+39=(n-3)(n-13)$ …… ②

$n-13<n-3$ であるから，$n^2-16n+39$ が素数であるとき，

② より　$n-13=1$　または　$n-3=-1$

よって　$n=14$　または　$n=2$

$n=14$ のとき　$n^2-16n+39=11\cdot1=11$（素数）

$n=2$ のとき　$n^2-16n+39=(-1)(-11)=11$（素数）

すなわち，$n=14$，$n=2$ はどちらも適する。

したがって　$\boldsymbol{n=2,\ 14}$

←$n-3<0$ かつ $n-13<0$ の場合もありうる。なお，$n-3=-1$ のところを $n-13=-1$ としてはダメ。[この場合は $n-3>0$ となり $(n-3)(n-13)<0$ となってしまう。]

(2) $m^2=n^2+p^2$ から　$(m+n)(m-n)=p^2$

←$m^2-n^2=p^2$

$p^2>0$ であり，m，n は自然数であるから

$0<m-n<m+n$

これと p が素数であることから　$m+n=p^2$，$m-n=1$

←$m+n>m-n$ から，$m+n=m-n=p$ の場合は除かれる。

よって　$m=\dfrac{p^2+1}{2}$，$n=\dfrac{p^2-1}{2}$

p は素数であるから　$p\geqq2$

p が奇数のとき m，n は自然数になるが，p が偶数のとき m，n は自然数にならない。

←(奇数)$^2\pm1=$(偶数)
(偶数)$^2\pm1=$(奇数)

したがって，$m^2=n^2+p^2$ を満たす自然数の組 $(m,\ n)$ が存在しないような p の値は　$\boldsymbol{p=2}$

←**偶数の素数は 2 だけ。**

練習 ②116
(1) $30!=30\cdot29\cdot28\cdot\cdots\cdots\cdot3\cdot2\cdot1=2^a\cdot3^b\cdot5^c\cdot\cdots\cdots\cdot19^h\cdot23^i\cdot29^j$ のように，30! を素数の累乗の積として表したとき，a，c の値を求めよ。
(2) 100! を計算すると，末尾には 0 が連続して何個並ぶか。　〔類 星薬大〕

(1) 1 から 30 までの自然数のうち

2 の倍数の個数は，30 を 2 で割った商で　15

2^2 の倍数の個数は，30 を 2^2 で割った商で　7

2^3 の倍数の個数は，30 を 2^3 で割った商で　3

2^4 の倍数の個数は，30 を 2^4 で割った商で　1

$30<2^5$ であるから，2^n $(n\geqq5)$ の倍数はない。

←1 から n までの整数のうち，k の倍数の個数は，n を k で割った商に等しい（n，k は自然数）。

よって，素因数 2 の個数は，全部で　$15+7+3+1=26$（個）

同様に，1 から 30 までの自然数のうち，

5 の倍数の個数は，30 を 5 で割った商で　6

5^2 の倍数の個数は，30 を 5^2 で割った商で　1

$30<5^3$ であるから，5^n $(n\geqq3)$ の倍数はない。

よって，素因数 5 の個数は，全部で　$6+1=7$（個）

したがって，求める a，c の値は　$\boldsymbol{a=26,\ c=7}$

(2) 100! を計算したときの末尾に並ぶ 0 の個数は，100! を素因数分解したときの素因数 5 の個数に一致する。

1 から 100 までの自然数のうち，

5 の倍数の個数は，100 を 5 で割った商で　20

5^2 の倍数の個数は，100 を 5^2 で割った商で　4

$100<5^3$ であるから，5^n $(n\geqq3)$ の倍数はない。

よって，素因数 5 の個数は，全部で　$20+4=24$（個）
したがって，末尾には 0 が **24 個** 連続して並ぶ。

←$100!=10^{24}k$（k は 10 の倍数でない整数）と表される。

練習 ①117　次の数の組の最大公約数と最小公倍数を求めよ。
(1) 36, 378　(2) 462, 1155　(3) 60, 135, 195　(4) 180, 336, 4410

(1)　$36=2^2\cdot3^2$
$378=2\cdot3^3\cdot7$
最大公約数は　$2\cdot3^2=\mathbf{18}$
最小公倍数は　$2^2\cdot3^3\cdot7=\mathbf{756}$

$$\begin{array}{r|rr} 2 & 36 & 378 \\ 3 & 18 & 189 \\ 3 & 6 & 63 \\ \hline & 2 & 21 \end{array}$$

$$\begin{array}{r|r} 2 & 36 \\ 2 & 18 \\ 3 & 9 \\ \hline & 3 \end{array} \quad \begin{array}{r|r} 2 & 378 \\ 3 & 189 \\ 3 & 63 \\ 3 & 21 \\ \hline & 7 \end{array}$$

(2)　$462=2\cdot3\cdot7\cdot11$
$1155=3\cdot5\cdot7\cdot11$
最大公約数は　$3\cdot7\cdot11=\mathbf{231}$
最小公倍数は　$2\cdot3\cdot5\cdot7\cdot11=\mathbf{2310}$

$$\begin{array}{r|rr} 3 & 462 & 1155 \\ 7 & 154 & 385 \\ 11 & 22 & 55 \\ \hline & 2 & 5 \end{array}$$

$$\begin{array}{r|r} 2 & 462 \\ 3 & 231 \\ 7 & 77 \\ \hline & 11 \end{array} \quad \begin{array}{r|r} 3 & 1155 \\ 5 & 385 \\ 7 & 77 \\ \hline & 11 \end{array}$$

(3)　$60=2^2\cdot3\cdot5$
$135=3^3\cdot5$
$195=3\cdot5\cdot13$
最大公約数は　$3\cdot5=\mathbf{15}$
最小公倍数は　$2^2\cdot3^3\cdot5\cdot13=\mathbf{7020}$

$$\begin{array}{r|rrr} 3 & 60 & 135 & 195 \\ 5 & 20 & 45 & 65 \\ \hline & 4 & 9 & 13 \end{array}$$

$$\begin{array}{r|r} 2 & 60 \\ 2 & 30 \\ 3 & 15 \\ \hline & 5 \end{array} \quad \begin{array}{r|r} 3 & 135 \\ 3 & 45 \\ 3 & 15 \\ \hline & 5 \end{array} \quad \begin{array}{r|r} 3 & 195 \\ 5 & 65 \\ \hline & 13 \end{array}$$

(4)　$180=2^2\cdot3^2\cdot5$
$336=2^4\cdot3\cdot7$
$4410=2\cdot3^2\cdot5\cdot7^2$
最大公約数は　$2\cdot3=\mathbf{6}$
最小公倍数は　$2^4\cdot3^2\cdot5\cdot7^2=\mathbf{35280}$

$$\begin{array}{r|r} 2 & 180 \\ 2 & 90 \\ 3 & 45 \\ 3 & 15 \\ \hline & 5 \end{array} \quad \begin{array}{r|r} 2 & 336 \\ 2 & 168 \\ 2 & 84 \\ 2 & 42 \\ 3 & 21 \\ \hline & 7 \end{array} \quad \begin{array}{r|r} 2 & 4410 \\ 3 & 2205 \\ 3 & 735 \\ 5 & 245 \\ 7 & 49 \\ \hline & 7 \end{array}$$

練習 ②118　次の条件を満たす 2 つの自然数 a, b の組をすべて求めよ。ただし，$a<b$ とする。
(1) 和が 175，最大公約数が 35　(2) 積が 384，最大公約数が 8
(3) 最大公約数が 8，最小公倍数が 240　［(3) 大阪経大］

(1)　最大公約数が 35 であるから，$a=35a'$，$b=35b'$ と表される。　←$a=ga'$，$b=gb'$
ただし，a'，b' は互いに素な自然数で　$a'<b'$ …… ①　←「a'，b' は互いに素」の条件を忘れずに書く。
和が 175 であるから　$35a'+35b'=175$
すなわち　$a'+b'=5$ …… ②
①，② を満たす a'，b' の組は　$(a',\ b')=(1,\ 4),\ (2,\ 3)$　←$a'<b'$ に注意。
よって　$\boldsymbol{(a,\ b)=(35,\ 140),\ (70,\ 105)}$　←$a=35a'$，$b=35b'$

(2)　最大公約数が 8 であるから，$a=8a'$，$b=8b'$ と表される。　←$a=ga'$，$b=gb'$
ただし，a'，b' は互いに素な自然数で　$a'<b'$ …… ①
積が 384 であるから　$8a'\cdot8b'=384$
すなわち　$a'b'=6$ …… ②　←$a'<b'$ に注意。
①，② を満たす a'，b' の組は　$(a',\ b')=(1,\ 6),\ (2,\ 3)$
よって　$\boldsymbol{(a,\ b)=(8,\ 48),\ (16,\ 24)}$　←$a=8a'$，$b=8b'$

(3)　最大公約数が 8 であるから，$a=8a'$，$b=8b'$ と表される。　←$a=ga'$，$b=gb'$
ただし，a'，b' は互いに素な自然数で　$a'<b'$ …… ①
このとき，a，b の最小公倍数は $8a'b'$ であるから　←$l=ga'b'$

$8a'b'=240$　すなわち　$a'b'=30$ …… ②

①, ② を満たす a', b' の組は

$(a', b')=(1, 30), (2, 15), (3, 10), (5, 6)$

よって　$\boldsymbol{(a, b)=(8, 240), (16, 120), (24, 80), (40, 48)}$

←$a'<b'$ に注意。
←$a=8a'$, $b=8b'$

練習 ③119 次の(A), (B), (C)を満たす3つの自然数の組 (a, b, c) をすべて求めよ。ただし, $a<b<c$ とする。

(A) a, b, c の最大公約数は7

(B) b と c の最大公約数は21, 最小公倍数は294

(C) a と b の最小公倍数は84

(B)の前半の条件から, $b=21b'$, $c=21c'$ と表される。

ただし, b', c' は互いに素な自然数で　$b'<c'$ …… ①

(B)の後半の条件から　$21b'c'=294$　すなわち　$b'c'=14$

これと ① を満たす b', c' の組は　$(b', c')=(1, 14), (2, 7)$

ゆえに　$(b, c)=(21, 294), (42, 147)$

(A)から, a は7を素因数にもち, (C)から　$84=2^2\cdot3\cdot7$

[1]　$b=21\,(=3\cdot7)$ のとき, a と21の最小公倍数が84であるような a は　$a=2^2\cdot3^p\cdot7=28\cdot3^p$　ただし　$p=0, 1$

$a\geqq28$ となるから, これは $a<b$ を満たさない。

[2]　$b=42\,(=2\cdot3\cdot7)$ のとき, a と42の最小公倍数が84であるような a は　$a=2^2\cdot3^p\cdot7$　ただし　$p=0, 1$

$a<42$ を満たすのは $p=0$ の場合で, このとき　$a=28$

28, 42, 147 の最大公約数は7で, (A)を満たす。

以上から　$\boldsymbol{(a, b, c)=(28, 42, 147)}$

←$gb'c'=l$
←$b=21b'$, $c=21c'$
←最大公約数は7
←　$84=2^2\cdot3\cdot7$
[1]　$b=3\cdot7$
[2]　$b=2\cdot3\cdot7$
これから a の因数を考える。

練習 ②120 (1) n は自然数とする。$n+5$ は7の倍数であり, $n+7$ は5の倍数であるとき, $n+12$ を35で割った余りを求めよ。　[(1) 中央大]

(2) n を自然数とするとき, $2n-1$ と $2n+1$ は互いに素であることを示せ。　[(2) 広島修道大]

(1)　$n+5=7k$, $n+7=5l$ (k, l は自然数) と表される。

$n+12=(n+5)+7=7k+7=7(k+1)$

$n+12=(n+7)+5=5l+5=5(l+1)$

よって　$7(k+1)=5(l+1)$

7と5は互いに素であるから, $k+1$ は5の倍数である。

したがって, $k+1=5m$ (m は自然数) と表される。

ゆえに　$n+12=7(k+1)=7\cdot5m=35m$

したがって, $n+12$ を35で割った余りは **0** である。

(2)　$2n-1$ と $2n+1$ の最大公約数を g とすると, 互いに素である自然数 a, b を用いて

$2n-1=ga$ …… ①, $2n+1=gb$ …… ②

と表される。

②−① から　$2=g(b-a)$

$2n-1<2n+1$ から $a<b$ すなわち $b-a>0$ であり, g, a, b は自然数であるから　$g=1$　または　$g=2$

←このとき, $l+1$ は7の倍数である。したがって, $l+1=7m$ と表されるから　$n+12=5\cdot7m=35m$ としてもよい。
←$g=1$ を示す方針。
←n を消去する。
←g は2の約数。

$2n-1$, $2n+1$ は奇数であるから，g も奇数である。
よって　$g=1$
ゆえに，$2n-1$ と $2n+1$ の最大公約数は 1 であるから，
$2n-1$ と $2n+1$ は互いに素である。

←x または y が偶数ならば xy は偶数。

練習 ③121　a，b は自然数とする。このとき，次のことを証明せよ。
(1)　a と b が互いに素ならば，a^2 と b^2 は互いに素である。
(2)　$a+b$ と ab が互いに素ならば，a と b は互いに素である。

(1)　a^2 と b^2 が互いに素でないと仮定すると，a^2 と b^2 は共通の素因数 p をもつ。
a^2 は p の倍数であるから，a は p の倍数である。
同様に，b も p の倍数である。
これは，a と b が互いに素であることに矛盾する。
したがって，a^2 と b^2 は互いに素である。

←背理法によって示す。
←なぜなら，a が p を含まないとすると，a^2 も p を含まないからである。

(2)　a と b が互いに素でない，すなわち a と b はある素数 p を公約数にもつと仮定すると
$a=pk$，$b=pl$　(k，l は自然数)　と表される。
このとき　$a+b=p(k+l)$，$ab=p^2kl$
よって，$a+b$ と ab は素数 p を公約数にもつ。
このことは，$a+b$ と ab が互いに素であることに矛盾する。
したがって，a と b は互いに素である。

←(1) と同じように，背理法で証明する。

検討　練習 121 (1) の結果を利用すると，本冊 $p.530$ の基本例題 121 を **最大公約数=1 を示す方法** によって証明できる。
$a+b$ と ab の最大公約数を g とすると
$a+b=gk$，$ab=gl$　(k，l は互いに素な自然数)
と表される。
$b=gk-a$ を $ab=gl$ に代入して　$a(gk-a)=gl$
よって　$agk-a^2=gl$
ゆえに　$a^2=g(ak-l)$ …… ①
同様に，$a=gk-b$ を $ab=gl$ に代入することにより
$b^2=g(bk-l)$ …… ②
①，② から，g は a^2，b^2 の公約数であるが，a と b は互いに素であるから a^2 と b^2 も互いに素である。
よって　$g=1$
したがって，$a+b$ と ab は互いに素である。

練習 ④122　n を自然数とするとき，$m \leqq n$ で，m と n が互いに素であるような自然数 m の個数を $f(n)$ とする。
(1)　$f(77)$ の値を求めよ。
(2)　$f(pq)=24$ となる 2 つの素数 p，q $(p<q)$ の組をすべて求めよ。
(3)　$f(3^k)=54$ となる自然数 k を求めよ。　〔類 早稲田大〕

(1)　$77=7\cdot11$ であり，7 と 11 は互いに素である。
$f(77)$ は 1 から 77 までの 77 個の自然数のうち，

$1\cdot 7,\ 2\cdot 7,\ \cdots\cdots,\ 10\cdot 7,\ 11\cdot 7;1\cdot 11,\ 2\cdot 11,\ \cdots\cdots,\ 6\cdot 11$

を除いたものの個数である。

よって　$\boldsymbol{f(77)}=77-(11+7-1)=77-17=\boldsymbol{60}$

←$7\cdot 11$ が重複していることに注意。

←オイラー関数の性質より　$\phi(7\cdot 11)=\phi(7)\phi(11)=(7-1)(11-1)=60$

(2)　**［重要例題 122 (2) の結果を用いる］**

$p,\ q\ (p<q)$ は素数であるから　$f(pq)=(p-1)(q-1)$

$(p-1)(q-1)=24$ とすると，$1\leqq p-1<q-1$ であるから

$(p-1,\ q-1)=(1,\ 24),\ (2,\ 12),\ (3,\ 8),\ (4,\ 6)$

ゆえに　$(p,\ q)=(2,\ 25),\ (3,\ 13),\ (4,\ 9),\ (5,\ 7)$

$p,\ q$ がともに素数である組は　$\boldsymbol{(p,\ q)=(3,\ 13),\ (5,\ 7)}$

←$p\geqq 2$ であるから　$p-1\geqq 2-1$

(3)　**［重要例題 122 (3) の結果を用いる］**

p は素数，k は自然数とするとき，$f(p^k)=p^k-p^{k-1}$ が成り立つから　$f(3^k)=3^k-3^{k-1}=3^{k-1}(3-1)=2\cdot 3^{k-1}$

$54=2\cdot 3^3$ であるから，$f(3^k)=54$ とすると　$2\cdot 3^{k-1}=2\cdot 3^3$

指数部分を比較して　$k-1=3$　よって　$\boldsymbol{k=4}$

←素因数分解の一意性（本冊 $p.519$ 参照）。

練習 ④123　2 以上の自然数 n に対し，n の n 以外の正の約数の和を $S(n)$ とする。
(1)　$S(120)$ を求めよ。
(2)　$n=2^{m-1}(2^m-1)\ (m=2,\ 3,\ 4\cdots\cdots)$ とする。2^m-1 が素数であるとき，$S(n)=n$ であることを，$1+2+\cdots\cdots+2^{m-1}=2^m-1$ を使って示せ。

(1)　$S(120)=(1+2+2^2+2^3)(1+3)(1+5)-120=15\cdot 4\cdot 6-120$

$=\boldsymbol{240}$

←$120=2^3\cdot 3\cdot 5$
$p^aq^br^c$（$p,\ q,\ r$ が互いに異なる素数）の正の約数の総和は
$(1+p+\cdots+p^a)(1+q+\cdots+q^b)\times(1+r+\cdots+r^c)$

(2)　$2^m-1=p$ とおき，p は素数であるとする。

$p\neq 2$ であるから，$n=2^{m-1}p$ の約数の総和は

$(1+2+\cdots\cdots+2^{m-1})(1+p)=(2^m-1)(1+p)$

よって　$S(n)=(2^m-1)(1+p)-2^{m-1}p$

$=(2^m-1)\cdot 2^m-2^{m-1}(2^m-1)$

$=(2^m-1)(2^m-2^{m-1})=2^{m-1}(2^m-1)=n$

←$p=2^m-1$ を代入。

←$2^m-2^{m-1}=2\cdot 2^{m-1}-2^{m-1}=2^{m-1}$

検討　完全数は，ユークリッドの原論にその定義があり（第 7 巻），2^m-1 が素数であるとき，$2^{m-1}(2^m-1)$ が完全数であることも示されている（第 9 巻，36）。

メルセンヌ数 2^m-1 が素数であるのは，$m=2,\ 3,\ 5,\ 7,\ 13,\ 17,\ 19$ の場合であることが知られていたが，オイラーが 1772 年に $m=31$ の場合が素数であることを示した。メルセンヌ素数は 2018 年までに 51 個が知られているが，メルセンヌ素数が無数にあるかどうかは，未解決（2021 年）である。

「偶数の完全数は，$2^{m-1}(2^m-1)$ の形で 2^m-1 が素数であるときに限る」ということも，オイラーによって示された。

奇数の完全数があるかどうかも，現在（2021 年）のところ未解決である。

練習 ②124　$a,\ b$ は整数とする。a を 5 で割ると 2 余り，a^2-b を 5 で割ると 3 余る。このとき，次の数を 5 で割った余りを求めよ。
(1)　b　(2)　$3a-2b$　(3)　b^2-4a　(4)　a^{299}

$a=5k+2$，$a^2-b=5l+3$ (k，l は整数) と表される。

(1) $a^2-b=5l+3$ から

$$b=a^2-(5l+3)=(5k+2)^2-(5l+3)$$
$$=(25k^2+20k+4)-(5l+3)$$
$$=5(5k^2+4k-l)+1$$

←5×○+▲ の形に表す。

したがって，求める余りは　**1**

(2) (1)の結果から，$b=5m+1$ (m は整数) と表される。

$$3a-2b=3(5k+2)-2(5m+1)=15k+6-10m-2$$
$$=5(3k-2m)+4$$

←5×○+▲ の形に表す。

したがって，求める余りは　**4**

(3) $b^2-4a=(5m+1)^2-4(5k+2)=25m^2+10m+1-20k-8$
$$=5(5m^2+2m-4k-2)+3$$

←5×○+▲ の形に表す。

したがって，求める余りは　**3**

(4) a^2 を 5 で割った余りは，2^2 を 5 で割った余り 4 に等しい。
a^3 を 5 で割った余りは，2^3 を 5 で割った余り 3 に等しい。
a^4 を 5 で割った余りは，$(2^2)^2$ を 5 で割った余り 1 に等しい。
$a^{299}=a^{296}a^3=(a^4)^{74}a^3$ であるから，求める余りは，$1^{74}\cdot3=3$ を 5 で割った余りに等しい。

←$299=4\cdot74+3$

したがって，求める余りは　**3**

←$3=5\cdot0+3$

別解 [(1)～(3) **割り算の余りの性質を利用した解法**]

←本冊 p.536 基本事項 3 参照。

(1) b を 5 で割った余りを r とすると

$$r=0,\ 1,\ 2,\ 3,\ 4 \quad \cdots\cdots ①$$

a を 5 で割った余りは 2 であるから，a^2 を 5 で割った余りは，2^2 を 5 で割った余り 4 に等しい。

←$2^2=5\cdot0+4$

ゆえに，a^2-b と $4-r$ を 5 で割った余りは等しいから

$$4-r=3 \quad すなわち \quad r=1$$

これは ① を満たす。

したがって，b を 5 で割った余りは　**1**

(2) $3a$ を 5 で割った余りは $3\cdot2=6$ を 5 で割った余り 1 に等しい。

←$6=5\cdot1+1$

また，$2b$ を 5 で割った余りは $2\cdot1=2$ を 5 で割った余り 2 に等しい。

←$2=5\cdot0+2$

ゆえに，$3a-2b$ を 5 で割った余りは $1-2=-1$ を 5 で割った余りに等しい。

$-1=5\cdot(-1)+4$ であるから，求める余りは　**4**

(3) b^2 を 5 で割った余りは $1^2=1$ を 5 で割った余り 1 に等しい。

←$1=5\cdot0+1$

また，$4a$ を 5 で割った余りは $4\cdot2=8$ を 5 で割った余り 3 に等しい。

←$8=5\cdot1+3$

ゆえに，b^2-4a を 5 で割った余りは $1-3=-2$ を 5 で割った余りに等しい。

$-2=5\cdot(-1)+3$ であるから，求める余りは　**3**

練習 ②125 n は整数とする。次のことを証明せよ。
(1) n^9-n^3 は 9 の倍数である。 〔(1) 京都大〕
(2) n^2 を 5 で割ったとき，余りが 3 になることはない。

k は整数とする。

(1) すべての整数 n は，$3k$，$3k+1$，$3k+2$ のいずれかの形で表される。ここで $n^9-n^3=n^3(n^6-1)=n^3(n^3+1)(n^3-1)$

[1] $n=3k$ のとき $n^3=3^3k^3=9\cdot3k^3$

[2] $n=3k+1$ のとき

$$n^3-1=(3k+1)^3-1=(27k^3+27k^2+9k+1)-1$$
$$=9(3k^3+3k^2+k)$$

[3] $n=3k+2$ のとき

$$n^3+1=(3k+2)^3+1=(27k^3+54k^2+36k+8)+1$$
$$=9(3k^3+6k^2+4k+1)$$

以上から，n^3，n^3-1，n^3+1 のいずれかが 9 の倍数となる。
したがって，n^9-n^3 は 9 の倍数である。

←n^9-n^3 に代入して調べると計算が大変。そこで，因数分解し，因数のいずれかが 9 の倍数であることを示す。
←$(a+b)^3$
$=a^3+3a^2b+3ab^2+b^3$

(2) すべての整数 n は，$5k$，$5k+1$，$5k+2$，$5k+3$，$5k+4$ のいずれかの形で表される。

[1] $n=5k$ のとき $n^2=25k^2=5\cdot5k^2$

[2] $n=5k+1$ のとき $n^2=5(5k^2+2k)+1$

[3] $n=5k+2$ のとき $n^2=5(5k^2+4k)+4$

[4] $n=5k+3$ のとき

$$n^2=5(5k^2+6k)+9=5(5k^2+6k+1)+4$$

[5] $n=5k+4$ のとき

$$n^2=5(5k^2+8k)+16=5(5k^2+8k+3)+1$$

よって，n^2 を 5 で割った余りは，0，1，4 のいずれかであるから，余りが 3 になることはない。

←$5k-2$，$5k-1$，$5k$，$5k+1$，$5k+2$ と表してもよい。

練習 ②126 n は整数とする。次のことを示せ。なお，(3) は対偶を考えよ。
(1) n が 3 の倍数でないならば，$(n+2)(n+1)$ は 6 の倍数である。
(2) n が奇数ならば，$(n+3)(n+1)$ は 8 の倍数である。
(3) $(n+3)(n+2)(n+1)$ が 24 の倍数でないならば，n は偶数である。 〔類 東北大〕

(1) n が 3 の倍数でないとき，n を 3 で割った余りは 1 または 2 である。
余りが 1 のとき $n+2$ は 3 の倍数であり，余りが 2 のとき $n+1$ は 3 の倍数である。
よって，n が 3 の倍数でないとき，$n+2$，$n+1$ のいずれかは 3 の倍数である。
ゆえに，$(n+2)(n+1)$ は 3 の倍数である。
また，$(n+2)(n+1)$ は連続する 2 つの整数の積であるから，2 の倍数である。
したがって，$(n+2)(n+1)$ は 3 の倍数かつ 2 の倍数であるから，6 の倍数である。

←m は整数とする。
$n=3m+1$ のとき
$n+2=3m+1+2$
$=3(m+1)$
$n=3m+2$ のとき
$n+1=3m+2+1$
$=3(m+1)$

(2) n が奇数のとき，整数 k を用いて $n=2k+1$ と表される。
このとき　$(n+3)(n+1)=(2k+4)(2k+2)$
$=4(k+2)(k+1)$
ここで，$(k+2)(k+1)$ は連続する2つの整数の積であるから，2の倍数である。
よって，$(n+3)(n+1)$ は2の倍数と4の積であるから，8の倍数である。

←n が奇数のとき，$n+1$ と $n+3$ はともに偶数で，
$n+3=(n+1)+2$
であるから，$n+1$ または $n+3$ が4の倍数であることは予想できる。

(3) 対偶「n が奇数ならば，$(n+3)(n+2)(n+1)$ が24の倍数である」を証明する。
(2) から，n が奇数のとき $(n+3)(n+1)$ は8の倍数である。
また，$n+3$，$n+2$，$n+1$ は連続する3つの整数であるから，いずれかは3の倍数である。
よって，$(n+3)(n+2)(n+1)$ は3の倍数である。
したがって，$(n+3)(n+2)(n+1)$ は8の倍数かつ3の倍数であるから，24の倍数である。
よって，対偶は真である。
したがって，$(n+3)(n+2)(n+1)$ が24の倍数でないならば，n は偶数である。

(3) 命題 $p \Longrightarrow q$ に対して，$\overline{q} \Longrightarrow \overline{p}$ を **対偶** という。また，**もとの命題の真偽とその対偶の真偽は一致する**。よって，命題 $p \Longrightarrow q$ を証明する代わりに，その対偶 $\overline{q} \Longrightarrow \overline{p}$ を証明してもよい。

練習 ④127 正の整数 a，b，c，d が等式 $a^2+b^2+c^2=d^2$ を満たすとき，d が3の倍数でないならば，a，b，c の中に3の倍数がちょうど2つあることを示せ。〔一橋大〕

整数は，n を整数として，$3n$，$3n+1$，$3n+2$ のいずれかで表される。
それぞれの2乗を計算すると
$$(3n)^2=3\cdot 3n^2,\quad (3n+1)^2=3(3n^2+2n)+1,$$
$$(3n+2)^2=3(3n^2+4n+1)+1$$
よって，3の倍数の2乗は3で割り切れる。 …… ①
また，3の倍数でない整数の2乗を3で割った余りは1である。 …… ②
ゆえに，d が3の倍数でないとき，d^2 を3で割った余りは1である。 …… ③
次に，a，b，c の中に含まれる3の倍数の個数が2でないと仮定する。
[1] a，b，c がすべて3の倍数のとき
① から，$a^2+b^2+c^2$ は3の倍数である。
これと ③ は，$a^2+b^2+c^2=d^2$ であることに矛盾する。
[2] a，b，c のうち1つが3の倍数で，他の2つが3の倍数でないとき
①，② から，$a^2+b^2+c^2$ を3で割った余りは2である。
これと ③ は，$a^2+b^2+c^2=d^2$ であることに矛盾する。
[3] a，b，c のすべてが3の倍数でないとき
② から，$a^2+b^2+c^2$ は3で割り切れる。

HINT まず，d^2 を3で割ったときの余りはどうなるかを調べてみる。

←背理法を利用する。

←a，b，c の中の3の倍数の個数は3

←a，b，c の中の3の倍数の個数は1

←3●$+$(3▲$+1$)
$+$(3■$+1$)
$=3$(●$+$▲$+$■)$+2$

←a，b，c の中の3の倍数の個数は0

これと③は，$a^2+b^2+c^2=d^2$ であることに矛盾する。
[1]～[3] から，いずれの場合も矛盾が生じる。
したがって，d が3の倍数でないならば，a，b，c の中に3の倍数がちょうど2つある。

←(3●+1)+(3▲+1)+(3■+1)=3(●+▲+■+1)

練習 ④128 n と n^2+2 がともに素数になるような自然数 n の値を求めよ。 〔類 京都大〕

n が素数でない場合は，明らかに条件を満たさない。
n が素数の場合について
[1] $n=2$ のとき，$n^2+2=2^2+2=6$ となり，条件を満たさない。
[2] $n=3$ のとき，$n^2+2=3^2+2=11$ で，条件を満たす。
[3] n が5以上の素数のとき，n は $3k+1$，$3k+2$（k は自然数）のいずれかで表され
(i) $n=3k+1$ のとき
$$n^2+2=(3k+1)^2+2=9k^2+6k+3=3(3k^2+2k+1)$$
(ii) $n=3k+2$ のとき
$$n^2+2=(3k+2)^2+2=9k^2+12k+6=3(3k^2+4k+2)$$
$3k^2+2k+1$，$3k^2+4k+2$ はともに2以上の自然数であるから，(i)，(ii) いずれの場合も n^2+2 は素数にならず，条件を満たさない。
以上から，n と n^2+2 がともに素数になるのは $\boldsymbol{n=3}$ のときである。

素数 $n=2$，3，5，7，11，13，…… に対して，n^2+2 の値は順に 6，11，27，51，123，171，……
このうち，素数は11だけであるから，$n=3$ の場合だけが条件を満たすらしい，ということがわかる。
このことから，左のような解答の方針が見えてくる。

←$3k^2+2k+1$ や $3k^2+4k+2$ が1になるときは，n^2+2 が3の場合も起こりうる。

練習 ③129 (1) a，b，c，d は整数，m は正の整数とする。$a\equiv b \pmod{m}$，$c\equiv d \pmod{m}$ のとき，$ac\equiv bd \pmod{m}$ が成り立つことを示せ。
(2) 次の合同式を満たす x を，それぞれの法 m において，$x\equiv a \pmod{m}$ の形で表せ。ただし，a は m より小さい自然数とする。
(ア) $x-7\equiv 6 \pmod{7}$ (イ) $4x\equiv 5 \pmod{11}$ (ウ) $6x\equiv 3 \pmod{9}$

(1) 条件から，$a-b=mk$，$c-d=ml$（k，l は整数）と表され
$$a=b+mk,\ c=d+ml$$
よって $ac=(b+mk)(d+ml)=bd+m(bl+dk+mkl)$
ゆえに $ac-bd=m(bl+dk+mkl)$
したがって $ac\equiv bd \pmod{m}$

←**●≡■ (mod $\boldsymbol{m}$) ⟺ ●−■ が $\boldsymbol{m}$ の倍数**

←$bl+dk+mkl$ は整数。

(2) (ア) 与式から $x\equiv 6+7 \pmod{7}$
$13\equiv 6 \pmod{7}$ であるから $\boldsymbol{x\equiv 6 \pmod{7}}$
別解 $7\equiv 0 \pmod{7}$ であるから，与式は
$x-0\equiv 6 \pmod{7}$ すなわち $\boldsymbol{x\equiv 6 \pmod{7}}$

←合同式でも移項は可能。

(イ) $5\equiv 16 \pmod{11}$ であるから，与式は $4x\equiv 16 \pmod{11}$
法11と4は互いに素であるから $\boldsymbol{x\equiv 4 \pmod{11}}$
別解1 $x=0$，1，2，……，10 の各値について，$4x$ の値は次の表のようになる。
$4x\equiv 5 \pmod{11}$ となるのは，$x=4$ のときであるから
$\boldsymbol{x\equiv 4 \pmod{11}}$

←a と m が互いに素
$ax\equiv ay \pmod{m}$
$\Longrightarrow x\equiv y \pmod{m}$

x	0	1	2	3	4	5	6	7	8	9	10
$4x$	0	4	8	$12\equiv1$	$16\equiv5$	$20\equiv9$	$24\equiv2$	$28\equiv6$	$32\equiv10$	$36\equiv3$	$40\equiv7$

別解 2　$4x\equiv5\ (\mathrm{mod}\ 11)$ の両辺に 3 を掛けて

$$12x\equiv15\ (\mathrm{mod}\ 11)$$

$12x\equiv1\cdot x\ (\mathrm{mod}\ 11)$，$15\equiv4\ (\mathrm{mod}\ 11)$ であるから

$$\boldsymbol{x\equiv4\ (\mathrm{mod}\ 11)}$$

←左辺の x の係数を 1 にすることを考える。$12\equiv1\ (\mathrm{mod}\ 11)$ であることに着目し，両辺に 3 を掛ける。

(ウ)　$x=0$，1，2，……，8 の各値について，$6x$ の値は次の表のようになる。

$6x\equiv3\ (\mathrm{mod}\ 9)$ となるのは，$x=2$，5，8 のときであるから

$$\boldsymbol{x\equiv2,\ 5,\ 8\ (\mathrm{mod}\ 9)}$$

x	0	1	2	3	4	5	6	7	8
$6x$	0	6	$12\equiv3$	$18\equiv0$	$24\equiv6$	$30\equiv3$	$36\equiv0$	$42\equiv6$	$48\equiv3$

検討　$6x\equiv3\ (\mathrm{mod}\ 9)$ の両辺を 3 で割って，$2x\equiv1\ (\mathrm{mod}\ 9)$ とするのは誤りである。

例えば，$x=2$ のとき　$6x\equiv12\equiv3\ (\mathrm{mod}\ 9)$，$2x\equiv4\ (\mathrm{mod}\ 9)$

ゆえに，$6x\equiv3\ (\mathrm{mod}\ 9) \Longrightarrow 2x\equiv1\ (\mathrm{mod}\ 9)$ は成り立たない。

つまり，a と m が互いに素でないとき

$$ax\equiv ay\ (\mathrm{mod}\ m) \Longrightarrow x\equiv y\ (\mathrm{mod}\ m)$$

は成り立たないから，注意が必要である。

←法 9 と 3 は互いに素ではない。

練習 ③130

合同式を利用して，次のものを求めよ。

(1)　(ア)　7^{203} を 5 で割った余り　　(イ)　3000^{3000} を 14 で割った余り

(2)　83^{1234} の一の位の数

(1)　(ア)　$7\equiv2\ (\mathrm{mod}\ 5)$ であり　$2^2\equiv4\ (\mathrm{mod}\ 5)$，

$2^3\equiv8\equiv3\ (\mathrm{mod}\ 5)$，　$2^4\equiv16\equiv1\ (\mathrm{mod}\ 5)$

ゆえに　$2^{203}\equiv(2^4)^{50}\cdot2^3\equiv1^{50}\cdot3\equiv3\ (\mathrm{mod}\ 5)$

よって　$7^{203}\equiv2^{203}\equiv3\ (\mathrm{mod}\ 5)$

したがって，求める余りは　**3**

←7 と 2 は 5 を法として合同であることに着目し，2^n に関する余りを調べる。7^2，7^3 を 5 で割った余りを調べてもよいが，一般に 2^2，2^3 の方がらく。

(イ)　$3000\equiv4\ (\mathrm{mod}\ 14)$ であり　$4^2\equiv16\equiv2\ (\mathrm{mod}\ 14)$，

$4^3\equiv64\equiv8\ (\mathrm{mod}\ 14)$，　$4^4\equiv(4^2)^2\equiv2^2\equiv4\ (\mathrm{mod}\ 14)$

4^k (k は自然数) の余りは，4，2，8 を周期として繰り返され，

特に　$4^{3k}\equiv8\ (\mathrm{mod}\ 14)$

ゆえに　$4^{3000}\equiv4^{3\cdot1000}\equiv8\ (\mathrm{mod}\ 14)$

よって　$3000^{3000}\equiv4^{3000}\equiv8\ (\mathrm{mod}\ 14)$

したがって，求める余りは　**8**

←3000 を 14 で割った余りは 4 であるから，3000 と 4 は 14 を法として合同。したがって，4^n に関する余りを調べる。

(2)　$83\equiv3\ (\mathrm{mod}\ 10)$ であり　$3^2\equiv9\ (\mathrm{mod}\ 10)$，

$3^3\equiv27\equiv7\ (\mathrm{mod}\ 10)$，　$3^4\equiv9^2\equiv1\ (\mathrm{mod}\ 10)$

←$83=10\cdot8+3$

ゆえに　$3^{1234}\equiv(3^4)^{308}\cdot3^2\equiv1^{308}\cdot3^2\equiv1\cdot9\equiv9\ (\mathrm{mod}\ 10)$

←$1234=4\cdot308+2$

よって　$83^{1234}\equiv3^{1234}\equiv9\ (\mathrm{mod}\ 10)$

したがって，83^{1234} の一の位の数は　**9**

練習 ③131
(1) n が自然数のとき，n^3+1 が 3 で割り切れるものをすべて求めよ。
(2) 整数 a, b, c が $a^2+b^2=c^2$ を満たすとき，a, b, c のうち少なくとも 1 つは 5 の倍数である。このことを合同式を利用して証明せよ。

(1) n^3+1 が 3 で割り切れるものを考えるから

$$n^3+1\equiv 0 \pmod 3$$

を満たす自然数 n を求めればよい。
3 を法として，$n\equiv 0$, 1, 2 の各場合に関し，n^3+1 を計算すると，次の表のようになる。

n	0	1	2
n^3	$0^3\equiv 0$	$1^3\equiv 1$	$2^3\equiv 8\equiv 2$
n^3+1	$0+1\equiv 1$	$1+1\equiv 2$	$2+1\equiv 3\equiv 0$

よって，$n^3+1\equiv 0 \pmod 3$ を満たすのは，$n\equiv 2 \pmod 3$ の場合であるから　　$\boldsymbol{n=3k+2}$ **(k は 0 以上の整数)**

(2) a, b, c はどれも 5 の倍数でないと仮定する。
a は 5 で割り切れないから，5 を法とすると，$a\equiv 1$, 2, 3, 4 の各場合について右の表が得られる。すなわち　$a^2\equiv 1$, $4 \pmod 5$

a	1	2	3	4
a^2	$1^2\equiv 1$	$2^2\equiv 4$	$3^2\equiv 4$	$4^2\equiv 1$

すなわち $a^2\equiv 1$, $4\,(\text{mod}\,5)$

←$3^2\equiv 9\equiv 4\,(\text{mod}\,5)$ $4^2\equiv 16\equiv 1\,(\text{mod}\,5)$

b^2 についても同様に $b^2\equiv 1$, $4 \pmod 5$ が成り立つから，5 を法とすると，a^2+b^2 について右の表が得られる。

a^2	1	1	4	4
b^2	1	4	1	4
a^2+b^2	2	$5\equiv 0$	$5\equiv 0$	$8\equiv 3$

よって，a^2+b^2 を 5 で割った余りは 0, 2, 3 のいずれかである。
一方，c^2 についても $c^2\equiv 1$, $4 \pmod 5$ が成り立つから，c^2 を 5 で割った余りは 1 か 4 である。
これは $a^2+b^2=c^2$ に矛盾している。
ゆえに，a, b, c のうち少なくとも 1 つは 5 の倍数である。

←3 で割った余りを考えるから，3 を法とする合同式を利用する。$n=3l$, $3l+1$, $3l+2$(l は 0 以上の整数，$n\neq 0$) として代入してもよい。

←n は自然数であるから，「k は 0 以上の整数」であることに注意。

←$3^2\equiv 9\equiv 4 \pmod 5$
　$4^2\equiv 16\equiv 1 \pmod 5$

←a^2 の場合と同様。

練習 ④132
(1) n が 5 で割り切れない奇数のとき，n^4-1 は 80 で割り切れることを証明せよ。
(2) n が 2 でも 3 でも 5 でも割り切れない整数のとき，n^4-1 は 240 で割り切れることを証明せよ。

(1) n は 5 で割り切れない数であるから

$$n\equiv 1,\ 2,\ 3,\ 4 \pmod 5$$

このとき，右の表から

$$n^4-1\equiv 0 \pmod 5$$

ゆえに，n^4-1 は 5 で割り切れる。

n	1	2	3	4
n^4	1	$2^4\equiv 1$	$3^4\equiv 1$	$4^4\equiv 1$
n^4-1	0	0	0	0

次に　　$n^4-1=(n^2+1)(n^2-1)$
n が奇数であるとき，n^2+1, n^2-1 はともに偶数である。
ここで，$80=5\cdot 16=5\cdot 2\cdot 8$ であり，$3^2-1=8$, $7^2-1=6\cdot 8$ であるから，n^2-1 は 8 で割り切れると予想できる。

←5 を法として
$2^4\equiv 16\equiv 1$, $3^4\equiv 81\equiv 1$
$4^4\equiv (4^2)^2\equiv (16)^2\equiv 1$

←(奇数)×(奇数)=(奇数)
　(奇数)±1=(偶数)

このことを証明する。

n は奇数であるから

$n\equiv 1,\ 3,\ 5,\ 7 \pmod 8$

このとき，右の表から

n	1	3	5	7
n^2	1	$9\equiv 1$	$25\equiv 1$	$49\equiv 1$
n^2-1	0	0	0	0

$n^2-1\equiv 0 \pmod 8$

よって，n が奇数のとき，n^2-1 は 8 で割り切れる。

また，n が奇数のとき，n^2+1 も偶数であるから，

$(n^2+1)(n^2-1)$ すなわち n^4-1 は 16 で割り切れる。

←n^4-1 ＝(偶数)×(8 の倍数) の形となっているから，16 で割り切れる。

以上から，n が 5 で割り切れない奇数のとき，n^4-1 は 80 で割り切れる。

(2) (1) から，n が 2 でも 5 でも割り切れない整数のとき，n^4-1 は 80 で割り切れる。

更に，n は 3 で割り切れない整数であるから　$n\equiv 1,\ 2 \pmod 3$

$n\equiv 1 \pmod 3$ のとき　　$n^4-1\equiv 1^4-1\equiv 0 \pmod 3$

$n\equiv 2 \pmod 3$ のとき　　$n^4-1\equiv 2^4-1\equiv 15\equiv 0 \pmod 3$

よって，n が 3 で割り切れないとき，n^4-1 は 3 で割り切れる。

ゆえに，n が 2 でも 3 でも 5 でも割り切れない整数のとき，

n^4-1 は $80\cdot 3=240$ で割り切れる。

練習 ①133 次の 2 つの整数の最大公約数を，互除法を用いて求めよ。

(1) 817，988　　(2) 997，1201　　(3) 2415，9345

(1) $988=817\cdot 1+171$

$817=171\cdot 4+133$

$171=133\cdot 1+38$

$133=38\cdot 3+19$

$38=19\cdot 2$

よって，最大公約数は　**19**

	2	3	1	4	1
19)	38	133	171	817	988
	38	114	133	684	817
	0	19	38	133	171

(2) $1201=997\cdot 1+204$

$997=204\cdot 4+181$

$204=181\cdot 1+23$

$181=23\cdot 7+20$

$23=20\cdot 1+3$

$20=3\cdot 6+2$

$3=2\cdot 1+1$

$2=1\cdot 2$

よって，最大公約数は　**1**

←997 と 1201 は互いに素。

	2	1	6	1	7	1	4	1
1)	2	3	20	23	181	204	997	1201
	2	2	18	20	161	181	816	997
	0	1	2	3	20	23	181	204

(3) $9345=2415\cdot 3+2100$

$2415=2100\cdot 1+315$

$2100=315\cdot 6+210$

$315=210\cdot 1+105$

$210=105\cdot 2$

よって，最大公約数は　**105**

	2	1	6	1	3
105)	210	315	2100	2415	9345
	210	210	1890	2100	7245
	0	105	210	315	2100

練習 ③**134**
(1) a, b が互いに素な自然数のとき, $\dfrac{3a+7b}{2a+5b}$ は既約分数であることを示せ。
(2) $3n+1$ と $4n+3$ の最大公約数が 5 になるような 50 以下の自然数 n は全部でいくつあるか。

2 数 A, B の最大公約数を $(A,\ B)$ で表す。

(1) $3a+7b=(2a+5b)\cdot1+(a+2b)$,
$2a+5b=(a+2b)\cdot2+b$,　$a+2b=b\cdot2+a$

ゆえに　$(3a+7b,\ 2a+5b)=(2a+5b,\ a+2b)$
$=(a+2b,\ b)$
$=(b,\ a)$

←$A=BQ+R$ のとき $(A,\ B)=(B,\ R)$

よって, $3a+7b$ と $2a+5b$ の最大公約数は, a と b の最大公約数に一致する。
ここで, a, b は互いに素であるから, $3a+7b$, $2a+5b$ も互いに素である。

←最大公約数は 1

したがって, $\dfrac{3a+7b}{2a+5b}$ は既約分数である。

別解 $\begin{cases}3a+7b=m\\2a+5b=n\end{cases}$ …… ① とおくと $\begin{cases}a=5m-7n\\b=-2m+3n\end{cases}$ …… ②

m と n の最大公約数を g とする。
② より, $5m-7n$ と $-2m+3n$ はともに g で割り切れる。
すなわち, g は a と b の公約数である。
ここで, a と b は互いに素であるから, a と b の最大公約数は 1 である。よって　$g=1$
ゆえに, m と n すなわち $3a+7b$ と $2a+5b$ は互いに素である。

←$m=gm'$, $n=gn'$ とすると, ② は $\begin{cases}a=g(5m'-7n')\\b=g(-2m'+3n')\end{cases}$

したがって, $\dfrac{3a+7b}{2a+5b}$ は既約分数である。

(2) $4n+3=(3n+1)\cdot1+n+2$, $3n+1=(n+2)\cdot3-5$

ゆえに　$(4n+3,\ 3n+1)=(3n+1,\ n+2)=(n+2,\ 5)$

←$A=BQ-R$ のとき $(A,\ B)=(B,\ R)$

よって, $n+2$ と 5 の最大公約数も 5 であるから, k を整数として, $n+2=5k$ と表される。
$1\leqq n\leqq50$ すなわち $1\leqq5k-2\leqq50$ を満たす整数 k の個数は,
$\dfrac{3}{5}\leqq k\leqq\dfrac{52}{5}$ から　$k=1,\ 2,\ \cdots\cdots,\ 10$ の **10 個**。

←$n+2=5k$ から, n の一の位は 3 または 8 である。これを数え上げてもよい。

別解 $3n+1=5a$ …… ①, $4n+3=5b$ …… ②
(a, b は互いに素である整数)
①, ② から n を消去すると

←①×4−②×3

$-5=20a-15b$　すなわち　$4a-3b=-1$
ゆえに　$4(a+1)-3(b+1)=0$

←基本例題 135 参照。

よって　$a=3k-1$, $b=4k-1$ (k は整数)
① に代入して　$3n+1=5(3k-1)$　ゆえに　$n=5k-2$
以後, 上の解答と同じ。

練習 ②135 次の方程式の整数解をすべて求めよ。
(1) $4x-7y=1$ (2) $55x+23y=1$

(1) $4x-7y=1$ …… ①

$x=2,\ y=1$ は ① の整数解の 1 つである。

よって $4\cdot2-7\cdot1=1$ …… ②

①−② から $4(x-2)-7(y-1)=0$

すなわち $4(x-2)=7(y-1)$ …… ③

4 と 7 は互いに素であるから，$x-2$ は 7 の倍数である。

ゆえに，k を整数として，$x-2=7k$ と表される。

③ に代入して $4\cdot7k=7(y-1)$ すなわち $y-1=4k$

よって，解は **$x=7k+2,\ y=4k+1$（k は整数）**

←先に $y-1=4k$ と表して，その後に $x-2=7k$ を求めてもよい。

(2) $55x+23y=1$ …… ①

$x=-5,\ y=12$ は ① の整数解の 1 つである。

よって $55\cdot(-5)+23\cdot12=1$ …… ②

①−② から $55(x+5)+23(y-12)=0$

すなわち $55(x+5)=-23(y-12)$ …… ③

55 と 23 は互いに素であるから，$x+5$ は 23 の倍数である。

ゆえに，k を整数として，$x+5=23k$ と表される。

③ に代入して $55\cdot23k=-23(y-12)$

すなわち $y-12=-55k$

よって，解は **$x=23k-5,\ y=-55k+12$（k は整数）**

←1 組の解が見つからないときは，55 と 23 について，互除法を利用するとよい。

検討 55 と 23 に互除法の計算を行うと

$55=23\cdot2+9,\ 23=9\cdot2+5,\ 9=5\cdot1+4,\ 5=4\cdot1+1$

よって，最大公約数は 1 であり，$1=$…… から，計算の過程を逆にたどることによって，$1=55\cdot(-5)+23\cdot12$ が導かれる。

しかし，数を数におき換えて変形していくと間違いやすい。そこで，文字を使って変形の過程を見てみよう。

←$1=5-4\cdot1$
$=5-(9-5\cdot1)\cdot1$
$=5\cdot2-9\cdot1$
$=(23-9\cdot2)\cdot2-9\cdot1$
$=23\cdot2-9\cdot5$
$=23\cdot2-(55-23\cdot2)\cdot5$
$=55\cdot(-5)+23\cdot12$

$m=55,\ n=23$ とすると，次のようになる。

$55=23\cdot2+9$ から $9=55-23\cdot2=m-2n$ …… ①

$23=9\cdot2+5$ から $5=23-9\cdot2=n-(m-2n)\cdot2$
$=-2m+5n$ …… ②

←9 に ① を代入して整理する。

$9=5\cdot1+4$ から $4=9-5\cdot1=(m-2n)-(-2m+5n)\cdot1$
$=3m-7n$ …… ③

←9 に ① を，5 に ② を代入して整理する。

$5=4\cdot1+1$ から $1=5-4\cdot1=-2m+5n-(3m-7n)\cdot1$
$=-5m+12n$

←5 に ② を，4 に ③ を代入して整理する。

m を 55，n を 23 に戻して $55\cdot(-5)+23\cdot12=1$

練習 ②136 次の方程式の整数解をすべて求めよ。
(1) $12x-17y=2$ (2) $71x+32y=3$ (3) $73x-56y=5$

(1) $x=3,\ y=2$ は $12x-17y=2$ の整数解の 1 つである。

よって，方程式は $12(x-3)-17(y-2)=0$

すなわち $12(x-3)=17(y-2)$

←$12x-17y=2$ から
$2(6x-1)=17y$
よって，y は 2 の倍数。

4章 練習 [数学と人間の活動]

12 と 17 は互いに素であるから，k を整数として

$$x-3=17k,\ y-2=12k$$

と表される。したがって，解は

$$\boldsymbol{x=17k+3,\ y=12k+2}\ (\boldsymbol{k}\ \text{は整数})$$

検討 **[合同式を利用して解く]**

$12x-17y=2$ から　$17y-(-2)=12x$ …… ①

ゆえに　$17y\equiv-2\ (\mathrm{mod}\ 12)$ …… ②

また　$12y\equiv0\ (\mathrm{mod}\ 12)$ …… ③

②−③ から　$5y\equiv-2\ (\mathrm{mod}\ 12)$ …… ④

③−④×2 から　$2y\equiv4\ (\mathrm{mod}\ 12)$ …… ⑤

④−⑤×2 から　$y\equiv-10\ (\mathrm{mod}\ 12)$

よって，k を整数とすると，$y=12k-10$ と表される。

① から　$12x=17y+2=17(12k-10)+2=12\cdot17k-168$

ゆえに，解は　$\boldsymbol{x=17k-14,\ y=12k-10}$ ($\boldsymbol{k}$ は整数)

←$17y-(-2)$ は 12 の倍数。合同式の定義から，① ⟺ ② である。

←$17=12\cdot1+5$

←$12=5\cdot2+2$

←$5=2\cdot2+1$

解の k を $k+1$ におき換えると，$x=17k+3$, $y=12k+2$ が得られる。

(2) **〔解法 1〕** $71x+32y=3$ …… ①　$m=71$, $n=32$ とする。

←**互除法** の計算過程をたどりやすいように，文字におき換える。

$71=32\cdot2+7$ から　$7=71-32\cdot2=m-2n$

$32=7\cdot4+4$ から　$4=32-7\cdot4=n-(m-2n)\cdot4$
$=-4m+9n$

$7=4\cdot1+3$ から　$3=7-4=(m-2n)-(-4m+9n)$
$=5m-11n$

←7 を $m-2n$, 4 を $-4m+9n$ におき換える。

$4=3\cdot1+1$ から　$1=4-3=(-4m+9n)-(5m-11n)$
$=-9m+20n$

←4 を $-4m+9n$, 3 を $5m-11n$ におき換える。

したがって　$71\cdot(-9)+32\cdot20=1$

←m を 71, n を 32 に戻す。$x=-9$, $y=20$ は $71x+32y=1$ を満たす。

両辺に 3 を掛けて　$71\cdot(-27)+32\cdot60=3$ …… ②

①−② から　$71(x+27)+32(y-60)=0$

すなわち　$71(x+27)=-32(y-60)$

71 と 32 は互いに素であるから，k を整数として

$$x+27=32k,\ y-60=-71k$$

と表される。したがって，解は

$$\boldsymbol{x=32k-27,\ y=-71k+60}\ (\boldsymbol{k}\ \text{は整数})$$

〔解法 2〕 $71=32\cdot2+7$ から，$71x+32y=3$ は

←**係数下げ** による。

$(32\cdot2+7)x+32y=3$　すなわち　$7x+32(2x+y)=3$

$2x+y=s$ …… ① とおくと　$7x+32s=3$

$32=7\cdot4+4$ から　$7x+(7\cdot4+4)s=3$

整理して　$7(x+4s)+4s=3$

$x+4s=t$ …… ② とおくと　$7t+4s=3$

$t=1$, $s=-1$ は $7t+4s=3$ の整数解の 1 つである。

$t=1$, $s=-1$ を ①，② に代入して連立して解くと

$$x=5,\ y=-11$$

$x=5$, $y=-11$ は $71x+32y=3$ の整数解の 1 つであるから

$71(x-5)+32(y+11)=0$　すなわち　$71(x-5)=-32(y+11)$

71 と 32 は互いに素であるから，k を整数として

←$7(t-1)+4(s+1)=0$
7 と 4 は互いに素であるから，k を整数として
$t=4k+1$, $s=-7k-1$
これを ②，① の順に代入して，$x=32k+5$,
$y=-71k-11$
を導いてもよい。

$x-5=32k$, $y+11=-71k$　と表される。

したがって，解は　**$x=32k+5$，$y=-71k-11$（k は整数）**

←k を $k-1$ におき換えると〔解法 1〕と同じ式が得られる。

検討 ［合同式を利用して解く］

$71x+32y=3$ から　$71x-3=-32y$ …… ①

ゆえに　$71x\equiv 3 \pmod{32}$ …… ②

また　$32x\equiv 0 \pmod{32}$ …… ③

②−③×2 から　$7x\equiv 3 \pmod{32}$ …… ④

③−④×4 から　$4x\equiv -12 \pmod{32}$ …… ⑤

④−⑤ から　$3x\equiv 15 \pmod{32}$

法 32 と 3 は互いに素であるから　$x\equiv 5 \pmod{32}$

よって，k を整数とすると，$x=32k+5$ と表される。

① から　$32y=-71x+3=-71(32k+5)+3=-71\cdot 32k-352$

ゆえに，解は　**$x=32k+5$，$y=-71k-11$（k は整数）**

←$71x-3$ は 32 の倍数。合同式の定義から ①⟺②

←$71=32\cdot 2+7$

←$32=7\cdot 4+4$

←$7=4\cdot 1+3$

←法 32 と 3 は互いに素であるから，両辺を 3 で割ることができる。

(3)　$73x-56y=5$ …… ①　$m=73$，$n=56$ とする。

$73=56\cdot 1+17$ から　$17=73-56\cdot 1=m-n$

$56=17\cdot 3+5$ から　$5=56-17\cdot 3=n-(m-n)\cdot 3=-3m+4n$

したがって　$73\cdot(-3)-56\cdot(-4)=5$

ゆえに，$x=-3$，$y=-4$ は ① の整数解の 1 つであるから

$73(x+3)-56(y+4)=0$　すなわち　$73(x+3)=56(y+4)$

73 と 56 は互いに素であるから，k を整数として

$x+3=56k$，$y+4=73k$　と表される。

したがって，解は　**$x=56k-3$，$y=73k-4$（k は整数）**

←余りが方程式の定数項と同じになったから，ここで互除法は終了。

←この問題に関しては，互除法の方が 1 つの解を見つけやすいので，係数下げの解法は省略する。

検討 ［合同式を利用して解く］

$73x-56y=5$ から　$73x-5=56y$ …… ①

ゆえに　$73x\equiv 5 \pmod{56}$ …… ②

また　$56x\equiv 0 \pmod{56}$ …… ③

②−③ から　$17x\equiv 5 \pmod{56}$ …… ④

③−④×3 から　$5x\equiv -15 \pmod{56}$

法 56 と 5 は互いに素であるから　$x\equiv -3 \pmod{56}$

よって，k を整数とすると，$x=56k-3$ と表される。

① から　$56y=73x-5=73(56k-3)-5=73\cdot 56k-224$

ゆえに，解は　**$x=56k-3$，$y=73k-4$（k は整数）**

←$73=56\cdot 1+17$

←$56=17\cdot 3+5$

←法 56 と 5 は互いに素であるから，両辺を 5 で割ることができる。

練習 ③137　3 で割ると 2 余り，5 で割ると 1 余り，11 で割ると 5 余る自然数 n のうちで，1000 を超えない最大のものを求めよ。

n は x，y，z を整数として，次のように表される。

$n=3x+2$，$n=5y+1$，$n=11z+5$

$3x+2=5y+1$ から　$3x-5y=-1$ …… ①

$x=3$，$y=2$ は，① の整数解の 1 つであるから

$3(x-3)-5(y-2)=0$　すなわち　$3(x-3)=5(y-2)$

3 と 5 は互いに素であるから，k を整数として，$x-3=5k$ と表される。よって　$x=5k+3$

←$3\cdot 3-5\cdot 2=-1$

←このとき　$y=3k+2$

次に，$3x+2=11z+5$ に $x=5k+3$ を代入して

$3(5k+3)+2=11z+5$　　ゆえに　$11z-15k=6$ …… ②

$z=6$，$k=4$ は，② の整数解の 1 つであるから

$11(z-6)-15(k-4)=0$　すなわち　$11(z-6)=15(k-4)$

11 と 15 は互いに素であるから，l を整数として，$z-6=15l$ と表される。よって　　$z=15l+6$

$n=11z+5$ に代入して　　$n=11(15l+6)+5=165l+71$

$165l+71\leqq 1000$ すなわち $165l\leqq 929$ を満たす最大の整数 l は，$l=5$ である。このとき　　$n=165\cdot 5+71=\mathbf{896}$

←$11\cdot 6-15\cdot 4=6$

←$k-4=11l$ として $k=11l+4$ を $n=3x+2=3(5k+3)+2$ に代入してもよい。

別解 **1.** 3 で割ると 2 余る数のうち，5 でも 11 でも割り切れる数は，$5\cdot 11=3\cdot 18+1$ の両辺を 2 倍して

$2\cdot 5\cdot 11=2\cdot 3\cdot 18+2$

5 で割ると 1 余る数のうち，11 でも 3 でも割り切れる数は，$11\cdot 3=5\cdot 6+3$ の両辺を 2 倍して

$2\cdot 11\cdot 3=2\cdot 5\cdot 6+6$ から　　$2\cdot 11\cdot 3=5(2\cdot 6+1)+1$

11 で割ると 5 余る数のうち，3 でも 5 でも割り切れる数は，$3\cdot 5=11\cdot 1+4$ の両辺を 4 倍して

$4\cdot 3\cdot 5=4\cdot 11\cdot 1+16$ から　　$4\cdot 3\cdot 5=11(4+1)+5$

ゆえに，$2\cdot 5\cdot 11+2\cdot 11\cdot 3+4\cdot 3\cdot 5=110+66+60=236$

は，3 で割ると 2 余り，5 で割ると 1 余り，11 で割ると 5 余る数である。

3，5，11 の最小公倍数は 165 であるから，問題の自然数 n は，k を 0 以上の整数として，次のように表される。

$n=(236-165)+165k$　すなわち　$n=71+165k$

ここで，$71+165k\leqq 1000$ とすると　　$k\leqq \dfrac{929}{165}=5.6\cdots$

この不等式を満たす整数 k で最大のものは　　$k=5$

よって，求める自然数 n は　　$n=71+165\cdot 5=\mathbf{896}$

←余りの部分が 2 となるように，両辺を 2 倍している。

←余りの部分が 1 となるように，6 を 5 で割った余りが 1 であることに着目して，両辺を 2 倍している。

←16 を 11 で割った余りが 5 であることに着目して，両辺を 4 倍している。

←3，5，11 はすべて素数であるから，最小公倍数は　$3\cdot 5\cdot 11=165$

別解 **2.** 3 で割ると 2 余り，5 で割ると 1 余り，11 で割ると 5 余る自然数を n とすると　　$n\equiv 2\pmod{3}$ …… ①，

$n\equiv 1\pmod{5}$ …… ②，$n\equiv 5\pmod{11}$ …… ③

① から　　$n=3s+2$（s は整数）…… ④

④ を ② に代入して　　$3s+2\equiv 1$　すなわち　$3s\equiv -1$

$-1\equiv 9$ であるから　　$3s\equiv 9$

法 5 と 3 は互いに素であるから　　$s\equiv 3$（以上 mod 5）

ゆえに，$s=5t+3$（t は整数）と表され，④ に代入すると

$n=3(5t+3)+2=15t+11$ …… ⑤

⑤ を ③ に代入して　　$15t+11\equiv 5$　すなわち　$15t\equiv -6$

$15t\equiv 4t$，$-6\equiv 16$ であるから　　$4t\equiv 16$

法 11 と 4 は互いに素であるから　$t\equiv 4$（以上 mod 11）

ゆえに，$t=11k+4$（k は整数）と表され，⑤ に代入すると

$n=15(11k+4)+11=165k+71$　　以後，別解 **1.** と同じ。

←合同式を用いた解法。

←法 5 と 3 は互いに素であるから，$3s\equiv 9$ の両辺を 3 で割ることができる。

←$11t\equiv 0\pmod{11}$

←法 11 と 4 は互いに素であるから $4t\equiv 16$ の両辺を 4 で割ることができる。

練習 ④138 どのような自然数 m，n を用いても $x=4m+7n$ とは表すことができない最大の自然数 x を求めよ。

m，n は自然数であるから　$m \geqq 1$，$n \geqq 1$

[1]　$n=1$ とすると　$x=4m+7=4(m+1)+3$

ここで，$m \geqq 1$ から　$x \geqq 4(1+1)+3=11$

よって，x が 11 以上の 4 で割って 3 余る数 ($x=11$，15，19，23，27，31，……) のときは，$x=4m+7n$ の形に表すことができる。

[2]　$n=2$ とすると　$x=4m+14=4(m+3)+2$

ここで，$m \geqq 1$ から　$x \geqq 4(1+3)+2=18$

よって，x が 18 以上の 4 で割って 2 余る数 ($x=18$，22，26，30，……) のときは，$x=4m+7n$ の形に表すことができる。

[3]　$n=3$ とすると　$x=4m+21=4(m+5)+1$

ここで，$m \geqq 1$ から　$x \geqq 4(1+5)+1=25$

よって，x が 25 以上の 4 で割って 1 余る数 ($x=25$，29，……) のときは，$x=4m+7n$ の形に表すことができる。

[4]　$n=4$ とすると　$x=4m+28=4(m+7)$

ここで，$m \geqq 1$ から　$x \geqq 4(1+7)=32$

よって，x が 32 以上の 4 の倍数 ($x=32$，36，……) のときは，$x=4m+7n$ の形に表すことができる。

以上から，$x=4m+7n$ の形に表すことができない x の値のうち最大のものは，4 の倍数で 32 未満のものの中で最大のものであるから　$\boldsymbol{x=28}$

←$n=1$，2，3，4 を代入して調べる。

←11 未満の 4 で割って 3 余る整数のうち，最大のものは　7

←18 未満の 4 で割って 2 余る整数のうち，最大のものは　14

←25 未満の 4 で割って 1 余る整数のうち，最大のものは　21

←32 未満の 4 の倍数のうち，最大のものは　28

←$7<14<21<28$

練習 ③139 整式 $f(x)=x^3+ax^2+bx+c$ (a，b，c は実数) を考える。$f(-1)$，$f(0)$，$f(1)$ がすべて整数ならば，すべての整数 n に対し，$f(n)$ は整数であることを示せ。〔類 名古屋大〕

$f(-1)=-1+a-b+c$，$f(0)=c$，$f(1)=1+a+b+c$

これらがすべて整数であるから，p，q を整数として

$f(-1)=p$，$f(1)=q$ とおける。

このとき，$f(-1)+f(1)=2(a+c)$ であるから

$$2(a+c)=p+q \qquad ゆえに \qquad a=\frac{p+q}{2}-c$$

これと $-1+a-b+c=p$ から

$$b=a+c-p-1=\frac{q-p}{2}-1$$

よって　$f(n)=n^3+an^2+bn+c$

$$=n^3+\left(\frac{p+q}{2}-c\right)n^2+\left(\frac{q-p}{2}-1\right)n+c$$

$$=\frac{n^2-n}{2}p+\frac{n^2+n}{2}q+n^3-cn^2-n+c$$

$$=\frac{n(n-1)}{2}p+\frac{n(n+1)}{2}q+n^3-cn^2-n+c$$

←c は整数である。

←参考　連続する 3 つの整数 m，$m+1$，$m+2$ に対して $f(m)$，$f(m+1)$，$f(m+2)$ がすべて整数になるならば，すべての整数 n に対して $f(n)$ は整数になる。

←p，q について整理。

4章 練習 [数学と人間の活動]

$n(n-1)$，$n(n+1)$ はともに2の倍数であるから，$\dfrac{n(n-1)}{2}$，$\dfrac{n(n+1)}{2}$ はともに整数である。

また，c は整数であるから，n^3-cn^2-n+c は整数である。

したがって，すべての整数 n に対し，$f(n)$ は整数である。

←連続2整数の積は2の倍数である。

練習 ③140
(1) 方程式 $9x+4y=50$ を満たす自然数 x，y の組をすべて求めよ。
(2) 方程式 $4x+2y+z=15$ を満たす自然数 x，y，z の組をすべて求めよ。 [(2) 京都産大]

(1) $9x+4y=50$ から　$4y=50-9x$ …… ①

$y>0$ であるから　$50-9x>0$ …… ②

ゆえに　$x<\dfrac{50}{9}=5.5\cdots\cdots$

① において，$4y$ は偶数であるから，$9x$ は偶数である。

ゆえに，② を満たす自然数 x の値は　$x=2$，4

① から　$x=2$ のとき　$4y=32$　よって　$y=8$

$x=4$ のとき　$4y=14$　y は自然数にならない。

したがって　$\boldsymbol{(x,\ y)=(2,\ 8)}$

別解　$x=2$，$y=8$ は $9x+4y=50$ の整数解の1つであるから

$9(x-2)+4(y-8)=0$　すなわち　$9(x-2)=-4(y-8)$

9と4は互いに素であるから，k を整数として

$x-2=4k$，$-(y-8)=9k$　と表される。

よって，解は　$x=4k+2$，$y=-9k+8$ (k は整数) …… ①

$x>0$，$y>0$ より，$4k+2>0$，$-9k+8>0$ であるから，

この不等式の解の共通範囲を求めて　$-\dfrac{1}{2}<k<\dfrac{8}{9}$

k は整数であるから　$k=0$

① に代入して　$\boldsymbol{(x,\ y)=(2,\ 8)}$

←係数が大きい x の値を絞り込む。

←$y\geqq1$ であるから，$50-9x\geqq4$ としてもよい。

←$9x$ の9は奇数であるから，x は偶数である。

←$9x=2(25-2y)$ から，x は2の倍数である。

←$x\geqq1$，$y\geqq1$ としてもよい。

(2) $4x+2y+z=15$ から　$4x=15-(2y+z)\leqq15-(2\cdot1+1)$

ゆえに　$4x\leqq12$　よって　$x\leqq3$

x は正の整数であるから　$x=1$，2，3

[1] $x=1$ のとき，方程式は　$2y+z=11$ …… ①

ゆえに　$2y=11-z\leqq11-1$　よって　$y\leqq5$

y は正の整数であるから　$y=1$，2，3，4，5

① より，$z=11-2y$ であるから

$(y,\ z)=(1,\ 9)$，$(2,\ 7)$，$(3,\ 5)$，$(4,\ 3)$，$(5,\ 1)$

[2] $x=2$ のとき，方程式は　$2y+z=7$ …… ②

ゆえに　$2y=7-z\leqq7-1$　よって　$y\leqq3$

y は正の整数であるから　$y=1$，2，3

② より，$z=7-2y$ であるから

$(y,\ z)=(1,\ 5)$，$(2,\ 3)$，$(3,\ 1)$

[3] $x=3$ のとき，方程式は　$2y+z=3$

この等式を満たす正の整数 y，z の値は　$(y,\ z)=(1,\ 1)$

←係数が大きい x の値を絞り込む。
y，z は自然数であるから　$y\geqq1$，$z\geqq1$

←$2y\leqq10$

←$2y\leqq6$

←$2y=3-z\leqq3-1=2$
ゆえに　$y\leqq1$

以上から　$(x,\ y,\ z)=(1,\ 1,\ 9),\ (1,\ 2,\ 7),\ (1,\ 3,\ 5),$
$(1,\ 4,\ 3),\ (1,\ 5,\ 1),\ (2,\ 1,\ 5),$
$(2,\ 2,\ 3),\ (2,\ 3,\ 1),\ (3,\ 1,\ 1)$

練習 ④141　次の等式を満たす自然数 $x,\ y,\ z$ の組をすべて求めよ。
(1)　$x+3y+4z=2xyz\quad(x\leqq y\leqq z)$　　(2)　$\dfrac{1}{x}+\dfrac{1}{y}+\dfrac{1}{z}=\dfrac{1}{2}\quad(4\leqq x<y<z)$

(1)　$1\leqq x\leqq y\leqq z$ であるから

$$2xyz=x+3y+4z\leqq z+3z+4z=8z$$

←$x\leqq z,\ y\leqq z$

よって　$xy\leqq 4$

←$2xyz\leqq 8z$ の両辺を $2z\ (>0)$ で割る。

この不等式を満たす自然数 $x,\ y\ (x\leqq y)$ の組は

$$(x,\ y)=(1,\ 1),\ (1,\ 2),\ (1,\ 3),\ (1,\ 4),\ (2,\ 2)$$

これらの各組 $(x,\ y)$ に対して，等式 $x+3y+4z=2xyz$ を満たす z の値は次のようになる。

$(x,\ y)=(1,\ 1)$ のとき　$z=-2$
$(x,\ y)=(1,\ 2)$ のとき　解 z はない。
$(x,\ y)=(1,\ 3)$ のとき　$z=5$
$(x,\ y)=(1,\ 4)$ のとき　$z=\dfrac{13}{4}$
$(x,\ y)=(2,\ 2)$ のとき　$z=2$

←$7+4z=4z$ から　$7=0$

←＿＿のみが，z は自然数，$x\leqq y\leqq z$ という条件を満たしている。

したがって　$(x,\ y,\ z)=(1,\ 3,\ 5),\ (2,\ 2,\ 2)$

(2)　$0<x<y<z$ であるから　$\dfrac{1}{z}<\dfrac{1}{y}<\dfrac{1}{x}$

←$0<a<b$ のとき $\dfrac{1}{b}<\dfrac{1}{a}$

よって　$\dfrac{1}{2}=\dfrac{1}{x}+\dfrac{1}{y}+\dfrac{1}{z}<\dfrac{1}{x}+\dfrac{1}{x}+\dfrac{1}{x}=\dfrac{3}{x}$

ゆえに　$\dfrac{1}{2}<\dfrac{3}{x}$　　よって　$\dfrac{1}{x}>\dfrac{1}{6}$

ゆえに　$x<6$　　$4\leqq x$ であるから　$x=4,\ 5$

←条件 $4\leqq x$ を忘れずに。

[1]　$x=4$ のとき，等式は　$\dfrac{1}{y}+\dfrac{1}{z}=\dfrac{1}{4}$ …… ①

←$\dfrac{1}{4}+\dfrac{1}{y}+\dfrac{1}{z}=\dfrac{1}{2}$

ここで　$\dfrac{1}{4}=\dfrac{1}{y}+\dfrac{1}{z}<\dfrac{1}{y}+\dfrac{1}{y}=\dfrac{2}{y}$

ゆえに　$\dfrac{1}{4}<\dfrac{2}{y}$　　よって　$\dfrac{1}{y}>\dfrac{1}{8}$

ゆえに　$y<8$　　$4<y$ であるから　$y=5,\ 6,\ 7$

$y=5$ のとき，① は　$\dfrac{1}{5}+\dfrac{1}{z}=\dfrac{1}{4}$　　よって　$z=20$

←$\dfrac{1}{z}=\dfrac{1}{20}$

これは $y<z$ を満たす。

$y=6$ のとき，① は　$\dfrac{1}{6}+\dfrac{1}{z}=\dfrac{1}{4}$　　よって　$z=12$

←$\dfrac{1}{z}=\dfrac{1}{12}$

これは $y<z$ を満たす。

$y=7$ のとき，① は　$\dfrac{1}{7}+\dfrac{1}{z}=\dfrac{1}{4}$　　よって　$z=\dfrac{28}{3}$

←$\dfrac{1}{z}=\dfrac{3}{28}$

これは条件を満たさない。

[2]　$x=5$ のとき，等式は　$\frac{1}{y}+\frac{1}{z}=\frac{3}{10}$ ……②

ここで　$\frac{3}{10}=\frac{1}{y}+\frac{1}{z}<\frac{1}{y}+\frac{1}{y}=\frac{2}{y}$

ゆえに　$\frac{3}{10}<\frac{2}{y}$　　よって　$\frac{1}{y}>\frac{3}{20}$

ゆえに　$y<\frac{20}{3}=6.6\cdots\cdots$　　$5<y$ であるから　$y=6$

このとき，② は　$\frac{1}{6}+\frac{1}{z}=\frac{3}{10}$　　よって　$z=\frac{15}{2}$

これは条件を満たさない。

[1]，[2] から　$\boldsymbol{(x,\ y,\ z)=(4,\ 5,\ 20),\ (4,\ 6,\ 12)}$

←$\frac{1}{5}+\frac{1}{y}+\frac{1}{z}=\frac{1}{2}$

検討　① の分母を払うと　$yz-4y-4z=0$
∴　$(y-4)(z-4)=16$
ここで，$4<y<z$ より
$0<y-4<z-4$
ゆえに　$(y-4,\ z-4)$
$=(1,\ 16),\ (2,\ 8)$
よって　$(y,\ z)$
$=(5,\ 20),\ (6,\ 12)$

練習 ④142　次の等式を満たす自然数 x，y の組をすべて求めよ。
(1)　$x^2+2xy+3y^2=27$　　(2)　$x^2+3xy+y^2=44$

(1)　$x^2+2xy+3y^2=27$ から　$(x+y)^2+2y^2=27$

よって　$(x+y)^2=27-2y^2$ ……①

$(x+y)^2\geqq 0$ であるから　$27-2y^2\geqq 0$　　ゆえに　$2y^2\leqq 27$

この不等式を満たす自然数 y は　$y=1,\ 2,\ 3$

[1]　$y=1$ のとき，① から　$(x+1)^2=25$

よって　$x+1=\pm 5$　　x は自然数であるから　$x=4$

[2]　$y=2$ のとき，① から　$(x+2)^2=19$

これを満たす自然数 x はない。

[3]　$y=3$ のとき，① から　$(x+3)^2=9$

よって　$x+3=\pm 3$　　これを満たす自然数 x はない。

[1]～[3] から　$\boldsymbol{(x,\ y)=(4,\ 1)}$

別解　$x^2+2xy+3y^2=27$ から

$$x^2+2yx+3y^2-27=0 \cdots\cdots ②$$

x が自然数であるとき，x の2次方程式 ② は実数解をもつから，② の判別式を D とすると　$D\geqq 0$

ここで　$\frac{D}{4}=y^2-1\cdot(3y^2-27)=-2y^2+27$

よって，$D\geqq 0$ から　$-2y^2+27\geqq 0$　　ゆえに　$2y^2\leqq 27$

以後の解答は同様。

←$(x^2+2xy+y^2)+2y^2=27$

←(実数)$^2\geqq 0$

←$y^2\leqq\frac{27}{2}=13.5$

←各 y の値を ① に代入。

←$x+2=\pm\sqrt{19}$

←$x=0,\ -6$

←判別式 $D\geqq 0$ を利用して y の値を絞り込む方法。

(2)　左辺は x，y の対称式であるから，$x\leqq y$ とすると

$$x^2+3x\cdot x+x^2\leqq x^2+3xy+y^2=44$$

よって　$5x^2\leqq 44$

この不等式を満たす自然数 x は　$x=1,\ 2$

[1]　$x=1$ のとき，等式は　$1+3y+y^2=44$

よって　$y^2+3y-43=0$

ゆえに　$y=\frac{-3\pm\sqrt{3^2-4\cdot1\cdot(-43)}}{2\cdot1}=\frac{-3\pm\sqrt{181}}{2}$

この y の値は不適。

検討　(2)　等式から
$x^2=44-(3xy+y^2)$
$3xy+y^2\geqq 3\cdot1\cdot1+1^2=4$
から　$x^2\leqq 44-4=40$
よって
$x=1,\ 2,\ 3,\ 4,\ 5,\ 6$
この方針の場合，x の値が多くなって，y の値を求めるのも大変になる。

[2]　$x=2$ のとき，等式は　$4+6y+y^2=44$

よって　$y^2+6y-40=0$　ゆえに　$(y-4)(y+10)=0$

$x \leqq y$ であるから　$y=4$

[1]，[2] から　$(x,\ y)=(2,\ 4)$

$x>y$ のときも含めて，求める解は

$$\boldsymbol{(x,\ y)=(2,\ 4),\ (4,\ 2)}$$

←$x \leqq y$ の制限をはずす。

練習 ③143　(1)　$xy=2x+4y-5$ を満たす正の整数 x，y の組をすべて求めよ。　[(1) 学習院大]

(2)　$\dfrac{2}{x}+\dfrac{3}{y}=1$ を満たす整数の組 $(x,\ y)$ をすべて求めよ。　[(2) 類 自治医大]

(1)　$xy=2x+4y-5$ から　$xy-2x-4y=-5$ …… ①

ここで　$xy-2x-4y=x(y-2)-4(y-2)-8$

$=(x-4)(y-2)-8$

① に代入して　$(x-4)(y-2)-8=-5$

よって　$(x-4)(y-2)=3$ …… ②

x，y は正の整数であるから，$x-4$，$y-2$ は整数である。

また，$x \geqq 1$，$y \geqq 1$ であるから

$x-4 \geqq -3$，$y-2 \geqq -1$

ゆえに，② から　$(x-4,\ y-2)=(-3,\ -1),\ (1,\ 3),\ (3,\ 1)$

したがって　$\boldsymbol{(x,\ y)=(1,\ 1),\ (5,\ 5),\ (7,\ 3)}$

←$xy-2x=x(y-2)$ に注目し，$-4y=-4(y-2)-8$ と変形。

←(　)(　)＝(整数) の形。

←x は正の整数。

←$(x-4,\ y-2)=(-1,\ -3)$ は $y-2 \geqq -1$ を満たさない。

(2)　両辺に xy を掛けて　$2y+3x=xy$

よって　$xy-3x-2y=0$

ゆえに　$(x-2)(y-3)=6$ …… ①

x，y は整数であるから，$x-2$，$y-3$ は整数である。

よって，① から

$(x-2,\ y-3)=(1,\ 6),\ (2,\ 3),\ (3,\ 2),\ (6,\ 1),$

$(-1,\ -6),\ (-2,\ -3),\ (-3,\ -2),$

$(-6,\ -1)$

ゆえに　$(x,\ y)=(3,\ 9),\ (4,\ 6),\ (5,\ 5),\ (8,\ 4),$

$(1,\ -3),\ (0,\ 0),\ (-1,\ 1),\ (-4,\ 2)$

このうち，$(x,\ y)=(0,\ 0)$ は適さないから，求める組は

$$\boldsymbol{(x,\ y)=(3,\ 9),\ (4,\ 6),\ (5,\ 5),\ (8,\ 4),}$$
$$\boldsymbol{(1,\ -3),\ (-1,\ 1),\ (-4,\ 2)}$$

←$xy-3x-2y$
$=x(y-3)-2(y-3)-6$
$=(x-2)(y-3)-6$

←**(分母)≠0** から $x \neq 0$ かつ $y \neq 0$

検討　(x の式)(y の式)＝(整数) の形から，約数を求め，その後に x，y の値を求めるときには，次のような表を作ると計算しやすい。

(1)　$(x-4)(y-2)=3$

$x-4 \geqq -3$，$y-2 \geqq -1$

①	$x-4$	-3	1	3
②	$y-2$	-1	3	1
①+4	x	1	5	7
②+2	y	1	5	3

(2)　$(x-2)(y-3)=6$

①	$x-2$	1	2	3	6	-1	-2	-3	-6
②	$y-3$	6	3	2	1	-6	-3	-2	-1
①+2	x	3	4	5	8	1	0	-1	-4
②+3	y	9	6	5	4	-3	0	1	2

練習 ④144 (1) $3x^2+4xy-4y^2+4x-16y-15$ を因数分解せよ。
(2) $3x^2+4xy-4y^2+4x-16y-28=0$ を満たす整数 x, y の組を求めよ。 〔神戸学院大〕

(1) $3x^2+4xy-4y^2+4x-16y-15$
$=3x^2+(4y+4)x-(4y^2+16y+15)$
$=3x^2+(4y+4)x-(2y+3)(2y+5)$
$=\{x+(2y+3)\}\{3x-(2y+5)\}$
$=\boldsymbol{(x+2y+3)(3x-2y-5)}$

←
1 ╲╱	$2y+3$	→ $6y+9$
3 ╱╲	$-(2y+5)$	→ $-2y-5$
3	$-(2y+3)(2y+5)$	$4y+4$

(2) $3x^2+4xy-4y^2+4x-16y-28$
$=(3x^2+4xy-4y^2+4x-16y-15)-13$ であるから，(1) の結果より $(x+2y+3)(3x-2y-5)=13$

←(1) の結果を利用。
←( )( )=(整数) の形。

x, y は整数であるから，$x+2y+3$, $3x-2y-5$ も整数である。

よって $\begin{cases}x+2y+3=-13\\3x-2y-5=-1\end{cases}$ $\begin{cases}x+2y+3=-1\\3x-2y-5=-13\end{cases}$
$\begin{cases}x+2y+3=1\\3x-2y-5=13\end{cases}$ $\begin{cases}x+2y+3=13\\3x-2y-5=1\end{cases}$

←$13=(-13)(-1)$, $(-1)(-13)$, $1\cdot13$, $13\cdot1$

これらの連立方程式の解は，順に
$$(x,\ y)=\left(-3,\ -\frac{13}{2}\right),\ \left(-3,\ -\frac{1}{2}\right),\ (4,\ -3),\ (4,\ 3)$$

←$\begin{cases}x+2y+3=m\\3x-2y-5=n\end{cases}$ の解は $x=\dfrac{m+n+2}{4}$, $y=\dfrac{3m-n-14}{8}$

x, y がともに整数であるものは $\boldsymbol{(x,\ y)=(4,\ -3),\ (4,\ 3)}$

検討 $(x+2y+3)(3x-2y-5)=13$ から，約数を求め，その後に連立方程式を解くときには，次のような表を作ると計算しやすい。

	①	$x+2y+3$	-13	-1	1	13
	②	$3x-2y-5$	-1	-13	13	1
①−3	③	$x+2y$	-16	-4	-2	10
②+5	④	$3x-2y$	4	-8	18	6
③+④	⑤	$4x$	-12	-12	16	16
⑤÷4	⑥	x	-3	-3	4	4
③−⑥	⑦	$2y$	-13	-1	-6	6

…(＊)

(＊) $2y$ が奇数となるものは不適である。

練習 ④145 $5x^2+2xy+y^2-12x+4y+11=0$ を満たす整数 x, y の組を求めよ。

$5x^2+2xy+y^2-12x+4y+11=0$ を y について整理すると
$$y^2+2(x+2)y+5x^2-12x+11=0 \quad \cdots\cdots ①$$

←y^2 の係数が 1 であることに注目し，(x でなく) y について降べきの順に整理する。

この y についての 2 次方程式の判別式を D とすると
$$\frac{D}{4}=(x+2)^2-1\cdot(5x^2-12x+11)=-4x^2+16x-7$$
$$=-(4x^2-16x+7)=-(2x-1)(2x-7)$$

① の解は整数 (実数) であるから $D\geqq0$

←実数解をもつ $\iff D\geqq0$

よって $(2x-1)(2x-7)\leqq0$ ゆえに $\dfrac{1}{2}\leqq x\leqq\dfrac{7}{2}$

←$\dfrac{1}{2}=0.5$, $\dfrac{7}{2}=3.5$

x は整数であるから $x=1,\ 2,\ 3$ ……(＊)

$x=1$ のとき，① は　$y^2+6y+4=0$

これを解いて　$y=-3\pm\sqrt{5}$　←整数でない。

$x=2$ のとき，① は　$y^2+8y+7=0$

よって　$(y+1)(y+7)=0$　ゆえに　$y=-1,\ -7$

$x=3$ のとき，① は　$y^2+10y+20=0$

これを解いて　$y=-5\pm\sqrt{5}$　←整数でない。

x，y がともに整数であるものは

$$(x,\ y)=(2,\ -1),\ (2,\ -7)$$

検討　解答で，① を解くと　$y=-(x+2)\pm\sqrt{\dfrac{D}{4}}$

よって，y が整数になるには，$\dfrac{D}{4}$ は 0 または平方数でなければならない。

←**平方数** とは，自然数の 2 乗になっている数のこと。

(＊) の x の値に対して，$\dfrac{D}{4}$ の値は次のようになる。

$x=1,\ 3$ のとき　$\dfrac{D}{4}=5$　(平方数でない。)

$x=2$ のとき　$\dfrac{D}{4}=9$　(平方数である。)

ゆえに，$x=1,\ 3$ は不適である。

別解　① から　$\{y+(x+2)\}^2-(x+2)^2+5x^2-12x+11=0$　←y について基本形に。

ゆえに　$(y+x+2)^2+4x^2-16x+7=0$

よって　$(y+x+2)^2+4(x-2)^2-4\cdot2^2+7=0$　←x について基本形に。

ゆえに　$(y+x+2)^2+\{2(x-2)\}^2=9$

x，y が整数のとき，$y+x+2$ は整数，$2(x-2)$ は偶数である。

よって　$(y+x+2,\ 2(x-2))=(3,\ 0),\ (-3,\ 0)$ …… Ⓐ

したがって　$(x,\ y)=(2,\ -1),\ (2,\ -7)$

←Ⓐ：0 と平方数 1, 4, 9, …… のうち，和が 9 になる 2 数は 0 と 9 のみ。

練習 ①146

(1) 10 進数 1000 を 5 進法で表すと ア□，9 進法で表すと イ□ である。

(2) n は 5 以上の整数とする。$(2n+1)^2$ と表される数を n 進法で表せ。

(3) $32123_{(4)}$，$41034_{(5)}$ をそれぞれ 10 進数で表せ。

(1)

		余り
5)	1000	
5)	200 …	0
5)	40 …	0
5)	8 …	0
5)	1 …	3
	0 …	1

		余り
9)	1000	
9)	111 …	1
9)	12 …	3
9)	1 …	3
	0 …	1

よって　(ア) $\mathbf{13000_{(5)}}$　(イ) $\mathbf{1331_{(9)}}$

(2) $(2n+1)^2=4n^2+4n+1=4\cdot n^2+4\cdot n^1+1\cdot n^0$

n は 5 以上の整数であるから，n 進法では　$\mathbf{441_{(n)}}$

(3) $32123_{(4)}=3\cdot4^4+2\cdot4^3+1\cdot4^2+2\cdot4^1+3\cdot4^0$

$=768+128+16+8+3=\mathbf{923}$

$41034_{(5)}=4\cdot5^4+1\cdot5^3+0\cdot5^2+3\cdot5^1+4\cdot5^0$

$=2500+125+0+15+4=\mathbf{2644}$

別解

(ア) $1000=1\cdot5^4+3\cdot5^3+0\cdot5^2+0\cdot5^1+0\cdot5^0$

であるから　$\mathbf{13000_{(5)}}$

($5^4=625$，$5^3=125$)

(イ) $1000=1\cdot9^3+3\cdot9^2+3\cdot9^1+1\cdot9^0$

であるから　$\mathbf{1331_{(9)}}$

($9^3=729$)

練習 ②**147**

(1) $21.201_{(5)}$ を 10 進法で表せ。

(2) 10 進数 0.9375 を 8 進法で表すと ア$\boxed{}$，10 進数 0.9 を 6 進法で表すと イ$\boxed{}$ である。

(1) $21_{(5)}=2\cdot5+1=11$

$$0.201_{(5)}=\frac{2}{5}+\frac{0}{5^2}+\frac{1}{5^3}=\frac{2\cdot5^2+1}{5^3}=\frac{51}{125}=0.408$$

よって　$21.201_{(5)}=\mathbf{11.408}$

(2) (ア) 0.9375 に 8 を掛け，小数部分に 8 を掛けることを繰り返すと，右のようになる。

$$\begin{array}{r} 0.9375 \\ \times\quad\ \ 8 \\ \hline 7.5000 \\ \times\quad 8 \\ \hline 4.0 \end{array}$$

←整数部分は 7

←整数部分は 4 で，小数部分は 0 となり終了。

したがって　$\mathbf{0.74_{(8)}}$

別解　$0.9375=\dfrac{15}{16}=\dfrac{60}{8^2}=\dfrac{8\cdot7+4}{8^2}=\dfrac{7}{8}+\dfrac{4}{8^2}$

よって　$\mathbf{0.74_{(8)}}$

(イ) 0.9 に 6 を掛け，小数部分に 6 を掛けることを繰り返すと，右のようになる。
ゆえに，2 回目以後の計算は，$0.4\times6=2.4$ が繰り返される。

したがって　$\mathbf{0.5\dot{2}_{(6)}}$

$$\begin{array}{r} 0.9 \\ \times\quad 6 \\ \hline 5.4 \\ \times\quad 6 \\ \hline 2.4 \\ \times\quad 6 \\ \hline 2.4 \\ \vdots \end{array}$$

←循環小数となる。

練習 ②**148**

次の計算の結果を，[　　] 内の記数法で表せ。

(1) $1222_{(3)}+1120_{(3)}$　[3 進法]

(2) $110100_{(2)}-101101_{(2)}$　[2 進法]

(3) $2304_{(5)}\times203_{(5)}$　[5 進法]

(4) $110001_{(2)}\div111_{(2)}$　[2 進法]

(1) $1222_{(3)}+1120_{(3)}=\mathbf{10112_{(3)}}$

$$\begin{array}{r} 1222 \\ +\ 1120 \\ \hline 10112 \end{array}\qquad \text{10 進法で計算}\rightarrow\quad \begin{array}{r} 53 \\ +\ 42 \\ \hline 95 \end{array}$$

(2) $110100_{(2)}-101101_{(2)}=\mathbf{111_{(2)}}$

$$\begin{array}{r} 110100 \\ -\ 101101 \\ \hline 111 \end{array}\qquad \text{10 進法で計算}\rightarrow\quad \begin{array}{r} 52 \\ -\ 45 \\ \hline 7 \end{array}$$

(3) $2304_{(5)}\times203_{(5)}=\mathbf{1024222_{(5)}}$

$$\begin{array}{r} 2304 \\ \times\quad 203 \\ \hline 12422 \\ 10113 \\ \hline 1024222 \end{array}\qquad \text{10 進法で計算}\rightarrow\quad \begin{array}{r} 329 \\ \times\ \ 53 \\ \hline 987 \\ 1645 \\ \hline 17437 \end{array}$$

(4) $110001_{(2)}\div111_{(2)}=\mathbf{111_{(2)}}$

$$\begin{array}{r} 111 \\ 111\,\overline{)\,110001} \\ 111 \\ \hline 1010 \\ 111 \\ \hline 111 \\ 111 \\ \hline 0 \end{array}\qquad \text{10 進法で計算}\rightarrow\quad \begin{array}{r} 7 \\ 7\,\overline{)\,49} \\ 49 \\ \hline 0 \end{array}$$

練習 ③**149**

(1) ある自然数 N を 5 進法で表すと 3 桁の数 $abc_{(5)}$ となり，3 倍して 9 進法で表すと 3 桁の数 $cba_{(9)}$ となる。a，b，c の値を求めよ。また，N を 10 進法で表せ。　〔(1) 阪南大〕

(2) n は 2 以上の自然数とする。3 進数 $1212_{(3)}$ を n 進法で表すと $101_{(n)}$ となるような n の値を求めよ。

(1) $abc_{(5)}$ と $cba_{(9)}$ はともに3桁の数であり，底について $5<9$ であるから $1\leqq a\leqq 4$，$0\leqq b\leqq 4$，$1\leqq c\leqq 4$

←底が小さい5について，各位の数の範囲を考える。

$$abc_{(5)}=a\cdot 5^2+b\cdot 5^1+c\cdot 5^0=25a+5b+c \quad \cdots\cdots ①$$

これを3倍したものが $cba_{(9)}$ であるから

$$3(25a+5b+c)=c\cdot 9^2+b\cdot 9^1+a\cdot 9^0$$

ゆえに $3(25a+5b+c)=81c+9b+a$

よって $37a=3(13c-b)$ ……②

37と3は互いに素であるから，a は3の倍数である。

$1\leqq a\leqq 4$ であるから $a=3$

このとき，②から $b=13c-37$ ……③

←$a=3$ を②に代入すると $37\cdot 3=3(13c-b)$

$0\leqq b\leqq 4$ であるから $0\leqq 13c-37\leqq 4$

よって $\dfrac{37}{13}\leqq c\leqq \dfrac{41}{13}$

$1\leqq c\leqq 4$ であるから $c=3$

←c は $1\leqq c\leqq 4$ を満たす整数である。

③に代入して $b=2$

$\boldsymbol{a=3,\ b=2,\ c=3}$ を①に代入して

$$\boldsymbol{N}=25\cdot 3+5\cdot 2+3=\boldsymbol{88}$$

(2) $1212_{(3)}=1\cdot 3^3+2\cdot 3^2+1\cdot 3^1+2\cdot 3^0=50$

$101_{(n)}=1\cdot n^2+0\cdot n^1+1\cdot n^0$

ゆえに $50=n^2+1$ すなわち $n^2=49$

よって $n=\pm 7$

n は2以上の自然数であるから $\boldsymbol{n=7}$

4章 練習 [数学と人間の活動]

練習 ③150
(1) 5進法で表すと3桁となるような自然数 N は何個あるか。
(2) 4進法で表すと20桁となる自然数 N を，2進法，8進法で表すと，それぞれ何桁の数になるか。

(1) N は5進法で表すと3桁となる自然数であるから

$$5^{3-1}\leqq N<5^3 \quad すなわち \quad 5^2\leqq N<5^3$$

←$5^3\leqq N<5^{3+1}$ は誤り！

この不等式を満たす自然数 N の個数は

$$5^3-5^2=5^2(5-1)=25\cdot 4=\boldsymbol{100}\ (\textbf{個})$$

←$125-25=100$ と直接計算してもよい。

別解 5進法で表すと，3桁となる数は，○□□$_{(5)}$ の○に1～4，□に0～4のいずれかを入れた数であるから，この場合の数を考えて $4\cdot 5^2=\boldsymbol{100}$ (**個**)

←最高位に0は入らないことに注意。

(2) N は4進法で表すと20桁となる自然数であるから

$$4^{20-1}\leqq N<4^{20} \quad すなわち \quad 4^{19}\leqq N<4^{20} \quad \cdots\cdots ①$$

①から $(2^2)^{19}\leqq N<(2^2)^{20}$

すなわち $2^{38}\leqq N<2^{40}$ ……②

←$2^{38}\leqq N<2^{39}$ から39桁
$2^{39}\leqq N<2^{40}$ から40桁

ゆえに，N を2進法で表すと，**39桁，40桁** の数となる。

また，②から $(2^3)^{12}\cdot 2^2\leqq N<(2^3)^{13}\cdot 2$

よって $4\cdot 8^{12}\leqq N<2\cdot 8^{13}$

$8^{12}<4\cdot 8^{12}$，$2\cdot 8^{13}<8^{14}$ であるから $8^{12}<N<8^{14}$

←$8^{12}<N<8^{13}$ から13桁
$8^{13}\leqq N<8^{14}$ から14桁

ゆえに，N を8進法で表すと，**13桁，14桁** の数となる。

練習 ③151 4種類の数字0，1，2，3を用いて表される数を，0から始めて1桁から4桁まで小さい順に並べる。すなわち　0，1，2，3，10，11，12，13，20，21，……
(1) 1032は何番目か。　(2) 150番目の数は何か。　(3) 整数は全部で何個並ぶか。

題意の数の列は，整数の列0，1，2，3，4，…… を4進数で表したものと一致する。

(1) $1032_{(4)}=1\cdot4^3+0\cdot4^2+3\cdot4+2=78$
よって，1032は1から数えて78番目で，0から数えると，
$1+78=$**79（番目）**である。

(2) 150番目は，1から数えると149番目である。
$149=2\cdot4^3+1\cdot4^2+1\cdot4+1$
よって，10進法による149は4進法では$2111_{(4)}$である。
すなわち，この数の列の150番目の数は**2111**である。

(3) 最大の数は3333であり
$3333_{(4)}=3\cdot4^3+3\cdot4^2+3\cdot4+3=255$
よって，0の分も入れると　$255+1=$**256（個）**

別解　□□□□ の □ に0，1，2，3のいずれかの数字を入れる場合の数と等しく　$4^4=$**256（個）**

(1)~(3)とも＿＿の部分に注意。

(2)
4)	149	…	余り
4)	37	…	1
4)	9	…	1
4)	2	…	1
	0	…	2

←最大数が何番目かを調べる。

←各□にはそれぞれ4通りの入れ方がある。

練習 ②152 次の条件を満たす自然数nは何個あるか。
(1) $\dfrac{19}{n}$の分子を分母で割ると，整数部分が1以上の有限小数となるようなn
(2) $\dfrac{100}{n}$の分子を分母で割ると，循環小数となるような100以下のn

(1) $\dfrac{19}{n}$の整数部分は1以上であるから　$\dfrac{19}{n}>1$
nは自然数であるから　$1<n<19$ …… ①
分母nの素因数が2，5だけからなるとき，有限小数となるから，①の範囲で素因数が2，5だけのものを求めると，
$n=2,\ 4,\ 5,\ 8,\ 10,\ 16$の**6個**ある。

(2) 100以下の自然数nは100個ある。
このうち，$\dfrac{100}{n}$が整数となるものの個数は，$100\ (=2^2\cdot5^2)$の正の約数の個数に等しく　$(2+1)(2+1)=9$（個）
また，$\dfrac{100}{n}$が有限小数となるものは，nの素因数が2，5だけからなる。このような100以下の自然数nについて
素因数が2だけのものは，$n=2^3,\ 2^4,\ 2^5,\ 2^6$の4個
素因数が5だけのものはない。
素因数が2と5を含むものは，$n=2^3\cdot5,\ 2^4\cdot5$の2個
よって，求めるnの個数は　$100-9-(4+2)=$**85（個）** …（＊）

←整数は有限小数ではないから，$\dfrac{19}{n}=1,\ 19$となるようなnは除く。

←2だけのものは$2,\ 2^2,\ 2^3,\ 2^4$で，5だけのものは5のみ。2と5を含むものは$2\cdot5=10$のみ。

←$n=2,\ 2^2$は$\dfrac{100}{n}$が整数になるので含めない。

（＊）（全体）−（整数の個数）−（有限小数の個数）

練習 ③153
(1) $0.\dot{1}1\dot{1}0_{(2)}$を10進法における既約分数で表せ。
(2) $\dfrac{5}{16}$を2進法，7進法の小数でそれぞれ表せ。

(1)　$x=0.1\dot{1}1\dot{0}_{(2)}$ とおくと

$$x=\frac{1}{2}+\left(\frac{1}{2^2}+\frac{1}{2^3}\right)+\left(\frac{1}{2^5}+\frac{1}{2^6}\right)+\cdots\cdots \quad \cdots\cdots ①$$

←10 進法の分数で表す。

① の両辺に 2^3 を掛けて

$$2^3x=2^2+2+1+\left(\frac{1}{2^2}+\frac{1}{2^3}\right)+\left(\frac{1}{2^5}+\frac{1}{2^6}\right)+\cdots\cdots \quad \cdots\cdots ②$$

←循環部分が 3 桁 ⟶ 両辺を 2^3 倍。

②−① から　　$7x=2^2+2+\frac{1}{2}$

←循環部分〰〰が消える。

よって　　$7x=\frac{13}{2}$　　したがって　　$x=\mathbf{\frac{13}{14}}$

別解　$x=0.1\dot{1}1\dot{0}_{(2)}$ ……① とおき，① の両辺に $1000_{(2)}$ を掛けると　　$1000_{(2)}x=111.0\dot{1}1\dot{0}_{(2)}$ ……②

←10 進法の循環小数を分数に直すのと同様の方法。

②−① から　　$\{1000_{(2)}-1_{(2)}\}x=111_{(2)}-0.1_{(2)}$

よって　　$(8-1)x=7-\frac{1}{2}$　　ゆえに　　$x=\mathbf{\frac{13}{14}}$

←ここで 10 進法に直す。

(2)　[1]　$\frac{5}{16}\times2=\frac{5}{8}$　　…… 整数部分は　0

[2]　$\frac{5}{8}\times2=\frac{5}{4}=1+\frac{1}{4}$　　…… 整数部分は　1

[3]　$\frac{1}{4}\times2=\frac{1}{2}$　　…… 整数部分は　0

[4]　$\frac{1}{2}\times2=1$　　…… 整数部分は　1

別解
$\frac{5}{16}=\frac{4+1}{2^4}=\frac{1}{2^2}+\frac{1}{2^4}$
から　$\frac{5}{16}=\mathbf{0.0101_{(2)}}$

←分数の整数部分以外が 0 になると計算終了。

したがって，$\frac{5}{16}$ を 2 進法の小数で表すと　　$\mathbf{0.0101_{(2)}}$

次に　[1]　$\frac{5}{16}\times7=\frac{35}{16}=2+\frac{3}{16}$　　…… 整数部分は　2

[2]　$\frac{3}{16}\times7=\frac{21}{16}=1+\frac{5}{16}$　　…… 整数部分は　1

[3]　$\frac{5}{16}\times7=\frac{35}{16}=2+\frac{3}{16}$　　…… 整数部分は　2

よって，[3] 以後は，[1]，[2] の順に計算が繰り返される。

したがって，$\frac{5}{16}$ を 7 進法の小数で表すと　　$\mathbf{0.\dot{2}\dot{1}_{(7)}}$

練習 ②154　x 軸の正の部分に原点に近い方から 3 点 A，B，C があり，y 軸の正の部分に原点に近い方から 3 点 D，E，F がある。AB=2，BC=1，DE=3，EF=4 であり，AF=BE=CD が成り立つとき，2 点 B，E の座標を求めよ。

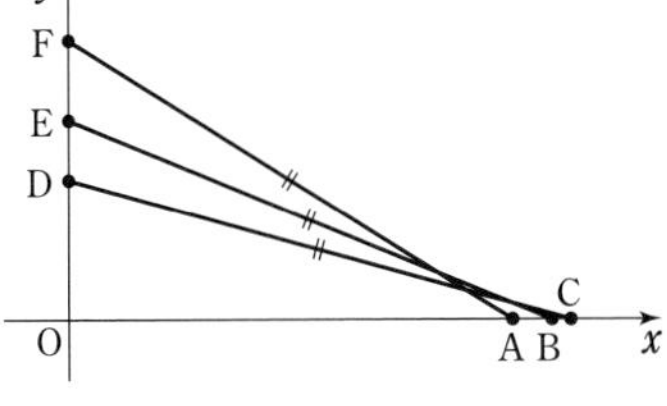

2 点 B，E の座標をそれぞれ $(x,\ 0)$，$(0,\ y)$ $(x>0,\ y>0)$ とすると，条件から，

$A(x-2,\ 0)$，

$C(x+1,\ 0)$，

$D(0,\ y-3)$，

←求める 2 点 B，E の座標をそれぞれ $(x,\ 0)$，$(0,\ y)$ として，座標平面の 2 点間の距離の公式を用いる。

4章　練習　[数学と人間の活動]

F(0, $y+4$)

と表される。

AF＝BE＝CD から　　$AF^2=BE^2=CD^2$

$AF^2=BE^2$ から　　$(x-2)^2+(y+4)^2=x^2+y^2$

←条件 AF＝BE のままでは扱いにくいから，これと同値な条件 $AF^2=BE^2$ を利用する。

よって　　$x-2y=5$ …… ①

$BE^2=CD^2$ から　　$x^2+y^2=(x+1)^2+(y-3)^2$

よって　　$x-3y=-5$ …… ②

①，② を解いて　　$x=25$，$y=10$

よって，求める 2 点 B，E の座標は

B(25, 0)，E(0, 10)

練習 ①155　点 P(4, −3, 2) に対して，次の点の座標を求めよ。

(1)　点 P から x 軸に下ろした垂線と x 軸の交点 Q

(2)　xy 平面に関して対称な点 R

(3)　原点 O に関して対称な点 S

図から

(1)　**Q(4, 0, 0)**

(2)　**R(4, −3, −2)**

(3)　**S(−4, 3, −2)**

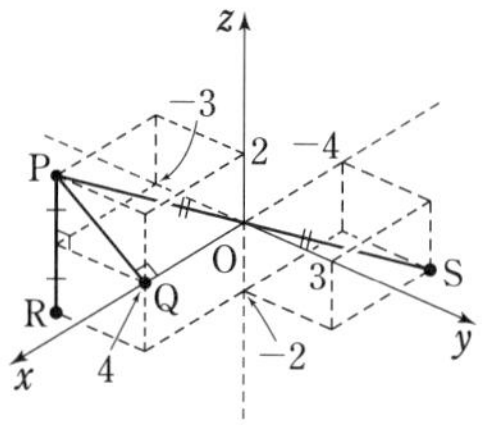

(2)，(3)　本冊 $p.592$ の 検討 を利用すると，符号に注目するだけで求められる。

練習 ③156　座標空間内の 3 点 O(0, 0, 0)，A(0, 0, 4)，B(1, 1, 0) からの距離がともに $\sqrt{29}$ である点 C の座標を求めよ。

点 C の座標を $(x,\ y,\ z)$ とする。

条件から　　$OC=AC=BC=\sqrt{29}$

ゆえに　　$OC^2=AC^2=BC^2=29$

←2 乗した形で扱う。

$OC^2=AC^2$ から　　$x^2+y^2+z^2=x^2+y^2+(z-4)^2$

←座標空間の 2 点間の距離の公式利用

よって　　$8z=16$　　ゆえに　$z=2$ …… ①

$OC^2=BC^2$ から　　$x^2+y^2+z^2=(x-1)^2+(y-1)^2+z^2$

よって　　$2x+2y=2$　　ゆえに　　$y=-x+1$ …… ②

←両辺から x^2，y^2，z^2 の項が消える。

$OC^2=29$ から　　$x^2+y^2+z^2=29$ …… ③

①，② を ③ に代入して　　$x^2+(-x+1)^2+2^2=29$

←1 つの文字だけの方程式を作る。

整理して　　$x^2-x-12=0$

すなわち　　$(x+3)(x-4)=0$　　よって　　$x=-3,\ 4$

①，② から，求める点 C の座標は

(−3, 4, 2)，(4, −3, 2)

EX ②77 4つの数字3, 4, 5, 6を並べ替えてできる4桁の数をmとし，mの各位の数を逆順に並べてできる4桁の数をnとすると，$m+n$は99の倍数となることを示せ。

$3+4+5+6=18$であるから，3, 4, 5, 6を並べ替えてできる4桁の数m, nは9の倍数である。
よって，$m+n$は9の倍数である。…… ①
また，$m=1000a+100b+10c+d$（a, b, c, dは3, 4, 5, 6のいずれかで，すべて互いに異なる）とすると

$$m+n=(1000a+100b+10c+d)+(1000d+100c+10b+a)$$
$$=1001(a+d)+110(b+c)$$
$$=11\{91(a+d)+10(b+c)\}$$

ゆえに，$m+n$は11の倍数である。…… ②
①, ②から，$m+n$は99の倍数である。

←9の倍数 ⟺ 各位の数の和が9の倍数
←9の倍数の和は9の倍数。
←nはmの各位の数を逆順に並べたもの。
←$1001=11\cdot 91$
←9と11は互いに素。

EX ③78 2から20までの10個の偶数から異なる5個をとり，それらの積をa，残りの積をbとする。このとき，$a\neq b$であることを証明せよ。〔広島修道大〕

$a=b$であると仮定すると　$ab=a^2$
すなわち　$2\cdot 4\cdot 6\cdot 8\cdot 10\cdot 12\cdot 14\cdot 16\cdot 18\cdot 20=a^2$ …… ①
ここで，2から20までの10個の偶数のうち，7の倍数は14だけであるから，①の左辺を素因数分解したときの素因数7の個数は1である。一方，①の右辺を素因数分解したときの素因数7の個数は0または2であるから，①は矛盾している。
したがって，$a\neq b$である。

←背理法。**素因数分解の一意性**（素因数分解は，積の順序の違いを除けばただ1通り）を用いて，矛盾を導く。
←aが14を含めば2個，含まなければ0個。

EX ③79 (1) 1080の正の約数の個数と，正の約数のうち偶数であるものの総和を求めよ。
(2) 正の約数の個数が28個である最小の正の整数を求めよ。〔(2) 早稲田大〕

(1) $1080=2^3\cdot 3^3\cdot 5$であるから，正の約数の個数は

$$(3+1)(3+1)(1+1)=4\cdot 4\cdot 2=\mathbf{32}\ (\textbf{個})$$

また，正の約数のうち偶数であるものの総和は

$$(2+2^2+2^3)(1+3+3^2+3^3)(1+5)=14\cdot 40\cdot 6=\mathbf{3360}$$

(2) 正の約数の個数が28個であるような正の整数をnとする。
$28=28\cdot 1$, $14\cdot 2$, $7\cdot 4$, $7\cdot 2\cdot 2$であるから，nは

$$p^{27},\ p^{13}q,\ p^6q^3,\ p^6qr\quad（p,\ q,\ r は異なる素数）$$

の形で表される。
最小のものを考えるから，$p=2$, $q=3$, $r=5$としてよい。
このとき　$p^{27}=2^{27}$, $p^{13}q=2^{13}\cdot 3$, $p^6q^3=2^6\cdot 3^3$, $p^6qr=2^6\cdot 3\cdot 5$
$2^{27}>2^{13}\cdot 4>2^{13}\cdot 3$, $2^{13}\cdot 3>2^6\cdot 2^5>2^6\cdot 3^3$, $2^6\cdot 3^3>2^6\cdot 3\cdot 5$であるから，求める最小の正の整数は　$2^6\cdot 3\cdot 5=\mathbf{960}$

←正の約数で偶数のものは，素因数2を少なくとも1個もつ。
←$7\cdot 4$は$p^{7-1}q^{4-1}$
$7\cdot 2\cdot 2$は$p^{7-1}q^{2-1}r^{2-1}$の形を表す。

EX ④80 (1) 自然数nでn^2-1が素数になるものをすべて求めよ。
(2) $0\leqq n\leqq m$を満たす整数m, nの組$(m,\ n)$で，$3m^2+mn-2n^2$が素数になるものをすべて求めよ。
(3) 0以上の整数m, nの組$(m,\ n)$で，$m^4-3m^2n^2-4n^4-6m^2-16n^2-16$が素数になるものをすべて求めよ。〔大阪府大〕

(1) $n^2-1=(n-1)(n+1)$

$n-1<n+1$ であるから，n^2-1 が素数となるのは，$n-1=1$ すなわち，$n=2$ のときに限る。

このとき，$n^2-1=3$ となり，3 は素数であるから適する。

したがって　**$n=2$**

←素数 p の正の約数は 1 と p（自分自身）だけである。

(2) $3m^2+mn-2n^2=(m+n)(3m-2n)$

$m \geqq n \geqq 0$ であるから　$m+n \geqq 0$，$3m-2n \geqq 0$

←$3m-2n \geqq 3(m-n) \geqq 0$

$3m^2+mn-2n^2$ が素数となるための必要条件は

$m+n=1$　または　$3m-2n=1$

[1] $m+n=1$ のとき

$0 \leqq n \leqq m$ であるから　$(m,\ n)=(1,\ 0)$

このとき　$3m^2+mn-2n^2=1\cdot 3=3$

3 は素数であるから，適する。

←$m+n$ と $3m-2n$ の大小関係はわからないから，2 通りの場合に分けて考える。

[2] $3m-2n=1$ のとき　$3(m-n)=1-n$

$n \leqq m$ より $m-n \geqq 0$ であるから　$1-n \geqq 0$

ゆえに　$n \leqq 1$　$n \geqq 0$ と合わせて　$0 \leqq n \leqq 1$

←$n \leqq m$ より $m-n \geqq 0$ であるから，$m-n$ が出てくるように変形。

$n=1$ のとき，$3m-2\cdot 1=1$ から　$m=1$

$n=0$ のとき，$3m=1$ から　$m=\frac{1}{3}$（不適）

←m は整数であるから，$m=\frac{1}{3}$ は不適。

よって　$(m,\ n)=(1,\ 1)$

このとき　$3m^2+mn-2n^2=(1+1)\cdot 1=2$

2 は素数であるから，適する。

[1]，[2] から　**$(m,\ n)=(1,\ 0),\ (1,\ 1)$**

(3) $N=m^4-3m^2n^2-4n^4-6m^2-16n^2-16$ とすると

$$N=m^4-3(n^2+2)m^2-4(n^4+4n^2+4)$$
$$=m^4-3(n^2+2)m^2-4(n^2+2)^2$$
$$=(m^2-4n^2-8)(m^2+n^2+2)$$

←m について降べきの順に整理する。

←$m^2=A$，$n^2+2=B$ とおくと
$A^2-3AB-4B^2$
$=(A-4B)(A+B)$

$m^2+n^2+2>0$，$m^2-4n^2-8<m^2+n^2+2$ であるから，N が素数となるための必要条件は　$m^2-4n^2-8=1$

このとき，$m^2-4n^2=9$ から　$(m-2n)(m+2n)=9$

←(　)(　)=(整数)

$0 \leqq n \leqq m$ であるから　$m-2n \leqq m+2n$，$m+2n \geqq 0$

m，n は整数であるから，$m-2n$，$m+2n$ も整数であり，9 の正の約数である。

ゆえに　$(m-2n,\ m+2n)=(1,\ 9),\ (3,\ 3)$

よって　$(m,\ n)=(5,\ 2),\ (3,\ 0)$

$(m,\ n)=(5,\ 2)$ のとき　$N=1\cdot(m^2+n^2+2)=31$

$(m,\ n)=(3,\ 0)$ のとき　$N=1\cdot(m^2+n^2+2)=11$

ゆえに，いずれの場合も N は素数となるから適する。

したがって　**$(m,\ n)=(5,\ 2),\ (3,\ 0)$**

←必要条件から求めた値が，十分条件であることを確認する。

EX ②81

分数 $\frac{104}{21}$，$\frac{182}{15}$ のいずれに掛けても積が自然数となるような分数のうち，最小のものを求めよ。
〔大阪経大〕

題意を満たす分数を $\dfrac{a}{b}$ (a, b は互いに素な自然数) とすると，a は 21 と 15 の公倍数，b は 104 と 182 の公約数である。
よって，$\dfrac{a}{b}$ が最小となるのは，21 と 15 の最小公倍数を a，104 と 182 の最大公約数を b としたときである。
$21=3\cdot7$，$15=3\cdot5$，$104=2^3\cdot13$，$182=2\cdot7\cdot13$ であるから，
$a=3\cdot7\cdot5=105$，$b=2\cdot13=26$ としたとき最小値 $\boldsymbol{\dfrac{105}{26}}$

←$\dfrac{104}{21}\times\dfrac{a}{b}$ が自然数
⟶ a は 21 の倍数，
　b は 104 の約数。
$\dfrac{182}{15}\times\dfrac{a}{b}$ が自然数
⟶ a は 15 の倍数，
　b は 182 の約数。

EX ③82 自然数 m，n ($m\geqq n>0$) がある。$m+n$ と $m+4n$ の最大公約数が 3 で，最小公倍数が $4m+16n$ であるという。このような m，n をすべて求めよ。 〔東北学院大〕

$m+n$ と $m+4n$ の最大公約数は 3 であるから，
$$m+n=3a,\ m+4n=3b \quad と表される。$$
ただし，a，b は互いに素である整数で，$m\geqq n>0$ より $m+4n>m+n$ であるから，$0<a<b$ である。
また，$m+n$ と $m+4n$ の最小公倍数は $4m+16n=4(m+4n)$ であるから　$4(m+4n)=3ab$　すなわち　$4\cdot3b=3ab$
よって　$a=4$　このとき　$m+n=12$
$m=12-n$ と $m\geqq n>0$ から　$12-n\geqq n>0$
したがって　$2n\leqq12$　かつ　$n>0$
この不等式を満たす整数は　$n=1,\ 2,\ 3,\ 4,\ 5,\ 6$ …… ①
また，$m=12-n$ を $m+4n=3b$ に代入すると
$$12+3n=3b \quad すなわち \quad b=n+4$$
① の n の値において，$n=2,\ 4,\ 6$ のとき，$b=n+4$ は偶数となるが，この場合 $a=4$ と互いに素でないから不適である。
　$n=1$ のとき　$m=11$，$b=5$　　$n=3$ のとき　$m=9$，$b=7$
　$n=5$ のとき　$m=7$，$b=9$
いずれの場合も $a=4$ と b は互いに素で $a<b$，$m\geqq n$ を満たす。
したがって　$\boldsymbol{(m,\ n)=(11,\ 1),\ (9,\ 3),\ (7,\ 5)}$

←A，B の最大公約数を g とし，最小公倍数を l，$A=ga$，$B=gb$ とすると
　a と b は互いに素
　$l=gab$，$AB=gl$

←$m+n=12$ を満たす自然数 m，n の組をすべて求めるのは面倒。問題の条件の不等式を利用して値を絞り込む。

←偶数どうしの最大公約数は必ず 2 以上の整数である。

EX ③83 N は $100\leqq N\leqq199$ を満たす整数とする。N^2 と N の下 2 桁が一致するとき，N の値を求めよ。 〔類 中央大〕

N^2 と N の下 2 桁が一致するための条件は，
$N^2-N=N(N-1)$ が 100 の倍数となることである。
$100=2^2\cdot5^2$ であるが，N と $N-1$ は互いに素であるから，
$N(N-1)$ が 100 の倍数となるとき，N と $N-1$ がともに 5 を素因数にもつことはない。
すなわち，N，$N-1$ のどちらか一方は 25 で割り切れるから
　$N=100,\ 125,\ 150,\ 175$ または $N-1=100,\ 125,\ 150,\ 175$
ゆえに　$N=100,\ 101,\ 125,\ 126,\ 150,\ 151,\ 175,\ 176$
このうち，$N(N-1)$ が 4 で割り切れるものが求める整数 N であるから　$\boldsymbol{N=100,\ 101,\ 125,\ 176}$

←連続する 2 つの自然数は互いに素である。

←各 N の値に対し
$N-1=99,\ 100,\ 124,\ 125,\ 149,\ 150,\ 174,\ 175$

EX ③84 $\dfrac{n}{144}$ が1より小さい既約分数となるような正の整数 n は全部で何個あるか。〔千葉工大〕

n は143以下で144と互いに素である正の整数である。
$144=2^4\cdot3^2$ であるから，このような数は，1から143までの143個の自然数のうち，偶数または3の倍数を除いたものである。
1から143までの自然数のうち，
2の倍数の個数は，143を2で割った商で　71
3の倍数の個数は，143を3で割った商で　47
6の倍数の個数は，143を6で割った商で　23
よって，求める個数は　$143-(71+47-23)=$**48（個）**

←$143\div2=71.5$
←$143\div3=47.6\cdots$
←$143\div6=23.8\cdots$

検討　n 以下の自然数で，n と互いに素であるものの個数は，本冊 $p.533$ 検討 PLUS ONE で紹介した，オイラー関数④の性質を利用して求められる。

$$\phi(144)=\phi(2^4\cdot3^2)=2^4\cdot3^2\times\left(1-\frac{1}{2}\right)\left(1-\frac{1}{3}\right)$$
$$=144\times\frac{1}{2}\cdot\frac{2}{3}=48$$

EX ②85 (1) 整数 n に対し，n^2+n-6 が13の倍数になるとき，n を13で割った余りを求めよ。
(2) (ア) x が整数のとき，x^4 を5で割った余りを求めよ。
(イ) $x^4-5y^4=2$ を満たすような整数の組 $(x,\ y)$ は存在しないことを示せ。〔(2) 類 岩手大〕

(1) $n^2+n-6=(n-2)(n+3)$ であるから，n^2+n-6 が13の倍数になるのは，$n-2$ または $n+3$ が13の倍数のときである。
k，l を整数とすると
[1] $n-2$ が13の倍数のとき，$n-2=13k$ と表され
$n=13k+2$
[2] $n+3$ が13の倍数のとき，$n+3=13l$ と表され
$n=13l-3=13(l-1)+10$
したがって，n を13で割った余りは　**2または10**

←13は素数。
←$n=13q+r$（q，r は整数，$0\leqq r<13$）に変形すると余りがわかる。

(2) (ア) x を5で割った余りを r $(r=0,\ 1,\ 2,\ 3,\ 4)$ とすると，x^4 を5で割った余りは r^4 を5で割った余りに等しい。
ここで，$r=0$ のとき　$r^4=0=5\cdot0$
$r=1$ のとき　$r^4=1=5\cdot0+1$
$r=2$ のとき　$r^4=2^4=16=5\cdot3+1$
$r=3$ のとき　$r^4=3^4=81=5\cdot16+1$
$r=4$ のとき　$r^4=4^4=256=5\cdot51+1$
よって，r^4 を5で割った余りは0または1であるから，
x^4 を5で割った余りは　**0または1**

←本冊 $p.536$ 基本事項③ 4（割り算の余りの性質）を利用。

(イ) (ア)から，x，y が整数のとき
x^4-5y^4 を5で割った余りは0か1
2を5で割った余りは2
ゆえに，$x^4-5y^4=2$ を満たす整数の組 $(x,\ y)$ は存在しない。

←$-5y^4$ を5で割った余りは0

EX ④86

n を自然数とする。$A_n=2^n+n^2$, $B_n=3^n+n^3$ とおく。A_n を3で割った余りを a_n とし，B_n を4で割った余りを b_n とする。

(1) $A_{n+6}-A_n$ は3で割り切れることを示せ。

(2) $1\leqq n\leqq 2018$ かつ $a_n=1$ を満たす n の個数を求めよ。

(3) $1\leqq n\leqq 2018$ かつ $b_n=2$ を満たす n の個数を求めよ。　〔神戸大〕

(1) $A_{n+6}-A_n=\{2^{n+6}+(n+6)^2\}-(2^n+n^2)$
$=63\cdot 2^n+12n+36$
$=3(21\cdot 2^n+4n+12)$

よって，$A_{n+6}-A_n$ は3で割り切れる。

(2) $A_{n+6}-A_n$ を3で割った余りは，$a_{n+6}-a_n$ を3で割った余りに等しい。

よって，(1)の結果から　$a_{n+6}=a_n$

$A_n=2^n+n^2$ に $n=1, 2, \cdots\cdots, 6$ を代入すると

$A_1=3$, $A_2=8$, $A_3=17$, $A_4=32$, $A_5=57$, $A_6=100$

これらを3で割ったときの余りは，それぞれ

$a_1=0$,　$a_2=2$,　$a_3=2$,　$a_4=2$,　$a_5=0$,　$a_6=1$

したがって，a_n は，0, 2, 2, 2, 0, 1を繰り返す。

よって，$a_n=1$ となるのは n が6の倍数のときである。

$2018=336\cdot 6+2$ から，$1\leqq n\leqq 2018$ かつ $a_n=1$ を満たす n は

336個

(3) $B_{n+4}-B_n=\{3^{n+4}+(n+4)^3\}-(3^n+n^3)$
$=80\cdot 3^n+12n^2+48n+64$
$=4(20\cdot 3^n+3n^2+12n+16)$

よって，$B_{n+4}-B_n$ は4で割り切れる。

$B_{n+4}-B_n$ を4で割った余りは，$b_{n+4}-b_n$ を4で割った余りに等しいから　$b_{n+4}=b_n$

$B_n=3^n+n^3$ に $n=1, 2, 3, 4$ を代入すると

$B_1=4$,　$B_2=17$,　$B_3=54$,　$B_4=145$

これらを4で割ったときの余りは，それぞれ

$b_1=0$,　$b_2=1$,　$b_3=2$,　$b_4=1$

したがって，b_n は，0, 1, 2, 1を繰り返す。

よって，$b_n=2$ となるのは，n を4で割った余りが3のときである。このとき n は整数 l を用いて $n=4l+3$ と表される。

$1\leqq n\leqq 2018$ から　$1\leqq 4l+3\leqq 2018$

したがって　$-\dfrac{1}{2}\leqq l\leqq \dfrac{2015}{4}=503.75$

この不等式を満たす整数 l は504個ある。

よって，$1\leqq n\leqq 2018$ かつ $b_n=2$ を満たす n は　**504個**

←$2^{n+6}-2^n=2^n\cdot 2^6-2^n=2^n(2^6-1)=2^n(64-1)$

←$A_{n+6}-A_n=3\times$(整数)の形。

←$A_{n+6}-A_n$ は3で割り切れるから，$a_{n+6}-a_n$ は3で割り切れる。このとき，すべての n について $0\leqq a_n<3$ であるから　$a_{n+6}-a_n=0$

←$3^{n+4}-3^n=3^n\cdot 3^4-3^n=3^n(3^4-1)=3^n(81-1)$

←$B_{n+4}-B_n$ は4で割り切れるから，$b_{n+4}-b_n$ は4で割り切れる。このとき，すべての n について $0\leqq b_n<4$ であるから　$b_{n+4}-b_n=0$

←$0\leqq l\leqq 503$

EX ③87

自然数 P が2でも3でも割り切れないとき，P^2-1 は24で割り切れることを証明せよ。　〔ノートルダム清心女子大〕

k を 0 以上の整数とすると，すべての自然数は，

$6k+1,\ 6k+2,\ 6k+3,\ 6k+4,\ 6k+5,\ 6(k+1)$

の形に表され，P は 2 でも 3 でも割り切れない自然数であるから　$P=6k+1$　または　$P=6k+5$

←k を自然数として，$6k-5,\ 6k-4,\ \cdots\cdots,\ 6k$ としてもよい。

←$6k+2,\ 6k+4$ は 2 で，$6k+3$ は 3 で割り切れる。また，$6(k+1)$ は 2 でも 3 でも割り切れる。

[1]　$P=6k+1$ の場合

$$P^2-1=(P+1)(P-1)=(6k+2)\cdot 6k=12k(3k+1)$$

(i)　k が偶数のとき，$12k$ は 24 の倍数となるから，P^2-1 は 24 で割り切れる。

(ii)　k が奇数のとき，$3k+1$ は偶数であり，$12(3k+1)$ は 24 の倍数となるから，P^2-1 は 24 で割り切れる。

←k が奇数のとき，$3k$ は奇数であるから，それに奇数 1 を加えた $3k+1$ は偶数になる。

[2]　$P=6k+5$ の場合

$$P^2-1=(P+1)(P-1)=(6k+6)(6k+4)=12(k+1)(3k+2)$$

(i)　k が偶数のとき，$3k+2$ は偶数であり，$12(3k+2)$ は 24 の倍数となるから，P^2-1 は 24 で割り切れる。

←k が偶数のとき，$3k$ は偶数であり，それに偶数 2 を加えた $3k+2$ は偶数になる。

(ii)　k が奇数のとき，$k+1$ は偶数であり，$12(k+1)$ は 24 の倍数となるから，P^2-1 は 24 で割り切れる。

以上から，自然数 P が 2 でも 3 でも割り切れないとき，P^2-1 は 24 で割り切れる。

参考　**[連続する 2 整数の積が 2 の倍数であることを利用する。]**

[1]　$P^2-1=12k(3k+1)=12k(2k+k+1)=24k^2+12k(k+1)$

$k(k+1)$ は連続する 2 整数の積であるから，2 の倍数である。

よって，$k(k+1)=2m$（m は 0 以上の整数）とおくと

$$P^2-1=24k^2+12\cdot 2m=24(k^2+m)$$

したがって，P^2-1 は 24 で割り切れる。

←k は 0 以上の整数であるから，$k(k+1)$ は 0 以上の整数である。

[2]　$P^2-1=12(k+1)(3k+2)=12(k+1)(k+2k+2)$

$$=12k(k+1)+24(k+1)^2$$

[1] と同様に考えて

$$P^2-1=12\cdot 2m+24(k+1)^2=24\{m+(k+1)^2\}$$

したがって，P^2-1 は 24 で割り切れる。

EX ②88

すべての自然数 n に対して $\dfrac{n^3}{6}-\dfrac{n^2}{2}+\dfrac{4n}{3}$ は整数であることを証明せよ。　〔学習院大〕

$$\frac{n^3}{6}-\frac{n^2}{2}+\frac{4n}{3}=\frac{1}{6}n(n^2-3n+8)$$

$$=\frac{1}{6}n\{(n-1)(n-2)-2+8\}$$

$$=\frac{1}{6}n(n-1)(n-2)+n\ \cdots\cdots\ ①$$

←$\dfrac{1}{6}n$ でくくる。

←$(n-1)(n-2)=n^2-3n+2$
連続する 3 整数の積を作り出すように変形。

$n(n-1)(n-2)$ は連続する 3 整数の積であるから，6 の倍数である。よって，$\dfrac{1}{6}n(n-1)(n-2)+n$ は整数である。

ゆえに，① から，すべての自然数 n に対して $\dfrac{n^3}{6}-\dfrac{n^2}{2}+\dfrac{4n}{3}$ は整数である。

検討 本冊 $p.538$ 基本例題 125 (1) を，連続する 3 整数の積を作り出す方針で解くと，次のようになる。

$$n^4+2n^2=n^2(n^2+2)=n^2\{(n^2-1)+3\}$$
$$=n\cdot(n-1)n(n+1)+3n^2$$

$(n-1)n(n+1)$，$3n^2$ は 3 の倍数であるから，n^4+2n^2 も 3 の倍数である。

EX ③89

x，y を自然数，p を 3 以上の素数とするとき
(1) $x^3-y^3=p$ が成り立つとき，p を 6 で割った余りが 1 となることを証明せよ。
(2) $x^3-y^3=p$ が自然数の解の組 $(x,\ y)$ をもつような p を，小さい数から順に p_1，p_2，p_3，…… とするとき，p_5 の値を求めよ。 〔類 早稲田大〕

(1) $x^3-y^3=p$ から $(x-y)(x^2+xy+y^2)=p$ …… ①
$x-y$ は整数，x^2+xy+y^2 は自然数で $x^2+xy+y^2\geqq 3$
よって，① から
$x-y=1$ …… ②，$x^2+xy+y^2=p$ …… ③
② から $x=y+1$ …… ④
④ を ③ に代入して $(y+1)^2+(y+1)y+y^2=p$
よって $p=3y^2+3y+1=3y(y+1)+1$ …… ⑤
$y(y+1)$ は連続する 2 整数の積であるから，2 の倍数である。
ゆえに，$3y(y+1)$ は 6 の倍数である。
したがって，p を 6 で割った余りは 1 となる。

(2) y が自然数であるとき，④ から x も自然数となる。
また，⑤ から y の値が大きくなると p の値も大きくなり
$y=1$ のとき $p=3\cdot1\cdot2+1=7$ （素数）
$y=2$ のとき $p=3\cdot2\cdot3+1=19$ （素数）
$y=3$ のとき $p=3\cdot3\cdot4+1=37$ （素数）
$y=4$ のとき $p=3\cdot4\cdot5+1=61$ （素数）
$y=5$ のとき $p=3\cdot5\cdot6+1=91$
　$91=7\times13$ であるから，このとき p は素数ではない。
$y=6$ のとき $p=3\cdot6\cdot7+1=127$ （素数）
以上から **$p_5=127$**

←左辺を因数分解。
←x^2+xy+y^2 $\geqq 1^2+1\cdot1+1^2=3$
←素数 p の正の約数は 1 と p だけである。
←$p=(6\text{ の倍数})+1$
←$y=1$，2，……を順に ⑤ に代入して得られる p の値のうち，5 番目に小さい素数が p_5 となる。

EX ④90

a，b，c はどの 2 つも 1 以外の共通な約数をもたない正の整数とする。a，b，c が $a^2+b^2=c^2$ を満たしているとき，次の問いに答えよ。
(1) a，b のうちの一方は偶数で他方は奇数であり，c は奇数であることを示せ。
(2) a，b のうち 1 つは 4 の倍数であることを示せ。 〔類 旭川医大〕

$a^2+b^2=c^2$ …… ① とする。
(1) [1] a，b がともに偶数であると仮定すると，a，b は 2 を共通の約数にもつから，1 以外の共通な約数をもたないという条件を満たさず，矛盾。
[2] a，b がともに奇数であると仮定すると
$a=2m+1$，$b=2n+1$ （m，n は 0 以上の整数）
と表される。

←問題文で与えられた条件を利用。
←$a=2m-1$，$b=2n-1$ （m，n は自然数）と表してもよい。

$$a^2+b^2=(2m+1)^2+(2n+1)^2$$
$$=(4m^2+4m+1)+(4n^2+4n+1)$$
$$=4(m^2+n^2+m+n)+2$$

$a^2+b^2=c^2$ とすると

$$c^2=4(m^2+n^2+m+n)+2$$

よって　$c^2=2\{2(m^2+n^2+m+n)+1\}$ …… ②

ゆえに，c^2 は偶数であるから，c は偶数である。

よって，$c=2k$（k は整数）と表されるから，② より

$$4k^2=2\{2(m^2+n^2+m+n)+1\}$$

すなわち　$2k^2=2(m^2+n^2+m+n)+1$ …… ③

ここで，③ の左辺は偶数，右辺は奇数であるから，矛盾。

ゆえに，a^2，b^2 のうちの一方は偶数で，他方は奇数である。

よって，a^2+b^2 は奇数であるから，① より c^2 も奇数であり，c も奇数となる。

整数 k について
k が偶数 ⟺ k^2 が偶数
k が奇数 ⟺ k^2 が奇数
が成り立つ。これは証明なしに用いてもよい。

←③ は（偶数）=（奇数）となっている。

(2) [1] a が偶数，b が奇数，c が奇数の場合

$a=2a'$，$b=2m+1$，$c=2n+1$

（a' は正の整数，m，n は 0 以上の整数）

と表される。

よって　$a^2=4a'^2$ …… ④

また，① から　$a^2=c^2-b^2=(2n+1)^2-(2m+1)^2$
$=4(n^2+n-m^2-m)$ …… ⑤

④，⑤ から　$a'^2=n^2+n-m^2-m$

すなわち　$a'^2=n(n+1)-m(m+1)$

ここで，$n(n+1)$，$m(m+1)$ は連続した 2 つの整数の積であるから，偶数である。

よって，a'^2 は偶数であり，a' も偶数である。

ゆえに，a $(=2a')$ は 4 の倍数である。

[2] a が奇数，b が偶数，c が奇数の場合も，[1] と同様にして，b が 4 の倍数であることが示される。

したがって，a，b のうち 1 つは 4 の倍数である。

←(1) の結果から，[1]，[2] の 2 つの場合に分けられる。

←⑤ を更に変形すると
$a^2=4(n+m+1)(n-m)$
また　a'^2 について
$a'^2=(n+m+1)(n-m)$
ゆえに，m，n の偶奇が一致するとき，$n-m$ は偶数となる。また，m，n の偶奇が一致しないとき，$n+m+1$ が偶数となる。このことを利用してもよい。

EX ③91 2 つの自然数 a と b が互いに素であるとき，$3a+b$ と $5a+2b$ も互いに素であることを証明せよ。〔山口大〕

2 数 A，B の最大公約数を $(A,\ B)$ で表すと

$$5a+2b=(3a+b)\cdot 1+2a+b$$
$$3a+b=(2a+b)\cdot 1+a,\quad 2a+b=a\cdot 2+b$$

ゆえに　$(5a+2b,\ 3a+b)=(3a+b,\ 2a+b)$
$=(2a+b,\ a)=(a,\ b)$

よって，a，b の最大公約数と $5a+2b$，$3a+b$ の最大公約数は一致する。

したがって，a と b が互いに素であるとき，$3a+b$ と $5a+2b$ も互いに素である。

←$A=BQ+R$ のとき
$(A,\ B)=(B,\ R)$

別解　$3a+b$ と $5a+2b$ が互いに素でないと仮定すると

$$3a+b=gm \cdots\cdots ①,\ 5a+2b=gn \cdots\cdots ②$$

$(m,\ n,\ g$ は自然数，$g \geqq 2)$

と表される。

①×2−② から　　$g(2m-n)=a$

$2m-n$ は整数であるから，g は a の約数である。

②×3−①×5 から　　$g(3n-5m)=b$

$3n-5m$ は整数であるから，g は b の約数である。

したがって，g は a と b の1以外の公約数となり，a と b が互いに素であることに矛盾する。

よって，$3a+b$ と $5a+2b$ は互いに素である。

←背理法

←b を消去する。

←a を消去する。

EX ④92

自然数 n について，以下の問いに答えよ。

(1) $n+2$ と n^2+1 の公約数は1または5に限ることを示せ。

(2) (1)を用いて，$n+2$ と n^2+1 が1以外に公約数をもつような自然数 n をすべて求めよ。

(3) (1), (2)を参考にして，$2n+1$ と n^2+1 が1以外に公約数をもつような自然数 n をすべて求めよ。
〔神戸大〕

(1) 等式 $n^2+1=(n+2)(n-2)+5 \cdots\cdots ①$ が成り立つ。

ゆえに，n^2+1 と $n+2$ の公約数は，$n+2$ と5の公約数に一致する。

5の約数は1，5であるから，n^2+1 と $n+2$ の公約数は1または5に限る。

←$a=bq+r$ が成り立つとき，a と b の公約数と，b と r の公約数は一致する。

別解　等式 $(n^2+1)-(n+2)(n-2)=5 \cdots\cdots ①'$ が成り立つ。

$n+2$ と n^2+1 の公約数を g とすると

$$n+2=ga,\ n^2+1=gb\ (a,\ b \text{ は自然数})$$

と表される。よって，①′ により

$$gb-ga(n-2)=5 \quad \text{すなわち} \quad g\{b-a(n-2)\}=5$$

$b-a(n-2)$ は整数であるから，g は5の約数である。

したがって，g すなわち $n+2$ と n^2+1 の公約数は1または5に限る。

(2) $n+2$ と n^2+1 の1以外の公約数は，(1)より5だけであるから，$n+2=5k$ (k は自然数) と表すことができる。

よって　　$n=5k-2$

このとき，① から，n^2+1 も5を約数にもち，確かに1以外に公約数5をもつ。

ゆえに，求める自然数 n は，**5で割ると3余る自然数** である。

←$n^2+1=(5k-2)^2+1$
$=5(5k^2-4k+1)$

←$5k-2=5(k-1)+3$ と変形できるから，$5k-2$ を5で割ったときの余りは3

(3) 等式 $4(n^2+1)-(2n+1)(2n-1)=5 \cdots\cdots ②$ が成り立つ。

ゆえに，(1)と同様に考えると，$2n+1$ と n^2+1 の公約数は1または5に限る。

よって，$2n+1$ と n^2+1 が1以外の公約数をもつとき，それは5に限るから，$2n+1=5m$ (m は自然数) と表すことができる。

このとき，② および4と5が互いに素であることから，n^2+1 も5を約数にもち，確かに1以外の公約数5をもつ。

ここで，$2n+1=5m$ において，$2n+1$ は奇数であるから，m は奇数である。

ゆえに　$2n+1=5(2l-1)$　（l は自然数）

整理して　$n=5l-3$

よって，求める自然数 n は，**5 で割ると 2 余る自然数** である。

←$m=2l-1$ とおいた。

←$5l-3=5(l-1)+2$

EX ②93

3 が記されたカードと 7 が記されたカードがそれぞれ何枚ずつかある。3 のカードの枚数は 7 のカードの枚数よりも多く，7 のカードの枚数の 2 倍は，3 のカードの枚数よりも多い。また，各カードに記された数をすべて合計すると 140 になる。このとき，3 のカード，7 のカードの枚数をそれぞれ求めよ。〔成蹊大〕

3，7 のカードの枚数をそれぞれ x，y とすると，条件から

$x>y$ …… ①，$x<2y$ …… ②，$3x+7y=140$ …… ③

③ から　$3x=7(20-y)$ …… ④

3 と 7 は互いに素であるから，x は 7 の倍数である。

ゆえに，$x=7k$（k は整数）として，④ に代入すると

$3\cdot7k=7(20-y)$　すなわち　$y=20-3k$

① から　$7k>20-3k$　よって　$k>2$ …… ⑤

② から　$7k<2(20-3k)$　よって　$k<\dfrac{40}{13}$ …… ⑥

⑤，⑥ から　$2<k<\dfrac{40}{13}$

$\dfrac{40}{13}=3.07\cdots\cdots$ であり，k は整数であるから　$k=3$

このとき　$x=7\cdot3=21$，$y=20-3\cdot3=11$

したがって，**3 のカードは 21 枚，7 のカードは 11 枚** ある。

←まず，③ の整数解を求める。
140＝7・20 に注目。

←求めた ③ の解を ①，② にそれぞれ代入し，k の値の範囲を絞る。

EX ③94

(1) x，y を正の整数とする。$17x-36y=1$ となる最小の x は [ア] である。また，$17x^3-36y=1$ となる最小の x は [イ] である。

(2) 整数 a，b が $2a+3b=42$ を満たすとき，ab の最大値を求めよ。〔早稲田大〕

(1) まず，不定方程式 $17x-36y=1$ …… ① を解く。

$x=17$，$y=8$ は ① の整数解の 1 つであるから

$17\cdot17-36\cdot8=1$ …… ②

① − ② から　$17(x-17)-36(y-8)=0$

すなわち　$17(x-17)=36(y-8)$

17 と 36 は互いに素であるから，k を整数として

$x-17=36k$，$y-8=17k$　と表される。

よって　$x=36k+17$，$y=17k+8$

$x\geqq1$ かつ $y\geqq1$ となるのは $k\geqq0$ のときである。

したがって，① を満たす最小の正の整数 x は

$36\cdot0+17=$ ア **17**

また，$x^3=X$ とおくと，$x\geqq1$ のとき $X\geqq1$ である。

不定方程式 $17X-36y=1$ の解は

$X=36l+17$，$y=17l+8$　（l は整数）

$X\geqq1$ かつ $y\geqq1$ となるのは $l\geqq0$ のときである。

←互除法を利用。
$36=17\cdot2+2$，
$17=2\cdot8+1$ から
$1=17-2\cdot8$
$=17-(36-17\cdot2)\cdot8$
$=17\cdot17-36\cdot8$

←$k\leqq-1$ のとき
$x<0$，$y<0$

←$17x^3-36y=1$

←前半の結果を利用。

$l=0$ のとき　$X=17$　　このとき，x は正の整数にならない。
$l=1$ のとき　$X=53$　　このとき，x は正の整数にならない。
$l=2$ のとき　$X=89$　　このとき，x は正の整数にならない。
$l=3$ のとき　$X=125=5^3$　　このとき　$x=5$（正の整数）
よって，$17x^3-36y=1$ を満たす最小の正の整数 x は
$$x={}^{イ}\mathbf{5}$$

←$X=36l+17$ に $l=0,\ 1,\ \cdots\cdots$ と順に代入し，X が（正の整数）^{3}［立方数］となる場合を調べる。なお，$1^3=1,\ 2^3=8,\ 3^3=27,\ 4^3=64,\ 5^3=125$

(2)　$2a+3b=42$ から　　$2a=3(14-b)$
2 と 3 は互いに素であるから　$a=3k,\ 14-b=2k$（k は整数）と表される。
よって　　$a=3k,\ b=14-2k$
$$ab=3k(14-2k)=-6(k^2-7k)$$
$$=-6\left(k-\frac{7}{2}\right)^2+6\left(\frac{7}{2}\right)^2$$
$$=-6\left(k-\frac{7}{2}\right)^2+\frac{147}{2}$$

←k の 2 次式 ⟶ **基本形 $p(k-q)^2+r$ に変形。**

$y=-6\left(k-\frac{7}{2}\right)^2+\frac{147}{2}$ のグラフは上に凸の放物線で，軸は直線 $k=\frac{7}{2}$ である。
この軸に最も近い整数値は　　$k=3,\ 4$
ゆえに，ab は $k=3,\ 4$ のとき最大となり，その値は　72
よって　　**$(a,\ b)=(9,\ 8),\ (12,\ 6)$ のとき最大値 72**

←グラフが上に凸の 2 次関数であるから，軸に近いほど値が大きくなる。

EX ⑤95

$a,\ b$ は 0 でない整数の定数とし，$ax+by$（$x,\ y$ は整数）の形の数全体の集合を M とする。M に属する最小の正の整数を d とするとき
(1)　M の要素は，すべて d で割り切れることを示せ。
(2)　d は $a,\ b$ の最大公約数であることを示せ。
(3)　$a,\ b$ が互いに素な整数のときは，$as+bt=1$ となるような整数 $s,\ t$ が存在することを示せ。
〔類　大阪教育大，東京理科大，中央大〕

(1)　$d\in M$ であるから，$d=as+bt$（$s,\ t$ は整数）とする。
$ax+by$ を d で割った商を q，余りを r とすると，
$$ax+by=qd+r=q(as+bt)+r,\ 0\leqq r<d$$
ゆえに　　$r=ax+by-q(as+bt)=a(x-qs)+b(y-qt)$
$x-qs,\ y-qt$ は整数であるから　　$r\in M$
$0\leqq r<d$ であるから，$r\neq 0$ であれば，d が M に属する最小の正の整数であることに反する。
よって　　$r=0$
すなわち，$ax+by$ は d で割り切れる。

←$A=BQ+R$ の形。

←$r\neq 0$ のとき，$0<r<d$ から，r は d より小さい正の整数となる。

(2)　$a=a\cdot 1+b\cdot 0\in M,\ b=a\cdot 0+b\cdot 1\in M$ であるから，(1) より，$a,\ b$ は d で割り切れる。
したがって，d は $a,\ b$ の公約数である。
ここで，c を $a,\ b$ の任意の公約数とすると
$$a=ca',\ b=cb'\quad(a',\ b' \text{は整数})$$

←M の要素は，すべて d で割り切れる。

ゆえに　　$d=as+bt=(ca')s+(cb')t=c(a's+b't)$

$a's+b't$ は整数であるから，d は c の倍数である。

また，d は a，b の公約数で，任意の公約数の倍数であるから，最大公約数である。

(3)　a，b は互いに素であるから　　$d=1$

よって，$as+bt=1$ となるような整数 s，t が存在する。

←公約数は最大公約数の約数であるから，最大公約数はすべての公約数の倍数。

EX ③96

自然数 x，y，z は方程式 $15x+14y+24z=266$ を満たす。

(1)　$k=5x+8z$ としたとき，y を k の式で表すと $y=$ □ である。

(2)　x，y，z の組は，$(x,\ y,\ z)=$ □ である。　〔慶応大〕

(1)　$15x+14y+24z=266$ から　　$3(5x+8z)+14y=266$

$k=5x+8z$ とすると　　$3k+14y=266$

よって　　$y=\boldsymbol{-\dfrac{3}{14}k+19}$

(2)　y は自然数であり，3 と 14 は互いに素であるから，k は 14 の倍数である。

←(1) の結果から。

$y\geqq 1$ であるから　　$-\dfrac{3}{14}k+19\geqq 1$

よって　　$k\leqq 84$

←絞り込み。

$k\geqq 5\cdot 1+8\cdot 1=13$ でもあるから，$k=14l$ $(l=1,\ 2,\ \cdots\cdots,\ 6)$ と表される。

←$k=5x+8z$ で $x\geqq 1$，$z\geqq 1$

$5x+8z=14l$ …… ① とすると，$x=-2l$，$z=3l$ は ① の整数解の1つであるから

$$5\cdot(-2l)+8\cdot 3l=14l \quad \cdots\cdots \text{②}$$

①−② から　　$5(x+2l)+8(z-3l)=0$

すなわち　　$5(x+2l)=-8(z-3l)$

←$5\cdot(-2)+8\cdot 3=14$ であることを利用。また，**係数下げ** でも導くことができる。
$5(x+z)+3z=14l$
$x+z=s$ とおくと
$5s+3z=14l$
$\therefore\ s=l,\ z=3l$
$\therefore\ x=s-z=l-3l=-2l$

5 と 8 は互いに素であるから，m を整数として

$$x+2l=8m,\ z-3l=-5m$$

と表される。

したがって　　$x=8m-2l$，$z=3l-5m$

$x>0$，$z>0$ であるから　　$8m-2l>0$，$3l-5m>0$

m について解くと　　$\dfrac{1}{4}l<m<\dfrac{3}{5}l$ …… ③

$l=1,\ 2,\ \cdots\cdots,\ 6$ のそれぞれの値について，③ を満たす整数 m の値を求めると

$(l,\ m)=(2,\ 1),\ (3,\ 1),\ (4,\ 2),\ (5,\ 2),\ (6,\ 2),\ (6,\ 3)$

（$l=1$ のとき，③ を満たす整数 m は存在しない）

←$l=6$ のとき，③ は $\dfrac{3}{2}<m<\dfrac{18}{5}$
この不等式を満たす整数 m は　$m=2,\ 3$

これらの $(l,\ m)$ の組それぞれについて，

$$x=8m-2l,\quad y=-3l+19,\quad z=3l-5m$$

に代入して x，y，z の組を求めると

$(x,\ y,\ z)=\boldsymbol{(4,\ 13,\ 1),\ (2,\ 10,\ 4),\ (8,\ 7,\ 2),\ (6,\ 4,\ 5),\ (4,\ 1,\ 8),\ (12,\ 1,\ 3)}$

EX ③97 $2 \leqq p<q<r$ を満たす整数 p, q, r の組で, $\frac{1}{p}+\frac{1}{q}+\frac{1}{r} \geqq 1$ となるものをすべて求めよ。〔群馬大〕

$\frac{1}{p}+\frac{1}{q}+\frac{1}{r} \geqq 1$ …… ① とする。

$2 \leqq p<q<r$ から $\frac{1}{r}<\frac{1}{q}<\frac{1}{p} \leqq \frac{1}{2}$ …… ②

ゆえに $1 \leqq \frac{1}{p}+\frac{1}{q}+\frac{1}{r}<\frac{1}{p}+\frac{1}{p}+\frac{1}{p}=\frac{3}{p}$

よって $1<\frac{3}{p}$ すなわち $p<3$

p は $2 \leqq p<3$ を満たす整数であるから $p=2$

$p=2$ のとき, ① は $\frac{1}{q}+\frac{1}{r} \geqq \frac{1}{2}$

② から $\frac{1}{2} \leqq \frac{1}{q}+\frac{1}{r}<\frac{1}{q}+\frac{1}{q}=\frac{2}{q}$

よって $\frac{1}{2}<\frac{2}{q}$ すなわち $q<4$

q は $2<q<4$ を満たす整数であるから $q=3$

$p=2$, $q=3$ を ① に代入して整理すると

$\frac{1}{r} \geqq \frac{1}{6}$ すなわち $r \leqq 6$

r は $3<r \leqq 6$ を満たす整数であるから $r=4$, 5, 6

以上から, 求める整数 p, q, r の組は

$$(\boldsymbol{p},\ \boldsymbol{q},\ \boldsymbol{r})=(\mathbf{2},\ \mathbf{3},\ \mathbf{4}),\ (\mathbf{2},\ \mathbf{3},\ \mathbf{5}),\ (\mathbf{2},\ \mathbf{3},\ \mathbf{6})$$

←逆数をとると, 不等号の向きが変わる。

←$\frac{1}{q}<\frac{1}{p}$, $\frac{1}{r}<\frac{1}{p}$

←両辺に正の数 p を掛けて $p<3$

←$\frac{1}{r}<\frac{1}{q}$

←両辺に正の数 $2q$ を掛けて $q<4$

←両辺正であるから, 逆数をとって $r \leqq 6$

EX ④98 連立方程式 $\begin{cases} x^2=yz+7 \\ y^2=zx+7 \\ z^2=xy+7 \end{cases}$ を満たす整数の組 $(x,\ y,\ z)$ で $x \leqq y \leqq z$ となるものを求めよ。〔一橋大〕

$\begin{cases} x^2=yz+7 & \cdots\cdots ① \\ y^2=zx+7 & \cdots\cdots ② \\ z^2=xy+7 & \cdots\cdots ③ \end{cases}$ とする。

① から $x^2>yz$

$x \geqq 0$ とすると, $0 \leqq x \leqq y$, $0 \leqq x \leqq z$ であるから $x^2 \leqq yz$

これは $x^2>yz$ と矛盾する。よって, $x<0$ である。

また, ③ から $z^2>xy$

$z<0$ とすると, $x \leqq z<0$, $y \leqq z<0$ であるから $xy \geqq z^2$

これは $z^2>xy$ と矛盾する。よって, $z \geqq 0$ である。

$x<0$, $z \geqq 0$ より $zx \leqq 0$ であるから, ② より $y^2 \leqq 7$ …（＊）

この不等式を満たす整数 y は $y=0$, ± 1, ± 2

ここで, ③−① から $z^2-x^2=-(z-x)y$

ゆえに $(z-x)(z+x+y)=0$

$x<0$, $z \geqq 0$ より, $z-x \neq 0$ であるから $z+x+y=0$

よって $y=-(z+x)$ …… ④

←$x \leqq y \leqq z$ であるから, 最小の数 x と最大の数 z の値の範囲を絞ることができないかを考える。

←$0<-z \leqq -x$
$0<-z \leqq -y$
の辺々掛けて $z^2 \leqq xy$
と考えるとわかりやすい。

（＊）$y^2=zx+7 \leqq 7$ から。

4章 EX［数学と人間の活動］

[1]　$y=0$ のとき，①，③ から　　$x^2=z^2=7$
この等式を満たす整数 x，z は存在しない。
[2]　$y=1$ のとき，②，④ から　　$zx=-6$，$z+x=-1$
$x<0$，$z\geqq 0$ であるから　　$x=-3$，$z=2$
これは $x\leqq y\leqq z$ を満たすから適する。
[3]　$y=-1$ のとき，②，④ から　　$zx=-6$，$z+x=1$
$x<0$，$z\geqq 0$ であるから　　$x=-2$，$z=3$
これは $x\leqq y\leqq z$ を満たすから適する。
[4]　$y=2$ のとき，②，④ から　　$zx=-3$，$z+x=-2$
$x<0$，$z\geqq 0$ であるから　　$x=-3$，$z=1$
これは $x\leqq y\leqq z$ を満たさないから不適。
[5]　$y=-2$ のとき，②，④ から　　$zx=-3$，$z+x=2$
$x<0$，$z\geqq 0$ であるから　　$x=-1$，$z=3$
これは $x\leqq y\leqq z$ を満たさないから不適。
以上から，求める整数の組は
$$(x,\ y,\ z)=(-3,\ 1,\ 2),\ (-2,\ -1,\ 3)$$

←積が -6，和が -1 となる 2 つの整数を見つける。

←$x^2+(p+q)x+pq=(x+p)(x+q)$ の因数分解と同じ要領で見つける。

EX ③99

(1)　等式 $x^2-y^2+x-y=10$ を満たす自然数 x，y の組を求めよ。　［(1) 広島工大］
(2)　$55x^2+2xy+y^2=2007$ を満たす整数の組 $(x,\ y)$ をすべて求めよ。　［(2) 立命館大］

(1)　$x^2-y^2+x-y=10$ から
$$(x+y)(x-y)+(x-y)=10$$
よって　　$(x-y)(x+y+1)=10$ …… ①
x，y は自然数であるから，$x-y$，$x+y+1$ は整数である。
また　　$x+y+1\geqq 1+1+1=3$
これと $x-y<x+y+1$ であることに注意すると，① から
$$\begin{cases}x-y=1\\x+y+1=10\end{cases},\quad \begin{cases}x-y=2\\x+y+1=5\end{cases}$$
したがって　　$(x,\ y)=(5,\ 4),\ (3,\ 1)$

←$(x^2-y^2)+(x-y)=10$

←$x-y$ が共通因数。

←$x-y<x+y<x+y+1$

←(第 1 式)+(第 2 式) から，まず x の値を求める。

(2)　$55x^2+2xy+y^2=2007$ から　　$54x^2+(x+y)^2=2007$
よって　　$(x+y)^2=2007-54x^2=9(223-6x^2)$ …… ①
$(x+y)^2\geqq 0$ であるから　　$223-6x^2\geqq 0$
ゆえに　　$x^2\leqq \dfrac{223}{6}=37.1\cdots\cdots$
x は整数であるから　　$x^2=0,\ 1,\ 4,\ 9,\ 16,\ 25,\ 36$
ここで，① より $223-6x^2$ は整数の 2 乗となるが，そのような x^2 の値は $x^2=9$ のみである。
このとき，$x=\pm 3$ で　　$223-6x^2=169=13^2$
よって，① から　　$(x+y)^2=3^2\cdot 13^2$　すなわち　$(x+y)^2=39^2$
したがって　　$x+y=\pm 39$
よって　$(x,\ x+y)=(3,\ 39),\ (3,\ -39),\ (-3,\ 39),\ (-3,\ -39)$
ゆえに　$(x,\ y)=(3,\ 36),\ (3,\ -42),\ (-3,\ 42),\ (-3,\ -36)$

←$2xy+y^2$ に注目し，$54x^2+(x^2+2xy+y^2)=2007$ と変形。
←$(\text{実数})^2\geqq 0$

←① は $(x+y)^2=3^2(223-6x^2)$
また，$x^2=0,\ 1,\ 4,\ \cdots\cdots,\ 36$ に対し，$223-6x^2$ の値は順に 223，217，199，169，127，73，7
←$x=3$，$x+y=39$ のとき　$y=39-3=36$

EX ④100

x, y を正の整数とする。

(1) $\dfrac{2}{x}+\dfrac{1}{y}=\dfrac{1}{4}$ を満たす組 $(x,\ y)$ をすべて求めよ。

(2) p を 3 以上の素数とする。$\dfrac{2}{x}+\dfrac{1}{y}=\dfrac{1}{p}$ を満たす組 $(x,\ y)$ のうち，$x+y$ を最小にする $(x,\ y)$ を求めよ。〔類 名古屋大〕

(1) $\dfrac{2}{x}+\dfrac{1}{y}=\dfrac{1}{4}$ から　$8y+4x=xy$

←両辺に $4xy$ を掛ける。

ゆえに　$xy-4x-8y=0$

よって　$(x-8)(y-4)=32$ …… ①

←$xy+ax+by=(x+b)(y+a)-ab$

x, y は正の整数であるから，$x-8$, $y-4$ は整数である。

また，$x\geqq 1$, $y\geqq 1$ であるから　$x-8\geqq -7$, $y-4\geqq -3$

←$x>0$, $y>0$ としてもよい。

ゆえに，① から

$(x-8,\ y-4)=(1,\ 32),\ (2,\ 16),\ (4,\ 8),\ (8,\ 4),\ (16,\ 2),\ (32,\ 1)$

←練習 143 の検討のような表をかいてもよい。

よって　$\boldsymbol{(x,\ y)=(9,\ 36),\ (10,\ 20),\ (12,\ 12),\ (16,\ 8),\ (24,\ 6),\ (40,\ 5)}$

(2) $\dfrac{2}{x}+\dfrac{1}{y}=\dfrac{1}{p}$ から　$2py+px=xy$

←両辺に pxy を掛ける。

ゆえに　$xy-px-2py=0$

よって　$(x-2p)(y-p)=2p^2$ …… ①

x, y は正の整数，p は素数であるから，$x-2p$, $y-p$ は整数である。また，$x\geqq 1$, $y\geqq 1$ であるから

$x-2p\geqq 1-2p$, $y-p\geqq 1-p$ …… ②

p は 3 以上の素数であるから，$2p^2$ の正の約数は

$1,\ 2,\ p,\ 2p,\ p^2,\ 2p^2$

←素数 p の正の約数は 1 と p だけである。

ゆえに，①, ② を満たす整数 $x-2p$, $y-p$ の組と，そのときの x, y, $x+y$ の値は，次の表のようになる。

$x-2p$	1	2	p	$2p$	p^2	$2p^2$
$y-p$	$2p^2$	p^2	$2p$	p	2	1
x	$2p+1$	$2p+2$	$3p$	$4p$	p^2+2p	$2p^2+2p$
y	$2p^2+p$	p^2+p	$3p$	$2p$	$p+2$	$p+1$
$x+y$	$2p^2+3p+1$	p^2+3p+2	$6p$	$6p$	p^2+3p+2	$2p^2+3p+1$

ここで，$p\geqq 3$ であるから

$(2p^2+3p+1)-(p^2+3p+2)=p^2-1>0$

$(p^2+3p+2)-6p=p^2-3p+2=(p-1)(p-2)>0$

よって　$2p^2+3p+1>p^2+3p+2>6p$

表より，$x+y=6p$ のとき　$(x,\ y)=(3p,\ 3p),\ (4p,\ 2p)$

すなわち，$x+y$ を最小にする $(x,\ y)$ は

$\boldsymbol{(x,\ y)=(3p,\ 3p),\ (4p,\ 2p)}$

←p に適当な値を代入して，大小の目安をつけるとよい。例えば，$p=3$ を代入すると $2p^2+3p+1=28$, $p^2+3p+2=20$, $6p=18$ よって，$2p^2+3p+1>p^2+3p+2>6p$ ではないかと予想できる。

注意　$x-2p$ と $y-p$ がともに負となることはない。

例えば，$x-2p=-1$, $y-p=-2p^2$ とすると

$y=-2p^2+p=-p(2p-1)<0$

←$p>3$ から　$2p-1>5$

4章 EX〔数学と人間の活動〕

よって，y の値が正にならないので，不適。
他に，$y-p=-p^2$，$y-p=-2p$，$y-p=-p$，$x-2p=-p^2$，$x-2p=-2p^2$ などから y や x の値が正にならないことが示されるから，① を満たす $x-2p$，$y-p$ の組で，$x-2p$，$y-p$ がともに負となるものはない。

EX ④101 n は整数とする。x の 2 次方程式 $x^2+2nx+2n^2+4n-16=0$ …… ① について考える。
(1) 方程式 ① が実数解をもつような最大の整数 n は ア□ で，最小の整数 n は イ□ である。
(2) 方程式 ① が整数の解をもつような整数 n の値を求めよ。 〔金沢工大〕

(1) 方程式 ① の判別式を D とすると

$$\frac{D}{4}=n^2-(2n^2+4n-16)=-n^2-4n+16$$

方程式 ① が実数解をもつための条件は　$D\geqq 0$
ゆえに　$-n^2-4n+16\geqq 0$　よって　$n^2+4n-16\leqq 0$
これを解いて　$-2-2\sqrt{5}\leqq n\leqq -2+2\sqrt{5}$
ゆえに，最大の整数 n は ア**2**，最小の整数 n は イ**−6**

←$n^2+4n-16=0$ の解は $n=-2\pm 2\sqrt{5}$

←$2<-2+2\sqrt{5}<3$，$-7<-2-2\sqrt{5}<-6$

(2) 方程式 ① の解は　$x=-n\pm\sqrt{\dfrac{D}{4}}$ …… ②
よって，方程式 ① が整数解をもつための条件は，$\dfrac{D}{4}$ が平方数となることである。
(1) の結果より，整数 n は $-6\leqq n\leqq 2$ の範囲にあり，
$\dfrac{D}{4}=-(n+2)^2+20$ であるから

←$\dfrac{D}{4}$ の計算をらくにするための工夫。いわゆる，$n=-2$ に関して対称である。

$n=-2$ のとき　$\dfrac{D}{4}=20$　　$n=-3$，-1 のとき　$\dfrac{D}{4}=19$

$n=-4$，0 のとき　$\dfrac{D}{4}=16$　　$n=-5$，1 のとき　$\dfrac{D}{4}=11$

$n=-6$，2 のとき　$\dfrac{D}{4}=4$

したがって，$\dfrac{D}{4}$ が平方数となるような n の値は

$$\boldsymbol{n=-6,\ -4,\ 0,\ 2}$$

注意　この n の値に対応した方程式 ① の解は，② から
$n=-6$ のとき，$x=-(-6)\pm\sqrt{4}=6\pm 2$ から　$x=8$，4
$n=-4$ のとき，$x=-(-4)\pm\sqrt{16}=4\pm 4$ から　$x=8$，0
$n=0$ のとき，$x=\pm\sqrt{16}$ から　$x=\pm 4$
$n=2$ のとき，$x=-2\pm\sqrt{4}=-2\pm 2$ から　$x=0$，-4

EX ③102 16 進数は 0，1，2，3，4，5，6，7，8，9，A，B，C，D，E，F の計 16 個の数字と文字を用いて表され，A から F はそれぞれ 10 進数の 10 から 15 を表す。
(1) 16 進数 $120_{(16)}$，$B8_{(16)}$ をそれぞれ 10 進数で表せ。
(2) 2 進数 $10111011_{(2)}$，8 進数 $6324_{(8)}$ をそれぞれ 16 進数で表せ。

(1) $120_{(16)}=1\cdot 16^2+2\cdot 16^1+0\cdot 16^0=256+32=\boldsymbol{288}$
$B8_{(16)}=11\cdot 16^1+8\cdot 16^0=176+8=\boldsymbol{184}$

←16 進数の底は 16

(2) $10111011_{(2)}=1\cdot2^7+1\cdot2^5+1\cdot2^4+1\cdot2^3+1\cdot2^1+1\cdot2^0$

$=2^4\cdot2^3+2\cdot2^4+1\cdot2^4+2^3+2+1$

$=(2^3+2+1)\cdot2^4+8+2+1$

$=11\cdot16^1+11\cdot16^0=\mathbf{BB_{(16)}}$

$6324_{(8)}=6\cdot8^3+3\cdot8^2+2\cdot8^1+4\cdot8^0$

$=6\cdot(2^3)^3+3\cdot(2^3)^2+2\cdot2^3+4$

$=6\cdot2^9+3\cdot2^6+2^4+4$

$=6\cdot(2^4)^2\cdot2+3\cdot2^2\cdot2^4+2^4+4$

$=12\cdot16^2+13\cdot16+4=\mathbf{CD4_{(16)}}$

←16 進数の底は $16=2^4$ であるから，2^4 について整理するようにして変形。

別解　それぞれの数を 10 進法で表し，16 進数に直す。

$10111011_{(2)}=187$　　　$6324_{(8)}=3284$

```
16 ) 187     余り  よって        16 ) 3284     余り  よって
16 )  11 … 11     BB(16)        16 )  205 …  4     CD4(16)
       0 … 11                   16 )   12 … 13
                                        0 … 12
```

←10 進数　16 進数

11 → B

12 → C

13 → D

EX ③103　(1) 2 進法で表された数 $11010.01_{(2)}$ を 8 進法で表せ。
(2) 8 進法で表された $53.54_{(8)}$ を 2 進法で表せ。　〔立正大〕

(1) $11010.01_{(2)}=1\cdot2^4+1\cdot2^3+1\cdot2^1+\dfrac{1}{2^2}=(2+1)\cdot2^3+2+\dfrac{2}{2^3}$

$=3\cdot8^1+2\cdot8^0+\dfrac{2}{8}=\mathbf{32.2_{(8)}}$

←底が 8 になるように変形。

(2) $53.54_{(8)}=5\cdot8^1+3\cdot8^0+\dfrac{5}{8}+\dfrac{4}{8^2}$

$=(2^2+1)\cdot2^3+(2+1)\cdot2^0+\dfrac{2^2+1}{2^3}+\dfrac{2^2}{(2^3)^2}$

←底が 2 になるように変形。

$=1\cdot2^5+1\cdot2^3+1\cdot2^1+1\cdot2^0+\dfrac{1}{2}+\dfrac{1}{2^3}+\dfrac{1}{2^4}$

$=\mathbf{101011.1011_{(2)}}$

検討　2 進数を 8 進数に変換するには，$2^3=1000_{(2)}$ に注目して，3 桁ずつ区切るとよい。例えば，(1) は　11 | 010 | .01　と区切ると，$011_{(2)}=3_{(8)}$，$010_{(2)}=2_{(8)}$ であるから

$\mathbf{32.2_{(8)}}$　とすぐに変換できる。

EX ③104　自然数 N を 8 進法と 7 進法で表すと，それぞれ 3 桁の数 $abc_{(8)}$ と $cba_{(7)}$ になるという。a，b，c の値を求めよ。また，N を 10 進法で表せ。　〔神戸女子薬大〕

$abc_{(8)}$ と $cba_{(7)}$ はともに 3 桁の数であり，底について $7<8$ であるから　$1\leqq a\leqq6$，$0\leqq b\leqq6$，$1\leqq c\leqq6$

←底が小さい 7 について，各位の数の範囲を考えればよい。

$abc_{(8)}=a\cdot8^2+b\cdot8^1+c\cdot8^0=64a+8b+c$ …… ①

$cba_{(7)}=c\cdot7^2+b\cdot7^1+a\cdot7^0=49c+7b+a$

この 2 数は同じ数であるから　$64a+8b+c=49c+7b+a$

ゆえに　$b=48c-63a$　すなわち　$b=3(16c-21a)$ …… ②

b は 3 の倍数であり，$0\leqq b\leqq6$ から　$b=0,\ 3,\ 6$

[1]　$b=0$ のとき，② から　　$16c=21a$

16 と 21 は互いに素であるから，k を整数とすると

$$a=16k,\ c=21k$$

$1 \leqq a \leqq 6$，$1 \leqq c \leqq 6$ を満たす整数 k は存在しない。

したがって，$b=0$ は不適である。

←例えば，a は 16 の倍数となるが，$1 \leqq a \leqq 6$ の範囲に 16 の倍数は存在しない。

[2]　$b=3$ のとき，② から　　$1=16c-21a$

ゆえに　　$16c=21a+1$ …… ③

この等式の左辺は偶数であるから，$21a$ は奇数である。

よって，a は奇数であり，$1 \leqq a \leqq 6$ から　$a=1,\ 3,\ 5$

③ に $a=1,\ 3,\ 5$ を代入すると，それぞれ

$$16c=22,\quad 16c=64,\quad 16c=106$$

これらを解いて，$1 \leqq c \leqq 6$ を満たすものは　　$c=4$

したがって　　$a=3,\ c=4$

←(奇数)+1=(偶数)

←(奇数)×(奇数)=(奇数)

[3]　$b=6$ のとき，② から　　$2=16c-21a$

ゆえに　　$21a=2(8c-1)$

21 と 2 は互いに素であるから，$8c-1$ は 21 の倍数である。

$1 \leqq c \leqq 6$ より，$7 \leqq 8c-1 \leqq 47$ であるから　　$8c-1=21,\ 42$

この等式を満たす整数 c は存在しない。

したがって，$b=6$ は不適である。

←$16c=21a+2$ として，$c=1,\ 2,$ …… 6 を代入し，$1 \leqq a \leqq 6$ の範囲に解がないことを調べてもよいが手間がかかる。

以上から　　$\boldsymbol{a=3,\ b=3,\ c=4}$

この値を ① に代入して　　$N=64\cdot3+8\cdot3+4=\mathbf{220}$

←$49c+7b+a$ に代入してもよい。

EX ③105

(1)　5 進法により 2 桁で表された正の整数で，8 進法で表すと 2 桁となるものを考える。このとき，8 進法で表したときの各位の数の並びは，5 進法で表されたときの各位の数の並びと逆順にはならないことを示せ。

(2)　5 進法により 3 桁で表された正の整数で，8 進法で表すと 3 桁となるものを考える。このとき，8 進法で表したときの各位の数の並びが 5 進法で表されたときの各位の数の並びと逆順になるものをすべて求め，10 進法で表せ。　〔類 宮崎大〕

(1)　5 進法で表された 2 桁の整数を $ab_{(5)}$ とし，$ab_{(5)}=ba_{(8)}$ が成り立つと仮定する。

ただし，$a,\ b$ は $1 \leqq a \leqq 4$，$1 \leqq b \leqq 4$ を満たす整数である。

$ab_{(5)}=ba_{(8)}$ から　　$5a+b=8b+a$　すなわち　$4a=7b$

4 と 7 は互いに素であるから，a は 7 の倍数となる。

これは，$1 \leqq a \leqq 4$ であることに矛盾する。

よって，8 進法で表したときの各位の数の並びは，5 進法で表されたときの各位の数の並びと逆順にはならない。

←背理法により示す。

←それぞれ 2 桁で表されるから，$a=0,\ b=0$ は除かれる。

(2)　5 進法で表された 3 桁の整数を $abc_{(5)}$ とし，$abc_{(5)}=cba_{(8)}$ とする。ただし，$a,\ b,\ c$ は，$1 \leqq a \leqq 4$ …… ①，$0 \leqq b \leqq 4$ …… ②，$1 \leqq c \leqq 4$ …… ③ を満たす整数である。

$abc_{(5)}=cba_{(8)}$ から　　$25a+5b+c=64c+8b+a$

したがって　　$b=8a-21c$ …… ④

② から　　$0 \leqq 8a-21c \leqq 4$

←それぞれ 3 桁で表されるから，$a=0,\ c=0$ は除かれる。

$0 \leqq 8a-21c$ から　　$8a \geqq 21c$

① より $8 \leqq 8a \leqq 32$，③ より $21 \leqq 21c \leqq 84$ であるから，

①，③ の範囲において，$8a \geqq 21c$ を満たす整数 a，c の組は

$$(a,\ c)=(3,\ 1),\ (4,\ 1)$$

$8a-21c \leqq 4$ を満たすものは　　$(a,\ c)=(3,\ 1)$ …… ⑤

⑤ を ④ に代入して　　$b=3$　　　$b=3$ は ② を満たす。

条件を満たす 3 桁の 5 進数 $abc_{(5)}$ は $331_{(5)}$ のみで，これを 10 進法で表すと　　$3\cdot5^2+3\cdot5+1=$**91**

注意　8 進数 $cba_{(8)}$ すなわち $133_{(8)}$ を 10 進法で表すと

$$1\cdot8^2+3\cdot8+3=91$$

←$8a \geqq 21$，$21c \leqq 32$ とすると，それぞれ $a \geqq \dfrac{21}{8}$，$c \leqq \dfrac{32}{21}$ となり，a，c のとりうる値が絞られる。

EX ③106

(1) 自然数のうち，10 進法で表しても 5 進法で表しても，3 桁になるものは全部で何個あるか。

(2) 自然数のうち，10 進法で表しても 5 進法で表しても，4 桁になるものは存在しないことを示せ。〔東京女子大〕

(1) 10 進法で表しても 5 進法で表しても，3 桁になる自然数 N について，次の不等式が成り立つ。

$$10^2 \leqq N < 10^3,\ 5^2 \leqq N < 5^3$$

ゆえに　　$100 \leqq N < 1000$，$25 \leqq N < 125$

共通範囲をとって　　$100 \leqq N < 125$

よって，このような N は **25 個** ある。

←$125-100=25$

(2) 10 進法で表しても 5 進法で表しても，4 桁になる自然数 N があるとすると，次の不等式が成り立つ。

$$10^3 \leqq N < 10^4,\ 5^3 \leqq N < 5^4$$

ゆえに　　$1000 \leqq N < 10000$，$125 \leqq N < 625$

この 2 つの不等式を同時に満たす自然数 N は存在しない。

よって，10 進法で表しても 5 進法で表しても，4 桁になる自然数は存在しない。

EX ③107

次の 3 点を頂点とする三角形はどのような三角形か。

(1) A(3, −1, 2)，B(1, 2, 3)，C(4, −4, 0)

(2) A(4, 1, 2)，B(6, 3, 1)，C(4, 2, 4)

(1) $AB^2=(1-3)^2+\{2-(-1)\}^2+(3-2)^2=4+9+1=14$

$BC^2=(4-1)^2+(-4-2)^2+(0-3)^2=9+36+9=54$

$CA^2=(3-4)^2+\{-1-(-4)\}^2+(2-0)^2=1+9+4=14$

よって　　$AB^2=CA^2$　　　ゆえに　　$AB=CA$

したがって，△ABC は **AB＝CA の二等辺三角形** である。

←どの辺が等しいかも記す。

(2) $AB^2=(6-4)^2+(3-1)^2+(1-2)^2=4+4+1=9$

$BC^2=(4-6)^2+(2-3)^2+(4-1)^2=4+1+9=14$

$CA^2=(4-4)^2+(1-2)^2+(2-4)^2=0+1+4=5$

よって　　$AB^2+CA^2=BC^2$

したがって，△ABC は **∠A＝90° の直角三角形** である。

←どの角が直角であるかも記す。

4章 EX〔数学と人間の活動〕

総合 1 A, B, C, D, Eの5人の紳士から，それぞれの帽子を1つずつ受け取り，それらを再び1人に1つずつ配る。帽子は必ずしももとの持ち主に戻されるわけではない。

(1) 帽子を配る方法は全部で ア□ 通りある。そのうち，Aが自分の帽子を受け取るのは イ□ 通り，Bが自分の帽子を受け取るのは同じく イ□ 通り，AとBがともに自分の帽子を受け取るのは ウ□ 通りである。したがって，AもBも自分の帽子を受け取らない場合は エ□ 通りである。

(2) A, B, Cの3人が誰も自分の帽子を受け取らない場合は何通りか。 〔早稲田大〕

➡ 本冊 数学A 例題 2,4,15

(1) (ア) 5種類の帽子を5人に配る方法の総数であるから

$5!=$ ア**120**(通り)　←順列 $_5P_5$

(イ) Aには自分の帽子を，残り4人に4種類の帽子を配る方法の総数であるから　$4!=$ イ**24**(通り)　←A以外の並び方を考える。

(ウ) AとBにはそれぞれ自分の帽子を，残り3人に3種類の帽子を配る方法の総数であるから　$3!=$ ウ**6**(通り)　←A, B以外の並び方を考える。

(エ) 人物X(X=A, B, C, D, E)が自分の帽子を受け取る方法の集合を X で表すことにすると，(イ), (ウ)から

$n(A)=24,\ n(B)=24,\ n(A\cap B)=6$　←$n(A)=n(B)$

AまたはBが自分の帽子を受け取る方法の総数は

$n(A\cup B)=n(A)+n(B)-n(A\cap B)$

$=24+24-6=42$ (通り)　←個数定理

よって，AもBも自分の帽子を受け取らない方法の総数は

$n(\overline{A}\cap\overline{B})=n(\overline{A\cup B})=120-n(A\cup B)$　←ド・モルガンの法則

$=120-42=$ エ**78**(通り)

(2) (1)から　$n(A)=24,\ n(B)=24,\ n(C)=24,$

$n(A\cap B)=6,\ n(B\cap C)=6,\ n(C\cap A)=6$　←$n(A)=n(B)=n(C)$, $n(A\cap B)=n(B\cap C)=n(C\cap A)$

また，AとBとCにはそれぞれ自分の帽子を，残り2人に2種類の帽子を配る方法の総数は　$n(A\cap B\cap C)=2!=2$ (通り)　←D, Eの並び方を考える。

よって，AまたはBまたはCの少なくとも1人が自分の帽子を受け取る方法の総数は

$n(A\cup B\cup C)=n(A)+n(B)+n(C)-n(A\cap B)-n(B\cap C)$　←個数定理

$-n(C\cap A)+n(A\cap B\cap C)$

$=24+24+24-6-6-6+2=56$ (通り)

よって，A, B, Cの3人が誰も自分の帽子を受け取らない方法の総数は　$n(\overline{A}\cap\overline{B}\cap\overline{C})=n(\overline{A\cup B\cup C})=120-n(A\cup B\cup C)$　←ド・モルガンの法則

$=120-56=$ **64**(通り)

総合 2 n を自然数とする。同じ数字を繰り返し用いてよいことにして，0, 1, 2, 3の4つの数字を使って n 桁の整数を作る。ただし，0以外の数字から始まり，0を少なくとも1回以上使うものとする。

(1) 全部でいくつの整数ができるか。個数を n を用いて表せ。

(2) $n=5$ のとき，すべての整数を小さいものから順に並べる。ちょうど真ん中の位置にくる整数を求めよ。 〔大阪府大〕

➡ 本冊 数学A 例題 14,20

(1)　0 を使わない場合も含めて考えると，n 桁の整数は，先頭の数字の選び方が 0 以外の 3 通り，それ以外の位の数字の選び方が 4 通りであるから　　$3\cdot4^{n-1}$ 個

←0 の使用回数に関する条件をはずして考える。

そのうち，0 を使わない整数は，それぞれの位の数字を 1，2，3 のいずれかより選ぶから　　3^n 個

よって，求める個数は　　$\mathbf{3\cdot4^{n-1}-3^n}$ **(個)**

←「少なくとも」には，余事象の考え方が有効。

(2)　$n=5$ のとき，(1) から，$3\cdot4^4-3^5=525$ (個) の整数ができる。
ゆえに，ちょうど真ん中の位置にくる整数は

$\dfrac{525+1}{2}=263$ (番目) の数である。

←○, …, ○, ○, ○, … ○（525 個；262 個，中央，262 個）

[1]　1△△△△ の形の整数の個数

0 を使わない場合も含めて考えると，千，百，十，一の位の数字の選び方はそれぞれ 4 通りあるから

$4^4=256$ (個)

そのうち，0 を使わない整数は，千，百，十，一の位の数字を 1，2，3 のいずれかより選ぶから

$3^4=81$ (個)

よって，1△△△△ の形の整数の個数は

$256-81=175$ (個)

[2]　20△△△ の形の整数の個数

百，十，一の位の数字の選び方はそれぞれ 4 通りあるから

$4^3=64$ (個)

←2△△△△ の形も 175 個あり，これを含めると 263 個を超えるから，次に 20△△△ の形を考える。なお，[2]，[3] では，0 の使用回数に関する条件は既に満たしている。

[3]　210△△ の形の整数の個数

[2] と同様に考えて　　$4^2=16$ (個)

[4]　211△△ の形の整数の個数

[1] と同様に考えて　　$4^2-3^2=7$ (個)

[1]～[4] の整数の個数の合計は

$175+64+16+7=262$ (個)

ゆえに，263 番目の数は，212△△ の形の最初の整数で，その整数は　　**21200**

これがちょうど真ん中の位置にくる整数である。

総合 3　4 つの合同な正方形と 2 つの合同なひし形（正方形でない）を面としてもつ多面体がある。この多面体の各面を，白，黒，赤，青，緑，黄の 6 色のうちの 1 つの色で塗り，すべての面が異なる色になるように塗り分ける方法は何通りあるか。ただし，回転させて一致するものは同じものとみなす。〔類 東京理科大〕

➡ 本冊 数学 A 例題 19

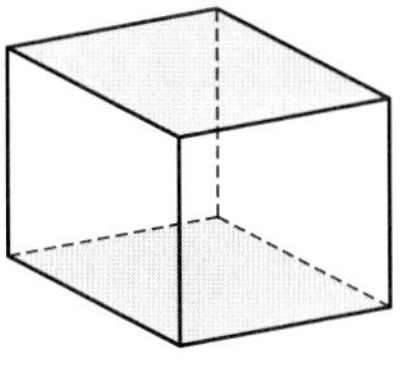

右の図のように，正方形でないひし形の面が，底面となるように多面体をおく。まず，上面と底面を塗るとすると，塗り方の総数は

${}_6P_2=6\cdot5=30$ (通り)

←6 色から 2 色を選び，上面，底面の順に塗る。

そのおのおのに対し，残りの4色を a，b，c，d とする。
この4色を円形に並べる並び方の総数は　　$(4-1)!$ 通り
ここで，a，b，c，d をこの順に時計回りに塗る方法は，下の図のように2通りある。

←このことに注意。

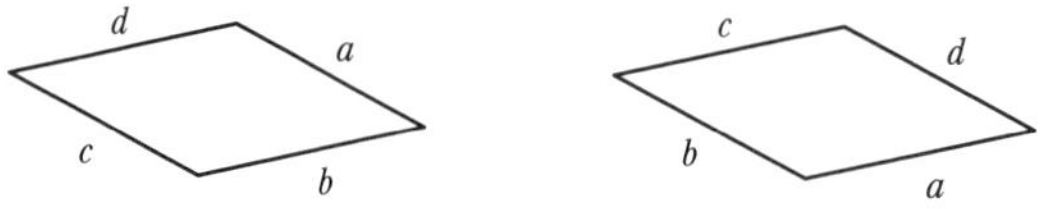

また，底面と上面をひっくり返すことにより，塗り方が一致するものが必ずただ1つずつ存在する。
よって，求める総数は

$$30\times(4-1)!\times2\div2=\mathbf{180}\ (\textbf{通り})$$

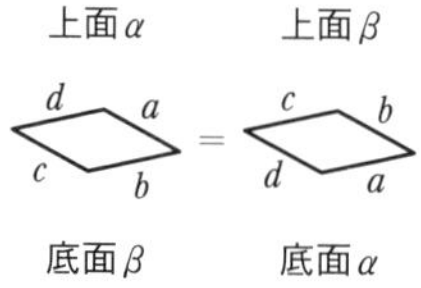

総合 4

座標平面上に8本の直線 $x=a\ (a=1,\ 2,\ 3,\ 4)$，$y=b\ (b=1,\ 2,\ 3,\ 4)$ がある。以下，16個の点 $(a,\ b)\ (a=1,\ 2,\ 3,\ 4,\ b=1,\ 2,\ 3,\ 4)$ から異なる5個の点を選ぶことを考える。
(1)　次の条件を満たす5個の点の選び方は何通りあるか。
　　上の8本の直線のうち，選んだ点を1個も含まないものがちょうど2本ある。
(2)　次の条件を満たす5個の点の選び方は何通りあるか。
　　上の8本の直線は，いずれも選んだ点を少なくとも1個含む。　〔東京大〕

➡ **本冊 数学A 例題 23, 24**

(1)　8本の直線のうち，選んだ点を1個も含まないものがちょうど2本あるとき，その2本について
　[1]　2本とも y 軸に平行である
　[2]　2本とも x 軸に平行である
　[3]　x 軸に平行な直線が1本，y 軸に平行な直線が1本
の場合がある。
[1]　2本とも y 軸に平行であるとき
　そのような2本の直線の選び方は ${}_4C_2$ 通りある。
　例えば，それら2本が直線 $x=1$ と直線 $x=2$ であるとする。
　このとき，選んだ5個の点は，直線 $x=3$ 上または直線 $x=4$ 上にある。

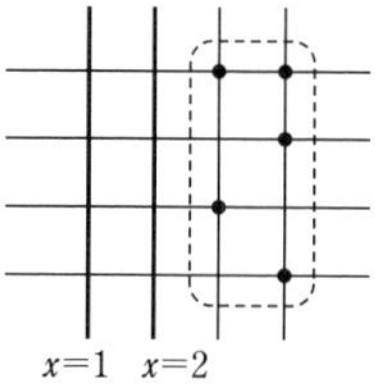

　2本の直線 $x=3$，$x=4$ 上の8個の点から5個の点を選ぶ選び方は　　${}_8C_5$ 通り
　この選び方の中には，4本の直線
　　　$y=b\ (b=1,\ 2,\ 3,\ 4)$
　のうち1本の直線上の点が選ばれていないものが含まれている。

←例えば，下のような場合は選んだ点を含まない直線が3本になるので，このような場合を除く。

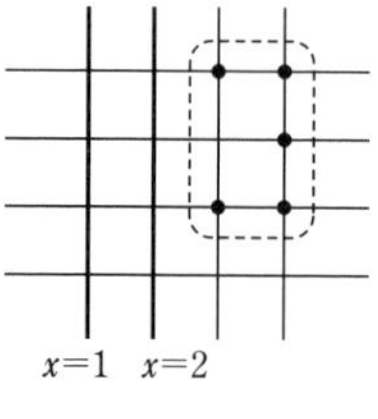

　4本の直線のうち1本の選び方は　　${}_4C_1$ 通り
　選ばなかった3本の直線上にある6個の点から5個の点を選ぶ選び方は　　${}_6C_5$ 通り
　他の場合も同様であるから，[1] の場合の点の選び方は

$${}_4C_2\times({}_8C_5-{}_4C_1\cdot{}_6C_5)=192\ (\text{通り})$$

[2]　2本とも x 軸に平行であるとき

[1] と同様に考えて　192 通り

[3]　x 軸に平行な直線が 1 本，y 軸に平行な直線が 1 本の場合
そのような 2 本の直線の選び方は 4^2 通りある。
例えば，それらが直線 $x=1$ と直線 $y=1$ であるとする。
このとき，選んだ 5 個の点は 6 本の直線

$x=a$ $(a=2,\ 3,\ 4)$，$y=b$ $(b=2,\ 3,\ 4)$

上にある。

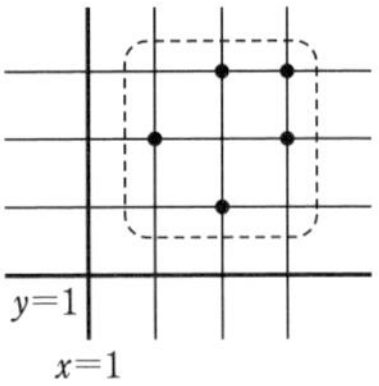

6 本の直線上の 9 個の点から 5 個の点を選ぶ選び方は

${}_9C_5$ 通り

この選び方の中には，6 本の直線

$x=a$ $(a=2,\ 3,\ 4)$，$y=b$ $(b=2,\ 3,\ 4)$

のうち 1 本の直線上の点が選ばれていないものが含まれている。

←例えば，下のような場合は選んだ点を含まない直線が 3 本になるので，このような場合を除く。

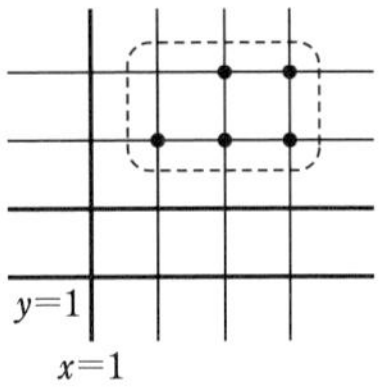

6 本の直線のうち 1 本の選び方は　${}_6C_1$ 通り
選ばなかった 5 本の直線上にある 6 個の点から 5 個の点を選ぶ選び方は　${}_6C_5$ 通り
他の場合も同様であるから，[3] の場合の点の選び方は

$$4^2\times({}_9C_5-{}_6C_1\cdot{}_6C_5)=1440\ (\text{通り})$$

[1]～[3] より，求める選び方は

$$192+192+1440=\mathbf{1824}\ (\textbf{通り})$$

(2)　与えられた条件が成り立つとき，4 本の直線

$x=a$ $(a=1,\ 2,\ 3,\ 4)$

のうち，1 本には選んだ点がちょうど 2 個，残りの 3 本には選んだ点がちょうど 1 個ある。
ちょうど 2 個ある直線の選び方は　${}_4C_1$ 通り
例えば，直線 $x=1$ 上に選んだ点がちょうど 2 個あるとする。
このとき，直線 $x=1$ 上の 4 個の点から 2 個選ぶ選び方は

${}_4C_2$ 通り

この 2 個の点が直線 $y=1$ 上と直線 $y=2$ 上にあるとする。

[1]　この 2 個の点のほかに，直線 $y=1$ 上または直線 $y=2$ 上に選んだ点があるとき
その点の個数は 1 個であるから，6 個の点から 1 個の点を選ぶ選び方は　${}_6C_1$ 通り
この点の座標が $(2,\ 1)$ であるとする。
残りの 2 点の選び方は，

$(3,\ 3)$ と $(4,\ 4)$　または　$(3,\ 4)$ と $(4,\ 3)$

のいずれかの　2 通り

←4 本の直線 $y=b$ $(b=1,\ 2,\ 3,\ 4)$ の中にも，選んだ点を 2 個含むものが 1 本だけある。それが，$y=1$ または $y=2$ である場合とそうではない場合で分けて考える。

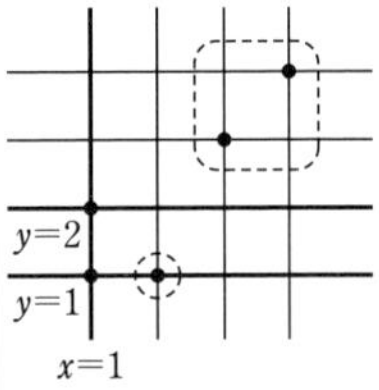

[2]　この 2 個の点のほかに，直線 $y=1$ 上または直線 $y=2$ 上に選んだ点がないとき
3 本の直線

$x=a$ $(a=2,\ 3,\ 4)$

上に選んだ点がそれぞれちょうど 1 個ずつあるが，それらの

点の y 座標は 3 または 4 である。

その点の選び方は，3 個とも y 座標が 3，あるいは 3 個とも y 座標が 4 である場合を除いて

$$2^3-2=6 \text{ (通り)}$$

他の場合も同様であるから，[1]，[2] より，求める選び方は

$$_4C_1\times{}_4C_2\times({}_6C_1\cdot2+6)=\mathbf{432} \text{ (通り)}$$

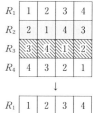

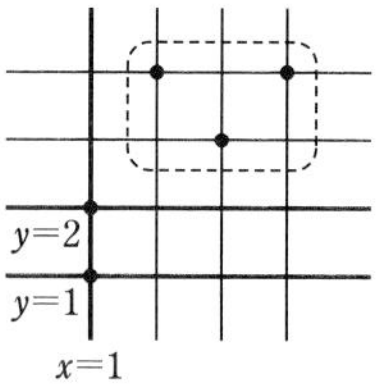

総合 5 縦 4 個，横 4 個のマス目のそれぞれに 1，2，3，4 の数字を入れていく。このマス目の横の並びを行といい，縦の並びを列という。どの行にも，どの列にも同じ数字が 1 回しか現れない入れ方は何通りあるか求めよ。右図はこのような入れ方の 1 例である。

〔京都大〕

➡ 本冊 数学 A 例題 15

1	2	3	4
3	4	1	2
4	1	2	3
2	3	4	1

k 行目 ($k=1$，2，3，4) の数字を左から並べた 4 桁の数を R_k とする。例えば，1 行目が右の図のような数字の並びであるとき，$R_1=1234$ となる。

R_1	1	2	3	4
R_2				
R_3				
R_4				

R_1 の場合の数は，異なる 4 つの数字を並べる順列の総数に等しいから　$4!=24$ (通り)　…… ①

ここで，$R_1=1234$ のときを考える。

このとき，R_2，R_3，R_4 は

　2143，2341，2413，3142，3412，3421，4123，4312，4321

のうち，条件を満たす 3 つの組合せとなる。

[1]　$R_2=2143$ のとき

R_3，R_4 の組 (R_3，R_4) のうち，3 行目 1 列目の数字が 3 であるものは　(R_3，R_4)=(3412，4321)，(3421，4312) の 2 個。

[2]　$R_2=2341$ のとき

R_3，R_4 の組 (R_3，R_4) のうち，3 行目 1 列目の数字が 3 であるものは　(R_3，R_4)=(3412，4123) の 1 個。

[3]　$R_2=2413$ のとき

R_3，R_4 の組 (R_3，R_4) のうち，3 行目 1 列目の数字が 3 であるものは　(R_3，R_4)=(3142，4321) の 1 個。

[1]～[3] から，$R_1=1234$ のときの，R_2，R_3，R_4 の組 (R_2，R_3，R_4) の総数は　$4\cdot3!=24$ (通り)　…… ②

これが R_1 のすべての場合についていえる。

したがって，求める場合の数は，①，② から　$24\cdot24=\mathbf{576}$ (通り)

←例えば，下のように数を並べたとき，R_2～R_4 を入れ替えたものもすべて条件を満たす。

R_1	1	2	3	4
R_2	2	1	4	3
R_3	3	4	1	2
R_4	4	3	2	1

↓

R_1	1	2	3	4
R_2	3	4	1	2
R_3	2	1	4	3
R_4	4	3	2	1

総合 6 碁石を n 個 1 列に並べる並べ方のうち，黒石が先頭で白石どうしは隣り合わないような並べ方の総数を a_n とする。ここで，$a_1=1$，$a_2=2$ である。このとき，a_{10} を求めよ。　〔早稲田大〕

➡ 本冊 数学 A 例題 30

碁石を 10 個並べるとき，条件を満たすように並べるには，黒石が 5 個以上必要である。

[1]　黒石 5 個，白石 5 個のとき

黒石の間と末尾の 5 か所に白石 5 個を並べるとよい。

←●○●○●○●○●○ の場合。

●∧●∧●∧●∧●∧

よって　${}_5C_5$ 通り

[2]　黒石 6 個，白石 4 個のとき

黒石の間と末尾の 6 か所から 4 か所を選んで白石を並べるとよい。

●∧●∧●∧●∧●∧●∧

よって　${}_6C_4$ 通り

[3]　黒石 7 個，白石 3 個のとき

黒石の間と末尾の 7 か所から 3 か所を選んで白石を並べるとよい。

●∧●∧●∧●∧●∧●∧●∧

よって　${}_7C_3$ 通り

以下，同様に考えると

[4]　黒石 8 個，白石 2 個のとき　${}_8C_2$ 通り

[5]　黒石 9 個，白石 1 個のとき　${}_9C_1$ 通り

[6]　黒石 10 個，白石 0 個のとき　${}_{10}C_0$ 通り

よって　$\boldsymbol{a_{10}}={}_5C_5+{}_6C_4+{}_7C_3+{}_8C_2+{}_9C_1+{}_{10}C_0$

$=1+15+35+28+9+1$

$=\mathbf{89}$

←[1]～[5] の流れに合わせて ${}_{10}C_0$ 通りとしているが，1 通りと書いてもよい。

別解　碁石を $(n+2)$ 個並べるとき，条件を満たす並べ方には，次の 2 つの場合がある $(n=1,\ 2,\ 3,\ \cdots\cdots)$。

[1]　先頭が黒石，2 番目が黒石　(●●……………)

[2]　先頭が黒石，2 番目が白石　(●○●…………)

←白石の両隣は必ず黒石である。

[1] の場合，2 番目以降の並べ方は a_{n+1} 通りある。

[2] の場合，3 番目以降の並べ方は a_n 通りある。

よって，次の関係式が成り立つ。

←漸化式ともいう。

$$a_{n+2}=a_{n+1}+a_n\quad (n=1,\ 2,\ 3,\ \cdots\cdots)$$

これを用いると，$a_1=1,\ a_2=2$ であるから

$a_3=a_2+a_1=2+1=3,\ a_4=a_3+a_2=3+2=5,$

$a_5=a_4+a_3=5+3=8,\ a_6=a_5+a_4=8+5=13,$

$a_7=a_6+a_5=13+8=21,\ a_8=a_7+a_6=21+13=34,$

$a_9=a_8+a_7=34+21=55,\ \boldsymbol{a_{10}}=a_9+a_8=55+34=\mathbf{89}$

総合 7

1 個のさいころを 3 回投げる。1 回目に出る目を a_1，2 回目に出る目を a_2，3 回目に出る目を a_3 とし，整数 n を $n=(a_1-a_2)(a_2-a_3)(a_3-a_1)$ と定める。

(1)　$n=0$ である確率を求めよ。　(2)　$|n|=30$ である確率を求めよ。　〔千葉大〕

➡ 本冊 数学A 例題 35, 44

(1)　$n=0$ となるのは，$a_1,\ a_2,\ a_3$ の中に同じ値がある場合である。

これは，$a_1,\ a_2,\ a_3$ がすべて異なる場合の余事象であるから，求める確率は

←$(a_1-a_2)(a_2-a_3)\times(a_3-a_1)=0$ ならば $a_1=a_2$ または $a_2=a_3$ または $a_3=a_1$

$$1-\frac{{}_6P_3}{6^3}=1-\frac{6\cdot5\cdot4}{6^3}=1-\frac{5}{9}=\boldsymbol{\frac{4}{9}}$$

(2)　$|n|=30$ のとき　$|(a_1-a_2)(a_2-a_3)(a_3-a_1)|=30$

よって，$a_1-a_2 \neq 0$，$a_2-a_3 \neq 0$，$a_3-a_1 \neq 0$ であり，a_1，a_2，a_3 はすべて異なる。
また，$|a_1-a_2|$，$|a_2-a_3|$，$|a_3-a_1|$ がとりうる値は，1，2，3，4，5 のいずれかである。
30 を 1 以上 5 以下の 3 個の自然数の積で表す方法は，積の順序を無視すると，$30=2\cdot3\cdot5$ だけである。
ゆえに，$|a_1-a_2|$，$|a_2-a_3|$，$|a_3-a_1|$ は，2，3，5 のいずれかの値をとる。
さいころの目で差が 5 となる 2 数は，1 と 6 だけであるから，a_1，a_2，a_3 のうちの 2 つは 1 と 6 である。
ここで，$a_1=1$，$a_3=6$ とすると，$|a_1-a_2|=|1-a_2|$，$|a_2-a_3|=|a_2-6|$ は 2，3 のいずれかの値をとるから

$|1-a_2|=2$，$|a_2-6|=3$ より　　$a_2=3$

$|1-a_2|=3$，$|a_2-6|=2$ より　　$a_2=4$

よって，$|n|=30$ となるような a_1，a_2，a_3 は，3 つの数 1，3，6 または 1，4，6 を並べて順に対応させればよい。
したがって，求める確率は　$\dfrac{2\times3!}{6^3}=\mathbf{\dfrac{1}{18}}$

←$1 \leqq a_1 \leqq 6$，$1 \leqq a_2 \leqq 6$，$1 \leqq a_3 \leqq 6$ であり，例えば
$-5 \leqq a_1-a_2 \leqq 5$
これと $a_1-a_2 \neq 0$ から
$1 \leqq |a_1-a_2| \leqq 5$

←$|a_3-a_1|=5$ の場合を一例として考える。

総合 8　1 から 9 までの数字が 1 つずつ重複せずに書かれた 9 枚のカードがある。そのうち 8 枚のカードを A，B，C，D の 4 人に 2 枚ずつ分ける。
(1)　9 枚のカードの分け方は全部で何通りあるか。
(2)　各人が持っている 2 枚のカードに書かれた数の和が 4 人とも奇数である確率を求めよ。
(3)　各人が持っている 2 枚のカードに書かれた数の差が 4 人とも同じである確率を求めよ。ただし，2 枚のカードに書かれた数の差とは，大きい方の数から小さい方の数を引いた数である。
〔岐阜大〕

➡ **本冊 数学A 例題 38**

(1)　${}_9C_2\times{}_7C_2\times{}_5C_2\times{}_3C_2=36\times21\times10\times3=\mathbf{22680}$ **(通り)**

(2)　2 枚のカードの数の和が奇数となるのは，偶数と奇数のカードを 1 枚ずつ持っている場合である。
偶数のカード 4 枚を A，B，C，D の 4 人に 1 枚ずつ分ける方法は　　${}_4P_4=24$ (通り)
そのおのおのについて，奇数のカード 5 枚を 4 人に 1 枚ずつ分ける方法は　${}_5P_4=120$ (通り)
よって，求める確率は　$\dfrac{24\times120}{36\times21\times10\times3}=\mathbf{\dfrac{8}{63}}$

(3)　2 枚のカードの数の差を k とすると，k が 4 人とも同じであるようなカード 4 組の分け方は，次のようになる。
[1]　$k=1$ のとき
{(1, 2), (3, 4), (5, 6), (7, 8)},
{(1, 2), (3, 4), (5, 6), (8, 9)},
{(1, 2), (3, 4), (6, 7), (8, 9)},
{(1, 2), (4, 5), (6, 7), (8, 9)},

←A → B → C → D の順に 2 枚ずつ分け与える。

←偶 + 奇 = 奇
偶 + 偶 = 偶
奇 + 奇 = 偶

←$36\times21\times10\times3$ のままの方が約分しやすい。

←$k=1$ ⟶ 各人の 2 枚のカードは連続する 2 整数で，偶数と奇数のカードが 1 枚ずつ。

$\{(2,\ 3),\ (4,\ 5),\ (6,\ 7),\ (8,\ 9)\}$ の5通り。

[2]　$k=2$ のとき

$\{(1,\ 3),\ (2,\ 4),\ (5,\ 7),\ (6,\ 8)\}$,

$\{(1,\ 3),\ (2,\ 4),\ (6,\ 8),\ (7,\ 9)\}$,

$\{(2,\ 4),\ (3,\ 5),\ (6,\ 8),\ (7,\ 9)\}$ の3通り。

[3]　$k=3$ となる分け方はない。

[4]　$k=4$ のとき

$\{(1,\ 5),\ (2,\ 6),\ (3,\ 7),\ (4,\ 8)\}$,

$\{(2,\ 6),\ (3,\ 7),\ (4,\ 8),\ (5,\ 9)\}$ の2通り。

[5]　$k=5$ のとき

$\{(1,\ 6),\ (2,\ 7),\ (3,\ 8),\ (4,\ 9)\}$ の1通り。

[6]　$k\geqq 6$ となる分け方はない。

[1]～[6] から，カード4組の分け方は

$$5+3+2+1=11\ (\text{通り})$$

そのおのおのについて，A，B，C，D の4人にそれぞれの組のカードを分ける方法は　　$4!=24$ (通り)

よって，求める確率は　　$\dfrac{11\times 24}{36\times 21\times 10\times 3}=\mathbf{\dfrac{11}{945}}$

←$k=2$ ⟶ 各人の2枚のカードはともに奇数かともに偶数。

←$k=3$ となる組は $(1,\ 4),\ (2,\ 5),\ (3,\ 6),\ (4,\ 7),\ (5,\ 8),\ (6,\ 9)$ この中から4つをどのように選んでも重複する数が出てくる。

←$k=6$ となる組は $(1,\ 7),\ (2,\ 8),\ (3,\ 9)$ の3つだけ。

総合

総合 9

トランプのハートとスペードの1から10までのカードが1枚ずつ総計20枚ある。$i=1,\ 2,\ \cdots\cdots,\ 10$ に対して，番号 i のハートとスペードのカードの組を第 i 対とよぶことにする。20枚のカードの中から4枚のカードを無作為に取り出す。取り出された4枚のカードの中に第 i 対が含まれているという事象を A_i で表すとき，次の問いに答えよ。

(1)　事象 A_1 が起こる確率 $P(A_1)$ を求めよ。

(2)　確率 $P(A_1\cap A_2)$ を求めよ。

(3)　確率 $P(A_1\cup A_2\cup A_3)$ を求めよ。

(4)　取り出された4枚のカードの中に第1対，第2対，第3対，第4対，第5対，第6対の中の少なくとも1つが含まれる確率を求めよ。　〔早稲田大〕

➡ 本冊 数学A 例題 43, 45

(1)　20枚のカードの中から4枚のカードを取り出す方法の総数は

$${}_{20}C_4=\frac{20\cdot 19\cdot 18\cdot 17}{4\cdot 3\cdot 2\cdot 1}=5\cdot 19\cdot 3\cdot 17=4845\ (\text{通り})$$

事象 A_1 は，取り出された4枚のカードにハートの1とスペードの1が含まれている場合で，残り2枚は18枚から2枚を取り出すことになる。

よって　　$\boldsymbol{P(A_1)}=\dfrac{{}_{18}C_2}{4845}=\dfrac{18\cdot 17}{2\cdot 1}\times\dfrac{1}{5\cdot 19\cdot 3\cdot 17}=\mathbf{\dfrac{3}{95}}$

←$5\cdot 19\cdot 3\cdot 17$ のままの方が約分しやすい。

(2)　事象 $A_1\cap A_2$ は，取り出された4枚のカードがハートの1と2，スペードの1と2になる場合である。

この取り出し方は1通りであるから　　$\boldsymbol{P(A_1\cap A_2)}=\mathbf{\dfrac{1}{4845}}$

(3)　(1)，(2) と同様に考えて　　$P(A_2)=P(A_3)=\dfrac{3}{95}$

$$P(A_2\cap A_3)=P(A_3\cap A_1)=\frac{1}{4845}$$

←一般に　$P(A_i)=\dfrac{3}{95}$

$i\neq j$ のとき $P(A_i\cap A_j)=\dfrac{1}{4845}$

また，4枚取り出すとき，対が3つできることはないから

$P(A_1 \cap A_2 \cap A_3)=0$

よって　$\boldsymbol{P(A_1 \cup A_2 \cup A_3)}$

$=P(A_1)+P(A_2)+P(A_3)-P(A_1 \cap A_2)$

$-P(A_2 \cap A_3)-P(A_3 \cap A_1)+P(A_1 \cap A_2 \cap A_3)$

$=\frac{3}{95}\times 3-\frac{1}{4845}\times 3+0$

$=\frac{9}{95}-\frac{1}{1615}=\frac{152}{1615}=\boldsymbol{\frac{8}{85}}$

←3つの和事象の確率

(4)　対が2つできる場合の数は　${}_6C_2=15$（通り）

対が3つ以上できることはない。

よって，求める確率は(3)と同様に考えて

$\frac{3}{95}\times 6-\frac{1}{4845}\times 15=\frac{18}{95}-\frac{5}{1615}=\boldsymbol{\frac{301}{1615}}$

←$P(A_1 \cup A_2 \cup \cdots \cup A_6)$ を求める。

総合 10　ボタンを1回押すたびに1，2，3，4，5，6のいずれかの数字が1つ画面に表示される機械がある。このうちの1つの数字Qが表示される確率は$\frac{1}{k}$であり，Q以外の数字が表示される確率はいずれも等しいとする。ただし，kは$k>6$を満たす自然数とする。ボタンを1回押して表示された数字を確認する試行を繰り返すとき，1回目に4の数字，2回目に5の数字が表示される確率は，1回目に5の数字，2回目に6の数字が表示される確率の$\frac{8}{5}$倍である。このとき，

(1)　Qは^{ア}□であり，kは^{イ}□である。

(2)　この試行を3回繰り返すとき，表示された3つの数字の和が16となる確率は^{ウ}□である。

(3)　この試行を500回繰り返すとき，そのうちQの数字がn回表示される確率をP_nとおくと，P_nの値が最も大きくなるnの値は^{エ}□である。　〔慶応大〕

➡ 本冊 数学A 例題 47，49，57

(1)　4，5，6の数字が表示される確率をそれぞれ$P(4)$，$P(5)$，$P(6)$とすると，条件から　$P(4)\cdot P(5)=\frac{8}{5}P(5)\cdot P(6)$

←$P(5)$（$\neq 0$）で割る。

よって　$P(4)=\frac{8}{5}P(6)$ …… ①

ゆえに　$P(4)>P(6)$

←$\frac{8}{5}P(6)>P(6)$

1から6までの数字のうち，1つの数字Qが表示される確率のみが他より小さい確率$\frac{1}{k}$（$k>6$）であるから

←$k>6$のとき　$\frac{1}{k}<\frac{1}{6}$

$Q={}^{ア}\boldsymbol{6}$，$P(6)=\frac{1}{k}$

よって，6以外の1から5までの数字が表示される確率は，それぞれ　$\frac{1}{5}\left(1-\frac{1}{k}\right)$

←$P(1)$，$P(2)$，……，$P(5)$はすべて等しく，$P(1)$，$P(2)$，……，$P(6)$の和は1である。

これらを①に代入して　$\frac{1}{5}\left(1-\frac{1}{k}\right)=\frac{8}{5}\cdot\frac{1}{k}$

両辺に$5k$を掛けて　$k-1=8$　ゆえに　$k={}^{イ}\boldsymbol{9}$

←$k>6$を満たす。

(2)　表示された3つの数字の和が16となるときの3つの数字の組は　(4，6，6)　または　(5，5，6)

(1) より，6 が表示される確率は $\frac{1}{9}$ であり，1 から 5 までの数字が表示される確率はそれぞれ $\frac{1}{5}\left(1-\frac{1}{9}\right)=\frac{8}{45}$ であるから，

←(1) の結果を利用。

求める確率は

$$\underset{\sim\sim\sim}{\frac{3!}{1!2!}}\times\left(\frac{1}{9}\right)^2\cdot\frac{8}{45}+\frac{3!}{2!1!}\times\frac{1}{9}\cdot\left(\frac{8}{45}\right)^2$$

$$=3\cdot\frac{1}{9}\cdot\frac{8}{45}\left(\frac{1}{9}+\frac{8}{45}\right)=\frac{8}{135}\cdot\frac{13}{45}={}^{ウ}\,\mathbf{\frac{104}{6075}}$$

←4，6，6 を並べる方法は $\frac{3!}{1!2!}$ 通り

(3)　$P_n={}_{500}C_n\left(\frac{1}{9}\right)^n\left(\frac{8}{9}\right)^{500-n}$ であり

←反復試行の確率

$$\frac{P_{n+1}}{P_n}=\frac{{}_{500}C_{n+1}\left(\frac{1}{9}\right)^{n+1}\left(\frac{8}{9}\right)^{499-n}}{{}_{500}C_n\left(\frac{1}{9}\right)^n\left(\frac{8}{9}\right)^{500-n}}=\frac{500-n}{n+1}\cdot\frac{\frac{1}{9}}{\frac{8}{9}}=\frac{500-n}{8(n+1)}$$

Ⓘ　確率の大小比較
比 $\frac{P_{n+1}}{P_n}$ をとり，1 との大小を比べる

$\frac{P_{n+1}}{P_n}<1$ とすると，$\frac{500-n}{8(n+1)}<1$ から　　$500-n<8(n+1)$

これを解くと　　$n>\frac{164}{3}=54.6\cdots\cdots$

よって，$55\leqq n\leqq 499$ のとき　　$P_n>P_{n+1}$

←$0\leqq n\leqq 499$

$\frac{P_{n+1}}{P_n}>1$ とすると，$\frac{500-n}{8(n+1)}>1$ から　　$n<\frac{164}{3}=54.6\cdots\cdots$

ゆえに，$0\leqq n\leqq 54$ のとき　　$P_n<P_{n+1}$

よって　$P_0<P_1<\cdots\cdots<P_{54}<P_{55}$，$P_{55}>P_{56}>\cdots\cdots>P_{499}>P_{500}$

したがって，P_n の値が最も大きくなる n の値は　　$n={}^{エ}\,\mathbf{55}$

総合 11

白球と赤球の入った袋から 2 個の球を同時に取り出すゲームを考える。取り出した 2 球がともに白球ならば「成功」でゲームを終了し，そうでないときは「失敗」とし，取り出した 2 球に赤球を 1 個加えた 3 個の球を袋に戻してゲームを続けるものとする。最初に白球が 2 個，赤球が 1 個袋に入っていたとき，$n-1$ 回まで失敗し n 回目に成功する確率を求めよ。ただし，$n\geqq 2$ とする。
〔京都大〕

➡ 本冊　数学 A 例題 48

最初に白球が 2 個，赤球が 1 個袋に入っていて，失敗のたびに赤球が 1 個加えられるから，k 回目 ($k\geqq 1$) に取り出すとき，袋の中には白球が 2 個，赤球が k 個入っている。
その中から 2 球を取り出すとき，

成功する確率は　　$\frac{1}{{}_{k+2}C_2}=\frac{2}{(k+1)(k+2)}$

失敗する確率は　　$1-\frac{2}{(k+1)(k+2)}=\frac{(k+1)(k+2)-2}{(k+1)(k+2)}$

←余事象の確率

$$=\frac{k^2+3k}{(k+1)(k+2)}$$

$$=\frac{k(k+3)}{(k+1)(k+2)}$$

よって，求める確率は

←各回の試行は独立。

$$\frac{1\cdot4}{2\cdot3}\times\frac{2\cdot5}{3\cdot4}\times\frac{3\cdot6}{4\cdot5}\times\cdots\cdots\times\frac{(n-1)(n+2)}{n(n+1)}\times\frac{2}{(n+1)(n+2)}$$

$$=\frac{(n-1)!\times\frac{(n+2)!}{3!}}{n!\times\frac{(n+1)!}{2}}\times\frac{2}{(n+1)(n+2)}$$

$$=\frac{n+2}{n\times3}\times\frac{2}{(n+1)(n+2)}=\boldsymbol{\frac{2}{3n(n+1)}}$$

←$\frac{k(k+3)}{(k+1)(k+2)}$ に $k=1,\ 2,\ \cdots\cdots,\ n-1$ を代入。

←$4\cdot5\cdot6\cdot\cdots\cdots\cdot(n+2)=\frac{(n+2)!}{3\cdot2\cdot1}$

総合 12 n を 2 以上の自然数とする。1 個のさいころを続けて n 回投げる試行を行い，出た目を順に X_1, X_2, ……, X_n とする。

(1) X_1, X_2, ……, X_n の最大公約数が 3 となる確率を n の式で表せ。

(2) X_1, X_2, ……, X_n の最大公約数が 1 となる確率を n の式で表せ。

(3) X_1, X_2, ……, X_n の最小公倍数が 20 となる確率を n の式で表せ。　〔北海道大〕

➡ 本冊 数学 A 例題 46

n 回の目の出方は全部で 6^n 通りあり，これらは同様に確からしい。X_1, X_2, ……, X_n の最大公約数を d_n とする。

(1) $d_n=3$ となるのは，

X_1, X_2, ……, X_n がすべて 3, 6 のいずれかであり，かつ，
X_1, X_2, ……, X_n のうち少なくとも 1 つは 3 のときである。
よって，$d_n=3$ となるような組 $(X_1,\ X_2,\ \cdots\cdots,\ X_n)$ の総数は (2^n-1) 通りであり，求める確率は　$\boldsymbol{\frac{2^n-1}{6^n}}$

←3 または 6 しか出ない場合から，6 だけが出る場合を除く。

(2) X_1, X_2, ……, X_n はすべて，1 以上 6 以下の整数であるから，d_n は 1 以上 6 以下の整数である。

$d_n=3$ となるような組 $(X_1,\ X_2,\ \cdots\cdots,\ X_n)$ の総数は，
(1) から　2^n-1 (通り)

$d_n=5$ となるのは，X_1, X_2, ……, X_n がすべて 5 のときで，
そのような組 $(X_1,\ X_2,\ \cdots\cdots,\ X_n)$ の総数は　1 通り

$d_n=2$ または $d_n=4$ または $d_n=6$ となるのは，
X_1, X_2, ……, X_n がすべて 2 の倍数のときで，
そのような組 $(X_1,\ X_2,\ \cdots\cdots,\ X_n)$ の総数は　3^n 通り

ゆえに，$d_n=1$ となるような組 $(X_1,\ X_2,\ \cdots\cdots,\ X_n)$ の総数は

$$6^n-(2^n-1+1+3^n)=6^n-3^n-2^n\ (\text{通り})$$

よって，求める確率は　$\boldsymbol{\frac{6^n-3^n-2^n}{6^n}}$

←$d_n=2$, 4, 6 となる場合をそれぞれ求めてもよい。
$d_n=4$ となるのは，出た目がすべて 4 であるときなので，その総数は 1 通り。
$d_n=6$ となる組の総数も同様に 1 通り。よって，$d_n=2$ となる組の総数は 3^n-2 通り。

(3) $20=2^2\times5$ から，X_1, X_2, ……, X_n の最小公倍数が 20 となるのは，

X_1, X_2, ……, X_n がすべて 1, 2, 4, 5 のいずれかであり，かつ
X_1, X_2, ……, X_n のうち少なくとも 1 つは 4 で，かつ
X_1, X_2, ……, X_n のうち少なくとも 1 つは 5　のときである。

X_1, X_2, ……, X_n がすべて 1, 2, 4, 5 のいずれかであるような組 $(X_1,\ X_2,\ \cdots\cdots,\ X_n)$ の総数は　4^n 通り

これらの 4^n 通りの組のうち，4 を 1 つも含まないような組は

3^n 通り，5 を 1 つも含まないような組は 3^n 通り，4 および 5 を 1 つも含まないような組は 2^n 通りある。

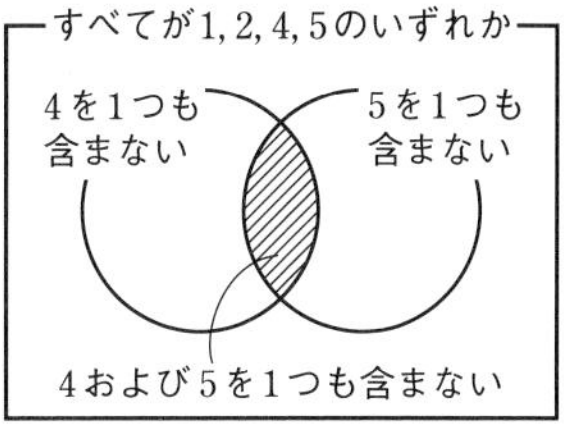

ゆえに，X_1，X_2，……，X_n の最小公倍数が 20 となるような組 $(X_1,\ X_2,\ \cdots\cdots,\ X_n)$ の総数は

$$4^n-(3^n+3^n-2^n)=4^n-2\cdot3^n+2^n\ (\text{通り})$$

よって，求める確率は　$\boldsymbol{\dfrac{4^n-2\cdot3^n+2^n}{6^n}}$

総合 13　4 人でじゃんけんをして，負けた者から順に抜けていき，最後に残った 1 人を優勝者とする。ただし，あいこの場合も 1 回のじゃんけんを行ったものとする。

(1) 1 回目で 2 人が負け，2 回目で優勝者が決まる確率は ア□ である。また，ちょうど 2 回目で優勝者が決まる確率は イ□ である。

(2) ちょうど 2 回目で優勝者が決まった場合，1 回目があいこである条件付き確率は ウ□ である。

〔類 京都産大〕

➡ 本冊 数学 A 例題 39, 62

(1) (ア) 1 回目のじゃんけんで 2 人が負ける確率について

　←(2 人が負ける確率)＝(2 人が勝つ確率)

4 人の手の出し方の総数は　$3^4=81$ (通り)

敗者 2 人の選び方は　${}_4C_2$ 通り

そのおのおのに対し，敗者の手の出し方は　3 通り

　←グー，チョキ，パーの 3 通り。敗者の手の出し方が決まれば勝者の手の出し方も 1 通りに決まる。

よって，1 回目のじゃんけんで 2 人が負ける確率は

$$\frac{{}_4C_2\times3}{3^4}=\frac{6\times3}{81}=\frac{2}{9}\ \cdots\cdots\ ①$$

また，残った 2 人による 2 回目のじゃんけんで，1 人が負ける確率は，同様に考えて　$\dfrac{{}_2C_1\times3}{3^2}=\dfrac{2\times3}{9}=\dfrac{2}{3}$

　←敗者 1 人の選び方 ${}_2C_1$，敗者の手の出し方 3 通り。

ゆえに，1 回目で 2 人が負け，2 回目で優勝者が決まる確率は

$$\frac{2}{9}\times\frac{2}{3}={}^{ア}\boldsymbol{\frac{4}{27}}$$

　←独立 ⟶ 確率を掛ける。

(イ) ちょうど 2 回目で優勝者が決まるのには，次の [1]～[3] の場合がある。

[1] 1 回目で 2 人が負け，2 回目で 1 人が負ける場合

　←残る人数は 4 人 ⟶ 2 人 ⟶ 1 人

その確率は，(ア) から　$\dfrac{4}{27}$

[2] 1 回目で 1 人が負けて，2 回目で 2 人が負ける場合

　←残る人数は 4 人 ⟶ 3 人 ⟶ 1 人

その確率は

$$\frac{{}_4C_1\times3}{3^4}\times\frac{{}_3C_2\times3}{3^3}=\frac{4}{27}\times\frac{1}{3}=\frac{4}{81}\ \cdots\cdots\ ②$$

　←(ア) と同様の計算。

[3] 1 回目があいこで，2 回目で 3 人が負ける場合

　←残る人数は 4 人 ⟶ 4 人 ⟶ 1 人

4 人でじゃんけんをして，3 人が負ける確率は

$\dfrac{{}_4C_3\times3}{3^4}=\dfrac{4}{27}$ であるから，①，② も利用すると，1 回目があいこになる確率は　$1-\dfrac{4}{27}-\dfrac{2}{9}-\dfrac{4}{27}=\dfrac{13}{27}$

　←余事象の確率を利用。

よって，[3] の場合の確率は　$\dfrac{13}{27}\times\underline{\underline{\dfrac{4}{27}}}=\dfrac{52}{729}$ ……③

[1]～[3] は互いに排反であるから，ちょうど2回目で優勝者が決まる確率は　$\dfrac{4}{27}+\dfrac{4}{81}+\dfrac{52}{729}=\dfrac{108+36+52}{729}={}^{イ}\boldsymbol{\dfrac{196}{729}}$

←加法定理

(2) ちょうど2回目で優勝者が決まるという事象を A，1回目があいこであるという事象を B とすると，求める確率は　$P_A(B)$

③から　$P(A\cap B)=\dfrac{52}{729}$

(1)(イ)から　$P(A)=\dfrac{196}{729}$

よって，求める確率は

$$P_A(B)=\frac{P(A\cap B)}{P(A)}=\frac{52}{729}\div\frac{196}{729}=\frac{52}{196}={}^{ウ}\boldsymbol{\frac{13}{49}}$$

総合 14　1つのさいころを3回投げる。1回目に出る目の数，2回目に出る目の数，3回目に出る目の数をそれぞれ X_1，X_2，X_3 とし，5つの数2，5，$2-X_1$，$5+X_2$，X_3 からなるデータを考える。

(1) データの範囲が7以下である確率を求めよ。

(2) X_3 がデータの中央値に等しい確率を求めよ。

(3) X_3 がデータの平均値に等しい確率を求めよ。

(4) データの中央値と平均値が一致するとき，X_3 が中央値に等しい条件付き確率を求めよ。

〔熊本大〕

➡ 本冊 数学A 例題59

(1) さいころの目は1以上6以下であるから

←$1\leqq X_k\leqq 6$ $(k=1,\ 2,\ 3)$

$$2-X_1<2<5<5+X_2$$

$X_1\geqq 1$ から　$2-X_1\leqq 1$　　$X_2\geqq 1$ から　$5+X_2\geqq 6$

←$-X_1\leqq -1$

また　$1\leqq X_3\leqq 6$

←(最大値)$=5+X_2$，(最小値)$=2-X_1$

ゆえに，データの範囲が7以下となるのは，

$(5+X_2)-(2-X_1)\leqq 7$　すなわち　$X_1+X_2\leqq 4$

←**(範囲)＝(最大値)−(最小値)**

のときである。これを満たす X_1，X_2 の組は

$(X_1,\ X_2)=(1,\ 1)$，$(1,\ 2)$，$(1,\ 3)$，$(2,\ 1)$，$(2,\ 2)$，$(3,\ 1)$ の6通り。

よって，求める確率は　$\dfrac{6}{6^2}=\boldsymbol{\dfrac{1}{6}}$

←X_3 はどの数でもよい。

(2) X_3 がデータの中央値となるのは，

←データの大きさは5であるから，小さい方から3番目の数が中央値となる。

$2-X_1<2\leqq X_3\leqq 5<5+X_2$　のときである。

これを満たす X_3 は　$X_3=2,\ 3,\ 4,\ 5$　の4通り。

よって，求める確率は　$\dfrac{4}{6}=\boldsymbol{\dfrac{2}{3}}$

←X_1，X_2 はどの数でもよい。

(3) データの平均値は

$$\frac{1}{5}\{2+5+(2-X_1)+(5+X_2)+X_3\}=\frac{1}{5}(14-X_1+X_2+X_3)$$

←**(平均値)$=\dfrac{(\text{データの総和})}{(\text{データの大きさ})}$**

X_3 がデータの平均値となるのは，

$\dfrac{1}{5}(14-X_1+X_2+X_3)=X_3$ ……①　のときである。

① から　$4X_3=(X_2-X_1)+14$ …… ②
ここで，$-5\leqq X_2-X_1\leqq 5$ であるから
$9\leqq (X_2-X_1)+14\leqq 19$　すなわち　$9\leqq 4X_3\leqq 19$
ゆえに　$\dfrac{9}{4}\leqq X_3\leqq \dfrac{19}{4}$　よって　$X_3=3,\ 4$

←$1\leqq X_2\leqq 6$，$-6\leqq -X_1\leqq -1$ から。
←$\dfrac{9}{4}=2.25$，$\dfrac{19}{4}=4.75$

[1]　$X_3=3$ のとき
② から　$12=(X_2-X_1)+14$　すなわち　$X_2-X_1=-2$
よって，② を満たす X_1，X_2 の組は
$(X_1,\ X_2)=(6,\ 4),\ (5,\ 3),\ (4,\ 2),\ (3,\ 1)$　の 4 通り。
[2]　$X_3=4$ のとき
② から　$16=(X_2-X_1)+14$　すなわち　$X_2-X_1=2$
よって，② を満たす X_1，X_2 の組は
$(X_1,\ X_2)=(1,\ 3),\ (2,\ 4),\ (3,\ 5),\ (4,\ 6)$　の 4 通り。

←[1] の組で，X_1 と X_2 の値を入れ替えたもの。

[1]，[2] から，求める確率は　$\dfrac{4+4}{6^3}=\boldsymbol{\dfrac{1}{27}}$

総合

(4)　データの中央値と平均値が一致するという事象を A，X_3 が中央値に等しいという事象を B とし，$n(A)$，$n(A\cap B)$ について調べる。ここで，$2-X_1<2<5<5+X_2$ であるから，データの中央値となりうる数は，2，5，X_3 である。

←求める確率は
$P_A(B)=\dfrac{P(A\cap B)}{P(A)}=\dfrac{n(A\cap B)}{n(A)}$

[1]　中央値が 2 のとき　$X_3=1$ または $X_3=2$

←$X_3\leqq 2<5$

平均値も 2 となるような目の出方について
(i)　$X_3=1$ のとき，$\dfrac{1}{5}(14-X_1+X_2+1)=2$ とすると

←(平均値)$=2$

$X_2-X_1=-5$　よって　$(X_1,\ X_2)=(6,\ 1)$
(ii)　$X_3=2$ のとき，$\dfrac{1}{5}(14-X_1+X_2+2)=2$ とすると
$X_2-X_1=-6$
これを満たす X_1，X_2 の組は存在しない。
ゆえに，中央値と平均値がともに 2 となる目の出方は 1 通り。
[2]　中央値が 5 のとき　$X_3=5$ または $X_3=6$

←$2<5\leqq X_3$

平均値も 5 となるような目の出方について
(i)　$X_3=5$ のとき，$\dfrac{1}{5}(14-X_1+X_2+5)=5$ とすると

←(平均値)$=5$

$X_2-X_1=6$
これを満たす X_1，X_2 の組は存在しない。
(ii)　$X_3=6$ のとき，$\dfrac{1}{5}(14-X_1+X_2+6)=5$ とすると
$X_2-X_1=5$　よって　$(X_1,\ X_2)=(1,\ 6)$
ゆえに，中央値と平均値がともに 5 となる目の出方は 1 通り。
[3]　中央値が X_3（ただし $X_3\neq 2$，$X_3\neq 5$）のとき
$X_3=3$ または $X_3=4$

←$2<X_3<5$

よって，X_3 が中央値かつ平均値となる目の出方は，(3) から
8 通り。

ゆえに，求める確率は　$P_A(B)=\dfrac{n(A\cap B)}{n(A)}=\dfrac{8}{1+1+8}=\boldsymbol{\dfrac{4}{5}}$

←$n(A\cap B)=8$

総合 15　袋の中に青玉が 7 個，赤玉が 3 個入っている。袋から 1 回につき 1 個ずつ玉を取り出す。一度取り出した玉は袋に戻さないとして，次の問いに答えよ。

(1)　4 回目に初めて赤玉が取り出される確率を求めよ。

(2)　8 回目が終わった時点で赤玉がすべて取り出されている確率を求めよ。

(3)　赤玉がちょうど 8 回目ですべて取り出される確率を求めよ。

(4)　4 回目が終わった時点で取り出されている赤玉の個数の期待値を求めよ。　〔東北大〕

➡ 本冊 数学 A 例題 65

10 個の玉はすべて区別がつくものとして考える。

(1)　1 回目から 3 回目までは青玉が出て，4 回目に赤玉が出る確率であるから　$\dfrac{{}_7\mathrm{P}_3\times 3}{{}_{10}\mathrm{P}_4}=\boldsymbol{\dfrac{1}{8}}$

←確率の乗法定理を使って　$\dfrac{7}{10}\times\dfrac{6}{9}\times\dfrac{5}{8}\times\dfrac{3}{7}=\dfrac{1}{8}$ としてもよい。

(2)　8 回目までに起こりうる場合の数は，10 個から 8 個を取り出す順列であるから　${}_{10}\mathrm{P}_8$ 通り

8 回のうち赤玉を取り出す 3 回の選び方は　${}_8\mathrm{C}_3$ 通り

そのおのおのに対して，赤玉 3 個の取り出し方は 3! 通りあり，青玉 5 個の取り出し方は ${}_7\mathrm{P}_5$ 通りある。

したがって，求める確率は

$$\frac{{}_8\mathrm{C}_3\times 3!\times{}_7\mathrm{P}_5}{{}_{10}\mathrm{P}_8}=\boldsymbol{\frac{7}{15}}$$

←$\dfrac{{}_7\mathrm{P}_5}{{}_{10}\mathrm{P}_8}=\dfrac{\frac{7!}{2!}}{\frac{10!}{2!}}=\dfrac{7!}{10!}=\dfrac{1}{10\cdot9\cdot8}$

別解　8 回目までに，青玉は 5 回，赤玉は 3 回出ているから，求める確率は　$\dfrac{{}_7\mathrm{C}_5\times{}_3\mathrm{C}_3}{{}_{10}\mathrm{C}_8}=\dfrac{{}_7\mathrm{C}_2\times 1}{{}_{10}\mathrm{C}_2}=\dfrac{7\cdot6}{10\cdot9}=\boldsymbol{\dfrac{7}{15}}$

(3)　赤玉を取り出す回は，8 回目は確定していて，1 回目から 7 回目のうちの 2 回を選ぶから，その場合の数は　${}_7\mathrm{C}_2$ 通り

そのおのおのに対して，赤玉 3 個の取り出し方は 3! 通りあり，青玉 5 個の取り出し方は ${}_7\mathrm{P}_5$ 通りある。

したがって，求める確率は

$$\frac{{}_7\mathrm{C}_2\times 3!\times{}_7\mathrm{P}_5}{{}_{10}\mathrm{P}_8}=\boldsymbol{\frac{7}{40}}$$

別解　7 回目までに，青玉は 5 回，赤玉は 2 回出ていて，8 回目に赤玉が出る場合であるから，求める確率は

$$\frac{{}_7\mathrm{C}_5\times{}_3\mathrm{C}_2}{{}_{10}\mathrm{C}_7}\times\frac{1}{3}=\frac{{}_7\mathrm{C}_2\times 3}{{}_{10}\mathrm{C}_3}\times\frac{1}{3}=\frac{21}{120}=\boldsymbol{\frac{7}{40}}$$

←確率の乗法定理を用いた。

(4)　4 回目が終わった時点で取り出されている赤玉の個数を X とする。

X のとりうる値は　$X=0,\ 1,\ 2,\ 3$

$$P(X=0)=\frac{{}_7\mathrm{P}_4}{{}_{10}\mathrm{P}_4}=\frac{5}{30},$$

$$P(X=1)=\frac{{}_4C_1\times3\times{}_7P_3}{{}_{10}P_4}=\frac{15}{30},$$

$$P(X=2)=\frac{{}_4C_2\times{}_3P_2\times{}_7P_2}{{}_{10}P_4}=\frac{9}{30},$$

$$P(X=3)=\frac{{}_4C_3\times3!\times7}{{}_{10}P_4}=\frac{1}{30}$$

よって，求める期待値は

$$0\times\frac{5}{30}+1\times\frac{15}{30}+2\times\frac{9}{30}+3\times\frac{1}{30}=\frac{36}{30}=\boldsymbol{\frac{6}{5}}$$

別解　各確率は，組合せを用いて計算してもよい。

$$P(X=0)=\frac{{}_7C_4}{{}_{10}C_4}=\frac{5}{30},$$

$$P(X=1)=\frac{{}_7C_3\times{}_3C_1}{{}_{10}C_4}=\frac{15}{30},$$

$$P(X=2)=\frac{{}_7C_2\times{}_3C_2}{{}_{10}C_4}=\frac{9}{30},$$

$$P(X=3)=\frac{{}_7C_1\times{}_3C_3}{{}_{10}C_4}=\frac{1}{30}$$

←$X=1$ のとき，赤玉を取り出す1回の選び方は ${}_4C_1$ 通り
そのおのおのに対して，赤玉1個の取り出し方は3通りあり，青玉3個の取り出し方は ${}_7P_3$ 通りある。

総合 16

右図の△ABCにおいて，AB：AC＝3：4とする。また，∠Aの二等分線と辺BCとの交点をDとする。更に，

線分ADを5：3に内分する点をE，

線分EDを2：1に内分する点をF，

線分ACを7：5に内分する点をG　とする。

直線BEと辺ACとの交点をHとするとき，次の各問いに答えよ。

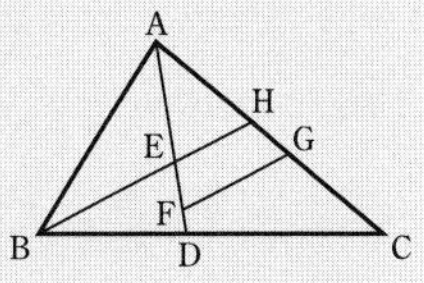

(1) $\dfrac{AH}{HC}$ の値を求めよ。　(2) BH∥FG であることを示せ。

(3) FG＝7のとき，線分BEの長さを求めよ。　〔宮崎大〕

➡ 本冊 数学A 例題 70,71,82

(1) ADは∠Aの二等分線であるから　$\dfrac{BD}{DC}=\dfrac{AB}{AC}=\dfrac{3}{4}$

また，△ADCと直線BHについて，メネラウスの定理により

$\dfrac{DB}{BC}\cdot\dfrac{CH}{HA}\cdot\dfrac{AE}{ED}=1$　すなわち　$\dfrac{3}{7}\cdot\dfrac{HC}{AH}\cdot\dfrac{5}{3}=1$

よって　$\dfrac{AH}{HC}=\boldsymbol{\dfrac{5}{7}}$

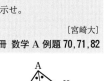

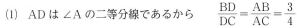

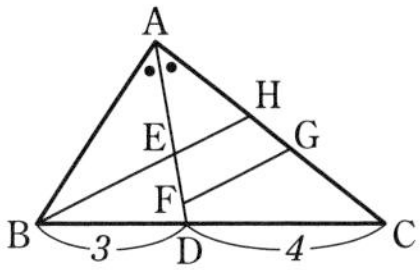

(2) (1)から　AH：HC＝5：7　ゆえに　AH：AC＝5：12

仮定から　AG：GC＝7：5　ゆえに　AG：AC＝7：12

よって　AH：AG＝5：7 …… ①

一方，仮定から　EF：FD＝2：1

ゆえに　EF：ED＝2：3

更に，仮定から　AE：ED＝5：3

ゆえに　AE：EF＝5：2

よって　AE：AF＝5：7 …… ②

①，② から　AH：AG＝AE：AF

したがって　　　BH∥FG

←平行線と線分の比の性質の逆

(3)　△BCH と直線 AD について，メネラウスの定理により

$$\frac{BD}{DC}\cdot\frac{CA}{AH}\cdot\frac{HE}{EB}=1 \quad すなわち \quad \frac{3}{4}\cdot\frac{12}{5}\cdot\frac{EH}{BE}=1$$

ゆえに　　　BE：EH＝9：5 …… ③

(2) より，EH∥FG であるから　　EH：FG＝AH：AG＝5：7

FG＝7 から　　　EH＝5 …… ④

③，④ から　　　BE＝**9**

総合 17　平面上の鋭角三角形 △ABC の内部（辺や頂点は含まない）に点 P をとり，A′ を B，C，P を通る円の中心，B′ を C，A，P を通る円の中心，C′ を A，B，P を通る円の中心とする。このとき，A，B，C，A′，B′，C′ が同一円周上にあるための必要十分条件は，P が △ABC の内心に一致することであることを示せ。　〔京都大〕

➡ 本冊　数学 A 例題 90

HINT　「A，B，C，A′，B′，C′ が同一円周上にある ⟹ AP が ∠BAC の二等分線である」ことと，「P が △ABC の内心である ⟹ 4 点 A，B，C，A′ が同一円周上にある」ことを示す。

A，B，C，A′，B′，C′ が同一円周上にあるとする。

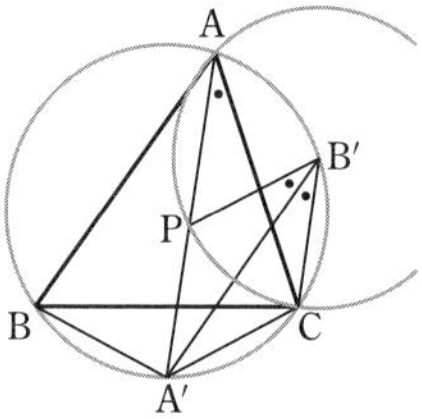

$\overset{\frown}{A'C}$ の円周角から

　　∠A′AC＝∠A′B′C …… ①

$\overset{\frown}{PC}$ の円周角と中心角から

←円 B′ に着目。

　　$∠PAC=\frac{1}{2}∠PB'C$ …… ②

A′C＝A′P，B′C＝B′P，A′B′ は共通であるから　　△A′B′C≡△A′B′P

←A′ は △PBC の外心であるから　A′C＝A′P
B′ は △PCA の外心であるから　B′C＝B′P

よって　　$∠A'B'C=\frac{1}{2}∠PB'C$ …… ③

①，②，③ から　　∠A′AC＝∠PAC

したがって，A，P，A′ は一直線上にある。

A′B＝A′C から　　∠A′AB＝∠A′AC

←A′B＝A′C から $\overset{\frown}{A'B}=\overset{\frown}{A'C}$

よって，直線 AA′ すなわち直線 AP は ∠BAC の二等分線である。同様にして，直線 BP が ∠ABC の二等分線であることがいえる。

←CP が ∠ACB の二等分線であることもいえる。

したがって，P は △ABC の内心である。

←「P が内心」は必要条件。

逆に，P が △ABC の内心であるとすると

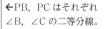

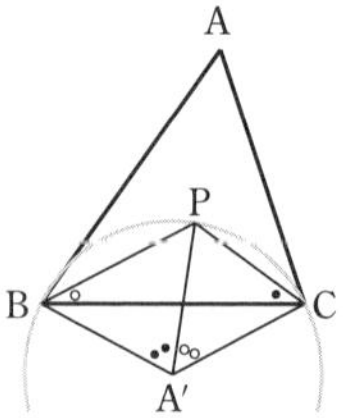

　　∠BAC＋∠BA′C

←四角形 ABA′C を考える。

　　＝∠BAC＋∠BA′P＋∠CA′P

　　＝∠BAC＋2∠BCP＋2∠CBP

　　　　（中心角と円周角の関係）

　　＝∠BAC＋∠BCA＋∠CBA＝180°

　　　　（P は △ABC の内心）

←PB，PC はそれぞれ ∠B，∠C の二等分線。

よって，A′ は △ABC の外接円上にある。

←四角形 ABA′C の対角の和が 180°

同様にして，B′，C′ も △ABC の外接円上にあることがいえる。

ゆえに，A，B，C，A′，B′，C′ は同一円周上にある。

←「P が内心」は十分条件。

総合 18 四面体 OABC が次の条件を満たすならば，それは正四面体であることを示せ。
　条件：頂点 A，B，C からそれぞれの対面を含む平面へ下ろした垂線は対面の重心を通る。
ただし，四面体のある頂点の対面とは，その頂点を除く他の 3 つの頂点がなす三角形のことをいう。〔京都大〕

➡ 本冊 数学 A 例題 105,106

辺 OA の中点を M とし，△OAB の重心を G_1，△OAC の重心を G_2 とすると，G_1 は線分 BM 上に，G_2 は線分 CM 上にある。

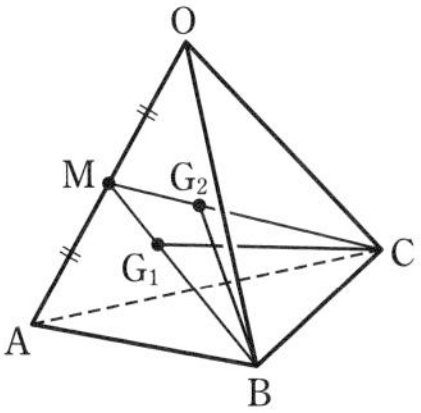

問題の条件より，$BG_2\perp$(平面 OAC)，$CG_1\perp$(平面 OAB) であるから

$BG_2\perp OA$，$CG_1\perp OA$

よって　OA⊥(平面 MBC)

ゆえに　OA⊥BM

よって，△OBM と △ABM について，

∠OMB＝∠AMB＝90°，OM＝AM，BM は共通であるから

△OBM≡△ABM

ゆえに　OB＝AB …… ①

また，辺 OB の中点を N とし，同様に考えると，

△OAN≡△BAN であるから　OA＝BA …… ②

よって，①，② から，△OAB は正三角形である。

同様にして，△OBC，△OCA は正三角形となるから，△ABC も正三角形である。

したがって，四面体 OABC は正四面体である。

←直線 $h\perp$平面 α ⟹ 直線 h は平面 α 上のすべての直線に垂直

←直線 h が平面 α 上の交わる 2 直線に垂直 ⟹ 直線 $h\perp$平面 α

←2 辺とその間の角がそれぞれ等しい。

総合 19 立方体の各辺の中点は全部で 12 個ある。頂点がすべてこれら 12 個の点のうちのどれかであるような正多角形は全部でいくつあるか。〔早稲田大〕

➡ 本冊 数学 A p.509 問

立方体の 1 辺の長さを 2 として考えてよい。

このとき，立方体の各辺の中点を結んでできる線分の長さは，

$\sqrt{2}$，2，$\sqrt{6}$，$2\sqrt{2}$ の 4 通りある。

このうち，長さ $2\sqrt{2}$ の線分を 1 辺とする正多角形はない。

[1]　1 辺の長さが $\sqrt{2}$ である正多角形には，次の場合がある。

①　正三角形　　②　正方形　　③　正六角形

①
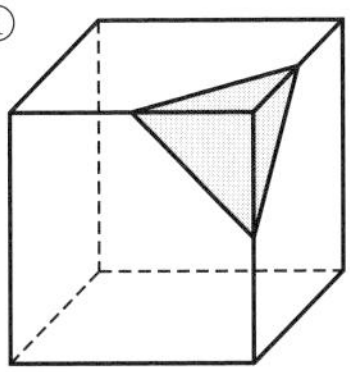
②
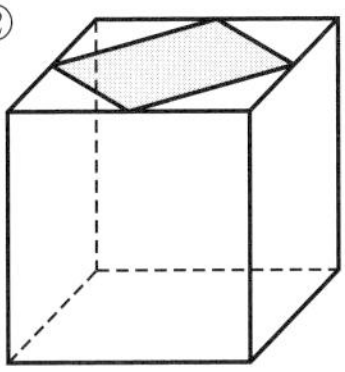
③
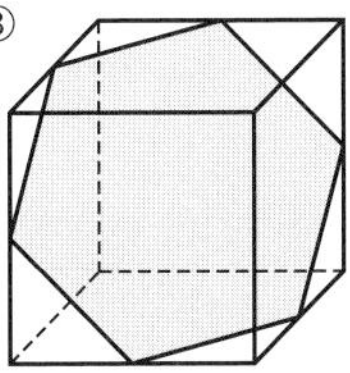

① の正三角形は，立方体の頂点と同じ個数だけあるから，8

←1 辺の長さを具体的に与えても，一般性は失われない。
また，中点を考えるから，偶数にするとらく。

←立方体の面の数は 6 であるから，できる正多角形の辺の数は 6 以下である。

個ある。

② の正方形は，立方体の面と同じ個数だけあるから，6 個ある。

③ の正六角形は，立方体の各面の $\sqrt{2}$ の線分を 1 本ずつ辺にもち，1 つの面で共有する辺を決めると 1 つに決まる。

よって，4 個ある。

[2] 1 辺の長さが 2 である正多角形は，

④ 正方形

の場合がある。

この正方形は，立方体の平行な面が 3 組あるから，3 個ある。

④

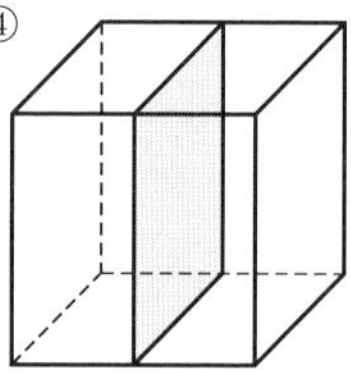

[3] 1 辺の長さが $\sqrt{6}$ である正多角形は， ⑤ 正三角形

の場合がある。

この正三角形は，③ の正六角形上に 2 個ずつあるから，$2\times4=8$ 個ある。

⑤

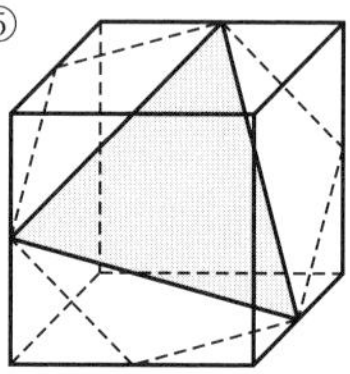

←三平方の定理から $2^2+1^2=(\sqrt{5})^2$，$(\sqrt{5})^2+1^2=(\sqrt{6})^2$

[1]～[3] から，条件を満たす正多角形の個数は

$8+6+4+3+8=$**29**（個）

総合 20

(1) $\dfrac{n!}{1024}$ が整数となる最小の正の整数 n を求めよ。 〔摂南大〕

(2) 自然数 2520 の正の約数の個数は ア[　] である。また，$2520=ABC$ となる 3 つの正の偶数 A，B，C の選び方は イ[　] 通りある。 〔類 北里大〕

➡ 本冊 数学 A 例題 113, 116

(1) $1024=2^{10}$ であるから，$\dfrac{n!}{1024}$ が整数となるのは $n!$ の素因数 2 の個数が 10 個以上のときである。

正の偶数について，素因数 2 の個数を考えると

2 は 1 個，4 は 2 個，6 は 1 個，8 は 3 個，10 は 1 個，12 は 2 個である。また，奇数は素因数 2 をもたない。

←$4=2^2$，$6=2\cdot3$，$8=2^3$，$10=2\cdot5$，$12=2^2\cdot3$

$n=10$ のとき，$n!$ の素因数 2 の個数は

$1+2+1+3+1=8$（個）

$n=12$ のとき，$n!$ の素因数 2 の個数は

$1+2+1+3+1+2=10$（個）

ゆえに，$\dfrac{n!}{1024}$ が整数となる最小の正の整数 n は　　$\boldsymbol{n=12}$

(2) (ア) $2520=2^3\cdot3^2\cdot5\cdot7$ であるから，2520 の正の約数の個数は

$(3+1)(2+1)(1+1)(1+1)=4\cdot3\cdot2\cdot2=$ア**48**（個）

(イ) A，B，C がすべて偶数であるとき，A，B，C はいずれも素因数 2 をもつ。

よって，残りの因数である 3，3，5，7 が A，B，C のいずれ

←2520 がもつ素因数 2，2，2 は，A，B，C に 1 つずつ分ける。

の因数となるかを考える。

3 が A, B, C のうち 2 つの数の因数となるのは

$${}_3C_2=3 \text{（通り）}$$

←A, B, C から 2 つ選ぶ。

3^2 が A, B, C のうち 1 つの数の因数となるのは

$${}_3C_1=3 \text{（通り）}$$

←A, B, C から 1 つ選ぶ。

よって，3，3 の分け方は

$$3+3=6 \text{（通り）}$$

また，5，7 の分け方はそれぞれ 3 通りであるから，A, B, C がすべて偶数であるような選び方は

←A または B または C の 3 通り。

$$6\times 3^2={}^{イ}\mathbf{54} \text{（通り）}$$

総合 21　2 以上の整数 m, n は $m^3+1^3=n^3+10^3$ を満たす。m, n を求めよ。〔一橋大〕

➡ 本冊 数学 A 例題 114

$m^3+1^3=n^3+10^3$ から　$m^3-n^3=999$

←$10^3=1000$

よって　$(m-n)(m^2+mn+n^2)=3^3\cdot 37$ ……①

$m\geqq 2$, $n\geqq 2$ から，$m^2+mn+n^2>0$ であり，

$m^3-n^3>0$ であるから　$m-n>0$

←$m-n<m^2+mn+n^2$ を示す。

なお　$m^2+mn+n^2-(m-n)=m(m-1)+mn+n^2+n>0$ としてもよい。

$n>0$ であるから　$0<m-n<m$

更に，$m\geqq 2$ であるから　$m<m^2<m^2+mn+n^2$

よって　$0<m-n<m^2+mn+n^2$

したがって，① から

$$(m-n,\ m^2+mn+n^2)$$
$$=(1,\ 3^3\cdot 37),\ (3,\ 3^2\cdot 37),\ (3^2,\ 3\cdot 37),\ (3^3,\ 37)$$
$$=(1,\ 999),\ (3,\ 333),\ (9,\ 111),\ (27,\ 37)$$

[1]　$m-n=1$, $m^2+mn+n^2=999$ のとき

$m=n+1$ を $m^2+mn+n^2=999$ に代入して

$$(n+1)^2+(n+1)n+n^2=999$$

←$m^2+mn+n^2=(m-n)^2+3mn$ から　$1^2+3mn=999$ として進めてもよい。

整理すると　$3n^2+3n=998$

左辺は 3 で割り切れ，右辺は 3 で割り切れないから，この等式を満たす整数 n は存在しない。

←998 を 3 で割ったときの余りは 2

[2]　$m-n=3$, $m^2+mn+n^2=333$ のとき

$$(n+3)^2+(n+3)n+n^2=333$$

←$3n^2+9n+9=333$

整理すると　$n^2+3n-108=0$

$$(n-9)(n+12)=0$$

←$m^2+mn+n^2=(m-n)^2+3mn$ から　$3^2+3mn=333$ として進めてもよい。

$n\geqq 2$ であるから　$n=9$

このとき　$m=n+3=9+3=12$

[3]　$m-n=9$, $m^2+mn+n^2=111$ のとき

$$(n+9)^2+(n+9)n+n^2=111$$

←$m^2+mn+n^2=(m-n)^2+3mn$ から　$9^2+3mn=111$ ゆえに　$mn=10$ これに $m=n+9$ を代入してもよい。

整理すると　$n^2+9n-10=0$

$$(n-1)(n+10)=0$$

この等式を満たす 2 以上の整数 n は存在しない。

［4］ $m-n=27$，$m^2+mn+n^2=37$ のとき

$$(n+27)^2+(n+27)n+n^2=37$$

整理すると $3n^2+81n+729=37$

$$3(n^2+27n+243)=37$$

左辺は3で割り切れ，右辺は3で割り切れないから，この等式を満たす整数 n は存在しない。

以上から **$m=12$，$n=9$**

←$(m-n)^2+3mn=37$ から $27^2+3mn=37$ この左辺は3で割り切れるが，右辺は3で割り切れない，としてもよい。

検討　ラマヌジャンのタクシー数

本問の解 $m=12$，$n=9$ を等式に代入した $12^3+1^3=10^3+9^3=1729$ については，次のエピソードが知られている。

イギリスの数学者ハーディがインド出身の天才数学者ラマヌジャンが入院していた病院に見舞いに行ったとき，乗ってきたタクシーの番号が1729であった。
ハーディは「1729はつまらない数だ」と言ったところ，ラマヌジャンは即座に「とても興味深い数です。それは2通りの2つの立方数の和で表される最小の数です。」と言ったと伝えられている。

後に，このことは一般化され，異なる2つの正の立方数の和として n 通りに表される最小の正の整数を **タクシー数** と呼び，$\mathrm{Ta}(n)$ と書くようになった。

例えば，　$\mathrm{Ta}(2)=12^3+1^3=10^3+9^3=1729$　である。

総合 22

自然数 a，b，c，d は $c=4a+7b$，$d=3a+4b$ を満たしているものとする。〔千葉大〕

(1) $c+3d$ が5の倍数ならば $2a+b$ も5の倍数であることを示せ。

(2) a と b が互いに素で，c と d がどちらも素数 p の倍数ならば，$p=5$ であることを示せ。

➡ 本冊 数学A 例題121

(1) $c+3d=(4a+7b)+3(3a+4b)=13a+19b$

$$=15a+20b-(2a+b)$$

ゆえに　$2a+b=5(3a+4b)-(c+3d)$

よって，$c+3d$ が5の倍数ならば $2a+b$ も5の倍数である。

(2) a と b が互いに素で，c と d はどちらも素数 p の倍数とする。

このとき，$c=c'p$，$d=d'p$（c'，d' は自然数）と表される。

$c=4a+7b$，$d=3a+4b$ から

$$5a=-4c+7d,\qquad 5b=3c-4d$$

よって　$5a=p(-4c'+7d')$，$5b=p(3c'-4d')$

$p\neq5$ と仮定すると，p は素数であるから，p と5は互いに素である。よって，a も b も p を約数にもつ。

これは，a と b が互いに素であることに矛盾する。

したがって，$p=5$ である。

←$\begin{cases} c=4a+7b & \cdots\cdots ① \\ d=3a+4b & \cdots\cdots ② \end{cases}$

②×7−①×4 から $5a=-4c+7d$

①×3−②×4 から $5b=3c-4d$

総合 23

m，n $(m<n)$ を自然数とし，$a=n^2-m^2$，$b=2mn$，$c=n^2+m^2$ とおく。3辺の長さが a，b，c である三角形の内接円の半径を r とし，その三角形の面積を S とする。〔神戸大〕

(1) $a^2+b^2=c^2$ を示せ。　(2) r を m，n を用いて表せ。

(3) r が素数のときに，S を r を用いて表せ。

(4) r が素数のときに，S が6で割り切れることを示せ。

➡ 本冊 数学A 例題115,126,127

(1) $a^2+b^2=(n^2-m^2)^2+(2mn)^2$
$=n^4-2m^2n^2+m^4+4m^2n^2$
$=n^4+2m^2n^2+m^4=(n^2+m^2)^2$
$=c^2$

よって　$a^2+b^2=c^2$

←a^2+b^2 を m, n の式で表して，それが c^2 $[=(n^2+m^2)^2]$ に等しくなることを示す。

検討　(1)から，$(n^2-m^2,\ 2mn,\ n^2+m^2)$ は **ピタゴラス数** である（ピタゴラス数については，本冊 $p.540\sim541$ 参照）。

(2) $S=\dfrac{1}{2}r(a+b+c)$ である。

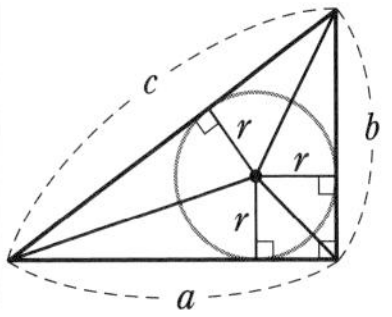

一方，(1)より，この三角形は長さ c の辺を斜辺とする直角三角形であるから　$S=\dfrac{1}{2}ab$

よって　$\dfrac{1}{2}r(a+b+c)=\dfrac{1}{2}ab$

$a+b+c\neq0$ であるから

$$\boldsymbol{r}=\frac{ab}{a+b+c}=\frac{(n^2-m^2)\cdot 2mn}{(n^2-m^2)+2mn+(n^2+m^2)}$$
$$=\frac{2mn(n+m)(n-m)}{2n(n+m)}=\boldsymbol{m(n-m)}$$

←m, n の式で表す。

(3) $n-m>0$ であるから，r が素数のとき，(2)より
$(m,\ n-m)=(1,\ r),\ (r,\ 1)$

すなわち　$(m,\ n)=(1,\ r+1),\ (r,\ r+1)$

←素数 r の正の約数は1と r のみ。

←$m=1$, $n-m=r$ のときは，$n-1=r$ から $n=r+1$

また　$S=\dfrac{1}{2}ab=\dfrac{1}{2}(n^2-m^2)\cdot 2mn$
$=mn(n+m)(n-m)$

よって　$\boldsymbol{(m,\ n)=(1,\ r+1)}$ **のとき**
$\boldsymbol{S}=1\cdot(r+1)(r+2)\cdot r=\boldsymbol{r(r+1)(r+2)}$
$\boldsymbol{(m,\ n)=(r,\ r+1)}$ **のとき**
$\boldsymbol{S}=r(r+1)(2r+1)\cdot 1=\boldsymbol{r(r+1)(2r+1)}$

(4) [1] $S=r(r+1)(r+2)$ のとき
$r(r+1)(r+2)$ は連続する3整数の積であるから，S は6で割り切れる。

[2] $S=r(r+1)(2r+1)$ のとき
$S=r(r+1)\{(r-1)+(r+2)\}$
$=(r-1)r(r+1)+r(r+1)(r+2)$

$(r-1)r(r+1)$, $r(r+1)(r+2)$ はどちらも連続する3整数の積であるから，S は6で割り切れる。

[1], [2] から，r が素数のとき，S は6で割り切れる。

←連続する3整数の積を作り出すように，工夫して変形。

総合 24

n を2以上の自然数とする。
(1) n が素数または4のとき，$(n-1)!$ は n で割り切れないことを示せ。
(2) n が素数でなくかつ4でもないとき，$(n-1)!$ は n で割り切れることを示せ。　〔東京工大〕

➡ 本冊 数学A $p.523$，例題116

(1) [1] n が素数であるとき

1, 2, 3, ……, $n-1$ はすべて n と互いに素である。

よって，$(n-1)!$ は素因数に n をもたない。

したがって，$(n-1)!$ は n で割り切れない。

←「**素数 p は 1, 2, ……, $p-1$ のすべてと互いに素である**」この素数の性質を利用する。

[2] $n=4$ のとき

$(4-1)!=3!=6$ であるから，$(n-1)!$ は n で割り切れない。

←6 は 4 で割り切れない。

[1], [2] から，n が素数または 4 であるとき，$(n-1)!$ は n で割り切れない。

(2) n は素数ではないから，2 以上 $n-1$ 以下の 2 つの自然数 a, b を用いて，$n=ab$ と表される。

←**素数でない 2 以上の整数（合成数）は，複数の素因数をもつ。**

[1] $a \neq b$ のとき

1, 2, 3, ……, $n-1$ の中に a と b が含まれるから，$(n-1)!$ は $ab=n$ の倍数である。

よって，$(n-1)!$ は n で割り切れる。

←$a<n$, $b<n$

[2] $a=b$ のとき

$n=a^2$ であり，$n \neq 4$ であるから　　$a \geqq 3$

$n=a^2 \geqq 3a>2a>a$ であるから，1, 2, 3, ……, $n-1$ の中に a と $2a$ が含まれる。

←$a=2$ のとき　$n=4$

←$n>2a>a$

よって，$(n-1)!$ は $a\times 2a=2a^2=2n$ の倍数であるから，$(n-1)!$ は n で割り切れる。

[1], [2] から，n が素数でなくかつ 4 でもないとき，$(n-1)!$ は n で割り切れる。

総合 25 素数 p, q を用いて p^q+q^p と表される素数をすべて求めよ。〔京都大〕

➡ 本冊 数学A p.523, 例題 115,127,131

HINT $p \leqq q$ としてよい。このとき，$p \geqq 3$ とすると，奇数^{奇数}＝奇数 を利用することで，$p=2$ が導かれる。よって，2^q+q^2 について考えるが，この値は $q=2$ のとき 8, $q=3$ のとき 17, $q=5$ のとき 57(=3・19), $q=7$ のとき 177(=3・59) である。これから，$q \geqq 5$ のとき 2^q+q^2 は 3 の倍数になるのではないかと予想できる。

$p \leqq q$ としても一般性は失われない。

ここで，$r=p^q+q^p$ とおく。

←p^q+q^p は p, q の対称式。

$p \geqq 3$ のとき，p, q はともに 3 以上の素数であるから，奇数である。よって，p^q+q^p は偶数となる。…… ①

また，$3 \leqq p \leqq q$ であるから　　$p^q+q^p>3$ …… ②

①, ② から，p^q+q^p は素数にならない。

ゆえに　　$p=2$　　このとき　　$r=2^q+q^2$

←**素数のうち，偶数は 2 だけ，3 以上の素数はすべて奇数である** ことを利用して，まず p の値を決める。

[1] $q=2$ のとき，$r=2^2+2^2=8$ となり，不適。

←8 は合成数。

[2] $q=3$ のとき，$r=2^3+3^2=17$ となり，適する。

←17 は素数。

[3] $q \geqq 5$ のとき

q は 3 の倍数ではないから，自然数 n を用いて

$3n+1$, $3n+2$　のいずれかの形で表される。

$(3n+1)^2=3(3n^2+2n)+1$, $(3n+2)^2=3(3n^2+4n+1)+1$

であるから，q^2 を 3 で割った余りは 1 である。…… ③

←まず，q^2 を 3 で割った余りがどうなるかを調べる。

また，q は奇数であることに注意すると，二項定理により

$$2^q=(3-1)^q$$
$$={3^q}+{}_qC_1\cdot3^{q-1}(-1)^1+{}_qC_2\cdot3^{q-2}(-1)^2+\cdots\cdots+{}_qC_{q-1}\cdot3^1(-1)^{q-1}+(-1)^q$$
$$=3\{3^{q-1}+{}_qC_1\cdot3^{q-2}(-1)+{}_qC_2\cdot3^{q-3}(-1)^2+\cdots\cdots+{}_qC_{q-1}(-1)^{q-1}-1\}+2$$

よって，2^q を 3 で割った余りは 2 である。…… ④

③，④ から，$r=2^q+q^2$ は 3 の倍数である。

すなわち，$q \geqq 5$ のとき r は素数ではない。

以上から，求める素数は　**17**

←2^q を 3 で割った余りが 2 となることがいえれば r は 3 の倍数となることが示される。
二項定理については，本冊 $p.388$ 参照。

別解　[3] では，合同式を利用すると簡単に示される。

$q \geqq 5$ のとき，$2\equiv-1 \pmod 3$ であるから

$$2^q\equiv(-1)^q\equiv-1 \pmod 3$$

また，q は 3 の倍数ではないから，q^2 を 3 で割った余りは 1 である。ゆえに　$q^2\equiv1 \pmod 3$

よって　$2^q+q^2\equiv-1+1\equiv0 \pmod 3$

したがって，$r=2^q+q^2$ は 3 の倍数である。

←$(-1)^{奇数}=-1$

←証明は [3] で ③ を導いたのと同様のため，ここでは省略した。

総合

総合 26

(1) x が自然数のとき，x^2 を 5 で割ったときの余りは 0，1，4 のいずれかであることを示せ。
(2) 自然数 x，y，z が $x^2+5y=2z^2$ を満たすとき，x，y，z はすべて 5 の倍数であることを示せ。
(3) $x^2+5y^2=2z^2$ を満たす自然数 x，y，z の組は存在しないことを示せ。　〔熊本大〕

➡ 本冊 数学A 例題 127

(1) すべての自然数 x は，整数 n を用いて

$x=5n$，$5n\pm1$，$5n\pm2$ のいずれかで表される。

[1] $x=5n$ のとき

$$x^2=25n^2=5\cdot5n^2$$

よって，x^2 を 5 で割ったときの余りは　0

[2] $x=5n\pm1$ のとき

$$x^2=25n^2\pm10n+1=5(5n^2\pm2n)+1$$

よって，x^2 を 5 で割ったときの余りは　1

[3] $x=5n\pm2$ のとき

$$x^2=25n^2\pm20n+4=5(5n^2\pm4n)+4$$

よって，x^2 を 5 で割ったときの余りは　4

[1]～[3] から，x^2 を 5 で割ったときの余りは 0，1，4 のいずれかである。

←$x=5n-1$ は 5 で割った余りが 4，$x=5n-2$ は 5 で割った余りが 3 である整数を表す。

(2) (1) から，x^2 および z^2 を 5 で割ったときの余りは 0，1，4 のいずれかである。

それぞれの場合について，$x^2+5y=2z^2$ の左辺および右辺を 5 で割ったときの余りは下の表のようになる。

x^2 の余り	0	1	4
左辺の余り	0	1	4

z^2 の余り	0	1	4
右辺の余り	0	2	3

←$z^2\equiv4 \pmod 5$ のとき，$2z^2\equiv2\cdot4\equiv8\equiv3 \pmod 5$

よって，左辺を 5 で割ったときの余りと，右辺を 5 で割ったと

きの余りが一致するのは，x^2 および z^2 を5で割ったときの余りがともに0，すなわち x，z がともに5の倍数であるときである。このとき，$x=5m$，$z=5n$（m，n は自然数）とおけるので，
$x^2+5y=2z^2$ より　$(5m)^2+5y=2(5n)^2$
よって，$y=5(2n^2-m^2)$ より y も5の倍数となる。
したがって，x，y，z はすべて5の倍数である。

(3)　$x^2+5y^2=2z^2$ を満たす自然数 x，y，z が存在すると仮定する。
$x^2+5y^2=2z^2$ を満たす自然数 x，y，z の組のうち，x が最小となるような組を x_1，y_1，z_1 とする。
$y_1{}^2=Y_1$ とすると　　$x_1{}^2+5Y_1=2z_1{}^2$
このとき，(2) から x_1，Y_1，z_1 はすべて5の倍数である。
よって，x_1，z_1 は自然数 x_2，z_2 を用いて $x_1=5x_2$，$z_1=5z_2$ と表される。
また，$Y_1=y_1{}^2$ より，$y_1{}^2$ は5の倍数である。
よって，y_1 は5の倍数である。
ゆえに，自然数 y_2 を用いて $y_1=5y_2$ と表される。
したがって，$x_1{}^2+5y_1{}^2=2z_1{}^2$ より　　$25x_2{}^2+5\cdot25y_2{}^2=2\cdot25z_2{}^2$
すなわち　　$x_2{}^2+5y_2{}^2=2z_2{}^2$
よって，x_2，y_2，z_2 は $x^2+5y^2=2z^2$ を満たす。
しかし，$x_2<x_1$ となり，これは x_1 が最小であることに矛盾する。
ゆえに，$x^2+5y^2=2z^2$ を満たす自然数 x，y，z は存在しない。

←背理法
←この **最小性の利用** がポイント
←(2) で証明したことを用いるために，$y_1{}^2=Y_1$ とおく。
←$x_1=5x_2$ より $x_2<x_1$

総合 27　m，n は異なる正の整数とする。x の2次方程式 $5nx^2+(mn-20)x+4m=0$ が1より大きい解と1より小さい解をもつような m，n の組 (m, n) をすべて求めよ。〔関西大〕

➡ **本冊 数学A 例題 143**

$f(x)=5nx^2+(mn-20)x+4m$ とする。
$5n>0$ であるから，$f(x)=0$ が1より大きい解と1より小さい解をもつための条件は　　$f(1)<0$
よって　　$5n\cdot1^2+(mn-20)\cdot1+4m<0$
すなわち　　$mn+4m+5n<20$
ゆえに　　$(m+5)(n+4)<40$ …… ①

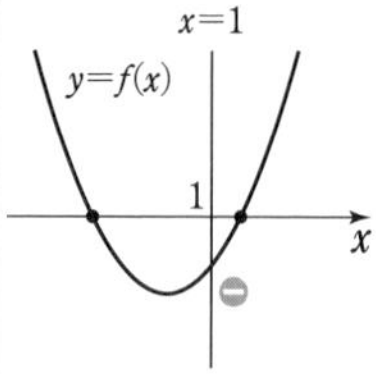

[1]　$m=1$ のとき，① は　　$6(n+4)<40$
　よって　　$n<\dfrac{8}{3}$
　ゆえに，① を満たす n $(n\neq1)$ は　　$n=2$
[2]　$m=2$ のとき，① は　　$7(n+4)<40$
　よって　　$n<\dfrac{12}{7}$
　ゆえに，① を満たす n $(n\neq2)$ は　　$n=1$
[3]　$m\geqq3$ のとき，$m+5\geqq8$ であり，$n+4\geqq5$ から
$$(m+5)(n+4)\geqq40$$
　よって，① を満たす正の整数 m，n は存在しない。
[1]～[3] から　　$\boldsymbol{(m, n)=(1, 2), (2, 1)}$

① は
$mn+4m+5n$
$=m(n+4)+5(n+4)-5\cdot4$
$=(m+5)(n+4)-20$
の変形を利用して導く。

総合 28

(1) 方程式 $65x+31y=1$ の整数解をすべて求めよ。
(2) $65x+31y=2016$ を満たす正の整数の組 $(x,\ y)$ を求めよ。
(3) 2016 以上の整数 m は，正の整数 $x,\ y$ を用いて $m=65x+31y$ と表せることを示せ。

〔福井大〕

➡ **本冊 数学A 例題 135, 138, *p*.565**

HINT (1) 互除法の計算を利用して整数解を1つ見つける。
(2) $2016=65\cdot31+1$ に注目すると，(1)の結果が利用できる。
(3) $m=65x+31y$ から　$65x=m-31y$　この右辺の $m-31y$ において $y=1,\ 2,\ \cdots\cdots,\ 65$ とした 65 個の整数の，65 で割った余りに注目する。

(1) $x=-10,\ y=21$ は $65x+31y=1$ …… ① の整数解の1つであるから　$65\cdot(-10)+31\cdot21=1$ …… ②
①−② から　$65(x+10)+31(y-21)=0$
すなわち　$65(x+10)=-31(y-21)$
65 と 31 は互いに素であるから，k を整数として
$x+10=31k,\ y-21=-65k$　と表される。
よって，求める整数解は
$\boldsymbol{x=31k-10,\ y=-65k+21}$ **(k は整数)**

←互除法を利用。
$65=31\cdot2+3$,
$31=3\cdot10+1$ から
$1=31-3\cdot10$
$=31-(65-31\cdot2)\cdot10$
$=65\cdot(-10)+31\cdot21$

(2) $2016=65\cdot31+1$ から　$65x+31y=65\cdot31+1$
よって　$65(x-31)+31y=1$
$x-31,\ y$ は整数であるから，(1) より，k を整数として
$x-31=31k-10,\ y=-65k+21$　と表される。
すなわち　$x=31k+21,\ y=-65k+21$
$x\geqq1$ とすると　$k\geqq-\dfrac{20}{31}$　　$y\geqq1$ とすると　$k\leqq\dfrac{4}{13}$
ゆえに，$x,\ y$ がともに正の整数であるための条件は，
$-\dfrac{20}{31}\leqq k\leqq\dfrac{4}{13}$ かつ k が整数であること，すなわち $k=0$ である。したがって　$\boldsymbol{(x,\ y)=(21,\ 21)}$

←(1)の結果が利用できる。

←$31k+21\geqq1$ から
$k\geqq-\dfrac{20}{31}$
$-65k+21\geqq1$ から
$k\leqq\dfrac{20}{65}=\dfrac{4}{13}$

(3) $m=65x+31y$ を変形すると　$65x=m-31y$
$m-31y$ において，$y=1,\ 2,\ 3,\ \cdots\cdots,\ 65$ とした
$m-31\cdot1,\ m-31\cdot2,\ \cdots\cdots,\ m-31\cdot65$　…… ③
の 65 個の数を考える。
$31\cdot65=2015$ であり，$m\geqq2016$ であるから，③ はすべて正の整数であり，65 で割った余りはすべて互いに異なる。
なぜなら，もし $m-31i$ と $m-31j\ (1\leqq i<j\leqq65)$ を 65 で割った余りが等しいと仮定すると，l を整数として
$(m-31i)-(m-31j)=65l$ …… ④　と表される。
④ から　$31(j-i)=65l$
31 と 65 は互いに素であるから，$j-i$ は 65 の倍数でなければならない。しかし，$1\leqq j-i\leqq64$ であるから，$j-i$ は 65 の倍数ではない。
これは矛盾している。

検討　一般に，次のことが成り立つ。
$a,\ b$ を互いに素な自然数とするとき，$ab+1$ 以上のすべての自然数は $ax+by$ ($x,\ y$ は自然数) と表される。
このことの証明は (3) の解答と同様である。

←$1\leqq i<j\leqq65$

総合

よって，③ の中に 65 の倍数が 1 つ存在する。③ の中で左から q 番目が 65 の倍数であるとすると

$$m-31q=65p \quad (p \text{ は正の整数})$$

と表される。ゆえに　　$m=65p+31q$

p，q は正の整数であるから，題意は示された。

←**部屋割り論法**（本冊 $p.566$）。整数を 65 で割った余りは 0，1，2，……，64 のいずれかである。

総合 29 10 進法で表された自然数を 2 進法に直すと，桁数が 3 増すという。このような数で，最小のものと最大のものを求めよ。〔類　東京理科大〕

➡ **本冊　数学 A 例題 150**

題意を満たす自然数を N とし，N が 10 進法で n 桁であるとすると　　$10^{n-1} \leqq N < 10^n$

すなわち　　$(2\cdot5)^{n-1} \leqq N < (2\cdot5)^n$ …… ①

N を 2 進法に直すと $n+3$ 桁になるから

$$2^{n+2} \leqq N < 2^{n+3} \quad \cdots\cdots ②$$

←桁数が 3 増す。

ここで　　$(2\cdot5)^n-2^{n+2}=2^n(5^n-2^2)>0$

←$(2\cdot5)^n=2^n\cdot5^n$，$2^{n+2}=2^n\cdot2^2$

よって，$(2\cdot5)^n>2^{n+2}$ であるから，①，② を同時に満たす N が存在するには　　$(2\cdot5)^{n-1}<2^{n+3}$　すなわち　$5^{n-1}<2^4$ …… ③

となることが条件である。

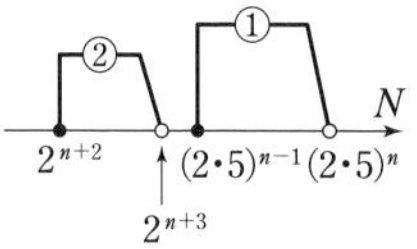

の場合，共通範囲はない。$(2\cdot5)^{n-1}<2^{n+3}$ となれば，$2^{n+2}<(2\cdot5)^n$ から，共通範囲ができる。

$2^4=16$ であるから，③ を満たす自然数 n の値は　　$n=1$，2

$n=1$ のとき　　① は　$1 \leqq N < 10$　　　② は　$8 \leqq N < 16$

　ゆえに，①，② を同時に満たす N の値は　$N=8$，9

$n=2$ のとき　　① は　$10 \leqq N < 100$　　② は　$16 \leqq N < 32$

　ゆえに，①，② を同時に満たす N の値は

$$N=16,\ 17,\ \cdots\cdots,\ 31$$

以上から，N の **最小のものは 8，最大のものは 31**

三角比の表

θ	$\sin\theta$	$\cos\theta$	$\tan\theta$
0°	0.0000	1.0000	0.0000
1°	0.0175	0.9998	0.0175
2°	0.0349	0.9994	0.0349
3°	0.0523	0.9986	0.0524
4°	0.0698	0.9976	0.0699
5°	0.0872	0.9962	0.0875
6°	0.1045	0.9945	0.1051
7°	0.1219	0.9925	0.1228
8°	0.1392	0.9903	0.1405
9°	0.1564	0.9877	0.1584
10°	0.1736	0.9848	0.1763
11°	0.1908	0.9816	0.1944
12°	0.2079	0.9781	0.2126
13°	0.2250	0.9744	0.2309
14°	0.2419	0.9703	0.2493
15°	0.2588	0.9659	0.2679
16°	0.2756	0.9613	0.2867
17°	0.2924	0.9563	0.3057
18°	0.3090	0.9511	0.3249
19°	0.3256	0.9455	0.3443
20°	0.3420	0.9397	0.3640
21°	0.3584	0.9336	0.3839
22°	0.3746	0.9272	0.4040
23°	0.3907	0.9205	0.4245
24°	0.4067	0.9135	0.4452
25°	0.4226	0.9063	0.4663
26°	0.4384	0.8988	0.4877
27°	0.4540	0.8910	0.5095
28°	0.4695	0.8829	0.5317
29°	0.4848	0.8746	0.5543
30°	0.5000	0.8660	0.5774
31°	0.5150	0.8572	0.6009
32°	0.5299	0.8480	0.6249
33°	0.5446	0.8387	0.6494
34°	0.5592	0.8290	0.6745
35°	0.5736	0.8192	0.7002
36°	0.5878	0.8090	0.7265
37°	0.6018	0.7986	0.7536
38°	0.6157	0.7880	0.7813
39°	0.6293	0.7771	0.8098
40°	0.6428	0.7660	0.8391
41°	0.6561	0.7547	0.8693
42°	0.6691	0.7431	0.9004
43°	0.6820	0.7314	0.9325
44°	0.6947	0.7193	0.9657
45°	0.7071	0.7071	1.0000

θ	$\sin\theta$	$\cos\theta$	$\tan\theta$
45°	0.7071	0.7071	1.0000
46°	0.7193	0.6947	1.0355
47°	0.7314	0.6820	1.0724
48°	0.7431	0.6691	1.1106
49°	0.7547	0.6561	1.1504
50°	0.7660	0.6428	1.1918
51°	0.7771	0.6293	1.2349
52°	0.7880	0.6157	1.2799
53°	0.7986	0.6018	1.3270
54°	0.8090	0.5878	1.3764
55°	0.8192	0.5736	1.4281
56°	0.8290	0.5592	1.4826
57°	0.8387	0.5446	1.5399
58°	0.8480	0.5299	1.6003
59°	0.8572	0.5150	1.6643
60°	0.8660	0.5000	1.7321
61°	0.8746	0.4848	1.8040
62°	0.8829	0.4695	1.8807
63°	0.8910	0.4540	1.9626
64°	0.8988	0.4384	2.0503
65°	0.9063	0.4226	2.1445
66°	0.9135	0.4067	2.2460
67°	0.9205	0.3907	2.3559
68°	0.9272	0.3746	2.4751
69°	0.9336	0.3584	2.6051
70°	0.9397	0.3420	2.7475
71°	0.9455	0.3256	2.9042
72°	0.9511	0.3090	3.0777
73°	0.9563	0.2924	3.2709
74°	0.9613	0.2756	3.4874
75°	0.9659	0.2588	3.7321
76°	0.9703	0.2419	4.0108
77°	0.9744	0.2250	4.3315
78°	0.9781	0.2079	4.7046
79°	0.9816	0.1908	5.1446
80°	0.9848	0.1736	5.6713
81°	0.9877	0.1564	6.3138
82°	0.9903	0.1392	7.1154
83°	0.9925	0.1219	8.1443
84°	0.9945	0.1045	9.5144
85°	0.9962	0.0872	11.4301
86°	0.9976	0.0698	14.3007
87°	0.9986	0.0523	19.0811
88°	0.9994	0.0349	28.6363
89°	0.9998	0.0175	57.2900
90°	1.0000	0.0000	なし

※解答・解説は数研出版株式会社が作成したものです。

発行所
数研出版株式会社

〒101-0052 東京都千代田区神田小川町2丁目3番地3
〔振替〕00140-4-118431
〒604-0861 京都市中京区烏丸通竹屋町上る
大倉町205番地
〔電話〕代表 (075)231-0161
ホームページ https://www.chart.co.jp
印刷 株式会社 加藤文明社
乱丁本・落丁本はお取り替えします。 240817